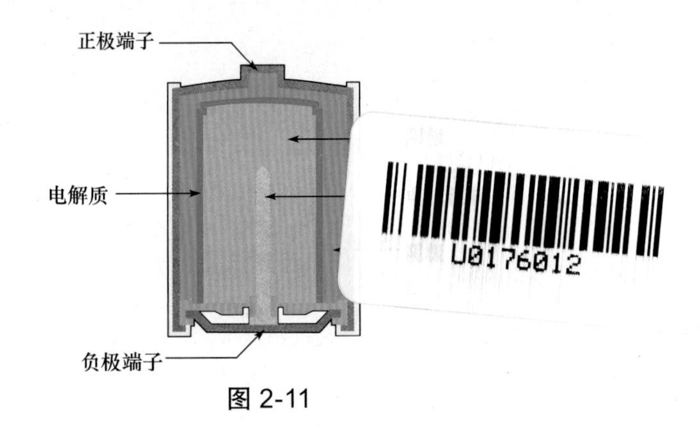



图 2-11

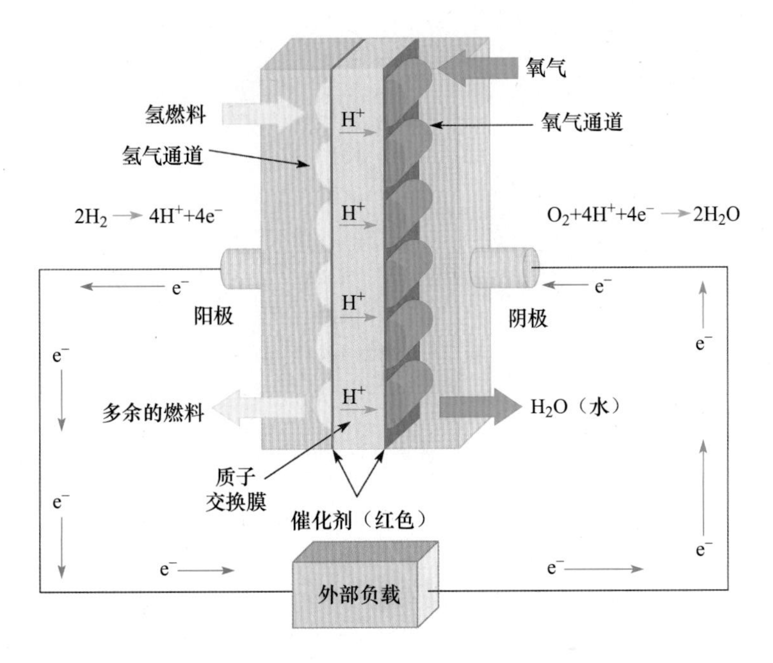


图 2-13

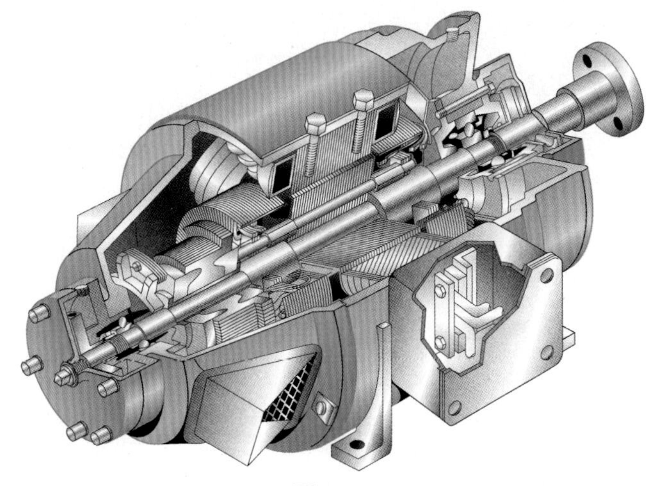

图 2-15

表 2-2（部分）

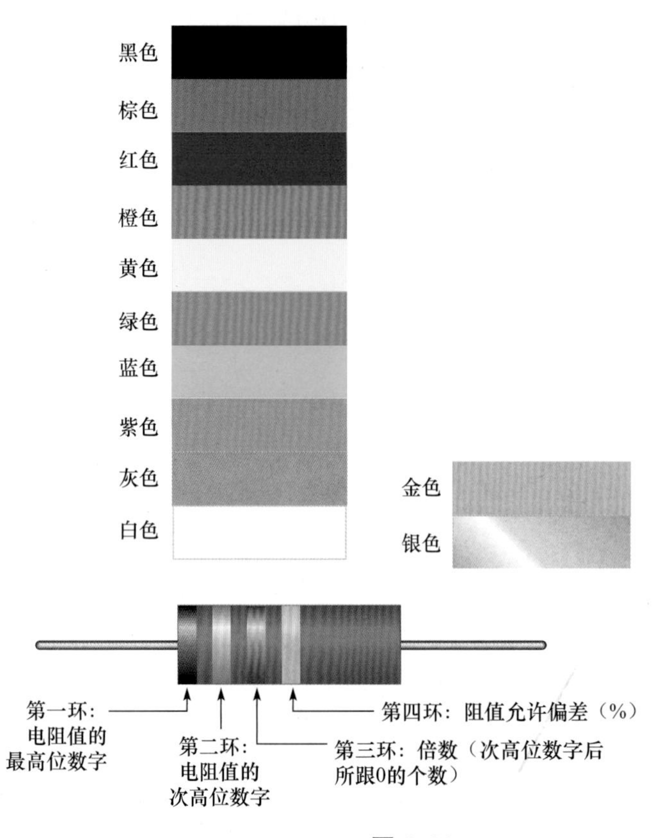


图 2-28

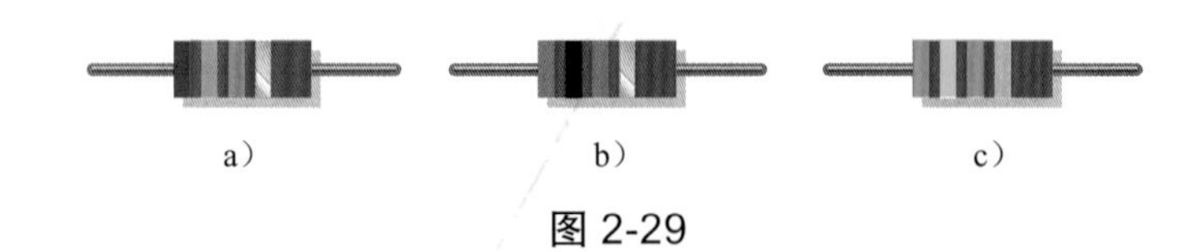


图 2-29

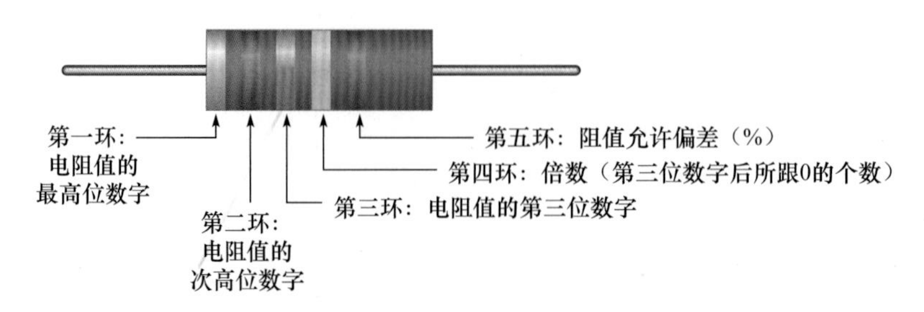


图 2-30

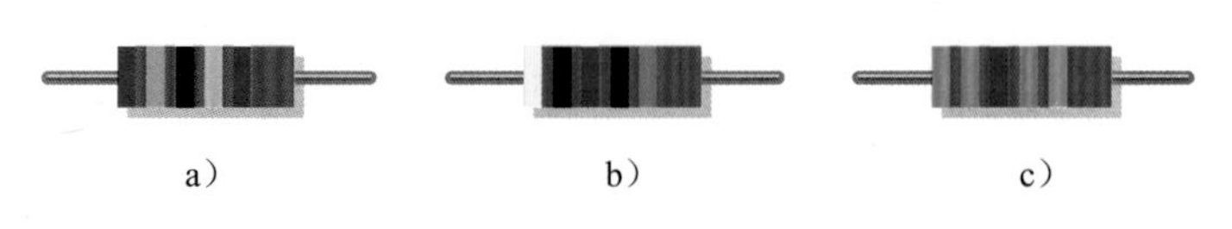


图 2-31

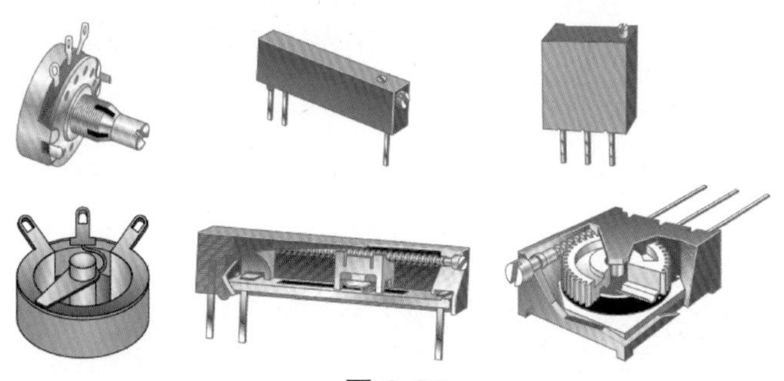

图 2-35

拨杆开关

翘板开关

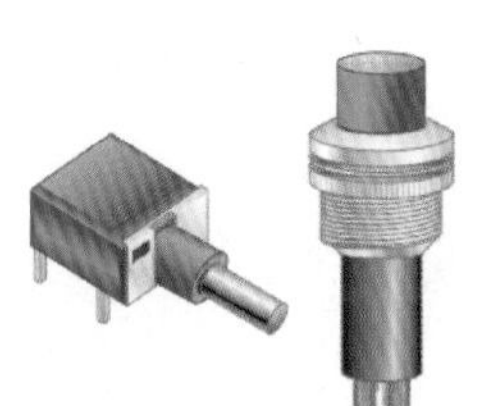

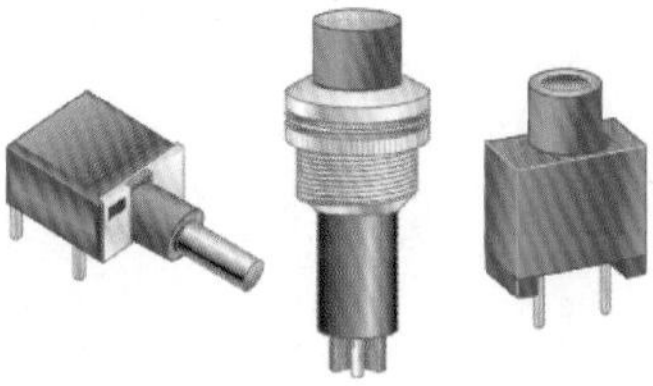

按钮开关

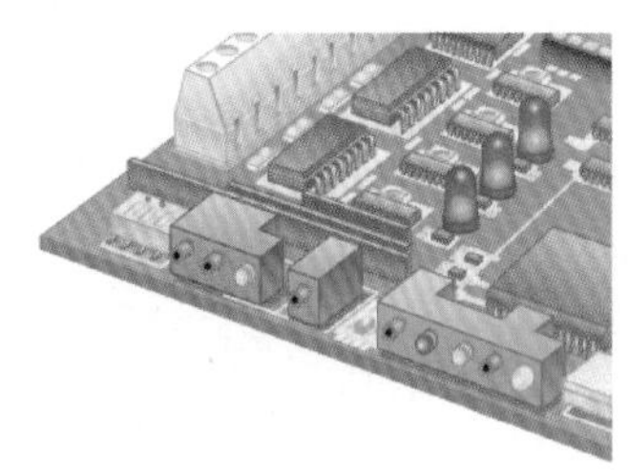

安装在PCB上的按钮开关

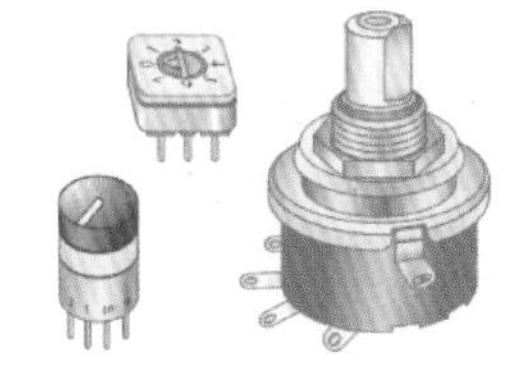

旋转开关

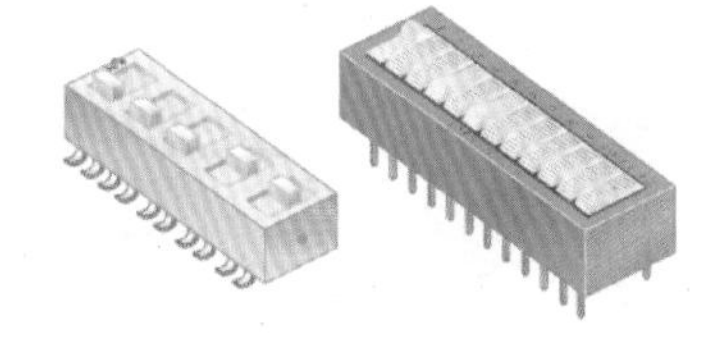

安装在PCB上的DIP开关

图 2-43

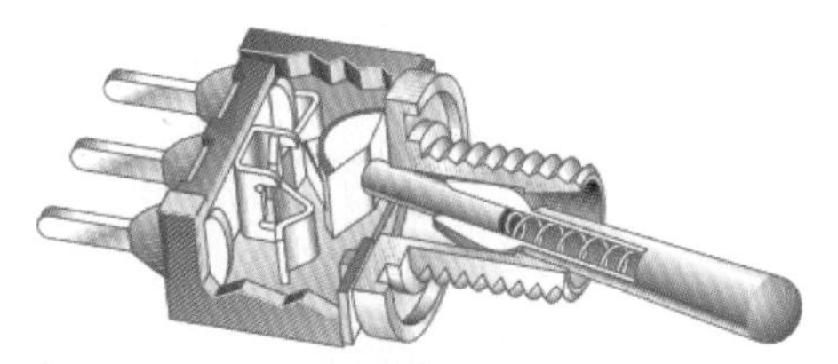

图 2-44

a）数字万用表（图片由Fluke Corporation提供）

b）模拟万用表（图片由B+K Precision提供）

图 2-50

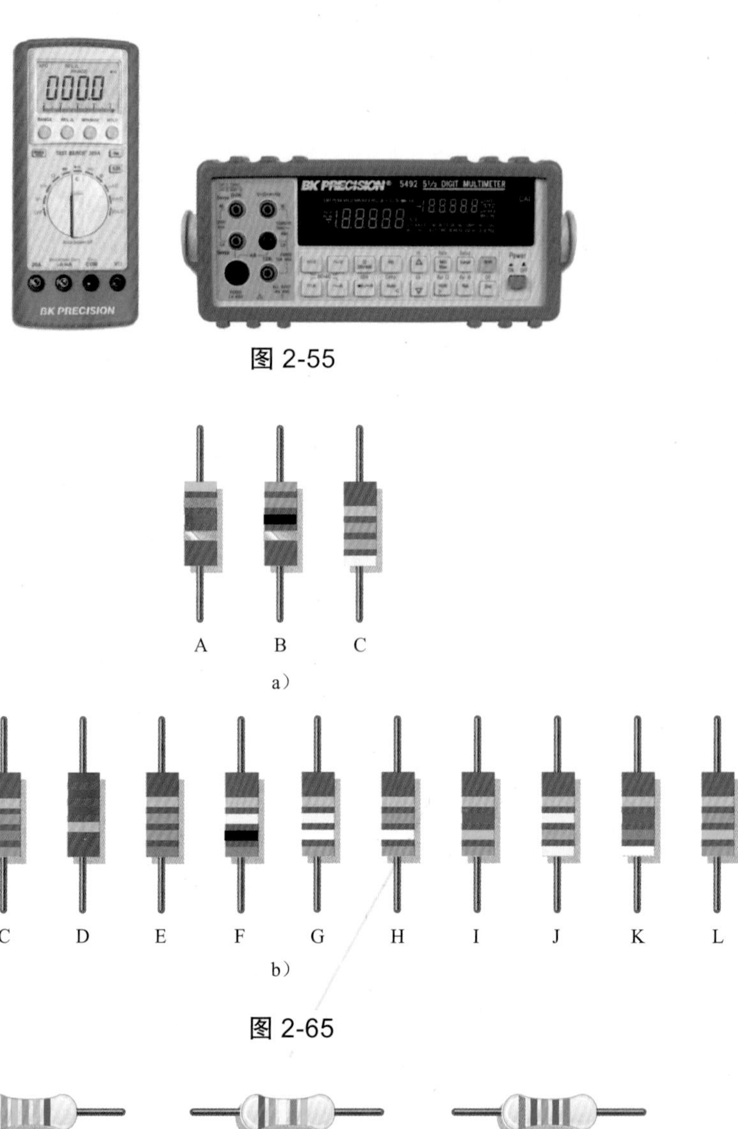


图 2-55

图 2-65

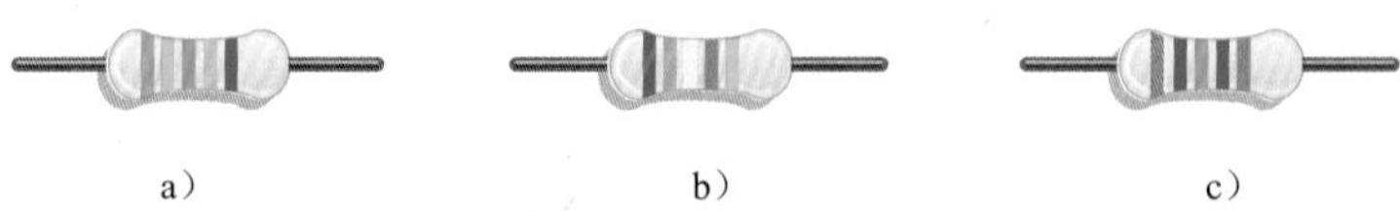

a)　　b)　　c)

图 2-66

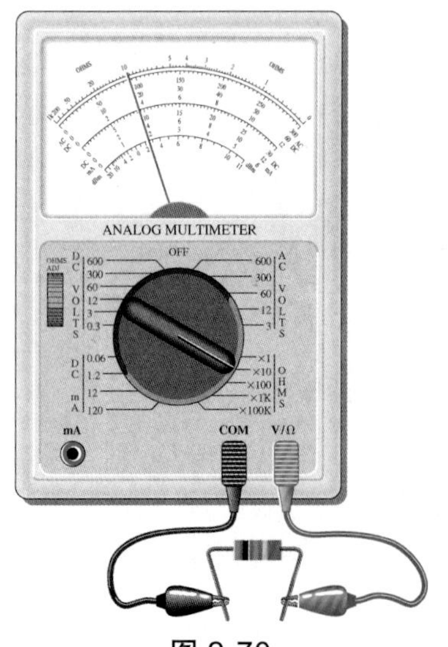


图 2-70

图 3-17

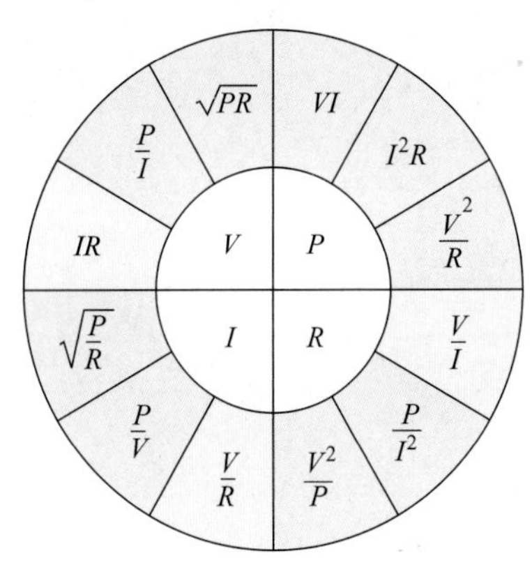


□ 欧姆定律 □ 瓦特定律

图 3-28

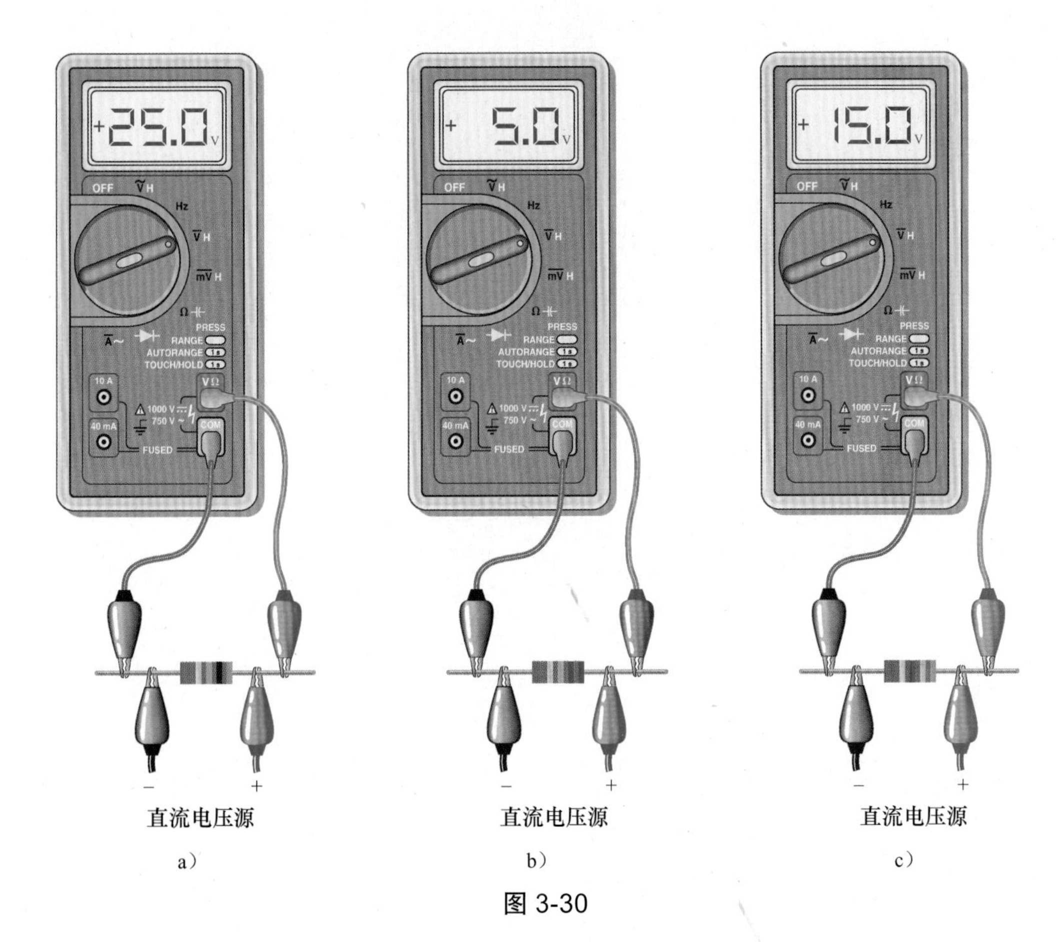


图 3-30

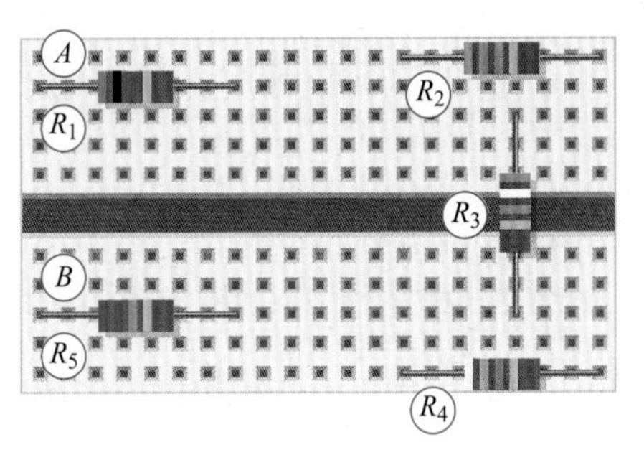


图 4-3

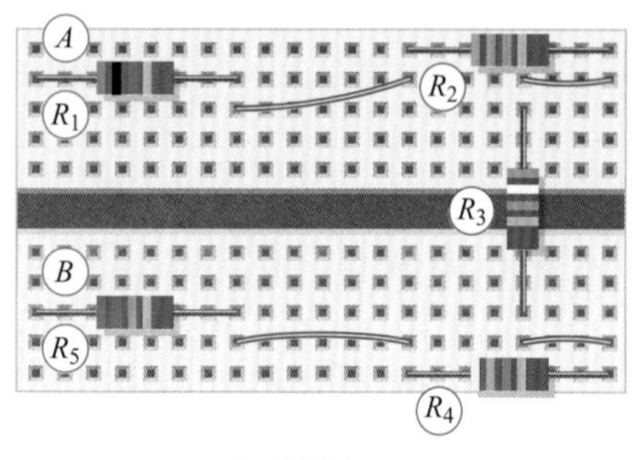


a）装配图

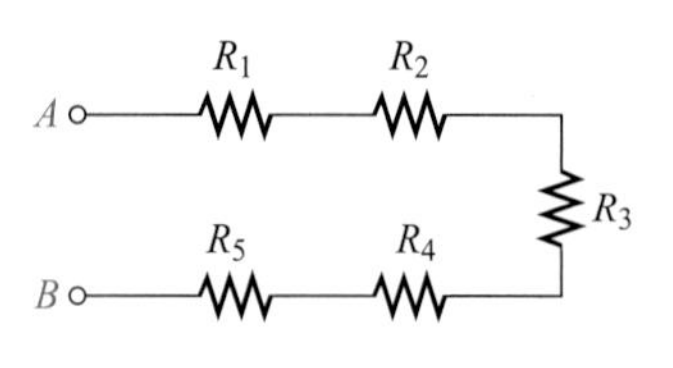


b）原理图

图 4-4

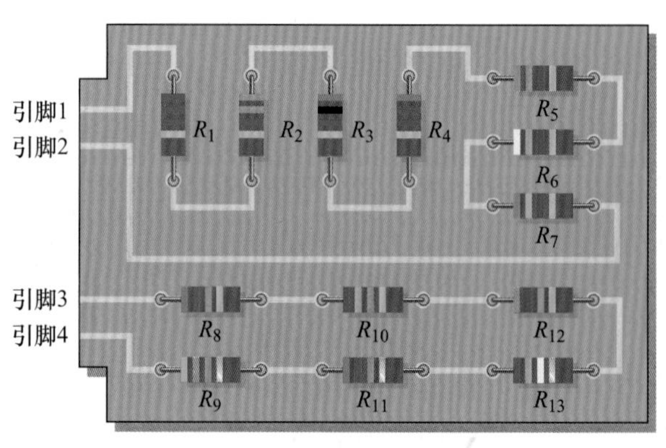


图 4-5

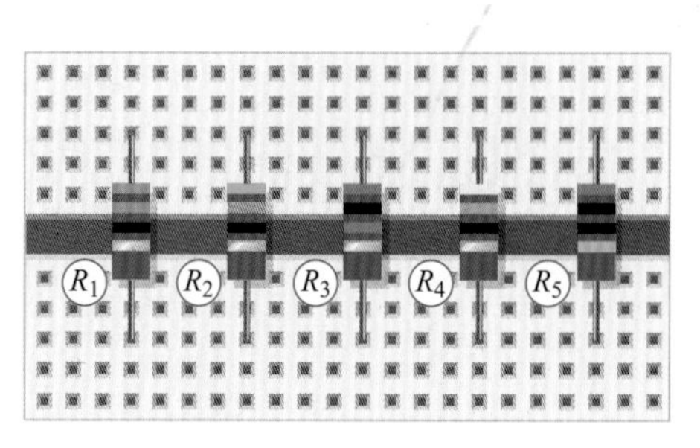


图 4-9

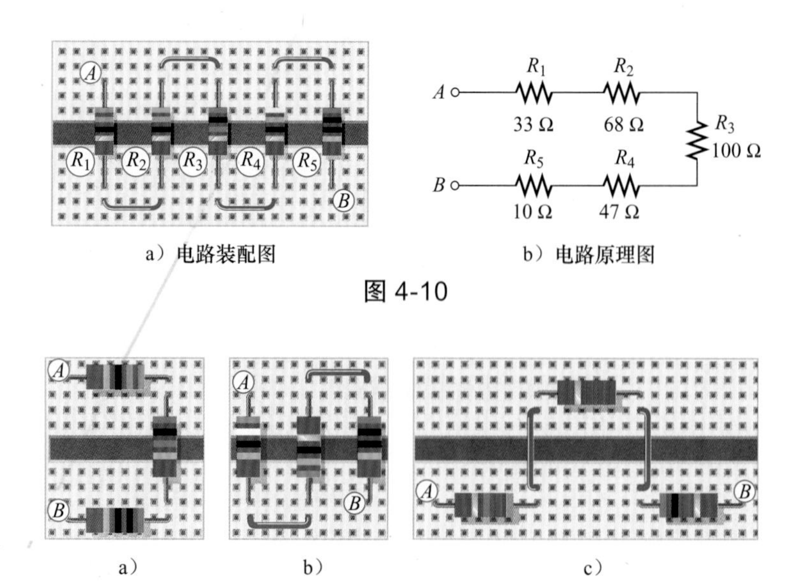


a）电路装配图

b）电路原理图

图 4-10



a）

b）

c）

图 4-13

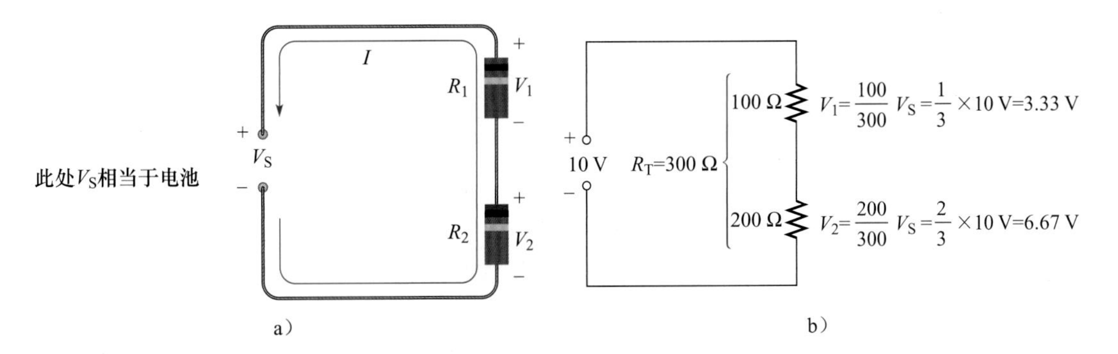


图 4-37

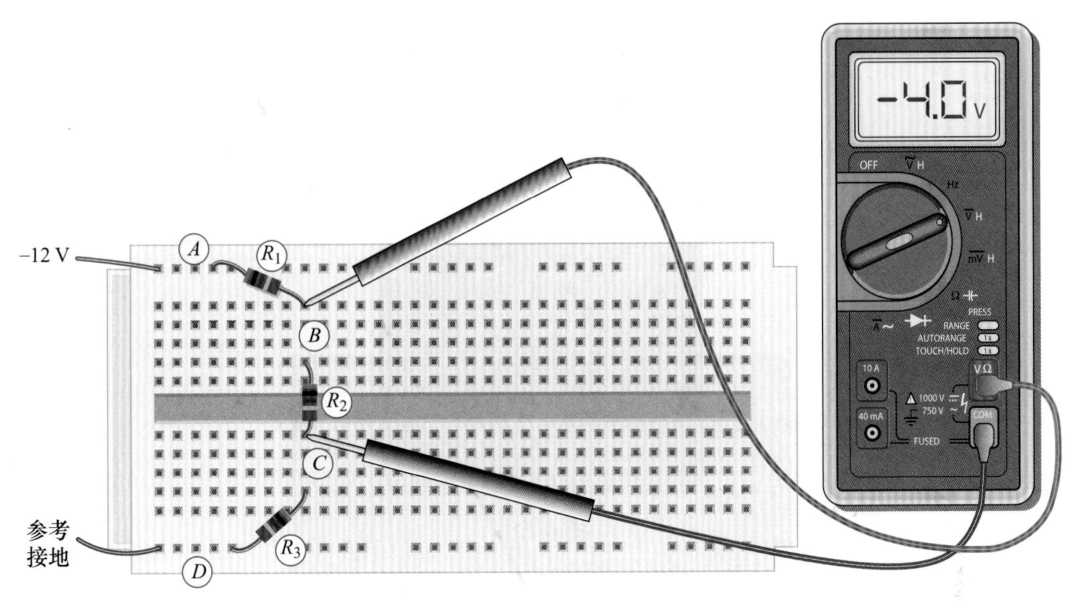


图 4-52

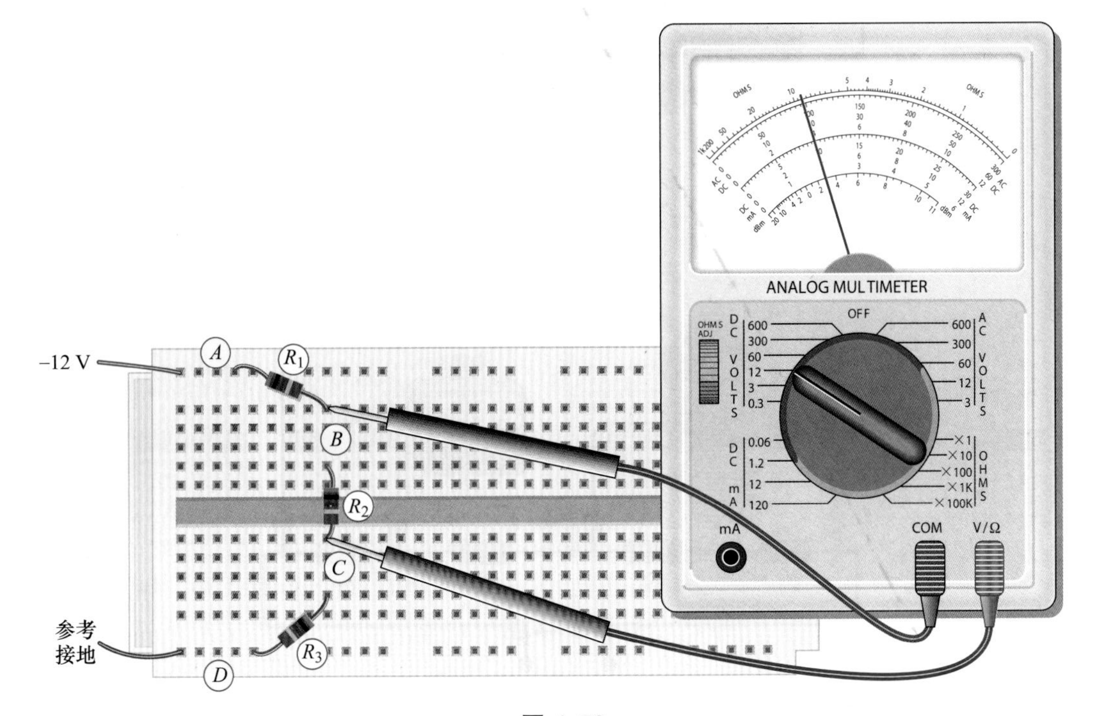


图 4-53

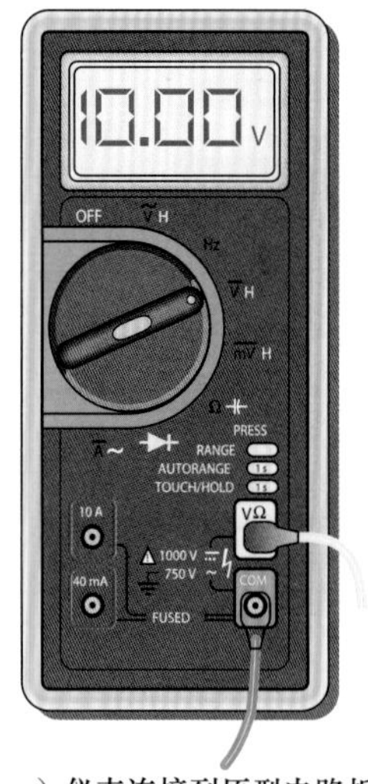


a）仪表连接到原型电路板

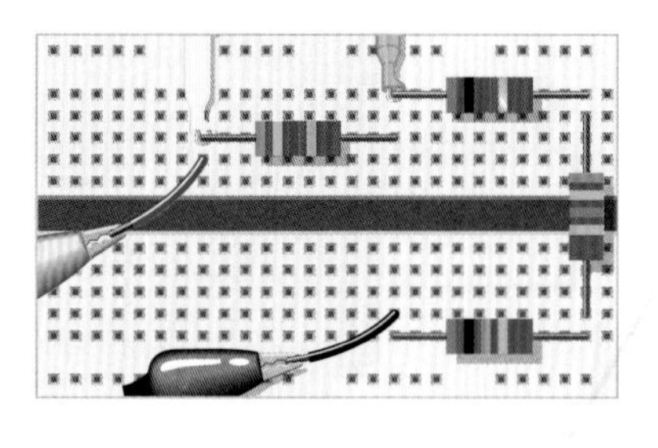

b）连接仪表引线（黄色和绿色）和电源引线（红色和黑色）的原型电路板

图 4-75

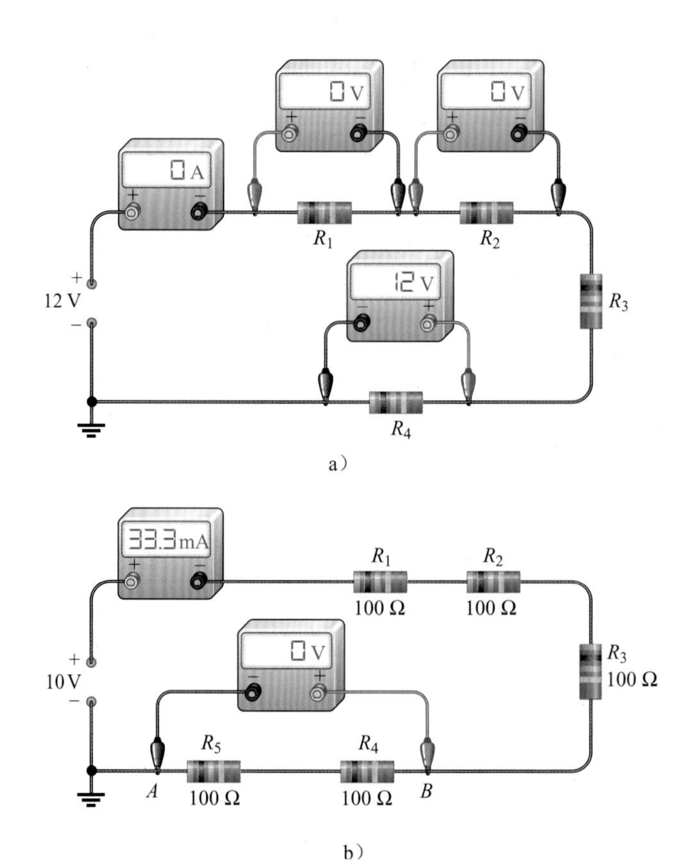


图 4-78

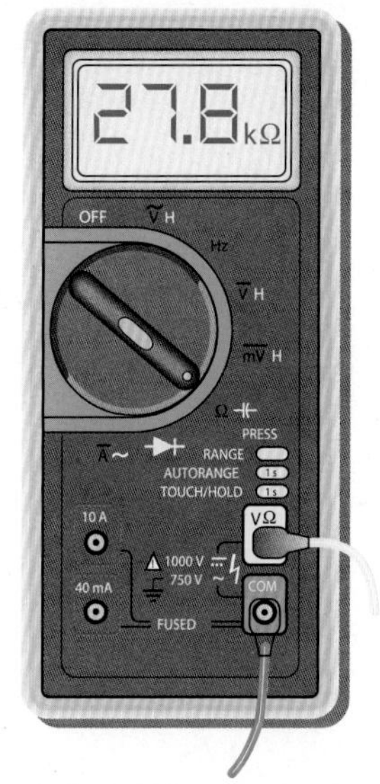


a）仪表连接到原型电路板

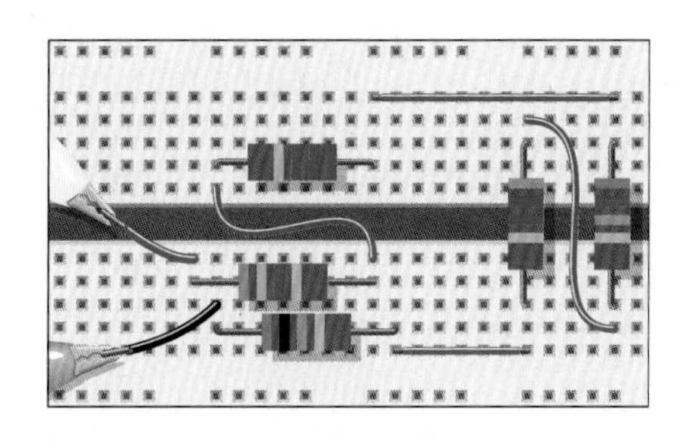

b）连接仪表引线的面包板电路

图 4-79

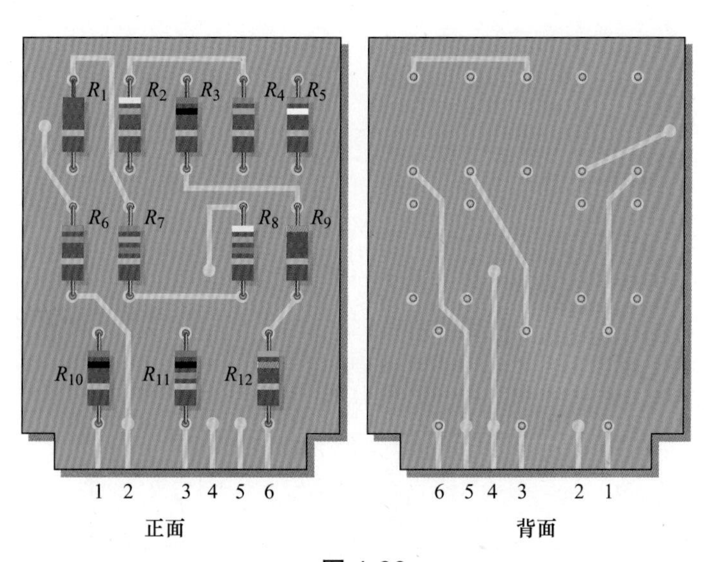


正面　　背面

图 4-83

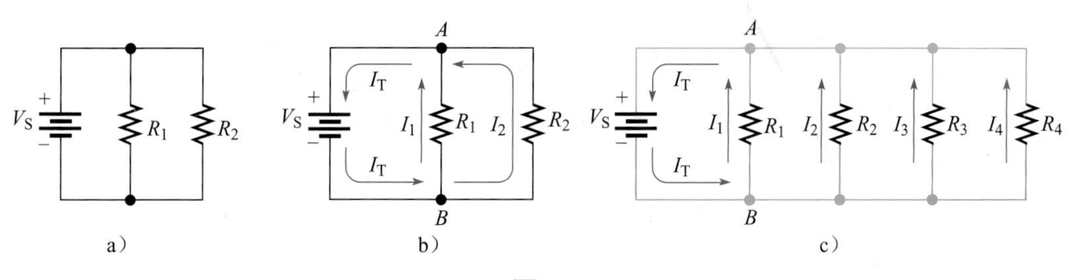


a）　b）　c）

图 5-1

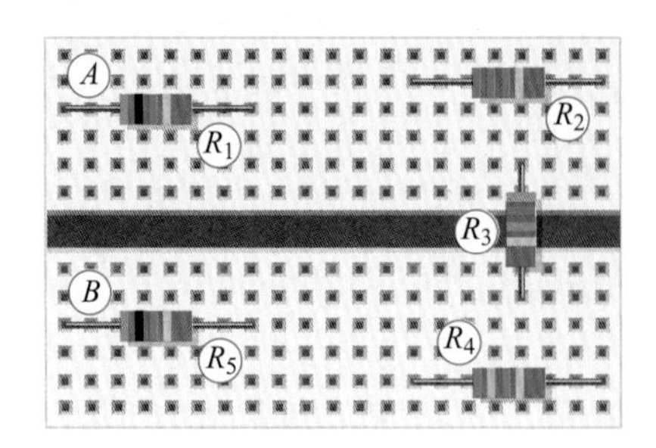


图 5-3

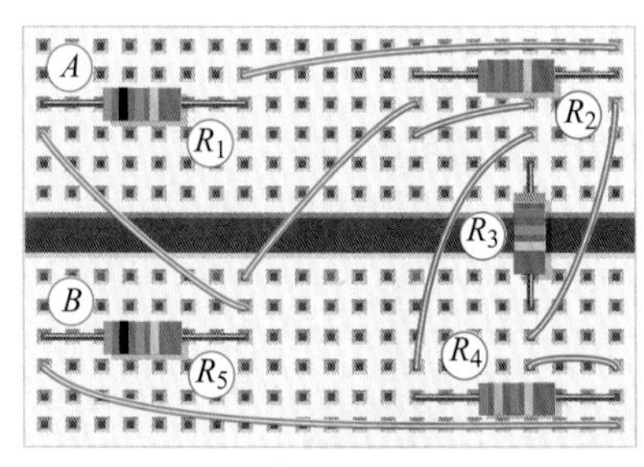


a）电路装配图

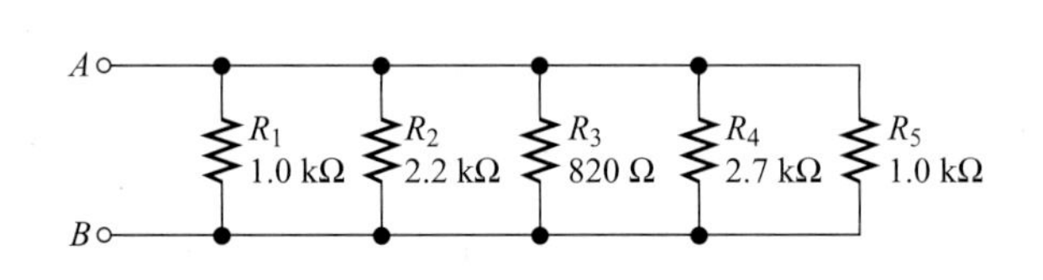


b）电路原理图

图 5-4

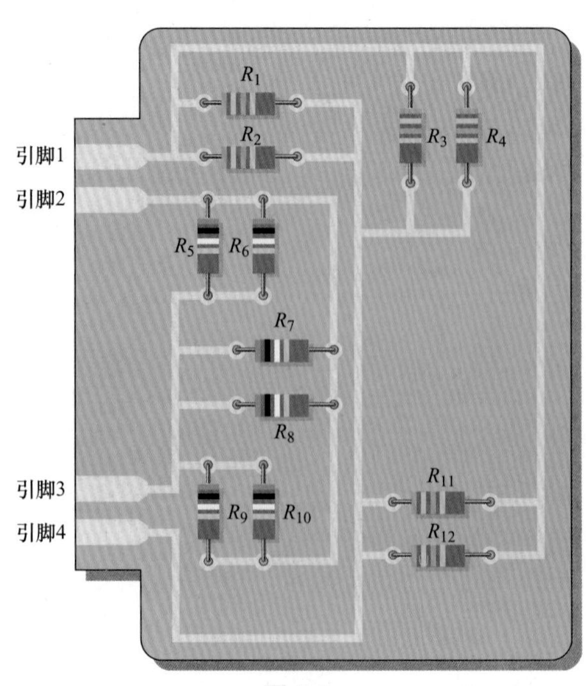


图 5-5

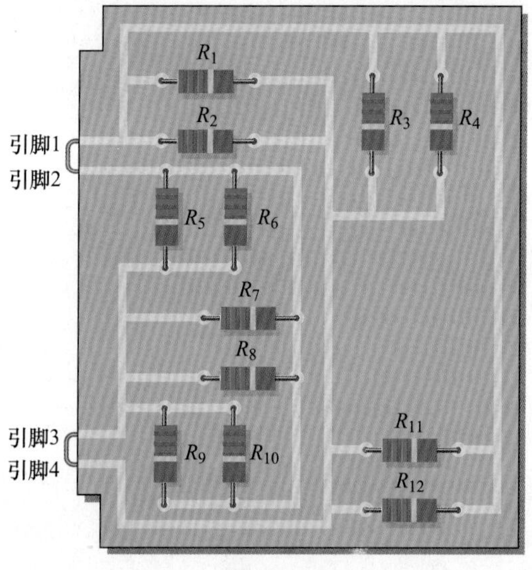


图 5-14

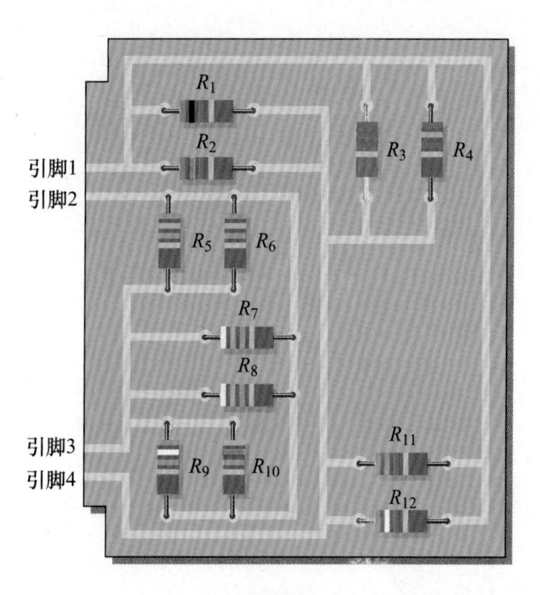


图 5-45

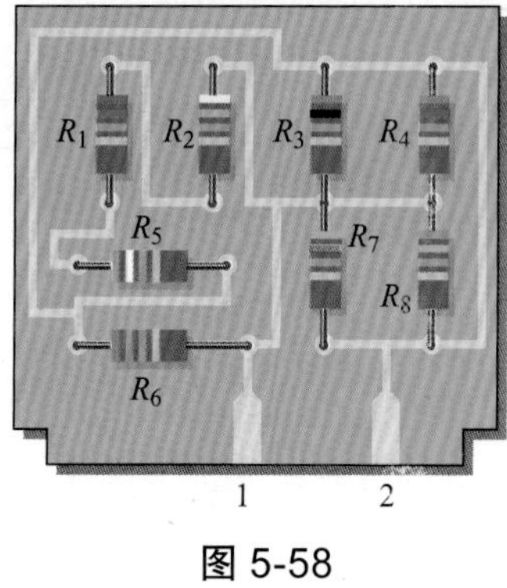


图 5-58

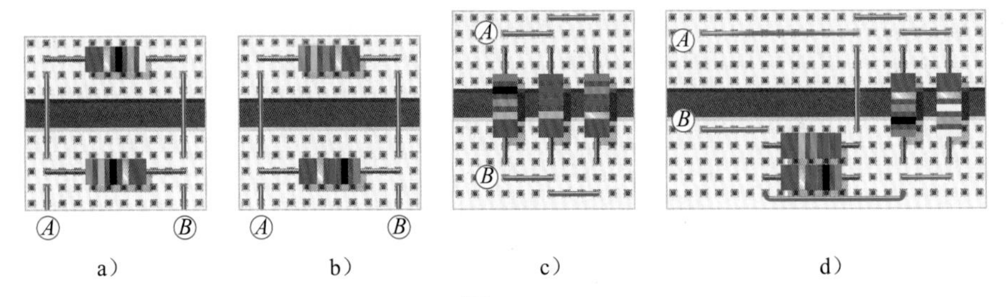


图 5-59

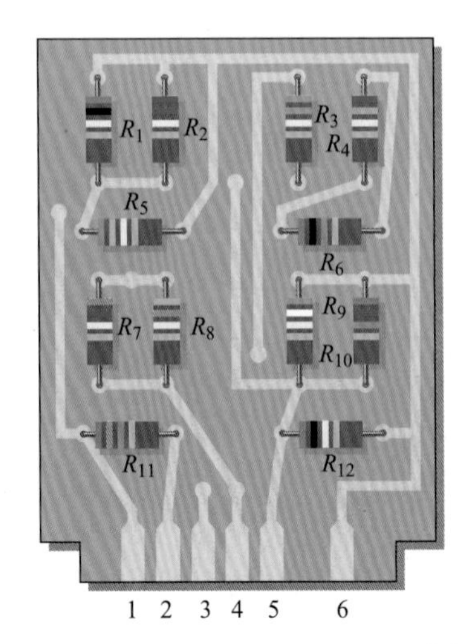


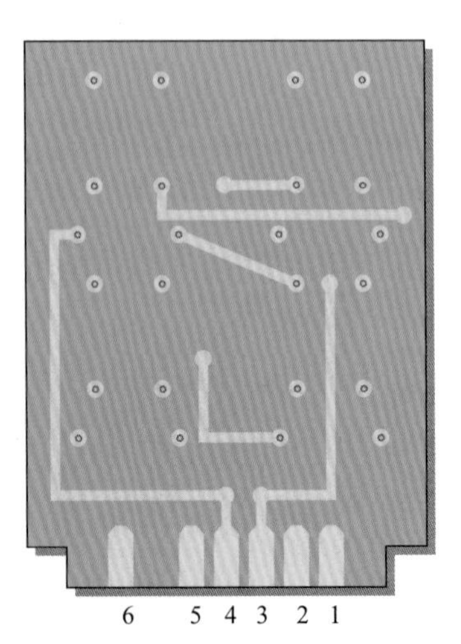


图 5-77

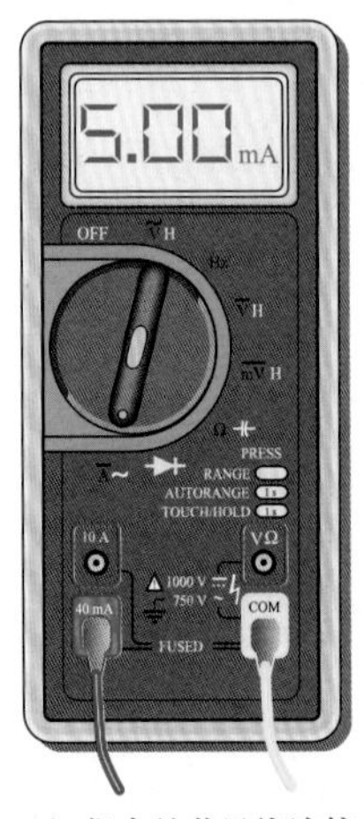


a）仪表的黄导线连接至电路板，红导线连接至25 V电源的正极端子

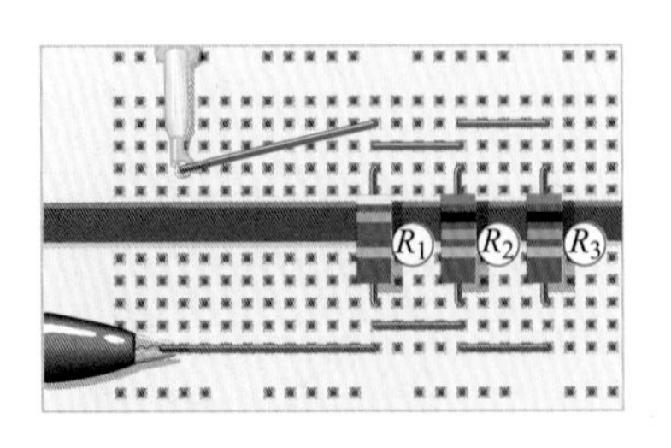


b）在电路板上连接导线。黄色导线来自仪表，灰色导线来自25 V电源接地，红色导线的电压为+25 V

图 5-80

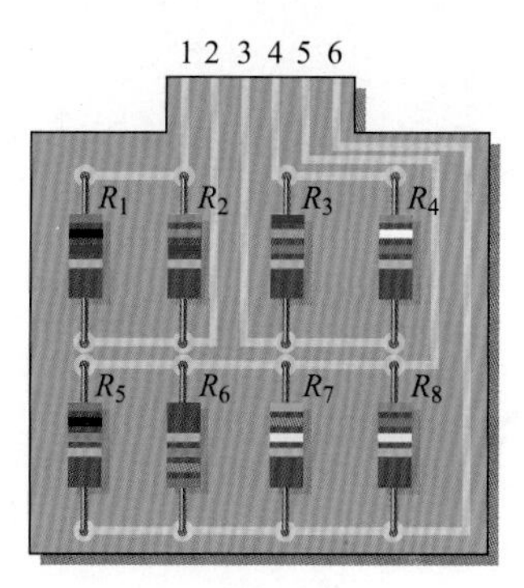


图 5-81

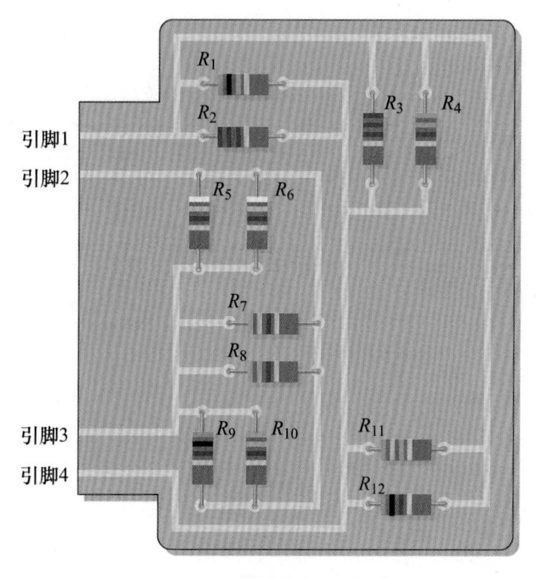


图 5-82

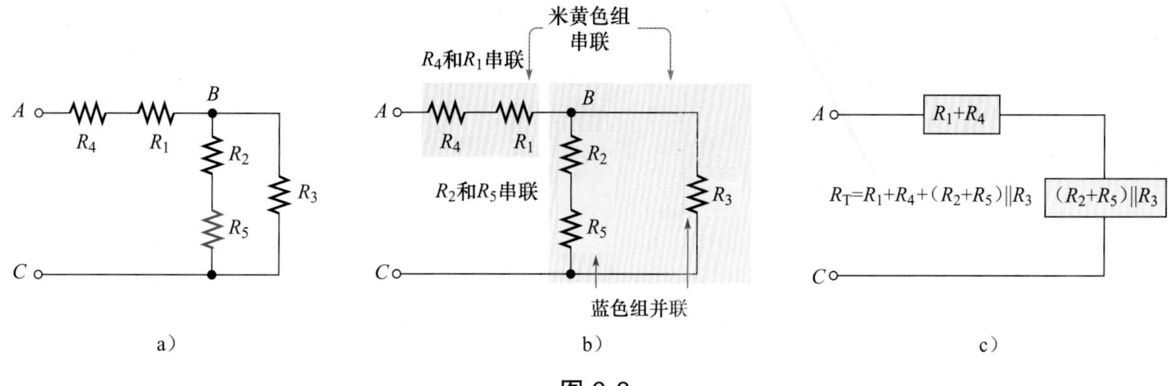


图 6-3

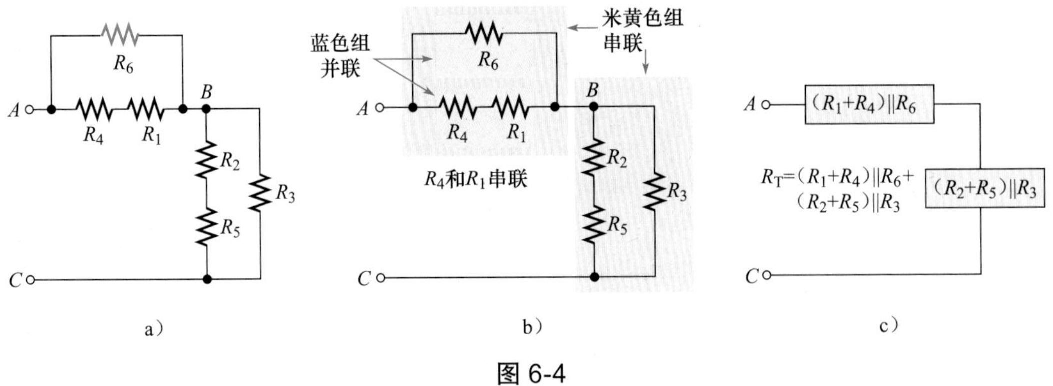


图 6-4

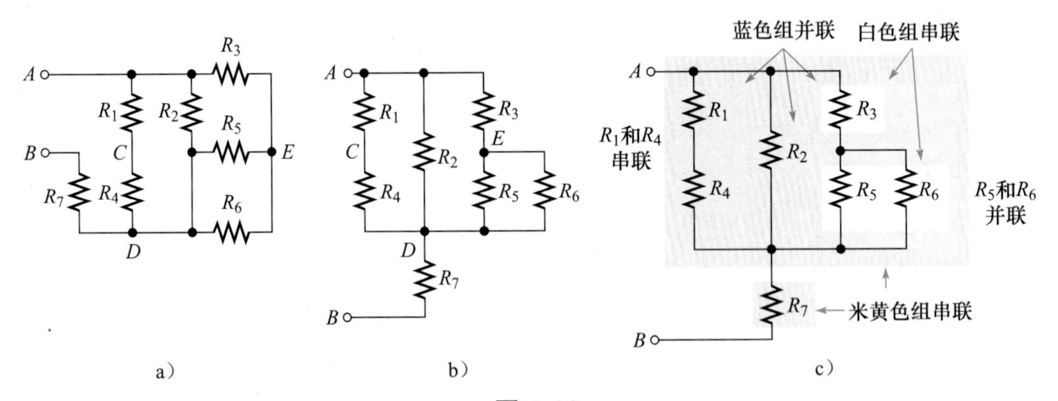


图 6-12

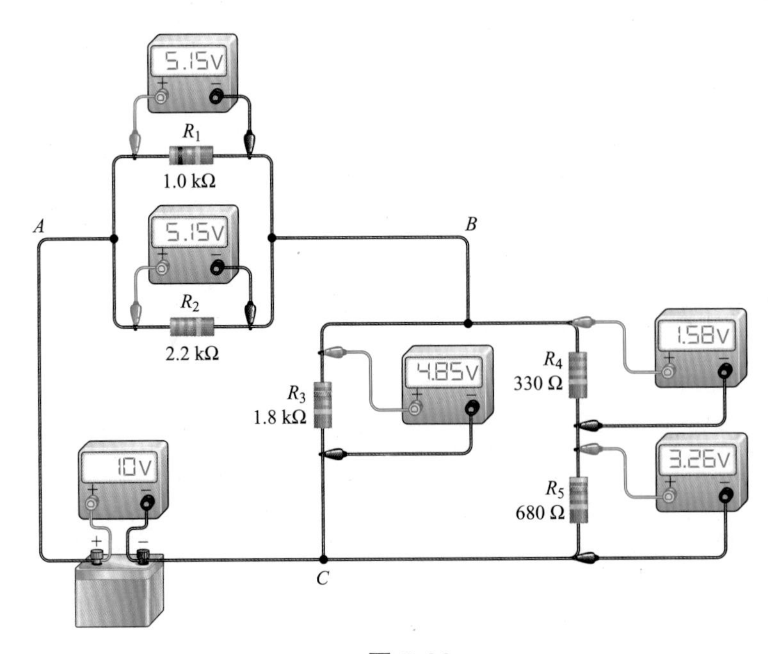


图 6-20

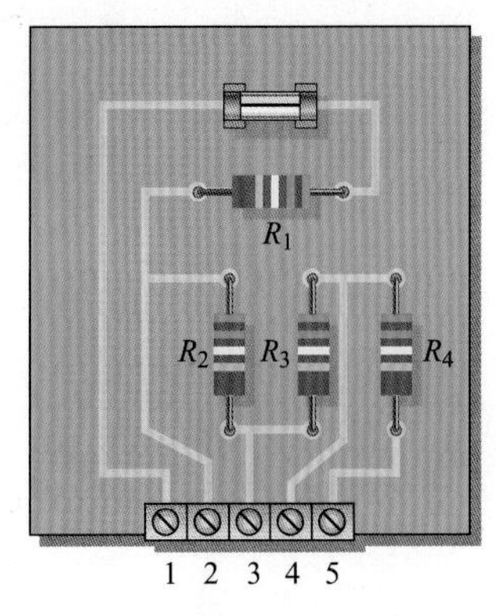


图 6-70

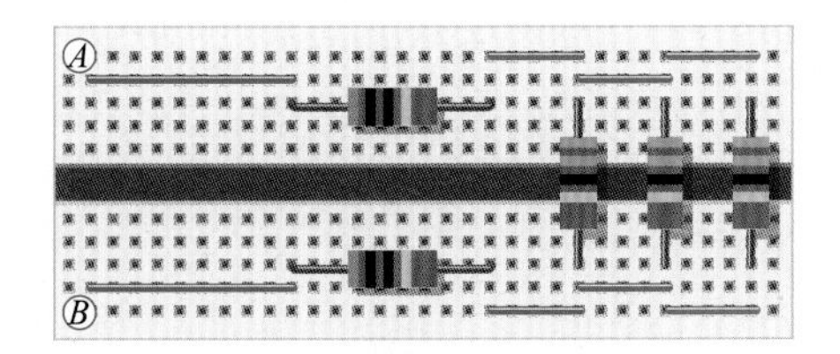


图 6-77

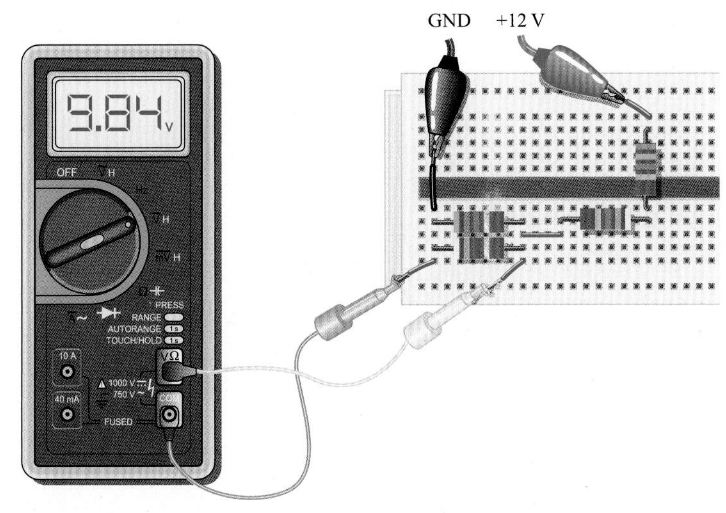


a）电表连接至电路板

b）与电表连接的电路板，红色和黑色引线与12 V直流电源相连

图 6-87

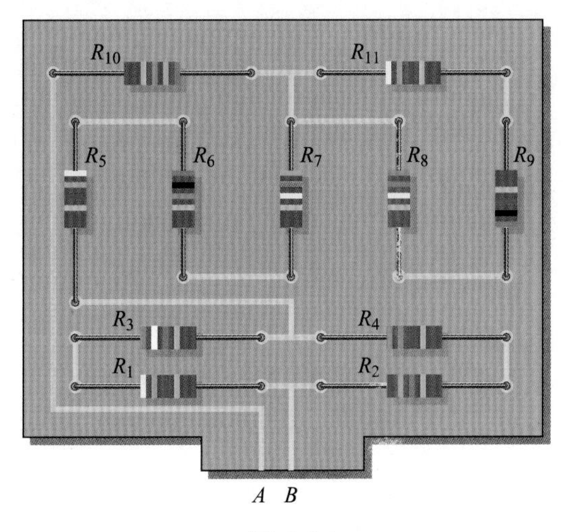


图 6-91

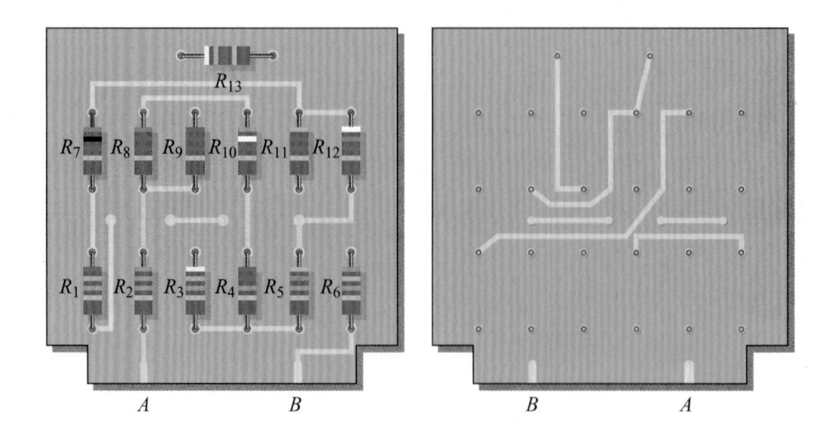


图 6-102

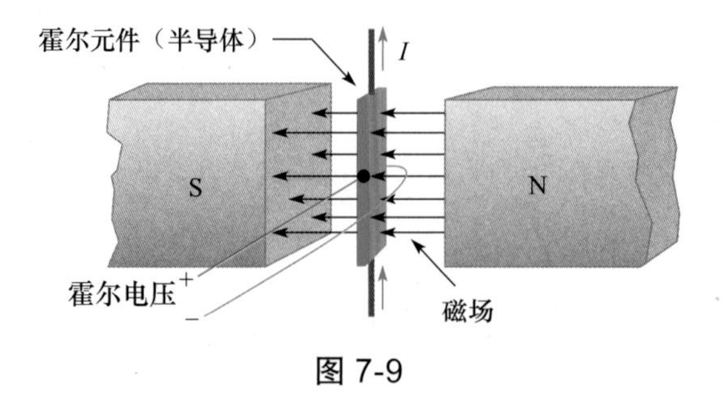


图 7-9

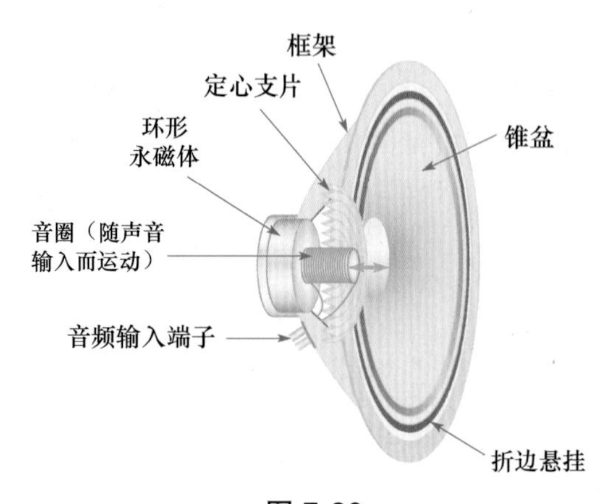


图 7-23

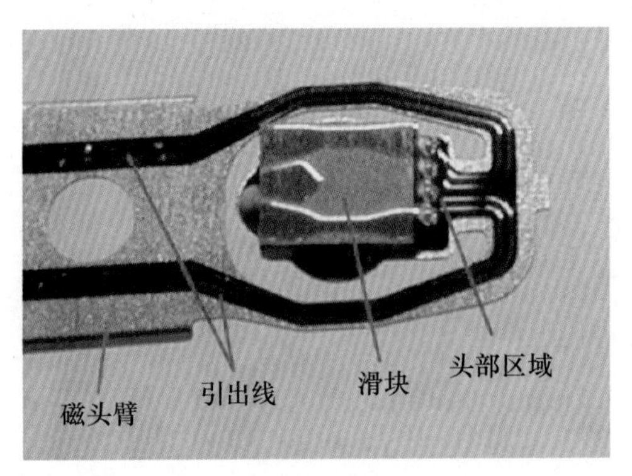


a）磁阻式读磁头

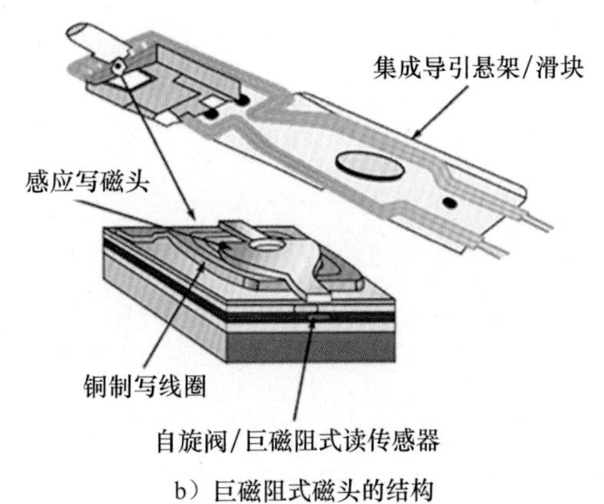


b）巨磁阻式磁头的结构

图 7-27

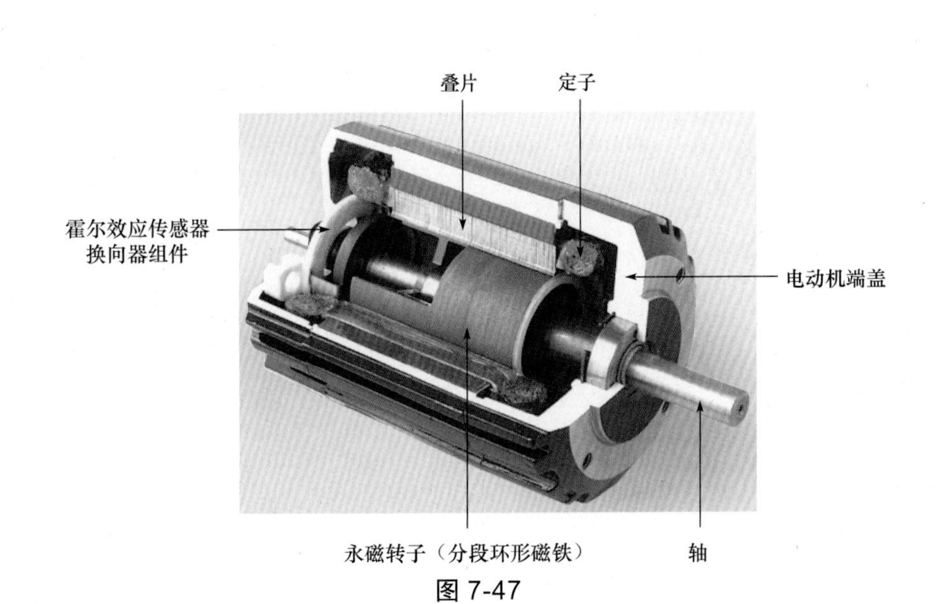


图 7-47

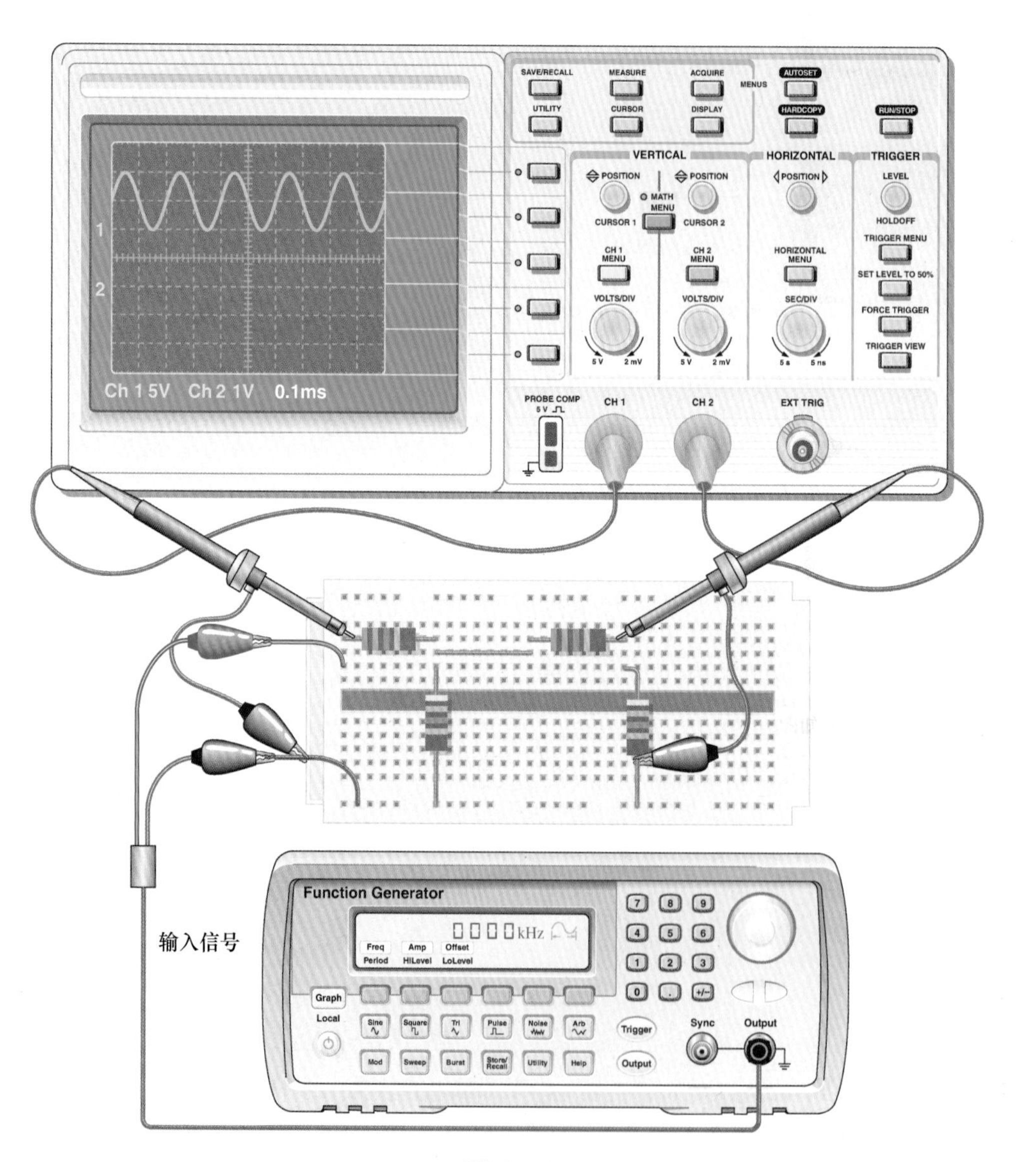
SAVE/RECALL
MEASURE
ACQUIRE
MENUS
AUTOSET
UTILITY
CURSOR
DISPLAY
HARDCOPY
RUN/STOP
VERTICAL
HORIZONTAL
TRIGGER
POSITION
MATH MENU
POSITION
POSITION
LEVEL
CURSOR 1
CURSOR 2
HOLDOFF
CH 1 MENU
CH 2 MENU
HORIZONTAL MENU
TRIGGER MENU
SET LEVEL TO 50%
VOLTS/DIV
VOLTS/DIV
SEC/DIV
FORCE TRIGGER
TRIGGER VIEW
5 V
2 mV
5 V
2 mV
5 s
5 ns
Ch 1 5V Ch 2 1V 0.1ms
PROBE COMP 5 V
CH 1
CH 2
EXT TRIG
Function Generator
0000 kHz
Freq
Period
Amp
HiLevel
Offset
LoLevel
Graph
Local
Sine
Square
Tri
Pulse
Noise
Arb
Mod
Sweep
Burst
Store/Recall
Utility
Help
Trigger
Output
Sync
Output
输入信号

图 8-88

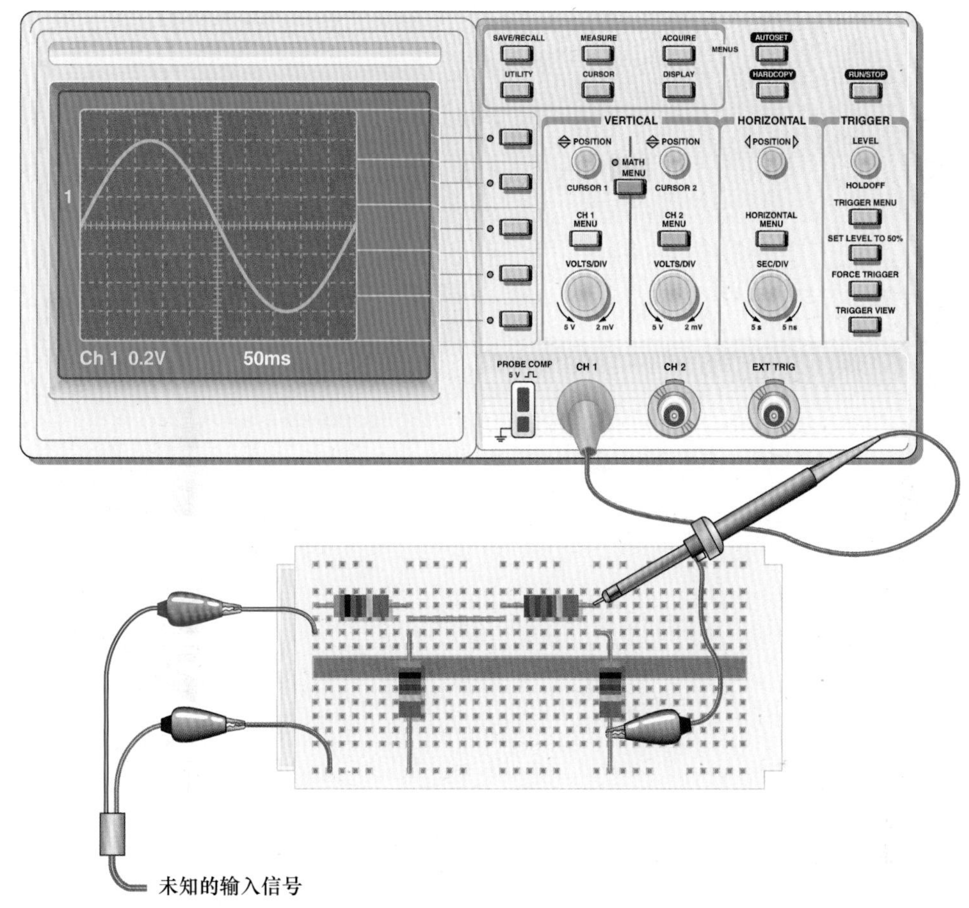
Ch 1 0.2V
50ms
SAVE/RECALL
MEASURE
ACQUIRE
MENUS
AUTOSET
UTILITY
CURSOR
DISPLAY
HARDCOPY
RUN/STOP
VERTICAL
HORIZONTAL
TRIGGER
POSITION
MATH MENU
CURSOR 1
CURSOR 2
LEVEL
HOLDOFF
TRIGGER MENU
CH 1 MENU
CH 2 MENU
HORIZONTAL MENU
SET LEVEL TO 50%
VOLTS/DIV
SEC/DIV
FORCE TRIGGER
TRIGGER VIEW
PROBE COMP
CH 1
CH 2
EXT TRIG
未知的输入信号

图 8-89

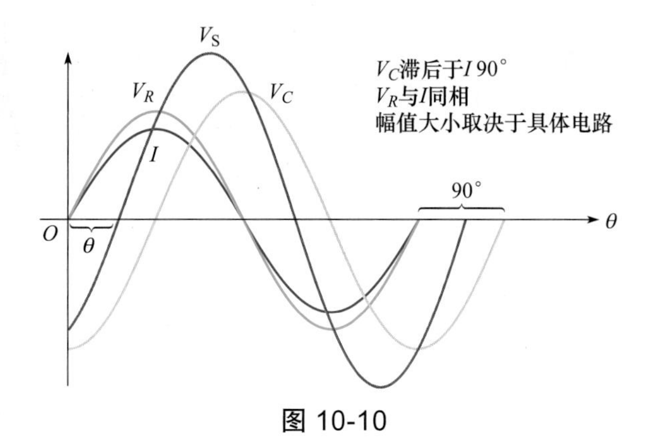
$V_S$
$V_R$
$V_C$
$I$
$V_C$滞后于$I$ 90°
$V_R$与$I$同相
幅值大小取决于具体电路
90°
$O$
$\theta$
$\theta$

图 10-10

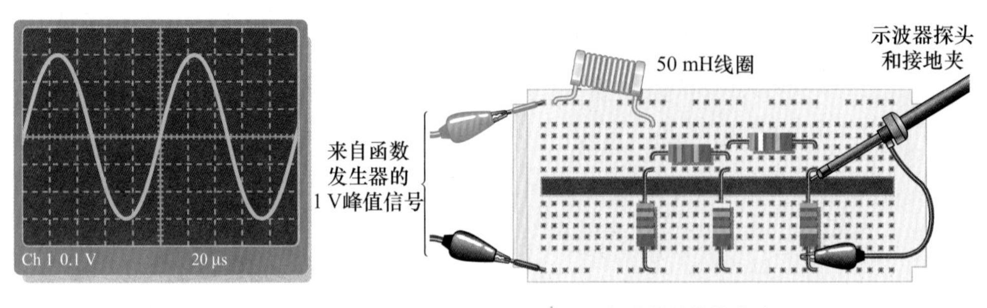


a）示波器显示器　　　　b）连接导线的电路

图 12-75

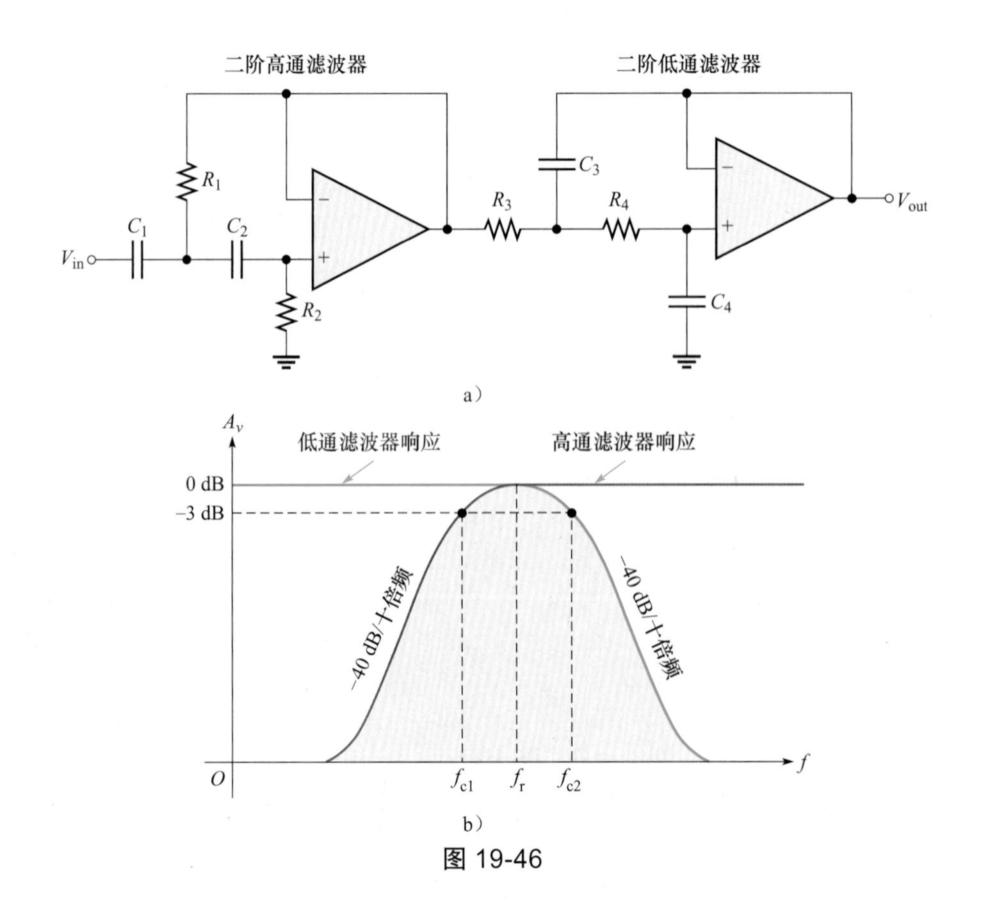


图 19-46

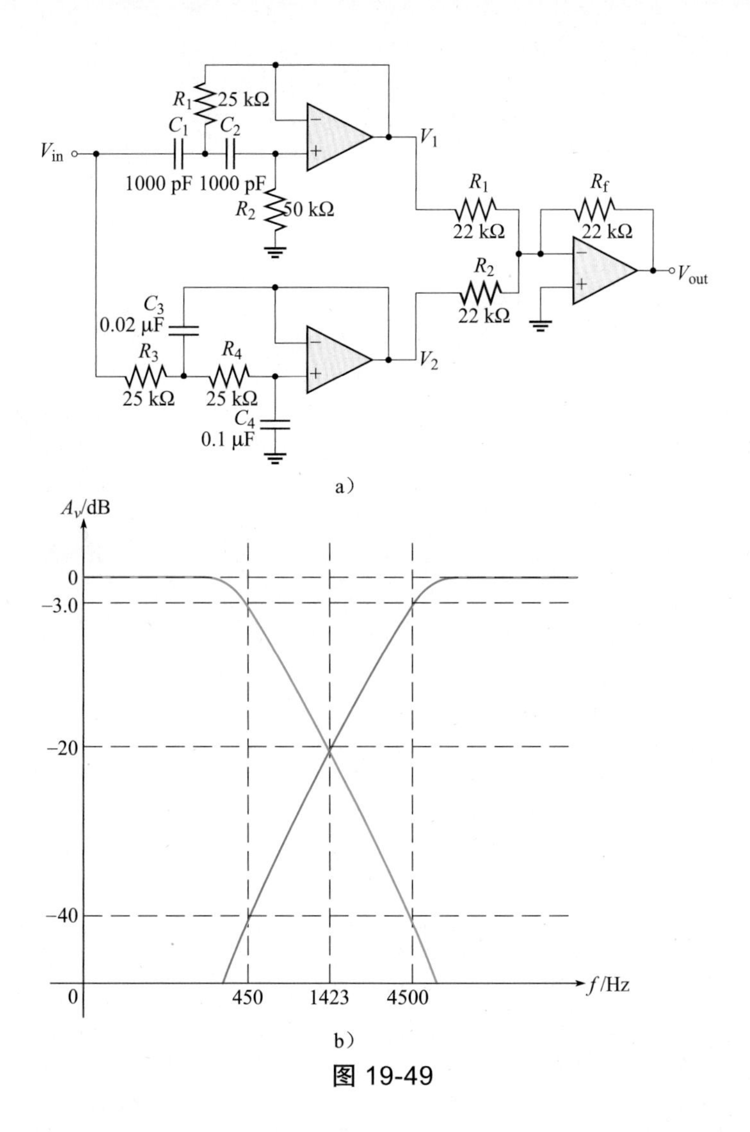
$V_{in}$
$R_1$ 25 kΩ
$C_1$
$C_2$
1000 pF 1000 pF
$R_2$ 50 kΩ
$V_1$
$R_1$
22 kΩ
$R_f$
22 kΩ
$R_2$
22 kΩ
$V_{out}$
$C_3$
0.02 μF
$R_3$
25 kΩ
$R_4$
25 kΩ
$C_4$
0.1 μF
$V_2$
a)
$A_v$/dB
0
−3.0
−20
−40
0
450
1423
4500
f/Hz
b)
图 19-49

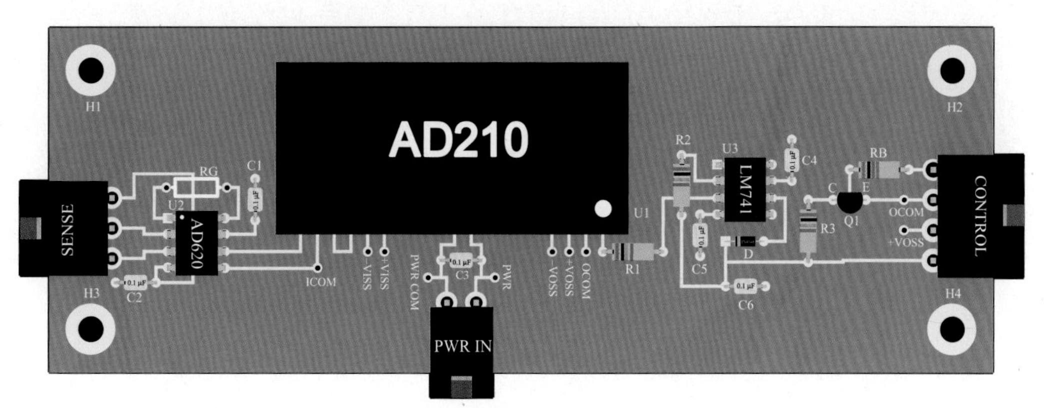
AD210
SENSE
AD620
U2
RG
C1
C2
H1
H2
H3
H4
ICOM
−VISS
+VISS
PWR COM
C3
PWR
PWR IN
−VOSS
+VOSS
OCOM
U1
R1
R2
U3
LM741
C4
C5
C6
D
R3
Q1
RB
C
E
OCOM
+VOSS
CONTROL
图 20-45

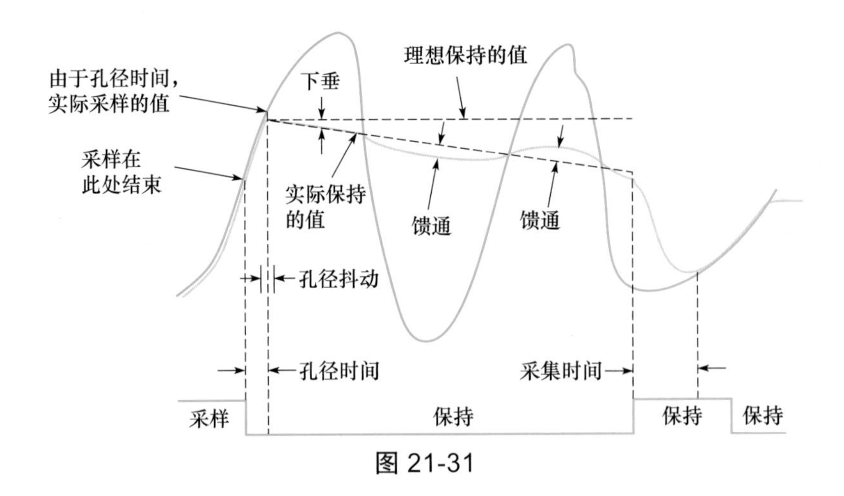
由于孔径时间，
实际采样的值
理想保持的值
下垂
采样在
此处结束
实际保持
的值
馈通
馈通
孔径抖动
孔径时间
采集时间
采样
保持
保持
保持

图 21-31

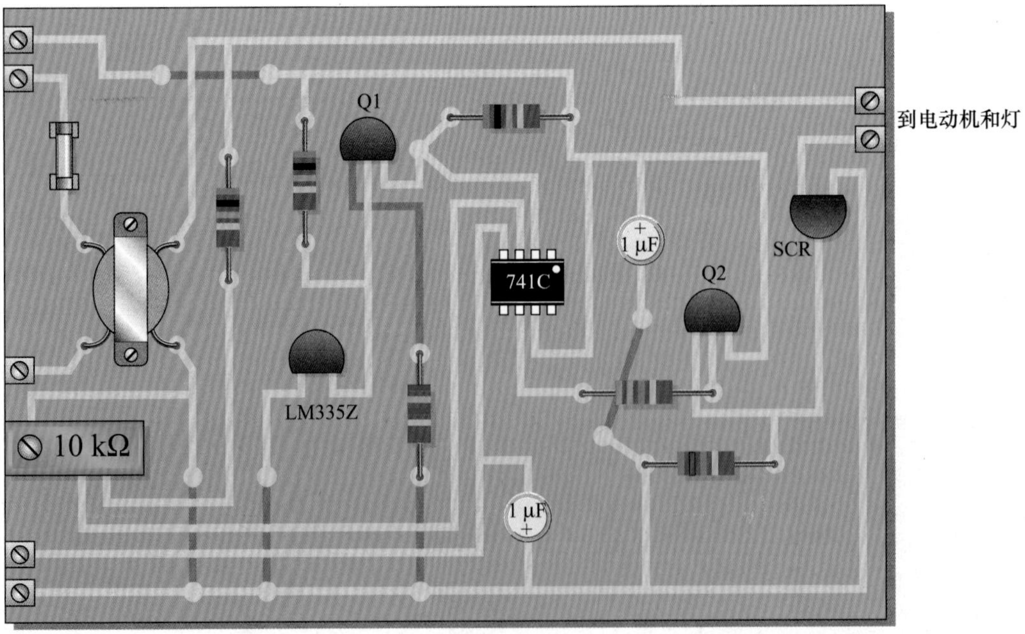

图 21-43

信息技术经典译丛

# Electronics Fundamentals

## Circuits, Devices, and Applications Ninth Edition

# 工程电路、器件及应用

## （原书第9版）

托马斯·L. 弗洛伊德（Thomas L. Floyd）
[美] 大卫·M. 布奇拉（David M. Buchla） 著
加里·D. 斯奈德（Gary D. Snyder）
王宏伟 王佳 章艳 刘惠 董维杰 陈希有 解永平 李冠林 译

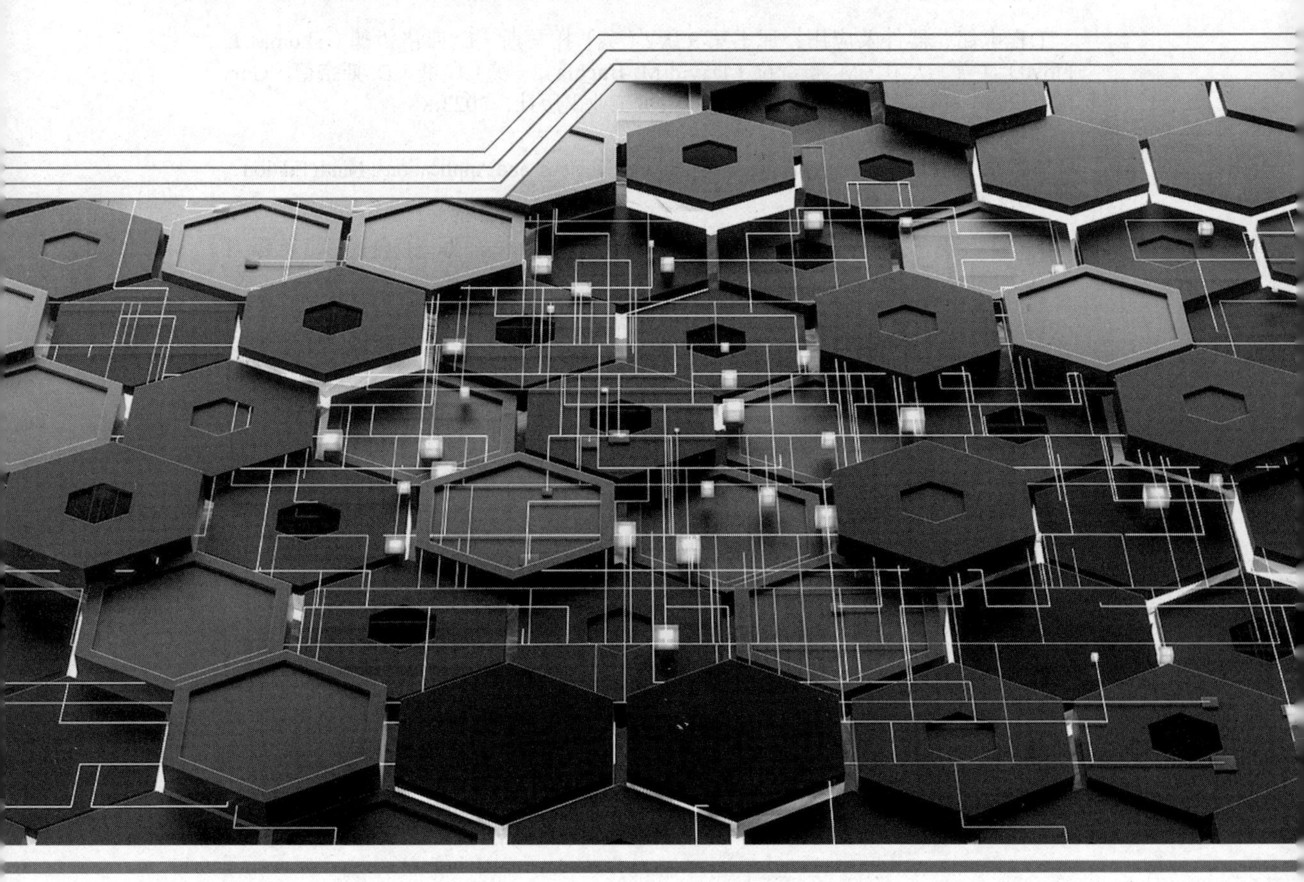

机械工业出版社
CHINA MACHINE PRESS

**图书在版编目（CIP）数据**

工程电路、器件及应用：原书第 9 版 /（美）托马斯 · L. 弗洛伊德（Thomas L. Floyd），（美）大卫 · M. 布奇拉（David M. Buchla），（美）加里 · D. 斯奈德（Gary D.Snyder）著；王宏伟等译．—北京：机械工业出版社，2023.8

（信息技术经典译丛）

书名原文：Electronics Fundamentals: Circuits, Devices, and Applications, Ninth Edition

ISBN 978-7-111-73365-2

Ⅰ. ①工…　Ⅱ. ①托…　②大…　③加…　④王…　Ⅲ. ①电路　②元器件　Ⅳ. ① TM13　② TB4

中国国家版本馆 CIP 数据核字（2023）第 111485 号

机械工业出版社（北京市百万庄大街 22 号　邮政编码 100037）

策划编辑：王　颖　　　　　责任编辑：王　颖

责任校对：刘雅娜　张　薇　责任印制：张　博

保定市中画美凯印刷有限公司印刷

2023 年 9 月第 1 版第 1 次印刷

185mm × 260mm · 58 印张 · 12 插页 · 1517 千字

标准书号：ISBN 978-7-111-73365-2

定价：249.00 元

| 电话服务 | 网络服务 |
| --- | --- |
| 客服电话：010-88361066 | 机　工　官　网：www.cmpbook.com |
| 010-88379833 | 机　工　官　博：weibo.com/cmp1952 |
| 010-68326294 | 金　　书　　网：www.golden-book.com |
| **封底无防伪标均为盗版** | 机工教育服务网：www.cmpedu.com |

# 译者序

本书是一部介绍电路原理与工程应用的入门书。书中既介绍了电路原理、电子技术的基本内容，还通过大量篇幅联系工程实际，与时俱进地介绍安全、环保等相关内容。我们在翻译过程中，始终能感受到作者独具匠心的构思，细腻自然的笔法，娓娓道来的语气，内容更是图文并茂、赏心悦目，使人兴趣盎然。本书的特色如下。

**1. 内容丰富的开篇前言**

本书的前言除了按惯例介绍新增内容、本版特色外，还着重介绍与之配合使用的读者资源；说明了章节前后安排，给出了学习内容的取舍建议；指出了读者应如何阅读、如何完成各种工程电路习题；强调了基础理论的重要性。

**2. 寻源探本地介绍电路原理**

本书面向零起点的读者（有高中知识即可学习），寻源探本地讲述电路原理。本书从原子模型（原子核、电子层、电子轨道、电子能级）讲到正电荷与负电荷的由来、自由电子与束缚电子的区别等，尤其详细地介绍了铜原子结构的特殊性——这决定了铜导电的优越性。此外，本书对电源、电容、电感、互感、变压器等电路元器件，花了很多篇幅图文并茂地介绍它们的实际物理构造，而不是简单地人为定义或用元件符号抽象表示。本书的最大特点是，以电子流动方向作为电路分析的电流参考方向。本书从最基本的起点介绍串联分压、并联分流、磁、磁滞、电磁感应、左手定则（与右手定则对应）等内容。

**3. 温馨的小贴士**

本书包含了许多小贴士，如人物小贴士、安全小贴士、技术小贴士等。在人物小贴士中，介绍了库仑、法拉第、欧姆、伏特、安培、特斯拉、瓦特、焦耳、基尔霍夫、戴维南、麦克斯韦、赫兹、爱迪生等科学家和发明家，体现对科学家的敬仰。在安全小贴士中，介绍了如何安全更换熔断器，强调不要戴戒指操作电路，刚断电时不要触碰电阻等。在技术小贴士中，指出不要同时使用新旧电池，不要使用不同型号的电池；针对变压器的检查，讨论如何使用信号发生器来检查电压比；讨论示波器上交流耦合与直流耦合的区别等。这些内容工程实践性强，有实训、实操、实练的工程价值。

**4. 细腻自然地阐述内容**

在直流电路部分，串联电路、并联电路、串 - 并联电路各占一章。作者对这些电路结构如数家珍，描述细腻亲切，包括如何在面包板和电路图上识别这些电路连接。在交流电路部分，*RC* 电路、*RL* 电路、*RLC* 电路各占一章，每章都包含串联、并联以及串 - 并联电路的分析。作者分别在直流电路和交流电路两部分阐述电路定理，体现两种电路下电路定理的联系和区别。在元器件部分，二极管及其应用、晶体管及其应用各占一章，运算放大器占三章，详细阐述了二极管、晶体管和运算放大器的内部结构、材料构成及工作原理，分析了二极管、晶体管、运算放大器的典型应用电路。

**5. 独具匠心地构思应用案例**

丰富的工程应用案例是本书的特色，几乎每章都包含与本章内容相关的应用案例。这些应用案例不只介绍一种具体应用，更重要的是留给读者许多启发与思考，让读者通过实践来完成设计（例如，设计电阻箱时，如何考虑成本，如何检查所完成的设计是否合理，等等），培养读者“纸上得来终觉浅，绝知此事要躬行”的实践精神。

**6. 融会贯通地讲述故障排查**

贯穿全书的故障排查是本书的又一特色。作者通过排查故障的过程强调理论基础的重要性，并努力提高读者的参与意识。在排查故障时，多次用到“分析、规划和测量”的方法（简称 APM 法），以及判断某些电路故障的“半分割法”，在实际工作中这些都是很实用的方法。所排查的故障包括串联电路、并联电路、串 – 并联电路、直流电路、交流电路、二极管电路、晶体管电路、运算放大器电路中的元器件开路故障和短路故障等，例如电阻虚焊、焊料飞溅、电阻烧断、电容漏电、电容开路、电容短路、电感开路、晶体管工作偏置设定和运算放大器工作方式等。本书通过故障的排查，培养读者发现问题、分析问题和解决问题的工程实践能力。

**7. 丰富的练习题**

为了使读者保持新鲜感，实现对基本内容的反复练习，本书编写了风格各异的练习题。这些练习包括：仿照例题就可以完成的同步练习，每节末的学习效果检测，具有选择题性质的自我检测，对 / 错判断，按节安排的分节习题。最有特色的是电路行为变化趋势判断类的练习题，它利用已经画出的电路图，让某个条件发生变化，然后判断某个结果是增大、减小还是保持不变，就像做游戏一样来展开，培养读者做到“知其然、知其所以然、知其所以必然”。

**8. 知行合一的工程观点**

本书除了在应用案例中加强理论与实践的联系外，在正文中也不失时机地联系工程实际，例如电阻的色环编码、参数标签，实际电阻的类型，电阻的标称值，导线规格电阻和额定电流的关系，电磁阀、扬声器和表头等多种电磁设备，直流发电机、交流发电机的工作原理，汽车照明系统，住宅供电系统等。这些联系工程实际的内容，使理论内容达到了学以致用的效果。

参加本书翻译的人员有：王宏伟（前言，第 1、2、8、9、11、14 章）、董维杰（前言）、解永平（第 3 章）、刘惠（第 4 ～ 6 章）、李冠林（第 7 章）、章艳（第 10、12、13 章）、陈希有（第 15 章、附录）、王佳（第 16 ～ 21 章）。全书由王宏伟统稿。本书译者都从事电路课程教学，并有双语教学能力和国外进修经历。面对本书如此丰富的内容，译者花费了大量心血，尽到了最大努力，以保证本书的翻译质量，满足读者的需要；但本书涉猎广泛、内容众多，翻译不妥仍恐难免，敬请读者雅正。意见请直接发送至译者邮箱：wanghw@dlut.edu.cn。

感谢机械工业出版社引进这部优秀图书，并将翻译工作交给我们。

译者<br>于大连理工大学

# 前言

2018 年 4 月，我们得知汤姆 • 弗洛伊德去世的消息，深感悲痛。在过去的几十年里，他出版的图书为电子技术的发展做出了巨大贡献。他在电子学领域具有深邃而清晰的思维力、洞察力和创新力，他的卓越和不懈追求将被人们深深怀念。

本书作者有幸与他共事了 30 多年，因此本版继承了以前版本的电气和电子学基本概念、应用案例和故障排查方面的传统，除了保留第 8 版介绍的内容外，还进行了扩展，更新了原书中的材料并加入了一些新内容，如新的电池技术和可再生能源技术等。

本书分为 3 个主要部分：第 1 ～ 7 章为直流电路部分，第 8 ～ 15 章为交流电路部分，第 16 ～ 21 章为元器件部分。直流电路和交流电路部分涵盖了电阻、电容和电感的直 / 交流电路的内容。元器件部分介绍了电子元器件和电路的基本类型。

与上一版相比，本书增加了许多新的示例，以支持修订和扩展的主题，所有示例都经过了全面且准确的审阅。许多例子用计算器符号（▦）进行标记，给出了两种科学计算器（TI-84 Plus CE 和 HP Prime）的使用计算说明。许多例题都提供了 LTspice 和 Multisim 两种电路仿真文件。与以往版本一样，故障排查仍然是本版的重要组成部分，大部分章都有一节专门讨论该内容。另外，除第 1 章外的各章最后都提供了一个与该章内容相关的实际应用案例。

与之前的版本一样，本书将电子运动的方向作为电流方向。为了分析电路，一般有两种假定电流方向的方式，即电子流动方向和传统电流方向。就电路分析而言，这两种方法没有太大区别。电子流动方向是从电压源的负极通过负载，然后回到电压源的正极，它是电子通过导体的实际方向。传统电流方向是从电压源的正极通过负载，然后回到电压源的负极。虽然电流的影响是可以观察到的，但电流本身是看不到的，所以只要保持使用同种假设，这些假设方向不影响电路的分析。本书使用电子流动方向，即将电子的运动方向规定为电流的方向。

## 新增内容

- 增加了电子技术的最新发展和应用，如电池、SMD 组件、LED 应用、光电耦合器和光隔离器、霍尔效应传感器、多层 PCB 等。
- 修订了第 20 章，用新的仪表放大器、新的隔离放大器、新的施密特触发电路等替换旧的仪表放大器。增加了使用集成电路（IC）的电动机监控系统的多层 PCB 的制作。
- 增加了量纲分析、电气安全知识、绿色环保技术的 RoHS 指令、WEEE 指令的介绍和新的插图。
- 针对电磁兼容（EMC）问题，增加了在实际电路设计中的讨论。
- 增加了新的仪器和使用介绍，包括热成像仪，高斯计，任意函数、波形发生器和示波器（包括混合信号示波器）等。
- 针对无源元件，增加了磁阻随机存取存储器（MRAM）、平面磁器件、脉冲变压器、峰值变压器、聚合物电解电容器、超级电容器、铁氧体磁珠、热敏电阻、热电偶和热电偶信号调节器等讨论。

- 增加了固态器件介绍和设计考虑因素，包括肖特基二极管、新 LED 技术、新运算放大器和稳压器稳定性等。
- 在科学计算器的示例中，增加了计算器图形显示功能、方法和示例。
- 在故障排查的讨论中，增加了启发式解决问题方法，以及使用热成像仪检测热等内容。
- 增加了在线文件，包括故障电路排查、各章节电路的 Multisim 14 仿真文件，以及 LTspice Ⅳ视频教程文件等。

## 特色

- 仅要求读者具备基础代数和几何、三角的数学知识。
- 插图丰富。
- 每章开篇大多数包括学习目标、应用案例概述、引言等。
- 每章都有大量的例题，每个例题都包含问题和答案。大多数问题的解答都给出了详细计算步骤。
- 许多例题都给出了 Multisim 和 LTspice 仿真练习。
- 每小节的末尾基本都有学习效果检测题目，并在每章的末尾给出答案。
- 多数章包含故障排查方面的内容。
- 除第 1 章外，各章都有应用案例。
- 充实的安全小贴士、人物小贴士和技术小贴士。
- 每章末尾都有本章总结。
- 每章末尾都有对 / 错判断、自我检测的题目，答案在每章的末尾给出。
- 在大多数章的末尾，有练习故障排查的习题，答案在每章的末尾给出。
- 每章都有按节设计的习题，习题分成基本和较难两类，较难的习题用星号加以标注，本书末尾给出了奇数序号习题的答案。
- 本书使用标准的电阻和电容值。

## 读者资源

本书的配套网站（网址：www.pearsonhighered.com/careersresources）包括 Multisim 电路仿真文件、LTspice Ⅳ的入门教程、科学计算器的简介等，其中具有前缀 E 的文件指的是本书相关章节例题中的仿真电路，前缀为 P 的文件指的是本书相关章节习题中的仿真电路。所有电路均使用 Multisim 和 LTspice 软件创建。在配套网站上还有多项选择题、对 / 错题、填空题和电路分析测试，这些可以用来加强读者对本书内容的理解。

若要使用 Multisim 电路仿真文件，必须在计算机上安装 Multisim 软件，但这对于掌握本书的内容并非必不可少。

## 本书中计算器的使用

复杂数学问题的解答离不开计算设备。在 20 世纪 50 年代之前，计算尺是解决电子电路计算问题的常用设备。后来电子计算器和个人计算机的出现极大地简化了工程计算难题。早期的计算器仅限于解决简单的数值问题，但今天的可编程科学图形计算器可以分析电路。本书推荐两款价格相当的现代计算器：TI-84 Plus CE 和 HP Prime。这两种计算器都能够求解本书中的各种计算问题，并保证计算是正确的。

## 致读者

学习新知识的最好方式是阅读、思考和实践。本书将在这方面助你一臂之力。

仔细阅读课文的每一部分，并认真思考所阅读的内容。按照计算步骤一步一步地认真完成每道例题，然后再尝试求解与例题相关的同步练习。学完每节后，完成该节的学习效果检测。每章的末尾给出了同步练习和学习效果检测的答案。

利用每章末尾的本章总结对各章进行复习。完成对 / 错判断、自我检测和故障排查的题目，相关答案在各章末尾给出。最后求解各章的分节习题，并与本书末尾提供的奇数序号习题答案进行对照，检查是否有误。

要透彻地理解本书所涵盖的电学基本原理，这是重中之重。大多数单位更愿意接收既具备扎实的基础知识又具备实践能力，而且渴望掌握新概念和新技术的人才。

## 致谢

很多人参与了本书的修订工作，对书的内容和准确性进行了彻底的审阅和评述。我们感谢每一位审稿人和评述参与者。

非常感谢 Pearson 教育的 Tara Warrens、Deepali Malhotra，以及其他为书的开发和出版等多个环节做出贡献的专业人士，他们的努力使本书能够“步入正轨”。我们还对 Integra 公司的 Ashwina Ragounath 的辛勤工作和支持表示感谢，正是她的努力将我们的手稿变成了书籍。我们感谢国家仪器公司的 Mark Walters 和数码公司的 Kaitlyn Franz 协助准备 Multisim 文件。

Thomas L. Floyd
David M. Buchla
Gary D. Snyder

# 目录

## 第二部分 交流电路

## 附录

第一部分

# 直流电路

# 第 1 章

# 数值与单位

### 学习目标

- ▶ 用科学记数法表示数值
- ▶ 使用国际单位制的单位与词头
- ▶ 掌握国际单位制词头之间的转换
- ▶ 使用科学计算器以定点、科学和工程记数法表示数字
- ▶ 用恰当的有效数字表示测量数据
- ▶ 使用科学计算器显示所需的有效位数
- ▶ 识别电气危险和执行安全措施

### 应用案例概述

从第 2 章开始，每一章开始部分都有与该章内容相关的工程实际案例的概述。当学习完每一章时，应该能够运用所学知识完成应用案例。

### 引言

你必须熟悉电子电路中使用的测量单位，并能使用国际单位制词头以多种方式表示物理量。无论使用计算机、计算器，还是手工计算，科学记数法和工程记数法都是必不可少的记数手段。

## 1.1 科学与工程记数法

在电气和电子领域，你会遇到非常小和非常大的测量值。例如，在电力应用中的电流可达数百安培，而在电子电路中的电流甚至可为几微安培。工程记数法是科学记数法的一种特殊形式，在技术领域广泛用于表示物理量的大小。在电子学中，工程记数法用于表示电压、电流、功率、电阻等物理量的值。

**科学记数法** 科学记数法提供了一种表示和计算量值的便捷方法。在科学记数法中，一个数值可以表示为一个 1 ~ 10 之间的数字（小数点左边的数字，以下简称为系数）与 10 的指数幂的乘积。例如，用科学记数法 150 000 可表示为 $1.5\times10^5$，0.000 22 可表示为 $2.2\times10^{-4}$。

### 1.1.1 10 的指数幂

10 的指数幂包括正指数幂和负指数幂，以及对应的十进制数。一般情况下，$10^x$ 是以底数为 10 的指数幂，10 是底数，$x$ 是指数。

指数表示底数的小数点向右或向左移动的位数。对于正指数幂，小数点向右移动。例如 $10^4$ 为：

$$10^4=1\times10^4=1.000\ 0.=10\ 000.$$

对于负指数幂，小数点向左移动，例如 $10^{-4}$ 为：

$$10^{-4}=1\times10^{-4}=.0001.=0.0001$$

负指数幂并不表示数字为负，它只是将小数点向左移动。

**例 1-1** 使用科学记数法表示下列数值。

（a）240 （b）5100 （c）85 000 （d）3 350 000

**解** 将小数点向左移动适当的位数，以确定指数。

（a）$240=2.4\times10^{2}$ （b）$5100=5.1\times10^{3}$

（c）$85\ 000=8.5\times10^{4}$ （d）$3\ 350\ 000=3.35\times10^{6}$ ◄

**同步练习**[㊀] 用科学记数法表示 750 000 000。

采用科学计算器完成例 1-1。

**例 1-2** 用科学记数法表示下列数值。

（a）0.24 （b）0.005 （c）0.000 63 （d）0.000 015

**解** 在上述每个例子中，将小数点向右移动适当的位数，以确定 10 的指数幂。

（a）$0.24=2.4\times10^{-1}$ （b）$0.005=5\times10^{-3}$

（c）$0.000\ 63=6.3\times10^{-4}$ （d）$0.000\ 015=1.5\times10^{-5}$ ◄

**同步练习** 用科学记数法表示 0.000 000 93。

采用科学计算器完成例 1-2。

**例 1-3** 将下列数值表示为常规的十进制数。

（a）$1\times10^{5}$ （b）$2.9\times10^{3}$ （c）$3.2\times10^{-2}$ （d）$2.5\times10^{-6}$

**解** 根据 10 的指数幂，将小数点向右或向左移动若干位。

（a）$1\times10^{5}=100\ 000$ （b）$2.9\times10^{3}=2900$

（c）$3.2\times10^{-2}=0.032$ （d）$2.5\times10^{-6}=0.000\ 002\ 5$ ◄

**同步练习** 将 $8.2\times10^{8}$ 表示为常规的十进制数。

采用科学计算器完成例 1-3。

### 1.1.2 10 的指数幂计算

科学记数法优点是便于对非常小或非常大的数值进行加法、减法、乘法和除法运算。

**加法** 按照以下步骤进行加法运算：

1. 将各个数值表示为相同的 10 的指数幂。
2. 系数部分相加得到总和。
3. 用相加后的系数乘以上述相同的指数幂。

执行算术运算时，可能需要调整系数和指数幂，以符合所需的科学或工程记数法的形式。

**例 1-4** 将 $2\times10^{6}$ 和 $5\times10^{7}$ 相加，并用科学记数法表示。

**解** 1. 将各个加数表示为相同的指数幂，即 $2\times10^{6}+50\times10^{6}$。 ◄

2. 系数部分相加 2+50=52。

3. 用相加后的系数乘以上述相同的指数幂，结果为 $52\times10^{6}$，也可以表达为 $5.2\times10^{7}$。

**同步练习** 计算 $4.1\times10^{3}+7.9\times10^{2}$。

采用科学计算器完成例 1-4。

㊀ 同步练习的答案都在对应章节的末尾。

**减法** 按照以下步骤进行减法运算：

1. 将被减数和减数表示为相同的 10 的指数幂。
2. 系数部分相减。
3. 相减后的系数乘以上述相同的指数幂。
4. 如果相减后系数小于 1，则将其调整为 1 ～ 10 之间的值，并相应调整指数幂。

**例 1-5** 将 $7.5\times10^{-11}$ 与 $2.5\times10^{-12}$ 相减，并用科学记数法表示。

**解** 1. 将被减数和减数表示为相同的指数幂，即 $7.5\times10^{-11}-0.25\times10^{-11}$。

2. 系数部分相减。

3. 相减后的系数乘以上述相同的指数幂，结果为 $7.25\times10^{-11}$。◀

**同步练习** 计算 $3.5\times10^{-6}-2.2\times10^{-5}$。

采用科学计算器完成例 1-5。

**乘法** 按照以下步骤进行乘法运算：

1. 系数相乘。
2. 指数部分相加。

**例 1-6** 将 $5.0\times10^{12}$ 与 $3.0\times10^{-6}$ 相乘，并用科学记数法表示。

**解** 系数相乘，指数相加。

$$(5.0\times10^{12})\times(3.0\times10^{-6})=15\times10^{12+(-6)}=15\times10^{6}=1.5\times10^{7}$$ ◀

**同步练习** 计算 $1.2\times10^{3}\times4.0\times10^{2}$。

采用科学计算器完成例 1-6。

**除法** 按照以下步骤进行除法运算：

1. 系数相除。
2. 指数部分相减。

**例 1-7** 将 $5.0\times10^{8}$ 除以 $2.5\times10^{3}$，并用科学记数法表示。

**解** 用分子和分母的形式把除法计算写为：

$$\frac{5.0\times10^{8}}{2.5\times10^{3}}=2\times10^{8-3}=2\times10^{5}$$ ◀

系数相除，指数相减（8 减去 3）。

**同步练习** 计算 $8.0\times10^{-6}\div2.0\times10^{-10}$。

采用科学计算器完成例 1-7。

**计算器上的科学记数法** 在大多数计算器上使用 EE 键输入科学记数法中的数字，其过程为：输入小数点左侧的系数，按 EE 键，然后输入 10 的指数。这种方法要求在输入数字之前先确定 10 的指数。有一些计算器内置为固定模式，将输入的任何小数自动转换成科学记数法表示的数值。

**例 1-8** 使用计算器的 EE 键输入 23 560。

**解** 将小数点向左移动四位，使其位于数字 2 之后，其表达为

$$2.3560\times10^{4}$$ ◀

在计算器上输入数字，如下所示：

[2] [•] [3] [5] [6] [0] [EE] [4]　2.3560E4

**同步练习**　使用计算器的 EE 键输入 573 946。

采用科学计算器完成例 1-8。

### 1.1.3　工程记数法

工程记数法与科学记数法相似。然而，在工程记数法中，一个数字的小数点左边可以有 1 ～ 3 位数字，指数部分必须是 3 的倍数。例如，用工程记数法表示的 33 000 是 $33\times10^3$，而在科学记数法中，它表示为 $3.3\times10^4$。另一个例子是，在工程记数法中，0.045 表示为 $45\times10^{-3}$，而在科学记数法中，它表示为 $4.5\times10^{-2}$。工程记数法在使用国际单位制词头的电气和电子工程计算中很常用（将在第 1.2 节中讨论）。

**例 1-9**　用工程记数法表示下列数值。

（a）82 000　　（b）243 000　　（c）1 956 000

**解**　在工程记数法中，

（a）82 000 表示为 $82\times10^3$。

（b）243 000 表示为 $243\times10^3$。

（c）1 956 000 表示为 $1.956\times10^6$。◀

**同步练习**　使用工程记数法表示 36 000 000 000。

采用科学计算器完成例 1-9。

**例 1-10**　用工程记数法表示下列数值。

（a）0.002 2　　（b）0.000 000 047　　（c）0.000 33

**解**　在工程记数法中，

（a）0.002 2 表示为 $2.2\times10^{-3}$。

（b）0.000 000 047 表示为 $47\times10^{-9}$。

（c）0.000 33 表示为 $330\times10^{-6}$。◀

**同步练习**　使用工程记数法表示 0.000 000 000 005 6。

采用科学计算器完成例 1-10。

**计算器上的工程记数法**　输入小数点左边多位数字，按 EE 键，然后输入 10 的指数，即 3 的倍数。此方法要求在输入数字之前要确定适当的指数幂次。

**例 1-11**　采用工程记数法，用 EE 键输入 51 200 000。

**解**　将小数点向左移动 6 位，使其位于数字 1 和 2 之间，用工程记数法表示为：

$$51.2\times10^6$$ ◀

在计算器上输入数字，如下所示：

[5] [1] [•] [2] [EE] [6]　51.2E6

**同步练习** 采用计算器的 EE 键输入 273 900。

▦ 采用科学计算器完成例 1-11。

**学习效果检测**⊖

1. 科学记数法使用 10 为底的指数幂（对或错）。
2. 用 10 的指数幂表示 100。
3. 用科学记数法表示下列数值：

（a）4350　　（b）12 010　　（c）29 000 000

4. 用科学记数法表示下列数值：

（a）0.760　　（b）0.000 25　　（c）0.000 000 597

5. 完成以下运算：

（a）$(1.0\times10^5)+(2.0\times10^5)$　　（b）$(3.0\times10^6)\times(2.0\times10^4)$

（c）$(8.0\times10^3)\div(4.0\times10^2)$　　（d）$(2.5\times10^{-6})-(1.3\times10^{-7})$

6. 将问题 3 中数值，用科学记数法的方式输入计算器。
7. 用工程记数法表示以下数值。

（a）0.0056　　（b）0.000 000 028 3

（c）950 000　　（d）375 000 000 000

8. 将问题 7 中数值，用工程记数法的方式输入计算器。

## 1.2 国际单位制单位与词头

在电子学中，你必须处理可测量的量，例如，通过导体的电流、某个放大器提供的功率、在电路中某个测试点测量的电压。本节介绍常用物理量的单位和符号。公制词头与工程记数法结合使用，可以看作是一种“速记记法”。

### 1.2.1 物理量的单位

物理量及其单位均可以使用字母表示。表 1-1 列出了常用物理量的符号及其国际单位制单位与符号。一般来说，斜体字母表示物理量，非斜体字母表示物理量的单位。例如斜体 *P* 代表功率，正体 W 代表瓦特，瓦特是功率的单位。请注意，能量用斜体 *W* 表示，同时 *W* 也代表功，能量和功都有相同的单位焦[耳]（J）。SI 是国际单位制（法语 Le Systeme International d’Unites）的缩写。

表 1-1 常用物理量的符号及其国际单位制单位与符号

| 物理量 | 符号 | 国际单位制单位 | 单位符号 |
|---|---|---|---|
| 电容 | *C* | 法[拉] | F |
| 电荷 | *Q* | 库[仑] | C |
| 电导 | *G* | 西[门子] | S |
| 电流 | *I* | 安[培] | A |
| 能（量）或功 | *W* | 焦[耳] | J |
| 频率 | *f* | 赫[兹] | Hz |
| 阻抗 | *Z* | 欧[姆] | Ω |

⊖ 学习效果检测的答案在对应章的末尾。

（续）

| 物理量 | 符号 | 国际单位制单位 | 单位符号 |
|---|---|---|---|
| 电感 | $L$ | 亨[利] | H |
| 功率 | $P$ | 瓦[特] | W |
| 电抗 | $X$ | 欧[姆] | Ω |
| 电阻 | $R$ | 欧[姆] | Ω |
| 电压 | $V$ | 伏[特] | V |

注：[] 内的字，在不致引起混淆、误解的情况下，可以省略，下同。

除了表 1-1 所示的常用物理量单位外，国际单位制还包括用基本单位定义的其他物理单位。1954 年，根据国际协议，米、千克、秒、安培、开尔文度和坎德拉被选为基本国际单位制（开尔文度后来改为开尔文）。这些单位构成了国际单位制单位的基础，并成为几乎所有科学和工程的首选单位，其他单位都是由其推导出来的。多年来，随着测量变得更加精确，基本单位的定义也发生了变化。2019 年 5 月，基本物理单位的最新定义生效，使用的是自然物理常数。这意味着，现在全世界的标准实验室可以直接从定义中复制基本单位，而不是使用一级和二级物理标准进行校准。

较早的单位制是 CGS 制，采用的是厘米、克和秒作为基本单位。目前，仍然有许多常用物理单位是基于 CGS 单位制给出的。例如，高斯是基于 CGS 单位制定义的磁感应强度单位。

### 1.2.2　国际单位制词头

在工程记数法中，国际单位制词头是度量单位的前缀，代表该单位用 10 的指数幂表示倍数。

国际单位制词头仅用于具有计量单位符号之前，如 V、A 和 Ω。例如，0.025 A 可以用工程记数法表示 $25\times10^{-3}$ A，该数值使用国际单位制词头可表示为 25 mA，读作二十五毫安。该数值的国际单位制词头 m 代替了 $10^{-3}$。另一个例子，10 000 000 Ω 可以表示为 $10\times10^{6}$ Ω，使用国际单位制词头表示为 10 MΩ，读作十兆欧，前缀 M 代替了 $10^{6}$。

**例 1-12**　用国际单位制词头表示下列物理量。

（a）50 000 V　　（b）25 000 000 Ω　　（c）0.000 036 A

**解**

（a）50 000 V=$50\times10^{3}$ V=50 kV　　（b）25 000 000 Ω=$25\times10^{6}$ Ω=25 MΩ

（c）0.000 036 A=$36\times10^{-6}$ A=36 μA ◄

**同步练习**　使用国际单位制词头表示下列物理量。

（a）56 000 000 Ω　　（b）0.000 470 A

采用科学计算器完成例 1-12。

**学习效果检测**

1. 列出以下指数的国际单位制词头：$10^{6}$、$10^{3}$、$10^{-3}$、$10^{-6}$、$10^{-9}$ 和 $10^{-12}$。
2. 用适当的国际单位制词头表示 0.000 001 A。
3. 用适当的国际单位制词头表示 250 000 W。

## 1.3　国际单位制词头之间的转换

有时为了方便，需要将某一国际单位制词头转换为另一个国际单位制词头，例如从 mA

转变为 μA。将数值中的小数点向左或向右移动适当的位数，来进行国际单位制词头之间的转换。

下列基本规则适用于国际单位制词头单位之间的转换：

1. 从较大单位转换为较小单位时，将小数点向右移动。

2. 从较小单位转换为较大单位时，将小数点向左移动。

3. 通过找出 10 的指数的差值，来确定小数点移动的位数。

例如，当从 mA 转换为 μA 时，将小数点向右移动 3 位，因为 10 的指数的差值为 3（mA 为 $10^{-3}$ A，μA 为 $10^{-6}$ A）。下面举例说明。

**例 1-13** 将 0.15 mA 转化以 μA 为单位的数值。

**解** 小数点向右移动 3 位。

$$0.15\ \text{mA}=0.15\times10^{-3}\ \text{A}=150\times10^{-6}\ \text{A}=150\ \mu\text{A}$$ ◀

**同步练习** 将 1.0 mA 转化为以 μA 为单位的数值。

采用科学计算器完成例 1-13。

**例 1-14** 将 4500 μV 转换以 mV 为单位的数值。

**解** 小数点向左移动 3 位。

$$4500\ \mu\text{V}=4500\times10^{-6}\ \text{V}=4.5\times10^{-3}\ \text{V}=4.5\ \text{mV}$$ ◀

**同步练习** 将 1000 μV 转化为以 mV 为单位的数值。

采用科学计算器完成例 1-14。

**例 1-15** 将 5000 nA 转化为以 μA 为单位的数值。

**解** 小数点向左移动 3 位。

$$5000\ \text{nA}=5000\times10^{-9}\ \text{A}=5.0\times10^{-6}\ \text{A}=5.0\ \mu\text{A}$$ ◀

**同步练习** 将 893 nA 转化为以 μA 为单位的数值。

采用科学计算器完成例 1-15。

**例 1-16** 将 47 000 pF 转换为以 μF 为单位的数值。

**解** 小数点向左移动 6 位。

$$47\ 000\ \text{pF}=47\ 000\times10^{-12}\ \text{F}=0.047\times10^{-6}\ \text{F}=0.047\ \mu\text{F}$$ ◀

**同步练习** 将 10 000 pF 转换为以 μF 为单位的数值。

采用科学计算器完成例 1-16。

**例 1-17** 将 0.000 22 μF 转化为以 pF 为单位的数值。

**解** 小数点向右移动 6 位。

$$0.000\ 22\ \mu\text{F}=0.000\ 22\times10^{-6}\ \text{F}=220\times10^{-12}\ \text{F}=220\ \text{pF}$$ ◀

**同步练习** 将 0.002 2 μF 转化为以 pF 为单位的数值。

采用科学计算器完成例 1-17。

**例 1-18** 将 1800 kΩ 转化为以 MΩ 为单位的数值。

**解** 小数点向左移动 3 位。

$$1800\ \text{k}\Omega=1800\times10^{3}\ \Omega=1.8\times10^{6}\ \Omega=1.8\ \text{M}\Omega$$ ◀

**同步练习**　将 2.2 kΩ 转化为以 MΩ 为单位的数值。

采用科学计算器完成例 1-18。

当具有不同国际单位制词头的物理量进行加减运算时，需要将某个物理量的国际单位制词头转换为与另一个物理量相同的国际单位制词头，然后再进行算数运算。

**例 1-19**　将 15 mA 与 8000 μA 相加，结果的单位为 mA。

**解**　将 8000 μA 转换为 8 mA，然后相加。

$$15\ \text{mA}+8000\ \mu\text{A}=15\ \text{mA}+8.0\ \text{mA}=23\ \text{mA}$$ ◀

**同步练习**　将 2873 mA 与 10 000 μA 相加，结果单位为 mA。

采用科学计算器完成例 1-19。

**学习效果检测**

1. 将 0.01 MV 转换为以 kV 为单位的数值。
2. 将 250 000 pA 转换为以 mA 为单位的数值。
3. 将 0.05 MW 和 75 kW 相加，结果的单位为 kW。
4. 将 50 mV 与 25 000 μV 相加，结果的单位为 mV。

## 1.4　测量数值

无论何时测量一个物理量，由于所用仪器的限制，结果都存在不确定性。当测量所得的数值为近似值时，已知正确的数字称为有效数字。显示测量结果时，应保留的位数就为有效位数。

### 1.4.1　误差、准确度和精度

实验中获得的数据的准确度取决于测试设备的精度和测量条件。为了正确显示测量结果，应考虑与测量相关的误差。实验误差不应被认为是一种错误。所有的测量值都是真实值的近似。**误差**就是指某个量的真实值或最佳接受值与测量值之差。如果误差很小，就称测量是准确的。**准确度**指示测量误差的范围。例如，如果使用千分尺测量 10.00 mm 标准量块的厚度，测量结果为 10.8 mm，则认为读数不准确，因为该量块被视为测量标准。如果测量结果为 10.02 mm，则该读数是准确的，因为它与标准相符。

与测量相关的另一个术语是精度。**精度**是对某个物理量的测量重复性（或一致性）的测量。可能有一组读数相近的精确测量结果，但由于仪器误差，每次测量结果都不准确。例如，仪表可能未校准，产生的测量结果虽然不准确但却是一致（精确）的。除非仪器也很准确，否则不可能得到准确的测量结果。

### 1.4.2　有效数字

被测量数据中已知是正确的数字被称为**有效数字**。大多数测量仪器能够显示有效数字，有些仪器还可以显示非有效数字，由用户决定如何使用非有效数字。当测量仪器存在负载时，就会发生这种情况（将在 6.4 节中讨论）。测量仪器可能在某种程度上会改变电路中的真实读数。重要的是认识到，什么时候读数可能是不准确的，不要使用已被确认为不准确的数字。

使用数字进行运算时，会出现有效数字问题。有效位数不得超过原始测量中的有效数值位数。例如，如果 1.0 V 除以 3.0 Ω，计算器将显示 0.333 333 33。因为原始数字各包含 2 个有效数字，所以答案应为 0.33 A，有效数字位数应保持相同。

确定数字是否有效的规则如下：

1. 非零数字总是被认为是有效的。
2. 非零数字左边的零是无效的。
3. 非零数字之间的零总是有效的。
4. 小数点右边的零是有效的。
5. 小数点左边的零是否有效取决于测量结果。例如，数字 12 100 Ω 可以有 3 个、4 个或 5 个有效数字。为了明确有效数字，应使用科学记数法（或国际单位制词头）。例如，12.10 kΩ 有 4 个有效数字。

显示测量值时，可保留 1 位不确定数字，其他不确定数字应丢弃。为了找出有效数字的位数，先忽略小数点，然后从左到右计算位数，从第一个非零位开始，到右边最后一位结束。除了数字右端的零之外（零可能是有效的，也可能是无效的），其余都是有效数字。在没有其他信息的情况下，右边零的意义是不确定的。一般来讲，零是占位符，不是有效部分，对测量来说并不重要。如果需要显示有效数字，应使用科学或工程记数法，以避免混淆。

**例 1-20** 将测量结果 4300 表示为 2 位、3 位和 4 位有效数字。

**解** 小数点右边的 0 是有效位，因此，要显示 2 个有效数字，可以写为 $4.3\times10^3$。

要显示 3 个有效数字，可以写为 $4.30\times10^3$。

要显示 4 个有效数字，可以写为 $4.300\times10^3$。 ◀

**同步练习** 如何使用 3 位有效数字显示 10 000？

采用科学计算器完成例 1-20。

**例 1-21** 在以下每个测量值的有效数字下面画线。

(a) 40.0　(b) 0.3040　(c) $1.20\times10^5$

(d) 120 000　(e) 0.005 02

**解**

(a) $\underline{40.0}$，具有 3 位有效数字，见规则 4。

(b) $0.\underline{304\ 0}$，具有 4 位有效数字，见规则 2 和 3。

(c) $\underline{1.20}\times10^5$，具有 3 位有效数字，见规则 4。

(d) $\underline{12}0\ 000$，至少有 2 位有效数字。虽然该数值与（c）中的值相同，但本例中的 0 是不确定的，参见规则 5。不推荐使用这种方法表示测量数值，应使用科学记数法或国际单位制词头，参见例 1-20。

(e) $0.00\underline{5\ 02}$，具有 3 位有效数字，见规则 2 和 3。 ◀

**同步练习** 测量数值 10 和 10.02 之间的差异是什么？

### 1.4.3 四舍五入

由于测量结果总是近似的，因此测量值只能显示有效数字加上不超过一位的不确定数字。所显示的数字的位数代表了测量精度。因此，应该对测量值进行**四舍五入**，即在最后一个有效数字的右边去掉一个或多个数字。根据保留的有效位数来决定如何舍入。四舍五入的规则是：

1. 如果保留 $n$ 位有效数字，且第 $n$+1 位数字大于 5，那么向第 $n$ 位数字进 1。

2. 如果保留 $n$ 位有效数字，且第 $n$+1 位数字小于 5，那么就舍掉。

3. 如果保留 $n$ 位有效数字，且第 $n$+1 位数字等于 5，后面数字全为 0，那么视以下情况而定——此时若第 $n$ 位有效数字为偶数，就舍掉后面的数字；若第 $n$ 位有效数字为奇数，就加 1；若第 $n$+1 位数字等于 5 且后面还有不为 0 的数字，那么向第 $n$ 位数字进 1，这个规则称为“**配偶规则**”。

**例 1-22** 对下列数值四舍五入，并保留 3 三位有效数字。

（a）10.071　（b）29.961　（c）6.3948

（d）123.52　（e）122.5

**解** （a）10.071 近似为 10.1。（b）29.961 近似为 30.0。

（c）6.3948 近似为 6.39。（d）123.52 近似 124。

（e）122.5 近似为 122。◀

**同步练习** 使用“配偶规则”将 3.2850 保留到 3 位有效数字。

在电气和电子工程中，元器件的允许偏差一般大于 1%（通常为 5% ～ 10%）。大多数测量仪器的精度规格都比这更好，但超过千分之一的测量精度是不常见的。因此，除了最严格的工程要求之外，在一般工程中使用 3 位有效数字代表测量值是合适的。如果你处理一个包含多个中间结果数字的问题，在计算过程中，这些数字在计算器上都应保留，但在给出最终答案时，采用四舍五入方式保留 3 位有效数字为宜。

**学习效果检测**

1. 小数点右边显示零的规则是什么？
2. 什么是“配偶规则”？
3. 在电路图中，经常会看到 1000 Ω 电阻写为 1.0 kΩ，这个电阻值意味着什么？
4. 如果要求将电源设置为 10.00 V，那么这意味着测量仪器所需的精度是多少？
5. 在测量中，如何使用科学或工程记数法来显示测量中有效数字的正确位数？

## 1.5 电气安全

用电安全是一个主要问题，电击或者烧伤的可能性始终存在，因此应始终小心。当电压加在人体上的某两点时，人体中形成电流流过的路径，就会发生电击。另外，电气部件长时间工作，一般会产生高温，接触到它们可能会导致皮肤灼伤。此外，用电也存在着潜在的火灾危险。本节将介绍一般性的电气安全。后续章节中也将讨论安全问题。

### 1.5.1 电击

电流（而非电压）通过人体就形成了**电击**。当然，需要有电压施加在有电阻的物体上才能产生电流。当人体上的一个点与电压接触，而另一个点与不同的电压或地面接触（如金属底座），就会有电流通过人体。电流的路径取决于电位差的两点。电击的严重程度取决于电压的大小和电流流经人体的路径。电流流过人体的路径决定了哪些组织和器官将会受到影响。电流路径可分为*接触电压*、*跨步电压*和*接触/跨步电压*三种，如图 1-1 所示。

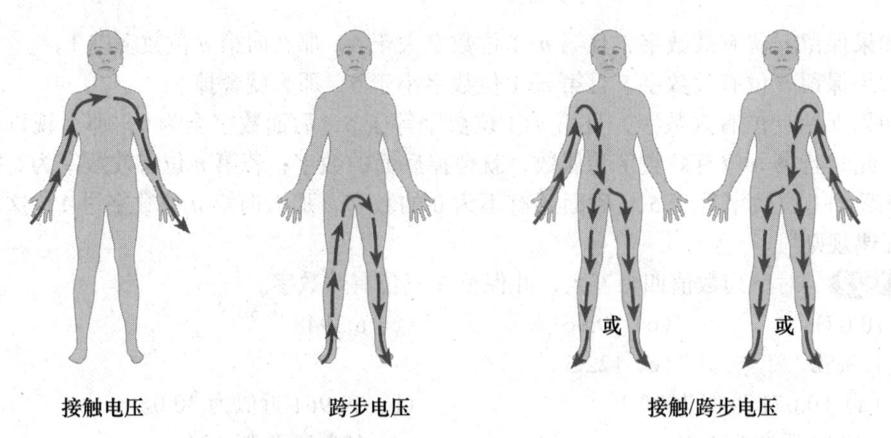


图 1-1 三种基本电流路径

**电流对人体的影响** 电流的大小取决于电流通路的电压和电阻的大小。人体的电阻取决于多种因素，包括体重、皮肤湿度和人体与电压的接触点。表 1-2 显示了不同电流（单位为 mA）对人体的影响。请注意，16 mA 的“释放”阈值电流尤其重要，因为在该水平或更高水平的电击电流通过人体时会使人的肌肉严重地收缩，受电击者会无法通过自身断开电击的电压。

表 1-2 电流对人体影响（数值随体重变化而不同）

| 电流 /mA | 对人体的影响 |
| --- | --- |
| 0.4 | 轻微感觉 |
| 1.1 | 可明显感觉 |
| 1.8 | 电击，没有痛感，不会抽搐 |
| 9 | 有痛感，不会抽搐 |
| 16 | 有痛感，“释放”阈值电流 |
| 23 | 有严重痛感，肌肉收缩，呼吸困难 |
| 75 | 心室颤动 |
| 235 | 心室颤动 5 s 或更长时间 |
| 4000 | 心脏停搏（无心室颤动） |
| 5000 | 人体组织燃烧 |

人体电阻通常在 10 ～ 50 kΩ 之间，人体电阻取决于测量点位置，皮肤湿度也会影响人体电阻。人体电阻值决定了需要多大的电压才能产生表 1-2 中列出的电流。例如，如果人体两点之间的电阻为 10 kΩ，则在两个点施加 90 V 的电压时产生 9.0 mA 的电击电流，从而引起人体有痛感的电击。

### 1.5.2 市电

我们倾向于认为市电是比较安全的。然而，它们也有可能会致命，最好小心周围任何电压（即使是低电压也会造成严重的灼伤）。一般来说，应避免在任何通电电路上进行操作，并使用功能正常的仪表检查电源是否断开。大多数教学实验室使用的是低电压，但仍应避免接触任何通电的电路。如果你要将操作的电路连接到市电，则应断开电气连接，并在该电路或者切断市电的地方放置警告牌，同时应使用挂锁防止有人不小心接通电源。这个过程也被称为**锁定 / 挂牌**，已在工业中广泛使用。美国职业安全与卫生条例（Occupation Safety and Health Act，OSHA）和某些行业标准对锁定 / 挂牌做出了详细规定。图 1-2 给出了代表锁定 / 挂牌的警示牌和挂锁。

大多数实验室设备连接到市电（交流电）上，在北美，市电的有效值为 120 V（有效值的概念将在 8.2 节中讨论）。一个有故障的设备可能会导致相线外露，因此应该经常检查线路是否外露，设备是否缺失外壳以及其他潜在的安全隐患。在美国，家庭和电气实验室中的单相市电线路使用 3 种绝缘线，分别称为相线（黑色或红色线）、中性线（白色线）和地线（绿色线）。相线和中性线上有电流，绿色的地线在正常运行时不应该有电流。地线应连接到设备的金属外壳，以及插座的金属外壳和集线管上。图 1-3 展示了这 3 种线在标准插座上的位置，注意，中性线的插孔比相线的插孔大一些。

图 1-2　代表锁定 / 挂牌的警示牌和挂锁

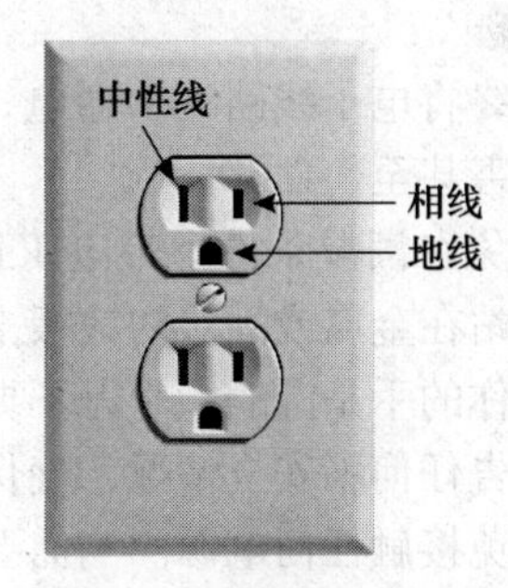


图 1-3　标准插座实物图

地线应位于插座面板的中间，仪器、设备的金属底座都应接地。如果相线和地线之间发生了短路，产生的大电流应触发断路器或使熔断器熔断以消除危险。然而，如果地线本身就是断开的或者缺失地线，那么在发生上述短路时不会产生电流，如果此时我们误触地线就会发生电击。为了避免这种危险，在装卸插座时务必确保其内部线路完好。

有些电路还配有额外的保护措施，称为接地故障断路器（Ground-Fault Circuit Interrupter，GFCI，有时称为 GFI）。在带有接地故障断路器的电路中，如果发生故障，传感器就会检测到中性线和相线上的电流不相等（正常情况下应该相等），于是触发断路器。接地故障断路器的反应速度要快于主线路上的断路器，常用于湿度较大因而存在较大电击危险的场合，如游泳池、浴室、厨房、地下室和车库。图 1-4 展示了带有复位和测试按钮的 GFCI 插座，按下测试按钮后，应立即断开电路，复位按钮则用于恢复供电。

图 1-4　GFCI 插座

**技术小贴士**

插座测试仪是一种测试插座的仪器。这些测试仪可以查明故障原因，如开路、线路故障或极性颠倒，其测试结果通过LED灯或者彩色灯显示。还有一些专门用于测试接地故障断路器（GFCI）的测试仪器。尽管插座接线电气规范要求将地线连接到较大的插槽上，将相线连接到较小的插槽上，但可能生产出来的插座并不总是这样，建议在使用前使用插座测试仪测试新插座或者插排。

### 1.5.3 安全保护措施

当使用电气和电子设备时，经常需要动手进行操作，以下列出了在操作过程中需要注意的安全保护措施。

- 要了解并遵循工作场所的所有安全规定。
- 要遵守工作场所的锁定 / 挂牌（LOTO）规定，以免有人在你对电路进行操作时接通电源。
- 要始终将电子线路视为通电，即使在断开电源后，电路也可能保留能量，从而导致严重伤害甚至伤亡。
- 要避免在潮湿条件下带电工作。对电路进行操作时，必须始终穿鞋并保持鞋子干燥，不要站在金属或潮湿的地板上，如果可能的话，最好站在橡胶垫上。
- 如果你的手是湿的，千万不要触摸仪器。
- 要报告任何不安全情况，确保你的工作区域没有任何潜在的安全隐患。
- 要避免接触任何电源。当需要接触电路部件时，请务必先关闭电源。
- 在离开工作区域之前，务必关闭电路和设备电源。
- 知道紧急断电开关和紧急出口的位置。
- 安全员要接受过应急安全消防训练，要确保工作区域的灭火器适用于电气火灾和可能发生的其他火灾。
- 要了解和会使用工作所需的个人防护设备（护目镜、绝缘鞋等）。
- 切勿试图禁用、破坏或篡改安全装置，如三叉插头上的联锁开关或接地引脚。
- 切勿拆下工作电路的外部或内部安全防护罩。
- 在你掌握正确操作并明确潜在危险之前，不要在设备上工作。
- 在给电路通电之前，请确保电源正常工作。
- 在电路通电之前，应检查电路，避免将电源连接到电路。如果电路必须接通电源，请先连接较高的电压。
- 如果能调整电源的电流限制装置，请将电流限制为电路安全可靠运行所需的最低水平。
- 操作时，保持电压和电流低于设备的额定电压和额定电流。
- 不要单独工作，应该有一部电话或其他通信工具能用于应急。
- 疲劳时或服用会使人昏昏欲睡的药物后不要工作。
- 工作时，请摘下戒指、手表和其他金属首饰。
- 确保电源线状况良好，插头上的接地引脚没有缺失或弯曲。
- 维护好工具，确保金属工具上的绝缘部分处于良好状态。
- 正确使用工具，保持工作区域整洁。
- 在接触电路的任何部分之前，请务必关闭电源并使电容器放电。切勿通过短路使电容器放电。

- 务必使用绝缘电线，接线时务必使用带绝缘护罩的接线器或夹子。
- 使电缆和电线尽可能短，接线时注意元器件、设备的极性。
- 遵循工作场所的安全规定，不要在电气设备附近饮食。
- 如果有人遭受电击且不能自主松开通电的导体，应立即切断电源。如果无法切断电源，应使用任何可用的绝缘材料将此人与通电导体分开。

**安全小贴士**

带有接电故障断路器的插座（GFCI 插座）不能在所有情况下防止电击或其他对人体的伤害。如果你在未接地的情况下同时接触了相线和中性线，则传感器不会检测到接地故障，GFCI 断路器也不会跳闸。此外，GFCI 虽然能防止电击，但在它断开电路之前所发生的初始电击是无法避免的。初始电击可能导致次生伤害，如跌倒。

**学习效果检测**

1. 电击时，是什么引起人体疼痛或对人体的伤害？
2. 对电路进行操作时，可以戴上戒指。（对或错）
3. 对电路进行操作时，站在潮湿的地板上不会造成安全隐患。（对或错）
4. 只要足够小心，就可以在不切断电源的情况下对电路进行重新布线。（对或错）
5. 电击可造成非常大的痛苦，甚至可以致命。（对或错）
6. GFCI 是什么？

## 本章总结

- 科学记数法是一种将非常大和非常小的数字表示为 1 ～ 10 的数（小数点左边只有一位数字）乘以 10 的指数幂的记数方法。
- 工程记数法是科学记数法的一种修改形式，用小数点左边的 1 位、2 位或 3 位数字乘以 10 的指数幂表示的数值，其中指数是 3 的倍数。
- 国际单位制词头是用来表示 10 的指数的符号，是 3 的倍数。
- 被测物理量的不确定程度取决于测量的准确度和精度。
- 数学运算结果中的有效位数不得超过原始数字中的有效位数。
- 标准电源插座包括相线、中性线和地线。
- 接地故障断路器（GFCI）检测相线和中性线中的电流，如果电流不相等则触发断路器，以表明发生了接地故障。

## 对 / 错判断（答案在本章末尾）

1 数字 3300 用科学和工程记数法都可写为 $3.3 \times 10^3$。
2 用科学记数法表示的负数总是有负的指数部分。
3 两个数字（科学记数法表示的）相乘时，指数必须是相同的。
4 两个数字（科学记数法表示的）相除时，从分母的指数中减去分子的指数。
5 国际单位制词头中的“微”代表 $10^6$。
6 $56 \times 10^6$ 使用国际单位制词头表示为 56 M。
7 0.047 μF 等于 47 nF。
8 0.0102 的有效数字为 3。
9 当应用“配偶原则”将 26.25 舍入到 3 位有效数字时，结果是 26.3。
10 交流电源的白色中性线与相线的电流相同。

## 自我检测（答案在本章末尾）

1 与 $4.7\times10^{-3}$ 相等的是
（a）470 （b）4700
（c）47 000 （d）0.0047

2 与 $56\times10^{-3}$ 相等的是
（a）0.056 （b）0.560
（c）560 （d）56 000

3 3 300 000 用工程计数法可以表示为
（a）$3300\times10^{3}$ （b）$3.3\times10^{-6}$
（c）$3.3\times10^{6}$ （d）（a）或（c）

4 10 毫安可以表示为
（a）10 MA （b）10 μA
（c）10 kA （d）10 mA

5 5000 V 电压可以表示为
（a）5000 V （b）5.0 MV
（c）5.0 kV （d）（a）或（c）

6 2000 万 Ω 可以表示为
（a）20 mΩ （b）20 MW
（c）20 MΩ （d）20 μΩ

7 15 000 W 等同于
（a）15 mW （b）15 kW
（c）15 MW （d）15 μW

8 以下哪项不是电气物理量？
（a）电流 （b）电压
（c）时间 （d）功率

9 电流的单位是
（a）伏特 （b）瓦特
（c）安培 （d）焦耳

10 电压单位是
（a）欧姆 （b）瓦特
（c）伏特 （d）法拉

11 电阻单位是
（a）安培 （b）赫兹
（c）亨利 （d）欧姆

12 赫兹是哪个物理量的单位？
（a）功率 （b）电感
（c）频率 （d）时间

13 0.1050 中的有效位数为
（a）2 位 （b）3 位
（c）4 位 （d）5 位

## 分节习题（奇数题答案在本书末尾）

### 1.1 节

1 用科学记数法表示下列数值。
（a）3000 （b）75 000
（c）2 000 000

2 用科学记数法表示下列分数值。
（a）1/500 （b）1/2000
（c）1/500 000

3 用科学记数法表示下列数值。
（a）8400 （b）99 000
（c）$0.2\times10^{6}$

4 用科学记数法表示下列数值。
（a）0.0002 （b）0.6
（c）$7.8\times10^{-2}$

5 用常规十进制数表示下列数值。
（a）$2.5\times10^{-6}$ （b）$5.9\times10^{2}$
（c）$3.9\times10^{-1}$

6 用常规十进制数表示下列数值。
（a）$4.5\times10^{-6}$ （b）$8.0\times10^{-9}$
（c）$4.0\times10^{-12}$

7 计算下列和值。
（a）$(9.2\times10^{6})+(3.4\times10^{7})$
（b）$(5.0\times10^{3})+(8.5\times10^{-1})$
（c）$(5.6\times10^{-8})+(4.6\times10^{-9})$

8 计算下列差值。
（a）$(3.2\times10^{12})-(1.1\times10^{12})$
（b）$(2.6\times10^{8})-(1.3\times10^{7})$
（c）$(1.5\times10^{-12})-(8.0\times10^{-13})$

9 计算下列乘积。
（a）$(5.0\times10^{3})\times(4.0\times10^{5})$
（b）$(1.2\times10^{12})\times(3.0\times10^{2})$
（c）$(2.2\times10^{-9})\times(7.0\times10^{-6})$

10 计算下列除法。
（a）$(1.0\times10^{3})\div(2.5\times10^{2})$
（b）$(2.5\times10^{-6})\div(5.0\times10^{-8})$
（c）$(4.2\times10^{8})\div(2.0\times10^{-5})$

11 用工程记数法表示下列数值。

（a）89 000 （b）450 000
（c）12 040 000 000 000

12 用工程记数法表示下列数值。
（a）$2.35 \times 10^5$ （b）$7.32 \times 10^7$
（c）$1.333 \times 10^9$

13 用工程记数法表示下列数值。
（a）0.000 345 （b）0.025
（c）0.000 000 001 29

14 用工程记数法表示下列数值。
（a）$9.81 \times 10^{-3}$ （b）$4.82 \times 10^{-4}$
（c）$4.38 \times 10^{-7}$

15 将下列数值相加，并用工程记数法表示。
（a）$2.5 \times 10^{-3}+4.6 \times 10^{-3}$
（b）$68 \times 10^6+33 \times 10^6$
（c）$1.25 \times 10^6+250 \times 10^3$

16 将下列数值相乘，并用工程记数法表示。
（a）（$32 \times 10^{-3}$）×（$56 \times 10^3$）
（b）（$1.2 \times 10^{-6}$）×（$1.2 \times 10^{-6}$）
（c）100×（$55 \times 10^{-3}$）

17 将下列数值相除，并用工程记数法表示。
（a）50÷（$2.2 \times 10^3$）
（b）（$5.0 \times 10^3$）÷（$25 \times 10^{-6}$）
（c）（$560 \times 10^3$）÷（$660 \times 10^3$）

1.2 节

18 将习题 11 中各数以 Ω 为单位并使用国际单位制词头表示。

19 将习题 13 中各数以 A 为单位并使用国际单位制词头表示。

20 用国际单位制词头表示下列物理量：
（a）$31 \times 10^{-3}$ A （b）$5.5 \times 10^3$ V
（c）$20 \times 10^{-12}$ F

21 用国际单位制词头表示下列物理量：
（a）$3.0 \times 10^{-6}$ F （b）$3.3 \times 10^6$ Ω
（c）$350 \times 10^{-9}$ A

22 把下列国际单位制词头转换为 10 的指数幂的形式：
（a）5.0 μA （b）43 mV
（c）275 kΩ （d）10 MW

1.3 节

23 进行下列转换：
（a）5 mA 转换至以 μA 为单位的数值。
（b）3200 μW 转换至以 mW 为单位的数值。
（c）5000 kV 转换至以 MV 为单位的数值。
（d）10 MW 转换至以 kW 为单位的数值。

24 计算下列问题：
（a）1 μA 等于多少 mA。
（b）0.05 kV 等于多少 mV。
（c）0.02 kΩ 等于多少 MΩ。
（d）155 mW 等于多少 kW。

25 计算下列加法：
（a）50 mA+680 μA
（b）120 kΩ+2.2 MΩ
（c）0.02 μF+3300 pF

26 完成下列运算：
（a）10 kΩ ÷（2.2 kΩ+10 kΩ）
（b）250 mV ÷ 50 μV
（c）1.0 MW ÷2.0 kW

1.4 节

27 下列数字的有效位数是多少？
（a）$1.00 \times 10^3$ （b）0.005 7
（c）1502.0 （d）0.000 036
（e）0.105 （f）$2.6 \times 10^5$

28 对下列数字进行四舍五入：
（a）50 505 （b）220.45
（c）4646 （d）10.99
（e）1.005

## 参考答案

### 学习效果检测答案

1.1 节

1 对

2 $10^2$

3 （a）$4.35 \times 10^3$ （b）$1.201 \times 10^{-4}$
（c）$2.9 \times 10^7$

4 （a）$7.6 \times 10^{-1}$ （b）$2.5 \times 10^{-4}$
（c）$5.97 \times 10^{-7}$

5 (a) $3.0\times10^{5}$ (b) $6.0\times10^{10}$
(c) $2.0\times10^{1}$ (d) $2.73\times10^{-6}$

6 输入数字，在计算器上按EE键，然后输入10的指数幂。

7 (a) $5.6\times10^{-3}$ (b) $28.3\times10^{-9}$
(c) $950\times10^{3}$ (d) $375\times10^{9}$

8 输入数字，在计算器上按EE键，然后输入10的指数幂。

1.2节

1 兆（M）、千（k）、毫（m）、微（μ）、纳（n）、皮（p）

2 1.0 μA

3 250 kW

1.3节

1 0.01 MV=10 kV

2 250 000 pA=0.000 25 mA

3 125 kW

4 75 mV

1.4节

1 只有当零很重要时才保留它们，因为它们被显示出来就意味着它们是重要的。

2 如果需要考虑的进位数字是5（后面全是零）并且前一位数字是偶数，那就舍去5；否则进上1位。

3 小数点右边的零意味着电阻有接近100 Ω（0.1 kΩ）的准确度。

4 仪器必须精确到4位有效数字。

5 科学和工程记数可以在小数点右边显示任意数字。小数点右边的数字总是有效数字。

1.5节

1 电流

2 错

3 错

4 错

5 对

6 接地故障断路器

**同步练习答案**

例1-1 $7.5\times10^{8}$

例1-2 $9.3\times10^{-7}$

例1-3 820 000 000

例1-4 $4.89\times10^{3}$

例1-5 $1.85\times10^{-5}$

例1-6 $4.8\times10^{5}$

例1-7 $4.0\times10^{4}$

例1-8 计算器上输入5.739 46；按EE键，输入5。

例1-9 $36\times10^{9}$

例1-10 $5.6\times10^{-12}$

例1-11 计算器上输入273.9，按EE键，输入3。

例1-12 (a) 56 MΩ (b) 470 μA

例1-13 1000 μA

例1-14 1.0 mV

例1-15 0.893 μA

例1-16 0.01 μF

例1-17 2200 pF

例1-18 0.0022 MΩ

例1-19 2883 mA

例1-20 $10.0\times10^{3}$

例1-21 10有2个有效数字；10.0有3个有效数字。

例1-22 3.28

**对/错判断答案**

1 对 2 错 3 错
4 对 5 错 6 对
7 对 8 对 9 错
10 对

**自我检测答案**

1 (b) 2 (a) 3 (c)
4 (d) 5 (d) 6 (c)
7 (b) 8 (c) 9 (c)
10 (c) 11 (d) 12 (c)
13 (c)

# 第 2 章

# 电压、电流与电阻

### 学习目标

- ▶ 描述原子基本结构
- ▶ 解释电荷的概念
- ▶ 阐述电压并讨论其特性
- ▶ 阐述电流并讨论其特性
- ▶ 阐述电阻并讨论其特性
- ▶ 阐述碱性干电池的基本结构和特点
- ▶ 阐述基本电路
- ▶ 阐述印制电路板的结构和特点
- ▶ 掌握电路测量基础知识
- ▶ 使用科学计算器进行电气量的计算

### 应用案例概述

在本章应用案例中，你需要设计一个交互式测验板去参加电池科学博览会。在测验板上通过旋转开关来选择四种电池的一种。开关所处位置都有一个小灯表示电池类型。测试的人通过按下按钮来选择与电池类型相匹配的答案。如果按下正确的按钮，灯就会亮起；否则，什么都不会发生。这些灯的亮度由一个变阻器来控制。学习本章后，你应该能够完成本章的应用案例。

### 引言

本章介绍了三个基本物理量，即电压、电流和电阻。无论你使用什么电气或电子设备，这些物理量总是重要的。直流和交流电路中都会用到这些物理量。本书的第一部分重点介绍直流电路，对交流电路将说明其特定概念。在有些情况下，交流电路在分析和计算方法上可以转换，将其等价为类似直流电路的分析和计算。

为了帮助你了解电压、电流和电阻，本章先讨论原子的基本结构，再引入电荷的概念，然后引导学习基本电子电路，以及电压、电流和电阻的测量技术。

## 2.1 原子

所有的物质都是由原子组成的，原子又由电子、质子和中子组成。原子中电子的分布结构是决定导体或半导体材料导电性能的关键因素。

**原子**是体现**元素**特性的最小粒子。现在已知元素的数量是 118 种，这些已知元素的原子均不相同，即每个元素都有一个独特的原子结构。根据经典的玻尔模型，原子被视为一种行星结构：由一个位于中心的原子核和周围环绕它的电子组成，如图 2-1 所示。**原子核**由质子和中子组成，**质子**带有正电荷，**中子**呈中性。**电子**带有负电荷，围绕着原子核运动。质子上的正电荷和电子上的负电荷是可以彼此独立存在的最小电荷。

不同元素的原子有不同的质子数，据此不同元素之间得以区分。例如，最简单的原子是氢原子，它有一个质子和一个电子，如图 2-2a 所示。另一个例子是氦原子，它由原子核中的两个质子和两个中子，以及围绕原子核运动的两个电子构成，如图 2-2b 所示。

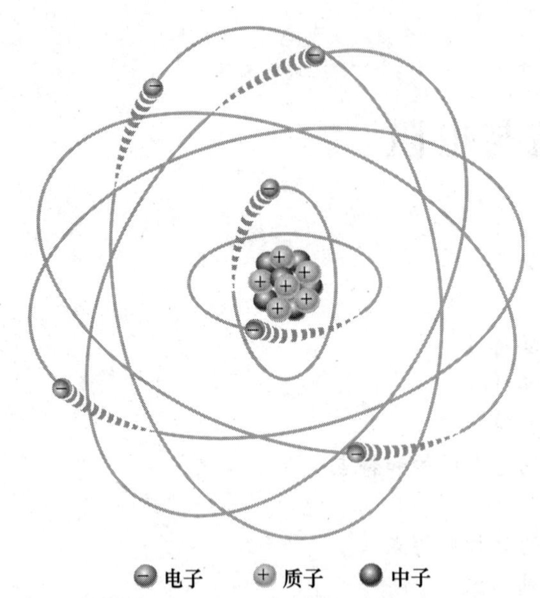


图 2-1 原子的玻尔模型，显示了在圆形轨道上围绕原子核运动的电子。电子拖着的“尾巴”表明它们在运动

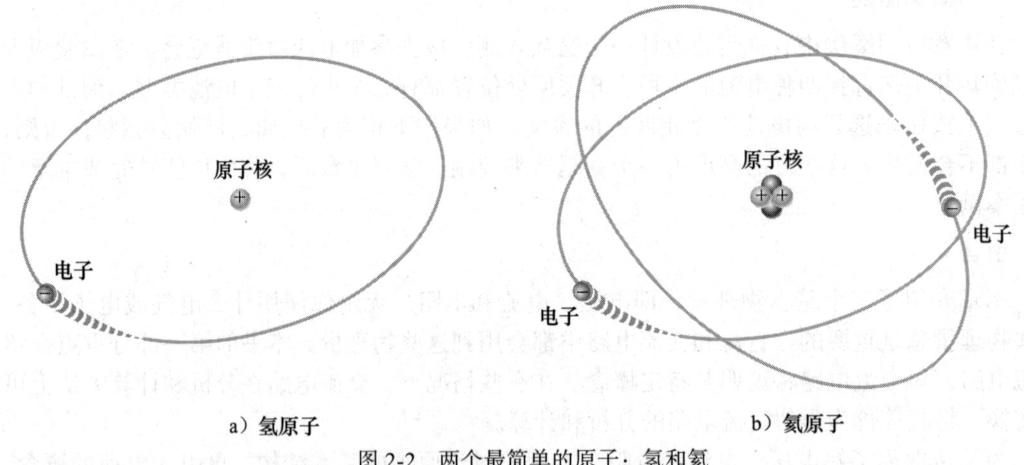


图 2-2 两个最简单的原子：氢和氦

### 2.1.1 原子序数

所有元素都按照**原子序数**有序地排列在元素周期表中。原子序数等于原子核中的质子数。例如，氢的原子序数为 1，氦的原子序数为 2。在正常（或中性）状态下，质子和电子的数量是相同的，正、负电荷抵消，整个原子呈电中性。

### 2.1.2 电子层和轨道

正如在玻尔模型中所看到的，电子在离原子核有一定距离的特定**轨道**上绕着原子核运动。在原子核附近的电子比在较远轨道上的电子具有更少的能量。另外，原子结构中存在着离散的（独立的和不同的）电子能量值，电子只在原子核外的离散的轨道上运动。

**能级** 每一条离散距离的轨道被称为一个**电子层**，对应于一个特定的能级。每个电子层在允许的能级（轨道）上有固定的最大电子数。电子层用 1、2、3 等来标定，其中 1 层离原子核最近。能级的概念如图 2-3 所示。由于物理元素的不同，有些类型的原子中可能存在额外的电子层。

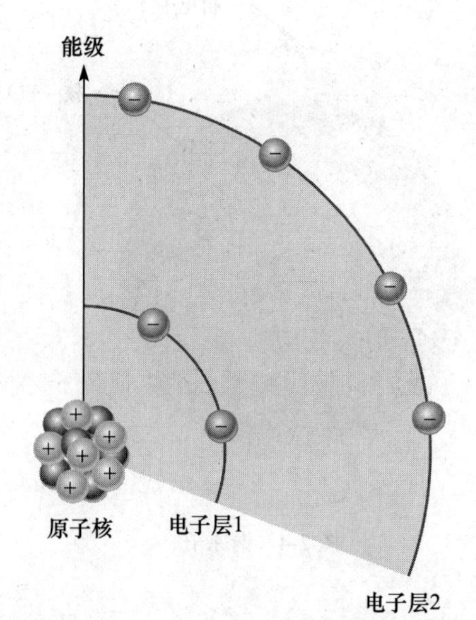


图 2-3　能级的概念（能级随着离原子核距离的增加而增加）

每个电子层上可容纳的电子数为 $2N^2$ 个，其中 $N$ 是电子层序数。任何原子的第 1 个电子层（$N$=1）最多可以有两个电子，第 2 层（$N$=2）最多可以有 8 个电子，第 3 层最多可以有 18 个电子，第 4 层最多可以有 32 个电子。在许多元素中，8 个电子进入第 3 层后，电子开始填充第 4 层。

### 2.1.3　价电子

在离原子核较远的轨道上的电子能量较高，与离原子核较近的电子相比，它们与原子的结合不那么紧密。这是因为随着与原子核之间距离的增加，带负电荷的电子与带正电荷的原子核之间的吸引力将减小。最高能级的电子存在于原子的最外电子层，与原子的结合相对松散。最外电子层被称为**价电子层**，这个层中的电子被称为**价电子**。这些价电子在一定程度上决定了材料的化学反应性质和材料的电学性能。

### 2.1.4　自由电子和离子

如果一个电子吸收了一个具有足够能量的**光子**，它就会从原子中逃逸出来，成为一个可以在电场或磁场影响下运动的**自由电子**。如果一个原子或一组原子带净电荷（正、负电荷数目不等），则称其为**离子**。当一个电子从中性的氢原子（记为 H）逸出时，该原子就带一个净正电荷，于是变成一个*正离子*（记为 $H^+$）。另一方面，一个原子或一组原子也可以获得一个或多个额外的电子，在这种情况下，称其为*负离子*。

### 2.1.5　铜原子

铜是电气应用中最常用的金属。铜原子有 29 个围绕原子核运行的电子，且这些电子排布在 4 个电子层上，如图 2-4 所示。注意第 4 层（最外层）或者说价电子层，只有 1 个价电子。内部的电子层称为核。当铜原子最外层的价电子获得足够的热能时，它就可以脱离所属原子而成为自由电子。室温下，一块铜材料中存在诸多自由电子。这些电子不与某个特定的原子结合，可以在铜材料中自由移动。这些自由电子使铜成为很好的导体。

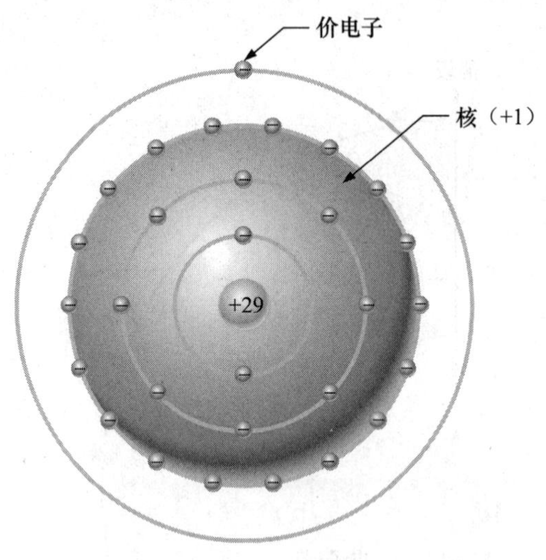


图 2-4 铜原子

### 2.1.6 材料类别

电子器件中使用的材料分为 3 种：导体、半导体和绝缘体。

**导体**是容易传导电流的材料。它们有大量的自由电子，导体结构中有 1 ～ 3 个价电子，大多数金属都是良导体。银是最好的导体，其次是铜。铜是使用最广泛的导电材料，因为它的价格比银低。尽管有些应用会使用铝，但它比铜贵。铜线是电路中常用的导线。

**半导体**的自由电子比导体少，因此其导电能力弱于导体。半导体的原子结构中有 4 个价电子。由于其独特的性能，某些半导体材料成为诸如二极管、晶体管和集成电路等电子器件的基础。硅和锗是常见的半导体材料。

**绝缘体**是非金属材料，是电的不良导体。它们被用在不需要电流的地方以防止电流流过。绝缘体的结构中没有自由电子，价电子被原子核束缚，且不被视作“自由的”。电气和电子技术中最实用的绝缘体是玻璃、陶瓷、聚四氟乙烯和聚乙烯等化合物。

**学习效果检测**

1. 负电荷的基本粒子是什么？
2. 解释原子的含义。
3. 原子是由什么组成的？
4. 给出原子序数的定义。
5. 所有元素都有相同类型的原子吗？
6. 什么是自由电子？
7. 原子结构中的电子层是什么？
8. 请说出两种导电材料。

## 2.2 电荷

众所周知，根据玻尔模型，电子是最小的带负电荷的粒子。当物质中存在过量的电子时，该物质就带负电荷；当电子不足时，就带正电荷。

电子和质子的**电荷量**相等，但极性相反。**电荷**是由于物质中电子过剩或不足而存在的电性质，用字母 $Q$ 表示。静电是指物质中净的正电荷或负电荷的一种表现。每个人都受过静电的影响，例如，当你试图触摸金属表面或另一个人时，又或当烘干机里的衣服粘在一起的时候。

极性相反的电荷相互吸引，极性相同的电荷相互排斥，如图 2-5 所示。吸引和排斥现象证实了电荷之间存在着力的作用。考虑两个带相反电荷的极板，由于极板上电荷的存在，板间会有一个电场，这个电场的方向用从正极板指向负极板的箭头表示，如图 2-6 所示。电场对所有电荷都施加了不可见的作用力。

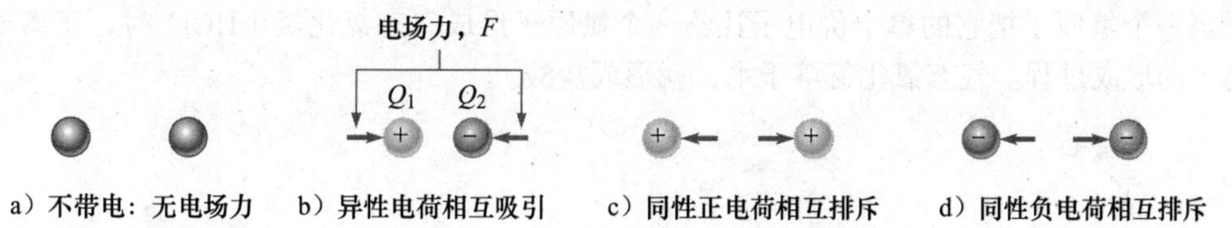


图 2-5 电荷间的引力和斥力

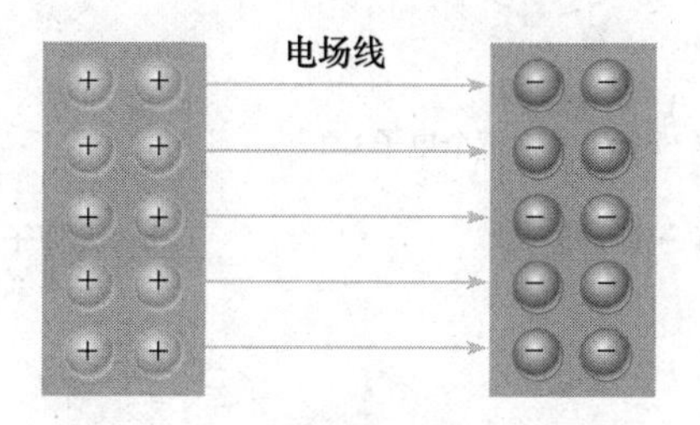


图 2-6 带相反电荷极板间的电场

**库仑定律 两个点电荷（$Q_1$，$Q_2$）之间存在一个力（$F$），该力与两电荷所带电荷量的乘积成正比，与两电荷之间距离（$d$）的平方成反比。**

**人物小贴士**

**查利·奥古斯丁·库仑**（Charles Augustin Coulomb，1736—1806）库仑出生于法国，曾多年从事军事工程师的工作。由于健康状况不佳而退休后，他便投身于科学研究。他在电和磁方面的研究最为出名，正是他发现了两个电荷间作用力的平方反比定律。为了纪念库仑，人们将他的名字作为电荷的单位。

（图片来源：Courtesy of the Smithsonian Institution. 图片编号 52597）

### 2.2.1 库仑

电荷（$Q$）的多少是以**库仑**为单位来计量的，库仑的符号是 C。

**1 C 等于 $6.25\times10^{18}$ 个电子所带的电荷总量。**

1 C 是非常大的电荷量。一个电子所带的电荷仅为 $1.6\times10^{-19}$ C。对于给定数目的电子，其所带电荷量可表示为（以 C 为单位）：

$$Q=\frac{\text{电子总数目（个）}}{6.25\times10^{18}\text{个}/\text{C}} \tag{2-1}$$

### 2.2.2 正电荷与负电荷

考虑一个中性原子，也就是说它有相同数量的电子和质子，没有净电荷。当一个价电子由于能量的作用脱离原子时，原子就会带一个正的净电荷（质子数多于电子数），变成正离子。**正离子**是一个带净正电荷的原子或一组带净正电荷的原子。如果一个原子在它的最外层获得一个额外的电子，它就带一个负的净电荷，变成负离子。**负离子**是一个带净负电荷的原子或一组带净负电荷的原子。

释放出一个价电子所需的能量与价电子层中电子的数量有关。一个原子最多可以有 8 个价电子，价电子层越完整，原子就越稳定，因此需要更多的能量来移除一个电子。图 2-7 说明了当一个氢原子把它的单个价电子让给一个氯原子形成气态氯化氢（HCl）时，正离子和负离子的形成过程。气态氯化氢溶于水，就形成盐酸。

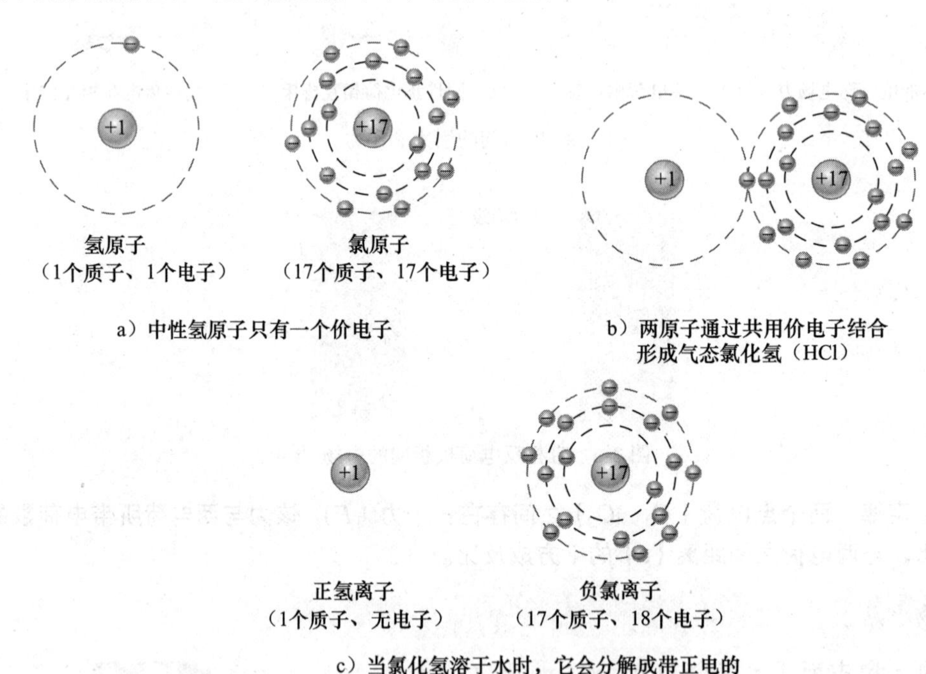


a）中性氢原子只有一个价电子

b）两原子通过共用价电子结合形成气态氯化氢（HCl）

c）当氯化氢溶于水时，它会分解成带正电的氢离子和带负电的氯离子，氯原子保留了氢原子给出的电子，在同一溶液中形成正离子和负离子

图 2-7 正、负离子形成过程的示例

**例 2-1** $93.8\times10^{16}$ 个电子带有多少库电荷？

**解** 电荷量为

$$Q=\frac{电子总数目(个)}{6.25\times10^{18}个/C}=\frac{93.8\times10^{16}个}{6.25\times10^{18}个/C}=15\times10^{-2}\text{C}=0.15\text{C}$$ ◀

**同步练习** 3 C 电荷对应于多少个电子？

采用科学计算器完成例 2-1 的计算。

**学习效果检测**

1. 电荷符号是什么？
2. 电荷的单位是什么？单位符号是什么？

3. 电荷分为哪两种？

4. $10 \times 10^{12}$ 个电子是多少库的电荷？

## 2.3 电压

如你所知，正电荷和负电荷之间存在着吸引力，必须以做功的形式提供一定的能量来克服吸引力，才能使正、负电荷分开一定的距离。所有极性相反的电荷由于它们之间的距离而具有一定的势能。电荷之间的势能之差就称为电位差或*电压*。电压是电路中的驱动力，是产生电流的因素。

学完本节后，你应该能够阐述电压并讨论其特性，具体就是：

- 说明电压的计算公式。
- 说出并定义电压的单位。
- 阐明基本的电压源。

**电压为单位电荷所具有的能量。**

$$V = \frac{W}{Q} \tag{2-2}$$

式中，电压 $V$ 的单位是伏特（V），能量 $W$ 的单位是焦耳（J），电荷 $Q$ 的单位是库仑（C）。打个简单形象的比方，你可以把电压看作抽水过程中泵产生的压力差，压力差使水流过封闭的管道。

**人物小贴士**

**亚历山德罗·伏特**（Alessandro Volta，1745—1827）伏特是意大利人，他发明了一种产生静电的装置。伏特也是发现甲烷的人。伏特研究了不同金属之间的反应，并在1800年研制出了第一块电池，也称为伏特电堆。电位通常被称为电压，而电压的单位伏特就是以他的名字命名的。

（图片来源：Bilwiss edition Ltd. & Co. KG/Alamy Stock Photo）

### 2.3.1 伏特

电压的单位是**伏特**，用V表示。

**如果将1 C电荷从一点移动到另一点所需要的能量恰好为1 J，那么这两点之间的电位差（电压）就是1 V。**

**例 2-2** 如果移动10 C电荷需要50 J的能量，则相应的电压是多少？

**解**

$$V = \frac{W}{Q} = \frac{50\ \text{J}}{10\ \text{C}} = 5.0\ \text{V}$$ ◀

**同步练习** 当两点之间的电压是12 V时，从一点移动50 C的电荷到另一点需要多少能量？

采用科学计算器完成例2-2的计算。

### 2.3.2 直流电压源

**电压源**可提供电能或电动势（工程上，通常也将电动势称为电压）。电压可以通过化学能、光能或磁能与机械运动相结合的方式来产生。

**理想电压源** 无论电路需要多大的电流，理想电压源都可以为电路提供恒定的电压。理想电压源并不存在，但在实际中是可以近似的。为便于分析，除非特别说明，本书假定电压源为理想电压源。

电压源包括直流电压源和交流电压源。图 2-8 给出了直流电压源的符号。

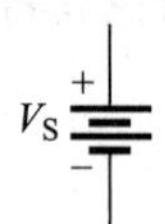


图 2-8 直流电压源的符号

理想直流电压源的电流与电压关系如图 2-9 所示。无论电源输出的电流多大，其输出电压总是保持恒定。对于连接在电路中的实际电压源，电压将随着电流的增加而略微降低，如图中虚线所示。当负载（如电阻）与电压源相连时，电路中的电流总是从电压源流出。

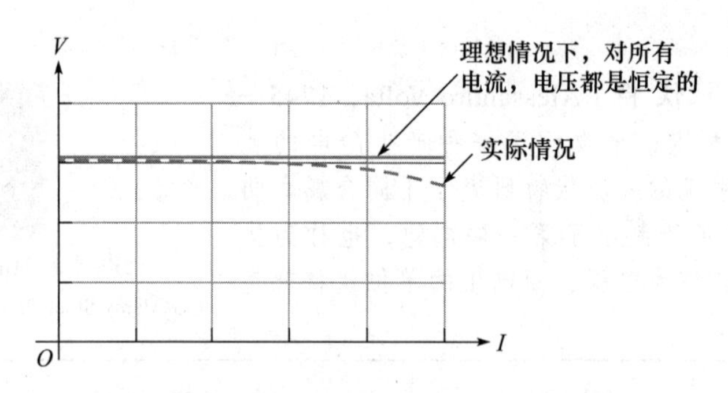


图 2-9 理想直流电压源的电流与电压的关系图

### 2.3.3 直流电压源类型

**电池和电源** 电池是将化学能转化为电能的一种电压源。一个电池一般有固定电压，该电压取决于一个电极相对于另一个电极释放电子的难易程度。**电池电源**是由一个或多个电池相互连接构成的电源设备。当需要更大的电压或电流时，可使用多个单电池组成电池电源。如前所述，电压是移动单位电荷所做的功（或转化的能量）。“给电池充电”这种说法似乎有点用词不当，因为电池不存储电荷，而是存储化学能。所有的电池都涉及特殊的化学反应，被称为氧化还原反应。在此反应中，电子从一种反应物转移到另一种反应物。反应中使用的化学物质如果被分离，就会使电子在电池外部的电路中移动，从而产生电流。与此同时，离子通过电池中的导电溶液（电解质）运动产生内部电流，这个电流与外电路的电流是相等的。只要电池外部存在可供电子运动的通路，就进行内部反应，存储的化学能就能转化为电能。如果通路被破坏，化学反应就停止了，电池就处于平衡状态。在电池中，提供电子的电极有多余的电子，是负极或**阳极**；获得电子的电极具有正电位，是**阴极**。

### 安全小贴士

铅酸蓄电池具有危险性，因为硫酸具有高度的腐蚀性，电池中气体（主要是氢气）具有爆炸性。电池中的酸会灼伤皮肤或损坏衣服，如果接触眼睛，则会导致眼睛严重损伤。接触电池时应戴上护目镜，并在处理完毕后将护目镜清洗干净。当电池停止使用时，首先断开接地端，这样可以避免正极导线断开时电路电流产生潜在的火花隐患。

现在用的电池都是由 19 世纪开发的各种直流电源演变而来。最早的电池，是物理学家伏特建造的伏特电堆，它是由毛毡或其他含饱和盐水的非导电多孔材料将锌和铜（或银）盘交替隔开组成的。早期电池主要用于实验研究，还不能在实际中应用。

更接近实用的直流电源是丹尼尔电池，是由约翰·弗雷德里克·丹尼尔于 1836 年发明的。与汽车中的铅酸电池一样，丹尼尔电池也是一种湿电池。图 2-10 显示了丹尼尔铜锌电池结构，它也是湿电池的基本结构。在图 2-10 中，锌电极和铜电极浸在硫酸锌（$ZnSO_4$）和硫酸铜（$CuSO_4$）溶液中，硫酸铜和硫酸锌被盐桥隔开以防止 $Cu^{2+}$ 离子直接与锌金属发生反应，锌金属电极向溶液中提供 $Zn^{2+}$ 离子，并向外部电路提供电子，因此随着反应的进行，该电极不断被腐蚀。盐桥允许离子通过它来维持电池单元内的电荷平衡，因为溶液中没有自由电子，所以电子的外部路径是通过电流表（图 2-10 中）或其他负载提供的。在正极一侧，锌失去的电子与溶液中的铜离子结合形成铜金属，沉积在铜电极上。这就是湿电池的大致工作原理。湿电池的优点是可以通过更换溶液和极板来更新电池，缺点是需要承装液体化学品的容器，这使电池难以运输。同时，这些容器容易损坏，电池内部的化学反应会产生易燃氢气，从而带来潜在的安全隐患。尽管如此，湿电池在 19 世纪的大部分时间里一直是直流电源的主要设备，为电报站等提供直流电源。

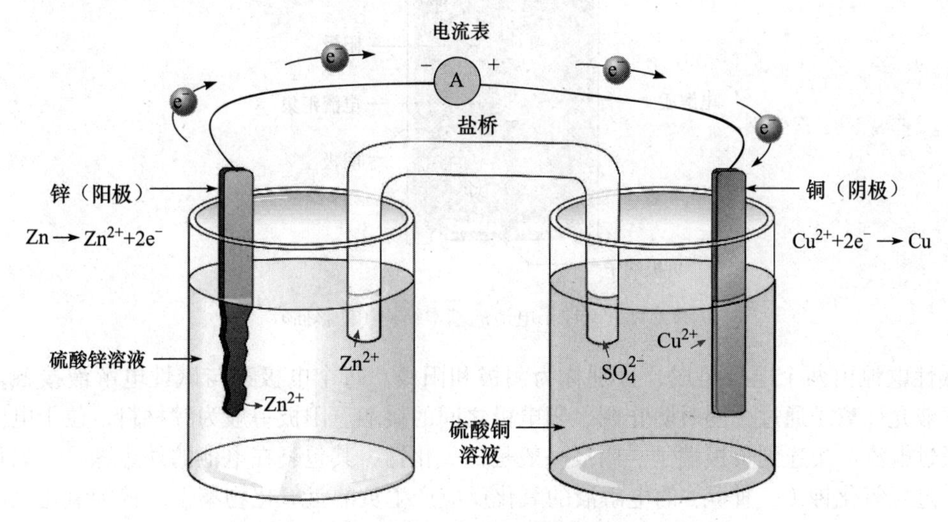


图 2-10　丹尼尔铜锌电池。只有为电子提供外部通路时，化学反应才会发生，随着反应的进行，锌阳极溶解，铜金属沉积在阴极上

## 人物小贴士

**约翰·弗雷德里克·丹尼尔**（John Frederic Daniell，1790—1845）丹尼尔是英国人，化学家、物理学家。他开发了第一个实用的湿电池，解决了伏特电堆的技术问题。他还发明了两点湿度计来测量大气湿度。月球上的丹尼尔陨石坑和附近的丹尼尔月溪也是用他的名字命名的。

（图片来源：Kings Collegecollection/Wikipedia Commons）

电池输出端电压取决于构建电池的化学材料。丹尼尔铜锌电池输出电压为 1.1 V。汽车上使用的铅酸电池，其正负极之间的电位差约为 2.1 V。镍镉电池的电压约为 1.3 V，锂电池的电压可高于 4 V。将多个电池连接组成电池组装在一个外壳组件里，能够产生比单个电池更大的电压或电流。例如，标准的汽车电池，连接 6 个铅酸电池，电源端子上提供 12 V 电压。

到 19 世纪末，湿电解质膏取代了湿电池的液体电解质，从而出现了新的干电池。在这种新型电池中，添加了被称为去极化剂的一种化学物质，来防止在密封的干电池中产生氢气。这种电池设计已类似于当今使用的现代电池了，也正是有了这种设计电池才开始真正成为便携式产品。到了 20 世纪 60 年代，制造商开始生产各种便携式电气和电子产品，如手电筒、助听器、手表、相机和便携式收音机，因此电池的使用也变得更加普及。近年来，智能手机、便携式计算设备、电动汽车和可再生能源的出现，也激发了各类电池的设计、开发和生产。

图 2-11 阐释了碱性干电池的基本结构，它与其他干电池的结构类似。D 型碱性电池通常装在手电筒电池中。这种电池能够在 1 h 内提供高达 1.5 A 的电流，从而被广泛使用。

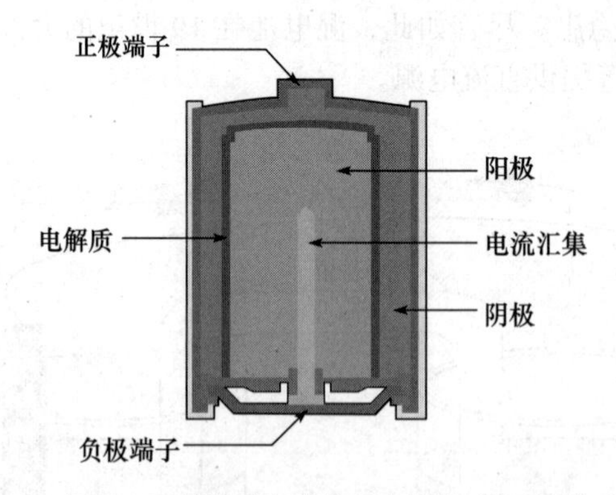


图 2-11 碱性干电池的基本结构（见彩插）

碱性电池由两个电极组成，分别称为阴极和阳极。每个电极都与碱性电解液接触，碱性电解液允许离子通过，同时防止阴、阳电极之间的接触。阳极一般为锌材料，位于电池中心，通过电流汇集连到负极端子。阴极一般是二氧化锰，其包裹在电池的外边缘。二氧化锰阴极通过氢氧化钾（一种碱）的电解液的氧化反应产生负的氢氧化物离子。锌的氧化反应释放出自由电子，产生正离子和电流。这些正离子与阴极的负的氢氧化离子反应，以平衡电池内的电荷。锌和二氧化锰电极都会被化学反应消耗掉，这种反应称为**氧化还原反应**。氧化还原反应是一种化学反应，反应过程中电子从一种反应物（化学上被氧化）转移到另一种反应物（化学上被还原）。电解液仅起到离子桥的作用，不会耗尽。因此，发生化学反应后的碱性电池含有氢氧化钾电解液，该电解液是一种腐蚀性很强的化学品，因此这类电池使用后要妥善处理。不同类型的电池会产生不同的化学反应，但所有的电池都通过导电通路将带负电的电子外移，将带正电的离子内移。表 2-1 总结了各种电池的典型结构。

**表 2-1　各种电池的典型结构**

| 电池类型 | 阴极 | 氧化剂 | 离子传输电解质 | 阳极 | 还原剂 | 典型电压 |
|---|---|---|---|---|---|---|
| 丹尼尔电池 | 铜 | 硫酸锌 | 硫酸钠 | 锌 | 硫酸铜 | 1.10 V |
| 铅酸电池 | 铅 | N/A | 硫酸水溶液 | 氧化铅 | N/A | 2.05 V |
| 碳锌电池 | 二氧化锰 | N/A | 氯化锌水溶液 | 锌 | N/A | 1.50 V |
| 碱性电池 | 二氧化锰 | N/A | 氢氧化钾水溶液 | 锌 | N/A | 1.59 V |
| 镍镉电池 | 氢氧化镍 | N/A | 氢氧化钾水溶液 | 镉 | N/A | 1.30 V |
| 锂离子电池 | 石墨 | N/A | 有机溶剂中的锂盐 | 锂钴氧化物 | N/A | 3.60 V |

**特性**　所有电池都具有某些特性，这些特性决定了它们的适用性。一般特性（如物理尺寸和放电特性）适用于所有电池，而特殊特性（如循环寿命和记忆效应）仅适用于可充电电池。

*物理尺寸*　电池的物理尺寸差别很大，既有在助听器和微电子元件中使用的微型电池，也有存储风能和太阳能发电的庞大电池网。大多数的商用电池依据标准尺寸制造，如 AAA 型、AA 型、C 型、D 型和 PP3 型（为交流供电设备提供直流备用电源的 9 V 矩形电池）。根据这些标准尺寸，制造厂家可以更轻松、更规范地设计和生产直流电源。通常情况下，与相同结构的小型电池相比，大型电池可以提供更长时间的更大的电流。

*保质期*　理想的电池应该能无限期地保持电量，因此其保质期为无限长。然而，即使电池没有连接到外部电路，实际电池的内阻也会使电流流动，形成电池自放电，因此实际的电池都具有保质期。另外，电池（如碱性电池）的自放电会在内部产生气体积聚，积聚压力会破坏电池的密封，随着时间的推移会造成电池的泄漏和环境腐蚀。一般来讲，电池内部的化学性质决定了电池的保质期。如锂锰电池的保质期通常是碳锌电池的 3 倍。现在大多数电池上都印有保质期。

*温度范围*　化学反应，包括电池中的氧化还原反应，将随着温度的升高而反应得更快，随着温度的降低而反应得更慢。随着电池温度的降低，自由电子的产生和转移速度减慢，这会减少自放电电流，但同时会增加提供给负载的电流。如果温度足够低，电池实际上会冻结以致无法使用。在更高的温度下，电池可以提供更多的电流，同时自放电电流也会增加，化学物质会变干，从而缩短电池的存储寿命。在过高的温度下，电池可能会产生泄漏，某些类型电池（例如锂离子）可能会爆炸或着火。

*终端电压*　如前所述，电池都有一个固定的电压，它取决于一个电极相对于另一个电极释放电子的难易程度。电池电压范围：一般从铜锌电池的约 1.1 V，到某些类型锂电池的超过 4 V。

*电池容量*　电池只能在有限时间内供电，之后必须充电或者更换。电池的容量以安·时（A·h）或毫安·时（mA·h）为单位。额定值为 1.0 A·h 的电池可在电池的额定电压下提供 1.0 A 电流，并持续 1 h。前面提到的 D 型碱性电池容量为 1.5 A·h。

*放电特性*　理想电池是没有内阻的，在其额定电压下提供电流，直到能量完全耗尽。但实际电池是有内阻的，其内阻会随着放电而增大。因此当电流从电池中输出时，电池的终端

电压会随着时间推移而逐渐降低。不同类型电池的放电曲线不同，电池的化学性质决定了电池的放电特性，镍镉电池和镍氢电池在放电过程中表现出最佳的恒压输出响应。

*记忆效应* 一些可充电电池，例如镍镉（NiCad）和镍氢（NiMH）电池，表现出一种被称为记忆效应（也称为*电池效应*和*电池记忆*）的不良特性。这类电池部分放电（大约 75%）后，持续充电就会降低其容量。因为这类电池似乎"记住"充电只能恢复其总存储电量的一部分，其额定容量的降低被称为记忆效应。

*循环寿命* 尽管充电逆转了可充电电池产生电流的化学过程，但充电无法完全恢复化学物质并使电池完全恢复到初始状态。每次给电池充电都会略微降低电池容量。随着时间的推移，反复充放电会使其无法再使用。这限制了充电电池的循环寿命或充放电循环次数。

**技术小贴士**

如果要长时间存储铅酸蓄电池，应将其充满电，并放置在凉爽、干燥的地方，以防止其结冰或过热。随着时间的推移，电池会自行放电，所以当它的电量不足 70% 时，需要进行定期检查和充电。制造商会在他们的网站上给出具体的存储建议。

---

**电池结构** 电池也可以通过电气线路将多个单电池组合在一起。多个单电池的连接方式和电池的数量决定着电池的电压和电流容量。如果一个电池的正极连接到下一个电池的负极，以此类推，电池总电压就是单个电池电压的总和，这被称为*串联连接*，如图 2-12a 所示。为了增大电池的电流容量，将几个单电池的正极连接在一起，并将所有负极连接在一起，这被称为*并联连接*，如图 2-12b 所示。

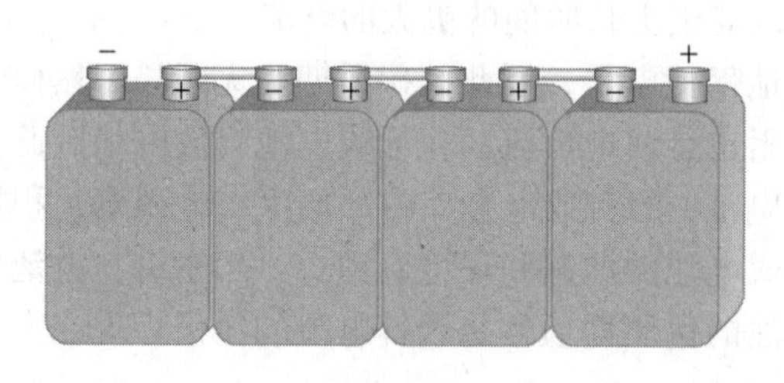

a）电池串联增加电压

b）电池并联增大电流容量

图 2-12 多个单电池连接构成的电源

虽然电池的并联会增大电流容量，但由于不同电池的端子电压、容量或者放电特性可能都不相同，如果电池或电池组中存在深度放电情况，那么输出电压较高的电池会迫使电流进入输出电压较低的电池，这也被称为反向充电。反向充电产生的反向电流会导致电池过热，并可能永久损坏电池。当电池必须并联时，可以使用一种被称为二极管的特殊半导体器件来防止反向充电。在第 16 章中，你将了解到有关二极管的相关知识。

电池有多种型号。如前所述，物理尺寸较大的电池具有更多的材料，相比于相同类型的物理尺寸较小的电池可以提供更大的电流。除了各种尺寸和形状外，还根据电池的化学成分以及是否可充电进行分类。一次电池是不可再充电的，当它们耗尽时就会被废弃，因为它们的化学反应是不可逆的。二次电池（充电电池）是可重复使用的，因为它们的化学反应是可逆的。由于二次电池可以再充电和重复再利用，所以它们可以代替许多一次电池，这样就大大减少了制造原电池所需的原材料数量，以及废弃电池产生的废物。与一次电池相比，二次电池在现代电子系统和产品中非常流行。以下是一些常用的电池类型：

- **碱性二氧化锰电池** 不可充电电池，通常用于掌上电脑、摄影设备、玩具、收音机和录音机。与碳锌电池相比，它具有较长的保质期和更高的功率密度。

- **碳锌电池**　不可充电电池，主要用于手电筒和小家电。型号有 AAA 型、AA 型、C 型和 D 型。
- **铅酸电池**　可充电电池，通常用于汽车、船舶、可再生能源系统和其他类似的场合。
- **锂离子电池**　可充电电池，适用于各种类型的便携式电子产品，并越来越多地用于国防、航空航天和汽车产品中。当然，锂离子电池也有缺点，即它们所含的溶剂是易燃的。如果电池被刺穿、充电不当或者电流消耗过大，电池就会因内部过热而起火。因此，锂电池内部含有管理电路或者集成管理电路（PMIC），以确保其充电时不会超过安全充电电压和电流的限制。
- **锂二氧化锰电池**　不可充电电池，通常用于摄影和电子设备、烟雾报警器、数据备份存储和通信设备。
- **镍氢电池**　可充电电池，通常用于便携式计算机、手机、便携式摄像机和其他便携式消费类电子产品。
- **氧化银电池**　不可充电电池，通常用于手表、照相设备、助听器和需要大容量电池的电子产品中。
- **锌空气电池**　不可充电电池，通常用于助听器、医疗监控仪器、大型导航设备和储能系统。

**燃料电池**　燃料电池是将电化学能直接转换成直流电压的装置。燃料电池由燃料（通常为氢气）和氧化剂（通常为氧气）构成。在氢燃料电池中，氢和氧发生反应生成水，这是唯一的副产品。这个过程清洁、平静，比燃烧更有效率。燃料电池和电池的相似之处在于，它们都是通过氧化还原反应来产生电能的电化学装置。电池是一个封闭的系统，所有的化学物质都存储在里面。而在燃料电池中，化学物质（氢气和氧气）不断地流入电池，在那里发生反应从而产生电能。

通常根据氢燃料电池的工作温度和使用的电解质类型来分类。有些类型很适合在发电厂使用，而有些类型适用于小型便携设备或者为汽车提供动力的场合。例如，汽车行业中最有前景的燃料电池是质子交换膜燃料电池（PEMFC），它属于氢燃料电池。图 2-13 是其简化的原理图，下面根据图的示例，具体说明其工作原理。

输气管道将加压的氢气和氧气均匀地散布在催化剂表面，以促进氢气和氧气的反应。当 $H_2$ 分子与燃料电池负极侧的铂催化剂接触时，它分裂成两个 $H^+$ 离子和两个电子（$e^-$）。氢离子通过质子交换膜（PEM）到达正极，电子通过负极进入外部电路就产生了电流。

在反应过程中，当 $O_2$ 分子与正极侧的催化剂接触时，它就会分解成两个氧离子。这些离子所带的负电荷通过电解质膜吸引两个 $H^+$ 离子，并与来自外部电路的电子结合形成水分子（$H_2O$），它作为副产品从电池中排出。在燃料电池中，这种反应只产生约 0.7 V 的电压。为了获得更高的电压，可将多个燃料电池串联起来使用。

目前对燃料电池的研究仍在进行中，研究重点是为车辆和其他项目应用开发可靠的、较小的、经济高效的电池。普及燃料电池的使用，还需要研究如何获得品质好的氢燃料。氢的潜在来源包括利用太阳能、地热能或风能分解水，也包括分解富含氢的煤或天然气。

**太阳电池**　太阳电池的工作原理基于**光伏效应**，即光能直接转化为电能的过程。太阳电池是由两层不同类型的半导体材料掺杂在一起形成的一个结层，当一层暴露在光线下时，许多电子获得足够的能量以脱离其母原子并穿过结层，在结层的一侧形成负离子，在另一侧形成正离子，从而产生电位差（电压）。图 2-14 描述了基本太阳电池的结构。

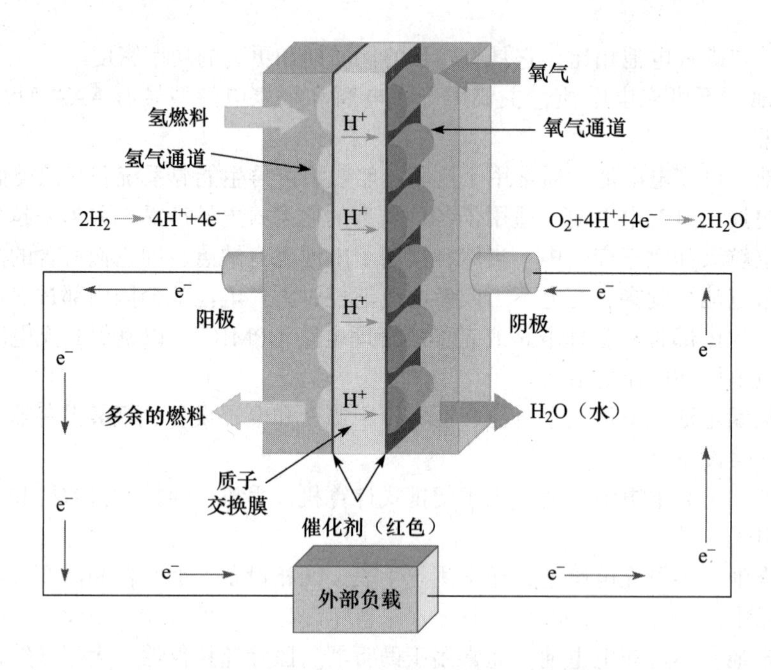


图 2-13 燃料电池的简化原理图（见彩插）

太阳电池可在室内灯光下为计算器提供电能的小功率场合使用，但研究更多集中在将阳光转化为电能这样的大功率场合。由于太阳电池和光伏（PV）组件能利用阳光产生清洁能源，因此人们在其效率提升方面进行了很多研究。需要注意的是，一个完整的可连续供电系统通常需要一个备用电池电源，用于在没有阳光的情况下提供电源。太阳电池非常适合难以接入电网的偏远地区，也适用于为卫星提供能量。

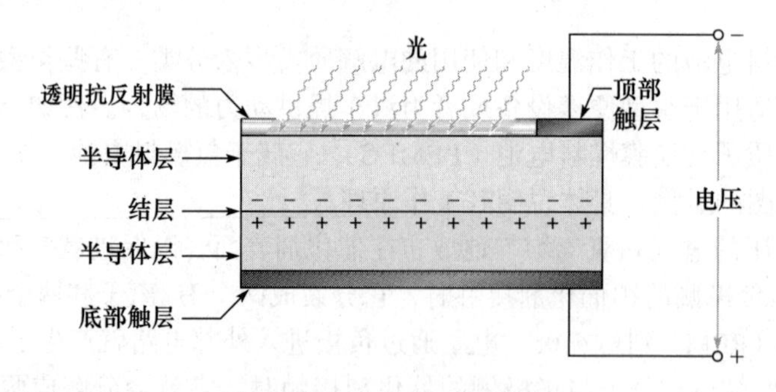


图 2-14 基本太阳电池的结构

## 技术小贴士

科学家们正致力于通过印钞印刷工艺来开发新型的柔性太阳电池。这项技术使用的是有机材料电池，这种电池可以像印制钞票一样批量生产。“可打印电子产品”是聚合物技术研究的前沿课题。

**直流发电机** 发电机利用电磁感应原理把机械能转换成电能（见第 7 章）。导体在磁场中旋转，其上就产生电压。典型的发电机如图 2-15 所示。

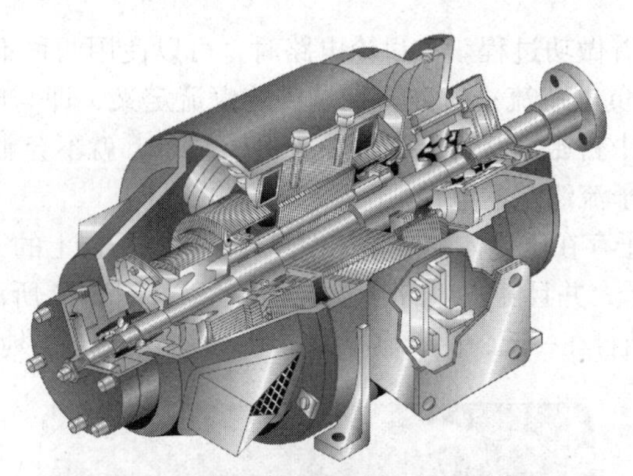

图 2-15　直流发电机剖视图（见彩插）

**稳压电源**　稳压电源将墙上插座中的交流电压转换成可在一定范围内调节的直流电压。典型的稳压电源如图 2-16 所示。3.7 节将更详细地介绍稳压电源。

图 2-16　典型的稳压电源（由 B+K Precision 提供）

**热电偶**　热电偶是一种热电式电压源，通常用于感知温度。两种不同金属的交界处就是一个热电偶，其工作原理基于**塞贝克效应**，该效应将金属交界处产生的电压描述为温度的函数。标准热电偶的特征是使用特定的金属来描述的。在一定温度范围内，标准热电偶能产生可预测的输出电压。最常见的是由镍铬合金和镍铝合金制成的 K 型热电偶，其他类型的热电偶还有 E 型、J 型、N 型、B 型、R 型和 S 型。多数热电偶都有导线和探头两种形式。

**压电传感器**　这些传感器可看作电压源，其工作原理基于**压电效应**。当压电材料在外力作用下发生机械形变时就会产生电压，石英和陶瓷是两种常见的压电材料。压电传感器广泛应用于压力传感器、力传感器、加速度计、传声器、超声波装置等场合中。

**学习效果检测**

1. 给出电压的定义。
2. 电压的单位是什么？
3. 移动 10 C 电荷所需的能量为 24 J，则相应的电压有多大？
4. 说出 6 种电压源。
5. 与一次电池相比，二次电池的两大优势是什么？
6. 电池和燃料电池相同的化学反应是什么？

## 2.4　电流

电压为电子提供能量，使它们能够在电路中运动。电子的有序运动形成电流，电流的存在意味着在电路中存在着做功过程。在讨论电路时，可以使用两种不同的电流约定：一种是电子流的电流定义，即负电荷流；另外一种是传统电流定义，即与电子流反向的正电荷流。只要在分析电路的过程中自始至终都奉行同一种电流约定，就不会影响电路的分析。在本书中，分析电路时采用电子流约定的电流。

众所周知，自由电子存在于导体和半导体中。处于价电子层上的电子可以从材料内部的一个原子迁移到另一个原子，并且随机地向各个方向移动，如图 2-17 所示。这些电子与材料中带正电的金属离子松散地结合在一起，由于热能的作用，它们可以自由地在金属晶体中移动。

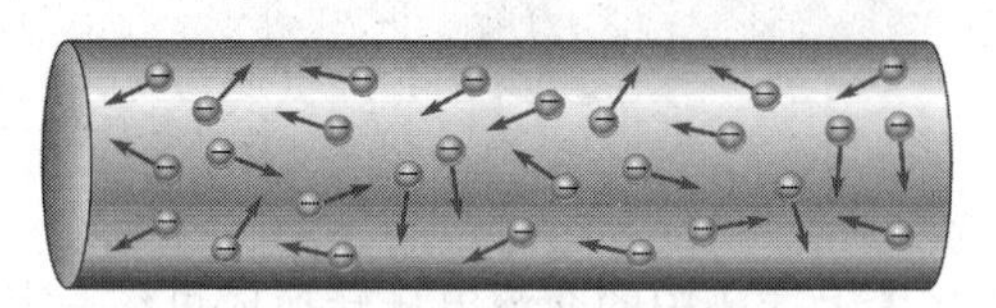

图 2-17 材料中自由电子的随机运动

如果在导体或半导体材料上施加电压，则材料的一端为正极，另一端为负极，如图 2-18 所示。左端负电压产生的排斥力使自由电子（负电荷）向右移动；右边正电压产生的吸引力把自由电子拉向右边，其结果是自由电子从导体的负极向正极移动，如图 2-18 所示。

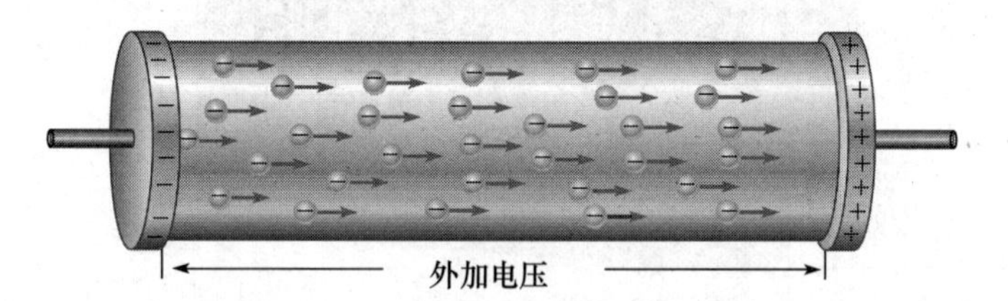


图 2-18 当在导体或半导体材料两端施加电压时，电子从负极向正极流动

这些自由电子从导体材料的负端往正端的运动，就是电流，用 $I$ 表示。

**电流就是电荷流动的速率。**

电流的计算公式为

$$I=\frac{Q}{t} \tag{2-3}$$

式中，$I$ 是电流，单位为安培（A）；$Q$ 是电子的电荷，单位为库仑（C）；$t$ 是时间，单位为秒（s）。做个简单形象类比：在供水系统中，水泵（相当于电压源）在管道系统中施加压力（相当于电压）时，可以将电流看作是流经送水管道中的水流，是电压引起了电流。

## 人物小贴士

**安德烈·玛丽·安培**（André Marie Ampère，1775—1836）在 1820 年，法国人安培发展了电磁理论，该理论是 19 世纪电磁领域发展的基础。他首次制造出测量电流的仪器。电流的单位安培就是以他的名字命名。

（图片来源：Photo Researchers/Science History Images/Alamy Stock Photo）

### 2.4.1 安培

电流的单位为安培，简称安，用A表示。安培的含义如图2-19所示。

**当总电流为1.0 C的电子在1.0 s内通过横截面时，电流为1.0 A。**

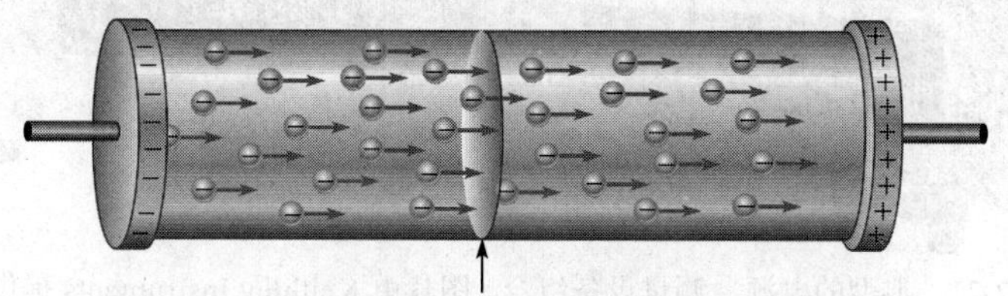


图2-19 安培的含义[导体材料中1 A（1 C/s）电流的图示]

**例2-3** 10 C电荷在2 s内流过了导线中的某个横截面，那么该电流为多少安培？

**解**

$$I=\frac{Q}{t}=\frac{10\ \text{C}}{2.0\ \text{s}}=5.0\ \text{A}$$

**同步练习** 如果灯丝上的电流为8 A，那么1.5 s内流过灯丝的电荷为多少库仑？

采用科学计算器完成例2-3的计算。

### 2.4.2 电流源

**理想电流源** 一个理想电压源可以为任何负载提供恒定的电压，类似地，理想电流源可以在任何负载下提供恒定的电流。与理想电压源的情况一样，理想电流源并不存在，但在实际中可以近似实现。除另有说明，我们将假定电流源为理想的。

电流源的符号如图2-20a所示。理想电流源的输出特性是一条水平线，平行于电压轴，如图2-20b所示。该特性被称为电压–电流（伏安）特性。注意，无论电流源两端的电压为多少，其输出电流都是恒定的。但在实际的电流源中，电流会随着电压的增加而稍有减小，如图2-20b中虚线所示。

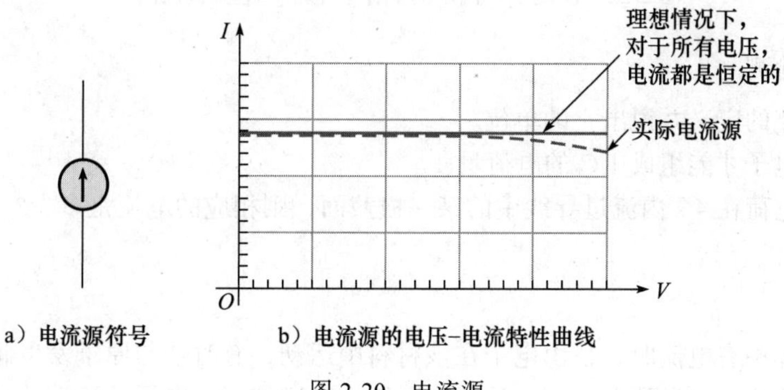


图2-20 电流源

**实际电流源** 电源通常被认为是电压源，因为它们是实验室中最常见的电源类型。电流源是另一种类型的电源，它可以是“独立仪器”，也可以与其他仪器组合，如电压源、数字万用表（DMM），以及函数发生器。图2-21中的电源–测量设备就是组合仪器的一种形式，图中设备可以设置为电压源或电流源，并内置了一个数字万用表以及其他仪器。图2-21中的设备主要用于测试晶体管和其他半导体器件。

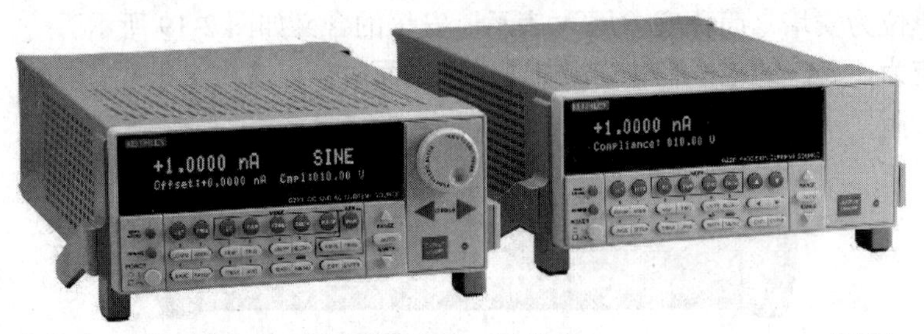


图 2-21 典型的电源 – 测量设备组合（图片由 Keithley Instruments 提供）

**安全小贴士**

电流源通过改变输出电压向负载提供恒定电流。例如，同一个仪表校准器在测试不同的被测仪表时，其输出电压可能不同。在实践中，切忌接触电流源的导线，因为引线上的电压可能很高，会导致电击。如果所接负载是高电阻，或者电流源接通而负载却断开，则电击更容易发生。

在大多数晶体管电路中，晶体管都被看作电流源，这是因为其电压 – 电流特性曲线的一部分是平行于电压轴的水平线，如图 2-22 所示，晶体管特性曲线的水平段部分表示晶体管电流在一定电压范围内保持恒定，此恒流区可用于形成恒流源。

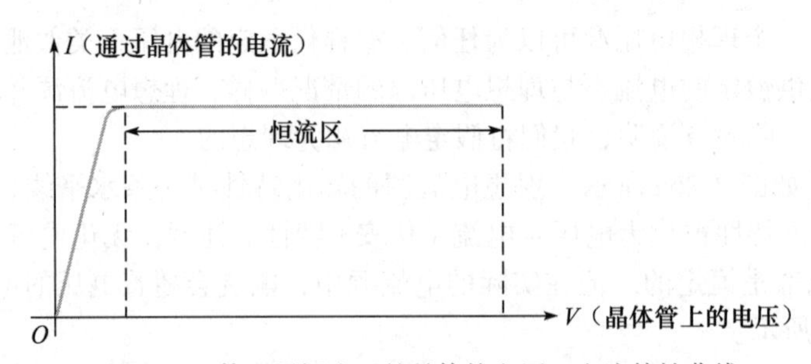


图 2-22 体现了恒流区的晶体管电压 – 电流特性曲线

**学习效果检测**

1. 给出电流的定义并说出它的单位。
2. 多少个电子才能组成 1 C 的电荷量？
3. 20 C 的电荷在 4 s 内流过导线中的某一横截面，则相应的电流是多少？

## 2.5 电阻

当固体导体中有电流时，自由电子在该材料中运动，有时会与原子发生碰撞。这些碰撞使电子失去一些能量，导致电子的运动受到限制。碰撞越多，电子的流动就越受限制，这种限制因材料类型的不同而不同。这种限制电子流动的材料特性被称为电阻[⊖]，用符号 $R$ 表示。

**电阻**是对电流的一种阻碍。

电阻的符号如图 2-23 所示。

⊖ 在本书中，电阻既指电阻器——一种电路元件，又指物理量，需根据上下文区分。

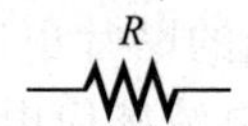

图 2-23 电阻的符号

当电流通过具有电阻的材料时，自由电子和原子的碰撞会产生热量。因此，当有足够大的电流通过时，尽管导线的电阻很小，此时导线也会变热。

做个一个简单的类比，你可以将电阻视为封闭供水系统中打开的阀门，阀门限制流经管道的流水量。如果阀门打开得越多（对应于较小的电阻），水流量（对应于电流）就会增加。如果阀门关闭得越多（对应于更大的电阻），水流量（对应于电流）就会减少。

### 2.5.1 欧姆：电阻的单位

电阻 $R$ 的单位是**欧姆**，用希腊字母 Ω 表示。

**如果在材料两端施加 1 V 的电压，其上流过的电流等于 1 A，则该材料的电阻就是 1 Ω。**

**电导** 电阻的倒数就是**电导**，用符号 $G$ 表示，是衡量电流通过的难易程度的指标。电导的定义为

$$G=\frac{1}{R} \tag{2-4}$$

电导的单位是**西门子**，用 S 表示。例如，一个 22 kΩ 电阻的电导为

$$G=\frac{1}{22\ \text{k}\Omega}=45.5\ \mu\text{S}$$

在过去，偶尔会将电阻（ohm）的倒数（电导），形象地写为 mho。

**人物小贴士**

**乔治·西蒙·欧姆**（Georg Simon Ohm，1787—1854）欧姆出生于德国巴伐利亚州。为了用公式描述电流、电压和电阻之间的关系，他努力数载，终于提出了后来闻名于世的欧姆定律。为了向欧姆表示敬意，人们用他的名字命名了电阻的单位。

（图片来源：Library of Congress，LC-USZ62-40943）

### 2.5.2 电阻

专门设计成具有一定电阻值的元件称为**电阻**。电阻的主要用途是限制电路中的电流、分压，以及在某些情况下产生热量。虽然电阻有多种形状和尺寸，但它们都可以分为两类：固定电阻和可变电阻。

**固定电阻** 固定电阻有非常多种阻值可供选择，这些阻值是在制造电阻的过程中设定的，无法改变。固定电阻的制造方法和所用材料各异，图 2-24 列出了几种常见类型。

碳膜复合电阻由精细研磨的碳、绝缘填料和树脂黏合剂混合制成。碳与绝缘填料的比例决定了阻值。碳膜复合电阻呈棒状且带有导电引脚，整个电阻器被封装在绝缘保护涂层中。图 2-25a 描述了典型碳膜复合电阻的结构。

贴片电阻是另一种类型的固定电阻器，属于表面贴装式（SMT）元件。它的尺寸非

常小，适用于紧凑元件的组装。小阻值的贴片电阻（<1.0 Ω）可以制作成允许偏差非常小（±0.5%）的贴片电阻，它可以用作电流感应电阻器。图 2-25b 给出了贴片电阻的内部结构。

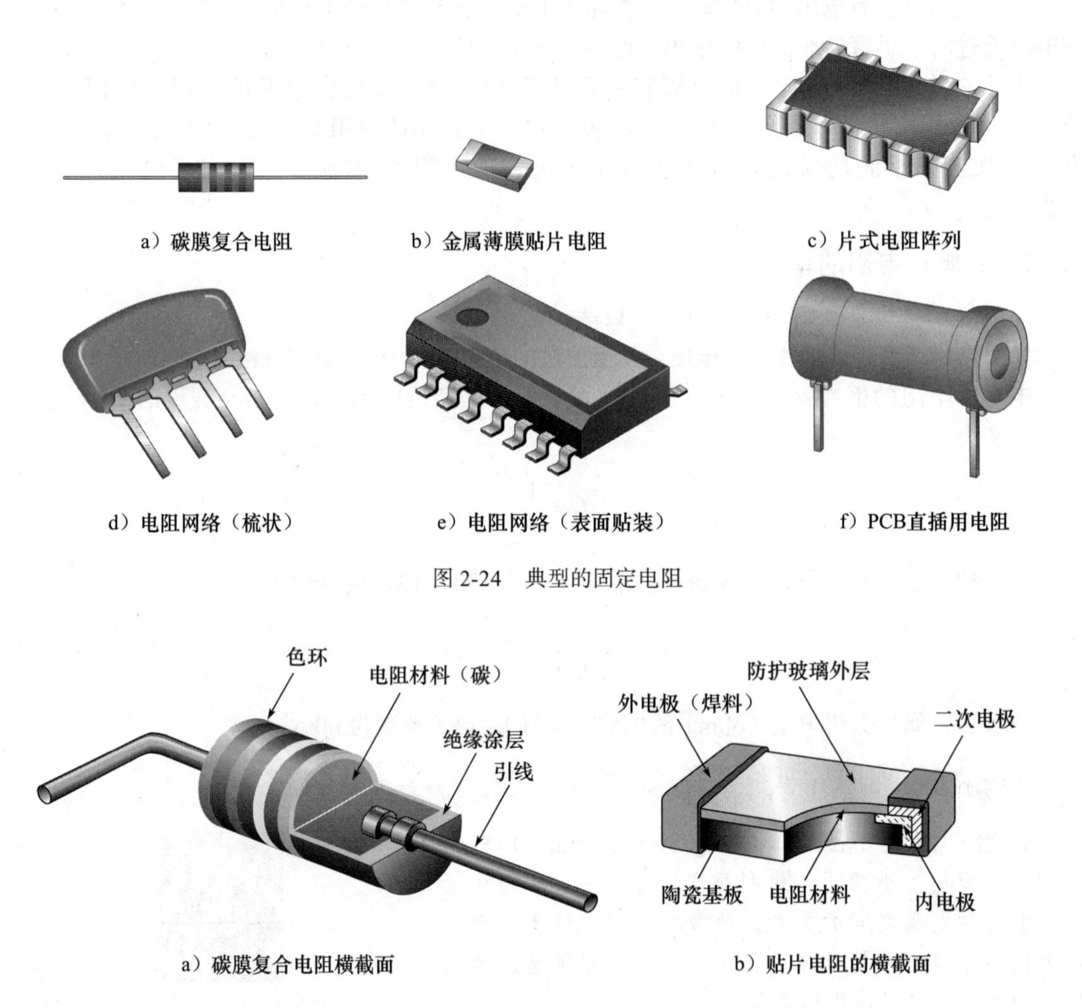


a）碳膜复合电阻　b）金属薄膜贴片电阻　c）片式电阻阵列

d）电阻网络（梳状）　e）电阻网络（表面贴装）　f）PCB直插用电阻

图 2-24　典型的固定电阻

a）碳膜复合电阻横截面　b）贴片电阻的横截面

图 2-25　两种固定电阻

其他类型的固定电阻包括碳膜电阻、金属膜电阻、金属氧化物膜电阻和绕线式电阻。在薄膜电阻中，电阻材料均匀沉积在高档陶瓷棒上，电阻膜的材质可以是碳（碳膜）或镍铬（金属膜）。在薄膜电阻的制造工艺中，可以通过螺纹技术去除部分电阻材料来获得所需的阻值，如图 2-26a 所示。用这种方法可以获得非常接近**允许偏差**的电阻（精密的电阻）。薄膜电阻也有电阻网络的形式，如图 2-26b 所示。

绕线式电阻由绕在绝缘棒上的电阻丝封装后构成。绕线式电阻通常用于需要更高额定功率的场合，由于绕线式电阻是由线圈构成的，所以不适用于高频场合。一些典型的绕线式电阻如图 2-27 所示。

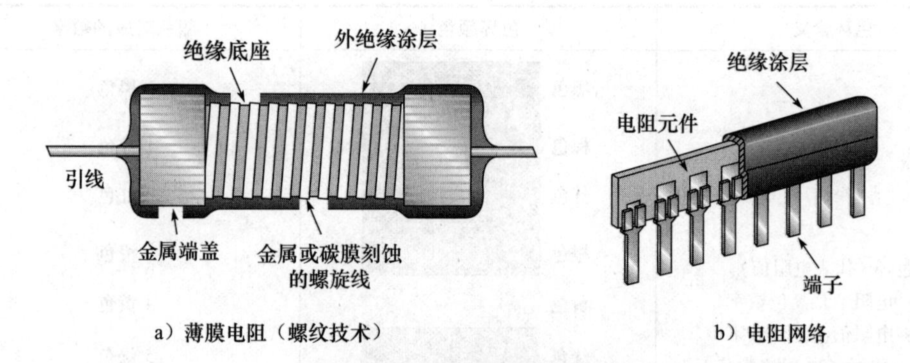


a）薄膜电阻（螺纹技术）　　b）电阻网络

图 2-26　典型薄膜电阻的结构

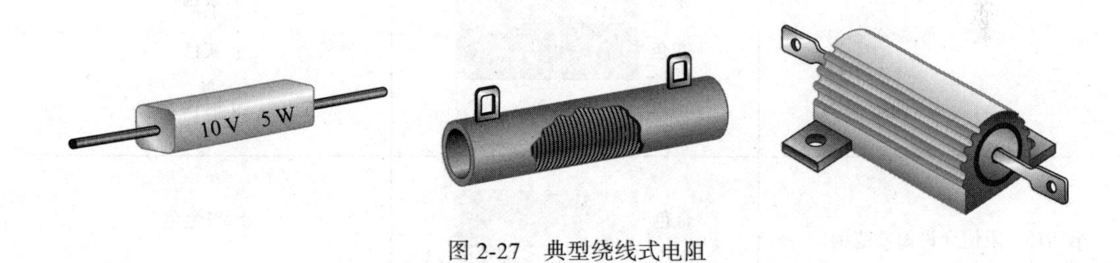


图 2-27　典型绕线式电阻

## 人物小贴士

**维尔纳·冯·西门子**（Ernst Werner von Siemens 1816—1892）　西门子出生于德国。他曾因作为决斗助手而入狱，在此期间开始化学实验，第一个发明了电镀系统。1837 年，西门子开始改进早期的电报，为电报系统做出了巨大贡献。为了向西门子表示敬意，人们用他的名字命名了电导的单位。

（图片来源：Pictorial Press Ltd/Alamy Stock Photo）

**电阻的色环编码**　阻值允许偏差为 ±5% 或 ±10% 的固定电阻用 4 种颜色的环来标记，用以表示阻值及其允许偏差。色环如图 2-28 所示，**色环编码**表示的含义列在表 2-2 中。第一个色环总是更靠近电阻元件的某一端。

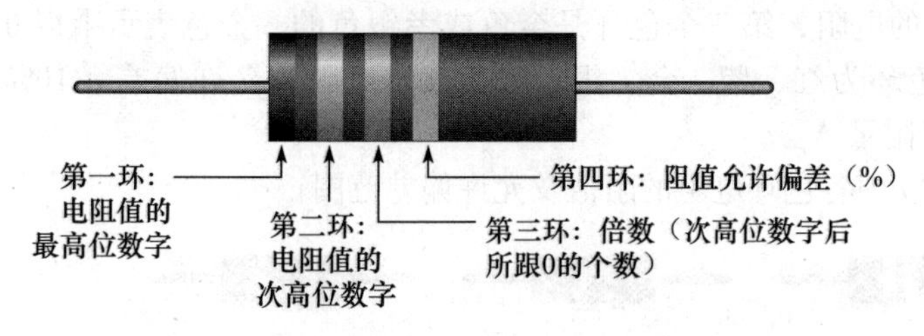


图 2-28　四色环电阻的色环编码示例（见彩插）

表 2-2 四色环电阻的色环编码含义（见彩插）

| 色环含义 | 色环颜色 | 颜色对应的数字 |
|---|---|---|
| 前三个色环（代表电阻值）<br>第一环：电阻值最高位数字<br>第二环：电阻值次高位数字<br>第三环：倍数（次高位数字后所跟 0 的个数） | 黑色 | 0 黑色 |
| | 棕色 | 1 棕色 |
| | 红色 | 2 红色 |
| | 橙色 | 3 橙色 |
| | 黄色 | 4 黄色 |
| | 绿色 | 5 绿色 |
| | 蓝色 | 6 蓝色 |
| | 紫色 | 7 紫色 |
| | 灰色 | 8 灰色 |
| | 白色 | 9 白色 |
| 第四环：阻值允许偏差范围 | 金色 | ±5%金色 |
| | 银色 | ±10%银色 |

注：对于阻值小于 10 Ω 的电阻，第三个环是金色或银色。金色表示乘以 0.1，银色表示乘以 0.01。

色环所代表的含义如下：

1. 从靠近电阻某一端的色环开始，第一个色环是电阻值的最高位数字。如果不清楚哪边的色环离电阻端更近，就从非金色色环且非银色色环的那一端开始。

2. 第二个色环代表电阻值的次高位数字。

3. 第三个色环对应的数字代表次高位数字后面 0 的个数，或者说代表着倍数。这个倍数实际上是 10 的乘方数，因此，第三个色环如果是黑色，则表示将前两个色环构成的数字乘以 $10^0$ 或 1。

4. 第四个色环代表阻值的允许偏差（%），一般是金色（允许偏差 ±5%）或银色（允许偏差 ±10%）。如果没有第四个色环，允许偏差为 ±20%。

例如，5% 的允许偏差意味着实际电阻值处于根据色环读出电阻值上下浮动 5% 的范围内，因此，允许偏差为 ±5% 的 100 Ω 电阻，其实际阻值处于 95 ～ 105 Ω。

对于阻值小于 10 Ω 的电阻，第三个色环是金色或者银色的。金色表示乘以 0.1，银色表示乘以 0.01。例如，色环为红、紫、金、银，则代表该电阻为允许偏差 ±10% 的 2.7 Ω 的电阻。标准电阻值列于附录 A。

**例 2-4** 写出图 2-29 中各色环电阻的阻值及允许偏差范围。

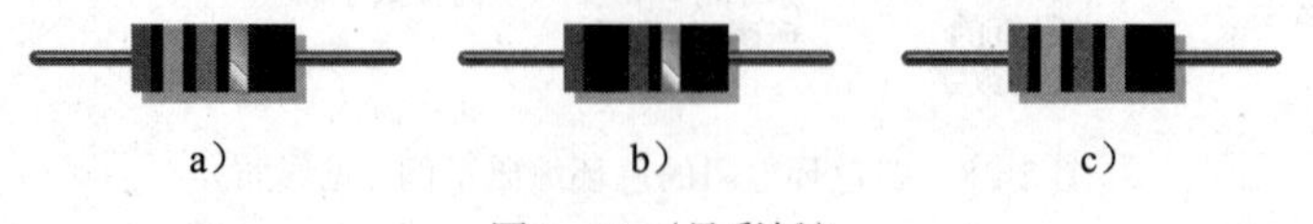

a) b) c)

图 2-29 （见彩插）

**解**　a）图 a 中第一环为红色代表数字 2，第二环为紫色代表数字 7，第三环为橙色代表次高位跟着 3 个 0，第四环为银色代表 ±10% 的允许偏差，所以

$$R=27\ 000(1\pm10\%)\Omega$$

b）图 b 中第一环为棕色代表数字 1，第二环为黑色代表数字 0，第三环为棕色代表次高位后跟着 1 个 0，第四环为银色 ±10% 的允许偏差，所以

$$R=100(1\pm10\%)\Omega$$

c）图 c 中第一环为绿色代表数字 5，第二环为蓝色代表数字 6，第三环为绿色代表次高位后跟着 5 个 0，第四环为金色代表 ±5% 的允许偏差，所以

$$R=5\ 600\ 000(1\pm5\%)\Omega$$ ◀

**同步练习**　某电阻的第 1 ～ 4 个色环依次为黄色、紫色、红色和金色，给出该电阻的阻值及其允许偏差。

**五色环电阻**　某些允许偏差为 2%、1% 甚至更小的精密电阻通常采用 5 个色环来表示，如图 2-30 所示。从最靠近某一端的色环开始，第一个色环代表电阻值的最高位数字，第二个色环代表电阻值的次高位数字，第三个色环代表电阻值的第三位数字，第四个色环代表倍数（第三位数字后所跟 0 的个数），第五个色环表示阻值允许偏差（%）。表 2-3 列出了五色环电阻中各颜色的含义。

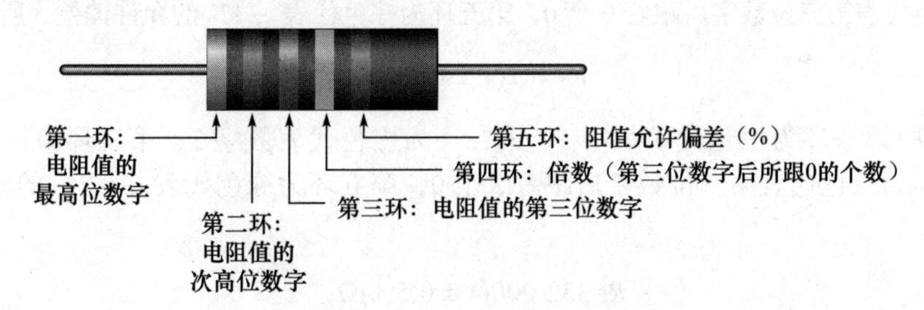


图 2-30　五色环电阻示例（见彩插）

**表 2-3　五色环电阻各颜色的含义**

| 色环含义 | 对应数字 | 色环颜色 |
|---|---|---|
| 前四个色环（代表电阻值）<br>第一个色环：电阻值最高位数字<br>第二个色环：电阻值次高位数字<br>第三个色环：电阻值第三位数字<br>第四个色环：倍数（第三位数字后所跟 0 的个数） | 0<br>1<br>2<br>3<br>4<br>5<br>6<br>7<br>8<br>9 | 黑色<br>棕色<br>红色<br>橙色<br>黄色<br>绿色<br>蓝色<br>紫色<br>灰色<br>白色 |
| 第四个色环：倍数 | 0.1<br>0.01 | 金色<br>银色 |

（续）

| 色环含义 | 对应数字 | 色环颜色 |
|---|---|---|
| 第五个色环：阻值允许偏差 | ± 2%<br>± 1%<br>± 0.5%<br>± 0.25%<br>± 0.1% | 红色<br>棕色<br>绿色<br>蓝色<br>紫色 |

**例 2-5** 写出图 2-31 中各五色环电阻的阻值（以 Ω 为单位）及允许偏差。

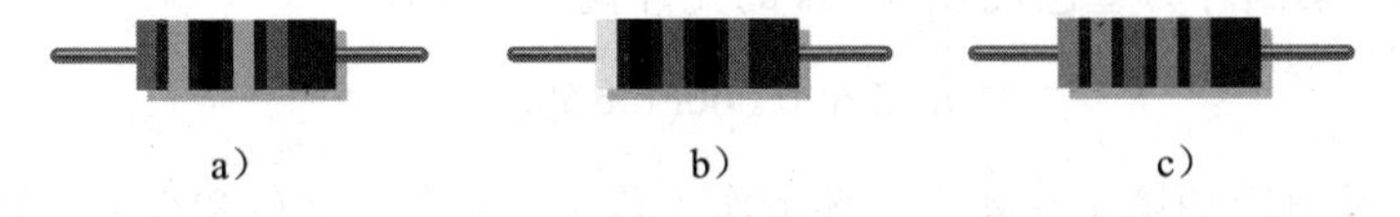


图 2-31 （见彩插）

**解** a）图 a 中第一环为红色代表数字 2，第二环为紫色代表数字 7，第三环为黑色代表数字 0，第四环为金色代表乘以 0.1，第五环为红色代表 ± 2% 的允许偏差，所以

$$R=27(1\pm2\%)\Omega$$

b）图 b 中第一环为黄色代表数字 4，第二环为黑色代表数字 0，第三环为红色代表数字 2，第四环为黑色代表第三位数字后跟着 0 个 0，第五环为棕色代表 ± 1% 的允许偏差。所以

$$R=402(1\pm1\%)\Omega$$

c）图 c 中第一环为橙色代表数字 3，第二环为橙色代表数字 3，第三环为红色代表数字 2，第四环为橙色代表第三位数字后跟着 3 个 0，第五环为绿色代表 ± 0.5% 的允许偏差，所以

$$R=332\ 000(1\pm0.5\%)\Omega$$ ◀

**同步练习** 某电阻的第 1 ～ 5 色环依次为黄色、紫色、绿色、金色和红色，给出电阻的阻值（以 Ω 为单位）及其允许偏差。

**电阻的标签** 并不是所有类型的电阻都是带有色环的。许多电阻（例如表面贴装式电阻）使用印刷标签来表示阻值及其允许偏差。这些标签由数字和字母的组合构成。某些情况下，当电阻器的尺寸足够大时，电阻值及其允许偏差就以标准形式完整地印在其上面。例如，一个 33 000 Ω 电阻可标记为 33 kΩ。

只包含数字的标签使用 3 个数字来表示阻值，如图 2-32 所示。前两位数字表示阻值的最高位和次高位，第三位数字表示前两位数字后面所跟 0 的个数，或者说是倍数（乘以 10 的次幂，第三位数字即表示该乘方的次幂）。这种表示方式仅适用于 10 Ω 或更高的阻值。

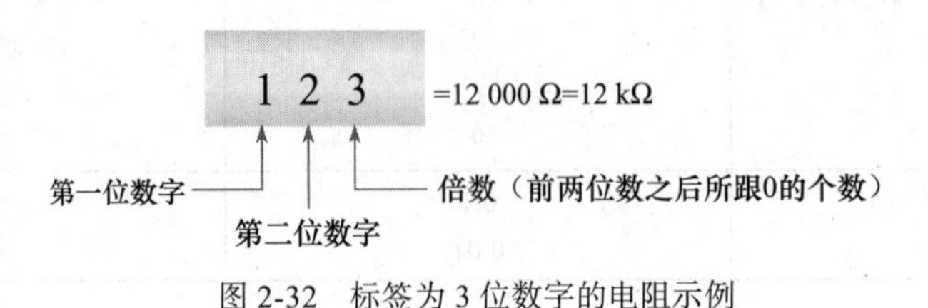


图 2-32 标签为 3 位数字的电阻示例

另一种电阻标签同时使用数字和字母，由 3 个或 4 个数字与字符的组合来构成。这种标签包括 3 种形式：仅包含 3 个数字；包含 2 个数字和 1 个字母；包含 3 个数字和 1 个字母。可能用到的字母包括 R、K 和 M。字母用来表示倍数，且字母的位置表示小数点的位置。字母 R 表示的倍数为 1（数字后面没有 0），K 表示的倍数为 1000（数字后面有 3 个 0），M 表示的倍数为 1 000 000 数字后面有 6 个 0。在这种格式的标签中，阻值 100 ～ 999 由 3 个数字组成，无须字母。贴片电阻中也有 0 Ω 电阻，用作跨越印制电路板上走线的一种方法。图 2-33 给出了这类电阻标签的几个例子。

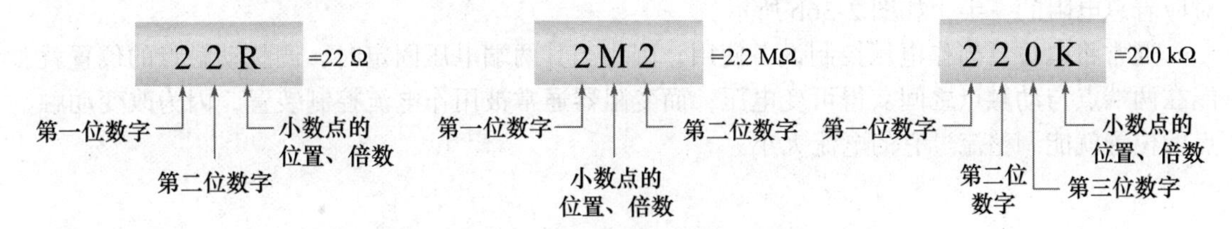


图 2-33　同时带有数字和字母的电阻标签

还有一种使用字母 F、G 和 J 表示电阻值允许偏差的标签体系，即

F= ± 1%　　G= ± 2%　　J= ± 5%

例如，620 F 表示允许偏差为 ± 1% 的 620 Ω 电阻，4R6G 表示允许偏差为 ± 2% 的 4.6 Ω 电阻，56 KJ 代表允许偏差为 ± 5% 的 56 kΩ 电阻。

**例 2-6**　以下电阻标签分别代表多大的电阻值？

（a）470　（b）5R6　（c）68 K

（d）10 M　（e）3M3

**解**

（a）470=470 Ω　（b）5R6=5.6 Ω　（c）68 K=68 kΩ

（d）10 M=10 MΩ　（e）3M3=3.3 MΩ ◄

**同步练习**　1K25 的电阻标签代表多大的电阻？

**可变电阻**　为了使电阻的阻值可以很轻松地改变，人们设计了可变电阻。可变电阻的两种基本用途是分压和控制电流。用来分压的可变电阻叫作电位器，用来控制电流的可变电阻叫作变阻器，其符号如图 2-34 所示。电位器为三端元件，如图 2-34a 所示，引脚 1、2 之间阻值固定（即总电阻），引脚 3 连接着一个移动触点（移动装置像个滑动臂）。通过移动触点可以改变引脚 3 与引脚 1 之间，或引脚 3 与引脚 2 之间的电阻。

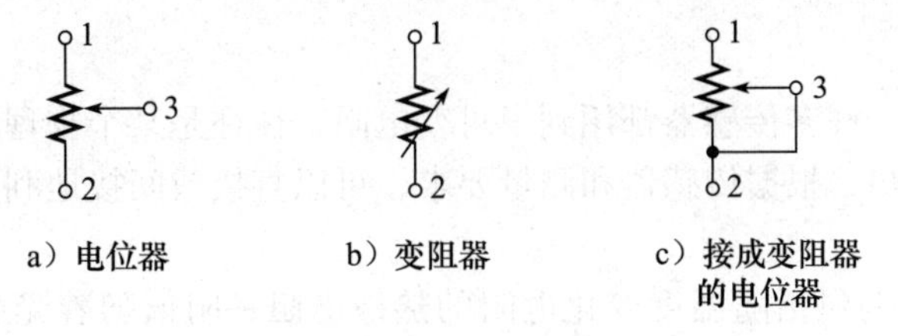


图 2-34　电位器和变阻器的符号

由图 2-34b 可知变阻器为双端元件，图 2-34c 表示将电位器的引脚 3 与引脚 2 或引脚 1 相连，从而当作一个变阻器来使用。图 2-34b、c 所示符号是等效的，一些典型的电位器如图 2-35 所示。

电位器可分为单圈或多圈的，这取决于在电位器上的移动装置需要一圈还是多圈。多圈电位器可以更好地控制移动装置的位置，其多用于电气和电子设备中的微调控制。电位器和变阻器可以分为线性和非线性两类，如图 2-36 所示。在线性电位器中，任意端子与动触点之间的电阻随动触点位置线性变化。例如，触点处于总行程的中间位置时，电位器的阻值等于总阻值的一半；触点与某端点的距离为总行程的 3/4 时，这两点间的阻值为总阻值 3/4，此时，触点与另一端点间的阻值为总阻值的 1/4，如图 2-36a 所示。

在**非线性**电位器中，因为电阻随动触点的位置呈非线性变化，所以总行程的一半不一定对应着总电阻的一半，如图 2-36b 所示。

通常将电位器当作电压控制设备使用，因为当其两端电压固定时，调整动触点的位置就能在两端点与动触点之间获得可变电压；而变阻器通常被用作电流控制装置，因为改变动触点的位置就能调整流过它的电流大小。

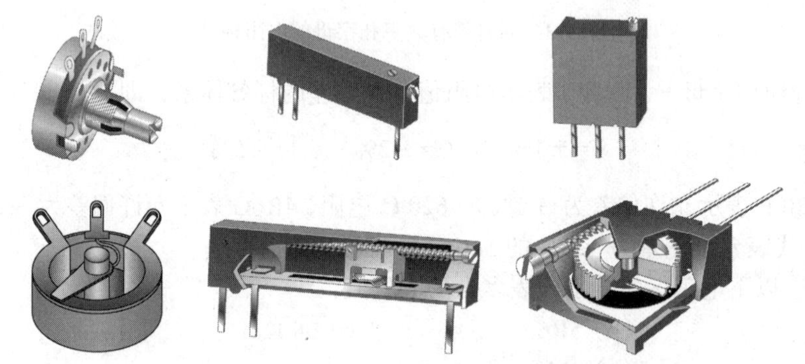

图 2-35 典型的电位器及其结构图（见彩插）

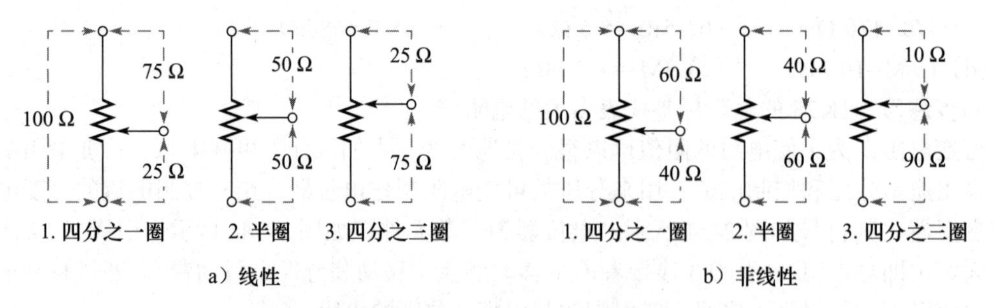


图 2-36 线性、非线性电位器示例

**可变电阻传感器** 许多传感器都用到了可变电阻，往往是某个物理量的变化改变了电阻值，进而被传感器感知。根据传感器和测量要求，可以直接或间接地利用电压或电流的变化来确定电阻的变化。

电阻传感器的实例包括随温度变化电阻的**热敏电阻**、阻值随着光变化而变化的**光敏电阻**，以及在受力时阻值发生变化的**应变片**。热敏电阻常用于恒温器，光敏电阻也有很多应用。例如，用它们对光线的感应作用，在黄昏时打开路灯，在黎明时关闭路灯。应变片广泛应用于天平以及测量机械运动的应用场合。所用的测量仪器需要非常灵敏，因为实际应用中电阻的变化很小。图 2-37 给出了这些电阻传感器的符号。

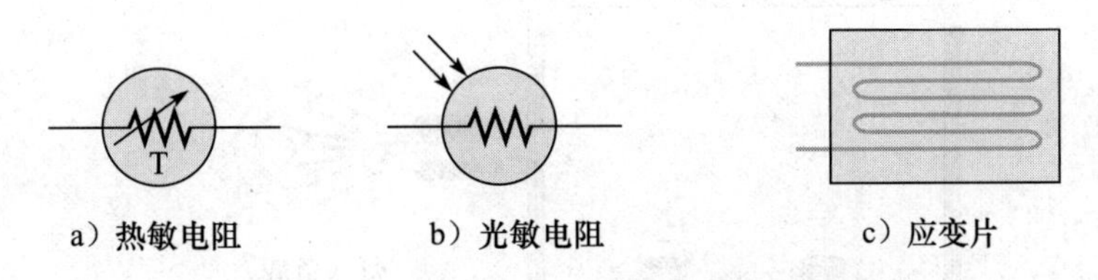


图 2-37 感应温度、光和力的电阻传感器符号

**技术小贴士**

有一种特殊类型的电阻器，从键盘上的指尖压力到电子秤上的卡车重量，它都可以感应出来。这种特殊电阻器被称为应力感应电阻器（FSR），它也是一种传感器。应力感应电阻器的阻值可以随着外界作用力的变化而变化，电阻值的大小反映了外界作用力的大小。

**学习效果检测**

1. 给出电阻的定义及其单位。
2. 电阻的两大主要类别是什么？简要说明二者的区别。
3. 四色环电阻中各个色环的含义是什么？
4. 给出以下 4 种色环排列对应的电阻值及其允许偏差。

(a) 黄、紫、红、金　　(b) 蓝、红、橙、银

(c) 棕、灰、黑、金　　(d) 红、红、蓝、红、绿

5. 以下各标签分别代表多大的电阻？

(a) 33R　　(b) 5K6　　(c) 900　　(d) 6M8

6. 变阻器和电位器的基本区别是什么？
7. 说出 3 种电阻传感器以及影响它们阻值的物理量。

## 2.6 电路

基本电路是指电路元件的一种有序排列，采用电压和电阻形成电流的通路以实现某种功能。

一般来说，**电路**由电压源、负载，以及电压源和负载之间的电流通路组成。负载是一种装置，电流通过它在其上做功。图 2-38 是一个简单电路的示例，该电路使用两个导体（导线）将电池连接到灯泡上。电池即为电压源，灯泡是电池连接的**负载**，因为它从电池中获取电流。两根电线提供电流流动的路径，电流从电池的负极流向灯泡，然后再回到电池的正极，其方向如图 2-38 中箭头所示。电流流过灯丝（灯丝有电阻）时，灯丝发热，并发出可见光。电池发出的电流是通过化学作用产生的。

在许多实际情况中，电池的一端连接到一个公共点或接地点。例如，在大多数汽车中，电池的负极端子连接到汽车的金属底盘上，底盘就是汽车电气系统中的“地”，也是闭合电路中的一部分导体。本章后面将介绍“地”的概念。

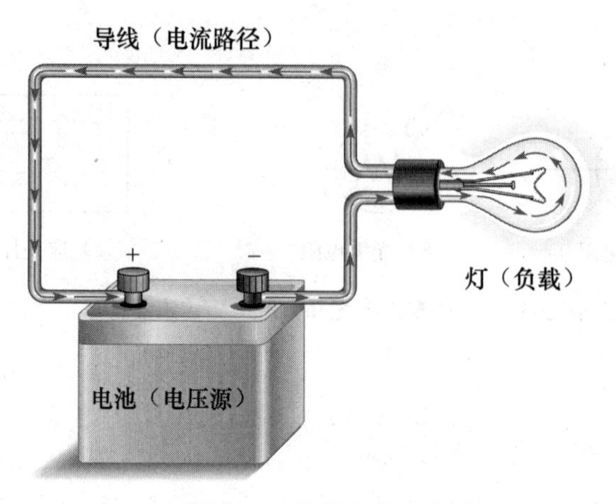


图 2-38 简单电路的示例

**安全小贴士**

为了避免触电，不要触碰已连接到电源的电路。如果你要移除或更换电路中的一个元器件，首先要确保电压源已经断开。

可以用各元件的标准符号将电路表示为电路**原理图**，图 2-38 中电路的原理图如图 2-39 所示。原理图以一种有组织的方式表示了一个给定电路中各个元件是如何相互连接的，从而可以分析电路的工作原理。

原理图以有组织的形式显示电路中的各种元件如何相连，以便可以确定电路的操作。

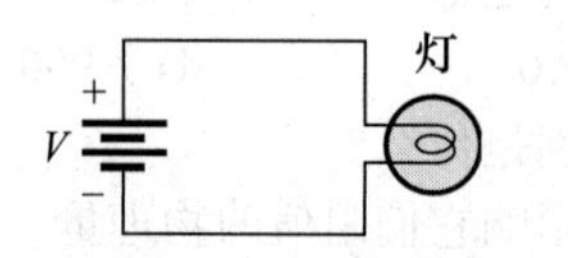


图 2-39 图 2-38 中电路的原理图

### 2.6.1 电路控制与保护

图 2-40a 中的电路是一个**闭合电路**，即电流具有完整通路的电路。如果完整的回路被破坏，电流通路被断开，那么这个电路就是一个**开路电路**，如图 2-40b 所示。开路电路被认为具有无穷大的电阻，无穷大意味着无法测量，因此有时称之为未定义值。

**机械开关** 开关通常用于控制电路的闭合或断开。例如，图 2-40 中的开关用于点亮或熄灭电灯，图中对于每个实物电路都给出了相应的原理图。所用的开关是一个单刀单掷拨杆开关。所谓“刀”是指开关机械结构中的活动臂，“刀”的数量决定了开关可以控制的独立电路的数量。“掷”的数量决定了一个“刀”可以闭合（不同时闭合）的触点数。

图 2-41 显示了使用单刀双掷开关来控制两盏灯的电路。当一盏灯亮时，另一盏灯灭，反之亦然，图 2-41b、c 对应着一个开关在不同位置的情况。

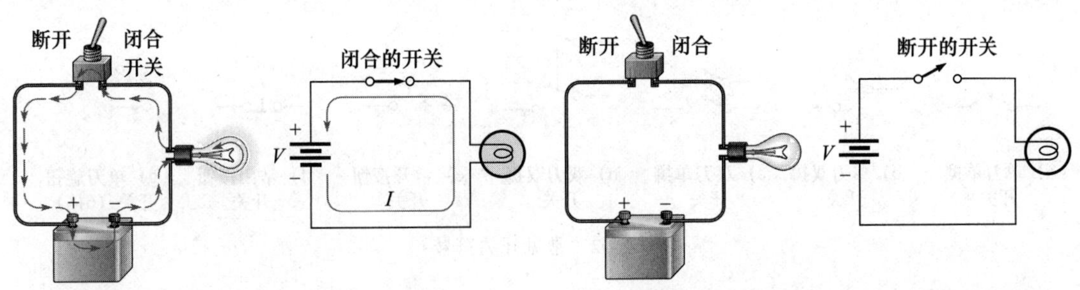


a）闭合电路有完整的通路（开关处于闭合状态），所以电路中存在着电流（本书基本上总是使用箭头表示电流）

b）开路电路没有完整的通路（开关处于断开状态），所以电路中不存在电流

图 2-40　闭合电路和开路电路示例（基于单刀单掷开关）

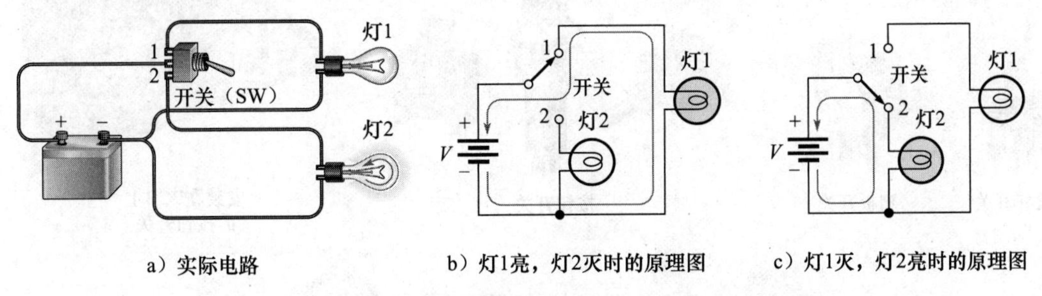


a）实际电路

b）灯1亮，灯2灭时的原理图

c）灯1灭，灯2亮时的原理图

图 2-41　单刀双掷开关控制两盏灯的示例

## 技术小贴士

如果在焊接时施加过多的热量，那么小的电子元件很容易被烧坏。小型开关通常由塑料制成，高温会使其熔化造成开关失效。通常，制造商会提供在不损坏元件情况下元件所能承受的最高温度和持续时间等参数。为了安全焊接，可以在施加焊料的位置和电子元件的敏感区之间，临时连接一个小的散热器。

---

除单刀单掷（SPST）开关和单刀双掷（SPDT）开关（图 2-42a、b 是它们的符号），还有如下的开关：

- **双刀单掷开关（DPST）** 双刀单掷开关允许同时闭合或断开两对触点。符号如图 2-42c 所示，虚线表示两接触臂在机械结构上是连接在一起的，因此它们可通过同一个开关动作来同步移动。
- **双刀双掷开关（DPDT）** 双刀双掷开关提供对两组触点中某一组触点的连接。如图 2-42d 所示。
- **按钮开关（PB）** 在图 2-42e 所示的常开按钮开关（NOPB）中，当按钮被按下时，两个触点之间接通，当松开按钮时连接断开。在图 2-42f 所示的常闭按钮开关（NCPB）中，当按钮被按下时，两个触点之间的连接断开，松开按钮时两触点重新接通。
- **旋钮开关** 在旋钮开关中，一个触点和其他几个触点之间的连接是通过转动一个旋钮来实现的，一个 6 挡旋钮开关的符号如图 2-42g 所示。

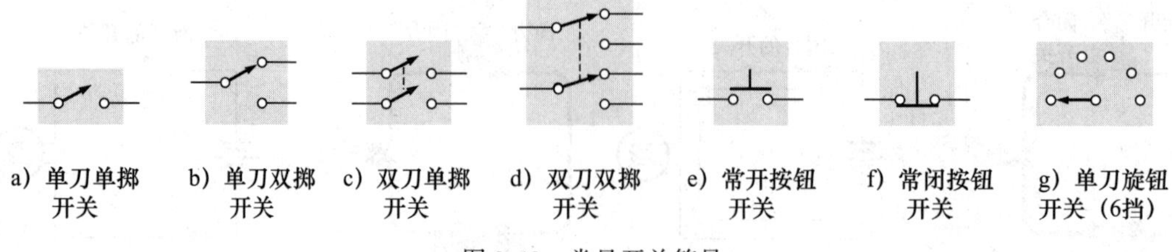


图 2-42 常见开关符号

图 2-43 列出了几种机械开关，图 2-44 给出了一个典型拨杆开关的结构图。除了机械开关外，晶体管在某些应用场景也可以等效为单刀单掷开关。

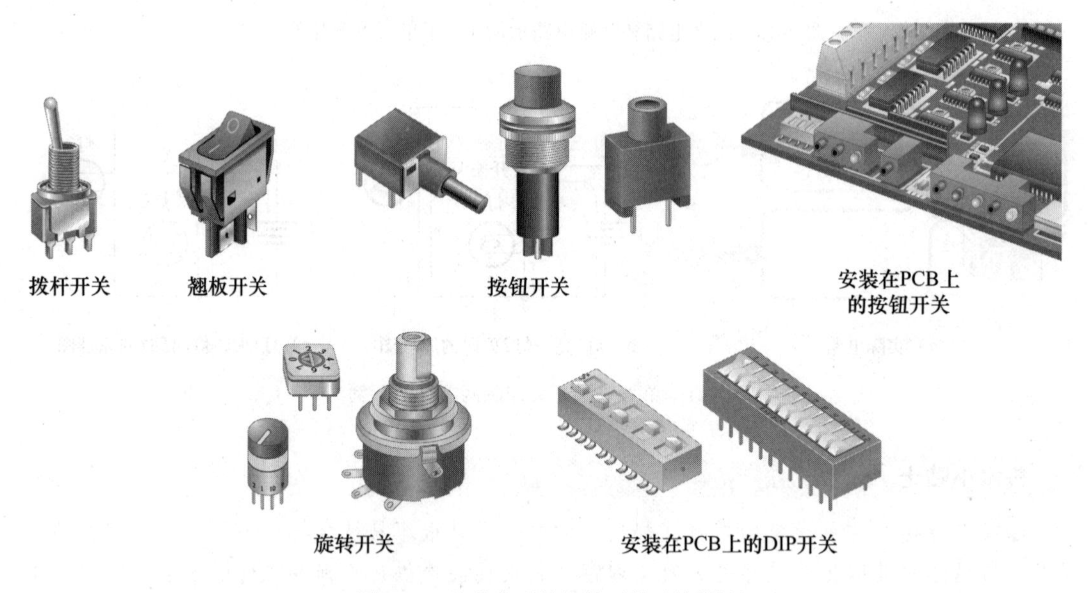


图 2-43 几种典型的机械开关（见彩插）

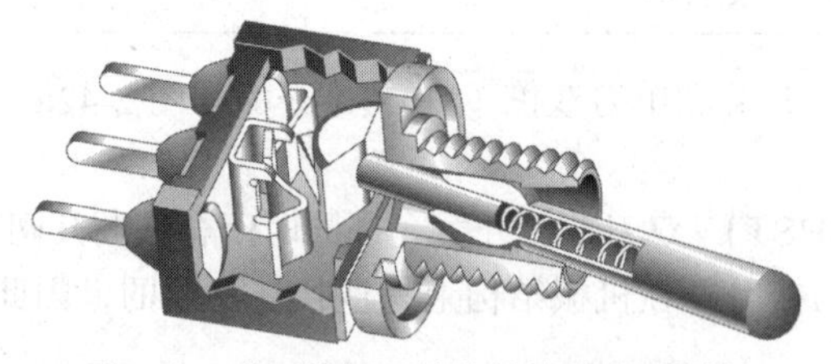

图 2-44 典型拨杆开关的结构图（见彩插）

### 安全小贴士

务必使用完全绝缘的熔断器拆卸工具来拆卸和更换配电箱中的熔断器，因为开关处于断开位置，配电箱中仍存在线电压。切勿使用金属工具拆卸和更换熔断器。另外，务必使用额定值相同的熔断器更换旧的熔断器。

**保护器件** 在电路产生故障或其他异常情况导致电流超过规定的电流时，**熔断器**和**断路器**会断开电路。例如，一个 20 A 的熔断器或断路器在电路中的电流超过 20 A 时，就会断开电路。

熔断器和断路器的基本区别是，当熔断器“熔断”后，必须更换熔体，但当断路器断开后，它可以复位并重复使用。这两种装置都能防止由于电流过大而引起的电路损坏，或者避免由于电流过大而引起的电线和其他元器件过热而造成的危险。由于熔断器比断路器能更快地切断大电流，所以需要保护精密电子设备时，一般使用熔断器。几种典型的熔断器和断路器及其符号如图 2-45 所示。

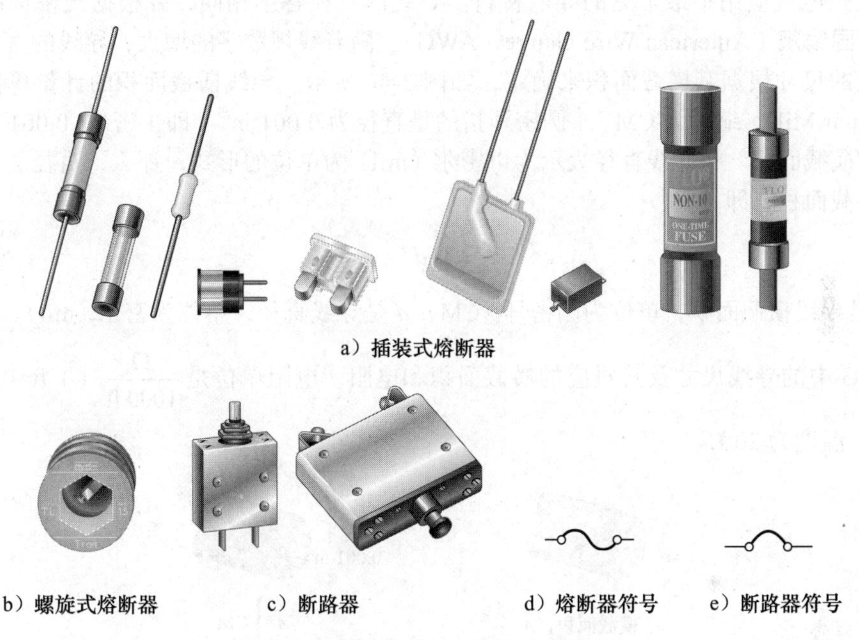


a）插装式熔断器

b）螺旋式熔断器　c）断路器　d）熔断器符号　e）断路器符号

图 2-45　典型熔断器和断路器及其符号

就装配方式而言，熔断器有两种基本类型：插装式和螺旋式（使用螺钉安装）。插装式熔断器有不同形状的外壳且带有引线或其他类型的触点，如图 2-45a 所示。典型的螺旋式熔断器如图 2-45b 所示。熔断器的工作原理基于熔体的熔化温度。当电流增加时，熔体发热，当超过其额定电流时，熔体达到熔点断开，从而使电路断开。

熔断器可分为速动和延时两种常见类型。速动熔断器又称 F 型熔断器，延时熔断器又称 T 型熔断器。正常工作时，熔断器经常受到可能超过额定电流的间歇电流的冲击，如在接通电路电源时。如此情况久而久之，就降低了熔断器承受短时冲击，甚至额定电流的能力。与典型的速动熔断器相比，延时熔断器能够承受更大、持续时间更长的电流冲击。熔断器符号如图 2-45d 所示。

典型的断路器及其符号如图 2-45c、e 所示。一般情况下，断路器通过电流的热效应或产生的磁场来检测电流是否超过额定值。在基于电流热效应的断路器中，当电流超过额定值时，双金属弹簧与触点的接触会断开。一旦断开，断路器就会通过机械装置保持断开状态，直到手动复位。在基于磁场的断路器中，超过额定值的电流会产生足够大磁力将触点断开，断开后需用机械方法才能复位。

近年来，可复位熔断器，例如带有正温度系数（PTC）热敏电阻的熔断器，在电子线路设计中非常流行。正温度系数电阻的阻值会随着温度的升高而增大，随着温度的降低而减小。利用这种特性，这类装置能够防止出现过大电流导致设备发热的情况。加入这类装置虽然增加了电路的电阻，导致线路电流减小，不过当电流过大时，负载会自动断开，在装置再次冷却时，线路会自动复位。与传统熔断器和断路器相比，可复位熔断器的主要优点是：当故障产生过大电流时，用户无须手动复位或更换电路中的熔断器，就可以排查故障并使电路恢复到正常工作状况。在工程中，如通用串行总线（USB）标准，其要求连接装置的最大限制电流，就是按可复位熔断器使用要求设定的。

### 2.6.2 导线

导线是电气应用中最常见的导电材料。导线的直径各不相同，并根据规格标准进行编号，即**美国线规**（American Wire Gauge，AWG）。随着线规数字的增大，导线的直径越来越小。导线的尺寸根据其横截面积来确定，如图 2-46 所示。导线横截面积的计量单位是**圆密耳**（Circular Mil），缩写为 CM。1 圆密耳指的是直径为 0.001 in[⊖]（即 1 密尔，0.001 in=1 mil）的导线的横截面积。将导线直径表示为以密尔（mil）为单位的形式，那么，直径的平方就等于导线横截面积，即

$$A=d^2 \tag{2-5}$$

式中，$A$ 是导线横截面积，单位为圆密耳（CM）；$d$ 是导线直径，单位为密尔（mil）。表 2-4 列出了 AWG 中的导线尺寸及其对应的横截面积和电阻，电阻单位是 $\frac{\Omega}{1000\ \text{ft}}$（1 ft=0.3048 m，后文同），温度为 20℃。

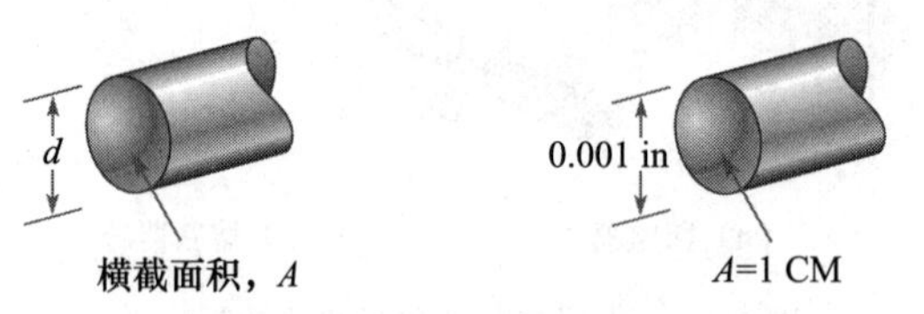


图 2-46 导线的横截面积

**例 2-7** 直径为 0.005 in 的导线，其横截面积是多大？

**解**

$$d=0.005\ \text{in}=5.0\ \text{mil}$$

$$A=d^2=(5.0\ \text{mil})^2=25\ \text{CM}$$ ◀

**同步练习** 直径为 0.0201 in 的导线，其横截面积是多大？根据表 2-4，其 AWG 编号是什么？

采用科学计算器完成例 2-7 的计算。

表 2-4 美国线规（AWG）中的导线尺寸及其电阻值（针对圆形铜导线）

| 编号 # | 横截面积 /CM | 电阻值 $\frac{\Omega}{1000\ \text{ft}}$（在 20℃） | 编号 # | 横截面积 /CM | 电阻值 $\frac{\Omega}{1000\ \text{ft}}$（在 20℃） |
|---|---|---|---|---|---|
| 0000 | 211 600 | 0.049 0 | 0 | 105 530 | 0.098 3 |
| 000 | 167 810 | 0.061 8 | 1 | 83 694 | 0.124 0 |
| 00 | 133 080 | 0.078 0 | 2 | 66 373 | 0.156 3 |

⊖ 1 in=0.025 4 m，后文同。

（续）

| 编号 # | 横截面积 /CM | 电阻值 $\Big/\frac{\Omega}{1000\ \text{ft}}$（在 20℃） | 编号 # | 横截面积 /CM | 电阻值 $\Big/\frac{\Omega}{1000\ \text{ft}}$（在 20℃） |
|---|---|---|---|---|---|
| 3 | 52 634 | 0.1970 | 22 | 642.40 | 16.14 |
| 4 | 41 742 | 0.2485 | 23 | 509.45 | 20.36 |
| 5 | 33 102 | 0.3133 | 24 | 404.01 | 25.67 |
| 6 | 26 250 | 0.3951 | 25 | 320.40 | 32.37 |
| 7 | 20 816 | 0.4982 | 26 | 254.10 | 40.81 |
| 8 | 16 509 | 0.6282 | 27 | 201.50 | 51.47 |
| 9 | 13 094 | 0.7921 | 28 | 159.79 | 64.90 |
| 10 | 10 381 | 0.9989 | 29 | 126.72 | 81.83 |
| 11 | 8234.0 | 1.260 | 30 | 100.50 | 103.2 |
| 12 | 6529.0 | 1.588 | 31 | 79.70 | 130.1 |
| 13 | 5178.4 | 2.003 | 32 | 63.21 | 164.1 |
| 14 | 4106.8 | 2.525 | 33 | 50.13 | 206.9 |
| 15 | 3256.7 | 3.184 | 34 | 39.75 | 260.9 |
| 16 | 2582.9 | 4.016 | 35 | 31.52 | 329.0 |
| 17 | 2048.2 | 5.064 | 36 | 25.00 | 414.8 |
| 18 | 1624.3 | 6.385 | 37 | 19.83 | 523.1 |
| 19 | 1288.1 | 8.051 | 38 | 15.72 | 659.6 |
| 20 | 1021.5 | 10.15 | 39 | 12.47 | 831.8 |
| 21 | 810.10 | 12.80 | 40 | 9.89 | 1049.0 |

**导线电阻**　虽然铜线导电性能很好，但它仍有一定的电阻，所有导体都有电阻。导线的电阻取决于 3 个物理特性：导线材料、导线长度、横截面积。另外，温度也会影响电阻。

每种导电材料都有一个称为电阻率（即 $\rho$）的特性。在给定温度下，每种材料的电阻率是一般为常数。长度为 $l$，横截面积为 $A$ 的导线的电阻计算公式为：

$$R=\frac{\rho l}{A} \tag{2-6}$$

式（2-6）表明，电阻随电阻率和长度的增加而增加（即成正比关系），随横截面积的增加而减小（即成反比关系）。为了计算出的电阻值以欧姆（Ω）为单位，应取长度单位为英尺（ft），横截面积的单位为圆密耳（CM），电阻率的单位为 CM • Ω/ft。

**例 2-8**　某段铜导线长 100 ft，横截面积为 810.1 CM，铜的电阻率为 10.37 CM • Ω/ft。求该段导线的电阻值。

**解**　导线的电阻值为：

$$R=\frac{\rho l}{A}=\frac{10.37\,\text{CM}\cdot\Omega/\text{ft}\times 100\,\text{ft}}{810.1\,\text{CM}}=1.280\,\Omega$$ ◀

**同步练习** 某段铜导线长 100 ft，横截面积为 810.1 CM，查表 2-4 获取其电阻值，并与上述计算结果进行比较。

采用科学计算器完成例 2-8 的计算。

如上所述，表 2-4 给出了各种标准线规导线在 20℃下 1000 ft 长的电阻值。例如，1000 ft 的 AWG14 导线的电阻为 2.525 Ω，1000 ft 的 AWG22 导线的电阻为 16.14 Ω。相同长度下，导线横截面积越小电阻越大。因此，相同电压下，横截面积较大的导线能承载更大的电流。

### 2.6.3 地

**地**是电路中的参考点。接地一词源于这样一个事实：电路中通常有一段导体与一根接入大地的 8 ft 金属棒相连，这种连接被称为接地。在家用接线中，地线通常为绿色导线或裸铜线。为了安全起见，地线通常连接到金属配电箱或设备的金属底座上。实际中并非所有设备都进行了接地，如果金属底座没有接地，就会造成安全隐患。在对仪器或设备进行任何操作之前，最好先确认其金属底座是否接地。

另一种类型的接地称为参考接地。**参考接地**是电路中所有电压测量值都参考的电位点，也称为公共地（或 COM）。在电子线路中，参考地通常是包含元件、电源回路或印制电路板上的大导电区域的金属底座。

某点的电压总是相对于另一点规定的，如果没有明确说明，则默认该点为参考地。参考地的电压被定义为 0 V。参考地可能与大地的电位完全不同，可以有很高的电位。参考地也被称为**公共地**，并记为 COM 或 COMM，因为它代表着一个公共导体。当在实验室里给一个线路板布线时，通常会为这个公共导体预留一条母线（一条沿着电路板长度方向的导线）。

图 2-47 给出了 3 种接地符号，这里符号没有具体区分大地和参考地。图 2-47a 中的符号既可以表示大地也可以表示参考地，图 2-47b 表示设备底座接地，图 2-47c 是一个备用的符号，其在电路中有多个不同的公共地连接（比如同一电路中的模拟地和数字地）时使用。本书采用的是图 2-47a 中的符号。

图 2-48 给出了一个简单的接地电路。电流从 12 V 电源的负极出发，通过地流过电灯，再通过导线回到电源的正极。因为所有接地点从电气角度而言都是同一个点，所以其电阻值为零（理想情况下）。电路正极相对地的电压是 +12 V。在电路分析时，可以将电路中所有接地点视为导体接在一起的。

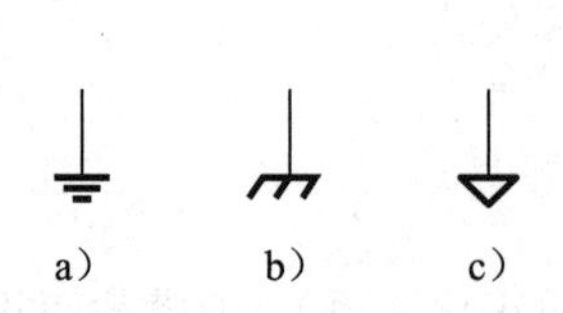

图 2-47 常用的接地符号

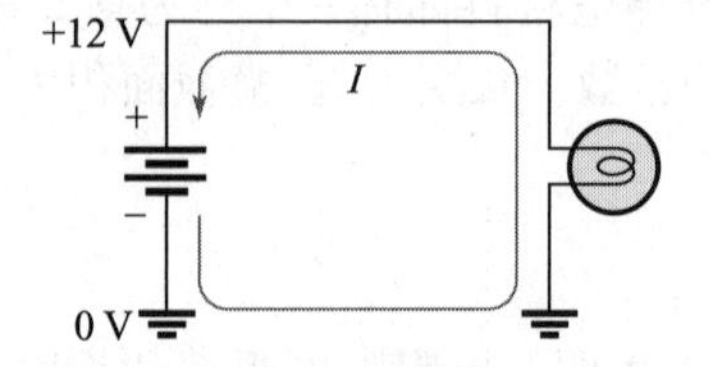

图 2-48 简单的接地电路

### 2.6.4 印制电路

**印制电路板（PCB）**或**印制线路板（PWB）**是一种薄的非导电材料，从印制电路板上的覆铜层或者其他导电材料的覆层蚀刻出导电的路径，并在其上连接元件。印制电路板的物理导电面称为**层**。印制电路板的分类取决于它们具有多少导电面，通常分为三类：单层、双层和多层。单层板只有一侧会有焊盘，通过走线连接它们，而双层板在顶层和底层都有走线。多层板是通过将多块板堆叠和层压在一起构成的，因此多层板包含内层和外层上的焊盘和走线。在制造多层板时，只有特定的焊盘才会做在其内平面，也只有针对必须连接到该层的元件才会这样做。**平面**是物理层的一个区域，它与电压、地和信号有关。多个平面可以共享一个层，或者一个层可以由一个平面组成。虽然内层可以连接信号，但在很多情况下多层板的内层专用于连接电源电压或接地，并将其设计为独立电源或接地层。

一般而言，层与层之间的连接通过过孔来实现的，过孔类似于穿孔组件所使用的焊盘通孔，但要比它小。在双层板上，**过孔**提供顶层和底层之间的连接。在多层板上，过孔可以进行任何层之间的连接。图 2-49 说明了多层板中的三种过孔。

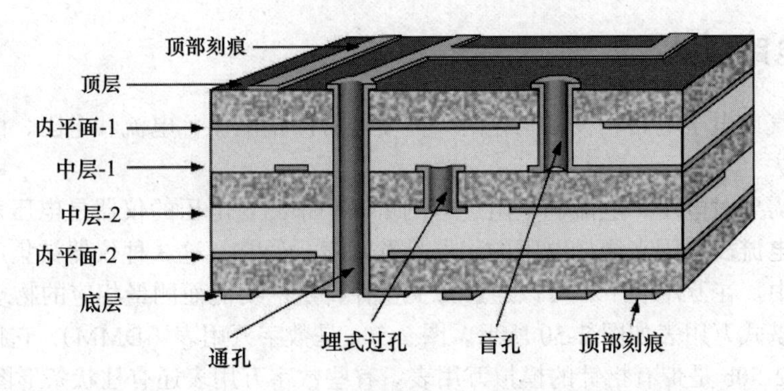


图 2-49　多层印制电路板的放大横截面（六层板）

在工程上，除了使用多层印制电路板之外，常用的电子元件电路板一般是单层板或是双层板。对于单层板，元件仅安装在板的一侧，双层中的元件则可以安装在顶层和底层。大多数印制电路板都是硬的，使用耐火材料制造，如玻璃纤维和树脂复合材料，但也存在柔性电路板。柔性电路板使用“扁平柔性”电缆，将打印机、平板扫描仪中的固定元器件和移动元件连接起来。

多层印制电路板有 2 个优势：一是采用多层结构可以减少外层电源和地线的数量，这使板上部件更紧密地放置在一起以获得更大的板密度，同时也减少了走线和过孔的数量，板上走线也更短更宽；另一个是板的接地平面较大，具有一定屏蔽性，从而使其符合有关**电磁兼容**（EMC）标准的**射频干扰**（RFI）和辐射监管要求。

**技术小贴士**

**印制线路技术** 1960 年之前，几乎所有的电子器件的组装都是通过“点对点”布线完成的，电路的组装和焊接非常耗时。后来，在各种材料上直接印制线路图案改进了早期组装技术。到 1960 年，印制电路的多层布线技术投入了生产中。实际操作时，导电焊盘和走线并不印制在电路板上，通过用酸蚀刻面板的未保护区来生成它们，并在板上留下所需的线路图案。今天，印制线路技术通常可以将元件安装和焊接在电路板的表面上（即表面安装），其中板可以是柔性的或刚性的。

**学习效果检测**

1. 组成电路的基本元件有哪些？
2. 什么是开路电路？
3. 什么是闭合回路？
4. 开路开关的电阻是多少？理想情况下，闭合开关的电阻是多少？
5. 熔断器的用途是什么？

6. 熔断器和断路器区别是什么？
7. 对于 AWG3 和 AWG22，哪种导线的直径较大？
8. 电路中的地是什么？
9. 印制电路板有三类，它们是什么？有什么区别？
10. 什么是过孔？双层板上过孔是什么类型？
11. PCB 上的层和平面区别是什么？
12. 多层板的两个重要特点是什么？

## 2.7 基本电路测量

在进行电气或电子电路相关的工作时，需要经常测量电压、电流和电阻，因此需要掌确安全的测量方法。

我们常常需要对电压、电流和电阻进行测量。用来测量电压的仪器是**电压表**，用来测量电流的仪器是**电流表**，用来测量电阻的仪器是**欧姆表**。通常，这 3 种仪器被集成到一个称为**万用表**的仪器中。在万用表中，可以通过开关选择特定的功能而测量相应的物理量。

典型的便携式万用表如图 2-50 所示。图 2-50a 是数字万用表（DMM），它提供测量值的数字读数；图 2-50b 是带有指针的模拟万用表。有些数字万用表还有柱状条形图显示。

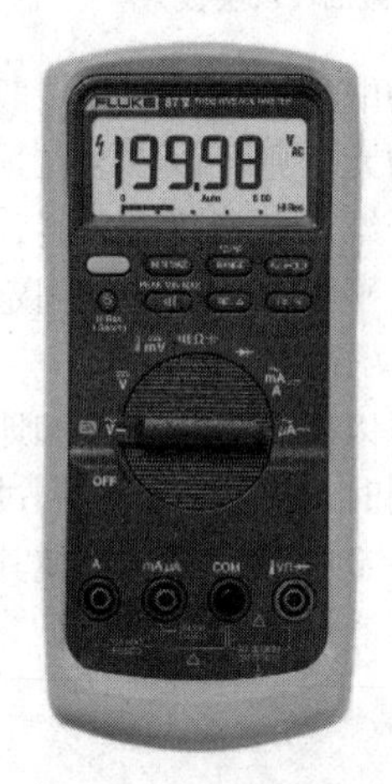


a）数字万用表（图片由 Fluke Corporation提供）

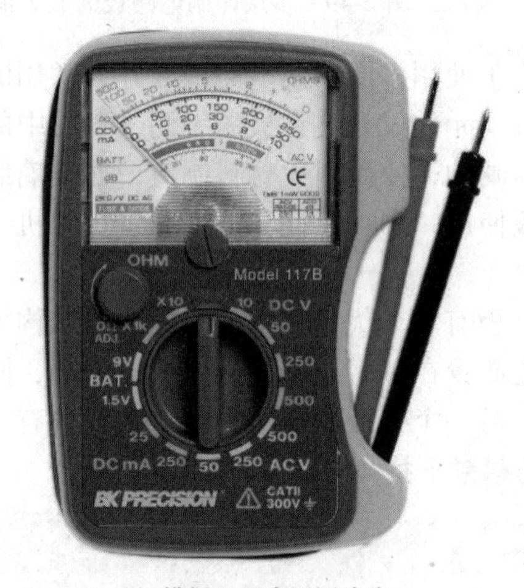


b）模拟万用表（图片由 B+K Precision提供）

图 2-50 典型便携式万用表实物图（见彩插）

### 2.7.1 电表符号

在本书中，采用某些符号在电路中来表示仪表，如图 2-51 所示。图中的 4 种符号都可以用于表示电压表、电流表、欧姆表中的任意一种。电路中使用这 4 种符号的哪一种取决于哪种符号能最有效地传达所需的信息。数字式仪表符号用于在电路中表示具体的数值；柱状图仪表符号（有时也用模拟式仪表符号）用于对比测量或者观测某个量的变化（而非具体数值）；模拟式仪表符号通过表盘上的箭头来显示一个变化量的增大或减小。通用电表符号用在不需要显示数值或数值变化时，显示电表在电路中的位置。

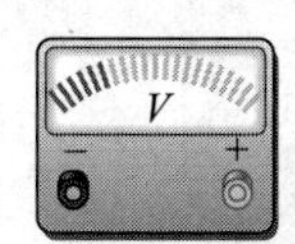

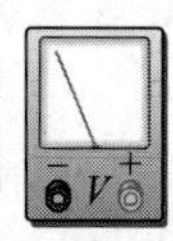

a）数字式仪表　b）柱状图仪表　c）模拟式仪表　d）通用电表符号

图 2-51　本书使用的电表符号，每个符号都可以用于表示电压表（V）、电流表（A）、欧姆表（Ω）中的任意一种

### 2.7.2　测量电流

图 2-52 说明了如何使用电流表测量电流。图 2-52a 中有一个简单的电路，要测量通过电阻的电流。首先确定电流表的量程设置，使其大于预期的电流，然后按照图 2-52b 所示方法先断开电路，再按照图 2-52c 所示方法接入电流表，该连接方法是串联。仪表的极性必须使电流在负极端输入，并在正极端输出。

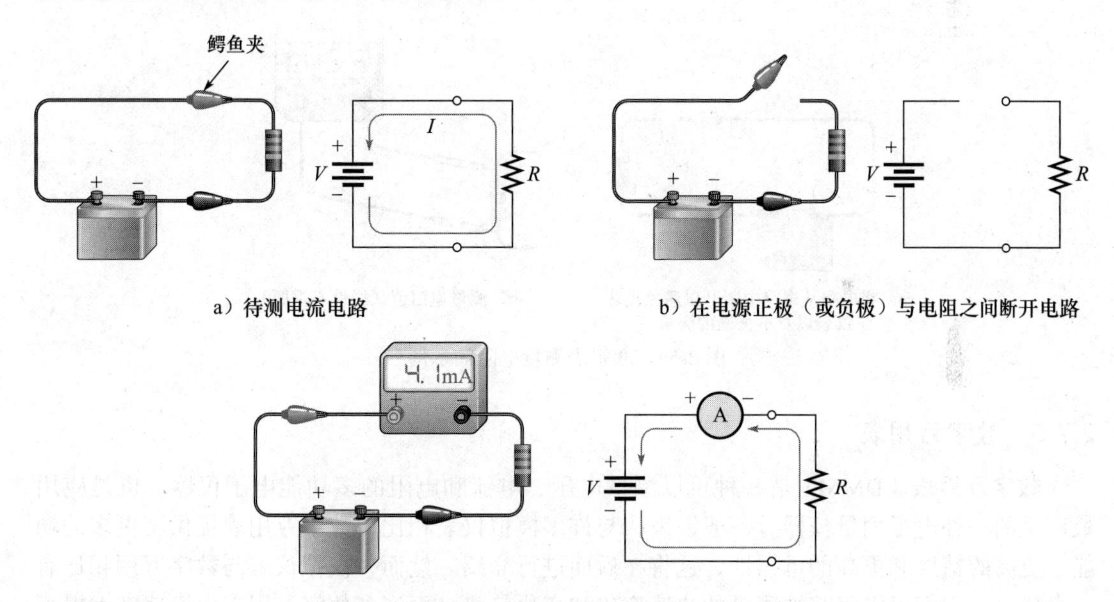


a）待测电流电路　b）在电源正极（或负极）与电阻之间断开电路

c）接入电流表（极性负对负，正对正）

图 2-52　电流表在简单电路中测量电流的示例

**安全小贴士**

在电路工作时，不要戴戒指或其他任何金属饰品。这些物品可能会意外地接触到电路，造成触电或损坏电路。对于高能量电源（如汽车电池），造成短路的珠宝（或手表、戒指）会迅速变热，导致严重烧伤。

### 2.7.3　测量电压

将电压表并联到要测量电压的元件上即可进行测量。电压表的负极必须接在电路的负极上，电压表的正极必须接在电路的正极上。图 2-53 展示了连接在电阻器上测量电压的电压表。

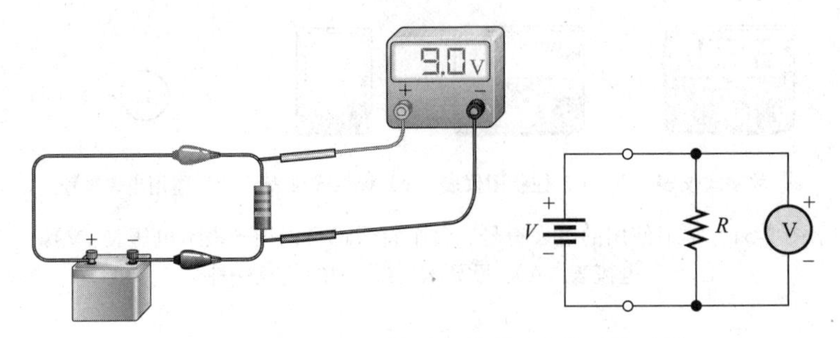


图 2-53　电压表接在简单电路中测量电压的示例

### 2.7.4　测量电阻

要测量电阻，首先关闭电源，将电阻的一端或者两端从电路中断开，然后在电阻两端接上欧姆表。图 2-54 表示了这一过程。

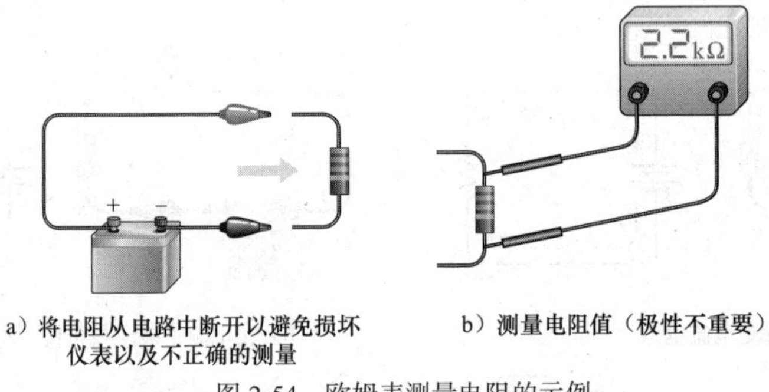


a）将电阻从电路中断开以避免损坏仪表以及不正确的测量

b）测量电阻值（极性不重要）

图 2-54　欧姆表测量电阻的示例

### 2.7.5　数字万用表

**数字万用表**（DMM）是一种可以测量电压、电流和电阻的多功能电子仪器，也是应用最广泛的一种电子测量仪器。一般说来，与许多模拟仪表相比，数字万用表提供了更多的功能、更高的精度和更高的可靠性，这将在后面进行介绍。然而，模拟仪表与数字万用相比有一个优点：它们可以跟踪被测量的快速变化和变化趋势，而许多数字万用表由于速度太慢而无法响应被测量的快速变化。典型的数字万用表如图 2-55 所示。许多数字万用表是自动量程类仪表，其内部电路会自动选择适当的量程。

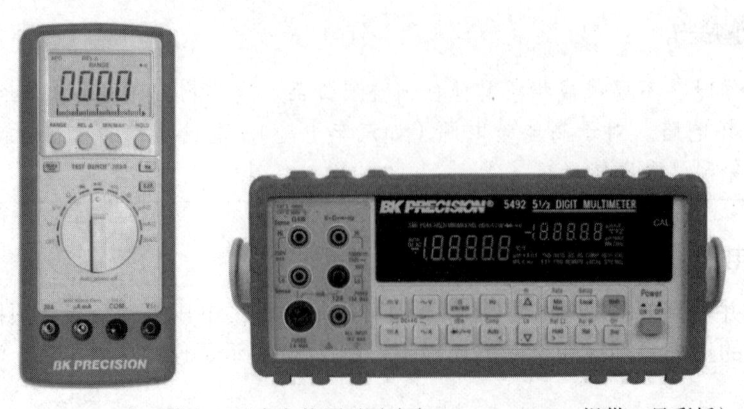


图 2-55　典型数字万用表实物图（图片由 B+K Precision 提供，见彩插）

**数字万用表的功能** 数字万用表具有的基本功能包括：

- 测量电阻。
- 测量直流电压和电流。
- 测量交流电压和电流。

**安全小贴士**

制造商使用 CE 标志来表明其产品符合欧洲健康和安全条例的所有基本要求。例如，符合 IEC 61010-1 标准的数字万用表就是符合这些基本要求的，可以在其上使用 CE 标志。CE 标志也被用在许多国家的各种产品上，就像美国的 UL（Underwriters Lab，保险商实验室，是美国一个负责日用电器产品安全检验的公司）标志那样。

**数字万用表的显示** 数字万用表可与 LCD（液晶显示器）或者与 LED（发光二极管）配合使用。LCD 是电池供电设备中最常用的显示屏，因为它的工作电流非常小。典型的电池供电的数字万用表带有一个 9 V 电池供电的 LCD 显示器，该显示屏可以持续使用几百小时到两千多小时。LCD 的缺点是：①在没有背光的弱光条件下显示效果较差；②对被测量变化的反应相对较慢。相反，LED 在黑暗环境中也能正常显示，而且对测量值的变化反应迅速。LED 显示器比 LCD 显示器需要更多的电流，其用于便携式设备时，电池的使用寿命较短。

数字万用表显示屏多数采用 7 段显示格式。在标准的 7 段显示中，每个数字由 7 个独立的段组成，还带有小数点，如图 2-56a 所示。每个十进制数字都是通过激活适当的段来实现显示的，如图 2-56b 所示。

图 2-56 7 段显示

**分辨率** 数字万用表的分辨率是指所能测量到的被测量的最小增量，能测量到的增量越小，分辨率越好。决定数字万用表分辨率的因素之一是显示屏上的数字位数。

因为许多数字万用表有 $3^1/_2$ 位显示数字，所以我们将基于这种情况进行说明。在 $3^1/_2$ 位显示数字的万用表中有 3 位可以表示 0 ～ 9 的任意一个数字，还有 1 位只能表示 0 或 1，被称为半位数。例如，假设数字万用表的读数为 0.999 V，如图 2-57a 所示。如果电压再增加 0.001 V 到 1 V，显示屏上能正确显示 1.000 V，如图 2-57b 所示。1.000 V 中的“1”就是半位数。因此，$3^1/_2$ 位显示数字的数字万用表可以观察到 0.001 V 的变化，0.001 V 即为分辨率。

现在，假设电压增加到 1.999 V，该值显示在显示屏上，如图 2-57c 所示。如果电压再增加 0.001 V 到 2 V，由于半位数显示不出 2，因此显示屏上显示为 2.00，如图 2-57d 所示。半位数被隐藏，只有 3 位数字是有效的，所以分辨率为 0.01 V，而非 0.001 V。分辨率保持为 0.01 V 直至电压上升为 19.99 V。当读数为 20.0 ～ 199.9 V 之间时，分辨率为 0.1 V。在 200 V 时，分辨率变为 1 V，以此类推。

数字万用表的分辨率也取决于内部电路和采样速率。除了 $3^1/_2$ 位显示数字，$4^1/_2$ ～ $8^1/_2$ 位显示数字的万用表也都存在。

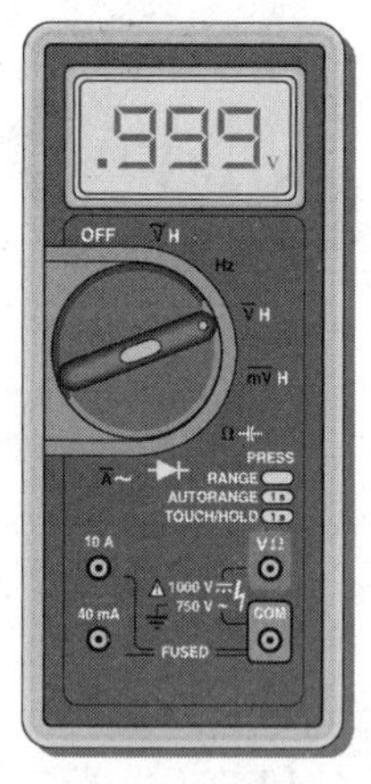

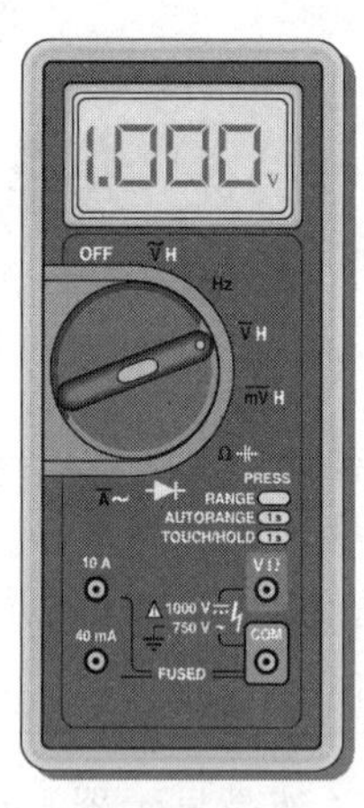

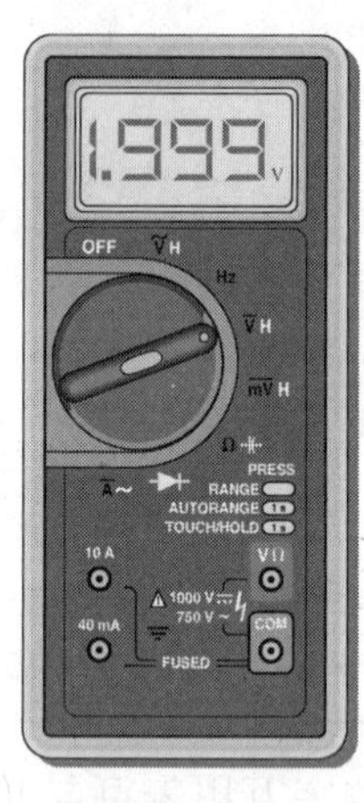

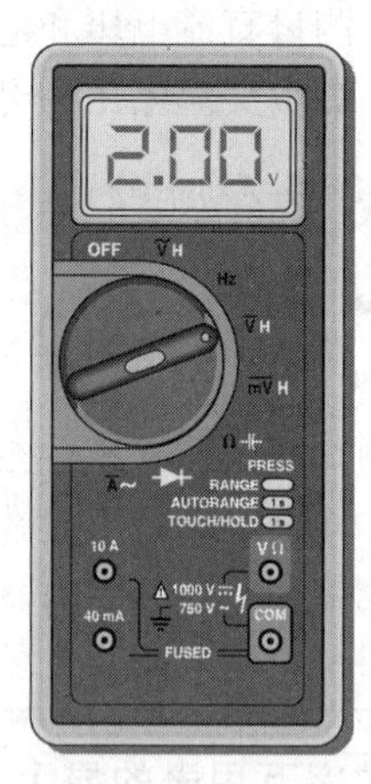

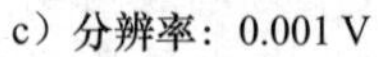

a）分辨率：0.001 V　　b）分辨率：0.001 V　　c）分辨率：0.001 V　　d）分辨率：0.01 V

图 2-57　不同显示位数下的分辨率（以 $3^1/_2$ 位显示数字的数字万用表为例）

**精度**　精度表示测量值与被测量的真实值或可接受值的近似程度。数字万用表的精度是由其内部电路和严格校准确定的。对于典型的数字万用表，精度范围为 0.01% ～ 0.5% 不等，一些实验室级数字万用表的精确度可达 0.002%。

## 2.7.6　模拟万用表

虽然数字万用表是万用表的主要类型，但有时也需要使用模拟万用表。

**功能**　典型的模拟万用表如图 2-58 所示。模拟万用表既可以测量直流电也可以测量交流电，同时还能测量电阻值。大多数模拟万用表都有 4 挡可选功能：直流伏特挡、直流毫安挡、交流伏特挡和欧姆挡。很多模拟万用表都有这些功能，只是量程和刻度会有所不同。

**量程**　每挡功能下又分为几种量程，量程值标于功能选择开关的四周。例如，直流伏特挡有 0.3 V、3 V、12 V、300 V、600 V 这 5 种量程，也就是说 0.3 ～ 600 V 的直流电压都可以用此表测量。对于直流毫安挡，可以测量 0.06 ～ 120 mA 的直流电流。对于欧姆挡，有 ×1、×10、×100、×1 K、×100 K 这几种倍数可供选择。

**欧姆挡刻度**　欧姆挡刻度标于表盘最上部，这些刻度是非线性的，也就是说每两条刻度线之间的宽度所代表的阻值随着刻度线在表盘上的位置变化而变化。在图 2-58 中，从右到左，两条刻度线之间的宽度代表的阻值越来越大。

读取电阻值时，注意把指针所指的数字乘以开关所选的倍数。例如，当开关选择 100 而指针指向 20 时，读数应为 20 Ω × 100=2000 Ω。

另外一个例子是，假设开关选择 ×10 且指针位于 1 和 2 刻度线之间的第 7 个小格，也就是读数为 17 Ω（即 1.7 Ω × 10）。万用表仍接在同一电阻的两端，而将开关旋至 ×1 挡，那么指针会摆动到 15 ～ 20 刻度线之间的第 2 个小格，当然，读数仍然为 17 Ω。这表明往往有不止一种量程来测量同一个电阻。但是每次改变量程后，都应该将万用表的两支表笔短接，并调整指针归零，也就是所谓的调零。

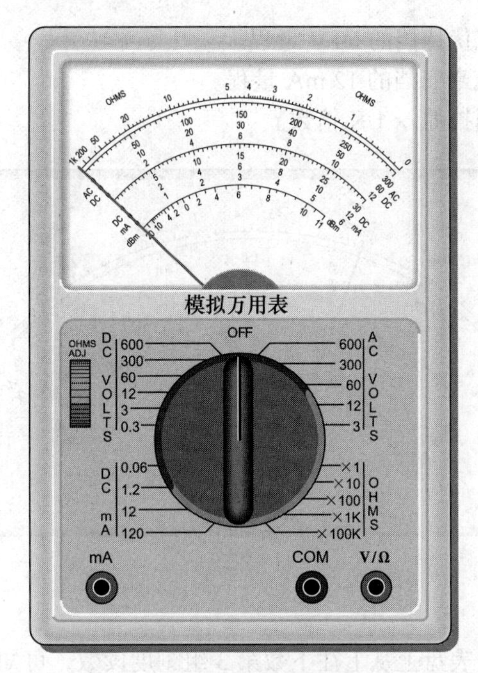


图 2-58　典型模拟万用表

**技术小贴士**

当读取模拟仪表上的刻度时，应当从正面直接查看刻度和指针，而不是从某个角度去查看，这可以避免视差。视差是指针相对于仪表刻度位置发生明显变化，从而导致读数不准确。大多数模拟仪表在指针下方刻度上都有一个镜像条，查看仪表刻度时，指针会在镜像条形成反射，从而消除视差。

---

**AC-DC 和 DC mA 刻度**　图 2-58 中刻度表盘上从上往下数的第 2、3、4 组刻度（标着“AC”和“DC”）是直流伏特挡和交流伏特挡共用的。第 2 组刻度（表盘数字为 0 ～ 300）对应的满量程有 0.3、3 和 300 等。例如，当选择开关指向直流伏特挡的 3 V 挡时，表盘上的数字 300 就代表着 3 V；如果选择开关指向为 300 V 挡，则数字“300”就代表着 300 V。第 3 组刻度（表盘数字范围为 0 ～ 60）对应的满量程有 60 和 600 等。例如，当选择开关指向直流伏特挡的 60 V 挡，表盘上的数字“60”就代表着 60 V。第 4 组刻度（表盘数字为 0 ～ 12）对应的满量程有 12 等。直流毫安（DC mA）挡的读数规则与此相同。

**技术小贴士**

当使用万用表（图 2-58 所示的模拟万用表）手动选择电压和电流量程时，最好在测量未知电压或电流之前将万用表设置在最大量程上，然后你可以减小测量量程，直到获得可接受的读数。此外，无论何时选择或更改仪表读数刻度，在将引线连接到被测电路之前，务必将仪表调零。调零时，转动调零旋钮，使指针与刻度的最左端对齐。调零旋钮的位置因万用表型号而异，图 2-58 的调零旋钮在万用表下方左侧。

---

**例 2-9**　结合图 2-59，以下 3 种情况测量的分别是什么（电压、电流或电阻），其读数分别是多少？

（a）选择开关指向直流伏特挡的 60 V 量程。

（b）选择开关指向直流毫安挡的 12 mA 量程。

（c）选择开关指向欧姆挡的 ×1 K 倍数。

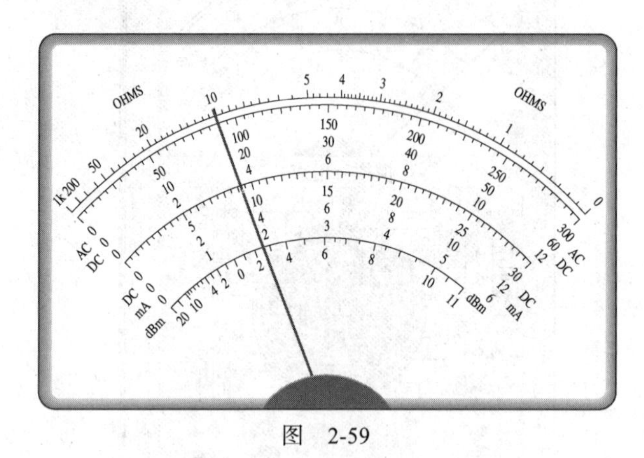


图 2-59

**解**

（a）测量直流电压，按表盘上从上往下数第 3 组刻度读数，可知电压为 18 V。

（b）测量直流电流，按表盘上从上往下数第 4 组刻度读数，可知电流为 3.8 mA。

（c）测量电阻，按表盘上从上往下数第 1 组刻度读数，可知电流为 10 kΩ。 ◀

**同步练习** 在图 2-59 中，假设仍然测量问题（c）中的电阻，而将选择开关转到“×100”的倍数上，则指针会如何转动？

**学习效果检测**

1. 说出用于测量电压、电流、电阻的仪表名称。

2. 如果要用两个电压表测量图 2-41 中两个灯泡各自的电流，应该如何连接电流表（注意电流表的正负极）？如何用一个电流表实现此测量？

3. 如果要测量图 2-41 中灯 2 的电压，应该如何连接电压表？

4. 说出两种常见的数字万用表显示屏，并讨论其优缺点。

5. 什么是数字万用表的分辨率？

6. 如果将图 2-58 的模拟万用表设置为 3 V 量程用以测量直流电压，指针指在“AC-DC”刻度的“150”刻度处，被测量电压是多少？

7. 如何设置图 2-58 中的万用表直流挡以测量 275 V，用什么刻度挡读取电压？

8. 如果使用图 2-58 中的万用表测量超过 20 kΩ 的电阻，倍数开关应该设置在何处？

## 2.8 绿色技术

如今，人们越来越重视使用对环境负责、友好、绿色环保的技术方法来对电气和电子产品进行操作、制造和处理，其中包括可再生能源的开发和遵守《关于限制在电子电气设备中使用某些有害成分的指令》（RoHS 指令）和《报废的电子电气设备指令》（WEEE 指令）等指令。

**可再生能源** 化石燃料（煤、石油和天然气）是目前用于发电、供暖和运输的主要的燃料能源。化石燃料存储丰富、体量小、方便携带，这些特点使其成为日常应用的首选燃料。然而，到 20 世纪 70 年代，很多人意识到了开采、运输和使用化石燃料会对环境和健康造成严重影响。同时，对石油不断增长的需求将会导致能源枯竭，并导致主要消费国和生产国之间的政治摩擦。目前，工业化国家通过利用太阳能、风能和地热等可再生能源，开发更节能和更省油的产品，以及用电动机替代内燃机来解决上述能源问题。

电池在有效利用可再生能源中发挥着重要作用，特别在家庭能源系统中。来自可再生资源的能源有时是不可预测的，例如阳光和风、太阳可能会不出现，风也可能不吹。电池是常用处置能源的方法，它方便灵活，既可以存储已产生但不是立即需要的多余能量，也可以在负载需要的能量大于提供的能量时提供已存储的能量。这种既能存储能量（充电），又能提供能量（放电）的电池是二次电池。

**RoHS** 即“有害物质限制指令”，通过该指令认证来限制特定物质在生产过程和产品中的使用，以此来解决特定物质造成的健康和环境危害的问题。RoHS指令在2004年被欧盟（EU）采纳，来解决特定有害物质造成的健康和环境问题。在美国等国家的制造商普遍遵守RoHS认证或者它的升级版来规范本国和欧盟内的电子产品。2011年第2版的RoHS2要求所有使用CE标志（强制性认证标志）的产品都要符合RoHS要求，2015年第3版的RoHS3扩大了限制清单上有害成分的物质。

尽管RoHS指令认证通常等同于无铅制造，但最初的指令实际上指定了6种有害物质的限制（后来在2015年扩展到10种）。已颁发的RoHS指令认证所指明物质直接影响着电气和电子组件的开发和生产。例如，铅的限制促使大多数制造商采用使用铋、铟和锌等的无铅焊料，并消除油漆和颜料中的铅。无铅焊料的熔点通常比锡铅焊料高5～20℃，这促使制造商修改现存的制造和加工工艺。RoHS指令认证也要求消除电池和电子产品中的汞和镉、电子组件中的几种阻燃化学成分、某些聚氯乙烯绝缘材料（PVC绝缘材料）和导管中的特定增塑剂等。

RoHS要求产品中使用的所有电子元部件都要符合RoHS指令认证，生产出来的产品也要完全符合RoHS认证。因此，工程师和设计人员必须确保与产品相关的所有元部件、子部件和工艺设计都要符合RoHS标准。通常，产品要列写元件清单从而说明元部件符合RoHS标准或已通过含有RoHS标志认证的情况，图2-60是RoHS的认证标志。在某些情况下，对具有类似功能的系列电子产品（例如电阻器），制造厂商会为每个系列产品提供一份文件，以说明文件中列出的电子产品符合RoHS指令认证。

图2-60 一种RoHS认证标志

**WEEE** 即“废弃电气和电子设备的指令”，通过该指令解决因处置废弃电子和电气产品而产生的健康和环境问题。在2003年，WEEE指令在欧盟首次成为法律，并自那时起进行了多次修订。它可以解决10类电气和电子产品处置的相关问题，包括可能危害环境、土壤、地下水和健康的危险化学废品。该指令要求制造商和分销商必须自己收集和处置受WEEE约束的产品。该指令允许制造商和分销商建立回收场地，并支付相应的费用，而终端用户在这些场地有责任妥善地处置废弃电子产品。对于受WEEE指令约束的电子产品，其上一般有类似于图2-61所示的标志。

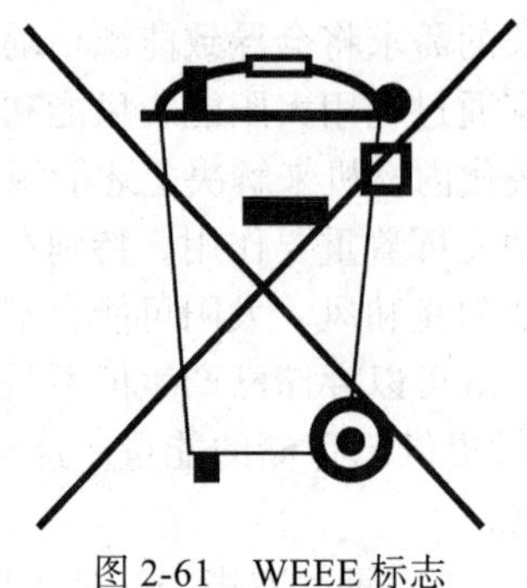

图 2-61 WEEE 标志

**学习效果检测**

1. 电气和电子产品的制造、使用和处置中，与其相关“绿色”的含义是什么？
2. 写出你知道的三种可再生能源。
3. 讨论 RoHS 指令的含义及其对电子产品的影响。
4. 讨论 WEEE 指令的含义和作用。

## 应用案例

这是电池科学博览会中的一个展示项目，即制作一个测验板。测验板如图 2-62 所示。在测验板上，通过旋转开关可以选择四种电池类型中的一种。观看展示板的人可以通过按下测验板上标记为 A、B、C、D 的四个可能答案之一旁边的按钮，为该电池选择正确的输出电压。如果按下正确的按钮，则“正确”灯亮了；否则，什么都不会发生。灯的整体亮度由单个变阻器来控制。

对测试板设计要求可以总结如下：

1. 当旋转开关移动到每个位置时，都有一个小的指示灯亮起，其一一对应着四种电池类型。

2. 如果按下按钮选择到正确的电池电压（A、B、C、D 四个选择答案），则“正确”指示灯将被点亮。如果按错了按钮，则什么也不会发生。

3. 正确答案的顺序应该是 B，D，A，C。

4. 所有灯泡的亮度都能通过一个变阻器控制。

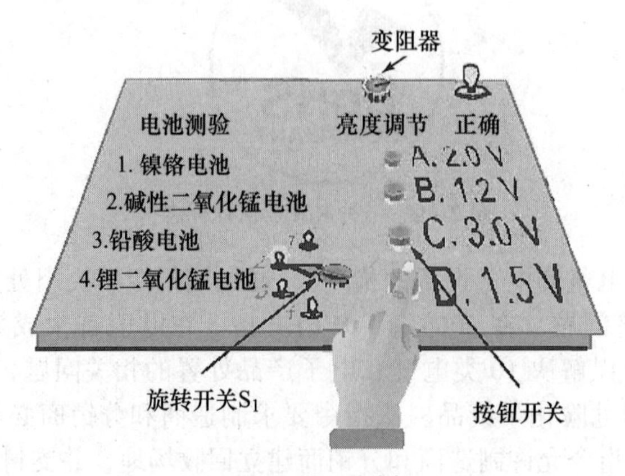


图 2-62 测验板

**步骤 1：选择电路**

图 2-63 给出了两种可能的电路，选择符合测试板要求的电路。解释被拒电路不符合要求的原因，并解释所选电路中每个元件的用途。

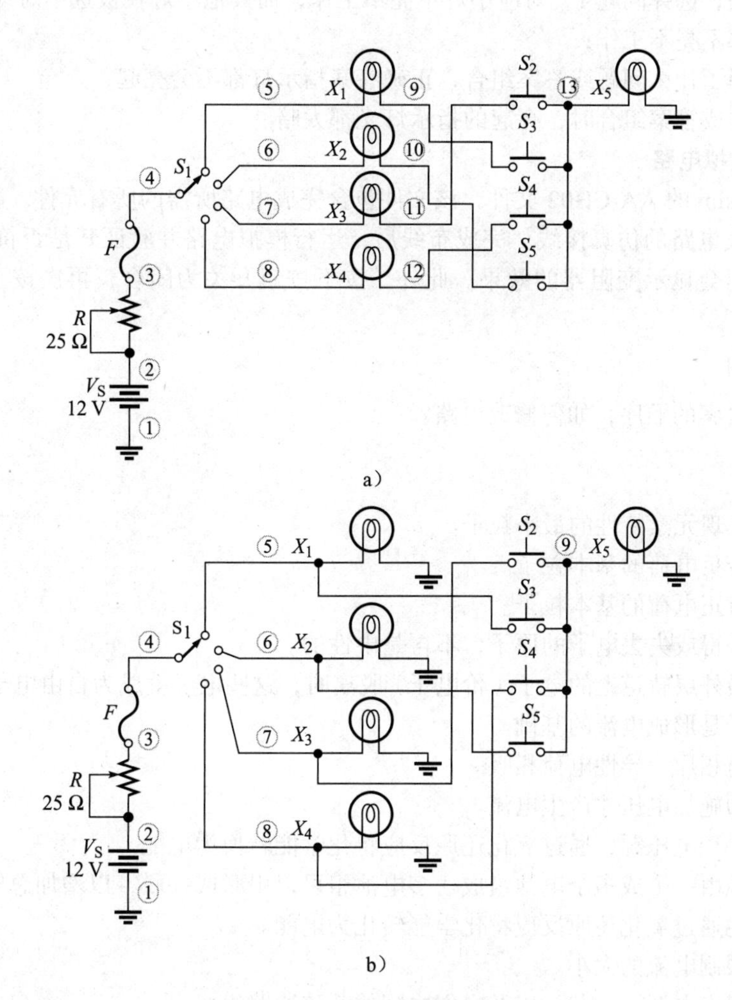


图 2-63　两种可能的电路

**步骤 2：确定材料**

根据选择的原理图，列出搭建测验板所需的组件。12 V 直流电源可以使用提灯内的电池。另外，不要忘记一些组件，如连接器、熔断器插座等。

**步骤 3：制定电气元件表**

原理图中的带圈数字指示出电路中的节点，**节点**是电路中两个或多个元件相交的连接点。列出电路元件及线路连接清单，其中包括元件情况、节点编号指定的线路接线情况。

**步骤 4：确定熔断器的额定电流**

指定所需熔断器的型号。外接 12 V 直流电压时，每个灯的电流约为 0.83 A。可选用的熔断器额定电流有 1.0 A、2.0 A、3.0 A、5.0 A 和 10 A，根据所设计的电路，请选择最合适的熔断器型号，并解释原因。

**步骤 5：排查电路**

针对以下故障情况，请说出形成故障的原因以及如何排除（在故障排查时，可能还有多种故障同时存在的情况）：

- 旋转开关，选择问题 1，对应小灯不亮不工作，而其他小灯在被选中时却可以工作；
- 任何灯都不亮不工作；
- 无论选择了什么问题或答案组合，正确答案指示灯都不会亮起；
- 选择问题或答案组合时，亮起的指示灯光都太暗。

**步骤 6：模拟电路**

打开 Multisim 的 AA-CH02 文件，该文件包含完成电路所需的所有元件。根据选定的电路示意图，完成电路的仿真接线。完成布线后，运行模拟电路并验证其是否符合要求。（注意：Multisim 不会显示变阻器的效果。此外，按下按钮开关为闭合，再次按下按钮开关为打开。）

**检查与复习**

如果改变答案的顺序，如何修改电路？

## 本章总结

- 原子是体现元素特性的最小粒子。
- 电子是带负电荷的基本粒子。
- 质子是带正电荷的基本粒子。
- 离子是获得或失去电子的原子，不再是中性的。
- 当原子最外层轨道上的电子（价电子）脱离时，这些电子就成为自由电子。
- 自由电子是形成电流的基础。
- 同性电荷相斥，异性电荷相吸。
- 电路必须施加电压才产生电流。
- 电池是一种电压源，通过氧化还原反应将化学能转换为电能。
- 电池电源由一个或多个电池组成。多电池组可以串联或并联，以增加总电压或电流。
- 燃料电池通过氧化还原反应将化学能转化为电能。
- 电阻能限制电流的大小。
- 电路一般由电源、负载，以及它们之间的载流通路组成。
- 开路电路是指电流通路被断开的电路。
- 闭合电路是具有完整电流通路的电路。
- 电流表使用时应串联接入电路中。
- 电压表使用时应跨接（并联）于测量电路。
- 欧姆表使用时跨接于电阻两端（电阻必须与电路断开）。
- 图 2-64 给出了本章中介绍的电气符号。
- 1 C 是 $6.25 \times 10^{18}$ 个电子的总电荷量。
- 如果把 1 C 的电荷从一点移到另一点所需要的能量为 1 J，则这两点间的电位差（电压）即为 1 V。
- 如果 1 C 电荷在 1 s 内通过了某一给定的横截面，则产生的电流即为 1 A。
- 在材料两端施加 1 V 电压时，如果产生的电流为 1 A，则该材料的电阻为 1 Ω。

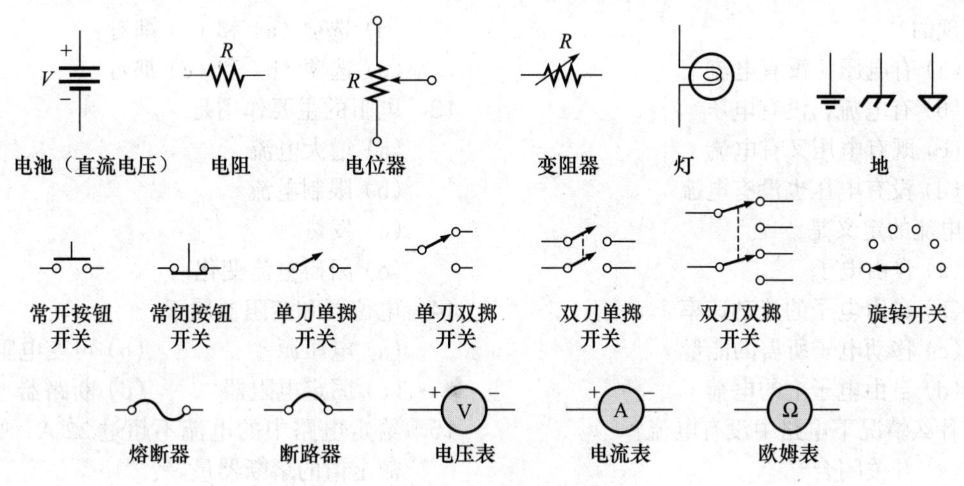


图 2-64　电气符号

## 对 / 错判断（答案在本章末尾）

1　原子核中的中子数就是该元素的原子序数。
2　电荷单位是安培。
3　电池中的能量以化学能的形式储存。
4　伏特可定义为单位电荷所具有的能量。
5　在一个五色环精密电阻中，其第 4 个色环表示阻值的允许偏差。
6　应变片所受的力不同，电阻值也不同。
7　所有电路都必须具有完整的电流通路。
8　圆密耳是面积单位。
9　数字万用表的三个基本功能是测量电压、电流和功率。
10　绿色倡议旨在制订和实施对环境负责的做法。
11　RoHS 指令解决了处理废旧电子设备的问题。

## 自我检测（答案在本章末尾）

1　原子序数为 3 的中性原子有多少个电子？
(a) 1
(b) 3
(c) 0
(d) 取决于原子的类型

2　电子运动的轨道称为什么？
(a) 电子层　(b) 原子核
(c) 波　(d) 化学价

3　当施加电压时没有电流的材料称为
(a) 滤波器　(b) 导体
(c) 绝缘体　(d) 半导体

4　当相距很近时，带正电荷的材料和带负电荷的材料会
(a) 互相排斥　(b) 变为电中性
(c) 互相吸引　(d) 交换电荷

5　一个电子所带的电荷量为
(a) $6.25 \times 10^{-18}$ C　(b) $1.6 \times 10^{-19}$ C
(c) $1.6 \times 10^{-19}$ J　(d) $3.14 \times 10^{-6}$ C

6　电位差又被称为
(a) 能量
(b) 电压
(c) 电子与原子核之间的距离
(d) 电荷

7　能量的单位是
(a) 瓦特　(b) 库仑
(c) 焦耳　(d) 伏特

8　以下哪一种不属于电源？
(a) 电池　(b) 太阳电池板
(c) 发电机　(d) 电位器

9　以下哪一项是氢燃料电池的副产品？
(a) 氧气　(b) 二氧化碳
(c) 盐酸　(d) 水

10　在电路中，以下哪种情况是不可能出

现的？
(a) 有电压，没有电流
(b) 有电流，没有电压
(c) 既有电压又有电流
(d) 没有电压也没有电流

11 电流的定义是
(a) 自由电子
(b) 自由电子的流动速率
(c) 移动电子所需的能量
(d) 自由电子上的电荷

12 什么情况下电路中没有电流？
(a) 开关闭合
(b) 开关断开
(c) 电路中没有电压
(d) 选项 (a) 和 (c) 都对
(e) 选项 (b) 和 (c) 都对

13 电阻的主要作用是
(a) 增大电流
(b) 限制电流
(c) 发热
(d) 阻碍电流变化

14 电位器和变阻器属于
(a) 电压源　(b) 可变电阻器
(c) 固定电阻器　(d) 断路器

15 给定电路中的电流不超过 22 A，哪个额定值的熔断器最好？
(a) 10 A　(b) 25 A
(c) 20 A　(d) 没必要使用

## 分节习题（奇数题答案在本书末尾）

### 2.2 节

1 $50 \times 10^{31}$ 个电子带有多少电荷？
2 产生 80 μC 电荷需要多少个电子？
3 铜原子的原子核有多少电荷？
4 氯原子的原子核有多少电荷？

### 2.3 节

5 计算下列情况下的电压。
(a) 10 J/C　(b) 5 J/2 C
(c) 100 J/25 C
6 使 100 C 电荷通过一个电阻所需的能量为 500 J，则该电阻两端的电压为多少？
7 某电池移动 40 C 电荷通过一个电阻所需的能量为 800 J，则该电池的输出电压为多少？
8 车载的 12 V 电池在电路中移动 2.5 C 电荷需要消耗多少能量？
9 移动 0.2 C 的电荷时，太阳电池充电器提供 2.5 J 的能量，电压是多少？

### 2.4 节

10 习题 9 中的太阳电池如果在 10 s 内移动了相同量的电荷，那么电流是多少？
11 计算下列情况下的电流。
(a) 75 C/s　(b) 10 C/0.5 s
(c) 5 C/2 s
12 3 s 内有 0.6 C 电荷通过了某观测面，则电流为多少 A？
13 流过某横截面的电流为 5 A，则 10 C 电荷流过该横截面需要多长时间？
14 流过某横截面的电流为 1.5 A，则 0.1 s 时间内有多少电荷流过了该横截面？

### 2.5 节

15 给出图 2-65 中各电阻的阻值及其允许偏差。
16 给出图 2-65a 中每个电阻器在允许偏差范围内的最小和最大电阻。
17 (a) 如果你需要一个允许偏差为 5% 的 270 Ω 电阻，请你给出电阻上的色环情况？
(b) 从图 2-65b 中的电阻中，选择以下电阻值：330 Ω、2.2 kΩ、39 kΩ、56 kΩ 和 100 kΩ。
18 确定图 2-66 中各个电阻器的电阻值和允许偏差。
19 给出以下 3 个四色环电阻的阻值及其允许偏差。
(a) 棕、黑、黑、金
(b) 绿、棕、绿、银
(c) 蓝、灰、黑、金

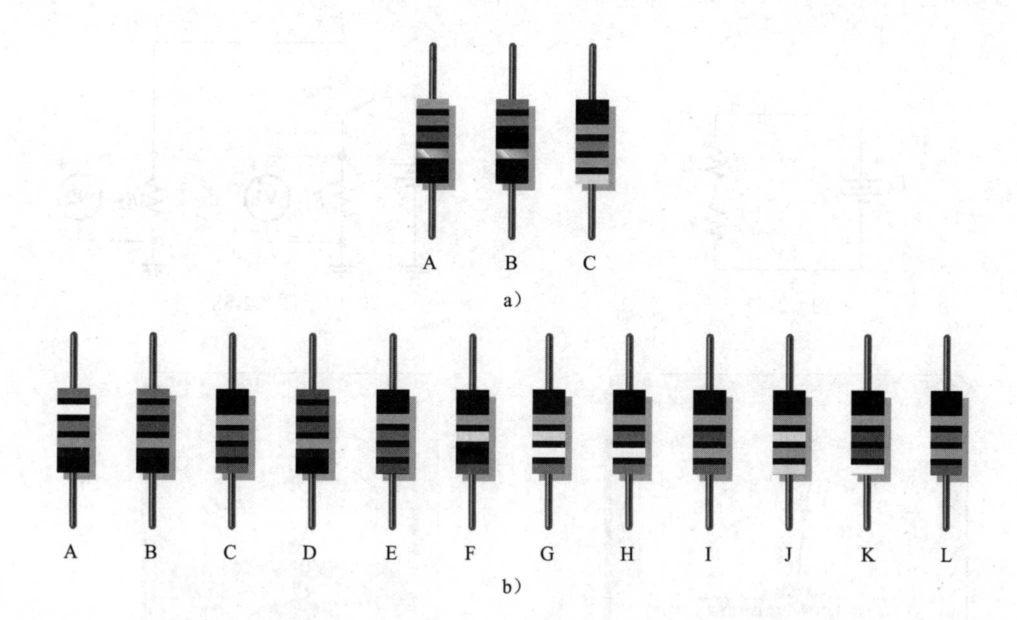


图 2-65 （见彩插）

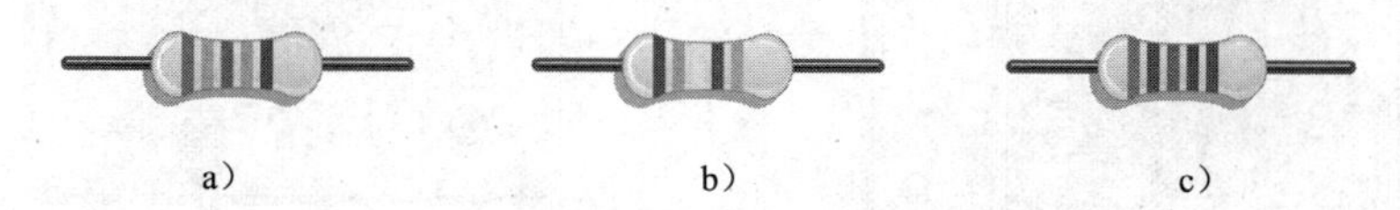


图 2-66 （见彩插）

20 给出以下 3 个四色环电阻的色环颜色（允许偏差均为 ±5%）。

（a）0.47 Ω

（b）270 kΩ

（c）5.1 MΩ

21 给出以下 3 个五色环电阻的阻值及其允许偏差。

（a）红、灰、紫、红、棕

（b）蓝、黑、黄、金、棕

（c）白、橙、棕、棕、棕

22 给出以下 3 个五色环电阻的色环颜色（允许偏差均为 ±1%）。

（a）14.7 kΩ （b）39.2 Ω

（c）9.76 kΩ

23 确定以下标签表示的电阻值：

（a）220 （b）472

（c）823 （d）3K3

（e）560 （f）10 M

24 一个线性电位器的触点位于其可调范围正中心，如果该电位器总电阻为 1000 Ω，则此时触点与电位器两端之间的电阻为多大？

2.6 节

25 操控图 2-41a 中开关把中间触点与下部触点接通，哪个灯上有电流流过？

26 将开关置于任一位置，重新绘制图 2-41b 中的灯电路，并连接熔断器以保护电路免受过大电流的影响。

2.7 节

27 如果想要测量图 2-67 所示电路的电流和电源电压，应该把电压表和电流表接在什么位置？

28 应该如何测量图 2-67 中的电阻 $R_2$？

29 在图 2-68 中，当开关处于位置 1 时，每个电压表指示的电压是多少？在位置 2 时呢？

30 在图 2-68 中，将电流表接在什么位置才能实现无论开关处于什么位置都能测量到电压源的电流？

31 图 2-69 中电表的电压读数是多少？

32 图 2-70 中的欧姆表所测得的电阻是多少？

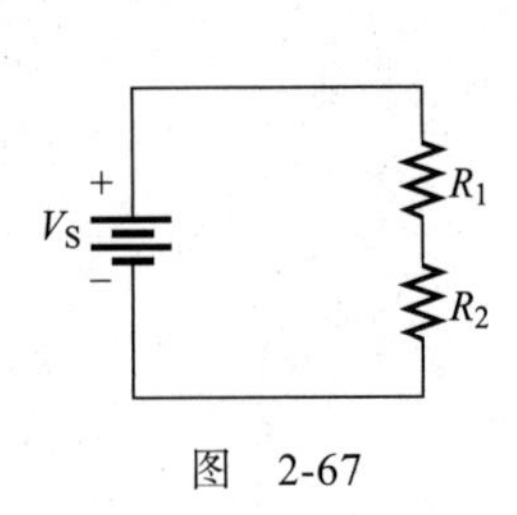


图 2-67

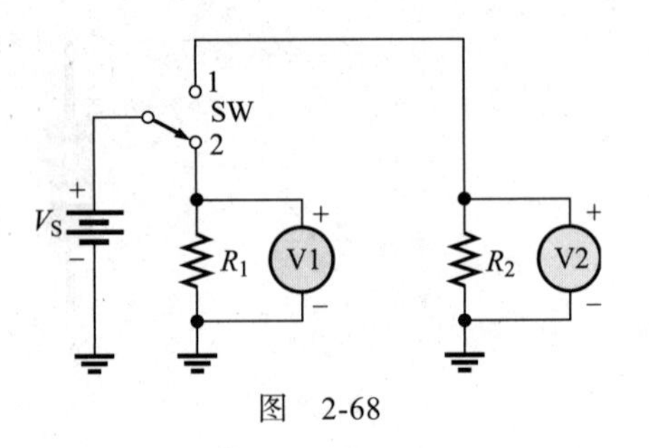


图 2-68

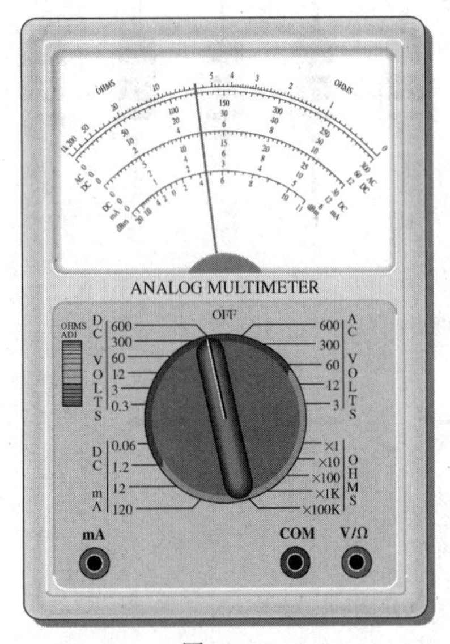


图 2-69

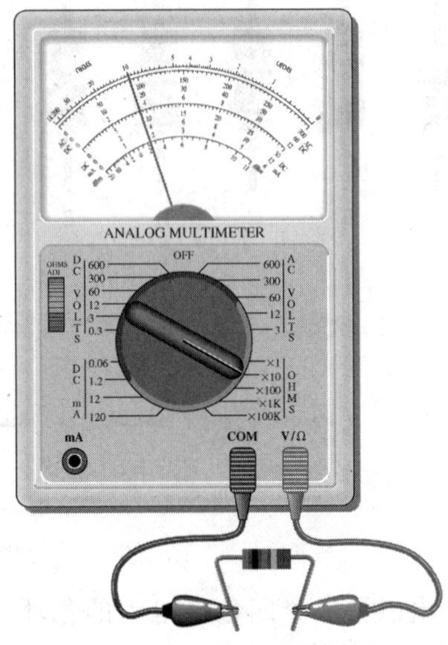


图 2-70 （见彩插）

33 以下 3 种欧姆表的示数和倍数所表示的电阻值分别是多少？

(a) 指针指向 2，倍数为 ×10

(b) 指针指向 15，倍数为 ×100 000

(c) 指针指向 45，倍数为 ×100

34 万用表具有以下量程：1.0 mA、10 mA、100 mA；100 mV、1.0 V、10 V；$R\times1$、$R\times10$、$R\times100$。示意性地指示如何连接图 2-71 中的万用表以测量以下量：

(a) $I_{R1}$ (b) $V_{R1}$

(c) $R_1$

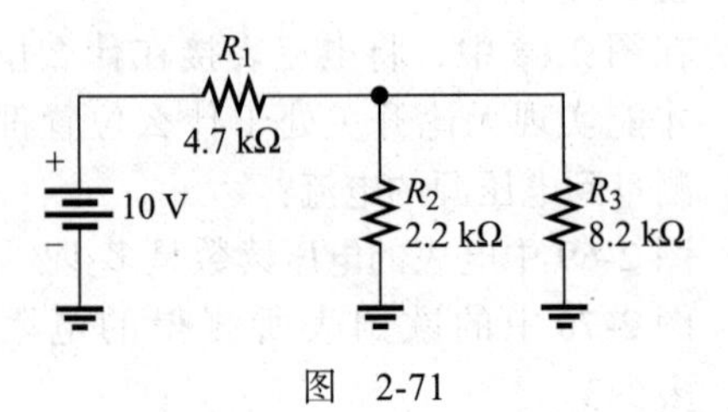


图 2-71

## 2.8 节

35 RoHS 指令涉及了环境责任的哪些方面？

36 WEEE 指令如何补充 RoHS 指令，以解决环保生产实践过程中的问题？

*37 在放大器电路中，已知某电阻流过 2.0 A 电流，该电阻在 15 s 内将 1000 J 的电能转换为热能，那么电阻两端的电压是多少？

*38 如果 $574\times10^{15}$ 个电子在 250 ms 内流过带有负载扬声器的导线，则导线内电流是多少？

*39 如图 2-72 所示，一个 120 V 直流电源通过两段导线连接到 1500 Ω 电阻负载上，电压源距离负载 50 ft（1 ft=0.3048 m）。如果两段导线的总电阻不超过 6 Ω，通过表 2-4 确定可使用导线的规格型号。

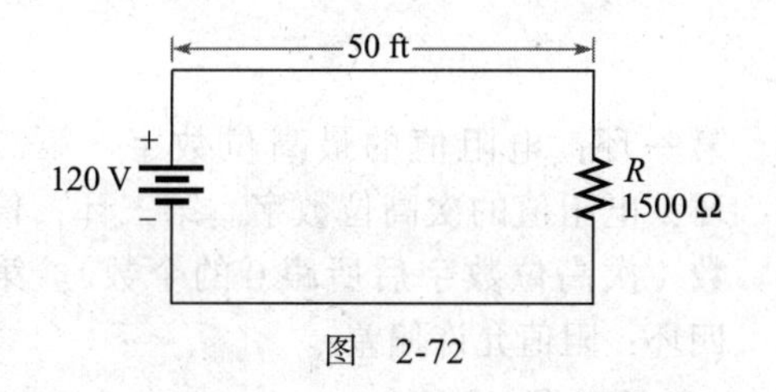


图　2-72

*40　确定下列每个电阻器的电阻和允许偏差。

(a) 4R7J　　(b) 560KF

(c) 1M5G

*41　图 2-73 中只有一个电路可以同时打开所有灯，确定它是哪个电路？

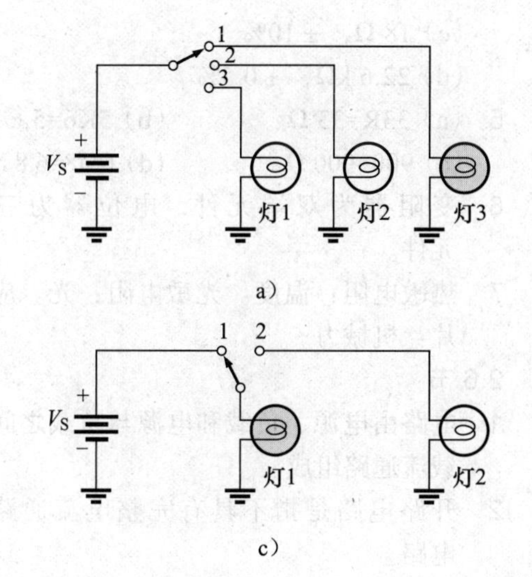


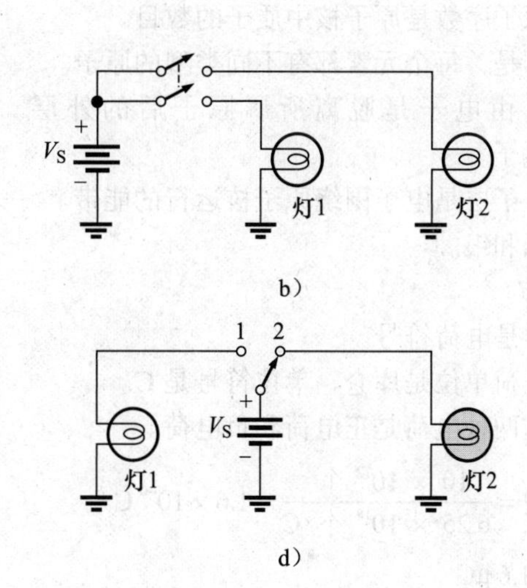


图　2-73

*42　无论开关的位置如何，图 2-74 中的哪个电阻器始终有电流？

*43　在图 2-74 中，确定电流表的测量位置，以测量通过各个电阻内的电流和电池内的电流。

*44　在图 2-74 中，确定电压表的测量位置，以测量各个电阻上的电压。

*45　设计一种开关连接电路，使两个电压源 $V_{S1}$ 和 $V_{S2}$ 可以同时连接到两个电阻（$R_1$ 和 $R_2$）中的任意一个，具体连接线路如下：

(a) $V_{S1}$ 连接到 $R_1$，$V_{S2}$ 连接到 $R_2$。

(b) $V_{S1}$ 连接到 $R_2$，$V_{S2}$ 连接到 $R_1$。

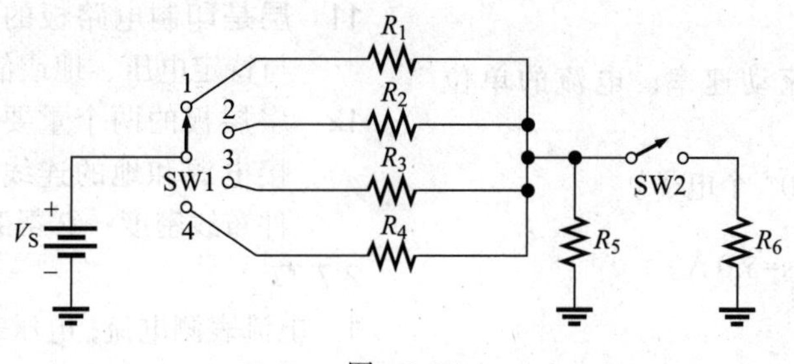


图　2-74

## 参考答案

### 学习效果检测答案

2.1 节

1 电子是带负电荷的基本粒子。

2 原子是体现元素特性的最小粒子。

3 原子是由一个带正电荷的原子核，以及周围环绕着轨道运行的电子组成的。

4 原子序数是原子核中质子的数目。

5 不是，每个元素都有不同类型的原子。

6 自由电子是脱离所属原子后的外层电子。

7 电子层是电子围绕原子核运行的能带。

8 铜和银。

2.2 节

1 $Q$ 是电荷符号。

2 电荷单位是库仑，单位符号是 C。

3 这两种电荷是正电荷和负电荷。

4 $Q=\dfrac{10\times10^{12}\text{ 个}}{6.25\times10^{18}\text{ 个/C}}=1.6\times10^{-6}\text{ C}$

$=1.6\ \mu\text{C}$

2.3 节

1 电压是单位电荷所具有的能量。

2 电压的单位是伏特。

3 $V=W/Q=24\text{ J}/10\text{ C}=2.4\text{ V}$。

4 电池、燃料电池、太阳电池、发电机、电子电源、热电偶。

5 与一次电池相比，二次电池有两个优点：①减少了生产同样数量一次电池所需的原材料；②减少了一次电池产生的废物量。

6 氧化还原反应。

2.4 节

1 电流是电荷的流动速率；电流的单位是 A。

2 1C 中有 $6.25\times10^{18}$ 个电子。

3 $I=\dfrac{Q}{t}=20\text{ C}/4.0\text{ s}=5.0\text{ A}$。

2.5 节

1 电阻是对电流的阻碍作用，单位为 Ω。

2 固定电阻和可变电阻，前者阻值不可变，后者阻值可变。

3 第一环：电阻值的最高位数字。第二环：电阻值的次高位数字。第三环：倍数（次高位数字后所跟 0 的个数）。第四环：阻值允许偏差。

4 （a）4700 Ω，±5%
（b）62 kΩ，±10%
（c）18 Ω，±10%
（d）22.6 kΩ，±0.5%

5 （a）33R=33 Ω （b）5K6=5.6 kΩ
（c）900=900 Ω （d）6M8=6.8 MΩ

6 变阻器为双端元件，电位器为三端元件。

7 热敏电阻：温度。光敏电阻：光。应变片：机械力。

2.6 节

1 电路由电源、负载和电源与负载之间的载流通路组成。

2 开路电路是指不具有完整电流通路的电路。

3 闭合电路是指具有完整电流通路的电路。

4 $R=\infty$（无穷）；$R=0$。

5 熔断器保护电路不受过大电流的影响。

6 熔断器熔断后需更换。断路器在跳闸后可以复位。

7 AWG#3 大于 AWG#22。

8 地是指电路中的某个公共点或参考点。

9 印制电路板可分为三类：单层、双层和多层。

10 过孔是 PCB 不同层之间的电气连接。在双层板上使用的唯一过孔是通孔。

11 层是印制电路板的物理表面。平面是与特定电压、地或信号相关的区域。

12 多层板的两个重要优点：①减少了外接电源和地的连线，从而有更大的部件布线密度；②帮助减少电磁辐射。

2.7 节

1 电流表测电流；电压表测电压；欧姆表测电阻。

2 见图 2-75。

3 见图 2-76。

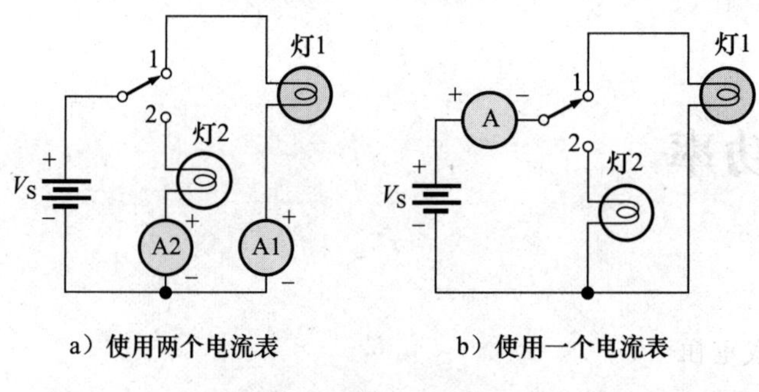


a）使用两个电流表　　b）使用一个电流表

图　2-75

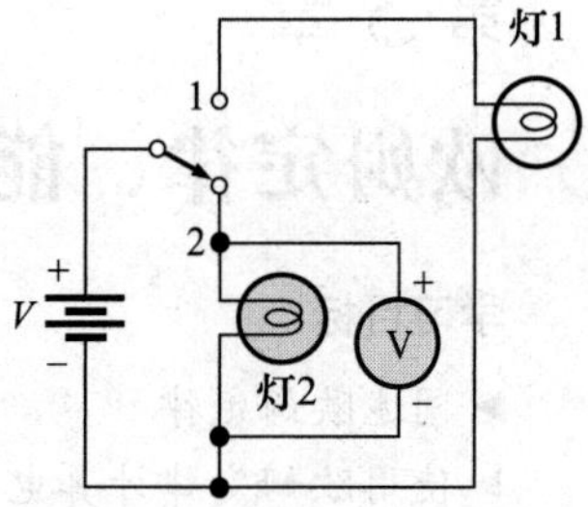

图　2-76

4　LCD 显示屏和 LED 显示屏。LCD 显示屏工作电流很小，但在弱光下很难看清电表示数，反应速度也很慢。LED 显示屏在黑暗中也可以看清电表示数，且反应速度很快，然而，它的工作电流比 LCD 大得多。

5　分辨率是仪表所能测量的量的最小增量。

6　被测电压为 1.5 V。

7　直流电压，600 挡；在中点附近的 60 刻度上读取 275 V。

8　欧姆 ×1000。

2.8 节

1　与电气和电子产品的制造、运营和处理中相关的“绿色”，意味着采用对环境负责的方式进行。

2　可再生能源的三大类：太阳能、地热和风能。

3　RoHS 指令的目的是解决某些物质造成的环境问题。RoHS 指令要消除电子元件和组件中的铅和汞、阻燃剂和增塑剂等物质，并开发使用危害较小、绿色环保的新工艺。

4　WEEE 指令的目的是确保对电气和电子废物的处理不造成环境危害或健康危害问题。其作用是建立收集和处置场所，并要求用户在指定的场所处置废弃的电气和电子产品。

**同步练习答案**

例 2-1　$1.88 \times 10^{19}$ 个电子。

例 2-2　600 J。

例 2-3　12 C。

例 2-4　4700 Ω，±5%。

例 2-5　47.5 Ω，±2%。

例 2-6　1.25 kΩ。

例 2-7　404.01 CM；#24。

例 2-8　1.280 Ω；与计算结果相同。

例 2-9　指针将在顶部刻度上指示 100。

**对 / 错判断答案**

| | | |
|---|---|---|
| 1　错 | 2　错 | 3　对 |
| 4　对 | 5　错 | 6　对 |
| 7　对 | 8　对 | 9　错 |
| 10　对 | 11　错 | |

**自我检测答案**

| | | |
|---|---|---|
| 1（b） | 2（a） | 3（c） |
| 4（c） | 5（b） | 6（b） |
| 7（c） | 8（d） | 9（d） |
| 10（b） | 11（b） | 12（e） |
| 13（b） | 14（b） | 15（c） |

# 第3章

# 欧姆定律、能量和功率

**学习目标**

- ▶ 阐述欧姆定律
- ▶ 使用欧姆定律计算电压、电流或电阻
- ▶ 能量和功率定义
- ▶ 使用瓦特定律计算电阻消耗的功率或电阻电路消耗的总功率
- ▶ 通过功率计算选择电阻
- ▶ 解释能量转换和电压降
- ▶ 讨论稳压电源和电池的特性
- ▶ 讨论故障排查的基本方法

**应用案例概述**

本章的应用案例需要你用指定电气元件搭建一个电阻盒，该电阻盒旨在让技术人员从一组标准电阻中进行选择，将电阻接入电压为5.0 V的测试电路中。在指定元器件并计算项目成本后，你将绘制原理图并制定测试步骤。要完成本应用案例，你需要做到：

1. 确定电阻的额定功率。
2. 编制材料清单并估算总成本。
3. 绘制电阻箱的原理图。
4. 制定测试步骤。
5. 对电路进行故障排查。

学习本章后，你应该能够完成本章的应用案例。

**引言**

乔治·西蒙·欧姆（Georg Simon Ohm，1787—1854）在实验中发现，电压、电流和电阻都有特定的关系。这一特定关系，即欧姆定律，是电学和电子学领域最基本和最重要的定律之一。在本章中，我们将研究欧姆定律，讨论欧姆定律在实际电路中的应用，并通过大量实例加以说明。

除欧姆定律外，本章将介绍电路中能量和功率的定义，并给出基于瓦特定律的功率公式；另外，还介绍如何使用分析、规划和测量（APM）方法进行电路的故障排查。

## 3.1 欧姆定律

欧姆定律从数学上描述了电路中电压、电流和电阻的关系。欧姆定律可以写成三种等价形式，你使用三种形式中的哪一种取决于你所需要确定的变量。

通过实验，欧姆确定，如果电阻上的电压增加，那么流经电阻的电流也增加。反之，如果电压减小，电流将减小。例如，如果电压加倍，电流也加倍；如果电压减半，电流也减半。这种关系如图3-1所示，其中电压和电流通过相关的仪表测量给出。

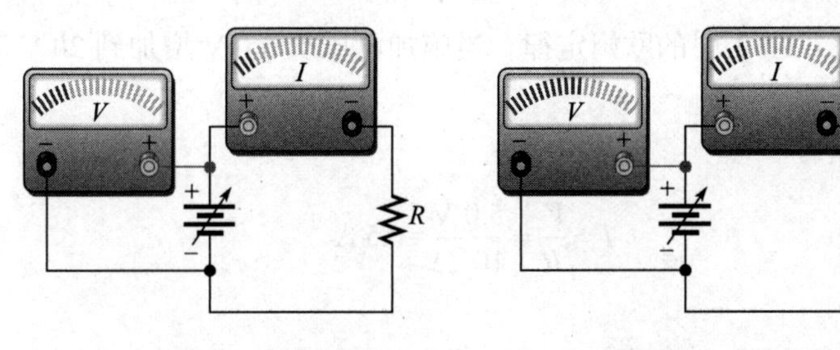


a）电压越小，电流也越小　　　　b）电压越大，电流也越大

图 3-1　当电阻固定时，改变电压对电流的影响

欧姆还发现，如果电压保持不变，电阻越小，则电流越大；电阻越大，则电流越小。例如，如果电阻减半，则电流加倍；如果电阻加倍，则电流减半。图 3-2 中仪表的读数说明了这现象，其中电压保持不变，仅改变电阻。

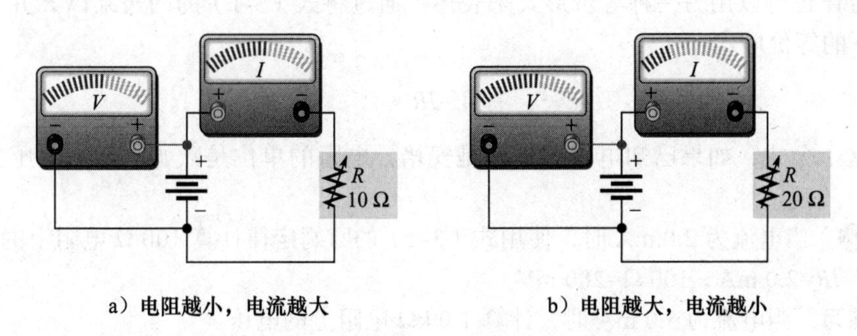


a）电阻越小，电流越大　　　　b）电阻越大，电流越小

图 3-2　当电压固定时，改变电阻对电流的影响

**欧姆定律**指出，电流与电压成正比，与电阻成反比。具体关系为：

$$I = \frac{V}{R} \tag{3-1}$$

式中，$I$ 是电流，单位为 A；$V$ 是电压，单位为 V，$R$ 是电阻，单位为 Ω。式（3-1）描述了图 3-1 和图 3-2 电路中的各物理量间的关系。

**对于固定电阻，如果施加到电路上的电压增大，则电流将增大；如果电压减小，则电流将减小。**

$I = \frac{V}{R}$　　$I = \frac{V}{R}$　　电阻 $R$ 不变

电压 $V$ 增大，电流 $I$ 也增大　　电压 $V$ 减小，电流 $I$ 也减小

**对于固定电压，如果电路中的电阻增大，则电流将减小；如果电阻减小，则电流将增大。**

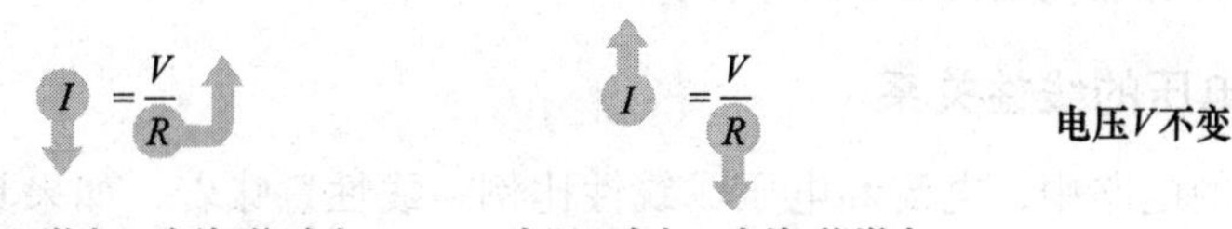


电阻 $R$ 增大，电流 $I$ 将减小　　电阻 $R$ 减小，电流 $I$ 将增大

**例 3-1** 利用式（3-1）中的欧姆定律，当施加电压从 5.0 V 增加到 20 V 时，验证 10 Ω 电阻内的电流是否增加。

**解** 在 $V$=5.0 V 时，

$$I=\frac{V}{R}=\frac{5.0\ \text{V}}{10\ \Omega}=0.5\ \text{A}$$

在 $V$=20 V 时，

$$I=\frac{V}{R}=\frac{20\ \text{V}}{10\,\Omega}=2.0\ \text{A}$$ ◀

**同步练习** 当电阻从 5.0 Ω 增加到 20 Ω，施加电压固定为 10 V 时，观察电流减小情况。

▦ 采用科学计算器完成例 3-1 的计算。

欧姆定律也可以用另一种等价形式来表述。通过将式（3-1）的两边乘以 $R$ 并转换，可以得到如下的等价形式：

$$V=IR \tag{3-2}$$

根据这个公式，如果已知电流的单位是安培，电阻的单位是欧姆，那么电压的单位是伏特。

**例 3-2** 当电流为 2.0 mA 时，使用式（3-2）的欧姆定律计算 100 Ω 电阻上的电压。

**解** $V=IR$=2.0 mA × 100 Ω=200 mV ◀

**同步练习** 当电流为 5.0 mA 时，计算 1.0 kΩ 电阻上的电压。

▦ 采用科学计算器完成例 3-2 的计算。

另外，还有第三种等价形式来说明欧姆定律。通过将式（3-2）的两侧除以 $I$ 并转换，可以得到如下的等价形式：

$$R=\frac{V}{I} \tag{3-3}$$

如果已知电压（V）和电流（A）的值，则可以利用上面的欧姆定律确定电阻（Ω）。

记住，式（3-1）、式（3-2）和式（3-3）是等价的。简单地说，它们是欧姆定律的 3 种表述形式。

**例 3-3** 使用式（3-3）中的欧姆定律，计算汽车后窗除霜器格栅的电阻值。当其连接到 12.6 V 电压时，电阻内的电流为 15.0 A。问除霜器格栅的电阻是多少？

**解**

$$R=\frac{V}{I}=\frac{12.6\ \text{V}}{15.0\ \text{A}}=840\ \text{m}\Omega$$ ◀

**同步练习** 如果除霜器格栅中的一根格栅导线断开，电流降至 13.0 A。问此时电阻多大？

▦ 采用科学计算器完成例 3-3 的计算。

### 3.1.1 电流与电压的线性关系

在电阻固定的电路中，电流和电压成线性比例。**线性**意味着，如果其中一个变量增加或减少一定的百分比，那么另一个变量将增加或减少相同的百分比。例如，如果电阻两端的电压增加 3 倍，那么电流也将增加 3 倍。如果电阻上的电压减少一半，那么电流也将减少一半。

**例 3-4**　如果图 3-3 电路中的电压增加到当前值的 3 倍，则电流值将增加多少？

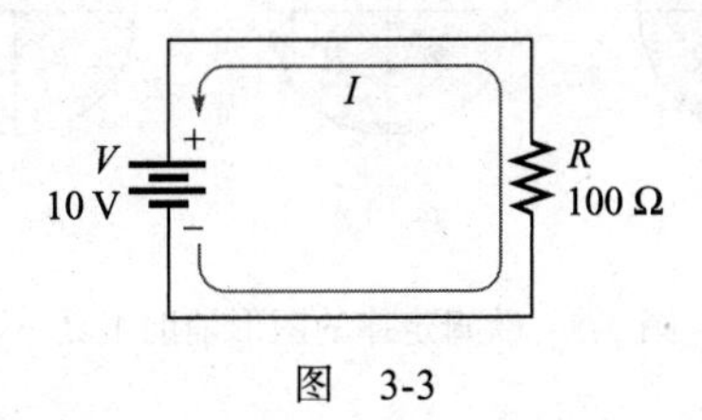


图　3-3

**解**　当外施电压为 10 V 时，此时电流为

$$I=\frac{V}{R}=\frac{10\ \mathrm{V}}{100\ \Omega}=0.1\ \mathrm{A}$$

如果外施电压增加到 30 V，则电流将是

$$I=\frac{V}{R}=\frac{30\ \mathrm{V}}{100\ \Omega}=0.3\ \mathrm{A}$$

当电压增加 3 倍至 30 V 时，电流从 0.1 A 增加到 0.3 A。◀

**同步练习**　如果图 3-3 中的外施电压是原来的 4 倍，那么电流也会将是原来的 4 倍吗？

采用科学计算器完成例 3-4 的计算。

让我们取一个固定电阻（例如 10 Ω），然后计算图 3-4a 中的电压在 10 ～ 100 V 时的电路内电流。图 3-4b 是计算得到的电流值。图 3-4c 所示为电流与电压的对应关系。请注意，它是一条直线。这张图告诉我们，电压的变化导致电流按线性比例变化。只要 $R$ 是常数，不管 $R$ 值是多少，电流与电压的关系图总是一条直线。使用不同的 $R$ 值将改变斜率的大小，但图形仍然是一条直线。

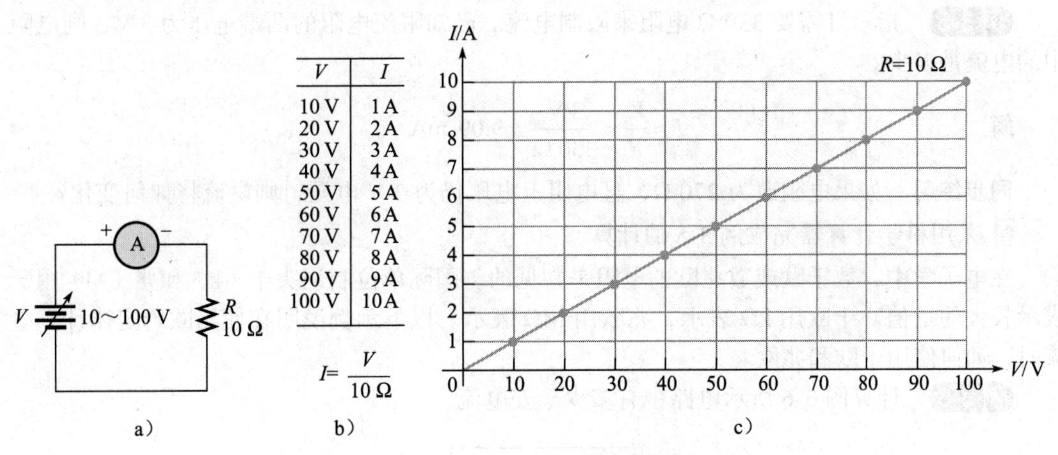


| $V$ | $I$ |
|---|---|
| 10 V | 1 A |
| 20 V | 2 A |
| 30 V | 3 A |
| 40 V | 4 A |
| 50 V | 5 A |
| 60 V | 6 A |
| 70 V | 7 A |
| 80 V | 8 A |
| 90 V | 9 A |
| 100 V | 10 A |

$I=\frac{V}{10\ \Omega}$

a)　　b)　　c)

图 3-4　图 a 中电路的电流和电压关系图

## 3.1.2　欧姆定律的图形辅助工具

采用图 3-5 中的图形辅助工具有助于欧姆定律的使用，这是一种记住公式的方法。要记住特定物理量的计算公式，只需覆盖其符号再查看其他两个物理量之间的关系。例如，要确

定电流的计算公式，就覆盖电流（$I$）的符号，然后查看发现其等于电压除以电阻（$V/R$）。

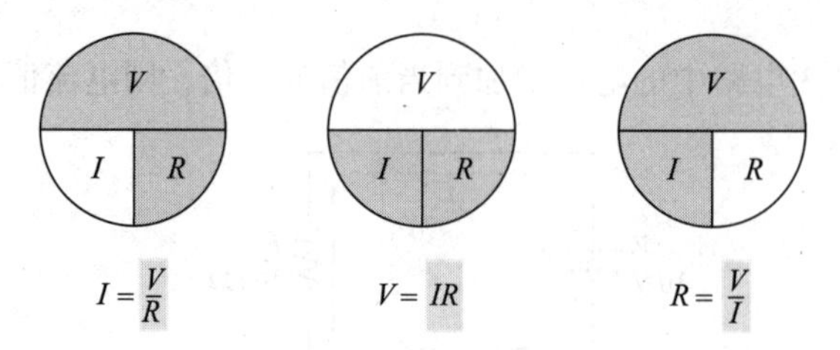


图 3-5 欧姆定律的图形辅助工具

**学习效果检测**

1. 用文字简要说明欧姆定律。
2. 写出计算电流的欧姆定律公式。
3. 写出计算电压的欧姆定律公式。
4. 写出计算电阻的欧姆定律公式。
5. 如果电阻两端的电压是原来的 3 倍，电流是增大还是减小，电流改变多少？
6. 可变电阻上电压固定不变，测量电流为 10 mA。如果电阻加倍，测量电流值是多少？
7. 在电压和电阻都加倍的线性电路中，电流会发生什么变化？

## 3.2 欧姆定律的应用

本节提供了应用欧姆定律计算电路中电压、电流和电阻的示例。在电路计算中，也使用带有国际单位制词头的单位表示这些物理量。

### 3.2.1 电流计算

本节示例中，已知电压和电阻，使用公式 $I=V/R$ 计算电流。当电压 $V$ 的单位为 V，电阻 $R$ 的单位为 Ω 时，电流 $I$ 的单位为 A。

**例 3-5** 指示灯需要 330 Ω 电阻来限制电流。已知限流电阻的两端电压为 3 V，则电阻中的电流是多少？

**解**
$$I=\frac{V}{R}=\frac{3\text{ V}}{330\ \Omega}=9.09\text{ mA}$$ ◀

**同步练习** 如果电阻改为 270 Ω，且电阻上电压仍为 3 V 电压，则电流将如何变化？

▦ 采用科学计算器完成例 3-5 的计算。

在电子学中，数千欧或数兆欧的电阻是常见的。国际单位制词头千（k）和兆（M）用于表示较大的量值。千欧用 kΩ 表示，兆欧用 MΩ 表示。以下示例说明在使用欧姆定律计算电流时，如何使用千欧和兆欧。

**例 3-6** 计算图 3-6 所示电路中有多少毫安电流。

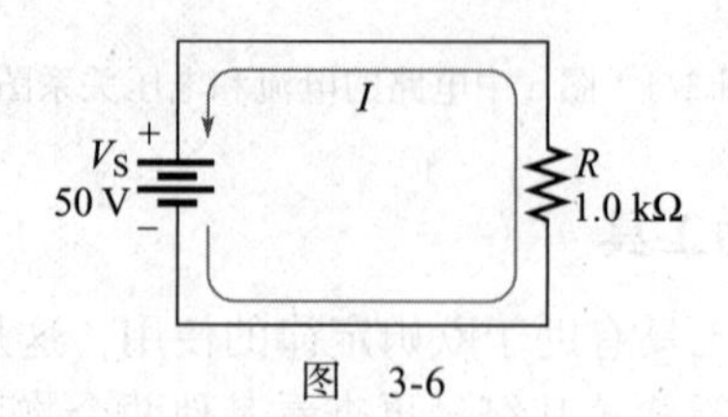


图 3-6

**解**　记住 1 kΩ 与 $1.0\times10^3\ \Omega$ 是一样的。用 50 V 代替电压 $V$，用 $1.0\times10^3\ \Omega$ 代替 $R$，代入式 $I=V/R$，可得

$$I=\frac{V_S}{R}=\frac{50\ \text{V}}{1.0\ \text{k}\Omega}=\frac{50\ \text{V}}{1.0\times10^3\ \Omega}=50\times10^{-3}\ \text{A}=50\ \text{mA}$$ ◀

**同步练习**　如果图 3-6 中的电阻增加到 10 kΩ，电流是多少？

采用科学计算器完成例 3-6 的计算。

**Multisim 仿真**

打开 Multisim 文件 E03-06 校验本例的计算结果。

在例 3-6 中，电流值为 50 mA。因此，当伏（V）除以千欧（kΩ）时，电流单位为毫安（mA）。当伏（V）除以兆欧（MΩ）时，电流单位为微安（μA），如例 3-7 所示。

**例 3-7**　确定图 3-7 电路的电流值（单位：μA）。

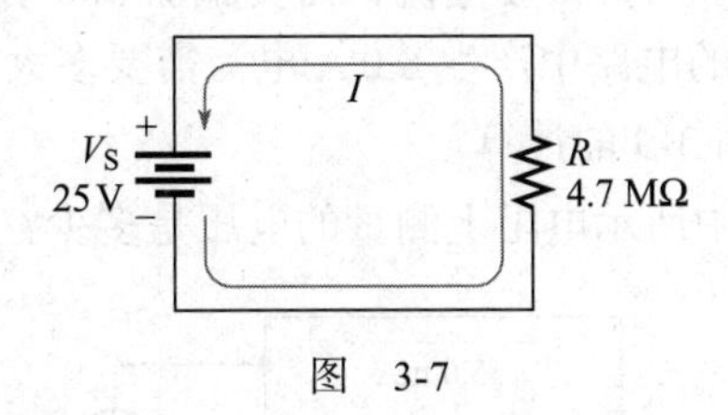


图　3-7

**解**　回顾一下，4.7 MΩ 等于 $4.7\times10^6\ \Omega$。同样，用 25 V 代替电压 $V$，用 $4.7\times10^6\ \Omega$ 代替 $R$，代入式 $I=V/R$，就有

$$I=\frac{V_S}{R}=\frac{25\ \text{V}}{4.7\ \text{M}\Omega}=\frac{25\ \text{V}}{4.7\times10^6\ \Omega}=5.32\times10^{-6}\ \text{A}=5.32\ \mu\text{A}$$ ◀

**同步练习**　如果图 3-7 中的电阻降低到 1.0 MΩ，电流是多少？

采用科学计算器完成例 3-7 的计算。

**Multisim 仿真**

打开 Multisim 文件 E03-07 验证本例的计算结果。

远低于 50 V 的电压通常为小电压，常见于半导体电路中。高电压在大多数消费品中并不常见，但也有例外，例如，一些老式电视接收机的供电电压很高。下面的例子说明了如何使用千伏范围以内的电压来计算电流。

**例 3-8**　当在 100 MΩ 电阻上施加 50 kV 电压时，有多少微安的电流通过该电阻？

**解**　用 $50\times10^3$ V 代替 50 kV，$100\times10^6\ \Omega$ 代替 100 MΩ，将 50 kV 除以 100 MΩ 得到电流，$V_R$ 是电阻两端的电压，于是有

$$I=\frac{V_R}{R}=\frac{50\ \text{kV}}{100\ \text{M}\Omega}=\frac{50\times10^3\ \text{V}}{100\times10^6\ \Omega}=0.5\times10^{-3}\ \text{A}=500\times10^{-6}\ \text{A}=500\ \mu\text{A}$$ ◀

**同步练习**　当施加 2.0 kV 电压时，通过 10 MΩ 电阻的电流是多少？

采用科学计算器完成例 3-8 的计算。

### 3.2.2 电压计算

在本节示例中，已知电流和电阻通过公式 $V=IR$ 确定电压值。当电流 $I$ 单位为 A，电阻 $R$ 单位为 Ω 时，电压 $U$ 单位为 V。

**例 3-9** 在图 3-8 所示电路中，产生 5.0 A 电流需要多大的电压？

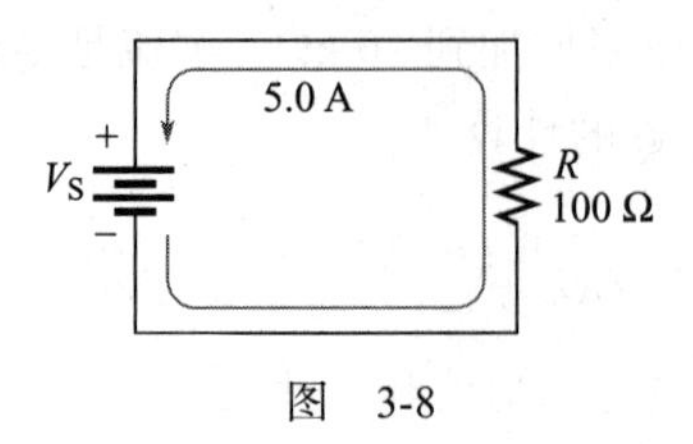


图 3-8

**解** 用 5.0 A 代替 $I$，用 100 Ω 代替 $R$，代入式 $V=IR$，可得：

$$V_S=IR=5.0\ \text{A}\times 100\ \Omega=500\ \text{V}$$

因此，若在 100 Ω 电阻上产生 5.0 A 电流，需要施加 500 V 电压。 ◀

**同步练习** 在图 3-8 所示的电路中产生 8.0 A 电流需要多大电压？

采用科学计算器完成例 3-9 的计算。

**例 3-10** 求图 3-9 电路中所示电阻上测量的电压是多少？

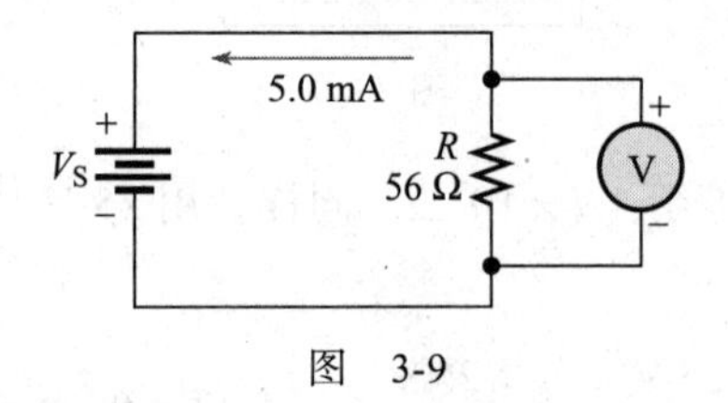


图 3-9

**解** 5.0 mA 等于 $5.0\times10^{-3}$ A。将电流 $I$ 和电阻 $R$ 的数值代入式 $V=IR$，可得：

$$V_R=IR=5.0\ \text{mA}\times 56\ \Omega=5.0\times10^{-3}\ \text{A}\times 56\ \Omega=280\ \text{mV}$$

注意，当毫安（mA）乘以欧（Ω）时，结果为毫伏（mV）。 ◀

**同步练习** 将图 3-9 所示电路中的电阻更改为 22 Ω，确定产生 10 mA 电流所需的电压。

采用科学计算器完成例 3-10 的计算。

**例 3-11** 图 3-10 所示电路中电流为 10 mA，电源的电压是多少？

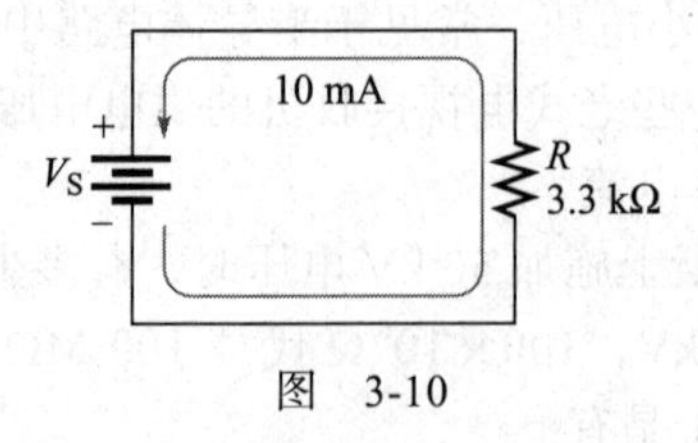


图 3-10

**解** 10 mA 等于 $10\times10^{-3}$ A，3.3 kΩ 等于 $3.3\times10^{3}$ Ω。将这些数值代入 $V=IR$，可得：

$$V_S=IR=10\ \text{mA}\times 3.3\ \text{k}\Omega=10\times10^{-3}\ \text{A}\times 3.3\times10^{3}\ \Omega=33\ \text{V}$$

注意，当毫安（mA）和千欧（kΩ）相乘时，结果是伏（V）。 ◀

**同步练习** 如果图 3-10 中的电流为 5 mA，电压是多少？

采用科学计算器完成例 3-11 的计算。

**例 3-12** 图 3-11 所示电路，一个小型太阳电池连接到一个 27 kΩ 的电阻上。在灿烂的阳光下，太阳电池看起来像一个电流源，可以为电阻提供 180 μA 的电流，此时电阻上的电压是多少？

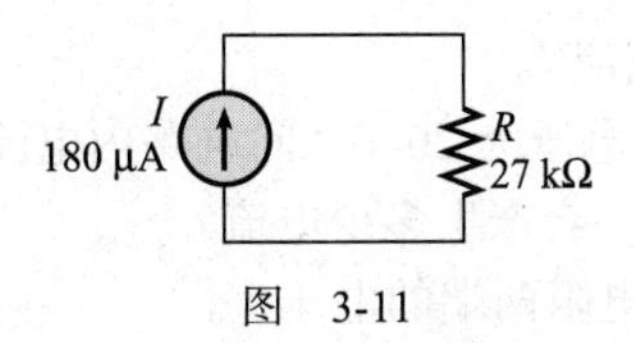

图 3-11

**解**

$$V_R=IR=180\ \mu\text{A}\times 27\ \text{k}\Omega=4.86\ \text{V}$$ ◀

**同步练习** 在阴天多云条件下，电路内的电流降至 40 μA 时，问电压如何变化？

采用科学计算器完成例 3-12 的计算。

**Multisim 仿真**

打开 Multisim 文件 E03-12 校验本例的计算结果。

### 3.2.3 电阻的计算

在本节示例中，已知电压和电流时，使用式 $R=V/I$ 计算电阻值。当电压 $V$ 的单位为 V，电流 $I$ 的单位为 A 时，电阻 $R$ 的单位为 Ω。

**例 3-13** 汽车的车灯从 13.2 V 蓄电池中吸收 2.0 A 电流，求车灯电阻是多少？

**解** 根据欧姆定律，就有

$$R=\frac{V}{I}=\frac{13.2\ \text{V}}{2.0\ \text{A}}=6.6\ \Omega$$ ◀

**同步练习** 当电压为 6.6 V 时，同一车灯内的电流为 1.1 A。这时车灯的电阻是多少？

采用科学计算器完成例 3-13 的计算。

**例 3-14** 硫化镉电阻（CdS 电阻）是一种光敏电阻。当它被外部光线照射时，它会改变电阻值，因此常用于黄昏时照明的应用。如图 3-12 所示有源电路，通过电流表间接监测电阻，求图中电流表所示读数下的光敏电阻值？

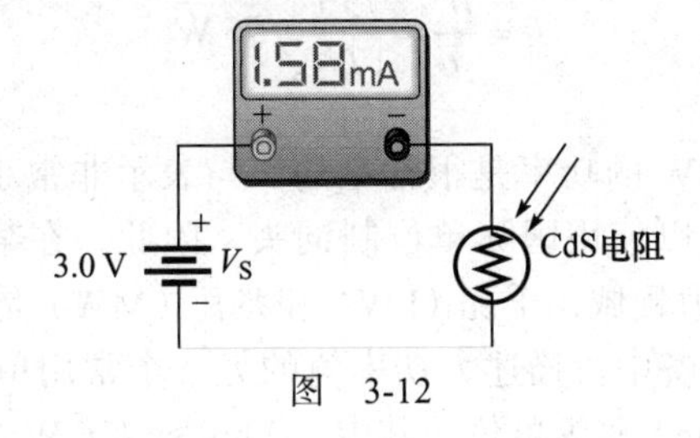

图 3-12

**解** 根据欧姆定律，就有

$$R=\frac{V}{I}=\frac{3.0\ \text{V}}{1.58\ \text{mA}}=1.90\ \text{k}\Omega$$ ◀

**同步练习** 在黑暗中，电路内电流降至 76 μA，这时光敏电阻多大？

🖩 采用科学计算器完成例 3-14 的计算。

**学习效果检测**

1.$V$=10 V，$R$=4.7 Ω。计算电流 $I$。
2. 如果一个 4.7 kΩ 的电阻上电压为 20 V，问电路内电流多大？
3. 2.7kΩ 电阻上电压为 10 V，会产生多少电流？
4. $I$=12 mA，$R$=10 Ω，计算电阻两端的电压 $V$。
5. 在 3.3 kΩ 电阻中产生 2.9 mA 电流，电阻两端电压为多少值？
6. 电池通过 5.6 Ω 电阻的负载产生 2.2 A 电流，求电池两端的电压？
7. $V$=10 V，$I$=2.0 A，问电阻 $R$ 多大？
8. 对于一个立体声放大器电路，测试负载电阻上电压为 25 V，电流表显示电流为 50 mA。电阻值是多少千欧，又是多少欧？

## 3.3 能量与功率

当电流通过电阻时，电能被转换成热能或其他形式的能量，比如光能。一个常见的例子就是白炽灯泡，因为灯泡的灯丝有电阻，所以通过灯丝的电流不仅产生光，而且会产生热量，使白炽灯泡太热而无法触摸。

**能量被定义为做功的能力，功率被定义为能量的变化速率。**

换句话说，**功率** $P$ 被定义为在一定时间（$t$）内所消耗的**能量** $W$，它们的关系表示如下：

$$P=\frac{W}{t} \tag{3-4}$$

式中，$P$ 表示功率，单位为 W；$W$ 表示能量，单位为 J；$t$ 表示时间，单位为 s。注意能量用斜体字母 $W$ 表示，功率单位的单位瓦特用正体字母 W 表示。焦耳（J）是能量的国际单位。

以 J 为单位的能量，除以以 s 为单位的时间，得到以 W 为单位的功率。例如，如果在 2 s 内消耗 50 J 的能量，则功率为 50 J/2.0 s=25 W。定义 1 W 为：

**1 W 是 1 s 时间内消耗 1 J 能量时的功率。**

因此，在 1 s 内消耗多少焦的能量便产生多少瓦的功率。例如，如果在 1 s 内消耗 75 J 的能量，则功率为：

$$P=\frac{W}{t}=\frac{75\ \text{J}}{1.0\ \text{s}}=75\ \text{W}$$

在电子领域，远小于 1 W 的功率是很常见的。与表示非常小的电流值和电压值的方法一样，非常小的功率值也可以使用国际单位制词头。因此，在某些应用中通常会见到毫瓦（mW）和微瓦（μW）。在电力领域，千瓦（kW）和兆瓦（MW）是常用单位，如在工业电子、广播和电视传输以及电力设备中。描述大功率值的另一个常用单位是马力（hp)，大型电动机的额定功率通常以马力（hp）作为单位，其中 1.0 hp ≈ 746 W。

功率是消耗能量的速率，即功率表示一段时间内所消耗的能量。以 W 为单位的功率乘以以 s 为单位的时间，会得到以 J 为单位的能量，用符号 $W$ 表示。

$$W=Pt$$

**人物小贴士**

**詹姆斯·普雷斯科特·焦耳**（James Prescott Joule，1818—1889）焦耳是英国物理学家，他因对电学和热力学方面的研究而闻名。他提出，导体中电流产生的热量与导体的电阻和时间成正比。能量单位是以他的名字命名的。

（照片来源：Photo12/Ann Ronan Picture Library/Alamy stock Photo）

**例 3-15**　100 J 的能量若在 5 s 内消耗掉，那么功率是多少？

**解**　$P=\frac{能量}{时间}=\frac{W}{t}=\frac{100\ \mathrm{J}}{5\ \mathrm{s}}=20\ \mathrm{W}$ ◀

**同步练习**　如果 100 W 的功率持续 30 s，那么消耗的能量是多少（单位为 J）？

采用科学计算器完成例 3-15 的计算。

**例 3-16**　使用适当的国际单位制词头表示以下功率值：

（a）0.045 W　（b）0.000 012 W　（c）3500 W　（d）10 000 000 W

**解**

（a）$0.045\ \mathrm{W}=45\times10^{-3}\ \mathrm{W}=45\ \mathrm{mW}$

（b）$0.000\ 012\ \mathrm{W}=12\times10^{-6}\ \mathrm{W}=12\ \mu\mathrm{W}$

（c）$3500\ \mathrm{W}=3.5\times10^{3}\ \mathrm{W}=3.5\ \mathrm{kW}$

（d）$10\ 000\ 000\ \mathrm{W}=10\times10^{6}\ \mathrm{W}=10\ \mathrm{MW}$ ◀

**同步练习**　不带国际单位制词头表示以下功率（单位为 W）：

（a）1.0 mW　（b）1800 μW　（c）3.0 MW　（d）10 kW

采用科学计算器完成例 3-16 的计算。

## 能量的单位千瓦·时（kW·h）

焦耳被定义为国际单位制能量单位。然而，还有另一种表达能量的方式。由于功率用瓦特表示，时间可以用小时表示，因此可以使用瓦·时（W·h）或更典型的千瓦·时（kW·h）作为能量单位。

当你支付电费时，电力公司是根据你使用的能量而不是功率来收费的。由于电力公司经营的能源巨大，最实用的单位是千瓦·时。当 1 kW 功率使用 1 h，你就使用了 1 kW·h 的能量。例如，一个 100 W 的灯泡点亮 10 h，它会消耗 1 kW·h 的能量，具体表达为：

$$W=Pt=100\ \mathrm{W}\times10\ \mathrm{h}=1000\ \mathrm{W\cdot h}=1\ \mathrm{kW\cdot h}$$

**例 3-17**　确定以下能耗（以 kW·h 为单位）。

（a）1400 W，1 h　（b）2500 W，2 h　（c）100 000 W，5 h

**解**　（a）1400 W=1.4 kW

$W=Pt=1.4\ \mathrm{kW}\times1\ \mathrm{h}=1.4\ \mathrm{kW\cdot h}$

（b）2500 W=2.5 kW

$W$=2.5 kW × 2 h=5 kW・h

（c）100 000 W=100 kW

$W$=100 kW × 5 h=500 kW・h ◀

**同步练习** 一个 250 W 的灯泡点亮了 8.0 h 需要消耗多少千瓦・时的能量？

采用科学计算器完成例 3-17 的计算。

**人物小贴士**

**詹姆斯・瓦特**（James Watt，1736—1819）瓦特是苏格兰发明家，他因对蒸汽机进行了改进使其在工业中得到广泛应用而闻名。瓦特申请了包括旋转发动机在内的多项发明专利。功率单位是以他的名字命名的。

（图片来源：Library of Congress）

表 3-1 列出了几种家用电器的典型额定功率（单位为 W）。你可以使用表 3-1 中的额定功率，将其单位转换为 kW，乘以所用时间，从而确定各种设备消耗的能量。

表 3-1 几种家用电器的典型额定功率

| 设备 | 额定功率 /W |
|---|---|
| 空调 | 860 |
| 吹风机 | 1000 |
| 时钟 | 2.0 |
| 干衣机 | 4000 |
| 洗碗机 | 1200 |
| 加热器 | 1322 |
| 微波炉 | 800 |
| 炉灶 | 12 200 |
| 冰箱 | 500 |
| 电视 | 250 |
| 洗衣机 | 400 |
| 热水器 | 2500 |

**例 3-18** 在一天 24 h 内，你在指定的时间内使用以下设备。

空调：15 h。吹风机：10 min。时钟：24 h。干衣机：1 h。洗碗机：45 min。微波炉：15 min。冰箱：12 h。电视：2 h。热水器：8 h。

确定一天消耗的总能量和花费的电费，单价是 0.13 元 /（kW・h）。

**解** 将表 3-1 中的功率的单位转换为 kW，乘以以 h 为单位的时间，从而确定每个设备消耗的能量。

空调：0.860 kW × 15 h=12.9 kW・h

吹风机：1 kW × 0.167 h=0.167 kW・h

时钟：0.002 kW × 24 h=0.048 kW・h

干衣机：4 kW × 1.0 h=4 kW・h

洗碗机：1.2 kW × 0.75 h=0.9 kW • h

微波炉：0.8 kW × 0.25 h=0.2 kW • h

冰箱：0.5 kW × 12 h=6 kW • h

电视：0.25 kW × 2.0 h=0.5 kW • h

热水器：2.5 kW × 8.0 h=20 kW • h

现在，将所有电器的消耗的能量相加，可以得到一天 24 h 消耗的总能量。

总能量 =（12.9+0.167+0.048+4+0.9+0.2+6+0.5+20）kW • h=44.7 kW • h

按 0.13 元 /（kW • h）计算费用，24 h 运行这些设备花费的电费为：

花费的电费 =44.7 kW • h × 0.13 元 /（kW • h）=5.81 元 ◄

**同步练习**　除了上述电器之外，假设还有两个 100 W 灯泡运行 2 h，一个 75 W 灯泡 3 h。计算 24 h 内各种电器的能量成本。

采用科学计算器完成例 3-18 的计算。

**学习效果检测**

1. 阐述功率。
2. 写出功率与能量和时间的关系式。
3. 阐述瓦特。
4. 用最合适的单位表示下列功率值：

（a）68 000 W　　（b）0.005 W　　（c）0.000 025 W

5. 如果 100 W 的电器使用了 10 h，你用了多少电能（单位为 kW • h）？
6. 把 2000 W 用千瓦（kW）来表示。
7. 如果能源成本是 0.13 元 /（kW • h），那么运行一台加热器（功率：1322 W）24 h 需要多少费用？

## 3.4　电路的功率

电能所产生的热量，通常是电流通过电路中的电阻而产生的不必要的副产品。然而，在某些情况下，产生热量是电路的主要目的，例如电阻式加热器。在任何情况下，你要经常处理电气和电子线路中的功率问题。

当有电流通过电阻时，电子的碰撞产生热量，从而将电能转换为热能，如图 3-13 所示。根据式（3-4），电路中的功耗为 $P=\dfrac{W}{t}$。根据式（2-2），电压的定义为 $V=\dfrac{W}{Q}$，重新整理表达式可得出能量为 $W=VQ$。用 $VQ$ 代替 $W$，代入式（3-4）可得

$$P=V\left(\frac{Q}{t}\right)$$

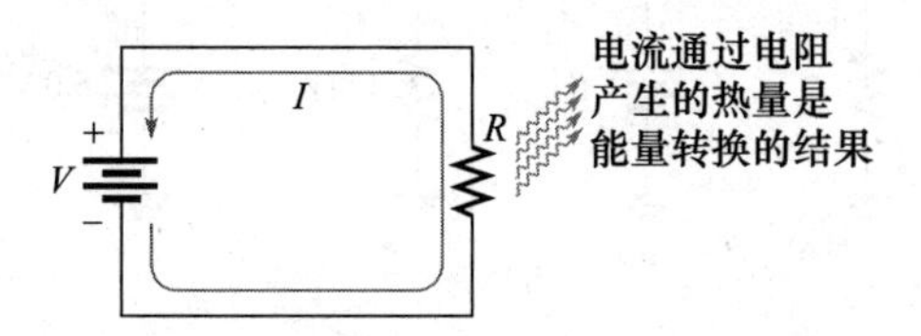


图 3-13　对于大多数设备来说，电路中的大部分功率都是通过电阻释放热量进行消耗。该功耗等于电压源提供的电压 $V$ 和电流 $I$ 的输出功率

因为式（2-3）将电流定义为 $I=Q/t$，用 $Q/t$ 代替 $I$，电路的功率可表示为：

$$P=VI \tag{3-5}$$

式中，$P$ 代表功率（单位为 W），$V$ 表示电压（单位为 V），$I$ 表示电流（单位为 A）。

结合式（3-5）和欧姆定律，可以用电路电阻和通过电路的总电流来表示电路中的功率。根据欧姆定律 $V=IR$，其中 $V$ 是电压（单位为 V），$I$ 是电流（单位为 A），$R$ 是电阻（单位为 Ω）。用 $IR$ 代替等式（3-5）中的 $V$，电路中消耗的功率等于

$$P=VI=IV$$

$$P=I(IR) \tag{3-6}$$

$$P=I^2R$$

式中，$P$ 是功率（单位为 W），$I$ 是电流（单位为 A），$R$ 是电阻（单位为 Ω）。

结合式（3-5）和欧姆定律，使用电阻和电压，从另外一种形式计算功率。用 $V/R$ 代替 $I$（欧姆定律），将式（3-5）的功率公式整理为：

$$P=VI=V\left(\frac{V}{R}\right)$$

$$P=\frac{V^2}{R} \tag{3-7}$$

式（3-5）、式（3-6）和式（3-7）中的三个等效功率表达式被统称为瓦特定律。要计算电路中的功率，可以使用三个等效形式瓦特定律中的任意一个，具体取决于你掌握的信息。例如，假设已知电流和电压的值。在这种情况下，使用式 $P=VI$ 计算功率。如果已知 $I$ 和 $R$，使用式 $P=I^2R$ 计算。如果已知 $V$ 和 $R$，使用式 $P=V^2/R$ 计算。

使用欧姆定律和瓦特定律的辅助记忆工具见图 3-28。

### 安全小贴士

在使用高压电子电路时，要始终遵循第 1 章中给出的安全指南。特别是，要遵守所有既定的安全步骤，包括上锁 / 挂牌，验证应急设备是否可用且处于良好状态，确保工作区域没有潜在的安全危险（如湿地板和绊倒危险），穿戴适当的个人防护设备（如安全眼镜和绝缘鞋），并尽量与伙伴一起工作，在发生事故时可以立即提供援助或呼叫援助。

**例 3-19** 计算图 3-14 中每个电路的功率。

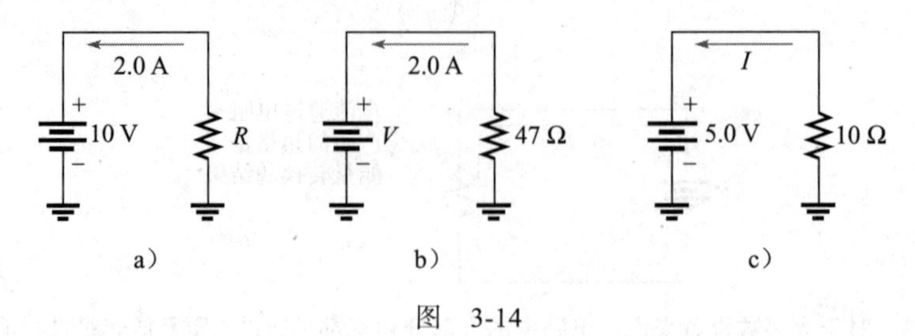


图 3-14

**解**　在图 3-14a 电路中，已知 $V$ 和 $I$，使用式（3-5）。

$$P=VI=10\text{ V}\times 2.0\text{ A}=20\text{ W}$$

在图 3-14b 电路中，已知 $I$ 和 $R$，使用式（3-6）。

$$P=I^2R=(2.0\text{ A})^2\times 47\ \Omega=188\text{ W}$$

在图 3-14c 电路中，已知 $V$ 和 $R$，使用式（3-7）。

$$P=\frac{V^2}{R}=\frac{(5.0\text{ V})^2}{10\ \Omega}=2.5\text{ W}$$ ◀

**同步练习**　在发生以下变化后，计算图 3-14 中每个电路的功率 $P$。

（a）在图 3-14a 电路中，$I$ 加倍，$V$ 保持不变。

（b）在图 3-14b 电路中，$R$ 加倍，$I$ 保持不变。

（c）在图 3-14c 电路中，$V$ 减半，$R$ 保持不变。

采用科学计算器完成例 3-19 的计算。

**例 3-20**　图 3-15 所示是一个太阳能集热器，它可以为 3.0 V 充电电池提供 1.0 W 的功率。问太阳能集热器为充电电池提供的最大充电电流为多少？

图　3-15

（图片来源：Streeter photography/alamy stock photo）

**解**　根据式（3-5），就有：

$$I=\frac{P}{V}=\frac{1.0\text{ W}}{3.0\text{ V}}=0.33\text{ A}$$ ◀

**同步练习**　如果电流为 30 mA，夜间时灯光消耗的功率是多少？

采用科学计算器完成例 3-20 的计算。

**学习效果检测**

1. 假设车窗除霜器连接到 13.0 V 的电压上，电流为 12 A。那么除霜器消耗的功率是多少？

2. 如果通过电阻 47 Ω 的电流为 5 A，则电阻的功率是多少?

3. 许多示波器有一个 50 Ω 的输入位置，在输入和接地之间有一个额定功率为 2.0 W 的 50 Ω 的电阻。在超过该电阻的额定功率之前，可施加到输入端的最大电压是多少?

4. 假设汽车座椅加热器的内阻为 3.0 Ω。如果电池电压为 13.4 V，加热器打开时会消耗多少功率?

5. 一个 8.0 V 的 2.2 kΩ 的电阻消耗多少功率?

6. 一个 60 W 灯泡中流过电流为 0.5 A，则灯泡的电阻是多少?

## 3.5 电阻的额定功率

当有电流通过电阻时，电阻会发热。电阻所能发出的热量的极限是由其额定功率决定的。

**额定功率** 是电阻不因过热而损坏的情况下可以消耗的最大功率。额定功率与电阻值的大小无关，主要由电阻的材料成分、物理尺寸和形状决定。在其他条件相同的情况下，电阻的表面积越大，其所消耗的功率就越大。圆柱形电阻的表面积等于长度（$l$）乘以周长（$c$），如图 3-16 所示。这里不包括末端区域的面积。

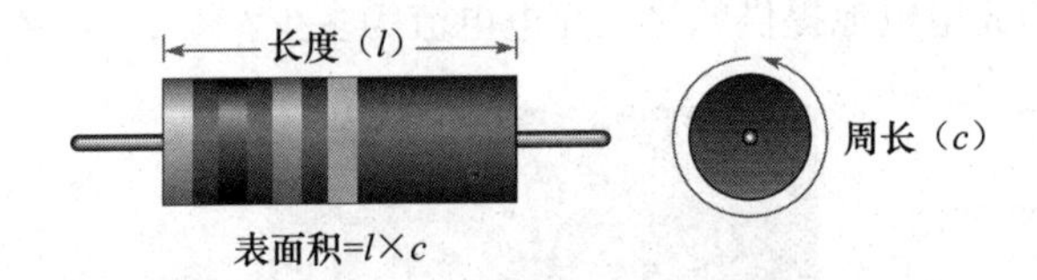


图 3-16 电阻的额定功率与其表面积直接相关

消耗功率的电阻会变热。为了延长元件的寿命和可靠性，设计师通常会确保电阻消耗的功率远小于其额定功率。当电阻因设计不良、元件间距或电路故障而过热时，可以使用热成像照相机或设备来识别过热元件，如图 3-17 所示为 Fluke TiS10 或 FLIR®One 智能手机。

图 3-17 一款智能手机热成像仪（照片由 FLIR Systems 公司提供，见彩插）

金属膜电阻的标准额定功率范围为 0.125 ～ 1 W，如图 3-18 所示。其他类型电阻的额定功率值各不相同。

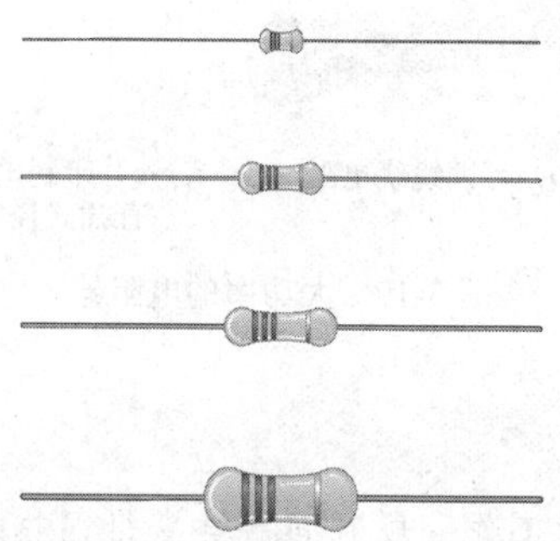

图 3-18 标准额定功率为 0.125 W、0.25 W、0.5 W 和 1 W 的金属膜电阻的相对尺寸

表面封装元件（SMD）的电阻的额定功率范围从 01005 英制（0402 公制）封装电阻的 $\frac{1}{33}$W 到 2512 英制（6332 公制）封装电阻的 1 W。表 3-2 总结了 SMD 封装电阻的包装代码、近似尺寸和额定功率。注意，英制和公制包装可以具有相同的代码（例如 0402），但物理尺寸不同。因此，请确认代码是英制的还是公制的。还需注意，SMD 电阻的对 PCB 也有特定的要求，例如安装焊盘的尺寸和 PCB 布局要满足电阻的额定功率。

**表 3-2 SMD 封装电阻的包装代码、近似尺寸和额定功率**

| 包装代码 | | 近似尺寸 | | 额定功率 /W |
|---|---|---|---|---|
| 英制 | 公制 | 英制 $\left(\frac{长度}{in}\times\frac{周长}{in}\right)$ | 公制 $\left(\frac{长度}{mm}\times\frac{周长}{mm}\right)$ | |
| 01005 | 0402 | 0.016 × 0.008 | 0.40 × 0.20 | 1/33（0.0303） |
| 0201 | 0603 | 0.024 × 0.012 | 0.60 × 0.30 | 1/20（0.05） |
| 0402 | 1005 | 0.040 × 0.020 | 1.00 × 0.50 | 1/16（0.0625） |
| 0603 | 1608 | 0.060 × 0.030 | 1.55 × 0.85 | 1/10（0.1） |
| 0805 | 2012 | 0.080 × 0.050 | 2.00 × 1.20 | 1/8（0.125） |
| 1206 | 3216 | 0.120 × 0.060 | 3.20 × 1.60 | 1/4（0.25） |
| 1210 | 3225 | 0.120 × 0.100 | 3.20 × 2.50 | 1/2（0.5） |
| 1218 | 3246 | 0.120 × 0.180 | 3.20 × 4.60 | 1（1.0） |
| 2010 | 5025 | 0.200 × 0.100 | 5.00 × 2.50 | 3/4（0.75） |
| 2512 | 6332 | 0.250 × 0.120 | 6.30 × 3.20 | 1（1.0） |

线绕电阻的额定功率值达 225 W 甚至更高。图 3-19 显示了一些大功率的电阻器。

在电路中使用电阻时，其额定功率应大于工作情况下最大功率，从而留出安全裕度。通常使用下一级更高的标准功率值。例如，如果金属膜电阻器在电路中消耗 0.75 W，其额定值应为下一级较高的标准功率值，即 1.0 W。

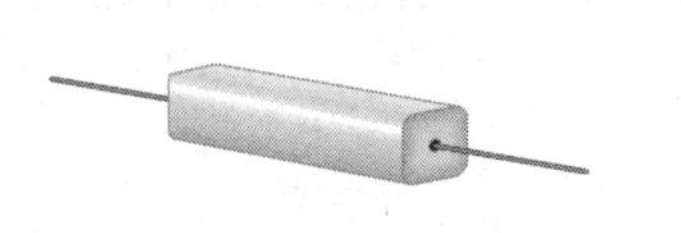

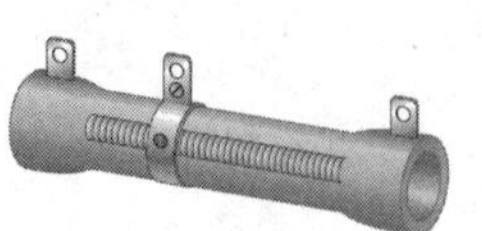

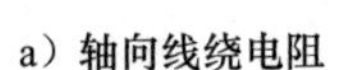

a）轴向线绕电阻　b）可调线绕电阻　c）印制电路板（PCB）直插式径向线绕电阻　d）厚膜电源

图 3-19　大功率的电阻器

**安全小贴士**

电阻在其指定额定功率附近工作一段时间后会变得很热。为避免烫伤，电源连接到电路时，请勿触摸电路元件。关闭电源后，留出一段时间让元件冷却。

**例 3-21**　为图 3-20 中的金属膜电阻选择适当的额定功率（0.125 W、0.25 W、0.5 W 或 1.0 W）。

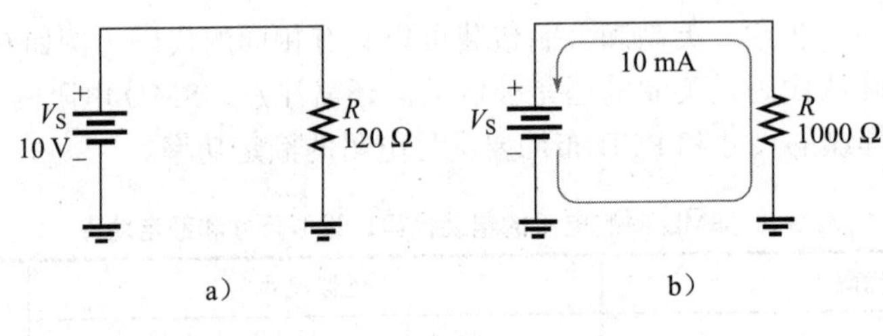


图 3-20

**解**　对于图 3-20a 中的电路，实际功率为：

$$P=\frac{V_S^2}{R}=\frac{(10\ \text{V})^2}{120\ \Omega}=\frac{100\ \text{V}^2}{120\ \Omega}=0.833\ \text{W}$$

应选择额定功率高于实际功耗的电阻。在这种情况下，应选用 1 W 电阻。

对于图 3-20b 中的电路，实际功率为：

$$P=I^2R=(10\ \text{mA})^2\times 1000\ \Omega=0.1\ \text{W}$$

在这种情况下，应使用 0.125 W 电阻。◀

**同步练习**　某个电阻需要消耗 0.25 W 的功率，应使用额定功率是多少的电阻？

采用科学计算器完成例 3-21 的计算。

当电阻中消耗的功率大于其额定值时，电阻将变得过热。此时，电阻可能烧坏，或电阻值发生永久性改变，或寿命缩短。

由于过热而损坏的电阻通常可以通过其表面的烧焦痕迹或外观的改变来检测。如果没有明显的迹象，可以使用欧姆表检查可能损坏的电阻是否开路或电阻值是否增大。请记住，测量电阻时应将电阻两端从电路中断开。有时电阻过热是由于电路中其他故障造成的。在更换过热的电阻后，在恢复电路电源之前应该确定电阻过热的原因。

**例 3-22**　确定图 3-21 中每个电路中的电阻是否可能因过热而损坏。

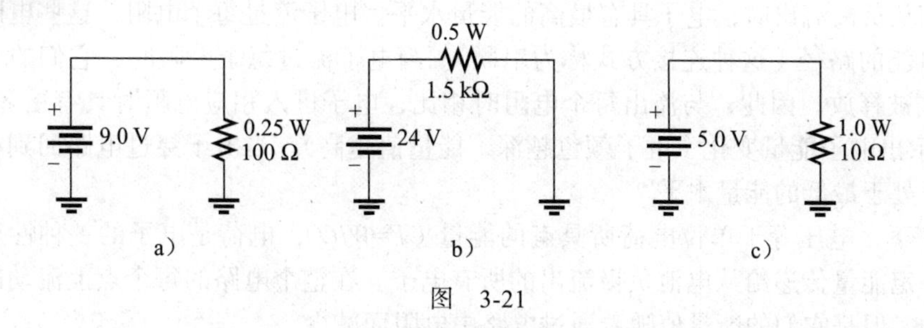


图　3-21

**解**　对于图 3-21a 中的电路，电阻消耗的功率为：

$$P=\frac{V^2}{R}=\frac{(9.0\ \mathrm{V})^2}{100\ \Omega}=0.81\ \mathrm{W}$$

电阻的额定功率为 0.25 W，不足以消耗上述功率，电阻过热，可能烧坏，导致其开路。

对于图 3-21b 中的电路，电阻消耗的功率为：

$$P=\frac{V^2}{R}=\frac{(24\ \mathrm{V})^2}{1.5\ \mathrm{k}\Omega}=0.384\ \mathrm{W}$$

电阻的额定功率为 0.5 W，足以消耗上述功率，电阻良好。

对于图 3-21c 中的电路，

$$P=\frac{V^2}{R}=\frac{(5.0\ \mathrm{V})^2}{10\ \Omega}=2.5\ \mathrm{W}$$

电阻的额定功率为 1.0 W，不足以消耗上述功率，电阻过热，可能烧坏，造成其开路。◀

**同步练习**　一个额定功率 0.25 W，1.0 kΩ 的电阻连接到 12 V 电池上，电阻会不会过热？

采用科学计算器完成例 3-22 的计算。

**学习效果检测**

1. 列出与电阻相关的两个重要参数。
2. 电阻的物理尺寸如何决定其能消耗的功率？
3. 列出金属膜电阻的标准额定功率。
4. 若一个金属膜电阻能处理 0.3 W 的功率，则该电阻的最小额定功率应该为多少？
5. 若一个电阻能安全地处理 0.6 W 的功率，则最小 SMD 封装电阻的标准代码应是什么，才能正确消耗能量？
6. 如果不超过额定功率，可施加在额定功率为 0.25 W 的 100 Ω 电阻上的最大电压是多少？
7. 代码为公制 1608 的 SMD 封装电阻的阻值为 100 Ω，在不超过其额定功率的情况下，其上通过的最大电流是多少？

## 3.6　电阻中的能量转换和电压降

当有电流通过电阻时，电能转换为热能。这种热是由电阻材料的原子结构中的自由电子碰撞引起的。当碰撞发生时，产生热量，而电子在通过该材料时会释放一些能量。

图 3-22 以电子作为电荷进行举例，电子从电池负极流过整个电路，然后返回电池正极。当它们从负极流出时，电子具有最高的能量水平。电子流过每个电阻，这些电阻连接在一起形成电流的路径（这种连接方式称为串联）。当电子流过每个电阻时，它们的一些能量以热的形式被释放。因此，与流出每个电阻时相比，电子进入相应电阻时具有更多的能量，图 3-22 显示出电子能量变化（电子颜色越深，能量值越高）。当电子穿过电路回到电池的正极时，电子处于最低的能量水平。

回想一下，电压等于单位电荷所具有的能量（$V=W/Q$），电荷是电子的一种性质。电池的电压将一定能量传递给从电池负极流出的所有电子。在整个电路的每个点上流动的电子数量是相同的，但是它们的能量值随着通过电路中电阻而减少。

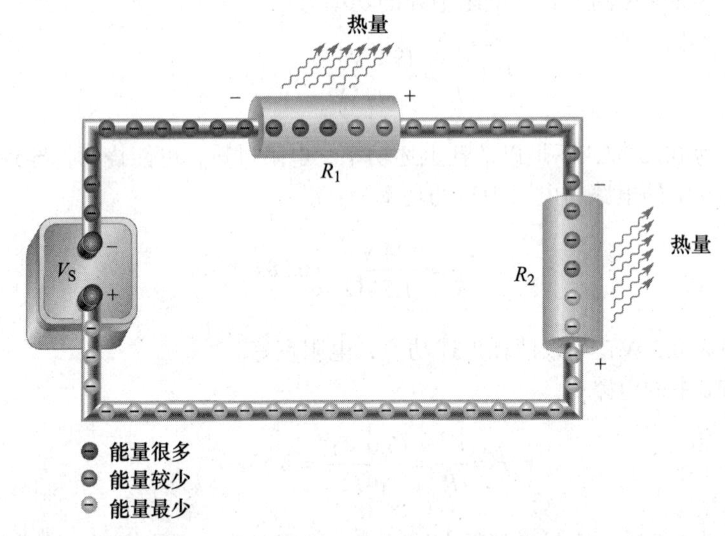


图 3-22 当电子（电荷）流过电阻时损失能量并产生电压降，因为电压等于能量除以电荷

在图 3-22 中，$R_1$ 的左端电压等于 $W_{enter}/Q$，$R_1$ 右端的电压等于 $W_{exit}/Q$。进入 $R_1$ 的电子与流出 $R_1$ 的电子数量是相同的，因此 $Q$ 是恒定的。然而，能量 $W_{exit}$ 小于 $W_{enter}$，因此 $R_1$ 右端的电压小于左端的电压。由于能量损失，电阻两端的电压降低称为**电压降**。$R_1$ 右端的电压比左端的电压负得少（或正得多）。电压降由 − 和 + 符号表示（+ 表示正的电压）。

电子在 $R_1$ 中损失了一些能量，现在它们进入 $R_2$ 时的能量降低了。当它们流过 $R_2$ 时，会损失更多的能量，导致 $R_2$ 上也产生电压降。

**学习效果检测**

1. 电阻中能量转换的原因是什么？
2. 什么是电压降？
3. 结合传统的电流方向，思考电压的极性是什么？

## 3.7 稳压电源与电池

在 2.3 节中我们将稳压电源和电池视为电压源中的一种进行了简要介绍。一般来讲，电源通常被定义为将电网中的交流电压（交流电）转换为直流电压（直流）的装置，可以满足几乎所有电子电路和传感器的供电需要。事实上，许多系统（如手机）既可以使用稳压电源（电源适配器），也可以由内部电池供电。本节将对这两种类型的电压源（即稳压电源和电池）进行描述。

电网采用交流电形式将电能从发电站传输给用户，这是因为交流电易于转换成适宜传输的高压电和终端用户使用的低压电。远距离传输时，采用高电压传输的效率和成本效益要高很多。对于给定的功率，较高的电压意味着较小的电流，因此，电线中的线路电阻损耗将大大降低。在美国，提供给用户使用的标准电压为 60 Hz、120 V 或 240 V，但是在欧洲，用户使用的标准电压为 50 Hz、240 V。

实际上，几乎所有的电子系统都需要稳定的直流电压才能使集成电路和其他器件正常工作。稳压电源通过将交流电转换成稳定的直流电压来实现这一功能，通常其内置在产品中。许多电子系统都有一个嵌入式保护开关，允许内部电源使用 120 V 或 240 V 电压。必须正确设置该开关，否则会严重损坏设备。

在实验室中，有些开发和测试的电路。通常，测试电子电路时需要稳压电源，以便将交流电压转换为被测电路所需的直流电压。测试电路可以是任何电路，从简单的电阻网络到复杂的放大器或逻辑电路。为了满足恒定电压的要求，实验室稳压电源不仅几乎没有噪声或纹波，而且还必须是**可调节稳压电源**。这意味着如果输出电压由于线路电压或负载的变化而试图改变，那么稳压电源需要不断感知这些变化并自动做出调整以维持几乎不变的输出电压。

**技术小贴士**

稳压电源可以同时提供输出电压和电流，根据确定的电压范围来满足实际需要。此外，电源还要有足够的输出电流容量，以确保电路正常工作。电流容量是稳压电源在给定电压下能够提供给负载的最大输出电流。

许多电路需要多个电压源，以便设置精确的电压值或微小改变的电压值，满足测试要求。因此，实验室稳压电源通常有两个或三个相互独立的输出通道，它们可以单独控制。输出量显示通常是实验室稳压电源的必备部分，用于设置和监测输出电压或电流。控制方式包括精细和粗略控制，或数字输入方式来精确设置电压。

图 3-23 显示了三输出的稳压电源，许多电子实验室都有类似的电源。图 3-23 所示型号有两个 0 ～ 30 V 独立电源和一个 4.0 ～ 6.5 V 输出电压，它能够输出较大电流，通常被称为逻辑电源。电压可以通过粗细调节来精确设置。0 ～ 30 V 电源具有浮动输出功能，这意味着它们都不连接参考地。这允许用户将其设置为正、负极性的电源，或将它们串联进行外部输出。这种电源的另一个特点是，可以被设置为电流源，在电流源保持恒定电压输出情况下可以设定一个最大的电压。

图 3-23 三输出的稳压电源（图片由 B+K Precision 提供）

与许多稳压电源一样，0 ～ 30 V 电源有 3 个输出插孔。输出在红色（正极）和黑色端子之间。绿色插孔指的是机壳，是参考接地。外部设备与电源的红色或黑色插孔相连，它们连接的通常是“浮动的”电源（没有接到参考接地上）。此外，电流和电压可以通过内置的数字仪表进行监控。

电源提供的功率是电压绝对值和电流绝对值的乘积。例如，如果电源在 3.0 A 时提

供 –15.0 V 的电压，则提供的功率为 45 W。对于三输出稳压电源，三路电源提供的总功率是每个电源单独提供的功率之和。

**例 3-23** 如果输出电压和电流如下所示，那么三路输出电源的总功率是多少？

电源 1：18 V，2.0 A。

电源 2：–18 V，1.5 A。

电源 3：5.0 V，1.0 A。

**解** 从每个电源输出的功率是电压和电流绝对值的乘积。

电源 1 路：$P_1=V_1I_1=18\text{ V}\times 2.0\text{ A}=36\text{ W}$

电源 2 路：$P_2=V_2I_2=18\text{ V}\times 1.5\text{ A}=27\text{ W}$

电源 3 路：$P_3=V_3I_3=5.0\text{ V}\times 1.0\text{ A}=5.0\text{ W}$

电源的总功率为：

$$P_T=P_1+P_2+P_3=36\text{ W}+27\text{ W}+5.0\text{ W}=68\text{ W}$$ ◀

**同步练习** 如果电源 1 的输出电流增加到 2.5 A，则总输出功率将如何变化？

采用科学计算器完成例 3-23 的计算。

### 3.7.1 稳压电源的效率

稳压电源的一个重要指标是工作效率。**效率**是输出功率 $P_{OUT}$ 与输入功率 $P_{IN}$ 之比，即

$$效率=\frac{P_{OUT}}{P_{IN}} \tag{3-8}$$

效率通常用百分比形式来表示。例如，如果输入功率为 100 W，输出功率为 50 W，则效率为 $\frac{50\text{ W}}{100\text{ W}}\times 100\%=50\%$。

所有的稳压电源都需要输入电能，因此，它们被认为是能量转换器。例如，稳压电源通常使用墙上插座的交流电源作为其输入，其输出为稳定的直流电压。输出功率总是小于输入功率，因为电源内部必须使用部分功率来操作电源中的电路。这种内部功耗通常称为*功率损耗*（*简称功耗*）。输出功率是输入功率减去功率损耗。

$$P_{OUT}=P_{IN}-P_{LOSS} \tag{3-9}$$

高效率意味着电源中消耗很少的功率，或者说对于给定的输入功率，输出功率的占比更高。

**例 3-24** 某个稳压电源需要 25 W 的输入功率，它可以产生 20 W 的输出功率。它的效率是多少，功率损耗是多少？

**解** 根据式（3-8），就有：

$$效率=\frac{P_{OUT}}{P_{IN}}=\frac{20\text{ W}}{25\text{ W}}=0.8$$

以百分比表示为：

$$效率=\frac{P_{OUT}}{P_{IN}}=\frac{20\text{ W}}{25\text{ W}}\times 100\%=80\%$$

功率损耗是：

$$P_{LOSS}=P_{IN}-P_{OUT}=25\text{ W}-20\text{ W}=5.0\text{ W}$$ ◀

**同步练习**　电源的效率为 92%。如果 $P_{IN}$ 为 50 W，那么 $P_{OUT}$ 是多少？

▦ 采用科学计算器完成例 3-24 的计算。

### 3.7.2　电池的容量

电池将储存的化学能转换成电能。它们被广泛用于为小型系统（如笔记本计算机和手机）供电，以提供所需的稳定直流电。这些小型系统中使用的电池通常是二次电池，这意味着外部电源可以逆转电池的化学反应。电池的容量以安・时（A・h）为单位来计量。对于二次电池，**额定容量（A・h）**是电池充电前的容量，它决定了电池在额定电压下输出一定电流所能维持的时间长短。注意，当电池放电时，其内阻将增大，连接到负载的端子电压将降低。因此，制造商根据电池的端电压降至特定测试电压之前能提供指定电流的时间来确定该电池的额定容量。该测试电压（也称为端点电压或截止电压）因制造商、电池种类和应用的不同而不同。当额定容量为 1 A・h，意味着电池可以在额定电压下向负载在 1 h 内平均输出 1 A 的电流。同样的电池可以在 0.5 h 内平均输出 2 A 的电流。负载要求电池输出的电流越大，电池的寿命就越短。实际上，电池的额定容量通常是在规定的输出电流和输出电压下进行计量。例如，12 V 汽车用电池在 3.5 A 时的额定容量为 70 A・h。这意味着它可以在额定电压下平均输出 3.5 A 电流，并持续 20 h。

**例 3-25**　一个 70 A・h 的电池输出电流为 2.0 A，则该电池可以持续供电多少小时？

**解**　容量（A・h）是电流（单位：A）与时间 $x$（单位：h）的乘积。

$$70\text{ A}\cdot\text{h}=2.0\text{ A}\cdot x$$

解得：

$$x=\frac{70\text{ A}\cdot\text{h}}{2.0\text{ A}}=35\text{ h}$$ ◀

**同步练习**　某电池输出电流为 10 A，可持续供电 6 h，该电池的容量为多少？

▦ 采用科学计算器完成例 3-25 的计算。

**例 3-26**　图 3-24 所示为电池放电曲线。如果负载要求输出终端电压为其完全充电电压的 90%，则电池的额定容量是多少？

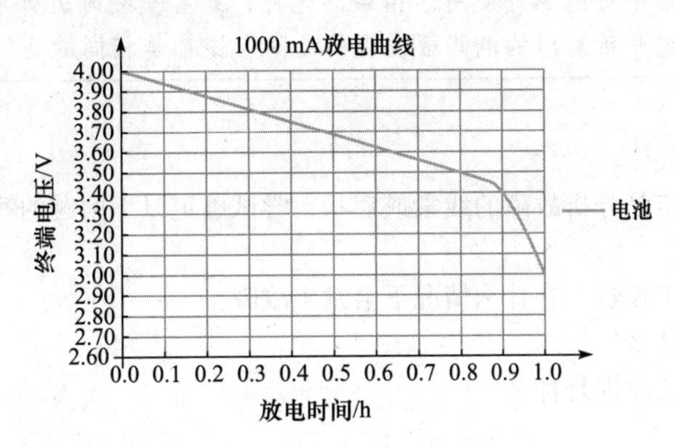


图　3-24

**解** 图 3-24 显示蓄电池以 0.1 h 为单位，随时间将 1000 mA 电流输出给负载。完全充电电压为 4.0 V，因此 90% 电压就为 0.9 × 4.0 V=3.6 V。对于 1000 mA 电流，电池在 0.64 h 后放电至 3.6 V，因此电池额定容量为 1000 mA × 0.64 h=640 mA • h。◀

**同步练习** 如果终端电压为其完全充电电压的 80%，电池的额定容量是多少？

**例 3-27** 设计者计划在新电路中使用图 3-24 所示放电特性的电池。如果电路负载元件可靠工作电压至少为 3.5 V，吸收电流为 10 mA，则电池可以为电路供电多长时间？

**解** 从图 3-23 中可以看出，在 1000 mA 电流负载下，电池将在 0.8 h 后放电至 3.5 V，这表示电池具有 1000 mA × 0.8 h=800 mA • h 的额定容量。在 10 mA 电流负载下，电池应持续（800 mA • h）/（10 mA）=80 h。◀

**同步练习** 例 3-27 中，设计者将负载元件更换，新元件的可靠工作电压为 3.3 V，其吸收电流仍为 10 mA，则更换元件后的电池还能为电路供电多久？

**学习效果检测**

1. 当负载从电源中吸取的电流增大时，这种变化代表电源所带的负载变大还是变小？
2. 电源的输出电压为 10 V，如果该电源向某负载提供的电流为 0.5 A，那么负载上的功率是多少？
3. 如果电池的额定容量为 100 A • h，它向负载提供 5 A 电流的持续时间有多长？
4. 如果问题 3 中的电池是一个 12 V 的装置，那么在规定的电流值下，它的输出功率是多少？
5. 实验室中使用的稳压电源输入功率为 1 W，输出功率为 750 mW，它的效率是多少？

## 3.8 故障排查方法

技术人员必须能够诊断和维修发生故障的电路和系统。本节通过简单示例介绍故障排查的一般方法。故障排查是本书的重要内容，许多章节中都有介绍，并提供用于故障排查技能培养方面的 Multisim 电路。

**故障排查** 是运用逻辑思维，结合对电路或系统运行的全面了解来纠正故障。故障排查的基本方法包括 3 个步骤：分析、规划和测量，将这三步方法称为 APM。

**技术小贴士**

当对新制出的 PCB 电路进行故障排查时，某些正常工作的电路上可能会出现不太可能的故障。例如，新电路中可能意外使用了错误的元件，或者安装时引脚可能弯曲。如果使用了错误的元件，那么这些新制出的电路板出现的故障应该都是相同的。

### 3.8.1 分析

排查电路的第一步是分析故障的线索或症状，尝试确定以下问题的答案：

1. 电路工作过吗？
2. 如果电路曾经工作过，在什么情况下会发生故障？
3. 故障的症状是什么？
4. 形成故障的可能原因是什么？

### 3.8.2　规划

在分析线索后，故障排查过程的第二步是制定逻辑性规划。适当的规划可以节省很多时间。对电路工作原理的认识是制定故障排查规划的先决条件。如果不确定电路如何工作，那么应花时间查看电路图（原理图）、操作说明和其他相关信息。在不同测试点标记正确电压的原理图是特别有用的。尽管逻辑规划可能是故障排查中重要的工具，但它很少能够单独解决问题。

### 3.8.3　测量

第三步是通过仔细测量来缩小可能的故障范围。这些测量通常可以确定解决问题时所采取的排查方向，或者可能给出新方向，有时会有完全出乎意料的排查结果。

### 3.8.4　APM 示例

可以用一个简单的例子说明 APM 方法的部分思维过程。假设有一组 8 个 12 V 装饰灯泡串联到 120 V 电源 $V_S$ 上，如图 3-25 所示。假设这个电路某次被移动到一个新地方后突然停止工作了。当在新地方接通电源时，灯不亮，那么如何着手进行故障排查呢？

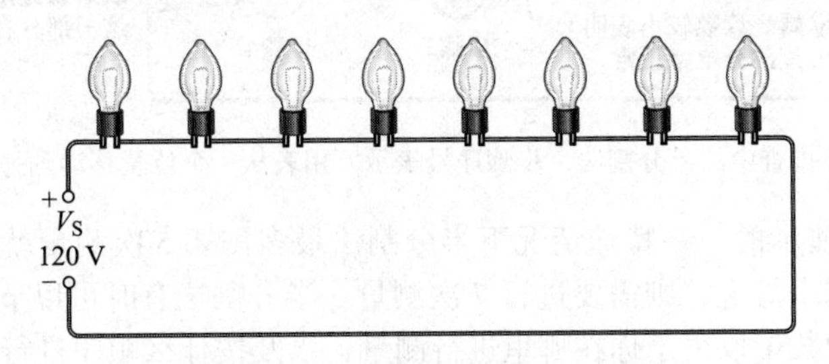


图 3-25　与电压源相连的一串灯泡

**分析过程**　在分析情况时，你可能会这样想：

- 因为电路在移动之前能够工作，所以问题可能是移动后没有电压。
- 可能是电线松动，移动时被拉开了。
- 灯丝可能被烧坏或灯泡的灯座可能松动。

这些推理已经考虑了可能发生故障的原因，分析过程仍可继续：

- 电路曾经正常工作，这就排除了原电路接线不当的可能。
- 如果故障是由开路引起的，不太可能有一个以上的地方开路，可能是连接不良或灯泡烧坏。

现在已经分析了问题，应准备好规划和查找电路的故障。

**规划过程**　规划过程的第一步是测量电路中的电压。如果电压存在，则问题出在串联的灯上。如果电压不存在，检查室内配电箱的断路器。复位断路器之前，应考虑断路器可能跳闸的原因。假设电压存在。这意味着问题出在一连串的灯上。

规划过程的第二步是测量串联灯泡中各灯的阻值或测量灯泡两端的电压。选择是测量灯的阻值还是测量其两端电压，可以根据测试的难易程度来决定。因为有很多意外或者没有考虑周全的情况，所以很少有故障排查规划能制定得尽善尽美。在收集到新的信息时，你需要修改故障排查规划。

**测量过程**　继续执行规划过程的第一步，使用万用表检查电路中的电压。假设测量显示电压为 120 V，现在排除了电压故障的可能性。已知电压施加在串联灯泡上，且没有电流，则必定存在开路。灯泡烧坏，灯座的连接断了，或者电线断了，都可能导致开路。

接下来，通过使用万用表测量电阻来确定断路发生的位置。运用逻辑思维，你可以测量每半根线路上的电阻，而不是测量每个灯泡的电阻。通过一次测量一半灯泡的电阻，通常可以减少查找故障的工作量。这种故障排查的技术被称为**半分割**法。

一旦确定了发生开路的那一半线路（如电阻为无穷大），则对有故障的那一半线路再次使用半分割法继续测量，直到将故障缩小到灯泡或连接点为止。该过程如图 3-26 所示，为便于说明，假设第 7 个灯泡烧坏。

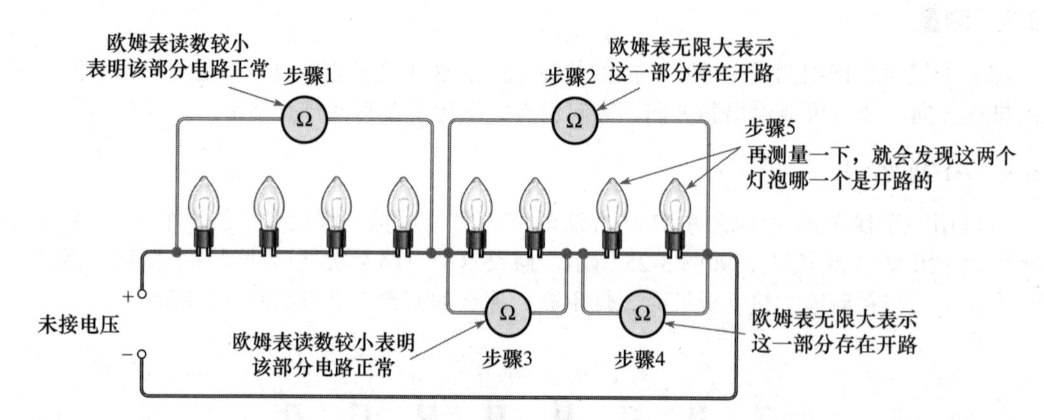


图 3-26 说明故障排查中的半分割法，步骤序号表示万用表从一个位置移动到另一个位置的顺序

正如图 3-26 所演示的，在特殊情况下半分割法最多需要 5 次测量就能确定灯泡是否开路。如果逐个测量每个灯泡，则需要进行 7 次测量。半分割法有时可以节省步骤，有时又不能节省。所需步骤的数量取决于你在哪里进行测量，以及按什么顺序进行测量。

实际中，大多数故障排查都比上述例子复杂。然而，分析和规划对于任何情况下的故障排查都是必不可少的。在进行测量时，通常会修改计划，并通过将症状和测量值融合到可能的原因中来缩小搜索范围。当故障排查和维修成本与更换成本相当甚至大于更换成本时，低成本的设备就可以丢弃了。在这些情况下，执行故障排查过程的数据，通过编辑整理后可以用于改进产品的质量控制。

### 3.8.5 *V*、*R* 和 *I* 测量值的比较

正如 2.7 节所述，可以测量电路中的电压、电流或电阻。要测量电压，需将电压表并联至被测部件两侧。换句话说，在部件的每侧各连接一根导线就能实现电压测量。因此，电压测量成为 3 种测量中最简单的一种。

要测量电阻，需将欧姆表连接到被测部件上。注意，必须首先断开电源，通常还必须将电阻的一端从电路上拆下，使其与其他部分隔离。因此，电阻测量通常比电压测量困难一些。

要测量电流，需将电流表与被测部件串联。为此，必须先断开部件或导线，然后再串联连接电流表。因此，电流的测量是最难进行的。

**学习效果检测**

1. 请说出 APM 故障排查方法中的 3 个步骤。
2. 解释半分割法的基本思想。
3. 为什么测量电压比测量电流更容易？

## 应用案例

在本案例中，你将完成一个电阻盒，用于测试电压为 5.0 V 的电路。所需的电阻范围为 10 Ω ～ 4.7 kΩ。你的工作是确定所需电阻的额定功率、编制器件清单、确定器件成本、绘制原理图和准备电路测试程序。你需要使用瓦特定律来完成案例。

案例明细如下：

1. 通过旋转开关选择电阻值，每次只有一个电阻连接在输出端子上。

2. 电阻的电阻值范围为 10 Ω ～ 4.7 kΩ。所需电阻的大小大约是前一个电阻值的两倍。为此标准，电阻的选择如下：10 Ω、22 Ω、47 Ω、100 Ω、220 Ω、470 Ω、1.0 kΩ、2.2 kΩ 和 4.7 kΩ。电阻的最小额定功率为 0.125 W，允许误差为 ± 5%（根据需要增加）。使用的电阻类型是小功率的碳膜电阻（0.5 W 或更小）和较大功率（大于 0.5 W）的金属氧化膜电阻。

3. 施加到电阻盒上的最大电压为 5.0 V。

4. 接线盒有两个接线柱连接到电阻上。

**步骤 1：确定电阻的额定功率和成本**

将电阻替换盒准备好，它在外壳上用刻度指示电阻并标注电阻值的大小，准备好 PCB 的背面线路，如图 3-27 所示。使用瓦特定律和指定的电阻值来确定项目所需的特定电阻。表 3-3 列出了小批量购买电阻的成本。

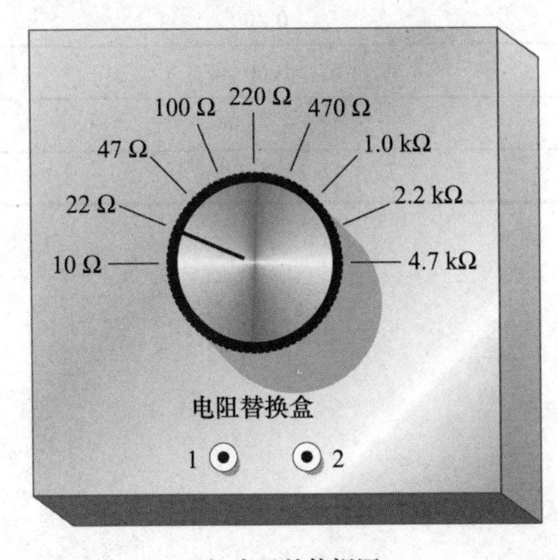


a）盒子的俯视图

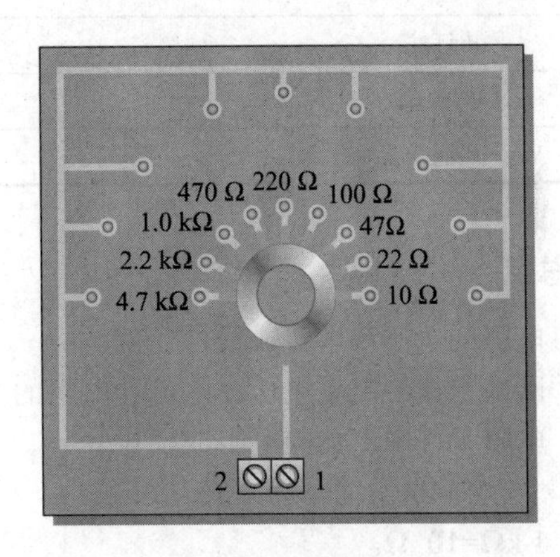


b）PCB底面图

图 3-27　盒子的俯视图与 PCB 底面图

**步骤 2：编制材料清单并估算项目总成本**

根据所需的特定电阻准备一份材料清单并估算材料成本，项目总成本的估算不包括劳动力成本。

**步骤 3：绘制原理图**

根据要求和线路板的布局，绘制电路原理图。标注电阻值，以及每个电阻的额定功率。

**步骤 4：测试过程**

构建好电阻替换盒后，列出正常工作的步骤和测试中所要使用的仪器。

**步骤 5：电路的故障排查**

描述以下每个问题对应的最可能出现的故障，以及如何检查以验证问题：

1. 欧姆表读取 10 Ω 位置的电阻为无穷大。

2. 欧姆表开关置为无穷大电阻。
3. 所有电阻的读数均比所列值高 10%。

### 检查与复习

1. 解释瓦特定律是如何应用于本案例的。
2. 你确定的电阻能否用于 7.0 V 输出的电路中？请解释。

表 3-3 电阻的成本

| 器件 | 成本（美元） |
|---|---|
| 0.25 W 电阻（碳成分） | 0.08 |
| 0.25 W 电阻（碳成分） | 0.09 |
| 1.0 W 电阻（金属氧化物） | 0.09 |
| 2.0 W 电阻（金属氧化物） | 0.10 |
| 5.0 W 电阻（金属氧化物） | 0.33 |
| 单刀 9 挡旋转开关 | 10.30 |
| 旋钮 | 3.30 |
| 外壳（4 in × 4 in × 2 in 铝） | 8.46 |
| 螺钉（双） | 0.20 |
| 装订柱 | 0.60 |
| PCB（蚀刻图案） | 1.78 |
| 其他杂项 | 0.50 |

## 本章总结

- 电阻的电压和电流成线性比例。
- 欧姆定律给出了电压、电流和电阻的关系。
- 电阻元件中电流与电阻成反比。
- “安培”通常缩写为“安”。
- 1 kΩ=$10^3$ Ω。
- 1 MΩ=$10^6$ Ω。
- 1 μA=$10^{-6}$ A。
- 1 mA=$10^{-3}$ A。
- 用 $I=V/R$ 计算电流。
- 用 $V=IR$ 来计算电压。
- 用 $R=V/I$ 计算电阻。
- 1 W 等于每秒消耗 1 J 的能量。
- 瓦特（W）是功率单位，焦耳（J）是能量单位。
- 电阻的额定功率决定了它能安全处理的最大功率。
- 物理尺寸较大的电阻相对尺寸较小的电阻发热消耗的功率更多。
- 电阻的额定功率应该高于其在电路中可能产生的最大功率。
- 额定功率与电阻值无关。
- 电阻过热或失效时通常会造成开路。

- 能量是做功的能力，等于功率乘以时间。
- 千瓦·时（kW·h）是能量单位。
- 1 kW·h 等于以 1 kW 的功率持续工作 1 h 所消耗的电能。
- 电源为使用电气和电子设备提供能量。
- 电池是一种将化学能转换为电能的电源。
- 稳压电源将交流电转换为所需的稳压直流电。
- 电源的输出功率是输出电压乘以输出电流。
- 负载是一种从电源中吸取电流的装置。
- 电池的容量以安·时（A·h）来计量。
- 电池的额定容量是为保持电池的最低输出电压所指定的。
- 1 A·h 等于 1 A 的电流持续工作 1 h 所消耗的电量，或者是任何其他电流值（单位为 A）和用电时间（单位为 h）的组合，只要两者的乘积为 1。
- 与效率较低的电源相比，效率较高的电源具有较小的功率损耗百分比。
- 图 3-28 中的公式轮盘给出了欧姆定律和瓦特定律之间的关系。
- APM（分析、规划和测量）提供了故障排查的逻辑方法。
- 与对每个部件或连接都进行测量的方法相比，故障排查的半分割法通常需要更少次数的测量。

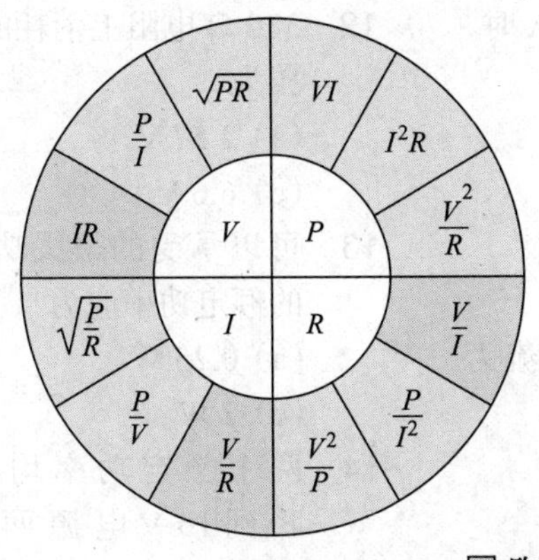


图 3-28 欧姆定律和瓦特定律之间的关系（见彩插）

## 对 / 错判断（答案在本章末尾）

1 如果电路的总电阻增大，则电流减小。

2 计算电阻的欧姆定律是 $R=I/V$。

3 mA 和 kΩ 相乘，结果是 V。

4 如果 10 kΩ 电阻连接到 10 V 电源，电阻中的电流将为 1 A。

5 千瓦·时是功率的单位。

6 1 W 等于每秒 1 J 的能量。

7 电阻的额定功率应小于电阻实际消耗的功耗。

8 在一定范围内，即使负载发生变化，稳压电源也能自动保持输出电压恒定。

9 具有负输出电压的电源从负载吸收功率。

10 在分析电路问题时，应考虑到它可能无法正常工作的条件。

**自我检测**（答案在本章末尾）

1 欧姆定律表明
(a) 电流等于电压乘以电阻
(b) 电压等于电流乘以电阻
(c) 电阻等于电流除以电压
(d) 电压等于电流的二次方乘以电阻

2 当电阻两端的电压加倍时，电流将
(a) 变为 3 倍
(b) 减半
(c) 加倍
(d) 不变

3 在 20 Ω 电阻上施加 10 V 电压时，电流为
(a) 10 A
(b) 0.5 A
(c) 200 A
(d) 2.0 A

4 通过 1.0 kΩ 电阻的电流为 10 mA 时，电阻上的电压为
(a) 100 V
(b) 0.1 V
(c) 10 kV
(d) 10 V

5 如果在电阻上施加 20 V 电压，电流为 6.06 mA，则电阻为
(a) 3.3 kΩ (b) 33 kΩ
(c) 330 Ω (d) 3.03 kΩ

6 通过 4.7 kΩ 电阻的电流为 250 μA，电阻产生的电压降为
(a) 53.2 V (b) 1.18 mV
(c) 18.8 V (d) 1.18 V

7 1.0 kV 电源上连接 2.2 MΩ 的电阻，产生的电流约为
(a) 2.2 mA (b) 455 μA
(c) 45.5 μA (d) 0.455 A

8 功率可以定义为
(a) 能量
(b) 热量
(c) 能量消耗的速率
(d) 消耗能量所需的时间

9 电压为 10 V，电流为 50 mA，则功率为
(a) 500 mW (b) 0.5 W
(c) 500 000 μW (d) 以上都对

10 10 kΩ 电阻上流过的电流为 10 mA，则功率为
(a) 1 W (b) 10 W
(c) 100 mW (d) 1.0 mW

11 2.2 kΩ 电阻上消耗功率为 0.5 W，则电流为
(a) 15.1 mA (b) 227 μA
(c) 1.1 mA (d) 4.4 mA

12 330 Ω 电阻上消耗的功率为 2 W，则电压为
(a) 2.57 V (b) 660 V
(c) 6.6 V (d) 25.7 V

13 可以承受的最大功率为 1.1 W 的电阻的额定功率应为
(a) 0.25 W (b) 1 W
(c) 2 W (d) 5 W

14 两个额定功率均为 0.5 W 的电阻并联到 10 V 电源两端，一个电阻为 22 Ω，另一个电阻为 220 Ω，哪个电阻会过热？
(a) 22 Ω (b) 220 Ω
(c) 两个都会 (d) 两个都不会

15 如果模拟万用表的指针指向无穷大，则被测电阻为
(a) 过热 (b) 短路
(c) 开路 (d) 反向

**故障排查**（下列练习的目的是帮助建立故障排查所必需的思维过程。答案在本章末尾。）

在图 3-29 中仪表显示该电路的正确读数，确定每组故障的原因。

1 症状：电流表读数为 0 A，电压表读数为 10 V。

原因：
(a) *R* 短路 (b) *R* 开路
(c) 电压源有故障

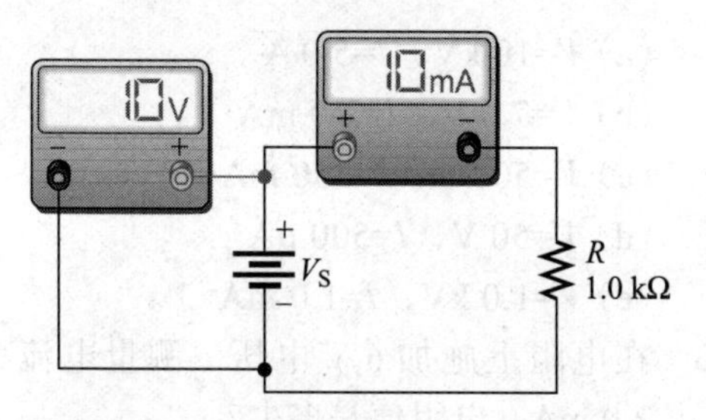


图 3-29　仪表显示该电路的正确读数

2　症状：电流表读数为 0 A，电压表读数为 0 V。

原因：

（a）*R* 开路

（b）*R* 短路

（c）电压源关闭或有故障

3　症状：电流表读数为 10 mA，电压表读数为 0 V。

原因：

（a）电压表坏了

（b）电流表有故障

（c）电压源关闭或有故障

4　症状：电流表读数为 1.0 mA，电压表读数为 10 V。

原因：

（a）电压表坏了

（b）电阻值高于其应有值

（c）电阻值低于其应有值

5　症状：电流表读数为 100 mA，电压表读数为 10 V。

原因：

（a）电压表坏了

（b）电阻值高于其应有值

（c）电阻值低于其应有值

## 分节习题（奇数题答案在本书末尾）

### 3.1 节

1　电路中的电流为 1.0 A，确定下列情况下电流的变化。

（a）电压增加 3 倍

（b）电压降低了 80%

（c）电压增加了 50%

2　电路中的电流为 100 mA，确定下列情况下电流的变化。

（a）电阻增加 100%

（b）电阻降低 30%

（c）电阻增加 4 倍

3　电路中的电流为 10 mA。如果电压增加 3 倍，电阻增加一倍，电流会是多少？

### 3.2 节

4　计算下列每种情况下的电流。

（a）$V$=5.0 V，$R$=1.0 Ω

（b）$V$=15 V，$R$=10 Ω

（c）$V$=50 V，$R$=100 Ω

（d）$V$=30 V，$R$=15 MΩ

（e）$V$=250 V，$R$=4.7 MΩ

5　计算下列每种情况下的电流。

（a）$V$=9.0 V，$R$=2.7 kΩ

（b）$V$=5.5 V，$R$=10 kΩ

（c）$V$=40 V，$R$=68 KΩ

（d）$V$=1.0 kV，$R$=2.0 kΩ

（e）$V$=66 kV，$R$=10 MΩ

6　一个 10 Ω 电阻连接到一个 12 V 电池上，通过电阻的电流有多少？

7　电阻连接到图 3-30 所示的不同直流电压源端子上，计算电阻中的电流。

8　一个 5 色环电阻连接到 12 V 电源上，如果电阻上色环为橙色、紫色、黄色、金色和棕色，确定电阻内的电流。

9　如果习题 8 中的电源电压加倍，0.5 A 熔断器是否会熔断？请解释。

10　计算下列每组 *I* 和 *R* 条件下的电压。

（a）$I$=2.0 A，$R$=18 Ω

（b）$I$=5.0 A，$R$=47 Ω

（c）$I$=2.5 A，$R$=620 Ω

（d）$I$=0.6 A，$R$=47 Ω

（e）$I$=0.1 A，$R$=470 Ω

11　计算下列 *I* 和 *R* 条件下的电压。

（a）$I$=1.0 mA，$R$=10 Ω

（b）$I$=50 mA，$R$=33 Ω

（c）$I$=3.0 A，$R$=4.7 kΩ

（d）$I$=1.6 mA，$R$=2.2 kΩ

（e）$I$=250 μA，$R$=1.0 kΩ

（f）$I$=500 mA，$R$=1.5 MΩ

（g）$I$=850 μA，$R$=10 MΩ

（h）$I$=75 μA，$R$=47 Ω

12 电压源连接到 27 Ω 电阻，测量的电流为 3 A，电源电压是多少？

13 为图 3-31 电路中的每个电源分配一个电压值，以获得图中指示的电流。

14 计算下列每组 $V$ 和 $I$ 条件下的电阻。

（a）$V$=10 V，$I$=2.0 A

（b）$V$=90 V，$I$=0.45 A

（c）$V$=50 V，$I$=5.0 A

（d）$V$=5.5 V，$I$=2.0 A

（e）$V$=150 V，$I$=0.5 A

15 计算下列每组 $V$ 和 $I$ 条件下的电阻。

（a）$V$=10 kV，$I$=5.0 A

（b）$V$=7.0 V，$I$=2.0 mA

（c）$V$=500 V，$I$=250 mA

（d）$V$=50 V，$I$=500 μA

（e）$V$=1.0 kV，$I$=1.0 mA

16 在电阻上施加 6 V 电压，测量电流为 2.0 mA，电阻值是多少？

17 选择正确的电阻值，以获得图 3-32 中每个电路中指示的电流值。

18 手电筒的工作电压为 3.2 V，其电阻为 3.9 Ω，电池提供的电流是多少？

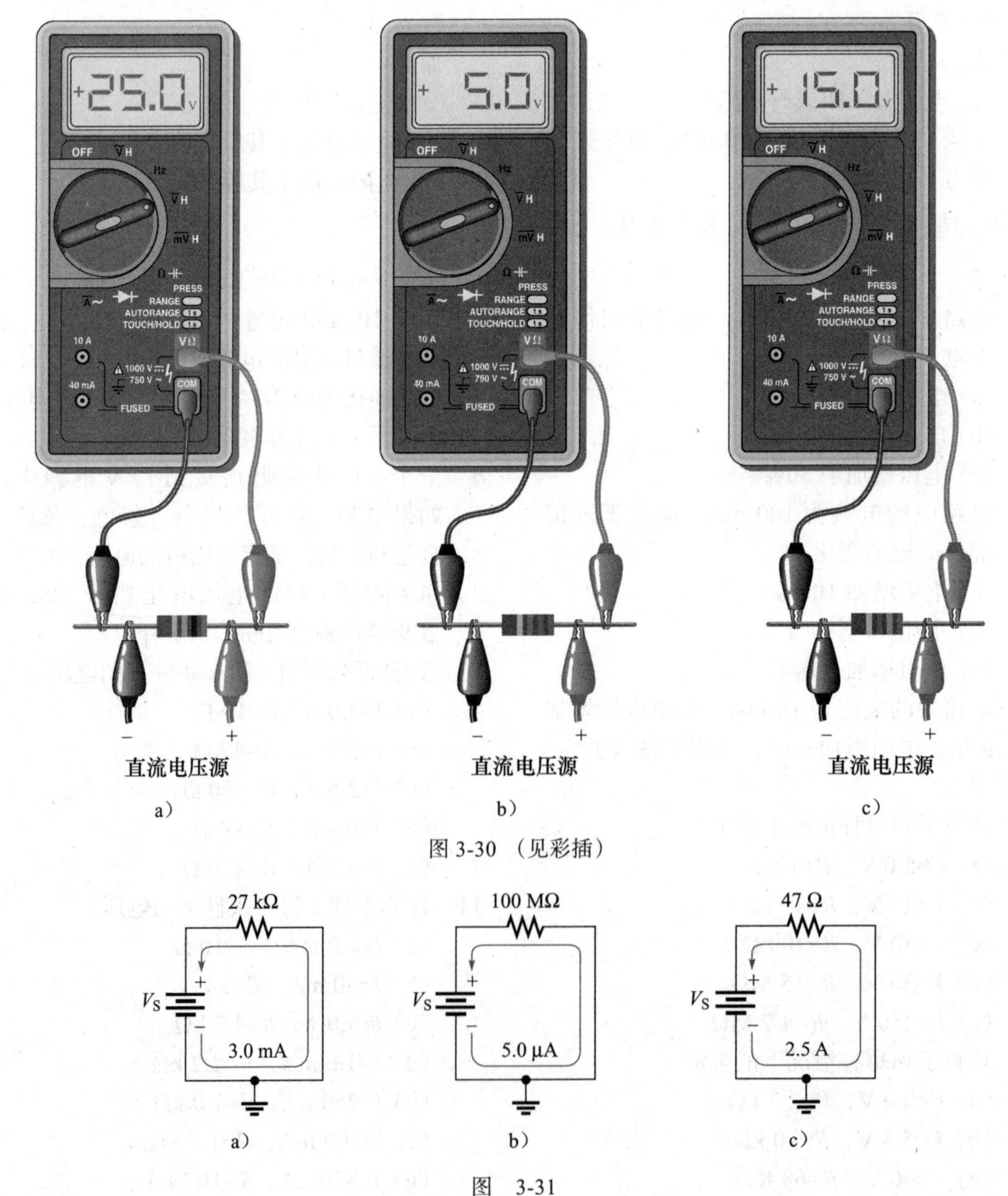


图 3-30 （见彩插）

图 3-31

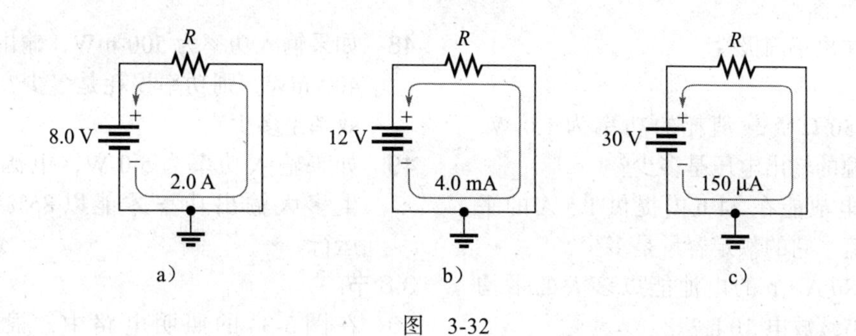


图　3-32

3.3 节

19　习题 18 中的手电筒在 10 秒内消耗 26 J，它的功率是多少瓦？

20　当能量以 350 J/s 的速率消耗时，功率是多少？

21　7500 J 的能量在 5.0 h 内被耗尽，则功率为多大？

22　将以下各项转换为 kW：
（a）1000 W　（b）3750 W
（c）160 W　（d）50 000 W

23　将以下各项的单位转换为 MW：
（a）1 000 000 W　（b）$3.0 \times 10^6$ W
（c）$15 \times 10^7$ W　（d）8700 kW

24　将以下各项的单位转换为 mW：
（a）1.0 W　（b）0.4 W
（c）0.002 W　（d）0.0125 W

25　将以下各项的单位转换为 μW：
（a）2.0 W　（b）0.0005 W
（c）0.25 mW　（d）0.006 67 mW

26　将以下各项的单位转换为 W：
（a）1.5 kW　（b）0.5 MW
（c）350 mW　（d）9000 μW

27　证明功率单位 1 W 等于 1.0 V × 1.0 A。

28　说明 1 kW · h 有 $3.6 \times 10^6$ J 的能量。

3.4 节

29　如果某电阻上的电压为 5.5 V，电流为 3.0 mA，则它的功率为多少？

30　某电加热器的工作电压为 115 V，电流为 3.0 A，它的功率为多少？

31　如果 4.7 kΩ 电阻上流过的电流为 500 mA 时，它的功率是多少？

32　如果 10 kΩ 电阻上流过的电流为 100 μA，则其功率为多少？

33　如果 620 Ω 电阻上的电压为 60 V，则其功率为多少？

34　一个 56 Ω 的电阻连接到 1.5 V 电池的两端，则该电阻消耗的功率为多少？

35　某电阻上的电流为 2.0 A，消耗的功率为 100 W，则该电阻的阻值是多少？

36　如果某设备的功率为 $5.0 \times 10^6$ W，该设备运行 1.0 min 所消耗的电能为多少？

37　如果某 6700 W 的设备工作 1.0 s，则它消耗的电能为多少？

38　如果某 50 W 的设备用电 12 h，则它消耗的电能为多少？

39　假设一个碱性 D 型电池能以 1.25 V 的平均电压向一个 10 Ω 的负载供电 90 h，直至电量耗尽。在电池使用寿命期间，向负载供电的平均功率是多少？

40　习题 39 中的电池在 90 h 内输出的总能量是多少？

3.5 节

41　电路中的一个 6.8 kΩ 电阻烧坏了，你必须用另一个阻值相同的电阻来代替它。如果电阻上的电流为 10 mA，它的额定功率应该是多少？假设所有标准额定功率的电阻都可以选择。

42　某种类型的电阻有以下额定功率值：3.0 W、5.0 W、8.0 W、12 W 和 20 W。现在需要一个额定功率约 8.0 W 的电阻，要求所有电阻的额定功率至少要有 20% 的安全裕度，你会选择哪一种电阻？为什么？

3.6 节

43　对图 3-33 所示各电路，为电阻的电压降标注出正确极性。

3.7 节

44 一个 50 Ω 负载消耗的功率为 1.0 W，则电源的输出电压是多少？

45 一块电池能在 24 h 内提供 1.5 A 的平均电流，它的额定容量是多少？

46 一个 80 A • h 的电池能以多大的平均电流持续放电 10 h？

47 一个 650 mA • h 的电池能以多大的平均电流持续放电 48 h？

48 如果输入功率为 500 mW，输出功率为 400 mW，则功率损耗是多少？电源的效率是多少？

49 如果输入功率为 5.0 W，电源必须产生多大输出功率才能以 85% 的效率运行？

3.8 节

50 在图 3-34 的照明电路中，根据图中所示万用表的欧姆读数识别有故障的灯泡。

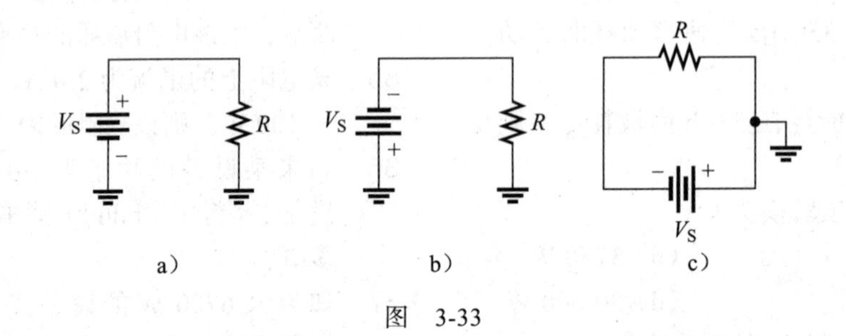

图 3-33

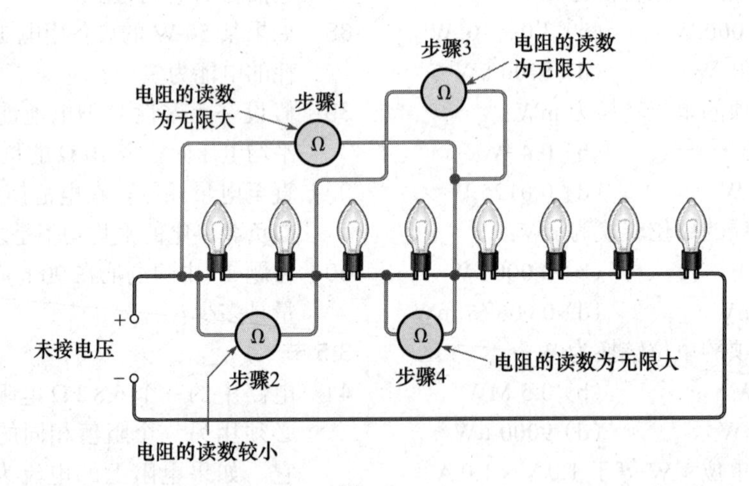

图 3-34

51 假设你有一根 32 个灯泡串起的灯串，其中一个灯泡烧坏了。使用半分割法，从电路的左半部分开始，如果灯泡位于左侧的第 17 个位置，则需要进行多少次电阻测量才能找到有故障的灯泡。

*52 某个电源以 60% 的效率向负载连续提供 2.0 W 的功率，在 24 h 内，该电源消耗的能量是多少？

*53 图 3-35a 电路中灯内灯丝具有一定的电阻，可用图 3-35b 中的等效电阻表示。如果灯在 120 V 和 0.8 A 电流下工作，在灯亮时灯丝的电阻是多少？

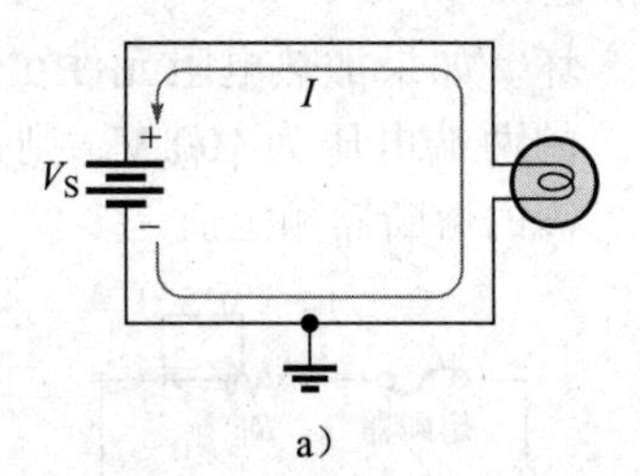

a)

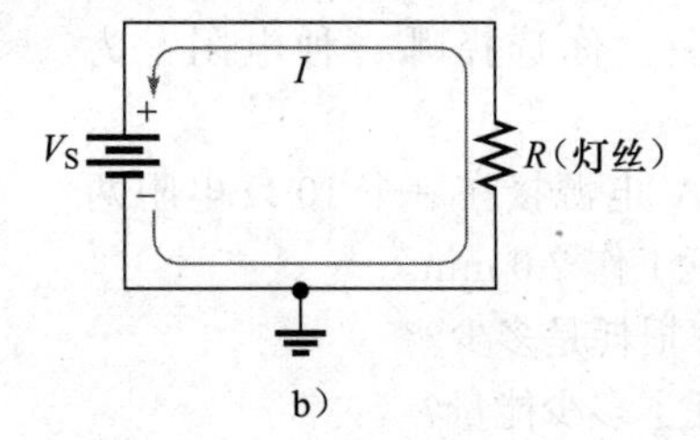

b)

图　3-35

*54　某个电气设备有未知电阻。目前有一个 12 V 的电池和一个电流表，如何确定这个未知电阻值？画出必要的电路连接。

*55　图 3-36 电路中的电压源为可变电源，电压从 0 V 开始，以 10 V 为步长将电压增加到 100 V。计算每个电压值对应的电流值，并绘制一张 $V$ 与 $I$ 的曲线图。该曲线图是直线吗？曲线图展示了什么信息？

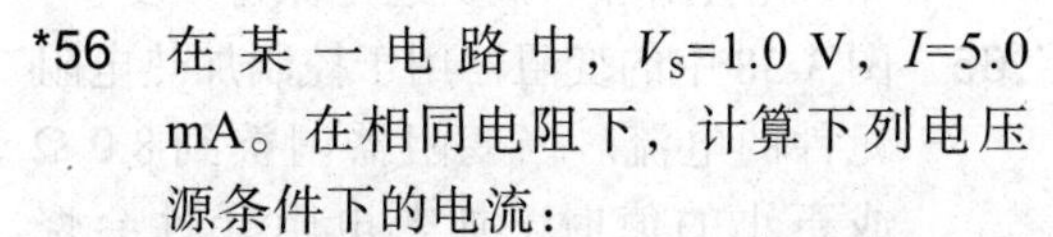

*56　在某一电路中，$V_S$=1.0 V，$I$=5.0 mA。在相同电阻下，计算下列电压源条件下的电流：

(a) $V_S$=1.5 V　　(b) $V_S$=2.0 V

(c) $V_S$=3.0 V　　(d) $V_S$=4.0 V

(e) $V_S$=10 V

*57　图 3-37 是 3 个电阻的电流与电压关系图。计算 $R_1$、$R_2$ 和 $R_3$。

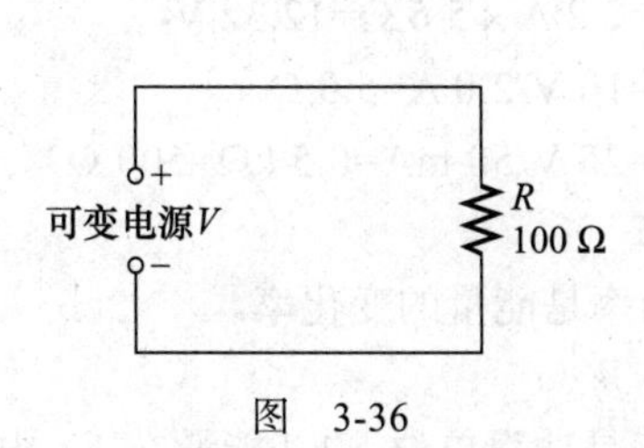

图　3-36

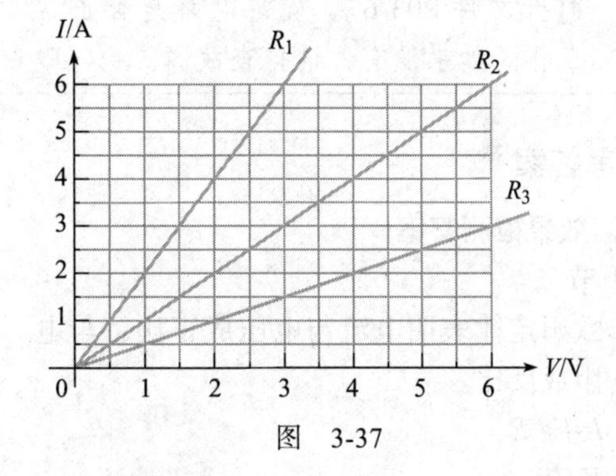

图　3-37

*58　你正在测量一个由 10 V 电池供电的电路中的电流。电流表读数为 50 mA，后来发现电流降到了 30 mA。排除电阻变化的可能性，得出电压已发生变化的结论。问电池的电压变化了多少？它的新值是多少？

*59　如果希望通过改变电源电压（原本为 20 V），将电阻中的电流从 100 mA 增加到 150 mA，那么电压应该改变多少？电源电压新值是多少？

*60　一个 6.0 V 电源通过两条 12 ft（1 ft=0.3048 m）长的 18 号铜线连接到 100 Ω 电阻上。参考表 2-4，确定以下各项值：

(a) 电流　　(b) 电阻电压

(c) 每段导线上的电压

*61　如果让一个 300 W 的灯泡连续工作 30 天，它会消耗的能量为多少千瓦・时？

*62　31 天的总用电量为 1500 kW・h，则平均每天用电量是多少？

*63　某种类型的功率电阻有以下额定值：3.0 W、5.0 W、8.0 W、12 W 和 20 W。现在需要一个可以处理约 10 W 功

率的电阻，你选择哪一种电阻？为什么？

*64 一个 12 V 电源接在一个 10 Ω 电阻两端，持续工作 2.0 min。
(a) 功率损耗是多少？
(b) 消耗了多少能量？
(c) 如果电阻继续连接 1 min，功率损耗会增加、减少还是保持不变？

*65 图 3-38 中的变阻器用于控制加热电阻元件的电流。当变阻器调整到 8.0 Ω 或更小的值时，加热电阻元件会烧坏。如果加热电阻元件在最大电流时的两端电压为 100 V，则保护电路所需的熔断器额定值是多少？

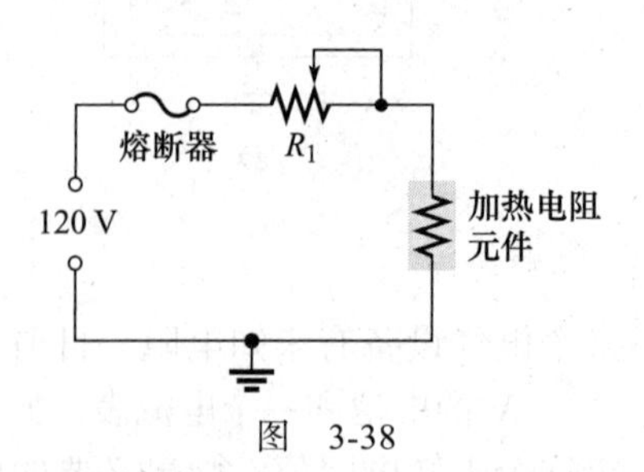

图 3-38

## Multisim 仿真故障排查和分析

66 打开文件 P03-66，这些文件的网址为：https://www.pearson.com/us/higher-education.html。
确定这些文件中电路是否正常工作。如果没有，请查找故障。

67 打开文件 P03-67。确定电路是否正常工作。如果没有，请排查故障。

68 打开文件 P03-68。确定电路是否正常工作。如果没有，请排查故障。

69 打开文件 P03-69。确定电路是否正常工作。如果没有，请排查故障。

70 打开文件 P03-70。确定电路是否正常工作。如果没有，请排查故障。

---

## 参考答案

### 学习效果检测答案

**3.1 节**

1 欧姆定律表明电流与电压成正比，与电阻成反比。
2 $I=V/R$
3 $V=IR$
4 $R=V/I$
5 电流增大；当 $V$ 增大 3 倍电流也增大 3 倍。
6 电阻 $R$ 加倍，$I$ 减小一半变为 5.0 mA。
7 如果电压 $V$ 和电阻 $R$ 加倍，则电流 $I$ 没有变化。

**3.2 节**

1 $I$=10 V/4.7 Ω=2.13 A
2 $I$=20 V/4.7 kΩ=4.26 mA
3 $I$=10 V/2.7 kΩ=3.70 mA
4 $V$=12 mA × 10 Ω=120 mV
5 $V$=2.9 mA × 3.3 kΩ=9.57 V
6 $V$=2.2 A × 5.6 Ω=12.32 V
7 $R$=10 V/2.0 A=5.0 Ω
8 $R$=25 V/50 mA=0.5 kΩ=500 Ω

**3.3 节**

1 功率是能量的变化率。
2 $P=W/t$
3 W 是功率单位。1 J 能量在 1 s 内被消耗完，即功率为 1 W。
4 (a) 68 000 W=68 kW
(b) 0.005 W=5.0 mW
(c) 0.000 025 W=25 μW
5 100 W × 10 h=1.0 kW · h
6 2000 W=2.0 kW
7 1.322 kW × 24 h=31.73 kW · h；0.13 元 /（kW · h）× 31.73 kW · h=4.12 元

**3.4 节**

1 $P=IV$=12 A × 13 V=156 W
2 $P$=（5.0 A）$^2$ × 47 Ω=1175 W

3　$V=\sqrt{PR}=\sqrt{2.0\ \text{W}\times 50\ \Omega}=10\ \text{V}$

4　$P=\dfrac{V^2}{R}=\dfrac{(13.4\ \text{V})^2}{3.0\ \Omega}=60\ \text{W}$

5　$P=(8.0\ \text{V})^2/2.2\ \text{k}\Omega=29.1\ \text{mW}$

6　$R=60\ \text{W}/(0.5\ \text{A})^2=240\ \Omega$

**3.5 节**

1　两个电阻参数为电阻和额定功率。

2　电阻的物理尺寸越大，消耗的能量就越多。

3　金属膜电阻的标准额定值为 0.125 W、0.25 W、0.5 W 和 1.0 W。

4　额定功率至少为 0.5 W，才能消耗 0.3 W。

5　消耗 0.6 W 的最小 SMD 电阻的标准代码为 1218。

6　5.0 V。

7　公制 1608 封装电阻可消耗的最大功率为 0.1 W。根据瓦特定律，额定功率为 0.1 W，阻值为 100 Ω 的电阻，吸收的最大电流为 $\sqrt{(0.1\ \text{W})/(100\ \Omega)}=31.6\ \text{mA}$。

**3.6 节**

1　电阻中的能量转换是由自由电子与材料中原子的碰撞引起的。

2　电压降是由于电子通过电阻时，能量损耗造成的电压下降的数值。

3　沿着电流方向，电压降由负到正。

**3.7 节**

1　电流增大表示负载增大。

2　$P_{\text{OUT}}=10\ \text{V}\times 0.5\ \text{A}=5.0\ \text{W}$

3　100 A・h/5.0 A=20 h

4　$P_{\text{OUT}}=12\ \text{V}\times 5.0\ \text{A}=60\ \text{W}$

5　效率 =（750 mW/1000 mW）× 100%=75%

**3.8 节**

1　分析、规划和测量。

2　半分割法通过依次隔离剩余电路的一半来识别电路中的故障。

3　电压表只需连接在元件两端，电流表要与元件串联。

**同步练习答案**

例 3-1　$I_1=10\ \text{V}/5.0\ \Omega=2.0\ \text{A}$；$I_2=10\ \text{V}/20\ \Omega=0.5\ \text{A}$

例 3-2　5.0 V

例 3-3　970 mΩ

例 3-4　是

例 3-5　11.1 mA

例 3-6　5.0 mA

例 3-7　25 μA

例 3-8　200 μA

例 3-9　800 V

例 3-10　220 mV

例 3-11　16.5 V

例 3-12　电压降至 1.08 V。

例 3-13　6.0 Ω

例 3-14　39.5 kΩ

例 3-15　3000 J

例 3-16　（a）0.001 W　（b）0.001 8 W　（c）3 000 000 W　（d）10 000 W

例 3-17　2.0 kW・h

例 3-18　5.81 元 +0.06 元 =5.87 元

例 3-19　（a）40 W　（b）376 W　（c）625 mW

例 3-20　26 W

例 3-21　0.5 W

例 3-22　否

例 3-23　77 W

例 3-24　46 W

例 3-25　60 A・h

例 3-26　80% 时的电池两端的电压为 4.0 V × 0.80=3.2 V，因此电池额定容量值为 1000 mA × 0.95 h=950 mA・h。

例 3-27　从图中可以看出，在 1000 mA 负载下，电池将在 0.93 h 内放电至 3.3 V。此时电池的额定容量为 1000 mA × 0.93 h=930 mA・h，因此在 10 mA 负载下，电池应持续（930 mA・h）/（10 mA）=93 h。备用部件将使电路的工作时间延长 13 h。

## 对 / 错判断答案

1 对　2 错　3 对
4 错　5 对　6 对
7 错　8 对　9 错
10 对

## 自我检测答案

1 (b)　2 (c)　3 (b)
4 (d)　5 (a)　6 (d)
7 (b)　8 (c)　9 (d)
10 (a)　11 (a)　12 (d)
13 (c)　14 (a)　15 (c)

## 故障排查答案

1 (b)　2 (c)　3 (a)
4 (b)　5 (c)

# 第 4 章

# 串联电路

### 学习目标

- ▶ 识别串联电阻电路
- ▶ 计算串联电阻的总电阻
- ▶ 计算串联电路的电流
- ▶ 在串联电路中应用欧姆定律
- ▶ 确定电压源串联连接的总作用效果
- ▶ 应用基尔霍夫电压定律
- ▶ 用串联电路设计分压器
- ▶ 计算串联电路中的功率
- ▶ 测量接地电压
- ▶ 排查串联电路的故障

### 应用案例概述

本章的应用案例需要你对分压器板进行检查，并进行必要的修改。连接到 12 V 电池上的分压电路板能够提供 5 个不同的电压，为模数转换器的电路提供正的参考电压。你要检查电路是否能够提供所需的电压，如果不能提供，那么修改电路使其达到所需要求。另外，电路中电阻的额定功率也必须满足要求。学习本章后，你应该能够完成本章的应用案例。

### 引言

电阻电路有两种基本形式：串联或并联。本章讨论串联电路。第 5 章将介绍并联电路，第 6 章将研究串联和并联的组合电路。在本章中，你将了解欧姆定律在串联电路中的应用，并学习另一个重要定律——基尔霍夫电压定律。此外，本章还将介绍串联电路的几个重要应用。

## 4.1 串联电阻

当若干个电阻串联连接时，这些电阻串接成只有一条电流通路。

图 4-1a 展示了串联于 *A* 点和 *B* 点之间的两个电阻。图 4-1b 和图 4-1c，分别展示了 3 个和 4 个电阻相串联的情况。当然，串联电路中可以有任意数量的电阻。

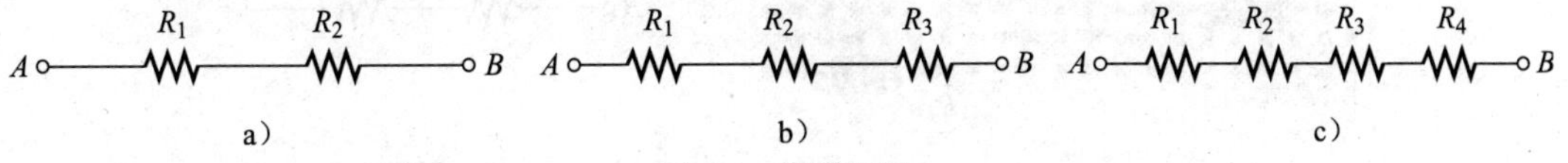

a） b） c）

图 4-1 串联电阻

对图 4-1 所示各电路，当电压源连接在 *A* 点和 *B* 点之间时，电流从一个点到达另一个点的唯一方法是逐个通过每个电阻。以下是串联电路特性：

**串联电路在两点之间仅提供一条电流的通路，因此通过每个串联电阻的电流是相同的。**

在实际电路中，串联电路可能并不总是像图 4-1 中那样容易识别。例如图 4-2 中的各种情况，图中展示了以不同方式绘制的串联电路。注意，如果两点之间只有一条电流通路，那么不论以何种形式形成的电路，这两点之间的电阻都是串联的。

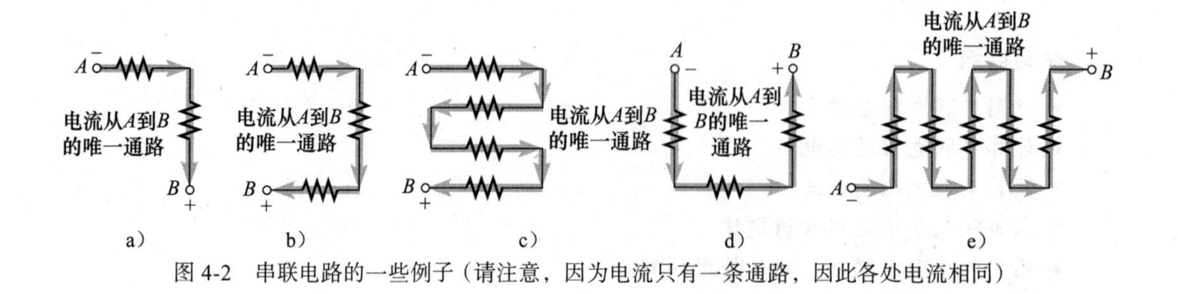


图 4-2 串联电路的一些例子（请注意，因为电流只有一条通路，因此各处电流相同）

**例 4-1** 图 4-3 所示面包板电路，假设电路上有 5 个电阻。要求从 $A$ 点开始，依次串接 $R_1$、$R_2$、$R_3$、$R_4$、$R_5$。画出电路连接的示意图。

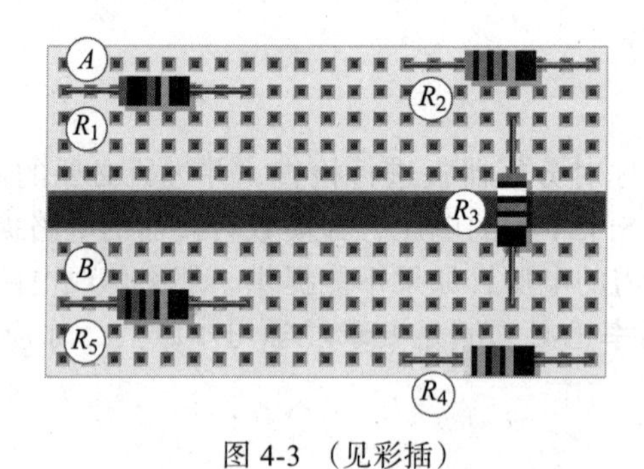


图 4-3 （见彩插）

**解** 电路连线装配图如图 4-4a 所示。电路原理图如图 4-4b 所示。注意，原理图不必像装配图那样显示电阻的实际物理排列。电路原理图表示的是各元件的电气连接关系，而装配图表示元件的物理安放位置及相互连接关系。

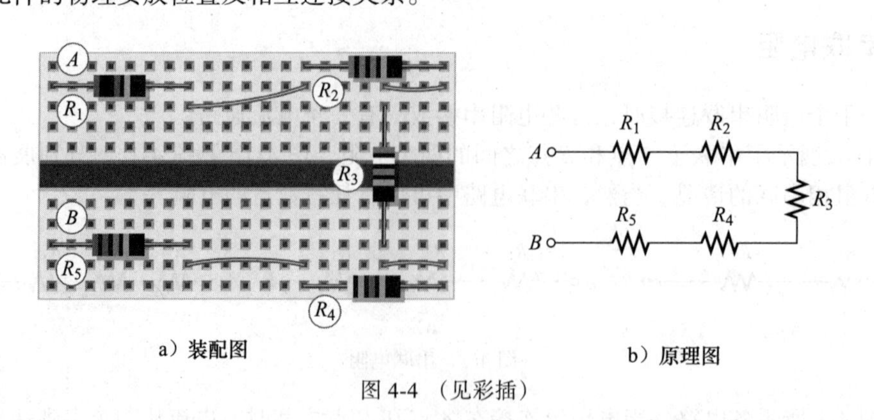


图 4-4 （见彩插） ◀

**同步练习**

(a) 如何重新布线，以便在图 4-3a 中先连接奇数号电阻，后连接偶数号电阻？

(b) 根据电阻的色环编码，识别每个电阻的阻值。

例 4-2　描述图 4-5 中印制电路板上的电阻是如何相连的，并识别每个电阻的阻值。

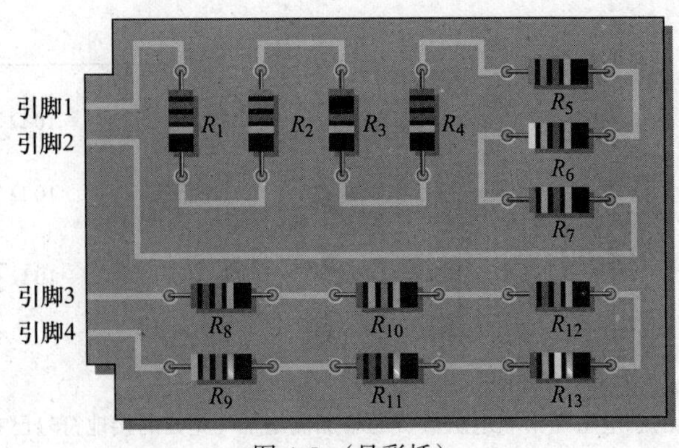


图 4-5（见彩插）

**解**　电阻 $R_1$ ～ $R_7$ 彼此串联，然后它们连接在 PCB 上的引脚 1 和 2 之间。电阻 $R_8$ ～ $R_{13}$ 也是串联，它们连接在引脚 3 和 4 之间。根据电阻的色环编码，这些电阻值分别为 $R_1$=2.2 kΩ，$R_2$=3.3 kΩ，$R_3$=1.0 kΩ，$R_4$=1.2 kΩ，$R_5$=3.3 kΩ，$R_6$=4.7 kΩ，$R_7$=5.6 kΩ，$R_8$=12 kΩ，$R_9$=68 kΩ，$R_{10}$=27 kΩ，$R_{11}$=12 kΩ，$R_{12}$=82 kΩ，$R_{13}$=270 kΩ。◀

**同步练习**　若连接图 4-5 电路中的引脚 2 和引脚 3，电路会发生怎样变化？

**学习效果检测**

1. 在串联电路中，电阻是如何连接的？
2. 如何识别串联电路？
3. 按数字下标顺序，将图 4-6 中每组电阻从端子 $A$ 到端子 $B$ 串联起来。
4. 画出连线，将图 4-6 中的每组串联电阻再串联起来。

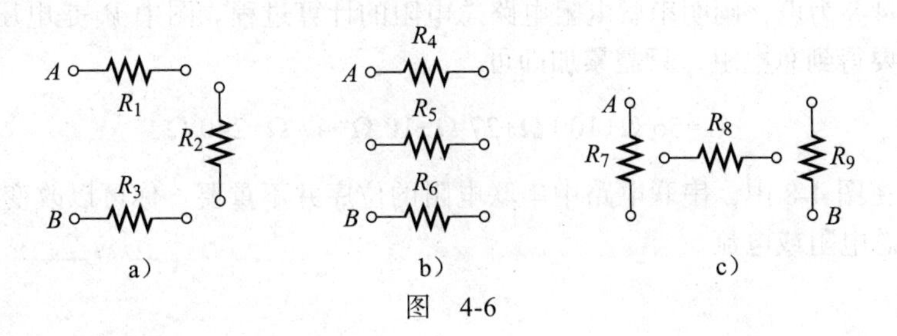


图　4-6

## 4.2　串联电路的总电阻

串联电路的总电阻等于每个串联电阻的阻值之和。

### 4.2.1　串联电阻值相加

由于每个电阻对电流的阻力与其电阻值成正比，因此，当电阻串联时，电阻值要相加。串联电阻的数量越多，对电流的阻力就越大，也就意味着更大的电阻值。因此，每增加一个串联电阻，总电阻都会增加。

图 4-7 说明了串联电阻的总电阻随串联电阻数目的增加而增加。图 4-7a 仅有一个 10 Ω 电阻。图 4-7b 在第一个电阻基础上串联了另一个 10 Ω 电阻，总电阻增到 20 Ω。图 4-7c 在前两个电阻基础上再串联第三个 10 Ω 电阻，则总电阻增加到 30 Ω。

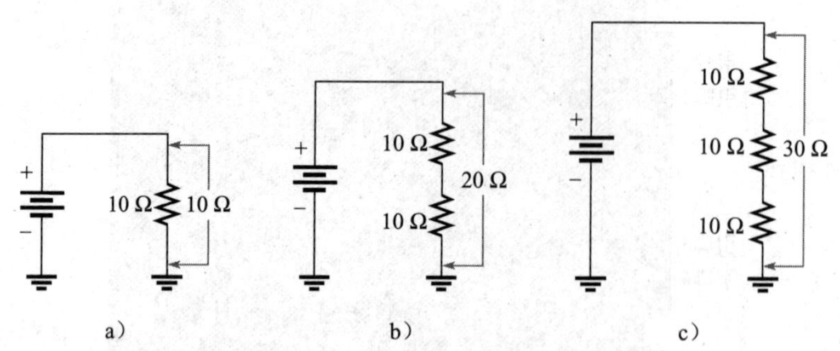


图 4-7　串联电阻的总电阻随串联电阻数目的增加而增加（此处的接地符号已在 2.6 节中介绍）

### 4.2.2　串联电路的总电阻计算公式

不论多少个电阻相串联，总电阻都等于这些串联电阻的阻值之和。

$$R_T=R_1+R_2+R_3+\cdots+R_n \tag{4-1}$$

式中，$R_T$ 代表总电阻；$R_n$ 是串联序列中的最后一个电阻（$n$ 是串联电阻的个数）。例如，如果有四个电阻串联（$n$=4），则总电阻为：

$$R_T=R_1+R_2+R_3+R_4$$

如果有 6 个电阻串联（$n$=6），则串联总电阻为：

$$R_T=R_1+R_2+R_3+R_4+R_5+R_6$$

下面以图 4-8 为例，阐明串联电阻电路总电阻的计算过程。图中 $V_S$ 是电压源，电路有 5 个串联电阻。要得到总电阻，只需累加即可。

$$R_T=56\ \Omega+100\ \Omega+27\ \Omega+10\ \Omega+47\ \Omega=240\ \Omega$$

请注意，在图 4-8 中，串联电路中串联电阻的位序并不重要。你可以改变它们的物理位置，却不影响总电阻或电流。

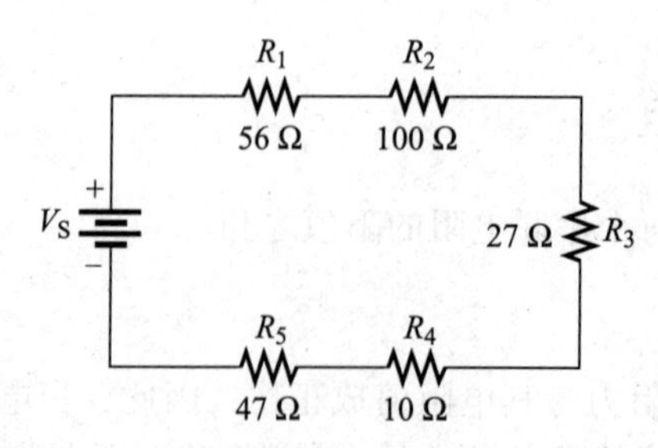


图 4-8　5 个电阻串联的例子，$V_S$ 为电压源

**例 4-3**　将图 4-9 中的电阻串联起来，并根据色环计算总电阻 $R_T$。

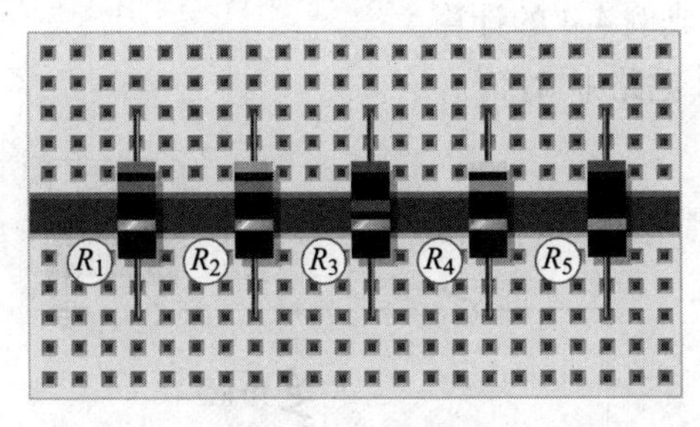


图 4-9 （见彩插）

**解**　按图 4-10a 连接各电阻。把所有电阻的阻值相加，即得到总电阻。

$$R_T=R_1+R_2+R_3+R_4+R_5=33\ \Omega+68\ \Omega+100\ \Omega+47\ \Omega+10\ \Omega=258\ \Omega$$

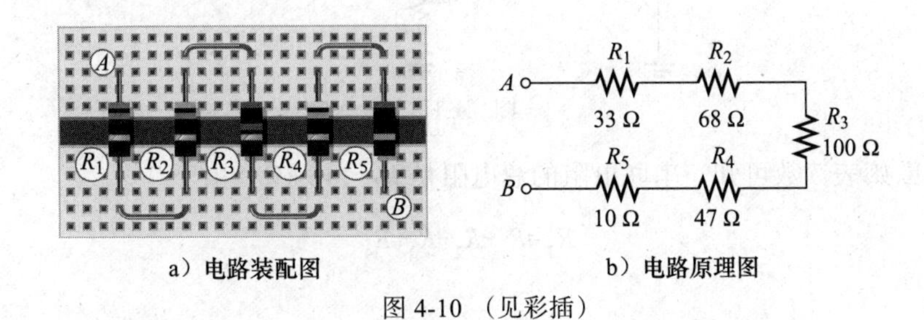


a）电路装配图　　b）电路原理图

图 4-10 （见彩插）◀

**同步练习**　如果 $R_2$ 和 $R_4$ 位置互换，再计算图 4-10a 电路的总电阻。

采用科学计算器完成例 4-3 的计算。

**例 4-4**　计算图 4-11 中各电路的总电阻 $R_T$。

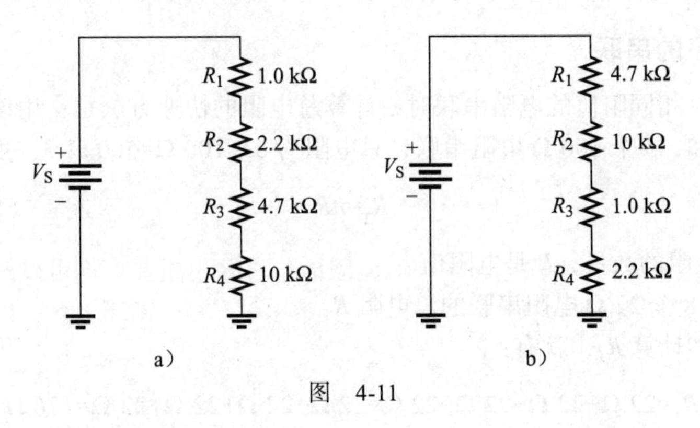


a）　　b）

图　4-11

**解**　对电路图 4-11a，就有：

$$R_T=1.0\ \text{k}\Omega+2.2\ \text{k}\Omega+4.7\ \text{k}\Omega+10\ \text{k}\Omega=17.9\ \text{k}\Omega$$

对电路图 4-11b，就有：

$$R_T=4.7\ \text{k}\Omega+10\ \text{k}\Omega+1.0\ \text{k}\Omega+2.2\ \text{k}\Omega=17.9\ \text{k}\Omega$$

请注意，总电阻不取决于串联电阻的位置。两条电路的总电阻相同。◀

**同步练习** 1.0 kΩ、2.2 kΩ、3.3 kΩ 和 5.6 kΩ 的电阻串联，总电阻是多少？

▦ 采用科学计算器完成例 4-4 的计算。

**例 4-5** 计算图 4-12 电路中 $R_4$ 值。

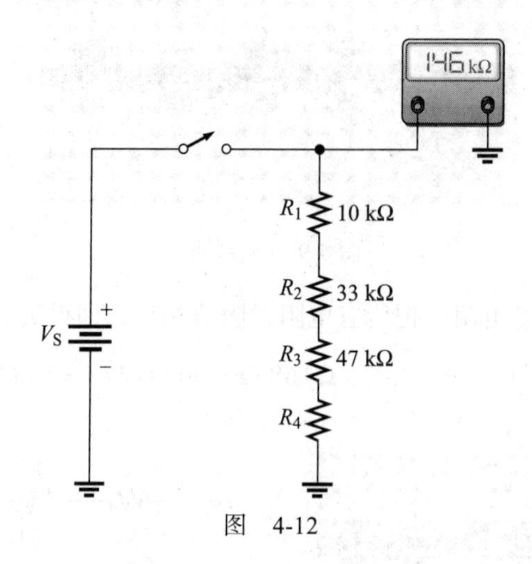


图 4-12

**解** 从欧姆表读数可知，串联电阻的总电阻是 $R_T$=146 kΩ。由于

$$R_T=R_1+R_2+R_3+R_4$$

所以

$$R_4=R_T-(R_1+R_2+R_3)=146\ \text{k}\Omega-(10\ \text{k}\Omega+33\ \text{k}\Omega+47\ \text{k}\Omega)=56\ \text{k}\Omega$$ ◀

**同步练习** 如果图 4-12 中欧姆表的读数是 112 kΩ，那么 $R_4$ 是多少？

▦ 采用科学计算器完成例 4-5 的计算。

### 4.2.3 等值电阻的串联

当电路有多个相同阻值的电阻串联时，计算总电阻的快速方法是：用该电阻值乘以等值电阻的数目。例如，5 个 100 Ω 电阻串联，总电阻为 5 × 100 Ω=500 Ω。一般计算公式为：

$$R_T=nR \tag{4-2}$$

式中，$n$ 是等值电阻的数目，$R$ 是电阻值。

**例 4-6** 求 8 个 22 Ω 电阻串联的总电阻 $R_T$。

**解** 通过相加计算 $R_T$，就有：

$$R_T=22\ \Omega+22\ \Omega+22\ \Omega+22\ \Omega+22\ \Omega+22\ \Omega+22\ \Omega+22\ \Omega=176\ \Omega$$

然而，用乘法计算电阻更容易。

$$R_T=8\times22\ \Omega=176\ \Omega$$ ◀

**同步练习** 求 3 个 1.0 kΩ 和两个 680 Ω 电阻串联的总电阻 $R_T$ 是多少？

▦ 采用科学计算器完成例 4-6 的计算。

**学习效果检测**

1. 计算图 4-13 各电路中点 $A$ 和点 $B$ 间的总电阻 $R_T$。

2. 下列电阻串联：1 个 100 Ω，2 个 47 Ω，4 个 12 Ω 和 1 个 330 Ω。总电阻是多少？

3. 假设你有如下阻值的电阻各一个：1.0 kΩ、2.7 kΩ、3.3 kΩ 和 1.8 kΩ。要得到近似为 10 kΩ 的总电阻，需要再加一个电阻，它的阻值应该是多少？

4. 12 个 47 Ω 电阻串联，总电阻 $R_T$ 是多少？

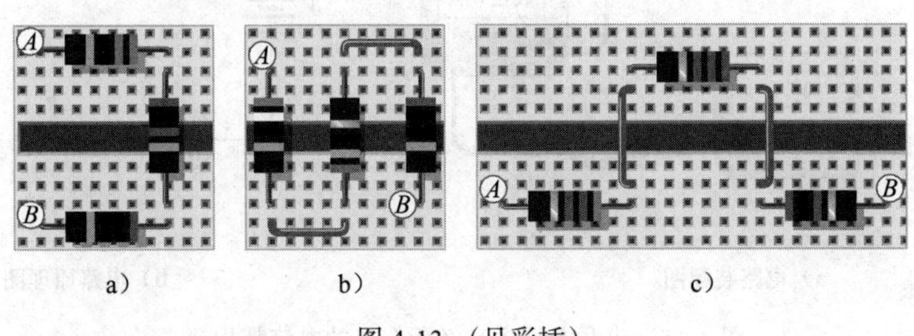


图 4-13 （见彩插）

## 4.3　串联电路的电流

串联电路中流经各处的电流都相同，即流经每个电阻的电流与流经其他所有串联电阻的电流都相同。

学完本节后，你应该能够计算串联电路的电流，具体就是：

- 阐明串联电路中各处电流相同。

图 4-14 是 3 个电阻串联后，再连接到直流电压源的电路。*在该电路的任何一点，流入该点的电流必然等于流出该点的电流*，电流的方向如图中箭头所示。注意，因为没有任何地方可以流走电流，所以每个电阻的流出电流必然等于流入电流。因此，电路各部分的电流与其他所有部分的电流一定相同。电流从电源的负极（–）流到电源的正极（+），电流只有一条流动的通路。

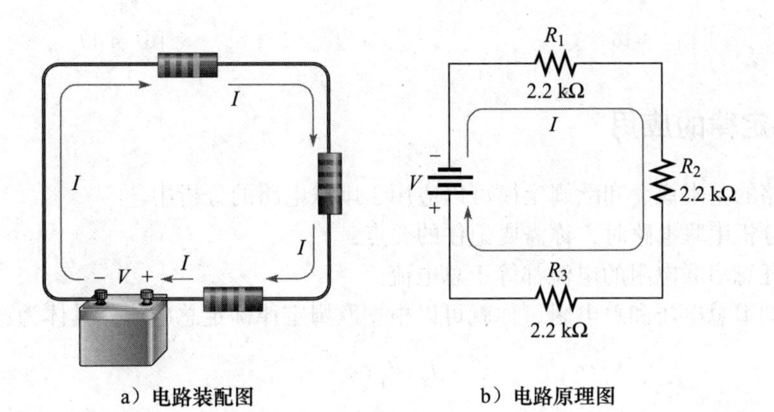


a）电路装配图　　b）电路原理图

图 4-14　串联电路中任何一点，流入该点的电流都等于从该点流出的电流

图 4-15 中，电池负极流出的电流是 1.82 mA，它向所有串联电阻都提供了 1.82 mA 的电流。图中可以看到，串联电路各处电流相等。

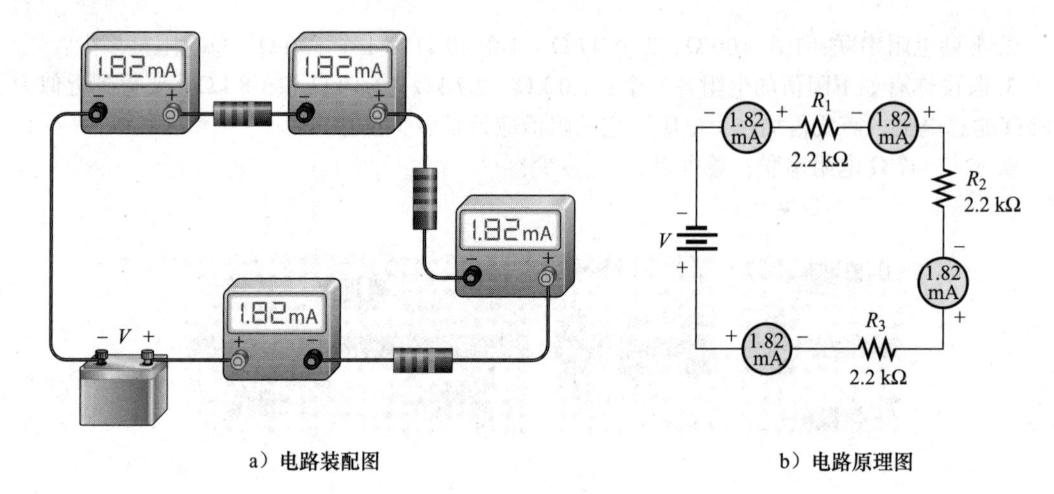


a）电路装配图　　b）电路原理图

图 4-15 串联电路中流经所有点的电流都相等

**学习效果检测**

1. 串联电路中任意点的电流大小有什么特点？

2. 100 Ω 电阻和 47 Ω 电阻串联的电路中，如果流经 100 Ω 电阻的电流为 20 mA。那么流经 47 Ω 电阻的电流是多少？

3. 图 4-16 中，*A* 点和 *B* 点之间连接有一个电流表，读数为 50 mA。如果移动仪表，将其连接到 *C* 点和 *D* 点之间，那么它的读数将是多少？连接到 *E* 点和 *F* 点之间又是多少？

4. 图 4-17 电路中，电流表 A1 的读数是多少？电流表 A2 的读数又是多少？

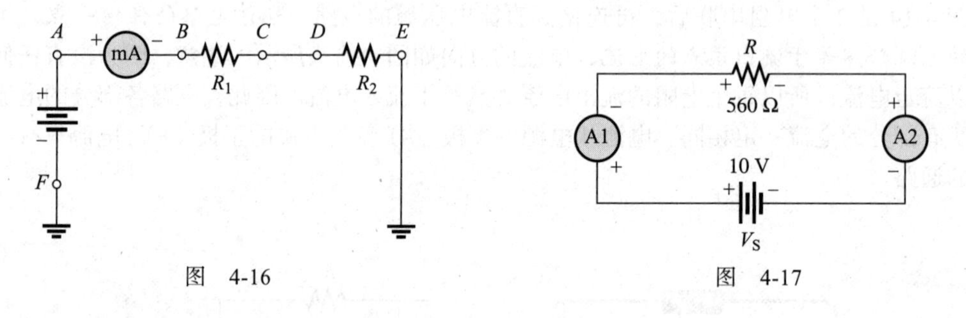


图 4-16　　图 4-17

## 4.4 欧姆定律的应用

串联电路的基本概念和欧姆定律可以应用于串联电路的分析中。

以下是分析串联电路时，你需要记住的要点：

1. 通过任意串联电阻的电流都等于总电流。

2. 若你知道总电压和总电阻，你就可以根据欧姆定律确定总电流，具体为：

$$I_T=V_T/R_T$$

3. 若你知道某一个串联电阻（$R_x$）上的电压，你可以根据欧姆定律确定总电流，具体为：

$$I_T=V_x/R_x$$

4. 若你知道总电流，你就能够根据欧姆定律计算出任意串联电阻上的电压，具体为：

$$V_x=I_T R_x$$

5. 电阻上最靠近电压源正极的一端，电压的极性为正。

6. 串联电路中的开路处将电流截断。因此，每个串联电阻的电压都为零，于是总电压出现在发生开路的两点之间。

现在看几个用欧姆定律分析串联电路的例子。

**例 4-7**　求图 4-18 电路的电流。

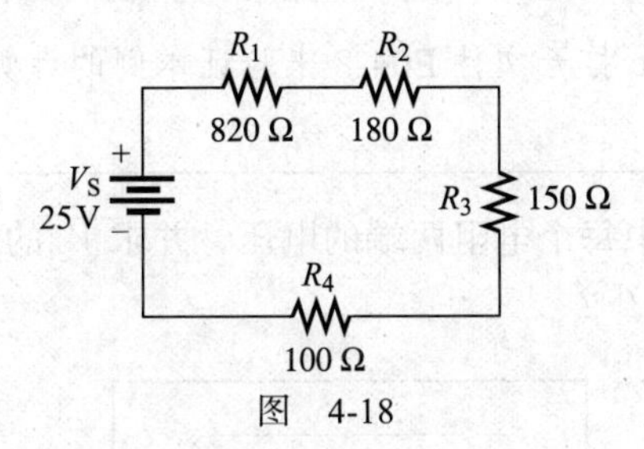


图　4-18

**解**　电流是由电压源电压和总电阻决定的。首先，计算总电阻。

$$R_T=R_1+R_2+R_3+R_4=820\ \Omega+180\ \Omega+150\ \Omega+100\ \Omega=1.25\ \text{k}\Omega$$

然后，用欧姆定律计算电流为：

$$I=\frac{V_S}{R_T}=\frac{25\ \text{V}}{1.25\ \text{k}\Omega}=20\ \text{mA}$$

注意，电路中所有点处电流都相等。于是，流经每个电阻的电流都是 20 mA。 ◀

**同步练习**　如果图 4-18 电路中 $R_4$ 变为 200 Ω，那么电路中的电流为多少？

采用科学计算器完成例 4-7 的计算。

## Multisim 仿真

打开 Multisim 或者 LTspice 用文件 E04-7 来验证本例的计算结果，并检验你对同步练习的计算结果。

**例 4-8**　图 4-19 所示电路中，电流为 1.5 mA。要获得该电流，总电压 $V_S$ 应为多少？

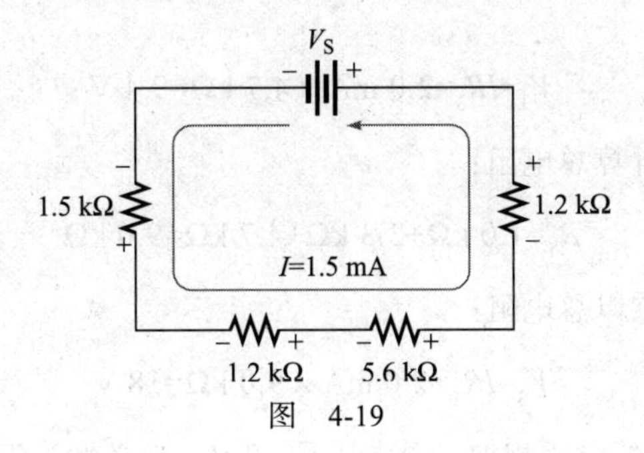


图　4-19

**解**　为了计算 $V_S$，首先计算 $R_T$。

$$R_T=R_1+R_2+R_3+R_4=1.2\ \text{k}\Omega+5.6\ \text{k}\Omega+1.2\ \text{k}\Omega+1.5\ \text{k}\Omega=9.5\ \text{k}\Omega$$

然后应用欧姆定律计算 $V_S$：

$$V_S=IR_T=1.5\ \text{mA}\times 9.5\ \text{k}\Omega=14.2\ \text{V}$$ ◀

**同步练习** 若将 5.6 kΩ 电阻变为 3.9 kΩ，要维持电流仍为 1.5 mA，计算所需要的 $V_S$。

采用科学计算器完成例 4-8 的计算。

### Multisim 仿真

用 Multisim 或者 LTspice 打开文件 E04-8 来验证本例的计算结果，并检验你对同步练习的计算结果。

---

**例 4-9** 计算图 4-20 中每个电阻两端的电压，并求 $V_S$ 的值。如果增加 $V_S$ 使电流限制为 5.0 mA，$V_S$ 的最大值是多少？

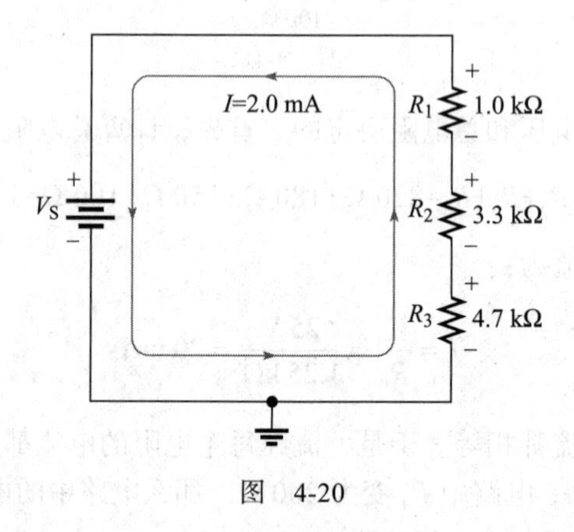


图 4-20

**解** 根据欧姆定律，每个电阻两端的电压等于它的阻值乘以流经它的电流。注意，通过每个串联电阻的电流是相等的。因此，$R_1$ 两端电压为：

$$V_1=IR_1=2.0\ \text{mA}\times 1.0\ \text{k}\Omega=2.0\ \text{V}$$

$R_2$ 两端电压为：

$$V_2=IR_2=2.0\ \text{mA}\times 3.3\ \text{k}\Omega=6.6\ \text{V}$$

$R_3$ 两端电压为：

$$V_3=IR_3=2.0\ \text{mA}\times 4.7\ \text{k}\Omega=9.4\ \text{V}$$

为求 $V_S$ 的值，首先计算总电阻：

$$R_T=1.0\ \text{k}\Omega+3.3\ \text{k}\Omega+4.7\ \text{k}\Omega=9.0\ \text{k}\Omega$$

电压源 $V_S$ 等于电流乘以总电阻：

$$V_S=IR_T=2.0\ \text{mA}\times 9.0\ \text{k}\Omega=18\ \text{V}$$

注意，如果你将所有电阻的电压相加，总电压是 18 V，它必然等于电源电压。

如果增加 $V_S$ 使电流 $I$=5.0 mA，那么 $V_S$ 的最大值为：

$$V_{S(max)}=IR_T=5.0\ \text{mA}\times 9.0\ \text{k}\Omega=45\ \text{V}$$ ◀

**同步练习** 如果 $R_3$=2.2 kΩ，$I$ 维持在 2.0 mA，重新计算 $V_1$、$V_2$、$V_3$、$V_S$ 和 $V_{S(max)}$ 的值。

采用科学计算器完成例 4-9 的计算。

**Multisim 仿真**

用 Multisim 或者 LTspice 打开文件 E04-9 验证本例中的计算结果。

**例 4-10**　串联电阻常用于限流。例如，为了防止发光二极管（LED）烧坏，必须限制流经 LED 的电流。图 4-21 是一个基本限流电路，其中红色 LED 为指示器。整个电路是一个稍复杂电路的一部分。接入变阻器是为了在不同的环境条件下使 LED 有不同的亮度。我们将重点讨论图中的两个限流电阻。

当 LED 处在正常工作范围时，它的电压为 +1.7 V 左右。电源提供的剩余电压将加在另外两个串联电阻上。所以，变阻器和固定电阻的总电压为 3.3 V。

假如你要使 LED 的电流从最小 2.5 mA（对应最暗）变到最大 10 mA（对应最亮），$R_1$ 和 $R_2$ 的值应该选择多少？

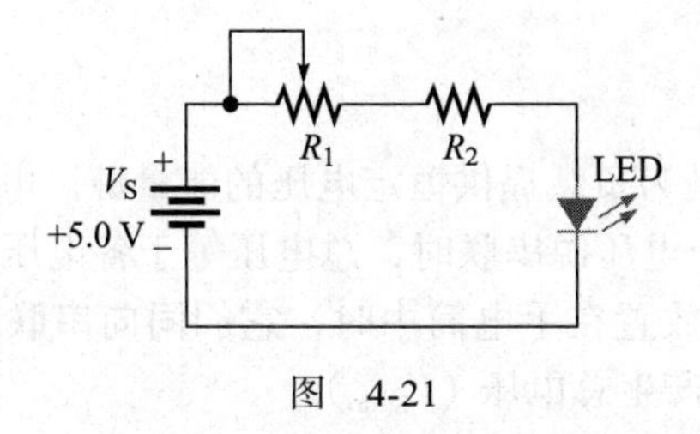


图　4-21

**解**　从变阻器为 0 Ω 时，LED 最亮开始分析。在这种情况下，$R_1$ 没有电压，3.3 V 的剩余电压全部加在 $R_2$ 上。因为电阻串联，因此 $R_2$ 和 LED 上通过的电流相同。于是有：

$$R_2 = \frac{V}{I} = \frac{3.3\ \text{V}}{10\ \text{mA}} = 330\ \Omega$$

现在计算将电流限制为 2.5 mA 时所需要的总电阻。这时总电阻为 $R_T=R_1+R_2$，$R_T$ 上的电压为 3.3 V。由欧姆定律可得：

$$R_T = \frac{V}{I} = \frac{3.3\ \text{V}}{2.5\ \text{mA}} = 1.32\ \text{k}\Omega$$

$R_1$ 的值等于从总电阻中减去 $R_2$ 的值。

$$R_1=R_T-R_2=1.32\ \text{k}\Omega-330\ \Omega=990\ \Omega$$

选择一个标称值为 1.0 kΩ 的变阻器作为最接近所需电阻的标准电阻。◀

**同步练习**　如果 LED 最大电流为 12 mA，$R_2$ 应为多少？

采用科学计算器完成例 4-10 的计算。

**学习效果检测**

1. 一个 6 V 电池与 3 个 100 Ω 电阻串联，通过每个电阻的电流为多少？
2. 在图 4-22 的电路中要产生 5.0 mA 电流，需要施加多大的电压？

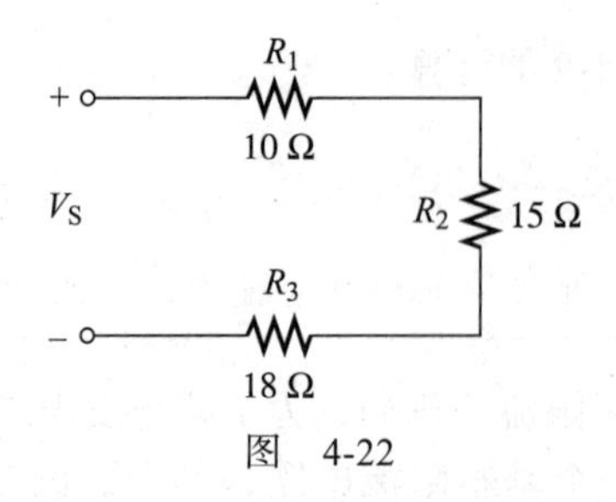


图 4-22

3. 在图 4-22 的电路中，当电流为 5.0 mA 时，每个电阻两端的电压为多少？

4. 有 4 个等值电阻与一个 5.0 V 电压源串联，测量到电流为 4.63 mA。问每个电阻的阻值为多少？

5. 如果电压源为 3.0 V，LED 电压为 1.7 V，那么将一个 LED 的电流限制在 10 mA 时，需要串联一个多大阻值的限流电阻？

## 4.5 电压源的串联

回想一下，理想电压源是为负载提供恒定电压的能量源。电池和稳压电源都是直流电压源的实际例子。当两个或多个电压源串联时，总电压等于各电压源的代数和。

如图 4-23 所示，当电池放置在手电筒中时，它们**同向串联**以提供更大的电压。在本例中，3 个 1.5 V 电池串联用于产生总电压（$V_{S(tot)}$）。

$$V_{S(tot)}=V_{S1}+V_{S2}+V_{S3}=1.5\ V+1.5\ V+1.5\ V=4.5\ V$$

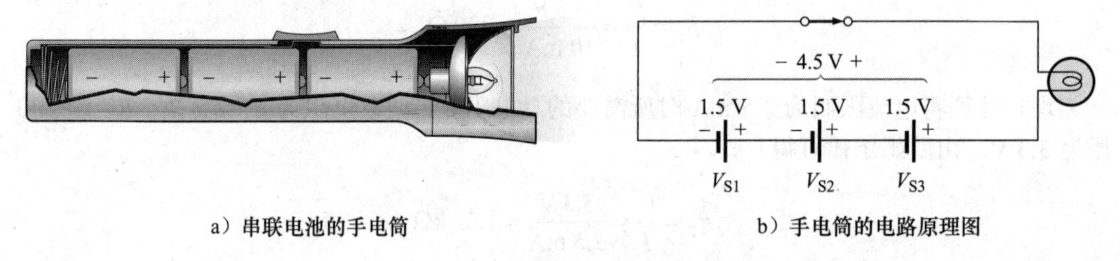


a）串联电池的手电筒　　b）手电筒的电路原理图

图 4-23 电压源同向串联的示例

电压源（本例中即电池）在相同极性方向串联或同向串联时，电压相加；在相反极性方向串联或称为**反向串联**时，则电压相减。例如，如图 4-24 所示，如果手电筒中的一个电池反接，它会降低总电压，所以其电压会被减去。

$$V_{S(tot)}=V_{S1}-V_{S2}+V_{S3}=1.5\ V-1.5\ V+1.5\ V=1.5\ V$$

任何情况下都不应该反置电池。如果发生意外，这可能会导致电流过大、产品寿命缩短或电池以及系统损坏。然而，电动机中可能会发生电源反向的问题。电动机内部会产生与电源电压相反的电压，从而降低电流，这种情况将在 7.7 节进行介绍。

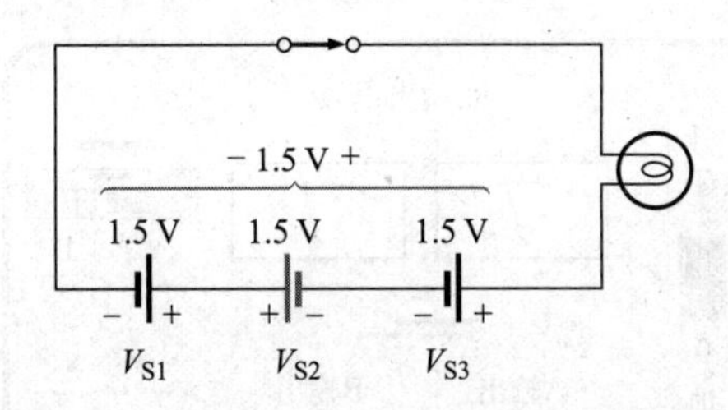


图 4-24　当电池以相反方向连接时，总电压为电压的代数和。需要特别注意，这种连接方式是错误的

## 技术小贴士

当更换手电筒或其他设备上的电池时，最好使用相同类型的电池，不要将旧电池与新电池混合使用。特别地，不要将碱性电池与非碱性电池混合使用。不正确使用电池会使得电池内部生成氢气，并导致外壳破裂，氢气和氧气的混合有发生爆炸的危险。曾经有手电筒在危险情况下发生爆炸的报道。

---

**例 4-11**　图 4-25 所示电路中总电压（$V_{S(tot)}$）为多少？

**解**　每个电源的极性顺序相同（电源在电路中以相同的方向顺序连接）。那么，把这三个电压相加起来即可得到总电压。

$$V_{S(tot)}=V_{S1}+V_{S2}+V_{S3}=6.0\ \text{V}+6.0\ \text{V}+6.0\ \text{V}=18\ \text{V}$$

可以用一个 18 V 的电源来替代这 3 个电源的串联，其极性如图 4-26 所示。

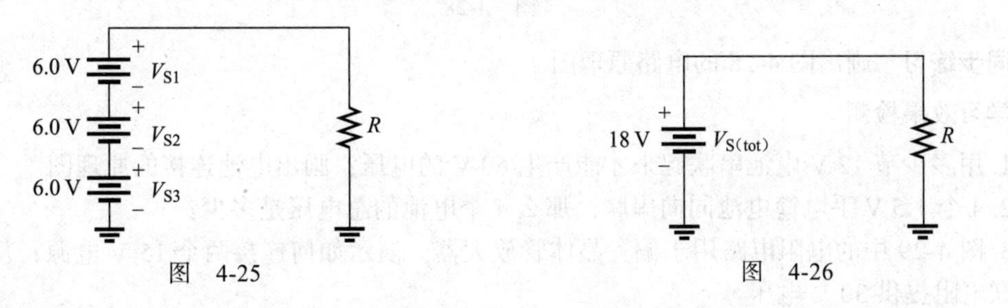


图　4-25　　　　图　4-26

**同步练习**　如果图 4-25 中的 $V_{S3}$ 被意外反接，则总电压为多少？

采用科学计算器完成例 4-11 的计算。

## Multisim 仿真

用 Multisim 或者 LTspice 打开文件 E04-11 来验证本例的计算结果，并检验你对同步练习的计算结果。

---

**例 4-12**　许多电路使用正、负电源供电。图 4-27 所示的双输出电源，它有两个独立的输出。说明如何连接电源形成两个 12 V 输出，以便获得一个正极性输出电压和一个负极性输出电压，而且两者同向串联。

**解**　连接如图 4-28 所示。将一个电源的正极与第二个电源的负极相连，这样就实现了同向串联。然后将接地端子与第一个电源的正极相连，强制使 A 电源的正极输出对地为负，B 电源的正极输出对地为正。

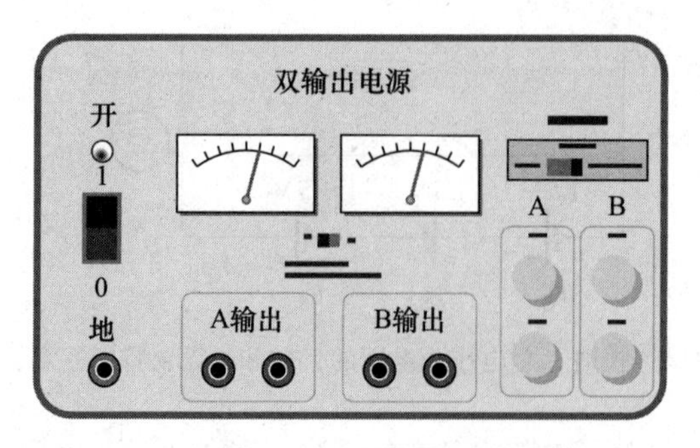


图 4-27

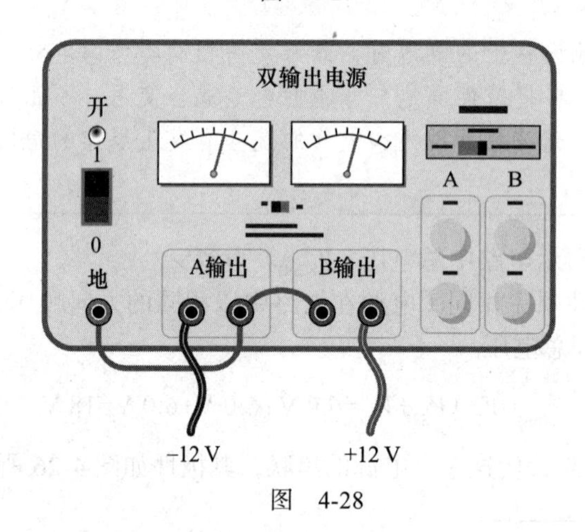


图 4-28

**同步练习** 画出图 4-28 的电路原理图。

**学习效果检测**

1. 用多少节 12 V 电池串联起来才能产生 60 V 的电压？画出电池连接的原理图。

2. 4 个 1.5 V 手电筒电池同向串联，那么 4 个电池的总电压是多少？

3. 图 4-29 中的电阻电路用于偏置晶体管放大器。演示如何连接两个 15 V 电源，从而为两串联电阻提供 30 V 电压。

4. 确定图 4-30 电路的总电源电压。

5. 手电筒电路中，若 4 节 1.5 V 电池中的一节意外反方向安装，则灯泡上的电压为多少？

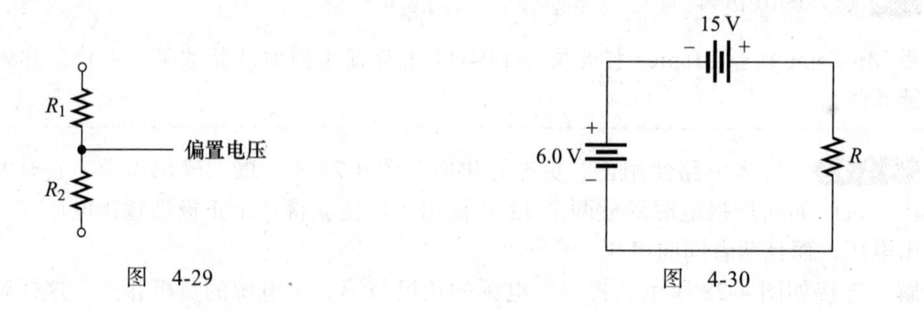


图 4-29

图 4-30

## 4.6 基尔霍夫电压定律

基尔霍夫电压定律是电路的基本定律，它表明闭合路径上的所有电压代数和为零。换句话说，电压降的和等于总电源电压。

在串联电路中，电阻两端的电压（即电压降）总是具有与电源电压方向相反的特性。例如，在图 4-31 中，沿逆时针方向绕行电路，你可以观察到，绕行方向经过电压源两端是从电压正极到负极，而经过各电阻时，绕行方向则是从电压的负极到正极。

图 4-31 中，电流从电源的负极流出，依箭头所示流经电阻。电流从每个电阻的负极流入，从正极流出。如第 3 章所述，当电子流经电阻时，它们失去能量，会处于较低的能量水平。较低能量水平的点比高能量水平点更偏离负（或接近正）。因此，电阻两端的能量降低就会产生电势差或称为电压，依照电流的方向为由负指向正。

图 4-31 电路中，$A$ 点到 $B$ 点的电压为电源电压 $V_S$。同时，$A$ 点到 $B$ 点的电压也为串联电阻电压之和。因此，根据**基尔霍夫电压定律**，电源电压等于 3 个电阻电压之和。

**在电路中，沿着闭合回路所有电压降之和等于该回路的总电源电压。**

图 4-32 为基尔霍夫电压定律应用于串联电路的实例。该例中，基尔霍夫电压定律可以用式（4-3）来表示，即

$$V_S=V_1+V_2+V_3+\cdots+V_n \tag{4-3}$$

式中，下标 $n$ 表示电压的个数。

如果闭合回路中所有电压降加起来，然后从电源电压中减去这些电压降的和，其结果为零，因为电压降的总和应等于电源电压。

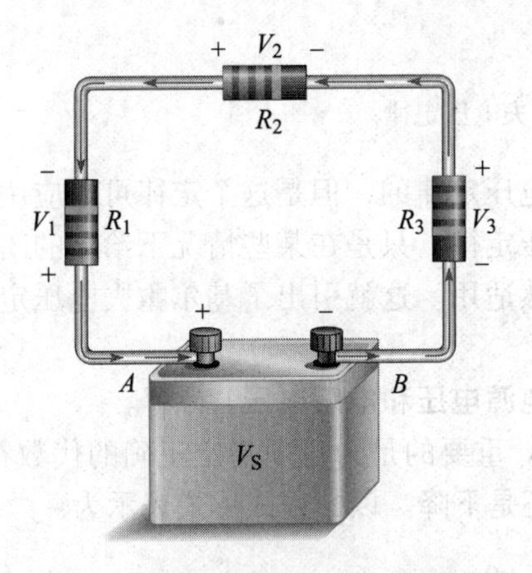

图 4-31　闭环电路中电压极性的说明

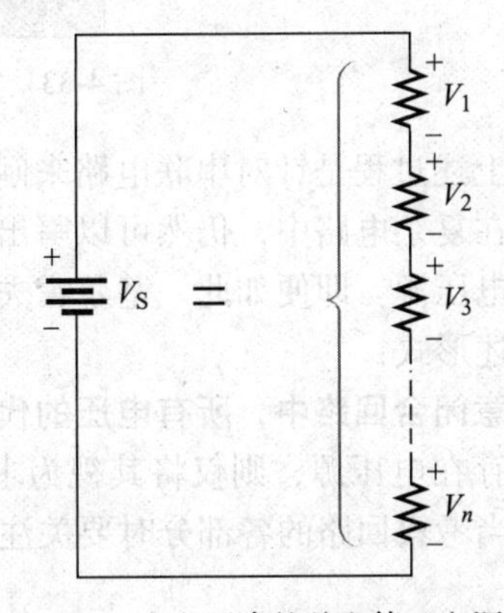

图 4-32　$n$ 个电压降的总和等于电源电压

## 人物小贴士

**基尔霍夫**（Gustav Robert Kirchhoff，1824—1887）基尔霍夫是德国物理学家，他致力于电路基本原理、光谱学和受热物体的黑体辐射方面的研究。在电路理论和热辐射中，都以其名字命名的基尔霍夫定律，以表示对他的纪念。1845 年，此时仍为大学生的基尔霍夫就发现了电路的基本规律，该规律至今仍在电气工程和技术中得到普遍使用。它是作为师生学术研讨会的练习被基尔霍夫完成的。后来这一研究内容又成为他的博士论文。

（图片来源：美国国会图书馆 LC-USZ62-133715）

式（4-3）可应用于任意含有电压源和电阻或其他负载的电路。其关键思想是，单个闭合路径可以从任意点起到该点结束。在串联电路中，闭合路径始终包含一个电压源和一个或多个电阻或其他负载。在这种情况下，电源代表电压升高，每个负载代表电压降。串联电路基尔霍夫电压定律的另一种表述为，所有电压上升的总和等于所有电压下降的总和。

如图 4-33 所示，可以通过测量串联电路中各电阻电压和电源电压，来验证串联电路基尔霍夫电压定律。对于任意数目的串联电阻，当电阻上电压相加时，它们的总和等于电源电压。

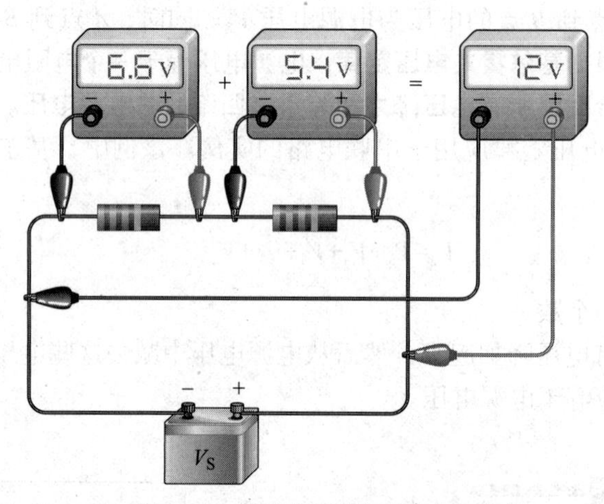


图 4-33 实验验证基尔霍夫电压定律

虽然上述过程是针对串联电路来阐述基尔霍夫电压定律的，但是这个定律可以应用于任何电路。在复杂电路中，仍然可以写出基尔霍夫电压定律，只是在某些情况下给定的闭环中可能没有电压源。即便如此，基尔霍夫电压定律仍然适用。这就引出了基尔霍夫电压定律更一般的表述形式：

**在任意闭合回路中，所有电压的代数和（包括电源电压和电阻电压）为零。**

如果存在电压源，则仅将其视为求和中的一项。重要的是为每项指定正确的代数符号，特别注意当考察回路的各部分时要关注电压是上升还是下降。以方程式形式表示为：

$$V_1+V_2+V_3+\cdots+V_n=0 \tag{4-4}$$

式（4-4）中的各变量都可以表示电压升高或电压下降。基尔霍夫电压定律的更一般形式可以更简洁地表示为：

$$\sum_{i=1}^{n} V_i = 0$$

该式是式（4-4）的简写。大写 $\sum$ 表示从第一项（$i$=1）直加到最后一项（$i$=$n$）的各 $V_i$ 求和。

上述基尔霍夫电压定律可以应用于除串联电路以外的任一闭合路径。应用式（4-4）时，需要为路径中的每项电压指定一个代数符号。在串联电路以外的电路中，电阻两端的电压可能为上升或下降，具体取决于选择的绕行回路方向。如果电压与选择的绕行回路方向一致，则电压上升，反之下降。第 5 章的应用实践给出了一个在无电源的回路中列写基尔霍夫电压定律的实例。对于串联电路，如图 4-32 所示，基尔霍夫电压定律是指电源电压（上升）等于负载（电阻）的电压（下降）之和。

**例 4-13**　在图 4-34 中，根据提供的两个电压计算电源电压 $V_S$。

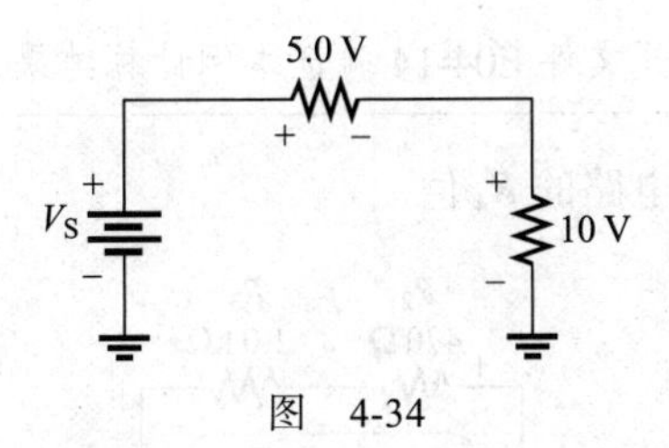


图　4-34

**解**　根据基尔霍夫电压定律，即式（4-3），电源电压（外施电压）必然等于电阻电压之和，即

$$V_S=5.0\ \text{V}+10\ \text{V}=15\ \text{V}$$ ◀

**同步练习**　在图 4-34 中，如果 $V_S$ 增加到 30 V，试计算两个电阻上的电压。

采用科学计算器完成例 4-13 的计算。

## Multisim 仿真

用 Multisim 或者 LTspice 打开文件 E04-13 来验证本例的计算结果，并检验你对同步练习的计算结果。

**例 4-14**　在图 4-35 中，计算未知电压 $V_3$。

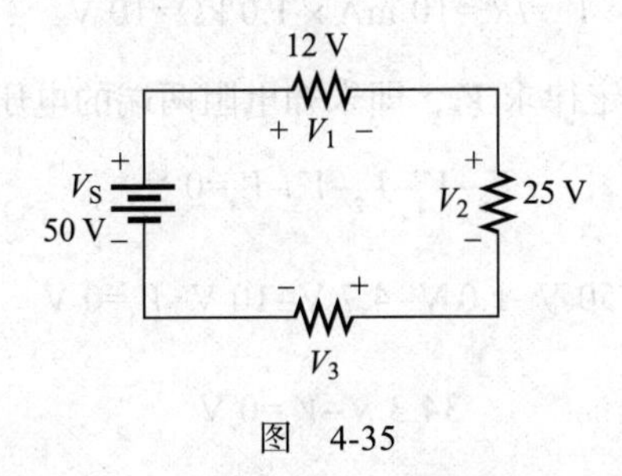


图　4-35

**解**　根据基尔霍夫电压定律，即式（4-4），电路各电压的代数和为 0，于是有：

$$V_1+V_2+V_3+V_4=0$$

将 $-V_S$ 替代 $V_4$，就有：

$$V_1+V_2+V_3-V_S=0$$

求解 $V_3$ 就有：

$$V_3=V_S-V_1-V_2=50\ \text{V}-12\ \text{V}-25\ \text{V}=13\ \text{V}$$

$R_3$ 两端的电压为 13 V，极性如图 4-35 所示。 ◀

**同步练习**　图 4-35 中，如果电源电压变为 25 V，试计算 $V_3$。

采用科学计算器完成例 4-14 的计算。

### Multisim 仿真

用 Multisim 或者 LTspice 打开文件 E04-14 验证本例计算结果，并核实同步练习的计算结果。

**例 4-15** 求图 4-36 所示电路的 $R_4$ 值。

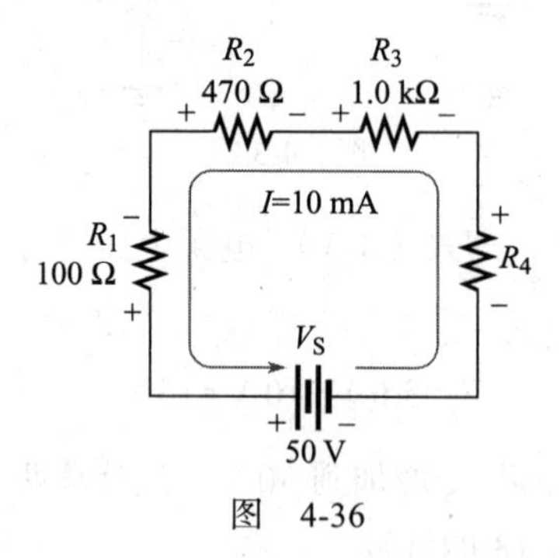


图 4-36

**解** 在这个问题中，你会同时用到欧姆定律和基尔霍夫电压定律。

首先，利用欧姆定律计算每个已知电阻上的电压。

$$V_1=IR_1=10\text{ mA}\times 100\ \Omega=1.0\text{ V}$$

$$V_2=IR_2=10\text{ mA}\times 470\ \Omega=4.7\text{ V}$$

$$V_3=IR_3=10\text{ mA}\times 1.0\text{ k}\Omega=10\text{ V}$$

然后，根据基尔霍夫电压定律求 $V_4$，即未知电阻两端的电压。

$$V_S-V_1-V_2-V_3-V_4=0\text{ V}$$

$$50\text{ V}-1.0\text{ V}-4.7\text{ V}-10\text{ V}-V_4=0\text{ V}$$

$$34.3\text{ V}-V_4=0\text{ V}$$

$$V_4=34.3\text{ V}$$

现在已经知道了 $V_4$，利用欧姆定律就可计算 $R_4$。

$$R_4=\frac{V_4}{I}=\frac{34.3\text{ V}}{10\text{ mA}}=3.43\text{ k}\Omega$$

考虑到 3.43 kΩ 在 3.3 kΩ 的允许偏差范围内（±5%），$R_4$ 最有可能的色环编码值为 3.3 kΩ。◀

**同步练习** 当 $V_S$=20 V，$I$=10 mA 时，再计算图 4-36 中 $R_4$ 的值。

采用科学计算器完成例 4-15 的计算。

### Multisim 仿真

用 Multisim 或者 LTspice 打开文件 E04-15 验证本例计算结果，并核实同步练习的计算结果。

**学习效果检测**

1. 请用两种方法阐述基尔霍夫电压定律。

2. 一个 50 V 电源连接到一个串联电阻电路。该电路的电压之和为多少？

3. 两个等值电阻串联，接到一个 10 V 电池两端，请问每个电阻两端的电压为多少？

4. 在接有 25 V 电源的串联电路中，有 3 个电阻。其中一个电压是 5.0 V，另一个是 10 V。问第三个电阻电压为多少？

5. 串联电路的各部分电压分别为 1.0 V、3.0 V、5.0 V、8.0 V、7.0 V。问施加到串联电路的总电压为多少？

## 4.7 分压器

串联电路可以用来分压，称为分压器。分压器是串联电路的一个重要应用。

由一系列串联电阻组成的串联电路与电压源相连，可以起到**分压器**的作用。图 4-37a 是两个串联电阻的电路，当然电阻的数量也可以是任意的。有两个电阻电压：一个电压跨在 $R_1$ 两端，另一个跨在 $R_2$ 两端，电压降分别为 $V_1$ 和 $V_2$，如图 4-37 所示。由于串联电阻流经相同电流，因此电压与电阻成正比。例如，如果 $R_2$ 阻值是 $R_1$ 阻值两倍，那么 $V_2$ 就是 $V_1$ 的两倍。

串联电路的总电压分配在各串联电阻上，各电阻电压与其阻值成正比。最小的电阻分压最小，最大的电阻分压最大。例如，图 4-37b 中，如果 $V_S$ 为 10 V，$R_1$ 为 100 Ω，$R_2$ 为 200 Ω，由于 $R_1$ 是总电阻的三分之一，那么 $V_1$ 便是总电压的三分之一，即 3.33 V。同样，$V_2$ 为总电压的三分之二，即 6.67 V。

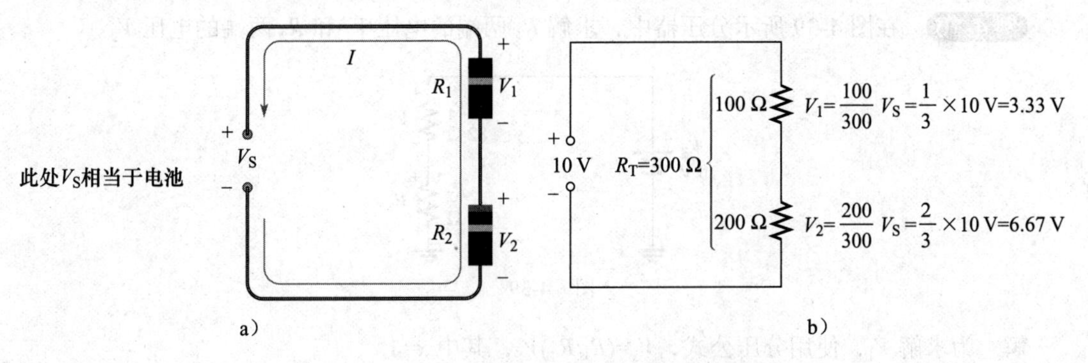


图 4-37 两个电阻组成的分压器（见彩插）

### 4.7.1 分压公式

通过简单步骤，你就可以推导出一个公式，用来计算串联电阻之间的电压分配。假设 $n$ 个电阻串联，如图 4-38 所示，其中 $n$ 可以是任意整数。

设 $V_x$ 表示任意一电阻两端的电压，$R_x$ 表示该电阻的阻值。根据欧姆定律，$R_x$ 上的电压可以表示为：

$$V_x=IR_x$$

流经电路的电流等于电源电压除以总电阻，即 $I=V_S/R_T$。在图 4-38 电路中，总电阻为：

$$R_T=R_1+R_2+R_3+\cdots+R_n$$

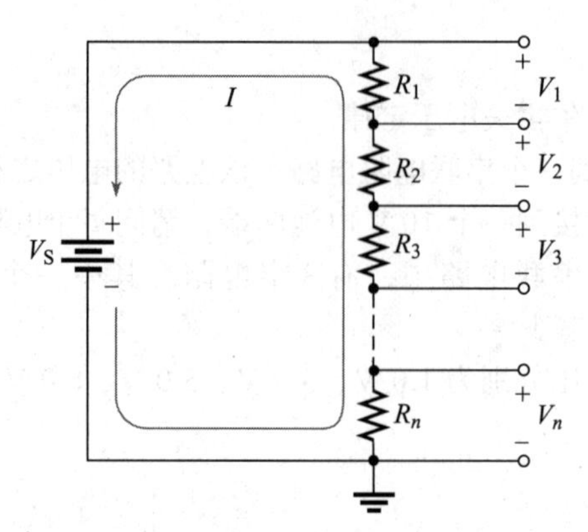


图 4-38 由 $n$ 个电阻组成的分压器

在 $V_x$ 的表达式中，用 $V_S/R_T$ 替代 $I$，得到

$$V_x=\left(\frac{V_S}{R_T}\right)R_x$$

整理后又得到：

$$V_x=\left(\frac{R_x}{R_T}\right)V_S \tag{4-5}$$

式（4-5）为分压公式的一般形式，可以描述为：

**串联电路中，任一电阻的电压等于该电阻与总电阻之比，再乘以电源电压。**

**例 4-16** 在图 4-39 所示分压器中，求解 $R_1$ 两端的电压 $V_1$ 和 $R_2$ 两端的电压 $V_2$。

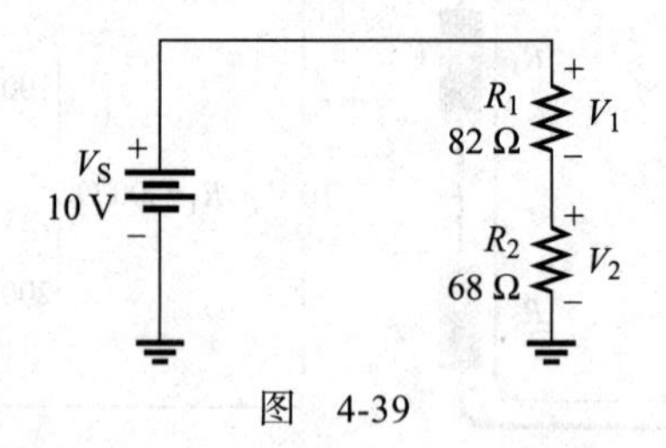


图 4-39

**解** 为求解 $V_1$，使用分压公式，$V_x=(R_x/R_T)V_S$，其中 $x$=1。

总电阻为：

$$R_T=R_1+R_2=82\ \Omega+68\ \Omega=150\ \Omega$$

$R_1$ 为 82 Ω，$V_S$ 为 10 V。将这些值代入分压公式中，得到：

$$V_1=\left(\frac{R_1}{R_T}\right)V_S=\frac{82\ \Omega}{150\ \Omega}\times 10\ \text{V}=5.47\ \text{V}$$

求 $V_2$ 有两种方法：使用基尔霍夫电压定律或分压公式。如果使用基尔霍夫电压定律 $V_S=V_1+V_2$，则将 $V_S$ 和 $V_1$ 的值代入就有：

$$V_2=V_S-V_1=10\ \text{V}-5.47\ \text{V}=4.53\ \text{V}$$

若使用分压公式来求解 $V_2$，$x$=2，则有：

$$V_2 = \left(\frac{R_2}{R_T}\right)V_S = \frac{68\ \Omega}{150\ \Omega} \times 10\ \text{V} = 4.53\ \text{V}$$ ◀

**同步练习**　图 4-39 中，如果 $R_2$ 变为 180 Ω，再求 $R_1$ 和 $R_2$ 两端的电压。

采用科学计算器完成例 4-16 的计算。

### Multisim 仿真

用 Multisim 或者 LTspice 打开文件 E04-16，使用万用表验证 $V_1$ 和 $V_2$ 的计算值，并核实同步练习的计算结果。

---

**例 4-17**　计算图 4-40 所示分压器中各电阻分得的电压。

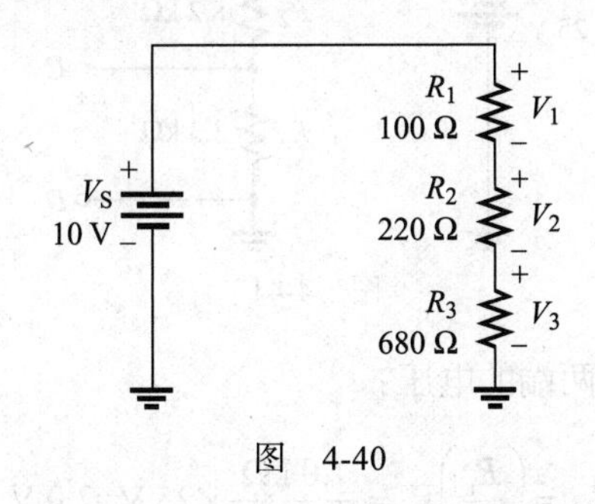


图　4-40

**解**　观察图 4-40 电路并考虑以下问题：总电阻为 1000 Ω。$R_1$ 分得 10% 的总电压，因为它的电阻为总电阻的 10%，即 100 Ω 是 1000 Ω 的 10%。同样，$R_2$ 分得 22% 的总电压，因为它是总电阻的 22%。最后，$R_3$ 两端的电压降为总电压的 68%。

由于这个问题中的电阻值非常简单，所以很容易就算出电压：$V_1$=0.10 × 10 V=1 V，$V_2$=0.22 × 10 V=2.2 V，$V_3$=0.68 × 10 V=6.8 V。实际通常并非如此，但有时稍加思考就能有效地求出结果，并节约一些计算时间。虽然你已经对这个问题进行了推算，但是利用公式计算也能够验证你的推算结果。

$$V_1 = \frac{R_1}{R_T} \times V_S = \frac{100\ \Omega}{1000\ \Omega} \times 10\ \text{V} = 1.0\ \text{V}$$

$$V_2 = \frac{R_2}{R_T} \times V_S = \frac{220\ \Omega}{1000\ \Omega} \times 10\ \text{V} = 2.2\ \text{V}$$

$$V_3 = \frac{R_3}{R_T} \times V_S = \frac{680\ \Omega}{1000\ \Omega} \times 10\ \text{V} = 6.8\ \text{V}$$

注意，根据基尔霍夫电压定律，电阻电压之和等于电源电压。这是验证结果的好方法。 ◀

**同步练习**　图 4-40 电路中，如果 $R_1$ 和 $R_2$ 都改为 680 Ω，则电压各为多少？

采用科学计算器完成例 4-17 的计算。

### Multisim 仿真

用 Multisim 或者 LTspice 打开文件 E04-17 验证本例的计算结果，并核实同步练习的计算结果。

---

**例 4-18** 在图 4-41 所示分压器中，确定下列各点之间的电压：

(a) $A$ 到 $B$　　(b) $A$ 到 $C$　　(c) $B$ 到 $C$

(d) $B$ 到 $D$　　(e) $C$ 到 $D$

**解** 首先计算 $R_T$。

$$R_T=R_1+R_2+R_3=1.0\ \text{k}\Omega+8.2\ \text{k}\Omega+3.3\ \text{k}\Omega=12.5\ \text{k}\Omega$$

然后使用分压公式计算各待求电压。

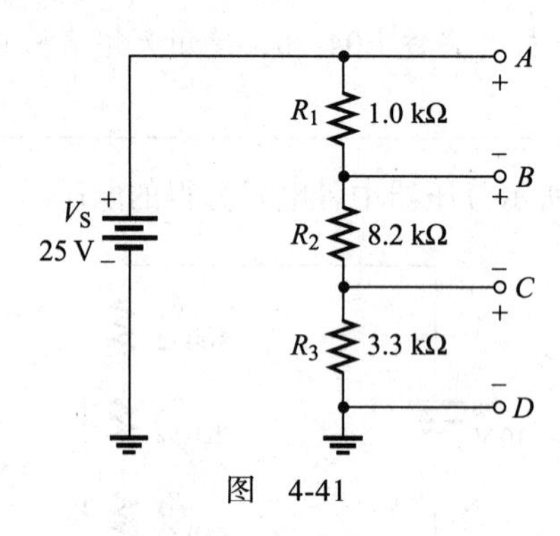


图 4-41

(a) $A$ 和 $B$ 之间电压是 $R_1$ 两端的电压：

$$V_{AB}=\left(\frac{R_1}{R_T}\right)V_S=\frac{1.0\ \text{k}\Omega}{12.5\ \text{k}\Omega}\times 25\ \text{V}=2.0\ \text{V}$$

(b) $A$ 和 $C$ 之间电压是跨越 $R_1$ 和 $R_2$ 的总电压。在这种情况下，式（4-5）中 $R_x$ 应为 $R_1+R_2$，于是有：

$$V_{AC}=\left(\frac{R_1+R_2}{R_T}\right)V_S=\frac{9.2\ \text{k}\Omega}{12.5\ \text{k}\Omega}\times 25\ \text{V}=18.4\ \text{V}$$

(c) $B$ 和 $C$ 之间电压为 $R_2$ 两端电压：

$$V_{BC}=\left(\frac{R_2}{R_T}\right)V_S=\frac{8.2\ \text{k}\Omega}{12.5\ \text{k}\Omega}\times 25\ \text{V}=16.4\ \text{V}$$

(d) $B$ 和 $D$ 之间电压是跨越 $R_2$ 和 $R_3$ 的总电压。在这种情况下，$R_x$ 为 $R_2+R_3$，于是有：

$$V_{BD}=\left(\frac{R_2+R_3}{R_T}\right)V_S=\frac{11.5\ \text{k}\Omega}{12.5\ \text{k}\Omega}\times 25\ \text{V}=23\ \text{V}$$

(e) 最后，$C$ 和 $D$ 之间的电压是 $R_3$ 两端电压：

$$V_{CD}=\left(\frac{R_3}{R_T}\right)V_S=\frac{3.3\ \text{k}\Omega}{12.5\ \text{k}\Omega}\times 25\ \text{V}=6.6\ \text{V}$$

如果你连接了此分压器，则可以使用电压表来验证计算出的各电压。◀

**同步练习** 如果 $V_S$ 加倍，再计算例题中的各电压。

采用科学计算器完成例 4-18 的计算。

## Multisim 仿真

用 Multisim 或者 LTspice 打开文件 E04-18 验证本例的计算结果，并核实同步练习的计算结果。

### 4.7.2　将电位器作为可调节分压器

回顾第 2 章内容，电位器是一个有 3 个端子的可变电阻器。与电压源连接的线性电位器如图 4-42 所示。两个固定端子分别标记为 1 和 2，可调或称滑动端子标记为 3。电位器的作用是作为一个分压器，将总电阻分成两部分，如图 4-42c 所示。端子 1 和端子 3（$R_{13}$）之间的电阻是一部分，端子 3 和端子 2（$R_{32}$）之间的电阻是另一部分。所以这个电位器相当于一个双电阻分压器，可以手动调节获得 0 V ～ $V_S$ 的任意输出电压。

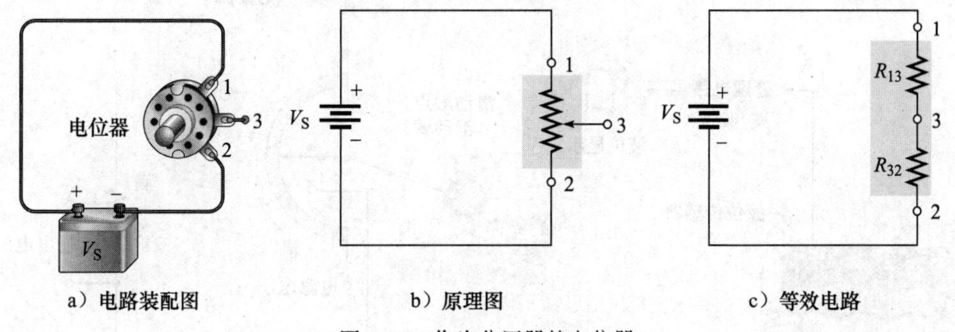


a）电路装配图　b）原理图　c）等效电路

图 4-42　作为分压器的电位器

图 4-43 显示了滑动触点 3 发生移动时的情况。在图 4-43a 图中，滑动触点正好居中，两边电阻相等。如果测量端子 3 至 2 之间的电压，能得到一半的总电压读数。在图 4-43b 中，当滑动触点向上移动时，端子 3 和端子 2 之间的电阻增大，对应的电压也成比例地增大。在图 4-43c 中，当滑动触点向下移动时，端子 3 和端子 2 之间的电阻减小，对应电压也成比例地减小。

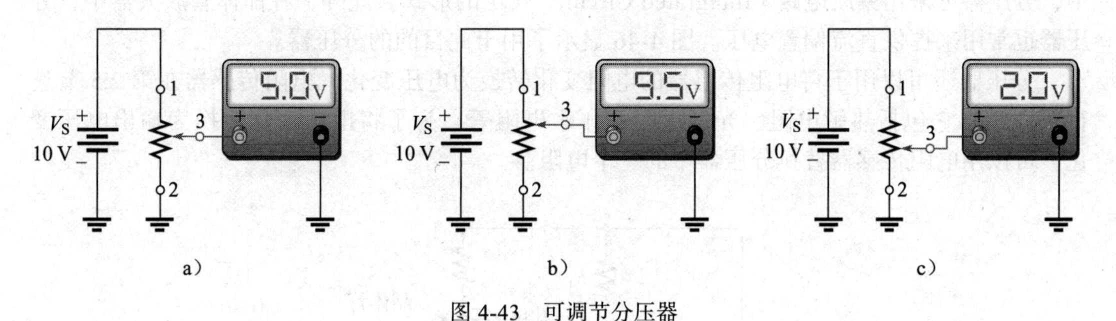


a）　b）　c）

图 4-43　可调节分压器

### 4.7.3　应用

无线电接收机的音量控制就是电位器用作分压器的常规应用。由于声音的强弱依赖音频信号电压的大小，因此通过调节电位器可以增大或减小音量，接收机上的音量控制旋钮就是电位器。图 4-44 说明了如何调节电位器来控制音量。

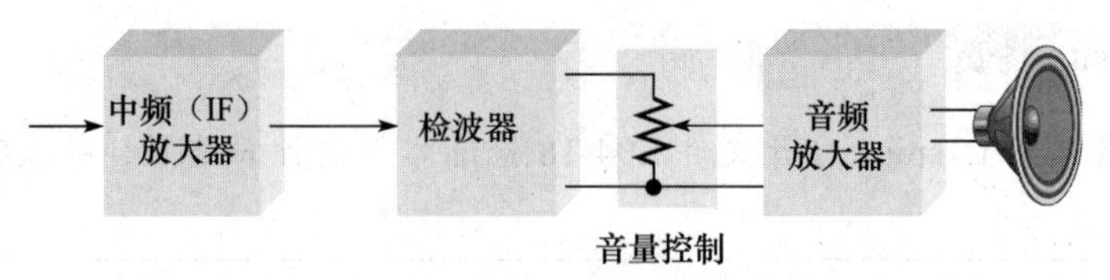


图 4-44 用于无线电接收机上音量控制的可变分压器

图 4-45 演示了电位器如何被用作液体储罐中的液位传感器。在图 4-45a 中，浮子在油箱装油时向上移动，在放油时向下移动。在图 4-45b 中，浮子依机械方式连接到电位器的滑动臂上。输出电压随滑动臂的位置成比例地变化。随着罐内液体的减少，传感器的输出电压也随之降低。将输出电压接入显示电路，就可以显示罐中液体的液位。图 4-45c 为该系统的原理图。

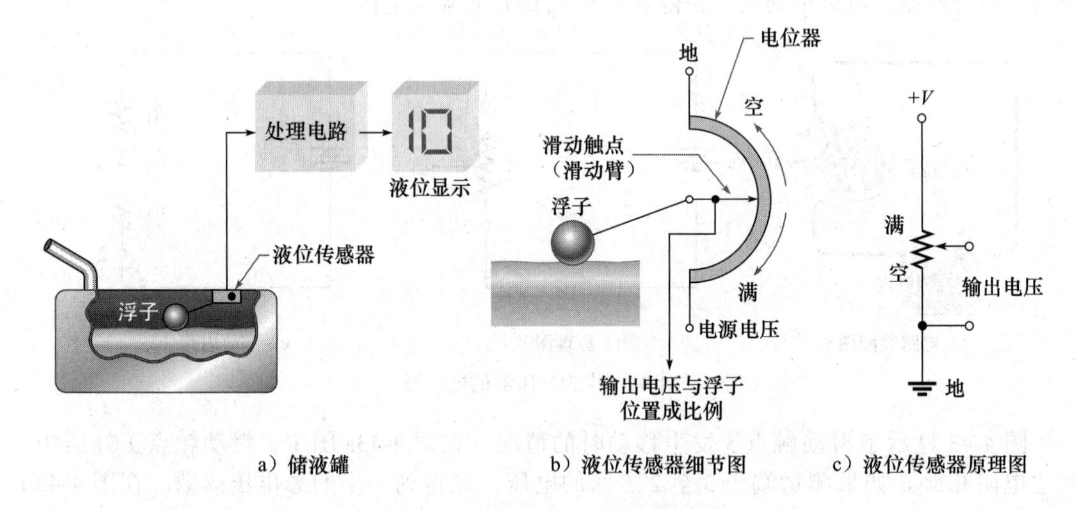


图 4-45 用作液位传感器的电位器

分压器还可以用来控制运算放大器的增益，以及提供电源的参考电压。在某些精密仪器中，分压器可采用**集成电路**（Integrated Circuit，IC）的形式。此外，在晶体管放大器中，分压器也常用来提供直流偏置电压。图 4-46 显示了用于此目的的分压器。

分压器还可以用于将电阻传感器的电阻变化转换为电压变化。电阻传感器在第 2.5 节进行了介绍，它包括热敏电阻、光敏电阻和压敏电阻等。为了将电阻变化转换为输出电压变化，可以用电阻传感器替换分压器中的一个电阻。

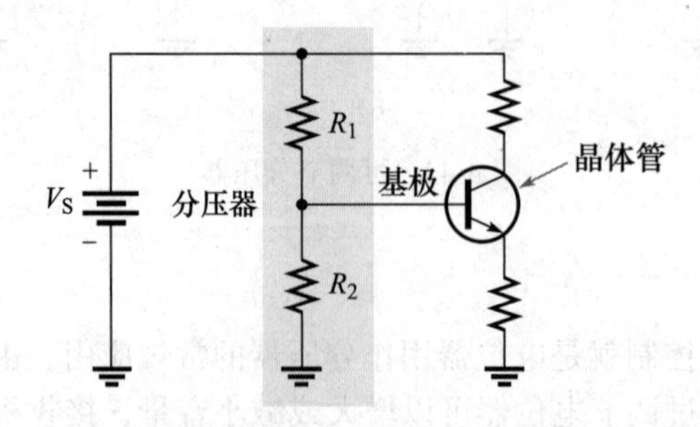


图 4-46 用于晶体管放大器偏置电路的分压器

例 4-19 假设你有一个如图 4-47 所示的光敏电阻，使用 3 节 AA 电池作为电压源（4.5 V）。黄昏时分，光敏电阻的阻值从低电阻上升到 90 kΩ。其输出电压可触发逻辑电路，

即 $V_{OUT}$ 大于 1.5 V 则将灯打开。当光敏电阻为 90 kΩ 时，串联电阻 $R$ 为何值时能产生 1.5 V 的输出电压？

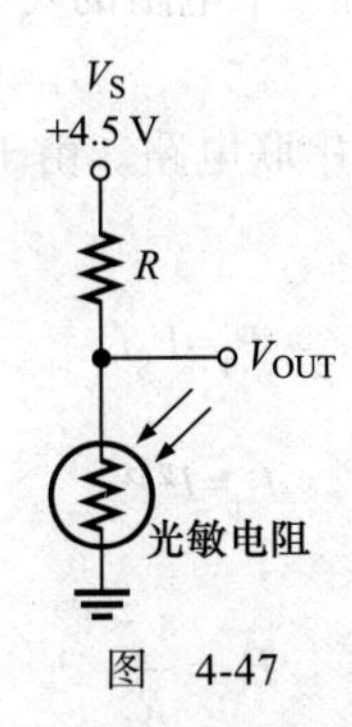


图　4-47

**解**　注意，1.5 V 的阈值电压是电源电压的三分之一。这样你就相当于知道了 90 kΩ 为总电阻的三分之一。因此，总电阻为：

$$R_T=3\times 90\ k\Omega=270\ k\Omega$$

产生电压 $V_{OUT}$=1.5 V 的电阻 $R$ 为：

$$R=R_T-90\ k\Omega=270\ k\Omega-90\ k\Omega=180\ k\Omega$$ ◄

**同步练习**　从式（4-5）入手，证明当光敏电阻为 90 kΩ 时，产生一个 1.5 V 的输出电压所需要的串联电阻 $R$ 为 180 kΩ。

采用科学计算器完成例 4-19 的计算。

**学习效果检测**

1. 什么是分压器？

2. 串联分压器电路中可以有多少个电阻？

3. 写出通用的分压公式。

4. 如果在 20 V 的电源上连接两个等值串联电阻，那么每个电阻两端的电压是多少？

5. 56 kΩ 电阻和 82 kΩ 电阻连接为一个分压器，电源电压是 10 V。画出电路，并求每个电阻两端的电压。

6. 图 4-48 所示是一个可调分压器电路。如果电位计是线性的，为了获得从 $B$ 端到 $A$ 端的 5.0 V 电压，和从 $C$ 端到 $B$ 端的 5.0 V 电压，$B$ 端要设置在何处？

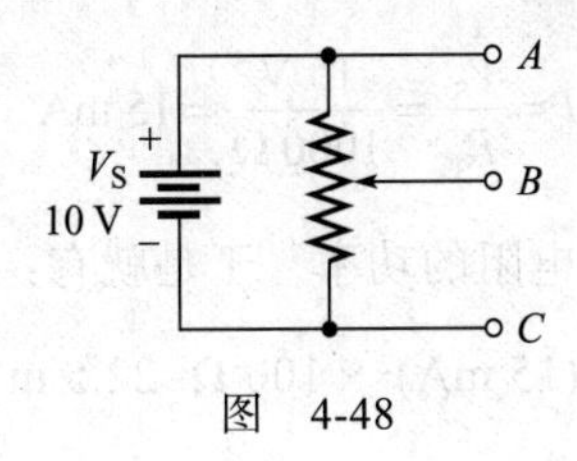


图　4-48

## 4.8　串联电路的功率

串联电路中每个电阻消耗的功率占电路总功率的一部分，功率是累加的。

串联电阻电路的总功率，等于各电阻功率之和，即

$$P_T=P_1+P_2+P_3+\cdots+P_n \tag{4-6}$$

式中，$P_T$ 为总功率，$P_n$ 为串联电路最后一个电阻的功率（$n$ 取值为任意正整数，对应串联电阻的数目）。

第 3 章学到的功率公式同样适用于串联电路。由于流经各串联电阻的电流相同，所以总功率计算公式如下：

$$P_T=V_SI$$

$$P_T=I^2R_T$$

$$P_T=\frac{V_S^2}{R_T}$$

式中，$I$ 为通过电路的电流，$V_S$ 为串联电路的总电源电压，$R_T$ 为总电阻。

**例 4-20** 求图 4-49 串联电路的总功率。

**解** 电压源为 15 V，总电阻为：

$$R_T=100\ \Omega+120\ \Omega+560\ \Omega+220\ \Omega=1000\ \Omega$$

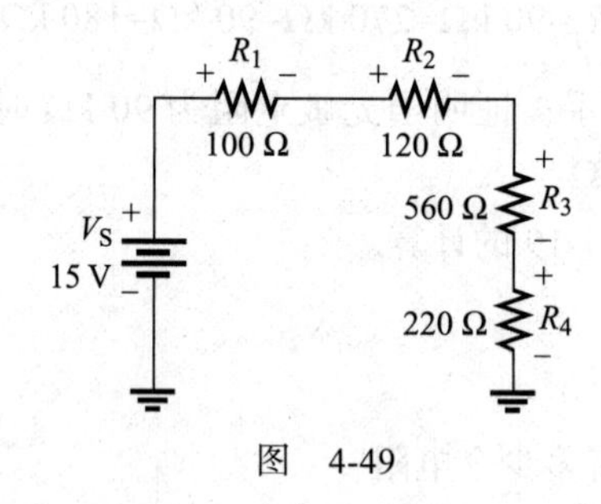


图 4-49

因为此时已知 $V_S$ 和 $R_T$，所以最简公式为 $P_T=V_S^2/R_T$，就有：

$$P_T=\frac{V_S^2}{R_T}=\frac{(15\ \text{V})^2}{1000\ \Omega}=\frac{225\ \text{V}^2}{1000\ \Omega}=225\ \text{mW}$$

如果分别计算每个电阻的功率，然后将它们相加，可以得到同样的结果。首先，电路的电流为：

$$I=\frac{V_S}{R_T}=\frac{15\ \text{V}}{1000\ \Omega}=15\ \text{mA}$$

接下来，使用 $P=I^2R$ 计算每个电阻的功率，于是就有：

$$P_1=(15\ \text{mA})^2\times100\ \Omega=22.5\ \text{mW}$$

$$P_2=(15\ \text{mA})^2\times120\ \Omega=27.0\ \text{mW}$$

$$P_3=(15\ \text{mA})^2\times560\ \Omega=126\ \text{mW}$$

$$P_4=(15\ \text{mA})^2\times220\ \Omega=49.5\ \text{mW}$$

于是，将上述所有功率相加，得到总功率为：

$$P_T=22.5\ \text{mW}+27.0\ \text{mW}+126\ \text{mW}+49.5\ \text{mW}=225\ \text{mW}$$

这个结果与之前由公式 $P_T=V_S^2/R_T$ 求解的总功率结果完全相同。◀

**同步练习**　如果图 4-49 中的 $V_S$ 增加到 30 V，则电路的功率为多少？

采用科学计算器完成例 4-20 的计算。

**学习效果检测**

1. 如果你知道串联电路中每个电阻的功率，如何求出总功率？

2. 串联电路中的各电阻消耗功率为：10 mW、20 mW、50 mW 和 80 mW。那么，电路的总功率为多少？

3. 某电路有三个电阻串联，阻值分别是 100 Ω、330 Ω 和 680 Ω，流经电路的电流为 4.5 mA。那么，电路总功率为多少？

## 4.9　电压的测量

第 2 章介绍了参考地的概念，并将参考地指定为电路的 0 V 参考点。注意，电压总是相对于电路中的另一点来测量的。本节将更详细地讨论接地问题。

术语地一词源于电话系统，是将大地本身作为一个导体。这个术语也被用于早期的无线电接收天线（称为天线），天线的一部分连接到接地的金属管上。今天，地的含义不同，不一定代表与地球处于相同的电位。在电路系统中，参考接地（或公共接地）作为测量电压的参考点。通常，参考地是承载电源返回电流的导体。大多数电子线路板的接地导电表面都较大。对于多层电路板来说，接地面是一个单独的内部层，被称为**接地平面**。

在电气布线中，参考接地通常与接地电位相同，因为中性点和接地点一同连接在建筑物的入口点。在这种情况下，参考地和接地处于相同的电位。[美国《国家电气规范》(NEC) 第 517 部分规定了医院手术室和医疗设施接地的某些特殊情况。]

参考地的概念也被应用于汽车的电气系统中。大多数汽车电气系统中，汽车的底盘是参考地（即使轮胎与地面隔离也是如此，地面是另一种不同的电位）。在几乎所有的现代汽车中，蓄电池的负极柱与底盘之间都有一个低电阻连接。这使得汽车的底盘成为其所有电流的返回路径，如图 4-50 所示。在一些老式汽车中，正极端子与底盘相连，称为正极地。在这两种方式中，底盘都代表参考地。

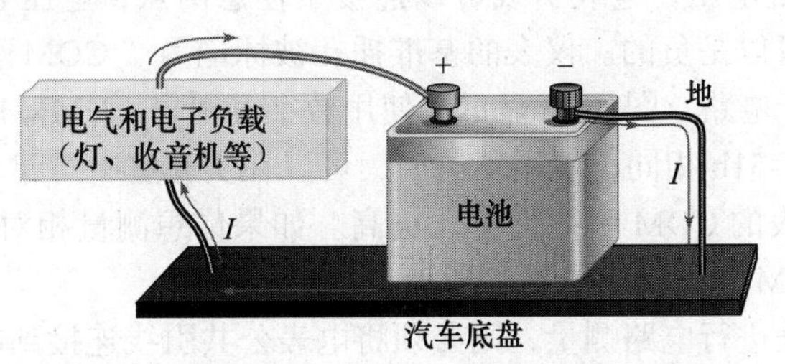


图 4-50　汽车底盘作为其各电路中电流的返回路径

### 安全小贴士

当从汽车上拆卸蓄电池时，首先要拆卸接地线。这样即使操作工具不小心与汽车底盘和正极端子接触，也不会产生火花，因为没有返回路径，就不会有电流。安装蓄电池时，应该最后安装接地线，这样做可以避免工具意外接触底盘时产生火花。

**相对于地的电压测量**

当测量相对地的电压时，用单个字母的下标表示。例如，$V_A$ 表示 $A$ 点相对于地的电压。图 4-51 中的电路包括三个 1.0 kΩ 的串联电阻和四个用字母标识的点。参考地表示其电势为 0 V。图 4-51a 中，参考接地点为 $D$ 点，其余所有点的电压相对于 $D$ 点均为正。图 4-51b 中，参考接地点为电路中的 $A$ 点，其他所有点的电压相对于 $A$ 点均为负。

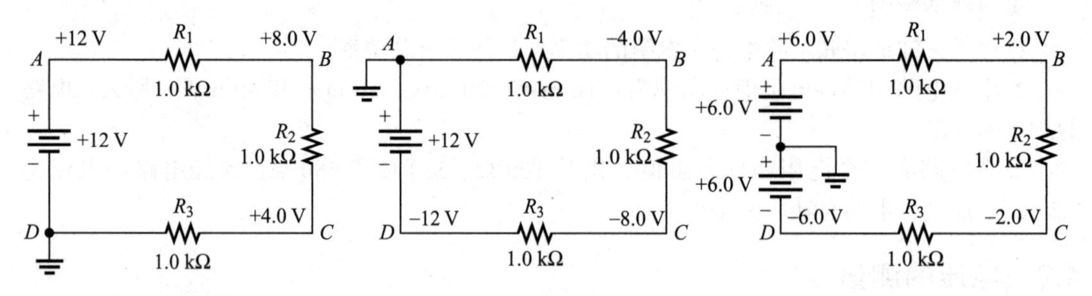


a）相对于参考地的正电压　　b）相对于参考地的负电压　　c）相对于参考地的正、负电压

图 4-51　接地点不会影响电路中电阻的电流或电压

许多电路会同时使用正电压和负电压，其电流的返回路径被指定为参考地。图 4-51c 采用了与前两图相同的电路，只是用两个 6.0 V 同向串联电源代替 12 V 电源。在这种情况下，参考接地点被指定为位于两个电压源的中间点。这 3 个电路中的电流完全相同，只是电压的参考接地点不同。从这些示例中可以看出，参考接地点是任意的，它不会改变电路中的电压或电流。

并不是所有的电压都是相对于接地点来测量的。如果你希望表示一个未接地电阻两端的电压，可以以该电阻作为电压符号的下标，或者使用两个下标。当使用两个下标时，电阻电压即表示这两点间的电位差。例如，$V_{BC}$ 代表 $V_B$–$V_C$。图 4-51 中，你可以通过减法运算来检验 $V_{BC}$ 在三个电路中都相同，都是 +4.0 V。另一种表示 $|V_{BC}|$ 的方法是，当不考虑极性只考虑幅度的时候将其简单地记作 $V_{R2}$。

还有一种常用的借助下标来表示电压的方法。电源电压通常用双字母下标表示。参考点为地或公共点。例如，标识为 $V_{CC}$ 的电压是相对于地的正电源电压。负电源电压为 $-V_{CC}$。其他常见的电源电压符号还有 $V_{DD}$（正），$V_{EE}$ 或 $-V_{EE}$（负），$V_{SS}$ 或 $-V_{SS}$（负）。

用数字电压表测量电压，电表引线可以连接于任意两点，电压表将显示该两点间的电压，可以是正的，也可以是负的。仪表的基准插孔被标记为“COM”（通常为黑色）。这只适用于仪表，不适用于电路。图 4-52 显示了使用数字万用表（DMM）测量不接地电阻 $R_2$ 两端的电压。电路与图 4-51b 相同，使用负电源，可以在实验室中搭建。注意，仪表显示的是负电压，这意味着仪表的 COM 引线处电压更高。如果你想测量相对于电路参考地的电压，你可以将仪表上的 COM 端连接到电路参考地。

如果使用模拟电表进行电路测量，则必须将电表公共引线连接到电路中最低电位处；否则，仪表指针将反向偏转。图 4-53 为用模拟电表测量前述电路的情况。这里特别注意，电表的引线与之前的连接相反。要测量 $R_2$ 两端电压，必须正确连接引线使指针正向偏转。注意仪表上的正极引线需与电路中较高电位点相连。在本例中，电路的接地点是高电位端。当记录读数时，用户需要在读数前加负号。

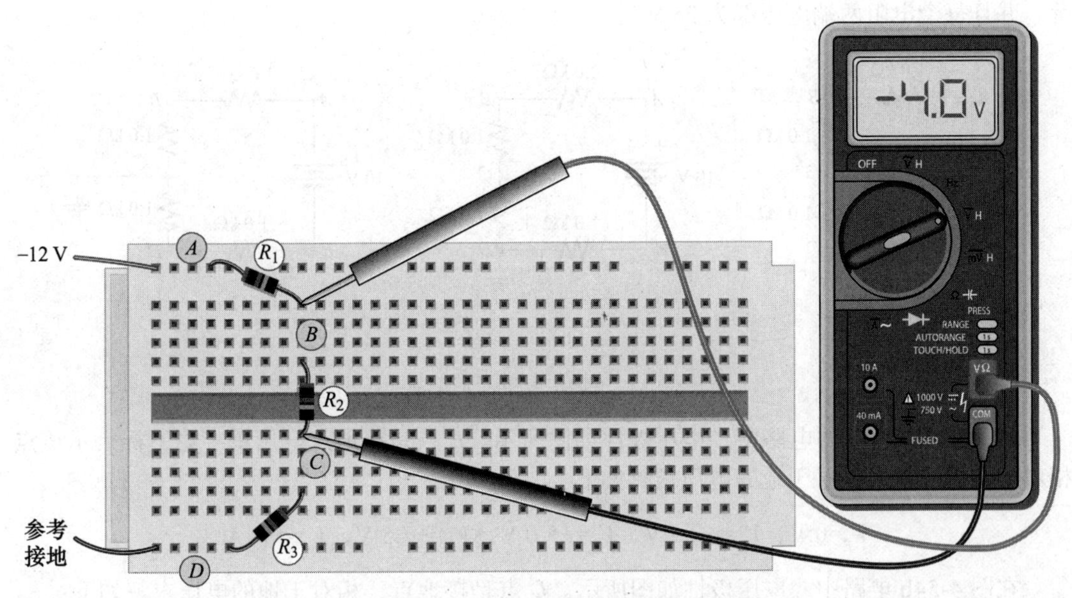


图 4-52　DMM 有一“浮动”公共点，因此它的两根引线可以连接到电路中的任何点，以读取两点之间的确切电压（见彩插）

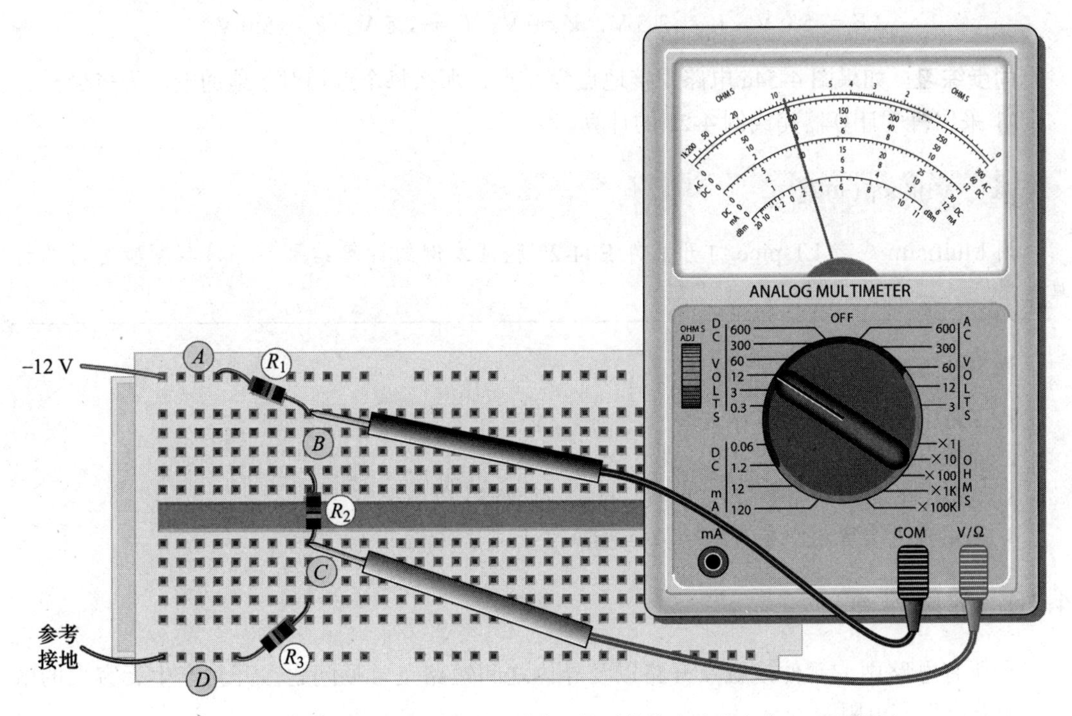


图 4-53　模拟电表测量电压时，需将正极引线接电路高电位点（见彩插）

**例 4-21** 图 4-54 中，求各电路中每个指示点的对地电压。其中，假设所有电阻都相等，并且每个电阻两端电压都为 25 V。

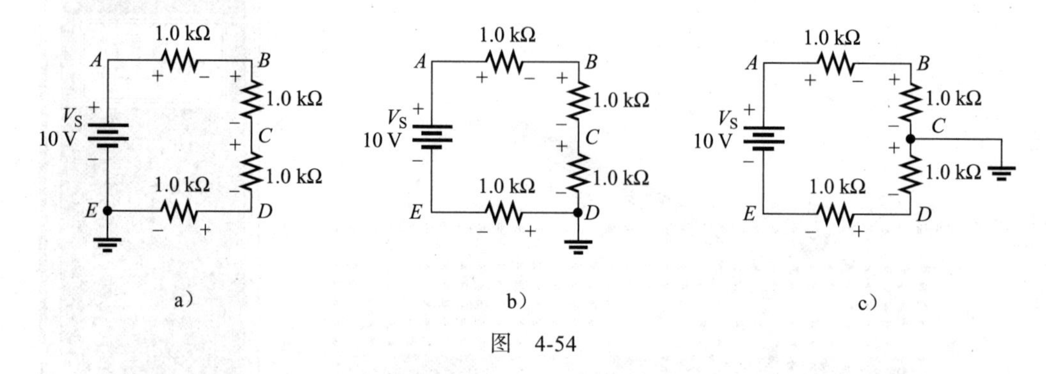


图 4-54

**解** 在图 4-54a 的电路中，电压极性如图所示。*E* 点是接地点。用单字母下标表示该点相对于地的电压。相对于地的电压求解如下：

$$V_E=0\ \text{V},\ V_D=+2.5\ \text{V},\ V_C=+5.0\ \text{V},\ V_B=+7.5\ \text{V},\ V_A=+10\ \text{V}$$

在图 4-54b 电路中，电压极性如图所示。*D* 点是接地点，相对于地的电压求解如下：

$$V_E=-2.5\ \text{V},\ V_D=0\ \text{V},\ V_C=+2.5\ \text{V},\ V_B=+5.0\ \text{V},\ V_A=+7.5\ \text{V}$$

在图 4-54c 电路中，电压极性如图所示。*C* 点是接地点，相对于地的电压求解如下：

$$V_E=-5.0\ \text{V},\ V_D=-2.5\ \text{V},\ V_C=0\ \text{V},\ V_B=+2.5\ \text{V},\ V_A=+5.0\ \text{V}$$ ◀

**同步练习** 如果图 4-54a 电路中接地点为 *A* 点，那么每个点相对于地的电压为多少？

采用科学计算器完成例 4-21 的计算。

**Multisim 仿真**

用 Multisim 或者 LTspice 打开文件 E04-21 验证本例的计算结果，并核实同步练习的计算结果。

**学习效果检测**

1. 电路中的参考点被称为什么？
2. 如果电路中 $V_{AB}$ 为 +5.0 V，那么 $V_{BA}$ 为多少？
3. 电路中的电压通常是以地为参考的。（对或错）
4. 外壳或机箱常用作参考地。（对或错）

## 4.10 故障排查

在所有电路中，元件或触点开路以及导体之间短路是常见问题。开路产生无穷大的电阻。短路产生零电阻。

### 4.10.1 开路

串联电路中最常见的故障是**开路**。如图 4-55 所示，当某电阻或灯泡烧坏时，会导致电流中断，使电路出现开路。

**串联电路中的开路会截断电流。**

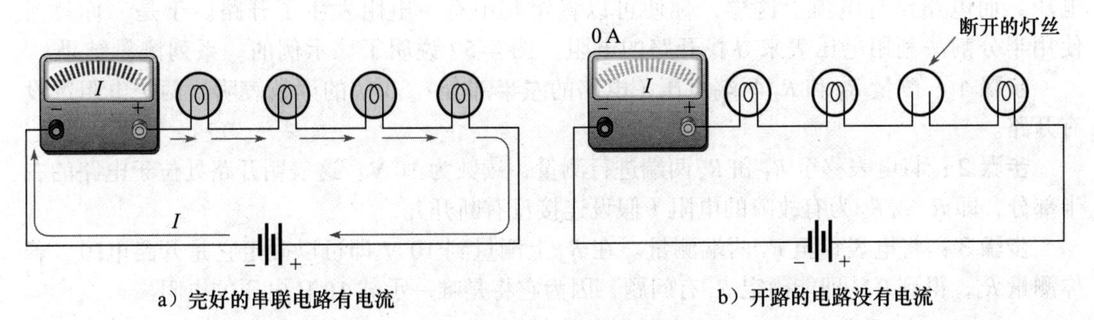


a）完好的串联电路有电流　　b）开路的电路没有电流

图 4-55　当发生开路时电流中断

**开路故障排查**　第 3 章介绍了用于故障排查的分析、规划和测量（APM）的方法，以外还介绍了半分割法，以及使用欧姆表的实际案例。现在，用同样的原理，将电阻测量扩展至电压测量。电压测量是最容易操作的，因为你不需要断开任何连接。

第一步，在分析之前，最好先目测一下故障电路。你可能会发现一个烧焦的电阻，一根断掉的灯丝，一段松动的电线，或松动的连接等。然而，有时电阻或元件没有明显损坏迹象，此种情况可能更为常见。当没有目测出故障时，就需要使用 APM 方法进行排查。

当串联电路中发生开路时，所有电源电压都加在开路处。原因是开路阻断了电流通过串联电路。没有电流，其余所有电阻两端都不可能有电压。由于 $IR=0\ \text{A}\times R=0\ \text{V}$，因此无故障电阻两端的电压都等于零。于是，在图 4-56 中，由于电路其他部分没有电压，所以加在串联电路的电压会全部加在开路处。根据基尔霍夫电压定律，电源电压就加在开路的两端：

$$V_S=V_{R1}+V_{R2}+V_{R3}+V_{R4}+V_{R5}+V_{R6}$$

$$V_{R4}=V_S-V_{R1}-V_{R2}-V_{R3}-V_{R5}-V_{R6}=10\ \text{V}-0\ \text{V}-0\ \text{V}-0\ \text{V}-0\ \text{V}-0\ \text{V}$$

$$V_{R4}=V_S=10\ \text{V}$$

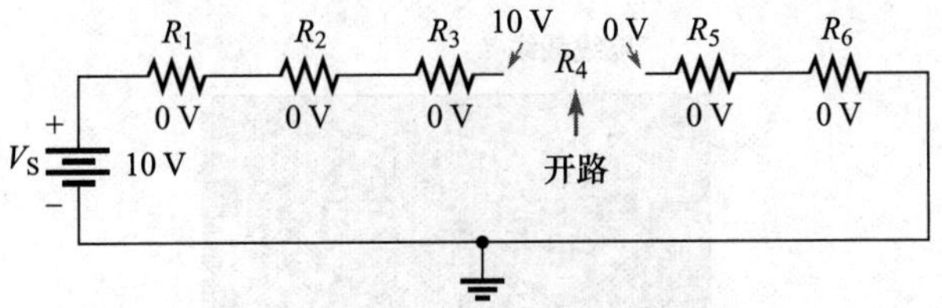

图 4-56　电源电压加在开路电阻两端

## 技术小贴士

当测量电阻时，请确保不要接触到电表探头或电阻引线。如果你的手指接触到某高阻值电阻的两端或电表的探头，那么受你人体电阻的影响测量将不准确。第 5 章将会学到，当人体电阻与高阻值电阻并联时，测得的电阻值将小于实际电阻值。

**使用电压测量的半分割法示例** 假设某电路有 4 个电阻串联。通过分析发现电源有电压，而电路没有电流。这样，你便可以肯定其中有一电阻发生了开路。于是，你规划使用半分割法利用电压表来寻找开路的电阻。图 4-57 说明了该示例的一系列测量结果。

**步骤 1**：测量 $R_1$ 和 $R_2$ 两端电压（电路的左半部分）。0 V 的读数表明这两个电阻都没有开路。

**步骤 2**：将电表移至 $R_3$ 和 $R_4$ 两端进行测量，读数为 10 V。这表明开路处位于电路的右半部分，即 $R_3$ 或 $R_4$ 为有故障的电阻（假设连接没有断开）。

**步骤 3**：将电表移至 $R_3$ 两端测量。在 $R_3$ 上测量到 10 V 即可以确定它是开路电阻。若你测量 $R_4$，得到 0 V 即能确定 $R_3$ 有问题，因为它将是唯一承载 10 V 电压的电阻。

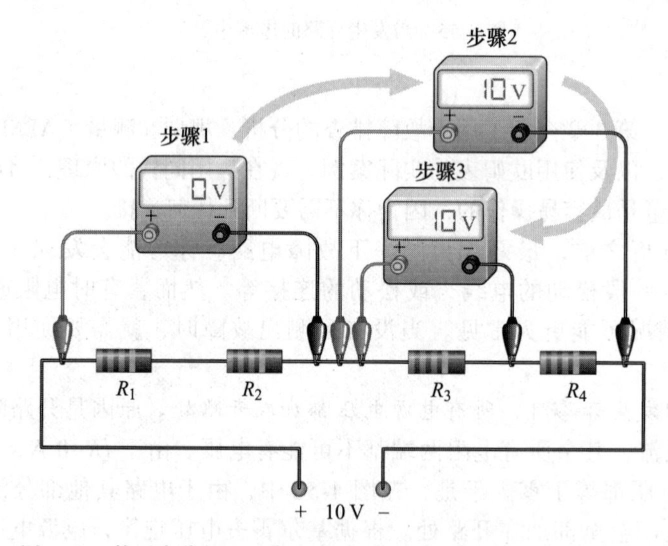


图 4-57 使用半分割法对串联电路中的开路故障进行排查（见彩插）

### 4.10.2 短路

有时，两个导体接触或有异物（如焊料或电线裁线）会将电路中两部分连接在一起，就会发生意外短路。这种情况一般发生在元件布线密度高的电路中。图 4-58 所示的 PCB 展示了 3 种可能的短路原因。

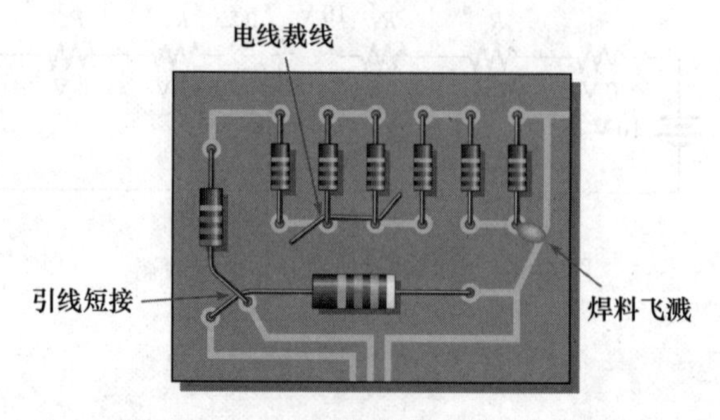


图 4-58 PCB 发生短路的实例（见彩插）

如图 4-59 所示，当发生**短路**时，部分串联电阻被绕过（所有电流直接通过短路处），于是总电阻减小。注意，短路会导致电流增大。

**串联电路中的短路会引起电流异常增大。**

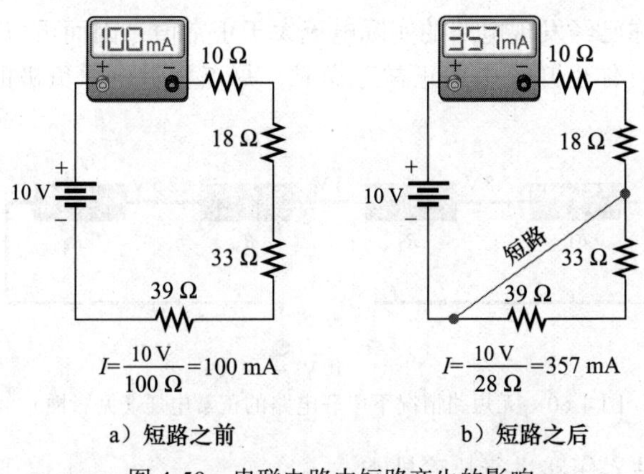


a）短路之前　　b）短路之后

图 4-59　串联电路中短路产生的影响

**短路故障排查**　短路故障通常很难排查。在任何故障排查中，最好都目测一下故障电路。在短路故障中，通常的罪魁祸首是电线裁线、焊料飞溅或引线短接。就元件故障而言，多数元件发生短路故障比发生开路故障要少。此外，短路会引起电流增大从而导致电路过热以致熔断。于是，开路和短路两种故障可能会同时发生。

当串联电路发生短路时，短路部分基本上没有电压。虽然有时会出现阻值较大的短路，但是通常短路时阻值为零或接近于零，这被称为电阻性短路。为便于说明，假设所有短路均为零电阻。

为了排查短路故障，需要测量每个电阻两端的电压，直到发现读数为 0 V 的那个电阻。这是一种逐个测量的方法，而非半分割法。若要应用半分割法，则必须知道电路中每点处的正确电压，并将其与测量值进行比较。例 4-22 说明了如何使用半分割法来查找短路故障。

确定串联电路中电阻短路的另一种方法是将电路的计算电流与测量电流进行比较，并使用欧姆定律确定电阻的变化。在没有故障的电路里，总电阻为 $R_T=R_1+R_2+R_3+\cdots+R_n$。若没有短路，则电路的电源电压等于计算得到的总电阻 $R_T$ 乘以计算得到的总电流 $I_{calc}$，即

$$V_S=I_{calc}\times R_T$$

如果串联电路中电阻 $R_K$ 短路，那么短路后的总电阻仅为 $R_{short}=R_T-R_K$。短路后电路的供电电压等于短路后总电阻乘以测得的电流 $I_{meas}$，即

$$V_S=I_{meas}\times R_{short}$$

既然两种情况下的供电电压相等，那么两个等式可以联合起来处理，就有：

$$I_{calc}\times R_T=I_{meas}\times R_{short}$$

因为 $R_{short}=R_T-R_K$，于是有

$$I_{calc}\times R_T=I_{meas}\times(R_T-R_K)=(I_{meas}\times R_T)-(I_{meas}\times R_K)$$

因此可以自行推导短路电阻 $R_K$，最终结果为：

$$R_K=[(I_{meas}-I_{calc})/I_{meas}]\times R_T \tag{4-7}$$

如果电路的电流容易测量且串联元件具有不同的阻值，则采用式（4-7）很方便。如果短路的电阻与电路中其他电阻的阻值相同，那么方程式将能够提供短路后的总电阻值，但不能指示具体哪个电阻短路了。

例 4-22 假设你已经发现电路的实际电流大于正常值，因而可以肯定在 4 个串联电阻中一定存在短路。而且你也知道电路正常工作时，每点相对电源负极的电压，如图 4-60 所示。试找出短路位置。

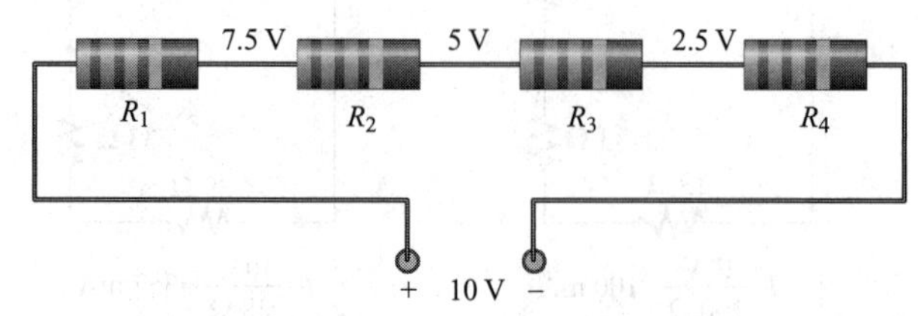


图 4-60 无短路情况下串联电路的正常电压（见彩插）

**解** 应用半分割法对短路进行故障排查。

**步骤 1**：用电压表测量 $R_1$ 和 $R_2$ 串联部分的总电压。电表读数为 6.67 V，高于正常电压（应为 5 V），而不是低于正常值，因此故障不在这里。还需要搜寻低于正常值的电压。

**步骤 2**：移动电压表，测量 $R_3$ 和 $R_4$ 串联部分的总电压。读数为 3.33 V，低于正常电压（应该是 5 V）。这表明短路发生在电路的右半部分，即 $R_3$ 或 $R_4$ 短路。

**步骤 3**：再次移动电压表，测量 $R_3$ 两端电压，读数为 3.3 V。现在可以肯定 $R_4$ 发生了短路，因为 $R_4$ 上的电压为 0 V。图 4-61 图解了这种故障排查方法的过程。

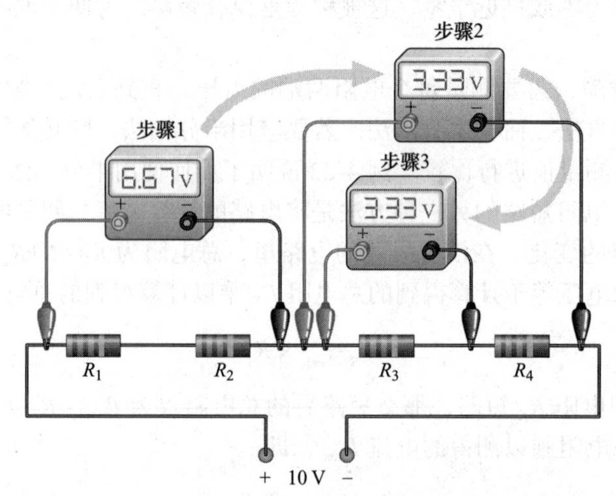


图 4-61 使用半分割法排查串联电路中的短路故障（见彩插） ◀

**同步练习** 假设图 4-61 中 $R_1$ 短路，步骤 1 中的电压测量值为多少？

采用科学计算器完成例 4-22 的计算。

**学习效果检测**

1. 定义开路。
2. 定义短路。
3. 当串联电路开路时会发生什么情况？
4. 列举两例，说明实际应用中可能产生开路的情况，什么原因可能导致短路？
5. 当一个电阻发生故障时，通常是开路。（对或错）
6. 串联电阻的总电压为 24 V。如果其中一个电阻开路，则它两端的电压是多少？其余无故障电阻两端的电压是多少？
7. 解释为什么图 4-61 电路中测得的电压比正常值高。

8. 10 V 电压源为串联电路供电，得到的电流计算值为 10 mA。测量电流为 14.9 mA，因此怀疑有电阻短路。求短路电阻为多少？

## 应用案例

假设你的导师提供了一个分压器电路板，布置的任务是对电路板进行性能检查并做必要的修改。该电路板的目的是为其他电路提供 5 种不同的电压，供电电源是容量为 6.5 A • h 的 12.0 V 电池。该分压器向模 / 数转换器中的电子电路提供正参考电压。你的工作是检查电路，确保它能够提供在 ±5% 的范围内相对电池负极的不同电压：10.4 V、8.0 V、7.3 V、6.0 V 和 2.7 V。你还需要确认电阻的额定功率是否适合该电路，并计算与分压器连接的电池可以使用多长时间。

**步骤 1：画电路原理图**

根据图 4-62 的色环确定各电阻的阻值，画出分压电路的原理图。印制电路板上所有电阻额定功率均为 0.25 W。

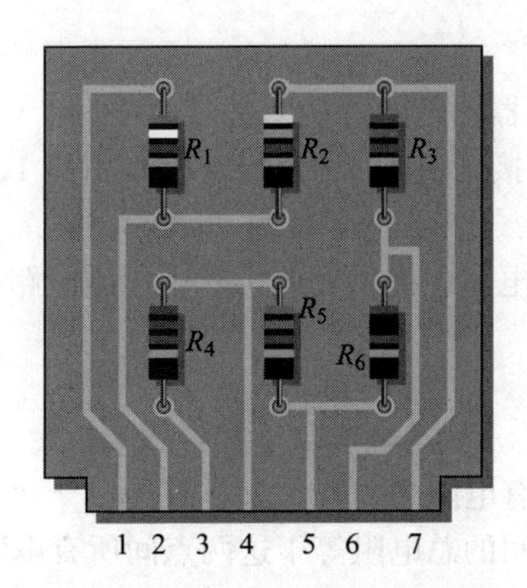


图 4-62　分压器电路板（见彩插）

**步骤 2：确定电压**

当 12 V 蓄电池的正极连接到引脚 3，负极连接到引脚 1 时，确定现有电路板上的每个输出电压，并将现有输出电压与下列值进行比较：

引脚 1：12 V 电源负极。

引脚 2：2.7 × (1 ± 5%)V。

引脚 3：12 V 电源正极。

引脚 4：10.4 × (1 ± 5%)V。

引脚 5：8.0 × (1 ± 5%)V。

引脚 6：7.3 × (1 ± 5%)V。

引脚 7：6.0 × (1 ± 5%)V。

**步骤 3：修改电路（如果需要）**

如果现有电路的输出电压与步骤 2 所列的电压不同，则需要对电路进行必要的修改。绘制修改电路的原理图，展示电阻阻值和需要的额定功率。

**步骤 4：确定电池寿命**

当连接分压器电路时，确定 12 V 电池的总电流，并确定容量 6.5 A • h 电池的使用寿命。

**步骤 5：制定测试步骤**

确定如何测试分压电路板，以及使用何种仪器，并按步骤详细说明测试过程。

**步骤 6：电路故障排查**

确定以下情况中最可能出现的电路故障 [ 电压以电池负极（电路板上的引脚 1）为参考 ]：

1. 电路板各引脚上都没有电压。
2. 引脚 3 和 4 上的电压都为 12 V，其余引脚上的电压为 0 V。
3. 除引脚 1 上电压为 0 V 外，其余引脚上的电压都为 12 V。
4. 引脚 6 上的电压为 12 V，引脚 7 上的电压为 0 V。
5. 引脚 2 上的电压为 3.3 V。

### Mutilsim 故障排查与分析

1. 使用 Multisim，按照步骤 1 的电路原理图连接电路，验证步骤 2 所列的各输出电压。
2. 引入步骤 6 中所涉及的故障，并验证产生的电压测量值。

---

**检查与复习**

1. 12 V 电池供电下，分压器消耗的总功率是多少？

2. 如果 6 V 电池的正极连接到引脚 3，负极连接到引脚 1，那么分压器的输出电压各是多少？

3. 当分压器电路板连接到电路中提供正电压时，印制电路板上哪个引脚应该连接到电路的参考地？

## 本章总结

- 串联电路中总电阻为所有电阻之和。
- 串联电路中任意两点之间的总电阻等于这两点间所有电阻之和。
- 若串联电路中所有电阻阻值相等，那么总电阻就是电阻个数乘以该阻值。
- 串联电路中电流处处相等。
- 电压源串联时电压以代数和形式相加。
- 基尔霍夫电压定律：串联电路中，所有电压降之和等于该回路的总电源电压。
- 基尔霍夫电压定律：巡行闭合路径一周，所有电压的代数和为零。
- 电路中电压降总是与总电源电压极性相反。
- 分压器是连接到电压源上的电阻串联装置。
- 分压器的工作原理是串联电路中任一电阻的电压都以与它阻值成正比例地分配总电压。
- 电位器能够用作可调分压器。
- 串联电阻电路的总功率是所有电阻消耗功率之和。
- 带有单字母下标的电压以地为参考。带有两个不同字母的下标表示此电压是该两点之间的电位差。带有两个相同字母下标的电压为电源电压。
- 参考地（公共点）是零电位点，电路中其他各点以该点作为参考点。
- “负接地”是电源负极接地时所使用的术语。
- “正接地”是电源正极接地时所使用的术语。
- 串联电路中开路元件的电压始终等于电源电压。
- 短路元件的电压始终为 0 V。

## 对 / 错判断（答案在本章末尾）

1 串联电路可以不只有一条电流通路。

2 串联电路的总电阻可以小于该电路中最大的电阻。

3 如果两个串联电阻大小不同，电阻越大，电流越大。

4 如果两个串联电阻大小不同，电阻越大，分压越大。

5 如果使用 3 个等值电阻组成分压器，则每个电阻电压将是电源电压的三分之一。

6 在安装手电筒电池时，需将电池同向串联。

7 基尔霍夫电压定律只有在回路中含有电压源时才成立。

8 分压公式可以写成 $V_x=(R_x/R_T)V_S$。

9 串联电路中所有电阻消耗的功率与电源提供的功率相等。

10 若电路中 $A$ 点的对地电压是 +10 V，$B$ 点的对地电压是 −2.0 V，那么 $V_{AB}$ 就是 +8.0 V。

## 自我检测（答案在本章末尾）

1 5 个等值电阻串联，流入第 1 个电阻的电流为 2 mA，那么流出第 2 个电阻的电流是

（a）等于 2 mA　　（b）小于 2 mA
（c）大于 2 mA

2 为了测量由 4 个电阻组成的串联电路中第 3 个电阻的电流，可以放置一个电流表于

（a）第 3 个和第 4 个电阻之间
（b）第 2 个和第 3 个电阻之间
（c）在电源的正端
（d）在电路的任意点

3 在两个电阻串联的电路中，再增加第 3 个串联电阻，则总电阻

（a）保持不变　　（b）增加
（c）减少　　（d）增加 1/3

4 若从含有 4 个串联电阻的电路中取出一个电阻，并重新连接电路，则电流

（a）减小量等于被移除电阻的电流
（b）减少 1/4
（c）增加 4 倍
（d）增加

5 串联电路中 3 个电阻的阻值分别为 100 Ω、220 Ω、330 Ω，则总电阻为

（a）小于 100 Ω
（b）各电阻的平均值
（c）550 Ω
（d）650 Ω

6 9 V 电池连接在 68 Ω、33 Ω、100 Ω、47 Ω 4 个电阻的串联组合上，则电流为

（a）36.3 mA　　（b）27.6 A
（c）22.3 mA　　（d）363 mA

7 当在一个手电筒里放置 4 节 1.5 V 电池时，若把其中一节放反了。那么，灯泡将如何变化

（a）比正常还要亮　　（b）比正常暗
（c）熄灭　　（d）不变

8 如果测量到一个串联电路中所有的电压降和电源电压，并根据极性把它们相加在一起，可得到

（a）电源电压
（b）总电压降
（c）0
（d）电源电压和电压降之和

9 某串联电路有 6 个电阻，每个电阻两端电压都为 5.0 V。那么电源电压为

（a）5.0 V　　（b）30 V
（c）取决于电阻值　　（d）取决于电流

10 某含有 4.7 kΩ、5.6 kΩ 和 10 kΩ 的 3 个电阻串联电路，两端电压最大的电阻为

（a）4.7 kΩ
（b）5.6 kΩ
（c）10 kΩ
（d）从给定的信息中无法确定

11 下列哪个串联组合在连接 100 V 电源时消耗功率最大？

（a）1 个 100 Ω 电阻
（b）2 个 100 Ω 电阻
（c）3 个 100 Ω 电阻

（d）4 个 100 Ω 电阻

12 某电路总功率为 1.0 W，由 5 个等值电阻串联组成，每个电阻消耗的功率为

（a）1.0 W （b）5.0 W
（c）0.5 W （d）0.2 W

13 当你将电流表接入串联电路，并打开供电电压源时，电流表读数为零。你应该检查

（a）断线
（b）短路电阻
（c）开路电阻
（d）答案（a）和（c）

14 在检查串联电阻电路时，你发现实际电流比预期值大。你应该寻找

（a）开路
（b）短路
（c）低阻值
（d）答案（b）和（c）

**故障排查**（下列练习的目的是帮助建立故障排查所必需的思维过程。答案在本章末尾。）

确定下列症状的原因。参见图 4-63。

1 症状：电流表读数为零，电压表 1 和电压表 3 读数为零，电压表 2 读数为 10 V。

原因：

（a）$R_1$ 开路 （b）$R_2$ 开路
（c）$R_3$ 开路

2 症状：电流表读数为 0，电压表读数也都为 0。

原因：

（a）某电阻开路
（b）电压源关闭或者故障了
（c）某电阻阻值太高

3 症状：电流表读数为 2.33 mA，电压表 2 读数为 0。

原因：

（a）$R_1$ 短路
（b）电压源值设置过高
（c）$R_2$ 短路

4 症状：电流表读数为 0，电压表 1 读数为 0，电压表 2 读数为 5.0 V，电压表 3 读数为 5.0 V。

原因：

（a）$R_1$ 短路
（b）$R_1$ 和 $R_2$ 开路
（c）$R_2$ 和 $R_3$ 开路

5 症状：电流表读数为 0.645 mA，电压表 1 读数过高，其他两个电压表读数过低。

原因：

（a）$R_1$ 为 10 V 不正确的阻值
（b）$R_2$ 为 10 V 不正确的阻值
（c）$R_3$ 为 10 V 不正确的阻值

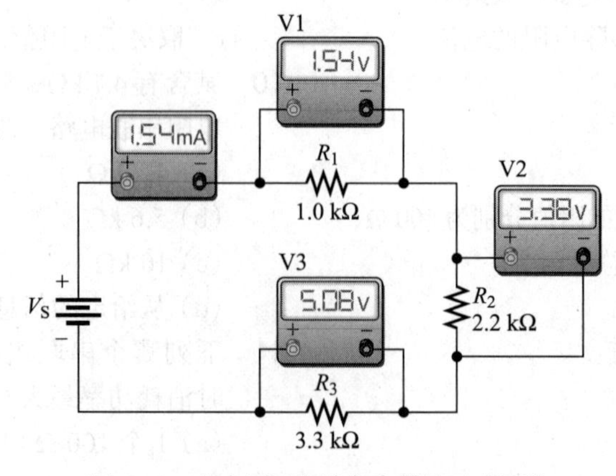


图 4-63 电表显示电路各参数的正确读数

## 分节习题（奇数题答案在本书末尾）

### 4.1 节

1 将图 4-64 各电路中 $A$ 点和 $B$ 点之间的电阻串联起来。

2 在图 4-65 中，找出串联连接的电阻。如何连接引脚才能将所有电阻串联起来？

3 在图 4-65 中，确定电路板上引脚 1 和引脚 8 之间的电阻值。

4 在图 4-65 中，确定电路板上引脚 2 和引脚 3 之间的电阻值。

### 4.2 节

5 一个 82 Ω 电阻和 56 Ω 电阻串联，总电阻为多少？

6 在图 4-66 中，求各串联电路的总电阻。

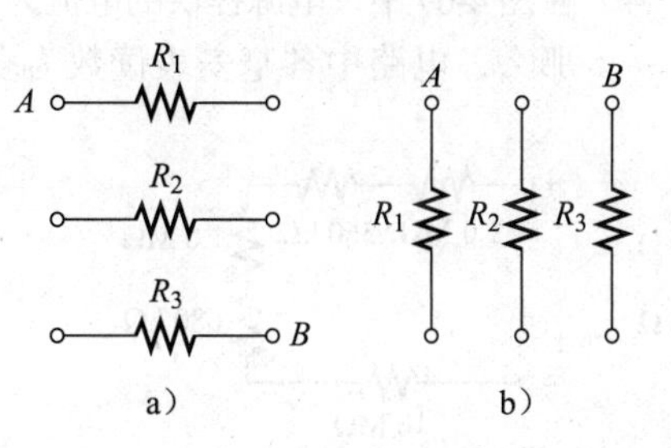


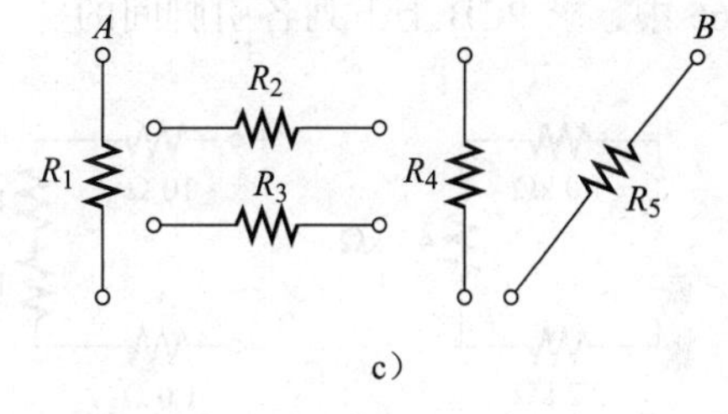


图 4-64

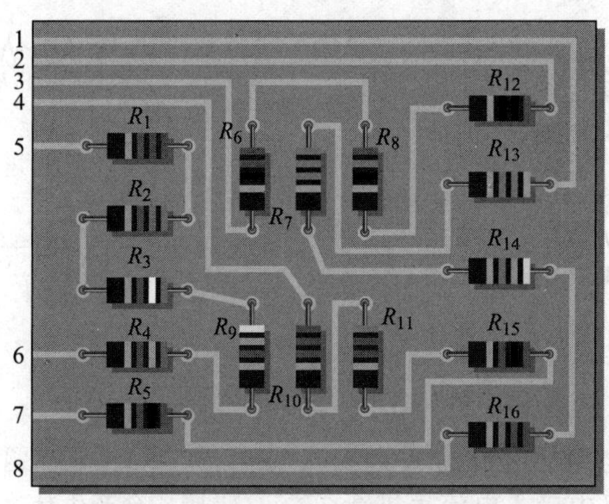


图 4-65 （见彩插）

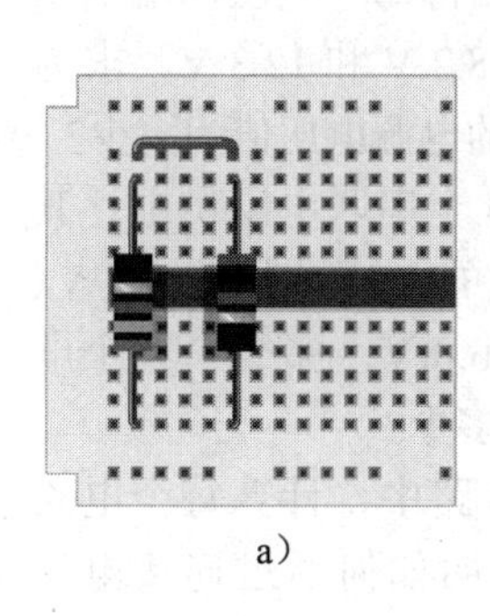

a）

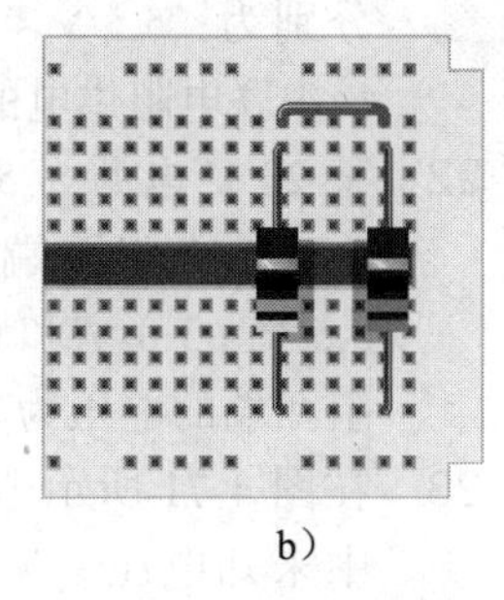

b）

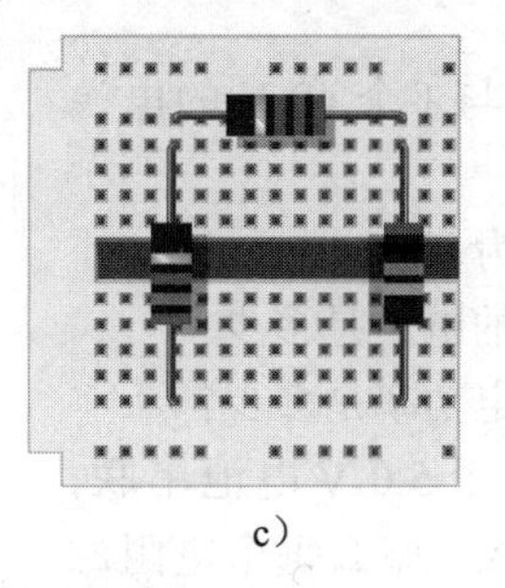

c）

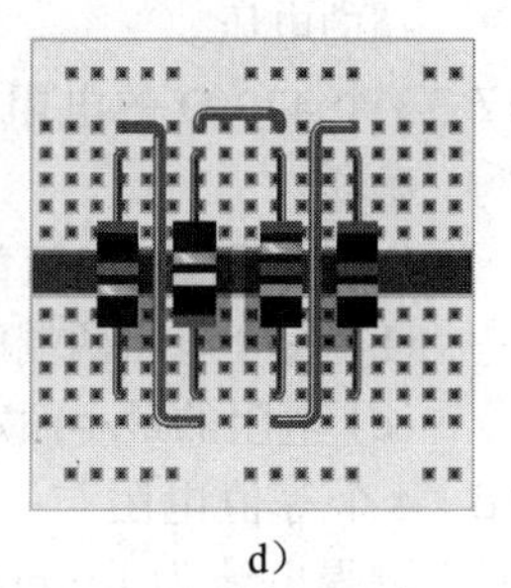

d）

图 4-66 （见彩插）

7 在图 4-67 中，计算各电路的总电阻 $R_T$。说明如何用欧姆表测量 $R_T$。

8 12 个 5.6 kΩ 的电阻串联后总电阻为多少？

9 6 个 47 Ω 电阻、8 个 100 Ω 电阻和 2 个 22 Ω 电阻串联在一起，总电阻为多少？

10 在图 4-68 中，若电路的总电阻为 20 kΩ，那么 $R_5$ 的阻值为多少？

11 图 4-65 中，求 PCB 上下列各引脚间的电阻。

12 图 4-65 中，如果将所有电阻都串联起来，那么总电阻为多少？

4.3 节

13 如果串联电路总电压为 12 V，总电阻为 120 Ω，那么流经每个电阻的电流是多少？

14 在图 4-69 中，电源提供的电流为 5.0 mA。那么，电路中各毫安表读数为多少？

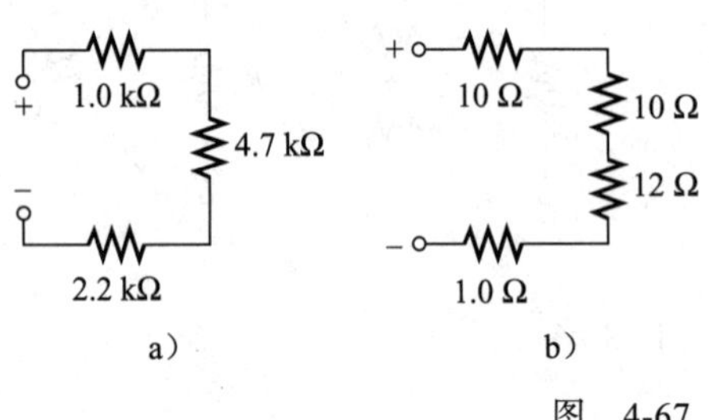


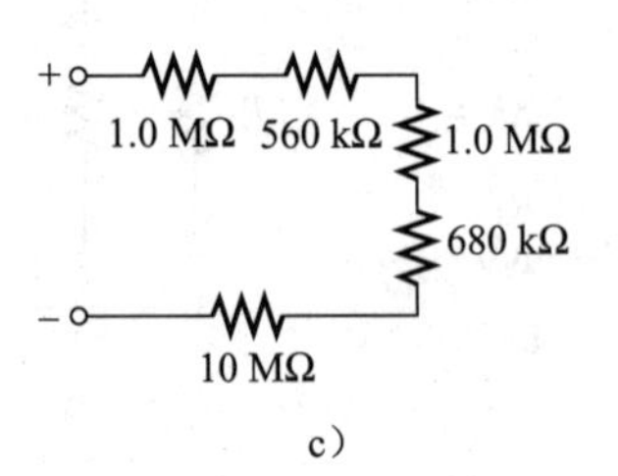


图 4-67

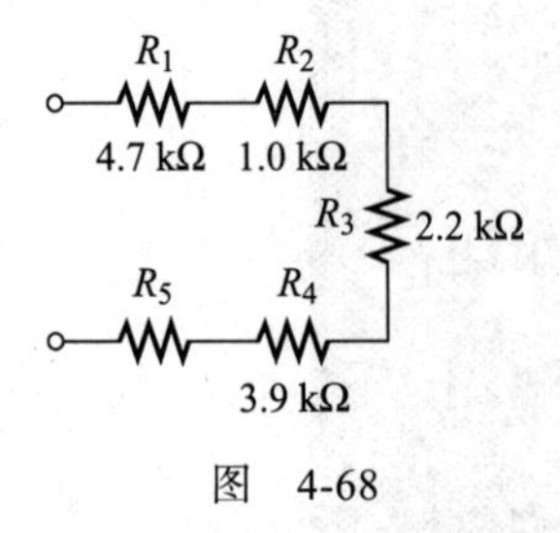


图 4-68

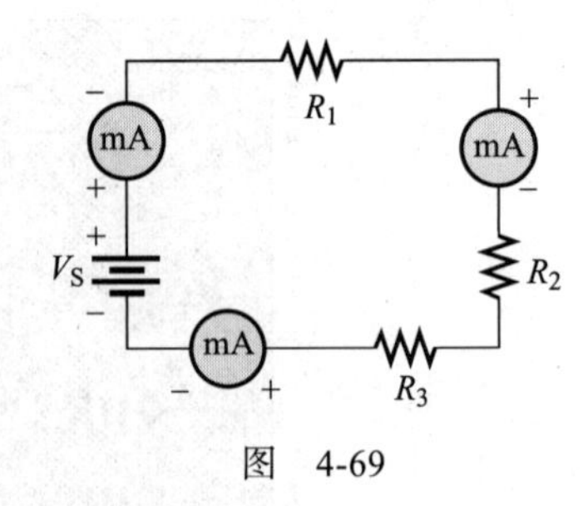


图 4-69

4.4 节

15 在图 4-70 中，各电路的电流是多少？说明如何在各电路中接入电流表进行测量。

16 在图 4-70 所示电路中，求每个电阻两端的电压。

17 3 个 470 Ω 的电阻与 1 个 48 V 的电源串联。

(a) 电路中的电流为多少？

(b) 每个电阻两端的电压是多少？

(c) 电阻的最小额定功率是多少？

18 4 个等值电阻与一个 5.0 V 电池串联，测得电流为 1.0 mA。那么每个电阻的阻值是多少？

4.5 节

19 说明如何连接 4 节 6.0 V 电池来获得 24 V 电压。

20 如果上面 19 题中有一节电池意外反接，会产生什么结果？

4.6 节

21 3 个电阻串联，测得每个电阻两端电压分别为：5.5 V、8.2 V 和 12.3 V。求为该串联电阻供电的电源电压值为多少？

22 某 20 V 电源为 5 个串联电阻供电，其中 4 个电阻两端的电压分别为 1.5 V、5.5 V、3.0 V 和 6.0 V，那么第五个电阻两端的电压为多少？

23 在图 4-71 所示电路中，计算每个电路中未知电压。说明如何通过连接电压表来测量每个未知电压。

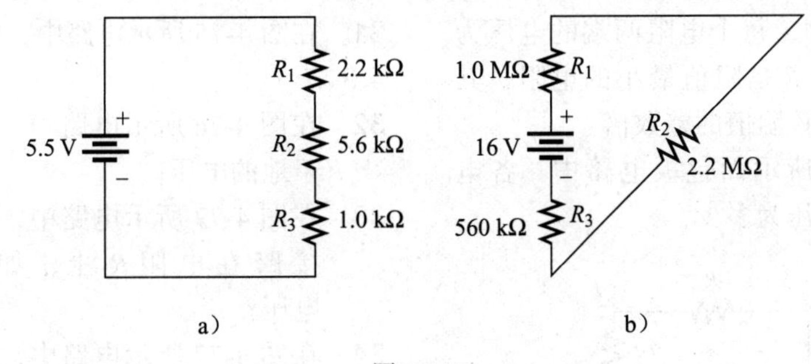


图　4-70

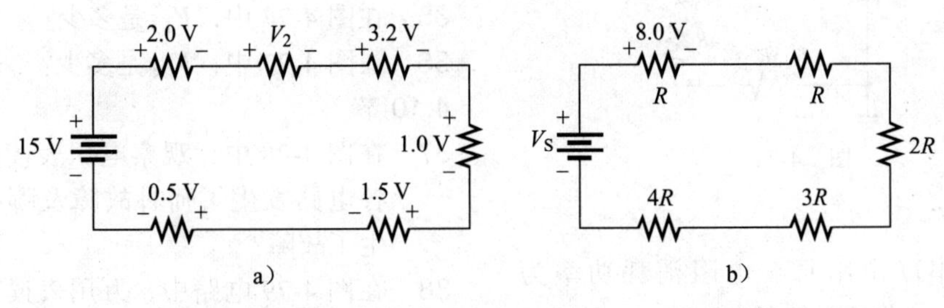


图　4-71

## 4.7 节

24　电路总电阻为500 Ω，其中22 Ω的串联电阻两端将会分得总电压的百分之多少？

25　在图4-72所示电路中，求各分压器中A点和B点间的电压。

26　在图4-73a中，以地为参考点，求点A、B和C的输出电压。

27　在图4-73b中，求分压器能够提供的最小电压和最大电压。

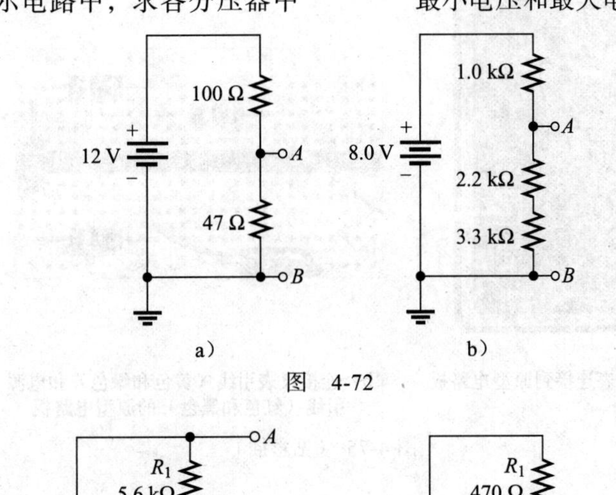


图　4-72

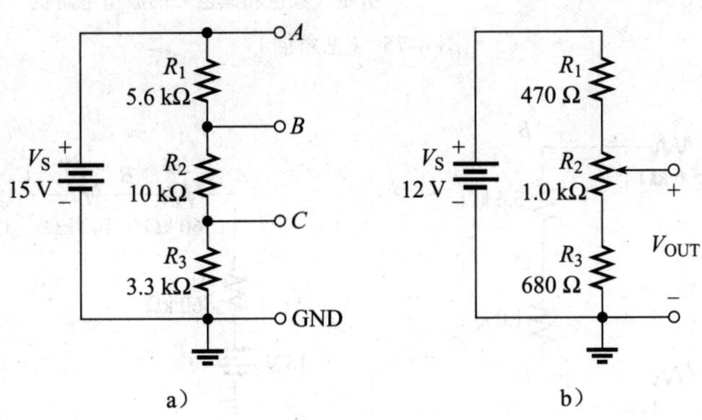


图　4-73

28 在图 4-74 中，每个电阻两端的电压为多少？其中 $R$ 是阻值最小的电阻，其他电阻都是该阻值的整数倍。

29 在图 4-75b 所示面包板电路中，各电阻两端的电压为多少？

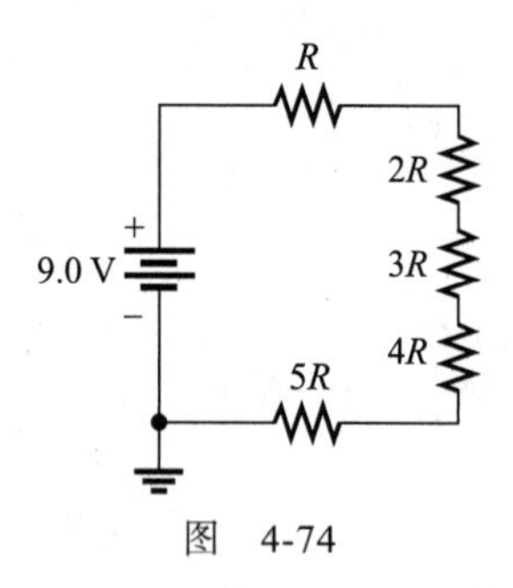


图 4-74

## 4.8 节

30 五个串联电阻每个电阻消耗功率为 50 mW。总功率是多少？

31 在图 4-75 所示电路中，求总功率。

## 4.9 节

32 在图 4-76 所示电路中，计算各点相对于地的电压。

33 在图 4-77 所示电路中，不将电压表直接跨在电阻 $R_2$ 上，如何测量 $R_2$ 的电压？

34 在图 4-77 所示电路中，计算各点相对于地的电压。

35 在图 4-77 中，$V_{AC}$ 是多少？

36 在图 4-77 中，$V_{CA}$ 是多少？

## 4.10 节

37 在图 4-78 中，观察电压表读数，分析各电路发生了何种故障及哪些元件发生了故障？

38 在图 4-79 电路中，万用表读数是否正常？如果不正常，有什么电路故障？

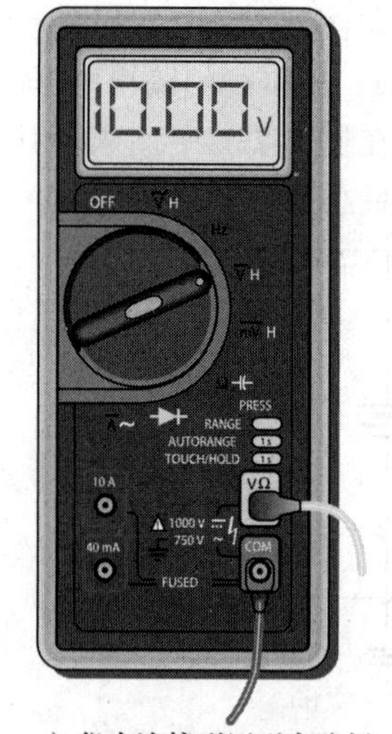


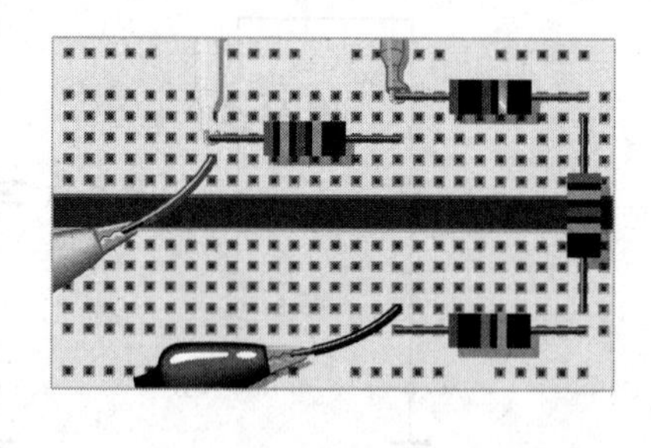

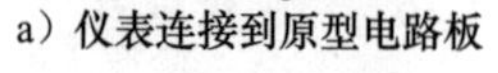

a）仪表连接到原型电路板 b）连接仪表引线（黄色和绿色）和电源引线（红色和黑色）的原型电路板

图 4-75 （见彩插）

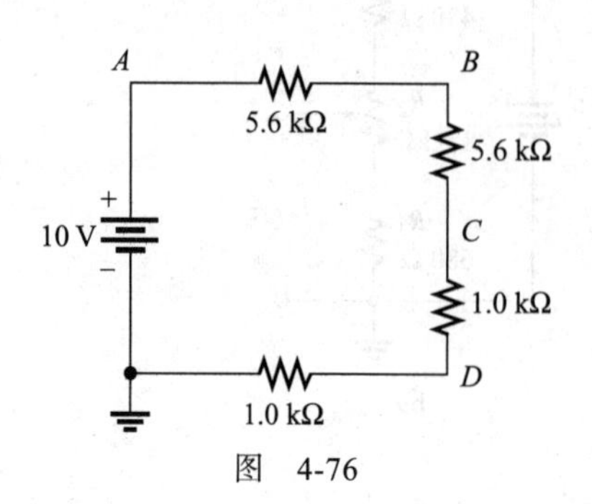


图 4-76

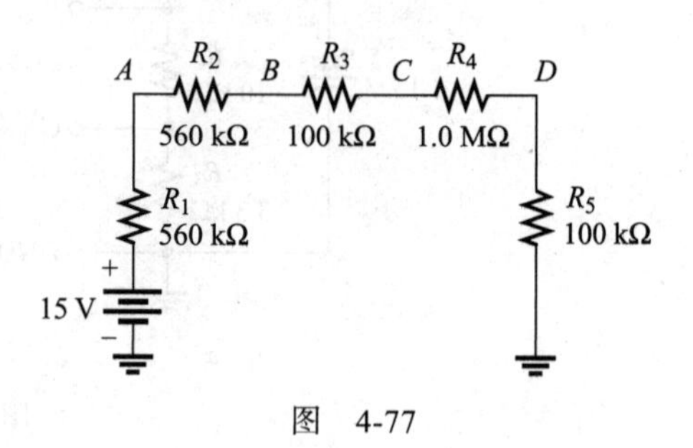


图 4-77

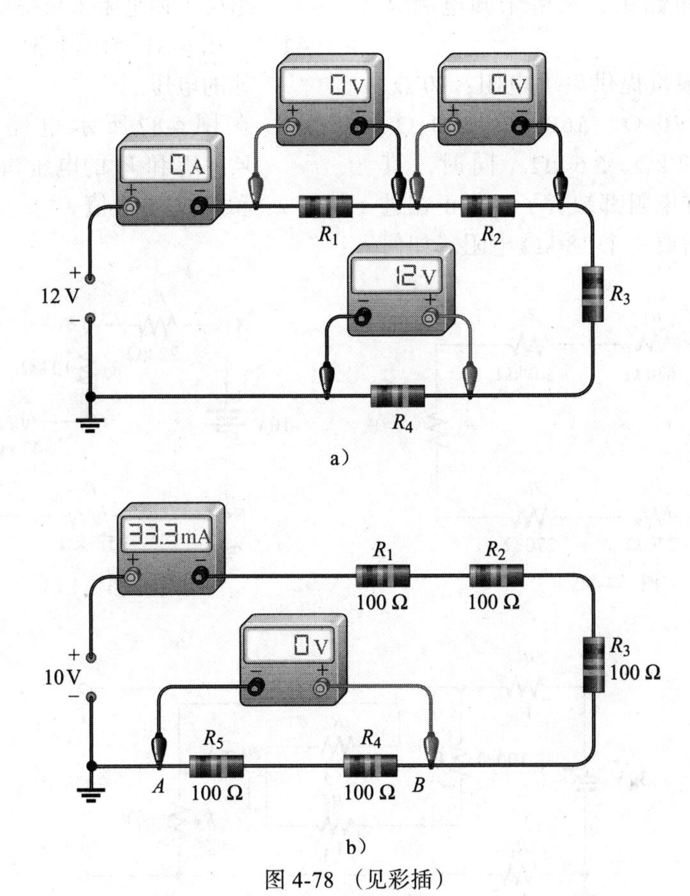


图 4-78（见彩插）

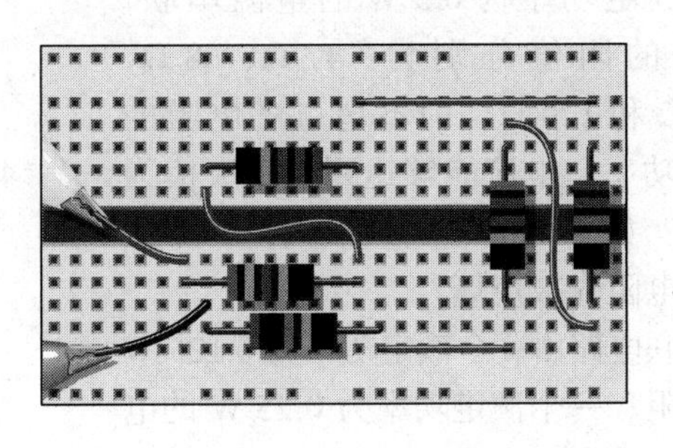

a）仪表连接到原型电路板　　　　b）连接仪表引线的面包板电路

图 4-79（见彩插）

*39 在图 4-80 电路中，求解未知电阻 $R_3$ 的阻值。

*40 实验室无限量提供以下电阻：10 Ω、100 Ω、470 Ω、560 Ω、680 Ω、1.0 kΩ、2.2 kΩ、5.6 kΩ。同时，其他所有标准电阻都缺货了。你正在进行的项目需要一个 18 kΩ 电阻。如何

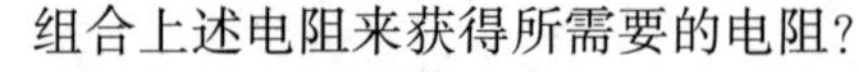
组合上述电阻来获得所需要的电阻？

*41 在图 4-81 所示电路中，求各点相对于地的电压。

*42 在图 4-82 所示电路中，求 $V_1$、$V_2$、$V_3$、$V_4$ 和 $V_6$ 的电压和 $R_1$、$R_3$、$R_4$、$R_5$ 和 $R_6$ 的电阻值。

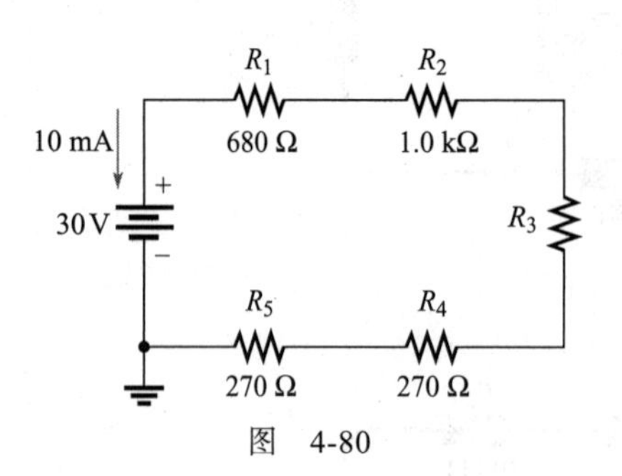

图 4-80

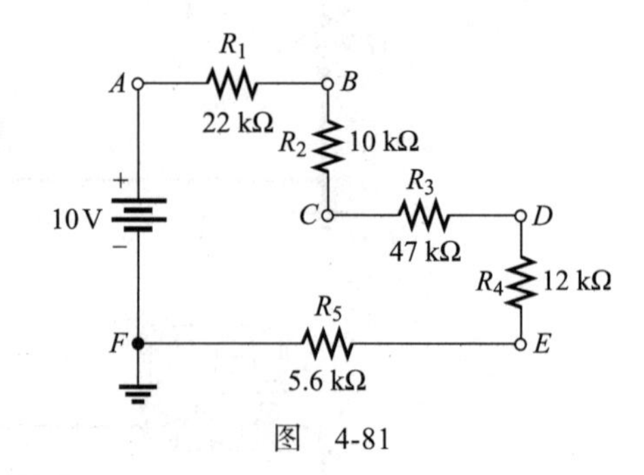

图 4-81

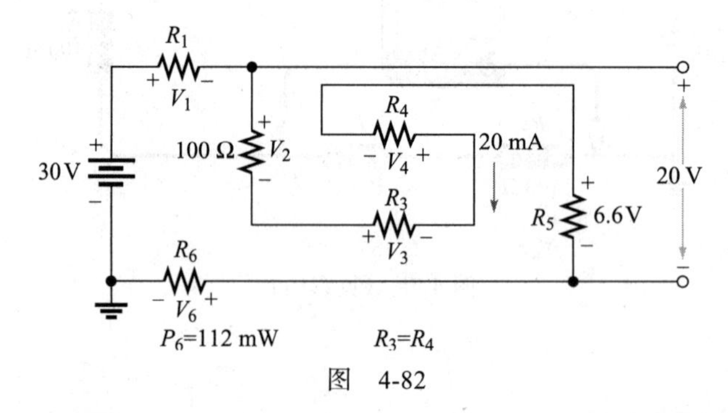

图 4-82

*43 总电阻为 1.5 kΩ 的串联电路，电流为 250 mA。如果必须将电流降低 25%，那么为实现这一目的需要增加多少电阻。

*44 4 个额定功率为 0.5 W 的电阻串联，它们的阻值分别为：47 Ω、68 Ω、100 Ω 和 120 Ω。为不超过各电阻的额定功率，电流能够达到的最大值为多少？如果电流超过此最大值，那么哪个电阻先被烧坏？

*45 某串联电路由一个额定功率为 0.125 W 的电阻、一个额定功率为 0.25 W 的电阻和一个额定功率为 0.5 W 的电阻串联而成。总电阻为 2400 Ω。如果每个电阻在其最大功率水平下工作，求解以下各项：

(a) $I$　　(b) $V_S$

(c) 每个电阻的阻值

*46 使用数个 1.5 V 电池、一个开关和 3 个灯，设计电路，为一盏灯、两盏串联灯或 3 盏串联灯，提供 4.5 V 电源，并连接一个控制开关。绘制电路原理图。

*47 设计一个可调分压器。在 120 V 电源供电下，提供从最小 10 V 至最大 100 V 可调输出电压。最大电压必须设置在电位器最大电阻处，最小电压必须设置在电位器最小电阻（零）处，电流为 10 mA。

*48 根据附录 A 提供的标准电阻值表设计分压器。在 30 V 电源供电的条件下，以地为参考点提供如下近似电压：

8.18 V、14.7 V 和 24.6 V。电源电流不得超过 1.0 mA。必须指定电阻的数量、阻值和额定功率。必须提供电路布线和电阻排布原理图。

*49 在图 4-83 所示的双面 PCB 中，识别每组串联电阻并确定它们的总电阻。注意，板的正面与背面均有布线，且相互之间有连接。

*50 在图 4-84 中，每个开关位置对应的 $A$ 至 $B$ 的总电阻是多少？

*51 在图 4-85 所示电路中，试确定开关在不同位置时电流表的读数。

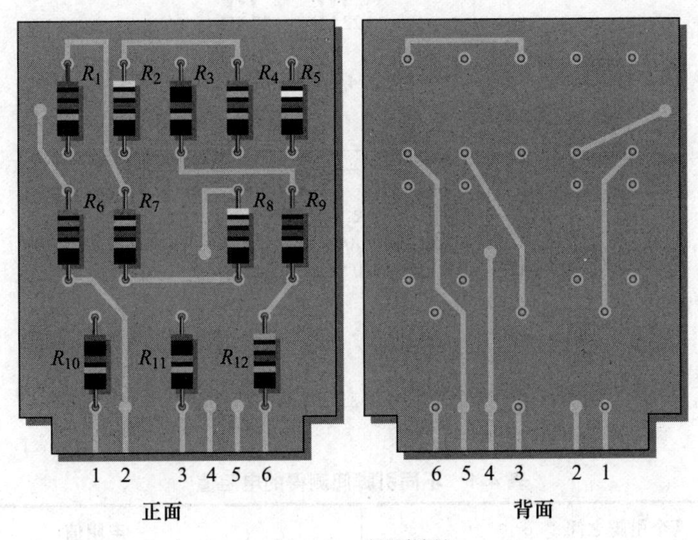


图 4-83 （见彩插）

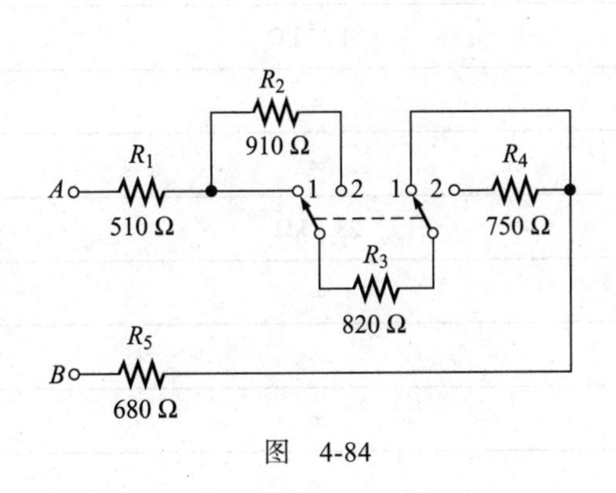


图 4-84

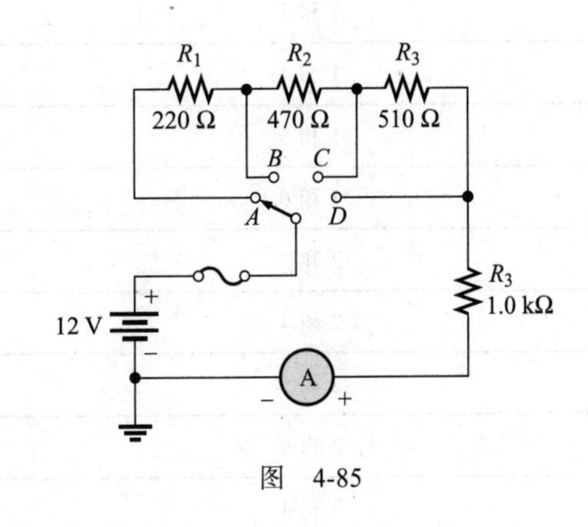


图 4-85

*52 在图 4-86 所示电路中，试确定开关在各个位置处电流表的读数。

*53 在图 4-87 所示电路中，计算开关被置于不同位置时各电阻两端的电压。已知电键处于 $D$ 档时，流经 $R_5$ 的电流为 6.0 mA。

*54 表 4-1 为在图 4-83 所示 PCB 上测得的电阻值。这些结果是否正确？若不正确，请找出可能存在的故障。

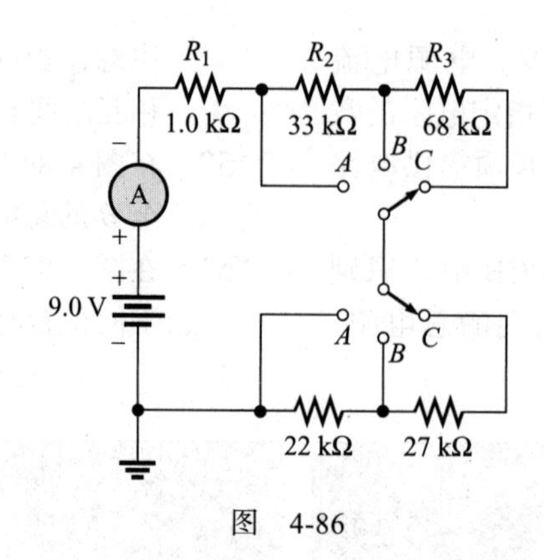


图 4-86

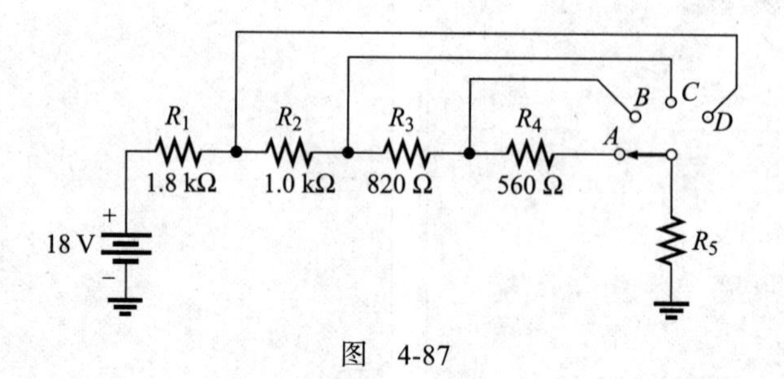


图 4-87

表 4-1 不同引脚间测得的电阻值

| 两个引脚之间 | 电阻值 |
| --- | --- |
| 1 和 2 | ∞ |
| 1 和 3 | ∞ |
| 1 和 4 | 4.23 kΩ |
| 1 和 5 | ∞ |
| 1 和 6 | ∞ |
| 2 和 3 | 23.6 kΩ |
| 2 和 4 | ∞ |
| 2 和 5 | ∞ |
| 2 和 6 | ∞ |
| 3 和 4 | ∞ |
| 3 和 5 | ∞ |
| 3 和 6 | ∞ |
| 4 和 5 | ∞ |
| 4 和 6 | ∞ |
| 5 和 6 | 19.9 kΩ |

*55 在图 4-83 所示的 PCB 上，测量引脚 5 和 6 之间的电阻为 15 kΩ。该数值是否表明存在故障？若存在，请排查故障。

*56 在图 4-83 中，检查 PCB，测得引脚 1 和 2 间电阻为 17.83 kΩ。同时，测得引脚 2 和 4 间电阻为 13.6 kΩ。该数值是否表明 PCB 存在故障？若存在，请找出故障。

*57 在图 4-83 中，将引脚 2 与引脚 4、引脚 3 与引脚 5 连接，能够串联 PCB 上 3 组串联电阻，从而形成单一串联电路。在引脚 1 和引脚 6 间连接电压源，并将一电流表串联至电路中。当提高电源电压时，可观察到电流相应增加。突然，电流降到零，同时人闻到了烟味。所有电阻的额定功率为 0.25 W。

(a) 发生了什么故障？

(b) 具体来说，你该如何找到该故障？

(c) 在多高的电压下发生了故障？

## Multisim 仿真故障排查和分析

58 打开文件 P04-58。确定电路是否存在故障，如果有请确定是何故障。

59 打开文件 P04-59。确定电路是否存在故障，如果有请确定是何故障。

60 打开文件 P04-60。确定电路是否存在故障，如果有请确定是何故障。

61 打开文件 P04-61。确定电路是否存在故障，如果有请确定是何故障。

62 打开文件 P04-62。确定电路是否存在故障，如果有请确定是何故障。

63 打开文件 P04-63。确定电路是否存在故障，如果有请确定是何故障。

## 参考答案

### 学习效果检测答案

### 4.1 节

1 电阻以“串”的形式端到端连接。

2 串联电路中只有一条电流通路。

3 参考图 4-88。

4 参考图 4-89。

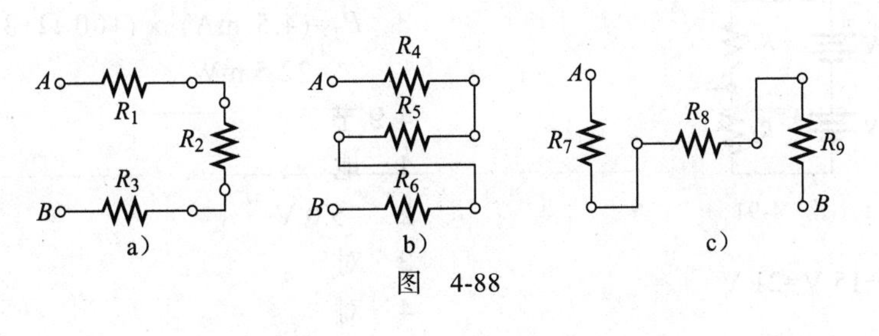


图　4-88

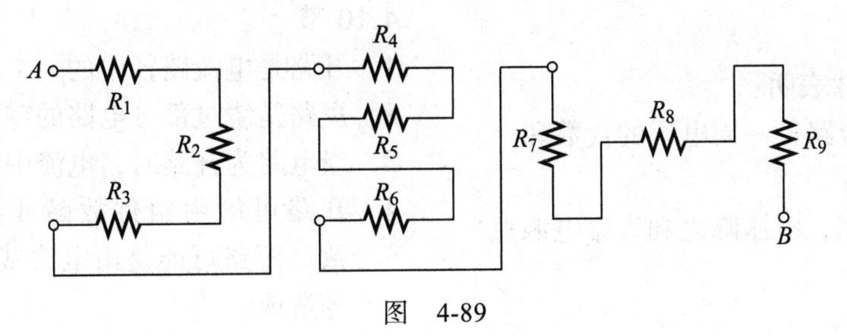


图　4-89

### 4.2 节

1 (a) $R_T$=33 Ω+100 Ω+10 Ω=143 Ω

(b) $R_T$=39 Ω+56 Ω+10 Ω=105 Ω

(c) $R_T$=820 Ω+2200 Ω+1000 Ω=4020 Ω

2 $R_T$=100 Ω+2 × 47 Ω+4 × 12 Ω+330 Ω=572 Ω

3 10 kΩ−8.8 kΩ=1.2 kΩ

4 $R_T$=12 × 47 Ω=564 Ω

4.3 节

1 串联电路中，所有点处的电流都相等。

2 流经 47 Ω 电阻的电流为 20 mA。

3 $C$ 和 $D$ 间为 50 mA，$E$ 和 $F$ 间为 50 mA。

4 A1 显示 17.9 mA，A2 显示 17.9 mA。

4.4 节

1 $I$=6.0 V/300 Ω=0.020 A=20 mA

2 $V$=5.0 mA × 43 Ω=215 mV

3 $V_1$=5.0 mA × 10 Ω=50 mV，
$V_2$=5.0 mA × 15 Ω=75 mV，
$V_3$=5.0 mA × 18 Ω=90 mV

4 $R$=1.25 V/4.63 mA=270 Ω

5 $R$=130 Ω

4.5 节

1 60 V/12 V=5；参考图 4-90。

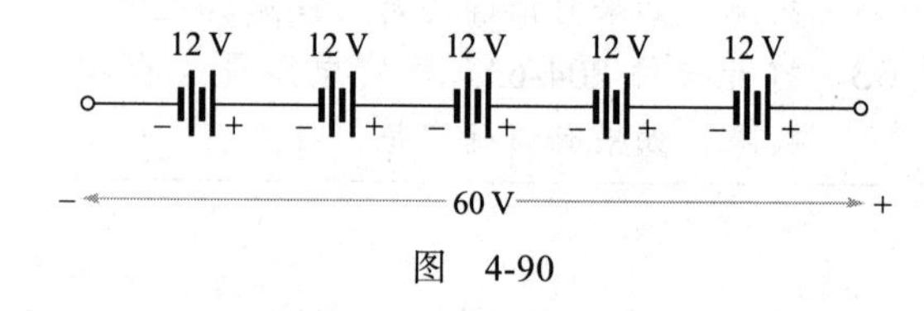


图 4-90

2 $V_T$=4 × 1.5 V=6.0 V

3 参考图 4-91。

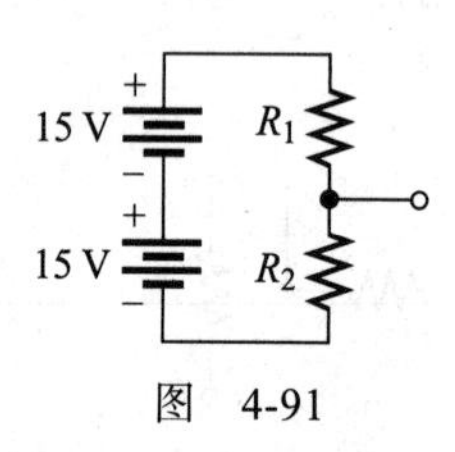


图 4-91

4 $V_{S(tot)}$=6.0 V+15 V=21 V

5 3.0 V

4.6 节

1 基尔霍夫定律表明：

(a) 巡行闭合路径一周电压的代数和为零。

(b) 串联电路，电压降之和等于电源总电压。

2 $V_{R(tot)}=V_S$=50 V

3 $V_{R1}=V_{R2}$=10 V/2=5.0 V

4 $V_{R3}$=25 V−5.0 V−10 V=10 V

5 $V_S$=1.0 V+3.0 V+5.0 V+7.0 V+8.0 V=24 V

4.7 节

1 分压器是具有两个或两个以上串联电阻的电路，其中任何电阻或电阻的组合所获得的电压与该电阻的值成正比。

2 两个或者两个以上电阻构成一个分压器。

3 $V_x=(R_x/R_T)V_S$ 是分压器的分压公式。

4 $V_R$=20 V/2=10 V

5 参考图 4-92，$V_{R1}$=(56 kΩ/138 kΩ) × 10 V =4.06 V，$V_{R2}$=(82 kΩ/138 kΩ) × 10 V =5.94 V。

6 将电位计设置在中点。

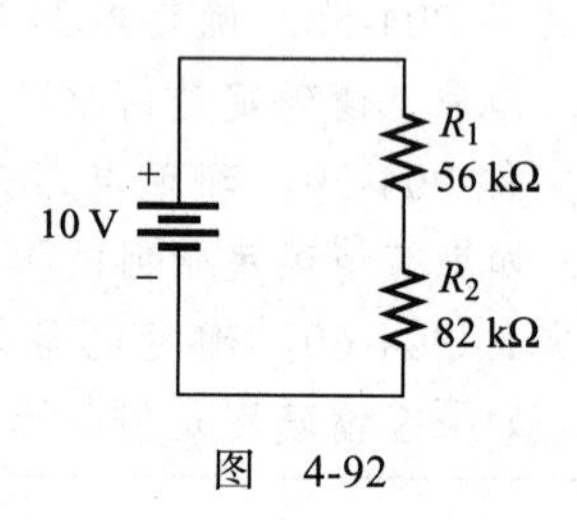


图 4-92

4.8 节

1 各电阻的功率求和可以得到总功率。

2 $P_T$=10 mW+20 mW+50 mW+80 mW=160 mW

3 $P_T=(4.5\ \text{mA})^2$ × (100 Ω+330 Ω+680 Ω) =22.5 mW

4.9 节

1 地

2 −5.0 V

3 对

4 对

4.10 节

1 开路是电流路径中的一个断点。

2 短路是绕过部分电路的零电阻路径。

3 当电路为开路时，电流中断。

4 开路可能由组件故障或错误的连接导致。短路可能是由电线裁线或焊料飞溅等造成。

5 对

6 开路电阻 $R$ 两端电压为 24 V，其余电阻两端电压为 0 V。

7　由于 $R_4$ 短路，其余电阻的电压比正常值高。总电压分配在 3 个等值电阻上。

8　由于 10 V 电压下计算得到的电流为 10 mA，因此总电阻为 $R_T$=10 V/10 mA=1.0 kΩ

根据式（4-7），短路电阻的值为：[（14.9 mA−10 mA）/14.9 mA] × 1.0 kΩ =0.33 × 1.0 kΩ=330 Ω

**同步练习答案**

例 4-1　（a）$R_1$ 左端接 $A$ 端子，$R_1$ 右端接 $R_3$ 上端，$R_3$ 下端接 $R_5$ 右端，$R_5$ 左端接 $R_2$ 左端，$R_2$ 右端接 $R_4$ 右端，$R_4$ 左端接 $B$ 端子。

（b）$R_1$=1.0 kΩ，$R_2$=33 kΩ，$R_3$=39 kΩ，$R_4$=470 Ω，$R_5$=22 kΩ。

例 4-2　两个串联电阻串联接在一起，因此所有电阻串联。

例 4-3　258 Ω（没有改变）

例 4-4　12.1 kΩ

例 4-5　22 kΩ

例 4-6　4.36 kΩ

例 4-7　18.5 mA

例 4-8　11.7 V

例 4-9　$V_1$=2.0 V；$V_2$=6.6 V；$V_3$=4.4 V；$V_S$=13 V；$V_{S(max)}$=32.5 V

例 4-10　275 Ω

例 4-11　6.0 V

例 4-12　参见图 4-93。

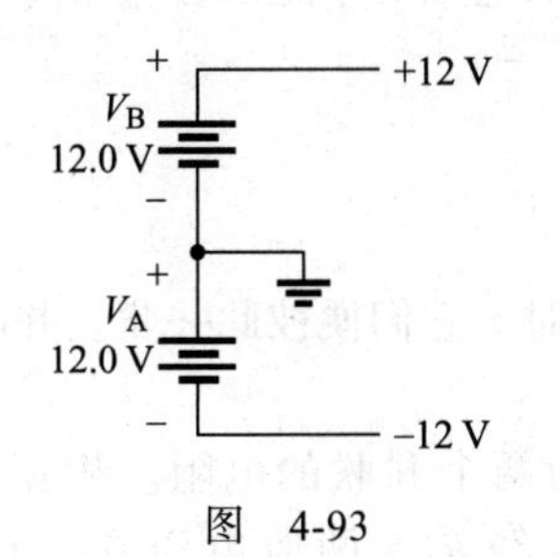


图　4-93

例 4-13　10 V；20 V

例 4-14　6.5 V

例 4-15　430 Ω

例 4-16　$V_1$=3.13 V；$V_2$=6.87 V

例 4-17　$V_1$=$V_2$=$V_3$=3.33 V

例 4-18　$V_{AB}$=4.0 V；$V_{AC}$=36.8 V；$V_{BC}$=32.8 V；$V_{BD}$=46 V；$V_{CD}$=13.2 V

$$V_x = \left(\frac{R_x}{R_T}\right)V_S$$

$$\frac{V_x}{V_S} = \frac{R_x}{R_T} = \frac{R_x}{R + R_x}$$

例 4-19　$\dfrac{1.5\text{ V}}{4.5\text{ V}} = \dfrac{90\text{ k}\Omega}{R + 90\text{ k}\Omega}$

$$1.5\text{ V} \times (R+90\text{ k}\Omega)=4.5\text{ V} \times 90\text{ k}\Omega$$

$$1.5\,R=270\ \Omega$$

$$R=180\ \Omega$$

例 4-20　900 mW

例 4-21　$V_A$=0 V；$V_B$=−2.5 V；$V_C$=−5.0 V；$V_D$=−7.5 V；$V_E$=−10 V

例 4-22　3.33 V

**对 / 错判断答案**

| | | |
|---|---|---|
| 1　错 | 2　错 | 3　错 |
| 4　对 | 5　对 | 6　对 |
| 7　错 | 8　对 | 9　对 |
| 10　错 | | |

**自我检测答案**

| | | |
|---|---|---|
| 1（a） | 2（d） | 3（b） |
| 4（d） | 5（d） | 6（a） |
| 7（b） | 8（c） | 9（b） |
| 10（c） | 11（a） | 12（d） |
| 13（d） | 14（d） | |

**故障排查答案**

| | | |
|---|---|---|
| 1（b） | 2（b） | 3（c） |
| 4（c） | 5（a） | |

# 第 5 章

# 并联电路

**学习目标**

- ▶ 辨认并联电阻电路
- ▶ 计算并联电路的总电阻
- ▶ 计算并联电路的各支路电压
- ▶ 在并联电路中应用欧姆定律
- ▶ 应用基尔霍夫电流定律
- ▶ 应用并联电路设计分流器
- ▶ 计算并联电路的功率
- ▶ 排查并联电路的故障

**应用案例概述**

本章的应用案例需要你对面板式电源进行改造，通过增加电流表来显示负载的输出电流，并利用并联（分流）电阻来扩展电流表量程。当使用开关选择电流表量程时，将介绍较低值电阻的问题，并阐述开关接触电阻对电路的影响，以及展示一种减小接触电阻对电路影响的方法。最后，连接电源完成电流表电路的设计。你在本章将学到并联电路和电流表的基本知识，你对欧姆定律和分流器的理解，都会在实践中得到加深。学习本章后，你应该能够完成本章的应用案例。

**引言**

在本章，你将看到欧姆定律是如何应用在并联电路中；你将学习基尔霍夫电流定律；你将学习如何计算并联电路总电阻，以及如何排查并联电路中的开路故障。本章还介绍了并联电路在汽车照明、住宅布线、控制电路、模拟电流表内部布线等方面的实际应用。

当电阻并联并有电压施加在并联电路两端时，各电阻为电流提供了单独的通路。并联电路的总电阻随着并联电阻的增多而减小。各并联电阻两端的电压等于施加在整个并联电路两端的电压。

## 5.1 并联电阻

当两个或多个电阻各自连接在电路中的相同两点之间时，它们便彼此并联。并联电路为电流提供了多条通路。

电路中每个电流的通路都称为一条**支路**。图 5-1a 为两个并联的电阻。根据图 5-1b，电源电流（$I_T$）到达 $B$ 点时分流，其中 $I_1$ 流经 $R_1$，$I_2$ 流经 $R_2$。两股电流在 $A$ 点处又重新汇合。如果有其他电阻与这两个电阻并联，则会有更多的电流通路如图 5-1c 所示。图中上半部分所有蓝色点与 $A$ 点的电气性质相同，而底部所有绿色点与 $B$ 点的电气性质相同。

在图 5-1 中，电阻的并联关系显而易见。然而，在实际电路中，并联关系并不总是很明显。因此，学习如何识别各种情况下的并联电路就非常重要。

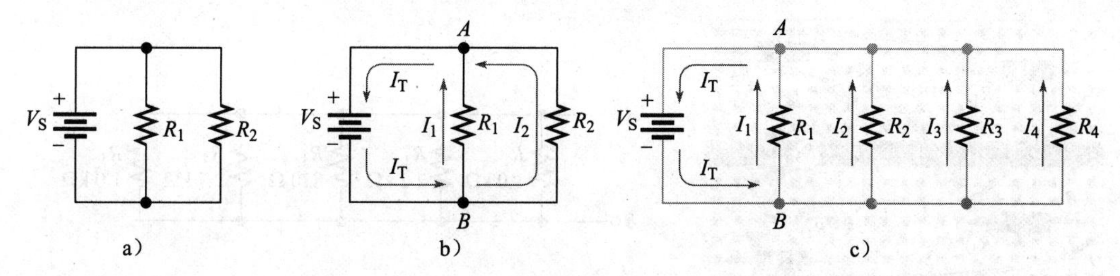


图 5-1　并联电路中的电阻（见彩插）

识别并联电路的规则如下：

**若两个独立节点间存在不止一个电流通路（支路），且加在这两节点间所有支路的电压相等，则这两节点间的电路为并联电路。**

图 5-2 显示了 $A$ 和 $B$ 两点间以不同方式绘制的并联电阻。值得注意的是，每种情况下，电流都有两条从 $A$ 到 $B$ 的路径，每个电阻两端的电压都相等。这些实例虽然仅展示了含有两条并联路径的情况，但是可以推广至有任意多个电阻并联的情况。

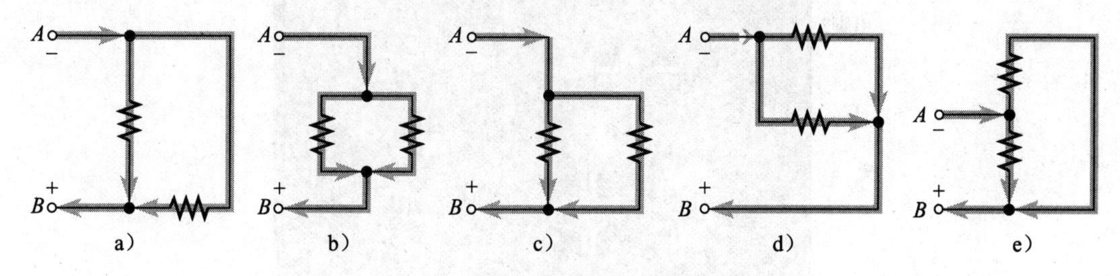


图 5-2　含两条并联路径的电路实例

例 5-1　如图 5-3 所示，5 个电阻被放置在一个原型电路板上。画出在 $A$ 点和 $B$ 点间并联所有电阻所需要的接线。绘制并联电阻的电路原理图，并标出各电阻的阻值。

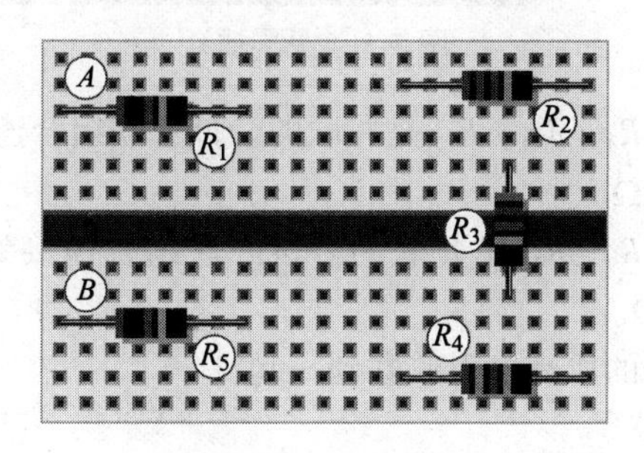


图 5-3 （见彩插）

**解**　接线方式如图 5-4a 所示。电路原理图如图 5-4b 所示，电阻阻值如色环所示。请注意，电路原理图中不一定要显示电阻的实际物理排列，只需要显示这些电阻元件在电路原理上是如何连接的。

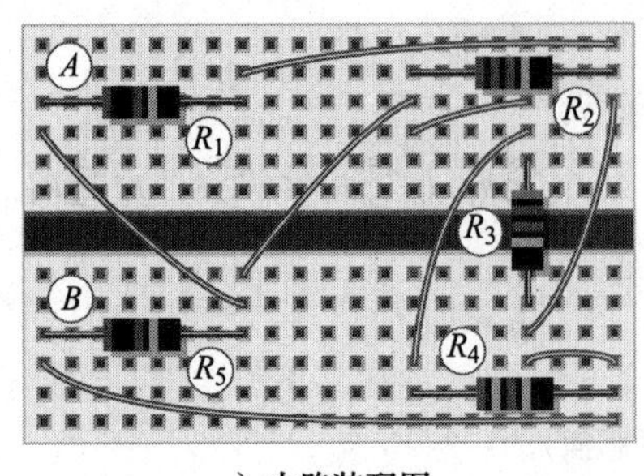


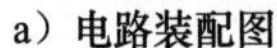
a）电路装配图

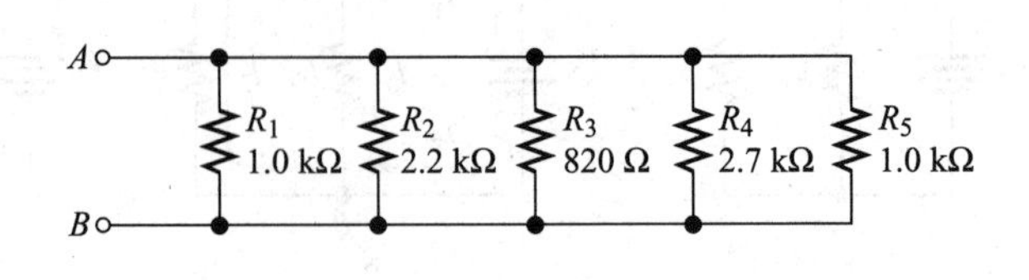


b）电路原理图

图 5-4 （见彩插） ◀

**同步练习** 如果去掉电阻 $R_2$，如何简化电路的布线？

**例 5-2** 确定图 5-5 中的并联电阻和各电阻的阻值。

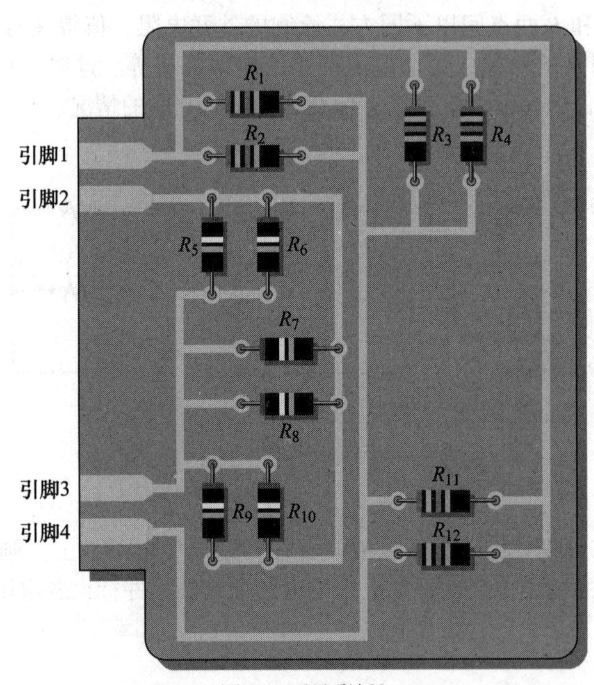


图 5-5 （见彩插）

**解** 电阻 $R_1$、$R_2$、$R_3$、$R_4$、$R_{11}$、$R_{12}$ 是并联的。该并联组合连接在引脚 1 和引脚 4 之间，其中每个电阻阻值都为 56 kΩ。

电阻 $R_5$、$R_6$、$R_7$、$R_8$、$R_9$、$R_{10}$ 是并联的。该并联组合连接到引脚 2 和引脚 3 之间，其中每个电阻阻值都为 100 kΩ。 ◀

**同步练习** 如何将图中的所有电阻并联到一起？

**学习效果检测**

1. 并联电路中电阻是如何连接的？
2. 如何识别一个并联电路？
3. 完成图 5-6 各部分电路的电路原理图，使这些电阻在 $A$ 和 $B$ 之间并联。
4. 连接图 5-6 中各组电阻，使它们互相并联。

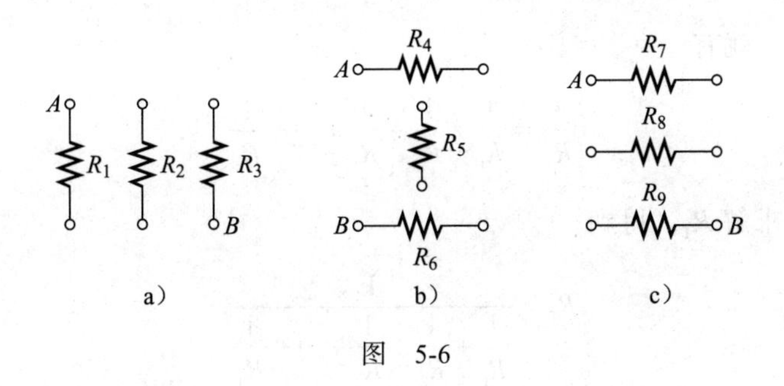


图 5-6

## 5.2 并联电路的总电阻

当电阻并联时，电路的总阻值会减小。并联电路中，总电阻总是小于最小的电阻。比如，如果某个 10 Ω 电阻和一个 100 Ω 电阻并联，并联后的总电阻小于 10 Ω。

电阻并联时，电流会有不止一条通路。电流通路的数量与并联支路一样多。

图 5-7a 所示为串联电路，仅有一条电流通路，电流 $I_1$ 流过电阻 $R_1$。如果将电阻 $R_2$ 与电阻 $R_1$ 并联，如图 5-7b 所示，就会出现另外一条通路，电流 $I_2$ 流经电阻 $R_2$。于是，并联电阻使得来自电源的总电流增加了。假设电源电压恒定，根据欧姆定律，电路中电源流出的总电流增加意味着总电阻减小。继续增加并联电阻，将进一步减小总电阻，同时会增大总电流。

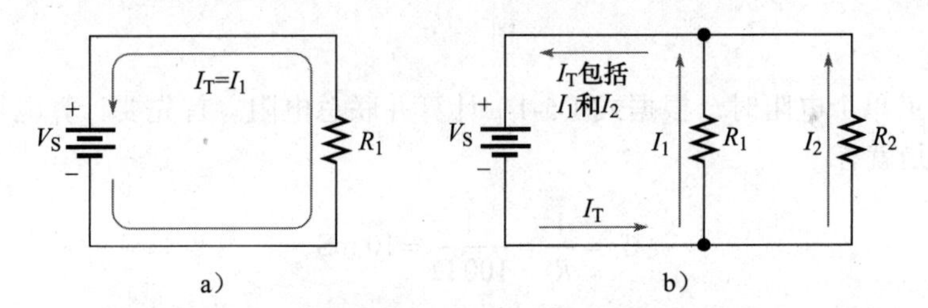


图 5-7 增加并联电阻会减小总电阻但会增大总电流

### 5.2.1 并联总电阻（$R_T$）的计算公式

图 5-8 是含有 $n$ 个并联电阻的电路（$n$ 是大于 1 的任意整数）。随着加入更多电阻，电流有更多的路径，因此电导会增加。回想一下，第 2.5 节将电导（$G$）定义为电阻的倒数（$1/R$），其单位为 S。

对于并联电阻电路，用电导来考虑非常容易。增加一个电阻，就是将其电导叠加到总电导中，如下式所示。

$$G_T=G_1+G_2+G_3+\cdots+G_n$$

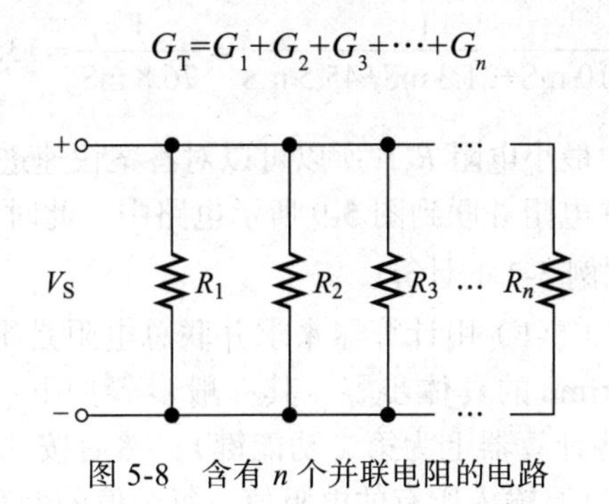


图 5-8 含有 $n$ 个并联电阻的电路

用 $1/R$ 代替 $G$，就有

$$\frac{1}{R_T}=\frac{1}{R_1}+\frac{1}{R_2}+\frac{1}{R_3}+\cdots+\frac{1}{R_n}$$

方程两侧取倒数，求解 $R_T$，得到

$$R_T=\frac{1}{\frac{1}{R_1}+\frac{1}{R_2}+\frac{1}{R_3}+\cdots+\frac{1}{R_n}} \tag{5-1}$$

式（5-1）表明，要求并联总电阻，先求总电导，然后取总和的倒数即可。

$$R_T=\frac{1}{G_T}$$

**例 5-3** 计算图 5-9 所示电路中 $A$ 点和 $B$ 点间的并联总电阻。

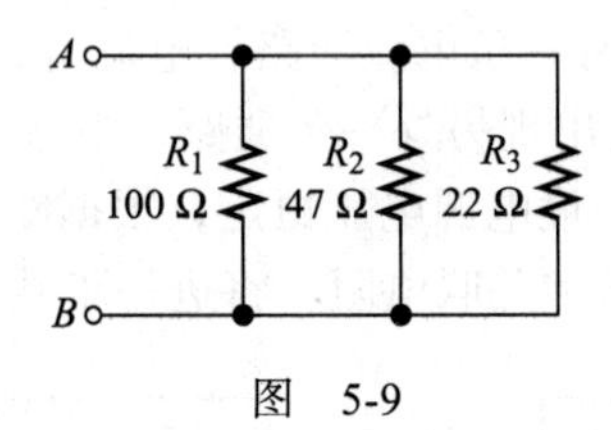


图 5-9

**解** 当知道单个电阻时，根据式（5-1）计算并联总电阻。首先要计算电导，也就是电阻的倒数，于是就有

$$G_1=\frac{1}{R_1}=\frac{1}{100\ \Omega}=10\ \text{mS}$$

$$G_2=\frac{1}{R_2}=\frac{1}{47\ \Omega}=21.3\ \text{mS}$$

$$G_3=\frac{1}{R_3}=\frac{1}{22\ \Omega}=45.5\ \text{mS}$$

然后，通过对 $G_1$、$G_2$、$G_3$ 求和再取倒数来计算 $R_T$。

$$R_T=\frac{1}{\frac{1}{R_1}+\frac{1}{R_2}+\frac{1}{R_3}}=\frac{1}{G_1+G_2+G_3}$$

$$=\frac{1}{10\ \text{mS}+21.3\ \text{mS}+45.5\ \text{mS}}=\frac{1}{76.8\ \text{mS}}=13.0\ \Omega$$

由于 $R_T$ 小于并联电路中最小电阻 $R_3$，所以可以对答案快速进行查验。◀

**同步练习** 如果将 33 Ω 电阻并联到图 5-9 所示电路中，此时 $R_T$ 是多少？

采用科学计算器完成例 5-3 的计算。

**计算器小贴士** 根据式（5-1）用计算器来求并联总电阻是很容易的。计算器用户手册里有 TI-84 Plus CE 和 HP Prime 的具体步骤，其一般步骤如下：输入 $R_1$ 的值，再按 $x^{-1}$ 或 $1/x$ 键取其倒数（倒数在某些计算器上为第二功能键）；然后按 + 键，之后输入 $R_2$ 的值，再取其倒数。重复上述过程，直至输入所有的电阻值，每个值的倒数都加在一起。最后一步是

对 $1/R_T$ 取倒数得到 $R_T$。此时，并联总电阻就显示在计算器上。不同的计算器的显示格式可能有所不同。

**两个电阻并联的情况**　式（5-1）为并联电路中计算任意多个电阻并联的总电阻公式。在实际中经常会遇到两个电阻并联的情况。

根据式（5-1）的推导，两个电阻并联的总电阻公式为

$$R_T = \frac{R_1 R_2}{R_1 + R_2} \tag{5-2}$$

式（5-2）表明

**两电阻并联时，并联总电阻等于两电阻的乘积除以两电阻的和。**

这个公式有时也被称为“积除以和”公式。

例 5-4　在图 5-10 电路中，计算连接到电压源的总电阻。

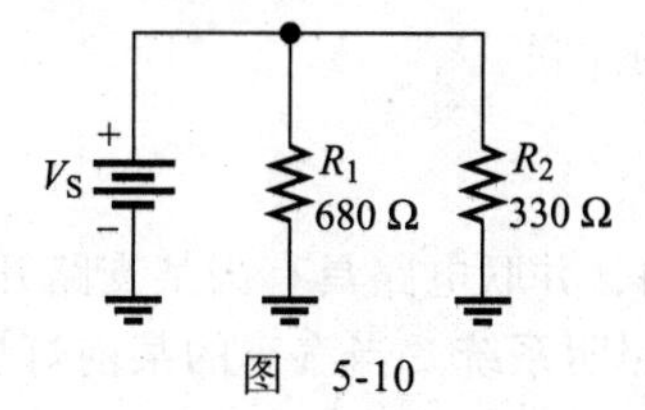


图　5-10

**解**　使用式（5-2）可得

$$R_T = \frac{R_1 R_2}{R_1 + R_2} = \frac{680\ \Omega \times 330\ \Omega}{680\ \Omega + 330\ \Omega} = \frac{224\,400\ \Omega^2}{1010\ \Omega} = 222\ \Omega$$ ◀

**同步练习**　如果用一个 220 Ω 电阻替换图 5-10 中 $R_1$，再求 $R_T$。

采用科学计算器完成例 5-4 的计算。

**等值电阻并联的情况**　并联电路中另一种特殊情况是几个阻值相同的电阻并联。有时会并联小电阻来增加总电流以及提高功率容量。这时 $R_T$ 的计算捷径方法如下：

$$R_T = \frac{R}{n} \tag{5-3}$$

式（5-3）表明，当任意数量（$n$）的等值电阻并联时，$R_T$ 等于电阻阻值除以并联电阻的数目。

例 5-5　在图 5-11 电路中，求 $A$ 点和 $B$ 点之间的总电阻。如果每个电阻的功率为 2.0 W，则并联电路的总功率是多少？

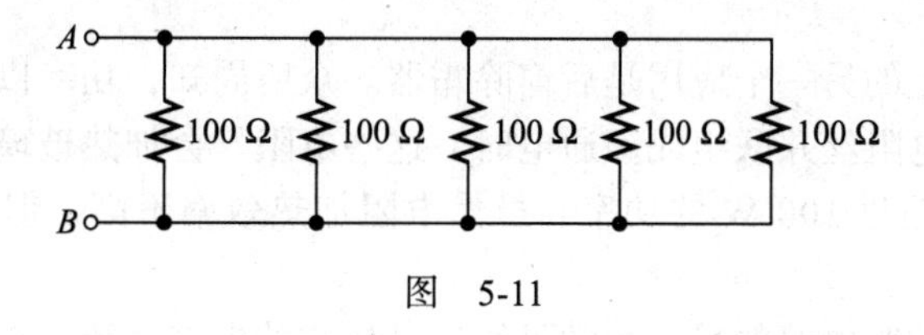


图　5-11

**解**　图中电路由 5 个 100 Ω 电阻并联。根据式（5-3）可得

$$R_T = \frac{R}{n} = \frac{100\ \Omega}{5} = 20\ \Omega$$

如果每个电阻的功率为 2.0 W，则并联电路的总功率为

$$5\times 2.0\ \text{W}=10\ \text{W}$$

◀

**同步练习** 如果 3 个 100 Ω 电阻并联求 $R_T$。

▦ 采用科学计算器完成例 5-5 的计算。

**并联电阻符号** 有时为了方便起见，用两条平行的竖线表示电阻并联。如 $R_1$ 与 $R_2$ 并联可以写为 $R_1 \| R_2$。当有许多电阻并联时，也可以用该符号“‖”表示并联，如：

$$R_1 \| R_2 \| R_3 \| R_4 \| R_5$$

表示电阻 $R_1$ ～ $R_5$ 都是并联的。

这种表示也可以用于电阻值的并联，例如，

$$10\ \text{k}\Omega \| 5.0\ \text{k}\Omega$$

表示 10 kΩ 电阻与 5.0 kΩ 电阻的并联。

### 5.2.2 并联电路的应用

**汽车系统** 相对于串联电路，并联电路具有当某支路开路时其他支路不受影响的优点。例如，图 5-12 所示的汽车外部照明系统。当汽车的某前灯熄灭时，由于各灯并联，并不会导致其他灯熄灭。

注意，刹车灯独立于前灯和尾灯，受到单独控制。只有当司机踩下制动踏板以闭合刹车灯开关时，它们才会亮起。当车灯开关闭合时，前灯和尾灯都可以被点亮。图 5-12 中虚线显示了开关之间的关联关系，当前灯点亮时，驻车灯关闭，反之亦然。如果任何一盏灯熄灭，其他灯中仍然有电流。倒车挡启动时，倒车灯点亮。

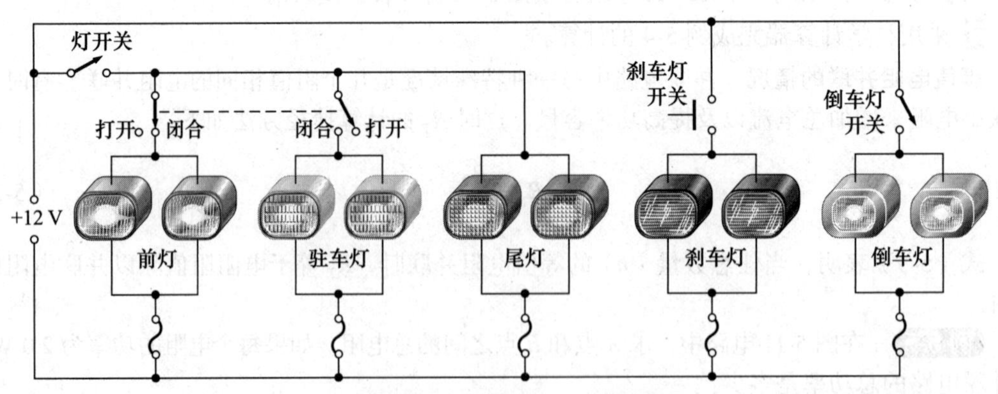


图 5-12 汽车外部照明系统简图

并联电路在汽车上的另一个应用是后窗除霜器。众所周知，功率以热能的形式在电阻中耗散。除霜器由一组电阻丝并联组成。通电时，这些电阻丝会加热玻璃以除去霜冻。通常除霜器在窗户上会消耗超过 100 W 的功率。虽然电阻加热效率不高，但在该应用中它具有电路简单和经济的优势。

**住宅电气系统** 并联电路的另一个常见用途是住宅的电气系统，在住宅电气系统中，所有的灯和电器都是并联的。图 5-13 是一个由 2 个开关控制灯和 3 个墙壁插座组成的并联电路系统。

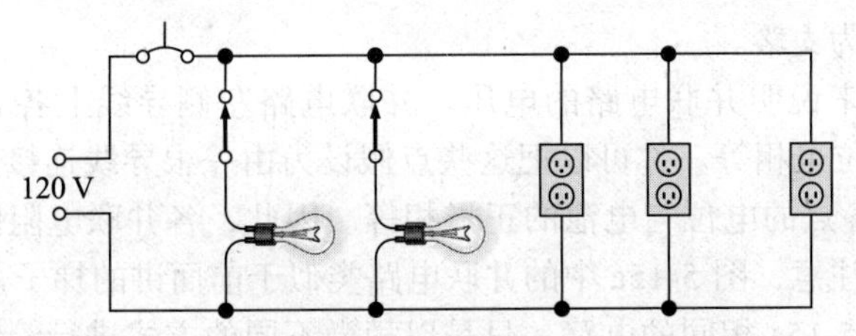


图 5-13　住宅电气系统中使用并联电路的例子

**逻辑控制电路**　许多控制系统使用并联电路或等效并联电路来控制和监视工业过程，如生产线。大多数复杂的控制应用程序是在被称为**可编程逻辑控制器**（PLC）的专用计算机上实现的。PLC 展示了一个可以在计算机屏幕上显示的等效并联电路。在 PLC 内部，电路只能以计算机代码的形式，用计算机编程语言编写。但是，PLC 显示的电路在原理上是能够用硬件构成的。这些电路可以绘制成类似于梯子的形状，横梯表示负载（和电源），轨道（母线）表示连接到电压源的两条导线。图 5-13 所示电路就类似于梯子，灯和墙壁插座是负载。并联控制电路使用**梯形图**，但是添加了额外的控制元素：开关、继电器、定时器等。添加控制元素后会形成一个逻辑图，被称为**梯形逻辑**。梯形逻辑易于理解，因此在工业环境（如工厂）中很受欢迎。梯形图（并联电路）是所有梯形逻辑的核心，梯形逻辑以易于阅读的形式阐述了电路的基本功能。

除了在工业控制问题中使用梯形图外，许多汽车维修手册也使用梯形图来对电路进行故障排查。梯形图是有逻辑的，因此技术人员可以通过阅读梯形图来安排排查过程。

**学习效果检测**

1. 当更多电阻并联到电路中时，总电阻是增加还是减小。
2. 总电阻总是小于何值？
3. 在图 5-14 中，求引脚 1 与引脚 4 间的 $R_T$。注意引脚 1 和 2 相连，引脚 3 和 4 相连。

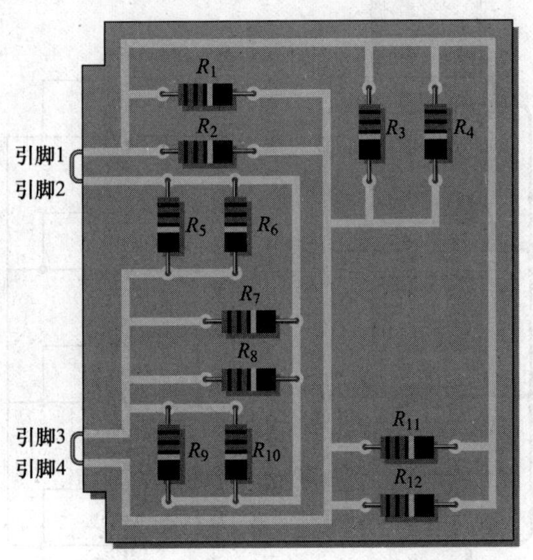


图 5-14 （见彩插）

## 5.3　并联电路的电压

并联电路中任意支路两端的电压与其余支路两端的电压相等。之前已提及，在并联电路中的各电流通路被称为支路。

以图 5-15a 为例来说明并联电路的电压。并联电路左侧导线上各处电位都相等，因此 $A$、$B$、$C$、$D$ 四点电位也相等。你可以把这些点假设为由一根导线连接到电池的负极。电路右侧 $E$、$F$、$G$ 和 $H$ 各点的电位与电池的正极相等。因此，各并联电阻的电压相等，并且该电压等于电源电压。注意，图 5-15a 中的并联电路类似于前面讲的梯子。

图 5-15b 是与图 5-15a 相同的电路，只是以稍微不同的方式进行绘制。此电路中每个电阻的左端都连接到一个点，即电池的负极。每个电阻的右端都连接到另一个点，即电池的正极。电阻仍然全部并联在电源两端。

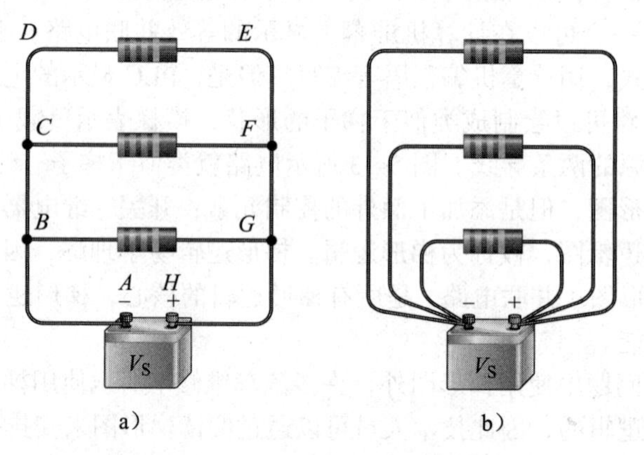


图 5-15 并联支路两端的电压相等

在图 5-16 中，某 12 V 电池给三个并联电阻供电。当测量电池和每个电阻两端电压时，各仪表读数相等。由此可见，并联电路中，各支路两端电压与电源电压都相同。

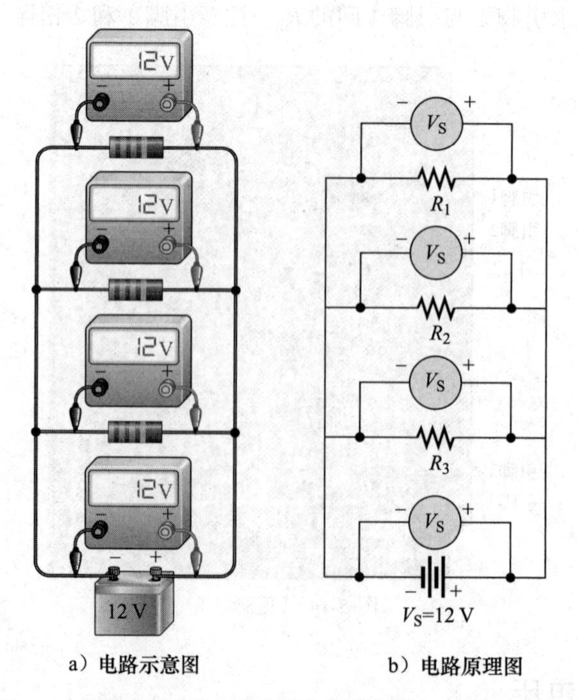


图 5-16 并联电路中各支路两端电压都相同，且等于电源电压

**例 5-6**　求解图 5-17 中每个电阻两端的电压。

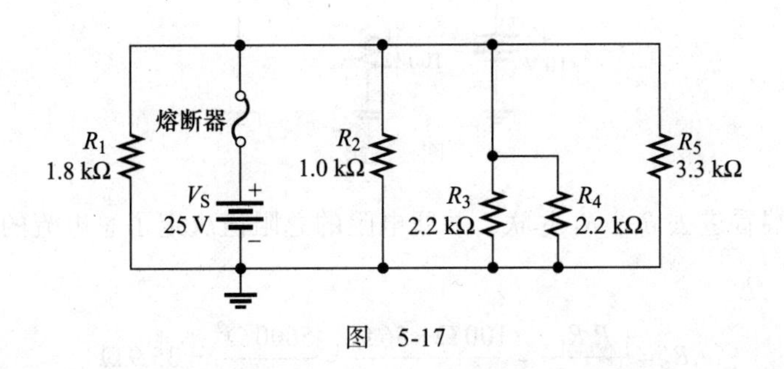


图　5-17

**解**　图中 5 个电阻皆为并联，因此每个电阻两端的电压都与电源电压相等。由于熔断器上没有电压，因此各电阻两端的电压为

$$V_1=V_2=V_3=V_4=V_5=V_S=25\text{ V}$$ ◀

**同步练习**　如果从电路中移除 $R_4$，则 $R_3$ 两端的电压为多少？

**Multisim 仿真**

打开 Multisim 文件 E05-06 校验本例的计算结果，并核实同步练习的计算结果。

**学习效果检测**

1. 将某 100 Ω 电阻与一个 220 Ω 电阻并联后连接到 5.0 V 电压源上，每个电阻两端的电压为多少？

2. 在图 5-18 所示电路中，电压表连接在 $R_1$ 两端，读数为 12 V。如果把它连接到 $R_2$ 两端，那么读数是多少？电源电压是多少？

3. 在图 5-19 电路中，电压表 1 和电压表 2 显示的电压值各为多少？

4. 并联电路中各条支路两端的电压有何关系？

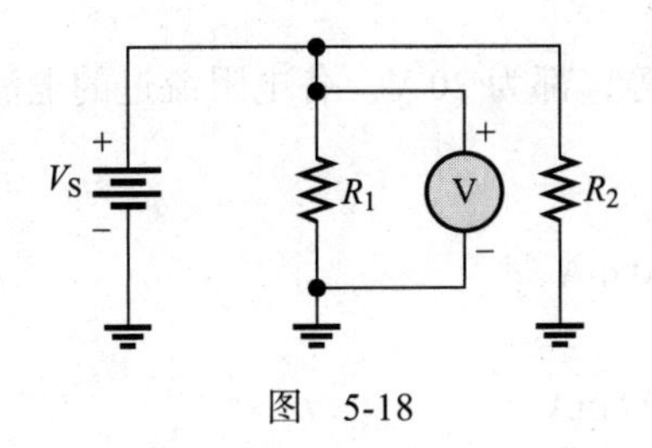


图　5-18

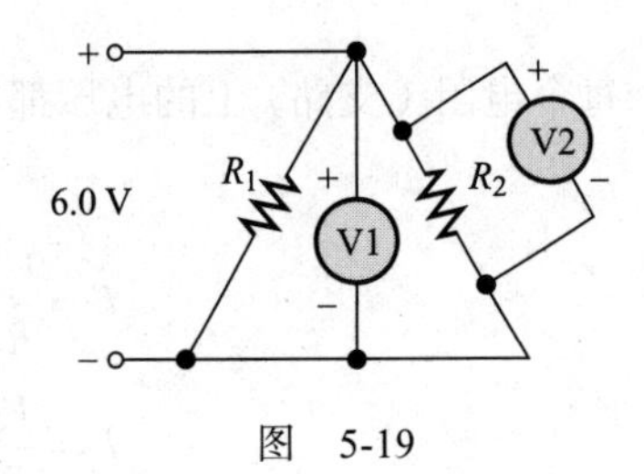


图　5-19

## 5.4　欧姆定律的应用

欧姆定律可应用于并联电路分析。

下面一些例子说明了如何在并联电路中应用欧姆定律。

**例 5-7**　在图 5-20 所示电路中，求由电池提供的总电流。

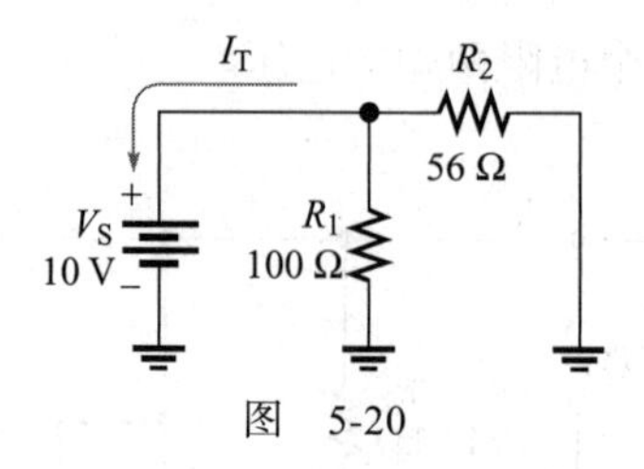


图 5-20

**解** 从电池端看进去 $R_1$、$R_2$ 并联，并联电阻的总阻值决定了总电流的大小。首先，计算 $R_T$。

$$R_T = \frac{R_1R_2}{R_1+R_2} = \frac{100\,\Omega \times 56\,\Omega}{100\,\Omega + 56\,\Omega} = \frac{5600\,\Omega^2}{156\,\Omega} = 35.9\,\Omega$$

电池的电压为 10 V。使用欧姆定律来求 $I_T$。

$$I_T = \frac{V_S}{R_T} = \frac{10\text{ V}}{35.9\,\Omega} = 279\text{ mA}$$ ◀

**同步练习** 在图 5-20 中，求流经 $R_1$ 和 $R_2$ 的电流。验证流经 $R_1$ 和 $R_2$ 的电流之和等于总电流。

采用科学计算器完成例 5-7 的计算。

**Multisim 仿真**

用 Multisim 或者 LTspice 打开文件 E05-07，验证总电流和各支路电流的计算值。

---

**例 5-8** 在图 5-21 所示并联电路中，求解流过各电阻的电流。

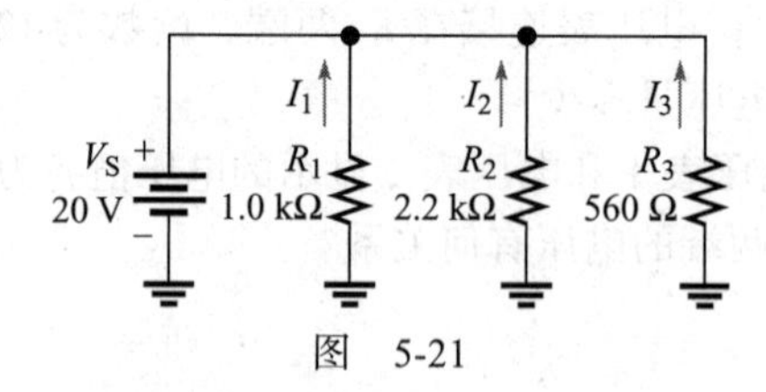


图 5-21

**解** 每个电阻（支路）上的电压都与电源电压相等，都为 20 V。各电阻流过的电流计算如下：

$$I_1 = \frac{V_S}{R_1} = \frac{20\text{ V}}{1.0\text{ k}\Omega} = 20.0\text{ mA}$$

$$I_2 = \frac{V_S}{R_2} = \frac{20\text{ V}}{2.2\text{ k}\Omega} = 9.09\text{ mA}$$ ◀

$$I_3 = \frac{V_S}{R_3} = \frac{20\text{ V}}{560\,\Omega} = 35.7\text{ mA}$$

**同步练习** 在图 5-21 电路中，如果额外并联一个 910 Ω 的电阻，试求此时各支路电流。

采用科学计算器完成例 5-8 的计算。

## Multisim 仿真

用 Multisim 或者 LTspice 打开文件 E05-08。测量流经各电阻的电流。并联 910 Ω 电阻后，再测量流经各电阻的电流。当新电阻引入后，从电源流出的总电流有何变化？

**例 5-9** 在图 5-22 所示并联电路中，求电压 $V_S$。

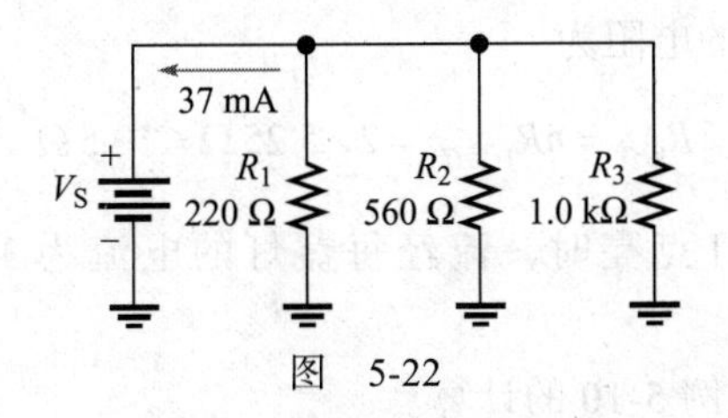


图 5-22

**解** 并联电路的总电路为 37 mA。如果确定了总电阻，就能通过欧姆定律得到电源电压。总电阻为

$$R_T = \frac{1}{\frac{1}{R_1}+\frac{1}{R_2}+\frac{1}{R_3}} = \frac{1}{\frac{1}{220\,\Omega}+\frac{1}{560\,\Omega}+\frac{1}{1.0\,\text{k}\Omega}}$$

$$= \frac{1}{4.55\,\text{mS}+1.76\,\text{mS}+1.0\,\text{mS}} = \frac{1}{7.31\,\text{mS}} = 137\,\Omega$$

因此，电源电压和各支路两端的电压为

$$V_S = I_T R_T = 37\,\text{mA} \times 137\,\Omega = 5.07\,\text{V}$$

◀

**同步练习** 在图 5-22 中，假设 $V_S$ 不变，如果 $R_3$ 开路，求总电流。

采用科学计算器完成例 5-9 的计算。

**例 5-10** 有时难以直接测量电阻。例如，钨丝灯泡在通电后会变热，导致电阻增加。欧姆表仅能测量冷电阻。假设你想知道一辆汽车中两前灯和两尾灯的等效热电阻。已知两盏前灯的正常工作电压为 12.6 V，流经每盏灯的电流都为 2.8 A。

(a) 两盏前灯点亮时，等效的总热电阻是多少？

(b) 假设 4 盏灯全点亮，前灯和尾灯的总电流为 8.0 A，每盏尾灯的等效电阻是多少？

**解** (a) 使用欧姆定律计算一盏前灯的等效电阻。

$$R_{\text{前灯}} = \frac{V}{I} = \frac{12.6\,\text{V}}{2.8\,\text{A}} = 4.5\,\Omega$$

因为两前灯为并联，并且阻值相同，则有

$$R_{\text{T(前灯)}} = \frac{R_{\text{前灯}}}{n} = \frac{4.5\,\Omega}{2} = 2.25\,\Omega$$

(b) 使用欧姆定律计算当两前灯和两尾灯都点亮时电路的总电阻。

$$R_{\text{T(前灯+后灯)}} = \frac{12.6\,\text{V}}{8.0\,\text{A}} = 1.58\,\Omega$$

应用并联电阻公式求出只有两盏尾灯时的电阻。

$$\frac{1}{R_{T(前灯+后灯)}}=\frac{1}{R_{T(前灯)}}+\frac{1}{R_{T(后灯)}}$$

$$\frac{1}{R_{T(后灯)}}=\frac{1}{R_{T(前灯+后灯)}}-\frac{1}{R_{T(前灯)}}=\frac{1}{1.58\,\Omega}-\frac{1}{2.25\,\Omega}$$

$$R_{T(后灯)}=5.25\,\Omega$$

两尾灯并联，因此每盏尾灯的电阻为

$$R_{后灯}=nR_{T(后灯)}=2\times5.25\,\Omega=10.5\,\Omega$$ ◀

**同步练习** 当两盏前灯点亮时，流经每盏灯的电流为 3.15 A，则此时的总电阻为多少？

采用科学计算器完成例 5-10 的计算。

**学习效果检测**

1. 3 个 680 Ω 电阻并联到 12 V 电池上，则电池提供的总电流为多少？
2. 在图 5-23 中，若使电路中产生 20 mA 的电流，需要施加多大电压？
3. 在图 5-23 中，流经各电阻的电流为多少？
4. 有 4 个等值电阻并联于 12 V 电源上，电源流出的电流为 6.0 mA。则各电阻阻值是多少？
5. 某 1.0 kΩ 电阻和一个 2.2 kΩ 电阻并联，流经并联电阻的总电流为 21.8 mA。电阻两端电压为多少？

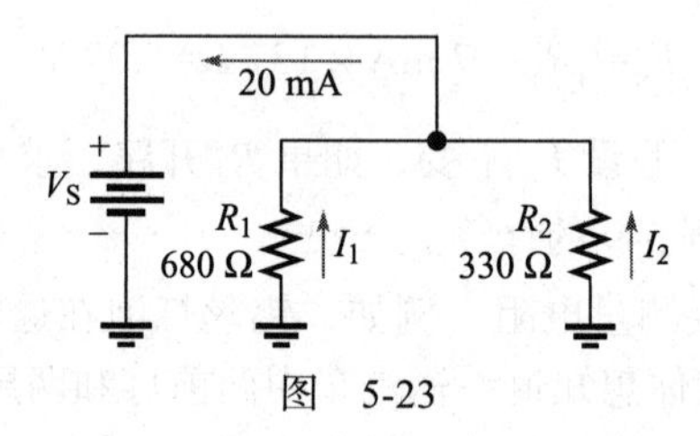

图 5-23

## 5.5 基尔霍夫电流定律

基尔霍夫电压定律适用于处理单个闭合回路中的电压。基尔霍夫电流定律适用于处理多条支路交汇的电流。

**基尔霍夫电流定律**经常被简写为 KCL，叙述如下：

**流入某节点的电流总和等于流出该节点的电流总和。**

**节点**是电路中连接两个或多个元件的点。在并联电路中，节点是并联支路连接在一起的点。例如，在图 5-24 的电路中，有两个节点：节点 $A$ 和节点 $B$。我们从电源的负极开始顺着电流走，从电源流出的总电流 $I_T$ 流入节点 $A$，该节点处总电流分为 3 路。3 条支路电流（$I_1$、$I_2$ 和 $I_3$）都是从节点 $A$ 流出。根据基尔霍夫电流定律，流入节点 $A$ 的总电流等于流出节点 $A$ 的总电流，即

$$I_T=I_1+I_2+I_3$$

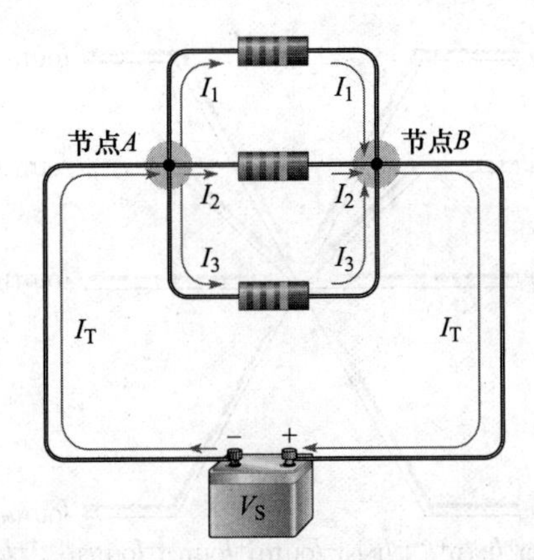


图 5-24　基尔霍夫电流定律：流入某节点的电流总和等于流出该节点的电流总和

## 技术小贴士

基尔霍夫电流定律适用于电气系统的任何负载。例如，对于供电母线而言，从母线中流出的电流，等于电源提供给母线的电流。同样，流入建筑物相线的电流与中线的返回电流是相等的。正常情况下，流出电源的电流与返回电源的电流相等。你将在后面学习到，对于直流电流成立的定律，对于交流电流来说也是成立的。例如，一栋建筑中在相线上输入的电流与在中性线上输出的电流相等。供电电流和返回电流始终相同，但系统中的故障可能导致返回电流沿中性线以外的其他路径流动（这种情况被称为“接地故障”）。

---

由图 5-24 可见，流过 3 条支路的电流又汇聚到节点 $B$。电流 $I_1$、$I_2$ 和 $I_3$ 流入节点 $A$，汇总电流 $I_T$ 从节点 $B$ 流出，所以使用基尔霍夫电流定律，就有流出 $B$ 点的电流和流入 $A$ 点电流相等，即

$$I_T = I_1 + I_2 + I_3$$

根据基尔霍夫电流定律，进入节点的电流之和必须等于从该节点流出的电流之和。图 5-25 展示了基尔霍夫电流定律的一般情况，其数学关系式为：

$$I_{IN(1)} + I_{IN(2)} + I_{IN(3)} + \cdots + I_{IN(n)} = I_{OUT(1)} + I_{OUT(2)} + I_{OUT(3)} + \cdots + I_{OUT(m)} \qquad (5\text{-}4)$$

将右边各项移到左边，整理后可以得到如下等价方程：

$$I_{IN(1)} + I_{IN(2)} + I_{IN(3)} + \cdots + I_{IN(n)} - I_{OUT(1)} - I_{OUT(2)} - I_{OUT(3)} - \cdots - I_{OUT(m)} = 0$$

该方程式表明，流入和流出节点的所有电流总和为零。它相当于“平衡账簿”，可用于计算流入流出节点的所有电流。

基尔霍夫电流定律的等效写法可以用数学求和简写形式来表示，如同 4.6 节里的基尔霍夫电压定律。为所有流入与流出的电流分配一个下标序号（1、2、3，以此类推），其中流入节点的电流为正，流出节点的电流为负。用这种记法，基尔霍夫电流定律可以记为：

$$\sum_{i=1}^{n} I_i = 0$$

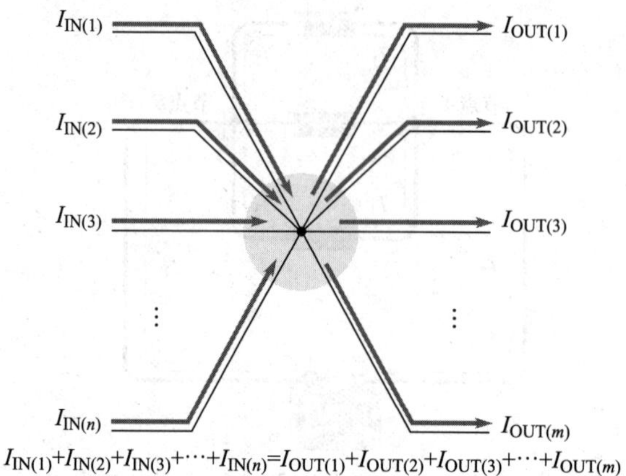


图 5-25 广义节点形式下的基尔霍夫电流定律

该方程使用数学符号$\sum$表示求和，这意味着将 $i$=1,⋯,$n$ 之间的各电流项相加。它们求和后为零，可以表述为

**所有流入与流出节点的电流代数和为零。**

如图 5-26 所示，你可以通过连接电路并测量每条支路的电流和来自电源的总电流，来验证基尔霍夫电流定律。当支路电流全部相加时，它们的和应该等于总电流，这条规则适用于任意多支路的电路。

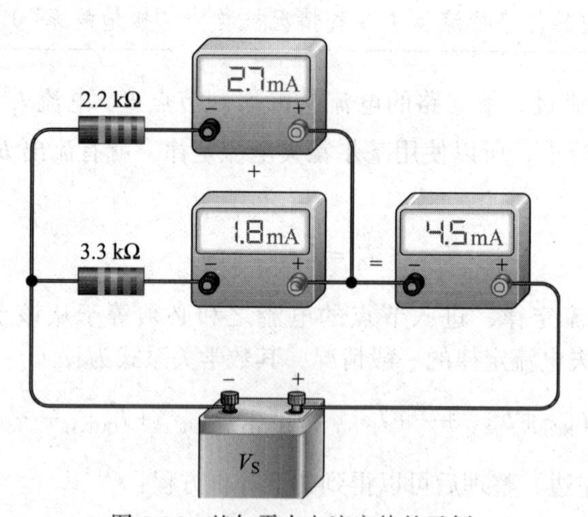


图 5-26 基尔霍夫电流定律的示例

**例 5-11** 在例 5-10 中，你求出了汽车前灯和尾灯的等效电阻。假设已知汽车电池提供的总电流为 8.0 A，两前灯共分得 5.6 A 电流，利用基尔霍夫电流定律，求两盏尾灯的电流。假设灯是电池的唯一负载。

**解** 电池流出的电流等于流向灯的电流。

$$I_{\text{电池}} = I_{\text{T(前灯)}} + I_{\text{T(后灯)}}$$

电池提供的总电流为 8.0 A，流向前灯的电流使总电流减少，这样就有

$$I_{\text{T(后灯)}} = I_{\text{电池}} - I_{\text{T(前灯)}} = 8.0\,\text{A} - 5.6\,\text{A} = 2.4\,\text{A}$$

因为尾灯是一样的，所以流过每盏尾灯的电流为 2.4 A/2=1.2 A。 ◀

**同步练习** 使用例5-10中求出的汽车尾灯的电阻值，利用欧姆定理求解例5-11。

采用科学计算器完成例5-11的计算。

## Multisim 仿真

用 Multisim 或者 LTspice 打开文件 E05-11。如果每个前灯从 12.6 V 电池中获得 3.15 A 电流，计算汽车照明系统的总电流，并确定一对前灯的总电阻。

---

**例 5-12** 如图5-27所示电路，试求流入节点 $A$ 的总电流和流出节点 $B$ 的总电流。

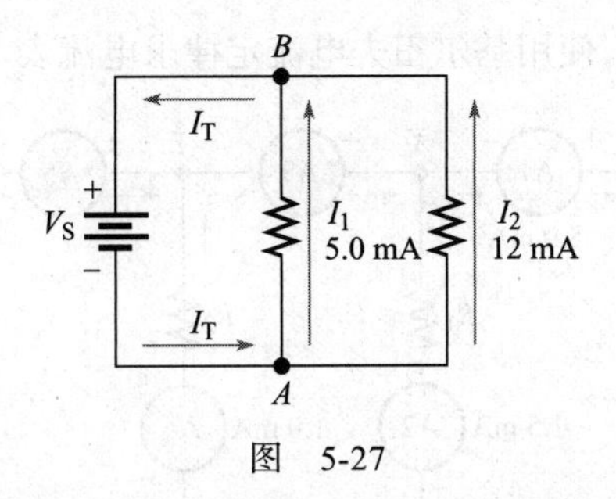


图 5-27

**解** 流出节点 $A$ 的总电流是两条支路电流的和，即流入节点 $A$ 的总电流为：

$$I_T = I_1 + I_2 = 5.0\ \text{mA}+12\ \text{mA}=17\ \text{mA}$$

流入节点 $B$ 的总电流是这两条支路电流的和，所以流出节点 $B$ 的总电流为：

$$I_T = I_1 + I_2 = 5\ \text{mA}+12\ \text{mA}=17\ \text{mA}$$ ◀

**同步练习** 如果在图5-27中添加第三条支路，其支路电流为 3.0 mA，则此时流入节点 $A$ 和流出节点 $B$ 的总电流各是多少？

采用科学计算器完成例5-12的计算。

## Multisim 仿真

打开 Multisim 文件 E05-12 校验本例的计算结果，并核实同步练习的计算结果。

---

**例 5-13** 试求图5-28中流经电阻 $R_2$ 的电流 $I_2$。

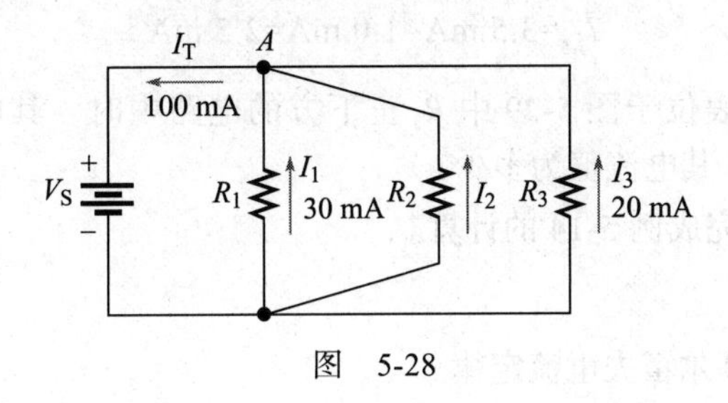


图 5-28

**解** 流出节点 $A$ 的总电流为 $I_T = I_1 + I_2 + I_3$。在图5-28电路中，已知总电流和流经电阻 $R_1$ 与电阻 $R_3$ 的支路电流。因此电流 $I_2$ 为：

$$I_2 = I_T - I_1 - I_3 = 100\text{ mA} - 30\text{ mA} - 20\text{ mA} = 50\text{ mA}$$ ◀

**同步练习** 如果在图 5-28 所示电路中添加第 4 条支路，其支路电流为 12 mA，试求 $I_T$ 和 $I_2$。

采用科学计算器完成例 5-13 的计算。

**Multisim 仿真**

打开 Multisim 文件 E05-13 校验本例的计算结果，并核实同步练习的计算结果。

---

**例 5-14** 在图 5-29 中，使用基尔霍夫电流定律求电流表 A3 和 A5 所测量的电流值。

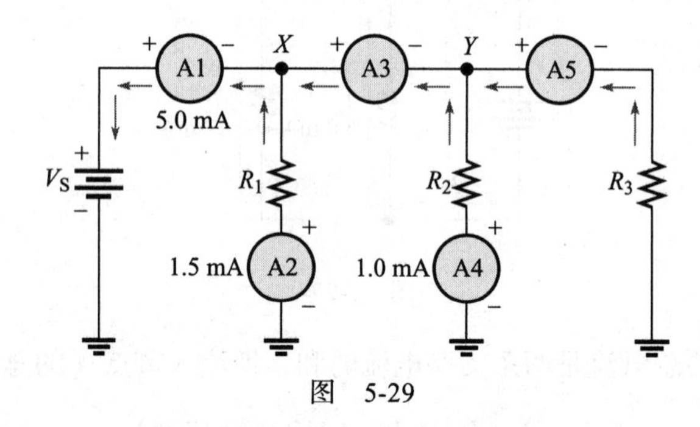


图 5-29

**解** 流出节点 $X$ 的电流为 5.0 mA，流入节点 $X$ 的电流包括：流经电阻 $R_1$ 的 1.5 mA 和流经 A3 的电流。在节点 $X$ 处，应用基尔霍夫电流定律，可以得到

$$5.0\text{ mA} = 1.5\text{ mA} + I_{A3}$$

整理后可得

$$I_{A3} = 5.0\text{ mA} - 1.5\text{ mA} = 3.5\text{ mA}$$

流出节点 $Y$ 的总电流为 $I_{A3} = 3.5\text{ mA}$。流出节点 $Y$ 的电流包括：流经电阻 $R_2$ 的 1.0 mA 和流经电流表 A5 和电阻 $R_3$ 的电流。在节点 $Y$ 应用基尔霍夫电流定律，可以得到

$$3.5\text{ mA} = 1.0\text{ mA} + I_{A5}$$

整理后可得

$$I_{A5} = 3.5\text{ mA} - 1.0\text{ mA} = 2.5\text{ mA}$$ ◀

**同步练习** 当电流表位于图 5-29 中 $R_3$ 正下方的电路中时，其电流值为多少？当电流表位于电源负极下面时，其电流值为多少？

采用科学计算器完成例 5-14 的计算。

**学习效果检测**

1. 用两种方式表述基尔霍夫电流定律。

2. 流入某节点的总电流为 2.5 mA，流出该节点的电流分为 3 条并联支路。则这 3 条支路的电流之和为多少？

3. 如图 5-30 所示，100 mA 和 300 mA 都流入同一个节点，则流出该节点的电流为多少？

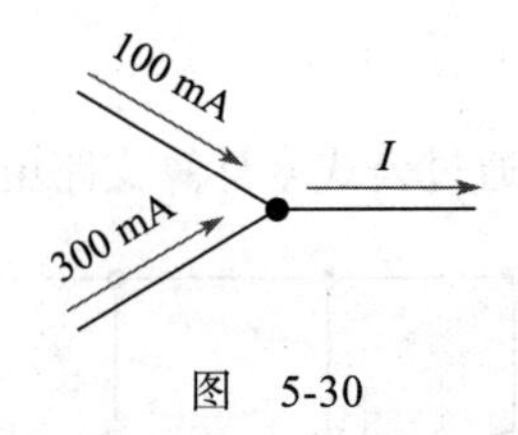


图　5-30

4. 拖车上的两盏尾灯各分得 1.0 A 电流，两盏刹车灯各分得 1.0 A 电流。当所有灯都点亮时，拖车需要的总电流为多少？

5. 某地下泵的相线中有 10 A 电流。

（1）中性线上的电流应该为多少？

（2）假设测量了相线和中性线电流，发现它们不同。可能的原因有哪些？

## 5.6　分流器

电流分流器是电阻的并联组合，其中电流的分配与各支路的电阻成反比。

并联电路中，流入节点的总电流被分流到各支路中去。因此，并联电路实际充当了分流器。图 5-31 展示了为分流器的工作原理，两支路并联，总电流 $I_T$ 一部分流过 $R_1$，另一部分流过 $R_2$。

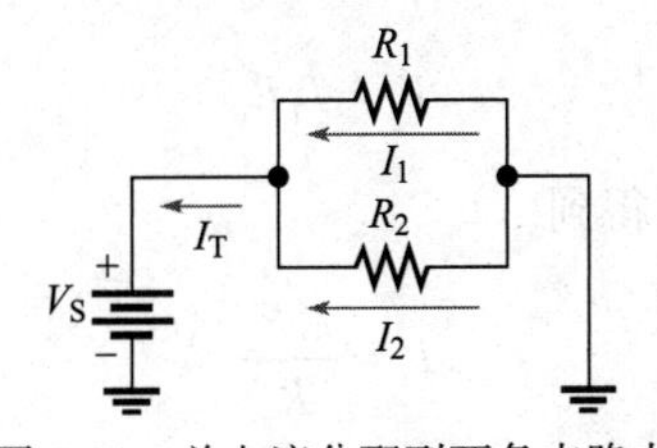


图 5-31　总电流分配到两条支路中

由于各并联电阻两端电压相等，因此支路电流值与电阻阻值成反比。例如，如果 $R_2$ 为 $R_1$ 的两倍，那么 $I_2$ 就是 $I_1$ 的一半。

**并联电路中，总电流按与电阻的反比关系被分流到各电阻中。**

根据欧姆定律，电阻较大的分支电流较小，电阻较小的分支电流较大。如果所有分支具有相同的电阻，则分支电流都相等。

图 5-32 说明电流如何根据支路电阻进行分配。在这种情况下，上支路的电阻是下支路电阻的十分之一，但上支路电流是下支路电流的十倍。

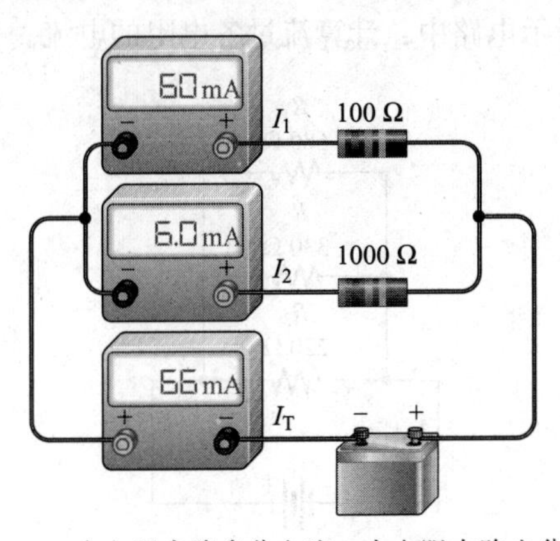


图 5-32　小电阻支路多分电流，大电阻支路少分电流

### 5.6.1 分流公式

在图 5-33 所示的并联电路中，通过公式来计算支路电流，其中 $n$ 是并联电阻的总数。

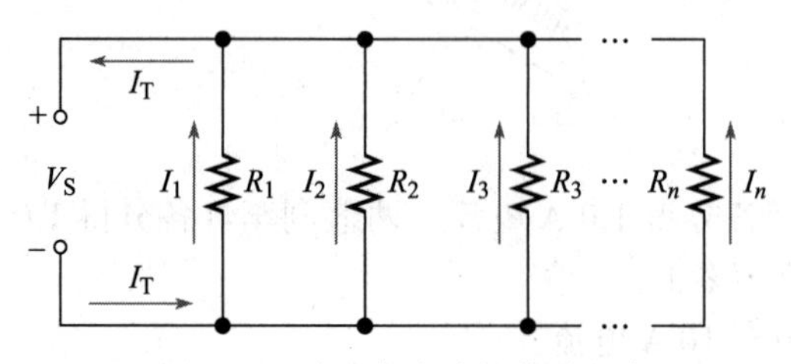


图 5-33 有 $n$ 条支路的并联电路

设流经各并联电阻的电流为 $I_x$，其中 $x$ 代表并联电阻的序号（1，2，3，⋯，$n$）。利用欧姆定律，可以将图 5-33 中流经各并联电阻的电流表示为：

$$I_x = \frac{V_S}{R_x}$$

各并联电阻两端的电压都是电源电压 $V_S$，$R_x$ 表示并联电路中任一电阻。电源总电压 $V_S$ 等于总电流乘以总电阻，即

$$V_S = I_T R_T$$

将其代入上述 $I_x$ 表达式中，可以得到

$$I_x = \frac{I_T R_T}{R_x}$$

整理后可得

$$I_x = \left(\frac{R_T}{R_x}\right) I_T \tag{5-5}$$

其中 $x$=1，2，3，⋯，$n$，式（5-5）是通用的分流公式，可以应用于含有任意多个电阻的并联电路中，即

**流经任意支路的电流（$I_x$）等于并联总电阻（$R_T$）除以该支路电阻（$R_x$），再乘以流入该并联电路节点处的总电流（$I_T$）。**

**例 5-15** 在图 5-34 所示电路中，计算流过各电阻的电流。

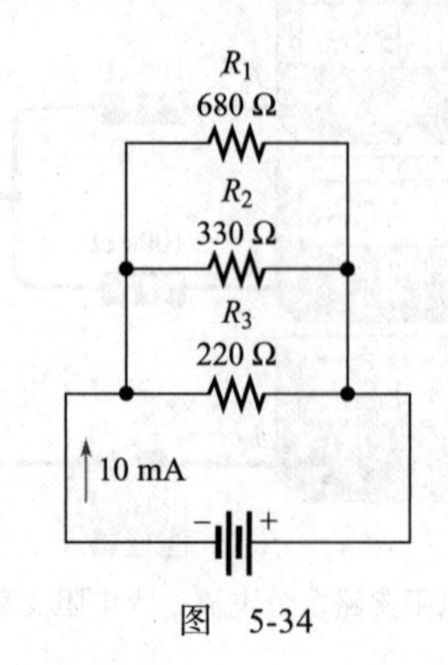


图 5-34

**解**　首先计算并联总电阻。

$$R_{\mathrm{T}}=\frac{1}{\dfrac{1}{R_1}+\dfrac{1}{R_2}+\dfrac{1}{R_3}}=\frac{1}{\dfrac{1}{680\,\Omega}+\dfrac{1}{330\,\Omega}+\dfrac{1}{220\,\Omega}}=110.5\,\Omega$$

总电流为 10 mA，使用式（5-5）计算各支路的电流。

$$I_1=\left(\frac{R_{\mathrm{T}}}{R_1}\right)I_{\mathrm{T}}=\left(\frac{110.5\,\Omega}{680\,\Omega}\right)\times 10\ \mathrm{mA}=1.63\ \mathrm{mA}$$

$$I_2=\left(\frac{R_{\mathrm{T}}}{R_2}\right)I_{\mathrm{T}}=\left(\frac{110.5\,\Omega}{330\,\Omega}\right)\times 10\ \mathrm{mA}=3.35\ \mathrm{mA}$$

$$I_3=\left(\frac{R_{\mathrm{T}}}{R_3}\right)I_{\mathrm{T}}=\left(\frac{110.5\,\Omega}{220\,\Omega}\right)\times 10\ \mathrm{mA}=5.02\ \mathrm{mA}$$

◀

**同步练习**　移除电阻 $R_3$ 后，再计算图 5-34 中流经各电阻的电流。假设电源电压不变。

采用科学计算器完成例 5-15 的计算。

### 5.6.2　两条支路并联的分流公式

当电压和电阻已知时，使用欧姆定律（$I=V/R$）可以确定并联电路中任何分支的电流。当不知道电压但知道总电流时，可以使用以下公式求解两个分支电流（$I_1$ 和 $I_2$）：

$$I_1=\left(\frac{R_2}{R_1+R_2}\right)I_{\mathrm{T}} \tag{5-6}$$

$$I_2=\left(\frac{R_1}{R_1+R_2}\right)I_{\mathrm{T}} \tag{5-7}$$

上述公式表明，任一支路中的电流等于对侧的支路电阻除以两个电阻之和，然后乘以总电流。

**例 5-16**　图 5-35 所示电路，求 $I_1$ 和 $I_2$。

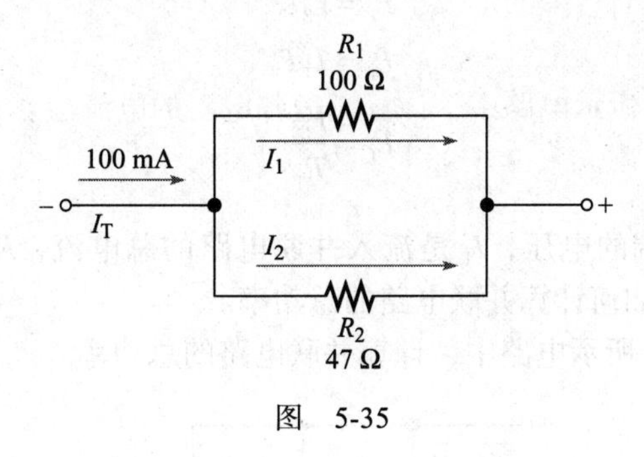


图　5-35

**解**　利用式（5-6）求 $I_1$。

$$I_1=\left(\frac{R_2}{R_1+R_2}\right)I_{\mathrm{T}}=\left(\frac{47\,\Omega}{147\,\Omega}\right)\times 100\ \mathrm{mA}=32.0\ \mathrm{mA}$$

利用式（5-7）确定 $I_2$。

$$I_1=\left(\frac{R_1}{R_1+R_2}\right)I_T=\left(\frac{47\ \Omega}{100\ \Omega}\right)\times 100\ \text{mA}=68.0\ \text{mA}$$ ◀

**同步练习** 若图 5-35 中 $R_1$=56 Ω，$R_2$=86 Ω，且 $I_T$ 不变，则各支路电流为多少？

采用科学计算器完成例 5-16 的计算。

**学习效果检测**

1. 电路有如下并联电阻：220 Ω、100 Ω、68 Ω、56 Ω 和 22 Ω。它们再与电压源并联。问哪个电阻电流最大？哪个电阻电流最小？
2. 在图 5-36 所示电路中，计算流经 $R_3$ 的电流。
3. 在图 5-37 所示电路中，求流经各电阻的电流。

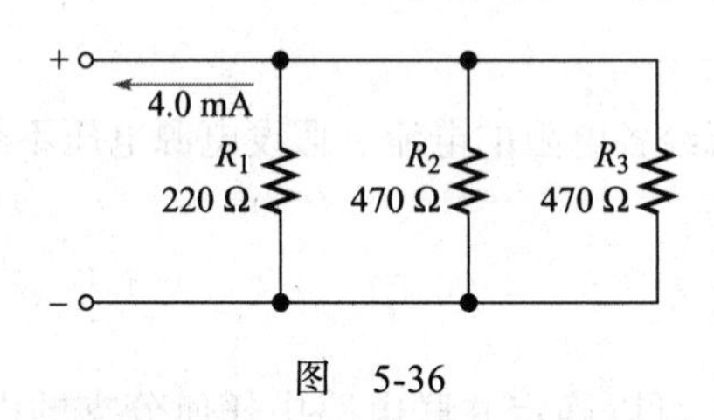

图 5-36

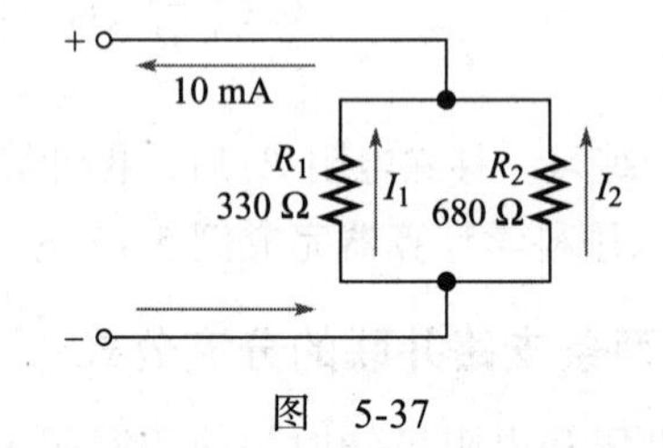

图 5-37

## 5.7 并联电路的功率

与串联电路相同，通过对电路中各电阻的功率求和得到并联电路的总功率。

求任意数目电阻并联的总功率公式为

$$P_T=P_1+P_2+P_3+\cdots+P_n \tag{5-8}$$

式中，$P_T$ 为总功率，$P_n$ 为并联电路中最后一个电阻的功率。并联电路总功率的计算与串联电路一样，都是相加求和得到总功率。

将第 3 章的功率公式直接应用于并联电路中，可得总功率 $P_T$ 的计算公式如下：

$$P_T=V_SI_T$$
$$P_T=I_T^2R_T$$
$$P_T=\frac{V_S^2}{R_T}$$

式中，$V_S$ 是并联电路两端的电压，$I_T$ 是流入并联电路的总电流，$R_T$ 是并联电路的总电阻。例 5-17 和例 5-18 说明了如何计算并联电路的总功率。

**例 5-17** 在图 5-38 所示电路中，计算并联电路的总功率。

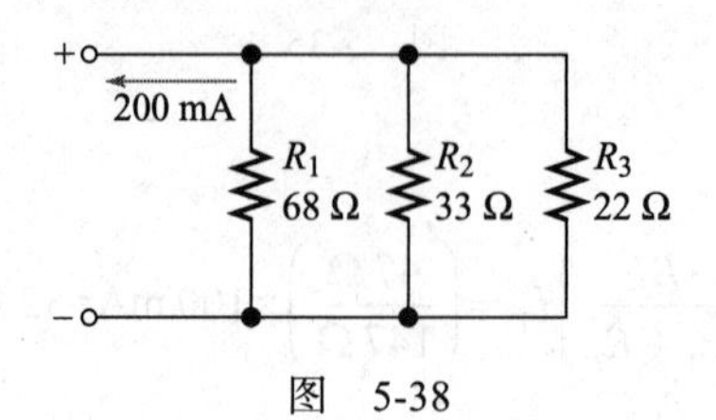

图 5-38

**解**　总电流为 200 mA，总电阻为

$$R_T = \frac{1}{\frac{1}{68\,\Omega}+\frac{1}{33\,\Omega}+\frac{1}{22\,\Omega}} = 11.1\,\Omega$$

此时 $I_T$ 和 $R_T$ 已知，$P_T = I_T^2 R_T$ 为计算功率的最简公式。

$$P_T = I_T^2 R_T = (200\text{ mA})^2 \times 11.1\,\Omega = 444\text{ mW}$$

下面来验证一下，通过计算各电阻的功率然后求和是否可以得到相同总功率结果。首先，求得各支路电压。

$$V = I_T R_T = 200\text{ mA} \times 11.1\,\Omega = 2.22\text{ V}$$

请记住并联电路中各支路两端电压相等。

然后，利用 $P = V^2 / R$ 计算各电阻消耗的功率。

$$P_1 = \frac{(2.22\text{ V})^2}{68\,\Omega} = 72.5\text{ mW}$$

$$P_2 = \frac{(2.22\text{ V})^2}{33\,\Omega} = 149\text{ mW}$$

$$P_3 = \frac{(2.22\text{ V})^2}{22\,\Omega} = 224\text{ mW}$$

求和得到总功率为

$$P_T = 72.5\text{ mW} + 149\text{ mW} + 224\text{ mW} = 445.5\text{ mW}$$

上述结果说明分别计算各电阻功率再求和得到的总功率，等于直接求得的总功率。◀

**同步练习**　在图 5-38 中，若电压增加一倍，再求总功率。

采用科学计算器完成例 5-17 的计算。

**例 5-18**　在图 5-39 中，立体声系统的单通道放大器驱动两个扬声器。若扬声器最大电压为 15 V，那么放大器必须向扬声器提供多少功率？⊖

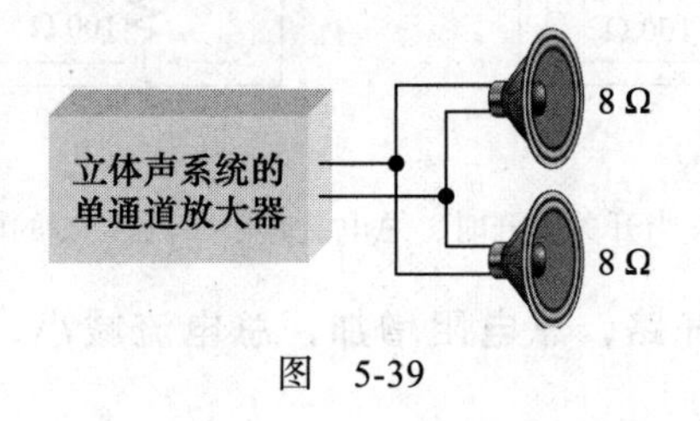


图　5-39

**解**　放大器驱动的两个扬声器为并联，它们两端的电压相等。因此，每个扬声器的最大功率为：

$$P_{max} = \frac{V_{max}^2}{R} = \frac{(15\text{ V})^2}{8\,\Omega} = 28.1\text{ W}$$

---

⊖ 在后面的章节中，电压为交流电。对于电阻电路，在交流电压和直流电压下求解功率的方法是相同的。

放大器需要提供给扬声器组合的总功率为各扬声器功率之和，即单个扬声器功率的两倍。

$$P_{T(max)} = P_{(max)} + P_{(max)} = 2P_{(max)} = 56.2\ W$$ ◄

**同步练习** 若放大器最大能够提供 18 V 的电压，则扬声器获得的最大功率是多少？

▦ 采用科学计算器完成例 5-18 的计算。

**学习效果检测**

1. 若已知并联电路中各电阻的功率，如何求总功率？

2. 并联电路中各电阻消耗的功率分别为：1.0 W、2.0 W、5.0 W 和 8.0 W。那么电路的总功率为多少？

3. 某并联电路中含有 1.0 kΩ、2.7 kΩ 和 3.9 kΩ 电阻各一个。并联电路总电流为 19.5 mA。那么总功率为多少？

4. 通常，电路用至少 120% 最大预期电流的熔断器来保护。那么，额定功率为 100 W 的汽车后窗除霜器应使用何种额定电流的熔断器？假设 $V$=12.6 V。

## 5.8 故障排查

回顾一下，开路是指电流通路被截断而没有电流的电路。本节将研究并联电路某支路开路会出现什么问题。

### 5.8.1 支路开路的特点

如图 5-40 所示，若将开关连接在并联电路的某支路上，开关就可以控制该支路。如图 5-40a 所示，当开关闭合时，$R_1$ 和 $R_2$ 并联。若为两个 100 Ω 电阻并联，则总阻值为 50 Ω。此时电流流过两个电阻。又如图 5-40b 所示，当开关打开时，$R_1$ 被开路，此时总电阻为 100 Ω，电流只流过 $R_2$。尽管电源的总电流减少了 $R_1$ 的电流量，$R_2$ 两端仍然有相同的电压并且流过 $R_2$ 的电流相同。

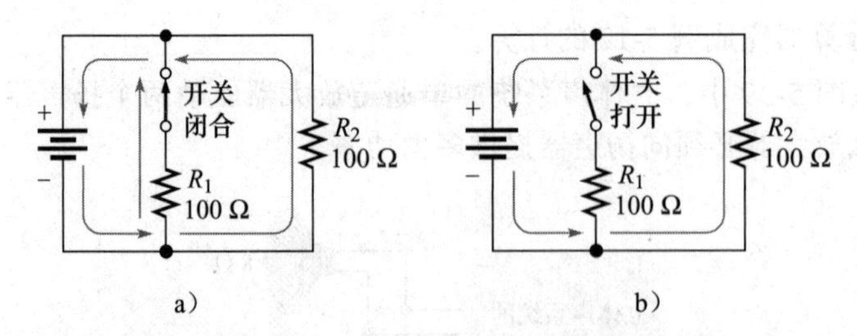


图 5-40 当开关打开时，总电流减小，流过 $R_2$ 的电流不变

**当并联电路中某支路开路，总电阻增加，总电流减小，其余各并联支路电流大小不变。**

考虑图 5-41 所示的照明电路，4 盏灯与 12 V 电源并联。在图 5-41a 中，每盏灯都有电流流过。现假设其中一盏灯烧坏形成开路，如图 5-41b 所示。由于开路截断了电流，因此这盏灯将熄灭。然而，电流将继续流经其余并联的灯，它们将继续亮着。开路支路不会改变并联支路两端的电压，即电源电压仍保持在 12 V，于是通过各支路的电流保持不变。

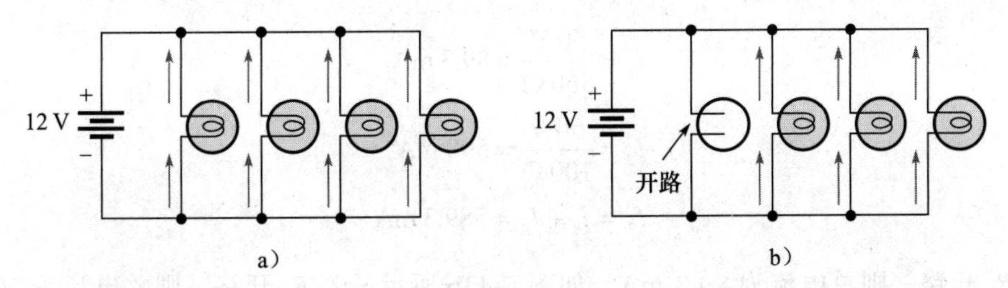


图 5-41　当某一盏灯开路时，总电流会减小，其他支路电流会保持不变

显然在照明系统中，并联电路比串联电路更有优势，因为一个或多个并联灯烧坏不影响其余灯正常工作。但在串联电路中，开路会截断整个电流通路，因此当某盏灯熄灭时其余灯也将全部熄灭。

当并联电路中的电阻开路时，由于各支路两端电压相等，因此不能通过测量各支路两端的电压来确定哪个电阻开路（半分割法此处就不好用了）。如图 5-42 所示，正常电阻与开路电阻总是具有相同的电压（注意中间电阻开路）。

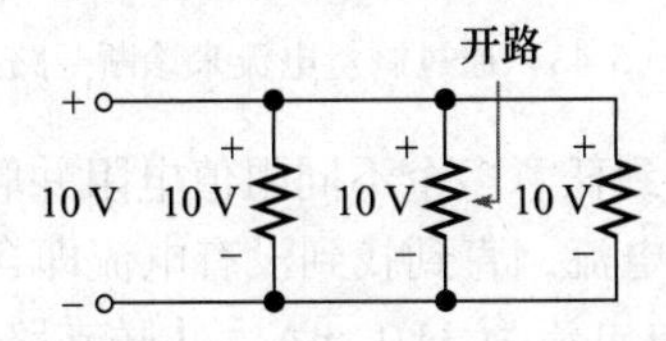


图 5-42　并联支路（不论是否开路）两端电压相等

若目测没有发现开路电阻，则必须通过测量电阻或电流的方法来确定开路电阻的位置，如果可能的话，热成像设备也可以用来寻找“冷”电阻。现实中，测量电阻或电流比测量电压要困难得多，因为必须要把元件拆下来才能测电阻，把电流表串联接入电路才能测量电流。因此，为了连接万用表来测量电阻或者电流，通常必须断开电线或印制电路板的连接，甚至需要将元件的一端从电路板上取下。然而，测量电压时并不需要这个过程，因为电压表的引线仅简单地并联于元件两端。

**技术小贴士**

有一种不使用电流表测量线路电流的方法。在原始电路需要测量电流的线路上串联一个非常小的电阻，这个小的“感应”电阻一般不会影响线路总电阻，测量该电阻上的电压，通过欧姆定律可以求得电流，即

$$I=\frac{V_{\text{meas}}}{R_{\text{sense}}}$$

### 5.8.2　通过测量电流来诊断开路

若怀疑并联电路含有开路支路，则可以通过测量总电流来确认开路。当某并联电阻开路时，总电流 $I_T$ 总是小于它的正常值。若总电流和支路电压已知，而各并联电阻阻值又各不相同，则通过简单计算就能确定开路的电阻。

图 5-43a 为含两条并联支路的电路。若其中一个电阻开路，则总电流将等于正常电阻中流过的电流。利用欧姆定律很快就能得出各电阻中的正常电流应该为多少。

$$I_1 = \frac{50\ \text{V}}{560\ \Omega} = 89.3\ \text{mA}$$

$$I_2 = \frac{50\ \text{V}}{100\ \Omega} = 500\ \text{mA}$$

$$I_T = I_1 + I_2 = 589.3\ \text{mA}$$

若 $R_2$ 开路，则总电流为 89.3 mA，如图 5-43b 所示。若 $R_1$ 开路，则总电流为 500 mA，如图 5-43c 所示。

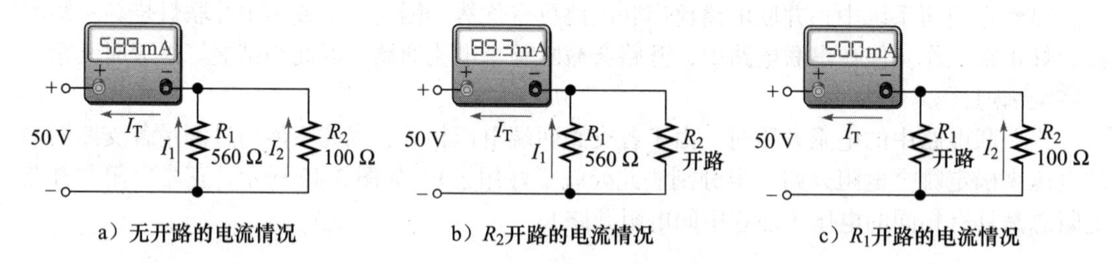


图 5-43　通过测量电流来诊断开路

上述故障排查过程可以扩展到任意多个不同阻值电阻并联的电路中。如果各并联电阻阻值相等，则必须检查每条支路的电流，直到找到没有电流即含开路电阻的支路为止。

**例 5-19**　在图 5-44 中，总电流为 31.1 mA，并联支路两端电压为 20 V。试诊断该电路是否含有开路电阻。若有，判定哪个电阻开路？

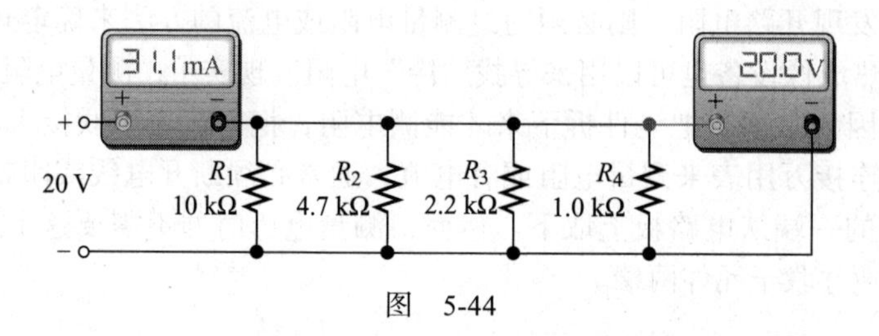


图　5-44

**解**　计算各支路电流。

$$I_1 = \frac{V}{R_1} = \frac{20\ \text{V}}{10\ \text{k}\Omega} = 2.0\ \text{mA}$$

$$I_2 = \frac{V}{R_2} = \frac{20\ \text{V}}{4.7\ \text{k}\Omega} = 4.26\ \text{mA}$$

$$I_3 = \frac{V}{R_3} = \frac{20\ \text{V}}{2.2\ \text{k}\Omega} = 9.09\ \text{mA}$$

$$I_4 = \frac{V}{R_4} = \frac{20\ \text{V}}{1.0\ \text{k}\Omega} = 20\ \text{mA}$$

总电流应为：

$$I_T = I_1 + I_2 + I_3 + I_4 = 2\ \text{mA} + 4.26\ \text{mA} + 9.09\ \text{mA} + 20\ \text{mA} = 35.4\ \text{mA}$$

实际测量出的电流只有 31.1 mA，比正常电流小 4.3 mA，即电流为 4.26 mA 的支路开路，也即**含有电阻 $R_2$ 的支路存在开路**。◀

**同步练习**　图 5-44 中，若 $R_4$ 和 $R_2$ 都开路，那测得的总电流为多少？

采用科学计算器完成例 5-19 的计算。

**Multisim 仿真**

用 Multisim 或者 LTspice 打开文件 E05-19，验证总电流和流经各电阻的电流。电路中没有故障。

### 5.8.3　通过测量电阻来诊断开路

若可以将与待检查并联电路相连的电压源和可能相连的其余电路断开，则可通过测量电路总电阻来定位开路支路。

回顾一下，电导 $G$ 是电阻的倒数，单位是 S。并联电路的总电导是所有电导之和，即

$$G_{\mathrm{T}}=G_1+G_2+G_3+\cdots+G_n$$

通过以下步骤来定位开路支路：

1. 由各电阻计算相应的总电导。

$$G_{\mathrm{T(calc)}}=\frac{1}{R_1}+\frac{1}{R_2}+\frac{1}{R_3}+\cdots+\frac{1}{R_n}$$

2. 用欧姆表来测量总电阻，并计算对应的总电导。

$$G_{\mathrm{T(meas)}}=\frac{1}{R_{\mathrm{T(meas)}}}$$

3. 从步骤 1 计算到的总电导中减去由步骤 2 测量到的总电导。此时获得的差值就是开路支路的电导，取倒数就能得到相应的电阻值。

$$R_{\mathrm{T(open)}}=\frac{1}{G_{\mathrm{T(calc)}}-G_{\mathrm{T(meas)}}}$$

**例 5-20**　图 5-45 中，使用欧姆表测得引脚 4 和引脚 1 之间电阻为 402 Ω，试找出 PCB 上这两个引脚间的开路支路。

**解**　引脚 1 和引脚 4 之间的电路可以通过以下步骤排查：

1. 由各电阻计算总电导。

$$\begin{aligned}G_{\mathrm{T(calc)}}&=\frac{1}{R_1}+\frac{1}{R_2}+\frac{1}{R_3}+\frac{1}{R_4}+\frac{1}{R_{11}}+\frac{1}{R_{12}}\\&=\frac{1}{1.0\ \mathrm{k\Omega}}+\frac{1}{1.8\ \mathrm{k\Omega}}+\frac{1}{2.2\ \mathrm{k\Omega}}+\frac{1}{2.7\ \mathrm{k\Omega}}+\frac{1}{3.3\ \mathrm{k\Omega}}+\frac{1}{3.9\ \mathrm{k\Omega}}\\&=2.94\ \mathrm{mS}\end{aligned}$$

2. 计算的总测量电导。

$$G_{\mathrm{T(meas)}}=\frac{1}{402\ \Omega}=2.49\ \mathrm{mS}$$

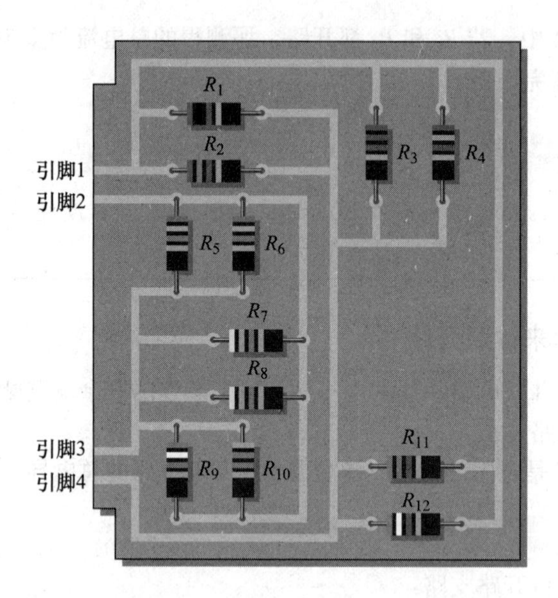


图 5-45 （见彩插）

3. 从步骤 1 计算得到的总电导值中减去由步骤 2 测量得到的电导值，得到开路支路的电导，通过取其倒数得到电阻值。

$$G_{\text{open}} = G_{\text{T(calc)}} - G_{\text{T(meas)}} = 2.94\ \text{mS} - 2.49\ \text{mS} = 0.45\ \text{mS}$$

$$R_{\text{T(open)}} = \frac{1}{G_{\text{open}}} = \frac{1}{0.45\ \text{mS}} = 2.2\ \text{k}\Omega$$

该值对应 $R_3$ 的电阻值，说明 $R_3$ **开路**，必须被替换。◀

**同步练习** 在图 5-45 所示 PCB 中，使用欧姆表测得引脚 2 和引脚 3 之间的电阻为 9.6 kΩ。试判断这个结果是否正常。若不正常，哪个电阻开路？

采用科学计算器完成例 5-20 的计算。

## 5.8.4 支路短路故障

若并联电路的某支路短路，电流将剧增，从而导致熔断器熔断或断路器断开。由于很难隔离短路的支路，因此这是一个棘手的故障排查问题。

脉冲发生器和电流跟踪器是经常用于检测电路短路故障的工具。它们不仅用于数字电路，也可以用于其他任何类型的电路中。脉冲发生器是一种笔形工具，将脉冲加载到电路中选定的点上，使电流脉冲流过短路路径。电流跟踪器也是一种笔形工具，可以感应电流脉冲，判别当前路径是否存在短路。

**学习效果检测**

1. 若某并联支路开路，假设并联电路两端由电压源供电，那么该电路的电压和电流会发生什么变化？

2. 若一条并联支路开路，那么总电阻会发生什么变化？

3. 若几盏灯并联在一起，其中一个灯泡开路（烧坏了），其余灯泡还会正常点亮吗？

4. 并联电路各支路都流过 1 A 电流。若某支路开路，其余分支中的电流是多少？

5. 假设负载的相线电流为 1.00 A，中性线返回的电流为 0.90 A。如果电源电压为 120 V，那么故障电阻是多少？

## 应用案例

在此应用中，用一个 3 量程电流表改装直流电源，使之显示提供给负载的电流。并联电阻可以扩大电流表的测量范围，它可以旁路表头的电流，从而使电流表能够有效测量远超表头最大电流的电流。多量程模拟电表电路利用与电表并联的电阻来改变电表的量程。

### 一般操作理论

并联电路是这类电流表工作的重要组成部分，因为有它们用户才能选择不同的量程来测量各种不同的电流值。

电流表中使指针与电流成比例偏转的机构被称为*表头*，它基于本书第 7 章中介绍的电磁原理。现在，只要知道给定的表头具有一定的电阻和最大允许电流就足够了。该最大允许电流被称为全量程偏转电流，它使指针指向最大刻度。例如，某表头有 50 Ω 电阻和 1.0 mA 的全量程偏转电流。那么，该表头可以测量 1.0 mA 或更小的电流。大于 1.0 mA 的电流会导致指针转到限位杆（或停止）。图 5-46 所示为一个 1.0 mA 的模拟电流表。

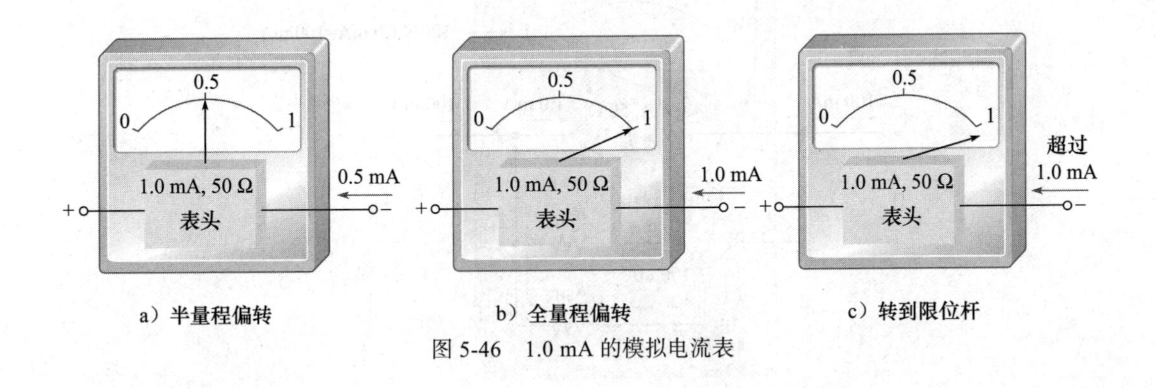


图 5-46　1.0 mA 的模拟电流表

图 5-47 所示为一个 10 mA 电流表，其中有一个与表头并联的电阻，该电阻被称为*分流电阻*，其目的是旁路掉大于 1.0 mA 的电流，以扩大可测量的电流范围。图中具体显示了通过分流电阻的电流为 9.0 mA，通过表头的电流为 1.0 mA。因此，这个电流表可以测量高达 10 mA 的电流。确定实际电流值时，只需将表头刻度盘上的读数乘以 10即可。

实际电流表具有量程开关，可以选择不同的全量程偏转电流。在每个开关挡位处，都有一定的电流被并联的电阻旁路，被旁路的电流的大小由并联电阻决定。在我们的例子中，仍假设流经表头的电流不能大于 1.0 mA。

图 5-48 展示了一个具有 3 个量程的电流表：0 ～ 1.0 mA、0 ～ 10 mA 和 0 ～ 100 mA。当量程开关置于 1.0 mA 挡位时，流入电表的所有电流都流经了表头。而在 10 mA 挡位处，多达 9.0 mA 的电流通过 $R_{SH1}$。在 100 mA 挡位处，高达 99 mA 电流通过 $R_{SH2}$。3 种情况下，流过表头的最大电流都只有 1.0 mA。

电流表的读数要配合电表量程挡位。例如，在图 5-48 中，若测量 50 mA 电流，刻度盘上的指针在 0.5 处，此时必须将 0.5 乘以 100 mA 才能得到当前测量值。在这种情况下，有 0.5 mA 电流通过了表头，49.5 mA 的电流通过了旁路电阻 $R_{SH2}$。

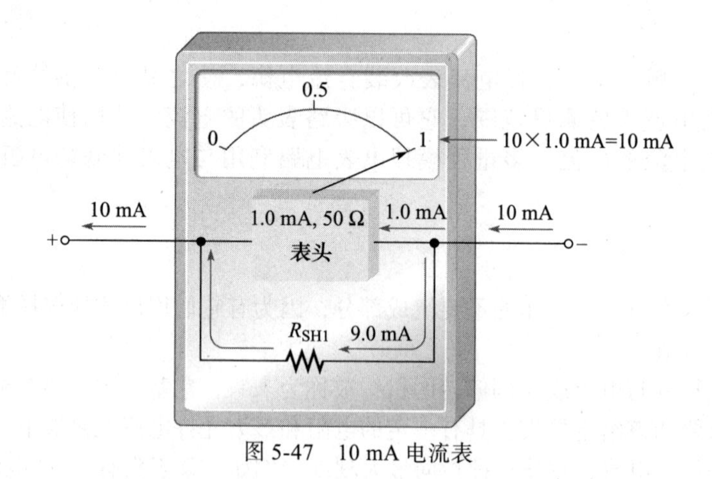


图 5-47 10 mA 电流表

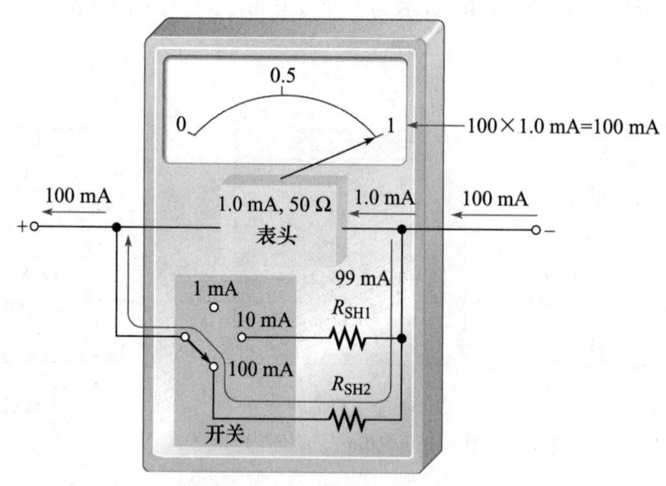


图 5-48 3 个量程的电流表

## 稳压电源

图 5-49 为台式稳压电源的面板视图。电压表显示输出电压，通过电压控制旋钮可设置输出电压为 0 ～ 10 V。该电源可为负载提供高达 2.0 A 的电流。直流电源的基本组成框图如图 5-50 所示。它由一个整流电路和一个稳压电路组成，整流电路将墙上插座中的交流电压转换成直流电压，稳压电路使输出电压保持在一个恒定的值。

给电源增加一个 3 量程电流表，其可选电流量程分别为 0 ～ 25 mA、0 ～ 250 mA 和 0 ～ 2.5 A。为实现该要求，需要使用两个分流电阻，各电阻都可以通过旋转开关与表头并联。只要分流电阻不是太小，这种方法就可以奏效。然而，如果分流电阻非常小，就会出现一些问题，后面将解释原因。

图 5-49　台式稳压电源的面板视图

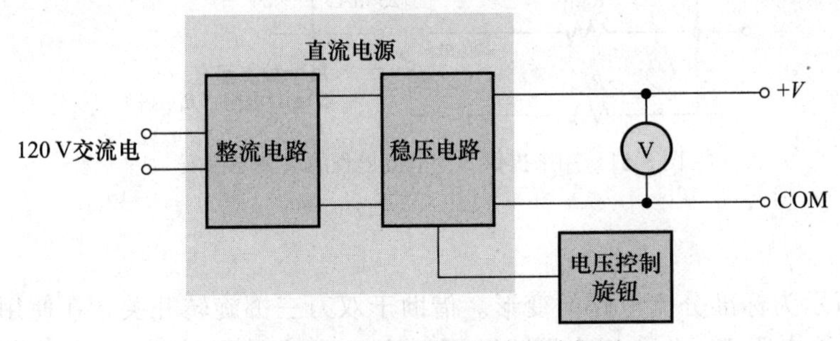


图 5-50　直流电源的基本组成框图

## 分流电路

如图 5-51 所示，选择一个全量程偏转电流为 25 mA、电阻为 6 Ω 的表头。此外还必须增加两个分流电阻，一个用于将量程扩充至 0～250 mA，一个用于将量程扩充至 0～2.5 A。电流表内部表头的量程为 0 ～ 25 mA。量程的选择由一个接触电阻为 50 mΩ 的单刀三掷旋转开关完成。开关的接触电阻会随温度、电流和使用情况而发生变化，能够从不到 20 mΩ 变化到 100 mΩ。因此，不能指望其始终保持在规定值的合理允许偏差范围内。此外，这种开关是先合后断的类型，这意味着在与新位置接触之前，开关与前一个位置的接触不会断开。

下面计算 0 ～ 2.5 A 量程中使用的分流电阻。表头两端电压为

$$V_{\mathrm{M}} = I_{\mathrm{M}} R_{\mathrm{M}} = 25\ \mathrm{mA} \times 6\ \Omega = 150\ \mathrm{mV}$$

满量程偏转时，通过分流电阻的电流为

$$I_{\mathrm{SH2}} = I_{\mathrm{FULLSCALE}} - I_{\mathrm{M}} = 2.5\ \mathrm{A} - 25\ \mathrm{mA} = 2.475\ \mathrm{A}$$

因此，总分流电阻为

$$R_{\mathrm{SH2(tot)}} = \frac{V_{\mathrm{M}}}{I_{\mathrm{SH2}}} = \frac{150\ \mathrm{mV}}{2.475\ \mathrm{A}} = 60.6\ \mathrm{m}\Omega$$

从不同制造商那里可以得到 1 mΩ ～ 10 Ω 的低阻值精密电阻。

请注意，图 5-51 中开关带来的接触电阻 $R_{\mathrm{CONT}}$ 与 $R_{\mathrm{SH2}}$ 串联。由于总分流电阻为 60.6 mΩ，因此实际分流电阻 $R_{\mathrm{SH2}}$ 为

$$R_{\mathrm{SH2}} = R_{\mathrm{SH2(tot)}} - R_{\mathrm{CONT}} = 60.6\ \mathrm{m}\Omega - 50\ \mathrm{m}\Omega = 10.6\ \mathrm{m}\Omega$$

虽然可以找到该阻值或接近该阻值的电阻，但问题是开关的接触电阻几乎是 $R_{SH2}$ 的 5 倍，若接触电阻有任何改变，都会导致电表出现明显误差。因此，上述方法不适用于需要很小分流电阻的情况。

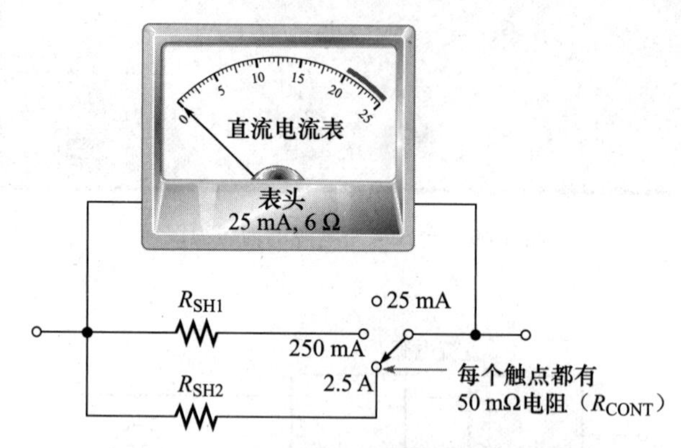


图 5-51 用来提供 3 个电流量程的改装电流表

## 改进方法

图 5-52 所示为标准分流电路的变形。借助于双刀三掷旋转开关，在使用两个较高量程挡位时，分流电阻 $R_{SH}$ 并联于电路中，而对应 25 mA 量程时 $R_{SH}$ 与电路断开连接。该电路通过使用相对于开关接触电阻更大的电阻，从而降低了开关接触电阻对测量精度的影响。这种电路的缺点是：它需要更复杂的开关，且并联电路两端比之前的分流电路存在更高的电压。

当量程为 0 ～ 250 mA 时，表头全量程偏转时的电流为 25 mA，两端电压为 150 mV。

$$I_{SH} = 250\text{ mA} - 25\text{ mA} = 225\text{ mA}$$

$$R_{SH} = \frac{150\text{ mV}}{225\text{ mA}} = 0.67\ \Omega = 670\text{ m}\Omega$$

$R_{SH}$ 的值远大于开关接触电阻，大约是接触电阻期望值 50 mΩ 的 13 倍，于是大大降低了接触电阻对测量的影响。

当量程为 0 ～ 2.5 A 时，表头全量程偏转时流过它的电流仍为 25 mA，与流过 $R_1$ 的电流相等。

$$I_{SH} = 2.5\text{ A} - 25\text{ mA} = 2.475\text{ A}$$

从 $A$ 至 $B$ 的电压为

$$V_{AB} = I_{SH}R_{SH} = 2.475\text{ A} \times 670\text{ m}\Omega = 1.66\text{ V}$$

应用基尔霍夫电压定律和欧姆定律，求表头串联的电阻 $R_1$。

$$V_{R1} + V_M = V_{AB}$$

$$V_{R1} = V_{AB} - V_M = 1.66\text{ V} - 150\text{ mV} = 1.51\text{ V}$$

$$R_1 = \frac{V_{R1}}{I_M} = \frac{1.51\text{ V}}{25\text{ mA}} = 60.4\ \Omega$$

这一电阻也远大于开关的接触电阻，因此 $R_{CONT}$ 的影响可以忽略不计。

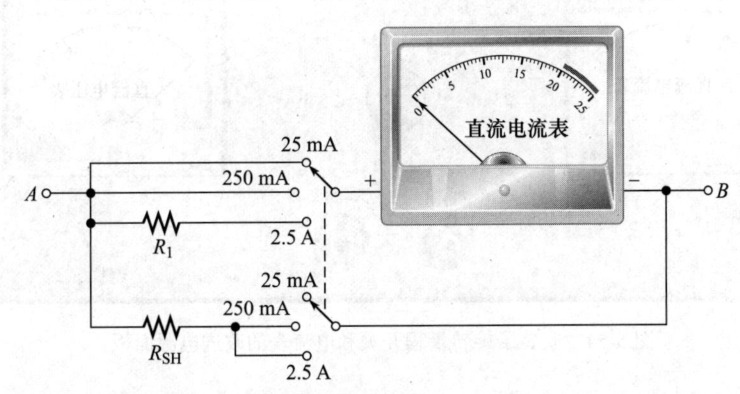


图 5-52　重新设计的电表电路，以消除或最小化开关接触电阻的影响。开关为双刀三掷旋转开关

思考以下问题：

- 确定图 5-52 中 $R_{SH}$ 在各量程消耗的最大功率。
- 图 5-52 中，当开关设置到 2.5 A 挡，电流为 1.0 A 时，$A$ 到 $B$ 的电压是多少？
- 电表读数为 250 mA。若开关从 250 mA 挡位旋至 2.5 A 挡位，则从 $A$ 至 $B$ 的变化过程中整个电表电路的电压变化了多少？
- 假设表头电阻为 4.0 Ω 而不是 6.0 Ω，图 5-52 电路要进行哪些修改？

## 稳压电源改造的实现

一旦确定适当的分流阻值，就可以将这些电阻安置在一块板上，然后安装在稳压电源中。如图 5-53 所示，电阻和量程开关都与电源连接。电流表电路连接在整流电路和稳压器电路之间，以减小电流表电路的电压对输出电压的影响。在一定范围内，即使电表电路发生了改变导致稳压器输入端电位也发生了改变，输出电压也可由稳压电路保持恒定。

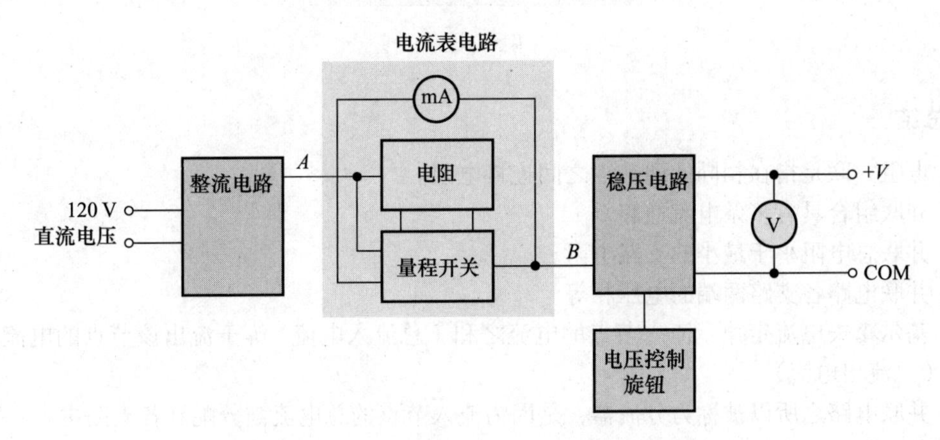


图 5-53　带有 3 量程电流表的直流电源组成框图

图 5-54 显示安装了旋转量程开关和电流表的改进电源面板。刻度尺中短弧线部分表示 2 ～ 2.5 A 范围的过量电流，因为为了安全运行，电源的最大电流为 2.0 A。

图 5-54 安装了旋转量程开关和电流表的改进电源面板

## 检查与复习

1. 如图 5-52 所示，当电表设定在 250 mA 挡时，哪个电阻上通过的电流最大？
2. 在图 5-52 中，求 3 个电流量程各自对应的电表电路中 $A$ 至 $B$ 的总电阻。
3. 解释为什么使用图 5-52 所示电路而不是图 5-51 所示电路。
4. 如果量程设置为 0 ～ 250 mA，图 5-52 中的指针指到 15，则对应电流为多少？
5. 对应图 5-52 所示的 3 个量程，图 5-55 中的电流表读数分别显示多大的电流？

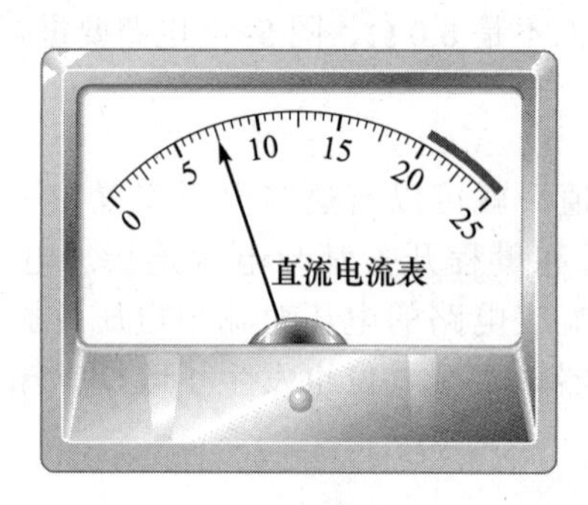


图 5-55

## 本章总结

- 电阻并联是指在相同的两节点之间连接电阻。
- 并联组合具有多条电流通路。
- 并联总电阻小于最小的支路电阻。
- 并联电路各支路两端的电压相等。
- 基尔霍夫电流定律：流入节点的电流之和（总流入电流）等于流出该节点的电流之和（总流出电流）。
- 并联电路之所以被称为分流器，是因为流入节点的总电流被分配到各支路中。
- 若并联电路各支路的电阻相等，那么流过各支路的电流也相等。
- 并联电阻电路的总功率是各并联电阻的功率之和。
- 并联电路的总功率可由总电流、总电阻或总电压代入功率公式计算得到。
- 若并联电路某支路开路，则总电阻增加，总电流减小。
- 若并联电路某支路开路，则其余支路的电流不会发生变化。

## 对/错判断（答案在本章末尾）

1 为求并联电阻的总电导，可以将各电阻的电导相加。

2 并联电阻的总电阻总是小于最小电阻。

3 积除以和的规则适用于任意数量的电阻并联。

4 并联电路中，阻值较大的电阻两端电压较大，阻值较小的电阻两端电压较小。

5 当一条新支路并联到已存在的并联电路中，总电阻增加。

6 当一条新支路并联到已存在的并联电路中，总电流增加。

7 流入节点的总电流总是等于流出该节点的总电流。

8 在分流公式 $[I_x=(R_T/R_x)I_T]$ 中，$R_T/R_x$ 不会大于1。

9 当两个电阻并联时，电阻越小消耗的功率越小。

10 并联电阻消耗的总功率可大于电源提供的功率。

## 自我检测（答案在本章末尾）

1 并联电路中，每个电阻有

(a) 相同电流 (b) 相同电压

(c) 相同功率 (d) 以上都成立

2 一个1.2 kΩ的电阻与一个100 Ω的电阻并联，总电阻

(a) 大于1.2 kΩ

(b) 大于100 Ω小于1.2 kΩ

(c) 小于100 Ω大于90 Ω

(d) 小于90 Ω

3 330 Ω、270 Ω和68 Ω电阻各一个，并联在一起，总电阻接近于

(a) 668 Ω (b) 47 Ω

(c) 68 Ω (d) 22 Ω

4 8个电阻并联，其中最小的两个电阻阻值都是1.0 kΩ。那么总电阻

(a) 无法确定

(b) 大于1.0 kΩ

(c) 在500 Ω至1000 Ω之间

(d) 小于500 Ω

5 将一额外电阻并联于现有并联电路中，此时的总阻值

(a) 减少

(b) 增加

(c) 不变

(d) 增加了与这个额外电阻相同的阻值

6 将并联电路中1个并联电阻拆去，此时的总阻值

(a) 减少 (b) 不变

(c) 增加

7 电流流入某节点后分为两条支路。一支路电流为5.0 A，另一支路电流为3.0 A。那么流出该节点的总电流为

(a) 2.0 A

(b) 不知道

(c) 8.0 A

(d) 较大的支路电流

8 390 Ω、560 Ω和820 Ω的电阻并联接到电压源两端，则流过最小电流的电阻为

(a) 390 Ω

(b) 560 Ω

(c) 820 Ω

(d) 不知道电压不能确定

9 流入某并联电路的总电流突然减小，可能表明

(a) 短路 (b) 某电阻开路

(c) 电压减小 (d) (b) 或 (c)

10 4个支路并联的电路中，每条支路都有10 mA的电流，如果其中1个支路开路，则其余各支路上的电流变为

(a) 13.3 mA (b) 10 mA

(c) 0 A (d) 30 mA

11 含有3条支路的某并联电路中，正常工作时，流经 $R_1$ 的电流为10 mA，流经 $R_2$ 的电流为15 mA，流经 $R_3$ 的电流为20 mA。测量发现电路总电流为35 mA，那么你可以说

(a) $R_1$ 开路

(b) $R_2$ 开路

(c) $R_3$ 开路

(d) 电路工作正常

12 若流入含3条支路的某并联电路的总电流为100 mA，其中2条支路电流分别为20 mA和40 mA，则第3条支路电流为

(a) 60 mA (b) 20 mA

(c) 160 mA (d) 40 mA

13 PCB上5个并联电阻中有1个发生短路，最可能导致的后果是

(a) 短路电阻被烧毁

(b) 1个或更多其余电阻被烧毁

(c) 电源熔断器被烧断

(d) 电阻值会变化

14 4个电阻并联，其中每个电阻消耗功率都为1.0 mW，则消耗的总功率为

(a) 1.0 mW (b) 4.0 mW

(c) 0.25 mW (d) 16 mW

**故障排查**（下列练习的目的是帮助建立故障排查所必需的思维过程。答案在本章末尾）

确定下列症状的原因。参见图5-56。

1 症状：电流表和电压表读数都为零。

原因：

(a) $R_1$ 开路

(b) 电压源开路或者有故障

(c) $R_3$ 开路

2 症状：电流表读数为16.7 mA，电压表读数为6.0 V。

原因：

(a) $R_1$ 开路 (b) $R_2$ 开路

(c) $R_3$ 开路

3 症状：电流表读数为28.9 mA，电压表读数为6.0 V。

原因：

(a) $R_1$ 开路 (b) $R_2$ 开路

(c) $R_3$ 开路

4 症状：电流表读数为24.2 mA，电压表读数为6.0 V。

原因：

(a) $R_1$ 开路 (b) $R_2$ 开路

(c) $R_3$ 开路

5 症状：电流表读数为34.9 mA，电压表读数为0 V。

原因：

(a) 电阻短路

(b) 电压表发生故障

(c) 电压源关闭或者有故障

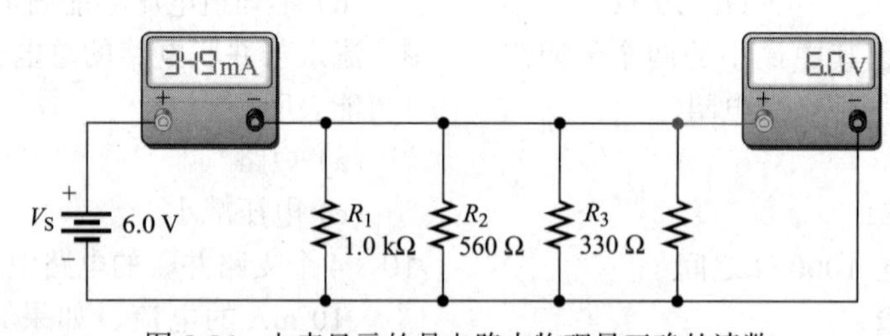


图5-56 电表显示的是电路中物理量正确的读数

**分节习题**（奇数题答案在本书末尾）

**5.1节**

1 在图5-57所示电路中，将所有电阻并联后加在电池两端。

2 在图5-58中，确定PCB中所有电阻是否都并联在一起。画出电路板的电路原理图，并标出电阻阻值。

**5.2节**

3 在图5-58所示电路中，求引脚1和2间的总电阻。

4 将以下电阻并联：1.0 MΩ、2.2 MΩ、4.7 MΩ、12 MΩ和22 MΩ。计算并联总电阻。

5 在图5-59所示各电路中，求端子$A$、$B$间的总电阻。

6 在图5-60所示电路中，计算各电路的总电阻$R_T$。

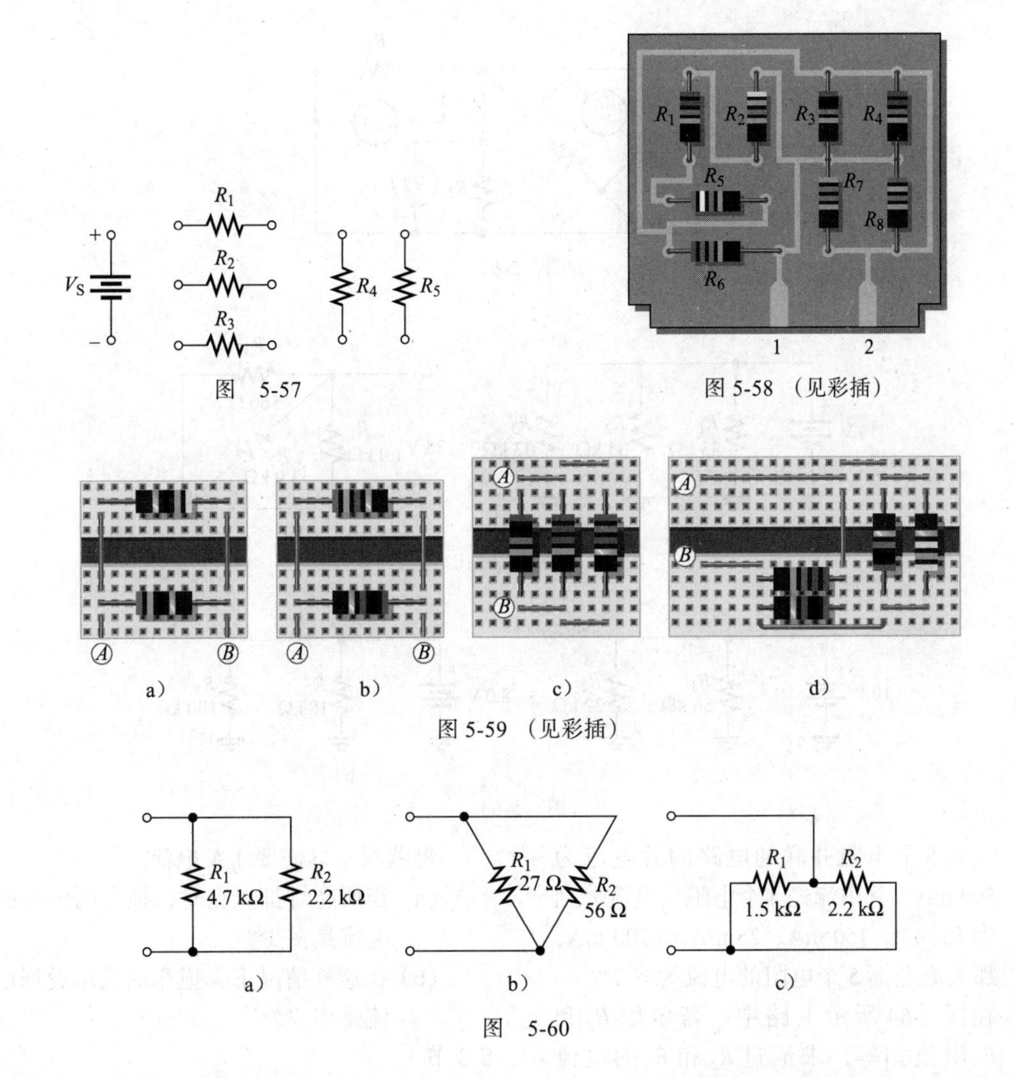


图 5-57

图 5-58 （见彩插）

图 5-59 （见彩插）

图 5-60

7 11 个 22 kΩ 电阻并联后的总电阻是多少？

8 5 个 15 Ω、10 个 100 Ω、两个 10 Ω 电阻并联后的总电阻是多少？

5.3 节

9 4 个等值电阻并联，已知总电压为 12 V，总电阻为 600 Ω，并联电阻两端的电压和流过它们的电流各为多少？

10 在图 5-61 电路中，电源电压为 100 V，各电压表的读数为多少？

5.4 节

11 在图 5-62 电路中，各电路的总电流为多少？

12 一个 60 W 灯泡的电阻大约是 240 Ω。当 3 个灯泡并联在一个电源为 120 V 的电路中工作时，电源的总电流是多少？

13 在图 5-63 所示各电路中，流经每个电阻的电流为多少？

14 4 个等值电阻并联。在并联电路两端施加 5 V 电压，测得从电源流出 2.5 mA 电流。求各电阻的阻值？

5.5 节

15 3 条支路并联的电路中，按相同的方向测得以下电流：250 mA、300 mA 和 800 mA。那么流入并联节点的总电流为多少？

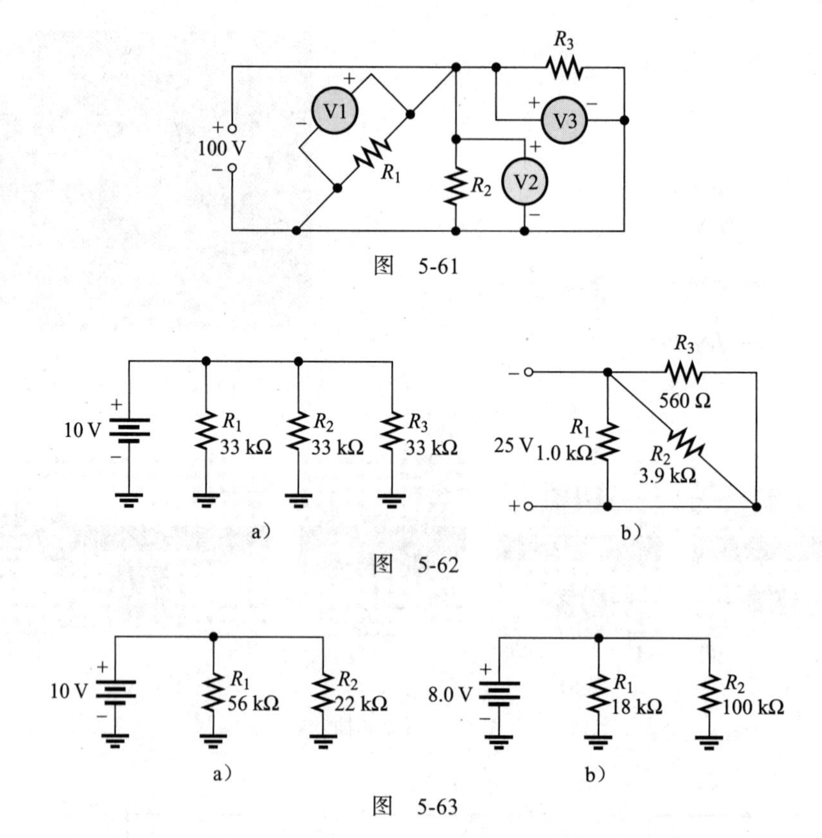


图 5-61

a） b）

图 5-62

a） b）

图 5-63

16 流入5个电阻并联的电路的总电流为500 mA，其中流经4个电阻的电流分别为50 mA、150 mA、25 mA和100 mA，那么流经第5个电阻的电流为多少？

17 在图5-64所示电路中，若电阻$R_2$和$R_3$阻值相等，求流过$R_2$和$R_3$的电流为多少。如果用电流表测量这两个电流，应如何连接电表。

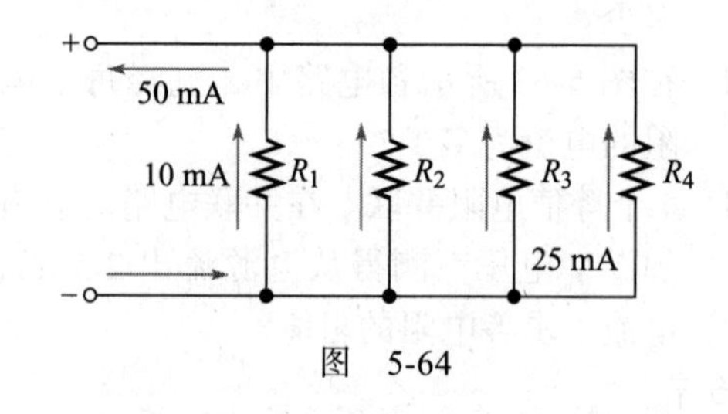


图 5-64

18 某拖车有4盏需要0.5 A电流的行驶灯，和2盏需要1.2 A电流的尾灯。当尾灯和行驶灯都被点亮时，拖车需要提供的电流是多少？

19 假设习题18中的拖车有2盏刹车灯，每盏刹车灯需要1 A电流。

(a) 当所有灯都点亮时，拖车的供应的电流是多少？

(b) 在这种情况下，拖车的接地返回电流是多少？

## 5.6 节

20 10 kΩ电阻和15 kΩ电阻与电压源并联。哪个电阻的电流更大？

21 在图5-65中，各电流表读数为多少？

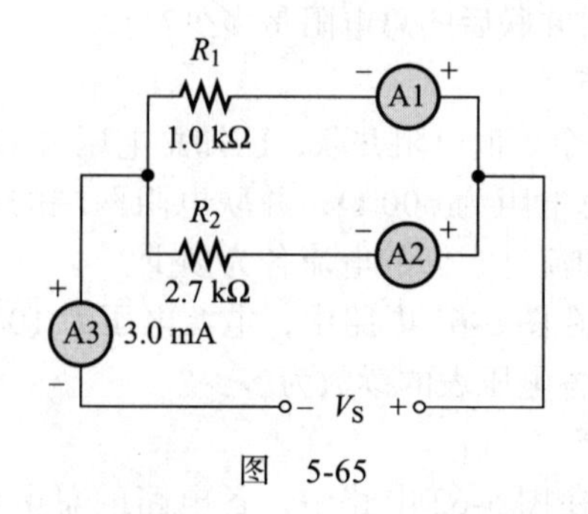


图 5-65

22 在图5-66电路中，根据分流公式求各支路的电流。

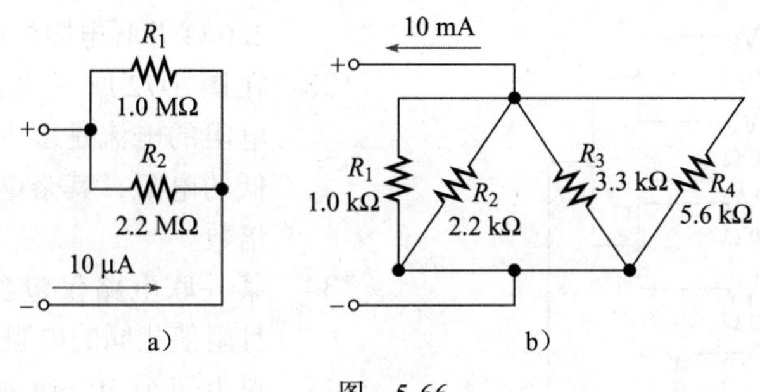


图　5-66

**5.7 节**

23　5 个并联电阻各消耗功率 40 mW，总功率是多少？

24　计算图 5-66 各电路的总功率。

25　6 个灯泡并联于 120 V 电压上。每个灯泡额定功率为 75 W。那么，流经各个灯泡的电流是多少？总电流是多少？

**5.8 节**

26　如果习题 25 中的一个灯泡烧坏了，那么剩余每个灯泡的电流是多少？总电流是多少？

27　图 5-67 显示了电流和电压的测量值。该电路是否有电阻开路？若有，是哪个电阻开路？

28　图 5-68 电路中存在什么故障？

29　图 5-69 电路中哪个电阻开路？

30　在图 5-70 电路中，根据欧姆表的读数能否确定有电阻开路？如果有，确定是哪个电阻开路。

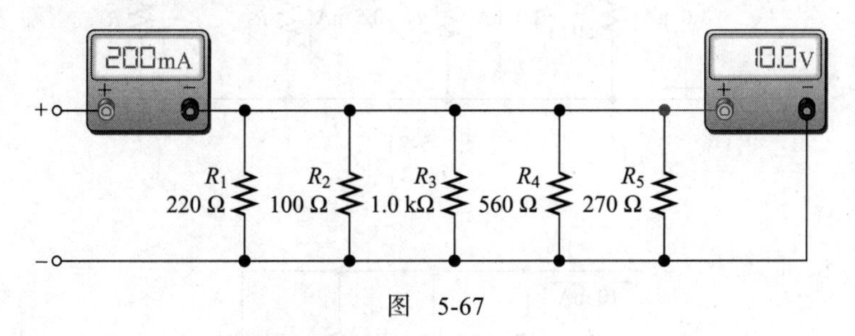


图　5-67

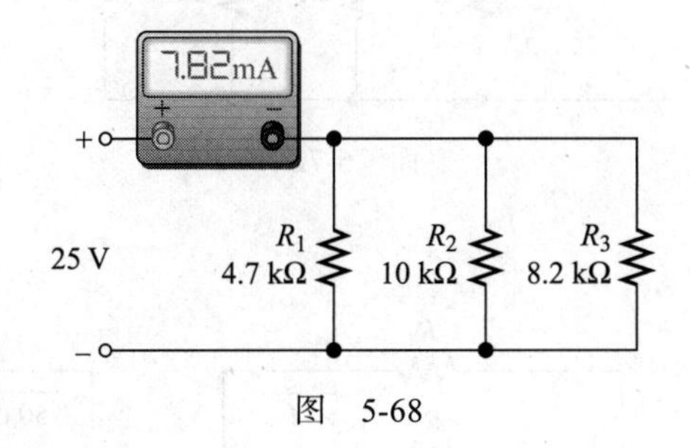


图　5-68

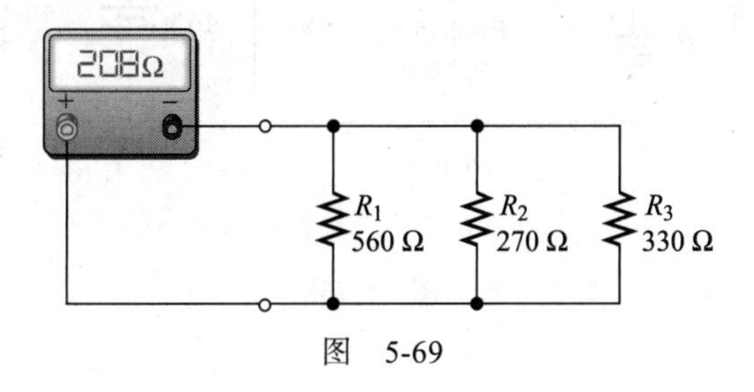


图　5-69

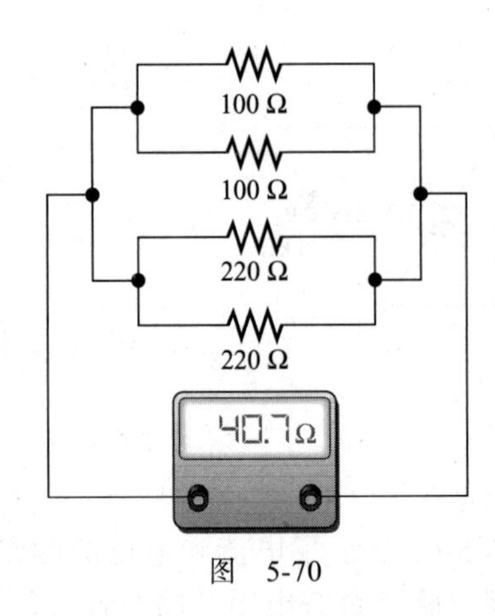

图 5-70

*31 在图 5-71 所示电路中，求电阻 $R_2$、$R_3$、$R_4$。

*32 并联电路的总电阻为 25 Ω。如果总电流为 100 mA，那么流经其中一个 220 Ω 并联电阻的电流是多少？

*33 在图 5-72 所示电路中，求流经每个电阻的电流是多少？其中 $R$ 是阻值最低的电阻，其余电阻阻值都是该值的倍数。

*34 某并联电路仅包含额定功率为 0.5 W 且阻值相同的电阻。总电阻为 1.0 kΩ，总电流为 50 mA。如果各电阻在其最大功率的一半下工作，请求：

(a) 电阻的数量

(b) 各电阻的阻值

(c) 各支路电流

(d) 供电电压

*35 在图 5-73 各电路中，求加粗的各未知量。

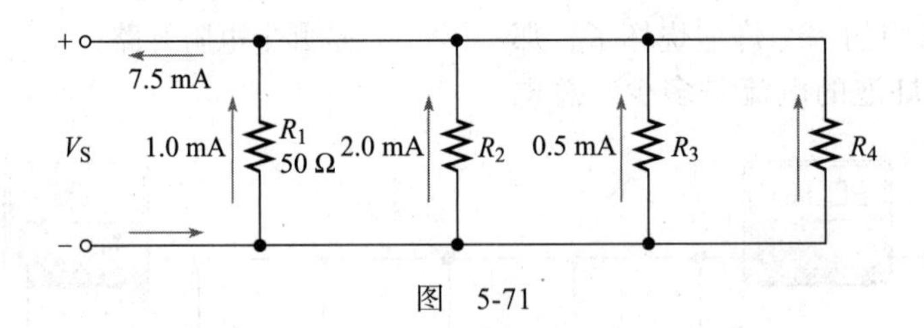

图 5-71

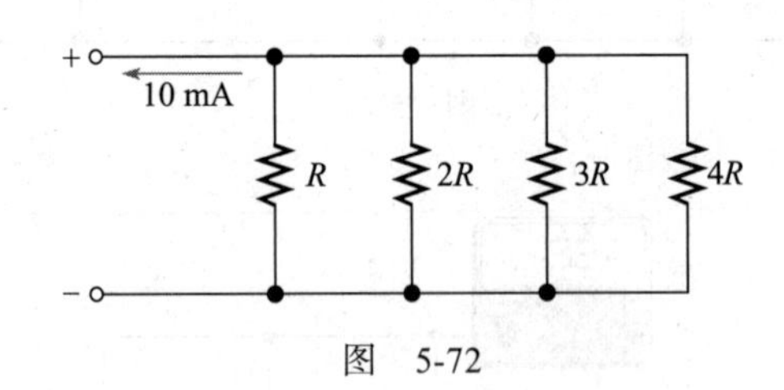

图 5-72

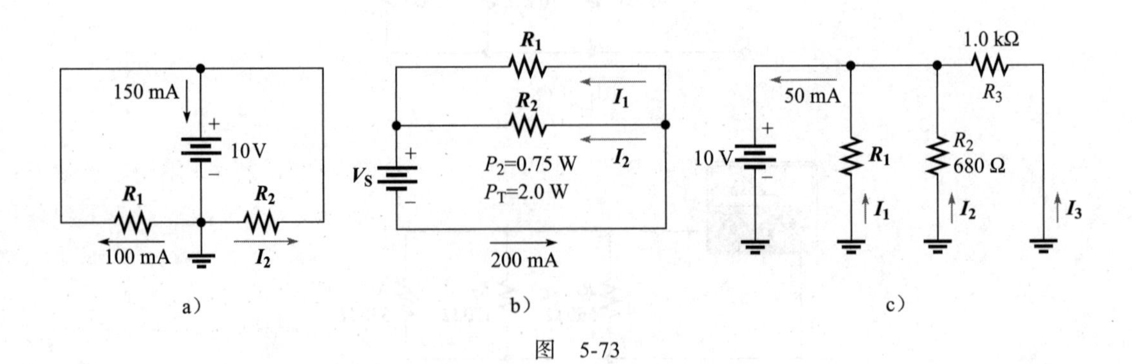

图 5-73

*36　在图 5-74 所示电路中，在以下条件下，$A$ 点与地之间的总电阻是多少？

(a) SW1 和 SW2 均打开

(b) SW1 闭合，SW2 打开

(c) SW1 打开，SW2 闭合

(d) SW1 和 SW2 均闭合

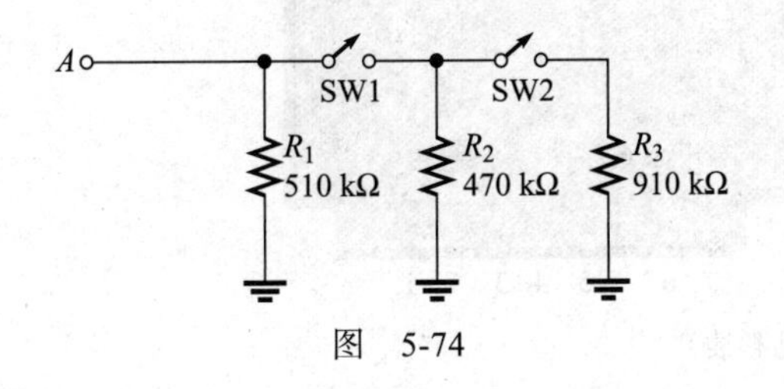


图　5-74

*37　在图 5-75 所示电路中，$R_2$ 取何值会导致电流过载？

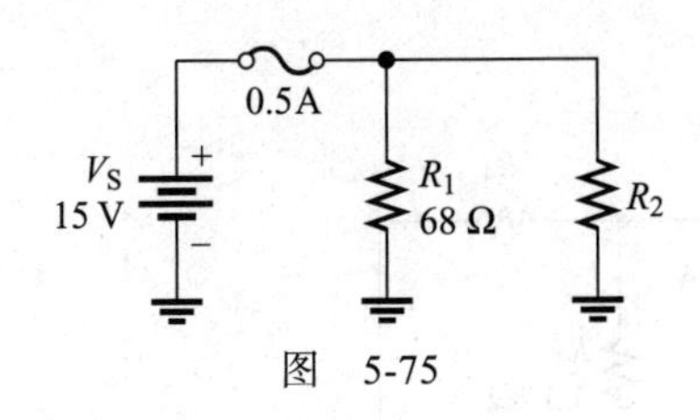


图　5-75

*38　在图 5-76 所示电路中，计算联动开关在各位置处，电源提供的总电流和流经各电阻的电流。

*39　房间里的电路由 15 A 断路器进行保护。一个 8.0 A 的取暖器插入墙上插座，两个 0.833 A 的台灯插入另外插座。一个 5.0 A 的真空吸尘器，是否可以在不超过断路器电流的情况下插入插座？解释你的答案。

*40　并联电路由 3 个 120 Ω 电阻组成，总电流为 200 mA。那么电源电压是多少？

*41　根据图 5-77，找出双面 PCB 上并联的电阻组合。并求各组的总电阻。

*42　在图 5-78 电路中，如果总电阻为 200 Ω，那么 $R_2$ 的值是多少？

*43　在图 5-79 电路中，确定未知电阻。

*44　总电阻为 1.5 kΩ 的并联电路中，总电流为 2.5 mA。要使电流增加 25%，需要增加多大的并联电阻？

*45　绘制图 5-80 中电路的原理图，并确定如果在红色和黑色引线上施加 25 V 电压，电路有什么故障。

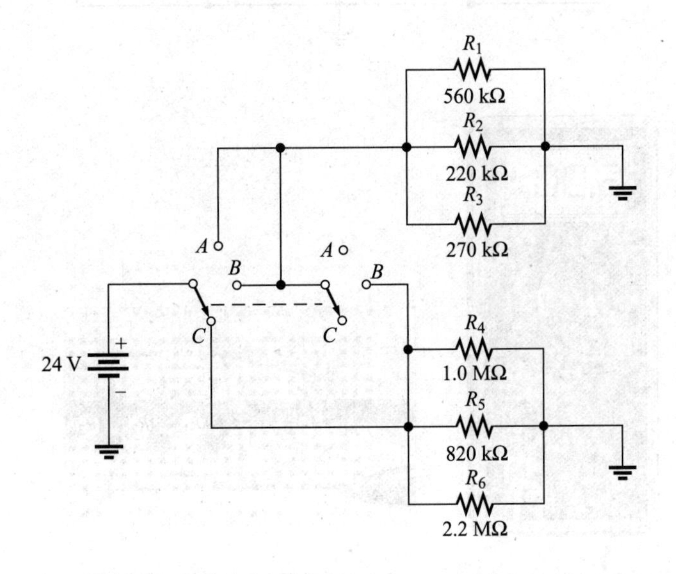


图　5-76

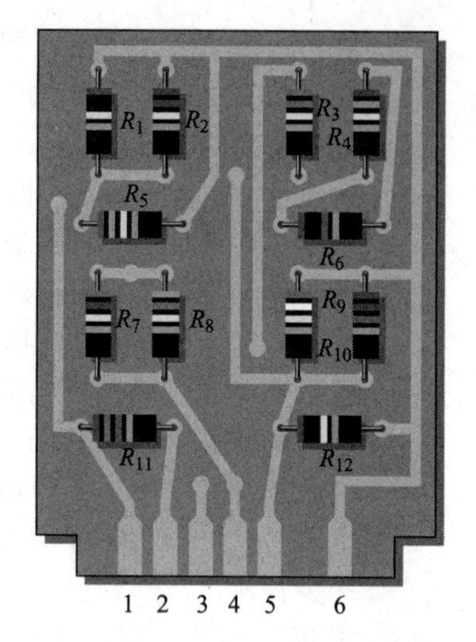


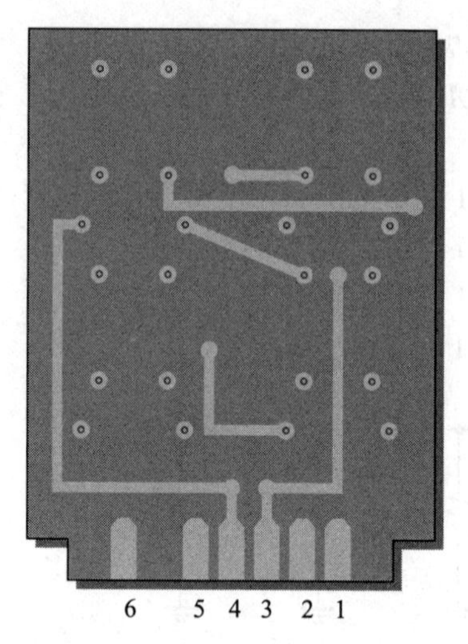


图 5-77 （见彩插）

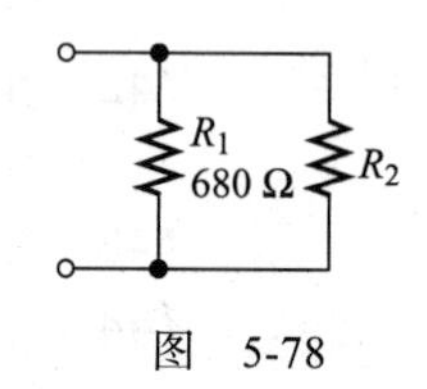


图 5-78

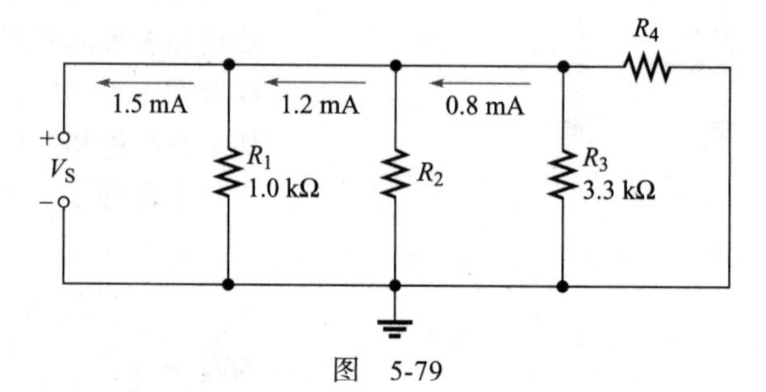


图 5-79

a）仪表的黄导线连接至电路板，红导线连接至25 V电源的正极端子

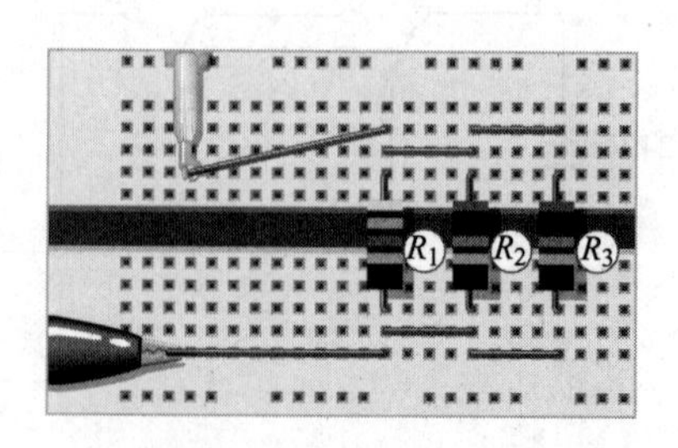


b）在电路板上连接导线。黄色导线来自仪表，灰色导线来自25 V电源接地，红色导线的电压为+25 V

图 5-80 （见彩插）

*46 在图 5-81 所示电路板中，要求设计一系列测试步骤来检查该电路板是否存在开路的元件。执行此测试时不能从板上移除组件。请列出详细步骤。

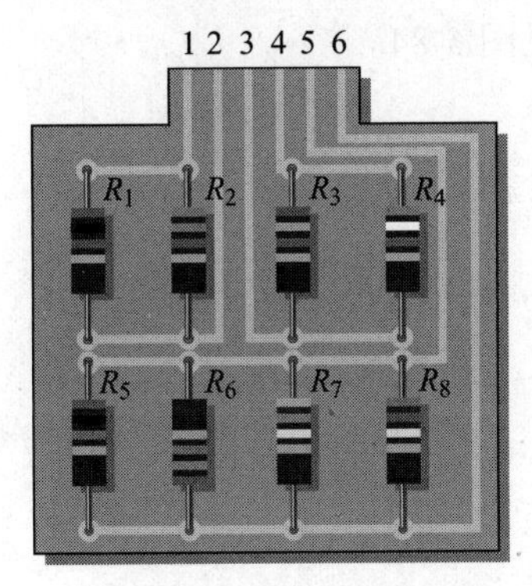


图 5-81 （见彩插）

*47 某个并联电路由 5 个额定功率为 0.5 W 的电阻组成，其阻值分别如下：1.8 kΩ、2.2 kΩ、3.3 Ω、3.9 Ω 和 4.7 kΩ。当逐渐增加并联电路的电压时，总电流会慢慢增加。突然某时刻，总电流降到一个较低的值。

(a) 排查电源故障，电路中发生了什么故障？

(b) 电路可以施加的最大电压是多少？

(c) 具体来说，必须采取什么措施来排查故障？

*48 在图 5-82 所示电路板中，若引脚 2 和引脚 4 间短路，求以下引脚间电阻：

(a) 1 和 2　　(b) 2 和 3

(c) 2 和 4　　(d) 1 和 4

*49 在图 5-82 所示电路板中，若引脚 3 和引脚 4 间短路，求以下引脚间电阻：

(a) 1 和 2　　(b) 2 和 3

(c) 2 和 4　　(d) 1 和 4

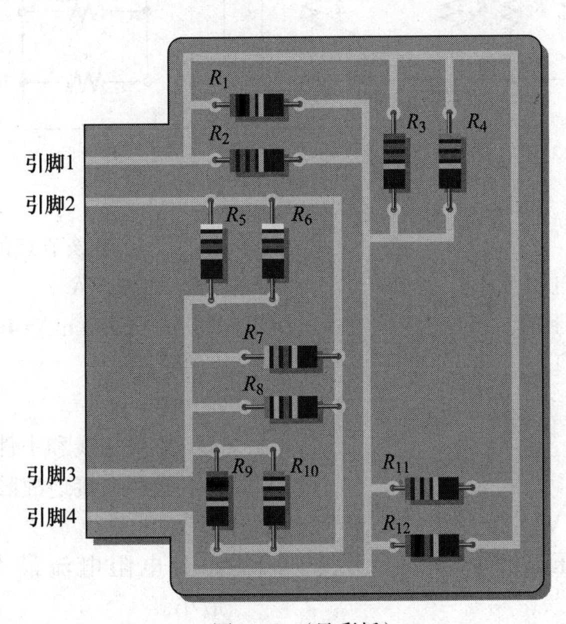


图 5-82 （见彩插）

## Multisim 仿真故障排查和分析

50 打开文件 P05-50。使用电流测量值确定电路中是否存在故障。如果存在，请确定故障。

51 打开文件 P05-51。使用电流测量值确定电路中是否存在故障。如果存在，请确定故障。

52 打开文件 P05-52。使用电阻测量值确定电路中是否存在故障。如果存在，请确定故障。

53 打开文件 P05-53。测量每个电路的总电阻，并与计算值进行比较。

## 参考答案

### 学习效果检测答案

#### 5.1 节

1 并联电阻是连接在相同的一对节点之间的电阻。

2 并联电路在两个给定节点之间具有多个电流路径。

3 参见图 5-83。

4 参见图 5-84。

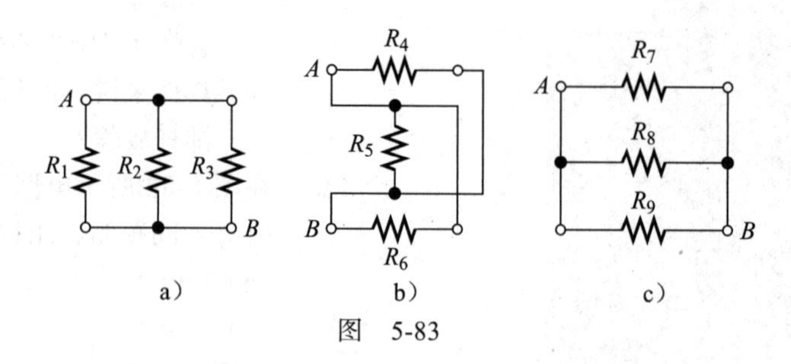


图 5-83

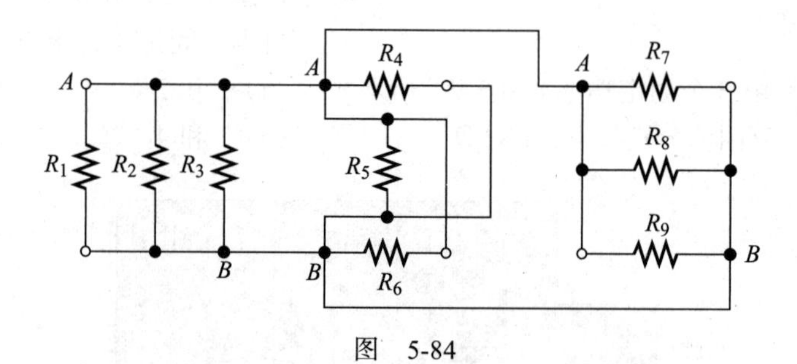


图 5-84

#### 5.2 节

1 增加并联电阻，总电阻减小。

2 $R_T$ 总小于最小的电阻值。

3 $R_T$=2.2 kΩ/12=183 Ω

#### 5.3 节

1 5.0 V

2 $V_{R2}$=12 V；$V_S$=12 V

3 $V_{R1}$=6.0 V；$V_{R2}$=6.0 V

4 所有并联支路的电压都相等。

#### 5.4 节

1 $I_T$=12 V/(680 Ω/3)=53 mA

2 $V_S$=20 mA × (680 Ω|| 330 Ω)=4.44 V

3 $I_1$=4.44 V/680 Ω=6.53 mA ；$I_2$=4.44 V/330 Ω=13.5 mA

4 $R_T$=4 × (12 V/6.0 mA)=8.0 kΩ

5 $V$=(1.0 kΩ|| 2.2 kΩ) × 21.8 mA=15 V

#### 5.5 节

1 基尔霍夫电流定律：对任何节点，所有电流的代数和为零；流入节点的电流之和等于流出该节点的电流之和。

2 $I_1+I_2+I_3$=2.5 A

3 100 mA+300 mA=400 mA

4 4.0 A

5 （a）10 A

（b）如果相线和中性线电流不同，则可能存在接地故障。

#### 5.6 节

1 22 Ω 电阻电流最大，220 Ω 电阻电流最小。

2 $I_3$=($R_T$/$R_3$) × 4.0 mA=(113.6 Ω/470 Ω) × 4.0 mA =967 μA

3 $I_2$=($R_T$/680 Ω) × 10 mA=3.27 mA ；$I_1$=($R_T$/330 Ω) × 10 mA=6.73 mA

#### 5.7 节

1 各电阻功率相加得到总功率。

2 $P_T$=1.0 W+2.0 W+5.0 W+8.0 W=16 W

3 $P_T=(I_T)^2R_T$=(19.5 mA)$^2$ × 615 Ω=234 mW

4 正常电流是 $I=P/V$=100 W/12.6 V=7.9 A，

选择一个 10 A 的熔断器。

### 5.8 节

1　当某支路开路时，电压不变，总电流减小。

2　当总电阻意外变大时，一条支路开路。

3　是的，所有灯泡继续亮。

4　各非开路支路中的电流均保持为 1.0 A。

5　根据基尔霍夫电流定律，接地回路（并联回路）电流为 0.10 A。根据欧姆定律，$R$=120 V/0.1 A=1200 Ω。

### 同步练习答案

例 5-1　不需要重新布线。

例 5-2　连接引脚 1 和 2，引脚 3 和 4。

例 5-3　9.34 Ω

例 5-4　132 Ω

例 5-5　33.3 kΩ

例 5-6　25 V

例 5-7　$I_1$=100 mA；$I_2$=179 mA；100 mA+179 mA=279 mA

例 5-8　$I_1$=20.0 mA；$I_2$=9.09 mA；$I_3$=35.7 mA；$I_4$=22.0 mA

例 5-9　31.9 mA

例 5-10　2.0 Ω

例 5-11　$I=V/R_{尾灯}$=12.6 V/10.5 Ω=1.2 A

例 5-12　20 mA

例 5-13　$I_T$=112 mA；$I_2$=50 mA

例 5-14　2.5 mA；5.0 mA

例 5-15　$I_1$=1.63 mA；$I_2$=3.35 mA

例 5-16　$I_1$=59.4 mA；$I_2$=40.6 mA

例 5-17　1.78 W

例 5-18　81 W

例 5-19　15.4 mA

例 5-20　不正确；$R_{10}$（68 kΩ）开路。

### 对 / 错判断答案

1　对　　2　对　　3　错

4　错　　5　错　　6　对

7　对　　8　对　　9　错

10　错

### 自我检测答案

1（b）　2（c）　3（b）

4（d）　5（a）　6（c）

7（c）　8（c）　9（d）

10（b）　11（a）　12（d）

13（c）　14（b）

### 故障排查答案

1（b）　2（c）　3（a）

4（b）　5（b）

# 第6章

# 串 - 并联电路

### 学习目标

- ▶ 辨别串 - 并联关系
- ▶ 分析串 - 并联电路
- ▶ 分析有载的分压器
- ▶ 分析电压表对电路产生的负载效应
- ▶ 分析惠斯通电桥
- ▶ 应用戴维南定理简化电路分析
- ▶ 应用最大功率传输定理
- ▶ 应用叠加定理分析电路
- ▶ 排查串 - 并联电路的故障

### 应用案例概述

本章中的应用案例需要你运用在本章中获得的负载分压器知识，以及在前几章中学习到的技能来评估便携式电源中使用分压器的电路板。本应用案例要求你设计一个分压器，为3种不同的仪器提供参考电压。你还需要对电路板的各种常见故障进行故障排查。学习本章后，你应该能够完成本章的应用案例。

### 引言

在电子电路中，经常会出现串联电路和并联电路的各种组合。本章对串 - 并联电路的示例进行检查和分析，介绍了惠斯通电桥，以及如何使用戴维南定理简化复杂电路；同时本章讨论了最大功率传输定理，该定理适用于计算电路为负载提供的最大功率；此外，本章还介绍了如何使用叠加定理对具有多个电压源的电路进行分析。本章还包括排查串 - 并联电路的短路和开路故障的内容。

## 6.1 识别串 - 并联关系

串 - 并联电路由串联部分和并联部分组合构成。能够识别出电路中元器件的串联和并联连接关系是至关重要的。

图 6-1a 所示电路为一个简单的电阻串 - 并联电路。注意，从 $A$ 点到 $B$ 点，电阻是 $R_1$。从 $B$ 点到 $C$ 点，由于这两个电阻两端连接相同的节点，因此 $R_2$ 和 $R_3$ 是并联的。如图 6-1b 阴影所示，$A$ 点到 $C$ 点的总电阻为 $R_2$ 和 $R_3$ 并联后，再与 $R_1$ 串联。

当将图 6-1 所示电路连接到电源上时，如图 6-1c 所示，总电流通过 $R_1$，在 $B$ 点处分流至两条并联支路。这两条并联支路的电流在下面的节点重新汇合，总电流从电源的负极流出，流入电源正极。电阻的连接关系可以用图 6-1d 的方框来所示。

为了进一步说明串 - 并联关系，下面在图 6-1a 的基础上，逐渐增加复杂度。

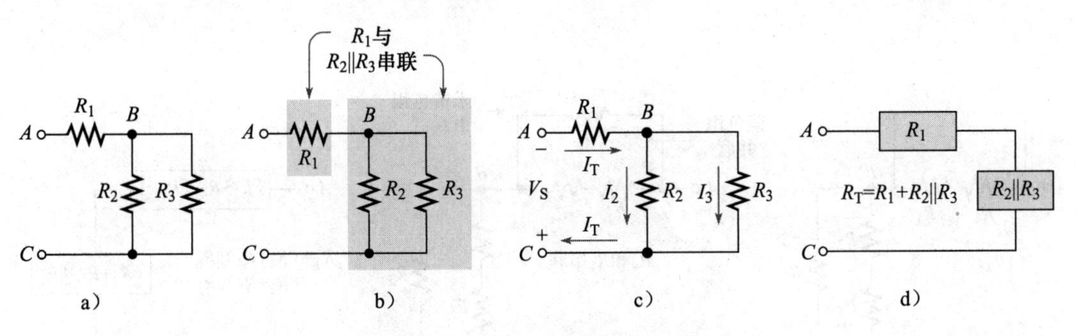


图 6-1　一个简单的电阻串 - 并联电路

1. 在图 6-2a 所示电路中，新增电阻 $R_4$，它与 $R_1$ 串联。此时 $A$ 点和 $B$ 点之间的电阻是 $R_1+R_4$，该串联组合与 $R_2$ 和 $R_3$ 的并联组合再串联，总体连接关系如图 6-2b 所示。电阻间的连接框图如图 6-2c 所示。

2. 在图 6-3a 所示电路中，$R_5$ 和 $R_2$ 串联，再与 $R_3$ 并联。整个串 - 并联组合再与 $R_1$ 和 $R_4$ 的串联组合串联，总体连接关系如图 6-3b 所示。电阻间的连接框图如图 6-3c 所示。

3. 在图 6-4a 所示电路中，$R_6$ 与 $R_1$ 和 $R_4$ 的串联组合相并联。$R_1$、$R_4$、$R_6$ 的串 - 并联组合又与 $R_2$、$R_3$、$R_5$ 的串 - 并联组合相串联，总体连接关系如图 6-4b 所示。电阻间的连接框图如图 6-4c 所示。

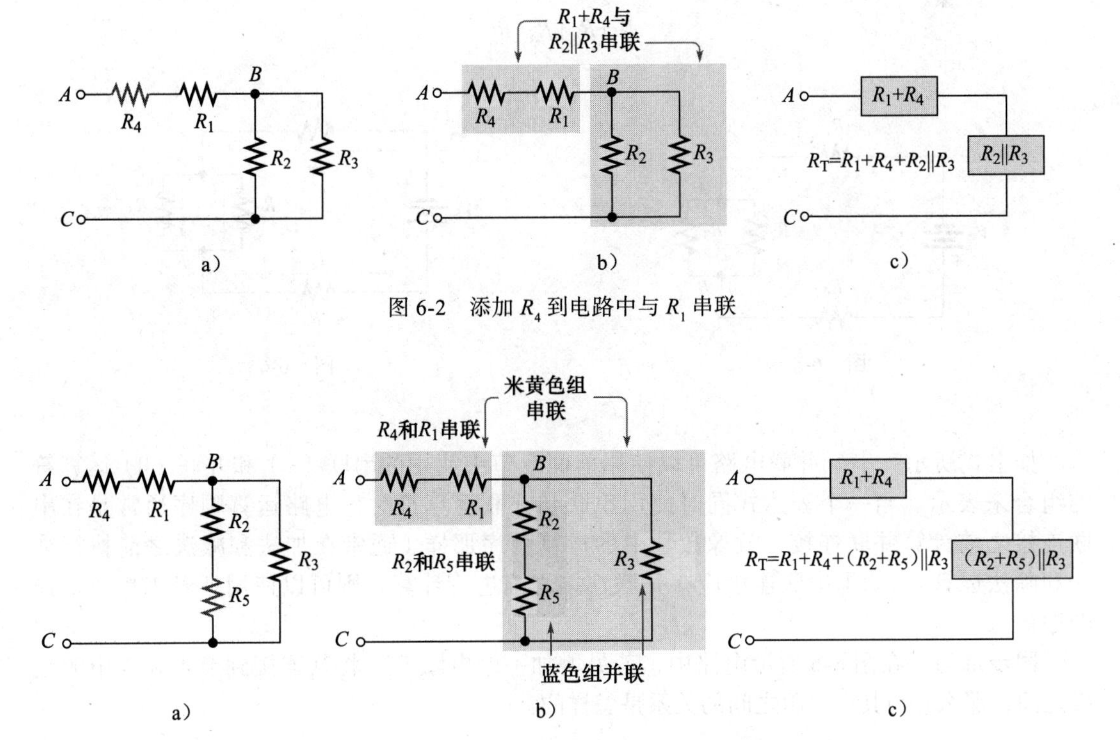


图 6-2　添加 $R_4$ 到电路中与 $R_1$ 串联

图 6-3　添加 $R_5$ 到电路中与 $R_2$ 串联（见彩插）

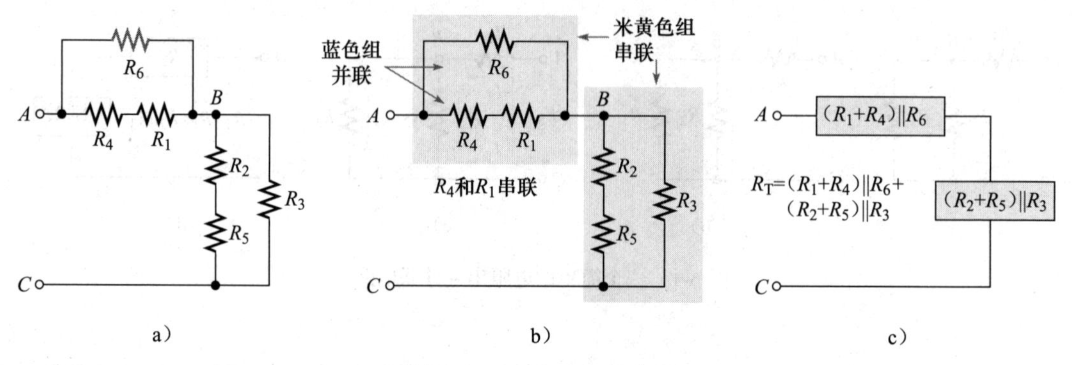


图 6-4 添加 $R_6$ 到电路中并与 $R_1$ 和 $R_4$ 的串联组合相并联（见彩插）

**例 6-1** 识别图 6-5 所示电路的串 – 并联关系。

**解** 从电源正极开始，沿着电流路径。

1. 电源电流经过 $R_1$，所以 $R_1$ 与电路其余部分串联。
2. 当总电流到达节点 $A$ 时，分流分为两条路径。一条流经 $R_2$，一条流经 $R_3$。
3. 电阻 $R_2$ 和 $R_3$ 并联，该并联组合与 $R_1$ 串联。
4. 在节点 $B$ 处，通过 $R_2$ 和 $R_3$ 的电流再次汇合。于是，总电流通过 $R_4$。
5. $R_2$ 与 $R_3$ 的并联，结果再与电阻 $R_4$ 和 $R_1$ 相串联。

各电流流向如图 6-6 所示，其中 $I_T$ 为总电流。$R_2$ 和 $R_3$ 并联，结果再与 $R_1$、$R_4$ 串联。总的连接关系可表示为：

$$R_1+R_2\|R_3+R_4$$

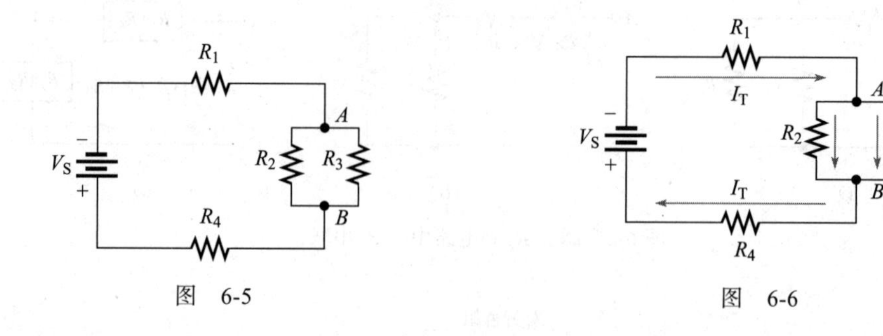


图 6-5　　图 6-6

如上式所示，串 – 并联电路可以使用前面章节中使用的串联（+）和并联（||）运算符的组合来表示。当一个表达式同时使用串联和并联运算符时，电路运算顺序通常是在串联连接之前计算并联连接，就像数学中的运算顺序那样（通常在加法和减法之前执行乘法和除法运算）。如果串联连接应在并联连接之前进行计算，则可以使用括号来更改操作顺序。◀

**同步练习** 在图 6-6 所示电路中，若另增加一个电阻 $R_5$，将其连接到节点 $A$ 与电源正极之间，那么它与其余电阻之间的关系是怎样的？

例 6-2　确定图 6-7 所示电路中 $A$ 点和 $D$ 点之间的串－并联关系。

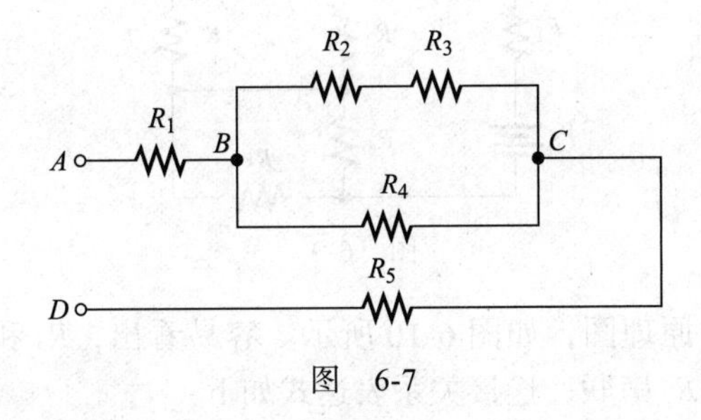

图　6-7

**解**　节点 $B$ 和节点 $C$ 之间有两条支路并联。

1. $R_4$ 组成下边支路。

2. $R_2$ 和 $R_3$ 的串联组合组成上边支路。该并联组合与 $R_5$ 串联。概括起来，$R_2+R_3$ 与 $R_4$ 并联，结果再与 $R_1$、$R_5$ 串联，即

$$R_1+R_5+R_4||(R_2+R_3)$$

请注意，上式使用括号表示 $R_2$ 和 $R_3$ 的串联组合与 $R_4$ 并联，因此首先计算 $R_2+R_3$ 的串联表达式，再计算它们与 $R_4$ 的并联表达式。◀

**同步练习**　在图 6-7 所示电路中，如果另有电阻连接在 $C$ 与 $D$ 之间，描述一下它在电路中的串－并联关系。

例 6-3　在图 6-8 所示电路中，描述各对节点之间的总电阻。

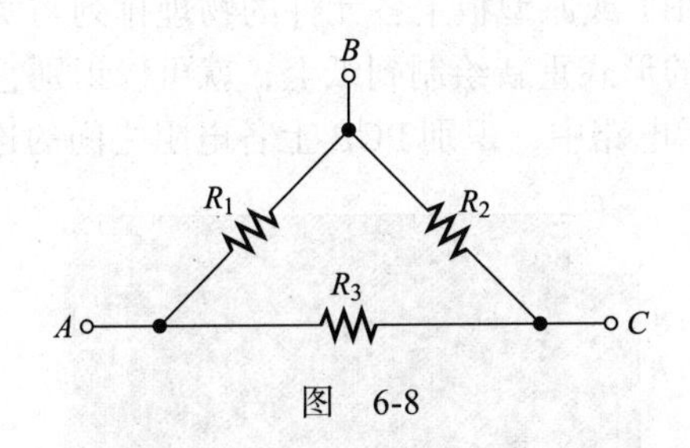

图　6-8

**解**　1. 从 $A$ 到 $B$：$R_2$ 和 $R_3$ 为串联，它们的组合再与 $R_1$ 并联。

2. 从 $A$ 到 $C$：$R_1$ 和 $R_2$ 为串联，它们的组合再与 $R_3$ 并联。

3. 从 $B$ 到 $C$：$R_1$ 和 $R_3$ 的串联，它们的组合再与 $R_2$ 并联。◀

**同步练习**　在图 6-8 所示电路中，如果另有新电阻 $R_4$ 连接在 $C$ 点和地之间，描述此时各节点和地之间的总电阻。所有电阻都不直接接地。

按照电路原理图连接电路板上的电路时，如果电路板上的电阻和连接方向与原理图的绘制方式大致匹配，则比较容易检查电路。在某些情况下，由于绘制的问题，很难在原理图上看清楚串－并联关系。这时，重新绘制电路原理图有助于使串－并联关系变得更清晰。

例 6-4 识别图 6-9 中的串－并联关系。

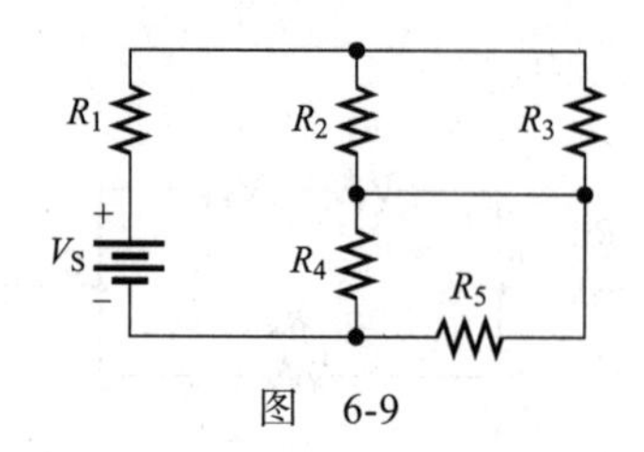

图 6-9

**解** 重画本例的电路原理图，如图 6-10 所示。容易看出，$R_2$ 和 $R_3$ 并联，$R_4$ 和 $R_5$ 也是并联。两组并联组合再与 $R_1$ 串联，连接关系表达式如下：

$$R_1+R_2 \parallel R_3+R_4 \parallel R_5$$

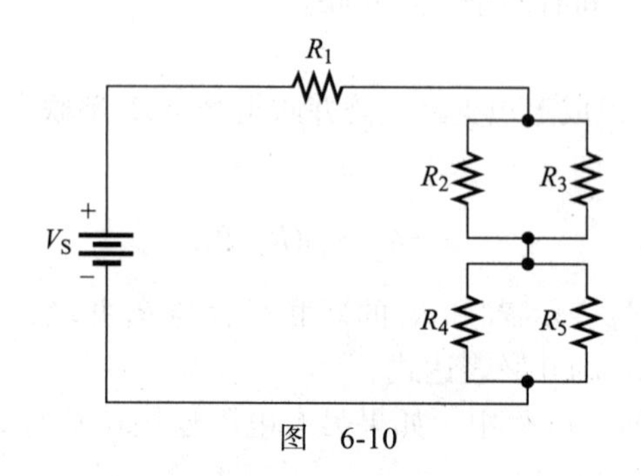

图 6-10 ◀

**同步练习** 如果将图 6-10 中的电路调整一下，在 $V_S$ 两端直接连接一个电阻，它对 $R_1$ 到 $R_5$ 中的电流有什么影响？请解释。

通常，印制电路板（PCB）或原型板上各元件的物理排列与实际关系并不相似。通过追踪电路，将元件以易于识别的形式重新绘制到纸上，就可以识别它们的串－并联关系。

例 6-5 在图 6-11 所示电路中，识别 PCB 上各电阻之间的连接关系。

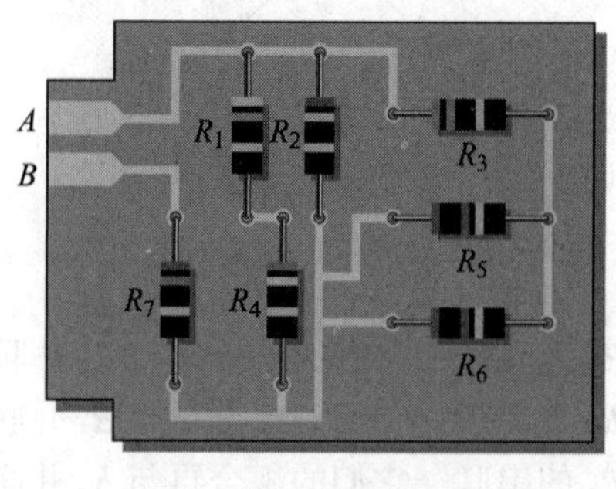

图 6-11

**解** 在图 6-12a 中，原理图中电阻排列与电路板相同。图 6-12b 重新排列了电阻的位置，使得它们的串－并联关系更加明显。

电阻 $R_1$ 与 $R_4$ 串联，$R_1+R_4$ 与 $R_2$ 并联，$R_5$ 和 $R_6$ 的并联组合再与 $R_3$ 串联。

电阻 $R_3$、$R_5$ 和 $R_6$ 的串－并联组合与 $R_2$、$R_1+R_4$ 并联。整个串－并联组合又与 $R_7$ 串联。图 6-12c 所示电路说明了上述关系，表达式如下：

$$R_{AB}=(R_1+R_4) \parallel R_2 \parallel (R_3+R_5 \parallel R_6)+R_7$$

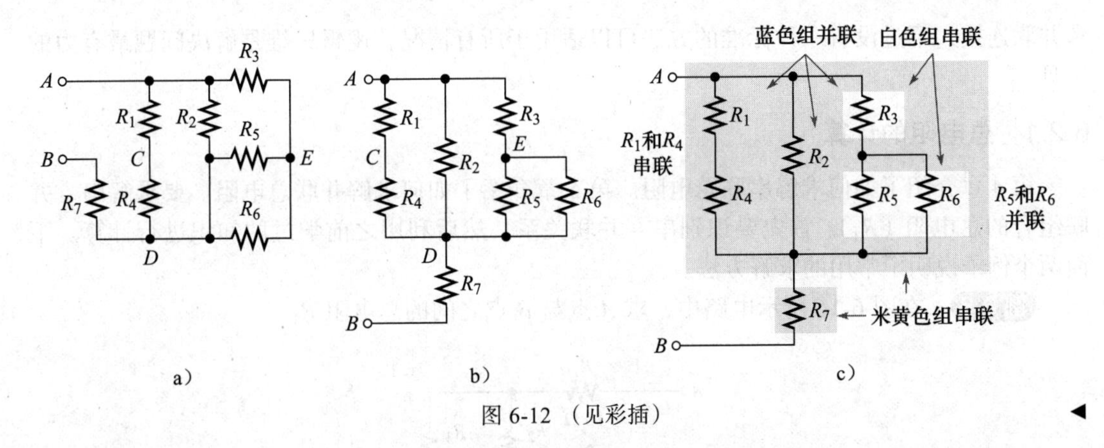


图 6-12 （见彩插）

**同步练习**　在图 6-11 所示电路板中，如果 $R_1$ 和 $R_4$ 间连接开路，连接关系会如何变化？

**学习效果检测**

1. 某串并联电路描述为：$R_1$ 和 $R_2$ 并联，该并联组合与 $R_3$ 和 $R_4$ 的并联组合串联。画出相应的电路图。

2. 电路如图 6-13 所示，描述图中电阻之间的串 – 并联关系。

3. 电路如图 6-14 所示，图中哪些电阻是并联的？

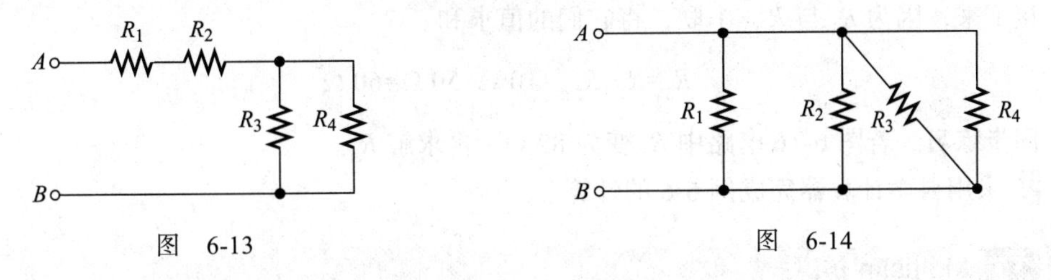

图　6-13　　　　图　6-14

4. 描述图 6-15 所示电路中的并联关系。

5. 图 6-15 所示电路中的并联组合之间是串联吗？

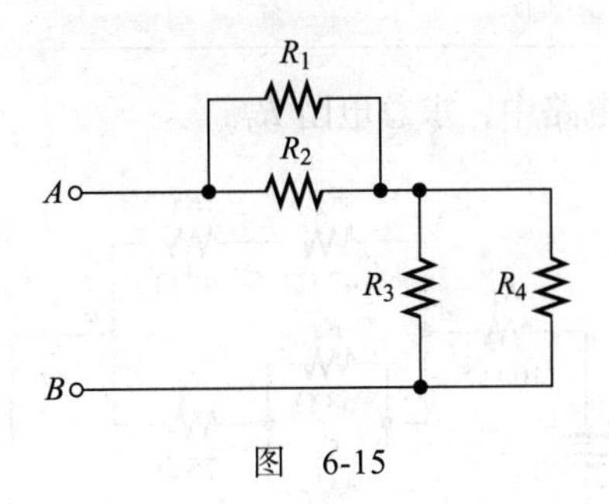

图　6-15

## 6.2　串 – 并联电路的分析

依据待求内容和已知电路参量，串 – 并联电路有多种分析方式。本节为你提供了分析串 – 并联电路的一般思路。

如果你学会了欧姆定律、基尔霍夫定律、分压公式和分流公式，还学会了如何应用它们，那你就可以解决大多数电阻电路的分析问题。当然，前提是你能够识别出电路中的串联和并联连接，不过没有一种标准的方法可以适用于所有情况，逻辑思维是解决问题最有力的工具。

### 6.2.1 总电阻的计算

第4章介绍了如何求解串联总电阻。第5章介绍了如何求解并联总电阻。要求解串－并联组合的总电阻（$R_T$），首先要识别串－并联关系，然后利用之前学过的知识进行计算。下面两个例子说明了常用的求解方法。

**例 6-6** 在图 6-16 所示电路中，求 $A$ 点与 $B$ 点之间的总电阻 $R_T$。

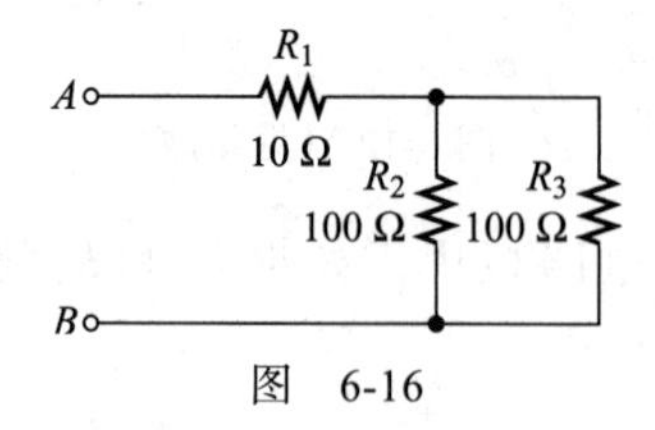


图 6-16

**解** 电阻 $R_2$ 和 $R_3$ 并联，该并联组合与 $R_1$ 串联。首先，计算 $R_2$ 和 $R_3$ 的并联等效电阻。由于 $R_2$ 和 $R_3$ 相等，除以 2 即可计算。

$$R_{2\|3}=R_2\|R_3=\frac{R}{n}=\frac{100\ \Omega}{2}=50\ \Omega$$

接下来，因为 $R_1$ 与 $R_{2\|3}$ 串联，将它们的值求和。

$$R_T=R_1+R_{2\|3}=10\ \Omega+50\ \Omega=60\ \Omega$$ ◀

**同步练习** 若图 6-16 电路中 $R_3$ 变为 82 Ω，再求解 $R_T$。

采用科学计算器完成例 6-6 的计算。

**Multisim 仿真**

用 Multisim 或者 LTspice 打开文件 E06-06，验证算得的总电阻。将 $R_1$ 变为 18 Ω，$R_2$ 变为 82 Ω，$R_3$ 变为 82 Ω，再测总电阻。

---

**例 6-7** 在图 6-17 所示电路中，求总电阻 $R_T$。

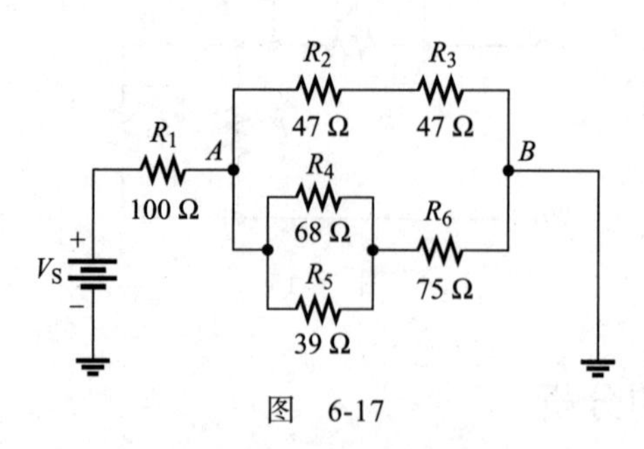


图 6-17

**解** 1. 上边支路节点 $A$ 和 $B$ 间，$R_2$ 和 $R_3$ 串联，该串联组合记为 $R_{2+3}$，阻值等于 $R_2+R_3$。

$$R_{2+3}=R_2+R_3=47\ \Omega+47\ \Omega=94\ \Omega$$

2. 下边支路中，$R_4$ 和 $R_5$ 并联，该并联组合记为 $R_{4\|5}$。并联后的电阻为

$$R_{4\|5}=\frac{R_4R_5}{R_4+R_5}=\frac{68\,\Omega\times39\,\Omega}{68\,\Omega+39\,\Omega}=24.8\,\Omega$$

3. 下边支路中，$R_4$ 和 $R_5$ 的并联组合再与 $R_6$ 串联，该串并联组合记为 $R_{4\|5+6}$。组合后的电阻为

$$R_{4\|5+6}=R_6+R_{4\|5}=75\,\Omega+24.8\,\Omega=99.8\,\Omega$$

图 6-18 所示电路为原电路的简化形式。

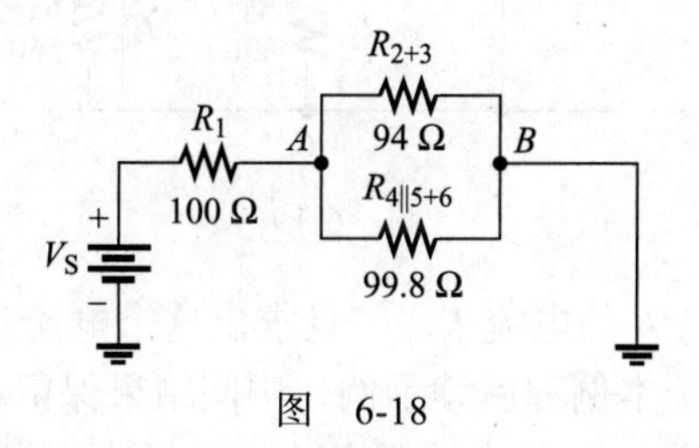


图　6-18

4. 现在可以计算 $A$、$B$ 之间的等效电阻，即 $R_{2+3}$ 与 $R_{4\|5+6}$ 并联，计算公式如下：

$$R_{AB}=\frac{1}{\dfrac{1}{R_{2+3}}+\dfrac{1}{R_{4\|5+6}}}=\frac{1}{\dfrac{1}{94\,\Omega}+\dfrac{1}{99.8\,\Omega}}=48.4\,\Omega$$

5. 最后，总电阻为 $R_1$ 与 $R_{AB}$ 串联。

$$R_{\rm T}=R_1+R_{AB}=100\,\Omega+48.4\,\Omega=148.4\,\Omega$$

◀

**同步练习**　在图 6-17 所示电路中，如果从 $A$ 到 $B$ 再并联一个 68 Ω 电阻，计算此时 $R_{\rm T}$。

采用科学计算器完成例 6-7 的计算。

**Multisim 仿真**

用 Multisim 或者 LTspice 打开文件 E06-07，验证算得的总电阻。将 $R_5$ 从电路中去掉，测量总电阻。比较总电阻的测量值和计算值。

### 6.2.2　总电流的计算

一旦获得了总电阻并已知了电源电压，就可以运用欧姆定律来求电路中的总电流。总电流为电源电压除以总电阻。

$$I_{\rm T}=\frac{V_{\rm S}}{R_{\rm T}}$$

例如，在图 6-17 中，假设电源电压为 10 V，则保留计算精度的电流值为

$$I_{\rm T}=\frac{V_{\rm S}}{R_{\rm T}}=\frac{10\,{\rm V}}{148.4\,\Omega}=67.4\,{\rm mA}$$

### 6.2.3　支路电流的计算

应用分流公式、基尔霍夫电流定律、欧姆定律或这些公式的组合，就可以求解串 - 并

联电路中任意支路的电流。在某些情况中，可能需要反复应用这些公式才能求解出指定的电流。

**例 6-8** 在图 6-19 电路中，如果 $V_S$=5 V，计算流过 $R_4$ 的电流。

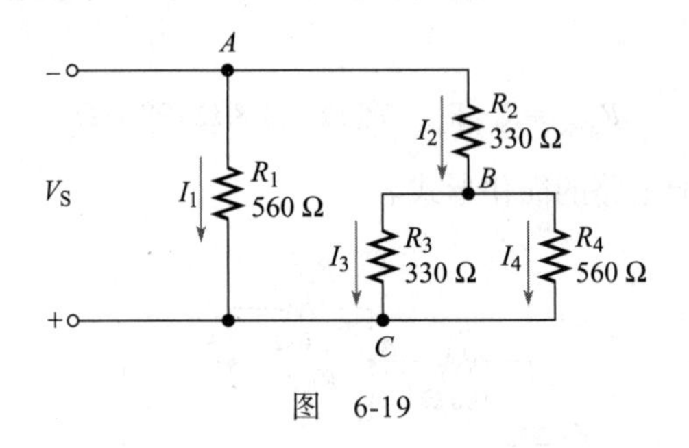


图 6-19

**解** 首先，计算流入节点 $B$ 的电流 $I_2$。一旦求出这个电流，利用分流公式就可以求出流过 $R_4$ 的电流 $I_4$。请注意，对于本例和后续示例，中间结果保留计算精度。

注意，本电路有两条支路，左边支路只包含 $R_1$，右边支路是 $R_3$ 和 $R_4$ 并联组合后再与 $R_2$ 串联。这两条支路的电压相同，都为 5 V。计算右边支路的等效电阻（$R_{2+3\|4}$），再应用欧姆定律即得到通过该支路的总电流 $I_2$。

$$R_{2+3\|4}=R_2+\frac{R_3R_4}{R_3+R_4}=330\ \Omega+\frac{330\ \Omega\times560\ \Omega}{890\ \Omega}=538\ \Omega$$

$$I_2=\frac{V_S}{R_{2+3\|4}}=\frac{5\ \text{V}}{538\ \Omega}=9.30\ \text{mA}$$

采用分流公式计算 $I_4$。

$$I_4=\left(\frac{R_3}{R_3+R_4}\right)I_2=\frac{330\ \Omega}{890\ \Omega}\times9.30\ \text{mA}=3.45\ \text{mA}$$ ◀

**同步练习** 在图 6-19 所示电路中，求 $I_1$、$I_3$ 和 $I_T$。

采用科学计算器完成例 6-8 的计算。

**Multisim 仿真**

用 Multisim 或者 LTspice 打开文件 E06-08。测量每个电阻的电流，比较测量值和计算值。

### 6.2.4 电压关系

图 6-20 所示电路显示了串 - 并联电路中的电压关系。各电压表测量每个电阻的电压，并显示读数。

观察图 6-20 可以得到如下结果：

1. 因为 $R_1$ 和 $R_2$ 并联，所以 $V_{R1}$ 和 $V_{R2}$ 相等（并联支路电压相同）。$V_{R1}$ 和 $V_{R2}$ 与 $A$ 到 $B$ 的电压相同。

2. 因为 $R_4$ 和 $R_5$ 串联，再与 $R_3$ 并联，所以 $V_{R3}$=$V_{R4}$+$V_{R5}$。（$V_{R3}$ 与 $B$ 到 $C$ 的电压相同。）

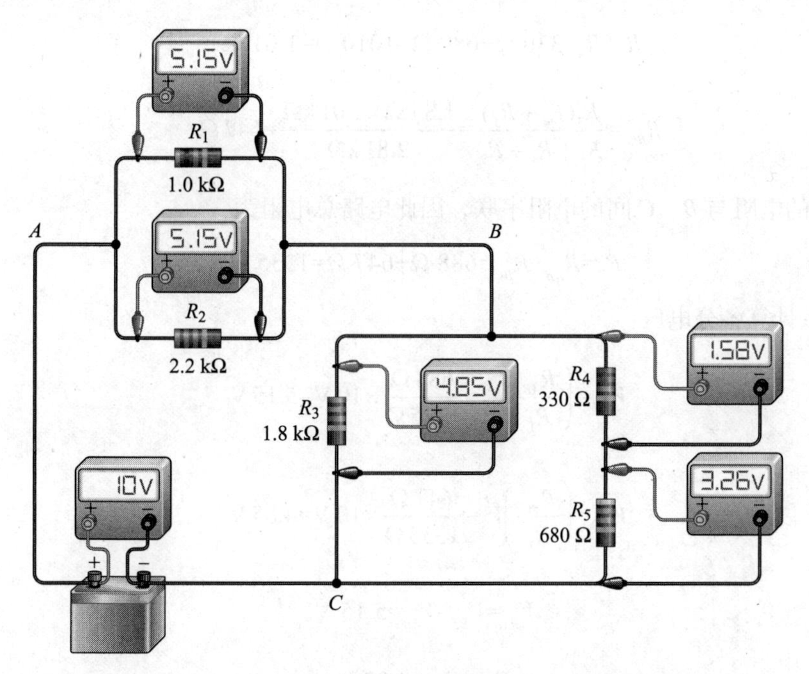


图 6-20　串 – 并联电路中的电压关系（见彩插）

3. 因为 $R_4$ 大约是电阻 $R_4$+$R_5$ 的三分之一，所以 $V_{R4}$ 大约是 $B$ 到 $C$ 电压的三分之一（根据分压原理）。

4. 因为 $R_5$ 大约是 $R_4$+$R_5$ 的三分之二，所以 $V_{R5}$ 大约是 $B$ 到 $C$ 电压的三分之二。

5. $V_{R1}$+$V_{R3}$–$V_S$=0，因为根据基尔霍夫电压定律，绕行闭合路径一周电压降代数和必然等于零。

下面，用例 6-9 来验证图 6-20 中的电表读数。

**例 6-9**　验证图 6-20 中的电压表读数是否正确。图 6-21 中为重新绘制的图 6-20 电路的原理图。

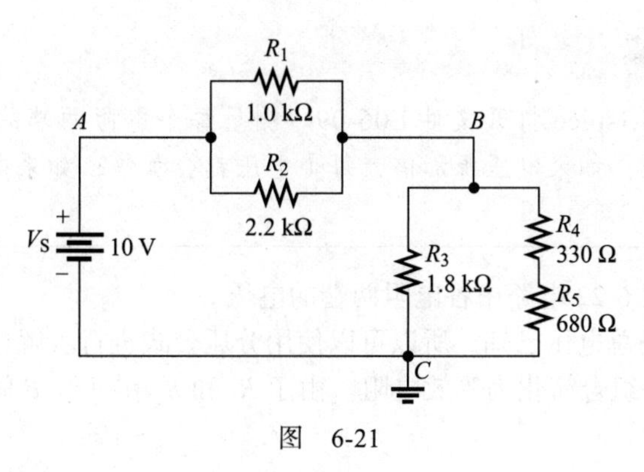


图　6-21

**解**　$A$、$B$ 之间的电阻是 $R_1$ 和 $R_2$ 的并联组合。

$$R_{AB}=\frac{R_1R_2}{R_1+R_2}=\frac{1.0\ \text{k}\Omega\times 2.2\ \text{k}\Omega}{3.2\ \text{k}\Omega}=688\ \Omega$$

$B$、$C$ 之间的电阻是 $R_3$ 和 $R_4$ 与 $R_5$ 串联组合的并联组合。

$$R_4+R_5=330\ \Omega+680\ \Omega=1010\ \Omega=1.01\ \text{k}\Omega$$

$$R_{BC}=\frac{R_3(R_4+R_5)}{R_3+R_4+R_5}=\frac{1.8\ \text{k}\Omega\times1.01\ \text{k}\Omega}{2.81\ \text{k}\Omega}=647\ \Omega$$

*A*、*B* 间的电阻与 *B*、*C* 间的电阻串联，因此电路总电阻为

$$R_{\text{T}}=R_{AB}+R_{BC}=688\ \Omega+647\ \Omega=1335\ \Omega$$

应用分压关系计算各分电压：

$$V_{AB}=\left(\frac{R_{AB}}{R_{\text{T}}}\right)V_{\text{S}}=\frac{688\ \Omega}{1335\ \Omega}\times10\ \text{V}=5.15\ \text{V}$$

$$V_{BC}=\left(\frac{R_{BC}}{R_{\text{T}}}\right)V_{\text{S}}=\frac{647\ \Omega}{1335\ \Omega}\times10\ \text{V}=4.85\ \text{V}$$

$$V_{R1}=V_{R2}=V_{AB}=5.15\ \text{V}$$

$$V_{R3}=V_{BC}=4.85\ \text{V}$$

$$V_{R4}=\left(\frac{R_4}{R_4+R_5}\right)V_{BC}=\frac{330\ \Omega}{1010\ \Omega}\times4.85\ \text{V}=1.58\ \text{V}$$

$$V_{R5}=\left(\frac{R_5}{R_4+R_5}\right)V_{BC}=\frac{680\ \Omega}{1010\ \Omega}\times4.85\ \text{V}=3.26\ \text{V}$$ ◀

**同步练习** 在图 6-21 所示电路中，如果 $R_2$ 开路，确定总电阻。这对 $V_{BC}$ 有何影响？

采用科学计算器完成例 6-9 的计算。

**Multisim 仿真**

用 Multisim 或者 LTspice 打开文件 E06-09。测量每个电阻两端的电压，并与计算值进行比较。通过测量验证：如果电压源加倍，每个电压都会加倍；如果电压源减半，每个电压都会减半。

---

**例 6-10** 计算图 6-22 电路中各电阻两端的电压。

**解** 由于图中电路总电压已知，所以可以使用分压公式进行求解。

**步骤 1**：将各并联组合简化为等效电阻。由于 $R_1$ 和 $R_2$ 在 *A* 和 *B* 间并联，所以将它们组合起来得到

$$R_{AB}=\frac{R_1R_2}{R_1+R_2}=\frac{3.3\ \text{k}\Omega\times6.2\ \text{k}\Omega}{9.5\ \text{k}\Omega}=2.15\ \text{k}\Omega$$

由于 *C* 和 *D* 之间 $R_4$ 与 $R_5$ 和 $R_6$ 的串联组合（$R_{5+6}$）并联，所以将它们组合起来得到

$$R_{CD}=\frac{R_4R_{5+6}}{R_4+R_{5+6}}=\frac{1.0\ \text{k}\Omega\times1.07\ \text{k}\Omega}{2.07\ \text{k}\Omega}=517\ \Omega$$

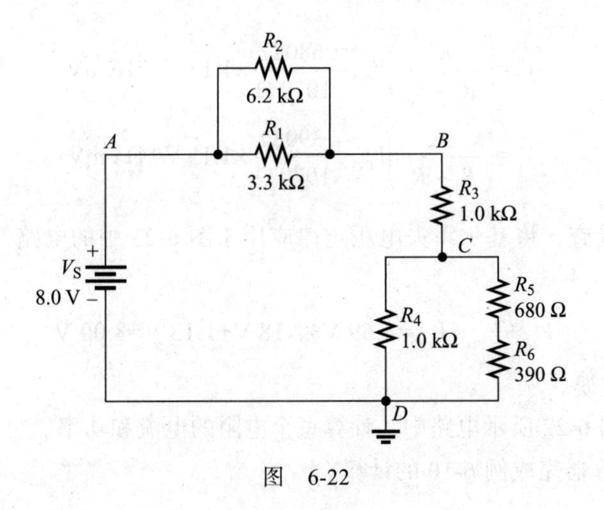


图　6-22

**步骤 2**：等效电路如图 6-23 所示。电路总电阻为

$$R_T=R_{AB}+R_3+R_{CD}=2.15\ \text{k}\Omega+1.0\ \text{k}\Omega+517\ \Omega=3.67\ \text{k}\Omega$$

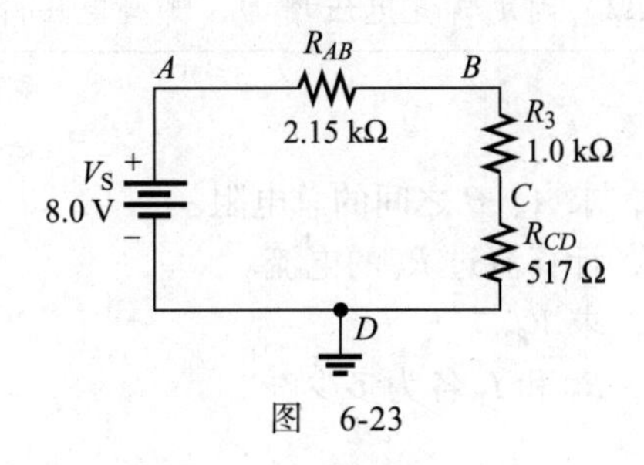


图　6-23

**步骤 3**：然后，使用分压公式求解等效电路中的电压。

$$V_{AB}=\left(\frac{R_{AB}}{R_T}\right)V_S=\frac{2.15\ \text{k}\Omega}{3.67\ \text{k}\Omega}\times 8\ \text{V}=4.69\ \text{V}$$

$$V_{CD}=\left(\frac{R_{CD}}{R_T}\right)V_S=\frac{517\ \Omega}{3.67\ \text{k}\Omega}\times 8\ \text{V}=1.13\ \text{V}$$

$$V_3=\left(\frac{R_3}{R_T}\right)V_S=\frac{1.0\ \text{k}\Omega}{3.67\ \text{k}\Omega}\times 8\ \text{V}=2.18\ \text{V}$$

参见图 6-22，$V_{AB}$ 等于 $R_1$ 和 $R_2$ 两端的电压。

$$V_1=V_2=V_{AB}=4.69\ \text{V}$$

$V_{BC}$ 是 $R_3$ 两端的电压。

$$V_{R3}=V_{BC}=2.18\ \text{V}$$

$V_{CD}$ 是 $R_4$ 两端以及 $R_5$ 和 $R_6$ 串联组合的电压。

$$V_4=V_{CD}=1.13\ \text{V}$$

**步骤 4**：现在将分压公式应用到 $R_5$ 和 $R_6$ 的串联组合中，得到 $V_5$ 和 $V_6$。

$$V_5=\left(\frac{R_5}{R_5+R_6}\right)V_{CD}=\frac{680\ \Omega}{1070\ \Omega}\times 1.13\ \text{V}=716\ \text{mV}$$

$$V_6=\left(\frac{R_6}{R_5+R_6}\right)V_{CD}=\frac{390\ \Omega}{1070\ \Omega}\times 1.13\ \text{V}=411\ \text{mV}$$

**步骤 5：** 作为检查，将基尔霍夫电压定律应用于图 6-23 中的电路，以验证电压降之和等于电源电压。

$$V_{AB}+V_{BC}+V_{CD}=4.69\ \text{V}+2.18\ \text{V}+1.13\ \text{V}=8.00\ \text{V}$$

计算出的结果验证无误。◀

**同步练习** 在图 6-22 所示电路中，计算每个电阻的电流和功率。

采用科学计算器完成例 6-10 的计算。

**Multisim 仿真**

用 Multisim 或者 LTspice 打开文件 E06-10。测量每个电阻两端的电压，并与计算值进行比较。如果 $R_4$ 增加至 2.2 kΩ，确定哪些电压增加，哪些电压降低。用测量值验证结论。

**学习效果检测**

1. 在图 6-24 所示电路中，求 $A$、$B$ 之间的总电阻。
2. 在图 6-24 所示电路中，计算流过 $R_3$ 的电流。
3. 在图 6-24 所示电路中，求 $V_{R2}$。
4. 在图 6-25 所示电路中，$R_T$ 和 $I_T$ 各为多少？

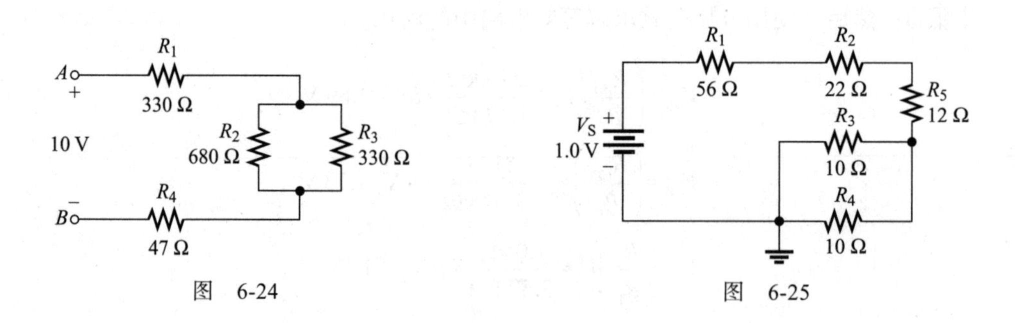


图 6-24 图 6-25

## 6.3 有载分压器

第 4 章介绍了分压器。在本节，你将了解负载电阻如何影响分压器。

在图 6-26a 中，由于输入电压为 10 V，且两个电阻阻值相等，所以输出电压（$V_{OUT}$）为 5 V。该电压是空载下的输出电压。在图 6-26b 所示电路中，当负载电阻 $R_L$ 从输出端连接到地时，输出电压的大小取决于 $R_L$ 的值。这种分压器被称为**有载分压器**。负载电阻与 $R_2$ 并联，减小了节点 $A$ 到地的电阻，因此也降低了并联组合的电压。以上是分压器接负载后受到的影响。接负载的另一个影响是，由于电路总电阻减小，电源输出的电流将会增加。

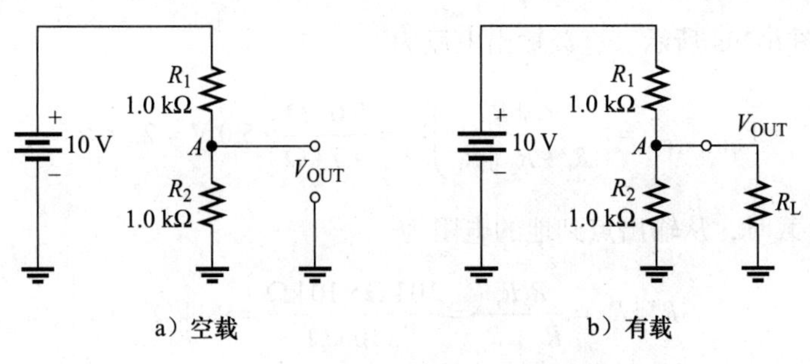


图 6-26　空载分压器与有载分压器

在为分压器选择电阻时，必须考虑负载对分压器的影响。与分压电阻相比，当 $R_L$ 较大时，负载对分压器的影响即负载效应较小，此时输出电压与空载电压之间的差别较小。如果负载对分压器影响很小，则称分压器为**刚性分压器**。“刚性”意味着空载和负载输出电压之间的差异很小。根据经验，刚性分压器的负载电阻至少是并联分压电阻的十倍。刚性分压器更稳定，但消耗的功率更大，因此选择分压电阻时必须权衡稳定性和功耗两个方面。图 6-27 显示了负载电阻对分压器输出电压的影响。图 6-27c 是一个刚性分压器。

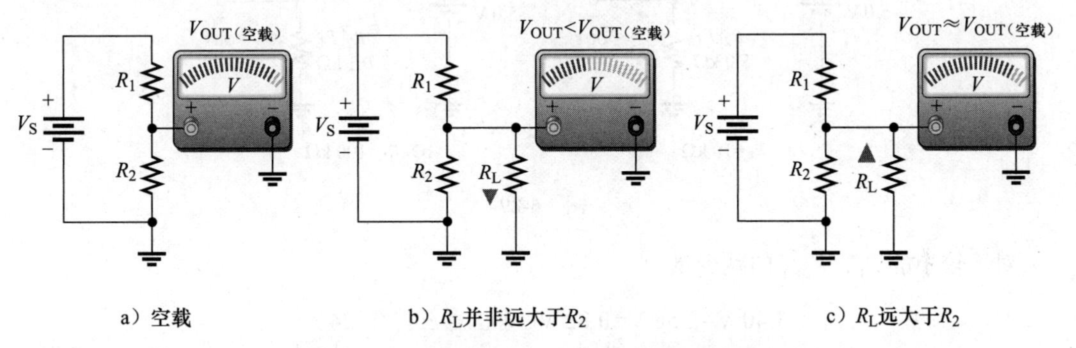


图 6-27　负载电阻对分压器输出电压的影响

**例 6-11**　(a) 在图 6-28 所示电路中，求解空载时分压器的输出电压。

(b) 计算图 6-28 中的分压器分别接负载电阻 $R_L$=10 kΩ 和 $R_L$=100 kΩ 时的输出电压。

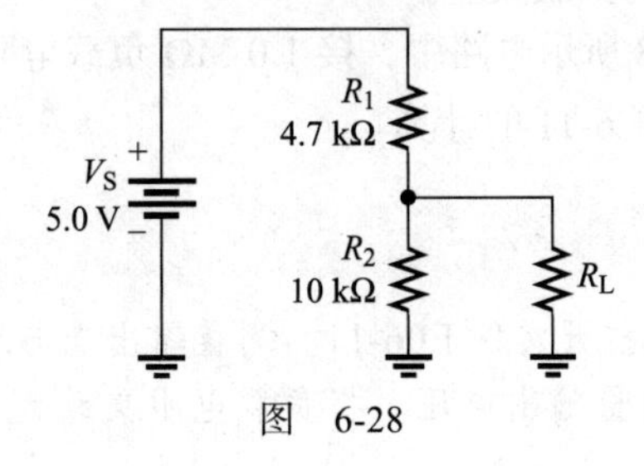


图　6-28

**解**　(a) 空载输出电压为

$$V_{OUT(空载)}=\left(\frac{R_2}{R_1+R_2}\right)V_S=\left(\frac{10\ \text{k}\Omega}{14.7\ \text{k}\Omega}\right)\times 5.0\ \text{V}=3.4\ \text{V}$$

(b) 接 10 kΩ 负载电阻时，$R_L$ 并联 $R_2$ 的总电阻为

$$R_2\parallel R_L=\frac{R_2R_L}{R_2+R_L}=\frac{10\ \text{k}\Omega\times 10\ \text{k}\Omega}{20\ \text{k}\Omega}=5.0\ \text{k}\Omega$$

等效电路如图 6-29a 所示。有载输出电压为

$$V_{\text{OUT(有载)}}=\left(\frac{R_2\parallel R_L}{R_1+R_2\parallel R_L}\right)V_S=\frac{5.0\ \text{k}\Omega}{9.7\ \text{k}\Omega}\times 5.0\ \text{V}=2.58\ \text{V}$$

接 100 kΩ 负载时，从输出点到地的电阻为

$$R_2\parallel R_L=\frac{R_2R_L}{R_2+R_L}=\frac{10\ \text{k}\Omega\times 10\ \text{k}\Omega}{110\ \text{k}\Omega}=9.1\ \text{k}\Omega$$

等效电路如图 6-29b 所示。有载输出电压为

$$V_{\text{OUT(有载)}}=\left(\frac{R_2\parallel R_L}{R_1+R_2\parallel R_L}\right)V_S=\frac{9.1\ \text{k}\Omega}{13.8\ \text{k}\Omega}\times 5.0\ \text{V}=3.30\ \text{V}$$

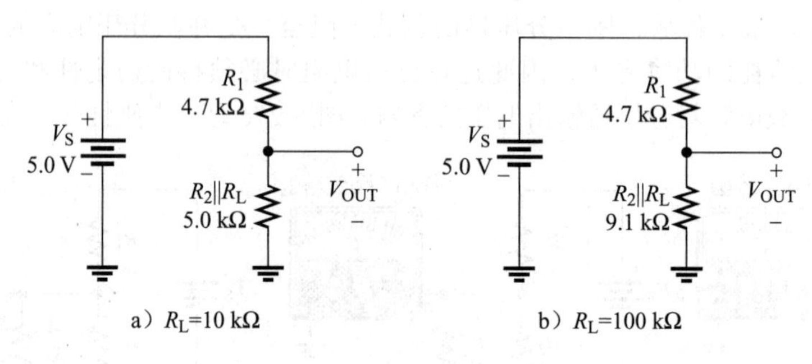


图 6-29

对于较小的 $R_L$，$V_{OUT}$ 的减少量为

3.40 V−2.58 V=0.82 V( 输出电压降低 24%)

对于较大的 $R_L$，$V_{OUT}$ 的减少量为

3.40 V−3.30 V=0.10 V( 输出电压降低 3%)

该例说明了 $R_L$ 对分压器的负载效应。◀

**同步练习** 求解在图 6-28 所示电路中，接 1.0 MΩ 负载电阻时的输出电压。

采用科学计算器完成例 6-11 的计算。

## Multisim 仿真

用 Multisim 或者 LTspice 打开文件 E06-11。测量输出端与地之间的电压。将一个 10 kΩ 负载电阻从输出端接地，并测量输出电压。将负载电阻更改为 100 kΩ 并测量输出电压。这些测量值与计算值是否吻合？

## 负载电流和泄漏电流

在有多个接头并且带负载的分压电路中，电源提供的总电流包括通过负载电阻的电流（称为**负载电流**）和分压电阻的电流。图 6-30 所示电路是有两个输出电压或接头的分压器。注意，流过 $R_1$ 的总电流 $I_T$ 是由两个支路电流 $I_{RL1}$ 和 $I_2$ 组成的。电流 $I_2$ 又是由两个支路电流 $I_{RL2}$ 和 $I_3$ 组成的。电流 $I_3$（$I_{\text{BLEEDER}}$）被称为**泄漏电流**，它是电路总电流减去总负载电流后剩

下的电流。式（6-1）说明如何计算泄漏电流。

$$I_{\text{BLEEDER}}=I_{\text{T}}-I_{RL1}-I_{RL2} \qquad (6\text{-}1)$$

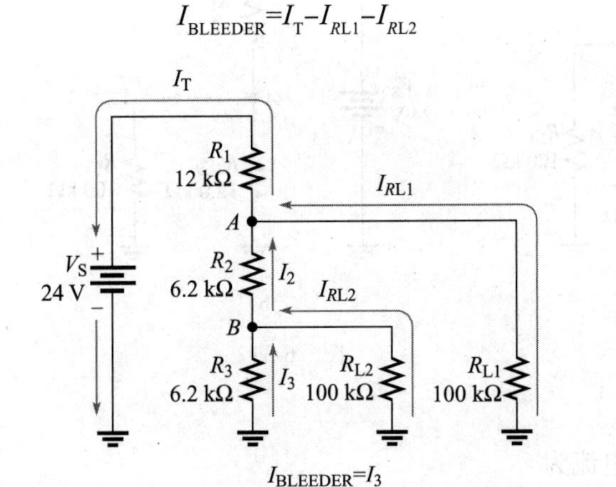


图 6-30　带两个接头的分压器中的电流

**例 6-12**　如图 6-30 所示，求解负载电流 $I_{RL1}$、$I_{RL2}$ 和泄漏电流 $I_3$。

**解**　从节点 $A$ 到地的等效电阻为 $R_3$ 和 $R_{\text{L2}}$ 的并联组合串联 $R_2$ 后，再与 100 kΩ 电阻 $R_{\text{L1}}$ 并联。首先求解等效电阻。$R_3$ 与 $R_{\text{L2}}$ 并联，记为 $R_B$，得到的等效电路如图 6-31a 所示。

$$R_B=\frac{R_3R_{\text{L2}}}{R_3+R_{\text{L2}}}=\frac{6.2\ \text{k}\Omega\times100\ \text{k}\Omega}{106.2\ \text{k}\Omega}=5.84\ \text{k}\Omega$$

$R_2$ 与 $R_B$ 串联记为 $R_{2+B}$，等效电路如图 6-31b 所示。

$$R_{2+B}=R_2+R_B=6.2\ \text{k}\Omega+5.84\ \text{k}\Omega=12.0\ \text{k}\Omega$$

$R_{\text{L1}}$ 与 $R_{2+B}$ 并联后的电阻为 $R_A$，等效电路如图 6-31c 所示。

$$R_A=\frac{R_{\text{L1}}R_{2+B}}{R_{\text{L1}}+R_{2+B}}=\frac{100\ \text{k}\Omega\times12.0\ \text{k}\Omega}{112\ \text{k}\Omega}=10.7\ \text{k}\Omega$$

$R_A$ 即节点 $A$ 到地的总电阻。因此，电路的总电阻为：

$$R_{\text{T}}=R_A+R_1=10.7\ \text{k}\Omega+12\ \text{k}\Omega=22.7\ \text{k}\Omega$$

利用图 6-31c 所示的等效电路，求解 $R_{\text{L1}}$ 两端的电压如下：

$$V_{RL1}=V_A=\left(\frac{R_A}{R_{\text{T}}}\right)V_{\text{S}}=\frac{10.7\ \text{k}\Omega}{22.7\ \text{k}\Omega}\times24\ \text{V}=11.3\ \text{V}$$

流过 $R_{\text{L1}}$ 的负载电流为

$$I_{RL1}=\frac{V_{RL1}}{R_{\text{L1}}}=\frac{11.3\ \text{V}}{100\ \text{k}\Omega}=113\ \mu\text{A}$$

借助图 6-31a 中的等效电路和节点 $A$ 的电压，计算节点 $B$ 的电压为

$$V_B=\left(\frac{R_B}{R_{2+B}}\right)V_A=\frac{5.84\ \text{k}\Omega}{12.0\ \text{k}\Omega}\times11.3\ \text{V}=5.50\ \text{V}$$

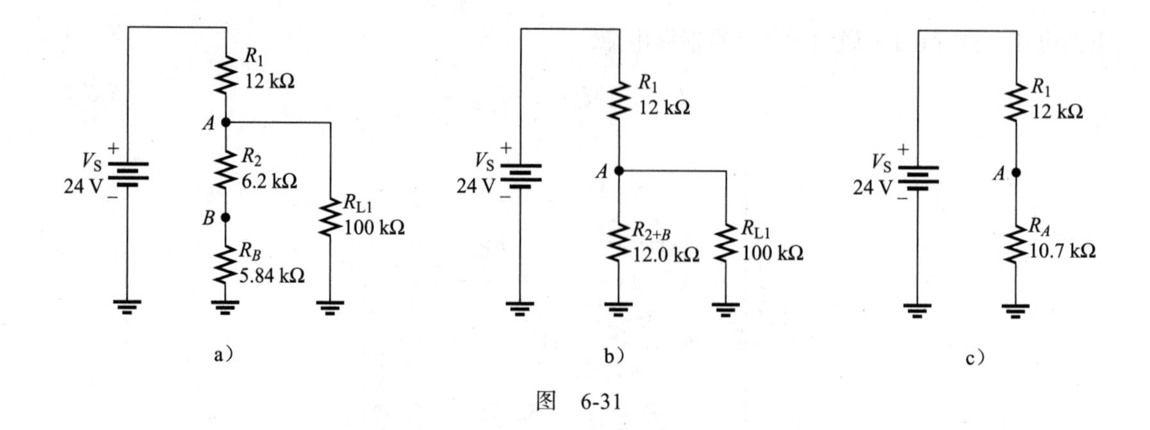


图 6-31

流过 $R_{L2}$ 的负载电流为

$$I_{RL2}=\frac{V_{RL2}}{R_{L2}}=\frac{V_B}{R_{L2}}=\frac{5.50\text{ V}}{100\text{ k}\Omega}=55.0\ \mu\text{A}$$

泄漏电流为

$$I_3=\frac{V_B}{R_3}=\frac{5.50\text{ V}}{6.2\text{ k}\Omega}=887\ \mu\text{A}$$

◀

**同步练习** 如果 $R_{L1}$ 断开，$R_{L2}$ 的负载电流会发生什么变化。

采用科学计算器完成例 6-12 的计算。

**Multisim 仿真**

用 Multisim 或者 LTspice 打开文件 E06-12。分别测量两电阻 $R_{L1}$ 和 $R_{L2}$ 两端的电压与电流。

---

**学习效果检测**

1. 将负载电阻连接到分压器的输出接头上，它对该接头的输出电压有什么影响？

2. 分压器接较大的负载电阻对输出电压的影响小于接较小的负载电阻对输出电压的影响。（对或错）

3. 对于图 6-32 所示分压器，计算空载时相对于地的输出电压。另外，求将 10 MΩ 负载电阻通过输出端连接至地时的输出电压。

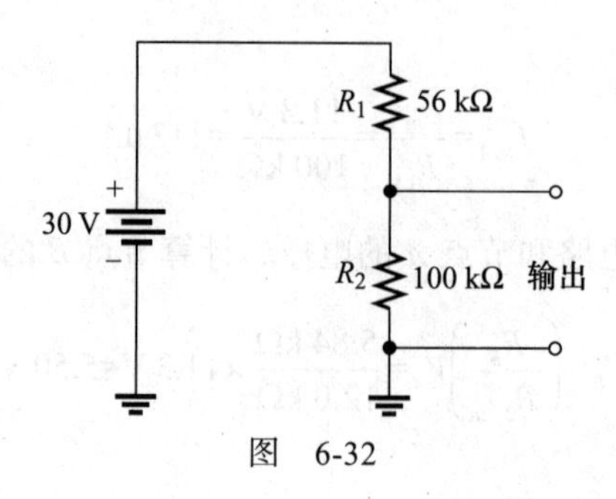


图 6-32

## 6.4　电压表的负载效应

电压表必须与被测电阻并联才能测得电阻两端的电压。由于电压表或类似的测量设备有内阻，所以当接入电路时，内阻作为负载在一定程度上会影响被测电压。到目前为止，我们一直认为电压表的内阻非常大，以至于该内阻对被测电压的影响可以忽略不计。但是，如果电压表的内阻并非远大于它所并联的电阻，该内阻负载将导致测得的电压小于它的实际值。你应该时刻注意电压表的这种负载效应。

在图 6-33a 中，电压表连接至电路中，其内阻与 $R_3$ 并联，如图 6-33b 所示。由于接入了电压表，其内阻 $R_M$ 改变了从 $A$ 到 $B$ 的电阻，使其等于 $R_3||R_M$，如图 6-33c 所示。

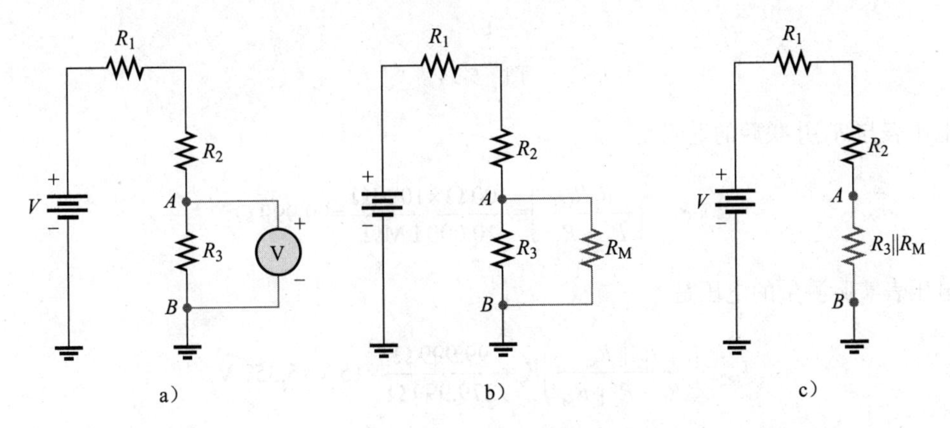


图 6-33　电压表的负载效应

如果 $R_M$ 远大于 $R_3$，则 $A$ 到 $B$ 间的电阻变化就很小，电表读数近似为实际电压。如果 $R_M$ 并非远大于 $R_3$，则 $A$ 到 $B$ 间的电阻会显著减小，$R_3$ 两端的电压会因电表的负载效应而改变。在故障排查中，一条很好的经验是，*如果仪表内阻至少是被测电阻的十倍，则可以忽略负载效应（测量误差小于 10%）*。

大多数电压表是多功能仪表的一部分，如第 2.7 节讨论的数字万用表（DMM）或模拟万用表。DMM 中的电压表通常会有 10 MΩ 内阻或更大的内阻，所以只在被测电阻非常大的电路中，才需要考虑 DMM 的内阻对电路的影响。由于 DMM 输入端连接到内部的固定分压器上，因此它在所有挡位上都有固定的内阻，而模拟万用表的内阻取决于选择的量程挡位。要确定负载效应，你需要知道电表的灵敏度，该值通常由制造商在电表上或用户手册上给出。灵敏度通常以 Ω/V 为单位给出，典型的灵敏度大约为 20 000 Ω/V。用灵敏度乘以所选量程的最大电压，就可以得到内部的串联电阻。例如，一个灵敏度为 20 000 Ω/V 的电压表，在 1 V 挡位有 20 000 Ω 内阻，在 10 V 挡位有 200 000 Ω 的内阻。由此可见，模拟万用表高电压挡位的负载效应比低电压挡位的负载效应要小。

**例 6-13**　在图 6-34 各电路中，电压表对测量的电压有何影响？假设各电表内阻（$R_M$）均为 10 MΩ。

**解**　为了更清楚地显示微小差异，本例计算结果用 3 位以上有效数字表示。

（a）参见图 6-34a 所示电路。在分压器电路中，$R_2$ 两端的空载电压为

$$V_{R2}=\left(\frac{R_2}{R_1+R_2}\right)V_S=\frac{100\ \Omega}{280\ \Omega}\times 15\ \text{V}=5.357\ \text{V}$$

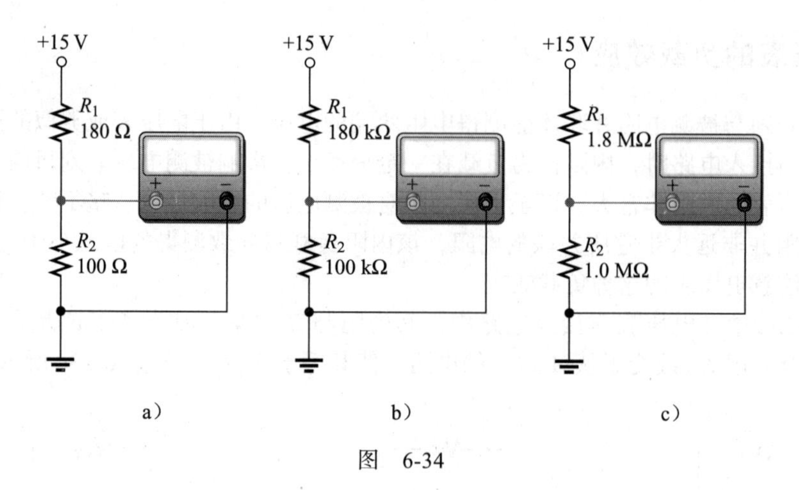


图 6-34

电压表与 $R_2$ 并联后的电阻是

$$R_2 \| R_M = \left(\frac{R_2 R_M}{R_2 + R_M}\right) = \frac{100\ \Omega \times 10\ \text{M}\Omega}{10.0001\ \text{M}\Omega} = 99.999\ \Omega$$

电压表实际测量的电压是

$$V_{R2} = \left(\frac{R_2 \| R_M}{R_1 + R_2 \| R_M}\right) V_S = \frac{99.999\ \Omega}{279.999\ \Omega} \times 15\ \text{V} = 5.357\ \text{V}$$

电压表没有表现出负载效应。

(b) 参见图 6-34b 所示电路，可得

$$V_{R2} = \left(\frac{R_2}{R_1 + R_2}\right) V_S = \frac{100\ \text{k}\Omega}{280\ \text{k}\Omega} \times 15\ \text{V} = 5.357\ \text{V}$$

$$R_2 \| R_M = \frac{R_2 R_M}{R_2 + R_M} = \frac{100\ \text{k}\Omega \times 10\ \text{M}\Omega}{10.1\ \text{M}\Omega} = 99.01\ \text{k}\Omega$$

电压表实际测量的电压是

$$V_{R2} = \left(\frac{R_2 \| R_M}{R_1 + R_2 \| R_M}\right) V_S = \frac{99.01\ \text{k}\Omega}{279.01\ \text{k}\Omega} \times 15\ \text{V} = 5.323\ \text{V}$$

电压表的负载效应很微小，电压只降低了一点点。

(c) 参见图 6-34c 所示电路，可得

$$V_{R2} = \left(\frac{R_2}{R_1 + R_2}\right) V_S = \frac{1.0\ \text{M}\Omega}{2.8\ \text{M}\Omega} \times 15\ \text{V} = 5.357\ \text{V}$$

$$R_2 \| R_M = \frac{R_2 R_M}{R_2 + R_M} = \frac{1.0\ \text{M}\Omega \times 10\ \text{M}\Omega}{11\ \text{M}\Omega} = 909.09\ \text{k}\Omega$$

实际测量的电压是

$$V_{R2} = \left(\frac{R_2 \| R_M}{R_1 + R_2 \| R_M}\right) V_S = \frac{909.09\ \text{k}\Omega}{2.709\ \text{M}\Omega} \times 15\ \text{V} = 5.034\ \text{V}$$

电压表的内阻使被测电压显著降低。由此可见，被测电压的电阻越大，电压表的负载效应就越明显。◀

**同步练习**　在图 6-34c 所示电路中，如果采用模拟电压表灵敏度为 50 kΩ/V 的 10 V 挡测量 $R_2$ 两端的电压，计算其测量值为多少？

采用科学计算器完成例 6-13 的计算。

**学习效果检测**

1. 解释为什么电压表可以隐性地作为电路的负载？

2. 如果用内阻为 10 MΩ 的电压表测量 10 kΩ 电阻两端的电压，需要考虑负载效应吗？

3. 如果用内阻为 10 MΩ 的电压表测量 3.3 MΩ 电阻两端的电压，需要考虑负载效应吗？

4. 某灵敏度为 20 000 Ω/V 的模拟电压表在 200 V 档位，内部的串联等效电阻是多少？

## 6.5　惠斯通电桥

惠斯通电桥电路对电阻的变化非常敏感，因此可以用于精确测量电阻。惠斯通电桥常常与传感器相连，以测量某些物理量，如应变、温度和压力等。**传感器**是一种能够感知物理量的变化（如电阻变化），并将这种变化转换为电学量的装置。最重要的传感器之一是本节介绍的应变片。惠斯通电桥将应变片电阻的微小变化转化为易于测量的电压。

惠斯通电桥通常采用菱形结构绘制，如图 6-35a 所示，它包含 4 个电阻和一个跨在菱形的上、下端点之间的直流电压源。输出电压位于菱形的左、右端点 $A$ 和 $B$ 之间。图 6-35b 是电桥的另一种等效画法，可以更清楚地表示电阻之间的串 – 并联关系。

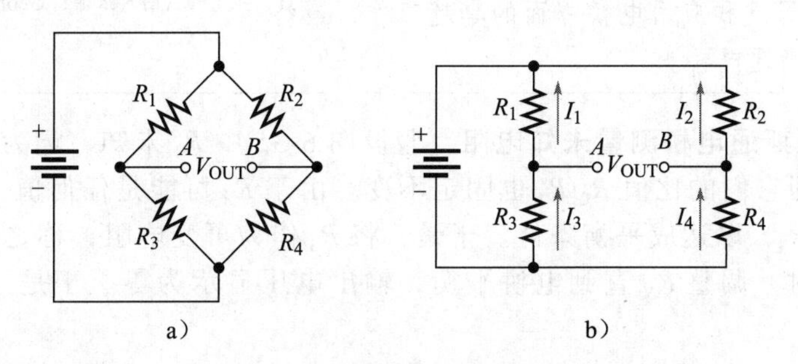


图 6-35　惠斯通电桥，注意电桥形成了两个并联的分压器

### 6.5.1　惠斯通平衡电桥

在图 6-35 所示惠斯通电桥中，当 $A$ 与 $B$ 间的输出电压（$V_{OUT}$）为零时，称之为**平衡电桥**。此时

$$V_{OUT}=0\ \text{V}$$

当电桥平衡时，$R_1$ 和 $R_2$ 两端的电压相等，即 $V_1=V_2$；$R_3$ 和 $R_4$ 两端的电压也相等，即 $V_3=V_4$。因此，电压比可以写成

$$\frac{V_1}{V_3}=\frac{V_2}{V_4}$$

根据欧姆定律用 $IR$ 代替 $V$，得到

$$\frac{I_1R_1}{I_3R_3}=\frac{I_2R_2}{I_4R_4}$$

由于 $I_1=I_3$ 和 $I_2=I_4$，所有电流项都被约掉，只留下电阻之比，所以平衡条件是

$$\frac{R_1}{R_3}=\frac{R_2}{R_4}$$

$R_1$ 的求解公式如下：

$$R_1=R_3\left(\frac{R_2}{R_4}\right)$$

当电桥平衡时，在其余电阻已知的情况下，用该公式可以计算电阻 $R_1$。类似地，也可以计算其他电阻。

**人物小贴士**

**查尔斯·惠斯通**（Charles Wheatstone 1802—1875）惠斯通是英国科学家和发明家。他发明了英格兰六角手风琴、立体镜（一种显示三维图像的设备）和密码技术。惠斯通最著名的贡献是发展了最初由克里斯蒂（Samuel Hunter Christie）发明的电桥。另外他也是推动电报发明的一个主要人物。惠斯通电桥原本是克里斯蒂的发明。但由于惠斯通在开发和应用电桥方面的卓越工作，最终该电桥被称为惠斯通电桥。

（图片来源：Georgios Kollidas/Fotolia）

**应用平衡惠斯通电桥测量未知电阻** 假设图 6-35 中 $R_1$ 未知，记为 $R_X$。电阻 $R_2$ 和 $R_4$ 固定不变，即它们的比值 $R_2/R_4$ 也固定不变。由于 $R_X$ 可能是任何值，因此必须调整 $R_3$ 使 $R_1/R_3=R_2/R_4$，以达成平衡条件。于是，将 $R_3$ 作为可变电阻，称之为 $R_V$。当 $R_X$ 被连接到电桥上时，调整 $R_V$ 直到电桥平衡，输出电压显示为零。于是，未知电阻计算如下：

$$R_X=R_V\left(\frac{R_2}{R_4}\right) \tag{6-2}$$

其中 $R_2/R_4$ 是电桥的比例因子。

有一种称为检流计的老式电流表，可以连接在输出端 $A$ 和 $B$ 之间，以检测电桥是否平衡。检流计指示流经电流的大小和方向，中间刻度点指示零电流。在惠斯通电桥中，当其输出为 0 V 时，跨电桥输出端的电流表达到平衡状态。高精度微型可调电阻也可用于在电桥上，以满足医疗传感器、电子秤和精密测量等高精度的应用要求。

由式（6-2）可知，电桥平衡时，$R_V$ 乘以比例因子 $R_2/R_4$ 为 $R_X$ 的实际阻值。如果 $R_2/R_4=1$，则 $R_X=R_V$；如果 $R_2/R_4=0.5$，则 $R_X=0.5R_V$，依此类推。在实际的电桥电路中，可以根据 $R_V$ 的值显示 $R_X$ 的实际值。

**例 6-14**　在图 6-36 所示平衡电桥中，确定 $R_X$。当 $R_V$ 为 1200 Ω 时，电桥平衡，$V_{OUT}$=0 V。

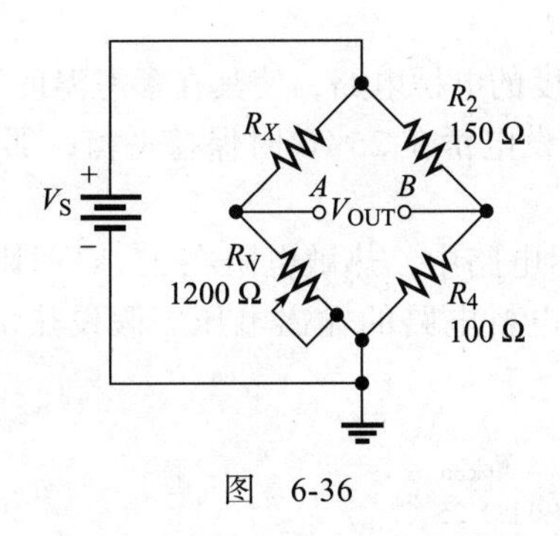


图　6-36

**解**　比例因子为

$$\frac{R_2}{R_4}=\frac{150\ \Omega}{100\ \Omega}=1.5$$

未知电阻为

$$R_X=R_V\left(\frac{R_2}{R_4}\right)=1200\ \Omega\times1.5=1800\ \Omega$$ ◀

**同步练习**　在图 6-36 所示电路中，如果 $R_V$ 为 2.2 kΩ 时电桥才能平衡，那么 $R_X$ 为多少？

采用科学计算器完成例 6-14 的计算。

## 6.5.2　不平衡惠斯通电桥

当 $V_{OUT}$ 不等于零时，称为**不平衡电桥**（不平衡惠斯通电桥）。不平衡电桥不如平衡电桥准确。然而，当监测量的变化而不是监测精确的变化量时，它可以用来测量机械应变、温度或压力等。这可以通过将传感器连接至电桥的某条臂上来实现，如图 6-37 所示。传感器的阻值随所测变量的变化而成比例地变化。如果电桥在某点平衡，则输出电压偏离平衡状态的幅度就反映了被测参数的变化量。于是，被测量参数的值可以由电桥的不平衡程度即输出电压来获得。

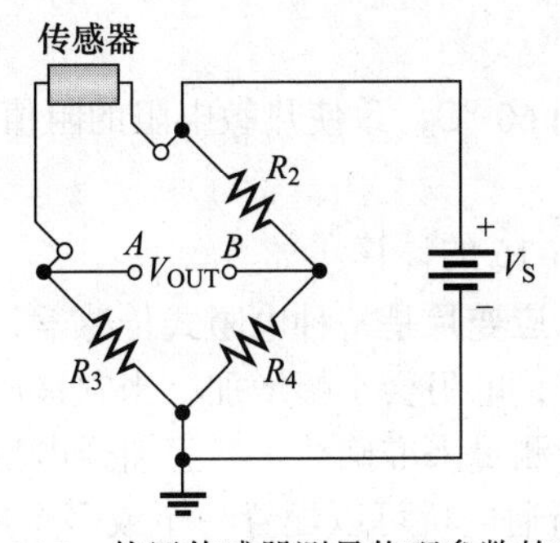


图 6-37　使用传感器测量物理参数的电桥

**用电桥测量温度**　如果要测量温度，可以使用热敏电阻做传感器，它是一种对温度敏感的电阻。热敏电阻随温度的变化而发生可预测的变化。温度变化会引起热敏电阻阻值的变化，从而使电桥变得不平衡，于是有相应的输出电压，输出电压与温度成正比。因此，既可以用连接在输出端的电压表（已校准）来显示温度，也可以将输出电压放大并转换成数字信号来显示温度。

可以设计一种用于测量温度的电桥电路，使其在参考温度下处于平衡状态，在其他温度下处于不平衡状态。例如，假设电桥在 25 ℃时保持平衡，那么，25 ℃时热敏电阻的阻值是确定的。

**例 6-15** 在图 6-38 所示电路中，热敏电阻在 25 ℃时阻值为 1.0 kΩ，如果将其置于 50 ℃的环境中，试计算测温电桥电路的输出电压。假设热敏电阻的阻值在 50 ℃时降到 900 Ω。

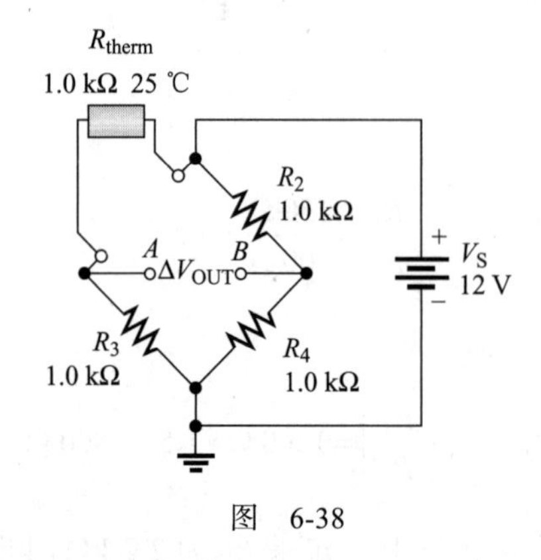


图 6-38

**解** 在 50 ℃时，对电桥左边支路使用分压公式。

$$V_A=\left(\frac{R_3}{R_3+R_{\text{therm}}}\right)V_S=\frac{1.0\ \text{k}\Omega}{1.0\ \text{k}\Omega+900\ \Omega}\times 12\ \text{V}=6.32\ \text{V}$$

对电桥右边支路使用分压公式

$$V_B=\left(\frac{R_2}{R_2+R_4}\right)V_S=\frac{1.0\ \text{k}\Omega}{2.0\ \text{k}\Omega}\times 12\ \text{V}=6.00\ \text{V}$$

在 50 ℃时，输出电压就是 $V_A$ 和 $V_B$ 的电压差。

$$V_{\text{OUT}}=V_A-V_B=6.32\ \text{V}-6.00\ \text{V}=0.32\ \text{V}$$

节点 $A$ 相对节点 $B$ 为正。 ◀

**同步练习** 如果温度增加到 60 ℃，致使热敏电阻的阻值减少到 850 Ω，则图 6-38 的输出电压为多少？

采用科学计算器完成例 6-15 的计算。

**惠斯通电桥的应变片应用** **应变片**是一种电阻式传感器，在受到外力压缩或拉伸时，其电阻会发生变化。当它被拉伸时，电阻会小幅增加，当它被压缩时，电阻会降低。外力产生极小的电阻变化，很难通过直接测量来准确获得。惠斯通电桥特有的高灵敏度，非常适合测量应变片电阻的微小变化。惠斯通电桥可以配置一个或多个应变片。随着仪表电阻的变化，先前平衡的电桥变得不平衡。这种不平衡导致输出电压从零开始变化，通过测量该变化可以确定应变片电阻的变化。

从称量小零件的秤到称量大型卡车的秤，应变片广泛应用于诸多类型的称量中。通常，应变片被安装在特殊的铝块上，当秤上有重物时，铝块会发生形变。应变片非常精密，必须准确安装，因此通常将整个组件作为一个整体来使用，称之为*重力传感器*。**重力传感器**使用应变片将机械力转换成电信号。根据应用的不同，制造商提供各种形状和大小的重力传感器。图 6-39a 所示为一个安装有 4 个应变片的重力传感器。横梁经过特殊加工和安装，部分横梁处于拉伸状态，其他部分处于压缩状态。当施加外力时，其中两个应变片被拉伸（*T*），另两个应变片则被压缩（*C*）。

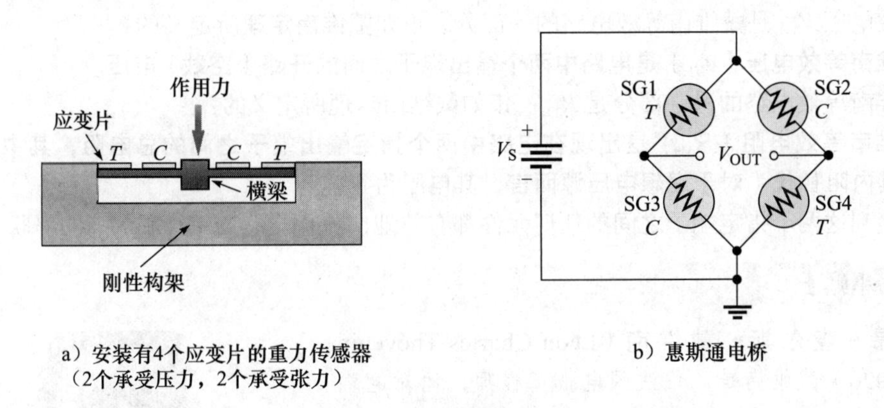


图 6-39 重力传感器的示例

通常将重力传感器连接到惠斯通桥上，如图 6-39b 所示。应变片拉力（*T*）和压力（*C*）位于相对的位置上。电桥的输出通常被转化成数字信号，以显示读数或被发送到计算机进行处理。惠斯通电桥的主要优点是它能够精确地测量非常微小的电阻变化。使用 4 个主动应变片提高了测量的灵敏度，使电桥成为很理想的仪器测量电路。惠斯通电桥还有一个额外的好处，就是可以自动补偿温度变化和连接线电阻对测量带来的影响，否则这些都会引起测量误差。

除了称重，应变片结合惠斯通电桥还可用于其他类型的测量，包括压力、位移和加速度等。在压力测量中，应变片与弹性膜片相连，当压力施加到传感器时膜片被拉伸。拉伸的程度与压力有关，从而将压力转化为微小的阻值变化。

**学习效果检测**

1. 画出基本的惠斯通电桥。
2. 电桥的平衡条件是什么？
3. 图 6-36 中，当 $R_V$=3.3 kΩ，$R_2$=10 kΩ，$R_4$=2.2 kΩ 时，未知电阻是多少？
4. 如何应用不平衡的惠斯通电桥？
5. 何为重力传感器？

## 6.6 戴维南定理

戴维南定理提供了一种将电路简化为具有两个输出端子的标准等效电路的方法。在许多情况下，该定理可用于简化串－并联电路的分析。简化电路的另一种方法是诺顿定理，详见附录 C。

如图 6-40 所示电路，任何双端电阻电路的戴维南等效电路都由等效电压源（$V_{TH}$）和等效电阻串联（$R_{TH}$）组成。等效电压和等效电阻的值取决于原始电路的参数值。无论电路多么复杂，任何双端电阻电路都可以简化为戴维南等效电路。

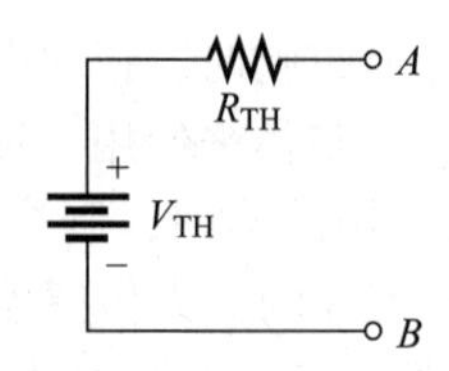


图 6-40 戴维南等效电路一般由等效电压源与等效电阻串联组成

等效电压 $V_{TH}$ 是戴维南等效电路的一部分。正如**戴维南定理**所定义的：

**戴维南等效电压（$V_{TH}$）是电路中两个输出端子之间的开路（空载）电压。**

戴维南等效电路的另一部分是 $R_{TH}$。正如戴维南定理所定义的：

**戴维南等效电阻（$R_{TH}$）是出现在电路中两个指定输出端子之间的总电阻，其中所有电源均由其内阻替代（对于理想电压源而言，其电阻为零）。**

连接到这两个指定端子之间的任何元件都有效地“看作”它与 $V_{TH}$ 和 $R_{TH}$ 的串联。

## 人物小贴士

**莱昂·查尔斯·戴维南**（Léon Charles Thévenin 1857—1926）戴维南是一位法国电报工程师，他对电路中的测量问题有非常浓厚的兴趣。在研究了基尔霍夫电路定律和欧姆定律之后，他于 1882 年发明了一种分析电路的方法，现在被称为戴维南定理。该定理将电路简化为简单的等效电路，使得分析复杂电路成为可能。

尽管戴维南等效电路与原始电路的形式不同，但它在输出电压和电流方面的作用相同。任何复杂的电阻电路都可以放在一个盒子里，只露出两个输出端子。然后将与该电路等效的戴维南电路放置在另一个相同的盒子中，同样只露出两个输出端子。在每个盒子的输出端子上连接相同的负载电阻。接下来，连接一个电压表和一个电流表，以测量每个负载的电压和电流，如图 6-41所示。如果忽略误差，测量值将是相同的，我们将无法确定哪个盒子里是原始电路，哪个盒子里是戴维南等效电路。也就是说，就测量结果而言，两个电路似乎是相同的。这种情况被称为**端口等效**。因为从两个输出端子的“角度”来看，两个电路看起来相同。

要找到任一电路的戴维南等效电路，必须确定等效电压 $V_{TH}$ 和等效电阻 $R_{TH}$。例如，输出端子 $A$ 和 $B$ 之间的电路的戴维南等效电路如图 6-42 所示。

在图 6-42a 中，指定端子 $A$ 和 $B$ 间的电压是戴维南等效电压。在这个特殊的电路中，因为没有电流通过 $R_3$，$R_3$ 两端没有电压，所以 $A$、$B$ 之间的电压与 $R_2$ 两端的电压相同，这个电压 $V_{TH}$ 如下所示：

$$V_{TH} = \left(\frac{R_2}{R_1 + R_2}\right)V_S$$

在图 6-42b 中，端子 $A$、$B$ 之间的电阻，用短路替代电压源以表示其零内阻，求其戴维南等效电阻。在这个特殊的电路中，$A$、$B$ 之间的电阻是 $R_3$ 与 $R_1$ 和 $R_2$ 并联组合后再串联。因此，$R_{TH}$ 可以表示为：

$$R_{TH} = R_3 + \frac{R_1R_2}{R_1 + R_2}$$

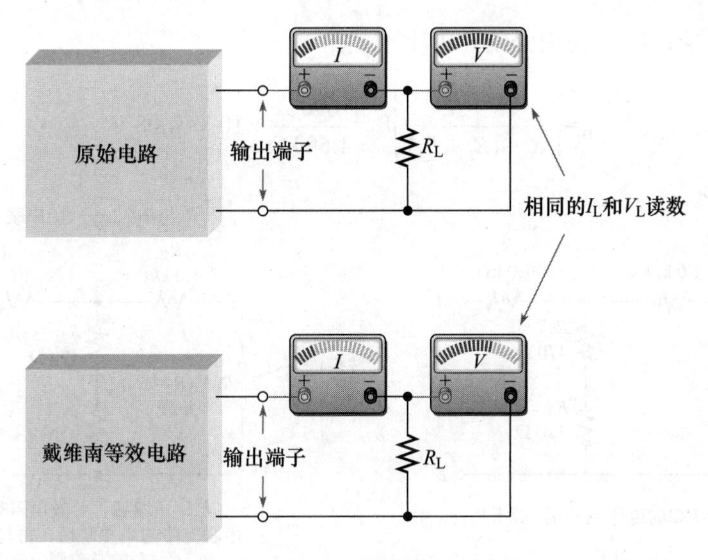


图 6-41　哪个盒子里是原始电路，哪个盒子里是戴维南等效电路？由于两电路的输出端口等效，无法通过测量值来判断

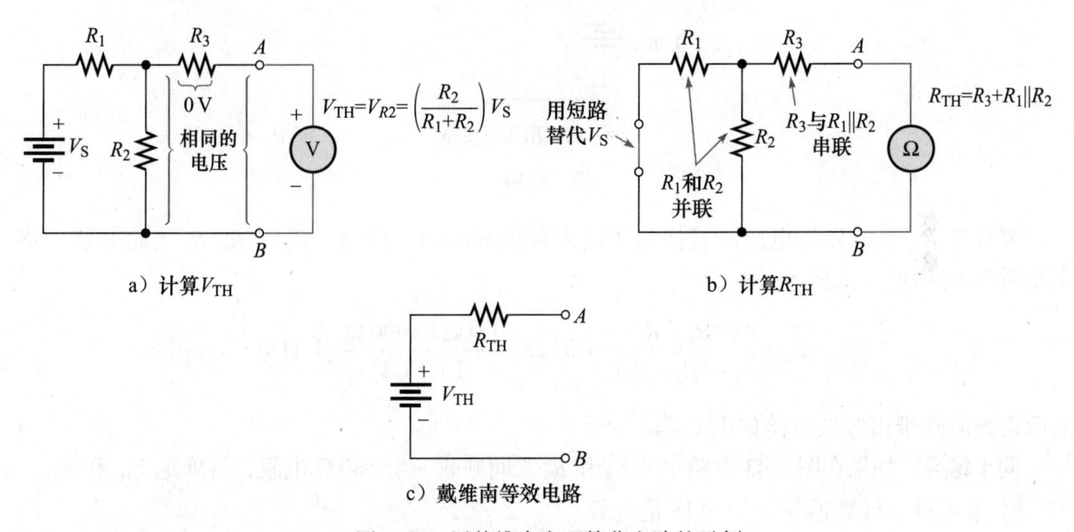


图 6-42　用戴维南定理简化电路的示例

戴维南等效电路如图 6-42c 所示。

**例 6-16**　在图 6-43 电路中，求输出端子 $A$ 和 $B$ 之间的戴维南等效电路。如果在端子 $A$ 和 $B$ 之间连接了负载电阻，则必须首先将其移除。

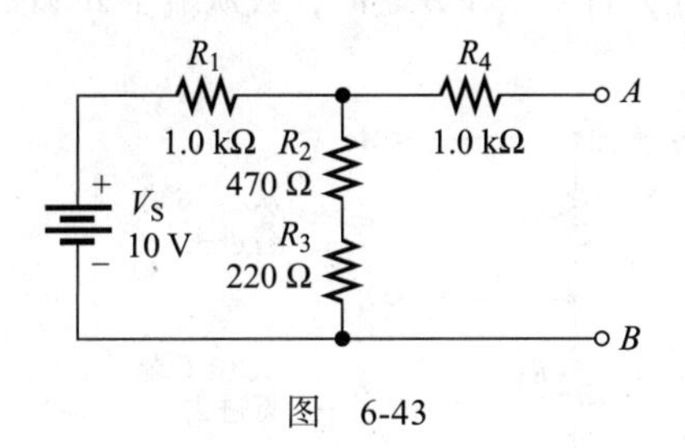


图　6-43

**解**　如图 6-44a 电路所示，由于电阻 $R_4$ 两端没有电压，因此 $V_{AB}$ 等于 $R_2$ 和 $R_3$ 两端电压

之和，所以 $V_{TH}$ 等于 $V_{AB}$。使用分压公式计算 $V_{TH}$。

$$V_{TH}=\left[\frac{R_2+R_3}{R_1+(R_2+R_3)}\right]V_S=\frac{690\ \Omega}{1.69\ \text{k}\Omega}\times 10\ \text{V}=4.08\ \text{V}$$

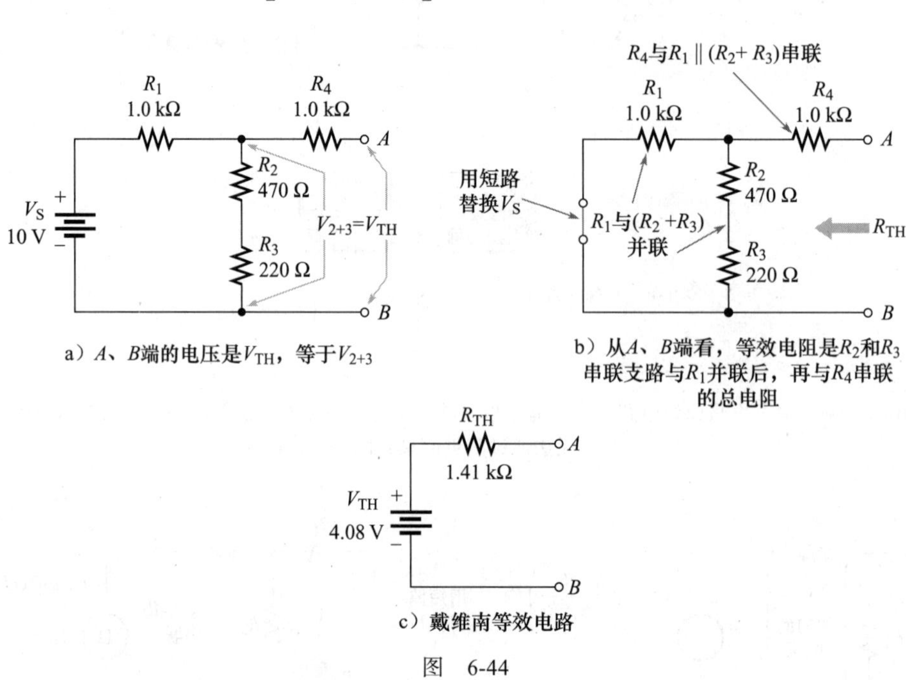


图 6-44

要计算 $R_{TH}$，首先将电压源替换为短路来模拟零内阻。此时，$R_1$ 与 $R_2$+$R_3$ 支路并联，该支路再与 $R_4$ 串联，如图 6-44b 所示。

$$R_{TH}=R_4+\frac{R_1(R_2+R_3)}{R_1+(R_2+R_3)}=1.0\ \text{k}\Omega+\frac{1.0\ \text{k}\Omega\times 690\ \Omega}{1.69\ \text{k}\Omega}=1.41\ \text{k}\Omega$$

最后得到的戴维南等效电路如图 6-44c 所示。 ◀

**同步练习** 如果在图 6-43 电路中的 $R_2$ 和 $R_3$ 之间并联一个 560 Ω 电阻，再确定 $V_{TH}$ 和 $R_{TH}$。

采用科学计算器完成例 6-16 的计算。

## 6.6.1 戴维南等效依赖于观察点

任何电路的戴维南等效电路取决于“观察”电路的输出端子的位置。任何给定的电路都可以有多个戴维南等效电路，具体取决于输出端子的指定方式。例如，如果从端子 $A$ 和 $C$ 之间观察图 6-45 中的电路，其结果与从端子 $A$ 和 $B$ 之间，或从端子 $B$ 和 $C$ 之间的观察结果不同。

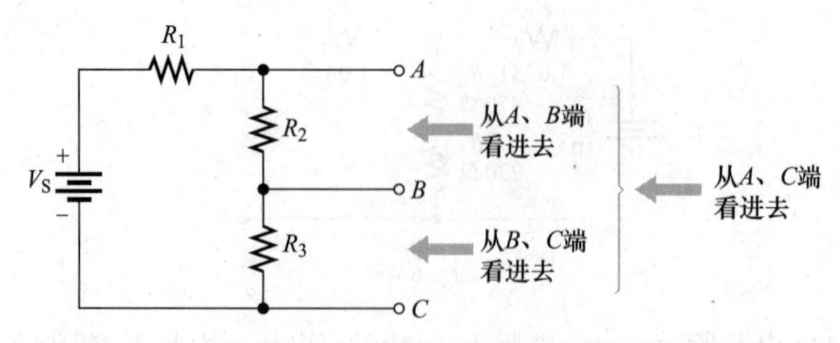


图 6-45 戴维南等效电路取决于从哪两个输出端子看电路

在图 6-46a 电路中，从 $A$、$C$ 两端看进去，$V_{TH}$ 是 $R_2$ 和 $R_3$ 两端的电压，根据分压公式就有

$$V_{TH(AC)}=\left(\frac{R_2+R_3}{R_1+R_2+R_3}\right)V_S$$

同样，在图 6-46b 中，$A$、$C$ 两端的电阻是 $R_2$ 和 $R_3$ 串联再与 $R_1$ 并联（电压源用短路来代替），使用“积除以和”表示为

$$R_{TH(AC)}=R_1\parallel(R_2+R_3)=\frac{R_1(R_2+R_3)}{R_1+(R_2+R_3)}$$

戴维南等效电路如图 6-46c 所示。

当从 $B$、$C$ 端看进去，如图 6-46d 所示，$V_{TH(BC)}$ 是 $R_3$ 两端的电压，可以表示为

$$V_{TH(BC)}=\left(\frac{R_3}{R_1+R_2+R_3}\right)V_S$$

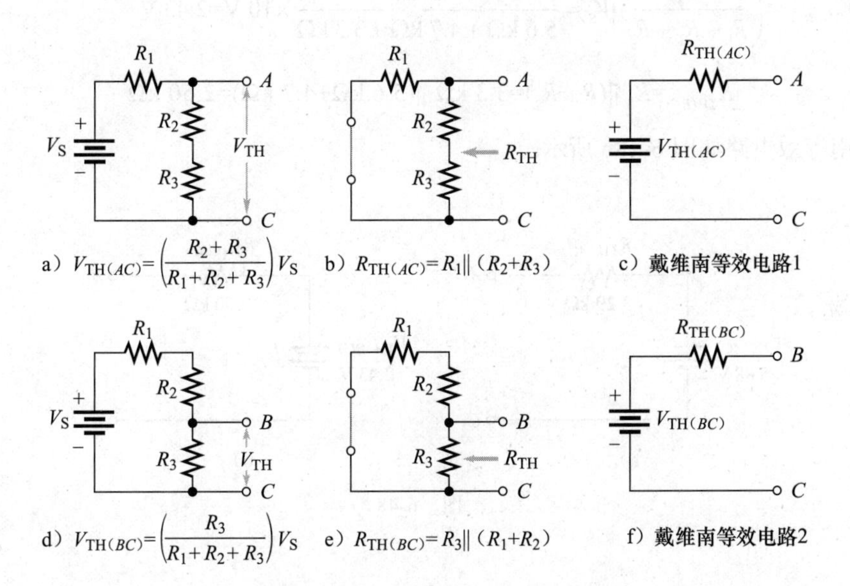


图 6-46　从两组不同的端子进行戴维南等效的示例（两种情况下的 $V_{TH}$ 和 $R_{TH}$ 值不同）

$B$、$C$ 之间的等效电阻为 $R_1$ 和 $R_2$ 串联再与 $R_3$ 并联，如图 6-46e 所示。

$$R_{TH(BC)}=R_3\parallel(R_1+R_2)=\frac{R_3(R_1+R_2)}{(R_1+R_2)+R_3}$$

戴维南等效电路如图 6-46f 所示。

**例 6-17**　(a) 在图 6-47 所示电路中，从 $A$、$C$ 端看，求出戴维南等效电路。

(b) 在图 6-47 所示电路中，从 $B$、$C$ 端看，求出戴维南等效电路。

**解**　(a) $V_{TH(AC)}=\left(\frac{R_2+R_3}{R_1+R_2+R_3}\right)V_S=\frac{4.7\ \text{k}\Omega+3.3\ \text{k}\Omega}{5.6\ \text{k}\Omega+4.7\ \text{k}\Omega+3.3\ \text{k}\Omega}\times10\ \text{V}=5.88\ \text{V}$

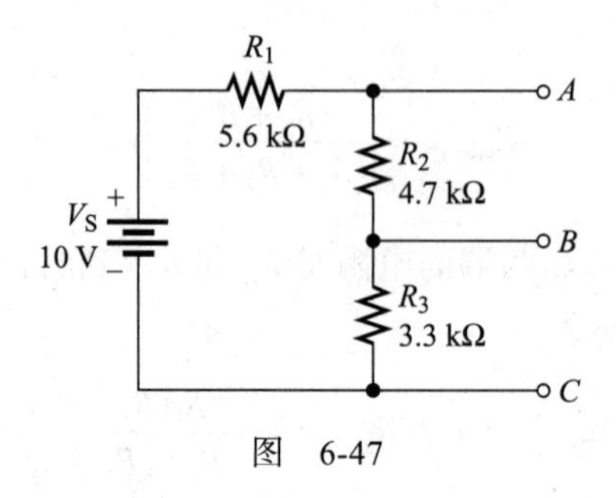


图 6-47

$$R_{TH(AC)}=R_1\,||(R_2+R_3)=5.6\text{ k}\Omega\,||(4.7\text{ k}\Omega+3.3\text{ k}\Omega)=3.29\text{ k}\Omega$$

戴维南等效电路如图 6-48a 所示。

（b）$V_{TH(BC)}=\left(\dfrac{R_3}{R_1+R_2+R_3}\right)V_S=\dfrac{3.3\text{ k}\Omega}{5.6\text{ k}\Omega+4.7\text{ k}\Omega+3.3\text{ k}\Omega}\times 10\text{ V}=2.43\text{ V}$

$$R_{TH(BC)}=R_3\,||(R_1+R_2)=3.3\text{ k}\Omega\,||(5.6\text{ k}\Omega+4.7\text{ k}\Omega)=2.50\text{ k}\Omega$$

戴维南等效电路如图 6-48b 所示。

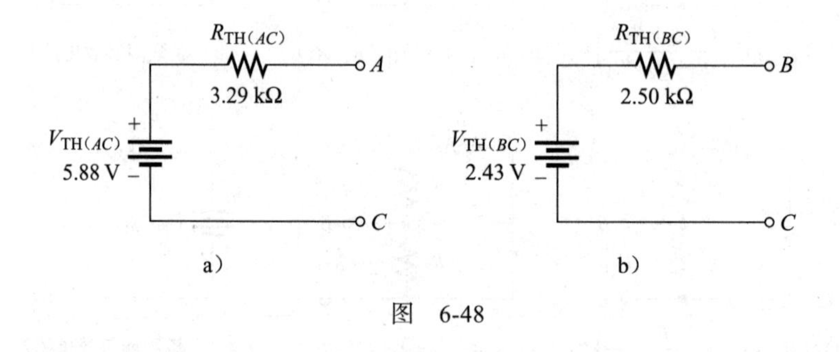


图 6-48 ◀

**同步练习** 电路如图 6-47 所示，从 $A$、$B$ 端看，求出戴维南等效电路。

采用科学计算器完成例 6-17 的计算。

## 6.6.2 桥式电路的戴维南等效

戴维南定理可用于惠斯通电桥电路中。例如，在图 6-49 所示电路中，考虑负载电阻连接到惠斯通电桥的输出端口的情况。当负载电阻连接在两个输出端子 $A$、$B$ 之间时，这个电路没有一个电阻与其他电阻是串联或者并联关系，分析起来很困难。

使用戴维南定理，按照图 6-50 所示的步骤从负载电阻来观察电路，可以将电桥电路简化为戴维南等效电路。一旦找到电桥的等效电路，便可以很容易地通过欧姆定律求出当负载电阻为任意值时，负载上的电压和电流值。

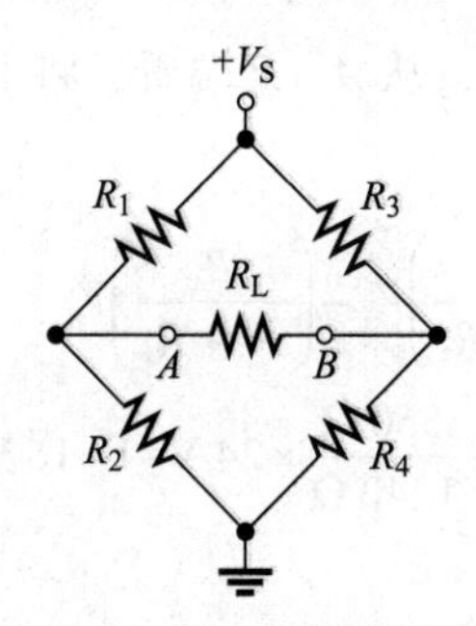


图 6-49 在输出端子间连接负载电阻的惠斯通电桥不是简单的串 - 并联电路

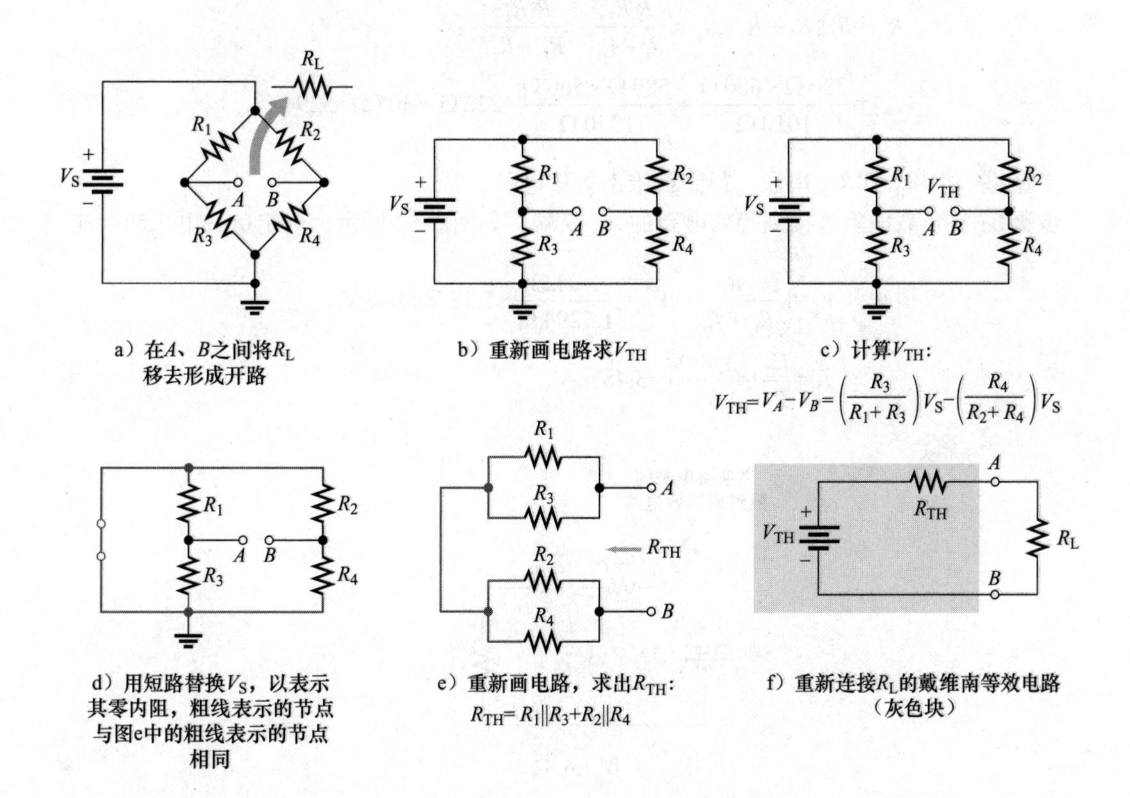


图 6-50 用戴维南定理化简惠斯通电桥

**例 6-18** 在图 6-51 的桥式电路中，确定负载电阻 $R_L$ 的电压和电流。

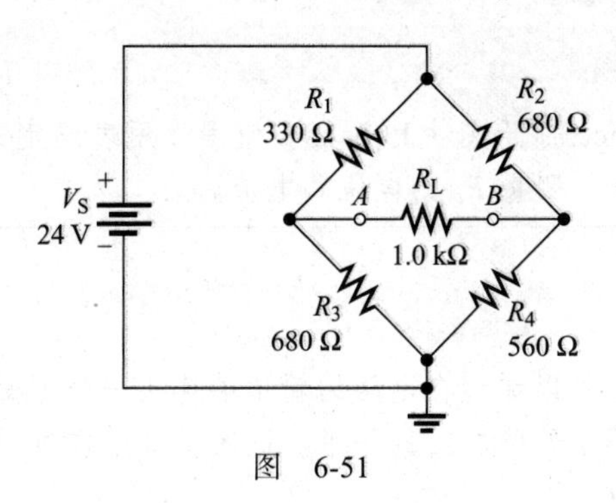


图 6-51

**解** 步骤 1：移除 $R_L$，在端子 $A$、$B$ 之间形成开路。

**步骤 2：** 在图 6-50 所示电路中，从 $A$、$B$ 端看，将电路进行戴维南等效，根据图 6-49 所示电路，首先确定 $V_{TH}$。

$$V_{TH}=V_A-V_B=\left(\frac{R_3}{R_1+R_3}\right)V_S-\left(\frac{R_4}{R_2+R_4}\right)V_S$$
$$=\frac{680\ \Omega}{1010\ \Omega}\times 24\ \text{V}-\frac{560\ \Omega}{1240\ \Omega}\times 24\ \text{V}=16.16\ \text{V}-10.84\ \text{V}=5.32\ \text{V}$$

**步骤 3：** 计算 $R_{TH}$。

$$R_{TH}=R_1\parallel R_3+R_2\parallel R_4=\frac{R_1R_3}{R_1+R_3}+\frac{R_2R_4}{R_2+R_4}$$
$$=\frac{330\ \Omega\times 680\ \Omega}{1010\ \Omega}+\frac{680\ \Omega\times 560\ \Omega}{1240\ \Omega}=222\ \Omega+307\ \Omega=529\ \Omega$$

**步骤 4：** 将 $V_{TH}$ 和 $R_{TH}$ 串联，得到戴维南等效电路。

**步骤 5：** 将负载电阻连接到等效电路的 $A$、$B$ 端，如图 6-52 所示，确定负载电压和电流。

$$V_L=\left(\frac{R_L}{R_L+R_{TH}}\right)V_{TH}=\frac{1.0\ \text{k}\Omega}{1.529\ \text{k}\Omega}\times 5.32\ \text{V}=3.48\ \text{V}$$
$$I_L=\frac{V_L}{R_L}=\frac{3.48\ \text{V}}{1.0\ \text{k}\Omega}=3.48\ \text{mA}$$

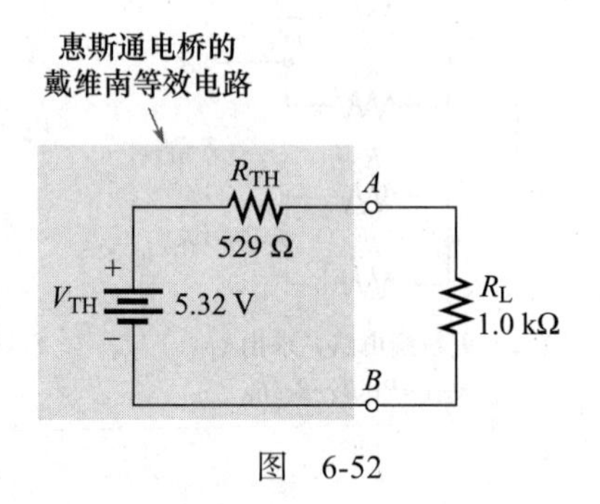


图 6-52 ◀

**同步练习** 在图 6-51 中，$R_1$=2.2 kΩ，$R_2$=3.9 kΩ，$R_3$=3.3 kΩ，$R_4$=2.7 kΩ，计算 $I_L$。

采用科学计算器完成例 6-18 的计算。

## Multisim 仿真

用 Multisim 或者 LTspice 打开文件 E06-18。使用万用表确定 $R_L$ 的电压和电流。将电阻更改为同步练习中指定的值，测量 $R_L$ 的电压和电流。

## 技术小贴士

电路的戴维南等效电阻可以通过在电路的输出端连接一个可变电阻来测量。调整可变电阻，直到电路的输出电压等于开路电压的一半。此时，如果你拆下可变电阻，那么该电阻的阻值就等于戴维南等效电阻。

### 6.6.3　戴维南定理总结

不管被等效的原始电路是什么形式，戴维南等效电路永远都是一个等效电压源串联一个等效电阻。戴维南定理的意义在于，在任何负载下，等效电路都可以替代原始电路。任何负载电阻连接在戴维南等效电路两端，都和它连接到原电路两端一样，具有相同的负载电流和电压。

应用戴维南定理的步骤总结如下：

**步骤 1：**将要进行求解戴维南等效的两个端子开路（去掉任何负载）。

**步骤 2：**确定这两个开路端子之间的电压，即为戴维南电压（$V_{TH}$）。

**步骤 3：**确定两个开路端子之间的戴维南电阻（$R_{TH}$），此时要将所有电源均用它们的内阻代替（理想电压源由短路代替，理想电流源由开路代替）。

**步骤 4：**将 $V_{TH}$ 和 $R_{TH}$ 串联，得到原始电路的戴维南等效电路。

**步骤 5：**将步骤 1 中移除的负载重新接在戴维南等效电路两端。接下来，仅需要使用欧姆定律，就可以计算出负载电流和电压，它们的值与在原电路中的负载电流和电压完全相同。

电路分析中有时会用到另外两个定理。其中一个是诺顿定理，它与戴维南定理相似，只是它处理的是电流源而不是电压源。另一个是弥尔曼定理，它处理并联电压源。有关诺顿定理和弥尔曼定理的介绍，以及如何在戴维南和诺顿等效电路之间进行转换，请参见附录 C。

**学习效果检测**

1. 戴维南等效电路的两个组成部分是什么？
2. 画出一般形式的戴维南等效电路。
3. $V_{TH}$ 是如何定义的？
4. $R_{TH}$ 是如何定义的？
5. 对于图 6-53 表示的原电路，从 $A$、$B$ 两个端子看进去，画出其戴维南等效电路。

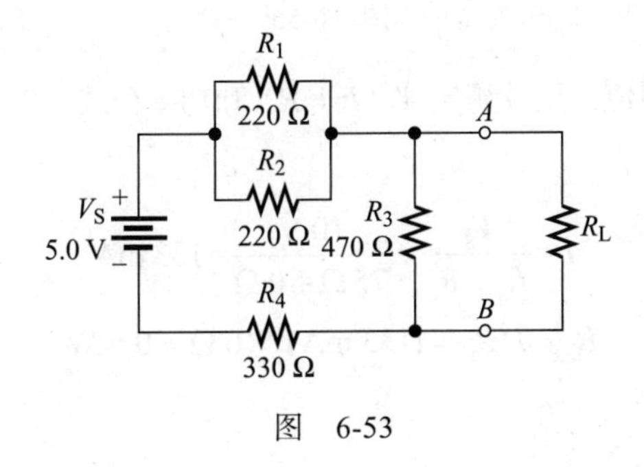


图　6-53

## 6.7　最大功率传输定理

我们可以使用最大功率传输定理来确定当负载多大时，电源传输给负载的功率最大。

最大功率传输定理陈述如下：

**对于给定的电压源，当负载电阻等于电源内阻时，电源为负载提供了最大功率。**

这里的电源内阻 $R_S$，是从输出端看到的戴维南等效电阻。连接了电源内阻和负载的戴维南等效电路如图 6-54 所示。当 $R_L$=$R_S$ 时，在给定的 $V_S$ 值下，电压源将最大功率传输给 $R_L$。

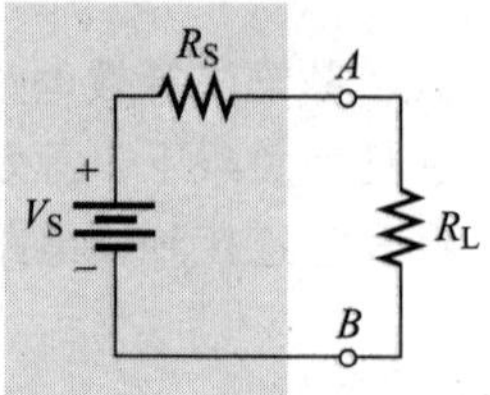


图 6-54 当 $R_L$=$R_S$ 时，负载获得最大功率

最大功率传输定理的实际应用包括音频系统，例如立体声、收音机和公共广播等。在这些系统中，扬声器将被看作电阻性负载。驱动扬声器的电路是功率放大器。这些系统通常针对扬声器的最大功率进行了优化。因此，扬声器的电阻必须等于功率放大器的内阻。最大功率传输定理的另一个实际应用将在后面的章节中讨论，即匹配负载可以减少交流系统中的反射和辐射的电磁噪声。例 6-19 表明，最大功率出现在 $R_L$=$R_S$ 时。

**例 6-19** 图 6-55 中的电源含有 75 Ω 的内阻。当可变负载电阻为下列值时，求出负载功率：

（a）0 Ω　　（b）25 Ω　　（c）50 Ω

（d）75 Ω　　（e）100 Ω　　（f）125 Ω

绘制负载功率与负载电阻的关系图。

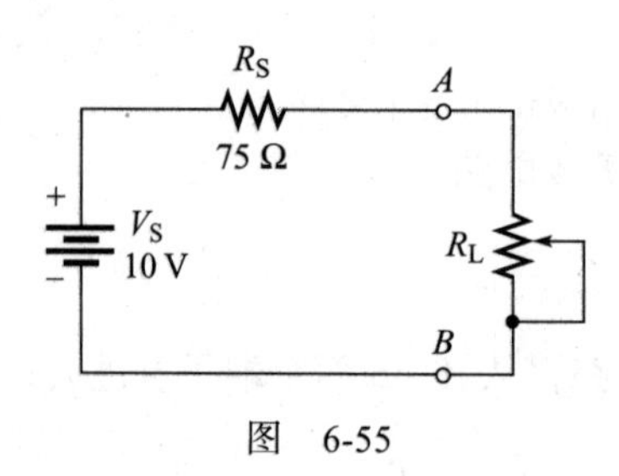


图 6-55

**解** 对每一个负载电阻值，用欧姆定律（$I=V/R$）和功率公式（$P=I^2R$）来计算负载功率 $P_L$。

（a）当 $R_L$=0 Ω 时，

$$I=\frac{V_S}{R_S+R_L}=\frac{10\text{ V}}{75\ \Omega+0\ \Omega}=133\text{ mA}$$

$$P_L=I^2R_L=(133\text{ mA})^2\times 0\ \Omega=0\text{ mW}$$

（b）当 $R_L$=25 Ω 时，

$$I=\frac{V_S}{R_S+R_L}=\frac{10\text{ V}}{75\ \Omega+25\ \Omega}=100\text{ mA}$$

$$P_L=I^2R_L=(100\text{ mA})^2\times 25\ \Omega=250\text{ mW}$$

（c）当 $R_L$=50 Ω 时，

$$I=\frac{V_S}{R_S+R_L}=\frac{10\text{ V}}{125\ \Omega}=80\text{ mA}$$

$$P_L=I^2R_L=(80\text{ mA})^2\times 50\ \Omega=320\text{ mW}$$

（d）当 $R_L$=75 Ω 时，

$$I=\frac{V_S}{R_S+R_L}=\frac{10\ \text{V}}{150\ \Omega}=66.7\ \text{mA}$$

$$P_L=I^2R_L=(66.7\ \text{mA})^2\times 75\ \Omega=334\ \text{mW}$$

（e）当 $R_L$=100 Ω 时，

$$I=\frac{V_S}{R_S+R_L}=\frac{10\ \text{V}}{175\ \Omega}=57.1\ \text{mA}$$

$$P_L=I^2R_L=(57.1\ \text{mA})^2\times 100\ \Omega=326\ \text{mW}$$

（f）当 $R_L$=125 Ω 时，

$$I=\frac{V_S}{R_S+R_L}=\frac{10\ \text{V}}{200\ \Omega}=50\ \text{mA}$$

$$P_L=I^2R_L=(50\ \text{mA})^2\times 125\ \Omega=313\ \text{mW}$$

注意，当 $R_L$=$R_S$=75 Ω 时，负载功率最大，这时负载电阻与电源内电阻相等。当负载电阻小于或大于该值时，功率会下降，如图 6-56 曲线所示。这是因为输出功率等于输出电压和输出电流的乘积。当 $R_L< R_S$ 时，输出电流大，但输出电压小。反之，当 $R_L> R_S$ 时，输出电压大，但输出电流小。只有当 $R_L$=$R_S$ 时，输出电流和输出电压的值才会被优化以提供最大功率。

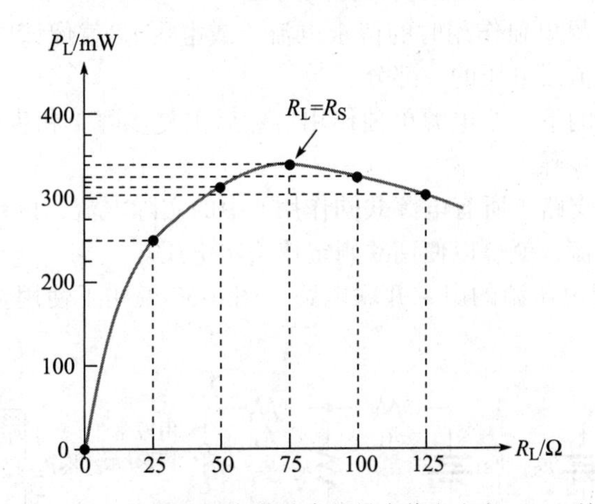


图 6-56　曲线显示负载功率的最大值发生在 $R_L$=$R_S$ 处 ◀

**同步练习**　如果图 6-55 中的电源内阻为 600 Ω，那么它可以给负载提供最大功率是多少？

采用科学计算器完成例 6-19 的计算。

**学习效果检测**

1. 陈述最大功率传输定理。
2. 电源向负载提供的功率何时最大？
3. 给定电路的电源内阻为 50 Ω，负载电阻为多少时，电源可以给它提供最大的功率？

## 6.8 叠加定理

有些电路含有多个电压源或电流源。例如，大多数放大器使用两个电压源：交流电压源和直流电压源。此外，某些放大器工作时需要一个正的和一个负的直流电压源。当一个线性电路使用多个电源时，叠加定理提供了一种行之有效的分析方法。线性电路是完全由线性元件组成的电路。例如电阻就是一种线性元件，增加或减少施加的电压将按比例增加或减少通过电阻的电流。

学完本节后，你应该能够运用叠加定理分析电路，具体就是：

- 表述叠加定理。
- 列出运用该定理的一般步骤。

**叠加定理** 是一种确定具有多个电源的线性电路中电流与电压的方法。该方法通过用内阻替换其他电源，从而分析某个电源对电路的单独作用效果。回想一下，理想电压源的内阻为零，而理想电流源的内阻为无穷大。为了简化分析，所有电源都将被视为理想电源。

叠加定理的一般表述如下：

**在含有多个电源的线性电路中，任意支路中的电流或电压，都可以通过每个电源单独作用来获得。某个电源单独作用时，其他电源都用它们的内阻替代，然后计算电源单独作用时的支路电流或电压。该支路中的总电流或总电压，等于所有电源单独作用时，在该支路上产生的电流或电压（响应）的代数和。**

应用叠加定理的步骤如下：

**步骤 1**：在电路中保留一个电压源（或电流源），其他电源用内阻代替。对于理想的电源，用短路代表零值内阻，用开路代表无穷大内阻。

**步骤 2**：计算该电源单独作用时的待求电流（或电压），就像该电源是电路中的唯一电源一样。其结果是总电流或电压的一部分。

**步骤 3**：让电路中的下一个电源单独作用，然后重复步骤 1 和步骤 2。对于电路中的每一个电源，都重复以上步骤。

**步骤 4**：求解给定支路（所有电源共同作用）中的实际电流，以代数方式将所有电流的结果相加。一旦求得电流，就可以使用欧姆定律确定电压。

对于含有两个理想电压源的串－并联电路，图 6-57 说明了使用叠加定理的方法。研究一下该图中的步骤。

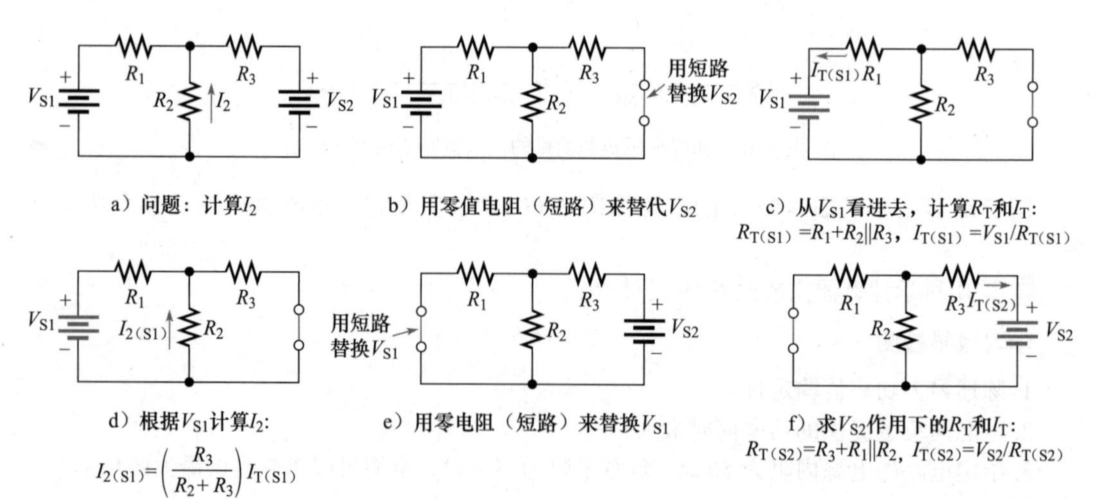


a）问题：计算$I_2$

b）用零值电阻（短路）来替代$V_{S2}$

c）从$V_{S1}$看进去，计算$R_T$和$I_T$：$R_{T(S1)}=R_1+R_2\|R_3$，$I_{T(S1)}=V_{S1}/R_{T(S1)}$

d）根据$V_{S1}$计算$I_2$：$I_{2(S1)}=\left(\dfrac{R_3}{R_2+R_3}\right)I_{T(S1)}$

e）用零电阻（短路）来替换$V_{S1}$

f）求$V_{S2}$作用下的$R_T$和$I_T$：$R_{T(S2)}=R_3+R_1\|R_2$，$I_{T(S2)}=V_{S2}/R_{T(S2)}$

图 6-57 叠加定理的说明

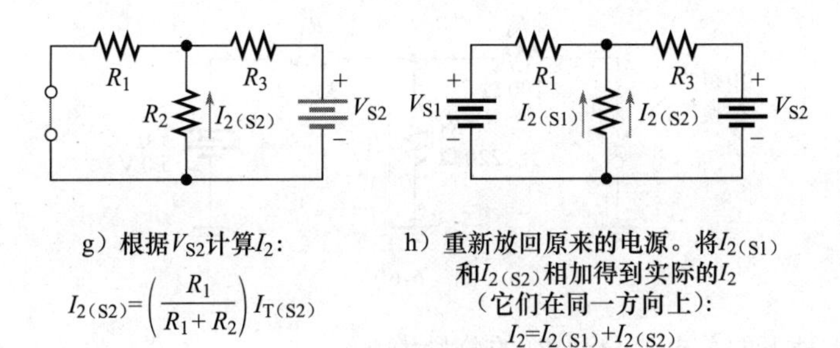


g）根据 $V_{S2}$ 计算 $I_2$：

$$I_{2(S2)}=\left(\frac{R_1}{R_1+R_2}\right)I_{T(S2)}$$

h）重新放回原来的电源。将 $I_{2(S1)}$ 和 $I_{2(S2)}$ 相加得到实际的 $I_2$（它们在同一方向上）：

$$I_2=I_{2(S1)}+I_{2(S2)}$$

图 6-57　叠加定理的说明（续）

**例 6-20**　对于图 6-58 所示电路，用叠加定理计算流经 $R_2$ 的电流和它两端的电压。

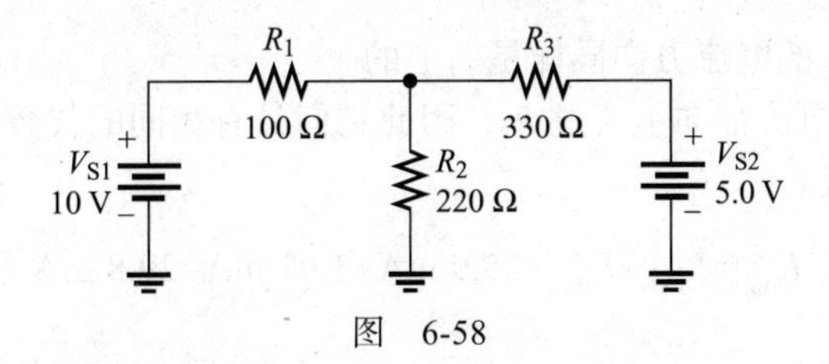


图　6-58

**解　步骤 1：** 电路如图 6-59 所示，将 $V_{S2}$ 用短路代替，表示其内阻为零，计算在电压源 $V_{S1}$ 激励下 $R_2$ 上的电流。要求解 $I_2$，需使用分流公式。从 $V_{S1}$ 看，

$$R_{T(S1)}=R_1+R_2 \parallel R_3=100\ \Omega+220\ \Omega \parallel 330\ \Omega=232\ \Omega$$

$$I_{T(S1)}=\frac{V_{S1}}{R_{T(S1)}}=\frac{10\ \text{V}}{232\ \Omega}=43.1\ \text{mA}$$

在单独 $V_{S1}$ 激励下的总电流分到 $R_2$ 的电流分量为

$$I_{2(S1)}=\left(\frac{R_3}{R_2+R_3}\right)I_{T(S1)}=\frac{330\ \Omega}{220\ \Omega+330\ \Omega}\times 43.1\ \text{mA}=25.9\ \text{mA}$$

请注意，此流过 $R_2$ 的电流方向向上。

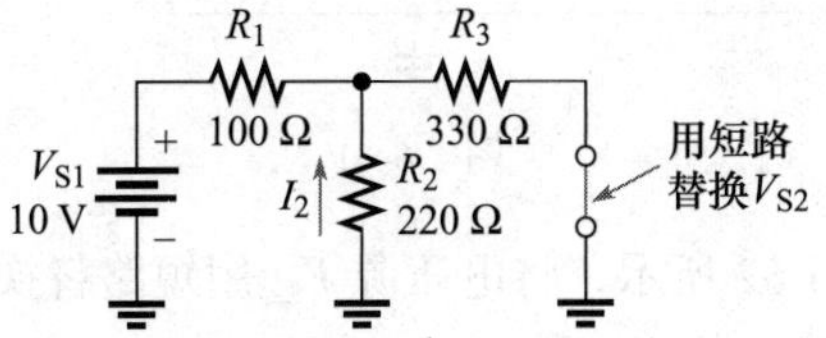

图　6-59

**步骤 2：** 电路如图 6-60 所示，用短路替换电压源 $V_{S1}$，求出在电压源 $V_{S2}$ 单独激励下流过 $R_2$ 的电流。从 $V_{S2}$ 看，

$$R_{T(S2)}=R_3+R_1 \parallel R_2=330\ \Omega+100\ \Omega \parallel 220\ \Omega=399\ \Omega$$

$$I_{T(S2)}=\frac{V_{S2}}{R_{T(S2)}}=\frac{5\ \text{V}}{399\ \Omega}=12.5\ \text{mA}$$

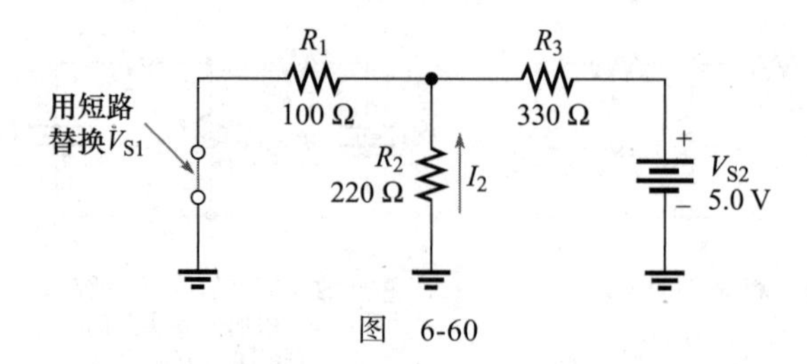


图 6-60

在 $V_{S2}$ 单独激励下的总电流分到 $R_2$ 的分量为

$$I_{2(S2)}=\left(\frac{R_1}{R_1+R_2}\right)I_{T(S2)}=\frac{100\ \Omega}{100\ \Omega+220\ \Omega}\times 12.5\ \text{mA}=3.92\ \text{mA}$$

请注意，此流过 $R_2$ 的电流方向同样是向上的。

**步骤 3：** 两个分量电流都向上流过 $R_2$，因此它们具有相同的代数符号。于是，将这些值相加求出 $R_2$ 上的总电流。

$$I_{2(tot)}=I_{2(S1)}+I_{2(S2)}=25.9\ \text{mA}+3.92\ \text{mA}=29.8\ \text{mA}$$

$R_2$ 两端的电压为

$$V_{R2}=I_{2(tot)}R_2=29.8\ \text{mA}\times 220\ \Omega=6.55\ \text{V}$$ ◀

**同步练习** 如果图 6-58 中 $V_{S2}$ 的极性相反，再求流过 $R_2$ 的总电流。

采用科学计算器完成例 6-20 的计算。

**例 6-21** 在图 6-61 电路中，求流过 $R_3$ 的总电流和它两端的电压。

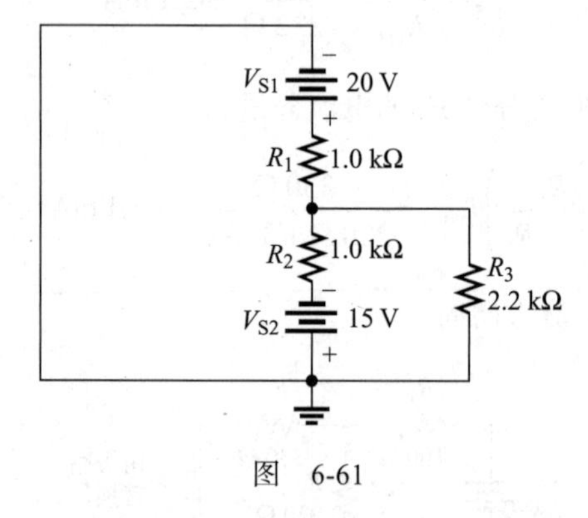


图 6-61

**解 步骤 1：** 电路如图 6-62 所示，将电压源 $V_{S2}$ 用短路替换，以表示其零内阻，计算电压源 $V_{S1}$ 激励下的 $R_3$ 上的电流。从 $V_{S1}$ 看，

$$R_{T(S1)}=R_1+\frac{R_2R_3}{R_2+R_3}=1.0\ \text{k}\Omega+\frac{1.0\ \text{k}\Omega\times 2.2\ \text{k}\Omega}{3.2\ \text{k}\Omega}=1.69\ \text{k}\Omega$$

$$I_{T(S1)}=\frac{V_{S1}}{R_{T(S1)}}=\frac{20\ \text{V}}{1.69\ \text{k}\Omega}=11.8\ \text{mA}$$

现在应用分流公式求出电压源 $V_{S1}$ 激励下的 $R_3$ 上的电流。

$$I_{3(S1)}=\left(\frac{R_2}{R_2+R_3}\right)I_{T(S1)}=\frac{1.0\ k\Omega}{3.2\ k\Omega}\times 11.8\ mA=3.69\ mA$$

请注意，此流过 $R_3$ 的电流方向向上。

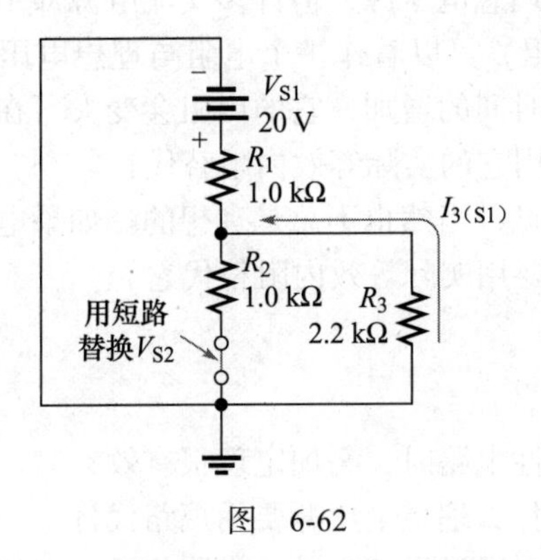


图　6-62

**步骤 2**：电路如图 6-63 所示，将电压源 $V_{S1}$ 替换为短路，以表示其零内阻，计算电压源 $V_{S2}$ 激励下的 $R_3$ 上的电流。从 $V_{S2}$ 看，

$$R_{T(S2)}=R_2+\frac{R_1R_3}{R_1+R_3}=1.0\ k\Omega+\frac{1.0\ k\Omega\times 2.2\ k\Omega}{3.2\ k\Omega}=1.69\ k\Omega$$

$$I_{T(S2)}=\frac{V_{S2}}{R_{T(S2)}}=\frac{15\ V}{1.69\ k\Omega}=8.89\ mA$$

现在应用分流公式来求出电压源 $V_{S2}$ 激励下的 $R_3$ 上的电流。

$$I_{3(S2)}=\left(\frac{R_1}{R_1+R_3}\right)I_{T(S2)}=\frac{1.0\ k\Omega}{3.2\ k\Omega}\times 8.89\ mA=2.78\ mA$$

请注意，此流过 $R_3$ 的电流方向向下。

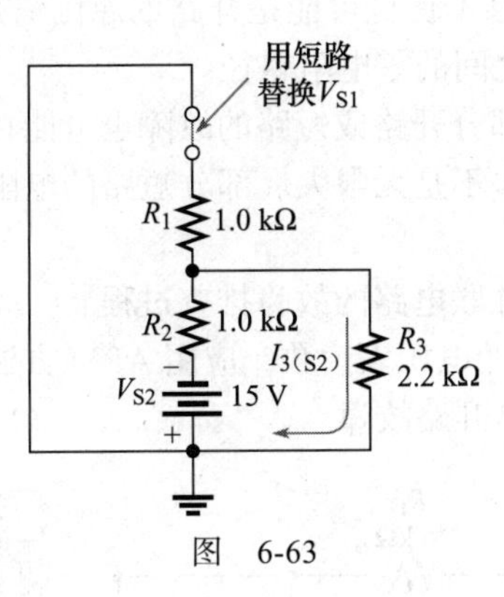


图　6-63

**步骤 3**：计算流经 $R_3$ 的总电流及其两端的电压。

$$I_{3(tot)}=I_{3(S1)}-I_{3(S2)}=3.69\ mA-2.78\ mA=0.91\ mA=910\ \mu A$$

$$V_{R3}=I_{3(tot)}R_3=910\ \mu A\times 2.2\ k\Omega=2.00\ V$$

流过 $R_3$ 的电流方向向上。◀

**同步练习** 在图 6-61 电路中，如果 $V_{S1}$ 变为 12 V 并且电压极性相反，计算流过 $R_3$ 的总电流。

采用科学计算器完成例 6-21 的计算。

虽然直流稳压电源已接近理想电压源，但许多交流电源却不是这样的。例如，函数发生器通常有 50 Ω 或 600 Ω 的内阻，可以看作一个电阻与理想电压源串联。此外，新电池可以看成理想电源，但是随着使用时间的增加，它的内阻会变大。在应用叠加定理时，要知道什么时候电源不是理想的，并利用它的实际等效内阻替代它。

电流源不像电压源那么常见，当然也不总是理想的。如果电流源不是理想的，例如晶体管，那么在应用叠加定理时，要用实际等效内阻替代它。

**学习效果检测**

1. 陈述叠加定理。
2. 为什么在分析多电源线性电路时，叠加定理很有效？
3. 在应用叠加定理时，为什么理想电压源要用短路代替？
4. 在应用叠加定理时，如果通过电路中某一支路的两个电流方向相反，那么如何确定净电流方向？

## 6.9 故障排查

故障排查是识别和定位电路故障的过程。在串联电路和并联电路中，我们已经讨论了一些故障排查的技术和判断方法。故障排查的一个基本前提是：在成功排查电路故障之前，你必须知道要检查什么。

学完本节后，你应该能够排查串 – 并联电路故障，具体就是：

- 分析开路对电路的影响。
- 分析短路对电路的影响。
- 确定开路和短路故障位置。

开路和短路是电路中最常见的故障。如第 4 章所述，如果电阻烧坏了，它通常会开路。焊料连接不良、导线断裂和接触不良也可能是开路的原因。焊料飞溅物和电线绝缘层破裂，会导致电路短路。短路是两点之间的零电阻路径。

除了完全开路或短路外，部分开路或短路的故障也可能在电路中发生。部分开路的电阻值比正常电阻阻值大很多，但并不是无限大。部分短路的电阻值比正常电阻小很多，但也不会为零。

下面用 3 个例子说明串 – 并联电路的故障排查过程。

**例 6-22** 根据图 6-64 中的电压表读数，应用 APM 方法确定电路是否存在故障。如果有故障，判断它是短路故障还是开路故障。

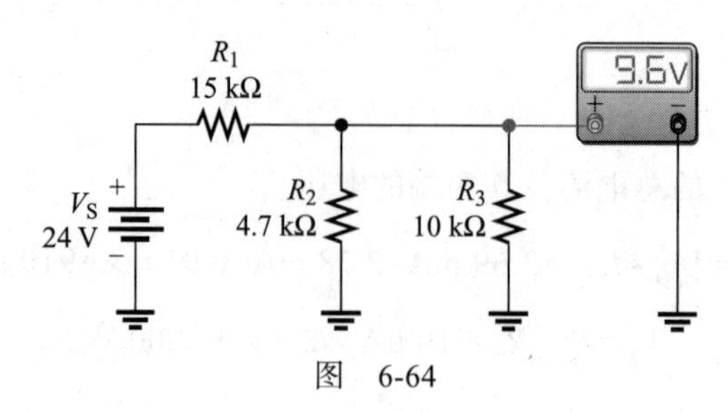


图 6-64

**解　步骤 1：**分析。

先计算正常情况下电压表的读数。由于 $R_2$ 和 $R_3$ 并联，因此它们并联组合的总电阻为

$$R_{2\|3}=\frac{R_2R_3}{R_2+R_3}=\frac{4.7\ \text{k}\Omega\times 10\ \text{k}\Omega}{14.7\ \text{k}\Omega}=3.20\ \text{k}\Omega$$

用分压公式计算并联组合的电压。

$$V_{2\|3}=\left(\frac{R_{2\|3}}{R_1+R_{2\|3}}\right)V_S=\frac{3.2\ \text{k}\Omega}{18.2\ \text{k}\Omega}\times 24\ \text{V}=4.22\ \text{V}$$

这表明，电压表的读数应该是 4.22 V。然而，图中显示 $R_{2\|3}$ 两端电压为 9.6 V。该电压值比它的预期值大，显然电路存在故障，即 $R_2$ 或者 $R_3$ 可能开路了。如此推断是因为如果这两个电阻中有一个开路，那么电压表所跨接电阻就比预期值大。电阻越大，该段电路的电压也就越大。

**步骤 2：**规划。

先假设 $R_2$ 开路来检查开路电阻。如果真是 $R_2$ 开路，则 $R_3$ 两端的电压应为：

$$V_3=\left(\frac{R_3}{R_1+R_3}\right)V_S=\frac{10\ \text{k}\Omega}{25\ \text{k}\Omega}\times 24\ \text{V}=9.6\ \text{V}$$

由于测量的电压也是 9.6 V，因此由计算结果表明 $R_2$ 应该为开路。

**步骤 3：**测量。

断开电源，摘除 $R_2$。测量它的电阻，进一步确认它是否真的开路。如果不是，则检查 $R_2$ 周围的连线、焊料或连接，以寻找开路位置。◀

**同步练习**　如果在图 6-64 中，电阻 $R_3$ 开路，则电压表读数为多少？如果 $R_1$ 开路呢？

采用科学计算器完成例 6-22 的计算。

## Multisim 仿真

用 Multisim 或者 LTspice 打开文件 E06-22。确定电路中是否存在故障，如果存在则确定哪个元件发生了故障。

---

**例 6-23**　在图 6-65 所示电路中，假设电压表读数为 24 V。判断电路是否有故障？如果有，请排查故障。

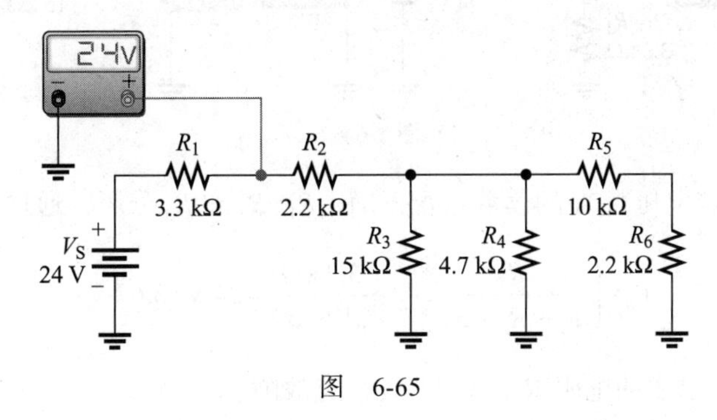


图　6-65

**解 步骤 1：** 分析。

$R_1$ 前后两端的对地电压都是 +24 V，即该电阻两端没有电压。这说明 $R_2$ 开路没有电流通过 $R_1$，或者 $R_1$ 短路。

**步骤 2：** 规划。

最可能的故障是 $R_2$ 开路。如果它开路，就不会有来自电源的电流。为了验证这一点，用电压表测量 $R_2$ 两端电压。如果 $R_2$ 开路，电压表读数将为 24 V。因为没有电流通过，任何电阻都不会产生压降，因此 $R_2$ 右边将是 0 V。

**步骤 3：** 测量。

验证 $R_2$ 是否开路，其测量结果如图 6-66 所示。

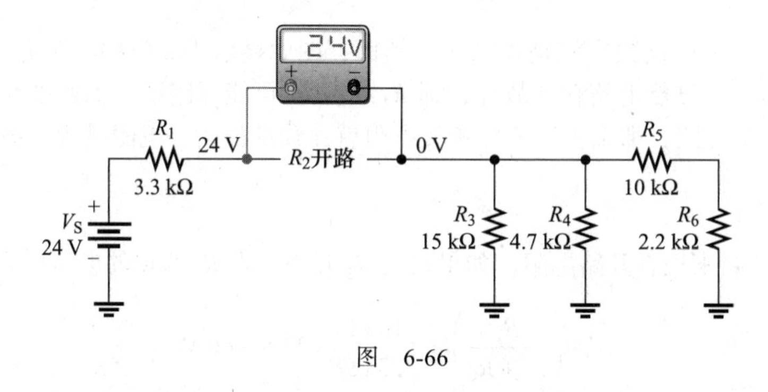


图 6-66 ◀

**同步练习** 在图 6-65 电路中，如果没有其他故障仅 $R_5$ 开路，那么 $R_5$ 两端的电压为多少？

采用科学计算器完成例 6-23 的计算。

## Multisim 仿真

用 Multisim 或者 LTspice 打开文件 E06-23。确定电路中是否存在故障，如果存在则确定哪个元件发生了故障。

---

**例 6-24** 在图 6-67 电路中两个电压表的读数如图所示。运用你的电路知识和逻辑推理能力，确认电路中是否有开路或短路故障。如果有，它们位于何处？

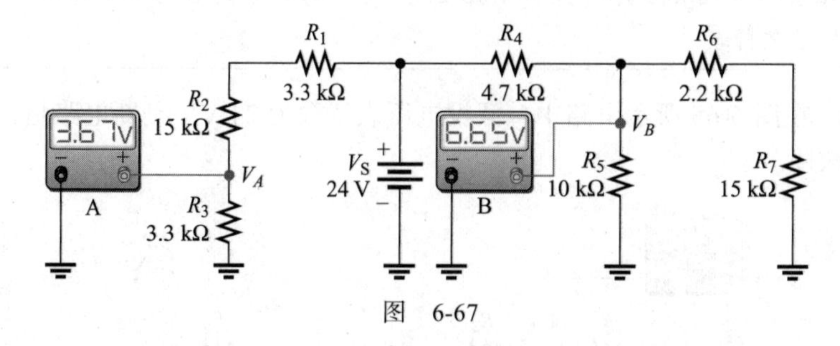


图 6-67

**解 步骤 1：** 确定电压表 A 的读数是否正确。$R_1$、$R_2$ 和 $R_3$ 分压，通过 $R_3$ 计算电压（$V_A$）。

$$V_A=\left(\frac{R_3}{R_1+R_2+R_3}\right)V_S=\frac{3.3\ \text{k}\Omega}{21.6\ \text{k}\Omega}\times 24\ \text{V}=3.67\ \text{V}$$

电压表 A 读数正确。这表明电阻 $R_1$、$R_2$ 和 $R_3$ 没有故障。

**步骤 2：** 检查电压表 B 的读数是否正确。$R_6+R_7$ 与 $R_5$ 并联，该串 – 并联组合再与 $R_4$ 串联。计算 $R_5$、$R_6$ 和 $R_7$ 串 – 并联组合的电阻。

$$R_{5\|(6+7)}=\frac{R_5(R_6+R_7)}{R_5+R_6+R_7}=\frac{10\ \text{k}\Omega\times17.2\ \text{k}\Omega}{27.2\ \text{k}\Omega}=6.32\ \text{k}\Omega$$

$R_{5\|(6+7)}$ 和 $R_4$ 构成分压器，电压表 B 测量 $R_{5\|(6+7)}$ 的电压。

$$V_B=\left(\frac{R_{5\|(6+7)}}{R_4+R_{5\|(6+7)}}\right)V_S=\frac{6.32\ \text{k}\Omega}{11\ \text{k}\Omega}\times24\ \text{V}=13.8\ \text{V}$$

因此，实际测量的电压值 6.65 V 与期望值不符。下面需要进行分析以找到故障。

**步骤 3：** $R_4$ 没有开路，因为如果它开路，那么电压表读数必是 0 V。另外，如果 $R_4$ 短路，那么电压表读数必是 24 V。由于实际测量的电压远低于它的预期值，那么 $R_{5\|(6+7)}$ 一定小于计算值即 6.32 kΩ。最有可能的故障是 $R_7$ 短路。如果从 $R_7$ 顶部到地短路，则实际上 $R_6$ 与 $R_5$ 并联。

$$R_5\|R_6=\frac{R_5R_6}{R_5+R_6}=\frac{10\ \text{k}\Omega\times2.2\ \text{k}\Omega}{12.2\ \text{k}\Omega}=1.80\ \text{k}\Omega$$

因此 $V_B$ 为

$$V_B=\frac{1.80\ \text{k}\Omega}{6.5\ \text{k}\Omega}\times24\ \text{V}=6.66\ \text{V}$$

此时 $V_B$ 的计算值与电压表 B 的读数一致，因此确定是 $R_7$ 短路。如果这是一个真实的电路，那么应该试着找出短路的物理原因。◀

**同步练习**　如果图 6-67 所示电路中仅有 $R_2$ 短路，那么电压表 A 和电压表 B 的读数将各是多少？

采用科学计算器完成例 6-24 的计算。

## Multisim 仿真

用 Multisim 或者 LTspice 打开文件 E06-24。确定电路中是否存在故障，如果存在则确定哪个元件发生了故障。

---

**学习效果检测**

1. 说出两种常见的电路故障。
2. 对于图 6-68 所示电路的下列故障，求节点 $A$ 相对于地的电压为多少？

(a) 无故障　(b) $R_1$ 开路　(c) $R_5$ 短路
(d) $R_3$ 和 $R_4$ 开路　(e) $R_2$ 开路

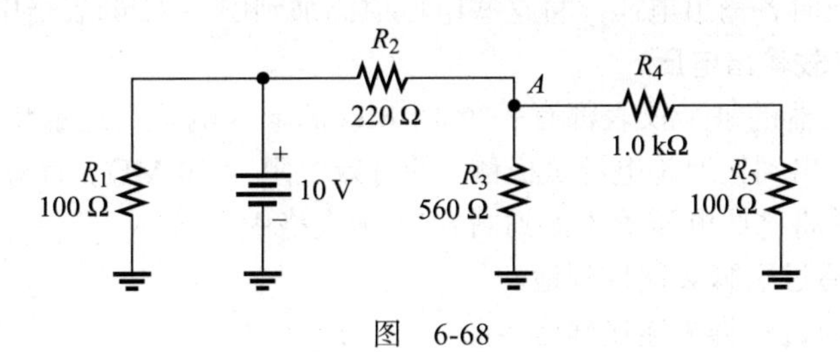


图　6-68

3. 电路如图 6-69 所示，其中某电阻开路。根据电压表读数，试确定哪个电阻开路。

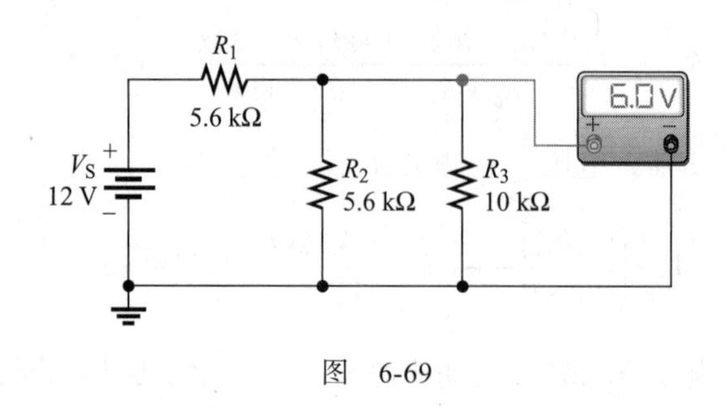


图 6-69

## 应用案例

在 PCB 上设计并制作一个具有 3 种输出电压的分压器。分压器是便携式电源装置的一部分，用于向现场测量仪器提供 3 种不同的参考电压。电源装置包含一个与电压调节器组合的电池组，该电压调节器可向分压器电路板提供恒定的 +12 V 电压。在应用案例中，运用负载分压器、基尔霍夫定律和欧姆定律的知识，根据所有可能的负载电压和电流，确定分压器的工作参数，同时排查电路的各种故障。

**步骤 1：原理图**

根据图 6-70 绘制原理图，并标记电路板中电阻的阻值。

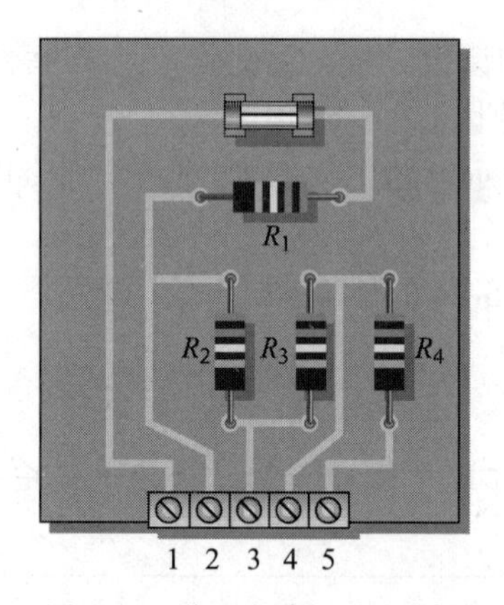


图 6-70 分压电路板（见彩插）

**步骤 2：连接 12 V 稳压电源**

确定如何将 12 V 稳压电源连接至电路板，以便所有电阻串联，使引脚 2 的输出电压最高。

**步骤 3：确定空载输出电压**

计算未连接负载时各输出电压。将这些电压值添加到图 6-71 的表格中。

**步骤 4：确定有载输出电压**

要使连接到分压器的每个仪表都有一个 10 MΩ 的输入电阻。这意味着当仪器连接到分压器输出端时，从输出到接地（电源负极侧）的有效电阻为 10 MΩ。计算在下列情况下各负载上的输出电压，并将这些电压值添加到图 6-71 中表格中。

1. 10 MΩ 负载通过引脚 2 连接到地。
2. 10 MΩ 负载通过引脚 3 连接到地。

3. 10 MΩ 负载通过引脚 4 连接到地。

4. 一个 10 MΩ 负载通过引脚 2 连接至地，另一个 10 MΩ 负载通过引脚 3 连接至地。

5. 一个 10 MΩ 负载通过引脚 2 连接至地，另一个 10 MΩ 负载通过引脚 4 连接至地。

6. 一个 10 MΩ 负载通过引脚 3 连接到地，另一个 10 MΩ 负载通过引脚 4 连接到地。

7. 一个 10 MΩ 负载通过引脚 2 连接至地，另一个 10 MΩ 负载通过引脚 3 连接至地，第 3 个 10 MΩ 负载通过引脚 4 连接至地。

**步骤 5：确定输出电压的偏差百分比**

对于步骤 4 中列出的每个负载连接，计算每个负载输出电压偏离其空载值的程度，并使用以下公式将其表示为百分比。

$$偏差百分比=\frac{V_{\text{OUT(空载)}}-V_{\text{OUT(负载)}}}{V_{\text{OUT(负载)}}}\times 100\%$$

将这些值添加到图 6-71 中的表格中。

**步骤 6：确定负载电流**

计算步骤 4 中列出的每个 10 MΩ 负载上的负载电流，将这些值添加到图 6-71 所示的表格中，确定熔断器的最小值。

**步骤 7：对电路板进行故障排查**

如图 6-72 所示，分压器电路板连接到一个 12 V 电源上，并由它提供参考电压输出给 3 个仪器。在 8 种不同情况下，用电压表测量每个测试点的电压。对于每种情况，确定电压测量值指示的问题。

<table>
<tr><th>10 MΩ负载</th><th>$V_{\text{OUT(2)}}$</th><th>$V_{\text{OUT(3)}}$</th><th>$V_{\text{OUT(4)}}$</th><th>偏差（%）</th><th>$I_{\text{LOAD(2)}}$</th><th>$I_{\text{LOAD(3)}}$</th><th>$I_{\text{LOAD(4)}}$</th></tr>
<tr><td>无</td><td></td><td></td><td></td><td></td><td></td><td></td><td></td></tr>
<tr><td>引脚2连接到地</td><td></td><td></td><td></td><td></td><td></td><td></td><td></td></tr>
<tr><td>引脚3连接到地</td><td></td><td></td><td></td><td></td><td></td><td></td><td></td></tr>
<tr><td>引脚4连接到地</td><td></td><td></td><td></td><td></td><td></td><td></td><td></td></tr>
<tr><td rowspan="2">引脚2连接到地<br>引脚3连接到地</td><td rowspan="2"></td><td rowspan="2"></td><td rowspan="2"></td><td>2</td><td rowspan="2"></td><td rowspan="2"></td><td rowspan="2"></td></tr>
<tr><td>3</td></tr>
<tr><td rowspan="2">引脚2连接到地<br>引脚4连接到地</td><td rowspan="2"></td><td rowspan="2"></td><td rowspan="2"></td><td>2</td><td rowspan="2"></td><td rowspan="2"></td><td rowspan="2"></td></tr>
<tr><td>4</td></tr>
<tr><td rowspan="2">引脚3连接到地<br>引脚4连接到地</td><td rowspan="2"></td><td rowspan="2"></td><td rowspan="2"></td><td>3</td><td rowspan="2"></td><td rowspan="2"></td><td rowspan="2"></td></tr>
<tr><td>4</td></tr>
<tr><td rowspan="3">引脚2连接到地<br>引脚3连接到地<br>引脚4连接到地</td><td rowspan="3"></td><td rowspan="3"></td><td rowspan="3"></td><td>2</td><td rowspan="3"></td><td rowspan="3"></td><td rowspan="3"></td></tr>
<tr><td>3</td></tr>
<tr><td>4</td></tr>
</table>

图 6-71　分压器工作参数表

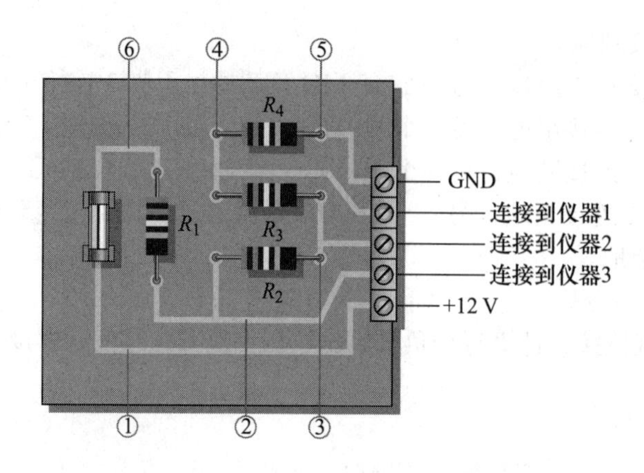


以下电压表读数是在测试点1至6处相对于地的读数。
读数以V为单位

| 情况 | 测试点 | | | | | |
|---|---|---|---|---|---|---|
| | 1 | 2 | 3 | 4 | 5 | 6 |
| 1 | 0 | 0 | 0 | 0 | 0 | 0 |
| 2 | 12 | 0 | 0 | 0 | 0 | 0 |
| 3 | 12 | 0 | 0 | 0 | 0 | 12 |
| 4 | 12 | 11.6 | 0 | 0 | 0 | 12 |
| 5 | 12 | 11.3 | 10.9 | 0 | 0 | 12 |
| 6 | 12 | 11 | 10.3 | 10 | 0 | 12 |
| 7 | 12 | 5.9 | 0 | 0 | 0 | 12 |
| 8 | 12 | 7.8 | 3.8 | 0 | 0 | 12 |

图 6-72

## Multisim 仿真故障排查和分析

1. 使用 Multisim，连接步骤 1 中原理图所示的电路，并验证步骤 3 中确定的空载输出电压。

2. 测量步骤 6 中计算的负载电流。

3. 通过在电路中插入故障并检查每个点的电压测量值，验证步骤 7 中针对每种情况确定的故障。

### 检查与复习

1. 如果本节所述的便携式装置为 3 个仪器提供参考电压，额定容量为 100 mA · h 的电池充满电后可以使用多少天?

2. 可以在分压器板上采用 0.125 W 的电阻吗?

3. 如果使用 0.125 W 的电阻，输出对地短路是否会导致所有电阻因功率过大而过热?

## 本章总结

- 串－并联电路由串联部分和并联部分组合构成。
- 为了计算串－并联电路中的总电阻，首先要识别串联和并联的连接关系，然后应用第 4 章和第 5 章中的串联电阻和并联电阻的计算公式。
- 要计算总电流，需应用欧姆定律，用总电压除以总电阻。

- 要计算支路电流，可以应用分流公式、基尔霍夫电流定律或欧姆定律。有针对性地分析各电路中的问题，选择最合适的方法。
- 要计算串 - 并联电路中各部分的电压，需要使用分压公式、基尔霍夫电压定律或欧姆定律。有针对性地分析各电路中的问题，选择最合适的方法。
- 当负载电阻连接到分压器输出端时，输出电压会降低。
- 负载电阻应该比它所并联的电阻大得多，以便将负载影响降到最低。有时使用 10 倍值作为经验法则来避免显著的负载效应，但实际值取决于输出电压所需的精度。
- 线性电路完全由线性元件组成，例如电阻。
- 要在具有两个或多个电压（或电流）源的线性电路中求解任意电流或电压，可以使用叠加定理每次分析其中一个电源的影响。
- 平衡的惠斯通电桥可用于测量未知电阻。
- 惠斯通电桥的输出电压为零时，电桥处于平衡状态。电桥平衡时，若其输出端连接负载，则流过负载的电流也为零。
- 借助不平衡惠斯通电桥并结合传感器可以测量多种物理量。
- 任何双端电阻电路，无论多么复杂，都可以用它的戴维南等效电路等效。
- 戴维南等效电路由等效电阻 $R_{TH}$ 与等效电压源 $V_{TH}$ 串联组成。
- 最大功率传输定理指出，当内部源电阻 $R_S$ 等于负载电阻 $R_L$ 时，负载获得电源传输的最大功率。
- 开路和短路都是典型的电路故障。
- 电阻在失效时通常开路。

## 对 / 错判断（答案在本章末尾）

1 并联电阻总是连接在同一对节点之间。

2 如果一个电阻与并联组合串联，则串联电阻的电压总是比并联电阻大。

3 在串 - 并联组合电路中，并联电阻中电流总是相同的。

4 较大的负载电阻对电路的负载影响较小。

5 在测量直流电压时，数字万用表通常会对电路产生很小的负载影响。

6 测量直流电压时，无论使用哪个量程，数字万用表的输入电阻都是相同的。

7 测量直流电压时，无论使用哪种量程，模拟万用表的输入电阻都是相同的。

8 戴维南电路由一个电压源和一个并联电阻组成。

9 理想电压源的内阻为零。

10 要将最大功率传输到负载，负载电阻应该是电源内阻的两倍。

## 自我检测（答案在本章末尾）

1 以下关于图 6-73 的陈述中哪些是正确的？

(a) $R_1$ 和 $R_2$ 与 $R_3$、$R_4$ 和 $R_5$ 串联

(b) $R_1$ 和 $R_2$ 是串联的

(c) $R_3$、$R_4$ 和 $R_5$ 并联

(d) $R_1$ 和 $R_2$ 的串联组合与 $R_3$、$R_4$ 和 $R_5$ 的串联组合并联

(e) 答案 (b) 和 (d)

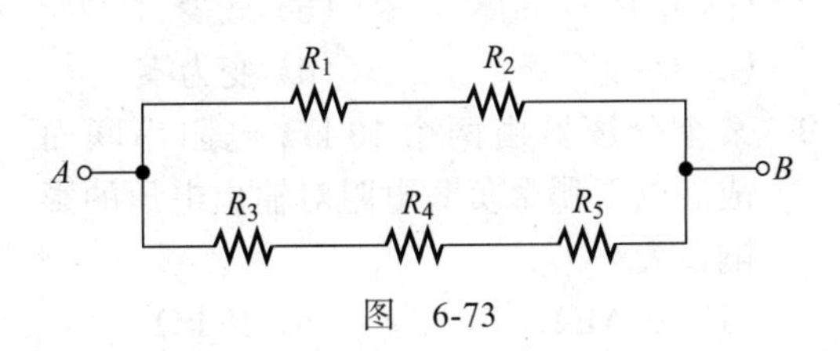

图 6-73

2 图 6-73 的总电阻可以用下列哪个公式表示？

(a) $R_1+R_2+R_3||R_4||R_5$

（b）$R_1||R_2+R_3||R_4||R_5$

（c）$(R_1+R_2)||(R_3+R_4+R_5)$

（d）以上答案都不对

3 在图 6-73 中，如果所有电阻的阻值相同，则在节点 $A$ 和 $B$ 之间施加电压时，电流的情况为

（a）$R_5$ 中最大

（b）$R_3$、$R_4$ 和 $R_5$ 中最大

（c）$R_1$ 和 $R_2$ 中最大

（d）所有电阻都相同

4 两个 1.0 kΩ 电阻串联，此串联组合再与一个 2.2 kΩ 电阻并联。1.0 kΩ 电阻两端的电压为 6.0 V。那么 2.2 kΩ 电阻两端的电压为

（a）6.0 V （b）3.0 V

（c）12 V （d）13.2 V

5 一个 330 Ω 电阻和一个 470 Ω 电阻并联，再与 4 个 1.0 kΩ 电阻的并联组合串联。该组合外接一个 10 V 电压源。那么，电流最大的电阻为

（a）1.0 kΩ （b）330 Ω

（c）470 Ω

6 在问题 5 描述的电路中，电压最高的电阻为

（a）1.0 kΩ （b）470 Ω

（c）330 Ω

7 在问题 5 中描述的电路中，通过其任一 1.0 kΩ 电阻的电流占总电流的百分比是

（a）100% （b）25%

（c）50% （d）31.25%

8 某分压器空载输出为 9.0 V。当连接负载时，输出电压

（a）增加 （b）减少

（c）保持不变 （d）变为零

9 某个分压器由两个 10 kΩ 电阻串联而成。以下哪个负载电阻对输出电压的影响最大？

（a）1.0 MΩ （b）20 kΩ

（c）100 kΩ （d）10 kΩ

10 当负载电阻连接到分压器电路的输出端时，从电源得到的电流

（a）减少 （b）增加

（c）保持不变 （d）被切断

11 平衡惠斯通电桥的输出电压为

（a）等于电源电压

（b）等于零

（c）取决于电桥中的所有电阻值

（d）取决于未知电阻的阻值

12 分析含有两个或多个电压源的线性电路的主要方法通常是

（a）戴维南定理

（b）欧姆定律

（c）叠加定理

（d）基尔霍夫定律

13 在两电源供电的电路中，其中一个电源单独作用提供给支路 10 mA 电流。另一个电源单独作用提供给该支路反方向的 8.0 mA 电流。这两个电源共同作用时，流经该分支的总电流为

（a）10 mA （b）8.0 mA

（c）18 mA （d）2.0 mA

14 戴维南等效电路由什么组成？

（a）与电阻串联的电压源

（b）与电阻并联的电压源

（c）电流源与电阻并联

（d）两个电压源和一个电阻

15 内阻为 300 Ω 的电压源将最大功率传输到

（a）150 Ω 负载 （b）50 Ω 负载

（c）300 Ω 负载 （d）600 Ω 负载

16 测量具有高电阻值的某电路，在给定点的测量电压时，发现测量的电压略低于应有的电压值。这可能是因为

（a）一个或多个电阻的故障

（b）电压表的负载效应

（c）电源电压过低

（d）以上答案都对

**故障排查**（下列练习的目的是帮助建立故障排查所必需的思维过程。答案在本章末尾）

确定下列症状的原因。参见图6-74。

1 症状：电流表读数过低，电压表读数为5.45 V。
原因：
(a) $R_1$ 开路 (b) $R_2$ 开路
(c) $R_3$ 开路

2 症状：电流表读数为1.0 mA，电压表读数为0 V。
原因：
(a) $R_1$ 短路 (b) $R_2$ 短路
(c) $R_3$ 开路

3 症状：电流表读数接近于零，电压表读数为12 V。
原因：
(a) $R_1$ 开路 (b) $R_2$ 开路
(c) $R_2$ 和 $R_3$ 都开路

4 症状：电流表读数为444 μA，电压表读数为6.67 V。
原因：
(a) $R_1$ 短路 (b) $R_2$ 开路
(c) $R_3$ 开路

5 症状：电流表读数为2.0 mA，电压表读数为12 V。
原因：
(a) $R_1$ 短路 (b) $R_2$ 短路
(c) $R_2$ 和 $R_3$ 都开路

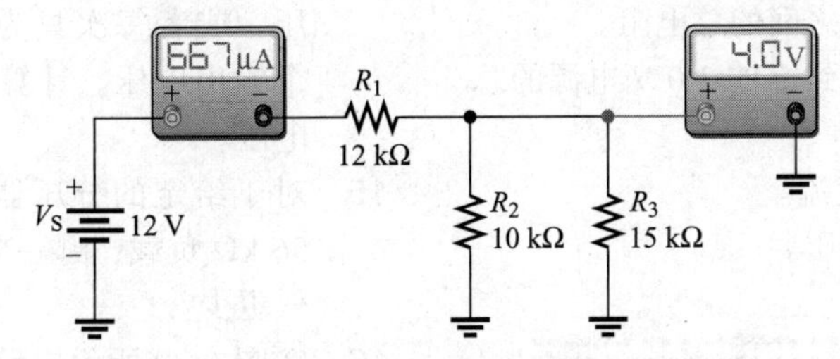


图6-74 电表显示的是电路中物理量正确的读数

**分节习题**（奇数题答案在本书末尾）

**6.1 节**

1 图6-75电路中，从电源端看，确定电路中的串-并联关系。

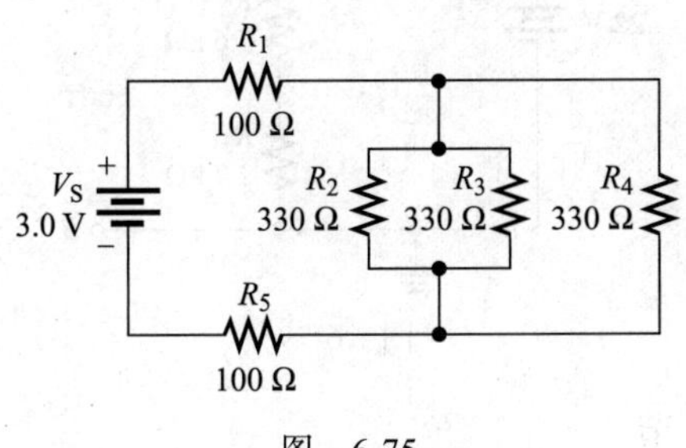


图 6-75

2 画出以下串-并联组合电路：
(a) $R_1$ 与 $R_2$ 和 $R_3$ 的并联组合串联。
(b) $R_1$ 与 $R_2$ 和 $R_3$ 的串联组合并联。
(c) $R_1$ 与包含 $R_2$ 的分支并联，该分支与其他4个电阻的并联组合串联。

3 画出以下串-并联电路：
(a) 3个支路的并联组合，每个支路包含两个串联电阻。
(b) 3个并联电路的串联组合，每个电路包含两个并联电阻。

4 图6-76的每个电路中，从电源看去，确定电阻的串联和并联关系。

**6.2 节**

5 某电路由两个并联电阻组成。总电阻为667 Ω。其中一个电阻为1.0 kΩ。另一个电阻是多少？

6 在图6-77电路中，计算 $A$ 和 $B$ 之间的总电阻。

7 在图6-76电路中，计算每个电路的总电阻。

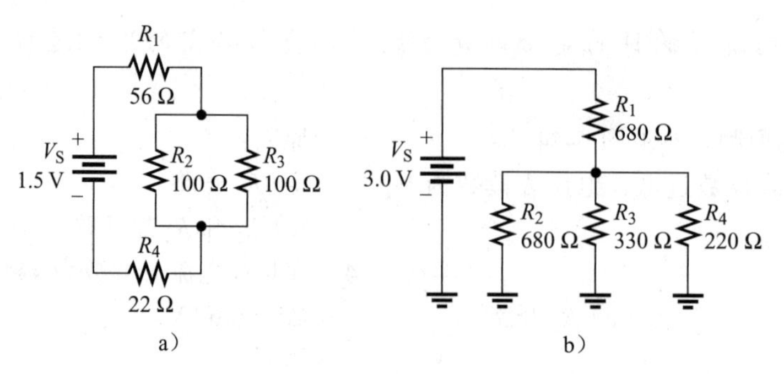


图 6-76

8 在图 6-75 电路中，计算流经每个电阻的电流，然后计算各电阻两端电压。

9 在图 6-76 电路中，计算两个电路中流经每个电阻的电流，以及它们两端的电压。

10 在图 6-77 中，计算以下内容：

（a）端子 $A$ 和 $B$ 之间的总电阻。

（b）流经端子 $A$ 到 $B$ 的 3.0 V 电源的总电流。

（c）流经 $R_5$ 的电流。

（d）$R_2$ 两端的电压。

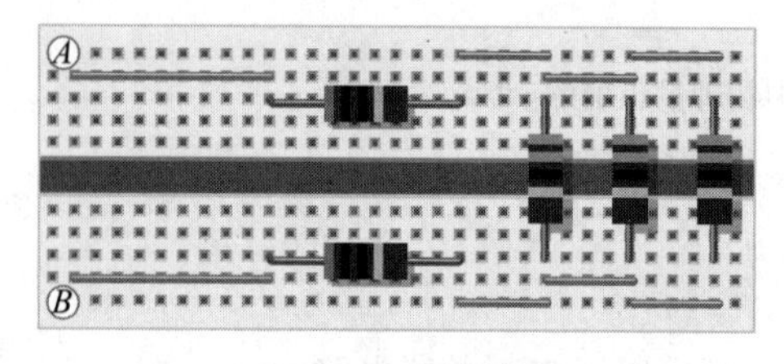


图 6-77 （见彩插）

11 在图 6-78 电路中，当 $V_{AB}$=3.0 V 时，计算通过 $R_2$ 的电流。

12 在图 6-78 电路中，当 $V_{AB}$=3.0 V 时，计算通过 $R_4$ 的电流。

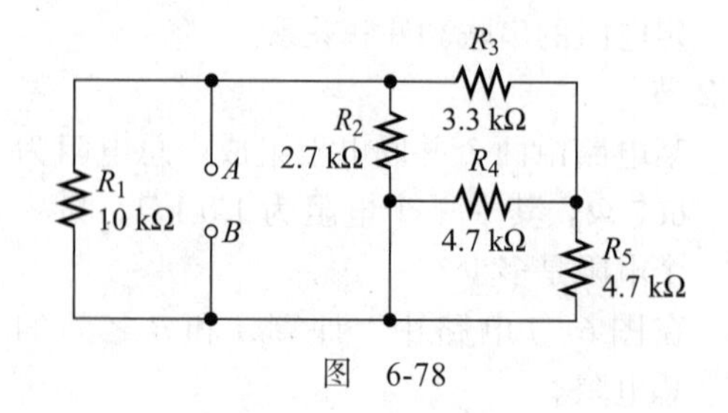


图 6-78

## 6.3 节

13 分压器由两个 56 kΩ 电阻和一个 15 V 电源组成。计算一个 56 kΩ 电阻上的空载输出电压。如果在输出端连接一个 1.0 MΩ 的负载电阻，则输出电压会是多少？

14 将 12 V 电池的输出分为两个输出电压。3 个 3.3 kΩ 电阻提供两个输出电压，或者每次只为 10 kΩ 负载提供一个输出电压。计算两种情况下的输出电压。

15 对于给定的分压器，接 10 kΩ 负载或 56 kΩ 负载，哪一个会导致输出电压降低更少？

16 在图 6-79 所示电路中，确定输出端无负载时电池消耗的电流。对于 10 kΩ 负载，电池消耗的电流是多少？

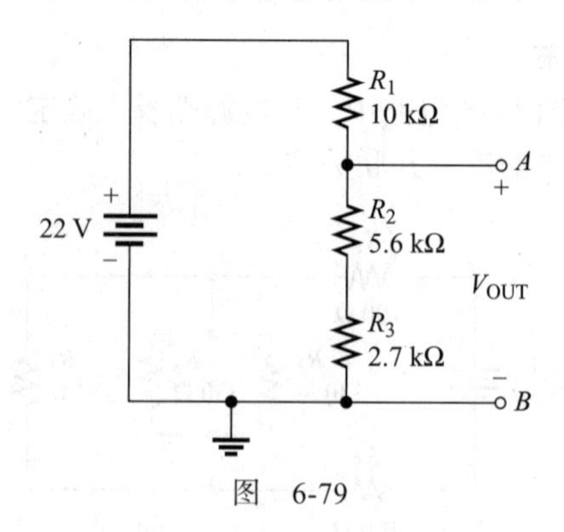


图 6-79

## 6.4 节

17 含有 10 MΩ 内阻的电压表测量下列哪一个电阻时对电路的影响最小？

（a）100 kΩ （b）1.2 MΩ

（c）22 kΩ （d）8.2 MΩ

18 某分压器由 3 个串联到 10 V 电源的 1.0 MΩ 电阻组成。计算用内阻为 10 MΩ

的电压表测量其中一个电阻的电压。

19　习题 18 中，测得的电压值和实际空载电压有什么差别？

20　习题 18 中，电压表改变了它所测电压的百分之多少？

21　10 000 Ω/V 的万用表在 10 V 量程上测量分压器的输出。如果分压器由两个串联的 100 kΩ 电阻组成，那么测量其中一个电阻获得的电压占电源电压的比例是多少？

22　如果使用含有 10 MΩ 输入电阻的数字万用表（DMM）代替习题 21 中的伏特 - 欧姆表（VOM），数字万用表将测量到多少百分比的电源电压？

6.5 节

23　一个未知阻值的电阻连接到惠斯通电桥电路中。平衡状态下的电桥参数设置如下：$R_V$=18 kΩ，且 $R_2/R_4$=0.02。那么 $R_X$ 是多少？

24　在图 6-80 中，为了达到平衡，必须将 $R_V$ 设置为什么值？

25　确定图 6-81 中平衡电桥中 $R_X$ 的值。当电桥平衡时，$R_V$=5.0 kΩ。

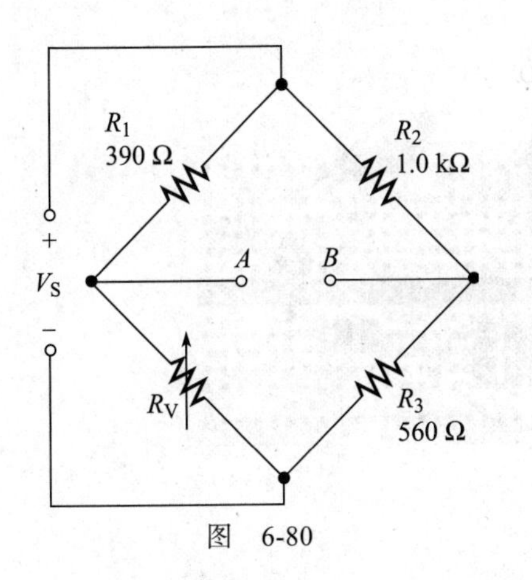

图　6-80

26　在图 6-82 电路中，在 65 ℃ 的温度下，确定不平衡电桥的输出电压。热敏电阻在 25 ℃ 时的标称电阻为 1.0 kΩ，具有正温度系数。假设温度每变化 1 ℃，其电阻变化 5.0 Ω。

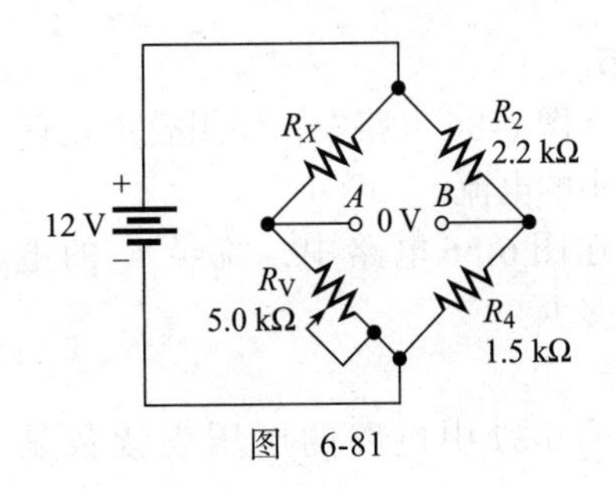

图　6-81

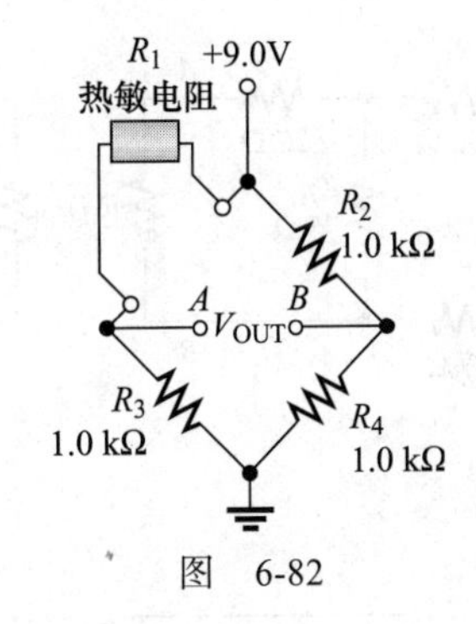

图　6-82

6.6 节

27　在图 6-83 所示电路中，求从端子 $A$、$B$ 之间看去的戴维南等效电路。

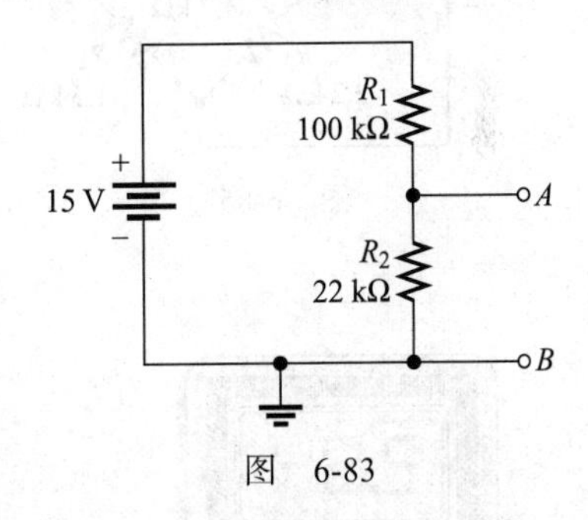

图　6-83

28　对于图 6-84 所示的每个电路，计算从端子 $A$、$B$ 之间看去的戴维南等效电路。

29　对于图 6-85 电路，计算 $R_L$ 的电压和电流。

6.7 节

30　在图 6-83 电路中，计算连接在端子 $A$、$B$ 之间的负载电阻，以确定能够获得最大功率传输的负载电阻。

31　某戴维南等效电路的 $V_{TH}$=5.5 V，$R_{TH}$=75 Ω。满足最大功率传输的负载电阻是多少？

32　对于图 6-84a 中所示电路，计算获得最大功率的 $R_L$ 值。

6.8 节

33 在图 6-86 电路中，使用叠加定理求 $R_3$ 中的电流。

34 在图 6-86 电路中，流经 $R_2$ 的电流是多少？

6.9 节

35 图 6-87 中电路的电压表读数是否正确？如果不正确，有何故障？

36 对于图 6-88 电路，如果 $R_2$ 开路，那么在 $A$、$B$ 和 $C$ 点电压读数各为何值？

37 在图 6-89 电路中，检查各电表读数，找出可能存在的电路故障。

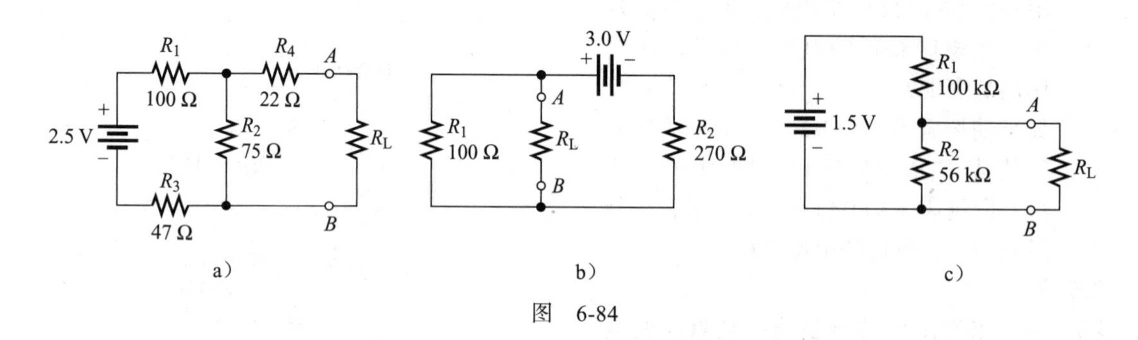


a） b） c）

图 6-84

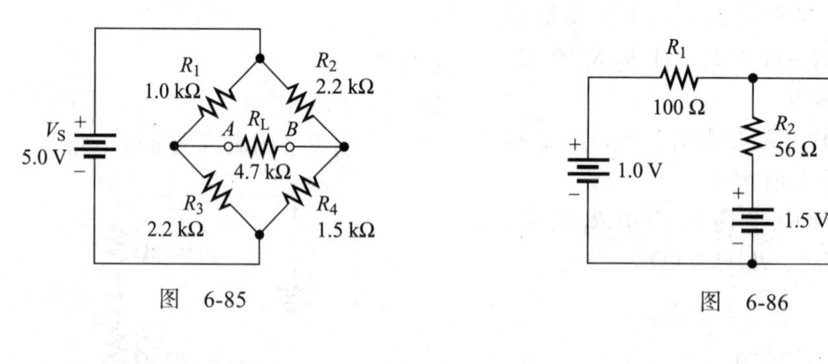


图 6-85

图 6-86

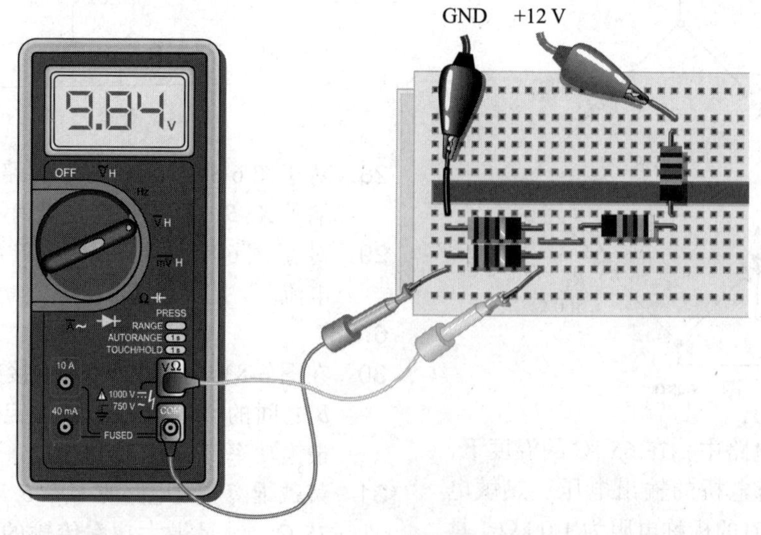


a）电表连接至电路板

b）与电表连接的电路板，红色和黑色引线与12 V直流电源相连

图 6-87 （见彩插）

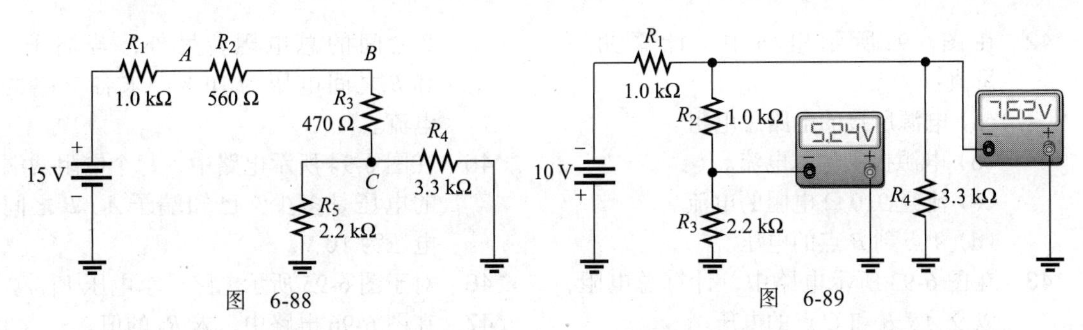


图　6-88

图　6-89

38　在图 6-88 所示电路中，对于以下各故障，确定每个电阻两端测得的电压。假设故障相互独立。

(a) $R_1$ 开路　　(b) $R_3$ 开路

(c) $R_4$ 开路　　(d) $R_5$ 开路

(e) $C$ 点对地短路

39　在图 6-89 所示电路中，对于以下各故障，计算各电阻两端测到的电压值。

(a) $R_1$ 开路　　(b) $R_2$ 开路

(c) $R_3$ 开路　　(d) $R_4$ 短路

*40　在图 6-90 所示各电路中，确定从电源看电阻间的串联和并联关系。

*41　对于图 6-91 所示 PCB，试画出该 PCB 的原理图，标出电阻阻值并确定串 - 并联关系。哪些电阻（如果有）可以在不影响 $R_T$ 的情况下移除？

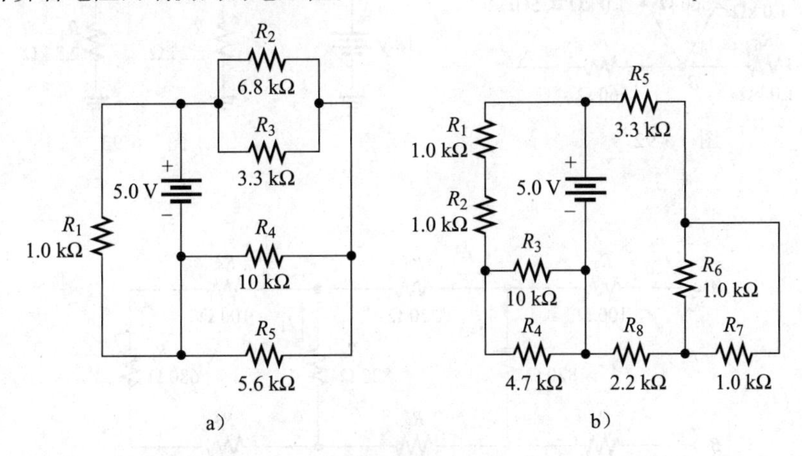


a)

b)

图　6-90

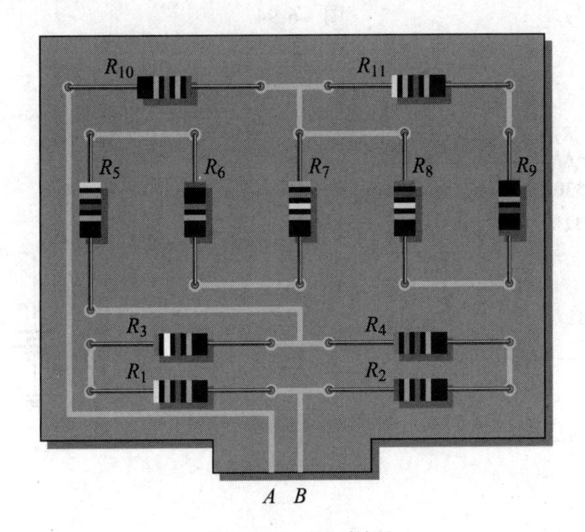


图 6-91　（见彩插）

*42 在图 6-92 所示电路中，计算如下量值：

(a) 电源所接的电路总电阻。

(b) 电源提供的总电流。

(c) 流经 910 Ω 电阻的电流。

(d) $A$ 点到 $B$ 点的电压。

*43 在图 6-93 所示电路中，计算总电阻，以及 $A$、$B$ 和 $C$ 点的电压。

*44 在图 6-94 所示电路中，计算端子 $A$、$B$ 之间的总电阻。另外，若端子 $A$ 和 $B$ 之间电压为 10 V，求各支路的电流。

*45 在图 6-94 所示电路中，每个电阻两端的电压是多少？已知端子 $A$、$B$ 之间电压为 10 V。

*46 对于图 6-95 所示电路，求电压 $V_{AB}$。

*47 在图 6-96 电路中，求 $R_2$ 的值。

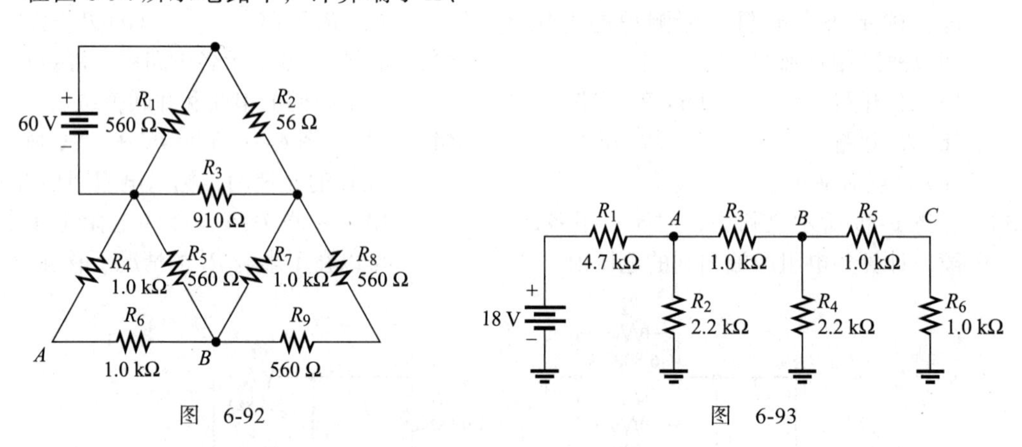


图 6-92

图 6-93

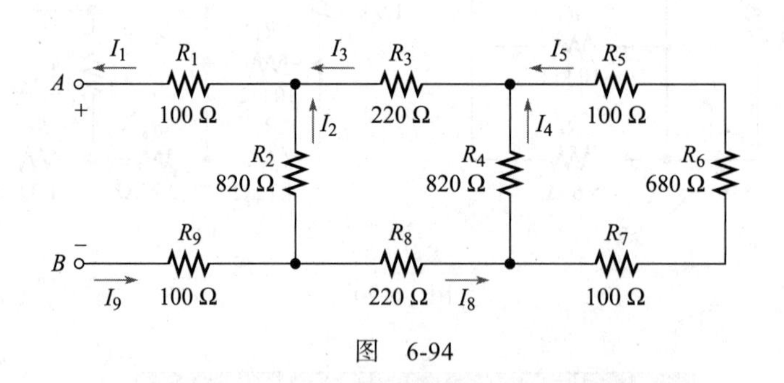


图 6-94

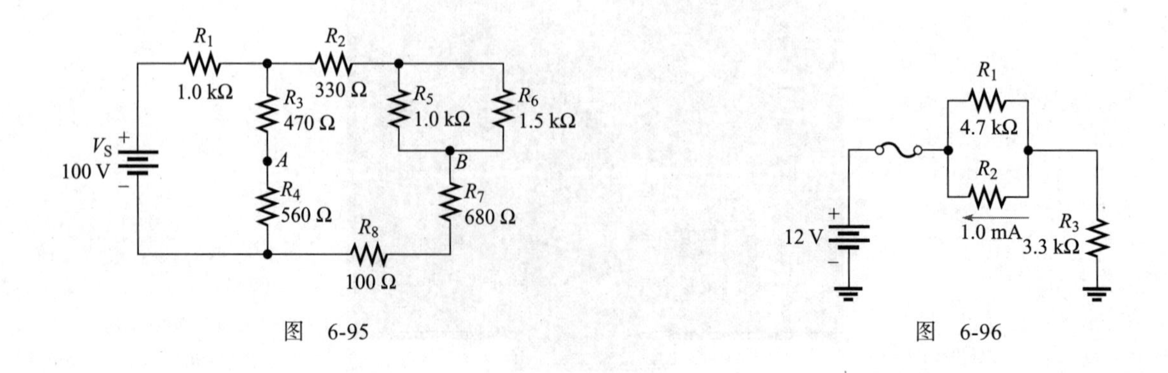


图 6-95

图 6-96

*48　在图 6-97 电路中，计算总电阻和 $A$、$B$ 和 $C$ 点的电压。

*49　设计一个分压器以提供 6.0 V 无负载低电压输出，并在接 1.0 kΩ 负载时提供最小电压 5.5 V。电源电压为 24 V，空载时电流不超过 100 mA。

*50　计算满足以下条件的分压器电阻阻值：空载条件下的电流不超过 5.0 mA。电源电压为 10 V。需要 5.0 V 输出和 2.5 V 输出，画出相应电路。如果将 1.0 kΩ 负载连接到各输出端，请计算负载对输出电压的影响。

*51　对于图 6-98 所示电路，使用叠加定理计算最右侧支路中的电流。

*52　对于图 6-99 电路，计算流经 $R_L$ 的电流。

*53　对于图 6-100 电路，使用戴维南定理求 $R_4$ 两端的电压。

*54　在图 6-101 电路中，在以下条件下计算电路的 $V_{OUT}$。

(a) 开关 SW2 连接到 +12 V，其余接地。

(b) 开关 SW1 连接到 +12 V，其余接地。

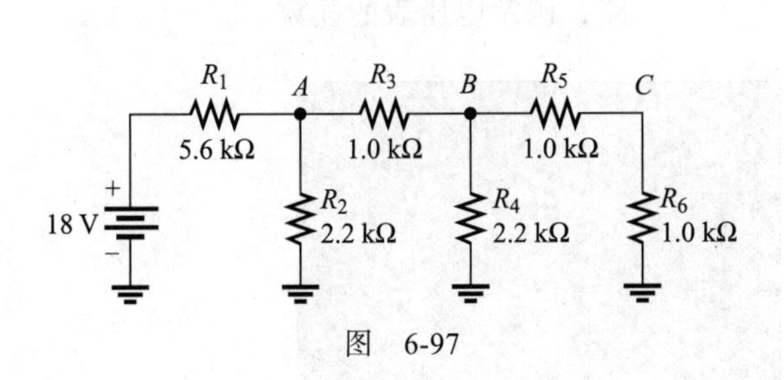


图　6-97

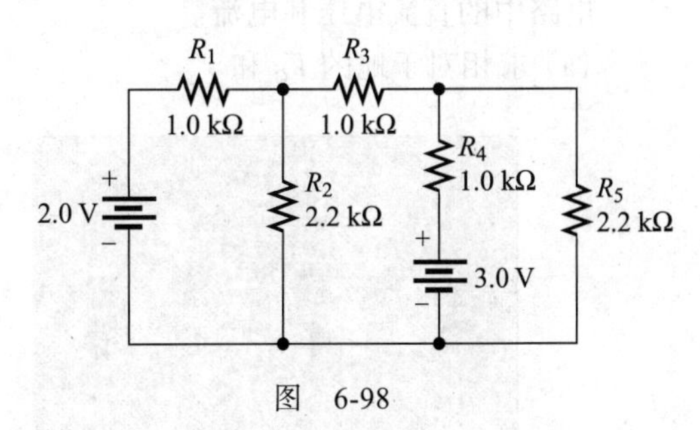


图　6-98

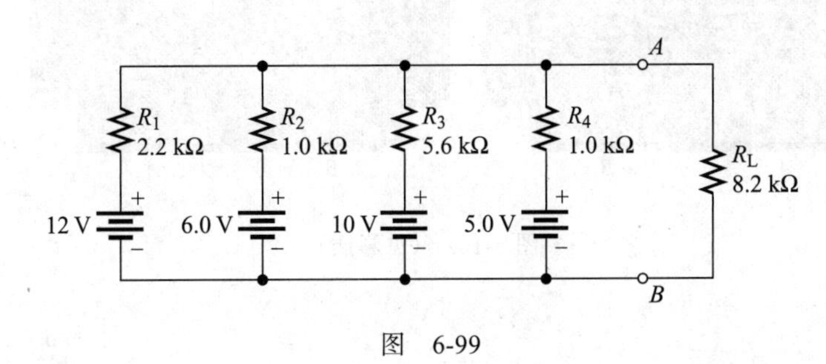


图　6-99

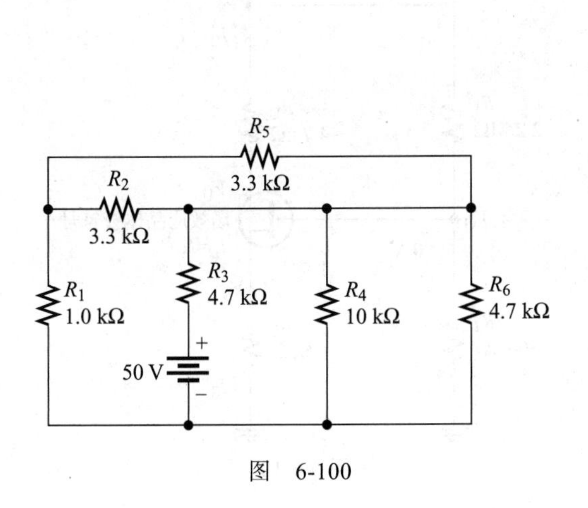


图　6-100

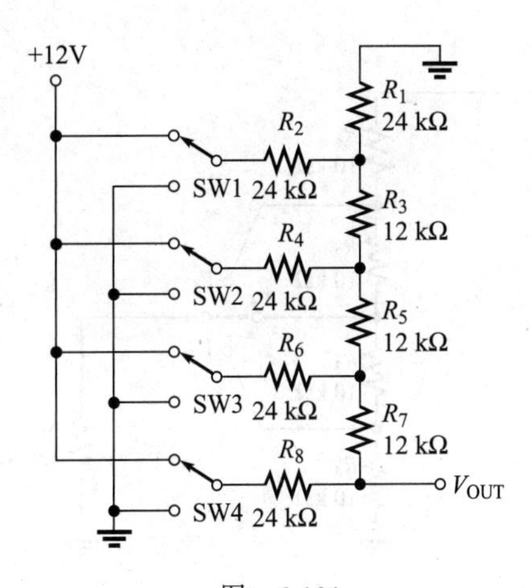


图　6-101

*55 对于图 6-102 所示双面 PCB，请画出其原理图并标注电阻阻值。

*56 为图 6-90b 中的电路设计一块 PCB。电池将从外部连接到 PCB。

*57 在图 6-103 中分压器有一个开关负载。计算开关置于各个位置的抽头时电压为多少（$V_1$、$V_2$ 和 $V_3$）。

*58 图 6-104 电路显示了场效应晶体管放大器的直流偏置。偏置是为确保放大器正常工作而提供某些直流电压的常用方法。尽管你可能不熟悉晶体管放大器，但可以使用已学过的方法确定电路中的直流电压和电流。

(a) 求相对于地的 $V_G$ 和 $V_S$。

(b) 计算 $I_1$、$I_2$、$I_D$ 和 $I_S$。

(c) 计算 $V_{DS}$ 和 $V_{DG}$。

*59 在图 6-105 中，查看电压表读数，确定电路中是否存在故障。如果有故障，请明确故障。

*60 在图 6-106 中的电压表读数是否正确？

*61 在图 6-107 中有一处故障。根据电压表的指示，明确故障的位置。

*62 对于图 6-108 所示电路，查看电压表读数，并确定电路中是否存在故障。如果有故障，请明确故障。

*63 在图 6-108 中，如果 4.7 kΩ 电阻开路，确定电压表的读数。

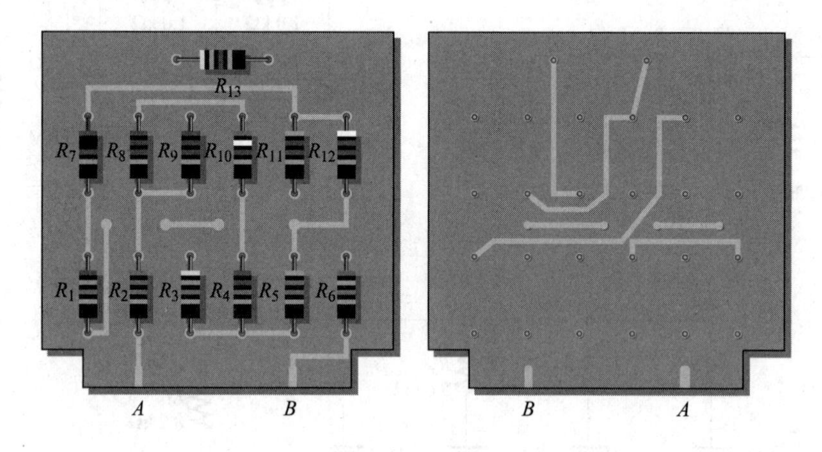


图 6-102 （见彩插）

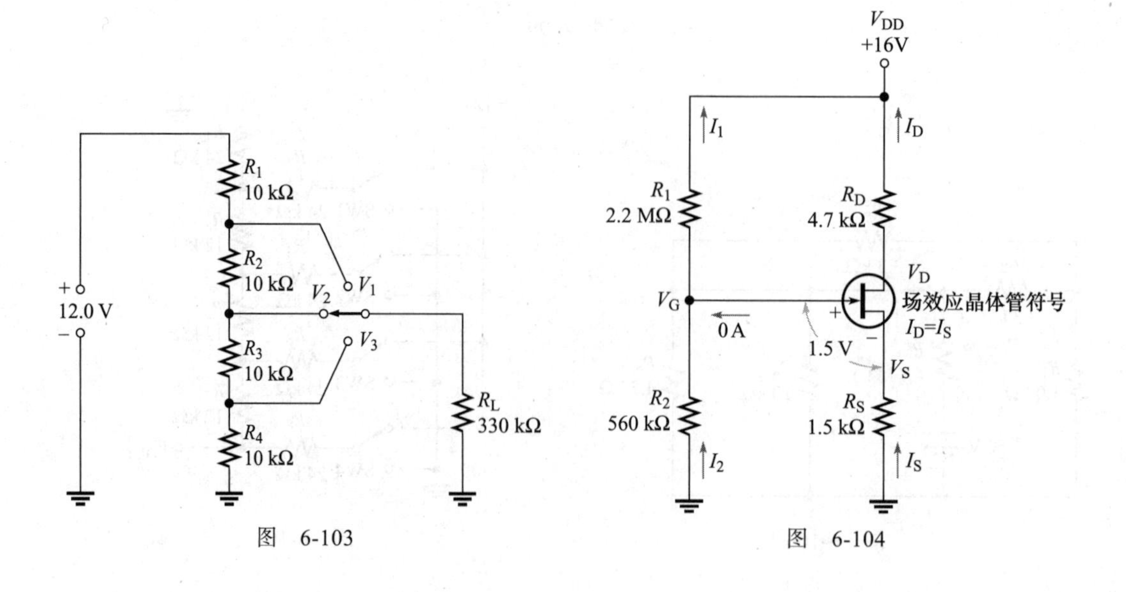


图 6-103

图 6-104

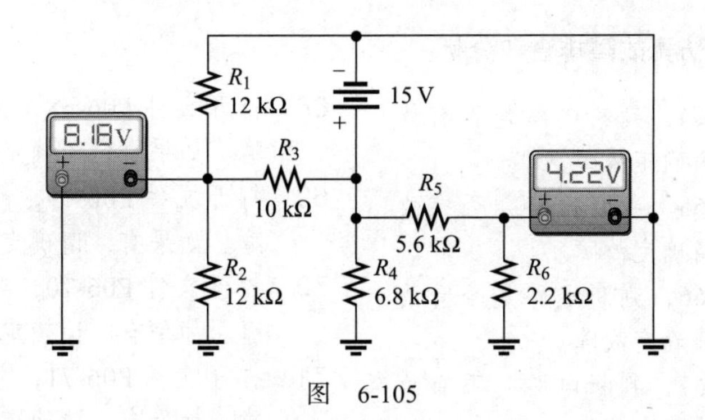


图　6-105

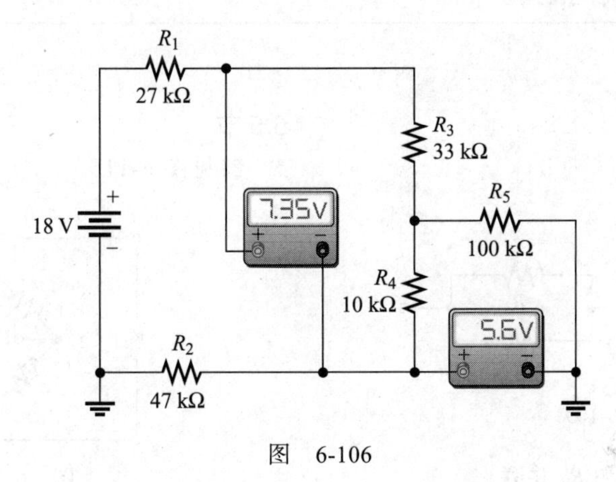


图　6-106

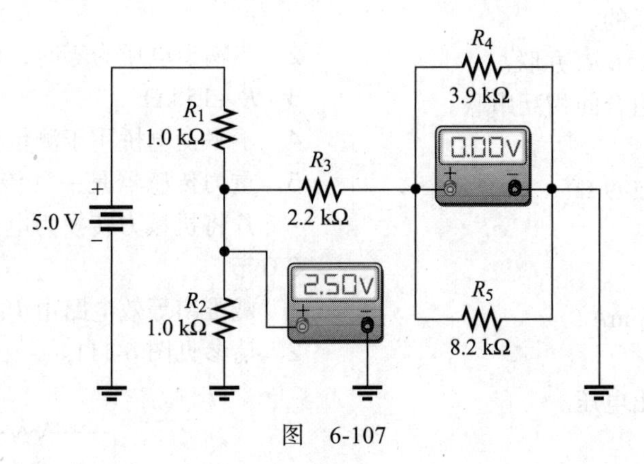


图　6-107

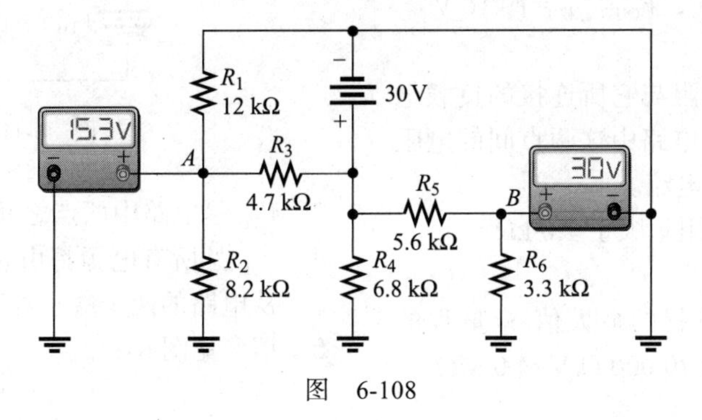


图　6-108

## Multisim 仿真故障排查和分析

64 打开文件 P06-64，判断电路是否有故障。如果有，请确定故障。

65 打开文件 P06-65，判断电路是否有故障。如果有，请确定故障。

66 打开文件 P06-66，判断电路是否有故障。如果有，请确定故障。

67 打开文件 P06-67，判断电路是否有故障。如果有，请确定故障。

68 打开文件 P06-68，判断电路是否有故障。如果有，请确定故障。

69 打开文件 P06-69，判断电路是否有故障。如果有，请确定故障。

70 打开文件 P06-70，判断电路是否有故障。如果有，请确定故障。

71 打开文件 P06-71，判断电路是否有故障。如果有，请确定故障。

## 参考答案

### 学习效果检测答案

**6.1 节**

1 参见图 6-109。

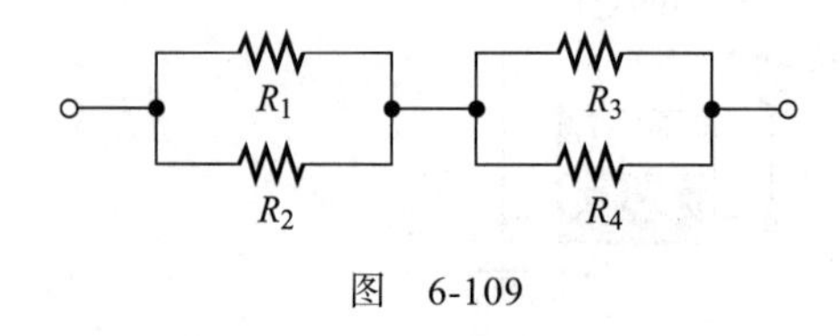


图 6-109

2 $R_1$ 和 $R_2$ 串联，$R_3$ 和 $R_4$ 并联。

3 所有电阻都是并联的。

4 $R_1$ 和 $R_2$ 并联，$R_3$ 和 $R_4$ 并联。

5 是的，两个并联组合间相互串联。

**6.2 节**

1 $R_T=R_1+R_4+R_2||R_3=599\ \Omega$

2 $I_3=11.2$ mA

3 $V_{R2}=I_2R_2=3.7$ V

4 $R_T=89\ \Omega$，$I_T=11.2$ mA

**6.3 节**

1 负载电阻降低输出电压。

2 对

3 $V_{OUT(空载)}=19.23$ V，$V_{OUT(有载)}=19.16$ V

**6.4 节**

1 因为电压表的内阻与它所连接的负载电阻并联，降低了电路中这两点间的电阻并从电路中消耗电流。

2 不，因为仪表电阻远大于 1.0 kΩ

3 对

4 仪表电阻 $R_M$= 量程的最大值 × 量程的灵敏度 =200 V × 20 000 Ω/V=4.0 MΩ

**6.5 节**

1 参见图 6-110。

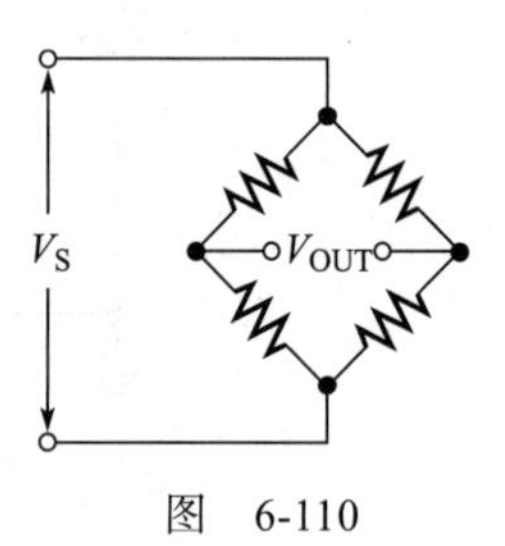


图 6-110

2 当输出电压为零时，电桥平衡。

3 $R_X=15$ kΩ

4 不平衡电桥用于测量传感器感应量。

5 重力传感器是一种传感器，它使用应变片将机械力转换为电信号。

**6.6 节**

1 戴维南等效电路由 $V_{TH}$ 和 $R_{TH}$ 组成。

2 请参见图 6-111。

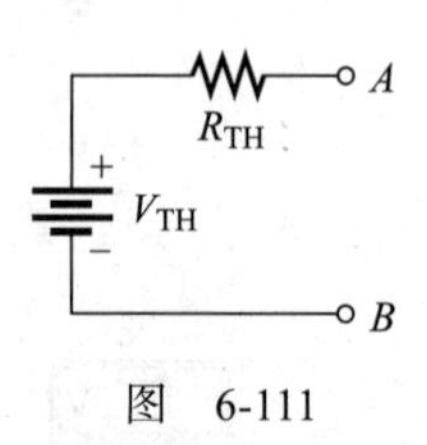


图 6-111

3 $V_{TH}$ 是电路中两点之间的开路电压。

4 $R_{TH}$ 是所有电源都由它们的内阻替换后，从电路的两个端子看进去的电阻。

5 请参见图 6-112。

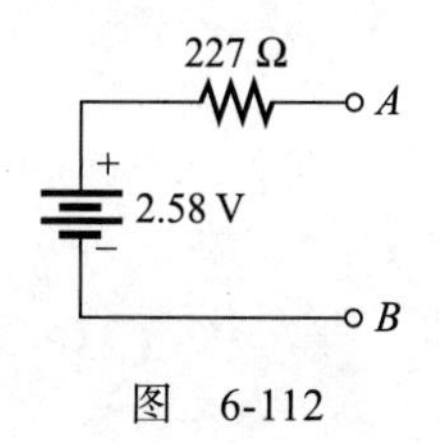


图 6-112

6.7 节

1 最大功率传输定理指出，当负载电阻等于电源电阻时，最大功率从电源传输到负载。

2 当 $R_L$=$R_S$ 时，电源向负载提供最大功率。

3 $R_L$=$R_S$=50 Ω

6.8 节

1 多电源线性电路中的任何支路的总电流，等于各个电源单独作用而其他电源由它们的内阻代替而产生的电流的代数和。

2 叠加定理允许独立处理每个电源。

3 短路模拟理想电压源的零内阻。

4 电流与较大电流的方向相同。

6.9 节

1 开路和短路是两种常见电路故障。

2 (a) 6.28 V (b) 6.28 V (c) 6.2 V (d) 10.0 V (e) 0 V

3 10 kΩ 电阻开路。

**同步练习答案**

例 6-1 $R_2$ 和 $R_3$ 并联，整体与 $R_4$ 串联，该组合与新添电阻串联。

例 6-2 添加的电阻与 $R_5$ 并联。

例 6-3 $A$ 到地：$R_T$=$R_3$||($R_1$+$R_2$)+$R_4$；$B$ 到地：$R_T$=$R_2$||($R_1$+$R_3$)+$R_4$；$C$ 到地：$R_T$=$R_4$。

例 6-4 无。新电阻没有作用，因为它与另一组电阻并联。

例 6-5 $R_1$ 和 $R_4$ 与电路断开。

例 6-6 55.1 Ω

例 6-7 128 Ω

例 6-8 $I_1$=8.93 mA；$I_3$=5.85 mA；$I_T$=18.2 mA

例 6-9 1.65 kΩ，$V_{BC}$ 将降至 3.93 V

例 6-10 $I_1$=1.42 mA，$P_1$=6.67 mW；$I_2$=756 μA，$P_2$=3.55 mW；$I_3$=2.18 mA，$P_3$=4.75 mW；$I_4$=1.13 mA，$P_4$=1.28 mW；$I_5$=1.06 mA，$P_5$=758 μW；$I_6$=1.06 mA，$P_6$=435 μW

例 6-11 3.39 V

例 6-12 电流会增加，因为电路上的负载效应较小。$R_{L2}$ 中的电流为 59 μA。

例 6-13 2.34 V

例 6-14 3.3 kΩ

例 6-15 0.49 V

例 6-16 2.36 V；124 Ω

例 6-17 $V_{TH(AB)}$=3.46 V；$R_{TH(AB)}$=3.08 kΩ

例 6-18 1.17 mA

例 6-19 41.7 mW

例 6-20 22.0 mA

例 6-21 5.0 mA

例 6-22 5.73 V，0 V

例 6-23 9.46 V

例 6-24 $V_A$=12 V；$V_B$=13.8 V

**对 / 错判断答案**

1 对　2 错　3 错
4 对　5 对　6 对
7 错　8 错　9 对
10 错

**自我检测答案**

1 (e)　2 (c)　3 (c)
4 (c)　5 (b)　6 (a)
7 (b)　8 (b)　9 (d)
10 (b)　11 (b)　12 (c)
13 (d)　14 (a)　15 (c)
16 (d)

**故障排查答案**

1 (c)　2 (b)　3 (c)
4 (b)　5 (a)

# 第7章

# 磁和电磁

### 学习目标

- ▶ 掌握磁场的原理
- ▶ 掌握电流的磁效应原理
- ▶ 掌握几种电磁装置的工作原理
- ▶ 掌握磁滞现象
- ▶ 掌握电磁感应的原理
- ▶ 掌握直流发电机的工作原理
- ▶ 掌握直流电动机的工作原理

### 应用案例概述

在本章的应用案例中，你将用继电器等部件来实现安全报警系统。你需要确定如何将各个部件连接起来完整地实现该系统，并且需要检验系统工作是否正常。学习本章后，你将能够完成本章的应用案例。

### 引言

本章介绍了两个新概念：磁和电磁（电流的磁效应和电磁感应）。很多电气设备都是基于磁或电流的磁效应原理进行工作的。电磁感应原理在电感（见第 11 章）或线圈中非常重要。

磁铁有永磁铁和电磁铁两种类型。永磁铁在其两极之间保持恒定的磁场且不需要外部电流激励；而电磁铁只有在电流通过时，才会产生磁场。电磁铁的基本组成是缠绕在磁心材料上的线圈。本章还介绍了直流发电机和直流电动机，它们都是应用磁和电流的磁效应原理的重要设备。

## 7.1 磁场

永磁铁周围存在着磁场。**磁场**由力线（见图 7-1）的磁力形成，它从磁体的 N 极指向 S 极，再通过磁性材料返回到北极。

永磁铁（例如条形磁铁）的周围存在磁场。所有的磁场都起源于运动的电荷，这些电荷在固体磁性材料中表现为运动的电子。在某些材料（例如铁）中，原子可以对齐，以至于电子运动被强化，从而形成伸展在三维空间中的可测量场。甚至一些电的绝缘体也可以表现出这种特性。例如，陶瓷能够被制成非常优良的磁铁，但它却是电的绝缘体。

为了解释和说明磁场，迈克尔·法拉第画了磁力线来表示看不见的磁场。磁力线被广泛用于磁场的描述，并显示磁场的强度和方向。磁力线永远不会交叉。当磁力线彼此靠得很近时，说明磁场很强；当其相距较远时，说明磁场较弱。按照惯例，磁力线总是从磁极的 N 极指向 S 极。即使在弱磁体中，基于数学定义的磁力线的数量也是非常大的，因此为了清楚起见，在磁场图中通常仅画出少数几条线来表示。

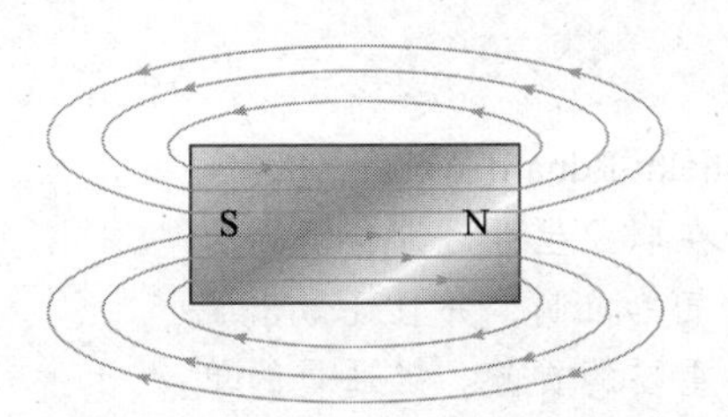


封闭曲线仅代表众多磁力线中的一小部分

图 7-1　环绕一个条形磁铁的磁力线

当两个永磁铁的 N 极和 S 极相互靠近时，它们产生相互吸引的力，如图 7-2a 所示。当两个永磁铁的 N 极和 N 极或 S 极和 S 极同性相互靠近时，它们产生相互排斥的力，如图 7-2b 所示。

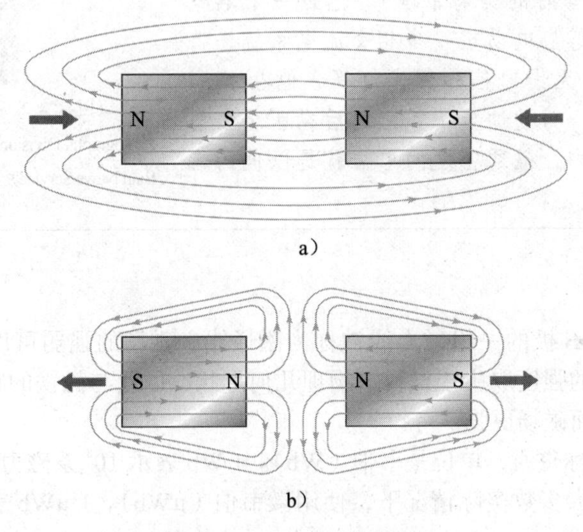


图 7-2　磁极的吸引和排斥

当非磁性材料（如纸、玻璃、木头或塑料）放置在磁场中时，磁力线分布不变，如图 7-3a 所示。然而，当磁性材料，如铁，放置在磁场中时，磁力线倾向于穿过铁磁材料而不穿过周围的空气。这是因为铁磁材料比空气更容易建立磁路，图 7-3b 说明了这个原理。磁力线倾向通过铁或其他材料形成磁路的这一事实，被用于磁屏蔽设计中，以防止杂散磁场影响敏感电路。

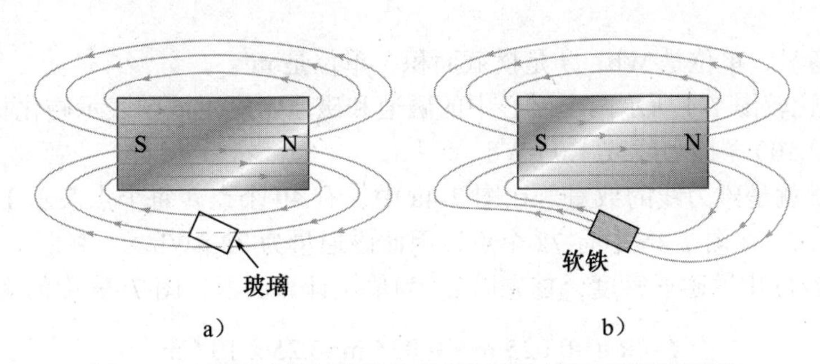


图 7-3　在磁场中放置非磁性材料和磁性材料对磁场的影响

**人物小贴士**

**威廉·爱德华·韦伯**（Wilhelm Eduard Weber, 1804—1891）韦伯是德国物理学家，在职业生涯后期与高斯合作密切。他独立建立了绝对电气单位制，并且还做出了对光的电磁理论后续发展至关重要的贡献。磁通量的单位就是以他的名字命名的。

（图片来源：Library of Congress Prints and Photographs Division，编号 LC-USZ62-100101）

**人物小贴士**

**尼古拉·特斯拉**（Nikola Tesla，1856—1943）特斯拉出生于克罗地亚（当时的奥匈帝国）。他是一个电气工程师，发明了交流感应电动机、多相交流电系统、特斯拉线圈（变压器）、无线通信和荧光灯等。他在1884年第一次来到美国时，为爱迪生工作，之后在西屋公司工作。在国际单位制中，磁通密度的单位就是以他的名字命名的。

（图片来源：Library of Congress Prints and Photographs Division，编号 LC-DIGggbain-0485/Bain News Service）

### 7.1.1 磁通量

从磁极的N极到S极的一组磁力线被称为磁通线。磁场的强弱可以用磁通线或磁力线的疏密来表示。磁场的强度取决于材料、物理几何形状，以及与磁铁的距离等。在磁极处磁力线往往更集中，因而磁场更强。

磁通量（$\Phi$），又称磁通，单位是韦伯（Wb）。1 Wb表示$10^8$条磁力线。Wb是一个非常大的单位。因此，在大多数实际情况下，使用微韦伯（μWb）。1 μWb表示100条磁力线的磁通量。

### 7.1.2 磁通密度

**磁通密度**是垂直于磁场的单位面积上的磁通量，它的符号是$B$，单位是特斯拉（T），1 T等于1 Wb/m²，以下等式是磁通密度的计算公式：

$$B=\frac{\Phi}{A} \tag{7-1}$$

式中，$\Phi$是磁通量，单位是Wb；$A$是横截面积，单位是m²。

**例 7-1** 比较图7-4所示两个磁心中的磁通和磁通密度。该图表示磁化材料的横截面。假设每个点表示100条磁力线或1.0 μWb。

**解** 磁通量就是磁力线的数量。在图7-4a中，有49个点。每个点表示1.0 μWb，因此磁通量为49 μWb。在图7-4b中有72个点，因此磁通量为72 μWb。

要计算图7-4a中的磁通密度，首先以m²为单位计算面积，图7-4a中的面积为

$$A=l\times w=0.025\text{ m}\times 0.025\text{ m}=6.25\times 10^{-4}\text{ m}^2$$

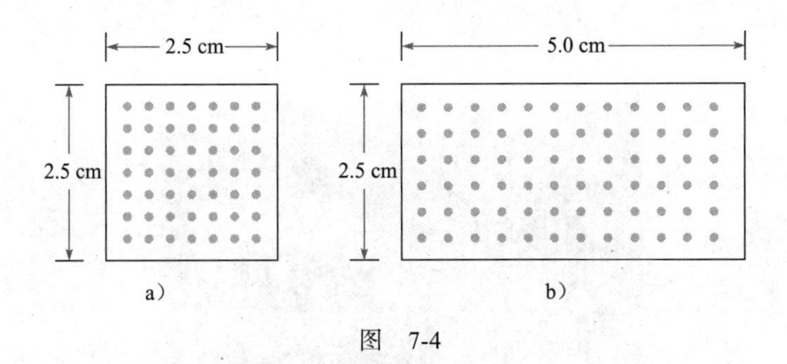


图　7-4

对于图 7-4b，面积为

$$A=l \times w=0.025\ \text{m} \times 0.050\ \text{m}=1.25 \times 10^{-3}\ \text{m}^2$$

利用式（7-1）计算磁通密度。对于图 7-4a，磁通密度为

$$B=\frac{\Phi}{A}=\frac{49\ \mu\text{Wb}}{6.25\times10^{-4}\ \text{m}^2}=78.4\times10^{-3}\ \text{Wb/m}^2=78.4\times10^{-3}\ \text{T}$$

对于图 7-4b，磁通密度为

$$B=\frac{\Phi}{A}=\frac{72\ \mu\text{Wb}}{1.25\times10^{-3}\ \text{m}^2}=57.6\times10^{-3}\ \text{Wb/m}^2=57.6\times10^{-3}\ \text{T}$$ ◄

**同步练习**　在图 7-4a 中，相同的磁通量位于 5.0 cm × 5.0 cm 的磁心中，磁通密度会发生什么变化?

采用科学计算器完成例 7-1 的计算。

**例 7-2**　如果某种磁性材料中的磁通密度为 0.23 T，其材料面积为 0.38 $\text{in}^2$（39.27 in=1 m)，那么通过材料的磁通量是多少?

**解**　首先，0.38 $\text{in}^2$ 必须转换为以平方米为单位的量。由于 39.37 in=1.0 m。因此，

$$A=0.38\ \text{in}^2 \times [1.0\ \text{m}^2/(39.37\ \text{in})^2]=245 \times 10^{-6}\ \text{m}^2$$

通过材料的磁通量为

$$\Phi=BA=0.23\ \text{T} \times (245 \times 10^{-6}\ \text{m}^2)=56.4\ \mu\text{Wb}$$ ◄

**同步练习**　如果 $A$=0.05 $\text{in}^2$，且 $\Phi$=10 μWb，重新计算 $B$。

采用科学计算器完成例 7-2 的计算。

**高斯**　虽然特斯拉（T）是磁通密度的 MKS（米 – 千克 – 秒）国际标准单位，但人们也使用高斯（G，$10^4$ G=1.0 T）作为磁通密度的单位，它来自 CGS（厘米 – 克 – 秒）单位制。实际上，用于测量磁通密度的仪器被称作高斯计。典型的直流高斯计如图 7-5 所示。这是一个便携式高斯计，具有 4 个量程，可以测量像地球磁场（约 0.5 G，但读数会因位置而变化很大）这样小的磁场，也可以测量比如 MRI（磁共振成像，约 10 000 G 或 1 T）等的强磁场。高斯这个单位一直被广泛使用，所以你应该像熟悉特斯拉一样熟悉它。

高斯计通常用于测量继电器、螺线管、电磁铁等的磁场。对于图 7-5 所示的高斯计，需要将“ZERO SET”（零位设置）的粗、细旋钮调节基准读数至零位，在此过程中，保持探头远离磁场和材料。然后将探头置于未知磁场中，选择测量范围。测量时，应使横向探头的平面垂直于磁场。轴向探头可以插入到线圈，使其轴线与磁场平行。在定向测量时，尖端的小霍尔效应传感器应该垂直于磁场。

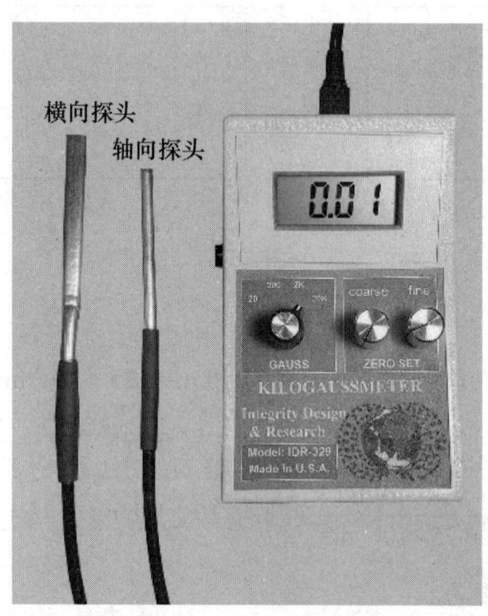


图 7-5 直流高斯计（型号 #IDR-329，由 IDRC 公司制造）

**人物小贴士**

**卡尔·弗里德里希·高斯**（Karl Friedrich Gauss，1777—1855）高斯是德国数学家，驳斥了许多18世纪的数学理论。后来，他与韦伯密切合作，建立了用于系统观测地磁的全球系统站。他们在电磁学方面的最重要成果是推动了电报的发展。CGS 单位制中的磁通密度是以他的名字命名的。

（图片来源：Cci/Shutterstock）

### 7.1.3 材料的磁化

铁磁性材料，如铁、镍和钴等，放置于磁体的磁场中时会被磁化。我们都见过永磁铁吸引物体，如回形针、钉子或铁屑。在这种情况下，物体在永磁场中会被磁化（它们实际上也变成了磁铁），并被吸引到磁铁上。当离开磁场后，物体趋于失去其磁性。

磁性材料不仅会影响磁极处的磁通密度，而且还会影响磁通密度随着与磁极的距离增加而下降的方式。磁性材料的物理尺寸也会影响磁通密度。例如，两个由铝镍钴合金制成的磁盘，其磁极附近具有非常相似的磁通密度，当距离磁极较远时，较大的磁铁具有更高的磁通密度，如图 7-6 所示。请注意，当远离磁极时，磁通密度会迅速下降。这种类型的曲线可以表明给定磁铁在规定的工作距离内能否可靠工作。

铁磁材料在其原子内有微小的磁畴，磁畴因电子的轨道运动和自旋而形成。这些磁畴可以被视为具有 N 极和 S 极的、非常小的条形磁铁。当材料没有暴露于外部磁场中时，磁畴的方向是随机的，如图 7-7a 所示。当材料在磁场中时，这些磁畴的方向趋于对齐，如图 7-7b 所示。因此，物体本身被有效地磁化变成磁铁。

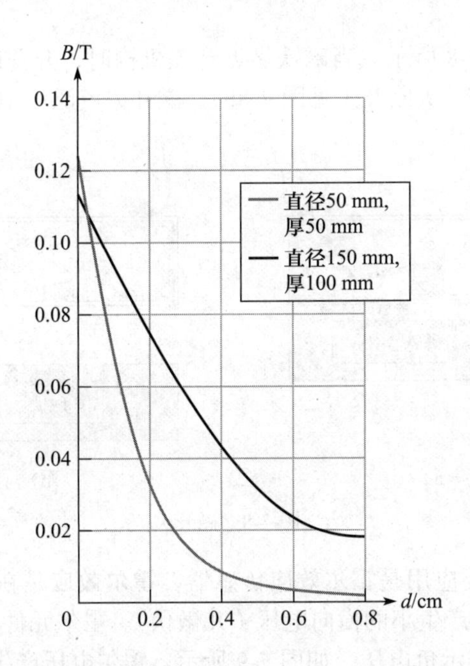


图 7-6　两个磁盘的磁通密度随距离的变化示例，上侧的曲线代表较大的磁铁

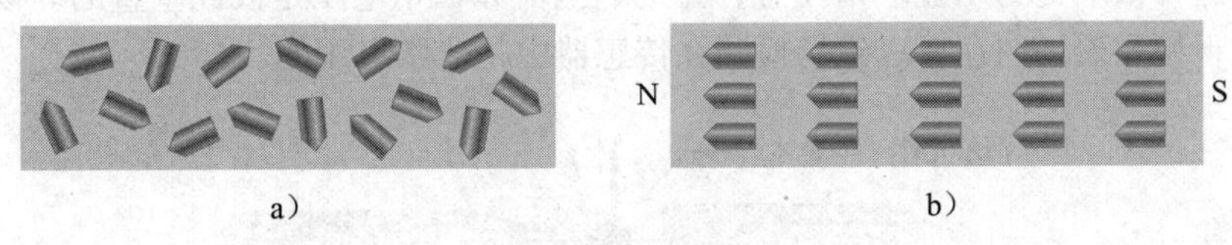


图 7-7　磁畴

材料类型是影响磁铁实际磁通密度的一个重要参数。表 7-1 列出了采用 T 作为单位的典型磁场的磁通密度。对于永磁铁，表中给出的数字是靠近磁极测量的结果。如前所述，随着与磁极距离的增加，这些值会迅速下降。如果进行 MRI（磁共振成像）检查，会有最强大约 1.5 T（15 000 G）的磁场。最强的市售永磁体是由钕、铁、硼组成的复合物（NdFeB 或 NIB），计算机硬盘驱动器使用了这种材料。

**表 7-1　不同情况下的磁通密度**

| 来源 | 典型磁通密度 /T |
|---|---|
| 地磁场 | $4 \times 10^{-5}$（因位置而变化） |
| 小“冰箱贴”的磁铁 | 0.08 ～ 0.1 |
| 陶瓷磁铁 | 0.2 ～ 0.3 |
| （铝镍钴）簧片开关磁铁 | 0.1 ～ 0.2 |
| 钕磁铁 | 0.3 ～ 0.52 |
| 磁共振成像（MRI）（典型） | 1.5 |
| 在实验室中出现的最强稳定磁场 | 45.5 |

## 7.1.4　应用

永磁铁的应用非常广泛，例如无刷电动机（将在第 7.7 节讨论）、磁分离器、扬声器、传声器、汽车，以及在电子制造、物理学研究和某些医疗设备中使用的离子束设备等。永磁铁也常用作开关，如图 7-8 所示。当磁铁靠近开关机构时，开关闭合（见图 7-8a）。当磁铁移开时，弹簧拉动触臂使开关断开（见图 7-8b）。磁开关广泛应用于安全系统中。

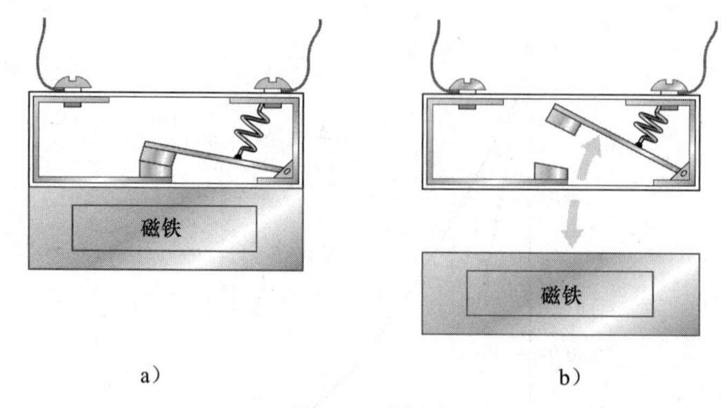


图 7-8 磁开关

永磁体的另一个重要应用是霍尔效应传感器。**霍尔效应**是在磁场中携带电流的薄导体或半导体（霍尔元件）上产生小的横向电压（几微伏）。霍尔元件两端的电压称为霍尔电压，红色表示正电压，蓝色表示负电压，如图 7-9 所示。霍尔电压产生的原因是电子穿过磁场时受到了力的作用，导致霍尔元件一侧的电荷过剩。尽管首先注意到这种效应是在导体中，但在半导体中这种效应更为明显。请注意，磁场、电流和霍尔电压是彼此垂直的。该电压被放大后，可用于检测磁场的存在。磁场检测在传感器中是非常有用的。

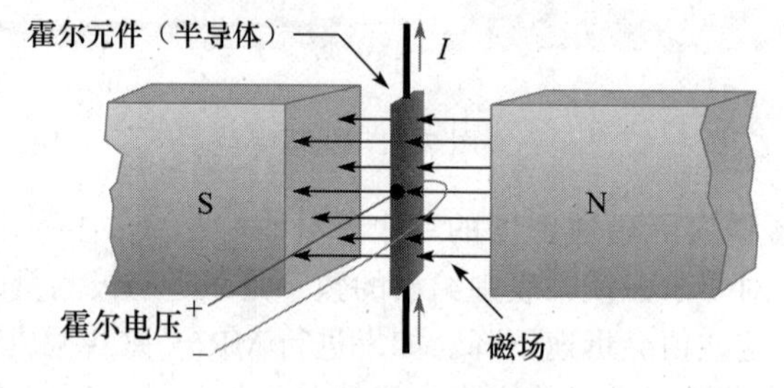


图 7-9 霍尔效应（见彩插）

霍尔效应传感器因其体积小、价格低，且没有移动部件而被广泛使用。它是非接触式传感器，可以进行持续数十亿次的重复操作，这明显优于可能磨损的接触式传感器。霍尔效应传感器可以通过感应磁场的强度来检测与磁铁的距离，越靠近磁铁，磁场越强，而霍尔电压与磁场强度成正比。因此，霍尔电压随着霍尔元件靠近磁铁而增加，而随着霍尔元件远离磁铁而降低。这使得霍尔效应传感器可用于测量位置或感知运动。它们与其他传感器结合使用，可以测量电流、温度或压力等。

霍尔效应传感器的应用包括电机控制、开关电源和负载控制。使用霍尔效应传感器测量电流的实例是 Allegro© MicroSystems ACS723。该部件集成在一个 IC 封装内，它包含一个霍尔效应传感器和产生与参考电压成比例的输出电压电路。图 7-10 所示是霍尔效应传感器 ACS723LLC-5AB 的电流到电压变换特性曲线，该传感器可以通过 ±5.0 A 范围的双向直流或交流电流，电源电压 $V_{CC}$ 为 +5.0 V，输出电压的范围为电源电压的 10% ～ 90%，无电流时的电压等于电源电压的一半。全量程输出为 4.0 V，满量程输入范围为 10 A，传感器的灵敏度（输入变化引起输出的变化）为 0.4 V/ A。ACS723LLC-5AB 还可以测量单向直流电流（±40 A）。这种霍尔效应传感器的优势是它可在输入电流和输出电压之间提供 420 V 的电气隔离。

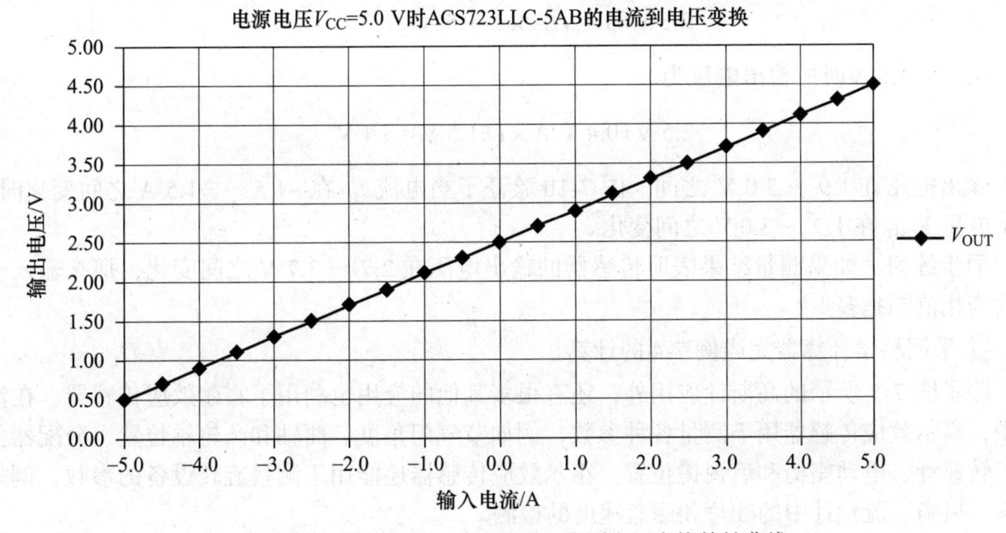


图 7-10　ACS723LLC-5AB 的电流到电压变换特性曲线

## 人物小贴士

**埃德温·赫伯特·霍尔**（Edwin Herbert Hall，1855—1938）霍尔于 1879 年在约翰斯·霍普金斯大学写物理学博士论文时发现了霍尔效应。霍尔的实验过程如下：将玻璃板上的薄金箔暴露在磁场中，并在金箔叶片的长度方向上设置分接点。在给金箔施加电流后，在分接点上观察到一个微小的电压。为了纪念他，这种在放置于磁场中的通电导体或者半导体上产生电压的现象被称为霍尔效应。

（图片来源：Signal Photos/Alamy Stock Photo）

## 安全小贴士

许多强力磁铁非常易碎，在使用强力磁铁工作时，应始终佩戴护目镜。强力磁铁不是玩具，不应该送给儿童，有起搏器的人应该避免接触强磁场。

**例 7-3**　ACS723LLC-5AB 传感器的输入电流 $I_{IN}$ 为 1.0 A，电源电压 $V_{CC}$=5.0 V，输出电压是多少？

**解**　根据传感器的灵敏度 0.4 V/A 和图 7-10，$I_{IN}$ 为 1.0 A 时的输出电压为

$$2.5\text{ V}+0.4\text{ V/A}\times 1.0\text{ A}=2.9\text{ V}$$ ◀

**同步练习**　如果输入电流 $I_{IN}$ 为 −2.0 A，则输出电压是多少？

采用科学计算器完成例 7-3 的计算。

**例 7-4**　ACS723LLC-5AB 传感器的输入电流 $I_{IN}$ 在 −1.5 ～ +1.5 A 之间变化，电源电压 $V_{CC}$=5.0 V。那么输出电压如何变化？（传感器的灵敏度为 0.4 V/A）利用图 7-10 来验证答案。

**解**　根据传感器的灵敏度和图 7-10，$I_{IN}$ 为 −1.5 A 时的输出电压为

$$2.5\ \text{V}+0.4\ \text{V/A}\times(-1.5\ \text{A})=1.9\ \text{V}$$

$I_{IN}$ 为 +1.5 A 时的输出电压为

$$2.5\ \text{V}+0.4\ \text{V/A}\times(+1.5\ \text{V})=3.1\ \text{V}$$

输出电压在 1.9 ～ 3.0 V 之间。图 7-10 验证了当电流 $I_{IN}$ 在 –1.5 ～ +1.5 A 之间变化时，输出电压 $V_{OUT}$ 在 1.9 ～ 3.0 V 之间变化。◀

**同步练习** 如果测量结果表明传感器的输出电压在 2.7 ～ 3.7 V 之间变化，那么输入电流的变化范围是多少？

采用科学计算器完成例 7-4 的计算。

除了图 7-5 所示的高斯计应用外，还有很多其他的应用也利用了霍尔效应传感器。在汽车中，霍尔效应传感器用于测量各种参数，例如节气门角度、曲轴和凸轮轴位置、分配器位置、转速计、电动座椅和后视镜位置。霍尔效应传感器还能用于测量旋转设备的参数，例如钻头、风扇、流量计中的叶片和磁盘速度的检测。

**学习效果检测**

1. 当两个磁铁的 N 极靠近时，它们是相斥还是相吸？
2. 磁通线和磁通密度的区别是什么？
3. 磁通密度的两个单位是什么？
4. 当 $\Phi$=4.5 μWb，且 $A=5.0\times10^{-3}\ \text{m}^2$ 时，磁通密度是多少？
5. 霍尔效应如何用于检测物体的接近程度？

## 7.2 电流的磁效应

**电流的磁效应**是指通过导体中的电流会产生磁场。

电流在导体周围产生的磁场称为**电磁场**，如图 7-11 所示。看不见的磁力线在导体周围形成同心圆形图案，并沿着导线方向连续分布。在图 7-11 中，磁力线是顺时针方向的。当电流反向时，磁力线呈逆时针方向。

虽然我们看不到磁场，但它能够产生可见的效果。例如，如果将载流导线垂直插入一张纸，那么放在纸表面的铁屑会沿着磁力线排列成同心圆，如图 7-12a 所示。图 7-12b 说明放置在磁场中的指南针北极将指向磁力线方向。越靠近导体磁场越强，远离导体磁场变弱。

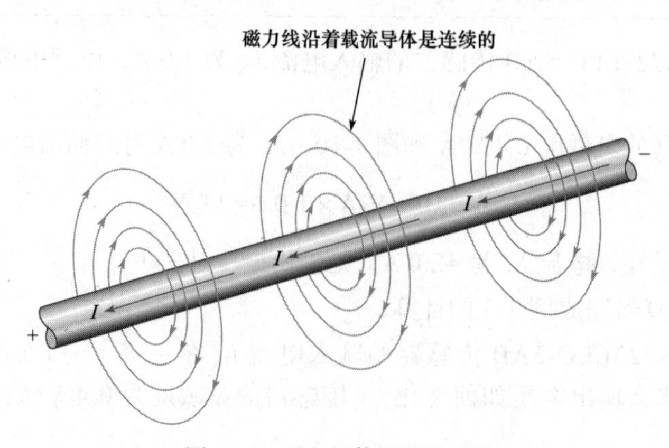


图 7-11 通电导体周围的磁场

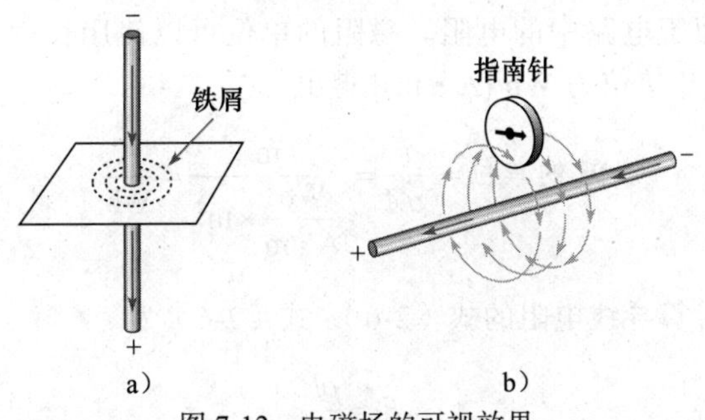

图 7-12　电磁场的可视效果

**左手定则**　左手定则有助于记住磁力线方向，如图 7-13 所示。想象一下，你正用左手抓住导线，用拇指指向电子流动的方向，其余手指便指向磁力线方向。

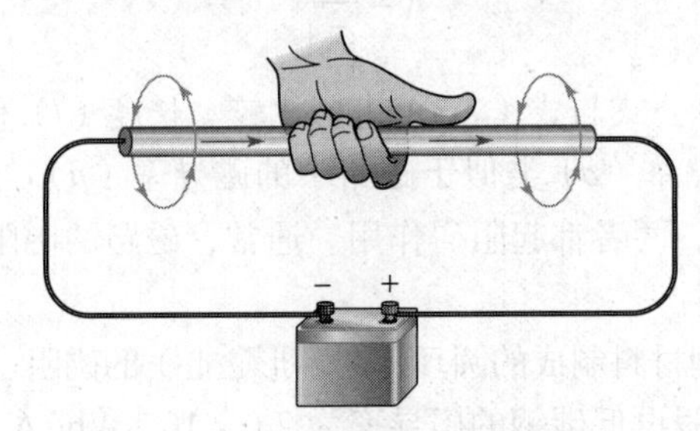
图 7-13　左手定则图示

### 7.2.1　电磁特性参数

现在讨论与电磁场有关的几个重要特性参数。

**磁导率（$\mu$）**　给定材料中建立磁场的难易程度用材料的磁导率来衡量。磁导率越大，磁场越容易建立。磁导率的符号是 $\mu$。

材料的磁导率和它的类型有关。真空的磁导率（$\mu_0$）为 $4\pi \times 10^{-7}$ Wb/(A・m)[㊀]，它被用来作为参考值。铁磁材料的磁导率通常是真空磁导率的几百倍，这表明在这些材料中可以更容易地建立磁场。铁磁材料包括铁、镍、钴及其合金。

材料的相对磁导率（$\mu_r$）是其绝对磁导率（$\mu$）与真空磁导率（$\mu_0$）之比，如式（7-2）所示。

$$\mu_r = \frac{\mu}{\mu_0} \tag{7-2}$$

因为 $\mu_r$ 是磁导率的比值，所以它没有单位（或者说单位为 1）。典型的磁性材料（例如铁）具有数百的相对磁导率。高磁导率材料（例如一些坡莫合金）具有高达 100 000 的相对磁导率。

**磁阻（$\mathfrak{R}$）**[㊁]　阻碍在材料中建立磁场的量被称为磁阻（$\mathfrak{R}$）。磁阻大小与磁路的长度（$l$）成正比，与磁导率（$\mu$）和材料的横截面积（$A$）成反比，如式（7-3）所示：

$$\mathfrak{R} = \frac{l}{\mu A} \tag{7-3}$$

---

㊀ 磁导率的 SI 单位为 H/m，1 H/m=1 Wb/(A・m)。

㊁ 在我国标准中，磁阻的符号为 $R_m$。

磁路中的磁阻类似于电路中的电阻。磁阻的单位可以使用长度 $l$（单位为 m），面积 $A$（单位为 $m^2$）和磁导率 $\mu$[ 单位为 Wb/(A • m)] 得出。

$$\mathfrak{R}\text{的单位}=\frac{l}{\mu A}=\frac{\mathrm{m}}{\frac{\mathrm{Wb}}{\mathrm{A\cdot m}}\times\mathrm{m}^2}=\frac{\mathrm{A}}{\mathrm{Wb}}$$

式（7-3）类似于计算导线电阻的式（2-6），式（2-6）为

$$R=\frac{\rho l}{A}$$

电阻率（$\rho$）的倒数为电导率（$\sigma$），用 $1/\sigma$ 代替 $\rho$，可以将式（2-6）写成

$$R=\frac{l}{\sigma A}$$

将上述导体电阻的计算公式与式（7-3）进行比较。长度（$l$）和面积（$A$）在两个等式有相同的含义。电路中的电导率（$\sigma$）类似于磁路中的磁导率（$\mu$）。此外，电路中的电阻（$R$）类似于磁路中的磁阻（$\mathfrak{R}$），两者都起阻碍作用。通常，磁路的磁阻为 50 000 A/Wb 或更高，这取决于材料的尺寸和类型。

**例 7-5** 计算由低碳钢材料制成的圆环（圆环形磁心）的磁阻。圆环的内半径为 1.75 cm，圆环的外半径为 2.25 cm。假设低碳钢的磁导率为 $2.0\times10^{-4}$ Wb/(A • m)。

**解** 根据给定的尺寸，圆环的横截面积为

$$A=\pi r^2=\pi\times\left(\frac{0.0225\ \mathrm{m}-0.0175\ \mathrm{m}}{2}\right)^2=1.96\times10^{-5}\ \mathrm{m}^2$$

长度等于在平均半径为 2.0 cm（0.020 m）处测量的环面周长。

$$l=C=2\pi r=2\pi\times0.020\ \mathrm{m}=0.126\ \mathrm{m}$$

将这些值代入式（7-3）得磁阻为

$$\mathfrak{R}=\frac{l}{\mu A}=\frac{0.126\ \mathrm{m}}{\left(2.0\times10^{-4}\frac{\mathrm{Wb}}{\mathrm{A\cdot m}}\right)\times(1.96\times10^{-5}\ \mathrm{m}^2)}=32.0\times10^6\ \mathrm{A/Wb}$$ ◀

**同步练习** 如果用磁导率为 $5.0\times10^{-4}$ Wb/(A • m) 的铸钢代替铸铁心，那么磁阻会发生什么变化？

采用科学计算器完成例 7-5 的计算。

**例 7-6** 低碳钢的相对磁导率为 800，计算长度为 10 cm、横截面积为 1.0 cm × 1.2 cm 的低碳钢心的磁阻。

**解** 首先，确定低碳钢的磁导率。

$$\mu=\mu_0\mu_r=4\pi\times10^{-7}\ \mathrm{Wb/(A\cdot m)}\times800=1.005\times10^{-3}\ \mathrm{Wb/(A\cdot m)}$$

其次，将长度单位厘米换算成米，面积单位换算成平方米。

$$l=10\ \mathrm{cm}=0.10\ \mathrm{m}$$

$$A=0.010\ \text{m}\times 0.012\ \text{m}=1.2\times 10^{-4}\ \text{m}^2$$

将这些值代入式（7-3）得磁阻为

$$\mathfrak{R}=\frac{l}{\mu A}=\frac{0.10\ \text{m}}{\left(1.005\times 10^{-3}\ \dfrac{\text{Wb}}{\text{A}\cdot\text{m}}\right)\times(1.2\times 10^{-4}\ \text{m}^2)}=8.29\times 10^5\ \text{A/Wb}$$ ◀

**同步练习** 如果磁心是由78坡莫合金制成，其相对磁导率为4000，那么磁阻会发生什么变化？

▦ 采用科学计算器完成例7-6的计算。

**磁动势（mmf）** 如你所知，导体中的电流会产生磁场。产生磁场的原因就是磁动势（mmf）。磁力是对磁动势的一种误称，因为在物理意义上，磁动势并不是一种真正的力，而是电荷（电流）运动的直接结果。磁动势的单位为**安培（A）**，它基于线圈中的电流而得名。计算磁动势的公式为：

$$F_m=NI \tag{7-4}$$

式中，$F_m$是磁动势（单位为A），$N$是线圈的匝数（单位为1），$I$是以A为单位的电流。

图7-14说明了用磁性材料作为心柱，缠绕多匝线圈，线圈通以电流产生磁动势，磁动势建立了通过磁路的磁力线。磁通量取决于磁动势的大小和材料的磁阻，如式（7-5）所示：

$$\Phi=\frac{F_m}{\mathfrak{R}} \tag{7-5}$$

式（7-5）为*磁路的欧姆定律*，磁通量（$\Phi$）可类比于电流，磁动势（$F_m$）可类比于电压，而磁阻（$\mathfrak{R}$）可类比于电阻。磁通量是结果，磁动势是原因，而磁阻则起阻碍作用。

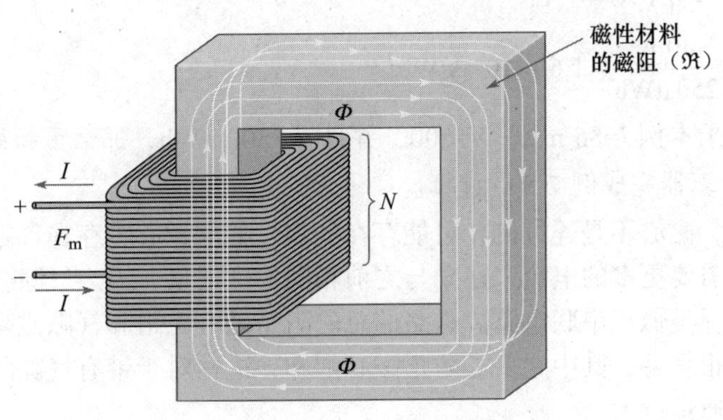


图7-14 一个基本磁路

电路和磁路的一个重要区别在于：对于磁路，式（7-5）仅在磁性材料饱和（磁通量达到最大值）之前有效。当你查看7.4节中的磁滞回线时，将能体会到这一点。另一个不同之处是，磁通量可以存在于没有磁动势的永磁铁中。在永磁铁中，磁通量是由内部电子运动而不是外部电流引起的。在电路中则没有这个现象。

**例 7-7** 如果材料的磁阻为 $2.8\times10^5$ A/Wb，则在图 7-15 所示的磁路中磁通量是多少？

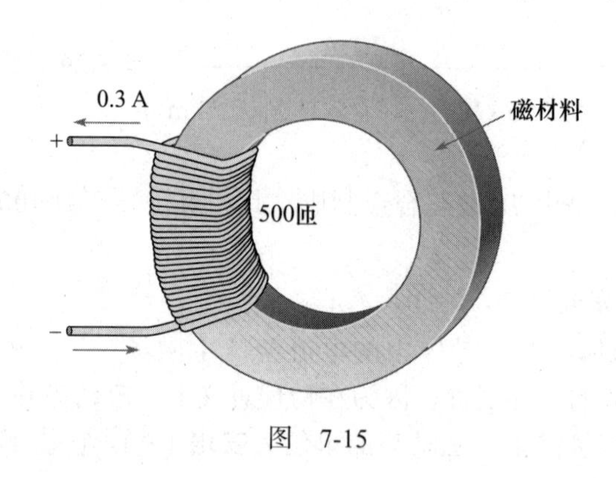


图 7-15

**解** 磁通量为

$$\Phi=\frac{F_{\mathrm{m}}}{\mathfrak{R}}=\frac{NI}{\mathfrak{R}}=\frac{500\times0.3\ \mathrm{A}}{2.8\times10^5\ \mathrm{A/Wb}}=5.36\times10^{-4}\ \mathrm{Wb}=536\ \mu\mathrm{Wb}$$ ◀

**同步练习** 如果磁阻为 $7.5\times10^3$ A/Wb，匝数为 300，电流为 0.18 A，那么图 7-15 所示磁路中的磁通等于多少？

**例 7-8** 通过 400 匝的线圈有 0.1 A 的电流。

（a）磁动势是多少？

（b）如果产生磁通量为 250 μWb，那么磁阻是多少？

**解**

（a）$N$=400，$I$=0.1 A

$F_{\mathrm{m}}=NI=400\times0.1\ \mathrm{A}=40\ \mathrm{A}$

（b）$\mathfrak{R}=\frac{F_{\mathrm{m}}}{\Phi}=\frac{40\ \mathrm{A}}{250\ \mu\mathrm{Wb}}=1.60\times10^5\ \mathrm{A/Wb}$ ◀

**同步练习** 如果本例 $I$=85 mA，$N$=500，并且 $\Phi$=500 μWb，那么重新计算上面的例题。

采用科学计算器完成例 7-8 的计算。

在许多磁路中，磁心不是连续的，可能存在气隙。如果磁心中存在气隙，则会增加磁路的磁阻。这意味着需要更多的电流来建立与之前相同的磁通量，因为气隙会对磁通量产生显著的阻碍。这种情况类似于串联电路。磁路的总磁阻是磁心磁阻和气隙磁阻之和。在磁心中存在气隙的原因有很多种，其中之一是防止磁心饱和，这样对于带有气隙的磁路，线圈电流的增加不会导致磁通量过大。

广泛使用的磁心材料由铁氧体材料构成。**铁氧体**是由氧化铁和其他材料组成的结晶化合物，可以根据所需特性进行选择。硬铁氧体广泛用于制造永磁铁。另一类铁氧体被称为软铁氧体，特别适用于电感、高频变压器、天线和其他电子元器件。电感将在第 11 章讨论，变压器将在第 14 章讨论。

### 7.2.2 电磁铁

电磁铁的工作原理是电流的磁效应。基本电磁铁很简单，在铁心材料上缠绕一组线圈，通电后铁心材料便被磁化。

电磁铁有多种形状，以适应各种用途。例如，图 7-16 显示了 U 形磁心。当线圈连接到电池上并且有电流时，便建立了如图 7-16a 所示的磁场。如果电流反向，磁场也反向，如图 7-16b 所示。N 极和 S 极越接近，它们之间的气隙越小，磁阻便越小，越容易建立磁场。

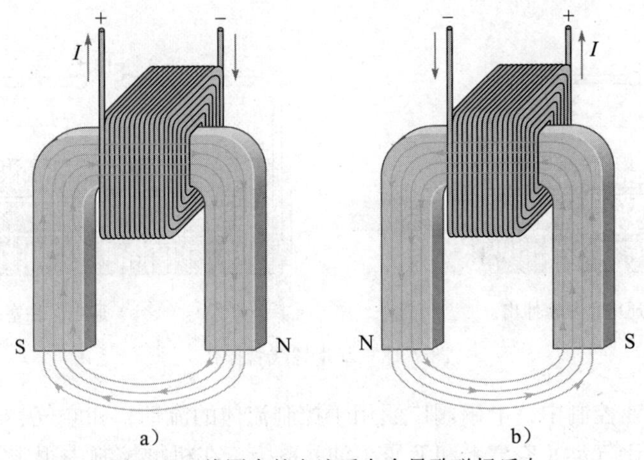


图 7-16　线圈中的电流反向会导致磁场反向

**学习效果检测**

1. 解释永磁体的磁场和电流的磁效应产生的磁场之间的区别。
2. 当通过线圈的电流反向时，电磁铁中的磁场会发生什么变化?
3. 阐述磁路的欧姆定律。
4. 将问题 3 中的每个物理量与电路中的对应物理量对应。

## 7.3　电磁设备

许多电气设备，例如计算机存储设备（硬盘驱动器和磁带备份驱动器)、电动机、扬声器、螺线管和继电器等，都是基于电流的磁效应原理工作的。变压器是另一个重要的应用例子，我们将在第 14 章介绍它。

### 7.3.1　螺线管

**螺线管**是一种典型的电磁装置，具有可移动的铁心，称为柱塞。该铁心的运动取决于电磁场和机械弹簧力的大小关系。螺线管的基本结构如图 7-17 所示。它的圆柱形线圈缠绕在内部空心的非磁性材料上。静铁心固定在轴端，而动铁心（柱塞）通过弹簧连接到铁心上。

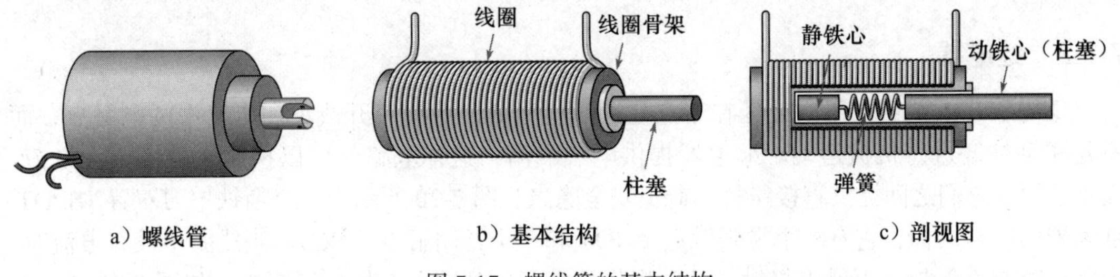


图 7-17　螺线管的基本结构

在静止（或未通电）状态下，柱塞向外伸出（见图 7-18a)，螺线管中的线圈通电产生电流，电流产生的电磁场将两个铁心磁化，如图 7-18b 所示。静铁心的 S 极吸引动铁心的 N 极，使其向内滑动，从而使柱塞缩回并压缩弹簧。只要线圈中有电流，柱塞就会被磁力吸引。当切断电流时，磁场减弱，压缩弹簧的力会将柱塞弹出。螺线管的应用有打开和关闭阀门、汽车门锁等。

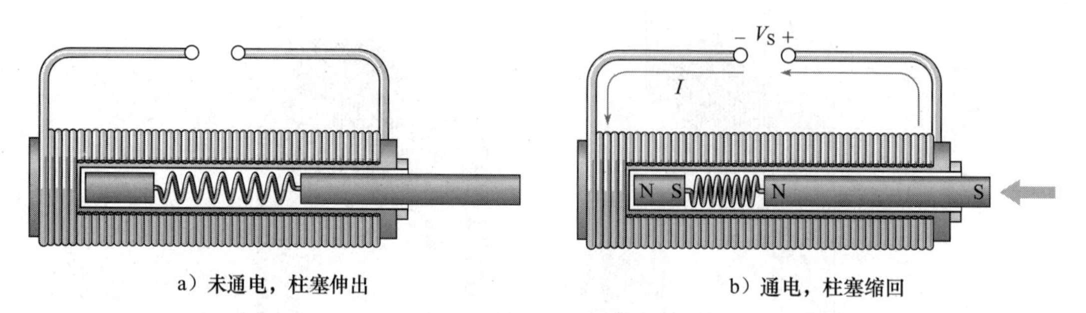


a）未通电，柱塞伸出　　b）通电，柱塞缩回

图 7-18　基本螺线管操作

**电磁阀**　在工业控制中，电磁阀广泛用于控制流体的流动，如空气、水、蒸汽、油和制冷剂。电磁阀应用于气动（空气）和液压（油）系统，在机械控制中很常见。电磁阀在航空航天和医疗领域也很常见。电磁阀可以通过移动柱塞来打开或关闭阀门，或者可以将阻挡片旋转到固定位置。

电磁阀由两个功能单元组成：螺线管（提供磁场，也就是提供打开或关闭阀门所需的动力）和阀体（通过防漏密封与线圈组件隔离，包括管和蝶阀）。图 7-19 为常见电磁阀的结构。当电磁阀通电时，蝶阀转动打开常闭（NC）阀门或关闭常开（NO）阀门。

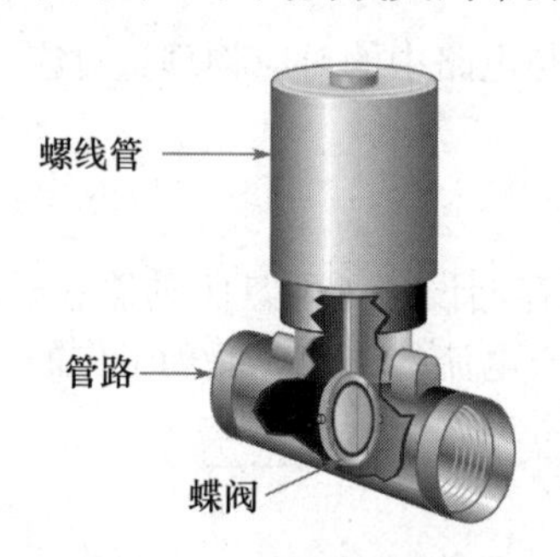


图 7-19　常见电磁阀结构

电磁阀有多种配置，包括常开阀门或常闭阀门。它们适用于不同类型的流体（例如气体或水）、压力、通路数量、尺寸等。同一个电磁阀可以有多个螺线管，可以控制多条管路。

### 7.3.2　继电器

**继电器**与螺线管的不同之处在于它是通过电流的磁效应打开或关闭电路中的电触点，而不是驱动柱塞进行机械运动。继电器提供电气隔离，这样电路就可以控制大电压或大电流，而不需要在它们之间提供直接路径，避免安全隐患。图 7-20 所示为一个衔铁单刀双置（SPDT）继电器的基本结构，它有一个常开触点（NO）和一个常闭触点（NC）。当线圈中没有电流时，衔铁通过弹簧保持与上触点接触，从而提供从端子 1 到端子 2 的电气连接，如图 7-20a 所示。当线圈接通电流时，衔铁被电磁场的吸引力拉下，并与下触点接触以提供从端子 1 和端子 3 的电气连接，如图 7-20b 所示。这使得常开触点（NO）关闭，而常闭触点（NC）打开。

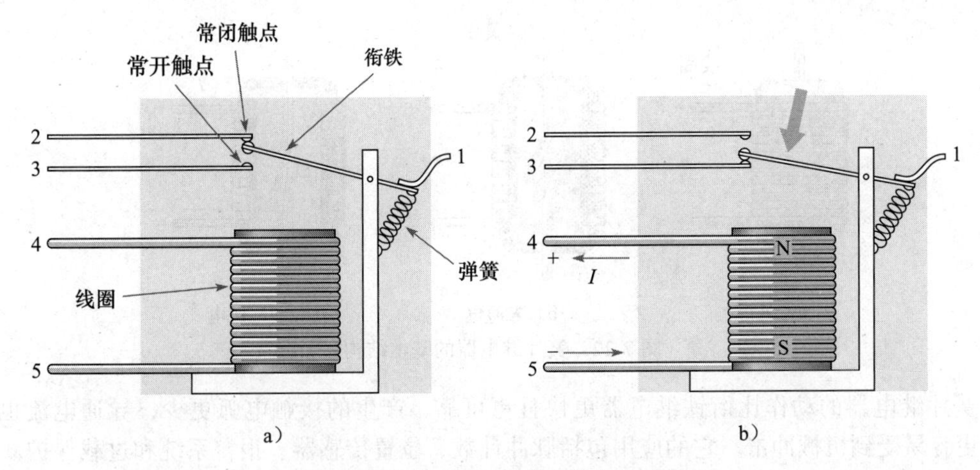


图 7-20　衔铁单刀双置继电器的基本结构

继电器可能出现电弧问题，负载为电感负载时更容易出现。当切断负载电流时产生的感应电压会引起电弧，它足以引起电火花，从而使衔铁和触点之间导通。随着时间的推移，电弧会使触点表面出现坑洼，降低触点质量，最终使得继电器触点不能可靠地闭合。另一个问题是，当继电器触点首次闭合时会产生很大的电流，当负载为电容负载时更容易出现，因为电容刚接入时可以看作是直流短路。这种大电流可以将衔铁和继电器的触点焊接在一起，使继电器无法打开。

典型衔铁继电器结构及其符号如图 7-21 所示。

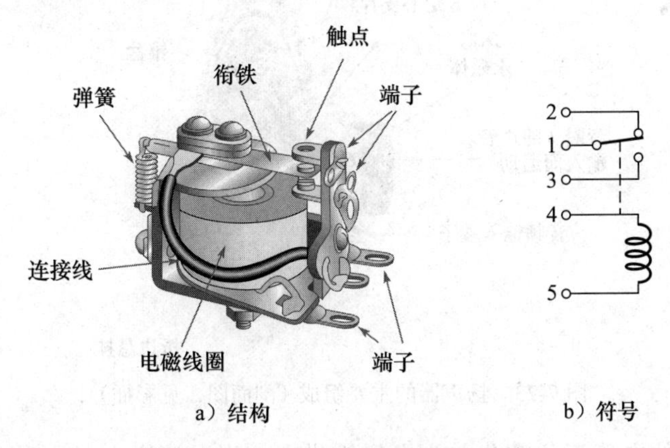


图 7-21　典型衔铁继电器结构及其符号

接触器与继电器功能类似，是一种电控开关，用于控制流向负载的电流（15 A 或更大）。对于接触器，负载直接连接到接触点，因此需要设计特殊的触点，以便最大限度地减少电弧放电问题。通常，接触器有相比于继电器更大的接触点，能够快速打开和闭合，以便最小化电弧加热触点的时间。在高压应用中，触点之间的绝缘材料用于防止触点之间的电弧放电。接触器用于工业中时，其触点连接到诸如大型电动机或加热元件等负载。

另一种广泛使用的继电器类型是簧片继电器，如图 7-22 所示。与衔铁继电器一样，簧片继电器也使用电磁线圈。触点是薄磁性材料制成的簧片，通常位于线圈内部。当线圈中没有电流时，簧片处于开路位置，如图 7-22b 所示。当有电流通过线圈时，簧片会接通，因为它们被磁化并相互吸引，如图 7-22c 所示。

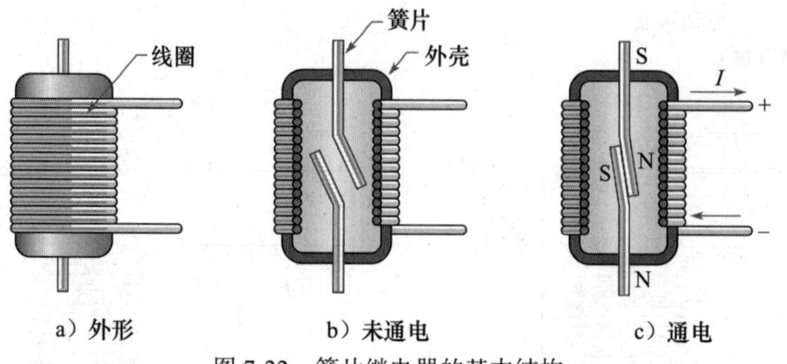


图 7-22 簧片继电器的基本结构

簧片继电器的动作比衔铁继电器更快且更可靠，产生的接触电弧更少，导通电流也更小，更容易受到机械冲击。它的应用包括脉冲计数、位置传感器、报警系统和过载保护。

### 7.3.3 扬声器

扬声器是一种将电信号转换成声音信号的电磁设备。本质上，它是一个直线电动机，可以交替吸引和排斥电磁铁使其进出环形永磁体。图 7-23 显示了扬声器的主要组成。音频信号通过导线传递到音圈的圆柱形线圈上。音圈和它的可移动转子形成一个电磁铁，这个电磁铁悬挂在定心支片的手风琴结构中。定心支片就像手风琴中的弹簧，使音圈保持在中间位置，并在有输入信号时将其恢复到静止位置。

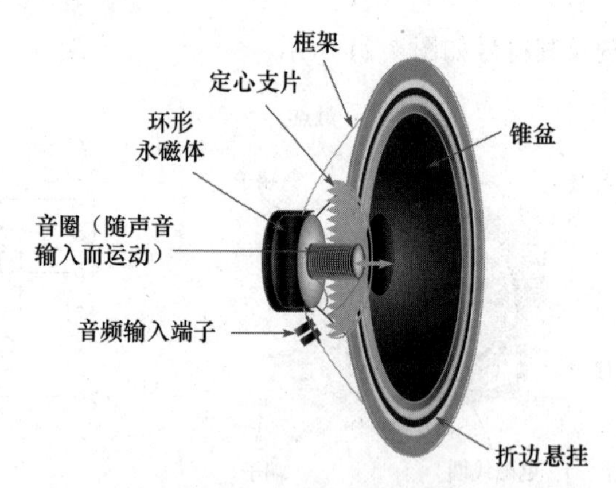


图 7-23 扬声器的主要组成（剖面图，见彩插）

来自音频输入的电流正负变化并为电磁铁供电。当电流增大时，吸引力或排斥力会更大。当输入反方向电流时，电磁铁的极性也会反向，紧紧地跟随输入信号。音圈被牢固地固定在纸盆上，锥盆是一个柔性膜片，它可以通过振动产生声音。

### 7.3.4 表头部件

达松伐尔（d'Arsonval）表头是模拟万用表中最常用的表头。在这种类型的仪表中，指针随线圈中的电流成比例地偏转。图 7-24 显示了达松伐尔表头的运动构造。它由缠绕在轴承组件上的线圈组成，该线圈被放置在永磁体的磁极之间。指针安装在运动组件上。在线圈没有电流通过的情况下，弹簧机构将指针保持在最左侧（零）位置。当线圈有电流通过时，指针向右偏转，偏转量取决于电流的大小。

图 7-25 说明了磁场的相互作用使线圈组件偏转。图 7-25 中的单个线圈中，电流在“⊕”处流入页面，而在“⊙”处流出页面。向内流入的电流产生逆时针电磁场，增强了其下方的永久磁场。结果是在线圈左侧产生一个向上的力，在线圈右侧产生一个向下的力。这些力使线圈组件顺时针旋转，方向与弹簧机构的转矩方向相反。线圈产生的转动指针的力和弹簧力在某电流值处达到平衡。当电流消失时，弹簧力将指针拉回零位置。

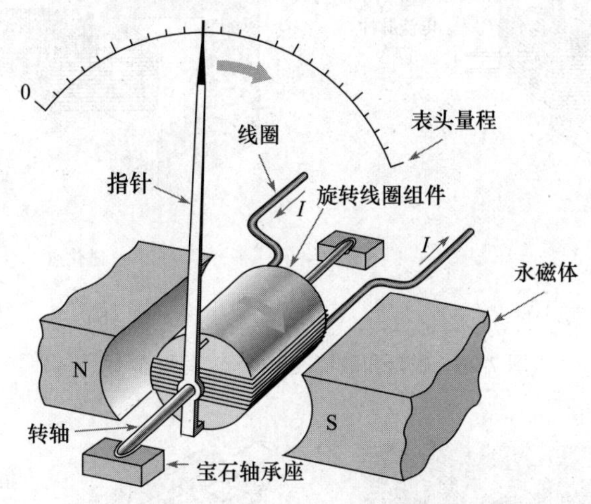


图 7-24　达松伐尔表头的运动构造

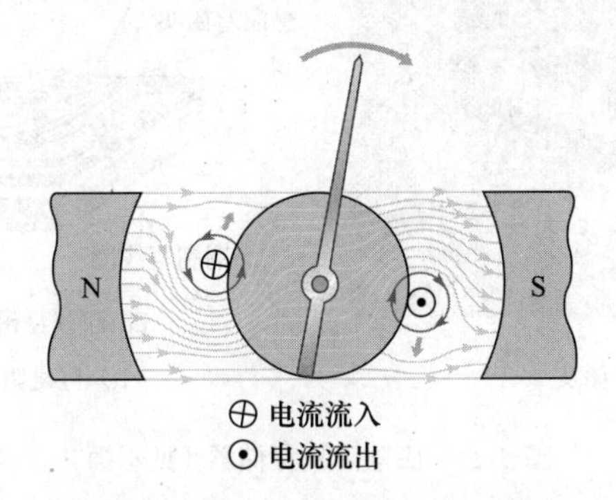


图 7-25　当电磁场与永久磁场相互作用时，旋转线圈组件顺时针旋转，带动指针偏转

### 7.3.5　磁盘和磁带的读 / 写磁头

磁盘和磁带表面的读 / 写操作的简化图如图 7-26 所示。当写磁头移动时，数据位（1 或 0）通过表面微小部分的磁化被写入磁表面。磁通量的方向由线圈中电流脉冲的方向来控制，图 7-26a 显示了正脉冲的情况。在写磁头的气隙处，磁通量通过存储装置磁运动的表面的低磁阻路径。这会磁化在磁场方向上磁表面上的“点”。一种极性的磁化点表示二进制 1，相反极性则表示二进制 0。一旦磁表面上的点被磁化，它就会一直存在，直到被反向的磁场覆盖。

在旧式的读磁头中，磁化点在读磁头下方，并使磁通沿着低磁阻路径通过读磁头，如图 7-26b 所示。感应电流的方向取决于磁化点的极性。一些较老的读写头将读写结合在一起，但通常读写功能是分开使用不同磁头实现的。现代硬盘读磁头使用更敏感的磁阻磁头，它比会在线圈中产生电流的老式磁头更敏感。磁阻式读磁头使用一种特殊的材料，能够在磁场作用下改变其电阻值。电阻值取决于磁场的方向，特殊的传感器可以将电阻值转换为写在介质上的数据位。图 7-27a 显示了与硬盘驱动器配合使用的磁阻式读磁头。这种类型的磁头（称为巨磁阻式磁头或 GMR 头）可以在磁性材料中实现更高的数据存储密度。GMR 头使用自旋阀的器件，其电阻取决于两个内层之间的磁化对准情况。

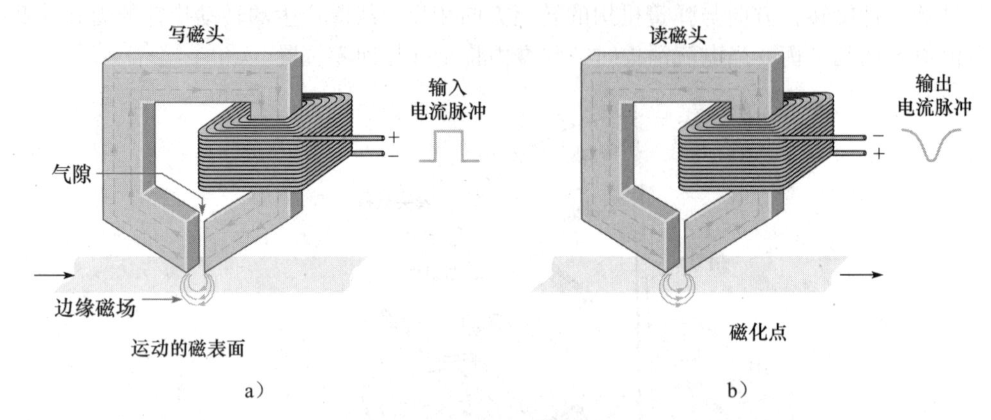


图 7-26 磁盘和磁带表面的读 / 写操作

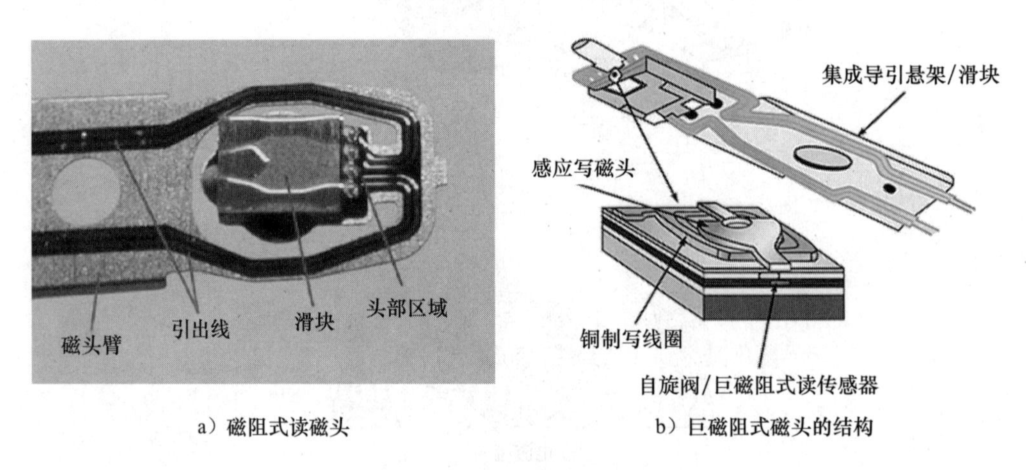


图 7-27 磁阻随机存储器（见彩插）

磁阻随机存储器（MRAM）是一种将二进制状态（0 或 1）存储在与硅电路集成的铁氧体中。因为它是磁性的，所以在断电时能够维持存储的数据。数据位存储在用磁隧道结作为存储单元的阵列中。两个磁性层由隧道势垒的极薄绝缘层隔开，形成磁性隧道结（MTJ）的夹层，如同三明治结构，如图 7-28a 所示。底层是固定的永磁层，在生产时已制造好；顶层是自由磁层。自由磁层中磁极的极性可以改变胞元的电阻（高电阻或低电阻），这决定了存储 1 还是 0。当断电时，该电阻不会改变，这意味着数据是非易失性的，这是这类存储器的重要优势。

目前，存在两种写入每个磁存储单元极性的技术。在切换式磁阻随机存储器中，通过垂直交叉处的电流方向来控制写入数据，如图 7-28b 所示。两条线都必须处于活动状态才能写入给定的单元。

与两条写入线的写入电流相关联的磁场可以确定磁的极性，并决定 MTJ 的电阻。这种方法对位密度有限制，因为如果相邻的胞元彼此太靠近，则它们的磁场会相互干扰。切换式磁阻随机存储器自 2003 年开始投入生产。

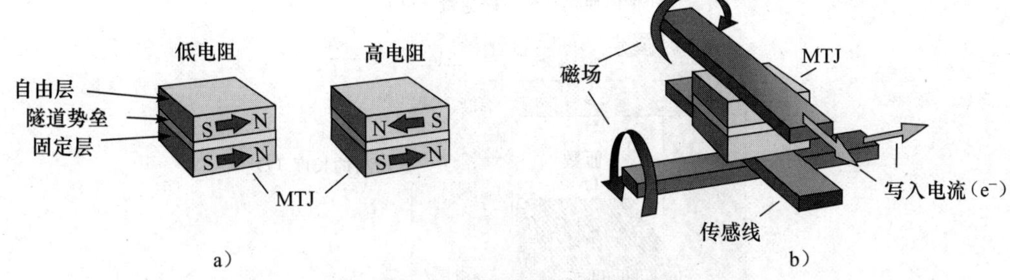


图 7-28　磁阻随机存储器结构

*自旋转矩*（ST）的第二代技术利用电子的自旋状态来读取或写入存储胞元，并克服了切换式磁阻随机存储器的一些缺点。自旋是电子（或其他电荷载体）的特性，类似于微型陀螺，因此承载角动量。通常电流是两种自旋混合体，一半自旋向上，一半自旋向下。在极化的自旋电流中，大多数载流子具有相同的自旋方向。极化的自旋电流具有翻转胞元磁状态的能力。因为磁干扰大大减少，所以该技术允许在切换式磁阻随机存储器中有更高的密度。

为了读取磁阻随机存储器胞元中存储的数据，作为胞元一部分的晶体管需要被激活。胞元的电阻取决于自由层中磁极的极性。如果极性与固定层的极性相匹配，则电阻低；否则电阻会很高。磁阻随机存储器除了具有非易失性，还具有快速、可靠、低功耗等优点，并且因为没有移动部件而没有磨损。

**学习效果检测**

1. 解释电磁阀和继电器之间的区别。
2. 电磁阀的可动部分叫什么？
3. 继电器的可动部分叫什么？
4. 达松伐尔表头的基本运动原理是什么？
5. 扬声器中定心支片的功能是什么？
6. 描述磁阻随机存储器的基本存储胞元。

## 7.4　磁滞

当磁化力施加到材料上时，材料中的磁通密度会以某种方式发生变化。

### 7.4.1　磁场强度（$H$）

材料中的**磁场强度**（也被称为*磁化力*）被定义为材料的每单位长度（$l$）的磁动势（$F_m$），如式（7-6）所示。磁场强度（$H$）的单位是 A/m。

$$H = \frac{F_m}{l} \tag{7-6}$$

式中，$F_m=NI$。注意，磁场强度取决于线圈的匝数（$N$）、通过线圈的电流（$I$）和材料的长度（$l$），与材料的类型无关。

因为 $\Phi=F_m / \mathfrak{R}$，所以随着 $F_m$ 的增加，磁通量也增加，磁场强度（$H$）也增加。回想一下，磁通密度（$B$）是每单位横截面积的磁通量（$B=\Phi / A$），因此，$B$ 也相应增加。显示 $B$ 和 $H$ 关系的曲线被称为 $B$-$H$ 曲线或磁滞回线。影响 $B$ 和 $H$ 的参数如图 7-29 所示。

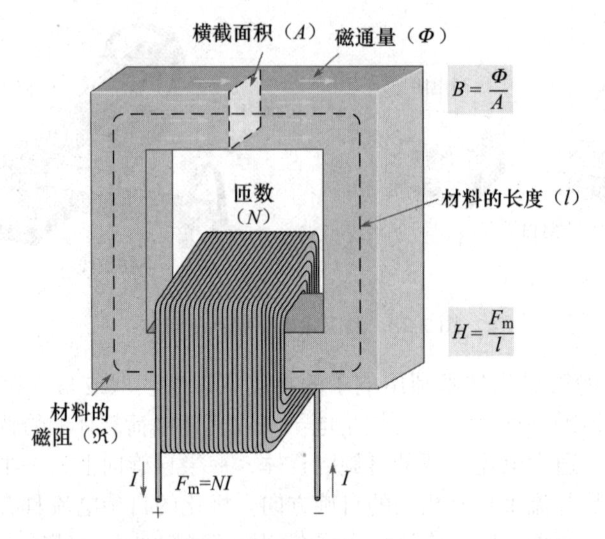


图 7-29 决定磁场强度（$H$）和磁通密度（$B$）的参数

## 7.4.2 磁滞回线和剩磁

**磁滞**是磁性材料的重要特征，是指磁化（也可以说是磁通密度）的变化滞后于所施加磁场强度的变化。通过改变线圈的电流，可以很容易地增加或减小磁场强度（$H$），并且可以通过给线圈施加反向电压来使磁场强度（$H$）反向。

图 7-30 说明了磁滞回线的形成过程。让我们首先假设磁心是非磁化的，因此 $B$=0。当磁场强度（$H$）从零增加时，磁通密度（$B$）起初按比例增加，如图 7-30a 所示。当 $H$ 达到某个值时，$B$ 开始趋于平稳。当 $H$ 继续增加到 $H_{sat}$ 时，$B$ 达到饱和值 $B_{sat}$，如图 7-30b 所示。一旦达到饱和，$H$ 的进一步增加将不会使 $B$ 增加。

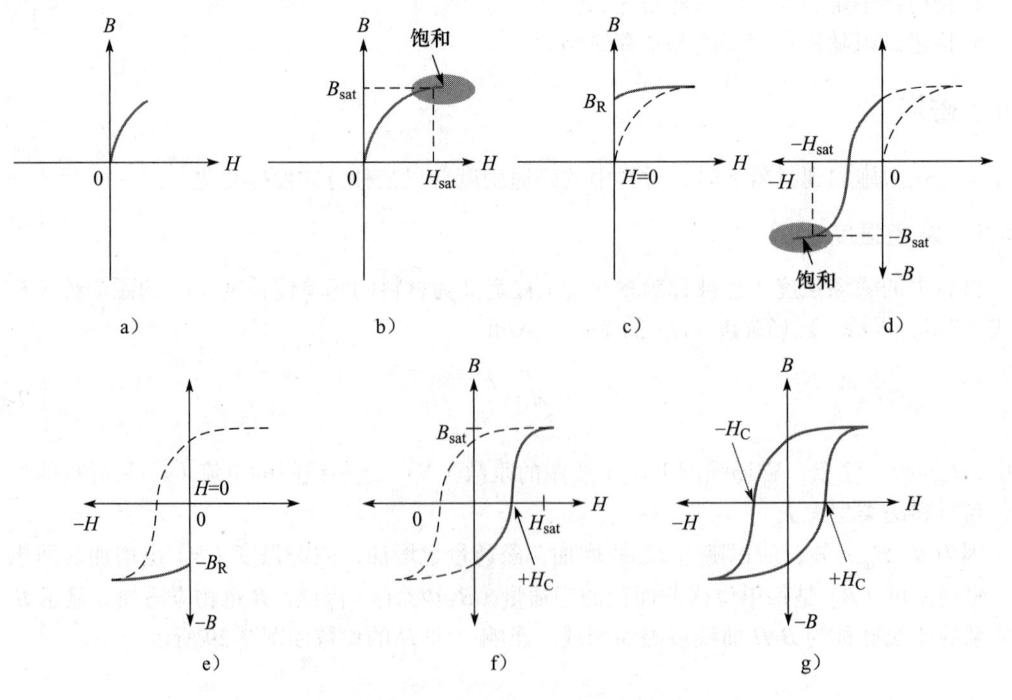


图 7-30 磁滞回线的形成过程

如果 $H$ 减小到零，$B$ 将沿着不同的路径回落到剩余值（$B_R$），如图 7-30c 所示。这表明即使磁场强度为零（$H$=0），材料仍保持磁化状态。材料在没有磁场强度的情况下继续保持磁化状态的能力称为**剩磁**。材料的剩磁表示在材料被磁化至饱和之后可以保留的最大磁通量，用剩磁系数即 $B_R$ 与 $B_{sat}$ 的比值表示。

反向的磁场强度由曲线上 $H$ 的负值表示，可以通过改变线圈中的电流方向来使磁场强度反向。如图 7-30d 所示，在负方向上，$H$ 的增加到最大负值（$-H_{sat}$）时，磁通密度达到反向饱和。

当去除磁场强度（$H$=0）时，磁通密度达到其负剩余值（$-B_R$），如图 7-30e 所示。从 $-B_R$ 值开始，磁通密度按照图 7-30f 中的曲线回到其最大正值，这时磁场强度等于正方向上的 $H_{sat}$。

完整的 $B$-$H$ 曲线如图 7-30g 所示，又称为*磁滞回线*。使磁通密度为零所需的磁场强度称为*矫顽力* $H_C$。

具有低剩磁的材料不能保持磁场，而具有高剩磁的材料，它的剩磁值 $B_R$ 非常接近饱和值。对于不同的应用，磁性材料中的剩磁可能是优点，也可能是缺点。例如，在永磁铁和磁带中，需要高的剩磁。在交流电动机中，不希望有剩磁，因为每次电流反向时都必须克服剩磁，从而浪费能量。

**学习效果检测**

1. 对于给定的绕线磁心，当流过线圈的电流增加时，它如何影响磁通密度？
2. 定义剩磁。

## 7.5　电磁感应

本节介绍电磁感应。电磁感应原理使变压器、发电机和许多其他设备的使用成为可能。

### 7.5.1　相对运动

当直导体垂直于磁场运动时，导体和磁场之间就会发生相对运动。同样，当磁场垂直于固定导体运动时，也存在相对运动。在任何一种情况下，这种相对运动都会在导体两端产生**感应电压（$v_{ind}$）**，如图 7-31 所示。该原理称为**电磁感应**。小写字母 $v$ 代表瞬时电压。仅当导体“切断”磁力线时才会感应出电压。感应电压（$v_{ind}$）的大小取决于磁通密度（$B$），导体暴露于磁场中的长度（$l$），以及导体和磁场相对移动的速度（$v$）。相对速度越快，感应电压越大。

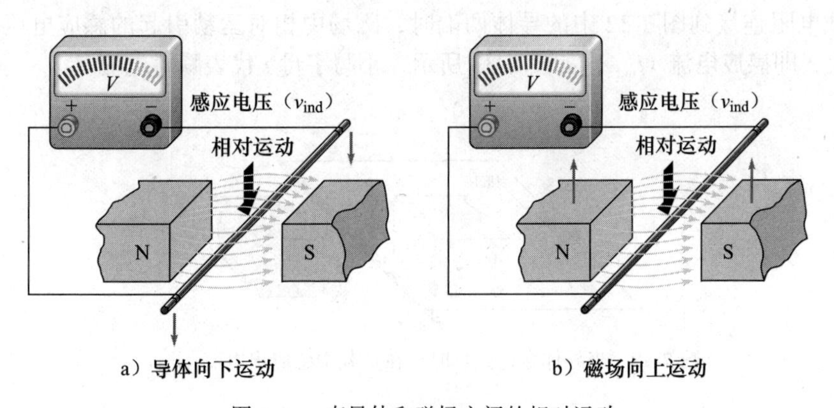


图 7-31　直导体和磁场之间的相对运动

### 7.5.2 感应电压的极性

如果图 7-31 中的导体首先在磁场中向一个方向移动，然后再向另一个方向移动，将观察到感应电压极性发生反转。当导体向下移动时，感应电压的极性如图 7-32a 中所示。当导体向上移动时，极性如图 7-32b 中所示。

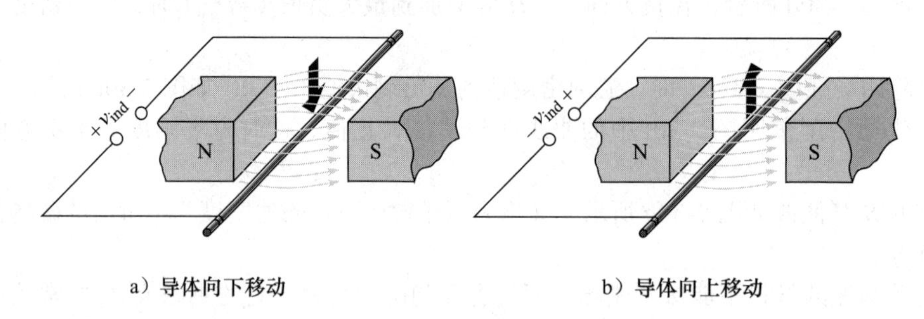


a）导体向下移动　　b）导体向上移动

图 7-32　感应电压的极性取决于运动方向

当直线导体垂直于恒定磁场运动时，感应电压如式（7-7）所示。

$$v_{ind} = B_{\perp} l v \tag{7-7}$$

其中，$v_{ind}$ 是感应电压（单位为 V）；$B_{\perp}$ 是磁通密度与运动方向垂直的分量（单位为 T），$l$ 是暴露于磁场中的导体的长度（单位为 m），$v$ 是导线的速度（单位为 m/s）。

**例 7-9** 假设图 7-32 中的导体长 10 cm，磁铁的极面宽 5.0 cm。磁通密度为 0.5 T，导体以 0.8 m/s 的速度向上移动。导体中感应出的电压是多少？

**解** 虽然导体长度为 10 cm，但磁极面的大小为 5 cm 宽，在磁场中只有 5.0 cm（即 0.05 m），因此，

$$v_{ind}=B_{\perp} l v=0.5\ \text{T}\times 0.05\ \text{m}\times 0.8\ \text{m/s}=20\ \text{mV}$$ ◀

**同步练习** 如果速度加倍，那么感应电压是多少？

采用科学计算器完成例 7-9 的计算。

### 7.5.3 感应电流

当负载电阻连接到图 7-32 中的导体两端时，磁场中相对运动引起的感应电压将在负载中产生电流，即**感应电流**（$i_{ind}$），如图 7-33 所示，小写字母 $i$ 代表瞬时电流。

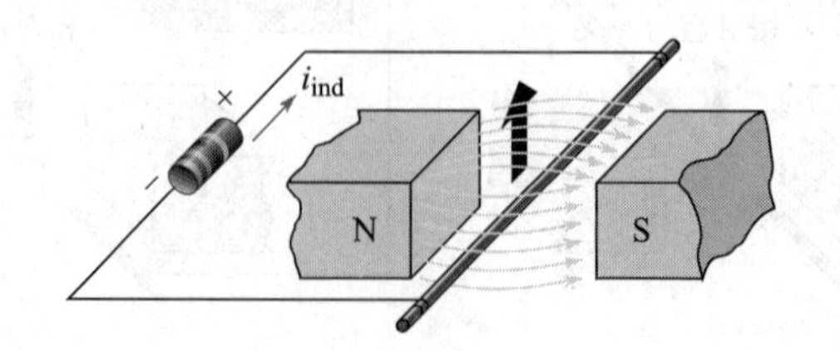


图 7-33　当导体穿过磁场时，在负载中感应出电流（$i_{ind}$）

当导体在磁场中移动，就会在负载中产生电压和电流，这是发电机的工作原理。单个导体产生的感应电流较小，因此实际的发电机使用非常多匝数的线圈。这有效地增加了暴露于磁场中的导体的长度。当导体和磁场之间存在相对运动时，在导体中产生电动势的特性是电磁感应的基础。

**人物小贴士**

**麦克尔·法拉第**（Michael Faraday，1791—1867）法拉第是英国物理学家和化学家，因对电磁学的贡献而闻名。他发现，通过在线圈内移动磁铁可以产生电，从而制造出了第一台发电机。后来，他还建造了第一台电磁发电机和变压器。今天，电磁感应原理被称为法拉第定律。此外，电容单位法拉就是以他的名字命名的。

（图片来源：Nicku/Shutterstock）

### 7.5.4　法拉第定律

法拉第定律的关键是变化的磁场可以在导体中产生电压。有时法拉第定律被称为法拉第电磁感应定律。他的定律是前面讨论的直导体中电磁感应原理的延伸。

当线圈导体绕成多圈时，有更多的导体可以暴露在磁场中，因而增加了感应电压。当穿过线圈的磁通量改变时，都将产生感应电压。磁场的变化可以由磁场和线圈之间的相对运动引起。法拉第的观察结果如下：

1. 线圈中感应的电压，与磁场相对于线圈的变化速率（或磁通量的变化率 $\mathrm{d}\Phi / \mathrm{d}t$）成正比。

2. 线圈中感应的电压，与线圈中的线圈匝数（$N$）成正比。

法拉第的第一个观察结果如图 7-34 所示，其中条形磁铁在线圈中移动，从而产生变化的磁场。在图 7-34a 中，磁铁以一定的速度移动，并产生感应电压。在图 7-34b 中，磁铁以更快的速度移动，产生更大的感应电压。

法拉第的第二个观察结果如图 7-35 所示。在图 7-35a 中，磁铁通过线圈，并感应出电压。在图 7-35b 中，磁铁以相同的速度通过具有更多匝数的线圈。匝数越多，产生的感应电压越大。

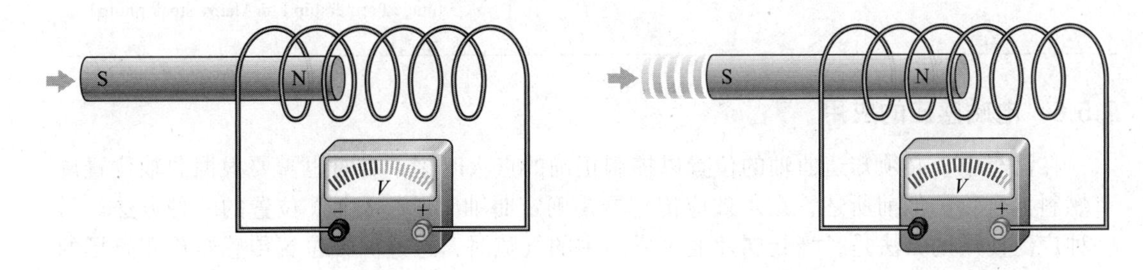


a）当磁铁缓慢向右移动时，其磁场相对于线圈发生变化，并且感应出电压

b）当磁铁向右移动得更快时，其磁场相对于线圈的变化速率也更快，感应出更大的电压

图 7-34　法拉第的第一个观察结果的演示：感应电压的大小与磁场相对于线圈的变化速率成正比

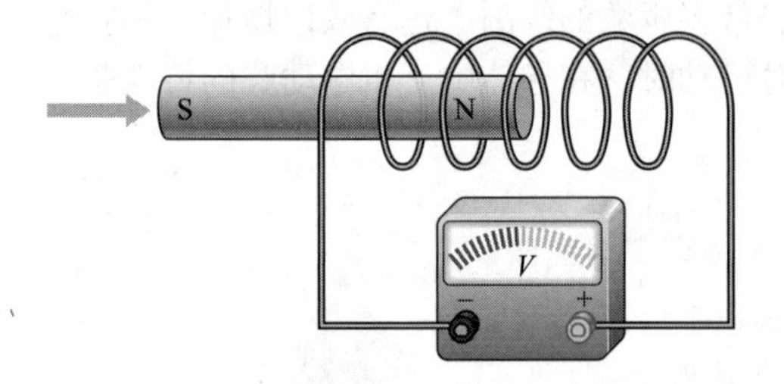


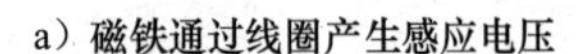
a）磁铁通过线圈产生感应电压

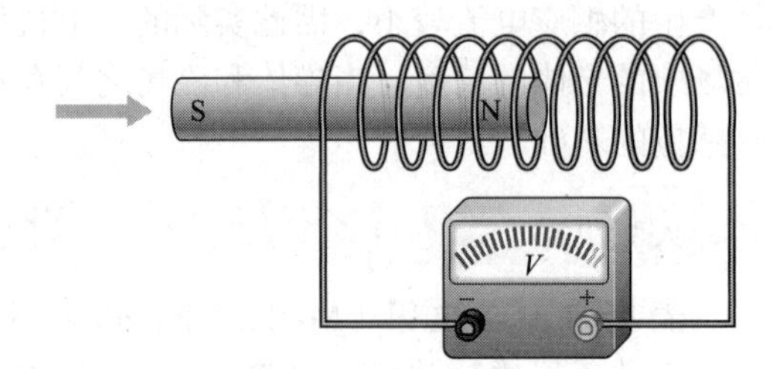


b）磁铁以相同的速率通过匝数更多的线圈，产生更大的感应电压

图 7-35 法拉第的第二个观察结果的演示：感应电压的大小与线圈的匝数成正比

**法拉第定律**的表述如下：

**在线圈上产生的感应电压，等于线圈的匝数乘以磁通量的变化率。**

磁场和线圈之间的任何相对运动都将产生变化的磁场，该磁场将在线圈中感应出电压，甚至可以通过在电磁铁上施加交流电来感应出变化的磁场，这就像磁场在运动一样。这种类型的变化磁场是交流电路中变压器工作的基础，将在第 14 章中学习变压器。

### 7.5.5 楞次定律

法拉第定律指出，变化的磁场会在线圈中感应出电压，该电压与磁通量的变化率和线圈中的匝数成正比。**楞次定律**表述了感应电压的极性或方向，该定律表述为：

**当通过线圈的电流发生变化时，磁场的变化会产生感应电压，并且感应电压的极性总是阻碍电流的变化。**

#### 人物小贴士

**海因里希 · F. E. 楞次**（Heinrich F. E. Lenz 1804—1865）楞次出生于爱沙尼亚（当时的俄罗斯），是圣彼得堡大学的教授。他在法拉第的领导下进行了许多实验，他用公式描述楞次定律，指出了线圈中感应电压的极性。该原理以他的名字命名。

（图片来源：Fine Art Images/Heritage Image Partnership Ltd/Alamy stock photo）

### 7.5.6 电磁感应的应用

在汽车中，必须知道曲轴的位置以控制正确的点火时刻，有时也需要根据曲轴位置调节燃料混合物。如前所述，霍尔效应传感器是确定曲轴（或凸轮轴）位置的一种方法。另一种广泛使用的方法是，当金属片通过磁路中的气隙时，通过曲轴位置传感器检测磁场的变化来确定曲轴的位置，基本原理如图 7-36 所示。具有凸出部分的钢盘连接到曲轴的端部，随着曲轴一起转动，凸块不断通过磁场。钢的磁阻比空气低得多，因此当凸块位于气隙中时，磁通量会增加。磁通量的这种变化在线圈上会产生感应电压，这便确定了曲轴的位置。

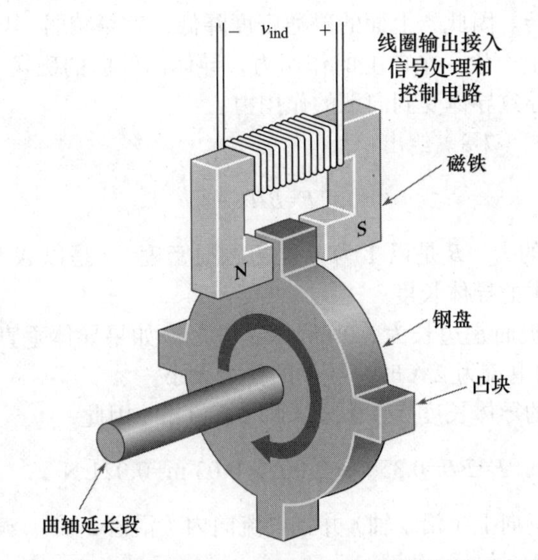


图 7-36 曲轴位置传感器，当凸块穿过磁铁的气隙时产生电压

## 人物小贴士

（图片来源：维基共享资源）

**詹姆斯·克拉克·麦克斯韦**（James Clerk Maxwell, 1831—1879）麦克斯韦苏格兰物理学家。他用 4 个方程的方程组统一了电、光和磁。他的方程为 20 世纪的物理学奠定了基础，包括狭义相对论和量子力学。他的方程受到了法拉第和高斯的工作的启发，但他走得更远，并且证明了光由振荡的电场和磁场组成。这项工作被认为是 19 世纪物理学上最伟大的成就。

### 7.5.7 磁场中载流导体上的力

两个条形磁铁彼此相邻放置，当它们的相同磁极靠近时，各自磁场将会具有相同的极性（指向同一方向），两个磁体相互排斥。否则，如果将两个磁铁的不同的磁极靠近，各自磁场将会具有相反的极性（指向不同方向），两个磁体会相互吸引。在电动机中，当电流流过导体时，它会产生一个圆形磁场，其方向由右手定则决定，如图 7-37 所示。

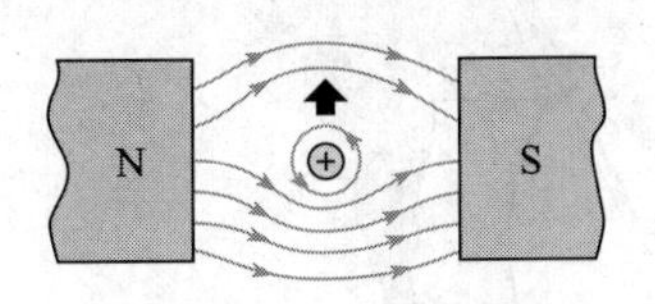


a）向上力：上方磁场弱，下方磁场强

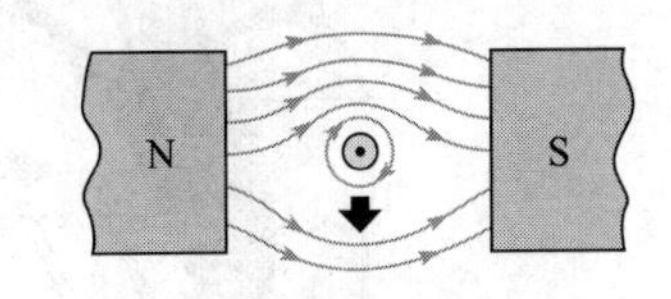


b）向下力：上方磁场强，下方磁场弱

⊕ 流出电流
⊙ 流入电流

图 7-37 在磁场中的载流导体受到力的作用

在图 7-37a 中，在磁场中通过导体的电流进入页面并产生了逆时针方向的磁场。注意，导线上方永磁体的磁通量与电流形成的电磁场方向相反，它们之间作用是相互吸引，在此作

用下导线倾向于向下偏转。因此，上面的磁通密度降低，磁场减弱。导体下面的磁通密度增大，磁性增强。在导体上产生一个向上的作用力，导体向较弱的磁场方向移动。如图 7-37b 所示，电流流出纸面，导致导体受到向下的作用力。

载流导体上的力由式（7-8）给出：

$$F=BIl \tag{7-8}$$

式中，$F$ 是以 N 为单位的力，$B$ 是以 T 为单位的磁通密度，$I$ 是以 A 为单位的电流，$l$ 是以 m 为单位的暴露于磁场中的导体长度。

**例 7-10** 假设磁极面是边长为 3.0 cm 的正方形。如果导体垂直于磁场且磁通密度为 0.35 T，求当流过导体的电流为 2 A 时，导体的受力大小。

**解** 暴露于磁通量的导体长度为 3.0 cm，即 0.030 m。因此，

$$F=BIl=0.35\ \text{T}\times 2.0\ \text{A}\times 0.03\ \text{m}=0.021\ \text{N}$$ ◀

**同步练习** 如果磁场向上（沿 $y$ 轴）并且电流向内（沿着 $z$ 轴），确定力的方向。

**学习效果检测**

1. 固定磁场中固定导体上的感应电压是多少？
2. 当导体通过磁场的速度增加时，感应电压是增加、减少还是保持不变？
3. 当电流通过磁场中的导体时，会发生什么？
4. 如果曲轴位置传感器中的钢盘在磁铁气隙中停止运动，那么感应电压是多少？

## 7.6 直流发电机

直流发电机产生的电压与磁通量和电枢的转速成正比。

图 7-38 是一个简化的直流发电机模型，它由位于永磁场中的单个线圈组成。请注意，线圈的每一端都连接到开口环片上。该导电金属环称为换向器。当线圈在磁场中旋转时，彼此分离的换向器也旋转。开口环片（换向器）的每一半都与固定触点通过滑动摩擦相接触，固定触点被称为电刷，电刷将线圈连接到外部电路。

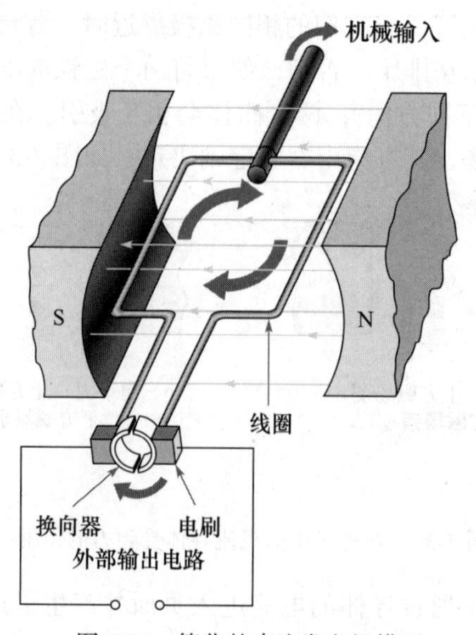


图 7-38 简化的直流发电机模型

在机械外力的驱动下，线圈在磁场中旋转时，会以不同的角度切割磁力线，如图 7-39 所示。在位置 $A$ 时，线圈运动方向与磁场平行。因此，切割磁力线的速率为零。当线圈从位置 $A$ 转动 $B$ 时，它切割磁力线速度不断增加。在位置 $B$ 处，转动方向与磁场方向垂直，这时每单位时间切割磁力线的速度为最大。当从位置 $B$ 向位置 $C$ 转动时，它切割磁力线的速率开始不断减小，在 $C$ 处减小到最小值（零）。从位置 $C$ 向位置 $D$ 转动时，线圈切割磁力线的速度又逐渐增大，在 $D$ 处达到最大，然后在 $A$ 处再次回到最小值。

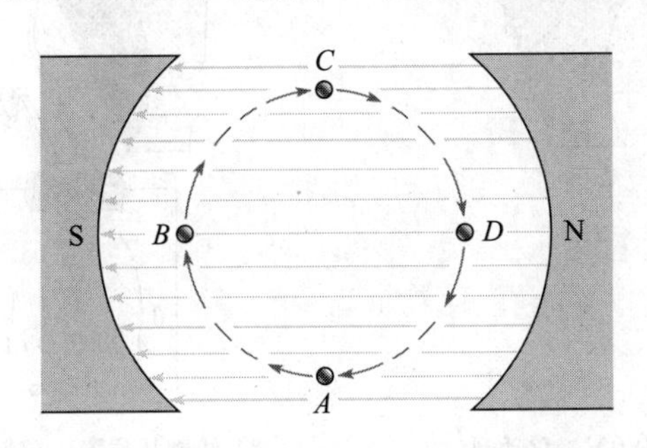


图 7-39 切割磁场的线圈端部视图

当导线穿过磁场时，会产生电压，根据法拉第定律，感应电压的大小与导线的匝数和磁场相对于线圈的变化速率成正比。因为导线穿过磁力线的速率取决于运动的角度，所以在匝数一定的情况下，导线相对于磁力线移动的角度，决定了感应电压的大小。

图 7-40 说明了当单个线圈在磁场中旋转时，在外部电路中如何感应出电压。假设线圈开始时处于水平位置，因此感应电压为零。当线圈继续旋转时，感应电压在位置 $B$ 处增加到最大值，如图 7-40a 所示。然后，当线圈从位置 $B$ 继续旋转到位置 $C$ 时，电压在位置 $C$ 处减小到零，如图 7-40b 所示。

在旋转的后半部分，如图 7-40c 和 d 所示，电刷切换到另一换向器上，因此输出电压的极性保持相同。故当线圈从位置 $C$ 旋转到位置 $D$ 然后再回到位置 $A$ 时，电压从零增加到 $D$ 处的最大值，并且在 $A$ 处再回到零。

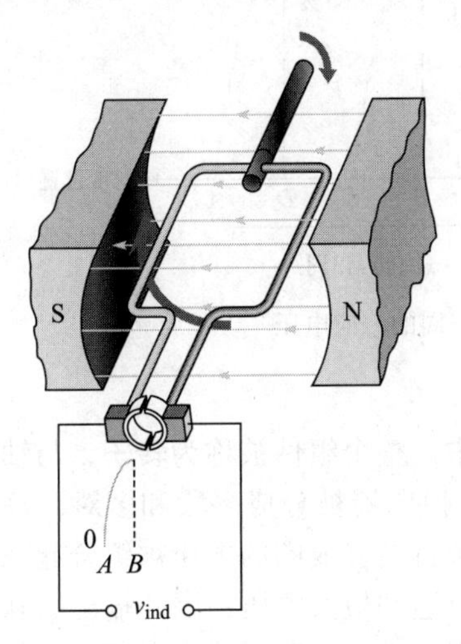


a）线圈从位置$A$（感应电压0 V）移动到位置$B$（感应电压最大）

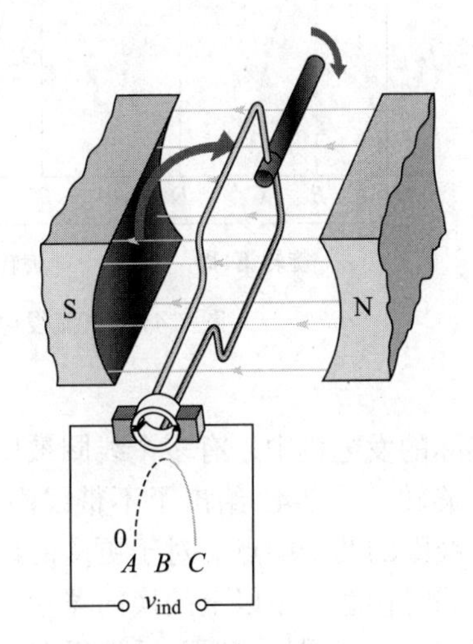


b）线圈从位置$B$（感应电压最大）移动到位置$C$（感应电压0 V）

图 7-40 直流发电机基本工作过程

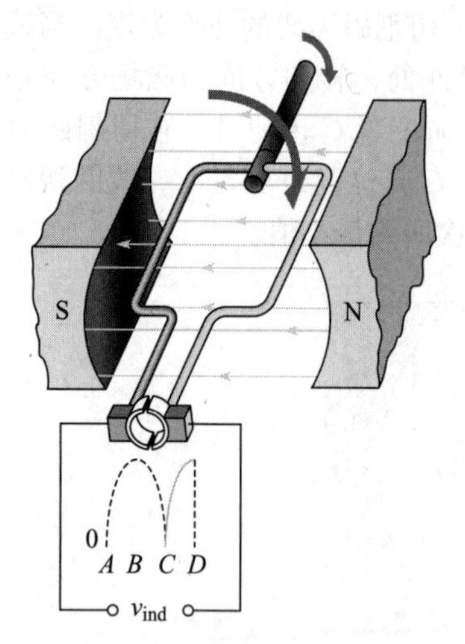


c）线圈从位置C（感应电压0 V）移动到位置D（感应电压最大）

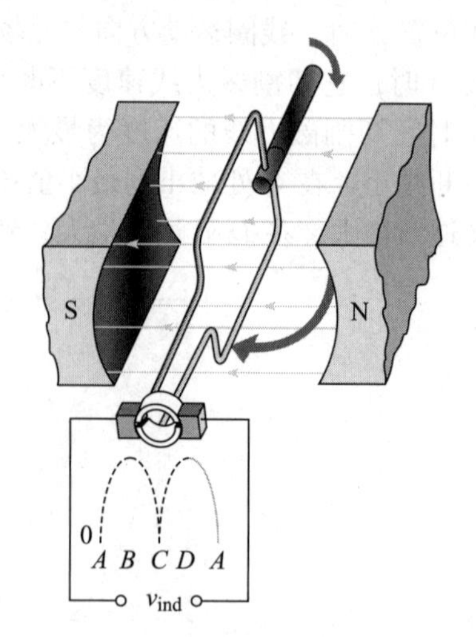


d）线圈从位置D（感应电压最大）移动到位置A（感应电压0 V）

图 7-40 直流发电机基本工作过程（续）

图 7-41 显示了直流发电机中感应电压如何随着线圈位置的变化而变化。因为其极性不会改变，所以该电压仍是直流电压。但是，电压在零和其最大值之间脉动，也称为脉动直流电压。

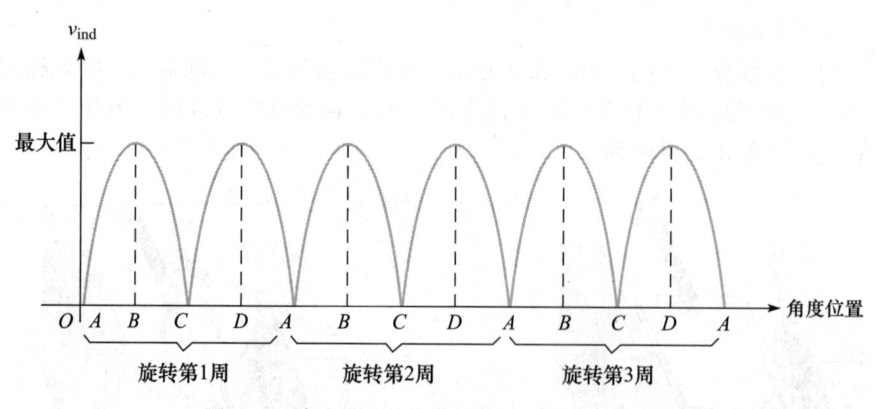


图 7-41 直流发电机中线圈旋转三周的感应电压

在实际的发电机中，有多个线圈被压入铁心的槽中。整个组件被称为**转子**，与轴连接并在磁场中旋转。图 7-42 给出了不带线圈的转子铁心。换向器被分成多段和多对，每对被连接到相应线圈的两个端点。对于更多的线圈，将会有来自更多线圈的电压被组合起来，因为电刷可以同时接触一个以上的换向器片。线圈不会同时达到最大电压，因此输出的脉动电压比前面只有一个线圈的情况要平滑得多。滤波器可以用来进一步平滑输出电压的变化，以产生几乎恒定的直流输出（滤波器将在第 13 章中讨论）。

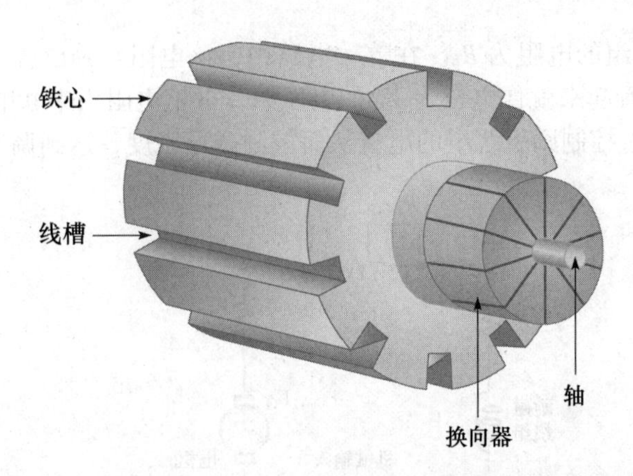


图 7-42　简化的转子铁心。线圈被压入槽中并连接到换向器

大多数发电机使用电磁铁来提供所需的磁场，而不是永磁铁。其中的一个优点是可以控制磁通密度，从而控制发电机的输出电压。用于电磁铁的绕组（励磁绕组）需要电流来产生磁场。

励磁绕组的电流可以由单独的电压源提供，但这是一个缺点。更好的方法是使用发电机本身为电磁铁提供电流，这种发电机称为**自励发电机**。发电机能够起动是因为磁场中通常存在足够的剩磁，剩磁会引起很小的初始磁场，以允许发电机产生起动电压。在发电机长时间未使用的情况下，则可能需要为励磁绕组提供外部电源才能起动发电机。

发电机（或电动机）的静止部分包括所有不动部件，称为**定子**。图 7-43 显示了一个简化的带有磁路的双极直流发电机，其中端盖、轴承和换向器未显示。注意，框架是磁路的一部分。为了使发电机效率更高，气隙要尽可能小。**电枢**是发电部件，可以是转子，也可以是定子。在前面描述的直流发电机中，电枢是转子，因为电能在移动的导体中产生，通过换向器从转子中输出。

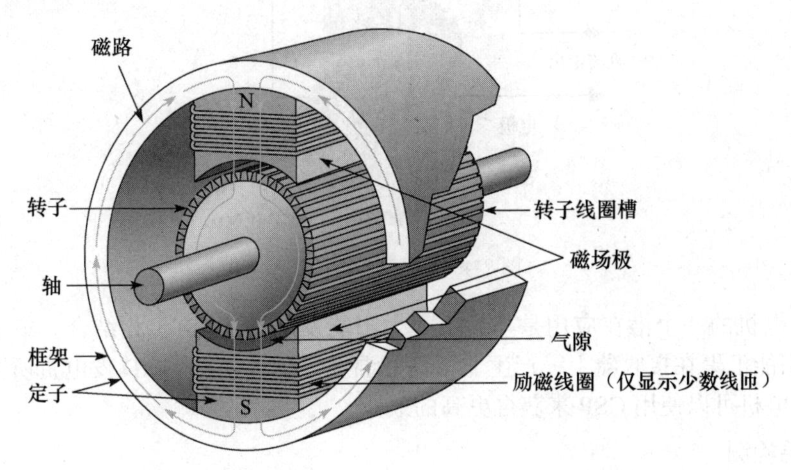


图 7-43　发电机或电动机的磁路结构。在这种情况下，电枢是转子，因为它产生电能

### 7.6.1　直流发电机的等效电路

自励发电机可以用直流等效电路来表示。有一种自励发电机的励磁绕组与电源并联，这种配置称为*并励直流发电机*。带有励磁线圈和机械输入的并励直流发电机的等效电路如

图 7-44 所示。励磁绕组的电阻为 $R_F$。在等效电路中，该电阻与励磁绕组串联。电枢由机械输入驱动而旋转。它看起来就像电压为 $V_G$ 的电压源。电枢电阻为串联电阻 $R_A$。变阻器 $R_{REG}$ 与励磁绕组串联，通过控制励磁绕组的电流从而控制磁通密度，达到调节输出电压的目的。

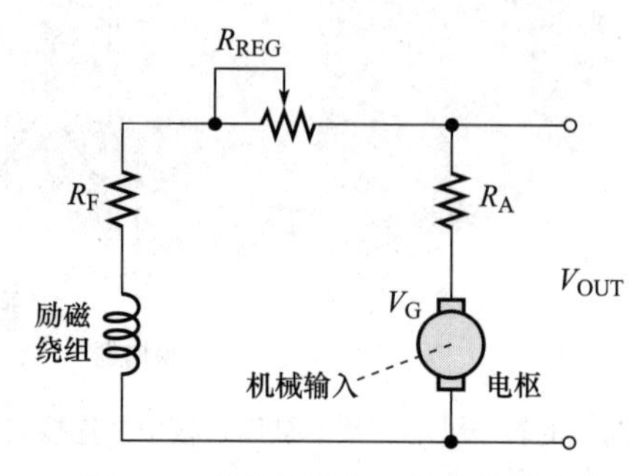


图 7-44　并励直流发电机的等效电路

当负载连接到发电机的输出时，电枢中的电流在负载和励磁绕组之间分流。发电机的效率用输送到负载的功率（$P_L$）与总功率（$P_T$）的比值来计算。发电机损耗包括电枢中的电阻损耗和励磁绕组中的电阻损耗。

### 7.6.2　磁流体发电机

磁流体（MHD）发电机是利用导电流体产生电压，导电流体可以是非常热的电离气体、等离子体、液态金属或盐水。气体在温度足够高的情况下会发生电离，成为良好的电导体，如图 7-45 所示。热气体横向通过非常强的电磁铁（几个 T 的强度）磁场，在垂直于磁场的电极上输出直流电。目前，该过程在大规模发电中并不具有成本优势，但在流体控制和金属加工中可以加以利用。

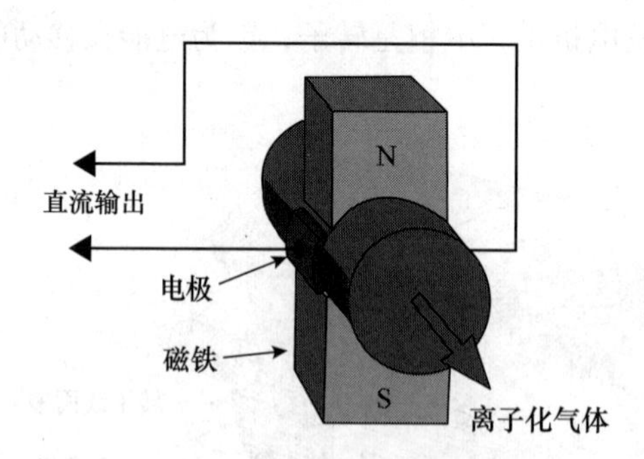


图 7-45　磁流体发电机

MHD 发电机的一个潜在应用是与集束式太阳能发电站（CSP）相结合。集束式太阳能发电站将太阳能汇聚在接收器上，产生非常高的温度，足以提供 MHD 发电机所需的电离温度。MHD 发电机可以使用 CSP 来获得更高的效率。

**学习效果检测**

1. 发电机的运动部件叫什么？
2. 换向器的作用是什么？
3. 发电机励磁绕组中的较大电阻如何影响输出电压？
4. 什么是自励发电机？

## 7.7 直流电动机

电动机利用在磁场中的载流导体受力的作用原理，将电能转换为机械运动。直流电动机由直流电源供电，可以使用电磁铁或永磁铁提供磁场。

### 7.7.1 基本工作原理

与发电机一样，电动机的运动是磁场相互作用的结果。在直流电动机中，转子磁场与定子磁场相互作用。所有直流电动机中的转子都包含电枢绕组，该电枢绕组产生磁场。由于相反磁极相吸，相同磁极相斥，转子开始转动，如图 7-46 所示。转子由于其 N 极与定子的 S 极相吸引而移动。当两极彼此靠近时，转子电流的极性突然被换向器切换方向，从而使转子的磁极调转。换向器充当机械开关，用来使电枢中的电流反向，使转子连续旋转。

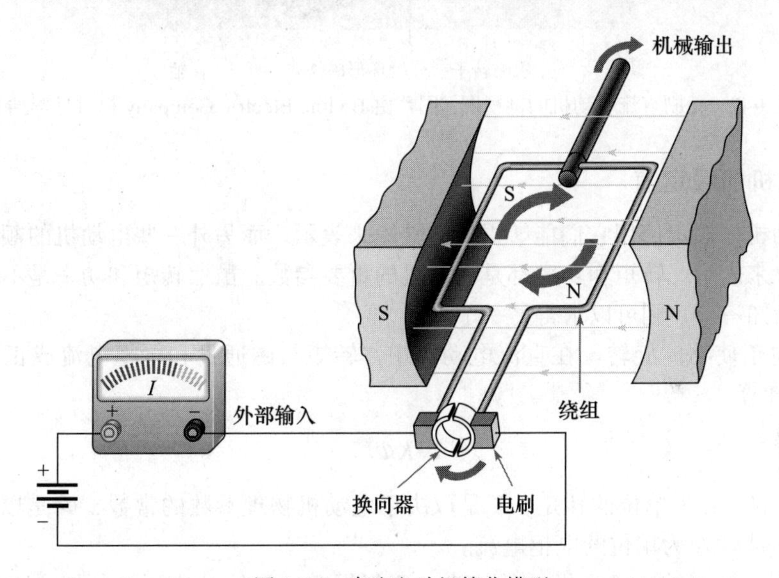


图 7-46 直流电动机简化模型

### 7.7.2 无刷直流电动机

无刷直流电动机不使用换向器来改变电流的方向。它不向转动的电枢提供电流，而是使用电力变换器在定子绕组中产生旋转磁场。电力变换器将直流输入变换成交流输出，施加到励磁线圈中，励磁线圈的电流周期性地反向，从而在定子中产生了旋转磁场。永磁转子按照与旋转磁场相同的转向转动，以便跟上旋转磁场。常采用霍尔效应传感器通过检测转子的位置来为控制器提供位置信息。无刷电动机比传统的有刷电动机具有更高的可靠性，因为它们不需要定期更换电刷，但增加了电力电子变换器的复杂性。图 7-47 给出了无刷直流电动机的剖视图。

### 7.7.3 反电动势

首次起动直流电动机时，励磁绕组会产生磁场。电枢电流产生另一个磁场，该磁场与励磁绕组中的磁场相互作用，并使电动机开始转动。这时电枢绕组在磁场中旋转，因此会发电，类似发电机。根据楞次定律，旋转电枢产生的感应电动势，总是阻碍电枢电流的变化。这种自生电压被称为**反电动势**。电动势（electromotive force）一词曾经是电压的代名词，但由于电压不是物理意义上的“力”（force）而被抛弃，但反电动势仍然指的是电动机中的自生电压，在电动机以恒定速度转动时，反电动势会使电枢电流显著减小。

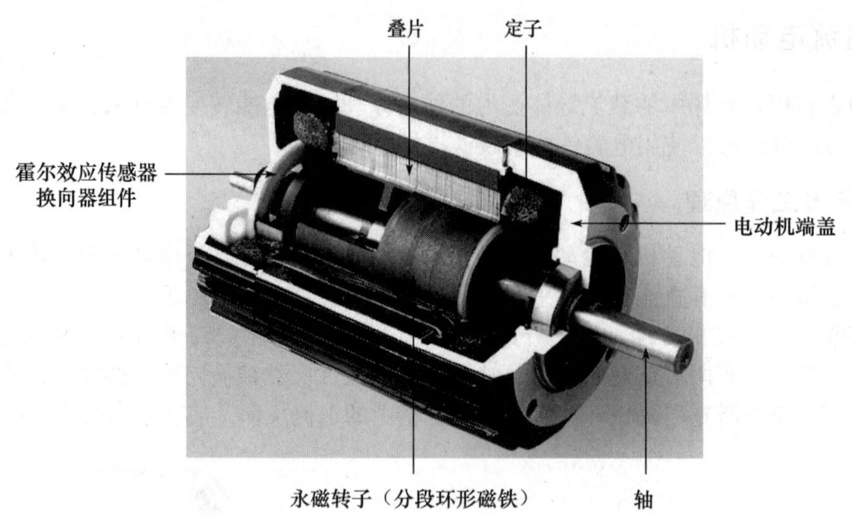


图 7-47 无刷直流电动机的剖视图（图片由 Bodine Electric Company 提供见彩插）

### 7.7.4 电动机的额定值

有些电动机的额定值用它们能够提供的转矩来表示，而另外一些电动机的额定值则用它们产生的功率来表示。转矩和功率都是电动机的重要参数。虽然转矩和功率是不同的物理参数，但如果已知一个，则可以求得另一个。

转矩倾向于使物体旋转。在直流电动机中，转矩与磁通量和电枢电流成正比，可以用式（7-9）来计算：

$$T=K\Phi I_A \tag{7-9}$$

式中，$T$ 是以 N·m 为单位的转矩，$K$ 是取决于电动机物理参数的常数，$\Phi$ 是以 Wb 为单位的磁通量，$I_A$ 是以 A 为单位的电枢电流。

回想一下，功率被定义为做功的速率。要根据转矩计算功率，必须知道电动机的转速（用每分钟的转数来表示，单位为 r/min）。给出一定速度下的转矩，计算功率的公式为

$$P=0.105Ts \tag{7-10}$$

式中，$P$ 是以 W 为单位的功率；$T$ 是以 N·m 为单位的转矩；$s$ 是以 r/min 为单位的电动机转速。

**例 7-11** 当转矩为 3.6 N·m 时，电动机以 350 r/min 旋转产生的功率是多少？

**解** 代入式（7-10）得

$$P=0.105Ts=0.105\times3.6\ \text{N}\cdot\text{m}\times350\ \text{r/min}=132\ \text{W}$$ ◀

采用科学计算器完成例 7-11 的计算。

### 7.7.5 串励直流电动机

串励直流电动机的励磁线圈与电枢线圈是串联的，如图 7-48a 所示。内电阻通常很小，它由励磁线圈电阻、电枢电阻和电刷电阻组成。与发电机的情况一样，直流电动机也可以包含极间绕组，它可以限制电流，进而控制转速。极间绕组是个辅助绕组，用以克服电枢电抗的影响。在串励直流电动机中，电枢电流、励磁电流和电源电流都是相同的。

磁通量正比于线圈电流。串联的励磁绕组产生的磁通量与电枢电流成比例。因此，当电动机起动时，由于没有反电动势，很大的起动电流意味着很大的磁通量。回想一下式（7-9），直流电动机的转矩与电枢电流和磁通量成正比。因此，当电流很大时，因为磁通量和电枢电流都很大，串励直流电动机将产生非常大的起动转矩。当需要大的起动转矩时（例如汽车中的起动电动机），宜使用串励直流电动机。

串励直流电动机的转矩 – 转速特性曲线如图 7-48b 所示。起动转矩是转矩的最大值。在低速时，转矩仍然很高，但会随着速度的增加急剧下降。如果负载转矩较小，转速可能会非常高。因此，串励直流电动机应始终带载运行。

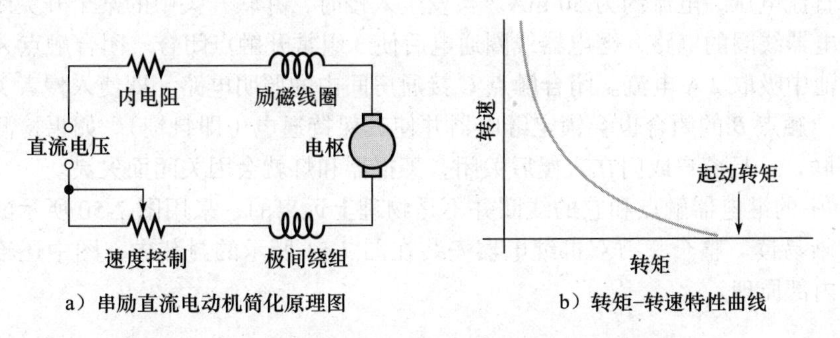


图 7-48　串励直流电动机简化原理图和转矩 – 转速特性曲线

## 7.7.6　并励直流电动机

并励直流电动机的励磁线圈与电枢并联，如图 7-49a 所示。在并励直流电动机中，励磁线圈由恒压源供电，因此励磁线圈产生的磁场是恒定的。由电枢中的发电机产生的反电动势和电枢电阻决定了电枢电流。

并励直流电动机的转矩 – 转速特性曲线与串联直流电动机的完全不同。当施加负载时，并励直流电动机将要减速，导致反电动势减小和电枢电流增加。电枢电流的增加又导致电动机的转矩增加，从而抵消负载增加带来的影响。虽然电动机由于额外负载而减速，但转矩 – 转速特性曲线几乎是直线，如图 7-49b 所示。满载时，并励直流电动机仍具有大转矩。

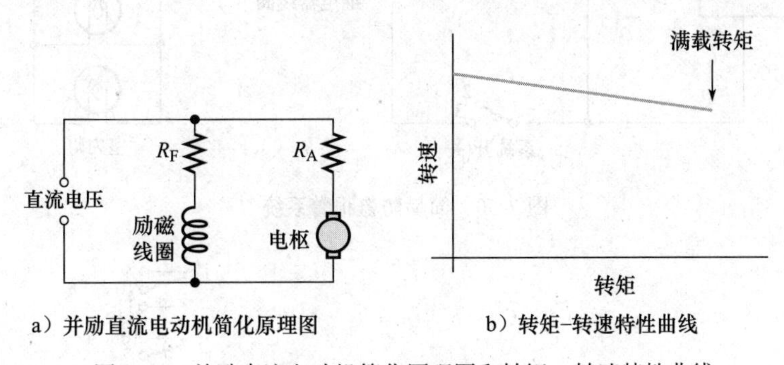


图 7-49　并励直流电动机简化原理图和转矩 – 转速特性曲线

**学习效果检测**

1. 什么导致了反电动势？
2. 当电动机转速增加时，反电动势如何影响电枢电流？
3. 什么类型的直流电动机具有最高的起动转矩？
4. 无刷电动机相对于有刷电动机的主要优势是什么？

## 应用案例

继电器是一种常见的电磁装置，用于许多类型的控制系统。借助继电器，可以使用较低的电压（例如来自电池的电压）来切换较高的电压，例如来自交流电源插座的 120 V 电压。在本应用案例中，你将看到继电器在安全警报系统中发挥的作用。

图 7-50 中的原理图显示了一个简易防盗报警系统，该系统使用继电器打开音响警报器（警笛）和灯光。系统采用 9 V 电池供电，即使关闭房间的电源，音响警报器仍然可以有效工作。

磁检测开关是常开（NO）开关，它们并联于门窗中。继电器是三刀双掷器件，其线圈电压为 9 V 直流电压，电流约为 50 mA。当发生入侵时，并联开关中的某个开关闭合并接通从电池到继电器线圈的电路，继电器线圈通电后使 3 组常开触点闭合。闭合触点 *A* 会打开警报器，从电池中吸取 2 A 电流。闭合触点 *C* 接通房间内的照明电路。即使入侵者关闭了进入的门或窗口，触点 *B* 的闭合也会锁定继电器并使其保持通电（即自锁）。如果检测开关的触点未与 *B* 并联，一旦窗户或门在入侵后关闭，警报器和灯就会因关闭而失灵。

图 7-50 中的继电器触点和它的线圈并不是物理上远离的，采用图 7-50 所示的电气原理图是为了清晰易读。整个三刀双掷继电器安装在图 7-51 所示的封装中，图中还给出了继电器的引脚和内部原理。

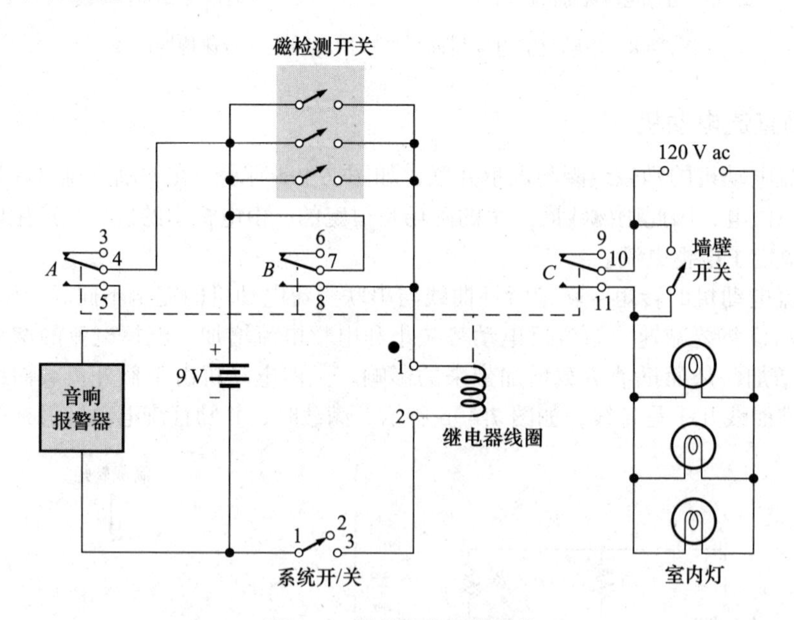


图 7-50 简易防盗报警系统

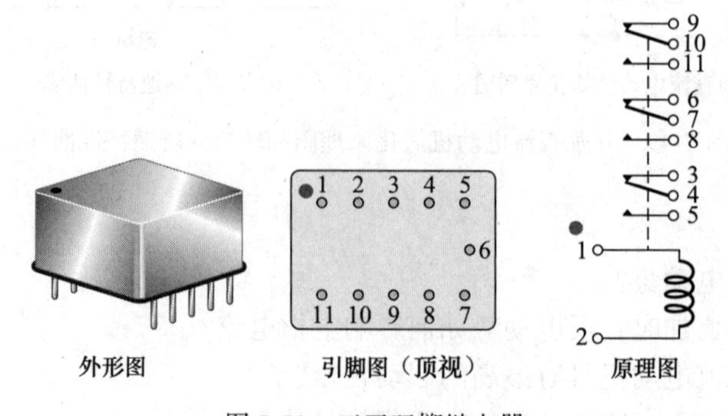


图 7-51 三刀双掷继电器

**步骤 1：连接系统**

根据图 7-50 所示的报警系统原理图，创建连接框图和点对点的连线列表。连接图 7-52 中的各个组件，组件上的连接点均用字母表示。

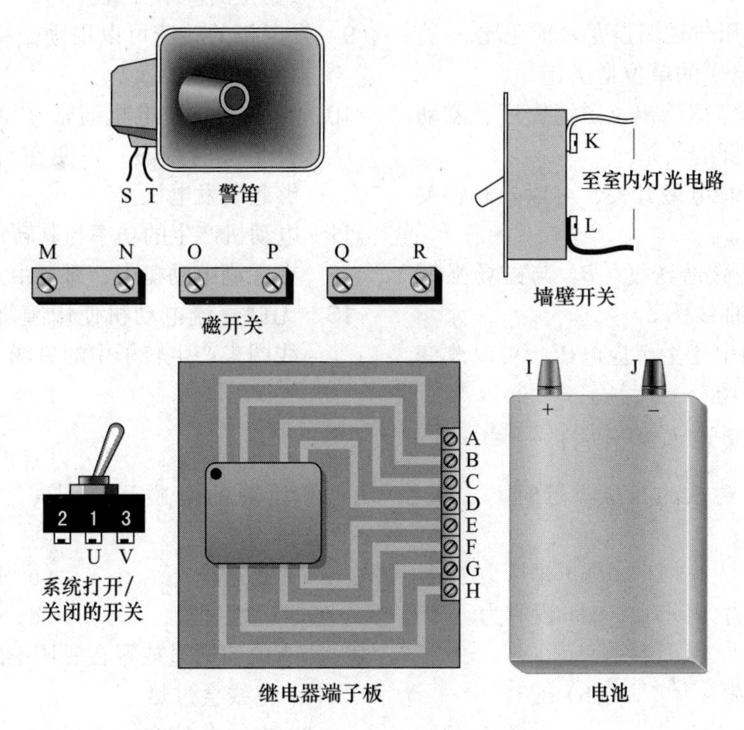


图 7-52　安全报警组件

**步骤 2：测试系统**

制定详细的流程，检查安全报警系统的完整线路。

**检查与复习**

1. 在图 7-50 中，必须关闭多少磁检测开关才能激活系统？

2. 3 个继电器中每个继电器的目的是什么？

## 本章总结

- 相同磁极相互吸引，不同磁极相互排斥。
- 可磁化的材料被称为铁磁材料。
- 当有电流通过导体时，在导体周围会产生磁场。
- 使用右手定则可以确定导体周围的磁力线方向。
- 电磁铁本质上就是围绕磁心的线圈。
- 当导体在磁场内移动时，或当磁场相对于导体移动时，导体上会感应出电压。
- 导体与磁场之间的相对运动越快，感应电压越大。
- 霍尔效应传感器使用电流来感知磁场。
- 直流发电机将机械能转换为直流电能。
- 发电机或电动机的运动部分称为转子；静止部分称为定子。
- 直流电动机将电能转换为机械能。
- 无刷直流电动机使用永磁体作为转子，定子是电枢。

## 对 / 错判断（答案在本章末尾）

1 特斯拉（T）和高斯（G）都是磁通密度的单位。

2 霍尔效应电压与磁场强度 $B$ 成正比。

3 磁动势（mmf）的单位是伏特。

4 磁路的欧姆定律给出了磁通密度、磁动势和磁阻之间的关系。

5 螺线管是一种电磁开关，可以打开和关闭机械触点。

6 磁滞回线是磁通密度（$B$）与磁场强度（$H$）的函数曲线图。

7 为了在线圈中产生感应电压，可以改变其周围的磁场。

8 磁阻随机存储器使用电阻差异作为存储数据位的基本方式。

9 发电机的转速可以用励磁绕组中的变阻器来控制。

10 自励直流发电机通常在励磁铁心中具有足够的剩磁，以便在首次运行时能够起动发电机。

11 电动机产生的功率与其转矩成正比。

12 在无刷电动机中，磁场由永磁体提供。

13 无刷直流电动机使用缠绕在铁心上的线圈来产生转子中的磁场。

## 自我检测（答案在本章末尾）

1 当两个条形磁铁的 N 极靠近时，二者之间将有
(a) 吸引力　(b) 排斥力
(c) 向上的力　(d) 没有力

2 磁场产生
(a) 正负电荷　(b) 磁畴
(c) 磁力线　(d) 磁极

3 磁场方向是从
(a) N 极到 S 极
(b) S 极到 N 极
(c) 从磁铁内到磁铁外
(d) 从前向后

4 磁路中的磁阻类似于
(a) 电路中的电压
(b) 电路中的电流
(c) 电路中的功率
(d) 电路中的电阻

5 磁通量的单位是
(a) T　(b) Wb
(c) A　(d) A/Wb

6 磁动势的单位是
(a) T　(b) Wb
(c) A　(d) A/Wb

7 磁通密度的单位是
(a) T　(b) Wb
(c) A　(d) eV

8 可动轴的电磁运动是（　　）的工作基础。
(a) 继电器　(b) 断路器
(c) 磁性开关　(d) 螺线管

9 当有电流通过放置在磁场中的导线时，
(a) 电线会过热
(b) 电线会被磁化
(c) 一个力施加在导线上
(d) 磁场将被消除

10 线圈放置在变化的磁场中。如果线圈的匝数增加，则线圈上感应的电压将
(a) 保持不变　(b) 减小
(c) 增加　(d) 过量

11 如果导体以恒定速率在恒定磁场中来回移动，导体中感应的电压将
(a) 保持恒定　(b) 反转极性
(c) 减小　(d) 增加

12 在图 7-36 中的曲轴位置传感器中，线圈的感应电压是由（　　）产生的。
(a) 线圈中的电流
(b) 钢盘旋转
(c) 通过磁场的凸块
(d) 钢盘旋转的加速度

13 换向器在发电机或电动机中的目的是
(a) 在转子旋转时改变转子绕组的电流方向
(b) 改变定子绕组的电流方向

(c) 支撑电动机或发电机的轴

(d) 为电动机或发电机提供磁场

14　在电动机中，反电动势用于

(a) 增加电动机的功率

(b) 增加磁通量

(c) 增加励磁绕组中的电流

(d) 减小电枢中的电流

15　电动机的转矩与（　　）成比例。

(a) 磁通量　　(b) 电枢电流

(c) 上述所有　　(d) 以上都不是

## 分节习题（奇数题答案在本书末尾）

### 7.1 节

1　磁性材料的横截面积增加，但磁通量保持不变。磁通密度是增加还是减少？

2　在某一磁场中，横截面积为 0.5 $m^2$，磁通量为 1500 μWb。磁通密度是多少？

3　当磁通密度为 $2500\times10^{-6}$ T，并且横截面积为 150 $cm^2$ 时，磁性材料中的磁通量是多少？

4　在给定位置，假设地球的磁场为 0.6 G。用 T 表示这个磁通密度。

5　永磁铁具有 100 000 μT 的磁场，用高斯表示这个磁通密度。

### 7.2 节

6　当通过导体的电流反向时，图 7-12 中的指南针会发生什么情况？

7　绝对磁导率为 $750\times10^{-6}$ Wb /(A · m) 的铁磁材料的相对磁导率是多少？

8　如果绝对磁导率为 $150\times10^{-7}$ Wb / (A · m)，计算长度为 0.28 m、横截面积为 0.08 $m^2$ 的材料的磁阻。

9　当有 3 A 电流通过时，500 匝线圈产生的磁动势是多少？

### 7.3 节

10　当电磁阀起动时，柱塞是伸出还是缩回？

11　(a) 当电磁阀起动时，什么力使柱塞移动？

(b) 什么力导致柱塞返回静止位置？

12　如图 7-53 所示，当开关 1（SW1）闭合时，解释图中电路的各事件发生顺序。

13　当有电流通过线圈时，是什么原因导致达松伐尔表头中的指针偏转？

### 7.4 节

14　如果铁心长度为 0.2 m，问题 9 中的磁场强度是多少？

15　如何改变图 7-54 中的磁通密度而不改变磁心的几何参数？

16　在图 7-54 中，假设线圈有 100 匝。计算下列各值：(a) $H$；(b) $\Phi$；(c) $B$。

17　根据图 7-55 中的磁滞曲线确定哪种材料具有最大的剩磁。

### 7.5 节

18　根据法拉第定律，如果磁通量的变化率加倍，则给定线圈上的感应电压会发生什么变化？

19　在某一线圈上感应的电压是 100 mV。一个 100 Ω 电阻连接到线圈端子，感应电流是多少？

20　在图 7-36 中，为什么钢盘不旋转时没有感应电压？

21　20 cm 长的导体在磁体两极之间向上移动，如图 7-56 所示。磁极面每边长为 8.5 cm，磁通量为 1.24 mWb。在运动导体上产生 44 mV 的感应电压。当导体垂直于磁通量运动时，它的速率是多少（$\theta=90^\circ$）？

22　(a) 对于图 7-56 所示的导体，标有字母“$A$”的那一端的极性是什么？

(b) 在图 7-56 中，指定导体的电流方向，判断导体的受力方向。

### 7.6 节

23　如果一台发电机的效率是 80%，输出功率为 45 W，那么输入功率是多少？

24　假设图 7-13 中的自励并联直流发电机连接到负载上，负载吸收电流 12 A。如果磁场绕组吸收 1.0 A，电枢电流是多少？

25　(a) 如果问题 24 的输出电压是 14 V，那么为负载供电的功率是多少？

(b) 励磁线圈的电阻消耗了多少功率？

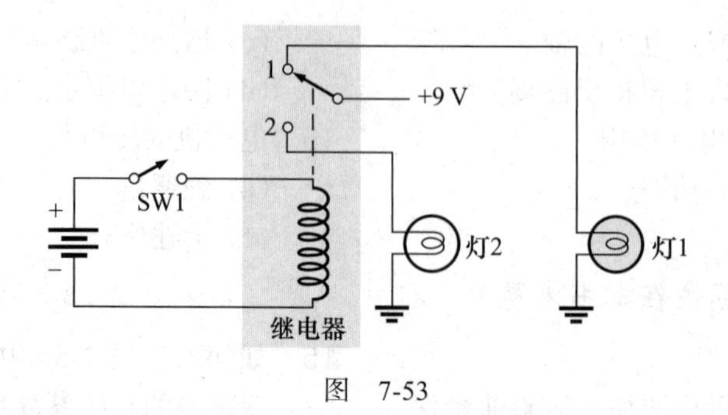


图 7-53

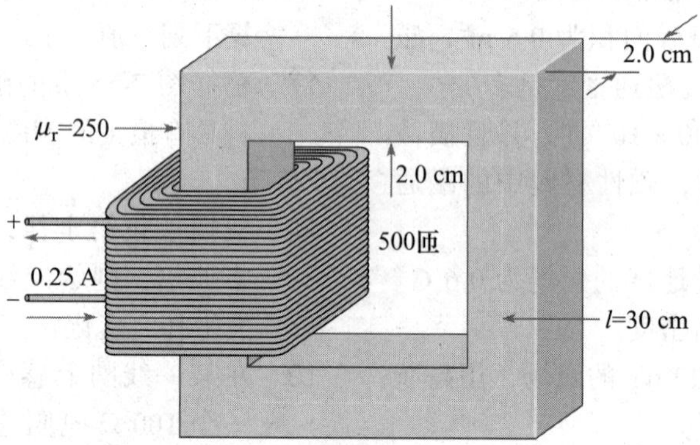

图 7-54

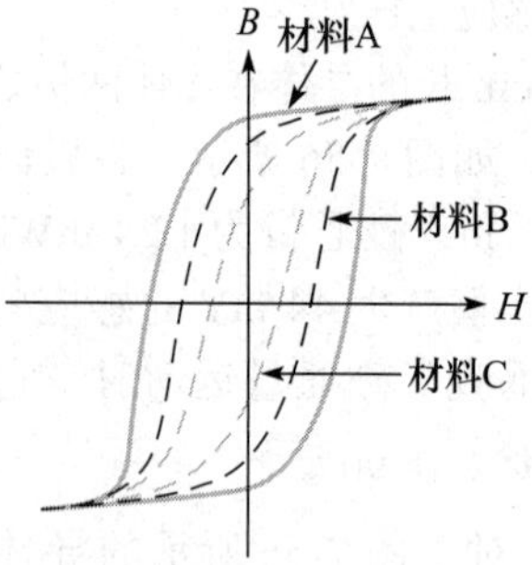

图 7-55

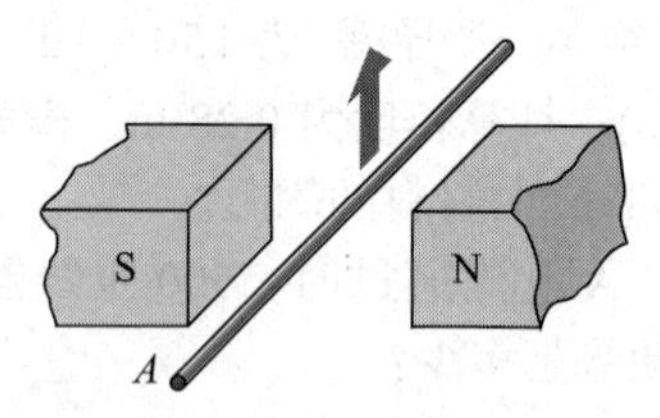


图 7-56

7.7 节

26 (a) 电动机转速为 1200 r/min，转矩为 3.0 N · m 时产生的功率是多少？

(b) 电动机的额定功率是多少？

27 假设电动机向负载输出 50 W 功率时，内部消耗 12 W 功率，那么效率是多少？

*28 一台单回路直流发电机以 60 r/min 的速度旋转。每秒钟有多少次直流输出电压峰值产生（达到最大值）？

*29 假设在问题 28 中，另一个与第一个线圈成 90° 的线圈加入到直流发电机中。描述输出电压变化。设最大电压为 10 V。

## Multisim 仿真故障排查和分析

30 打开文件 P07-30。判断是否存在电路故障。如果有，请确认故障。

31 打开 P07-31 文件，判断是否存在电路故障。如果有，请确认故障。

## 参考答案

### 学习效果检测答案

#### 7.1 节

1 N 极排斥。

2 磁通线是构成磁场的一组磁力线。磁通密度是磁通线疏密程度的度量。

3 G 和 T。

4 $B=\Phi / A=900\ \mu T$

5 传感器两端的感应电压与磁铁的距离成正比。

#### 7.2 节

1 电流的磁效应是电流通过导体产生的。只有在有电流时才存在磁场。而永磁体磁场则独立于电流存在。

2 当电流反向时，磁场的方向也会反向。

3 磁通量（$\Phi$）等于磁动势（$F_m$）除以磁阻（$\Re$）。

4 磁通－电流，磁动势－电压，磁阻－电阻。

#### 7.3 节

1 螺线管仅产生运动。继电器控制电气触点的闭合与开断。

2 螺线管的可动部分是柱塞。

3 继电器的可动部分是衔铁。

4 达松伐尔表头运动是基于磁场的相互作用。

5 定心支片作为弹簧使线圈返回，并支撑线圈处于静止位置。

6 磁阻随机存储器的基本存储单元由底部固定的永磁层和顶部的自由磁层通过薄绝缘隧道结层隔开。

#### 7.4 节

1 在绕线心中，电流的增加会使磁通密度增加。

2 剩磁是材料在去除磁化力后保持磁化状态的能力。

#### 7.5 节

1 感应电压为零。

2 感应电压增加。

3 当有电流时，有力施加在导体上。

4 感应电压为零。

#### 7.6 节

1 转子。

2 换向器改变旋转线圈中电流的方向。

3 更大的电阻会降低磁通量，导致输出电压下降。

4 励磁绕组从发电机输出端获得励磁电流的发电机。

#### 7.7 节

1 反电动势是电动机电枢产生的电压，因为转子转动时存在发电机动作。反电动势阻碍电源电压。

2 反电动势可降低电枢电流。

3 串励电动机。

4 更高的可靠性，因为没有电刷磨损。

### 同步练习答案

例 7-1 $19.6\times10^{-3}$ T

例 7-2 0.31 T

例 7-3 $V_{out}$=1.7 V

例 7-4 $I_{in}$ 从 0.5 ～ 3.0 A 变化

例 7-5 磁阻减小到 $12.8\times10^{6}$ A / Wb

例 7-6 磁阻为 $165.7\times10^{3}$ A / Wb

例 7-7 7.2 mWb

例 7-8 $F_m$=42.5 A；$\Re$ =$8.5\times10^{4}$ A / Wb

例 7-9 40 mV

例 7-10 方向沿负 $x$ 轴

### 对 / 错判断答案

| | | |
|---|---|---|
| 1 对 | 2 对 | 3 错 |
| 4 错 | 5 错 | 6 对 |
| 7 对 | 8 对 | 9 错 |
| 10 对 | 11 对 | 12 错 |
| 13 错 | | |

### 自我检测答案

| | | |
|---|---|---|
| 1（b） | 2（c） | 3（a） |
| 4（d） | 5（b） | 6（c） |
| 7（a） | 8（d） | 9（c） |
| 10（c） | 11（b） | 12（c） |
| 13（a） | 14（d） | 15（c） |

第二部分

# 交 流 电 路

第 8 章　交流电流与电压概述
第 9 章　电容
第 10 章　*RC* 正弦交流电路
第 11 章　电感
第 12 章　*RL* 正弦交流电路
第 13 章　*RLC* 正弦交流电路及谐振
第 14 章　变压器
第 15 章　积分器与微分器对脉冲输入的响应

# 第 8 章 交流电流与电压概述

**学习目标**

- 认识正弦波形并度量其特性
- 确定正弦波的电压和电流值的各种量值
- 描述正弦波的相位角关系
- 对正弦波进行数学分析
- 在交流电路中应用电路的基本定律
- 解释交流发电机如何发电
- 解释交流电动机如何将电能转换为旋转运动
- 认识非正弦波的基本特征
- 使用示波器测量电压与电流波形

**应用案例概述**

作为一家设计和制造实验室仪器公司的电子技术工作人员，你被指派测试一种新的函数发生器，该发生器能产生各种形式的、具有可调参数的时变电压。你将记录和分析这些波形的测量值。学习本章后，你应该能够完成本章的应用案例。

**引言**

本章介绍交流电路。交流电路的电压和电流是随时间变化的，它们的输出波形会周期性地改变极性和方向。需强调的是：正弦波形（正弦波）是交流电路中很重要的波形。正弦波与正弦函数具有相同的形状。本章将从工程实际出发，介绍产生正弦波的交流发电机、交流电动机。本章除了介绍正弦波以外，还介绍其他波形，例如脉冲、三角波和锯齿波等。为提高实验技能，本章还会介绍示波器在波形显示和测量中的应用。

## 8.1 正弦波形

正弦波形（**正弦波**）在数学中是正弦函数，在电子工程中被定义为交流电（ac）或交流电压。电力公司提供的电源是正弦电压和正弦电流。此外，其他类型的非正弦周期波形可以分解为许多不同频率的正弦波的组合，它们也被称为谐波。本节我们将重点介绍正弦波。

有两种方式产生正弦电压：交流发电机和电子振荡电路。电子振荡电路被制作成仪器后通常被称为电子信号发生器。任何正弦电压源的符号均可用图 8-1 中的符号来表示。本节介绍电子信号发生器，第 8.6 节介绍通过机电方式产生交流电的交流发电机。

图 8-1 正弦电压源的符号

图 8-2 为正弦波的一般形式，它可以代表交流电流或交流电压。纵轴显示电压（或电

流），横轴显示时间。观察电压（或电流）如何随时间变化：从零开始，电压（或电流）增加到正的最大值（峰值），再返回到零。然后反向增加到负的最大值（峰值），再次返回到零，从而完成一个完整的循环。完整的波形由两个符号不变的部分组成，正值部分和负值部分。

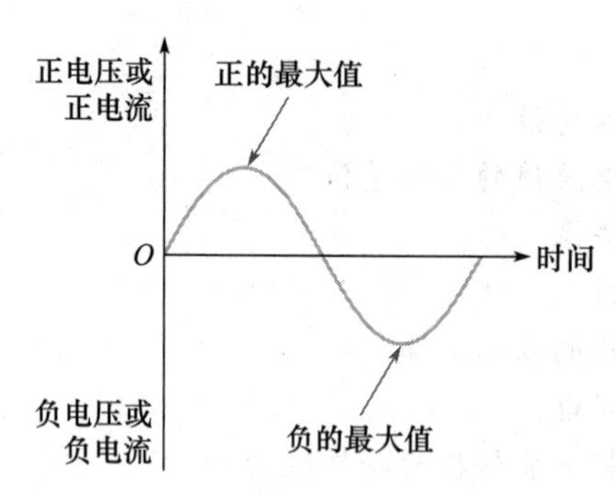


图 8-2 正弦波在一个周期内的波形图

### 8.1.1 正弦波的极性

正弦波在零值处改变极性，也就是说，它在正值和负值之间交替改变。如图 8-3 所示，当正弦电压源（$V_s$）作用在电阻上时，就会产生正弦电流。当电压极性改变时，电流方向也随之改变。

在电压 $V_s$ 为正的期间，电流沿图 8-3a 所示的方向流动；在电压为负的期间，电流方向相反，如图 8-3b 所示。正、负交替组合，构成正弦波的一个**循环**。

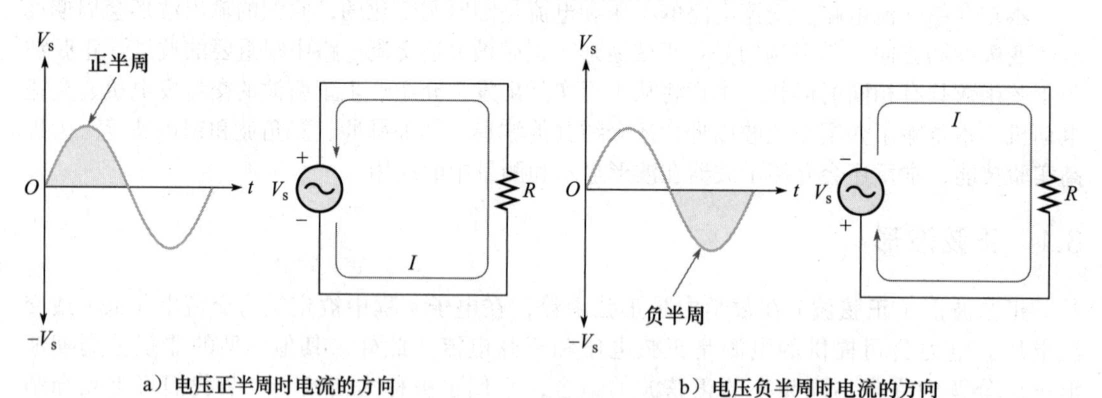


图 8-3 交流电流和电压

### 8.1.2 正弦波的周期

正弦波是随时间（$t$）变化而变化的波形。

**正弦波完成一个完整循环所需的时间被称为周期（$T$）。**

图 8-4a 表示了正弦波的一个周期。图 8-4b 表示以相同的周期不断重复的正弦波。由于重复正弦波在所有周期都相同，所以它的周期是固定值。正弦波的周期可以等于从零值点开始，到下一个循环零值点之间的时间间隔，如图 8-4a 所示。它也可以等于从给定一个循环中的任意峰值到下一循环的相应峰值点的时间间隔。

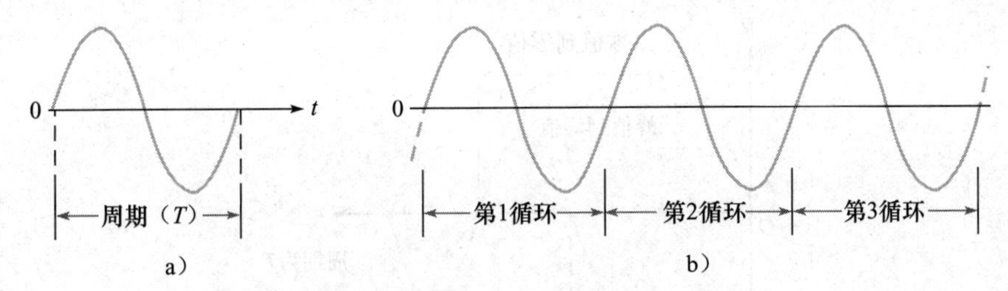


图 8-4　在每个循环中正弦波的周期相同

**例 8-1**　在图 8-5 中，正弦波在 12 s 内出现 3 次循环，问正弦波的周期是多少？

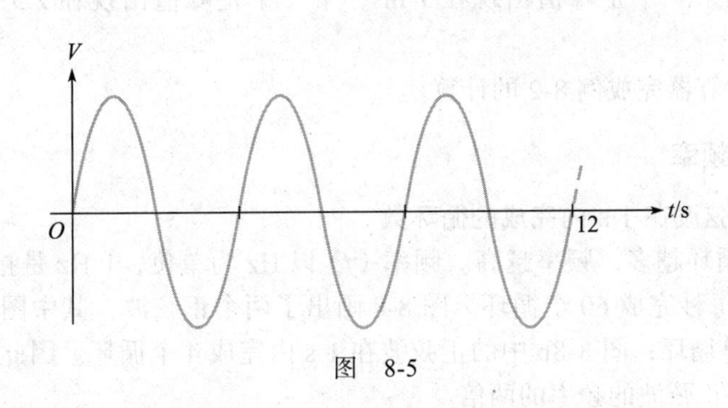


图　8-5

**解**　在图 8-5 中，完成 3 个循环需要 12 s，所以周期是 4 s，具体为

$$T=12\ \text{s}/3=4\ \text{s}$$

◀

**同步练习**　如果正弦波在 12 s 内经过了 5 个循环，那么周期是多少？

采用科学计算器完成例 8-1 的计算。

**例 8-2**　用图 8-6 说明度量正弦波周期的 3 种可能方法，图中波形包含多少个循环？

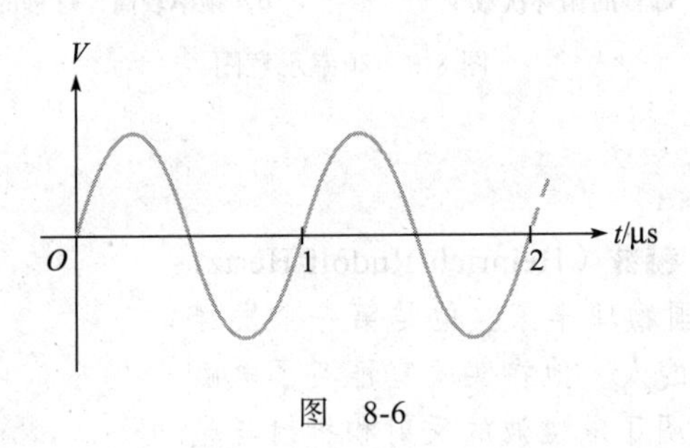


图　8-6

**解**　正弦波的周期可以用下面 3 种方法来度量。

方法 1：从一个过零点到下一个循环的过零点（过零点的斜率必须相同）。

方法 2：从一个循环的正峰值到下一个循环的正峰值。

方法 3：从一个循环的负峰值到下一个循环的负峰值。

上述度量方法如图 8-7 所示，图中画出了正弦波的两个循环。无论使用波形上的哪些对应点，得到的周期值都是相同的。

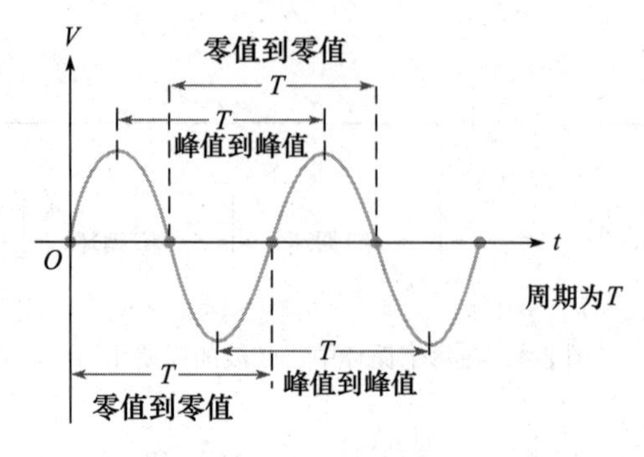


图 8-7 正弦波周期的度量方法

**同步练习** 如果一个正峰值出现在 1 ms，下一个正峰值出现在 2.5 ms，那么周期是多少？

采用科学计算器完成例 8-2 的计算。

### 8.1.3 正弦波的频率

**频率（$f$）是正弦波在 1 s 内完成的循环数。**

1 s 内完成的循环越多，频率越高。频率（$f$）以 Hz 为单位，1 Hz 是指每秒内完成 1 个循环。60 Hz 是指每秒完成 60 个循环。图 8-8 画出了两个正弦波，其中图 8-8a 中的正弦波 1 s 内完成 2 个完整循环；图 8-8b 中的正弦波在 1 s 内完成 4 个循环。因此图 8-8b 中正弦波的频率是图 8-8a 中正弦波的频率的两倍。

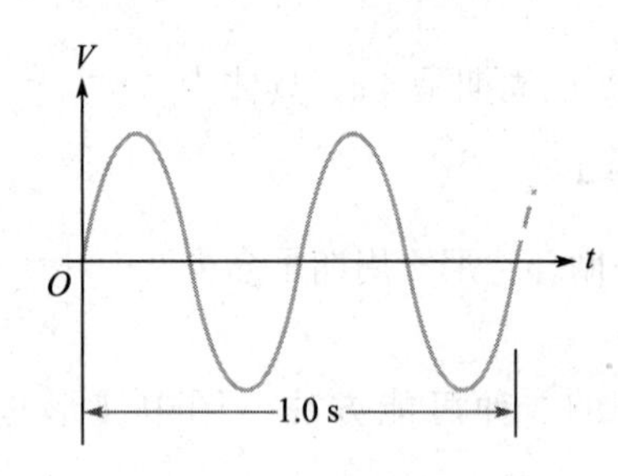


a）频率较低：每秒的循环次数少

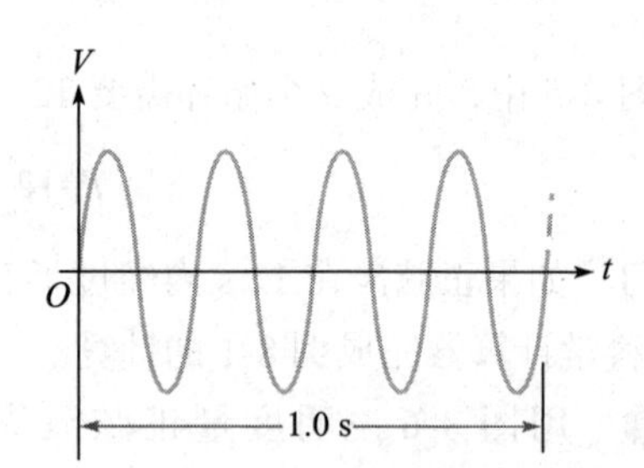


b）频率较高：每秒的循环次数多

图 8-8 频率示意图

**人物小贴士**

**海因里希·鲁道夫·赫兹**（Heinrich Rudolf Hertz，1857—1894） 赫兹是德国物理学家。他是第一个发送和接收电磁（无线电）波的人。他在实验室证实了电磁波并测量了其参数，还证明了电磁波的反射和折射与光的反射和折射性质相同。频率单位是以他的名字命名的，即赫兹（符号为 Hz）。

（图片来源：DIZ Muenchen GmbH，Sueddeutsche Zeitung Photo/Alamy）

### 8.1.4 频率与周期的关系

频率（$f$）与周期（$T$）的关系式如下：

$$f = \frac{1}{T} \tag{8-1}$$

$$T = \frac{1}{f} \tag{8-2}$$

$f$ 和 $T$ 互为倒数，知道其中一个就可以用计算器上 $x^{-1}$ 或 $1/x$ 键计算出另一个。这种倒数关系是有意义的，因为周期较长的正弦波在 1 s 内的循环次数要比周期较短的正弦波的循环次数少。

**例 8-3** 图 8-9 中有两个正弦波，哪个频率更高？确定波形的频率和周期。

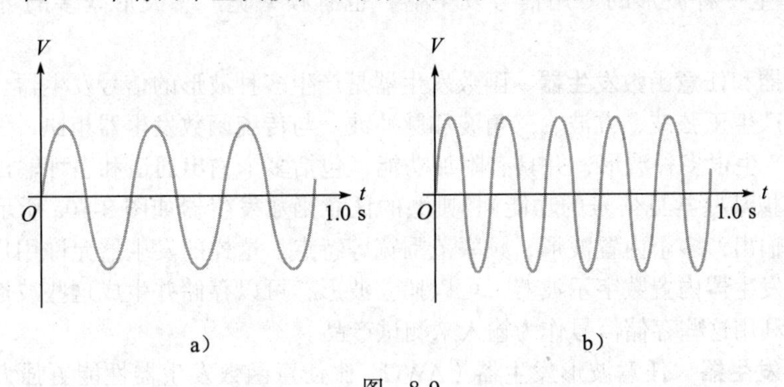


图　8-9

**解**　因为图 8-9b 中的正弦波在 1 s 内完成的循环次数比图 8-9a 中的多，所以图 8-9b 中的正弦波频率更高。

在图 8-9a 中，1 s 内完成 3 个循环，因此可得

$$f=3.0\ \text{Hz}$$

一个循环需要 0.333 s，周期是

$$T=0.333\ \text{s}=333\ \text{ms}$$

在图 8-9b 中，1 s 内完成 5 个循环，因此循环需要 0.2 s，周期是

$$T=0.2\ \text{s}=200\ \text{ms}$$ ◀

**同步练习**　如果某一正弦波负峰值间的时间间隔是 50 μs，那么频率是多少？

采用科学计算器完成例 8-3 的计算。

**例 8-4** 某个正弦波的周期是 10 ms，那么频率是多少？

**解**　利用式（8-1），频率为

$$f = \frac{1}{T} = \frac{1}{10\ \text{ms}} = \frac{1}{10 \times 10^{-3}\ \text{s}} = 100\ \text{Hz}$$ ◀

**同步练习**　某一正弦波在 20 ms 内经过了 4 个循环，那么频率是多少？

采用科学计算器完成例 8-4 的计算。

**例 8-5** 正弦波的频率是 60 Hz，那么周期是多少？

**解**　利用式（8-2），周期为

$$T=\frac{1}{f}=\frac{1}{60\ \text{Hz}}=16.7\ \text{ms}$$

**同步练习** 如果频率 $f$=1.0 kHz 的正弦波，那么 $T$ 是多少?

采用科学计算器完成例 8-5 的计算。

### 8.1.5 电子信号发生器

电子信号发生器是产生正弦波的一种电子仪器，用于测试或控制电子电路和系统所有信号发生器基本上都由**振荡器**组成的，振荡器是一个产生重复波形的电子电路。既有频率有限、只产生一种波形的专用信号发生器，也有频率宽广、波形繁多的可编程信号发生器。

**函数发生器和任意函数发生器** 函数发生器是产生多种波形的信号发生器。传统的函数发生器通常只产生正弦波、方波、三角波和脉冲波。与传统函数发生器相比，任意函数发生器（AFG）能产生很多种波形，并具有附加功能，包括多个输出通道和多种输出模式（如重复、突发或模拟某些常见信号的功能）。典型的任意函数发生器如图 8-10a 所示，其具有单通道或双通道输出，多个内置波形，频率范围宽等特点。这样的发生器允许用户模拟多种测试条件。一些发生器内置数字示波器，可以捕获波形，可以存储并生成这些波形，工程师和技术人员可以利用这些存储信号作为输入来测试产品。

**任意波形发生器** 任意波形发生器（AWG）比任意函数发生器性能更强大。除了具有所有标准波形输出，任意波形发生器可以多个通道同步操作，该功能在测试复杂系统时非常有用。输出可以被定义为数学函数、用户图形输入，或是被数字示波器捕获并存储的波形。图 8-10b 给出了 Tektronix 的多通道任意波形发生器。

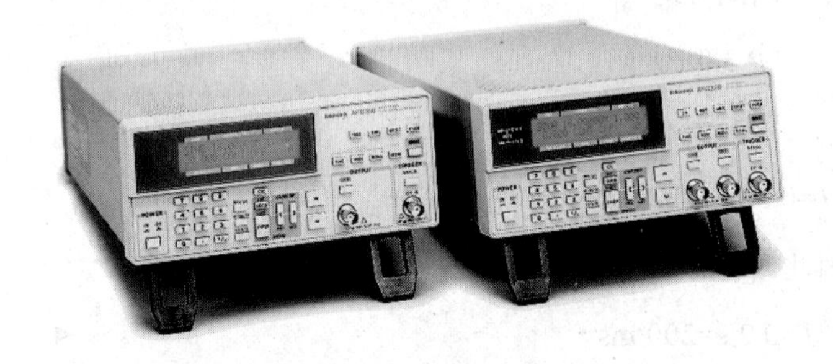

a）任意函数发生器示例

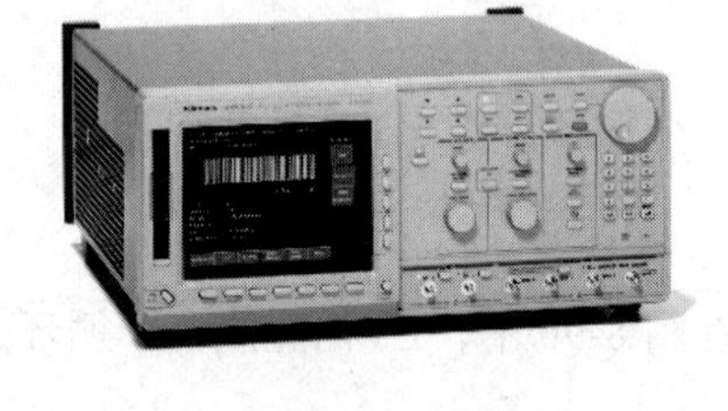

b）任意波形发生器示例

图 8-10 典型的电子信号发生器（图片来源：Tektronix，Inc.）

**学习效果检测**

1. 描述正弦波的一个循环。
2. 正弦波在什么时候改变极性?
3. 正弦波在一个循环内有多少个最高点?
4. 如何度量正弦波的周期?
5. 定义频率，并说明其单位。
6. 当 $T$=5 μs 时，确定 $f$。
7. 当 $f$=120 Hz 时，确定 $T$。

## 8.2　正弦电压和电流

表示正弦波大小的量值有 5 种：瞬时值、峰值、峰峰值、有效值和平均值。

### 8.2.1　瞬时值

图 8-11 说明在任意时刻，正弦电压（或电流）都有一个确定值，称其为**瞬时值**。沿着曲线，在不同点的瞬时值是不同的。在正周期内，瞬时值为正数；在负周期内，瞬时值为负数。电压和电流的瞬时值分别用小写斜体字母 $v$ 和 $i$ 表示。图 8-11a 的曲线同样适用于电流。图 8-11b 给出了瞬时值的一个例子，在 $t$=1 μs 时，瞬时电压为 3.1 V。在 $t$=2.5 μs 时瞬时电压为 7.07 V，在 $t$=5 μs 时为 10 V，在 $t$=10 μs 时为 0 V，在 $t$=11 μs 时为 −3.1 V，以此类推。

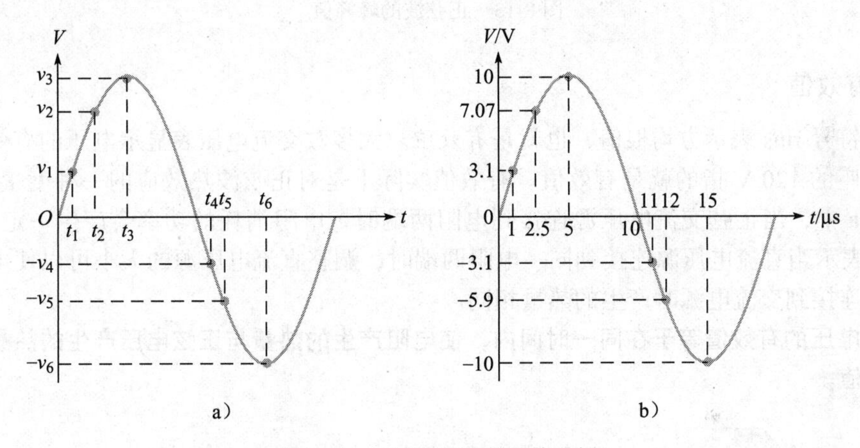


图 8-11　正弦电压的瞬时值示例

### 8.2.2　峰值

正弦波的**峰值**是电压（或电流）相对于零的正或负的最大值。因为正、负峰值幅值相等，所以可以用单峰值表示正弦波，如图 8-12 所示。对于给定的正弦波，峰值为常数，用 $V_p$ 或 $I_p$ 表示，正弦波的最大值或峰值也被称为**振幅**。振幅为正弦波的平均值（本例为 0 V）到峰值之间的度量值。图中峰值电压为 8.0 V，也是振幅。

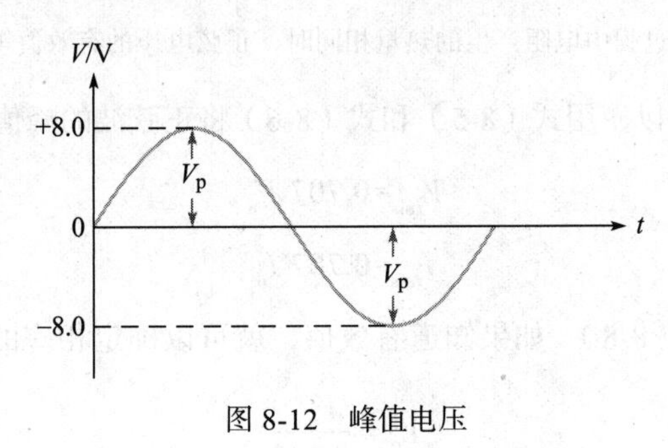


图 8-12　峰值电压

### 8.2.3　峰峰值

图 8-13 展示了正弦波的峰峰值，它是从正峰值到负峰值的电压或电流，是峰值的 2 倍。峰峰值电压或电流值用 $V_{pp}$ 或 $I_{pp}$ 表示。

$$V_{pp}=2V_p \tag{8-3}$$

$$I_{pp}=2V_p \tag{8-4}$$

在图 8-13 中，峰峰值电压为 16 V。

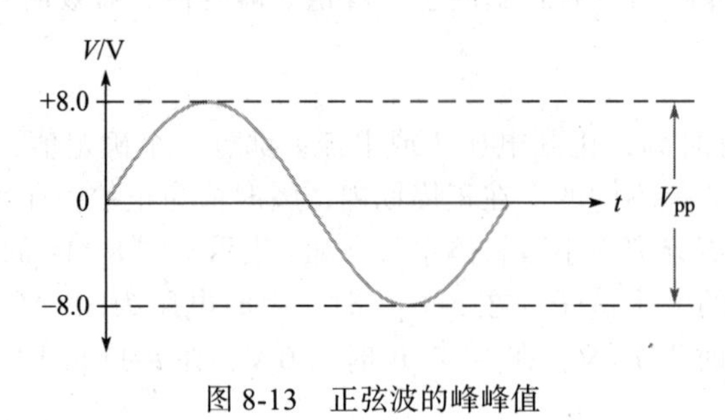


图 8-13 正弦波的峰峰值

### 8.2.4 有效值

简写符号 rms 表示方均根值，也就是*有效值*。大多数交流电压表显示电压的有效值，墙上电源插座的 120 V 指的就是有效值。有效值实际上是对正弦波热效应的一种度量。例如，在图 8-14a 中，当正弦交流电压源连接到电阻两端时，电阻消耗的功率会产生一定的热量。图 8-14b 表示当直流电压源连接到同一电阻两端时，调整直流电压源的大小可以使电阻产生的热量与连接到交流电源时产生的热量相同。

**正弦电压的有效值等于在同一时间内，使电阻产生的热量与正弦电压产生的热量相同的直流电压值。**

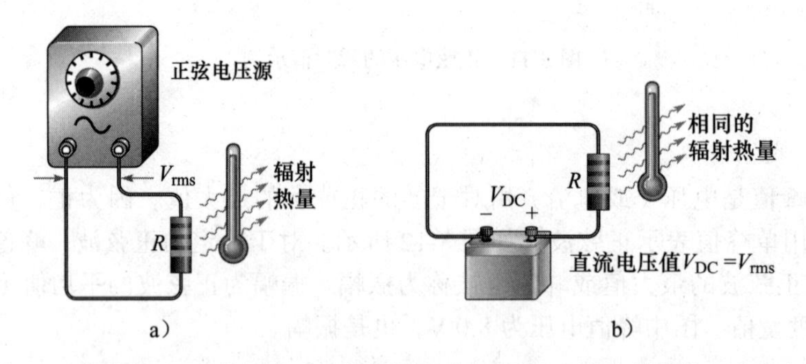


图 8-14 当两个过程中电阻产生的热量相同时，正弦电压的有效值等于直流电压值

对于电压或电流，可以使用式（8-5）和式（8-6）将正弦波的峰值转换为相应的有效值。

$$V_{rms}=0.707\ V_p \tag{8-5}$$

$$I_{rms}=0.707\ I_p \tag{8-6}$$

利用式（8-7）和式（8-8），如果知道有效值，就可以确定相应的峰值。

$$V_p=\frac{V_{rms}}{0.707}$$

$$V_p=1.414\ V_{rms} \tag{8-7}$$

类似的，

$$I_p=1.414\ I_{rms} \tag{8-8}$$

为了获得峰峰值，只需将峰值加倍，对于有效值需乘以 2.828，即

$$V_{pp}=2.828\,V_{rms} \tag{8-9}$$

$$I_{pp}=2.828\,I_{rms} \tag{8-10}$$

## 8.2.5　平均值

正弦波在一个周期内的**平均值**总是零，这是因为正半周和负半周与时间轴围成的面积的绝对值相等，总面积为零。

正弦波的平均值是在半个周期内而不是在整个周期内定义的，这对于某些场合（例如测量电源中电压的类型）是有用的。平均值指半个周期曲线下的总面积除以曲线沿横轴的弧度数，用正弦波电压和电流的峰值表示如下：

$$V_{avg}=\left(\frac{2}{\pi}\right)V_{p}$$
$$V_{avg}=0.637V_{p} \tag{8-11}$$

$$I_{avg}=\left(\frac{2}{\pi}\right)I_{p}$$
$$I_{avg}=0.637I_{p} \tag{8-12}$$

正弦电压的半个周期平均值如图 8-15 所示。

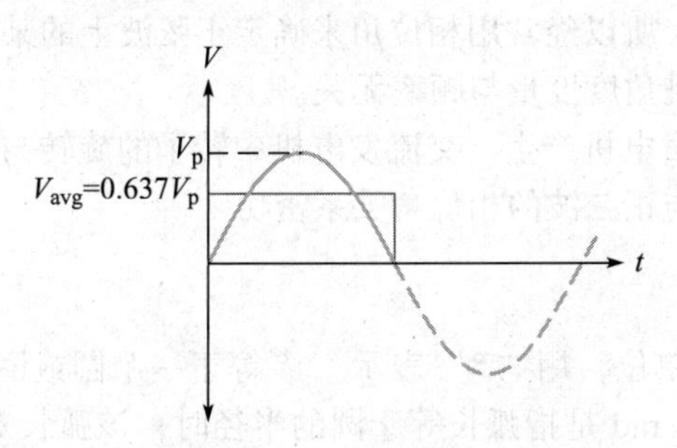


图 8-15　半个周期平均值

**例 8-6**　确定图 8-16 中正弦波的 $V_p$、$V_{pp}$、$V_{rms}$ 和半个周期的 $V_{avg}$。

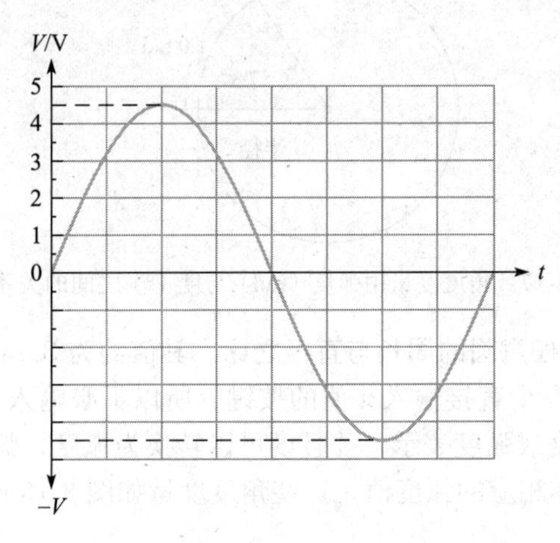


图　8-16

**解** 直接从图中读取 $V_p$=4.5 V，由此计算其他值。

$$V_{pp}=2\ V_p=2\times4.5\ \text{V}=9.0\ \text{V}$$

$$V_{rms}=0.707\ V_p=0.707\times4.5\ \text{V}=3.18\ \text{V}$$

$$V_{avg}=0.673\ V_p=0.673\times4.5\ \text{V}=2.87\ \text{V}$$

◀

**同步练习** 如果 $V_p$=25 V，确定正弦波电压的 $V_{pp}$、$V_{rms}$ 和半个周期的 $V_{avg}$。

采用科学计算器完成例 8-6 的计算。

**学习效果检测**

1. 计算以下各种情况下的 $V_{pp}$：

（a）$V_p$=1.0 V　　（b）$V_{rms}$=1.144 V　　（c）$V_{avg}$=3.0 V

2. 计算以下各种情况下的 $V_{rms}$：

（a）$V_p$=2.5 V　　（b）$V_{pp}$=10 V　　（c）$V_{avg}$=1.5 V

3. 计算以下各种情况下的 $V_{avg}$：

（a）$V_p$=10 V　　（b）$V_{rms}$=2.3 V　　（c）$V_{pp}$=60 V

## 8.3 正弦波相位角的度量

如你所见，正弦波可以沿着横轴按时间来度量。然而因为完成一个周期或一个周期内任何部分的时间取决于频率，所以经常用相位角来确定正弦波上的某一点，该相位角可以以度或弧度为单位来表示，并且角度度量与频率无关。

正弦电压可以由交流发电机产生。交流发电机中转子的旋转与输出的正弦电压之间存在直接关系，转子的位置角与正弦波的相位角关系密切。

### 8.3.1 角度的度量

度是角度的一种度量单位，用“°”表示。1° 等于一个圆或圈的 1/360。弧度（rad）是沿圆周的角度度量单位，1 rad 是指弧长等于圆的半径时，该弧长对应的圆心角，1 rad 约等于 57.3°，如图 8-17 所示。一圈 360°，是 2π rad。

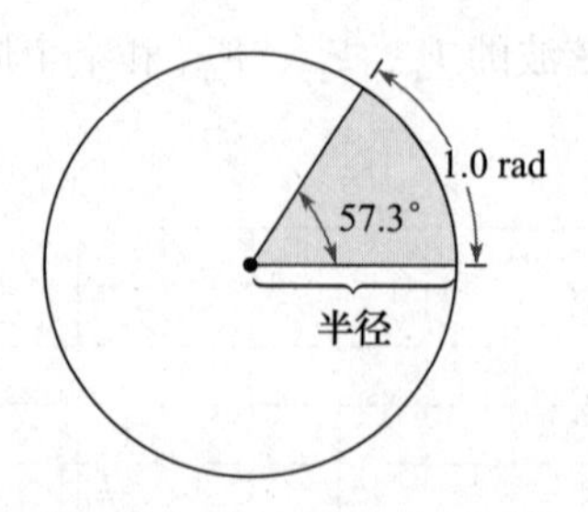


图 8-17 角度度量中弧度（rad）与度（°）之间的关系

**希腊字母 π（pi）表示任意圆的周长与直径之比，其值约为 3.1416。**

因为科学计算器中有一个直接输入 π 值的按键，所以不必输入 π 值的实际数字。另外，计算器还允许输入角度以度或弧度表示，并且度可以转换为弧度，弧度也可以转换为度。

表 8-1 列出了几个度和相应的弧度值，这些角度度量如图 8-18 所示。

表 8-1

| 度 / (°) | 弧度 /rad |
|---|---|
| 0 | 0 |
| 45 | π/4 |
| 90 | π/2 |
| 135 | 3π/4 |
| 180 | π |
| 225 | 5π/4 |
| 270 | 3π/2 |
| 315 | 7π/4 |
| 360 | 2π |

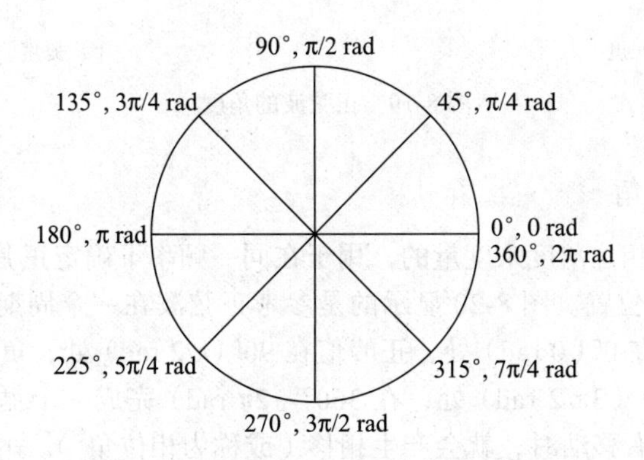


图 8-18　角度度量从 0° 开始，逆时针方向进行

### 8.3.2　弧度 / 度转换

按照以下公式，度可以转换为弧度。

$$弧度 = \frac{\pi\ \text{rad}}{180°} \times 度 \tag{8-13}$$

同样地，按照如下公式，弧度可以转换为度（°）。

$$度 = \frac{180°}{\pi\ \text{rad}} \times 弧度 \tag{8-14}$$

**例 8-7**　(a) 将 60° 转换为弧度。(b) 将 π/6 rad 转换为度。

**解**　(a) $弧度 = \frac{\pi\ \text{rad}}{180°} \times 60° = \frac{\pi}{3}\ \text{rad}$

(b) $角度 = \frac{180°}{\pi\ \text{rad}} \times \frac{\pi}{6}\ \text{rad} = 30°$ ◀

**同步练习** (a) 将 15° 转换为弧度。(b) 将 5π/8 rad 转换为度。

采用科学计算器完成例 8-7 的计算。

### 8.3.3 正弦波的角度

正弦波的相位角以 360° 或 2π rad 作为一个周期；半个周期为 180° 或 π rad；四分之一周期为 90° 或 π/2 rad。图 8-19a 是用度表示的正弦波的一个周期，图 8-19b 是用弧度表示的正弦波的一个周期。

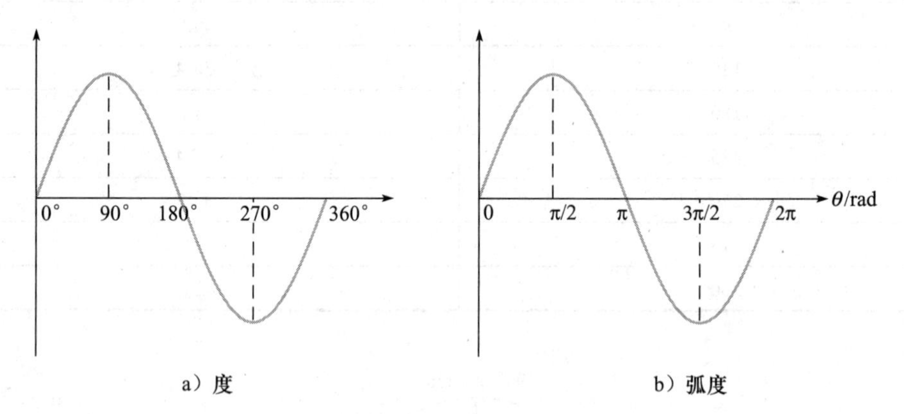


图 8-19 正弦波的角度

### 8.3.4 正弦波的相位角

正弦波的**相位**是用相位角度来度量的，用于在同一频率下确定正弦波上的某点相对于指定参考点在角度方面的位置。图 8-20 显示的是参考正弦波在一个周期内的波形。横轴的第一个正向交点（过零）在 0°（0 rad）处，正峰值在 90°（π/2 rad）处，负向过零交点在 180°（π rad）处，负峰值在 270°（3π/2 rad）处，在 360°（2π rad）完成一个循环。当正弦波相对于这个参考波形向左或向右移动时，就会产生相移（或称为相位角[㊀]）。

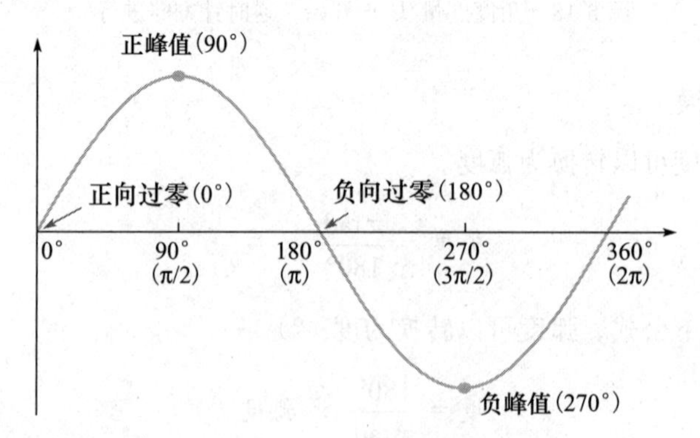


图 8-20 参考正弦波

图 8-21 说明了正弦波的相移。在图 8-21a 中，正弦波 $B$ 相对于正弦波 $A$ 向右移动 90°（π/2 rad），因此正弦波 $A$ 与正弦波 $B$ 的相位差为 90°。就时间而言，因为沿水平轴向右时间增加，正弦波 $B$ 正峰值出现的时间比正弦波 $A$ 正峰值出现的时间晚，所以正弦波 $B$ **滞后**正弦波 $A$ 90° 或 π/2 rad。换句话讲，正弦波 $A$ 超前正弦波 $B$ 90°。

在图 8-21b 中，正弦波 $B$ 相对于正弦波 $A$ 向左移动了 90°。因此正弦波 $A$ 与正弦波 $B$ 之

㊀ 本书“相位角”一词含义多样，包括初相位、相位差、阻抗角等各种相对角度，需根据上下文来理解。——译者注

间存在 90° 的相位差，此时正弦波 *B* 正峰值出现的时间早于正弦波 *A*，因此正弦波 *B* **超前**正弦波 *A* 90°。上述两种情况，两个正弦波的相位差均为 90°。

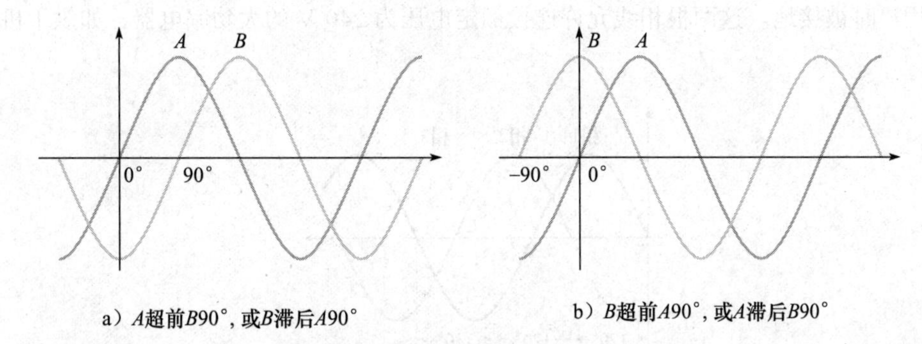


a）*A*超前*B*90°，或*B*滞后*A*90°　　b）*B*超前*A*90°，或*A*滞后*B*90°

图 8-21　相移示意图

**例 8-8**　图 8-22a 和 b 中的两个正弦波的相位差是多少？

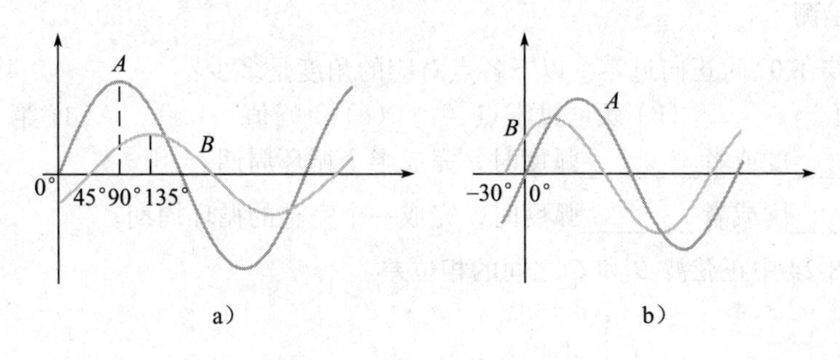


a）　　b）

图　8-22

**解**　在图 8-22a 中，正弦波 *A* 在 0° 时正向过零，正弦波 *B* 在 45° 时正向过零，因此两个波形之间相位差是 45°，并且正弦波 *B* 滞后正弦波 *A*。

在图 8-22b 中，正弦波 *B* 在 −30° 时正向过零，正弦波 *A* 在 0° 时正向过零，因此波形之间相位差是 30°，并且正弦波 *B* 超前正弦波 *A*。 ◀

**同步练习**　如果第一个正弦波的正向过零点在 15°，第二个正弦波的正向过零点在 23°，那么它们之间的相位差是多少？

采用科学计算器完成例 8-8 的计算。

在实际应用中，当使用示波器测量两个波形之间的相位差时，要确保在两个波形在同一周期内的对应点之间进行测量。一种方法是垂直对齐波形并调整显示，采用垂直校准控件调整其中一个波形的垂直标度，直到它的表观振幅（显示的振幅）等于另一个波形的表观振幅，从而确保一个波形上每个点与另一个波形的对应点具有相同的垂直位置。另一种方法是测量两个波形的最大峰值或最小峰值之间的相位差。

### 8.3.5　多相电力系统

正弦波相移在电力系统中有着重要应用。电力设施产生相位互差 120° 的三相交流电，如图 8-23 所示。电压的参考点被称为中性点。一般情况下，三相电源由 4 根线（3 根相线和 1 根中性线）输送给用户。对于交流电动机，三相电源具有很多优点，三相电动机比等容量的单相电动机效率更高、结构更简单。电动机将在 8.7 节进一步讨论。

电力公司可以将三相电源系统分成 3 个独立的单相电源系统。如果只提供三相中的一相以及中性线，输出就是标准的 120 V 电压，即单相电源。单相电源使用两根 120 V 的相线和中性线为住宅和小型商业建筑供电，这时两个相电压的相位差被设计为 180°，中性线在进入用户时被接地。这两根相线允许连接额定电压为 240 V 的大功率电器，如烘干机、空调等。

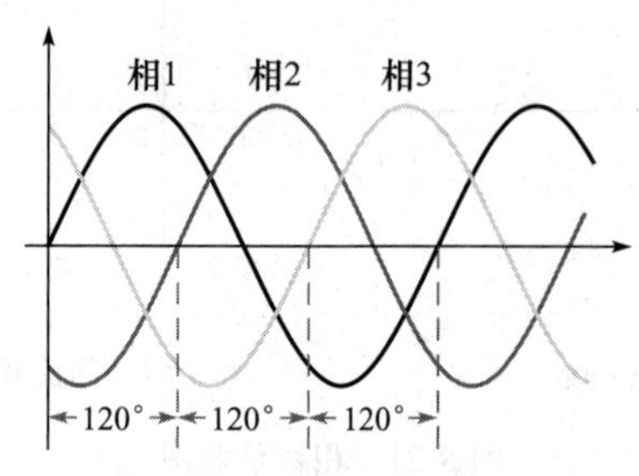

图 8-23 三相交流电波形

**学习效果检测**

1. 当正弦波在 0° 时正向过零，以下各点对应的角度是多少？

（a）正峰值　（b）负向过零点　（c）负峰值　（d）第 1 个周期结束

2. 在________度或者________弧度时，完成半个循环周期。

3. 在________度或者________弧度时，完成一个完整的循环周期。

4. 确定图 8-24 中正弦波 $B$ 和 $C$ 之间的相位差。

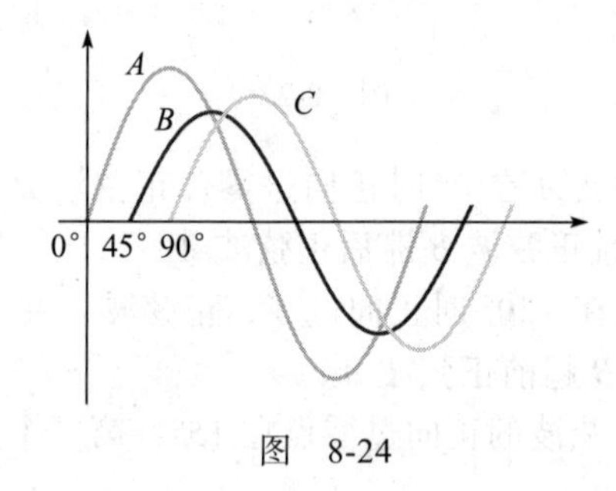

图 8-24

## 8.4 正弦波表达式

正弦波可以用图形表示，还可以用数学公式表示。在正弦波的图形中，纵轴是电压或电流，横轴是相位（单位为度或弧度）。

正弦波在一个周期内的图形如图 8-25 所示。正弦波振幅（$A$）是纵轴上电压或电流的最大值，相位角是沿着横轴的数值。设变量 $y$ 是一个瞬时值，表示给定相位角 $\theta$ 下的电压或电流，符号 $\theta$ 是希腊字母。

所有正弦波都遵循一个特定的数学表达式，图 8-25 中的正弦波曲线的一般表达式为

$$y=A\sin\theta \tag{8-15}$$

这个表达式说明正弦波上的任意点可由瞬时值（$y$）表示，等于最大值 $A$ 乘以该点相位角的正弦值（$\sin\theta$）。例如，某一正弦电压的峰值为 10 V，可以计算横轴上 60° 处的瞬时电压，令 $y=v$，$A=V_p$，可得

$$v = V_p \sin\theta = 10\ \text{V} \times \sin 60° = 10\ \text{V} \times 0.866 = 8.66\ \text{V}$$

图 8-26 显示了曲线的瞬时值。在大多数计算器上，可以先输入角度值，然后按下 SIN 键来计算输入角度的正弦值。但对于某些计算器，需先按下 SIN 键，然后输入角度值，再按下 ENTER 键计算。注意计算时需确认计算器的角度单位是度还是弧度。

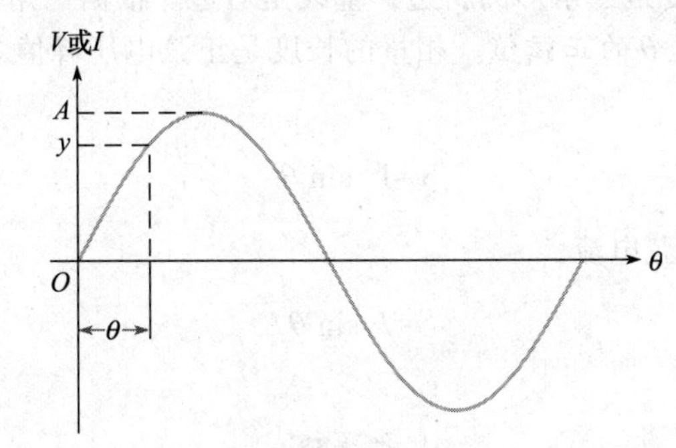


图 8-25　正弦波在一个周期内的图形，体现了振幅和相位

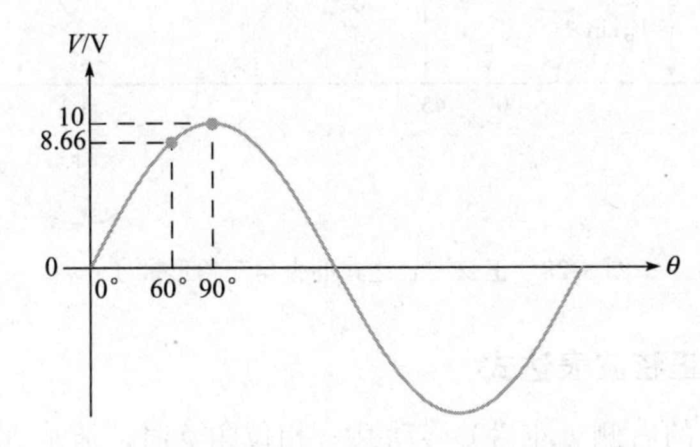


图 8-26　正弦波电压在 $\theta$=60° 时的瞬时值

## 8.4.1　正弦波公式的推导

当沿着正弦波的水平轴移动时，角度会增加，幅值（垂直轴上的值）也会变化。在任何给定时刻，正弦波的幅值可以用相位角和振幅（峰值）的值来描述，也可以用**相量**表示。相量具有幅值和方向（相位角），是围绕固定点以恒定速率旋转的箭头，是旋转矢量。正弦波相量的长度是峰值，其旋转时的角是相位角。正弦波的一个完整周期可视为相量旋转 360°。

图 8-27 显示了一个逆时针旋转 360° 的相量过程。若相量投影到相位角沿水平轴运行的图形上，那么正弦波就被“描绘出来”，如图所示。相量的每个角位置，都有一个对应的幅值。如图 8-27 所示，在 90° 和 270° 处，正弦波的幅值最大且等于相量的长度。在 0° 和 180° 处，正弦波的幅值为零，此时相量方向是水平的。

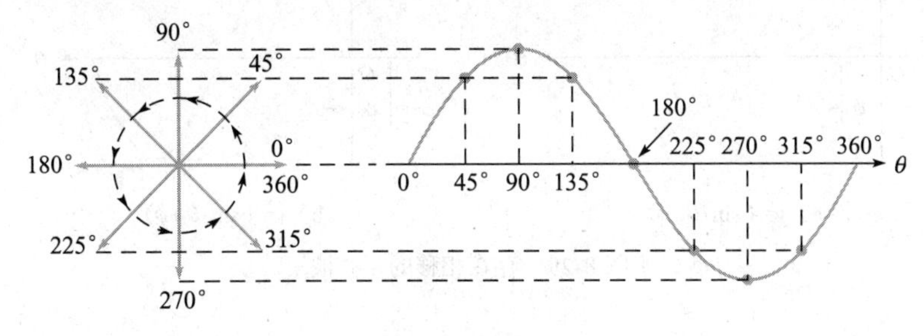


图 8-27　用相量的旋转表示正弦波

让我们看看某一特定角度的相量。图 8-28 显示在 45° 位置时的电压相量，及其在正弦波上的对应点。在此点正弦波的瞬时值与相量的位置和长度有关。如前所述，相量顶端到横轴的垂直距离表示该点正弦波的瞬时值。

注意，当从相量顶端向下画一条垂直到横轴的直线时，形成一个直角三角形，如图 8-28 所示。相量的长度是三角形的斜边，垂线是对边。根据三角函数可知：直角三角形的对边等于斜边乘以角度 $\theta$ 的正弦值。相量的长度是正弦电压峰值 $V_p$，因此三角形的对边（即瞬时值）可以表示为

$$v=V_p \sin\theta \tag{8-16}$$

类似公式也适用于正弦电流，

$$i=I_p \sin\theta \tag{8-17}$$

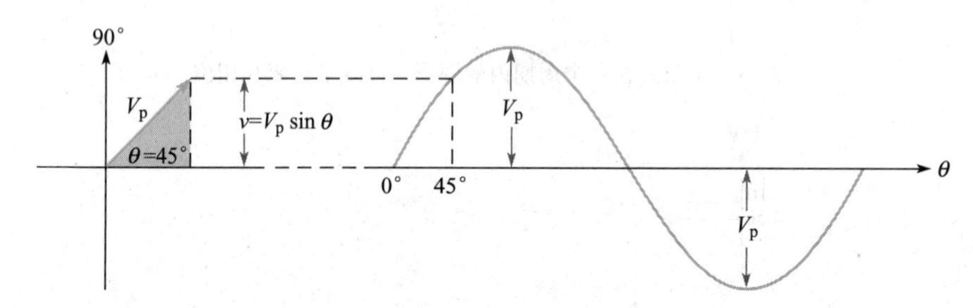


图 8-28 正弦波表达式的直角三角形推导

### 8.4.2 存在相移时的正弦波表达式

当正弦波向参考点的右侧（滞后）移动某一相位角 $\phi$ 时，波形如图 8-29a 所示，一般表达式为

$$y=A\sin(\theta-\phi) \tag{8-18}$$

式中，$y$ 为电压或电流的瞬时值，$A$ 为峰值。当正弦波向参考点左侧（超前）移动某一相位角时，波形如图 8-29b 所示，其表达式为

$$y=A\sin(\theta+\phi) \tag{8-19}$$

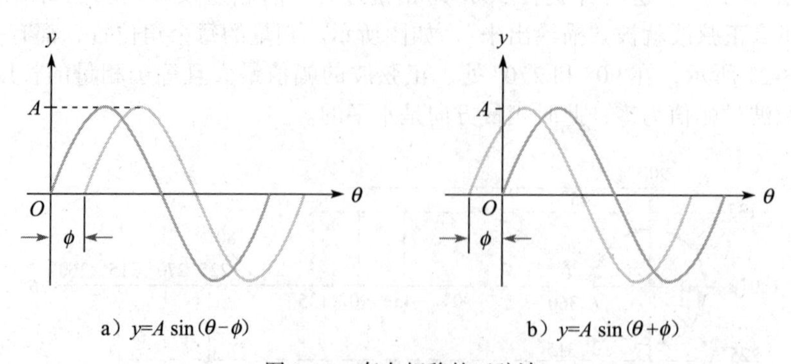


a）$y=A\sin(\theta-\phi)$　　b）$y=A\sin(\theta+\phi)$

图 8-29 存在相移的正弦波

例 8-9　确定图 8-30 中每个电压波形在横轴上离参考点 90° 处的瞬时值。

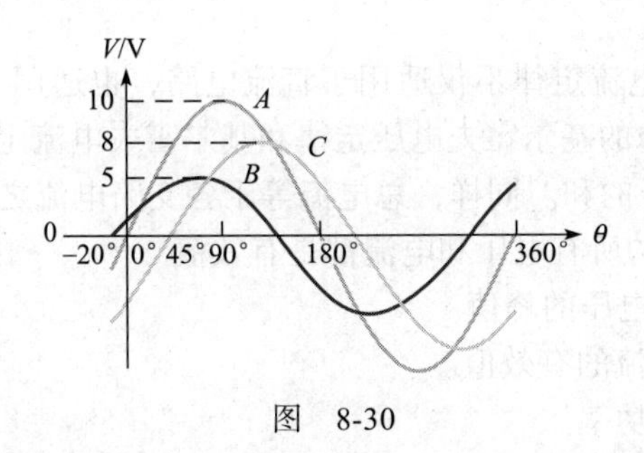


图　8-30

**解**　以正弦波 $A$ 为参考，正弦波 $B$ 相对于 $A$ 向左移动了 20°，所以 $B$ 超前 $A$。正弦波 $C$ 相对于 $A$ 向右移 45°，所以 $C$ 滞后 $A$。

$$v_A=V_p\sin\theta=(10\ \text{V})\times\sin 90°=10\ \text{V}$$

$$v_B=V_p\sin(\theta+\phi_B)=5.0\ \text{V}\times\sin(90°+20°)=5.0\ \text{V}\times\sin 110°=4.07\ \text{V}$$

$$v_C=V_p\sin(\theta-\phi_C)=8.0\ \text{V}\times\sin(90°-45°)=8.0\ \text{V}\times\sin 45°=5.66\ \text{V}$$ ◀

**同步练习**　正弦电压的峰值为 20 V，在它正向过零后的 65° 时瞬时值是多少？

采用科学计算器完成例 8-9 的计算。

**学习效果检测**

1. 确定以下角度的正弦函数值：

（a）30°　　（b）60°　　（c）90°

2. 计算图 8-26 中正弦波在 120° 处的瞬时值。

3. 确定超前零参考 10°（$V_p$=10 V）的正弦电压在 45° 处的瞬时值。

## 8.5　交流电路分析

当一个时变交流电压（如正弦电压）施加在电路上时，之前学习的电路定律和功率公式仍然适用。欧姆定律、基尔霍夫定律以及功率公式在交流电路中与在直流电路中一样。

如图 8-31 所示，如果在电阻两端施加正弦电压，就会产生正弦电流。电压为零则电流也为零，电压最大则电流也最大。当电压极性改变时电流也反向，因此电压和电流是同步变化的。

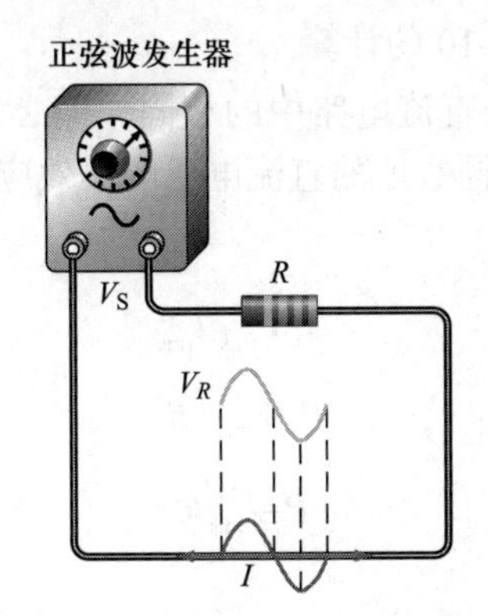


图 8-31　正弦电压产生正弦电流

在交流电路中使用欧姆定律时，记住电压和电流必须一致性表示，即都为峰值、为有效值、为平均值，依此类推。

基尔霍夫电压定律和电流定律不仅适用于直流电路，也适用于交流电路。例 8-10 说明了电阻电路中有正弦电压源的基尔霍夫电压定律和基尔霍夫电流定律。电源电压与在直流电路中一样，是所有电阻电压的和。同样，总电流等于各支路电流之和。

**例 8-10** 图 8-32 中的所有电压和电流都是有效值。

（a）求图 8-32a 中未知电压的峰值。

（b）求图 8-32b 中总电流的有效值。

（c）求图 8-32b 中的总功率。

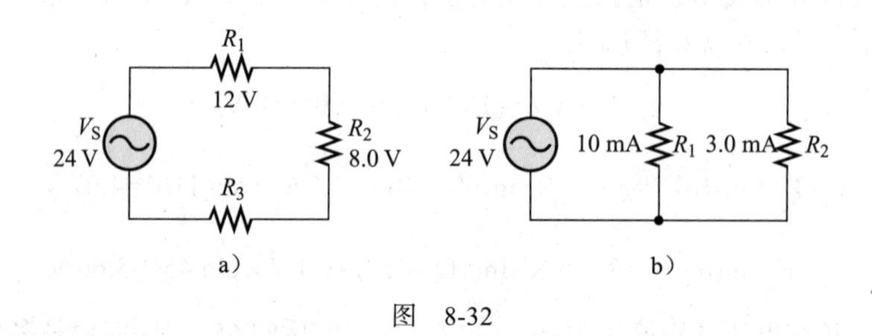


图 8-32

**解**（a）利用基尔霍夫电压定律求 $V_3$。

$$V_S=V_1+V_2+V_3$$

$$V_{3(rms)}=V_{S(rms)}-V_{1(rms)}-V_{2(rms)}=24\text{ V}-12\text{ V}-8.0\text{ V}=4.0\text{ V}$$

将有效值转换为峰值。

$$V_{3(p)}=1.414\,V_{3(rms)}=1.414\times 4.0\text{ V}=5.66\text{ V}$$

（b）利用基尔霍夫电流定律求 $I_{tot}$。

$$I_{tot(rms)}=I_{1(rms)}+I_{2(rms)}=10\text{ mA}+3.0\text{ mA}=13\text{ mA}$$

（c）

$$P_{tot}=V_{rms}\,I_{rms}=24\text{ V}\times 13\text{ mA}=312\text{ mW}$$ ◀

**同步练习** 串联电路中 3 个电阻的电压分别是：$V_{1(rms)}=3.50$ V，$V_{2(p)}=4.25$ V，$V_{3(avg)}=1.70$ V。计算电源电压的峰峰值。

采用科学计算器完成例 8-10 的计算。

交流电阻电路的功率公式与直流电路中的相同，但必须使用电流和电压的有效值。回顾一下，正弦电压的有效值与相同数值的直流电压的热效应相同。交流电阻电路的功率公式表述如下：

$$P=V_{rms}\,I_{rms}$$

$$P=V_{rms}^2/R$$

$$P=I_{rms}^2R$$

**例 8-11**　图 8-33 所示电源电压为有效值，确定每个电阻两端电压的有效值和电流的有效值，并计算总功率。

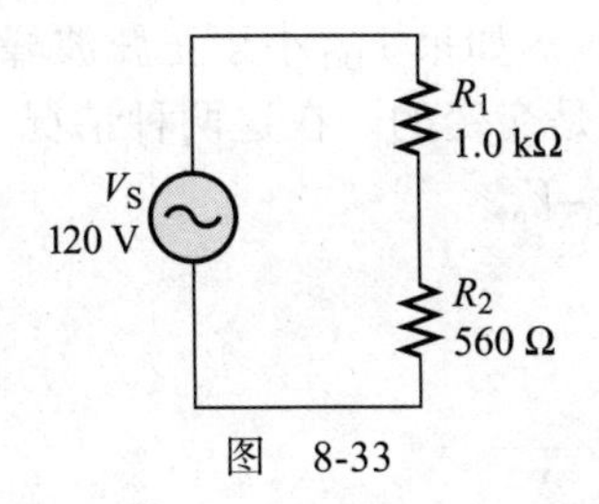


图　8-33

**解**　电路的总电阻为

$$R_{tot}=R_1+R_2=1.0\text{ k}\Omega+560\ \Omega=1.56\text{ k}\Omega$$

利用欧姆定律求电流有效值。

$$I_{rms}=\frac{V_{S(rms)}}{R_{tot}}=\frac{120\text{ V}}{1.56\text{ k}\Omega}=76.9\text{ mA}$$

每个电阻两端电压的有效值为

$$V_{1(rms)}=I_{rms}\ R_1=76.9\text{ mA}\times 1.0\text{ k}\Omega=76.9\text{ V}$$

$$V_{2(rms)}=I_{rms}\ R_2=76.9\text{ mA}\times 560\ \Omega=43.1\text{ V}$$

总功率为

$$P_{tot}=I_{rms}^2\ R_{tot}=(76.9\text{ mA})^2\times 1.56\text{ k}\Omega=9.23\text{ W}$$

◀

**同步练习**　设电压源峰值为 10 V，重复回答上述例子中的问题。

采用科学计算器完成例 8-11 的计算。

**Multisim 仿真**

打开 Multisim 文件 E08-11 校验本例的计算结果，并核实你对同步练习的计算结果。

## 交直流电压的叠加

你会发现，在许多实际电路中同时存在直流电压和交流电压，例如在放大器电路中，交流电压信号叠加在直流电压上。图 8-34 是直流电源和交流电源串联。通过测量电阻上的电压可知，将这两个电压代数相加就好像交流电压“骑在”一个直流电压上。注意周期波形的一个周期内的平均值就是该波形的**直流分量**。

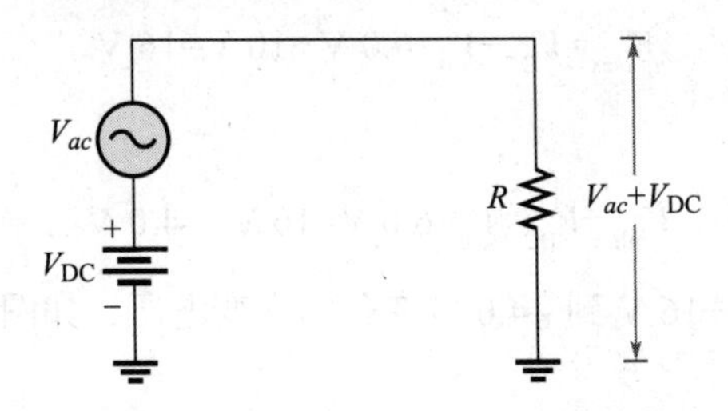


图 8-34　直流电源和交流电源串联

如果 $V_{DC}$ 大于正弦电压峰值，则叠加后极性不变，因此它不是交变电压。这种电压的振幅随时间周期性地变化，但极性始终不变，通常也被称为脉动直流。也就是说，正弦波位于直流电平上，如图 8-35a 所示。如果 $V_{DC}$ 小于正弦波峰值，如图 8-35b 所示，正弦波在下半周的某段时间内为负，因此是交变的。在这两种情况下，正弦波达到的最大电压等于 $V_{DC}+V_p$，达到的最小电压等于 $V_{DC}-V_p$。

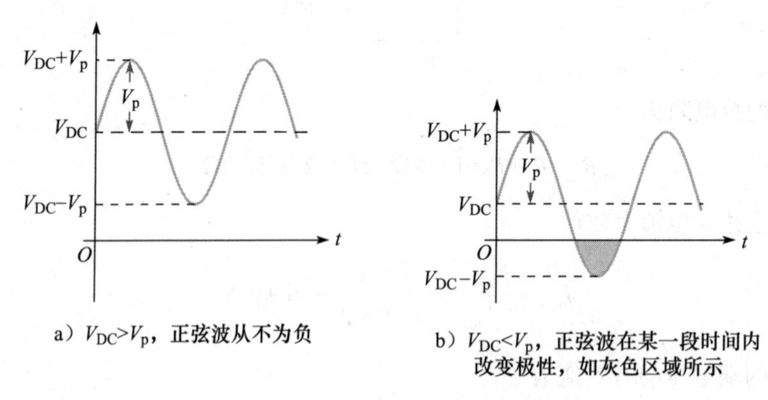


a）$V_{DC}>V_p$，正弦波从不为负

b）$V_{DC}<V_p$，正弦波在某一段时间内改变极性，如灰色区域所示

图 8-35 带直流电平的正弦波

**例 8-12** 确定图 8-36 中每个电路电阻上的最大和最小电压。

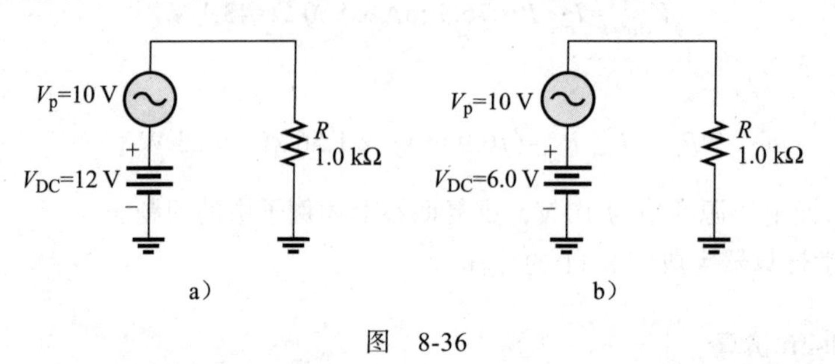


图 8-36

**解** 在图 8-36a 中，$R$ 上的最大电压为

$$V_{max}=V_{DC}+V_p=12\text{ V}+10\text{ V}=22\text{ V}$$

$R$ 上的最小电压为

$$V_{min}=V_{DC}-V_p=12\text{ V}-10\text{ V}=2.0\text{ V}$$

因此，$V_{R(tot)}$ 是一个从 +22 V 到 +2.0 V 变化的脉动直流正弦波，如图 8-37a 所示。

在图 8-36b 中，$R$ 上的最大电压为

$$V_{max}=V_{DC}+V_p=6.0\text{ V}+10\text{ V}=16\text{ V}$$

$R$ 上的最小电压为

$$V_{min}=V_{DC}-V_p=6.0\text{ V}-10\text{ V}=-4.0\text{ V}$$

因此，$V_{R(tot)}$ 是一个从 +16 V 到 −4.0 V 变化的交变电压，如图 8-37b 所示。

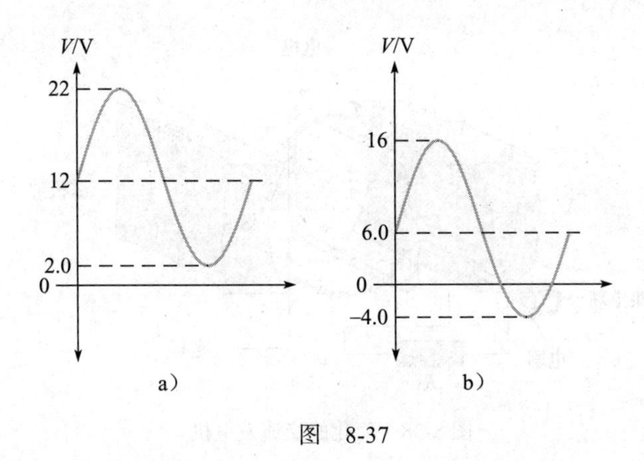


图 8-37

**同步练习** 解释为什么图 8-37a 中的波形是不交变的，图 8-37b 中的波形则是交变的。

采用科学计算器完成例 8-12 的计算。

**Multisim 仿真**

打开 Multisim 文件 E08-12 校验本例的计算结果。

**学习效果检测**

1. 正弦电压半个周期的平均值是 12.5 V，该电压施加在 330 Ω 电阻上，则电路的电流峰值是多少？

2. 电阻串联电路的峰值电压分别为 6.2 V、11.3 V 和 78 V，则电源电压的有效值是多少？

3. 当 $V_p$=5 V 的正弦波叠加到 +2.5 V 的直流电压上时，所得到的总电压的最大正值是多少？

4. 问题 3 中总电压极性是否是交变的？

5. 如果问题 3 中的直流电压为 −2.5 V，则所得总电压的最大正值是多少？

## 8.6 交流发电机

**交流发电机**（AC 发电机）产生交流电，将动能转化为电能。交流发电机与直流发电机类似，但效率更高。交流发电机广泛应用于车辆、船舶，以及最后输出是直流的其他应用中。

### 8.6.1 简化的交流发电机

直流发电机和交流发电机（产生交流电）都是基于电磁感应原理的，当磁场和导体之间有相对运动时，就会产生电压。对于简化的交流发电机，它有一个可旋转的环形电枢穿过永久磁极，旋转环形电枢产生交流电压。交流发电机不采用直流发电机的换向器，而是采用被称为集电环（滑环）的实心环连接转子，从而输出交流电压。如图 8-38 所示，除了集电环外，简化的交流发电机与直流发电机（参见图 7-38）的形式相同。

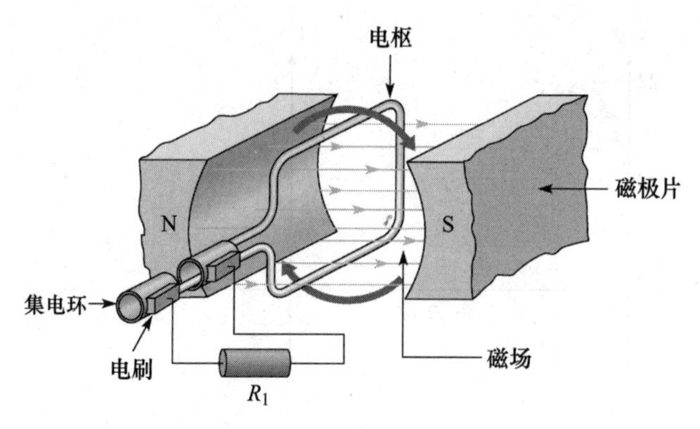

图 8-38 简化的交流发电机

## 8.6.2 频率

在图 8-38 所示的简化交流发电机中，线圈每转一圈就产生一个周期的正弦波，当线圈切割数量最大的磁力线时，出现正峰值和负峰值。线圈的转速决定一个周期的时间和频率。如果旋转一周需要 1/60 s，那么正弦波的周期便是 1/60 s、频率是 60 Hz，因此，线圈旋转得越快，输出电压的频率就越高。

获得更高频率的一种方法是使用更多的磁极。如图 8-39 所示。当使用 4 个磁极而不是 2 个磁极时，在半个旋转周期，导体便穿过北极和南极，这样频率加倍。交流发电机可以有多个磁极，根据需要磁极可多达 100 个。频率与磁极数和转子的关系由下式给出：

$$f=\frac{Ns}{120} \tag{8-20}$$

式中，$f$ 是频率，单位为 Hz；$N$ 是磁极数；$s$ 是转速，用每分钟旋转的圈数表示，单位为 r/min。

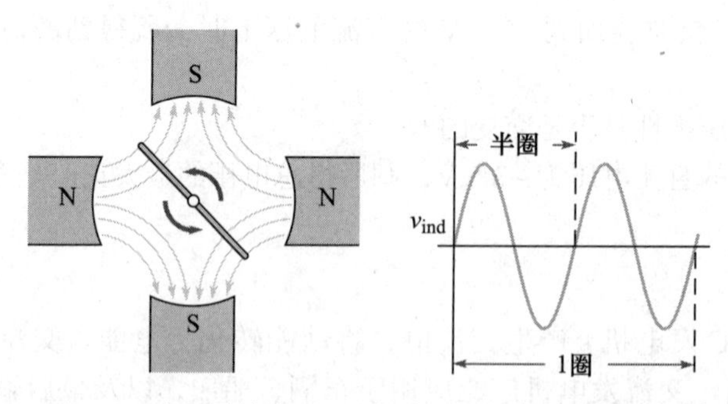

图 8-39 在相同转速下，四极产生的频率是两极的两倍

**例 8-13** 假设一台大型交流发电机的涡轮以 300 r/min（每分钟 300 转）的转速转动，并有 24 个磁极，则输出电压的频率是多少？

**解**

$$f=\frac{Ns}{120}=\frac{24\times 300\ \text{r/min}}{120}=60\ \text{Hz}$$ ◀

**同步练习** 转子必须以多大速度旋转才能产生 50 Hz 的输出电压？

采用科学计算器完成例 8-13 的计算。

### 8.6.3 实际的交流发电机

简化的交流发电机使用单匝线圈，产生的电压较小。在实际的交流发电机中，数百匝线圈缠绕在磁心上制作成转子。也就是说，实际交流发电机的转子是由紧固在一起的绕组不是永磁铁组成的。根据交流发电机类型，转子绕组既可以提供磁场（在这种情况下，称为励磁绕组），也可以作为固定导体产生输出（在这种情况下，称为**电枢**绕组）。

**旋转电枢式交流发电机**　在旋转电枢式交流发电机中，磁场由永磁铁或电磁铁通以直流电来产生，位置是固定的。使用电磁铁时，励磁绕组代替了永磁铁，并提供与转子线圈相互作用的固定磁场。旋转装置产生电能，通过集电环供给负载。

在旋转电枢式交流发电机中，能够作为电源的部件是转子。除了数百匝线圈外，实际的旋转电枢式交流发电机的定子中通常有许多对磁极，南北极交替出现，以增加输出电压的频率。

**旋转磁场式交流发电机**　因为旋转电枢式交流发电机的全部输出电流必须通过集电环和电刷，所以一般用在低功率场合。为了解决输出功率小的问题，旋转磁场式发电机采用定子绕组进行输出，并使用*旋转磁场*，因此而得名。小型交流发电机的转子可以使用永磁铁，但大多数使用的是电磁铁，电磁铁上缠有很多匝线圈。一个相对较小的直流电流通过集电环流经转子驱动电磁铁。当定子绕组切割旋转磁场时，在定子上便产生感应电压，能够输出电能。此时定子是电枢。

图 8-40 显示了旋转磁场式交流发电机如何产生三相正弦波。为简单起见，交流发电机的转子采用永磁铁。当转子的北极和南极交替切割定子绕组时，在每个绕组中便产生了交流电压。如果北极产生正弦波正的部分，南极产生负的部分，那么旋转一圈便产生一个周期的正弦波。每个绕组都输出正弦波电压，但是由于绕组之间相隔 120°，因此 3 个正弦波的相位相差 120°，产生如图 8-40 所示的三相电压。三相交流发电机产生三相电压，因为效率高，所以被广泛应用于电力工业中。如果某个场合需要直流电，那么使用三相交流电压更容易转换为直流电，满足电力工业所需。

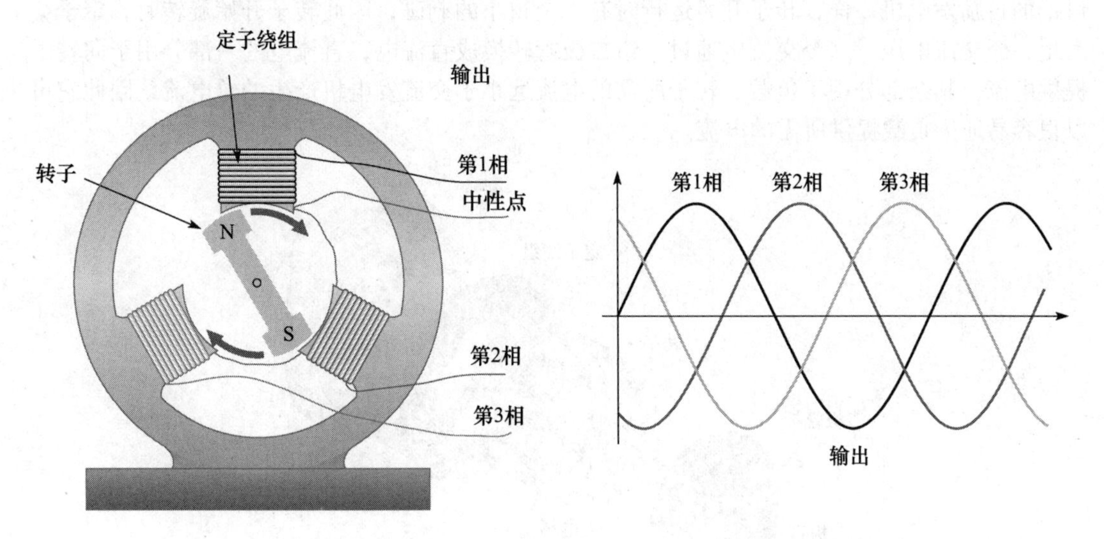


图 8-40　图示的转子是产生强磁场的永磁铁。当定子绕组切割磁场时，就会在该绕组上产生一个正弦波电压。中性点是三相电压的参考点

### 8.6.4 转子电流

交流发电机的一个重要优点是可以控制绕线转子，通过控制绕线转子的电流可以控制磁场的强弱。必须向转子提供直流电，这时电流通常通过电刷和集电环流到转子上。集电环由不分段的一体材料制成（不像换向器是分段的）。因为电刷只需要流过用于磁化转子的电流，而同容量直流发电机的电刷需要通过所有输出电流，所以交流发电动机的寿命更长，体积更小。

在旋转磁场式交流发电机中，流经电刷和集电环的电流是直流，用来产生旋转磁场。直流通常是来自发电机输出的一部分，也就是将定子输出的电压变换成直流。大型交流发电机（如发电厂）可能有一个被称为**励磁机**的独立直流发电机，为转子上的励磁绕组提供电流。励磁机可对发电机输出电压的变化做出快速响应，以使交流发电机的输出电压保持稳定，这是大型发电机必须要考虑的特性。一些励磁机利用发电机旋转磁极与励磁机旋转电枢相对静止并且励磁机的转子和旋转整流器与发电机在同一轴上的关系，将交流励磁机发出的中频交流电经同轴的旋转整流器整流成直流电，然后直接送至同轴的发电机励磁绕组，从而省掉了电刷与集电环，这样发电机便成为无电刷系统。无电刷系统解决了大型交流发电机的清洗、修理和更换电刷时的维护问题。

### 8.6.5 应用

几乎所有的现代汽车、卡车、拖拉机和其他车辆都使用交流发电机。在汽车里，输出来自定子绕组的三相交流电，然后通过安装在交流发电机外壳内的二极管转换为直流电。在交流发电机中，二极管是固态器件，只允许电流朝一个方向流过。交流发电机内部的电压调节器控制着输送给转子的电流，在发动机转速变化或负载变化时，电压调节器使输出电压保持相对恒定。因为交流发电机更高效、更可靠，在汽车和大多数其他应用中已取代直流发电机。

图 8-41 所示是小型交流发电机中的重要部件，可以在汽车上看到它们。与第 7.6 小节讨论的自励发电机一样，转子开始运行时有一个很小的剩磁，因此转子开始旋转时，定子会产生一个交流电压。这个交流电通过一组二极管转换成直流电，直流电的一部分用于向转子提供电流，其余部分用于负载。转子所需的电流远小于交流发电机产生的总电流，因此它可以很容易地为负载提供所需的电流。

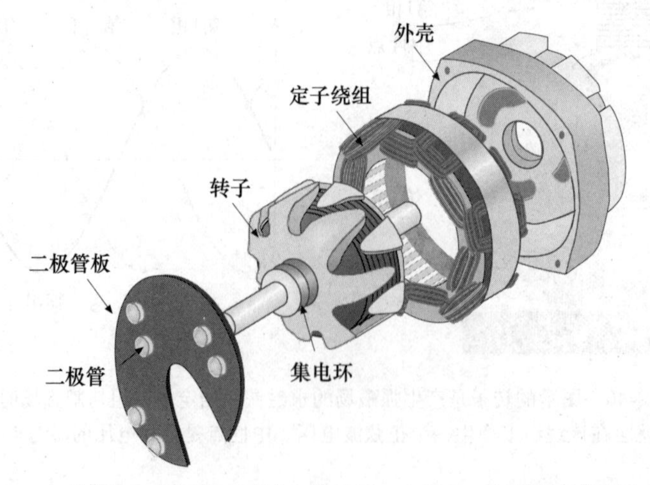


图 8-41 小型交流发电机产生直流电的转子、定子和二极管板的剖视和简化图

三相发电机的发电效率更高，每个绕组使用两个二极管，还可以很容易地产生稳定的直流输出。由于车辆的充电系统和负载需要直流电，因此交流发电机的输出通过二极管板上的二极管阵列转换为车辆内部需要的直流电。这样一个汽车中标准的三相交流发电机内部通常有 6 个二极管用来将输出转换为直流电。（有些交流发电机有 6 个独立的定子绕组和 12 个二极管。）

**学习效果检测**

1. 影响交流发电机频率的两个因素是什么？
2. 在旋转磁场式交流发电机中，从定子获得输出的好处是什么？
3. 什么是励磁机？
4. 汽车交流发电机中二极管的作用是什么？

## 8.7　交流电动机

电动机是一种电磁装置，是电力应用中最常见的交流负载。交流电动机用于控制家用电器，如热泵、冰箱、洗衣机、烘干机和真空吸尘器。在工业上，交流电动机被用于拖动和加工材料、制冷和加热设备、加工操作、泵等。本节介绍交流电动机的两种主要类型，即感应电动机和同步电动机。

### 8.7.1　交流电动机的分类

交流电动机的两个主要类型是感应电动机和同步电动机。影响电动机使用的因素包括转速、功率、额定电压、负载特性（如所需的起动转矩）、效率、维护和工作环境（例如极端温度、灰尘和户外操作）等。

**感应电动机**之所以如此命名，是因为磁场在转子中靠电磁感应产生电流，从而产生一个与定子磁场相互作用的磁场。通常情况下，转子没有电气连接[⊖]，所以不会磨损集电环或电刷。转子电流是由电磁感应引起的，变压器也是如此工作的（在第 14 章讨论），所以也可以说感应电动机是依据变压器原理来工作的。

在**同步电动机**中，转子与定子的磁场以相同的转速同步旋转。同步电动机用于需要保持恒定转速的场合。同步电动机不能自起动，必须利用外部电源或内置的起动绕组获得起动转矩。和交流发电机一样，同步电动机使用集电环和电刷为转子提供电流。

**技术小贴士**

目前，有一种使用超导体（HTS）材料的高功率电动机新技术。这项新技术可以大大减少数百吨超大型电动机的尺寸和重量，由于绕组电阻为零，其使用效率更高，显著减少了碳排放。

### 8.7.2　定子的旋转磁场

同步电动机和感应电动机的定子绕组安装方式类似，都可以使定子产生旋转磁场。定子的旋转磁场相当于在一个圆中转动的磁铁所产生的磁场，只是旋转磁场是用电流产生的，没有用到运动部件。

如果定子本身不运动，定子的磁场如何旋转呢？旋转磁场是由变化的交流电产生的。如

⊖　绕线转子感应电动机是一个特例，其转子具有电气连接。

图 8-42 所示，让我们看看三相定子的旋转磁场。首先注意，在不同时间里 3 个相中的某一相会“占主导地位”。当第 1 相在 90° 位置时，该相绕组中的电流最大，其他绕组中的电流较小，因此定子磁场将朝向第 1 相定子绕组。当第 1 相电流减小时，第 2 相电流增大，定子磁场向第 2 相绕组旋转。当电流达到最大值时，磁场将会朝向第 2 相绕组。当第 2 相电流减小，第 3 相电流增大时，磁场向第 3 相绕组旋转。当磁场再朝向第 1 相绕组时，整个过程再重复一遍。因此磁场的旋转速度由所加电压的频率决定。通过详细的分析，可以看出磁场的大小不变，只有磁场方向发生改变。虽然三相电动机的旋转磁场不需要外部起动器或额外的起动绕组，但大型三相电动机通常有一个外部**起动器**，它将电动机和主电源隔离，起短路和过载保护作用，并使电动机逐步起动（即软起动），以避免起动电流过大。

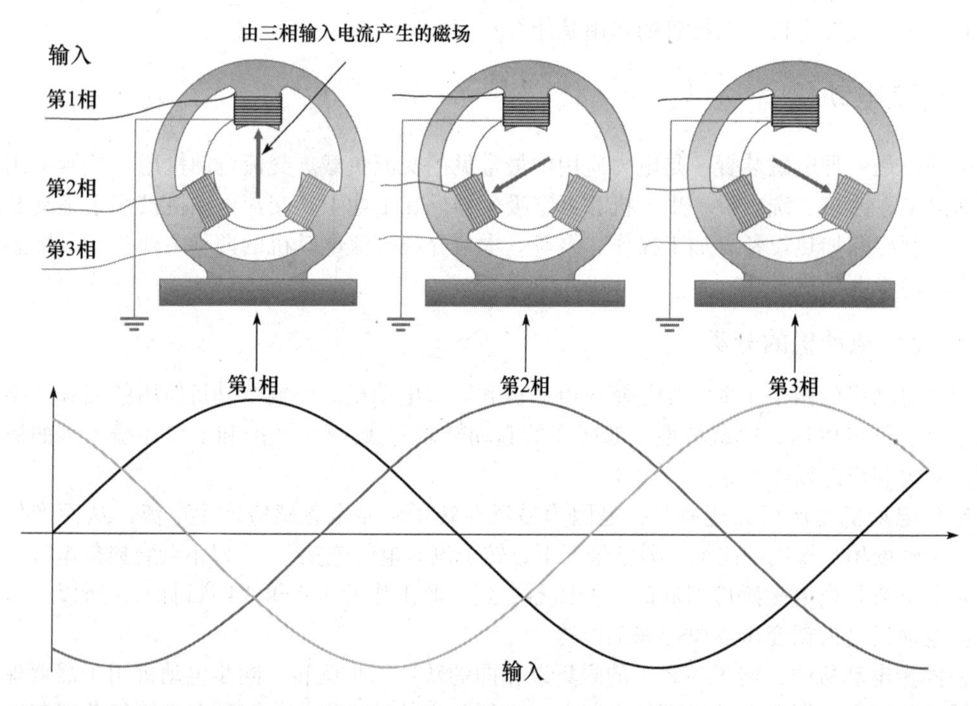


图 8-42 定子的三相绕组产生如箭头所示的合成磁场。转子（未画出）与这个磁场相互作用而旋转

当定子磁场旋转时，同步电动机的转子与定子磁场同步旋转，但感应电动机的转动滞后于定子旋转磁场。定子磁场的运动速度被称为电动机的同步转速。

### 8.7.3 感应电动机

单相和三相感应电动机的工作原理基本相同。两种类型电动机的工作原理都利用了旋转磁场，但是单相电动机需要起动绕组或用其他方法来产生起动转矩，而三相电动机可以自起动。当单相电动机采用起动绕组时，随着电动机转速的增加，可以利用机械离心开关将绕组从电路中断开。

感应电动机中转子的核心部件是铝制框架，铝制框架构成转子环流的导体。（一些较大的感应电动机使用铜棒。）铝制框架在外观上类似于宠物松鼠的锻炼轮（20 世纪早期很常见），因此被形象地称为**鼠笼**，如图 8-43 所示。铝制鼠笼本身就是电气回路，铝条嵌在磁材料中，铁磁材料形成转子的低磁阻磁路。此外转子的散热片可以和鼠笼铸成一体，整个装配必须保持平衡，使其工作时不会振动。

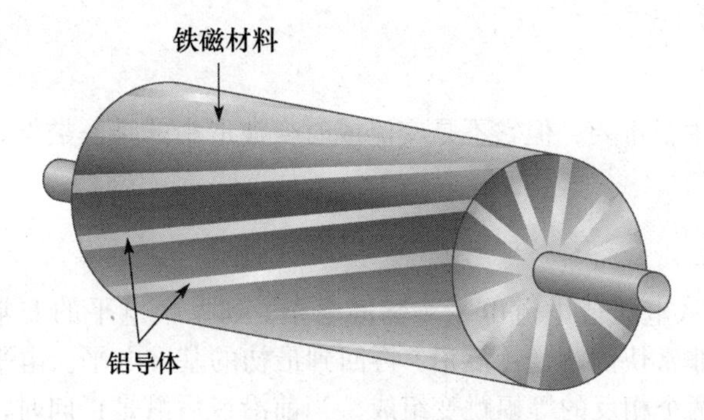


图 8-43　鼠笼转子示意图

**感应电动机的运行**　当电动机的鼠笼转子切割定子磁场时，鼠笼中就会产生感应电流，这个电流产生磁场，并与定子旋转磁场发生相互作用，转子便开始转动。转子试图“赶上”旋转磁场，但这是不可能的，会始终存在转差。**转差**是定子同步转速与转子转速之差。转子永远无法达到定子磁场的同步转速，因为如果转子转速等于同步速度，就不会切割磁场了，转矩会降到零。没有了转矩，转子便不能转动。

在转子开始运动之前，没有反电动势，所以定子电流很大。当转子加速时，它会在定子中产生与定子电流相反的反电动势。随着电动机转速的增加，当电动机产生的转矩与负载平衡时，电流刚好足够维持转子转动。由于反电动势的存在，运行时的定子电流会明显低于初始启动电流。如果电动机负载增加，电动机就会减速，产生的反电动势就会减少，这时电动机的定子电流就会增大，从而增大了电动机的输出转矩。因此，感应电动机可以在一定的转速和转矩范围内运行。当转子转速大约是同步转速的 75% 时，产生的转矩最大。

### 8.7.4　同步电动机

回顾一下，如果感应电动机以同步转速运行，则不会产生转矩，因此其转速必须比同步转速小，转速取决于负载。而同步电动机以同步转速运行，且仍能产生不同负载所需的转矩。改变同步电动机转速的唯一方法是改变频率。

同步电动机在所有负载下都能保持恒定转速，在某些工业过程、涉及时钟或定时要求的应用中（如驱动望远镜的电动机或图表记录仪），这个特点具有很大优势。事实上，同步电动机的首次使用就是在电子时钟上（1917 年）。

另一个重要特点是大型同步电动机的效率高。虽然它们的成本比同等的感应电动机高，但节省的电费往往可以在几年内弥补成本差异。

**同步电动机的运行**　本质上，同步电动机的定子旋转磁场与感应电动机的定子旋转磁场基本相同，主要区别在于转子。感应电动机的转子与电源电气隔离，同步电动机使用磁铁以跟随定子旋转磁场。小型同步电动机的转子采用永久磁铁，大型同步电动机使用电磁铁。当使用电磁铁时，外部电源通过集电环给转子输入直流电，与交流发电机的情况一样。

**学习效果检测**

1. 感应电动机和同步电动机的主要区别是什么？
2. 当定子旋转磁场转动时，它的大小会发生什么变化？
3. 鼠笼的作用是什么？
4. 电动机术语中转差的含义是什么？

## 8.8 非正弦波

正弦波在电子学中很重要，但它不是交流或时变波形中的唯一类型，另外两种主要波形是脉冲波和三角波。

### 8.8.1 脉冲波

**脉冲**可以描述为从电压或电流电平（**基准电平**）到振幅电平的非常快的跳变（**前沿**），经过一段时间后通过非常快的跳变（**后沿**）再回到最初的基准电平。电平的跳变也被称为过渡。一个理想脉冲由两个相反的等幅跳变组成。当前沿或后沿是正向时，称为**上升沿**。当前沿或后沿是负向时，称为**下降沿**。

图 8-44a 是一个理想的正脉冲，由两个相等但相反的瞬时跳变组成，它们之间的时间间隔被称为脉冲宽度。图 8-44b 是一个理想的负脉冲。从基准电平到脉冲高度是其电压（或电流）幅度。为了简化分析，在许多应用中，将所有脉冲看作理想脉冲（由瞬时跳变和完美的矩形组成）。

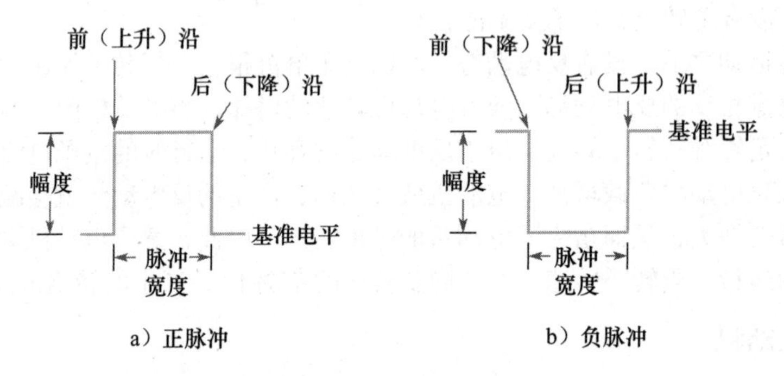


图 8-44 理想脉冲

然而，实际脉冲并不理想，所有脉冲都具有与理想脉冲不同的特性。实际脉冲不可能瞬间从一个电平跳到另一个电平，变化（跳变）总是需要时间的，如图 8-45a 所示。脉冲的上升沿从低电平到高电平需要一段时间，被称为上升时间 $t_r$。

**上升时间（$t_r$）是脉冲从其幅度的 10% 上升到幅度的 90% 所需要的时间。**

脉冲的下降沿从高电平到低电平所需的时间被称为下降时间 $t_f$。

**下降时间（$t_f$）是脉冲从其幅度的 90% 下降到幅度的 10% 所需要的时间。**

因为上升沿和下降沿的边缘不是垂直的，所以也需要精确定义非理想脉冲的脉冲宽度 $t_W$。

**脉冲宽度（$t_W$）是上升沿和下降沿幅度 50% 的两点之间的时间。**

脉冲宽度的含义如图 8-45b 所示。

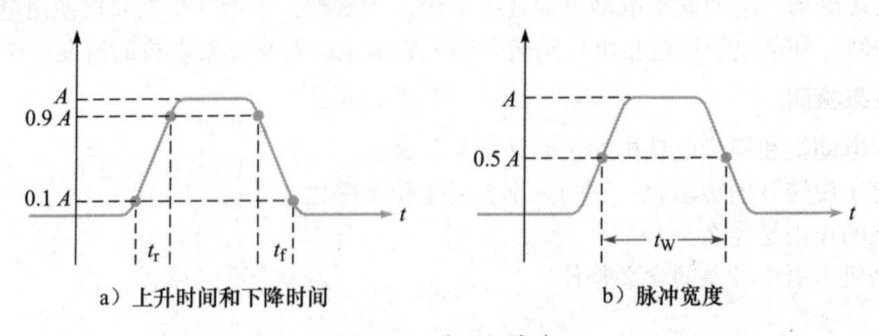


图 8-45 非理想脉冲

**重复脉冲**　任何以固定间隔重复出现的波形都是**周期性**的。重复脉冲波形的一些例子如图 8-46 所示。注意在每种情况下，脉冲按一定间隔重复。脉冲重复的频率叫作**脉冲重复频率（PRF）**或**脉冲重复率（PRR）**，是波形的基频。频率可用每秒脉冲数表示。从一个脉冲到下一个脉冲对应点的时间间隔为周期 $T$，频率与周期的关系与正弦波相同，即 $f=1/T$。

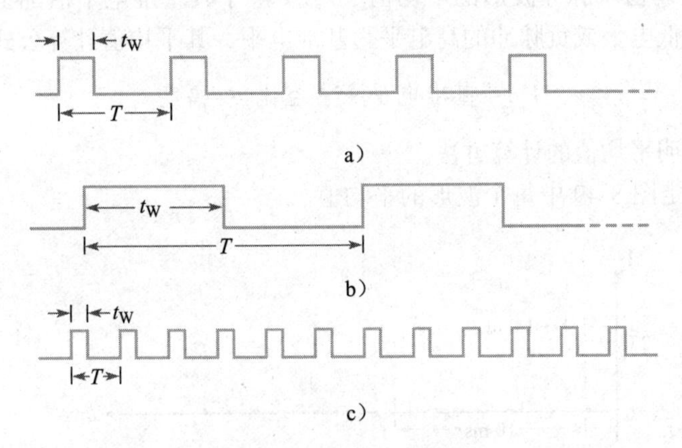


图 8-46　重复脉冲波形

重复脉冲波形中的一个重要参数是占空比。

**占空比是脉冲宽度（$t_W$）与周期（$T$）的比值，通常用百分比表示。**

$$占空比百分数=\frac{t_W}{T}\times100\% \tag{8-21}$$

例 8-14　确定图 8-47 中脉冲波形的周期、频率和占空比。

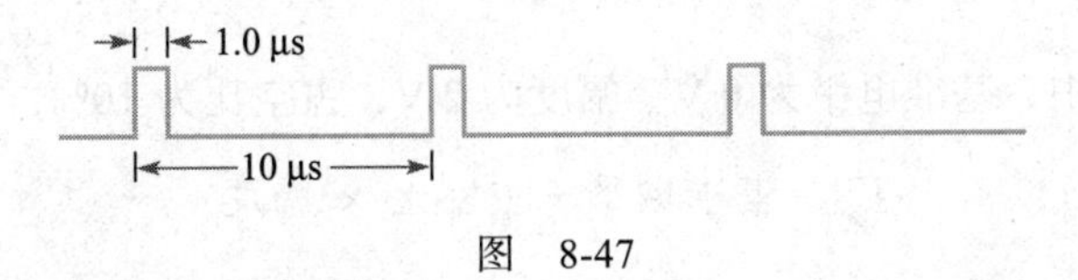


图　8-47

**解**　根据图 8-47 所示，周期 $T$ 为

$$T=10\ \mu s$$

利用式（8-1）和式（8-21）确定脉冲波形的频率和占空比，

$$f=\frac{1}{T}=\frac{1}{10\ \mu s}=100\ kHz$$

$$占空比百分数=\frac{t_W}{T}\times100\%=\frac{1.0\ \mu s}{10\ \mu s}\times100\%=10\%$$ ◀

**同步练习**　某一脉冲波形的频率为 200 kHz，脉冲宽度为 0.25 μs，确定占空比。

采用科学计算器完成例 8-14 的计算。

**方波**　是占空比为 50% 的脉冲波，其脉冲宽度等于周期的一半。方波波形如图 8-48 所示。

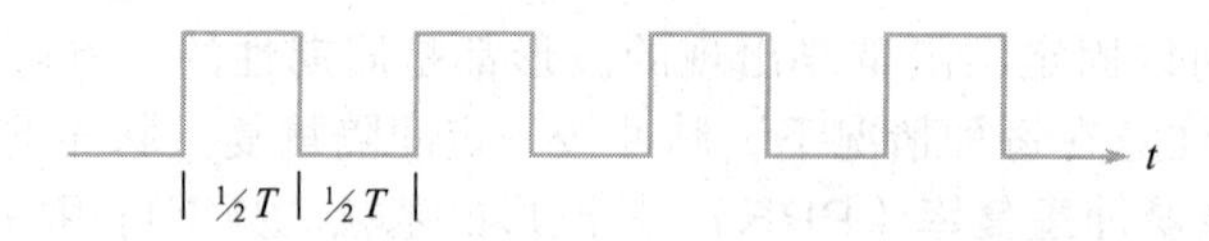


图 8-48 方波波形

**脉冲波形的平均值** 脉冲波形的平均值（$V_{avg}$）等于其基准电平值加上占空比与幅度的乘积。以正脉冲的低电平或负脉冲的高电平为基准电平，其平均值计算公式如下：

$$V_{avg}=基准电平+占空比\times幅度 \tag{8-22}$$

下面的例子说明平均值的计算方法。

**例 8-15** 确定图 8-49 中每个波形的平均值。

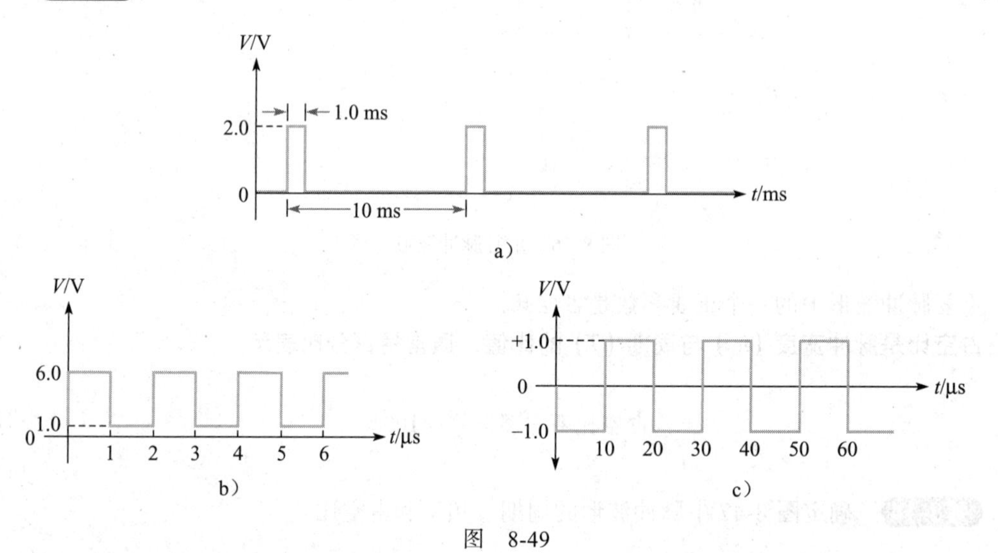


图 8-49

**解** 在图 8-49a 中，基准电平为 0 V，幅度为 2 V，占空比为 10%，平均值为

$$V_{avg}=基准电平+占空比\times幅度$$

$$=0\text{ V}+0.1\times2\text{ V}=0.2\text{ V}$$

在图 8-49b 中，基准电平为 +1 V，幅度为 5 V，占空比为 50%，平均值为

$$V_{avg}=基准电平+占空比\times幅度$$

$$=1\text{ V}+0.5\times5\text{ V}=1\text{ V}+2.5\text{ V}=3.5\text{ V}$$

在图 8-49c 中，基准电平为 −1 V，幅度为 2 V，占空比为 50%，平均值为

$$V_{avg}=基准电平+占空比\times幅度$$

$$=-1\text{ V}+0.5\times2\text{ V}=-1\text{ V}+1\text{ V}=0\text{ V}$$

这是一个交变方波，它和交变正弦波一样，平均值是零。◀

**同步练习** 如果将图 8-49a 中波形的基准电平移动到 1 V，平均值是多少？

采用科学计算器完成例 8-15 的计算。

### 8.8.2　三角波和锯齿波

三角波和锯齿波是由电压或电流的斜坡形成的，斜坡是指电压或电流的线性增加或减少。图 8-50 显示的是正向和负向斜坡，图 8-50a 中斜坡的斜率为正，图 8-50b 中斜坡的斜率为负。电压斜坡的斜率为 $\pm V/t$，单位是 V/s；电流斜坡的斜率为 $\pm I/t$，单位是 A/s。

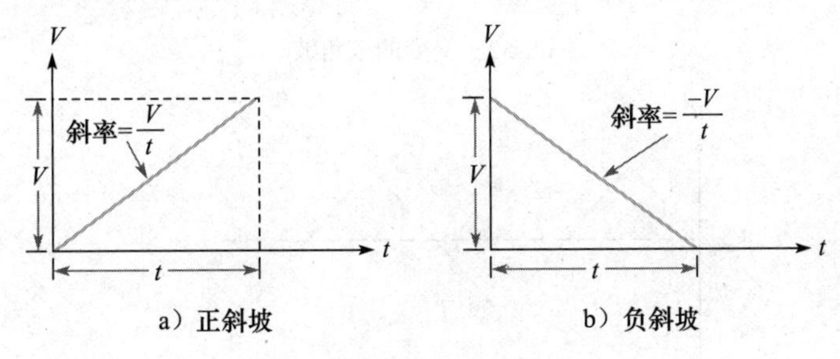


图 8-50　电压斜坡

**例 8-16**　图 8-51 中电压斜坡的斜率是多少？

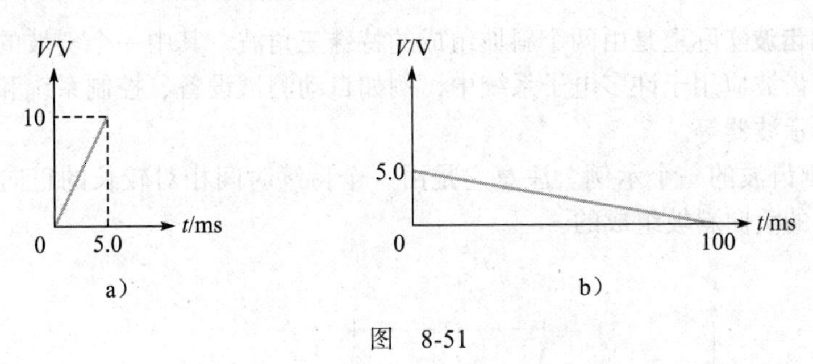


图　8-51

**解**　在图 8-51a 中，电压在 5 ms 内从 0 V 增加到 +10 V，因此，$V$=10 V，$t$=5 ms 斜率是

$$\frac{V}{t}=\frac{10\ \text{V}}{5.0\ \text{ms}}=2.0\text{V}/\text{ms}$$

在图 8-51b 中，电压在 100 ms 内从 +5.0 V 下降到 0 V，因此，$V$=−5.0 V，$t$=100 ms。斜率是

$$\frac{V}{t}=\frac{-5.0\ \text{V}}{100\ \text{ms}}=-0.05\text{V}/\text{ms}$$ ◀

**同步练习**　某电压信号斜坡的斜率为 +12 V/μs。如果斜坡从零开始，那么 0.01 ms 时的电压是多少？

采用科学计算器完成例 8-16 的计算。

**三角波**　图 8-52 显示的是**三角波**，它由斜率相等的正向和负向斜坡组成。波形周期是从一个峰值到下一个相应峰值的时间。图 8-52 所示的特殊三角波形交替变化，平均值为零。

图 8-53 描绘了一个平均值非零的三角波形。三角波的频率与正弦波的确定方式相同，即 $f$=1/$T$。

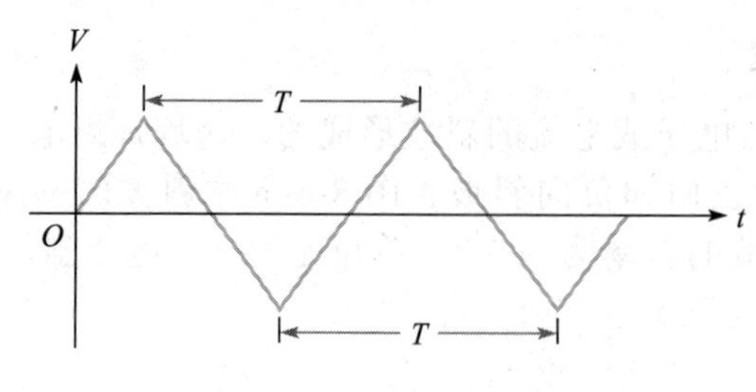


图 8-52 交变的三角波

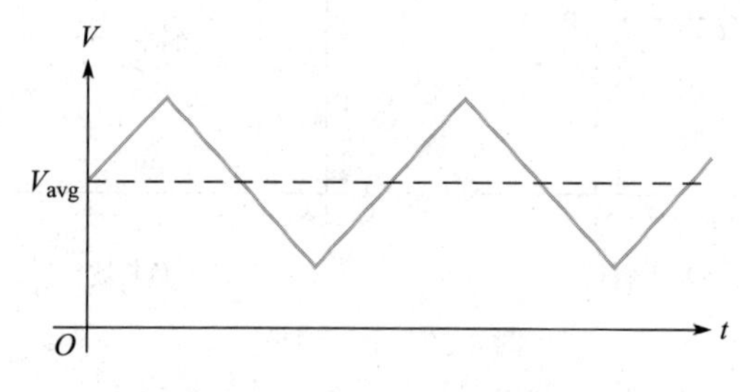


图 8-53 非交变的三角波

**锯齿波** **锯齿波**实际上是由两个斜坡组成的特殊三角波，其中一个斜坡的持续时间比另一个斜坡长。锯齿波应用于许多电子系统中，例如自动测试设备、控制系统和某些类型的显示器，包括模拟示波器等。

图 8-54 是锯齿波的一个示例。注意它是由一个持续时间相对较长的正向斜坡和一个持续时间相对较短的负向斜坡组成的。

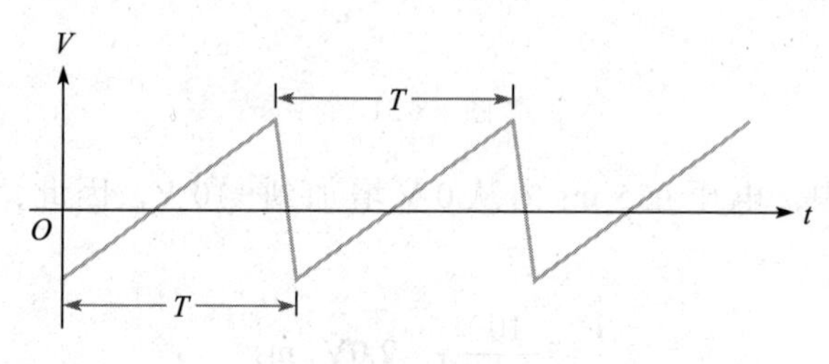


图 8-54 交变锯齿波

### 8.8.3 谐波

重复的非正弦波形由基波和高次谐波组成。**基波**是指频率为重复频率（基频）的正弦波，**高次谐波**是指频率为基频整数倍的高频正弦波。

**奇次谐波** 奇次谐波是指频率为基频的奇数倍的谐波。例如，1 kHz 方波由 1 kHz 的基波和 3 kHz、5 kHz 和 7 kHz 等奇次谐波组成。在这种情况下，频率为 3 kHz 的正弦波被称为三次谐波，频率为 5 kHz 的正弦波被称为五次谐波，以此类推。

**偶次谐波** 偶次谐波是频率为基频的偶数倍的谐波。例如，某一波形的基频为 200 Hz，次谐波的频率为 400 Hz，四次谐波的频率为 800 Hz，六次谐波的频率则为 1200 Hz，以此类推。这些都是偶次谐波频率。

**复合波** 任何纯正弦波的形变（非正弦波）都会产生谐波。非正弦波是基波和谐波的复合波。有些波形只有奇次谐波，有些波形只有偶次谐波，有些波形兼而有之。波的形状由它的谐波含量决定。一般来说，只有基波和前几次谐波对波形的形状具有重要的影响。

方波是由基波和奇次谐波复合成的。如图 8-55 所示，当基波和各奇次谐波的瞬时值在每一点进行代数相加时，得到的曲线形状近似为方波。在图 8-55a 中，基波和三次谐波组合产生一个波形，这个波形在开始处类似于方波。在图 8-55b 中，基波、三次谐波和五次谐波组合产生的波形更接近方波。在图 8-55c 中，当其包含七次谐波时，几次谐波组合所得到的波形更像方波。随着谐波个数的增加，复合后的波形便逐渐逼近周期性方波。

图 8-55 中显示的复合波是以时间为自变量绘制的。查看相同复合波信息的另一种方法是根据其组成频率来描述。通过说明构成方波的正弦波幅度、相位和频率来表达这样的信息。当用时间来描述信号时，就说它是一个时域信号。类似地，当用频率来描述信号时，就说它是一个频域信号。当在某个域简化了电路分析时，工程师可以使用数学工具在这些域之间进行切换分析。在后面的章节学习中，在时域中分析一些电路（例如数字电路）更容易，而在频域中分析其他一些电路（例如滤波器）则更方便。图 8-56 给出了图 8-55 中的方波在时域和频域的比较情况。在实验室中，可以使用示波器（第 8.9 节中讨论）查看时域信号，使用频谱分析仪查看频域信号。

通过图 8-55 中可以看出，奇次谐波数量会影响实际脉冲形状。随着向基波中不断添加更高阶的奇次谐波，脉冲的边缘变得更陡峭，上升和下降时间逐渐减少，这使脉冲具有更快的边缘速率。换句话说，具有非常短的上升和下降时间以及非常快的边沿速率的脉冲会包含非常高的频率分量。这就意味着电压或电流的快速变化会产生非常高的频率噪声干扰，并在电子电路和系统中产生 EMC 问题。许多设计人员经常试图限制信号的频率来减少高频辐射和传导（EMI），但是，许多 EMC 问题实际上是由信号的快速边沿速率而不是其高频率造成的。

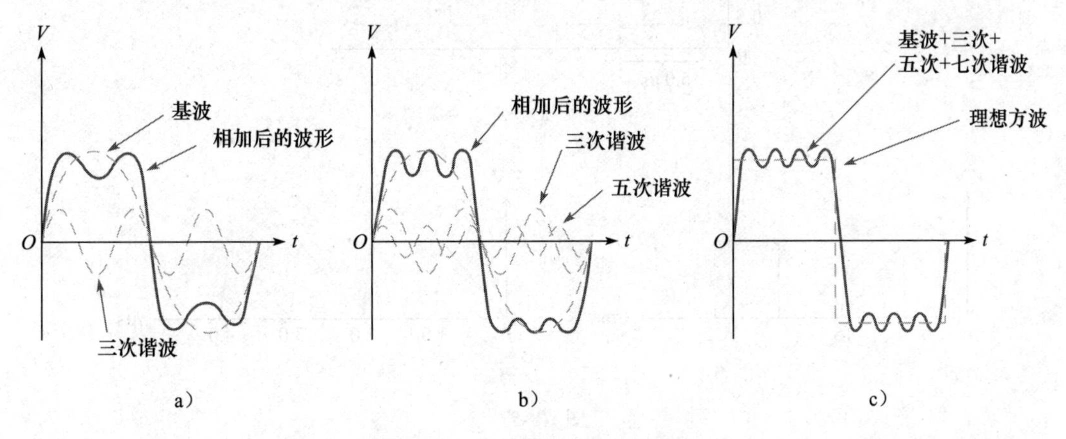


图 8-55　奇次谐波复合产生方法

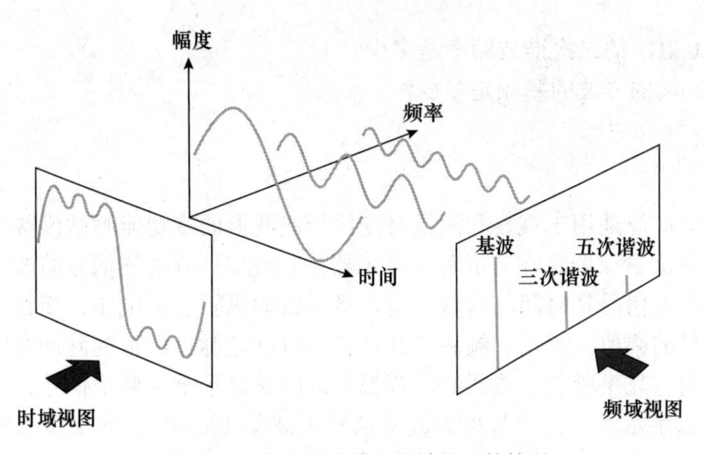


图 8-56　方波在时域和频域的比较情况

### 技术小贴士

示波器所显示的被测波形的精度，是由示波器的频率响应决定的。要查看脉冲波形，示波器的频率响应必须足够高，能够满足波形的所有重要谐波频率分析。例如，100 MHz 示波器就会使 100 MHz 脉冲波形显示失真，因为第 3 次、第 4 次和更高次谐波会被衰减，从而引起失真。

**学习效果检测**

1. 说明以下参数：

（a）上升时间　　（b）下降时间　　（c）脉冲宽度

2. 在某个重复的正向脉冲波形中，脉冲宽度为 200 μs，每毫秒出现一次。这个波形的频率是多少？

3. 确定图 8-57a 中波形的占空比、幅值和平均值。

4. 图 8-57b 中三角波的周期是多少？

5. 图 8-57c 中锯齿波的频率是多少？

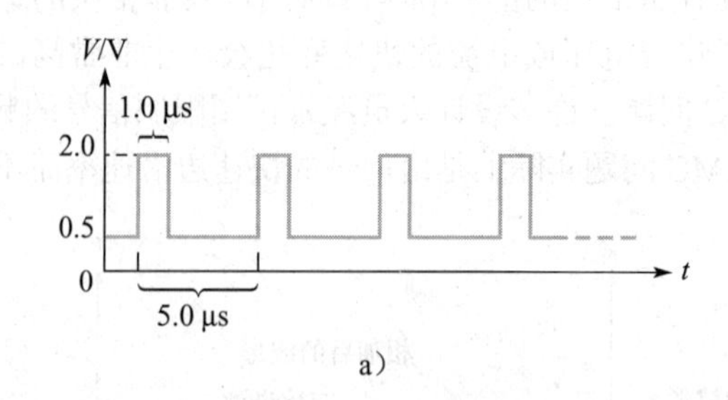


a）

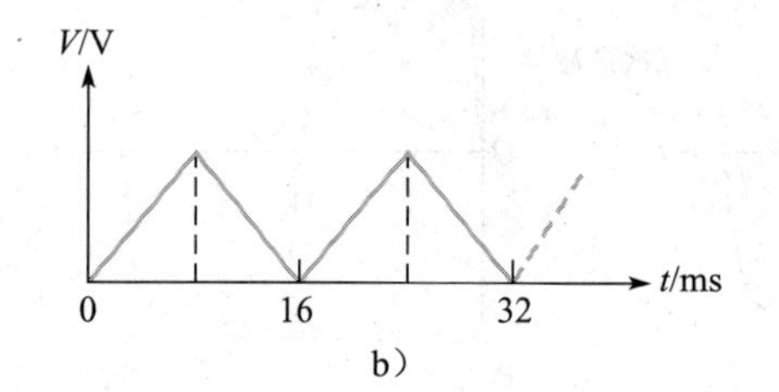


b）

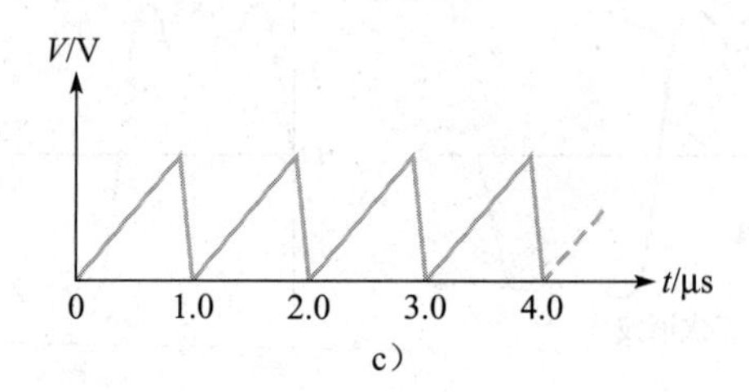


c）

图 8-57

6. 描述基频。

7. 基频为 1.0 kHz 的二次谐波频率是多少？

8. 周期为 10 μs 的方波的基频是多少？

## 8.9 示波器

示波器是一种广泛地用于观察和测量时变信号或波形的多功能测试仪器。

**示波器**是一种测量仪器，在其屏幕（显示器）上跟踪被测电气信号的波形。在大多数应用中，显示器显示的信号是时间的函数。通常显示器的纵轴表示电压，横轴表示时间。可以用示波器测量信号的幅值、周期和频率，此外还可以确定脉冲波形的脉冲宽度、占空比、上升时间和下降时间。几乎所有示波器的屏幕都可以同时显示至少两个信号，可以观察它们的时间关系。一些数字示波器，也被称为混合信号示波器（MSO），除了模拟输出信号外，还可以像逻辑分析仪一样显示数字信号。图 8-58 所示是一个有 8 个通道的混合信号（数字信号和模拟信号）的 Tektronix MSO58 示波器。

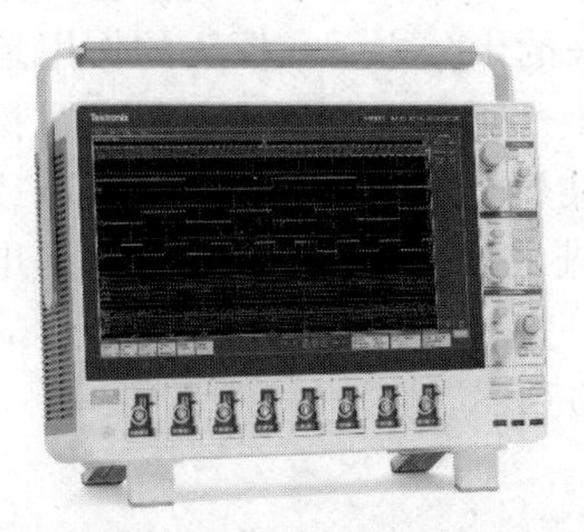

图 8-58　能同时显示 8 个通道信号的高端示波器（图片来源：Tektronix，Inc.）

示波器有两种基本类型，即模拟示波器和数字示波器，它们都可以显示波形。模拟示波器的工作原理是测量的波形直接控制阴极射线管（CRT）中的电子束上下运动，因此电子束可以直接在屏幕上实时跟踪波形。数字示波器通过模数转换器（ADC）采样将测量的波形转换为数字信号。采样后的信号经过处理，在显示器重建被测波形。

数字示波器的应用比模拟示波器的应用更广泛。但是，这两种类型示波器具有更适合某些情况的特性。模拟示波器因为快速性可以“实时”显示波形。数字示波器可用于测量随机出现或仅出现一次的瞬态脉冲。另外，所测量波形信息可以存储在数字示波器中，这些存储信息可以打印，也可以通过计算机或其他方式进行分析。

由于数字示波器必须对波形进行采样才能获得数据信息，因此对于非常快的信号波形可能出现采样不正确的情况，这种情况也被称为**混叠**现象，混叠现象对于模拟示波器来说不是问题。当数字示波器本身的设置不允许其以足够快的采样速率采集数据来重建被测信号时，就会发生混叠现象，其结果就是重建信号的频率与实际频率不同，会出现如图 8-59 所示的情况。

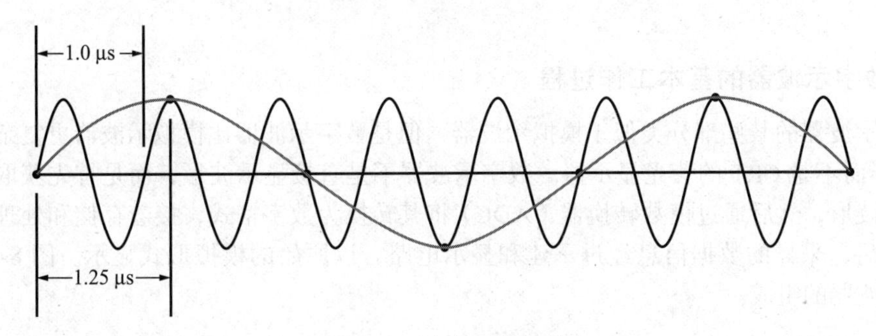


图 8-59　混叠现象的示例

深色线波形代表实际的 1.0 MHz 信号，其周期为 1.0 μs。但是，如果采用数字示波器测量，采样率设为 800 kHz（每秒采集 800 000 个样本），即示波器每 1.25 μs 采集一次数据，用浅色点表示。这样重建后的信号为浅色线波形，其周期为 $4 \times 1.25$ μs=5.0 μs，频率就为 200 kHz。显然重建波形和原始波形频率相差较大。为了防止信号混叠，数字示波器的最小采样率必须至少是被测信号频率的两倍。这个最小采样率被称为**奈奎斯特频率**。为了避免在测量未知信号时出现混叠，开始使用数字示波器时将其水平时基或 Sec/Div 控键设置为最小，然后根据需要可以增大设置以获得稳定的波形显示。

### 8.9.1 模拟示波器的基本工作过程

为了测量电压，用探头将示波器连接到电路中有电压的某一点上。通常使用 ×10 探头将信号幅值降低（衰减）到原来的十分之一。探头的作用是将信号最小失真地耦合到示波器。探头上的接地端与电路板上邻近的地相连。信号通过探头进入示波器的垂直电路，电路根据实际幅值和已设置的示波器垂直控制，进一步衰减或放大信号，然后垂直电路驱动CRT的垂直偏转板。同时信号进入触发电路，再触发水平电路，之后通过锯齿波在屏幕上重复水平扫描电子束。每秒有许多扫描，因此光束以波形的形式在屏幕上形成一条连续的线。模拟示波器的组成如图 8-60 所示。

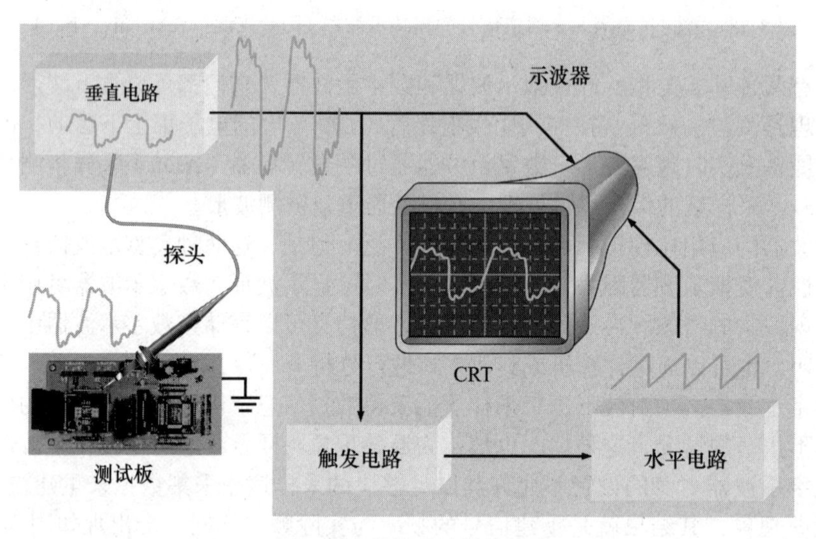


图 8-60 模拟示波器的组成

### 8.9.2 数字示波器的基本工作过程

数字示波器的某些部分类似于模拟示波器，但是数字示波器比模拟示波器更复杂，它使用 LCD 屏而不是 CRT 的荧光显示器。数字示波器不是直接显示波形，而是首先获取测量信号的模拟波形，然后通过模数转换器（ADC）将其转换为数字格式，接着存储和处理该数字数据。最后，采样的数据信息经过重建和显示电路，以原始的模拟形式显示。图 8-61 展示了数字示波器的组成。

### 8.9.3 示波器控制

图 8-62 所示为典型的双通道示波器的前面板示意图，因型号和制造商不同而有所变化，但大多数仪器都有某些共同特点。例如，两套垂直控制部分分别包含一个位置控制、一个通道菜单选择按钮和一个 Volts/Div 控键，水平控制部分包含一个 Sec/Div 控键。

现在讨论一些主要控制，有关特定示波器的详细内容，请参阅用户手册。

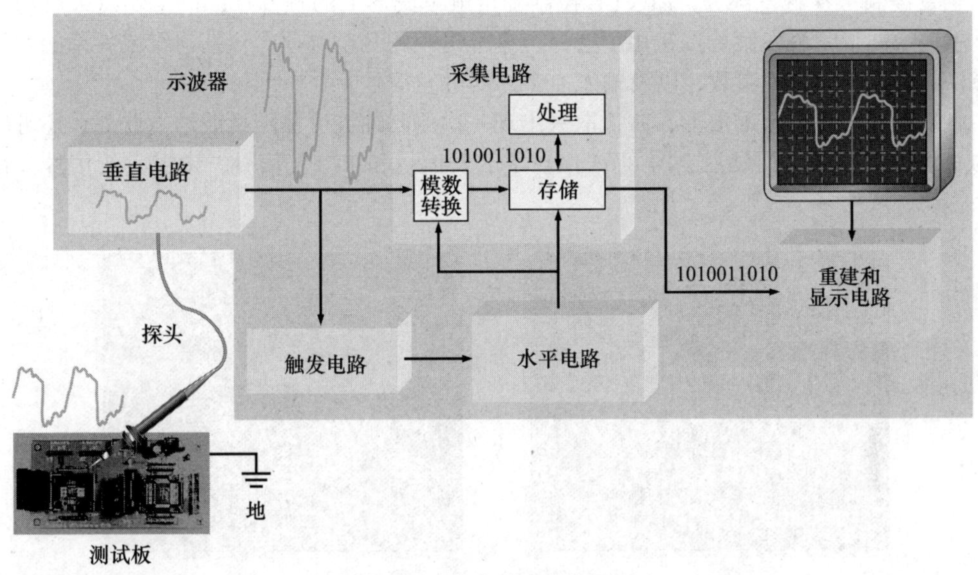


图 8-61　数字示波器的组成

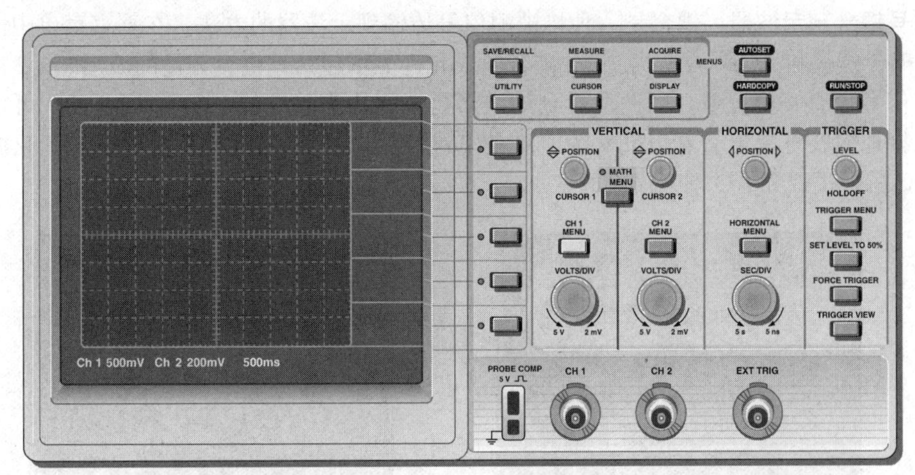


图 8-62　典型的双通道示波器。屏幕下方的数字表示垂直（电压）和水平（时间）刻度上的每个间隔的值，可以使用示波器的垂直和水平控制进行更改

**垂直控制**　在图 8-62 所示的示波器垂直部分中，两个通道（CH1 和 CH2）中的每个通道都有相应控制。位置控制可以使波形在荧屏上垂直向上或向下移动，屏幕右侧的按钮提供了显示的几个选项，例如耦合模式（交流、直流或接地)、Volts/Div 的粗调或细调。Volts/Div 控制调整屏幕上每个垂直刻度间隔所表示的电压数，每个通道的 Volts/Div 设置值都显示在屏幕底部。通过菜单控件可以对输入波形进行算术操作，例如减法和加法。

**水平控制**　水平部分的控制同时作用于两个通道。位置控制使波形在屏幕上向左或向右水平移动，水平菜单按钮提供屏幕上出现的几个选择项，如时间坐标、波形部分的扩展视图和其他参数。Sec/Div 控制通过每个水平刻度间隔或时间坐标调整所表示的时间，Sec/Div

的设置值显示在屏幕底部。

**触发控制** 在触发部分，LEVEL 控制确定触发波形上的触发点，产生触发来启动扫描以显示输入波形。触发菜单按钮用于选择屏幕上出现的几个选项，包括边缘或斜率触发、触发源、触发模式和其他参数，以及输入一个外部触发信号。

触发能稳定屏幕上的波形，并抓取只出现一次的脉冲波形和随机波形。此外，还可以观察两个波形之间的时间延迟。图 8-63 比较了触发信号和未触发信号，未触发的信号会在屏幕上移动，产生多个波形。

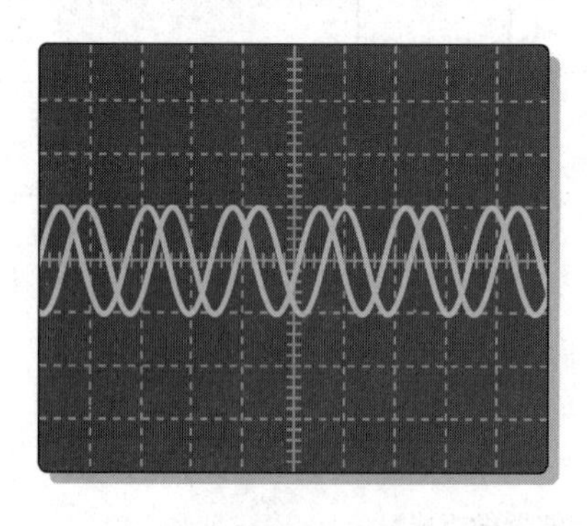

a）未触发波形的显示

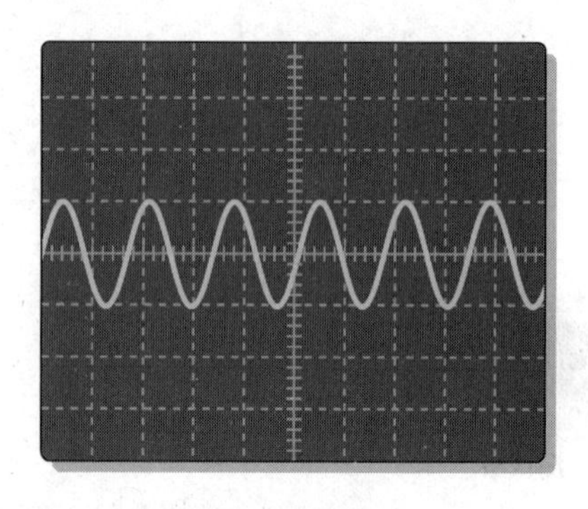

b）触发波形的显示

图 8-63 示波器上未触发和触发波形的比较

**信号耦合到示波器** 耦合是一种将被测信号传输到示波器的方法。在垂直菜单中可以选择 DC 耦合模式和 AC 耦合模式。DC 耦合模式允许显示包括其直流分量的波形，AC 耦合模式阻止信号含有直流分量，因此所看到的波形是以 0 V 为基准的。GND 耦合模式可以将通道输入接地，在屏幕上查看以 0 V 为基准的基准线。图 8-64 用带有直流分量的正弦波形来说明 DC 耦合模式和 AC 耦合模式的区别。

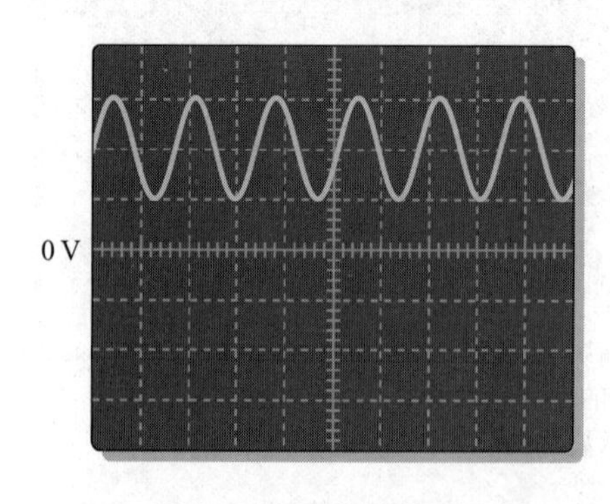


a）DC耦合的波形

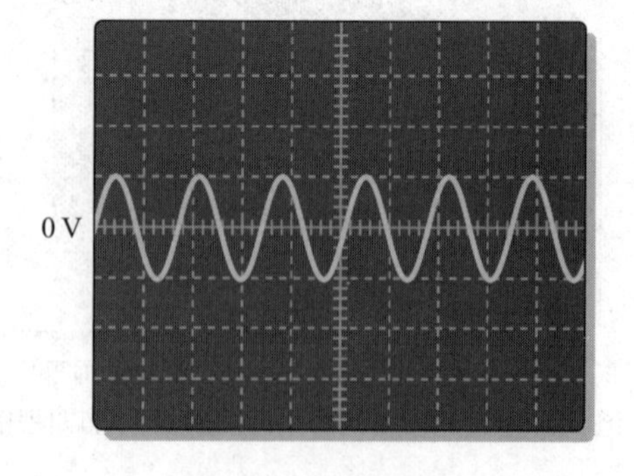


b）AC耦合的波形

图 8-64 带有直流分量的正弦波形的两种显示

图 8-65 是一个通用标准无源电压探头，用于将信号传输到示波器。由于所有仪器都有可能由于负载效应而影响被测电路，因此大多数示波器探头通过使被测信号衰减以最大限度地减少负载效应对测量的影响。将被测信号衰减为原来的十分之一的探头称为 ×10 探头，没有衰减的探头称为 ×1 探头。大多数示波器根据所用探头类型的衰减程度会调整校准。对于大多数被测信号，应该使用 ×10 探头。但是，如果所测量的信号非常小，×1 探头可能是最好选择。

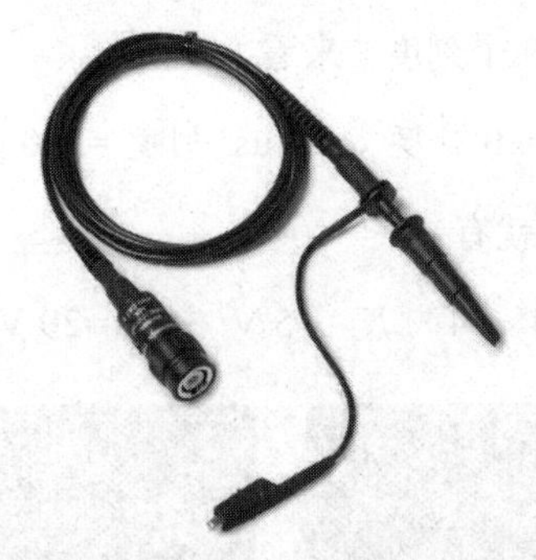

图 8-65　示波器电压探头（图片来源：Tektronix，Inc.）

探头具有调整功能，可以补偿示波器的输入电容。大多数示波器都能为探头补偿提供一个低频校准方波。在测量之前，应该确保探头得到恰当补偿以便消除引入的失真。通常探头上有一个螺钉或其他补偿校准装置。图 8-66 显示了在 3 种探头补偿条件下的示波器波形：恰当补偿、欠补偿和过补偿。如果波形出现过补偿或欠补偿，调整探头直至达到恰当补偿为止。

补偿除了确保探头本身不会使被测信号失真外，还能验证探头所连接的示波器通道是否正常工作。

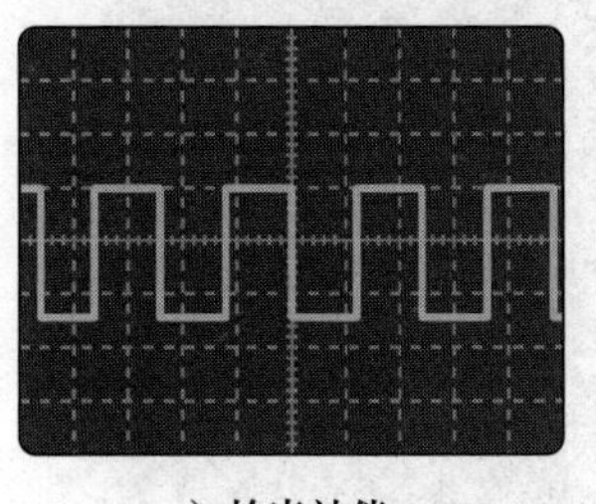

a）恰当补偿

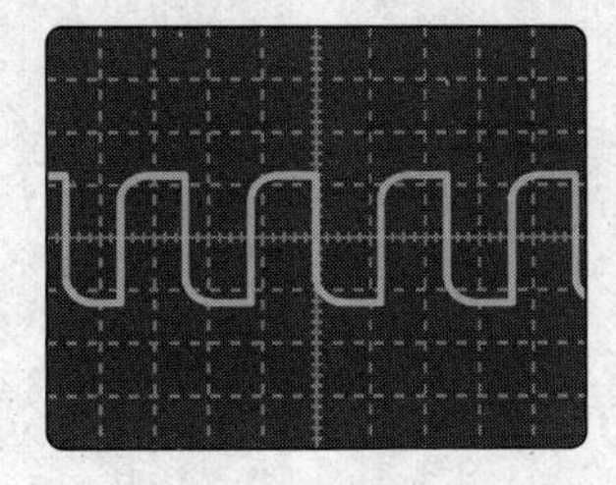

b）欠补偿

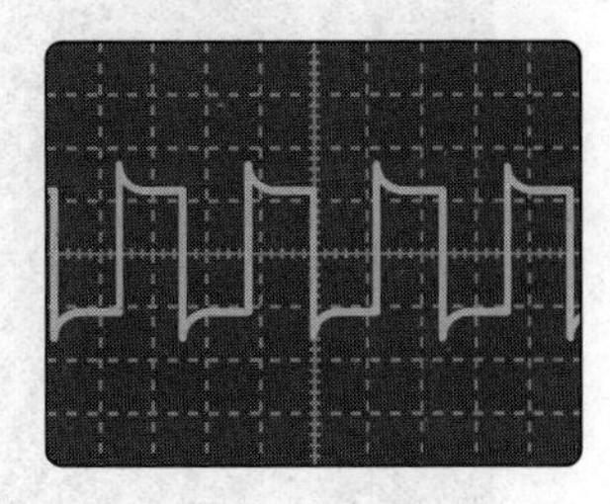

c）过补偿

图 8-66　不同探头补偿条件下的波形

**例 8-17**　根据数字示波器屏幕显示的波形和屏幕下方显示的 Volts/Div 和 Sec/Div 设置，确定图 8-67 中每个正弦波的峰峰值和周期。正弦波在屏幕上垂直居中。

**解**　观察图 8-67a 中的纵坐标，就有

$$V_{pp}=6\text{ 刻度 }\times 0.5\text{ V/ 刻度 }=3.0\text{ V}$$

从横坐标（一个周期包含 10 个刻度）来看，

$$T=10\text{ 刻度 }\times 2\text{ ms/ 刻度 }=20\text{ ms}$$

观察图 8-67b 中的纵坐标，就有

$$V_{pp}=5\text{ 刻度 }\times 50\text{ mV/ 刻度 }=250\text{ mV}$$

从横坐标（一个周期包含 6 个刻度）来看，

$$T=6\text{ 刻度 }\times 0.1\text{ ms/ 刻度 }=0.6\text{ ms}=600\text{ μs}$$

观察图 8-67c 中的纵坐标，就有

$$V_{pp}=6.8\text{ 刻度 }\times 2\text{ V/ 刻度 }=13.6\text{ V}$$

从横坐标（半个周期包含 10 个刻度）来看，

$$T=20\ 刻度\ \times 10\ \mu s/\ 刻度\ =200\ \mu s$$

观察图 8-67d 中的纵坐标，就有

$$V_{pp}=4\ 刻度\ \times 5\ V/\ 刻度\ =20\ V$$

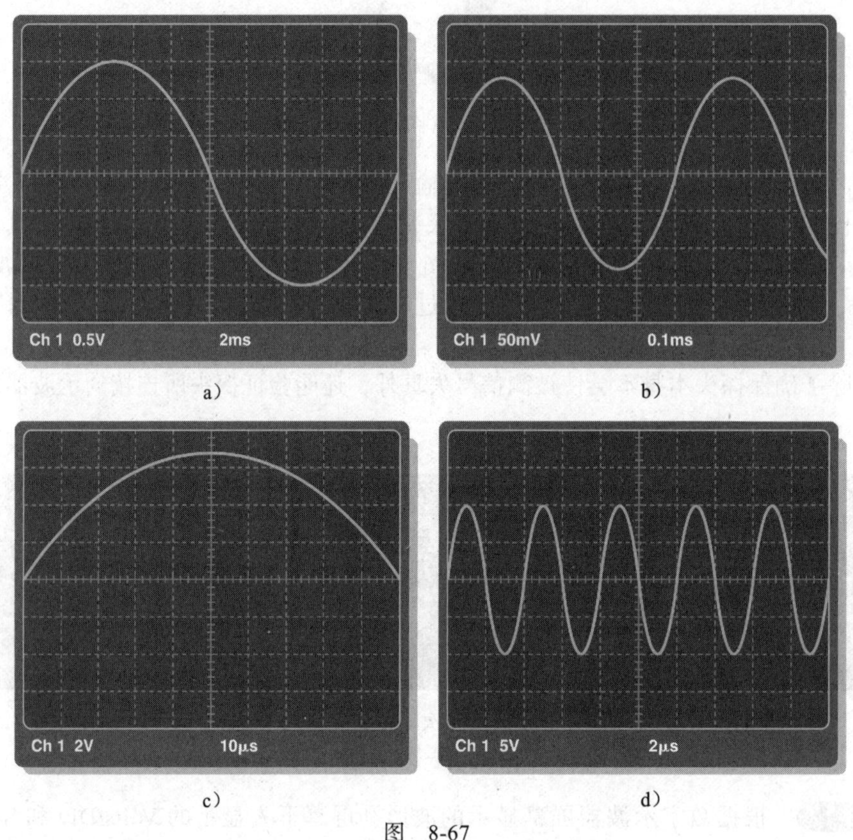


a） b） c） d）

图 8-67

从横坐标（一个周期包含 2 个刻度）来看，

$$T=2\ 刻度\ \times 2\ \mu s/\ 刻度\ =4\ \mu s$$ ◀

**同步练习** 确定图 8-67 中显示的每个波形的有效值和频率。

采用科学计算器完成例 8-17 的计算。

**学习效果检测**

1. 数字示波器和模拟示波器的主要区别是什么？

2. 因为数字示波器必须对信号数据进行采样才能重建波形，所以数字示波器的哪些问题是模拟示波器不会出现的？

3. 使用示波器显示 50 MHz 的波形，所需的最小采样率是多少？

4. 电压在示波器屏幕上是水平读取还是垂直读取？

5. 示波器上的 Volts/Div 控件作用是什么？

6. 示波器上的 Sec/Div 控件作用是什么？

7. 什么时候应该使用 ×10 探头测量电压？

## 应用案例

假设你在一家实验室仪器制造公司工作，被分配去检查产生正弦波、三角波和脉冲输出的函数发生器的产品情况。对于每种类型波形的输出，你用示波器分析所测量波形的最小和最大频率、振幅、最大正负直流偏置、脉冲波形的最小和最大占空比，并以逻辑格式记录这些测量值。

**步骤 1：熟悉函数发生器**

函数发生器如图 8-68 所示。控件区域用一个带圆圈的数字标记，具体功能如下：

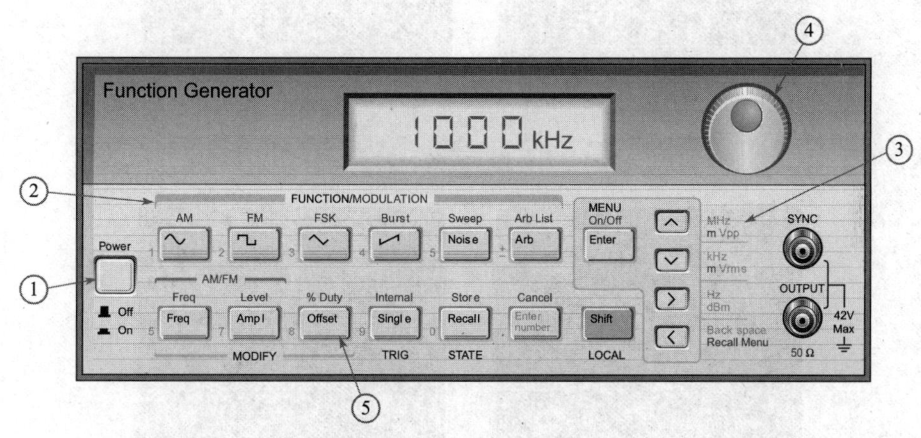


图 8-68 函数发生器

① 电源开 / 关开关 按下此按钮开关打开电源，再次按下则关闭电源。

② 功能开关 根据波形，按下功能选择，可以选择正弦波、脉冲波、三角波或锯齿波的输出。

③ 频率 / 幅度范围开关 该菜单下可选开关与调节控制（第 4 控件功能）结合一起使用。

④ 频率调节控制 转动此拨盘可在所选范围内设置特定频率。

⑤ 直流偏置 / 占空比控制 该控件可调节交流输出的直流分量，它可以对选择的波形添加正或负直流电平，以及可以调整脉冲波形输出的占空比。正弦波、三角波的输出不受此影响。

**步骤 2：测量正弦输出**

函数发生器的输出连接到示波器的通道 1（CH1）输入，并选择正弦输出函数。范围设置为直流耦合。在图 8-69a、b 中，将函数发生器波形输出的振幅和频率分别设置为最小值和最大值，测量波形，记录其峰值和方均根值。

**步骤 3：测量直流偏置**

将函数发生器输出的正弦波形振幅和频率设置为任意值，范围设置为直流耦合，对直流偏置进行测量。将函数发生器的直流偏置分别调整到最大正值、最大负值，如图 8-70a、b 所示，测量波形并记录这些值。

**步骤 4：测量三角波输出**

选择函数发生器的三角波输出，范围设置为交流耦合。在图 8-71a、b 中，将函数发生器的幅度和频率分别设置为最小值和最大值，测量波形并记录这些值。

**步骤 5：测量脉冲输出**

选择函数发生器的脉冲输出，范围设置为直流耦合。在图 8-72a、b 中，将函数发生器的基线幅度和频率分别设置为最小值和最大值，将占空比分别调整到最小和最大值，测量波形并记录这些值。

图 8-69 ～图 8-72 中，所有分图的水平轴均为 0V。

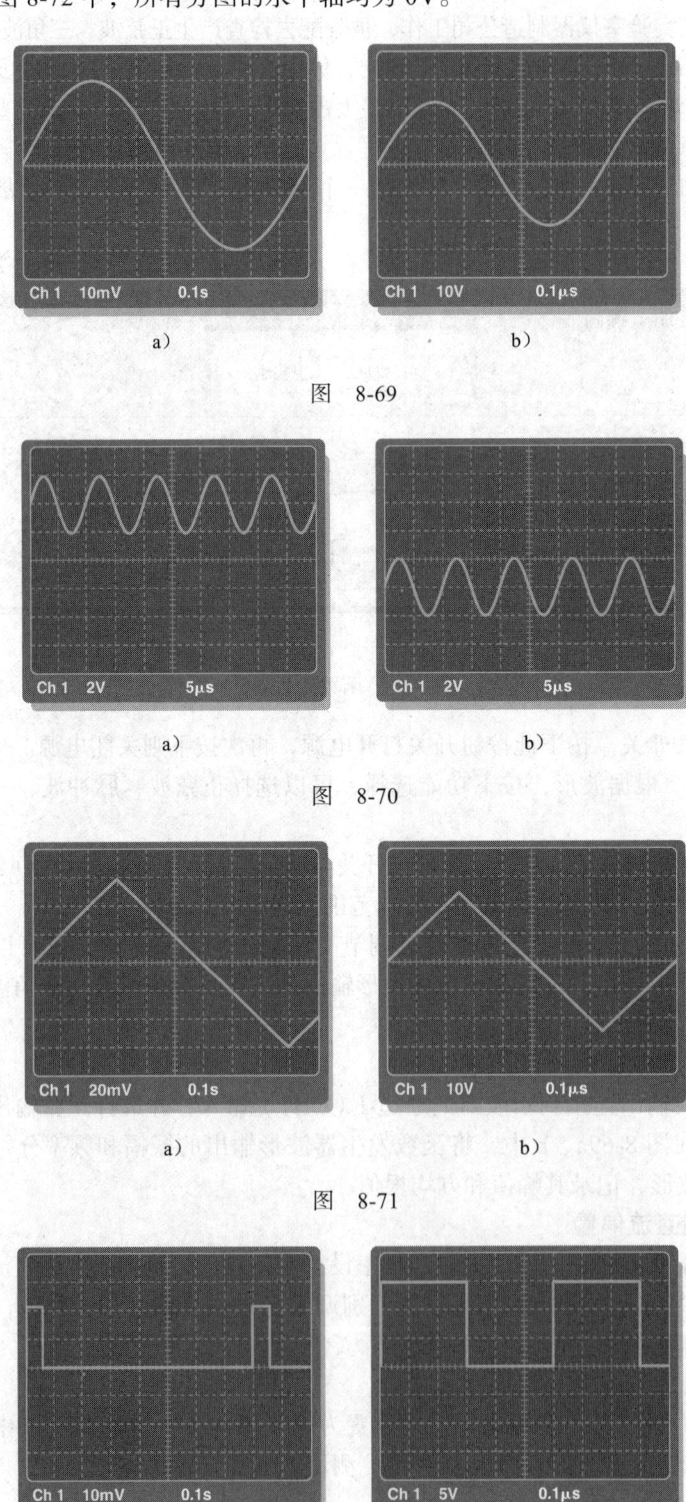


a） b）

图 8-69

a） b）

图 8-70

a） b）

图 8-71

a） b）

图 8-72

## 检查与复习

1. 在示波器上，Sec/Div 控件怎样设置才能获得最准确的频率测量？
2. 在示波器上，Volts/Div 控件怎样设置才能获得最准确的振幅测量？
3. 说明示波器各通道的各种耦合模式设置（AC 耦合、DC 耦合和 GND 耦合）的目的。

## Multisim 分析

打开 Multisim 软件。屏幕上显示虚拟示波器和函数发生器，按照图 8-73 所示连接，在屏上双击每个仪器，在弹出窗口中查看它们的详细情况。选择正弦波，设置其振幅为 100 m$V_{pp}$，频率为 1.0 kHz，检查示波器显示的波形。将正弦信号设为振幅 1 V 和 5 kHz、振幅 10 V 和 1.0 MHz 时，重复上述过程。

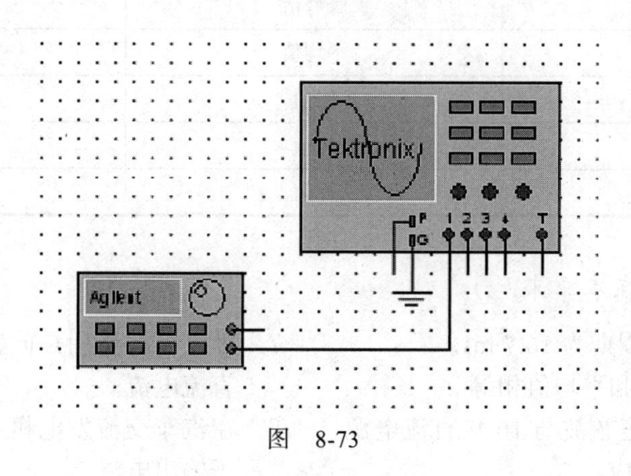


图　8-73

## 本章总结

- 正弦波是一种基于正弦函数的时变周期波形。
- 正弦波是交流电流和交流电压的基本类型。
- 交流电流的方向随着电源电压极性的改变而改变。
- 正弦波的一个周期包括正半周和负半周。
- 正弦波的在半周期内的平均值是峰值的 0.637 倍，在一个周期内的平均值为零。
- 正弦波的一个周期是 360°，或者 2π rad；半个期是 180°，或者 π rad；四分之一周期是 90°，或者 π/2 rad。
- 相位角是两个正弦波之间或者一个正弦波和一个参考波之间的角度差，单位为度或弧度。
- 相量的方向表示正弦波相对于 0° 的角度，相量的长度或大小表示振幅。
- 在交流电路中应用欧姆定律或基尔霍夫定律时，电压和电流的单位与其原始单位定义一致。
- 交流电阻电路中的功率是由电压有效值和 / 或电流有效值确定的。
- 当磁场与导体之间发生相对运动时，交流发电机产生电能。
- 大多数交流发电机的输出由定子提供，转子提供一个旋转磁场。
- 交流电动机主要有感应电动机和同步电动机两种类型。
- 感应电动机具有一个转子，转子随着定子的旋转磁场而转动。

- 同步电动机以恒定转速转动，该转速与定子磁场的转速相同。
- 脉冲由基准电平向振幅电平变化，然后再跳变为基准电平。
- 三角波或锯齿波由正向和负向斜波组成。
- 高次谐波频率是非正弦波形重复频率（基频）的奇数倍或偶数倍。
- 正弦波度量值之间的相互转换关系如表 8-2 所示。
- 数字示波器容易出现混叠现象。为避免混叠，信号的采样频率至少是被测信号频率的两倍。

表 8-2 正弦波度量值之间的相互转换关系

| 变换自 | 变换到 | 乘以 |
|---|---|---|
| 峰值 | 有效值 | 0.707 |
| 峰值 | 峰峰值 | 2.0 |
| 峰值 | 平均值 | 0.637 |
| 有效值 | 峰值 | 1.414 |
| 峰峰值 | 峰值 | 0.5 |
| 平均值 | 峰值 | 1.57 |

## 对 / 错判断（答案在本章末尾）

1 60 Hz 正弦波的周期为 16.7 ms。
2 正弦波的有效值和平均值相等。
3 峰值为 10 V 的正弦波与 10 V 直流电源具有相同的热效应。
4 正弦波的峰值与其振幅相等。
5 360°=2π rad。
6 在三相电气系统中，相位彼此相差 60°。
7 励磁机的作用是向交流发电机转子提供直流电流。
8 在汽车交流发电机中，通过集电环向转子输出电流。
9 感应电动机的维护问题是更换电刷。
10 当需要恒定转速时，可使用同步电动机。

## 自我检测（答案在本章末尾）

1 交流和直流的区别是
(a) 交流改变大小，直流大小不变
(b) 交流改变方向，直流方向不变
(c)(a) 和 (b) 都对
(d)(a) 和 (b) 都不对

2 在每个周期中，正弦波达到峰值的次数为
(a) 1 次
(b) 2 次
(c) 4 次
(d) 次数取决于频率

3 频率为 12 kHz 的正弦波比下述哪个频率的正弦波变化更快？
(a) 20 kHz (b) 15 000 Hz
(c) 10 000 Hz (d) 1.25 MHz

4 周期为 2.0 ms 的正弦波比下述哪个周期的正弦波变化更快？
(a) 1 ms (b) 0.0025 s
(c) 1.5 ms (d) 1000 μs

5 当正弦波的频率为 60 Hz 时，在 10 s 内通过
(a) 6 个周期 (b) 10 个周期
(c) 1/16 个周期 (d) 600 个周期

6 如果正弦波的峰值为 10 V，则峰峰值为
(a) 20 V (b) 5.0 V
(c) 100 V (d) 以上都不是

7 如果正弦波的峰值为 20 V，则有效值为
(a) 14.14 V (b) 6.37 V

(c) 7.07 V (d) 0.707 V

8 峰值为 10 V 正弦波，在一个周期内的平均值为
(a) 0 V (b) 6.37 V
(c) 7.07 V (d) 5.0 Vs

9 峰值为 20 V 的正弦波，它的半个周期的平均值为
(a) 0 V (b) 6.37 V
(c) 12.74 V (d) 14.14 V

10 一个正弦波在 10° 处有一个正向过零点，另一个正弦波在 45° 处有一个正向过零点，两个波形之间的相位差为
(a) 55° (b) 35°
(c) 0° (d) 以上都不是

11 峰值 15 A 的正弦波，在其正向过零点之后 32° 处的瞬时值为
(a) 7.95 A (b) 7.5 A
(c) 2.13 A (d) 7.95 V

12 如果流经 10 kΩ 电阻的电流有效值为 5.0 mA，则电阻两端电压有效值为
(a) 70.7 V (b) 7.07 V
(c) 5.0 V (d) 50 V

13 两个电阻串联后连接到交流电源上，如果一个电阻上的电压有效值为 6.5 V，另一个电阻上的电压有效值为 3.2 V，则电源电压峰值为
(a) 9.7 V (b) 9.19 V
(c) 13.72 V (d) 4.53 V

14 三相感应电动机的优点是
(a) 在任何负载下都保持恒定转速
(b) 不需要起动绕组
(c) 有一个绕线转子
(d) 以上全部

15 电动机定子磁场的同步转速与转子转速之差被称为
(a) 差速 (b) 有载
(c) 滞后 (d) 转差

16 频率为 10 kHz 的脉冲波形的脉冲宽度为 10 μs，其占空比为
(a) 100% (b) 10%
(c) 1% (d) 无法确定

17 方波的占空比
(a) 随频率变化
(b) 随脉冲宽度变化
(c) (a) 和 (b)
(d) 均为 50%

**故障排查**（下列练习的目的是帮助建立故障排查所必需的思维过程。答案在本章末尾。）

根据图 8-74，分析每组故障症状出现的原因。

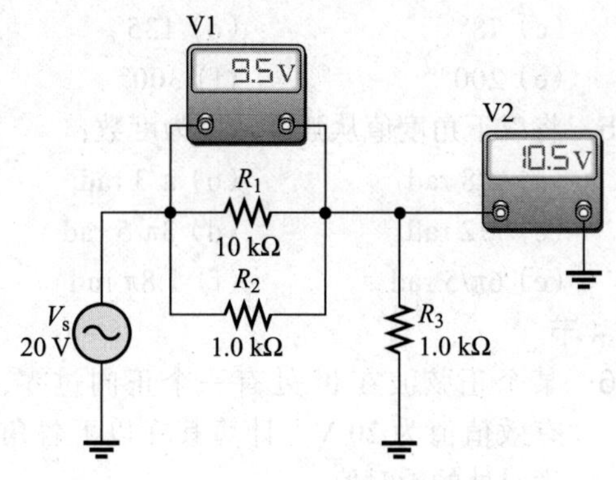


图 8-74 交流表测量电路电压

1 症状：电压表 1 读数为 0 V，电压表 2 读数为 20 V。
原因：
(a) $R_1$ 开路 (b) $R_2$ 开路
(c) $R_3$ 开路

2 症状：电压表 1 读数为 20 V，电压表 2 读数为 0 V。
原因：
(a) $R_1$ 开路 (b) $R_2$ 短路
(c) $R_3$ 短路

3 症状：电压表 1 读数为 18.2 V，电压表 2 读数为 1.8 V。
原因：
(a) $R_1$ 开路 (b) $R_2$ 开路
(c) $R_1$ 短路

4 症状：两个电压表读数均为 10 V。
原因：
(a) $R_1$ 开路 (b) $R_1$ 短路
(c) $R_2$ 开路

5 症状：电压表 1 读数为 16.7 V，电压表 2 读数为 3.3 V。
原因：
(a) $R_1$ 短路
(b) $R_2$ 为 10 kΩ 而不是 1.0 kΩ
(c) $R_3$ 为 10 kΩ 而不是 1.0 kΩ

## 分节习题（奇数题答案在本书末尾）

### 8.1 节

1 计算以下每个周期值对应的频率：
(a) 1.0 s (b) 0.2 s
(c) 50 ms (d) 1.0 ms
(e) 500 μs (f) 10 μs

2 计算以下每个频率值对应的周期：
(a) 1.0 Hz (b) 60 Hz
(c) 500 Hz (d) 1.0 kHz
(e) 200 kHz (f) 5.0 MHz

3 正弦波在 10 μs 内经过 5 个循环，它的周期是多少？

4 正弦波的频率为 50 kHz，它在 10 ms 内完成多少次循环？

5 10 kHz 正弦波完成 100 个周期需要多长时间？

### 8.2 节

6 正弦波的峰值电压为 12 V，确定以下电压各值：
(a) 有效值 (b) 峰峰值
(c) 半个周期的平均值

7 正弦电流的有效值为 5.0 mA，确定以下电流各值：
(a) 峰值
(b) 半个周期的平均值
(c) 峰峰值

8 对于图 8-75 中的正弦波，确定峰值、峰峰值、有效值和半个周期的平均值。

9 如果图 8-75 中的横轴时间间隔为 1.0 ms，则在以下各时刻确定瞬时电压值。
(a) 1.0 ms (b) 2.0 ms
(c) 4.0 ms (d) 7.0 ms

### 8.3 节

10 在图 8-75 中，以下相位的瞬时电压是多少？
(a) 45° (b) 90°
(c) 180°

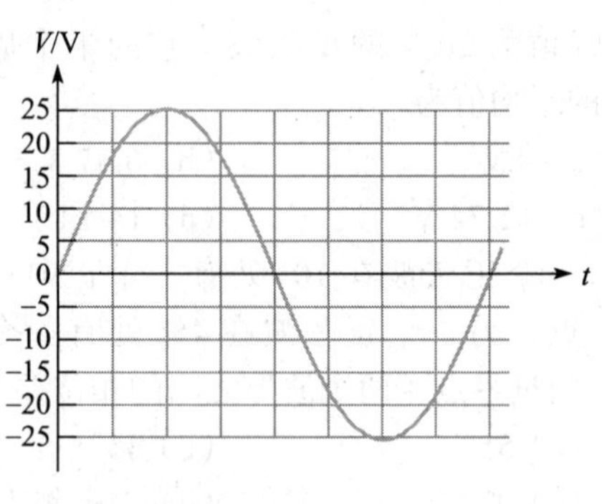


图 8-75

11 正弦波 *A* 在 30° 处正向过零，正弦波 *B* 在 45° 处正向过零，确定两个信号之间的相位差，哪个信号超前？

12 一个正弦波在 75° 处有正峰值，另一个正弦波在 100° 处有正峰值，每个正弦波都以 0° 为基准，则每个正弦波的相移是多少？它们之间的相位差是多少？

13 画出如下两个正弦波简图：正弦波 *A* 为参考，正弦波 *B* 滞后 *A* 90°，两者的振幅相同。

14 将以下角度值从度数转换为弧度：
(a) 30° (b) 45°
(c) 78° (d) 135°
(e) 200° (f) 300°

15 将以下角度值从弧度转换为度数：
(a) π/8 rad (b) π/3 rad
(c) π/2 rad (d) 3π/5 rad
(e) 6π/5 rad (f) 1.8π rad

### 8.4 节

16 某个正弦波在 0° 处有一个正向过零，有效值值为 20 V，计算其在以下各角度时处的瞬时值：
(a) 15° (b) 33°
(c) 50° (d) 110°
(e) 70° (f) 145°
(g) 250° (h) 325°

17　相对参考电流相位角为 0° 的正弦电流，峰值为 100 mA。确定以下各点的瞬时值：

(a) 35°　　(b) 95°
(c) 190°　　(d) 215°
(e) 275°　　(f) 360°

18　对于有效值为 6.37 V 以 0° 为参考点的正弦波，确定其在以下各点的瞬时值：

(a) π/8 rad　　(b) π/4 rad
(c) π/2 rad　　(d) 3π/4 rad
(e) π rad　　(f) 3π/2 rad
(g) 2π rad

19　正弦波 *A* 比正弦波 *B* 滞后 30°，峰值电压均为 15 V，作为参考的正弦波 *A* 在 0° 处正向过零点，确定正弦波 *B* 在 30°、45°、90°、180°、200° 和 300° 处的瞬时值。

20　对于正弦波 *A* 超前正弦波 *B* 30° 的情况，重复习题 19。

8.5 节

21　在图 8-76 中，对电阻电路施加正弦电压。确定以下各值：

(a) $I_{rms}$　　(b) $I_{avg}$
(c) $I_p$　　(d) $I_{pp}$
(e) *i* 的正峰值

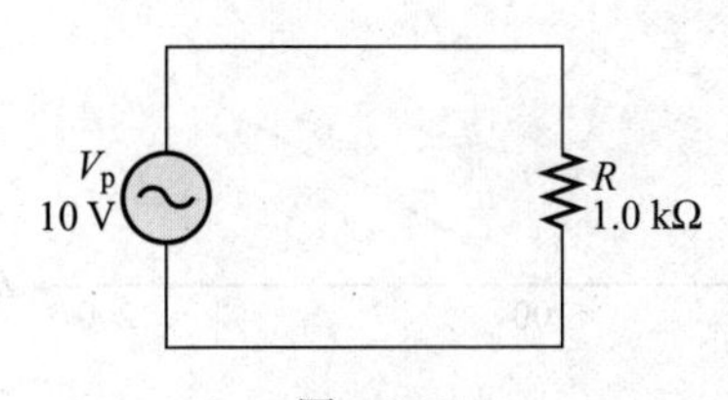


图　8-76

22　求图 8-77 所示电路中 $R_1$ 和 $R_2$ 两端半个周期的电压平均值，图中标注的电压值均为有效值。

23　确定图 8-78 中 $R_3$ 两端电压的有效值。

24　有效值为 10.6 V 的正弦波叠加在 24 V 的直流电源上，叠加后波形的最大值和最小值是多少？

25　为了使叠加后的电压没有负值，必须在有效值为 3 V 的正弦波上叠加多大的直流电压？

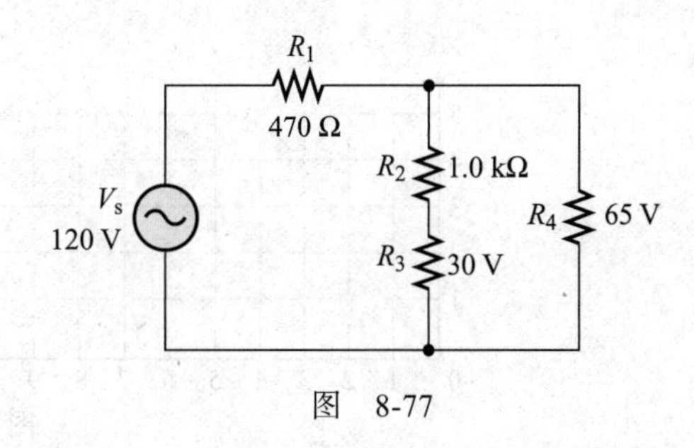


图　8-77

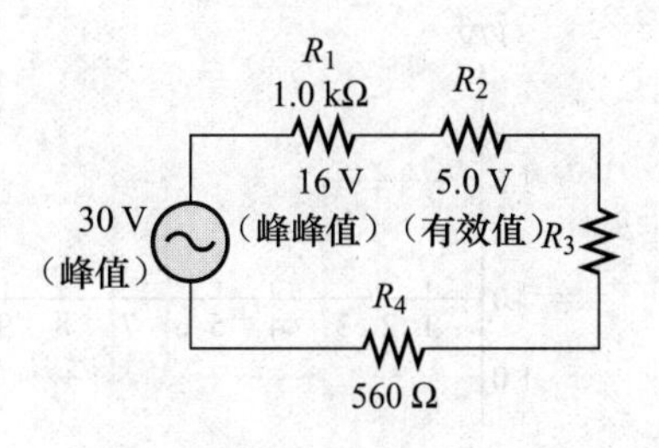


图　8-78

26　一个峰值为 6 V 的正弦波叠加在 8 V 的直流电压上，如果直流电压降到 5 V，正弦波在什么情况下为负？

8.6 节

27　对于简单的两极单相交流发电机，转子上的导电回路以 250 r/s 的速度旋转，则感应输出电压的频率是多少？

28　某四极交流发电机转速为 3600 r/min，则发电机产生的电压频率是多少？

29　四极交流发电机必须以多大的转速运行才能产生 400 Hz 的正弦电压？

30　飞机上的交流发电机的常见频率是 400 Hz，如果转速为 3000 r/min，则 400 Hz 交流发电机有多少极？

8.7 节

31　单相感应电动机和三相感应电动机的主要区别是什么？

32　如果励磁线圈没有运动部件，解释三相感应电动机中的磁场是如何旋转的。

8.8 节

33　根据图 8-79 中的信息，确定 $t_r$、$t_f$、$t_W$ 的近似值和幅值。

34　确定图 8-80 中每个脉冲波形的占空比。

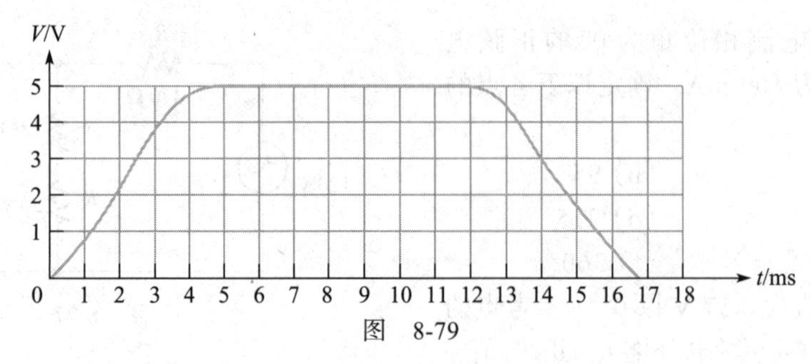


图 8-79

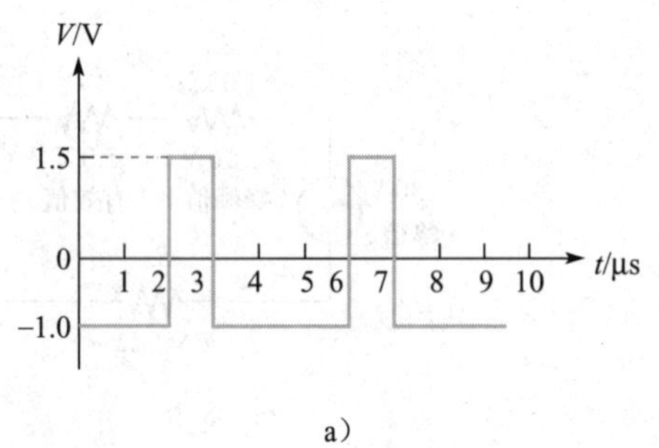


a)

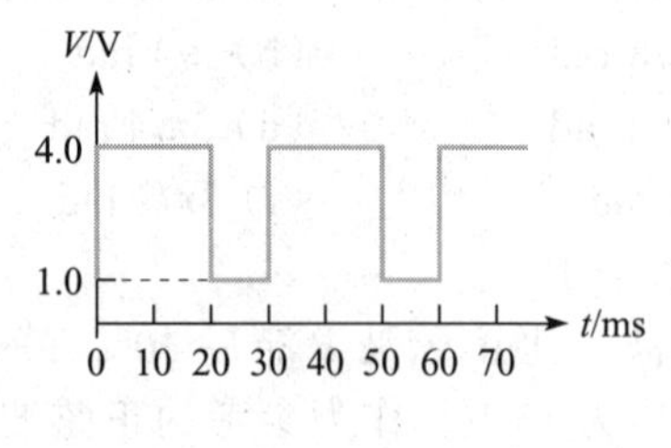


b)

图 8-80

35 确定图 8-80 中每个脉冲波形的平均值。

36 图 8-80 中每个波形的频率是多少?

37 图 8-81 中每个锯齿波的频率是多少?

38 方波的周期为 40 μs，列出前六个奇次谐波。

39 习题 38 中方波的基波频率（基频）是多少?

## 8.9 节

40 确定图 8-82 中示波器屏幕上显示的正弦波的峰值和周期。

41 确定图 8-82 中示波器屏幕上显示的正弦波的有效值和频率。

42 确定图 8-83 中示波器屏幕上显示的正弦波的有效值和频率。

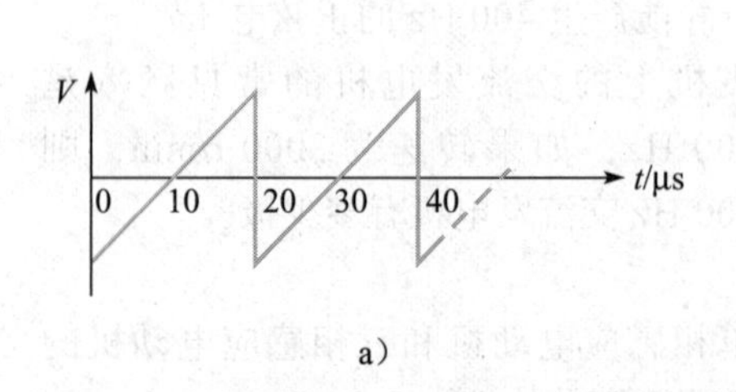


a)

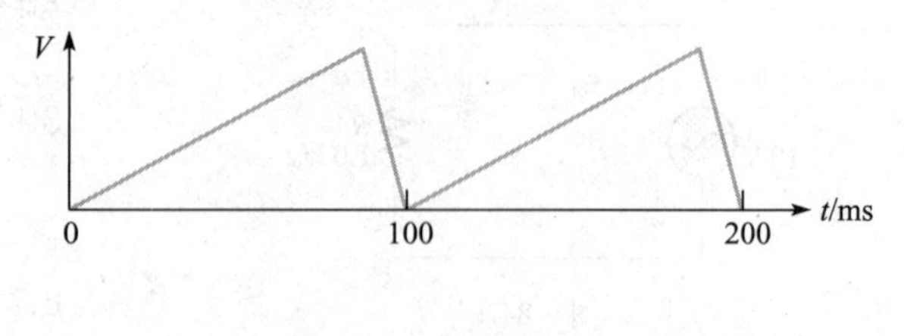


b)

图 8-81

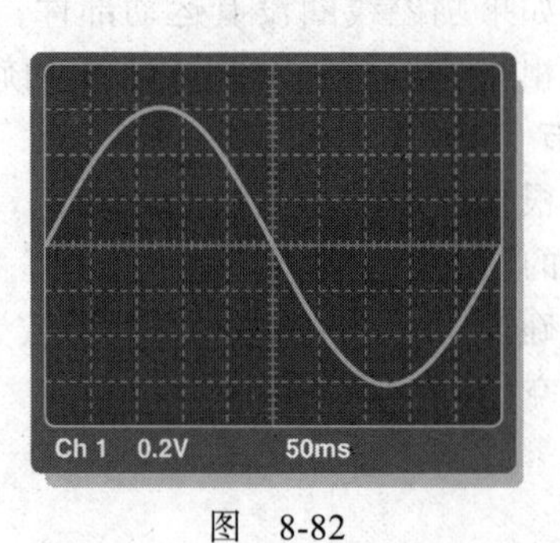


图 8-82

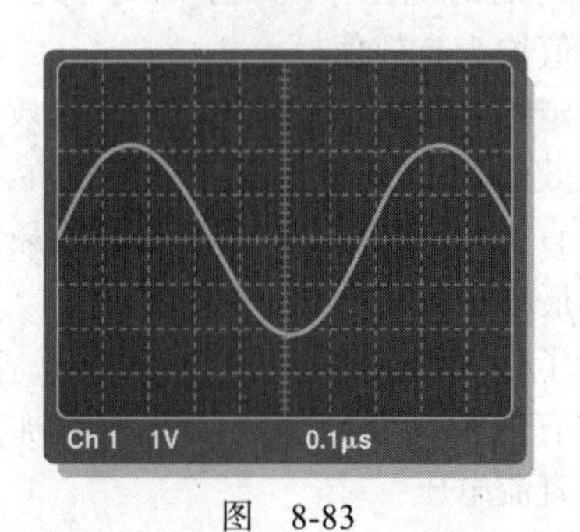


图 8-83

43　确定图 8-84 中示波器屏幕上显示的脉冲波形的幅度、脉冲宽度和占空比。

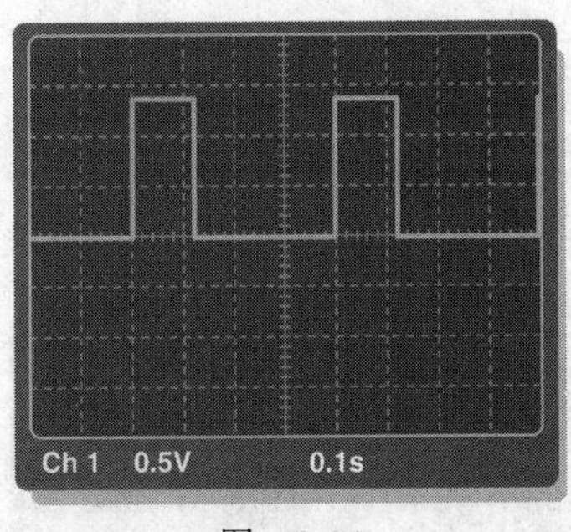


图　8-84

*44　某个正弦波的频率为 2.2 kHz，有效值为 25 V。假设该正弦波在 $t$=0 s 时过零点，电压从 0.12 ms 到 0.2 ms 的变化是多少？

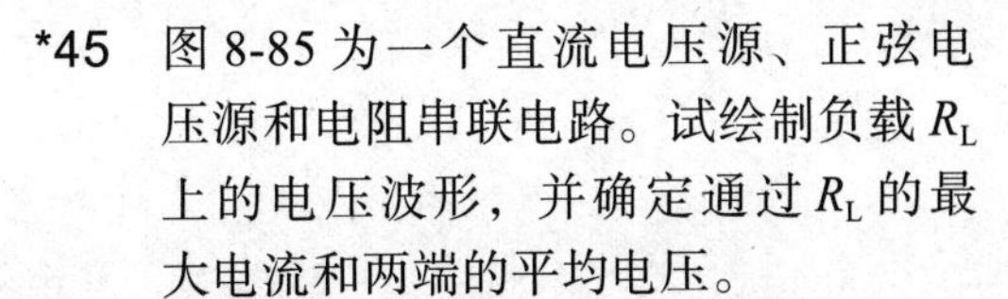

*45　图 8-85 为一个直流电压源、正弦电压源和电阻串联电路。试绘制负载 $R_L$ 上的电压波形，并确定通过 $R_L$ 的最大电流和两端的平均电压。

*46　图 8-86 为阶梯形的非正弦波形，确定其平均值。

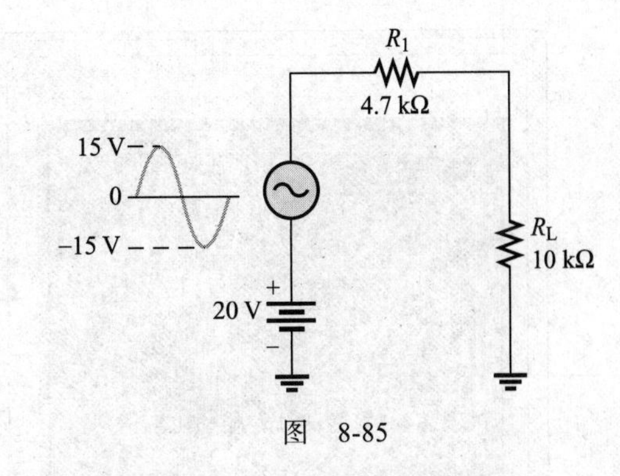


图　8-85

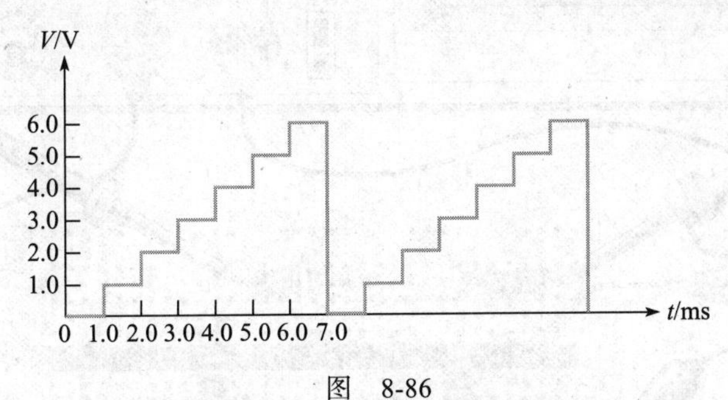


图　8-86

*47　根据图 8-87 所示的示波器屏幕，确定下面的值。

(a) 正弦波显示了多少个周期？

(b) 正弦波的有效值是多少？

(c) 正弦波的频率是多少？

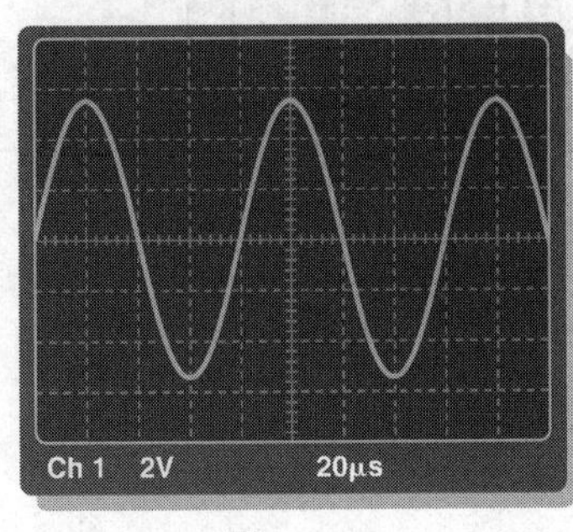


图　8-87

*48　如果将 Volts/Div 控件设置为 5.0 V/Div，试在图 8-87 中示波器屏幕上绘制正弦波的变化。

*49　如果将 Sec/Div 控件设置为 10 μs/Div，试在图 8-87 中示波器屏幕上绘制正弦波的变化。

*50　根据示波器的设置和屏幕上的显示，确定图 8-88 中输入信号和输出信号的频率和峰值。屏幕上显示的是通道 1 的信号波形。按照示波器上的设置，绘制通道 2 波形。

*51　检查图 8-89 中的面包板和示波器显示，确定未知输入信号的峰值和频率。

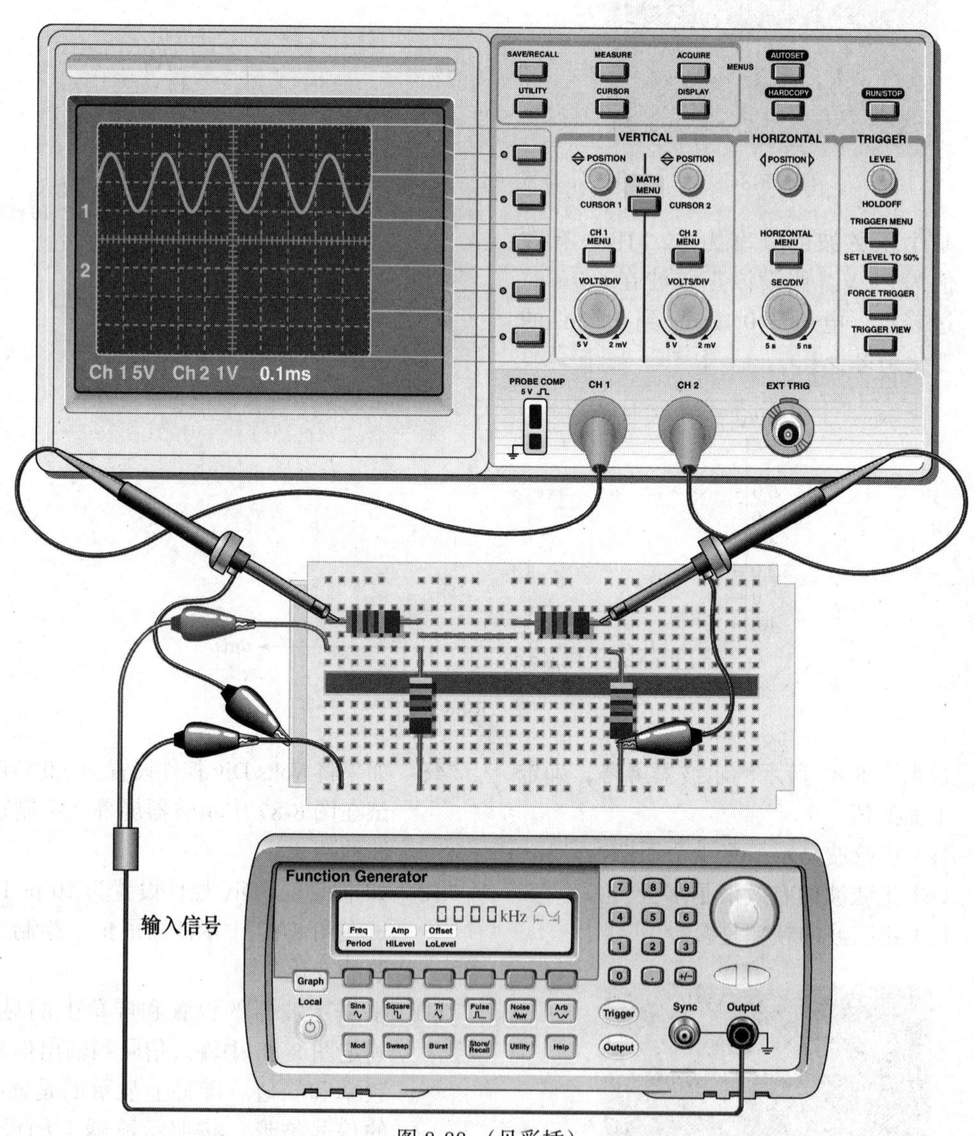
SAVE/RECALL
MEASURE
ACQUIRE
MENUS
AUTOSET
UTILITY
CURSOR
DISPLAY
HARDCOPY
RUN/STOP
VERTICAL
HORIZONTAL
TRIGGER
POSITION
MATH MENU
CURSOR 1
CURSOR 2
LEVEL
HOLDOFF
TRIGGER MENU
CH 1 MENU
CH 2 MENU
HORIZONTAL MENU
SET LEVEL TO 50%
VOLTS/DIV
SEC/DIV
FORCE TRIGGER
TRIGGER VIEW
Ch 1 5V Ch 2 1V 0.1ms
PROBE COMP
CH 1
CH 2
EXT TRIG
Function Generator
输入信号
Freq
Amp
Offset
Period
HiLevel
LoLevel
Graph
Local
Sine
Square
Tri
Pulse
Noise
Arb
Mod
Sweep
Burst
Store/Recall
Utility
Help
Trigger
Output
Sync
Output

图 8-88 (见彩插)

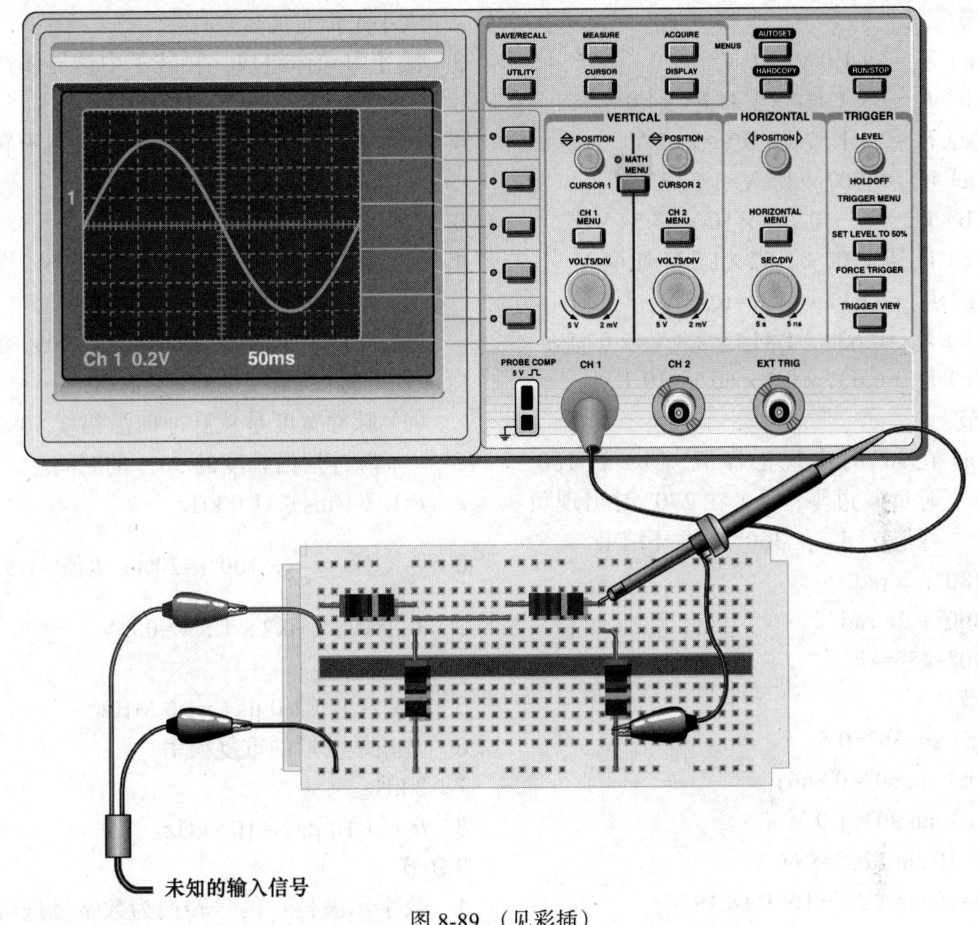


图 8-89 （见彩插）

## Multisim 仿真故障排查和分析

52 打开文件 P08-52，测量正弦电压的峰值和周期。

53 打开文件 P08-53，确定是否存在故障，如果有，请识别故障。

54 打开文件 P08-54，确定是否存在故障。如果有，请识别故障。

55 打开文件 P08-55，测量脉冲波形的振幅和周期。

56 打开文件 P08-56，确定是否存在故障，如果有，请识别故障。

## 参考答案

### 学习效果检测答案

8.1 节

1 正弦波的一个周期是从过零点到正峰值，然后从过零点到负峰值，再回到零点。

2 正弦波在过零点处改变极性。

3 正弦波在一个周期内有两个最大值点（峰值）。

4 周期是从一个过零点到下一个对应的过零点，或者从一个峰值到下一个对应峰值所需的时间。

5 频率是 1 s 内完成循环数，频率单位是 Hz。

6 $f$=1/5 μs=200 kHz。

7 $T$=1/120 Hz=8.33 ms。

8.2 节

1 （a）$V_{pp}$=2 × 1.0 V=2.0 V

（b）$V_{pp}$=2 × 1.414 × 1.414 V=4.0 V

（c）$V_{pp}$=2 × 1.57 × 3.0 V=9.42 V

2 （a）$V_{rms}$=0.707 × 2.5 V=1.77 V

（b）$V_{rms}$=0.5 × 0.707 × 10 V=3.54 V

（c）$V_{rms}$=0.707 × 1.57 × 1.5 V=1.66 V

3 （a）$V_{avg}$=0.637 × 10 V=6.37 V

（b）$V_{avg}$=0.637 × 1.414 × 2.3 V=2.07 V

（c）$V_{avg}$=0.637 × 0.5 × 60 V=19.1 V

8.3 节

1 （a）在 90° 时出现正峰值；（b）在 180° 时负向过零；（c）在 270° 时出现负峰值；（d）在 360° 时循环结束。

2 180°，π rad。

3 360°，2π rad。

4 90°−45°=45°。

8.4 节

1 （a）sin 30°=0.5；

（b）sin 60°=0.866；

（c）sin 90°=1.0。

2 $v$=10 sin 120°=8.66 V

3 $v$=10 sin（45°+10°）=8.19 V

8.5 节

1 $I_p$=$V_p$ /$R$=（1.57 × 12.5 V）/330 Ω=59.5 mA

2 $V_{S(rms)}$=0.707 × 25.3 V=17.9 V

3 +$V_{max}$=5.0 V+2.5 V=7.5 V

4 是交变的。

5 +$V_{max}$=5.0 V−2.5 V=2.5 V

8.6 节

1 磁极数和转子转速。

2 电刷不需要传导输出电流。

3 向大型交流发电机提供转子电流的直流发电机。

4 二极管将从定子处来的交流电转换为直流电，并输出。

8.7 节

1 区别在于转子。在感应电动机中，转子通过变压器获得电流；在同步电动机中，转子是永磁铁或电磁铁，通过集电环和电刷由外部电源提供电流。

2 大小是恒定的。

3 鼠笼由导体组成，在转子中该导体产生电流。

4 转差是定子磁场的同步转速与转子转速之间的差值。

8.8 节

1 （a）上升时间是脉冲从幅度的 10% 变到 90% 所需要的时间；

（b）下降时间是脉冲从幅度的 90% 变到 10% 所需要的时间；

（c）脉冲宽度是从脉冲前沿幅度 50% 到脉冲后沿幅度的 50% 的时间。

2 $f$=1/（1 ms）=1.0 kHz

3 占空比 = $\frac{1}{5}$ × 100%=20%；幅值 =1.5 V；

$V_{avg}$=0.5 V+0.2 × 1.5 V=0.8 V

4 $T$=16 ms

5 $f$=1/$T$=1/（1.0 μs）=1.0 MHz

6 基频是波形的重复频率。

7 2 kHz。

8 $f$=1/（10 μs）=100 kHz。

8.9 节

1 数字示波器：信号转换为数字量进行处理然后重建以显示。模拟示波器：信号直接驱动显示器。

2 混叠是数字示波器可能出现的问题，模拟示波器不会出现此问题。

3 采用示波器观察 50 MHz 波形时，所需的最小采样率要大于 100 MHz。

4 电压是垂直测量的。

5 Volts/Div 控制调整电压刻度值。

6 Sec/Div 控制调整时间刻度值。

7 大多数时候使用 ×10 探头，除非测量非常小的电压。

**同步练习答案**

例 8-1 2.4 s

例 8-2 15 ms

例 8-3 20 kHz

例 8-4 200 Hz

例 8-5 1.0 ms

例 8-6 $V_{pp}$=50 V；$V_{rms}$=17.7 V；$V_{avg}$=15.9 V

例 8-7　（a）$\pi/12$ rad　（b）112.5°

例 8-8　8.0°

例 8-9　8.1 V

例 8-10　$I_{1(rms)}$=4.53 mA；$V_{1(rms)}$=4.53 V；$V_{2(rms)}$=2.54 V；$P_{tot}$=32 mV

例 8-11　23.7 V

例 8-12　图 a 中的波形总不为负。图 b 中的波形在周期的一部分时间内变为负值。

例 8-13　250 r/min

例 8-14　5%

例 8-15　1.2 V

例 8-16　120 V

例 8-17　（a）$V_{rms}$=1.6 V；$f$=50 Hz
（c）$V_{rms}$=88.4 mV；$f$=1.67 kHz
（e）$V_{rms}$=4.81 V；$f$=5.0 kHz
（g）$V_{rms}$=7.07 V；$f$=250 kHz

**对 / 错判断答案**

1　对　2　错　3　错
4　对　5　对　6　错
7　对　8　错　9　错
10　对

**自我检测答案**

1（b）　2（b）　3（c）
4（b）　5（d）　6（a）
7（a）　8（a）　9（c）
10（b）　11（a）　12（d）
13（c）　14（b）　15（d）
16（b）　17（d）

**故障排查答案**

1（c）　2（c）　3（b）
4（a）　5（b）

# 第 9 章

# 电　　容

**学习目标**

- ▶ 掌握电容的基本结构和特性
- ▶ 掌握电容的各种类型
- ▶ 掌握电容的串联
- ▶ 掌握电容的并联
- ▶ 掌握直流开关电路中的电容
- ▶ 掌握正弦交流电路中的电容
- ▶ 掌握电容的一些应用

**应用案例概述**

电容有许多应用。本章中的应用案例是将电容应用在放大器中，使交流电压信号从一个点耦合到另一个点，同时阻断直流电压信号通过。你需要使用示波器观察放大器电路上的电压变化是否正确，如果这些电压显示不正确则进行故障排查。学习本章后，你应该能够完成本章的应用案例。

**引言**

电容器是一种可以存储电荷的电气元件，因此它可以产生电场并存储电场能量。电容器存储电荷能力的度量是电容[⊖]。

本章将介绍基本电容的构造及其特性，讨论各种类型电容的物理结构和电气特性，分析电容的串联和并联，学习直流和交流电路中电容的工作特性，最后讨论其典型的应用。

## 9.1　基本电容器

电容器是一种能够存储电荷的无源电气元件。

### 9.1.1　电容器的基本结构

电容器是存储电荷的电气元件，由两块平行导电极板构成，导电极板之间用被称为**电介质**的绝缘材料隔离，连接引线接到导电极板上。基本电容器的结构如图 9-1a 所示，电路符号如图 9-1b 所示。

### 9.1.2　电容如何存储电荷

观察图 9-2a，在中性状态下电容的两个极板上有相同数量的自由电子。再观察图 9-2b，当电容通过电阻连接到电压源时，从极板 *A* 移出电子（负电荷），并且在极板 *B* 上沉积等量的电子。当极板 *A* 失去电子而极板 *B* 获得电子时，极板 *A* 相对于极板 *B* 表现为正极性。在这个充电过程中，电子只流经连接引线和电源，因为电介质是绝缘体，所以没有电子能够流过电介质，但电介质却被极化从而有了极性。当电容两端电压等于电源电压时，电子停止运动，如图 9-2c 所示。如果电容与电压源断开，如图 9-2d 所示，电容能够将存储的电荷保持

---

⊖ 在本书中，电容既指电容器——一种电路元件，又指物理量，需要根据上下文区分。

很长一段时间（时间长短取决于电容类型），在这段时间内极板两端仍有电压。充了电的电容可以作为一个临时电池，短时间内可以给负载提供电流。

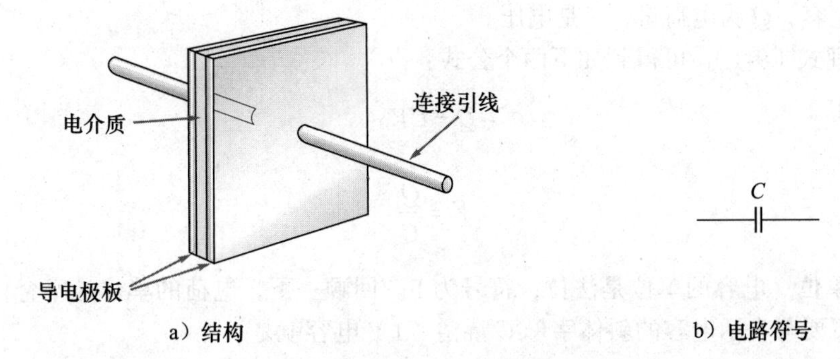


图 9-1 基本电容器

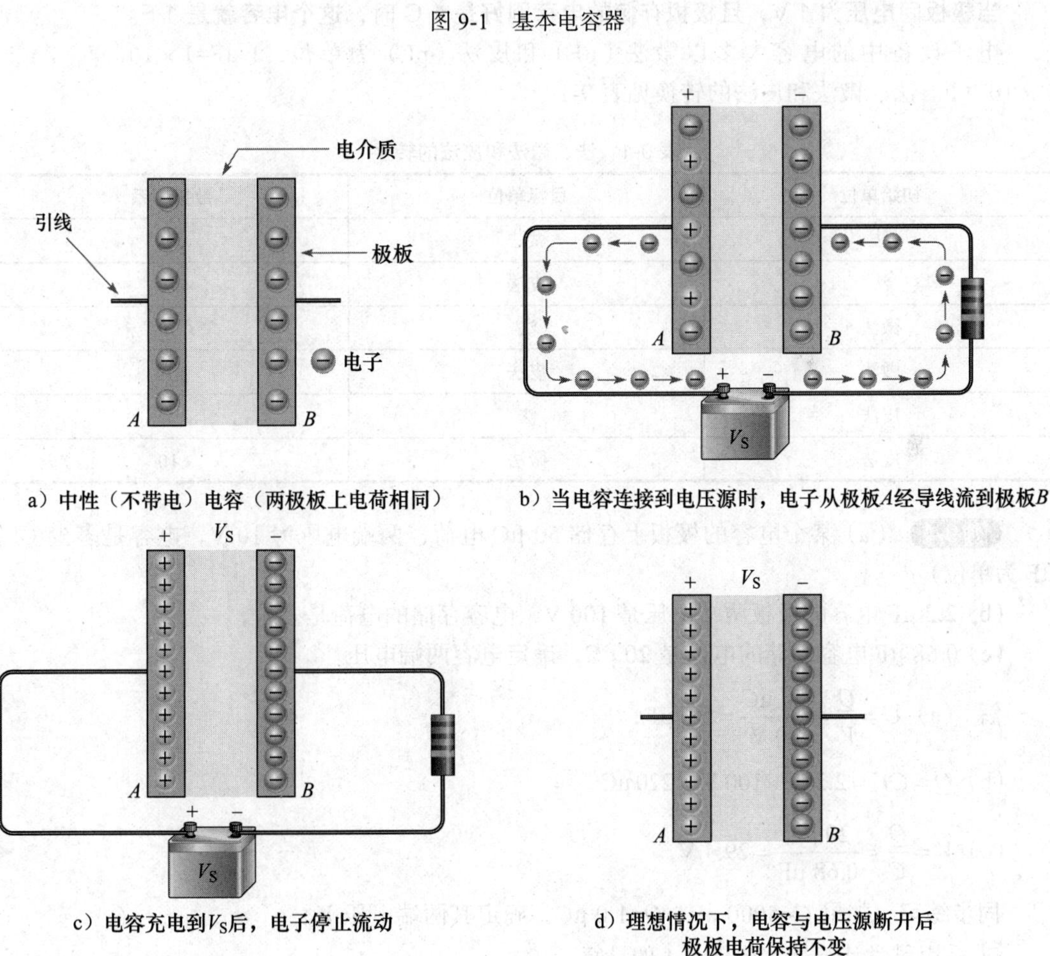


图 9-2 电容存储电荷的示意图

## 9.1.3 电容的定义

电容是单位电压下电容极板上存储的电荷量，用符号 $C$ 来表示。**电容**是电容存储电荷能力的度量。在电压相同的情况下，电容存储的电荷越多，电容就越大，如下式所示：

$$C = \frac{Q}{V} \qquad (9\text{-}1)$$

式中，$C$ 为电容，$Q$ 为电荷量，$V$ 是电压。

重新整理式（9-1），可得到如下两个公式：

$$Q = CV \qquad (9\text{-}2)$$

$$V = \frac{Q}{C} \qquad (9\text{-}3)$$

**电容的单位** 电容的单位是法拉，符号为 F。回顾一下，电荷的单位是库仑，符号为正体字母 C，不要与表示电容的斜体字母 $C$ 混淆。1 F 电容就是：

**当极板间电压为 1 V，且极板存储的电荷刚好是 1 C 时，这个电容就是 1 F。**

电子设备中的电容大多以微法（μF）和皮法（pF）为单位，1 μF=$1\times10^{-6}$ F，1 pF=$1\times10^{-12}$ F。法、微法和皮法的转换见表 9-1。

表 9-1 法、微法和皮法的转换

| 初始单位 | 目标单位 | 数量关系 |
|---|---|---|
| 法 | 微法 | $\times10^{6}$ |
| 法 | 皮法 | $\times10^{12}$ |
| 微法 | 法 | $\times10^{-6}$ |
| 微法 | 皮法 | $\times10^{6}$ |
| 皮法 | 法 | $\times10^{-12}$ |
| 皮法 | 微法 | $\times10^{-6}$ |

**例 9-1** （a）某个电容的极板上存储 50 μC 电荷，两端电压为 10 V，电容是多少（以 μF 为单位）？

（b）2.2 μF 电容的极板两端电压是 100 V，电容存储的电荷是多少？

（c）0.68 μF 电容存储的电荷是 20 μC，确定电容两端电压。

**解** （a）$C = \frac{Q}{V} = \frac{50\ \mu C}{10\ \text{V}} = 5.0\ \mu\text{F}$

（b）$Q = CV = 2.2\ \mu\text{F} \times 100\ \text{V} = 220\ \mu\text{C}$

（c）$V = \frac{Q}{C} = \frac{20\ \mu C}{0.68\ \mu\text{F}} = 29.4\ \text{V}$ ◀

**同步练习** 如果 $C$=5000 pF、$Q$=1.0 μC，确定其两端电压 $V$。

采用科学计算器完成例 9-1 的计算。

**例 9-2** 将下列电容的单位转化为 μF。

（a）0.000 01 F （b）0.0047 F （c）1000 pF （d）220 pF

**解** （a）0.000 01 F $\times10^{6}$ μF/F=10 μF

（b）0.0047 F $\times10^{6}$ μF/F=4700 μF

（c）1000 pF $\times10^{-6}$ μF/pF=0.001 μF

（d）220 pF $\times10^{-6}$ μF/pF=0.000 22 μF

**同步练习**　将 47 000 pF 的单位转换为 μF。

采用科学计算器完成例 9-2 的计算。

**例 9-3**　将下列数值的单位转为 pF。

(a) $0.1\times10^{-8}$ F　　(b) 0.000 027 F　　(c) 0.01 μF　　(d) 0.0047 μF

**解**　(a) $0.1\times10^{-8}\ \text{F}\times10^{12}\ \text{pF/F}=1000\ \text{pF}$

(b) $0.000\,027\ \text{F}\times10^{12}\ \text{pF/F}=27\times10^{6}\ \text{pF}$

(c) $0.01\ \mu\text{F}\times10^{6}\ \text{pF}/\mu\text{F}=10\,000\ \text{pF}$

(d) $0.0047\ \mu\text{F}\times10^{6}\ \text{pF}/\mu\text{F}=4700\ \text{pF}$ ◀

**同步练习**　将 100 μF 的单位转为 pF。

采用科学计算器完成例 9-3 的计算。

### 9.1.4　电容如何存储能量

存储在两个极板上极性相反的电荷在电容中形成电场，电容以电场的形式存储能量。电场集中在电介质中，正、负电荷之间的电场线表示电场，如图 9-3 所示。

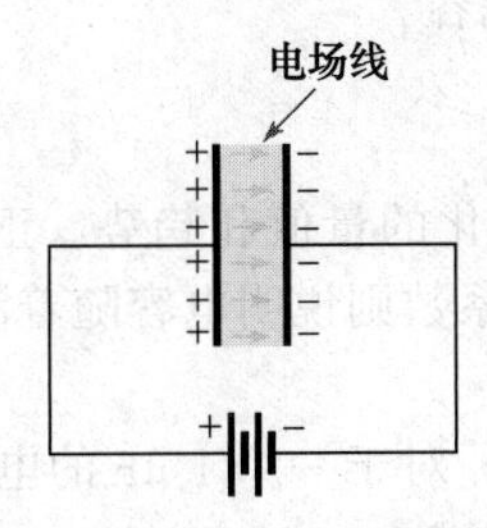


图 9-3　电容内电场存储能量，阴影区域表示电介质

图 9-3 中的极板由于连接到电池而带电，两个极板之间形成一个电场，存储电场能量。电场中存储的能量与电容大小和电压的平方有关，存储能量的公式如下所示：

$$W=\frac{1}{2}CV^2 \tag{9-4}$$

式中，电容（$C$）的单位是法拉（F），电压（$V$）的单位是伏特（V），能量（$W$）的单位是焦耳(J)。

### 9.1.5　额定电压

每个电容极板上所能承受的电压是有限的。额定电压被规定为在不损坏电容的情况下可施加的最大直流电压，如果超过这个值（通常称为*击穿电压或工作电压*），会造成电容永久性损坏。

在使用电容之前，必须同时考虑电容和额定电压。电容的选择需基于特定电路需求，额定电压应始终大于工作时的最大电压。

**介电强度**　电容的击穿电压由所用介电材料的介电强度决定。介电强度的单位为 V/mil（1 mil=0.001 in=$25.4\times10^{-6}$ m=25.4 μm），表 9-2 列出了常见介电材料的介电强度，实际值可能略有出入，最终取决于材料的具体成分。

表 9-2 常见介电材料和其介电强度

| 材料 | 介电强度 / (V/mil) |
|---|---|
| 空气 | 80 |
| 油 | 375 |
| 陶瓷 | 1000 |
| 纸(石蜡) | 1200 |
| 特氟隆 | 1500 |
| 云母 | 1500 |
| 玻璃 | 2000 |

通过一个例子可以很好地解释电容的介电强度。假设某个电容的极板间距为 1 mil，介电材料为陶瓷。因为介电强度是 1000 V/mil，所以这个电容可以承受的最大电压是 1000 V。如果最大电压超过这个值，电介质就可能被击穿并产生电流，从而对电容造成永久性损坏。同理，如果陶瓷电容的极板间距为 2 mil，则其击穿电压便是 2000 V。但是，增加板间距尽管可以增加击穿电压，但也降低了电容。

### 9.1.6 温度系数

**温度系数** 表示电容随温度变化的量值和趋势。正温度系数说明电容随温度升高而增大或随温度降低而减小，负温度系数则说明电容随着温度升高而减小，随着温度降低而增大。

温度系数的单位是℃$^{-1}$。例如，对于一个 1 μF 的电容，温度系数为 $-150\times10^{-6}$ ℃$^{-1}$，这意味着温度每升高 1 ℃，电容就会减小 150 pF。

### 9.1.7 泄漏电流

没有一种绝缘材料是完全绝缘的。任何电容的电介质都会流过非常小的电流，因此，电容的电荷最终会完全泄漏掉。某些类型的电容（如大的电解电容）的电荷比其他类型的电容的电荷泄漏得更快。非理想电容的等效电路如图 9-4 所示，并联电阻 $R_{\text{leak}}$ 表示介电材料的电阻，一般很大（几百千欧或更大），流过它的电流就是漏泄电流。

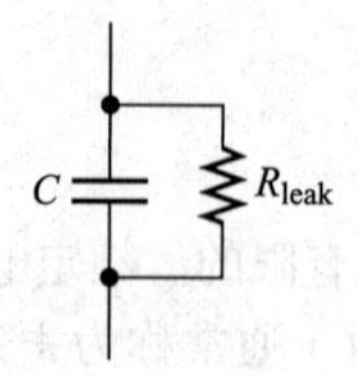


图 9-4 非理想电容的等效电路

### 9.1.8 电容的物理特性

在确定电容器的电容和额定电压时，以下参数非常重要：极板面积、极板间距和介电常数。

**极板面积** 电容与极板的物理尺寸（即极板面积 $A$）成正比。极板面积越大，电容越大；极板面积越小，电容越小。图 9-5a 是平行极板电容，极板面积是指其中一个极板的面积。如果极板有相对移动，如图 9-5b 所示，则有效面积是指重叠区域的面积。通过改变电容的有效面积，可以将电容制作成可变电容。

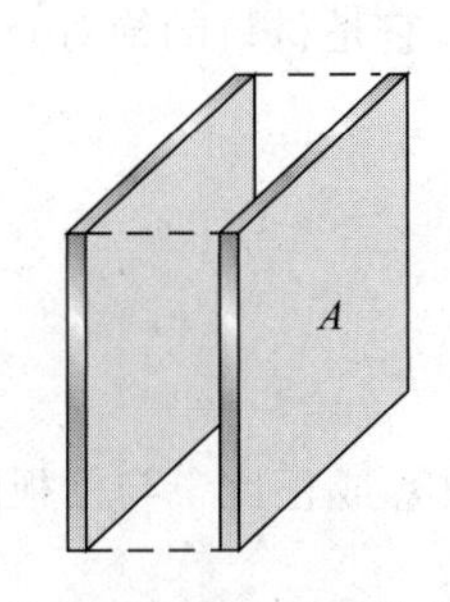

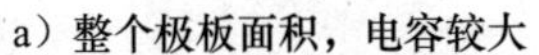
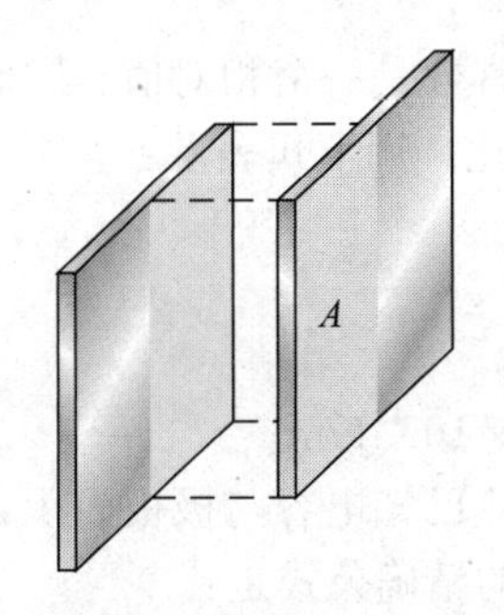


a）整个极板面积，电容较大　　b）减小有效极板面积，电容减小

图 9-5　电容与极板面积（$A$）成正比

**极板间距**　电容与极板间距成反比。如图 9-6 所示，极板间距越大，电容越小。如前所述，击穿电压与极板间距成正比。极板间距越大，击穿电压便越大。

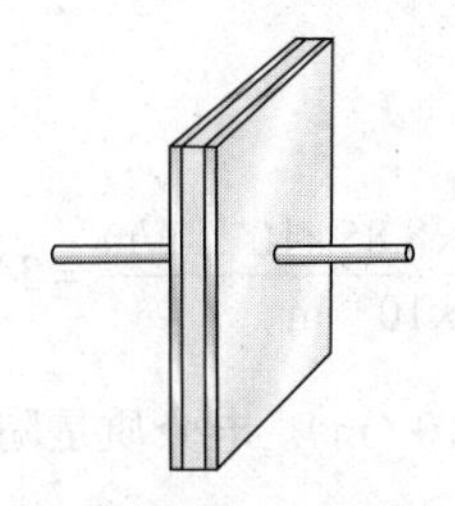
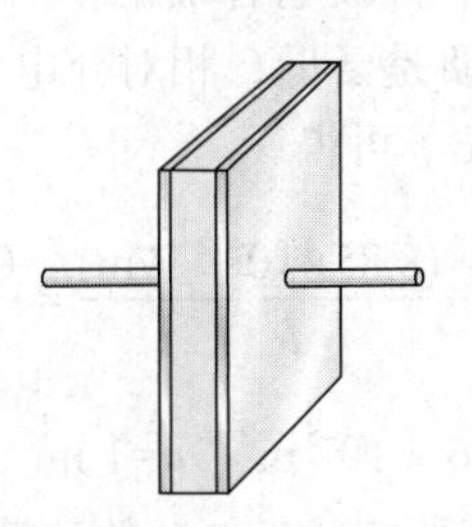

a）极板间距越小，电容越大　　b）极板间距越大，电容越小

图 9-6　电容与极板间距成反比

**介电常数**　电容极板之间的绝缘材料被称为电介质。电介质在极化后会降低极板之间的电压，从而增加电容。在电压一定时，相比于没有电介质的情况，有电介质时电容能够存储更多的电荷。衡量电介质建立电场的能力的量被称为**介电常数**或相对介电常数，用 $\varepsilon_r$ 表示（$\varepsilon$ 是希腊字母）。

电容与介电常数成正比。真空的介电常数为 1，空气的介电常数非常接近 1。以这些数值作为参考，其他材料的相对介电常数是指相对于真空或空气的介电常数。在其他所有因素都相同的情况下，$\varepsilon_r$=5 的材料的电容是空气的 5 倍。

表 9-3 给出了几种常见介电材料及其典型介电常数。实际值可能略有出入，最终取决于材料的具体成分。

**表 9-3　常见介电材料及其典型介电常数**

| 材料 | $\varepsilon_r$ |
| --- | --- |
| 空气（真空） | 1.0 |
| 特氟隆 | 2.0 |
| 纸（石蜡） | 2.5 |
| 油 | 4.0 |
| 云母 | 5.0 |
| 玻璃 | 7.5 |
| 陶瓷 | 1200 |

由于相对介电常数是一个相对值，因此其无量纲。它是材料的绝对介电常数 $\varepsilon$ 与真空的绝对介电常数 $\varepsilon_0$ 之比，用下式表示：

$$\varepsilon_r = \frac{\varepsilon}{\varepsilon_0} \tag{9-5}$$

式中，$\varepsilon_0$ 值为 $8.85 \times 10^{-12}$ F/m。

**电容计算公式** 已知电容与极板面积 $A$、介电常数 $\varepsilon_r$ 成正比，与极板间距 $d$ 成反比，用这 3 个量计算电容的精确公式是：

$$C = \frac{A\varepsilon_r(8.85 \times 10^{-12}\ \text{F/m})}{d} \tag{9-6}$$

式中，$A$ 的单位为 $m^2$；$d$ 的单位为 m；$C$ 的单位为 F。

**例 9-4** 确定平行板电容器的电容，其极板面积是 0.01 $m^2$，极板间距 0.5 mil（即为 $1.27 \times 10^{-5}$ m），电介质是云母，相对介电常数是 5.0。

**解** 利用式（9-6）可得

$$C = \frac{A\varepsilon_r(8.85 \times 10^{-12}\ \text{F/m})}{d} = \frac{0.01\ \text{m}^2 \times 5.0 \times 8.85 \times 10^{-12}\ \text{F/m}}{1.27 \times 10^{-5}\ \text{m}} = 34.8\ \text{nF}$$ ◀

**同步练习** $A$=$3.6 \times 10^{-5}$ $m^2$，$d$=1 mil（即 $2.54 \times 10^{-5}$ m），电介质是陶瓷，计算电容值。

采用科学计算器完成例 9-4 的计算。

**学习效果检测**

1. 定义电容（物理量）。
2. (a) 1 F 是多少 μF？
(b) 1 F 是多少 pF？
(c) 1 μF 有多少 pF？
3. 将 0.0015 μF 转换为以 pF 和 F 为单位的值。
4. 当极板两端电压是 15 V 时，0.01 μF 电容存储了多少 J 的能量。
5. (a) 当电容的极板面积增大时，电容是增大还是减小？
(b) 当极板间距增加时，电容是增大还是减少？
6. 电容的极板被 2 mil（1 mil=$25.4 \times 10^{-6}$ m）厚的陶瓷介质隔开，击穿电压是多少？
7. 参数为 250 V、0.1 μF 的电容，将其极板间距加倍，击穿电压为 500 V，此时电容是多少？如何改变电容极板的面积大小以保持电容不变？

## 9.2 电容的类型

通常根据介电材料的类型来对电容进行分类。最常见的介电材料是云母、陶瓷、塑料薄膜、电解质（氧化铝和氧化钽）和聚合物电解质。聚合物电解电容与其他电解电容类似，但其等效串联电阻要低得多，因此在某些应用中具有一定的优势，例如开关电源和旁路的应用。

### 9.2.1 固定电容

**云母电容** 云母电容有两种类型：金属箔叠层电容和银云母电容。金属箔叠层电容的基本结构如图 9-7 所示，其中多层金属箔和云母薄片相互交替叠加，金属箔形成极板，间隔的金属箔连接在一起，以增加极板面积，层数越多面积越大，电容也越大。云母薄片和金属箔叠层封装在诸如酚醛树脂的绝缘材料中，如图 9-7b 所示。银云母电容的结构与之类似，用银作为电极材料。

云母电容的电容范围为 1 pF ～ 0.1 μF，电压额定值为直流 100 ～ 2500 V。云母的典型介电常数为 5。

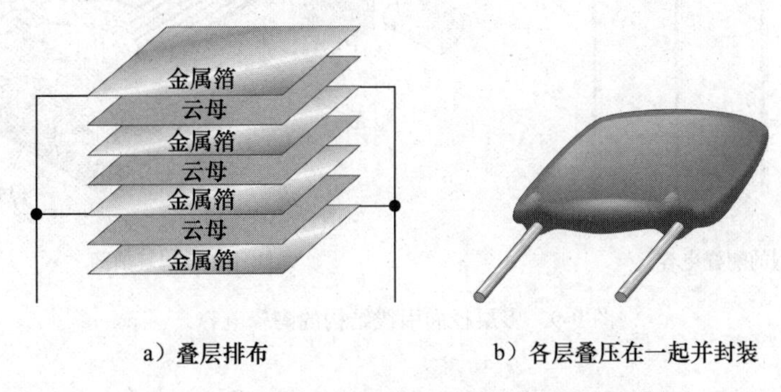


图 9-7　金属箔叠层电容的基本结构（径向引线）

**陶瓷电容**　陶瓷的介电常数非常大（典型值为 1200），因此可以在物理尺寸较小的情况下获得较大的电容。陶瓷电容可分为碟形结构（见图 9-8）、多层径向引线结构（见图 9-9）和无引线片式结构（见图 9-10）。由于陶瓷片式电容紧凑且无极化，因此其在数值为 1.0 pF 至数百微法的电容中经常被使用。电容非常大的陶瓷电容的额定电压不是非常高，但较小电容的陶瓷电容的额定电压可以达到几千伏。

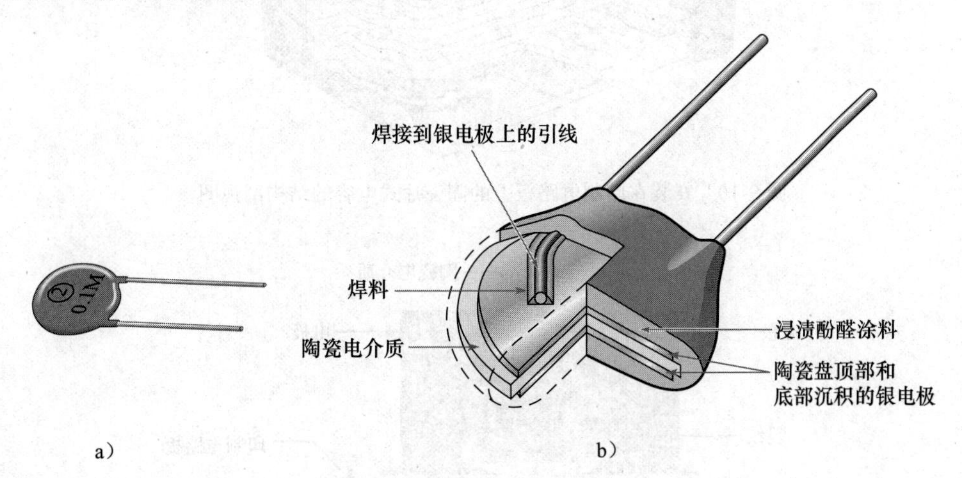


图 9-8　碟形结构的陶瓷电容

陶瓷片式电容的常见问题是：安装在印刷线路板上时，在外界受热或有机械应力时，容易受损破裂。如果裂纹穿过内部电极层，电极可能会立即短路或者随着时间的推移而短路。当这种情况发生时，电容就不能阻断直流。图 9-11 显示了陶瓷片式电容受损破裂的示例，将电容焊接到印制电路板（PCB）时，焊接时的热膨胀或者机械外力致使电容下方的印制电路板弯曲，可能会造成电容出现裂纹。这种裂纹也很特别，经常在焊盘边缘以 45° 角向上延伸。

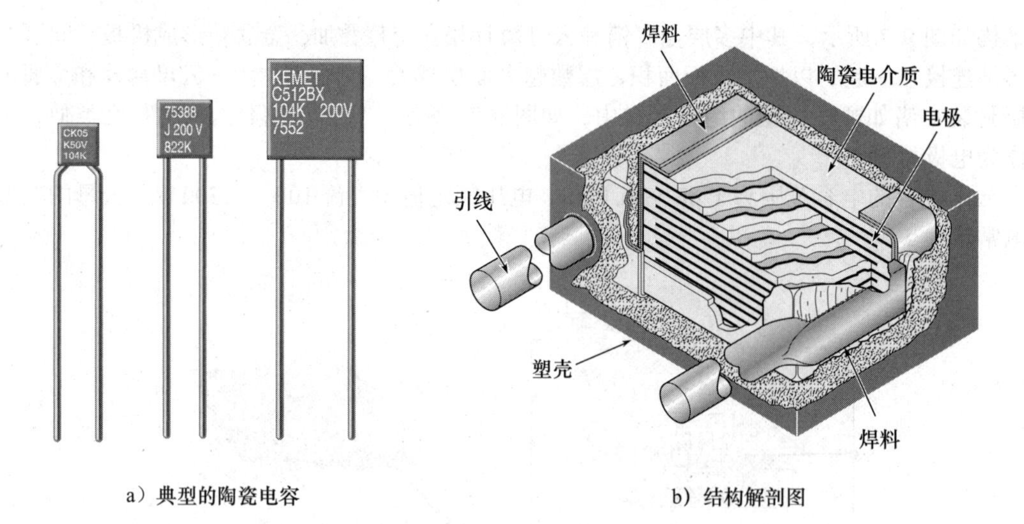


a）典型的陶瓷电容 b）结构解剖图

图 9-9 多层径向引线结构的陶瓷电容

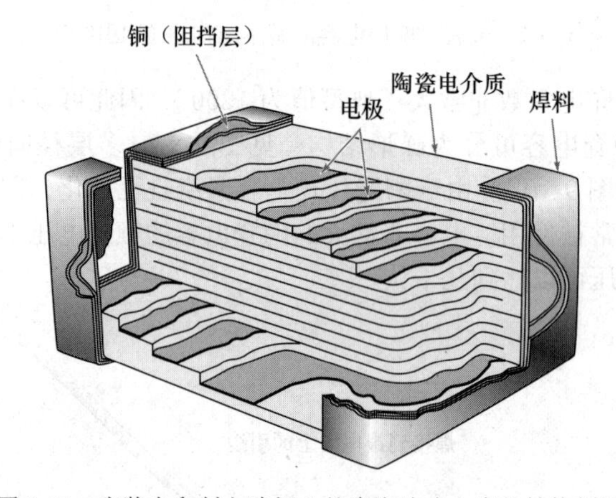


图 9-10 安装在印制电路板上的陶瓷片式电容的结构剖视图

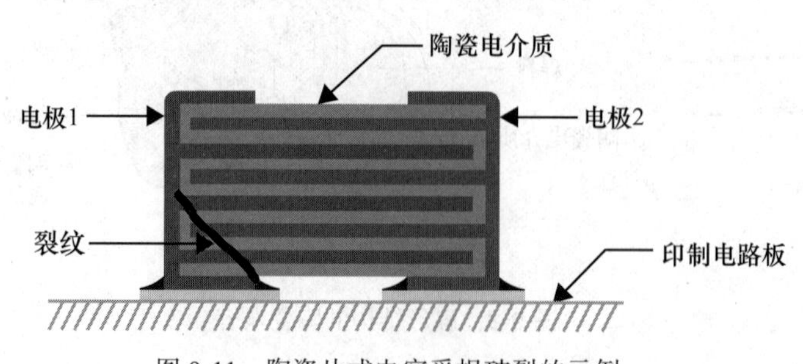


图 9-11 陶瓷片式电容受损破裂的示例

## 技术小贴士

片式电容一般安装在印刷电路板上，其末端镀有导电端子。在自动电路板组装中，这些片式电容通过回流焊和波峰焊焊接，焊接过程中要承受熔融焊料的较高温度。由于电子元件不断向小型化方向发展，所以贴片式电容的市场需求量很大。

**塑料薄膜电容** 塑料薄膜电容常用的介电材料有聚碳酸酯、丙烯、聚酯、聚苯乙烯、聚丙烯和聚酯薄膜，其中一些类型的电容高达 100 μF，但大多数还是小于 1 μF。

图 9-12 所示为塑料薄膜电容的基本结构。作为电介质的一层塑料薄膜夹在作为电极的两个薄金属层之间，一根引线连接至内金属箔，另一根引线连接至外金属箔，金属箔将这些层以螺旋状卷绕并封装在塑壳中。因此其封装体积小但极板面积大，从而具有较大的电容。另一种方法是直接在薄膜电介质上镀上金属以形成极板。

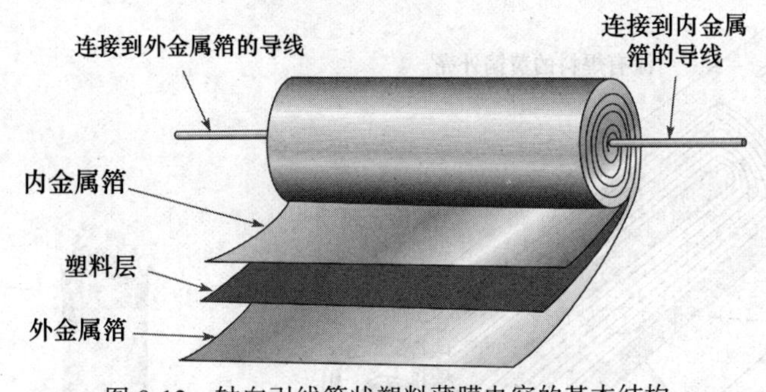


图 9-12 轴向引线管状塑料薄膜电容的基本结构

图 9-13a 是典型的塑料薄膜电容，图 9-13b 是某种轴向引线塑料薄膜电容的结构剖视图。

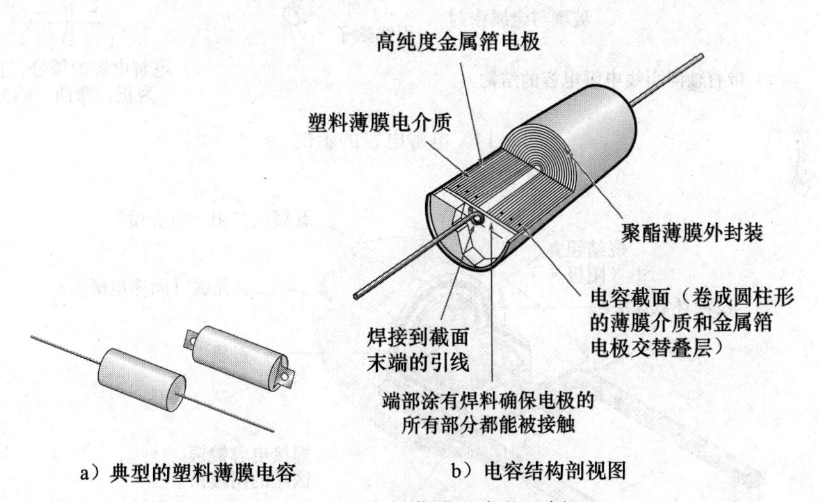


图 9-13 塑料薄膜电容的示例

**电解电容** 电解电容是有极性的，一个极板是正的，另一个是负的。这种电容低至 1.0 μF，高达远超过 1 F，但其击穿电压相对较低（最大值一般是 350 V），泄漏电流较大。电解电容如果安装不正确，会导致大电流流动，从而引起部件过热，存在潜在的安全隐患。因此，电解电容元件上要标明电容的极性，电容的大小和最大工作电压（最大工作电压标记为 WV 或者 WVDC）。

铝电解电容 常见的电解电容使用铝箔作为一个极板，非常薄的氧化铝绝缘层充当电介质，另一个极板为不同的材料。最常见的铝电解电容使用凝胶状电解质，该电解质附着在诸如塑料薄膜的材料上。图 9-14a 所示是带有轴向引线的铝电解电容的结构。图 9-14b 是带有径向引线的电解电容，电解电容的符号如图 9-14c 所示。

钽电解电容 钽电解电容是另外一种常见的电解电容，可在紧凑的封装中提供高值电容。钽电解电容的问题是：元件两端电压超过其额定电压时，即使时间很短，也会造成其永久损坏。发生过压时，电容内电流过大，会引起其过热、爆炸甚至起火。

钽电解电容的结构与图 9-14 所示的管状结构相似，也可以是图 9-15 所示的“泪滴”形。在泪滴形结构中，正极板实际上是钽丸，而不是金属箔片，电介质为五氧化二钽，负极板用的是二氧化锰。

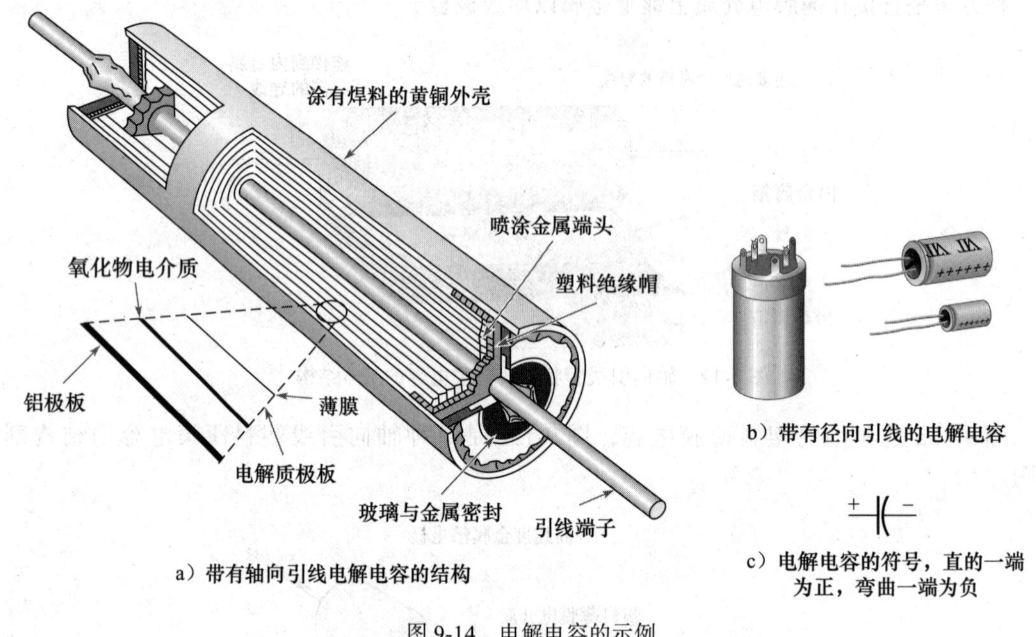


a）带有轴向引线电解电容的结构

b）带有径向引线的电解电容

c）电解电容的符号，直的一端为正，弯曲一端为负

图 9-14 电解电容的示例

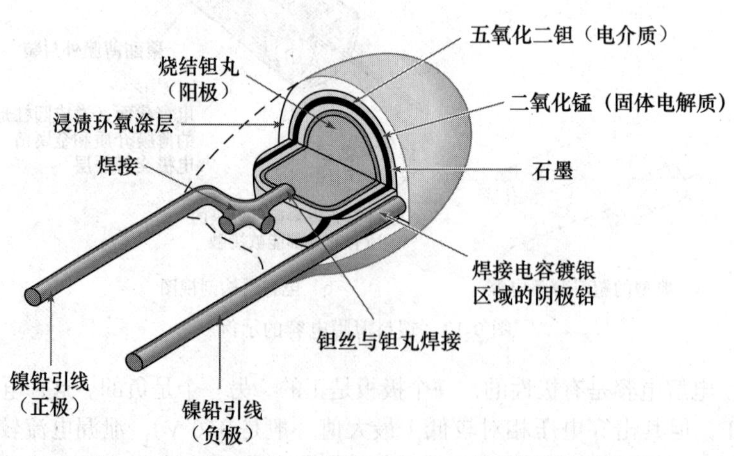


图 9-15 一种典型的“泪滴”形钽电解电容的结构剖视图

**聚合物电解电容** 聚合物电解电容与其他电解电容类似，它们也是有极性的，有一个正极板和一个负极板，可提供高达数百微法的电容，其击穿电压要低于铝电解电容和钽电解电容。它们与一般的电解电容不同之处在于，其电解质是固体导电聚合物，而不是像其他类型电解电容中使用的液体或凝胶电解质。由于其内部的固体电解质不会随着时间的推移而变干，其电容会一直保持稳定。聚合物电解电容的工作温度也高于其他类型的电解电容，从而具有较高的安全性。对于带有凝胶或液体电解质的电解电容，在其过热时，内部电解质会变

成气体，产生非常高的压力，这会导致电容爆炸，除非元件封装设计考虑电容内部气体排放（释放）和释放压力的问题。聚合物电解电容中的固体聚合物在过热时不会汽化，因此其在过热或电容接反时不会引起爆炸。

近年来，制造商开发了具有更大电容的新型电解电容。然而，这些新型电容的额定电压比小电容的额定电压低很多，且价格较贵。新型电容可提供容量为数百法，这些电容可用于备用电池和需要大电容的小型电动机起动器等。

**安全小贴士**

连接电解电容时要特别小心，务必正确连接两个电极。如果极性接反，可能发生爆炸，造成人身伤害。

**技术小贴士**

科学家们正在研究石墨烯，这是一种碳基材料，用于改进充电电池和超级电容的充电性能。因其具有储存大量电荷的能力，石墨烯在复印机、电动车等应用中有着重要作用。因为风能和太阳能等可再生能源需要能储存大量能量的载体，所以这项新技术可能会加速新能源的发展。

### 9.2.2　可变电容

当需要手动或自动调整电容时，电路中可使用可变电容。这些电容通常小于 300 pF，但在特殊应用中电容可以更大些。可变电容的符号如图 9-16a 所示，图 9-16b 是带旋转控制的可变电容，它通过增加或减少电容极板的重叠面积（即有效面积）来改变电容。

a）可变电容符号　　b）带旋转控制的可变电容

图 9-16　可变电容（由 B+K Precision 提供）

可变电容上通常有一个带有开槽的螺钉，可用于对电容进行精细调整，因此被称为**微调器**。在这类电容中，陶瓷或云母是常见的电介质，通过调整极板间距来改变电容。一般来说，微调电容的电容小于 100 pF。图 9-17 为一些典型的微调电容。

图 9-17　微调电容示例

**压控电容**也是一种可变电容，但它是一种半导体器件，其电容随其端子上的电压而变化。

### 9.2.3 电容的标识

电容用印刷在其上的字母、数字或色环来标识其电容、额定电压和允许偏差等各种参数。

有些电容没有标识电容单位。这种情况下，所显示的电容隐含着单位，可以利用经验来识别。例如，因为更小单位的电容值很难获得，所以标识为 0.001 或 0.01 的陶瓷电容的单位是微法。另一个例子是，一个标有 50 或 330 的陶瓷电容的单位是皮法，这是因为这种类型的电容通常都没有单位为微法的较大电容。在某些情况下，对于标注的 3 位数字，前两位是电容的前两位，第三位是第二位之后零的个数。例如，103 表示 10 000 pF。在一些情况下，单位被标记为 pF 或 μF，有时单位微法被标记为 MF 或 MFD。

某些类型的电容用 WV 或 WVDC 标识额定电压，某些类型的电容则会省略。当它被省略时，可根据制造商提供的信息确定额定电压。电容的允许偏差通常为百分数，例如 ±10%。温度系数由一个 P（正温度系数）或 N（负温度系数）后跟一个数字组成，表示数字乘以 $10^{-6}$ ℃$^{-1}$。例如，N750 表示为 $750\times10^{-6}$ ℃$^{-1}$ 的负温度系数，P30 表示为 $30\times10^{-6}$ ℃$^{-1}$ 的正温度系数。NPO 表示正温度系数和负温度系数为零，因此电容不会随温度变化。某些类型的电容用色环编码方式来标识，请参阅附录 B。

### 9.2.4 电容的测量

电容测量仪可以测量电容，如图 9-18 所示。此外许多数字万用表（DMM）也有电容测量功能。无论用哪种仪表，在测量电容之前使电容充分放电是必要的。大多数电容器的电容经过一段时间的使用后会发生改变，有些电容变化很大。例如，陶瓷电容在第一年的电容的变化通常为 10% ～ 15%，电解电容的电容尤其容易因电解溶液干燥而发生明显变化。此外，部分电容的测量值与其标识值明显不同，可能是因为电容标识不正确，或者存在安装错误。尽管电容的变化带来的故障占比不到 25%，但是在排查电路故障时，通过测量电容可以迅速排查导致故障的原因。只需简单地连接测量仪器，选择适当的设置，读取屏上的值，便可轻松实现在 200 pF ～ 50 000 μF 之间的电容的测量。

一些电容测量仪也可以用来检查电容的泄漏电流。为了检查泄漏电流，必须在电容上施加足够大的电压来模拟工作条件，这些都是由测试仪自动完成的。超过 40% 的有缺陷电容都有很大的泄漏电流，电解电容尤其容易产生泄漏电流。

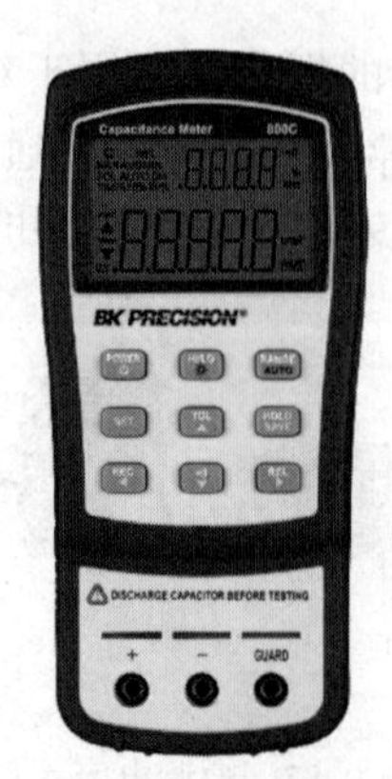


图 9-18 一种典型的自动选择量程的电容测量仪（由 B+K Precision 提供）

**学习效果检测**

1. 说出常见电容的种类。
2. 固定电容和可变电容有什么区别?
3. 哪种电容是有极性的?
4. 在电路中安装有极性电容时,必须采取什么预防措施?
5. 在负电源电压和地之间连接一个电解电容,电容的哪个引线端子应该接地?

## 9.3 电容串联

当多个电容串联时,总电容小于任意单个电容。电压根据串联电容的电容按比例进行分配。

当电容串联时,相当于有效极板间距增大了,所以总电容小于串联电路中的最小电容,串联总电容的计算公式类似于电阻并联时总电阻的计算公式(参见第5章)。

如图9-19所示,两个电容与直流电源串联在一起。在图中的两个电容,开关断开时,它们尚未充电。当开关闭合时,如图9-19a所示,电流开始流动进行充电。

回顾一下,串联电路中各处电流都是相同的,电流定义为电荷的流动速率($I=Q/t$),即在一定时间内,固定数量的电荷通过电路的通路。由于图9-19a所示电路中各处的电流相同,因此相同数量的电荷从电源的负极移动到电容 $C_1$ 的极板 $A$ 处,再从 $C_1$ 的极板 $B$ 处移动到电容 $C_2$ 的极板 $A$ 处,然后从 $C_2$ 的极板 $B$ 处再回到电源的正极。这样在给定的时间内,相同数量的电荷沉积在两个电容的板上,并且在该时间段内通过电路移动的总电荷($Q_T$)等于电容 $C_1$ 存储的电荷 $Q_1$,也等于电容 $C_2$ 存储的电荷 $Q_2$,即有

$$Q_T=Q_1=Q_2$$

随着电容充电,每个电容两端的电压都会增加。

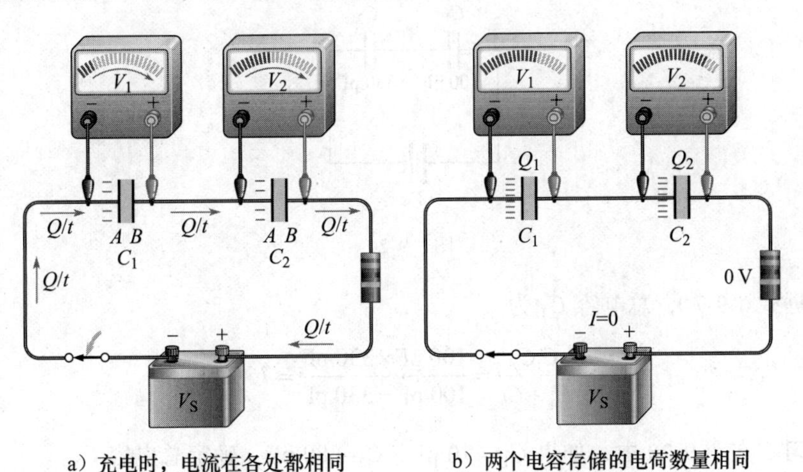


a)充电时,电流在各处都相同($I=Q/t$),电容电压增加

b)两个电容存储的电荷数量相同($Q_T=Q_1=Q_2$)

图9-19 总电容小于串联电路中的最小电容

图9-19b给出了完全充电后的电容情况,两个电容存储了相等数量的电荷 $Q$,每个电容两端的电压取决于其电容($V=Q/C$)。根据基尔霍夫电压定律,电容电压的总和等于直流电源电压。

$$V_S=V_1+V_2$$

利用式 $V=Q/C$、$Q=Q_T=Q_1=Q_2$ 和基尔霍夫电压定律，可以得到以下关系式：

$$\frac{Q}{C_T}=\frac{Q}{C_1}+\frac{Q}{C_2}$$

$Q$ 可以从上式的左右两边提出来，即

$$Q\left(\frac{1}{C_T}\right)=Q\left(\frac{1}{C_1}+\frac{1}{C_2}\right)$$

两边消去 $Q$，两个电容串联就具有如下关系：

$$\frac{1}{C_T}=\frac{1}{C_1}+\frac{1}{C_2}$$

等式两边取倒数，两个电容串联的总电容为

$$C_T=\frac{1}{\dfrac{1}{C_1}+\dfrac{1}{C_2}}$$

也可以用式（9-7）表示总电容：

$$C_T=\frac{C_1C_2}{C_1+C_2} \tag{9-7}$$

经过上述分析，可以看出两个串联电容的“积除以和”计算规则与两个并联电阻的“积除以和”计算规则相类似。

**例 9-5** 求图 9-20 所示电路的总电容 $C_T$。

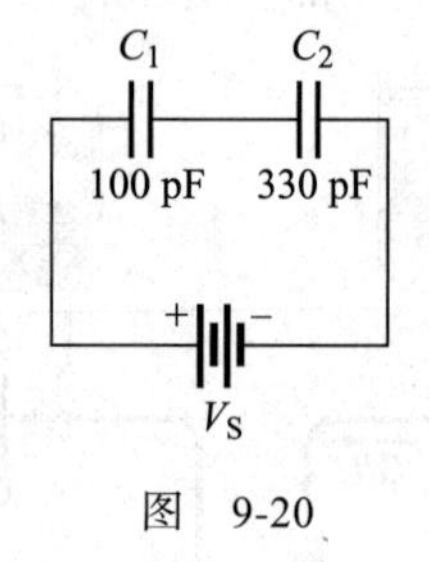


图 9-20

**解** 根据式（9-7），总电容 $C_T$ 为

$$C_T=\frac{C_1C_2}{C_1+C_2}=\frac{100\ \text{pF}\times 330\ \text{pF}}{100\ \text{pF}+330\ \text{pF}}=76.7\ \text{pF}$$ ◀

**同步练习** 在图 9-20 中，如果 $C_1$=470 pF，$C_2$=680 pF，确定总电容 $C_T$。

采用科学计算器完成例 9-5 的计算。

### 9.3.1 总电容

两个串联电容的总电容计算，可以扩展到任意数量的串联电容的总电容计算，如图 9-21 所示。

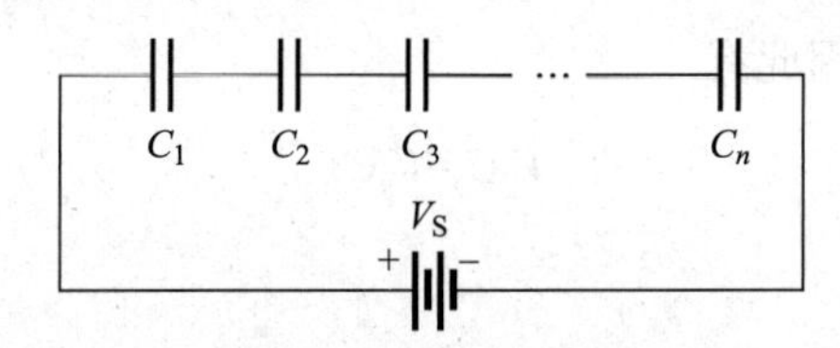


图 9-21　n 个电容串联的电路

对于 $n$ 个电容串联的总电容，其计算公式如下：

$$\frac{1}{C_T}=\frac{1}{C_1}+\frac{1}{C_2}+\frac{1}{C_3}+\cdots+\frac{1}{C_n}$$

上式两边取倒数，得到总串联电容的一般计算公式为：

$$C_T=\frac{1}{\dfrac{1}{C_1}+\dfrac{1}{C_2}+\dfrac{1}{C_3}+\cdots+\dfrac{1}{C_n}} \tag{9-8}$$

通过上述分析，记住：

**串联后的总电容总是小于最小电容。**

**例 9-6**　确定图 9-22 中电路的总电容。

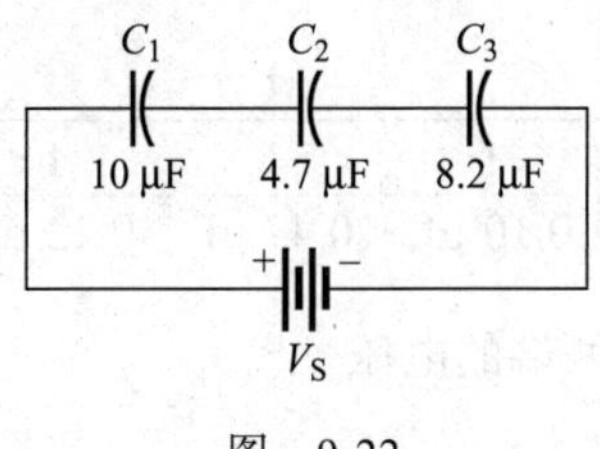


图　9-22

**解**　根据式（9-8），总电容 $C_T$ 为

$$C_T=\frac{1}{\dfrac{1}{C_1}+\dfrac{1}{C_2}+\dfrac{1}{C_3}}=\frac{1}{\dfrac{1}{10\ \mu F}+\dfrac{1}{4.7\ \mu F}+\dfrac{1}{8.2\ \mu F}}=2.30\ \mu F$$ ◀

**同步练习**　如果另有一个 4.7 μF 电容与图 9-22 中的 3 个现有电容串联，总电容 $C_T$ 的值是多少？

▦ 采用科学计算器完成例 9-6 的计算。

### 9.3.2　电容电压

根据式 $V=Q/C$，串联连接中每个电容的电压取决于其电容。在电荷 $Q$ 相等的情况下，每个串联电容上的电压与其电容成反比，可以通过式（9-9）确定任何一个串联电容上的电压。

$$V_x=\left(\frac{C_T}{C_x}\right)V_S \tag{9-9}$$

式中，$C_x$ 是任意的串联电容，如 $C_1$、$C_2$ 和 $C_3$ 等；$V_x$ 是 $C_x$ 两端的电压；$C_T$ 和 $V_S$ 是串联电路的总电容和总电压。推导如下：由于各串联电容上的电荷 $Q_x$ 与总电荷 $Q_T$ 相同（$Q_x$=$Q_T$），

并且 $Q_x=V_xC_x$ 和 $Q_T=V_SC_T$，因此有

$$V_xC_x=V_SC_T$$

由此求得

$$V_x=\left(\frac{C_T}{C_x}\right)V_S$$

根据式（9-9）能得出下列结论：

**串联电容中，电容最大的电容器两端电压最小，电容最小的电容器两端电压最大。**

**例 9-7** 电路如图 9-23 所示，求每个电容两端的电压。

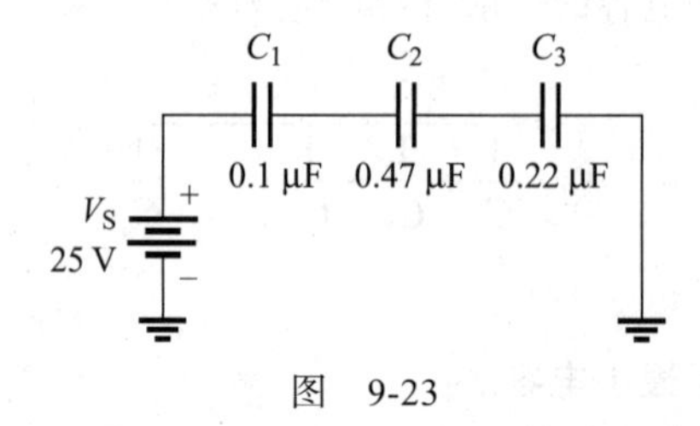


图 9-23

**解** 计算总电容为

$$C_T=\frac{1}{\left(\frac{1}{C_1}+\frac{1}{C_2}+\frac{1}{C_3}\right)}=\frac{1}{\left(\frac{1}{0.10\ \mu F}+\frac{1}{0.47\ \mu F}+\frac{1}{0.22\ \mu F}\right)}=0.060\ \mu F=60\ nF$$

利用式（9-9）计算每个电容两端的电压。

$$V_1=\left(\frac{C_T}{C_1}\right)V_S=\left(\frac{0.06\ \mu F}{0.10\ \mu F}\right)\times 25\ V=\ 15.0\ V$$

$$V_2=\left(\frac{C_T}{C_2}\right)V_S=\left(\frac{0.06\ \mu F}{0.47\ \mu F}\right)\times 25\ V=\ 3.19\ V$$

$$V_3=\left(\frac{C_T}{C_3}\right)V_S=\left(\frac{0.06\ \mu F}{0.22\ \mu F}\right)\times 25\ V=\ 6.82\ V$$

◀

**同步练习** 另一个 0.47 μF 电容与图 9-23 中现有电容串联，确定新电容两端的电压，假设所有电容串联之前都未充电。

采用科学计算器完成例 9-7 的计算。

## Multisim 仿真

打开 Multisim 文件 E09-07 校验本例的计算结果。测量每个电容两端的电压并与计算值进行比较。将另一个 0.47 μF 电容与其他 3 个电容串联，测量新电容两端的电压，再测量 $C_1$、$C_2$ 和 $C_3$ 两端电压，并与之前的电压进行比较。增加第 4 个电容后，各个电容两端的电压是增加还是减少？为什么？

**学习效果检测**

1. 总串联电容是小于还是大于最小电容？
2. 以下电容串联：100 pF、220 pF 和 560 pF。总电容是多少？
3. 0.01 μF 和 0.015 μF 两个电容串联，计算总电容。
4. 如果两个串联电容之间的电压是 10 V，确定问题 3 中 0.01 μF 电容两端的电压。

## 9.4 电容并联

当电容并联时，总电容是各电容的和。

当电容并联时，相当于有效极板面积增加了，所以总电容是单个电容的总和。总并联电容的计算类似于总串联电阻的计算（参见第 4 章）。

图 9-24 给出了两个并联电容连接到直流电压源的电路。当开关闭合时，如图 9-24a 所示，电流开始流动。总电荷（$Q_T$）在一定时间内通过电路。总电荷的一部分由电容 $C_1$ 存储，另一部分由电容 $C_2$ 存储。每个电容存储的部分电荷量取决于其电容大小，由关系式 $Q=CV$ 决定。

图 9-24b 给出了充电完毕且电流停止后的电容情况。由于两个电容两端的电压相同，因此较大的电容存储更多的电荷。如果两个电容相等，则它们存储的电荷量也相等。两个电容一起存储的电荷量等于电源提供的总电荷量，即

$$Q_T=Q_1+Q_2$$

根据式（9-2），将 $Q=CV$ 代入上式，可得

$$C_TV_S=C_1V_1+C_2V_2$$

因为 $V_S=V_1=V_2$，所以有

$$C_TV_S=C_1V_S+C_2V_S$$

因为两个电容并联电压都为 $V_S$，上式两端约去电压，得到

$$C_T=C_1+C_2 \tag{9-10}$$

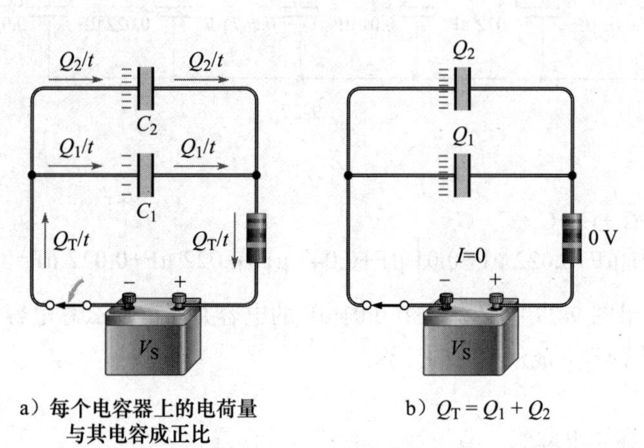


a）每个电容器上的电荷量与其电容成正比　　b）$Q_T = Q_1 + Q_2$

图 9-24　并联电容电路的总电容是各个电容的总和

**例 9-8** 图 9-25 所示电路中的总电容是多少？每个电容的电压是多少？

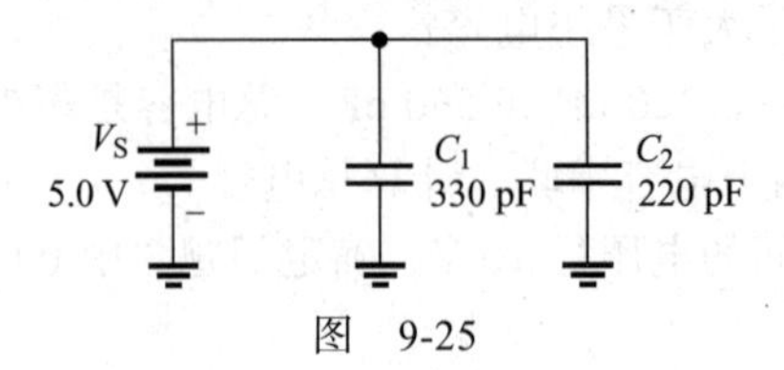


图 9-25

**解** 总电容为

$$C_T=C_1+C_2=330\ \text{pF}+220\ \text{pF}=550\ \text{pF}$$

每个并联电容上的电压等于电源电压。

$$V_S=V_1=V_2=5\ \text{V}$$ ◀

**同步练习** 如果将 100 pF 的电容与图 9-25 中与 $C_1$ 和 $C_2$ 并联，则 $C_T$ 是多少？

采用科学计算器完成例 9-8 的计算。

**总电容** 两个并联电容的总电容计算，可以扩展到任意数量的并联电容的总电容计算，如图 9-26 所示。式（9-11）是总并联电容的一般公式，其中 $n$ 是并联电容的数量。

$$C_T=C_1+C_2+C_3+\cdots+C_n \tag{9-11}$$

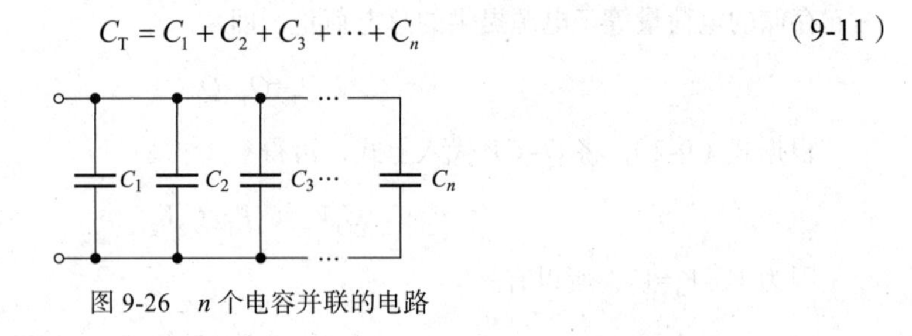


图 9-26 $n$ 个电容并联的电路

**例 9-9** 计算图 9-27 中 $C_T$。

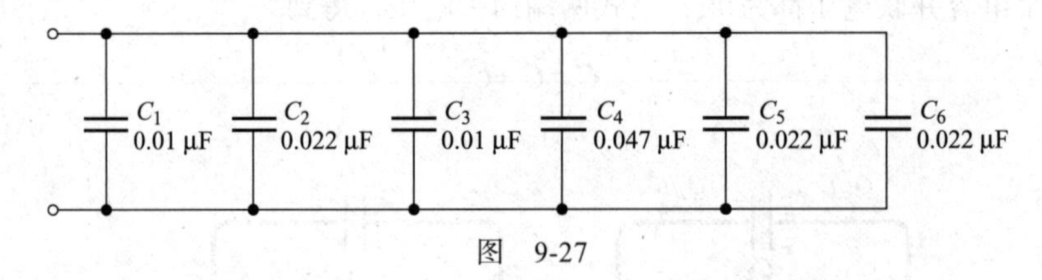


图 9-27

**解** 总电容为

$$\begin{aligned}C_T&=C_1+C_2+C_3+C_4+C_5+C_6\\&=0.01\ \mu\text{F}+0.022\ \mu\text{F}+0.01\ \mu\text{F}+0.047\ \mu\text{F}+0.022\ \mu\text{F}+0.022\ \mu\text{F}=0.133\ \mu\text{F}\end{aligned}$$ ◀

**同步练习** 如果图 9-27 中又有 3 个 0.01 μF 的电容并联，那么总电容 $C_T$ 又是多少？

采用科学计算器完成例 9-9 的计算。

**学习效果检查**

1. 如何计算总并联电容？

2. 在某些应用中，需要 0.05 μF 电容，唯一可用的是电容为 0.01 μF 的大电容，怎样得到需要的电容？

3. 以下电容并联：10 pF、56 pF、33 pF 和 68 pF。总电容 $C_T$ 是多少？

## 9.5 直流电路中的电容

当把电容连接到直流电压源上时，电容便被充电。极板上的电荷以可预计的方式积聚，这些都取决于电路中的电容和电阻。

### 9.5.1 电容充电

对于图9-28所示电路，当电容连接到直流电压源上时，电容便开始充电。图9-28a中的开关未接通，电容尚未充电，即极板$A$和极板$B$中的自由电子和金属正离子的数量相等，两块极板上没有净电荷。当开关闭合，如图9-28b所示，电源使电子移动到极板$B$，使极板$B$上带有负电荷，极板$B$上的净电荷排斥极板$A$上的电子，使极板$A$上留下由金属正离子组成的正电荷。如箭头所示，极板$A$上的电子返回电源。这一充电过程非常快，极板间的电压很快等于外加电压$V_S$，但极性相反，如图9-28c所示。当电容充满电时，电荷便停止流动，电流消失。

**电容阻止恒定直流**

当充电的电容器与电源断开时，如图9-28d所示，它会长时间保持充电后的状态，具体取决于其漏电电阻。电解电容上的电荷通常比其他类型电容上的电荷泄漏得更快。

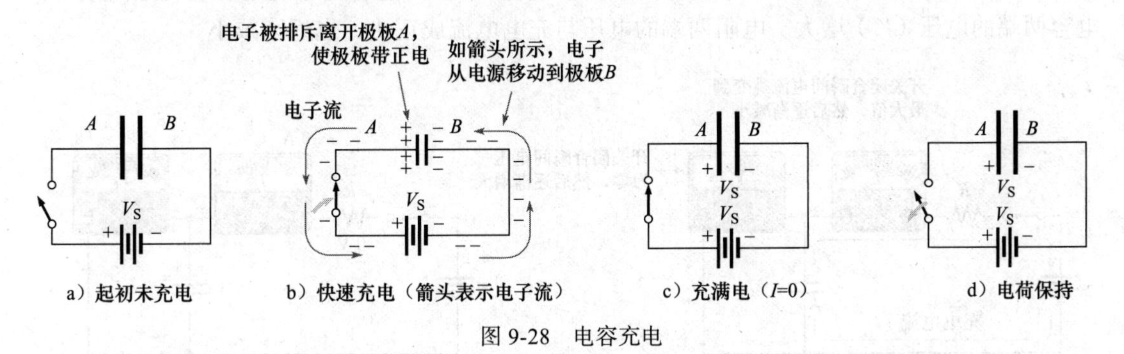


图9-28 电容充电

### 9.5.2 电容放电

如图9-29所示，用一根导线接在已充电的电容两端，电容便开始放电（对于大容量电容或高压电容，不建议这样做，请参见安全小贴士）。这种特殊情况下，相当于非常小的电阻（导线本身的电阻）通过开关连接在电容两端。在开关闭合前，电容充电至35 V，如图9-29a所示。当开关闭合时，如图9-29b所示，极板$B$上的多余电子通过电路移动到极板$A$（由箭头指示），电容快速放电。由于电流通过低电阻的导线，电容储存的能量便在导线中释放。当两个极板上的自由电子数再次相等时，电荷被中和，此时，电容两端的电压为零，电容放电完毕，如图9-29c所示。

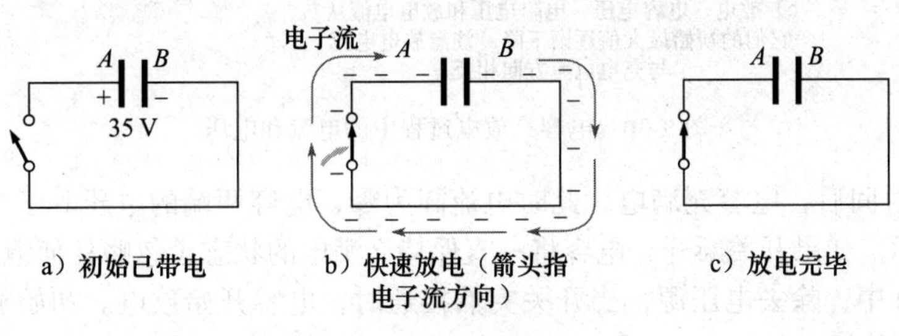


图9-29 电容放电

### 安全小贴士

电容在断电后能长时间存储电荷。因此在电路内外接触或处理电容时要格外小心。如果你触摸电容外接引线，电容将通过你进行放电，从而导致电击！因此，在处理电容之前，最好使用带有绝缘手柄的短路工具使电容放电。对于大容量电容或高电压电容，不建议使用短路或短路棒，因为这样会损坏电容本身。在这种情况下，可以使用商用的电容放电工具。

## 9.5.3 充放电过程中的电流和电压

注意在图 9-28 和图 9-29 中，放电时的电子流动方向与充电时相反。重要的是理解在充电或放电过程中，因为电介质是一种绝缘材料，所以理想情况下没有电子通过电容内的电介质，电子只能通过外部电路从一个极板流到另一个极板。

图 9-30a 所示为电阻、电容、直流电压源和开关的串联电路。最初开关是断开的，电容未充电且极板两端电压为零。开关突然闭合瞬间，电流跳变到最大值，电容开始充电。因为电容两端的初始电压为零，相当于短路，所以电流初始值最大。根据基尔霍夫电压定律，此时 $R$ 两端的电压等于电源电压，故初始充电电流为 $I=V_S/R$。随着电容充电，电流逐渐减小，电容两端的电压（$V_C$）增大。电阻两端的电压与充电电流成正比，也逐渐减小。

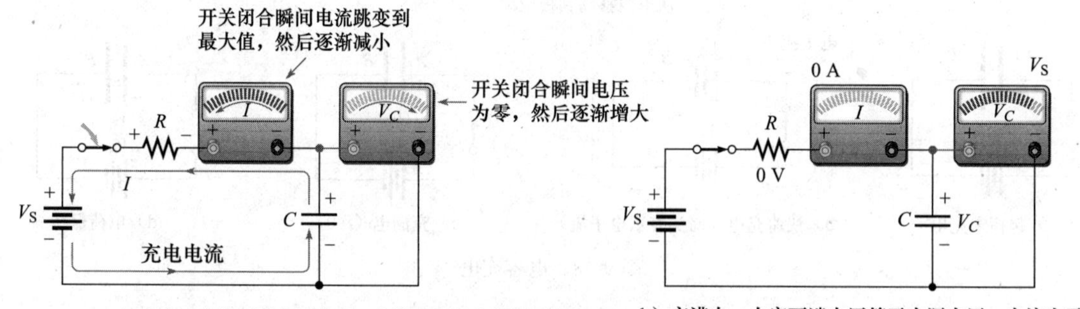


a）充电：电容两端电压升高，电流和电阻上的电压降低

b）充满电：电容两端电压等于电源电压，电流为零

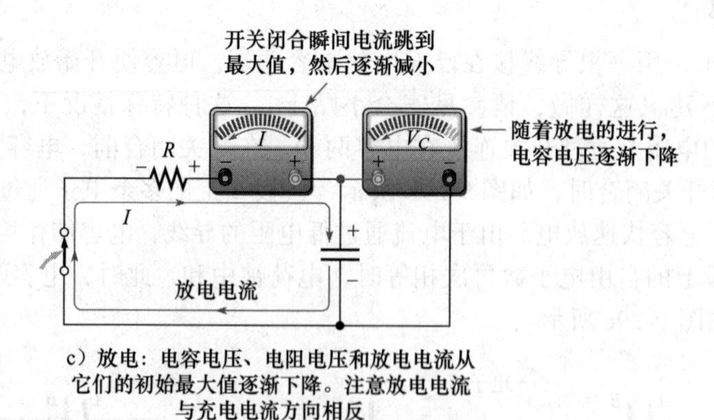


c）放电：电容电压、电阻电压和放电电流从它们的初始最大值逐渐下降。注意放电电流与充电电流方向相反

图 9-30 电容充放电过程中的电流和电压

经过一段时间后，电容充满电。此时电流降为零，电容两端的电压等于直流电源电压，如图 9-30b 所示。如果开关断开，电容将一直保持充满电的状态（忽略任何泄漏）。

在图 9-30c 中，除去电压源，当开关突然接通时，电容开始放电。初始放电电流最大，为 $V_C/R$，电流方向与充电过程中的电流方向相反。随着放电的进行，电流和电容两端的电压逐渐降低，电阻电压总是与电流成正比。当电容放电结束后，电容两端电压变为零。

记住直流电路中的电容有以下规则：

1. 电压不变时，电容看似开路。
2. 电压瞬间跳变时，电容看似短路。

现在让我们更详细地研究电压和电流是如何随时间变化的。

### 9.5.4 *RC* 时间常数

在实际情况下，电路中一定存在一定阻值的电阻。电阻可能是来自导线上的小电阻，也可能是客观存在的实际电阻，因此电容的充电和放电特性必须始终考虑电阻的影响。电阻使电容充放电成为与时间有关的现象。

当电容通过电阻充放电时，电容需要一定时间才能充分充电或放电。因为电荷从一点移动到另一点需要时间，所以电容电压不能瞬间变化。*RC* 串联电路的时间常数决定电容充电或放电的速度。

**RC 时间常数是一个固定的时间间隔，等于 RC 串联电路中电阻和电容的乘积。**

当电阻单位为 Ω，电容单位为 F 时，时间常数的单位便是 s。将式（9-1）的 $C=Q/V$ 和欧姆定律的 $R=V/I$ 代入式（9-12），得到时间常数，用希腊字母 $\tau$ 表示，

$$\tau=RC \tag{9-12}$$

就有

$$\tau=(V/I)\times(Q/V)$$

$$\tau=Q/I$$

电荷 $Q$ 单位是 C，电流 $I$ 单位是 C/s，所以

$$\tau\text{的单位}=\frac{\mathrm{C}}{\mathrm{C/s}}=\mathrm{s}$$

回顾一下，电流 $I=Q/t$，即电流等于给定时间内移动的电荷量。电阻增大，充电电流便减小，电容的充电时间便增加；电容增加，储存的电荷量也增加，因此对于相同电流，电容充电需要更长的时间。

**例 9-10** 在 *RC* 串联电路中，电阻是 1.0 MΩ，电容为 4.7 μF，则时间常数是多少？

**解** 时间常数为

$$\tau=RC=(1.0\times10^{6}\,\Omega)\times(4.7\times10^{-6}\,\mathrm{F})=4.7\ \mathrm{s}$$ ◄

**同步练习** 在 *RC* 串联电路中，电阻是 270 kΩ，电容为 3300 pF，则时间常数是多少？

▦ 采用科学计算器完成例 9-10 的计算。

当电容在两个电压值之间充电或放电时，电容上的电荷在一个时间常数内的变化约为电压差的 63%。一个未充电的电容在一个时间常数内会充电到完全充电电压的 63%。当电容放电时，其电压在一个时间常数内下降到大约初始电压值的 100%−63%=37%，即变化了 63%。

### 9.5.5 充电和放电曲线

如图 9-31 所示，电容按照非线性曲线充电和放电。图 9-31a 中描述的是每经过一个时间常数时，电容电压占完全充电电压的近似百分比。如果用精确的数学公式来描述曲线，则

该曲线是指数曲线。充电曲线呈指数递增，放电曲线呈指数递减。在图 9-31a 中，需要 5 个时间常数才能将电压变为 $V_F$ 的 99%（可以认为是 100%）。这 5 个时间常数的总时间通常被认为是电容完全充电或放电时间，称为瞬态时间。瞬态时间之后电路的最终状态称为电路的**稳态**。

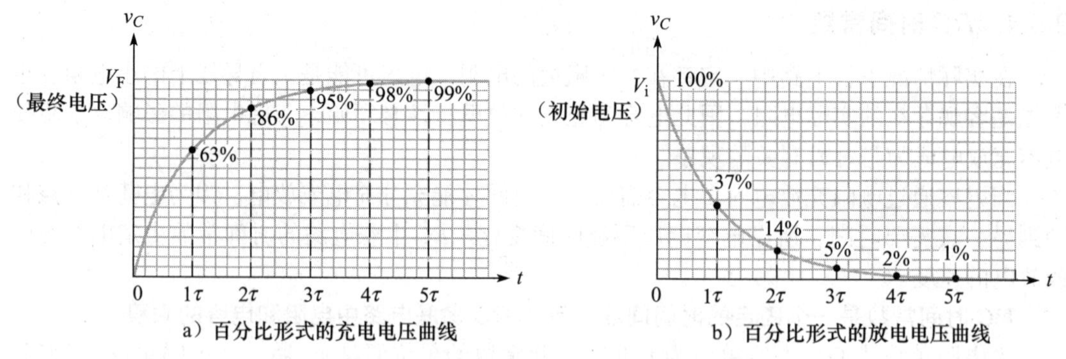


图 9-31 *RC* 电路充放电的电压指数曲线

**充放电通用公式** 瞬时电压和瞬时电流按照指数曲线递增或递减的一般表达式如下：

$$v = V_F + (V_i - V_F)e^{-t/\tau} \tag{9-13}$$

$$i = I_F + (I_i - I_F)e^{-t/\tau} \tag{9-14}$$

式中，$V_F$ 和 $I_F$ 是电压和电流的最终值，$V_i$ 和 $I_i$ 是电压和电流的初始值。小写斜体字母 $v$ 和 $i$ 是 $t$ 时刻电容电压和电流的瞬时值，e 是自然对数的底。计算器上的 $e^x$ 键使计算这个指数变得很容易。

**从零开始充电的情况** 如图 9-31a 所示，电压指数曲线从零开始上升（$V_i$=0），在这种情况下，其由式（9-15）计算，它是从式（9-13）推导得出的。

$$v = V_F + (V_i - V_F)e^{-t/\tau} = V_F + (0 - V_F)e^{-t/RC} = V_F - V_F e^{-t/RC}$$

将 $V_F$ 提取出来，就有

$$v = V_F(1 - e^{-t/RC}) \tag{9-15}$$

利用式（9-15），可以计算初始未充电的电容在任何时刻的充电电压值。用 $i$ 代替式（9-15）中的 $v$，用 $I_F$ 代替 $V_F$，可以计算充电电流。

**例 9-11** 在图 9-32 所示电路中，如果电容最初未充电，确定开关闭合后 50 μs 时的电容电压，并绘制充电曲线。

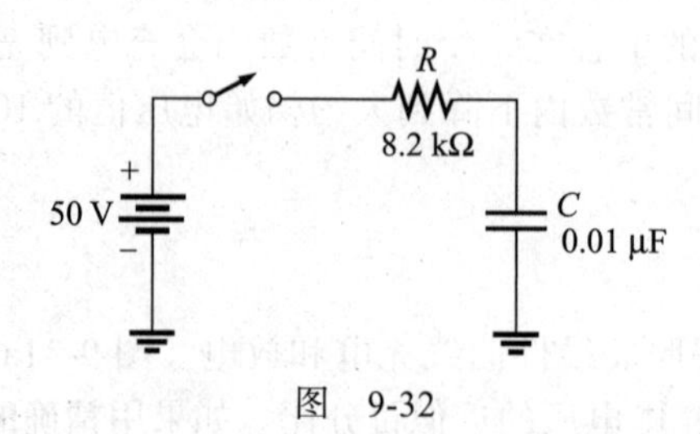


图 9-32

**解**　时间常数为

$$\tau=RC=(8.2\ \mathrm{k\Omega})\times(0.01\ \mu\mathrm{F})=82\ \mu\mathrm{s}$$

电容完全充满电的电压为 50 V（即 $V_F$）。注意，50 μs 小于一个时间常数，因此电容在该时间内的充电量小于满电压的 63%。

$$v=V_F(1-e^{-t/RC})=50\ \mathrm{V}\times(1-e^{-50\ \mu\mathrm{s}/82\ \mu\mathrm{s}})=22.8\ \mathrm{V}$$

电容的充电曲线如图 9-33 所示。

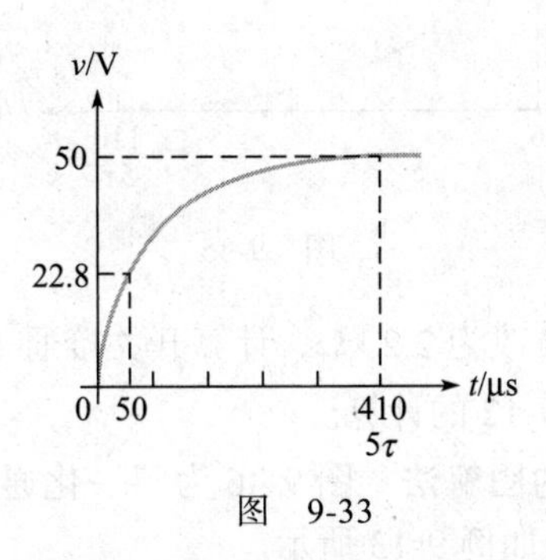


图　9-33

**同步练习**　图 9-33 中的开关接通 15 μs 后，计算电容的电压。

采用科学计算器完成例 9-11 的计算。

**趋向零的放电**　如图 9-30b 所示，指数曲线最终下降到零（$V_F=0$），在这种情况下，电压指数曲线可由通用公式导出：

$$v=V_F+(V_i-V_F)e^{-t/\tau}=0+(V_i-0)e^{-t/RC}$$

简化可得

$$v=V_ie^{-t/RC} \tag{9-16}$$

式中，$V_i$ 是放电时的初始电压。利用该式可以计算任何时刻的放电电压，其中指数 $-t/RC$ 也可以写成 $-t/\tau$。

**例 9-12**　计算图 9-34 所示电路中开关闭合 6 ms 后的电容电压，并绘制放电曲线。

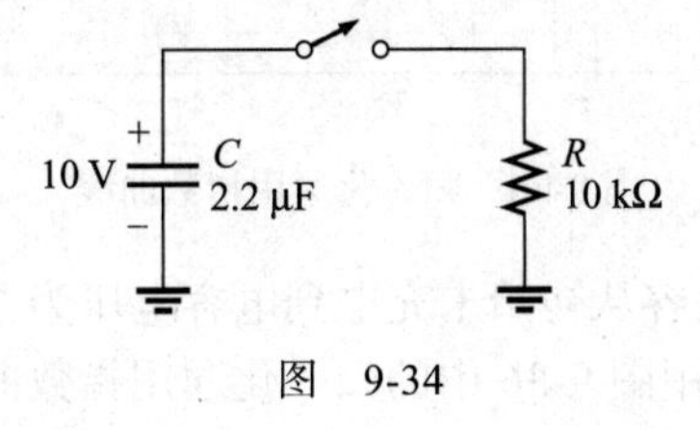


图　9-34

**解**　放电时间常数为

$$\tau=RC=10\ \mathrm{k\Omega}\times2.2\ \mu\mathrm{F}=22\ \mathrm{ms}$$

初始的电容电压为 10 V。注意，6 ms 小于一个时间常数，因此电容放电量将小于最初的 63%，也就是说在 6 ms 时，电容电压将大于初始电压的 37%。

$$v=V_ie^{-t/RC}=10\ \mathrm{V}\times e^{-6\ \mathrm{ms}/22\ \mathrm{ms}}=10\ \mathrm{V}\times e^{-0.27}=10\ \mathrm{V}\times0.761=7.61\ \mathrm{V}$$

电容放电曲线如图 9-35 所示。

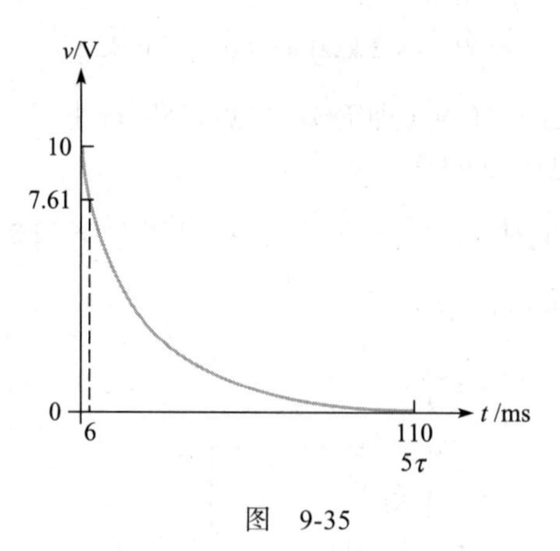


图 9-35

◀

**同步练习** 在图 9-34 中，$R$ 改为 2.2 kΩ，计算开关接通 1 ms 后的电容电压。

采用科学计算器完成例 9-12 的计算。

**使用归一化通用指数曲线的图解法** 图 9-36 为归一化通用指数曲线，可以使用图解法来分析电容充放电过程，图解法如例 9-13 所示。

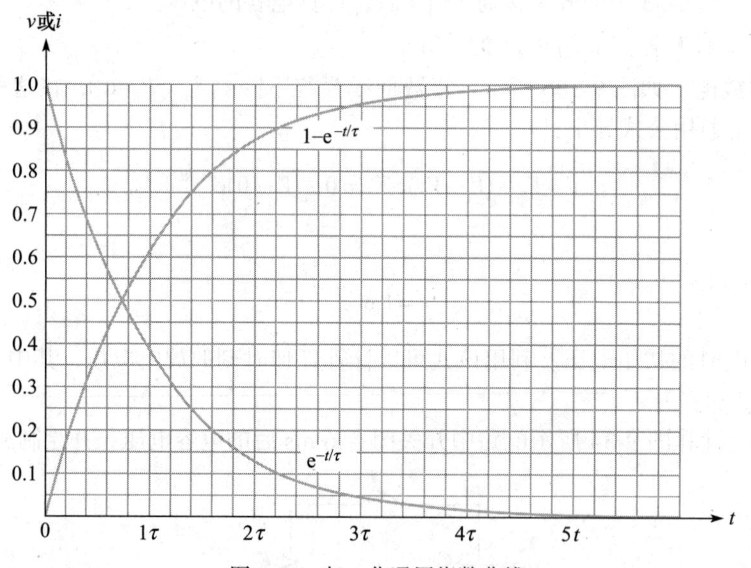


图 9-36 归一化通用指数曲线

**例 9-13** 图 9-37 中的电容从初始未充电到电容电压为 75 V 需要多长时间？开关接通 2 ms 后，电容电压是多少？使用图 9-36 中的归一化通用指数曲线来回答上述问题。

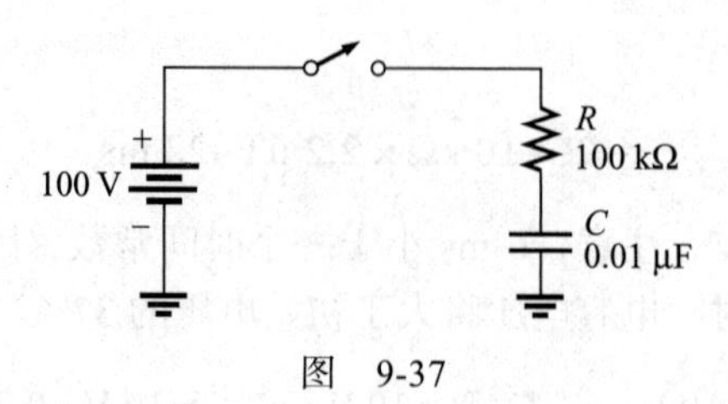


图 9-37

**解** 充满电的电压为 100 V，即在图中纵轴的 100%（1.0）处，75 V 为最大值的 75%，或图上的 75% 处，可以看到这个值对应的时间是 1.4 倍时间常数。该电路的时间常数为 $RC$=100 kΩ × 0.01 μF=1 ms，因此开关接通后，电容电压在 1.4 ms 时达到 75 V。

在归一化通用指数曲线上，可以看到在 2 ms 时电容电压约为 86 V（在纵轴的 0.86 处），它对应 2 倍时间常数的时刻。图解过程如图 9-38 所示。

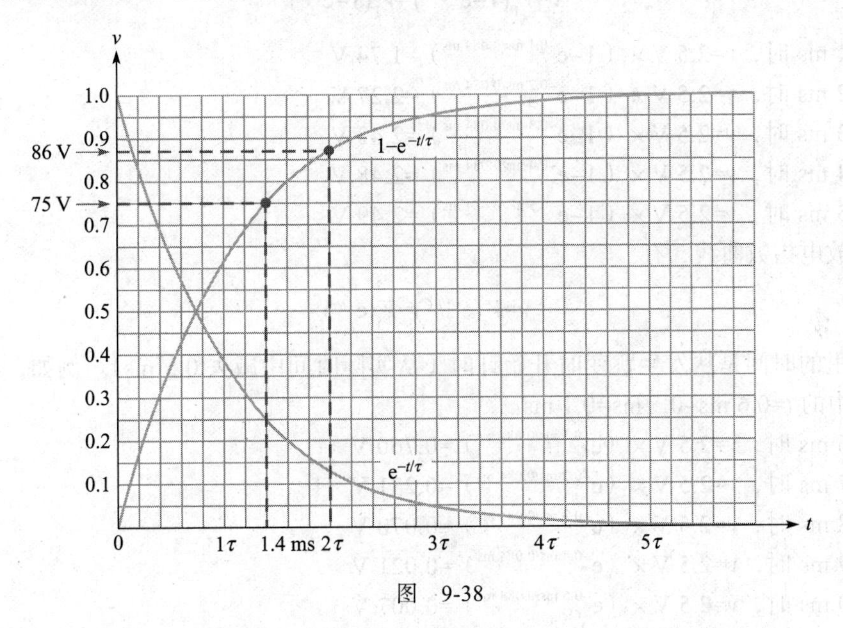


图 9-38

**同步练习** 利用归一化通用指数曲线，计算图 9-37 中的电容充电从 0 V 到 50 V 所需要的时间，开关接通 3 ms 后电容电压是多少？

采用科学计算器完成例 9-13 的计算。

**方波电源的响应** 可以用一个常见例子显示充电和放电指数曲线，即把一个周期比时间常数大许多的方波施加到 $RC$ 电路上。方波可模拟开关的通断动作，但与开关不同，当方波信号降到零时，信号发生器可作为放电路径。

当方波向上跳变时，电容两端电压按指数规律上升（充电）并接近方波的最大值，上升时间与时间常数有关；当方波跳回到零时，电容电压按指数规律下降（放电），下降时间也与时间常数有关。信号发生器的戴维南等效电阻是 $RC$ 时间常数的一部分，但是如果它比 $R$ 小很多，则可忽略不计。例 9-14 是方波周期比时间常数大许多的情况，其他情况将在第 15 章中详细介绍。

**例 9-14** 如图 9-39 所示，在输入的一个周期内，计算每隔 0.1 ms 电容上的电压，并绘制电容电压波形。假设信号发生器的戴维南等效内阻可忽略不计。

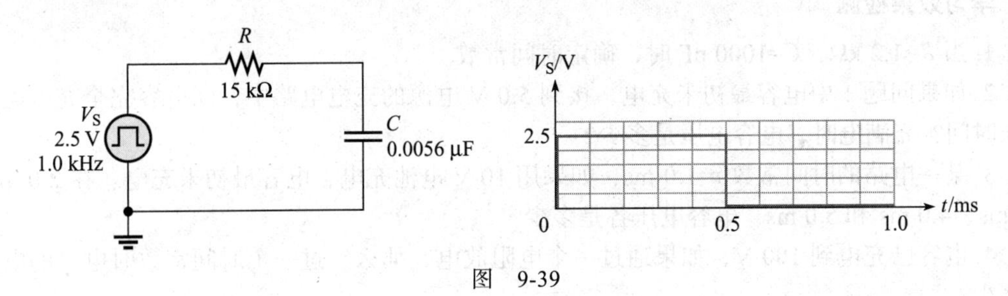


图 9-39

**解** $\tau=RC=15\ \text{k}\Omega\times0.0056\ \mu\text{F}=0.084\ \text{ms}$

方波周期为 1 ms，约为 $12\tau$。这说明方波每次跳变后要经过大约 $6\tau$ 的时间才能再次跳变，因此方波能够使电容完全充电和放电。

对于充电指数曲线，有：

$$v=V_F(1-e^{-t/RC})=V_F(1-e^{-t/\tau})$$

在 0.1 ms 时，$v=2.5\ \text{V}\times(1-e^{-0.1\ \text{ms}/0.084\ \text{ms}})=1.74\ \text{V}$

在 0.2 ms 时，$v=2.5\ \text{V}\times(1-e^{-0.2\ \text{ms}/0.084\ \text{ms}})=2.27\ \text{V}$

在 0.3 ms 时，$v=2.5\ \text{V}\times(1-e^{-0.3\ \text{ms}/0.084\ \text{ms}})=2.43\ \text{V}$

在 0.4 ms 时，$v=2.5\ \text{V}\times(1-e^{-0.4\ \text{ms}/0.084\ \text{ms}})=2.48\ \text{V}$

在 0.5 ms 时，$v=2.5\ \text{V}\times(1-e^{-0.5\ \text{ms}/0.084\ \text{ms}})=2.49\ \text{V}$

对于放电指数曲线，有

$$v=V_i(e^{-t/RC})=V_i(e^{-t/\tau})$$

公式里的时间是从发生跳变时开始计时（从实际时间中减去 0.5 ms）。例如，在 0.6 ms 时，指数中的 $t$=0.6 ms−0.5 ms=0.1 ms。

在 0.6 ms 时，$v=2.5\ \text{V}\times(e^{-0.1\ \text{ms}/0.084\ \text{ms}})=0.760\ \text{V}$

在 0.7 ms 时，$v=2.5\ \text{V}\times(e^{-0.2\ \text{ms}/0.084\ \text{ms}})=0.231\ \text{V}$

在 0.8 ms 时，$v=2.5\ \text{V}\times(e^{-0.3\ \text{ms}/0.084\ \text{ms}})=0.070\ \text{V}$

在 0.9 ms 时，$v=2.5\ \text{V}\times(e^{-0.4\ \text{ms}/0.084\ \text{ms}})=0.021\ \text{V}$

在 1.0 ms 时，$v=2.5\ \text{V}\times(e^{-0.5\ \text{ms}/0.084\ \text{ms}})=0.007\ \text{V}$

图 9-40 是上述结果的图示。

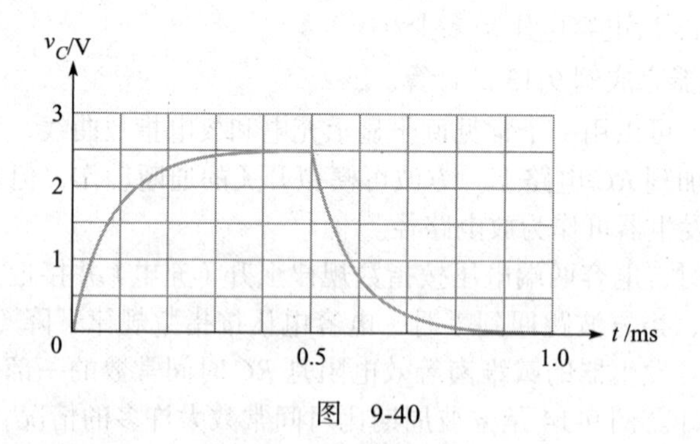


图 9-40 ◀

**同步练习** 0.65 ms 时的电容电压是多少？

采用科学计算器完成例 9-14 的计算。

**学习效果检测**

1. 当 $R$=1.2 kΩ，$C$=1000 pF 时，确定时间常数。

2. 如果问题 1 中电容最初未充电，接到 5.0 V 电源的充电电路中，问电容完全充电需要多长时间？充满电时，电容电压是多少？

3. 某一电路的时间常数 $\tau$=1.0 ms，如果用 10 V 电池充电，电容最初未充电。在 2.0 ms、3.0 ms、4.0 ms 和 5.0 ms，电容电压各是多少？

4. 电容已充电到 100 V，如果通过一个电阻放电，那么经过一个时间常数时电容的电压是多少？

## 9.6 正弦交流电路中的电容

如你所知，电容能够阻止直流电。当通以交流电时，电容对交流电也有一定的阻力，用容抗来表示，容抗大小取决于交流电的频率。

### 9.6.1 容抗

图 9-41 显示了一个连接到正弦电压源的电容。当交流电源电压保持在恒定振幅值，而其频率增加时，电路中的电流幅值也跟着增加。当交流电源的频率降低时，电路中的电流幅值也跟着降低。

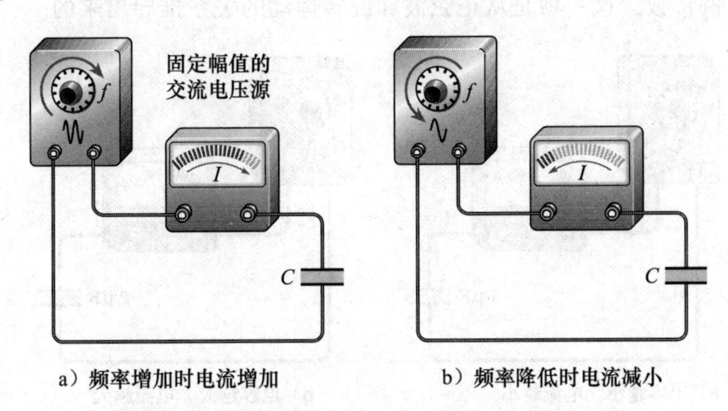


图 9-41 电容电路中的电流随电源电压的频率而变化

当电源电压的频率增加，其变化率也增加，图 9-42 显示了交流电源频率变化的情况。如果电压变化率越快，那么在给定的时间内通过电路的电荷量也一定增加，电流也就越大。例如，交流电源频率变为原来的 10 倍意味着电容在给定的时间内充电和放电的次数是原来的 10 倍，电荷移动速率变为原来的 10 倍。由于 $I=Q/t$，电流也就变为了原来的 10 倍。

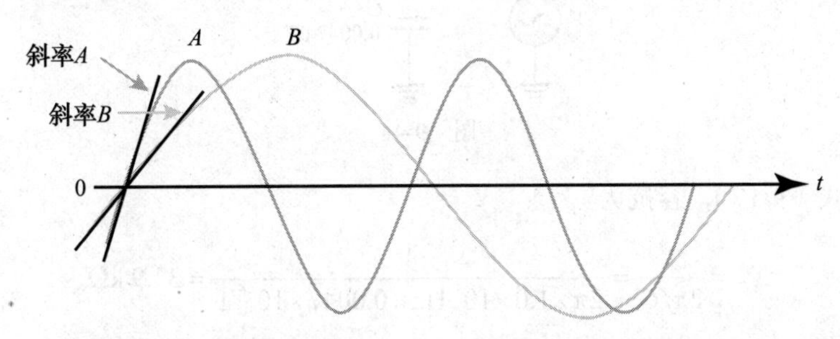


图 9-42 频率较高的波形（$A$）在过零点处具有较大的斜率，其具有较高的变化率

在固定幅值的交流电压下，电流的增加表明对电流的阻力减小。电压频率越高，电流越大，阻力越小。因此，电容的阻力与频率成反比，这种阻力用**容抗**来表示。

**容抗表示电容对正弦电流的一种阻力。**

容抗的符号是 $X_C$，单位是 Ω。

上面描述了频率如何影响电容中的阻力（容抗）。现在来看看电容值（$C$）本身如何影响容抗。如图 9-43a 所示，将一个固定振幅和固定频率的正弦电压施加到 1.0 μF 的电容上时，电路内有交流电流。将电容增加到 2.0 μF 时，电路内电流增加，如图 9-43b 所示。可以看出，当电容增加时，对电流的阻力（容抗）减小。由此得出结论，容抗不仅与频率成反比，而且与电容容值成反比，即 $X_C$ 与 $\frac{1}{fC}$ 成正比。

可以证明，$X_C$ 与 $1/fC$ 之间的比例常数是 $\frac{1}{2\pi}$。因此，容抗（$X_C$）的计算公式为

$$X_C = \frac{1}{2\pi fC} \tag{9-17}$$

当频率 $f$ 以赫兹为单位，而电容 $C$ 以法拉为单位时，容抗 $X_C$ 的单位是欧姆。注意，$2\pi$ 在分母中作为比例常数，这一项是从正弦波和旋转运动的关系推导出来的。

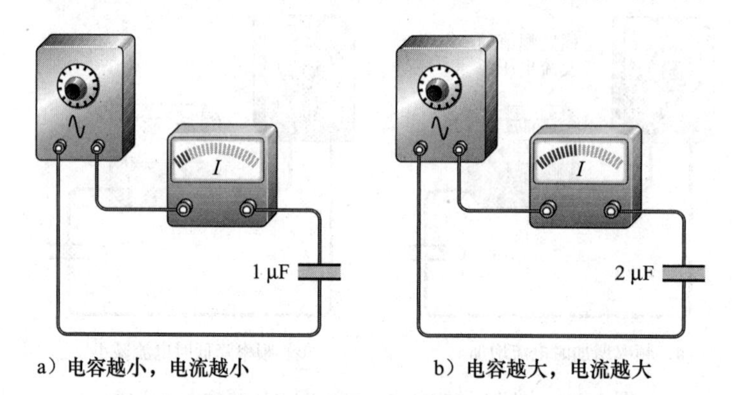


a）电容越小，电流越小　　b）电容越大，电流越大

图 9-43　对于固定电压和固定频率的信号，电路中的电流随着电容变化而变化

**例 9-15**　对于图 9-44 所示电路，正弦电压施加在电容两端，正弦波频率是 1 kHz，计算容抗。

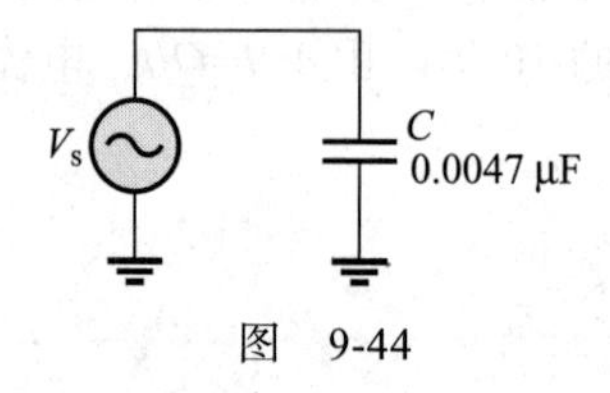


图　9-44

**解**　根据式（9-17），容抗为

$$X_C = \frac{1}{2\pi fC} = \frac{1}{2\pi \times 1.0 \times 10^3\ \text{Hz} \times 0.0047 \times 10^{-6}\ \text{F}} = 33.9\ \text{k}\Omega$$ ◀

**同步练习**　使图 9-44 中的容抗为 10 kΩ 的频率是多少？

采用科学计算器完成例 9-15 的计算。

**Multisim 仿真**

打开 Multisim 文件 E09-15 以验证本例的计算结果，并核实你对同步练习的计算结果。

### 9.6.2　串联电容的容抗

当电容串联在交流电路中时，总电容小于最小的电容。因为总电容较小，所以总容抗肯定大于任何单个容抗。对于串联电容，总容抗 [$X_{C(\text{tot})}$] 是各个容抗的总和，其关系如式 9-18 所示。

$$X_{C(\text{tot})}=X_{C1}+X_{C2}+X_{C3}+\cdots+X_{Cn} \tag{9-18}$$

将该式与计算串联电阻的总电阻公式进行比较 [ 参见式（4-1）]，在这两种情况下，都是简单地将各个阻值相加。

### 9.6.3 并联电容的容抗

若电容并联于交流电路中，总电容是各并联电容之和。回顾一下，容抗与电容成反比。因为总并联电容大于任何单个电容，所以总容抗必须小于任何单个容抗。对于并联电容，总容抗为：

$$X_{C(\text{tot})}=\frac{1}{\dfrac{1}{X_{C1}}+\dfrac{1}{X_{C2}}+\dfrac{1}{X_{C3}}+\cdots+\dfrac{1}{X_{Cn}}} \tag{9-19}$$

将此公式与并联电阻的公式进行比较 [ 见式（5-1）]，与并联电阻一样，总阻值（电阻或容抗）是单个阻值倒数之和的倒数。

对于两个并联电容，式（9-19）可以简化为“积除以和”的形式。这个公式很有用，因为对于大多数实际电路，并联两个以上的电容是不常见的。

$$X_{C(\text{tot})}=\frac{X_{C1}X_{C2}}{X_{C1}+X_{C2}}$$

**例 9-16** 图 9-45 中每个电路的总容抗是多少？

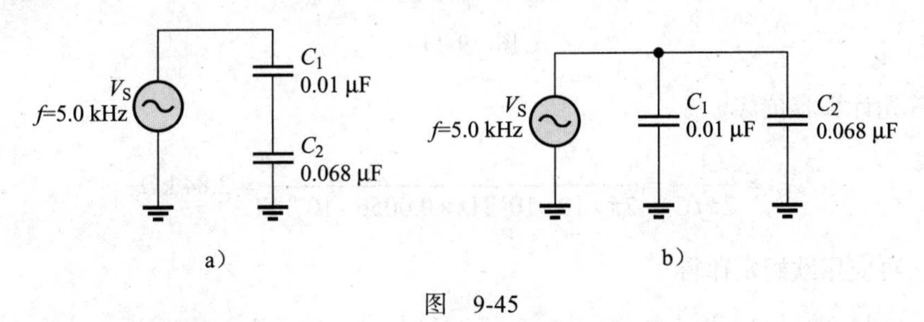


图 9-45

**解** 两个电路中相同电容的容抗也是相同的。

$$X_{C1}=\frac{1}{2\pi fC_1}=\frac{1}{2\pi\times5.0\ \text{kHz}\times0.01\ \mu\text{F}}=3.18\ \text{k}\Omega$$

$$X_{C2}=\frac{1}{2\pi fC_2}=\frac{1}{2\pi\times5.0\ \text{kHz}\times0.068\ \mu\text{F}}=468\ \text{k}\Omega$$

串联电路：对于图 9-45a 中的串联电容，总容抗是 $X_{C1}$ 和 $X_{C2}$ 之和，如式（9-18）所示。

$$X_{C(\text{tot})}=X_{C1}+X_{C2}=3.18\ \text{k}\Omega+468\ \Omega=3.65\ \text{k}\Omega$$

或者，可以先利用式（9-7）求出总电容，再根据式（9-17）计算总容抗。

$$C_{\text{tot}}=\frac{C_1C_2}{C_1+C_2}=\frac{0.01\ \mu\text{F}\times0.068\ \mu\text{F}}{0.01\ \mu\text{F}+0.068\ \mu\text{F}}=0.0087\ \mu\text{F}$$

$$X_{C(\text{tot})}=\frac{1}{2\pi fC_{\text{tot}}}=\frac{1}{2\pi\times 5.0\ \text{kHz}\times 0.0087\ \mu\text{F}}=3.65\ \text{k}\Omega$$

并联电路：对于图 9-45b 中的并联电容，使用 $X_{C1}$ 和 $X_{C2}$ 的“积除以和”规则来计算总容抗。

$$X_{C(\text{tot})}=\frac{X_{C1}X_{C2}}{X_{C1}+X_{C2}}=\frac{3.18\ \text{k}\Omega\times 468\ \Omega}{3.18\ \text{k}\Omega+468\ \Omega}=408\ \Omega$$ ◀

**同步练习** 对于图 9-45b 中的并联电容，先计算并联总电容，再求出并联总容抗。

采用科学计算器完成例 9-16 的计算。

**欧姆定律** 容抗作用类似于电阻，两者的单位都是 Ω。由于 $R$ 和 $X_C$ 都是对电流的反抗作用（阻碍），所以针对电阻的欧姆定律同样也适用于容抗。式（9-20）为容抗形式的欧姆定律。

$$I=\frac{V}{X_C} \tag{9-20}$$

在交流电路中应用欧姆定律，电流和电压的表示方式必须都相同，即都为有效值或者峰值等。

**例 9-17** 计算图 9-46 中的电流的有效值。

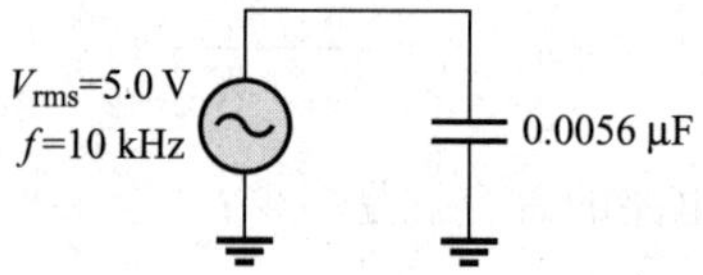

图 9-46

**解** 首先计算容抗 $X_C$。

$$X_C=\frac{1}{2\pi fC}=\frac{1}{2\pi\times 10\times 10^3\ \text{Hz}\times 0.0056\times 10^{-6}\ \text{F}}=2.84\ \text{k}\Omega$$

然后，再应用欧姆定律得

$$I_{\text{rms}}=\frac{V_{\text{rms}}}{X_C}=\frac{5.0\ \text{V}}{2.84\ \text{k}\Omega}=1.76\ \text{mA}$$ ◀

**同步练习** 将图 9-46 所示电路的频率改为 25 kHz，再计算电流的有效值。

采用科学计算器完成例 9-17 的计算。

**Multisim 仿真**

打开 Multisim 文件 E09-17 以验证本例的计算结果，并核实你对同步练习的计算结果。

### 9.6.4 电容分压器

在交流电路中，电容可用作分压器（有些振荡电路采用这种方法产生部分输出）。串联电容两端的电压如式（9-9）所示，这里再重复一下。

$$V_x=\left(\frac{C_{\text{tot}}}{C_x}\right)V_{\text{S}}$$

电阻分压器用电阻比来表示，通过电阻分压器的概念来认识电容分压器，即用容抗代替电阻。这样，电容分压器中电容两端的电压可以写为

$$V_x = \left[\frac{X_{Cx}}{X_{C(\text{tot})}}\right]V_{\text{S}} \tag{9-21}$$

式中，$X_{Cx}$ 是电容 $C_x$ 的容抗，$X_{C\,(\text{tot})}$ 是总容抗，$V_x$ 是电容 $C_x$ 两端的电压。式（9-9）或式（9-21）可用于求分压器上的电压，如例 9-18 所示。

**例 9-18** 图 9-47 所示电路中的 $C_2$ 两端的电压是多少？

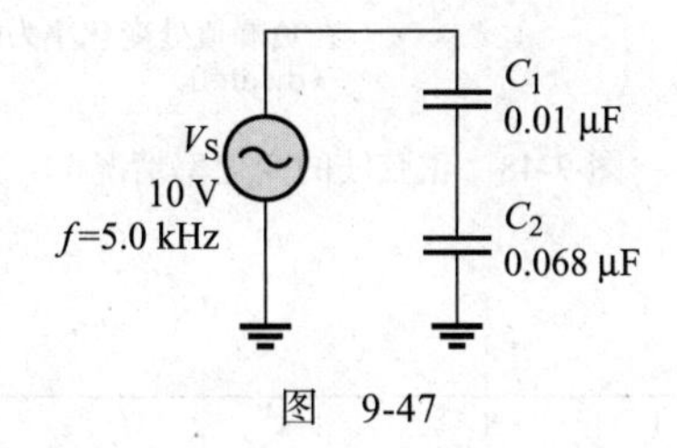


图　9-47

**解**　例 9-16 中计算了单个电容的容抗和总容抗，代入式（9-21）可得

$$V_2 = \left(\frac{X_{C2}}{X_{C(\text{tot})}}\right)V_{\text{S}} = \left(\frac{468\ \Omega}{3.65\ \text{k}\Omega}\right)\times 10\ \text{V} = 1.28\ \text{V}$$

请注意，较大电容上的电压是总电压的较小部分。根据式（9-9）也可以得到相同的结果：

$$V_x = \left(\frac{C_{\text{tot}}}{C_x}\right)V_{\text{S}} = \left(\frac{0.0087\ \mu\text{F}}{0.068\ \mu\text{F}}\right)\times 10\ \text{V} = 1.28\ \text{V}$$ ◀

**同步练习**　利用式（9-21）计算 $C_1$ 两端电压。

采用科学计算器完成例 9-18 的计算。

### 9.6.5　电流超前电容电压 90°

正弦波的变化率情况如图 9-48 所示。注意，正弦波变化的速率沿正弦波曲线变化，如曲线的“陡度”（斜率）变化所示。在过零点处，曲线的变化速率比曲线上其他任何点处都快。

在峰值点处，曲线的变化率为零，因为它刚刚达到最大值就马上改变方向。

电容存储的电荷量决定了它两端的电压。因此，电荷从一个极板移动到另一极板的速率（$Q/t=I$）决定了电压变化率。当电流以其最大速率（在过零点处）变化时，电压处于最大值（峰值）。当电流以其最小速率（峰值为零）变化时，电压处于其最小值（零值）。通过图 9-49 所示的电容两端电压和流过电流的相位关系，可以看到电流峰值要比电压峰值出现早四分之一周期。因此，电流超前电压 90°。

### 9.6.6　电容上的功率

正如本章前面所讨论的，充电电容将能量存储在电介质的电场中，理想电容不会消耗能量，只是暂时储存能量。当对电容施加交流电压时，电容在电压周期的四分之一时间内存储能量，然后在另一四分之一时间将存储的能量返还给电源。理想情况下，没有净能量损失。图 9-50 是电容电压和电流在一个周期内产生的功率曲线。

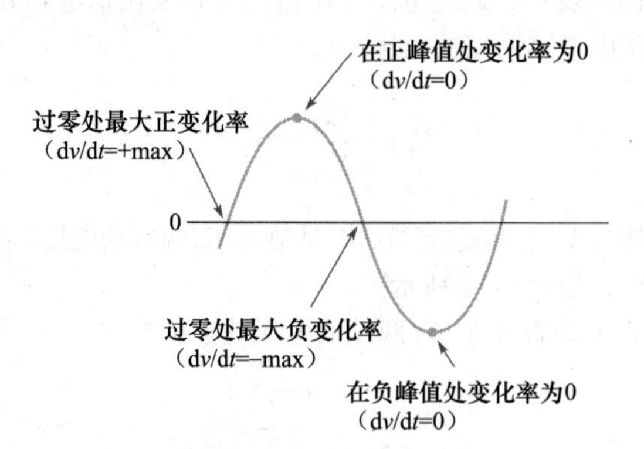


图 9-48 正弦波的变化率情况

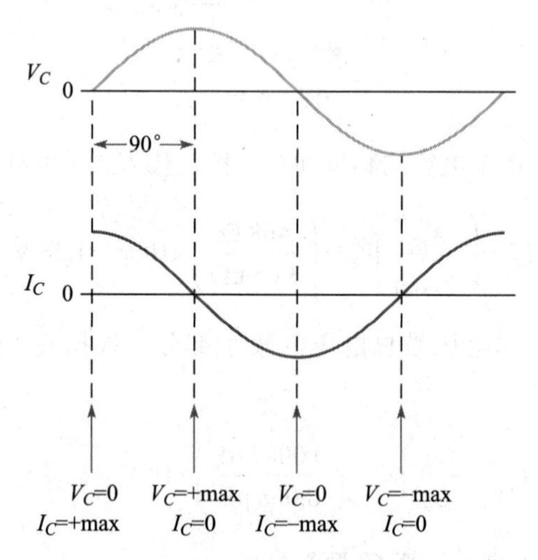


图 9-49 电容电流总是超前电容电压 90°

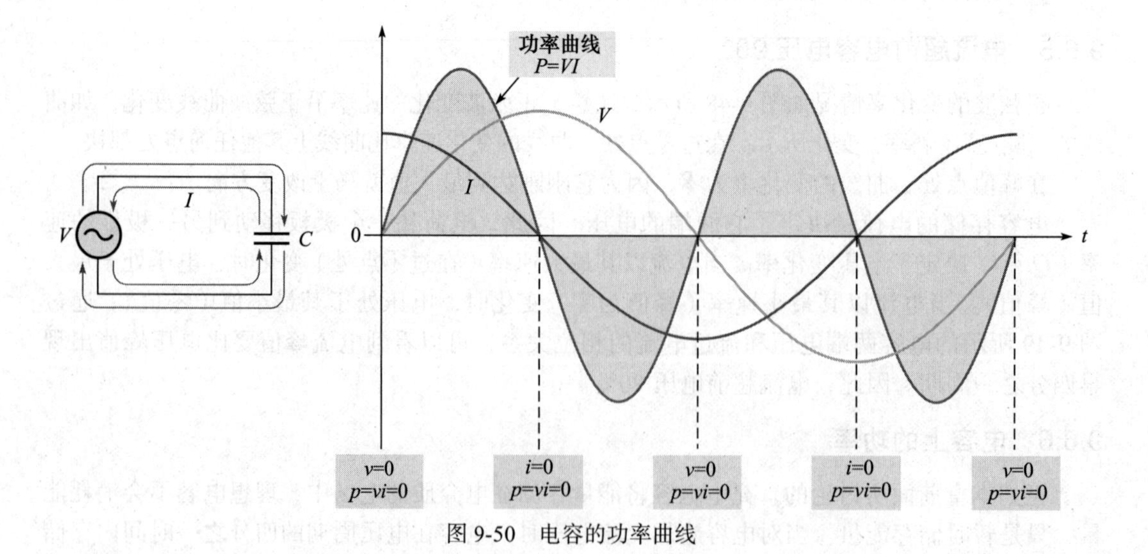


图 9-50 电容的功率曲线

**瞬时功率（$p$）** **瞬时功率**是 $v$ 和 $i$ 的乘积。在 $v$ 或 $i$ 为零时，$p$ 也为零；当 $v$ 和 $i$ 都为正时，$p$ 为正；当 $v$ 或 $i$ 一个为正，另一个为负时，$p$ 为负；当 $v$ 和 $i$ 都为负时，$p$ 为正，可以看到功率按照正弦规律变化。正功率表示电容存储能量；负功率表示能量从电容返回到电源。请注意，因为能量交替存储并返回到电源，所以功率的频率是电压或电流频率的两倍。

**有功功率（$P_{true}$）**[㊀] 理想情况下，一个周期内，电容在功率为正值的时间内所存储的能量在功率为负值时全部释放给电源。由于电容只是存储和交换能量而不消耗能量，因此*有功功率*为零。但实际电容由于有漏电阻和电极接触电阻的存在，总会消耗一小部分有功功率。

**无功功率（$P_r$）**[㊁] 电容储存或释放能量的速率被称为*无功功率*，记为 $P_r$。因为在任何瞬间，电容要么从电源中获取能量，要么将能量返还电源，所以无功功率是非零量。无功功率不代表能量损失，可以利用如下几个公式来计算无功功率。

$$P_r = V_{rms} I_{rms} \tag{9-22}$$

$$P_r = \frac{V_{rms}^2}{X_C} \tag{9-23}$$

$$P_r = I_{rms}^2 X_C \tag{9-24}$$

请注意，这些公式与第3章中介绍的电阻功率公式的形式相同，电压和电流都用有效值表示。无功功率的单位是乏，符号 var。

**例 9-19** 确定图 9-51 中的有功功率和无功功率。

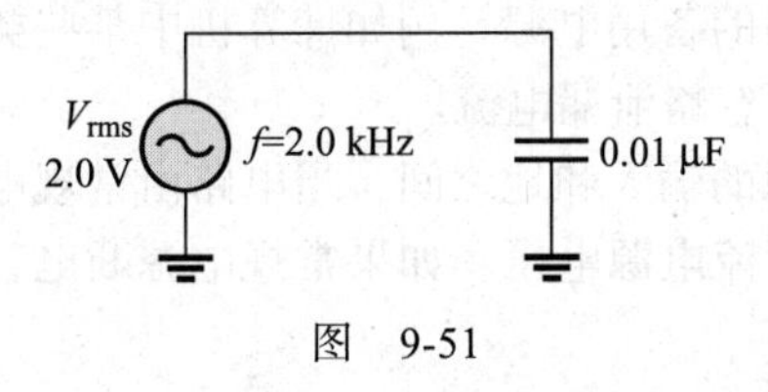


图 9-51

**解** 理想电容的有功功率 $P_{true}$ 总是零。无功功率的计算方法是先求容抗，然后再利用式（9-23）进行计算。

$$X_C = \frac{1}{2\pi fC} = \frac{1}{2\pi \times (2.0 \times 10^3\ \text{Hz}) \times (0.01 \times 10^{-6}\ \text{F})} = 7.96\ \text{k}\Omega$$

$$P_r = V_{rms}^2 / X_C = \frac{(2.0\ \text{V})^2}{7.96\ \text{k}\Omega} = 503 \times 10^{-6}\ \text{var} = 503\ \mu\text{var}$$ ◀

**同步练习** 如果图 9-51 所示电路的频率加倍，则有电容的有功功率和无功功率各是多少？

▦ 采用科学计算器完成例 9-19 的计算。

---

㊀ 在我国标准中，有功功率符号为 $P$。

㊁ 在我国标准中，无功功率符号为 $Q$。

**学习效果检测**

1. 当$f$=5 kHz，$C$=50 pF 时，计算 $X_C$。
2. 在什么频率下，0.1 μF 电容的容抗等于 2 kΩ？
3. 计算图 9-52 中电流的有效值。

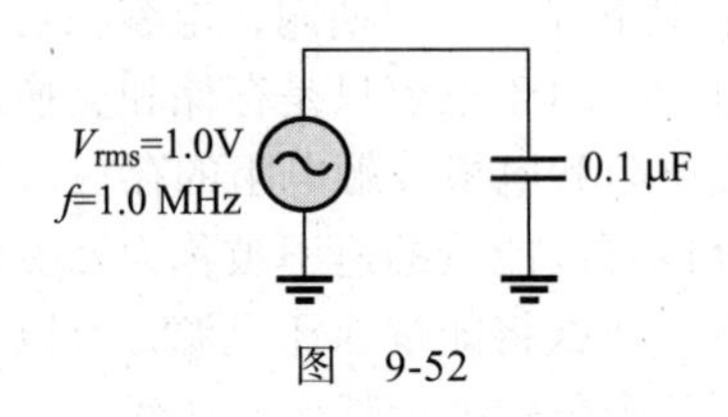


图 9-52

4. 说明电容中电流和电压之间的相位关系。
5. 一个 1 μF 电容连接到有效值为 12 V 的交流电压源上，有功功率是多少？
6. 在问题 5 中，计算 500 Hz 频率下的无功功率。

## 9.7 电容的应用

电容广泛应用在许多电气和电子领域中。

- 如果你拿起电路板，打开电源，或者查看电子设备，很可能会发现一种或多种类型的电容。这些电容在直流和交流电路中都有多种用途。

### 9.7.1 能量存储

电容可以作为低功耗电路的备用电源，例如计算机中某些类型的半导体存储器。这种特殊应用要求电容很大，并且可忽略泄漏电流。

储能电容连接在直流电源的输入和地之间。当电路由常规电源供电运行时，电容保持完全充电状态，两端电压等于直流电源电压。如果常规电源断电，则储能电容暂时成为电路的电源。

只要电容有足够多的电荷，就可以向电路提供电压和电流。当电流流经电路时，电荷离开电容，电压便会降低，因此储能电容只能用作临时电源。电容向电路提供足够功率的时间长度取决于电容的大小和电路中所流过的电流，电流越小，电容越大，电容向电路供电的时间就越长。

### 9.7.2 电源滤波

在第 16 章中，将学习由**整流器**和连接在其后的滤波器组成的直流电源。整流器将标准插座上的 120 Hz、60 Hz 正弦电压转换为脉动直流电压。根据整流器的类型，脉动直流电压可以是半波整流电压或全波整流电压。图 9-53a 所示为半波整流电压，它没有正弦电压的负半周期。图 9-53b 所示为全波整流电压，它使输入的负半部分变为正极性输出。虽然半波和全波整流电压的量值都是随时间变化，但因为极性不变，所以它们也为直流电压，严格说来应该是脉动直流电压。

几乎所有电子电路都需要电压恒定的电源，为了给电子电路供电，必须将整流后的电压变为恒定的直流电压。滤波器几乎可以消除整流电压的波动，理想情况下可以为电子电路等负载提供平滑的恒值直流电压，如图 9-54 所示。

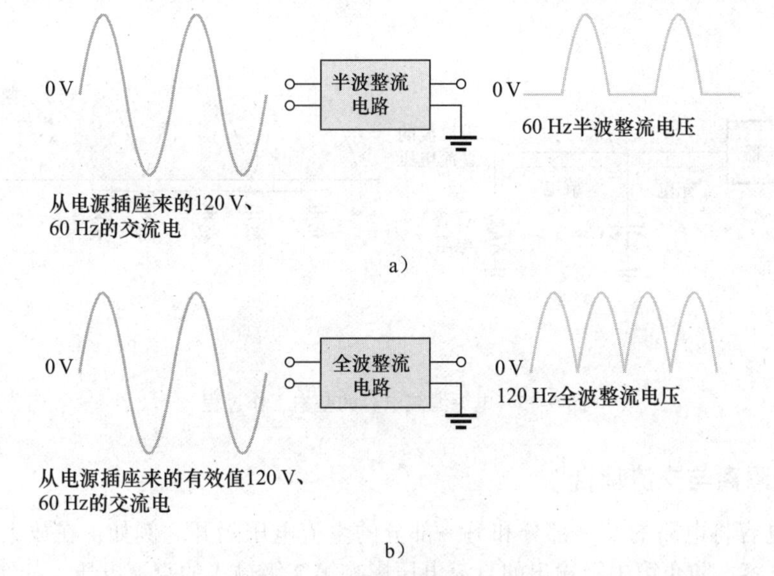


图 9-53 半波和全波整流过程

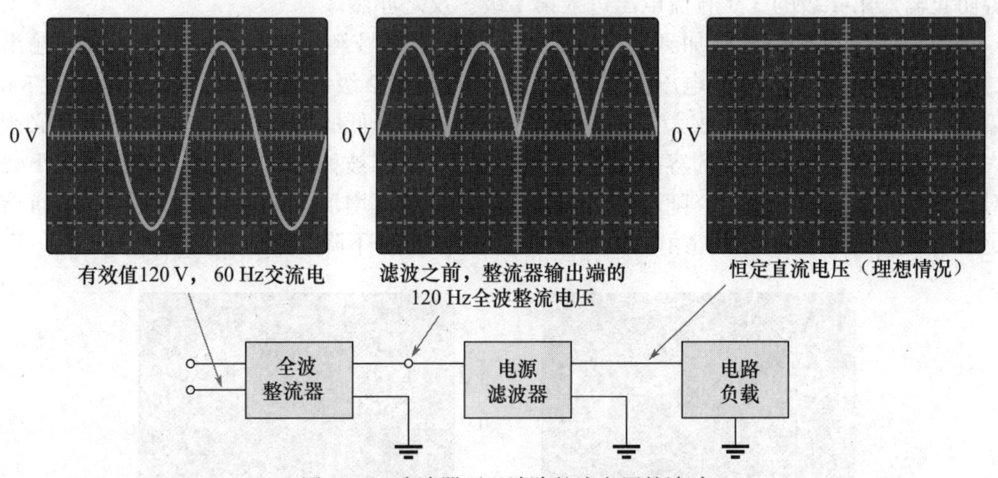


图 9-54 滤波器可以消除整流电压的波动

**电源滤波电容** 电容具有存储电荷的能力，因而被用作直流电源的滤波器。图 9-55a 显示的是带有全波整流器和电容滤波器的直流电源。从充电和放电的角度来看，工作过程可以描述如下：假设电容最初未充电，当第一次接通电源时，在整流电压的第一个周期通过整流器的小电阻向电容快速充电，电容电压将基本沿着整流后的电压曲线一直到峰值。当整流电压通过峰值并开始下降时，电容通过负载电路中的较大电阻开始缓慢放电，如图 9-55b 所示。电压下降通常较小，为了便于看清，在图中进行了放大。在下一个整流电压周期，通过补充上一个峰值所损失的电荷，电容重新充电至最大值。只要接通电源，这种充放电模式就会持续下去。

整流器的设计使其只允许电流向电容充电，电容不会通过整流器放电，只会通过阻值相对较大的负载少量放电。电容的充放电引起的电压微小波动被称为**纹波电压**。一个好的直流电源在其直流输出上纹波很小。电源滤波电容的放电时间常数取决于电容和负载电阻。因此，电容越大，放电时间越长，纹波电压便越小。

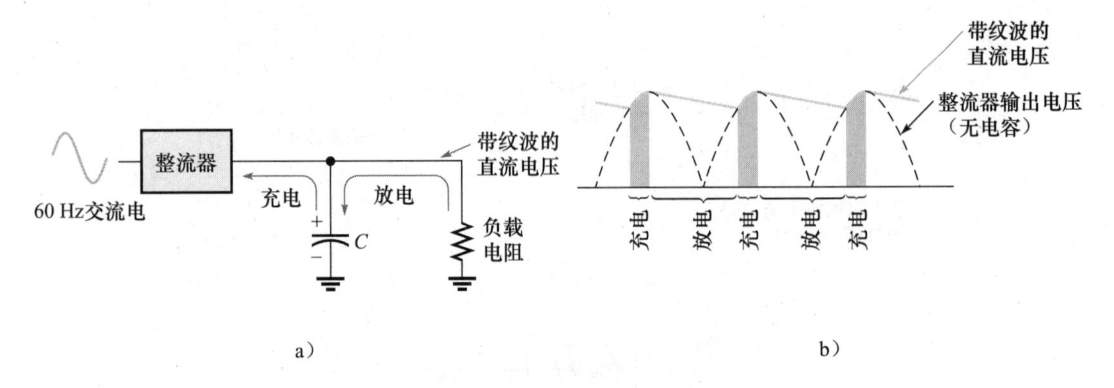


图 9-55 电源滤波电容的基本工作过程

### 9.7.3 直流隔离与交流耦合

通常用电容将电路的某一部分和另一部分的直流电压隔开。例如，在放大器的两级之间连接一个电容，防止第 1 级输出的直流电压影响第 2 级输入的直流电压，如图 9-56 所示。假设运行正常，第 1 级经电容后的输出直流电压为零，输入第 2 级的仅有 3 V 直流电压。此电容防止输入第 2 级的 3 V 直流电压进入第 1 级。反之亦然。

如果将正弦电压信号施加到第 1 级的输入端，则信号经过放大后产生第 1 级的输出电压，如图 9-56 所示。放大的电压信号通过电容耦合到第 2 级的输入端，在此它叠加在 3.0 V 直流电压上，然后被第 2 级放大。为了使电压信号在不降低的情况下通过电容，电容必须足够大，以便忽略电压频率下的容抗。在此类应用中，电容被称为耦合电容，理想情况下表现为对直流开路和对交流短路。随着信号频率的降低，容抗增加，并且在某些时候，容抗会变得足够大，从而导致第 1 级和第 2 级之间的交流电压显著下降，影响放大能力。

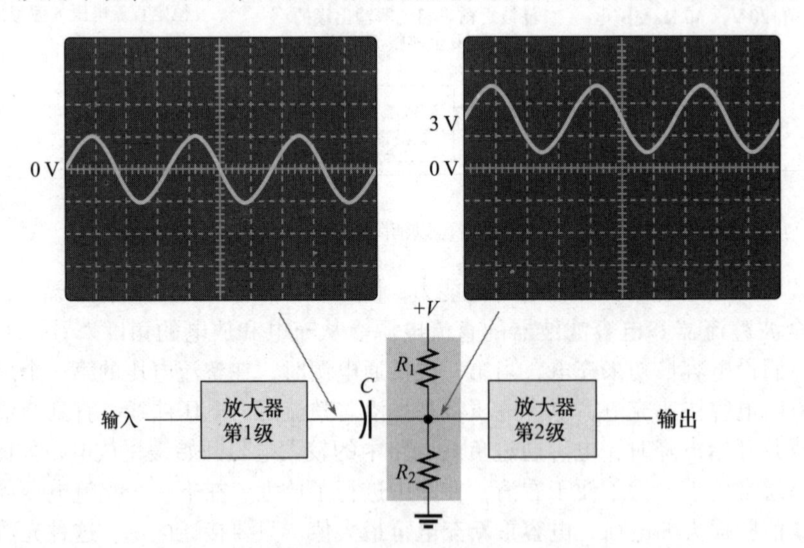


图 9-56 电容在放大器中用来隔离直流和耦合交流

### 9.7.4 电力线去耦

在数字电路中电压的快速切换会在直流电源电压上产生电压瞬变或尖峰，若将电容连接在电路板的直流电源和地之间，可以去除不受欢迎的电压瞬变或尖峰。**瞬变**电压中包含可能影响电路工作的高频信号。这些瞬变信号会因为去耦电容的低容抗而对地短路。在电路板上，特别是集成电路（IC）附近，沿电源走线的不同点处通常布置多个去耦电容。

### 9.7.5 旁路

电容的另一个应用是使电路的交流电压不作用在电阻上，又不影响电阻上的直流电压。例如，在放大器电路中，很多点需要直流电压偏置。为了使放大器正常工作，某些偏置电压必须保持恒定，因此必须去除任何交流电压。一个足够大的电容连接在偏置点和地之间，为交流电压提供一个低容抗的接地路径，从而使给定点保留恒定的直流偏置电压。在较低频率下，由于其容抗的增加旁路效果会变差。旁路电容应用示例如图 9-57 所示。

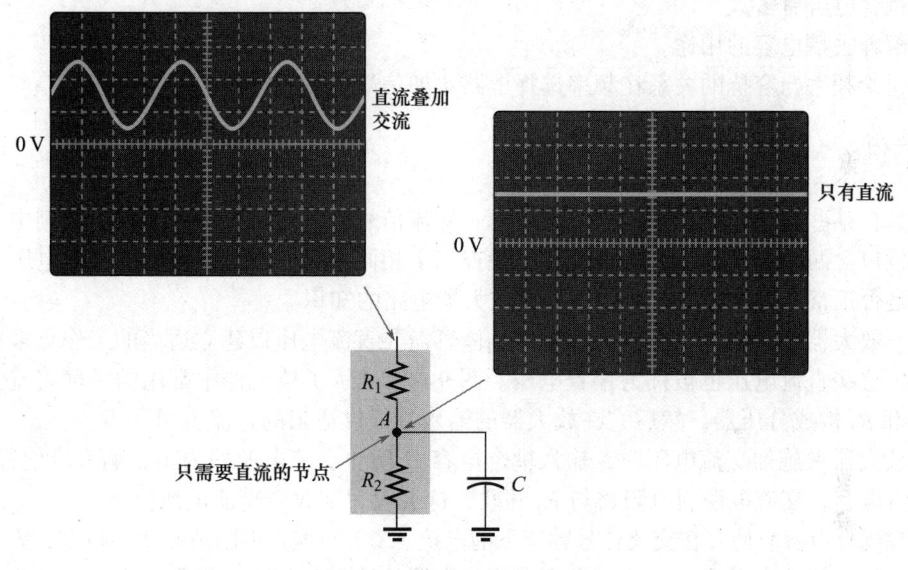


图 9-57 旁路电容应用示例

### 9.7.6 信号滤波

电容对滤波器电路至关重要，该类电路用于从有多个不同频率的信号中选择某一特定的交流信号，或用于选择某一频段并消除其他频率的信号。这种应用的常见例子是在收音机和电视接收机中，需要选择给定电台发送的信号，并消除或过滤掉该地区其他电台发送的所有信号。

当调整收音机或电视机时，实际上是在改变调谐电路中的电容（一种滤波器），使只有来自预期电台或频道的信号能通过接收电路。电容与电阻、电感（第 11 章介绍）以及其他元件一起组成信号滤波器。

因为电容的容抗取决于频率（$X_C=\dfrac{1}{2\pi fC}$），所以滤波器的主要特性是频率选择性。

### 9.7.7 定时器电路

电容的另一个重要应用是产生具有一定延迟时间的定时器电路，或产生特定要求的波形。我们知道可以通过选择适当的 $R$ 和 $C$ 确定电阻电容电路的时间常数。在不同类型的电路中电容的充电时间可以用作电路的延迟时间。然而，电容的允许偏差往往比其他元件大，所以在要求准确延时的重要场合不能使用 $RC$ 定时电路。定时电路的一个例子就是汽车的转向指示灯电路，在这个电路中，每隔一定时间转向灯就会点亮或熄灭。

### 9.7.8 计算机存储器

计算机中的动态存储器使用非常小的电容作为二进制信息的基本存储元件。二进制信息由数字 1 和 0 组成。充满电的电容表示 1，放尽电的电容表示 0。存储器由电容阵列和相关电路组成，二进制数以 1 和 0 的形式存储在存储器中。你将在计算机或数字电路基础课程中学习这方面的内容。

**学习效果检测**

1. 解释滤波电容如何平滑半波或全波整流直流电压。
2. 解释耦合电容的用途。
3. 耦合电容有多大？
4. 解释去耦电容的用途。
5. 讨论频率与容抗的关系在频率选择电路（如信号滤波）中的重要性。

## 应用案例

电容在某些类型的放大器电路中可以耦合交流信号和阻断直流电压。在此案例中，放大器电路板包含两个耦合电容。你的任务是检查三个相同的放大器电路板上的某些电压，以确定电容是否正常工作。在本案例中不需要放大器电路的知识。

所有放大器电路都包含晶体管，这些晶体管需要直流电压以建立适当的工作点来放大交流信号，这些直流电压也被称为偏置电压。图 9-58a 展示了放大器中常用的一种直流偏置电路，$R_1$ 和 $R_2$ 构成分压器，然后它在放大器的输入端提供适当的直流电压。

当放大器被施加交流电压时，输入耦合电容 $C_1$ 防止交流电源的内阻影响直流偏置电压。如果没有电容，交流电源内电阻将与 $R_2$ 并联，这会大大地改变直流电压值。

选择耦合电容应使其在交流信号频率下的电抗（$X_C$）与偏置电阻值相比小得多，因此耦合电容能有效地将来自电源的交流信号耦合到放大器的输入端。输入耦合电容的电源侧只有交流，放大器侧既有交流又有直流（信号电压通过分压器叠加在直流偏置电压上），如图 9-58a 所示。电容 $C_2$ 是输出耦合电容，它将放大的交流信号耦合到输出端的另一个放大器上。

使用示波器检查图 9-58b 的放大器电路板，有 3 个这样的放大器电路板。如果电压不正确，指出最有可能的故障。对于所有测量结果，假设放大器对分压器偏置电路没有直流负载影响。

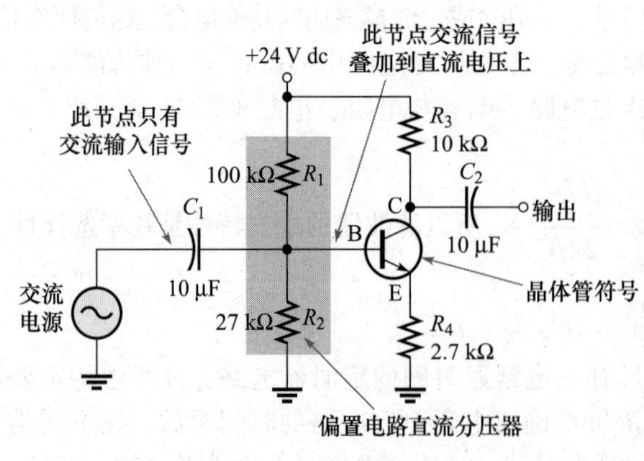


a）放大器原理图

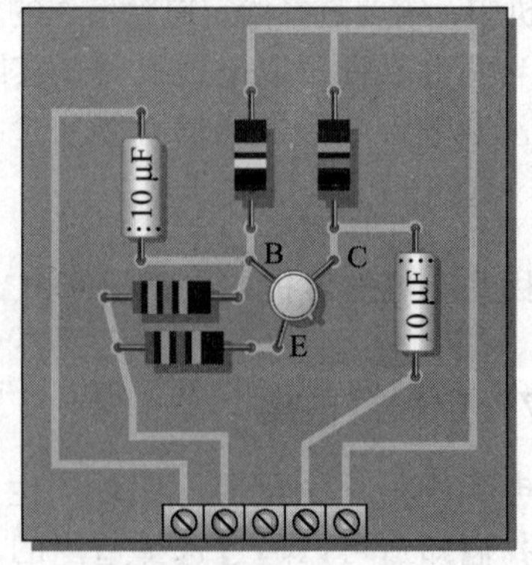


b）放大器电路板

图 9-58 电容耦合放大器

**步骤 1：将印制电路板与原理图进行比较**

检查图 9-58b 中的印制电路板上的元器件，确保与 9-58a 所示的放大器原理图一致。

**步骤 2：测试板 1 的输入**

用示波器探头将测试板 1 连接到示波器通道 1，如图 9-59 所示。将正弦电压源的输入信号连接到电路板，频率设置为 5.0 kHz，有效值为 1.0 V。

检查图 9-59 中示波器上显示的电压和频率是否正确。如果示波器测量不正确，请指出电路中最可能出现的故障。

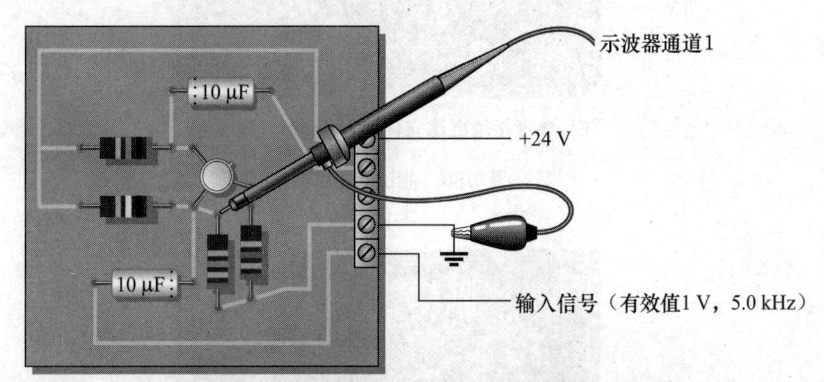


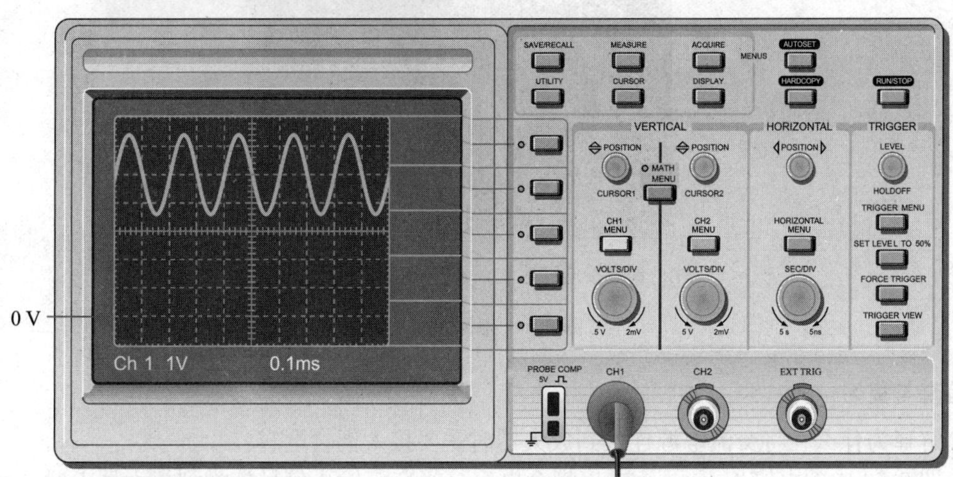


注：参考接地已建立，如0 V所指。

图 9-59 测试板 1

**步骤 3：测试板 2 的输入**

用示波器探头将测试板 2 连接到通道 1 上，与图 9-59 所示测试板 1 的连接相同。来自正弦电压源的输入信号与测试板 1 的相同。

判断图 9-60 中的示波器显示的波形是否正确。如果不正确，请指出电路中最有可能出现的故障。

**步骤 4：测试板 3 的输入**

如图 9-59 所示，用示波器探头将测试板 3 连接到示波器通道 1 上。来自正弦电压源的输入信号与前面相同。

判断图 9-61 中的示波器显示的波形是否正确。如果不正确，请指出电路中最有可能出现的故障。

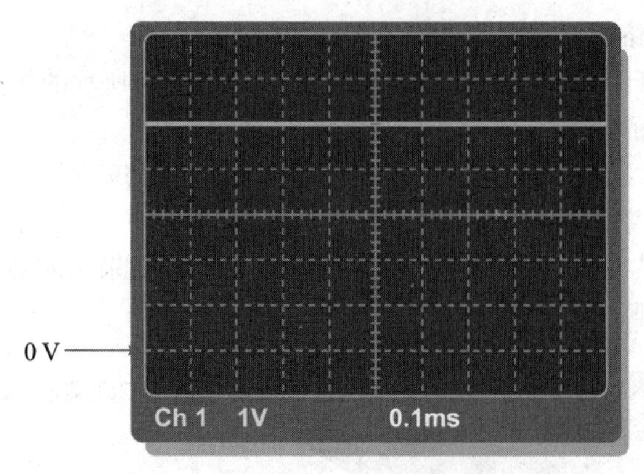


注：参考接地已建立，如0 V所指。

图 9-60 测试板 2

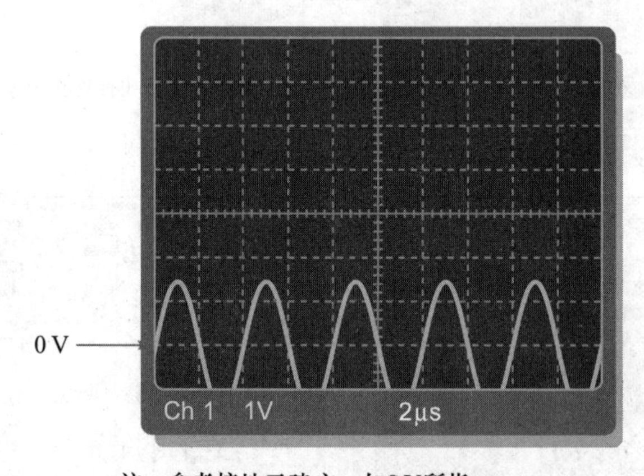


注：参考接地已建立，如0 V所指。

图 9-61 测试板 3

### 检查与复习

1. 解释为什么在将交流电源连接到放大器时需要接入耦合电容？

2. 图 9-58 中的电容 $C_2$ 是一个输出耦合电容。当交流输入信号施加到放大器上时，在节点 $C$ 和电路输出端之间，你所期望的测量结果是什么？

## 本章总结

- 电容由两个平行的导电板，以及极板之间的电介质组成，电介质是绝缘材料。
- 电容在其极板上存储电荷。
- 电容在极板之间电介质中产生的电场中储存能量。
- 电容的单位是法拉（F）。
- 电容与极板面积、介电常数成正比，与极板之间的距离（电介质厚度）成反比。
- 介电常数表示介电材料建立电场的能力。
- 介电强度是确定电容击穿电压的一个因素。
- 电容通常根据介电材料进行分类。典型的材料是云母、陶瓷、塑料薄膜和电解质（氧化铝和氧化钽）。
- 串联电容的总电容小于最小电容。

- 并联电容的总电容是所有电容的总和。
- 电容能阻断恒定直流电。
- *RC* 时间常数决定了电阻和电容串联的充放电时间。
- 在 *RC* 电路中，充电或放电电容的电压和电流，每经过一个时间常数的时间都会发生 63% 的变化。
- 电容完全充电或放电需要 5 个时间常数的时间，这个时间被称为瞬态时间（或过渡时间）。
- 表 9-4 给出了每个时间常数间隔后，电容充电电压的百分比。

表 9-4

| 时间常数的间隔数量 | 电容充电电压的百分比 |
|---|---|
| 1 | 63 |
| 2 | 86 |
| 3 | 95 |
| 4 | 98 |
| 5 | 99（可以考虑为 100%） |

- 表 9-5 给出了每个放电时间常数间隔后，电容放电电压的百分比。

表 9-5

| 时间常数的间隔数量 | 电容放电电压的百分比 |
|---|---|
| 1 | 37 |
| 2 | 14 |
| 3 | 5 |
| 4 | 2 |
| 5 | 1（可以考虑为 0） |

- 交流电路中的电容电流超前电压 90°。
- 电容通过交流电的程度取决于其电抗和电路中的电阻。
- 容抗是电容对交流电的阻力，单位为欧姆。
- 容抗（$X_C$）与频率和电容成反比。
- 串联电容的总容抗是各个容抗的总和。
- 并联电容的总容抗是各个容抗的倒数之和的倒数。
- 理想电容有功功率为零。然而，在大多数电容中存在漏电阻，因此其存在一些小的能量损失。

## 对/错判断（答案在本章末尾）

1 电容与电容的极板面积成正比。
2 1200 pF 的电容与 1.2 μF 相同。
3 当两个电容与一个电压源串联时，较小的电容上得到较大的电压。
4 当两个电容与一个电压源并联时，较小的电容上得到较大的电压。
5 当两个电容串联时，总电容小于最小电容。
6 电容对恒定直流相当于开路。
7 电容对电压的瞬时变化表现为短路
8 当电容在两个电压之间充电或放电时，电容上的电荷在一个时间常数内变化电压差值的 63%。
9 容抗与频率成正比。
10 串联电容的总电抗是各个电抗的乘积除以它们的和。
11 电容中的电压超前于电流。
12 无功功率的单位是 var。

## 自我检测（答案在本章末尾）

1 以下哪项能准确地描述电容？
(a) 极板是导电的。
(b) 电介质是极板之间的绝缘体。
(c) 恒定的直流电流能够流过充满电的电容。
(d) 实际电容在与电源断开时可永久存储电荷。
(e) 以上答案都不对。
(f) 以上答案都对。
(g) 只有答案 (a) 和 (b) 对。

2 以下哪项陈述是正确的？
(a) 有电流通过充电电容的电介质。
(b) 当与直流电压源相连时，电容将充电直到电容电压等于电源电压。
(c) 理想电容可通过与电压源断开来放电。

3 0.01 μF 的电容大于
(a) 0.000 01 F
(b) 100 000 pF
(c) 1000 pF
(d) 所有这些答案

4 1000 pF 的电容小于
(a) 0.01 μF
(b) 0.001 μF
(c) 0.000 000 01 F
(d) 答案 (a) 和 (c)

5 当电容两端的电压增加时，储存的电荷将
(a) 增加 (b) 减少
(c) 保持不变 (d) 波动

6 当电容两端的电压加倍时，储存的电荷
(a) 保持不变 (b) 减半
(c) 增加 4 倍 (d) 加倍

7 电容额定电压的增加靠的是
(a) 增加极板间距
(b) 减少极板间距
(c) 增加极板面积
(d) 答案 (b) 和 (c)

8 电容增加靠的是
(a) 减少极板面积
(b) 增加极板间距
(c) 减少极板间距
(d) 增加极板面积
(e) 答案 (a) 和 (b)
(f) 答案 (c) 和 (d)

9 1.0 μF、2.2 μF 和 0.047 μF 的电容串联，总电容小于
(a) 1.0 μF (b) 2.2 μF
(c) 0.047 μF (d) 0.001 μF

10 4 个 0.022 μF 电容并联，总电容为
(a) 0.022 μF (b) 0.088 μF
(c) 0.011 μF (d) 0.044 μF

11 一个未充电的电容、一个电阻器、一个开关和一节 12 V 电池串联，开关闭合的瞬间，电容两端的电压为
(a) 12 V (b) 6.0 V
(c) 24 V (d) 0 V

12 在问题 11 中，电容充满电时，其两端电压为
(a) 12 V (b) 6.0 V

(c) 24 V (d) –6.0 V

13 在问题 11 中，电容完全充满电的时间大约是

(a) $RC$ (b) 5 $RC$

(c) 12 $RC$ (d) 无法预测

14 在电容两端施加正弦电压，当电压频率增加时，电流

(a) 增加 (b) 减少

(c) 保持不变 (d) 停止

15 电容和电阻串联到正弦波发生器上，设置频率，使容抗等于电阻，因此每个元件上电压相等。如果频率降低，则

(a) $V_R > V_C$ (b) $V_C > V_R$

(c) $V_R = V_C$ (d) $V_C \approx V_s$

**故障排查**（下列练习的目的是帮助建立故障排查所必需的思维过程。答案在本章末尾）

根据图 9-62，分析每组故障症状出现的原因。

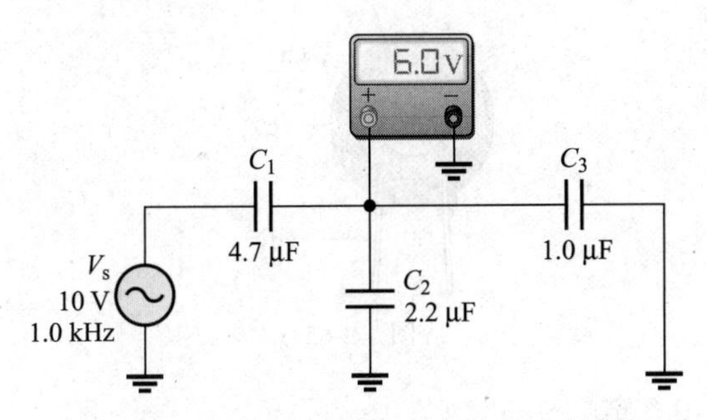


图 9-62 交流电压表指示该电路的正确读数

1 症状：电压表读数为 0 V。

原因：

(a) $C_1$ 短路 (b) $C_2$ 短路

(c) $C_3$ 开路

2 症状：电压表读数为 10 V。

原因：

(a) $C_1$ 短路 (b) $C_2$ 开路

(c) $C_3$ 开路

3 症状：电压表读数为 6.86 V。

原因：

(a) $C_1$ 开路 (b) $C_2$ 开路

(c) $C_3$ 开路

4 症状：电压表读数为 0 V。

原因：

(a) $C_1$ 开路 (b) $C_2$ 开路

(c) $C_3$ 开路

5 症状：电压表读数为 8.28 V。

原因：

(a) $C_1$ 短路 (b) $C_2$ 开路

(c) $C_3$ 开路

**分节习题**（奇数题答案在本书末尾）

### 9.1 节

1 (a) 当 $Q$=50 μC 和 $V$=10 V 时，求电容。

(b) 当 $C$=0.001 μF 和 $V$=100 V 时，求电荷量。

(c) 当 $Q$=2.0 mC 和 $C$=200 μF 时，求电压。

2 将以下电容以 pF 为单位来表示。

(a) 0.1 μF (b) 0.0025 μF

(c) 5.0 μF

3 将以下电容以 μF 为单位来表示。

(a) 1000 pF (b) 3500 pF

(c) 250 pF

4 将以下电容以 μF 为单位来表示。

(a) 0.000 000 1 F (b) 0.0022 F

(c) 0.000 000 001 5 F

5 能够在 100 V 的极板电压下储存 10 mJ 的能量，电容有多大？

6 云母电容的极板面积为 20 cm$^2$，极板间距为 2.5 mil，它的电容是多少？

7 空气电容的极板面积为 0.1 平方米，极板相隔 0.01 m，电容是多少？

8 一名学生想用两块方形极板制作一个 1.0 F 的电容，用于科学展览项目。他计划使用 $8.0 \times 10^{-5}$ m 厚的纸作为电介质（$\varepsilon_r$=2.5）。科学博览会将在体育馆举行。他的电容能否装在体育馆展示？如

果可以，极板的尺寸是多少？

9 一个学生想制作一个电容，决定用边长 30 cm 的导电极板，使用 $8.0\times10^{-5}$ m 厚的纸作为电介质（$\varepsilon_r$=2.5），电容是多少？

10 在环境温度（25 ℃）下，某个 1000 pF 电容的温度系数为 $-200\times10^{-6}$ ℃$^{-1}$，则它在 75 ℃ 下电容值是多少？

11 0.001 μF 电容的温度系数为 $+500\times10^{-6}$ ℃$^{-1}$，温度升高 25 ℃，电容值变化多少？

9.2 节

12 在金属箔叠层结构的云母电容中，极板面积是如何增加的？

13 对于云母电容和陶瓷电容，哪个的介电常数高？

14 说明如何在图 9-63 中的 $R_2$ 两端连接电解电容。

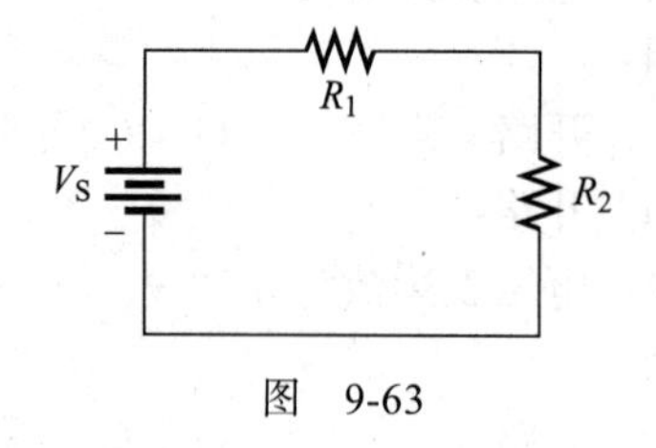


图 9-63

15 确定图 9-64 中陶瓷电容的参数值。

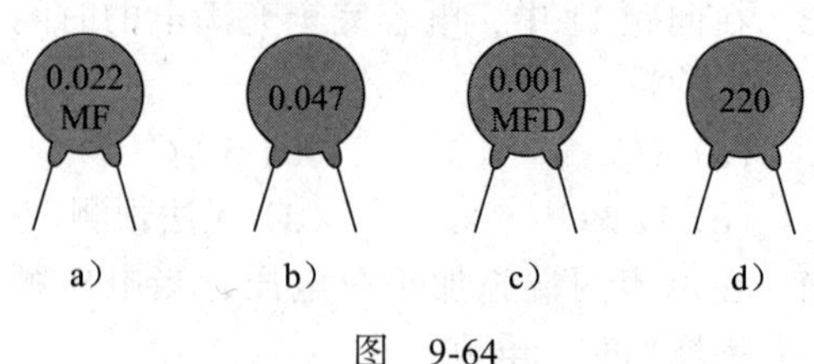


图 9-64

16 列举两种类型的电解电容，并说明电解电容与其他电容有何不同？

17 参考图 9-8b，请给出图 9-65 所示剖视图中陶瓷电容的各部分名称。

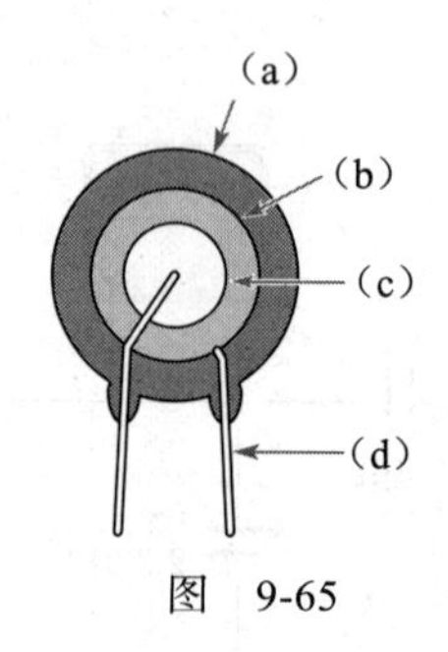


图 9-65

9.3 节

18 5 个 1000 pF 电容串联，总电容是多少？

19 求图 9-66 中各电路的总电容。

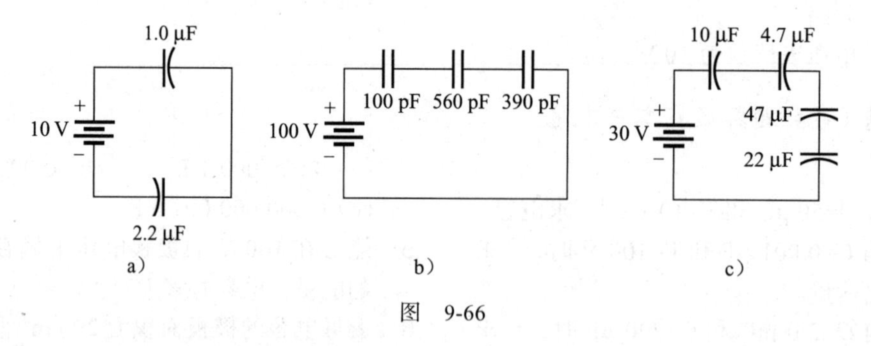


图 9-66

20 求图 9-66 所示电路中每个电容两端的电压。

21 在图 9-67 中，串联电容存储的总电荷为 10 μC，计算每个电容上的电压。

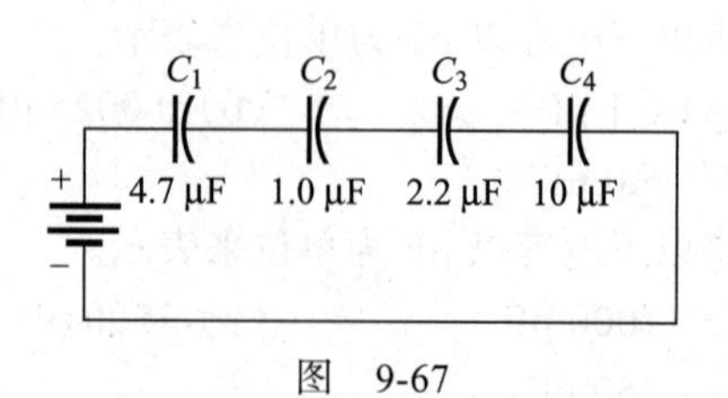


图 9-67

9.4 节

22 确定图 9-68 中每个电路的总电容 $C_T$。

23 确定图 9-69 中电容的总电容和总电荷量。

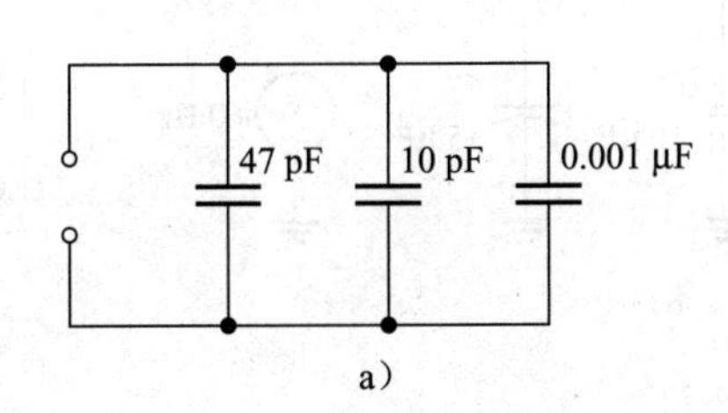


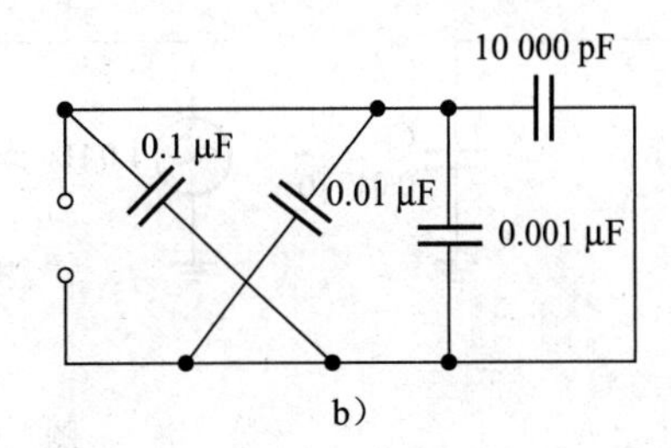


图 9-68

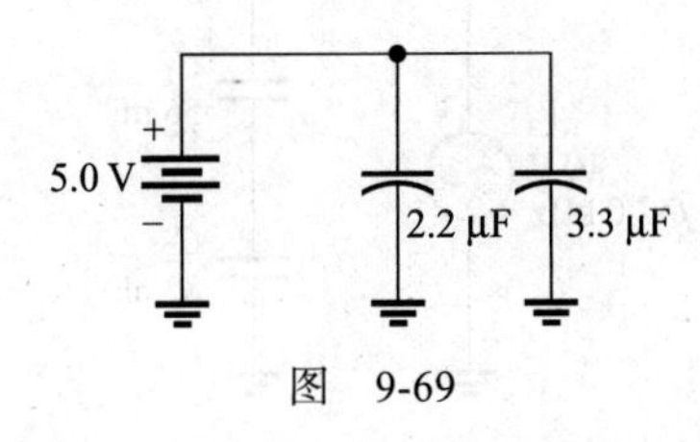


图 9-69

24 假设某电路需要 2.1 μF 的总电容，但现在可用的是大量的 0.22 μF 和 0.47 μF 的电容。问如何获得所需的总电容？

### 9.5 节

25 确定下列各 $RC$ 串联组合的时间常数。

(a) $R$=100 Ω，$C$=1 μF

(b) $R$=10 MΩ，$C$=56 pF

(c) $R$=4.7 kΩ，$C$=0.0047 μF

(d) $R$=1.5 MΩ，$C$=0.01 μF

26 确定以下每种 $RC$ 串联组合中的电容充满电所需要的时间。

(a) $R$=47 Ω，$C$=47 μF

(b) $R$=3300 Ω，$C$=0.015 μF

(c) $R$=22 kΩ，$C$=100 pF

(d) $R$=4.7 MΩ，$C$=10 pF

27 在图 9-70 的电路中，电容最初未充电，计算开关接通后在下列时间的电容两端的电压。

(a) 10 μs　(b) 20 μs

(c) 30 μs　(d) 40 μs

(e) 50 μs

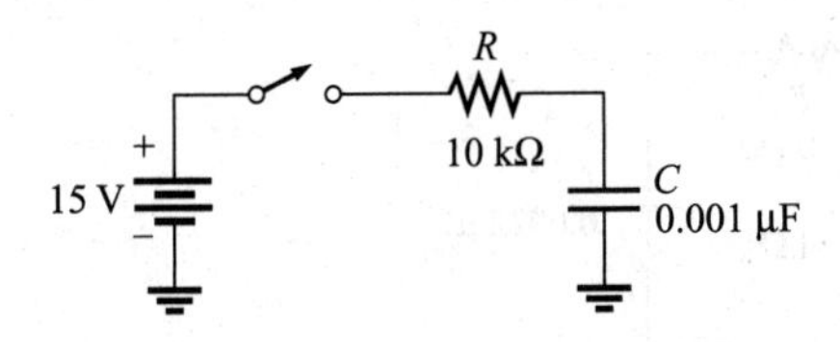


图 9-70

28 在图 9-71 中，电容已充电至 25 V。求开关闭合后，在以下时间的电容两端电压是多少？

(a) 1.5 ms　(b) 4.5 ms

(c) 6.0 ms　(d) 7.5 ms

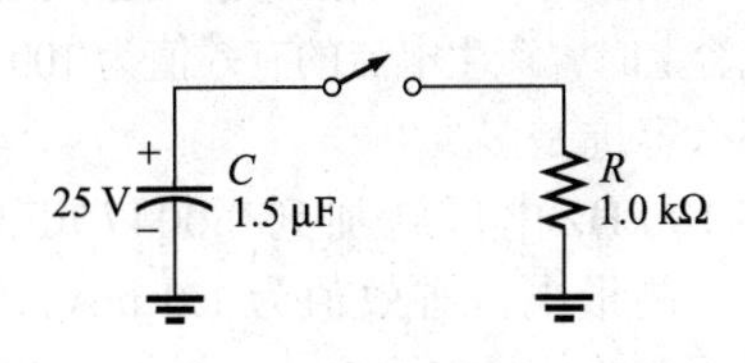


图 9-71

29 针对以下时间重做习题 27。

(a) 2.0 μs　(b) 5.0 μs

(c) 15 μs

30 针对以下时间重做习题 28。

(a) 0.5 ms　(b) 1.0 ms

(c) 2.0 ms

### 9.6 节

31 在以下各频率下，确定 0.047 μF 电容的容抗 $X_C$。

(a) 10 Hz　(b) 250 Hz

(c) 5.0 kHz　(d) 100 kHz

32 求图 9-72 中每个电路的总容抗是多少？

33 对于图 9-73 中的电路，求出每个电容的电抗、总电抗和每个电容两端的电压。

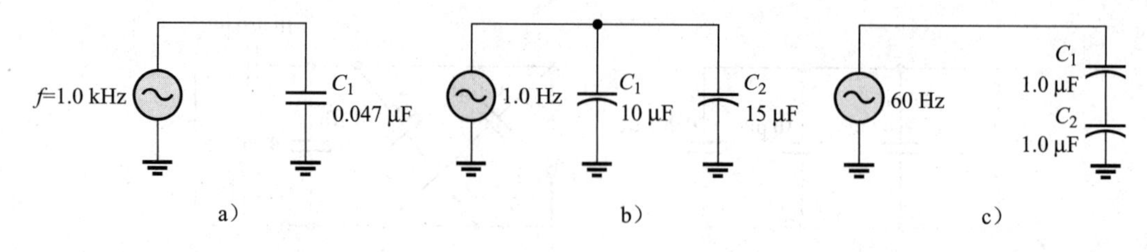


图 9-72

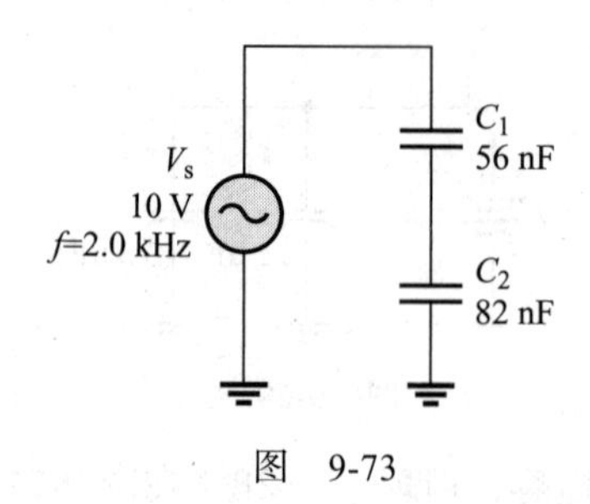


图 9-73

34 在图 9-72 的每个电路中，产生总电容 $X_{C(\mathrm{tot})}$ 为 100 Ω 所需的频率是多少？使 $X_{C(\mathrm{tot})}$ 为 100 kΩ 呢？

35 当有效值为 20 V 的正弦电压连接到某个电容上时，产生电流的有效值为 100 mA，那么容抗是多少？

36 将 10 kHz 电压施加到 0.0047 μF 电容上，测量电流有效值为 1.0 mA，那么电压有效值是多少？

37 计算习题 36 中的有功功率和无功功率。

9.7 节

38 如果另有一个电容与图 9-55 中的电源滤波电容并联，纹波电压会怎样变化？

39 理想情况下，为了消除放大器电路中 10 kHz 的交流电压，旁路电容的容抗应该是多少？

*40 两个串联电容（一个 1 μF，另一个值未知）由 12 V 电源进行充电。1 μF 电容充电至 8.0 V，另一个充电至 4.0 V，未知的电容多大？

*41 在图 9-71 中，电容 $C$ 放电到 3.0 V 需要多长时间？

*42 在图 9-70 中，电容 $C$ 充电到 8.0 V 需要多长时间？

*43 计算图 9-74 中电路的时间常数。

*44 在图 9-75 中，电容最初未充电。开关闭合 10 μs 后，电容上电压为 7.2 V，确定 $R$ 的值。

*45 (a) 当开关置于位置 1 时，图 9-76 中的电容 $C$ 未充电。开关在位置 1 保持 10 ms，然后置于位置 2，开关保持不动，试绘制电容上电压的波形。

(b) 如果开关在位置 2 停留 5.0 ms 后回到位置 1，然后留在位置 1，电容上电压波形如何变化？

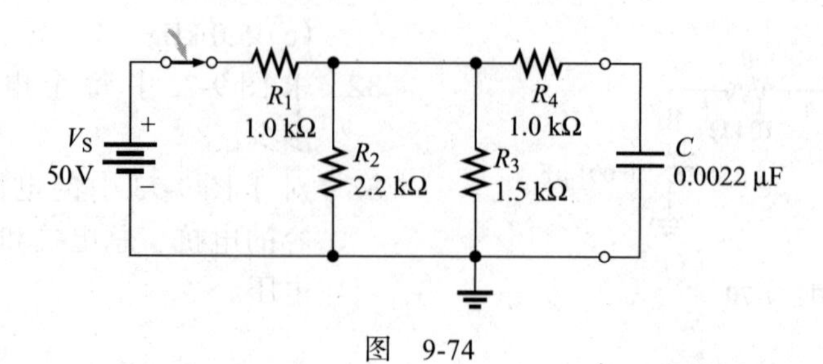


图 9-74

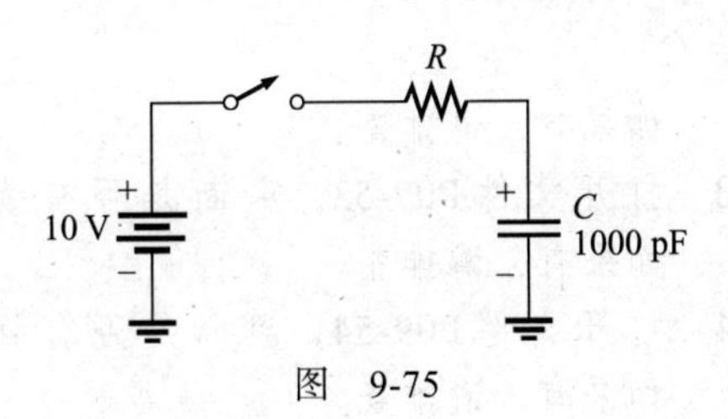

图 9-75

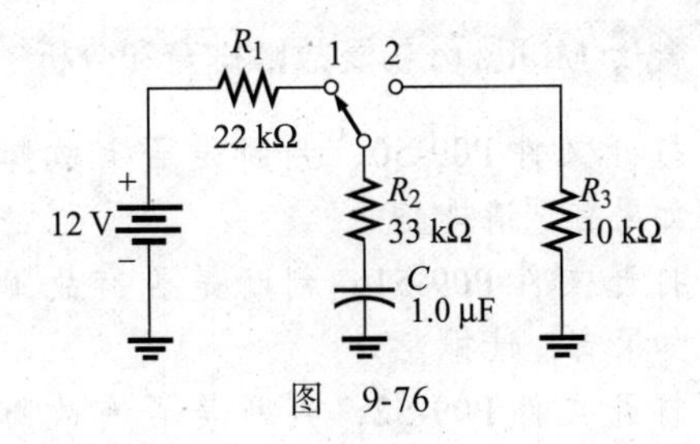

图 9-76

*46 确定图 9-77 中每个电容两端的交流电压和每个支路中的电流。

*47 计算图 9-78 中 $C_1$ 的电容。

*48 当联动开关从图 9-79 中的位置 1 跳到位置 2 时，$C_5$ 和 $C_6$ 两端的电压变化有多大？

*49 如果图 9-77 中的电容 $C_4$ 开路，请确定其他电容上的电压值。

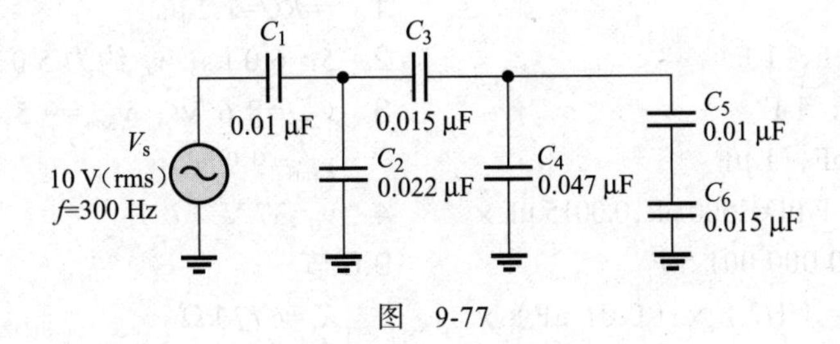

图 9-77

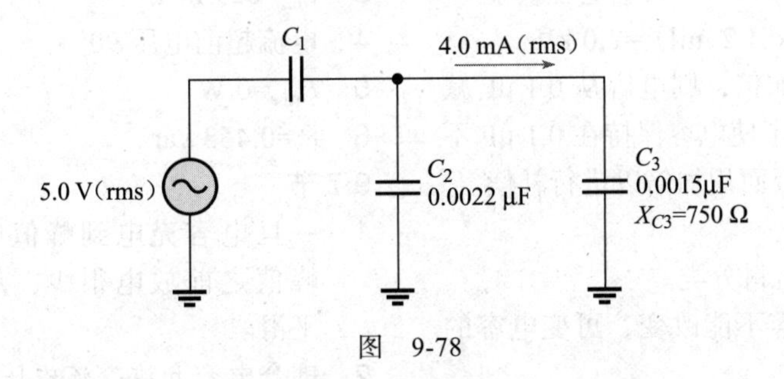

图 9-78

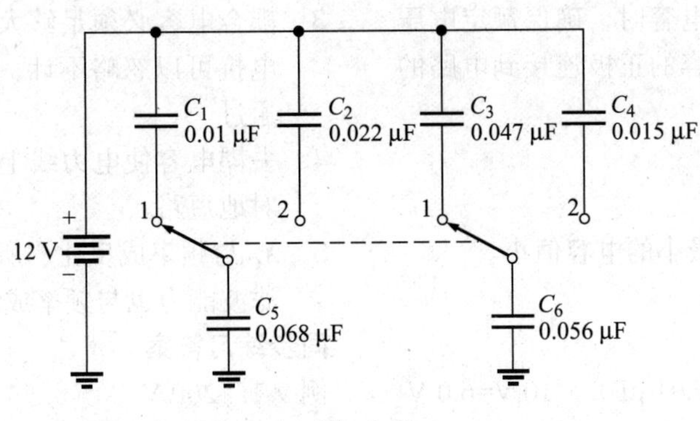

图 9-79

## Multisim 仿真故障排查和分析

50 打开文件 P09-50，判断是否有故障。如果有，请排查。

51 打开文件 P09-51，判断是否有故障。如果有，请排查。

52 打开文件 P09-52，判断是否有故障。如果有，请排查。

53 打开文件 P09-53，判断是否有故障。如果有，请排查。

54 打开文件 P09-54，判断是否有故障。如果有，请排查。

## 参考答案

### 学习效果检测答案

9.1 节

1 电容表示电容器储存电荷的能力（容量）。

2 （a）1 000 000 μF，1 F
（b）$1\times10^{12}$ pF，1 F
（c）1 000 000 pF，1 μF

3 0.0015 μF × $10^6$ pF/μF=1500 pF，0.0015 μF × $10^{-6}$ F/μF=0.000 000 001 5 F

4 $W=(1/2)CV^2=(1/2)\times(0.01\ \mu F)\times(15\ V)^2=1.125\ \mu J$

5 （a）电容增加 （b）电容减小

6 （1000 V/mil）×（2 mil）=2.0 kV

7 如果极板间距加倍，则电容从 0.1 μF 减至 0.05 μF。为了使电容保持在 0.1 μF 不变，必须将极板面积加倍以进行补偿。

9.2 节

1 电容可按介电材料分类。

2 固定电容的电容不能改变，可变电容的电容可以改变。

3 电解电容有极性。

4 当连接有极性的电容时，确保额定电压足够大，并将电容的正极连接到电路的正极。

5 正极引线应接地。

9.3 节

1 串联总电容值比最小的电容值小。

2 $C_T$=61.2 pF

3 $C_T$=0.006 μF

4 $V=(0.006\ \mu F)(0.01\ \mu F)\times10\ V=6.0\ V$

9.4 节

1 并联时单个电容相加。

2 利用 5 个 0.01 μF 电容并联得到 $C_T$=0.05 μF。

3 $C_T$=167 pF

9.5 节

1 $\tau=RC$=1.2 μs

2 $5\tau$=6.0 μs；$v_C$ 约为 5.0 V

3 $v_{2ms}$=8.6 V；$v_{3ms}$=9.5 V；$v_{4ms}$=9.8 V；$v_{5ms}$=9.9 V

4 $v_C$=37 V

9.6 节

1 $X_C$=677 kΩ

2 $f$=796 Hz

3 $I_{rms}$=629 mA

4 电流超前电压 90°

5 $P_{true}$=0 W

6 $P_r$=0.453 var

9.7 节

1 一旦电容充电到峰值电压，在下一个峰值之前放电很少，从而使整流电压平滑。

2 耦合电容允许交流电压从一点传递到另一点，但会隔离恒定的直流电压。

3 耦合电容必须足够大，使某一频率下的电抗可以忽略不计，使信号不受阻碍地通过。

4 去耦电容使电力线上的电压发生瞬变时对地短路。

5 $X_C$ 与频率成反比，所以它对交流信号的滤波能力也与频率成反比。

### 同步练习答案

例 9-1 200 V

例 9-2 0.047 μF

例 9-3 100 000 000 pF

例 9-4 62.7 pF
例 9-5 278 pF
例 9-6 1.54 μF
例 9-7 2.83 V
例 9-8 650 pF
例 9-9 0.163 μF
例 9-10 891 μs
例 9-11 8.36 V
例 9-12 8.13 V
例 9-13 0.7 ms；95 V
例 9-14 0.419 V
例 9-15 3.39 kHz
例 9-16 （a）1.83 kΩ （b）408 Ω
例 9-17 4.40 mA
例 9-18 8.72 V
例 9-19 0 W；1.01 mvar

**对 / 错判断答案**

1 对 2 错 3 对
4 错 5 对 6 对
7 错 8 对 9 错
10 错 11 错 12 对

**自我检测答案**

1（g） 2（b） 3（c）
4（d） 5（a） 6（d）
7（a） 8（f） 9（c）
10（b） 11（d） 12（a）
13（b） 14（a） 15（b）

**故障排查答案**

1（b） 2（a） 3（c）
4（a） 5（b）

# 第 10 章 RC 正弦交流电路

### 学习目标

- ▶ 描述 *RC* 串联电路中的电流和电压之间的关系
- ▶ 确定 *RC* 串联电路的阻抗和相位角
- ▶ 分析 *RC* 串联电路
- ▶ 确定 *RC* 并联电路的阻抗和相位角
- ▶ 分析 *RC* 并联电路
- ▶ 分析 *RC* 串并联电路
- ▶ 确定 *RC* 电路的功率
- ▶ 讨论 *RC* 电路的基本应用
- ▶ 排查 *RC* 电路的故障

### 应用案例概述

分析某通信系统中电容耦合放大器的频率响应的测量值。主要关注放大器的 *RC* 输入电路以及它对不同频率的响应，并将测量结果以频率响应曲线的形式记录下来。学习本章后，你应该能够完成本章的应用案例。

### 引言

*RC* 电路由电阻和电容组成，是无功电路的基本类型之一。本章将介绍 *RC* 电路、*RC* 串联电路、*RC* 并联电路、*RC* 串 – 并联电路及其对正弦电压的响应，*RC* 电路的功率和额定功率的实际应用。本章为如何简单地组合电阻和电容以构成三种 *RC* 应用电路提供思路，并介绍 *RC* 电路常见故障的处理方法。

分析无功电路的方法与分析直流电路的方法类似，只能在一个频率下使用相量进行分析。

## 10.1 *RC* 串联电路的正弦响应

当正弦交流电压施加到 *RC* 串联电路上时，电路中的响应电压与电流也都是正弦的，且与施加的电源电压频率相同。电容可引起电压与电流之间的相移，其大小取决于电阻和容抗的相对值。

在图 10-1 所示 *RC* 串联电路中，电阻电压（$V_R$）、电容电压（$V_C$）和电流（$I$）均为与电源同频率的正弦波。由于电容的存在，出现了相移。电阻上的电压与电流同相，并与电源电压同相。电容上的电压滞后于电源电压。电流与电容电压之间的相位差始终是 90°，如图 10-1 所示。

电压和电流的大小和相位关系取决于电阻和容抗值。当电路为纯电阻电路时，电源电压与总电流之间的相位差为零；当电路为纯容性电路时，电源电压与总电流的相位差为 90°，且电流超前于电压；当电路中同时存在电阻和电容时，电源电压与总电流的相位差介于 0° ～ 90° 之间，具体取决于电阻和容抗的相对值。

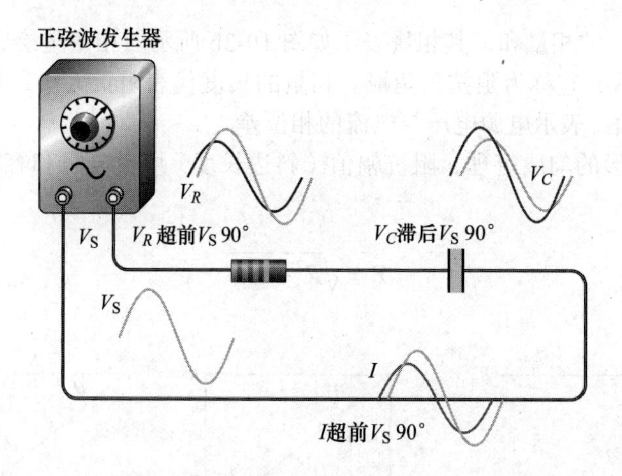


图 10-1　$V_R$、$V_C$ 和 $I$ 相对于电源电压的相位关系。$V_R$ 和 $I$ 同相，$V_R$ 和 $V_C$ 相差 90°

**学习效果检测**

1. 一个频率 60 Hz 的正弦电压施加于 *RC* 电路上，电容电压的频率为多少？电流的频率为多少？

2. *RC* 串联电路中是什么引起了电源电压 $V_S$ 和电流 $I$ 的相位差？

3. 当 *RC* 串联电路中的电阻大于容抗时，电源电压与总电流之间的相位差是接近 0° 还是接近 90°？

## 10.2　*RC* 串联电路的阻抗和相位角

在不含电抗的电路中，阻碍电流的就是电阻。在既有电阻又有电抗的电路中，由于电抗的存在以及由此产生的相移，对电流的阻碍作用更为复杂。本节介绍的阻抗是阻碍交流电流的原因，也是发生相移的原因。

*RC* 串联电路的**阻抗**由电阻和容抗组成，单位为欧姆（Ω）。**相位角**是指总电流和电源电压之间的相位差。

在纯电阻电路中，阻抗直接等于总电阻；在纯容性电路中，阻抗就是总容抗；而在 *RC* 串联电路中，阻抗取决于电阻（$R$）与容抗（$X_C$）。上述情况如图 10-2 所示。阻抗用符号 $Z$ 表示。

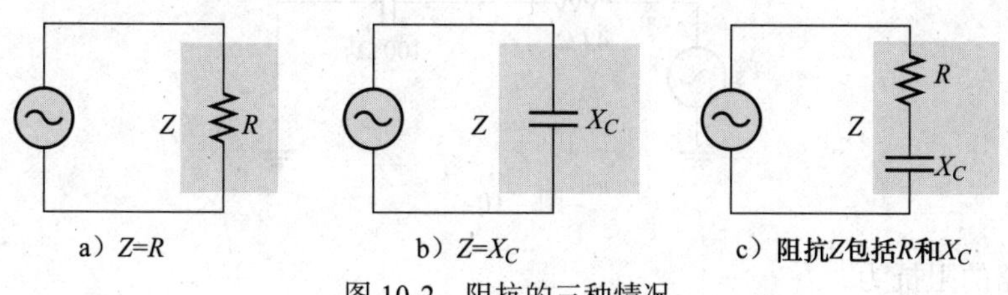


图 10-2　阻抗的三种情况

在交流电路分析中，$R$ 和 $X_C$ 都作为**相量**[㊀]处理，如图 10-3a 所示。$X_C$ 相对于 $R$ 的角度为 −90°，该关系是因为 *RC* 串联电路中的电容电压滞后于电流 90°，从而也滞后于电阻电

---

㊀ 本书中涉及交流电路分析的物理量，如 $X_C$、$R$、$Z$ 等，是相量。原书中不使用黑斜体标注这些量，本书遵照此设定，因为相关的运算与公式都是分别计算相量的幅值与相位角，不涉及相量的指数或复数运算。但在讨论这些概念时，请读者将其视为相量。——译者注

压 90°。$Z$ 是 $R$ 和 $X_C$ 的相量和，其相量表示如图 10-3b 所示。相量重绘后组成一个直角三角形，如图 10-3c 所示，它称为**阻抗三角形**。相量的长度代表阻抗大小，单位为 Ω。而角度 $\theta$ 为 $RC$ 电路的相位角，表示电源电压与电流的相位差。

根据直角三角形的勾股定理，阻抗幅值（斜边长度）可由电阻和容抗的直角关系表示，如图 10-4 所示。

$$Z=\sqrt{R^2+X_C^2} \tag{10-1}$$

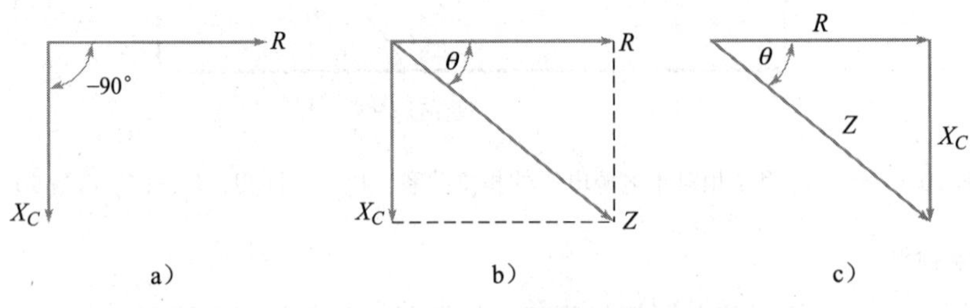


图 10-3 *RC* 串联电路的阻抗三角形的推演

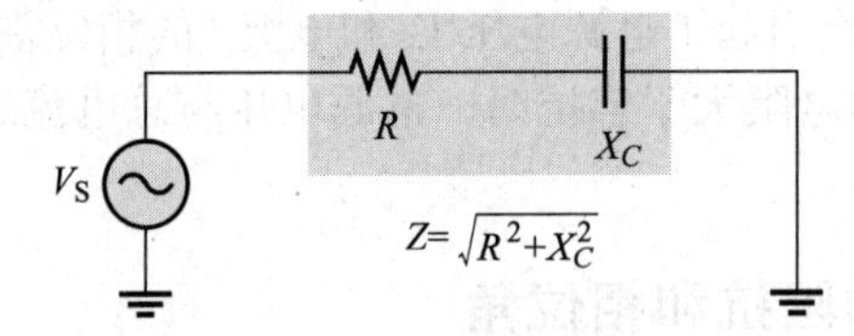


图 10-4 *RC* 串联电路的阻抗

相位角 $\theta$ 如式（10-2）所示。

$$\theta=\arctan\left(\frac{X_C}{R}\right) \tag{10-2}$$

符号 arctan 表示反正切，在大多数计算器上都可以通过相应的按键来计算。

**例 10-1** 求图 10-5 所示 $RC$ 电路的阻抗和相位角，并画出阻抗三角形。

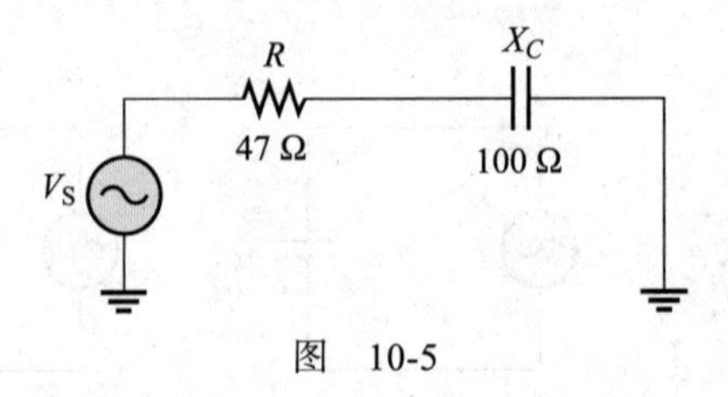


图 10-5

**解** 电路的阻抗为

$$Z=\sqrt{R^2+X_C^2}=\sqrt{(47\ \Omega)^2+(100\ \Omega)^2}=110\ \Omega$$

相位角为

$$\theta=\arctan\left(\frac{X_C}{R}\right)=\arctan\left(\frac{100\ \Omega}{47\ \Omega}\right)=\arctan 2.13=64.8°$$

电源电压滞后于电流 64.8°。阻抗三角形如图 10-6 所示。

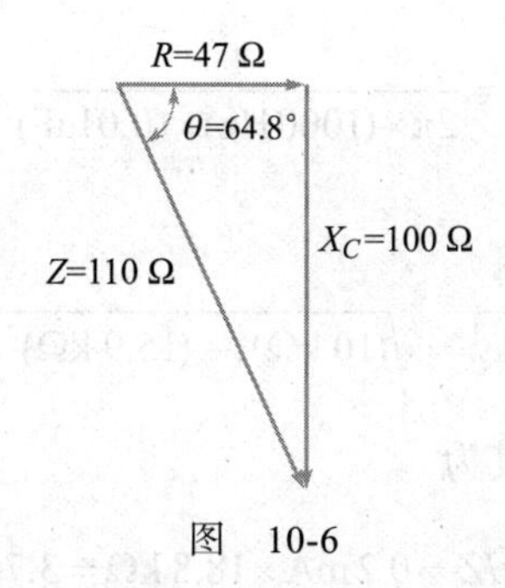


图　10-6

**同步练习**　在图 10-5 中 $R$=1.0 kΩ，$X_C$=2.2 kΩ，求 $Z$ 和 $\theta$。

采用科学计算器完成例 10-1 的计算。

**学习效果检测**

1. 什么是阻抗？
2. 在 $RC$ 串联电路中，电源电压是超前还是滞后于电流？
3. 在 $RC$ 串联电路中，是什么导致了相位角？
4. 一个 $RC$ 串联电路，电阻为 33 kΩ，容抗为 50 kΩ。阻抗为多少？相位角是多少？

## 10.3　*RC* 串联电路的分析

欧姆定律和基尔霍夫电压定律可用于分析 $RC$ 串联电路，计算电压、电流和阻抗。此外，本节将讨论超前与滞后的 $RC$ 电路。

### 10.3.1　欧姆定律

在 $RC$ 串联电路中应用欧姆定律，涉及相量 $Z$、$V$ 和 $I$ 的使用。欧姆定律的 3 种形式如式（10-3）、式（10-4）和式（10-5）表示：

$$V = IZ \tag{10-3}$$

$$I = \frac{V}{Z} \tag{10-4}$$

$$Z = \frac{V}{I} \tag{10-5}$$

用下面两个例子来说明欧姆定律的应用。

**例 10-2**　在图 10-7 中电流为 0.2 mA。求电源电压和相位角，并画出阻抗三角形。

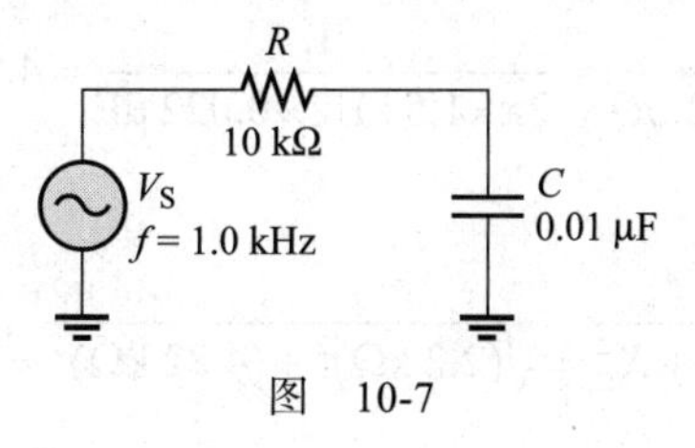


图　10-7

**解** 电路的容抗为

$$X_C = \frac{1}{2\pi fC} = \frac{1}{2\pi \times (1000\,\text{Hz}) \times (0.01\mu\text{F})} = 15.9\,\text{k}\Omega$$

阻抗为

$$Z = \sqrt{R^2 + X_C^2} = \sqrt{(10\,\text{k}\Omega)^2 + (15.9\,\text{k}\Omega)^2} = 18.8\,\text{k}\Omega$$

应用欧姆定律计算电压 $V_S$，其为

$$V_S = IZ = 0.2\,\text{mA} \times 18.8\,\text{k}\Omega = 3.76\,\text{V}$$

相位角为

$$\theta = \arctan\left(\frac{X_C}{R}\right) = \arctan\left(\frac{15.9\,\text{k}\Omega}{10\,\text{k}\Omega}\right) = 57.9°$$

电源电压的幅值为 3.76 V，滞后电流 57.9°，阻抗三角形如图 10-8 所示。

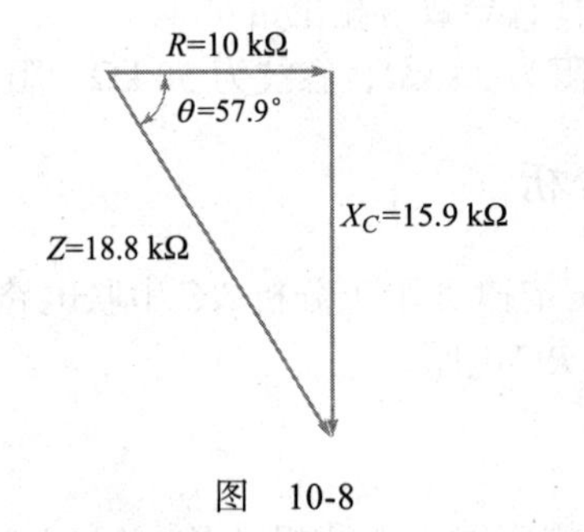


图 10-8

**同步练习** 如果 $f$=2.0 kHz，$I$=200 μA，求图 10-7 中的 $V_S$。

采用科学计算器完成例 10-2。

**例 10-3** 求图 10-9 所示 $RC$ 电路的电流。

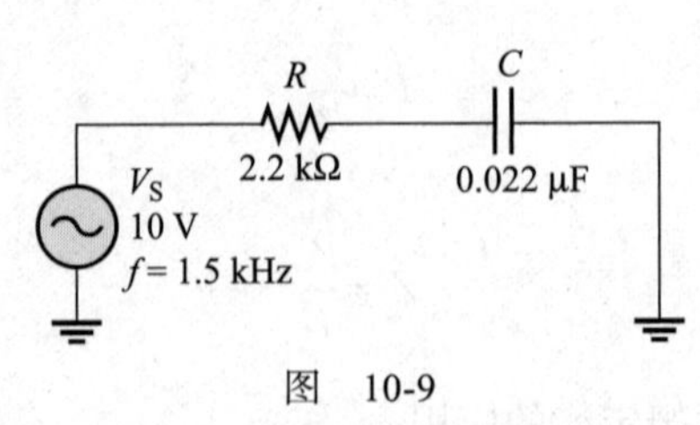


图 10-9

**解** 电路的容抗为

$$X_C = \frac{1}{2\pi fC} = \frac{1}{2\pi \times 1.5\,\text{kHz} \times 0.022\,\mu\text{F}} = 4.82\,\text{k}\Omega$$

阻抗为

$$Z = \sqrt{R^2 + X_C^2} = \sqrt{(2.2\,\text{k}\Omega)^2 + (4.82\,\text{k}\Omega)^2} = 5.30\,\text{k}\Omega$$

应用欧姆定律计算电流为

$$I=\frac{V}{Z}=\frac{10\ \mathrm{V}}{5.30\ \mathrm{k\Omega}}=1.89\ \mathrm{mA}$$ ◀

**同步练习**　求图 10-9 中 $V_S$ 和 $I$ 的相位差。

采用科学计算器完成例 10-3 的计算。

**Multisim 仿真**

打开 Multisim 或 LTspice 文件 E10-03 校验本例的计算结果。

### 10.3.2　电压与电流的相位关系

*RC* 串联电路中，流经电阻和电容的电流相同。因此，电阻电压与电流同相，电容电压滞后于电流 90°。因此，电阻电压 $V_R$ 与电容电压 $V_C$ 之间存在 90° 的相位差，如图 10-10 所示。

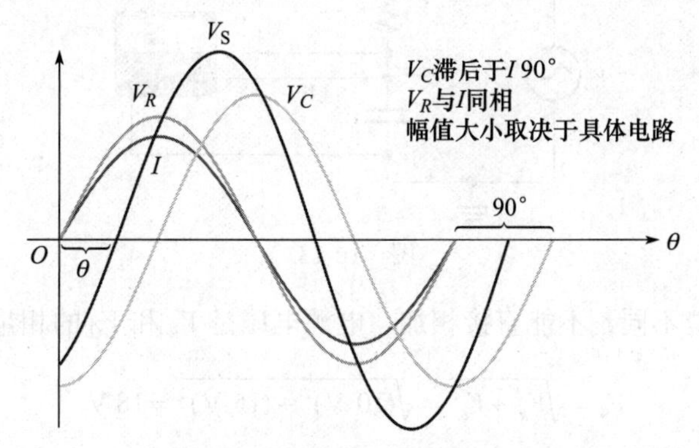


图 10-10　*RC* 串联电路中电压与电流的相位关系（见彩插）

根据基尔霍夫电压定律，电压降之和等于电源电压。但是，由于 $V_R$ 和 $V_C$ 彼此相差 90°，$V_C$ 滞后于 $V_R$，所以必须进行相量求和，如图 10-11a 所示。在图 10-11b 中，$V_S$ 为 $V_R$ 和 $V_C$ 的相量和可表示为

$$V_S=\sqrt{V_R^2+V_C^2} \tag{10-6}$$

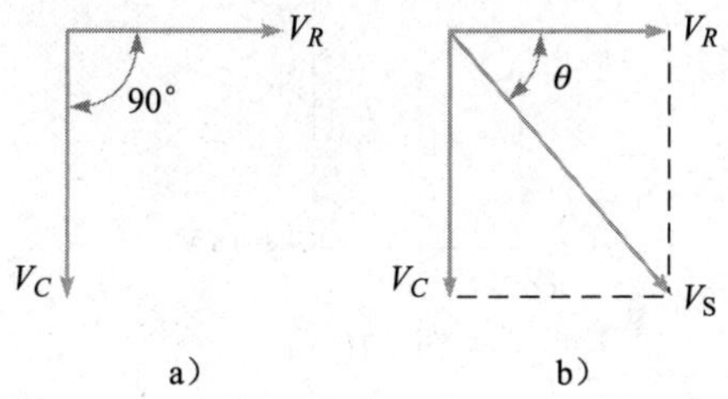

a）　　b）

图 10-11　图 10-10 所示波形的电压相量图

电阻上电压与电源电压的相位角关系如下所示。

$$\theta=\arctan\left(\frac{V_C}{V_R}\right) \tag{10-7}$$

由于电阻电压与电流同相，因此式（10-7）中的 $\theta$ 也表示电源电压与电流之间的相位角，它等于 arctan $(X_C/R)$。

图 10-12 给出了图 10-10 所示波形的电压与电流的相量图。

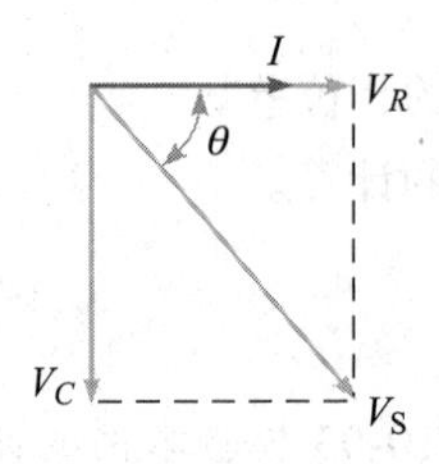


图 10-12 图 10-10 所示波形的电压和电流的相量图

**例 10-4** 求图 10-13 所示电路的电源电压和相位角，并画出电压相量图。

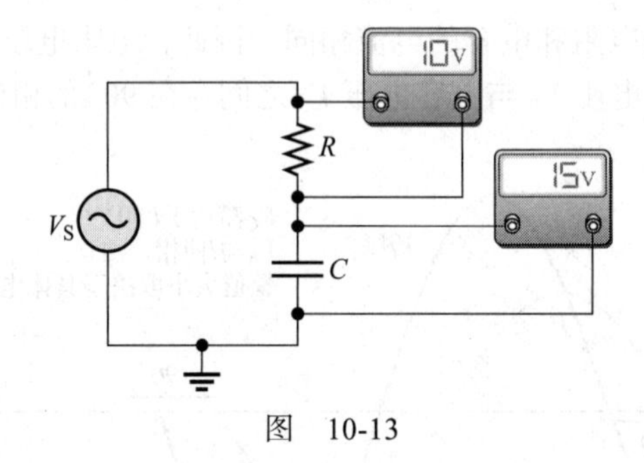


图 10-13

**解** $V_R$ 和 $V_C$ 相位不同，不能直接相加。电源电压是 $V_R$ 和 $V_C$ 的相量和。

$$V_S = \sqrt{V_R^2 + V_C^2} = \sqrt{(10\text{ V})^2 + (15\text{ V})^2} = 18\text{ V}$$

电阻上电压与电源电压之间的相位角为：

$$\theta = \arctan\left(\frac{V_C}{V_R}\right) = \arctan\left(\frac{15\text{ V}}{10\text{ V}}\right) = 56.3°$$

电压相量图如图 10-14 所示。

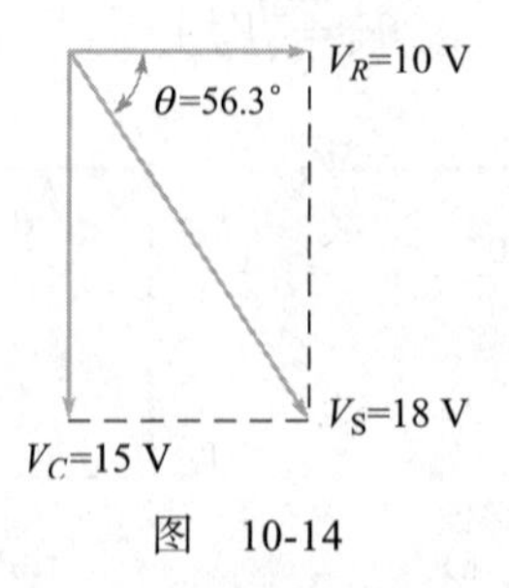


图 10-14 ◀

**同步练习** 某 *RC* 串联电路 $V_S$=10 V，$V_R$=7.0 V，求 $V_C$。

采用科学计算器完成例 10-4 的计算。

### 10.3.3 频率对阻抗和相位角的影响

容抗与频率成反比。因为 $Z = \sqrt{R^2 + X_C^2}$，所以，当频率降低时，$X_C$ 增加，容抗增加，总阻抗幅值也将增加；反之，频率增加时，$X_C$ 减小，容抗减小，总阻抗幅值也将减小。因此，在 RC 串联电路中，Z 的大小与频率的变化趋势相反。

图 10-15 说明了电源电压有效值保持不变时，RC 串联电路中的电压和电流如何随着频率的变化而变化，在图 10-15a 中，随着频率的增加，$X_C$ 减小，电容上的电压也减小。同时，Z 随着 $X_C$ 的减小而减小，这导致电流增大，而电流的增大会使 R 上的电压增加。

图 10-15b 表明，随着频率的降低，$X_C$ 增加，电容两端的电压也增加。同时，Z 随着 $X_C$ 的增加而增加，导致电流减少。电流的减小会使 R 上的电压减小。

Z 和 $X_C$ 的变化可以用图 10-16 来说明。当频率增加时，由于 $V_S$ 恒定（$V_S=V_Z$），Z 上的电压保持不变。同时，电容 C 上电压会减小。根据欧姆定律（$Z=V_Z/I$）的反比关系，电流增加说明 Z 在减小。电流增加也说明 $X_C$ 在减小（$X_C=V_C/I$）。$V_C$ 的减小与 $X_C$ 的减小相对应。

$X_C$ 是 RC 串联电路出现相位角的原因，$X_C$ 变化会引起相位角的变化。随着频率的增加，$X_C$ 变小，相位角减小（见图 10-17）。随着频率的降低，$X_C$ 变大，相位角增大。因为 I 和 $V_R$ 同相位，故 $V_S$ 和 $V_R$ 之间的夹角是电路的相位角。

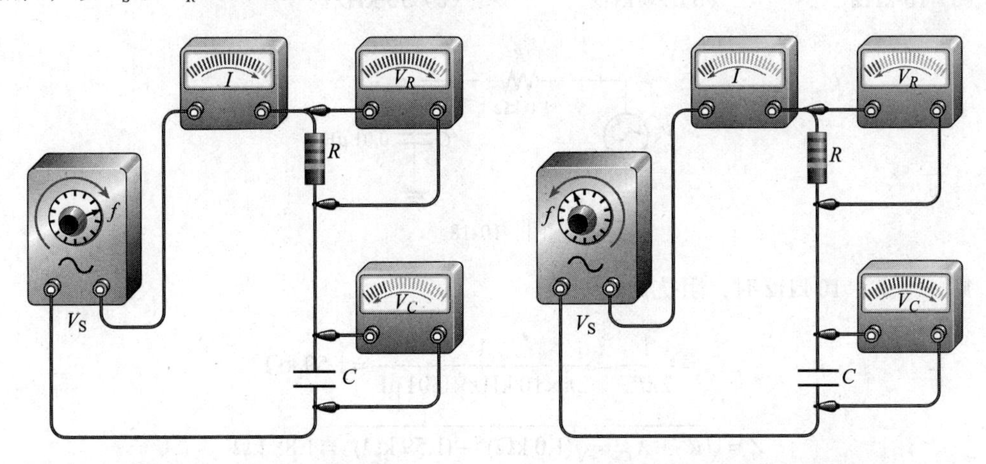


a）当频率增加时，Z随着$X_C$减小而减小，这导致I和$V_R$增加，$V_C$减小

b）当频率减小时，Z随着$X_C$增加而增加，这导致I和$V_R$减小，$V_C$增加

图 10-15　阻抗随着电源频率的变化而变化，影响电压和电流（其中电源电压大小保持不变）

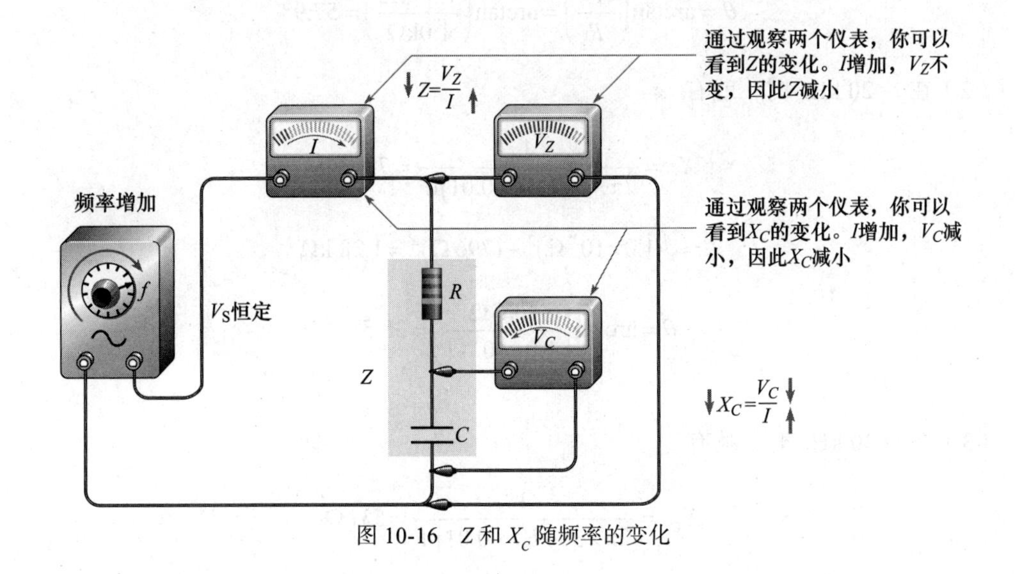


图 10-16　Z 和 $X_C$ 随频率的变化

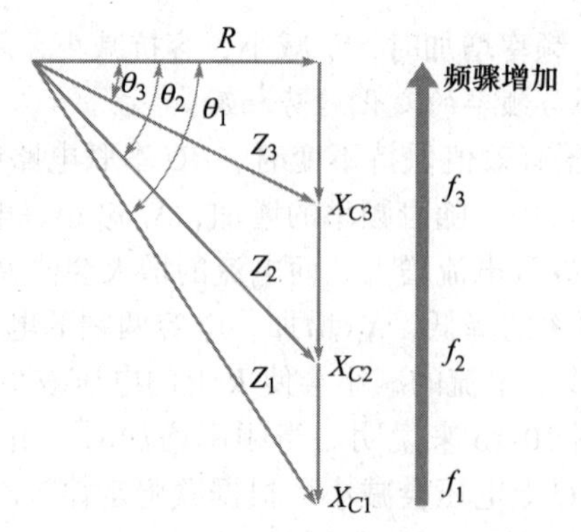


图 10-17 随着频率增加，$X_C$ 减小，$Z$ 减小，$\theta$ 减小。你可以将每个频率的阻抗值看作一个不同的阻抗三角形

**例 10-5** 在图 10-18 所示 $RC$ 串联电路中，求在下列各频率时的阻抗和相位角。

（a）10 kHz （b）20 kHz （c）30 kHz

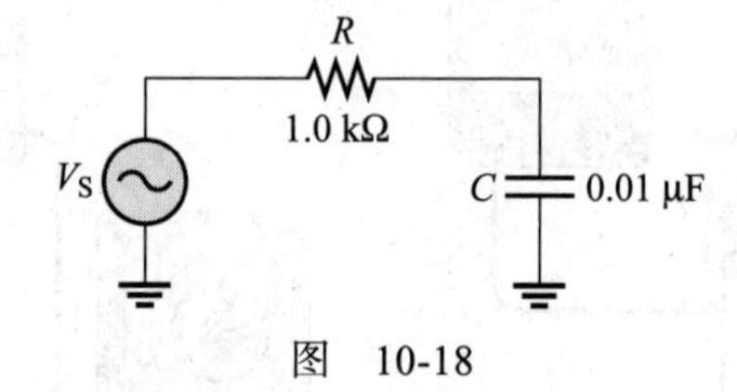


图 10-18

**解** （1）$f$=10 kHz 时，阻抗计算如下。

$$X_C=\frac{1}{2\pi fC}=\frac{1}{2\pi\times 10\text{ kHz}\times 0.01\,\mu\text{F}}=1.59\text{ k}\Omega$$

$$Z=\sqrt{R^2+X_C^2}=\sqrt{(1.0\text{ k}\Omega)^2+(1.59\text{ k}\Omega)^2}=1.88\text{ k}\Omega$$

相位角为

$$\theta=\arctan\left(\frac{X_C}{R}\right)=\arctan\left(\frac{1.59\text{k}\Omega}{1.0\text{k}\Omega}\right)=57.9^\circ$$

（2）在 $f$=20 kHz 时，就有

$$X_C=\frac{1}{2\pi\times 20\text{ kHz}\times 0.01\,\mu\text{F}}=796\,\Omega$$

$$Z=\sqrt{(1.0\times 10^3\,\Omega)^2+(796\,\Omega)^2}=1.28\text{ k}\Omega$$

$$\theta=\arctan\left(\frac{796\,\Omega}{1.0\times 10^3\,\Omega}\right)=38.5^\circ$$

（3）在 $f$=30 kHz 时，就有

$$X_C=\frac{1}{2\pi\times 30\text{ kHz}\times 0.01\,\mu\text{F}}=531\,\Omega$$

$$Z=\sqrt{(1.0\,\text{k}\Omega)^2+(531\,\Omega)^2}=1.13\,\text{k}\Omega$$

$$\theta=\arctan\left(\frac{531\,\Omega}{1.0\times10^3\,\Omega}\right)=27.9°$$

注意：随着频率的增加，$X_C$、$Z$、$\theta$ 均减少。◀

**同步练习** 求 $f$=1.0 kHz 时，图 10-18 所示电路的总阻抗与阻抗角。

采用科学计算器完成例 10-5 的计算。

### 10.3.4 RC 滞后电路

*RC* **滞后电路**是一种移相电路，其中输出电压滞后于输入电压某一角度 $\phi$。移相电路通常被用于电子通信系统中。

一个基本的 *RC* 滞后电路如图 10-19a 所示。相位角 $\theta$ 是电源（输入）电压和电流之间的夹角。就电压而言，该相位角相当于是 $V_{in}$ 和 $V_R$ 之间的夹角，因为电流和电压在电阻上是同相的。输出电压跨接于电容两端，因此 $V_C$ 的相位滞后于 $V_{in}$ 的角度为 90°−$\theta$，该角度表示输入（$V_{in}$）和输出（$V_{out}$）之间的相位差，用 $\phi$ 表示，如图 10-19b 所示。

$\theta$=arctan（$X_C/R$），相位滞后角 $\phi$ 为

$$\phi=90°-\arctan\left(\frac{X_C}{R}\right) \tag{10-8}$$

滞后电路的输入输出电压波形如图 10-19c 所示。输入与输出之间的相位滞后角取决于电阻和容抗值。输出电压的大小也取决于这些值。

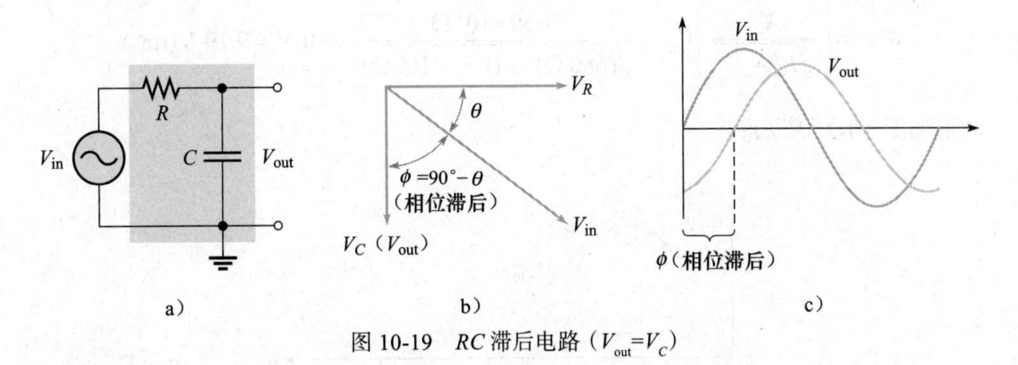


图 10-19 *RC* 滞后电路（$V_{out}$=$V_C$）

**例 10-6** 滞后电路如图 10-20 所示，求输出电压滞后于输入电压的相位角。

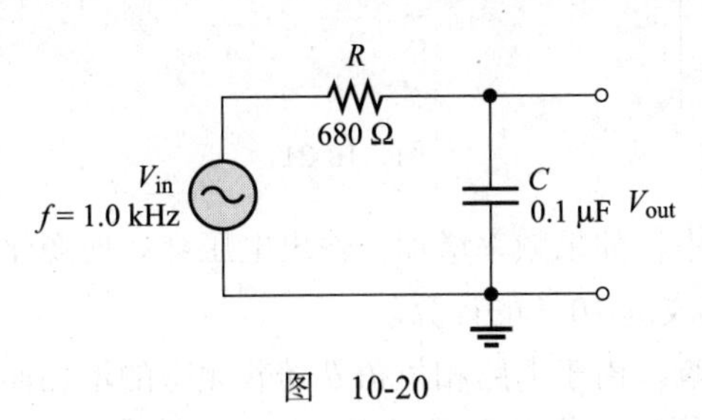


图 10-20

**解** 先求电路容抗值。

$$X_C = \frac{1}{2\pi fC} = \frac{1}{2\pi \times 1.0\ \text{kHz} \times 0.1\ \mu\text{F}} = 1.59\ \text{k}\Omega$$

输出滞后于输入的相位角为

$$\phi = 90° - \arctan\left(\frac{X_C}{R}\right) = 90° - \arctan\left(\frac{1.59 \times 10^3\ \Omega}{680\ \Omega}\right) = 23.1°$$

输出电压滞后输入电压 23.1°。◀

**同步练习** 在滞后电路中，如果频率增加，滞后相位角会如何变化？

采用科学计算器完成例 10-6 的计算。

相位滞后电路可以看作是一个分压器，输入电压的一部分落在 $R$ 上，一部分落在 $C$ 上。输出电压可以用下面的公式来确定：

$$V_{out} = \left(\frac{X_C}{\sqrt{R^2 + X_C^2}}\right) V_{in} \tag{10-9}$$

由于 $X_C$ 在直流和低频交流时相当于开路，在高频交流时相当于短路，相位滞后电路也可看作**低通滤波器**，使直流和低频信号通过而将高频信号接地。在第 19 章中，你将学习低通有源滤波器，它比只使用无源元件（如电阻和电容）的无源滤波器有更好的频率响应。

**例 10-7** 对于图 10-20 所示滞后电路，求输入电压有效值为 10 V 时输出电压为多少。画出输入和输出波形，显示二者正确关系。容抗 $X_C$ 为 1.59 kΩ，$\phi$=23.1°。

**解** 用式（10-9）求解图 10-20 所示滞后电路的输出电压。

$$V_{out} = \left(\frac{X_C}{\sqrt{R^2 + X_C^2}}\right) V_{in} = \frac{1.59 \times 10^3\ \Omega}{\sqrt{(680\ \Omega)^2 + (1.59 \times 10^3\ \Omega)^2}} \times 10\ \text{V} = 9.19\ \text{V(rms)}$$

波形如图 10-21 所示。

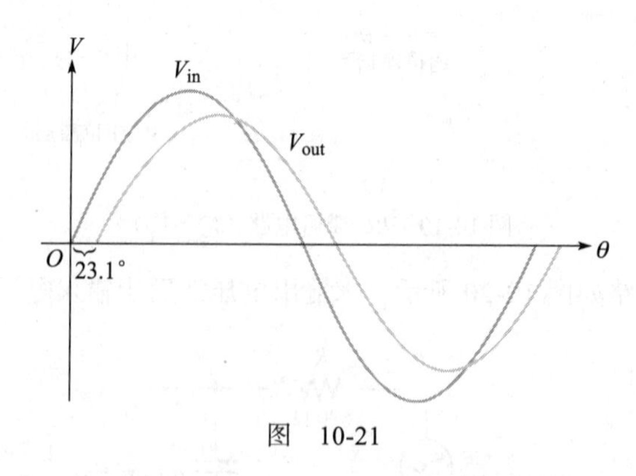


图 10-21 ◀

**同步练习** 滞后电路中，如果频率增加，输出电压会如何变化。

采用科学计算器完成例 10-7 的计算。

**频率对滞后电路的影响** 由于电路相位角 $\theta$ 随着频率的增加而减小，所以输入和输出电压之间的相位滞后角 $\phi$ 会增大。你可以通过式（10-8）看出这种关系。同理，输出电压 $V_{out}$ 随着频率的增加而减小，因为 $X_C$ 变小，输入电压落在电容上的电压也变小。

### 10.3.5 RC 超前电路

**RC 超前电路**是一种移相电路，其输出电压超前于输入电压某个角度 $\phi$。基本 $RC$ 超前电路如图 10-22a 所示。注意它与滞后电路的区别。此处输出电压跨接在电阻两端。电压关系如图 10-22b 所示。输出电压 $V_{out}$ 超前于 $V_{in}$ 的角度与电路的相位角相同，因为 $V_R$ 和 $I$ 彼此同相。

在示波器上显示输入输出电压的波形时，可以观察到如图 10-22c 所示的关系。当然，具体的相位超前量与输出电压的大小取决于 $R$ 和 $X_C$ 的值。超前相位角 $\phi$ 如式（10-10）所示。

$$\phi = \arctan\left(\frac{X_C}{R}\right) \tag{10-10}$$

输出电压可表示为

$$V_{out} = \left(\frac{X_C}{\sqrt{R^2 + X_C^2}}\right)V_{in} \tag{10-11}$$

因为 $X_C$ 在直流下相当于开路，其值随着频率的增加而减小，所以相位超前电路也被称为**高通滤波器**，其阻断直流或低频信号而通过高频信号。在第 19 章中，你将学习高通有源滤波器，它比只使用电阻和电容等无源元件的无源滤波器有更好的频率响应。

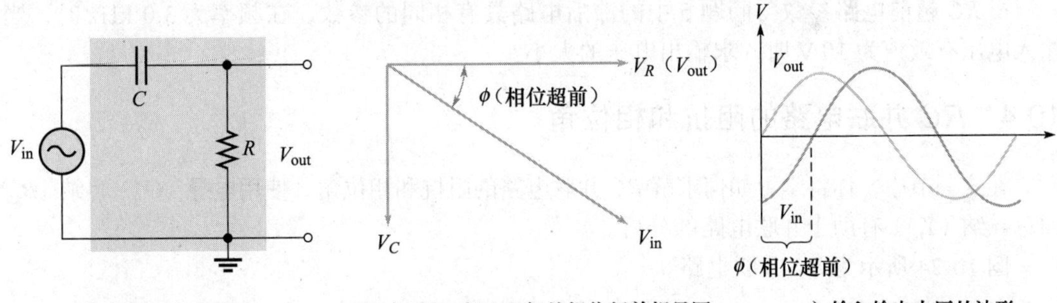


图 10-22 RC 超前电路（$V_{out}=V_R$）

**例 10-8** 计算图 10-23 所示电路的超前相位角及输出电压。

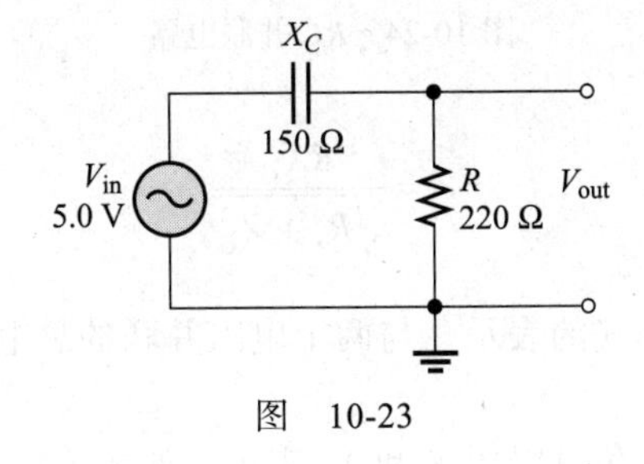


图 10-23

**解** 超前相位角为

$$\phi = \arctan\left(\frac{X_C}{R}\right) = \arctan\left(\frac{150\,\Omega}{220\,\Omega}\right) = 34.3°$$

输出电压超前于输入电压 34.3°。

利用式（10-11）求输出电压，可得

$$V_{\text{out}}=\left(\frac{R}{\sqrt{R^2+X_C^2}}\right)V_{\text{in}}=\frac{220\,\Omega}{\sqrt{(220\,\Omega)^2+(150\Omega)^2}}\times 5.0\text{ V}=4.13\text{V}$$ ◀

**同步练习** 在图 10-23 所示电路中，电阻 $R$ 增加时，相位角与输出电压将会如何变化？

▦ 采用科学计算器完成例 10-8 的计算。

**频率对超前电路的影响** 由于超前相位角与电路相位角 $\theta$ 相同，所以超前相位角随着频率的增加而减小。输出电压随着频率增加而增加，因为随着 $X_C$ 变小，输入电压会更多地落在电阻上。

**学习效果检测**

1. 某 $RC$ 串联电路中，$V_R$=4.0 V，$V_C$=6.0 V。电源电压是多少？
2. 问题 1 中，电源电压和电流之间的相位差是多少？
3. $RC$ 串联电路中，电容电压和电阻电压之间的相位差是多少？
4. $RC$ 串联电路中电源电压的频率增加时，以下各量分别如何变化？

（1）容抗　　　（2）阻抗　　　（3）相位角

5. 某 $RC$ 滞后电路由一个 4.7 kΩ 的电阻和一个 0.022 μF 的电容组成。求 3.0 kHz 的频率下，输出电压与输入电压之间的滞后相位角。
6. $RC$ 超前电路参数与问题 5 中的滞后电路具有相同的参数。在频率为 3.0 kHz 时，当输入电压有效值为 10 V 时，求输出电压的大小？

## 10.4 *RC* 并联电路的阻抗和相位角

在这一节中，你将学习如何求解 $RC$ 并联电路的阻抗和相位角，使用电导（$G$）、容纳（$B_C$）和总导纳（$Y_{\text{tot}}$）有助于并联电路的分析。

图 10-24 所示为 $RC$ 并联电路。

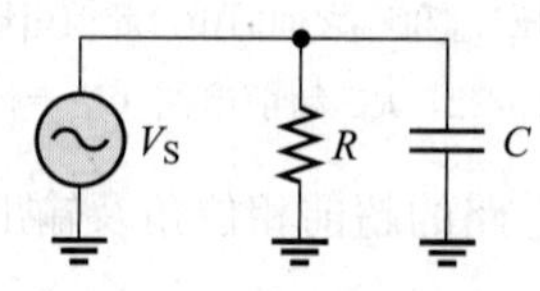


图 10-24 $RC$ 并联电路

$$Z=\frac{RX_C}{\sqrt{R^2+X_C^2}} \tag{10-12}$$

式中的阻抗为“积除以和”形式的表示，与两个电阻并联的总电阻表达式相似。此时，分母是 $R$ 和 $X_C$ 的相量和。

电源电压与总电流的相位角可以用 $R$ 和 $X_C$ 表示，如式（10-13）所示。

$$\theta=\arctan\left(\frac{R}{X_C}\right) \tag{10-13}$$

式（10-13）由 10.5 节介绍的式（10-22）推导而来。

**例 10-9**　对于图 10-25 所示各电路，求取它们的阻抗与相位角。

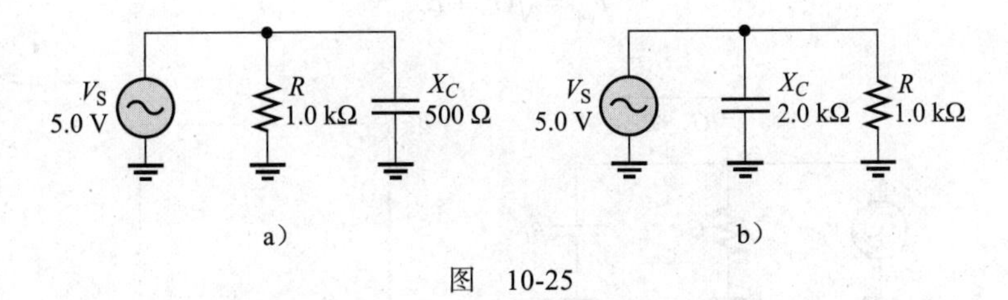


图　10-25

**解**　对于图 10-25a 所示电路，阻抗和相位角分别为

$$Z=\frac{RX_C}{\sqrt{R^2+X_C^2}}=\frac{1.0\times10^3\,\Omega\times500\,\Omega}{\sqrt{(1.0\times10^3\Omega)^2+(500\,\Omega)^2}}=447\,\Omega$$

$$\theta=\arctan\left(\frac{R}{X_C}\right)=\arctan\left(\frac{1.0\times10^3\,\Omega}{500\,\Omega}\right)=63.4°$$

对于图 10-25b 所示电路，就有

$$Z=\frac{1.0\,\text{k}\Omega\times2.0\,\text{k}\Omega}{\sqrt{(1.0\,\text{k}\Omega)^2+(2.0\,\text{k}\Omega)^2}}=894\,\Omega$$

$$\theta=\arctan\left(\frac{1.0\,\text{k}\Omega}{2.0\,\text{k}\Omega}\right)=26.6°$$ ◀

**同步练习**　如果图 10-25a 所示电路的频率增加一倍，求 $Z$。

▦ 采用科学计算器完成例 10-9 的计算。

## 电导、容纳和导纳

回顾一下，**电导**（$G$）是电阻的倒数，如式（10-14）所示。

$$G=\frac{1}{R} \tag{10-14}$$

现在引入两个分析 $RC$ 并联电路的新术语。正如电纳是电抗的倒数一样，**容纳**（$B_C$）为容抗的倒数，它可以衡量电容允许电流通过的能力，如式（10-15）所示。

$$B_C=\frac{1}{X_C} \tag{10-15}$$

**导纳**（$Y$）是阻抗的倒数，如式（10-16）所示。

$$Y=\frac{1}{Z} \tag{10-16}$$

这三个量的单位都是西门子（S），也是欧姆（Ω）的倒数。

用电导（$G$）、容纳（$B_C$）和导纳（$Y$）分析并联电路比用电阻（$R$）、容抗（$X_C$）和阻抗（$Z$）更容易。在图 10-26a 所示 $RC$ 并联电路中，总导纳是电导和容纳的相量和，如图 10-26b

所示。

$$Y_{\text{tot}} = \sqrt{G^2 + B_C^2} \qquad (10\text{-}17)$$

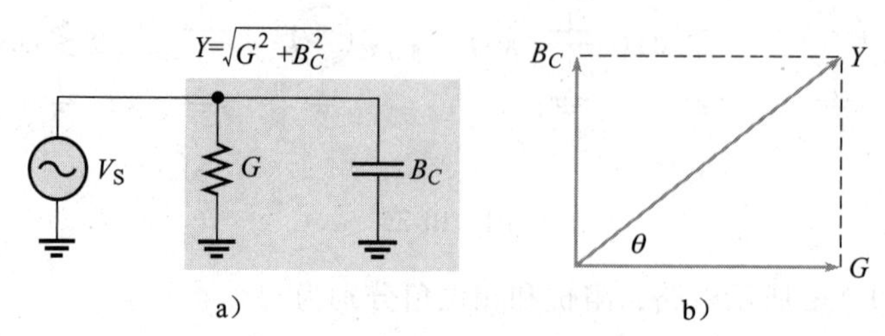


图 10-26 *RC* 并联电路的导纳

**例 10-10** 求图 10-27 所示电路的总导纳，并把它转换为阻抗。

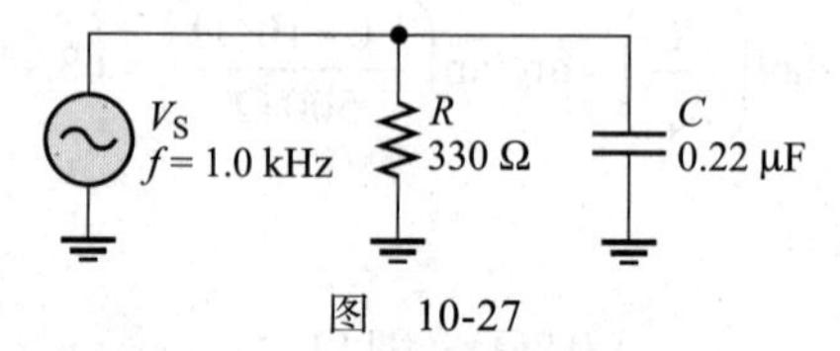


图 10-27

**解** 要求解 $Y$，先计算 $G$ 和 $B_C$ 的值。由于 $R$=330 Ω，则有

$$G = \frac{1}{R} = \frac{1}{330\ \Omega} = 3.03\ \text{mS}$$

电路的容抗为

$$X_C = \frac{1}{2\pi fC} = \frac{1}{2\pi \times 1.0\ \text{kHz} \times 0.22\ \mu\text{F}} = 723\ \Omega$$

容纳为

$$B_C = \frac{1}{X_C} = \frac{1}{723\ \Omega} = 1.38\ \text{mS}$$

因此，总导纳为

$$Y_{\text{tot}} = \sqrt{G^2 + B_C^2} = \sqrt{(3.03\ \text{mS})^2 + (1.38\ \text{mS})^2} = 3.33\ \text{mS}$$

转换为阻抗可得

$$Z = \frac{1}{Y_{\text{tot}}} = \frac{1}{3.33\ \text{mS}} = 300\ \Omega$$

◀

**同步练习** 如果将频率增加到 2.5 kHz，求图 10-27 所示电路的导纳。

采用科学计算器完成例 10-10 的计算。

**学习效果检测**

1. 如果 1.0 kΩ 的电阻与容抗为 650 Ω 的电容并联，求 $Z$。

2. 定义电导、容纳和导纳。
3. 如果 $Z$=100 Ω，$Y$ 为多少？
4. 某 $RC$ 并联电路中，$R$=510 Ω，$X_C$=750 Ω，求 $Y$ 的值。

## 10.5 RC 并联电路的分析

在本节运用欧姆定律和基尔霍夫定律分析 $RC$ 电路，并讨论 $RC$ 并联电路的电压与电流关系。

为便于分析并联电路，将阻抗形式的欧姆定律即式（10-3）、式（10-4）和式（10-5），通过 $Y$=1/$Z$ 的关系改写成为导纳形式，得到下列式子：

$$V = \frac{I}{Y} \tag{10-18}$$

$$I = VY \tag{10-19}$$

$$Y = \frac{I}{V} \tag{10-20}$$

**例 10-11** 求图 10-28 所示电路的总电流和相位角。

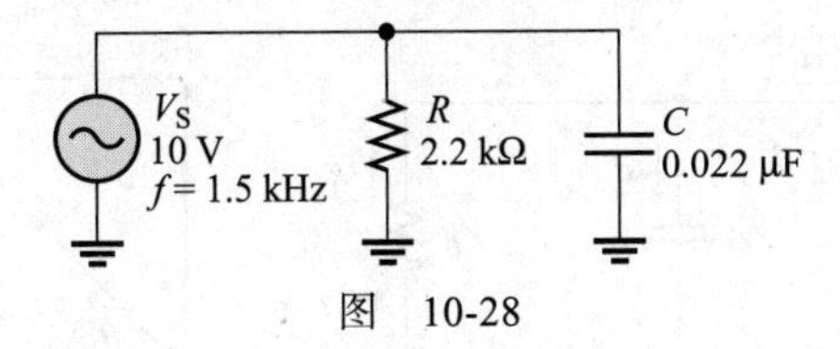


图 10-28

**解** 先求解总导纳。容抗为

$$X_C = \frac{1}{2\pi fC} = \frac{1}{2\pi \times 1.5\ \text{kHz} \times 0.022\ \mu\text{F}} = 4.82\ \text{k}\Omega$$

电导为

$$G = \frac{1}{R} = \frac{1}{2.2\ \text{k}\Omega} = 455\ \mu\text{S}$$

容纳为

$$B_C = \frac{1}{X_C} = \frac{1}{4.82\ \text{k}\Omega} = 207\ \mu\text{S}$$

因此，总导纳为

$$Y_{\text{tot}} = \sqrt{G^2 + B_C^2} = \sqrt{(455\ \mu\text{S})^2 + (207\ \mu\text{S})^2} = 500\ \mu\text{S}$$

接下来，利用欧姆定律计算总电流，就有

$$I_{\text{tot}} = VY_{\text{tot}} = 10\ \text{V} \times 500\ \mu\text{S} = 5.00\ \text{mA}$$

相位角为：

$$\theta = \arctan\left(\frac{R}{X_C}\right) = \arctan\left(\frac{2.2\ \text{k}\Omega}{4.82\ \text{k}\Omega}\right) = 24.5°$$

总电流为 5.00 mA，它超前于电源电压 24.5°。◀

**同步练习** 如果例 10-11 中电路的频率增加一倍，求总电流。

采用科学计算器完成例 10-11 的计算。

**Multisim 仿真**

打开 Multisim 或 LTspice 文件 E10-11 校验本例的计算结果，并核实同步练习的计算结果。当输入频率为 3 Hz 时，求总电流。

### 10.5.1 电压和电流的相位关系

图 10-29a 给出了一个基本 *RC* 并联电路的所有电流和电压。正如所见，电源电压 $V_S$ 跨接在电阻支路和电容支路上，所以 $V_S$、$V_R$ 和 $V_C$ 同相，并且大小相等。总电流 $I_{tot}$ 在节点处分为两条支路电流 $I_R$ 和 $I_C$。

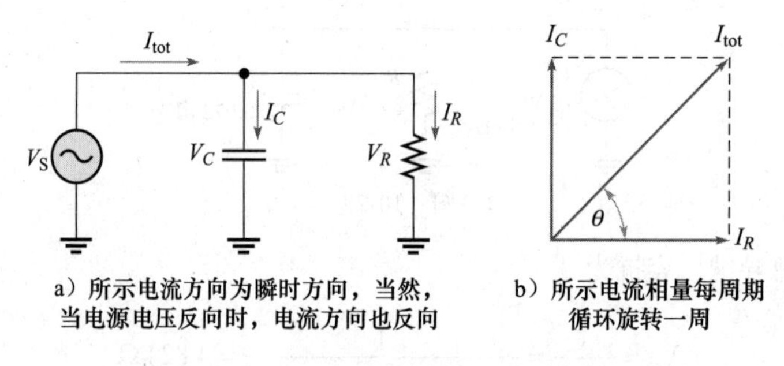


a）所示电流方向为瞬时方向，当然，当电源电压反向时，电流方向也反向

b）所示电流相量每周期循环旋转一周

图 10-29 *RC* 并联电路中的电流关系

流经电阻的电流与电压同相。电容上的电流超前于电压，从而也超前于电阻电流 90°。根据基尔霍夫电流定律，总电流为两个支路电流的相量和，如图 10-29b 所示。总电流可以表示如下：

$$I_{tot} = \sqrt{I_R^2 + I_C^2} \tag{10-21}$$

电阻电流与总电流之间的相位角如式（10-22）所示。

$$\theta = \arctan\left(\frac{I_C}{I_R}\right) \tag{10-22}$$

式（10-22）等价于式（10-13），其中 $\theta$=arctan（$R/X_C$）。

图 10-30 给出了 *RC* 并联电路中电流电压相量图。注意 $I_C$ 超前于 $I_R$ 90°，$I_R$ 与电压同相（$V_S$=$V_R$=$V_C$）。

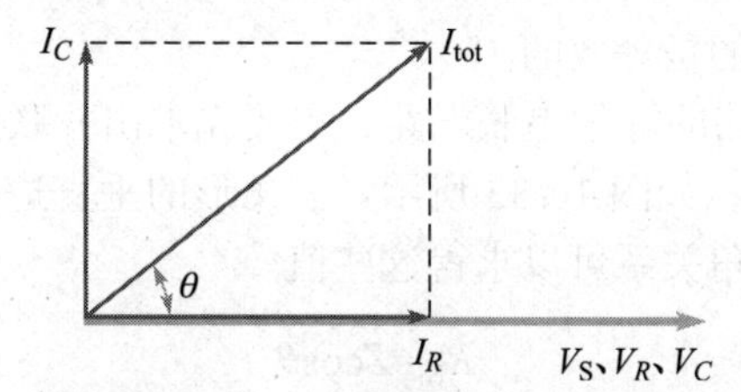


图 10-30　*RC* 并联电路中电流电压相量图（幅值大小取决于具体电路）

**例 10-12**　求图 10-31 所示电路的各个电流，并描述它们与电源电压的相位关系，画出电流相量图。

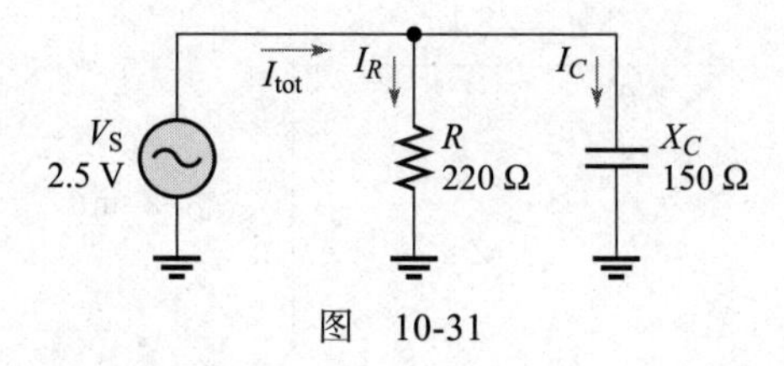


图　10-31

**解**　电阻电流、电容电流和总电流表示如下：

$$I_R = \frac{V_S}{R} = \frac{2.5\ \text{V}}{220\ \Omega} = 11.4\ \text{mA}$$

$$I_C = \frac{V_S}{X_C} = \frac{2.5\ \text{V}}{150\ \Omega} = 16.7\ \text{mA}$$

$$I_{tot} = \sqrt{I_R^2 + I_C^2} = \sqrt{(11.4\ \text{mA})^2 + (16.7\ \text{mA})^2} = 20.2\ \text{mA}$$

相位角为

$$\theta = \arctan\left(\frac{I_C}{I_R}\right) = \arctan\left(\frac{16.7\ \text{mA}}{11.4\ \text{mA}}\right) = 55.7°$$

$I_R$ 与电源电压同相，$I_C$ 超前电源电压 90°，$I_{tot}$ 超前电源电压 55.7°。电流相量图如图 10-32 所示。

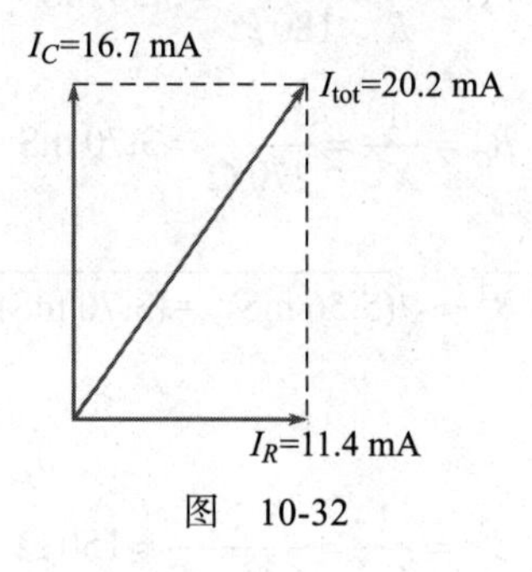


图　10-32　◀

**同步练习**　在某并联电路中，$I_R$=10.0 mA，$I_C$=6.0 mA，求总电流和相位角。

采用科学计算器完成例 10-12 的计算。

### 10.5.2　并联到串联的转换

每一个 *RC* 并联电路，在任一频率下都有一个等效的 *RC* 串联电路。当两个电路表现出相同的阻抗和相位角时，它们是等效的。

要得到给定 *RC* 并联电路的等效串联电路，需要先求出并联电路的阻抗和相位角，然后根据 $Z$ 和 $\theta$ 构建阻抗三角形，如图 10-33 所示。三角形的垂直边和水平边表示等效串联电路的电阻和容抗。应用以下三角关系可以求得这些值。

$$R_{eq}=Z\cos\theta \tag{10-23}$$

$$X_{C(eq)}=Z\sin\theta \tag{10-24}$$

任何科学计算器都可以使用 cosine（cos）和 sine（sin）函数。

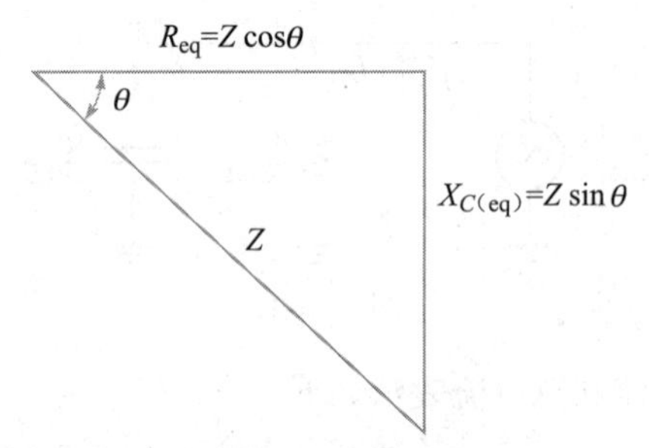


图 10-33　与 *RC* 并联电路等效的串联电路的阻抗三角形。$Z$ 和 $\theta$ 是在并联电路中求得的。$R_{eq}$ 和 $X_{C(eq)}$ 为串联等效值

**例 10-13**　将图 10-34 所示并联电路转换为等效的串联形式。

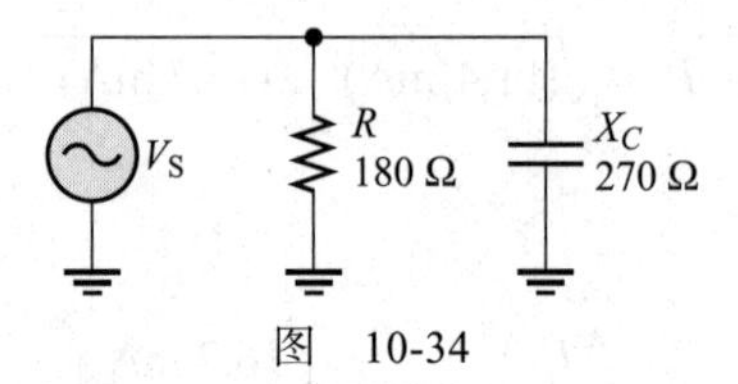


图　10-34

**解**　首先，求解并联电路的总导纳。

$$G=\frac{1}{R}=\frac{1}{180\,\Omega}=5.56\text{ mS}$$

$$B_C=\frac{1}{X_C}=\frac{1}{270\,\Omega}=3.70\text{ mS}$$

$$Y_{tot}=\sqrt{G^2+B_C^2}=\sqrt{(5.56\text{ mS})^2+(3.70\text{ mS})^2}=6.68\text{ mS}$$

那么，总阻抗为

$$Z_{tot}=\frac{1}{Y_{tot}}=\frac{1}{6.68\text{ mS}}=150\,\Omega$$

相位角为

$$\theta=\arctan\left(\frac{R}{X_C}\right)=\arctan\left(\frac{180\,\Omega}{270\,\Omega}\right)=33.7°$$

等效的串联元件参数为

$$R_{eq} = Z\cos\theta = 150\,\Omega \times \cos 33.7° = 125\,\Omega$$

$$X_{C(eq)} = Z\sin\theta = 150\,\Omega \times \sin 33.7° = 83.1\,\Omega$$

等效串联电路如图 10-35 所示。当频率已知时，可以求得电容 $C$。

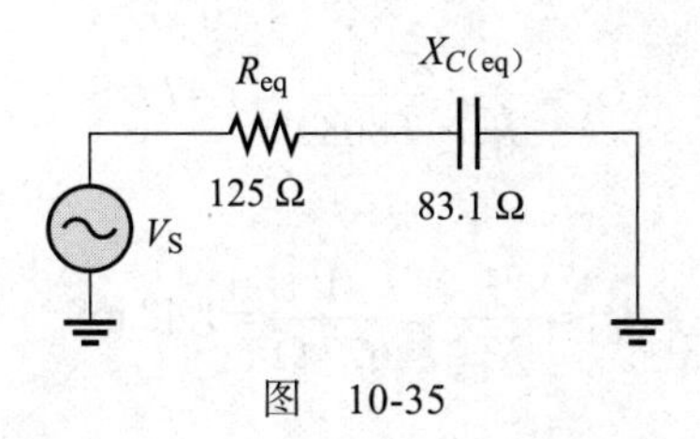


图　10-35

◀

**同步练习**　并联 $RC$ 电路的阻抗大小为 10 kΩ，相位角为 26°，将其转换为等效串联电路。

采用科学计算器完成例 10-13 的计算。

注意，当 $X_C$ 增大时 $RC$ 并联电路的相位角变小。产生该情况的原因是当 $X_C$ 相对于 $R$ 增大时，电容支路上的电流减小。虽然同相电流或者电阻电流没有增加，但电阻内电流在总电流中的占比变大了。

**学习效果检测**

1. $RC$ 并联电路的导纳为 3.5 mS，电源电压为 6.0 V。总电流为多少？
2. 在某 $RC$ 并联电路中，电阻电流为 10 mA，电容电流为 15 mA。求相位角和总电流。
3. 在 $RC$ 并联电路中，电容电流和电源电压之间的相位角为多少？

## 10.6　RC 串 – 并联电路的分析

将前一节学习的概念用于分析由 $RC$ 串 – 并联组成的电路。

与直流电路一样，组合的交流电路可以通过串联或并联元件组成的等效电路来求解。下面例题给出了 $RC$ 串 – 并联电路的分析。

**例 10-14**　$RC$ 串 – 并联电路图 10-36 所示，求解以下各值。

（a）总阻抗　（b）总电流　（c）$I_{tot}$ 超前 $V_S$ 的相位角

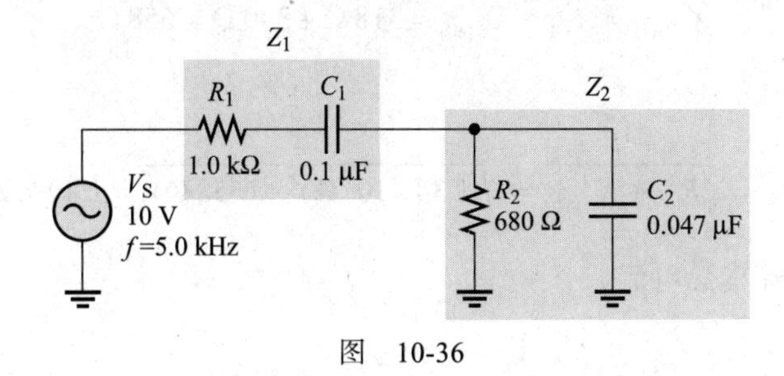


图　10-36

**解**　（a）首先，计算容抗的大小。

$$X_{C1} = \frac{1}{2\pi \times 5.0\,\text{kHz} \times 0.1\,\mu\text{F}} = 318\,\Omega$$

$$X_{C2}=\frac{1}{2\pi\times 5.0\ \text{kHz}\times 0.047\ \mu\text{F}}=677\ \Omega$$

一种方法是对电路的并联部分，求解其串联等效电阻和容抗，然后将电阻部分（$R_1$+$R_{eq}$）相加得到总电阻，再将电抗部分 [$X_{C1}$+$X_{C\,(eq)}$] 相加得到总电抗，从而获得总阻抗。

通过求取导纳来获得并联部分的阻抗（$Z_2$）。

$$G_2=\frac{1}{R_2}=\frac{1}{680\ \Omega}=1.47\ \text{mS}$$

$$B_{C2}=\frac{1}{X_{C2}}=\frac{1}{677\ \Omega}=1.48\ \text{mS}$$

$$Y_2=\sqrt{G_2^2+B_{C2}^2}=\sqrt{(1.47\ \text{mS})^2+(1.48\ \text{mS})^2}=2.09\ \text{mS}$$

$$Z_2=\frac{1}{Y_2}=\frac{1}{2.09\ \text{mS}}=480\ \Omega$$

电路并联部分的相位角为

$$\theta_{\text{p}}=\arctan\left(\frac{R_2}{X_{C2}}\right)=\arctan\left(\frac{680\ \Omega}{677\ \Omega}\right)=45.1°$$

并联部分的串联等效参数为

$$R_{\text{eq}}=Z_2\cos\theta_{\text{p}}=480\ \Omega\times\cos 45.1°=339\ \Omega$$
$$X_{C(\text{eq})}=Z_2\sin\theta_{\text{p}}=480\ \Omega\times\sin 45.1°=340\ \Omega$$

电路总电阻为

$$R_{\text{tot}}=R_1+R_{\text{eq}}=1000\ \Omega+339\ \Omega=1.34\ \text{k}\Omega$$

总电抗为

$$X_{C(\text{tot})}=X_{C1}+X_{C(\text{eq})}=318\ \Omega+340\ \Omega=658\ \Omega$$

电路总阻抗为

$$Z_{\text{tot}}=\sqrt{R_{\text{tot}}^2+X_{C(\text{tot})}^2}=\sqrt{(1.34\times 10^3\ \Omega)^2+(658\ \Omega)^2}=1.49\ \text{k}\Omega$$

（b）利用欧姆定律求总电流。

$$I_{\text{tot}}=\frac{V_{\text{S}}}{Z_{\text{tot}}}=\frac{10\ \text{V}}{1.49\ \text{k}\Omega}=6.70\ \text{mA}$$

（c）为求解相位角，将电路看作是由 $R_{\text{tot}}$ 和 $X_{C\,(\text{tot})}$ 组成的 $RC$ 串联电路，则 $I_{\text{tot}}$ 超前 $V_{\text{S}}$ 的相位角为

$$\theta = \arctan\left(\frac{X_{C(\text{tot})}}{R_{\text{tot}}}\right) = \arctan\left(\frac{658\,\Omega}{1.34\times10^{3}\,\Omega}\right) = 26.2°$$ ◀

**同步练习**　求图 10-36 中 $Z_1$ 和 $Z_2$ 两端的电压。

采用科学计算器完成例 10-14 的计算。

**Multisim 仿真**

打开 Multisim 或 LTspice 文件 E10-14 校验本例的计算结果，并核实同步练习的计算结果，并测量通过 $R_2$ 和 $C_2$ 的电流，测量 $Z_1$ 和 $Z_2$ 两端的电压。

## 电路测量

**确定 $Z_{\text{tot}}$**　现在，让我们看看例 10-14 中电路的 $Z_{\text{tot}}$ 是怎样通过测量确定的。首先如图 10-37 所示，按以下步骤测量总阻抗（也可以采用其他方法）。

**步骤 1**：使用正弦波发生器将电源电压设置为已知值（10 V），频率设置为 5.0 kHz。如果发生器的刻度盘显示不准确，建议使用交流电压表检测电压，使用频率计检测频率，确保它们都正确。

**步骤 2**：测量 $R_1$ 两端电压，并用欧姆定律计算电流。

**步骤 3**：用欧姆定律计算总阻抗。

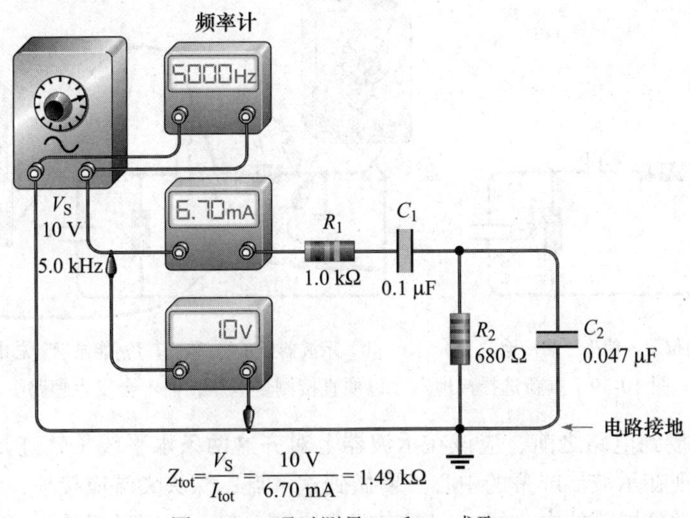


图 10-37　通过测量 $V_S$ 和 $I_{\text{tot}}$ 求取 $Z_{\text{tot}}$

**确定 $\theta$**　测量相位角，必须在示波器屏幕上以恰当的时间关系显示电源电压和总电流。示波器中有两种类型的探头用于测量相位角：电压探头和电流探头。电流探头用起来很方便，但它不能像电压探头那样直接使用。这里，我们用电压探头测量相位角。示波器的两个电压探头与电路相连，分别是探头尖端和接地线。因此，所有被同时测量的电压必须有相同的参考地。

由于只使用电压探头，因此不能直接测量总电流。但是，$R_1$ 两端电压与总电流同相，所以可以测量这个电压来说明电流的相位。

在实际测量之前，$V_{R1}$ 的显示存在问题。如果示波器探头跨接在电阻两端，如图 10-38a

所示，则示波器的接地线会使电路的其余部分短路，相当于将其他元件从电路中删除，如图 10-38b 所示（假设示波器没有与电源线隔离）。

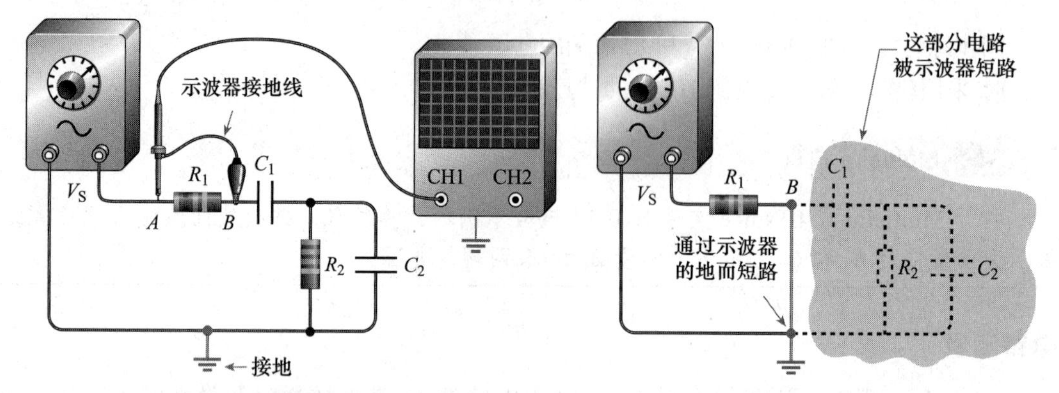


a）示波器探头的接地线导致$B$点接地　　b）$B$点接地使电路其余部分短路

图 10-38　当示波器和电路都接地时，示波器探头跨接在电阻两端带来的影响

为避免这个问题，可以将信号发生器的两输出端子交换，使 $R_1$ 的一端接地，如图 10-39a 所示。这时示波器可跨接显示 $V_{R1}$，如图 10-39b 所示。另一个探头跨接在电压源上以测量 $V_S$。此时示波器的通道 1 以 $V_{R1}$ 作为输入，通道 2 以 $V_S$ 作为输入。示波器应该用电源电压触发（本例为通道 2）。

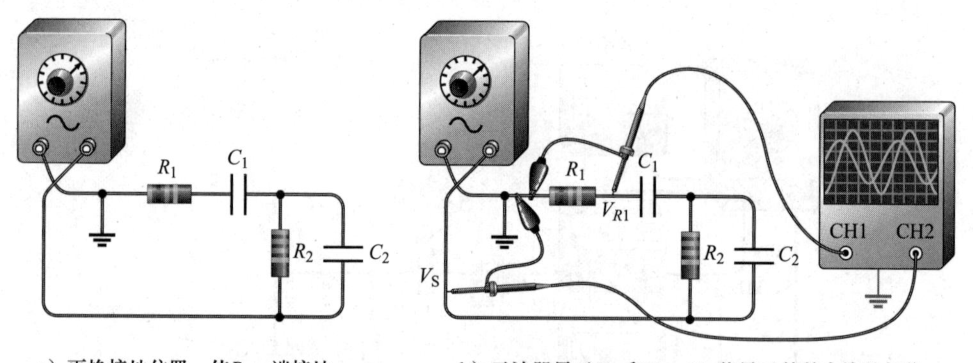


a）更换接地位置，使$R_1$一端接地　　b）示波器显示$V_{R1}$和$V_S$，$V_{R1}$能显示着总电流的相位

图 10-39　重新选择接地点，以便直接测量电压，而不会发生短路

在将探头连接到电路之前，应该在示波器上对齐这两条水平线（轨迹），使它们以一条重合线的形式出现在示波器屏幕的中心。要做到这一点，探头尖端应接地，调整垂直位置旋钮以将轨迹线移动到屏幕的中心线，直至它们叠加在一起。这一过程是为了确保两个波形具有相同的过零点，以便精确地测量相位角。

一旦在示波器屏幕上稳定了波形，就可以测量电源电压的周期。接下来，使用 Volts/Div 控键（如果可以的话）来调整波形的振幅，直到它们看起来具有相同的振幅值。此时，使用 Sec/Div 键控制横向伸展波形，以扩大它们之间的距离。这个水平距离表示两个波形之间的时间差。两个水平线之间所占格数乘以 Sec/Div 的设置值，等于它们之间的时间差 $\Delta t$。此外，如果示波器具有游标功能，还可以用游标来确定时间差 $\Delta t$。

一旦确定了周期 $T$ 和两个波形之间的时间差 $\Delta t$，就可以通过式（10-25）计算相位角。

$$\theta = \frac{\Delta t}{T} \times 360° \qquad (10\text{-}25)$$

图 10-40 所示为 Multisim 软件中的示波器仿真情况。在图 10-40a 中，通过调整 Volts/Div 控键使波形高度尽量对齐。波形的周期为 200 μs。调节 Sec/Div 控键将波形展开，以便更准确地读取 $\Delta t$。如图 10-40b 所示，中心水平线上的过零点之间有 3 个格，Sec/Div 设置为 5.0 μs，因此就有

$$\Delta t = 3.0\text{格} \times 5.0\ \mu\text{s}/\text{格} = 15\ \mu\text{s}$$

测得相位角为

$$\theta = \frac{\Delta t}{T} \times 360° = \frac{15\ \mu\text{s}}{200\ \mu\text{s}} \times 360° = 27°$$

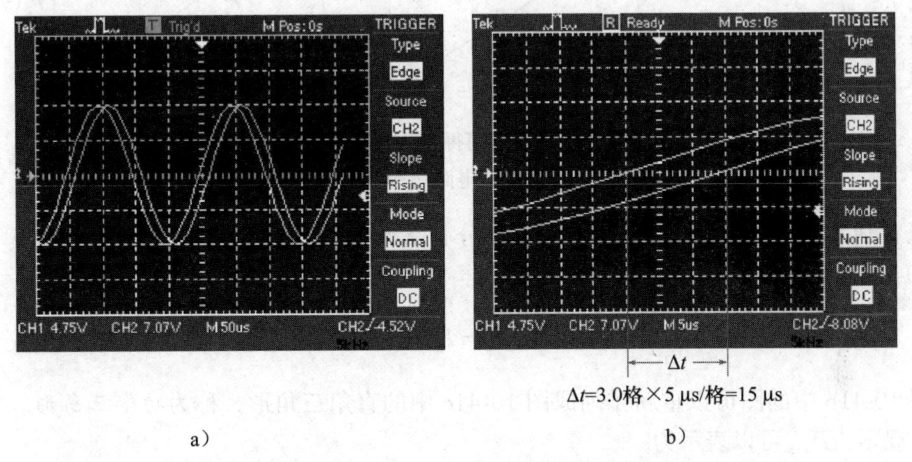


a）　　　　b）

图 10-40　Multisim 软件中的示波器仿真情况

**学习效果检测**

1. 图 10-36 所示串 – 并联电路的等效串联电路是什么？
2. 图 10-36 中 $R_1$ 的电压是多少？

## 10.7　*RC* 电路的功率

在纯电阻交流电路中，电源发出的所有能量都以热的形式被电阻耗散。在纯电容交流电路中，电源发出的所有能量随着电压周期的变化先由电容存储，后再返回到电源，因此没有净能量转换成热。当电路同时存在电阻和电容时，一部分能量由电容交替存储和返回，一部分能量由电阻耗散。转化为热的能量的多少由电阻和容抗的相对值决定。

在 *RC* 串联电路中，当电阻大于容抗时，一个周期内，电阻转换为热能的能量要比由电容储存的能量要多。反之，当容抗大于电阻时，周期内储存返回的能量要比转换成热的能量多。

在这里重申一下，电阻消耗的功率又称有功功率（$P_{true}$），电容存储的功率称为*无功功率*（$P_r$）。有功功率的单位是 W，无功功率的单位是 var。式（10-26）和式（10-27）给出了利用总电流来计算有功功率和无功功率。

$$P_{true}=I_{tot}^2R \tag{10-26}$$

$$P_r=I_{tot}^2X_C \tag{10-27}$$

### 10.7.1 *RC* 电路的功率三角形

*RC* 串联电路的阻抗三角形如图 10-41a 所示。功率关系也可以用类似的图来表示。这是因为功率 $P_{true}$ 和 $P_r$ 分别与 $R$ 和 $X_C$ 的大小只差一个 $I_{tot}^2$，如图 10-41b 所示。

合成的功率 $I_{tot}^2Z$ 表示**视在功率** $P_a$。㊀在任一瞬间，$P_a$ 是电源和 *RC* 电路之间传递的总功率。

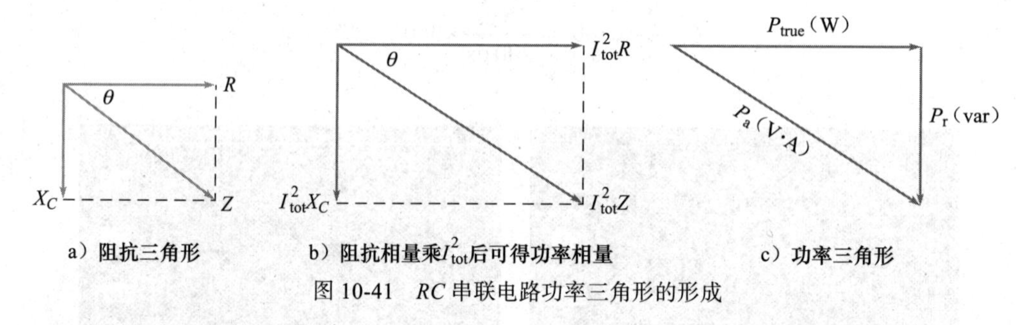

图 10-41 *RC* 串联电路功率三角形的形成

视在功率一部分为有功功率，另一部分为无功功率。视在功率的单位是 V·A。由式（10-28）可知视在功率的表达式为

$$P_a=I_{tot}^2Z \tag{10-28}$$

图 10-41b 中的图可以重新排列成图 10-41c 中的直角三角形，称为*功率三角形*。利用三角函数规则，$P_{true}$ 可以表示为

$$P_{true}=P_a\cos\theta$$

由于 $P_a$ 等于 $I_{tot}^2Z$ 或 $V_SI_{tot}$，有功功率的表达式为

$$P_{true}=V_SI_{tot}\cos\theta \tag{10-29}$$

式中，$V_S$ 为电源电压，$I_{tot}$ 为总电流。

对于纯电阻电路，$\theta$=0°，cos 0°=1，所以 $P_{true}=V_SI_{tot}$。对于纯电容电路，$\theta$=90°，cos 90°=0，所以 $P_{true}$=0。由此可见，理想电容不存在功率消耗。

### 10.7.2 功率因数

cos$\theta$ 这一项被称为**功率因数**㊁，如式（10-30）所示。

$$PF=\cos\theta \tag{10-30}$$

随着外加电压与总电流之间相位角的增大，功率因数减小，这说明电路的无功功率越大，功率因数越小，真正消耗的功率越少。

---

㊀ 在我国标准中，视在功率符号为 $S$。

㊁ 在我国标准中，功率因数符号为 $\lambda$。

功率因数在 0（纯电抗电路）1（纯电阻电路）之间变化。在 $RC$ 电路中，功率因数被称为超前功率因数，因为电流超前于电压（这与我国的习惯刚好相反）。

**例 10-15**　求图 10-42 所示 $RC$ 电路的功率因数与有功功率。

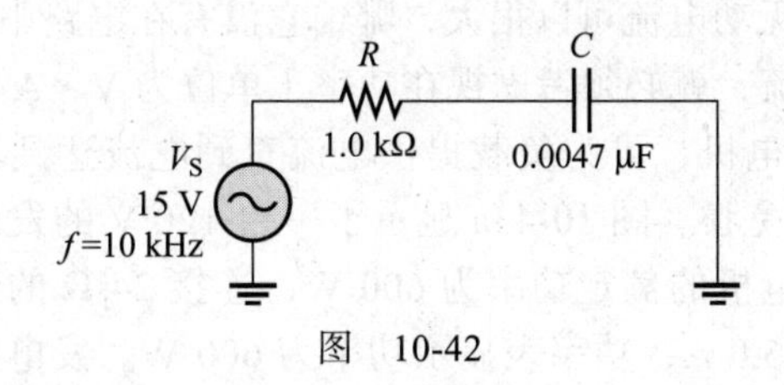


图　10-42

**解**　先求容抗和相位角。

$$X_C = \frac{1}{2\pi fC} = \frac{1}{2\pi \times 10\text{kHz} \times 0.0047\ \mu\text{F}} = 3.39\ \text{k}\Omega$$

$$\theta = \arctan\left(\frac{X_C}{R}\right) = \arctan\left(\frac{3.39\text{k}\Omega}{1.0\text{k}\Omega}\right) = 73.5°$$

功率因数为

$$PF = \cos\theta = \cos 73.5° = 0.283$$

阻抗为

$$Z = \sqrt{R^2 + X_C^2} = \sqrt{(1.0\ \text{k}\Omega)^2 + (3.39\ \text{k}\Omega)^2} = 3.53\ \text{k}\Omega$$

因此，电流为

$$I = \frac{V_S}{Z} = \frac{15\text{V}}{3.53\text{k}\Omega} = 4.25\text{mA}$$

有功功率为

$$P_{\text{true}} = V_S I\cos\theta = 15\ \text{V} \times 4.25\ \text{mA} \times 0.283 = 18.0\ \text{mW}$$ ◀

**同步练习**　如果图 10-42 中电源的频率降为原来的一半，功率因数为多少？

采用科学计算器完成例 10-14 的计算。

**Multisim 仿真**

打开 Multisim 或 LTspice 文件 E10-15 验证本例计算结果。在频率为 10 kHz、5.0 kHz 和 20 kHz 时测量 $R$ 和 $C$ 两端的电压。解释观察到的现象。

### 10.7.3　视在功率的意义

视在功率是在电源和负载之间传递的功率，它由两部分组成：有功功率和无功功率。

在所有电气电子系统中，真正被消耗的是有功功率。无功功率只是在电源和负载之间往返交换。理想情况下，为了有效完成工作，所有转移到负载的功率都应该是有功功率，而非无功功率。然而，在实际情况下，负载都会含有一些电抗，因此必须同时处理这两种功率。

对于任何无功负载，总电流有两个分量：有功分量和无功分量。如果只考虑负载中的有功功率（单位为 W），那分析的仅是负载从电源消耗的总电流的一部分。虽然无功电流由电容交替存储并返还，而不是以热量的形式消耗掉，但电源仍会将无功电流提供给负载，其由电路的相位角决定。这个无功电流可以很大，哪怕它没有在电路中产生有功功率消耗。为了能如实刻画负载的实际电流，就必须考虑视在功率（单位为 V·A）。

电源，比如说交流发电机，可为负载提供电流直到电流达到某个最大值。如果电流超过这个最大值，电源可能受损。图 10-43a 显示了一台 120 V 的发电机，可以向负载提供最大 5.0 A 的电流。假设发电机的额定功率为 600 W，连接 24 Ω 的纯电阻负载（功率因数为 1.0）。电流表显示电流为 5.0 A，功率表显示功率为 600 W。发电机在最大电流和功率下仍然能正常工作。

现在，考虑一下如果负载变为 18 Ω 的阻抗与功率因数为 0.6 的无功负载的组合会发生什么，如图 10-43b 所示。电流为 120 V /18 Ω=6.67 A，超过了最大额定电流。即使功率表的读数为 480 W，仍小于发电机的额定功率，但过大的电流可能会损坏发电机，除非有某种形式的电流保护。这个例子表明，用有功功率作为功率的额定值具有欺瞒性，将有功功率用作交流电源的额定功率是不合适的。该台交流发电机的额定功率应该是视在功率，为 600 V·A，而不是有功功率 600 W。所以制造商通常使用的额定功率是视在功率。

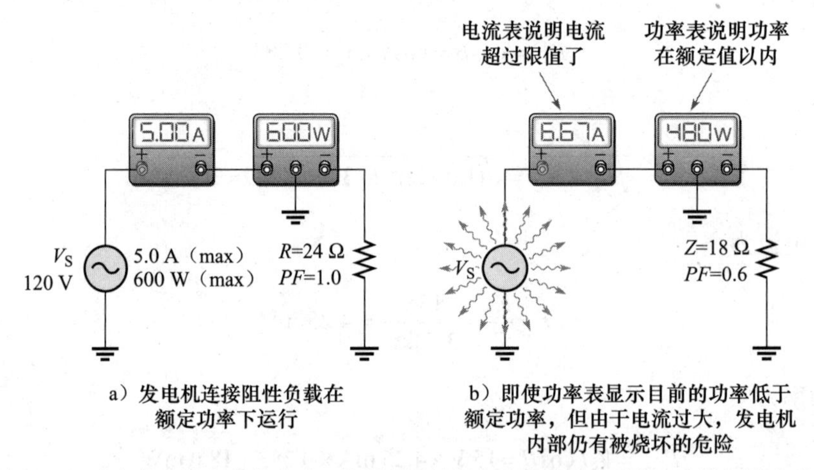


图 10-43 当负载含电容或电感时，使用电源的额定功率是不合适的，应该用视在功率

**例 10-16** 求图 10-14 所示电路的有功功率、无功功率和视在功率。已知 $X_C$ 为 2.0 kΩ。

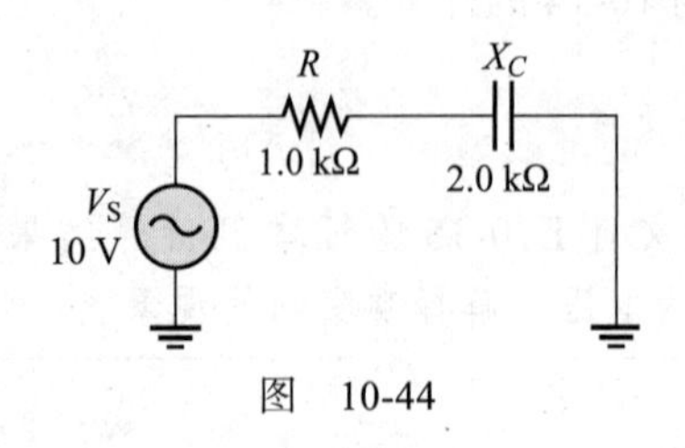


图 10-44

**解** 先求总阻抗以便计算电流。

$$Z_{\text{tot}} = \sqrt{R^2 + X_C^2} = \sqrt{(1.0\ \text{k}\Omega)^2 + (2.0\ \text{k}\Omega)^2} = 2.24\ \text{k}\Omega$$

$$I = \frac{V_S}{Z} = \frac{10\ \text{V}}{2.24\ \text{k}\Omega} = 4.46\ \text{mA}$$

相位角 $\theta$ 为

$$\theta = \arctan\left(\frac{X_C}{R}\right) = \arctan\left(\frac{2.0\ \text{k}\Omega}{1.0\ \text{k}\Omega}\right) = 63.4^\circ$$

有功功率为

$$P_{\text{true}} = V_S I \cos\theta = 10\ \text{V} \times 4.46\ \text{mA} \times \cos 63.4^\circ = 20\ \text{mW}$$

注意，如果应用公式 $P_{\text{true}}=I^2R$，也将获得相同的结果。

无功功率为

$$P_r = I^2 X_C = (4.46\ \text{mA})^2 \times 2.0\ \text{k}\Omega = 40.0\ \text{mvar}$$

视在功率为

$$P_a = I^2 Z = (4.46\text{mA})^2 \times 2.24\ \text{k}\Omega = 44.6\ \text{mV•A}$$

视在功率也是 $P_{\text{true}}$ 和 $P_r$ 的相量和。

$$P_a = \sqrt{P_{\text{true}}^2 + P_r^2} = 44.7\ \text{mV•A}$$ ◄

**同步练习** 如果 $X_C$=10 kΩ，图 10-44 所示电路的有功功率为多少。

▦ 采用科学计算器完成例 10-16 的计算。

**学习效果检测**

1. 在 RC 电路中，哪一个元件是消耗功率的？
2. 如果相位角 $\theta$ 为 45°，功率因数是多少？
3. 某 RC 串联电路的参数如下：$R$=330 Ω，$X_C$=460 Ω，$I$=2.0 A。求有功功率、无功功率和视在功率。

## 10.8 RC 电路的基本应用

### 10.8.1 移相振荡器

一个 RC 串联电路可改变输出电压的相位，改变量取决于 R、C 以及输入信号的频率。这种根据频率改变相位的能力在某些反馈振荡器电路中是至关重要的。振荡器是产生周期波形的电路，在电子系统中发挥着重要作用。振荡器的一部分输出可以将适当的相位返回输入侧（称为“反馈”），以加强输入并维持振荡。一般情况下，需要的反馈是具有 180° 移相的信号。

单一 RC 电路的移相范围小于 90°。10.3 节中讨论的 RC 滞后电路可以“级联”构成一个复杂的 RC 电路，如图 10-45 所示，该电路称为移相振荡器。

移相振荡器通常使用 3 个参数完全相同的 RC 电路，以便在某个频率下产生所需的 180° 相移，这个频率就是振荡器工作的频率。放大器的输出经 RC 电路移相，返回到放大器的输入端，从而使放大器有足够的增益来维持振荡。

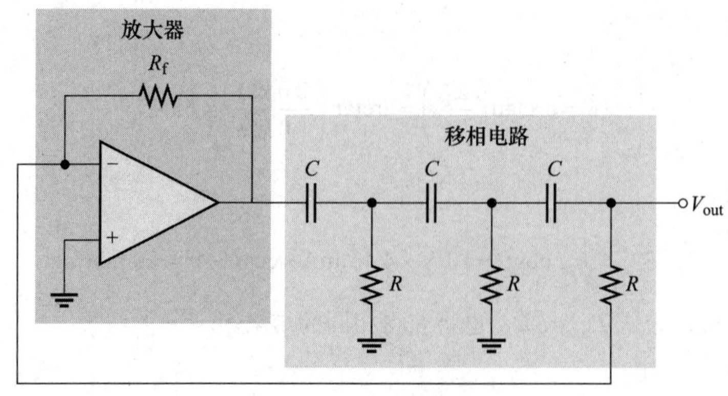


图 10-45 移相振荡器

将多个 $RC$ 电路放在一起时会产生负载效应，因此整体的相移并非是单个 $RC$ 电路产生的移相的叠加。详细计算涉及大量烦琐的相量计算，但结果很简单。当 $RC$ 电路的参数相等时，产生 180° 相移的频率可由 $f_r = 1/2\pi\sqrt{6}RC$ 得到。

可以证明，$RC$ 电路将放大器的输入信号减弱了，衰减因子为 29；放大器必须通过 −29 倍的增益来弥补这种衰减，以维持振荡（负号是考虑反相放大器的移相）。

**例 10-17** 试计算图 10-46 所示电路的输出频率。

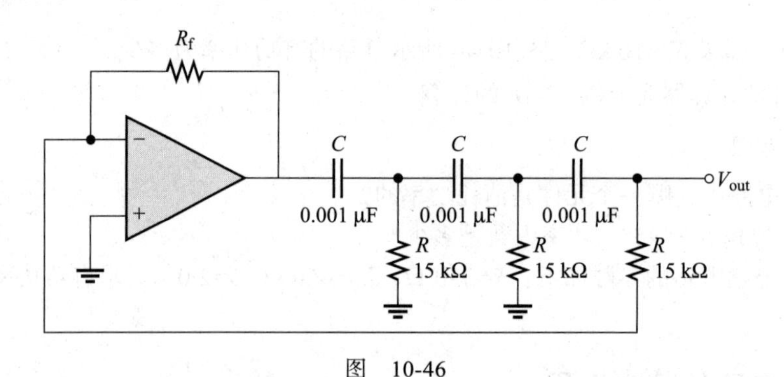


图 10-46

**解**

$$f_r = \frac{1}{2\pi\sqrt{6}RC} = \frac{1}{2\pi\sqrt{6}\times 15\,\text{k}\Omega\times 0.001\,\mu\text{F}} = 4.33\,\text{kHz}$$ ◀

**同步练习** 如果所有电容都变为 0.0027 μF，该振荡器的频率为多少？

采用科学计算器完成例 10-17 的计算。

### 10.8.2 *RC* 电路滤波器

选频电路（滤波器）允许某些频率的信号从输入端传递到输出端，同时阻断其他频率的信号通过。也就是说，理想情况下，除了选定的频率外，所有的频率都会被滤掉。

$RC$ 串联电路具有频率选择特性，它包括两种类型。第一种是**低通滤波器**，它通过将电容电压作为输出来实现，这和滞后电路的作用一样。第二种是**高通滤波器**，它通过将电阻电压作为输出来实现，这和超前电路的作用一样。在实际应用中，$RC$ 电路常与运算放大器一起构成有源滤波器，它比无源 $RC$ 电路更有效。

**低通滤波器** 我们已经看到了在 $RC$ 滞后电路中相位角和输出电压发生的变化。将 $RC$ 串联电路用作低通滤波器，其输出电压的大小随频率的变化非常重要。

图 10-47 给出了 $RC$ 串联电路（低通滤波器）的工作实例，频率从 100 Hz 增加到 20 kHz。对各频率进行输出电压测量。输入电压恒定在 10 V 时，容抗随频率的增加而减少，因而电容两端的电压随之减少。表 10-1 总结了电路参数随频率的变化情况。

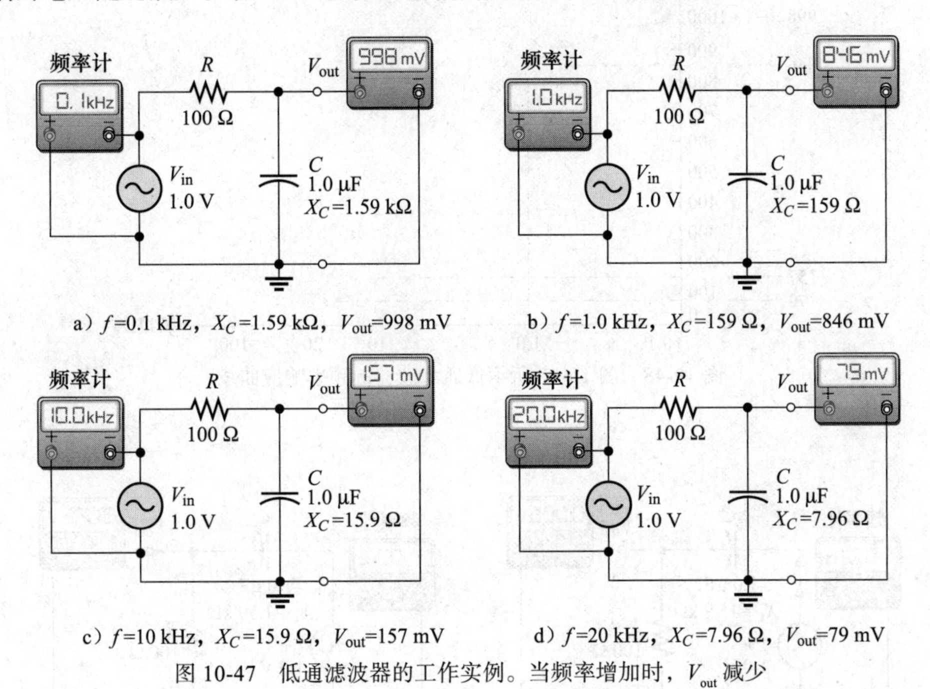


a）$f$=0.1 kHz，$X_C$=1.59 kΩ，$V_{out}$=998 mV　　b）$f$=1.0 kHz，$X_C$=159 Ω，$V_{out}$=846 mV

c）$f$=10 kHz，$X_C$=15.9 Ω，$V_{out}$=157 mV　　d）$f$=20 kHz，$X_C$=7.96 Ω，$V_{out}$=79 mV

图 10-47　低通滤波器的工作实例。当频率增加时，$V_{out}$ 减少

**表10-1　电路参数随频率的变化情况**

| $f$/kHz | $X_C$/Ω | $Z_{tot}$/Ω | $I$/mA | $V_{out}$/mV |
| --- | --- | --- | --- | --- |
| 0.1 | 1590 | ≈ 1590 | ≈ 0.629 | 998 |
| 1.0 | 159 | 188 | 5.32 | 846 |
| 10 | 15.9 | 101 | 9.90 | 157 |
| 20 | 7.96 | ≈ 100 | ≈ 10.0 | 79 |

图 10-47 中 $RC$ 串联电路的**频率响应曲线**如图 10-48 所示，将测量值绘制在 $V_{out}$-$f$ 图上，并将各两点平滑连接成曲线。该图称为频率响应曲线，表明频率低时输出电压大，频率增加时输出电压减小。图中频率刻度为对数。

**高通滤波器**　为了说明 $RC$ 电路的高通滤波作用，图 10-49 给出了一系列具体的测量结果。频率从 10 Hz 逐渐增加到 10 kHz。容抗随频率的增加而减小，导致更多的总输入电压降在电阻上。表 10-2 总结了电路参数随频率的变化情况。

$RC$ 串联电路（高通滤波器）的工作实例如图 10-49 所示。该电路的频率响应曲线如图 10-50 所示。高频率时输出电压较大，并随着频率的降低输出电压也降低。图中频率刻度为对数。

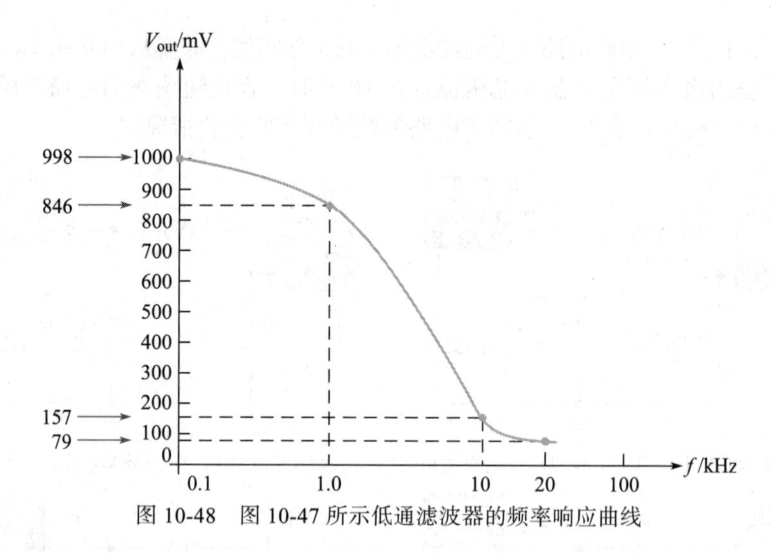


图 10-48 图 10-47 所示低通滤波器的频率响应曲线

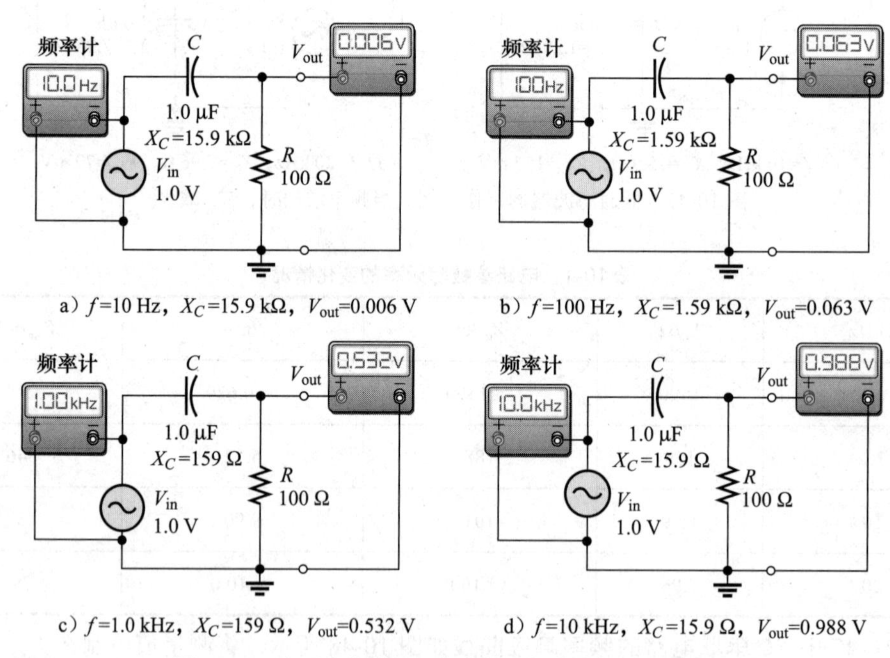


a）$f$=10 Hz，$X_C$=15.9 kΩ，$V_{out}$=0.006 V　　b）$f$=100 Hz，$X_C$=1.59 kΩ，$V_{out}$=0.063 V

c）$f$=1.0 kHz，$X_C$=159 Ω，$V_{out}$=0.532 V　　d）$f$=10 kHz，$X_C$=15.9 Ω，$V_{out}$=0.988 V

图 10-49 高通滤波器的工作实例。频率增加时 $V_{out}$ 增加

**表10-2 电路参数随频率的变化情况**

| $f$/kHz | $X_C$/Ω | $Z_{tot}$/Ω | $I$/mA | $V_{out}$/V |
|---|---|---|---|---|
| 0.01 | 15 900 | ≈ 15 900 | 0.063 | 0.006 |
| 0.1 | 1590 | 1593 | 0.628 | 0.063 |
| 1.0 | 159 | 188 | 5.32 | 0.532 |
| 10 | 15.9 | 101 | 9.88 | 0.988 |

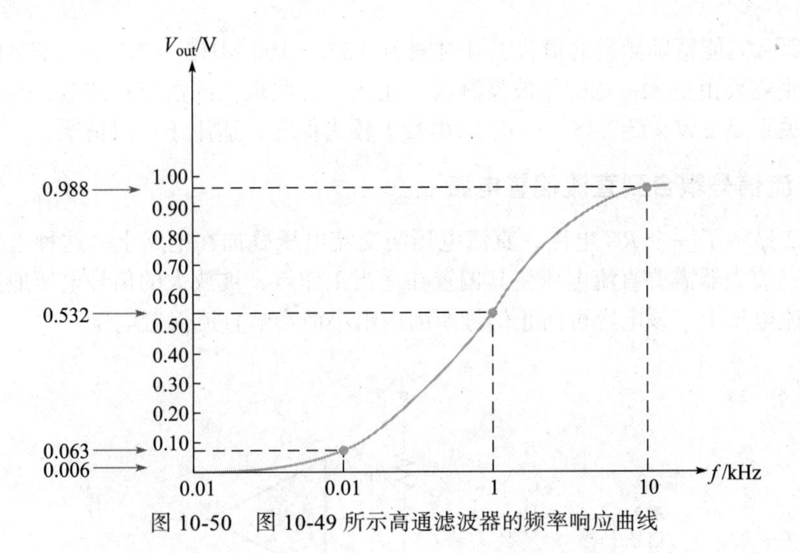


图 10-50　图 10-49 所示高通滤波器的频率响应曲线

***RC* 正弦交流电路的截止频率和带宽**　在低通或高通 $RC$ 电路中，容抗等于电阻时的频率称为**截止频率**，用 $f_c$ 标识。表示为 $1/(2\pi f_c C)=R$。$f_c$ 可由式（10-31）求得。

$$f_c = \frac{1}{2\pi RC} \tag{10-31}$$

在 $f_c$ 频率时，$RC$ 电路的输出电压是最大输出值的 70.7%。可将截止频率视为滤波器性能极限，例如，在高通滤波器中，所有在 $f_c$ 以上的频率信号被认为是可以通过滤波器的，而频率在 $f_c$ 以下的信号是被抑制的。对于低通滤波器，情况则正好相反。

信号从电路输入传递到输出的频率范围称为**带宽**（BW）。图 10-51 显示了低通滤波器电路的带宽和截止频率。

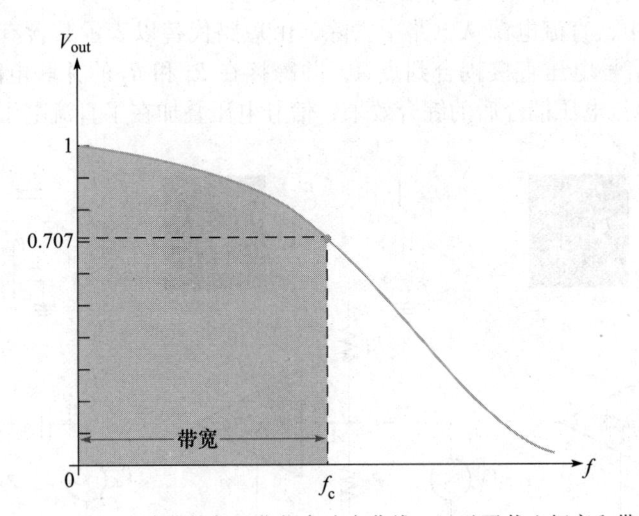


图 10-51　低通滤波器的归一化频率响应曲线，显示了截止频率和带宽

上升时间指脉冲从其振幅的 10% 上升到 90% 所需的时间。脉冲上升时间与正弦波带宽之间有重要联系。式（10-32）给出了电路带宽与不失真信号的最小上升时间的关系。

$$\text{BW} \times t_r = 0.35 \tag{10-32}$$

这种关系可用于判定示波器能否准确测量某些信号。例如，如果一个示波器的带宽是

100 MHz，那么它能精确测量的最快上升时间为 0.35/（100 MHz）=3.5 ns。信号的上升时间小于 3.5 ns 则需要由更大带宽的示波器测量。注意，一些现代的数字示波器，其带宽与最小上升时间的关系是 $BW \times t_r = 0.45$，而式（10-32）较为保守，适用于一般情况。

### 10.8.3 交流信号耦合到直流偏置电路

图 10-52 显示了一个 *RC* 电路，直流电压与交流电压叠加在电路上。这种电路通常出现在放大器中，放大器需要直流电压使其偏置在适当工作点，被放大的信号电压通过电容耦合后叠加在直流电压上。该电容可防止信号源因内阻小而影响直流偏置电压。

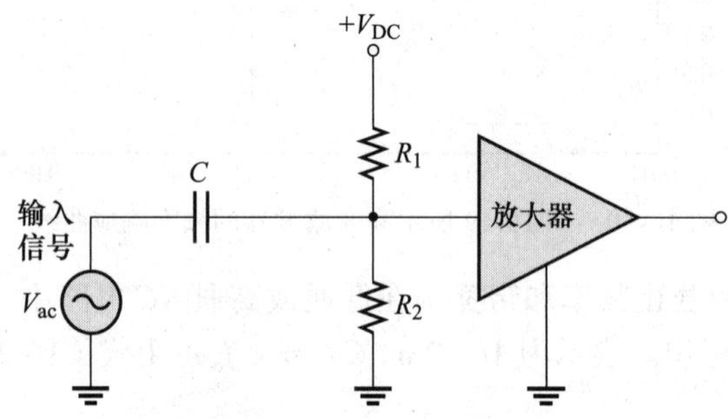


图 10-52 放大器偏置与交流耦合电路

在此类应用中，要选择电容值相对较大的电容，使得在放大频率的情况下，与偏置电路的电阻相比容抗很小。当电抗非常小（理想为零）时，几乎不会有相移或者电容两端没有电压上。因此，被放大的电压全部从电源传达到放大器的输入端。

图 10-53 说明了叠加原理在图 10-52 所示电路中的应用。在图 10-53a 中，交流电源已经从电路中删除，由一个代表其理想内阻的短路所代替。由于电容 *C* 在直流时开路，*A* 点处的电压由 $R_1$ 和 $R_2$ 的分压作用以及直流电压源所决定。

在图 10-53b 中，直流电源从电路中去除，由短路代替以表示其含有理想内阻。由于电容 *C* 短路交流，信号电压直接耦合到点 *A*，并跨接在 $R_1$ 和 $R_2$ 的并联电阻上。图 10-53c 显示了直流电压和交流电压耦合后的综合效果，信号电压叠加在了直流电压上。

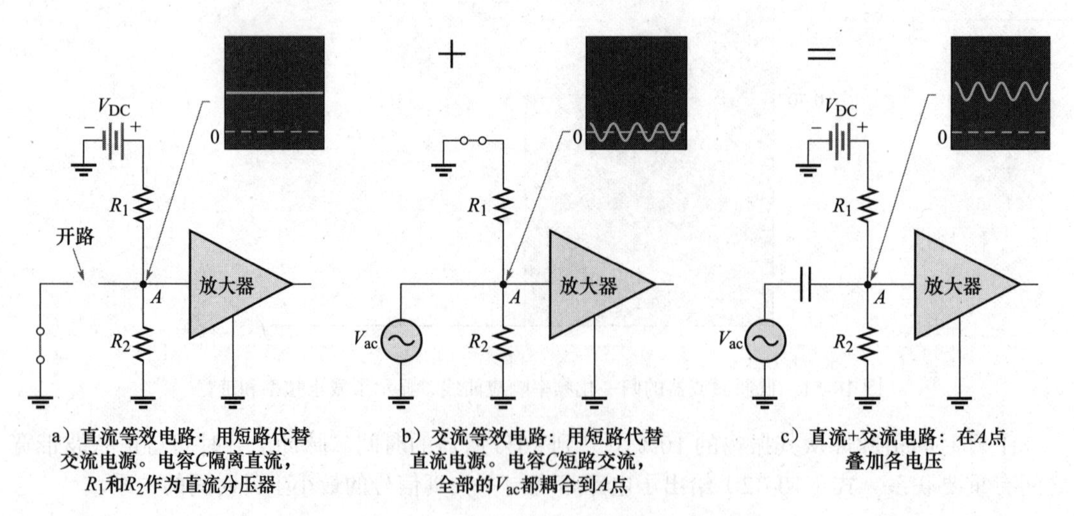


a）直流等效电路：用短路代替交流电源。电容*C*隔离直流，$R_1$和$R_2$作为直流分压器

b）交流等效电路：用短路代替直流电源。电容*C*短路交流，全部的$V_{ac}$都耦合到*A*点

c）直流+交流电路：在*A*点叠加各电压

图 10-53 在 *RC* 偏置和耦合电路中直流与交流的叠加

**学习效果检测**

1. 在移相振荡器中，RC 电路须提供多少度的总相移？
2. 在 RC 串联电路中，哪个元件的输出电压表现的是低通滤波特性？

## 10.9 故障排查

典型的元件失效故障或老化会对基本 RC 电路的频率响应产生影响，采用 APM（分析、规划和测量）故障处理方法可以定位电路中存在的故障。

**电阻开路对电路的影响** 如图 10-54 所示，当电阻开路时，电路没有电流，电容电压保持为零，总电压 $V_S$ 都落在开路电阻上。

**电容开路对电路的影响** 如图 10-55 所示，当电容开路时，电路没有电流，电阻电压为零，总电压全部降在开路电容上。

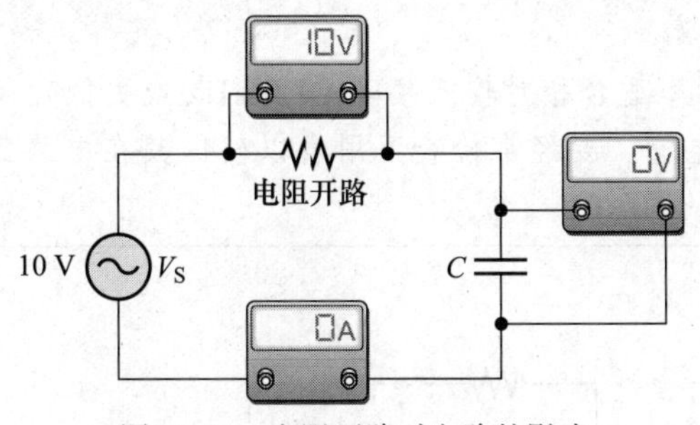


图 10-54 电阻开路对电路的影响

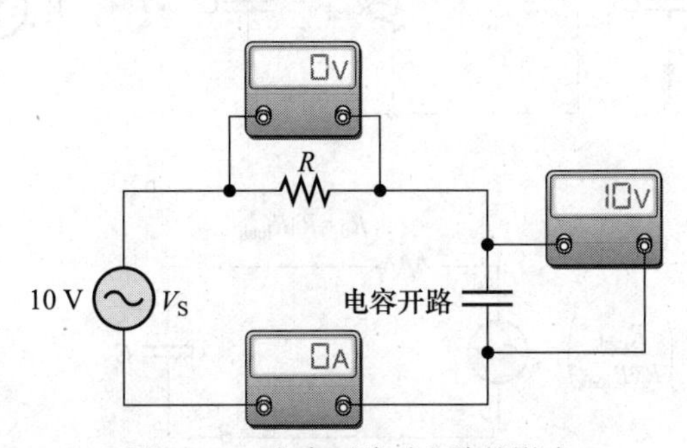


图 10-55 电容开路对电路的影响

**电容短路对电路的影响** 如图 10-56 所示，当电容短路时，其两端电压为零，电流等于 $V_S/R$，总电压全部落在电阻上。

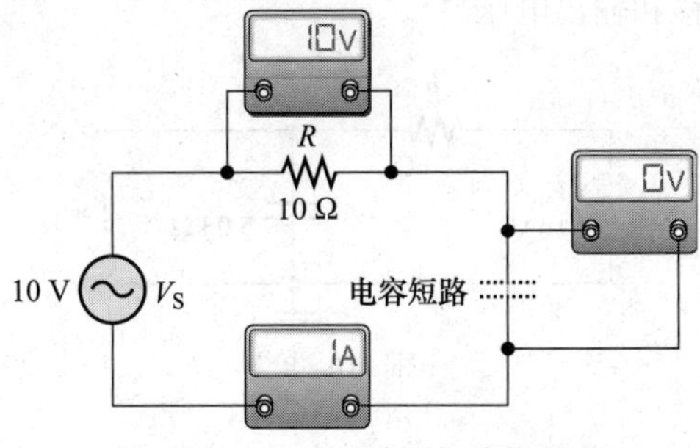


图 10-56 电容短路对电路的影响

**电容漏电对电路的影响** 如图 10-57a 所示，当电容出现较大泄漏电流时，漏电阻与电容并联。当漏电阻与电路电阻 $R$ 相当时，它对电路的响应影响很大。从电容向电源看，电路可以等效为图 10-57b 所示电路。戴维南等效电阻为 $R_{th}$ 与漏电阻 $R_{leak}$ 的并联组合（电源短路），等效电压由 $R$ 和 $R_{leak}$ 的分压结果确定。

$$R_{th}=R\|R_{leak}=\frac{RR_{leak}}{R+R_{leak}}$$

$$V_{th}=\left(\frac{R_{leak}}{R+R_{leak}}\right)V_{in}$$

因为 $V_{th}<V_{in}$，电容充电电压降低。又因为 $R_{leak}$ 为电流提供了一个并联路径且 $R_{th}<R$，电流也有增加。戴维南等效电路如图 10-57c 所示。

### 技术小贴士

有些万用表的测量频率适合相对较低频率（1.0 kHz 或更低），而有些万用表可测量频率高达 2.0 MHz 的电压或电流。要经常检查万用表以确保其在电路工作频率下能准确地测量使用。

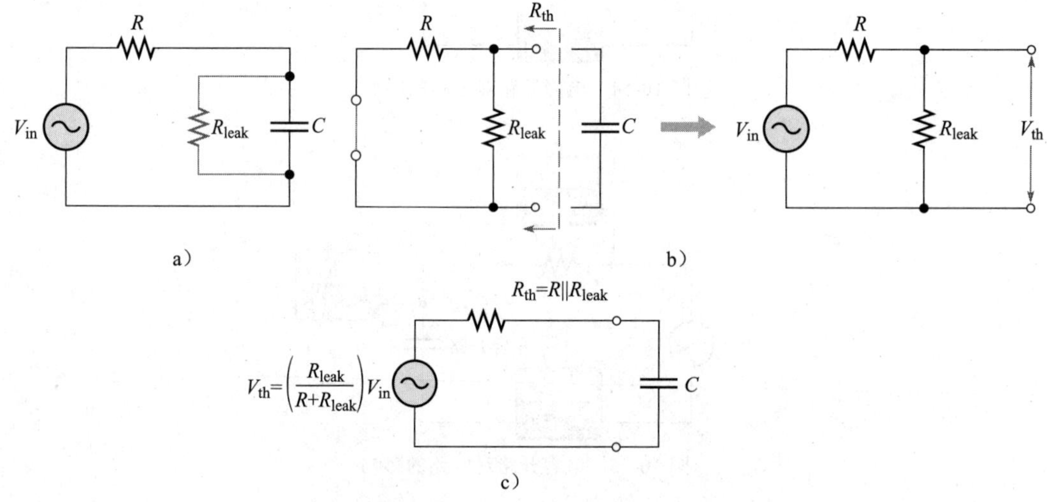


图 10-57 电容漏电对电路的影响

**例 10-18** 假设图 10-58 中电容已老化，它的漏电电阻为 10 kΩ。试求电容在已老化的状态下输入到输出的相移和输出电压。

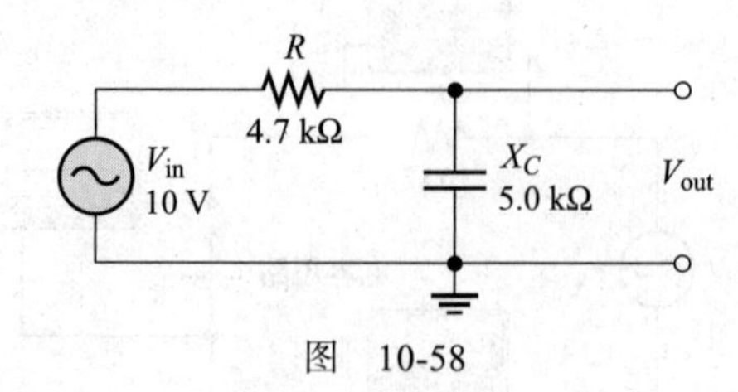


图 10-58

**解** 等效电路的电阻为

$$R_{th}=\frac{RR_{leak}}{R+R_{leak}}=\frac{4.7\ \text{k}\Omega\times 10\ \text{k}\Omega}{14.7\ \text{k}\Omega}=3.2\ \text{k}\Omega$$

相位角为

$$\phi=90°-\arctan\left(\frac{X_C}{R_{th}}\right)=90°-\arctan\left(\frac{5.0\ \text{k}\Omega}{3.2\ \text{k}\Omega}\right)=32.6°$$

先计算戴维南等效电压，再求输出电压。

$$V_{th}=\left(\frac{R_{leak}}{R+R_{leak}}\right)V_{in}=\frac{10\ \text{k}\Omega}{14.7\ \text{k}\Omega}\times 10\ \text{V}=6.80\ \text{V}$$

$$V_{out}=\left(\frac{X_C}{\sqrt{R_{th}^2+X_C^2}}\right)V_{th}=\frac{5.0\ \text{k}\Omega}{\sqrt{(3.2\ \text{k}\Omega)^2+(5.0\ \text{k}\Omega)^2}}\times 6.8\ \text{V}=5.73\ \text{V}$$ ◀

**同步练习**　如果电容没有漏电，输出电压为多少？

采用科学计算器完成例 10-18 的计算。

**技术小贴士**

连接面包板电路时，对信号、电源电压、接地等通用连接应注意标准颜色标识。例如，信号用绿色电线，电源电压用红色电线，接地用黑色线，这样有助于在连接和故障排查过程中识别线路。

## 其他故障排查注意事项

到目前为止，你已经了解了特定元件的故障和相关电源的特征。然而，很多时候，电路不能正常工作并不是由元器件故障造成的。导线松动、接触不良或焊接不良都会导致开路。电线裁线或焊料飞溅可能会引起短路。电路参数错误（例如错误的电阻值），函数发生器设定在错误频率，或电路的输出连接错误也会导致电路无法正确运行。

当电路出现问题时，一定要检查仪器是否正确安装且连接到正确的测量点。可以先做目测检查，排查明显问题，如部件过热，触点破损或松动，连接器没有完全插入，电线或焊料可能短路。

关键是电路不能正常工作时，应该考虑所有的可能性，而不仅仅是元件故障。下面的示例借助简单电路，说明了使用 APM（分析、规划和测量）方法排查电路故障的过程。

**例 10-19**　图 10-59 所示电路没有输出电压，该电压是电容两端的电压。正常时会有 7.4 V 的输出。电路在面包板上构建，请使用故障排查方法来发现问题所在。

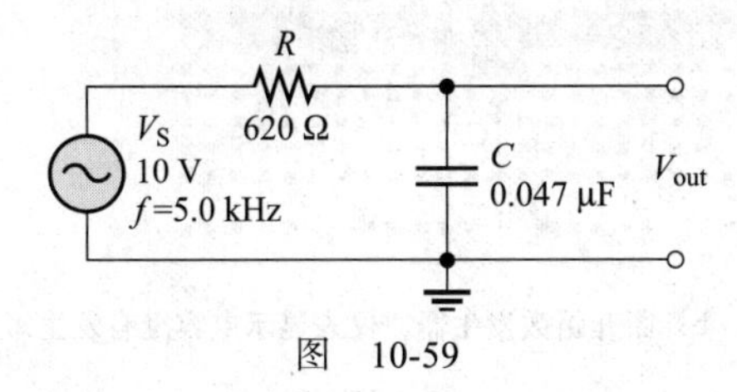


图　10-59

**解**　将 APM 方法应用于此电路的故障排查。

**分析**：首先考虑电路没有输出电压的可能原因。

1. 没有电源电压或频率太高导致容抗几乎为零。

2. 输出端有短路。要么电容内部短路，要么是在电路中存在物理短路。

3. 在电源和输出之间有开路。这将阻断电流，从而导致输出电压为零。电阻可能开路，或导电通道因接线断开或松动使面包板接触不良，或在面包板上因错误连接而存在开路。

4. 有不正确的元件值。电阻可能很大，以至于电流和输出电压小到忽略不计。电容可能很大，以至于在输入频率下其容抗接近于零。

**规划**：先对一些问题进行目测检查，例如函数发生器电源线并未插入，频率设置在不正确的值，或者电路板的接线不正确。此外，开路、短路，以及错误的电阻色码或电容标签通常是可以被发现的。如果目测检查没有发现任何问题，那么应通过测量电压来追踪问题的原因，可以用数字示波器和数字万用表来进行测量。

**测量**：假设发现函数发生器已经接入，且频率设置没有问题。此外，目测检查时，没有发现明显的开路、短路或接线问题，且元件值也正确。

测量过程的第一步是用示波器检查电源电压。如图 10-60a 所示，假设在电路输入处观测到一个频率为 5.0 kHz、有效值为 10 V 的正弦波。由于电压正确，因此第一个可能的原因就被排除。

接下来，断开电源，并用数字万用表（设置在欧姆挡）检查电容是否短路。如果电容性能良好，则在短暂充电后，万用表会显示 OL（过载），这说明电容是开路的，如图 10-60b 所示。这样第二个可能的原因也被排除。

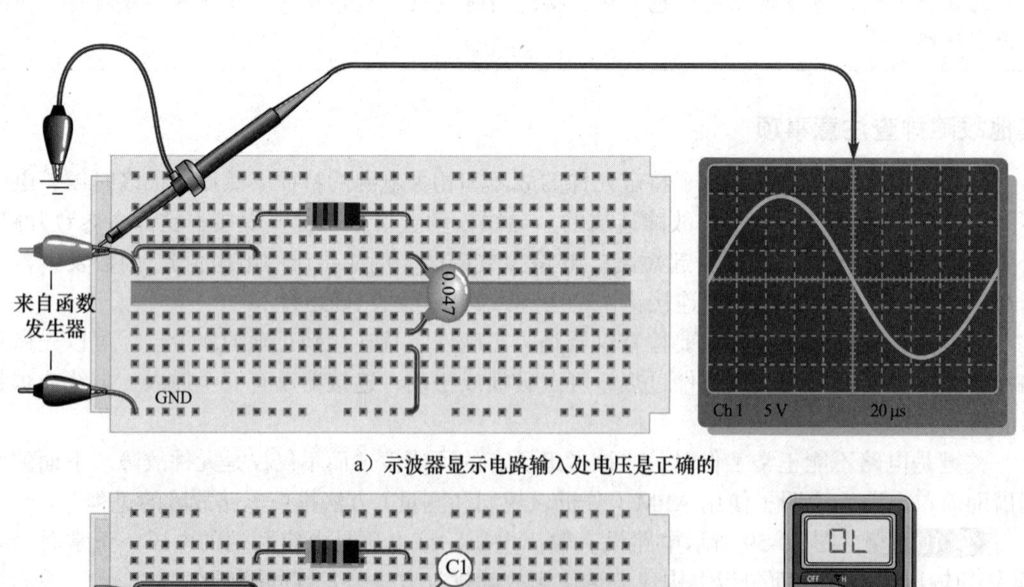


a）示波器显示电路输入处电压是正确的

b）断开函数发生器，仪表显示电容没有发生短路

图 10-60

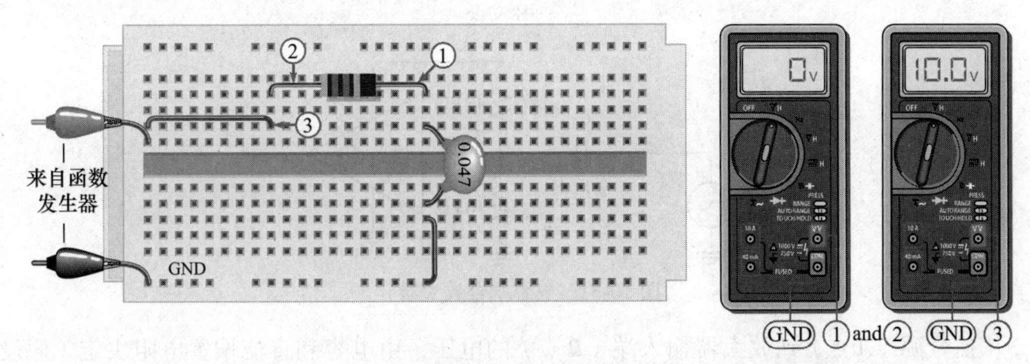


c）在③处有电压，表明在那一行使用的面包板上两个触点中有一个是坏的

图　10-60（续）

由于电压在输入和输出之间的某个地方“丢失”了，现在必须查找电压。重新连接电源，用数字万用表（设置为电压表功能）分别测量每个电阻的电压。电阻两端电压为零意味着没有电流，这说明电路中的某个地方存在开路。

现在，可以沿着电路到电源查找电压（也可以从电源开始查找），也可以使用数字示波器或数字万用表。如果决定使用数字万用表，那么你需设置一根引线接地，另一根引线测量电路。如图 10-60c 所示，电阻右引脚①处的电压读数为零。既然已经测量出电阻两端电压为零，那么左侧电阻引线②处电压必为零，如万用表所示。接下来，移动仪表探头到③点，读数为 10 V。电阻左侧引线电压为零，而③处电压为 10 V，由此可推断面包板上导线插入的两个插孔中有一个坏了。可能是触点被推得太深而发生弯曲或断裂，从而导致电路接线不良。

移动导线或改变导线与电阻引线的位置，插入同一排的另一个孔中。假设电阻引线移动到上面的插孔，电路有了输出电压（电容两端电压）。◀

**同步练习**　假设在检查电容之前已测出电阻两端电压为 10 V，这说明出现了什么问题？

**学习效果检测**

1. 描述电容发生漏电对 *RC* 电路直流响应的影响。
2. 在 *RC* 串联电路中，如果所有电压都在电容上，说明出现了什么问题？
3. *RC* 串联电路中什么故障可导致电容两端电压为 0 V？

## 应用案例

第 9 章研究了电容耦合的分压偏置放大器。本章的应用案例，要检测一个类似放大器输入电路的输出电压，以确定它是如何随频率变化的。如果耦合电容两端的电压太大，会对放大器的整体性能产生影响。对此，你不需要熟悉放大器电路的细节知识，但你应该回顾一下第 9 章的应用案例。

正如你在第 9 章中所学的，图 10-61 中的耦合电容（$C_1$）可将输入电压传递到放大器的输入端（从 *A* 点到 *B* 点），但不影响电阻分压（$R_1$ 和 $R_2$）在 *B* 点的直流电压。如果输入信号的频率足够高，使得耦合电容的容抗小到可以忽略，那么电容上几乎没有交流电压降。随着信号频率的降低，容抗增加，会有越来越多的电压落在电容上。这会减小放大器的输出电压。

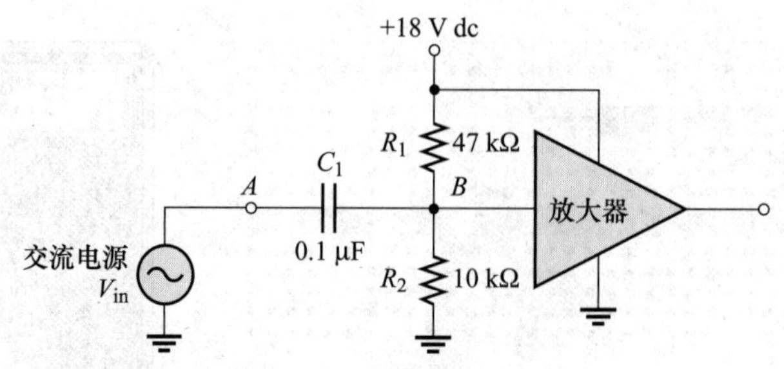


图 10-61 电容耦合放大器

从信号源（$A$ 点）到放大器输入端（$B$ 点）的电压，由电容和直流偏置电阻决定（假设放大器没有负载效应）。这些元件实际上构成了 $RC$ 高通滤波器，如图 10-62 所示。就交流信号源而言，由于信号源内阻为零，分压器偏置电阻彼此并联。$R_2$ 下端接地，$R_1$ 上端接直流源，如图 10-62a 所示。

由于 18 V 直流源端没有交流电压，$R_1$ 电阻上端的交流电压为 0 V，相当于交流接地端。图 10-62b、c 给出了 $RC$ 高通滤波器的演变过程。

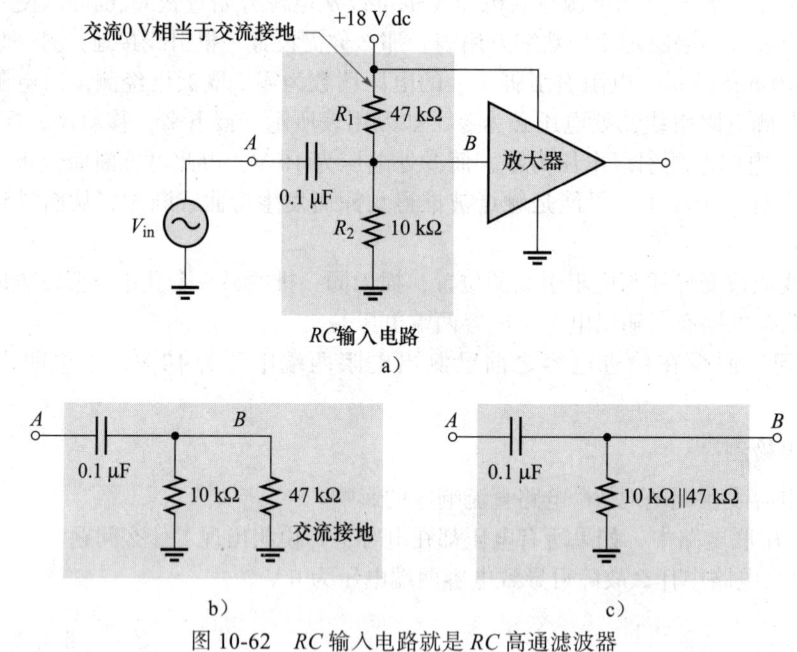


图 10-62 $RC$ 输入电路就是 $RC$ 高通滤波器

**步骤 1：评估放大器的输入电路**

确定输入电路的等效电阻值。假设放大器（图 10-63 中白色虚线所示部分）对输入电路没有负载效应。

**步骤 2：测量频率为 $f_1$ 时的响应**

如图 10-63 所示，输入信号的电压加到放大器电路板上，在示波器的通道①上显示。通道②连接到电路板上的某个点上，显示该点的频率和电压。

**步骤 3：测量频率为 $f_2$ 时的响应**

如图 10-63 和图 10-64 所示，将示波器通道①上显示的输入电压施加到放大器电路板上，分析通道②上显示的电压和频率。

如果在第 2、3 步中，通道②波形有差异，解释产生差异的原因。

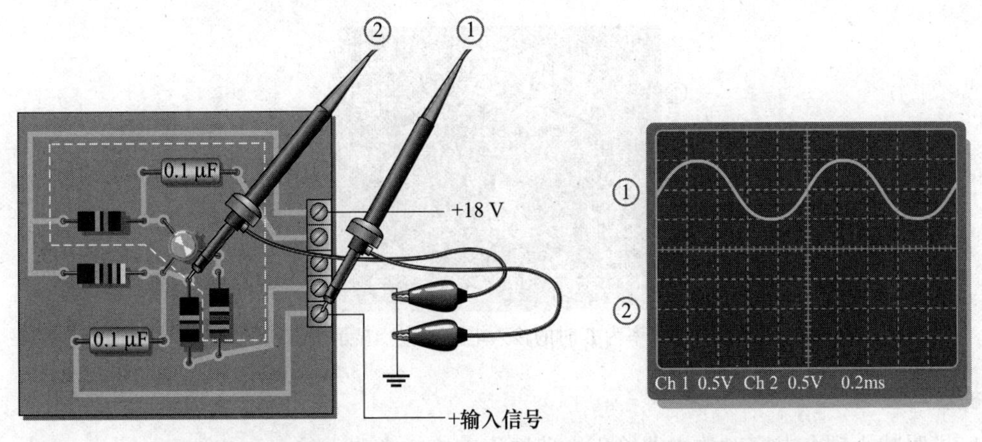


图 10-63　测量频率为 $f_1$ 时的输入电路响应。当前显示通道①的波形

**步骤 4：测量频率为 $f_3$ 时的响应**

如图 10-63 和图 10-65 所示，将示波器通道①上显示的输入电压施加到放大器电路板上，分析显示在通道②上的电压和频率。

如果在频率第 3、4 步中，通道②波形有差异，解释产生差异的原因。

**步骤 5：绘制频率响应曲线**

确定图 10-61 中 $B$ 点的信号电压频率为其最大值的 70.7% 时的频率。用这个电压值，以及频率分别为 $f_1$、$f_2$ 和 $f_3$ 时的电压值，绘制频率响应曲线。试说明这条频率曲线怎样反映输入电路的高通滤波器特性？怎样做才能通过降低频率，使电压值下降为最大值的 70.7%，且不影响直流偏置？

## Multisim 仿真

使用 Multisim 软件，连接如图 10-62b 所示等效电路，进行下列操作：

1. 应用与图 10-63 所示相同频率和振幅的输入电压。用示波器测量图 10-62 中 $B$ 点的电压，并与第 2 步的结果相比较。

2. 如图 10-64 所示，应用相同频率和振幅的输入电压。用示波器测量图 10-62 中 $B$ 点的电压，并与第 3 步的结果相比较。

3. 应用与图 10-65 所示相同频率和振幅的输入电压。用示波器测量图 10-62 中 $B$ 点的电压，并与第 4 步的结果相比较。

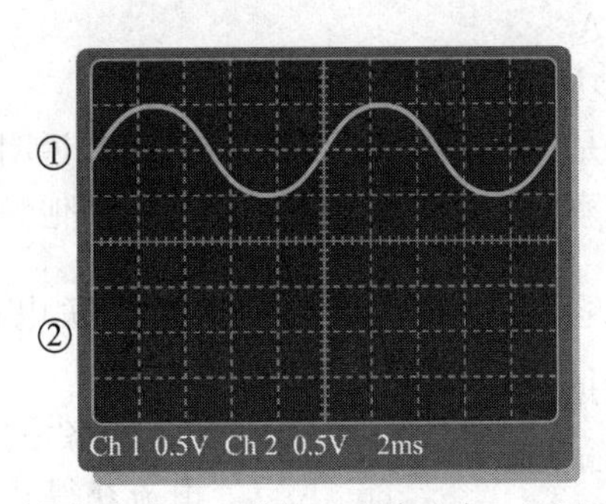


图 10-64　测量频率为 $f_2$ 时的输入电路响应。显示通道①的波形

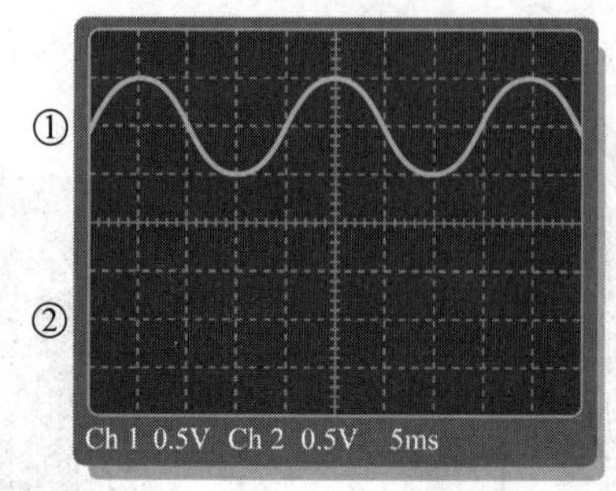


图 10-65 测量频率为 $f_3$ 时的输入电路响应。显示通道①的波形

**检查与复习**

1. 说明减小耦合电容对放大器输入电路频率响应的影响。

2. 当交流输入信号有效值为 10 mV，且耦合电容开路时，图 10-61 中 $B$ 点电压是多少？

3. 如果电阻 $R_1$ 开路，当交流输入信号有效值为 10 mV 时，图 10-61 中 $B$ 点电压是多少？

## 本章总结

- 当正弦电压作用于 $RC$ 电路时，电流和所有的电压都是正弦波。
- $RC$ 串联或并联电路中的总电流总是超前于电源电压。
- $RC$ 串联电路中，电阻电压总是与其电流同相。
- 电容上的电压总是滞后于电流 90°。
- 在 $RC$ 电路中，阻抗由电阻和容抗组成。
- 阻抗的单位是 Ω。
- 电路相位角是总电流与电源电压之间的相位差。
- $RC$ 串联电路的阻抗与频率的变化趋势相反。
- $RC$ 串联电路的相位角与频率的变化趋势相反。
- 在 $RC$ 滞后电路中，在相位上输出电压滞后于输入电压一定角度。
- 在 $RC$ 超前电路中，在相位上输出电压超前于输入电压一定角度。
- 对于 $RC$ 并联电路，在任意频率下都有一个等效的串联电路。
- 电路的阻抗可以通过测量电源电压和总电流，然后应用欧姆定律来确定。
- 在 $RC$ 电路中，一部分功率是有功功率，一部分功率是无功功率。
- 电阻功率（有功功率）和无功功率的组合被称为*视在功率*。
- 视在功率的单位是 V·A。
- 功率因数（$PF$）表明有功功率占视在功率的比例。
- 功率因数为 1 说明电路是纯电阻电路，功率因数为 0 说明电路为纯电抗电路。
- 在选频电路中，某些频率的信号被传递到输出，而其他频率信号则被抑制。

**对 / 错判断**（答案在本章末尾）

1 $RC$ 串联电路的阻抗随频率增加而增加。

2 在 $RC$ 串联滞后电路中，输出取自电阻两端电压。

3 导纳是电纳的倒数。

4 $RC$ 并联电路中，频率增加，电导不变化。

5 $RC$ 电路相位角可通过测量电源电压与电流获得。

6 $RC$ 并联电路的阻抗可以用“积除以和”

的计算得到。

7 如果$X_C$=$R$，$RC$串联电路中电流超前电压的相位角为45°。

8 功率因数等于相位角的正切值。

9 纯电阻电路的功率因数为0。

10 视在功率的单位为W。

## 自我检测（答案在本章末尾）

1 在$RC$串联电路中，电阻上的电压
（a）与电源电压同相
（b）滞后电源电压90°
（c）与电流同相
（d）滞后电流90°

2 在$RC$串联电路中，电容上的电压
（a）与电源电压同相
（b）与电流同相
（c）滞后电阻电压90°
（d）滞后电源电压90°

3 当$RC$串联电路的电压频率增加时，阻抗也随之
（a）增加　（b）减小
（c）保持不变　（d）加倍

4 当$RC$串联电路的电压频率降低时，相位角将
（a）增加　（b）减小
（c）保持不变　（d）不可预测

5 当$RC$串联电路的频率与电阻都增加一倍时，阻抗将
（a）加倍　（b）减半
（c）变为原来的4倍　（d）不能确定

6 在$RC$串联电路中，通过测量得知，电阻与电容两端电压有效值均为10 V，电源电压有效值为
（a）20 V　（b）14.14 V
（c）28.28 V　（d）10 V

7 问题6中的电压是按某频率测量的。要使电阻电压大于电容电压，频率应该
（a）增加　（b）减小
（c）保持不变　（d）对此无效

8 当$R$=$X_C$时，相位角为
（a）0°　（b）+90°
（c）−90°　（d）45°

9 若要将相位角降低到45°以下，必须满足以下哪个条件？
（a）$R$=$X_C$　（b）$R < X_C$
（c）$R > X_C$　（d）$R$=10$X_C$

10 当电源电压频率增加时，$RC$并联电路的阻抗将
（a）增加　（b）减小
（c）不变

11 在$RC$并联电路中，电阻电流有效值为1.0 A，经过电容的电流有效值为1.0 A。总电流有效值为
（a）1.0 A　（b）2.0 A
（c）2.28 A　（d）1.414 A

12 功率因数为1.0表示电路相位角为
（a）90°　（b）45°
（c）180°　（d）0°

13 在某负载下，有功功率为100 W，无功功率为100 var，那么视在功率为
（a）200 V·A　（b）100 V·A
（c）141.4 V·A　（d）141.4 W

14 交流电源额定功率的单位通常为
（a）W　（b）V·A
（c）var　（d）这些都不是

15 如果某低通滤波器的带宽为1.0 kHz，则截止频率为
（a）0 Hz　（b）500 Hz
（c）2.0 kHz　（d）1000 Hz

## 故障排查（下列练习的目的是帮助建立故障排查所必需的思维过程。答案在本章末尾）

针对图10-66所示电路，确定每组故障的原因。

1 症状：直流电压表读数为0 V，交流电压表读数为1.85 V。
原因：
（a）$C$短路　（b）$R_1$开路
（c）$R_2$开路

2 症状：直流电压表读数为5.42 V，交流电压表读数为0 V。
原因：
（a）$C$短路　（b）$C$开路
（c）一个电阻开路

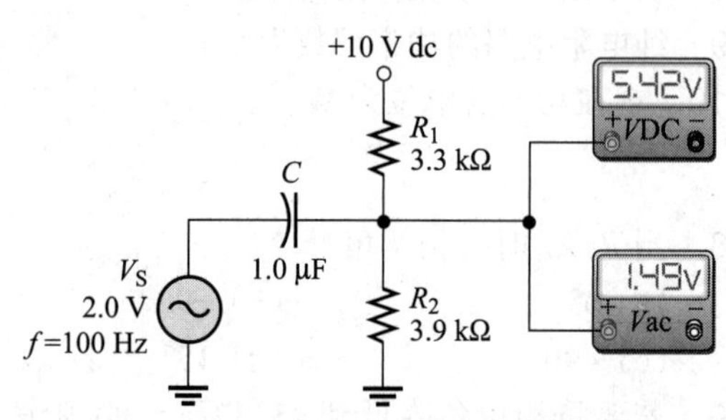


图 10-66 交流电压表显示了该电路的正确读数

3 症状：直流电压表的读数约为 0 V，交流电压表的读数为 2.0 V。

原因：

(a) $C$ 短路　(b) $C$ 开路

(c) $R_1$ 短路

4 症状：直流电压表读数为 10 V，交流电压表读数为 0 V。

原因：

(a) $C$ 开路　(b) $C$ 短路

(c) $R_1$ 短路

5 症状：直流电压表读数为 10 V，交流电压表读数为 1.8 V。

原因：

(a) $R_1$ 短路　(b) $R_2$ 开路

(c) $C$ 短路

## 分节习题（奇数题答案在本书末尾）

### 10.1 节

1 一个 8.0 kHz 的正弦电压施加到一个 $RC$ 串联电路上。电阻两端的电压频率是多少？电容两端的电压频率是多少？

2 习题 1 中，电路中电流的波形是怎样的？

### 10.2 节

3 求图 10-67 中各电路的阻抗。

4 确定图 10-68 中各电路的阻抗和相位角。

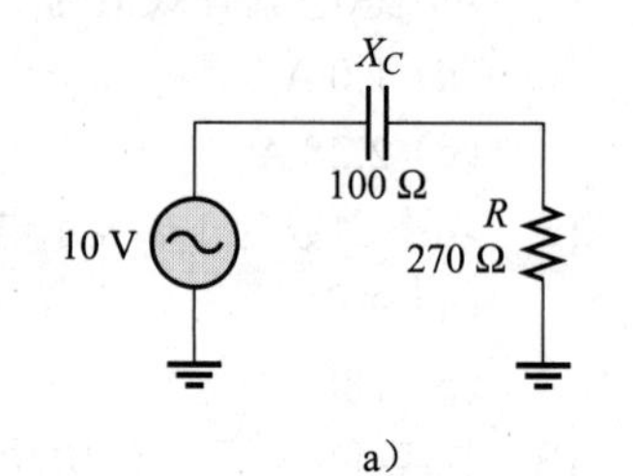


a)

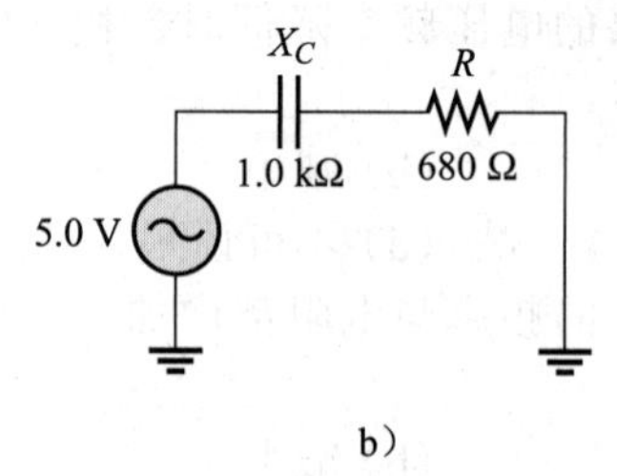


b)

图 10-67

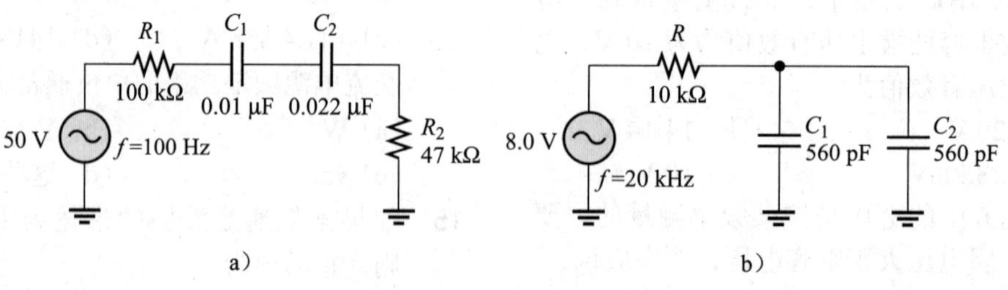


a)　b)

图 10-68

5 对于图 10-69 中的电路，分别计算以下频率时的阻抗。

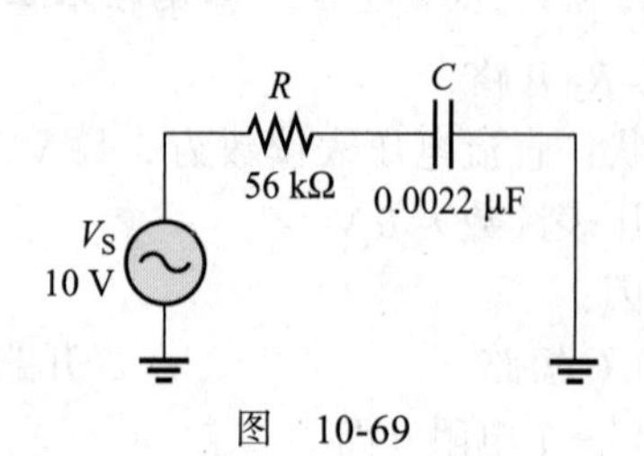


图 10-69

(a) 100 Hz　(b) 500 Hz

(c) 1.0 kHz　(d) 2.5 kHz

6 如果 $C$=0.0047 μF，请重复求解习题 5。

### 10.3 节

7 计算图 10-67 中各电路的总电流。

8 对于图 10-68 所示电路，请重复求解习题 7。

9 对于图 10-70 所示电路，画出相量图，显示所有电压和总电流。标注相位角。

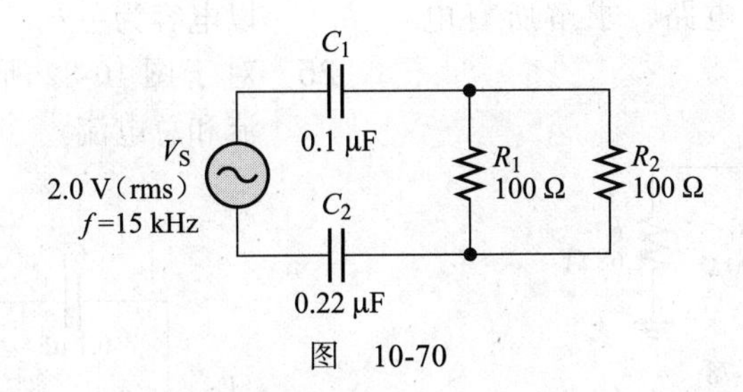


图　10-70

10　对于图 10-71 所示电路，求解以下各值：

（a）$Z$　　（b）$I$

（c）$V_R$　　（d）$V_C$

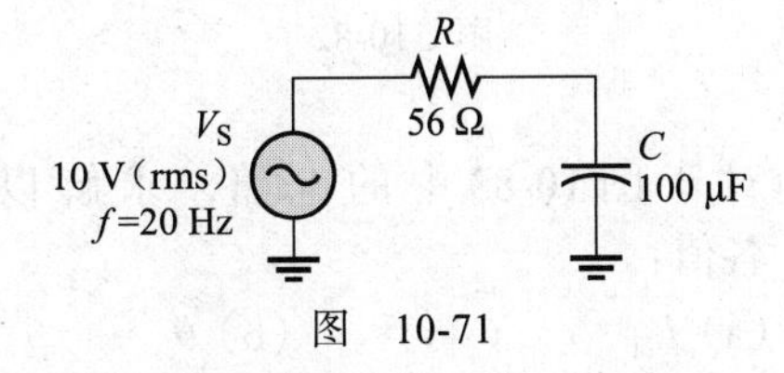


图　10-71

11　图 10-72 中的变阻器设置到什么值才能使总电流为 10 mA？此时电路的相位角是多少？

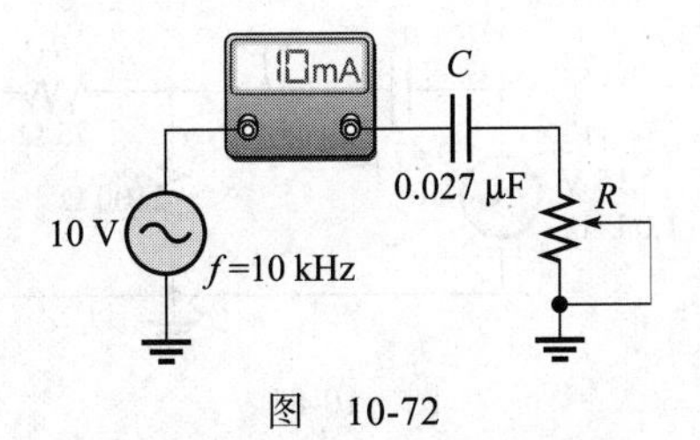


图　10-72

12　对于图 10-73 所示的滞后电路，求下列频率时输入电压和输出电压之间的滞后相位角。

（a）1.0 Hz　　（b）100 Hz

（c）1.0 kHz　　（d）10 kHz

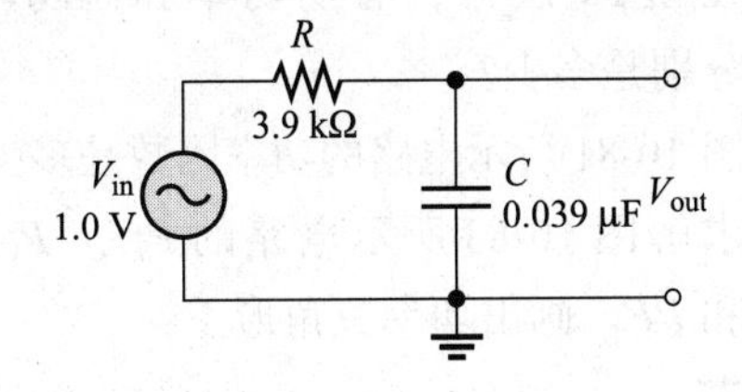


图　10-73

13　对于图 10-74 所示的超前电路，请重复求解习题 12。

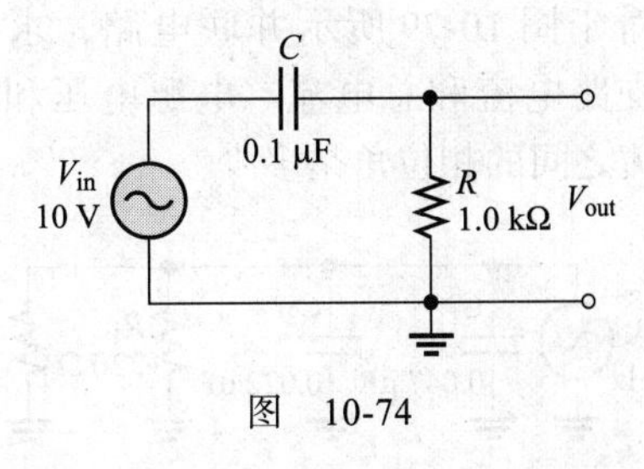


图　10-74

## 10.4 节

14　求图 10-75 所示电路的阻抗。

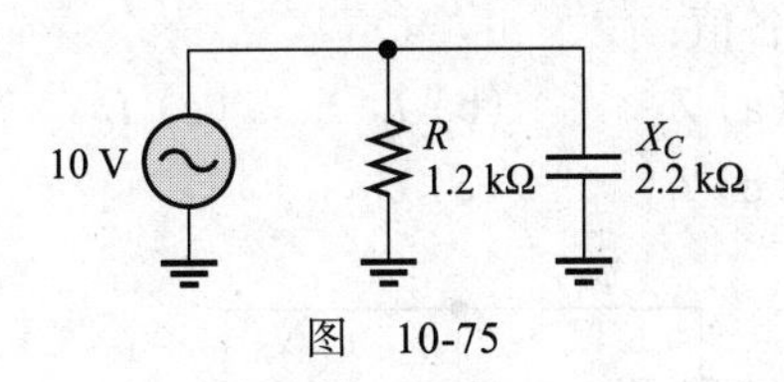


图　10-75

15　求图 10-76 所示电路的阻抗和相位角。

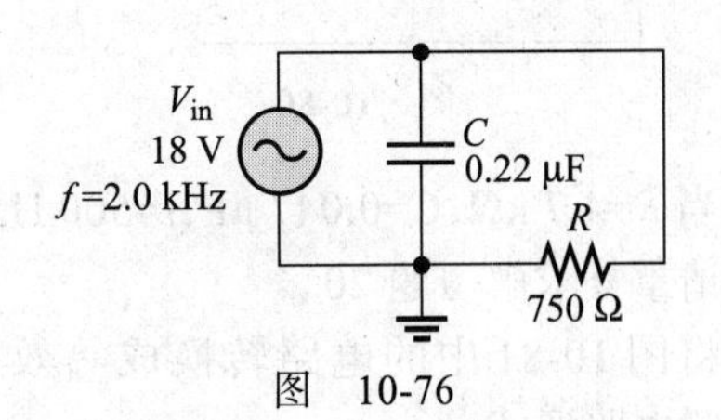


图　10-76

16　在下列频率下，请重复求解习题 15。

（a）1.5 kHz　　（b）3.0 kHz

（c）5.0 kHz　　（d）10 kHz

17　求图 10-77 所示电路的阻抗和相位角。

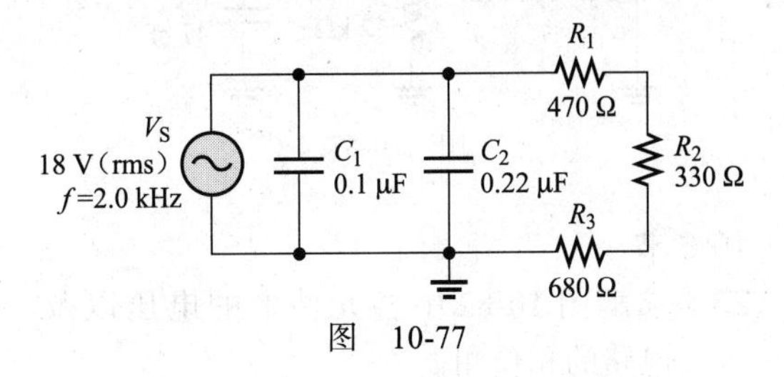


图　10-77

10.5 节

18 对于图 10-78 所示电路，求解所有电流和电压。

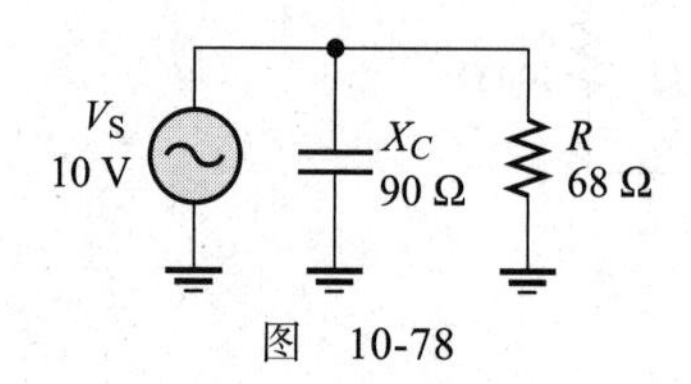

图 10-78

19 对于图 10-79 所示并联电路，求解各支路电流和总电流。电源电压和总电流之间的相位角是多少？

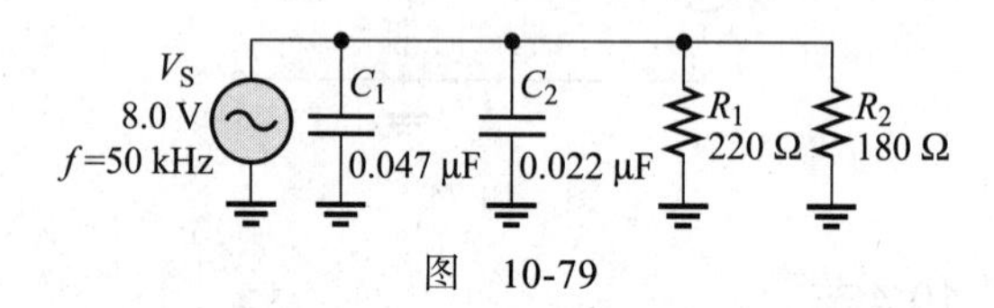

图 10-79

20 对于图 10-80 所示电路，请求解以下各值：

(a) $Z$ (b) $I_R$ (c) $I_C$
(d) $I_{tot}$ (e) $\theta$

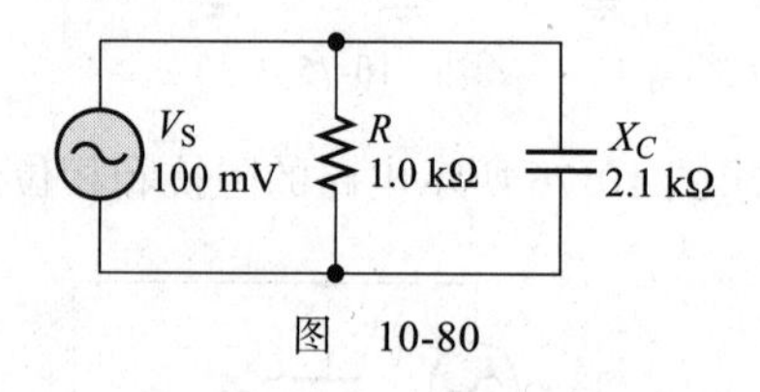

图 10-80

21 当 $R$=4.7 kΩ, $C$=0.047 μF, $f$=500 Hz 时，请重复求解习题 20。

22 将图 10-81 中的电路转换成等效的串联电路形式。

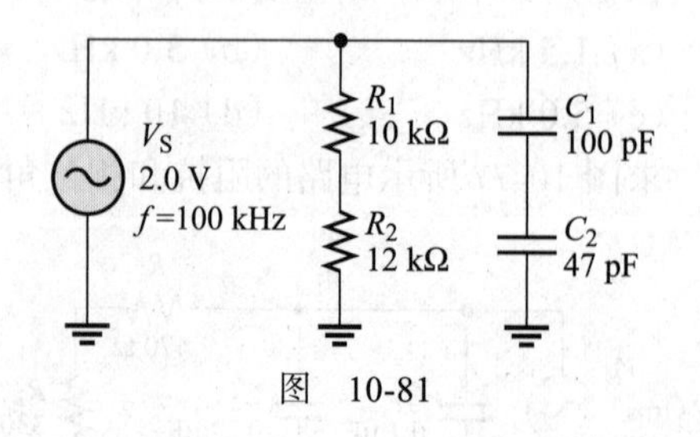

图 10-81

10.6 节

23 求解图 10-82 中各元件上的电压以及电路的相位角。

24 图 10-82 所示电路是以电阻为主还是以电容为主？

25 对于图 10-82 所示电路，求各支路电流和总电流。

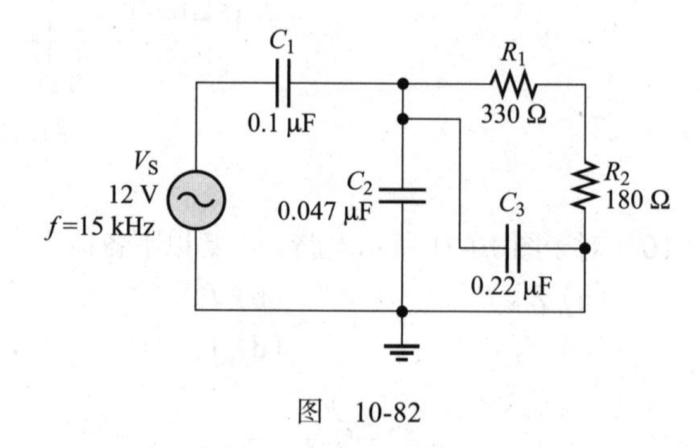

图 10-82

26 对于图 10-83 中的电路，求解以下各值：

(a) $I_{tot}$ (b) $\theta$
(c) $V_{R1}$ (d) $V_{R2}$
(e) $V_{R3}$ (f) $V_C$

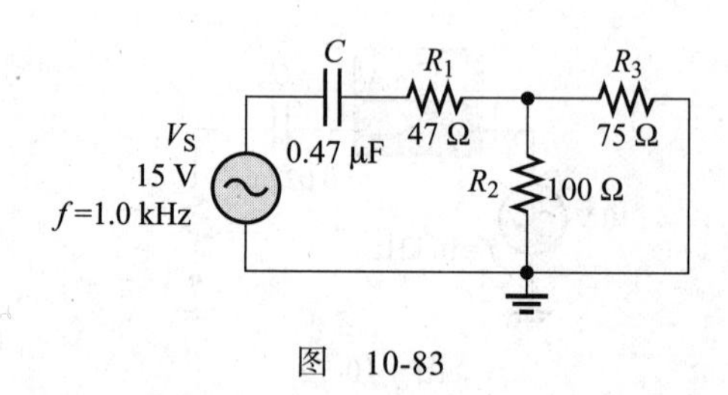

图 10-83

10.7 节

27 在某 $RC$ 串联电路中，有功功率为 2.0 W，无功功率为 3.5 var，试求视在功率。

28 在图 10-71 中，有功功率和无功功率分别是多少？

29 图 10-81 所示电路的功率因数是多少？

30 求解图 10-83 所示电路的 $P_{true}$、$P_r$、$P_a$ 和 $PF$。画出功率三角形。

10.8 节

31 图 10-73 所示滞后电路也是低通滤波器，绘制此电路的频率响应曲线。以

1.0 kHz 为增量，绘出 0 ~ 10 kHz 范围内输出电压与频率的关系。

32 对于图 10-74 所示电路，以 1.0 kHz 为增量，绘制 0 ~ 10 kHz 频率范围的频率响应曲线。

33 绘制图 10-73 和图 10-74 中各电路的电压相量图，已知频率为 5.0 kHz，$V_{in}$ 有效值为 1.0 V。

34 图 10-84 中放大器 $A$ 输出电压信号的有效值为 50 mV。如果放大器 $B$ 的输入电阻是 10 kΩ，当频率为 3.0 kHz 时有多少信号是由于耦合电容（$C_c$）而受阻的？

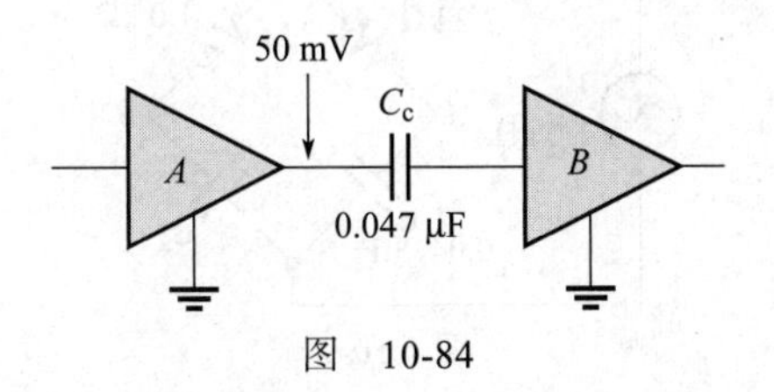


图 10-84

35 求解图 10-73 和图 10-74 中各电路的截止频率。

36 求解图 10-73 所示电路的带宽。

10.9 节

37 假设图 10-85 中的电容漏电严重。若泄漏电阻为 5.0 kΩ，频率为 10 Hz，试说明电容的退化如何影响输出电压和相位角的。

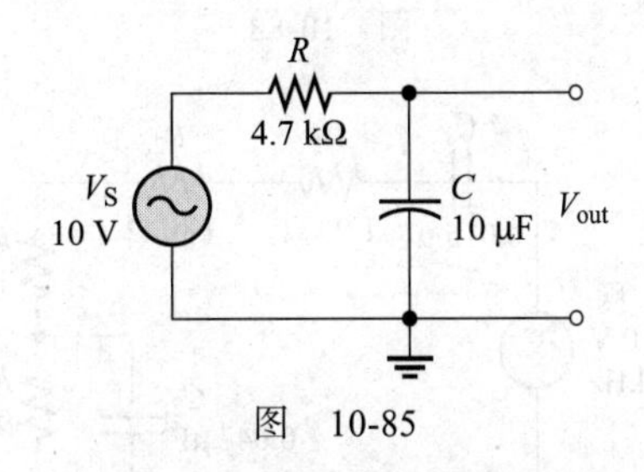


图 10-85

38 图 10-86 中各电容的漏电阻均为 2.0 kΩ，求在此条件下各电路的输出电压。

39 试求图 10-86a 所示电路在下列各种故障模式下的输出电压，并与正确的输出电压进行比较。

（a）$R_1$ 开路　（b）$R_2$ 开路
（c）$C$ 开路　（d）$C$ 开路

40 确定图 10-86b 中各故障模式下电路的输出电压，并与正确的输出进行比较。

（a）$C$ 开路　（b）$C$ 开路
（c）$R_1$ 开路　（d）$R_2$ 开路
（e）$R_3$ 开路

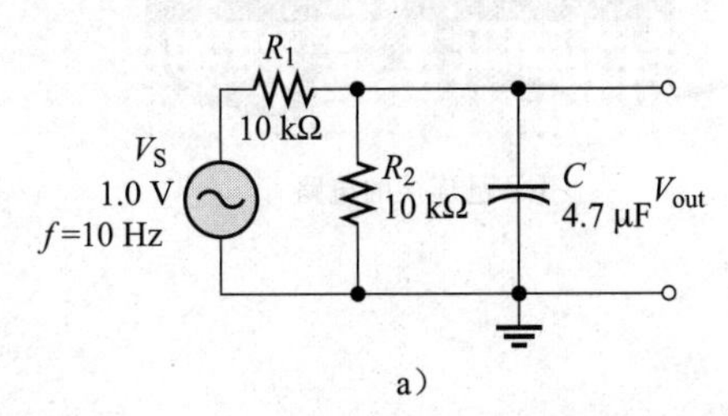


a）

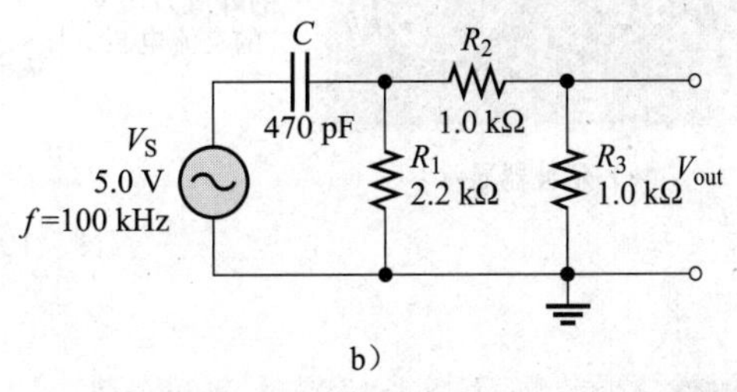


b）

图 10-86

*41 一个 240 V、60 Hz 的电源驱动两个负载。负载 $A$ 的阻抗为 50 Ω，功率因数为 0.85。负载 $B$ 的阻抗为 72 Ω，功率因数为 0.95。试问：

（a）各负载电流为多少？
（b）各负载的无功功率是多少？
（c）各负载的有功功率是多少？
（d）各负载的视在功率是多少？

*42 当频率为 20 Hz 时，图 10-87 中电路需要多大的耦合电容才能使放大器 2 的输入电压至少是放大器 1 输出电压的 70.7%？（忽略输入电阻。）

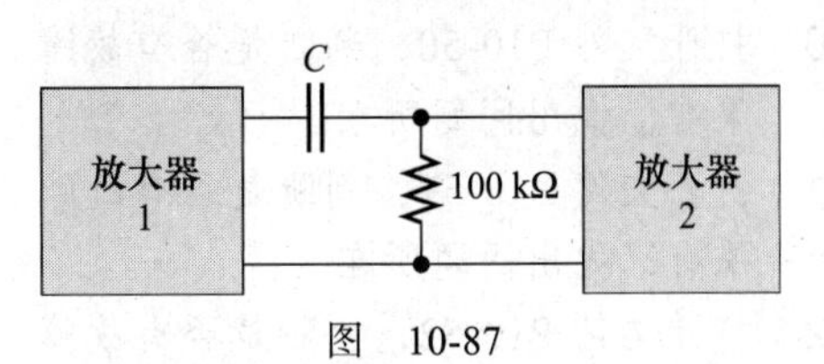


图 10-87

*43 求 $R_1$ 为多少时图 10-88 中电源电压与总电流的相位角为 30°。

*44 画出图 10-89 中的电压电流相量图。

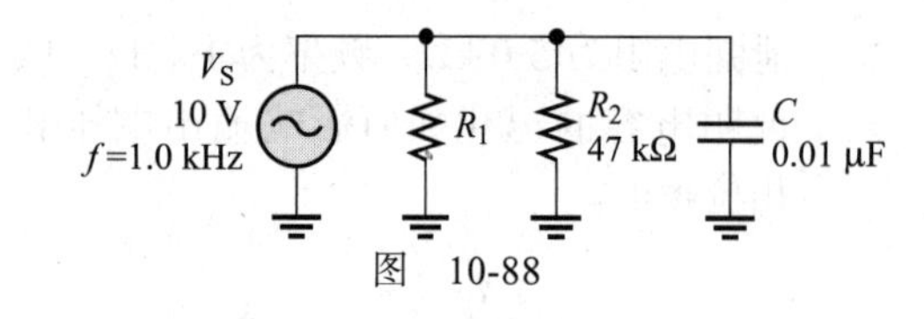


图 10-88

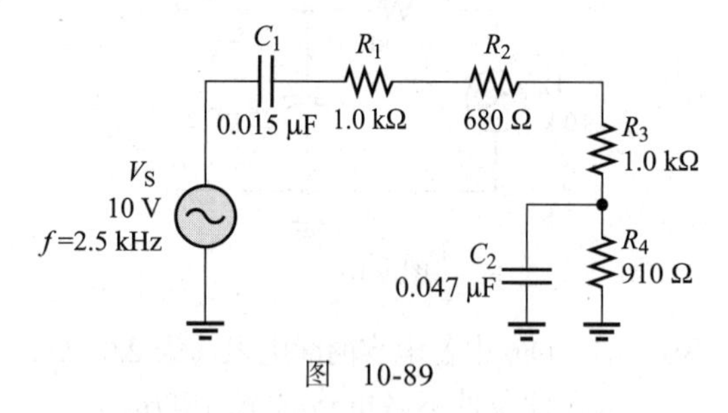


图 10-89

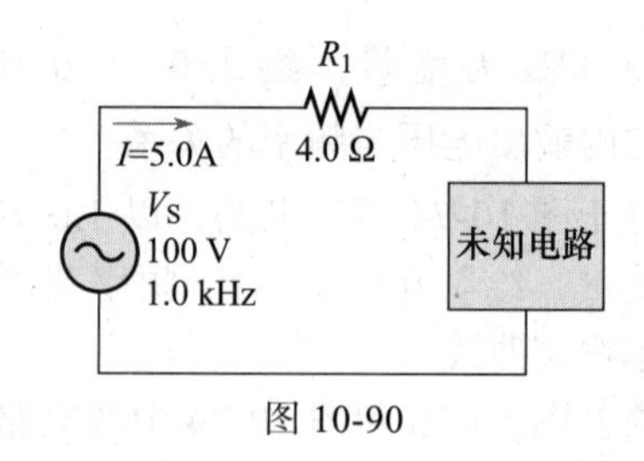


图 10-90

*45 某负载有功功率为1.5 kW，阻抗为12 Ω，功率因数为0.75。它的无功功率是多少？它的视在功率是多少？

*46 求图10-90中方框内的串联元件，其满足以下电气要求：(a) $P_{true}$=400 W；(b) 超前功率因数（$I_{tot}$ 超前 $V_S$）。

*47 当 $V_A=V_B$ 时，求图10-91中的 $C_2$ 值。

*48 画出图10-92所示电路的电路原理图，判断示波器上的波形是否正确。如果电路有故障，请找到原因。

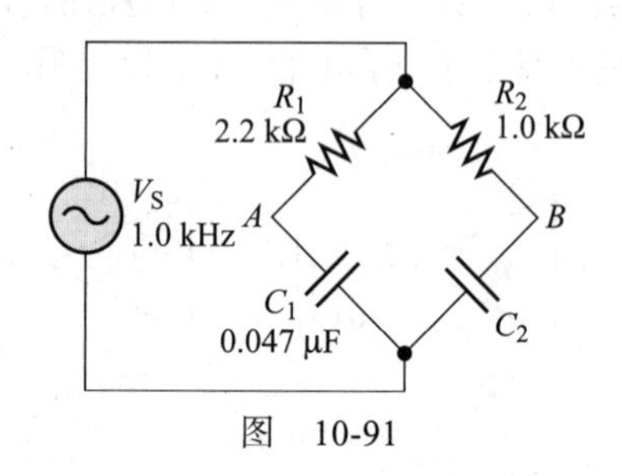


图 10-91

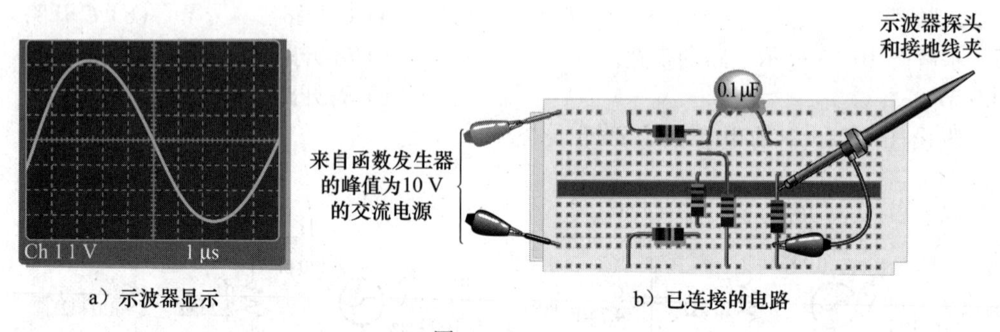


a）示波器显示

b）已连接的电路

图 10-92

## Multisim仿真故障排查和分析

49 打开文件P10-49，判断是否有故障。如果有，找出问题所在。

50 打开文件P10-50，判断是否有故障。如果有，找出问题所在。

51 打开文件P10-51，判断是否有故障。如果有，找出问题所在。

52 打开文件P10-52，判断是否有故障。如果有，找出问题所在。

53 打开文件P10-53，确定是否有故障。如果有，找出问题所在。

54 打开文件P10-54，判断是否有故障。如果有，找出问题所在。

55 打开文件P10-55。修改电路，通过移动接地点和使用Tektronix，模拟图10-40中的示波器，效仿图10-39测量相位角。你需要使用常规模式触发示波器，并如图10-40所示的设置显示波形。然后令电容 $C_1$ 短路，求其对相位角的影响。（需要重新设置振幅大小，以进行准确的测量）

## 参考答案

### 学习效果检测答案

**10.1 节**

1　$V_C$ 频率是 60 Hz，$I$ 频率是 60 Hz。

2　容抗和电阻。

3　当 $R > X_C$ 时，$\theta$ 接近 0°。

**10.2 节**

1　阻抗阻碍正弦电流，以 Ω 为单位。

2　$V$ 滞后于 $I$。

3　容抗产生相位角。

4　$Z = \sqrt{R^2 + X_C^2} = 59.9\ \text{k}\Omega$；$\theta = \arctan(X_C / R) = 56.6°$

**10.3 节**

1　$V_S = \sqrt{V_R^2 + V_C^2} = 7.2\ \text{V}$

2　$\theta = \arctan(V_C / V_R) = 56.3°$

3　$\theta = 90°$

4（a）$X_C$ 随 $f$ 的增加而减少。

（b）$Z$ 随 $f$ 的增加而减少。

（c）$\theta$ 随 $f$ 的增加而减少。

5　$\phi = 90° - \arctan(X_C / R) = 62.8°$

6　$V_{out} = \left(R / \sqrt{R^2 + X_C^2}\right) V_{in} = 8.9\ \text{V}$

（有效值）

**10.4 节**

1　$Z = RX_C / \sqrt{R^2 + X_C^2} = 545\ \Omega$

2　电导是电阻的倒数，容纳是容抗的倒数，导纳是阻抗的倒数。

3　$Y = 1/Z = 10\ \text{mS}$

4　$Y = \sqrt{G^2 + B_C^2} = 2.37\ \text{mS}$

**10.5 节**

1　$I_{tot} = V_S Y = 21\ \text{mA}$

2　$\theta = \arctan(I_C / I_R) = 56.3°$；$I_{tot} = \sqrt{I_R^2 + I_C^2} = 18\ \text{mA}$

3　$\theta = 90°$

**10.6 节**

1　参见图 10-93。

2　$V_1 = I_{tot} R_1 = 6.71\ \text{V}$

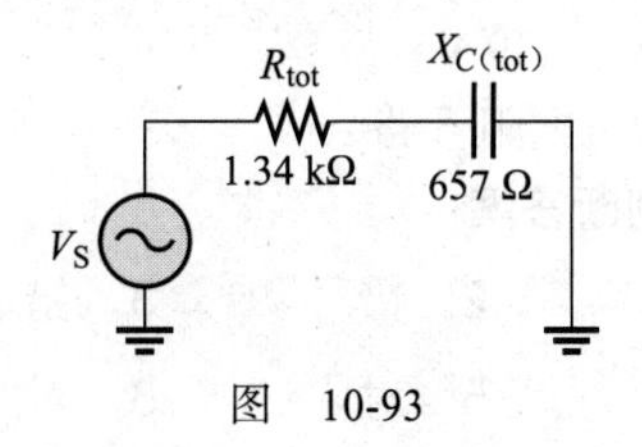


图　10-93

**10.7 节**

1　功率损耗是由电阻引起的。

2　$PF = \cos 45° = 0.707$

$P_{true} = I_{tot}^2 R = 1.32\ \text{kW}$；

3　$P_r = I_{tot}^2 X_C = 1.84\ \text{kvar}$；

$P_a = I_{tot}^2 Z = 2.26\ \text{kV•A}$

**10.8 节**

1　180°

2　电容两端的输出。

**10.9 节**

1　漏电阻与 $C$ 并联，从而改变电路的时间常数。

2　电容断开。

3　电容短路，电阻开路，无电压源，或无接触都可以导致电容两端电压为 0 V。

### 同步练习答案

例 10-1　2.42 kΩ; 65.6°

例 10-2　2.56 V

例 10-3　65.5°

例 10-4　7.14 V

例 10-5　15.9 kΩ; 86.4°

例 10-6　滞后相位角 $\phi$ 增加。

例 10-7　输出电压下降。

例 10-8　超前相位角 $\phi$ 减少，输出电压增加。

例 10-9　244 Ω

例 10-10　4.60 mS

例 10-11　6.16 mA

例 10-12　11.7 mA；31.0°

例 10-13　$R_{eq}$=8.99 kΩ；$X_{C(eq)}$=4.38 kΩ

例 10-14　$V_1$=7.04 V；$V_2$=3.22 V

例 10-15　0.146

例 10-16　990 μW

例 10-17　1.60 kHz

例 10-18 7.29 V

例 10-19 电阻开路

**对 / 错判断答案**

1 错　2 错　3 错
4 对　5 对　6 对
7 对　8 错　9 错
10 错

**自我检测答案**

1 (c)　2 (b)　3 (b)
4 (a)　5 (d)　6 (b)
7 (a)　8 (d)　9 (c)
10 (b)　11 (d)　12 (d)
13 (c)　14 (b)　15 (d)

**故障排查答案**

1 (b)　2 (b)　3 (a)
4 (c)　5 (b)

# 第11章

# 电　感

**学习目标**

- ▶ 掌握电感的基本结构和特性
- ▶ 掌握电感的各种类型
- ▶ 掌握串联与并联电感
- ▶ 掌握直流开关电路中的电感
- ▶ 掌握正弦交流电路中的电感
- ▶ 掌握电感的一些应用

**应用案例概述**

在处理有缺陷的通信设备时，需要检查已从系统中移除的未标记的电感，通过测量时间常数来确定它们的电感值。学习本章内容后，你应该能够完成应用案例。

**引言**

电感[1]描述线圈阻碍电流变化的能力。电感利用了电流的磁效应，即当有电流流经导体时，在导体周围会产生磁场。电感器、线圈，或在某些高频应用中的扼流圈，这些术语都指同一种元件。铁氧体磁珠或铁氧体扼流圈是与电感类似的无源元件。铁氧体磁珠是用于阻碍高频噪声的专用元件。用于阻碍高频噪声的电感和铁氧体磁珠之间的主要区别在于能量损耗。当电感阻隔高频噪声时，它会在磁场中交替储存和释放能量。当铁氧体磁珠阻隔高频噪声时，由于等效阻抗包含电阻，所以大部分能量以热能的形式散发。

本章将介绍电感的物理结构和电气特性，讨论直流和交流电路中的电感，分析电感的串联和并联情况。

## 11.1　基本电感

电感是由线圈构成的一种无源电气元件。线圈通常缠绕在铁心上以增强电感。

当一段导线缠绕成一个线圈后，就形成了一个电感（元件）。如图 11-1 所示，电流通过线圈时产生三维电磁场，线圈中每个线匝周围的磁力线相互增强，结果在线圈内部和周围形成较强的磁场，产生一个 N 极和一个 S 极。图 11-2 中是电感的符号，代表导电线圈。尽管图 11-2 中的符号代表空心电感，但在电气原理图中，无论实际的磁心材料情况如何，都用它来表示电感元件。

---

[1] 在本书中，电感既指电感器——一种电路元件，又指物理量，需根据上下文区分。

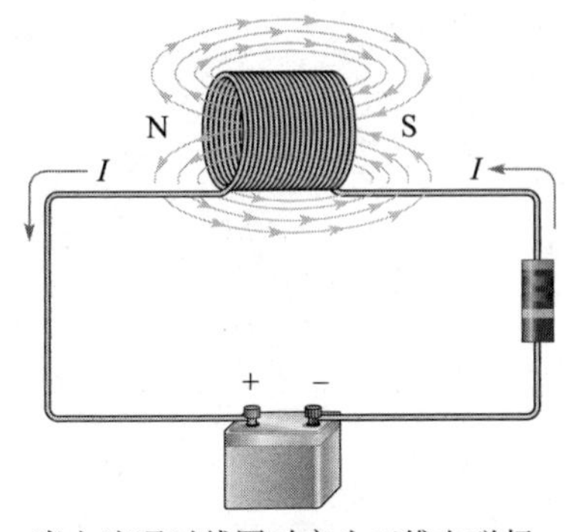


图 11-1 当电流通过线圈时产生三维电磁场，电阻用于限制电流

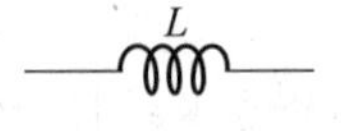


图 11-2 电感的符号

**人物小贴士**

**约瑟夫·亨利**（Joseph Henry，1797—1878）亨利在纽约奥尔巴尼的一所学校开始了他的教授生涯，后来成为史密森学会的第一任主任，是富兰克林以来第一个从事基础科学实验的美国人。他是第一个将缠绕在铁心上的线圈叠加在一起的人。在 1830 年（比法拉第早一年），他首次观察到电磁感应现象，但是没有公开发表。亨利因为发现自感现象而获得很高的荣誉，电感的单位就是以他的名字命名的。

（图片来源：Smithsonian Institution。照片号 52054）

### 11.1.1 电感的定义

电流流过电感，在周围形成磁场。当电流发生改变时，磁场也随之改变。电流增加则磁场增强，电流减少则磁场减弱。因此变化的电流会在电感（也称为线圈，在某些应用中称为**扼流圈**）周围产生不断变化的磁场。反之，变化的磁场会使线圈产生感应电压以阻碍电流的变化。这种特性用自感来表示，但通常也简称为电感或电感系数，用符号 $L$ 表示。

**电感是衡量电流发生变化时线圈产生感应电压的能力，感应电压的方向是阻碍电流变化的方向。**

**电感的单位** 亨利（H）是电感的单位。根据定义，如果线圈的电感是 1 H，那么当通过线圈的电流以 1 A/s 的速率变化时，在线圈上感应的电压便是 1 V。H 是一个很大的单位，毫亨（mH）和微亨（μH）更常见。

**储能特性** 电感将能量存储在由电流产生的磁场中，存储的能量为

$$W=\frac{1}{2}LI^2 \tag{11-1}$$

由此可见，存储的能量正比于电感和电流平方。当电流（$I$）的单位是 A，电感（$L$）的单位是 H 时，能量（$W$）的单位便是 J。

### 11.1.2 电感的物理特性

在计算线圈的电感时，以下物理特性参数非常重要：磁心材料的磁导率、线圈匝数、磁心长度和磁心的横截面积。

**磁心材料** 如前所述，电感基本上是一卷金属线，包裹着被称为磁心的磁性或非磁性材料。非磁性材料有空气、陶瓷、铜、塑料和玻璃。这些材料的磁导率与真空的磁导率相同，因此用这些材料作为磁心的电感被归结为空心电感。这些磁心对电感没有影响，但可用来缠绕线圈并提供结构支撑。有些电感没有磁心，是真正的空心电感。

磁性磁心（如铁、镍、钢、钴或合金）的磁导率比真空大数百倍甚至数千倍，属于铁磁性材料。普通铁磁心由铁氧体制成，铁氧体是由氧化铁和其他材料组成的晶体化合物。铁氧体使磁力线更集中，以产生更强的磁场和更大的电感。

如第7章所述，磁心材料的磁导率（$\mu$）决定了建立磁场的难易程度。磁导率的单位为H/m。电感与磁心材料的磁导率成正比。

**物理参数** 如图11-3所示，电感与线圈匝数、长度和横截面积有关。它与磁心的长度成反比，与截面积成正比。此外，电感与匝数的平方成正比。它们的关系如下：

$$L=\frac{N^2\mu A}{l} \tag{11-2}$$

式中，$L$为电感，单位为H；$N$为线圈匝数，单位为1；$\mu$为磁导率，单位为H/m；$A$为横截面积，单位为$m^2$；$l$为线圈长度，单位为m。

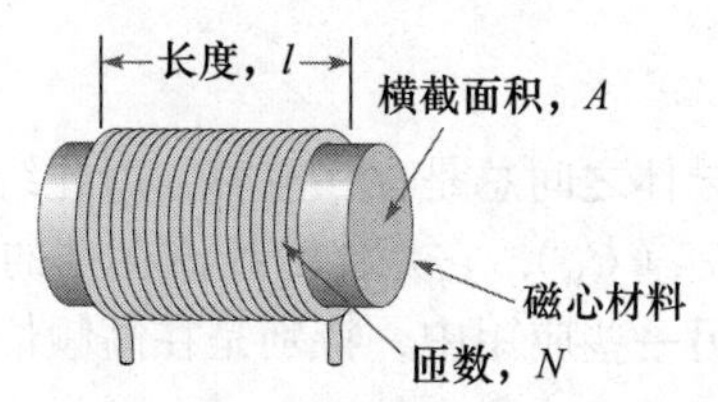


图11-3 定义线圈电感的几个参数

**例11-1** 计算图11-4中线圈的电感，设磁心的磁导率为$0.25\times10^{-3}$ H/m。

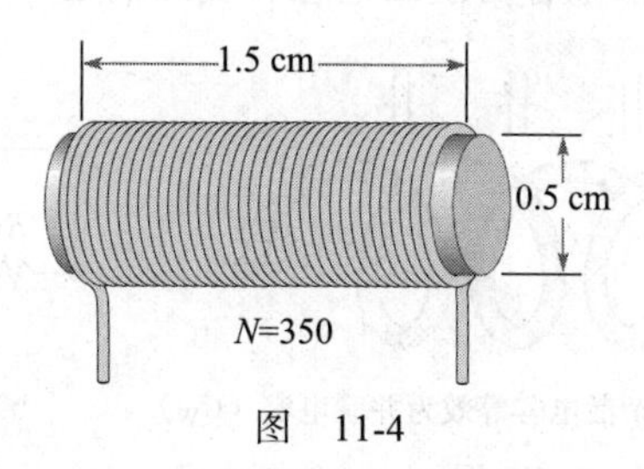


图 11-4

**解** 首先计算长度和面积。

$$l=1.5\ \text{cm}=0.015\ \text{m},\ r=0.5\ \text{cm}/2=0.005\ \text{m}/2=0.25\times10^{-2}\ \text{m}$$

所以面积为

$$A=\pi r^2=\pi\times(0.25\times10^{-2}\ \text{m})^2=1.96\times10^{-5}\ \text{m}^2$$

线圈电感为

$$L=\frac{N^2\mu \text{A}}{l}=\frac{350^2\times(0.25\times10^{-3}\ \text{H/m})\times(1.96\times10^{-5}\ \text{m}^2)}{0.015\ \text{m}}=40\ \text{mH}$$ ◀

**同步练习** 线圈匝数为400，缠绕在长2.0 cm、直径1.0 cm的磁心上，磁导率为

$0.25 \times 10^{-3}$ H/m。计算此线圈的电感。

采用科学计算器完成例 11-1 的计算。

### 11.1.3 线圈电阻

当线圈由某种材料（如绝缘铜心导线）制成时，该导线在每单位长度上都有一定的电阻。因为线圈由多匝导线构成，所以总电阻可能较大。这种固有电阻被称为直流电阻或线圈电阻（$R_W$）。

尽管该电阻沿导线分布，如图 11-5a 所示，但实际上它可以看作与线圈电感串联，如图 11-5b 所示。在许多应用中，线圈电阻很小，可以忽略不计，这时线圈可视为理想电感。在另一些场合下，则必须考虑线圈电阻。

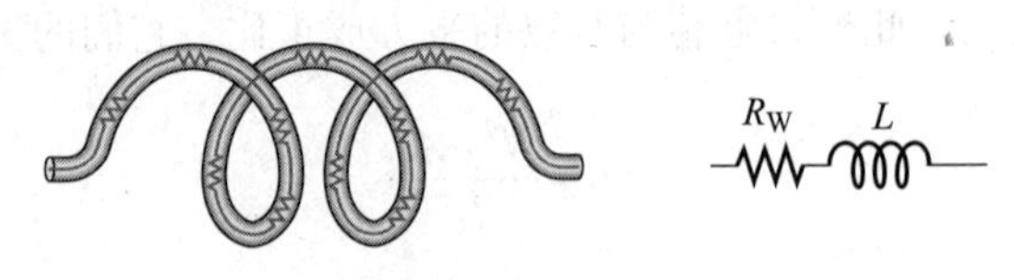


a）线圈电阻沿导线分布　　b）等效电路

图 11-5 线圈电阻

### 11.1.4 线圈电容

当两个导体并排放置时，导体之间总是存在电容，因此线圈中的多匝导线之间必然存在一定的散杂电容，称为线圈电容（$C_W$），它是伴随线圈存在的。在许多应用中，线圈电容非常小，不会造成明显影响。在另一些应用中，特别是在高频情况下，线圈电容的影响可能变得非常大。

考虑线圈电阻（$R_W$）和线圈电容（$C_W$）的电感等效电路如图 11-6 所示。各个电容与线圈并联，线圈各匝之间总的杂散电容与线圈电感、线圈电阻并联，如图 11-6b 所示。

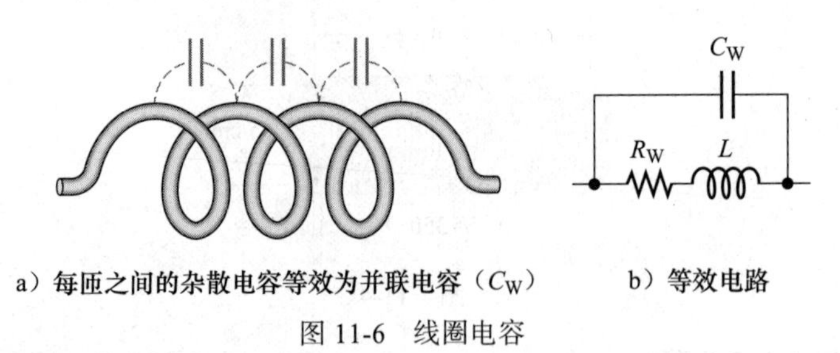


a）每匝之间的杂散电容等效为并联电容（$C_W$）　　b）等效电路

图 11-6 线圈电容

**安全小贴士**

在带电电路中使用电感时要小心，因为磁场的快速变化会产生很高的感应电压，当电流突然为零或者突然跃变时，就会发生上述情况，所以使用电感时必须小心。

### 11.1.5 电感的测量

电感的大小可以通过多种方法来确定。一种方法是将其与已知电阻串联并观察其对方波的响应。更直接的方法是使用被称为麦克斯韦电桥的特殊电路，如图 11-7 所示。麦克斯韦电桥是第 6 章中学习的惠斯通电桥的改进版电路。在图 11-7 中，固定桥电阻 $R_1$ 和 $R_2$ 的值是已知的，$R_{VAR}$ 和 $C_{VAR}$ 的值是可调的。在图 11-7 中，被测电感（用 $L_X$ 和 $R_X$ 表示）放置在电桥中。$R_{VAR}$ 和 $C_{VAR}$ 的值可以从校准的刻度上读取，调整 $R_{VAR}$ 和 $C_{VAR}$ 的值使电表为零。当电表归零时，电桥平衡，电感值可以从以下方程计算得出：

$$R_X = \frac{R_1 R_2}{R_{VAR}}$$

$$L_X = R_1 R_2 C_{VAR}$$

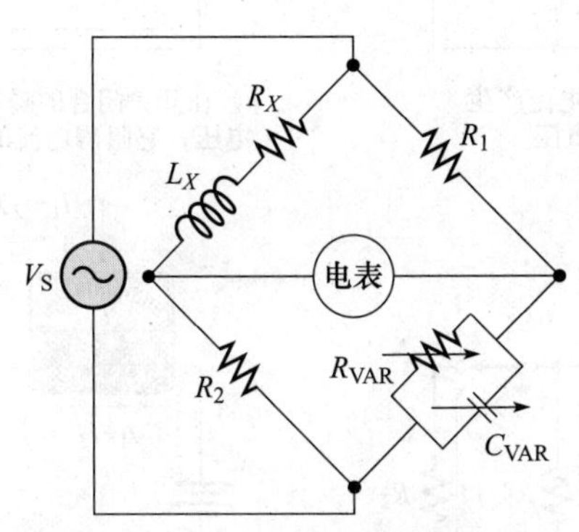


图 11-7　麦克斯韦电桥

电感也可以用名为 LCR 测试仪的特殊仪表来测量，该测量仪可以测量电感（$L$）、电容（$C$）和电阻（$R$）。为了测量电感，一些仪表还可以显示特定测试频率下的阻抗。通过这种测量，可以计算和显示电感值。

### 11.1.6　回顾法拉第电磁感应定律

在 7.5 节，法拉第电磁感应定律分为两部分，第一部分阐述如下：

**线圈中感应电压的大小与磁场相对于线圈的变化速率成正比。**

这意味着，在图 7-33 所示的电路中，磁铁相对于线圈移动得越快，感应电压就越大。

### 11.1.7　楞次定律

楞次定律曾经在 7.5 节中介绍过，它通过定义感应电压的方向从而扩展了法拉第电磁感应定律。楞次定律是：

**当通过线圈的电流发生变化时，磁场变化而产生感应电压，并且感应电压的极性总是阻碍电流的变化。**

图 11-8 说明了楞次定律。在图 11-8a 中，电流是恒定的且受 $R_1$ 限制。因为磁场没有变化，所以没有感应电压。在图 11-8b 中，开关突然闭合，将 $R_2$ 与 $R_1$ 并联，电阻减小，电流有增大趋势，磁场开始增强，但感应电压会阻止电流的增大。

在图 11-8c 中，感应电压逐渐降低，使电流逐渐增加。在图 11-8d 中，电流达到由并联电阻确定的恒定值，感应电压变为零。在图 11-8e 中，开关突然断开，在这一瞬间，感应电压要阻止电流的减小。在图 11-8f 中，感应电压逐渐降低，使电流减小到由 $R_1$ 确定的值。请注意，感应电压的极性总是阻碍电流的变化。例如，电流增加时，回路中感应电压的极性与电池电压的极性相反，从而阻碍电感电流的增加。

在实际应用中，突然关闭或打开含有电感电路中的开关会产生有害的“尖峰”感应电压。解决方案是设计一个通电路径，电感可以通过该路径安全地释放存储在电感中的能量。在 16.5 节中，在讨论二极管应用中将详细研究这个问题。

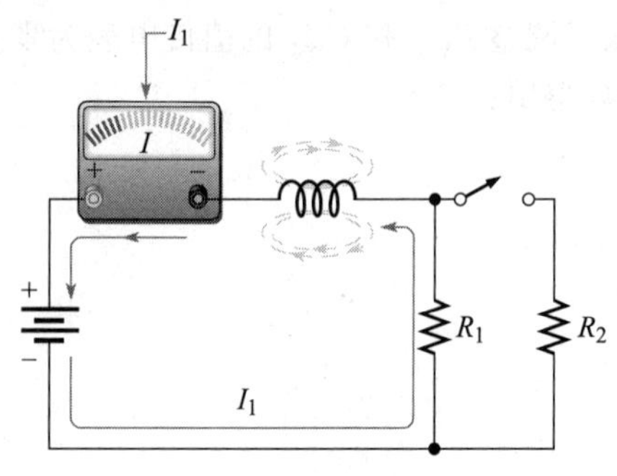


a）开关没有接通，恒定电流产生恒定磁场，无感应电压

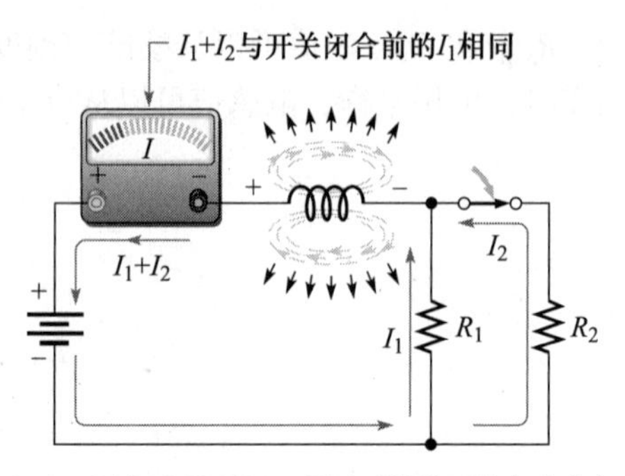


b）在开关闭合的瞬间，磁场开始增强并产生感应电压，它阻碍电流的增加，此刻总电流保持不变

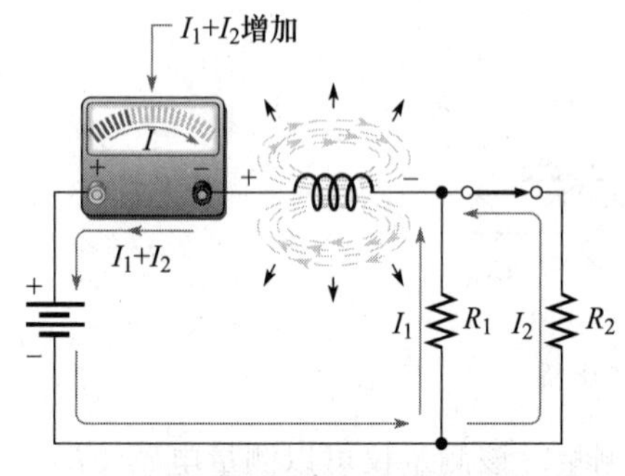


c）开关闭合后，磁场增加的速率降低，电流随着感应电压的降低呈指数增加

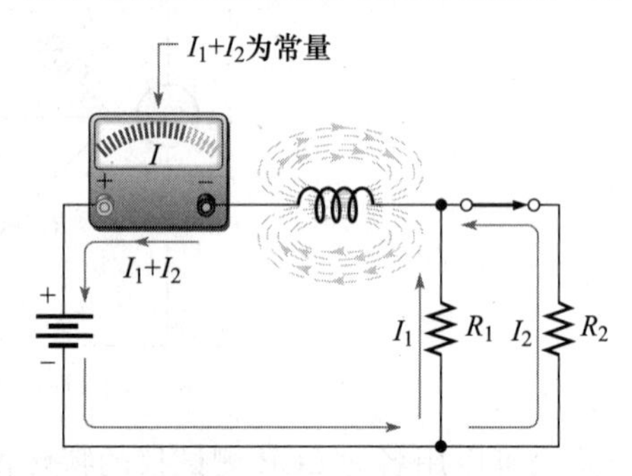


d）开关保持闭合，电流和磁场达到恒定值

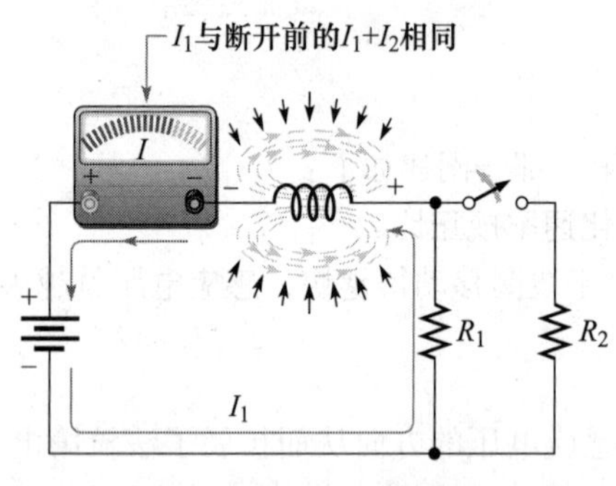


e）在开关断开瞬间，磁场开始减弱，产生感应电压，它阻碍电流的减小

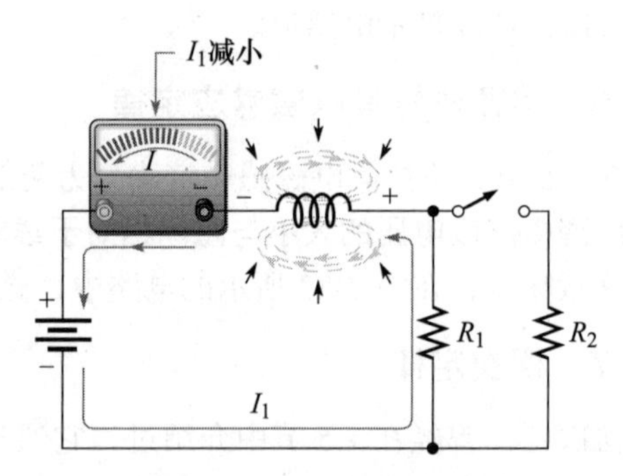


f）开关断开后，磁场减弱的速度变慢，电流按指数下降到原来的值

图 11-8 楞次定律图示。当电流突然变化时，磁场发生变化，产生感应电压，它阻碍电流的变化

**学习效果检测**

1. 列出与线圈电感有关的参数。
2. 描述在以下情况下，$L$ 如何变化？

（a）$N$ 增加 （b）磁心长度增加 （c）磁心横截面积减小 （d）铁心被空气替代

3. 解释为什么电感有线圈电阻？
4. 解释为什么电感有线圈电容？

## 11.2 电感的类型

通常根据磁心材料的类型对电感进行分类。

电感有各种形状和尺寸。基本上分为两大类：固定的和可变的。标准符号如图 11-9 所示。

固定电感和可变电感都可以根据磁心材料的类型进行分类。三种常见的类型是空心、铁心和铁氧体磁心。每个都有其符号，如图 11-10 所示。

a）固定电感　b）可变电感

图 11-9　固定电感和可变电感符号示意图

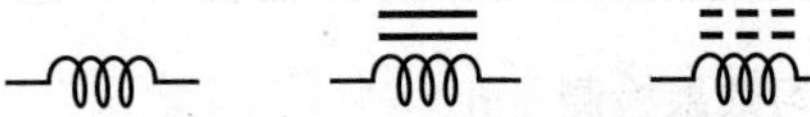

a）空心电感　b）铁心电感　c）铁氧体磁心电感

图 11-10　电感符号示意图

通常，空心和铁氧体磁心类型的电感用于较小的电感（<150 mH），而铁心类型的电感主要用于较大的电感。

可调（可变）电感通常有一个螺旋式调节装置，可以将滑动的铁氧体磁心移入或移出，从而改变电感。电感有多种类型，图 11-11 显示部分类型的电感。小型固定电感通常封装在绝缘材料中，以保护线圈中的细线。封装后电感的外观类似于小电阻。

除了图 11-11 中所示的通孔电感，还有紧凑设计的表面贴片封装电感，即平面电感。平面电感用印制电路板上蚀刻的螺旋迹线或铆接在一起的薄铜片堆叠代替缠绕在电感磁心上的导线。平面电感比传统电感有更小的外形，使其能够用于紧凑的模块化组件。图 11-12 所示为平面电感的基本结构。

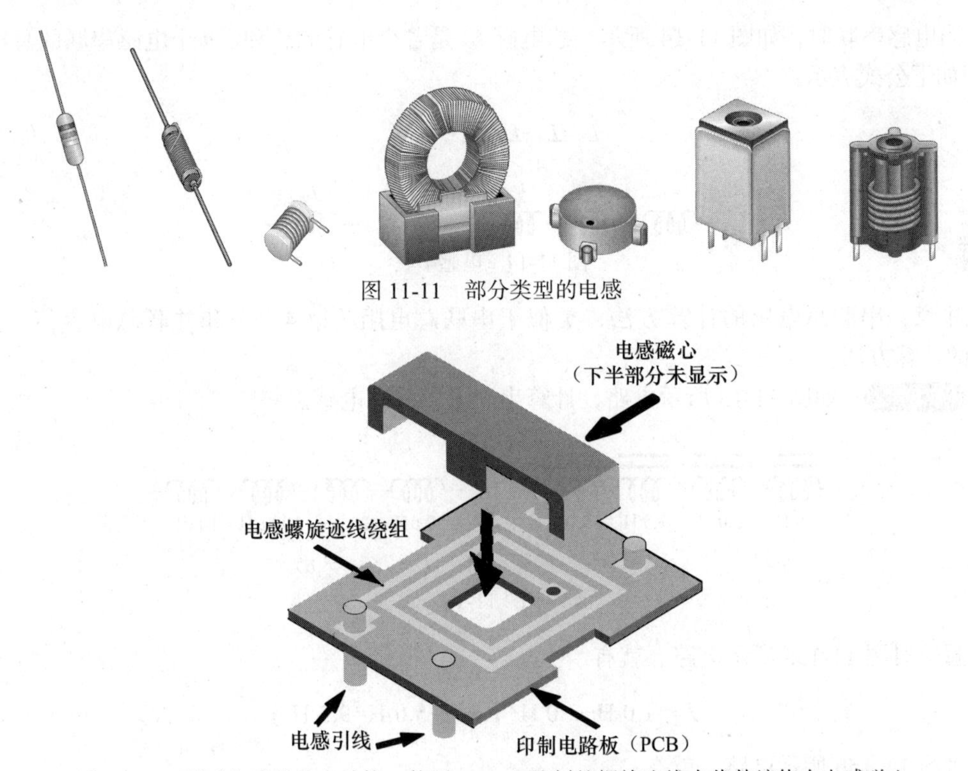


图 11-11　部分类型的电感

图 11-12　平面电感的基本结构。使用 PCB 上蚀刻的螺旋迹线来代替缠绕在电感磁心周围的导线而制成平面电感

## 技术小贴士

当在面包板电路中使用小电感时，最好使用结构强度高的封装电感。电感通常由很细的导线缠绕，并连接到较大尺寸的引线上。对于未封装的电感，如果将其频繁地从电路板上插入或者移走，这些接触点非常容易产生断裂。

**技术小贴士**

调整可变电感时，请使用非磁性调节工具，以防止工具的介电常数影响电感值。

**学习效果检测**

1. 说出电感的两种常见类型。
2. 分辨图 11-13 中的电感符号。

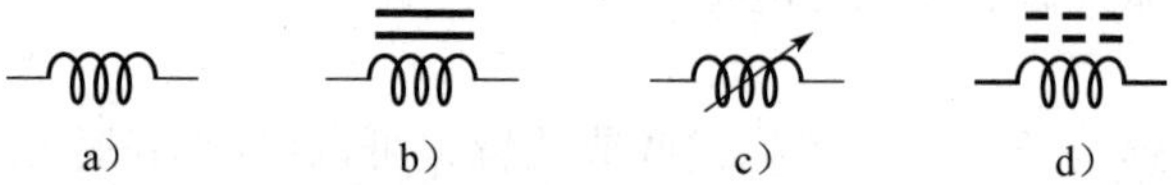

a） b） c） d）

图 11-13

## 11.3 电感的串联与并联

当电感串联时，总电感增加。当电感并联时，总电感减小。

### 11.3.1 串联总电感

当电感串联时，如图 11-14 所示，总电感 $L_T$ 是各个电感的总和。$n$ 个电感串联的总电感 $L_T$ 用如下公式表示：

$$L_T=L_1+L_2+L_3+\cdots+L_n \tag{11-3}$$

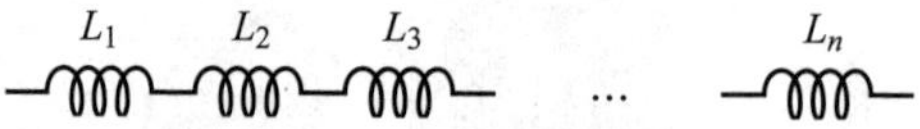

$L_1$ $L_2$ $L_3$ … $L_n$

图 11-14 电感串联

注意，串联总电感的计算方法，类似于串联总电阻（第 4 章）和并联总电容值（第 9 章）的计算方法。

**例 11-2** 如图 11-15 所示电路，计算串联电感的总电感。

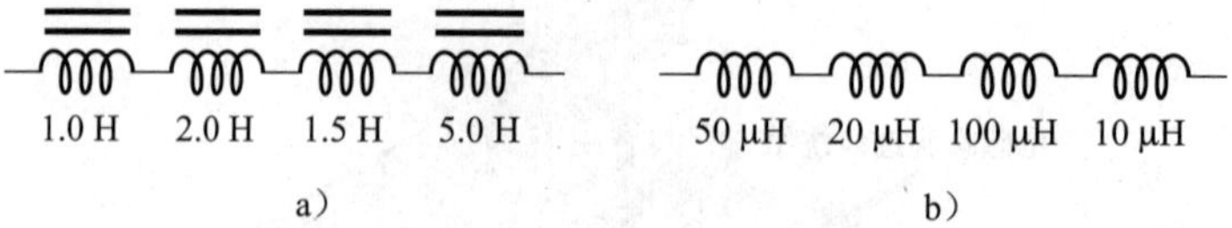

1.0 H 2.0 H 1.5 H 5.0 H

a）

50 μH 20 μH 100 μH 10 μH

b）

图 11-15

**解** 对图 11-15a 所示电路，就有

$$L_T=1.0\text{ H}+2.0\text{ H}+1.5\text{ H}+5.0\text{ H}=9.5\text{ H}$$

对图 11-15b 所示电路，就有

$$L_T=50\ \mu\text{H}+20\ \mu\text{H}+100\ \mu\text{H}+10\ \mu\text{H}=180\ \mu\text{H}$$ ◀

**同步练习** 当 3 个 50 μH 的电感串联时，总电感是多少？

采用科学计算器完成例 11-2 的计算。

### 11.3.2 并联总电感

当电感并联时，如图 11-16 所示。总电感小于最小电感。总电感的倒数等于单个电感的

倒数之和，写成公式就是

$$\frac{1}{L_T}=\frac{1}{L_1}+\frac{1}{L_2}+\frac{1}{L_3}+\cdots+\frac{1}{L_n}$$

可以对上式两边求倒数来计算总电感 $L_T$。

$$L_T=\frac{1}{\dfrac{1}{L_1}+\dfrac{1}{L_2}+\dfrac{1}{L_3}+\cdots+\dfrac{1}{L_n}} \tag{11-4}$$

并联总电感的计算方法，类似于并联总电阻（第 5 章）和串联总电容（第 9 章）的计算方法。对于电感的串－并联组合，计算总电感的方法与串－并联电阻电路中求总电阻的方法相同（第 6 章）。

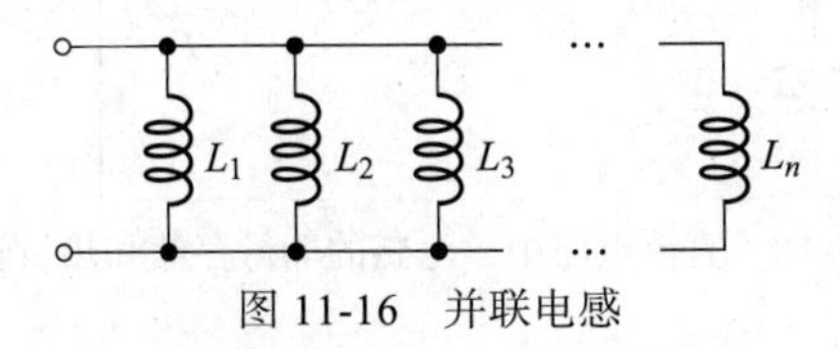

图 11-16　并联电感

**例 11-3**　求图 11-17 中的 $L_T$。

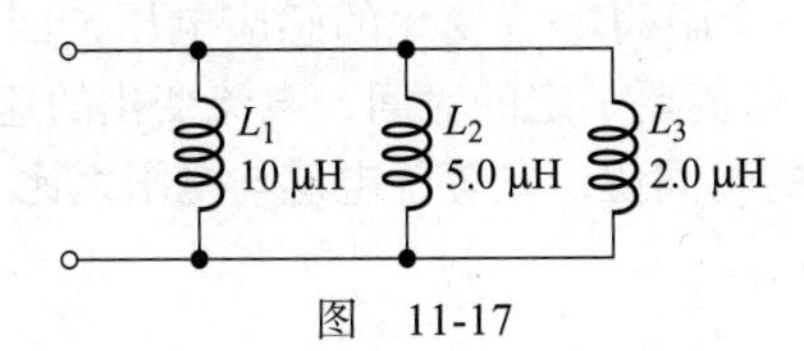

图　11-17

**解**

$$L_T=\frac{1}{\dfrac{1}{L_1}+\dfrac{1}{L_2}+\dfrac{1}{L_3}}=\frac{1}{\dfrac{1}{10\,\mu H}+\dfrac{1}{5.0\,\mu H}+\dfrac{1}{2.0\,\mu H}}=1.25\,\mu H$$ ◀

**同步练习**　如果电感为 50 μH、80 μH、100 μH 和 150 μH 的电感并联，计算 $L_T$。

采用科学计算器完成例 11-3 的计算。

**学习效果检测**

1. 说明串联电感的总电感。
2. 100 μH、500 μH、2.0 mH 的电感串联后，$L_T$ 是多少？
3. 5 个 100 mH 线圈串联，总电感是多少？
4. 比较并联电感的总电感与最小电感的大小关系。
5. 总并联电感的计算方法与总并联电阻的计算方法类似。（对或错）
6. 计算下列并联电感的 $L_T$。

（a）100 mH、50 mH 和 10 mH

（b）40 μH 和 60 μH

（c）10 个 500 mH 线圈

## 11.4 直流电路中的电感

当电感与直流电压源连接时，能量就存储在电感周围的磁场中。流经电感的电流以可预测的方式增加，它与电路的时间常数有关。时间常数由电路中的电感和电阻决定。

当流经电感的电流是恒定电流时，没有感应电压产生。电感本身对直流是短路的。然而，由于线圈存在电阻，电感两端仍有电压。能量储存在磁场中的公式为 $W=\dfrac{1}{2}LI^2$。电感中只有线圈电阻将电能转换为热能（$P=I^2R_W$）。如图 11-18 所示。

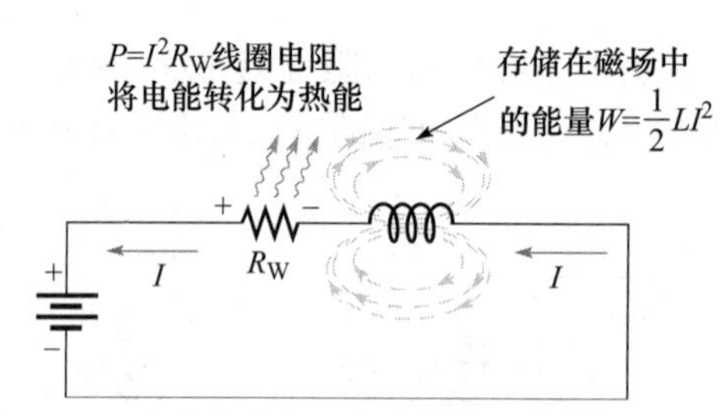


图 11-18 直流电路中，电感的能量存储和热量转换

### 11.4.1 *RL* 时间常数

电感的基本作用是产生一个阻碍电流变化的感应电压，因此电感中的电流不能瞬间突变。电流从一个值变到另一个值需要一定的时间，电流变化的速率由 *RL* 时间常数决定。

**RL 时间常数是一个固定的时间值，它等于电感与电阻之比。**

*RL* 时间常数计算公式是：

$$\tau=\frac{L}{R} \tag{11-5}$$

当电感（$L$）以 H 为单位，电阻（$R$）以 Ω 为单位时，$\tau$ 的单位为 s。此时，与 *RC* 时间常数一样，时间常数的单位可以通过式（11-1）和欧姆定律（$R=V/I$）推导得出。根据式（11-1），$L=2W/I^2$，通过替换式（11-5）中的 $L$ 和 $R$ 就有

$$\tau=\frac{\dfrac{2W}{I^2}}{\dfrac{V}{I}}$$

$$\tau=\frac{2W}{I^2}\times\frac{I}{V}$$

$$\tau=\frac{2W}{VI}$$

$$\tau=\frac{2W}{P}$$

能量 $W$ 的单位是 J，功率 $P$ 的单位是 J/s，所以 $\tau$ 的单位是

$$\tau\text{的单位}=\frac{\text{J}}{\text{J/s}}=\text{s}$$

**例 11-4**　*RL* 串联电路中电阻为 1.0 kΩ，电感为 2.0 mH，则时间常数是多少？

**解**

$$\tau=\frac{L}{R}=\frac{2.0\ \text{mH}}{1.0\ \text{k}\Omega}=\frac{2.0\times10^{-3}}{1.0\times10^{3}}=2.0\times10^{-6}\ \text{s}=2.0\ \mu\text{s}$$ ◀

**同步练习**　当 $R$=2.2 kΩ，$L$=500 μH 时，计算时间常数。

采用科学计算器完成例 11-4 的计算。

### 11.4.2　电感电流

**电流上升过程**　对 *RL* 串联电路施加直流电压，电流在第一个时间常数内增加到饱和值的 63% 左右。电感电流的增加类似于 *RC* 电路充电期间电容电压的增加，它们都遵循指数规律，并随着时间上升到表 11-1 和图 11-19 所示的近似百分比，这个百分比是当前电流与最终电流比值的百分数。

表11-1　电流上升过程中，时间与电流百分比的对照关系

| 时间 | 电流占最终电流的百分比 |
| --- | --- |
| $1\tau$ | 63% |
| $2\tau$ | 86% |
| $3\tau$ | 95% |
| $4\tau$ | 98% |
| $5\tau$ | 99%（视为 100%） |

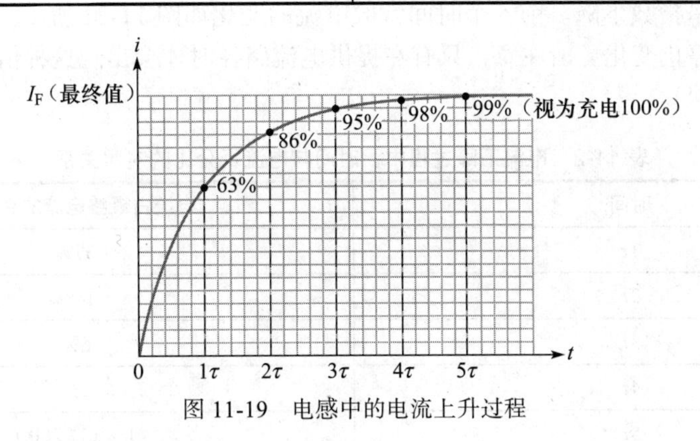


图 11-19　电感中的电流上升过程

5 个时间常数内，电流的变化如图 11-19 所示。实际上，电流经过 $5\tau$ 后基本达到最终值，电流停止变化，此时电感对恒定电流相当于短路（线圈有电阻除外），因此电流的最终值为

$$I_F=\frac{V_S}{R}$$

**例 11-5**　计算图 11-20 的 *RL* 时间常数，然后计算在不同时间常数时的电流，从开关闭合时刻开始到 $5\tau$ 结束。

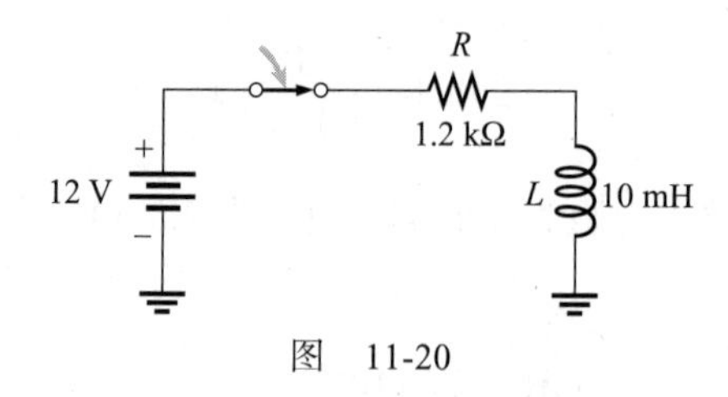


图 11-20

**解** *RL* 时间常数为

$$\tau = \frac{L}{R} = \frac{10\ \text{mH}}{1.2\ \text{k}\Omega} = 8.33\ \mu\text{s}$$

最终电流为

$$I_F = \frac{V_S}{R} = \frac{12\ \text{V}}{1.2\ \text{k}\Omega} = 10\ \text{mA}$$

使用表 11-1 的数据，可得

在 $1\tau$ 时，$i$=0.63 × 10 mA=6.3 mA，$t$=8.33 μs

在 $2\tau$ 时，$i$=0.86 × 10 mA=8.6 mA，$t$=16.7 μs

在 $3\tau$ 时，$i$=0.95 × 10 mA=9.5 mA，$t$=25.0 μs

在 $4\tau$ 时，$i$=0.98 × 10 mA=9.8 mA，$t$=33.3 μs

在 $5\tau$ 时，$i$=0.99 × 10 mA=9.9 mA ≈ 10 mA，$t$=41.7 μs ◀

**同步练习** 如果 $R$=680 Ω，且 $L$=100 μH，重复计算上述问题。

采用科学计算器完成例 11-5 的计算。

**电流下降过程** 对于含有电阻的电感电路，从表 11-2 和图 11-21 中的近似百分比可以看出，电感电流呈指数下降。前 5 个时间常数电流的变化如图 11-21 所示。当电流达到最终值 0 A 时，电流停止变化。请注意，只有在提供电流路径时才会出现这种情况（与示例 11-5 中的串联情况不同）。

**表 11-2 电流下降过程中，时间与电流百分比的对照关系**

| 时间 | 电流占最终电流的百分比 |
|---|---|
| $1\tau$ | 37% |
| $2\tau$ | 14% |
| $3\tau$ | 5% |
| $4\tau$ | 2% |
| $5\tau$ | 1%（视为 0） |

### 11.4.3 对方波电压的响应

在 *RL* 电路中，显示电路中电流增加和减小的一种方法就是使用方波电压作为输入。因为方波的上升沿和下降沿与开关的通断动作类似，对于观察电路的直流响应，方波信号是很有用的。脉冲响应将在第 15 章中进一步介绍。当方波从低电平变为高电平时，电路中的电流响应以指数规律上升，直到最终值。当方波跳回到零电平时，电路中的电流通过电阻和波形发生器以指数规律减少到零值。图 11-22 显示了输入电压和电流波形。

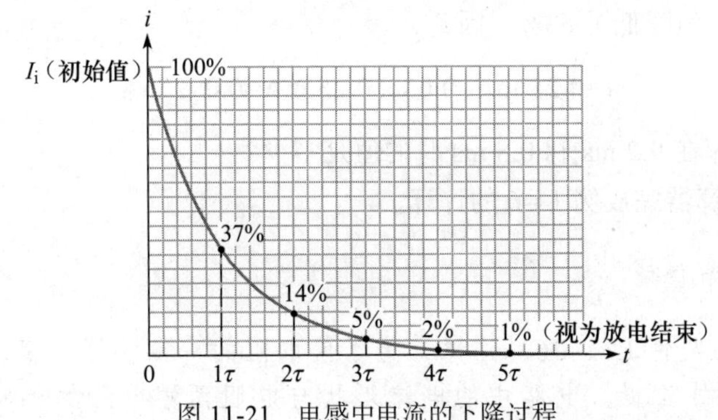


图 11-21 电感中电流的下降过程

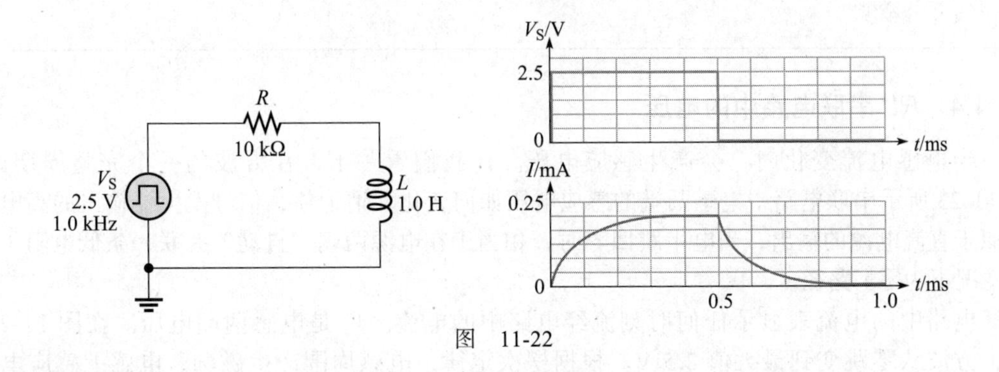


图 11-22

## 技术小贴士

要测量 *RL* 串联电路中的电流波形，可以测量电阻两端的电压，再应用欧姆定律来得到电流波形。如果电阻未接地，如图 11-22 所示，可以使用示波器的两个探头，将这两个探头的信号输入端分别连接到电阻的两端，然后选择示波器上的“ADD”和“Invert”。示波器上的两个通道都设置成相同的 VOLTS/DIV 刻度单位。这时示波器上显示的是两个探头测量电压的差，也就是电阻上的电压。或者将电感与电阻互换位置，然后再测量电阻上的电压（参见例 11-6 中的 Multisim 仿真问题）。

**例 11-6** 对于图 11-22 所示电路，在 0.1 ms 和 0.6 ms 时的电流是多少？

**解** *RL* 电路的时间常数为

$$\tau = \frac{L}{R} = \frac{1.0\ \text{H}}{10\ \text{k}\Omega} = 0.1\ \text{ms}$$

如果方波发生器的周期足够长，足以让电流在 5τ 内达到其最终值，则电流将以指数规律增加，所经历的时间和电流达到的百分比如表 11-1 所示，最终电流为

$$I_F = \frac{V_S}{R} = \frac{2.5\ \text{V}}{10\ \text{k}\Omega} = 0.25\ \text{mA}$$

0.1 ms 时的电流是

$$i = 0.63 \times 0.25\ \text{mA} = 0.158\ \text{mA}$$

在 0.6 ms 时，输入方波已经处于 0 V，并且已经持续了 0.1 ms，即一个时间常数的时

间，所以电流从最大值降低了63%。因此，

$$i=0.25\ \text{mA}-0.63\times0.25\ \text{mA}=0.092\ \text{mA}$$ ◀

**同步练习** 电流在0.2 ms和0.8 ms时的值是多少？

采用科学计算器完成例11-6的计算。

**Multisim 仿真**

打开 Multisim 文件 E11-06。注意，为了使电阻的一侧接地并简化电压的测量，需要互换电感和电阻的位置。电路中的电流形状与电阻两端电压的形状相似。利用欧姆定律，根据电阻两端的电压，可以得到电路中的电流。确认0.1 ms时的电流近似计算值。

### 11.4.4 *RL* 串联电路中的电压

当电感电流变化时，会产生感应电压。让我们看一下，在方波的一个完整周期内，图11-23所示串联电路中电感两端的感应电压如何变化。请记住，信号发生器输出的高电平类似于直流电源的输出，当电平跳回零时，相当于在电源两端"自动"并联一条低电阻（理想情况下为零）路径。

电路中的电流表显示任何时刻流经电路中的电流。$V_L$是电感两端电压。在图11-23a中，方波从零跳变到最大值2.5 V。根据楞次定律，电感周围产生磁场，电感上感应电压的方向是阻碍电流变化的方向。由于感应电压与方波电压相等但方向相反，故电路中没有电流。

随着磁场的建立，电感两端的感应电压逐渐降低，有电流流经电路。1$\tau$时间后，电感两端的感应电压降低了63%，电流增加了63%，达到0.158 mA。图11-23b显示一个时间常数（0.1 ms）结束时的情况。

电感电压以指数规律下降到零，此时电流仅与电路电阻有关。方波电压在$t$=0.5 ms时回到零，如图11-23c所示。电感两端的感应电压再次阻碍电流的变化。这时由于磁场开始减弱，因此感应电压的极性发生对调。尽管电源电压为零，但感应电压使电流方向保持不变，直到电流降至零，如图11-23d所示。

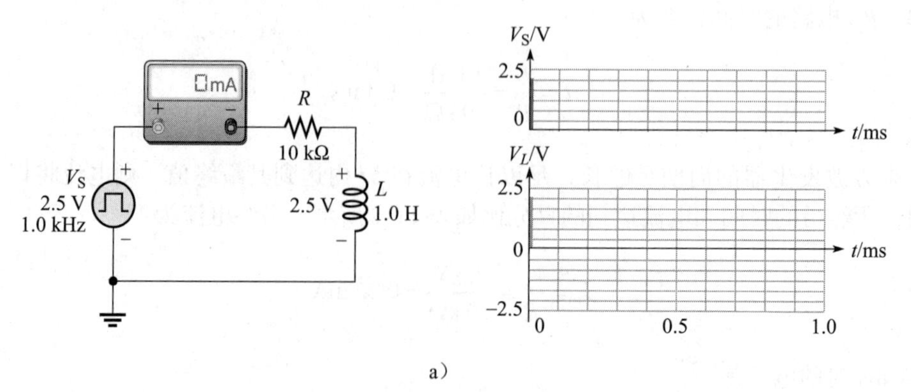


a）

图 11-23

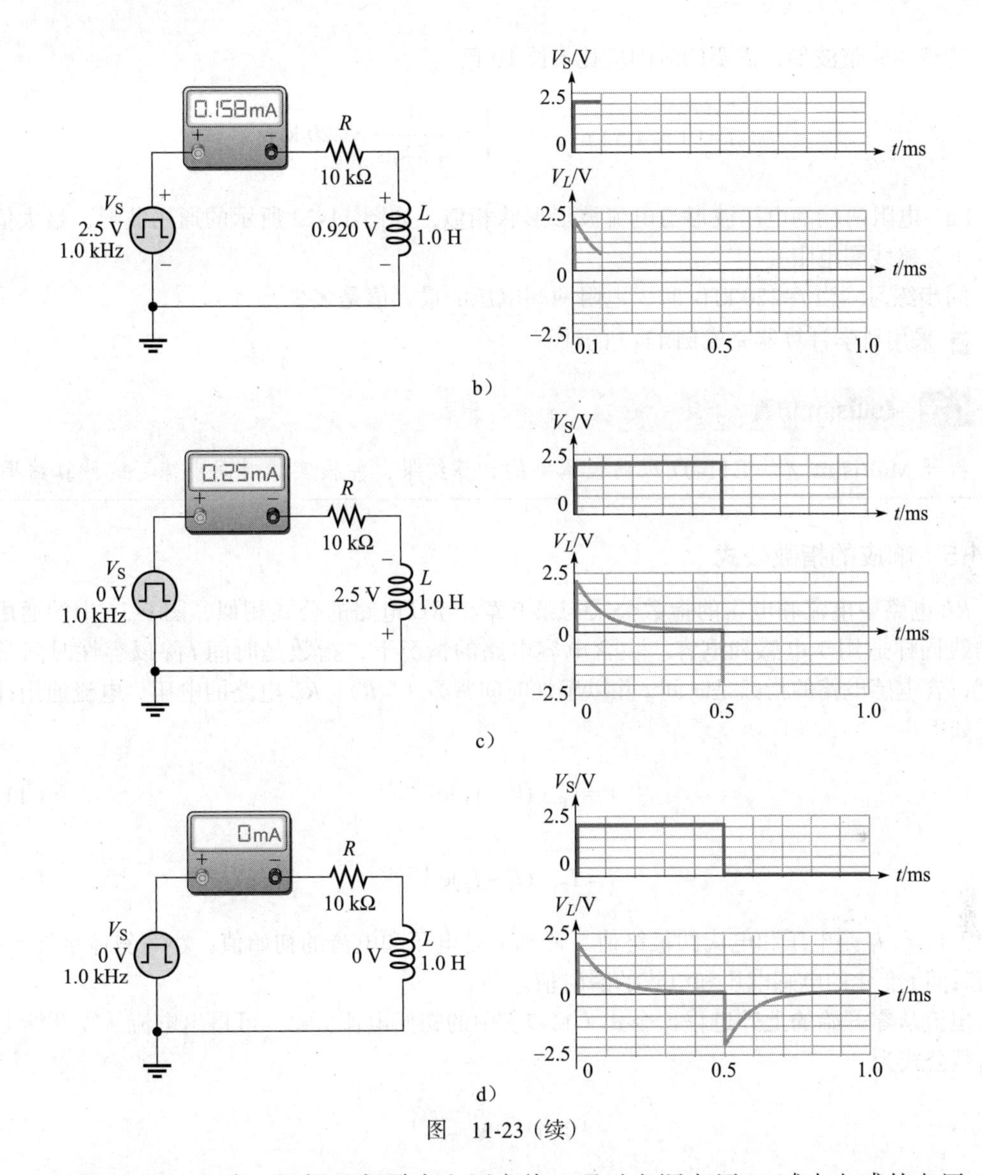


图　11-23（续）

对于图 11-23d 电路，根据基尔霍夫电压定律，通过电源电压 $V_S$ 减去电感的电压 $V_L$ 得到电阻两端的电压 $V_R$。$V_R$ 波形与电路中的电流波形形状相似。

**例 11-7**　（a）对于图 11-24 所示方波电路，如果希望能通过电感观察到完整的上升与下降波形，输入方波的频率最高是多少？

（b）假设信号发生器的频率设置为（a）中的频率，试描述电阻上的电压波形。

图　11-24

**解**　（a）$\tau = \dfrac{L}{R} = \dfrac{15\ \text{mH}}{33\ \text{k}\Omega} = 0.454\ \mu\text{s}$

若观察完整波形，需要的时间应比 $\tau$ 长 10 倍。

$$T=10\tau=4.54\ \mu s,\quad f=\frac{1}{T}=\frac{1}{4.54\ \mu s}=220\ kHz$$

（a）电阻两端的电压波形与电流波形形状相似，如图 11-22 所示的通用波形，最大值为 10 V（忽略线圈电阻）。◀

**同步练习** 当 $f$=220 kHz 时，电阻两端电压的最大值是多少？

采用科学计算器完成例 11-7 的计算。

**Multisim 仿真**

打开 Multisim 文件 E11-07 以验证本例的计算结果，并核实你对同步练习的计算结果。

### 11.4.5 响应的指数公式

*RL* 电路中电流和电压的指数公式与第 9 章中 *RC* 电路的公式相似，图 9-36 中的通用指数曲线同样适用于电感和电容。在含电容电路的情况下，指数是时间 $t$ 除以容性时间常数（*RC*），含电感电路的指数是时间 $t$ 除以感性时间常数（*L*/*R*）。*RL* 电路的电压、电流通用计算公式如下：

$$v=V_F+(V_i-V_F)e^{-t/(L/R)} \tag{11-6}$$

$$i=I_F+(I_i-I_F)e^{-t/(L/R)} \tag{11-7}$$

式中，$V_F$ 和 $I_F$ 是电压和电流的最终值，$V_i$ 和 $I_i$ 是电压和电流的初始值，小写斜体字母 $v$ 和 $i$ 是随时间 $t$ 变化的电感电压和电流的瞬时值。

**电流从零开始的上升过程** 令式（11-7）中的初始电流 $I_i$=0，可得出电流从零开始上升的指数公式为

$$i=I_F(1-e^{-t/(L/R)}) \tag{11-8}$$

利用式（11-8），可以计算出任何时刻的电感电流。用 $v$ 代替 $i$，用 $V_F$ 代替 $I_F$ 可以计算电压。

**例 11-8** 在图 11-25 中，计算开关闭合 30 μs 后的电感中的电流。

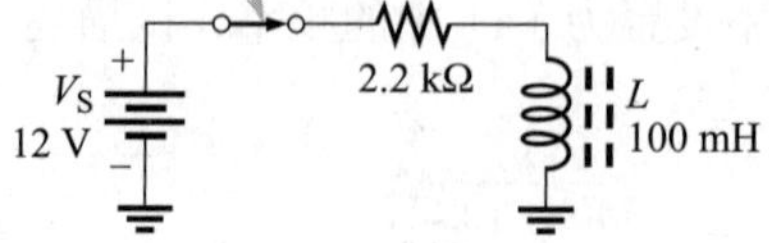

图 11-25

**解** *RL* 时间常数为

$$\tau=\frac{L}{R}=\frac{100\ mH}{2.2\ k\Omega}=45.5\ \mu s$$

电流的最终值为

$$I_{\mathrm{F}}=\frac{V_{\mathrm{S}}}{R}=\frac{12\ \mathrm{V}}{2.2\ \mathrm{k\Omega}}=5.45\ \mathrm{mA}$$

电流初始值为零。注意，30 μs 小于一个时间常数，因此在该时刻电流小于最终值的 63%。

$$i_L=I_{\mathrm{F}}(1-\mathrm{e}^{-t/(L/R)})=5.45\ \mathrm{mA}\times(1-\mathrm{e}^{-0.66})=2.64\ \mathrm{mA}$$ ◀

**同步练习**　在图 11-25 中，计算开关闭合 55 μs 后电感中的电流。

采用科学计算器完成例 11-8 的计算。

**电流下降到零的过程**　令式（11-9）中 $I_{\mathrm{F}}=0$，可得出电流最终值为零的指数公式为

$$i=I_{\mathrm{i}}\mathrm{e}^{-t/(L/R)} \tag{11-9}$$

该式可用于计算任何时刻的电感电流，如例 11-9 所示。

**例 11-9**　在图 11-26 所示电路中，在方波输入的一个完整周期内，每隔 1.0 μs 的时间电流是多少？画出电流波形。

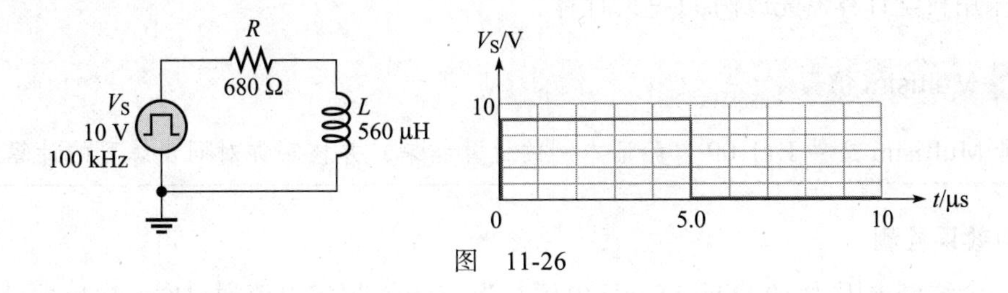


图　11-26

**解**　*RL* 时间常数为

$$\tau=\frac{L}{R}=\frac{560\ \mu\mathrm{H}}{680\ \Omega}=0.824\ \mu\mathrm{s}$$

当 $t=0$ 时，方波从 0 V 跳到 10 V，电流呈指数上升，最终电流值为

$$I_{\mathrm{F}}=\frac{V_{\mathrm{S}}}{R}=\frac{10\ \mathrm{V}}{680\ \Omega}=14.7\ \mathrm{mA}$$

对于上升的电流，$i=I_{\mathrm{F}}(1-\mathrm{e}^{-t/(L/R)})=I_{\mathrm{F}}(1-\mathrm{e}^{-t/\tau})$

在 1.0 μs 时，$i$=14.7 mA ×（$1-\mathrm{e}^{-1.0\ \mu\mathrm{s}/0.824\ \mu\mathrm{s}}$）=10.3 mA

在 2.0 μs 时，$i$=14.7 mA ×（$1-\mathrm{e}^{-2.0\ \mu\mathrm{s}/0.824\ \mu\mathrm{s}}$）=13.4 mA

在 3.0 μs 时，$i$=14.7 mA ×（$1-\mathrm{e}^{-3.0\ \mu\mathrm{s}/0.824\ \mu\mathrm{s}}$）=14.3 mA

在 4.0 μs 时，$i$=14.7 mA ×（$1-\mathrm{e}^{-4.0\ \mu\mathrm{s}/0.824\ \mu\mathrm{s}}$）=14.6 mA

在 5.0 μs 时，$i$=14.7 mA ×（$1-\mathrm{e}^{-5.0\ \mu\mathrm{s}/0.824\ \mu\mathrm{s}}$）=14.7 mA

当 $t$=5 μs 时，方波从 10 V 回跳到 0 V，电流呈指数规律下降。下降的电流为

$$i=I_{\mathrm{i}}\mathrm{e}^{-t/(L/R)}=I_{\mathrm{i}}\mathrm{e}^{-t/\tau}$$

初始值是 5 μs 时的电流值，即 14.7 mA。

在 6.0 μs 时，$i$=14.7 mA × $e^{-1.0\ \mu s/0.824\ \mu s}$=4.37 mA

在 7.0 μs 时，$i$=14.7 mA × $e^{-2.0\ \mu s/0.824\ \mu s}$=1.30 mA

在 8.0 μs 时，$i$=14.7 mA × $e^{-3.0\ \mu s/0.824\ \mu s}$=0.38 mA

在 9.0 μs 时，$i$=14.7 mA × $e^{-4.0\ \mu s/0.824\ \mu s}$=0.11 mA

在 10.0 μs 时，$i$=14.7 mA × $e^{-5.0\ \mu s/0.824\ \mu s}$=0.03 mA

上述结果的波形如图 11-27 所示。

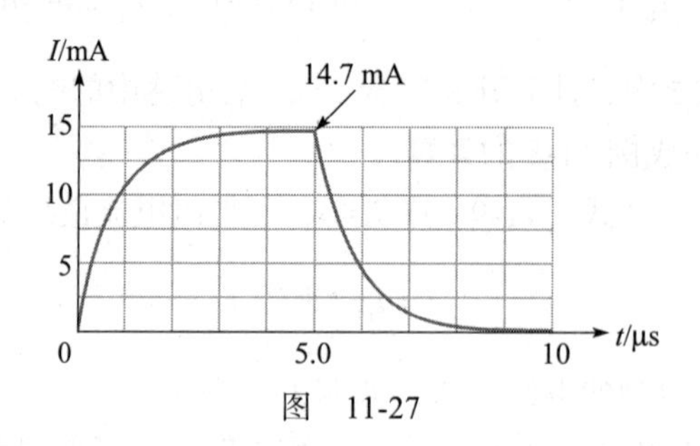


图 11-27 ◀

**同步练习** 图 11-27 在 0.5 μs 时的电流是多少？

采用科学计算器完成例 11-9 的计算。

**Multisim 仿真**

打开 Multisim 文件 E11-09 以验证本例的计算结果，并核实你对同步练习的计算结果。

**学习效果检测**

1. 一个线圈电阻为 10 Ω 的 15 mH 电感，当 10 mA 恒定电流通过时，电感两端电压是多少？

2. 20 V 直流电源经过开关连接到 $RL$ 串联电路上，开关闭合瞬间 $i$ 和 $v_L$ 的值是多少？

3. 对于问题 2 中的电路，开关闭合 5 $\tau$ 后，$v_L$ 是多少？

4. 在 $RL$ 串联电路中，$R$=1.0 kΩ 和 $L$=500 μH，时间常数是多少？电路通过开关连接 10 V 电源后，0.25 μs 后的电流是多少？

## 11.5 正弦交流电路中的电感

交流电通过电感时，电感会产生被称为感抗的阻力，其大小与交流电的频率有关。

### 11.5.1 感抗

在图 11-28 中，电感连接到正弦电压源上。当电源电压保持在恒定幅值，增加其频率时，电流幅值减少。相反，当降低电源的频率时，电流幅值增大。

当交流电源电压的频率增加时，其变化率也增加，电流的频率也会增加。电源频率变化越快意味着电流变化得也越快。根据法拉第电磁感应定律和楞次定律，这会在电感两端产生更大的感应电压，此电压对电流起阻碍作用，导致电流幅值减小。同理，电源频率的降低将会导致电流幅值的增大。

对于固定振幅的交流电压，随着频率的增大，电流幅值的减少表明对电流的阻力增加。因此，电感提供给电流的阻力与频率成正比，这种阻力用**感抗**来表示。

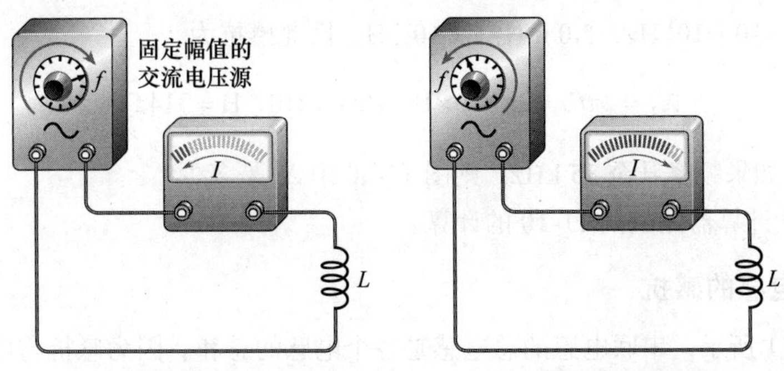


a）当频率增加时电流减少　　b）当频率降低时电流增大

图 11-28　电感电路中的电流与电源电压的频率成反比

**感抗表示电感对正弦电流的阻力**

感抗符号是 $X_L$，它的单位是 Ω。

在上面的论述中，可以看到频率是影响感抗的，现在来看电感 $L$ 是如何影响感抗的。如图 11-29a 所示，当一个固定幅值和固定频率的正弦电压施加到一个 1.0 mH 的电感上时，会产生交流电流。当电感增加到 2.0 mH 时，电流减小，如图 11-29b 所示。因此可以看出：当电感增加时，对电流的阻力作用（感抗）增加。因此，感抗不仅与频率成正比，而且还与电感大小成正比。这种关系可以表示如下：

**$X_L$ 与 $fL$ 成正比。**

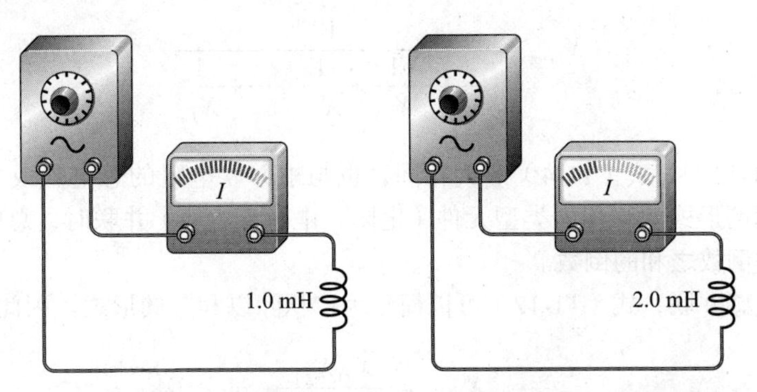


a）电感越小，电流越大　　b）电感越大，电流越小

图 11-29　对于固定幅值和固定频率的交流电压源，电流与电感大小成反比变化

可以证明，$X_L$ 与 $fL$ 之间的比例常数是 2π，因此感抗（$X_L$）的计算公式为

$$X_L = 2\pi fL \tag{11-10}$$

当 $f$ 的单位是 Hz，$L$ 单位是 H 时，感抗 $X_L$ 单位是 Ω。与容抗一样，2π 在公式中是一个常数因子，它来自正弦波与旋转运动的关系。

**例 11-10** 对于图 11-30 所示电路，正弦电压施加在电路中，频率为 10 kHz。计算感抗。

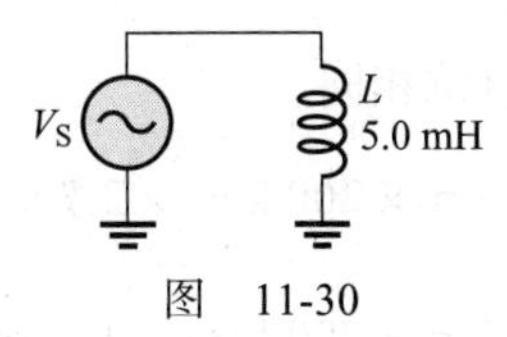


图　11-30

**解** 10 kHz=10 × 10³ Hz，5.0 mH=5 × 10⁻³ H，因此感抗为

$$X_L = 2\pi fL = 2\pi\times10\times10^3\ \text{Hz}\times5\times10^{-3}\ \text{H} = 314\,\Omega$$ ◀

**同步练习** 如果频率升至 35 kHz，则图 11-30 中 $X_L$ 是多少？

采用科学计算器完成例 11-10 的计算。

### 11.5.2 串联电感的感抗

如式（11-3）所示，串联电感的总电感是各个电感的总和。因为感抗与电感成正比，所以串联电感的总感抗是各个感抗的总和，即为：

$$X_{L(\text{tot})} = X_{L1} + X_{L2} + X_{L3} + \cdots + X_{Ln} \tag{11-11}$$

注意，式（11-11）与式（11-3）形式相同，也与串联电阻的总电阻或串联电容的总容抗相同。当将相同类型元件（电阻、电感或电容）串联起来时，只需将单个的阻碍作用（电阻、感抗或容抗）相加，就可以得到总的阻碍作用。

### 11.5.3 并联电感的感抗

在电感并联的交流电路中，式（11-4）给出了求总电感的方法，即总电感是单个电感的倒数之和的倒数。同样，总感抗是单个感抗的倒数之和的倒数。

$$X_{L(\text{tot})} = \frac{1}{\dfrac{1}{X_{L1}} + \dfrac{1}{X_{L2}} + \dfrac{1}{X_{L3}} + \cdots + \dfrac{1}{X_{Ln}}} \tag{11-12}$$

请注意，式（11-12）与式（11-4）形式相同，也与求并联电阻的总电阻或并联电容的总容抗公式具有相同的形式。将相同类型元件（电阻、电感或电容）并联时，总的阻碍作用等于每个阻碍作用的倒数之和的倒数。

对于两个电感并联，式（11-12）可以简化为“积除以和”的形式。因此，

$$X_{L(\text{tot})} = \frac{X_{L1}X_{L2}}{X_{L1} + X_{L2}}$$

**例 11-11** 在图 11-31 中每个电路的总感抗是多少？

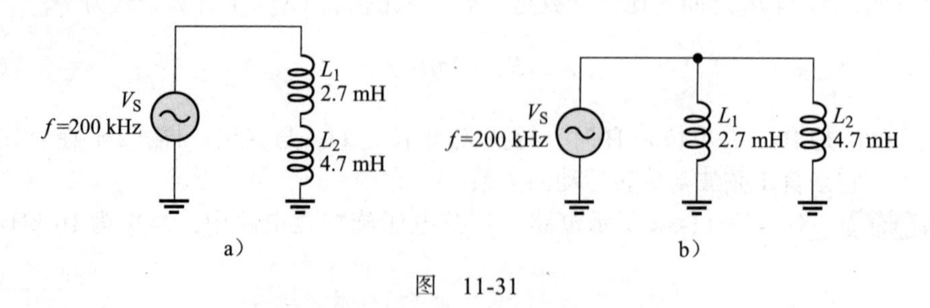


图 11-31

**解** 两个电路中各个电感器的电抗相同。

$$X_{L1}=2\pi fL_1=2\pi\times200\ \text{kHz}\times2.7\ \text{mH}=3.39\ \text{k}\Omega$$

$$X_{L2}=2\pi fL_2=2\pi\times200\ \text{kHz}\times4.7\ \text{mH}=5.91\ \text{k}\Omega$$

对于图 11-31a 中的串联电感，总感抗为 $X_{L1}$ 和 $X_{L2}$ 之和，根据式（11-11）可知：

$$X_{L(\text{tot})}=X_{L1}+X_{L2}=3.39\ \text{k}\Omega+5.91\ \text{k}\Omega=9.30\ \text{k}\Omega$$

对于图 11-31b 中的并联电感，总感抗为 $X_{L1}$ 和 $X_{L2}$ 之积除以它们的和。

$$X_{L(\text{tot})}=\frac{X_{L1}X_{L2}}{X_{L1}+X_{L2}}=\frac{3.39\ \text{k}\Omega\times 5.91\ \text{k}\Omega}{3.39\ \text{k}\Omega+5.91\ \text{k}\Omega}=2.16\ \text{k}\Omega$$

另一种方法，可以先求出总电感，然后代入式（11-10）来计算总感抗，从而获得串联或并联电感的总感抗。

对于串联电感，总电感为

$$L_{\text{T}}=L_1+L_2=2.7\ \text{mH}+4.7\ \text{mH}=7.4\ \text{mH}$$

$$X_{L(\text{tot})}=2\pi fL_{\text{T}}=2\pi\times 200\ \text{kHz}\times 7.4\ \text{mH}=9.30\ \text{k}\Omega$$

对于并联电感，总电感为

$$L_{\text{T}}=\frac{L_1L_2}{L_1+L_2}=\frac{2.7\ \text{mH}\times 4.7\ \text{mH}}{2.7\ \text{mH}+4.7\ \text{mH}}=1.71\ \text{mH}$$

$$X_{L(\text{tot})}=2\pi fL_{\text{T}}=2\pi\times 200\ \text{kHz}\times 1.71\ \text{mH}=2.16\ \text{k}\Omega$$ ◄

**同步练习** 如果图 11-31 中的 $L_1$=1.0 mH，并且 $L_2$ 不变，则每个电路的总感抗是多少？

采用科学计算器完成例 11-11 的计算。

**欧姆定律** 电感的感抗类似于电阻器的电阻。事实上，$X_L$、$X_C$ 和 $R$ 都以 Ω 为单位。由于感抗阻碍电流，与在电阻电路和电容电路中一样，欧姆定律也适用于电感电路，如式（11-13）所示。

$$I=\frac{V}{X_L} \tag{11-13}$$

在交流电路中应用欧姆定律时，电流和电压的表示方式必须都相同，即都为有效值或峰值等。

**例 11-12** 计算图 11-32 中电流的有效值。

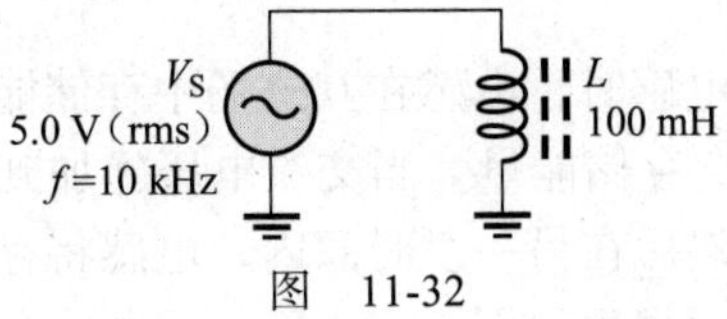

$V_{\text{S}}$
5.0 V（rms）
$f$=10 kHz
$L$
100 mH

图 11-32

**解** 10 kHz=10 × $10^3$ Hz，100 mH=100 × $10^{-3}$ H，计算 $X_L$。

$$X_L=2\pi fL=2\pi\times 10\times 10^3\ \text{Hz}\times 100\times 10^{-3}\ \text{H}=6283\ \Omega$$

应用欧姆定律确定电流的有效值为

$$I_{\text{rms}}=\frac{V_{\text{rms}}}{X_L}=\frac{5.0\ \text{V}}{6283\ \Omega}=796\ \mu\text{A}$$ ◄

**同步练习** 图 11-32 所示电路中 $V_{rms}$=12 V，$f$=4.9 kHz，$L$=680 μH，计算电流有效值。

采用科学计算器完成例 11-12 的计算。

**Multisim 仿真**

打开 Multisim 文件 E11-12 以验证本例的计算结果，并核实你对同步练习的计算结果。

### 11.5.4 电流滞后电感电压 90°

如图 11-33 所示，正弦电压在其过零处具有最大变化率，在峰值处变化率为零。根据法拉第电磁感应定律，可知线圈上感应的电压与电流变化的速率成正比。线圈电压在电流的过零处最大，因为这时电流有最大的变化率。线圈电压在电流峰值处为零，因为此时电流的变化率为零。线圈电压和电流的相位关系如图 11-33 所示。从图中可以看出，电流峰值滞后电压峰值四分之一周期。因此，电感内的电流滞后于其电压 90°。回顾电容电路，电容电流超前其电压 90°。

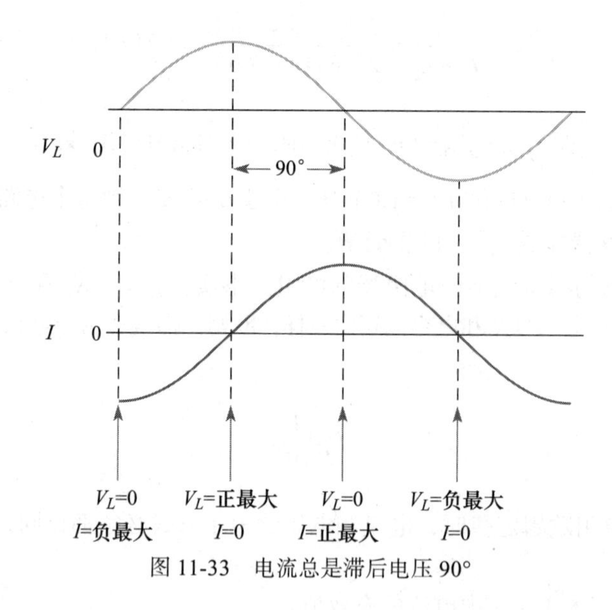


图 11-33 电流总是滞后电压 90°

### 11.5.5 电感的功率

如前所述，当有电流流经电感时，电感在其磁场中存储能量。理想电感（没有线圈电阻的电感）不会耗散能量，它只会存储能量。当交流电压施加到理想电感上时，在一个周期的一段时间内，电感存储能量；然后在另一段时间内，电感将存储的能量返还到电源。理想电感中的净能量不会因热量转换而损失。图 11-34 显示了电感电流和电压在一个周期内产生的功率曲线。与图 9-50 相比，它们的主要区别在于电压和电流在图中的互换。

**瞬时功率（$p$）** 瞬时功率是 $v$ 和 $i$ 的乘积。在 $v$ 或 $i$ 为零时，$p$ 也为零；当 $v$ 和 $i$ 都为正时，$p$ 为正；当 $v$ 或 $i$ 一个为正，另一个为负时，$p$ 为负；当 $v$ 和 $i$ 都为负时，$p$ 为正。如图 11-34 所示，功率按照正弦曲线变化。功率为正表示电感存储能量，功率为负表示能量从电感返回到电源。注意，因为能量交替存储并返回到电源，所以功率的变化频率是电压或电流频率的两倍。

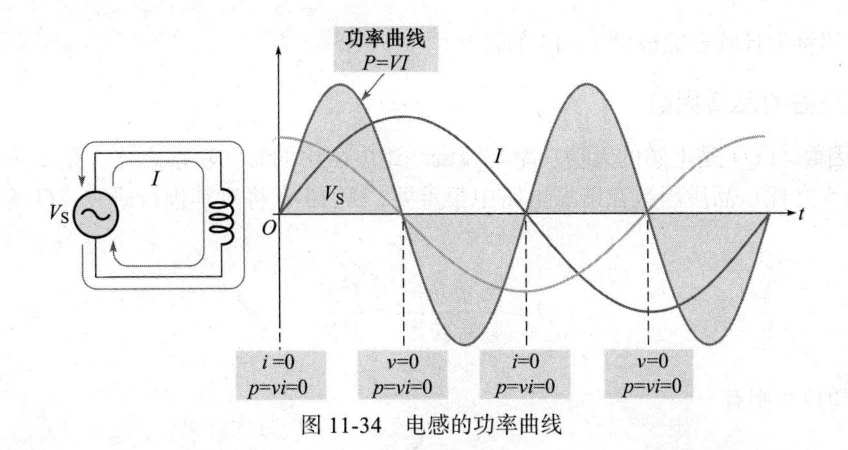


图 11-34　电感的功率曲线

**有功功率（$P_{\text{true}}$）** 理想情况下，一个功率周期内，电感在正功率部分存储的所有能量，在负功率部分又将能量全部返还给电源。由于在电感中没有净能量损失（转换为热量），因此有功功率为零。实际上，实际电感中存在线圈电阻，总会消耗一些功率，但这部分功率很小，通常可以忽略不计。计算公式为

$$P_{\text{true}} = I_{\text{rms}}^2 R_{\text{W}} \tag{11-14}$$

**无功功率（$P_{\text{r}}$）** 电感存储或返回能量的速率称为**无功功率**，记为 $P_{\text{r}}$ 单位为 var。无功功率是一个非零量。因为任何时刻电感都在存储能量或向电源释放能量，无功功率不表示由于电能向热能转换而造成的能量损失。可用如下几个公式来计算电感的无功功率：

$$P_{\text{r}} = V_{\text{rms}} I_{\text{rms}} \tag{11-15}$$

$$P_{\text{r}} = \frac{V_{\text{rms}}^2}{X_L} \tag{11-16}$$

$$P_{\text{r}} = I_{\text{rms}}^2 X_L \tag{11-17}$$

**例 11-13** 电感 10 mH、内阻 5 Ω 的线圈接入到频率为 10 kHz、有效值为 10 V 电路中，计算无功功率（$P_{\text{r}}$）和有功功率（$P_{\text{true}}$）。

**解** 首先，计算感抗和电流有效值。

$$X_L = 2\pi fL = 2\pi \times 10\ \text{kHz} \times 10\ \text{mH} = 628\ \Omega$$

$$I = \frac{V_{\text{S}}}{X_L} = \frac{10\ \text{V}}{628\ \Omega} = 15.9\text{mA}$$

然后使用式（11-17）计算无功功率。

$$P_{\text{r}} = I^2 X_L = (15.9\ \text{mA})^2 \times 628\ \Omega = 159\ \text{m var}$$

有功功率为

$$P_{\text{true}} = I^2 R_{\text{W}} = (15.9\ \text{mA})^2 \times 5.0\ \Omega = 1.27\ \text{mW}$$ ◀

**同步练习** 如果频率增加则无功功率会发生什么变化？

采用科学计算器完成例 11-13 的计算。

### 11.5.6 线圈的品质因数

**品质因数**（$Q$）是电感的无功功率与线圈绕组电阻中的有功功率之比，是 $L$ 中的功率与 $R_W$ 中的功率之比。品质因数在谐振电路中很重要，第 13 章将对其进行研究。$Q$ 的计算公式如下：

$$Q=\frac{\text{无功功率}}{\text{有功功率}}=\frac{I^2X_L}{I^2R_W}$$

$I^2$ 被约掉，则有

$$Q=\frac{X_L}{R_W} \tag{11-18}$$

注意，$Q$ 是相同单位的比值，因此它本身没有单位（或者说单位为 1）。因为品质因数是在线圈没有连接负载的情况下定义的，所以也被称为无负载品质因数 $Q$。因为 $X_L$ 与频率有关，所以 $Q$ 也与频率有关。

**学习效果检测**

1. 说明电感中电流和电压之间的相位关系。
2. 计算 $f$=5 kHz、$L$=100 mH 时的 $X_L$。
3. 50 μH 电感在什么频率下的电抗等于 800 Ω？
4. 计算图 11-35 所示电路的电流有效值。
5. 50 mH 理想电感连接到有效值 12 V 的电源上，有功功率是多少？频率为 1.0 kHz 时的无功功率是多少？

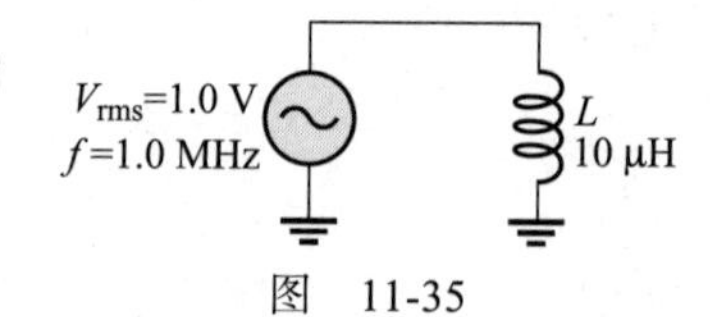


图 11-35

## 11.6 电感的应用

电感不像电容那样常用，由于尺寸、成本因素和非理想特性（含内阻等）等原因，其应用往往受到更多限制。电感的常见应用包括降噪电路、调谐电路和开关电源。

### 11.6.1 噪声抑制

电感最重要的应用之一是抑制不必要的电噪声。这些应用中使用的电感通常缠绕在闭合磁心上，以防止电感本身成为辐射噪声源。噪声包括两种类型：传导噪声（信号和电源电缆耦合的噪声）和辐射噪声（作为电磁波传播的噪声）。电磁兼容性（EMC）标准由国际电工委员会（IEC）制定。该标准涉及传导噪声、辐射噪声和来自其他系统的噪声，以及系统本身产生的噪声。

**传导噪声** 许多系统都有连接系统不同部分的公共传导路径，这些传导路径可以将高频噪声从系统的一部分传导到另一部分。图 11-36a 所示是通过公共导线连接两个电路的情况。高频噪声的传递路径在公共接地处，形成的回路被称为*接地回路*。在测量系统中，接地回路带来了特殊问题，即传感器与记录系统的距离较远时，接地回路中的噪声电流会影响被测信号。

如果有用的信号变化缓慢，可以在信号线上安装一个被称为*纵向扼流圈*或*共模扼流圈*的特殊电感，如图 11-36b 所示。纵向扼流圈是变压器的一种形式（见第 14 章），在每条信号线上充当电感。高频信号（噪声）因为扼流圈的高阻抗而受阻。低频信号则因为扼流圈的低阻抗而顺利通过。这些扼流圈通常是铁氧体，它们消耗而不是存储和返回高频能量。

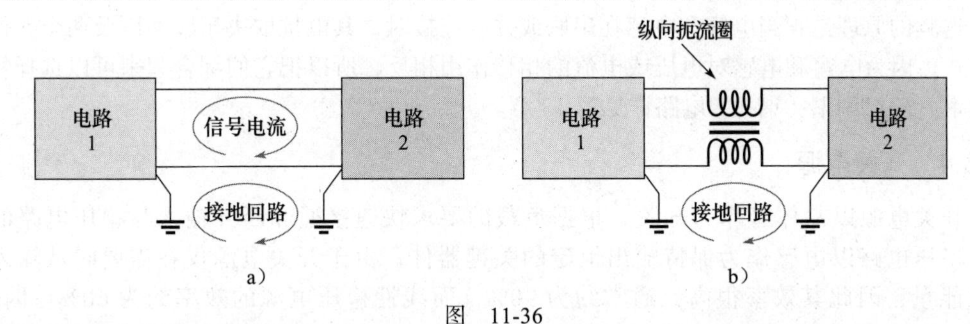


图　11-36

由于有高频元器件，因此开关电路也可能产生高频噪声（高于 10 MHz）。其中一些谐波分量是系统运行的频率，而其他谐波分量是由于电压电平之间的快速转换而产生的高频分量。某些电源使用高速开关电路，这也是一种传导和辐射噪声源。由于电感的感抗随着频率而增加，所以电感能够阻碍来自这些电源的电气噪声，使电源只能传输直流。因此电感经常安装在电源线中以抑制传导噪声，这样一个电路就不会对另一个电路产生不利影响。一个或多个电容可与电感结合使用，从而增强抑制作用。

**辐射噪声**　噪声也可以通过电磁场进入电路。噪声源可能是相邻电路或附近电源。有几种方法可以减少辐射噪声的影响。通常，第一步是确定引起噪声的原因，并使用屏蔽或滤波技术将其隔离。电感广泛用在滤波器中，用来抑制射频噪声。必须仔细选择用于噪声抑制的电感，以免电感本身成为辐射噪声的辐射源。对于高频（>20 MHz）情况，缠绕在高磁导率环形磁心上的电感会将磁通限制在磁心上，因而得到广泛使用。

### 11.6.2　射频扼流圈

用于隔离高频的电感被称为射频（RF）扼流圈，用于抑制传导或辐射噪声。射频扼流圈是一种特殊的电感，通过对高频构成高阻抗路径来阻止高频进入或离开系统的某些部分。通常，扼流圈与需要射频抑制的线路串联。不同的干扰频率需要不同类型的扼流圈。一种常见的电磁干扰（EMI）滤波器将信号线缠绕在环形磁心上，之所以采用环形结构，因为它可以使磁场集中，从而使扼流圈本身不会成为噪声源。

另一种常见的射频扼流圈是前面提到的铁氧体磁珠，如图 11-37 所示。所有导线都有电感，铁氧体磁珠是一种小的铁磁材料，它串在导线上以增加导线电感。磁珠的阻抗是材料、频率以及磁珠大小的函数，它是一种有效且廉价的高频“扼流圈”。铁氧体磁珠在高频通信系统中很常见，通常集成在高速传输数字电缆中以最大限度地减小辐射噪声。有时几个铁氧体磁珠串联在一起以增加有效电感。

图 11-37　典型的铁氧体磁珠集成到电缆中的示例

### 11.6.3　调谐电路

在通信系统中，电感与电容配合使用能够选频。调谐电路允许选择某个窄带频率，而抑制其他频率信号。电视和无线电接收机中的调谐器都基于这一原理，它可以从众多频道或电台中选择其中一个。

选频的原理是：当电容和电感在串联或并联连接时，其电抗取决于频率以及两个元件连接方式。因为电容和电感对电压或电流的相移作用相反，所以把它们综合起来可以选择特定的频率。*RLC* 调谐（谐振）电路详见第 13 章。

### 11.6.4 开关电源

开关电源以晶体管作为开关，根据负载的要求快速接通和断开输入与稳压电路的连接。稳压电路以电感作为保持输出恒定的关键器件。由于开关电源仅在需要时从输入源汲取能量，因此其效率很高，通常约为 90%，而线性稳压电源的效率约为 60%。因此，开关电源得到广泛应用，比如大多数计算机和电视机的电源。开关电源将在 12.8 节详细讨论。

**学习效果检测**

1. 说出两种不期望的噪声。
2. 字母 EMI 代表什么？
3. 如何使用铁氧体磁珠？

## 应用案例

给你两个未标识的线圈，要求确定它们的电感。在本案例中，可以使用方波发生器和示波器，通过测量电感电路的时间常数来确定电感。

该方法是将线圈与已知电阻串联，输入方波电压，用示波器测量电阻两端电压的时间常数。确定时间常数和电阻值后，就可以计算出电感 $L$ 的值。

当方波输入电压升高时，电感内电流呈指数增加；当方波跳回到零时，电感内电流呈指数下降。

电阻电压按指数规律上升，上升到接近最终值时所需的时间是 5 个时间常数，具体操作如图 11-38 所示。为了确保线圈电阻可以被忽略不计，必须预先测量线圈电阻，以确保所选择的外接电阻远远大于线圈电阻。

**步骤 1：测量线圈电阻并选择串联电阻**

用欧姆表测量图 11-38 所示电路中的线圈电阻，假设结果为 85 Ω。为了使线圈电阻可以忽略不计，电路中串联了一个 10 kΩ 的电阻。

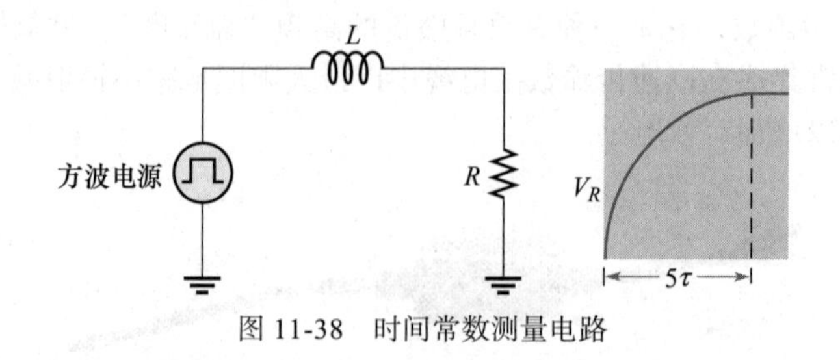


图 11-38 时间常数测量电路

**步骤 2：确定线圈 1 的电感**

如图 11-39 所示，为了测量线圈 1 的电感，将 10 V 方波电源施加到电路中。调整方波的频率使电感在每个方波脉冲期间完全充电。示波器设置为可以查看完整的指数曲线响应。根据示波器显示波形，确定电路时间常数的近似值，并计算线圈 1 的电感。

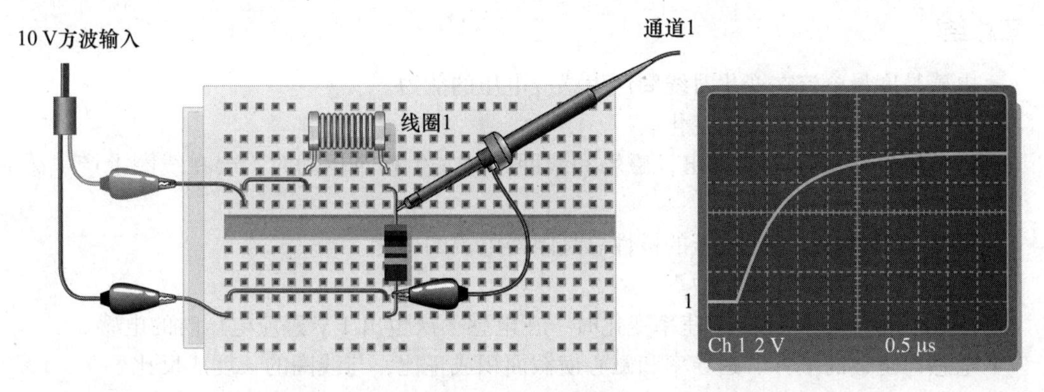


图 11-39　测量线圈 1

**步骤 3：确定线圈 2 的电感**

参见图 11-40，为了测量线圈 2 的电感，在面包板电路上施加一个 10 V 方波。调整方波的频率，使电感在每个方波脉冲期间达到完全充电。示波器设置为能够查看完整的响应波形，如图所示。根据示波器显示波形，确定电路时间常数的近似值，并计算线圈 2 的电感。同时，指出使用该方法的难点。

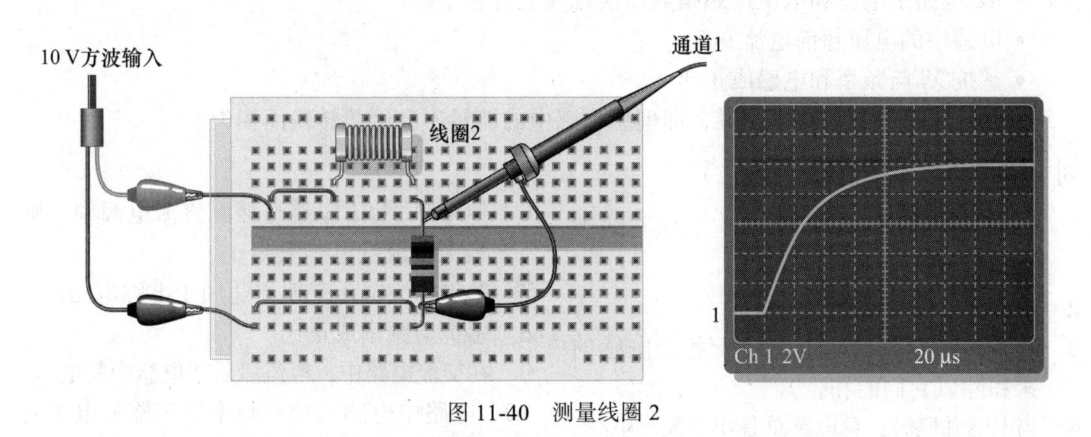


图 11-40　测量线圈 2

**步骤 4：另一种确定未知电感的方法**

确定时间常数并不是用来确定未知电感的唯一方法，说明使用正弦输入电压代替方波来测量电感的方法。

**检查与复习**

1. 图 11-39 中方波的最大频率是多少？

2. 图 11-40 中方波的最大频率是多少？

3. 如果频率超过了问题 1 和问题 2 中确定的最大值，会发生什么情况？解释测量结果会受到怎样的影响。

## Multisim 仿真

打开 Multisim 软件。使用所示电阻和步骤 2 中所确定的电感构建 *RL* 电路。通过测量验证时间常数。对于步骤 3 确定的电感，重复上述步骤。

## 本章总结

- 电感是度量电流在变化时线圈产生感应电压的能力。
- 电感阻碍其自身电流的变化。
- 法拉第电磁感应定律指出，磁场和线圈之间发生相对运动时，会在线圈上产生感应电压。
- 楞次定律指出，感应电压的极性总是阻碍电流的变化。
- 电感的能量存储在磁场中。
- 1 H 是当电流以 1 A/s 的速率变化时，在电感上产生出 1 V 感应电压时的电感。
- 电感与匝数的平方、磁导率和磁心横截面积成正比，与线圈的长度成反比。
- 磁心材料的磁导率表示材料建立磁场的能力。
- 串联时电感相加。
- 并联总电感小于并联电感器的最小电感。
- *RL* 串联电路的时间常数是电感除以电阻。
- 在 *RL* 电路中，每经过一个时间常数，电感中电压和电流的增加或减少都是剩余值的大约 63%。
- *RL* 电路中电流和电压按照指数曲线规律上升和下降。
- 电感中的电压超前电流 90°。
- 感抗 $X_L$ 与频率和电感成正比。
- 理想电感的有功功率为零，即理想电感中的能量不会因热转换而损失。

## 对 / 错判断（答案在本章末尾）

1 楞次定律指出，线圈中感应电压与线圈磁场变化率成正比。
2 理想电感中没有电阻。
3 两个并联电感的总电感等于各个电感的乘积除以它们的和。
4 当电感并联时，总电感总是小于最小电感。
5 *RL* 电路的时间常数由式 $\tau=R/L$ 给出。
6 如果串联 *RL* 电路连接到直流电源中，则最大电流受电感限制。
7 基尔霍夫电压定律不适用于电感电路。
8 感抗与频率成正比。
9 在交流电路中，电流滞后于电感中的电压。
10 电路中电感的功率频率等于施加电压的频率。

## 自我检测（答案在本章末尾）

1 一个 0.050 μH 的电感大于
(a) 0.000 000 5 H　(b) 0.000 005 H
(c) 0.000 000 008 H　(d) 0.000 05 mH

2 一个 0.33 mH 的电感小于
(a) 33 μH　(b) 330 μH
(c) 0.05 mH　(d) 0.000 5 H

3 当流经电感的电流增加时，存储在磁场中的能量
(a) 减少　(b) 保持不变
(c) 增加　(d) 增加一倍

4 当流经电感的电流增加一倍时，存储的能量
(a) 增加两倍　(b) 增加四倍
(c) 减半　(d) 保持不变

5 下面哪些方法可以减小线圈电阻?
(a) 减少匝数
(b) 使用较粗的导线
(c) 改变磁心材料
(d) 答案 (a) 或 (b)

6 下面哪些办法可以增加铁心线圈的电感?
(a) 增加匝数
(b) 去掉铁心
(c) 增加铁心长度
(d) 使用较粗的导线

7 4 个 10 mH 电感串联，总电感为

(a) 40 mH
(b) 2.5 mH
(c) 40 000 μH
(d) 答案 (a) 和 (c)

8 1.0 mH、3.3 mH和0.1 mH电感并联，总电感为
(a) 4.4 mH
(b) 大于3.3 mH
(c) 小于0.1 mH
(d) 答案 (a) 和 (b)

9 一个电感、一个电阻和一个开关串联连接到12 V电池上，在开关闭合的瞬间，电感电压为
(a) 0 V (b) 12 V
(c) 6.0 V (d) 4.0 V

10 将正弦电压加到电感上，当电压频率增加时，电流将
(a) 减少 (b) 增加
(c) 保持不变 (d) 瞬间变为0

11 一个电感和一个电阻串联后接到正弦电压源上，调整频率使感抗等于电阻，如果频率增加，则
(a) $V_R > V_L$ (b) $V_R \approx 0$
(c) $V_L=V_R$ (d) $V_L > V_R$

**故障排查**（下列练习的目的是帮助建立故障排查所需要的思维过程。答案在本章末尾）

根据图11-41，分析每组故障症状出现的原因。

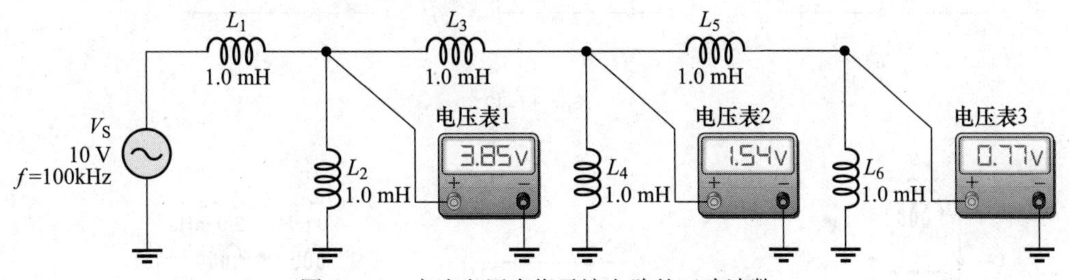


图11-41 交流电压表指示该电路的正确读数

1 症状：所有电压表读数均为0 V。
原因：
(a) 电源关闭或有故障
(b) $L_1$ 开路
(c) (a) 或 (b)

2 症状：所有电压表读数均为0 V。
原因：
(a) $L_4$ 完全短路 (b) $L_5$ 完全短路
(c) $L_6$ 完全短路。

3 症状：电压表1读数为5.0 V，电压表2和电压表3读数都为0 V。
原因：
(a) $L_4$ 开路 (b) $L_2$ 开路
(c) $L_5$ 短路

4 症状：电压表1读数为4.0 V，电压表2读数为2.0 V，电压表3读数为0 V。
原因：
(a) $L_3$ 开路 (b) $L_6$ 短路
(c) (a) 或 (b)

5 症状：电压表1读数为4.0 V，电压表2读数为2.0 V，电压表3读数为2.0 V。
原因：
(a) $L_3$ 短路 (b) $L_6$ 开路
(c) (a) 或 (b)

## 分节习题（奇数题答案在本书末尾）

### 11.1节

1 将以下电感的单位转换为毫亨（mH）。
(a) 1.0 H (b) 250 μH
(c) 10 μH (d) 0.000 5 H

2 将以下电感的单位转换为微亨（μH）。
(a) 300 mH (b) 0.080 H
(c) 5 mH (d) 0.000 45 mH

3 线圈绕在横截面积为 $10\times10^{-5}\ \text{m}^2$、长度为0.05 m的圆柱形非铁磁心上，需要缠绕多少匝才能制成30 mH的电感？设磁导率为 $1.26\times10^{-6}$ H/m。

4 一个绕组电阻为120 Ω的线圈接在12 V

电池上，该线圈中电流是多少？

5 一个 25 mH 电感，电流为 15 mA，该电感器存储了多少能量？

6 一个 100 mH 线圈，电流以 200 mA/s 的速率变化，该线圈两端电压多大？

11.3 节

7 5 个电感串联在一起，最小值为 5 μH。如果每个电感是前一个电感的两倍，并且电感按升序连接，那么总电感是多少？

8 假设需要 50 mH 的总电感，现在有一个 10 mH 的线圈和一个 22 mH 的线圈，还需要多大的电感？

9 计算以下线圈并联后的总电感：75 μH、50 μH、25 μH 和 15 μH。

10 需要用多大的电感与 12 mH 电感并联才能获得 8.0 mH 电感？

11 计算图 11-42 中每个电路的总电感。

12 计算图 11-43 中每个电路的总电感。

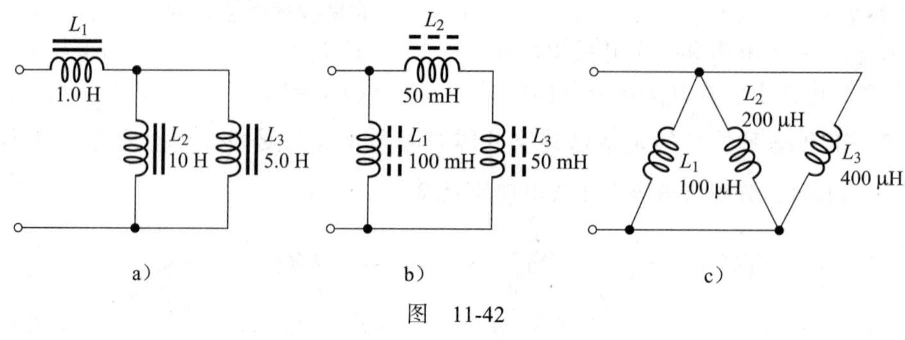


图 11-42

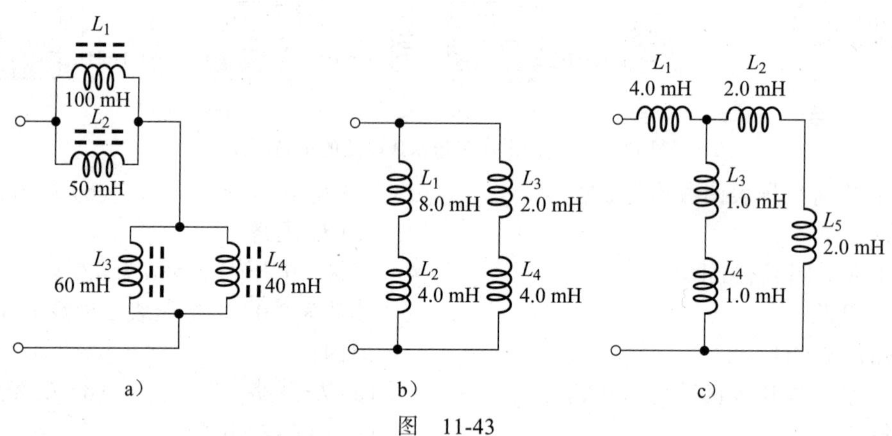


图 11-43

11.4 节

13 计算以下 *RL* 串联电路的时间常数。

(a) $R$=100 Ω，$L$=100 μH

(b) $R$=4.7 kΩ，$L$=10 mH

(c) $R$=1.5 MΩ，$L$=3.0 H

14 在 *RL* 串联电路中，确定以下每种情况下电流上升到最大值所需的时间。

(a) $R$=56 Ω，$L$=50 μH

(b) $R$=3300 Ω，$L$=15 mH

(c) $R$=22 kΩ，$L$=100 mH

15 在图 11-44 的电路中，最初没有电流，计算开关接通后在下列时刻的电感电压。

(a) 10 μs (b) 20 μs

(c) 30 μs (d) 40 μs

(e) 50 μs

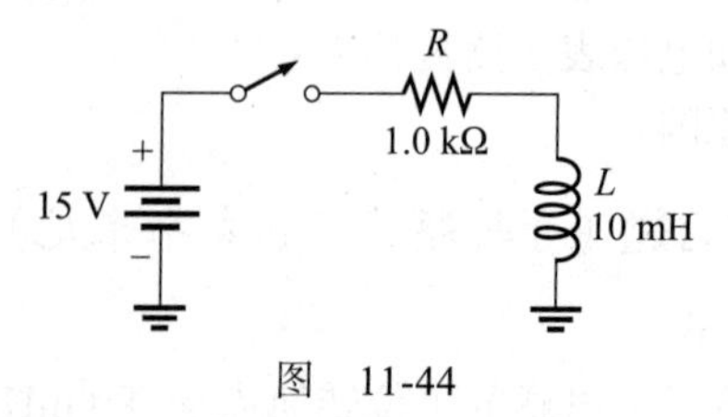


图 11-44

16 图 11-45 所示电感为理想电感，计算以下各时刻的电流。

(a) 10 μs (b) 20 μs

(c) 30 μs

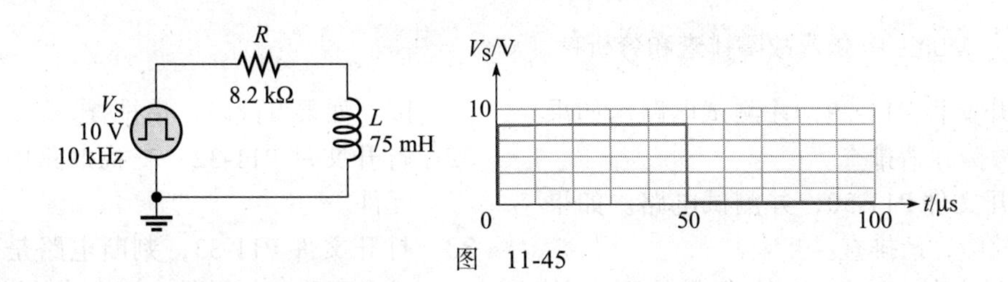


图 11-45

## 11.5 节

17 当频率为 5 kHz 的电压施加在端子上时，计算出图 11-42 中每个电路的总感抗。

18 对电路施加 400 Hz 电压时，求出图 11-43 中每个电路的总感抗。

19 计算图 11-46 电路的总电流有效值，流过 $L_2$ 和 $L_3$ 的电流是多少？

20 在图 11-43 所示每个电路中，当输入电压的有效值为 10 V 时，哪个频率将产生有效值是 500 mA 的总电流？

21 计算图 11-46 所示电路的无功功率。

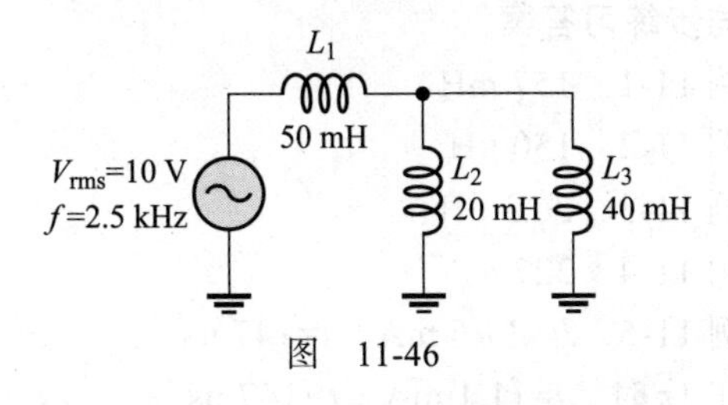


图 11-46

*22. 计算图 11-47 所示电路的时间常数。

*23. 在以下时刻，图 11-45 中电感两端的电 压是多少？

（a）60 μs （b）70 μs

（c）80 μs

*24. 在 60 μs 时，图 11-45 中电阻两端的电压是多少？

*25 （a）在图 11-47 所示电路中，开关接通 1.0 μs 后电感中的电流是多少。

（b）经过 5τ 之后的电流是多少？

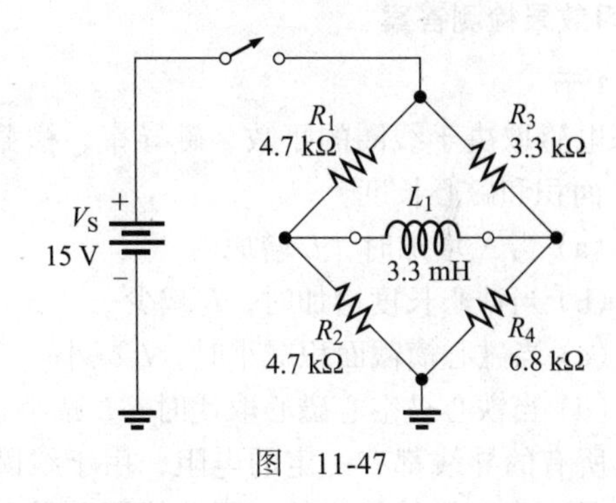


图 11-47

*26 对于图 11-47 所示电路，假设开关接通时间超过 5τ 后打开，开关打开 1.0 μs 后电感中的电流是多少？

*27 计算图 11-48 中 $I_{L2}$ 的值。

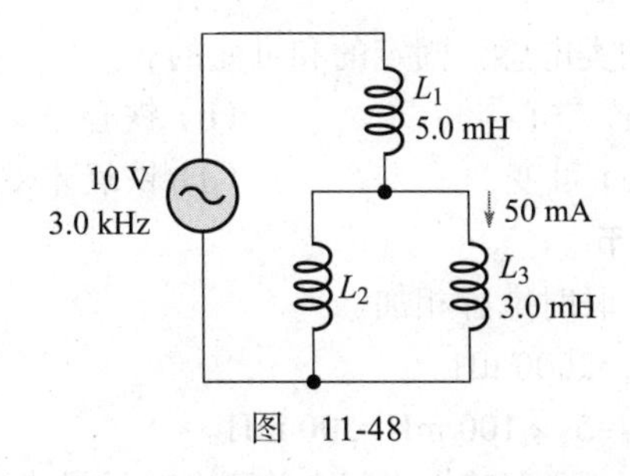


图 11-48

*28 在图 11-49 中，将开关分别移动到位置 1、2、3、4 处，端子 A 和 B 之间的总电感是多少？

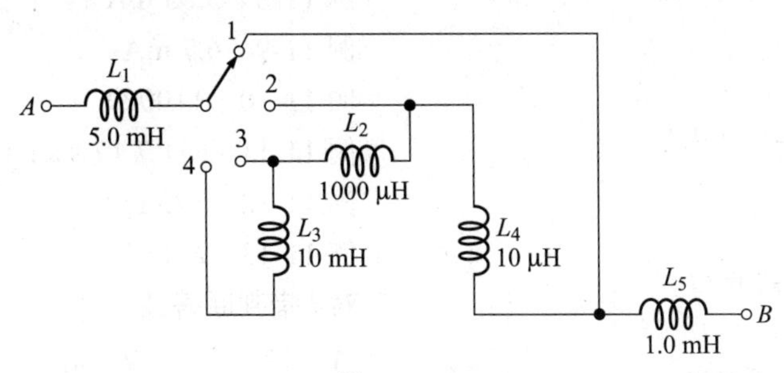


图 11-49

## Multisim 仿真故障排查和分析

29 打开文件 P11-29，并测试电路。如果有故障，请排查。

30 打开文件 P11-30，并测试电路。如果有故障，请排查。

31 判断文件 P11-31 中的电路是否有故障。如果有故障，请排查。

32 打开文件 P11-32，查找电路中的故障元件。

33 打开文件 P11-33，判断电路是否短路或者开路？如果是，请查找故障元件。

## 参考答案

### 学习效果检测答案

**11.1 节**

1 电感取决于线圈的匝数、磁导率、横截面积和磁心长度。

2 (a) 当 $N$ 增加时，$L$ 增加。
(b) 当铁心长度增加时，$L$ 减少。
(c) 当磁心横截面积减小时，$L$ 减小。
(d) 当铁心被空心磁心取代时，$L$ 减小。

3 所有的导线都有一定的电阻，由于线圈是由多匝导线组成的，因此线圈总是存在电阻。

4 线圈中相邻的线匝类似电容的极板，可以产生小电容。

**11.2 节**

1 两类电感：固定的和可变的。

2 (a) 空心 (b) 铁心
(c) 可变 (d) 铁氧体磁心

**11.3 节**

1 串联时电感相加。

2 $L_T$=2600 μH。

3 $L_T$=5 × 100 mH=500 mH。

4 总并联电感小于每个并联电感的最小值。

5 是的，并联电感的计算与并联电阻的计算类似。

6 (a) $L_T$=7.69 mH (b) $L_T$=24 μH
(c) $L_T$=5.0 mH

**11.4 节**

1 $V_L$=10 mA × 10 Ω=100 mV

2 $i$=0 V，$v_L$=20 V

3 5$\tau$ 后，$v_L$=0 V

4 $\tau$=500 ns，$i_L$=3.93 mA

**11.5 节**

1 电感电压超前电流 90°。

2 $X_L$=2π$fL$=3.14 kΩ

3 $f$=$X_L$ / (2π$L$) =2.55 MHz

4 $I_{rms}$=15.9 mA

5 $P_{true}$=0 W，$P_r$=458 mvar

**11.6 节**

1 传导噪声和辐射噪声。

2 电磁干扰。

3 铁氧体磁珠被放置在导线上以增加导线电感，从而形成射频扼流圈。

### 同步练习答案

例 11-1 157 mH

例 11-2 150 μH

例 11-3 20.3 μH

例 11-4 227 ns

例 11-5 $I_F$=17.6 mA，$\tau$=147 ns
在 1$\tau$ 时，$i$=11.1 mA，$t$=147 ns
在 2$\tau$ 时，$i$=15.1 mA，$t$=294 ns
在 3$\tau$ 时，$i$=16.7 mA，$t$=441 ns
在 4$\tau$ 时，$i$=17.2 mA，$t$=588 ns
在 5$\tau$ 时，$i$=17.4 mA，$t$=735 ns

例 11-6 在 0.2 ms 时，$i$=0.216 mA
在 0.8 ms 时，$i$=0.0124 mA

例 11-7 10 V

例 11-8 3.83 mA

例 11-9 6.7 mA

例 11-10 1100 Ω

例 11-11 (a) 7.17 kΩ；(b) 1.04 kΩ

例 11-12 573 mA

例 11-13 $P_r$ 减少

### 对 / 错判断答案

1 错 2 对 3 对

4 对　5 错　6 错

7 错　8 错　9 对

10 错

**自我检测答案**

1 (c)　2 (d)　3 (c)

4 (b)　5 (d)　6 (a)

7 (d)　8 (c)　9 (b)

10 (a)　11 (d)

**故障排查答案**

1 (c)　2 (a)　3 (b)

4 (a)　5 (b)

# 第 12 章

# *RL* 正弦交流电路

## 学习目标

- 描述 *RL* 串联电路中电流和电压之间的关系
- 确定 *RL* 串联电路的阻抗和相位角
- 分析 *RL* 串联电路
- 确定 *RL* 并联电路的阻抗和相位角
- 分析 *RL* 并联电路
- 分析 *RL* 串 - 并联电路
- 确定 *RL* 电路的功率
- 讨论 *RL* 电路的基本应用
- 排查 *RL* 电路的故障

## 应用案例概述

从通信系统中获取 *RL* 封装电路，识别其电路类型，使用 *RL* 电路知识和基本测量方法确定电路布局和元器件值。学习本章后，你应该能够完成本章的应用案例。

## 引言

*RL* 电路由电阻和电感组成。本章将介绍 *RL* 串联电路、*RL* 并联电路、*RL* 串 - 并联电路、*RL* 电路对正弦电压的响应、*RL* 电路的功率和功率因数的实际应用、提高功率因数的方法、两种 *RL* 电路的基本应用，以及 *RL* 电路常见故障的处理方法。

分析无功电路的方法与你在直流电路中所学方法相似，二者的主要区别是，对于无功电路，只能在一个频率下，使用相量进行分析。

学习本章时，注意 *RL* 电路的正弦响应与 *RC* 电路的正弦响应的异同。

## 12.1 *RL* 串联电路的正弦响应

与 *RC* 电路一样，当正弦电压施加于 *RL* 串联电路上时，各响应电压和电流也都是正弦波。电感引起电压和电流之间的相位差，相位差取决于电阻和感抗的相对值。因为线圈电阻较大，电感通常不会像电阻或电容那样“理想”。然而，为了便于表述，电感通常还是会被视为理想器件。

在 *RL* 电路中，电阻上的电压和电流均滞后电源电压，电感上的电压则超前电源电压。理想情况下，电感上电压和电流之间的相位差总是 90°。这些相位关系如图 12-1 所示。注意它们与第 10 章讨论的 *RC* 电路的区别。

电压和电流的振幅和相位关系取决于电阻和感抗值。当电路为纯感性时，电源电压与总电流的相位角为 90°，电流滞后电压；当电路中同时存在电阻和感抗时，相位角介于 0° ～ 90°，具体取决于电阻和感抗的相对值。因为所有电感都有线圈电阻，在实际中可能接近但永远达不到理想电感的条件。

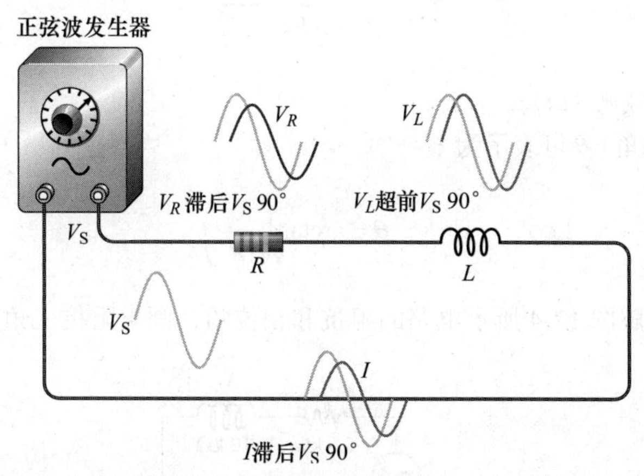


图 12-1　$V_R$、$V_L$ 和 $I$ 与电源电压相位关系的正弦响应图示。$V_R$ 和 $I$ 同相，$V_R$ 和 $V_L$ 相差 90°

**学习效果检测**

1. 一个频率为 1 kHz 的正弦电压施加于 *RL* 电路上，所产生的电流频率是多少？

2. 当 *RL* 电路中的电阻大于感抗时，电源电压与总电流之间的相位差是更接近 0° 还是更接近 90°？

## 12.2　*RL* 串联电路的阻抗和相位角

在第 10.2 节中介绍了 *RC* 电路的阻抗，它表示对正弦电流的阻碍作用。在 *RC* 电路中，阻抗由电阻和电抗组成，用相量表示。由于相位角不同，总阻抗必须通过相量计算。

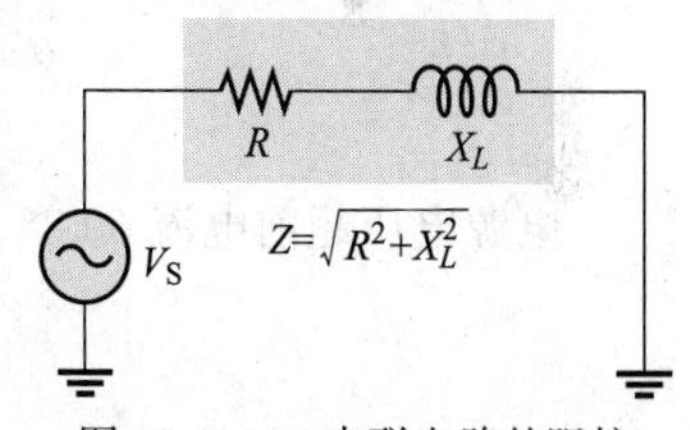


图 12-2　*RL* 串联电路的阻抗

*RL* 串联电路的**阻抗**阻碍正弦波电流变化，单位为欧姆。**相位角**指电路的总电流和电源电压之间的相位差。阻抗（$Z$）由电阻（$R$）和感抗（$X_L$）决定，如图 12-2 所示。

在交流电路分析中，$R$ 和 $X_L$ 都被看作相量，如图 12-3a 所示，$X_L$ 与 $R$ 呈 +90° 角。这种关系是由于电感上电压超前电流 90°，因此也就超前电阻电压 90°。$Z$ 是 $R$ 和 $X_L$ 的相量和，其关系如图 12-3b 所示。各相量关系如图 12-3c 所示，它们形成了一个直角三角形，称为阻抗三角形。每个相量的长度表示该相量的幅值，$\theta$ 表示 *RL* 电路中电源电压与总电流之间的相位差。

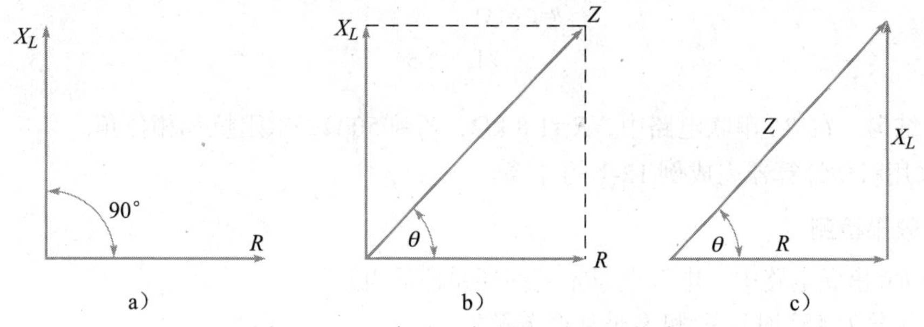


图 12-3　*RL* 串联电路阻抗三角形的构建

*RL* 串联电路的阻抗 $Z$ 可以由电阻与感抗表示为

$$Z = \sqrt{R^2 + X_L^2} \tag{12-1}$$

式中，$Z$ 的单位为欧姆（Ω）。

相位角（阻抗角）$\theta$ 可表示为

$$\theta = \arctan\left(\frac{X_L}{R}\right) \tag{12-2}$$

**例 12-1** 求解图 12-4 所示电路的阻抗和相位角，画出阻抗三角形。

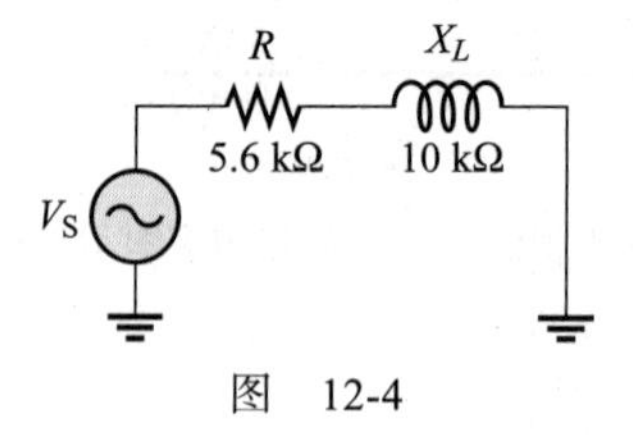


图 12-4

**解** 电路的阻抗为

$$Z = \sqrt{R^2 + X_L^2} = \sqrt{(5.6\ \text{k}\Omega)^2 + (10\ \text{k}\Omega)^2} = 11.5\ \text{k}\Omega$$

相位角为

$$\theta = \arctan\left(\frac{X_L}{R}\right) = \arctan\left(\frac{10\ \text{k}\Omega}{5.6\ \text{k}\Omega}\right) = 60.8°$$

电源电压超前电流 60.8°，阻抗三角形如图 12-5 所示。

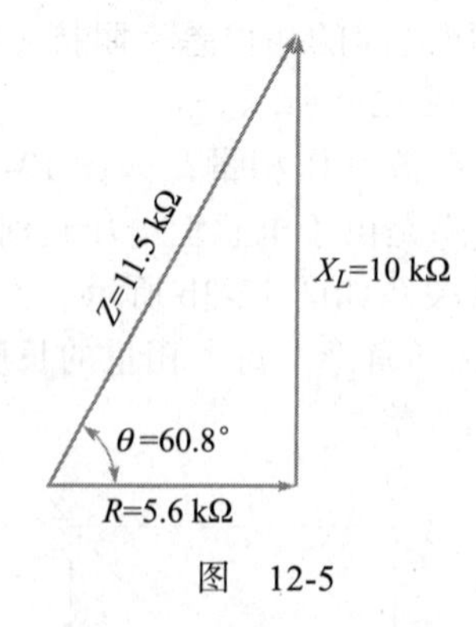


图 12-5

**同步练习** 在 $RL$ 串联电路中，$R$=1.8 kΩ，$X_L$=950 Ω，求阻抗和相位角。

采用科学计算器完成例 12-1 的计算。

**学习效果检测**

1. 在 $RL$ 串联电路中，电源电压是超前还是滞后电流？
2. 当相角为 45° 时，$X_L$ 和 $R$ 是什么关系？
3. $RL$ 电路中的相位角与 $RC$ 电路中的相位角有什么不同？
4. $RL$ 串联电路的电阻为 33 kΩ，感抗为 50 kΩ。试求 $Z$ 和 $\theta$。

## 12.3 RL 串联电路的分析

用欧姆定律和基尔霍夫电压定律分析 RL 串联电路，以确定电压、电流和阻抗。本节还将讨论 RL 超前电路和 RL 滞后电路。

### 12.3.1 欧姆定律

在 RL 串联电路中应用欧姆定律，涉及相量 Z、V 和 I 的使用。在第 10 章 RC 正弦交流电路中，曾阐述过欧姆定律的 3 种形式，它们同样也适用于 RL 串联电路，具体如下：

$$V = IZ \quad I = \frac{V}{Z} \quad Z = \frac{V}{I}$$

下面的例子说明了欧姆定律的使用。

**例 12-2** 在图 12-6 所示电路中，电流为 200 μA，求电源电压。

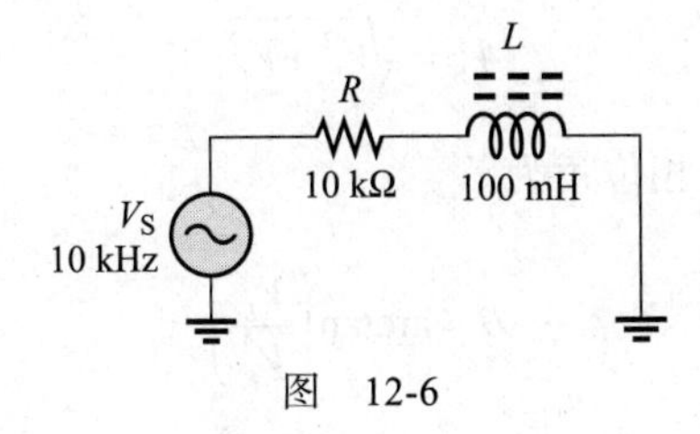


图 12-6

**解** 根据式（11-10），感抗为

$$X_L = 2\pi fL = 2\pi \times 10\ \text{kHz} \times 100\ \text{mH} = 6.28\ \text{k}\Omega$$

阻抗为

$$Z = \sqrt{R^2 + X_L^2} = \sqrt{(10\ \text{k}\Omega)^2 + (6.28\ \text{k}\Omega)^2} = 11.8\ \text{k}\Omega$$

应用欧姆定律就有

$$V_S = IZ = 200\ \mu\text{A} \times 11.8\ \text{k}\Omega = 2.36\ \text{V}$$ ◀

**同步练习** 如果图 12-6 中电源电压为 5.0 V，电流为多大？

采用科学计算器完成例 12-2 的计算。

**Multisim 仿真**

打开 Multisim 或 LTspice 文件 E12-02，测量频率为 10 kHz、5 kHz 以及 20 kHz 时电流是多少？解释测量结果。

### 12.3.2 电压与电流的相位关系

RL 串联电路中，流经电阻和电感的电流相同。电阻上电压与电流同相，电流滞后电感电压 90°。因此，电阻电压 $V_R$ 与电感电压 $V_L$ 之间存在 90° 的相位差，如图 12-7 所示。

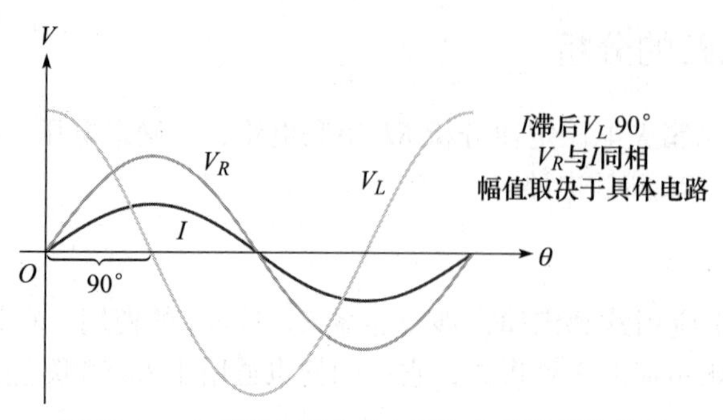


图 12-7 *RL* 串联电路中各电压与电流的相位关系

根据基尔霍夫电压定律，*R* 与 *L* 上电压之和等于电源电压。但是，由于 $V_R$ 和 $V_L$ 彼此相差 90°，$V_L$ 滞后于 $V_R$，所以需进行相量求和，如图 12-8a 所示。$V_S$ 为 $V_R$ 和 $V_L$ 的相量和，如图 12-8b 所示。它们的关系为

$$V_S = \sqrt{V_R^2 + V_L^2} \tag{12-3}$$

电阻上电压与电源电压的相位角为

$$\theta = \arctan\left(\frac{V_L}{V_R}\right) \tag{12-4}$$

由于电阻电压与电流同相，因此式（12-4）中的 $\theta$ 也表示电源电压与电流的相位角，它等于 arctan（$X_L/R$）。

图 12-9 给出了图 12-7 所示波形对应的电压与电流的相量图。

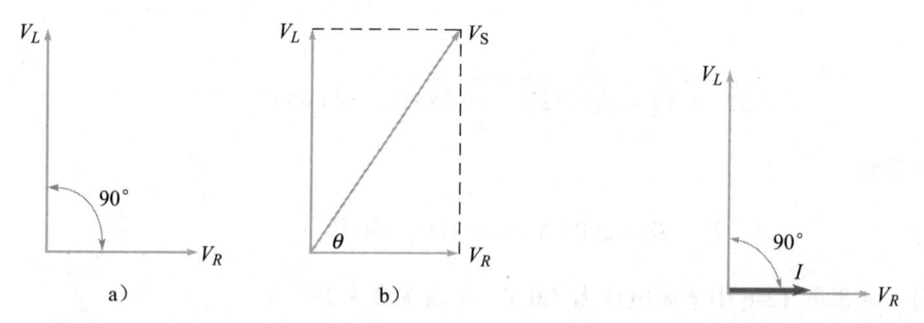


图 12-8 图 12-7 所示波形的电压相量图　　图 12-9 图 12-7 所示波形对应的电压与电流的相量图

**例 12-3** 求图 12-10 所示电路的电源电压和相位角，并画出所有电压的相量图。

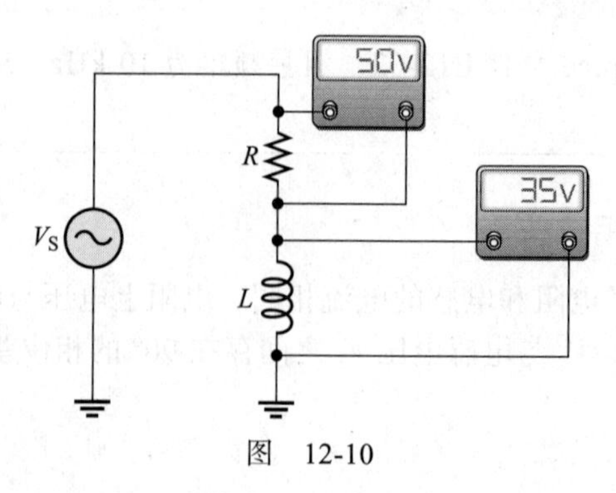


图 12-10

**解** $V_R$ 和 $V_L$ 相位相差 90°，不能直接相加。电源电压是 $V_R$ 和 $V_L$ 的相量和，即

$$V_S = \sqrt{V_R^2 + V_L^2} = \sqrt{(50\,\text{V})^2 + (35\,\text{V})^2} = 61\,\text{V}$$

电阻电压与电源电压的相位角为

$$\theta = \arctan\left(\frac{V_L}{V_R}\right) = \arctan\left(\frac{35\,\text{V}}{50\,\text{V}}\right) = 35°$$

各电压的相量图如图 12-11 所示。

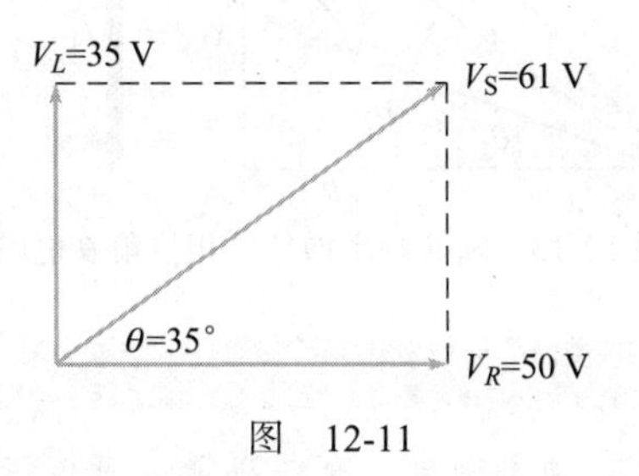


图 12-11

**同步练习** 根据例 12-3 的信息，能否求出图 12-11 中的电流？

采用科学计算器完成例 12-3 的计算。

### 12.3.3 频率对阻抗和相位角的影响

感抗与频率成正比。当 $X_L$ 增加时，总阻抗值也增加。当 $X_L$ 减小时，总阻抗值也减小。因此，*在 RL 电路中阻抗 Z 与频率直接相关*。

在电源电压保持在不变的情况下，图 12-12 显示了 *RL* 串联电路中的电压和电流随着频率的增加或减少的变化趋势。图 12-12a 表明，随频率的增加，$X_L$ 增加，使得电感两端的电压更大。在电压相同的情况下，总电流减小，说明 $Z$ 增大。因为总电流减小，电阻两端电压也会减小。

图 12-12b 表明，随着频率的降低，$X_L$ 减小，使得电感两端的电压减小。在电压相同的情况下，总电流增大，说明 $Z$ 减小。电流的增加会使电阻两端的电压增大。

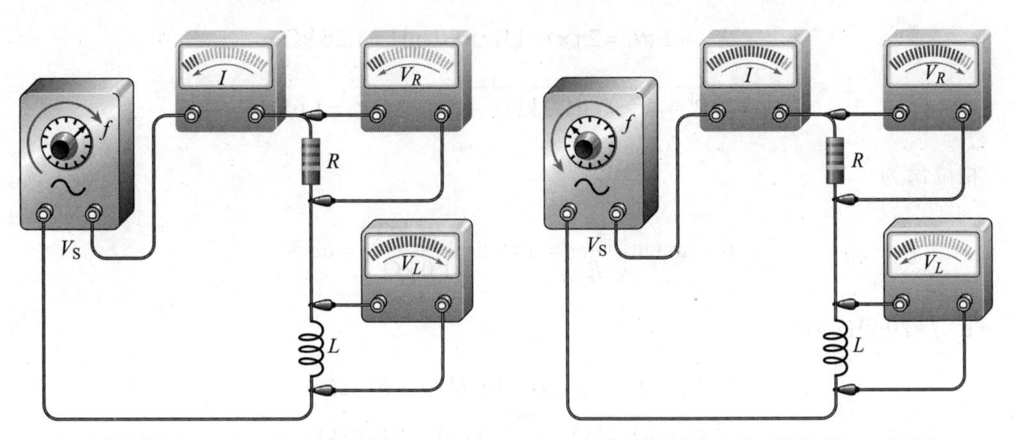


a）当频率增加时，$I$和$V_R$减小，$V_L$增加　b）当频率减小时，$I$和$V_R$增加，$V_L$减小

图 12-12 电源频率改变，电压和电流的变化趋势（电源电压幅值恒定）

$X_L$是 $RL$ 串联电路出现相位角的原因，$X_L$ 变化会引起相位角的变化。随着频率的增加，$X_L$ 变大，相位角也增加（见图 12-13）；随着频率的降低，$X_C$ 减小，相位角也减小。因为 $I$ 和 $V_R$ 同相位，所以 $V_S$ 和 $V_R$ 之间的夹角是电路的相位角。

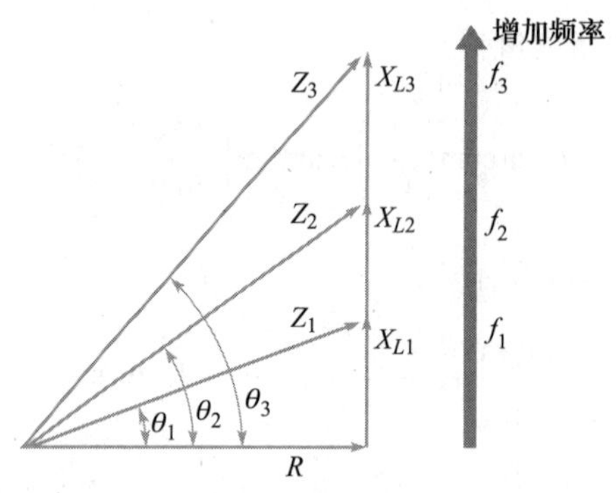


图 12-13　随着频率增加，相位角 $\theta$ 也增加

## 技术小贴士

有些万用表具有相对较低的频率响应。有些事情你应该注意：一是大多数交流仪表只有在测量正弦波形时才准确；二是测量小交流电压的准确度通常比测量直流的准确度要低；最后是外接负载会影响仪表的读数。

**例 12-4** 在图 12-14 所示 $RL$ 串联电路中，求在下列各频率下的阻抗大小和相位角。

（a）10 kHz　（b）20 kHz　（c）30 kHz

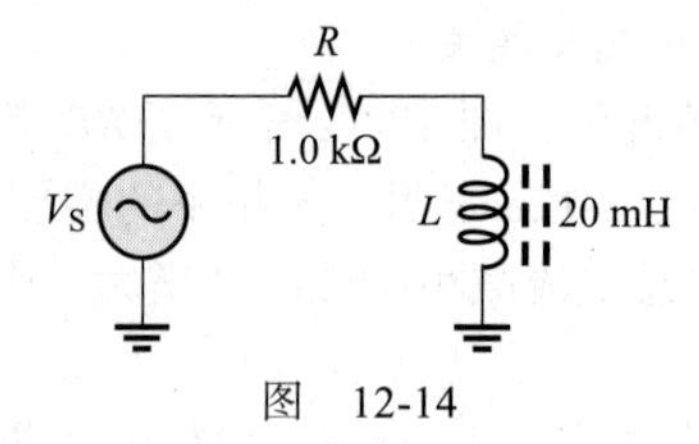


图　12-14

**解**　（a）$f$=10 kHz 时，

$$X_L = 2\pi fL = 2\pi\times 10\ \text{kHz}\times 20\ \text{mH} = 1.26\ \text{k}\Omega$$

$$Z = \sqrt{R^2 + X_L^2} = \sqrt{(1.0\ \text{k}\Omega)^2 + (1.26\ \text{k}\Omega)^2} = 1.61\text{k}\Omega$$

相位角为

$$\theta = \arctan\left(\frac{X_L}{R}\right) = \arctan\left(\frac{1.26\ \text{k}\Omega}{1.0\ \text{k}\Omega}\right) = 68.3^\circ$$

（b）$f$=20 kHz 时，

$$X_L = 2\pi\times 20\ \text{kHz}\times 20\ \text{mH} = 2.51\ \text{k}\Omega$$

$$Z = \sqrt{(1.0\ \text{k}\Omega)^2 + (2.51\ \text{k}\Omega)^2} = 2.70\ \text{k}\Omega$$

$$\theta = \arctan\left(\frac{2.51\ \text{k}\Omega}{1.0\ \text{k}\Omega}\right) = 75.1^\circ$$

（c）$f$=30 kHz 时，

$$X_L = 2\pi \times 30\ \text{kHz} \times 20\ \text{mH} = 3.77\ \text{k}\Omega$$

$$Z = \sqrt{(1.0\ \text{k}\Omega)^2 + (3.77\ \text{k}\Omega)^2} = 3.90\ \text{k}\Omega$$

$$\theta = \arctan\left(\frac{3.77\ \text{k}\Omega}{1.0\ \text{k}\Omega}\right) = 51.5°$$

注意，随着频率增加，$X_L$、$Z$、$\theta$ 均增加。 ◀

**同步练习** 求图 12-14 所示电路中 $f$=100 kHz 时的总阻抗与相位角。

采用科学计算器完成例 12-4 的计算。

### 12.3.4 RL 滞后电路

***RL* 滞后电路**是输出电压滞后输入电压 $\phi$ 的相移电路。基本 $RL$ 滞后电路如图 12-15a 所示，注意电路的输出电压取自电阻两端，输入电压为整个电路的电压。电压相量图如图 12-15b 所示，输入与输出电压的波形如图 12-15c 所示。注意，输出电压 $V_{out}$ 滞后输入电压 $V_{in}$ 一个 $\phi$ 角，它与电路的相位角 $\theta$ 相同。$\theta$ 是 $V_S$ 与 $I$ 的夹角，而 $V_R$ 与 $I$ 彼此同相。

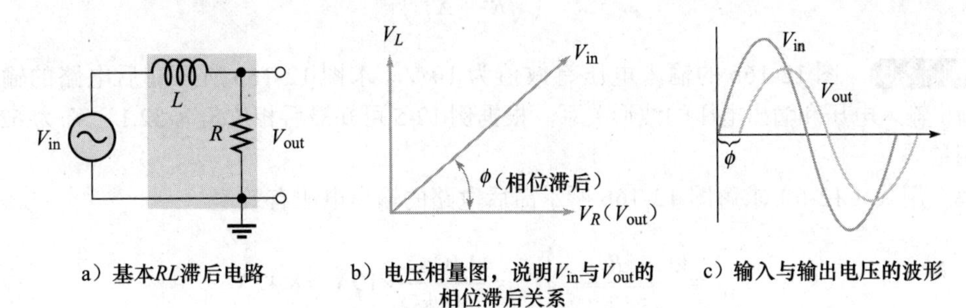


a）基本RL滞后电路　b）电压相量图，说明 $V_{in}$ 与 $V_{out}$ 的相位滞后关系　c）输入与输出电压的波形

图 12-15 基本 $RL$ 滞后电路（$V_{out}$=$V_R$）

相位滞后角 $\phi$ 为

$$\phi = \arctan\left(\frac{X_L}{R}\right) \tag{12-5}$$

**例 12-5** 求图 12-16 所示各电路的相位角。

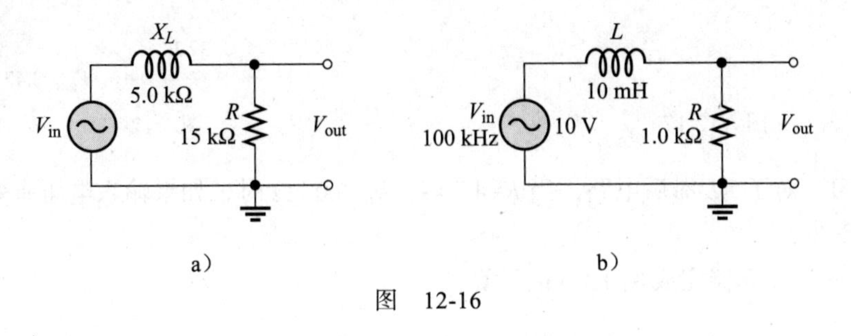


a）　b）

图 12-16

**解** 对于图 12-16a，相位角为

$$\phi = \arctan\left(\frac{X_L}{R}\right) = \arctan\left(\frac{5.0\ \text{k}\Omega}{15\ \text{k}\Omega}\right) = 18.4°$$

输出电压滞后输入电压 18.4°。

对于图 12-16b，先求感抗。

$$X_L = 2\pi fL = 2\pi \times 100\ \text{kHz} \times 1.0\ \text{mH} = 628\ \Omega$$

相位滞后角为

$$\phi = \arctan\left(\frac{X_L}{R}\right) = \arctan\left(\frac{628\ \Omega}{1.0\ \text{k}\Omega}\right) = 32.1° \qquad ◀$$

**同步练习** 对于某滞后电路，当 $R$=5.6 kΩ、$X_L$=3.5 kΩ 时，求输入电压与输出电压之间的相位角。

▦ 采用科学计算器完成例 12-5 的计算。

相位滞后电路可以看作是一个分压器，输入电压的一部分落在 $L$ 上，一部分落在 $R$ 上。输出电压可以用下式确定。

$$V_{\text{out}} = \left(\frac{R}{\sqrt{R^2 + X_L^2}}\right)V_{\text{in}} \tag{12-6}$$

**例 12-6** 图 12-16b 的输入电压有效值为 10 V。求图 12-16b 所示滞后电路的输出电压。画出输入电压和输出电压的波形关系。根据例 12-5 可知滞后相位角为 32.1°，$X_L$ 为 628 Ω。画出相量图。

**解** 用式（12-6）求解图 12-16b 所示滞后电路的输出电压有效值。

$$V_{\text{out}} = \left(\frac{R}{\sqrt{R^2 + X_L^2}}\right)V_{\text{in}} = \frac{1.0\ \text{k}\Omega}{1.18\ \text{k}\Omega} \times 10\ \text{V} = 8.47\ \text{V}$$

波形如图 12-17 所示。

电压相量图如图 12-18 所示。

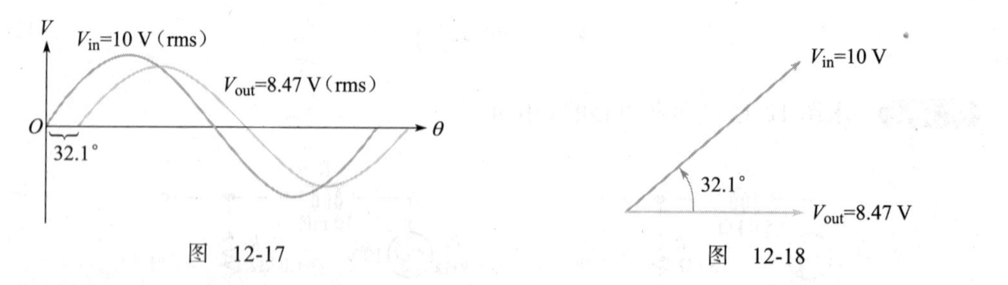


图 12-17　　图 12-18 ◀

**同步练习** 对于 $RL$ 滞后电路，当 $R$=4.7 kΩ、$X_L$=6.0 kΩ 时，如果输入电压有效值为 20 V，输出电压为多少？

▦ 采用科学计算器完成例 12-6 的计算。

### Multisim 仿真

打开 Multisim 文件 E12-06 校验本例的计算结果，并核实同步练习的计算结果。

---

**滞后电路的频率影响** 由于电路的相位角和滞后相位角相同，当频率的增加使电路相

位角增加时，滞后相位角也随之增加。此外，频率的增加降低了输出电压的幅度，因为随着 $X_L$ 增加，总电压落在电感上的电压更多，而落在电阻上的电压更少。

由于理想 $X_L$ 在直流和低频信号时短路，高频信号时开路，相位滞后电路也可作为低通滤波器，通过直流和低频信号而阻断高频信号。在第 19 章中，你将学习有源滤波器，它比只使用无源元件（如电阻和电感）构造的无源滤波器有更好的频率响应。

### 12.3.5 *RL* 超前电路

***RL* 超前电路**是一种相移电路，其输出电压超前输入电压一定角度 $\phi$。基本 *RL* 超前电路如图 12-19a 所示。注意它与滞后电路的区别，此处输出电压跨接于电感两端。电压相量图如图 12-19b 所示，输入与输出电压波形如图 12-19c 所示。注意，输出电压 $V_{out}$ 超前 $V_{in}$ 的角度等于 90° 减去电路相位角 $\theta$。

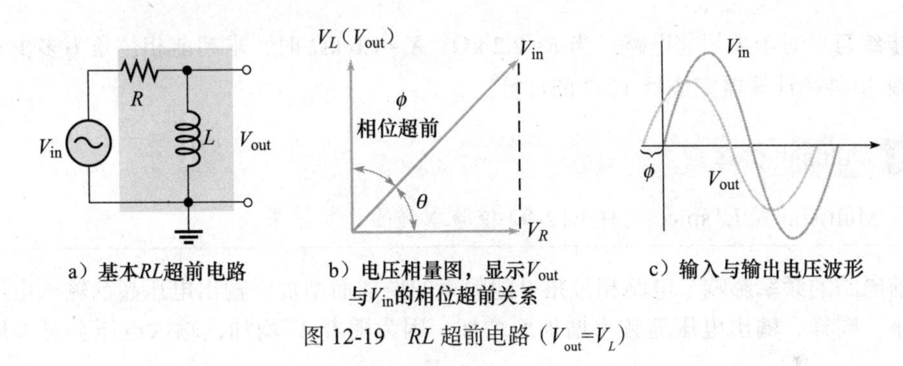


图 12-19 *RL* 超前电路（$V_{out}$=$V_L$）

由于 $\theta$=arctan（$X_L/R$），故输入和输出电压之间的超前相位角 $\phi$ 为

$$\phi = 90° - \arctan\left(\frac{X_L}{R}\right) \quad (12\text{-}7)$$

该式等价于

$$\phi = \arctan\left(\frac{R}{X_L}\right)$$

另外，超前电路可认为是一个电压分压器，输入电压的一部分落在电阻上，一部分落在电感上。输出电压为电感两端的电压，可以用下面等式确定。

$$V_{out} = \left(\frac{X_L}{\sqrt{R^2 + X_L^2}}\right)V_{in} \quad (12\text{-}8)$$

理想情况下，$X_L$ 在直流和低频信号下相当于短路，高频信号下相当于开路。因此，相位超前电路也可作为**高通滤波器**，它短接直流和低频信号而通过高频信号。在第 19 章中，你将学习有源滤波器，它比只使用电阻和电感等无源元件的无源滤波器有更好的频率响应。

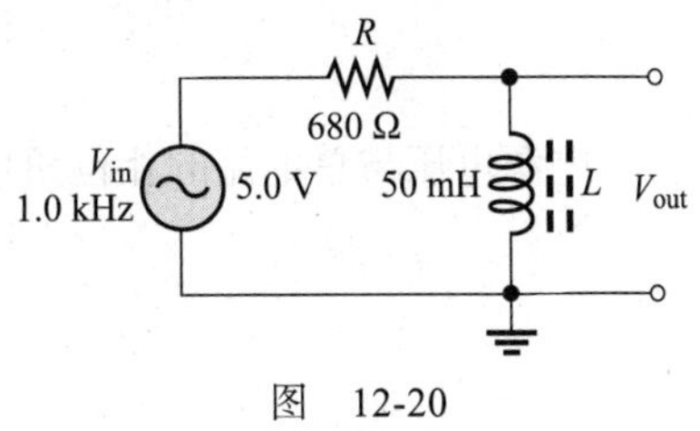


图 12-20

**例 12-7** 计算图 12-20 所示电路的超前相位角及输出电压。

**解** 首先，计算感抗。

$$X_L = 2\pi fL = 2\pi \times 1.0\,\text{kHz} \times 50\,\text{mH} = 314\,\Omega$$

超前相位角为

$$\phi = 90° - \arctan\left(\frac{X_L}{R}\right) = 90° - \arctan\left(\frac{314\,\Omega}{680\,\Omega}\right) = 65.2°$$

输出电压超前输入电压 65.2°。

输出电压为

$$V_{out} = \left(\frac{X_L}{\sqrt{R^2 + X_L^2}}\right)V_{in} = \frac{314\,\Omega}{\sqrt{(680\,\Omega)^2 + (314\,\Omega)^2}} \times 5.0\,\text{V} = 2.10\,\text{V}$$ ◀

**同步练习** 对于某超前电路，当 $R$=2.2 kΩ、$X_L$=1.0 kΩ 时，求超前相位角为多少？

采用科学计算器完成例 12-7 的计算。

**Multisim 仿真**

打开 Multisim 或 LTspice 文件 E12-02 校验本例的计算结果。

---

**超前电路的频率影响** 电路相位角 $\theta$ 随频率的增加而增加，输出电压超前输入电压的相位角减小。同样，输出电压随频率增加而增加，因为随着 $X_L$ 增加，输入电压会更多地落在电感上。

**学习效果检测**

1. 在某 $RL$ 串联电路中，当 $V_R$=2.0 V、$V_L$=3.0 V 时，总电压的大小是多少？
2. 在问题 1 中，电路的相位角是多少？
3. 在 $RL$ 串联电路中，电源电压的频率增加时，感抗如何变化？阻抗和相位角如何变化？
4. 某 $RL$ 超前电路由一个 3.3 kΩ 的电阻和一个 15 mH 的电感组成。求 5.0 kHz 的频率下的输出电压超前输入电压的相位角。
5. 某 $RL$ 滞后电路的参数与问题 4 的超前电路相同。在 5.0 kHz 下输入电压有效值为 10 V 时，求输出电压大小是多少？

## 12.4 *RL* 并联电路的阻抗和相位角

在这一节中，你将学习如何求解 $RL$ 并联电路的阻抗和相位角，以及求解感纳和 $RL$ 并联电路的导纳。

$RL$ 并联电路如图 12-21 所示。阻抗为：

$$Z = \frac{RX_L}{\sqrt{R^2 + X_L^2}} \tag{12-9}$$

电源电压与总电流的相位角可以用式（12-10）表示。

$$\theta = \arctan\left(\frac{R}{X_L}\right) \tag{12-10}$$

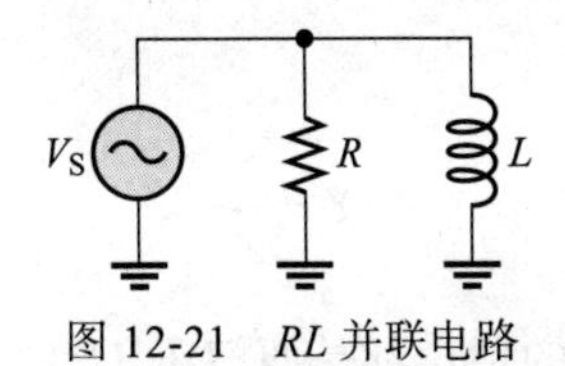


图 12-21　RL 并联电路

**例 12-8**　对于图 12-22 所示各电路，求它们的阻抗与相位角。

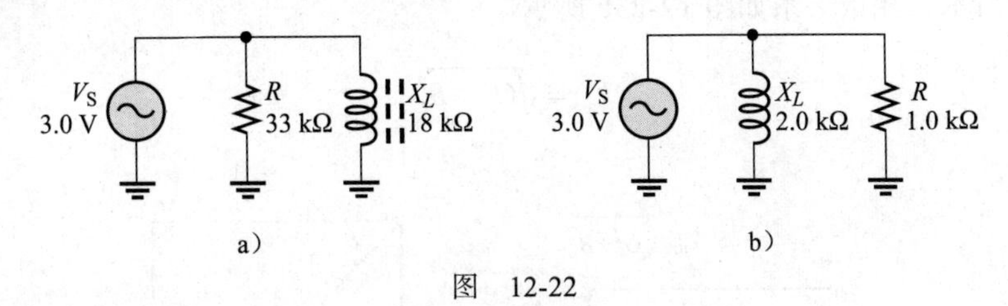


图　12-22

**解**　对于图 12-22a 所示电路，阻抗和相位角分别为

$$Z = \frac{RX_L}{\sqrt{R^2 + X_L^2}} = \frac{33\ \text{k}\Omega \times 18\ \text{k}\Omega}{\sqrt{(33\ \text{k}\Omega)^2 + (18\ \text{k}\Omega)^2}} = 15.8\ \text{k}\Omega$$

$$\theta = \arctan\left(\frac{R}{X_L}\right) = \arctan\left(\frac{33\ \text{k}\Omega}{18\ \text{k}\Omega}\right) = 61.4°$$

对于图 12-22b，阻抗和相位角分别为

$$Z = \frac{1.0\ \text{k}\Omega \times 2.0\ \text{k}\Omega}{\sqrt{(1.0\ \text{k}\Omega)^2 + (2.0\ \text{k}\Omega)^2}} = 894\ \Omega$$

$$\theta = \arctan\left(\frac{1.0\ \text{k}\Omega}{2.0\ \text{k}\Omega}\right) = 26.6°$$

注意，在 *RL* 并联电路中，电源电压超前于电流。而在 *RC* 并联电路中，电源电压滞后于电流。◀

**同步练习**　在 *RL* 并联电路中，当 $R$=10 kΩ、$X_L$=14 kΩ 时，求 $Z$ 和 $\theta$。

采用科学计算器完成例 12-8 的计算。

## 电导、感纳和导纳

电导（$G$）是电阻的倒数，电纳（$B$）是电抗的倒数，导纳（$Y$）是阻抗的倒数。式（12-11）～式（12-13）总结了它们在 *RL* 电路中的应用。

对于 *RL* 并联电路，电导（$G$）表示为

$$G = \frac{1}{R} \tag{12-11}$$

感纳（$B_L$）表示为

$$B_L = \frac{1}{X_L} \tag{12-12}$$

**导纳**（$Y$）表示为

$$Y = \frac{1}{Z} \tag{12-13}$$

与 $RC$ 电路一样，$G$、$B_L$ 和 $Y$ 的单位都是西门子（S）。

在基本 $RL$ 并联电路中，如图 12-23a 所示，总导纳为电导与感纳的相量和，其关系如式（12-14）所示，相量关系如图 12-23b 所示。

$$Y_{tot} = \sqrt{G^2 + B_L^2} \tag{12-14}$$

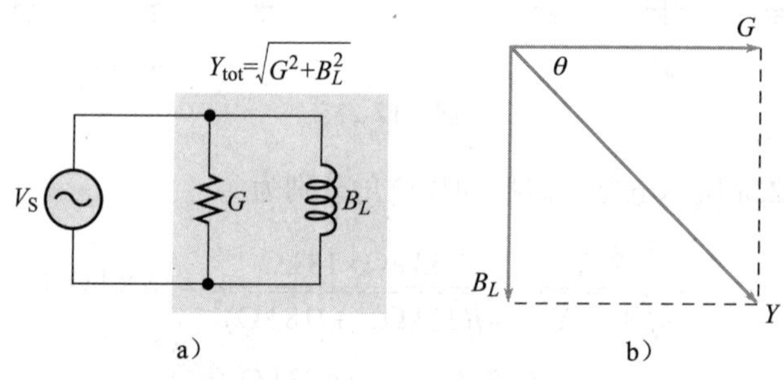


图 12-23 $RL$ 并联电路的导纳

**例 12-9** 求图 12-24 所示电路的总导纳，并把它转换为阻抗形式。

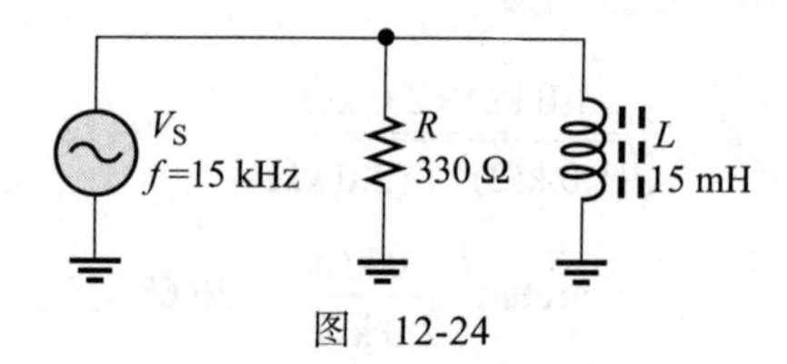


图 12-24

**解** 要求解 $Y$，先计算 $G$ 和 $B_L$ 的值。既然 $R$=330 Ω，则

$$G = \frac{1}{R} = \frac{1}{330\,\Omega} = 3.03\text{ mS}$$

感抗为

$$X_L = 2\pi fL = 2\pi \times 15\text{ kHz} \times 15\text{ mH} = 1.41\text{ k}\Omega$$

感纳为

$$B_L = \frac{1}{X_L} = \frac{1}{1.41\text{ k}\Omega} = 0.707\text{ mS}$$

因此，总导纳为

$$Y_{tot} = \sqrt{G^2 + B_L^2} = \sqrt{(3.03\text{ mS})^2 + (0.707\text{ mS})^2} = 3.11\text{ mS}$$

最后，将总导纳转换为总阻抗。

$$Z=\frac{1}{Y_{tot}}=\frac{1}{3.11\,\text{mS}}=321\,\Omega$$ ◀

**同步练习**　如果将频率减小到 5.0 kHz，求图 12-24 所示电路的总导纳。

采用科学计算器完成例 12-9 的计算。

**学习效果检测**

1. 如果 $Y$=50 mS，导纳为多少？
2. 在某 $RL$ 并联电路中，$R$=470 Ω，$X_L$=750 Ω，计算导纳 $Y$。
3. 对于问题 2 中的电路，总电流是超前还是滞后于电源电压？超前或滞后的角度是多少？

## 12.5 *RL* 并联电路的分析

运用欧姆定律和基尔霍夫定律可分析 $RL$ 电路，研究 $RL$ 并联电路中电压与电流关系。以下例题给出了如何应用欧姆定律来分析 $RL$ 并联电路。

**例 12-10**　求图 12-25 所示电路的总电流和相位角。

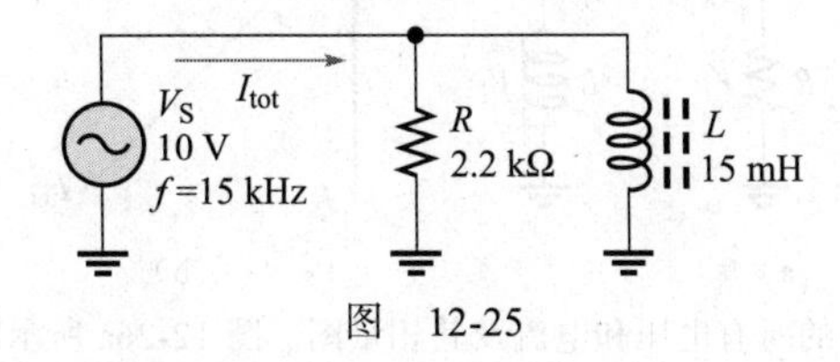


图　12-25

**解**　先求总导纳。感抗为

$$X_L=2\pi fL=2\pi\times15\,\text{kHz}\times15\,\text{mH}=1.41\,\text{k}\Omega$$

电导为

$$G=\frac{1}{R}=\frac{1}{2.2\,\text{k}\Omega}=455\,\mu\text{S}$$

感纳为

$$B_L=\frac{1}{X_L}=\frac{1}{1.41\,\text{k}\Omega}=707\,\mu\text{S}$$

因此，总导纳为

$$Y_{tot}=\sqrt{G^2+B_L^2}=\sqrt{(455\,\mu\text{S})^2+(707\mu\text{S})^2}=841\,\mu\text{S}$$

接下来，利用欧姆定律计算总电流。

$$I_{tot}=VY_{tot}=10\,\text{V}\times841\,\mu\text{S}=8.41\,\text{mA}$$

相位角为

$$\theta=\arctan\left(\frac{R}{X_L}\right)=\arctan\left(\frac{2.2\,\text{k}\Omega}{1.41\,\text{k}\Omega}\right)=57.3°$$

总电流为 8.41 mA，它滞后于电源电压 57.3°。

**同步练习** 对于图 12-25 所示电路，若频率 $f$ 降低到 8.0 kHz，试求总电流和相位角。

采用科学计算器完成例 12-10 的计算。

**Multisim 仿真**

打开 Multisim 或 LTspice 文件 E12-10 校验本例的计算结果，并核实同步练习的计算结果。

### 12.5.1 电压和电流的相位关系

图 12-26a 显示了基本 $RL$ 并联电路的所有电压和电流。电源电压 $V_S$ 既是电阻支路的电压，又是电感支路的电压，所以 $V_S$、$V_R$ 和 $V_L$ 同相，具有相同的大小和相位角。总电流 $I_{tot}$ 在节点处分为两条支路电流 $I_R$ 和 $I_L$。电路中的电压与电流相量图如图 12-26b 所示。

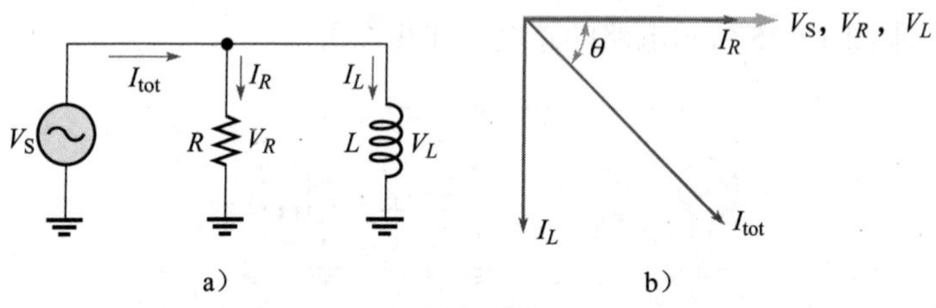


图 12-26 $RL$ 并联电路的所有电压和电流及其相量图。图 12-26a 所示的电流方向是瞬时的。在每个周期，电源电压反向时，电流方向也反向

流经电阻的电流与电压同相。电感上的电流滞后于电压，滞后的角度为 90°。根据基尔霍夫电流定律，总电流为两个支路电流的相量和，总电流可以表示为式（12-15）的形式。

$$I_{tot} = \sqrt{I_R^2 + I_L^2} \tag{12-15}$$

电阻上电流与总电流之间的相位角为

$$\theta = \arctan\left(\frac{I_L}{I_R}\right) \tag{12-16}$$

**例 12-11** 对图 12-25 所示电路，画出电流相量图，说明各电流和电源电压之间的相位关系。

**解** 电导、电纳、导纳、总电流和相位角已在例 12-10 中计算得到，即

$$G = 455\ \mu\text{S}$$
$$B_L = 707\ \mu\text{S}$$
$$Y_{tot} = 841\ \mu\text{S}$$
$$I_{tot} = 8.41\ \mu\text{A}$$
$$\theta = 57.3°$$

支路电流为

$$I_R = GV = 455\ \mu\text{S} \times 10\ \text{V} = 4.55\ \text{mA}$$

$I_R$ 与电压 $V_S$ 同相。

$$I_L = B_L V = 707\ \mu S \times 10\ V = 7.07\ mA$$

$I_L$ 滞后 $V_S$ 90°。

电流相量图如图 12-27 所示。浅色相量表示电路电压。

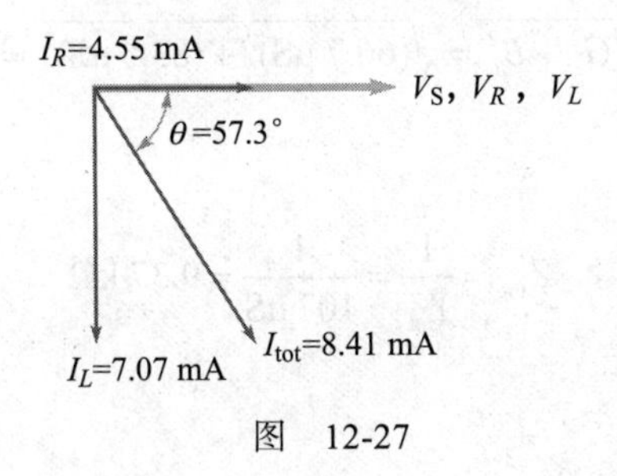


图 12-27

**同步练习** 对于图 12-25 所示电路，如果还有一个 15 mH 电感与第一个电感并联，求 $I_{tot}$ 的大小。

采用科学计算器完成例 12-11 的计算。

### 12.5.2 并联到串联的转换

在第 10.5 节中，讨论了如何将具有相同阻抗的 RC 并联电路转换为等效的 RC 串联电路。同样，你也可以使用类似的过程将 RL 并联电路转换为等效的 RL 串联电路。

要得到给定 RL 并联电路的等效串联电路，首先求并联电路的阻抗和相位角。然后根据 Z 和 $\theta$ 构建阻抗三角形，如图 12-28 所示。三角形的垂直边和水平边表示等效的串联电阻和感抗。你可以用式（12-17）和式（12-18）来求取这些值。

$$R_{eq}=Z\cos\theta \tag{12-17}$$

$$X_{L(eq)}=Z\sin\theta \tag{12-18}$$

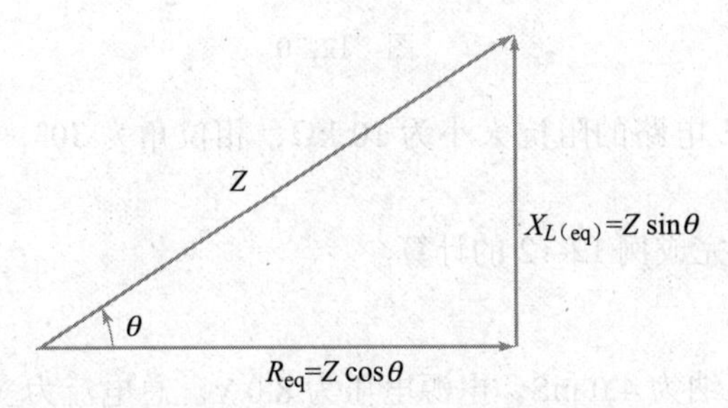


图 12-28 RL 并联电路的等效串联电路的阻抗三角形。Z 和 $\theta$ 为并联电路的已知量。$R_{eq}$ 和 $X_{L(eq)}$ 为串联等效值

**例 12-12** 将图 12-29 所示并联电路转换为等效的串联电路。

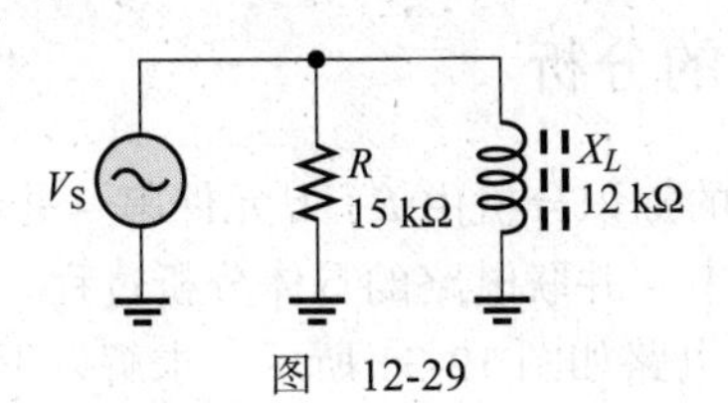


图 12-29

**解** 首先，求解并联电路的总导纳。

$$G = \frac{1}{R} = \frac{1}{15\ \text{k}\Omega} = 66.7\ \mu\text{S}$$

$$B_L = \frac{1}{X_L} = \frac{1}{12\ \text{k}\Omega} = 83.3\ \mu\text{S}$$

$$Y_{\text{tot}} = \sqrt{G^2 + B_L^2} = \sqrt{(66.7\ \mu\text{S})^2 + (83.3\ \mu\text{S})^2} = 107\ \mu\text{S}$$

那么，总阻抗为

$$Z_{\text{tot}} = \frac{1}{Y_{\text{tot}}} = \frac{1}{107\ \mu\text{S}} = 9.37\ \text{k}\Omega$$

相位角为

$$\theta = \arctan\left(\frac{R}{X_L}\right) = \arctan\left(\frac{15\ \text{k}\Omega}{12\ \text{k}\Omega}\right) = 51.3°$$

等效串联参数为

$$R_{\text{eq}} = Z\cos\theta = 9.37\ \text{k}\Omega \times \cos(51.3°) = 5.85\ \text{k}\Omega$$
$$X_{L(\text{eq})} = Z\sin\theta = 9.37\ \text{k}\Omega \times \sin(51.3°) = 7.32\ \text{k}\Omega$$

等效串联电路如图 12-20 所示。当频率已知时，可以求得 $L$ 值。

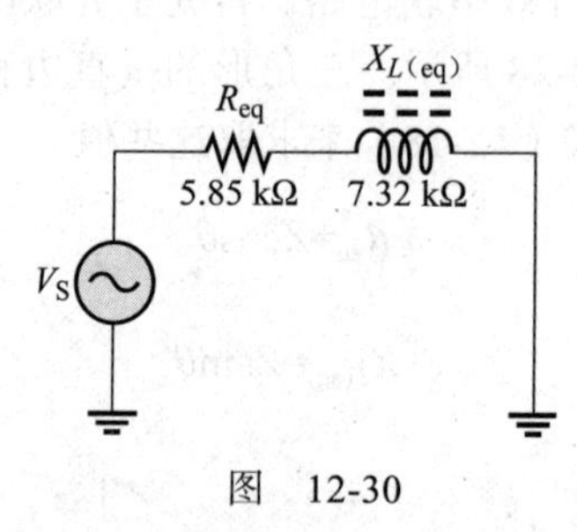


图 12-30 ◄

**同步练习** 并联 $RL$ 电路的阻抗大小为 10 kΩ，相位角为 30°，求其等效串联电阻和等效串联感抗。

采用科学计算器完成例 12-12 的计算。

**学习效果检测**

1. $RL$ 并联电路的导纳为 4.0 mS，电源电压为 8.0 V。总电流为多少？
2. 某 $RL$ 并联电路，电阻电流为 12 mA，电感电流为 20 mA。求相位角和总电流。
3. 在 $RL$ 并联电路中，电感电流和电源电压之间的相位角为多少？

## 12.6 *RL* 串 – 并联电路的分析

本节中，利用前一节学习的知识分析由 $R$、$L$ 元件串 – 并联组成的电路。

下面通过两个例题给出了串 – 并联电路的具体分析过程。

**例 12-13** $RL$ 串 – 并联电路如图 12-31 所示，求解以下各值。

(a) $Z_{tot}$  (b) $I_{tot}$  (c) $\theta$

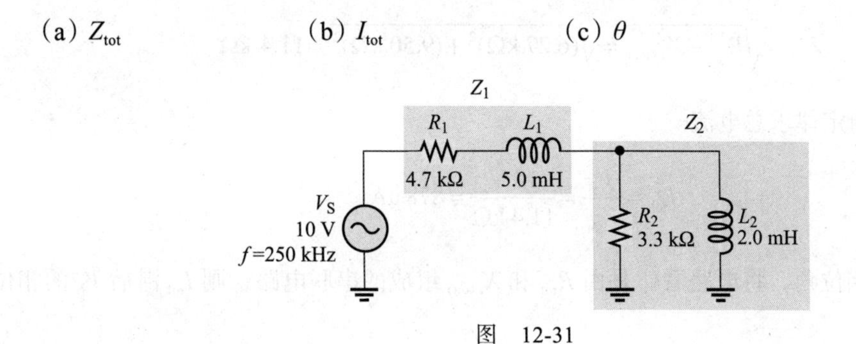


图 12-31

**解** (a) 首先，求解感抗值。

$$X_{L1} = 2\pi f L_1 = 2\pi \times 250\ \text{kHz} \times 5.0\ \text{mH} = 7.85\ \text{k}\Omega$$
$$X_{L2} = 2\pi f L_2 = 2\pi \times 250\ \text{kHz} \times 2.0\ \text{mH} = 3.14\ \text{k}\Omega$$

一种方法是对电路的并联部分求解其串联等效电阻和感抗，然后将电阻相加（$R_1+R_{eq}$）得到总电阻，再将电抗相加［$X_{L1}+X_{L(eq)}$］得到总电抗，从而获得总阻抗。

通过求取导纳来获得并联部分的阻抗（$Z_2$）。

$$G_2 = \frac{1}{R_2} = \frac{1}{3.3\ \text{k}\Omega} = 303\ \mu\text{S}$$

$$B_{L2} = \frac{1}{X_{L2}} = \frac{1}{3.14\ \text{k}\Omega} = 318\ \mu\text{S}$$

$$Y_2 = \sqrt{G_2^2 + B_L^2} = \sqrt{(303\ \mu\text{S})^2 + (318\ \mu\text{S})^2} = 439\ \mu\text{S}$$

$$Z_2 = \frac{1}{Y_2} = \frac{1}{439\ \mu\text{S}} = 2.28\ \text{k}\Omega$$

电路并联部分的相位角为

$$\theta_p = \arctan\left(\frac{R_2}{X_{L2}}\right) = \arctan\left(\frac{3.3\ \text{k}\Omega}{3.14\ \text{k}\Omega}\right) = 46.4°$$

并联部分的串联等效值由式（10-23）和式（10-24）求得，*RL* 并联电路的等效如下：

$$R_{eq} = Z_2 \cos\theta_p = 2.28\ \text{k}\Omega \times \cos(46.4°) = 1.57\ \text{k}\Omega$$
$$X_{L(eq)} = Z_2 \sin\theta_p = 2.28\ \text{k}\Omega \times \sin(46.4°) = 1.65\ \text{k}\Omega$$

电路总电阻为

$$R_{tot} = R_1 + R_{eq} = 4.7\ \text{k}\Omega + 1.57\ \text{k}\Omega = 6.27\ \text{k}\Omega$$

总电抗为

$$X_{L(tot)} = X_{L1} + X_{L(eq)} = 7.85\ \text{k}\Omega + 1.65\ \text{k}\Omega = 9.50\ \text{k}\Omega$$

电路总阻抗为：

$$Z_{\mathrm{tot}} = \sqrt{R_{\mathrm{tot}}^2 + X_{L(\mathrm{tot})}^2} = \sqrt{(6.27\ \mathrm{k\Omega})^2 + (9.50\ \mathrm{k\Omega})^2} = 11.4\ \mathrm{k\Omega}$$

（b）利用欧姆定律求总电流。

$$I_{\mathrm{tot}} = \frac{V_{\mathrm{s}}}{Z_{\mathrm{tot}}} = \frac{10\ \mathrm{V}}{11.4\ \mathrm{k\Omega}} = 878\ \mu\mathrm{A}$$

（c）为求解相位角，将电路看作是由 $R_{\mathrm{tot}}$ 和 $X_{L(\mathrm{tot})}$ 组成的串联电路，则 $I_{\mathrm{tot}}$ 滞后 $V_{\mathrm{S}}$ 的相位角为

$$\theta = \arctan\left(\frac{X_{L(\mathrm{tot})}}{R_{\mathrm{tot}}}\right) = \arctan\left(\frac{9.50\ \mathrm{k\Omega}}{6.27\ \mathrm{k\Omega}}\right) = 56.6°$$ ◀

**同步练习** （1）求图 12-31 中串联部分的电压。（2）求图 12-31 中并联部分的电压。

采用科学计算器完成例 12-13 的计算。

### Multisim 仿真

打开 Multisim 或 LTspice 文件 E12-13 校验本例的计算结果

**例 12-14** 求图 12-32 中各元件两端的电压，并画出所有电流和电压的相量图。

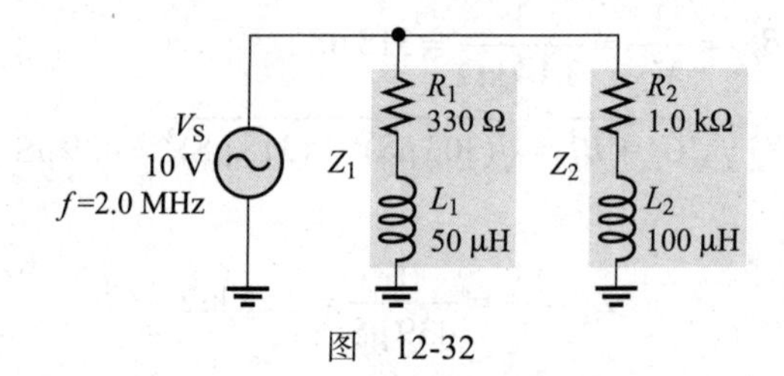


图 12-32

**解** 先计算 $X_{L1}$ 和 $X_{L2}$。

$$X_{L1} = 2\pi f L_1 = 2\pi \times 2.0\ \mathrm{MHz} \times 50\ \mu\mathrm{H} = 628\ \Omega$$

$$X_{L2} = 2\pi f L_2 = 2\pi \times 2.0\ \mathrm{MHz} \times 100\ \mu\mathrm{H} = 1.26\ \mathrm{k\Omega}$$

再计算各支路阻抗。

$$Z_1 = \sqrt{R_1^2 + X_{L1}^2} = \sqrt{(330\ \Omega)^2 + (628\ \Omega)^2} = 710\ \Omega$$
$$Z_2 = \sqrt{R_2^2 + X_{L2}^2} = \sqrt{(1.0\ \mathrm{k\Omega})^2 + (1.26\ \mathrm{k\Omega})^2} = 1.61\ \mathrm{k\Omega}$$

求得各支路电流为

$$I_1 = \frac{V_{\mathrm{S}}}{Z_1} = \frac{10\ \mathrm{V}}{709\ \Omega} = 14.1\ \mathrm{mA}$$
$$I_2 = \frac{V_{\mathrm{S}}}{Z_2} = \frac{10\ \mathrm{V}}{1.61\ \mathrm{k\Omega}} = 6.23\ \mathrm{mA}$$

用欧姆定律求各元件两端电压。

$$V_{R1} = I_1R_1 = 14.1\ \text{mA} \times 330\ \Omega = 4.65\ \text{V}$$
$$V_{L1} = I_1X_{L1} = 14.1\ \text{mA} \times 628\ \Omega = 8.85\ \text{V}$$
$$V_{R2} = I_2R_2 = 6.23\ \text{mA} \times 1.0\ \text{k}\Omega = 6.23\ \text{V}$$
$$V_{L2} = I_2X_{L2} = 6.23\ \text{mA} \times 1.26\ \text{k}\Omega = 7.82\ \text{V}$$

求得各支路的相位角为

$$\theta_1 = \arctan\left(\frac{X_{L1}}{R_1}\right) = \arctan\left(\frac{628\ \Omega}{330\ \Omega}\right) = 62.3°$$

$$\theta_2 = \arctan\left(\frac{X_{L2}}{R_2}\right) = \arctan\left(\frac{1.26\ \text{k}\Omega}{1.0\ \text{k}\Omega}\right) = 51.5°$$

因此，$I_1$ 滞后 $V_S$ 的相位角为 62.3°，$I_2$ 滞后 $V_S$ 的相位角为 51.5°，如图 12-33a 所示。

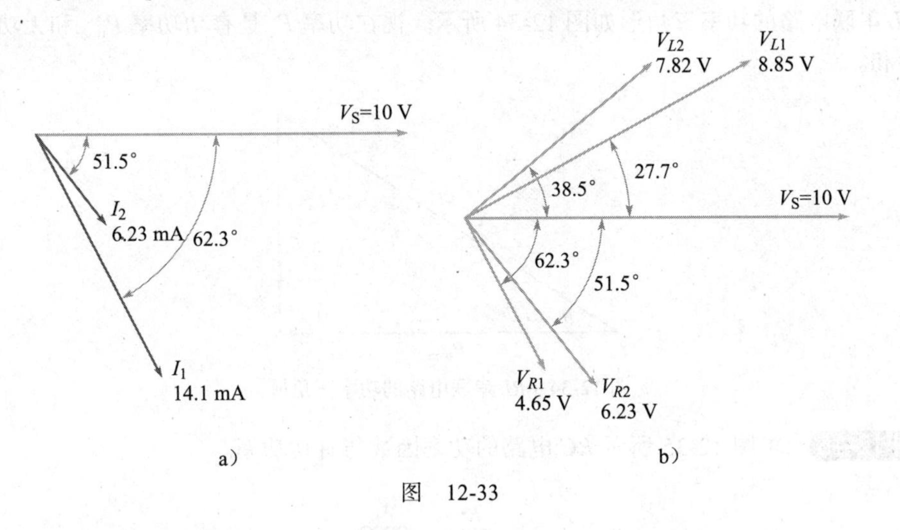


图 12-33

由此，得到电压的相位角如下：

- $V_{R1}$ 与 $I_1$ 同相，因此滞后 $V_S$ 的相角为 62.3°。
- $V_{L1}$ 超前于 $I_1$ 的相角为 90°，所以其相位角为 90°−62.3°=27.7°。
- $V_{R2}$ 与 $I_2$ 同相，因此滞后 $V_S$ 的相角为 51.5°。
- $V_{L2}$ 超前于 $I_2$ 的相角为 90°，所以其相位角为 90°−51.5°=38.5°。

这些电压相位关系如图 12-33b 所示。 ◀

**同步练习** 图 12-33 所示电路的频率增加会对总电流产生什么影响。

采用科学计算器完成例 12-14 的计算。

## Multisim 仿真

打开 Multisim 或 LTspice 文件 E12-14，测量元件两端电压并与计算结果相比较。

---

### 学习效果检测

1. 确定图 12-32 中电路的总电流。提示：求 $I_1$ 和 $I_2$ 的水平分量之和以及 $I_1$ 和 $I_2$ 的垂直分量之和，然后应用勾股定理得到 $I_{tot}$。

2. 图 12-32 中电路的总阻抗是多少？

## 12.7 *RL* 电路的功率

在纯电阻交流电路中，电源发出的所有能量都以热的形式被电阻耗散。在纯电感交流电路中，在一个周期内的一部分时间里，电源提供的能量由电感以磁场形式存储，并在剩下的时间内返回电源，无净能量转换成热能。当同时存在电阻和电感时，一部分能量由电感交替存储和返还，另一部分能量则被电阻消耗。消耗的能量由电阻和感抗的相对值决定。

在串联 *RL* 电路中，当电阻大于电感电抗时，在每个周期由电源传输的总能量中，电阻消耗的能量大于由电感器存储和返还的能量；当电抗大于电阻时，电感器存储和返还的总能量超过转换为热量的能量。

如你所知，电阻消耗的功率为有功功率。电感的功率为无功功率，具体表示为

$$P_r = I^2 X_L \tag{12-19}$$

*RL* 串联电路的功率三角形如图 12-34 所示。视在功率 $P_a$ 是有功功率 $P_{true}$ 和无功功率 $P_r$ 的相量和。

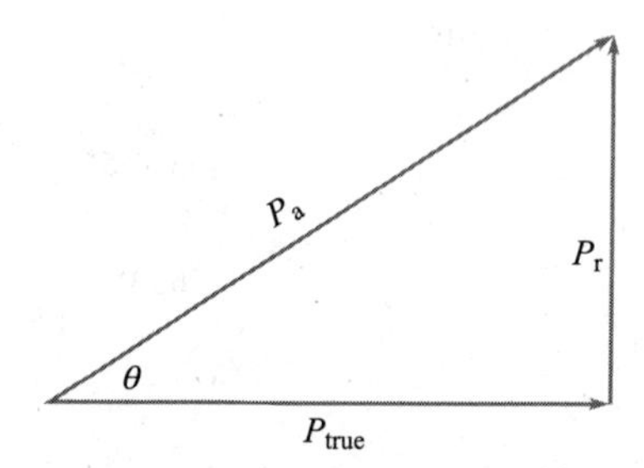


图 12-34 *RL* 串联电路的功率三角形

**例 12-15** 求图 12-35 所示 *RC* 电路的功率因数与有功功率。

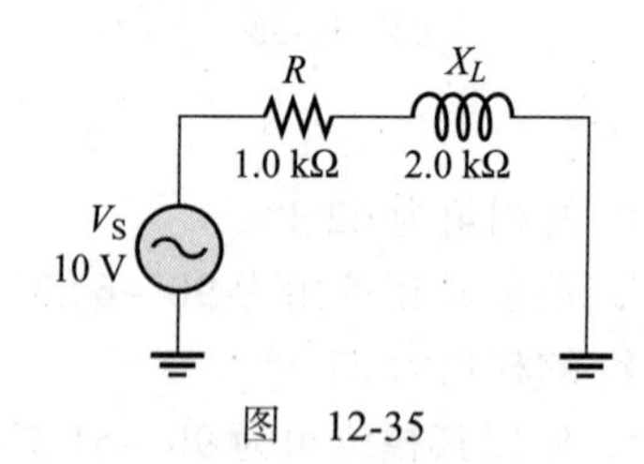


图 12-35

**解** 电路阻抗为

$$Z = \sqrt{R^2 + X_L^2} = \sqrt{(1.0\ \text{k}\Omega)^2 + (2.0\ \text{k}\Omega)^2} = 2.24\ \text{k}\Omega$$

电流为

$$I = \frac{V_S}{Z} = \frac{10\ \text{V}}{2.24\ \text{k}\Omega} = 4.47\ \text{mA}$$

相位角为

$$\theta = \arctan\left(\frac{X_L}{R}\right) = \arctan\left(\frac{2.0\ \text{k}\Omega}{1.0\ \text{k}\Omega}\right) = 63.4°$$

视在功率为

$$P_a = V_S I = 10\,\text{V} \times 4.47\,\text{mA} = 44.7\,\text{mV}\bullet\text{A}$$

有功功率为

$$P_{\text{true}} = V_S I\cos\theta = P_a\cos\theta = 44.7\,\text{mV}\bullet\text{A} \times 0.447 = 20.0\,\text{mW}$$

无功功率为

$$P_r = V_S I\sin\theta = P_a\sin\theta = 44.7\,\text{mV}\bullet\text{A} \times 0.894 = 40.0\,\text{mvar}$$

求电路的各功率不需要功率因数，但本题中功率因数 *PF*=cos63.4°=0.447。下一节将讨论 *RL* 电路中功率因数的意义。◀

**同步练习** 如果图 12-35 中频率降为原来的一半，$P_{\text{true}}$、$P_r$ 和 $P_a$ 会如何变化?

采用科学计算器完成例 12-15 的计算。

## 视在功率的重要性

回想一下，功率因数等于 $\theta$ 的余弦值（$PF=\cos\theta$），随着电源电压和总电流相位角的增大，功率因数减小，表明电路无功功率增加。功率因数越小，有功功率越小，无功功率越大。感性负载的功率因数被称为*滞后功率因数*，因为电流滞后于电源电压。

正如第 10 章中所学到的，功率因数（*PF*）在决定有多少有用的功率（有功功率）传递给负载时是非常重要的。功率因数最大值是 1，此时表明负载电流与电压同相（纯电阻）。功率因数为 0 时，负载电流与电压相位相差 90°（纯电抗）。

通常，理想的功率因数应尽可能接近 1.0，因为 1.0 的功率因数表明从电源传递给负载的所有功率都是实用的或有功功率。有功功率只有一个方向——从电源到负载——消耗能量对负载做功。无功功率只是在电源和负载之间来回传递而没有净能量消耗。对负载做功必须要消耗能量。

许多实际负载含有电感，以实现其特殊功能，该电感对于负载的正常运行是必不可少的。例如变压器、电动机和扬声器等等。因此，感性（和容性）负载的特性是重要的考量项。

功率因数对系统需求的影响请参见图 12-36。该图显示了一个由电感和电阻并联组成的典型感性负载的特征。图 12-36a 所示为功率因数较低（0.75）的负载，图 12-36b 所示为功率因数较高（0.95）的负载。两个负载根据功率表所示都消耗了相同的有功功率，与图 12-36b 相比，图 12-36a 中负载的功率因数低，因此需要更大的电流，如图中电流表所示。因此，图 12-36a 所示电源的额定视在功率必然比图 12-36b 所示电源的视在功率大。同理，图 12-36a 中连接电源到负载的导线规格必然比图 12-36b 所示的导线规格更高，当长距离输电时，这一条件就变得十分重要。

图 12-36 说明了高功率因数在电源向负载传输功率方面更具有优越性。同样的，由于电力公司按视在功率收费，在相同有功功率下拥有较高的功率因数相对来说更划算。

**功率因数提高（或功率因数校正）** 可以利用补偿电容来提高感性负载的功率因数，如图 12-37 所示。电容可以提供一个与电感电流相差 180° 的电流，通过抵消作用减小电压与总电流的相位差，从而提高功率因数。然而，你将在下一章中了解到，与电感并联的电容会引入一种被称为谐振的电路现象，这也会带来新的问题。

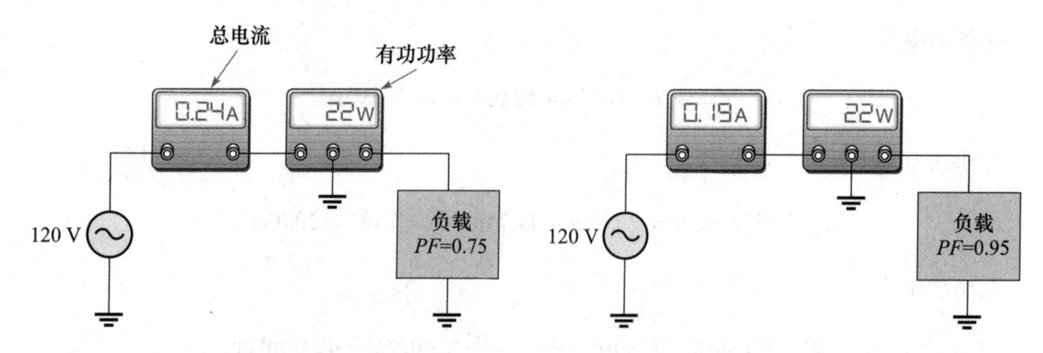


a）对于给定的有功功率，较低的功率因数意味着更大的总电流。需要一个更大容量的电源来提供有功功率

b）对于给定的有功功率，较高的功率因数意味着更小的总电流。只需要一个较小容量的电源来提供有功功率

图 12-36 功率因数对系统需求（电源的视在功率和导线尺寸）的影响，虽然负载不同，但它们消耗的有功功率相同

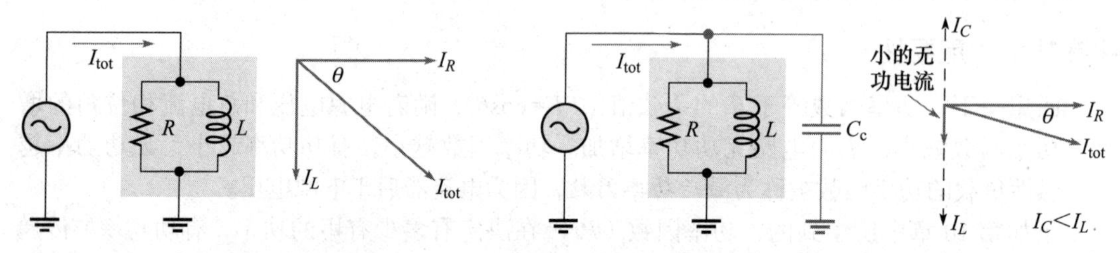


a）总电流为$I_R$和$I_L$之和

b）$I_C$和$I_L$相减后只剩较小的无功电流，因此$I_{tot}$和相位角均减小

图 12-37 利用补偿电容（$C_c$）提高功率因数的示例。随着 $\theta$ 的减小，$PF$ 增大

在工业环境中常见感性负载，例如三相发电机、弧焊机以及类似的负载，它们会导致电流滞后于其电压。图 12-34 所示的功率三角形也可应用于三相电路，每一相都有有功功率和视在功率。理想情况下，每相电流波形紧跟着每相电压的波形（意味着 $PF=1$），且每相功率也都相同（这意味着负载对称）。在负载对称的情况下，可以通过在每相线路上并联一个补偿电容来提高功率因数，正如单相情况一样。

有些情况下，每相负载是不对称的，不同的负载可能会改变电流波形。非线性负载会引起畸变，会改变对功率因数校正的要求。这些情况下需要更为复杂的解决方案，不仅仅是在每条线路上加装一个补偿电容那么简单，还需要用到可改变相位角的有源电路。

**学习效果检测**

1. 在 $RL$ 电路中，功率都被哪些元件消耗了？

2. 计算 $\theta=50°$ 时的功率因数。

3. 在工作频率下，某 $RL$ 串联电路含 470 Ω 电阻和 620 Ω 感抗，当 $I=100$ mA 时，试计算 $P_{true}$、$P_r$ 和 $P_a$。

## 12.8 RL 电路的基本应用

本节将涉及 $RL$ 电路的两种应用：基本选频电路（滤波器）和开关稳压电源，后者因为它的高效率而被广泛应用于电源装置中。开关稳压电源包含一些元器件电路，其中 $RL$ 电路是本节要关注的对象。

### 12.8.1　作为滤波器的 RL 电路

与 RC 电路一样，RL 串联电路也具有频率选择特性，因此也能起到滤波器的作用。

**低通特性**　前文已经介绍了 RC 串联滞后电路中输出电压的幅值（或有效值）和相位角的变化情况。在 RL 串联电路的滤波方面，输出电压的幅值随频率的变化规律是很重要的。

图 12-38 给出了 RL 串联电路在设定参数下的滤波过程，频率从 100 Hz 开始并增加到 20 kHz，测量各频率下的输出电压。如你所见，输入电压恒定在 10 V 时，感抗随频率的增加而增加，因而电阻两端的电压随之减小。这些设定下的频率响应曲线与图 10-48 相似。

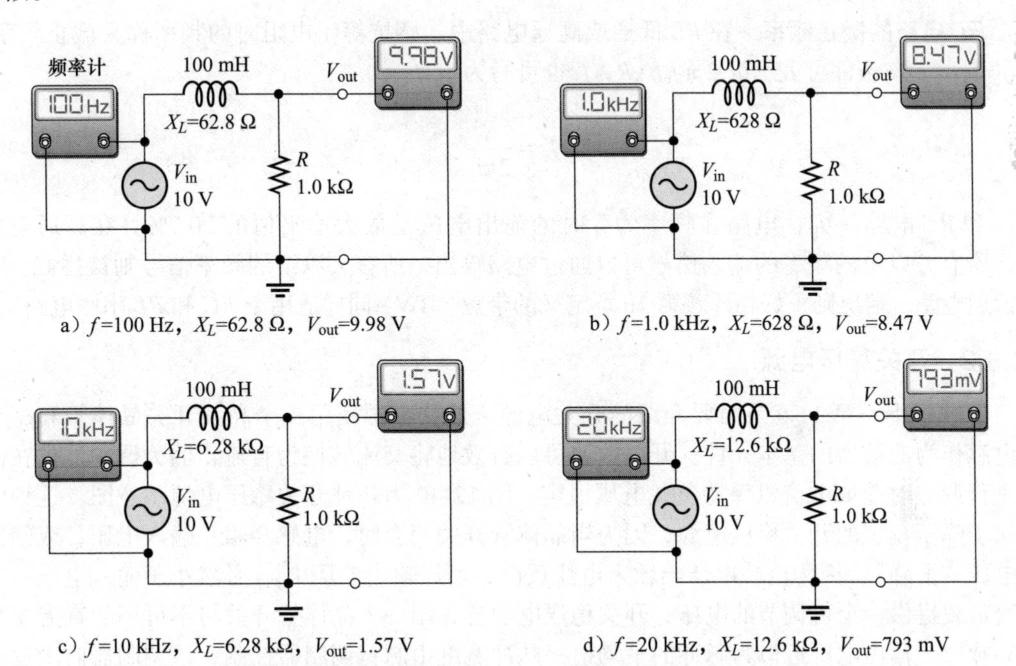


a）$f$=100 Hz，$X_L$=62.8 Ω，$V_{out}$=9.98 V　　b）$f$=1.0 kHz，$X_L$=628 Ω，$V_{out}$=8.47 V

c）$f$=10 kHz，$X_L$=6.28 kΩ，$V_{out}$=1.57 V　　d）$f$=20 kHz，$X_L$=12.6 kΩ，$V_{out}$=793 mV

图 12-38　低通滤波过程示例（忽略绕组电阻）。随着输入频率的增加，输出电压降低

**高通特性**　为了说明 RL 电路的高通滤波作用，图 12-39 给出了具体的测量结果。频率从 10 Hz 开始逐渐增加到 10 kHz。如你所见，感抗随频率的增加而增加，导致更多的总输入电压落在电感两端。同样，绘制的响应曲线与图 10-50 相似。

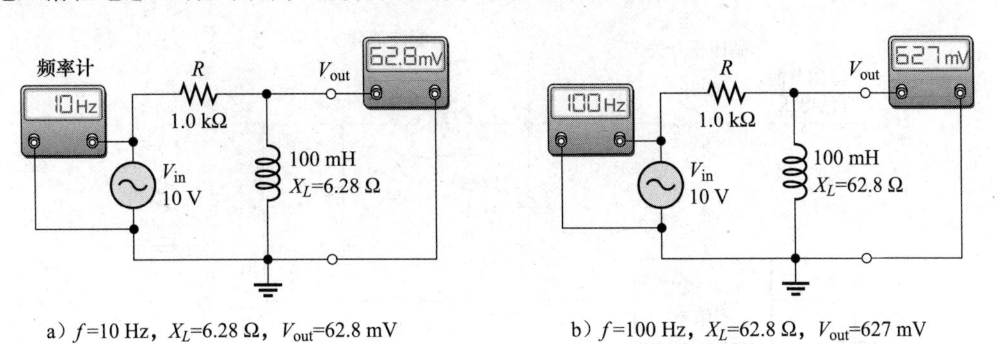


a）$f$=10 Hz，$X_L$=6.28 Ω，$V_{out}$=62.8 mV　　b）$f$=100 Hz，$X_L$=62.8 Ω，$V_{out}$=627 mV

图 12-39　高通滤波过程示例（忽略绕组电阻）。随着输入频率的增加，输出电压也会增加

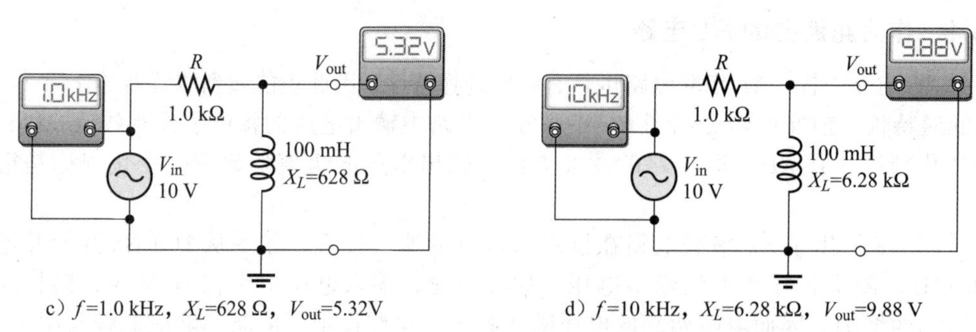


c）$f$=1.0 kHz，$X_L$=628 Ω，$V_{out}$=5.32V　　d）$f$=10 kHz，$X_L$=6.28 kΩ，$V_{out}$=9.88 V

图 12-39　高通滤波过程示例（忽略绕组电阻）。随着输入频率的增加，输出电压也会增加（续）

***RL* 电路的截止频率**　在 *RL* 低通或高通电路中，感抗等于电阻时的频率称为截止频率，用 $f_c$ 表示。该条件可表示为 $2\pi f_c L=R$，$f_c$ 也可写为

$$f_c = \frac{R}{2\pi L} \tag{12-20}$$

和 *RC* 电路一样，电路在频率为 $f_c$ 时的输出电压是最大输出值的 70.7%。在高通电路中，所有 $f_c$ 以上的频率的输入信号可以通过电路输出，所有 $f_c$ 以下的频率信号则被拦截。对于低通电路，情况则正好相反。第 10 章定义的**带宽**（BW）同样适用于 *RC* 和 *RL* 串联电路。

### 12.8.2　开关稳压电源

回顾一下，第 11.6 节简要介绍的开关电源。这些电源使用一个高频开关晶体管和一个小电感作为滤波器的基本元件。开关电源可以有效地将交流转换为直流，因为调制器仅在需要进行调节时获取电流以保持负载电压恒定。图 12-40 为一种开关稳压电源示意图。这种电路属于降压模式的开关稳压电源，因为当晶体管开关闭合时，电感会阻止输入电压，或使输入电压“下降”。因为电感电压与输入电压反向，所以输出电压 $V_{OUT}$ 必然小于输入电压。为了给负载提供一个可调节的电压，开关稳压电源首先用一个晶体管开关将不可调的直流变为高频脉冲。输出电压近似为脉冲的平均值。脉冲宽度由脉宽调制器控制，该调制器监测输出电压，可迅速打开和关闭晶体管开关。然后由滤波部分进行滤波以产生稳定的直流（图中的波形被放大了，以显示脉冲周期）。脉冲宽度调制器可以在输出电压呈下降趋势时增大脉冲宽度，或在输出电压呈增加趋势时减小脉冲宽度，从而在负载变化或直流输入变化的情况下，仍保持恒定的平均输出电压。

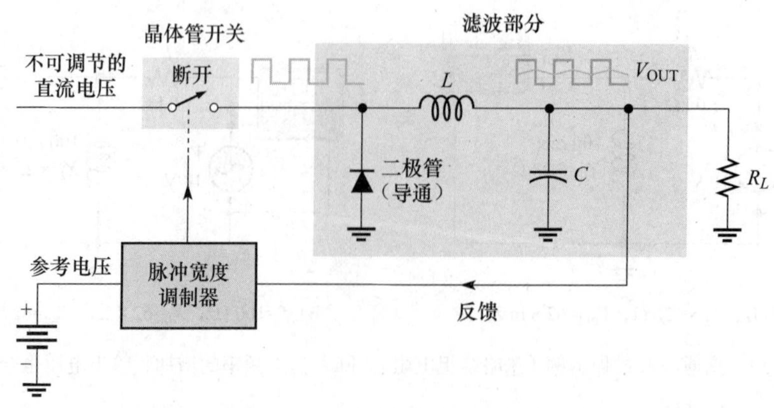


图 12-40　开关稳压电源示意图

图 12-41 说明了开关稳压电源的工作原理。滤波器由二极管、电感和电容组成。二极管是允许电流单相流通的器件，你将在第 16 章中学习。在本应用中，二极管作为一个开关，只允许一个方向的电流通过。

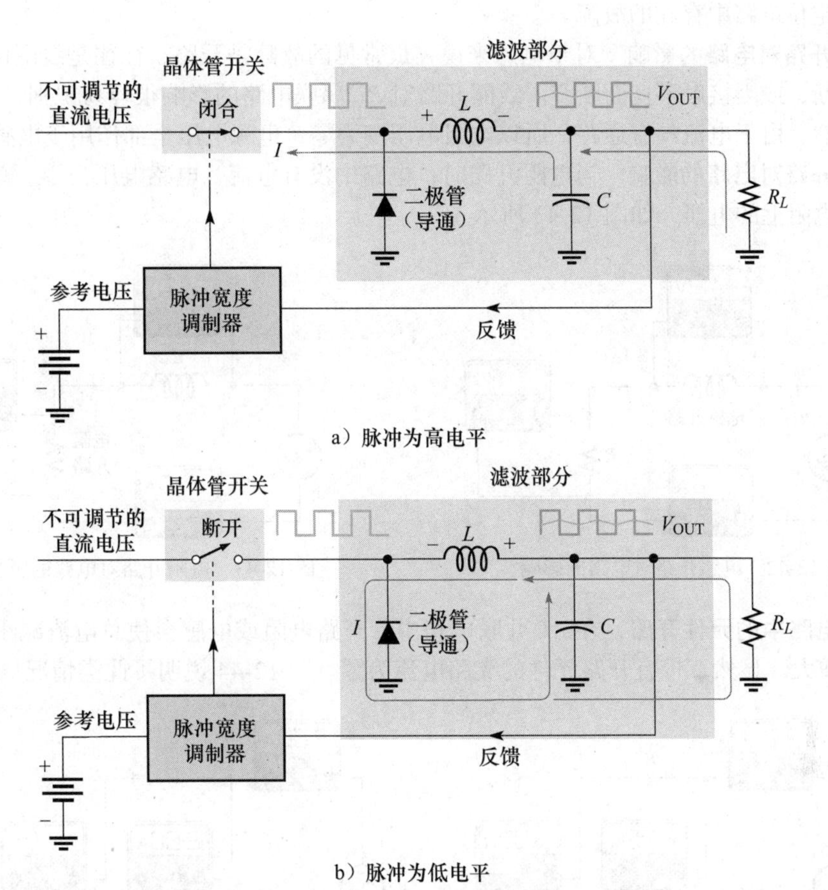


图 12-41　开关稳压电源的工作原理（注：本书图中电流的方向代表电子的流动方向）

滤波器的一个重要组成部件是电感。在该类型的稳压电源中，电感中始终有电流（连续模式）。负载的平均电压和负载电阻决定了传输到负载电流的大小。如果开关稳压电源轻载，负载从中获取较小电流，电感电流将降至零，稳压电源将进入断续模式。

回想一下楞次定律，线圈上的感应电动势总是阻碍电流的变化。当晶体管开关闭合时，脉冲为高电平，电流通过电感和负载，如图 12-41a 所示。此时二极管是截止的。注意，电感上有一个感应电压，它阻止电流的变化，极性与未调节的直流电压相反。当晶体管开关断开时，脉冲电压为低电平，如图 12-41b 所示，在电感上产生与之前方向相反的电压，二极管开始导通，为电流提供通路（即续流）。这个作用会使负载电流保持基本恒定。电容通过充电、放电，起到平滑电压的作用。

**学习效果检测**

1. 当一个 *RL* 串联电路用作低通滤波器时，输出电压来自哪个元件？
2. 开关稳压电源的主要优点是什么？
3. 如果输出电压呈下降趋势，开关稳压电源的脉冲宽度会发生什么变化？

## 12.9 故障排查

典型的元件故障会影响基本 $RL$ 电路的响应。故障处理方法 APM（分析、规划和测量）可以用来定位电路中存在的故障。

**电感开路对电路的影响** 对于电感来说，最常见的故障是开路，往往是线圈由于电流过大而被烧断，或因接触不良而断开。线圈开路对 $RL$ 串联电路的影响很容易识别，如图 12-42 所示。显然，由于电流没有通路，所以电阻电压变为零，电源电压全部作用于电感。

**电阻开路对电路的影响** 当电阻开路时，电路中没有电流，电感电压为零。总输入电压等于开路电阻上的电压，如图 12-43 所示。

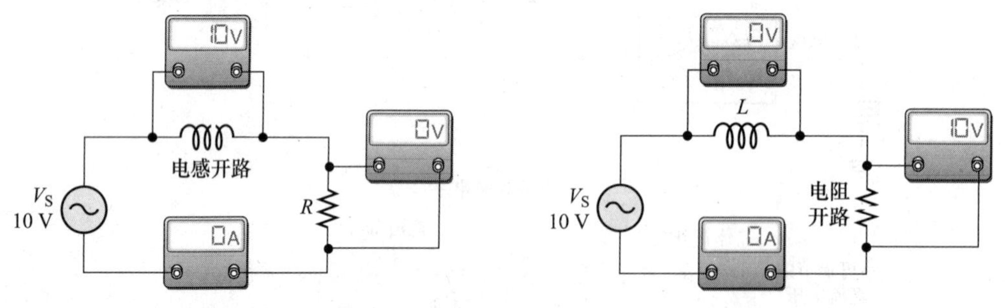


图 12-42 电感开路对电路的影响　　图 12-43 电阻开路对电路的影响

**并联电路中的元件开路** 在 $RL$ 并联电路中，开路电阻或电感会使总电流减小，这是因为总阻抗增大。显然，带有开路元件的支路电流为零。图 12-44 说明了此类情况。

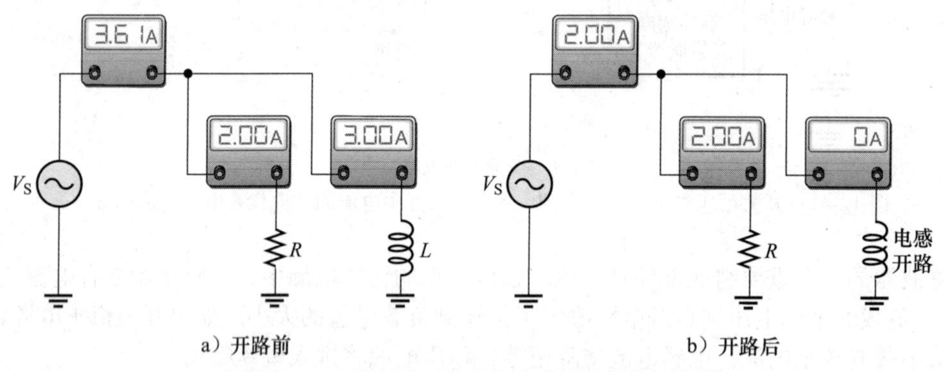


a）开路前　　b）开路后

图 12-44 电源恒定时并联电路中元件开路的影响

**线圈短路对电路的影响** 此类情况不算常见，往往是绝缘层损坏导致线圈之间短路。这种故障的可能性比线圈开路要小得多。线圈短路时，电源电流会增加，因为线圈的电感与匝数的平方成正比，线圈短路相当于减少了匝数，从而降低了电感和感抗。

### 12.9.1 其他故障排查注意事项

电路故障并不总是由元件故障引起的。导线松动、接触不良或焊点不牢都可能导致开路。短路则可能是由电线裁线或焊锡飞溅引起的。原因还有电路中的测量仪器设置错误，如函数发生器频率设置有误或输出连接有误，都会引起电路故障。LCR 测量仪可以快速检查电感是否有问题。图 12-45 给出了该设备的一个样例，它带有自动量程切换功能。该仪表会产生一个交流信号，施加到被测元件上，用于测量其电压和电流。阻抗是根据所测量的电压和电流通过计算得出来的，可以显示在屏幕上，也可以将阻抗换算成电感值。要测量一个电感，用户必须将其与电路隔离，并选择一个测试频率。测试频率应尽可能接近正常工作频率。用户还可以选择感性阻抗的串联或并联等效电路。由此，LCR 测量仪可以在测试频率上获得并显示电感的品质因数（$Q$ 值）等信息。

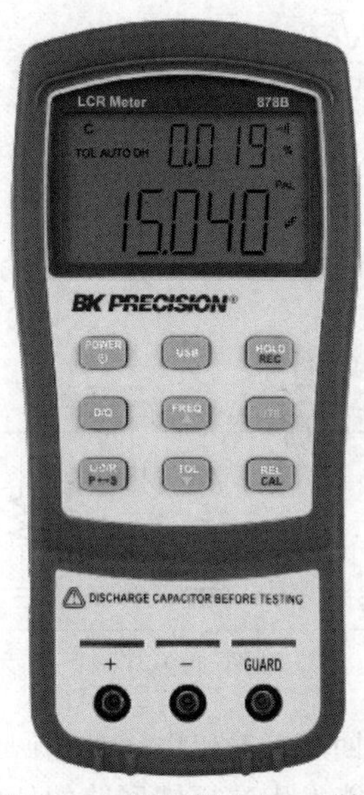


图 12-45　手持 LCR 测量仪（由 BK 精密仪器授权）

要始终检查以确保仪器正确设置并正确连接到电路和电源插座中。此外，还要观察明显的现象，如触点断裂或松动、接头未完全插入或过热的情况。

下面的示例演示了使用 APM（分析、规划和测量）方法和半分割法对包含电感和电阻的电路进行故障排查。

**例 12-16**　理论上，*RL* 移相振荡器的工作原理与 10.8 节中讨论的 *RC* 移相振荡器相似。实际上，由于元件的非理想化（存在杂散电容、线圈电阻和运算放大器的负载效应），*RL* 移相振荡器的故障问题不太容易预测。理想元件十分昂贵，不常用于 *RL* 移相振荡器，但这里将其作为一个故障排查的案例来分析。

图 12-46 所示为 *RL* 移相振荡器的示例。其工作原理如下：任何随机噪声被放大，都会引起电路振荡过程（在计算机模拟中，可以通过人工引入噪声，启动振荡过程）。振荡发生需要一个频率可使 *RL* 电路产生 180° 的相移。运算放大器（U1）对反馈信号加以放大并反相，结果使相位偏移 360°（形成正反馈）。参数等值的 *RL* 电路将信号衰减到原来的 29 倍。因此，运算放大器的增益必须是 −29 以补偿衰减和维持振荡。

当电抗 $X$ 等于 $\sqrt{6}R$ 时，通过 3 段 *RC* 或 *RL* 移相电路的相移为 180°。这意味着对于 *RC* 电路来说，有 $\dfrac{1}{2\pi f_r C}=\sqrt{6}R$。同样，对于 *RL* 电路来讲，就有 $2\pi f_r L=\sqrt{6}R$。

对于 *RC* 移相电路，$f_r=\dfrac{1}{2\pi\sqrt{6}RC}$

对于 *RL* 移相电路，$f_r=\dfrac{\sqrt{6}R}{2\pi L}=\dfrac{\sqrt{6}}{2\pi\left(\dfrac{L}{R}\right)}$

$RL$ 移相电路方程的第二种形式表明，分母中含有 $2\pi\tau$（$\tau=L/R$）。无论 $RC$ 电路还是 $RL$ 电路，分母中都含有 $2\pi\tau$。具体来讲，对于 $RC$ 电路，$\tau=RC$；对于 $RL$ 电路，$\tau=L/R$。

对于图 12-46 所示电路，计算其振荡频率为：

$$f_r=\frac{\sqrt{6}R}{2\pi L}=\frac{\sqrt{6}\times 270\ \Omega}{2\pi\times 10\ \text{mH}}=10.5\ \text{kHz}$$

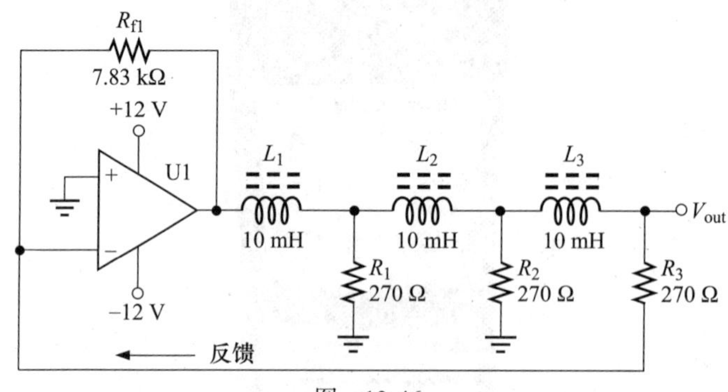


图 12-46

振荡器利用反馈电路形成一个回路，输出电压被送回到输入侧。反馈回路为故障排查提供了一个有趣的挑战，因为问题可能发生在反馈回路的任何地方。在查找出明显错误后（错误的接线、不正确的元件值、不正确的电源电压等），一个排查电路故障的好方式是断开反馈回路，插入一个测试信号。

假设你在一个电路板上搭建电路，发现它不振荡，然后决定将 APM 方法用于线路的故障排查。

**解** 将 APM 方法应用于故障的排查。

**分析：** 首先，考虑电路无输出电压的可能原因。

1. 电路刚搭建还未运行，所以它可能是接线错误。进行目测检查可能会发现问题。
2. 可能使用了不正确的元件。同样，目测检查可能会发现问题。
3. 电源可能没有设置正确或没有接入。
4. 对地可能开路或短路。
5. 运算放大器可能存在故障。

**规划：** 故障原因最可能是新建电路中有错误连线或不正确的元件，这些易于发现的问题是规划的第一部分。在目视检查和电源设置验证全正确后，你需要进行测试。存在反馈回路对故障排查具有挑战性，因为反馈回路里的问题很难隔离。解决任何反馈电路故障的好方法是断开反馈回路，插入一个测试信号，并跟踪这部分电路。$RL$ 反馈回路的测试电路如图 12-47 所示。测试信号由函数发生器提供，振荡频率已设置为 10.5 kHz，这是规划的第二部分。在进行电压测量后，可确认问题在运算放大器部分或反馈部分。

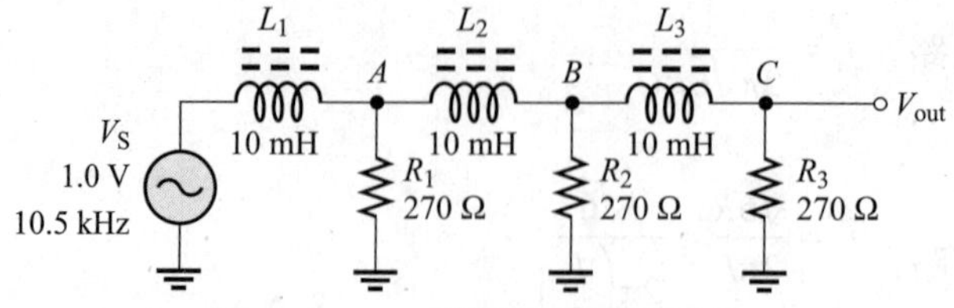


图 12-47 *RL* 反馈回路的测试电路

**测量：** 基本的测量过程非常简单，但你怎样才能知道反馈电路各测试点（$A$ 点、$B$ 点和 $C$ 点）的电压应该是多少？这是有经验的故障排查人员使用的一种方法：如果你已有一个正常电路可与故障电路相比较，就能节省繁琐的计算。或者，你还可以将测量值与计算机的仿真值对比（利用 Multisim 或 LTspice 软件）。我们的重点是 $RL$ 电路，这部分的仿真可以表明预期的测量结果。Multisim 中测试电路如图 12-48 所示。函数发生器设置信号有效值为 1.0 V，频率为 10.5 kHz。输出是输入的 1/29 且产生 180° 相移，如示波器所示。

用万用表对各测试点进行快速检查，显示各测试点的电压预期值。（使用 Multisim 软件，万用表的数量不限，所以仿真中同时用了 4 个）。万用表测得的读数如图 12-49 所示。

在已知预期读数后，对实际电路的电压测量结果如表 12-1 所示。从这些读数中你能推断出可能存在的故障吗？

最后两个读数相同表明电感 $L_3$ 短路了或电阻 $R_3$ 开路了。如果是 $L_3$ 短路，那么 $R_2$ 和 $R_3$ 并联，电阻减小，$B$ 点和 $C$ 点的电压要比表 12-1 所示电压大。由此可判断是 $R_3$ 开路。关于这一点，可以断开函数发生器，再次仔细检查电路，并用欧姆表检查 $R_3$ 来确定是否真的开路了。

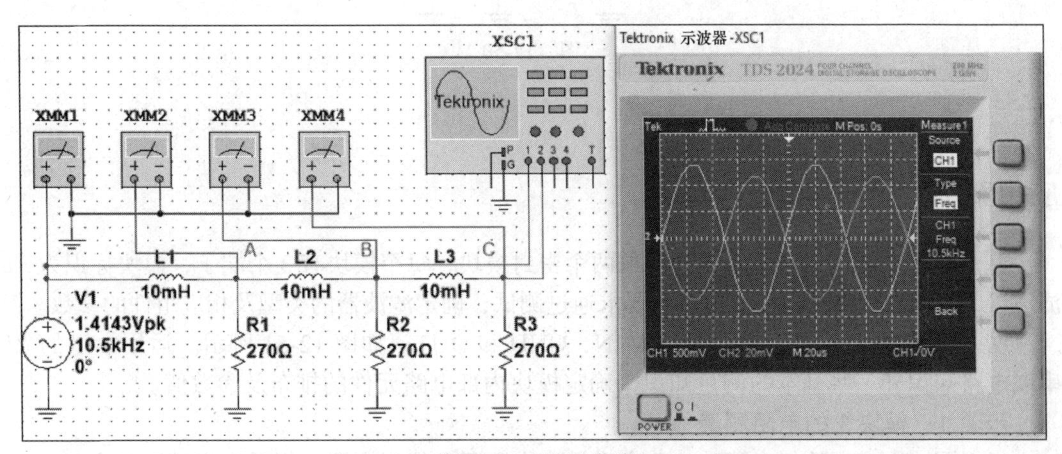


图 12-48 测试电路

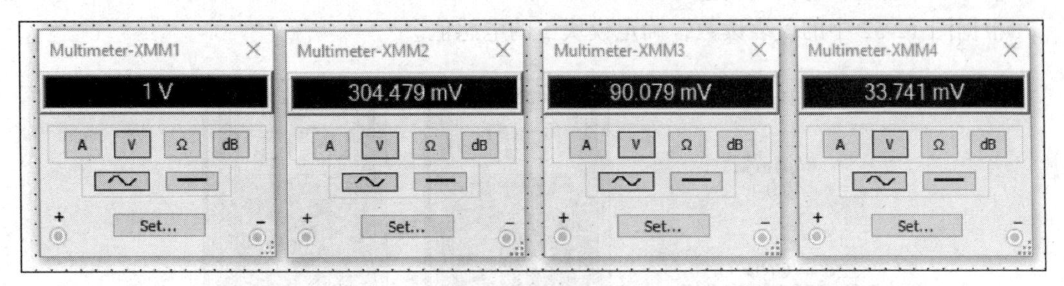


图 12-49 万用表测得的读数

表 12-1

| 测试点 | 读数 |
|---|---|
| $A$ | 229 mV |
| $B$ | 112 mV |
| $C$ | 112 mV |

**同步练习** 如果图 12-46 中 $RC$ 电路的电阻变为 1.0 kΩ，则电路的总相移为多少？

采用科学计算器完成例 12-16 的计算。

**Multisim 仿真**

打开 Multisim 或 LTspice 文件 E12-16，求图 12-46 中 $B$ 点和 $C$ 点相对于输入的相移。

**学习效果检测**

1. 描述电感短路对 $RL$ 串联电路响应的影响。
2. 在图 12-50 所示电路中，指出 $I_{tot}$、$V_{R1}$、$V_{R2}$ 是否会因电感 $L$ 开路而增加或减少。

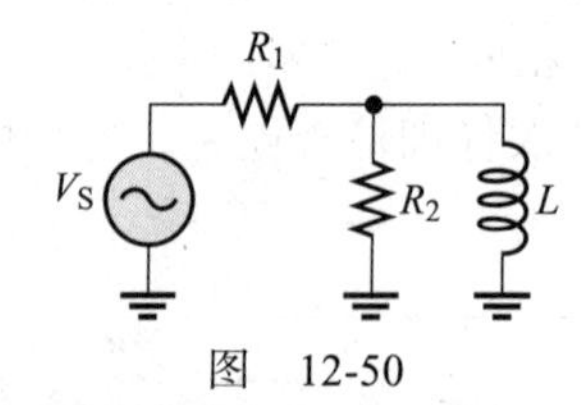


图 12-50

## 应用案例

从一个正在调试的通信系统中摘取两个密封模块，每个模块有 3 个端子，模块标识为 $RL$ 滤波器，但没有给出其他任何信息。要求通过测试，确定滤波器的类型及相应组件的参数。

密封模块的 3 个端子分别标记为 IN、GND 和 OUT，如图 12-51 所示。运用学过的 $RL$ 串联电路知识和一些基本的测量知识，确定模块内部电路元件的排布及参数值。

**步骤 1：模块 1 的电阻测量**

根据图 12-51 中的仪表读数，确定模块 1 中电阻和绕组电阻，以及它们的排列方式。

**步骤 2：模块 1 的交流测量**

根据图 12-52 中的仪表读数，确定模块 1 的电感值。

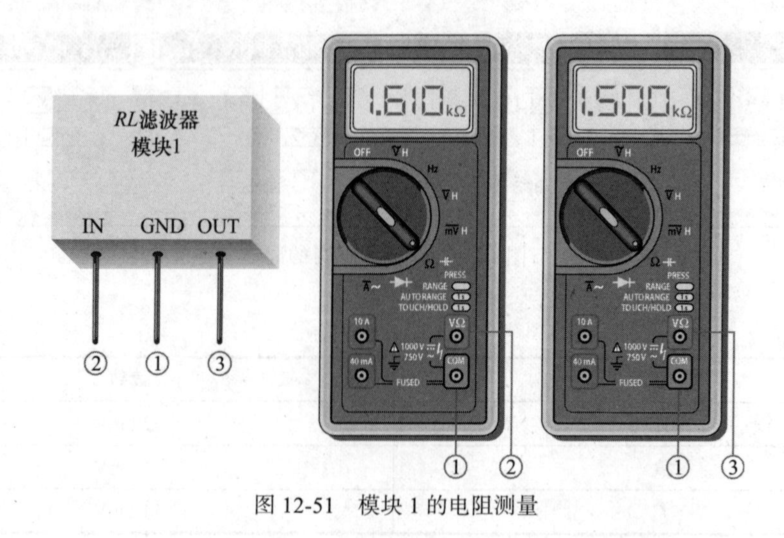


图 12-51 模块 1 的电阻测量

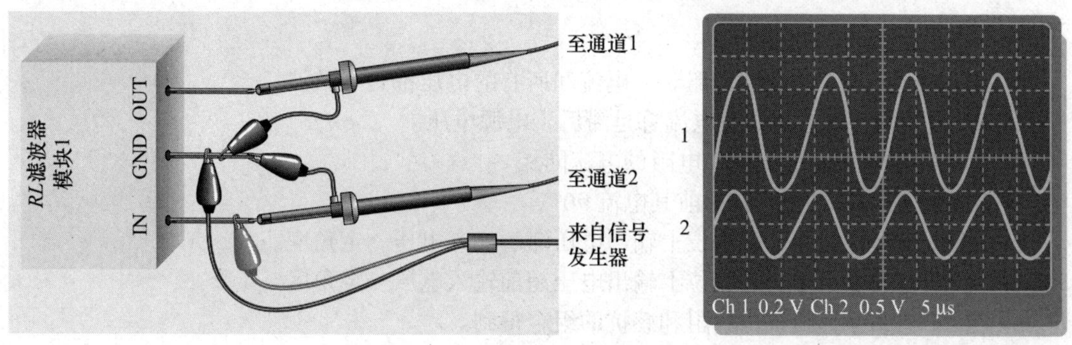


图 12-52　模块 1 的交流测量

**步骤 3：模块 2 的电阻测量**

根据图 12-53 中的仪表读数，确定模块 2 中电阻、绕线电阻和其排布方式。

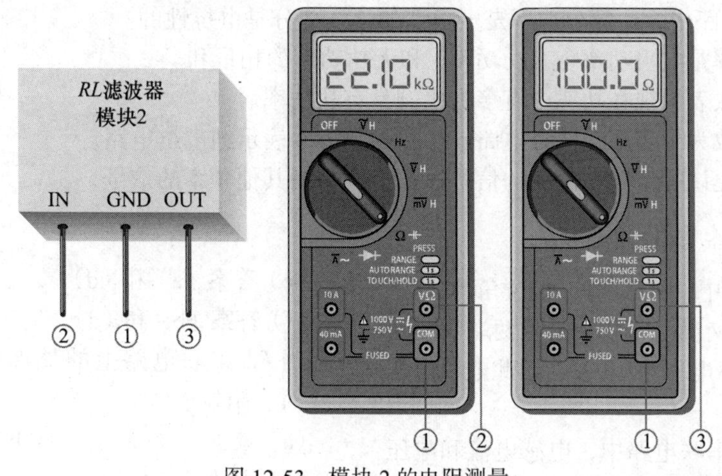


图 12-53　模块 2 的电阻测量

**步骤 4：模块 2 的交流测量**

根据图 12-54 中的仪表读数，确定模块 2 的电感值。

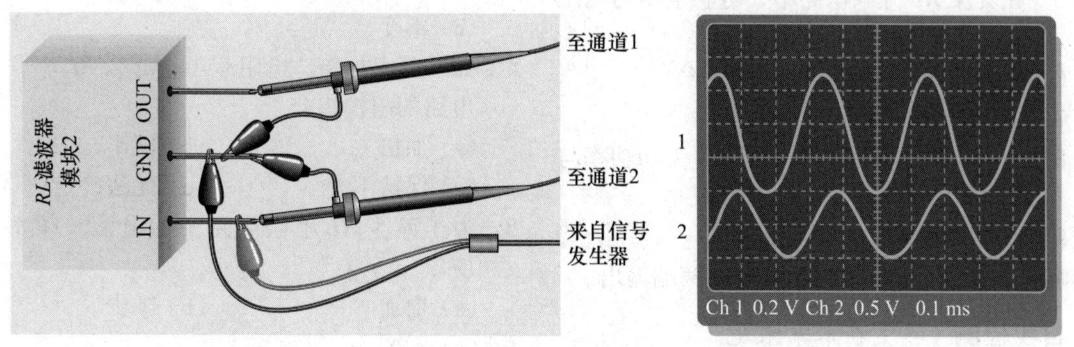


图 12-54　模块 2 的交流测量

**检查与复习**

1. 如果模块 1 中的电感是开路的，在图 12-52 所示的测试中，将测得何种结果？
2. 如果模块 2 中的电感是开路的，在图 12-54 所示的测试中，将测得何种结果？

## 本章总结

- 当正弦电压作用于 *RL* 电路时，电流和所有的电压都是正弦波。
- *RL* 串联或并联电路的总电流总是滞后于电源电压。
- 电阻两端电压总是与流经电阻的电流同相。
- 理想电感两端电压总是超前其电流 90°。
- 在 *RL* 滞后电路中，在相位上输出电压滞后输入电压一定角度。
- 在 *RL* 超前电路中，在相位上输出电压超前输入电压一定角度。
- 在 *RL* 电路中，阻抗由电阻和感抗的组合得到。
- 阻抗以欧姆（Ω）为单位。
- *RL* 电路的阻抗随频率增加而增加。
- *RL* 串联电路的相位角（$\theta$）随频率的增加而增加。
- 可以通过测量电源电压和总电流，再利用欧姆定律来计算电路的阻抗。
- 在 *RL* 电路中，一部分功率是电阻性的，一部分是电抗性的。
- 视在功率是电阻功率（有功功率）和无功功率的相量和。
- 功率因数表示视在功率中有多少比例是有功功率。
- 功率因数为 1 表示纯电阻电路，功率因数为 0 表示纯电抗电路。
- 滤波器允许特定频率范围的信号通过，而抑制其他频率的信号。

## 对 / 错判断（答案在本章末尾）

1 在交流电路中，$R=X_L$ 时，相位角为 45°。

2 在 *RL* 串联交流电路中，电阻两端电压为 3.0 V，电感电压为 4.0 V，因此电源电压为 5.0 V。

3 在交流 *RL* 串联电路中，电感电流和电压同相。

4 在交流 *RL* 并联电路中，感纳总是小于导纳。

5 在交流 *RL* 并联电路中，电感电压与电阻电压不同相。

6 电纳和导纳的单位都是西门子。

7 阻抗的倒数是导纳。

8 当电路的功率因数为 0.5 时，无功功率与有功功率相等。

9 纯电阻电路的功率因数为 0。

10 高通 *RL* 串联滤波器从电阻两端输出。

## 自我检测（答案在本章末尾）

1 在 *RL* 串联电路中，电阻上的电压为
（a）超前电源电压
（b）滞后电源电压
（c）与电源电压同相
（d）与电流同相
（e）答案（a）和（d）
（f）答案（b）和（d）

2 当 *RL* 串联电路上的外加电压频率增加时，阻抗
（a）减少 （b）增加
（c）不变

3 当 *RL* 串联电路的电压降低时，阻抗的相位角
（a）减少 （b）增加
（c）不变

4 如果频率加倍，电阻减半，那么 *RL* 串联电路的阻抗将会
（a）加倍 （b）减半
（c）保持不变 （d）无法确定

5 为了减少 *RL* 串联电路中的电流，频率应该
（a）增加 （b）减少
（c）不变

6 在 *RL* 串联电路中，测得电阻上电压有效值为 10 V，电感电压有效值为 10 V。则电源电压的峰值应为
（a）14.1 V （b）28.3 V
（c）10 V （d）20 V

7 问题 6 中的电压是按一定频率测量的。为了使电阻电压大于电感电压，频率应该
(a) 增加
(b) 减少
(c) 加倍
(d) 不是一个因素

8 欲使 *RL* 串联电路中的电阻电压大于电感电压，阻抗的相位角应该
(a) 增加 (b) 减少
(c) 任意

9 当电源电压的频率增加时，*RL* 并联电路的阻抗
(a) 增加 (b) 减少
(c) 不变

10 在 *RL* 并联电路中，电阻支路电流为 2 A，电感支路电流为 2 A。总电流是
(a) 4.0 A (b) 5.66 A
(c) 2.0 A (d) 2.83 A

11 观察示波器上的两个电压波形，调整时间分辨率（时间 / 分格），使波形的半个周期覆盖 10 个水平分格。一个波形的正向过零点在最左边的分格上，另一个波形的正向过零点在其右边第三个分格。则这两个波形之间的相位差为
(a) 18° (b) 36°
(c) 54° (d) 180°

12 在 *RL* 电路中，下列哪个功率因数对应转化的热能比最小？
(a) 1.0 (b) 0.9
(c) 0.5 (d) 0.1

13 若负载为纯感性，无功功率为 10 var，则视在功率为
(a) 0 V · A (b) 10 V · A
(c) 14.14 V · A (d) 3.16 V · A

14 某负载的有功功率为 10 W，无功功率为 10 var，则视在功率为
(a) 5 V · A (b) 20 V · A
(c) 14.14 V · A (d) 100 V · A

15 某 *RL* 低通滤波电路的截止频率为 20 kHz。带宽是
(a) 20 kHz (b) 40 kHz
(c) 0 kHz (d) 不能确定

**故障排查**（下列练习的目的是帮助建立故障排查所必需的思维过程。答案在本章末尾）

针对图 12-55 所示电路，确定每组症状的原因。

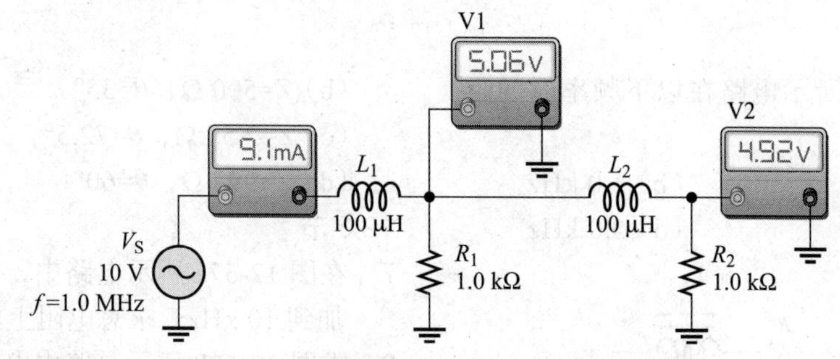


图 12-55 交流测量显示了该电路的正确读数

1 症状：电流表读数为 15.9 mA，电压表 1 和 2 的读数为 0 V。
原因：
(a) $L_1$ 开路 (b) $L_2$ 开路
(c) $R_1$ 短路

2 症状：电流表读数为 8.47 mA，电压表 1 的读数为 8.47 V，电压表 2 的读数为 0 V。
原因：
(a) $L_1$ 开路 (b) $R_2$ 开路
(c) $R_2$ 短路

3 症状：电流表读数略小于 20 mA，两个电压表的读数略小于 0 V。
原因：

（a）$L_1$ 短路　　　　（b）$R_1$ 开路

（c）电源频率设置得过低

4 症状：电流表读数为 4.55 mA，电压表 1 的读数为 2.53 V，电压表 2 的读数为 2.15 V。

原因：

（a）电源频率被错误地设置为 500 kHz

（b）电源电压被错误地设置为 5.0 V

（c）电源频率被错误地设置为 2.0 MHz

5 症状：所有仪表读数为 0。

原因：

（a）电源电压未接入或故障

（b）$L_1$ 开路

（c）答案（a）和（b）

## 分节习题（奇数题答案在本书末尾）

### 12.1 节

1 一个 15 kHz 的正弦电压作用于一个 $RL$ 串联电路，则 $I$、$V_R$、$V_L$ 的频率是多少？

2 习题 1 中 $I$、$V_R$、$V_L$ 的波形如何？

### 12.2 节

3 求图 12-56 中各电路的阻抗

4 求图 12-57 中各电路的阻抗大小和相位角。

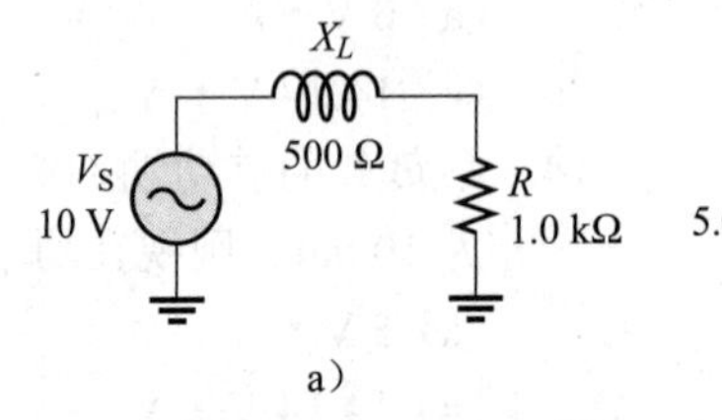


a）

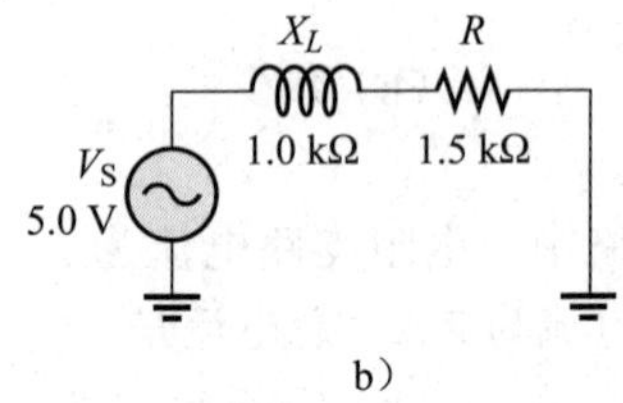


b）

图 12-56

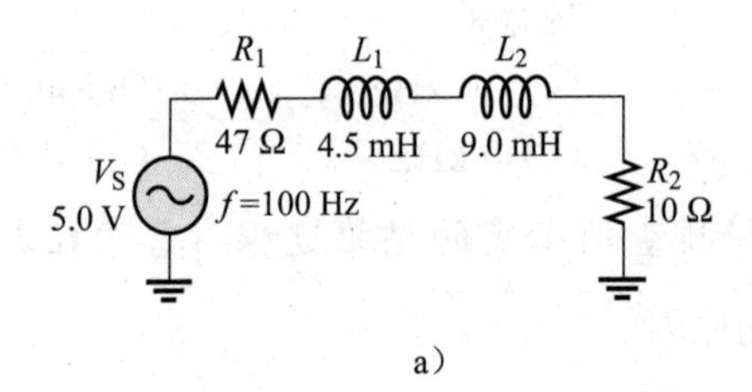


a）

b）

图 12-57

5 求图 12-58 所示电路在以下频率时的阻抗值。

（a）500 Hz　　　　（b）1.0 kHz

（c）2.0 kHz　　　　（d）5.0 kHz

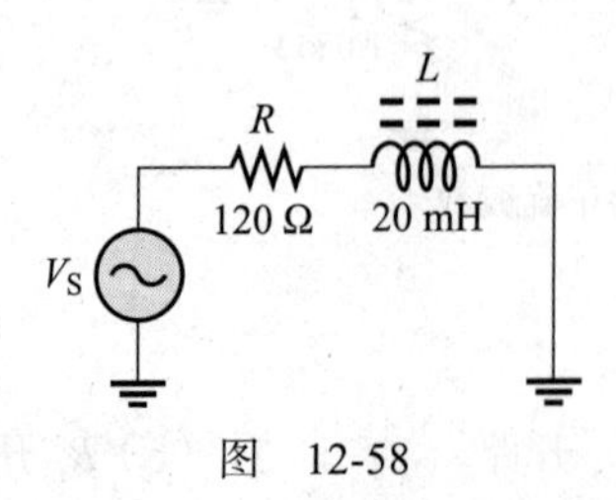


图 12-58

6 求 $RL$ 串联电路中阻抗和相位角为下列各值时，$R$ 和 $X_L$ 的值。

（a）$Z$=200 Ω，$\theta$=45°

（b）$Z$=500 Ω，$\theta$=35°

（c）$Z$=2.5 kΩ，$\theta$=72.5°

（d）$Z$=998 Ω，$\theta$=60°

### 12.3 节

7 在图 12-57a 所示电路中，电源的频率增加到 10 kHz，求总电阻上的电压。

8 求图 12-57b 所示电路中电阻两端和电感两端的电压。

9 求图 12-56 中各电路的电流。

10 计算图 12-57 中各电路的总电流。

11 求图 12-59 所示电路的 $\theta$。

12 如果图 12-59 中的电感增加一倍，$\theta$ 值是增加还是减少，具体是多少度？

13 画出图 12-59 中 $V_S$、$V_R$ 和 $V_L$ 的波形，

说明其相位关系。

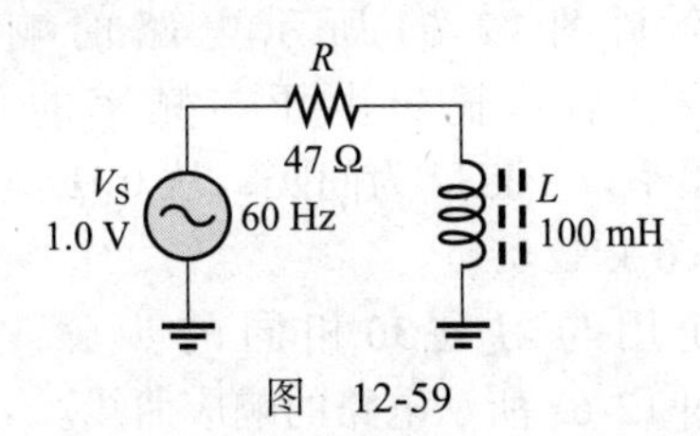

图 12-59

14 求图 12-60 所示电路在以下频率时的 $V_R$ 和 $V_L$。

(a) 60 Hz　　(b) 200 Hz

(c) 500 Hz　　(d) 1.0 kHz

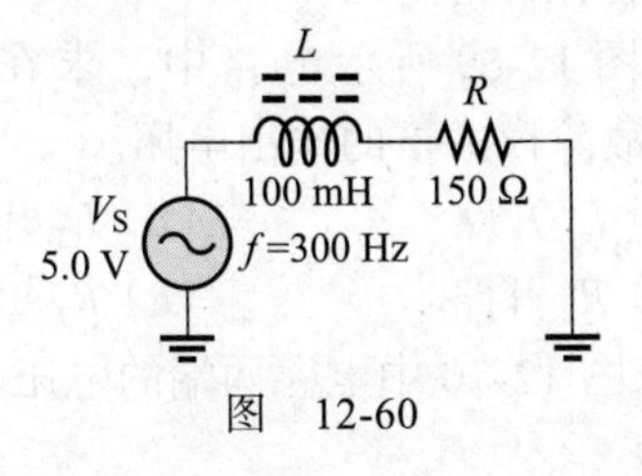

图 12-60

15 对于图 12-61 所示滞后电路，求下列频率时输出电压滞后于输入电压的相位角。

(a) 10 Hz　　(b) 1.0 kHz

(c) 10 kHz　　(d) 100 kHz

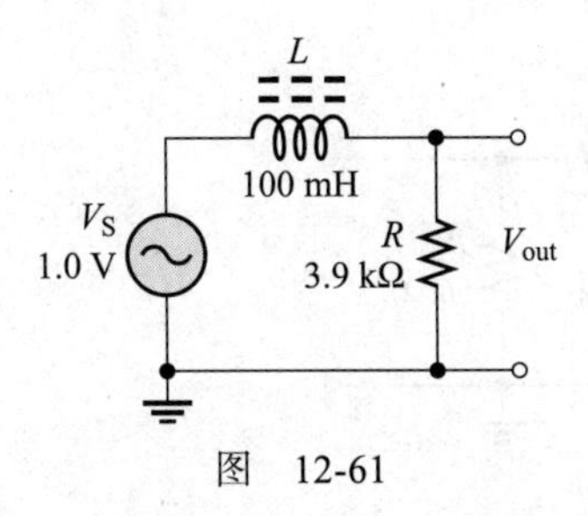

图 12-61

16 对图 12-62 中所示超前电路重做习题 15。

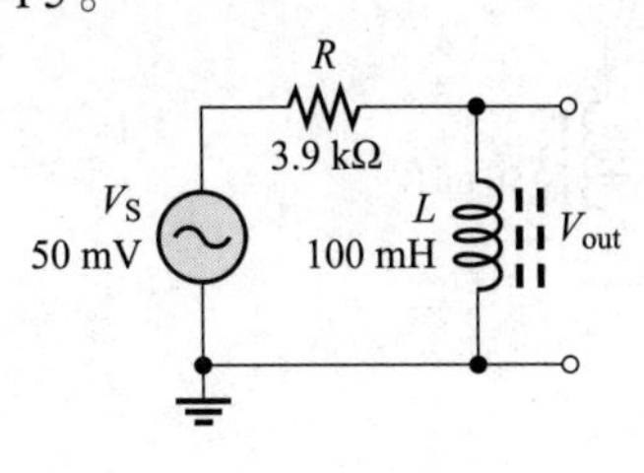

图 12-62

12.4 节

17 求图 12-63 所示电路的阻抗。

18 在以下频率下，请重做习题 17。

(a) 1.5 MHz　　(b) 3.0 MHz

(c) 5.0 MHz　　(d) 10 MHz

19 在图 12-63 中 $X_L$ 等于 $R$ 时的频率是多少？

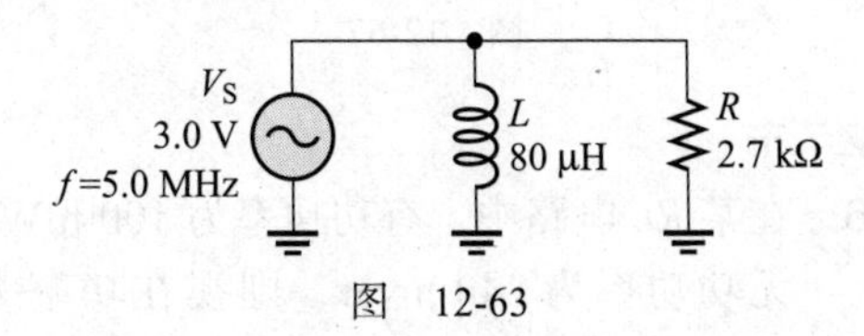

图 12-63

12.5 节

20 计算图 12-64 所示电路的总电流和每个分支电流。

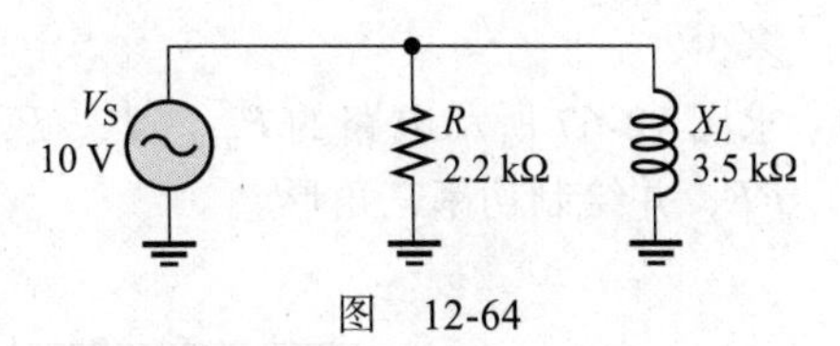

图 12-64

21 计算图 12-65 所示电路的以下各量。

(a) $Z$　　(b) $I_R$

(c) $I_L$　　(d) $I_{tot}$

(e) $\theta$

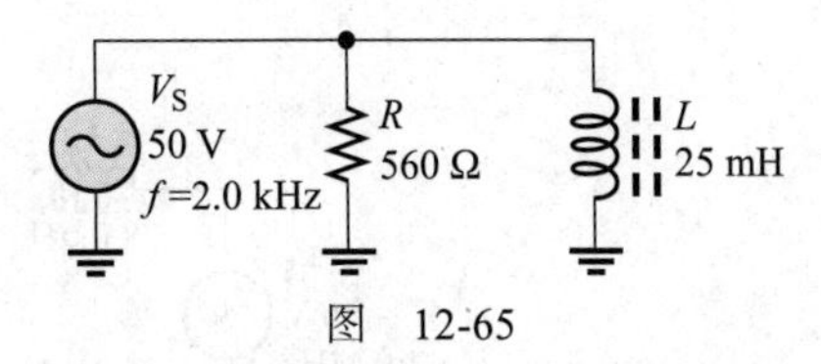

图 12-65

22 将图 12-66 中的电路转换为等效的串联形式。

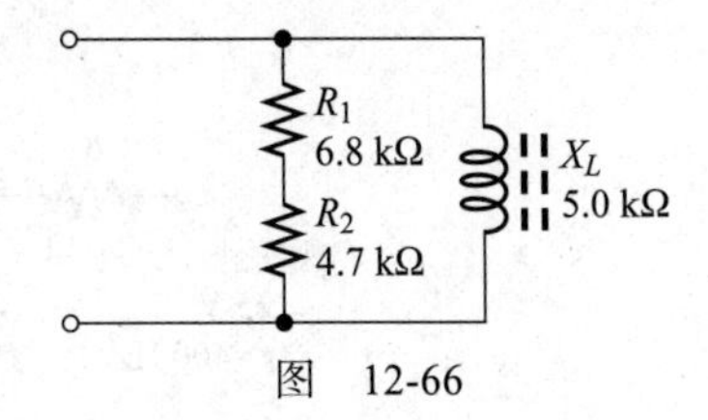

图 12-66

12.6 节

23 求图 12-67 中各元件的电压。

24 图 12-67 所示电路是阻性的还是感性的？

25 电路如图 12-67 所示，求各支路电流和总电流。

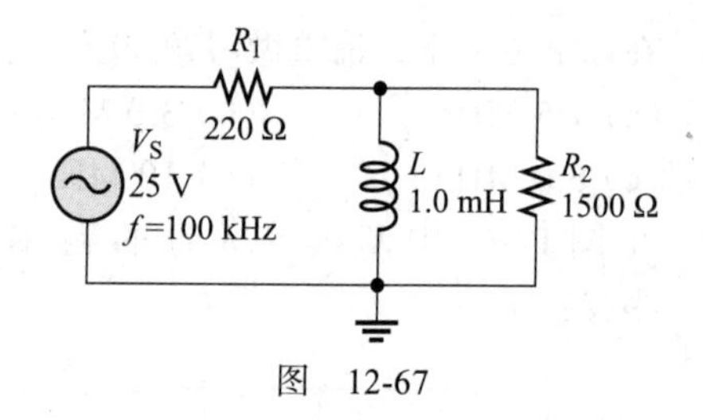


图 12-67

12.7 节

26 在某 $RL$ 电路中，有功功率为 100 mW，无功功率为 340 mvar，则视在功率为多少？

27 计算图 12-59 所示电路的有功功率及无功功率。

28 图 12-64 所示电路的功率因数是多少？

29 求图 12-67 所示电路的 $P_{true}$、$P_r$、$P_a$ 和 $PF$，并绘制功率三角形。

12.8 节

30 绘制图 12-61 所示电路的响应曲线，显示输出电压与频率的关系，频率以 1 kHz 为间隔，从 0 Hz 增加到 5.0 kHz。

31 使用与习题 30 相同的步骤，绘制图 12-62 所示电路的响应曲线。

32 绘制图 12-61 和图 12-62 中各个电路在 8.0 kHz 频率下的电压相量图。

12.9 节

33 在图 12-68 所示电路中，当 $L_1$ 开路时，求各元件的电压。

34 在图 12-69 所示电路中，求在以下各种故障模式下的输出电压。

(a) $L_1$ 开路 (b) $L_2$ 开路

(c) $R_1$ 开路 (d) $R_2$ 短路

*35 求图 12-70 中电感两端的电压。

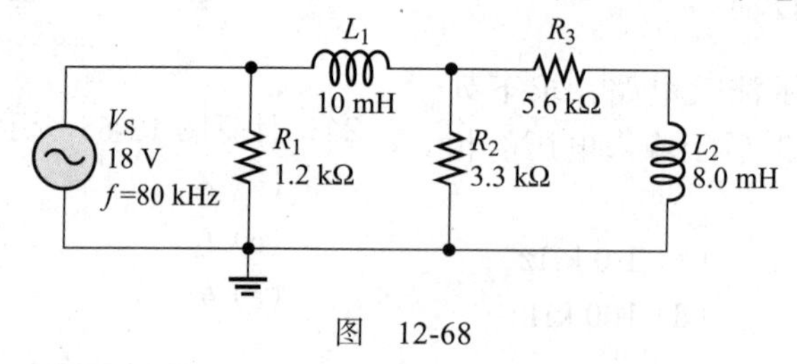


图 12-68

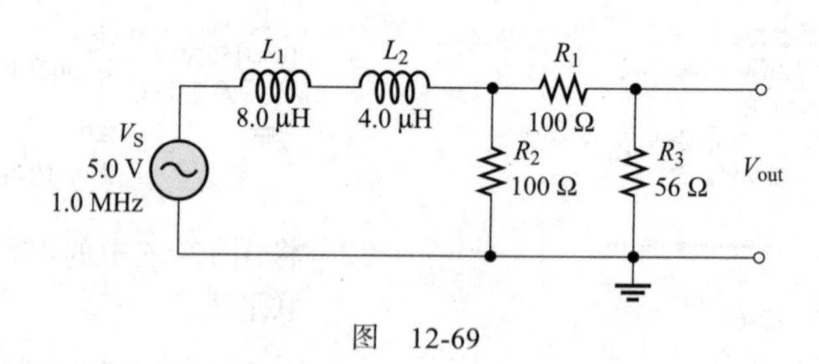


图 12-69

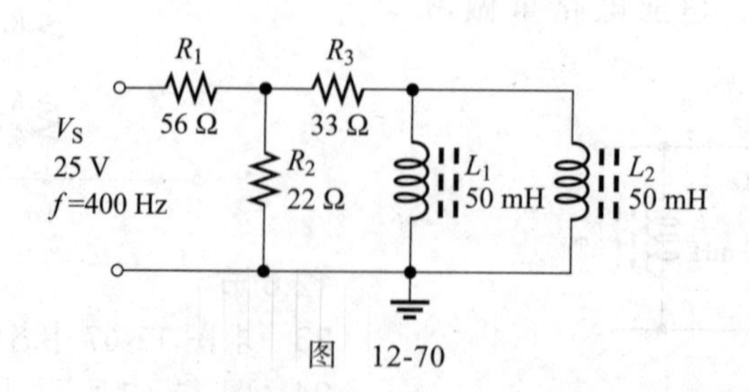


图 12-70

*36 图 12-70 所示电路是阻性的还是感性的？

*37 求图 12-70 所示电路的总电流。

*38 对于图 12-71 所示电路，求以下各值。

(a) $Z_{tot}$ (b) $I_{tot}$

(c) $\theta$ (d) $V_L$

（e）$V_{R3}$

*39 对于图 12-72 中的电路，求以下各值。

（a）$I_{R1}$ （b）$I_{L1}$

（c）$I_{L2}$ （d）$I_{R2}$

*40 图 12-73 所示电路，求从输入到输出的相移和衰减（$V_{out}/V_{in}$ 的比值）。

*41 求图 12-74 中电路从输入电压到输出电压的衰减。

*42 设计一个理想的含有开关的感性电路，当开关从一端掷到另一端时，能够由 12 V 直流电源产生 2.5 kV 的瞬时电压，而电源电流不得超过 1.0 A。

*43 画出图 12-75 中电路的原理图，判定示波器上的波形是否正确。如果电路有故障，请及时指出。

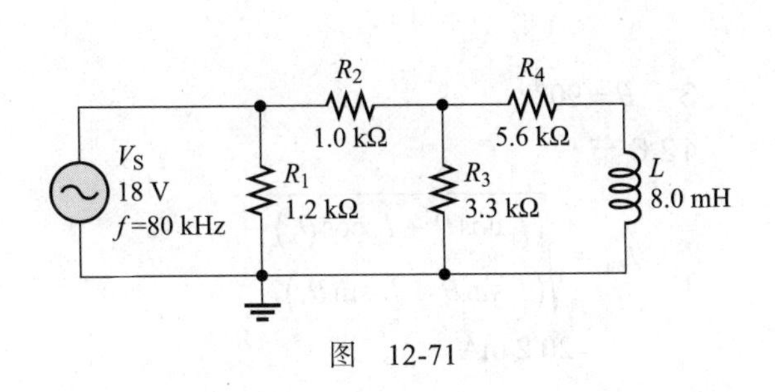


图 12-71

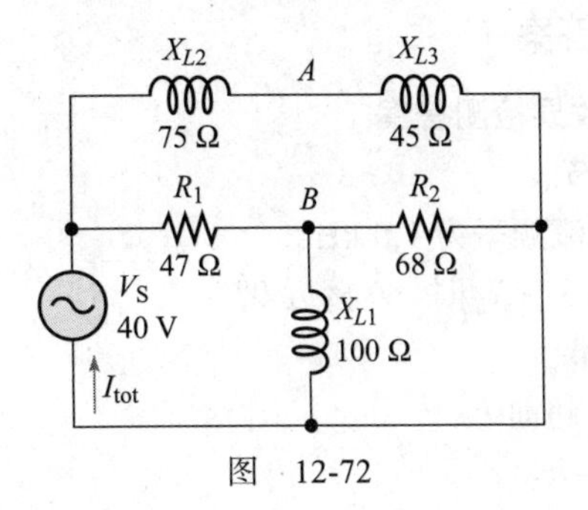


图 12-72

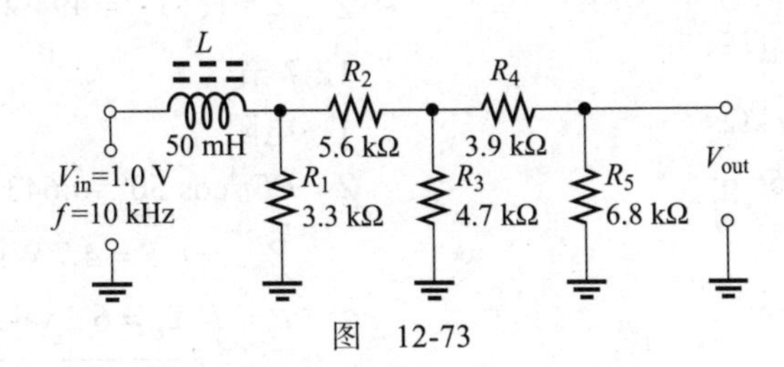


图 12-73

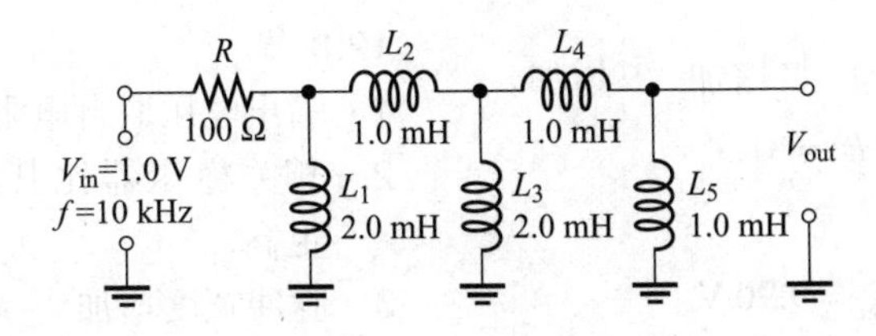


图 12-74

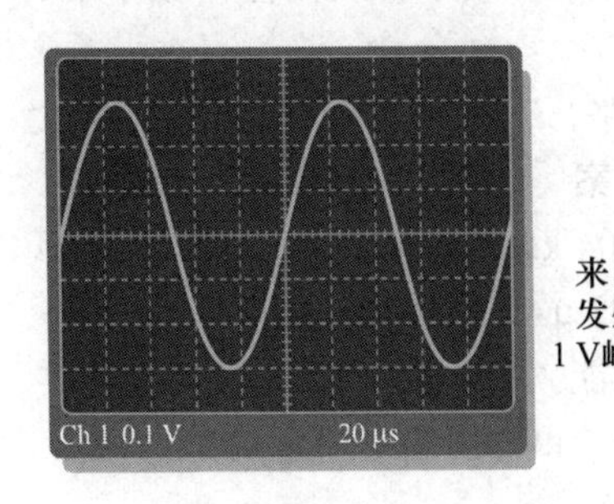


a）示波器显示器

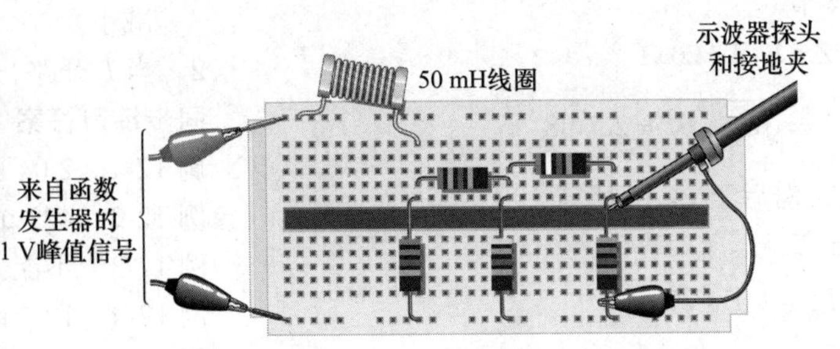


b）连接导线的电路

图 12-75 （见彩插）

## Multisim 仿真故障排查和分析

44 打开文件 P12-44，判断是否有故障。如果有，找出问题所在。

45 打开文件 P12-45，判断是否有故障。如果有，找出问题所在。

46 打开文件 P12-46，判断是否有故障。如果有，找出问题所在。

47 打开文件 P12-47，判断是否有故障。如果有，找出问题所在。

48 打开文件 P12-48，确定是否有故障。如果有，找出问题所在。

49 打开文件 P12-49，判断是否有故障。如果有，找出问题所在。

## 参考答案

### 学习效果检测答案

**12.1 节**

1 电流频率为 1.0 kHz。

2 当 $R > X_L$ 时，$\theta$ 接近 0°。

**12.2 节**

1 $V_S$ 超前 $I$。

2 $X_L$=$R$。

3 在 $RL$ 电路中，电流滞后电压；在 $RC$ 电路中，电流超前电压。

4 $Z = \sqrt{R^2 + X_L^2} = 59.9\ \text{k}\Omega$;
$\theta = \arctan(X_L / R) = 56.6°$

**12.3 节**

1 $V_S = \sqrt{V_R^2 + V_L^2} = 3.61\ \text{V}$

2 $\theta = \arctan(X_L / V_R) = 56.3°$

3 当 $f$ 增加时，$X_L$ 增加，$Z$ 增加，$\theta$ 增加。

4 $\phi = 90° - \arctan(X_L / R) = 81.9°$

5 $V_{out} = \left(\dfrac{R}{\sqrt{R^2 + X_L^2}}\right) V_{in} = 9.90\ \text{V}$

**12.4 节**

1 $Z = 1 / Y = 20\ \Omega$

2 $Y = \sqrt{G^2 + B_L^2} = 2.5\ \text{mS}$

3 $I_{tot}$ 滞后于 $V_S$ 32.1°。

**12.5 节**

1 $I_{tot} = V_S Y = 32\ \text{mA}$

2 $\theta = \arctan(I_L / I_R) = 59.0°$;
$I_{tot} = \sqrt{I_R^2 + I_L^2} = 23.3\ \text{mA}$

3 $\theta = 90°$

**12.6 节**

1 $I_{tot} = \sqrt{(I_1 \cos\theta_1 + I_2 \cos\theta_2)^2 + (I_1 \sin\theta_1 + I_2 \sin\theta_2)^2}$
$= 20.2\ \text{mA}$

2 $Z = V_S / I_{tot} = 494\Omega$

**12.7 节**

1 电阻。

2 $PF$=cos 50°=0.643

$P_{true} = I^2 R = 4.7\ \text{W}$;

3 $P_r = I^2 X_L = 6.2\ \text{var}$;
$P_a = \sqrt{P_{true}^2 + P_r^2} = 7.78\ \text{V}\bullet\text{A}$

**12.8 节**

1 输出电压取自电阻两端电压。

2 开关稳压器比其他类型的稳压器效率更高。

3 脉冲宽度增加。

**12.9 节**

1 线圈短路，$L$ 减小，从而任何频率下 $X_L$ 减小。

2 当 $L$ 开路，$I_{tot}$ 减小，$V_{R1}$ 减小，$V_{R2}$ 增大。

### 同步练习答案

例 12-1 2.04 kΩ；27.8°

例 12-2 423 μA

例 12-3 不能

例 12-4 12.6 kΩ；85.5°

例 12-5 32°

例 12-6 12.3 V（rms）

例 12-7 65.6°

例 12-8　8.14 kΩ；35.5°

例 12-9　3.70 mS

例 12-10　14.0 mA；71.1°

例 12-11　14.9 mA

例 12-12　$R_S$=19.1 kΩ，$X_{LS}$=11.0 kΩ

例 12-13　（a）8.04 V　　（b）2.00 V

例 12-14　电流减少。

例 12-15　$P_{true}$、$P_r$ 和 $P_a$ 降低。

例 12-16　180°

**对 / 错判断答案**

| | | |
|---|---|---|
| 1　对 | 2　对 | 3　错 |
| 4　对 | 5　错 | 6　对 |
| 7　错 | 8　对 | 9　错 |
| 10　错 | | |

**自我检测答案**

| | | |
|---|---|---|
| 1（f） | 2（b） | 3（a） |
| 4（d） | 5（a） | 6（d） |
| 7（b） | 8（b） | 9（a） |
| 10（d） | 11（c） | 12（d） |
| 13（b） | 14（c） | 15（a） |

**故障排查答案**

| | | |
|---|---|---|
| 1（c） | 2（a） | 3（c） |
| 4（b） | 5（c） | |

# 第13章

# *RLC* 正弦交流电路及谐振

**教学目标**

- ▶ 描述 *RLC* 串联电路的阻抗和相位角
- ▶ 分析 *RLC* 串联电路
- ▶ 分析串联谐振电路
- ▶ 分析串联谐振滤波器
- ▶ 分析 *RLC* 并联电路
- ▶ 分析并联谐振电路
- ▶ 分析并联谐振滤波器
- ▶ 讨论谐振电路的基本应用

**应用案例概述**

本章的应用案例要求你为未知特性的谐振滤波器绘制频率响应曲线。根据频率响应的测量结果，确定滤波器的类型、谐振频率和带宽。学习本章后，你应该能够完成本章的应用案例。

**引言**

在本章中，你将学习电阻、电感和电容（*RLC*）组合电路的频率响应、*RLC* 串联和并联电路，以及串联和并联谐振的概念。

电路的谐振是选频的基础，对许多类型的电子系统运行都很重要，尤其是在通信领域。例如，基于谐振原理，无线电或电视机能够接收某一特定电台发射的特定频率信号，同时又能屏蔽其他电台发射的干扰信号。

带通滤波器和带阻滤波器的工作原理都是基于电感和电容的谐振电路，本章将讨论这些滤波器，并介绍它们的具体应用。

## 13.1 *RLC* 串联电路的阻抗和相位角

*RLC* 串联电路包括电阻、电感和电容。因为感抗和容抗对电路相位有相反的影响，所以电路的总电抗会小于它们中的任意电抗。

*RLC* 串联电路如图 13-1 所示，它包含电阻、电感和电容。

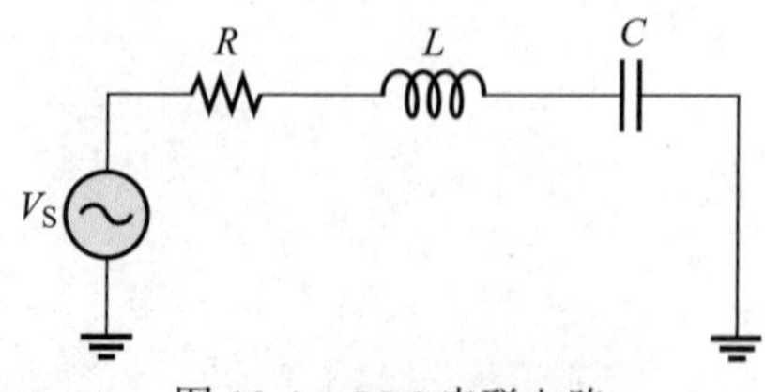


图 13-1 *RLC* 串联电路

众所周知，感抗（$X_L$）使总电流滞后于电源电压，而容抗（$X_C$）则恰好相反：它使电流超前电源电压。因此 $X_L$ 和 $X_C$ 往往相互抵消。当二者相等时，恰好完全抵消，总电抗为零。在任何情况下，串联电路中总电抗的大小为

$$X_{\text{tot}} = |X_L - X_C| \tag{13-1}$$

$|X_L - X_C|$ 指两电抗之差的绝对值。即无论哪个电抗更大，总电抗都被认为是正的。例如，3−7=−4，但是其绝对值是

$$|3-7|=4$$

在串联电路中，当 $X_L > X_C$ 时，电路呈感性，当 $X_C > X_L$ 时，电路呈容性。

*RLC* 串联电路的总阻抗如式（13-2）所示。

$$Z_{\text{tot}} = \sqrt{R^2 + X_{\text{tot}}^2} \tag{13-2}$$

$V_S$ 与 $I$ 的相位角如式（13-3）所示。

$$\theta = \arctan\left(\frac{X_{\text{tot}}}{R}\right) \tag{13-3}$$

当电路是感性时，阻抗的相位角为正（电流滞后电压）；当电路是容性时，阻抗的相位角为负（电流超前电压）。因为式（13-3）中的 $X_{\text{tot}}$ 是一个绝对值，所以应该明确是电流超前还是电压超前，或者明确相位角的正确符号。

$$\theta = \arctan\left(\frac{X_L - X_C}{R}\right)$$

上式可以自动给出 $\theta$ 的相应符号（$X_L > X_C$ 时为正，$X_C > X_L$ 时为负）。

**例 13-1** 图 13-2 所示 *RLC* 串联电路，求总阻抗和相位角。

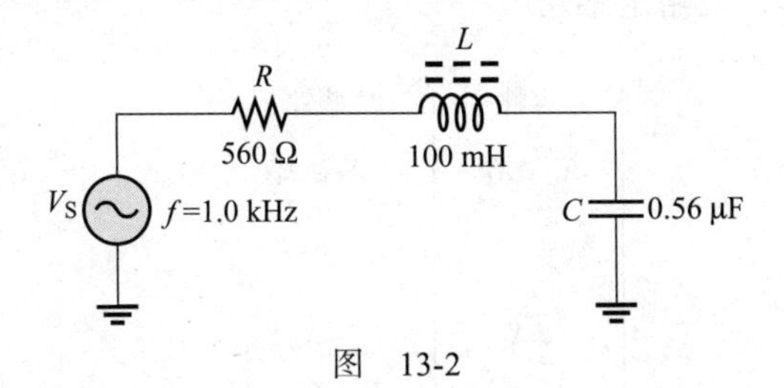


图 13-2

**解** 首先，确定 $X_C$ 和 $X_L$。

$$X_C = \frac{1}{2\pi fC} = \frac{1}{2\pi \times 1.0\ \text{kHz} \times 0.56\ \mu\text{F}} = 284\ \Omega$$

$$X_L = 2\pi fL = 2\pi \times 1.0\ \text{kHz} \times 100\ \text{mH} = 628\ \Omega$$

本例中，$X_L > X_C$，因此电路的感抗大于容抗。总电抗为

$$X_{\text{tot}} = |X_L - X_C| = |628\ \Omega - 284\ \Omega| = 344\ \Omega \text{（感性）}$$

总阻抗为

$$Z_{\text{tot}} = \sqrt{R^2 + X_{\text{tot}}^2} = \sqrt{(560\ \Omega)^2 + (344\ \Omega)^2} = 657\ \Omega$$

$I$ 和 $V_S$ 之间的相位角为

$$\theta = \arctan\left(\frac{X_{\text{tot}}}{R}\right) = \arctan\left(\frac{344\ \Omega}{560\ \Omega}\right) = 31.6°\text{（电流滞后 }V_S\text{）}$$ ◀

**同步练习** 若频率 $f$ 增加到 2000 Hz，求 $Z$ 和 $\theta$。

采用科学计算器完成例 13-1 的计算。

在串联电路中，当感抗大于容抗时，电路表现为感性，故电流滞后电源电压；当容抗更大时，电路表现为容性，电流超前电源电压。

**学习效果检测**

1. 说明一下如何判断 *RLC* 串联电路是感性还是容性。

2. 已知某 *RLC* 串联电路，当 $X_C$=150 Ω，$X_L$=80 Ω 时，求总阻抗为多大？[ 以欧姆（Ω）为单位 ]？电路为感性还是容性？

3. 对于问题 2，当 $R$=45 Ω 时，求总阻抗的大小是多少？相位角是多少？电流是超前还是滞后电源电压？

## 13.2 *RLC* 串联电路的分析

我们知道，容抗与频率成反比，感抗与频率成正比。在这一节中，我们将考察二者都存在时电抗与频率之间的函数关系。

图 13-3 给出了一个典型 *RLC* 串联电路的感抗和容抗随频率的变化规律。总电抗变化趋势为：从一个非常低的频率开始，此时 $X_C$ 大，$X_L$ 小，电路呈容性；式（13-1）中的 $X_C$ 与 $X_L$ 前面的符号相反，总电抗为二者的差值。当频率增加时，$X_C$ 减小，$X_L$ 增大，直至 $X_C$=$X_L$，二者相互抵消，电路完全呈现电阻性。该情况称为**串联谐振**，将在 13.3 节讨论；当频率进一步增大，$X_L$ 逐渐大于 $X_C$，电路呈感性。

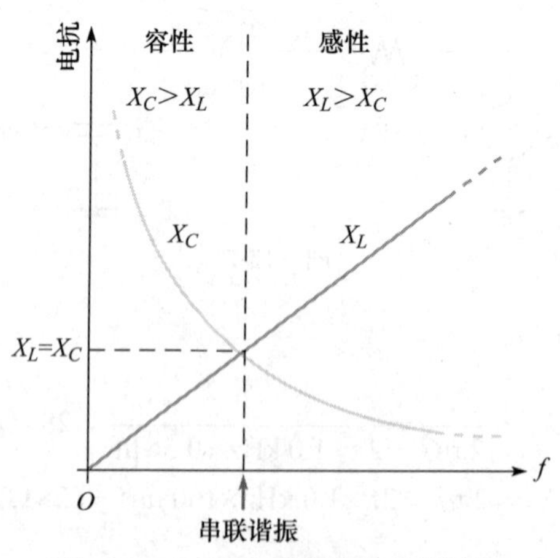


图 13-3 $X_L$ 和 $X_C$ 随频率的变化规律

图 13-3 中 $X_L$ 为直线，而 $X_C$ 是曲线。直线的一般方程是 $y$=$mx$+$b$，其中 $m$ 是直线的斜率，$b$ 是与 $y$ 轴交点。公式 $X_L$=2π$fL$ 符合这个通用的直线公式，其中 $y$=$X_L$（因变量），$m$=2π$L$（常数），$x$=$f$（自变量），$b$=0，即 $X_L$=2π$Lf$+0。

$X_C$ 曲线称为双曲线，一般的双曲线方程是 $xy$=$k$。容抗的方程为 $X_C$=1/（2π$fC$），又可写为 $X_C f$=1/（2π$C$），其中 $x$=$X_C$（自变量），$y$=$f$（因变量），$k$=1/（2π$C$）（常数）。

例 13-2 说明了阻抗和相位角是如何随电源频率的变化而变化的。

**例 13-2** 在电源电压为下列各频率时，求图 13-4 所示电路的阻抗和相位角。注意阻抗和相位角随频率变化而变化。

（a）$f$=1.0 kHz （b）$f$=3.5 kHz （c）$f$=5.0 kHz

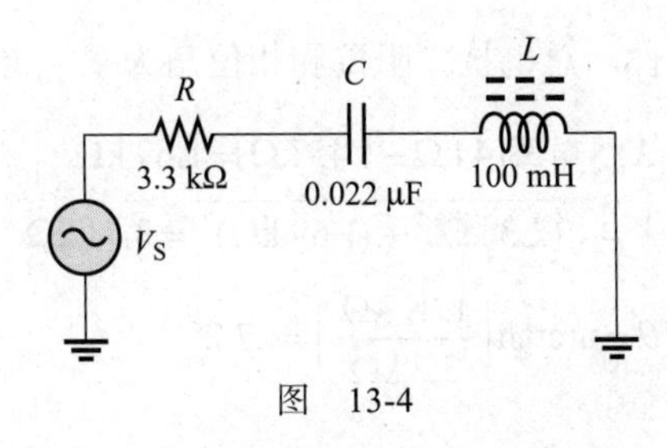


图 13-4

**解** （a）$f$=1.0 kHz 时，

$$X_C = \frac{1}{2\pi fC} = \frac{1}{2\pi \times 1.0\ \text{kHz} \times 0.022\ \mu\text{F}} = 7.23\ \text{k}\Omega$$

$$X_L = 2\pi fL = 2\pi \times 1.0\ \text{kHz} \times 100\ \text{mH} = 628\ \Omega$$

电路呈容性，因为 $X_C$ 比 $X_L$ 大得多。总电抗的大小为

$$X_{\text{tot}} = |X_L - X_C| = |628\ \Omega - 7.23 \times 10^3\ \Omega| = 6.6\ \text{k}\Omega$$

阻抗为

$$Z = \sqrt{R^2 + X_{\text{tot}}^2} = \sqrt{(3.3\ \text{k}\Omega)^2 + (6.6\ \text{k}\Omega)^2} = 7.38\ \text{k}\Omega$$

相位角为

$$\theta = \arctan\left(\frac{X_{\text{tot}}}{R}\right) = \arctan\left(\frac{6.6\ \text{k}\Omega}{3.3\ \text{k}\Omega}\right) = 63.4°$$

电流 $I$ 超前于电源电压 $V_S$ 的相位角为 63.4°。

（b）$f$=3.5 kHz 时，

$$X_C = \frac{1}{2\pi \times 3.5\ \text{kHz} \times 0.022\ \mu\text{F}} = 2.07\ \text{k}\Omega$$

$$X_L = 2\pi \times 3.5\ \text{kHz} \times 100\ \text{mH} = 2.20\ \text{k}\Omega$$

电路非常接近于纯电阻，但呈感性，因为 $X_L$ 只略大于 $X_C$。总电抗、阻抗和相位角为

$$X_{\text{tot}} = |2.20\ \text{k}\Omega - 2.07\ \text{k}\Omega| = 132\ \Omega$$

$$Z = \sqrt{(3.3 \times 10^3\ \Omega)^2 + (132\ \Omega)^2} = 3.30 \times 10^3\ \Omega = 3.30\ \text{k}\Omega$$

$$\theta = \arctan\left(\frac{130\ \Omega}{3.3 \times 10^3\ \Omega}\right) = 2.29°$$

电流 $I$ 滞后电源电压 $V_S$ 的相位角为 2.29°。

（c）$f$=5.0 kHz 时，

$$X_C = \frac{1}{2\pi fC} = \frac{1}{2\pi \times 5.0\ \text{kHz} \times 0.022\ \mu\text{F}} = 1.45\ \text{k}\Omega$$
$$X_L = 2\pi fL = 2\pi \times 5.0\ \text{kHz} \times 100\ \text{mH} = 3.14\ \text{k}\Omega$$

因为 $X_L > X_C$，电路呈感性。总电抗、阻抗和相位角为

$$X_{\text{tot}} = |3.14\ \text{k}\Omega - 1.45\ \text{k}\Omega| = 1.69\ \text{k}\Omega$$
$$Z = \sqrt{(3.3\ \text{k}\Omega)^2 + (1.69\ \text{k}\Omega)^2} = 3.71\ \text{k}\Omega$$
$$\theta = \arctan\left(\frac{1.69\ \text{k}\Omega}{3.3\ \text{k}\Omega}\right) = 27.2°$$

电流 $I$ 滞后电源电压 $V_S$ 的相位角为 27.2°。

通过本例，我们知道，随着频率的增加，电路从容性变为感性，电流从超前变为滞后。值得注意的是，频率增大时，阻抗和相位角都会降低到最小值，然后频率再增大时，阻抗和相位角又开始增大（指绝对值）。◀

**同步练习** 图 13-4 中 $f$=7.0 kHz 时，求 $Z$。

采用科学计算器完成例 13-2 的计算。

在 $RLC$ 串联的电路中，电容电压和电感电压相位总是相差 180°，因此，$V_C$ 与 $V_L$ 相互抵消，导致电感与电容两端的总电压，总是小于二者中的较大值，如图 13-5 以及图 13-6 所示。

在下一例中，将学习利用欧姆定律求解 $RLC$ 串联电路中的电流和电压。

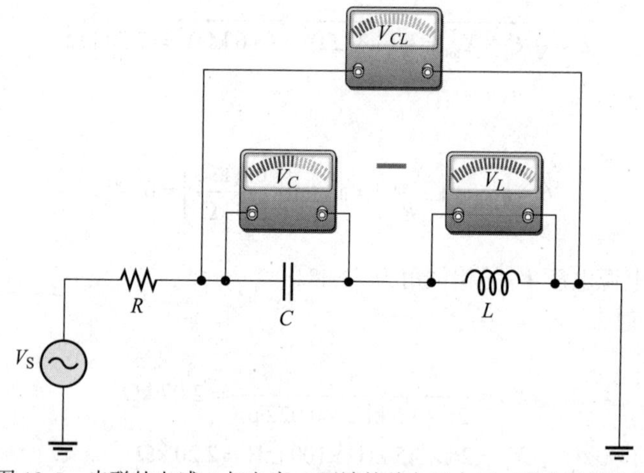


图 13-5 串联的电感 $L$ 与电容 $C$ 两端的总电压小于二者中的较大值

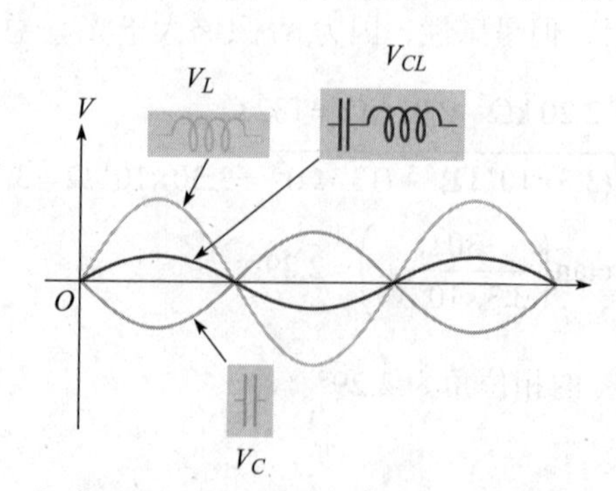


图 13-6 电感电压与电容电压相互抵消，因为二者方向相反

**例 13-3** 求图 13-7 中各元件上的电压，并画出完整的电压相量图，同时计算电感和电容之间的端电压。

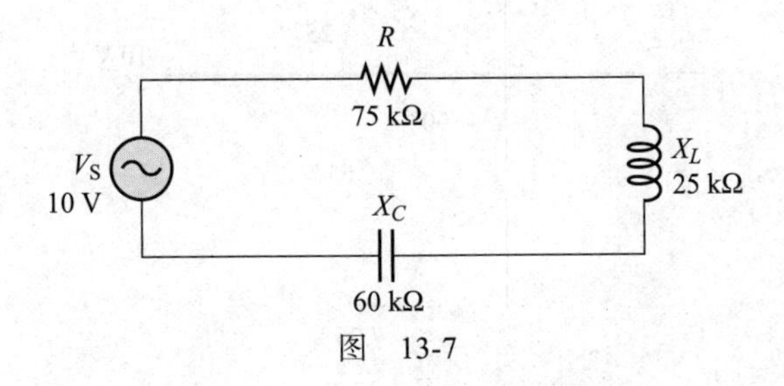


图 13-7

**解** 首先，求总电抗。

$$X_{tot} = |X_L - X_C| = |25\ \text{k}\Omega - 60\ \text{k}\Omega| = 35\ \text{k}\Omega$$

总阻抗为

$$Z_{tot} = \sqrt{R^2 + X_{tot}^2} = \sqrt{(75\ \text{k}\Omega)^2 + (35\ \text{k}\Omega)^2} = 82.8\ \text{k}\Omega$$

用欧姆定律求电流，可得

$$I = \frac{V_S}{Z_{tot}} = \frac{10\ \text{V}}{82.8\ \text{k}\Omega} = 121\ \mu\text{A}$$

用欧姆定律求 $R$、$L$、$C$ 两端的电压。

$$V_R = IR = 121\ \mu\text{A} \times 75\ \text{k}\Omega = 9.06\ \text{V}$$
$$V_L = IX_L = 121\ \mu\text{A} \times 25\ \text{k}\Omega = 3.02\ \text{V}$$
$$V_C = IX_C = 121\ \mu\text{A} \times 60\ \text{k}\Omega = 7.25\ \text{V}$$

$L$ 和 $C$ 之间的端电压为

$$V_{CL} = V_C - V_L = 7.26\ \text{V} - 3.03\ \text{V} = 4.23\ \text{V}$$

电路的相位角为

$$\theta = \arctan\left(\frac{X_{tot}}{R}\right) = \arctan\left(\frac{35\ \text{k}\Omega}{75\ \text{k}\Omega}\right) = 25.0°$$

因为电路是容性的（$X_C > X_L$），电流超前电源电压 25.0°。

电压相量图如图 13-8 所示。注意：$V_L$ 超前 $V_R$ 90°，$V_C$ 滞后 $V_R$ 90°。显然，$V_L$ 与 $V_C$ 之间存在 180° 相位差。如果给出电流相量，它将与 $V_R$ 同相（回想一下，电阻电压和电流是同相的）。

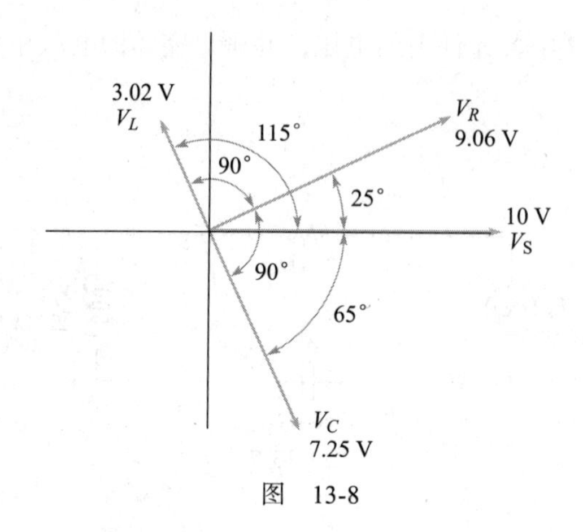


图 13-8

**同步练习** 如果图 13-7 中电源电压的频率增加，电流会如何变化？

采用科学计算器完成例 13-3 的计算。

**学习效果检测**

1. 某 $RLC$ 串联电路的各电压如下：$V_R$=24 V，$V_L$=15 V，$V_C$=45 V。求电源电压。

2. 在某 $RLC$ 串联电路中，$R$=1.0 kΩ，$X_C$=1.8 kΩ，$X_L$=1.2 kΩ，判断电流是超前还是滞后电源电压？为什么？

3. 求解问题 2 中的总电抗。

## 13.3 *RLC* 串联电路的谐振

在 $RLC$ 串联电路中，当 $X_C$=$X_L$ 时发生串联谐振。发生谐振时的频率，称为**谐振频率**，记作 $f_r$。

串联谐振情况如图 13-9 所示。由于感抗与容抗相等而相互抵消，所以阻抗为纯电阻性。谐振条件为

$$X_L = X_C$$
$$Z_r = R$$

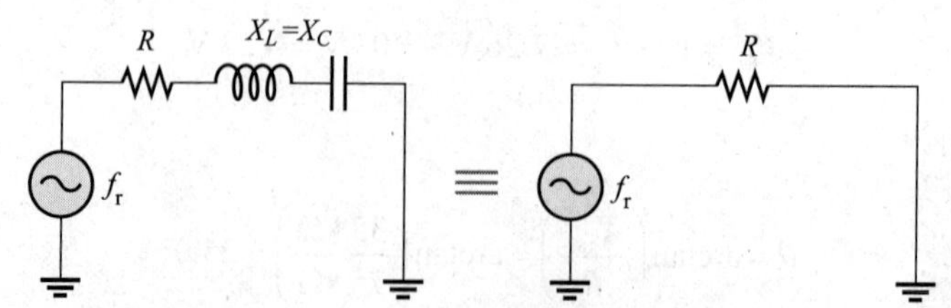


图 13-9 在谐振频率（$f_r$）下，感抗与容抗相等而相互抵消，有 $Z_r$=$R$

**例 13-4** $RLC$ 串联电路如图 13-10 所示，试计算发生谐振时的 $X_C$ 及总阻抗 $Z$。

**解** 谐振时 $X_L$ 等于 $X_C$，故有

$$X_C = X_L = 500\ \Omega$$

因为感抗与容抗相互抵消，所以阻抗等于电阻。

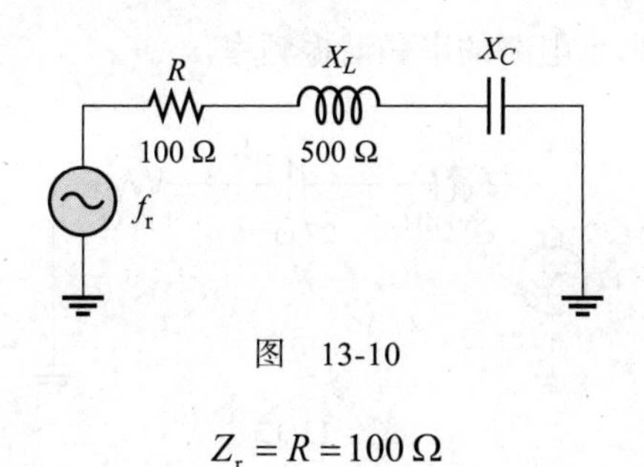


图　13-10

$$Z_r = R = 100\,\Omega$$ ◀

**同步练习**　在频率小于谐振频率时，电路是呈感性还是容性？

采用科学计算器完成例 13-4 的计算。

在串联谐振频率下，由于容抗与感抗相等，电容和电感上的电压大小也相等。由于两者串联，所以通过的电流相同。同时，$V_L$ 和 $V_C$ 的相位总是相差 180°。

在任何给定的周期内，电容和电感两端电压的极性是相反的，如图 13-11 所示。电容和电感上的电压因大小相等、方向相反而相互抵消，*A*、*B* 两端的总电压为零，如图 13-11b 所示。既然从 *A* 点到 *B* 点没有电压降，但仍有电流，则总电抗一定为零，如图 13-11c 所示。图 13-11d 的电压相量图也表明，$V_C$ 和 $V_L$ 大小相等，相位角相差 180°。

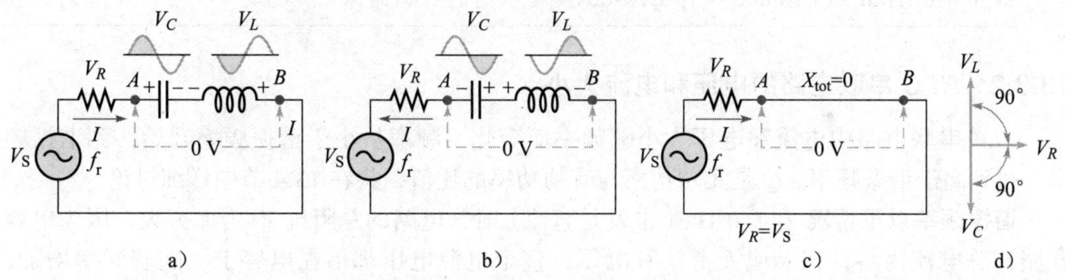


图 13-11　在谐振频率 $f_r$ 下，*C* 和 *L* 上的电压大小相等，相位相反，结果相互抵消，故 *LC* 两端电压为 0 V（*A* 点到 *B* 点），即谐振频率下，*A* 到 *B* 的部分可以等效为短路（忽略绕组电阻）

### 13.3.1　串联谐振的频率

对于给定的 *RLC* 串联电路，谐振只发生在一个特定的频率。在谐振时容抗和感抗的关系为

$$X_L = X_C$$

根据感抗与容抗公式，求得谐振频率过程为

$$2\pi f_r L = \frac{1}{2\pi f_r C}$$

$$2\pi f_r L \times 2\pi f_r C = 4\pi^2 f_r^2 LC = 1$$

$$f_r^2 = \frac{1}{4\pi^2 LC}$$

最后两边取平方根，串联谐振频率 $f_r$ 的计算公式为

$$f_r = \frac{1}{2\pi\sqrt{LC}} \tag{13-4}$$

**例 13-5** 求图 13-12 所示电路的串联谐振频率。

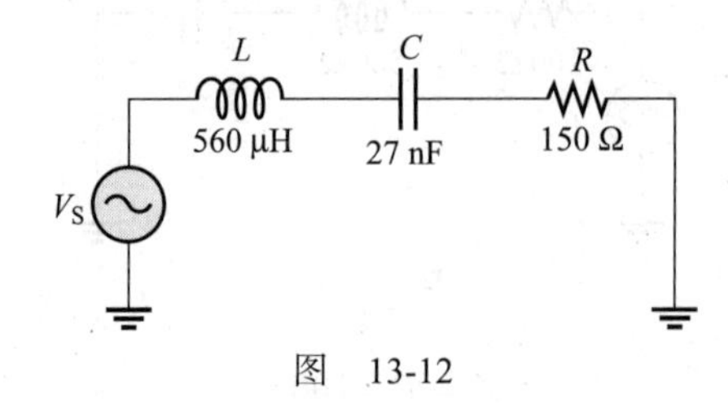


图 13-12

**解** 根据式（13-4）可得

$$f_r = \frac{1}{2\pi\sqrt{LC}} = \frac{1}{2\pi\sqrt{560\ \mu H \times 27\ nF}} = 40.9\ kHz$$

**同步练习** 如果图 13-12 中 $C$=0.01 μF，谐振频率为多少？

采用科学计算器完成例 13-5 的计算。

**Multisim 仿真**

打开 Multisim 或 LTspice 文件 E13-05 校验本例的计算结果。

### 13.3.2 *RLC* 串联电路的电压和电流大小

*RLC* 串联电路中电流和电压大小随频率而变化，频率从小于谐振频率开始，到谐振频率，再到高于谐振频率。$Q$ 是无功功率与有功功率的比值，将在 13.4 节中详细讨论。

**谐振频率以下情况** 在 $f$=0 Hz（也就是直流）时，电路的总阻抗 $Z_T$ 为无穷大，因为电容开路，总电流为零，在 $R$ 或 $L$ 上没有电压，整个电源电压都落在电容上。随着频率增加，直至接近 $f_r$，$X_C$ 因与频率成反比而减小，$X_L$ 等比例增加，导致总电抗 $X_T=|X_L-X_C|$ 减小。因此，总阻抗减小，总电流增加。随着电流的增加，根据欧姆定律，$V_R$ 和 $V_L$ 都将增加。如果 $Q$ 足够高，电容电压也会增加，但也未必总是如此，因为 $X_C$ 的下降会抵消电压的增加。电容和电感之间的端电压从最大值 $V_S$ 开始减小，因为随着 $X_T$ 的减小，由 $I_T$ 产生的电压也减小了。

**等于谐振频率情况** 当频率达到谐振频率 $f_r$ 时，$V_C$ 和 $V_L$ 大小相等且方向相反，从而电感和电容之间的端电压为零。此时因为电抗是零，总阻抗达到最小值，其等于 $R$。因此，$V_R$ 达到最大值，等于电源电压，总电流达到最大值，等于 $V_S/R$。然而，尽管电感和电容之间的端电压为零，但如果 $Q$ 足够高，电容或电感两端的电压可能比电源电压大得多。注意的是，因为电容电压可以维持在峰值，此时即使移除电源，也会产生冲击电流。

**谐振频率以上情况** 随着频率大于谐振频率并开始增加，此时 $X_L$ 增加，$X_C$ 减小。由于 $X_C$ 随频率的增加以较低的速率减小（见图 13-3），总电抗 $X_L$–$X_C$ 的幅值增大。结果，阻抗增大，总电流减小。随着频率变得很高，$X_L$ 变得很大，电流接近零，所以 $V_R$ 和 $V_C$ 都接近于零，$V_L$ 接近于 $V_S$。

图 13-13a 和 b 给出了电流和电压随频率变化的响应。随着频率的增加，在谐振频率以下，电流一直在增加，在谐振频率处达到峰值，然后在谐振频率以后开始减小。电阻电压的响应形式与电流相同。

$V_C$ 和 $V_L$ 的响应如图 13-13c 和 d 所示。谐振时，电压最大，但频率高于 $f_r$ 和低于 $f_r$ 情况下，电压都减小。在谐振时，电感和电容上的电压大小完全相等，但因相位差 180°，所以二者相互抵消。因此，电感和电容之间的端电压为零，在谐振时 $V_R$=$V_S$。但是，如果单独来看，$V_L$ 和 $V_C$ 可以比电源电压大很多。

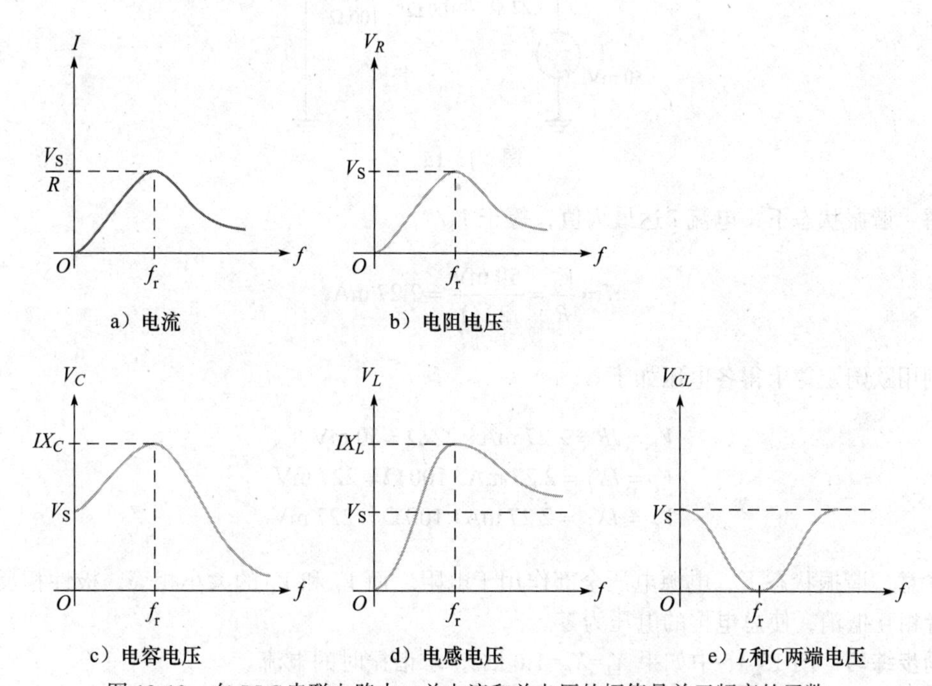


图 13-13 在 RLC 串联电路中，总电流和总电压的幅值是关于频率的函数。$V_C$ 和 $V_L$ 可以比电源电压大很多。曲线的形状取决于电路的参数值

无论频率如何，$V_L$ 和 $V_C$ 的极性始终相反，但只有在谐振时，它们才大小相等。在谐振频率以下时电感和电容之间的端电压随频率增加而减小，在谐振频率时达到最小值零，在谐振频率以上时随频率增加而增加，如图 13-13e 所示。

图 13-13 中的曲线为一般响应曲线，具体还取决于电路元件。曲线形状很大程度上受 $Q$ 影响。你可以在 Multisim 中构建电路并使用 Bode 绘图仪为任何电路绘制这些曲线。Multisim 中的 Bode 绘图仪是一个虚拟仪器，根据探头位置来绘制频率响应曲线。例 13-5 中电阻电压的频率响应曲线如图 13-14 所示。

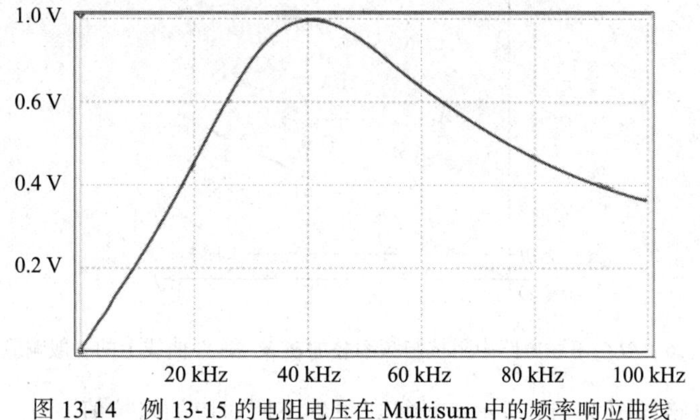


图 13-14 例 13-15 的电阻电压在 Multisum 中的频率响应曲线

**例 13-6** 电路如图 13-15 所示，计算谐振状态下的 $I$、$V_R$、$V_L$ 和 $V_C$。

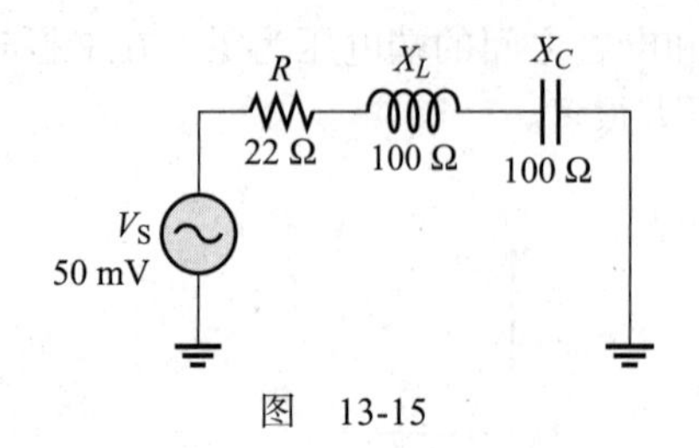


图 13-15

**解** 谐振状态下，电流 $I$ 达最大值，等于 $V_S/R$。

$$I=\frac{V_S}{R}=\frac{50\text{ mV}}{22\ \Omega}=2.27\text{ mA}$$

利用欧姆定律求得各电压如下。

$$V_R=IR=2.27\text{ mA}\times 22\ \Omega=50\text{ mV}$$
$$V_L=IX_L=2.27\text{ mA}\times 100\ \Omega=227\text{ mV}$$
$$V_C=IX_C=2.27\text{ mA}\times 100\ \Omega=227\text{ mV}$$

注意，谐振状态下，电源电压全部作用于电阻。而 $V_L$ 和 $V_C$ 的大小相等，极性相反，导致二者相互抵消，使总电抗的电压为零。◀

**同步练习** 图 13-15 中如果 $X_L=X_C=1.0\text{ k}\Omega$，求谐振时的电流。

采用科学计算器完成例 13-6 的计算。

### 13.3.3 *RLC* 串联电路的阻抗

图 13-16 所示为 *RLC* 串联电路中阻抗与频率叠加在 $X_C$ 和 $X_L$ 曲线上的一般响应曲线。在频率为零时（直流），$X_C$ 和 $Z$ 均为无穷大，$X_L$ 为 0，因为电容在 0 Hz 时相当于开路，而电感相当于短路。随着频率的增加，$X_C$ 减小，$X_L$ 增大。当频率低于 $f_r$ 时，$X_C>X_L$，$Z$ 随 $X_C$ 减小而减小；在 $f_r$ 处，$X_C=X_L$，$Z=R$；频率大于 $f_r$ 时，$X_L>X_C$，导致 $Z$ 增大，接近 $X_L$ 值。

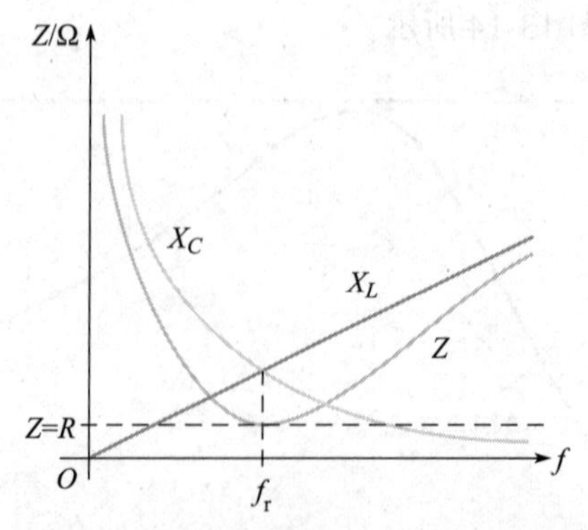


图 13-16 *RLC* 串联电路中阻抗与频率叠加在 $X_C$ 和 $X_L$ 曲线上的一般响应曲线

**例 13-7** 电路如图 13-17 所示，计算以下频率所对应的阻抗值。

（a）谐振频率 $f_r$；（b）比谐振频率 $f_r$ 低 1000 Hz；（c）比谐振频率 $f_r$ 高 1000 Hz。

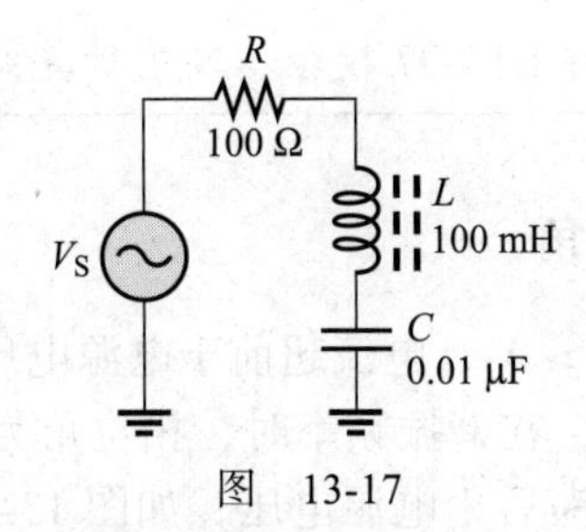

图 13-17

**解** （a）在谐振频率 $f_r$ 处，阻抗值等于电阻 $R$。

$$Z=R=100\ \Omega$$

要计算频率大于或小于 $f_r$ 时的阻抗，首先计算谐振频率 $f_r$。

$$f_r=\frac{1}{2\pi\sqrt{LC}}=\frac{1}{2\pi\sqrt{100\ \text{mH}\times 0.01\ \mu\text{F}}}=5.03\ \text{kHz}$$

（b）当频率比 $f_r$ 低 1000 Hz 时，频率及相应的电抗为

$$f=f_r-1.0\ \text{kHz}=5.03\ \text{kHz}-1.0\ \text{kHz}=4.03\ \text{kHz}$$

$$X_C=\frac{1}{2\pi fC}=\frac{1}{2\pi\times 4.03\ \text{kHz}\times 0.01\ \mu\text{F}}=3.95\ \text{k}\Omega$$

$$X_L=2\pi fL=2\pi\times 4.03\ \text{kHz}\times 100\ \text{mH}=2.53\ \text{k}\Omega$$

因此，当频率比 $f_r$ 低 1000 Hz 时，阻抗 $Z$ 为

$$X_{tot}=|2.53\ \text{k}\Omega-3.95\ \text{k}\Omega|=1.41\ \text{k}\Omega$$

$$Z=\sqrt{R^2+X_{tot}^2}=\sqrt{(100\ \Omega)^2+(1.41\times 10^3\ \Omega)^2}=1.42\times 10^3\ \Omega=1.42\ \text{k}\Omega$$

（c）当频率比 $f_r$ 高 1 kHz 时，

$$f=5.03\ \text{kHz}+1.0\ \text{kHz}=6.03\ \text{kHz}$$

$$X_C=\frac{1}{2\pi\times 6.03\ \text{kHz}\times 0.01\mu\text{F}}=2.64\ \text{k}\Omega$$

$$X_L=2\pi\times 6.03\ \text{kHz}\times 100\ \text{mH}=3.79\ \text{k}\Omega$$

因此，在频率比 $f_r$ 高 1000 Hz 时，阻抗 $Z$ 为

$$X_{tot}=|3.79\ \text{k}\Omega-2.64\ \text{k}\Omega|=1.15\ \text{k}\Omega$$

$$Z=\sqrt{R^2+X_{tot}^2}=\sqrt{(100\ \Omega)^2+(1.15\times 10^3\ \Omega)^2}=1.16\times 10^3\ \Omega=1.16\ \text{k}\Omega$$

在条件（b）下，总阻抗 $Z$ 呈容性；在条件（c）下，总阻抗 $Z$ 呈感性。◀

**同步练习** 如果频率 $f$ 降到 4.03 kHz 以下，阻抗如何变化？如果频率升到 6.03 kHz 以上，阻抗如何变化？

▦ 采用科学计算器完成例 13-7 的计算。

**Multisim 仿真**

打开 Multisim 或 LTspice 文件 E13-07 校验本例的计算结果。

### 13.3.4 *RLC* 串联电路的相位角

当频率低于谐振频率时，$X_C > X_L$，电流超前于电源电压，如图 13-18a 所示。超前的相位角随频率接近谐振频率而减小，在谐振频率时，相位角为 0°，如图 13-18b 所示。当频率高于谐振频率时，$X_C < X_L$，电流滞后于电源电压，如图 13-18c 所示。随着频率升高，滞后相位角接近 90°。图 13-18d 给出了相位角随频率变化的规律。

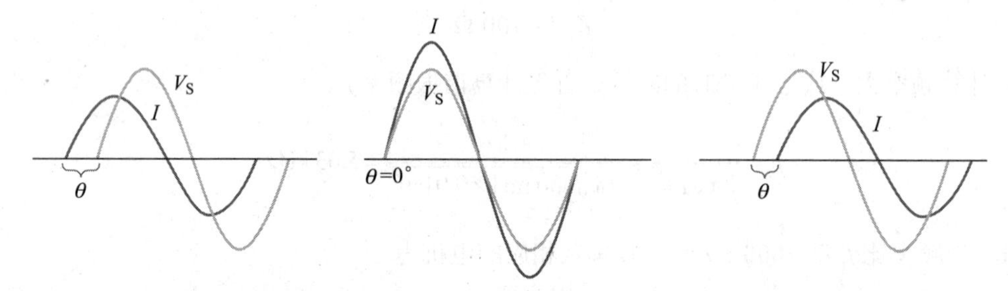


a）在 $f_r$ 以下，电流超前于电源电压　b）在 $f_r$ 时，电流与电源电压同相　c）在 $f_r$ 以上，电流滞后于电源电压

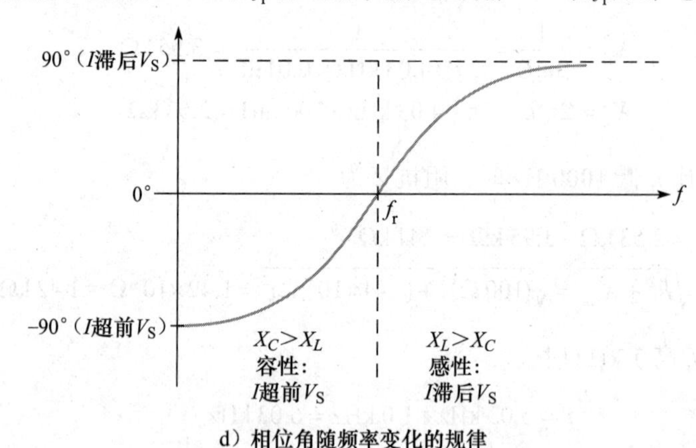


d）相位角随频率变化的规律

图 13-18 *RLC* 串联电路中相位角与频率的关系曲线

**学习效果检测**

1. 串联谐振的条件是什么？
2. 为什么电流在谐振频率处最大？
3. 计算 $C$=2700 pF、$L$=820 μH 条件下的谐振频率。
4. 在问题 3 中，当频率为 50 kHz 时电路呈感性还是容性？

## 13.4 串联谐振滤波器

*RLC* 串联电路通常在滤波器中应用。在本节中，你将学习无源带通和带阻滤波器的基本配置和滤波器的几个重要特性。

### 13.4.1　带通滤波器

一个基本的串联**谐振带通滤波器**如图 13-19 所示。注意 $LC$ 串联部分置于输入和输出之间，输出电压取自电阻两端。

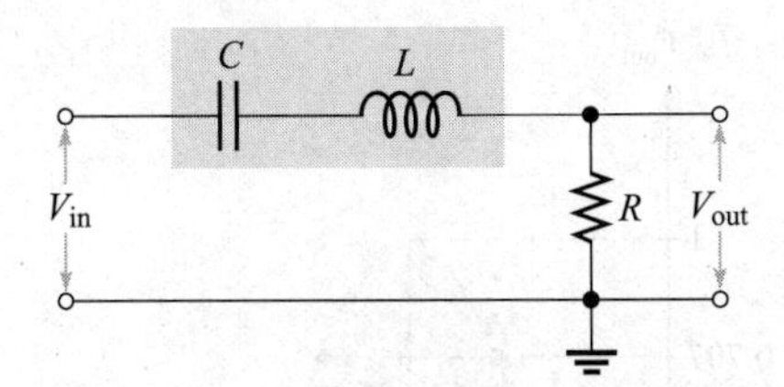


图 13-19　基本的串联谐振带通滤波器

带通滤波器允许谐振频率信号，以及低于或高于谐振频率的特定频带（或范围）信号从输入端传递到输出端，振幅不会显著降低。在该指定频带（称为**通带**）以外频率的信号，其振幅会降低到一定水平以下，可以认为是滤波器阻断了它们。

滤波作用体现了滤波器的阻抗特性。阻抗在谐振时最小，且在低于和高于谐振频率时越来越大。在非常低频率时，阻抗非常高，电流几乎为零。随着频率的增大，阻抗下降，允许更大的电流通过输出电阻，从而获得更大的输出电压；在谐振频率时，阻抗极小，等于电路电阻（线圈电阻加上 $R$）。此时电流最大，产生最大的输出电压；当频率高于谐振频率时，阻抗再次增加，导致电流和输出电压下降。图 13-20 说明了串联谐振的带通滤波器的频率响应示例。

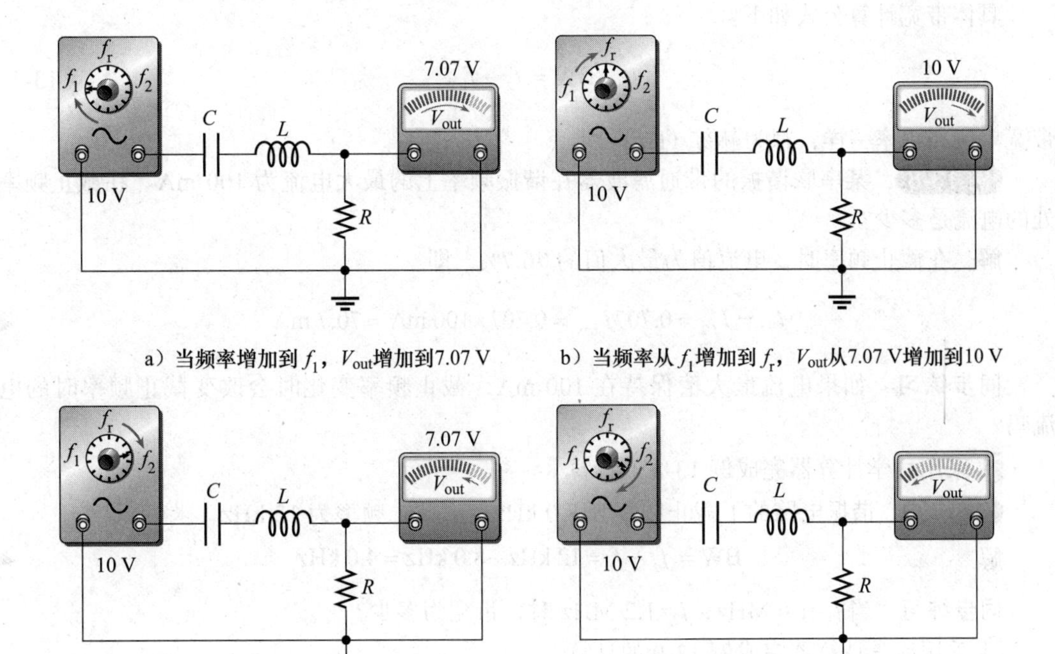


a）当频率增加到 $f_1$，$V_{out}$增加到7.07 V　　b）当频率从 $f_1$增加到 $f_r$，$V_{out}$从7.07 V增加到10 V

c）当频率从 $f_r$增加到 $f_2$，$V_{out}$从10 V减小到7.07 V　　d）当频率增加到 $f_2$以上，$V_{out}$降到7.07 V以下

图 13-20　输入电压有效值 10 V 的串联谐振的带通滤波器的频率响应示例。线圈电阻忽略不计

### 13.4.2 通频带的带宽

带通滤波器的带宽（BW）是指电流（或输出电压）等于或大于其谐振值 70.7% 的频率范围。带通滤波器的带宽如图 13-21 所示。

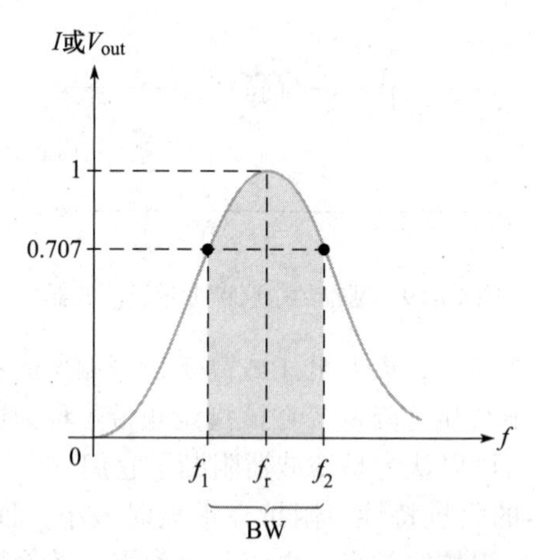


图 13-21 串联谐振的带通滤波器的一般响应曲线

当滤波器输出为最大输出值的 70.7%，此时的频率称为**截止频率**。在图 13-21 中，频率 $f_1$ 低于 $f_r$，且电流 $I$ 为最大电流的 70.7%，此时的频率称为下截止频率。频率 $f_2$ 高于 $f_r$，且电流 $I$ 为最大值的 70.7%，此时的频率称为上截止频率。$f_1$ 和 $f_2$ 的另外的称谓有 −3 dB（分贝）频率、关键频率、带宽频率和半功率频率。

具体带宽计算公式如下。

$$BW = f_2 - f_1 \tag{13-5}$$

带宽单位和频率一样，都为赫兹（Hz）。

**例 13-8** 某串联谐振的带通滤波器在谐振频率上的最大电流为 100 mA。在截止频率处的电流是多少？

**解** 在截止频率时，电流值为最大值的 70.7%，即

$$I_{f1} = I_{f2} = 0.707 I_{max} = 0.707 \times 100\ \text{mA} = 70.7\ \text{mA}$$ ◀

**同步练习** 如果电流最大值保持在 100 mA，截止频率变化时会改变截止频率时的电流吗？

采用科学计算器完成例 13-8 的计算。

**例 13-9** 谐振电路的下截止频率为 8.0 kHz，上截止频率为 12 kHz，求带宽。

**解**

$$BW = f_2 - f_1 = 12\ \text{kHz} - 8.0\ \text{kHz} = 4.0\ \text{kHz}$$ ◀

**同步练习** 当 $f_1$=1.0 MHz，$f_2$=1.2 MHz 时，带宽为多少？

采用科学计算器完成例 13-9 的计算。

### 13.4.3 滤波器响应的半功率点

如前所述，上截止频率、下截止频率有时又称为**半功率频率**。该词来源于这样一个事实：在这些频率下，电源输出的有功功率是谐振频率下输出有功功率的一半。下面的例子说

明了串联谐振电路就是如此。

发生谐振时，

$$P_{max} = I_{max}^2 R$$

在截止频率 $f_1$（或 $f_2$）频率时，输出有功功率为

$$P_{f1} = I_{f1}^2 R = 0.707 I_{max}^2 R = 0.707^2 I_{max}^2 R = 0.5 I_{max}^2 R = 0.5 P_{max}$$

### 13.4.4 分贝测量

上、下截止频率的另一个常见术语是 −3 dB 频率。**分贝（dB）**是两个功率之比的对数的十倍，可用于表示滤波器的输入输出关系。式（13-6）表示以分贝为单位的功率比。

$$10\lg\left(\frac{P_{out}}{P_{in}}\right) \tag{13-6}$$

使用电压比的分贝公式，如式（13-7）所示，它是基于前述功率比公式以及对应电阻两端的测量电压。

$$20\lg\left(\frac{V_{out}}{V_{in}}\right) \tag{13-7}$$

**例 13-10** 某频率下滤波器的输出功率为 5.0 W，输入功率为 10 W。用分贝表示功率比。

**解**

$$10\lg\left(\frac{P_{out}}{P_{in}}\right) = 10\lg\left(\frac{5.0\ \text{W}}{10\ \text{W}}\right) = 10\lg 0.5 = -3.01\ \text{dB}$$ ◀

**同步练习** 计算电压比 $V_{out}/V_{in}$=0.2 时的功率比（单位：dB）。

采用科学计算器完成例 13-10 的计算。

**−3 dB 频率** 滤波器的输出在截止频率上降低了 3 dB。如你所知，这个频率就是输出电压为谐振时最大电压 70.7% 的频率。由式（13-7）可知，70.7% 点与最大值以下 3.0 dB（或 −3.0 dB）点相同，如下所示。最大电压以 0 dB 电压为参考。

$$20\lg\left(\frac{0.707V_{max}}{V_{max}}\right) = 20\lg 0.707 = -3.0\ \text{dB}$$

### 13.4.5 带通滤波器的选择性

图 13-21 中的响应曲线也称为选择性曲线。**选择性**定义了一个谐振电路对某一特定频率的响应程度。带宽越窄，选择性越大。

在理想响应中，谐振电路只接受带宽内的频率，而完全消除带宽以外的频率。然而，实际情况并非如此，因为带宽外的频率信号并没有被完全消除——它们的幅度大大降低了。频率距截止频率越远，减小的幅度就越大，如图 13-22a 所示。理想的选择性曲线如图 13-22b 所示。

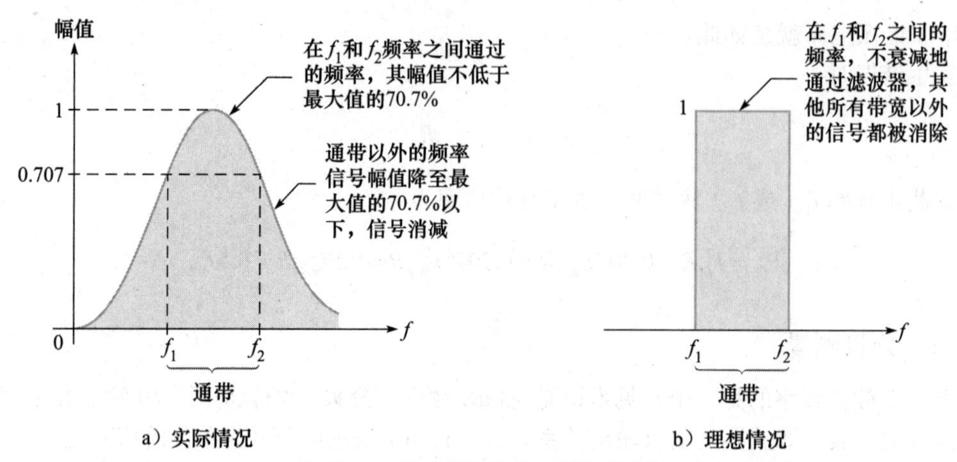


图 13-22 带通滤波器的通用选择曲线

决定实际带通滤波器选择性的因素是响应曲线的陡度。选择性更强的比选择性更弱的滤波器通带以外的频率衰减得更快，如图 13-23 所示。在通信系统中，一个高选择性的滤波器可把期望的信号从其附近频率信号中选择出来。

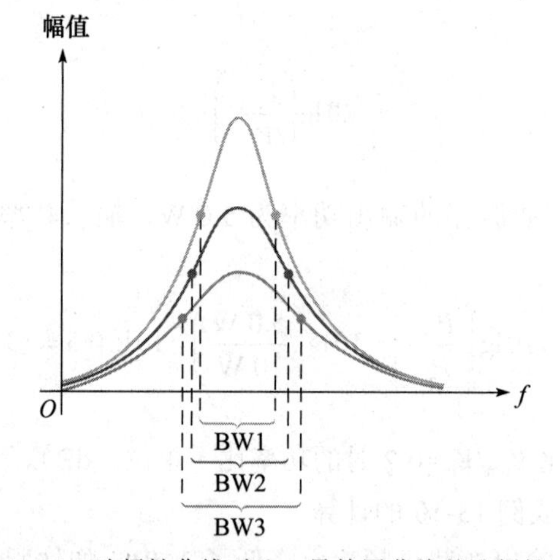


图 13-23 选择性曲线对比，最外层曲线的选择性最好

### 13.4.6 谐振电路的品质因数（Q）

回忆一下，线圈的品质因数（$Q$）在 11.5 节中被定义为在指定频率下，无功功率与有功功率之比，有功功率是线圈中电阻消耗的功率。在串联谐振电路中，电路的品质因数 $Q$ 包括了线圈串联的所有电阻，因为电路包括的电阻 $R$ 要大于单纯线圈的电阻，所以电路的 $Q$ 比单纯线圈的 $Q$ 低。串联谐振电路的 $Q$ 仍然是电感的无功功率与电阻的有功功率之比。在谐振电路中，品质因数很重要，其计算公式如下：

$$Q=\frac{\text{无功功率}}{\text{有功功率}}=\frac{I^2X_L}{I^2R}$$

消去 $I^2$，$Q$ 的表达式如式（13-8）所示。

$$Q=\frac{X_L}{R} \tag{13-8}$$

由于 $X_L$ 随频率变化，所以品质因数 $Q$ 也随频率变化，故在谐振时要关心 $Q$ 值的大小。注意品质因数 $Q$ 是相同物理单位（Ω）的比值，因此，$Q$ 本身没有物理单位。

**例 13-11**　图 13-24 中所示电路在频率为 16.4 kHz 发生谐振，求品质因数 $Q$ 的值。假设线圈内阻 $R_W$=0 Ω。

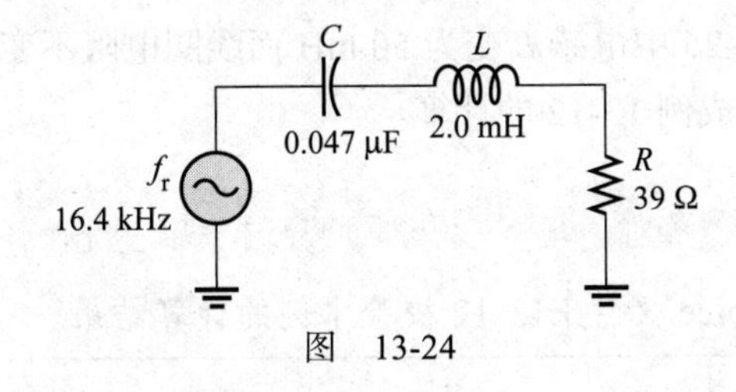


图　13-24

**解**　电路的感抗为

$$X_L = 2\pi f_r L = 2\pi \times 16.4\ \text{kHz} \times 2.0\ \text{mH} = 206\ \Omega$$

品质因数为

$$Q = \frac{X_L}{R} = \frac{206\ \Omega}{39\ \Omega} = 5.28$$ ◀

**同步练习**　如果图 13-24 中电容 $C$ 减半，求谐振时的 $Q$。此时谐振频率增大。

采用科学计算器完成例 13-11 的计算。

**Q 值如何影响带宽**　电路 $Q$ 值越大，带宽越小；$Q$ 值越小，带宽越大。用 $Q$ 表示的谐振电路的带宽公式如下：

$$\text{BW} = \frac{f_r}{Q} \tag{13-9}$$

**例 13-12**　图示 13-25 所示滤波器的带宽为多少？

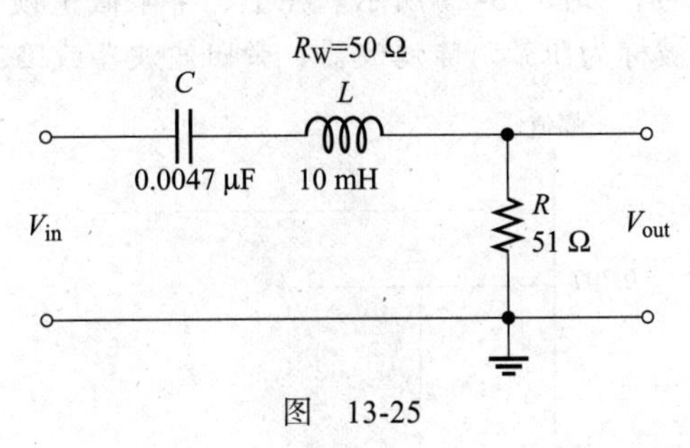


图　13-25

**解**　电路的总阻抗为

$$R_{tot} = R + R_W = 51\ \Omega + 50\ \Omega = 101\ \Omega$$

求带宽的过程如下：

$$f_r = \frac{1}{2\pi\sqrt{LC}} = \frac{1}{2\pi\sqrt{10\ \text{mH} \times 0.0047\ \mu\text{F}}} = 23.2\ \text{kHz}$$

$$X_L = 2\pi f_r L = 2\pi \times 23.2\ \text{kHz} \times 10\ \text{mH} = 1.46\ \text{k}\Omega$$

$$Q=\frac{X_L}{R_{\text{tot}}}=\frac{1.46\times10^3\ \Omega}{101\ \Omega}=14.4$$

$$\text{BW}=\frac{f_r}{Q}=\frac{23.2\ \text{kHz}}{14.4}=1.61\ \text{kHz}$$

**同步练习** 如果图 13-25 中电感 $L$ 变为 50 mH 而线圈电阻不变，求带宽。

采用科学计算器完成例 13-12 的计算。

**Multisim 仿真**

打开 Multisim 或 LTspice 文件 E13-12 校验本例的计算结果。

### 13.4.7 带阻滤波器

基本串联谐振**带阻滤波器**如图 13-26 所示。注意，输出电压取自电路中 $LC$ 两端的电压。该滤波器和带通滤波器一样仍然是一个 $RLC$ 串联电路。不同的是，输出电压取自电感 $L$ 和电容 $C$ 串联部分两端而不是电阻 $R$ 两端。

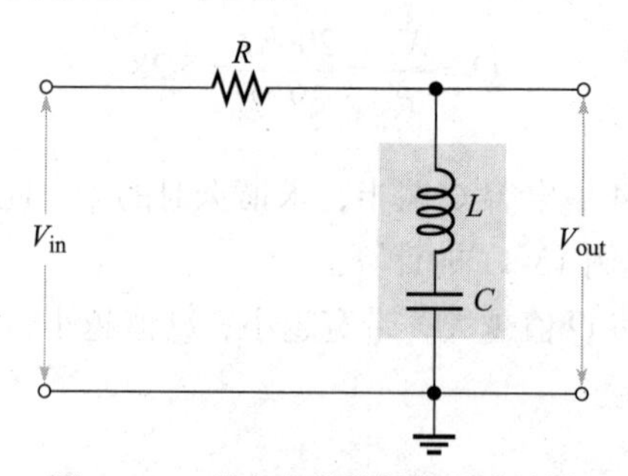


图 13-26 基本串联谐振带阻滤波器

**带阻滤波器**抑制上、下限截止频率之间的频率信号，允许通过频率在上限截止频率以上和下限截止频率以下的信号，如图 13-27 所示。在上、下限截止频率之间的频率范围称为**阻带**。这种类型的滤波器也被称为阻带消除滤波器、带阻滤波器或陷波滤波器。

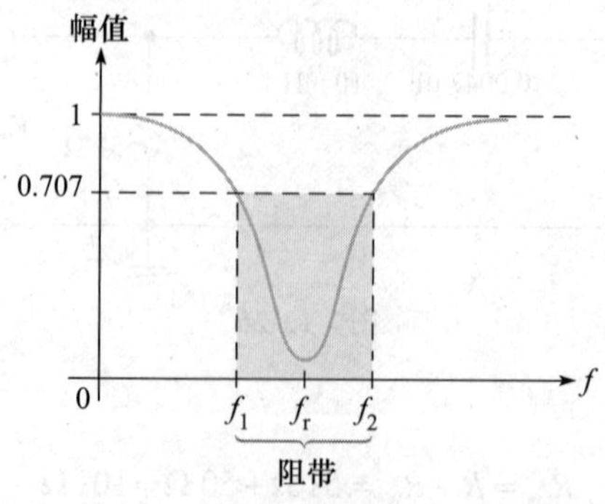


图 13-27 带阻滤波器的一般响应曲线

带通滤波器中讨论的所有特性都同样适用于带阻滤波器，只是输出电压的响应曲线相反。对于带通滤波器，$V_{out}$ 在谐振时最大。对于带阻滤波器，$V_{out}$ 在谐振时最小。

在非常低的频率下，由于 $X_C$ 极大，$LC$ 两端近似开路，从而允许大部分输入电压落在输出端。随着频率的增加，$LC$ 的串联组合阻抗减小，直到为 0( 理想情况下)，出现谐振。因此，输出信号短路接地，只有非常小的输出电压。随着频率超过谐振频率，$LC$ 阻抗增加，其上的电压也增加。串联谐振带阻滤波器的频率响应的示例如图 13-28 所示。

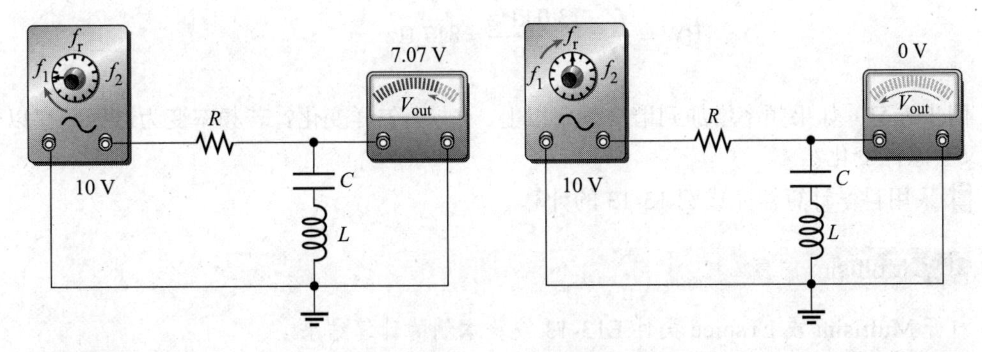


a）当频率增加到 $f_1$ 时，$V_{out}$ 从 10 V 减小到 7.07 V　b）当频率从 $f_1$ 增加到 $f_r$ 时，$V_{out}$ 从 7.07 V 减小到 0 V

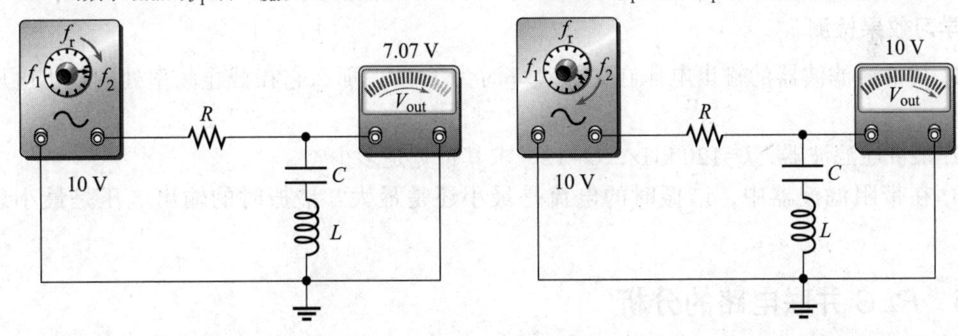


c）当频率从 $f_r$ 增加到 $f_2$ 时，$V_{out}$ 从 0 V 增加到 7.07 V　d）当频率增加到 $f_2$ 以上时，$V_{out}$ 增加，趋向于 10 V

图 13-28　串联谐振带阻滤波器在 $V_{in}$ 保持有效值 10 V 时频率响应的示例（忽略线圈电阻）

**例 13-13**　对于图 13-29 所示电路，求当频率为 $f_r$ 时的输出电压和带宽。

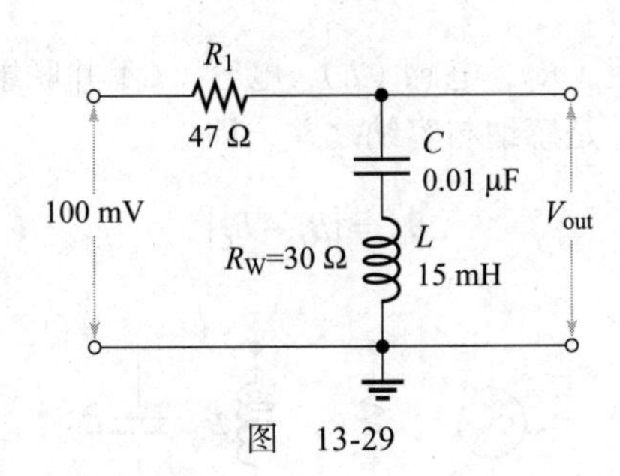


图　13-29

**解**　既然谐振时 $X_L=X_C$，那么可用分压公式求 $V_{out}$。

$$V_{out}=\left(\frac{R_W}{R_1+R_W}\right)V_{in}=\frac{30\ \Omega}{77\ \Omega}\times 100\ \text{mV}=39.0\ \text{mV}$$

求带宽的过程如下。

$$f_r=\frac{1}{2\pi\sqrt{LC}}=\frac{1}{2\pi\sqrt{15\ \text{mH}\times 0.01\ \mu\text{F}}}=13.0\ \text{kHz}$$

$$X_L=2\pi f_r L=2\pi\times 13.0\ \text{kHz}\times 15\ \text{mH}=1.22\ \text{k}\Omega$$

$$Q=\frac{X_L}{R}=\frac{X_L}{R_1+R_W}=\frac{1.22\times10^3\ \Omega}{77\ \Omega}=15.9$$

$$BW=\frac{f_r}{Q}=\frac{13.0\text{ kHz}}{15.9}=817\text{ Hz}$$

**同步练习** 如果频率增加到谐振频率以上，$V_{out}$ 会怎样变化？若频率变为谐振频率以下，$V_{out}$ 又会怎样变化？

采用科学计算器完成例 13-13 的计算。

**Multisim 仿真**

打开 Multisim 或 LTspice 文件 E13-13 校验本例的计算结果。

**学习效果检测**

1. 某带通滤波器的输出电压在谐振频率时为 15 V，那么它在截止频率处的输出电压是多少？

2. 某带通滤波器，$f_r$=120 kHz，$Q$=12，求其带宽是多少？

3. 在带阻滤波器中，谐振时的电流是最小还是最大？谐振时的输出电压是最小还是最大？

## 13.5 *RLC* 并联电路的分析

本节你将学习如何确定 *RLC* 并联电路的阻抗和相位角。此外，本节还介绍了电流关系以及串 - 并联到并联的等效转换。

### 13.5.1 阻抗和相位角

图 13-30 所示电路由电阻（$R$）、电感（$L$）、电容（$C$）并联组成，将电导（$G$）和总电纳（$B_{tot}$）相量求和得到导纳，$B_{tot}$ 是感纳与容纳之差，即

$$B_{tot}=|B_L-B_C|$$

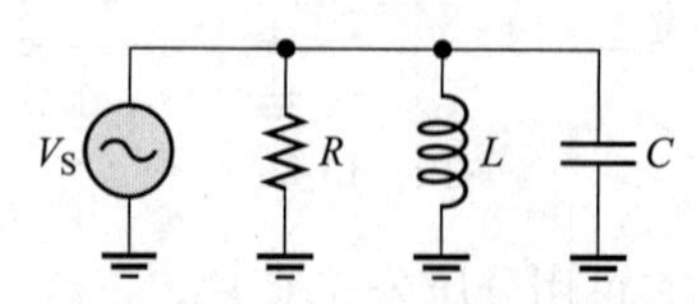


图 13-30 *RLC* 并联电路

因此，导纳计算公式为

$$Y=\sqrt{G^2+B_{tot}^2} \tag{13-10}$$

总阻抗为导纳的倒数，即

$$Z_{tot}=\frac{1}{Y}$$

电路相位角为

$$\theta = \arctan\left(\frac{B_{tot}}{G}\right) \tag{13-11}$$

当频率高于谐振频率（$X_C < X_L$）时，图 13-31 中电路的阻抗为容性的，因为容性电流更大，阻抗角为负，总电流超前于电源电压；当频率低于谐振频率（$X_C > X_L$）时，电路的阻抗为感性的，总电流滞后于电源电压。

例 13-14 (a) 画出图 13-31 中 RLC 并联电路的电导、电纳和导纳的相量图。(b) 如果 $V_S$=5.0 V，使用导纳相量来计算并画出各电流相量图。

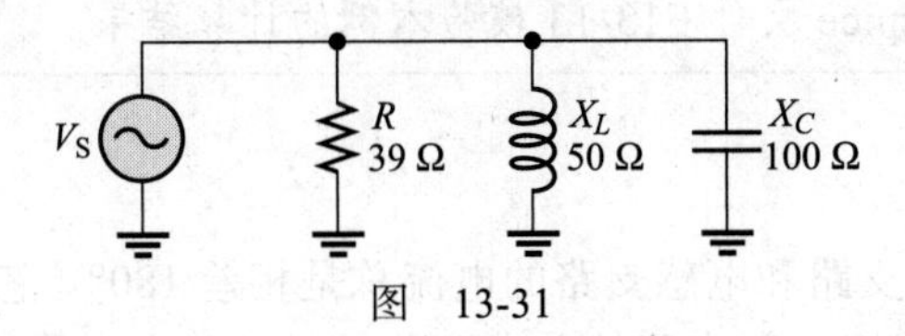

图 13-31

**解** (a) 首先，求解导纳。

$$G = \frac{1}{R} = \frac{1}{39\ \Omega} = 25.6\ \text{mS}$$

$$B_C = \frac{1}{X_C} = \frac{1}{100\ \Omega} = 10\ \text{mS}$$

$$B_L = \frac{1}{X_L} = \frac{1}{50\ \Omega} = 20\ \text{mS}$$

$$B_{tot} = |B_L - B_C| = 10\ \text{mS}$$

$$Y = \sqrt{G^2 + B_{tot}^2} = \sqrt{(25.6\ \text{mS})^2 + (10\ \text{mS})^2} = 27.5\ \text{mS}$$

容纳相量超前电导 90°，感纳滞后电导 90°。导纳相量是电纳相量和电导相量之和，图 13-32a 给出了导纳相量图。

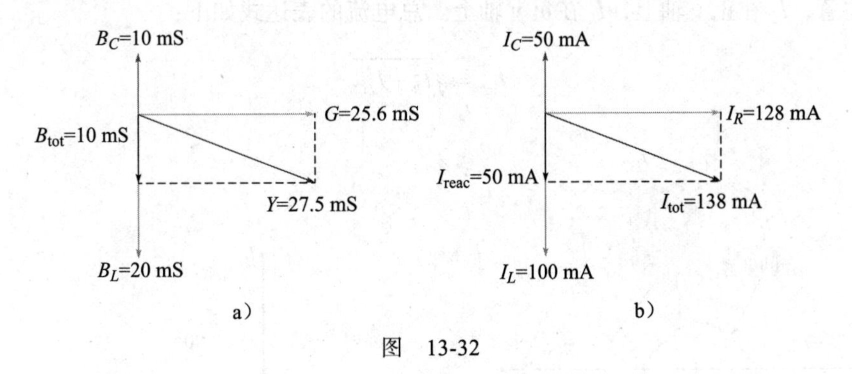

图 13-32

（b）元件上的电流等于它两端电压乘以它的电导或电纳，总电流等于电压乘以导纳。因为各元件相并联，所以各元件上的电压等于电源电压 $V_S$，于是

$$I_R = V_S G = 5.0\ \text{V} \times 25.6\ \text{mS} = 128\ \text{mA}$$

$$I_C = V_S B_C = 5.0\ \text{V} \times 10\ \text{mS} = 50\ \text{mA}$$

$$I_L = V_S B_L = 5.0\text{ V} \times 20\text{ mS} = 100\text{ mA}$$
$$I_{reac} = V_S B_{tot} = 5.0\text{ V} \times 10\text{ mS} = 50\text{ mA}$$
$$I_{tot} = V_S Y = 5.0\text{ V} \times 27.5\text{ mS} = 138\text{ mA}$$

支路电流的相位与它们各自电导、电纳和导纳的相位相同，如图 13-32b 所示。◀

**同步练习** 图 13-31 中电路的阻抗是感性的还是容性的？

 采用科学计算器完成例 13-14 的计算。

**Multisim 仿真**

打开 Multisim 或 LTspice 文件 E13-13 校验本例的计算结果。

### 13.5.2 电流关系

在图 13-33 中，电容支路和电感支路的电流总是相差 180°（忽略线圈电阻）。因此，$I_C$ 和 $I_L$ 相互抵消，流入 $L$ 和 $C$ 并联支路的总电流总是小于单个支路的最大电流。电路的电流波形图如图 13-34 所示。

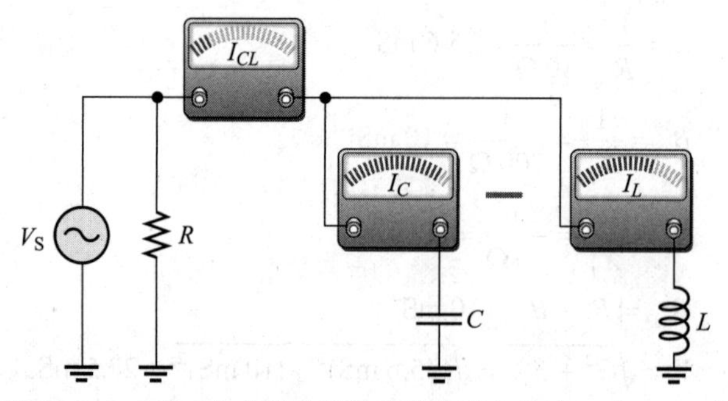


图 13-33 $C$ 和 $L$ 的并联电流为支路电流之差（$I_{LC}=|I_C - I_L|$）

经过分析，电流相量图如图 13-35 所示，电阻支路电流总是与无功电流在相位上相差 90°。请注意，$I_C$ 在正 $y$ 轴上，$I_L$ 在负 $y$ 轴上。总电流的表达式如下：

$$I_{tot} = \sqrt{I_R^2 + I_{LC}^2} \tag{13-12}$$

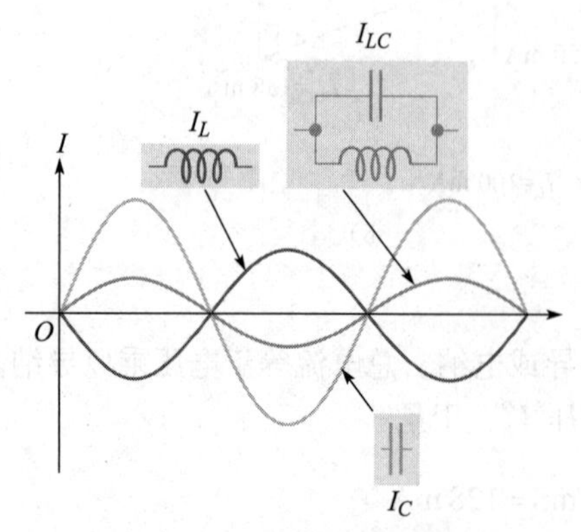


图 13-34 电路的电流波形图

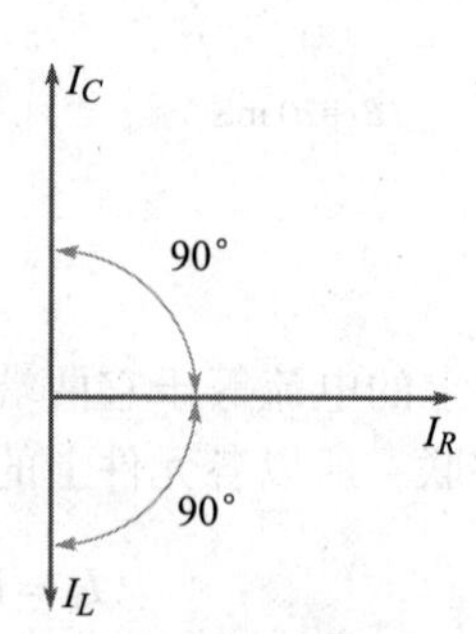


图 13-35 $RLC$ 并联电路的电流相量图

式中，$I_{CL}$ 为两支路电流之差的绝对值 $|I_C - I_L|$，表示流入电感和电容支路的总电流。

相位角也可以用支路电流表示，如式（13-13）所示。

$$\theta = \arctan\left(\frac{I_{LC}}{I_R}\right) \tag{13-13}$$

**例 13-15**　求图 13-36 所示电路的总电流和各支路电流，画出它们的相量图。

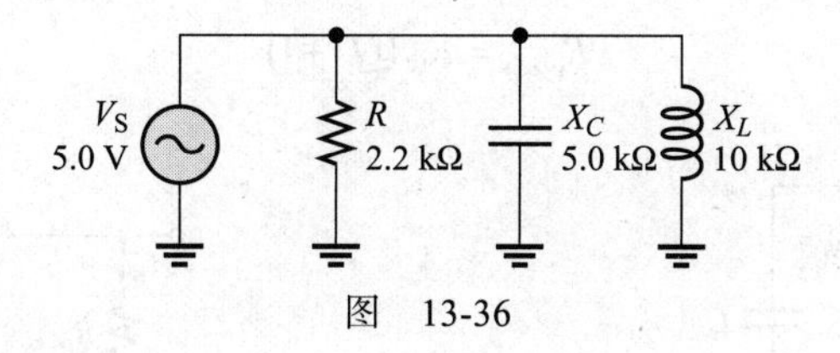


图　13-36

**解**　用欧姆定律求各支路电流。

$$I_R = \frac{V_S}{R} = \frac{5.0\ \text{V}}{2.2\ \text{k}\Omega} = 2.27\ \text{mA}$$

$$I_C = \frac{V_S}{X_C} = \frac{5.0\ \text{V}}{5.0\ \text{k}\Omega} = 1.0\ \text{mA}$$

$$I_L = \frac{V_S}{X_L} = \frac{5.0\ \text{V}}{10\ \text{k}\Omega} = 0.5\ \text{mA}$$

总电流为各支路电流的相量和，它们为

$$I_{LC} = |I_C - I_L| = 0.5(\text{mA})$$

$$I_{\text{tot}} = \sqrt{I_R^2 + I_{LC}^2} = \sqrt{(2.27\ \text{mA})^2 + (0.5\ \text{mA})^2} = 2.33\ \text{mA}$$

相位角为

$$\theta = \arctan\left(\frac{I_{LC}}{I_R}\right) = \arctan\left(\frac{0.5\ \text{mA}}{2.27\ \text{mA}}\right) = 12.4°$$

总电流为 2.33 mA，超前 $V_S$12.4°。图 13-37 为电路各电流的相量图。

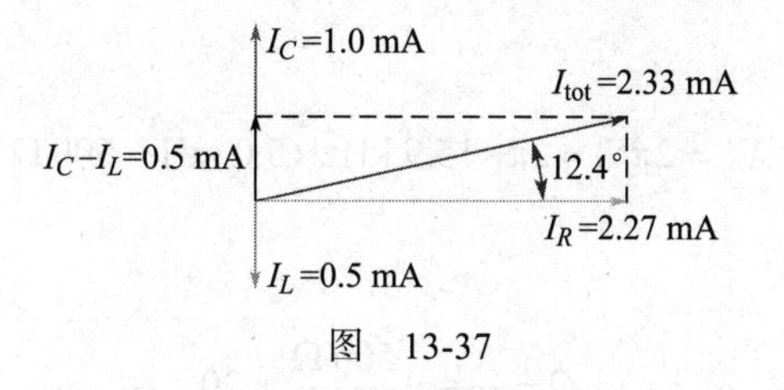


图　13-37

◀

**同步练习**　如果图 13-36 中频率增加，总电流是增加还是减少？为什么？

采用科学计算器完成例 13-15 的计算。

### 13.5.3　串 – 并联到并联的等效变换

图 13-38 所示的 *RLC* 串 – 并联电路很重要，它表示电感和电容的并联，电感支路的串

联电阻表示线圈的电阻。

图 13-38 中的串－并联电路可以用并联电路来等效，如图 13-39 所示。

等效为并联电路的等效电感 $L_{eq}$ 和等效电阻 $R_{eq}$ 由下面公式给出。

$$L_{eq}=L\left(\frac{Q^2+1}{Q^2}\right) \tag{13-14}$$

$$R_{p(eq)}=R_W(Q^2+1) \tag{13-15}$$

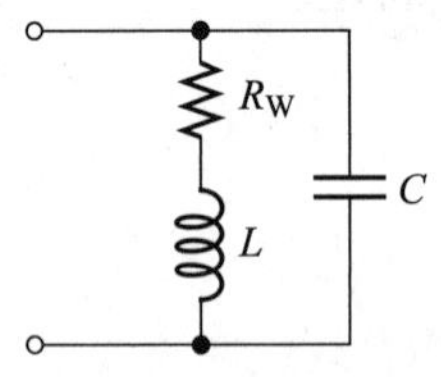


图 13-38 RLC 串－并联电路（$Q=X_L/R_W$）

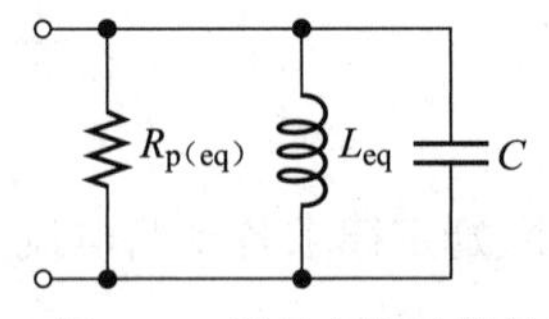


图 13-39 图 13-38 所示电路的等效并联电路

式中，$Q$ 是线圈的品质因数，其为 $X_L/R_W$。这些公式的推导较为复杂，在此不加阐述。注意在等式中当 $Q\geqslant10$，$L_{eq}$ 的值与 $L$ 的值近似相等。例如，如果 $L$=10 mH，$Q$=10，则

$$L_{eq}=10\text{ mH}\times\left(\frac{10^2+1}{10^2}\right)=10\text{ mH}\times1.01=10.1\text{ mH}$$

两个电路等效意味着在给定频率下，当两个电路的电压相同时，两个电路的总电流的大小和相位角也相同。通常来讲，等效电路会使电路分析更加方便。

**例 13-16** 将图 13-40 中串－并联电路转换成给定频率下的等效并联电路。

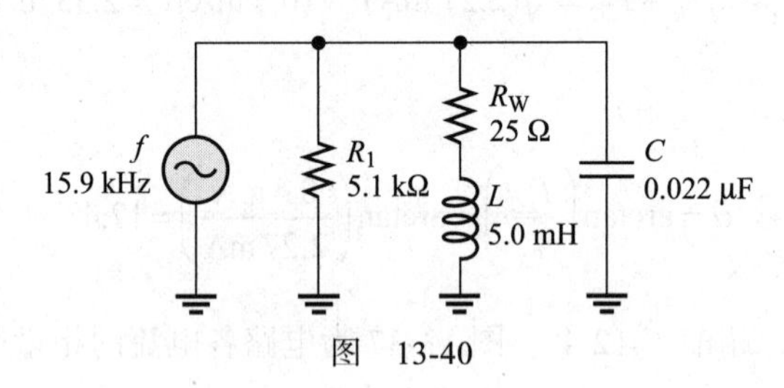


图 13-40

**解** 求电路的感抗。

$$X_L=2\pi fL=2\pi\times15.9\text{ kHz}\times5.0\text{ mH}=500\ \Omega$$

线圈的品质因数 $Q$ 为

$$Q=\frac{X_L}{R_W}=\frac{500\ \Omega}{25\ \Omega}=20$$

因为 $Q$ >10，所以

$$L_{eq}\approx L=5.0\text{ mH}$$

等效并联电阻为

$$R_{p(eq)} = R_W(Q^2+1) = 25\ \Omega \times (20^2+1) = 10.0 \times 10^3\ \Omega = 10.0\ \text{k}\Omega$$

该等效电阻与 $R_1$ 并联，如图 13-41a 所示。综上，总并联电阻 $R_{p(tot)}$ 为 3.38 kΩ，如图 13-41b 所示。

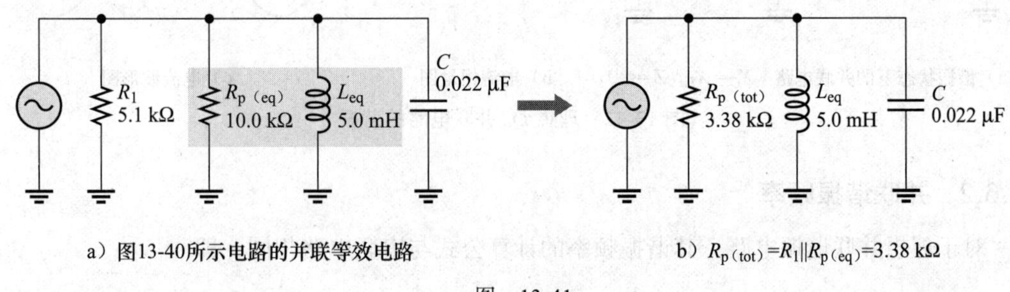


a）图13-40所示电路的并联等效电路　　b）$R_{p(tot)}=R_1 \| R_{p(eq)}=3.38$ kΩ

图　13-41

**同步练习**　如果图 13-40 中 $R_W$=10 Ω，求等效并联电路。

采用科学计算器完成例 13-16 的计算。

**Multisim 仿真**

打开 Multisim 或 LTspice 文件 E12-10，测量总电流和各支路电流。频率变为 8.0 kHz，测量 $I_{tot}$。

**学习效果检测**

1. 对于 *RLC* 并联电路，在某频率下，已知 $R$=1500 Ω，$X_C$=1000 Ω，$X_L$=500 Ω。当 $V_S$=12 V 时，求各支路的电流。

2. 问题 1 中的电路是容性的还是感性的？为什么？

3. 某电路带有 20 mH 电感，线圈电阻为 10 Ω，求其在频率为 1.0 kHz 下的等效并联电感和并联电阻。

## 13.6　*RLC* 并联电路的谐振

本节首先讨论理想 *LC* 并联电路（无线圈电阻）的谐振条件，然后再讨论含线圈电阻和电容的实际谐振情况。

### 13.6.1　理想并联电路谐振的条件

理想情况下，当 $X_C$=$X_L$ 时发生**并联谐振**，此时的频率称为并联谐振频率，它与串联电路的谐振频率相同。当 $X_C$=$X_L$ 时，两个分支电流（$I_C$ 和 $I_L$）大小相等，相位相反，因此，二者相互抵消，总电流为零，如图 13-42 所示。在理想情况下，假定线圈电阻为零。

由于总电流为零，理想 *LC* 并联电路的阻抗可视为无穷大。因此，理想谐振条件可描述为

$$X_L = X_C$$
$$Z_r = \infty$$

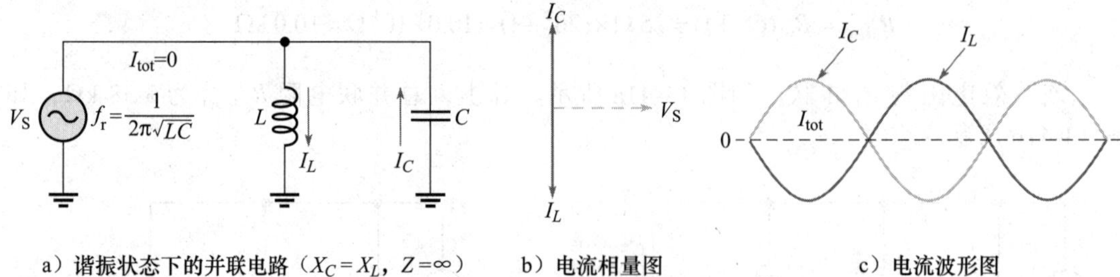


a）谐振状态下的并联电路（$X_C = X_L$，$Z = \infty$）　b）电流相量图　c）电流波形图

图 13-42　理想 LC 并联电路的谐振

## 13.6.2　并联谐振频率

对于理想并联谐振电路，其谐振频率的计算公式与串联电路相同，即

$$f_r = \frac{1}{2\pi\sqrt{LC}} \tag{13-16}$$

## 13.6.3　并联谐振电路的电流

*LC* 并联电路中的电流随着频率的增加而变化，经过从低于谐振频率，到谐振频率，再到高于谐振频率的变化。

**谐振频率以下情况**　在非常低的频率下，$X_C$ 非常大，$X_L$ 非常小，所以大部分电流流过 $L$。随着频率的增加，$L$ 上的电流减小，$C$ 上的电流增加，导致总电流在减小。任何时候，$I_L$ 和 $I_C$ 彼此相位都相差 180°，因此总电流是两条支路电流之差。在此期间，因为阻抗增加，总电流减少。

**等于谐振频率情况**　当频率达到谐振频率 $f_r$ 时，此时 $X_C$ 和 $X_L$ 相等。$I_L$ 和 $I_C$ 因为大小相等方向相反而相互抵消，此时总电流为 0，即 $I_{tot}$ 为 0，$Z$ 为无穷大。因此，理想 *LC* 并联电路在谐振频率 $f_r$ 时相当于开路。

**谐振频率以上情况**　随着频率大于谐振频率并继续增加，$X_C$ 继续减少，$X_L$ 继续增加。这导致支路电流再次不相等，$I_C$ 大于 $I_L$。因为支路电流不再完全抵消，总电流增加而阻抗减小。随着频率变得很高，阻抗变得非常小，因为一个非常小的 $X_C$ 并联一个非常大的 $X_L$。

总之，并联谐振时，当阻抗达到最大值时，电流下降到最小值。*LC* 支路的总电流表达式如式（13-17）所示。

$$I_{LC} = |I_L - I_C| \tag{13-17}$$

**例 13-17**　如图 13-43 所示，通信接收机谐振电路中有一个 680 μH 的电感和一个 180 pF 的电容。试求：(a) 电路的谐振频率是多少？(b) 如果发生谐振时并联电路两端电压为 2.0 V，各元件内的电流和总电流是多少？

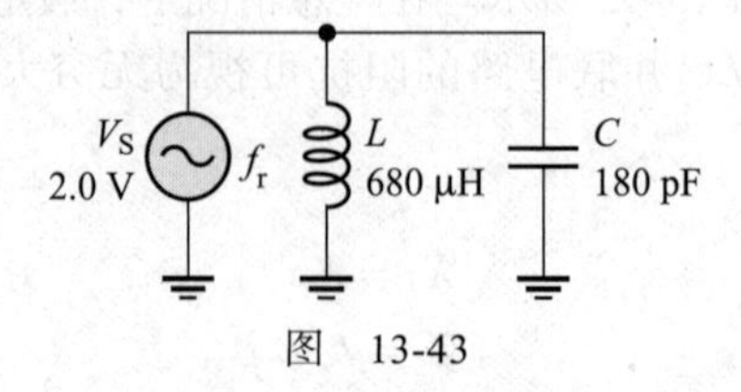


图　13-43

**解** （a）利用式（13-16），求出谐振频率。

$$f_r = \frac{1}{2\pi\sqrt{LC}} = \frac{1}{2\pi\sqrt{680\ \mu\text{H} \times 180\ \text{pF}}} = 455\ \text{kHz}$$（调幅收音电路的标准频率）

（b）

$$X_L = 2\pi f L = 2\pi \times 455\ \text{kHz} \times 680\ \mu\text{H} = 1.94\ \text{k}\Omega$$
$$X_C = X_L = 1.94\ \text{k}\Omega$$
$$I_L = \frac{V_S}{X_L} = \frac{2.0\ \text{V}}{1.94\ \text{k}\Omega} = 1.03\ \text{mA}$$
$$I_C = I_L = 1.03\ \text{mA}$$

利用式（13-17），谐振时的总电流为

$$I_{LC} = |I_L - I_C| = 0(\text{A})$$ ◀

**同步练习** 如果频率变为 470 kHz，求电感和电容电流。

采用科学计算器完成例 13-17 的计算。

**Multisim 仿真**

打开 Multisim 或 LTspice 文件 E13-17 校验本例的计算结果。

## 13.6.4 储能电路

*LC* 并联谐振电路通常被称为**储能电路**。储能电路是指并联谐振电路将能量储存在电感的磁场和电容的电场中。储存的能量在电容和电感之间每半周期交替传输，电流先向一个方向流动，然后在电感放电和电容充电时向另一个方向流动，或情况相反。图 13-44 说明了这个过程。

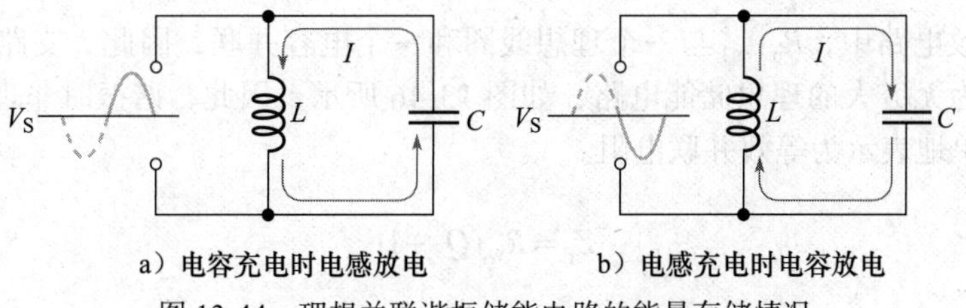


a）电容充电时电感放电　　b）电感充电时电容放电

图 13-44 理想并联谐振储能电路的能量存储情况

## 13.6.5 非理想并联谐振的条件

目前为止，研究的都是理想 *LC* 并联电路的谐振。现在让我们考虑一下储能电路含绕组电阻时的谐振情况，即非理想并联谐振电路情况。图 13-45 所示是非理想储能电路及其 *RLC* 并联等效电路。

如果绕组电阻是电路中的唯一电阻，谐振时电路的品质因数 $Q$ 就是线圈的 $Q$。

$$Q = \frac{X_L}{R_W}$$

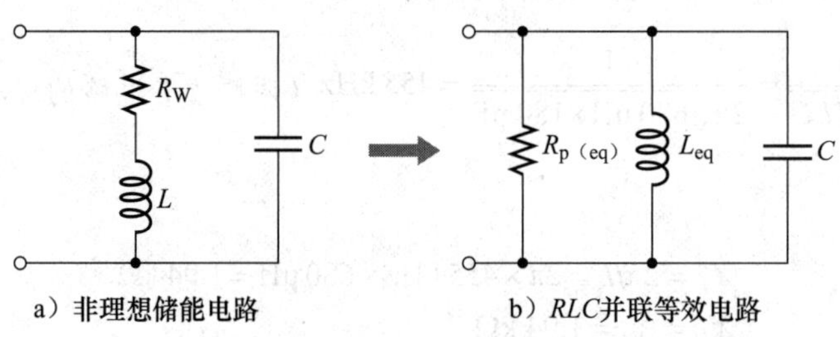


a）非理想储能电路　　b）*RLC*并联等效电路

图 13-45　含绕组电阻的并联谐振电路的实际处理

根据电路元件的值，$Q$ 也可以表示为

$$Q = \frac{1}{R_W}\sqrt{\frac{L}{C}}$$

这些关于 $Q$ 的方程只包括绕组电阻 $R_W$，忽略了任何由于电源电阻或负载电阻而产生的负载影响。电路中的附加电阻将导致 $Q$ 更低，但这种影响可以通过将输出跨接在一个串联“传感”电阻上加以缓解。

例 13-23 说明了在没有使用传感电阻的情况下考虑负载的影响。等效电感和等效并联电阻的表达式如下：

$$L_{eq} = L\left(\frac{Q^2+1}{Q^2}\right)$$

$$R_{p(eq)} = R_W(Q^2+1)$$

回顾一下，对于 $Q \geqslant 10$，就有 $L_{eq} \approx L$。

在并联谐振时，

$$X_{L(eq)} = X_C$$

在并联等效电路中，$R_{p(eq)}$ 与一个理想线圈和一个电容并联，因此 $L$ 支路和 $C$ 支路是一个谐振时阻抗为无穷大的理想储能电路，如图 13-46 所示。因此，谐振时非理想储能电路的总阻抗可以简单地表示为等效并联电阻。

$$Z_r = R_W(Q^2+1)$$

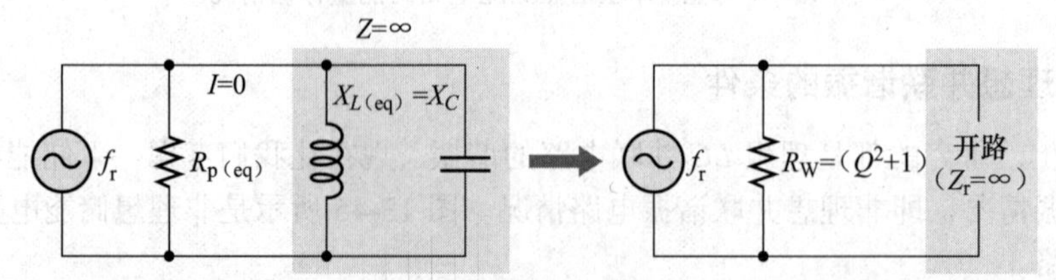


图 13-46　谐振时，$LC$ 并联部分开路，从电源看去只有 $R_{p(eq)}$，它等于 $R_W(Q^2+1)$

**例 13-18**　如图 3-47 中所示电路，求电路发生谐振频率时电路中的阻抗（$f_r \approx 17.8$ kHz）？

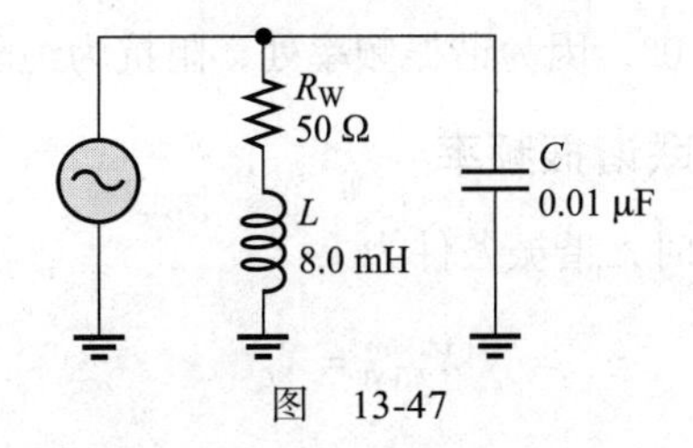


图　13-47

**解**　在计算阻抗之前，先计算品质因数。求 $Q$ 首先要计算感抗。

$$X_L = 2\pi f_r L = 2\pi \times 17.8\ \text{kHz} \times 8.0\ \text{mH} = 895\ \Omega$$

$$Q = \frac{X_L}{R_W} = \frac{895\ \Omega}{50\ \Omega} = 17.9$$

$$Z_r = R_W(Q^2 + 1) = 50\ \Omega \times (17.9^2 + 1) = 16.1 \times 10^3\ \Omega = 16.1\ \text{k}\Omega$$

**同步练习**　如果图 13-47 中线圈电阻为 10 Ω，求 $Z_r$。

采用科学计算器完成例 13-18 的计算。

### 13.6.6　阻抗随频率的变化

如图 13-48 所示，理想 *RLC* 并联谐振电路的阻抗在谐振频率处最大，在谐振频率两侧，频率越低或越高，阻抗都变得越小。

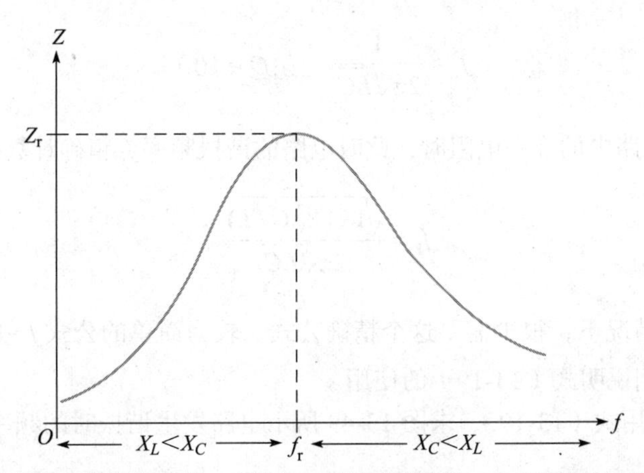


图 13-48　并联谐振电路的一般阻抗曲线。电路在 $f_r$ 以下是感性的，在 $f_r$ 时是阻性的，在 $f_r$ 以上是容性的

在非常低频率时，$X_L$ 非常小，$X_C$ 非常大，所以总阻抗基本上等于电感支路的阻抗。随着频率增加，阻抗也增加，但感抗在总阻抗中占主导地位（因为它小于 $X_C$，传递更多的电流）。在谐振时，$X_L=X_C$，阻抗最大。当频率大于谐振频率时，容抗占主导地位（因为它小于 $X_L$，传递更多的电流），阻抗降低。

### 13.6.7　谐振时的电流和相位角

在理想的储能电路中，因为并联总电抗为无穷大，所以谐振时电源电流为零。在非理想情况下，谐振频率时存在电流。总电流由谐振时的阻抗决定，如式（13-18）所示。

$$I_{tot} = \frac{V_S}{Z_r} \tag{13-18}$$

并联谐振电路的相位角为 0°，因为谐振频率处，阻抗为纯阻性。

### 13.6.8 非理想电路中的并联谐振频率

如你所知，考虑绕组电阻时，谐振条件为

$$X_{L(\mathrm{eq})}=X_C$$

也即

$$2\pi f_r L\left(\frac{Q^2+1}{Q^2}\right)=\frac{1}{2\pi f_r C}$$

求得 $f_r$ 为

$$f_r=\frac{1}{2\pi\sqrt{LC}}\sqrt{\frac{Q^2}{Q^2+1}}$$

当 $Q\geqslant 10$，含 $Q$ 的因子项近似为 1。

$$\sqrt{\frac{Q^2}{Q^2+1}}=\sqrt{\frac{100}{101}}=0.995\approx 1$$

因此，只要 $Q$ 等于或大于 10，并联谐振频率与串联谐振频率近似相等。

$$f_r\approx\frac{1}{2\pi\sqrt{LC}}\quad（当\ Q\geqslant 10）$$

当线圈 $R_W$ 是电路中的唯一电阻时，此时电路的谐振频率 $f_r$ 精确计算公式为

$$f_r=\frac{\sqrt{1-(R_W^2C/L)}}{2\pi\sqrt{LC}} \tag{13-19}$$

在大多数实际情况下，很少需要这个精确公式，较为简单的公式 $f_r=1/(2\pi\sqrt{LC})$ 就足够了。下面，用示例说明式（13-19）的使用。

**例 13-19** 使用式（13-19），求图 13-49 所示电路发生谐振时的频率、阻抗和总电流。

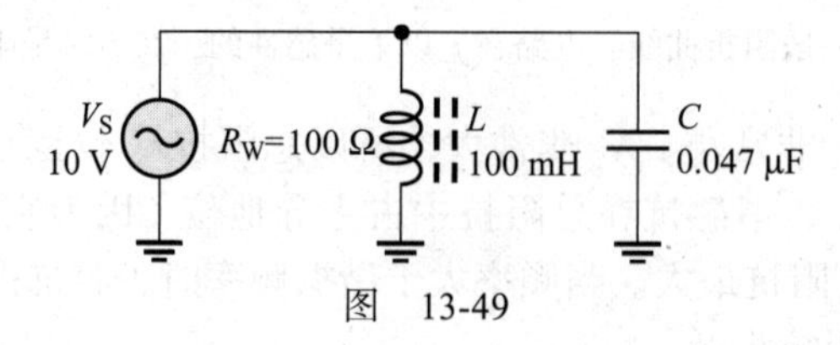


图 13-49

**解** 精确的谐振频率为

$$f_r=\frac{\sqrt{1-(R_W^2C/L)}}{2\pi\sqrt{LC}}=\frac{\sqrt{1-\left[(100\ \Omega)^2\times 0.047\ \mu\mathrm{F}/100\ \mathrm{mH}\right]}}{2\pi\sqrt{0.047\ \mu\mathrm{F}\times 100\ \mathrm{mH}}}=2.32\ \mathrm{kHz}$$

计算阻抗如下：

$$X_L = 2\pi f_r L = 2\pi \times 2.32\ \text{kHz} \times 100\ \text{mH} = 1.46\ \text{k}\Omega$$

$$Q = \frac{X_L}{R_W} = \frac{1.46 \times 10^3\ \Omega}{100\ \Omega} = 14.6$$

$$Z_r = R_W(Q^2 + 1) = 100\ \Omega \times (14.6^2 + 1) = 21.3 \times 10^3\ \Omega = 21.3\ \text{k}\Omega$$

那么，总电流为

$$I_{tot} = \frac{V_S}{Z_r} = \frac{10\ \text{V}}{21.3\ \text{k}\Omega} = 470\ \mu\text{A}$$ ◀

**同步练习**　应用公式 $f_r=1/(2\pi\sqrt{LC})$ 再次求解该题，并比较两个结果。

采用科学计算器完成例 13-19 的计算。

**Multisim 仿真**

打开 Multisim 或 LTspice 文件 E13-19 校验本例的计算结果。

除了绕组电阻外，实际电感还存在寄生电容，它存在于电感线圈之间，或电感线圈与 PCB 的接地之间，并与电感并联。由这种并联电容产生的一个不良特性就是自谐振。在自谐振频率（SRF）下，*LC* 并联会使电感出现开路，而不表现为电感。因为寄生电容很小，一般电感的自谐振频率通常是几十兆赫。高频电路会使用特殊的射频电感，电路具有非常高的自谐振频率，范围从数百兆赫到数千兆赫。

### 13.6.9　外部负载电阻对储能电路的影响

在没有负载电阻的基本并联谐振电路中，电路的品质因数仅由线圈和电源电阻决定。然而，由于交流电路对频率的依赖性，电源内阻的影响十分复杂。在谐振时，电源内阻电流很小，这是谐振电路的非理想特性所致。随着电路远离谐振频率，电流随着相移增大而增大。为了简化讨论，我们将忽略电源内阻的影响。

大多数实际电路中，外部负载（$R_L$）消耗了电源提供的大部分功率，如图 13-50a 所示。在这种情况下，负载电阻会降低电路的 *Q* 值——负载电阻越小，*Q* 值越低。负载电阻 $R_L$ 与线圈的等效电阻 $R_{p(eq)}$、等效并联电感 $L_{eq}$ 相互并联。$R_L$ 和 $R_{p(eq)}$ 共同决定了并联总电阻 $R_{p(tot)}$，如图 13-50b 所示。$R_{p(tot)}$ 的值由式（13-20）给出。

$$R_{p(tot)} = R_L \parallel R_{p(eq)} \tag{13-20}$$

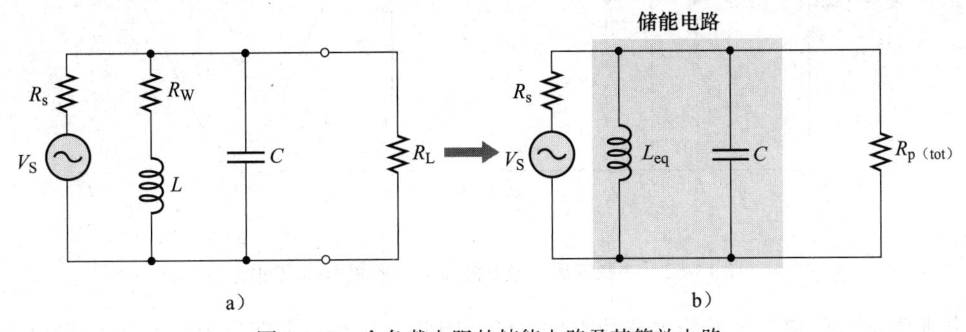


图 13-50　含负载电阻的储能电路及其等效电路

注意，在储能电路空载（$R_L$ 为无穷大）情况下，$R_{p(tot)}$ 等效为 $R_{p(eq)}$。总电路 $Q$ 的近似值，称为 $Q_O$，由式（13-21）给出。

$$Q_O \approx \frac{R_{p(tot)}}{X_L} \tag{13-21}$$

注意的是，这个 $Q_O$ 是串联电路的 $Q$ 或单一电感电路的 $Q$ 的倒数。不过，无负载的并联电路的 $Q$ 与单一电感电路的 $Q$ 结果相同，所以都可以在无负载情况下使用。

**学习效果检测**

1. 并联谐振时阻抗是最小还是最大?
2. 并联谐振时电流是最小还是最大?
3. 理想并联谐振时，$X_L$=1.5 kΩ，$X_C$ 为多少?
4. 储能电路中 $R_W$=5.0 Ω，$L$=220 μH，$C$=0.10 μF，求 $f_r$ 和 $Z_r$。
5. 如果 $Q$=25，$L$=50 mH，$C$=1000 pF，$f_r$ 是多少?
6. 在问题 5 中，如果因为储能电路负载过大，$Q$=2.5，那么 $f_r$ 为多少?
7. 在某储能电路中，绕组电阻为 20 Ω。如果 $Q$=20，谐振时的总阻抗是多少?
8. 单一电感的自谐振频率是什么，它是由什么引起的?

## 13.7 并联谐振滤波器

并联谐振电路通常应用于带通滤波器和带阻滤波器。本节我们将研究这些应用。

### 13.7.1 带通滤波器

基本并联谐振带通滤波器如图 13-51 所示。注意本应用中输出电压取自储能电路两端。

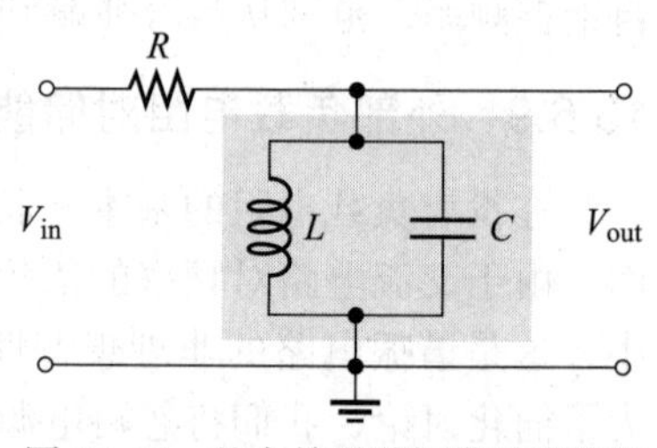


图 13-51 基本并联谐振带通滤波器

并联谐振带通滤波器的带宽和截止频率的定义方法与串联谐振带通滤波器的相同，13.4 节给出的公式仍然适用。$V_{out}$ 和 $I_{tot}$ 随频率的变化如图 13-52a 和 b 所示。

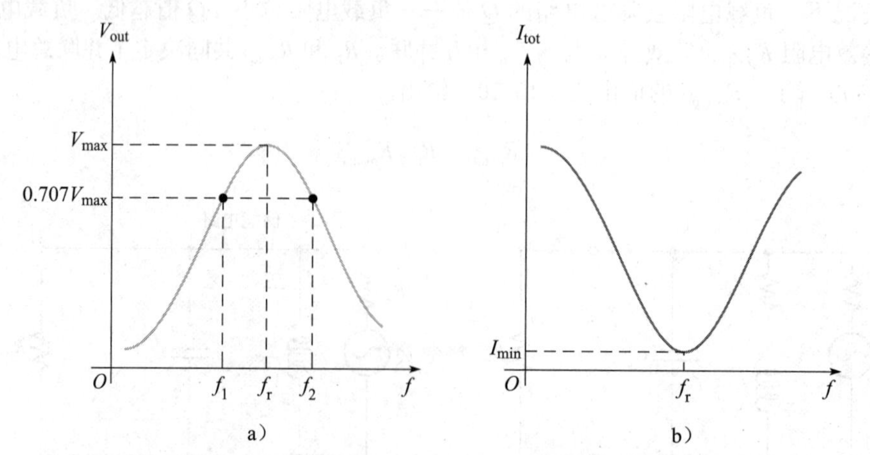


图 13-52 并联谐振带通滤波器的一般频率响应曲线

在非常低的频率下，储能电路的阻抗很低。因此，只有一小部分的输入电压落在储能电路上，其余都落在 $R$ 两端。随着频率的增加，储能电路的阻抗增加，从而导致输出电压增加。当频率达到谐振频率时，阻抗达到最大值，大部分输入电压落在储能电路上。当频率超过谐振频率时，阻抗开始下降，导致输出电压下降。

**例 13-20**　某并联谐振带通滤波器在 $f_r$ 处的最大输出电压为 4.0 V，问在截止频率处的 $V_{out}$ 是多少？

**解**　截止频率的 $V_{out}$ 是最大值的 70.7%。

$$V_{out\,(1)} = V_{out\,(2)} = 0.707V_{out\,(max)} = 0.707 \times 4.0\ \text{V} = 2.83\ \text{V}$$ ◀

**同步练习**　如果 $V_{out}$ 在谐振频率时为 10 V，截止频率时的 $V_{out}$ 是多少？

采用科学计算器完成例 13-20 的计算。

**例 13-21**　并联谐振电路的截止频率下限为 3.75 kHz，截止频率上限为 4.25 kHz，求带宽。

**解**

$$\text{BW} = f_2 - f_1 = 4.25\ \text{kHz} - 3.75\ \text{kHz} = 0.5\ \text{kHz}{=}500\ \text{Hz}$$ ◀

**同步练习**　滤波器的下限截止频率为 520 kHz，带宽为 10 kHz。上限截止频率是多少？

采用科学计算器完成例 13-21 的计算。

**例 13-22**　某并联谐振带通滤波器的谐振频率为 12 kHz，品质因数 $Q$ 为 10。它的带宽是多少？

**解**

$$\text{BW} = \frac{f_r}{Q} = \frac{12\ \text{kHz}}{10} = 1.2\ \text{kHz}$$ ◀

**同步练习**　某并联谐振滤波器的谐振频率为 100 MHz，带宽为 4.0 MHz。$Q$ 是多少？

采用科学计算器完成例 13-22 的计算。

**负载效应**如图 13-53a 所示，当一个阻性负载接在滤波器输出端时，滤波器的 $Q$ 会下降。由于 BW=$f_r$ /$Q$，带宽增加，从而选择性降低。同理，滤波器在谐振时的阻抗降低，因为 $R_L$ 与 $R_{p\,(eq)}$ 等效并联。因此，最大输出电压因被 $R_{p\,(tot)}$ 分压以及受电源内阻 $R_s$ 的影响而降低，如图 13-53b 所示。图 13-53c 显示了负载对例 13-23 所描述的特定谐振电路的影响：负载使输出电压降低，带宽增加。

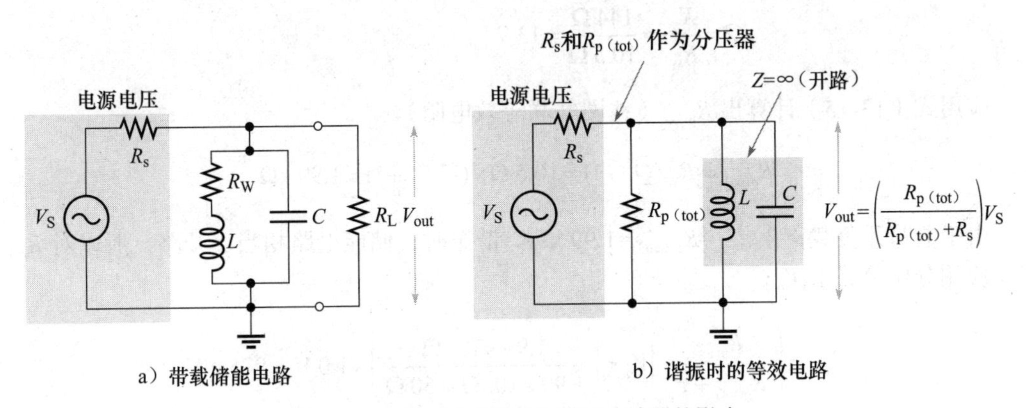


图 13-53　负载对并联谐振带通滤波器的影响

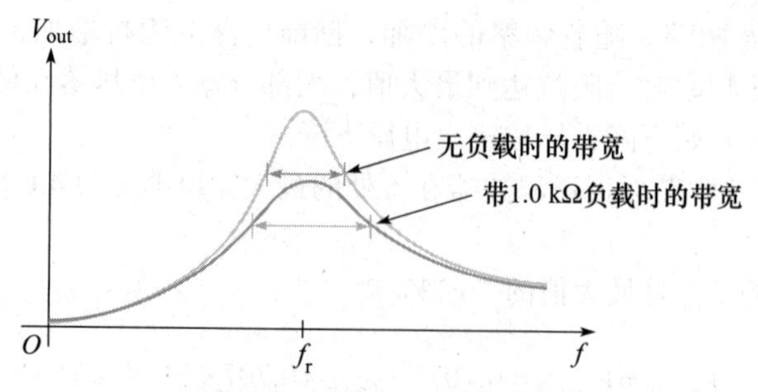


c）负载使输出电压降低，带宽增加

图 13-53 负载对并联谐振带通滤波器的影响（续）

注：图 13-51 中的电阻 $R$ 由电源内阻 $R_s$ 表示。

**例 13-23** （a）求图 13-54a 中滤波器谐振时的 $f_r$、$V_{out}$ 和 BW。电感的绕组电阻为 10.5 Ω，电源电阻为 50 Ω。

（b）当滤波器加载 1.0 kΩ 电阻时，重复问题（a），并比较结果。

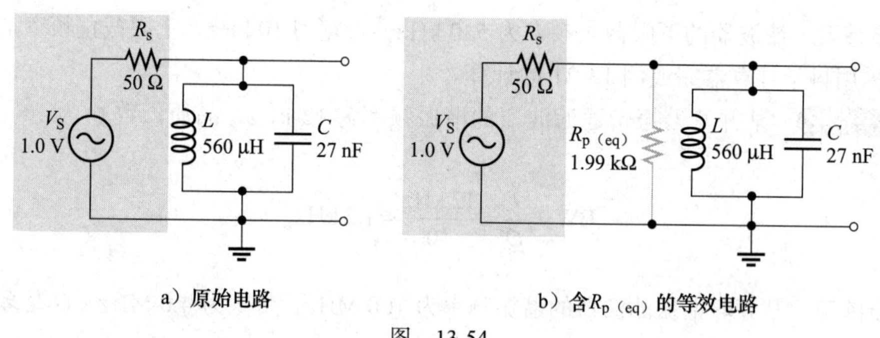


a）原始电路　　b）含 $R_{p\,(eq)}$ 的等效电路

图 13-54

**解**（a）

$$f_r = \frac{1}{2\pi\sqrt{LC}} = \frac{1}{2\pi\sqrt{560\ \mu\text{H} \times 27\ \text{nF}}} = 40.9\ \text{kHz}$$

电路无负载。要计算输出电压，首先要求得线圈的 $Q$ 和 $R_{p\,(eq)}$。

$$X_L = 2\pi fL = 2\pi \times 40.9\ \text{kHz} \times 560\ \mu\text{H} = 144\ \Omega$$

$$Q = \frac{X_L}{R_W} = \frac{144\ \Omega}{10.5\ \Omega} = 13.7$$

应用式（13-15）计算出 $R_{p\,(eq)}$（线圈并联等效电阻）。

$$R_{p(eq)} = R_W(Q^2+1) = 10.5\ \Omega \times (13.7^2+1) = 1.99\ \text{k}\Omega$$

由于电路无负载，$R_{p\,(tot)} = R_{p\,(eq)} = 1.99\ \text{k}\Omega$。谐振时，储能电路相当于开路，所以对 $R_{p\,(eq)}$ 和 $R$ 应用分压公式求 $V_{out}$。

$$V_{out} = \left(\frac{R_{p(tot)}}{R_{p(tot)}+R_s}\right)V_S = \left(\frac{1.99\times10^3\ \Omega}{1.99\times10^3\ \Omega + 50\ \Omega}\right)\times 1.0\ \text{V} = 975\ \text{mV}$$

应用式（13-21）求 BW，

$$Q_{\mathrm{O}} \approx \frac{R_{\mathrm{p(tot)}}}{X_L} \approx \frac{1.99\times10^3\ \Omega}{144\ \Omega} = 13.8$$

注意，因为电路空载，它和单一电感 $Q$ 几乎相同。

$$\mathrm{BW} = \frac{f_{\mathrm{r}}}{Q_{\mathrm{O}}} = \frac{40.9\times10^3\ \mathrm{Hz}}{13.8} = 2.97\ \mathrm{kHz}$$

（b）谐振频率受负载影响不大，

$$f_{\mathrm{r}} = 40.9\ \mathrm{kHz}$$

负载与 $R_{\mathrm{p\,(eq)}}$ 并联，降低了输出电压。应用式（13-20）就有

$$R_{\mathrm{p(tot)}} = R_L \| R_{\mathrm{p(eq)}} = 1.0\ \mathrm{k\Omega} \| 1.99\ \mathrm{k\Omega} = 665\ \Omega$$

应用分压公式有

$$V_{\mathrm{out}} = \left(\frac{R_{\mathrm{p(tot)}}}{R_{\mathrm{p(tot)}} + R_{\mathrm{s}}}\right) V_{\mathrm{S}} = \left(\frac{665\ \Omega}{665\ \Omega + 50\ \Omega}\right) \times 1.0\ \mathrm{V} = 930\ \mathrm{mV}$$

由式（13-21）计算 BW，

$$Q_{\mathrm{O}} = \frac{R_{\mathrm{p(tot)}}}{X_L} = \frac{665\ \Omega}{144\ \Omega} = 4.62$$

$$\mathrm{BW} = \frac{f_{\mathrm{r}}}{Q_{\mathrm{O}}} = \frac{40.9\ \mathrm{kHz}}{4.62} = 8.86\ \mathrm{kHz}$$

加载负载导致负载电压降低，带宽显著增加。◄

**同步练习**　一个大的负载电阻是如何对 $Q_{\mathrm{O}}$ 产生影响的？

采用科学计算器完成例 13-23 的计算。

**Multisim 仿真**

打开 Multisim 或 LTspice 文件 E13-23，测量作为电流 - 电压转换器的“感应电阻”，观察响应。将仿真结果与例题计算值进行比较，观察伯德图。在谐振电路上加载 1.0 kΩ 负载，再测量频率响应。

### 13.7.2　带阻滤波器

基本并联谐振带阻滤波器如图 13-55 所示。输出电压取自负载电阻两端，电阻与储能电路串联。此电路中，负载电阻对 $Q$ 的影响很小，通常这种影响可以忽略。

上述储能电路阻抗随频率的变化，会导致前面讨论过的电流响应，即在谐振时电流最小，在谐振频率以外电流会变大。由于输出电压跨接在负载电阻两端，输出电压跟随电流变化，从而产生带阻响应特性，如图 13-56 所示。

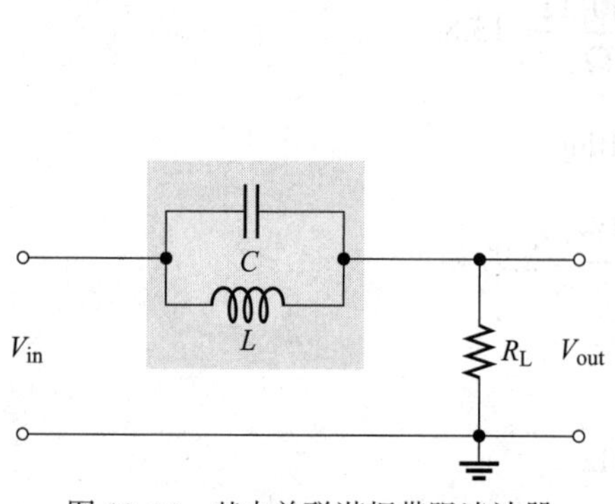


图 13-55 基本并联谐振带阻滤波器

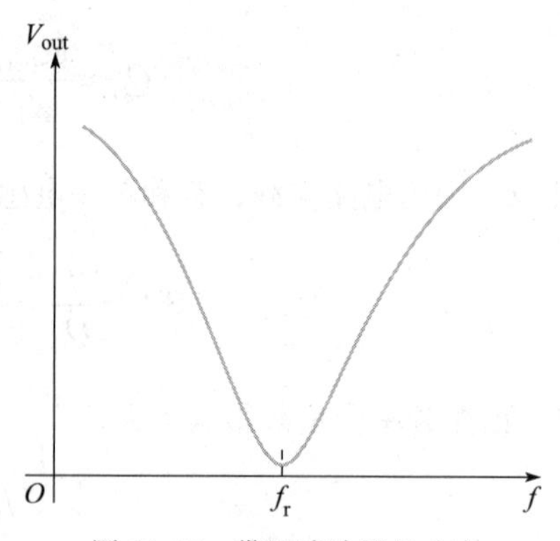


图 13-56 带阻滤波器的响应

实际上，图 13-55 所示的带阻滤波器可以看作是由储能阻抗和负载电阻构成的一个分压器。因此，在 $f_r$ 时的输出电压为

$$V_{out} = \left(\frac{R_L}{R_L + Z_r}\right)V_{in}$$

**例 13-24** 图 13-57 所示电路用于带阻滤波器。已知电路中电感的绕组电阻为 10.5 Ω，求在谐振频率 $f_r$ 和谐振时的输出电压 $V_{out}$。

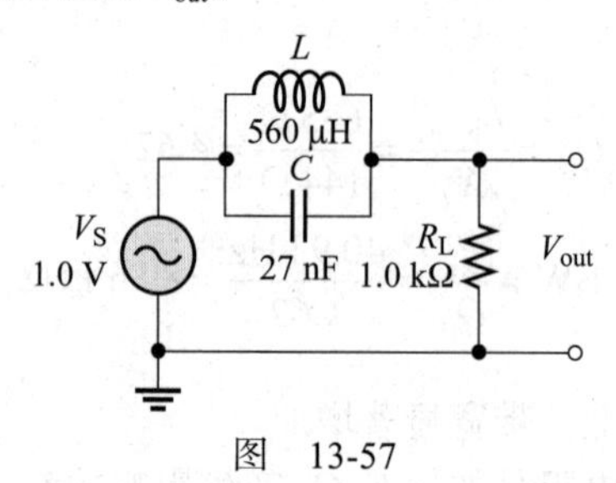


图 13-57

**解** 电路的谐振频率为

$$f_r = \frac{1}{2\pi\sqrt{LC}} = \frac{1}{2\pi\sqrt{560\ \mu\text{H} \times 27\ \text{nF}}} = 40.9\ \text{kHz}$$

求 $V_{out}$ 的过程如下。

$$X_L = 2\pi fL = 2\pi \times 40.9\ \text{kHz} \times 560\ \mu\text{H} = 144\ \Omega$$

$$Q = \frac{X_L}{R_W} = \frac{144\ \Omega}{10.5\ \Omega} = 13.7$$

应用式（13-15），求得等效电阻为

$$R_{p(eq)} = R_W(Q^2 + 1) = 10.5\ \Omega \times (13.7^2 + 1) = 1.99\ \text{k}\Omega$$

谐振时，输出电压为

$$V_{out} = \left(\frac{R_L}{R_L + R_{p(eq)}}\right)V_S = \left(\frac{1.0\ \text{k}\Omega}{1.0\ \text{k}\Omega + 1.99\ \text{k}\Omega}\right) \times 1.0\ \text{V} = 335\ \text{mV}$$ ◀

**同步练习**　如果负载电阻为 5.0 Ω，谐振时的输出为多少？

采用科学计算器完成例 13-24 的计算。

**Multisim 仿真**

打开 Multisim 或 LTspice 文件 E12-02 校验本例的计算结果。

**学习效果检测**

1. 如何增加并联谐振滤波器的带宽？

2. 某个高品质因数的滤波器（$Q > 10$）的谐振频率为 5.0 kHz。如果 $Q$ 降低到 5，谐振频率 $f_r$ 有变化吗？如果有，那会变为多少？

3. 如果 $R_W$=75 Ω，$Q$=25，储能电路在谐振频率时的阻抗是多少？

## 13.8　谐振电路的基本应用

谐振电路应用广泛，尤其是在通信系统中。在本节中，我们将简要地介绍一些通信系统中的常见应用，以说明谐振电路在电子通信中的重要性。

### 13.8.1　调谐放大器

调谐放大器是放大指定频段信号的电路。通常，并联谐振电路与放大器配合使用，以达到选频效果。一般情况下，如果输入信号的频率范围在放大器带宽以内，信号将被接收并放大。谐振电路只允许频带相对狭窄的频率通过。可变电容器可以调节谐振频率，以便选择所需的信号频率，如图 13-58 所示。

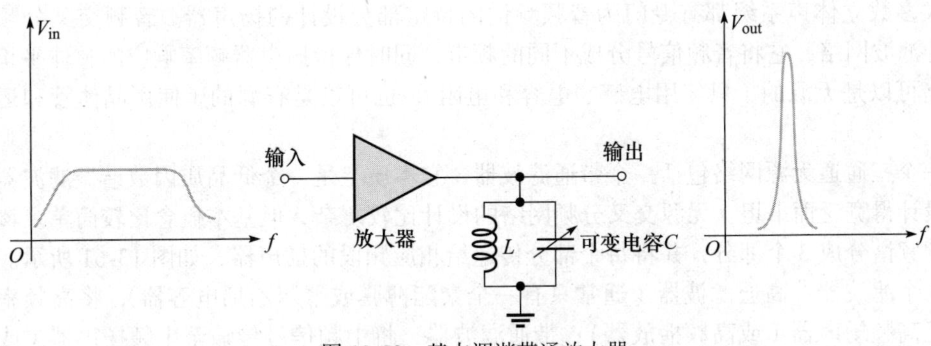


图 13-58　基本调谐带通放大器

### 13.8.2　天线耦合

无线电信号从发射机发出，以电磁波的形式在大气中传播。当接收天线切割电磁波时，会在天线上产生微小电压。在较广泛的电磁频率范围内，只有某一个频率或某一频带的信号可以被接收。在图 13-59 中，变压器将天线信号耦合到接收机输入端，可变电容器连接到变压器二次部分，形成并联谐振电路。

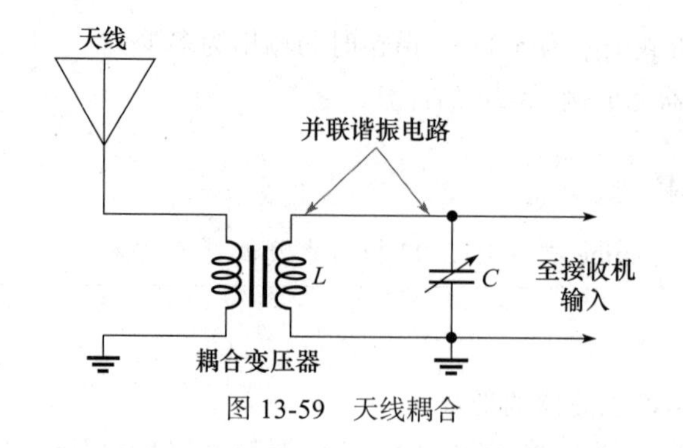


图 13-59 天线耦合

### 13.8.3 接收机中的双调谐放大器

某些类型的通信接收机中，调谐放大器由变压器耦合在一起以增强放大。电容可以并联在变压器的一次绕组和二次绕组上，有效地将两个并联谐振带通滤波器耦合在一起。这样可以使响应曲线上的带宽更宽，斜率更陡，从而增强了对所需频带频率的选择性，如图 13-60 所示。

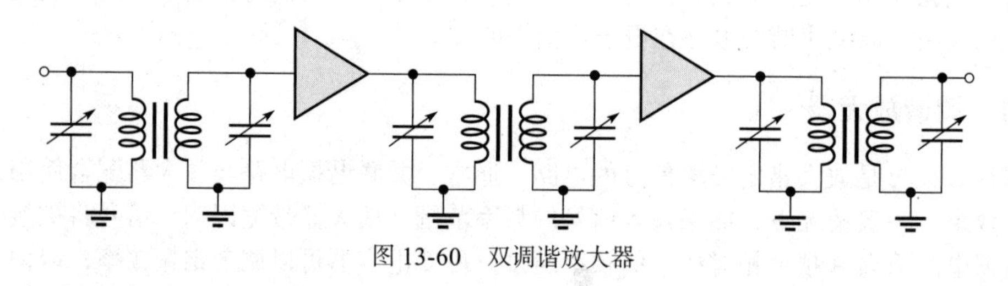

图 13-60 双调谐放大器

### 13.8.4 音频交叉分频网络

大多数立体声系统都有专门为音频频谱的特定部分设计的扬声器。音频交叉分频网络是一种滤波网络，它将音频信号分成不同的频带，同时保持扬声器频率响应的整体平坦。分频网络可以是无源的（只使用电感、电容和电阻），也可以是有源的（使用晶体管和运算放大器）。

一个三通道无源网络包括一个带通滤波器，它本质上是一个低品质因数谐振滤波器，响应被设计得宽泛而平坦。无源交叉分频网络的设计比较复杂，但基本概念比较简单。该网络将音频频谱分成 3 个部分，并将每个部分传递给相应频段的扬声器，如图 13-61 所示。该网络有 3 个滤波器：高通滤波器（通常只有一个聚酯薄膜或聚苯乙烯电容器），将高频率信号传输至高频扬声器（或高频播放器）；带通滤波器，将中频信号传输至中频扬声器（或中频播放器）；低通滤波器，将低频信号传输至低频扬声器（或低频播放器）。

### 13.8.5 超外差式收音机

谐振电路（滤波器）应用的另一个例子是通用 AM（调幅）接收机。AM 广播频段为 535 ～ 1605 kHz。每个 AM 站都被分配了 10 kHz 的带宽。调谐电路被设计成只接收指定频率的电台信号，而过滤其他频率的信号。要过滤指定电台之外的信号，调谐电路必须有好的选择性。然而，选择性过于苛刻也是不可取的。如果带宽太窄，一些较高频率的信号将被过滤，导致保真度降低。理想情况下，谐振电路必须能够滤除不在所期望的通带内的信号。超外差调幅广播接收机的简化示意图如图 13-62 所示。

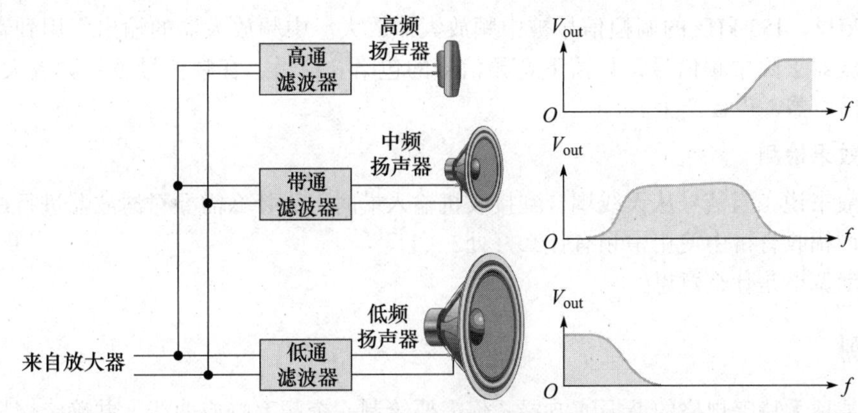


图 13-61 交叉分频网络使用滤波器来分离音频

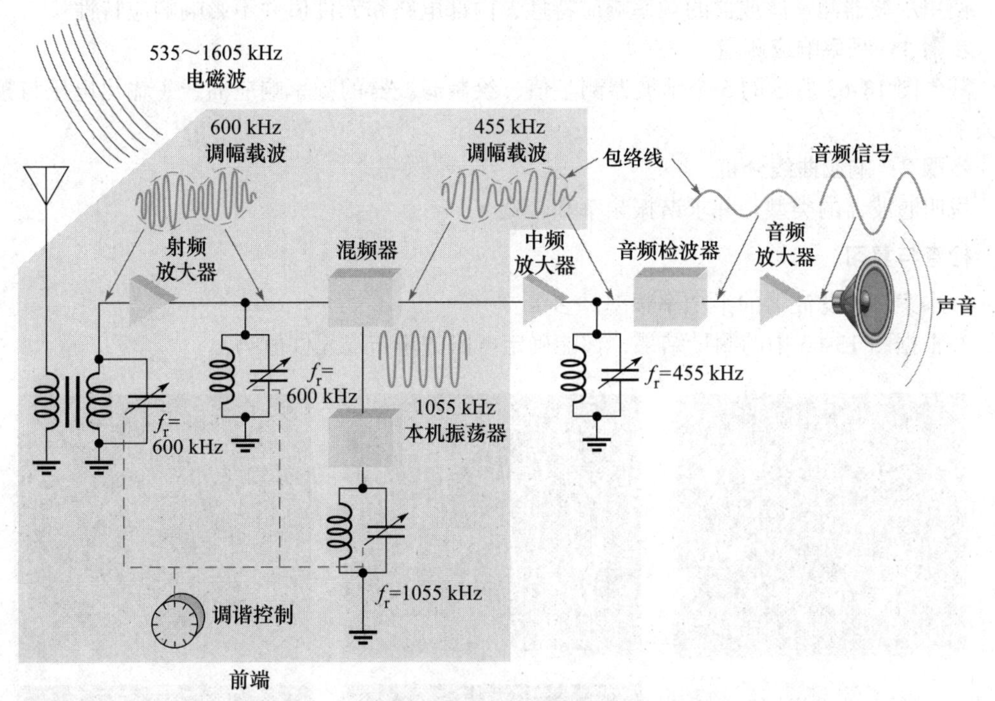


图 13-62 超外差调幅广播接收机的简化示意图

在接收器的前端有 3 个并联谐振电路。这些谐振电路中的每一个都是由电容联动调谐的，即通过机械或电子方式将电容连接在一起，随着调谐旋钮的转动而改变电容值。调谐前端只接收指定电台的信号频率，假如指定频率为 600 kHz，在所有被天线切割的电磁波频率中，输入谐振电路和射频放大器谐振电路只接收频率为 600 kHz 的信号。

实际的音频（声音）信号是由 600 kHz 载波频率携带的，靠的是调幅技术，使得 600 kHz 信号的幅度变化与音频信号的幅度变化一致。将载波振幅调制成与音频信号相一致的过程被称为打包。600 kHz 的信号被施加到一个被称为*混频器*的电路中。

本机振荡器（LO）的频率被调节到比所选频率高出 455 kHz 的频率（本例中为 1055 kHz）。一个被称为*外差*或*拍频*的过程，将 AM 信号和本机振荡器信号混合在一起，600 kHz 的 AM 信号由混频器转换为 455 kHz 的 AM 信号（1055 kHz–600 kHz=455 kHz）。

455 kHz 是标准 AM 接收器的中频（IF）频率。无论选择哪个广播电台，混频后都被转换为455 kHz。455 kHz的调幅信号被中频放大器放大。中频放大器的输出作用到音频检波器，该检波器去除中频信号，只留下音频信号的包络。最后，音频信号被音频放大器放大，并作用于扬声器，声音产生。

**学习效果检测**

1. 一般来说，当信号从天线耦合到接收机输入端时，为什么需要对滤波器进行调谐？
2. 在调幅收音机中使用中频有什么好处？
3. 联动调谐是什么意思？

## 应用案例

对于某种无特定规格的谐振滤波器，你需要绘制一个频率响应曲线，并确定谐振频率和带宽。

使用示波器测量滤波器的频率响应特性，内部电路和元件值并不影响响应特性。

**步骤1：频率响应测量**

基于图13-63所示的5个示波器测量值，绘制滤波器的频率响应曲线（输出电压与频率的关系）。

**步骤2：响应曲线分析**

说明滤波器的类型，并求谐振频率和带宽。

**检查与复习**

1. 本案例中滤波器的半功率频率是多少？
2. 根据图13-63中的测量结果，你能确定电路的排布或元件值吗？

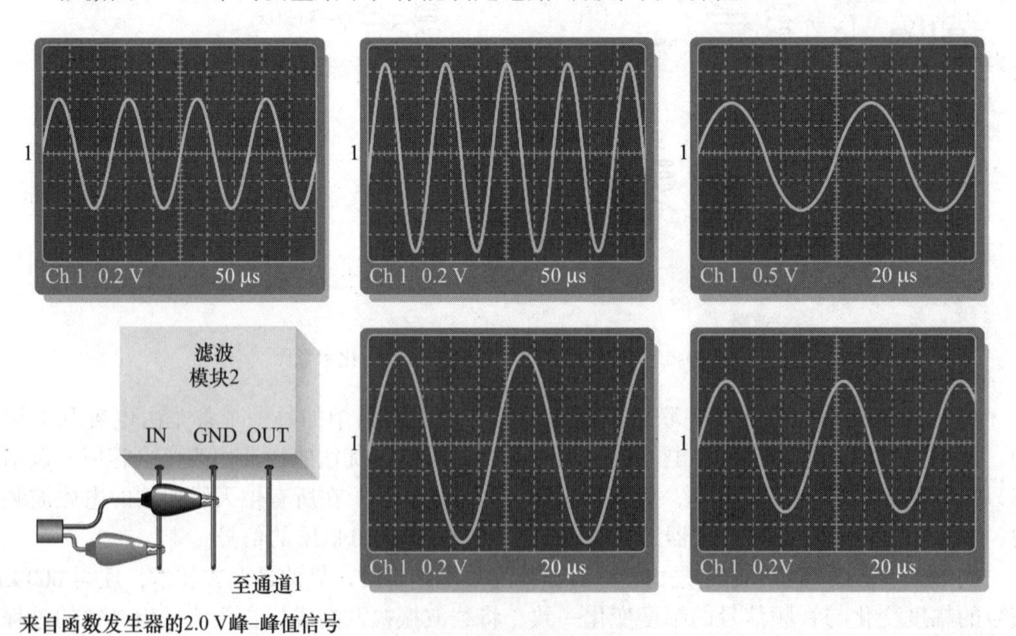


图13-63 频率响应的测量

## 本章总结

- 在$RLC$电路中，$X_L$与$X_C$对电路的作用恰好相反。
- 在$RLC$串联电路中，较大的电抗决定了电路的总电抗。

- 在 *RLC* 并联电路中，电抗越小，电路的总电抗就越小。

**RLC 串联谐振电路**

- 感抗与容抗相等。
- 总阻抗最小，等于电阻。
- 电流达到最大。
- 相位角为 0。
- *L* 和 *C* 两端电压大小相等，相位互差 180°，因此二者相互抵消。

**RLC 并联谐振电路**

- $Q \geqslant 10$ 时，感抗与容抗几乎相等。
- 阻抗达到最大。
- 电流最小，理想时等于零。
- 相位角为 0。
- 流经 *L* 和 *C* 的电流大小相等，相位互差 180°，因此二者相互抵消。
- 带通滤波器允许两个截止频率之间的频率信号通过，抑制其他所有频率的信号。
- 带阻滤波器能抑制两个截止频率之间的频率，允许其他频率的信号通过。
- 谐振滤波器的带宽由电路的品质因数（*Q*）和谐振频率决定。
- 截止频率也称为 –3 dB（分贝）频率或半功率频率。
- 截止频率对应的输出电压为最大输出电压的 70.7%。

## 对 / 错判断（答案在本章末尾）

1 对于 *RLC* 串联电路，谐振发生时的电感端电压或电容端电压可以高于电阻两端的电源电压。

2 *RLC* 串联电路的阻抗与电源电压有关。

3 在谐振频率以上，串联电路是感性的，电流滞后于电压。

4 一个带通滤波器可以由 *RLC* 电路构成。

5 并联谐振带阻滤波器在谐振频率处阻抗最小。*RLC* 串联电路的总电抗为容抗与感抗之差。

6 带阻滤波器的上截止频率和下截止频率决定了带宽。

7 电感的 *Q* 值依赖于其测量时的频率。

8 带通滤波器的 *Q* 值不影响带宽。

9 在 *RLC* 并联电路中，总阻抗总是大于电阻。

10 谐振时，并联谐振电路中所有元件的电流都是相同的。

## 自我检测（答案在本章末尾）

1 *RLC* 串联电路在谐振时的总电抗为

（a）零 （b）等于电阻

（c）无限大 （d）容性的

2 *RLC* 串联电路谐振时电源电压与电流的相位差为

（a）–90° （b）+90°

（c）0° （d）取决于电抗

3 *RLC* 串联电路的元件参数为 $L$=15 mH，$C$=0.015 μF，$R_W$=80 Ω，谐振时阻抗为

（a）15 kΩ （b）80 Ω

（c）30 Ω （d）0 Ω

4 在谐振频率以下的 *RLC* 串联电路中，电流

（a）与施加的电压同相

（b）滞后于施加的电压

（c）超前于施加的电压

5 当 *RLC* 串联电路中电容增加时，谐振频率将

（a）不受影响 （b）增加

（c）保持不变 （d）减小

6 在某串联谐振电路中，$V_C$=150 V，$V_L$=150 V，$V_R$=50 V。电源电压为

（a）150 V （b）300 V

（c）50 V （d）350 V

7 某串联谐振电路的带宽为 1 kHz，当用 $Q$ 值较低的线圈替换现有线圈时，带宽会
(a) 增加 (b) 减小
(c) 保持不变 (d) 选择性更好

8 在 $RLC$ 并联电路中，在低于谐振频率时，电流将
(a) 超前于电源电压
(b) 滞后于电源电压
(c) 与电源电压同相

9 在发生理想并联谐振时，流入电感支路和电容支路的总电流应为
(a) 最大 (b) 较低
(c) 较高 (d) 零

10 若要降低并联谐振电路的谐振频率，应如何改变电容？
(a) 增加 (b) 减小
(c) 不动 (d) 用电感代替

11 在下面哪种情况下，并联电路的谐振频率与串联电路的谐振频率近似相等？
(a) $Q$ 值非常低 (b) $Q$ 值非常高
(c) 没有电阻 (d) (b) 或 (c)

12 如果减小并联电阻，那么并联谐振电路的带宽将
(a) 消失 (b) 变窄
(c) 变尖 (d) 变宽

## 分节习题（奇数题答案在本书末尾）

### 13.1 节

1 某 $RLC$ 串联电路有以下参数值：$R$=10 Ω，$L$=5 mH，$C$=0.047 μF，电源频率为 5 kHz。求阻抗、相位角，以及总电抗。

2 求图 13-64 所示电路的阻抗。

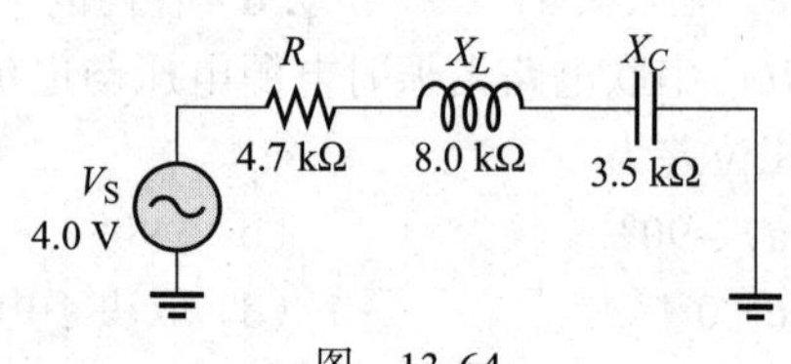


图 13-64

3 如果图 13-64 中电源电压的频率增加 1 倍，那么阻抗的大小如何变化？

### 13.2 节

4 对于图 13-64 所示电路，求 $I_{tot}$、$V_R$、$V_L$ 和 $V_C$。

5 画出图 13-64 所示电路的电压相量图。

6 求图 13-65 所示电路在 $f$=25 kHz 时的以下各值。
(a) $I_{tot}$ (b) $P_{true}$
(c) $P_r$ (d) $P_a$

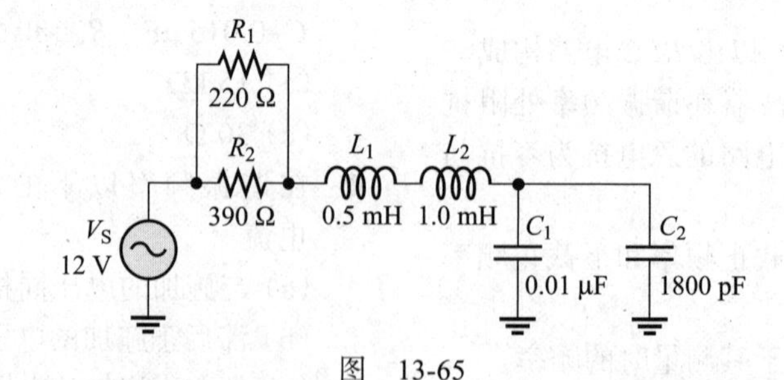


图 13-65

### 13.3 节

7 在图 13-64 所示电路中，谐振频率是高于还是低于图中电抗所对应的频率？

8 在图 13-66 所示电路中，发生谐振时电阻 $R$ 上的电压是多少？

9 在图 13-66 所示电路中，计算谐振频率下的 $X_L$、$X_C$、$Z$ 和 $I$。

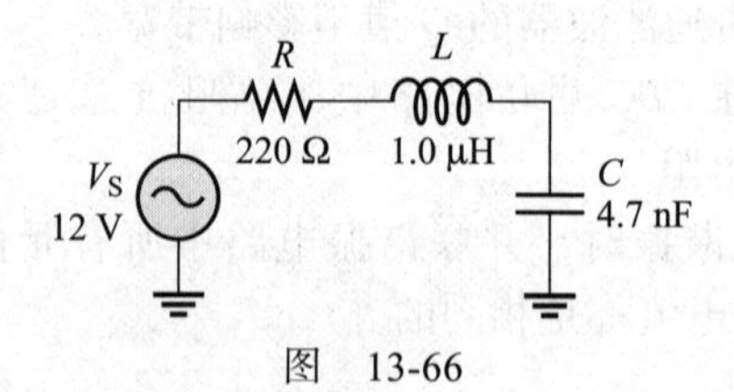


图 13-66

10 某串联谐振电路的最大电流为 50 mA，此时电感上有 100 V 的电压，外加电压为 10 V。那么阻抗 $Z$ 是多少？$X_L$ 和

$X_C$ 是多少?

11　某 $RLC$ 电路如图 13-67 所示，计算其谐振频率和截止频率。

12　在图 13-67 中，电路在半功率点时的电流是多少?

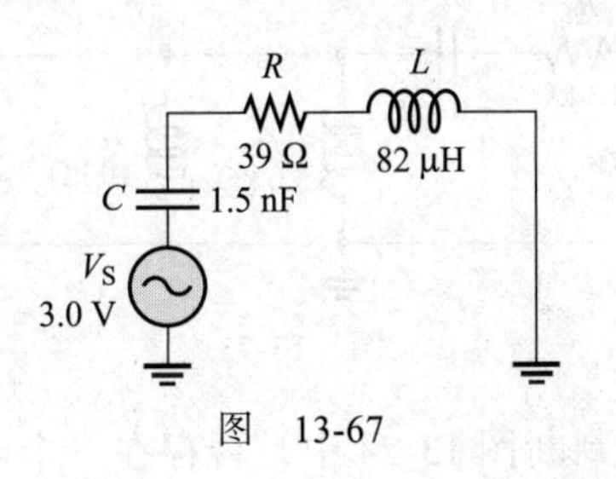


图　13-67

## 13.4 节

13　确定图 13-68 中各滤波器的谐振频率。这些滤波器是带通滤波器还是带阻滤波器?

14　假设图 13-68 中线圈的绕组电阻为 10 Ω，求各滤波器的带宽。

15　求图 13-69 中各滤波器的谐振频率 $f_r$ 和带宽 BW。

## 13.5 节

16　求图 13-70 中电路的总阻抗。

17　图 13-70 中的电路是容性还是感性?解释一下。

18　求图 13-70 所示电路的所有电流和电压。

19　求图 13-71 所示电路的总阻抗。

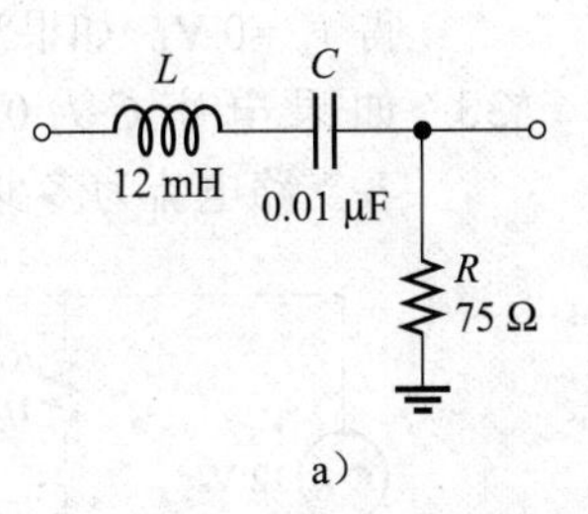


a）

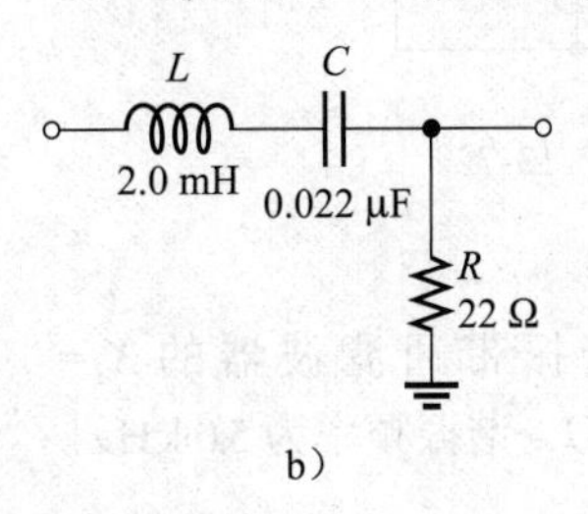


b）

图　13-68

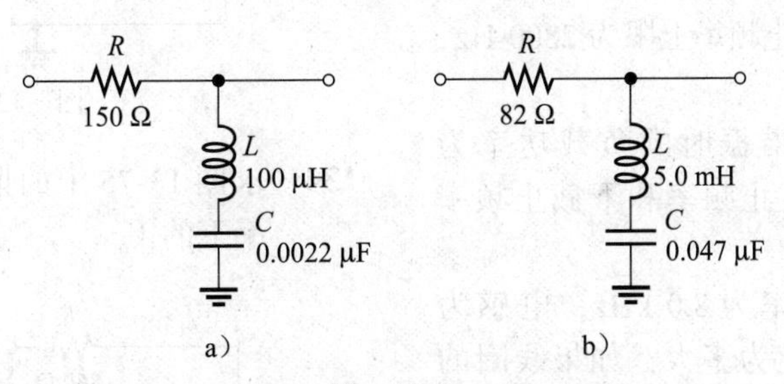


a）　b）

图　13-69

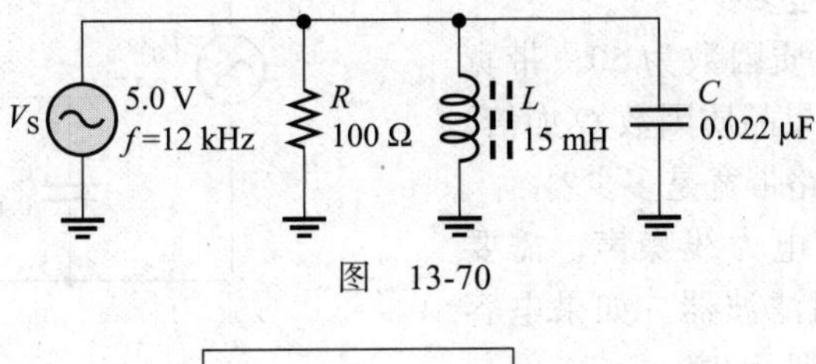


图　13-70

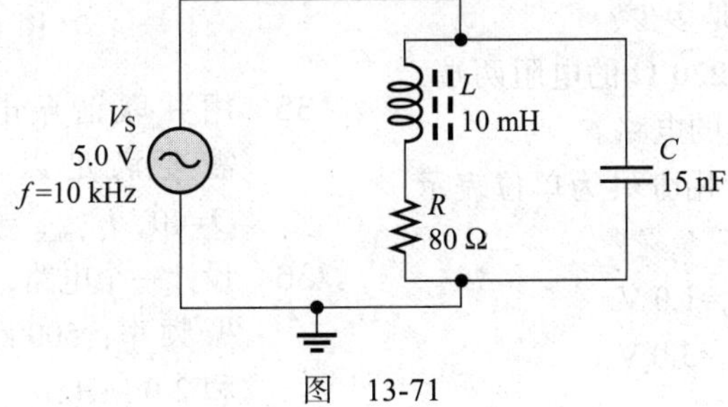


图　13-71

13.6 节

20 理想并联谐振电路的阻抗是多少（在任何支路都没有电阻的情况下）？

21 求图 13-72 中储能电路在发生谐振时的 $Z$ 和 $f_r$。

22 图 13-72 所示电路发生谐振时，电源产生多少电流？电感电流和电容电流又是多少？

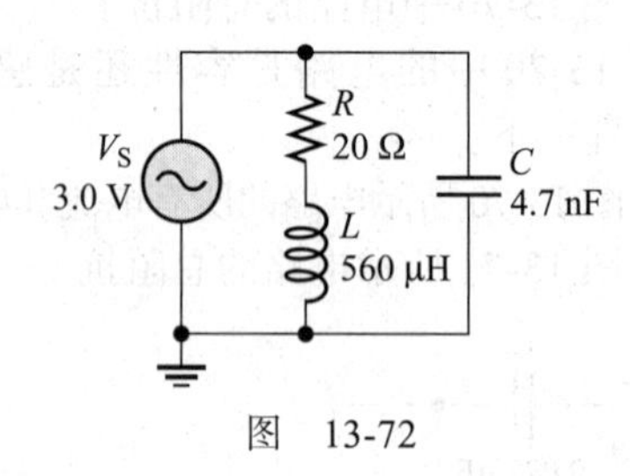


图 13-72

13.7 节

23 谐振时并联谐振带通滤波器的 $X_L$=2.0 kΩ，$R_W$=25 Ω，谐振频率为 5.0 kHz。求其带宽。

24 如果并联谐振滤波器的截止频率下限为 2400 Hz，截止频率上限为 2800 Hz，带宽是多少？

25 某谐振电路在谐振时的负载功率为 2.75 W，在上截止频率和下截止频率的功率是多少？

26 若并联谐振频率为 8.0 kHz，电感为 2.0 mH，电容应为多大？如果线圈的绕组电阻 $R_W$ 是 10 Ω，那么储能电路的带宽和品质因数是多少？

27 并联谐振电路的品质因数为 50，带宽 BW 为 400 Hz。如果品质因数 $Q$ 加倍，相同 $f_r$ 下的谐振电路带宽是多少？

28 为了抑制 60 Hz 的电力线噪声，需要一个并联谐振带阻滤波器。如果电容为 200 μF，电感应是多少？

29 如果输出电压取自 220 Ω 的电阻两端，画出问题 28 所描述的电路。

*30 对下列每种情况，用分贝为单位表示电压比？

(a) $V_{in}$=1.0 V，$V_{out}$=1.0 V

(b) $V_{in}$=5.0 V，$V_{out}$=3.0 V

(c) $V_{in}$=10 V，$V_{out}$=7.07 V

(d) $V_{in}$=25 V，$V_{out}$=5.0 V

*31 在图 13-73 所示电路中，求通过各元件的电流和元件两端电压。

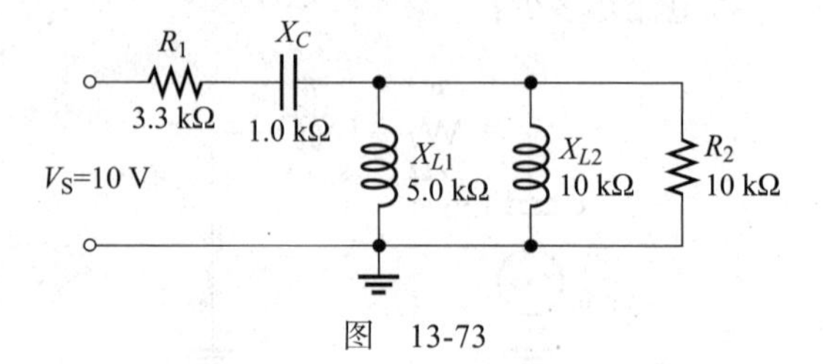


图 13-73

*32 判断图 13-74 中是否存在一个电容使得 $V_{ab}$=0 V。如果没有，请解释。

*33 如果电容 $C$ 为 0.22 μF，图 13-74 中各支路电流为多少？总电流为多少？

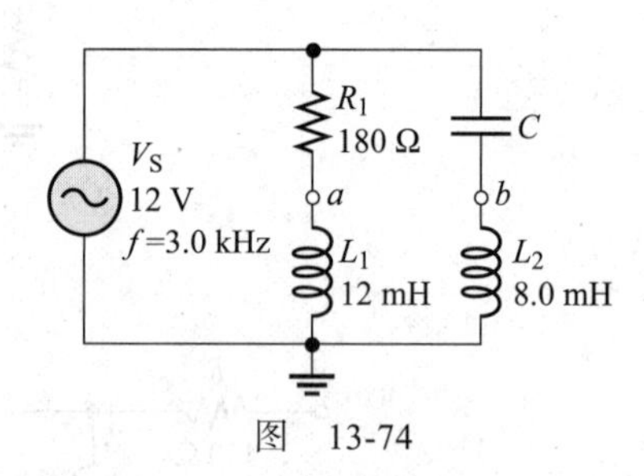


图 13-74

*34 求图 13-75 中的谐振频率，求谐振频率下的 $V_{out}$。

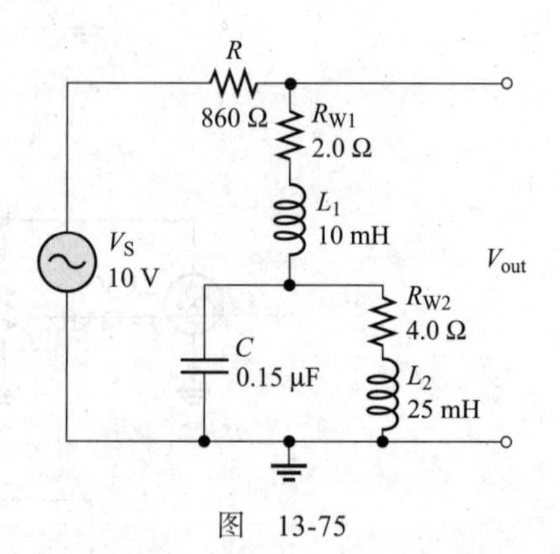


图 13-75

*35 用并联谐振电路设计带通滤波器，需要满足以下要求：BW=500 Hz，$Q$=40，$I_{C\,(max)}$=20 mA，$V_{C\,(max)}$=2.5 V。

*36 设计一个电路，可切换选择下列串联谐振频率：500 kHz，1.0 MHz，1.5 MHz 和 2.0 MHz。

*37 使用单个线圈和可变电容设计一个并联谐振电路，可产生以下谐振频率：8.0 MHz、9.0 MHz、10 MHz 和 11 MHz。假设线圈电感 10 μH，线圈内的电阻为 5.0 Ω。

## Multisim 仿真故障排查和分析

38 打开文件 P13-38，判断是否有故障。如果有，找出问题所在。

39 打开文件 P13-39，判断是否有故障。如果有，找出问题所在。

40 打开文件 P13-40，判断是否有故障。如果有，找出问题所在。

41 打开文件 P13-41，判断是否有故障。如果有，找出问题所在。

42 打开文件 P13-42，确定是否有故障。如果有，找出问题所在。

43 打开文件 P13-43，判断是否有故障。如果有，找出问题所在。

## 参考答案

### 学习效果检测答案

#### 13.1 节

1 如果 $X_L > X_C$，电路是感性的，如果 $X_C > X_L$，电路是容性的。

2 $X_{tot}=|X_L - X_C|=70\ \Omega$；电路为容性。

3 $Z=\sqrt{R^2+X_{tot}^2}=83.2\ \Omega$；
$\theta=\arctan(X_{tot}/R)=57.3°$；
电流超前 $V_S$。

#### 13.2 节

1 $V_S=\sqrt{V_R^2+(V_C-V_L)^2}=38.4\ \text{V}$

2 因电路为容性，电流超前 $V_S$。

3 $X_{tot}=|X_L - X_C|=6.0\ \text{k}\Omega$。

#### 13.3 节

1 当 $X_L=X_C$ 时发生串联谐振。

2 因为阻抗最小，所以电流最大。

3 
$$f_r=\frac{1}{2\pi\sqrt{LC}}=\frac{1}{2\pi\sqrt{2200\ \text{pF}\times 820\ \mu\text{F}}}=107\ \text{kHz}$$

4 因为 $X_C > X_L$，所以呈容性。

#### 13.4 节

1 $V_{out}=0.707\times 15\ \text{V}=10.6\ \text{V}$

2 $BW=f_r/Q=10\ \text{kHz}$

3 电流最大，输出电压最小。

#### 13.5 节

1 $I_R=V_S/R=8.0\ \text{mA}$；
$I_C=V_S/X_C=12.0\ \text{mA}$；
$I_L=V_S/X_L=24.0\ \text{mA}$

2 电路为感性（$X_L > X_C$）。

3 $L_{eq}=L\left[(Q^2+1)/Q^2\right]=20.1\ \text{mH}$；
$R_{p(eq)}=R_W(Q^2+1)=1589\ \Omega$

#### 13.6 节

1 阻抗最大。

2 电流最小。

3 理想并联谐振时，$X_L=X_C=1.5\ \text{k}\Omega$

4 $f_r=\sqrt{1-(R_W^2C/L)}/(2\pi\sqrt{LC})=33.7\ \text{kHz}$；
$Z_r=R_W(Q^2+1)=440\ \Omega$

5 $f_r=1/(2\pi\sqrt{LC})=22.5\ \text{kHz}$

6 $f_r=\sqrt{Q^2/(Q^2+1)}/(2\pi\sqrt{LC})=20.9\ \text{kHz}$

7 $Z_r=R_W(Q^2+1)=8.02\ \text{k}\Omega$

8 自谐振是没有外部元件的单个电感的谐振，它是由寄生电容与电感元件中的电感相互作用引起的。

#### 13.7 节

1 通过减小并联电阻可以增加带宽。

2 $f_r$改变到4.90 kHz。

3 $Z_r=R_W(Q^2+1)=47.0\ \Omega$

### 13.8 节

1 调谐谐振电路用于选择一个较窄带宽的频率。

2 因为无论何种情况都可以使用同一调谐电路。

3 几个可变电容（或电感）的值可以通过控制同时改变，这就是联动调谐。

### 同步练习答案

例 13-1 $1.25\ \text{k}\Omega; 63.4°$

例 13-2 $4.71\ \text{k}\Omega$

例 13-3 电流增加，在谐振时达到最大值，然后减小。

例 13-4 更大电容

例 13-5 67.3 kHz

例 13-6 2.27 mA

例 13-7 $Z$增加；$Z$增加

例 13-8 不

例 13-9 200 kHz

例 13-10 −14 dB

例 13-11 7.48

例 13-12 322 Hz

例 13-13 $V_{out}$增加；$V_{out}$增加

例 13-14 感性

例 13-15 增加。$X_C$将减小并趋于0。$R_{p(eq)}=25\ \text{k}\Omega$;

例 13-16 $L_{eq}=5\ \text{mH}$; $C=0.022\ \mu\text{F}, R_{p(tot)}=4.24\ \text{k}\Omega$

例 13-17 $I_L=0.996\ \text{mA}, I_C=1.06\ \text{mA}$

例 13-18 $80.0\ \text{k}\Omega$

例 13-19 差异可忽略。

例 13-20 7.07 V

例 13-21 530 kHz

例 13-22 25

例 13-23 较大的负载电阻对$Q_O$影响较小。

例 13-24 185 mV

### 对 / 错判断答案

| | | |
|---|---|---|
| 1 对 | 2 错 | 3 对 |
| 4 对 | 5 错 | 6 对 |
| 7 对 | 8 错 | 9 错 |
| 10 错 | | |

### 自我检测答案

| | | |
|---|---|---|
| 1 (a) | 2 (c) | 3 (b) |
| 4 (c) | 5 (d) | 6 (c) |
| 7 (a) | 8 (b) | 9 (d) |
| 10 (a) | 11 (b) | 12 (d) |

# 第14章

# 变 压 器

## 学习目标

- ▶ 掌握互感原理
- ▶ 描述变压器的构造及其工作原理
- ▶ 描述变压器如何升压和降压
- ▶ 讨论二次负载电阻的影响
- ▶ 讨论变压器反射电阻的概念
- ▶ 讨论变压器的阻抗匹配
- ▶ 讨论变压器的额定值
- ▶ 描述几种类型的变压器
- ▶ 学会排查变压器的故障

## 应用案例概述

在本章应用案例中，你需要排查直流电源的故障。直流电源是利用变压器将标准电源插座中的交流电压先耦合进来，然后再经过多次变换和处理得到的。通过测量不同点的电压，你需要判断直流电源是否存在故障，并指定出现故障的位置。学习本章后，你应该能够完成本章的应用案例。

## 引言

互感是变压器运行的基础。变压器应用广泛，在电源、配电以及通信系统中的信号耦合中都有它的身影。

当两个或多个线圈相互靠近时，便产生互感现象，变压器就是基于互感现象工作的。一个简单变压器实际上就是两个线圈的互感作用产生电磁耦合，因为两个磁耦合线圈之间没有电气接触，所以在完全电气隔离情况下，可以实现能量从一个线圈传递到另一个线圈。对于变压器，通常采用**绕组**或**线圈**这样的术语来描述一次侧和二次侧。

## 14.1 互感

当两个线圈彼此靠近时，因为两个线圈之间存在互感，所以其中一个线圈中电流所产生的变化磁场将会在另一个线圈上产生感应电压。

在图 14-1 中，随着线圈 1 中电流的增大、减小和改变方向，线圈周围的电磁场将增强、减弱和反向。当线圈 2 非常靠近线圈 1 时，穿过线圈 2 的磁力线会发生变化，两个线圈发生磁耦合产生感应电压。

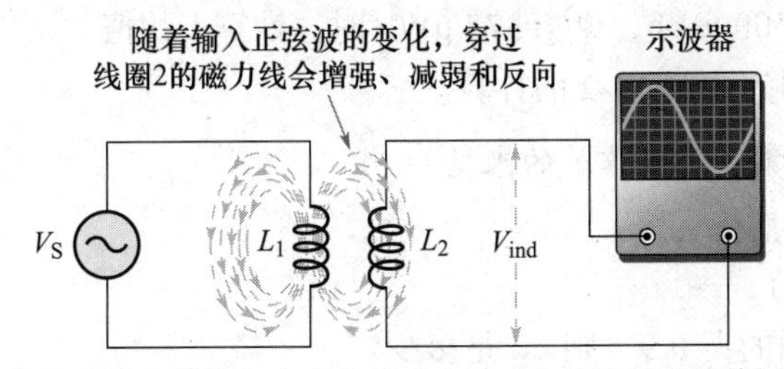


图 14-1 流经线圈 1 的变化电流在线圈 2 中产生感应电压（它是通过链接线圈 2 的变化电磁场实现的）

当利用两个线圈进行磁耦合时，可实现**电气隔离**，即两个电路之间没有共同的导电回路，只有磁链联系。如果流经线圈 1 的电流是正弦波，则线圈 2 中感应的电压也是正弦波。线圈 1 中流过电流，因此线圈 2 上产生感应电压，其大小取决于两线圈之间的互感系数。该系数简称互感（$L_M$），是两个线圈之间的电感。

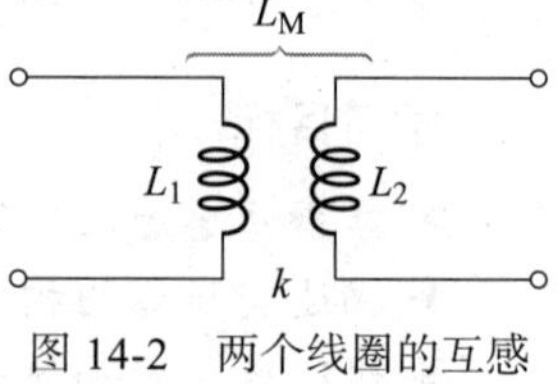

图 14-2 两个线圈的互感

互感由两个线圈（$L_1$ 和 $L_2$）的电感以及两个线圈之间的耦合系数（$k$）确定。为了最大限度地耦合，两个线圈应缠绕在同一个磁心上。影响互感的三个因素为 $k$、$L_1$ 和 $L_2$，如图 14-2 所示。式（14-1）为互感的计算公式。

$$L_M = k\sqrt{L_1 L_2} \tag{14-1}$$

**耦合系数** 耦合系数 $k$ 是变压器线圈 1 产生的并与线圈 2 交链的磁通（$\Phi_{1\text{-}2}$）和线圈 1 产生的磁通（$\Phi_1$）的比值。

$$k = \frac{\Phi_{1\text{-}2}}{\Phi_1} \tag{14-2}$$

例如，如果线圈 1 产生的全部磁通中有一半与线圈 2 交链，则 $k$=0.5。$k$ 值大说明线圈 1 中的电流在线圈 2 上产生的感应电压更大。注意 $k$ 没有单位，而磁通的单位是韦伯，符号为 Wb。

耦合系数 $k$ 的大小取决于线圈之间的距离，以及缠绕线圈的磁心材料。为了使耦合最大化，线圈可以缠绕在同一个磁心上。此外，磁心的结构和形状也是影响耦合系数的因素。

**例 14-1** 两个线圈缠绕在同一个磁心上，耦合系数为 0.3，线圈 1 的电感为 10 μH，线圈 2 的电感为 15 μH，那么 $L_M$ 是多少？

**解**

$$L_M = k\sqrt{L_1 L_2} = 0.3\times\sqrt{10\ \mu\text{H}\times 15\ \mu\text{H}} = 3.67\ \mu\text{H}$$ ◀

**同步练习** $k$=0.5，$L_1$=1.0 mH，$L_2$=600 μH，计算互感。

采用科学计算器完成例 14-1 的计算。

**例 14-2** 一个线圈产生的总磁通量是 50 μWb，其中 20 μWb 与线圈 2 交链，则耦合系数 $k$ 是多少？

**解**

$$k = \frac{\Phi_{1\text{-}2}}{\Phi_1} = \frac{20\ \mu\text{Wb}}{50\ \mu\text{Wb}} = 0.4$$ ◀

**同步练习** 当 $\Phi_1$=500 μWb，$\Phi_{1\text{-}2}$=375 μWb 时，计算 $k$ 的值。

采用科学计算器完成例 14-2 的计算。

**学习效果检测**（答案在对应章节的末尾）

1. 电气隔离的意思是什么。
2. 定义互感（系数）。
3. 两个 50 mH 线圈的 $k$=0.9，则 $L_M$ 是多少？

4. 如果 $k$ 增加，当流经一个线圈的电流发生变化时，另一个线圈中的感应电压会发生怎样的变化？

## 14.2　基本变压器

**变压器**是由两个或多个绕组构成的电气设备，绕组之间的磁耦合（通常具有高耦合系数）使电能从一个绕组输送到另一个绕组。虽然许多变压器有两个以上的绕组，但本节内容仅限于基本的双绕组变压器，之后再介绍更复杂的变压器。

基本变压器的结构如图 14-3a 所示，其中一个线圈称为**一次绕组**，另一个线圈称为**二次绕组**。一般来讲，电源电压接入一次绕组，负载接入二次绕组，如图 14-3b 所示。一次绕组是输入绕组，二次绕组是输出绕组。

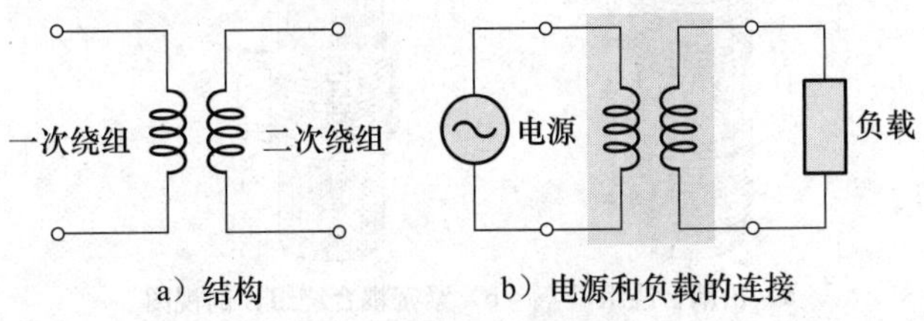


图 14-3　基本变压器

变压器的绕组缠绕在磁心上，磁心既是用于安装绕组的物理骨架，又是传导磁通的路径（磁路），以便使磁通集中在绕组内。磁路材料一般有 3 种：空气、铁氧体和铁。不同磁心类型的电路符号如图 14-4 所示。

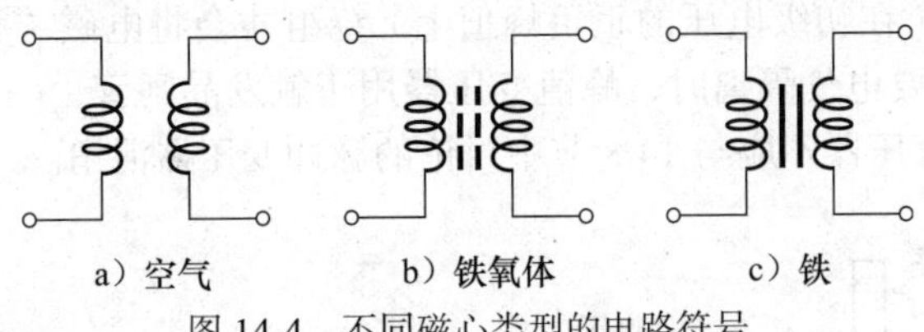


图 14-4　不同磁心类型的电路符号

铁心变压器通常用于音频（AF）和电力领域。铁心由相互绝缘的铁心片叠压而成，绕组缠绕在铁心上，如图 14-5 所示。这种结构为磁通提供容易通过的路径，从而能够加强绕组之间的耦合。图 14-5 是铁心变压器的两种基本结构。图 14-5a 为心式变压器，它的两个绕组分别缠绕在不同的铁心柱上；图 14-5b 为壳式变压器，它的两个绕组缠绕在同一个铁心柱上。每种结构类型都有其优点，通常心式结构具有更大的绝缘空间，因而耐压等级更高；壳型结构在铁心中的磁通更多，因而所需匝数更少。

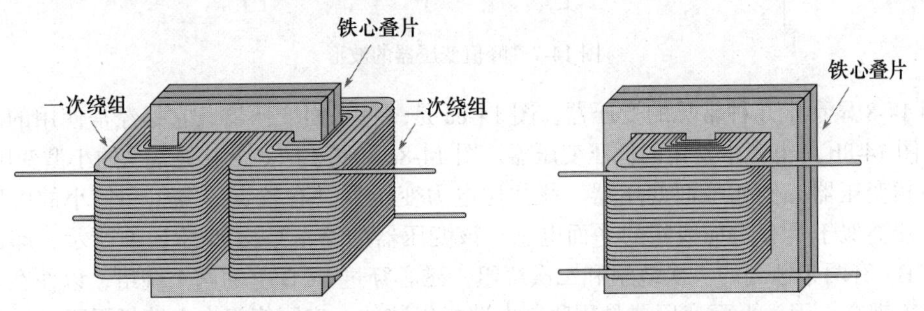


图 14-5　多层绕组的铁心变压器结构

空心和铁氧体磁心变压器通常用于高频应用。绕组缠绕在绝缘外壳上，绝缘外壳是中空的（空气）或是铁氧体，如图 14-6 所示。导线一般涂覆绝缘漆以防绕组短路。一次绕组和二次绕组之间的**磁耦合**大小由磁心材料和绕组位置决定。在图 14-6a 中，因为两个绕组分开，所以是松耦合的，而在图 14-6b 中两个绕组重叠因而耦合紧密。当一次绕组中的电流一定，耦合得越紧，则二次绕组中的感应电压就越大。这个结论成立的前提条件是磁心没有饱和。变压器绕组中的电流会产生磁场，进而在变压器铁心中产生磁通。当磁场的增加不能使磁心中的磁通增加时，就会发生磁心饱和。通常变压器的磁心不会饱和。

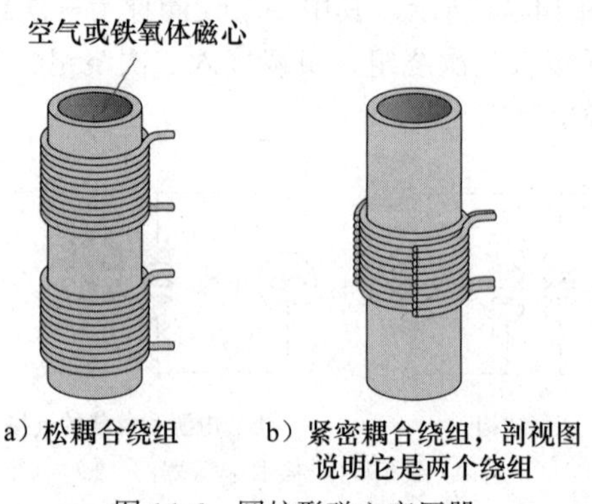


图 14-6 圆柱形磁心变压器

峰值变压器是避免饱和的一个例外，它的设计目的是确保铁心快速饱和，这就意味着在正弦交流输入的大部分周期内，磁心中的磁通是恒定的，而二次绕组的输出电压为零。只有当磁通发生变化时（在初级电压的正负峰值上）绕组才会将电磁“脉冲”耦合到二次侧，如图 14-7 所示。当需要电气隔离时，峰值变压器用于触发晶闸管（一种特殊大功率真空管）和开关晶体管。峰值变压器不应与 14.8 节中讨论的脉冲变压器混淆。

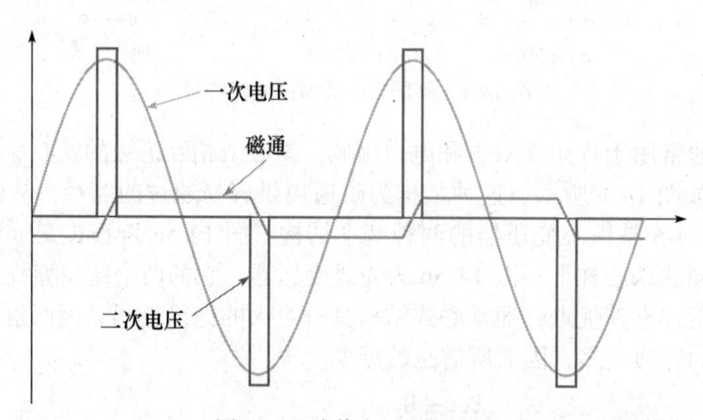


图 14-7 峰值变压器的波形

图 14-8 显示了几种常见的变压器。图 14-8a 是一种平面变压器，它是经常使用的高频变压器。图 14-8b 是电源中常用的低压变压器。图 14-8c 和图 14-8d 为其他常见的小型变压器。

高频变压器，例如平面变压器，往往比电力变压器具有较少的绕组和较小的电感。平面变压器类似于具有附加线圈的平面电感，该变压器的基本结构如图 14-9 所示，印制电路板（PCB）有两条蚀刻的一次绕组和二次绕组，磁心穿过 PCB 上的两个绕组，以便在它们之间产生磁耦合。因为平面变压器是用印制电路板组装的，实际绕组在电路板平面上是循环布线而不是缠绕，这样生产的质量高，成本低。平面变压器的印刷绕组可以布置在双面或多层

PCB 上，有多种尺寸和额定功率，薄型结构的平面变压器（通常小于 0.5 in，1 in=0.0254 m）特别适合对空间要求高的场合，广泛用于高频斩波 DC-DC 变换器。

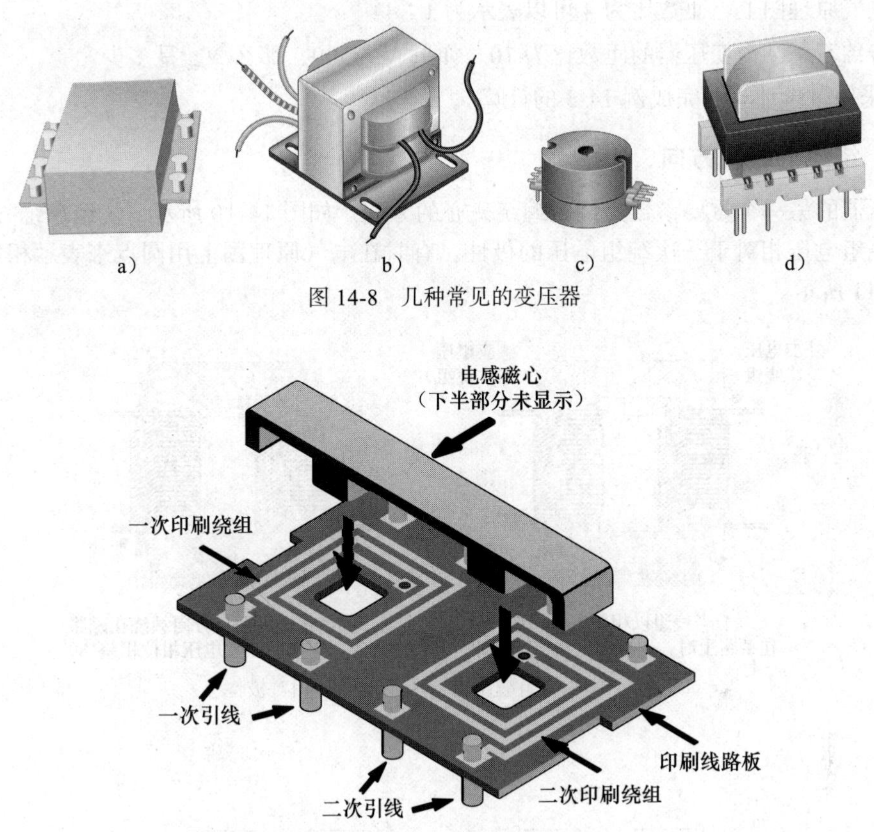


图 14-8　几种常见的变压器

图 14-9　平面变压器的基本结构

### 14.2.1　匝数比

对理解变压器工作特性最有用的参数是匝数比。在本书中**匝数比**（$n$）定义为二次绕组的匝数（$N_{sec}$）与一次绕组的匝数（$N_{pri}$）之比[㊀]。

$$n = \frac{N_{sec}}{N_{pri}} \tag{14-3}$$

该匝数比的定义依据 IEEE 标准。其他类型变压器的匝数比可能有不同的定义，如有的将匝数比定义为 $N_{pri}/N_{sec}$。只要能清楚地描述和使用，任何一种定义都是正确的。注意，变压器的匝数比很少作为变压器技术指标给出。通常，输入电压、输出电压和额定功率，或与匝数比成正比的某个值被列为变压器的主要技术指标。但是，匝数比对理解变压器的工作原理和特性是很有用的。

**例 14-3**　变压器一次绕组的匝数是 100，二次绕组的匝数是 400，则匝数比是多少？

**解**　$N_{sec}$=400，$N_{pri}$=100，因此匝数比为

---

㊀　与我国定义相反。——译者注

$$n=\frac{N_{\text{sec}}}{N_{\text{pri}}}=\frac{400}{100}=4$$

在电气原理图上，匝数比为 4 可以表示为 1∶4。◀

**同步练习** 某个变压器的匝数比为 10。如果 $N_{\text{pri}}$=500，那么 $N_{\text{sec}}$ 是多少？

采用科学计算器完成例 14-3 的计算。

### 14.2.2 绕组的缠绕方向

变压器的另一个重要参数是绕组缠绕磁心的方向。如图 14-10 所示，绕组缠绕方向决定了二次绕组电压相对于一次绕组电压的极性。有时在电气原理图上用圆点来表示相对极性，如图 14-11 所示。

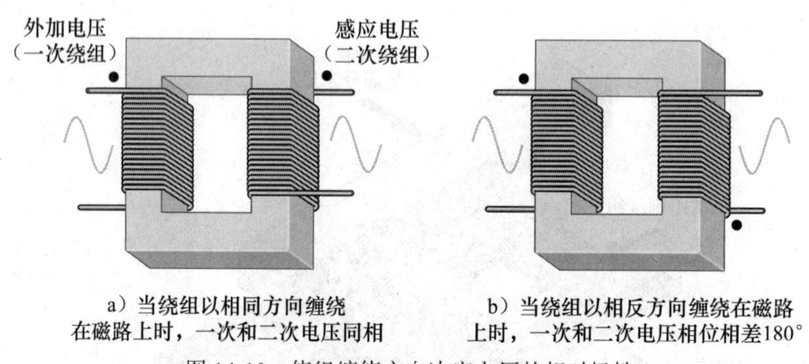


a）当绕组以相同方向缠绕在磁路上时，一次和二次电压同相

b）当绕组以相反方向缠绕在磁路上时，一次和二次电压相位相差180°

图 14-10 绕组缠绕方向决定电压的相对极性

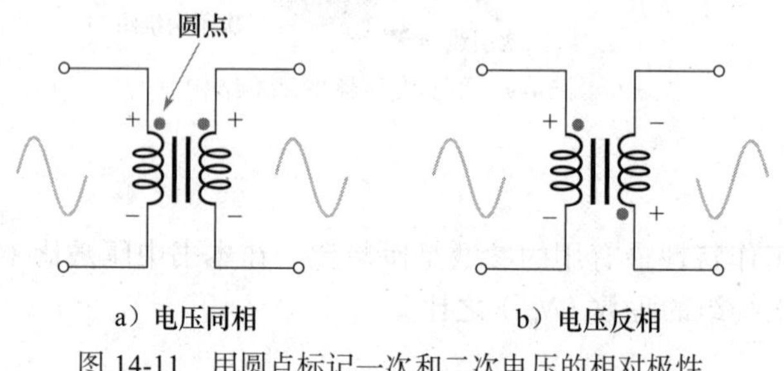


a）电压同相

b）电压反相

图 14-11 用圆点标记一次和二次电压的相对极性

**学习效果检测**

1. 变压器的工作原理是什么？
2. 定义**匝数比**。
3. 为什么变压器绕组的方向很重要？
4. 变压器一次绕组为 500 匝，二次绕组为 250 匝，匝数比是多少？
5. 平面变压器的绕组与其他变压器中的有什么不同？

## 14.3 升压变压器和降压变压器

升压变压器中二次绕组的匝数比一次绕组多，用于升高电压；降压变压器则相反，一次绕组的匝数比二次绕组多，用于降低电压。

### 14.3.1 升压变压器

当变压器的二次电压大于一次电压时被称为**升压变压器**。电压增加的量取决于匝数比。对于任何变压器有：

**二次电压（$V_{sec}$）与一次电压（$V_{pri}$）之比等于二次绕组匝数（$N_{sec}$）与一次绕组匝数（$N_{pri}$）之比。**

式（14-4）表示一次和二次绕组的电压比与匝数比之间的关系。

$$\frac{V_{sec}}{V_{pri}}=\frac{N_{sec}}{N_{pri}} \tag{14-4}$$

前文已将 $N_{sec}/N_{pri}$ 定义为匝数比 $n$。因此，$V_{sec}/V_{pri}$ 也是匝数比。$V_{sec}$ 可以表示为

$$V_{sec}=nV_{pri} \tag{14-5}$$

式（14-5）说明二次电压等于匝数比乘以一次电压。这里假设耦合系数为 1，好的铁心变压器的耦合系数接近这个数值。

因为升压变压器的二次绕组的匝数（$N_{sec}$）总是大于一次绕组匝数（$N_{pri}$），所以匝数比大于 1。

**例 14-4** 在图 14-12 中，变压器的匝数比是 3，则二次绕组上的电压是多少？电压用有效值表示。

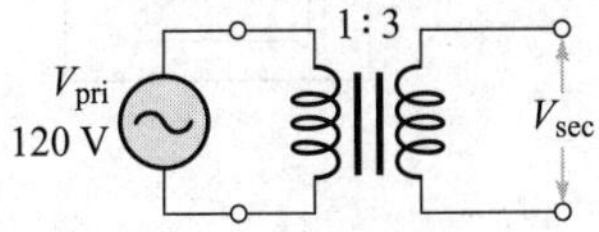

图 14-12

**解** 二次电压为

$$V_{sec}=nV_{pri}=3\times120\text{ V}=360\text{ V}$$

注意，图中的 1∶3 表示匝数比为 3，即每有 1 匝一次绕组就有 3 匝二次绕组。◀

**同步练习** 在图 14-12 中，如果变压器的匝数比变为 4，那么确定 $V_{sec}$ 是多少？

采用科学计算器完成例 14-4 的计算。

**Multisim 仿真**

打开 Multisim 文件 E14-04 校验本例的计算结果，并核实同步练习的计算结果。

### 14.3.2 降压变压器

二次电压小于一次电压的变压器称为**降压变压器**。电压下降的量与匝数比相关，式（14-5）也适用于降压变压器。

因为降压变压器的二次绕组匝数（$N_{sec}$）总是小于一次绕组的匝数（$N_{pri}$），所以匝数比总是小于 1。

**例 14-5** 在图 14-13 中，变压器匝数比为 0.2，则二次电压是多少？

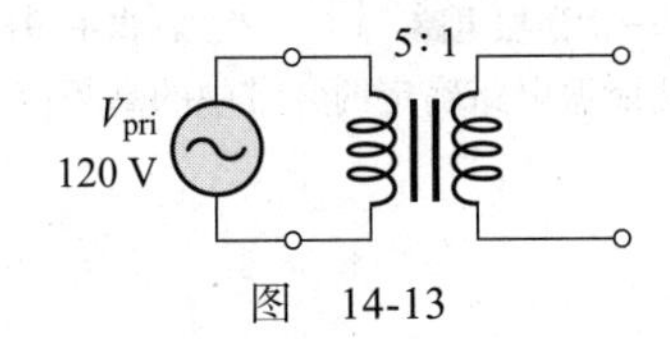


图 14-13

**解** 二次绕组电压为

$$V_{sec} = nV_{pri} = 0.2 \times 120\ \text{V} = 24\ \text{V}$$ ◀

**同步练习** 在图 14-13 中，如果变压器的匝数比变为 0.48，那么二次电压是多少？

采用科学计算器完成例 14-5 的计算。

**Multisim 仿真**

打开 Multisim 文件 E14-05 校验本例的计算结果，并核实同步练习的计算结果。

### 14.3.3 直流隔离

如果变压器的一次侧是直流电，则二次电路中不会有任何电压或电流，如图 14-14a 所示。这是因为一次绕组中电流的变化是二次侧产生感应电压的必要条件。如图 14-14b 所示。变压器可以隔离二次电路与一次电路的直流联系，用于隔离的变压器的匝数比为 1。

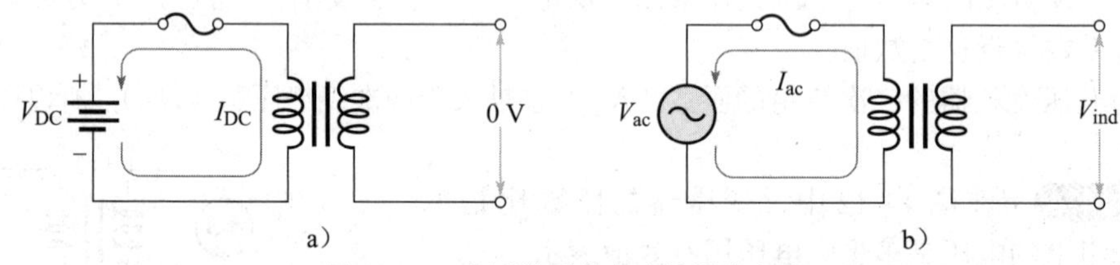


图 14-14 变压器隔离直流并耦合交流

隔离变压器通常作为整个交流线路调节装置的一部分。除了隔离变压器，交流线路调节装置还包括浪涌保护、抗干扰滤波器，有时还包括自动电压调节器。线路调节有助于隔离敏感设备，如基于微处理器的控制器。医院的患者监护设备配有专用线路调节器，以提供高可靠的电气隔离和防冲击保护。

因为变压器可以传递（耦合）交流信号，隔离直流信号，所以在放大器前后级之间利用小型变压器隔离直流偏置信号，这种小型变压器称为耦合变压器。耦合变压器广泛用于高频场合，通过设计并联调谐电路（谐振电路）的一次和二次绕组，使耦合变压器只能通过选定频段的信号。带耦合变压器的放大器如图 14-15 所示，其中变压器是输入和输出谐振电路的一部分。通常情况下，可以通过调整耦合变压器的磁心以微调频率响应。耦合变压器主要用于将放大器的输出信号耦合到扬声器。

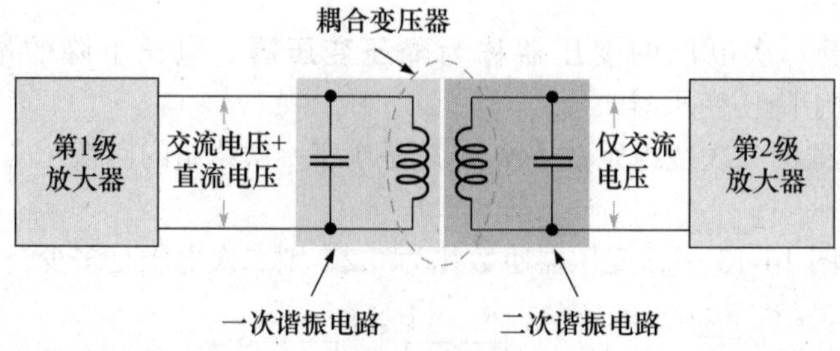


图 14-15 带耦合变压器的放大器，使谐振电路确定的频带中的高频信号通过。直流信号不能传递到二次侧

**学习效果检测**

1. 升压变压器有什么作用？
2. 如果匝数比为 5，二次电压比一次电压大多少？

3. 当变压器一次绕组两端有 240 V 交流电压，匝数比为 10，则二次电压是多少？
4. 降压变压器有什么作用？
5. 当变压器一次绕组两端有 120 V 交流电压，匝数比为 0.5，则二次电压是多少？
6. 将 120 V 的一次电压降压到 12 V，则匝数比是多少？
7. 交流线路调节装置的典型特性是什么？

## 14.4 二次负载

在电力变压器中，来自电源的功率传送到变压器一次侧，而一次侧又将功率传送到二次侧和负载。当电阻负载连接到变压器的二次绕组两端时，负载（二次）电流与一次电流的关系与匝数比有关。

如果变压器空载运行，一次侧的作用就像一个电感。在理想电感中，电流滞后电压 90°，功率因数为 0。当电阻连接到变压器的二次侧时，功率传递到二次侧，相应的功率也必须传递到一次侧。由于负载是电阻，一次电流和一次电压之间的相位差很小，理想情况下，相位差为 0°，功率因数为 1。在这种情况下，一次绕组看起来像一个电阻，因为电流和电压同相。实际变压器在带载时接近这种理想状态，下面都假设变压器处于理想状况。

送到负载的功率永远不会大于传送到一次绕组的功率。对于理想变压器，二次绕组提供的功率（$P_{sec}$）等于从电源传递到一次绕组的功率（$P_{pri}$）。当考虑损耗时，二次功率总是小于一次功率。

功率取决于电压和电流，变压器不会增加额外的功率。因此，如果电压升高，则电流必然降低；反之亦然。在理想的变压器中，二次功率等于一次功率，与匝数比无关。

变压器一次侧提供的功率为

$$P_{pri}=V_{pri}I_{pri}$$

二次侧提供的功率为

$$P_{sec}=V_{sec}I_{sec}$$

理想情况下，$P_{pri}=P_{sec}$，所以，

$$V_{pri}I_{pri}=V_{sec}I_{sec}$$

上式整理就有

$$\frac{I_{pri}}{I_{sec}}=\frac{V_{sec}}{V_{pri}}$$

由式（14-5）可知，$V_{sec}/V_{pri}$ 是匝数比 $n$，所以，

$$\frac{I_{pri}}{I_{sec}}=n \tag{14-6}$$

由式（14-6）得到式（14-7），发现 $I_{sec}$ 等于 $I_{pri}$ 乘以匝数比的倒数。

$$I_{sec}=\left(\frac{1}{n}\right)I_{pri} \tag{14-7}$$

**例 14-6** 图 14-16 所示的两个理想变压器二次绕组带有负载，如果每个变压器的一次电流都是 100 mA，则流经负载的电流各是多少？

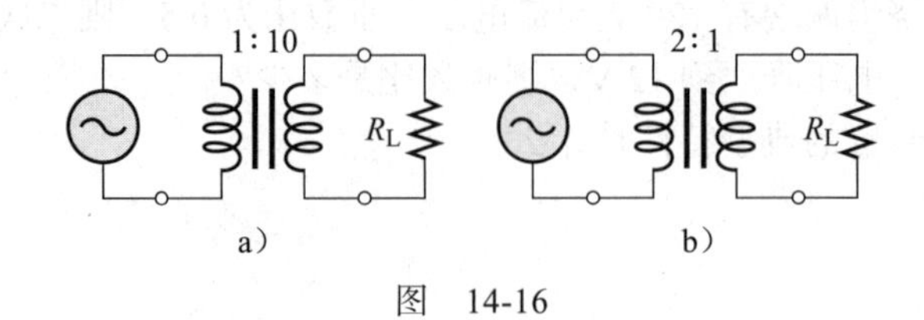


图 14-16

**解** 在图 14-16a 中，匝数比为 10。因此，二次电流为

$$I_L = I_{sec} = \left(\frac{1}{n}\right) I_{pri} = \frac{1}{10} \times I_{pri} = 0.1 \times 100\ \text{mA} = 10\ \text{mA}$$

在图 14-16b 中，匝数比为 0.5。因此，二次电流为

$$I_L = I_{sec} = \left(\frac{1}{n}\right) I_{pri} = \frac{1}{0.5} \times I_{pri} = 2 \times 100\ \text{mA} = 200\ \text{mA}$$ ◀

**同步练习** 如果图 14-16a 中的匝数比增加一倍，则二次电流是多少？如果图 14-16b 中的匝数减半，则二次电流是多少？假设以上两个电路的 $I_{pri}$ 都保持在 100 mA。

▦ 采用科学计算器完成例 14-16 的计算。

**学习效果检测**

1. 如果变压器匝数比是 2，二次电流比一次电流大还是小？大或小多少？

2. 变压器一次绕组的匝数为 1000 匝，二次绕组的匝数为 250 匝，$I_{pri}$ 为 0.5 A。匝数比是多少？$I_{sec}$ 是什么？

3. 在问题 2 中，为了使二次电流为 10 A，那么一次电流必须是多少？

## 14.5 反射电阻

电阻等于电压除以电流（根据欧姆定律）。因为变压器可同时改变电压和电流，所以从一次侧“看见”的电阻不一定等于实际的负载电阻，实际负载根据匝数比被“反射”到一次侧，它是由匝数比决定的。实际上，这个**反射电阻**可以被一次电源“看到”，它决定了一次电流的大小。

学完本节后，你应该能够讨论变压器反射电阻的概念，具体就是：

- 定义反射电阻。
- 解释匝数比如何影响反射电阻。
- 计算反射电阻。

反射负载的概念如图 14-17 所示。变压器二次负载（$R_L$）通过变压器作用反射到一次侧。理想情况下，一次电源的负载看起来是一个电阻（$R_{pri}$），其值由匝数比和实际负载电阻值确定。电阻 $R_{pri}$ 称为**反射电阻**。

图 14-17 中一次等效电阻是 $R_{pri}=V_{pri}/I_{pri}$，二次电阻为 $R_L=V_{sec}/I_{sec}$。由式（14-4）和式（14-6）可知：$V_{sec}/V_{pri}=n$，$I_{pri}/I_{sec}=n$。利用这些关系，根据 $R_L$ 确定 $R_{pri}$ 的公式如下：

$$\frac{R_{pri}}{R_L} = \frac{V_{pri}/I_{pri}}{V_{sec}/I_{sec}} = \frac{V_{pri}}{V_{sec}} \times \frac{I_{sec}}{I_{pri}} = \frac{1}{n} \times \frac{1}{n} = \left(\frac{1}{n}\right)^2$$

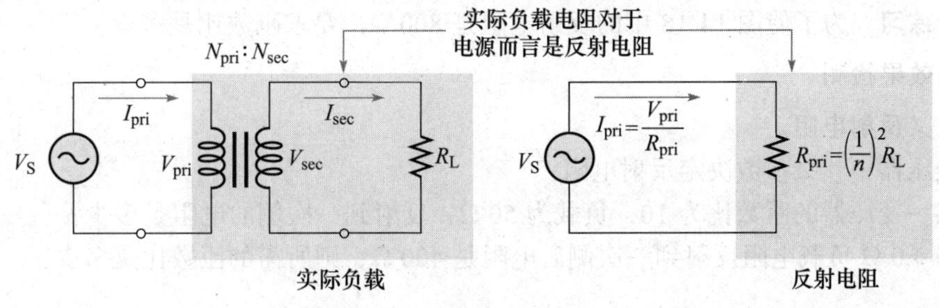


图 14-17 反射电阻的概念

$$R_{pri}=\left(\frac{1}{n}\right)^2 R_L \tag{14-8}$$

式（14-8）说明，反射到一次电路的电阻（反射电阻）是匝数比倒数的平方乘以负载电阻。

在升压变压器（$n$>1）中，反射电阻小于实际负载电阻。在降压变压器（$n$<1）中，反射电阻大于负载电阻。这个结论在例 14-7 和例 14-8 中已分别加以说明。

**例 14-7** 图 14-18 所示，负载电阻是 100 Ω，变压器匝数比为 4，那么从电源处看到的反射电阻是多少？

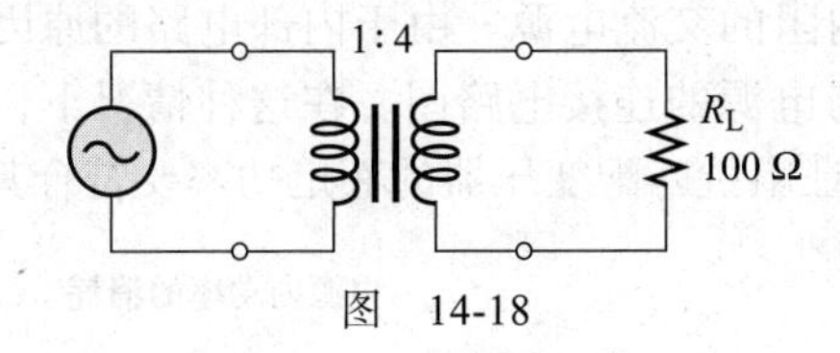


图 14-18

**解** 根据式（14-8），反射电阻为

$$R_{pri}=\left(\frac{1}{n}\right)^2 R_L=\left(\frac{1}{4}\right)^2\times 100\ \Omega=6.25\ \Omega$$

等效电路如图 14-19 所示，从电源处看见的是一个 6.25 Ω 的电阻，就像电源直接连接到这个电阻上一样。

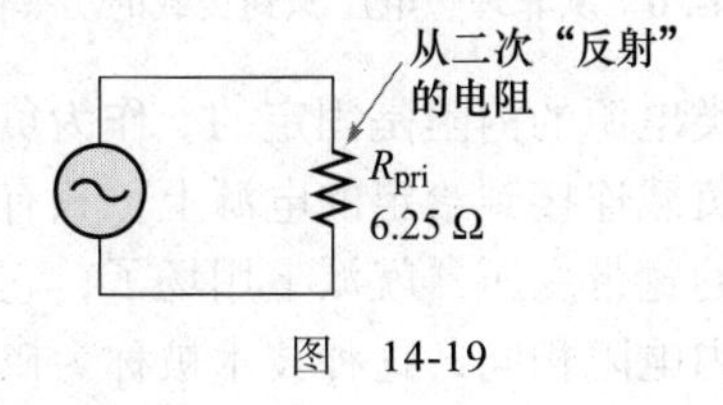


图 14-19 ◀

**同步练习** 如果图 14-18 中的变压器匝数比为 10，$R_L$ 为 600 Ω，那么反射电阻是多少？

采用科学计算器完成例 14-7 的计算。

**例 14-8** 在图 14-18 中，如果变压器匝数比为 0.25，那么反射电阻是多少？

**解** 反射电阻为

$$R_{pri}=\left(\frac{1}{n}\right)^2 R_L=\left(\frac{1}{0.25}\right)^2\times 100\ \Omega=1600\ \Omega$$ ◀

**同步练习** 为了使图 14-18 中的反射电阻是 800 Ω，要求匝数比是多少？

**学习效果检测**

1. 定义**反射电阻**。
2. 变压器中什么参数决定反射电阻？
3. 某一变压器的匝数比为 10，负载为 50 Ω，反射到一次侧的电阻是多少？
4. 将 4.0 Ω 负载电阻反射到一次侧后电阻是 400 Ω，则所需的匝数比是多少？

## 14.6 阻抗匹配

变压器的典型应用是使负载阻抗经变换后与电源阻抗相等，以实现最大功率传输或其他目的。这种技术也称为阻抗匹配。在音响系统中，从放大器到扬声器通常要使用特殊的宽带变压器，通过选择合适的匝数比来获得最大可用功率。专为阻抗匹配而设计的变压器通常会给出所设计变压器的输入和输出阻抗值。

6.7 节讨论了最大功率传输原理，指出当负载电阻等于电源内阻时，从电源可以传输最大功率给负载。在交流电路中将对电流的总阻力称为阻抗，是电阻、电抗或两者的组合。**阻抗匹配**这一术语用于表示电源阻抗和负载阻抗相等。在本节中，我们仅讨论负载为电阻的情况。

图 14-20a 是包含固定内阻的交流电源。由于内部电路的原因，所有电源都有一些固定的内阻。图 14-20b 是负载与电源的连接电路图。在这种情况下，通常是希望尽可能多地向负载输送功率。重要的是保证阻抗匹配变压器的额定功率要符合其功率的要求。

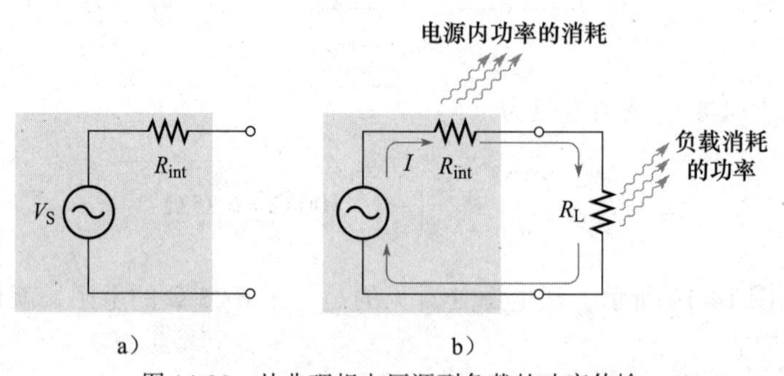


图 14-20 从非理想电压源到负载的功率传输

在大多数实际情况下，各类电源的内阻是固定的。作为负载的电阻也是固定的，不能改变。如果你将任意一个给定的负载连接到给定的电源上，只有在偶然情况下，它们的电阻才会相等。这时，一种特殊类型的宽带变压器就派上用场了，它基于变压器提供的反射电阻特性，使负载电阻看起来与电源内电阻相同，这种技术被称为阻抗匹配，这种变压器被称为阻抗匹配变压器，它同时也转换电抗和电阻。

图 14-21 是阻抗匹配变压器的示例。在本例中，内阻为 75 Ω 的电源驱动 300 Ω 负载，阻抗匹配变压器需要使负载电阻从电源端看起来等于 75 Ω 电阻，以便向负载提供最大功率。要选择合适的变压器，需要知道匝数比是如何影响阻抗的。当已知 $R_L$ 和 $R_{pri}$ 时，可以利用式（14-8）来确定匝数比 $n$，以实现阻抗匹配。

$$R_{pri} = \left(\frac{1}{n}\right)^2 R_L$$

等号左右对调，两边同时除以 $R_L$，

$$\left(\frac{1}{n}\right)^2=\frac{R_{pri}}{R_L}$$

然后两边开平方，

$$\frac{1}{n}=\sqrt{\frac{R_{pri}}{R_L}}$$

两边取倒数，得到式（14-9）的匝数比的计算公式。

$$n=\sqrt{\frac{R_L}{R_{pri}}} \tag{14-9}$$

最后，将 300 Ω 负载变换为 75 Ω 负载，与电源内电阻相匹配，阻抗匹配变压器的匝数比应该为

$$n=\sqrt{\frac{300\ \Omega}{75\ \Omega}}=\sqrt{4}=2$$

因此，在这个例子中必须使用匝数比为 2 的阻抗匹配变压器。

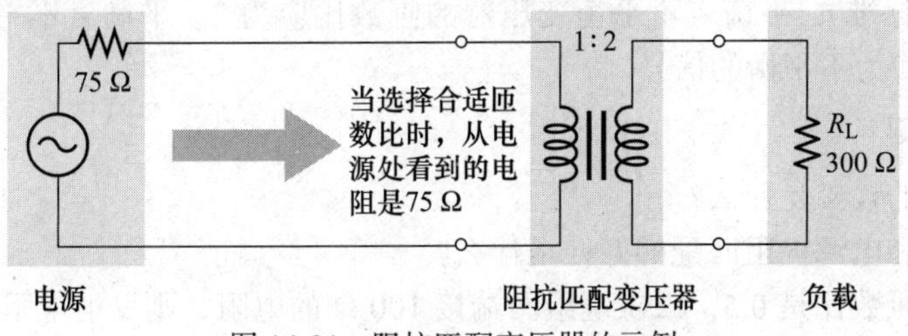

图 14-21　阻抗匹配变压器的示例

**例 14-9**　一个放大器具有 800 Ω 内阻，为了给 8.0 Ω 扬声器提供最大功率，采用的阻抗匹配变压器的匝数比必须是多少？

**解**　反射电阻等于 800 Ω，这样根据式（14-9）确定匝数比是

$$n=\sqrt{\frac{R_L}{R_{pri}}}=\sqrt{\frac{8.0\ \Omega}{800\ \Omega}}=\sqrt{0.01}=0.1$$

图 14-22 给出了电路图和等效反射电路。

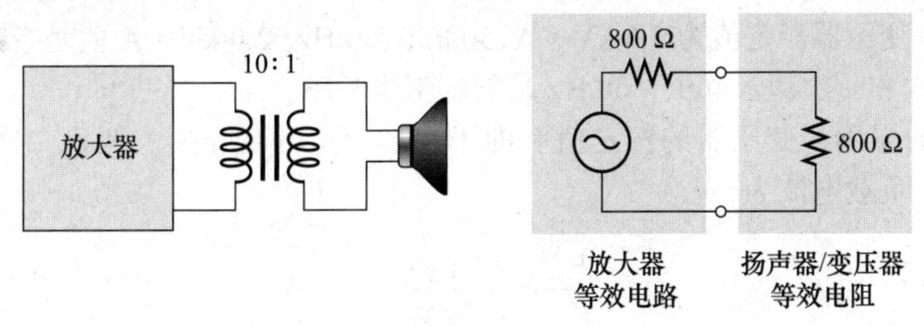

图　14-22

◀

**同步练习** 图 14-22 中的匝数比必须是多少才能为两个并联的 8.0 Ω 扬声器提供最大功率？

采用科学计算器完成例 14-9 的计算。

**平衡 - 不平衡变压器** 阻抗匹配的另一个应用是高频天线。除了阻抗匹配之外，许多发射天线需要将来自发射器的不平衡信号转换为平衡信号。一个平衡信号由两个相位相差 180° 的等幅信号组成。不平衡信号是指接地信号。一种特殊类型的变压器将发射机的不平衡信号转换为天线的平衡信号，称为平衡 - 不平衡变压器，如图 14-23 所示。

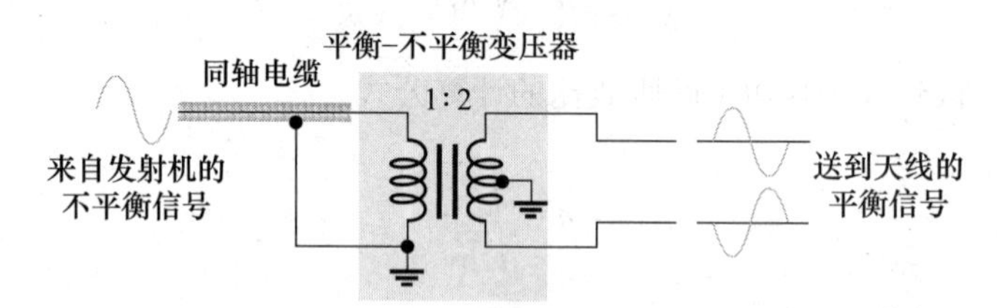


图 14-23 平衡 - 不平衡变压器将不平衡信号转换为平衡信号

发射机通常通过同轴电缆连接到平衡 - 不平衡变压器，同轴电缆一般是由屏蔽层和被绝缘层包围的导体组成。来自发射机的信号以地为参考，同轴电缆的屏蔽层接地，因此信号是一个不平衡信号。同轴电缆中的屏蔽层可将辐射噪声干扰降至最低。

同轴电缆有特性阻抗，所以需要设置平衡 - 不平衡变压器的匝数比，使同轴电缆的阻抗和天线阻抗相匹配。例如，如果发射天线的阻抗为 300 Ω，同轴电缆的特性阻抗为 75 Ω（长距离通信的国际标准），平衡 - 不平衡变压器的匝数比应为 2。平衡 - 不平衡变压器也可用于将平衡信号转换为不平衡的信号。

**学习效果检测**

1. 阻抗匹配的含义是什么？
2. 负载电阻和电源内阻匹配的好处是什么？
3. 变压器的匝数比是 0.5，二次绕组两端接 100 Ω 的电阻，则反射电阻是多少？
4. 平衡 - 不平衡变压器的作用是什么？

## 14.7 变压器额定值和特性参数

我们已经在理想情况下学习了变压器的工作过程，即忽略线圈电阻、线圈电容和非理想的磁心特性，将变压器效率视为 100%。为了学习基本概念和了解变压器的许多应用，使用理想模型是有效的。但是，实际变压器有不理想特性。

### 14.7.1 额定值

**额定功率** 电力变压器的额定值包括额定视在功率、一次 / 二次额定电压和额定工作频率。例如，某一变压器额定值为 2.0 kV·A、500/50、60 Hz。2.0 kV·A 值是指**额定视在功率**，500 和 50 是二次和一次额定电压，60 Hz 是额定工作频率。

对于特定的应用，变压器的额定值有助于选择合适的变压器。假设二次电压是 50 V，在这种情况下，负载电流为

$$I_L = \frac{P_{sec}}{V_{sec}} = \frac{2.0\ \text{kV}\cdot\text{A}}{50\ \text{V}} = 40\ \text{A}$$

另一方面，如果二次电压是 500 V，则

$$I_{\mathrm{L}}=\frac{P_{\mathrm{sec}}}{V_{\mathrm{sec}}}=\frac{2.0\ \mathrm{kV{\cdot}A}}{500\ \mathrm{V}}=4.0\ \mathrm{A}$$

以上是二次侧在任何情况下能产生的最大电流。

额定功率以伏·安（视在功率的单位）而不是以瓦特（有功功率的单位）为单位的原因是：如果变压器负载是纯电容或纯电感，则输送到负载的有功功率是零。但是如果视在功率为 2.0 kV·A，频率为 60 Hz，$V_{\mathrm{sec}}$=500 V，$X_C$=100 Ω，则二次电流为 5 A。该电流超过了二次绕组能承受的最大电流 4 A，即使有功功率为零，变压器也可能损坏。因此，用有功功率作为变压器的额定功率是没有意义的。

**额定电压和额定频率**　除额定视在功率外，大多数电力变压器的额定电压和额定频率都会标注在变压器上。额定电压包括一次电压（设计好的）和二次电压，其中二次电压是指额定负载连接到二次侧并且一次侧连接到额定输入电压时的二次输出电压。通常变压器设备上会有一个小的示意图，显示每个绕组和额定电压。变压器的频率通常已规定好。对于电力变压器，额定频率通常为 50 ～ 60 Hz，而音频变压器的额定频率通常为 20 Hz ～ 20 kHz。如果变压器在错误频率下运行，则可能会被损坏，因此必须注意额定频率。以上是选择电力变压器时至少需要了解的技术指标。

### 14.7.2　特性参数

**绕组电阻**　实际变压器的一次绕组和二次绕组都有线圈电阻。电感的线圈电阻已在第 11 章中加以介绍。实际变压器的线圈电阻是指与绕组串联的电阻，如图 14-24 所示。

实际变压器的线圈电阻会降低二次侧的负载电压，结果是负载电压会低于由式 $V_{\mathrm{sec}}=nV_{\mathrm{pri}}$ 计算出的电压。大多数情况下，这种影响相对较小，可以忽略不计。

**磁心损耗**　实际变压器的铁心材料总是有一些能量转换，这种转换通常是铁氧体和铁心的发热，空心变压器不存在这种能量转换。能量转换的部分原因是一次电流的方向变化使磁场方向持续变化，这种原因造成的能量转换称为**磁滞损耗**。根据法拉第定律，是当磁通变化时，在磁心材料中会产生感应电压，进而产生涡流。涡流在磁心中以涡旋形式出现，从而产生热量，损耗电能。铁心的叠层结构可以大大减少发热。铁心薄片之间彼此绝缘，将涡流限制在一个小区域内来最大限度地减少涡流，从而将铁心损耗保持在最低水平。

**漏磁**　在理想变压器中，假设一次绕组电流产生的所有磁通都通过铁心传递到二次绕组上，反之亦然。而在实际变压器中，一些磁力线从磁心中泄露，并穿过周围空气回到绕组的另一端，图 14-25 是一次电流产生的磁场泄露的情况。漏磁会降低二次绕组的感应电压。

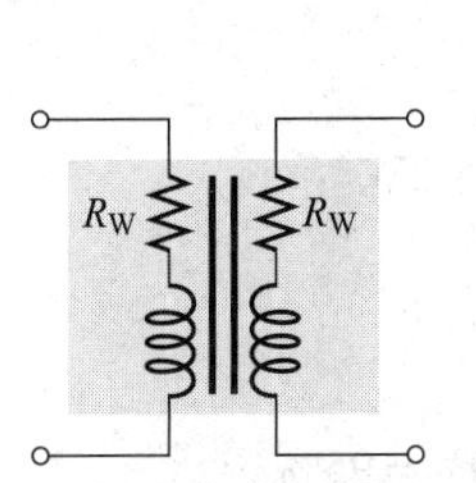


图 14-24　实际变压器的线圈电组

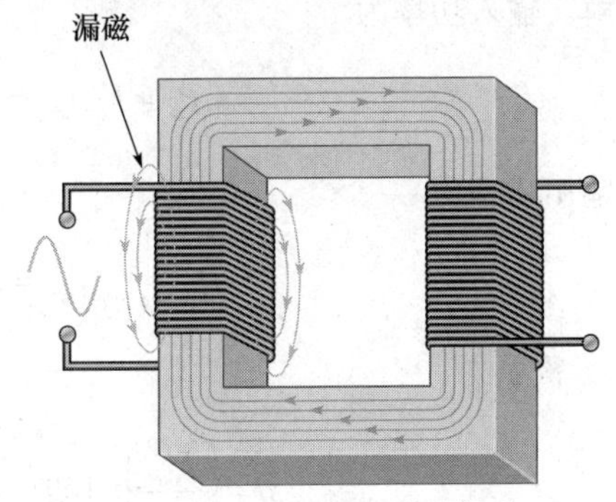


图 14-25　实际变压器的漏磁

实际到达二次绕组的磁通量百分比取决于变压器的耦合系数。例如，如果 10 条磁力线中有 9 条仍在磁心内，则耦合系数为 0.90 或 90%。大多数铁心变压器具有很高的耦合系数（大于 0.99），而铁氧体磁心和空心变压器的耦合系数较低。

**绕组电容** 在第 11 章已经学习到，相邻线匝之间总是存在一些杂散电容，这些杂散电容最终会形成变压器绕组并联的等效电容，如图 14-26 所示。

变压器在低频下运行时，因为电抗（$X_C$）很大，所以这些杂散电容的影响较小。然而在较高频率下，容抗很小，杂散电容在一次绕组和二次负载上产生旁路效应，导致通过一次绕组和负载的电流减少。因此随着频率的增加，该效应会使负载电压减小。

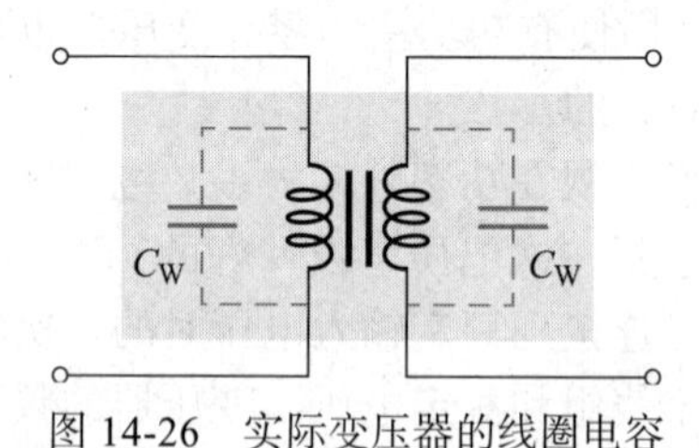


图 14-26 实际变压器的线圈电容

## 技术小贴士

如果有一个未标记的小型变压器，可以使用输出电压较低的信号发生器来检查电压比，从而得到输入（一次侧）和输出（二次侧）之间的匝数比。这比直接使用 120 V 交流电源测量更安全。通常变压器的一次线圈为黑色线，二次线圈低压为绿色线，二次线圈高压为红色线，条纹线通常表示中心抽头。不过，实际中变压器线圈的颜色并非这么标准。

---

**变压器效率** 回顾一下，对于理想变压器，输送给二次侧的功率等于一次侧的功率。因为变压器的非理想特性将产生功率损耗，所以二次（输出）功率始终小于一次（输入）功率。变压器效率（$\eta$）是变压器输出有功功率与输入有功功率之比的百分数。式（14-10）给出了如何根据 $P_{out}$ 和 $P_{in}$ 计算效率 $\eta$。

$$\eta=\left(\frac{P_{out}}{P_{in}}\right)\times 100\% \tag{14-10}$$

大多数电力变压器的效率超过 95%。

**例 14-10** 某变压器一次电流为 5.0 A，一次电压为 4800 V；二次电流为 95 A，二次电压为 240 V。计算该变压器的效率。

**解** 输入功率为

$$P_{in}=V_{pri}I_{pri}=4800\text{ V}\times 5\text{ A}=24\text{ kW}$$

输出功率为

$$P_{out}=V_{sec}I_{sec}=240\text{ V}\times 95\text{ A}=22.8\text{ kW}$$

效率为

$$\eta=\left(\frac{P_{out}}{P_{in}}\right)\times 100\%=\left(\frac{22.8\text{ kW}}{24\text{ kW}}\right)\times 100\%=95\%$$ ◀

**同步练习**　某变压器的一次电流为 9.0 A，一次电压为 440 V；二次电流为 30 A，二次电压为 120 V。它的效率是多少？

采用科学计算器完成例 14-10 的计算。

**学习效果检测**

1. 解释实际变压器与理想变压器模型的区别。

2. 某变压器的耦合系数为 0.85，这意味着什么？

3. 某变压器的视在额定视在功率为 10 kV · A，如果二次电压 250 V，变压器能承受负载电流是多少？

## 14.8　抽头、多绕组和脉冲变压器

基本变压器有几个重要的变化，包括抽头变压器、多绕组变压器和自耦变压器。本节还将介绍多绕组变压器中的三相变压器。

### 14.8.1　抽头变压器

带有中心抽头的变压器（抽头变压器）如图 14-27a 所示。**中心抽头（CT）**相当于两个二次绕组，每个二次绕组的电压是其总电压的一半。

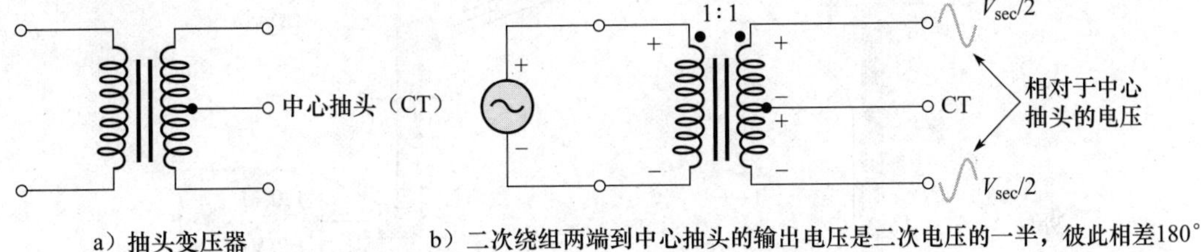


图 14-27　抽头变压器的工作过程

在任何时刻二次绕组两端和中心抽头之间的电压都相等但极性相反。在正弦电压的某一瞬间，整个二次绕组的极性如图 14-27b 所示（顶端 +，底部 –）。在中心抽头处，电压比二次绕组的顶端低，但比二次绕组的底端高，因此相对于中心抽头，二次抽头的顶端为正，底端为负。这种中心抽头多用于稳压电源中的整流电路（即将交流转换为直流的电路，如图 14-28 所示），以及阻抗匹配电路。

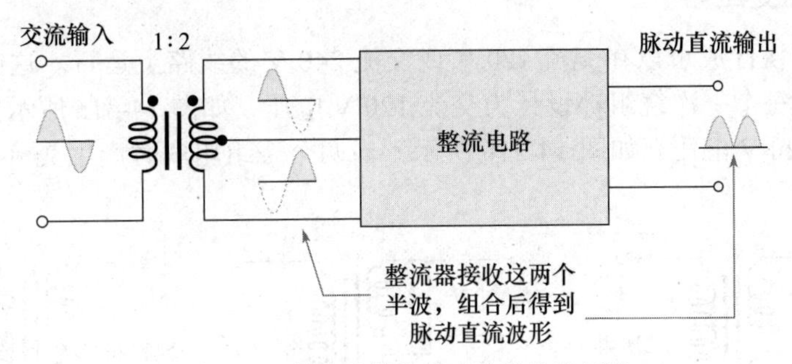


图 14-28　将交流转换为直流抽头变压器

有些抽头变压器在二次绕组的电气中心以外还有抽头，称为多抽头变压器。此外在某些应用中，一次和二次绕组都有可能使用单个和多个抽头。例如阻抗匹配变压器，它的一次绕组通常带有抽头。这些类型的变压器如图 14-29 所示。

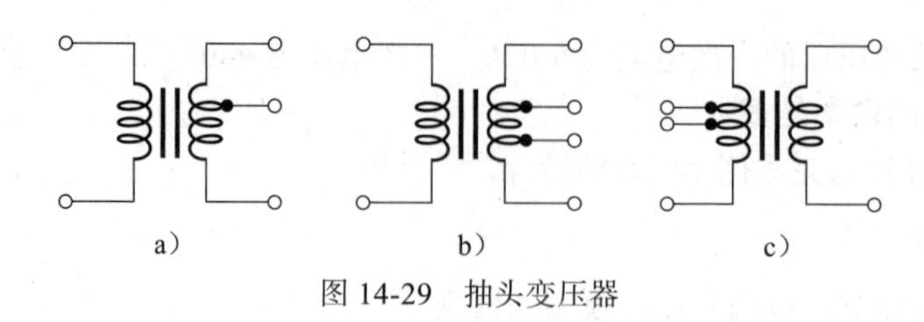

图 14-29 抽头变压器

电力公司在配电系统中使用许多带抽头的变压器。电源通常以三相电源的形式产生和传输，在某一地点，需要将三相电源转换为单相电源，供住宅用户使用。图 14-30 为电力杆式变压器，在此之前三相高压电源已转换为单相电源（取其中一相），但是仍然需要将其转换为 120 V/240 V 的电压以供给住宅用户使用，因此需要使用单相带抽头的变压器。通过在一次侧选择合适的抽头，电力公司可对输送给用户的电压进行微调。二次侧的中心抽头是电流回路的中性线。

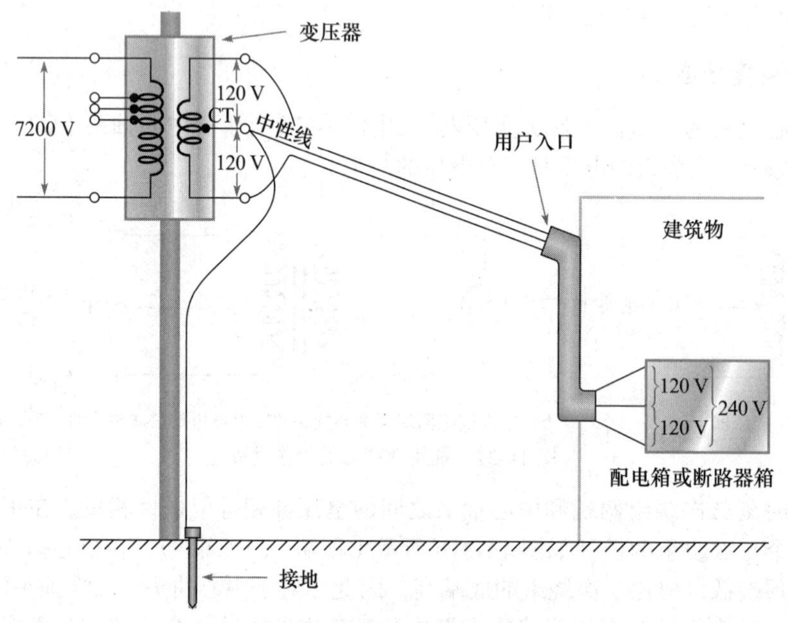

图 14-30 电力杆式变压器

## 14.8.2 多绕组变压器

有些变压器设计成可以在交流 120 V 或交流 240 V 的线路上运行。这些变压器通常有两个一次绕组，每个一次绕组都设计为交流 120 V 电压，如图 14-31a 所示。当两个绕组并联时产生交流 120 V 电压，如图 14-31b 所示。当两个绕组串联时产生交流 240 V 电压，如图 14-31c 所示。

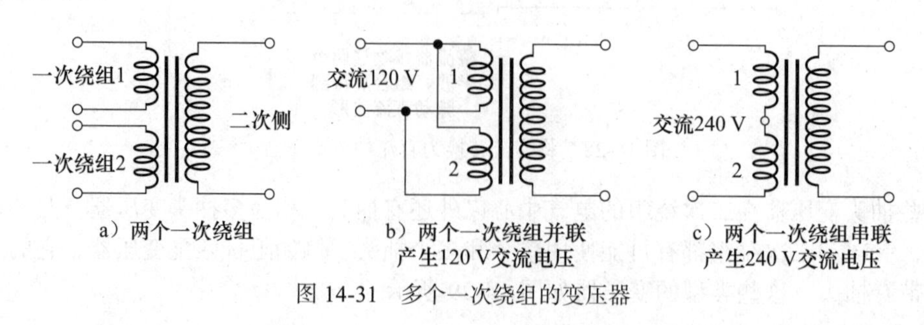

图 14-31 多个一次绕组的变压器

多个二次绕组可以缠绕在同一个磁心上。带有多个二次绕组的变压器通常通过升高或降低一次电压来产生多个电压。这种变压器多用于电源电路中，如电子仪器中的电源，电子仪器工作时需要若干个不同电压等级的电源。

多个二次绕组的变压器如图 14-32 所示，这个变压器有 3 个二次绕组。有时你会在一个设备中同时发现多个一次绕组、多个二次绕组和抽头变压器。

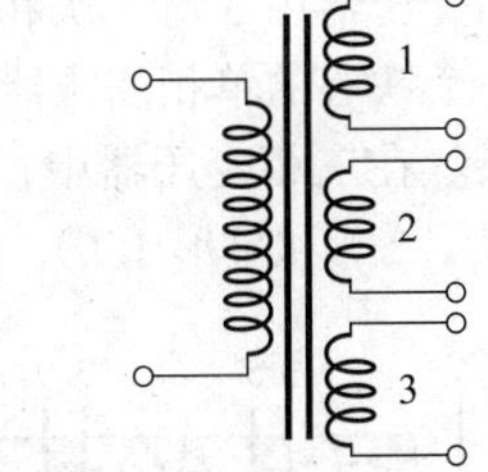

图 14-32　多个二次绕组的变压器

**例 14-11**　图 14-33 中所示的变压器具有多个二次绕组，其中一个二次绕组带有中心抽头。如果一次侧接于 120 V 交流电压。试计算每个二次电压和抽头变压器的电压。

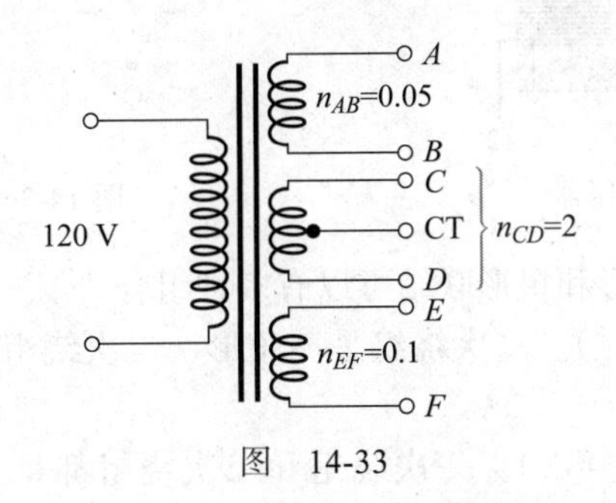

图　14-33

**解**

$$V_{AB}=n_{AB}V_{\text{pri}}=0.05\times 120\text{ V}=6.0\text{ V}$$
$$V_{CD}=n_{CD}V_{\text{pri}}=2\times 120\text{ V}=240\text{ V}$$
$$V_{(\text{CT})C}=V_{(\text{CT})D}=240\text{ V}/2=120\text{ V}$$
$$V_{EF}=n_{EF}V_{\text{pri}}=0.1\times 120\text{ V}=12\text{ V}$$

◀

**同步练习**　如果一次绕组匝数减半，请重复计算上述问题。

采用科学计算器完成例 14-11 的计算。

### 14.8.3　自耦变压器

**自耦变压器**的应用包括启动工业感应电动机和调节传输线电压。在自耦变压器中，一个绕组同时用作一次绕组和二次绕组。绕组在适当处有抽头，以提供升高或降低电压所需的匝数比，一次和二次绕组可以部分或全部相同。

自耦变压器与传统变压器的不同之处在于，它的输入和输出共用一个绕组，一次和二次绕组之间没有电气隔离。由于自耦变压器的视在功率小于传输给负载的功率，因此在容量相同的情况下，自耦变压器通常比传统变压器更小，质量更轻。许多自耦变压器利用滑动接触装置作为可调抽头以改变输出电压，因此自耦变压器也被称为调压器。图 14-34 显示了各种类型的自耦变压器。

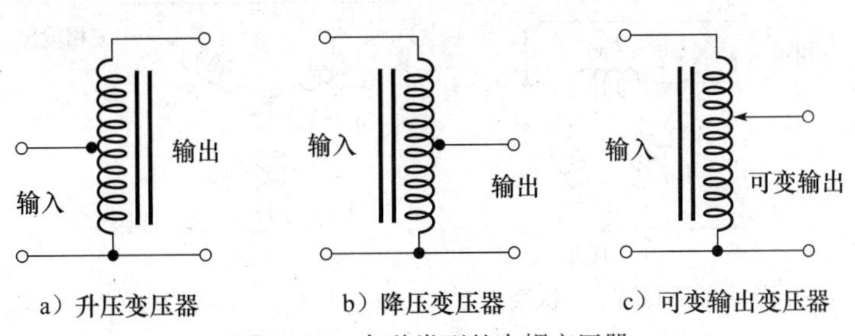

a）升压变压器　b）降压变压器　c）可变输出变压器

图 14-34　各种类型的自耦变压器

### 14.8.4 三相变压器

三相变压器广泛用于配电系统中，特别是在商业和工业领域，但一般不用于居民住宅。

三相变压器由 3 对一次和二次绕组组成，每一对都缠绕在一个铁心上。实际上它们是 3 个共用一个铁心的单相变压器，如图 14-35 所示。将 3 个单相变压器连接在一起可以达到相同的效果。在三相变压器中，3 个相同的一次绕组和三个相同的二次绕组有两种连接方式，即三角形（△）和星形（Y），以形成完整的变压器组。三角形和星形联结如图 14-36 所示。

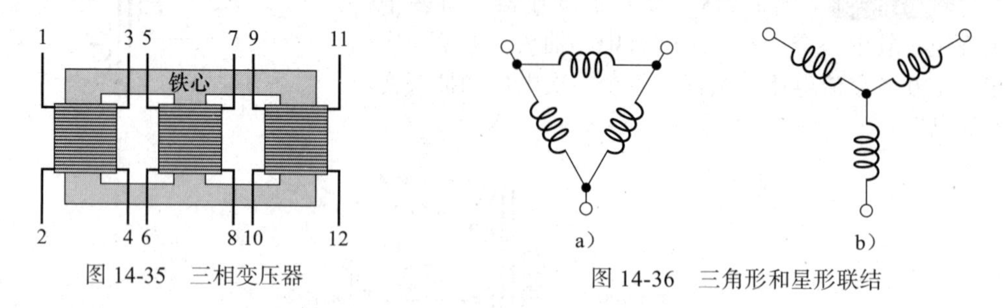


图 14-35 三相变压器

图 14-36 三角形和星形联结

在三相变压器中，三角形和星形联结可以有多种组合。

1. 三角形 – 星形（△ – Y）。一次绕组是三角形，二次绕组是星形。该结构常用于商业和工业应用。

2. 三角形 – 三角形（△ – △）。一次绕组和二次绕组都是三角形。该结构在工业中很常见。

3. 星形 – 三角形（Y – △）。一次绕组是星形，二次绕组是三角形。该结构应用于高压传输中。

4. 星形 – 星形（Y – Y）。一次绕组和二次绕组均为星形。该结构应用于高压、低功率应用中。

三角形 – 星形联结如图 14-37 所示。当它连接变压器时必须注意绕组极性的正确性。三角形中的绕组必须从“+”到“–”；星形连接到中心点的每个绕组的极性必须相同。

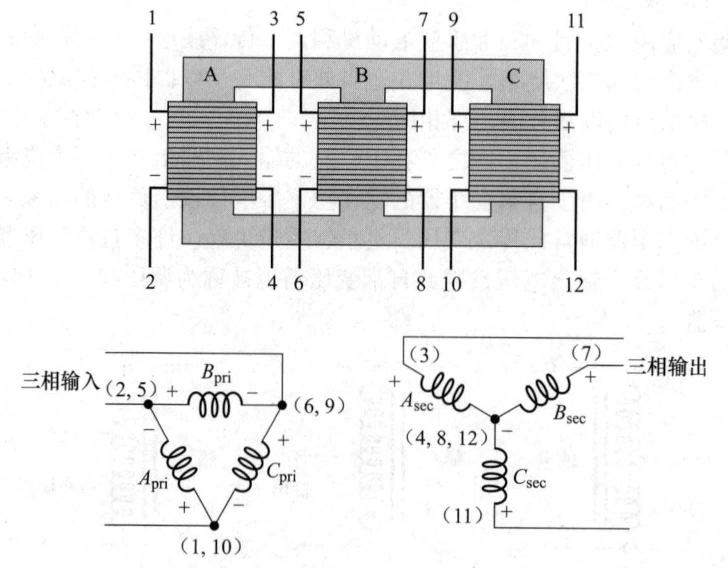


图 14-37 三角形 – 星形联结。一次绕组为 $A_{pri}$、$B_{pri}$ 和 $C_{pri}$，二次绕组为 $A_{sec}$、$B_{sec}$ 和 $C_{sec}$。括号中的数字对应于变压器引线

星形联结的优点在于，中心连接处可以连接到中性线，而三角形联结没有中性点。带有中心抽头的Y-△变压器，可以将三相电压转换为单相住宅电压，如图 14-38 所示，这种联结称为四线三角形，用于没有单相电压的地方。

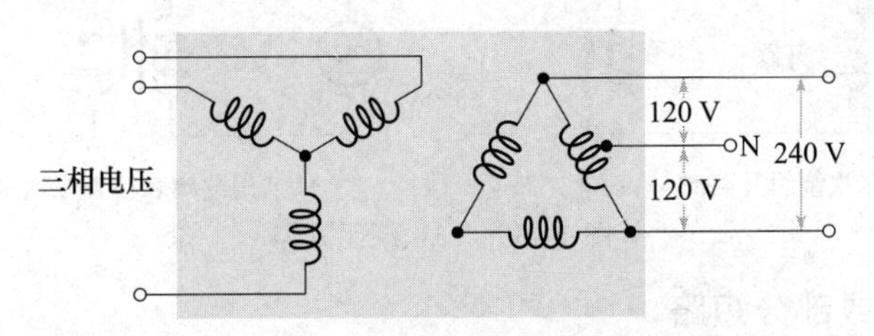


图 14-38　带有中心抽头的星形 – 三角形变压器

### 14.8.5　脉冲变压器

顾名思义，脉冲变压器可以传输上升和下降变化较快的、中间恒定的信号。与耦合正负交替变化的交流电压的普通变压器不同，脉冲变压器是单极性的，这意味着其电压极性不会交替变化（尽管它可以为零）。低功率脉冲变压器可以封装到集成电路（IC）中，它常用于数字系统中弱电数字逻辑和通信信号的电气隔离，并在数字驱动器和传输线之间提供阻抗匹配。它们也用于隔离低压控制电路与高功率半导体电路。大功率的脉冲变压器还用于开关电源中的电压转换，以及为雷达和其他发射器中使用的磁控管和速调管等微波设备供电。

**学习效果检测**

1. 某变压器有两个二级绕组，从一次绕组到第一个二次绕组的匝数比为 10，到另一个二次绕组的匝数比为 0.2，如果一次绕组接交流 240 V，则两个二次绕组上的电压分别是多少？

2. 说出相对于传统变压器，自耦变压器的一个优点和一个缺点。

3. 三相变压器常见的联结方式有哪些？

## 14.9　故障排查

变压器在额定工况下运行时是可靠的。变压器的常见故障是一次绕组或二次绕组开路，此类故障的一个原因是设备在超出其额定值的条件下运行。当变压器发生故障时，很难维修，最简单的办法是更换变压器。本节将介绍一些变压器故障及其相关症状。

### 14.9.1　一次绕组开路故障

当一次绕组开路时，一次侧没有电流，因此二次绕组中也没有感应电压或电流。

### 14.9.2　二次绕组开路故障

当二次绕组开路时，二次回路中没有电流，因此负载两端没有电压。此时开路的二次绕组会导致一次电流非常小（只有很小的磁化电流）。一次电流实际上可能为零。这种情况如图 14-39a 所示，图 14-39b 给出了欧姆表检查方法。

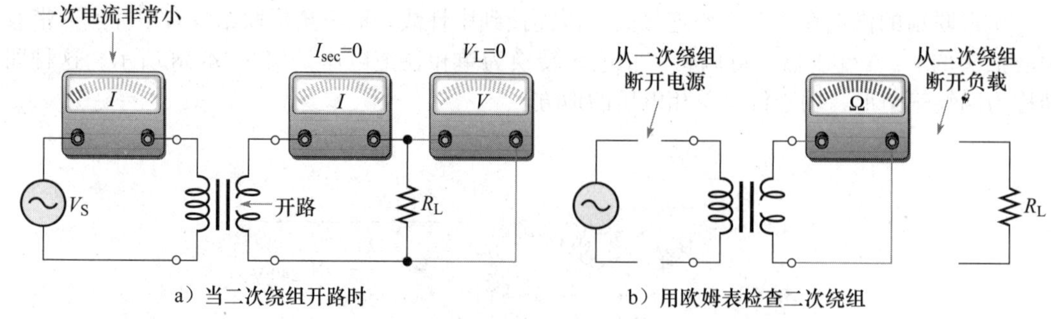


图 14-39 二次绕组开路

### 14.9.3 绕组短路或部分短路

短路绕组非常罕见，如果确实发生短路，除非有明显痕迹，或大量绕组被短路，否则很难发现短路的绕组。完全短路的一次绕组会从电源吸收很大的电流，除非一次电路中有断路器或保险丝，否则电源或变压器甚至两者都会被烧毁。一次绕组局部短路会使一次电流高于正常值，甚至产生过大电流。

在二次绕组短路或部分短路时，反射电阻会变小，一次电流会变大。通常，这种过大的电流会烧毁一次绕组并导致绕组开路。二次绕组中的短路故障会使负载电流为零（完全短路）或小于正常值（部分短路）。通常可以通过将绕组电阻与正常变压器的电阻比较，或者与良好的电阻数据记录表比较来发现短路的绕组。

**学习效果检测**

1. 变压器最可能发生的故障是什么？
2. 变压器发生故障的常见原因是什么？

## 应用案例

变压器常用在直流电源电路中，用于改变交流电压并将其耦合到电源电路中，然后转换为直流电压。你需要对 4 个相同的由变压器耦合的直流电源进行故障排查，并通过一系列测量确定它的故障性质（如果有故障）。

图 14-40 是直流电源电路，图中的变压器（$T_1$）将电源插座上的 120 V 交流电压降低至 10 V，然后由二极管桥式整流电路进行整流，再经滤波和稳压后获得 6 V 直流输出电压。二极管整流电路将交流电变为全波脉动直流电压，再由电容 $C_1$ 滤波平滑。稳压电路是一个集成电路，滤波后的电压输入到稳压电路，当负载和线路电压在允许范围内变化时，稳压电路提供恒定的 6 V 直流电。电容 $C_2$ 作用也是滤波。图 14-40 中带圆圈的数字对应于电源线路板上的测量点。

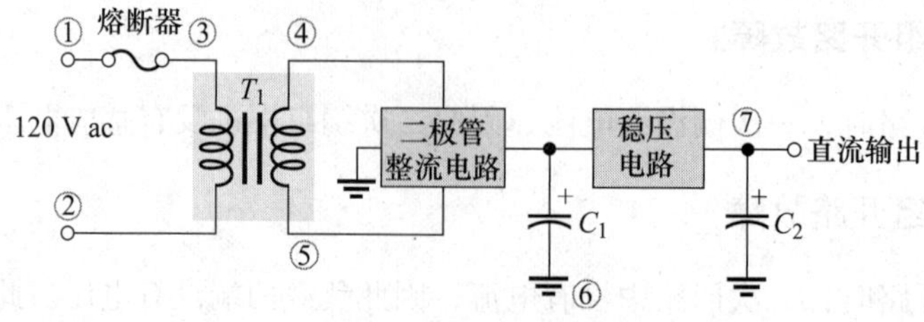


图 14-40 直流电源电路

**步骤 1：熟悉电源板**

有 4 个相同的电源板需要排查故障，如图 14-41 所示。电源线接变压器 $T_1$ 的一次绕组，由熔断器进行保护，二次绕组与包含整流电路、滤波电路和稳压电路的电路板相连。测量点用带圆圈的数字表示。

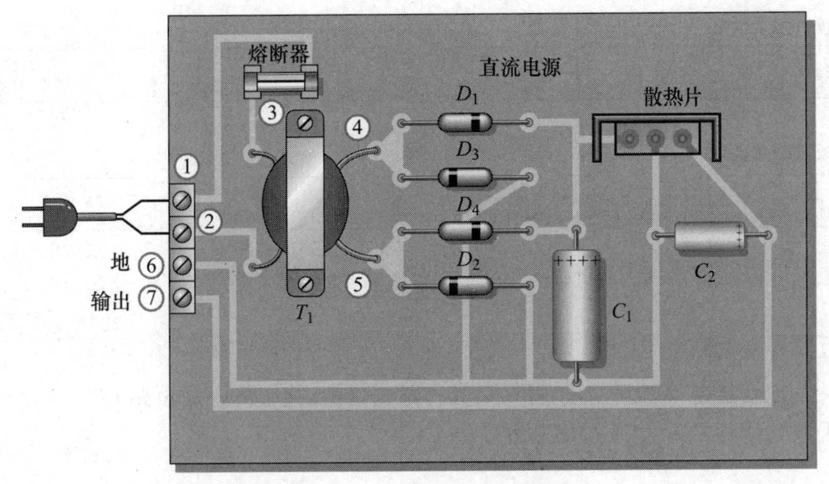


图 14-41　电源板（顶视图）

**步骤 2：测量电源板 1 上的电压**

检查电源板是否存在短路、开路或其他故障后，将电源插入墙上标准插座，使用自动量程选择的便携式万用表测量电压。

根据图 14-42 所示的仪表读数判断电源是否正常工作。如果不正常，确定是否是以下问题：1）电路板包含的整流电路、滤波电路和稳压电路问题；2）变压器的问题；3）熔丝的问题；4）电源的问题。仪表输入上带圆圈的数字对应于图 14-41 中电源板上的数字。

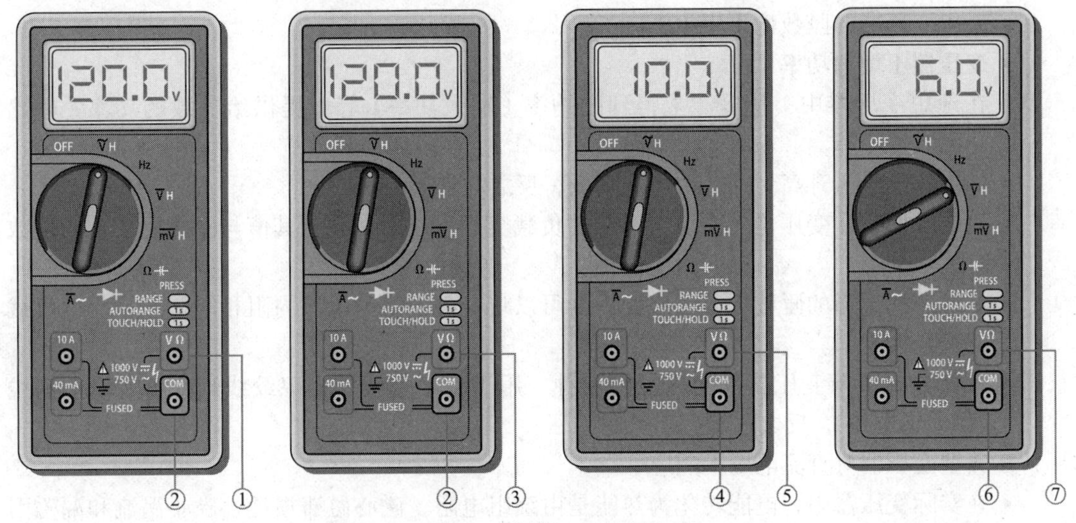


图 14-42　电源板 1 的测量电压

**步骤 3：测量电源板 2、3 和 4 上的电压**

根据图 14-43 中电源板 2、3 和 4 的仪表读数，判断每个电源是否正常工作。如果不正常，确定是否是以下问题：整流电路、滤波电路和稳压电路的问题；变压器的问题；熔丝的问题；电源的问题。图 14-43 仅显示了仪表读数和相应的测量点位置。

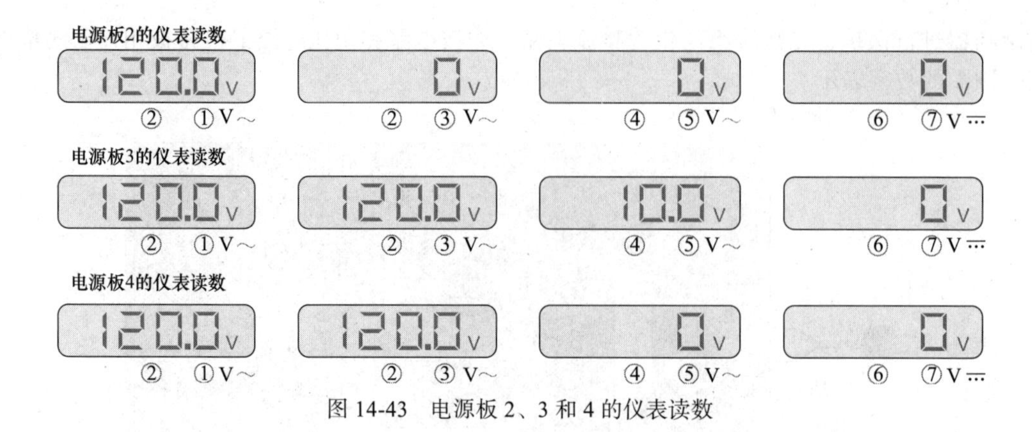


图 14-43 电源板 2、3 和 4 的仪表读数

### 检查与复习

1. 如果发现变压器有故障，如何判断具体故障（绕组开路还是短路）?
2. 变压器的哪些故障会导致熔断器烧断?

## 本章总结

- 普通变压器由两个或多个线圈组成，这些线圈缠绕在同一个磁心上会产生磁耦合。
- 两个磁耦合线圈之间存在互感。
- 当流经一个线圈的电流发生变化时，另一个线圈中会产生感应电压。
- 一次绕组与电源相连，二次绕组与负载相连。
- 匝数比被定义为二次绕组匝数与一次绕组匝数之比。
- 一次和二次电压的相对极性由绕组的相对缠绕方向决定。
- 升压变压器的匝数比大于 1。
- 降压变压器的匝数比小于 1。
- 变压器不增加功率。
- 在理想变压器中，从电源上得到的功率（输入功率）等于提供给负载的功率（输出功率)。
- 如果一次电压升高，则二次电流降低，反之亦然。
- 对电源而言，变压器二次绕组两端的负载会产生反射负载，其值与匝数比平方的倒数有关。
- 通过选择适当的匝数比，某些变压器可以将负载电阻与电源内阻相匹配，从而给负载传输最大功率。
- 平衡 - 不平衡变压器是变压器的一种，用于将平衡线（如双绞线）转换为不平衡线（如同轴电缆)，反之亦然。
- 典型变压器对直流电压不响应。
- 在实际变压器中，电能转化为热能是由绕组电阻、磁心磁滞损耗、磁心涡流和漏磁引起的。
- 三相变压器通常用于配电网。

## 对 / 错判断（答案在本章末尾）

1 理想的变压器向负载提供的功率与向一次绕组提供的功率相同。

2 变压器原理图中的点表示输入和输出之间的相位关系。

3 降压变压器的一次绕组匝数多于二次绕组。

4 变压器中的一次电流总是大于二次电流。

5 变压器空载时，功率因数为1。

6 阻抗匹配变压器用于将最大电压从电源传递到负载。

7 反射电阻与绕组电阻相同。

8 平衡－不平衡变压器是一种阻抗匹配变压器。

9 电力变压器的额定功率通常以视在功率的伏·安（V·A）而不是瓦特（W）为单位。

10 变压器效率是输出电压除以输入电压的比值。

**自我检测**（答案在本章末尾）

1 变压器用于
（a）直流电压
（b）交流电压
（c）直流和交流

2 下列哪一项受变压器匝数比的影响？
（a）一次电压
（b）直流电压
（c）二次电压
（d）这些都不是

3 某一匝数比为1的变压器，如果绕组反方向地缠绕在磁心上，则二次电压为
（a）与一次电压同相
（b）比一次电压小
（c）比一次电压大
（d）与一次电压反相

4 当变压器匝数比为10，一次电压为6 V时，二次电压为
（a）60 V　　（b）0.6 V
（c）6.0 V　　（d）36 V

5 当变压器匝数比为0.5，一次电压为100 V时，二次电压为
（a）200 V　　（b）50 V
（c）10 V　　（d）100 V

6 某变压器的一次绕组为500匝，二次绕组为2500匝，匝数比为
（a）0.2　　（b）2.5
（c）5.0　　（d）0.5

7 如果一个匝数比为5的理想变压器的一次绕组输入功率是10 W，则二次侧输送给负载的功率为
（a）50 W　　（b）0.5 W
（c）0 W　　（d）10 W

8 某一个带载变压器的二次电压是一次电压的三分之一，理想情况下，二次电流为
（a）一次电流的三分之一
（b）一次电流的三倍
（c）等于一次电流
（d）小于一次电流

9 当变压器二次绕组连接1.0 kΩ负载电阻，且匝数比为2时，电源“看到”的反射负载为
（a）250 Ω　　（b）2.0 kΩ
（c）4.0 kΩ　　（d）1.0 kΩ

10 在问题9中，如果匝数比为0.5，则电源“看到”的反射负载为
（a）1.0 kΩ　　（b）2.0 kΩ
（c）4.0 kΩ　　（d）500 Ω

11 若使内阻50 Ω的电源与200 Ω负载相匹配，变压器的匝数比为
（a）0.25　　（b）0.5
（c）4.0　　（d）2.0

12 最大功率从电源传输到负载时
（a）$R_L > R_{int}$　　（b）$R_L < R_{int}$
（c）$R_L = (1/n)^2 R_{int}$　　（d）$R_L = nR_{int}$

13 当一个12 V电池连接到匝数比为4的变压器的一次侧时，二次电压为
（a）0 V　　（b）12 V
（c）48 V　　（d）3.0 V

14 某一变压器匝数比为1，耦合系数为0.95。当一次电压是1.0 V时，二次电压为
（a）1.0 V　　（b）1.95 V
（c）0.95 V

## 分节习题（奇数题答案在本书末尾）

### 14.1 节

1 当 $k$=0.75、$L_1$=1 μH、$L_2$=4 μH 时，互感是多少？

2 当 $L_M$=1 μH、$L_1$=8 μH、$L_2$=2 μH 时，计算耦合系数。

### 14.2 节

3 变压器的一次绕组为 120 匝，二次绕组为 360 匝，匝数比是多少？

4 （a）变压器的一次绕组为 250 匝，二次绕组为 1000 匝，匝数比是多少？
（b）变压器的一次绕组有 400 匝，而二次绕组有 100 匝，匝数比是多少？

5 确定图 14-44 中每个变压器，绘制二次电压与一次电压的关系图。

### 14.3 节

6 变压器的一次绕组接 120 V 交流电，如果匝数比为 1.5，那么二次电压是多少？

7 某变压器的一次绕组匝数为 250 匝，为了使二次电压加倍，二次绕组必须有多少匝？

8 对于匝数比为 10 的变压器，一次电压必须为多少才能获得 60 V 的二次电压？

9 对于图 14-45 中的每个变压器，绘制二次电压与一次电压的关系，并指出幅值。

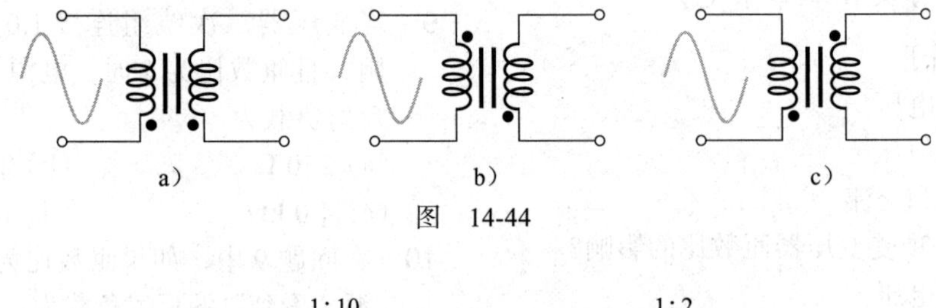


图 14-44

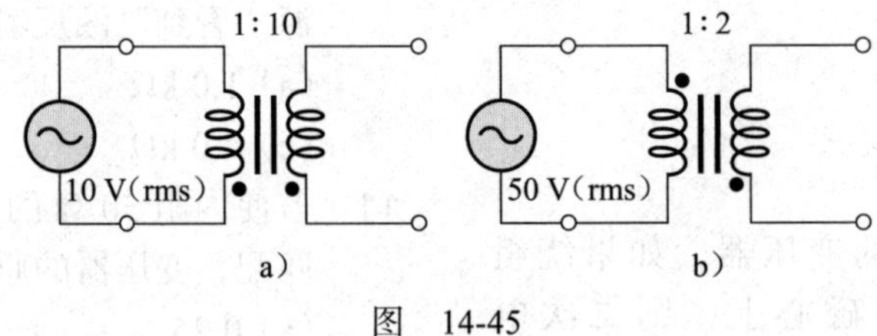


图 14-45

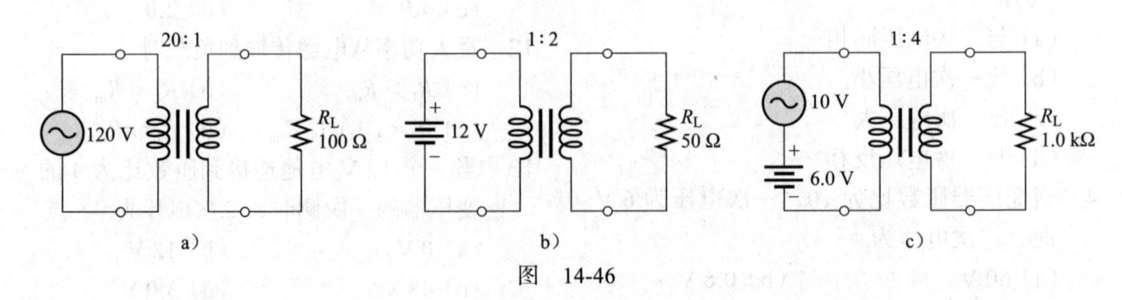


图 14-46

10 要将 120 V 降至 30 V，匝数比必须是多少？

11 变压器的一次绕组电压 1200 V，如果匝数比为 0.2，则二次电压是多少？

12 对于匝数比为 0.1 的变压器，一次电压必须为多少才能获得 6.0 V 的二次电压？

13 图 14-46 中每个电路中负载两端的电压是多少？

14 如果图 14-46 中每个二次绕组的底端都接地，负载电压会改变吗？

15 确定图 14-47 中未显示读数的仪表的读数值。

16 如果图 14-47a 的电路负载电阻 $R_L$ 加倍，二次电路的电表读数是多少？

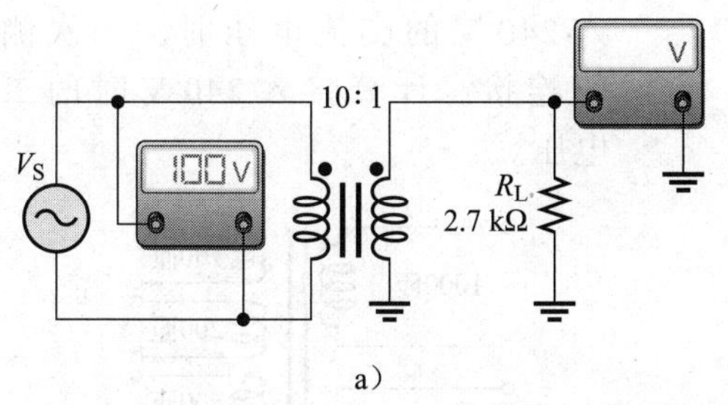


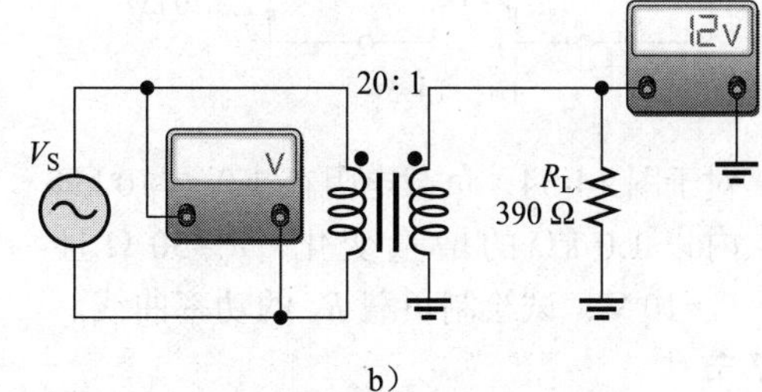


图 14-47

## 14.4 节

17 确定图 14-48 中的二次电流 $I_{sec}$。

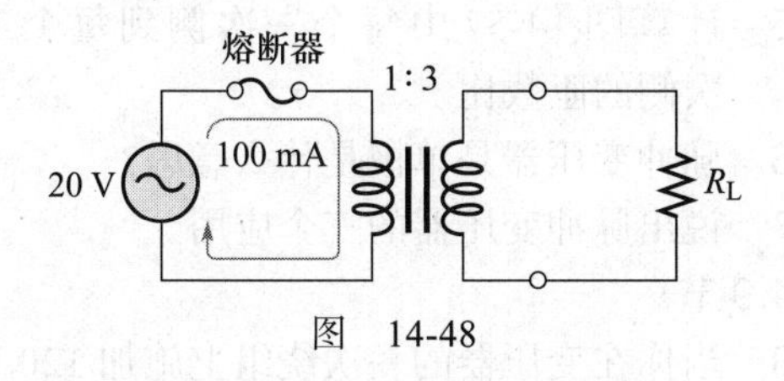


图 14-48

18 确定图 14-49 中的以下变量值：

（a）二次电压

（b）二次电流

（c）一次电流

（d）负载中的功率

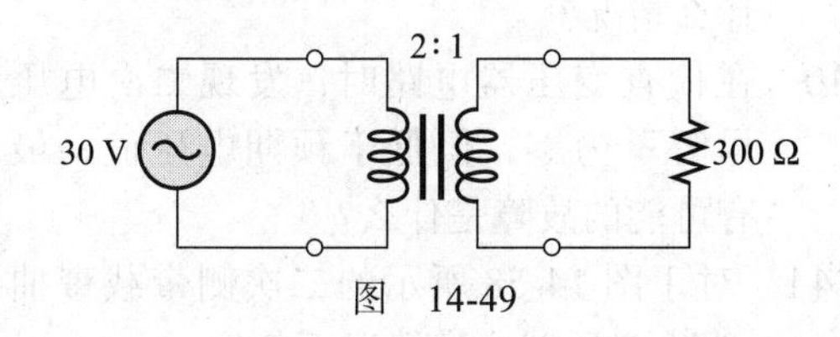


图 14-49

## 14.5 节

19 从图 14-50 中的电源来看，负载电阻是多少？

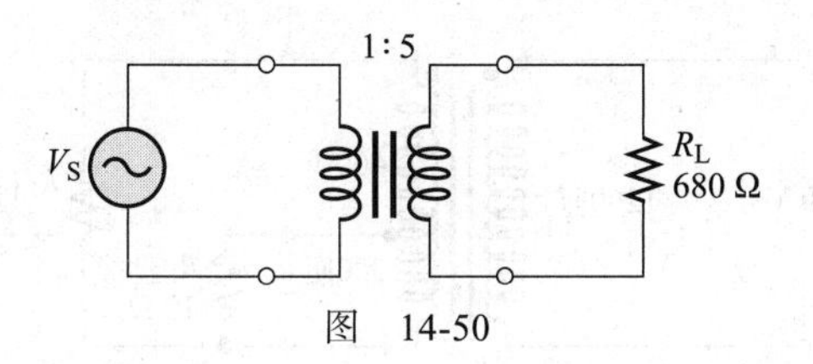


图 14-50

20 反射到图 14-51 中一次电路的电阻是多少？

21 如果电源电压有效值为 120 V，图 14-51 中的一次电流（有效值）是多少？

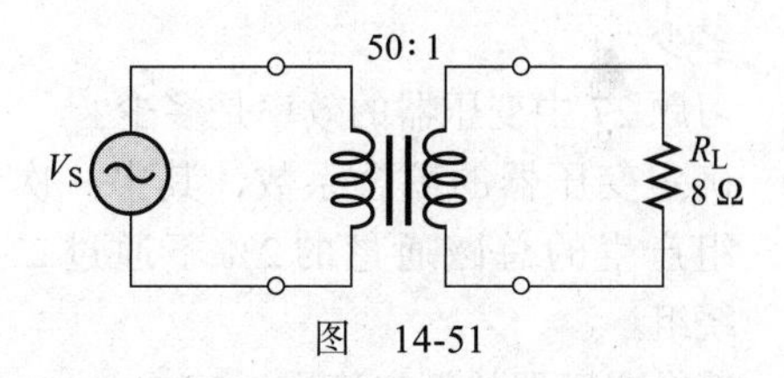


图 14-51

22 为了使反射到一次电路的电阻为 300 Ω，图 14-52 所示电路中的匝数比必须是多少？

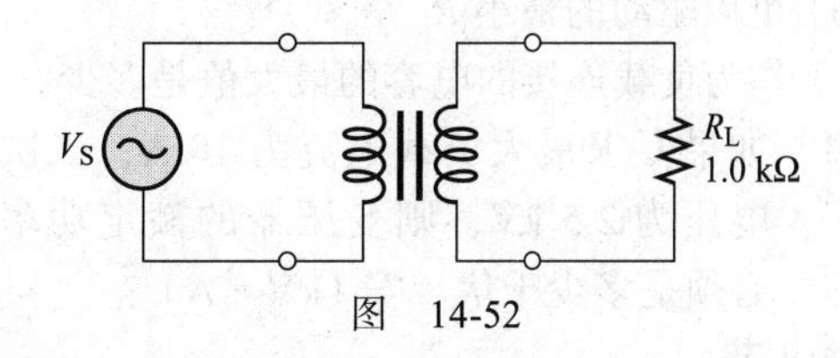


图 14-52

## 14.6 节

23 对于图 14-53 电路，为使 4.0 Ω 的扬声器获得最大功率，计算所需的匝数比。

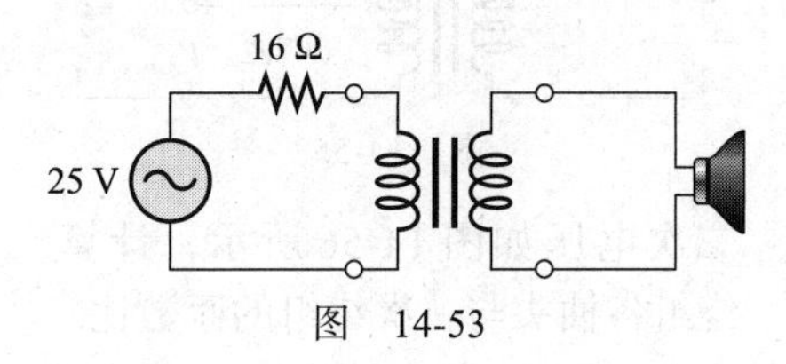


图 14-53

24 在图 14-53 中，4.0 Ω 的扬声器得到的最大功率是多少？

25 对于图 14-54 电路，电源内阻 50 Ω，将 $R_L$ 调整到多大值才能实现最大功率传输？

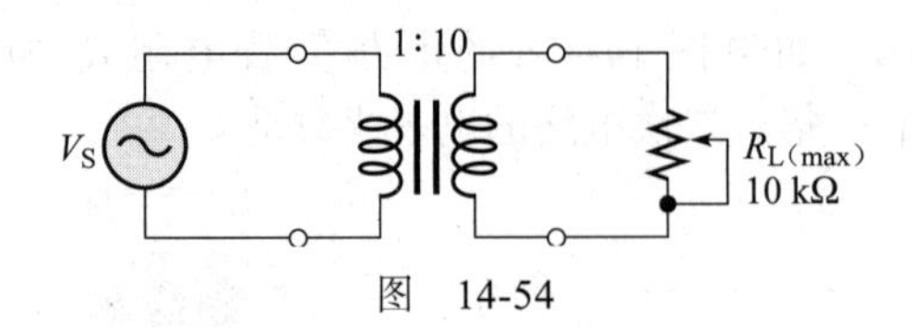

图 14-54

26 对于图 14-54，负载电阻在 1.0 ~ 10 kΩ 内以 1.0 kΩ 的增量变化，$R_s$=50 Ω 且 $V_S$=10 V，试绘制负载 $R_L$ 的功率曲线。

14.7 节

27 在某个变压器中，一次输入功率为 100 W。如果在绕组电阻中消耗 5.5 W，忽略其他损耗，则负载的输出功率是多少？

28 习题 27 中变压器的效率是多少？

29 确定变压器的耦合系数，其中一次绕组产生的总磁通量的 2% 不通过二次绕组。

30 某台变压器的额定值为 1.0 kV·A，它在 60 Hz、120 V 交流电下工作，二次电压为 600 V。

(a) 最大负载电流是多少？

(b) 可以驱动的最小 $R_L$ 是多少？

(c) 作为负载连接的电容的最大值是多少？

31 如果要求最大负载电流为 10 A，二次电压为 2.5 kV，则变压器的额定功率必须是多少千伏·安（kV·A）？

14.8 节

32 计算图 14-55 中指示的每个未知电压。

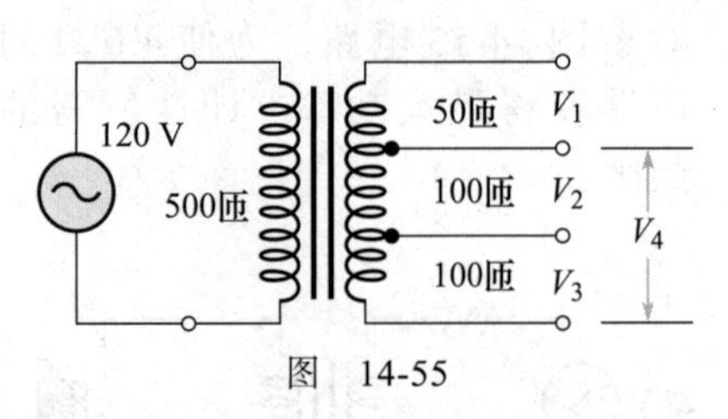

图 14-55

33 二次电压如图 14-56 所示，计算二次绕组各抽头与一次绕组的匝数比。

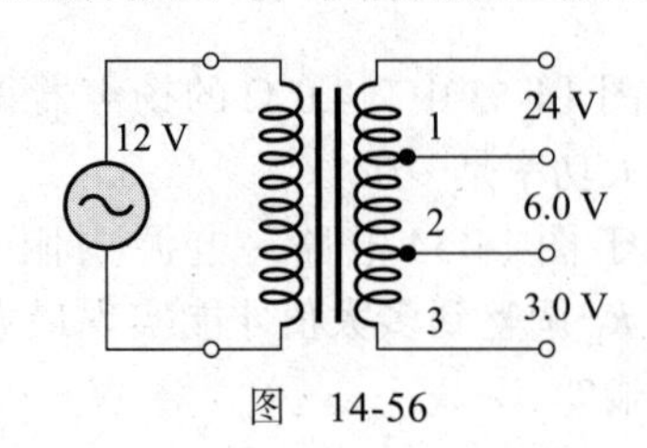

图 14-56

34 在图 14-57 中，变压器的每个一次侧都可承受 120 V 交流电压。当需要接入 240 V 的交流电压时，一次侧如何连接？计算接入 240 V 时的二次电压。

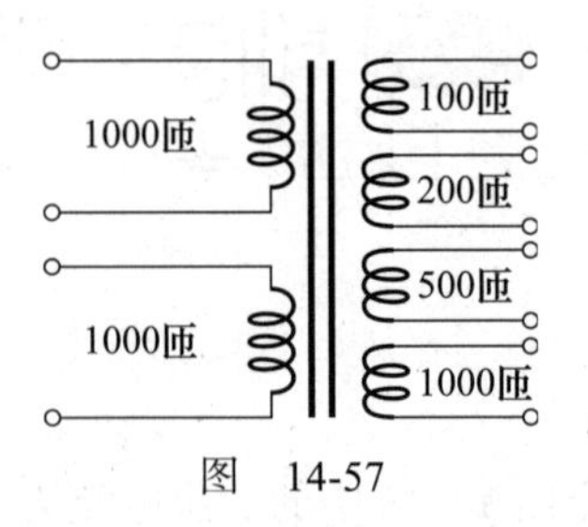

图 14-57

35 计算图 14-57 中每个一次侧到每个二次侧的匝数比。

36 脉冲变压器是单极是什么意思？

37 说出脉冲变压器的三个应用。

14.9 节

38 当你在变压器的一次绕组上施加 120 V 交流电压，并检查二次绕组两端的电压时，发现电压为 0 V，进一步检查发现没有一次或二次电流。列出可能的故障原因，下一步应该检查什么？

39 如果变压器的一次绕组短路，会发生什么情况？

40 在检查变压器电路时，发现二次电压尽管不为零，但低于预期电压值，最有可能的故障是什么？

*41 对于图 14-58 所示的二次侧带载带抽头的变压器，计算以下各值：

(a) 所有负载两端的电压和流经负载的电流。

(b) 反射到一次绕组的电阻。

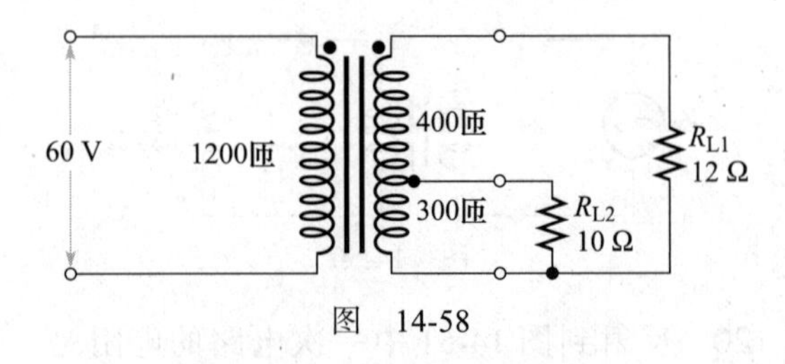

图 14-58

*42 某变压器的额定值为 5.0 kV·A、2400/120、60 Hz。

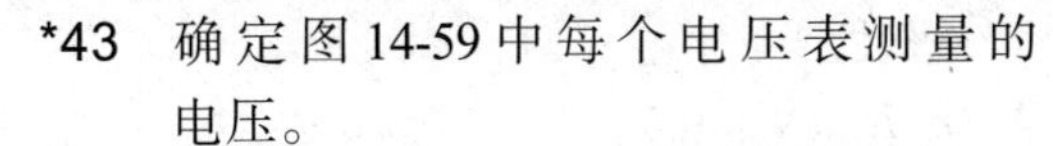

（a）如果120 V是一次电压，匝数比是多少？

（b）如果2400 V是一次电压，二次侧的额定电流是多少？

（c）如果2400 V是一次电压，一次侧的额定电流是多少？

*43　确定图14-59中每个电压表测量的电压。

*44　在图14-60中，一次绕组为100匝，电源内阻10 Ω，问图中的每个开关掷到各个位置时，匝数比多少时才能实现最大功率传输。

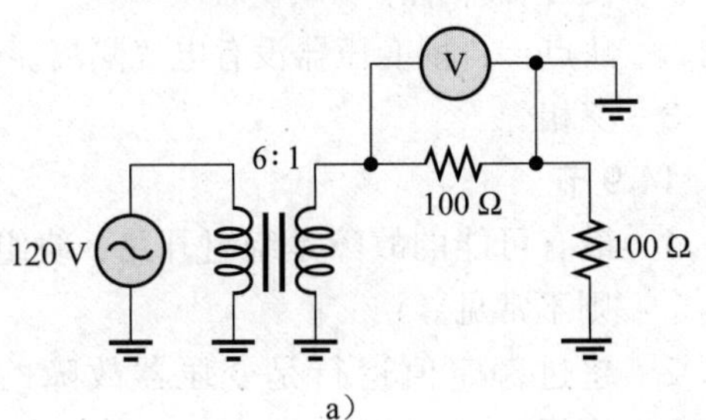


a）

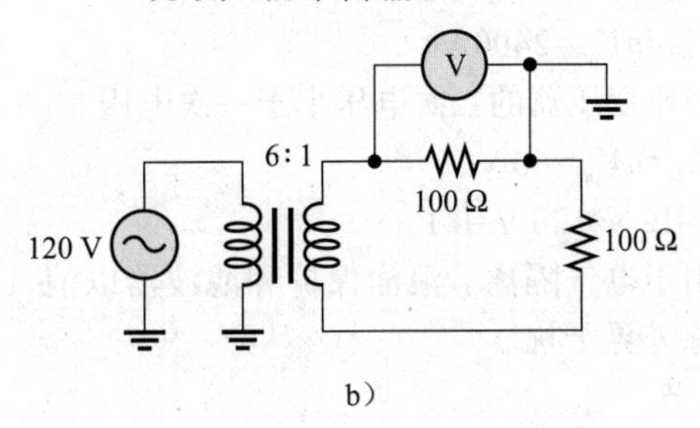


b）

图　14-59

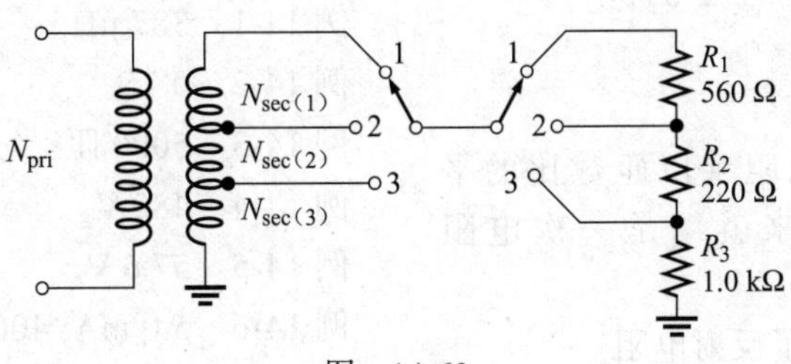


图　14-60

*45　图14-51中电源电压为120 V，变压器为理想状态，匝数比必须为多少才能将一次电流限制为3.0 mA？

*46　将120 V施加到额定视在功率为10 V·A的变压器的一次侧，输出电压为12.6 V，连接到二次侧的最小负载电阻是多少？

*47　降压变压器的一次电压为120 V，二次电压为10 V。如果二次额定电流最大值为1.0 A，一次侧应选择额定值为多少的熔断器？

### Multisim仿真故障排查和分析

48　打开文件P14-48，并测试电路。如果有故障，请排查。

49　打开文件P14-49，并测试电路。如果有故障，请排查。

50　判断文件P14-50中的电路是否有故障。如果有故障，请排查。

51　打开文件P14-51，查找电路中故障元件。

## 参考答案

### 学习效果检测答案

14.1节

1　互感是两个线圈之间的电感，由线圈之间的耦合量确定。

2　$L_M = k\sqrt{L_1 L_2} = 45\ \text{mH}$。

3　当$k$增加时，感应电压增大。

14.2节

1　变压器基于互感原理。

2　匝数比是二次绕组的匝数与一次绕组的匝数之比。

3　绕组的相对方向决定了电压的相对

极性。

4 $n=N_{sec}/N_{pri}=0.5$。

5 在印制电路板上制作绕组。

14.3 节

1 升压变压器的二次电压大于一次电压。

2 二次电压比一次电压大五倍。

3 $V_{sec}=nV_{pri}=2400$ V。

4 降压变压器的二次电压小于一次电压。

5 $V_{sec}=nV_{pri}=60$ V。

6 $n$=12 V/120 V=0.1。

7 用于电气隔离、浪涌保护和滤波器以消除外界干扰。

14.4 节

1 二次电流是一次电流的一半。

2 $n=0.25$；$I_{sec}=(1/n)I_{pri}=2.0$ A。

3 $I_{pri}=nI_{sec}=2.5$ A。

14.5 节

1 反射电阻是二次电阻乘以匝数比的平方的倒数，看起来就像是一次电阻一样。

2 匝数比的倒数决定了反射电阻。

3 $R_{pri}=\left(\frac{1}{n}\right)^2 R_L=0.5\,\Omega$。

4 $n=\sqrt{R_L/R_{pri}}=0.1$。

14.6 节

1 阻抗匹配是指负载电阻等于电源内阻。

2 当 $R_L=R_{int}$ 时，电源向负载提供最大输出功率。

3 $R_{pri}=\left(\frac{1}{n}\right)^2 R_L=400\,\Omega$。

4 将不平衡信号转换为平衡信号并实现阻抗匹配。

14.7 节

1 在实际变压器中，电能转化为热能会降低变压器效率，不像理想变压器那样效率为 100%。

2 当耦合系数 $k$=0.85 时，一次绕组所产生磁通量的 85% 通过二次绕组。

3 $I_L$=10 kV·A/250 V=40 A。

14.8 节

1 $V_{sec}$=10×240 V=2400 V；$V_{sec}$=0.2×240 V=48 V。

2 优点：同一额定值的自耦变压器比传统变压器体积小、质量轻。

缺点：自耦变压器没有电气隔离。

3 三相。

14.9 节

1 最有可能的故障是绕组开路，绕组短路则不常见。

2 超过额定值运行是变压器故障的常见原因。

同步练习答案

例 14-1 387 μH。

例 14-2 0.75。

例 14-3 5000 匝。

例 14-4 480 V。

例 14-5 57.6 V。

例 14-6 5.0 mA; 400 mA。

例 14-7 6.0 Ω。

例 14-8 0.354。

例 14-9 0.0707 或 14.14：1。

例 14-10 91%。

例 14-11 $V_{AB}$=12 V；$V_{CD}$=480 V；$V_{(CT)C}=V_{(CT)D}$=240 V；$V_{EF}$=24 V。

对 / 错判断答案

| | | |
|---|---|---|
| 1 对 | 2 对 | 3 对 |
| 4 错 | 5 错 | 6 错 |
| 7 错 | 8 对 | 9 对 |
| 10 错 | | |

自我检测答案

| | | |
|---|---|---|
| 1 (b) | 2 (c) | 3 (d) |
| 4 (a) | 5 (b) | 6 (c) |
| 7 (d) | 8 (b) | 9 (a) |
| 10 (c) | 11 (d) | 12 (c) |
| 13 (a) | 14 (c) | |

# 第 15 章

# 积分器与微分器对脉冲输入的响应

**学习目标**

- ▶ 解释 *RC* 积分器的工作过程
- ▶ 分析单脉冲输入的 *RC* 积分器
- ▶ 分析周期性脉冲输入的 *RC* 积分器
- ▶ 分析单脉冲输入的 *RC* 微分器
- ▶ 分析周期性脉冲输入的 *RC* 微分器
- ▶ 分析 *RL* 积分器的工作过程
- ▶ 分析 *RL* 微分器的工作过程
- ▶ 讨论积分器与微分器的应用
- ▶ 排查 *RC* 积分器和 *RC* 微分器的故障

**应用案例概述**

在本章的应用案例中，你将计算满足延时电路特定规格所需的元件参数值。你还将确定如何使用脉冲发生器和示波器测试电路是否正常工作。学习本章后，你应该能够完成本章的应用案例。

**引言**

第 10 章和第 12 章介绍了 *RC* 电路和 *RL* 电路在正弦电压作用下的响应。本章将研究具有脉冲输入的 *RC* 电路和 *RL* 电路的时间响应（以下简称响应）。

在本章开始之前，你应该复习一下 9.5 节和 11.4 节中的内容。理解电容和电感中电压和电流的指数变化规律，对本章研究的脉冲响应至关重要。本章直接使用了第 9 章和第 11 章给出的计算响应的指数公式。

对于脉冲输入，电路的时间响应至关重要。电路时间常数与输入脉冲参数，（如脉冲宽度和周期）的关系，决定了电路中电压的波形。

本章使用的术语“积分器”和“微分器”，指的是在某些特定条件下，能够近似进行积分运算和微分运算的电路。数学上，积分是求和运算过程，微分是瞬时变化率。在某些条件下，积分器能够平滑波形；微分是指求一个量的变化率的过程，微分器能够产生代表输入变化率的输出。

## 15.1 *RC* 积分器

就时间响应而言，在电容上获取输出电压的 *RC* 串联电路，是一种被称为“**积分器**”的典型电路。回想一下，就频率响应而言，该电路是一个基本的低通滤波器。积分器一词源于在一定条件下，这类电路能够近似进行积分运算。

### 15.1.1 电容的充电和放电

当将理想的脉冲发生器连接到 *RC* 积分器的输入端（见图 15-1）时，电容通过对脉冲输入的响应包括充电和放电。当输入从低电平变为高电平时，电容通过电阻充电，电压趋于脉冲的高电平。这种充电过程类似于通过开关将电池连接到 *RC* 电路，如图 15-2a 所示。当脉冲从高电平回落到低电平时，电容通过电阻和电源放电。与电阻的阻值相比，脉冲电源的内阻可以忽略不计，因此脉冲电源相当于短路。这种放电过程类似于用闭合的开关替换脉冲电源，如图 15-2b 所示。

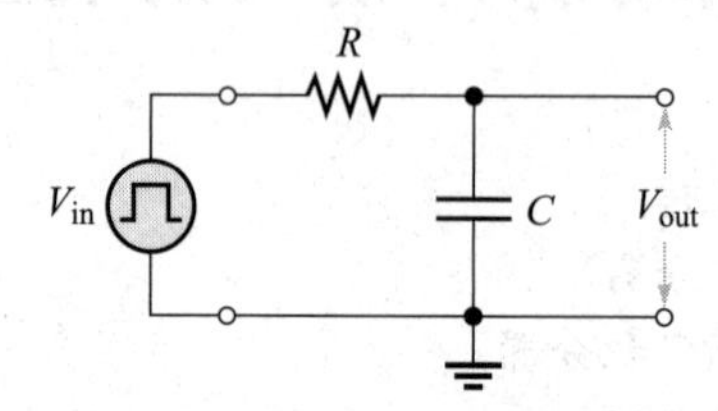


图 15-1 与脉冲发生器相连的 $RC$ 积分器

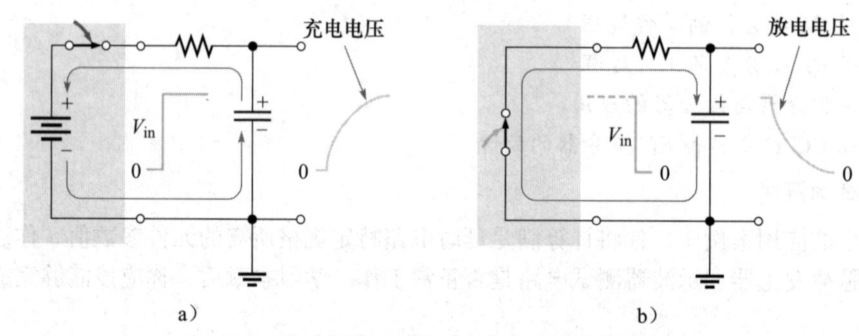


图 15-2 脉冲电源对电容充电和放电时的等效作用

电容将按指数曲线充电和放电，其充电和放电的速率取决于时间常数 $\tau$，即 $RC$ 之积，是个固定的时间值。

对于理想脉冲输入，它的两个边沿都视为是陡直的，即没有上升时间和下降时间。掌握电容的如下两个基本规律有助于理解 $RC$ 电路对脉冲输入的响应：

1. 对于电流的快速变化，电容相当于短路；对于直流电压，电容相当于开路。
2. 电容两端的电压不能瞬间改变，它只能按指数规律渐渐变化。

### 15.1.2 电容电压

在 $RC$ 积分器中，输出是电容上的电压。电容在脉冲高电平期间充电。如果脉冲的高电平时间足够长，电容将被完全充电至脉冲的电压幅值。电容在脉冲的低电平期间放电。如果脉冲的低电平时间足够长，电容将完全放电至零。完全充电与完全放电的示意图如图 15-3 所示。当下一个脉冲到来时，它将再次充电。

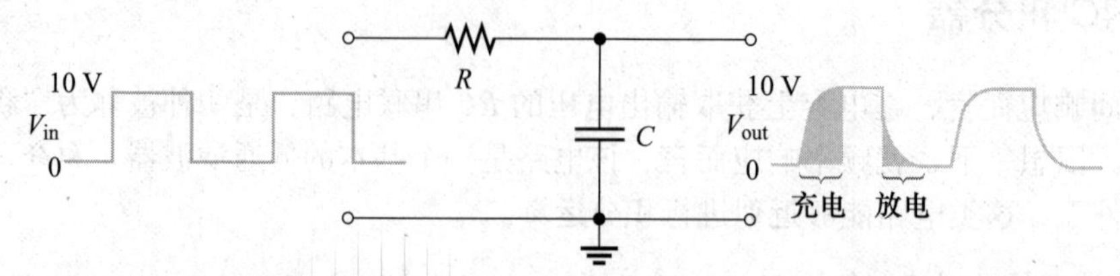


图 15-3 在脉冲响应中电容完全充电与完全放电示意图（脉冲发生器未画出，只画出了脉冲波形）

**学习效果检测**

1. 给出 $RC$ 积分器的定义。
2. 什么原因导致 $RC$ 电路中的电容充电和放电？

## 15.2　RC 积分器对单个脉冲输入的响应

从上一节开始，你已经大致了解了 *RC* 积分器如何对脉冲输入产生响应。本节将详细分析这一响应。

在分析 *RC* 电路对单个脉冲输入的响应时，有两个条件需要考虑：

1. 脉冲宽度 $t_W$ 大于或等于 5 倍的时间常数，即 $t_W \geqslant 5\tau$。

2. 脉冲宽度 $t_W$ 小于 5 倍的时间常数，即 $t_W \leqslant 5\tau$。

回想一下，5 倍的时间常数被认为是电容完全充电或完全放电所需要的时间，这个时间通常被称为瞬态响应时间或**瞬态时间**。如果脉冲宽度大于或等于 5 倍的时间常数，电容将被完全充电。当脉冲结束而回落到低电平时，电容被完全放电。

图 15-4 给出了 *RC* 积分器输出电压形状随时间常数的变化情况，其中包括了 4 种 *RC* 瞬态时间，而输入脉冲的宽度只有一种，即 $t_W$=100 μs。请注意，随着瞬态时间变短，输出电压的波形越来越接近输入脉冲的波形。在每种情况下，输出电压都达到了输入脉冲的幅值。

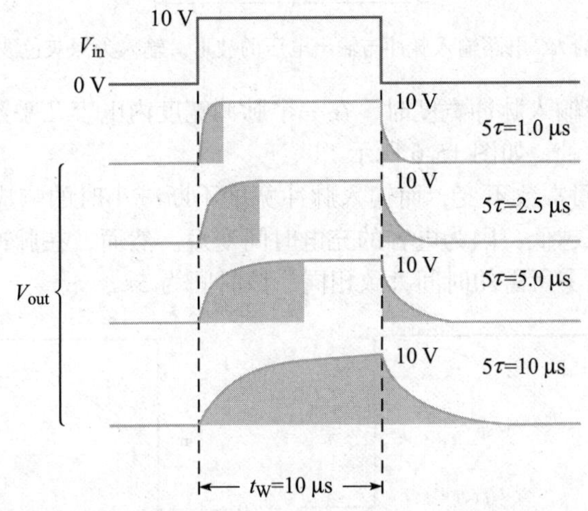


图 15-4　*RC* 积分器输出电压形状随时间常数的变化情况。阴影区域表示电容何时充电或放电

图 15-5 表明当时间常数不变时，*RC* 积分器的输出电压形状随输入脉冲宽度的变化而变化。请注意，随着脉冲宽度的增加，输出电压的形状越来越接近输入脉冲的形状。这意味着与脉冲宽度相比，瞬态时间相对变短。输出电压的上升与下降时间保持不变。

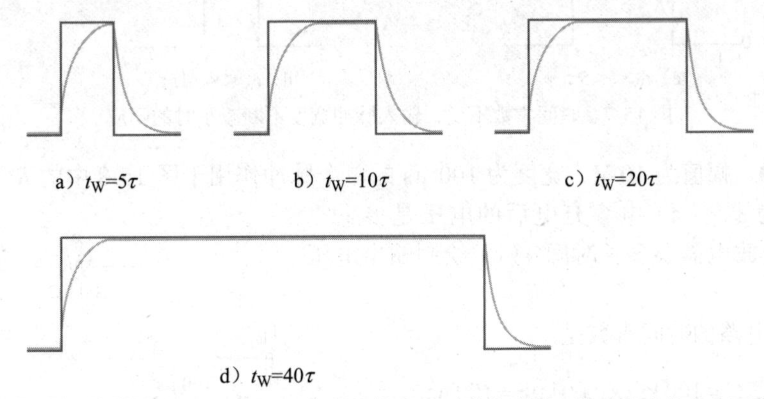


图 15-5　时间常数不变时，*RC* 积分器的输出电压形状随输入脉冲宽度的变化而变化。深灰色为输入脉冲波形，浅灰色为输出电压波形

现在让我们来看一下输入脉冲的宽度小于 $RC$ 积分器的 5 倍时间常数的情况，即 $t_W<5\tau$。如你所知，电容在脉冲持续时间内充电。但是，由于脉冲宽度小于电容完全充电所需的时间 $5\tau$，所以输出电压在脉冲结束前不会达到输入电压的幅值，电容被部分充电。图 15-6 给出的是几个不同时间常数的 $RC$ 电路输入脉冲与输出电压的波形。请注意，对于较大的时间常数，其输出电压较低，因为电容的充电更加不充分。当然，在具有单脉冲输入的这个例子中，电容在脉冲结束后总会被完全放电。

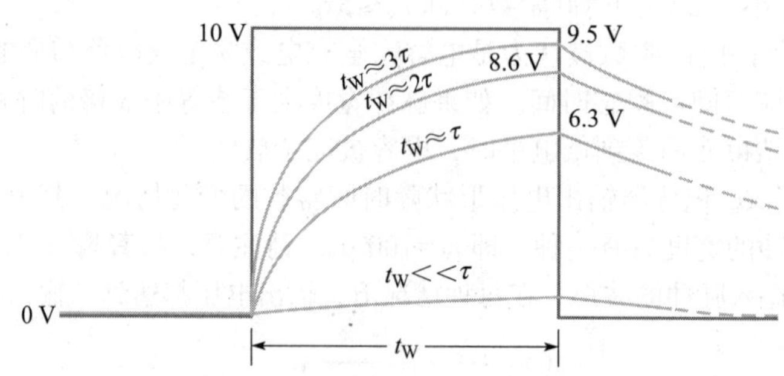


图 15-6 不同时间常数的 $RC$ 电路输入脉冲与输出电压的波形。输入为深灰色波形，输出为浅灰色波形

当时间常数远大于输入脉冲宽度时，在一个脉冲宽度内电容几乎没有充电。因此，输出电压非常小且几乎是常量，如图 15-6 所示。

图 15-7 说明了时间常数不变，而输入脉冲宽度不断减小时的响应。随着输入脉冲宽度的减小，输出电压越来越低，因为电容的充电时间变短。然而，在脉冲消失之后，对于每种情况，电容电压回落到零所需的时间大致相同，该时间为 $5\tau$。

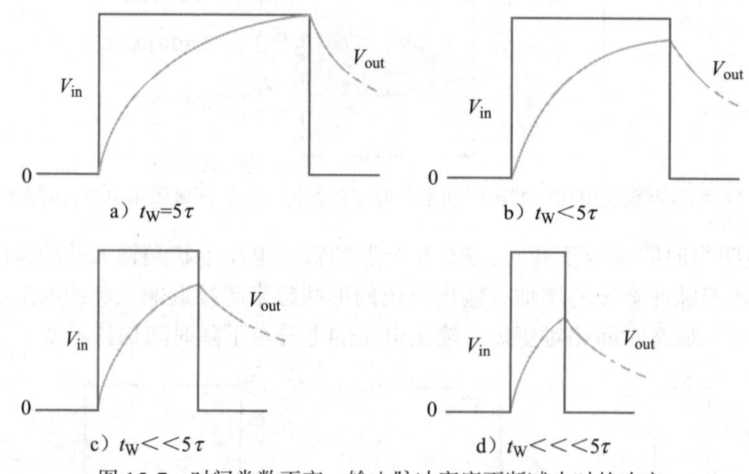


图 15-7 时间常数不变，输入脉冲宽度不断减小时的响应

**例 15-1** 幅值为 10 V、宽度为 100 μs 的单个脉冲作用于图 15-8 中的 $RC$ 积分器。电源内阻假设为零。(a) 电容充电后的电压是多少？(b) 电容完全放电需要多长时间？(c) 绘制输出电压波形。

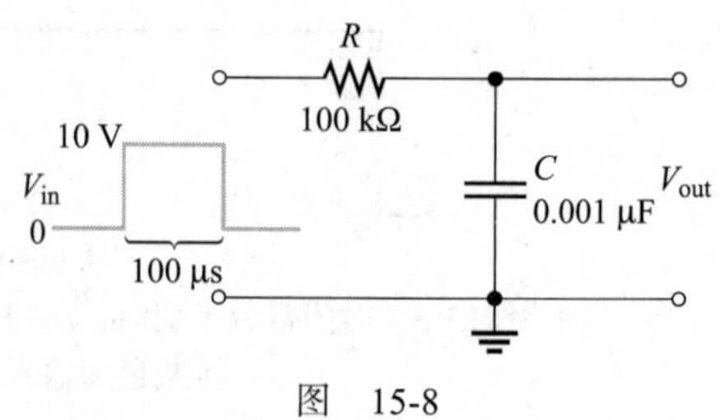


图 15-8

**解** (a) 电路的时间常数是

$$\tau = RC = 100\ \text{k}\Omega \times 0.001\ \mu\text{F} = 100\ \mu\text{s}$$

注意：本例脉冲宽度恰好等于时间常数。因此，

电容将在一个时间常数内大约充电至输入脉冲幅值的 63%，因此输出电压将达到的最大电压是

$$V_{out} = 0.63 \times 10\ \text{V} = 6.3\ \text{V}$$

（b）当脉冲结束后，电容通过电源放电，总的放电时间是

$$5\tau = 5 \times 100\ \mu\text{s} = 500\ \mu\text{s}$$

（c）输出电压波形即充放电曲线如图 15-9 所示。

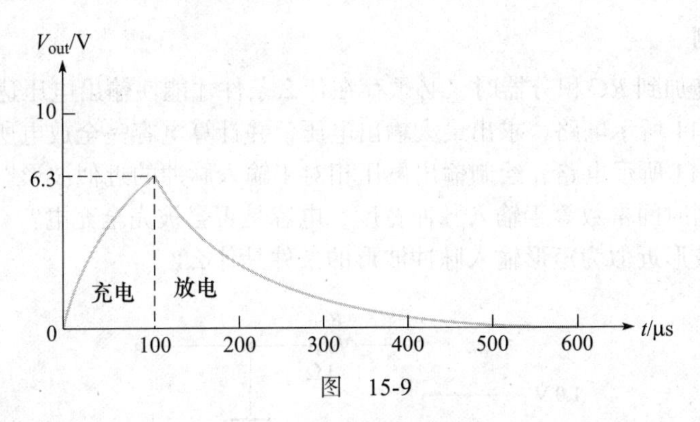


图 15-9

**同步练习** 如果图 15-8 中的输入脉冲宽度增加到 200 μs，电容充电的电压最大值将增加到多少？

采用科学计算器完成例 15-1 的计算。

**Multisim 仿真**

打开 Multisim 或 LTspice 文件 E15-01，校验本例计算结果，并核实你对同步练习的计算。

**例 15-2** 当单脉冲施加到图 15-10 的输入端时，电容电压将充电到多少？假设电容原先没有充电，电源内阻为零。

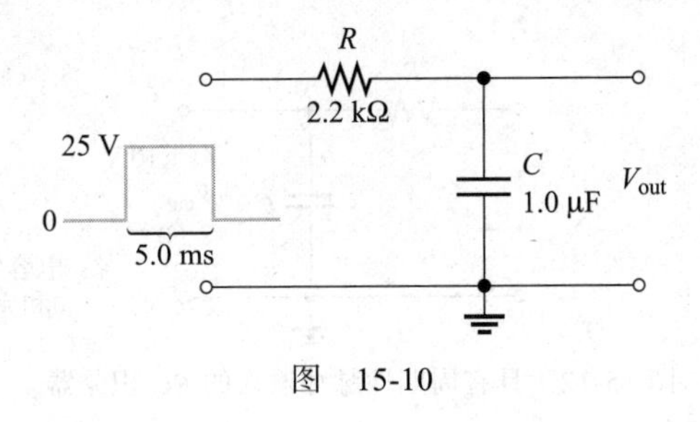


图 15-10

**解** 计算电路的时间常数。

$$\tau = RC = 2.2\ \text{k}\Omega \times 1.0\ \mu\text{F} = 2.2\ \text{ms}$$

由于脉冲宽度为 5 ms，它是时间常数的 2.27（5.0 ms/2.2 ms=2.27）倍，电容不能被完全充电。使用第 9 章的指数公式（9-15）来计算电容将要充电到的电压。$V_F$=25 V 且 $t$=5.0 ms

时，电容充电的电压计算如下：

$$v = V_{\mathrm{F}}(1-\mathrm{e}^{-t/RC}) = 25\ \mathrm{V}\times(1-\mathrm{e}^{-5.0\ \mathrm{ms}/2.2\ \mathrm{ms}}) = 22.4\ \mathrm{V}$$

以上计算说明在脉冲持续的 5 ms 内，电容充电至 22.4 V。当脉冲回到零时，电容电压将放电，最终回零。◀

**同步练习** 如果脉冲宽度增加到 10 ms，计算图 15-10 所示电路中电容 $C$ 的电压将充电到多少？

采用科学计算器完成例 15-2 的计算。

**学习效果检测**

1. 当单脉冲施加到 $RC$ 积分器时，必须存在什么条件才能使输出电压达到脉冲的幅值？
2. 对于图 15-11 所示电路，求出最大输出电压，并计算电容完全放电所需要的时间。
3. 对于图 15-11 所示电路，绘制输出电压相对于输入脉冲的近似波形。
4. 如果积分器时间常数等于输入脉冲宽度，电容是否会被完全充电？
5. 输出电压波形近似为矩形输入脉冲波形的条件是什么？

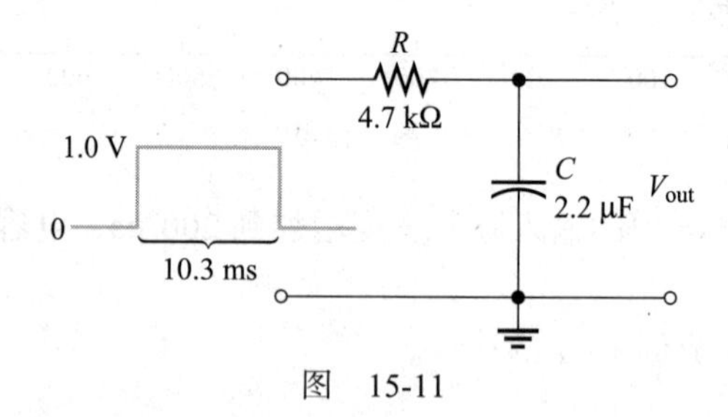


图 15-11

## 15.3 RC 积分器对周期性脉冲输入的响应

在电子系统中，与单脉冲相比，周期性脉冲波形出现得更为频繁。

如果将周期性脉冲作用于 $RC$ 积分器，如图 15-12 所示，输出波形将取决于电路的时间常数与输入脉冲频率的关系。电容器将根据脉冲输入的高低进行充电和放电，电容器的充放电量取决于电路时间常数和输入频率。

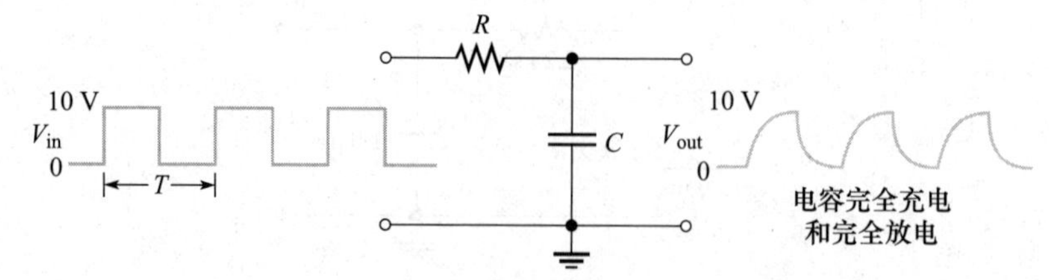


图 15-12 具有周期性脉冲输入的 $RC$ 积分器

如果脉冲宽度和脉冲之间的时间间隔均等于或大于 5 倍的时间常数，则电容将在输入脉冲的每个周期内完全充电并完全放电。这种情况如图 15-12 所示。

当脉冲宽度和脉冲之间的时间间隔小于 5 倍的时间常数时，就像图 15-13 中的方波那样，这时电容将不会完全充电和完全放电。我们现在就来研究这种情况对 $RC$ 积分器输出电压的影响。

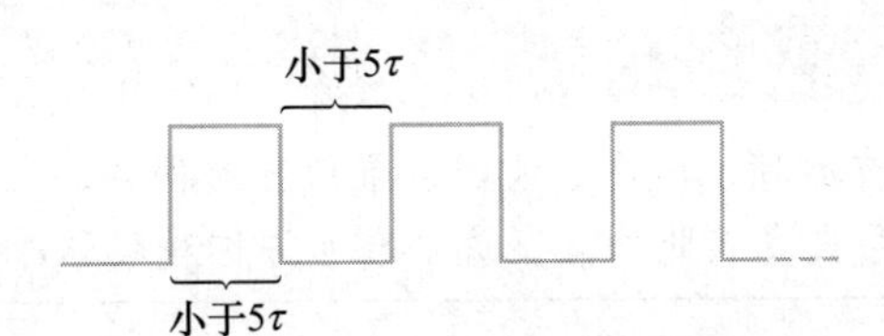


图 15-13　输入波形不能使 $RC$ 积分器中的电容完全充电或放电

为便于说明，我们仍然使用 $RC$ 积分器，其充电和放电的时间常数等于 10 V 方波的脉冲宽度，如图 15-14 所示。选择这样的时间关系是为了简化分析，便于说明积分器在这些条件下的基本行为。此时，我们可以不关心精确的时间常数值是多少，因为已经知道，$RC$ 电路在一个时间常数时间内，大约充电到满电的 63.2%。

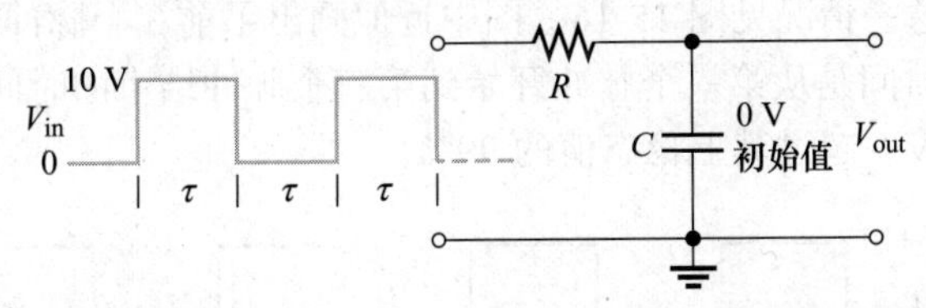


图 15-14　具有方波输入的 $RC$ 积分器，方波周期等于两个时间常数

假设图 15-14 中的电容最初不带电，我们逐个脉冲地分析输出电压。分析结果见图 15-15。

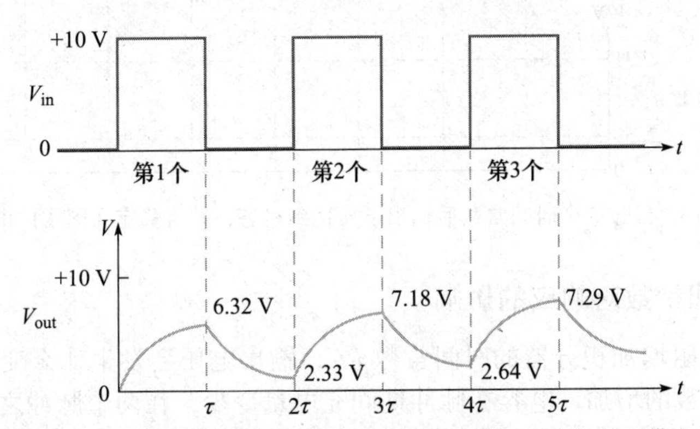


图 15-15　图 15-14 积分器的输入和输出波形，电容初始不带电

**第 1 个脉冲**　在第 1 个脉冲期间，电容充电。输出电压达到 6.32 V，即 10 V 的 63.2%，如图 15-15 所示。

**在第 1 个和第 2 个脉冲之间**　电容放电，电压降至该期间开始时电压的 36.8%，即 0.368 × 6.32 V=2.33 V。

**第 2 个脉冲**　电容电压从 2.33 V 开始充电，能够达到的最大值是 10 V。充电电压可能的变化范围为 10 V–2.33 V=7.67 V。因此，电容电压将增加 7.67 V 的 63.2%，即 4.85 V。故在第 2 个脉冲结束时，输出电压为 2.33 V+4.85 V=7.18 V，如图 15-15 所示。请注意，电容电压在一个充电时间内的平均值正在增加。

**在第 2 和第 3 脉冲之间**　电容在此期间放电，因此在第 2 个脉冲放电结束时，电压降至该期间初始电压的 36.8%，即 0.368 × 7.18 V=2.64 V。

**第 3 个脉冲**　在第 3 个脉冲到来时，电容电压从 2.64 V 开始增加。电压的增加量为从 2.64 V 到 10 V 增量的 63.2%，即 0.632 ×（10 V–2.64 V）=4.65 V。因此，第 3 个脉冲结束时，电容电压是 2.64 V+4.65 V=7.29 V。

**技术小贴士**

在示波器上查看脉冲波形时，请将示波器设置为直流耦合，而不是交流耦合。原因是交流耦合会导致低频脉冲信号失真。此外，直流耦合允许你观察脉冲的直流电平。

### 15.3.1 稳态响应

在前面的讨论中，输出电压的平均值随时间逐渐增大，然后渐渐平稳。大约经过 $5\tau$ 的时间后，输出电压的平均值基本达到其最终值的 99%，不管在该时间间隔内可能出现的脉冲数是多少。该过程所需时间就是电路的瞬态响应时间。输出电压的平均值一旦达到输入电压的平均值，电路就达到了稳定状态，即**稳态响应**。只要这种周期性的输入在继续，周期性的输出也会继续下去。这一情况见图 15-16，图中近似画出了前 3 个脉冲之后的波形。

示例电路的瞬态时间是从第一个脉冲开始到第三个脉冲结束的时间。第三个脉冲结束时的电容器电压为 7.29 V，超过其上稳态值的 99%。

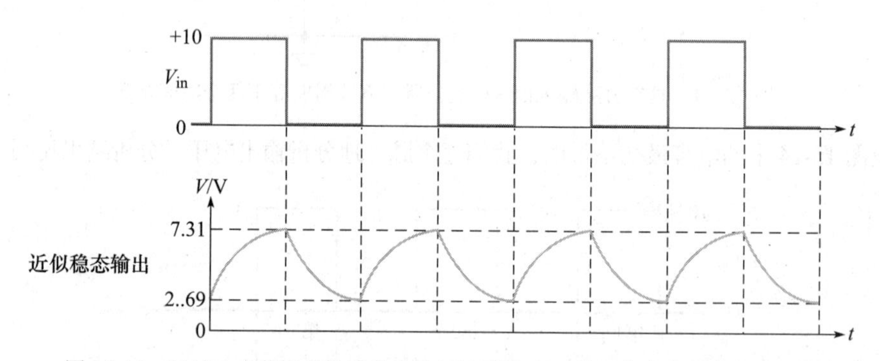


图 15-16 经过 5 个时间常数后输出电压达到稳态，并且稳定在图中的电压值

### 15.3.2 增加时间常数对响应的影响

如果用可变电阻增加积分器的时间常数 *RC*，输出电压会发生什么变化呢？如图 15-17 所示，随着时间常数的增加，电容在脉冲期间充电量变少，在两个脉冲之间放电量也变少。结果是输出电压的波动变小，但需要更多的脉冲数才能达到稳态。

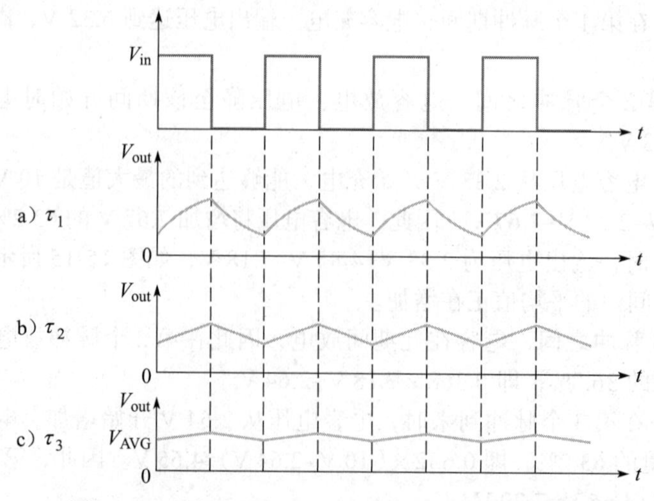


图 15-17 增加时间常数对 *RC* 积分器输出电压的影响

由于时间常数与脉冲宽度相比变得非常大，所以输出电压接近恒定的直流电压，如图 15-17c 所示。该值就是输入电压的平均值。对于占空比为 50% 的方波，它是方波幅值的一半。

**例 15-3**　电路如图 15-18 所示，分析施加到 $RC$ 积分器的前两个脉冲对应的输出电压波形。假设电容最初未充电。

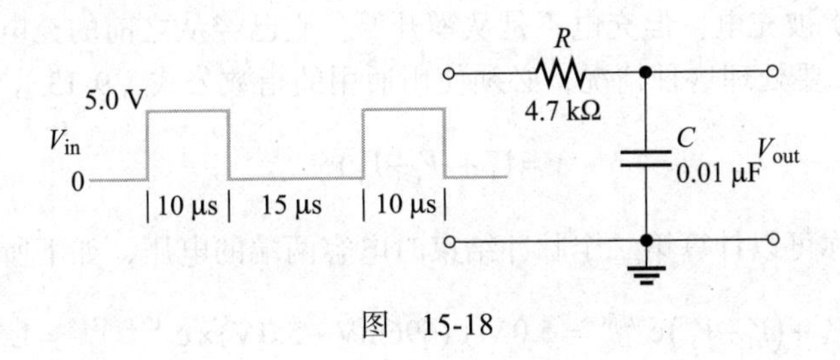


图　15-18

**解**　计算电路时间常数。

$$\tau = RC = 4.7\,\text{k}\Omega \times 0.01\,\mu\text{F} = 47\,\mu\text{s}$$

显然，时间常数比输入脉冲宽度或脉冲之间的间隔大得多（注意此时输入不是充放电时间相等的方波）。这种情况下，必须应用指数形式的电容电压公式，分析起来相对困难，需仔细遵循以下步骤：

**1. 计算对第 1 个脉冲的响应**　此期间电容充电，使用式（9-15）计算电容充电时的电压。注意，$V_F$ 是 5.0 V，$t$ 等于脉冲宽度，即 10 μs。因此，

$$v_C = V_F(1 - e^{-t/RC}) = 5.0\,\text{V} \times (1 - e^{-10\,\mu\text{s}/47\,\mu\text{s}}) = 958\,\text{mV}$$

此结果见图 15-19a。

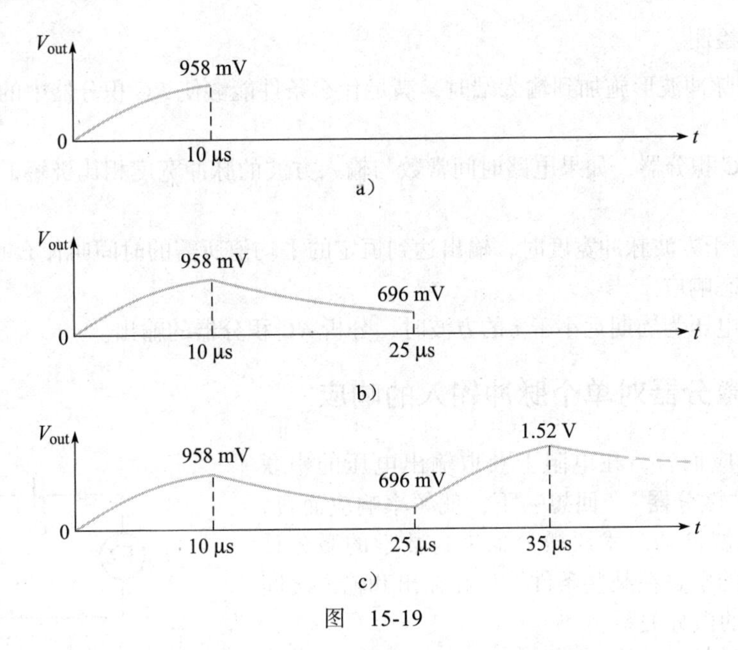


图　15-19

**2. 计算在第 1 个和第 2 个脉冲间隔期间的响应**　此期间电容放电，使用按指数递减公式（9-16）计算放电电压。注意，电容开始放电的电压，就是在上一个脉冲充电结束时的电

压，即 $V_i$ 是 958 mV，放电的时间为 15 μs。因此，放电电压为

$$v_C = V_i e^{-t/RC} = 958\ \text{mV} \times e^{-15\ \mu s/47\ \mu s} = 696\ \text{mV}$$

计算结果见图 15-19b。

**3. 计算对第 2 个脉冲的响应** 在第 2 个脉冲开始时，输出电压为 696 mV。在第 2 个脉冲期间，电容将再次被充电，但充电不是从零开始。它已经从之前的充电和放电过程中获得了 696 mV 的电压。要处理这种情况，必须使用通用的指数公式（9-13），即

$$v = V_F + (V_i - V_F)e^{-t/\tau}$$

使用该公式，你可以计算第二个脉冲结束时电容两端的电压，如下所示：

$$v_C = V_F + \left(V_i - V_F\right)e^{-t/RC} = 5.0\ \text{V} + (696\text{mV} - 5.0\ \text{V}) \times e^{-10\ \mu s/47\ \mu s} = 1.52\ \text{V}$$

计算结果见图 15-19c。

请注意，输出电压波形会在连续的输入脉冲上累积变大。大约 $5\tau$ 时间后，它将达到稳定状态，并将在不变的最大值和不变的最小值之间波动，其平均值等于输入电压的平均值。你可以仿照上述步骤，进一步分析对后续脉冲的响应。◀

**同步练习** 确定第 3 个脉冲开始时的输出电压 $V_{out}$。

采用科学计算器完成例 15-3 的计算。

**Multisim 仿真**

使用 Multisim 或 LTspice 文件 E15-03，测量稳态输出电压波形，包括最小值、最大值，以及平均值。

---

**学习效果检测**

1. 当重复脉冲波形施加到输入端时，满足什么条件能够使 *RC* 积分器中的电容完全充电和完全放电？

2. 对于 *RC* 积分器，如果电路时间常数与输入方波的脉冲宽度相比极短，输出波形会是什么样子？

3. 当 $5\tau$ 大于方波脉冲宽度时，输出达到恒定的平均值所需的时间叫什么时间？

4. 定义稳态响应。

5. 当输入电压为周期远小于 $\tau$ 的方波时，分析 *RC* 积分器的输出。

## 15.4 *RC* 微分器对单个脉冲输入的响应

就时间响应而言，在电阻上获取输出电压的串联 *RC* 电路称为“**微分器**”。回想一下，就频率响应而言，它是一个高通滤波器。术语微分器来自数学的微分计算，这种类型的电路在某些条件下，在输出和输入之间能够产生近似的微分关系。

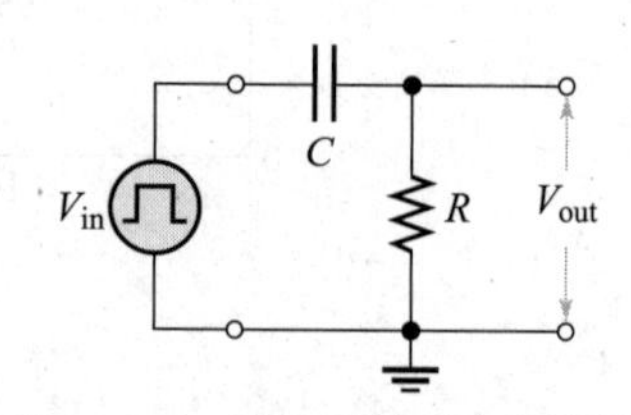

图 15-20 连接了脉冲发生器的 *RC* 微分器

图 15-20 所示为连接了脉冲发生器的 *RC* 微分器。除了输出电压是取自电阻两端而不是电容两端电压之

外，微分器与积分器的电路是相同的。电容按指数规律充电，充电速率取决于时间常数 $RC$。微分器中电阻电压的波形由电容的充电和放电过程来决定。

### 15.4.1 脉冲响应

要了解微分器如何产生输出电压，你必须考虑以下方面：

1. 对脉冲上升沿的响应。
2. 对上升沿和下降沿之间的响应。
3. 对脉冲下降沿的响应。

假设电容在脉冲上升沿到来之前未充电，电容两端的电压为零，电阻上的电压也为零，如图 15-21a 所示。

**对输入脉冲上升沿的响应** 假设在输入端仍然施加 10 V 脉冲。当出现上升沿时，$A$ 点变为 +10 V。回想一下，电容两端的电压不能瞬间改变，因此电容出现瞬间短路。在 $A$ 点立即变为 +10 V 的同时，$B$ 点也必然变为 +10 V，以保持电容电压在上升沿瞬间为零。电容电压就是从 $A$ 到 $B$ 的电压。

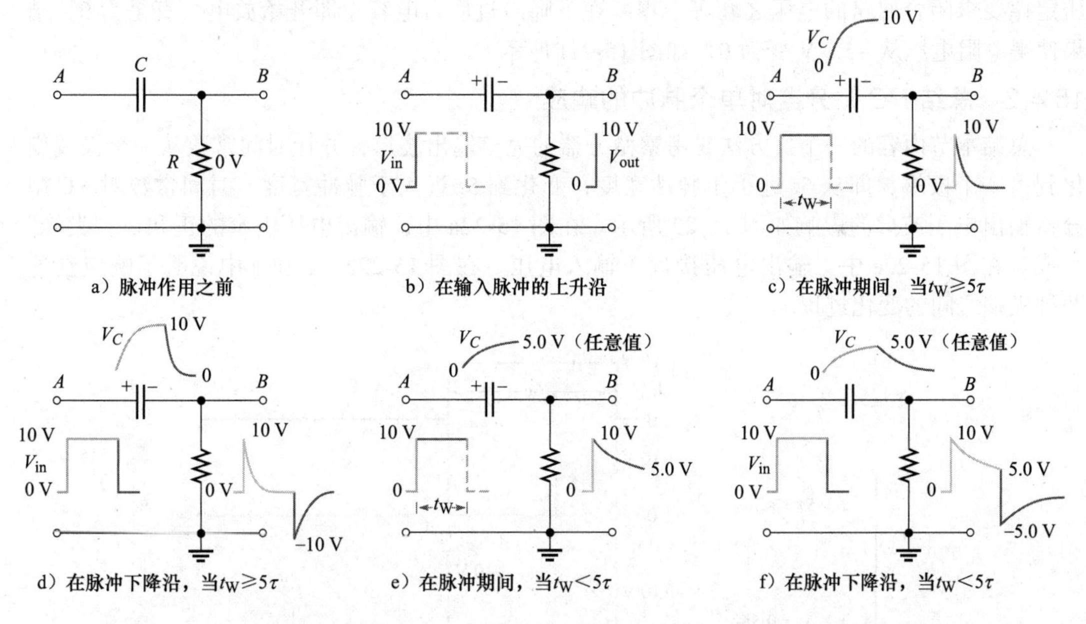


图 15-21 脉冲宽度和时间常数在 $t_W \geqslant 5\tau$ 和 $t_W < 5\tau$ 两种条件下 $RC$ 微分器对单个脉冲输入的响应

$B$ 点相对于地的电压等于电阻两端的电压，即输出电压。因此，对输入脉冲上升沿响应的结果是，输出电压突然变为 +10 V，如图 15-21b 所示。

**当 $t_W \geqslant 5\tau$ 时对脉冲高电平的响应** 当脉冲处于上升沿和下降沿之间的高电平时，电容一直在充电。当脉冲宽度大于或等于 5 倍的时间常数时，电容有足够时间被完全充电。

由于电容两端的电压呈指数增加，所以电阻两端的电压则呈指数下降，直到电容达到满电为止（本例为 +10 V），此时电阻电压达到零。电阻电压的降低是因为电容电压与电阻电压之和必须等于外加电源电压，以便符合基尔霍夫电压定律，即 $v_C + v_R = v_{in}$。这期间的响应如图 15-21c 所示。

**当 $t_W \geqslant 5\tau$ 时对脉冲下降沿的响应** 让我们来考察一下脉冲结束时电容充满电的情况，参见图 15-21d。在脉冲下降沿，输入突然从 +10 V 回到 0。在下降沿之前的瞬间，电容已被充电至 10 V，因此 $A$ 点为 +10 V，$B$ 点为 0 V。由于电容两端的电压不会突变，因此当 $A$ 点从 +10 V 下降为 0 时，$B$ 点必须从 0 下降到 −10 V，产生 −10 V 的电压变化，在下降沿的瞬间，电容两端电压保持在 10 V。

电容现在开始按指数规律放电，使得电阻电压按指数曲线由 −10 V 变为 0，如图 15-21d 所示。

**当 $t_W<5\tau$ 时对脉冲高电平的响应** 当脉冲宽度小于 5 倍的时间常数时，电容没有足够时间完全充电。所充得的部分电压取决于时间常数与脉冲宽度之间的关系。

由于电容电压未达到 +10 V，所以电阻电压在脉冲结束时不会达到 0。例如，如果电容在脉冲期间充电至 +5.0 V，则电阻电压将降至 +5.0 V，如图 15-21e 所示。

**当 $t_W<5\tau$ 时对脉冲下降沿的响应** 现在让我们来考察一下在脉冲结束时电容仅部分充电的情况。例如，如果电容充电至 +5.0 V，则下降沿到来之前瞬间的电阻电压也为 +5.0 V，因为电容电压加上电阻电压必须等于 +10 V，如图 15-21e 所示。

下降沿到来时，$A$ 点从 +10 V 变为 0。结果是 $B$ 点从 +5.0 V 变为 −5.0 V，如图 15-21f 所示。当然，这种降低是因为电容电压在下降沿到来瞬间不会发生突然改变，而基尔霍夫电压定律要求闭合回路的电压之和等于零。在下降沿过后，电容立即开始放电，直至为 0。结果使得电阻电压从 −5.0 V 变为 0，如图 15-21f 所示。

### 15.4.2 总结 RC 微分器对单个脉冲的响应

总结本节内容的一个好方法是考察微分器的完整输出波形，并让时间常数从一个极端变化到另一个极端，即从 5τ 远小于脉冲宽度，变化到 5τ 远大于脉冲宽度。时间常数对 RC 微分器输出电压波形的影响如图 15-22 所示。在图 15-22a 中，输出电压由窄的正和负“尖峰”组成。在图 15-22e 中，输出电压接近于输入电压。在图 15-22b、c 和 d 中说明了响应在这两种极端之间的变化过程。

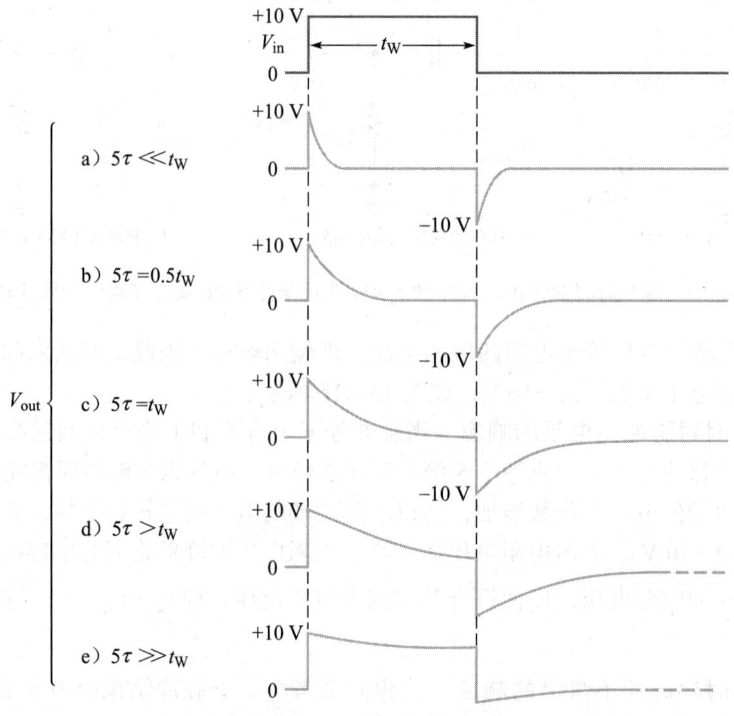


图 15-22 时间常数对 RC 微分器输出电压波形的影响

**例 15-4**　微分器如图 15-23 所示，绘制输出电压波形。

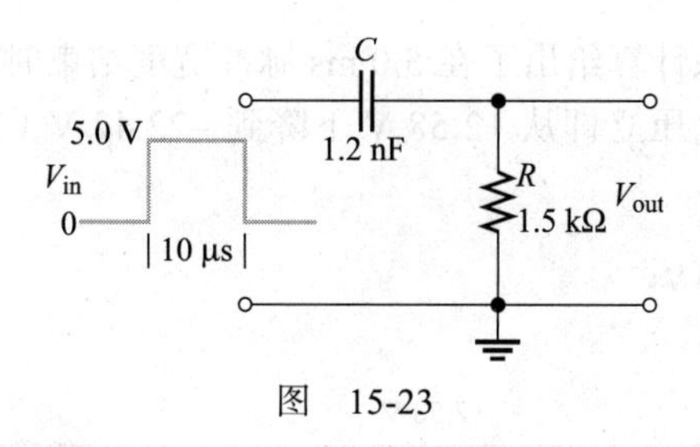


图　15-23

**解**　首先，计算时间常数。

$$\tau = RC = 1.5\ \text{k}\Omega \times 1.2\ \text{nF} = 1.8\ \mu\text{s}$$

在这种情况下，由于 $t_W > 5\tau$，因此在 9.0 μs 时（脉冲结束前）电容达到充满电的状态。

在脉冲上升沿，电阻电压跳变至 +5 V；到脉冲结束时，电阻电压按指数规律降至 0。在下降沿，电阻电压跳至 −5.0 V，然后再按指数规律回到 0。电阻电压就是输出电压，其形状如图 15-24 所示。

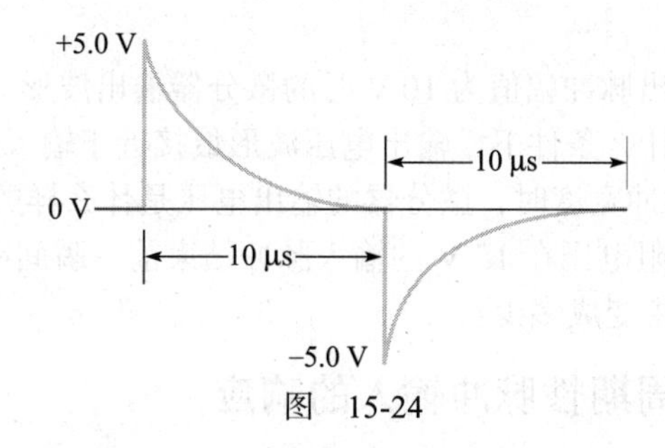


图　15-24

**同步练习**　如果在图 15-24 中将 R 改为 1.8 kΩ，将 C 更改为 470 pF，再绘制输出电压波形。

采用科学计算器完成例 15-4 的计算。

**例 15-5**　分析图 15-25 中 RC 微分器的输出电压波形。

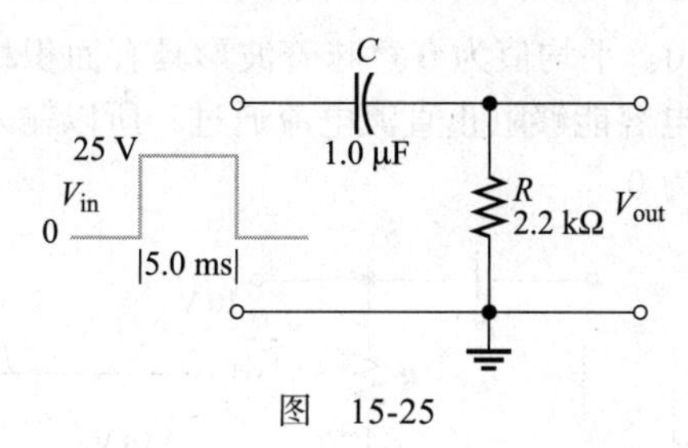


图　15-25

**解**　首先，计算时间常数。

$$\tau = 2.2\ \text{k}\Omega \times 1.0\ \mu\text{F} = 2.2\ \text{ms}$$

在脉冲上升沿，电阻电压立即跳变至 +25 V。由于脉冲宽度为 5.0 ms，所以电容充电时间只有 2.27 倍的时间常数，未能达到完全充电。因此，你必须使用指数衰减公式计算到脉冲结束时的输出电压，即

$$V_{out}=V_i e^{-t/RC}=25\,V\times e^{-5.0\,ms/2.2\,ms}=2.58\,V$$

其中 $V_i$=25 V，$t$=5.0 ms。该计算给出了在 5.0 ms 脉冲宽度结束时的电阻电压。

在脉冲下降沿，电阻电压立即从 +2.58 V 下降到 −22.42 V（25 V 的变化量），产生的输出电压波形如图 15-26 所示。

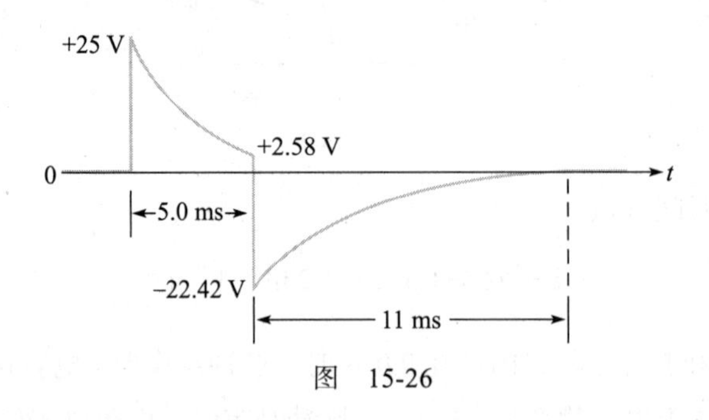


图 15-26 ◀

**同步练习** 如果电阻为 1.5 kΩ，再分析图 15-25 中脉冲结束时的输出电压波形。

采用科学计算器完成例 15-5 的计算。

**学习效果检测**

1. 当 $5\tau=0.5t_W$ 时，画出脉冲幅值为 10 V 时的微分器输出波形。
2. 对微分器来说，在什么条件下，输出电压波形最接近于输入脉冲？
3. 当 $5\tau$ 远小于输入脉冲宽度时，微分器的输出电压是什么样的？
4. 如果微分器中的电阻电压在 15 V 的输入脉冲结束前一瞬间降到 +5 V，那么当输入电压为下降沿时，电阻电压将变成多少？

## 15.5 *RC* 微分器对周期性脉冲输入的响应

上一节中介绍了 *RC* 微分器对单脉冲输入的响应，在本节将其扩展为对周期性脉冲输入的响应。

如果将重复脉冲施加到 *RC* 微分器，也有两种情况：$t_W\geqslant 5\tau$ 和 $t_W<5\tau$。图 15-27 中有当 $t_W=5\tau$ 时 *RC* 微分器的输出电压波形。随着时间常数的减小，输出的正负部分变得更窄。请注意，输出电压的平均值为 0。平均值为 0 意味着波形具有面积相等的正负部分。波形的平均值就是其**直流分量**。由于电容能够阻止直流电流通过，所以输入的直流分量不会到达输出端，所以输出电压的平均值为 0。

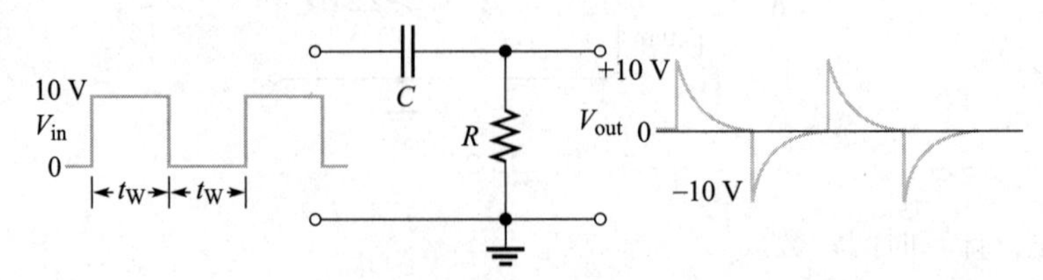


图 15-27 当 $t_W=5\tau$ 时 *RC* 微分器的输出电压波形

图 15-28 中有当 $t_W<5\tau$ 时 *RC* 微分器的稳态输出电压。随着时间常数的增加，正的和负的倾斜部分变得更加平坦。对于非常大的时间常数，输出电压接近输入电压的波形，但平均值为 0。

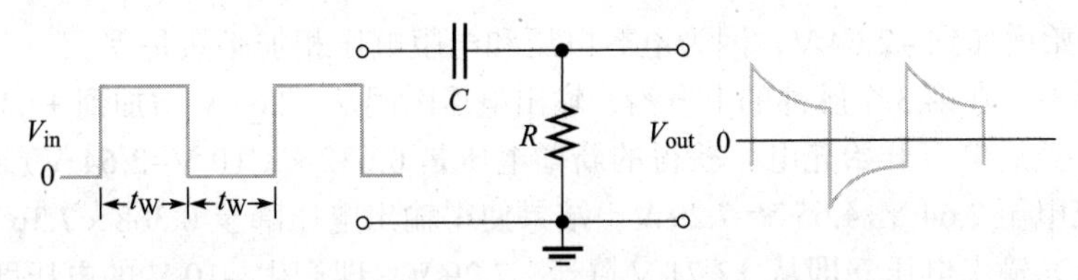


图 15-28　当 $t_W<5\tau$ 时的 RC 微分器的稳态输出电压

## 周期性脉冲输入时的波形分析

像积分器一样，微分器输出也需要 $5\tau$ 的时间才能达到稳定状态。我们举一个例子，令时间常数等于输入脉冲宽度。此时，我们不用关心时间常数具体是多少，因为我们已经知道，在一个脉冲期间（也就是 1 个时间常数的时间），电阻电压将大约下降到其最大值的 36.8%。让我们假设图 15-29 中的电容最初不带电，然后针对每个脉冲考察输出电压。随后的分析结果如图 15-30 所示。

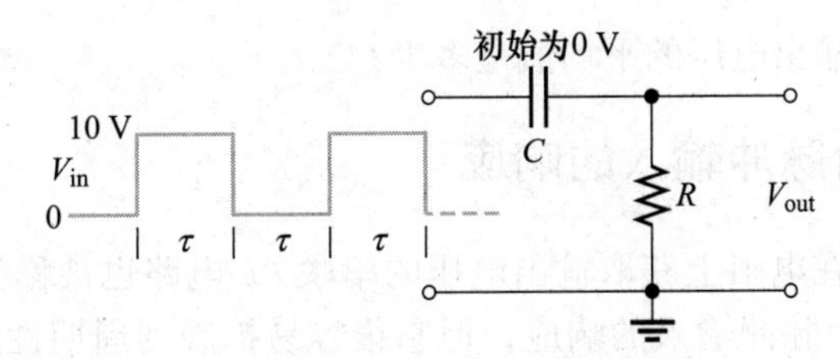


图 15-29　$T=2\tau$ 的 RC 微分器

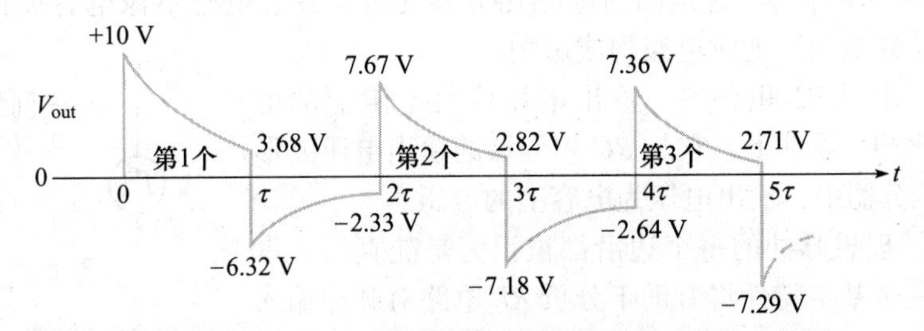


图 15-30　图 15-29 所示电路瞬态时间内的微分器输出波形

**第 1 个脉冲**　在第 1 个脉冲的上升沿，输出瞬间跳至 +10 V。然后电容被充电至 10 V 的 63.2%，即 6.32 V。因此，输出电压必然降至 3.68 V，如图 15-30 所示。

在脉冲的下降沿，输出电压瞬间产生负向 10 V 的跃变，跃变到 −6.32 V，因为 3.68 V−10 V=−6.32 V。

**在第 1 个和第 2 个脉冲之间**　电容放电至 6.32 V 的 36.8%，也就是 2.33 V。因此，电阻电压从 −6.32 V 开始，必须增加到 −2.33 V，这是因为在下一个脉冲到来之前，输入电压为零。因此，$v_C$ 与 $v_R$ 之和必然为零。根据 KVL，始终存在 $v_C+v_R=v_{in}$。

**第 2 个脉冲**　在第 2 个脉冲的上升沿，输出电压从 −2.33 V 到 7.67 V 产生瞬时正向 10 V 的增加。然后在脉冲结束时，电容新增电压为 0.632 ×（10 V−2.33 V）=4.85 V。因此，电容电压从 2.33 V 增加到 2.33 V+4.85 V=7.18 V。输出电压则降至 0.368 × 7.67 V=2.82 V。

在第 2 个脉冲的下降沿，输出电压瞬间从 2.82 V 负向跃变至 −7.18 V，跃变量为 −10 V，如图 15-30 所示。

**第 2 个和第 3 个脉冲之间**　电容放电至 7.18 V 的 36.8%，即 2.64 V。因此，输出电压

从 –7.18 V 开始增加到 –2.64 V，因为电容电压和电阻电压相加必然是零。

**第 3 个脉冲** 在第 3 个脉冲的上升沿，输出电压瞬间从 –2.64 V 增加到 +7.36 V，有 +10 V 的电压增量。然后电容开始充电，获得的新增电压是 0.632 ×（10 V–2.64 V）=4.65 V，因此电容电压被充电至 2.64 V+4.65 V=7.29 V。结果使得输出电压降至 0.368 × 7.36 V=2.71 V。在脉冲的下降沿，输出电压立即从 +2.71 V 降至 –7.29 V，即产生 –10 V 的电压跃变。

在第 3 个脉冲之后，大约经过了 5 倍的时间常数，输出电压便接近其稳定状态。图 15-30 的波形，将周期性地从大约 +7.3 V 的正向最大值，变化到大约 –7.3 V 的负向最大值，且平均值为零。

**学习效果检测**

1. 当重复脉冲作用到输入端时，满足什么条件可以使得 *RC* 微分器能够完全充电和完全放电？

2. 如果电路的时间常数与输入方波的脉冲宽度相比极短，微分器的输出电压波形会是什么形式？

3. 稳态期间微分器输出电压的平均值是多少？

## 15.6 *RL* 积分器对脉冲输入的响应

在时间响应方面，在电阻上获取输出电压的串联 *RL* 电路也被称为积分器。本节虽然只讨论了 *RL* 积分器对单个脉冲输入的响应，但它很容易扩展到周期性脉冲，就像在 *RC* 积分器中所做的分析一样。尽管 *RL* 积分器与 *RC* 积分器具有相同的输出波形，但是，*RL* 积分器不像 *RC* 积分器那样常见。这是因为电感比电容更贵，并且电感不像电容那样接近理想元件，电感中的绕线电阻可能对电路构成影响。

图 15-31 所示是 *RL* 积分器。输出电压取自电阻上的电压，在相同（理想）条件下，它与 *RC* 积分器的输出电压波形相同。在 *RC* 积分器中，输出电压为电容上的电压。

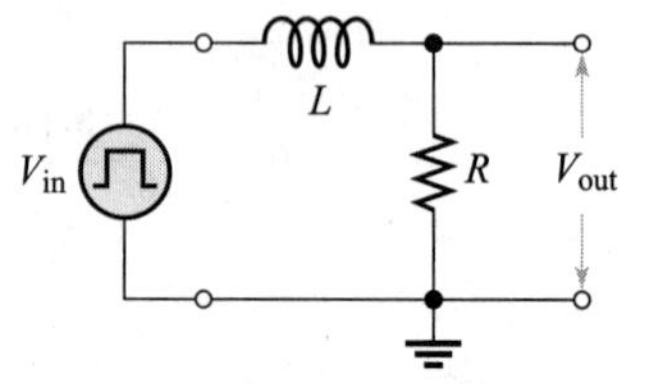

图 15-31 （连接了脉冲发生器的）*RL* 积分器

如你所知，理想脉冲的每个边沿都被视为是陡直的。掌握电感的下面两个基本特性将有助于分析 *RL* 电路对脉冲输入的响应：

1. 理想电感对突然变化的电流相当于开路，而对直流则相当于短路。

2. 理想电感中的电流不能突变，它只能渐渐变化。

### *RL* 积分器对单个脉冲输入的响应

当脉冲电源连接到积分器的输入端，并且电压脉冲从低电平变为高电平时，电感会防止电流突然变化。电感之所以能这样，靠的是它产生一个与输入电压上升沿相同的电压，但方向相反。这种情况如图 15-32a 所示。

在上升沿之后，电流按指数规律逐渐增加，输出电压随着电流的增加而增加，如图 15-32b 所示。如果脉冲宽度大于瞬态时间，则电流可以达到最大值，即 $V_p/R$，本例中 $V_p$=10 V 。

当输入脉冲从高电平变为低电平时，在线圈两端产生极性相反的感应电压，以便保持电流等于 $V_p/R$。输出电压开始呈指数下降，如图 15-32c 所示。

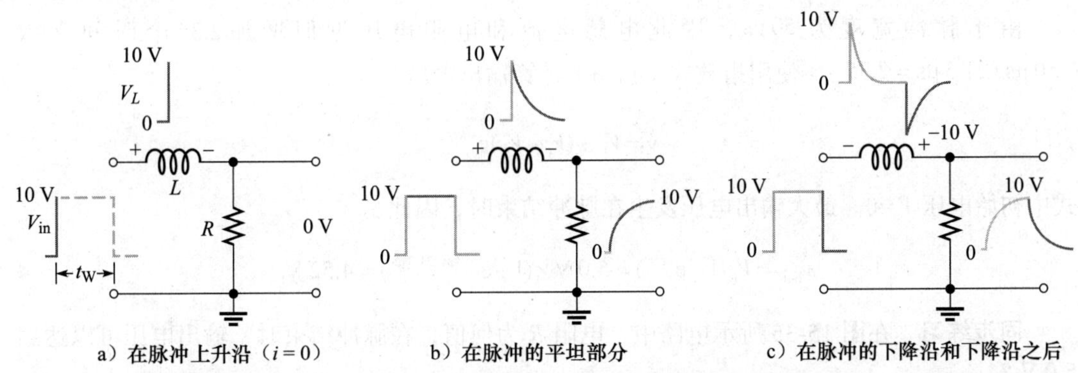


图 15-32　*RL* 积分器的脉冲响应（$t_W > 5\tau$），脉冲发生器连在了输入端，但是没有画出，只画出了脉冲波形

*RL* 积分器输出电压波形的确切形状取决于时间常数即 *L/R*，如图 15-33 所示。*RL* 电路的输出电压与 *RC* 积分器的输出电压在波形的形状上是相同的。时间常数 *L/R* 与输入脉冲宽度 $t_W$ 的大小关系对输出电压的影响效果也与 *RC* 积分器相同。例如，当 $t_W < 5\tau$ 时，输出电压将不会达到其可能的最大值。

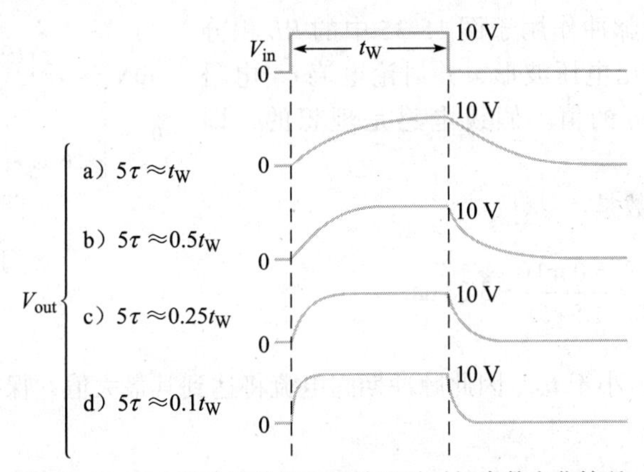


图 15-33　*RL* 积分器输出电压波形随时间常数变化情况

**例 15-6**　当施加单个脉冲时，分析图 15-34 中 *RL* 积分器的最大输出电压。假设电感是理想的，即 $R_W=0\ \Omega$。

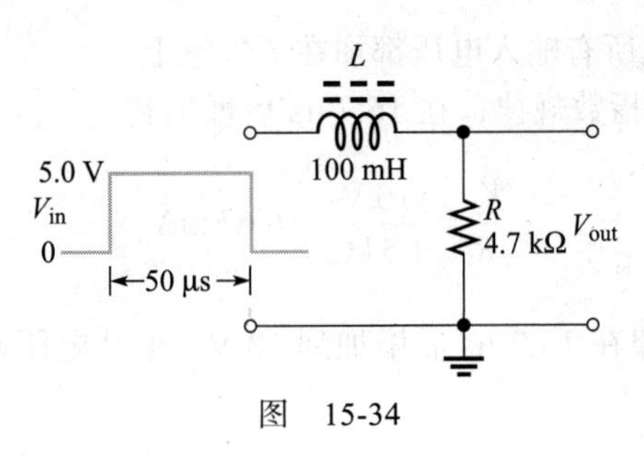


图　15-34

**解**　计算时间常数。

$$\tau = \frac{L}{R} = \frac{100\ \text{mH}}{4.7\ \text{k}\Omega} = 21.3\ \mu\text{s}$$

由于脉冲宽度为 50 μs，因此电感电流和电阻电压近似增加 2.35 个时间常数（ 50 μs / 21.3 μs = 2.35 ）。使用指数式（ 11-6 ）计算输出电压。

$$v = V_F + (V_i - V_F)e^{-Rt/L}$$

式中初始电压 $V_i$=0。最大输出电压发生在脉冲结束时，因此，

$$v_{out} = V_F(1 - e^{-t/r}) = 5.0\ V \times (1 - e^{-50\,\mu s/21.3\,\mu s}) = 4.52\ V$$ ◀

**同步练习** 在图 15-35 所示电路中，电阻 $R$ 为何值，在脉冲结束时，输出电压可以达到 5.0 V？

采用科学计算器完成例 15-6 的计算。

## Multisim 仿真

使用 Multisim 或 LTspice 文件 E15-06（对于 Multisim，使用空格键触发脉冲发生器），确认解决计算方案。

---

**例 15-7** 单个脉冲作用于图 15-35 中的 $RL$ 积分器。分析各时段的输出电压波形，并讨论电流 $i$，电阻电压 $v_R$ 和电感电压 $v_L$ 的值。假设电感是理想的，即 $R_W$=0 Ω。

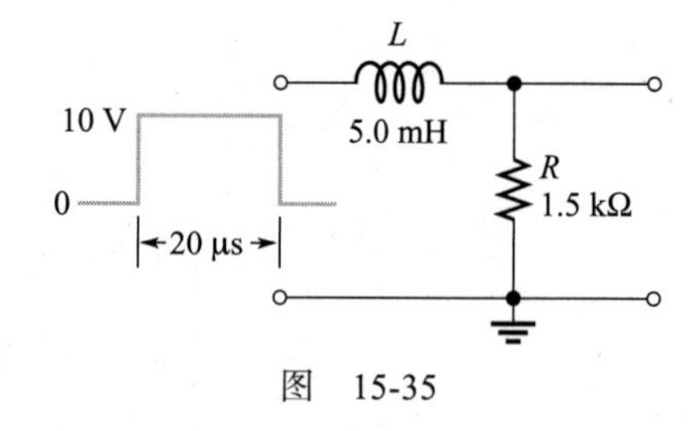


图 15-35

**解** 电路时间常数是

$$\tau = \frac{L}{R} = \frac{5.0\ mH}{1.5\ k\Omega} = 3.33\ \mu s$$

由于 $5\tau$=16.7 μs，小于 $t_W$，因此脉冲期间电流将达到其最大值并保持到脉冲结束。

在脉冲的上升沿，

$$i = 0\ A$$
$$v_R = 0\ V$$
$$v_L = 10\ V$$

电感最初相当于开路，因此所有输入电压都加在了电感上。

在脉冲期间，电流 $i$ 按指数规律，在 16.7 μs 后增加到

$$\frac{V_p}{R} = \frac{10\ V}{1.5\ k\Omega} = 6.67\ mA$$

输出电压 $v_R$ 按指数规律在 16.7 μs 后增加到 10 V。电感电压 $v_L$ 按指数规律在 16.7 μs 后减小到 0。

在脉冲的下降沿，

$$i = 6.67\ mA$$
$$v_R = 10\ V$$
$$v_L = -10\ V$$

脉冲下降沿之后，各电流和电压的变化为

电流 $i$ 按指数规律在 16.7 μs 后下降到 0。

电压 $v_R$ 按指数规律在 16.7 μs 后下降到 0。

电压 $v_L$ 按指数规律在 16.7 μs 后上升到 0。

完整波形如图 15-36 所示。

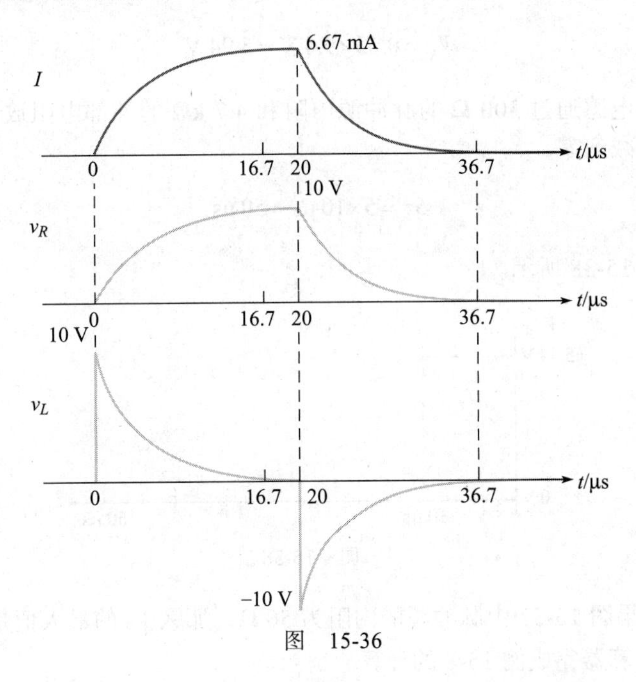


图　15-36

**同步练习**　如果图 15-36 中输入脉冲的幅值增加到 20 V，那么最大输出电压是多少？

采用科学计算器完成例 15-7 的计算。

**例 15-8**　宽度为 10 μs，幅值为 10 V 的单个脉冲作用于图 15-37 积分器。如果脉冲源的内阻为 300 Ω，电感是理想的，分析输出电压在脉冲结束时的值。输出电压需要多长时间降到零？画出输出电压波形。

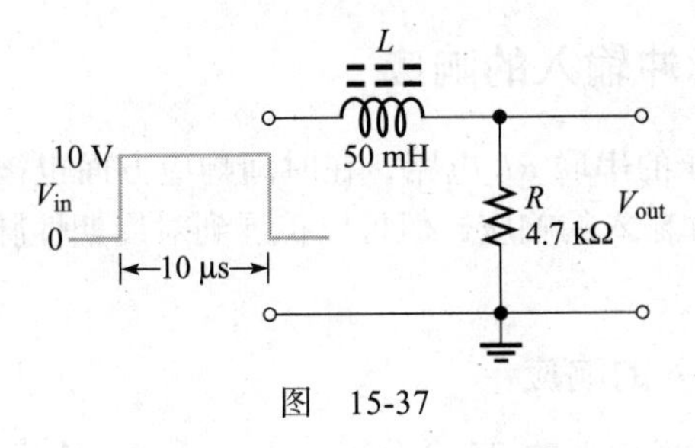


图　15-37

**解**　电感通过 300 Ω 的脉冲源内阻和 4.7 kΩ 外部电阻充电。时间常数为

$$\tau = \frac{L}{R_{tot}} = \frac{50\ \text{mH}}{4700\ \Omega + 300\ \Omega} = \frac{50\ \text{mH}}{5.0\ \text{k}\Omega} = 10\ \mu\text{s}$$

请注意，在本例中脉冲宽度恰好等于时间常数 $\tau$。因此，总电阻电压在 $1\tau$ 脉冲结束时，将大约达到输入脉冲幅值的 63.2%。

由于脉冲发生器有 300 Ω 内阻，发生器的输出连接了 4.7 kΩ 的外部电阻。因而，发生

器的最大输出电压为

$$\frac{R}{R+R_s}\times 10\ \text{V}=\frac{4.7\ \text{k}\Omega}{4.7\ \text{k}\Omega+300\ \Omega}\times 10\ \text{V}=9.4\ \text{V}$$

电阻 $R$ 的电压在脉冲结束时上升到该值的 63%，即

$$V_R=0.63\times 9.4\ \text{V}=5.94\ \text{V}$$

脉冲消失后，电感通过 300 Ω 的脉冲源内阻和 4.7 kΩ 的外部电阻放电。输出电压需要 $5\tau$ 时间才能完全衰减到零。

$$5\tau=5\times 10\ \mu\text{s}=50\ \mu\text{s}$$

输出电压如图 15-38 所示。

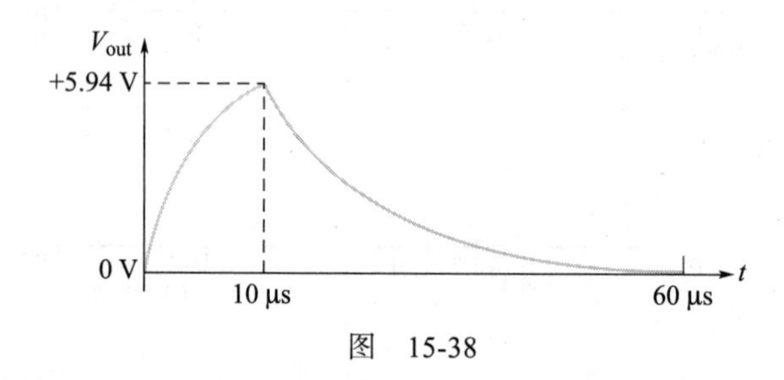


图 15-38

**同步练习** 如果图 15-37 中脉冲源的内阻为 50 Ω，那么 $V_R$ 的最大值是多少？

采用科学计算器完成例 15-8 的计算。

**学习效果检测**

1. 在 *RL* 积分器中，哪个元件上的电压是输出电压？
2. 当单个脉冲作用到 *RL* 积分器时，必须满足什么条件才能使输出电压达到输入电压的幅值？
3. *RL* 积分器在什么条件下输出电压与输入脉冲电压具有相似的波形？

## 15.7 *RL* 微分器对脉冲输入的响应

在电感上获取输出电压的串联 *RL* 电路，在时间响应方面也被称为微分器。本节虽然只讨论这种微分器对单个脉冲输入的响应，但可以扩展到对周期性脉冲输入的情况，正如前面讨论的 *RC* 微分器那样。

### *RL* 微分器对单个脉冲输入的响应

图 15-39 为连接了脉冲发生器的 *RL* 微分器。

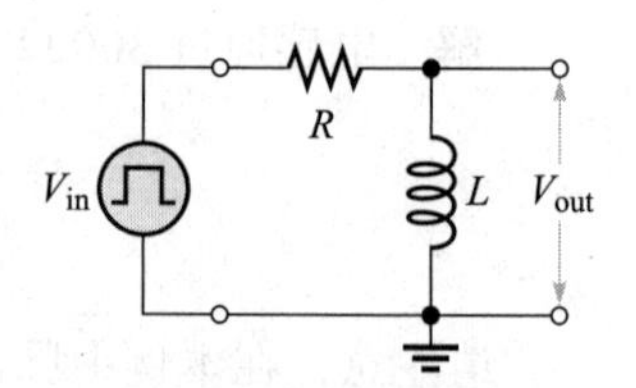


图 15-39 连接了脉冲发生器的 *RL* 微分器

最初，在脉冲到来之前，电路中没有电流。当输入脉冲从低电平变为高电平时，电感会阻碍电流的突然变化，它的感应电压与输入电压相等。电感看起来像是开路，所以在脉冲上升沿瞬间，全部 10 V 的输入电压都加在了电感上，如图 15-40a 所示。

在脉冲期间，电流呈指数增长，电感电压则呈指数下降，如图 15-40b 所示。下降的速率取决于时间常数 $L/R$。当输入脉冲

下降沿到来时，电感产生图 15-40c 所示的感应电压，以此保持其电流在脉冲下降瞬间不变。这表现为电感电压突然负向转变，如图 15-40c 和 d 所示。

在图 15-40c 中，$5\tau$ 大于脉冲宽度，因此输出电压没有足够时间衰减到 0。而在图 15-40d 中，$5\tau$ 小于或等于脉冲宽度，因此输出电压在脉冲结束之前衰减到 0。在这种情况下，在输入脉冲的下降沿，输出电压产生 –10 V 的跃变。

请记住，就输入和输出波形而言，*RL* 积分器和微分器分别与 *RC* 积分器和微分器对应相同。

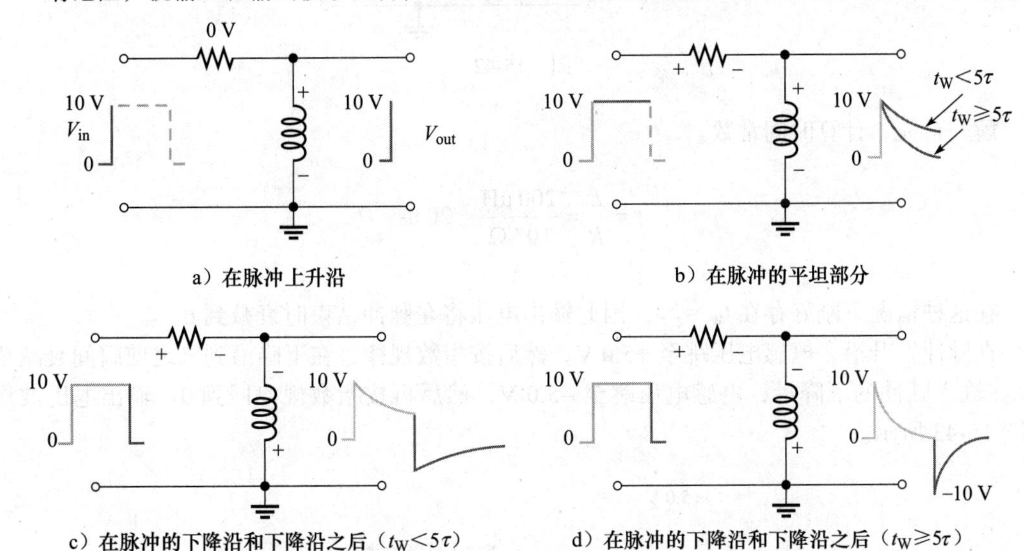


图 15-40　*RL* 微分器在两种时间常数条件下的响应。脉冲发生器连在了输入端，但是没有画出，只画出了脉冲波形

图 15-41 总结了各种时间常数和脉冲宽度关系下，*RL* 微分器的输出电压波形。将此图与图 15-22 中的 *RC* 微分器波形进行比较，响应是相同的。

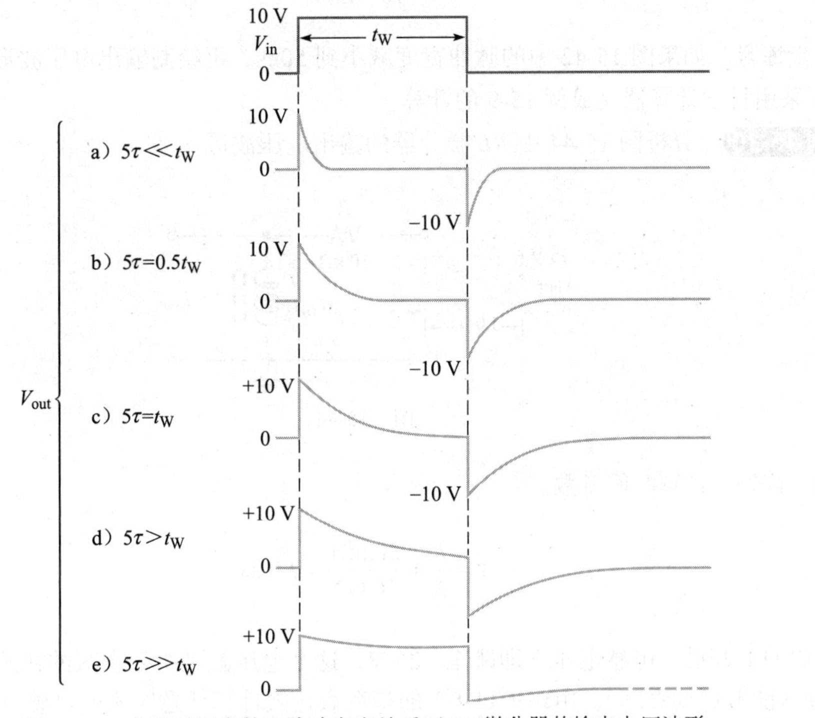


图 15-41　各种时间常数和脉冲宽度关系下 *RL* 微分器的输出电压波形

**例 15-9** 画出图 15-42 所示 *RL* 微分器的输出电压波形。

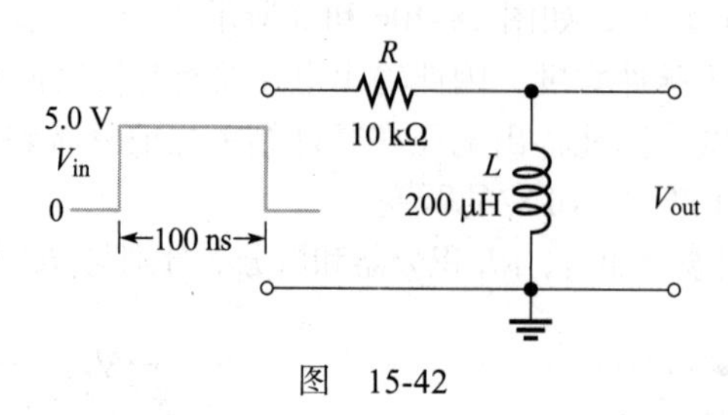


图 15-42

**解** 首先，计算时间常数。

$$\tau = \frac{L}{R} = \frac{200\ \mu\text{H}}{10\ \text{k}\Omega} = 20\ \text{ns}$$

在这种情况下刚好存在 $t_W = 5\tau$，因此输出电压将在脉冲结束时衰减到 0。

在脉冲上升沿，电感电压跳至 +5.0 V，然后按指数规律，在下降沿到来之前瞬间衰减至 0。在输入脉冲的下降沿，电感电压跳至 –5.0 V，然后再按指数规律回到 0。输出电压波形如图 15-43 所示。

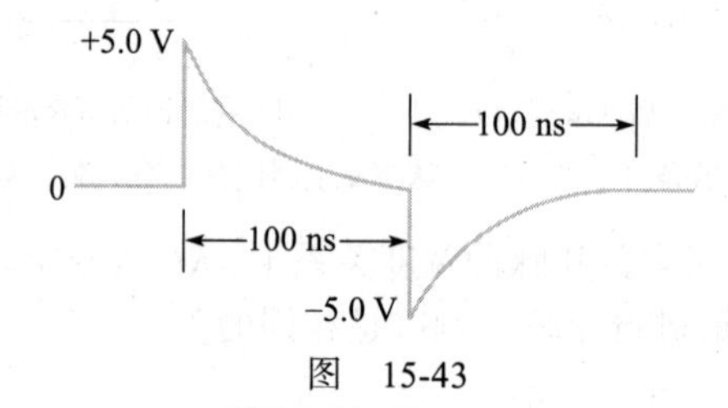


图 15-43

**同步练习** 如果图 15-42 中的脉冲宽度减小到 50ns，再绘制输出电压波形。

采用科学计算器完成例 15-9 的计算。

**例 15-10** 分析图 15-44 中 *RL* 微分器的输出电压波形。

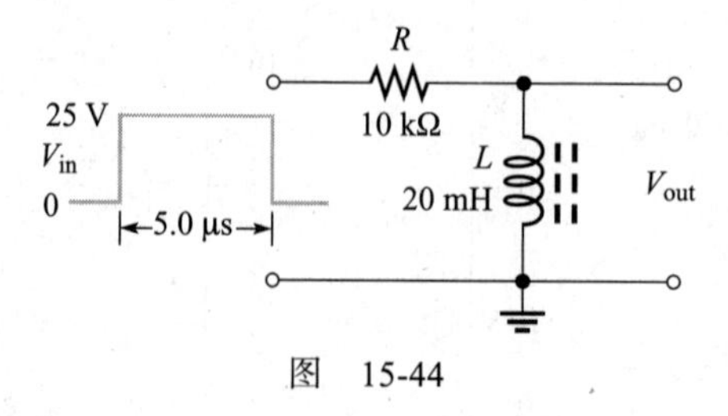


图 15-44

**解** 首先，计算时间常数。

$$\tau = \frac{L}{R} = \frac{20\ \text{mH}}{10\ \text{k}\Omega} = 2.0\ \mu\text{s}$$

在脉冲上升沿，电感电压立即跳至 +25 V，这个电压就是指数衰减的初始值。终值为零（假设加入能够连续衰减）。用式（11-6）的指数表达式计算任意时刻的电感电压。

$$v = V_F + (V_i - V_F)e^{-Rt/L}$$

将初值和终值代入该式，得到在脉冲刚刚结束时电感电压为

$$v_L = V_i e^{-t/\tau} = 25\ \text{V} \times e^{-5.0\ \mu\text{s}/2.0\ \mu\text{s}} = 25\ \text{V} \times e^{-2.5} = 2.05\ \text{V}$$

该结果是输入脉冲 5.0 μs 结束时的电感电压。

在脉冲下降沿，输出电压立即从 +2.05 V 下降到 −22.95 V，即发生 −25 V 的跃变。完整时段的输出波形如图 15-45 所示。

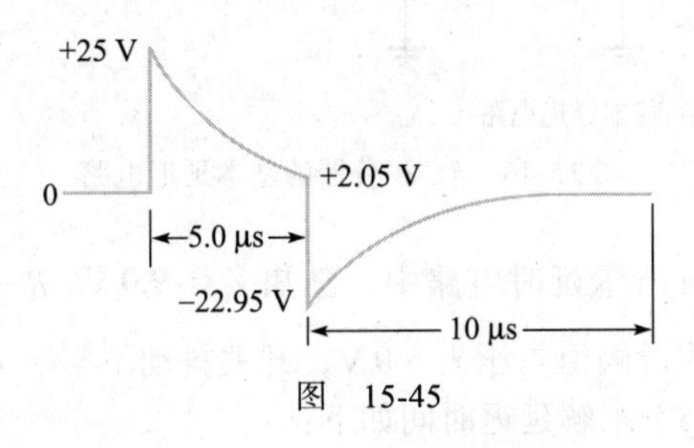


图　15-45

**同步练习**　如果图 15-44 中脉冲结束时输出电压刚好达到 0，那么电阻 *R* 必须是多少？

采用科学计算器完成例 15-10 的计算。

**学习效果检测**

1. 在 *RL* 微分器中，哪个元件的电压是输出电压？
2. 在什么条件下，输出电压波形最接近输入脉冲波形？
3. 如果 *RL* 微分器中的电感电压在 +10 V 输入脉冲结束时降至 +2.0 V，那么在脉冲的下降沿，输出的负电压应该是多少？

## 15.8　积分器和微分器的应用

### 15.8.1　延迟电路

*RC* 积分器可用于定时电路中，设置指定的时间间隔。其中一个重要应用就是断开与电子组件相连的机械开关。当操作开关时，大多数机械开关的触点将抖动几毫秒，所以触点会多次打开和关闭。开关抖动产生一系列电压脉冲，而不仅仅是改变一次电压。*RC* 电路的时间常数可用于防止电压达到检测的阈值，直到开关完全断开。这样，在每次操作开关时仅产生一次干净的电压变化，而不是多次变化。通过改变时间常数，可以调整延迟间隔。例如，图 15-46a 中的基本延迟电路，在电开关闭合与阈值电路激活某个事件之间提供确定的延迟时间。阈值电路的设计是为仅当输入电压达到某一指定电平时才对输入电压做出响应。（第 19 章将讨论被称为比较器的阈值检测电路，见 19.1 节。）

当开关被关闭时，电容开始以 *RC* 时间常数设定的速率充电。经过一段时间后，电容电压达到阈值并触发（打开）电路以激活电机、继电器或灯等设备，具体取决于特定应用。图 15-46b 中的波形说明了这一作用。

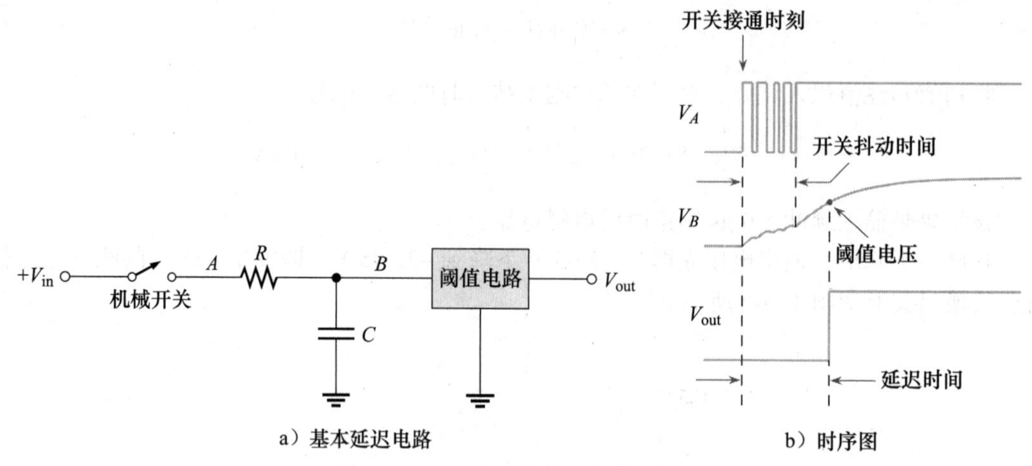


图 15-46 *RC* 积分器的基本延迟电路

**例 15-11** 图 15-46a 所示延时电路中，已知 $V_{in}=9.0\text{ V}$，$R=1.0\text{ M}\Omega$，$C=0.47\ \mu\text{F}$，该电路的延时时间是多少？假设阈值电压为 5.0 V，开关抖动不影响 *RC* 充电时间。

**解** 使用指数式（9-15）求解延迟时间如下：

$$v=V_F(1-e^{-t/RC})=V_F-V_Fe^{-t/RC}$$
$$V_F-v=V_Fe^{-t/RC}$$
$$e^{-t/RC}=\frac{V_F-v}{V_F}$$

两边取自然对数得到

$$-\frac{t}{RC}=\ln\left(\frac{V_F-v}{V_F}\right)$$
$$t=-RC\ln\left(\frac{V_F-v}{V_F}\right)$$

$V_F$ 是电容电压最终达到的量值，它等于 $V_{in}$。代入上式，求出延迟时间。

$$t=-1.0\text{ M}\Omega\times0.47\ \mu\text{F}\times\ln\left(\frac{9.0\text{ V}-5.0\text{ V}}{9.0\text{ V}}\right)=-1.0\text{ M}\Omega\times0.47\ \mu\text{F}\times\ln\left(\frac{4.0\text{ V}}{9.0\text{ V}}\right)=0.38\text{ s}$$ ◀

**同步练习** 对于图 15-46 所示的延迟电路，如果 $V_{in}$=24 V，*R*=10 kΩ，*C*=1500 pF，再计算该电路的延迟时间。假设开关抖动不影响 *RC* 充电时间。

采用科学计算器完成例 15-11 的计算。

### 15.8.2 直流转换电路

积分电路可充当直流转换电路，用于将脉冲波形转换为直流波形，该直流量值等于脉冲波形的平均值，如图 15-47a 所示。它是通过使用与脉冲波形周期相比非常大的时间常数来实现的。实际上，随着电容器充电或放电，输出上会有轻微的纹波，如图 15-47b 所示。该纹波会随着时间常数变大而变小，并可接近恒定值。就正弦响应而言，该电路是一个低通滤波器。

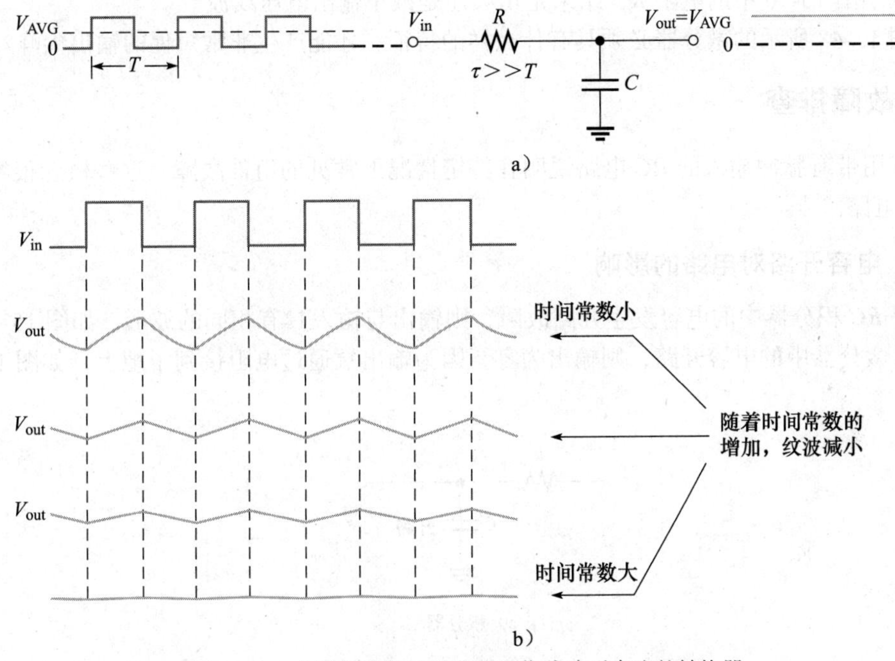


图 15-47　大时间常数的积分器用作脉冲到直流的转换器

### 15.8.3　正负脉冲触发器

微分器可用于产生持续时间很短的正、负极性的脉冲（尖峰），如图 15-48a 所示。当时间常数与输入脉冲宽度相比很小时，微分器在输入电压的每个上升沿时刻产生正尖峰，在每个下降沿时刻产生负尖峰。

为了分离正、负尖峰，使用了两个限幅电路，如图 15-48b 所示。负限幅器去除负尖峰并允许通过正尖峰，正限幅器的作用正好相反。

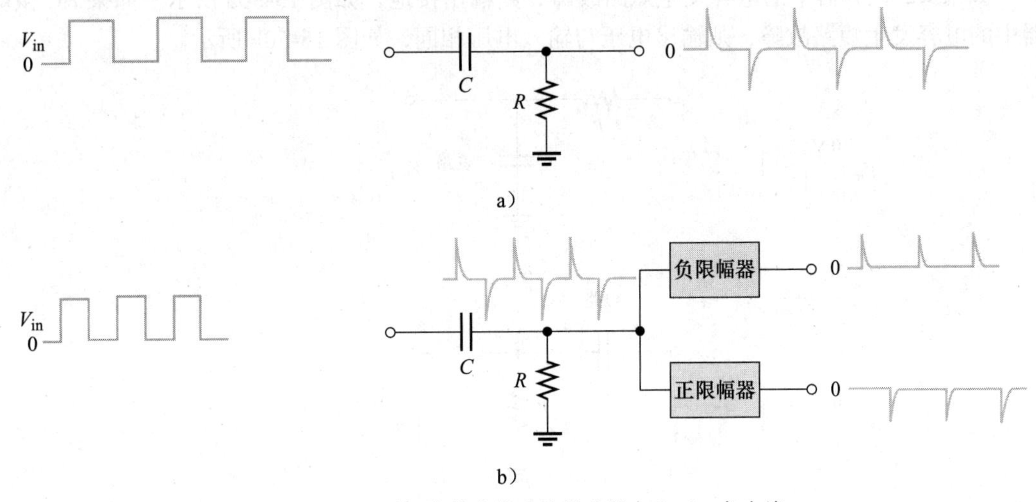


图 15-48　用时间常数非常小的微分器产生正、负尖峰

**学习效果检测**

1. 怎样增加图 15-46 所示电路的延迟时间？
2. 减小图 15-46 中的电阻 $R$，结果是增大还是减小输出电压纹波。
3. 图 15-48 所示的微分器必须具有什么样的特征，才能产生非常短促的输出尖峰？

## 15.9 故障排查

本节用带有脉冲输入的 $RC$ 电路说明在特定情况下常见的组件故障。这些概念很容易推广到 $RL$ 电路。

### 15.9.1 电容开路对电路的影响

如果 $RC$ 积分器中的电容发生开路故障，则输出与输入具有相同的波形，如图 15-49a 所示。如果微分器中的电容开路，则输出为零，因为输出端通过电阻接到了地上，如图 15-49b 所示。

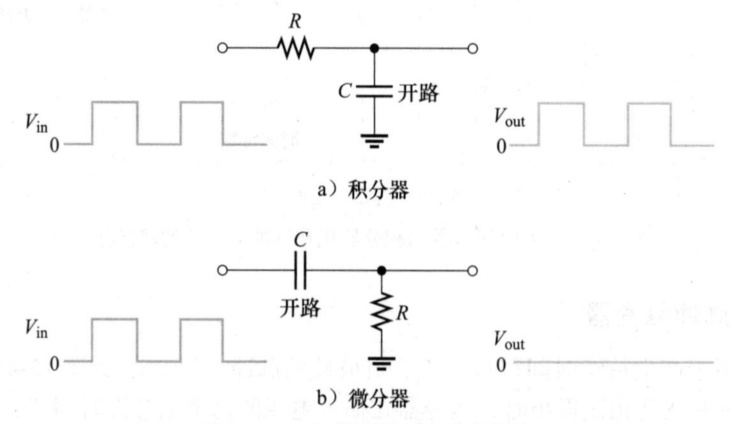


图 15-49 电容开路对电路的影响

### 15.9.2 电容短路对电路的影响

如果 $RC$ 积分器中的电容发生短路故障，则输出接地，如图 15-50a 所示。如果 $RC$ 微分器中的电容发生短路故障，则输出电压与输入电压相同，如图 15-50b 所示。

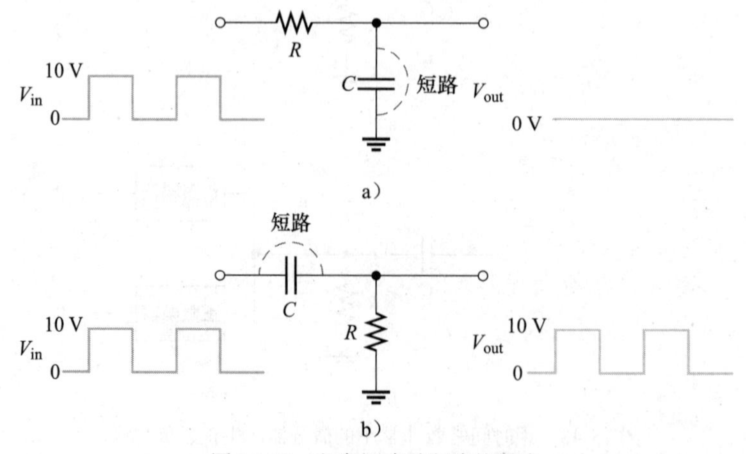


图 15-50 电容短路对电路的影响

### 15.9.3　电阻开路对电路的影响

如果 $RC$ 积分器中的电阻发生开路故障，则电容没有充电和放电路径。理想情况下，它将保持其电荷不变。但在实际中，电荷仍将在电容内部逐渐泄漏，或通过连接到输出端的测量仪器或其他电路而缓慢放电。如图 15-51a 所示。

如果微分器中的电阻发生开路故障，除了直流电平外，输出电压看上去就像是输入电压，因为电容现在只能通过示波器的极高输入电阻充电和放电，如图 15-51b 所示。

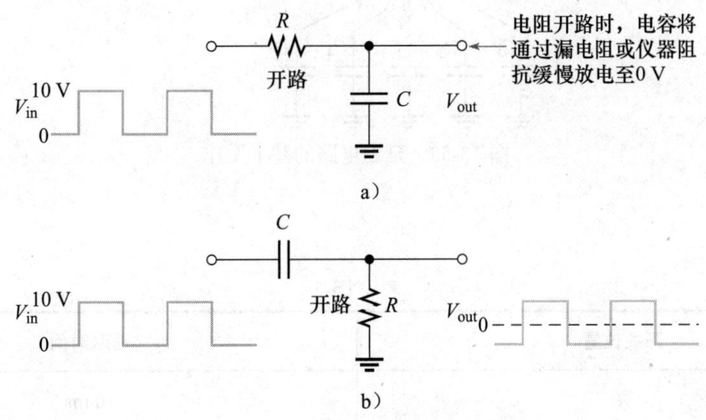


图 15-51　电阻开路对电路的影响

**学习效果检测**

1. $RC$ 积分器在方波输入时其输出为零，这可能是什么原因？
2. 如果 $RC$ 积分器中的电容开路，输入为方波，输出会是什么样子？
3. 如果 $RC$ 微分器中的电容短路，输入为方波，输出会是什么样子？

## 应用案例

你的任务是搭建面包板和测试延迟电路，该延迟电路将提供五个开关，用于选择不同的延迟时间。你需要使用 $RC$ 积分器，其输入为 5.0 V 且持续时间很长的脉冲，脉冲起始时开始延时。指数输出电压施加到阈值触发电路，该触发电路用于在 5 个可选的延迟结束后，接通系统的另一部分电源。

延迟电路如图 15-52 所示。$RC$ 积分器的输入为正脉冲，输出为选定电容器上的指数电压。输出电压触发 3.5 V 电平的阈值电路，然后接通系统的另一部分电源。延迟电路的基本操作如图 15-53 所示。在此应用中，积分器的延迟时间指定为从输入脉冲的上升沿到输出电压达到 3.5 V 的时间。表 15-1 中列出了指定的延迟时间。

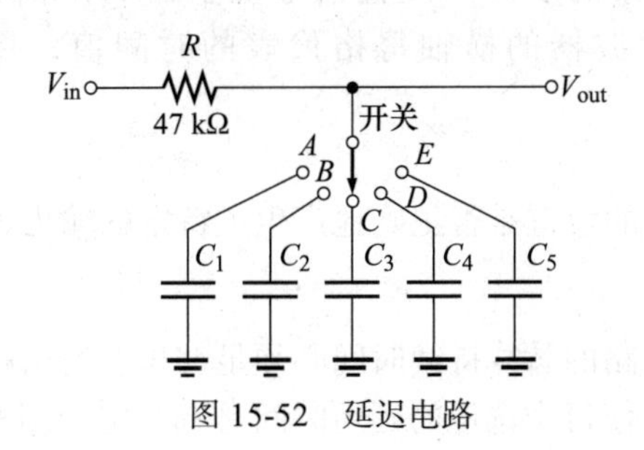


图 15-52　延迟电路

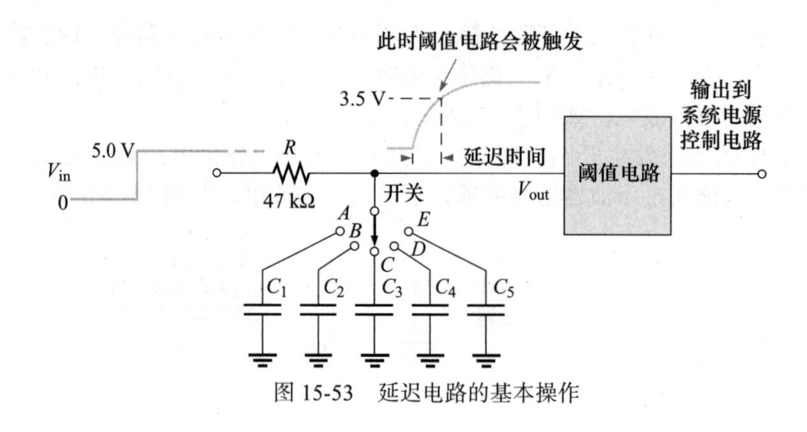


图 15-53 延迟电路的基本操作

表 15-1

| 开关位置 | 延迟时间 |
|---|---|
| *A* | 10 ms |
| *B* | 25 ms |
| *C* | 40 ms |
| *D* | 65 ms |
| *E* | 85 ms |

**步骤 1：确定电容值**

确定 5 个电容器的电容，这些电容提供的延迟时间在指定延迟时间的 10% 以内。可以从以下标准电容值列表中选择（单位均为 μF）：0.1、0.12、0.15、0.18、0.22、0.27、0.33、0.39、0.47、0.56、0.68、0.82、1.0、1.2、1.5、1.8、2.2、2.7、3.3、3.9、4.7、5.6、6.8、8.2。

**步骤 2：连接电路**

参见图 15-54。*RC* 积分器的组件插在了电路板上，但还没有互连。使用带圆圈的数字，建立一个点对点的布线列表，以表明应该怎样将电路和测量仪器连接起来。

**步骤 3：电路测试与仪器设置**

制定全面测试延迟电路的步骤。设置信号发生器的振幅、频率和占空比，以便测试每个延迟时间。设置示波器的横轴每格代表的时间值，用于测量 5 个特定的延迟时间。

**步骤 4：测量**

说明如何验证每个开关的设置是否正确地产生了特定的输出延迟时间。

**检查与复习**

1. 为什么输入到延迟电路的脉冲持续时间必须足够长？给出解释。
2. 如何修改延迟电路，使每个选定的延迟时间具有一定的调整范围？

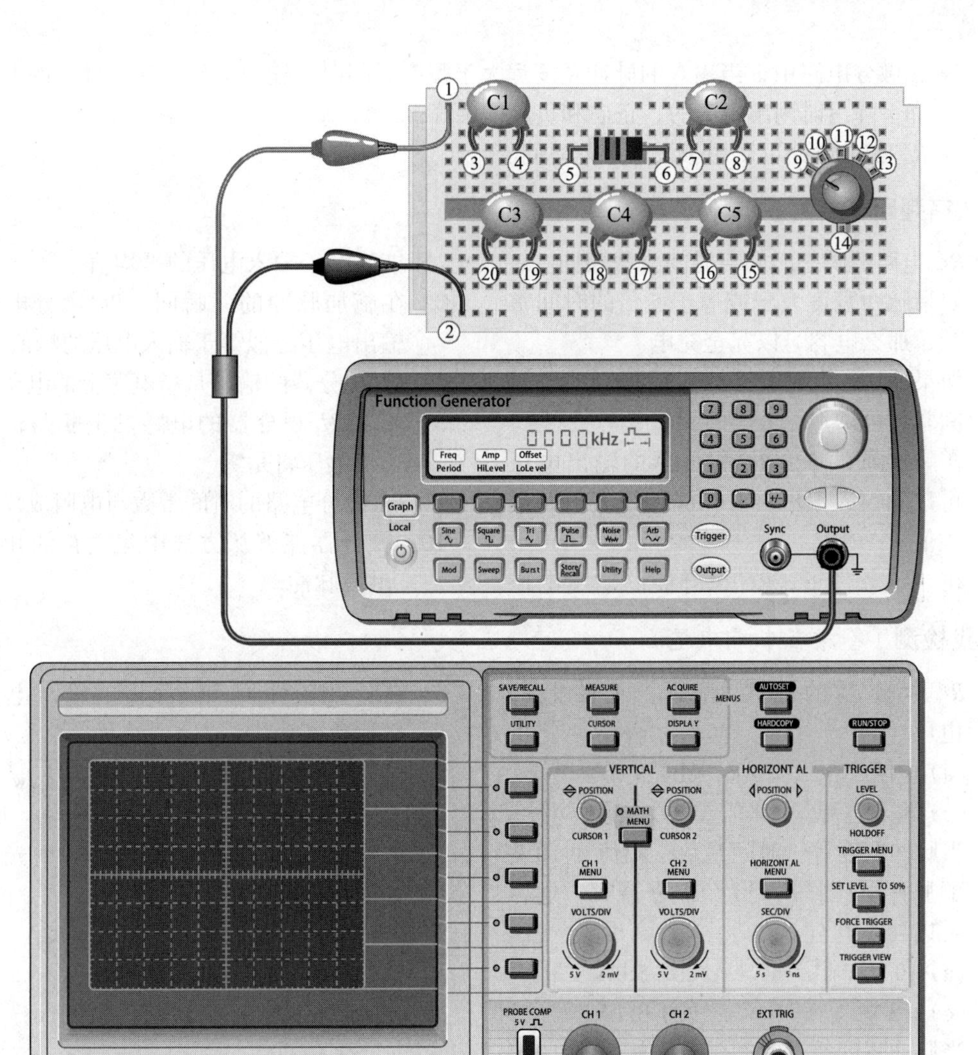


图 15-54　面包板上的延迟电路和测试仪器

## 本章总结

- 在 *RC* 积分电路中，输出电压是电容上的电压。
- 在 *RC* 微分电路中，输出电压是电阻上的电压。
- 在 *RL* 积分电路中，输出电压是电阻上的电压。
- 在 *RL* 微分电路中，输出电压是电感上的电压。
- 在积分电路中，当输入的脉冲宽度（$t_W$）远小于瞬态时间（$5\tau$）时，输出电压接近输入电压的稳态平均值。
- 在积分电路中，当输入的脉冲宽度远大于瞬态时间时，在形状上输出电压接近输入电压。
- 在微分电路中，当输入的脉冲宽度远小于瞬态时间时，在形状上输出电压接近输入电压，但平均值为零。

- 在微分电路中，当输入的脉冲宽度远大于瞬态时间时，输出电压在输入脉冲的上升沿和下降沿时刻出现窄的、正向和负向的尖峰。
- *RC* 积分电路可以用来设定延迟时间。

## 对 / 错判断（答案在本章末尾）

1 *RC* 电路的瞬态时间与时间常数相同。
2 如果脉冲宽度大于或等于 5 倍的时间常数，那么电容可以完全充电。
3 如果 *RC* 电路的电源电压增加，那么时间常数也增加。
4 在一定条件下，*RC* 积分器的输出电压可以和输入电压具有相同的最大值和最小值。
5 在一定条件下，*RC* 积分器的输出电压能够等于输入电压的平均值。
6 在施加脉冲的一瞬间，*RC* 微分电路的输出电压近似等于输入电压的峰值。
7 *RL* 积分器的输出是指电感上的电压。
8 如果 *RL* 积分器的电感发生断路，那么输出电压将是零。
9 *RL* 微分电路的时间常数与电阻成反比。
10 微分器能够从方波中建立正的和负的触发脉冲。

## 自我检测（答案在本章末尾）

1 *RC* 积分器的输出是哪个元件上的电压？
(a) 电阻　(b) 电容
(c) 输入电源　(d) 电感

2 当脉冲宽度等于时间常数，幅值为 10 V 的脉冲电压作用到 *RC* 积分器时，电容可以被充电至
(a) 10 V　(b) 5.0 V
(c) 6.3 V　(d) 3.7 V

3 当脉冲宽度等于时间常数，幅值为 10 V 的脉冲电压作用到 *RC* 微分器时，电容可以被充电至
(a) 6.3 V　(b) 10 V
(c) 0 V　(d) 3.7 V

4 在什么条件下，*RC* 积分器的输出脉冲与输入脉冲非常相似？
(a) 时间常数远大于脉冲宽度
(b) 时间常数等于脉冲宽度
(c) 时间常数小于脉冲宽度
(d) 时间常数远小于脉冲宽度

5 在什么条件下，*RC* 微分器的输出脉冲与输入脉冲非常相似？
(a) 时间常数远大于脉冲宽度
(b) 时间常数等于脉冲宽度
(c) 时间常数小于脉冲宽度
(d) 时间常数远小于脉冲宽度

6 在什么条件下，微分器的输出电压的正、负部分为最大？
(a) $5\tau < t_W$　(b) $5\tau > t_W$
(c) $5\tau = t_W$　(d) $5\tau > 0$

7 *RL* 积分器的输出电压是指哪个元件上的电压？
(a) 电阻　(b) 电感
(c) 电源　(d) 电容

8 在 *RL* 积分器中最大电流是
(a) $I = V_p / X_L$　(b) $I = V_p / Z$
(c) $I = V_p / R$　(d) $V_p / L$

9 在什么条件下，*RL* 微分器的电流能够达到可能的最大值？
(a) $5\tau = t_W$　(b) $5\tau < t_W$
(c) $5\tau > t_W$　(d) $\tau = 0.5 t_W$

10 如果你有一个 *RC* 微分器和一个 *RL* 微分器，它们的时间常数相同，并联后接到同一输入脉冲电源，那么
(a) *RC* 微分器具有最宽的输出脉冲。
(b) *RL* 微分器的输出峰值最窄。
(c) 一个微分器的输出按指数规律递增，而另一个则按指数规律递减。
(d) 你无法通过观察输出波形来区别是哪一种微分器。

## 分节习题（奇数题答案在本书末尾）

### 15.1 节

1　在 $RC$ 积分电路中，$R$=2.2 kΩ，$C$=0.047 μF。电路的时间常数是多少？

2　在 $RC$ 积分电路中，电阻和电容取如下组合，计算每种组合情况下电容充满电所需要的时间。

（a）$R$=470 Ω，$C$=4.7 μF

（b）$R$=3.3 kΩ，$C$=0.015 μF

（c）$R$=22 kΩ，$C$=100 pF

（d）$R$=47 kΩ，$C$=1000 pF

3　要求一个积分器的时间常数近似是 6.0 ms，如果 $C$=0.22 μF，那么应该选用多大的电阻？

4　对习题 3 中的电容，要求在一个脉冲期间完全充电，那么脉冲宽度的最小值是多少？

### 15.2 节

5　将 20 V 脉冲施加到 $RC$ 积分器，脉冲宽度等于时间常数。在脉冲期间电容能够充电到什么电压？ 假设电容最初不带电。

6　脉冲宽度 $t_W$ 为以下值时，重复习题 5 的要求。

（a）$2\tau$　　（b）$3\tau$

（c）$4\tau$　　（d）$5\tau$

7　绘制积分器输出电压的近似波形，其中 $5\tau$ 远小于输入 10 V 方波的脉冲宽度。若 $5\tau$ 远大于脉冲宽度，重新绘制积分器输出电压近似波形。

8　对于图 15-55 所示积分器，确定具有单个输入脉冲的 $RC$ 积分器的输出电压。对于周期性脉冲输入情况，该电路需要多长时间才能达到稳定状态？

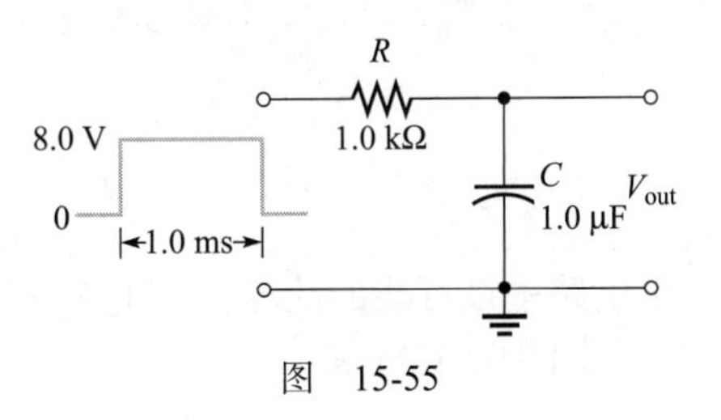


图　15-55

### 15.3 节

9　计算图 15-56 电路的瞬态时间。

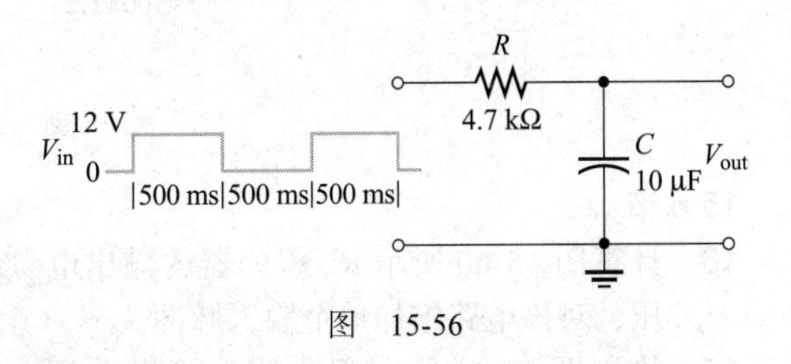


图　15-56

10　幅值为 1.0 V，频率为 10 kHz，占空比为 25% 的方波，施加在时间常数为 $\tau$=25 μs 的积分器上，画出最初三个脉冲对应的输出电压。假设电容原先没有充电。

11　对于图 15-57 所示 $RC$ 积分器，输入为图中所示的方波电压。积分器的稳态输出电压是多少？

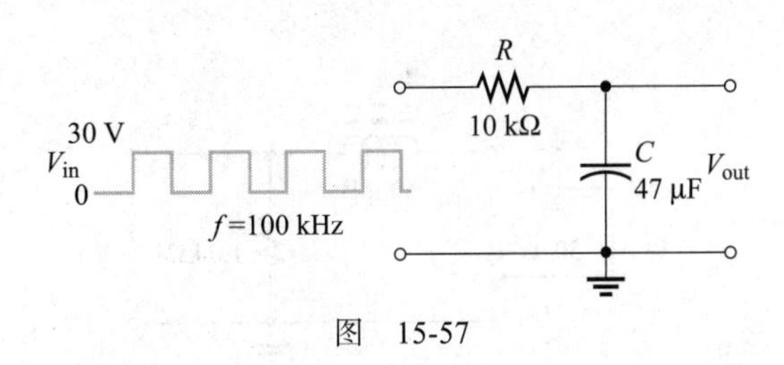


图　15-57

### 15.4 节

12　对 $RC$ 微分器重复习题 7 中的要求。

13　重新绘制图 15-55 中的电路，使其成为微分器，并重做习题 8。

### 15.5 节

14　绘制图 15-58 所示微分器的输出电压波形，指出最大电压值。

15　周期性方波输入电路如图 15-59 所示，微分器的稳态输出电压是多少？

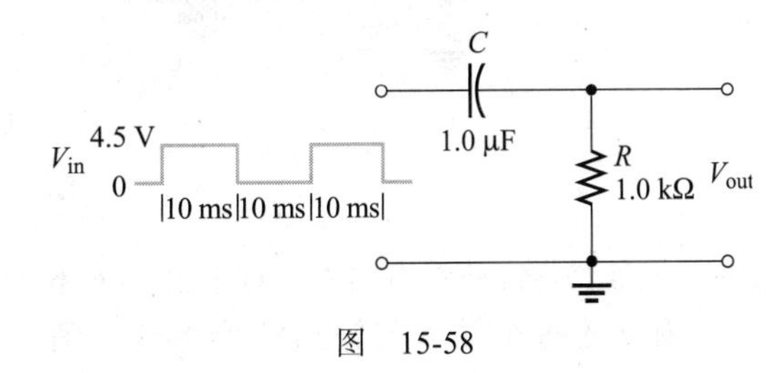


图　15-58

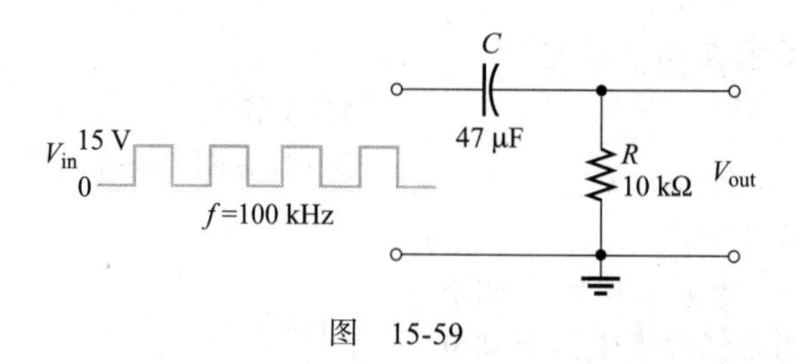


图 15-59

## 15.6 节

16 计算图 15-60 所示 *RL* 积分器的输出电压，对该电路施加单个输入脉冲。

17 绘制图 15-61 所示积分器的输出电压波形，指出最大电压。

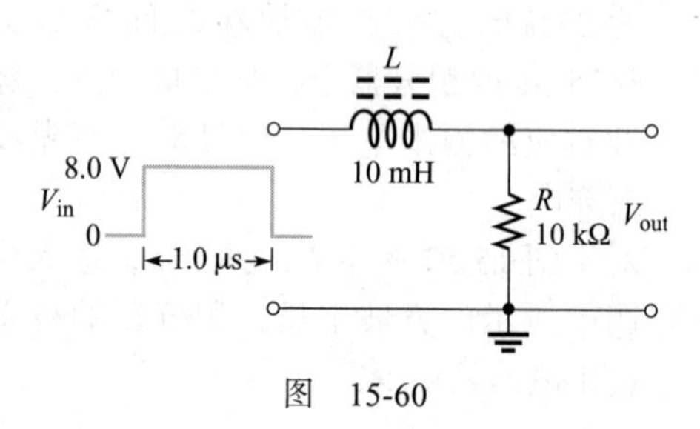


图 15-60

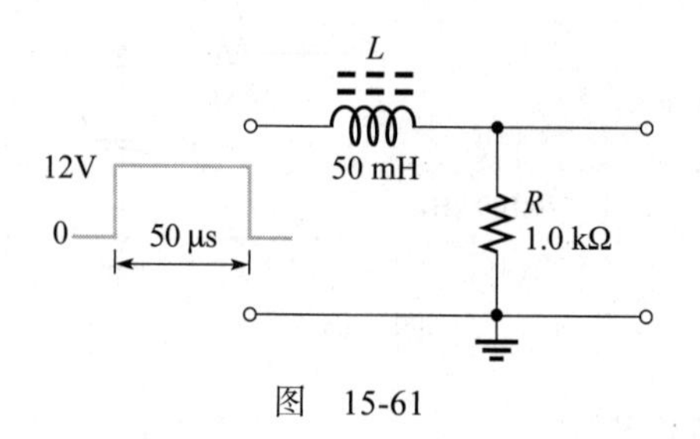


图 15-61

## 15.7 节

18 (a) 图 15-62 所示电路的时间常数 $\tau$ 是多少？

(b) 绘制输出电压波形。

19 如果宽度为 $t_W$=250 ns、周期为 $T$=600 ns 的重复脉冲作用于图 15-62 的电路，试绘制输出电压波形。

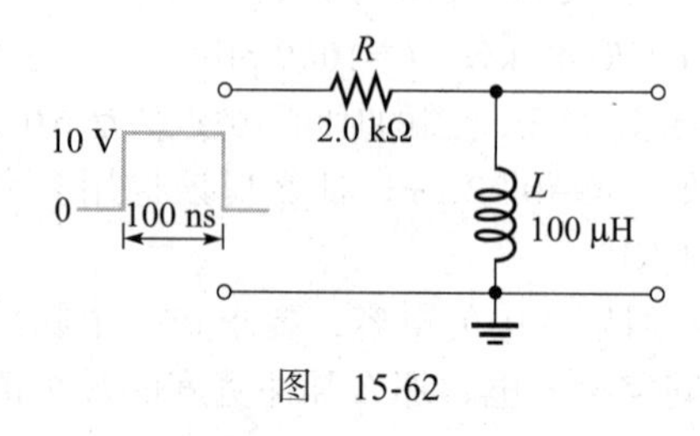


图 15-62

## 15.8 节

20 在图 15-46 所示电路中，$R$=22 kΩ，$C$=0.001 μF，$V_{in}$=10 V。开关闭合后 440 μs 时，*B* 点的电压是多少？

21 假设 *RC* 积分器的时间常数远大于输入方波的周期，方波的幅值为 12 V，理想情况下，*RC* 积分器的输出电压是多少？

## 15.9 节

22 在图 15-63a 所示电路中，对于图 15-63b 和 c 的每组输入与输出波形组合，确定电路中最可能出现的故障。图中 $V_{in}$ 是周期为 8.0 ms 的方波。

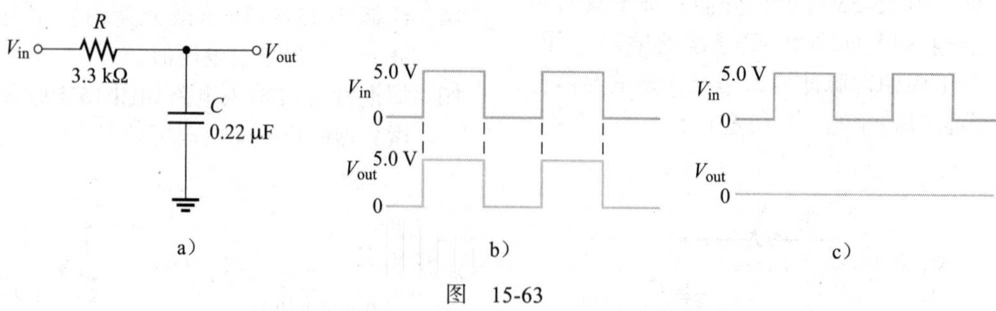


图 15-63

23 在图 15-64a 所示电路中，对于图 15-64b 和 c 的每组输入与输出波形组合，确定电路中最可能的故障。图中 $V_{in}$ 是方波，周期为 8.0 ms。

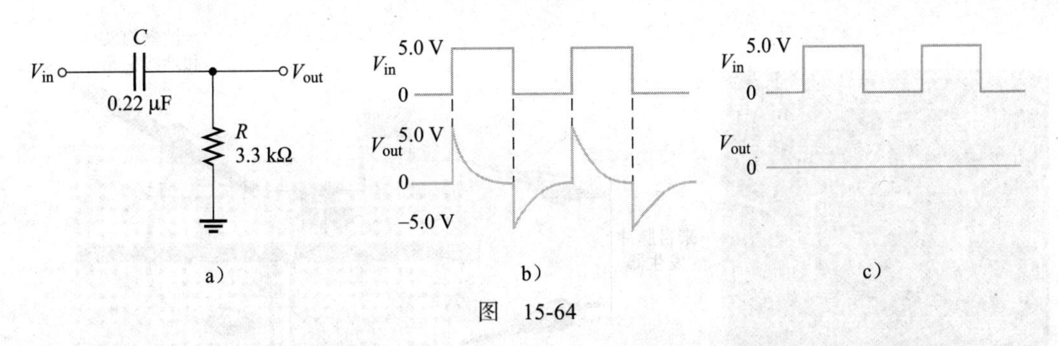


图　15-64

*24 （a）图 15-65 所示电路的时间常数 τ 是多少？

（b）画出图 15-65 所示电路的输出电压。

*25 （a）图 15-66 所示电路的时间常数 τ 是多少？

（b）画出图 15-66 所示电路的输出电压。

*26 计算图 15-67 所示电路的时间常数。该电路是积分器还是微分器？

*27 在图 15-46 所示的延迟电路中，如果电路阈值为 2.5 V，输入幅值为 5.0 V，那么时间常数为多少时可以产生 1.0 s 的延时？

*28 绘制图 15-68 所示电路的原理图，并分析示波器的显示是否正确。

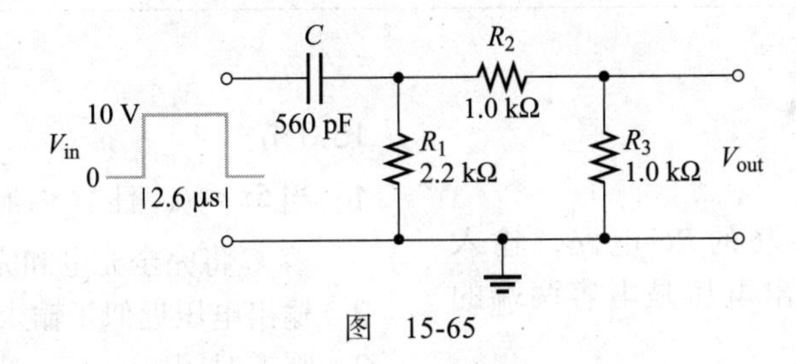


图　15-65

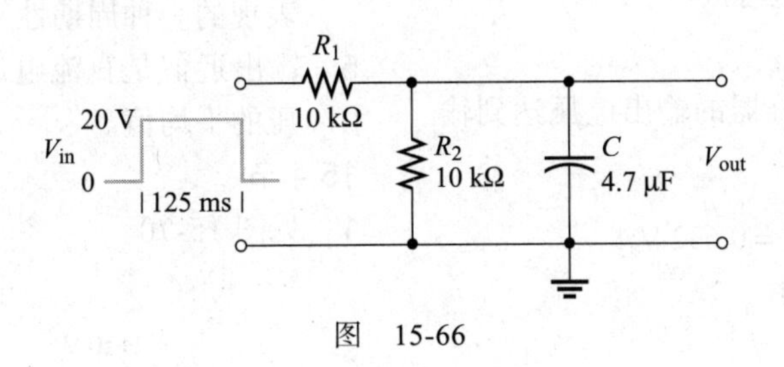


图　15-66

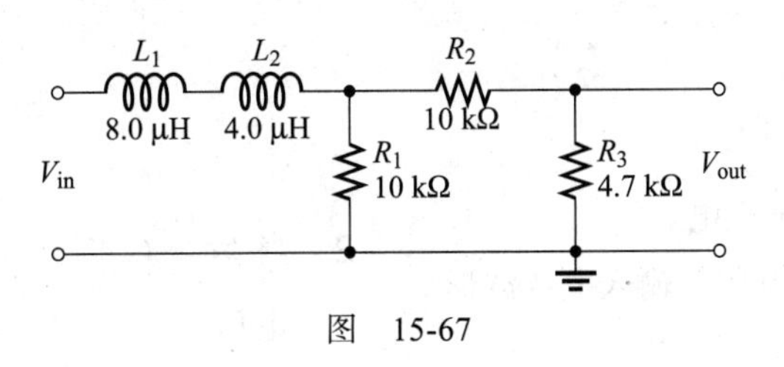


图　15-67

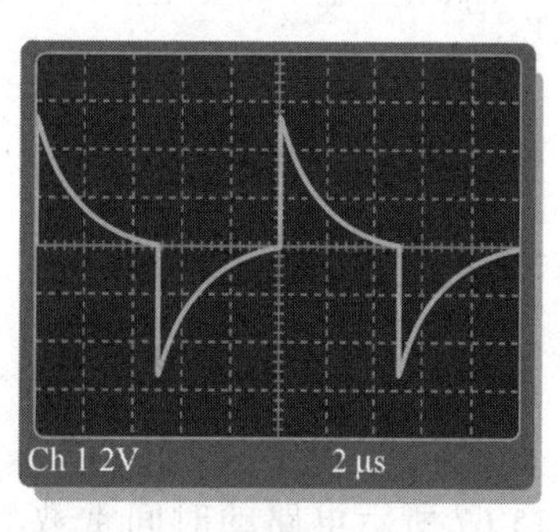

a）示波器显示的波形

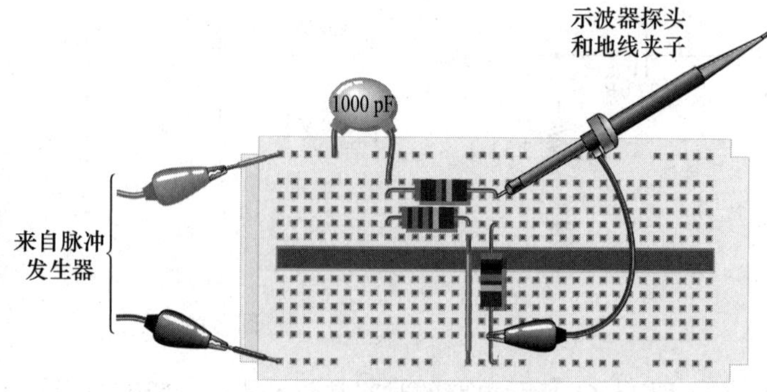

b）连接仪器测试线的面包板电路

图 15-68

## Multisim 仿真故障排查和分析

29 打开文件 P15-29 并测试电路。如果存在故障，请排查。

30 打开文件 P15-30 并测试电路。如果存在故障，请排查。

31 确定文件 P15-31 中的电路是否存在故障。如果存在，请排查。

32 排查文件 P15-32 电路中任何有故障的元件。

## 参考答案

### 学习效果检测答案

#### 15.1 节

1 积分器是一个串联的 $RC$ 电路，输入脉冲电压，其输出电压是电容两端的电压。

2 施加到输入端的电压引起电容充电。零值的输入电压使电容放电。

#### 15.2 节

1 当 $5\tau < t_W$ 时，积分器的输出电压达到输入电压的幅值。

2 $V_{out} = 0.632 \times 1.0\ V = 0.632\ V$;
$t_{disch} = 5\tau = 51.7\ ms$

3 见图 15-69。

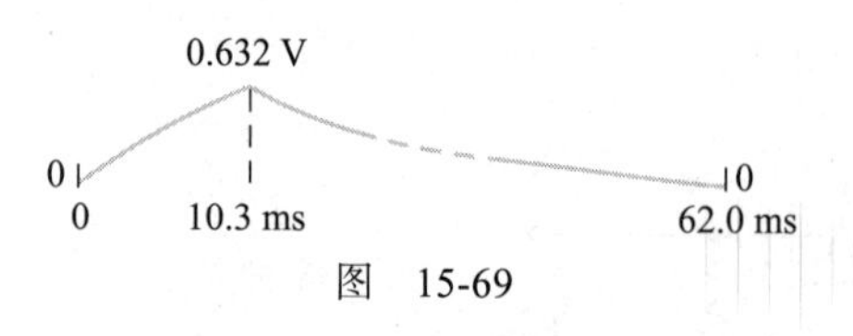

图 15-69

4 不，电容 $C$ 不会完全充电。

5 当 $5\tau \ll t_W$ 时，输出电压与输入电压波形相似。

#### 15.3 节

1 当 $5\tau \ll t_W$ 且 $5\tau \ll$ 脉冲间隔时间时，电容 $C$ 将完全充电和完全放电。

2 输出电压近似于输入电压。

3 瞬态时间。

4 稳态响应是指电路在瞬态时间之后所表现的一种周期性工作状态。

5 输出近似是直流电压，该电压是输入电压的平均值。

#### 15.4 节

1 见图 15-70。

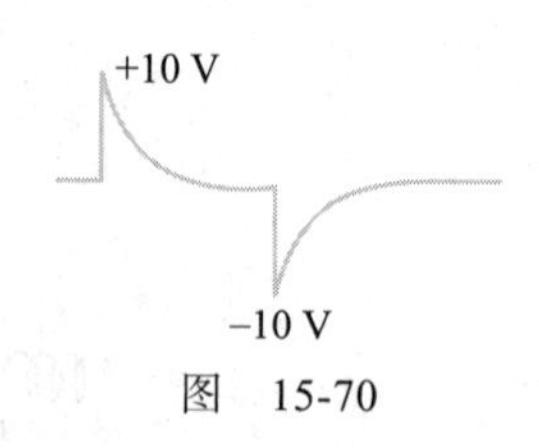

图 15-70

2 当 $5\tau \gg t_W$ 时，输出电压近似于输入电压。

3　对应于输入电压的上升沿和下降沿，输出电压为正和负的尖峰。

4　$V_R$ 将达到 5.0 V−15 V=−10 V。

## 15.5 节

1　当 $5\tau \ll t_W$，并且 $5\tau \ll$ 脉冲间隔时间时，电容 $C$ 将完全充电和完全放电。

2　输出是正、负的尖峰电压。

3　$V_{out}$=0 V。

## 15.6 节

1　输出电压是电阻两端的电压。

2　当 $5\tau \ll t_W$ 时，输出电压达到输入电压的幅值。

3　当 $5\tau \ll t_W$ 时，输出电压近似于输入电压。

## 15.7 节

1　输出是电感两端的电压。

2　当 $5\tau \gg t_W$ 时，输出电压近似于输入电压。

3　$V_{out}$=2.0 V−10 V=−8.0 V。

## 15.8 节

1　增加时间常数以增加延迟时间。

2　减小 $R$ 将增加纹波。

3　非常小的时间常数会产生持续时间非常短的尖峰。

## 15.9 节

1　$RC$ 积分器的零输出表示电容器短路、电阻器开路、无电源电压或触点开路。

2　积分器中电容开路导致输出与输入完全相同。

3　微分器中电容短路导致输出与输入完全相同。

## 同步练习答案

例 15-1　8.65 V

例 15-2　24.7 V

例 15-3　1.11 V

例 15-4　见图 15-71。

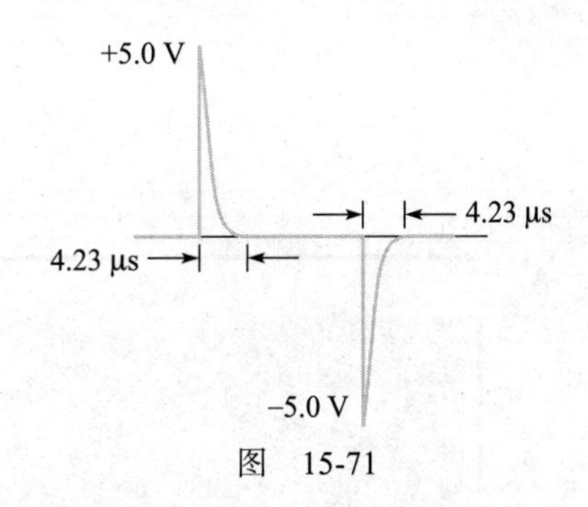


图　15-71

例 15-5　892 mV

例 15-6　10 kΩ

例 15-7　20 V

例 15-8

$$V_{R(\max)} = 0.63 \times 10\ \text{V} \times (4.7\ \text{k}\Omega / 4.75\ \text{k}\Omega) = 6.25\ \text{V}$$

例 15-9　见图 15-72。

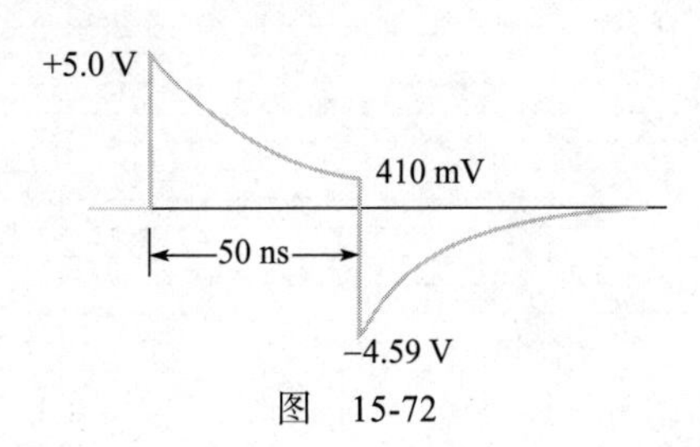


图　15-72

例 15-10　20 kΩ

例 15-11　3.5 μs

## 对 / 错判断答案

| | | |
|---|---|---|
| 1　错 | 2　对 | 3　错 |
| 4　对 | 5　对 | 6　对 |
| 7　错 | 8　错 | |
| 9　对 | 10　对 | |

## 自我检测答案

| | | |
|---|---|---|
| 1（b） | 2（c） | 3（a） |
| 4（d） | 5（a） | 6（a） |
| 7（a） | 8（c） | 9（b） |
| 10（d） | | |

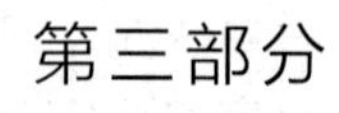


# 元　器　件

# 第 16 章

# 二极管及其应用

**学习目标**

- ▶ 解释半导体的基本结构以及其如何传导电流
- ▶ 描述二极管特性和偏置
- ▶ 描述二极管基本特性
- ▶ 分析半波整流电路和全波整流电路的工作原理
- ▶ 描述稳压电源的工作原理
- ▶ 解释 4 个专用二极管的基本工作原理，并列举一些应用例子
- ▶ 使用 APM 方法对稳压电源和二极管电路进行故障排查

**应用案例概述**

作为工业制造工厂的技术人员，您负责维护所有自动化生产设备并排查其故障。您需要使用专用系统对输送机上的物品进行计数，以便进行控制和清点。为了检查并解决此系统故障，您需要了解电源整流电路、齐纳二极管、发光二极管（LED）和光电二极管。学习本章后，您应该能够完成本章的应用案例。

**引言**

本章将讨论用于制造二极管、晶体管和集成电路的半导体材料。PN 结是二极管和某些类型晶体管的工作基础，当两种不同类型的半导体材料连接就形成了 PN 结。PN 结的功能是使电子电路正常工作的一个重要因素。此外，本章还介绍二极管特性，你将了解如何在电路应用中使用二极管。

## 16.1 半导体导论

本节将会扩展 2.1 节中介绍的原子理论，涵盖二极管和晶体管等器件的半导体内容。

### 16.1.1 硅和锗原子

硅和锗是两种常见的半导体材料。硅和锗原子都有四个价电子和相似的物理性质。这些原子的不同之处在于硅原子核中有 14 个质子，锗原子核中有 32 个质子。图 16-1 显示了硅和锗的原子结构。

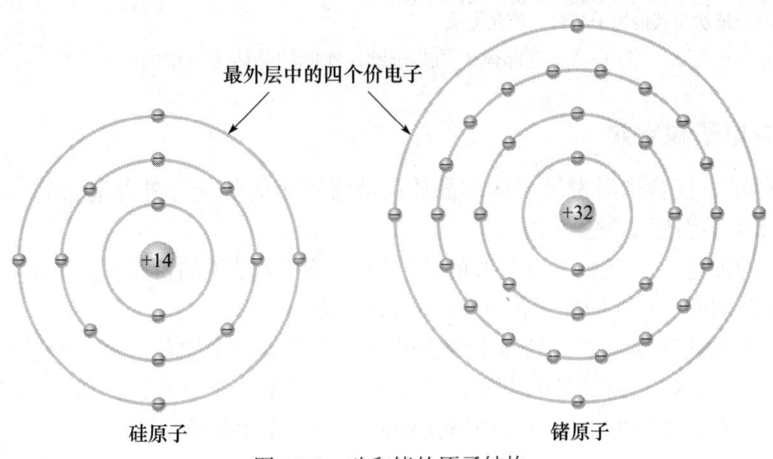


图 16-1 硅和锗的原子结构

锗中的价电子位于第 4 层，而硅中的价电子位于第 3 层，更靠近原子核。这意味着锗中的价电子的能级比硅高，因此需要较少的额外能量就能从原子中逸出。这种特性使得锗在高温下比硅更不稳定，这也是硅应用更广泛的主要原因。

### 16.1.2 原子键

虽然几乎所有的集成电路都使用硅，但也有使用锗材料的。最近的科学研究创造了一种“多孔锗”材料，它具有纳米级蜂窝状锗原子的晶格排列，可以具有很大的表面积。这为锗在灵敏探测器和太阳电池中的应用开辟了可能性。由于锗的应用范围有限，本章仅讨论硅作为使用电子器件时的主要半导体。

当一些原子结合形成固体材料时，它们以一种称为**晶体**的固定模式排列。硅晶体结构中的原子通过**共价键**连接在一起，共价键由每个原子的价电子共享而产生。

图 16-2 显示了每个硅（Si）原子如何与 4 个相邻原子形成硅晶体。具有 4 个价电子的硅原子与其 4 个相邻原子中的每一个共享一个电子。这有效地为每个原子创造了 8 个价电子，并达到化学稳定性状态。此外，这种价电子的共享产生了将原子固定在一起的共价键，因此每个共享的电子都被 2 个相邻的原子平等地吸引。**固有**晶体是没有杂质的晶体。

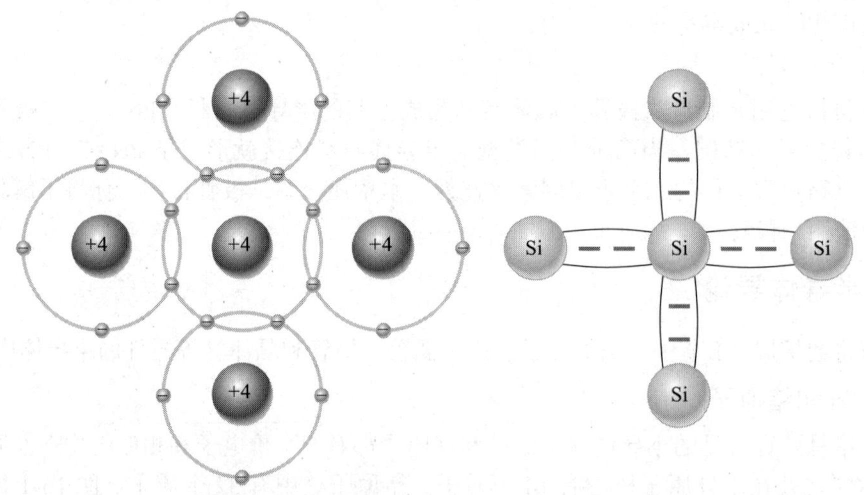


a）中心硅原子与周围四个硅原子中的每一个共享一个电子，从而形成共价键。周围的原子依次与其他原子结合，依此类推

b）键合图，负号表示共享价电子

图 16-2 硅晶体中的共价键，实际的晶体是三维的

### 16.1.3 传导电子和空穴

图 16-3 显示了仅含未激发原子的硅晶体的能带图（无热能等外部能量）。这种情况仅在绝对零度（0 K）的温度下发生。

硅晶体中的纯电子在室温下有足够的热能时，可以从晶体的价带跃迁到导带，成为自由电子。这种情况如图 16-4a 的能量图和图 16-4b 的键合图所示。

当一个电子跃迁到导带时，晶体中的价带上就留下了一个空位。这个空位叫作**空穴**。对于每一个被外部能量提升到导带的电子，价带上都会留下一个空穴，形成所谓的电子 – 空穴对。当导带电子失去能量并落回价带的空穴中时，就会发生**复合**。

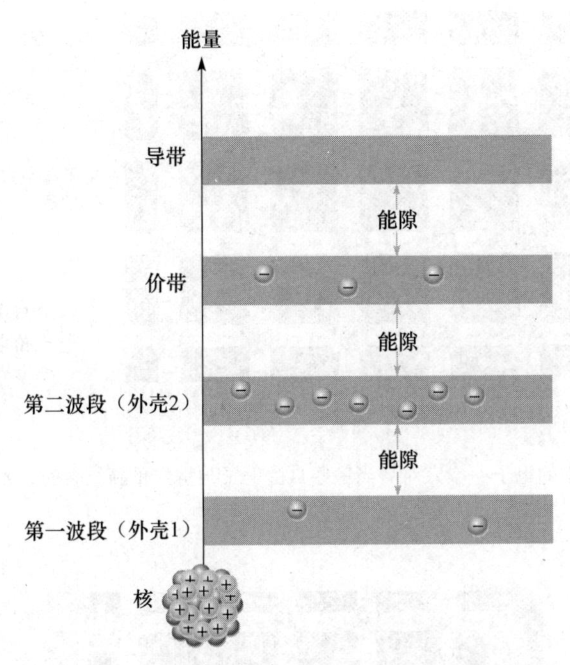


图 16-3　仅含未激发原子的硅晶体的能带图，导带中没有电子

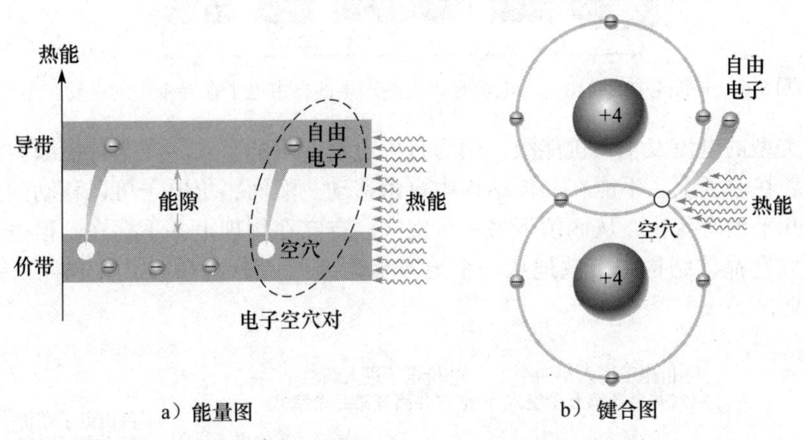


图 16-4　硅晶体中电子 - 空穴对的产生，导带中的电子是自由电子

总之，在室温下，本征硅在任何时刻都有许多导带（自由）电子，这些电子与任何原子都不相连，基本上在材料中随机漂移。此外，当这些电子跃迁到导带时，价带中会产生等量的空穴（见图 16-5）。

### 16.1.4　电子和空穴电流

如图 16-6 所示，当对硅施加电压时，导带中因受热产生的自由电子在晶体结构中可以自由地随机移动，很容易被吸引到正极端。这种自由电子的运动形成半导体材料中的一种电流，称为电子电流。

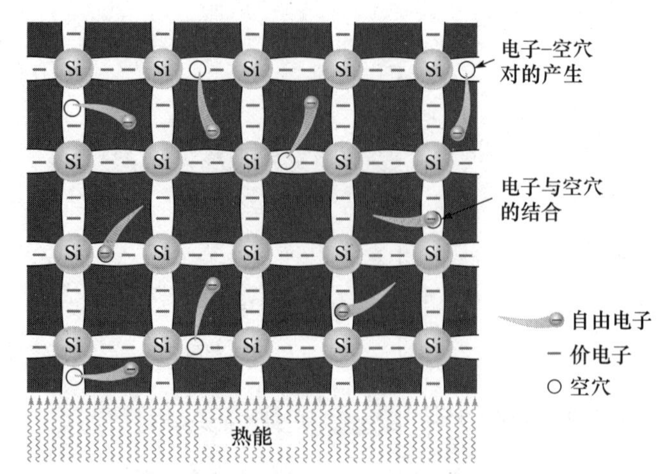


图 16-5 硅晶体中的电子 - 空穴对。当一些自由电子与空穴重新结合时，不断产生自由电子

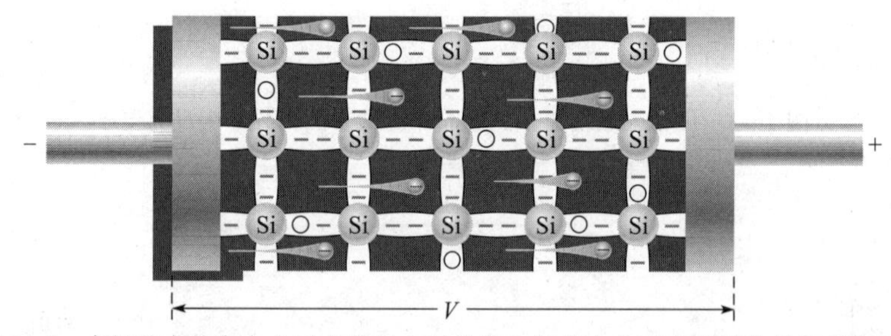


图 16-6 本征硅中的自由电子电流是由受热产生的自由电子在导带中的运动产生的

另一种类型的电流发生在价能级，因为自由电子产生的空穴存在于价能级。保留在价带中的电子附着在原子上，不能在晶体结构中自由移动。然而，价电子可以移动到附近的空穴中，其能级几乎没有变化，从而留下另一个空穴，空穴在物理上并不存在，但电子的移动可以理解为空穴在晶体结构中有效地从一个地方移动到另一个地方，如图 16-7 所示。这种电流称为空穴电流。

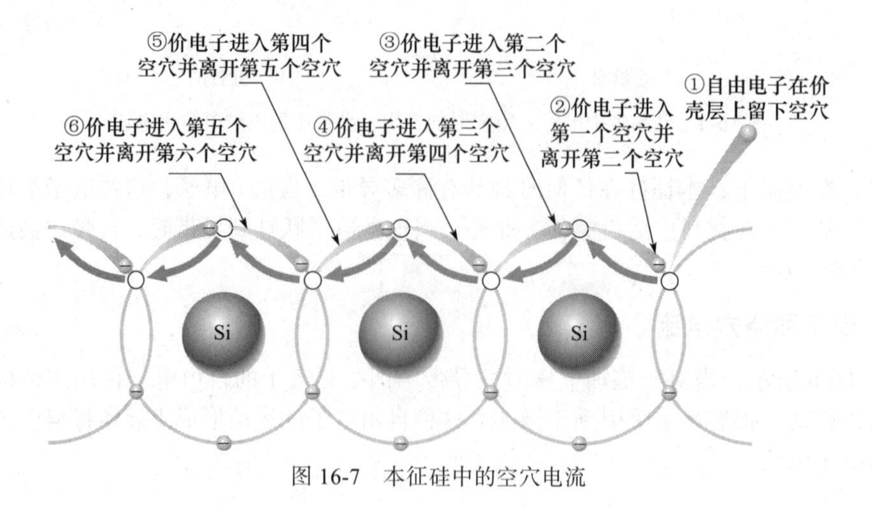


图 16-7 本征硅中的空穴电流

### 16.1.5　半导体、导体和绝缘体的比较

在**本征半导体**（如纯硅）中，自由电子相对较少，因此半导体在其本征态中不是很有用。纯半导体材料既不是绝缘体也不是良导体，因为材料中的电流直接取决于自由电子的数量。

图 16-8 给出了绝缘体、半导体和导体的能量图，显示了它们在传导方面的本质区别。绝缘体的能隙很宽，几乎没有任何电子获得足够的能量跳入导带。导体（如铜）中的价带和导带重叠，因此即使没有外加能量，也总是有许多传导电子。如图 16-8b 所示，半导体的能隙比绝缘体的能隙窄得多。

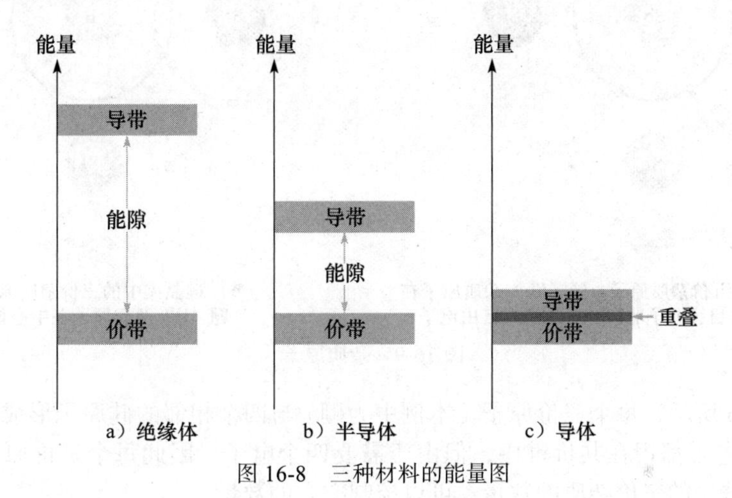


图 16-8　三种材料的能量图

### 16.1.6　N 型和 P 型半导体

半导体材料的导电性能不佳，在其本征状态下价值有限。这是因为导带中的自由电子和价带中的空穴数量有限。为了增加其导电性并使其在电子器件中应用，必须通过增加自由电子和空穴来改变其性质。这可以通过向固有材料中添加杂质来实现，您将在本节中学习到这一点。

**掺杂（质）**。通过向本征半导体材料中添加杂质，可以显著提高硅的导电性，这种过程被称为掺杂。掺杂会增加电流载流子（电子或空穴）的数量。这两类杂质为 N 型和 P 型，是各种电子设备的关键材料。

**N 型半导体**　加入五价杂质原子可以增加本征硅中导带电子的数量。这些原子有五个价电子，如砷（As）、磷（P）和锑（Sb）。这些称为施主原子，因为它们为半导体的晶体结构提供了额外的电子。

如图 16-9a 所示，每个五价原子（本例中为锑）与四个相邻的硅原子形成共价键。锑原子的四个价电子用于与硅原子形成共价键，留下一个额外的电子。这个额外的电子成为传导电子，因为它不附在任何原子上。传导电子的数量可以通过添加到硅中的杂质原子的数量来控制。

由于大多数电流载流子是电子，以这种方式掺杂的硅是 N 型半导体（N 代表电子上的负电荷）。在 N 型材料中，电子称为**多数载流子**。尽管 N 型材料中的大多数载流子是电子，但也有一些由热产生的电子 – 空穴对产生的空穴。这些空穴不是通过添加五价杂质原子产生的。N 型材料中的空穴称为**少数载流子**。

**P 型半导体**　加入三价杂质原子可以增加本征硅中的空穴数。这些原子有三个价电子，

如铝（Al）、硼（B）和镓（Ga），它们被称为受主原子，因为它们在半导体的晶体结构中留下了空穴。

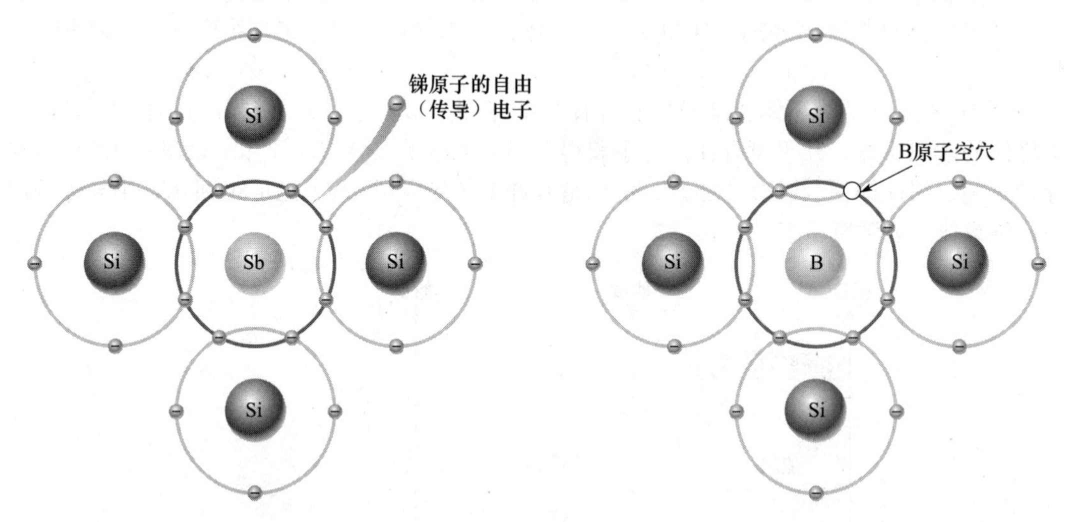


a）硅晶体中的五价杂质原子。锑（Sb）杂质原子在中心位置。来自锑原子的额外电子变成自由电子

b）硅晶体中的三价杂质原子。硼（B）杂质原子在中心位置

图 16-9 杂质原子

如图 16-9b 所示，每个三价原子（本例中为硼）与四个相邻的硅原子形成共价键。硼原子所有三个价电子都用在共价键中，但由于需要四个电子，因此每个三价原子形成一个空穴。通过添加硅中的三价杂质的数量，可以控制空穴的数量。

由于大多数电流载流子是空穴，因此掺有三价原子的硅是 P 型半导体。空穴可以作为正电荷，是 P 型材料的主要载流子。尽管 P 型材料中的大多数载流子是空穴，但当电子 - 空穴对产生时也会产生一些自由电子，这些自由电子不是由三价杂质原子形成的。P 型材料中的电子是少数载流子。

**学习效果检测**

1. 共价键是如何形成的？
2. 本征材料是什么意思？
3. 晶体是什么？
4. 通常情况下，硅晶体中的每个原子共有多少价电子？
5. 在半导体的原子结构中，自由电子存在于哪个能带内？价电子存在于哪个能带内？
6. 如何在本征半导体中产生空穴？
7. 为什么半导体比绝缘体更容易产生电流？
8. N 型半导体是如何形成的？
9. P 型半导体是如何形成的？
10. 什么是多数载流子？

## 16.2 二极管

对于一个硅材料，其一半掺杂三价杂质，另一半掺杂五价杂质，在半导体二极管的 P 区和 N 区之间形成一个称为 PN 结的边界。

在平衡状态下，没有电子（电流）通过二极管。二极管的主要用途是由偏置决定一个方向上的电流通过二极管，并阻止另一个方向上的电流通过。在电子学中，偏置是指使用直流电压为电子器件建立特定的工作条件。二极管有两种实际的偏置条件：正向偏置和反向偏置。这两种情况都是通过在 PN 结上施加适当极性的外部电压而产生的。

### 16.2.1　二极管中耗尽层的形成

**二极管**由一个 PN 结分隔的 N 区和 P 区组成。N 区有许多传导电子，P 区有许多空穴。在没有外部电压的情况下，N 区中的传导电子在所有方向上随机漂移。在 PN 结形成的瞬间，PN 结附近的一些电子漂移到 P 区，并与结附近的空穴重新结合，如图 16-10a 所示。

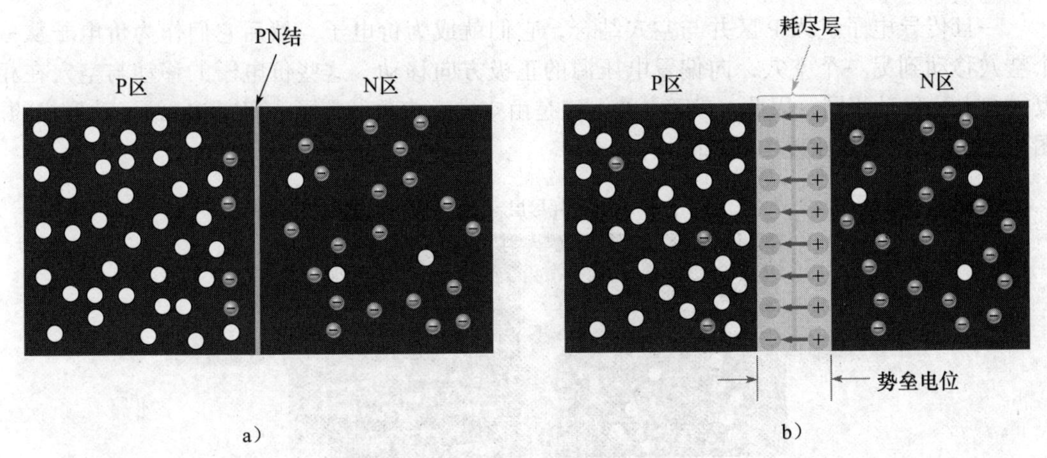


图 16-10　二极管中耗尽层的形成

对于穿过结并与空穴复合的电子，五价原子在结附近的 N 区留下一个净正电荷，使其成为一个正离子。此外，当电子与 P 区的空穴复合时，三价原子获得净负电荷，使其成为负离子。

这种复合过程使得大量正负离子在 PN 结附近聚集。当这种堆积发生时，N 区中的电子必须克服正离子的吸引和负离子的排斥才能移动到 P 区。因此，随着离子层的形成，PN 结两侧的区域基本上耗尽了任何传导电子或空穴的能量，称为*耗尽层*。这种情况如图 16-10b 所示。当达到平衡条件时，耗尽层中不再有电子穿过 PN 结。

PN 结两侧正负离子在耗尽层产生**势垒电位**，如图 16-10b 所示。势垒电位 $V_B$ 是使电子通过耗尽层所需的电压，在 25 ℃时，硅为 0.7 V，锗为 0.3 V。随着温度的升高，势垒电位降低，反之亦然。

### 16.2.2　偏置二极管

**正向偏置**　正向偏置是允许电流通过二极管的条件。图 16-11 显示了连接在 PN 结正向偏置方向上的直流电压。请注意，$V_{BIAS}$ 电源的负极端子连接到 N 区，正极端子连接到 P 区。

正向偏置基本工作原理如下：偏置电压源的负极将 N 区中的导带电子推向 PN 结，而正极将 P 区中的空穴推向 PN 结。（回顾一下，同性电荷相互排斥。）

当偏置电压（$V_{BIAS}$）克服势垒电位（$V_B$）时，外部电压源为 N 区的电子提供足够的能量，使其穿透耗尽层并穿过结，在结处电子与 P 区空穴结合。当电子离开 N 区时，更多的电流从偏置电压源的负端流入。因此，通过 N 区的电流是由传导电子（多数载流子）向 PN 结移动而形成的。

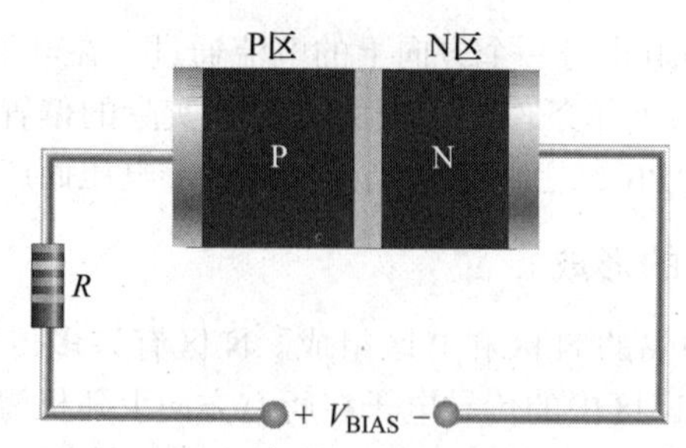


图 16-11　正向偏置连接。电阻限制正向电流，以防止二极管损坏

一旦传导电子进入 P 区并与空穴结合，它们就成为价电子。然后它们作为价电子从一个空穴移动到另一个空穴，向偏置电压源的正极方向移动。这些价电子的移动与空穴在相反方向上的移动相同。因此，P 区中的电流是由空穴（多数载流子）朝向 PN 结运动形成的。图 16-12 显示了正向偏置二极管中的电流。

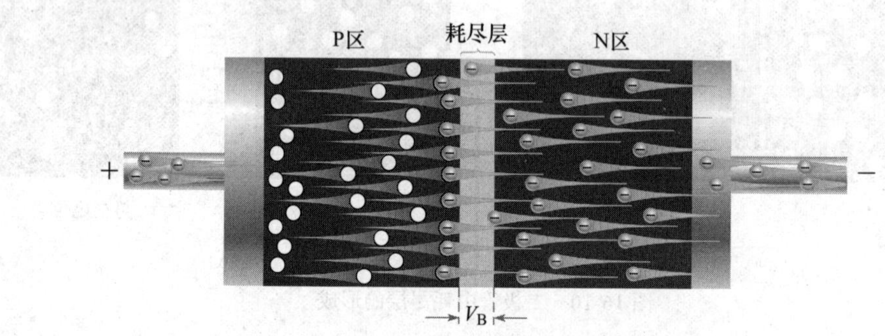


图 16-12　正向偏置二极管中的电流

耗尽层势垒电位的作用是对抗正向偏置，这是因为 P 区结附近的负离子阻止电子通过结进入 P 区。可以把势垒电位想象成一个小电池，其连接的方向与正向偏置电压相反，如图 16-13 所示。电阻 $R_p$ 和 $R_n$ 代表 P 和 N 材料的动态电阻。

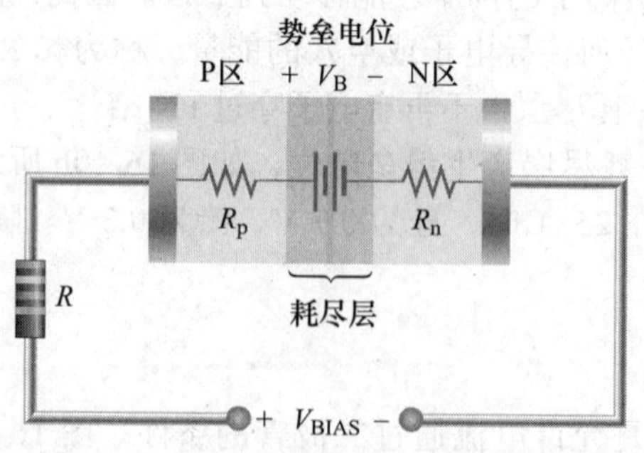


图 16-13　二极管的势垒电位和动态电阻

在二极管导通之前，外部偏置电压必须克服势垒电位的影响，如图 16-14 所示，硅导通时电压约为 0.7 V。二极管正向导通后，势垒上的电压保持在约 0.7 V，并随着正向电流（$I_F$）的增加而略微增加。

**反向偏置**　反向偏置是防止电流通过二极管的条件。图 16-14a 显示了连接到二极管反向偏置的直流电压源。请注意，$V_{BIAS}$ 电压源的负极端子连接到 P 区，正极端子连接到 N 区。

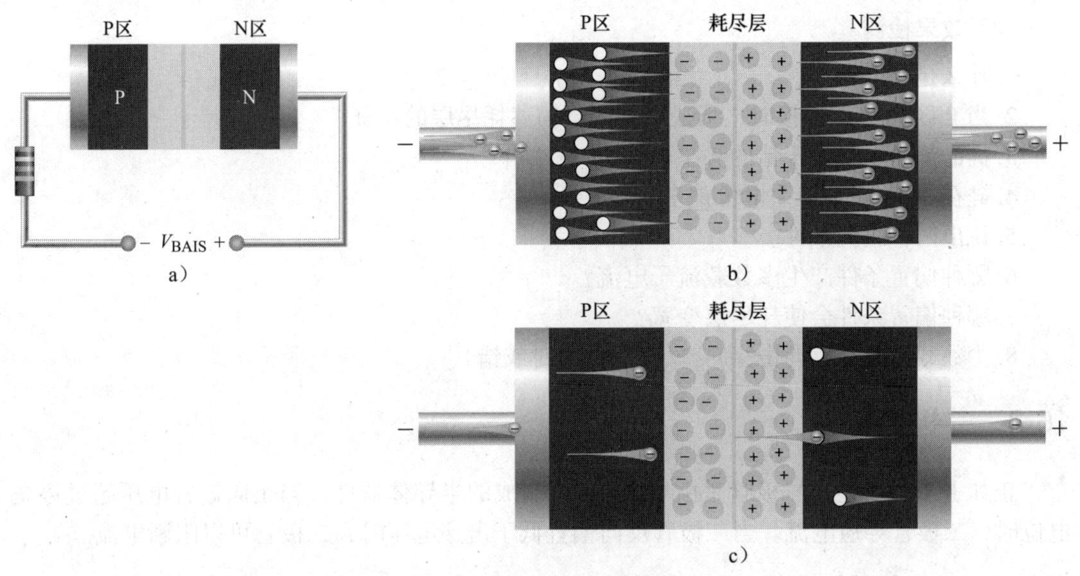


图 16-14 反向偏置的图示

反向偏置的基本工作原理如下：偏置电压源的负极吸引 P 区中的空穴远离 PN 结，而正极吸引电子远离 PN 结。当电子和空穴离开 PN 结时，N 区产生更多的正离子，P 区产生更多的负离子。这导致耗尽层变宽，如图 16-14b 所示。多数载流子离开 PN 结的初始电流称为瞬态电流，并且在施加反向偏置时仅持续很短的时间。

耗尽层变宽直到其电位差等于外部偏置电压，此时空穴和电子停止离开 PN 结，电流断路，如图 16-14c 所示。

当施加反向偏置时，电流很快变为零。然而，在反向偏置期间，少数载流子产生的电流非常小，仅为几微安或几纳安。在耗尽层存在相对少量受热而产生的电子 - 空穴对，在外电压的影响下，一些电子在复合前扩散到 PN 结上。该过程在整个材料中形成一个小的少数载流子电流。

反向电流主要取决于温度，而不是反向偏置电压的大小。温度升高导致反向电流增加。

**技术小贴士**

当二极管反向偏置时，耗尽层有效地充当带相反电荷的离子层之间的绝缘体，从而产生电容。由于耗尽层随着反向偏置电压的增加而变宽，因此该电容随着反向偏置的增加而减小，反之亦然。这种内部电容称为耗尽电容。变容二极管就是一种利用耗尽电容的特殊二极管。它用作可变电容器，其中电容由反向偏置量控制。

**反向击穿** 如果外部反向偏置电压增加到足够大的值，则会发生**反向击穿**。假设一个少数载流子导带电子从外部源获得足够的能量，使其加速运动到二极管的正极端。在它的运动过程中，与一个原子发生碰撞，产生足够的能量将一个价电子撞击到导带。现在有两个导带电子，每一个又将与一个原子碰撞，将另外两个价电子撞击到导带中。现在有四个导带电子，依次将四个以上的电子撞击到导带中。这种导带电子的快速倍增将导致反向电流的快速积累，称为雪崩效应。

大多数二极管通常不会反向击穿，反向击穿会损坏二极管。然而，一种称为齐纳二极管的特殊类型的二极管（16.7 节讨论）是专门为反向击穿工作而设计的。

**学习效果检测**

1. 什么是 PN 结？
2. 当 P 区和 N 区连接时，形成耗尽层，描述耗尽层的特征。
3. 硅的势垒电势大于锗的势垒电势。（对或错）
4. 硅在 25 ℃时的势垒电位是多少？
5. 说出两种偏置条件。
6. 哪种偏置条件产生多数载流子电流？
7. 哪种偏置条件会使耗尽层变宽？
8. 少数载流子在反向击穿时产生电流。（对或错）

## 16.3 二极管特性

正如上一节所述，二极管是由单个 PN 结制成的半导体器件。当正向偏置电压超过势垒电位时，二极管导通电流。当二极管反向偏置低于击穿电压时，二极管可以阻断电流。

### 16.3.1 二极管特性曲线

图 16-15 是二极管电压与电流的关系图，称为 *V-I* 特性曲线。图的第一象限表示正向偏置条件。如图所示，在正向电压（$V_F$）低于势垒电位（硅为 0.7 V）时，正向电流（$I_F$）非常小。当正向电压接近势垒电位时，电流开始增加。一旦正向电压达到势垒电位，电流急剧增加，需要串联电阻进行限制。通过正向偏置二极管的保持电压大约等于势垒电位。

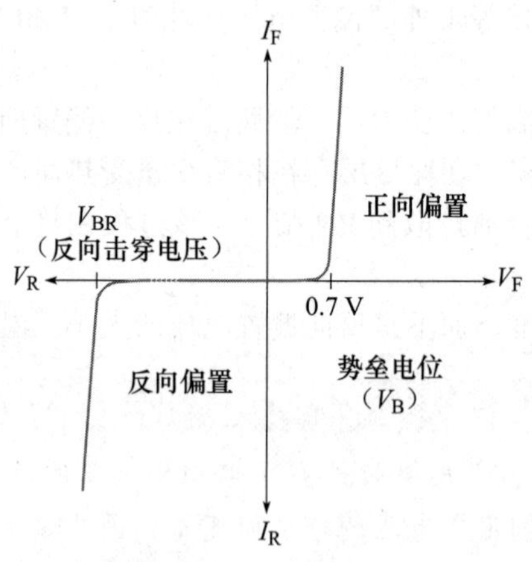


图 16-15 *V-I* 特性曲线

图 16-15 的第三象限表示反向偏置情况。当反向电压（$V_R$）沿水平轴左边增加时，电流约为零，直到达到击穿电压（$V_{BR}$）。当击穿发生时，会产生一个大的反向电流。如果不进行限制，可能会破坏二极管。通常，大多数二极管的击穿电压大于 50 V。请记住，大多数二极管不应在反向击穿情况下工作。

**技术小贴士**

二极管正向 *V-I* 特性曲线可以通过如下所示的电路在示波器上显示。通道 1（X 通道）感测二极管两端的电压，通道 2 感测与电流成比例的信号。示波器必须处于 X-Y 模式。信号发生器提供 5.0 V 峰峰值锯齿波或 50 Hz 的三角波，其接地与示波器接地不相同。通道 2（Y 通道）需要反置，以显示的曲线正确方向。

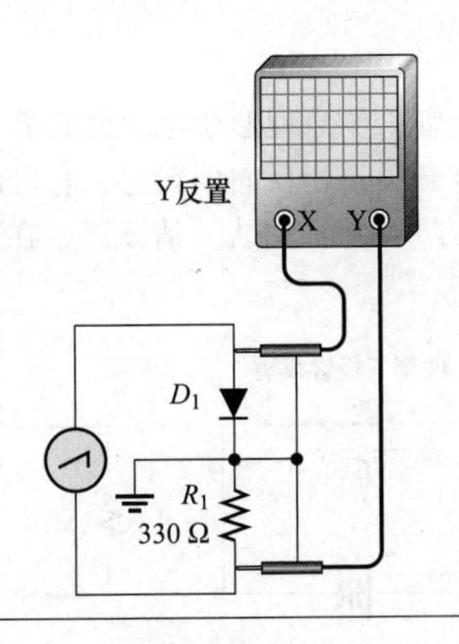


### 16.3.2　二极管符号

图 16-16a 显示了二极管的基本结构和符号。符号中的箭头指向与电子流相反的方向。二极管的两个端子是阳极（A）和阴极（K）。阳极为 P 区，阴极为 N 区。

当阳极相对于阴极为正时，二极管正向偏置，电流（$I_F$）从阴极到阳极，如图 16-16b 所示。当二极管正向偏置时，势垒电位 $V_B$ 始终出现在阳极和阴极之间。当阳极相对于阴极为负时，二极管反向偏置，如图 16-16c 所示，基本上没有电流。反向偏置情况下不需要电阻，但为了一致性增加了电阻。

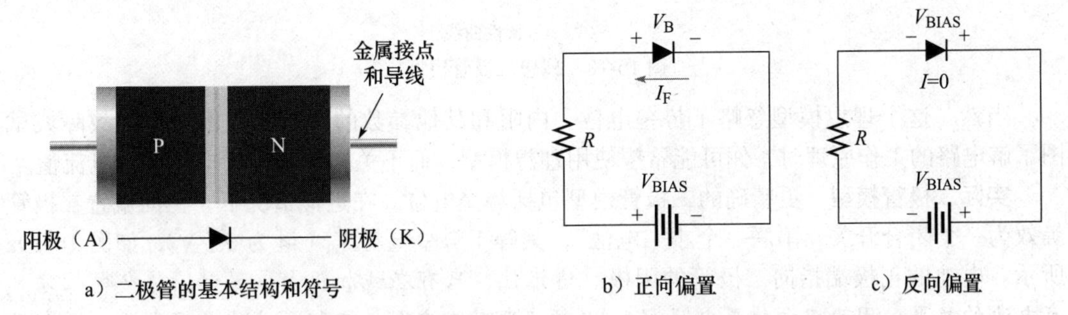


图 16-16　二极管结构、符号和偏置电路。$V_{BIAS}$ 是偏置电压，$V_B$ 是势垒电位

图 16-17 显示了一些典型二极管及其端子标识，以演示它们物理结构。

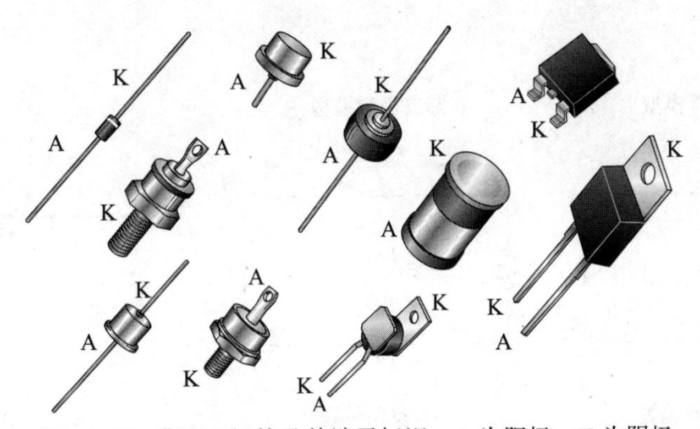


图 16-17　典型二极管及其端子标识。A 为阳极，K 为阴极

### 16.3.3 二极管应用

**理想二极管模型** 将二极管工作原理形象化的最简单方法是将其视为开关。当正向偏置时，二极管理想地看作是闭合开关；当反向偏置时，它可以看作是打开开关，如图 16-18 所示。图 16-18c 显示了该模型的 *V-I* 特性曲线。请注意，在理想情况下，正向电压（$V_F$）和反向电流（$I_R$）始终为零。

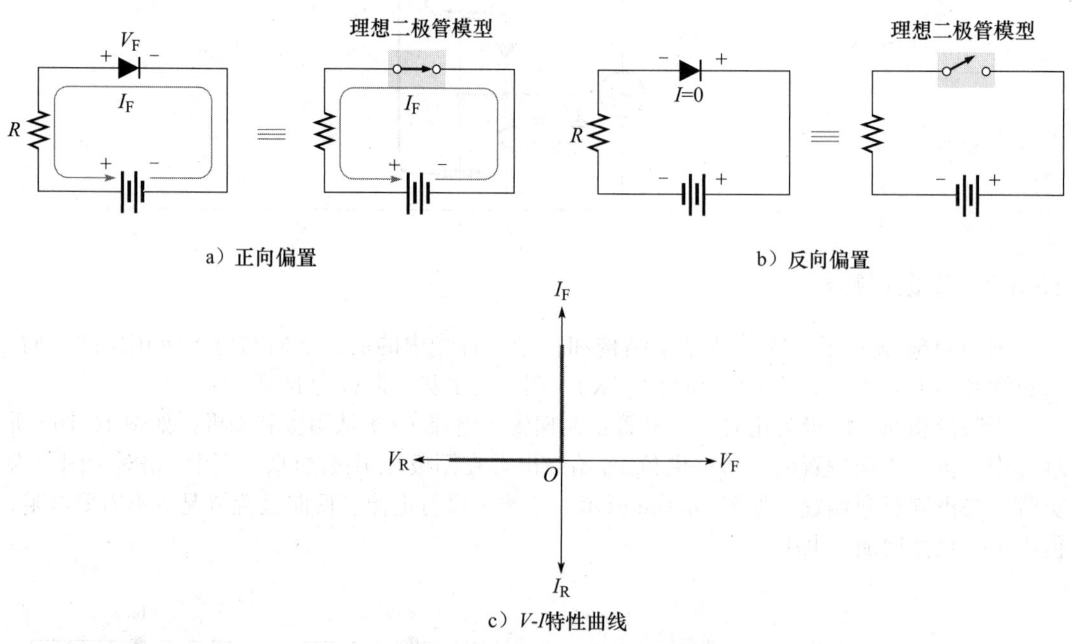


c）*V-I*特性曲线

图 16-18 理想二极管模型

当然，这个理想模型忽略了势垒电位、内阻和其他参数的影响。当你在排查故障或试图了解电路的工作原理时，你可能希望使用理想模型，而不关心更精确的电压值或电流值。

**实际二极管模型** 更精确的二极管模型包括势垒电位。在近似情况下，正向偏置二极管等效为一个闭合开关，串联一个小“电池”，其等于势垒电势 $V_B$（硅为 0.7 V），如图 16-19a 所示。电池的正极端指向二极管的阳极。请记住，只有在施加正向偏置时，势垒电位才具有电池的效果，因为正向偏置电压 $V_{BIAS}$ 必须克服势垒电位，二极管才能导通电流。反向偏置二极管由开路的开关表示，在理想状况下，势垒电位不影响反向偏置，如图 16-19b 所示。该模型的 *V-I* 特性曲线如图 16-19c 所示。

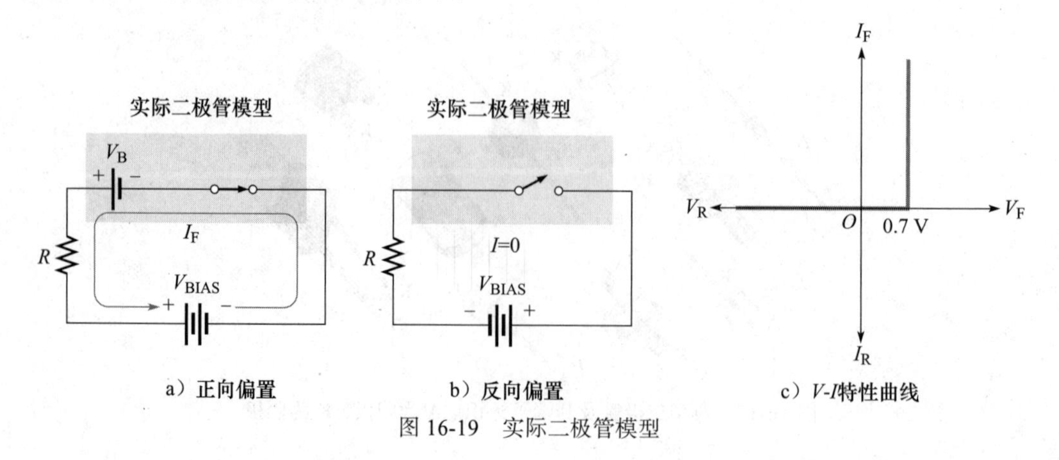


图 16-19 实际二极管模型

**完整的二极管模型**　图16-20a给出了具有势垒电势和小的正向动态电阻的正向偏置二极管模型。图16-20b给出了内部存在大的反向电阻的反向偏置二极管模型。特性曲线如图16-20c所示。

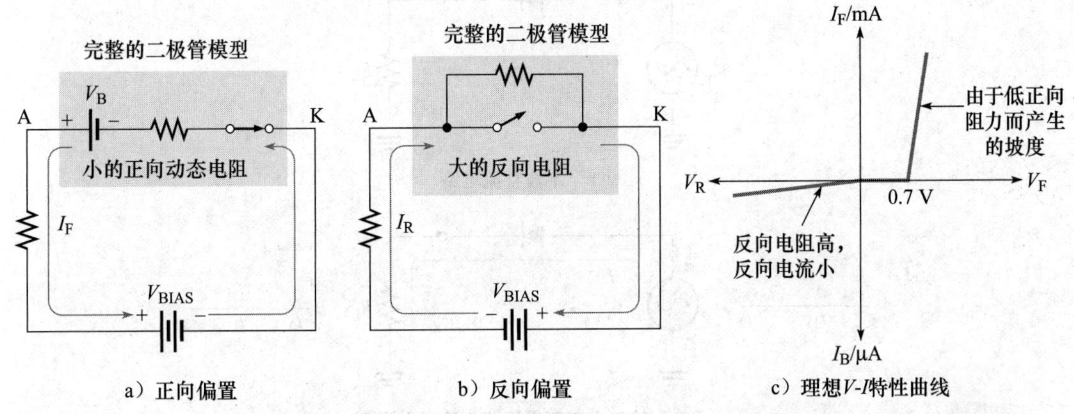


图16-20　完整的二极管模型包括势垒电位、正向电阻和反向电阻。为了便于说明，放大了反向电流

其他参数，如耗尽层电容和击穿电压，只有在某些工况条件下才变得重要，并只在适当情况下才会予以考虑。

**学习效果检测**

1. 画出整流电路二极管符号并标记端子。
2. 对于普通二极管，正向电阻非常低，反向电阻非常高。（对或错）
3. 理想情况下，开路开关代表________偏置二极管。理想情况下，闭合开关表示________偏置二极管。
4. 二极管的实际模型与理想模型有何不同？

## 16.4　二极管整流电路

由于二极管能够在一个方向上导通电流，在另一个方向上阻断电流，因此二极管用于将交流电压转换为直流电压的整流电路中。在所有由交流电源转换为直流电源的电路中都有整流电路。**整流二极管**是指在大电流和大功耗的整流电路中工作的二极管。

### 16.4.1　半波整流电路

图16-21解释了半波整流的过程。在图16-21a中，二极管连接交流电源$V_{in}$和负载电阻$R_L$，形成**半波整流电路**。使用二极管的理想模型来检查在输入电压的一个周期内发生了什么，当正弦输入电压为正时，二极管正向偏置，并通过负载电阻导通电流，如图16-21b所示。电流通过负载产生输出电压，其形状与输入电压的正半周期相同。

当输入电压变为负值时，二极管反向偏置。没有电流，因此负载电阻上的电压为零，如图16-21c所示。最终结果是，负载上只出现交流输入电压的正半周期。由于输出不改变极性，因此输出为脉动直流电压，如图16-21d所示。

**半波整流输出电压的平均值**　半波整流输出电压的平均值是在直流电压表上测量的值，可使用式（16-1）计算，其中$V_{p(out)}$是半波整流输出电压的峰值。

$$V_{AVG}=\frac{V_{p(out)}}{\pi} \tag{16-1}$$

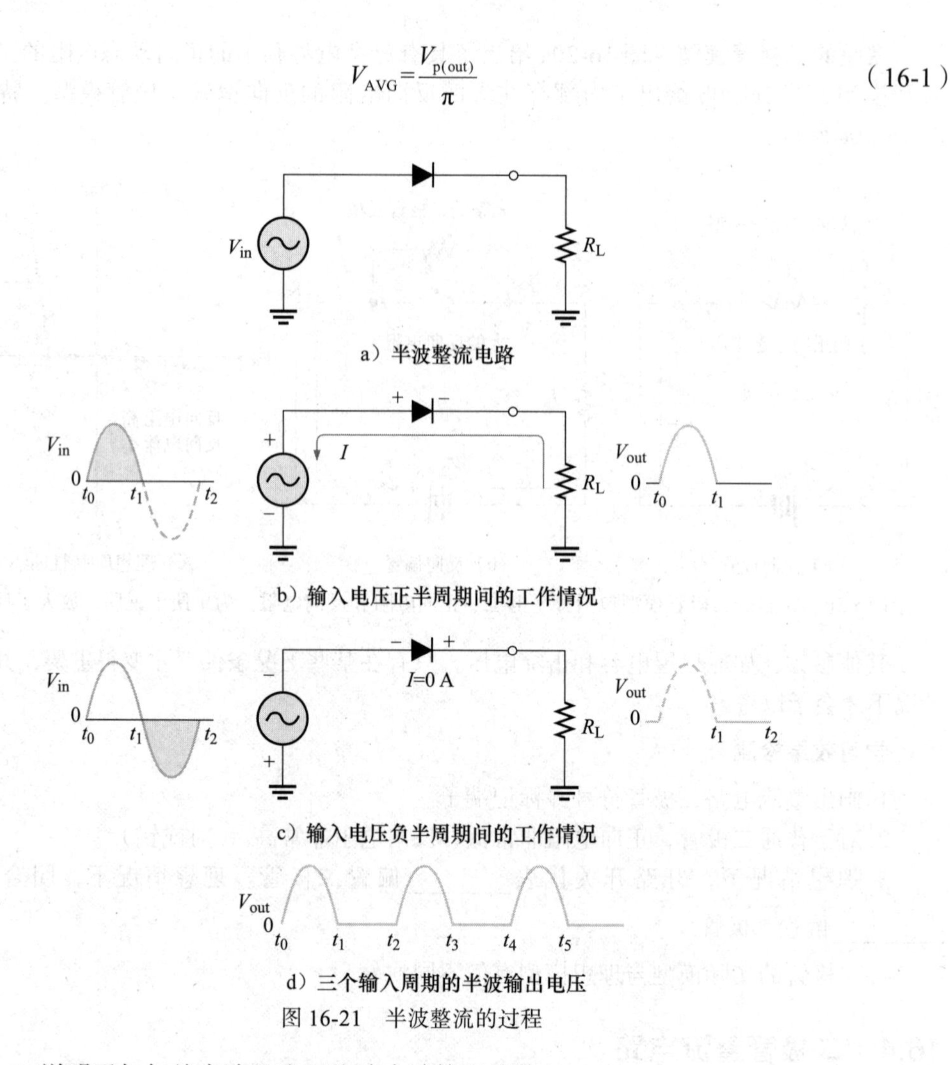


图 16-21 半波整流的过程

图 16-22 说明了如何从半波整流正弦波中计算平均值。

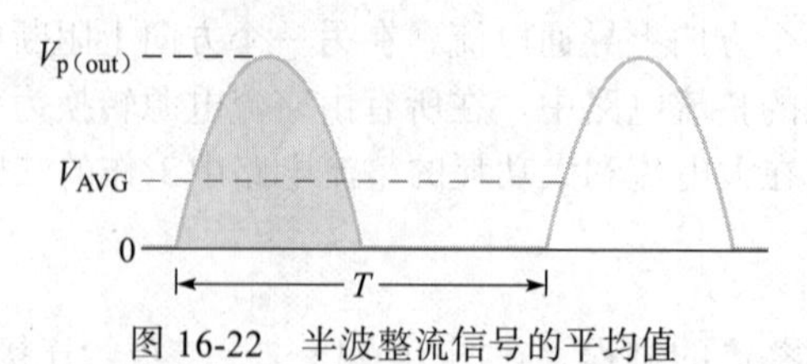


图 16-22 半波整流信号的平均值

**例 16-1** 图 16-23 中半波整流输出电压波形的平均电压是多少？

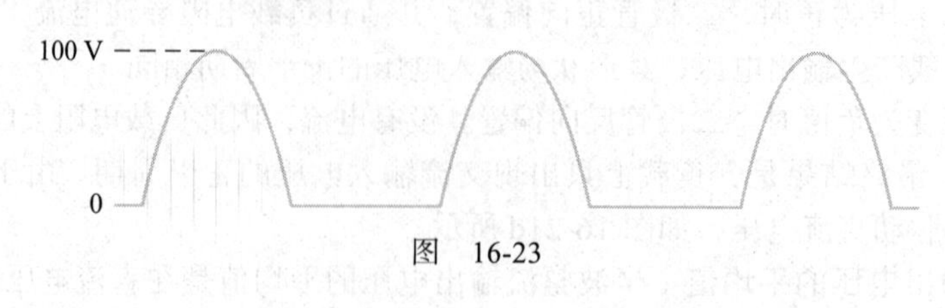


图 16-23

**解**

$$V_{AVG}=\frac{V_{p(out)}}{\pi}=\frac{100\text{ V}}{\pi}=31.8\text{ V}$$

◀

**同步练习**　如果半波整流输出电压的峰值振幅为 12 V，则确定其平均值。

采用科学计算器完成例 16-1 的计算。

**二极管势垒电位对半波整流电路输出电压的影响**　在前面的讨论中，认为二极管是理想的。按照第 16.3 节中讨论的实际二极管模型，会发生以下情况：在正半周期内，输入电压必须在二极管变为正向偏置之前克服势垒电位，半波输出电压的峰值大约比输入电压的峰值小 0.7 V，如图 16-24 所示。式（16-2）给出了输出电压峰值的表达式。

$$V_{p(out)}=V_{p(in)}-0.7\ \text{V} \tag{16-2}$$

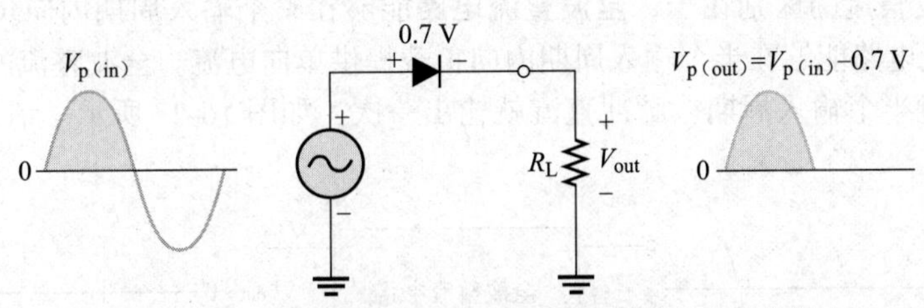


图 16-24　二极管势垒电位对半波整流电路输出电压的影响

当使用二极管电路时，当施加电压的峰值远大于（至少十倍）势垒电势时，通常忽略势垒电势的影响。

**例 16-2**　针对给定的输入电压，确定图 16-25 中整流电路输出电压的峰值和平均值。

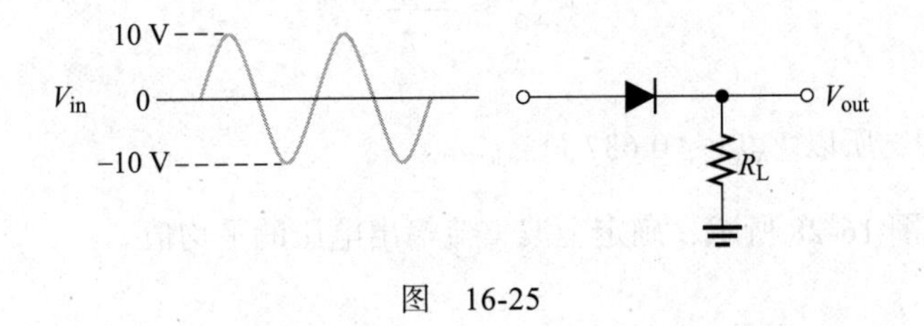


图　16-25

**解**

$$V_{p(out)}=V_{p(in)}-0.7\ \text{V}=10\ \text{V}-0.7\ \text{V}=9.3\ \text{V}$$

$$V_{AVG}\approx\frac{V_{p(out)}}{\pi}=\frac{9.3\ \text{V}}{\pi}=2.96\ \text{V}$$

◀

**同步练习**　对于图 16-25 所示的整流电路，如果输入电压的峰值为 3.0 V，那么输出电压的峰值是多少？

采用科学计算器完成例 16-2 的计算。

**最大反向电压（PIV）**　在二极管反向偏置时，输入周期负半周的反向电压的最大值，有时被定义为 **PIV（最大反向电压）**，如图 16-26 所示。PIV 等于输入电压的峰值，二极管必须能够承受此反向电压。

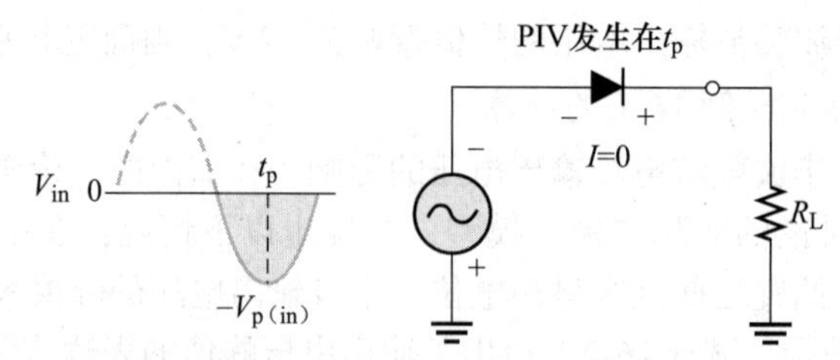


图 16-26 当二极管反向偏置时，PIV 发生在输入电压的每个负半周期的峰值处。在该电路中，PIV 发生在每个负半周期的峰值时间（$t_p$）处

### 16.4.2 全波整流电路

全波和半波整流的区别在于，**全波整流电路**能够在整个输入周期内向负载提供单向电流，而半波整流电路能够在半个输入周期内向负载提供单向电流。全波整流的结果是直流输出电压，每经过半个输入周期，脉冲直流就输出一次，如图 16-27 所示。请注意，$V_{out}$ 的频率是 $V_{in}$ 的两倍。

图 16-27 全波整流电路

对于 $V_p \gg V_D$，全波整流输出电压的平均值是半波整流输出电压的两倍，如式（16-3）所示。

$$V_{AVG} \approx \frac{2V_{p(out)}}{\pi} \tag{16-3}$$

因为 $\frac{2}{\pi}$ =0.637，所以 $V_{AVG} \approx 0.637\ V_{p(out)}$。

**例 16-3** 如图 16-28 所示，确定全波整流输出电压的平均值。

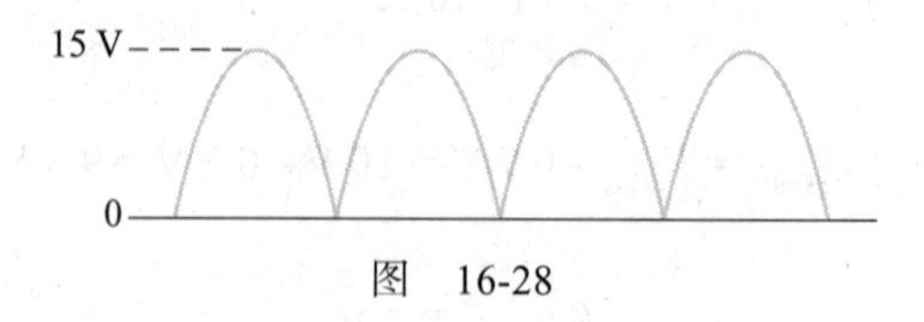


图 16-28

**解**

$$V_{AVG} = \frac{2V_{p(out)}}{\pi} = \frac{2\times 15\ \text{V}}{\pi} = 9.55\ \text{V}$$ ◀

**同步练习** 如果全波整流电压的峰值为 155 V，则 $V_{AVG}$ 是多少。

采用科学计算器完成例 16-3 的计算。

### 16.4.3 中心抽头式全波整流电路

中心抽头式（CT）全波整流电路，使用两个连接到中心抽头变压器二次侧的二极管，如图 16-29 所示。输入信号通过变压器耦合到二次侧。二次电压的一半出现在中心抽头和二次绕组两端之间。

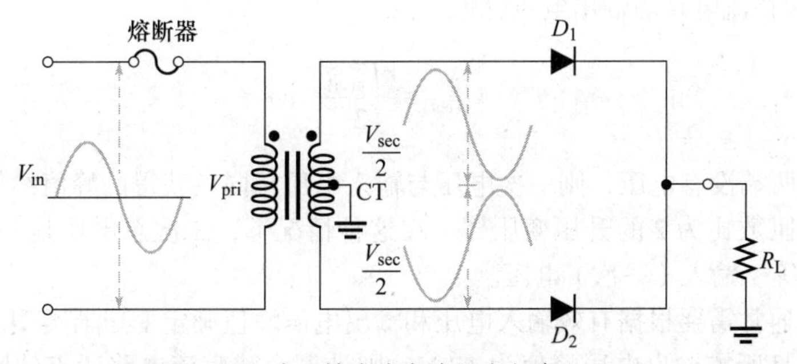


图 16-29 中心抽头式全波整流电路，$V_{pri}=V_{in}$

在输入电压的正半周期，二次电压的极性如图 16-30a 所示。在这种情况下，二极管 $D_1$ 正向偏置，二极管 $D_2$ 反向偏置。电流通过 $D_1$ 和负载电阻 $R_L$。在输入电压的负半周期，二次电压的极性如图 16-30b 所示。这种情况使 $D_1$ 反向偏置，使 $D_2$ 正向偏置，此时电流通过 $D_2$ 和 $R_L$。由于在输入循环的正、负两个周期中，电流通过负载的方向相同，因此在负载上产生的输出电压为全波整流直流电压。

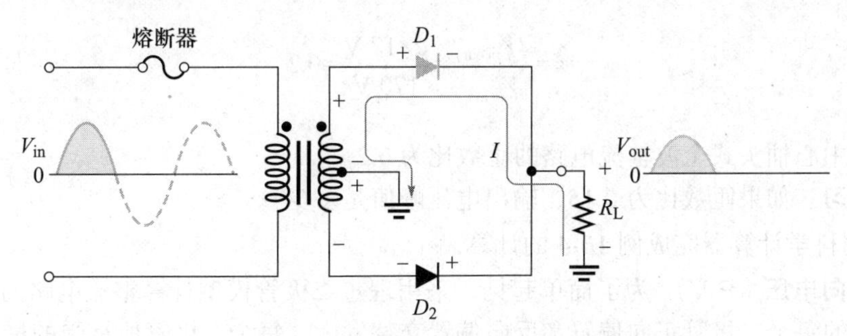


a）在正半周期期间，$D_1$正向偏置，$D_2$反向偏置

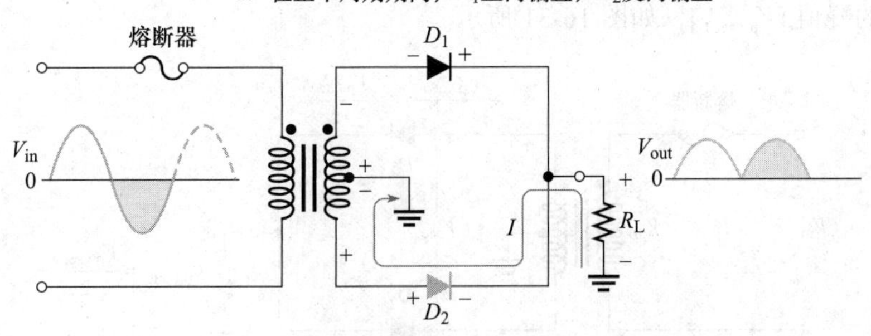


b）在负半周期期间，$D_2$正向偏置，$D_1$反向偏置

图 16-30 中心抽头式全波整流电路的基本工作原理。请注意，在整个输入循环中，通过负载电阻的电流方向相同

**技术小贴士**

二极管有时用于隔离两个或多个电源。这样做是为了容错性，或防止因故障而造成的损坏，例如计算机系统的备用电池。详见 16.5 节。

**匝数比对全波输出电压的影响** 输出电压由变压器的匝数比 $n$ 决定。大多数电力变压器的输出电压都标在变压器上，但要记住，全波整流电路使用了中心抽头，这意味着输出电压峰值是二次电压峰值的一半。如果不知道电压，但知道变压器的匝数比，可以根据式（16-4）计算全波整流电路的输出电压峰值。

$$V_{p(out)}=\frac{nV_{p(in)}}{2} \tag{16-4}$$

假设熔断器两端没有电压，则一次电压与输入电压相同，获得的峰值约等于输入峰值的输出电压。使用匝数比为 2 的升压变压器，在这种情况下，二次总电压是一次电压的两倍，二次电压的一半等于输入（一次）电压。

**例 16-4** 通常需要根据有效输入电压和输出电压峰值确定变压器类型。如果输入电压有效值为 120 V 且所需输出电压峰值为 17 V，则计算全波整流电路所需的匝数比并确定变压器类型。

**解** 输入电压峰值为

$$V_{p(in)}=\frac{V_{rms(in)}}{0.707}=\frac{120\text{ V}}{0.707}=170\text{ V}$$

整理式（16-4），代入上面结果可得

$$n=\frac{2V_{p(out)}}{V_{p(in)}}=\frac{2\times17\text{ V}}{170\text{ V}}=0.2$$

因此，中心抽头式全波整流电路的匝数比为 0.2。◀

**同步练习** 如果匝数比为 0.15，输出电压峰值是多少？

采用科学计算器完成例 16-4 的计算。

**最大反向电压（PIV）** 为了简单起见，采用理想二极管模型计算整流电路的 PIV。全波整流电路中的每个二极管正向偏置和反向偏置交替发生。每个二极管所承受的最大反向电压是二次电压的峰值 [$V_{p(sec)}$]，如图 16-31 所示。

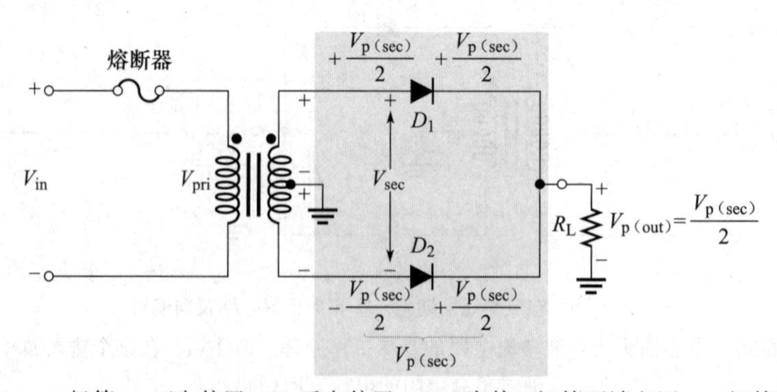


图 16-31 二极管 $D_1$ 正向偏置，$D_2$ 反向偏置，PIV 为其二极管两端电压。二极管两端的 PIV 等于二次电压的峰值，即输出电压的两倍

当二次总电压 $V_{p(sec)}$ 为图 16-31 所示极性时，$D_1$ 的阳极电压为 $+V_{p(sec)}/2$，$D_2$ 的阳极电压为 $-V_{p(sec)}/2$。由于 $D_1$ 正向偏置，其阴极电压与阳极电压相同为 $V_{p(sec)}/2$。这也是 $D_2$ 阴极上的电压。$D_2$ 上的总反向电压为

$$V_{D2}=\frac{V_{p(sec)}}{2}-\frac{-V_{p(sec)}}{2}=V_{p(sec)}$$

因为 $V_{p(out)}=\frac{V_{p(sec)}}{2}$，就有

$$V_{p(sec)}=2V_{p(out)}$$

对于每个二极管，PIV 为二次电压的峰值。

$$PIV=V_{p(sec)}$$

结合前面两个式子，根据输出电压，中心抽头式全波整流电路中每个二极管的最大反向电压如式（16-5）所示。

$$PIV=2V_{p(out)} \tag{16-5}$$

**例 16-5**　（a）如图 16-32 所示，对于理想的二极管，当有效值为 120 V 的正弦波施加在一次绕组上时，求二次绕组上 $R_L$ 电阻上的电压波形。

（b）二极管所需的最小 PIV 是多少？

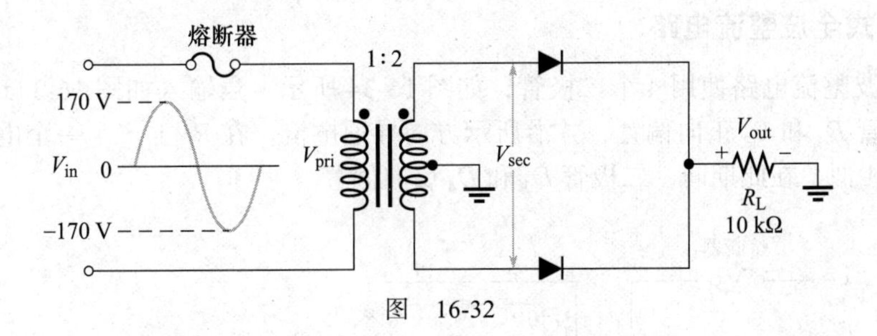


图　16-32

**解**　（a）输入电压的峰值为

$$V_{in}=V_{p(pri)}=\frac{120\text{ V}}{0.707}=170\text{ V}$$

应用式（14-5）计算二次电压的峰值。只要两个电压的形式相同，就可以使用 $V_{sec}=nV_{pri}$。为了强调这一点，下标用字母 p 表示峰值。

$$V_{p(sec)}=nV_{p(pri)}=2\times170\text{ V}=340\text{ V}$$

应用式（16-4）计算输出电压峰值。

$$V_{p(out)}=\frac{nV_{p(in)}}{2}=\frac{2\times170\text{ V}}{2}=170\text{ V}$$

请注意，$V_{p(out)}$ 是以地为参考标准的，但 $V_{p(sec)}$ 不是。其波形如图 16-33 所示。

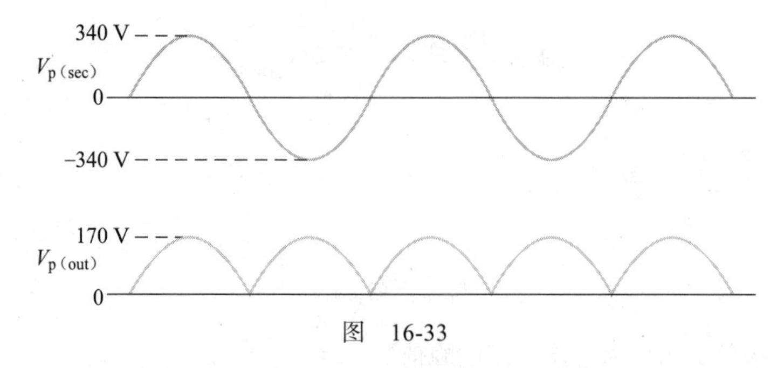


图 16-33

（b）利用式（16-5）计算每个二极管的最小 PIV。

$$PIV=2V_{p(out)}=2\times170\ V=340\ V$$ ◀

**同步练习** 在图 16-32 中，当输入电压的峰值为 185 V 时，二极管 PIV 额定值是多少？

采用科学计算器完成例 16-5 的计算。

**Multisim 仿真**

打开 Multisim 或 LTspice 文件 E16-05，绘制输出电压波形，并与图 16-33 中的输出波形进行比较。

### 16.4.4 桥式全波整流电路

桥式全波整流电路使用 4 个二极管，如图 16-34 所示。当输入如图 16-34a 所示为正半周时，二极管 $D_1$ 和 $D_2$ 正向偏置，并沿所示方向导通电流。在 $R_L$ 上产生一个电压，与输入的正半周期相似，在此期间，二极管 $D_3$ 和 $D_4$ 反向偏置。

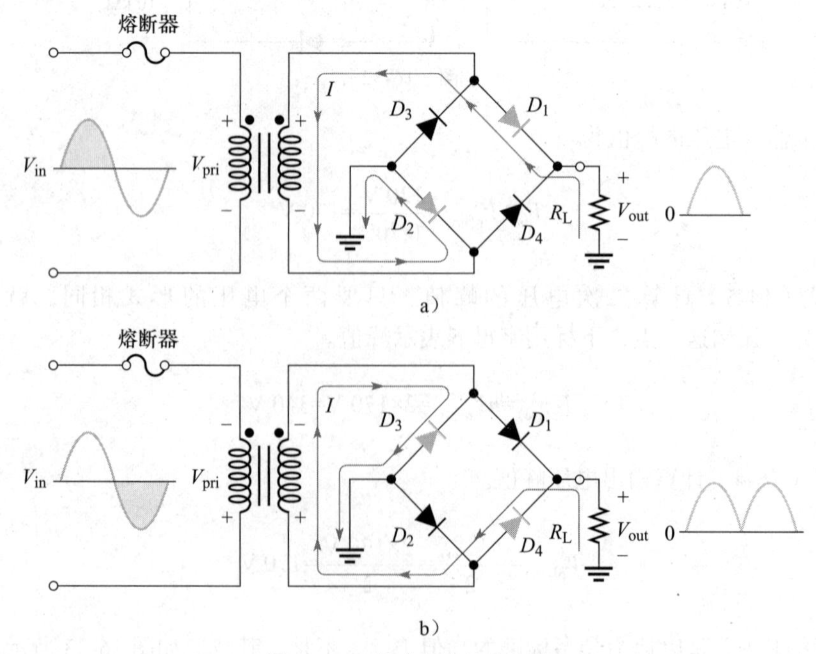


图 16-34 桥式全波整流电路

当输入为负半周时，如图 16-34b 所示，二极管 $D_3$ 和 $D_4$ 正向偏置，并在与正半周相同的方向上通过 $R_L$ 导通电流。在负半周期内，二极管 $D_1$ 和 $D_2$ 反向偏置。因此，$R_L$ 上出现全波整流输出电压。

**输出电压**　根据变压器理论，二次电压等于一次电压乘以式（14-5）中所定的匝数比。

$$V_{sec}=nV_{pri}$$

由于此时 $V_{sec}$ 和 $V_{pri}$ 都是峰值，因此可以应用上述方程。由于 $V_{in}$ 与一次电压相同，二次电压的峰值可表示为 $V_{p(sec)}=nV_{p(in)}$。

如图 16-34 所示，在正负半周中，两个二极管始终与负载电阻串联。忽略两个二极管的势垒电位，输出电压为全波整流电压，峰值等于二次电压的峰值，如式（16-6）所示。

$$V_{p(out)}=V_{p(sec)} \tag{16-6}$$

**最大反向电压（PIV）**　假设 $D_1$ 和 $D_2$ 正向偏置时，输入为正半周，检查 $D_3$ 和 $D_4$ 之间的反向电压。在图 16-35 中，你可以看到 $D_3$ 和 $D_4$ 的最大反向电压等于二次电压的峰值 $V_{p(sec)}$。由于二次电压的峰值等于输出电压的峰值，式（16-7）给出了最大反向电压。

$$PIV=V_{p(out)} \tag{16-7}$$

对于相同的输出电压，桥式整流二极管的 PIV 是中心抽头式整流二极管的一半。

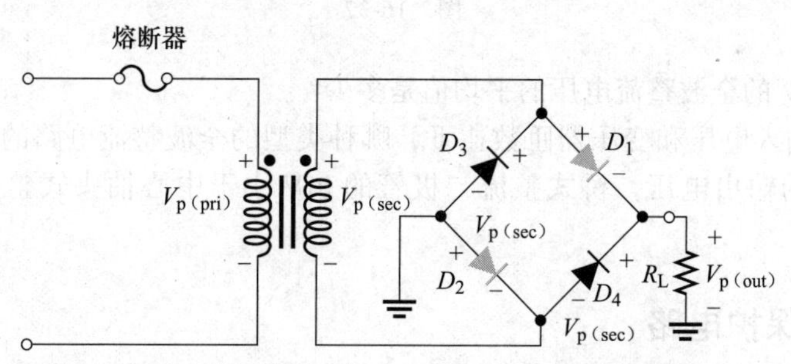


图 16-35　在输入电压的正半周期内，桥式全波整流电路中二极管 $D_3$ 和 $D_4$ 之间的 PIV

**例 16-6**　(a) 计算图 16-36 中桥式全波整流电路的输出电压峰值。
(b) 二极管所需的最小 PIV 是多少？

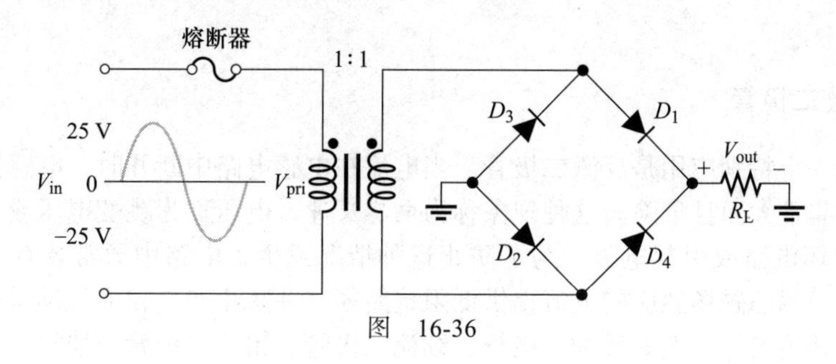


图　16-36

**解**　(a) 峰值输出电压为

$$V_{p(out)}=V_{p(sec)}=nV_{p(in)}=1\times25\text{ V}=25\text{ V}$$

（b）每个二极管的 PIV 为

$$PIV=V_{p(out)}=25\text{ V}$$ ◀

**同步练习** 如果一次电压峰值为 170 V，则计算图 16-36 中桥式全波整流电路的输出电压峰值以及二极管的 PIV 是多少。

采用科学计算器完成例 16-6 的计算。

**Multisim 仿真**

打开 Multisim 或 LTspice 文件 E16-06，得出输出电压峰值并与计算值进行比较。

**学习效果检测**

1. 在正半波整流电路的输入周期中，PIV 发生在哪一点？
2. 对于一个半波整流电路来说，在输入周期中大约有百分之几的电流通过负载？
3. 图 16-37 所示输出电压的平均值是多少？

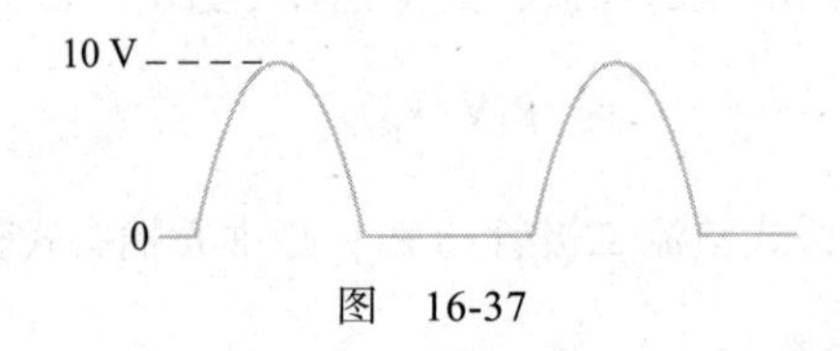


图 16-37

4. 峰值为 60 V 的全波整流电压的平均值是多少？
5. 在相同的输入电压和变压器匝数比下，哪种类型的全波整流电路的输出电压更大？
6. 对于给定的输出电压，桥式整流二极管的 PIV 小于中心抽头式整流二极管的 PIV。（对或错）

## 16.5 二极管保护电路

电感的能量储存在磁场中，如果以不受控制的方式释放，储存的能量可能对电路或人员造成损害。二极管可以用来保护电路不受电压瞬变和电压尖峰的影响，这些电压瞬变和电压尖峰是由于磁场中储存的能量快速释放而产生的。二极管还可以防止电源极性意外反转。

### 16.5.1 反激二极管

二极管的一个特别应用是反激二极管。当电流在电感电路中断开时，电感会产生一个电压，这种电压非常大而且危险。这种现象称为*电感反冲*，电压称为跳变电压或反激电压。该电压尖峰会损坏电路或引起电弧。为了防止这种情况发生，电路中通常装有一个反激二极管，该二极管为塌陷磁场感应的电流提供低阻抗路径，并防止产生较大的反激电压。反激二极管通常还有其他名称，例如反冲二极管、续流二极管、钳位二极管、捕捉二极管、抑制二极管、缓冲二极管和换向二极管。

图 16-38 说明了反激二极管的基本工作原理。图中所示开关可以是机械开关或晶体管开关，电感可以是任何类型的电感器件，例如继电器线圈。

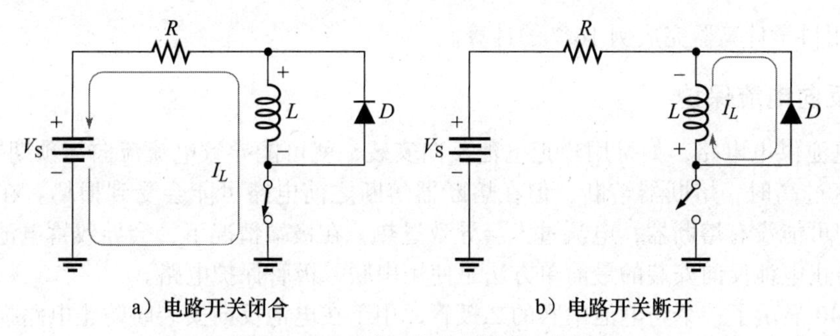


图 16-38　反激二极管的基本工作原理

当开关闭合时，如图 16-38a 所示，通过电感的电流达到由电压源 $V_S$ 和电阻 $R$ 所确定的稳态值。请注意，反激二极管 $D$ 反向偏置，处于开路，因此在开关闭合时对电路没有影响。

当开关断开时，电感会立即产生一个如图所示的极性电压，以保持通过电感内的电流，如图 16-38b 所示。该电压的极性使二极管正向偏置，因此，来自电感磁场产生的电流流经二极管，将电感电压限制在二极管的正向电压上。如果二极管不存在，电感的反激电压可能高到足以迫使电流通过开关的高阻抗，有可能导致机械开关产生电弧或损坏晶体管开关。通过反激二极管为电感电流提供一个低电阻路径，并将电感电压限制在其正向电压上，可以防止其对电路造成的损害，从而提高系统的电气安全性。反激二极管必须满足两个基本要求，才能按预期运行：其反向额定电压必须大于二极管在反向偏置时承受的电压，而其额定功率必须允许它安全地耗散由电感磁场所释放的能量。

**例 16-7**　如图 16-39 所示电路，其开关闭合的时间足以使电路达到稳定状态。如果开关突然打开，$R_2$ 上的电压峰值是多少？（假设电感器是理想的。）

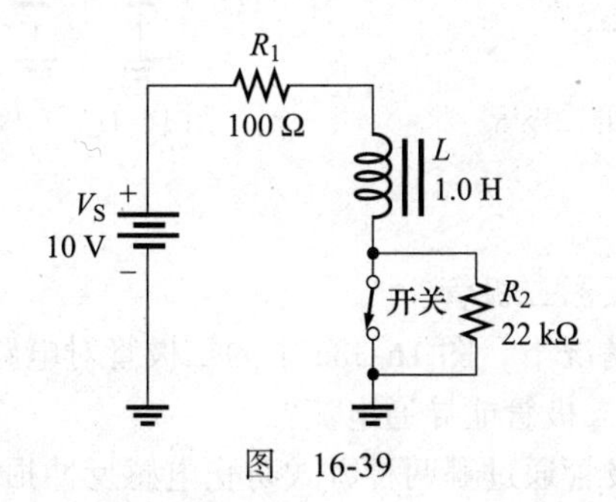


图　16-39

**解**　根据欧姆定律，开关闭合时的稳态电流为

$$I=\frac{V_S}{R_1}=\frac{10\text{ V}}{100\ \Omega}=100\text{ mA}$$

当开关断开时，总电阻为 $R_1+R_2=22.1\text{ k}\Omega$。通过电感的瞬时感应电压与电源电压相加，将电流保持在 100 mA，即 $R_2$ 中的电流。

$$V_2=I(R_1+R_2)\approx 100\text{ mA}\times 22.1\text{k}\Omega=2.21\text{ kV}$$

该电压可能导致开关产生电弧，甚至会对打开开关的人员产生电击，造成伤害。为了避免这种情况，在电感器上安装了一个反激二极管，如图 16-38 所示。◀

**同步练习**　对于图 16-39 中的电路，当开关第一次闭合时，$L$ 上的电压是多少？

采用科学计算器完成例 16-7 的计算。

### 16.5.2 反向电流保护

对于电池供电电路，如果用户把电池反向安装，就可能导致电流流向与预期方向相反。虽然当电流过高时，熔断器熔断，但在熔断器熔断之前电路可能会受到损坏。在某些情况下，电路中可能没有熔断器，电流过大会导致过热，在极端情况下，会导致蓄电池或电解电容爆炸。防止电池反向安装的最简单方法是使用串联二极管保护电路。

图 16-40 显示了一个与电池串联的二极管，用于在电池反向安装时防止电路损坏。但这种方法的缺点是，二极管的势垒电压降低了施加到电路的电压，从而影响电池的使用寿命。另一个需要考虑的因素是，二极管必须能够在任何时候处理负载的最大电流以及任何冲击电流。当然，还有其他复杂的方法可用来防止电池反向安装，而不使用二极管。

二极管也可以以这种方式来隔离系统中的多个电源，如图 16-41 所示的主电源和备用电源。由于主电源电压（$V_{S1}$）略高于备用电源电压（$V_{S2}$），当主电源工作时，二极管 $D_1$ 正向偏置，二极管 $D_2$ 反向偏置。但是，如果主电源发生故障或被拆下，二极管 $D_2$ 将变得正向偏置，以便辅助电源可以继续供电。电压稳压电路可调节每个电压电平，将有源电源的电压转换为所需的电压，然后分配给电子系统。在 $V_{S1}$ 是太阳能电源的情况下，当太阳能电源的电压下降时，系统将自动切换到备用电源。

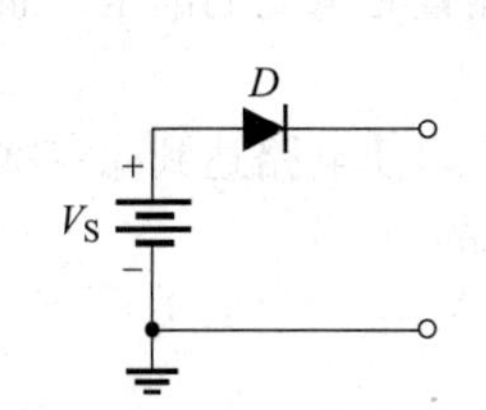


图 16-40 与电池串联的二极管

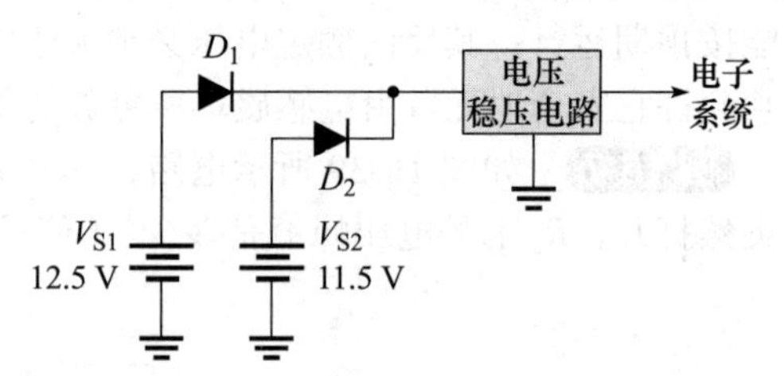


图 16-41 二极管隔离系统中的多个电源

**学习效果检测**

1. 什么类型的电路使用反激二极管？
2. 为什么在开关闭合的情况下，图 16-38a 中的二极管对电路没有影响？
3. 为什么图 16-38b 中的二极管能导通电流？
4. 图 16-38 中的反激二极管通过哪两种方式防止电感反冲损坏电路？
5. 反激二极管必须满足哪两个要求才能在电路中正常工作？
6. 如果电池反向安装，图 16-40 中的电路会发生什么情况？
7. 如果图 16-41 电路中的二极管在正向偏置时有 0.7 V 的电压降，当 $V_{S1}$ 工作时，电压稳压器的输入端电压是多少？当 $V_{S2}$ 工作时呢？

## 16.6 稳压电源

稳压电源是所有电子系统中的重要组成部分。基本的稳压电源通常由整流电路、滤波器和稳压器组成。滤波器可以大大降低半波或全波整流电路输出电压的波动，并产生几乎恒定的直流电压。滤波是必要的，因为电子电路需要一个恒定的直流电压和电流源来提供电源和偏置，以便正常工作。滤波是通过电容完成的，你将在本节中看到。**电压调节**通常由集成电路稳压器完成。集成电路稳压器用于防止由于线路电压或负载的变化而导致的滤波直流电压的变化。

### 16.6.1　基本直流电源

**直流电源**将交流电压转换为恒定的直流电压。直流电源是最常见的电子电路之一，它为各种类型的电子线路，如电视接收器、立体声系统、计算机和实验室设备等供电。

整流电路可以是半波整流电路或全波整流电路，图 16-42a 所示为半波整流方框图，图 16-42b 所示为全波整流方框图。稳压直流电源的方框图如图 16-42c 所示。当连接到整流电路时，滤波电容消除整流电压的波动，并产生相对平滑的直流电压。

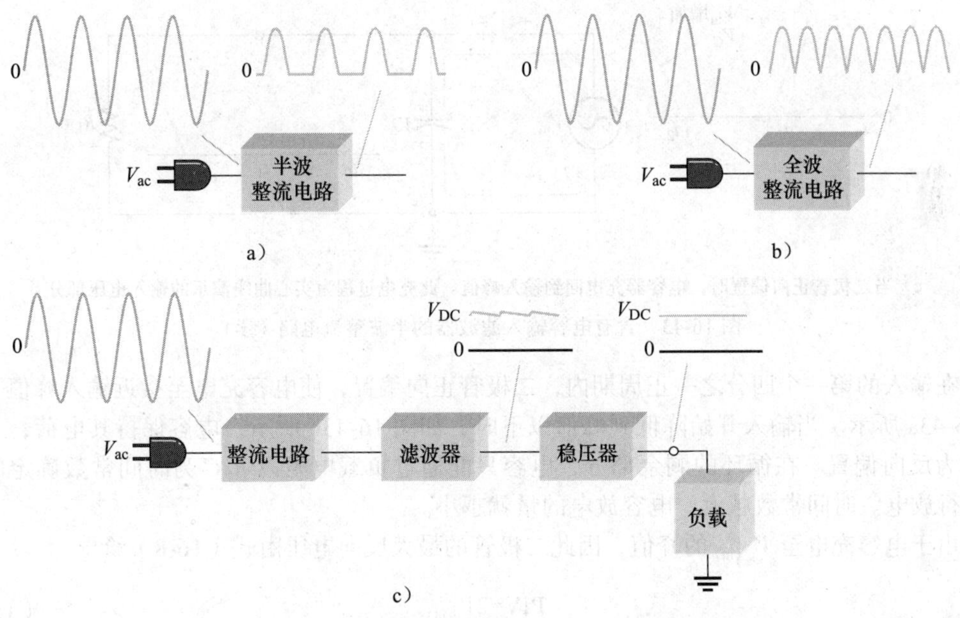


图 16-42　整流电路和稳压直流电源的方框图

**稳压器**是一种电路，用于在输入电压或负载变化时保持直流电压恒定。稳压器可以是单个元件，也可以是更复杂的集成电路。电源为负载模块提供直流电压和负载电流。

### 16.6.2　电容输入滤波器

带有**电容输入滤波器**的半波整流电路如图 16-43 所示。用半波整流电路说明滤波原理，然后将滤波概念扩展到全波整流电路。

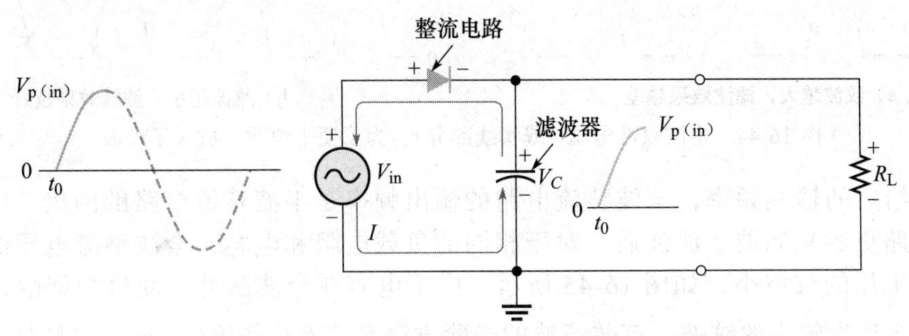


a）当电源接通时，电容器开始充电（二极管正向偏置）

图 16-43　含有电容输入滤波器的半波整流电路

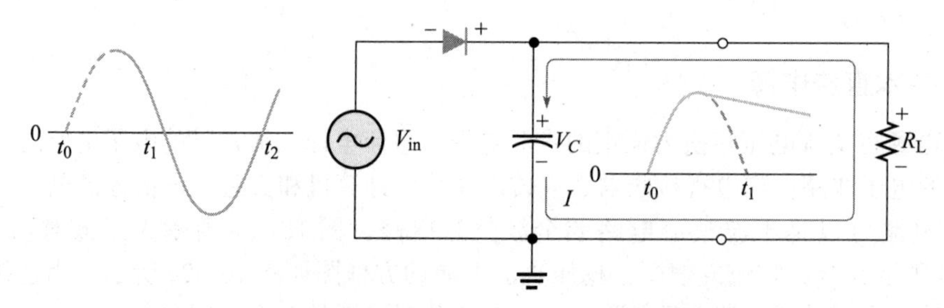


b）当二极管反向偏置时，电容在正交变峰值后通过$R_L$放电。该放电过程为实心曲线演示的输入电压部分

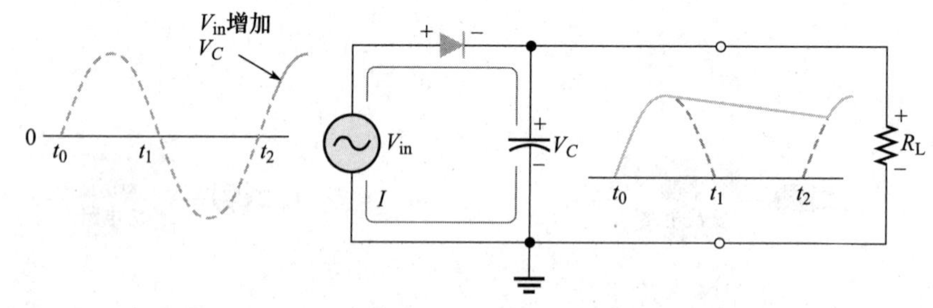


c）当二极管正向偏置时，电容器充电回到输入峰值。此充电过程为实心曲线演示的输入电压部分

图 16-43 含有电容输入滤波器的半波整流电路（续）

在输入的第一个四分之一正周期内，二极管正向偏置，使电容充电至接近输入峰值，如图 16-43a 所示。当输入开始降低到峰值以下时，如图 16-43b 所示，电容保持其电荷，二极管变为反向偏置。在循环的剩余部分，电容只能通过负载电阻以 $R_LC$ 为时间常数确定的速率进行放电。时间常数越大，电容放电的量就越小。

由于电容充电至 $V_{p(in)}$ 的峰值，因此二极管的最大反向电压由式（16-8）给出。

$$\text{PIV}=2V_{p(in)} \tag{16-8}$$

在下一个周期的第一个四分之一周期内，如图 16-43c 所示，当输入电压超过电容电压时，二极管将再次变为正向偏置。

**纹波电压** 如你所见，电容在循环开始时快速充电，在正峰值后缓慢放电（当二极管反向偏置时）。充电和放电引起的输出电压变化称为纹波电压。纹波越小，滤波效果越好，如图 16-44b 所示。

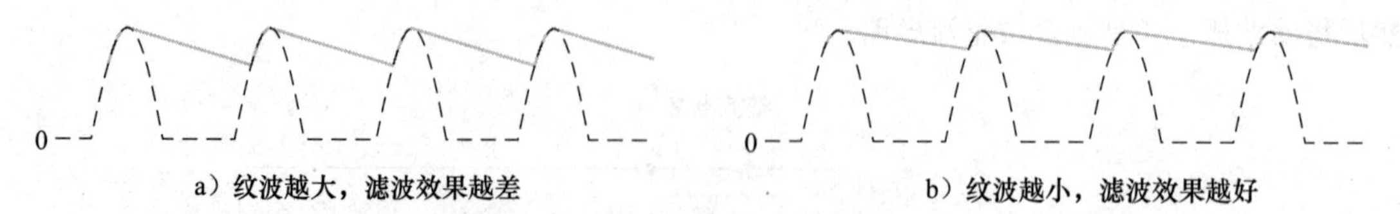


a）纹波越大，滤波效果越差 b）纹波越小，滤波效果越好

图 16-44 半波纹波电压（或实线部分）。为了便于说明，放大了纹波

对于给定的输入频率，全波整流电路的输出频率是半波整流电路的两倍。因此，全波整流电路更容易滤波。滤波后，对于相同的负载电阻和电容，全波整流电压的纹波比半波整流电压的纹波小，如图 16-45 所示。由于电容在全波脉冲之间较短间隔内放电较少，因此会产生较小的纹波。有效滤波的经验方法是使 $R_LC \geqslant 10T$，其中 $T$ 是整流电压的周期。

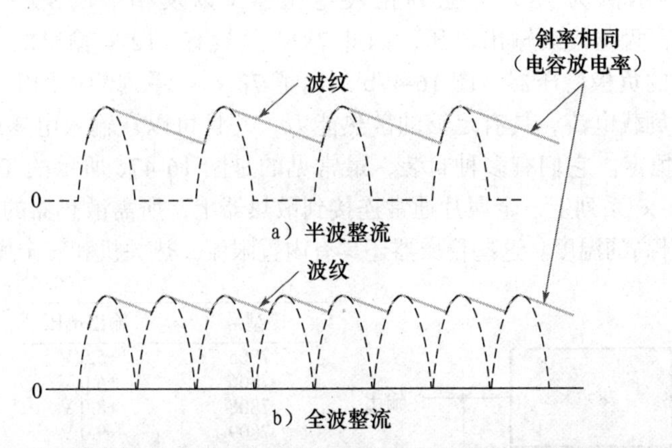


图 16-45　相同负载电阻和电容下的半波和全波整流电压的纹波电压比较

纹波系数（$r$）表示滤波器的有效性，定义为纹波电压（$V_r$）与滤波电路输出电压（$V_{DC}$）的直流（平均）值之比，如式（16-9）所示。这些参数如图 16-46 所示。

$$r=\frac{V_r}{V_{DC}}\times 100\% \tag{16-9}$$

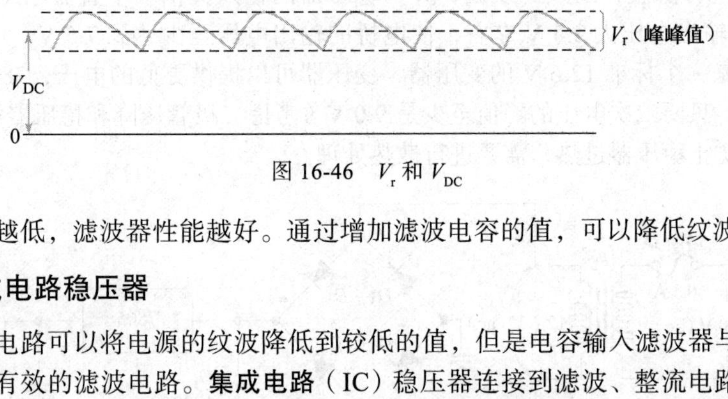

$V_r$（峰峰值）

$V_{DC}$

0

图 16-46　$V_r$ 和 $V_{DC}$

纹波系数越低，滤波器性能越好。通过增加滤波电容的值，可以降低纹波系数。

### 16.6.3　集成电路稳压器

虽然滤波电路可以将电源的纹波降低到较低的值，但是电容输入滤波器与集成电路稳压器的组合是最有效的滤波电路。**集成电路**（IC）稳压器连接到滤波、整流电路的输出，可以在输入电压、负载电流或温度发生变化的情况下保持输出电压恒定。电容输入滤波器将稳压器的输入纹波降低到可接受的水平。大电容和 IC 稳压器的组合价格便宜，可以产生性能好的电源电压。

最流行的 IC 稳压器有三个端子：输入端子、输出端子和参考（或调整）端子。首先，用电容对稳压器的输入进行滤波，将纹波系数降低到 10% 以下。然后，稳压器进一步将纹波减小到可忽略的程度。此外，大多数稳压器具有内部电压基准、短路保护和热关机电路，它们有多种电压可供选择，包括正输出和负输出，并可设计为具有最少外部元件的可变输出。通常情况下，IC 稳压器可以提供多种恒定电流输出，并具有高纹波抑制能力，有的 IC 稳压器可以提供超过 5.0A 的负载电流。

为输出恒定电压而设计的三端稳压器仅需要外部电容器来完成电源的滤波，如图 16-47a 所示。滤波由输入端和接地端之间容值大的电容器完成。有时，使用另一个容值较小的输入电容器与其并联连接，特别是当滤波电容器远离 IC 时，以防止振荡。该电容器必须位于 IC 附近。最后，将输出电容器（通常为 0.1 μF 至 1.0 μF）与输出并联，以改善瞬态响应。

三端稳压器的示例为 78×× 系列正极稳压器（以及相应的 79×× 系列负极稳压器）。数字中的最后两位代表输出电压，因此 7812 是具有 +12 V 输出的正极稳压器，7912 是具有 −12 V 输出的负极稳压器。图 16-47b 列出了 78×× 系列的可用电压。这些稳压器可以提供高达 1 A 的负载电流，具有足够的散热能力，并且可以在输入电压或输出负载发生变化时保持输出电压恒定。它们有多种封装，最常见的是图 16-47c 所示的 TO-220 封装。带有 TO-220 封装的 78×× 系列上，金属片通常连接到散热器上，所需散热器的尺寸取决于稳压器中的功耗和允许的升高的温度。这些稳压器还具有内置限流、热关机和安全操作区域保护功能。

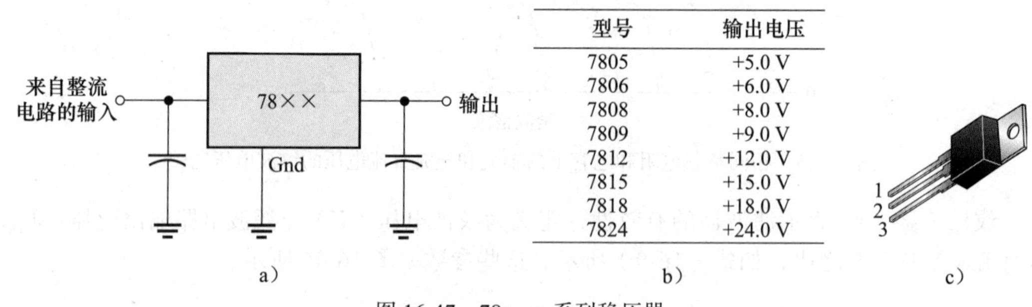


| 型号 | 输出电压 |
|---|---|
| 7805 | +5.0 V |
| 7806 | +6.0 V |
| 7808 | +8.0 V |
| 7809 | +9.0 V |
| 7812 | +12.0 V |
| 7815 | +15.0 V |
| 7818 | +18.0 V |
| 7824 | +24.0 V |

图 16-47 78×× 系列稳压器

图 16-48 中显示了一个带有 7805 稳压器的基本稳压电源。电桥的输出通过一个相对较大的电解电容进行滤波，以减少纹波，并为稳压器的输入提供一个直流电压，这个电压比 7805 稳压器的输出电压大 2.5 V 左右，使电桥的输出电压至少达到 7.5 V，以便能够调节。原理图显示的是一个标准 12.6 V 的变压器，变压器可以提供更低的电压，7805 稳压器仍然可以正常工作，只要二次电压的峰值至少是 9.0 V（考虑二极管压降和稳压器调节空间）。一般来说，为了防止稳压器过热，需要进行散热处理。

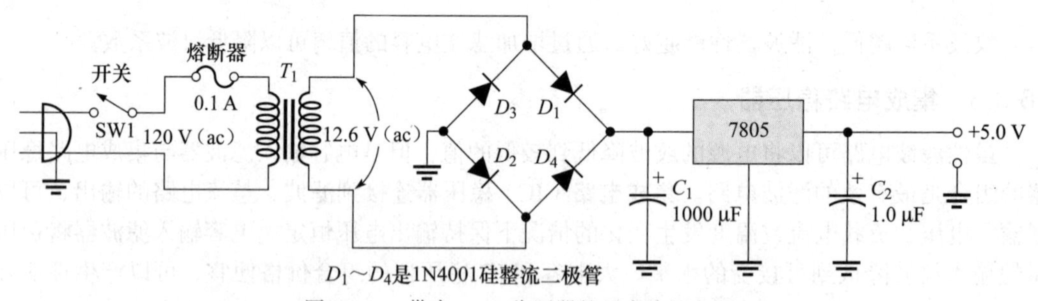


图 16-48 带有 7805 稳压器的基本稳压电源

另一种类型的三端稳压器是可调稳压器。其中最流行的可调稳压器是 LM117/LM317 系列的可调正稳压器和 LM137/LM337 系列的可调负稳压器。这些稳压器只需要两个外部电阻来设置输出电压。正稳压器的输出电压范围是 1.2 ～ 37 V，电流最高可达 1.5 A。这些稳压器具有过载和短路保护等功能。

图 16-49 所示为具有可变输出电压的电源电路，由可变电阻 $R_2$ 控制。注意 $R_2$ 在 0 ～ 1.0 kΩ 是可调的。LM317 稳压器在输出端和调整端之间保持恒定的 1.25 V，这使 $R_1$ 产生 1.25 V/240 Ω=52 mA 的恒定电流。忽略通过调节端子非常小的电流，$R_2$ 中的电流与 $R_1$ 中的电流是相同的，$R_1$ 和 $R_2$ 的输出可以从下式中得到。

$$V_{out}=1.25\text{ V}\times\left(\frac{R_1+R_2}{R_1}\right)$$

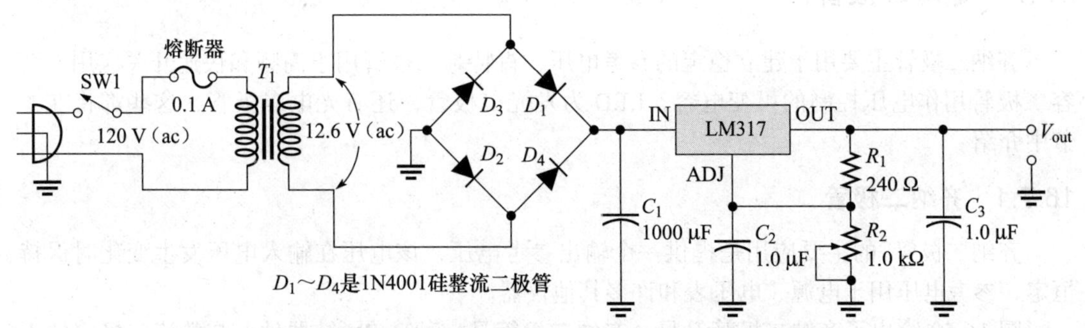


图 16-49　具有可变输出电压（1.25 ～ 6.5 V）的电源电路

注意，电源的输出电压是稳压器的 1.25 V 乘以电阻的比率。如图 16-49 所示，当 $R_2$ 设置为最小（零）电阻时，输出为 1.25 V。当 $R_2$ 设置为最大值（1.0 kΩ）时，输出接近 6.5 V。

### 16.6.4　比例调节

**电压调节**是在输入电压或负载变化的情况下保持输出电压基本恒定的过程。用百分数表示的调节量，用来说明稳压器的一个性能指标，它可以是输入电压（线性）调节或负载调节。**线性调节率**规定在输入电压给定变化的情况下，输出电压发生多少变化，数值为输出电压增量与相应的输入电压增量之比，并用百分比表示，如式（16-10）所示。

$$\text{线性调节率}=\left(\frac{\Delta V_{\mathrm{OUT}}}{\Delta V_{\mathrm{IN}}}\right)\times 100\% \qquad (16\text{-}10)$$

**负载调节率**规定在负载电流值的一定范围内，输出电压发生多少变化。一般以百分数表示，可由式（16-11）计算。

$$\text{负载调节率}=\left(\frac{V_{\mathrm{NL}}-V_{\mathrm{FL}}}{V_{\mathrm{FL}}}\right)\times 100\% \qquad (16\text{-}11)$$

式中，$V_{\mathrm{NL}}$ 为空载输出电压，$V_{\mathrm{FL}}$ 为满载输出电压。

**例 16-8**　假设某个 7805 稳压器的空载输出电压为 5.18 V，满载输出电压为 5.15 V。负载调节率用百分比表示是多少？

**解**　$$\text{负载调节率}=\left(\frac{V_{\mathrm{NL}}-V_{\mathrm{FL}}}{V_{\mathrm{FL}}}\right)\times 100\%=\left(\frac{5.18\ \mathrm{V}-5.15\ \mathrm{V}}{5.15\ \mathrm{V}}\right)\times 100\%=0.58\%$$ ◄

**同步练习**　如果稳压器的空载输出电压为 24.8 V，满载输出电压为 23.9 V，负载调节率是多少？

采用科学计算器完成例 16-8 的计算。

**学习效果检测**

1. 是什么导致电容输入滤波器输出纹波电压？
2. 降低了电容滤波全波整流电路的负载电阻，对纹波电压有什么影响？
3. 三端稳压器有什么优点？
4. 输入（线性）调节和负载调节的区别是什么？

## 16.7 专用二极管

齐纳二极管主要用于建立稳定的参考电压，肖特基二极管用于高频和快速开关应用，变容二极管用作电压控制的可变电容，LED 为发光二极管，还有光电二极管，这些都将在本节中介绍。

### 16.7.1 齐纳二极管

齐纳二极管[⊖]的主要应用是提供一个输出参考电压，该电压在输入电压发生变化时保持恒定，参考电压用于电源、电压表和许多其他仪器。

图 16-50 给出了齐纳二极管符号，**齐纳二极管**是一种硅 PN 结器件，与整流二极管的不同之处在于，它工作在反向击穿区。齐纳二极管的击穿电压是通过在制造过程中控制掺杂程度来设置的。从 16.3 节对二极管特性曲线的讨论得知，当二极管达到反向击穿时，其电压几乎保持不变，即使电流可能发生剧烈变化。图 16-51 给出了齐纳二极管的 *V-I* 特性曲线，整流二极管和齐纳二极管的正常工作区域显示为阴影区域。如果齐纳二极管正向偏置，其工作原理与整流二极管相同。

图 16-50 齐纳二极管符号

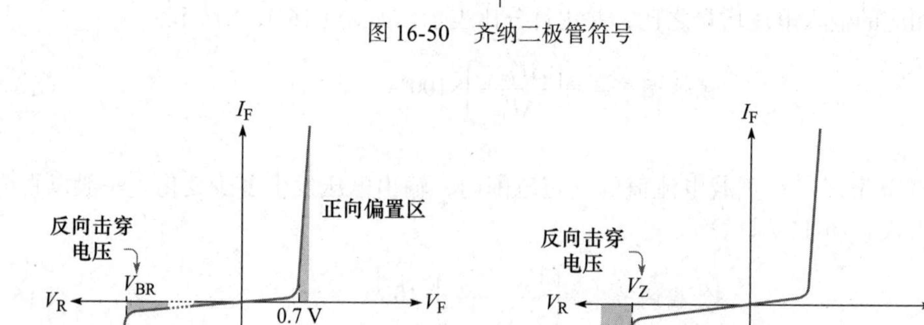

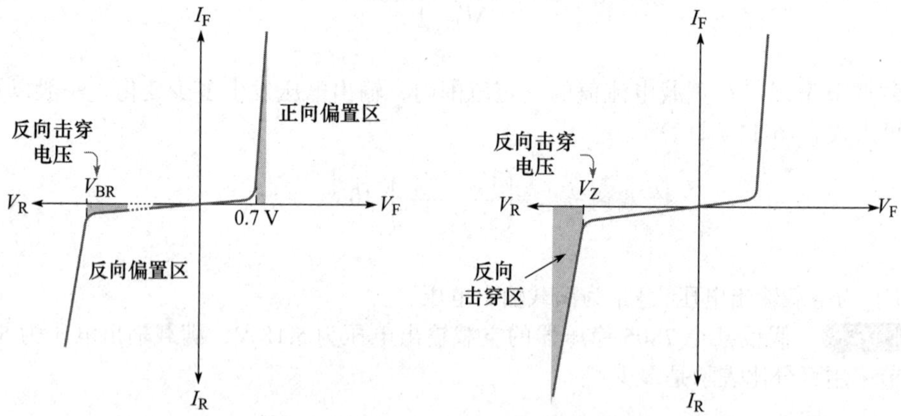

a）整流二极管的正常工作区域显示为阴影区域　　b）齐纳二极管的正常工作区域为阴影区域

图 16-51 齐纳二极管的 *V-I* 特性曲线

**齐纳击穿** 齐纳二极管中的两种反向击穿是雪崩击穿和齐纳击穿。在足够高的反向电压下，齐纳二极管会发生**雪崩击穿**，在低反向电压下，齐纳二极管发生**齐纳击穿**。齐纳二极管被大量掺杂，导致耗尽层非常窄，击穿电压十分小。因此，在耗尽层内存在一个强电场，电场的强度足以将电子从价带中拉出并产生电流。

击穿电压低于约 5.0 V 的齐纳二极管主要以齐纳击穿方式工作，那些击穿电压大于约 5.0 V 的二极管主要以雪崩击穿方式工作，这两种类型的二极管都称为齐纳二极管。一般来说，选用击穿电压在 300 V 以上的齐纳二极管。

---

⊖ 在我国教材里称为稳压二极管。——译者注

图 16-52 显示了齐纳二极管的反向特性曲线。注意，随着反向电压（$V_R$）的增加，反向电流（$I_R$）在曲线的“拐点”处仍然非常小。在这一点之后，开始产生击穿效应，齐纳阻抗（$Z_Z$）开始随着电流（$I_Z$）的迅速增加而降低。从拐点底部开始，击穿电压（$V_Z$）基本保持不变。这种稳压能力是齐纳二极管的关键特性：齐纳二极管在指定的反向电流值范围内，其端子上保持基本恒定的电压。

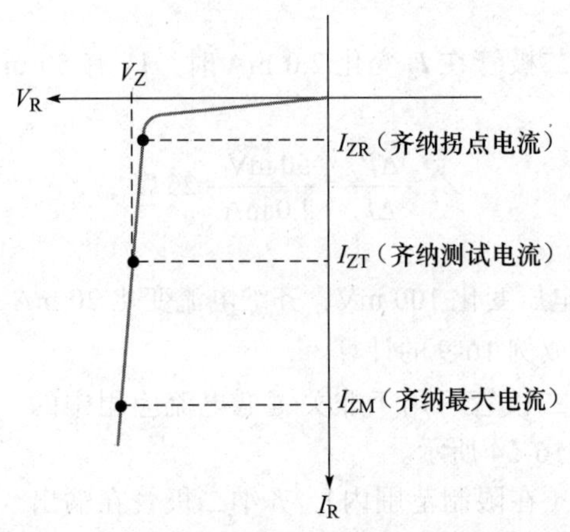


图 16-52　齐纳二极管的反向特性曲线。$V_Z$ 通常在齐纳测试电流 $I_{ZT}$ 时指定，并被指定为 $V_{ZT}$

必须保持反向电流小于 $I_{ZK}$，以保持二极管处于稳压状态。从曲线可以看出，当反向电流降低到曲线拐点以下时，电压发生急剧变化，二极管失去稳压作用。此外，还有一个最大电流 $I_{ZM}$，超过该电流的二极管可能会损坏。

因此，齐纳二极管在其端子上保持几乎恒定的电压，反向电流值范围为 $I_{ZK} \sim I_{ZM}$。齐纳测试电压 $V_{ZT}$ 通常对应反向电流值，称为齐纳测试电流 $I_{ZT}$。

**齐纳等效电路**　图 16-53a 所示为一个反向击穿的齐纳二极管的理想模型，其可以作为一个电池，其值等于齐纳电压。图 16-53b 表示齐纳二极管的实际等效电路，其中包括齐纳阻抗（$Z_Z$），齐纳阻抗实际上是一个交流电阻，因为它取决于电压变化与电流变化的比值，并且在特性曲线的不同部分比值有所不同。由于特性曲线不是理想的垂直曲线，齐纳电流（$\Delta I_Z$）的变化会使齐纳电压（$\Delta V_Z$）产生微小的变化，特性曲线如图 16-53c 所示。

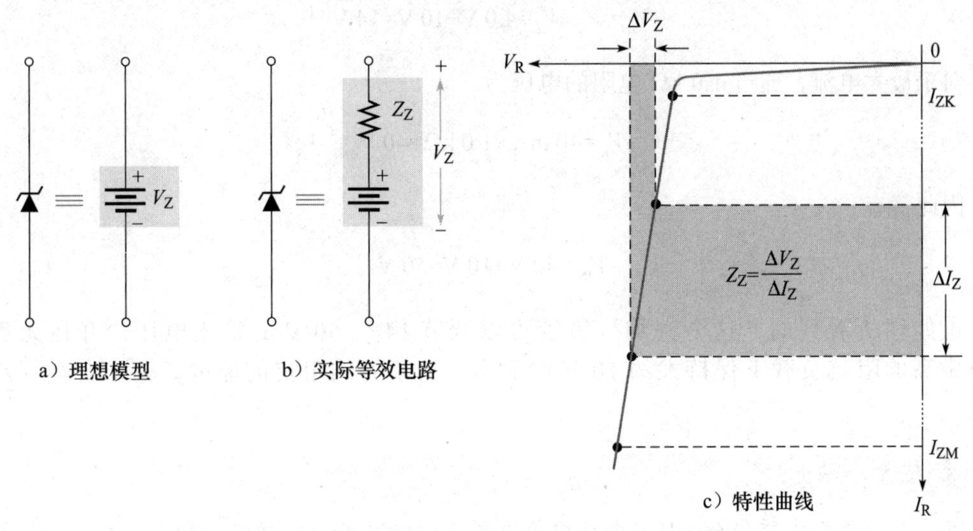


图 16-53　齐纳等效电路，增大斜率来描述 $Z_Z$ 的定义

$\Delta V_Z$与$\Delta I_Z$之比为齐纳阻抗，用式（16-12）表示：

$$Z_Z=\frac{\Delta V_Z}{\Delta I_Z} \tag{16-12}$$

通常，$Z_Z$在齐纳测试电流$I_{ZT}$处确定，在大多数情况下，$Z_Z$的值在整个反向电流值范围内几乎是恒定的。

**例 16-9** 某一齐纳二极管在$I_Z$变化 2.0 mA 时，$V_Z$有 50 mV 的变化。它的齐纳阻抗是多少?

**解**

$$Z_Z=\frac{\Delta V_Z}{\Delta I_Z}=\frac{50\ \text{mV}}{2.0\ \text{mA}}=25\ \Omega$$

◀

**同步练习** 如果齐纳电压变化 100 mV，齐纳电流变化 20 mA，则齐纳阻抗为多少?

采用科学计算器完成例 16-9 的计算。

**齐纳电压稳压** 齐纳二极管可用于非关键低电流应用中的电压稳压，基本电路如图 16-54 所示。

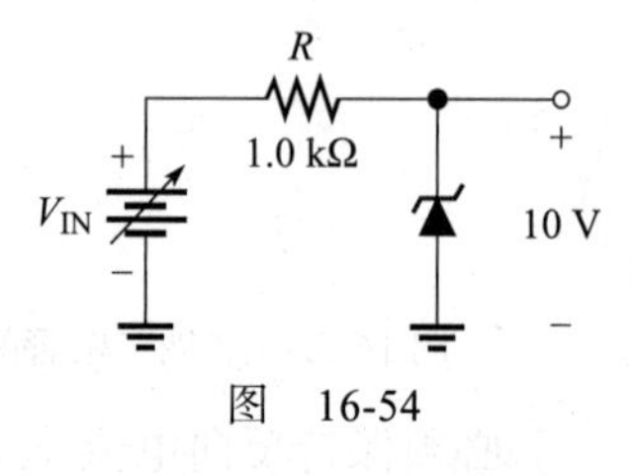


图 16-54

随着输入电压的变化（在限制范围内），齐纳二极管在输出端子之间保持基本恒定的电压。然而，随着$V_{IN}$的变化，$I_Z$将成比例地变化，因此，输入变化的限制由齐纳二极管的最小、最大电流值以及$V_{IN}>V_Z$的条件来设置。电阻$R$是串联限流电阻。

假设图 16-54 中的 10 V 齐纳二极管可以在 4.0 ～ 40 mA 的电流值范围内保持调节。对于最小电流，1.0 kΩ 电阻上的电压为

$$V_R=4.0\ \text{mA}\times 1.0\ \text{k}\Omega=4.0\ \text{V}$$

因为

$$V_R=V_{IN}-V_Z$$

所以

$$V_{IN}=V_R+V_Z=4.0\ \text{V}+10\ \text{V}=14\ \text{V}$$

对于最大电流，通过 1.0 kΩ 电阻的电压为

$$V_R=40\ \text{mA}\times 1.0\ \text{k}\Omega=40\ \text{V}$$

因此就有

$$V_{IN}=40\ \text{V}+10\ \text{V}=50\ \text{V}$$

正如你所看到的，这个齐纳二极管可以调节 14 ～ 50 V 的输入电压，并在无负载或非常高的阻抗负载下保持大约 10 V 的输出。由于齐纳阻抗的原因，输出会有一定的变化。

### 安全小贴士

齐纳二极管在本质安全（IS）电路中很重要，该电路用于仪器仪表和危险环境下的控制

电路（如丙烷罐周围）。齐纳二极管将电压限制在本质安全的水平，通常是 24 V 直流电压或更小，这样可以避免潜在的、有足够的能量引发的爆炸。

### 16.7.2　肖特基二极管

**肖特基二极管**是以德国物理学家沃尔特 • H. 肖特基（Walter H.Schottky）的名字命名，其结构不同于其他半导体二极管。如前所述，普通的二极管由 P 型和 N 型材料组成，而 PN 结所形成的势垒只允许电流沿一个方向流动。肖特基二极管由掺杂的半导体材料和形成肖特基结的金属或硅化物（如铂、铬或铂硅化物）组成，肖特基结和 PN 结一样，也只允许电流沿某个方向流动。半导体二极管是利用带正电荷的空穴和带负电荷的电子工作的双极型器件。由于金属区只能传导电子，肖特基二极管是单极型器件，只传导带负电荷的电子。图 16-55 显示了普通二极管和由 N 型半导体构成的肖特基二极管的基本结构和符号。肖特基结与半导体 PN 结相比，其缺点是：最大额定反向电压较低，反向泄漏电流较高。肖特基二极管可以用 N 型或 P 型材料制造，P 型肖特基二极管与 N 型肖特基二极管相比，其正向电压较低，反向电流较高。

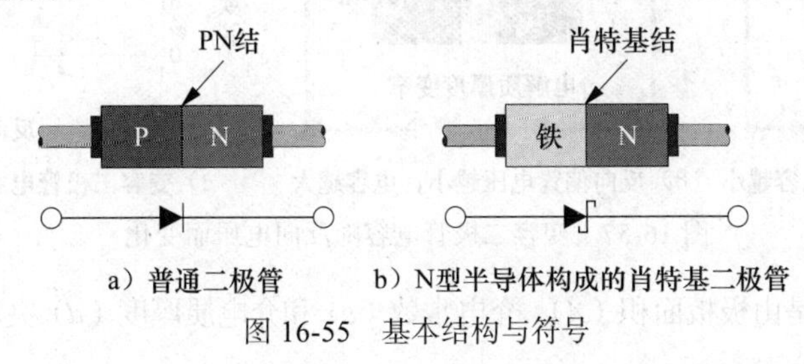


图 16-55　基本结构与符号

肖特基结与 PN 结相比有两个显著的优点。首先，肖特基结比普通 PN 结有更低的正向电压（150 ～ 450 mV），这使得肖特基二极管比普通二极管能更快地工作。

第二个，也是更重要的优点，是肖特基结没有耗尽层，因此没有与耗尽层相关的电容。当一个普通二极管在阻断电流和导通电流之间切换时，耗尽层电容必须在二极管达到其最终的开或关状态之前充电或放电，这样做的一个后果是，当二极管断开时，会有一个短时间的反向电流；另一个是二极管开启或关闭所需的时间，分别称为正向恢复时间（$t_{fr}$）和反向恢复时间（$t_{rr}$），限制了普通二极管的开关速度，正向和反向恢复时间通常在数百纳秒量级，因此传统二极管的开关频率被限制在约 1.0 MHz。肖特基二极管没有耗尽层电容进行充电或放电。因此，当二极管断开时，反向电流要低得多。这意味着它的开关时间是几百皮秒，开关频率从几百兆赫到千兆赫。

### 16.7.3　变容二极管

变容二极管也称为变电容二极管，因为结电容随反向偏置电压的大小而变化。变容二极管利用这种变电容特性，通常用于通信系统中的电子调谐电路中。

**变容二极管**是一种用电压控制可变电容器的二极管。它利用了反向偏置耗尽层的固有电容，由于其不导电的特性，在反向偏置下耗尽层充当电容器的介质。P 区和 N 区是导电的，并作为电容板，如图 16-56 所示。

当反向偏置电压增加时，耗尽层变宽，有效地增加了电介质厚度（$d$），从而减小了电容；当反向偏置电压减小时，耗尽层变窄，从而增加电容。如图 16-57a 和图 16-57b 所示，变容二极管电容与反向电压的关系曲线见图 16-57c。变容二极管可以在 10 : 1 范围内调节电容，大小在 1 ～ 100 pF 之间。

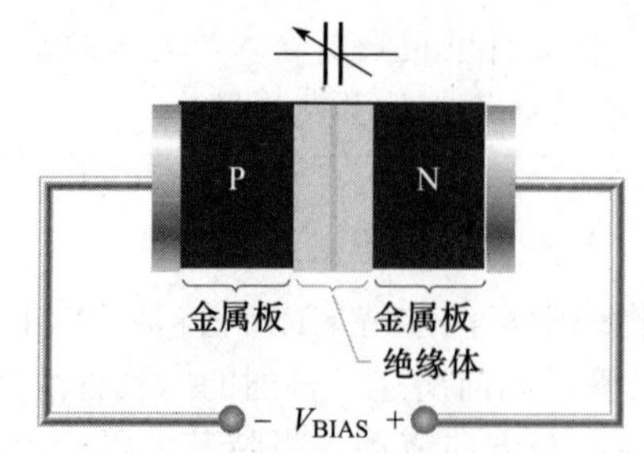


图 16-56 反向偏置变容二极管充当可变电容

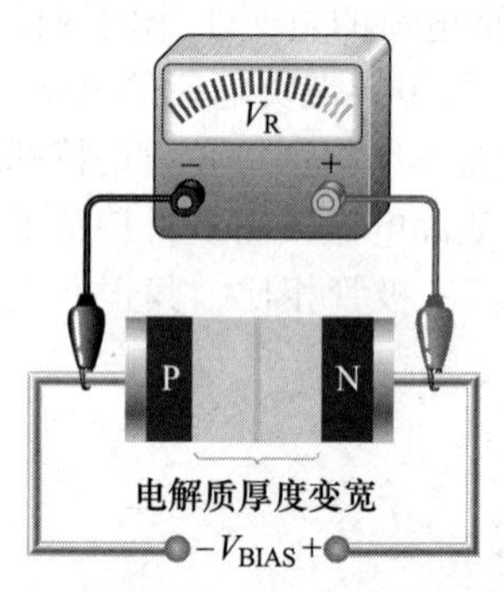


a）反向偏置电压越大，电容越小

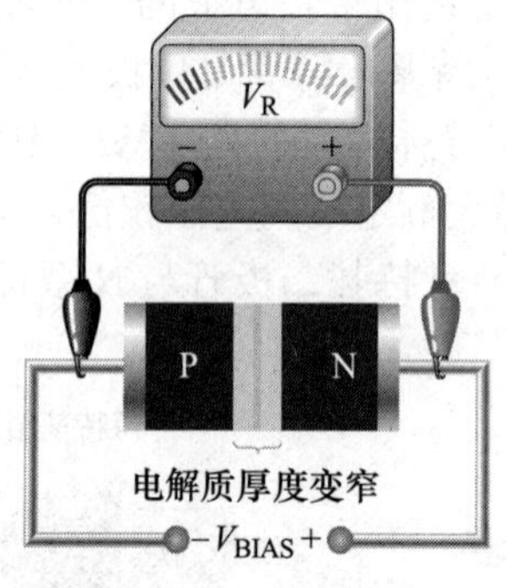


b）反向偏置电压越小，电容越大

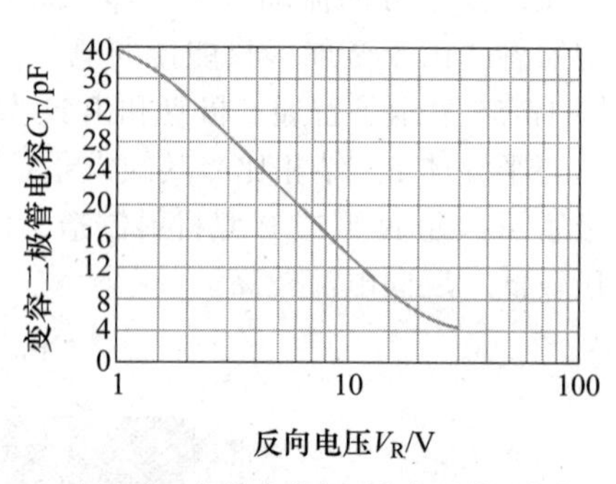


c）变容二极管电容与反向电压关系曲线

图 16-57 变容二极管电容随反向电压而变化

回顾一下，电容是由极板面积（$A$）、介电常数（$\varepsilon$）和介电质厚度（$d$）决定的，如式（16-13）所示。

$$C=\frac{A\varepsilon}{d} \tag{16-13}$$

在变容二极管中，电容的参数是通过在耗尽层中掺杂、二极管的尺寸和几何形状来控制的。

图 16-58a 为变容二极管的符号，图 16-58b 为等效电路。$R_S$ 是反向串联电阻，$C_V$ 是可变电容。

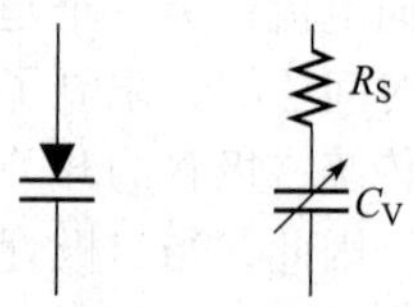


a）符号 b）等效电路

图 16-58 变容二极管

**应用** 变容二极管主要应用在通信器件中的调谐电路中。调频（FM）调制器就是一个例子。在调频调制器中，输出频率由变容器上的调制电压改变。频率调制是对信息（通常是音频信号）进行编码的过程，它将频率较高的信号（载波）转换为频率较低的信号（调制信号）。

另一个应用是在调谐（谐振）电路中。变容二极管作为一种电压控制电容器的二极管，可以通过改变变容二极管上的偏置电压来选择所需的频率，从而将通信接收机调谐到预定频率。电压控制振荡器利用变容二极管的这一功能，它的输出频率是由反向偏置决定的，有很宽的频率范围（包括微波频率）。

## 16.7.4 发光二极管

**发光二极管（LED）**的基本工作原理如下：当器件是正向偏置时，电子从 N 型材料穿过 PN 结，并与 P 型材料中的空穴重新结合。这些自由电子在导带中，比价带中的空穴处于更高的能量水平，当重新组合发生时，重新组合的电子以热和光的形式释放能量。在半导体的一层上有一个很大的区域，可以将光子作为可见光发射出来。图 16-59 说明了这个过程，称为电致发光。

**LED 半导体材料**　半导体砷化镓（GaAs）用于早期的发光二极管。第一批红色发光二极管是在砷化镓衬底上使用 GaAsP 生产的。使用磷化镓（GaP）衬底可以提高效率，从而产生更明亮的红光和橙色。砷化镓发光二极管发出红外线（IR）辐射，它是看不见的。LED 符号如图 16-60 所示。

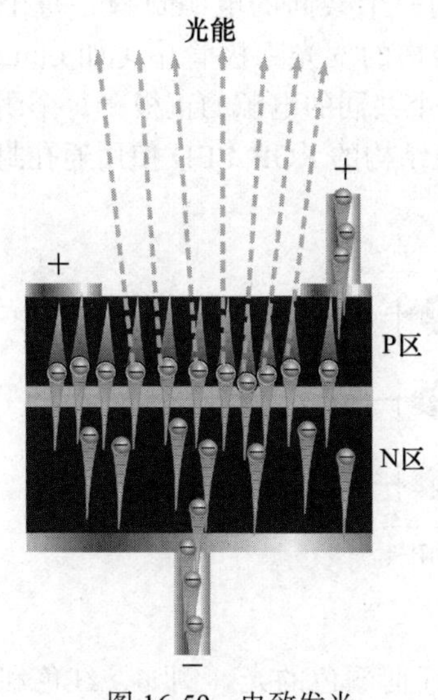


图 16-59　电致发光

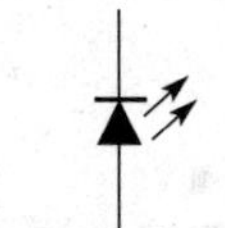

图 16-60　LED 符号

使用磷化镓作为光发射器可以发出淡绿色的光。通过使用红色和绿色芯片，发光二极管能够产生黄色的光。第一批高亮度的红、黄、绿发光二极管是用 GaAlAsP 生产的。到 20 世纪 90 年代初，使用 InGaAlP 的高亮度发光二极管有红色、橙色、黄色和绿色。

使用碳化硅（SiC）制成的蓝色发光二极管和用氮化镓（GaN）制成的高亮度蓝色发光二极管出现于 20 世纪 70 年代早期。能产生绿色和蓝色光的高亮度发光二极管也是用 InGaN 制成的。高强度白光发光二极管是由涂有荧光粉的高亮度蓝色氮化镓制成的，这些荧光粉吸收蓝光，发出白光。

发光二极管在其有足够的正向电流时发光，如图 16-61a 所示。输出的光量与正向电流成正比，如图 16-61b 所示。典型的发光二极管如图 16-61c 所示。

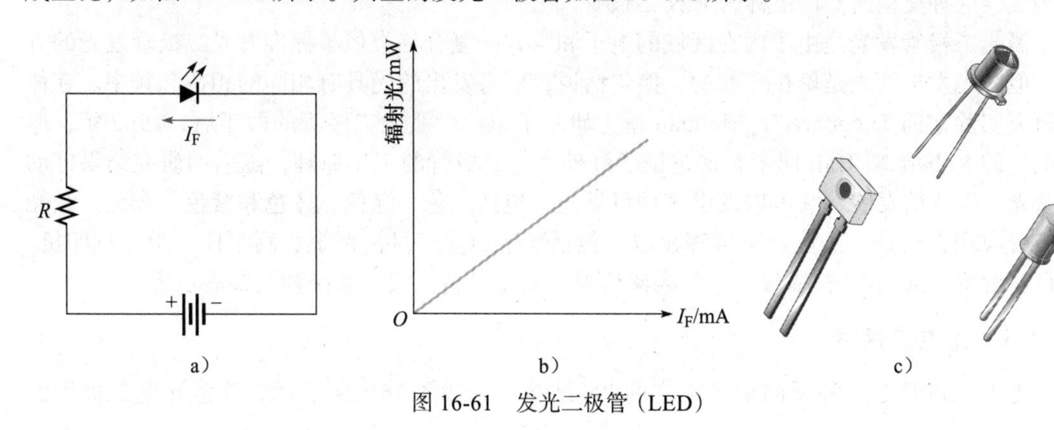


图 16-61　发光二极管（LED）

**应用** 低功耗 LED 通常用于指示灯和读数显示，例如时钟和 7 段 LED 显示器。高亮度发光二极管的发展极大扩展了发光二极管的应用范围，包括交通信号、汽车照明、标志、装饰显示器和普通照明等。与传统灯泡相比，发光二极管效率高，产生的热量低，运行成本低，而且寿命长。高亮度发光二极管有各种底座，包括标准的 120 V 螺旋形底座，可以直接用发光二极管代替白炽灯泡。

**RGB LED** 显示器中常用的一个发光二极管是 RGB LED，其配置如图 16-62 所示。这种类型的发光二极管将红、绿、蓝三色发光二极管集成到一个封装中，在共阴极结构中（如 Sunrom 3933），所有的发光二极管阴极连接到一个共同的电源负极，每个阳极连接到一个单独控制的电源的正极。相反，在共阳极结构的发光二极管中（如 LumexSML-LX0303SIUPGUSB），所有的发光二极管阳极连接到一个共同的电源的正极，每个阴极连接到一个单独控制的电源的负极。一般来说，具有共阴极结构的 RGB LED 使用通孔封装，具有共阳极结构的 RGB LED 使用标准 SMD 封装。

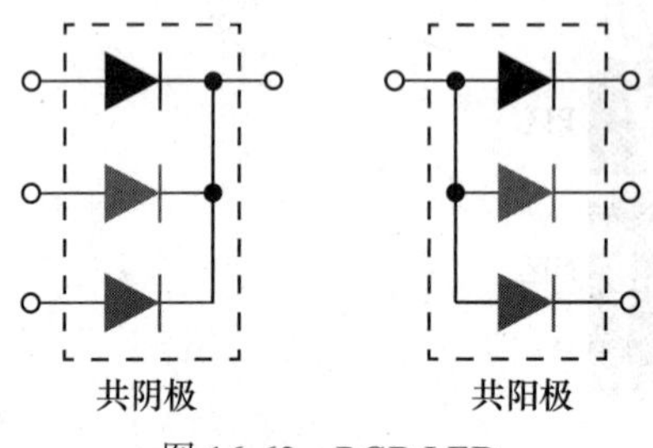

图 16-62 RGB LED

有选择地激活被控光源可以让设备能够发出几乎任何颜色的光。例如，红色和绿色发光二极管接通电源将产生黄色或琥珀色的光，红色和蓝色发光二极管接通电源将产生紫色的光，所有发光二极管接通电源将产生白光。确切的颜色取决于每个发光二极管的相对亮度，发光二极管的亮度取决于通过它电流的大小，由设备的外部电源控制。特殊的发光二极管驱动芯片，如德州仪器 TLC5971，简化了 RGB LED 电路的设计，有 12 个发光二极管驱动引脚和接口，可以连接到外部控制器，该控制器的引脚有 65536 种连接方式。在一个 RGB LED 中，当使用集成电路（IC）驱动来控制三个独立的发光二极管时，理论上允许 RGB LED 显示高达 $65536^3$（=281474976710656，超过 280 万亿）种不同的颜色。

**激光二极管** 发光二极管的一个特殊应用是激光二极管。在物理上，激光二极管由 P 型半导体和 N 型半导体的区域组成，这些区域被本征半导体（无杂质）的区域隔开。由于其结构构成，这种类型的器件也称为 PIN 二极管。

激光二极管发光是由于内在区域的电子和空穴的复合，类似于标准发光二极管发光的方式，但激光发出的光是聚在一起的。换句话说，所有发出的光具有相同的相位和频率。在休斯研究实验室的 Theodore H. Maiman 博士研发了第一个激光二极管的两年后，1962 年，通用电气的 Robert N. Hall 博士首次论证了红外激光二极管的工作原理，随后的研究结果推动了激光二极管的发展，它可以发出多种可见光，包括红色、绿色、蓝色和紫色。今天，激光二极管应用在消费、工业和军事等领域，包括数字通信、目标系统、测距仪、激光打印机、光存储设备、3D 数字扫描仪、条形码阅读器、测量设备、娱乐系统和装饰展示等。

## 16.7.5 光电二极管

光电二极管是一种反向偏置工作的 PN 结器件，如图 16-63a 所示，注意光电二极管的原理图符号。光电二极管有一个小的透明窗口，允许光线照射到 PN 结上。典型的光电二极管如图 16-63b 所示，替代符号如图 16-63c 所示。

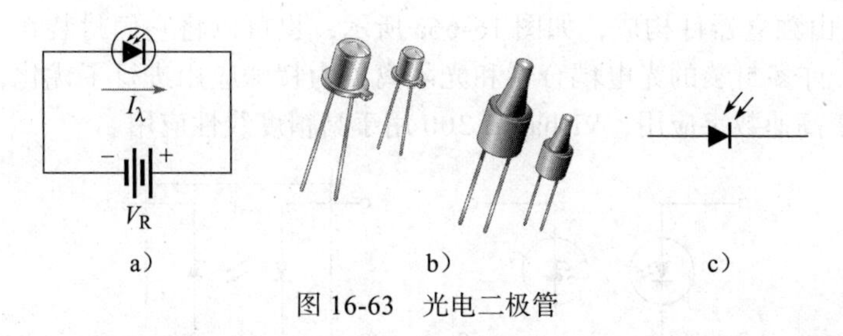


图 16-63　光电二极管

在反向偏置时，整流二极管有一个非常小的反向漏电流。光电二极管的情况也是如此。反向偏置电流是由耗尽层中受热产生的电子空穴对产生的，反向电压产生的电场会扫过电子空穴对的结点。在整流二极管中，如果温度升高，由于电子空穴对数量的增加，反向电流增加。

在光电二极管中，在暴露在光照下的 PN 结处，反向电流随光照强度的增加而增加。当没有光照时，反向电流（$I_\lambda$）几乎可以忽略，称为暗电流。光照强度可以用辐照度（单位为 $W/m^2$）来表示，辐照度增加导致反向电流增加，如图 16-64 所示。

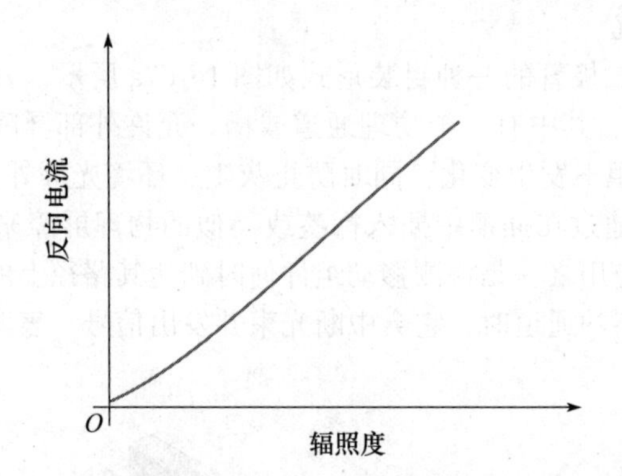


图 16-64　光电二极管的反向电流与辐照度的一般曲线图

**应用**　图 16-65 描述了一种光电二极管电路的应用。其中，一束光通过传送带照进透明的窗口，窗口后面是一个光电二极管电路。当光束被传送带上经过的物体遮挡时，二极管电流减少从而激活控制电路，使计数器加 1，计数器将显示通过该点的被计量对象的总数。这个基本应用可以推广至生产控制、运输和生产线上的活动监控。

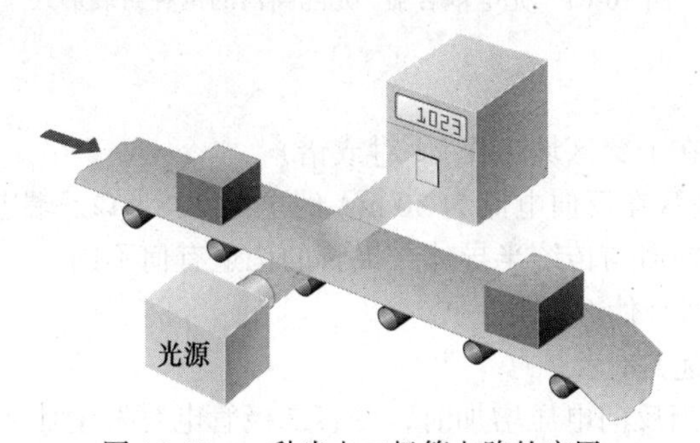


图 16-65　一种光电二极管电路的应用

### 16.7.6 光电耦合器与光隔离器

将发光二极管作为光电二极管的光源，就构成了**光电耦合器**或**光隔离器**。光电耦合器和光隔离器可以由独立器件构成，如图 16-66a 所示，也可以将它们封装在一个单元内，如图 16-66b 所示。许多封装的光电耦合器和光隔离器为特殊应用进行了优化，如安森美半导体 FOD8343 用于高速数字应用，Vishay IL300 用于高精度线性应用。

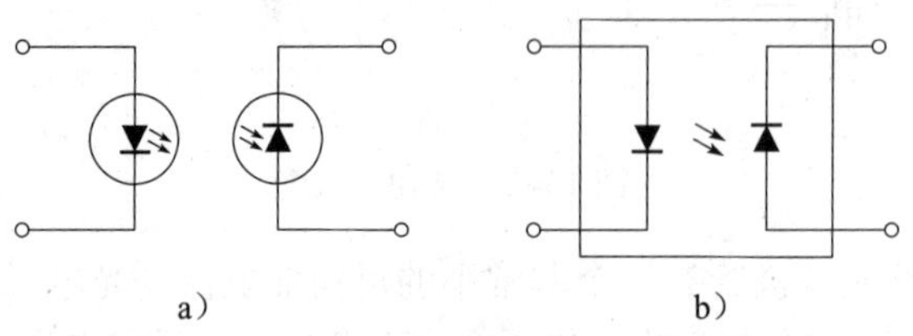


图 16-66 光电耦合器 / 光隔离器原理图符号

光电耦合器和光隔离器这两个术语的区别主要在于它们在电路中的作用，而不是物理结构。一般来说，光电耦合器的作用是在两个电气隔离或物理隔离的子电路之间传递或耦合信号，一般是在低压应用中。光隔离器的作用是在两个耦合的子电路之间提供电气隔离，一般是在高压或本质安全应用中。由于信息是通过光传输的，两者都不受电磁干扰的影响。由独立器件构成的光电耦合器或光隔离器会受到潜在的外界物理干扰的影响，如错位、灰尘、烟雾和环境光源造成的干扰。

发光二极管和光电二极管的一种封装形式如图 16-67a 所示，外壳被密封。另外一种封装形式如图 16-67b 所示，其中有一个物理通道或槽，允许外部屏障阻挡光束。密封的封装保证各部件的对准和间距不发生变化，同时防止灰尘、环境光等外部因素影响设备的运行。对于有槽的封装，可以通过在插槽中插入标签或类似的物理屏障来遮挡发光二极管发出的光。有槽光电耦合器的应用之一是检测移动组件何时到达其路径上的特定点，当连接到组件上的标签通过光电耦合器的通道时，它会中断光束并发出信号，表明组件已经到达了那个特定的点。

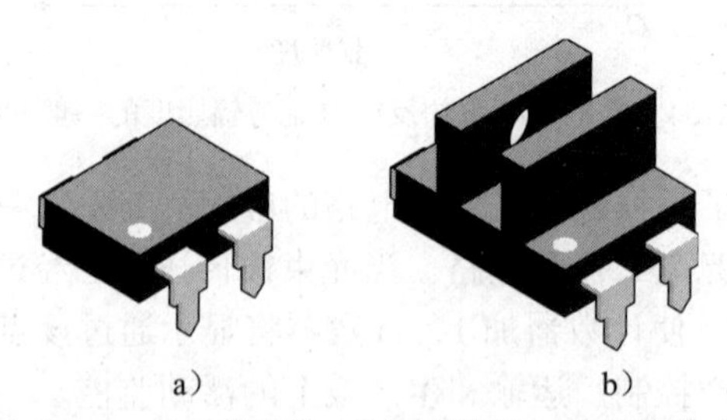


图 16-67 光电耦合器 / 光隔离器的两种封装形式

**学习效果检测**

1. 齐纳二极管通常在击穿区域工作。（对或错）
2. 某 10 V 齐纳二极管在反向电流为 30 mA 时电阻为 8.0 Ω，端电压是多少？
3. 肖特基二极管的构造与传统半导体二极管的构造有何不同？
4. 肖特基结比 PN 结有什么优点？
5. 变容二极管的用途是什么？
6. 根据图 16-57c，当反向电压增加时，变容二极管电容发生什么变化？
7. 发光二极管与光电二极管有何不同？

8. 激光二极管发出的光与标准发光二极管发出的光有何不同?

9. 在无光条件下，光电二极管有一个非常小的反向电流。这个电流叫什么?

10. 光电耦合器和光隔离器的区别是什么?

11. 与使用独立器件相比，将发光二极管和光电二极管封装在一起有什么优势?

## 16.8　故障排查

以前的故障排查示例或多或少地强调了 APM 方法的三个步骤（分析、规划和测量）。本节将说明细致的分析可以大大减少规划和测量步骤所需的时间和精力。假设要排查如图 16-48 所示的 5.0 V 电源故障。下面的步骤是你如何进行故障排查的示例。

### 16.8.1　分析

对任何有问题的电路或系统进行故障诊断的第一步是分析问题，这包括识别故障并排查尽可能多的原因。在给有缺陷的电源供电之前，要了解以下问题：

1. 什么条件导致了故障?

2. 供电起过作用吗?

3. 电源是否有任何明显的问题，如电阻器烧坏、断线、连接松动或熔断器开路?

完成初步的视觉检查后，接通电源，检查输出。在输入端施加交流电时，将观察仪设置成垂直方向为 1 V/div，水平方向为 5 ms/div，输出如图 16-68 所示。输出显示在 5.0 V 处有一个扁平的顶部，每 8.3 ms 有一个尖峰。

我们的分析可能是这样的：

1. 变压器的输入良好，因为输出处有电压。

2. 变压器在工作，因为输出处有电压。

3. 输出峰值的频率是 120 Hz，是输入频率的两倍。这表明整流电路可能正在工作，因为整流电路的预期纹波频率是应用频率的两倍。

4. 过多的纹波表明没有滤波或滤波不充分。

5. 平顶电压值为 +5.0 V，稳压器不允许输出超过正常的 +5.0 V，所以稳压器可能正在工作。

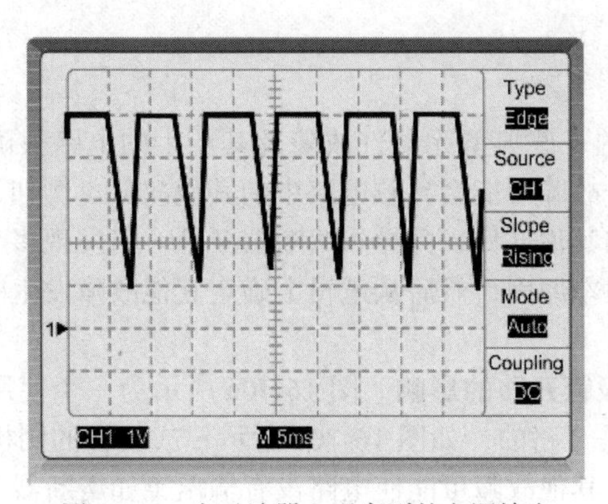


图 16-68　在示波器上观察到的电源输出

### 16.8.2　规划

在这一步中，要考虑如何解决这个问题。你可能会选择（1）从输入开始并查找错误的读数；（2）从输出开始往回推；（3）使用半分割法。这些方法中的任何一种都能帮助你找出故障，但它们不一定是最快的方法。

这就突出了按部就班的算法方法和基于概率的启发式故障排查方法之间的区别。算法是一连串的步骤或指令，速度较慢，但能保证达到预期结果。启发式方法，即使用一种经常（但不总是）成功的策略，可能会更快，但不能保证成功。举例来说，你花费时间阅读教科书的每一页去寻找一个所需要的、晦涩的方程，但终会找到它（算法方法）。而使用索引来识别最有可能有这个方程的章节会加快事情的进展，但不一定能找到这个方程（启发式方法）。

在电源故障的情况下，经过分析是电路滤波效果不佳，所以要先检查稳压电源输入端的滤波器。

### 16.8.3 测量

将示波器探头移到稳压电源的输入端，图 16-69 显示了其波形。V/div 已经改为 5 V/div 以显示完整信号，现在观察到，稳压电源的输入电压为直流 14 V，有 13 V 峰峰值的巨大纹波，这表明滤波电容开路。

并不是所有的故障排查都是如此直接，但是这里将分析、规划和测量的基本步骤作为故障排查的一般过程进行说明。

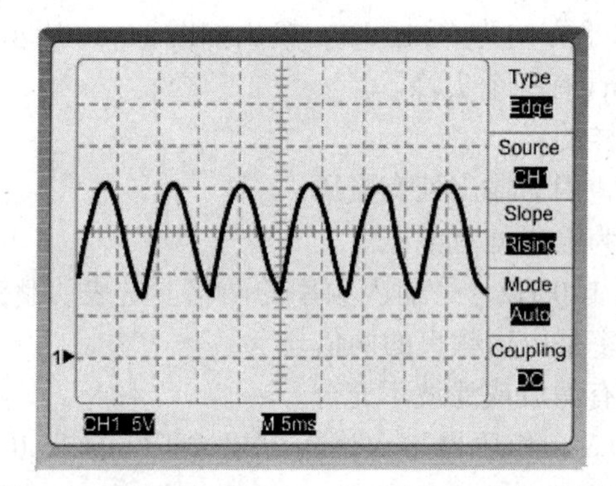


图 16-69　最后检查发现，输入滤波电容是开路的

### 16.8.4 故障分析

现在讨论不同电源的一些典型元器件故障及其产生的电路故障。注意，系统通常会发生级联故障，即其中一个故障可能会导致电路中的其他故障。例如，短路部件可能会导致过大的电流，损坏电路中的其他部件，并导致熔断器断开。当发现多个组件故障时，首先你应该尝试确定发生故障的根本原因，然后从逻辑上确定其他故障发生的顺序以及它们是如何发生的。

**半波整流电路中二极管开路的影响**　图 16-70a 所示为一个使用半波整流电路的基本非稳压电源。如果二极管是开路的，如图 16-70b 所示，二极管的阴极上将没有电压，阳极将有来自变压器的交流电。其他故障可能使电路没有输出（如熔断器开路，或没有输入电压）。这就是为什么有必要在阴极侧进行测量，以确认二极管是否开路。

**全波整流电路中二极管开路的影响**　中心抽头式全波整流电路如图 16-71 所示，在使用全波整流电路的电源中确认二极管开路的关键是查看纹波电压的频率。如果两个二极管中的任何一个开路，纹波频率将为 60 Hz，而不是 120 Hz，纹波幅度也将是原来的两倍。

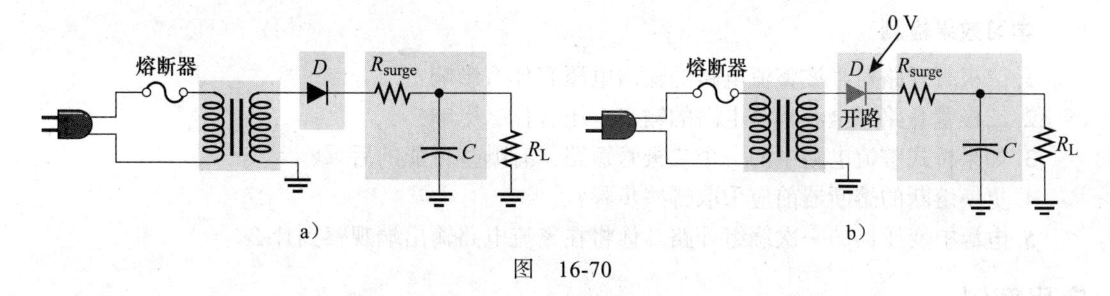


图 16-70

另一个会导致与二极管开路相同现象的故障是变压器二次绕组两个支路中的一个开路，在变压器的两边用示波器检查一下，可以快速确定变压器是否在工作，正常的变压器在两边都显示有交流电。

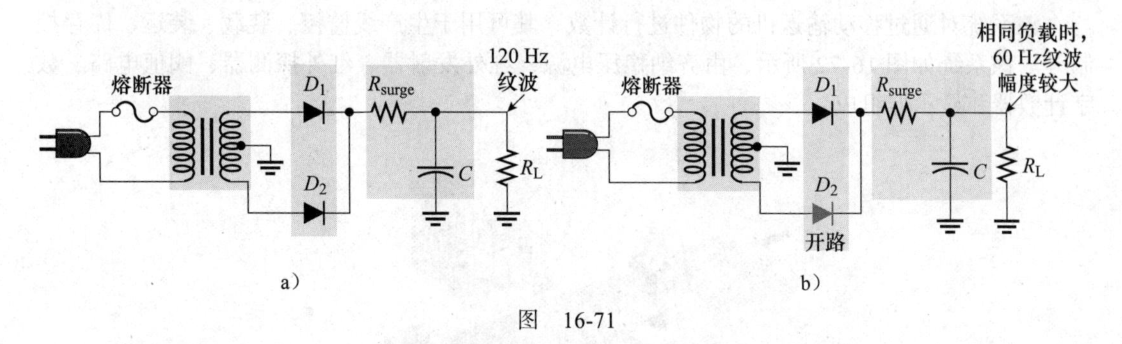


图 16-71

纹波幅度增加的原因是，二极管开路使电路表现为半波整流电路，从而产生频率为 60 Hz 的较大纹波电压。

**桥式全波整流电路中二极管开路的影响** 桥式全波整流电路的二极管开路将产生与中心抽头或全波整流电路二极管开路相同的现象，电路等同于半波整流电路，产生 60 Hz 的较大幅度的纹波。在稳压电源中，负载小时输出可能正常，但通过交流耦合示波器来检查纹波，可以测量纹波频率并观察到纹波幅度的增大。

**电源中任何二极管短路的影响** 电源中的二极管短路会导致熔断器熔断或二次侧中的电流过大而损坏电路。原因是整流电路将变压器的交流电转换为直流电，二极管短路时，滤波电容“接触”交流，会将交流电接地短路，因此过大的电流将烧断熔断器或造成其他损坏。这就是为什么在更换熔断的熔断器之前，你应该检查是否存在短路或其他问题。请记住，短路部件可能会导致其他故障，因此在恢复电源之前，请仔细检查是否存在其他问题。

**滤波电容故障的影响** 滤波电容可能出现三种类型的故障。

**开路** 对于非稳压电源，输出将是脉动的直流。

**短路** 滤波电容短路应导致熔断器熔断，可能使整流电路中的部分或全部二极管因电流过大而烧毁。在任何情况下，输出均为 0 V。

**漏电流** 漏电流的滤波电容相当于一个带有并联漏电电阻的电容，漏电电阻的影响是使时间常数减小，使电容器的放电速度比正常情况下更快，这导致了输出端的纹波电压幅度增大。这种故障在老式电子设备中容易发生。

**故障变压器的影响** 电源变压器的一次或二次绕组开路会产生 0 V 的输出。

一次绕组电路部分线路短路故障（不是全部短路），导致匝数比增大，二次电压增大，最终导致整流电路输出电压增大；二次绕组电路部分线路短路故障（不是全部短路），导致匝数比减小，二次电压减小，最终导致整流电路输出电压降低。

**学习效果检测**

1. 二极管开路对半波整流电路的输出电压有什么影响？
2. 二极管开路对全波整流电路的输出电压有什么影响？
3. 如果桥式整流电路中的一个二极管短路，有哪些可能的后果？
4. 更换熔断的熔断器前应采取哪些步骤？
5. 电源中变压器的一次绕组开路。你将在整流电路输出端观察到什么？

## 应用案例

本案例中的光学计数系统包括齐纳二极管、LED 和光电二极管以及其他设备。

**系统的描述**

该系统对通过移动输送机的物件进行计数，其可用于生产线监控、装载、装运、库存控制等。该系统如图 16-72 所示，由齐纳稳压电源、红外发射器、红外探测器、阈值电路、数字计数器和显示器组成。

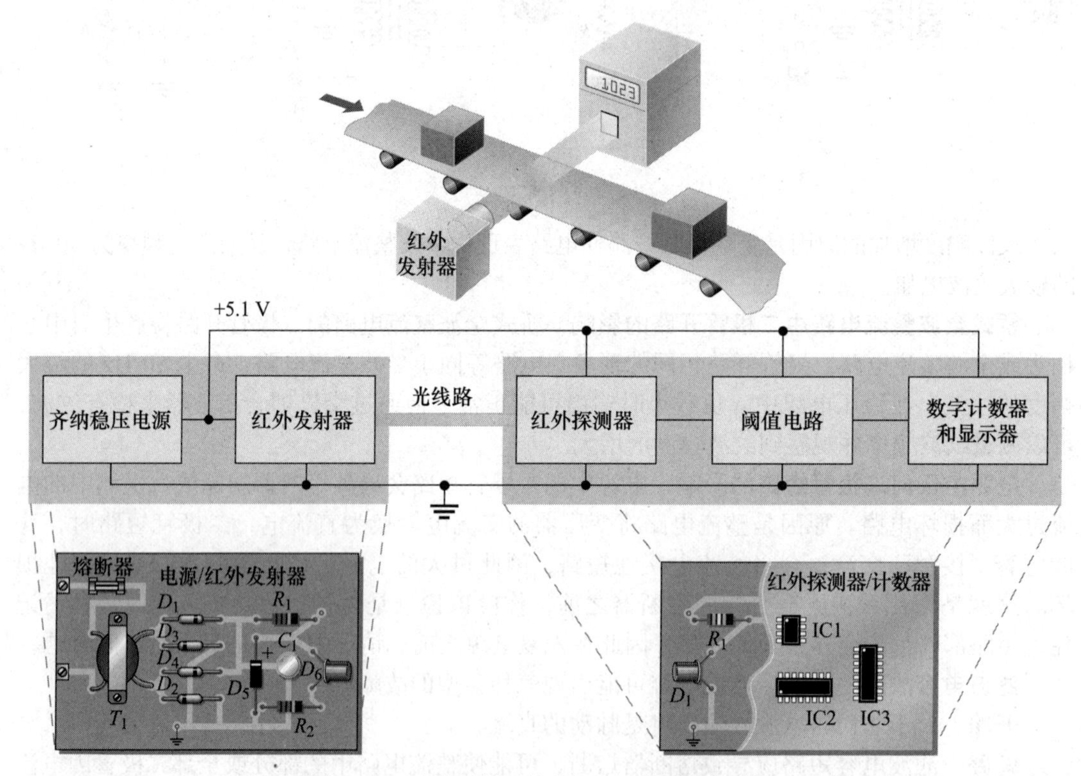


图 16-72 光学计数系统的概念、框图和电路板

电源 / 红外发射器单元位于输送机的一侧，红外探测器 / 计数器单元位于另一侧，直流电源为两个装置供电。红外发射器产生指向探测器的连续红外光，只要探测器接收到光，就不会做出反应。当一个物体穿过两个装置并阻挡红外光时，探测器会做出反应，该反应由阈值电路感测。阈值电路会向数字计数器发送信号，使其计数加 1，总计数结果可以显示或发送到中央计算机中。

**步骤 1：识别元器件**

图 16-73 为电源 / 红外发射器的电路板和原理图，直流稳压电路由电阻 $R_1$ 和齐纳二极管

$D_5$ 组成，红外发射器电路由 $R_2$ 和 $D_6$ 组成，这是一个红外发光二极管。图 16-74 中红外探测器 / 计数器板上的红外探测器电路由 $R_1$ 和红外光电二极管 $D_1$ 构成。发光二极管和光电二极管在外观上是相同的，并且只能通过印在箱子上或包装上的零件编号来区分。该电路板的数字部分显示在浅灰色区域，没有详细信息。数字集成电路 IC1、IC2 和 IC3 采用 SOIC（小型集成电路）封装。SOIC 是一种表面贴装技术。

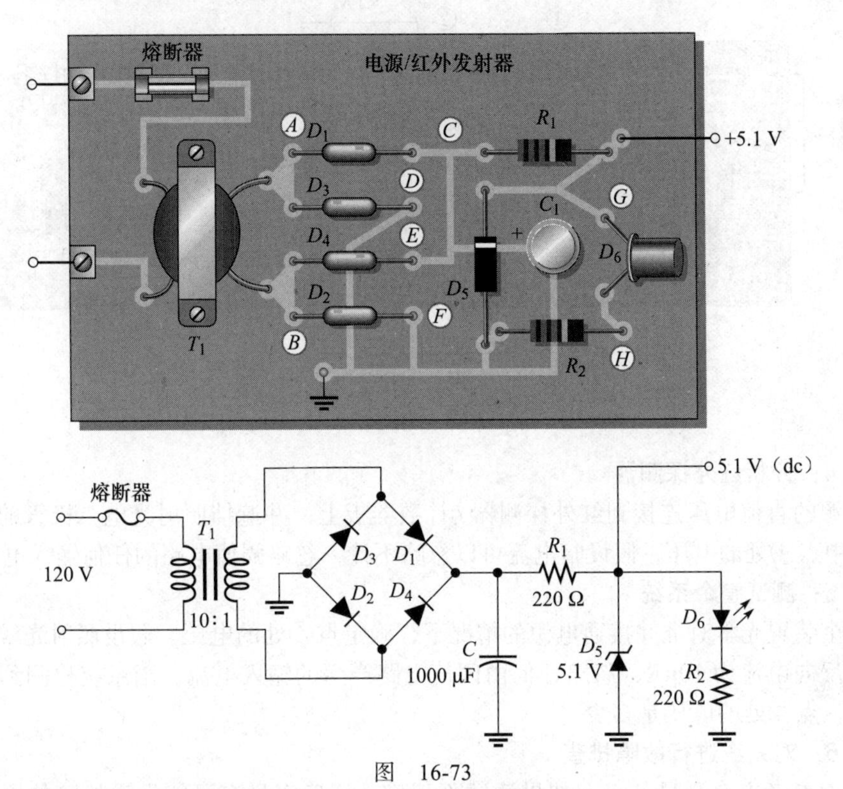


图　16-73

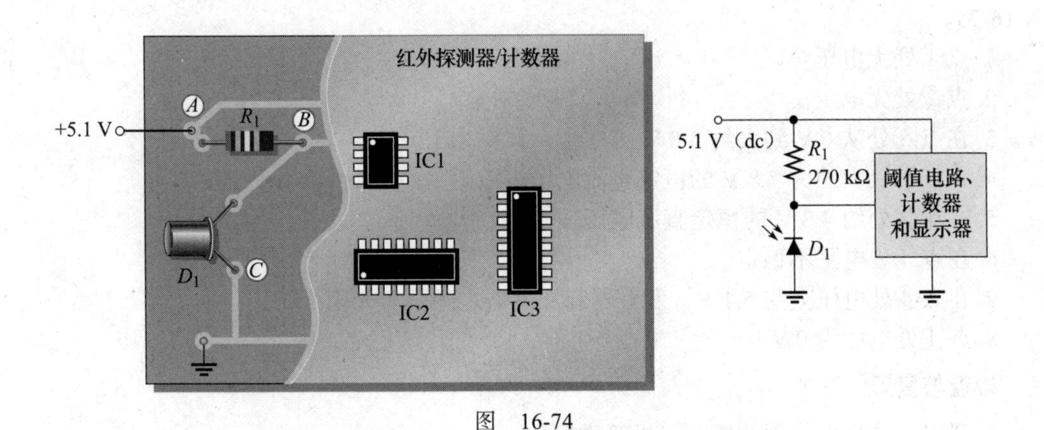


图　16-74

**步骤 2：将 PCB 与原理图关联**

观察 PCB 上的线路，查看组件是如何连接的。将电源 / 红外发射器板上的每个点（*A* 到 *H*）与图 16-73 中原理图上的对应点进行比较，对图 16-74 中红外探测器 / 计数器板上的每个点（*A* 到 *C*）进行相同的操作。本练习将培养你将原理图与实际电路联系起来的技能，这是电子工程师的一项重要技能。对于 PCB 上的每个点，将其对应点用字母标识在原理图上。

**步骤 3：分析电源 / 红外发射器**

将电源 / 红外发射器板连接电源，确定图 16-75 所示的点①、②和③处的直流电压，假设电路工作正常。

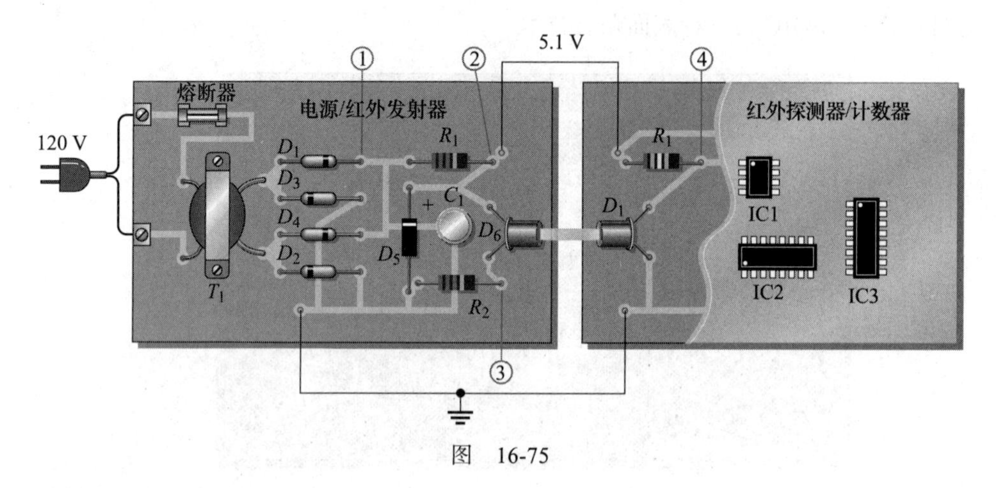


图 16-75

**步骤 4：分析红外探测器**

将电源的直流电压连接到红外探测器 / 计数器板上，并遮挡照射光电二极管的光，确定图 16-75 中点④处的电压，假设暗电流可以忽略不计，忽略阈值电路的任何输入电流。

**步骤 5：测试整个系统**

在两个装置光学对准并接通电源的情况下，确定点④处的电压。假设照射光线通过光电二极管的反向电流为 10μA，忽略任何由阈值电路产生的输入电流，当系统检测到一个经过的物体时，点④处的电压是多少？

**步骤 6：对系统进行故障排查**

以地为参考点，测量各点。如果读数不正确，请确定最有可能发生故障的原因，参见图 16-75。

1. 点①处无电压。
2. 点②处无电压。
3. 在点②处从 0 V 到大约 5.0 V 的电压，频率为 120 Hz。
4. 在点②处大约为 7.8 V 的恒定直流电压。
5. 在点②处约 4.3 V 的恒定直流电压。
6. 在点④处电平不稳定。
7. 在点④处电压大约 5.1 V，发射器和探测器之间没有光阻。
8. 点④处电压为 0 V。

**检查与复习**

1. 列出该系统中使用的所有二极管类型。
2. 电源 / 红外发射器板上电阻 $R_2$ 的作用是什么？
3. 在这个系统中，你怎样做才能将直流电压变为 8.2 V？
4. LED 会发出连续的红外线吗？或者当物体经过时它会打开或关闭吗？
5. 这个系统中光电二极管的用途是什么？

## 本章总结

- 在本征（纯）半导体中加入杂质以增加和控制电导率的过程称为掺杂。
- P 型半导体掺杂三价杂质原子。
- N 型半导体掺杂五价杂质原子。
- 耗尽层是邻近 PN 结的区域，不包含多数载流子。
- 正向偏置允许多数载流子电流通过二极管。
- 反向偏置可阻止多数载流子电流。
- 半波整流电路中的单个二极管在输入周期的一半时间内导通。
- 半波整流电路的输出频率等于输入频率。
- 半波整流信号的平均值（直流）是其峰值的 0.318 或 $1/\pi$ 倍。
- 未经过滤的半波整流电路中的二极管的 PIV 等于二次电压。
- 电容滤波半波整流电路中二极管的 PIV 等于二次电压的两倍。
- 全波整流电路中的每个二极管在输入周期的一半时间内导通。
- 全波整流电路的输出频率是输入频率的两倍。
- 全波整流电路可分为中心抽头式和电桥式。
- 中心抽头式全波整流电路的输出电压约为二次电压的一半。
- 中心抽头式全波整流电路中每个二极管的 PIV 是输出电压的两倍。
- 桥式全波整流电路的输出电压等于二次电压。
- 桥式全波整流电路中每个二极管的 PIV 为中心抽头式全波整流电路所需的一半，约等于输出电压峰值。
- 电容输入滤波器提供一个大约等于输入峰值的直流输出。
- 纹波电压是由滤波电容的充放电引起的。
- 在输入电压范围内调节输出电压称为输入调节或线路调节。
- 在负载电流范围内调节输出电压称为负载调节。
- 齐纳二极管以反向击穿方式工作。
- 当 $V_Z$<5.0 V 时，齐纳击穿占主导地位。
- 当 $V_Z$>5.0 V 时，雪崩击穿占主导地位。
- 齐纳二极管在规定的齐纳电流范围内，通过其端子维持基本恒定的电压。
- 齐纳二极管可以用作各种应用中的电压基准。
- 变容二极管在反向偏置条件下充当可变电容器。
- 变容二极管的电容与反向偏置电压成反比。
- 二极管符号如图 16-76 所示。
- 光电耦合器和光隔离器结合了发光二极管和光电二极管的功能。

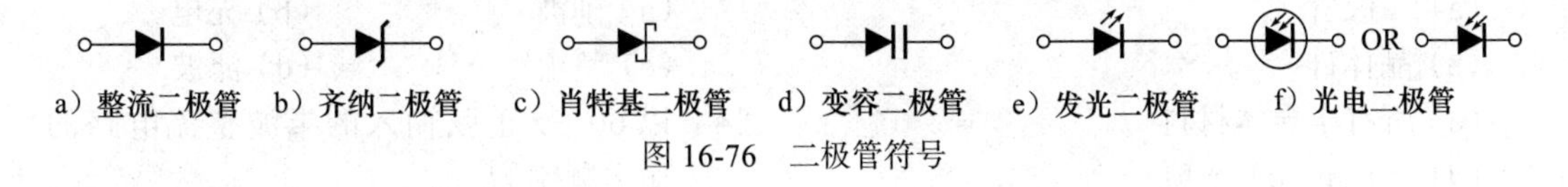


图 16-76　二极管符号

### 对 / 错判断（答案在本章末尾）

1　硅可以掺杂像铝这样的三价材料，从而产生 N 型材料。

2　N 型材料中的少数载流子是空穴。

3　在二极管完全导通之前，偏置必须克服

势垒电位。

4 当正向偏置作用于二极管时，耗尽层变宽。

5 全波整流电路的输出频率与输入频率相同。

6 桥式全波整流电路的输出电压峰值是输入电压的一半。

7 如果桥式全波整流电路中有一个二极管开路，输出就会降为零。

8 线路调节率规定了在输入电压给定变化的情况下，输出电压发生的变化。

9 正常情况下，齐纳二极管、变容二极管和光敏二极管是反向偏置工作的。

10 齐纳二极管的一个应用是在压控振荡器中控制频率。

## 自我检测（答案在本章末尾）

1 半导体晶体内的原子通过以下哪种方式结合在一起？
(a) 磁力 (b) 亚原子粒子
(c) 共价键 (d) 价带

2 自由电子存在于
(a) 价带 (b) 导带
(c) 最低波 (d) 复合带段

3 一个空穴是
(a) 电子在价带中留下的空位
(b) 传导带中的空位
(c) 阳电子
(d) 传导带电子

4 把杂质原子加入纯半导体的过程称为
(a) 重组 (b) 结晶
(c) 键合 (d) 掺杂

5 半导体中有两种类型的电流是
(a) 正电流和负电流
(b) 电子电流和常规电流
(c) 电子电流和空穴电流
(d) 正向电流和反向电流

6 N型半导体中的大多数载流子是
(a) 电子 (b) 空穴
(c) 正离子 (d) 负离子

7 PN结存在于
(a) 二极管
(b) 晶体硅
(c) 所有半导体材料
(d) (a) 和 (b) 选项

8 在二极管中，PN结附近由正离子和负离子组成的区域称为二极管
(a) 中立区 (b) 复合区
(c) 耗尽层 (d) 扩散区

9 决定半导体器件工作状态的固定直流电压称为
(a) 偏置 (b) 电压损耗
(c) 电池 (d) 势垒电位

10 在二极管中，两个偏置状态是
(a) 正极和负极
(b) 阻塞和非阻塞
(c) 开和闭
(d) 正向和反向

11 当一个二极管是正向偏置时，它是
(a) 阻断电流
(b) 导通电流
(c) 类似于打开开关
(d) 类似于闭合开关
(e) 答案 (a) 和 (c)
(f) 答案 (b) 和 (d)

12 一个正向偏置的硅二极管上的电压约为
(a) 0.7 V
(b) 0.3 V
(c) 0 V
(d) 取决于偏置电压

13 把交流电转换成脉动直流电的过程称为
(a) 削波 (b) 充电
(c) 整流 (d) 滤波

14 以60 Hz正弦输入的半波整流电路的输出频率为
(a) 30 Hz (b) 60 Hz
(c) 120 Hz (d) 0 Hz

15 半波整流电路中使用的二极管数量为
(a) 1 (b) 2

（c）3　　（d）4

16　如果对一个半波整流电路施加一个峰值为75 V的正弦波电压，二极管上的最大反向电压为

（a）75 V　　（b）150 V

（c）37.5 V　　（d）0.7 V

17　采用60 Hz正弦输入的全波整流电路的输出频率为

（a）30 Hz　　（b）60 Hz

（c）120 Hz　　（d）0 Hz

18　两种全波整流电路分别是

（a）单二极管和双二极管

（b）一次侧和二次侧

（c）正向偏置和反向偏置

（d）中心抽头式和桥式

19　当中心抽头式整流电路中的一个二极管开路时，输出

（a）0 V　　（b）半波整流

（c）振幅减小　　（d）不受影响

20　在桥式整流电路输入电压的正半周期期间，存在

（a）一个二极管是正向偏置的

（b）所有二极管都是正向偏置的

（c）所有二极管都是反向偏置的

（d）两个二极管是正向偏置的

21　将半波或全波整流电压转变为恒定直流电压的过程称为

（a）滤波　　（b）交直流转换

（c）衰减　　（d）纹波抑制

22　直流电源输出电压的微小变化被称为

（a）平均电压　　（b）浪涌电压

（c）残余电压　　（d）纹波电压

23　齐纳二极管工作在

（a）齐纳击穿　　（b）正向偏置

（c）饱和状态　　（d）截止状态

24　齐纳二极管有时用作

（a）限流器　　（b）电源分配器

（c）电压基准　　（d）可变电阻

25　与传统二极管相比，肖特基二极管

（a）有更低的正向电压和更慢的开关速度

（b）有更低的正向电压和更快的开关速度

（c）有更高的正向电压和更慢的开关速度

（d）有更高的正向电压和更快的开关速度

26　变容二极管用作

（a）电阻器　　（b）电流源

（c）电感器　　（d）电容器

27　LED的工作原理是基于

（a）正向偏置

（b）电致发光

（c）光子灵敏度

（d）电子空穴复合

28　在光电二极管中，光产生

（a）反向电流　　（b）正向电流

（c）电致发光　　（d）暗电流

## 分节习题（奇数题答案在本书末尾）

### 16.1节

1　列出两种半导体材料。

2　半导体有多少价电子？

3　在硅晶体中，一个原子能形成多少个共价键？

4　当硅受热时，会发生什么？

5　说出在硅中产生电流的两个能级。

6　描述掺杂的过程并解释它如何改变硅的原子结构。

7　锑是什么类型的杂质？硼是什么类型的杂质？

8　解释什么是空穴。

9　什么是再复合。

### 16.2节

10　PN结上的电场是如何产生的？

11　二极管因其势垒电位可以作为电压源吗？解释原因。

12　对于正向偏置二极管，电压源的正极必须连接到哪个区域？

13　解释当二极管是正向偏置时，为什么需要串联电阻。

## 16.3 节

14 解释如何生成特性曲线的正向偏置部分。

15 是什么导致势垒电位从 0.7 V 降至 0.6 V？

16 确定图 16-77 中的每个二极管是正向偏置还是反向偏置。

17 在图 16-77 中计算每个二极管的电压。

18 检查图 16-78 中每个电路中的仪表指示，并确定二极管是否正常工作，是否开路或短路。

19 确定图 16-79 中各点对地电压。

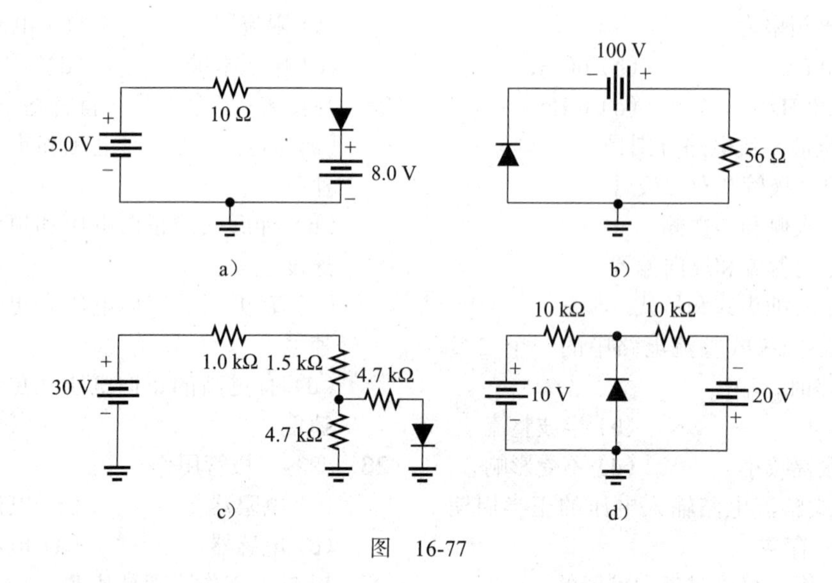


图 16-77

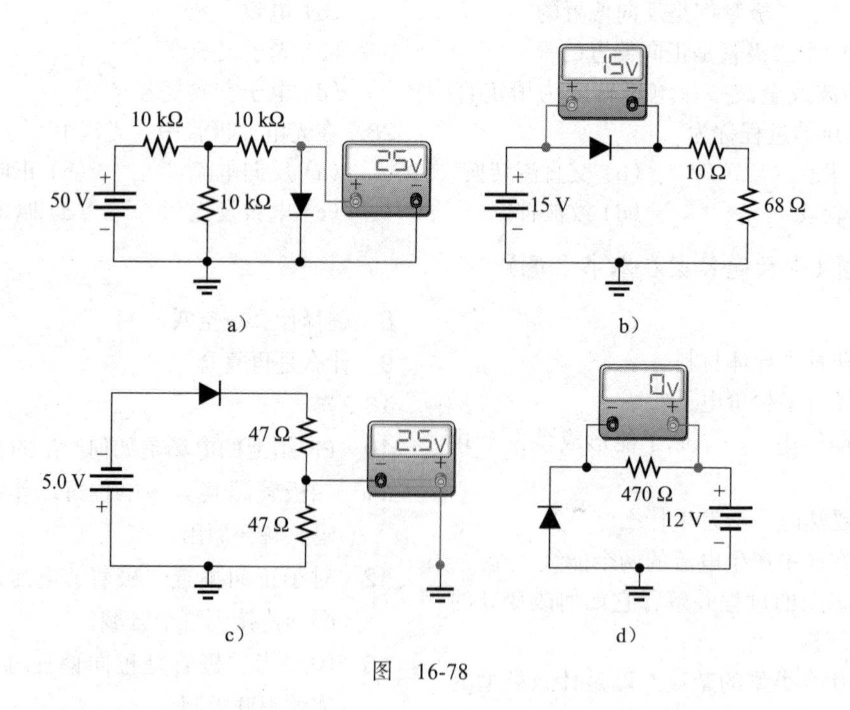


图 16-78

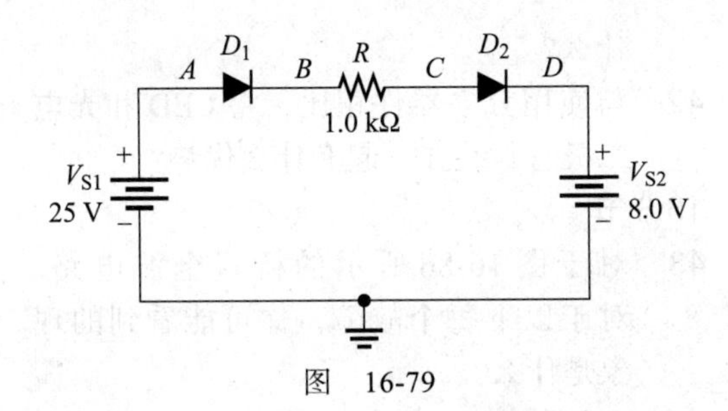

图 16-79

(a) 这是什么类型的电路?
(b) 二次电压峰值是多少?
(c) 计算二次侧两端的电压峰值。
(d) 画出 $R_L$ 上的电压波形。
(e) 通过每个二极管的电流峰值是多少?
(f) 每个二极管的 PIV 是多少?

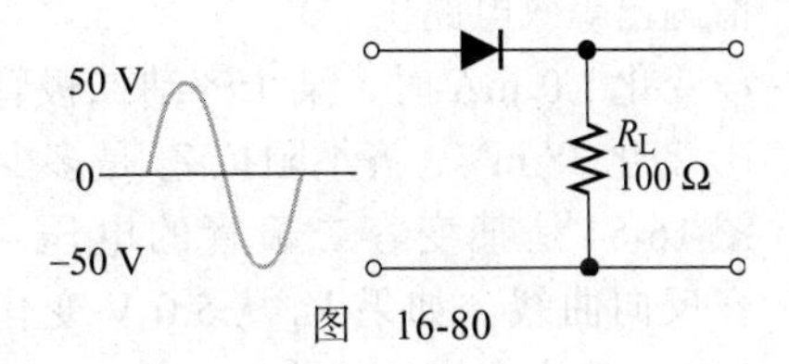

图 16-80

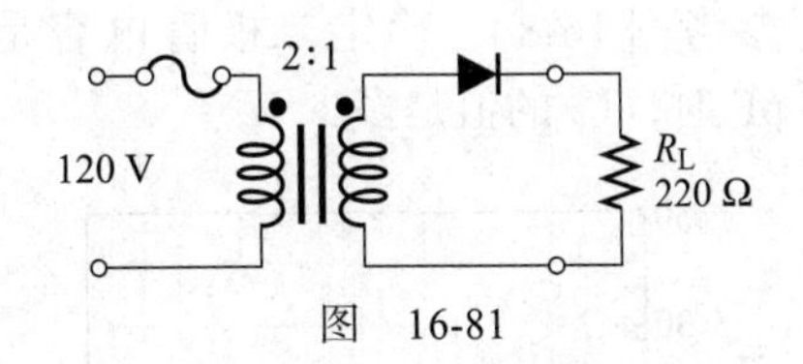

图 16-81

16.4 节

20 计算峰值为 200 V 的半波整流电压的平均值。

21 画出图 16-80 所示电路的负载电流和电压的波形，并写出峰值。

22 一个额定 PIV 为 50 V 的二极管可以用于图 16-80 的电路吗?

23 计算图 16-81 中 $R_L$ 的电压峰值。

24 计算峰值为 75 V 的全波整流电压的平均值。

25 参考图 16-82 中的电路。

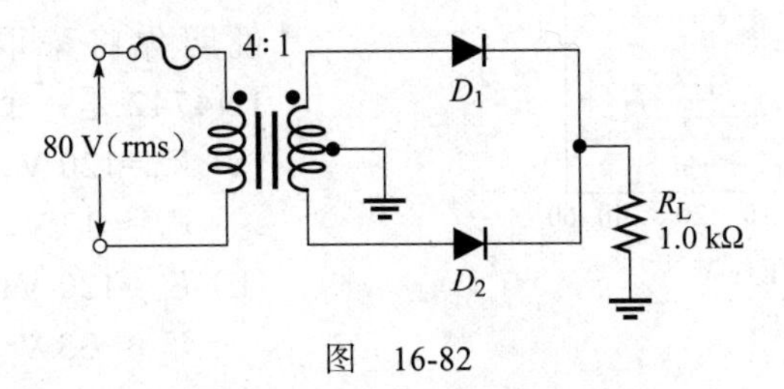

图 16-82

26 全波整流器平均输出电压为 110 V，计算中心抽头式变压器每条支路的电压峰值。

27 说明如何连接中心抽头式整流电路中的二极管，以便在负载电阻上产生一个负向的全波电压。

28 桥式整流电路中产生平均输出电压为 50 V 的二极管需要多大的 PIV?

16.5 节

29 反激二极管什么时候正向偏置?

30 选择反激二极管的两个条件是什么?

16.6 节

31 电容输入滤波电路的理想直流输出电压是整流输入的峰值 / 平均值。

32 如图 16-83，参考输入波形，画出 $V_A$ 和 $V_B$ 的波形。

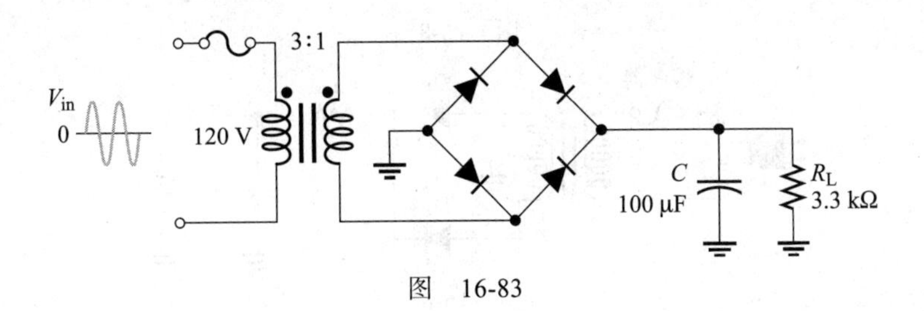

图 16-83

33 某稳压器空载输出电压为 12.6 V，满载输出电压为 12.1 V，计算负载调节率。

34 当某个稳压器的输入电压从 9.35 V 变化到 6.48 V 时，输出电压从 4.85 V 变化到 4.65 V。计算线路调节率。

16.7 节

35 一个齐纳二极管的 $V_Z$=7.5 V，$Z_Z$=5.0 Ω，请画出等效电路。

36 $I_Z$ 变化 1.0 mA 时，某个齐纳二极管的 $V_Z$ 变化 38 mV，齐纳阻抗 $Z_Z$ 是多少？

37 图 16-84 是某变容二极管的电压 – 电容反向曲线。如果 $V_R$ 从 5.0 V 变化到 20 V，确定电容的变化。

38 参考图 16-84，确定二极管电容是 25 pF 时，$V_R$ 的值是多少。

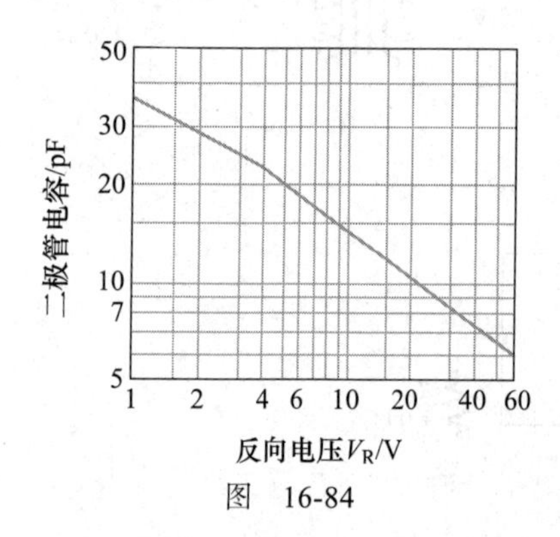


图 16-84

39 当图 16-85 中的开关闭合时，微安表的读数是增加还是减少？

40 在没有光照的情况下，光电二极管中有反向电流，这个电流叫什么？

41 光电耦合器和光隔离器的区别是什么？

42 与使用分立器件相比，将 LED 和光电二极管封装在一起有什么优势？

16.8 节

43 对于图 16-86 所示的桥式全波电路，对于以下每个故障，你可能看到的现象是什么？

(a) 其中一个二极管的阳极与阴极短路。

(b) 其中一个二极管开路。

(c) 滤波电容开路。

(d) 变压器二次侧开路。

44 图 16-87 的每一部分显示了示波器测得的整流输出电压，在每种情况下，确定整流电路是否正常工作，如果不是，确定最有可能的故障。

45 对于图 16-88 中所示的节点 1 和 2 的每一组测量电压，确定它们是否正确，如果不正确，确定最有可能的故障，说明你将采取什么措施来修复它，1N4742 是一个 12 V 的齐纳二极管。

(a) $V_{pri}$=120 V，$V_1 \approx$ 33 V（直流电），$V_2 \approx$ 12 V（直流电）

(b) $V_{pri}$=120 V，$V_1 \approx$ 33 V（直流电），$V_2 \approx$ 33 V（直流电）

(c) $V_{pri}$=0 V，$V_1$=0 V，$V_2$=0 V

(d) $V_{pri}$=120 V，$V_1 \approx$ 33 V（峰值，全波，120 Hz），$V_2 \approx$ 12 V（峰值，全波，120 Hz）

(e) $V_{pri}$=120 V，$V_1$=0 V，$V_2$=0 V

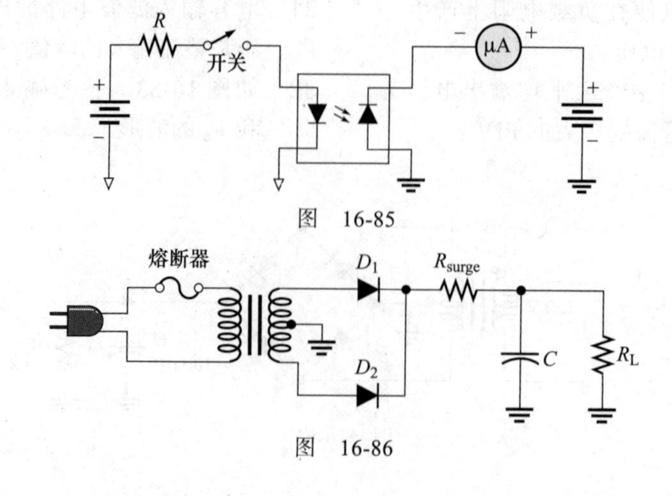


图 16-85

图 16-86

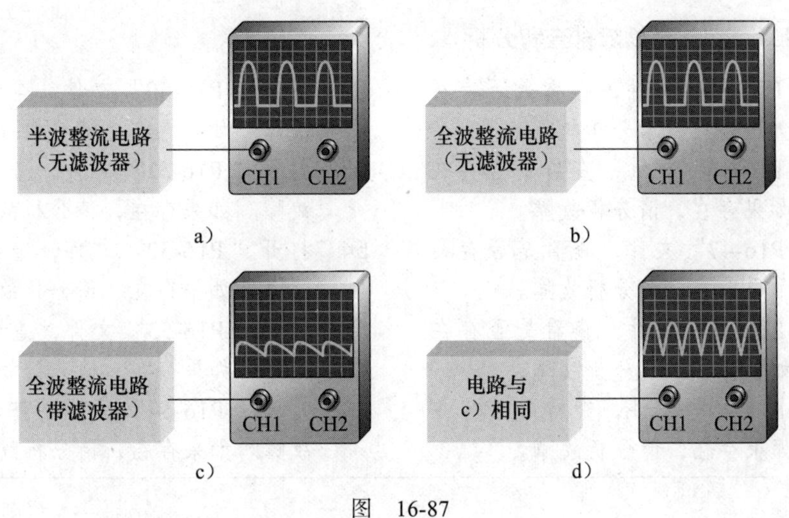


图　16-87

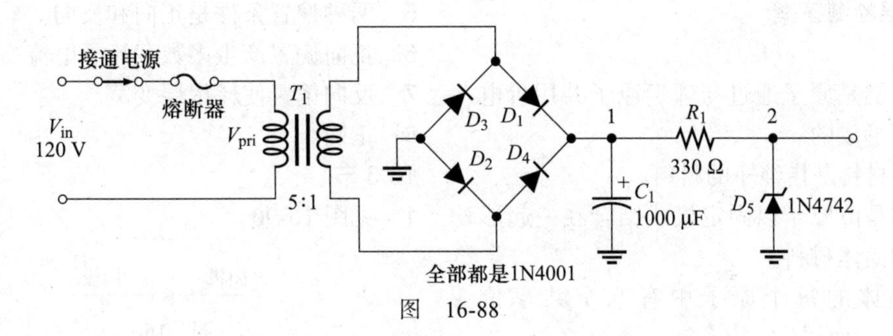


图　16-88

**46**　针对以下现象确定图 16-89 所示电路板中最可能出现的故障，说明你将在每个情况下采取的处理措施，这个变压器的匝数比是 1。

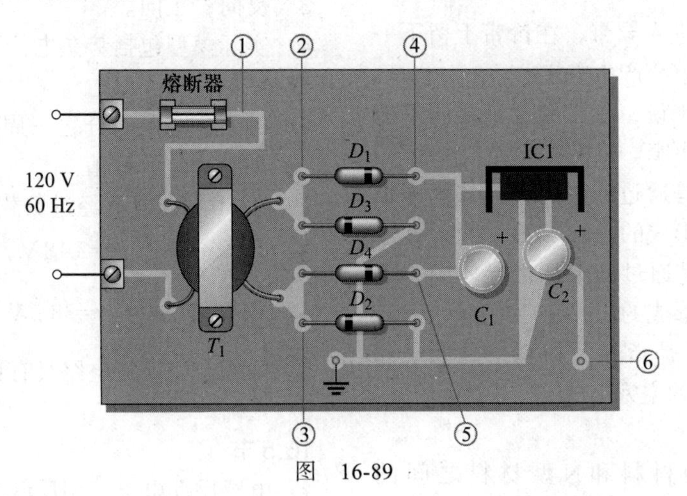


图　16-89

(a) 一次侧无电压。
(b) 点 2 处对地无电压，一次电压为 120 V。
(c) 点 3 处对地无电压，一次电压为 120 V。
(d) 点 4 处相对于地的脉动全波整流电压峰值为 170 V。
(e) 点 5 处对地纹波电压高于 120 Hz。
(f) 纹波电压在点 4 处的频率为 60 Hz。
(g) 点 6 处对地没有电压。

## Multisim 仿真故障排查和分析

47 打开“P16-45”文件，查看是否存在故障。如果存在，请分析故障。

48 打开“P16-46”文件，查看是否存在故障。如果存在，请分析故障。

49 打开“P16-47”文件，查看是否存在故障。如果存在，请分析故障。

50 打开“P16-48”文件，查看是否存在故障。如果存在，请分析故障。

51 打开“P16-49”文件，查看是否存在故障。如果存在，请分析故障。

52 打开“P16-50”文件，查看是否存在故障。如果存在，请分析故障。

53 打开“P16-51”文件，查看是否存在故障。如果存在，请分析故障。

54 打开“P16-52”文件，查看是否存在故障。如果存在，请分析故障。

55 打开“P16-53”文件，查看是否存在故障。如果存在，请分析故障。

56 打开“P16-54”文件，查看是否存在故障。如果存在，请分析故障。

## 参考答案

### 学习效果检测答案

### 16.1 节

1 共价键是原子通过与邻近原子共用价电子而形成的。

2 本征材料是指纯净的材料。

3 晶体是由原子以固定模式结合在一起形成的固体材料。

4 硅晶体的每个原子中有八个共享价电子。

5 导带中存在自由电子，价带中存在价电子。

6 当电子受热进入导带，在价带上留下一个空穴时，就会产生空穴。

7 对于半导体来说，价带和导带之间的能隙比绝缘体更窄。

8 N 型半导体是通过向本征半导体中添加五价原子而形成的。

9 P 型半导体是通过向本征半导体中添加三价原子而形成的。

10 多数载流子是指 N 型材料中的电子和 P 型材料中的空穴。

### 16.2 节

1 PN 结是 P 型材料和 N 型材料之间的边界。

2 耗尽层没有载流子，只包含正离子和负离子。

3 正确。

4 硅的势垒电位为 0.7 V。

5 两种偏置条件是正向和反向。

6 正向偏置产生多数载流子电流。

7 反向偏置使耗尽层变宽。

8 正确。

### 16.3 节

1 见图 16-90。

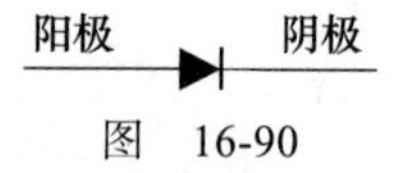


图 16-90

2 正确。

3 反向；正向。

4 实际模型包括势垒电位。

### 16.4 节

1 PIV 发生在四分之三周期处，是输入周期负交替的峰值。

2 在 50% 的电流经过负载。

3 $V_{AVG}=V_{p(out)}/\pi=3.18\ V$。

4 $V_{AVG}=2V_{p(out)}/\pi=38.2\ V$。

5 桥式全波整流电路具有更大的 $V_{out}$。

6 正确。

### 16.5 节

1 电感反冲电路使用反激二极管。

2 图 16-38a 中的二极管对电路没有影响，因为它是反向偏置的，基本上等同于开路。

3 图 16-38b 中的二极管导通了电流，因为电感电压的极性使其正向偏置。

4　图 16-38 中的反激二极管为电感电流提供一个低阻抗路径，并将电感电压限制在其正向电压上，从而防止反激电感破坏电路。
5　反激二极管要在电路中正常工作，必须满足两个要求，一是在反向偏压时能承受所施加的电压，二是在正向偏压时能安全地消耗来自电感电流的功率。
6　如果图 16-40 中的电池反向，二极管将反向偏置，二极管的另一侧将不会出现电压。
7　如果 $V_{S1}$ 激活，电压稳压器的输入将为 12.5 V − 0.7 V=11.8 V，如果 $V_{S2}$ 激活，稳压器的输入将为 11.5 V − 0.7 V=10.8 V。

16.6 节

1　纹波电压是由电容器轻微充电和放电造成的。
2　降低负载电阻会增加纹波电压。
3　有更好的纹波抑制、线路和负载调节、热保护功能。
4　线路调节：输出电压恒定，输入电压变化。
5　负载调节：输出电压恒定，负载电流变化。

16.7 节

1　正确
2　$V_Z$=10 V+30 mA × 8.0 Ω=10.2 V
3　肖特基二极管由金属 / 硅化物区域组成，而不是与 N 型和 P 型材料组成。
4　肖特基结比 PN 结的优点是具有更低的正向压降且没有耗尽层，从而能够更快地开关。
5　充当可变电容器。
6　当反向电压增加时，变容二极管电容减小。
7　LED 在正向偏置时发光；当反向偏置时，光电二极管对光做出响应。
8　激光 LED 发出的光是相干的（同相位），而标准 LED 发出的光不是相干的。
9　暗电流。
10　光电耦合器和光隔离器之间的区别在于该设备的作用是在子电路之间进行信号耦合还是提供电气隔离。
11　将 LED 和光电二极管封装在一起而不使用分立器件的优点是：灰尘和环境光等环境因素不会影响设备的运行。

16.8 节

1　二极管开路导致无输出电压。
2　二极管开路产生半波输出电压。
3　短路的二极管可能会烧毁而开路，变压器将被损坏，熔断器将被烧毁。
4　纹波电压没有过滤或过滤不充分，是由于滤波电容故障。
5　没有输出电压。

**同步练习答案**

例 16-1　3.82 V
例 16-2　2.3 V
例 16-3　98.7 V
例 16-4　12.8 V
例 16-5　370 V
例 16-6　$V_{p(out)}$=170 V，PIV=170 V
例 16-7　10 V
例 16-8　3.8%
例 16-9　5.0 Ω

**对 / 错判断答案**

| | | |
|---|---|---|
| 1　错 | 2　对 | 3　对 |
| 4　错 | 5　错 | 6　错 |
| 7　错 | 8　对 | 9　对 |
| 10　错 | | |

**自我检测答案**

| | | |
|---|---|---|
| 1 (c) | 2 (b) | 3 (a) |
| 4 (d) | 5 (c) | 6 (a) |
| 7 (a) | 8 (c) | 9 (a) |
| 10 (d) | 11 (f) | 12 (a) |
| 13 (c) | 14 (b) | 15 (a) |
| 16 (a) | 17 (c) | 18 (d) |
| 19 (b) | 20 (d) | 21 (a) |
| 22 (d) | 23 (a) | 24 (c) |
| 25 (b) | 26 (d) | 27 (b) |
| 28 (a) | | |

# 第 17 章

# 晶体管及其应用

**学习目标**

- 描述双极型晶体管的基本结构和工作原理
- 解释 BJT A 类放大器的工作原理
- 分析 B 类放大器
- 分析晶体管开关电路
- 描述 JFET 和 MOSFET 的基本结构和工作原理
- 分析两种类型的 FET 放大器结构
- 论述几种类型的振荡器理论并分析其工作原理
- 对放大器电路进行故障排查

**应用案例概述**

你需要对系统中的一个特定晶体管电路进行分析和故障排查，该电路产生的直流输出电压与温箱内的温度成正比。该电路使用一个温度传感器的可变电阻作为晶体管偏置电路的一部分，温度检测电路的输出会被转换成数字形式，以便精确地控制燃烧炉从而控制温箱。如果温箱内温度上升到某一特定值以上，通过控制电路来减少进入燃烧炉的燃料，从而降低温度；如果温度有下降趋势，通过控制电路来增加进入燃烧炉的燃料，从而提高温度。学习本章内容后，你应该能够完成本章的应用案例。

**引言**

本章将讨论双极型晶体管（BJT）和场效应晶体管（FET），并介绍放大电路和开关电路两个主要的应用。

## 17.1 双极型晶体管的工作原理

**晶体管**是一种半导体器件，它根据第三端子的电流或电压来控制另外两个端子之间的电流，用于电信号的放大或开关控制。双极型晶体管（BJT）的基本结构决定了其工作特性。直流偏置对于晶体管的工作很重要，它可以在晶体管电路中设置适当的电流和电压，$\beta_{DC}$（电流增益）是重要的晶体管直流参数。

**双极型晶体管（BJT）**由三个掺杂的半导体区域组成，由两个 PN 结分开，如图 17-1a 所示，这三个区域被称为**发射极**、**基极**和**集电极**。两种类型的双极型晶体管如图 17-1b 和 c 所示，一种类型是两个 N 区被一个 P 区隔开（NPN），另一种类型是两个 P 区被一个 N 区隔开（PNP）。

如图 17-1b 所示，连接基极和发射极的 PN 结称为发射结，连接基极和集电极的 PN 结称为集电结。从这三个区域中分别引出一根引线，这些引线分别标记 E、B 和 C，表示为发射极、基极和集电极。基极材料与发射极和集电极材料相比掺杂程度较低。

图 17-2 显示了 NPN 和 PNP 双极型晶体管的符号，注意，发射极有一个箭头，**双极型**是指在晶体管结构中同时使用空穴和电子作为电荷载体。PNP 和 NPN 晶体管都是经常使用的，本章主要以 NPN 为例来说明原理概念。

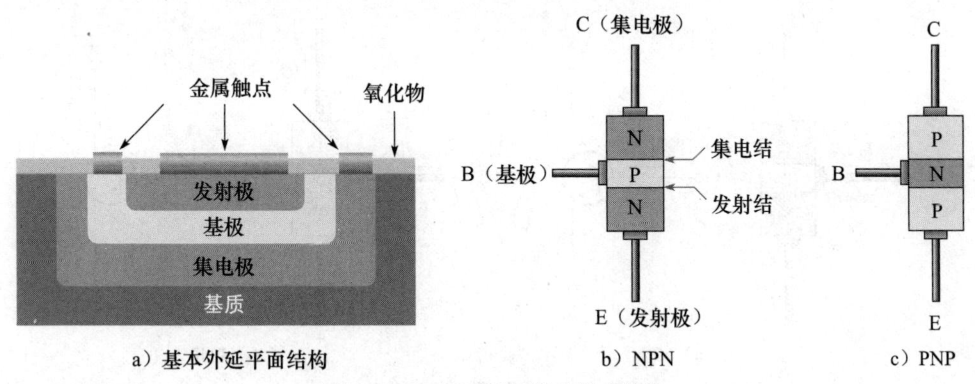

a）基本外延平面结构　b）NPN　c）PNP

图 17-1　双极型晶体管的基本结构

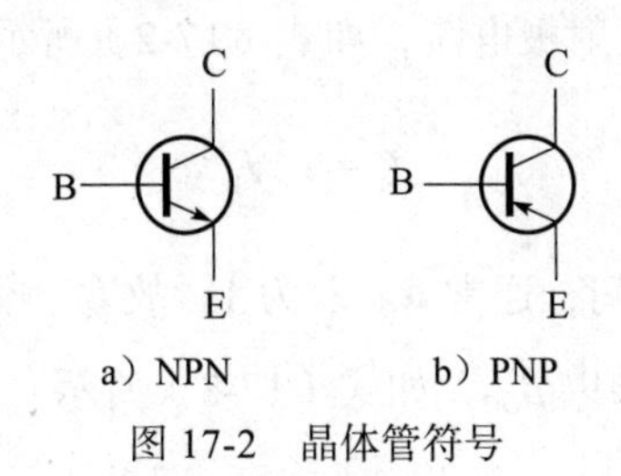

a）NPN　b）PNP

图 17-2　晶体管符号

## 17.1.1　晶体管的偏置

为了使晶体管作为放大器能够正常工作，必须用外部直流电压使两个 PN 结正确偏置。图 17-3 所示为 NPN 和 PNP 晶体管正确的偏置结构。在这两种结构中，发射结（BE）正向偏置，集电结（BC）反向偏置，这被称为正向 – 反向偏置。

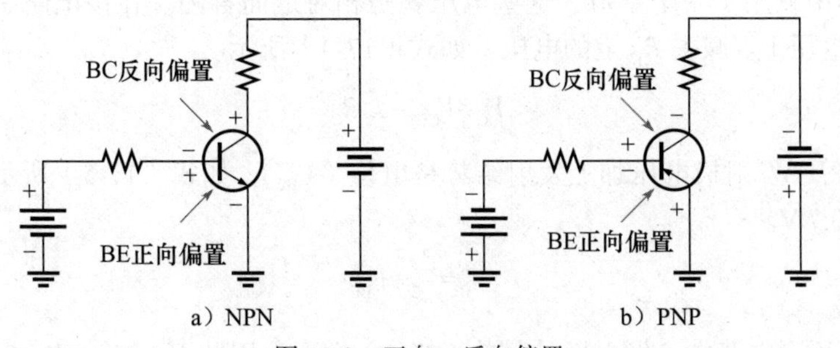

a）NPN　b）PNP

图 17-3　正向 – 反向偏置

## 17.1.2　晶体管电流

NPN 和 PNP 晶体管的电流方向如图 17-4a 和图 17-4b 所示，发射极电流是集电极电流和基极电流的总和，如式（17-1）所示：

$$I_E = I_B + I_C \tag{17-1}$$

如前所述，与 $I_E$ 或 $I_C$ 相比，$I_B$ 是非常小的（大写字母的下标表示直流电流值）。

这些直流电流（发射极、基极和集电极）与两个参数有关：直流 $\alpha_{DC}$ 系数，即 $I_C/I_E$ 的比值；直流 $\beta_{DC}$ 系数，即 $I_C/I_B$，$\beta_{DC}$ 是电流增益，在晶体管数据参数表上通常用 $h_{FE}$ 来表示。

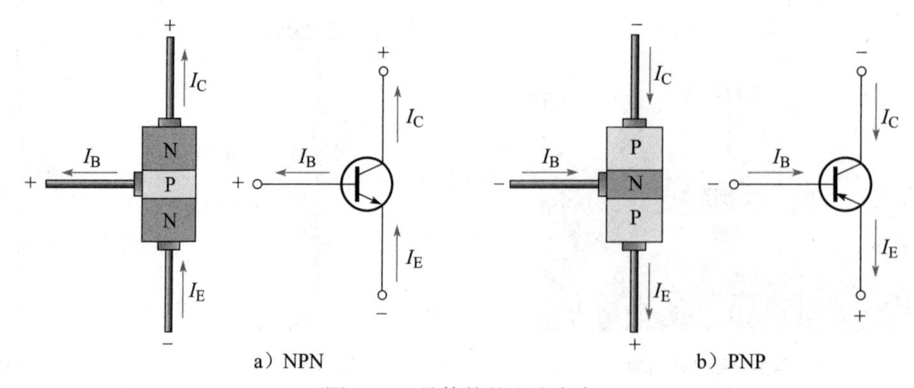


a）NPN　　b）PNP

图 17-4　晶体管的电流方向

集电极电流等于 $\alpha_{DC}$ 乘以发射极电流，如式（17-2）所示。

$$I_C=\alpha_{DC}I_E \tag{17-2}$$

式中，$\alpha_{DC}$ 在 0.950 ~ 0.995 之间，通常 $\alpha_{DC}$ 取为 1，故 $I_C \approx I_E$。

集电极电流等于基极电流乘以 $\beta_{DC}$，如式（17-3）所示。

$$I_C=\beta_{DC}I_B \tag{17-3}$$

式中，$\beta_{DC}$ 通常在 20 ~ 300 之间，取决于晶体管的类型，对于一些特殊的晶体管该值更高。

### 17.1.3　晶体管电压

图 17-5 中晶体管的三个直流偏置电压是发射极电压（$V_E$）、集电极电压（$V_C$）和基极电压（$V_B$），下标中只用了一个字母，这些电压就是相对地而言的。在该电路中，集电极电压等于直流电源电压 $V_{CC}$ 减去 $R_C$ 上的电压，如式（17-4）所示。

$$V_C=V_{CC}-I_CR_C \tag{17-4}$$

基极电压等于发射极电压加上发射结势垒电位（$V_{BE}$），如式（17-5）所示，其中硅晶体管的 $V_{BE}$ 约为 0.7 V。

$$V_B=V_E+V_{BE} \tag{17-5}$$

在图 17-5 所示电路中，发射极是公共（接地）端子，因此 $V_E$=0 V，$V_B$=0.7 V。

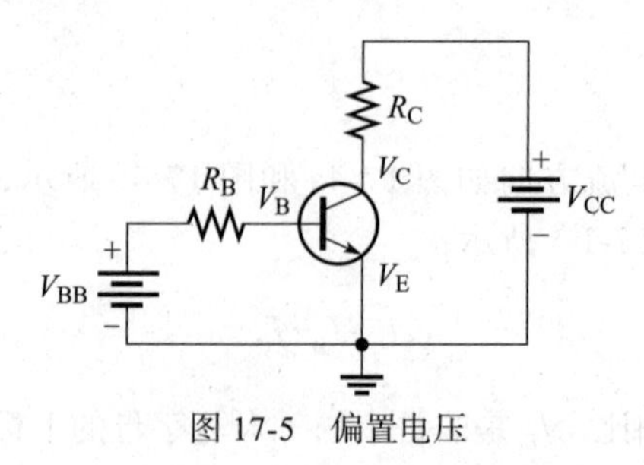


图 17-5　偏置电压

### 17.1.4　分压器偏置

可以使用一个直流电压源和一个电阻分压器代替两个直流偏置电压，还有其他的偏置方法，但这种方法使用得最广泛。

如图 17-6 所示，分压器偏置电路使用单个直流电压源为晶体管提供正、反偏置。电阻器 $R_1$ 和 $R_2$ 形成一个分压器，提供基极偏置电压，电阻 $R_E$ 使发射极电位在地电位以上。

与偏置电流相比，分压器偏置向晶体管提供非常小的基极电流，在大多数实际应用中，负载影响可以忽略不计。

晶体管基极处的直流输入电阻取决于 $\beta_{DC}$，如式（17-6）所示。

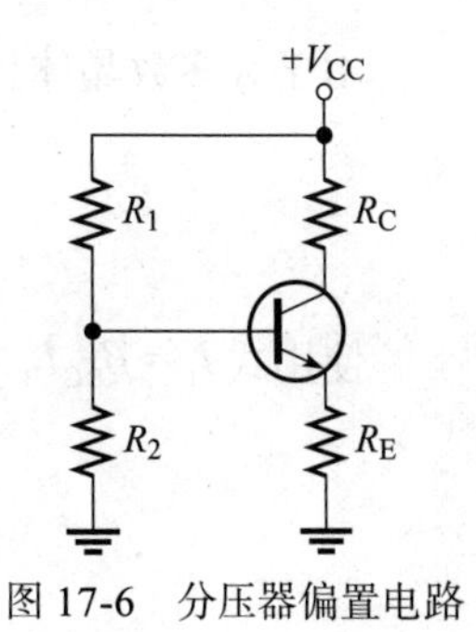


图 17-6　分压器偏置电路

$$R_{IN} \approx \beta_{DC} R_E \tag{17-6}$$

### 17.1.5　基极电压

对于图 17-6 所示电路，使用分压器的公式可以得到如下近似基极电压：

$$V_B \approx \left(\frac{R_2}{R_1+R_2}\right) V_{CC} \tag{17-7}$$

一旦确定了基极电压，就可以用式（17-8）确定发射极电压 $V_E$（对于 NPN 晶体管）：

$$V_E = V_B - 0.7\ \text{V} \tag{17-8}$$

**例 17-1**　确定 $V_B$、$V_E$、$V_C$、$V_{CE}$、$I_E$、$I_B$ 和 $I_C$，如图 17-7 所示。2N3904 是一种通用晶体管，其中 $\beta_{DC}$=200。

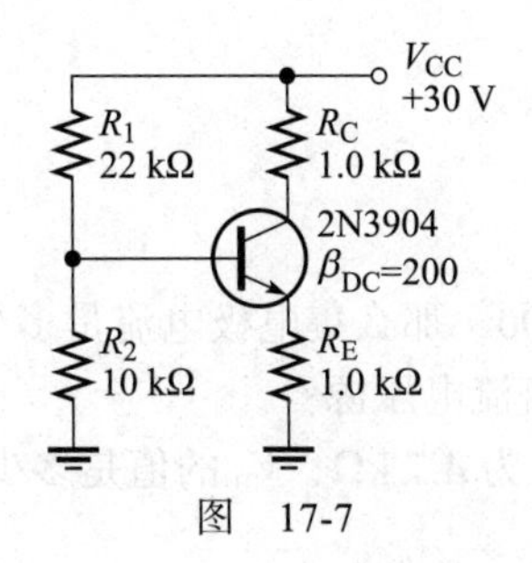


图　17-7

**解**　基极电压约为

$$V_B \approx \left(\frac{R_2}{R_1+R_2}\right) V_{CC} = \left(\frac{10\ \text{k}\Omega}{32\ \text{k}\Omega}\right) \times 30\ \text{V} = 9.38\ \text{V}$$

故有

$$V_E = V_B - 0.7\ \text{V} = 8.68\ \text{V}$$

现在已知 $V_E$，可以根据欧姆定律计算 $I_E$。

$$I_E = \frac{V_E}{R_E} = \frac{8.68\ \text{V}}{1.0\ \text{k}\Omega} = 8.68\ \text{mA}$$

由于大多数晶体管的 $\alpha_{DC}$ 非常接近 1，所以假设 $I_C \approx I_E$ 是一个很好的近似值。因此，

$$I_C \approx 8.68 \text{ V}$$

使用式 $I_C = \beta_{DC} I_B$，求解 $I_B$。

$$I_B = \frac{I_C}{\beta_{DC}} = \frac{8.68 \text{ mA}}{200} = 43.4 \text{ μA}$$

知道 $I_C$，可以求解 $V_C$。

$$V_C = V_{CC} - I_C R_C = 30 \text{ V} - 8.68 \text{ mA} \times 1.0 \text{ kΩ} = 30 \text{ V} - 8.68 \text{ V} = 21.3 \text{ V}$$

$V_{CE}$ 是集电极到发射极的电压，它是 $V_C$ 和 $V_E$ 的差值。

$$V_{CE} = V_C - V_E = 21.3 \text{ V} - 8.68 \text{ V} = 12.6 \text{ V}$$ ◀

**同步练习** 如果图 17-7 中 $V_{CC}$ 改为 15 V，则确定 $V_B$、$V_E$、$V_C$、$V_{CE}$、$I_B$、$I_E$ 和 $I_C$。

采用科学计算器完成例 17-1 的计算。

**Multisim 仿真**

打开 Multisim 和 LTspice 文件 E17-01 以验证本例的计算结果。

**学习效果检测**

1. 说出双极型晶体管的三个区域。
2. 定义正向 - 反向偏置。
3. $\beta_{DC}$ 是什么？
4. 如果 $I_B$ 为 10 μA，$\beta_{DC}$ 为 100，那么集电极电流是多少？
5. 分压器的偏置需要多少个直流电压源？
6. 在图 17-7 中，如果 $R_2$ 更改为 4.7 kΩ，$V_B$ 的值是多少？

## 17.2 BJT A 类放大器

直流偏置允许晶体管作为一个放大器工作。在 **A 类放大器**中，晶体管在输入信号的整个周期（360°）内都会导通，因此，一个晶体管可以用较小的交流信号作为“模式”来产生较大的交流信号。在本节中，我们将讨论晶体管如何充当放大器，并研究基本的放大器。**A 类放大器**通常用于功率低于 1.0 W 的低功率应用中。

### 17.2.1 集电极特性曲线

图 17-8a 所示的电路可以生成一组集电极特性曲线，在特定的基极电流 $I_B$ 下，集电极电流 $I_C$ 随集电极 - 发射极电压 $V_{CE}$ 的变化而变化。注意在电路中，$V_{BB}$ 和 $V_{CC}$ 都是可变的电压源。

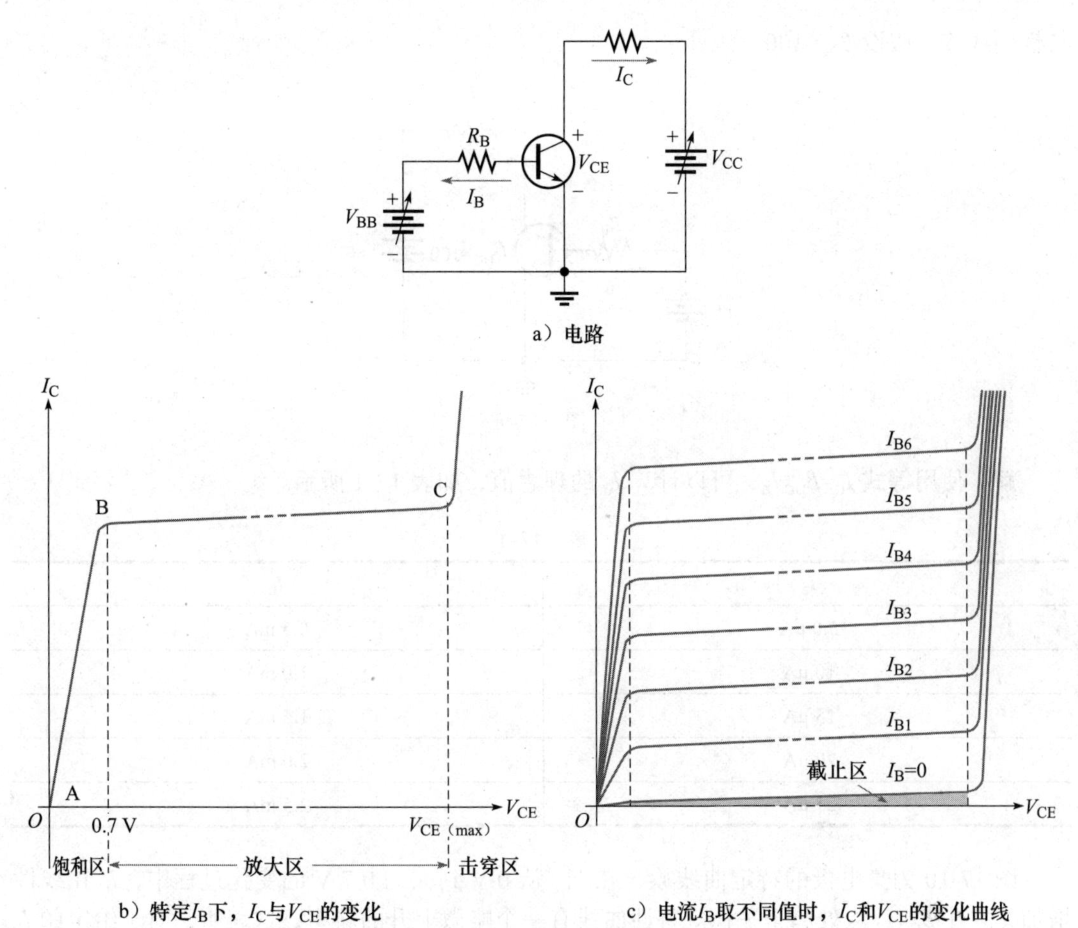


图 17-8 集电极特性曲线

假设 $V_{BB}$ 产生某个 $I_B$ 值，并且 $V_{CC}$ 为零，在该情况下，发射结和集电结都是正向偏置，因为基极大约在 0.7 V，而发射极和集电极都在 0 V。此时，大部分基极电流通过发射结，因为对地的阻抗很低。当两个结都是正向偏置时，晶体管处于工作的**饱和区**。

随着 $V_{CC}$ 的增大，$V_{CE}$ 随着集电极电流的增大而逐渐增大，从图 17-8b 中点 $A$ 和点 $B$ 之间的特征曲线可以看出。$I_C$ 随着 $V_{CC}$ 的增加而增加，因为 $V_{CE}$ 由于正向偏置使集电结电压小于 0.7 V。

理想情况下，当 $V_{CE}$ 超过 0.7 V 时，集电结反向偏置，晶体管进入其工作的放大区或线性区，$I_C$ 就会趋于平缓，并且随着 $V_{CE}$ 的继续增加，$I_B$ 的值基本上保持不变。实际上，由于基极 - 集电极耗尽层的扩大，$I_C$ 随着 $V_{CE}$ 的增加而略有增加，这导致基极区中用于复合的空穴减少，从而使 $\beta_{DC}$ 略微增加。这可从图 17-8b 中 $B$ 点和 $C$ 点之间的特性曲线部分看出，对于特性曲线的这一部分，$I_C$ 的值仅由等式 $I_C=\beta_{DC}I_B$ 来决定。

当 $V_{CE}$ 足够大时，反向偏置的集电结被击穿，集电极电流迅速增加，如图 17-8b 中 $C$ 点右侧的曲线部分所示，晶体管不应在此击穿区工作。

如图 17-8c 所示，在 $I_B$ 取不同的值时描述 $I_C$ 与 $V_{CE}$ 的关系，会有一系列的集电极特性曲线。当 $I_B$=0 时，虽然有非常小的集电极漏电流，但晶体管处于**截止区**，为了说明问题，图中夸大了 $I_B$=0 的集电极漏电流值。

**例 17-2** 在图 17-9 中 $I_B$ 从 5.0 μA 变化到 25 μA，以 5.0 μA 为增量，请画出集电极的

特性曲线族。假设 $\beta_{DC}$=100。

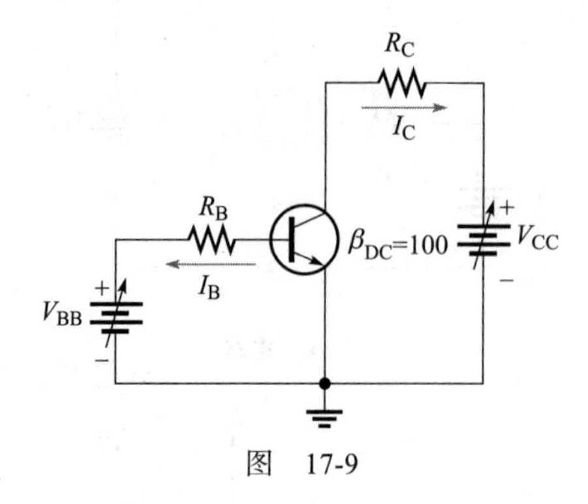


图 17-9

**解** 使用等式 $I_C=\beta_{DC}I_B$，可以计算 $I_C$ 的理想值，如表 17-1 所示。

表 17-1

| $I_B$ | $I_C$ |
| --- | --- |
| 5.0 μA | 0.5 mA |
| 10 μA | 1.0 mA |
| 15 μA | 1.5 mA |
| 20 μA | 2.0 mA |
| 25 μA | 2.5 mA |

图 17-10 为集电极的特定曲线族，在 $V_{CE}$ 从 0 V 到大约 0.7 V 的变化过程中，$I_C$ 在线性增加，它在 $\beta_{DC}I_B$ 点处趋于平稳。特性曲线有一个略微上升的斜率，这表明，对于给定的 $I_B$ 值，$I_C$ 随着 $V_{CE}$ 的增加而略微增加，这意味着 $\beta_{DC}$ 不完全是常数。

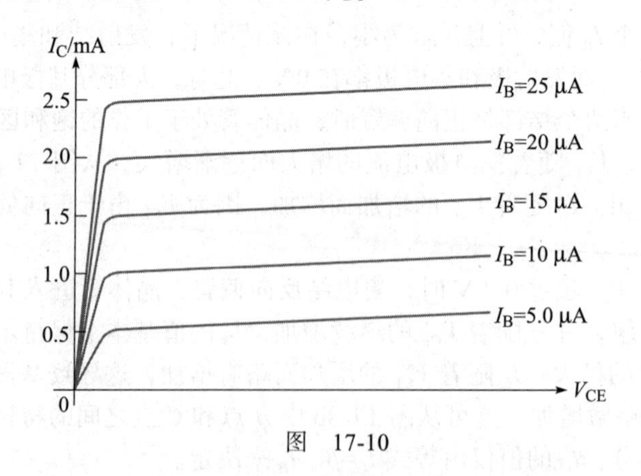


图 17-10 ◀

**同步练习** 在图 17-10 中，$I_B$=0 的曲线出现在哪里？

采用科学计算器完成例 17-2 的计算。

**截止和饱和** 如前所述，当 $I_B$=0 时，晶体管处于截止状态，在这种情况下，有一个非常小的集电极漏电流 $I_{CEO}$（因受热产生的载流子而形成）。在截止状态下，发射结和集电结都是反向偏置的。

现在我们考虑饱和状态，当基极电流增加时，集电极电流也增加。由于更多电压落到

$R_C$ 上，当 $V_{CE}$ 的值达到 $V_{CE(sat)}$ 时，集电结变为正向偏置，即使 $I_B$ 继续增加 $I_C$ 也不再增加，在饱和点处，等式 $I_C=\beta_{DC}I_B$ 不再有效。

对于晶体管来说，$V_{CE(sat)}$ 出现在集电极曲线的拐点以下的某个地方，通常只有零点几伏的电压。为了分析电路，$V_{CE(sat)}$ 被假定为零，所以晶体管饱和时其集电极到发射极为短路。

**负载线性工作**　在晶体管的截止点和饱和点之间的集电极曲线上绘制的一条直线称为直流负载线。晶体管就沿着这条线工作，因此，任何 $I_C$ 的值和相应的 $V_{CE}$ 都会落在这条线上。注意，直流负载线是由集电极电路电阻和 $V_{CC}$ 决定的，而不是由晶体管本身决定的，因此，晶体管特性的变化不会影响它。

为图 17-11 中的电路建立直流负载线。首先确定负载线上的截止点，当晶体管处于截止状态时，基本上没有集电极电流。因此，集电极 – 发射极电压 $V_{CE}$ 等于 $V_{CC}$，本例中 $V_{CE}$=24 V。

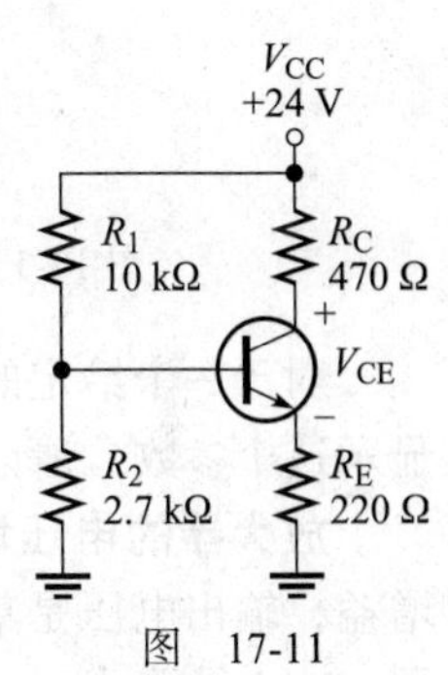


图　17-11

接下来，确定负载线上的饱和点。回顾一下，当晶体管饱和时，$V_{CE}$ 为零（实际上，其电压为零点几伏，令其近似为零）。因此，所有的 $V_{CC}$ 都通过 $R_C$ 与 $R_E$ 负载，由此可以确定集电极电流的饱和值 $I_{C(sat)}$，这个值是 $I_C$ 的最大值。如果 $V_{CC}$、$R_C$ 或 $R_E$ 不发生变化，$I_{C(sat)}$ 值不发生变化。在图 17-11 中，$I_{C(sat)}$ 的值是 $V_{CC}/(R_C+R_E)$，也就是 34.8 mA。

最后，在图 17-12 的特性曲线上绘制截止点和饱和点，并在它们之间画出一条直线，即直流负载线。

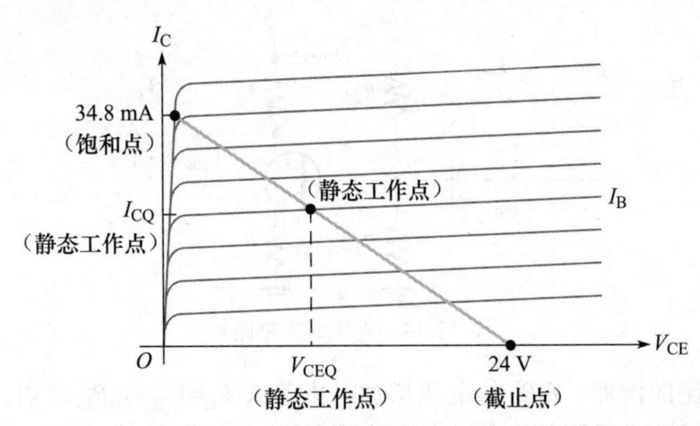


图 17-12　图 17-11 所示电路的直流负载线（斜线部分）

**静态工作点**　基极电流 $I_B$，是由基极偏置确定的，基极电流曲线与直流负载线相交的点是电路的静态工作点或 **Q 点**。$Q$ 点的坐标是该点的 $I_C$ 和 $V_{CE}$ 的值，通常称为 $I_{CQ}$ 和 $V_{CEQ}$，如图 17-12 所示。

## 17.2.2　放大器的工作原理

图 17-13 中的电路产生的输出信号与输入信号的形状相同，但振幅更大。这种振幅的增加被称为**放大**或**增益**。如图所示，输入信号 $V_{in}$ 通过电容耦合到基极，集电极电压是输出信号。输入信号电压使基极电流在同一频率下沿着负载线在静态工作点上下移动，基极电流的变化使集电极电流产生相应的变化。然而，由于晶体管的电流增益，集电极电流的变化要比基极电流的变化大，集电极交流电流（$I_c$）与基极交流电流的比值被指定为 $\beta_{ac}$（交流 $\beta$）或 $h_{fe}$，由式（17-9）表示。

$$\beta_{ac}=\frac{I_c}{I_b} \tag{17-9}$$

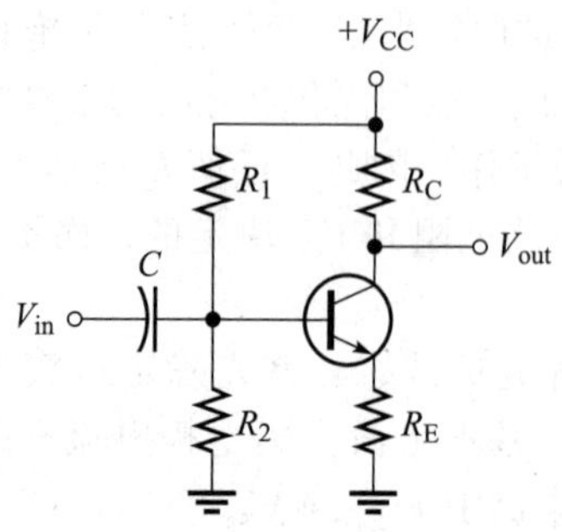


图 17-13 带有电容耦合输入信号的分压偏置放大器。$V_{in}$ 和 $V_{out}$ 是对地的电压

对于一个给定的晶体管，$\beta_{ac}$ 的值与 $\beta_{DC}$ 的值只有微小的差别，而且元件参数表并不总是显示这个参数。请记住，小写的下标将交流电流和电压与直流电流和电压区分开来。

**放大器的电压增益** 以图 17-13 中的放大器为例，在有信号输入的情况下检查其电压增益，输出电压是集电极电压，集电极电流的变化使 $R_C$ 上电压和集电极电压发生变化，如图 17-14 所示。

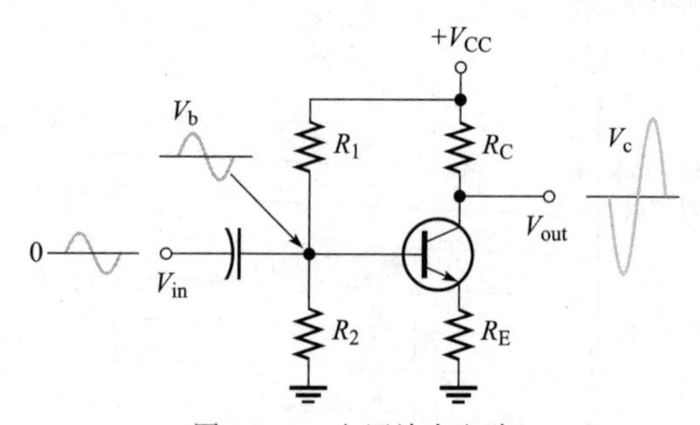


图 17-14 电压放大电路

随着集电极电流的增加，$I_CR_C$ 的电压增加，由等式 $V_C=V_{CC}-I_CR_C$ 可知，其电压的增加使集电极电压减小。同样地，随着集电极电流的减少，$I_CR_C$ 下降，集电极电压增加。集电极电流和集电极电压之间有一个 180° 的相位差，基极电压和集电极电压也有 180° 的相位差，如图 17-14 所示，这种输入和输出之间的 180° 相位差被称为反相。

放大器的电压增益 $A_v$ 为 $V_{out}/V_{in}$，其中 $V_{out}$ 是集电极的信号电压，$V_{in}$ 是基极的信号电压。因为发射结是正向偏置的，所以发射极处的信号电压近似等于基极处的信号电压，即 $V_b\approx V_e$，增益约为 $V_c/V_e=I_CR_C/I_eR_E$，由于 $\alpha_{ac}$ 近似为 1，$I_c$ 和 $I_e$ 近似相等，互相抵消，得到图 17-14 中放大器的电压增益公式为

$$A_v\approx\frac{R_C}{R_E} \tag{17-10}$$

在 $A_v$ 前面经常有一个负号，表示输入和输出之间的反相。

**例 17-3** 在图 17-15 中，一个有效值为 50 mV 的信号电压施加到基极上。

(a) 确定放大器的输出信号电压。

（b）通过输出信号电压，计算直流集电极电压。

（c）绘制输出波形。

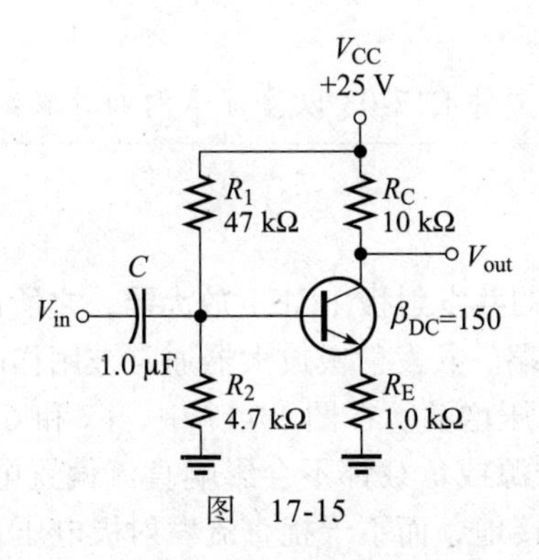

图　17-15

**解**　（a）信号电压增益为

$$A_v \approx \frac{R_C}{R_E} = \frac{10\ \text{k}\Omega}{1.0\ \text{k}\Omega} = 10$$

输出信号电压等于输入信号电压乘以电压增益。

$$V_{out} = A_v V_{in} = 10 \times 50\ \text{mV} = 500\ \text{mV}$$

（b）然后求直流集电极电压。

$$V_B \approx \left(\frac{R_2}{R_1+R_2}\right)V_{CC} = \left(\frac{4.7\ \text{k}\Omega}{51.7\ \text{k}\Omega}\right) \times 25\ \text{V} = 2.27\ \text{V}$$

$$I_C \approx I_E = \frac{V_E}{R_E} = \frac{V_B - 0.7\ \text{V}}{1.0\ \text{k}\Omega} = 1.57\ \text{mA}$$

$$V_C = V_{CC} - I_C R_C = 25\text{V} - 1.57\ \text{mA} \times 10\ \text{k}\Omega = 9.27\ \text{V}$$

这个值是输出的直流电平。输出信号的峰值为

$$V_p = 1.414 \times 500\ \text{mA} = 707\ \text{mA}$$

（c）图 17-16 所示为输出波形。输出波形与输入波形是反相的。

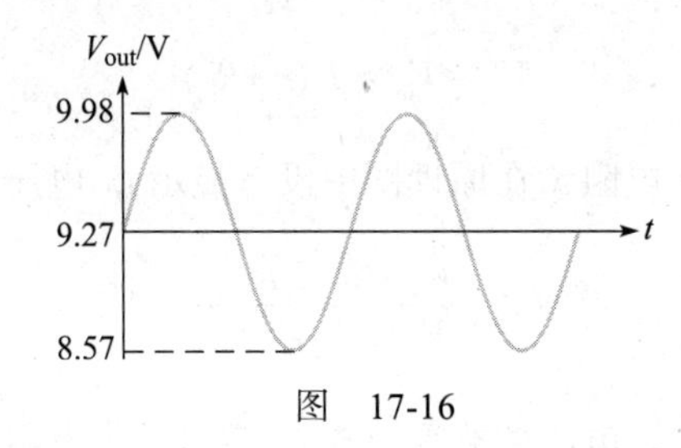

图　17-16

◀

**同步练习**　如果将图 17-15 中的 $R_C$ 改为 12 kΩ，请描述输出波形和直流电平。

采用科学计算器完成例 17-3 的计算。

**Multisim 仿真**

打开 Multisim 和 LTspice 文件 E17-03 以验证本例的计算结果。

### 17.2.3 共发射极放大器

图 17-17 所示为一个典型的**共发射极（CE）放大器**，之所以称为共发射极是因为输入和输出信号对发射极来说是公共端。共发射极放大器通常被用作电压放大器，因为它具有良好的线性度、高输入电阻和高电压增益。在图 17-17 中，$C_1$ 和 $C_2$ 是耦合电容，将信号输入放大器和从放大器输出，使信号源或负载都不会影响直流偏置电压。$C_3$ 是一个旁路电容，将发射极信号电压（交流）短路接地，而不干扰直流发射极电压。由于旁路电容的存在，发射极处于信号（交流）接地（但不是直流接地）状态，旁路电容增加了信号电压的增益，其原因将在后续内容中进行讨论。注意输入信号施加到基极，而输出信号则来自集电极，假定所有的电容在信号频率下的电抗都为零。

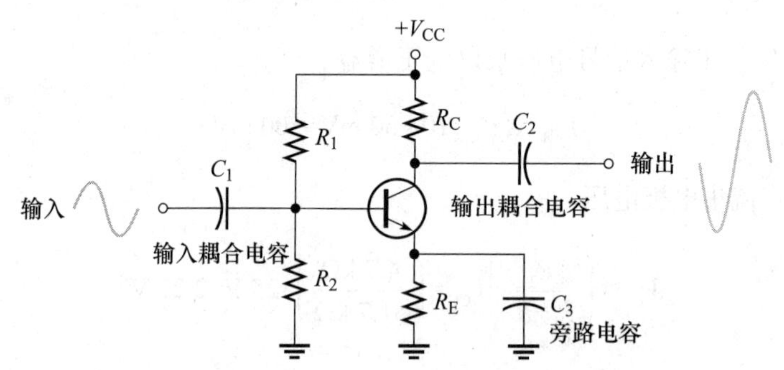

图 17-17 典型的共发射极（CE）放大器

**旁路电容增加电压增益** 旁路电容使发射极电阻 $R_E$ 的信号短路，以增加电压增益。为了进一步理解，让我们考虑没有旁路电容的放大器电路，想象图 17-17 中的 CE 放大器去掉旁路电容，看电压是多少。

如前所述，小写下标表示信号（交流）电压和信号（交流）电流。放大器的**电压增益**为 $V_{out}/V_{in}$。输出信号电压为

$$V_{out}=I_cR_C$$

基极处的信号电压近似等于

$$V_b \approx V_{in} \approx I_e(r_e+R_E)$$

$r_e$ 是晶体管的内部发射极电阻（在原理图中没有显示），电压增益 $A_v$ 可以表示为

$$A_v=\frac{V_{out}}{V_{in}}=\frac{I_cR_C}{I_e(r_e+R_E)}$$

由于 $I_c \approx I_e$，电流项消去，电压增益等于式（17-11）中电阻的比值。

$$A_v = \frac{R_C}{r_e + R_E} \tag{17-11}$$

记住，上式是没有旁路电容放大器电压增益的计算。如果 $R_E$ 远大于 $r_e$，则 $A_v \approx R_C/R_E$ 与前面的式（17-10）一样。

如果旁路电容连接在 $R_E$ 上，它可以有效地将信号短路接地，在发射极电路中只留下 $r_e$。因此，在旁路电容将 $R_E$ 短路的情况下，CE 放大器的电压增益由式（17-12）计算。

$$A_v = \frac{R_C}{r_e} \tag{17-12}$$

晶体管参数 $r_e$ 很重要，因为它决定了带有 $R_C$ 的 CE 放大器的电压增益。下式给出了估算 $r_e$ 的公式，无须推导。

$$r_e \approx \frac{25\ \text{mV}}{I_E} \tag{17-13}$$

**例 17-4** 对于图 17-18 所示放大器，计算在正常情况下有旁路电容和没有旁路电容的电压增益的对数结果。

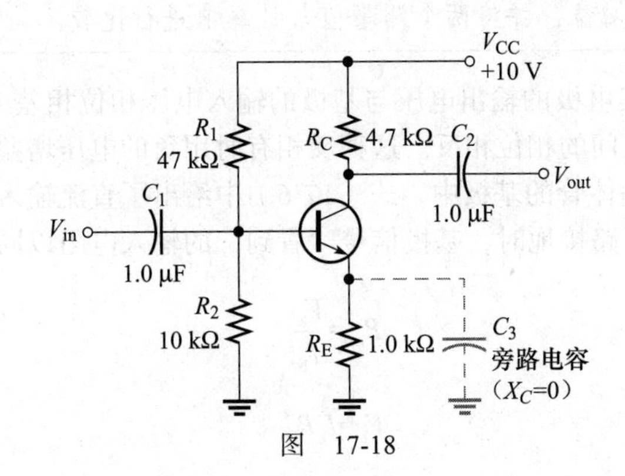


图 17-18

**解** 首先确定 $r_e$。必须先计算出 $I_E$。

$$V_B \approx \left(\frac{R_2}{R_1 + R_2}\right) V_{CC} = \left(\frac{10\ \text{k}\Omega}{47\ \text{k}\Omega + 10\ \text{k}\Omega}\right) \times 10\ \text{V} = 1.75\ \text{V}$$

$$V_E = V_B - 0.7\ \text{V} = 1.05\ \text{V}$$

$$I_E = \frac{V_E}{R_E} = \frac{1.05\ \text{V}}{1.0\ \text{k}\Omega} = 1.05\ \text{mA}$$

$$r_e \approx \frac{25\ \text{mV}}{I_E} = \frac{25\ \text{mV}}{1.05\ \text{mA}} = 23.7\ \Omega$$

没有旁路电容的电压增益为

$$A_v = \frac{R_C}{r_e + R_E} = \frac{4.7\ \text{k}\Omega}{1024\ \Omega} = 4.59$$

用对数表示的结果为

$$A_v \approx 20\lg 4.59\ \mathrm{dB}=13.2\ \mathrm{dB}$$

有旁路电容的电压增益为

$$A_v \approx \frac{R_C}{r_e}=\frac{4.7\ \mathrm{k\Omega}}{23.7\ \Omega}=198$$

正如你所看到的，通过增加旁路电容，电压增益增加了，以分贝（dB）为单位，电压增益的对数结果为

$$A_v=20\lg 198\ \mathrm{dB}=45.9\ \mathrm{dB}$$ ◀

**同步练习** 如果 $R_C$=5.6 kΩ，旁路电容的电压增益是多少？

采用科学计算器完成例 17-4 的计算。

**Multisim 仿真**

打开 Multisim 和 LTspice 文件 E17-04，测量没有旁路电容的放大器的电压增益。连接 10 μF 旁路电容，再测量增益，并将两个测量值与计算值进行比较。

**反相** 如前所述，集电极的输出电压与基极的输入电压相位相差 180°。因此，CE 放大器的特点是输入和输出之间的相位相反。这种反相有时用负的电压增益来表示。

**交流输入电阻** 在晶体管的基极中，式（17-6）中给出了直流输入电阻（$R_{IN}$）计算。当发射极电阻被旁路电容短路接地时，基极信号“看到”的输入电阻以同样类似方式得出。

$$R_{in}=\frac{V_b}{I_b}$$

$$V_b=I_e R_e$$

$$I_e \approx \beta_{ac} I_b$$

$$R_{in}=\frac{\beta_{ac} I_b r_e}{I_b}$$

$I_b$ 项被约掉，结果为

$$R_{in}=\beta_{ac} r_e \tag{17-14}$$

如果发射电阻（$R_E$）没有连接旁路电容，则必须将发射电阻加到 $r_e$ 上 [ 即 $R_{in}=\beta(r_e+R_E)$]。

**CE 放大器的总输入电阻** 在基极中，$R_{in}$ 是交流电阻，信号源支路的实际电阻包括偏置电阻，现在要推导出总输入电阻的表达式。前面提到过交流接地的概念，其对总输入电阻 $R_{in(tot)}$ 的推导很重要。

正如你所见，因为电容的电抗在交流信号频率下几乎为零，所以旁路电容使发射极对交流信号短路接地。对于直流信号来说，该电容等效为开路，因此不影响直流发射极的电压。

除了通过旁路电容的接地外，信号还有一条通过直流电源 $V_{CC}$ 的接地支路。这是因为直流电源必须保持电压恒定，所以 $V_{CC}$ 终端的交流信号是 0 V。故 $V_{CC}$ 终端等效为交流接地。

因为 $R_2$ 的一端接地，$R_1$ 的一端交流接地（$V_{CC}$ 端），则两个偏置电阻 $R_1$ 和 $R_2$ 与交流输入信号并联。另外，基极的输入电阻 $R_{in}$ 与 $R_1||R_2$ 并联，如图 17-19 所示。

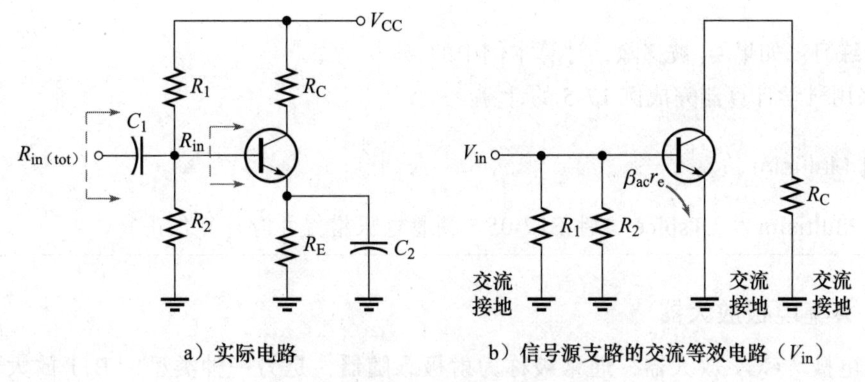


a）实际电路　　b）信号源支路的交流等效电路（$V_{in}$）

图 17-19　总输入电阻

交流电源对 CE 放大器的总输入电阻的表达式如下：

$$R_{in\,(tot)}=R_1||R_2||R_{in} \tag{17-15}$$

$R_C$ 对总输入电阻没有影响，因为反向偏置的集电结实际上可等效为开路。

**例 17-5**　计算图 17-20 中 CE 放大器的电压增益。$\beta_{DC}=\beta_{ac}=100$。同时，以 dB 为单位表示电压增益。

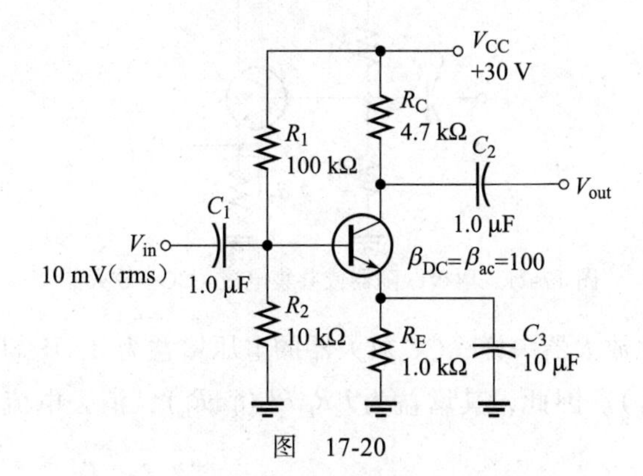


图　17-20

**解**　首先计算 $r_e$。要计算 $r_e$，必须先计算 $I_E$，从计算 $V_B$ 开始。

$$V_B\approx\left(\frac{R_2}{R_1+R_2}\right)V_{CC}=\left(\frac{10\text{ k}\Omega}{110\text{ k}\Omega}\right)\times 30\text{ V}=2.73\text{ V}$$

$$I_E=\frac{V_E}{R_E}=\frac{V_B-0.7\text{ V}}{R_E}=\frac{2.03\text{ V}}{1.0\text{ k}\Omega}=2.03\text{ mA}$$

$$r_e\approx\frac{25\text{ mV}}{I_E}=\frac{25\text{ mV}}{2.03\text{ mA}}=12.3\ \Omega$$

交流电压增益为

$$A_v=\frac{R_C}{r_e}=\frac{4.7\text{ k}\Omega}{12.3\ \Omega}=381$$

用分贝表示的电压增益为

$$A_v=20\log381\ \text{dB}=51.6\ \text{dB}$$ ◀

**同步练习** 如果 $C_3$ 被移除，计算本例中的 $A_v$。

采用科学计算器完成例 17-5 的计算。

**Multisim 仿真**

打开 Multisim 和 LTspice 文件 E17-05。测量电压增益并与计算值比较。

### 17.2.4 共集电极放大器

共集电极（CC）放大器，通常被称为**射极跟随器**，是另一种类型的 BJT 放大器结构，如图 17-21 所示。共集电极放大器用于低功率应用，以增加负载的信号功率。输入施加在基极，输出在发射极，没有集电极电阻，共集电极放大器的电压增益 $A_v$ 总是略小于 1，但**电流增益** $A_i$ 总是大于 1，它的**功率增益** $A_p=A_vA_i$，大于 1。

图 17-21 给出了带有分压偏置电路的共集电极（CC）电路。注意，输入作用于基极，输出取自自发射极。在所示电路中，$R_E$ 表示负载。

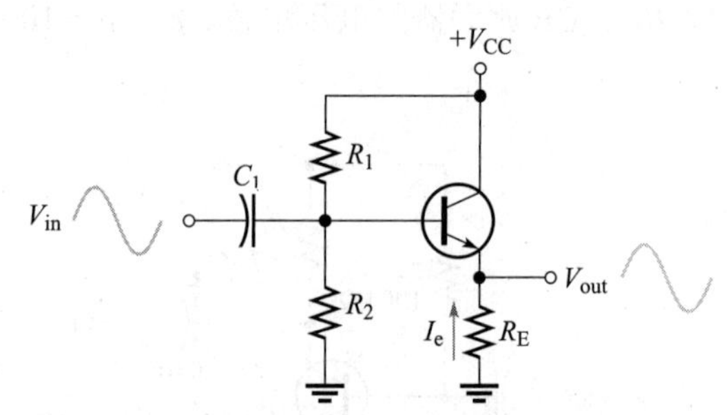


图 17-21 射极跟随器或共集电极（CC）放大器

**电压增益** 和其他放大器一样，CC 放大器的电压增益为 $A_v=V_{out}/V_{in}$，对于射极跟随器，$V_{out}=I_eR_E$，$V_{in}=I_e(r_e+R_E)$。因此，其增益为 $I_eR_E\,/\,I_e(r_e+R_E)$，消去电流项，增益可以简化为下式：

$$A_v=\frac{R_E}{r_e+R_E} \tag{17-16}$$

注意，式（17-16）表明电压增益总是小于 1，因为 $r_e$ 通常比 $R_E$ 小得多，所以放大增益接近 1。

由于输出电压是发射极电压，它与基极或输入电压同相，电压增益接近于 1，输出电压跟随输入电压，所以共集电极放大器也被称为射极跟随器。

**输入电阻** 射极跟随器的特点是输入电阻高，当信号需要驱动低电阻负载时，这种电路就很有帮助。由于输入电阻较高，射极跟随器可以作为一个缓冲器，当一个电路驱动另一个电路时，可以最大限度地减少负载效应。

在基极中，输入电阻的推导与 CE 放大器的推导相似，但该电路中射极电阻没有旁路电容。

$$R_{in}=\frac{V_b}{I_b}=\frac{I_e(r_e+R_E)}{I_b}\approx\frac{\beta_{ac}I_b(r_e+R_E)}{I_b}=\beta_{ac}(r_e+R_E)$$

如果 $R_E$ 至少比 $r_e$ 大 10 倍，则基极处的输入电阻近似于下式：

$$R_{in}\approx\beta_{ac}R_E \tag{17-17}$$

在图 17-21 中，输入信号的偏置电阻与 $R_{in}$ 并联，与分压器偏置 CE 放大器相似。总交流输入电阻如下式所示：

$$R_{in(tot)}\approx R_1 \parallel R_2 \parallel R_{in} \tag{17-18}$$

**电流增益**　假设发射极电阻（$R_E$）与负载相等，即 $R_E=R_L$，射极跟随器的信号电流增益是 $I_e/I_s$，其中信号电流 $I_s$ 可以用 $V_S/R_{in\,(tot)}$ 来计算。如果偏置电阻大到可以忽略，使 $I_s=I_b$，那么放大器的电流增益就等于晶体管的交流增益 $\beta_{ac}$，CE 放大器也是如此。$\beta_{ac}$ 是两种类型放大器可实现的最大电流增益。式（17-19）给出了电流增益的计算。

$$A_i=\frac{I_e}{I_s} \tag{17-19}$$

因为 $I_e=V_{out}/R_E$，$I_s=V_{in}/R_{in\,(tot)}$，$A_i$ 也可以表示为 $R_{in\,(tot)}/R_E$，如例 17-6 所示，式（17-19）不适用于负载电容耦合到 $R_E$ 的情况。

**功率增益**　功率增益是电压增益和电流增益的乘积，对于射极跟随器，因为电压增益近似为 1，所以功率增益近似等于电流增益。

$$A_p\approx A_i \tag{17-20}$$

**例 17-6**　计算图 17-22 中射极跟随器的输入电阻，同时求出电压增益、电流增益和功率增益，其中 $R_E$ 表示负载。

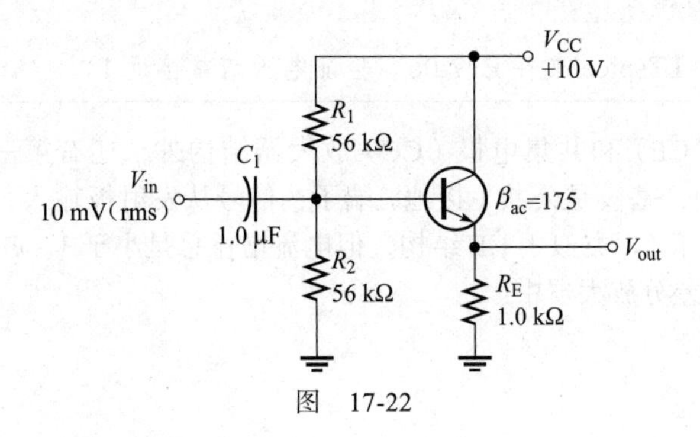


图　17-22

**解**　在基极中，输入电阻的近似值为

$$R_{in}\approx\beta_{ac}R_E=175\times1.0\ \text{k}\Omega=175\ \text{k}\Omega$$

总输入电阻为

$$R_{in\,(tot)}\approx R_1 \parallel R_2 \parallel R_{in}=56\ \text{k}\Omega \parallel 56\ \text{k}\Omega \parallel 175\ \text{k}\Omega=24.1\ \text{k}\Omega$$

忽略 $r_e$，电压增益为

$$A_v \approx 1$$

电流增益为

$$A_i = \frac{I_e}{I_s}$$

$$I_e = \frac{V_{out}}{R_E}$$

$$I_s = \frac{V_{in}}{R_{in(tot)}}$$

$$A_i = \frac{V_{out} / R_E}{V_{in} / R_{in(tot)}} = \frac{V_{out}}{V_{in}} \times \frac{R_{in(tot)}}{R_E}$$

因为 $V_{in} \approx V_{out}$，则有

$$A_i = \frac{R_{in(tot)}}{R_E} = \frac{24.1\ \text{k}\Omega}{1.0\ \text{k}\Omega} = 24.1$$

功率增益为

$$A_p \approx A_i = 24.1$$ ◀

**同步练习** 如果图 17-22 中的 $R_E$ 减小到 820 Ω，功率放大增益是多少？

采用科学计算器完成例 17-6 的计算。

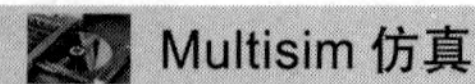

打开 Multisim 和 LTspice 文件 E17-06。验证电压增益接近 1。

---

除了共发射极（CE）和共集电极（CC）放大器结构外，还有第三种结构称为共基极（CB）。在 CB 结构中，基极是公共（接地）端子，信号从发射极输入，从集电极输出，CB 放大器的电压增益大于 1，类似于 CE 结构，但电流增益总是小于 1。CB 结构仅限于某些特定电路的应用，如在差分放大器中。

**学习效果检测**

1. 放大是什么意思？
2. 什么是静态工作点？
3. 共发射极电路的 $R_C$=47 kΩ，$R_E$=2.2 kΩ，电压增益大概是多少？
4. 旁路电容在 CE 放大器电路中的作用是什么？
5. CE 放大器的电压增益是如何确定的？
6. 共集电极放大器的另一个称谓是什么？
7. CC 放大器理想的最大电压增益是多少？

## 17.3　BJT B 类放大器

当放大器偏置时，使其工作在半个输入周期的线性区域，并在半个周期后截止，它是 B **类放大器**。B 类放大器用作功率放大器，与 A 类放大器相比，B 类放大器的主要优点是效率更高，因此在给定的输入功率下，可以得到更大的输出功率。B 类放大器的缺点是，其输出很难是输入波形的线性再现，推挽式 B 类放大器除外。**推挽**指的是 B 类放大电路能在输出端近似再现输入波形。

图 17-23 所示为共集电极 B 类放大器。B 类放大器在截止区偏置，因此 $I_{CQ}=0$，$V_{CEQ}=V_{CE\text{（cutoff）}}$。当输入信号驱动其导通时，它会脱离截止区而在其线性区域工作。

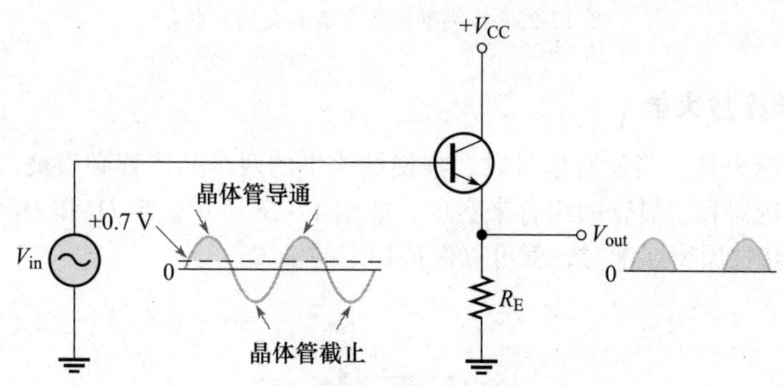


图 17-23　共集电极 B 类放大器

### 17.3.1　推挽

图 17-24 所示为使用两个射极跟随器的推挽式 B 类放大器。这是一个互补放大器，因为一个射极跟随器使用 NPN 晶体管，另一个使用 PNP 晶体管，它们在输入周期的相反交替中导通。该电路没有直流基极偏置电压（$V_B=0$），因此，只有信号电压驱动晶体管导通，晶体管 $Q_1$ 在输入周期的正半周期导通，而晶体管 $Q_2$ 在负半周期导通。

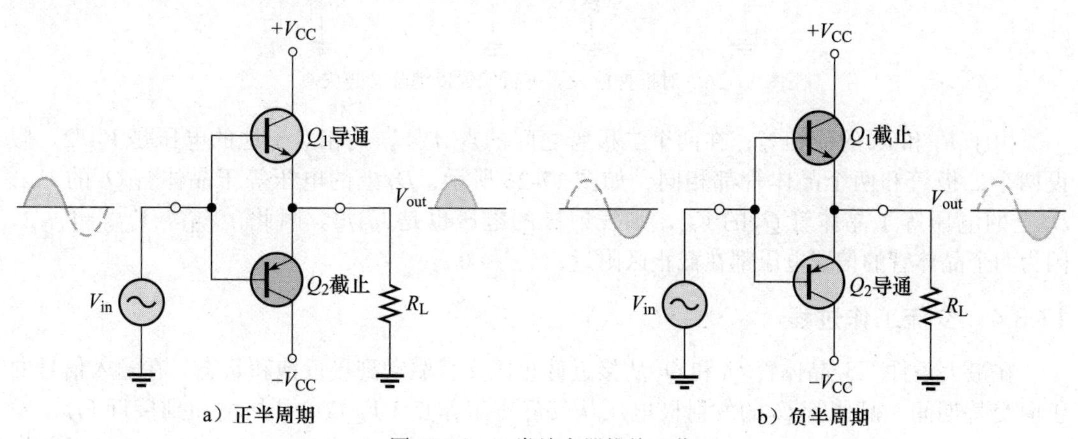


图 17-24　B 类放大器推挽工作

### 17.3.2　交越失真

当基极直流电压为零时，输入信号电压必须大于 $V_{BE}$ 才能使晶体管导通，因此，在输入的正负交替之间有一个时间间隔，在此间隔内晶体管都不导通，如图 17-25 所示。由此产生输出波形的失真被称为交越失真。

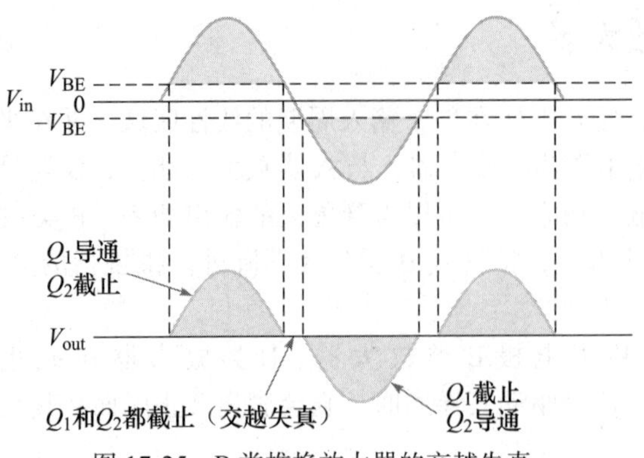


图 17-25 B 类推挽放大器的交越失真

### 17.3.3 偏置推挽放大器

为了消除交越失真，当没有信号时，推挽结构中的两个晶体管必须被偏置在截止区上，可以通过一个分压器和二极管的组合来实现，如图 17-26 所示。当 $D_1$ 和 $D_2$ 的二极管特性与晶体管发射结的特性紧密匹配时，就可以保持稳定的偏置。

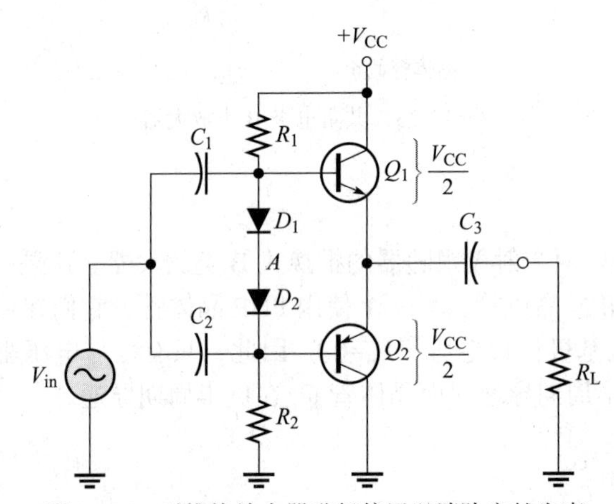


图 17-26 对推挽放大器进行偏置以消除交越失真

由于 $R_1$ 和 $R_2$ 的值相等，在两个二极管之间的点 $A$ 处，其相对于地的电压是 $V_{CC}/2$。假设两个二极管和两个晶体管都相同，如图 17-26 所示，$D_1$ 上的电压等于晶体管 $Q_1$ 的 $V_{BE}$，$D_2$ 上的电压等于晶体管 $Q_2$ 的 $V_{BE}$，则发射极的电压也是 $V_{CC}/2$。因此，$V_{CEQ1}=V_{CEQ2}=V_{CC}/2$，因为两个晶体管的偏置电压都在截止区附近，$I_{CQ}\approx 0$。

### 17.3.4 交流工作过程

在最大条件下，晶体管 $Q_1$ 和 $Q_2$ 从接近截止区交替驱动到接近饱和状态。在输入信号的正向交替期间，晶体管 $Q_1$ 的发射极电压从其静态工作点（$V_{CC}/2$）开始增加到接近 $V_{CC}$，发射极产生一个理想的等于 $V_{CEQ}$ 的正向峰值电压。在实际中，峰值电压总是小于 $V_{CEQ}$。同时，晶体管 $Q_1$ 的电流在静态工作点处，从接近零值波动到接近饱和值，如图 17-27a 所示。

在输入信号的负向交替期间，晶体管 $Q_2$ 的发射极电压从其静态工作点（$V_{CC}/2$）被驱动到接近零，发射极产生一个理想的等于 $V_{CEQ}$ 的负峰值电压。同时，$Q_2$ 的电流也从接近零值波动到接近饱和值，如图 17-27b 所示。

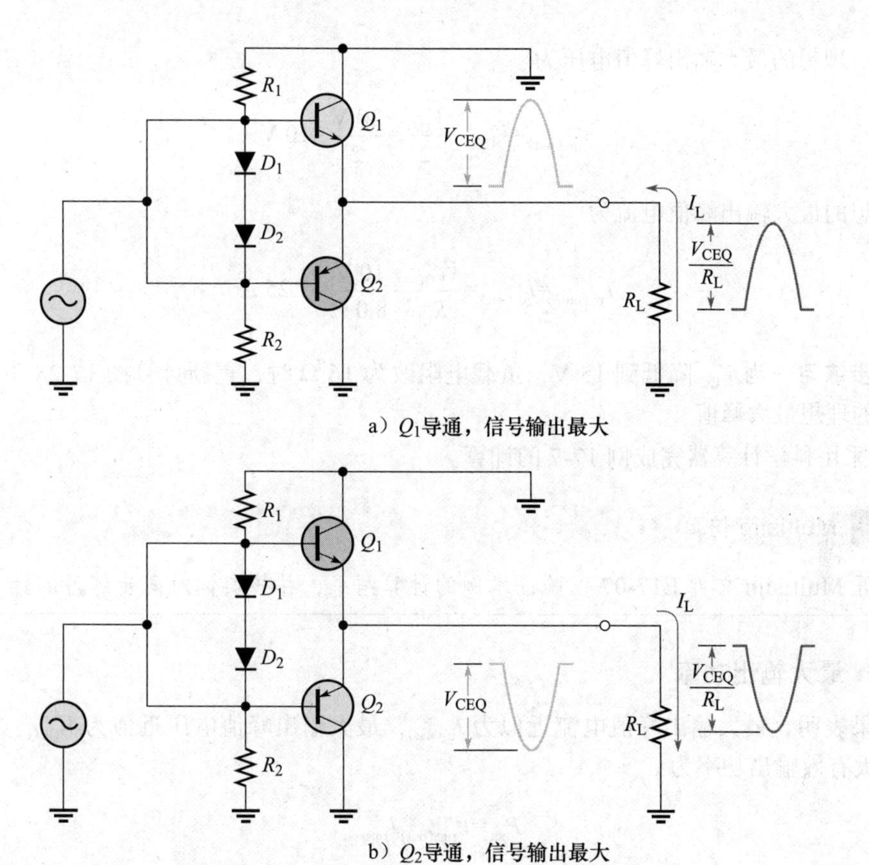


图 17-27　理想的交流推挽工作过程。假设电容在信号频率下是短路的，可以忽略，直流电源被视为交流接地

因为每个晶体管的峰值电压是 $V_{CEQ}$，所以交流饱和电流如式（17-21）所示。

$$I_{c(sat)} = \frac{V_{CQE}}{R_L} \tag{17-21}$$

由于 $I_e \approx I_c$，输出电流为发射极电流，峰值输出电流也为 $V_{CEQ}/R_L$。

**例 17-7**　计算图 17-28 中输出电压和电流的理想最大峰值。

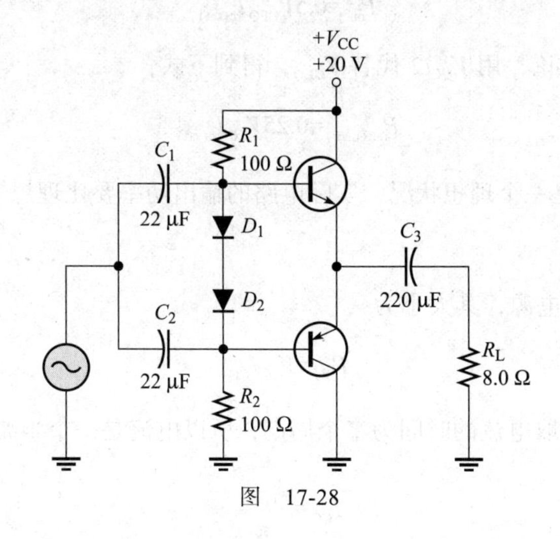


图　17-28

**解** 理想的最大输出峰值电压为

$$V_{p(out)}=V_{CEQ}=\frac{V_{CC}}{2}=\frac{20\ V}{2}=10\ V$$

理想的最大输出峰值电流为

$$I_{p(out)}=I_{c(sat)}=\frac{V_{CQE}}{R_L}=\frac{10\ V}{8.0\ \Omega}=1.25\ A$$ ◀

**同步练习** 当 $V_{CC}$ 降低到 15 V，负载电阻改为 16 Ω 时，重新计算图 17-28 中输出电压和电流的理想最大峰值。

采用科学计算器完成例 17-7 的计算。

**Multisim 仿真**

打开 Multisim 文件 E17-07 以验证本例的计算结果，并核实你对同步练习的计算结果。

### 17.3.5 最大输出功率

结果表明，最大输出峰值电流近似为 $I_{c(sat)}$，最大输出峰值电压近似为 $V_{CEQ}$。理想情况下，最大有效输出功率为

$$P_{out}=V_{rms(out)}I_{rms(out)}$$

因为

$$V_{rms(out)}=0.707V_{p(out)}=0.707V_{CEQ}$$

以及

$$I_{rms(out)}=0.707I_{p(out)}=0.707\,I_{c(sat)}$$

有

$$P_{out}=0.5V_{CEQ}I_{c(sat)}$$

根据 17.3.3 节的讨论，用 $V_{CC}/2$ 代替 $V_{CEQ}$，得到下式：

$$P_{out(max)}=0.25V_{CC}I_{c(sat)} \tag{17-22}$$

请记住，式（17-22）是一个理想状况，实际电路的输出功率要比理想输出功率小。

### 17.3.6 输入功率

输入功率来自 $V_{CC}$ 电源，其大小为

$$P_{DC}=V_{CC}I_{CC}$$

由于每个晶体管吸取电流的时间为半个周期，所以电流是一个半波信号，平均值为

$$I_{CC}=\frac{I_{c(sat)}}{\pi}$$

因此，直流功率如下式所示：

$$P_{DC}=\frac{V_{CC}I_{c(sat)}}{\pi} \tag{17-23}$$

### 17.3.7　效率

推挽 B 类放大器相对于 A 类放大器的主要优点是，B 类放大器具有更高的效率，可在更大功率上应用。这一优点克服了偏置推挽 B 类放大器的交越失真问题。

放大器的效率定义为交流输出功率与直流输入功率的比值。

$$\text{eff}=\frac{P_{out}}{P_{DC}}$$

理想情况下，B 类放大器的最大效率（$\text{eff}_{max}$）可以用式（17-22）除以式（17-23）来表达，即效率计算为：

$$\text{eff}_{max}=0.25\,\pi=0.785 \tag{17-24}$$

因此，B 类放大器的理想最高效率为 78.5%，而 A 类放大器的理想最高效率为 0.25（25%）。实际效率低于这些理想值。

**例 17-8**　在图 17-28 中，在忽略偏置电阻消耗功率情况下，计算放大器理想的最大交流输出功率和直流输入功率。

**解**　例 17-7 中，$I_{c(sat)}$ 为 1.25 A。因此，就有

$$P_{out(max)}=0.25V_{CC}I_{c(sat)}=0.25\times 20\text{ V}\times 1.25\text{ A}=6.25\text{ W}$$

$$P_{DC}=\frac{V_{CC}I_{c(sat)}}{\pi}=\frac{20\text{ V}\times 1.25\text{ A}}{\pi}=7.96\text{ W}$$ ◄

**同步练习**　如果 $R_L$=4.0 Ω，图 17-28 中理想的最大交流输出功率是多少？

采用科学计算器完成例 17-8 的计算。

**学习效果检测**

1. B 类放大器的静态工作点在哪里？
2. 交越失真的原因是什么？
3. 推挽 B 类放大器的最大理想效率是多少？
4. 与 A 类放大器相比，推挽式结构的优势是什么？

## 17.4　BJT 开关

在前面的章节中，我们讨论了作为线性放大器的晶体管，双极型晶体管的另一个主要应用领域是开关。当作为电子开关使用时，晶体管通常在截止和饱和状态下交替工作。

图 17-29 说明了晶体管作为开关器件的基本工作原理。在图 17-29a 中，因为发射结没有正向偏置，所以晶体管处于截止区。在这种情况下，集电极和发射极之间为开路，用图中的等效开关表示。在图 17-29b 中，晶体管处于饱和区，因为发射结和集电结为正向偏置，并且基极电流大到足以使集电极电流达到饱和，这种情况下，集电极和发射极之间短路，用

图中的等效开关表示。实际上，通常会出现零点几伏特的电压，这就是饱和电压 $V_{CE(sat)}$。

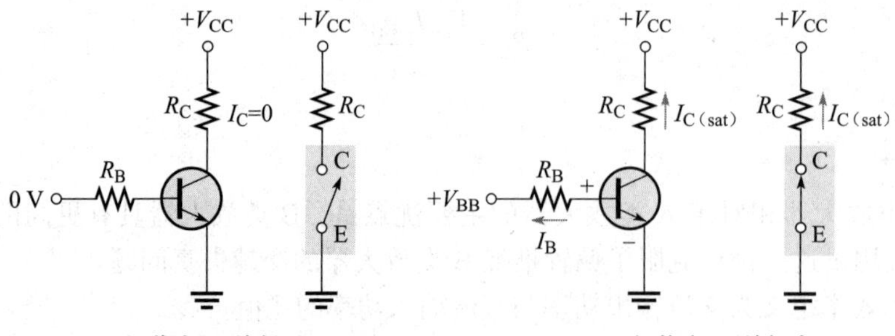


图 17-29 晶体管作为开关器件的基本工作原理

**截至条件** 如前所述，发射结没有正向偏置，晶体管处于截止状态。忽略漏电流，所有电流值均近似为零，$V_{CE}$ 近似等于 $V_{CC}$，如下式所示：

$$V_{CE(cutoff)}=V_{CC} \tag{17-25}$$

**饱和条件** 发射结为正向偏置，并且有足够的基极电流来产生最大集电极电流时，晶体管饱和，$V_{CE(sat)}$ 与 $V_{CC}$ 相比非常小，通常可以忽略不计，所以集电极电流可以如下计算：

$$I_{C(sat)} \approx \frac{V_{CC}}{R_C} \tag{17-26}$$

产生饱和所需基极电流的最小值如下：

$$I_{B(min)}=\frac{I_{C(sat)}}{\beta_{DC}} \tag{17-27}$$

**例 17-9**

(a) 对于图 17-30 中的晶体管开关电路，当 $V_{IN}$=0 V 时，$V_{CE}$ 是多少？
(b) 如果 $\beta_{DC}$ 是 200，晶体管饱和时 $I_B$ 的最小值是多少？
(c) 当 $V_{IN}$=5.0 V 时，计算 $R_B$ 的最大值。

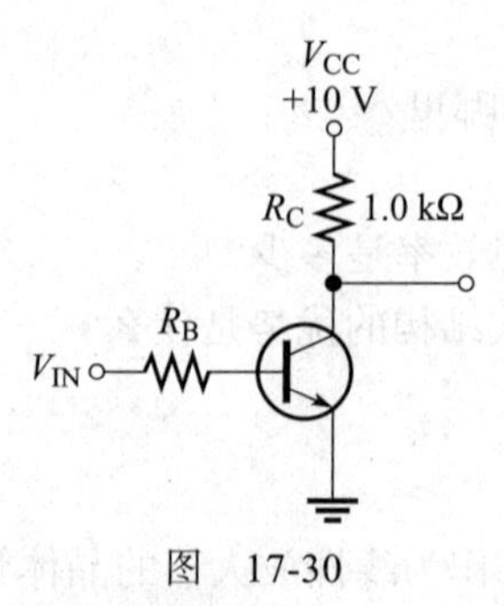


图 17-30

**解** (a) 当 $V_{IN}$=0 V 时，晶体管处于截止状态，$V_{CE}=V_{CC}$=10 V。
(a) 当晶体管饱和时，$V_{CE}\approx$ 0 V，因此

$$I_{C(sat)} \approx \frac{V_{CC}}{R_C}=\frac{10\text{ V}}{1.0\text{ k}\Omega}=10\text{ mA}$$

$$I_{B(min)}=\frac{I_{C(sat)}}{\beta_{DC}}=\frac{10\text{ mA}}{200}=50\ \mu\text{A}$$

这是驱动晶体管到饱和点所必需的 $I_B$ 值，任何 $I_B$ 的进一步增加都将使晶体管进一步进入饱和区，但不会增加 $I_C$。

（b）当晶体管饱和时，$V_{BE}$=0.7 V。通过 $R_B$ 的电压为

$$V_{RB}=V_{IN}-0.7\text{ V}=4.3\text{ V}$$

根据欧姆定律计算出允许最小 $I_B$ 为 50 μA 的 $R_B$ 的最大值，实际阻值要比此值小很多。

$$R_{B\ (max)}=\frac{V_{RB}}{I_B}=\frac{4.3\text{ V}}{50\ \mu\text{A}}=86\text{ k}\Omega$$ ◀

**同步练习**　如果 $\beta_{DC}$ 为 125，$V_{CE\ (sat)}$ 为 0.2 V，确定图 17-30 中晶体管基极饱和电流 $I_B$ 的最小值。

采用科学计算器完成例 17-9 的计算。

晶体管的消耗功率等于通过晶体管的电流乘以晶体管两端的电压，因此 $P_{BJT}=I_CV_{CE}$。当晶体管开关处于断开或闭合状态时，其消耗功率最小。在开关断开状态下，$I_C\approx 0$ A，因此 $P_{BJT}\approx 0$ W，而在开关闭合状态下，$V_{CE}$ 很小（理想状态为 0 V），因此，$P_{BJT}$ 也很低（理想状态为 0 W）。当开关从一种状态切换到另一种状态时，功耗发生改变。当该情况发生时，晶体管在线性模式下工作，$I_C$ 或 $V_{CE}$ 都不是零，$P_{BJT}=I_CV_{CE}$ 的意义很重要。晶体管处于这种线性模式的时间越长（晶体管从一种状态转换到另一种状态的速度越慢），消耗的功率就越大，从一种状态转换到另一种状态的频率越高（开关频率越快），消耗的功率就越大。因此，对于较慢的开关速度和较高的开关频率，晶体管开关的功率耗散都将增大。

**学习效果检测**

1. 当晶体管用作开关装置时，它处于哪两种状态？
2. 集电极电流什么时候达到最大值？
3. 什么时候集电极电流近似为零？
4. 说出产生饱和的两个条件。
5. 什么时候 $V_{CE}$ 等于 $V_{CC}$？
6. 哪两个因素决定了晶体管开关的功耗？

## 17.5　场效应晶体管的工作原理

回顾一下，双极型晶体管（BJT）是一个电流控制的器件，基极电流控制着集电极电流的大小。**场效应晶体管（FET）**则不同，它是一个电压控制的器件，通过栅极电压控制元件的电流量。与 BJT 相比，FET 具有非常高的输入电阻，这使得它在某些应用中更具有优势。常用两种主要类型的场效应晶体管是结型场效应晶体管（JFET）和金属氧化物半导体场效应晶体管（MOSFET）。

### 17.5.1　结型场效应晶体管（JFET）

**JFET（结型场效应晶体管）**是一种场效应晶体管，其工作原理是利用反向偏置的结点来控制沟道电流。根据结构的不同，JFET 可以分为两类：N 沟道或 P 沟道。图 17-31a 所

示为N沟道JFET的基本结构，导线连接在N沟道的两端，**漏极**在上端，**源极**在下端。两个P型区扩散在N型材料中形成一个通道，两个P型区域都与**栅极**引线相连。为简单起见，图中的栅极引线只连接到其中一个P型区域，P沟道JFET的基本结构如图17-31b所示。

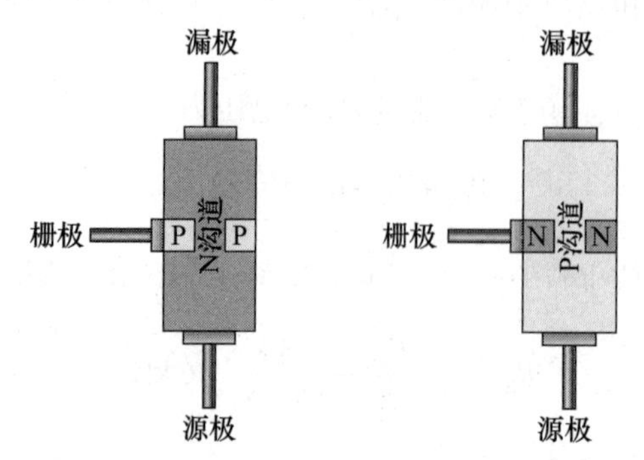


a）N沟道JFET的基本结构　b）P沟道JFET的基本结构

图17-31　两种JFET的基本结构

**基本工作原理**　为了说明JFET的工作原理，图17-32a显示了施加在N沟道器件上的偏置电压。$V_{DD}$提供漏极到源极的电压和电流，$V_{GG}$设置栅极和源极之间的反向偏置电压。围绕栅极P型材料的白色区域代表由反向偏置产生的耗尽层，由于栅极和漏极之间的反向偏置电压大于栅极和源极之间的反向偏置电压，因此该耗尽层在通道的漏极端更宽。

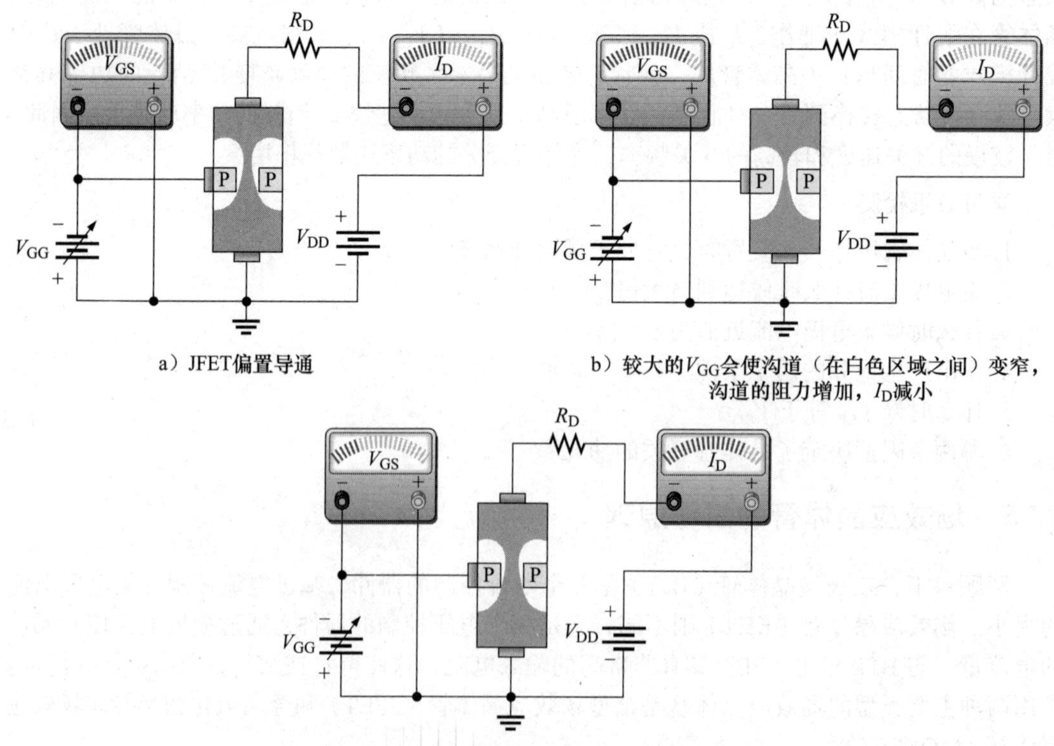


a）JFET偏置导通

b）较大的$V_{GG}$会使沟道（在白色区域之间）变窄，沟道的阻力增加，$I_D$减小

c）$V_{GG}$越小，沟道就越宽，沟道的阻力减小，$I_D$增加

图17-32　$V_{GG}$对沟道宽度和漏极电流的影响（$V_{GG}=V_{GS}$）

JFET在栅极到源极的PN结反向偏置的情况下工作。带有负栅极电压的栅极－源极结的反向偏置在N沟道中产生一个耗尽层，从而增加了沟道电阻。通过改变栅极电压可以控

制沟道宽度，从而控制其电阻，也可以控制漏极电流 $I_D$ 的大小，其原理如图 17-32b 和 c 所示。

**JFET 符号** 图 17-33 中所示为 N 沟道和 P 沟道 JFET 的原理图符号。栅极上的箭头指向 N 沟道的“入”和 P 沟道的“出”。图 17-33a 和 b 所示为 N 沟道和 P 沟道 JFET 的典型符号，这些符号的缺点是，由于其对称性使得在原理图上很难识别漏极和源极。因此，一些使用符号改用图 17-33c 和 d，显示栅极引线更接近源极引线。

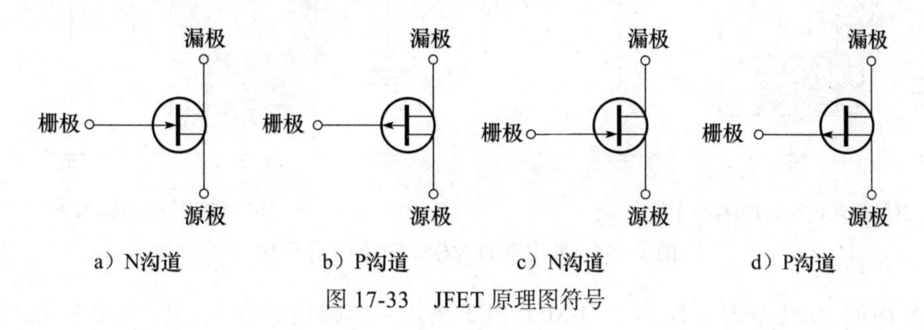


图 17-33 JFET 原理图符号

### 17.5.2 金属氧化物半导体场效应管（MOSFET）

**MOSFET（金属氧化物半导体场效应晶体管）**是另一种场效应晶体管。MOSFET 与 JFET 的不同之处在于，MOSFET 没有 PN 结。相反，MOSFET 的栅极通过二氧化硅（$SiO_2$）层与沟道绝缘，MOSFET 的常用两种基本类型是耗尽型（D）和增强型（E）。

**耗尽型 MOSFET（D-MOSFET）** MOSFET 的一种类型是耗尽型 MOSFET（D-MOSFET），图 17-34 所示为其基本结构，漏极和源极被扩散到衬底材料中，然后通过与绝缘栅相邻的狭窄通道连接。N 沟道和 P 沟道器件如图所示，本章使用 N 沟道器件来描述基本工作原理，P 沟道的工作原理相同，只是电压极性与 N 沟道器件的相反。

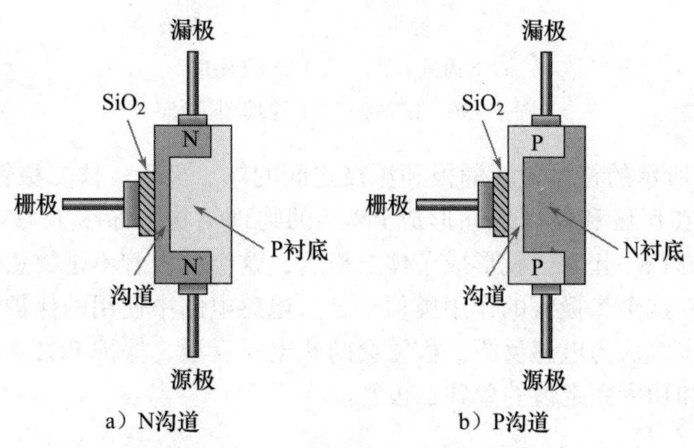


图 17-34 D-MOSFET 的基本结构

D-MOSFET 可以在**耗尽模式**或**增强模式**下工作，有时被称为耗尽 / 增强 MOSFET。由于栅极与沟道绝缘，因此可以施加正或负的栅极电压，当栅极到源极的电压为负电压时，N 沟道 D-MOSFET 工作在耗尽模式，而当栅极到源极的电压为正电压时，其工作在增强模式。

耗尽模式如图 17-35a 所示，将栅极想象为平行板电容的一个极板，将通道想象为另一个极板，二氧化硅绝缘层是电介质。当栅极电压为负时，栅极上的负电荷将导电电子排斥出通道，而留下正离子，N 沟道失去了一些电子，所以通道的电导率降低了。当栅极到源极的负电压 $V_{GS(off)}$ 足够大时，沟道完全耗尽，漏极电流为零。$V_{GS(off)}$ 被称为栅 – 源截止电压。

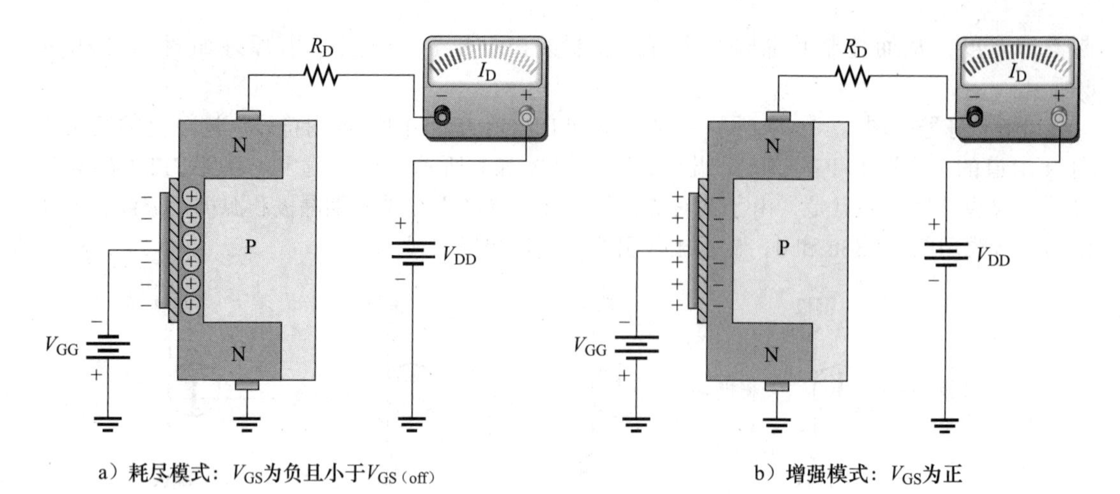


a）耗尽模式：$V_{GS}$为负且小于$V_{GS(off)}$　　b）增强模式：$V_{GS}$为正

图 17-35　N 沟道 D-MOSFET 的工作原理

与 N 沟道 JFET 一样，N 沟道 D-MOSFET 栅极 – 源极电压在 $V_{GS(off)}$ 和 0 V 之间时存在漏极电流。D-MOSFET 在 $V_{GS}$ 高于 0 V 时也会导通，即此时它处于增强模式。

增强模式如图 17-35b 所示，当栅极电压为正时，更多的导电电子被吸引到沟道中，从而增强通道的导电性。

N 沟道和 P 沟道耗尽 / 增强 MOSFET 的原理图符号如图 17-36 所示，箭头所示的衬底通常（但不总是）从内部连接到源极。基底内指向内的箭头表示 N 沟道，指向外的箭头表示 P 沟道。

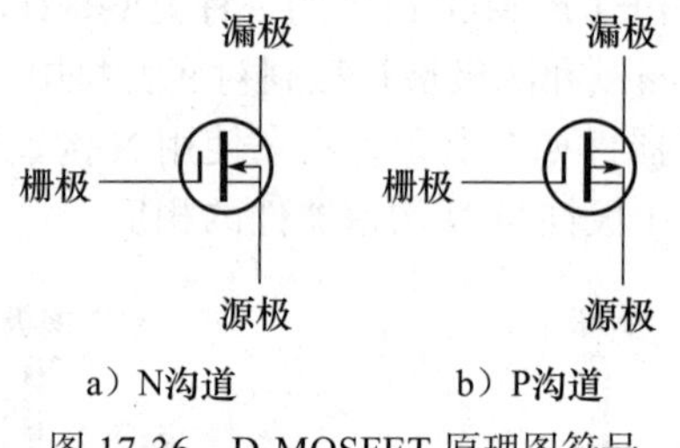


a）N沟道　　b）P沟道

图 17-36　D-MOSFET 原理图符号

图 17-37a 和 b 所示的符号包括漏极和源极之间的体二极管。**体二极管**是 MOSFET 内的一个内部二极管，在源区和体区之间形成 PN 结的物理结构。如图 17-37c 所示，当衬底的体端在内部与源端绑在一起时，就形成了体二极管，这个二极管不是故意设计在场效应管中的。在一些应用中，这个二极管的作用类似于某些电感电路中使用的保护性反激二极管。然而，电路设计者不应该认为电感反激二极管会防止电感反激，保护 FET。此类应用的设计应包括具有适当电压和功率额定值的单独二极管。

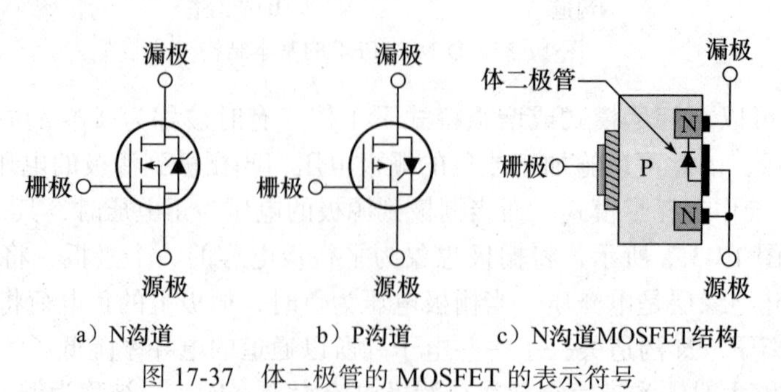


a）N沟道　　b）P沟道　　c）N沟道MOSFET结构

图 17-37　体二极管的 MOSFET 的表示符号

**增强型 MOSFET（E-MOSFET）** 这种类型的 MOSFET 只在增强模式下工作，没有耗尽模式。它在结构上不同于 D-MOSFET，因为它没有沟道结构。注意图 17-38a，衬底完全延伸到二氧化硅层。

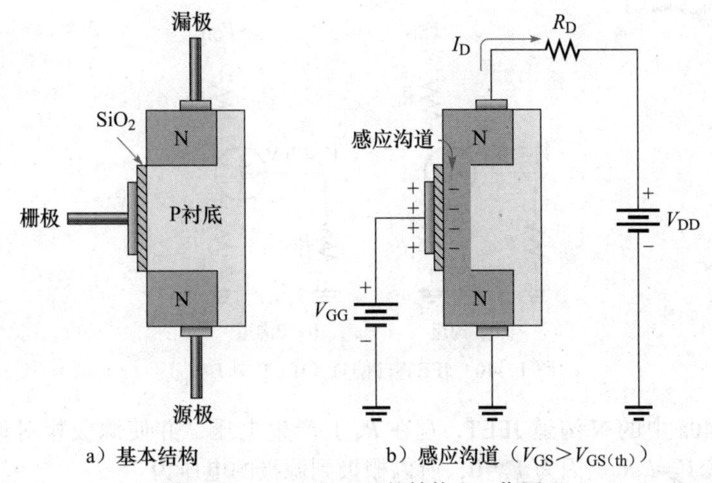


图 17-38　E-MOSFET 的结构和工作原理

对于 N 沟道器件，当正栅极电压高于阈值 $V_{GS(th)}$ 时，会在邻近二氧化硅层的衬底区域产生一层薄的负电荷层来感应出一条沟道，如图 17-38b 所示。沟道的导电性因栅极到源极的电压增大而增强，从而更多的电子会进入沟道。任何栅电压低于阈值的器件都没有沟道。

N 沟道和 P 沟道 E-MOSFET 的原理图符号如图 17-39 所示。虚线表示没有沟道结构。

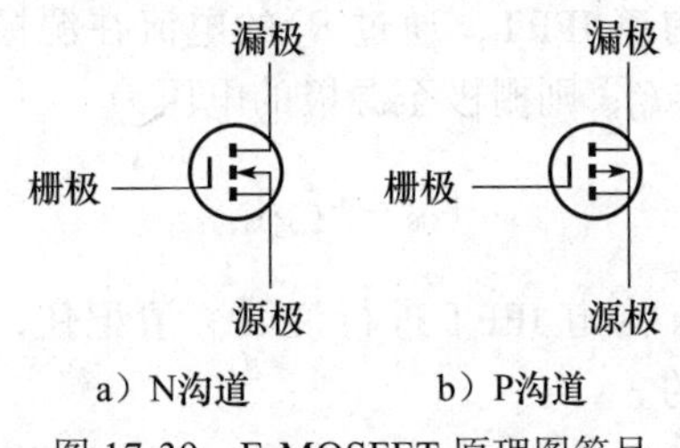


图 17-39　E-MOSFET 原理图符号

**操作注意事项**　由于 MOSFET 的栅极与沟道绝缘，因此输入电阻非常高（理想情况下为无限大），典型 MOSFET 的栅漏电流 $I_{GSS}$ 的单位是 pA，而典型 JFET 的栅反向电流的单位是 nA。

输入电容是由绝缘的栅极结构造成的，由于输入电容与非常高的输入电阻相结合，过量的静电荷会积累起来，这可能导致器件的绝缘栅极结构因为静电放电（ESD）而损坏，为避免静电损坏器件，还需要注意以下事项：

1. MOS 器件应使用导电泡沫材料运输和储存。
2. 所有用于安装或试验的仪器和金属工作台都应该接地。
3. 装配工或操作人员的手腕应该用一段导线和一个高值串联电阻连接接地。
4. 当电源打开时，不要将 MOS 器件（或任何其他设备）从电路中移除。
5. 当直流电源关闭时，不要对 MOS 器件施加信号。

### 17.5.3　JFET 偏置

如前所述，JFET 工作时必须使栅 – 源结始终处于反向偏置状态，这个条件要求 N 沟道

JFET 的 $V_{GS}$ 为负，P 沟道 JFET 的 $V_{GS}$ 为正，这可以通过图 17-40 所示的自偏置排列来实现。通过连接到地的电阻 $R_G$，栅极在大约 0 V 处偏置，反向漏电流 $I_{GSS}$ 在 $R_G$ 上产生一个非常小的电压，但这在大多数情况下可以忽略。我们假设 $R_G$ 两端没有电压。

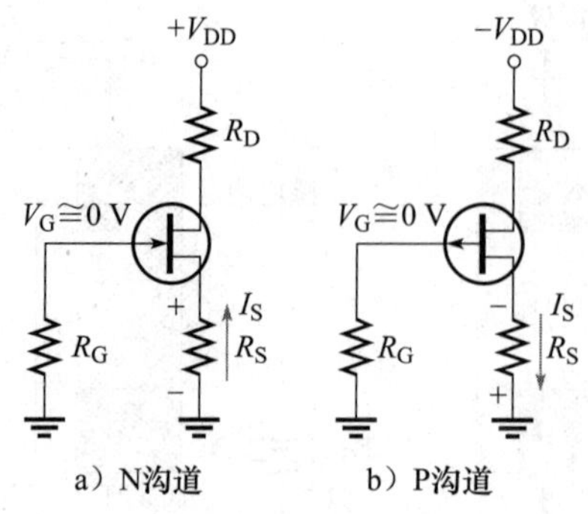


图 17-40 JFET 自偏置（JFET 中 $I_S$=$I_D$）

对于图 17-40a 中的 N 沟道 JFET，$I_S$ 在 $R_S$ 上产生电压，并使源极相对地的电压为正。由于 $I_S$=$I_D$，那么 $V_S$=$I_DR_S$。因为 $V_G$=0，所以栅极到源极的电压为

$$V_{GS}=V_G-V_S=0-I_DR_S$$

将其简化为

$$V_{GS}=-I_DR_S \tag{17-28}$$

对于图 17-40b 所示的 P 沟道 JFET，通过 $R_S$ 的电流在源极产生一个负电压，使栅极相对于源极的电压为正。由于 $I_S$=$I_D$，则栅极至源极的电压为

$$V_{GS}=+I_DR_S \tag{17-29}$$

在下面的分析中，使用 N 沟道 JFET 进行说明。请记住，除了电压极性相反，P 沟道 JFET 与 N 沟道的分析是相同的。

漏极相对于地的电压为

$$V_D=V_{DD}-I_DR_D \tag{17-30}$$

由于 $V_S$=$I_DR_S$，漏极到源极电压为

$$V_{DS}=V_D-V_S$$

$$V_{DS}=V_{DD}-I_D(R_D+R_S) \tag{17-31}$$

**例 17-10** 计算图 17-41 中的 $V_{DS}$ 和 $V_{GS}$，其中 $I_D\approx 5.0$ mA。

**解**

$$V_S=I_DR_S=5.0\text{ mA}\times 220\ \Omega=1.1\text{V}$$

$$V_D=V_{DD}-I_DR_D=15\text{ V}-5.0\text{ mA}\times 1.0\text{ k}\Omega=15\text{ V}-5.0\text{ V}=10\text{ V}$$

所以，

$$V_{DS}=V_D-V_S=10\text{ V}-1.1\text{ V}=8.9\text{ V}$$

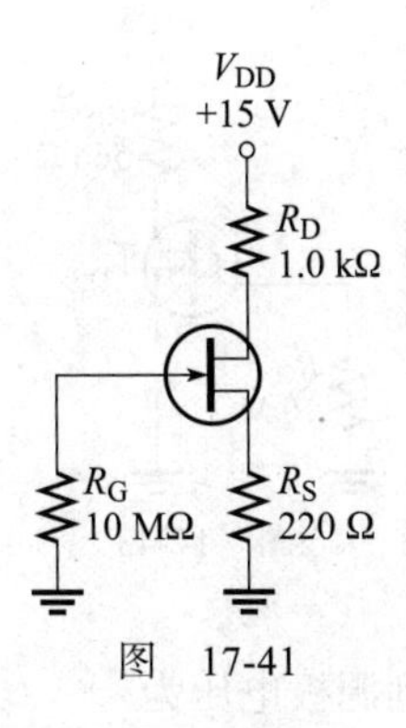


图　17-41

因为 $V_G$=0 V，就有

$$V_{GS}=V_G-V_S=0\text{ V}-1.1\text{ V}=-1.1\text{ V}$$ ◄

**同步练习**　设 $R_D$=860 Ω，$R_S$=390 Ω，$V_{DD}$=12 V。当 $I_D$=8.0 mA 时，计算图 17-41 中的 $V_{DS}$ 和 $V_{GS}$。

采用科学计算器完成例 17-10 的例题计算。

**Multisim 仿真**

打开 Multisim 和 LTspice 文件 E17-10，测量 $V_{DS}$ 和 $V_{GS}$。

### 17.5.4 D-MOSFET 偏置

如前所述，耗尽 / 增强型 MOSFET 可以在 $V_{GS}$ 为正值或负值下工作。一种简单的偏置方法，称为零偏置，就是将 $V_{GS}$ 设置成 0 V，这样栅极的交流信号就会在这个偏置点的上方和下方改变栅极至源极电压。图 17-42 所示为一个零偏置的 D-MOSFET，$V_{GS}$=0 V，$I_D$=$I_{DSS}$。$I_{DSS}$ 被定义为 $V_{GS}$=0 V 时的漏极电流，漏极至源极电压如式（17-32）所示。

$$V_{DS}=V_{DD}-I_{DSS}R_D \tag{17-32}$$

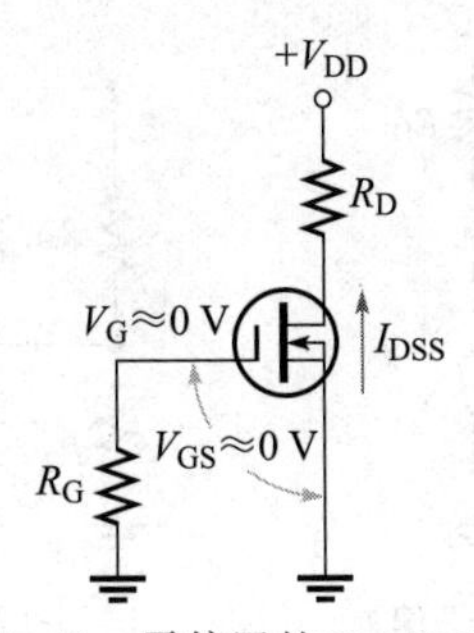


图 17-42　零偏置的 D-MOSFET

**例 17-11**　确定图 17-43 电路中的漏极至源极电压。图中 MOSFET 的参数为：$V_{GS(off)}$= −8.0 V，$I_{DSS}$=12 mA。

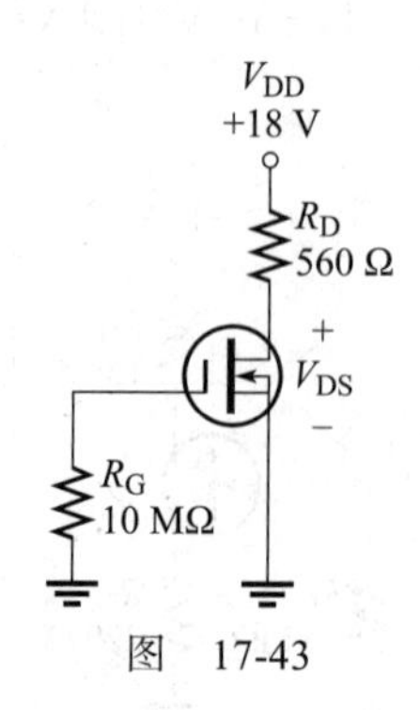


图 17-43

**解** 由于$I_D$=$I_{DSS}$=12 mA，漏极到源极电压为

$$V_{DS}=V_{DD}-I_{DSS}R_D=18\text{ V}-12\text{ mA}\times 560\ \Omega=11.3\text{ V}$$ ◀

**同步练习** 当$V_{GS(off)}$=−10 V，$I_{DSS}$=20 mA 时，计算图 17-43 中的$V_{DS}$。

采用科学计算器完成例 17-11 的计算。

### 17.5.5 E-MOSFET 偏置

回顾一下，纯增强型 MOSFET 必须有一个大于阈值的$V_{GS}$，即$V_{GS(th)}$。图 17-44 说明了通过 N 沟道对 E-MOSFET 进行偏置的两种方法。无论哪一种偏置设置中，目的都是使栅极电压大于源极电压，在数值上超过$V_{GS(th)}$。

在图 17-44a 中的漏极反馈偏置电路中，栅极电流可以忽略，$R_G$上没有电压，因此，$V_{GS}$=$V_{DS}$。

图 17-44b 中的分压器偏置方程如式（17-33）和式（17-34）所示。

$$V_{GS}=\left(\frac{R_2}{R_1+R_2}\right)V_{DD} \tag{17-33}$$

$$V_{DS}=V_{DD}-I_DR_D \tag{17-34}$$

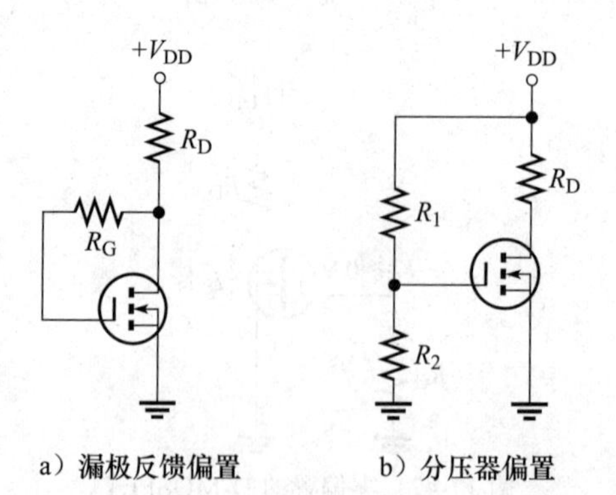


a）漏极反馈偏置 b）分压器偏置

图 17-44 通过 N 沟道对 E-MOSFET 进行偏置的两种方法

**例 17-12** 计算图 17-45 中的漏极电流大小。MOSFET 的$V_{GS(th)}$大小为 3.0 V。

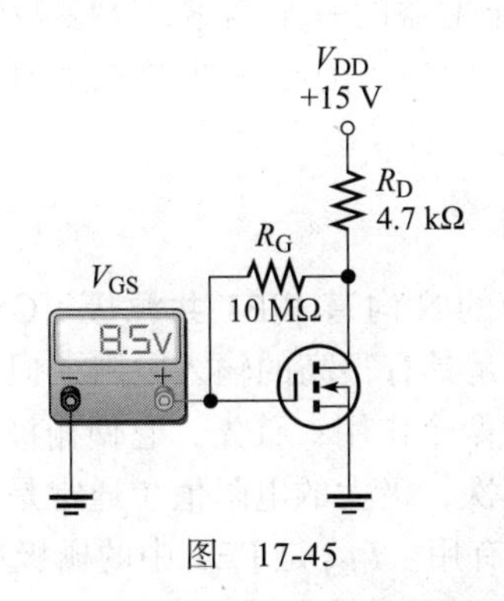


图　17-45

**解**　电压表显示 $V_{GS}$=8.5 V。由于这是一个漏极反馈结构，$V_{DS}$=$V_{GS}$=8.5 V。用欧姆定律求电流。

$$I_D=\frac{V_{DD}-V_{DS}}{R_D}=\frac{15\text{ V}-8.5\text{ V}}{4.7\ \Omega}=1.38\text{ mA}$$ ◀

**同步练习**　如果图 17-45 中电压表读数为 5.0 V，计算 $I_D$。

采用科学计算器完成例 17-12 的计算。

**学习效果检测**

1. 说出场效应晶体管的三个端子名称。
2. 一个 N 沟道 JFET 需要一个 $V_{GS}$，它是正的、负的还是 0。
3. 在 JFET 中漏极电流是如何控制的？
4. 在某 N 沟道自偏置 JFET 电路中，$I_D$=8.0 mA，$R_S$=1.0 kΩ。计算 $V_{GS}$。
5. 说出两种类型的 MOSFET。
6. 如果耗尽 / 增强 MOSFET 栅极到源极电压为 0 V，从漏极到源极是否有电流？
7. 如果 E-MOSFET 栅极到源极电压为 0 V，从漏极到源极是否有电流？
8. 对于一个 $V_{GS}$=0 V 的 D-MOSFET 偏置，漏极电流是等于 0 A、$I_{GSS}$，还是 $I_{DSS}$？
9. 对于 N 沟道 E-MOSFET，$V_{GS(th)}$=2.0 V，$V_{GS}$ 必须超过什么值才能导电？

## 17.6　FET 放大器

场效应晶体管，包括 JFET 和 MOSFET，可以在任何电路结构中用作放大器。与双极型晶体管类似，场效应管的结构有共源极、共漏极和共栅极，与 BJT 的共发射极、共集电极和共基极结构类似。与 BJT 的共基极结构一样，FET 的共栅极结构很少使用，因此这里不作介绍。FET 与 BJT 相似，有 A 类和 B 类两种类型，但本章内容仅限于 A 类的介绍。

### 17.6.1　FET 的跨导

回顾一下，在双极型晶体管中，基极电流控制集电极电流，这两个电流之间的关系表示为 $I_c=\beta_{ac}I_b$。在场效应管中，栅极电压控制漏极电流。跨导 $g_m$ 是场效应晶体管一个重要的参数，其定义为

$$g_m=\frac{I_d}{V_{gs}} \tag{17-35}$$

跨导是决定 FET 放大器电压增益的一个因素，大多数情况下，跨导被称为正向跨导，并被指定为 $y_{fs}$，单位为西门子（S）。仍有一些数据表使用旧的电阻的倒数（mho）来表示 $y_{fs}$。

### 17.6.2 共源极（CS）放大器

图 17-46 显示了一个自偏置的 N 沟道 JFET **共源极（CS）**放大器，其交流源经电容耦合到栅极。共源极放大器的优点是具有很高的输入电阻，但其增益和线性程度低于 CE 放大器。在 CS 放大器中，电阻 $R_G$ 有两个作用：首先，它使栅极直流电压保持在大约 0 V（因为 $I_{GSS}$ 非常小，通常为几皮安）；其次，极大的电阻值（通常是几兆欧）可以防止加载交流信号源，这对通信接收机的输入级很有用。$I_{GSS}$ 是 FET 中的栅极反向电流，在其反向偏置时，测量的偏置电压是由漏极电流在 $R_S$ 上形成的电压，旁路电容 $C_3$ 使场效应管的源极有效地保持交流接地状态。

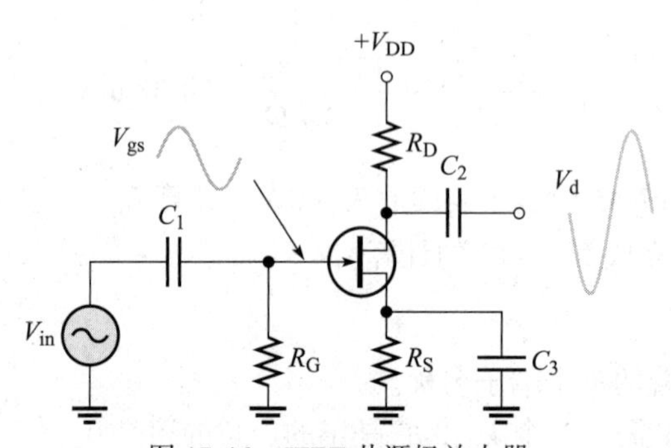

图 17-46 JFET 共源极放大器

信号电压导致栅极到源极的电压在其静态工作点上下波动，造成漏极电流的变化。随着漏极电流的增加，$R_D$ 上的电压也增加，导致漏极电压（相对于地）下降。同样，随着漏极电流的减少，$R_D$ 上的电压也会减少，导致漏极电压增加。

如图 17-46 所示，漏极电流在其静态工作点上下波动，与栅极至源极电压同相；漏极到源极的电压在其静态工作点值上下波动，与栅极到源极的电压的相位相差 180°。

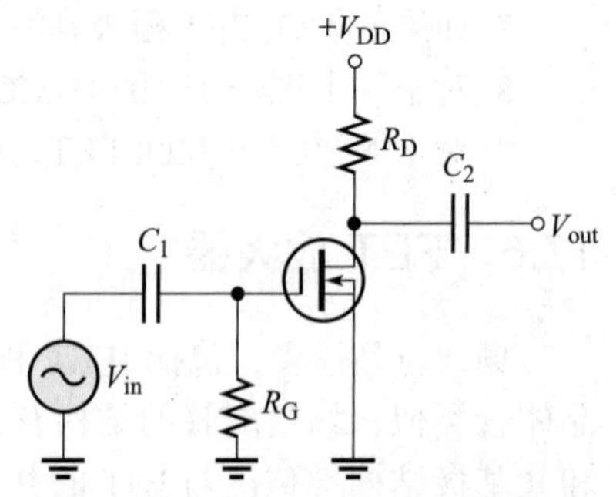

图 17-47 零偏置 N 沟道 D-MOSFET 共源极放大器

**D-MOSFET** 图 17-47 所示为一个零偏置的 N 沟道 D-MOSFET 共源极放大器，交流电源经电容耦合到栅极，栅极处的直流电压大约为 0 V，源极接地，因此，$V_{GS}$=0 V。

信号电压导致 $V_{GS}$ 在 0 V 上下波动，使 $I_d$ 产生波动，$V_{GS}$ 向下波动使其在耗尽模式下工作，$I_d$ 减少，$V_{GS}$ 向上波动使 D-MOSFET 在增强模式下工作，$I_d$ 增加。

**E-MOSFET** 图 17-48 所示为一个带分压器偏置的 N 沟道 E-MOSFET 共源极放大器，其栅极上有一个电容耦合的交流信号源。栅极上正电压偏置，使 $V_{GS}>V_{GS(th)}$，其中 $V_{GS(th)}$ 为阈值。

与 JFET 和 D-MOSFET 一样，信号电压使 $V_{GS}$ 在其静态工作上下波动。这种波动反过来又会引起 $I_d$ 的波动，使 E-MOSFET 在增强模式下工作。

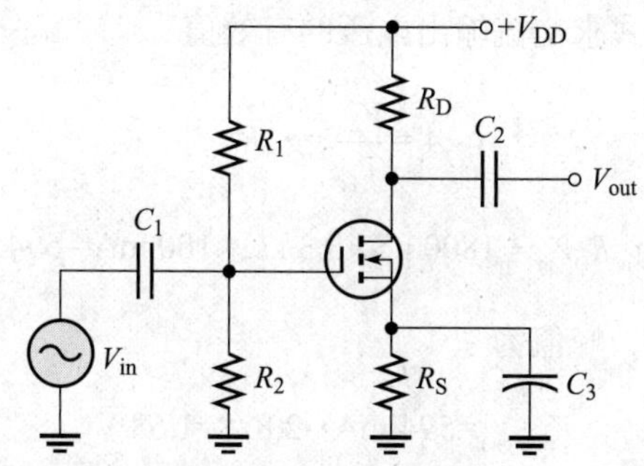


图 17-48　带分压器偏置的 N 沟道 E-MOSFET 共源极放大器

**电压增益**　放大器的电压增益 $A_v$ 总是等于 $V_{out}/V_{in}$。在 CS 放大器的情况下，$V_{in}$ 等于 $V_{gs}$，$V_{out}$ 等于通过 $R_D$ 上的电压，也就是 $I_dR_D$。因此就有

$$A_v = \frac{I_d R_D}{V_{gs}}$$

由于 $g_m=I_d/V_{gs}$，共源极电压增益由式（17-36）给出。

$$A_v = g_m R_D \qquad (17\text{-}36)$$

**输入电阻**　由于 CS 放大器的输入在栅极，输入电阻非常高，理想情况下为无穷大，可以忽略不计。高输入电阻是由 JFET 中的反向偏置 PN 结和 MOSFET 中的绝缘栅极结构产生的。

信号源得到实际输入电阻等效为栅极相对于地的电阻 $R_G$ 与场效应晶体管的输入电阻（$V_{GS}/I_{GSS}$）的并联。元件数据参数表上通常给出了 $V_{GS}$ 特定值以及反向泄漏电流 $I_{GSS}$，这样就可以计算出器件的输入电阻。

**例 17-13**

（a）图 17-49 中放大器的总输出电压（直流 + 交流）是多少？其中 $g_m$ 为 1800 μS，$I_D$ 为 2.0 mA，$V_{GS\,(off)}$ 为 –3.5 V，$I_{GSS}$ 为 15 nA。

（b）信号源上的输入电阻是多少？

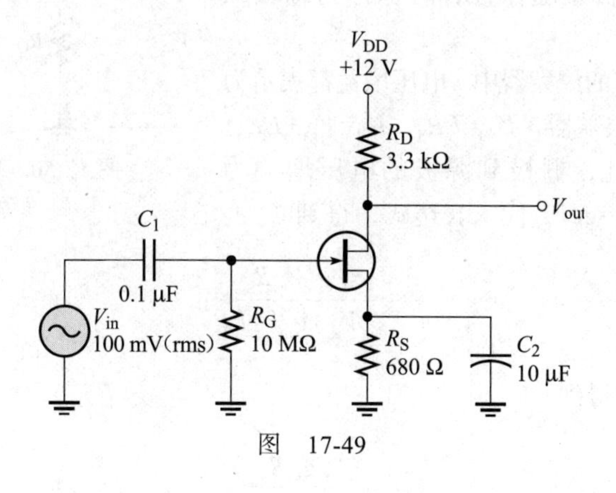


图　17-49

**解**　（a）首先求直流输出电压。

$$V_D = V_{DD} - I_D R_D = 12\ \text{V} - 2.0\ \text{mA} \times 3.3\ \text{k}\Omega = 5.4\ \text{V}$$

然后，利用放大增益公式求交流输出电压的有效值。

$$A_v=\frac{V_{out}}{V_{in}}=g_m R_D$$

$$V_{out}=g_m R_D V_{in}=1800\ \mu S\times 3.3\ k\Omega\times 100\ mA=594\ mV$$

输出总电压为交流信号，峰值为

$$V_{out(tot)}=594\ mA\times 2.828=1.68\ V$$

直流输出电压为 5.4 V。

(b) 输入电阻的计算如下（因为 $V_G$=0 V）：

$$V_{GS}=I_D R_S=2.0\ mA\times 680\ \Omega=1.36\ V$$

JFET 栅极处的输入电阻为

$$R_{IN(gate)}=\frac{V_{GS}}{I_{GSS}}=\frac{1.36\ V}{15\ nA}=91\ M\Omega$$

信号源支路上的输入电阻为

$$R_{in}=R_G\|R_{IN(gate)}=10\ M\Omega\|91\ M\Omega=9.0\ M\Omega$$ ◀

**同步练习** 对于图 17-49 所示的放大器，如果将 $V_{DD}$ 改为 15 V，假设其他参数都相同，则输出总电压是多少？

采用科学计算器完成例 17-13 的计算。

### 17.6.3 共漏极（CD）放大器

图 17-50 所示为一个 JFET 共漏极（CD）放大器，图中已标明了电压，该电路中使用了自偏置，输入信号通过耦合电容连接到栅极，输出在源极。这个电路类似于双极型射极跟随器，有时也称为**源极跟随器**。

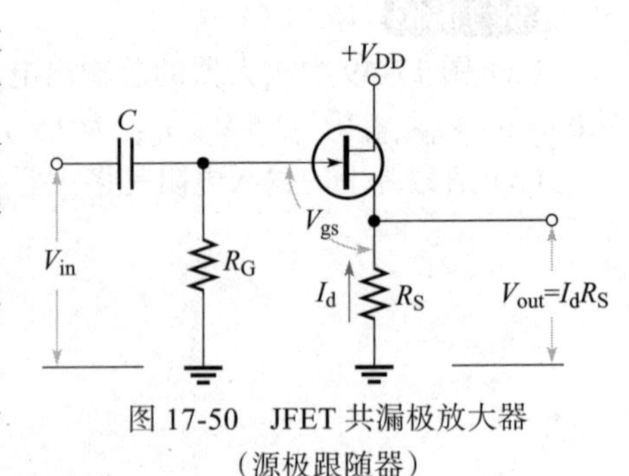

图 17-50 JFET 共漏极放大器（源极跟随器）

**电压增益** 在所有的放大器中，电压增益都表示为 $A_v=V_{out}/V_{in}$。对于源极跟随器，$V_{out}=I_dR_S$，$V_{in}=V_{gs}+I_dR_S$。如图 17-50 所示，因此，栅极到源极的电压增益为 $I_dR_S/(V_{gs}+I_dR_S)$。将 $I_d=g_mV_{gs}$ 代入表达式，得到

$$A_v=\frac{g_m V_{gs} R_S}{V_{gs}+g_m V_{gs} R_S}$$

约掉 $V_{gs}$ 项，可以得到

$$A_v=\frac{g_m R_S}{1+g_m R_S} \tag{17-37}$$

由式（17-37）可知，放大增益总是小于 1，如果 $g_mR_S$>>1，那么放大增益 $A_v$ 近似等于

1。由于输出电压在源极，它与栅极（输入）电压是同相的。

**输入电阻**　因为输入信号是施加在栅极上的，所以输入信号源上输入电阻是非常高的。栅极电阻 $R_G$ 与栅极支路上的输入电阻并联，并联总电阻就是总的输入电阻。

**例 17-14**

（a）根据图 17-51b 元件数据表中的信息，计算图 17-51a 中放大器的电压增益。

（b）假设采用最小的数据参数值，计算 25 ℃时的输入电阻。

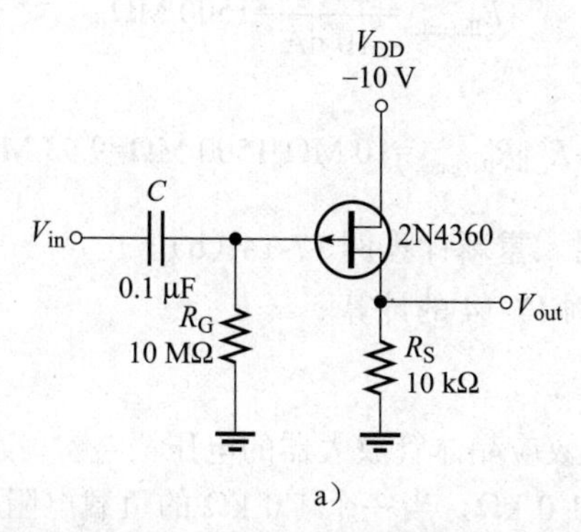


a）

| 特性 | 符号 | 最小值 | 最大值 | 单位 |
|---|---|---|---|---|
| **截止特性** | | | | |
| 栅极到源极的极击穿电压<br>（$I_G$=10 μA，$V_{DS}$=0） | $V_{(BR)GSS}$ | 20 | — | V |
| 栅极到源极截止电压<br>（$V_{DS}$=−10 V，$I_D$=1.0 μA） | $V_{GS(off)}$ | 0.7 | 10 | V |
| 栅极反向电流<br>（$V_{GS}$=15 V，$V_{DS}$=0）<br>（$V_{GS}$=15 V，$V_{DS}$=0，$T_A$=65 ℃） | $I_{GSS}$ | —<br>— | 10<br>0.5 | μA<br>μA |
| **导通特性** | | | | |
| 零栅电压的漏电流（见注4）<br>（$V_{DS}$=−10 V，$V_{GS}$=0） | $I_{DSS}$ | 3.0 | 30 | mA |
| 栅极到源极击穿电压<br>（$V_{DS}$=−10 V，$I_D$=0.3 mA） | $V_{GS}$ | 0.4 | 9.0 | V |
| **小信号特性** | | | | |
| 漏极到源极导通电阻<br>（$V_{GS}$=0，$I_D$=0，$f$=1.0 kHz） | $r_{ds(on)}$ | — | 700 | Ω |
| 正向跨导（见注4）<br>（$V_{DS}$=−10 V，$V_{GS}$=0，$f$=1.0 kHz） | $\|y_{fs}\|$ | 2000 | 8000 | μS |
| 正向跨导<br>（$V_{DS}$=−10 V，$V_{GS}$=0，$f$=1.0 kHz） | $Re(y_{fs})$ | 1500 | — | μS |
| 输出导纳<br>（$V_{DS}$=−10 V，$V_{GS}$=0，$f$=1.0 kHz） | $\|y_{os}\|$ | — | 100 | μS |
| 输入电容<br>（$V_{DS}$=−10 V，$V_{GS}$=0，$f$=1.0 kHz） | $C_{iss}$ | — | 20 | pF |
| 反向传输电容<br>（$V_{DS}$=−10 V，$V_{GS}$=0，$f$=1.0 kHz） | $C_{rss}$ | — | 5.0 | pF |
| 共源噪声系数<br>（$V_{DS}$=−10 V，$I_D$=1.0 mA，$R_G$=1.0 MΩ，$f$=100 Hz） | $NF$ | — | 5.0 | dB |
| 等效短路输入噪声电压<br>（$V_{DS}$=−10 V，$I_D$=1.0 mA，$f$=100 Hz，BW=15 Hz） | $E_n$ | — | 0.19 | $\mu V/\sqrt{Hz}$ |

注：1. 数据来自JEDEC。
2. 除非另有说明，数值均在$T_A$=25 ℃条件下测得。
3. 电压、电流均为直流。
4. 脉冲测试：脉冲宽度≤630 ms，占空比≤10%。

b）

图　17-51

**解** (a) 从元件数据表中最小值列项可以得出，$g_m=y_{fs}$=2000 μS。放大增益为：

$$A_v=\frac{g_m R_S}{1+g_m R_S}=\frac{2000\ \mu S\times 10\ k\Omega}{1+2000\ \mu S\times 10\ k\Omega}=0.952$$

(b) 在 $V_{GS}$=15 V 和 $T_A$=25 ℃时，从数据表中可得 $I_{GSS}$=10 nA。因此，

$$R_{IN(gate)}=\frac{15\ V}{10\ nA}=1500\ M\Omega$$

$$R_{IN}=R_G \| R_{IN(gate)}=10\ M\Omega \| 1500\ M\Omega=9.93\ M\Omega$$ ◀

**同步练习** 在 $T_A$=65 ℃时，重新计算例 17-14 (b)。

采用科学计算器完成例 17-14 的计算。

**学习效果检测**

1. 什么因素决定了 CS 场效应晶体管放大器的电压增益？

2. 某一 CS 放大器的 $R_D$=1.0 kΩ，当一个 1.0 kΩ 的负载电阻电容耦合到漏极时，增益会有多大变化？

## 17.7 反馈振荡器

振荡器是一种只以直流电源电压作为输入，在其输出上产生重复波形的电路。输出电压可以是正弦波或非正弦波，这取决于振荡器的类型。反馈振荡器的工作原理基于正**反馈**。在本节中，我们将研究反馈振荡器，了解发生振荡所需的一般条件，并介绍几种基本振荡器电路。

### 17.7.1 振荡器的原理

振荡器的基本概念如图 17-52 所示，从本质上讲，振荡器将直流形式的电能转换为交流形式的电能，一个基本振荡器由一个增益放大器、一个提供相移和衰减的正反馈电路组成，如图 17-53 所示。

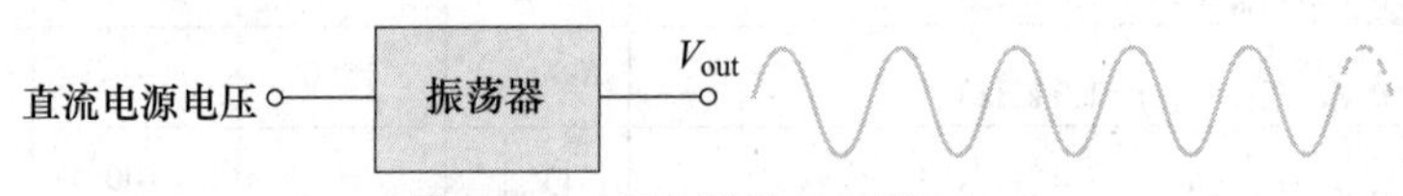


图 17-52 振荡器的基本概念

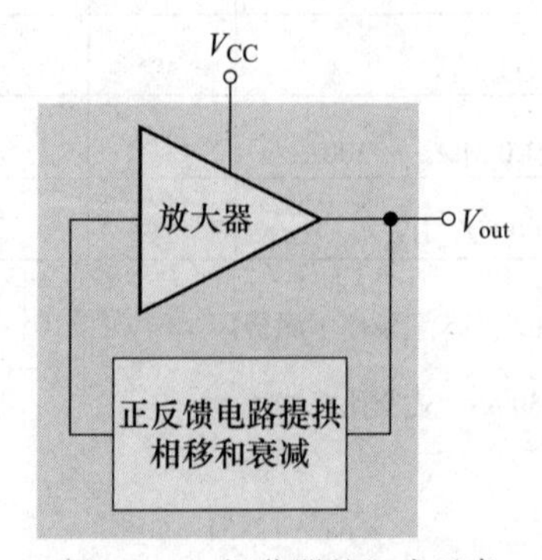


图 17-53 振荡器的组成元素

**正反馈**的特点是：放大器的一部分输出电压在没有净相移的情况下被反馈到输入端，从而使输出信号得到增强。图 17-54 说明了正反馈产生振荡的基本原理，同相反馈电压被放大以产生输出电压，而输出电压又产生反馈电压。也就是说，在一个回路中，信号在没有输入信号的情况下维持自身，并产生一个连续的正弦输出，这种现象称为振荡。

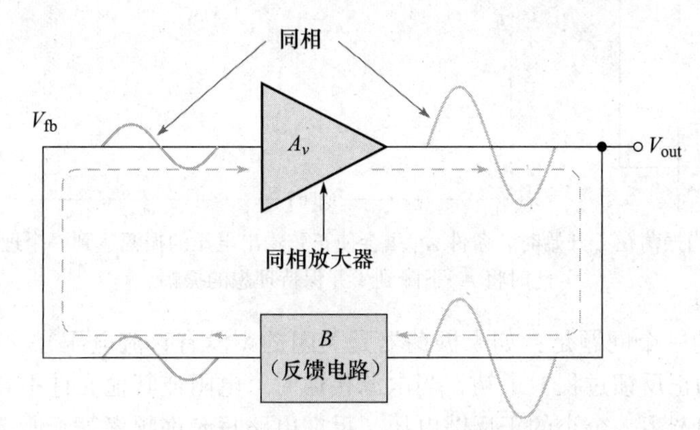


图 17-54　正反馈产生振荡的基本原理

**振荡条件**　持续振荡需要两个条件，如图 17-55 所示。

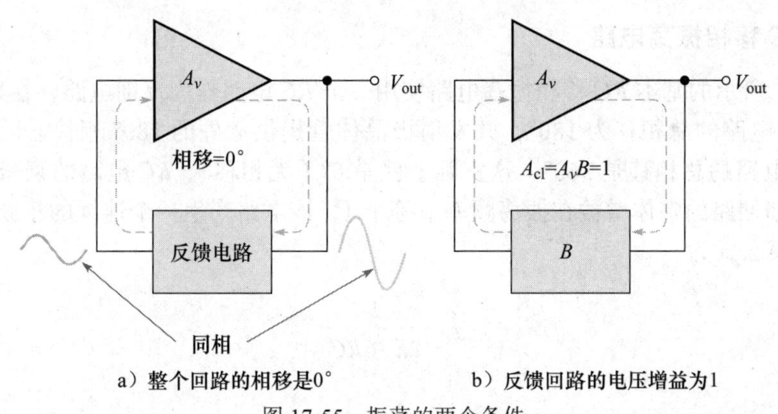


图 17-55　振荡的两个条件

1. 反馈回路的相移必须为 0°。
2. 反馈回路的电压增益 $A_{cl}$ 必须为 1（**单位增益**）。

反馈回路的电压增益（$A_{cl}$）为放大器增益（$A_v$）与衰减的乘积，如式（17-38）所示。

$$A_{cl}=A_vB \tag{17-38}$$

如果正弦波是期望的输出，大于 1 的回路增益将快速使输出在波形的两个峰值处饱和，产生不可接受的失真。为了避免这种情况，必须使用某种形式的自动增益控制（AGC），以便在振荡开始后将回路增益恰好保持在 1。例如，如果反馈网络的衰减是 0.01，放大器增益必须正好是 100，以克服这种衰减，这样就不产生失真（回路增益为 0.01×100=1.0）。放大器的增益大于 100 将导致振荡器限制波形的两个峰值。如果增益小于 100，振荡就会消失。

**起振条件**　当接通直流电源时，需要讨论电路起振的条件。如你所知，振荡必须满足单位增益条件才能持续。为了使电路振荡，正反馈回路的电压增益必须大于 1，以便输出的振幅可以达到一个理想的水平，然后电压增益必须降低到 1，以使输出保持在所期望的水平上，振荡得以持续，图 17-56 说明了起振和维持振荡的条件。

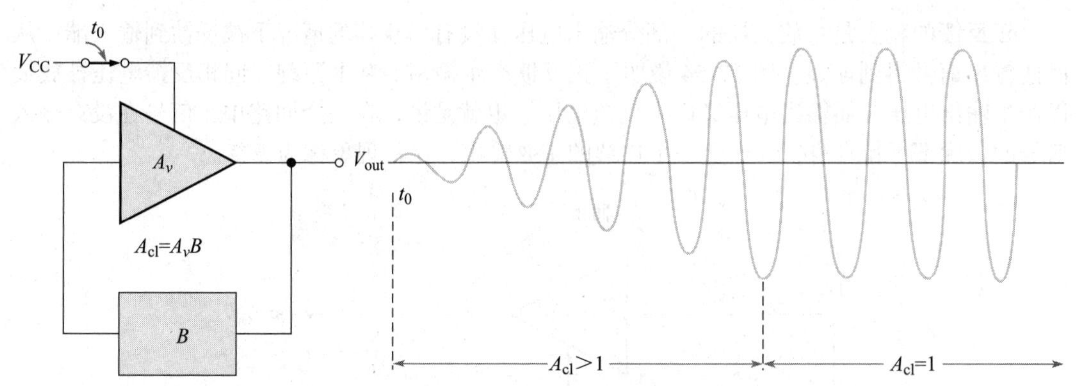


图 17-56 当振荡在 $t_0$ 开始时，条件 $A_{cl}>1$ 会使正弦输出电压的振幅达到一个理想的水平，此时将 $A_{cl}$ 下降到 1 并保持理想的振幅

但通常出现的一个问题是：如果振荡器是关闭的（没有直流电压），没有输出电压，反馈信号是如何启动正反馈过程？最初，当电源接通时，电阻或其他元件中会因热量产生宽带噪声或在接通瞬间产生一个小的正反馈电压，反馈电路只允许频率等于所选振荡频率的同相电压反馈至放大器的输入端。这个最初的反馈电压被放大并不断加强，导致输出电压不断积累，最终出现如前面讨论的那样振荡。

### 17.7.2 *RC* 移相振荡电路

图 17-57 所示的基本 *RC* 移相振荡电路使用一个 *RC* 电路作为反馈电路，在这种情况下，3 个 *RC* 滞后电路的总相移为 180°，共发射极晶体管提供额外的 180° 相移。因此，通过放大器和反馈电路的总相移是 360°，这实际上就是 0°（无相移）。*RC* 电路的衰减和放大器增益必须使反馈回路的整体增益在振荡频率下等于 1，该电路产生一个连续的正弦波输出，振荡频率的计算公式为

$$f_r=\frac{1}{2\pi\sqrt{6}RC} \tag{17-39}$$

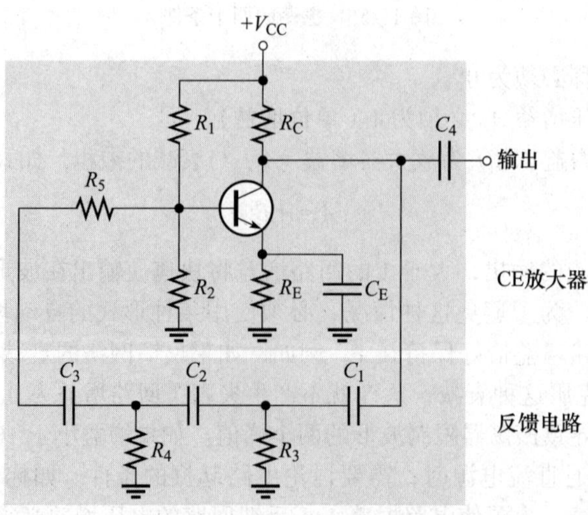


图 17-57 基本 *RC* 移相振荡电路

### 17.7.3　考毕兹振荡电路

一种基本类型的调谐振荡电路是考毕兹振荡电路，以其发明者的名字命名，如图 17-58 所示。这种振荡电路在反馈回路中使用一个 $LC$ 电路来提供相移，同时也作为一个滤波器，只通过指定的振荡频率。根据式（17-40），振荡的近似频率由 $C_1$、$C_2$ 和 $L$ 的值确定。

$$f_r \approx \frac{1}{2\pi\sqrt{LC_T}} \tag{17-40}$$

由于电容 $C_1$ 和 $C_2$ 在谐振电路中是串联的，所以总电容为

$$C_T = \frac{C_1C_2}{C_1+C_2} \tag{17-41}$$

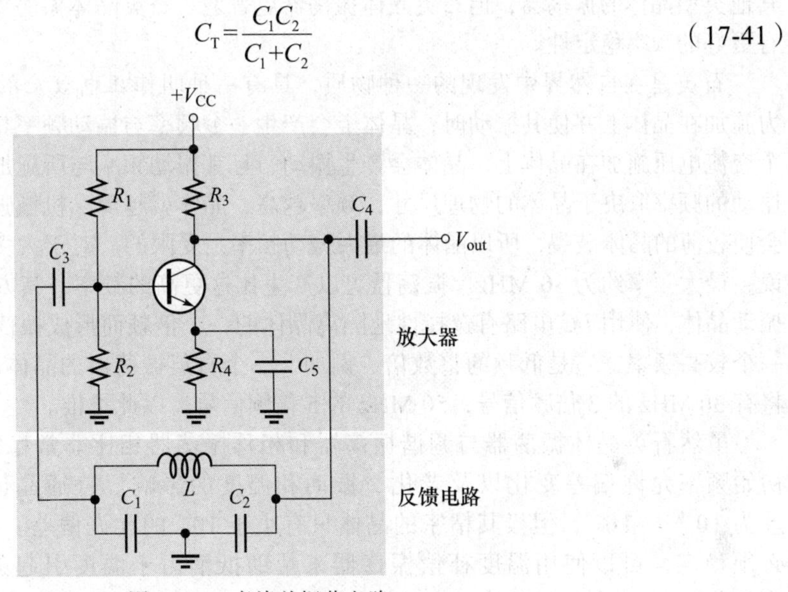


图 17-58　考毕兹振荡电路

### 17.7.4　哈特莱振荡电路

另一种基本类型的振荡电路是哈特莱振荡电路，它与考毕兹振荡电路类似，只是反馈电路由两个电感和一个电容组成，如图 17-59 所示。

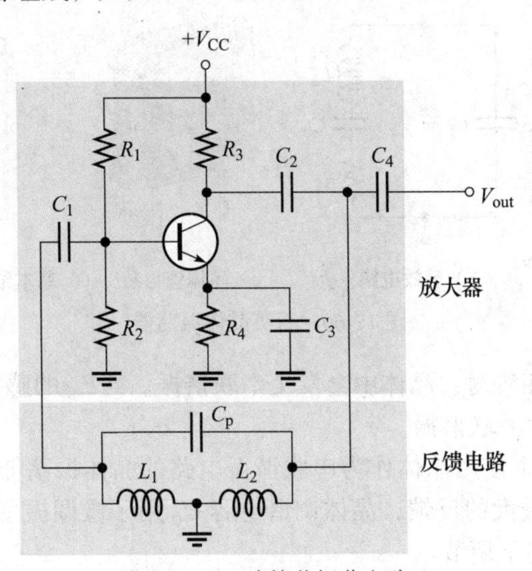


图 17-59　哈特莱振荡电路

哈特莱振荡电路的振荡频率计算公式如下：

$$f_r \approx \frac{1}{2\pi\sqrt{L_T C_p}} \qquad (17\text{-}42)$$

式中，总电感 $L_T$ 是 $L_1$ 和 $L_2$ 的串联组合。

### 17.7.5 石英晶体振荡器

石英晶体振荡器本质上是一种调谐电路振荡器，使用石英晶体作为谐振电路，也有使用其他类型晶体的振荡器，但石英晶体振荡器更普遍。石英晶体振荡器比其他类型的振荡器具有更好的频率稳定性。

石英是在自然界中发现的一种物质，具有一种叫作*压电效应*的特性。当变化的机械应力施加在晶体上并使其振动时，晶体上会产生一个频率与振动频率相同的电压。相反，当一个交流电压施加在晶体上，晶体会产生振动，且其振动频率与所施加的电压频率相同。晶体振动的频率取决于晶体的物理尺寸，频率越高，晶体就越薄，机械强度越弱。由于机械振动会使较薄的晶体破裂，所以晶体的最大振动频率是受限的。对于大多数常见的石英振荡器来说，最大频率约为 30 MHz。振荡器可以产生比这更高的频率，其方法是以晶体的初级频率振动晶体，使用 $LC$ 电路有选择性地隔离晶体的一个倍频而形成振荡。**倍频**是由低频产生的一个较高频率，它是低频的整数倍，例如，一个石英振荡器的晶体以 10 MHz 的频率振动，将有 30 MHz 的 3 倍频信号，50 MHz 的 5 倍频信号，以此类推。

虽然石英晶体振荡器与调谐振荡器和相移振荡器相比非常稳定和精确，但它会受到初始频率允许偏差变化以及老化、振动和温度的影响。普通晶体振荡器的初始允许偏差为 $10^{-6} \sim 10^{-4}$，但极其精密的晶体只有小于 $10^{-9}$ 的允许偏差。振荡器的频率在工作时必须稳定，可以使用温度补偿振荡器来帮助抵消由于温度引起的变化。当需要非常精确的频率时，装在专用外壳中的温控振荡器可以确保振荡器不受温度变化或机械振动的影响。

晶体的符号如图 17-60a 所示，等效电路如图 17-60b 所示，晶体封装如图 17-60c 所示。实际结构中，石英板的安装如图 17-60d 所示。

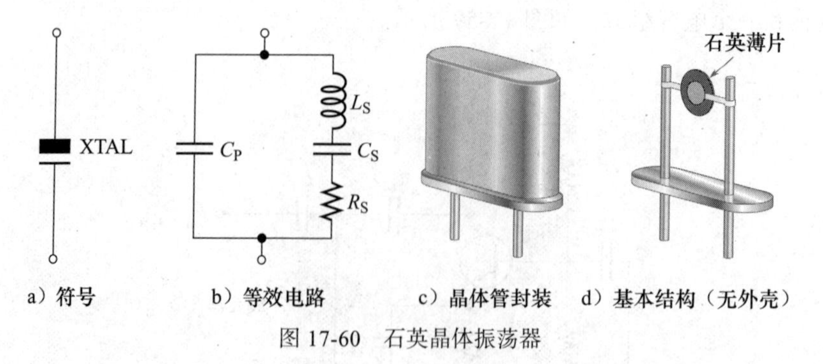


a）符号 b）等效电路 c）晶体管封装 d）基本结构（无外壳）

图 17-60 石英晶体振荡器

当串联支路的电抗相等时，晶体中会发生串联谐振。当 $L_S$ 的感抗等于并联电容 $C_P$ 的容抗时，在高频率上会发生并联谐振。

图 17-61a 所示为一个使用晶体作为串联谐振电路的晶体振荡器，晶体的阻抗在串联谐振时是最小的，提供了最大的反馈，晶体调谐电容 $C_C$ 用于微调振荡器的频率，将晶体的谐振频率可以略微向上或向下调节。

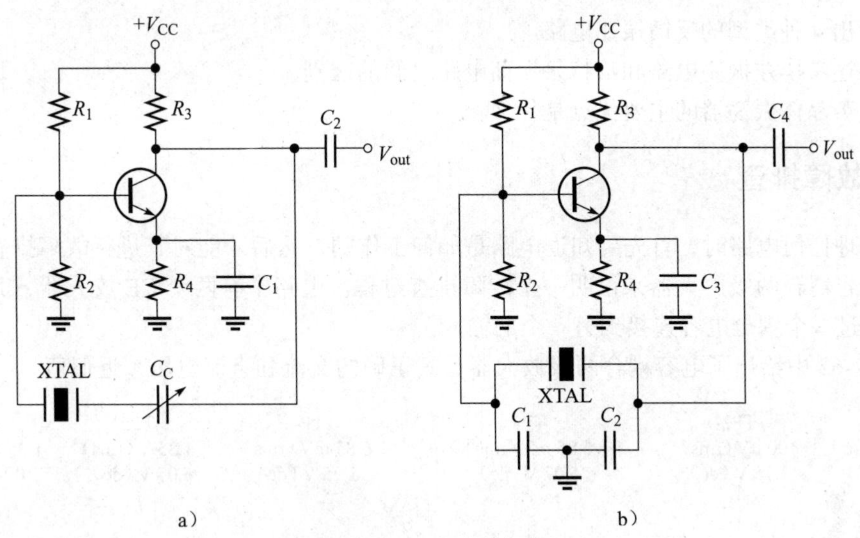


图 17-61　两种晶体振荡器

图 17-61b 所示为改进的电容三点式结构，与晶体振荡器一起形成并联谐振模式，晶体的阻抗在并联谐振时是最大的，因此在 $C_1$ 和 $C_2$ 上产生最大电压，$C_1$ 上的电压被反馈到输入端。

**例 17-15**　一个计时电路使用一个频率 10 MHz、允许偏差 100 ppm 的晶体振荡器（ppm=$10^{-6}$）。

（a）振荡器的初始频率范围是多少？

（b）一年后，计时器可能会增加或减少多少秒？

**解**　（a）振荡器的指定允许偏差为 100 ppm，因此初始频率变化大小为

$$\pm\frac{100}{1\,000\,000}\times 10\times 10^6\ \text{Hz}=\pm 1000\ \text{Hz}$$

$$10\,000\,000\ \text{Hz}-1000\ \text{Hz}=9\,999\,000\ \text{Hz}$$

$$10\,000\,000\ \text{Hz}+1000\ \text{Hz}=10\,001\,000\ \text{Hz}$$

因此，初始频率变化范围是 9 999 000 ～ 10 001 000 Hz。

（b）首先求出每年有多少秒。

$$365\ \text{d}\times 24\ \text{h/d}\times 60\ \text{min/h}\times 60\ \text{s/min}=31\,536\,000\ \text{s}$$

故其潜在误差为

$$\pm\frac{100}{1\,000\,000}\times 31\,536\,000\ \text{s}=\pm 3154\ \text{s}\approx 53\ \text{min}$$ ◀

**同步练习**　振荡器的最大允许偏差是多少，以确保定时电路的误差每年不超过 1 s？

**学习效果检测**

1. 什么是振荡器？
2. 反馈振荡器使用什么类型的反馈，反馈电路的目的是什么？
3. 电路振荡的条件是什么？
4. 振荡器的起振条件是什么？

5. 说出 4 种类型的反馈振荡电路。
6. 描述考毕兹振荡电路和哈特莱振荡电路之间的区别。
7. 石英晶体振荡器的主要优点是什么？

## 17.8 故障排查

在处理任何电路时，首先要知道电路是如何工作的，然后才能对其进行故障排查，本节用一个电容耦合两级放大器来说明一个故障排查过程。电路中有两个 CE 放大器，其中一个的输出通过一个耦合电容连接到另一个的输入。

图 17-62 中给出了电容耦合两级放大器及其正确的交流和直流电压（近似值）。

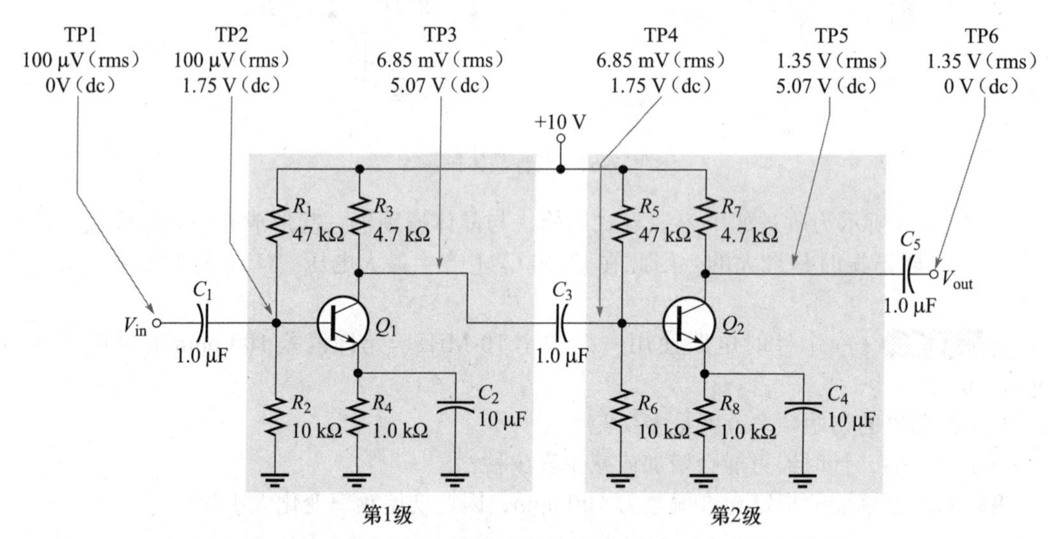


图 17-62 电容耦合两级放大器及其正确的交流和直流电压

### 17.8.1 故障排查过程

将使用 APM（分析、规划和测量）方法进行故障排查。

**分析** 发现没有输出电压 $V_{out}$。你确定电路工作正常，但后来出现故障。对电路板或组件进行目视检查，发现没有明显的问题。

**规划** 在这个例子中，准备一个故障排查流程图来更详细地完成计划步骤，如图 17-63 所示。像这样的流程图通常是在有许多板子需要测试时准备的，以帮助技术人员高效工作。这张图使用了半分法的思想，以便尽快找出问题。该图是基于这样的假设：TP1 处有一个正确的输入信号，但在 TP6 处没有输出。

**测量** 下面的步骤说明了故障排查的测量和推理过程。

**步骤 1**：检查直流电源电压。如果是 10 V，问题出在放大器电路上；如果没有直流电压或电压值不正确，请检查直流电源和相关连接是否有问题。

**步骤 2**：检查第 2 级输入端（TP4 处）的直流电压和信号。如果此时存在正常直流电压和信号，则故障在第 2 级或耦合电容 $C_5$ 的断开，执行步骤 3。

直流电压不正常或 TP4 处无信号，则故障在第 1 级的 $C_1$ 或 $C_3$ 处，执行步骤 4。

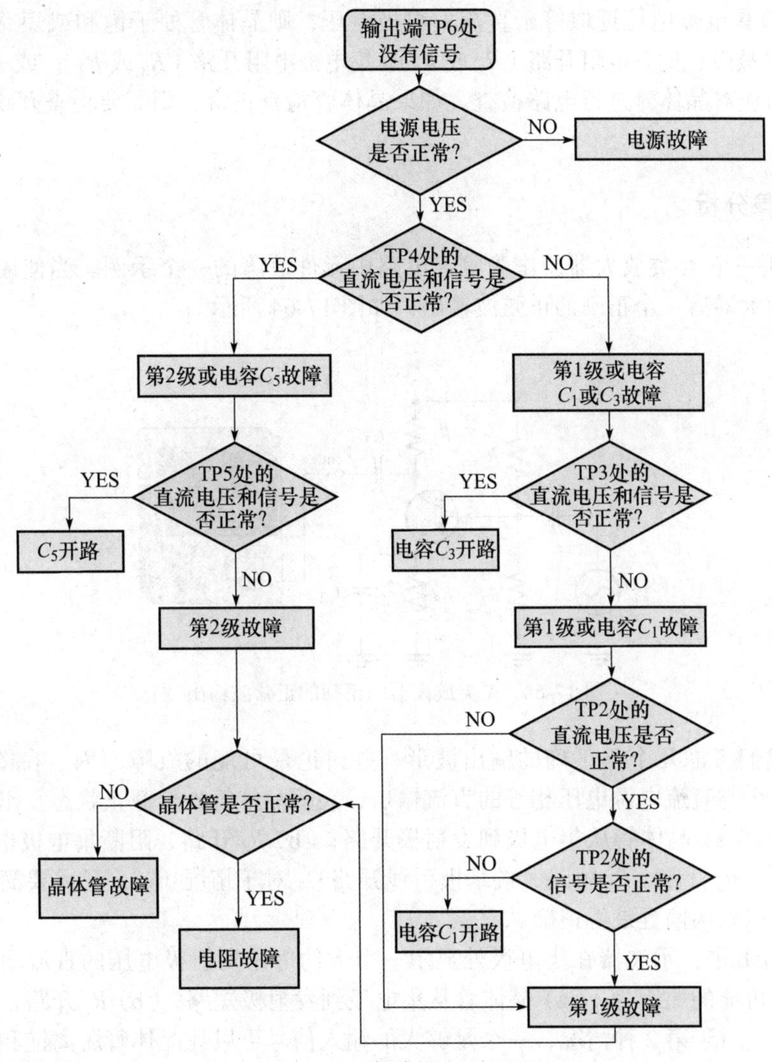


图 17-63　故障排查流程图

**步骤 3**：检查晶体管 $Q_2$ 集电极处（TP5 处）的直流电压和信号。如果直流电压正常，并且在这一点上有信号，那么耦合电容 $C_5$ 是开路的；如果直流电压不正常或 TP5 处没有信号，则第 2 级放大电路有故障；要么是晶体管 $Q_2$，要么是其中一个电阻，要么是旁路电容 $C_4$ 有问题，转到步骤 6。

**步骤 4**：检查晶体管 $Q_1$ 集电极（TP3 处）的直流电压和信号。如果直流电压是正常的，此时出现信号，则耦合电容 $C_3$ 故障，直流电压不正常或 TP3 处无信号时，则第 2 级故障或耦合电容 $C_1$ 故障。执行步骤 5。

**步骤 5**：检查 TP2 处的直流电压和信号。如果直流电压是正常的，但此时没有信号，说明耦合电容 $C_1$ 是开路的；如果 TP2 处有正常的信号，则第 1 级故障；执行步骤 6。注意：为了检查 TP2 处的信号，可能需要对 TP1 处的输入端施加更大的信号，因为用典型的测试设备测量 100 μV 的信号是非常困难或不可能的。

**步骤 6**：如果达到这一步，那么可以确定某个放大器中存在故障。下一步是找到具体的故障，如果直流集电极电压是 $V_{CC}$，晶体管处于截止或开路状态，这可能是由晶体管故障引起，故障可能是偏置电路的电阻开路（$R_1$ 或 $R_5$）、发射极电阻开路，或是集电极处的开路连接；如果直流集电极电压近似等于直流发射极电压，则晶体管处于饱和或短路状态，这可能是由晶体管故障、偏置电阻开路（$R_2$ 或 $R_6$）、集电极电阻开路（$R_3$ 或 $R_7$），或一个短路触点引起的，此时应对晶体管进行电路检查。如果晶体管检查正常，则需要检查开路电阻或不良接点。

## 17.8.2 故障分析

我们使用一个 A 类放大器，作为隔离电路中元件故障的一个示例。当使用正弦波输入信号时，该放大器有一个正确的正弦波输出，如图 17-64 所示。

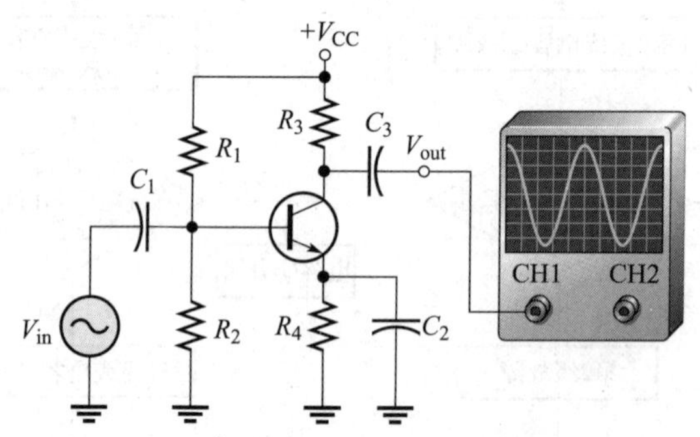


图 17-64 A 类放大器的正确的正弦波输出

现在，我们考虑几个不正确的输出波形，并讨论最可能的故障原因。在图 17-65a 中，示波器显示一个与直流电源电压相等的直流输出，表明晶体管处于截止状态。出现这种情况可能的原因为：（a）晶体管从集电极到发射极开路；（b）$R_4$ 开路，阻断集电极电流；（c）偏置电路有问题（$R_1$ 开路，$R_2$ 短路，或基极引线开路）。对于情况（c），只需要简单地测量基极直流电压，以确认偏置是否正确。

在图 17-65b 中，示波器在集电极处显示一个大约等于发射极电压的直流输出。出现这种情况的两种可能的原因为：（a）晶体管从集电极到发射极短路；（b）$R_2$ 开路，导致晶体管处于饱和偏压。对于第 2 种情况，一个足够大的输入信号可以让晶体管脱离饱和状态并输出负峰值，并在输出上产生短脉冲。

在图 17-65c 中，示波器显示的输出波形在截止时被截取。导致这种情况的可能原因是：（a）因为错误的电阻值，静态工作点向下移动；（b）电阻 $R_1$ 开路，晶体管在截止时偏置。在第 2 种情况下，输入信号足以使其在小部分周期内脱离截止状态。

在图 17-65d 中，示波器显示的输出波形在饱和状态下被截取。同样，有可能是一个错误的电阻值导致静态工作点向饱和方向急剧移动，或者 $R_2$ 开路，导致晶体管被偏置在饱和状态，而输入信号使其在小部分周期内脱离饱和状态。

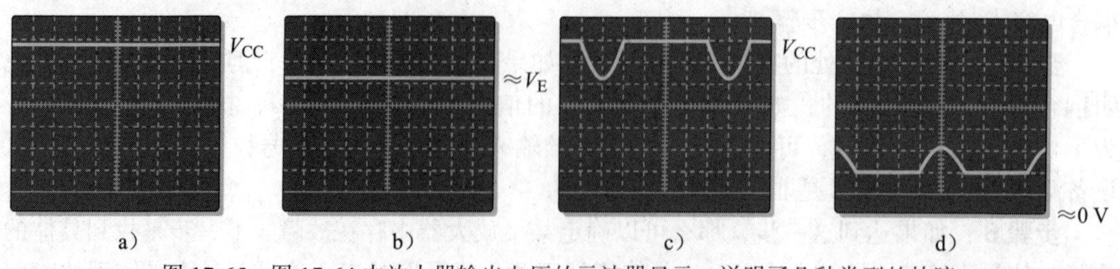


图 17-65 图 17-64 中放大器输出电压的示波器显示，说明了几种类型的故障

**学习效果检测**

1. 如果图 17-62 中的电容 $C_4$ 开路，输出信号会受到什么影响？晶体管 $Q_2$ 集电极的直流输出会受到怎样的影响？

2. 如果图 17-62 中的 $R_5$ 是开路的，输出信号会受到什么影响？

3. 如果图 17-62 中的耦合电容 $C_3$ 短路，放大器中有直流电压改变吗？如果有，是哪些？

4. 假设图 17-62 中晶体管 $Q_2$ 的基极到发射极短路。

（a）晶体管 $Q_2$ 基极的交流信号是否会改变？以何种方式改变？

（b）晶体管 $Q_2$ 基极的直流输出是否会改变？以何种方式改变？

5. 如果在图 17-62 所示电路的输出波形的两个峰值都被截取，你会检查什么？

6. 图 17-62 中的放大器出现明显的增益损失，最可能是由哪种类型的故障引起的？

## 应用案例

这个系统有几个部分，但在这个实验中，你要关注的是晶体管电路，它监控容器中液体的温度变化，并提供一个与温度成比例的输出（用于精确控温）。在这个案例中，晶体管被用作直流放大器。

**系统说明**

图 17-66 所示是一个工业温控系统的框图，该系统利用闭环反馈原理，使物质保持在 50℃ ±1℃的恒温。温箱内的温度传感器是热敏电阻，热敏电阻是温度系数为负的温度敏感电阻。热敏电阻构成晶体管检测器中偏置电路的一部分。热敏电阻和其他温度传感器将在第 21 章中详细介绍。

温度的微小变化会引起热敏电阻的变化，从而导致晶体管检测器的输出电压成比例变化。热敏电阻是典型的非线性元件，该系统的数字部分是为了精确补偿温度检测器的非线性特性，以便对流向燃烧炉的燃料流量进行持续的线性调整，从而抵消温度偏离预期值的任何微小变化。

在本实验中，你所关注的温度检测电路是整个系统的一部分。

温度检测电路板和安装在温箱侧面的热敏电阻探头如图 17-67 所示，图 17-67 还包括热敏电阻符号和 NPN 晶体管的外壳配置。

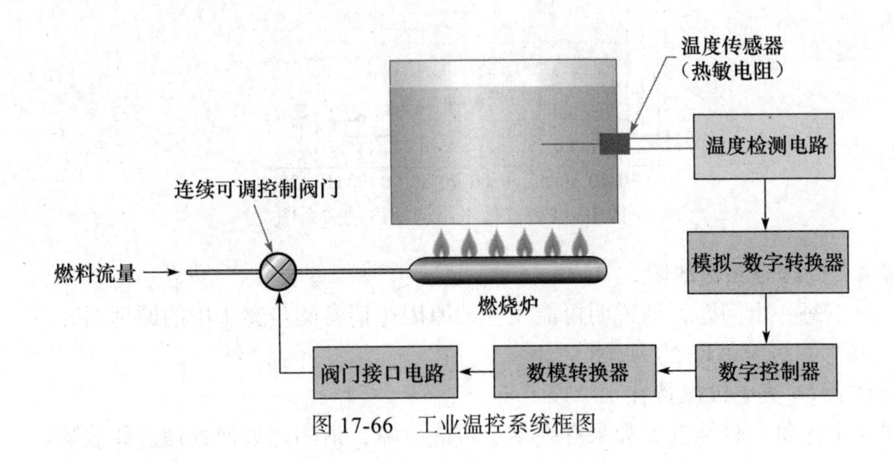


图 17-66　工业温控系统框图

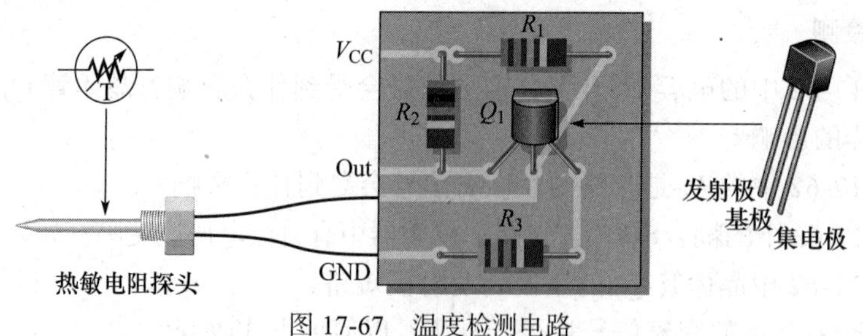


图 17-67 温度检测电路

**步骤 1：将 PCB 与原理图联系起来**

绘制包含热敏电阻的图 17-67 电路板的原理图，将原理图排版绘制成你熟悉的形式，并确定所使用的偏置类型。

**步骤 2：分析电路**

在直流电源为 +15 V 的情况下，分析温度检测电路，以确定在 50 ℃以及 50 ℃上下 1.0 ℃时的输出电压。发射结电压为 0.7 V。假设晶体管的 $\beta_{DC}$=100。在小温度范围内很难获得精确的温度变化图形，不过可以得到几个测试数据。假设在控制温度范围内的热敏电阻值如下：

当 $T$=50 ℃时，$R$=2.75 kΩ

当 $T$=49 ℃时，$R$=3.1 kΩ

当 $T$=51 ℃时，$R$=2.5 kΩ

如果模数转换器的输入电阻为 1.0 MΩ，那么测量的数值是否会有明显的变化？

**步骤 3：在温度范围内检查输出**

将电路置于受控的温度环境中，使用图 17-68 所示图表，在 30 ～ 110 ℃的范围内，以 20 ℃为间隔确定输出电压。

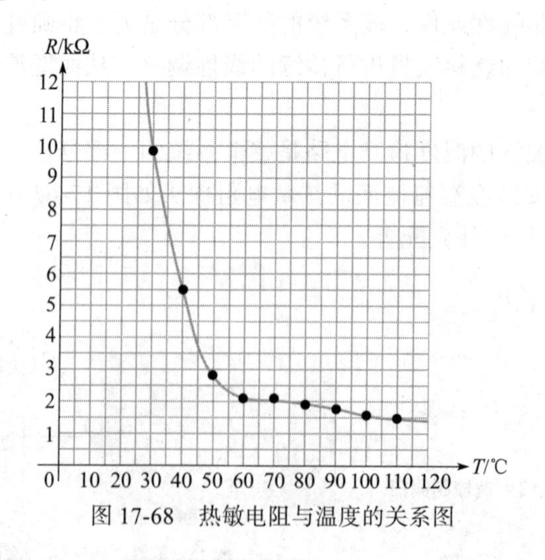


图 17-68 热敏电阻与温度的关系图

**步骤 4：处理电路板故障**

对于以下每一个问题，请说明可能发生的原因（请参阅步骤 1 中的原理图）：

1. $V_{CE}$ 约为 0.1 V，$V_C$ 约为 3.8 V。

2. 晶体管 $Q_1$ 集电极保持在 15 V。

3. 对于上述每一种情况，如果存在多个可能故障，请阐述如何处理这些故障。

### 检查与复习

1. 温度检测电路在过程控制系统中的用途是什么？
2. 在步骤 2 中，晶体管是否进入饱和状态和 / 或截止状态？
3. 计算 40 ℃时的输出电压。
4. 计算 60 ℃时的输出电压。

## 本章总结

- 双极型晶体管（BJT）由 3 个区域组成：发射极、基极和集电极。
- BJT 的 3 个区域被两个 PN 结隔开。
- 双极晶体管的两种类型是 NPN 和 PNP。
- 双极型指的是晶体管使用两种电流（电子电流和空穴电流）作为电荷载体。
- 场效应晶体管（FET）有 3 个端子：源极、漏极和栅极。
- 结型场效应晶体管（JFET）利用一个反向偏置的栅极到源极 PN 结工作。
- JFET 漏极和源极之间的电流通过一个通道，该通道的宽度由栅极 - 源极结上的反向偏压量控制。
- JFET 的两种类型是 N 沟道和 P 沟道。
- 金属氧化物半导体场效应晶体管（MOSFET）与 JFET 的不同之处在于 MOSFET 的栅极与沟道绝缘。
- D-MOSFET 在漏极和源极之间有一个物理沟道。
- E-MOSFET 没有物理沟道。
- 晶体管符号如图 17-69 所示。

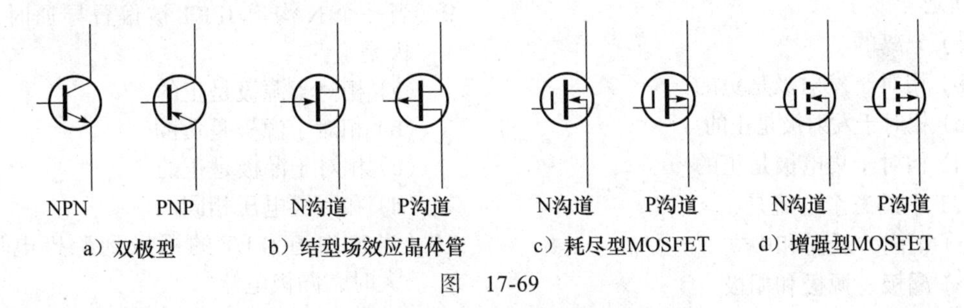


图　17-69

- BJT 放大器的两种主要类型是共发射极（CE）和共集电极（CC）。第三种类型是共基极（CB）。
- 场效应晶体管放大器的两种主要类型是共源极（CS）和共漏极（CD）。第三种类型是共栅极（CG）。
- A 类放大器在整个输入周期内工作，通常用于低功耗应用。
- B 类放大器只在半个输入周期工作，通常用于高功率应用。
- 正弦波振荡器基于正反馈。
- 反馈振荡器的两个条件是：反馈回路的总相移必须为 0°，反馈回路的电压增益必须至少为 1。
- 反馈振荡器开始启动时，反馈回路的电压增益必须大于 1。
- 考毕兹振荡器中的反馈信号来自 *LC* 电路中的电容分压器。
- 哈特莱振荡器中的反馈信号来自 *LC* 电路中的电感分压器。
- 晶体振荡器是最稳定的类型。

## 对/错判断（答案在本章末尾）

1 在双极晶体管中，如果发射结是反向偏置的，晶体管将被截止。
2 当晶体管饱和时，基极电流继续增加是不可能的。
3 在饱和状态和截止状态之间有一条负载线。
4 CC 放大器的功率增益与电流增益相同。
5 B 类放大器比 A 类放大器效率更高。
6 JFET 总是在栅极到源极 PN 结正向偏置的情况下工作。
7 当栅极到源极电压为零时的漏极电流称为 $I_{GSS}$。
8 场效应晶体管的跨导是交流漏极电流与栅 - 源极电压的比值。
9 CD 放大器的电流增益小于 1。
10 反馈振荡器的输入只有电源电压。

## 自我检测（答案在本章末尾）

1 NPN 双极型晶体管的 N 区域是
(a) 集电极和基极
(b) 集电极和发射极
(c) 基极和发射极
(d) 集电极、基极和发射极

2 PNP 晶体管的 N 区是
(a) 基极 (b) 集电极
(c) 发射极 (d) 电容

3 若 NPN 晶体管要正常工作，则基极必须是
(a) 分离的
(b) 相对于发射极是负的
(c) 相对于发射极是正的
(d) 相对于集电极是正的

4 BJT 中的三个电流是
(a) 正向、反向和中立
(b) 漏极、源极和栅极
(c) $\alpha$、$\beta$ 和 $\sigma$
(d) 集电极、基极和发射极

5 $\beta$ 是
(a) 集电极电流比发射极电流
(b) 集电极电流比基极电流
(c) 发射极电流比基极电流
(d) 输出电压比输入电压

6 $\alpha$ 是哪项的比值？
(a) 集电极电流比发射极电流
(b) 集电极电流比基极电流
(c) 发射极电流比基极电流
(d) 输出电压比输入电压

7 如果某个工作在线性区域的晶体管的 $\beta$ 值为 30，基极电流为 1.0 mA，则集电极电流为
(a) 0.033 mA (b) 1.0 mA
(c) 30 mA (d) 不确定

8 如果在线性区域工作的晶体管的基极电流增加，则
(a) 集电极电流增大，发射极电流减小
(b) 集电极电流减小，发射极电流减小
(c) 集电极电流增加，发射极电流不变
(d) 集电极电流增加，发射极电流增加

9 当一个 N 沟道 JFET 被偏置导通时，栅极是
(a) 相对于源极是正的
(b) 相对于源极是负的
(c) 相对于漏极是正的
(d) 和漏极电压相同

10 当 N 沟道 JFET 的栅极到源极电压增大时，漏极电流
(a) 减小 (b) 增大
(c) 保持不变 (d) 变为 0

11 当一个负的栅极到源极电压加到 N 沟道 MOSFET 上时，其工作在
(a) 截止状态 (b) 饱和状态
(c) 增强模式 (d) 耗尽模式

12 在共发射极（CE）放大器中，从发射极到地的电容称为
(a) 耦合电容 (b) 去耦电容
(c) 旁路电容 (d) 调谐电容

13 如果在 CE 放大器中从发射极到地的电容被移除，则电压增益
(a) 增大 (b) 减小
(c) 保持不变 (d) 变不稳定

14 当 CE 放大器的集电极电阻增大时，电压增益

(a) 增大 (b) 减小

(c) 保持不变 (d) 变不稳定

15 CE 放大器的输入电阻受哪些因素影响？

(a) $\alpha$ 和 $r_e$ (b) $\beta$ 和 $r_e$

(c) $R_C$ 和 $r_e$ (d) $R_E$、$r_e$ 和 $\beta$

16 CE 放大器的输出信号总是

(a) 与输入信号同相

(b) 与输入信号反相

(c) 大于输入信号

(d) 等于输入信号

17 共集电极放大器的输出信号总是

(a) 与输入信号同相

(b) 与输入信号反相

(c) 大于输入信号

(d) 完全等于输入信号

18 用 CC 放大器可获得的最大理论电压增益是

(a) 100 (b) 10

(c) 1.0 (d) 与 $\beta$ 有关

19 在 A 类放大器中，输出信号是

(a) 失真的

(b) 截取一部分的

(c) 和输入的形状相同

(d) 脉冲

20 A 类放大器工作在

(a) 输入周期的 $\frac{1}{4}$

(b) 输入周期的 $\frac{1}{2}$

(c) 输入周期的 $\frac{3}{4}$

(d) 整个输入周期

21 B 类放大器工作在

(a) 输入周期的 $\frac{1}{4}$

(b) 输入周期的 $\frac{1}{2}$

(c) 输入周期的 $\frac{3}{4}$

(d) 整个输入周期

22 反馈振荡器的工作原理是

(a) 信号直通 (b) 正反馈

(c) 负反馈 (d) 衰减

## 分节习题（奇数题答案在本书末尾）

### 17.1 节

1 当 $I_E$=5.34 mA，$I_B$=475 μA 时，$I_C$ 值是多少？

2 当 $I_C$=8.23 mA，$I_E$=8.69 mA 时，$\alpha_{DC}$ 是多少？

3 某一晶体管的 $I_C$ 为 25 mA，$I_B$ 为 200 μA，计算 $\beta_{DC}$。

4 在某一晶体管电路中，发射极电流是 30 mA，基极电流是发射极电流的 2%。确定集电极电流。

5 假设 $\alpha_{DC}$=0.98，$\beta_{DC}$=49，请在图 17-70 中计算 $I_B$、$I_E$ 和 $I_C$。

6 图 17-70 中的晶体管中 $\beta_{DC}$ 改为 100，假设 $\alpha_{DC}$=0.98。计算 $I_B$、$I_E$ 和 $I_C$。

7 计算图 17-70 中发射极对地电压。

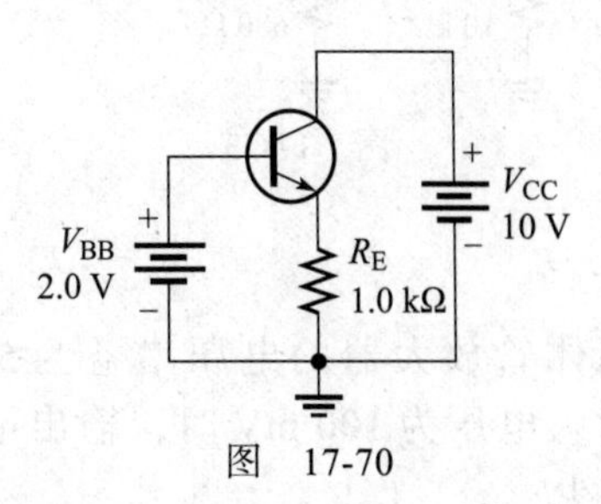


图 17-70

8 确定图 17-71 中每个电路中晶体管的每个端子的对地电压，同时计算 $V_{CE}$、$V_{BE}$ 和 $V_{BC}$，$\beta_{DC}$=50。

9 计算图 17-72 中的 $I_B$、$I_C$ 和 $V_C$。

10 对于图 17-73 所示电路，求 $V_B$、$V_E$、$I_E$、$I_C$ 和 $V_C$。

11 在图 17-73 中，$V_{CE}$ 是多少？静态工作点的坐标是什么？

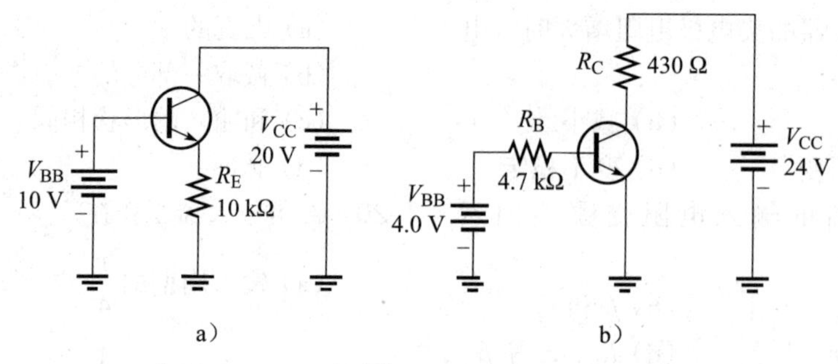


图 17-71

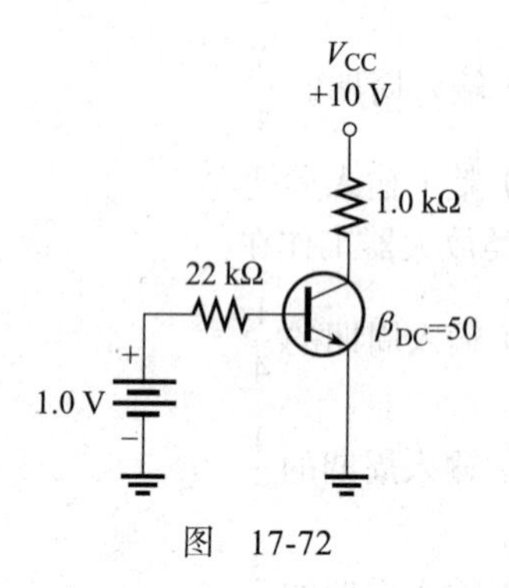


图 17-72

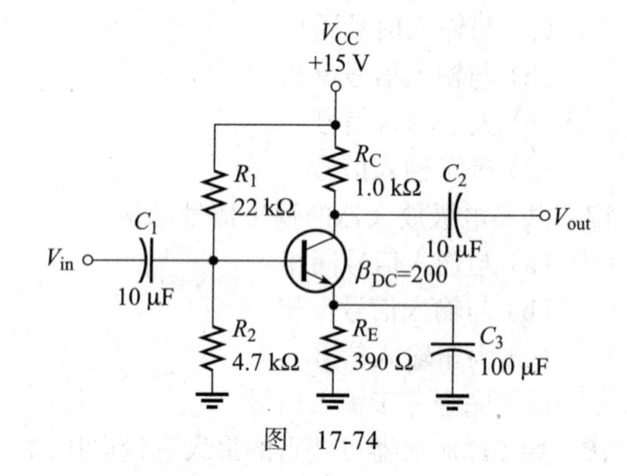


图 17-74

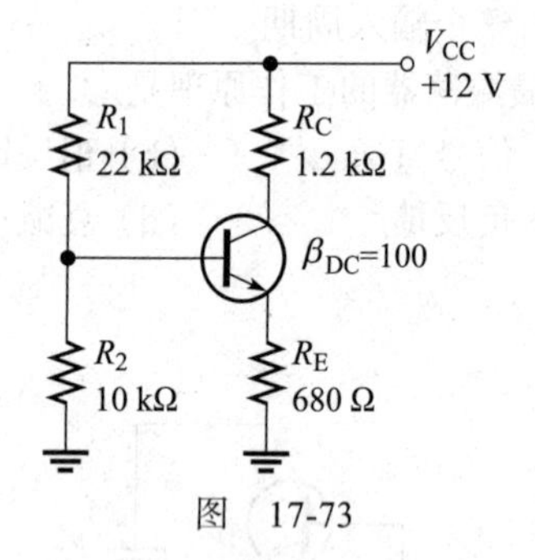


图 17-73

17 计算图 17-75 所示放大器的下列直流参数：

(a) $V_B$ (b) $V_E$

(c) $I_E$ (d) $I_C$

(e) $V_C$ (f) $V_{CE}$

18 确定图 17-75 中放大器的下列交流参数：

(a) $R_{in}$ (b) $R_{in\ (tot)}$

(c) $A_v$

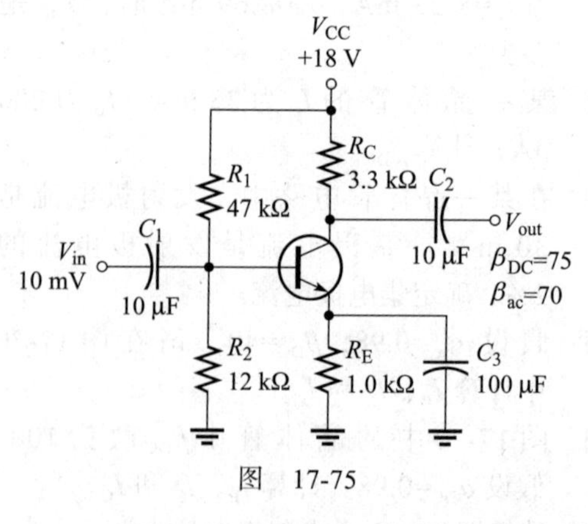


图 17-75

### 17.2 节

12 晶体管放大器的电压增益为 50。当输入电压为 100 mV 时，输出电压是多少？

13 要在输入为 300 mV 的情况下实现 10 V 的输出，需要多大的电压增益？

14 一个 50 mV 的信号被施加到一个偏置的晶体管的基极，$R_E$=100 Ω（没有旁路电容），$R_C$=500 Ω，确定集电极上的近似信号电压。

15 确定图 17-74 中的电压增益。

16 计算图 17-74 中 $V_B$、$V_C$ 和 $V_E$ 的对地直流电压。

19 图 17-76 中的放大器有一个可变的增益控制，使用一个 100 Ω 的电位器来

控制 $R_E$，其滑片接地。随着电位器的调整，会有 $R_E$ 被旁路接地，从而改变了增益。$R_E$ 保持直流恒定，因为电容阻断直流，保持偏置固定。计算这个放大器增益的最大值和最小值。

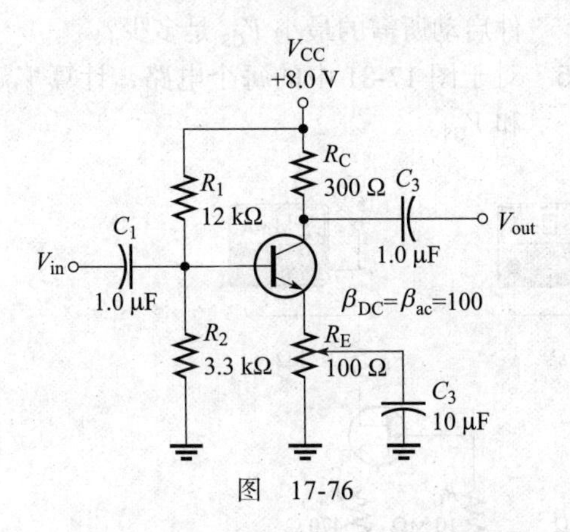


图　17-76

20　如果在图 17-76 中放大器的输出端加一个 600 Ω 的负载电阻，则放大增益最大是多少？

21　确定图 17-77 中射极跟随器的电压增益。

22　图 17-77 中的输入总电阻是多少？直流输出电压是多少？

23　在图 17-77 中，一个负载电阻被电容耦合到发射极，负载与 $R_E$ 并联，减小发射极电阻，这对电压增益有什么影响？

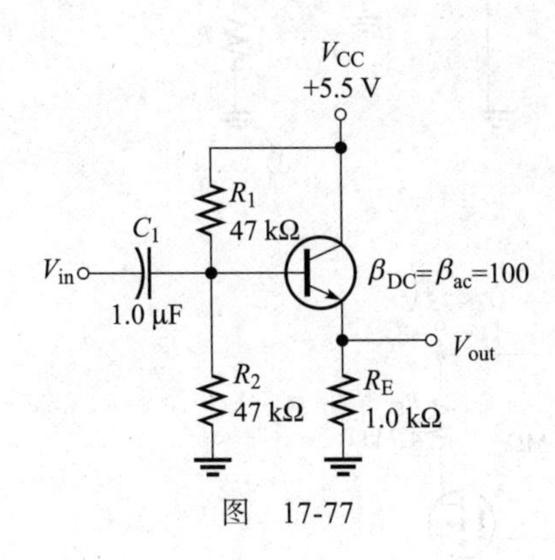


图　17-77

## 17.3 节

24　计算图 17-78 中晶体管 $Q_1$ 和 $Q_2$ 的基极和发射极的直流电压，同时计算每个晶体管的 $V_{CEQ}$。

25　计算图 17-78 中电路的最大峰值输出电压和峰值负载电流。

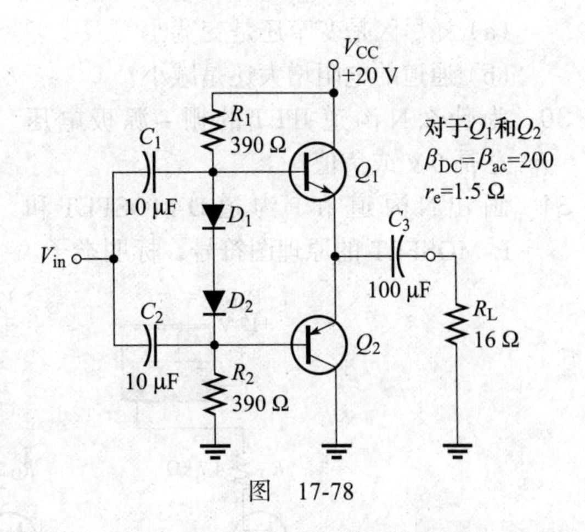


图　17-78

26　某 B 类推挽放大器的效率为 0.58，直流输入功率为 20.0 W，交流输出功率为多少？

## 17.4 节

27　确定图 17-79 中晶体管的 $I_{C(sat)}$，达到饱和状态所需的 $I_B$ 是多少？饱和所需 $V_{IN}$ 的最小值是多少？

28　图 17-80 中的晶体管的 $\beta_{DC}$ 为 150，当 $V_{IN}$ 为 5.0 V 时，为确保饱和所需的 $R_B$ 值，$V_{IN}$ 值为多少时晶体管达到截止状态？

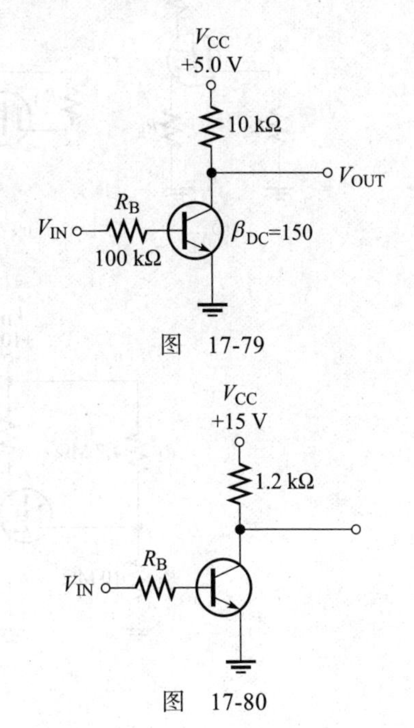


图　17-79



图　17-80

### 17.5 节

29 P 沟道 JFET 的 $V_{GS}$ 从 1.0V 增加到 3.0 V。
(a) 耗尽区是变窄还是变宽？
(b) 通道的电阻增大还是减小？

30 为什么 N 沟道 JFET 的栅 – 源极电压总是 0 V 或负值？

31 画出 N 沟道和 P 沟道 D-MOSFET 和 E-MOSFET 的原理图符号，标明端子。

32 为什么两种类型的 MOSFET 在栅极都有很高的输入电阻？

33 一个 N 沟道 D-MOSFET 在什么模式下以正的 $V_{GS}$ 工作？

34 某 E-MOSFET 的 $V_{GS(th)}$=3.0 V，该器件启动所需的最小 $V_{GS}$ 是多少？

35 对于图 17-81 中的每个电路，计算 $V_{DS}$ 和 $V_{GS}$。

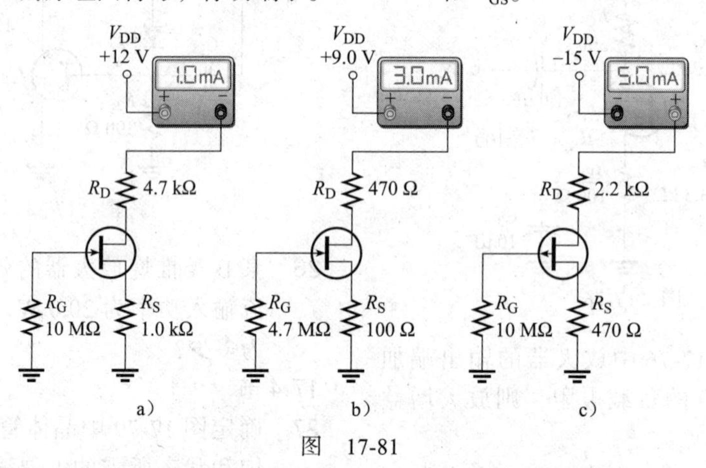


图 17-81

36 确定图 17-82 中的每个 D-MOSFET 在哪个模式（耗尽或增强）下是偏置的。

37 图 17-83 中的每个 E-MOSFET 的 $V_{GS(th)}$ 为 +5.0 V 或 −5.0 V，这取决于它是 N 沟道还是 P 沟道器件，确定每个 MOSFET 是打开还是关闭。

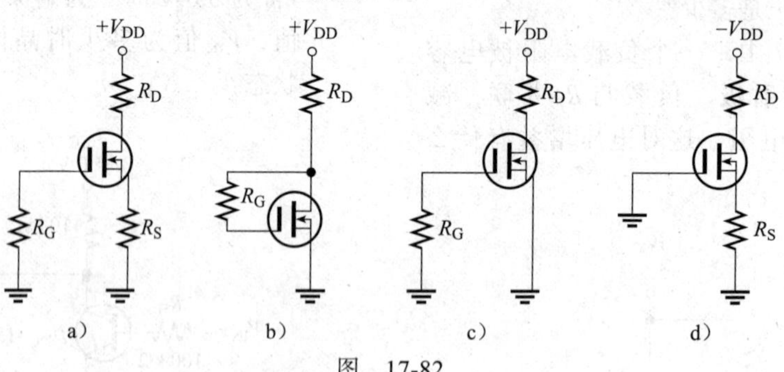


图 17-82

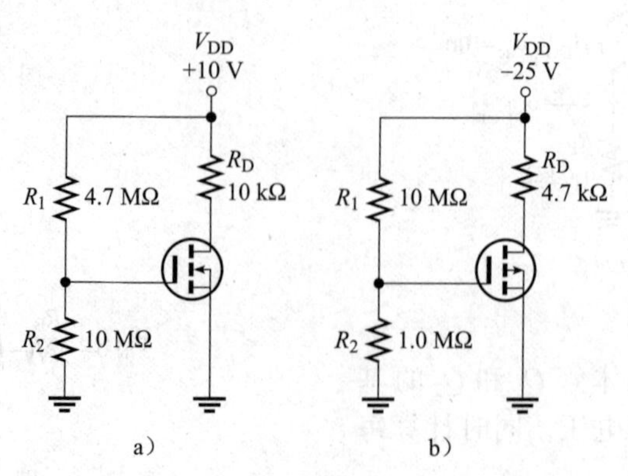


图 17-83

## 17.6 节

38　计算图 17-84 中每个 CS 放大器的电压增益。

39　计算图 17-85 中各放大器的增益。

40　当 10 kΩ 的负载从顶端到地被电容耦合时，计算图 17-85 中的每个放大器的增益。

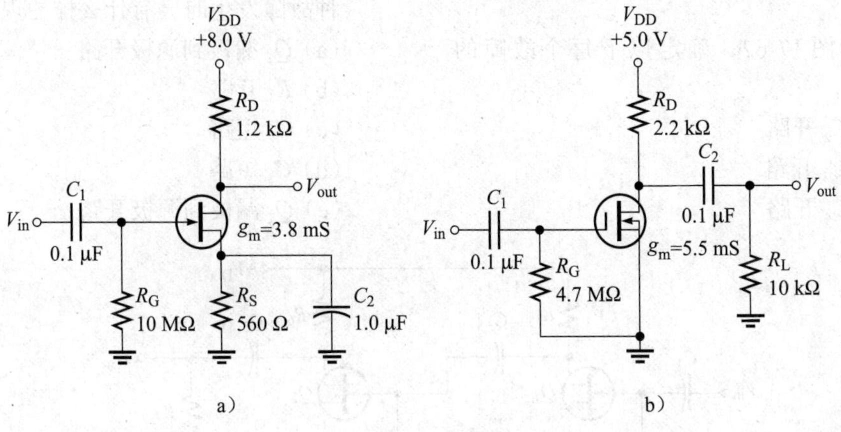


图　17-84

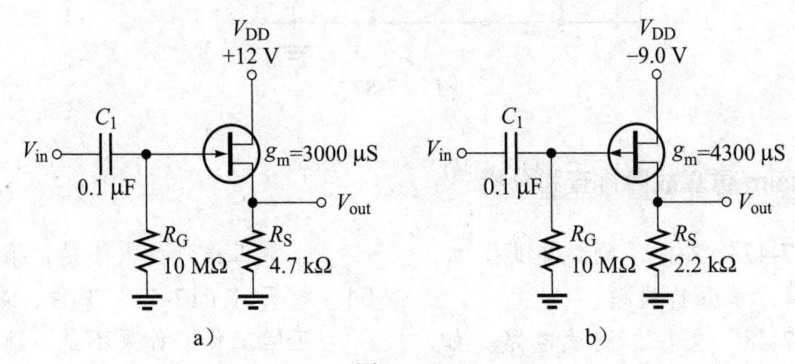


图　17-85

## 17.7 节

41　如果反馈振荡器的放大器部分的电压增益是 75，那么要维持一个稳定的正弦波振荡，反馈电路的衰减必须是多少？

42　说明问题 41 中的振荡器需要做哪些改变，以便在最初接通电源时开始振荡。

43　计算图 17-86 中每个电路的振荡频率，并识别每种振荡器的类型。

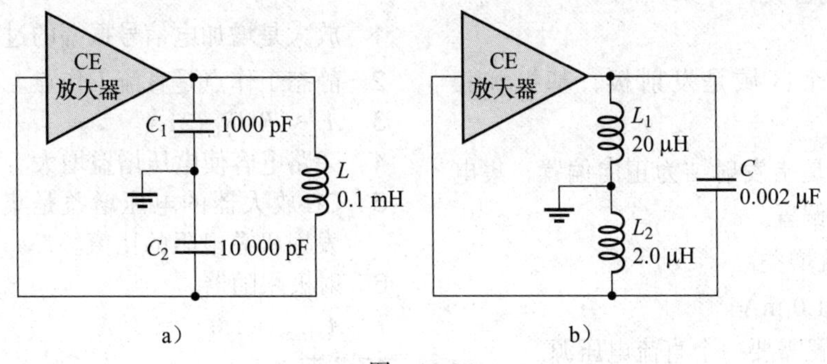


图　17-86

### 17.8 节

44 假设图 17-62 中 $R_5$ 开路。晶体管 $Q_2$ 将处于截止状态还是导通状态？在晶体管 $Q_2$ 集电极处观察到什么样的直流电压？

45 参考图 17-62，确定以下每个故障的影响。

(a) $C_2$ 开路

(b) $C_3$ 开路

(c) $C_4$ 开路

(d) $C_2$ 短路

(e) $Q_1$ 基极到集电极开路

(f) $Q_2$ 基极到发射极开路

46 在图 17-87 的信号条件下，以下每一种故障发生时会有什么样的现象？

(a) $Q_1$ 漏极到源极开路

(b) $R_3$ 开路

(c) $C_2$ 短路

(d) $C_3$ 短路

(e) $Q_2$ 漏极到源极开路

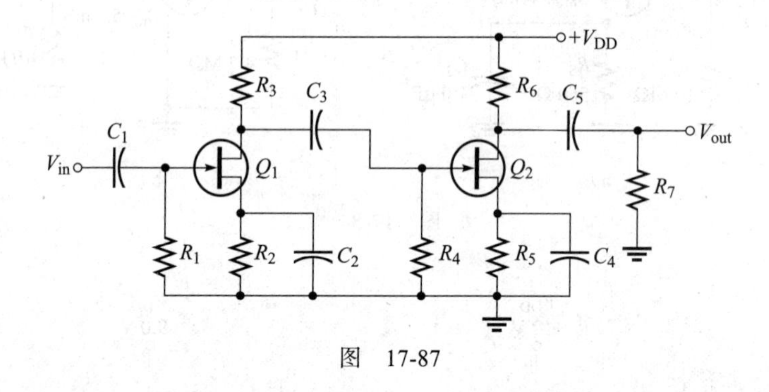


图 17-87

## Multisim 仿真故障排查和分析

47 打开“P17-47”文件，测试电路。如果存在故障，请分析故障。

48 打开“P17-48”文件，测试电路。如果存在故障，请分析故障。

49 打开“P17-49”文件，测试电路。如果存在故障，请分析故障。

50 打开“P17-50”文件，判断电路是否正常工作。如果不是，请分析故障。

51 打开“P17-51”文件，判断电路是否正常工作。如果不是，请分析故障。

52 打开“P17-52”文件，判断电路是否正常工作。如果不是，请分析故障。

53 打开“P17-53”文件，判断电路是否正常工作。如果不是，请分析故障。

## 参考答案

### 学习效果检测答案

### 17.1 节

1 BJT 的三个区域是发射极、基极和集电极。

2 正反偏置是指发射结为正向偏置，集电结为反向偏置。

3 $\beta_{DC}$ 是直流增益。

4 $I_C=\beta_{DC}I_B$=1.0 mA。

5 分压器偏置需要一个直流电压源。

6 $V_B$=（4.7 kΩ/26.7 kΩ）× 30 V=5.28 V。

### 17.2 节

1 放大是增加电信号振幅的过程。

2 静态工作点是直流工作点。

3 $A_v \approx R_C/R_E$=21.4。

4 旁路电容使电压增益增大。

5 CE 放大器的电压增益是集电极电阻与发射极总电阻的比值。

6 射极跟随器。

7 $A_{v(max)}$=1.0。

### 17.3 节

1 静态工作点在截止点。

2　基极 – 发射极结的势垒会导致交越失真。

3　$eff_{max}$=78.5%。

4　推挽式结构以更高的效率再现输入信号。

17.4 节

1　在饱和状态和截止状态下工作。

2　$I_C$ 在饱和时达到最大值。

3　截止时电流 $I_C \approx 0$ A。

4　饱和发生在发射结和集电结正向偏置，并且有足够的基极电流。

5　截止时 $V_{CE}=V_{CC}$。

6　晶体管的开关速度和开关频率都影响功耗。

17.5 节

1　场效应晶体管的三个端子分别是漏极、源极和栅极。

2　N 沟道 JFET 需要负的 $V_{GS}$。

3　$I_D$ 由 $V_{GS}$ 控制。

4　$V_{GS}=-I_DR_S=-8.0$ V。

5　损耗 / 增强 MOSFET。

6　是的，$V_{GS}=0$ V 时有 $I_{DS}$。

7　不是，$V_{GS}=0$ V 时没有 $I_{DS}$。

8　对于 $V_{GS}=0$，$I_D=I_{DSS}$。

9　$V_{GS}>2.0$ V。

17.6 节

1　CS 场效应管放大器的 $A_v$ 值由 $g_m$ 和 $R_D$ 决定。

2　$A_v$ 减半，因为 $R_D$ 减半。

17.7 节

1　振荡器是一种在没有输入信号的情况下产生重复性输出波形的电路。

2　正反馈，它提供了衰减和相移。

3　振荡的条件是闭环电路的零相移和电压增益是 1。

4　启动条件为回路增益至少为 1 和相移为零。

5　四种类型的反馈振荡器是 *RC* 相移振荡电路、考毕兹振荡电路、哈特莱振荡电路和晶体振荡器。

6　考毕兹振荡电路使用两个电容，中间接地，与一个电感并联。哈特莱振荡电路使用两个线圈，中心点接地，与一个电容并联。

7　石英晶体振荡器具有更大的频率稳定性。

17.8 节

1　如果电容 $C_4$ 开路，增益下降，直流输出不受影响。

2　晶体管 $Q_2$ 将偏向于截止值。

3　晶体管 $Q_1$ 的集电极电压和晶体管 $Q_2$ 的基极电压会发生变化。$V_{B2}$ 中的变化也会导致 $V_{E2}$、$I_{E2}$ 和 $V_{C2}$ 的变化。

4　(a) 交流信号会消失，因为它通过发射结和 $C_4$ 短路接地。

(b) 是的，直流输出会下降。

5　检查输入信号电压是否过高。

6　旁路电容 $C_2$ 或 $C_4$ 开路将导致增益损失。

同步练习答案

例 17-1　$V_B$=4.69 V；$V_E$=3.99 V；$V_C$=11.0 V；$V_{CE}$=7.02 V；$I_B$=19.9 μA；$I_E$=3.99 mA；$I_C \approx 3.99$ mA

例 17-2　水平轴

例 17-3　6.13 V 直流电平上有 849 mV 峰值的正弦波

例 17-4　236

例 17-5　$A_v$=4.64

例 17-6　28.6

例 17-7　7.5 V；469 mA

例 17-8　12.5 W

例 17-9　78.4 μA

例 17-10　$V_{DS}$=2.0 V；$V_{GS}$=–3.12 V

例 17-11　6.8 V

例 17-12　2.13 mA

例 17-13　8.4 V 直流电平上有 1.68 V 峰峰值的交流信号输出

例 17-14　$R_{IN}$=7.5 MΩ

例 17-15　一年中有 31 536 000 s，所以精度是 1.0/31 536 000=3 1.7 × $10^{-9}$

对 / 错判断答案

| | | |
|---|---|---|
| 1　对 | 2　错 | 3　对 |
| 4　对 | 5　对 | 6　错 |
| 7　错 | 8　对 | 9　错 |
| 10　对 | | |

## 自我检测答案

1 （b） 2 （a） 3 （c）
4 （d） 5 （b） 6 （a）
7 （c） 8 （d） 9 （b）
10 （a） 11 （d） 12 （c）
13 （b） 14 （a） 15 （d）
16 （b） 17 （a） 18 （c）
19 （c） 20 （d） 21 （b）
22 （b）

# 第18章

# 运算放大器

**学习目标**

- ▶ 描述基本的运算放大器
- ▶ 解释差分放大器的基本工作原理
- ▶ 讨论几种运算放大器参数
- ▶ 解释运算放大器电路中的负反馈
- ▶ 分析运算放大器
- ▶ 描述负反馈对运算放大器的影响
- ▶ 对运算放大器电路进行故障排查

**应用案例概述**

本章应用案例的对象是分光光度计系统，用于分析化学溶液以确定物质的含量。该系统的电子线路部分使用光电管和运算放大器来检测通过稀释液的光的波长，对所检测的信号进行放大，再将其发送到处理器进行分析和显示。学习本章后，你应该能够完成本章的应用案例。

**引言**

在前两章中，介绍了二极管和晶体管。这些器件是独立封装的，在电路中与其他独立器件连接，形成一个功能单元。独立封装的器件称为分立元件。

本章介绍了线性集成电路（IC），在单个硅芯片上集成晶体管、二极管、电阻和电容等元器件，封装在一个模块里，组成一个运算放大器（op-amp）。集成电路的制造过程很复杂，超出了本书的范围。

在对运算放大器的研究中，我们将把整个电路作为一个整体，研究其输入和输出级，以了解它们如何影响电路的运行。输入级是一个差分放大器，输出级是一个推挽放大器。对框图的了解将有助于你理解运算放大器的使用，而运算放大器内部的电路细节对于其使用来讲并不是特别重要。

## 18.1 运算放大器概述

早期的运算放大器（op-amp）主要用于数学运算，如加法、减法、积分和微分——因此才有了运算这一术语。早期的这些器件是用真空管制造的，并在高压下工作。现在的运算放大器是线性集成电路（IC），使用相对较低的直流电源电压，且既可靠又便宜。

### 18.1.1 符号和端子

标准**运算放大器**的符号如图 18-1a 所示。它有两个输入端，即反相（–）输入端和同相（+）输入端，以及一个输出端。如图 18-1b 所示，典型的运算放大器需要两个直流电源电压，一个是正的，另一个是负的。通常为了简单起见，在原理图符号中不标注，但它们是实际存在的。典型的集成电路封装如图 18-1c 所示。

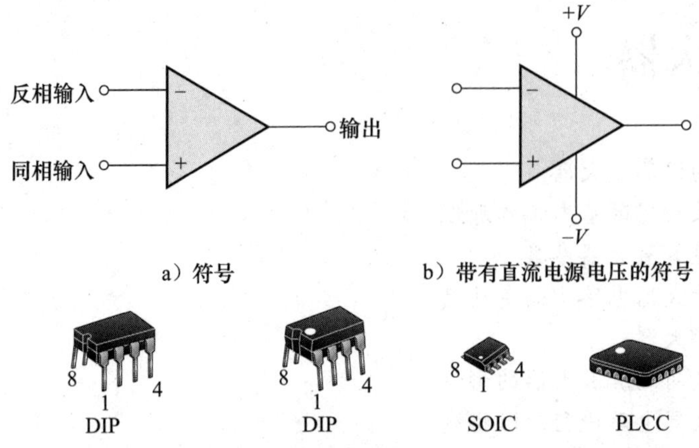


图 18-1 运算放大器的符号和封装

### 18.1.2 理想运算放大器

理想运算放大器有无穷大的电压增益和无穷大的输入电阻（或阻抗），可以等效为开路，不需外加驱动，其输出电阻（或阻抗）为零。理想运算放大器的特性如图 18-2 所示。输入电压 $V_{in}$ 由两个输入端子的电压组成，输出电压为 $A_vV_{in}$，如内部电压源的符号所示。

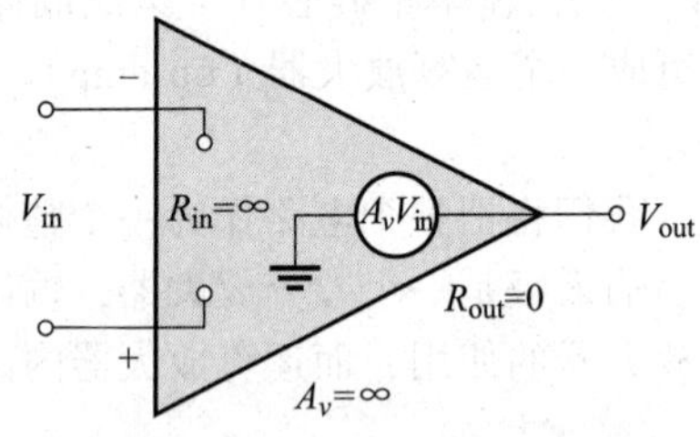


图 18-2 理想运算放大器的特性

### 18.1.3 实际运算放大器

实际运算放大器有电压和电流的限制，通常限制其输出电压峰峰值低于双倍电源电压，通过限制功率消耗和元件的额定值来限制电流。

实际运算放大器的特性是高电压增益、高输入电阻和低输出电阻，如图 18-3 所示。

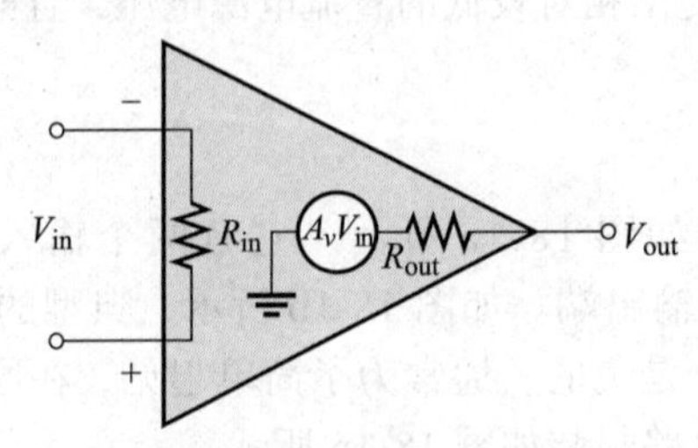


图 18-3 实际运算放大器的特性

### 18.1.4　运算放大器内部框图

如图 18-4 所示，运算放大器由 3 种放大器电路组成：差分放大器、电压放大器和推挽放大器。

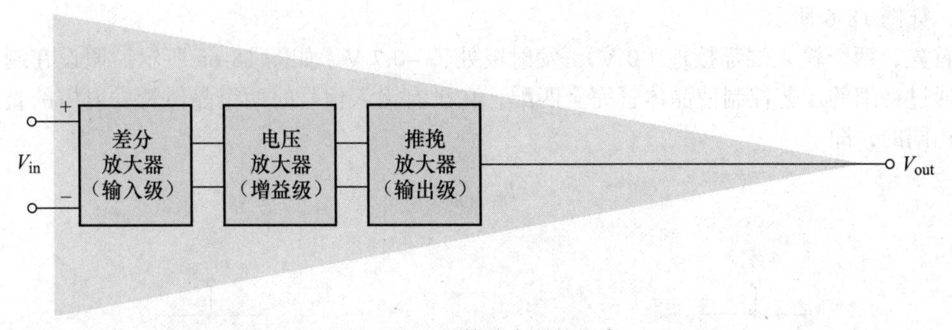


图 18-4　运算放大器的组成

运算放大器的输入级使用差分放大器，有两个输入端子，对两个输入端之间的电压差进行放大。电压放大器使用 A 类放大器，提供增益，有些运算放大器可能有多级电压放大器。输出级使用推挽式 B 类放大器。

**学习效果检测**

1. 画出运算放大器的符号。
2. 描述理想运算放大器。
3. 描述一些实际运算放大器的特性。
4. 列出一个典型运算放大器中的放大器级数。

## 18.2　差分放大器

**差分放大器**是一种能产生与两个输入端之差成比例的输出的放大器。差分放大器电路及其符号如图 18-5 所示，构成运算放大器输入级的差分放大器提供高电压增益和共模抑制比（在本节后面定义）。差分放大器有两个输出（运算放大器只有一个输出），还需要一个正和一个负的电源电压（$+V_{CC}$ 和 $-V_{EE}$）。本书中的差分放大器使用 BJT，在需要大的输入电阻时使用场效应管。

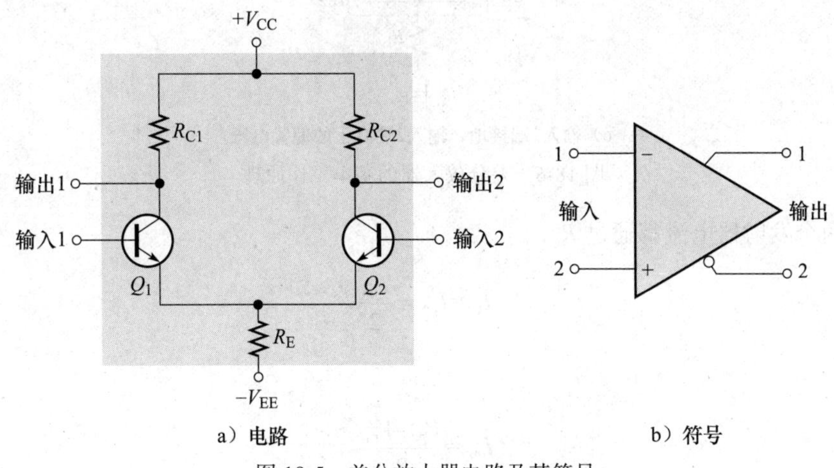


图 18-5　差分放大器电路及其符号

图 18-5b 所示符号代表一个具有差分输出的运算放大器，输出 2 为反相。

### 18.2.1 基本工作原理

一个运算放大器通常有多个差分放大级电路，下面使用一个差分放大器来说明基本工作原理，如图 18-6 所示。

首先，两个输入端都接地（0 V），发射极处于 –0.7 V，如图 18-6a 所示。假设在制造过程中通过精细的工艺控制使晶体管完全匹配，在没有输入信号时两个晶体管发射极的直流电流是相同的，即

$$I_{E1}=I_{E2}$$

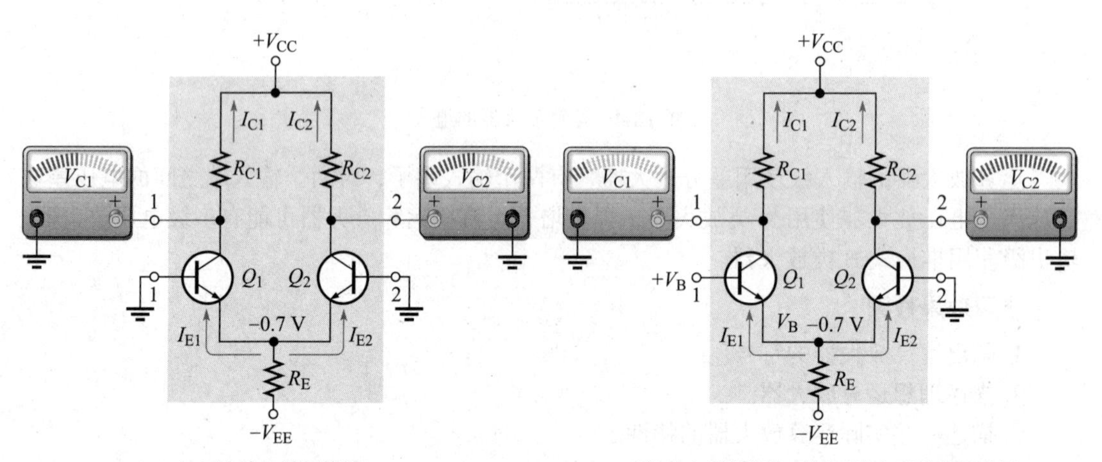

a）两个输入端都接地　　b）输入2端接地，输入1端有正的偏置电压

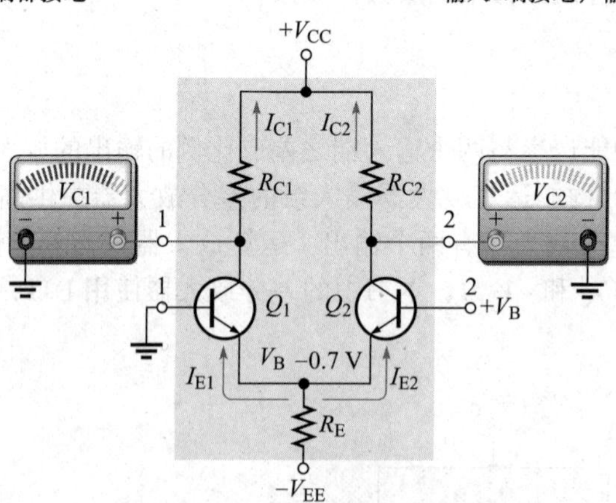

c）输入1端接地，输入2端有正的偏置电压

图 18-6　差分放大器的基本工作原理

由于两个发射器电流都通过 $R_E$，

$$I_{E1}=I_{E2}=\frac{I_{RE}}{2}$$

其中，

$$I_{RE}=\frac{V_E-V_{EE}}{R_E}$$

由于 $I_C$ 与 $I_E$ 近似相等，可以得到

$$I_{C1}=I_{C2}\approx\frac{I_{RE}}{2}$$

由于集电极电流和集电极电阻都相等（当输入电压为零时），就有

$$V_{C1}=V_{C2}=V_{CC}-I_{C1}R_{C1}$$

情况如图 18-6a 所示。

其次，输入 2 端接地，输入 1 端有正的偏置电压，如图 18-6b 所示。晶体管 $Q_1$ 基极上的正电压导致 $I_{C1}$ 增加，进而使发射极电压增加，该过程降低了晶体管 $Q_2$ 的正向偏压（$V_{BE}$），因为其基极电压为 0 V（接地），$I_{C2}$ 减小。最终的结果是，$I_{C1}$ 的增加导致 $V_{C1}$ 的减小，而 $I_{C2}$ 的减小导致 $V_{C2}$ 的增加。

最后，输入 1 端接地，输入 2 端有正的偏置电压，如图 18-6c 所示。正的偏置电压导致晶体管 $Q_2$ 有更多的导通，从而使 $I_{C2}$ 和发射极电压增加，进而降低了晶体管 $Q_1$ 的正向偏压，因为其基极接地，$I_{C1}$ 减小。结果是，$I_{C2}$ 的增加导致 $V_{C2}$ 的减小，而 $I_{C1}$ 的减小导致 $V_{C1}$ 的增加。

## 18.2.2 工作模式

**单端输入** 当差分放大器以**单端模式**工作时，一个输入端接地，信号电压加在另一个输入端，如图 18-7 所示。在图 18-7a 中，在输入端 1 施加信号电压时，在输出端 1 产生一个反相的、放大的信号电压。同时，在晶体管 $Q_1$ 的发射极出现一个同相位的信号电压。由于晶体管 $Q_1$ 和 $Q_2$ 的发射极是共用的，这个发射极信号成为晶体管 $Q_2$ 的输入，晶体管 $Q_2$ 的功能是共基极放大器。该信号经 $Q_2$ 放大后，以同相方式出现在输出端 2。

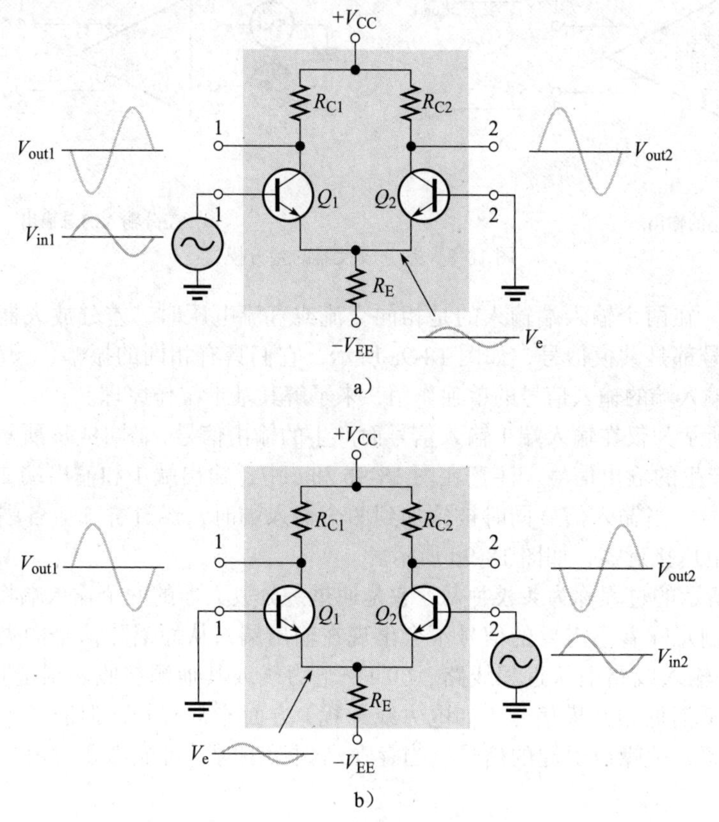


图 18-7 差分放大器的单端模式

在图 18-7b 中，在输入端 2 施加信号时，输入端 1 接地，发射极信号成为晶体管 $Q_1$ 的输入，在输出端 2 产生一个反相放大的信号电压，此时，$Q_1$ 作为一个共基极放大器，在输出端 1 产生一个同相放大的信号。

**差分输入**在**差分模式**中，在输入端施加两个极性相反的输入信号，如图 18-8a 所示。这种类型的工作也称为双端工作，每个输入都会影响输出。

图 18-8b 所示为在输入端 1 单独输入信号而产生的输出信号，图 18-8c 所示为在输入端 2 单独输入信号而产生的输出信号。在图 18-8b 和 c 中，输出端 1 和输出端 2 的输出信号极性相同。当两个输入端是同时施加相反信号时，输出端 1 和输出端 2 的输出是叠加信号，可以得到差分输入的总输出，如图 18-8d 所示。

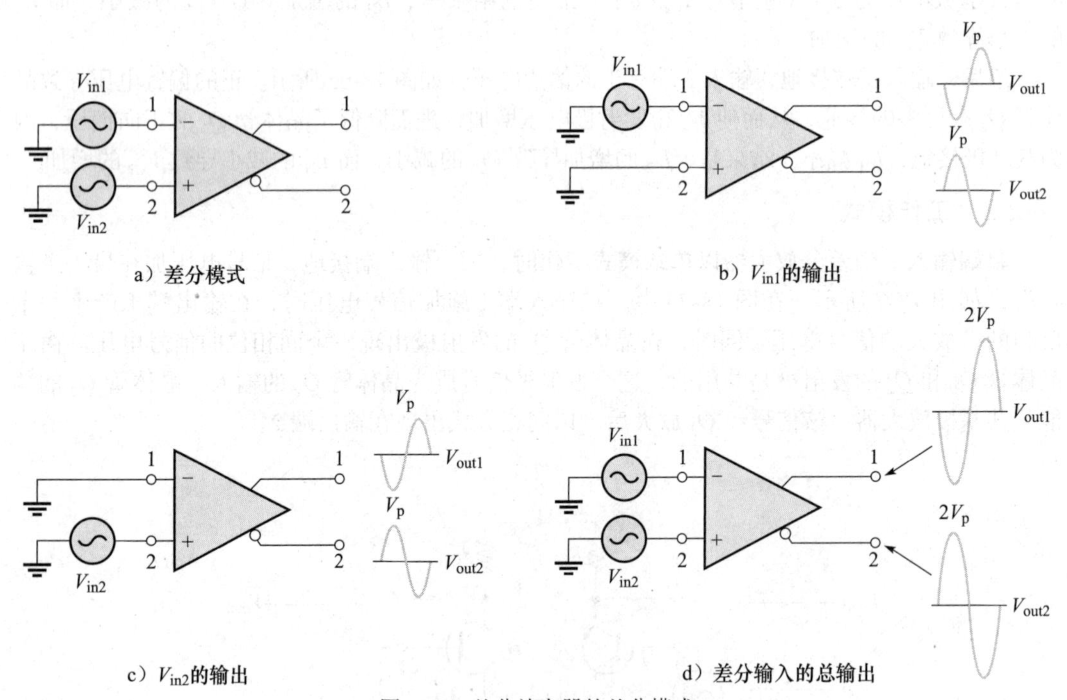


图 18-8 差分放大器的差分模式

**共模输入** 在两个输入端输入的是相同交流或直流电压时，差分放大器工作在共模模式。这两个信号都是共模信号，如图 18-9a 所示，它们具有相同的振幅、频率和相位关系。通过讨论每个输入端的输入信号的单独作用，来了解其基本工作原理。

图 18-9b 所示为仅在输入端 1 输入信号而产生的输出信号，图 18-9c 所示为仅在输入端 2 输入信号而产生的输出信号。注意在图 18-9b 和 c 中，输出端 1 和输出端 2 的信号是两个极性相反的信号。当输入信号同时被施加到两个输入端时，经过叠加，各端输出信号被抵消，导致输出电压接近零，如图 18-9d 所示。

图 18-9d 所示的过程称为*共模抑制*，它是通过差分放大器的两个输入端将不需要的信号抵消。共模抑制意味着不需要的信号不会出现在输出端，从而消除信号的失真。**共模信号**（噪声）通常是输入线路上从近邻线路、60 Hz 电力线或其他源接收辐射能量得到的信号，差分放大器在抵消低频共模信号（如电力线干扰）方面非常有效，但通常不能抵消高频率的信号，如高频开关噪声引起的信号。当存在高频噪声时，可能需要对信号线进行屏蔽或过滤。

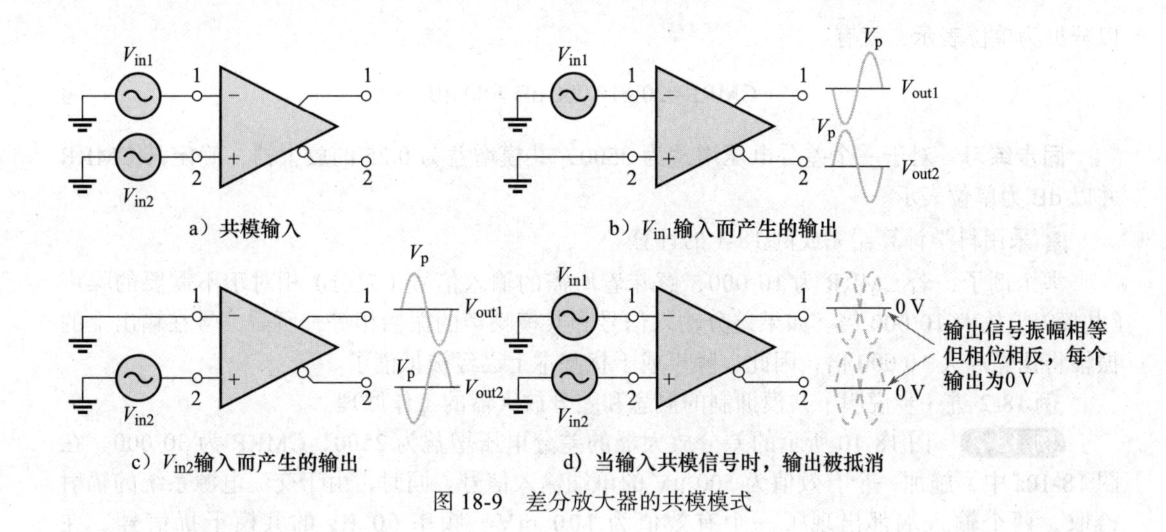


图 18-9　差分放大器的共模模式

## 18.2.3　共模抑制比（CMRR）

在差分放大器中，所需的信号只施加到一个输入端，或在两个输入端上施加极性相反的输入信号，这些输入信号被放大并在输出端产生输出；在两个输入端上施加极性相同的共模的信号（噪声）时，这些信号基本上被差分放大器抵消，输出端不会产生输出信号。衡量差分放大器抵消共模信号能力的参数叫作**共模抑制比（CMRR）**。

理想情况下，差分放大器输入信号为所需信号时（单端模式或差分模式），放大器的增益非常高，此时的增益称为差分增益或差分电压增益。[⊖]但输入信号为共模信号时，增益为零，此时的增益称为共模增益。实际的差分放大器有非常小的共模增益（通常远小于1），同时有很高的差分电压增益（通常是几千）。相对于共模增益而言，差分增益越高，差分放大器在抵消共模信号方面的性能就越好。这表明，在抵消不需要的共模信号时，衡量差分放大器性能的一个好方法是差分增益 $A_{v(d)}$ 与共模增益 $A_{cm}$ 的比值。这个比值就是共模抑制比（CMRR），如式（18-1）所示。

$$\mathrm{CMRR}=\frac{A_{v(d)}}{A_{cm}} \tag{18-1}$$

CMRR值越大越好，CMRR数值大意味着差分增益 $A_{v(d)}$ 高，共模增益 $A_{cm}$ 低。

CMRR通常以分贝（dB）为单位，如式（18-2）所示。

$$\mathrm{CMRR}=20\lg\frac{A_{v(d)}}{A_{cm}}\ \mathrm{dB} \tag{18-2}$$

**例 18-1**　某一差分放大器的差分电压增益为2000，共模增益为0.2。计算CMRR并以分贝为单位表示。

**解**　$A_{v(d)}=2000$，$A_{cm}=0.2$。因此，

$$\mathrm{CMRR}=\frac{A_{v(d)}}{A_{cm}}=\frac{2000}{0.2}=10\,000$$

---

⊖ 对于运算放大器而言，增益有电流增益和电压增益等，一般都简称为增益，具体情况需要根据上下文判断。

以分贝为单位表示，就有

$$\text{CMRR}=20\lg 10\,000\ \text{dB}=80\ \text{dB}$$ ◀

**同步练习** 对于一个差分电压增益为8500，共模增益为0.25的放大器，确定其CMRR并以dB为单位表示。

采用科学计算器完成例18-1的计算。

举个例子，若CMRR为10 000，意味着所需的输入信号（差分）相对于不需要的噪声（共模）被放大10 000倍。如果差分输入信号和共模噪声的振幅相等，所需信号在输出上的振幅将比噪声大10 000倍，因此，噪声或干扰基本上已经被抵消了。

例18-2进一步说明了共模抑制的概念和差分放大器的工作原理。

**例18-2** 图18-10所示的差分放大器的差分电压增益为2500，CMRR为30 000。在图18-10a中，施加一个有效值为500 μV的单端输入信号。同时，由于交流电源系统的辐射拾取，两个输入端都出现了一个有效值为100 mV、频率60 Hz的共模干扰信号。在图18-10b中，在每个输入端施加有效值为500 μV的差分输入信号，共模干扰与图18-10a中的情况相同。

(a) 计算共模增益。

(b) 计算CMRR并以dB为单位表示。

(c) 计算图18-10a和b中输出信号的有效值。

(d) 计算输出端的干扰电压有效值。

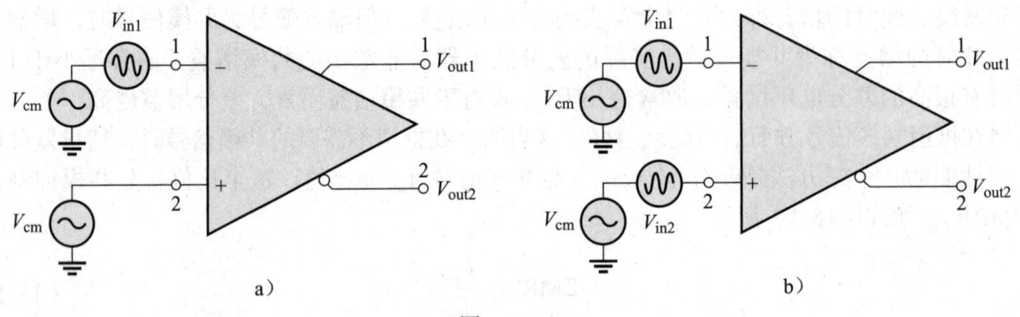


图 18-10

**解** (a) $\text{CMRR}=A_{v(\text{d})}/A_{\text{cm}}$。因此共模增益为

$$A_{\text{cm}}=\frac{A_{v(\text{d})}}{\text{CMRR}}=\frac{2500}{30\,000}=0.083$$

(b) $\text{CMRR}=20\lg(A_{v(\text{d})}/A_{\text{cm}})\text{dB}=20\lg 30\,000\ \text{dB}=89.5\ \text{dB}$

(c) 图18-10a的输入电压差 $V_{\text{in(d)}}$ 为输入端1和输入端2的电压差值，由于输入2接地，电压为零。因此，

$$V_{\text{in(d)}}=V_{\text{in1}}-V_{\text{in2}}=500\ \mu\text{V}-0\text{V}=500\ \mu\text{V}$$

在这种情况下，输出信号电压取自输出端1，

$$V_{\text{out1}}=A_{v(\text{d})}V_{\text{in(d)}}=2500\times 500\ \mu\text{V}=1.25\ \text{V}\ （有效值）$$

在图 18-10b 中，差分输入电压是两个极性相反的 500 μV 信号之差。

$$V_{in(d)}=V_{in1}-V_{in2}=500\ \mu V-(-500\ \mu V)=1000\ \mu V=1.0\ mV$$

输出信号电压为

$$V_{out1}=A_{v(d)}V_{in(d)}=2500\times 1.0\ mA=2.5\ V\ （有效值）$$

这表明差分输入（两个极性相反的输入信号）的增益是单端输入的两倍。

（d）共模输入有效值为 100 mV，共模增益 $A_{cm}$ 为 0.083。

$$A_{cm}=\frac{V_{out(cm)}}{V_{in(cm)}}$$

$$V_{out(cm)}=A_{cm}V_{in(cm)}=0.083\times 100\ mV=8.3\ mV\ （有效值）$$ ◀

**同步练习**　图 18-10 中的放大器的差分电压增益为 4200，CMRR 为 25 000。对于例子中描述的相同单端和差分输入信号。（a）求 $A_{cm}$。（b）以 dB 为单位表示 CMRR。（c）确定图 18-10a 和 b 的输出信号有效值。（d）计算输出端的干扰电压有效值。

采用科学计算器完成例 18-2 的计算。

**学习效果检测**

1. 区分差分输入和单端输入。
2. 定义共模抑制。
3. 对于一个给定的差分电压增益，较大的 CMRR 是否会导致较高或较低的共模增益？
4. 为什么需要大的 CMRR？

## 18.3　运算放大器参数

### 18.3.1　输入失调电压

理想的运算放大器在输入电压为零时输出电压也为零。但是对于实际的运算放大器，当没有差分输入电压时，在输出端会产生小的直流电压，即 $V_{OUT(error)}$。这个电压可能是负的，也可能是正的，而且在同一类型的运算放大器之间可能有所不同，其主要原因是在运算放大器的芯片制造过程中，输入晶体管存在轻度不匹配的问题。

输入失调电压 $V_{OS}$ 是使差分输出电压为零的输入端之间的差分直流电压，输入失调电压的规定值在 2.0 mV 范围内。在理想情况下，其值为 0 V。

**输入失调电压温漂**　输入失调电压温漂是一个与 $V_{OS}$ 有关的参数，规定了温度每变化一摄氏度，输入失调电压会发生多少变化。当失调量被最小化时，初始值通常在大约 1.0 ～ 10 μV/℃，输入失调电压标称值越大的运算放大器其温漂越大。具有自校正温漂响应的极低温漂或无温漂运算放大器可用于精密电路应用。

### 18.3.2　输入偏置电流

BJT 差分放大器的输入端是晶体管的基极，输入电流是基极电流。（当晶体管为 FET 时，输入为栅极电流）。

输入偏置电流（$I_{BIAS}$）是放大器输入端第一级正常工作所需的直流电流。根据定义，输入偏置电流是两个输入电流的平均值，如式（8-3）所示。

$$I_{\text{BIAS}}=\frac{I_1+I_2}{2} \tag{18-3}$$

输入偏置电流的概念如图 18-11 所示。

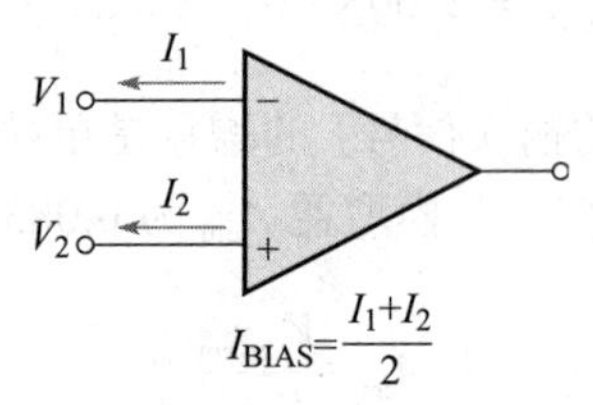


图 18-11 输入偏置电流是两个输入电流的平均值

### 18.3.3 输入电阻

差分输入电阻是反相输入端和同相输入端之间的总电阻 $R_{\text{in(diff)}}$，如图 18-12a 所示，差分电阻的测量方法是通过给定差分输入电压变化时偏置电流的变化量来确定。共模输入电阻是每个输入端和地之间的电阻（$R_{\text{in}}$），如图 18-12b 所示，通过给定共模输入电压变化时偏置电流的变化量来计算。

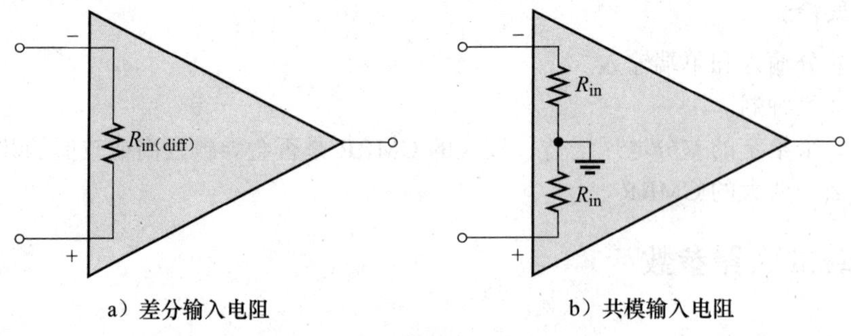


图 18-12 运算放大器输入电阻

### 18.3.4 输入失调电流

理想情况下，两个输入偏置电流是相等的，因此其差值为零。然而，在一个实际的运算放大器中，偏置电流并不完全相等。

输入失调电流为输入偏置电流之差，用绝对值来表示，如式（18-4）所示。

$$I_{\text{OS}}=|I_1-I_2| \tag{18-4}$$

输入失调电流的实际大小通常至少比偏置电流小一个数量级，在许多应用中，输入失调电流可以忽略不计。然而，高增益、高输入电阻的放大器应尽可能地减小 $I_{\text{OS}}$，因为通过大输入电阻的电流差会产生大的失调电压，如图 18-13 所示。大多数双极型运算放大器的输入级都有特殊的内部偏置补偿，以减小这种误差。

由输入失调电流产生的失调电压为

$$V_{\text{OS}}=|I_1R_{\text{in}}-I_2R_{\text{in}}|=|I_1-I_2|R_{\text{in}}$$

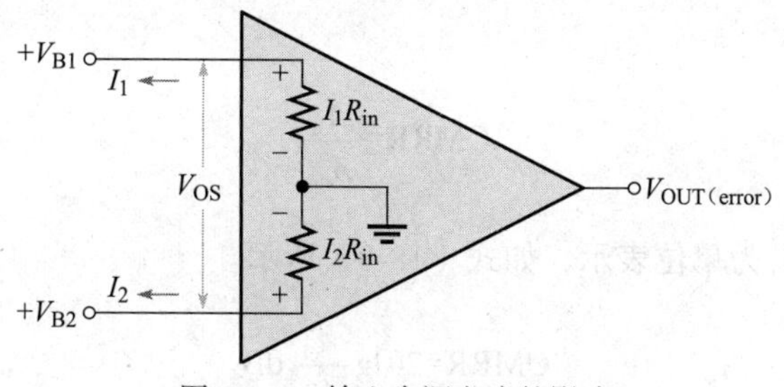


图 18-13 输入失调电流的影响

因为$|I_1-I_2|=I_{OS}$，就得到

$$V_{OS}=I_{OS}R_{in} \tag{18-5}$$

$I_{OS}$ 产生的误差被运算放大器增益 $A_v$ 放大，并在输出端输出，如式（18-6）所示。

$$V_{OUT(error)}=A_vI_{OS}R_{in} \tag{18-6}$$

输入失调电流随温度的变化会影响误差电压，失调电流常见温度系数在 0 ～ 0.5 nA/℃范围内。

### 18.3.5 输出电阻

如图 18-14 所示，**输出电阻**是指运算放大器输出端的电阻 $R_{out}$。理想的电压源内部阻抗为 0 Ω，等效为短路接地。

### 18.3.6 共模输入电压范围

所有的运算放大器都有其工作电压范围的限制，**共模输入电压范围**是指电压施加到两个输入端时，不会引起限幅或输出失真的输入电压的范围。一般来说，最大共模输入电压几乎等于电源电压，降低电源电压能够限制共模输入电压变化的范围。

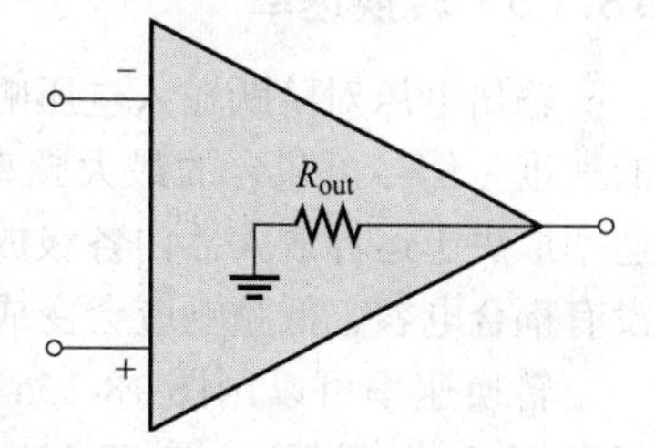


图 18-14 运算放大器的输出电阻

### 18.3.7 开环电压增益

运算放大器的开环电压增益（$A_{ol}$）是器件的内部电压增益，又称开环增益，表示没有外部元件时输出电压与输入电压的比值。尽管增益是无量纲的，但其在数据表中以 V/mV 或 dB 为单位表示。开环电压增益完全取决于内部设计，可达 200 000 甚至更多。数据表通常将开环电压增益称为**大信号电压增益**。

### 18.3.8 共模抑制比

与差分放大器一起讨论的**共模抑制比**（CMRR），是一个衡量运算放大器抵消共模信号能力的参数，共模信号是不希望出现的信号。一个运算放大器的差分电压增益 [$A_{v(d)}$] 通常定义为其开环增益（$A_{ol}$）。无穷大的 CMRR 意味着，当同一信号同时施加在两个输入端（共模）时，输出为 0。

无穷大的 CMRR 在实际中无法实现，但一个好的运算放大器会有非常高的 CMRR。高 CMRR 意味着运算放大器能够从输出中消除这些低频干扰信号。

运算放大器的共模抑制比 CMRR 被定义为开环电压增益（$A_{ol}$）与共模增益（$A_{cm}$）的比

值，如式（18-7）所示。

$$\text{CMRR}=\frac{A_{\text{ol}}}{A_{\text{cm}}} \tag{18-7}$$

CMRR 通常以分贝为单位表示，如式（18-8）所示。

$$\text{CMRR}=20\lg\frac{A_{\text{ol}}}{A_{\text{cm}}}\ \text{dB} \tag{18-8}$$

**例 18-3** 某运算放大器的开环电压增益为 100 000，共模增益为 0.25，计算 CMRR 并以分贝为单位表示。

**解**

$$\text{CMRR}=\frac{A_{\text{ol}}}{A_{\text{cm}}}=\frac{100\,000}{0.25}=400\,000$$

$$\text{CMRR}=20\lg 400\,000\ \text{dB}=112\ \text{dB}$$ ◀

**同步练习** 如果一个运算放大器的共模抑制比为 90 dB，共模增益为 0.4，那么开环电压增益是多少？

采用科学计算器完成例 18-3 的计算。

### 18.3.9 转换速率

输出电压对阶跃输入电压响应的最大变化率是运算放大器的*转换速率*，它限制信号变化的速度（信号可包含的最大频率），此时输入信号在运算放大器的响应不会出现失真。转换速率取决于运算放大器内各级放大器的高频响应，而高频响应只受晶体管电容的限制，因为没有耦合电容，低频响应会变成直流（0 Hz）。

转换速率可以用图 18-15a 所示的测试电路来测量，这是一种单位增益的同相放大器，将在 18.5 节中讨论。图 18-15b 所示为最坏情况下（最慢）的转换速率，一个脉冲被施加到输入端，测量理想的输出电压，保证输入的步长，使输入脉冲的宽度足以让输出从其下限“回转”到其上限。输出电压从它的下限 $-V_{\max}$ 到它的上限 $+V_{\max}$ 需要特定时间间隔为 $\Delta t$，转换速率由式（18-9）表示。

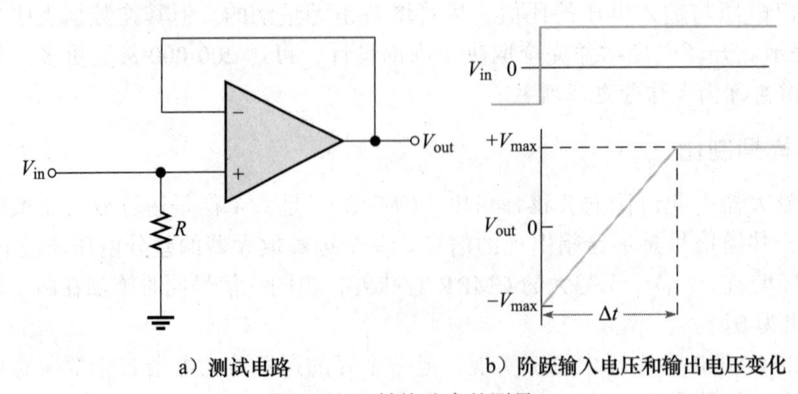


a）测试电路　　b）阶跃输入电压和输出电压变化

图 18-15 转换速率的测量

$$转换速率=\frac{\Delta V_{out}}{\Delta t} \tag{18-9}$$

式中，$\Delta V_{out}=+V_{max}-(-V_{max})$。转换速率的单位是 V/μs。

**例 18-4** 图 18-16 所示为某一运算放大器的输出电压为阶跃输入时的响应，计算转换速率。

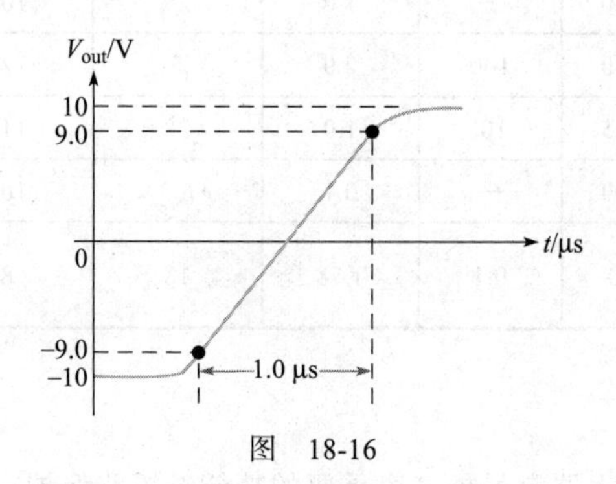


图 18-16

**解** 由图 18-16 可知，输出从下限到上限变化时间为 1.0 μs，由于这个响应不是理想的，因此在 90% 处取值，上限为 +9.0 V，下限为 −9.0 V。

$$转换速率=\frac{\Delta V_{out}}{\Delta t}=\frac{+9.0\text{ V}-(-9.0\text{ V})}{1.0\text{ μs}}=18\text{ V/μs}$$ ◀

**同步练习** 对一个运算放大器施加脉冲输入信号，输出电压在 0.75 μs 内从 −8.0 V 线性变化到 +7.0 V，转换速率是多少？

采用科学计算器完成例 18-4 的计算。

### 18.3.10 常用运算放大器的关键参数

表 18-1 所示为几个常用运算放大器的关键参数。对于一个特定的应用，还有许多其他参数需要考虑（如噪声规格、功率要求、带宽、输出电流和漂移等），其完整参数会在制造商的数据表中。

**表 18-1 常用运算放大器的关键参数**

| 型号 | $V_{OS}$/mV | $I_{BIAS}$/nA | $R_{in}$/MΩ | $A_{ol}$（×$10^6$） | SR/（V/μs） | CMRR/dB | 评价 |
|---|---|---|---|---|---|---|---|
| AD8009AR | 5 | 150 | — | — | 5500 | 50 | 超快速电流反馈 |
| AD8041A | 7 | 2000 | 0.16 | 0.056 | 160 | 74 | BW=160 MHz |
| AD8055AR | 5 | 1200 | 10 | 0.0035 | 1400 | 82 | 非常快的电压反馈 |
| LF353 | 5 | 0.050 | $10^6$ | 3.0 | 13 | 100 | 低成本，JFET 输入 |
| LM101A | 7.5 | 250 | 1.5 | 0.16 | — | 80 | 多用途 |
| LM741C | 6 | 500 | 0.3 | 0.20 | 0.5 | 70 | 行业标准，低成本 |
| LMH6629 | 0.78 | 23000 | — | 0.05 | 1600 | 82 | 小信号，BW=900 MHz |
| LMP2021 | ± 0.005 | 0.025 | — | 100 | 2.6 | 139 | 漂移非常低，精确 |
| LMP2012 | ± 0.005 | 0.025 | — | 100 | 206 | 139 | 漂移非常低，精确 |
| LT1028 | 0.040 | 90 | 0.02 | 7.0 | 11 | 114 | 噪声非常低 |

（续）

| 型号 | $V_{OS}$/mV | $I_{BIAS}$/nA | $R_{in}$/MΩ | $A_{ol}$（$\times 10^6$） | SR/（V/μs） | CMRR/dB | 评价 |
|---|---|---|---|---|---|---|---|
| OP177A | 0.01 | 1.5 | 26 | 12 | 0.3 | 130 | CMRR 非常高 |
| OP184E | 0.065 | 350 | — | 0.24 | 2.4 | 60 | 精确，轨到轨 |
| OPA365 | 0.2 | 0.010 | — | 1.0 | 25 | 100 | 低功率，低噪声 |
| OPA388 | 0.025 | 0.030 | 100 | 2.0 | 5 | 124 | 精确，零度漂移 |
| OPA827 | 0.15 | 0.015 | $10^7$ | 1.0 | 28 | 114 | 噪声低，精确 |
| TLV9061 | 1.5 | 0.0005 | — | 0.1 | 6.5 | 103 | 微小，用于助听器等 |
| THS4551 | ±0.05 | 1000 | 0.1 | 1.78 | 18 | 85 | 全差分输出，典型规格为 ±5 V 电源 |

### 18.3.11 其他特性

大多数可用的运算放大器有另外三个重要的功能：短路保护、无锁存和输入偏移归零。短路保护使电路在输出短路时不被损坏。在一定的输入条件下，无锁存能防止运算放大器在一个输出状态（高或低电压水平）挂起。输入偏移归零是通过一个外部电位器来实现的，它可以在零输入时将输出电压精确地归零。

**学习效果检测**

1. 列出 10 个或更多运算放大器参数。
2. 列出两个与频率相关的参数（不包括频率响应）。
3. 输入偏置电流和输入失调电流的区别是什么？
4. 高 CMRR 的优势是什么？
5. 转换速率的单位是什么？

## 18.4 负反馈

负反馈是指一个放大器的输出电压返回输入端，其相位与输入信号相减的过程。

**负反馈** 如图 18-17 所示，输出信号的一部分由反馈网络返回到差分放大器的反相（−）输入端。该运算放大器具有极高的增益，称为开环增益 $A_{ol}$，并放大了应用于反相（$V_f$）和同相（$V_{in}$）输入的差分信号，即

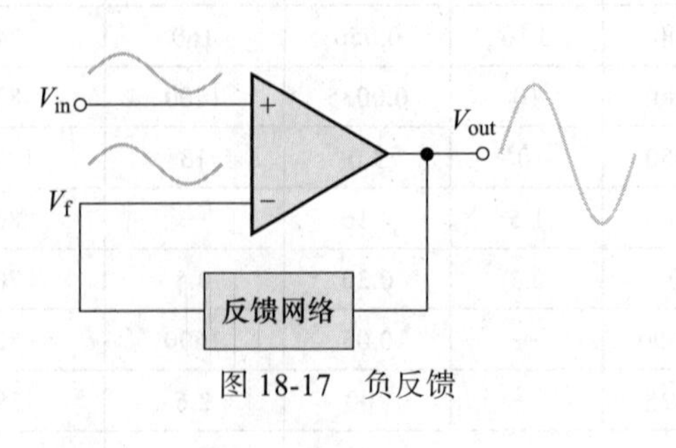


图 18-17 负反馈

$$V_{out}=(V_{in}-V_f)A_{ol}$$

重新整理得

$$V_{in} - V_f = \frac{V_{out}}{A_{ol}}$$

通常 $A_{ol}$ 非常大（通常超过 100 000），而且输出电压受到电源电压的限制，因此运算放大器输入电压之间的差值必须非常小。这意味着，这两个信号之间非常微小的差值就是运算放大器产生输出的全部条件。当负反馈存在时，同相和反相输入电压几乎是相同的，这对弄清在许多运算放大器电路中的信号很有帮助。

回顾一下负反馈的工作原理，以及为什么在使用负反馈时，反相和同相端的信号几乎是相同的：假设在同相端施加一个 1.0 V 的输入信号，运算放大器的开环增益为 100 000，放大器对其同相输入端的电压做出响应，并使输出接近饱和，然后该输出的一部分通过反馈回路返回到反相输入端。如果反馈信号达到 1.0 V，运算放大器就没有任何信号可供放大了！因此，反馈信号试图匹配输入信号，增益是由反馈量控制的。当排查一个有负反馈的运算放大器电路故障时，虽然两个输入在示波器上看起来是一样的，但实际上却有很大差别。

假设降低了运算放大器的内部增益，这会导致输出信号小部分通过反馈网络将较小信号反馈到反相输入端，意味着信号之间的偏差比以前大了，但是输出增加，补偿了原来的增益下降，使得输出的净变化较小，几乎无法检测到。由此可知，放大器的任何变化都会经过负反馈得到补偿，从而产生一个非常稳定、可预测的输出。

### 使用负反馈的原因

如前所述，典型运算放大器的固有开环增益非常高（通常大于 100 000），因此，两个输入电压的极小差异就可以驱动运算放大器进入饱和输出状态，如图 18-18 所示。事实上，运算放大器的输入失调电压也能使其进入饱和状态，例如，假设 $V_{in}$=1.0 mV，$A_{ol}$=100 000。那么，

$$V_{in} A_{ol} = 1.0\ \text{mA} \times 100\,000 = 100\ \text{V}$$

由于实际运算放大器的输出永远不可能达到 100 V，驱动输出进入饱和状态，输出限制在最大输出电平。

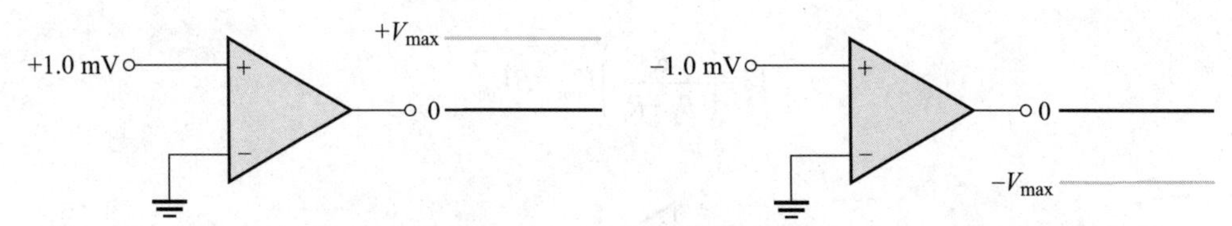


图 18-18　如果没有负反馈，两个输入电压的极小差异就可以驱动运算放大器进入饱和输出状态

以这种方式使用的运算放大器受到很大的限制，一般仅限于比较器的应用（第 19 章讨论）。有了负反馈，可以降低和控制整个闭环电压增益（$A_{cl}$），这样运算放大器就可以作为一个线性放大器发挥作用。除了提供一个可控的、稳定的电压增益外，负反馈还提供了对输入和输出电阻的控制，并增加了放大器带宽，表 18-2 总结了负反馈对运算放大器性能的一般影响。

表 18-2

| | 电压增益 | 输入电阻 R | 输出电阻 R | 带宽 |
|---|---|---|---|---|
| 没有负反馈 | 线性放大器的 $A_{ol}$ 很高 | 相对较高 | 相对较低 | 相对较窄（因为增益很高） |
| 有负反馈 | $A_{cl}$ 被反馈网络设置为理想值 | 可以根据电路类型增加或减少到所需的值 | 可以减少到一个理想值 | 明显更宽 |

**学习效果检测**

1. 运算放大器电路中的负反馈有什么好处？
2. 为什么必须要降低运算放大器的开环增益？
3. 当排查一个存在负反馈的运算放大器电路故障时，期望在输入端上观察到什么？

## 18.5 负反馈运算放大器

负反馈运算放大器有两种基本的连接方式。之所以要使用负反馈来稳定增益，是因为运算放大器极高的开环增益会导致不稳定的输出，放大器会将输入端的一个小的噪声电压放大，自身进入非线性区工作，产生不必要的振荡。运算放大器的开环增益参数在不同的器件之间有很大差异。负反馈的作用是从输出中获取一部分，并以相反的相位反馈至输入，从而有效地降低增益。这种闭环增益通常比开环增益小得多，并与开环增益无关。

### 18.5.1 闭环电压增益

闭环电压增益（$A_{cl}$）是指负反馈运算放大器电路的电压增益，又称闭环增益。负反馈运算放大器由运算放大器和一个外部反馈网络组成，该网络将输出与反相输入端相连。闭环电压增益由反馈网络中的元件值来决定和精确控制。

### 18.5.2 同相放大器

图 18-19 中给出了以闭环结构连接的**同相（NI）放大器**。在同相（+）输入端施加输入信号，一部分输出通过反馈网络反馈到反相（–）输入端，从而构成负反馈。反馈系数 $B$ 由构成一个分压器的电阻 $R_f$ 和 $R_i$ 来决定。反馈网络**衰减**是指输出返回到反相输入的部分反馈电压，它决定着放大器的增益大小。这个较小的反馈电压 $V_f$，可以写为

$$V_f=\left(\frac{R_i}{R_f+R_i}\right)V_{out}=BV_{out}$$

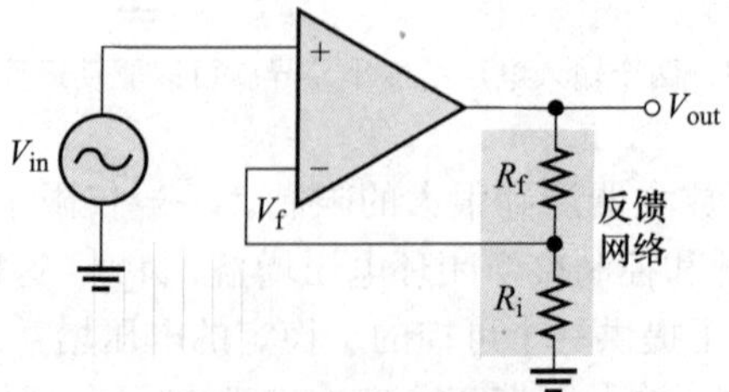

图 18-19 同相放大器

根据图 18-20，运算放大器输入端之间的差分电压 $V_{diff}$ 可以表示为

$$V_{diff} = V_{in} - V_f$$

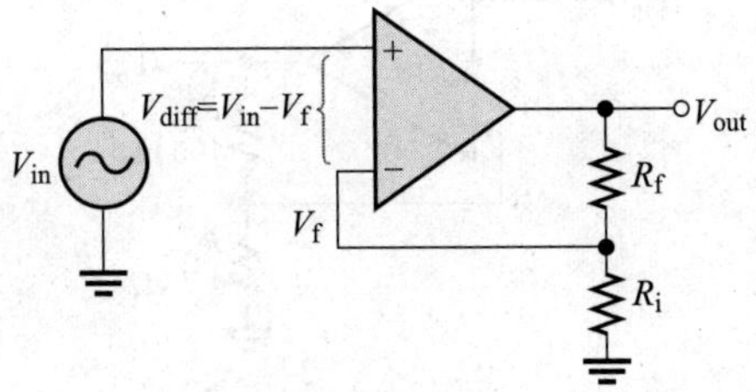

图 18-20　差分输入

由于负反馈和高开环增益 $A_{ol}$，这个输入差分电压变得非常小，因此，其近似值是

$$V_{in} \approx V_f$$

替换得到

$$V_{in} \approx BV_{out}$$

整理可得

$$\frac{V_{out}}{V_{in}} \approx \frac{1}{B}$$

输出电压与输入电压的比值就是闭环增益。这一结果表明

$$A_{cl\,(NI)} = \frac{V_{out}}{V_{in}} \approx \frac{1}{B}$$

对反馈网络应用分压公式，输出电压 $V_{out}$ 反馈到反相输入端的电压为

$$V_{in} \approx BV_{out} \approx \left(\frac{R_i}{R_f + R_i}\right) V_{out}$$

整理可得

$$\frac{V_{out}}{V_{in}} = \frac{R_f + R_i}{R_i}$$

闭环增益可以表示为

$$A_{cl(NI)} = 1 + \frac{R_f}{R_i} \qquad (18\text{-}10)$$

式（18-10）表明，同相放大器的闭环电压增益 $A_{cl\,(NI)}$ 不依赖于运算放大器的开环增益，而是可以通过电阻 $R_i$ 和 $R_f$ 的值来确定大小。该式是基于这样的假设：开环增益与反馈电阻的比值 $\left(\frac{R_f}{R_i}\right)$ 相比非常高，这导致输入差分电压 $V_{diff}$ 非常小。在几乎所有的实际电路中，这都是一个可以成立的假设。

**例 18-5** 计算图 18-21 中放大器的闭环电压增益。

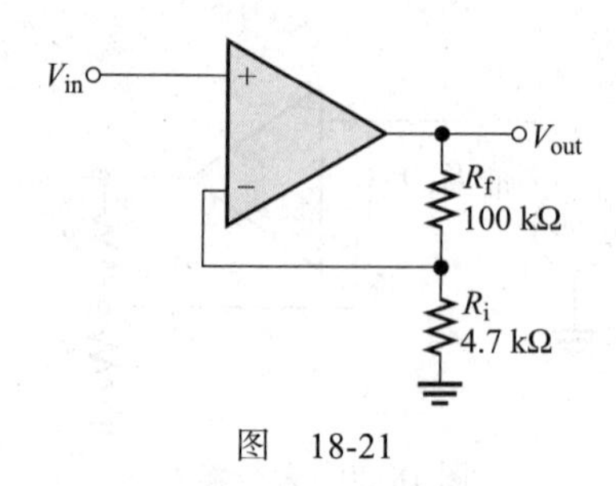


图 18-21

**解** 这是一个同相运算放大器，闭环电压增益为

$$A_{cl(NI)}=1+\frac{R_f}{R_i}=1+\frac{100\ \text{k}\Omega}{4.7\ \text{k}\Omega}=22.3$$

**同步练习** 将图 18-21 中的 $R_f$ 增加到 150 kΩ，计算闭环增益。

采用科学计算器完成例 18-5 的计算。

**Multisim 仿真**

打开 Multisim 或 LTspice 文件 E18-05，测量放大器的闭环增益，将 $R_f$ 改为 150 kΩ 再次测量增益。

**电压跟随器** 电压跟随器是同相放大器的一个特例，其所有的输出电压都直接反馈到反相（–）输入端，如图 18-22 所示，直接反馈的电压增益约为 1。如前所述，同相放大器的闭环电压增益为 $1/B$，由于 $B=1$，所以电压跟随器的闭环增益为

$$A_{cl(VF)}=1 \tag{18-11}$$

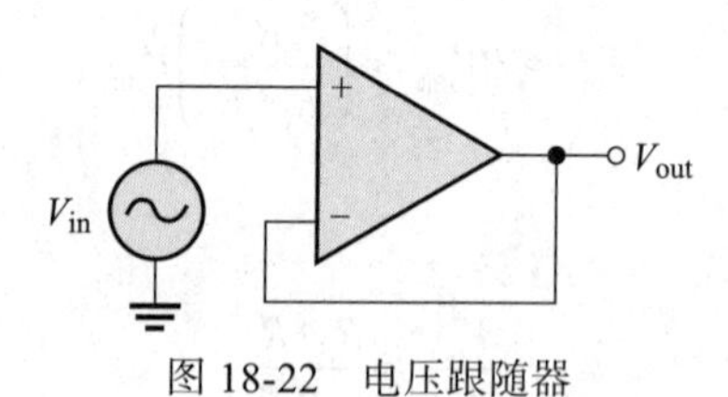


图 18-22 电压跟随器

电压跟随器结构的最重要特性是有非常高的输入电阻和非常低的输出电阻。这些特性使其成为连接高电阻电源和低电阻负载的理想缓冲放大器，这将在 18.6 节进一步讨论。

### 18.5.3 反相放大器

图 18-23 所示为**反相放大器**，其电压增益的大小是可控的。输入信号通过一个串联的输入电阻（$R_i$）施加到反相（–）输入端，输出通过 $R_f$ 反馈到反相输入端，同相（+）输入端接地。

理想运算放大器的是无穷大输入电阻，以此作为分析反相放大器的一个出发点。无穷大的输入电阻意味着反相输入端没有电流，如果没有电流通过输入电阻，那么在反相输入端和同相输入端之间一定没有电压。这意味着，对于理想运算放大器模型，反相（–）输入

端的电压是零，因为同相（+）输入端是接地的，所以反相输入端电压也为零，称为虚地。图 18-24a 说明了这种情况。在一个实际的运算放大器中，反相输入端不可能是零，而是会有一个微小的信号电压存在。

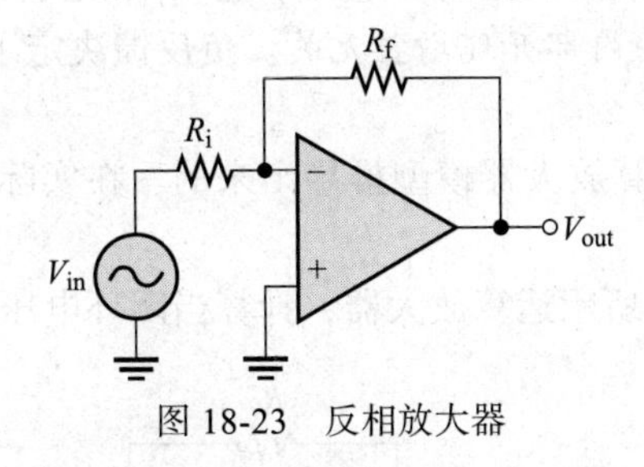


图 18-23　反相放大器

由于反相输入端没有电流，所以通过 $R_i$ 的电流和通过 $R_f$ 的电流相等，如图 18-24b 所示。

$$I_{in}=I_f$$

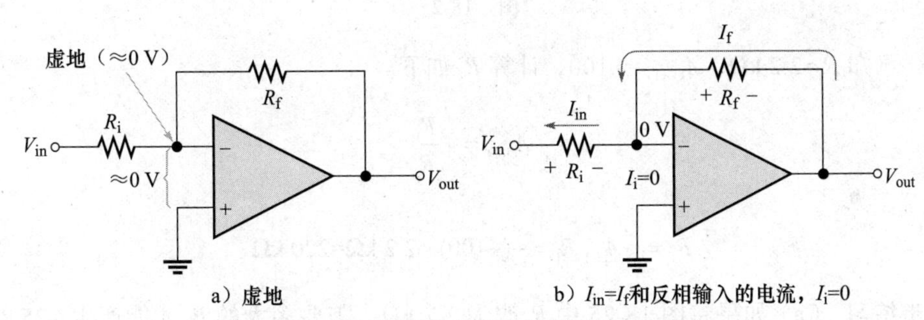


图 18-24　虚地概念和反相放大器闭环电压增益

因为电阻的一端虚拟接地，所以电阻 $R_i$ 两端的电压等于 $V_{in}$。因此，

$$I_{in}=\frac{V_{in}}{R_i}$$

另外，由于虚地存在，$R_f$ 两端的电压等于 $-V_{out}$，因此，

$$I_f=\frac{-V_{out}}{R_f}$$

因为 $I_f=I_{in}$，所以，

$$\frac{-V_{out}}{R_f}=\frac{V_{in}}{R_i}$$

整理可得

$$\frac{V_{out}}{V_{in}}=-\frac{R_f}{R_i}$$

当然，$V_{out}/V_{in}$ 是反相放大器的总增益，反相放大器的增益为

$$A_{cl(I)} = -\frac{R_f}{R_i} \tag{18-12}$$

式（18-12）表明，反相放大器的闭环电压增益 $A_{cl(I)}$ 是反馈电阻 $R_f$ 与输入电阻 $R_i$ 的比值，闭环增益与运算放大器的内部开环增益无关。负反馈决定了电压增益，负号表示 $V_{out}$ 相对于 $V_{in}$ 为反相。

式（18-12）是用理想运算放大器模型推导出来的。在实际运算放大器电路的一些应用可以使用这个模型。

**例 18-6** 对于图 18-25 所示运算放大器，计算当闭环电压增益为 –100 所需的 $R_f$ 值。

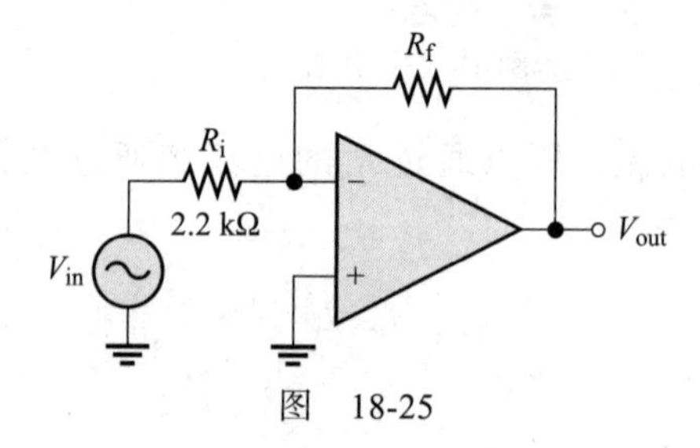


图 18-25

**解** 已知 $R_i$=2.2 kΩ，$A_{cl(I)}$=–100，计算 $R_f$ 如下。

$$A_{cl(I)} = -\frac{R_f}{R_i}$$

$$R_f = -A_{cl(I)}R_i = -(-100) \times 2.2\ \text{k}\Omega = 220\ \text{k}\Omega$$ ◀

**同步练习** （a）如果将图 18-25 中 $R_i$ 改为 2.7 kΩ，需要多大的 $R_f$ 才能产生 –25 的闭环增益？

（b）如果 $R_f$ 没有开路，在输出端将出现什么？

采用科学计算器完成例 18-6 的计算。

## Multisim 仿真

打开 Multisim 或 LTspice 文件 E18-06，将 $R_f$ 的值设为例 18-6 中计算的值，测量闭环增益。

---

### 学习效果检测

1. 负反馈的主要作用是什么？

2. 每种运算放大器结构的闭环电压增益依赖于运算放大器的内部开环电压增益。（对或错）

3. 一个同相运算放大器的反馈系数（$B$）是 0.02，该放大器的闭环增益是多少？

4. 如果对输入电压为 100 mV 的同相放大器排查故障，应该在反相输入端得到什么电压？

5. 如果对输入电压为 100 mV 的反相放大器排查故障，应该在反相输入端得到什么电压？

## 18.6 运算放大器电阻

负反馈会影响反相和同相放大器的输入和输出电阻，放大器的整体输入和输出电阻受运算放大器的内部电阻（即 $R_{in}$ 和 $R_{out}$）以及外部电路电阻（即 $R_i$ 和 $R_f$）的影响，一些元件数据参数表将运算放大器的内部电阻称为输入阻抗 $Z_{in}$，和输出阻抗 $Z_{out}$，在纯电阻的情况下，电阻和阻抗这两个词含义相同。

### 18.6.1 同相放大器电阻

如图 18-26 所示，同相放大器的输入电阻 $R_{in\,(NI)}$ 大于运算放大器本身（无反馈）的内部输入电阻 $R_{in}$，系数为 $1+A_{ol}B$，其具体表示为

$$R_{in(NI)}=(1+A_{ol}B)R_{in} \tag{18-13}$$

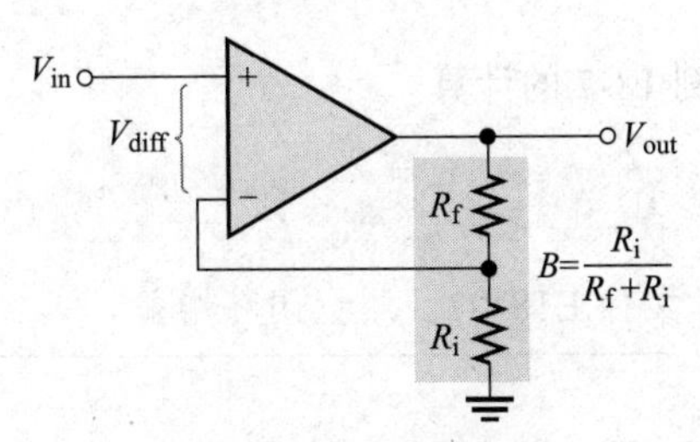


图 18-26 同相放大器

负反馈的输出电阻 $R_{out\,(NI)}$ 小于运算放大器的内部输出电阻 $R_{out}$，系数为 $1/(1+A_{ol}B)$，其为：

$$R_{out(NI)}=\frac{R_{out}}{1+A_{ol}B} \tag{18-14}$$

综上所述，同相运算放大器中的负反馈增加了输入电阻，减少了输出电阻，输入电阻的增加和输出电阻的减少接近于理想状态，如例 18-7 所示。

**例 18-7**

（a）计算图 18-27 中的放大器的输入和输出电阻，运算放大器数据参数为：$R_{in}$=2.0 MΩ，$R_{out}$=75 Ω，$A_{ol}$=200 000。

（b）求闭环电压增益。

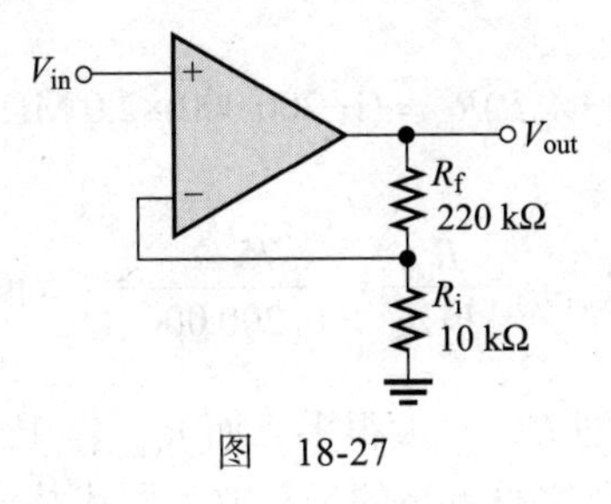


图 18-27

**解** （a）反馈电路的衰减 $B$ 为

$$B=\frac{R_i}{R_i+R_f}=\frac{10\ \text{k}\Omega}{230\ \text{k}\Omega}=0.0435$$

$$R_{in(NI)}=\left(1+A_{ol}B\right)R_{in}=(1+200\,000\times0.043\,5)\times2.0\ \text{M}\Omega=17.4\ \text{G}\Omega$$

$$R_{out(NI)}=\frac{R_{out}}{1+A_{ol}B}=\frac{75\ \Omega}{1+8696}=8.62\ \text{m}\Omega$$

注意，$R_{in\,(NI)}$ 和 $R_{out\,(NI)}$ 接近理想值。

（b）

$$A_{cl(NI)}=\frac{1}{B}=\frac{1}{0.0435}=23.0$$ ◀

**同步练习** （a）计算图 18-27 中的输入和输出电阻，运算放大器的数据参数：$R_{in}$=3.5 MΩ，$R_{out}$=82Ω，$A_{ol}$=135 000。

（b）计算 $A_{cl\,(NI)}$ 。

采用科学计算器完成例 18-7 的计算。

**Multisim 仿真**

打开 Multisim 或 LTspice 文件 E18-07，测量闭环增益。

### 18.6.2 电压跟随器电阻

由于电压跟随器是同相运算放大器结构的一种特殊情况，所以可以使用相同的电阻公式，只需注意 $B$=1。因此，电压跟随器的输入和输出电阻的计算式为

$$R_{in(VF)}=(1+A_{ol}B)R_{in} \tag{18-15}$$

$$R_{out(VF)}=\frac{R_{out}}{1+A_{ol}} \tag{18-16}$$

在给定的 $A_{ol}$ 和 $R_{in}$ 下，电压跟随器的输入电阻比带有分压器反馈电路的同相运算放大器的输入电阻要大很多。此外，其输出电阻要小很多，因为对于同相运算放大器来说，$B$ 通常要比 1 小很多。

**例 18-8** 例 18-7 中的运算放大器用作电压跟随器，计算输入和输出的电阻。

**解** 由于 $B$=1，

$$R_{in(VF)}=(1+A_{ol}B)R_{in}=(1+200\,000)\times2.0\ \text{M}\Omega=400\ \text{G}\Omega$$

$$R_{out(VF)}=\frac{R_{out}}{1+A_{ol}}=\frac{75\ \Omega}{1+200\,000}=375\ \mu\Omega$$ ◀

注意，$R_{in\,(VF)}$ 比例 18-7 中的 $R_{in\,(NI)}$ 大很多，而 $R_{out\,(VF)}$ 比例 18-7 中的 $R_{out\,(NI)}$ 小很多。

**同步练习** 如果用一个开环增益更高的运算放大器代替该例中的运算放大器，输入和输出电阻该如何变化?

采用科学计算器完成例 18-8 的计算。

### 18.6.3　反相放大器电阻

对于如图 18-28 所示的反相放大器，由于反相输入端处的虚地，运算放大器的输入电阻 $R_{in\,(I)}$ 近似等于外部输入电阻 $R_i$，如式（18-17）所示。

$$R_{in(I)} \approx R_i \tag{18-17}$$

输出电阻 $R_{out\,(I)}$ 与同相放大器相同，如式（18-18）所示。

$$R_{out(I)} = \frac{R_{out}}{1+A_{ol}B} \tag{18-18}$$

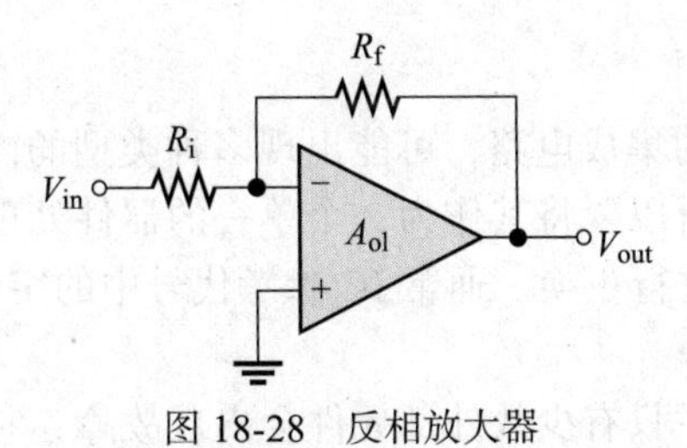


图 18-28　反相放大器

**例 18-9**　图 18-29 中运算放大器的参数为：$A_{ol}$=50 000，$R_{in}$=4.0 MΩ，$R_{out}$=50 Ω。

(a) 计算输入和输出电阻的值。

(b) 计算闭环电压增益。

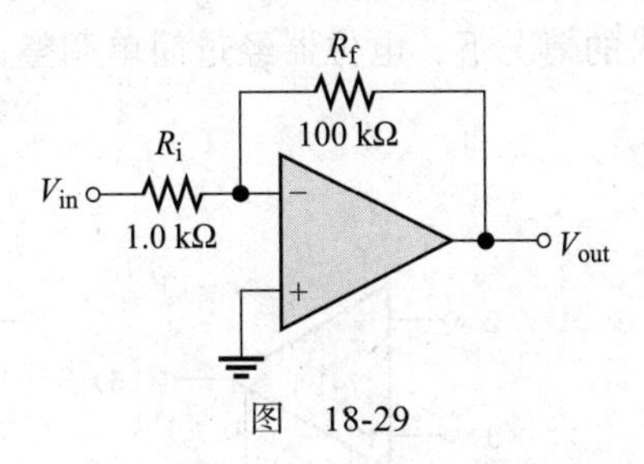


图　18-29

解　(a)

$$R_{in(I)} = R_i = 1.0\ \text{k}\Omega$$

$$R_{out(I)} = \frac{R_{out}}{1+A_{ol}B} = \frac{R_{out}}{1+A_{ol}[R_i/(R_i+R_f)]} = \frac{50\ \Omega}{1+50\,000\times(1.0\ \text{k}\Omega/101\ \text{k}\Omega)} = 101\ \text{m}\Omega$$

(b)

$$A_{cl(I)} = -\frac{R_f}{R_i} = -\frac{100\ \text{k}\Omega}{1.0\ \text{k}\Omega} = -100$$ ◀

**同步练习**　根据以下参数值计算图 18-29 中的 $R_{in\,(I)}$、$R_{out\,(I)}$ 和 $A_{cl}$。$A_{ol}$=100 000，$R_{in}$=5.0 MΩ，$R_{out}$=75 Ω，$R_i$=560 Ω，$R_f$=82 kΩ。

▦ 采用科学计算器完成例 18-9 的计算。

Multisim 仿真

打开 Multisim 或 LTspice 文件 E18-09，测量闭环增益。

**学习效果检测**

1. 同相放大器的输入电阻与运算放大器本身的输入电阻，它们相比结果如何？

2. 将运算放大器连接成电压跟随器结构，输入电阻会增加还是减少？

3. 已知 $R_f$=100 kΩ，$R_i$=2.0 kΩ，$A_{ol}$=120 000，$R_{in}$=2.0 MΩ，$R_{out}$=60 Ω，计算反相放大器中的 $R_{in(I)}$ 和 $R_{out(I)}$。

## 18.7 故障排查

运算放大器是一个复杂的集成电路，可能出现多种类型的内部故障。由于无法对运算放大器的内部进行故障排查，所以要将其作为一个单一的器件处理。如果出现故障，就像更换电阻、电容或晶体管等一样进行更换。通常 IC 参考代号中的字母“U”代表着“不可修复”的意思。

在基本的运算放大器中，只有少数外部元件会出现故障，它们是反馈电阻、输入电阻和用于失调电压补偿的电位器。此外，运算放大器本身也可能发生故障，电路中可能有错误的连接，或者可能有不正确的电源电压。

大多数集成电路运算放大器提供了失调电压补偿方法，通常通过将外部电位器连接到集成封装电路上的指定引脚来实现的，例如图 18-30a 和 b 所示的 741 运算放大器。这两个端子称为调零端，在没有输入的情况下，电位器经过简单调整，直到输出电压读数为 0，如图 18-30c 所示。

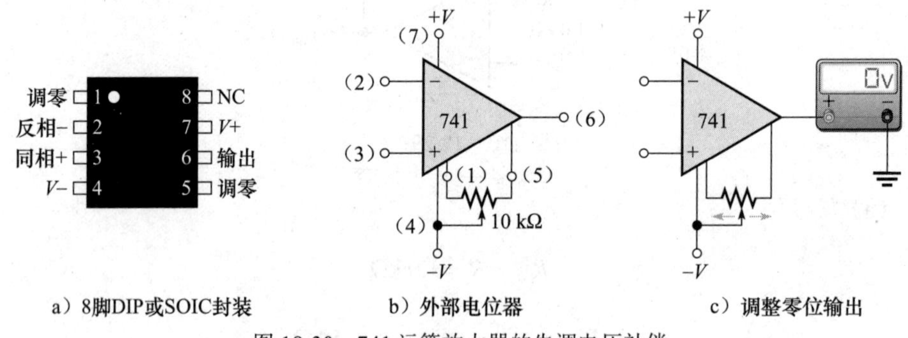


图 18-30 741 运算放大器的失调电压补偿

### 18.7.1 同相放大器故障

当认为电路有故障时，首先是检查电源电压和接地，并确保输入信号没有直流失调。完成后，再对其他可能的故障进行排查。

**反馈电阻开路** 如果图 18-31 中的反馈电阻 $R_f$ 开路，运算放大器将在非常高的开环增益下工作，这将导致输入信号驱动运算放大器件进行非线性操作，导致输出信号部分失真，如图 18-31a 所示。

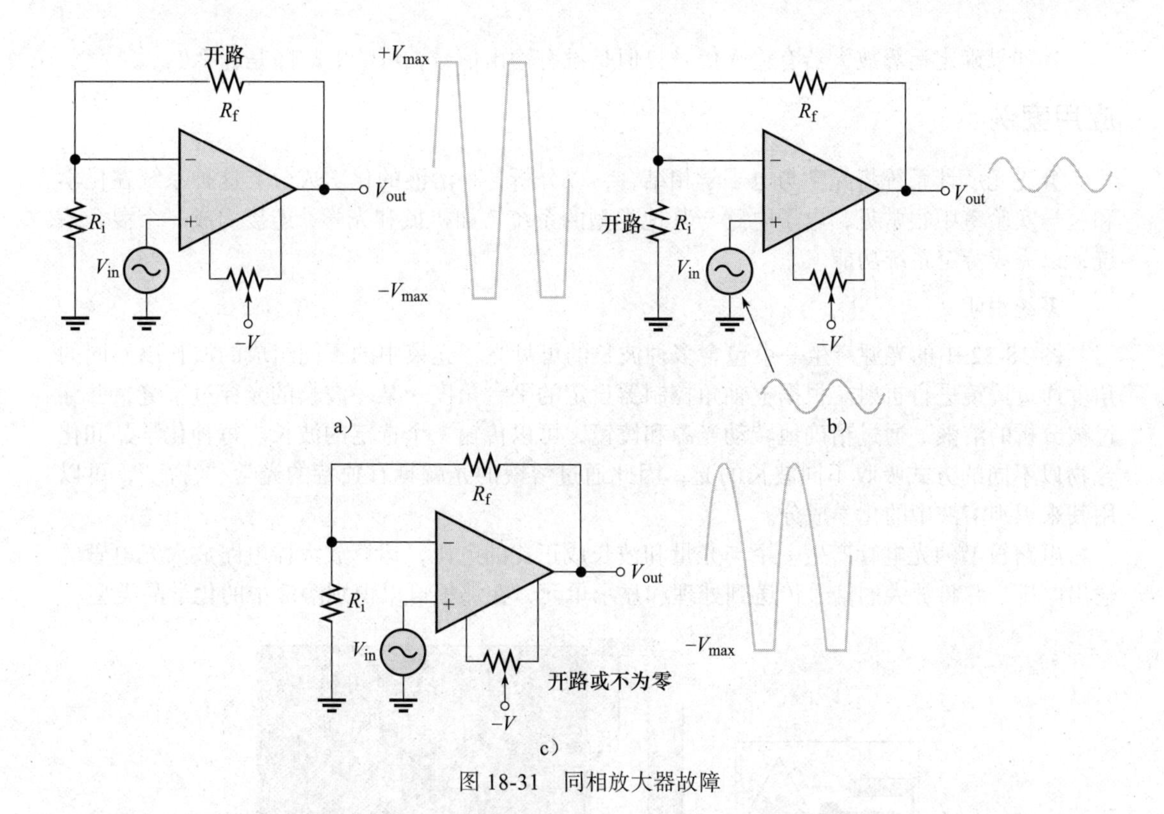


图 18-31　同相放大器故障

**输入电阻开路**　在这种情况下，电路仍然是一个闭环结构。$R_i$ 是开路的，实际上等于无穷大（∞），所以从式（18-10）得出的闭环增益是

$$A_{cl(NI)} = 1 + \frac{R_f}{R_i} = 1 + \frac{R_f}{\infty} = 1+0=1$$

这表明放大器的作用就像一个电压跟随器，你会观察到输出信号与输入信号相同，如图 18-31b 所示。

**电位器开路或调零故障**　在这种情况下，当输入信号增加到足够大振幅时，输出失调电压将导致输出信号在峰值上开始失真，如图 18-31c 所示。

**运算放大器故障**　如前所述，运算放大器的内部十分复杂，一般来说，内部故障会导致输出信号的损失或失真。最好的方法是首先确保没有外部故障或错误的情况发生，如果其他一切正常，那么运算放大器一定是有故障的。

### 18.7.2　电压跟随器故障

电压跟随器是同相放大器的特殊情况，故障排查的方法与同相放大器相同。

### 18.7.3　反相放大器故障

**反馈电阻开路**　如果 $R_f$ 开路，输入信号经过运算放大器的开环高增益放大，输出将严重失真，与同相放大器一样。

**输入电阻开路**　会阻止输入信号进入运算放大器的输入端，所以输出电压将为零。

运算放大器本身故障或电位器调零的故障与之前讨论的同相放大器故障影响相同。

**学习效果检测**

1. 当增加输入信号时，运算放大器的输出信号开始在峰值上失真，首先应该检查什么？

2. 如果确定运算放大器有输入信号，但是没有输出信号，可能的故障是什么？

## 应用案例

分光光度计系统将光学与电子学相结合，以分析各种溶液的化学成分。这种系统在化学和医学实验室中很常见，电子电路与其他类型的系统（如机械和光学）连接构成一个混合系统，以完成特定系统功能。

### 系统说明

图 18-32 中的光源产生一束包含多种波长的可见光，光束中的不同组成的波长以不同的角度通过棱镜进行折射。根据枢轴角控制器设定的平台角度，某一波长的光穿过窄缝，并穿过被分析的溶液。通过精确地转动光源和棱镜，可以传输一个选定的波长。每种化学品和化合物以不同的方式吸收不同波长的光，因此通过溶液的光就具有独特的光学“特征”，可以用其来识别溶液中的化学成分。

电路板上的光电管产生一个与光量和波长成正比的电压，运算放大器电路放大光电管的输出电压，并将放大的信号传送到处理和显示单元，在那里可以识别溶液中的化学品类型。

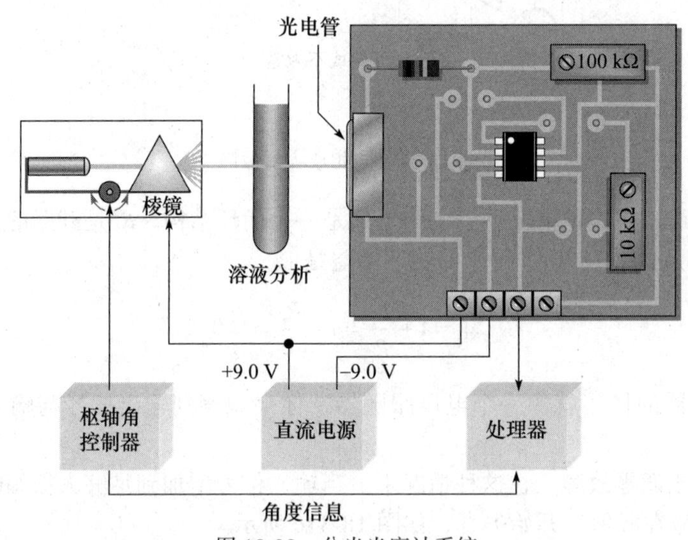


图 18-32 分光光度计系统

### 步骤 1：将 PCB 与原理图联系起来

按照图 18-32 所示 PCB 上的元器件连接，精心画出一个完整的电路原理图。电位器上的中间引脚是可调节的，一些导线连接在电路板的反面。如果熟悉基本的运算放大器结构，很容易理顺这些连接关系。参考图 18-30a，了解 741 运算放大器的引脚布局，该运算放大器放置在表面贴片 SOIC-8 封装中。

### 步骤 2：分析电路

1. 确定反馈变阻器必须调整到电压增益为 10 时的电阻值。

2. 假设运算放大器的最大线性输出比电源电压低 1.0 V。确定所需的电压增益和反馈电阻必须设置的值，以达到最大线性输出。系统光源产生 400 ～ 700 nm 的恒定光输出，这大约是可见光从紫色到红色的范围。光导电池在 800 nm 处的最大电压为 0.5 V。

3. 利用先前得到的增益，在 50 nm 的间隔内，确定运算放大器在 400 ～ 700 nm 波长范围内的输出电压，并绘制电压与波长的关系图。将你绘制的图与图 18-33 中的光电管响应曲线进行比较。

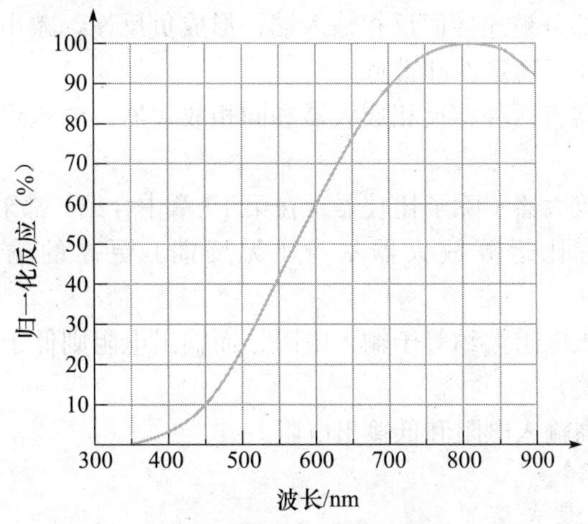


图 18-33　光电管响应曲线

### 步骤 3：排查电路故障

对于下列每个问题，请说明可能的原因：

1. 运算放大器输出电压为零。列出三个可能的原因。
2. 运算放大器输出保持在约 8.0 V。
3. 在无光照条件下，运算放大器输出是小的直流电压。

### 检查与复习

1. 电路板上 100 kΩ 电位器的作用是什么？
2. 100 kΩ 电位器的作用是什么？
3. 解释为什么光源和棱镜必须旋转。

## 本章总结

- 运算放大器有两个输入端：反相（–）输入端和同相（+）输入端，通常还有一个输出端。此外，大多数运算放大器都有一个正和一个负的直流电源电压端。
- 理想运算放大器具有无穷大的输入电阻、零输出电阻、无穷大的开环电压增益，以及无穷大的共模抑制比。
- 实际的运算放大器具有高输入电阻、低输出电阻和高开环电压增益。
- 差分放大器通常用于运算放大器的输入级。
- 在差分放大器的反相和同相输入端之间施加差分输入电压。
- 单端输入是指电压施加在差分放大器的输入端和地之间（另一个输入端接地）。
- 差分放大器的两个输出端之间产生差分输出电压。
- 在差分放大器的输出和地之间产生一个单端输出电压。
- 当相同电压被施加到两个差分放大器的输入端时，差分放大器工作在共模模式。
- 输入失调电压产生输出误差电压（没有施加输入电压）。
- 输入失调电流产生输出误差电压（没有施加输入电压）。
- 输入偏置电流是两个偏置电流的平均值。
- 输入失调电流是两个偏置电流之间的差。
- 开环电压增益是指没有外部反馈连接的运算放大器的增益。
- 转换速率是指运算放大器的输出电压在响应阶跃输入时的变化率（单位：V/μs）。

- 当输出电压的一部分被连接回反相输入端，形成负反馈，减小了输入电压，从而减少电压增益，但增加了稳定性和带宽。
- 负反馈运算放大器有两种：反相放大器和同相放大器，电压跟随器是同相放大器的一种特殊情况。
- 所有实际的运算放大器（除了比较器，在第 19 章中介绍）都采用负反馈。
- 同相放大器具有比运算放大器本身（无反馈）更高的输入电阻和更低的输出电阻。
- 反相放大器的输入电阻大约等于输入电阻，而输出电阻则低于运算放大器本身的内部输出电阻（无反馈）。
- 电压跟随器具有高输入电阻和低输出电阻。

## 对 / 错判断（答案在本章末尾）

1 当差分放大器在两个输入端施加相同的信号时，这些信号称为差分信号。

2 差分放大器的高共模抑制比意味着共模增益要比差分增益大得多。

3 运算放大器的输入偏置电流是两个输入端的电流之和。

4 运算放大器的开环电压增益也称为大信号电压增益。

5 如果运算放大器的共模抑制比很低，运算放大器能很好地抑制共模噪声。

6 当使用负反馈时，放大器的带宽会增加。

7 在电压跟随器中，开环增益和闭环增益相等。

8 同相放大器的输入电阻要比同等增益的反相放大器高得多。

9 理想情况下，放大器的输出电阻为零。

10 如果放大器中的反馈电阻开路，输出将没有信号。

## 自我检测（答案在本章末尾）

1 典型的运算放大器的输入级是一个

(a) 缓冲放大器 (b) 差分放大器

(c) 共集电极放大器 (d) 推挽放大器

2 如果担心低频噪声的干扰，那么应该选择一个具有什么特点的运算放大器？

(a) 低偏置电流 (b) 高带宽

(c) 高共模抑制比 (d) 以上都是

3 某一运算放大器的输出电压在 12 μs 内增加 8.0 V，以响应输入的阶跃电压。其转换速率为

(a) 0.667 V/μs (b) 1.5 V/μs

(c) 96 V/μs (d) 0.75 V/μs

4 同相运算放大器结构 $R_i$ 为 1.0 kΩ，$R_f$ 为 100 kΩ，如果 $V_{out}$ 为 5.0 V，则 $V_f$ 的值为

(a) 50 mV (b) 49.5 mV

(c) 495 mV (d) 500 mV

5 在问题 4 中所描述的放大器中，反馈系数 $B$ 为

(a) 0.010 (b) 0.10

(c) 0.0099 (d) 101

6 问题 4 中放大器的闭环增益为

(a) 0.0099 (b) 1.0

(c) 99 (d) 101

7 电压跟随器的一个特点是

(a) $A_{cl}$>1 (b) 正反馈

(c) 高 $R_{out}$ (d) 同相

8 反相放大器的参数如下：$R_f$=220 kΩ，$R_i$=2.2 kΩ，$A_{ol}$=25 000。闭环增益为

(a) −100 (b) 101

(c) 100 (d) −250

9 如果知道运算放大器的开环增益，不知道其他参数，则可以计算以下哪种运算放大器的闭环增益？

(a) 反相放大器

(b) 同相放大器
(c) 电压跟随器
(d) 没有额外信息的放大器

10　电压跟随器的反馈衰减为
(a) 1　(b) 小于 1
(c) 大于 1　(d) 变化的

11　某同相放大器的反馈系数 $B$ 为 0.025，闭环增益为
(a) 1　(b) 40
(c) 0.025　(d) 不确定

12　高的输入电阻是通过以下哪种方式实现的
(a) 反相放大器　(b) 同相放大器
(c) 差分放大器　(d) 电压跟随器

## 分节习题（奇数题答案在本书末尾）

### 18.1 节

1　比较实际的运算放大器和理想的运算放大器。

2　解释为什么运算放大器的输出电阻越低越好。

### 18.2 节

3　确定图 18-34 中每个差分放大器的输入和输出类型。

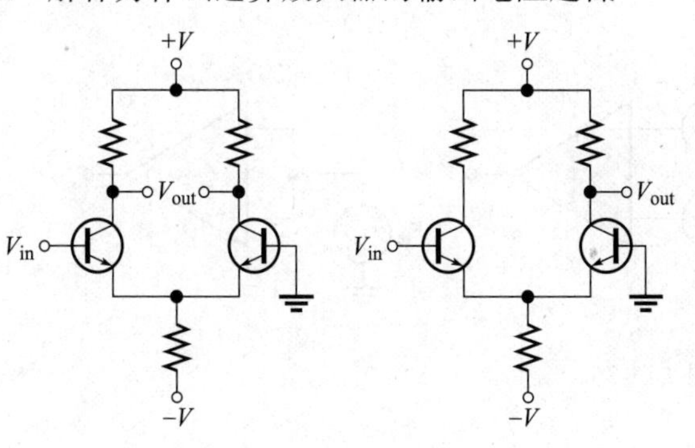
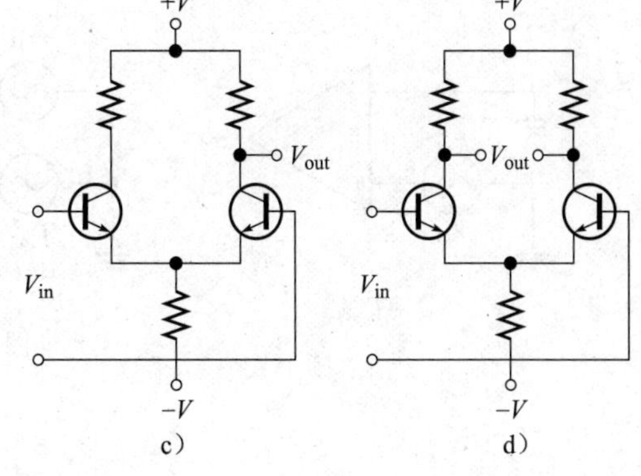


图　18-34

4　图 18-35 所示晶体管的基极直流电压为零，计算直流差分输出电压，假设 $Q_1$ 的 $\alpha$=0.98，$Q_2$ 的 $\alpha$=0.975。

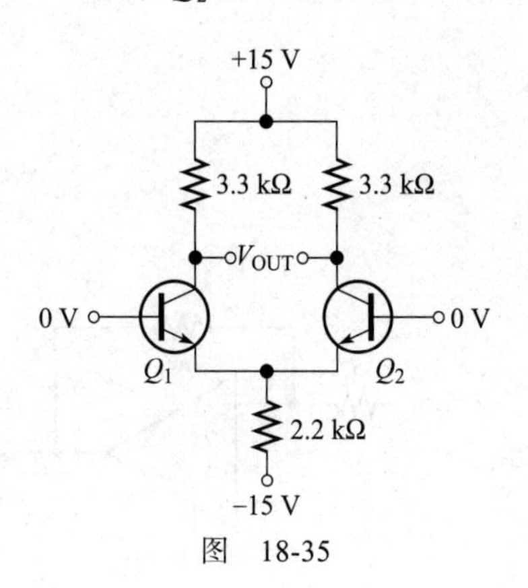


图　18-35

5　某一差分放大器的差分增益为 60，共模增益为 0.09，计算共模抑制比 CMRR 并以分贝为单位表示。

6　某一差分放大器的 CMRR 为 65 dB，如果差分增益是 150，那么共模增益是多少？

7　确定图 18-36 中每个运算放大器的输入方式。

8　以另一种方式表示图 18-36 中的共模输入。

### 18.3 节

9　给定运算放大器的输入电流为 8.3 μA 和 7.9 μA，计算偏置电流 $I_{BIAS}$。

10　区分输入偏置电流和输入失调电流，然后计算习题 9 中的输入失调电流。

11　某一运算放大器的 CMRR 为 250 000，以分贝为单位表示它。

12　某运算放大器的开环增益为 175 000，共模增益为 0.18，以分贝为单位计算 CMRR。

13 运算放大器的CMRR为300 000，$A_{ol}$为90 000，共模增益是多少？

14 图18-37所示为运算放大器的输出电压对阶跃输入的响应，转换速率是多少？

15 如果转换速率为0.5 V/μs，则运算放大器的输出电压从 −10 V到 +10 V需要多长时间？

18.5节

16 请识别图18-38中的运算放大器结构。

17 假设图18-38b中的放大器$R_f$=560 kΩ，$R_i$=1.5 kΩ，$V_{in}$=10 mV。计算以下量值。

（a）$A_{cl(NI)}$ （b）$V_{out}$

（c）$V_f$

18 计算图18-39中各放大器的闭环增益。

19 在图18-40中，计算每个放大器产生闭环增益的$R_f$。

20 计算图18-41中各放大器的增益。

21 如果对图18-41中的每个放大器施加有效值为10 mV的信号电压，那么输出电压是多少，输出与输入的相位关系是什么？

22 计算图18-42中各参数的近似值：

（a）$I_{in}$ （b）$I_f$

（c）$V_{out}$ （d）闭环增益

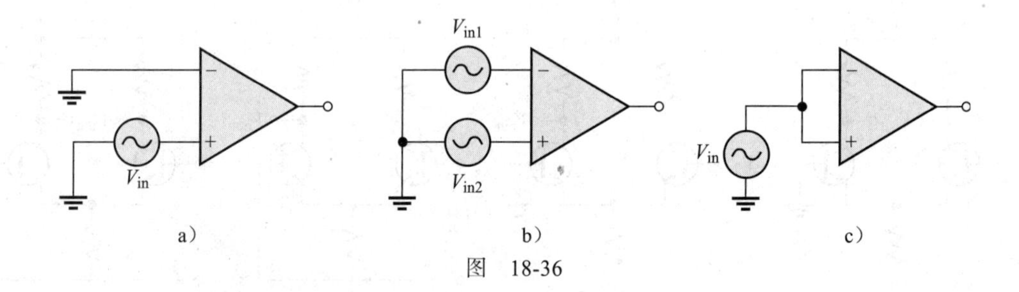


图 18-36

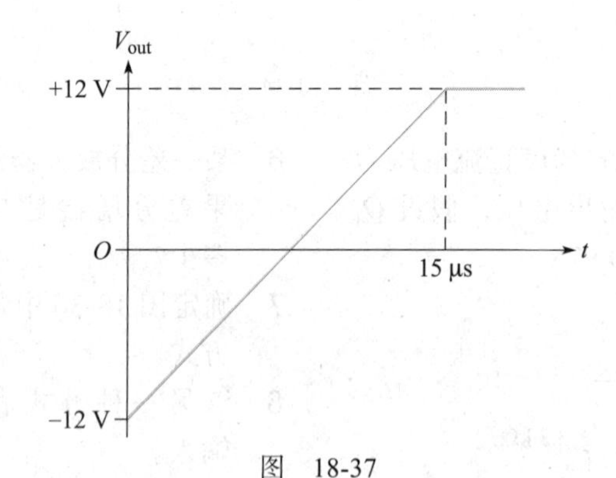


图 18-37

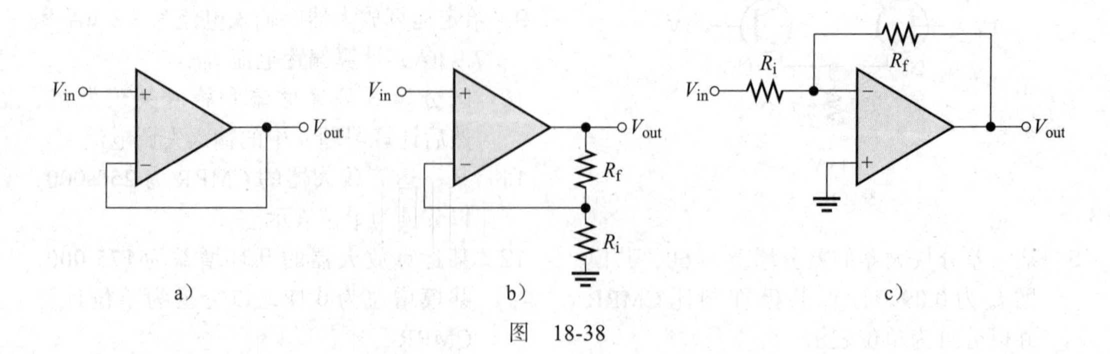


图 18-38

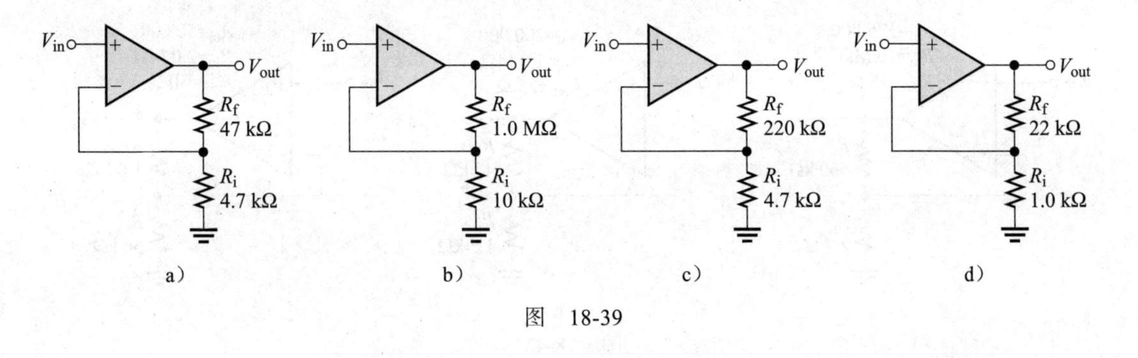


图　18-39

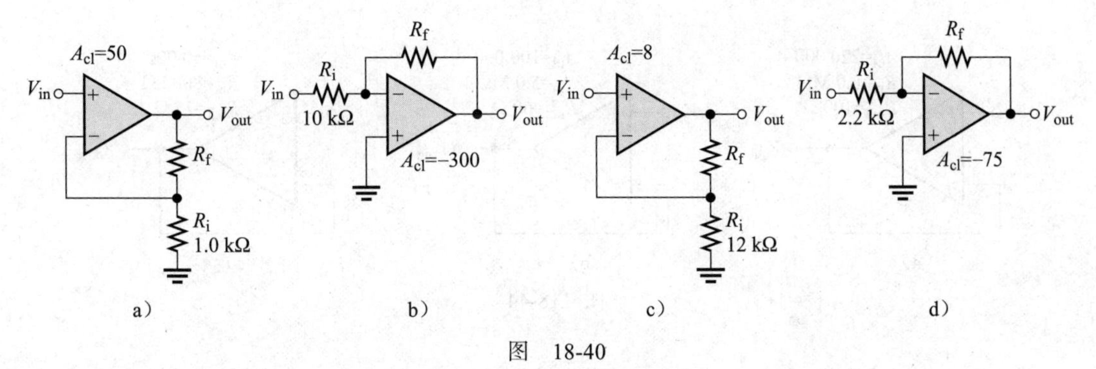


图　18-40

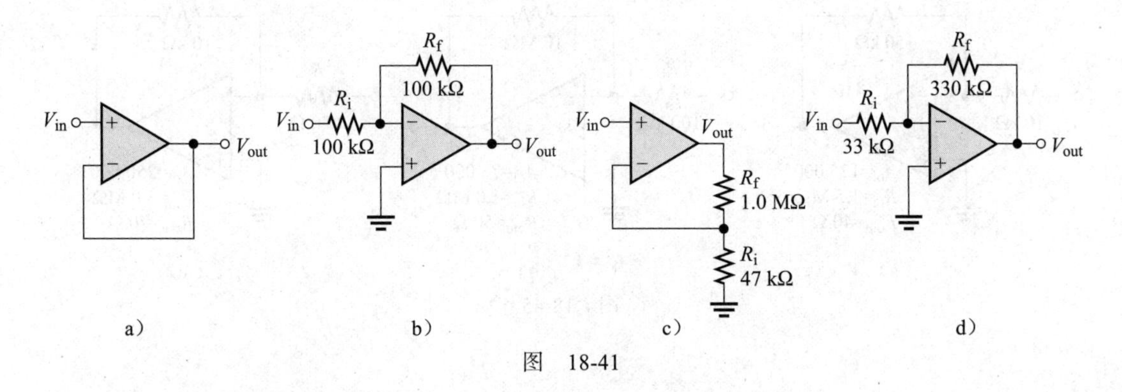


图　18-41

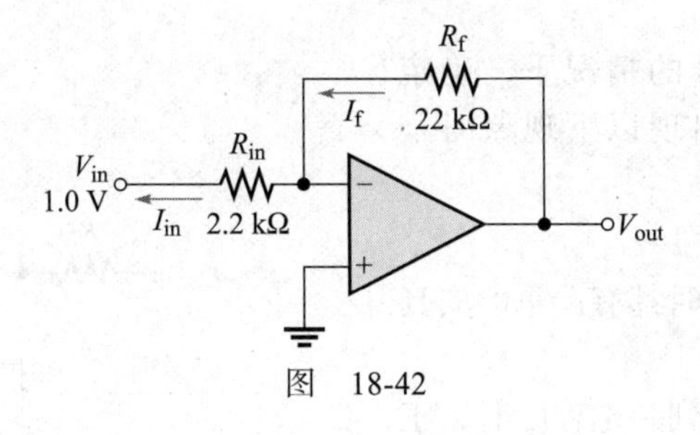


图　18-42

18.6 节

23　计算图 18-43 中各放大器的输入、输出电阻。

24　对图 18-44 中的每个电路，重做习题 23。

25　对图 18-45 中的每个电路，重做习题 23。

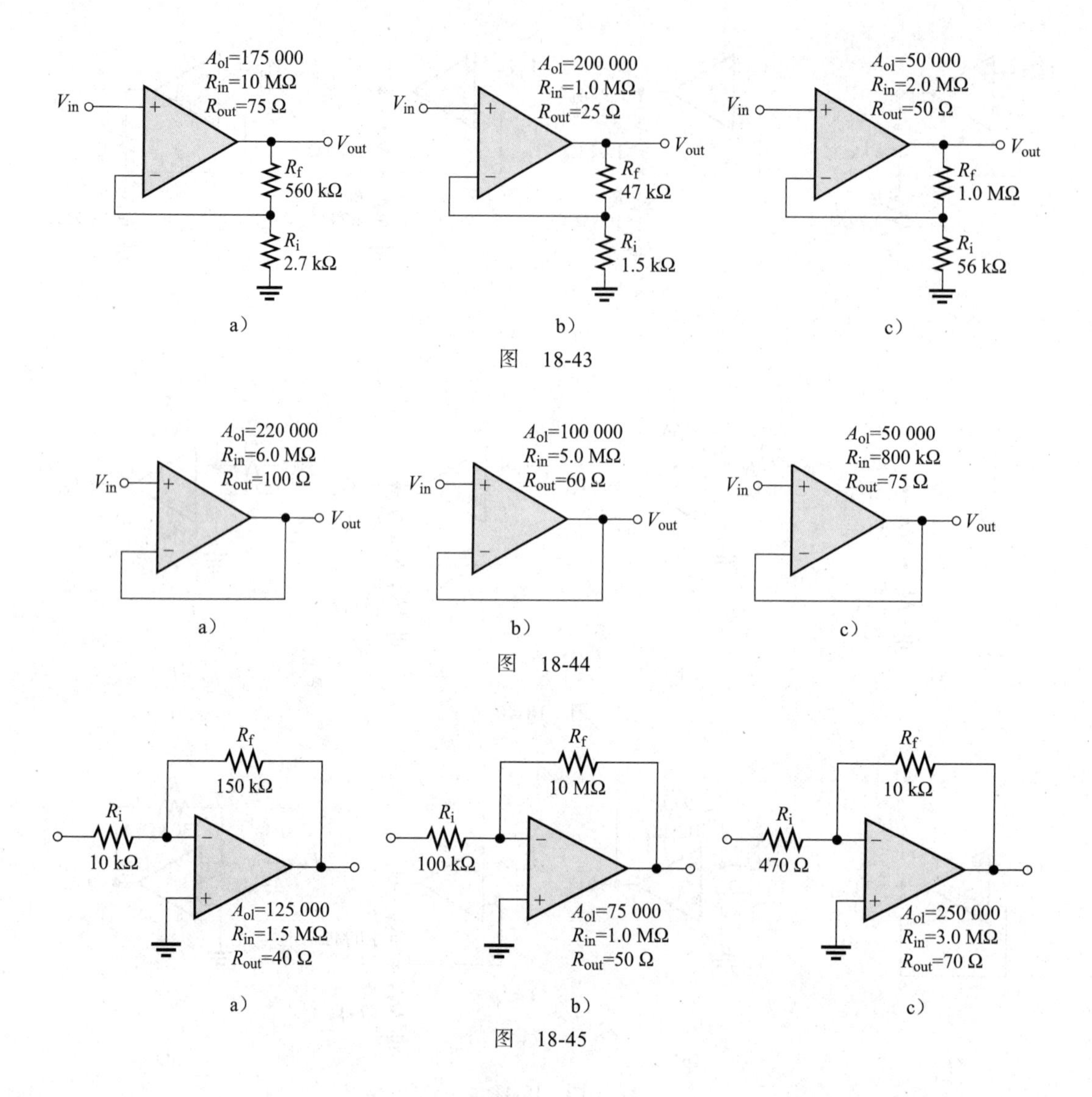


图 18-43

图 18-44

图 18-45

## 18.7 节

26 在施加 100 mV 信号的情况下，确定图 18-46 所示电路出现以下现象时最可能发生什么故障。

(a) 没有输出信号。

(b) 输出在正负波动时都有严重的失真现象。

(c) 当输入信号增加到一定程度时，正峰值开始失真。

27 在图 18-32 中的电路板上，如果 100 kΩ 电位器的中间引线（滑片）断裂（开路）会发生什么？

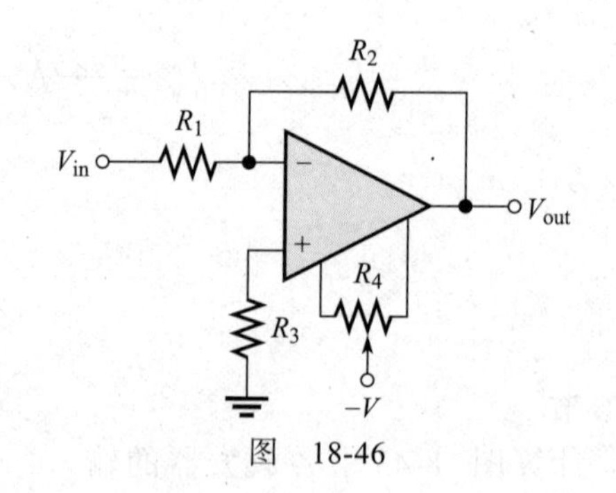


图 18-46

## Multisim 仿真故障排查和分析

28 打开 P18-28 文件，查看是否有故障。如果有，请分析故障。

29 打开 P18-29 文件，查看是否有故障。如果有，请分析故障。

30 打开 P18-30 文件，查看是否有故障。如果有，请分析故障。

31 打开 P18-31 文件，查看是否有故障。如果有，请分析故障。

32 打开 P18-32 文件，查看是否有故障。如果有，请分析故障。

## 参考答案

### 学习效果检测答案

**18.1 节**

1 如图 18-47 所示。

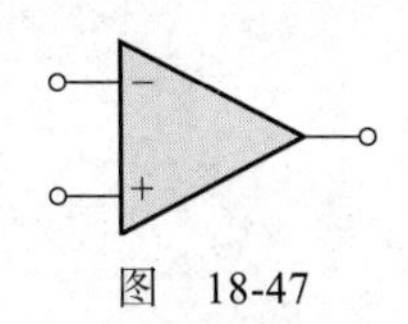


图 18-47

2 $R_{in}$ 为无穷大，$R_{out}$ 为零，电压增益为无穷大。

3 高 $R_{in}$，低 $R_{out}$，高电压增益。

4 差分放大器、电压放大器、推挽放大器。

**18.2 节**

1 差分输入的输入电压是在两个输入端子之间，单端输入的输入电压是从一个输入端子到地（其他输入端子接地）。

2 共模抑制是指运算放大器抵消共模信号。

3 较高的 CMRR 会导致较低的 $A_{cm}$。

4 高 CMRR 提高了差分放大器对共模噪声的抵消能力。

**18.3 节**

1 运算放大器的参数包括输入偏置电流、输入失调电压、漂移、输入失调电流、输入电阻、输出电阻、共模输入电压范围、CMRR、开环电压增益、转换速率和频率响应。

2 转换速率和电压增益是与频率有关的参数。

3 输入偏置电流是输入级所需的两个电流的平均值，输入失调电流是这两个电流的绝对差值。

4 高共模抑制比能更好地抵消不需要的共模输入信号。

5 V/μs。

**18.4 节**

1 负反馈提供了稳定的控制电压增益和更宽的带宽，能够控制输入和输出电阻。

2 开环增益过高会导致输入端的一个非常小的信号就会使运算放大器进入饱和状态。

3 两个输入将是相同的。

**18.5 节**

1 负反馈使增益稳定。

2 错误

3 $A_{cl}=1/B=50$

4 100 mV

5 0 V

**18.6 节**

1 同相放大器的 $R_{in}$ 高于运算放大器本身的 $R_{in}$。

2 增加。

3 $R_{in\,(I)}=2.0\ k\Omega$；$R_{out\,(I)}=25.0\ m\Omega$。

**18.7 节**

1 检查输出调零情况。

2 无直流电源、输出接地或运算放大器故障。

### 同步练习答案

例 18-1 34 000；90.6 dB

例 18-2 （a）0.168

（b）88 dB

（b）2.1 V（rms），4.2 V（rms）

（b）16.8 mV

例 18-3 12 649

例 18-4 20 V/μs

例 18-5　32.9

例 18-6　（a）67.5 kΩ　（b）放大器将有一个开环增益，产生一个方波输出。

例 18-7　（a）20.6 GΩ，14.0 mΩ
（b）23

例 18-8　$R_{in}$ 增加；$R_{out}$ 减少。

例 18-9　$R_{in(I)}$=560 Ω；$R_{out(I)}$=110 mΩ；$A_{cl}$=−146。

**对 / 错判断答案**

1 错　2 错　3 错
4 对　5 错　6 对
7 错　8 对　9 对
10 错

**自我检测答案**

1（b）　2（c）　3（a）
4（b）　5（c）　6（d）
7（d）　8（a）　9（c）
10（a）　11（b）　12（d）

# 第19章

# 基本运算放大器

### 学习目标

- ▶ 掌握比较器电路的基本工作原理。
- ▶ 分析求和放大器、均值放大器和比例放大器。
- ▶ 掌握运算放大器积分电路和微分电路的工作原理。
- ▶ 掌握几种类型的运算放大器振荡器的工作原理。
- ▶ 识别和掌握基本的运算放大器滤波器。
- ▶ 掌握基本的串联和并联式稳压器的工作原理。

### 应用案例概述

本章应用案例的对象是一个有故障的调频立体声接收机。经过初步检查，发现向接收器两个通道的运算放大器提供 ±12V 电压的双极性电源存在故障，电源采用了正、负极集成电路稳压器。学习本章后，你应该能够完成本章的应用案例。

### 引言

运算放大器的应用非常广泛，本章讨论了一些基本应用，以说明运算放大器的多功能性，并为后续运算放大器电路的学习打下基础。

运算放大器电路一般采用集成电路来实现。对于现场可编程模拟阵列（FPAA），其中大多数运算放大器电路可以用软件来实现。

## 19.1 比较器

运算放大器可以用来比较一个电压与另一个电压的幅值，在这种情况下，运算放大器采用开环结构，一个输入端是输入电压，另一个输入端是参考电压。

**比较器**是一种用于确定输入电压是高于还是低于某一电压的电路。运算放大器开环增益高，可用于一般性的比较器应用，但转换速率比专用比较器低。注意的是，由于稳定性问题，比较器不适合代替运算放大器。当运算放大器用作比较器时，没有负反馈，因此运算放大器的输出为两种饱和状态（通常是正电压或负电压）中的一种，非常小的正输入电压或极性相反的输入电压都将驱动运算放大器进入饱和状态。例如，对于一个开环增益为 100 000 的通用运算放大器，一个 +150 μV 的信号就足以驱动运算放大器进入饱和状态，+150 μV × 100 000=+15 V。

比较器是特殊的运算放大器，具有低偏置电流和快速开关时间（小于 5.0 ns）。低偏置电流是比较器的一个重要特性。如果电流在外部电阻中，则偏置电流会导致开关点改变。比较器有内置的**迟滞**，或者两个不同的开关电平（取决于信号是上升还是下降），它们之间相差几毫伏。比较器的阈值电压是固定的，或者调节连接到一个控制引脚（如 HYST 引脚上的 MAX931）的外部电阻。另外，可以通过增加正反馈来为比较器增加迟滞特性（见例 19-2 和 20.3 节）。两个切换点（也称为**阈值电压**）用于防止在输入信号缓慢或含有噪声时发生多次转换。具有较高开关电压的阈值电压称为上限阈值（UTP）电压，具有较低开关电压的阈值电压称为下限阈值（LTP）电压，这种迟滞特性不能和磁滞混淆。

可以使用温控器来说明迟滞这一概念。假设将温控器设置在一个温度上，低于这个温度时暖气应该打开。如果控制电路中没有迟滞现象，一旦暖气打开，温度就会上升超过阈值点，关闭暖气。当温度下降到阈值点以下，再次开启加热。这种振荡过程会过早地损坏系统。为了避免这种情况，需要设置两个阈值点：一个较低的阈值点来开启系统，另一个稍高的阈值点来关闭系统。

比较器的另一个特点是有非常稳定的内部参考电压，并对温度变化进行了补偿。比较器最常见的用途是比较输入电压与参考电压，一些比较器有两个极性相反的输出，而其他比较器采用单一电压输出或超低功耗率输出。低功耗器件在小功耗电池中很有用，如手机电池。根据不同的应用，比较器对低功耗或高速进行优化，但不能同时针对两者进行优化。

比较器常用于需要不同电压的电路中，许多IC比较器电路使用集电极开路输出（见图19-1a），或漏极开路输出（见图19-1b），而不是固定的高输出电压或低输出电压。这些输出连接到BJT的集电极或FET的漏极，同时还连接一个上拉电阻到电压源。当晶体管导通时，输出通过导电晶体管的低电阻被降低；当晶体管截止时，高阻抗输出通过 $R_{PU}$ 被拉高到与电阻相连的电压。通过这种方式，单一类型的比较器可以提供连接设备所需要的电压或电流，集电极开路输出也简化了窗口比较器的设计，这将在本节后面进行讨论。

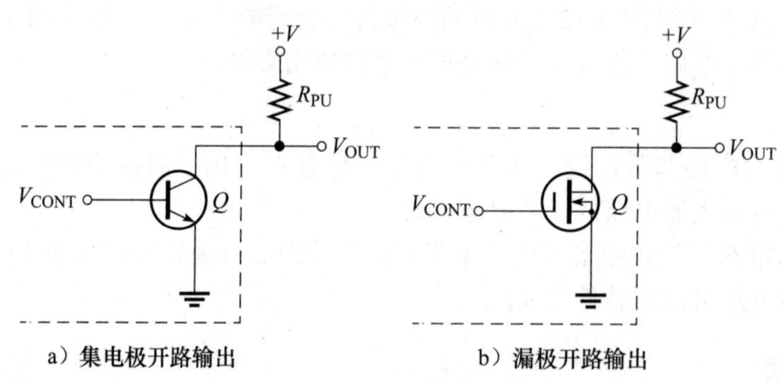


图 19-1 IC比较器电路

### 19.1.1 过零电压比较器

比较器的一个应用是过零电压比较器，图19-2a所示是其电路。反相输入端是接地的，将作为0 V参考电压，信号施加到同相输入端。当输入信号大小超过0 V参考电压时，输出从一种饱和状态切换到另一种饱和状态。图19-2b所示为将正弦电压施加到过零电压比较器同相输入端的结果。当正弦电压为负时，输出处于最大负电平，当正弦电压大于0 V时，放大器被驱动到相反的状态，输出达到最大正电平。

如前所述，过零电压比较器可以作为一个方波形成电路，即由正弦波产生一个方波。

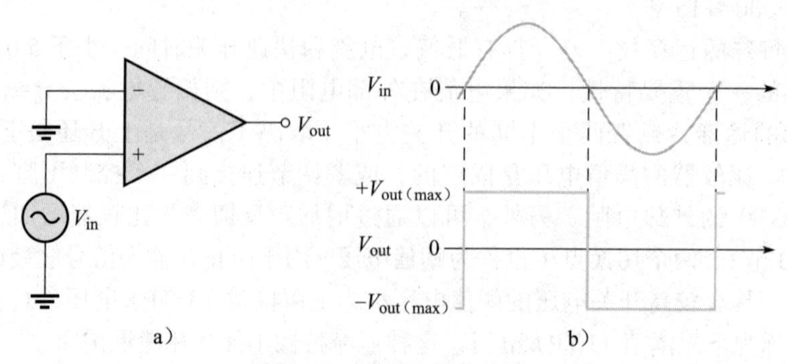


图 19-2 过零电压比较器

### 19.1.2 非零电压比较器

通过将一个固定的参考电压连接到图 19-2a 中的过零电压比较器反相（-）输入端来检测非零电压，如图 19-3a 所示。图 19-3b 所示为比较器更实用的一种结构，使用一个分压器来设置参考电压。式（19-1）给出了图 19-3b 所示分压器 $V_{REF}$ 的值。

$$V_{REF}=\frac{R_2}{R_1+R_2}\times(+V) \tag{19-1}$$

式中，$+V$ 表示运算放大器的正电源电压，输入电压（$V_{in}$）小于 $V_{REF}$，输出就保持在最大负值电平处，当输入电压超过参考电压时，输出变为最大正值电平，图 19-3c 所示为正弦波输入电压下的比较器输出。

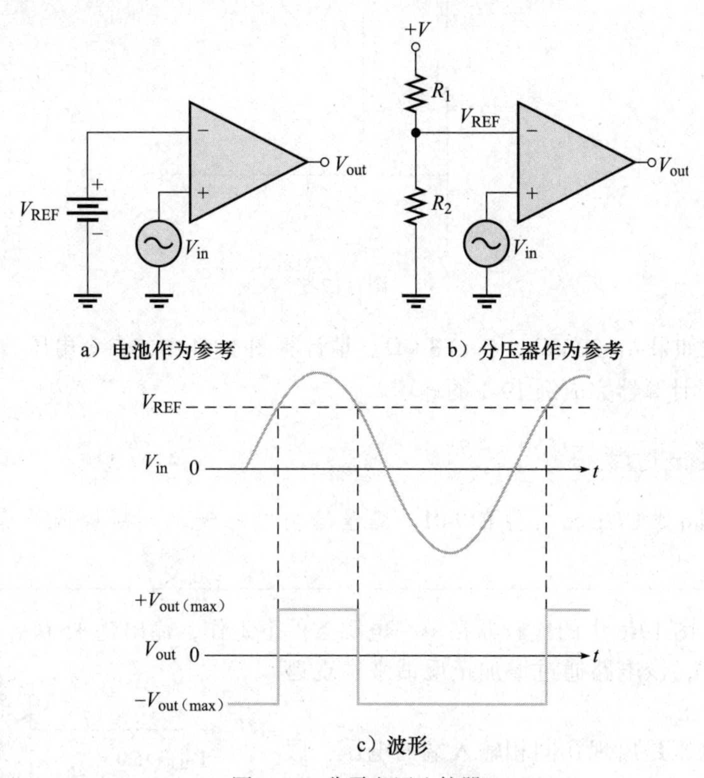


图 19-3 非零电压比较器

**例 19-1** 图 19-4a 中的输入信号施加在图 19-4b 所示比较器电路的同相输入端。画出输出波形，说明其与输入信号的正确关系，假设比较器的最大输出电平为 ±12 V。

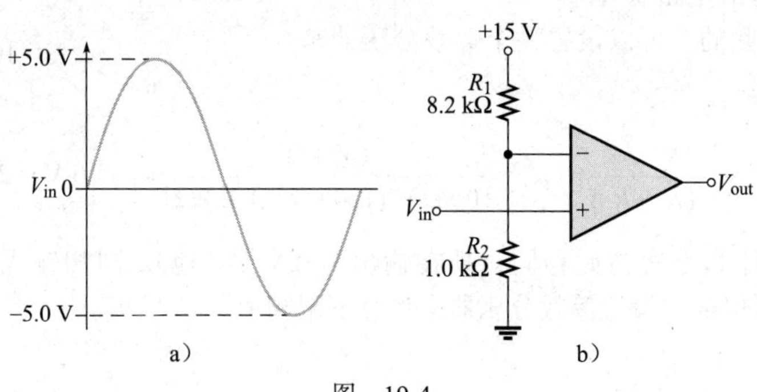


图 19-4

**解** 参考电压由 $R_1$ 和 $R_2$ 的值设定。

$$V_{REF}=\frac{R_2}{R_1+R_2}\times(+V)=\frac{1.0\ k\Omega}{8.2\ k\Omega+1.0\ k\Omega}\times(+15V)=1.63\ V$$

如图 19-5 所示，当输入电压超过 +1.63 V 时，输出电压切换到 +12 V 电平，当输入电压低于 +1.63 V 时，输出切换到 −12 V 电平。

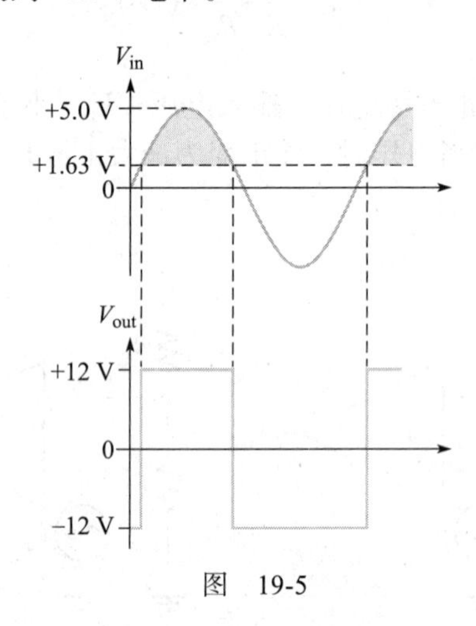


图 19-5

**同步练习** 如果 $R_1$=22 kΩ，$R_2$=3.3 kΩ，请计算图 19-4 中的参考电压。

采用科学计算器完成例 19-1 的计算。

## Multisim 仿真

打开 Multisim 或 LTspice 文件 E19-01，测量输出电压波形，判断是否符合图 19-4 所示波形。

---

**例 19-2** 图 19-6 中的比较器在单一电源条件下工作，输出是 +5.0 V 或 0 V（形象地称为“轨到轨”），该电路通过增加正反馈来实现迟滞，计算阈值电压。

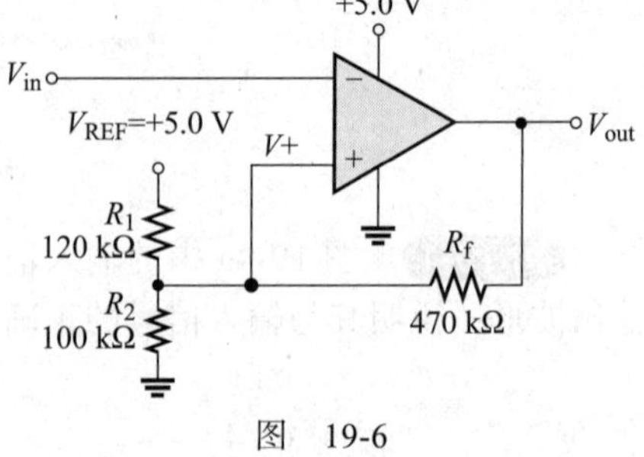


图 19-6

**解** 阈值电压是出现在同相输入端的电压，假设输出处于正饱和状态（+5.0 V），可以应用叠加定理来计算 $V$+（同相输入端的电压）。更简单的方法是，当输出为高电平时，$V_{REF}=V_{out}$。请参考图 19-7a 中的同相输入的等效电路。

$R_f$ 和 $R_1$ 是并联的，可以设置一个等效分压器来计算上限阈值电压。

$$V_{upper}=\frac{R_2}{R_2+(R_1 \parallel R_f)}\times V_{REF}=\frac{100\ k\Omega}{100\ k\Omega+(120\ k\Omega \parallel 470\ k\Omega)}\times(+5.0\ V)=2.56\ V$$

下限阈值的计算方法与此相同，现在输出为 0 V（对地），同相输入端的等效电路如图 19-7b 所示。可以通过设置等效分压器来计算下限阈值。

$$V_{lower}=\frac{R_2 \parallel R_f}{R_1+(R_2 \parallel R_f)}V_{REF}=\frac{100\ k\Omega \parallel 470\ k\Omega}{120\ k\Omega+(100\ k\Omega \parallel 470\ k\Omega)}\times(+5.0V)=2.04\ V$$ ◀

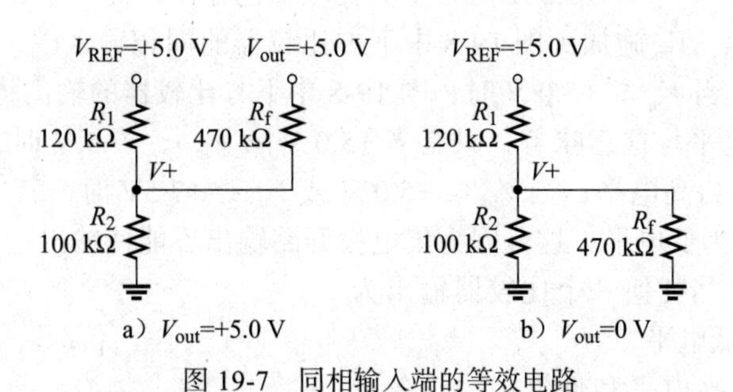


图 19-7　同相输入端的等效电路 ◀

**同步练习**　如果 $R_f$ 是 560 kΩ，阈值电压是多少？

采用科学计算器完成例 19-2 的计算。

**Multisim 仿真**

打开 Multisim 或 LTspice 文件 E19-02，请根据示例验证上下限阈值电压。

### 19.1.3　窗口比较器

比较器的一种应用是**窗口比较器**，有时称为**窗口检测器**。一般比较器只是表明信号是否高于或低于指定的阈值，而窗口比较器则表明信号是否在上、下阈值电压（或跳变点）规定的范围内，窗口比较器本质上由两个单独的比较器组成，它们共用一个输入信号。一个比较器确定信号是否低于上限阈值电压，而另一个比较器确定信号是否高于下限阈值电压。当这两个条件都成立的时候（信号在定义范围内），窗口比较器才会有输出表示。图 19-8 所示为一个使用两个集电极开路比较器的窗口比较器，及其对输入信号的响应。

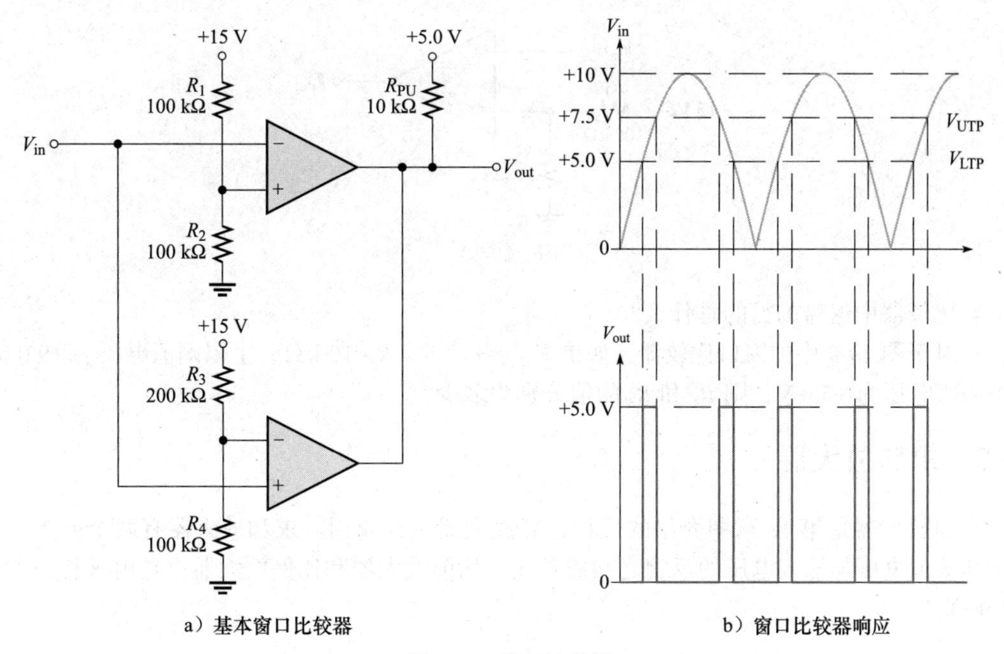


图 19-8　窗口比较器

下面是该电路的分析。首先，两个比较器都是集电极开路，所以 $R_{PU}$ 需要 $V_{out}$ 为高电平（在本例中为 +5.0 V），$V_{in}$ 施加到图 19-8 中上方比较器的反相输入端，电阻 $R_1$ 和 $R_2$ 将 UTP 电压设置为 +7.5 V。当 $V_{in}$ < +7.5 V 时，上方比较器的输出为高电平，当 $V_{in}$ ≥ +7.5 V 时输出为低电平。类似地，$V_{in}$ 施加到图 19-8 中下方比较器的同相输入端，电阻 $R_3$ 和 $R_4$ 将 LTP 电压设置为 +5.0 V。当 $V_{in}$ ≤ +5.0 V 时，图 19-8 中下方比较器的输出将为低电平，当 $V_{in}$ > +5.0 V 时输出为高电平。这意味着，只有当 +5.0 V < $V_{in}$ < +7.5 V 时，两个比较器的输出才是高电平，即 $V_{out}$ 为高电平；当 $V_{in}$ ≤ +5.0 V 或 $V_{in}$ ≥ +7.5V 时，其中一个比较器的输出为低电平，迫使 $V_{out}$ 为低电平，这是因为集电极开路输出不能使输出达到高电平，只能达到高阻抗状态。因此，当任何一个比较器输出为低电平时，$V_{out}$ 都为低电平。

注意，驱动 $V_{out}$ 高电平和低电平的设备输出端绝不能以这种方式连接在一起。就像电池和电源一样，直接连接在一起的电子设备的输出电压差会导致电流过大进而损坏电子电路。

图 19-9 所示为简化的窗口比较器，它通过 3 个电阻的分压器得到两个阈值电压，可以产生与图 19-8a 中窗口比较器相同的阈值电压。此外，一些监测和控制 IC 电路，如模拟器件 TMP01 温度传感器，包含窗口比较器功能，这允许该器件在某些工作条件超出可接受的工作区域时产生输出信号。

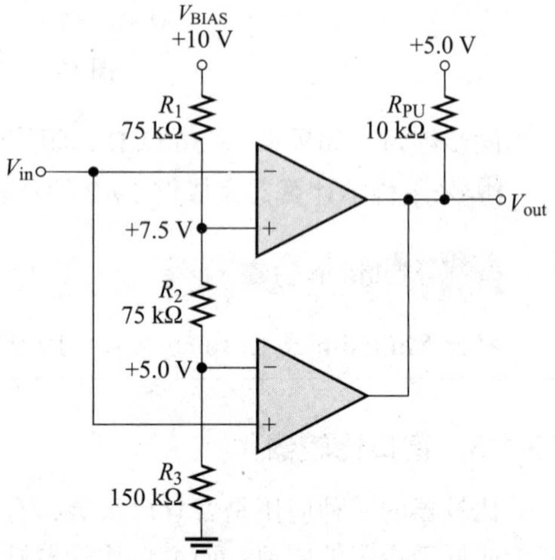

图 19-9 简化的窗口比较器设计

**学习效果检测**

1. 列举两个对比较器重要的参数。
2. 图 19-10 中比较器的参考电压是多少？
3. 如图 19-10 所示，峰值为 5.0 V 的正弦波作为输入，画出比较器的输出波形。

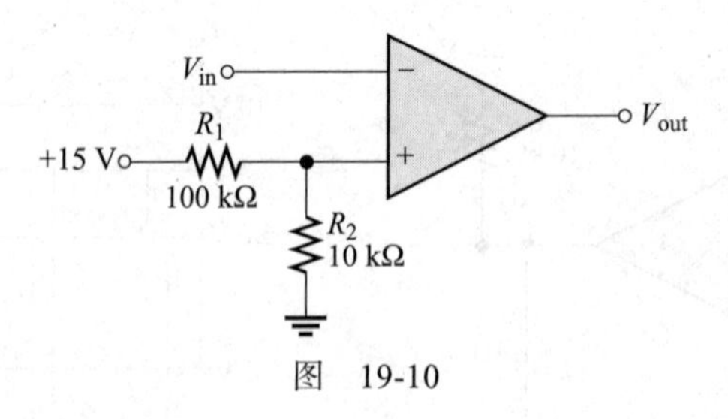


图 19-10

4. 比较器中迟滞的目的是什么？
5. 对于图 19-9 中的窗口比较器，如果 $V_{BIAS}$=+12 V，$R_2$=10 kΩ，上限阈值电压为 +9.0 V，下限阈值电压为 +5.0 V，则 $R_1$ 和 $R_3$ 的值分别为多少？

## 19.2 求和放大器

求和放大器是第 18 章中介绍的反相运算放大器一种应用。**求和放大器**有两个或多个输入，其输出电压与输入电压的反相之和成正比。均值放大器和比例放大器也是由求和放大器演变而来的。

双输入反相求和放大器如图19-11所示，两个电压 $V_{IN1}$ 和 $V_{IN2}$ 施加到输入端并产生电流 $I_1$ 和 $I_2$，因为反相输入端的输入阻抗无穷大以及虚地的存在，可以得到运算放大器的反相输入端约为0 V，即没有电流进入反相输入端。因此，通过 $R_f$ 的总电流为 $I_1$ 和 $I_2$ 之和。

$$I_T=I_1+I_2$$

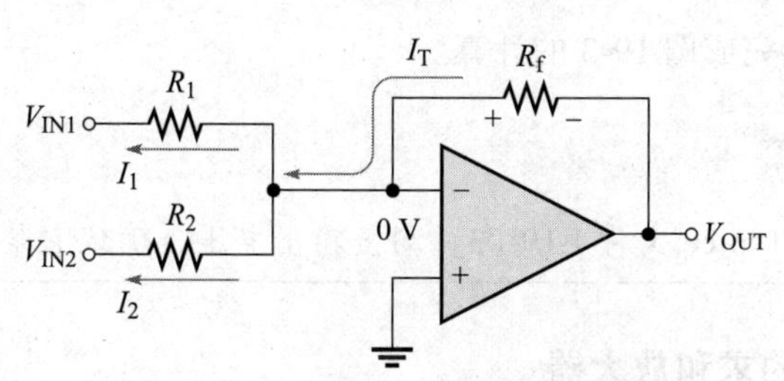


图19-11　双输入反相求和放大器

因为 $V_{OUT}=-I_TR_f$，

$$V_{OUT}=-(I_1+I_2)R_f=-\left(\frac{V_{IN1}}{R_1}+\frac{V_{IN2}}{R_2}\right)R_f$$

如果3个电阻相等（$R_1=R_2=R_f=R$），则

$$V_{OUT}=-\left(\frac{V_{IN1}}{R}+\frac{V_{IN2}}{R}\right)R=-(V_{IN1}+V_{IN2})$$

这表明，输出电压是两个输入电压的反相之和，式（19-2）给出了有 $n$ 个输入的求和放大器的一般表达式，其电路如图19-12所示，其中所有的电阻都相等。

$$V_{OUT}=-(V_{IN1}+V_{IN2}+V_{IN3}+\cdots+V_{INn}) \quad (19\text{-}2)$$

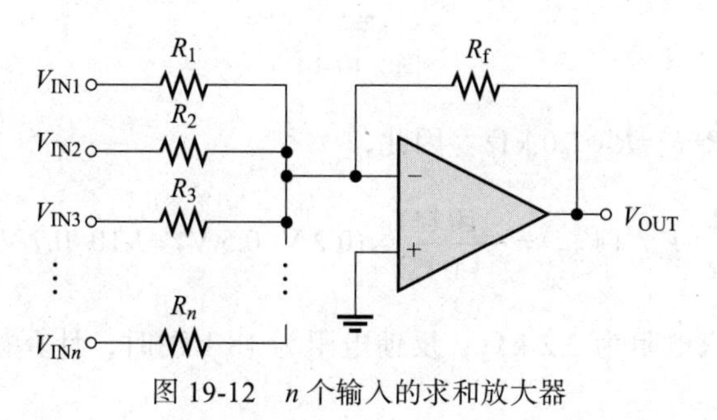


图19-12　$n$ 个输入的求和放大器

**例19-3**　计算图19-13中的输出电压。

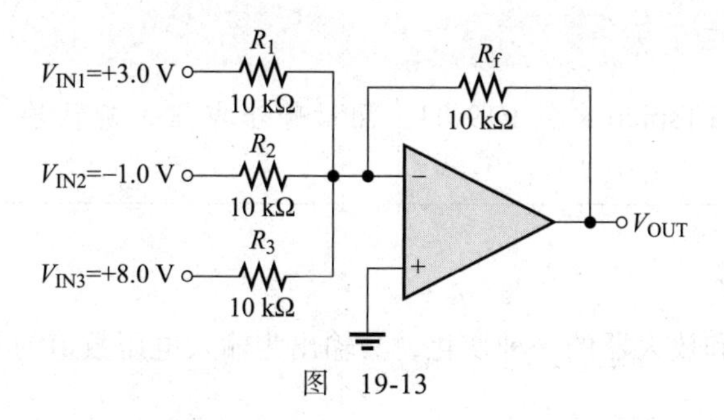


图　19-13

**解**

$$V_{OUT}=-(V_{IN1}+V_{IN2}+V_{IN3})=-(3.0\text{ V}-1.0\text{ V}+8.0\text{ V})=-10\text{ V}$$ ◀

**同步练习** 如果用一个 10 kΩ 的电阻将第 4 个 +0.5 V 的输入电压加到例 19-3 电路中，那么输出电压是多少？

采用科学计算器完成例 19-3 的计算。

**Multisim 仿真**

打开 Multisim 或 LTspice 文件 E19-03，测量输出电压，确认它是输入电压的反相之和。

### 19.2.1 非单位增益的求和放大器

当 $R_f$ 与输入电阻不同时，放大器的增益为 $R_f/R$，其中 $R$ 是每个输入电阻的值，输出的表达式如下：

$$V_{OUT}=-\frac{R_f}{R}(V_{IN1}+V_{IN2}+V_{IN3}+\cdots+V_{INn}) \tag{19-3}$$

如上所述，输出是所有输入电压的反相之和乘以 $R_f/R$ 的比值常数。

**例 19-4** 计算图 19-14 中求和放大器的输出电压。

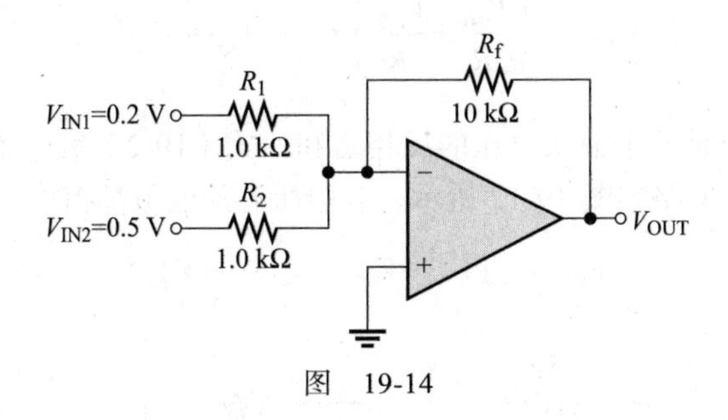


图 19-14

**解** $R_f$=10 kΩ，$R=R_1=R_2$=1.0 kΩ。因此，

$$V_{OUT}=-\frac{R_f}{R}(V_{IN1}+V_{IN2})=-\frac{10\text{ k}\Omega}{1.0\text{ k}\Omega}\times(0.2\text{ V}+0.5\text{ V})=-10\times0.7\text{ V}=-7.0\text{ V}$$ ◀

**同步练习** 当输入电阻为 2.2 kΩ，反馈电阻为 18 kΩ 时，计算如图 19-14 所示求和放大器的输出电压。

采用科学计算器完成例 19-4 的计算。

**Multisim 仿真**

打开 Multisim 或 LTspice 文件 E19-04，测量输出电压，确认输出电压与计算值是否相符。

### 19.2.2 均值放大器

**均值放大器**是求和放大器的一种变化，其输出为输入电压数值的平均值，但符号相反，

其中 $R_f/R$ 的比值等于输入个数的倒数。数值的平均值是首先将数值相加，然后除以数值的个数。对式（19-3）进行研究和思考，会发现求和放大器可以做到这一点，例 19-5 将给予说明。

**例 19-5** 说明图 19-15 中的放大器产生的输出电压大小为输入电压数值的平均值。

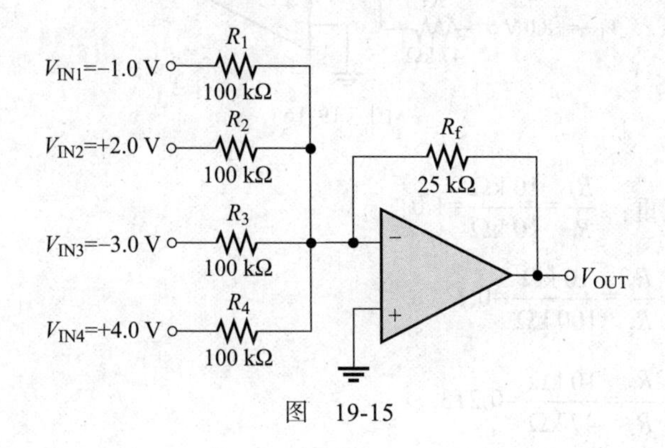


图　19-15

**解**　由于输入电阻相等，$R$=100 kΩ，输出电压为

$$V_{OUT}=-\frac{R_f}{R}(V_{IN1}+V_{IN2}+V_{IN3}+V_{IN4})$$
$$=-\frac{25\ \text{k}\Omega}{100\ \text{k}\Omega}\times(-1.0\ \text{V}+2.0\ \text{V}-3.0\ \text{V}+4.0\ \text{V})=-0.5\ \text{V}$$

简单计算表明，四个输入值的平均值与 $V_{OUT}$ 相同，但符号相反。

$$V_{IN(avg)}=\frac{-1.0\ \text{V}+2.0\ \text{V}-3.0\ \text{V}+4.0\ \text{V}}{4}=-0.5\ \text{V}$$ ◀

**同步练习**　当有 5 个输入时，说明图 19-15 所示均值放大器的输出变化。

采用科学计算器完成例 19-5 的计算。

**Multisim 仿真**

打开 Multisim 或 LTspice 文件 E19-05，测量输出电压，并验证它是输入电压平均值的相反数。

### 19.2.3　比例加法器

通过调整输入电阻的值，可以为求和放大器的每个输入端分配不同的权重，形成一个**比例加法器**，此时，输出电压可以用式（19-4）表示。

$$V_{OUT}=-\left(\frac{R_f}{R_1}V_{IN1}+\frac{R_f}{R_2}V_{IN2}+\cdots+\frac{R_f}{R_n}V_{INn}\right)\tag{19-4}$$

输入权重是由 $R_f$ 与该输入的电阻的比值来设定的，例如，如果一个输入电压的权重是 1.0，那么 $R=R_f$；如果需要 0.5 的权重，$R=2R_f$。输入电阻 $R$ 的值越小，权重就越大，反之亦然。

**例 19-6** 对于图 19-16 中的比例加法器，确定各输入电压的权重，求出输出电压。

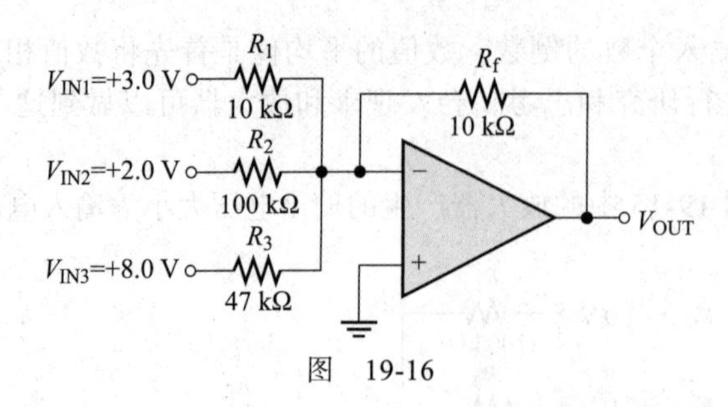


图 19-16

**解** 输入 1 的权重：$\dfrac{R_f}{R_1}=\dfrac{10\ \text{k}\Omega}{10\ \text{k}\Omega}=1.0$

输入 2 的权重：$\dfrac{R_f}{R_2}=\dfrac{10\ \text{k}\Omega}{100\ \text{k}\Omega}=0.1$

输入 3 的权重：$\dfrac{R_f}{R_3}=\dfrac{10\ \text{k}\Omega}{47\ \text{k}\Omega}=0.213$

输出电压为

$$V_{OUT}=-\left(\frac{R_f}{R_1}V_{IN1}+\frac{R_f}{R_2}V_{IN2}+\frac{R_f}{R_3}V_{IN3}\right)=-(1.0\times3.0\ \text{V}+0.1\times2.0\ \text{V}+0.213\times8.0\text{V})$$
$$=-(3.0\text{V}+0.2\text{V}+1.7\text{V})=-4.9\ \text{V}$$

**同步练习** 如果 $R_1$=22 kΩ，$R_2$=82 kΩ，$R_3$=56 kΩ，$R_f$=10 kΩ，计算图 19-16 中各输入电压的权重，并计算电压输出。

采用科学计算器完成例 19-6 的计算。

**Multisim 仿真**

打开 Multisim 或 LTspice 文件 E19-06，测量输出电压，并与计算值进行比较。

**学习效果检测**

1. 定义相加点。

2. 对于一个 5 输入的均值放大器，$R_f/R$ 的值是多少？

3. 某一比例加法器有 2 个输入，其中一个的权重是另一个的两倍，如果低权重输入的电阻值是 10 kΩ，那么另一个输入电阻的值是多少？

## 19.3 积分器和微分器

第 15 章讨论了积分器（又称积分电路）和微分器（又称微分电路）。积分是一个求和过程，计算函数在两个极限之间曲线下的总面积。微分是一个确定函数的瞬时变化率（斜率）的过程。本节要说明积分器和微分器的基本原理。实际的积分器通常用一个电阻或其他电路与防止饱和的反馈电容并联形成，实际的微分器会串联一个电阻以减少高频噪声。

### 19.3.1 运算放大器积分电路

理想运算放大器积分电路如图 19-17 所示，反馈元件是一个电容，与输入电阻形成一个

RC 电路。实际中还有一个大阻值的电阻与电容并联，以限制低频的增益，但对电路的其他影响可以忽略不计，这里不再分析。

**电容如何充电**　为了理解积分电路的工作原理，需要回顾一下电容的充电过程，电容上的电荷 $Q$ 与充电电流和时间成正比。

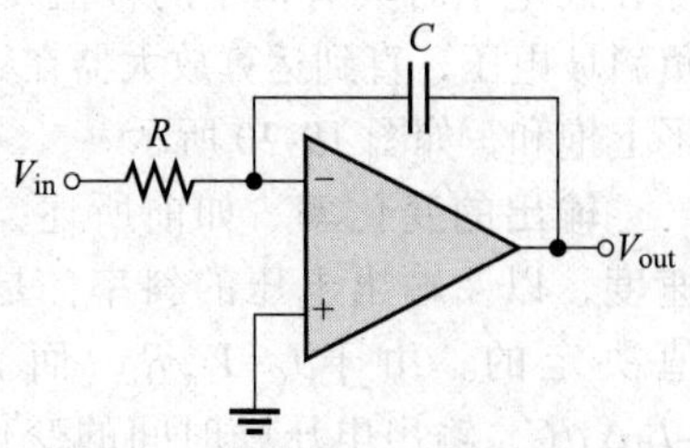


图 19-17　理想运算放大器积分电路

$$Q=I_Ct$$

同样，就电压而言，电容上的电荷为

$$Q=CV_C$$

由这两个等式得出，$I_Ct=CV_C$，所以电容电压可以表示为

$$V_C=\left(\frac{I_C}{C}\right)t$$

这个表达式是一条经过原点、斜率为 $I_C/C$ 的直线方程，直线的代数方程是 $y=mx+b$，在本例中，$y=V_C$，$m=I_C/C$，$x=t$，$b=0$。

简单的 RC 电路中的电容电压是指数型的，而不是线性型的。因为随着电容的充电，充电电流不断减少，导致电压的变化率下降。使用运算放大器与 RC 电路组成积分电路的好处是：电容的充电电流是恒定的，从而产生一个直线（线性）电压，而不是指数形式电压，其过程如下所述。

在图 19-18 中，运算放大器的反相输入端是虚拟接地（0V），所以 $R_i$ 上的电压等于 $V_{in}$。因此，输入电流为

$$I_{in}=\frac{V_{in}}{R_i}$$

如果 $V_{in}$ 是恒定的电压，那么 $I_{in}$ 也是恒定的，因为反相输入端总是保持在 0 V，并使 $R_i$ 上的电压保持恒定。由于运算放大器的输入阻抗非常高，反相输入端的电流可以忽略不计，所有的输入电流都通过电容，如图 19-18 所示。

$$I_C=I_{in}$$

**电容电压**　由于 $I_{in}$ 是恒定的，所以 $I_C$ 也是恒定的，恒定的 $I_C$ 对电容进行线性充电，并使电容两端产生线性电压。电容的正极因运算放大器的虚拟接地保持在 0 V。如图 19-19 所示，当电容充电时，电容负极上的电压从零开始线性下降，这个电压被称为负斜坡电压。

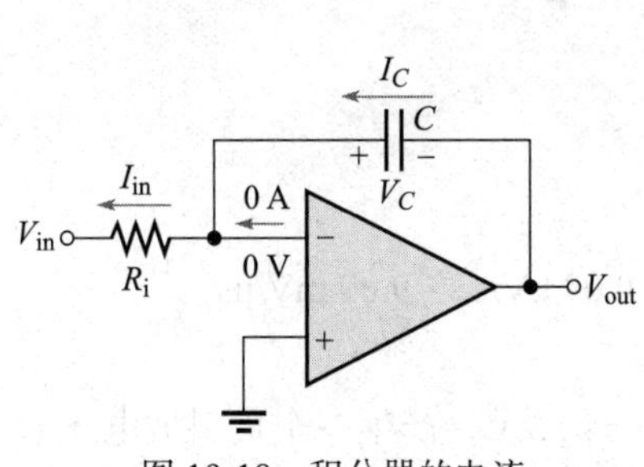


图 19-18　积分器的电流

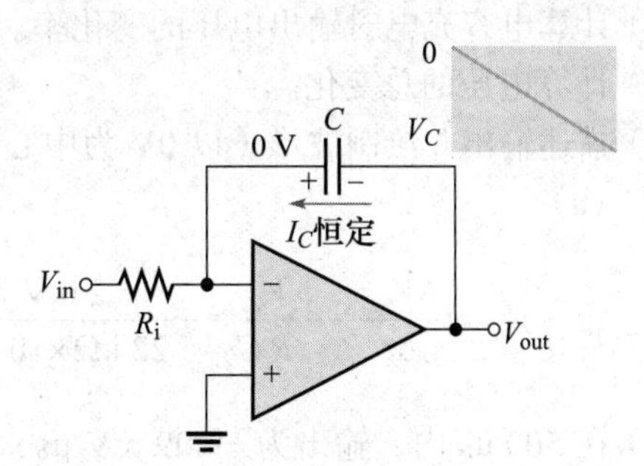


图 19-19　负斜坡电压的产生

**输出电压** $V_{out}$ 与电容负极上的电压相同，当输入电压以阶梯或脉冲的形式施加时（脉冲在高电平时具有恒定的幅值），输出电压为负斜坡电压，直到运算放大器在其最大负值水平上饱和，如图 19-20 所示。

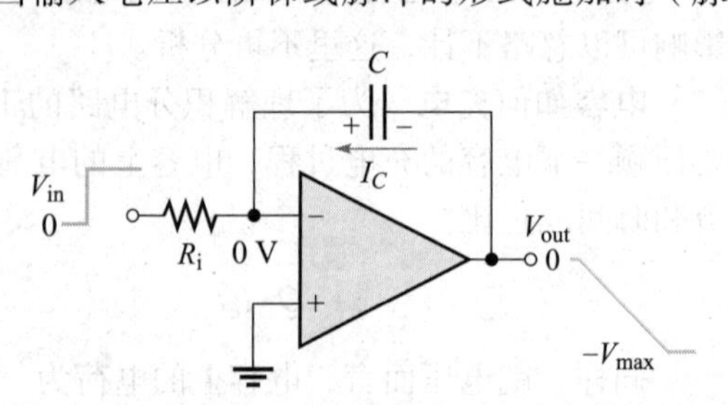

图 19-20 恒定输入电压在输出上产生负斜坡电压

**输出的变化率** 如前所述，电容充电的速度，以及输出电压的斜率，是由 $I_C/C$ 的比值决定的。由于 $I_C=V_{in}/R_i$，而 $\Delta V_{out}=\Delta V_C=-I_C\Delta t/C$，输出电压随时间的变化率是 $\Delta V_{out}/\Delta t=-I_C/C$。由此可见，积分器输出电压的变化率或斜率由式（19-5）给出。

$$\frac{\Delta V_{out}}{\Delta t}=-\frac{V_{in}}{R_iC} \tag{19-5}$$

**例 19-7** 图 19-21a 所示为一个实际的积分器，使用一个反馈电阻来防止运算放大器因电容充放电电流的微小不平衡而饱和，反馈电阻对电路的影响很小，只导通大约 7% 的充电电流，对一般电路运行影响可忽略不计。反馈电阻使输出是以 0V 为中心的周期信号。

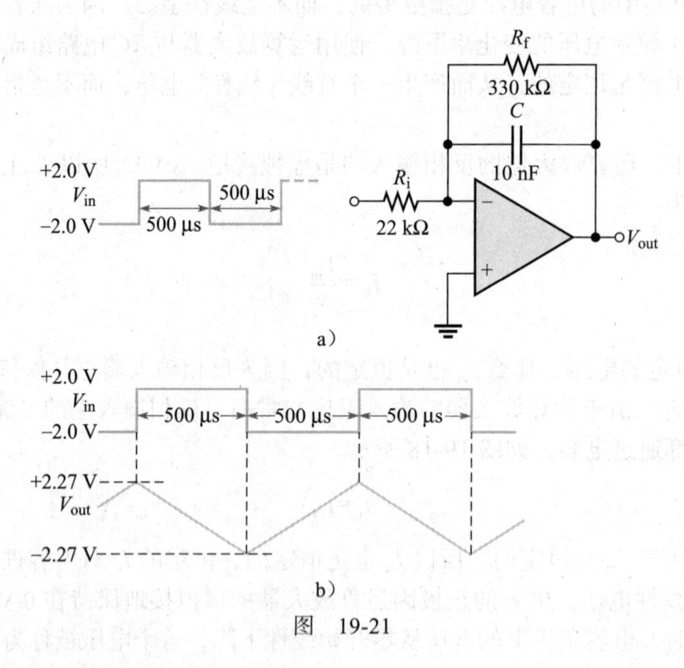

图 19-21

（a）计算电容充电时输出电压的变化率。

（b）计算电压的总变化。

（c）描述输出并绘制波形（以 0V 为中心）。

**解** （a）

$$\frac{\Delta V_{out}}{\Delta t}=-\frac{V_{in}}{R_iC}=-\frac{2.0\text{ V}}{22\text{ k}\Omega\times 10\text{ nF}}=-9.09\text{ kV/s}=-9.09\text{ mV/μs}$$

（b）在 500 μs 内，输出为 −9.09 mV/μs × 500 μs=4.55 V，产生一个负斜坡电压。

（c）当电容放电时，产生一个速率相同、正斜坡的电压。因为输出以 0V 为中心（几个周期后)，输出将从最小的 $-\frac{1}{2}\times 4.55\ \text{V}=-2.27\text{V}$ 到最大的 $\frac{1}{2}\times 4.55\ \text{V}=+2.27\ \text{V}$ 变化，波形如图 19-21b 所示。◄

**同步练习** 如果输入电阻增加到 33 kΩ，输出波形会发生什么变化?

**Multisim 仿真**

采用科学计算器完成例 19-7 的计算。

打开 Multisim 或 LTspice 文件 E19-07，观察输出电压波形，并与图 19-21b 中的波形进行对比。

### 19.3.2 运算放大器微分电路

理想运算放大器微分电路如图 19-22 所示，与运算放大器积分电路相比，电容和电阻的位置互换，电容现在是输入元件，微分电路产生一个与输入电压变化率成正比的反向输出。通常将一个小阻值电阻与电容串联使用，以限制在高频下的增益，可以减少噪声，但对电路的其他影响可以忽略不计，这里不再分析。

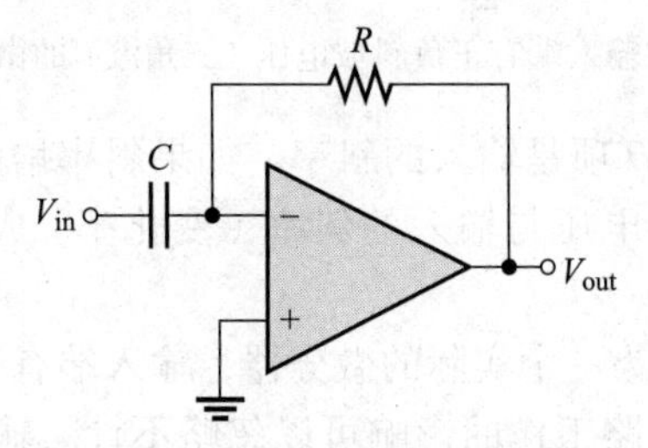


图 19-22 理想运算放大器微分电路

为了了解微分器的工作原理，在输入端施加一个正斜坡电压，如图 19-23 所示。此时，$I_C=I_{in}$，电容上的电压在任何时候都等于 $V_{in}$（$V_C=V_{in}$），因为反相输入端虚拟接地。

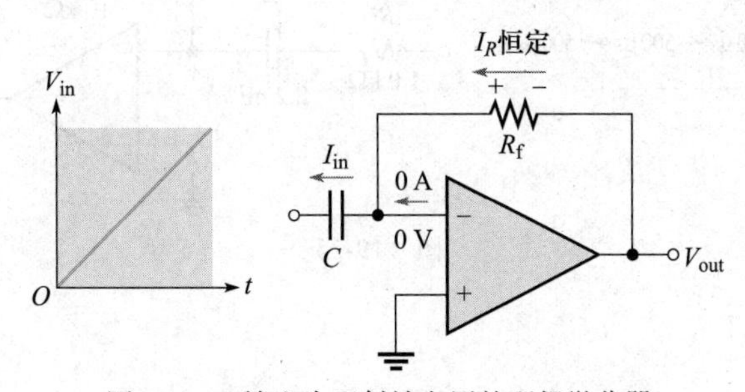


图 19-23 输入为正斜坡电压的理想微分器

由基本公式可知，$V_C=(I_C/C)\,t$，电容电流为

$$I_C=\left(\frac{V_C}{t}\right)C$$

由于反相输入端的电流可以忽略不计，$|I_R|=|I_C|$，注意，电流符号相反，因为基尔霍夫电流定律要求 $I_R$ 和 $I_C$ 的代数和等于 0。反馈电阻的一边是 0 V（虚拟接地），输出电压也是恒定的，等于 $R_f$ 两端的电压。

$$V_{out}=I_R R_f=-I_C R_f$$

综上，输出电压为

$$V_{out}=-\left(\frac{V_C}{t}\right)R_f C \tag{19-6}$$

如图 19-24 所示，当输入为正斜坡电压时，输出为负，当输入为负斜坡电压时，输出为正。在输入为正斜坡电压期间，电容从输入通过反馈电阻以恒定电流进行充电，如图 19-24 所示。在输入为负斜坡电压期间，电流的方向相反，此时电容放电。

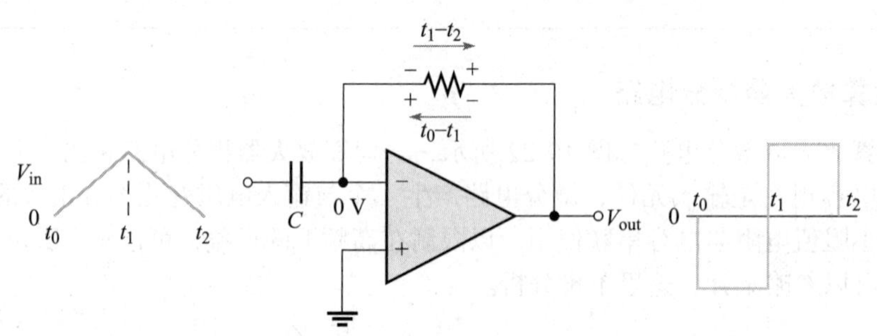


图 19-24 在输入端有正负斜坡电压（三角波）的微分器的输出

注意在式（19-6）中，$V_C/t$ 项是输入的斜率。如果斜率增大，则 $V_{out}$ 增大；如果斜率减小，则 $V_{out}$ 减小。因此，输出电压与输入的斜率（变化率）成正比，比例常数是时间常数 $R_f C$。

**例 19-8** 图 19-25 所示为一个实际的微分器，输入端有一个串联电阻以限制高频增益（减少噪声），该电阻对一般电路工作的影响可以忽略不计。输入波形取自例 19-7 中积分器的输出，画出电路的输出波形。

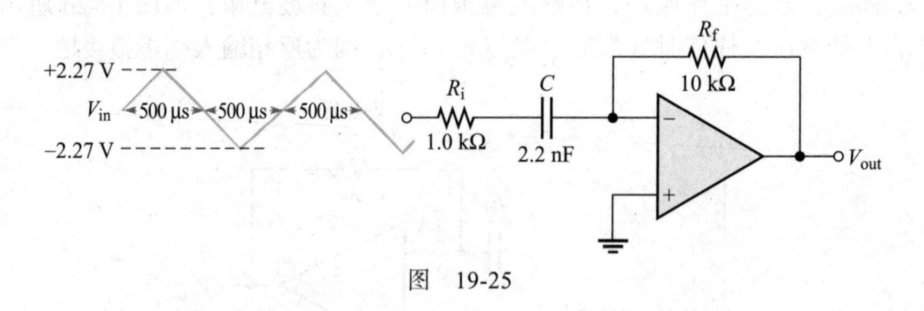


图 19-25

**解** 时间常数为

$$R_f C=10\ \text{k}\Omega\times 2.2\ \text{nF}=22\ \mu\text{s}$$

在输入为正斜坡时，输入的斜率是 +9.09 mV/μs（来自例 19-7）。输出为

$$V_{out}=-\left(\frac{V_C}{t}\right)R_f C=-9.09\ \text{mV}/\mu\text{s}\times 22\ \mu\text{s}=-200\ \text{mV}$$

当输入变为负斜坡时，斜率为负，输出将有相同的幅值，但数值为正。

$$V_{out}=-\left(\frac{V_C}{t}\right)R_fC=-(-9.09\ \text{mV}/\mu\text{s})\times 22\ \mu\text{s}=+200\ \text{mV}$$

输入波形和输出波形如图 19-26 所示。

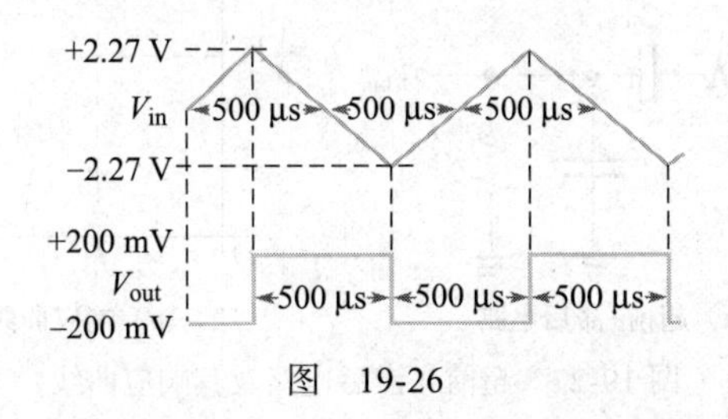


图　19-26

**同步练习**　如果输入电容是例 19-8 中电容的两倍，则输出波形会怎样？

采用科学计算器完成例 19-8 的计算。

**Multisim 仿真**

打开 Multisim 或 LTspice 文件 E19-08。注意，例 19-7 中的积分电路和本例中的微分电路是结合在一起的。查看波形，并将其与这两个例子中的计算值进行比较。当微分电路上的串联输入电阻减少时，测试一下会发生什么。

**学习效果检测**

1. 运算放大器积分电路中的反馈元件是什么？
2. 对于一个积分器的恒定输入电压，为什么电容上的电压是线性变化的？
3. 实际的积分器与理想的积分器有何不同？
4. 运算放大器微分电路中的反馈元件是什么？
5. 微分器的输出与输入有什么关系？
6. 实际的微分器电路与理想的微分器电路有何不同？

## 19.4　振荡器

第 17 章介绍了反馈振荡器，并介绍了几种采用独立晶体管构成的振荡器。反馈振荡器也可以用运算放大器来实现。

### 19.4.1　温氏桥振荡器

**温氏桥振荡器**是一种电子振荡器，可以在很宽的频率范围内产生低失真正弦波，温氏桥振荡器的一个基本组成部分是图 19-27a 中所示的超前 - 滞后电路。$R_1$ 和 $C_1$ 共同构成了电路的滞后部分，而 $R_2$ 和 $C_2$ 构成了超前部分。该电路的工作原理如下：在较低的频率下，由于 $C_2$ 的高电抗，超前电路占主导地位，随着频率的增加，$X_{C2}$ 减小，从而使输出电压增加。在某个特定的频率下，滞后电路占据了主导地位，$X_{C1}$ 的减小导致输出电压减小。

图 19-27b 所示的超前 - 滞后电路的响应曲线表明，输出电压在频率 $f_r$ 处达到峰值，在这一点上，如果满足 $R_1$=$R_2$=$R$ 和 $C_1$=$C_2$=$C$，电路的衰减（$V_{out}/V_{in}$）是 $\frac{1}{3}$，如式（19-7）所示。

$$\frac{V_{out}}{V_{in}}=\frac{1}{3} \tag{19-7}$$

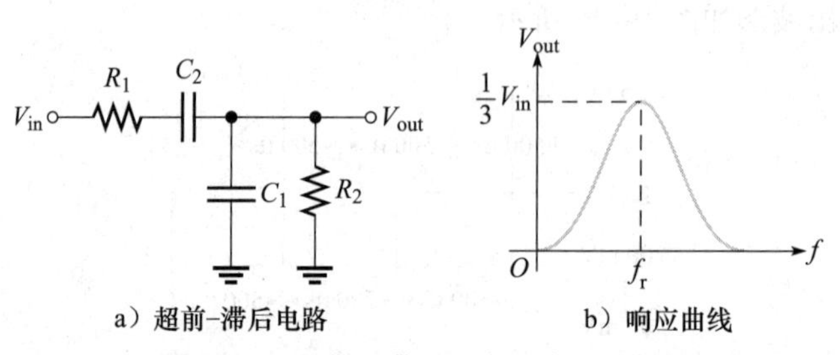


图 19-27 超前 - 滞后电路及其响应曲线

谐振频率的计算如式（19-8）所示。

$$f_r=\frac{1}{2\pi RC} \tag{19-8}$$

超前 - 滞后电路有一个谐振频率 $f_r$，在这个频率上，通过电路的相移是 0°，衰减是 $\frac{1}{3}$，低于频率 $f_r$ 时，超前电路占主导地位，输出超前输入；高于频率 $f_r$ 时，滞后电路占主导地位，输出滞后于输入。

**基本电路** 如图 19-28a 所示，超前 – 滞后电路用于运算放大器的正反馈回路，分压器用于运算放大器的负反馈回路。温氏桥振荡器电路可以看作是同相放大器，输入信号来自于超前 – 滞后电路的输出端反馈，放大器的增益是由分压器决定的。

$$A_{cl}=\frac{1}{B}=\frac{1}{R_2/(R_1+R_2)}=\frac{R_1+R_2}{R_2}$$

将运算放大器连接在桥式电路上，重新绘制电路如图 19-28b 所示，桥中一部分是超前 – 滞后电路，另一部分是分压器电路。

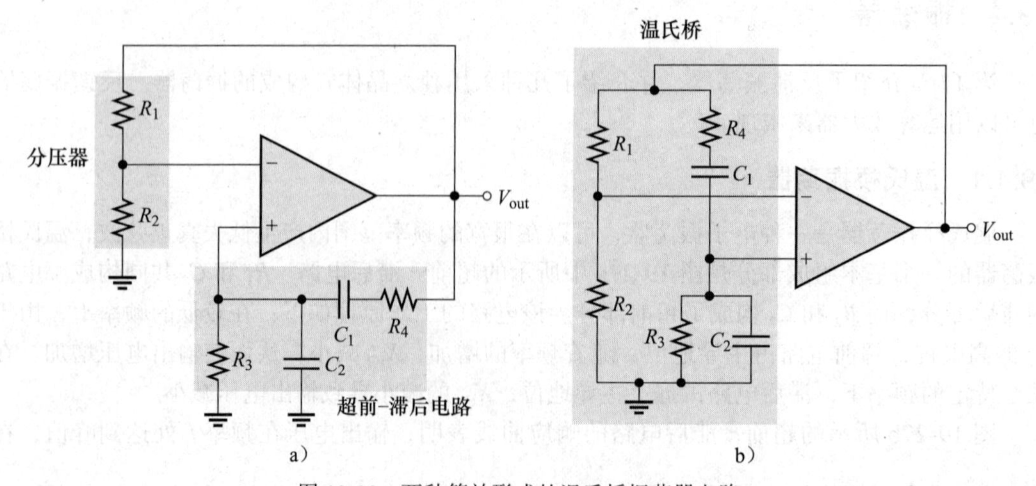


图 19-28 两种等效形式的温氏桥振荡器电路

**振荡的条件** 为了使电路产生持续的正弦波输出（振荡），正反馈回路的相移必须是 0°，回路的增益必须是单位增益（1）。如图 19-29a 所示，因为超前 - 滞后电路的相移为 0°，所以当频率为 $f_r$ 时，满足 0° 相移条件，从运算放大器的同相（+）输入端到输出没有反相。

在以下条件满足时，反馈回路中的单位增益成立。

$$A_{cl}=3$$

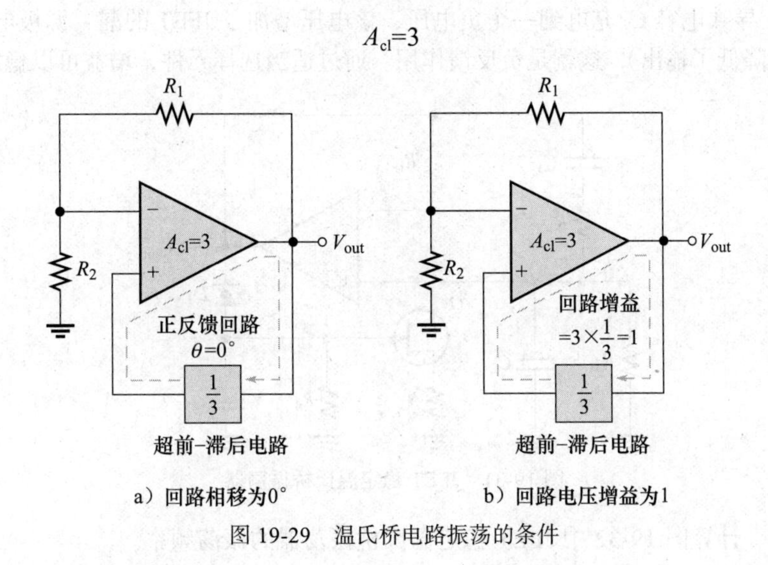


a）回路相移为0°　　b）回路电压增益为1

图 19-29　温氏桥电路振荡的条件

这抵消了超前 - 滞后电路的 $\frac{1}{3}$ 衰减，从而使正反馈回路的总增益等于 1.0，如图 19-29b 所示，为了实现放大器增益为 3，需要

$$R_1=2R_2$$

于是，

$$A_{cl}=\frac{R_1+R_2}{R_2}=\frac{2R_2+R_2}{R_2}=\frac{3R_2}{R_2}=3$$

**启动条件**　如图 19-30 所示，开始时，放大器自身增益必须大于 3（$A_{cl}>3$），直到输出信号达到理想的水平。然后，放大器增益必须减少到 3，使回路的总增益为 1，输出信号保持在所需水平，从而维持振荡。

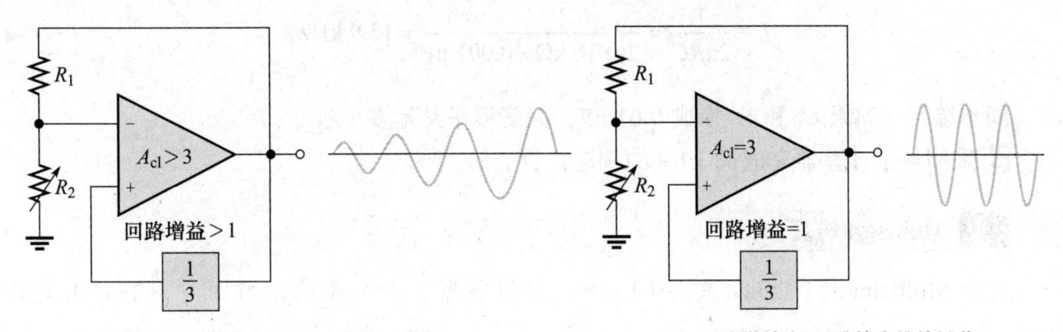


a）开始时，回路增益大于1导致输出增加　　b）回路增益为1导致输出维持振荡

图 19-30　振荡器启动条件

基本电路是不稳定的，如果放大器增益略低于 3，振荡就会停止，如果增益再大一点，输出就会失真。由于这个原因，需要某种形式的增益稳定。JFET 稳定温氏桥振荡器如图 19-31

所示，运算放大器的增益由阴影框中的元件进行控制，其中包括 JFET。JFET 的漏 - 源极电阻取决于栅源电压。在没有输出信号的情况下，栅极处电压为零，导致漏 – 源极电阻处于最小值。此时，回路增益大于 1，振荡开始，迅速形成一个大的输出信号。输出信号的负偏移使 $D_1$ 正向偏置，导致电容 $C_3$ 充电到一个负电压，该电压增加了 JFET 的漏 – 源极电阻，降低了增益（因此也降低了输出），这就是负反馈作用。通过适当选择元件，增益可以稳定在 3 附近。

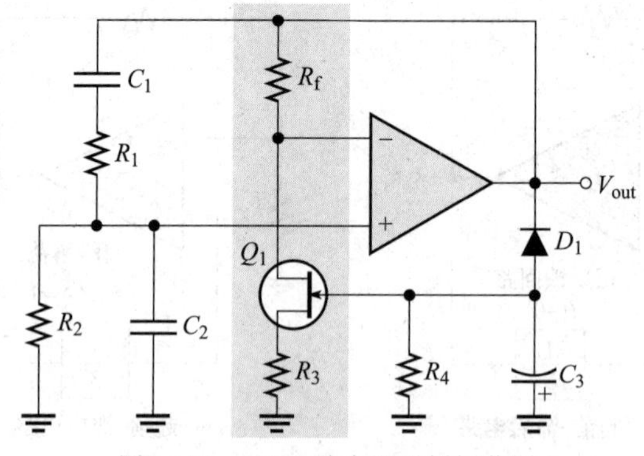


图 19-31 JFET 稳定温氏桥振荡器

**例 19-9** 计算图 19-32 中 JFET 稳定温氏桥振荡器的振荡频率。

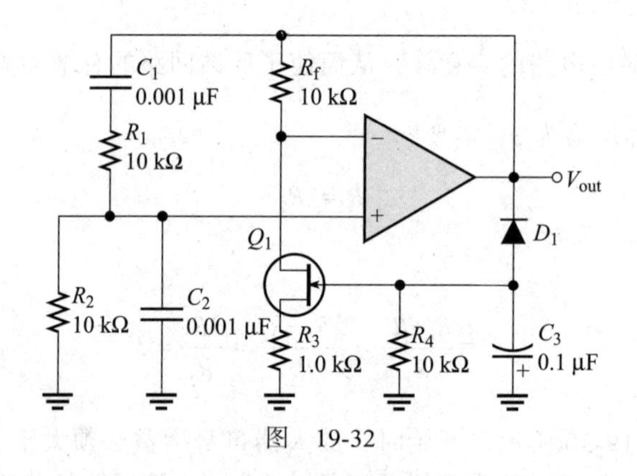


图 19-32

**解** 对于超前 – 滞后电路，$R_1=R_2=R=10\ \text{k}\Omega$，$C_1=C_2=C=0.001\ \mu\text{F}$，谐振频率为

$$f_r=\frac{1}{2\pi RC}=\frac{1}{2\pi\times 10\ \text{k}\Omega\times 0.001\ \mu\text{F}}=15.9\ \text{kHz}$$

**同步练习** 如果 $C_1$ 和 $C_2$ 换成 0.01 μF，振荡频率又是多少？

采用科学计算器完成例 19-9 的例题计算。

**Multisim 仿真**

打开 Multisim 或 LTspice 文件 E19-09，将振荡器反馈电路的波特图与图 19-27b 进行比较。

### 19.4.2 三角波振荡器

三角波振荡器是一种电子振荡器，如图 19-33 所示，采用一个有两个阈值电压的比较器和一个积分电路来产生三角波。其工作原理如下：首先，假设比较器的输出电压处于其最大的负电平，这个输出通过 $R_1$ 连接到积分电路的反相输入端，在积分电路的输出上产生一个正斜坡电压，当斜坡电压达到上限阈值（UTP）电压时，比较器切换到最大的正电平。这个正电平使积分电路的斜率变为负值，在该斜率下输出电压持续下降，直到达到比较器的下限阈值（LTP）电压，此时，比较器的输出切换到最大负电平，循环重复，三角波振荡器的输出波形如图 19-34 所示。

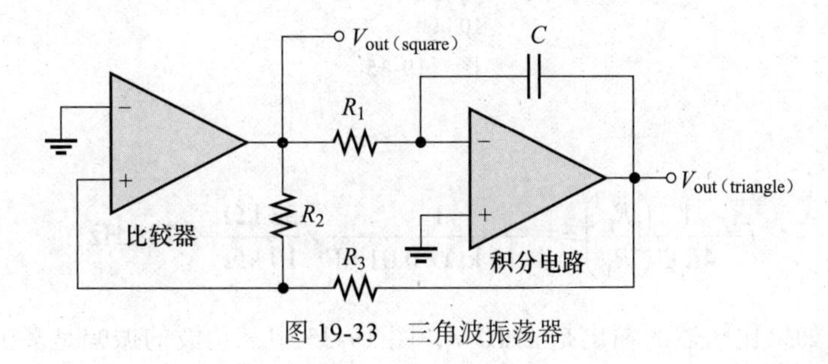


图 19-33　三角波振荡器

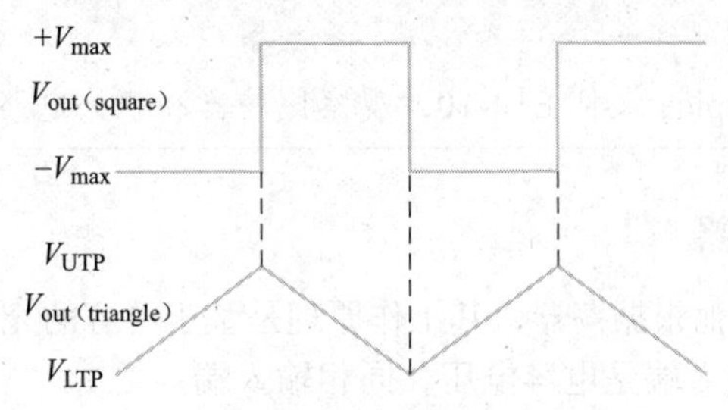


图 19-34　三角波振荡器的输出波形

由于比较器可以产生一个方波输出，所以图 19-33 中的电路既可以用作三角波振荡器，也可以用作方波振荡器。像这样的电路可以作为三角波、方波等波形的简便波形发生源。方波的输出幅值由比较器的输出幅值设定，电阻 $R_2$ 和 $R_3$ 根据式（19-9）和式（19-10）建立 UTP 和 LTP 电压，决定三角波输出的幅值。

$$V_{\mathrm{UTP}}=+V_{\max}\left(\frac{R_3}{R_2}\right) \tag{19-9}$$

$$V_{\mathrm{LTP}}=-V_{\max}\left(\frac{R_3}{R_2}\right) \tag{19-10}$$

两个波形的频率取决于 $R_1C$ 时间常数和调幅电阻 $R_2$ 和 $R_3$。通过改变 $R_1$，可以在不改变输出幅值的情况下调整振荡频率 $f$，如式（19-11）所示。

$$f=\frac{1}{4R_1C}\left(\frac{R_2}{R_3}\right) \tag{19-11}$$

**例 19-10**　计算图 19-35 中电路的频率。

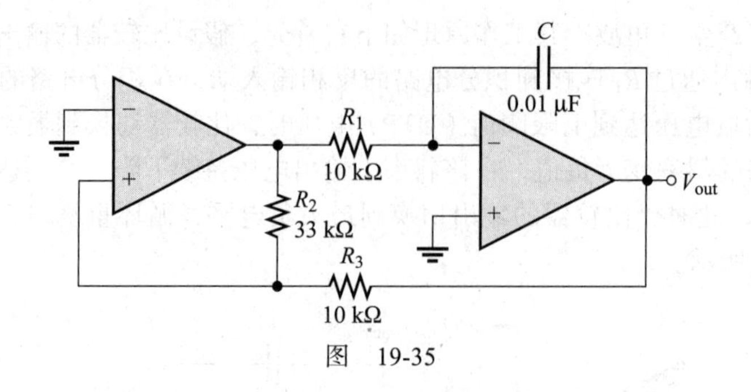

图 19-35

**解**

$$f=\frac{1}{4R_1C}\left(\frac{R_2}{R_3}\right)=\frac{1}{4\times 10\ \mathrm{k\Omega}\times 0.01\ \mu\mathrm{F}}\times\frac{33\ \mathrm{k\Omega}}{10\ \mathrm{k\Omega}}=8.25\ \mathrm{kHz}$$ ◀

**同步练习** 如果比较器的输出是 ±10 V，图 19-35 中三角波的振幅是多少？

采用科学计算器完成例 19-10 的计算。

**Multisim 仿真**

打开 Multisim 或 LTspice 文件 E19-10，观察比较器和积分电路的波形。

## 19.4.3 方波弛张振荡器

图 19-36 所示是方波弛张振荡器，其工作原理是基于电容的充电和放电。如图 19-37 所示，运算放大器的反相输入端是电容电压，同相输入端是通过电阻 $R_2$ 和 $R_3$ 反馈输出。当电路第一次接通时，电容没有充电，因此反相输入为 0 V。由于正反馈，热噪声使输出达到正或负的最大值。假设输出为正的最大值，电容开始通过 $R_1$ 向 $V_{out}$ 充电，当电容电压等于同相输入反馈电压的值时，运算放大器切换到最大负值状态，此时，电容器开始从 $+V_f$ 向 $-V_f$ 放电，当电容电压达到 $-V_f$ 时，运算放大器又切换到最大正值状态，这个过程重复进行，得到方波的输出电压。如果开始时输出达到最大负值，除了电容首先向 $-V_{max}$ 而不是 $+V_{max}$ 充电外，没有任何变化。

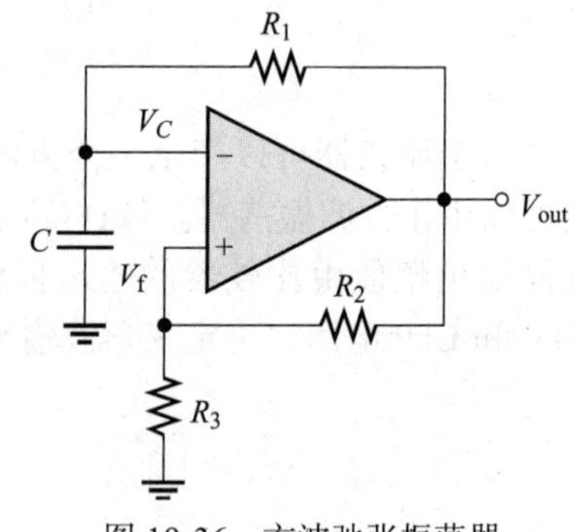

图 19-36 方波弛张振荡器

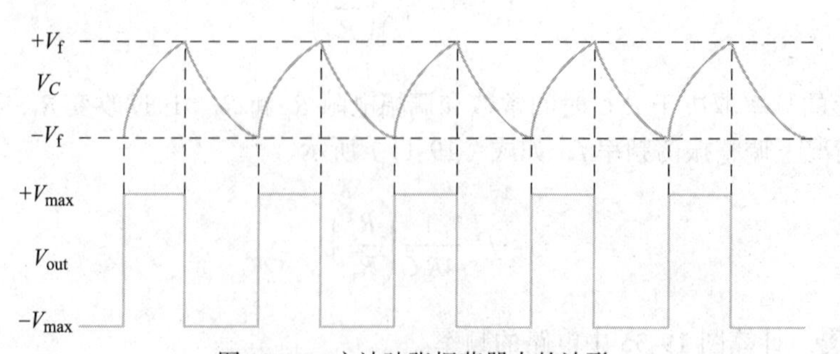

图 19-37 方波弛张振荡器中的波形

**学习效果检测**

1. 在温氏桥振荡器中有两个反馈回路，其作用是什么？
2. 为什么温氏桥振荡器需要稳定电路？
3. 弛张振荡器的工作原理是什么？

## 19.5　有源滤波器

滤波器通常根据输出电压随输入电压频率的变化情况来分类。本节讨论的有源滤波器，分为低通、高通、带通和带阻（或点阻）有源滤波器。*有源*的意思是使用了一个增益元件。在这种情况下，增益元件是一个运算放大器。

### 19.5.1　低通有源滤波器

**有源滤波器**是一个频率选择电路，由一个或多个运算放大器与电抗元件（通常是一个 *RC* 网络）组合而成，一阶低通有源滤波器及其响应曲线如图 19-38 所示，电路的输入部分有一个单一的低通 *RC* 网络，带有负反馈回路的运算放大器提供单位增益。简单地说，这是一个电压跟随器，在输入信号和同相输入端之间有一个 *RC* 滤波器。

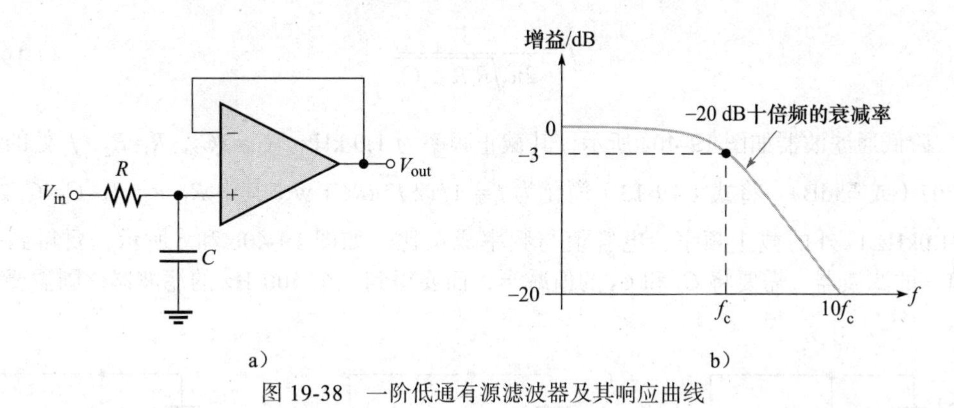


图 19-38　一阶低通有源滤波器及其响应曲线

同相输入端 *V*+ 的电压为

$$V+=\left(\frac{X_C}{\sqrt{R^2+X_C^2}}\right)V_{\text{in}}$$

由于运算放大器的增益为 1，输出电压等于 *V*+，输出电压如式（19-12）所示。

$$V_{\text{out}}=\left(\frac{X_C}{\sqrt{R^2+X_C^2}}\right)V_{\text{in}} \tag{19-12}$$

一个由 *RC* 电路组成的滤波器，从 $f_c$ 开始产生 −20dB/ 十倍频的**衰减率**，被称为*单极点滤波器*或*一阶滤波器*。术语“−20dB/ 十倍频”意味着当频率增加**十倍频**时，电压增益下降十倍频（−20dB）。

**二阶低通滤波器**　有源滤波器有几种类型，不同类型有不同数量的**极点**，以一个二阶滤波器为例。图 19-39a 所示为一个二阶（双极点）低通有源滤波器，由于滤波器中的每一个 *RC* 网络被认为是一个极点，二阶滤波器使用两个 *RC* 网络来产生 −40dB/ 十倍频的衰减率，

图 19-39b 所示为响应曲线。图 19-39 中的有源滤波器在 $f_c$ 以下有单位的增益，因为运算放大器等效为电压跟随器。

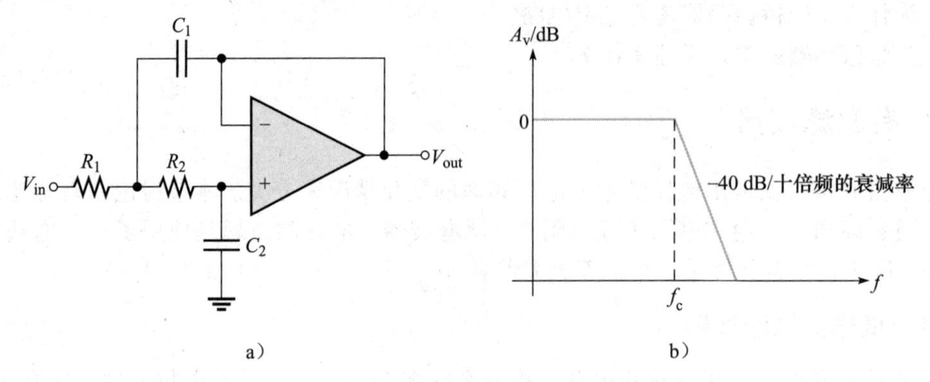


图 19-39 二阶低通有源滤波器及其响应曲线

图 19-39a 中的一个 $RC$ 电路由 $R_1$ 和 $C_1$ 组成，另一个由 $R_2$ 和 $C_2$ 组成。这个滤波器的截止频率可以通过下式计算：

$$f_c=\frac{1}{2\pi\sqrt{R_1R_2C_1C_2}} \tag{19-13}$$

二阶低通滤波器如图 19-40a 所示，其截止频率为 1.0 kHz。$C_1=2C_2$，$R_1=R_2$，$f_c$ 处的增益为 0.707（或 -3dB）。将式（19-13）简化为 $f_c=1/(2\sqrt{2}\pi RC)$ w，其中 $R_1=R_2=R$，$C_2=C_1/2=C$。对于 1.0kHz 以外的截止频率，电容值与频率成反比。如图 19-40b 和 c 所示，要得到一个 2.0 kHz 的滤波器，需要将 $C_1$ 和 $C_2$ 的值减半；而要得到一个 500 Hz 的滤波器，则需要将其加倍。

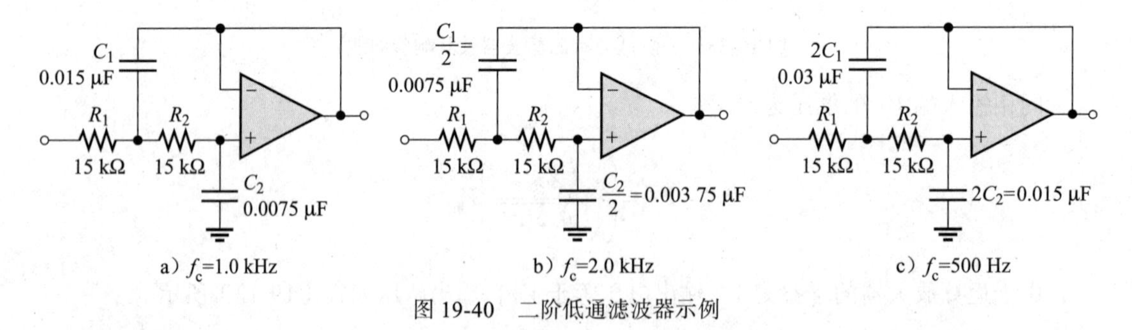


图 19-40 二阶低通滤波器示例

**例 19-11** 计算图 19-41 中低通滤波器产生 3.0 kHz 截止频率所需的电容值。

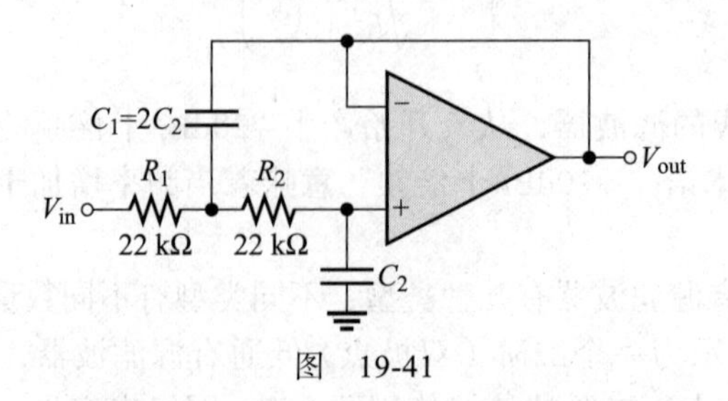


图 19-41

**解** 图 19-41 中每个电阻为 22 kΩ，由于其截止频率与 1.0 kHz 的参考滤波器不同，不能使用比例方法来计算电容值，可以使用式（19-13）的简化形式。

$$f_c = \frac{1}{2\sqrt{2}\pi RC}$$

$$C_2 = C = \frac{1}{2\sqrt{2}\pi R f_c} = \frac{0.707}{2\pi \times 22\ \text{k}\Omega \times 3.0\ \text{kHz}} = 1.71\ \text{nF}$$

$$C_1 = 2C = 2 \times 0.0017\ \mu\text{F} = 3.41\ \text{nF}$$

**同步练习** $R_1=R_2=27\ \text{k}\Omega$，$C_1=0.001\ \mu\text{F}$，$C_2=500\ \text{pF}$，计算图 19-41 中的 $f_c$。

采用科学计算器完成例 19-11 的计算。

**Multisim 仿真**

打开 Multisim 或 LTspice 文件 E19-11，确认截止频率为 3.0kHz。

### 19.5.2 高通有源滤波器

一个具有 -20dB/ 十倍频的衰减率的一阶高通有源滤波器如图 19-42a 所示。输入电路是一个高通 $RC$ 电路，带负反馈的运算放大器提供单位增益，响应曲线如图 19-42b 所示。

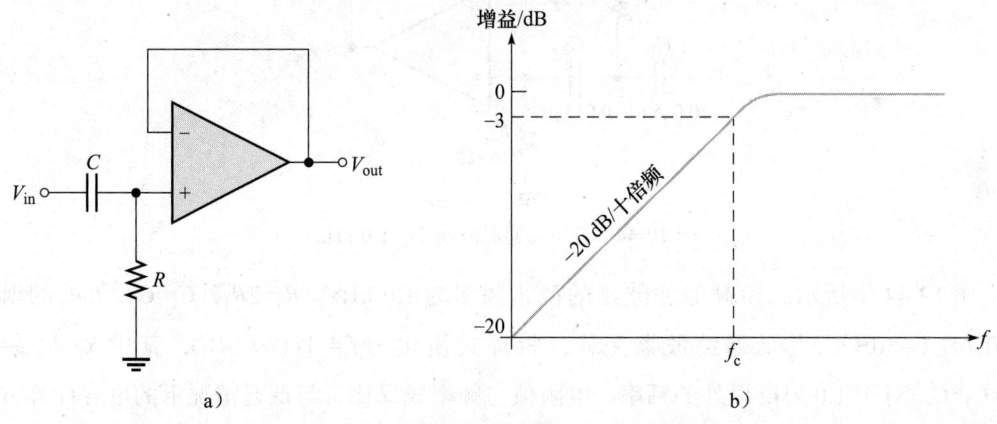


图 19-42 一阶高通有源滤波器及其响应曲线

理想情况下，高通滤波器可以无限制地通过超过 $f_c$ 的所有频率，如图 19-43a 所示。但在实际情况中，并非如此。所有的运算放大器本身都有内部 $RC$ 电路，限制了放大器在高频的响应，有源高通滤波器就是这种情况。如图 19-43b 所示，它的响应有一个频率上限，使得这种滤波器成为一个带宽很宽的带通滤波器，而不是一个真正的高通滤波器。在许多应用中，内部高频部分截止频率比滤波器的截止频率大很多，所以内部高频部分截止频率可以忽略不计。

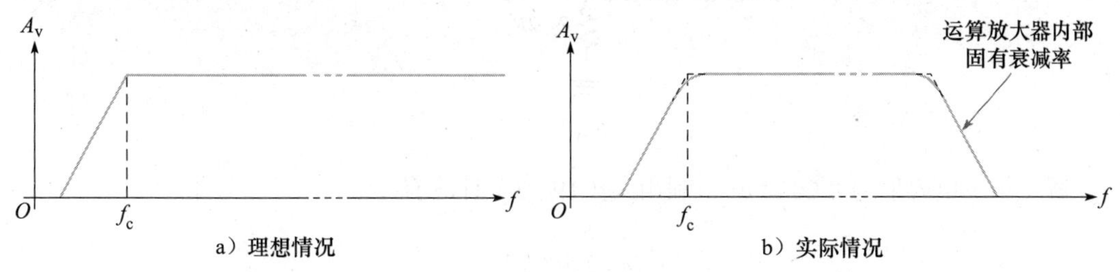


图 19-43 高通滤波器响应曲线

同相输入端的电压为

$$V+=\left(\frac{X_C}{\sqrt{R^2+X_C^2}}\right)V_{\text{in}}$$

由于运算放大器等效为具有单位增益的电压跟随器，输出电压与 $V+$ 相同，如式（19-14）所示。

$$V_{\text{out}}=\left(\frac{X_C}{\sqrt{R^2+X_C^2}}\right)V_{\text{in}} \tag{19-14}$$

如果假设运算放大器的内部截止频率远大于滤波器的期望 $f_c$，那么增益将以 20dB/ 十倍频的速度衰减，如图 19-43b 所示。因为其有一个 $RC$ 网络，所以它是一阶滤波器。

**二阶高通滤波器** 二阶高通滤波器如图 19-44 所示。除了电阻和电容的位置不同，它与相应的低通滤波器结构是一样的。这个滤波器的衰减在 $f_c$ 以下为 -40dB/ 十倍频，其截止频率与式（19-13）的低通滤波器截止频率相同。

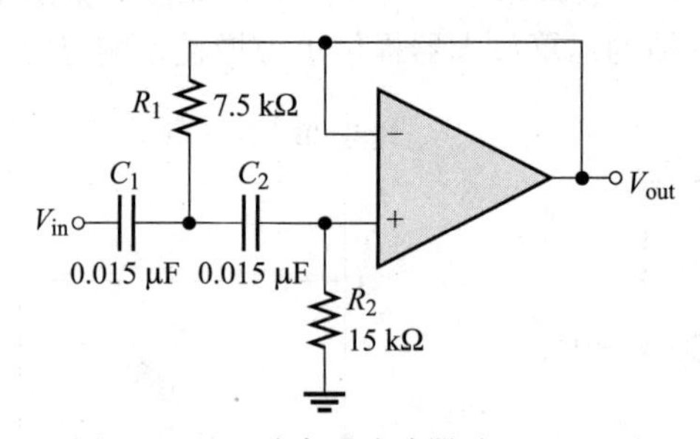


图 19-44 二阶高通滤波器（$f_c$=1.0 kHz）

图 19-44 中所示二阶高通滤波器的截止频率为 1.0 kHz。$R_2=2R_1$，$C_1=C_2$，$f_c$ 处的增益为 0.707（-3dB）。与低通滤波器一样，将等式简化为 $f_c=1/(2\sqrt{2}RC)$，其中 $R_1=R_2/2=R$，$C_1=C_2=C$。对于 1.0 kHz 以外的频率，电阻值与频率成反比，与低通情况下的电容计算方法一样。

**例 19-12** 对于图 19-45 的滤波器，计算产生 5.5 kHz 的截止频率所需的电阻值。

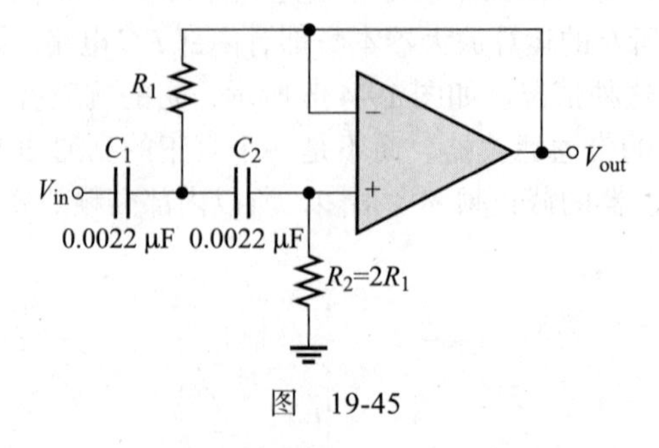


图 19-45

**解** 每个电容值为 0.0022 μF，利用式（19-13）计算有

$$f_c=\frac{1}{2\sqrt{2}\pi RC}$$

$$R_1=R=\frac{1}{2\sqrt{2}\pi C f_c}=\frac{0.707}{2\pi\times 0.0022\ \mu F\times 5.5\ kHz}=9.3\ k\Omega$$

$$R_2=2R=2\times 9.3\ k\Omega=18.6\ k\Omega$$

**同步练习** 如果将 $C_1$ 和 $C_2$ 改为 4700 pF，$R_1$=9.3 kΩ 和 $R_2$=18.6 kΩ，那么图 19-45 中的 $f_c$ 为多大？

采用科学计算器完成例 19-12 的计算。

**Multisim 仿真**

打开 Multisim 或 LTspice 文件 E19-12，确认截止频率为 5.5 kHz。

### 19.5.3 高通 / 低通滤波器组合的带通滤波器

带通滤波器的功能是通过两个截止频率之间的一段频带的信号，并阻断该频带以外的其他频率的信号。如图 19-46a 所示，带通滤波器的一种实现方法是使用一个高通滤波器和一个低通滤波器的串联结构，图中的每个滤波器都是二阶结构，因此频率响应曲线的衰减率为 –40dB/ 十倍频，如图 19-46b 的复合频率响应曲线所示，两个滤波器的截止频率选择是为了使两个频率响应曲线重叠复合，高通滤波器的截止频率低于低通滤波器的截止频率，这之间的区域被称为通带。

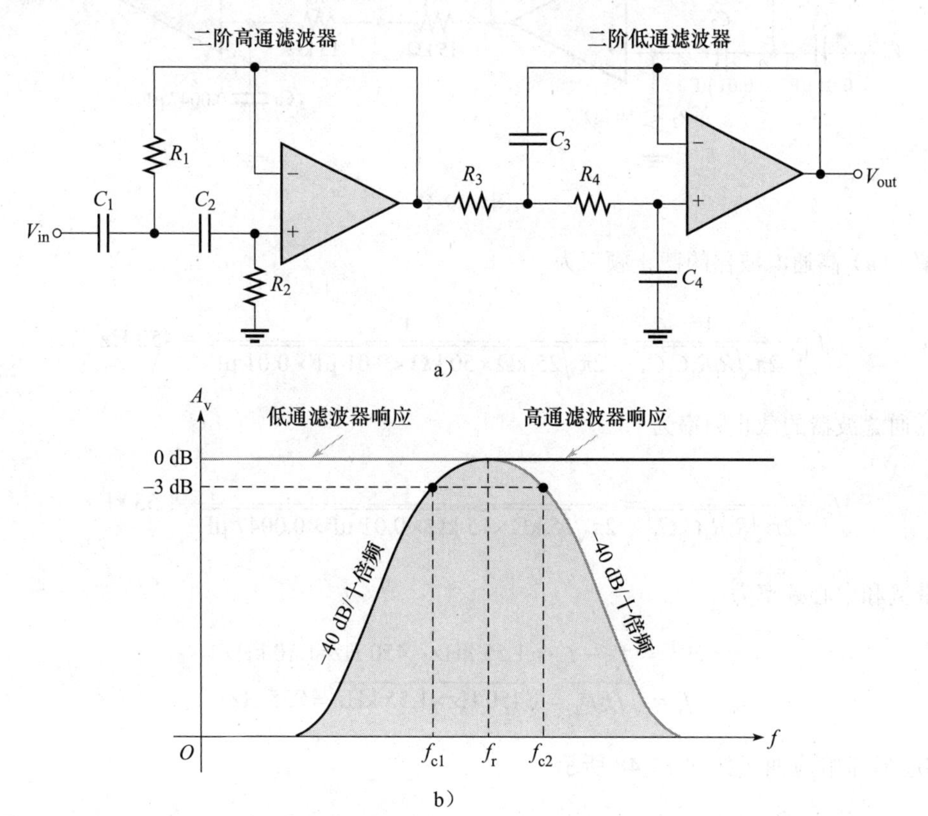


图 19-46 带通滤波器由一个二阶高通滤波器（红色）和一个二阶低通滤波器（绿色）组合而成。注意，这与滤波器串联的顺序无关（见彩插）

通带的下限频率$f_{c1}$是由高通滤波器的截止频率来设定，通带的上限频率$f_{c2}$由低通滤波器的截止频率来设定。理想情况下，通带的中心频率$f_r$是$f_{c1}$和$f_{c2}$的几何平均值。式（19-15）、式（19-16）和式（19-17）表达了图19-46中带通滤波器的3个频率的关系，高、低通滤波器的重要频率计算表示如下：

$$f_{c1}=\frac{1}{2\pi\sqrt{R_1R_2C_1C_2}} \tag{19-15}$$

$$f_{c2}=\frac{1}{2\pi\sqrt{R_3R_4C_3C_4}} \tag{19-16}$$

$$f_r=\sqrt{f_{c1}f_{c2}} \tag{19-17}$$

**例 19-13**

（a）计算图19-47中滤波器的带宽和中心频率。

（b）绘制响应曲线。

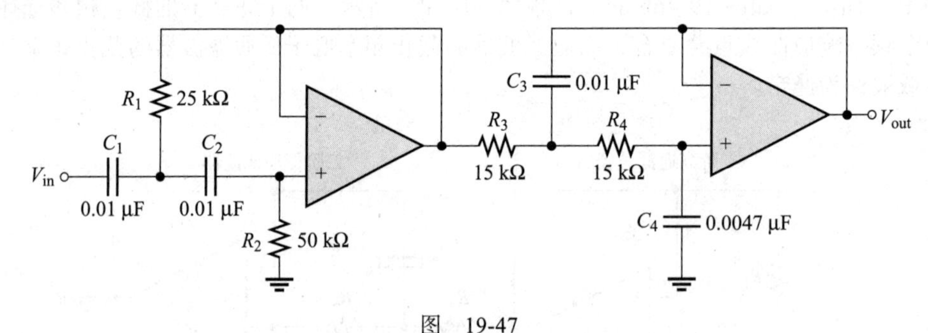


图 19-47

**解** （a）高通滤波器的截止频率为

$$f_{c1}=\frac{1}{2\pi\sqrt{R_1R_2C_1C_2}}=\frac{1}{2\pi\sqrt{25\ \text{k}\Omega\times50\ \text{k}\Omega\times0.01\ \mu\text{F}\times0.01\ \mu\text{F}}}=450\ \text{Hz}$$

低通滤波器的截止频率为

$$f_{c2}=\frac{1}{2\pi\sqrt{R_3R_4C_3C_4}}=\frac{1}{2\pi\sqrt{15\ \text{k}\Omega\times15\ \text{k}\Omega\times0.01\ \mu\text{F}\times0.0047\ \mu\text{F}}}=1.55\ \text{kHz}$$

带宽和中心频率为

$$\text{BW}=f_{c2}-f_{c1}=1.55\ \text{kHz}-450\ \text{Hz}=1.10\ \text{kHz}$$
$$f_r=\sqrt{f_{c1}f_{c2}}=\sqrt{450\ \text{Hz}\times1.55\ \text{kHz}}=835\ \text{Hz}$$

（b）频率响应曲线如图19-48所示。

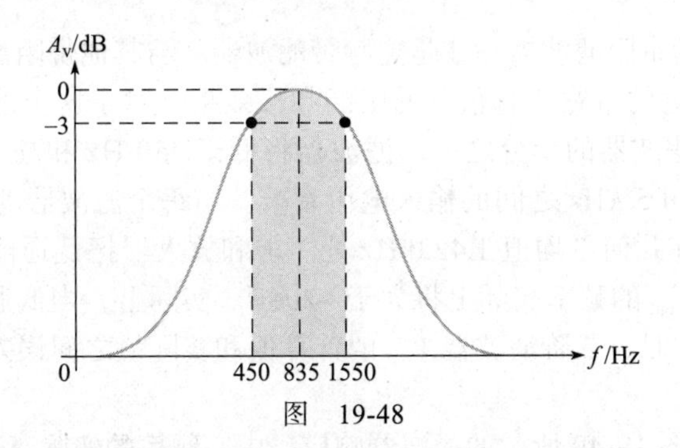


图　19-48

**同步练习**　说明在不改变 $f_{c1}$ 的情况下如何增加图 19-47 中滤波器的带宽。

采用科学计算器完成例 19-13 的计算。

### 19.5.4　高通 / 低通滤波器组合的带阻（点阻）滤波器

顾名思义，带阻滤波器用于阻断两个截止频率之间的频率的信号。如图 19-49a 所示，实现带阻或点阻滤波器的一种方法是用一个求和放大器将高通滤波器和低通滤波器的输出组合。与带通滤波器结构不同的是，带通滤波器是串联的，而带阻滤波器的高通滤波器和低通滤波器是并联的，图中的每个滤波器都是二阶的，因此频率响应曲线的衰减率为 –40dB/ 十倍频。图 19-49b 以绿色表示低通响应，以红色表示高通响应。与带通滤波器不同，低通滤波器的截止频率低于高通滤波器。这之间的区域被称为**带阻**。

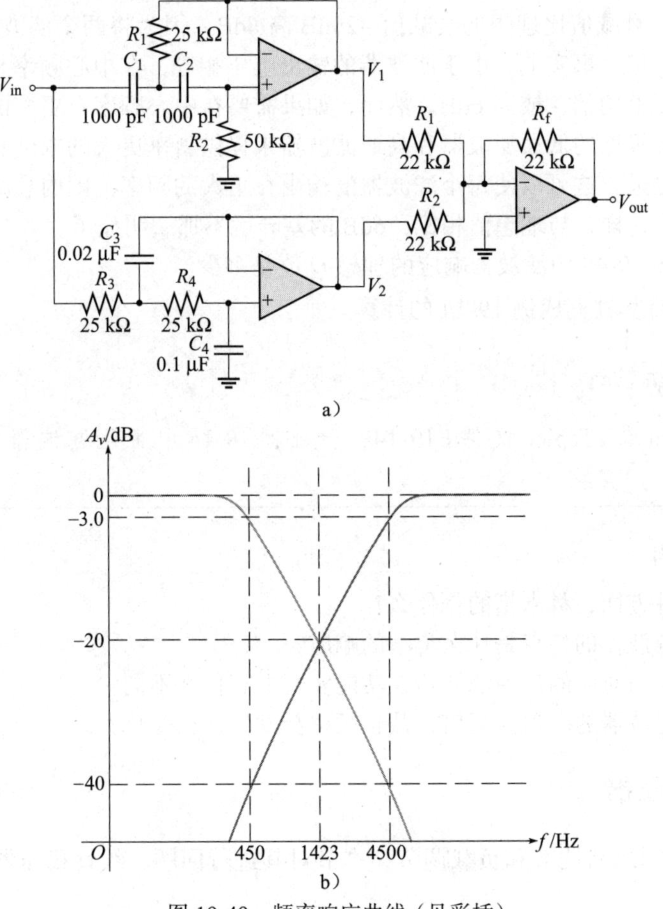


图 19-49　频率响应曲线（见彩插）

以这种方式连接的带阻滤波器往往是宽频带滤波器。与其他带阻滤波器相比，这种滤波器有较低的 $Q$ 值和较宽的带宽，有很好的阻断频段效果。对于这个滤波器来说，低通滤波器的截止频率是高通滤波器的十分之一。滤波器将低于 450 Hz 和高于 4.5 kHz 的输入电压输出，而使 450 Hz 和 4.5 kHz 之间的输入电压衰减。当每个滤波器的输出是 –20dB 时，该滤波器的中心频率是在几何平均值 1.423kHz 处。求和放大器把低通滤波器和高通滤波器的输出加在一起，所以 $V_{out}$ 的频率实际上将大于 –20dB。实际上，当低通滤波器的截止频率是高通滤波器的十分之一时，二阶滤波器 $V_{out}$ 的计算值和实际值之间误差较大，下面用例子说明这一点。

**例 19-14** 对于图 19-49 所示的滤波器响应，中心频率的实际衰减是多少？

**解** 在中心频率处，高通和低通滤波器的衰减是 –20dB，这意味着相对于输入电压，滤波器的输出电压是

$$V_{out}=\left(10^{\frac{-20dB}{20dB}}\right)V_{in}$$

$$V_{out}=0.1V_{in}$$

求和放大器的输出是 $V_{out}(hp)+V_{out}(lp)=0.1V_{in}+0.1V_{in}=0.2V_{in}$，以 dB 为单位，可以得到

$$V_{out}=20\lg\left(\frac{0.2V_{in}}{V_{in}}\right)dB=20\times(-0.699)\ dB=-14.0\ dB$$

如计算所示，衰减值比理想的衰减值 –20dB 高 6dB，因为将两个滤波器的输出相加后，输出电压会增加一倍。事实上，由于滤波器的输出电压相等，在中心频率相加后，输出电压总是理想输出电压的两倍，或高 6dB。然而，如果需要在中心频率有更多的绝对衰减，那么可以使用具有更多极点的低通滤波器和高通滤波器来提供斜率更大的幅度衰减。另外，截止频率可以间隔得更远，这可以使每个滤波器的输出在更大的频率范围内衰减，并降低中心频率的总输出电压，这样，与理想值相比，6dB 的差异就不那么明显了。 ◀

**同步练习** 图 19-49 中滤波器响应的理想 $Q$ 值是多少？

采用科学计算器完成例 19-14 的计算。

**Multisim 仿真**

打开 Multisim 或 LTspice 文件 E19-14，验证例 19-14 中带阻滤波器的中心频率和衰减值。

**学习效果检测**

1. 在电路元件方面，极点指的是什么？
2. 一阶低通滤波器的特点是什么类型的响应？
3. 高通滤波器与对应的低通滤波器在功能实现上有什么不同？
4. 如果高通滤波器的电阻值翻倍，截止频率会发生什么变化？

## 19.6 电压稳压器

第 16 章介绍了线路调节和负载调节，本节对其进行回顾。线性稳压器有两种类型，分

别为串联稳压器和并联稳压器。

### 19.6.1　线路调节率与负载调节率

当直流输入（线路）电压发生变化时，调节器会使输出电压保持恒定。回顾一下，线路调节率可以定义为输出（线路）电压变化与输入电压变化的百分比，当在输入电压值的范围内，线路调节率用以下式表示：

$$线路调节率 = \left(\frac{\Delta V_{\mathrm{OUT}}}{\Delta V_{\mathrm{IN}}}\right)100\%$$

当通过负载的电流由于负载电阻的变化而改变时，稳压器使负载保持输出电压恒定。负载调节率可以定义为负载电流变化与输出电压变化的百分比，负载调节率的一种表示方式是输出电压从空载（NL）到全载（FL）的百分比变化。

$$负载调节率 = \left(\frac{V_{\mathrm{NL}} - V_{\mathrm{FL}}}{V_{\mathrm{FL}}}\right)100\%$$

另外，负载调节率可以表示为负载电流每变化一毫安时输出电压的百分比变化。例如，0.01%/mA 的负载调节率意味着，当负载电流增加或减少 1.0 mA 时，输出电压变化 0.01%。

有时，电源厂家会使用指定一个电源的等效输出电阻（$R_{\mathrm{OUT}}$）来替代负载调节。任何二端口线性电路都可以等效为一个戴维南电路。图 19-50 所示为一个带负载电阻电源的戴维南等效电路。戴维南电压是来自无负载电源的电压（$V_{\mathrm{NL}}$），戴维南电阻是指定的输出电阻 $R_{\mathrm{OUT}}$。理想情况下，$R_{\mathrm{OUT}}$ 为零，相当于 0% 的负载调节，但在实际的电源中，$R_{\mathrm{OUT}}$ 是一个很小的值。接入负载电阻后，通过应用分压公式求出输出电压。

$$V_{\mathrm{OUT}} = V_{\mathrm{NL}}\left(\frac{R_{\mathrm{L}}}{R_{\mathrm{OUT}} + R_{\mathrm{L}}}\right)$$

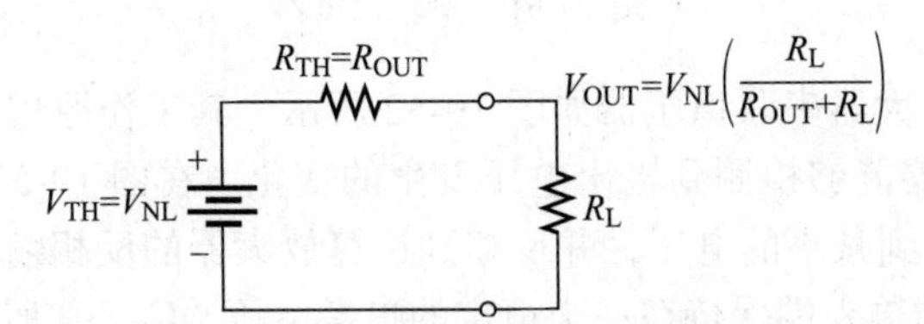


图 19-50　带负载电阻电源的戴维南等效电路

如果 $R_{\mathrm{FL}}$ 等于最小的额定负载电阻（最大的额定电流），那么满载输出电压（$V_{\mathrm{FL}}$）为

$$V_{\mathrm{FL}} = V_{\mathrm{NL}}\left(\frac{R_{\mathrm{FL}}}{R_{\mathrm{OUT}} + R_{\mathrm{FL}}}\right)$$

在 $V_{\mathrm{FL}}$ 的等式中求解 $V_{\mathrm{NL}}$。

$$V_{\mathrm{NL}} = V_{\mathrm{FL}}\left(\frac{R_{\mathrm{OUT}} + R_{\mathrm{FL}}}{R_{\mathrm{FL}}}\right)$$

$$负载调节率=\frac{V_{FL}\left(\frac{R_{OUT}+R_{FL}}{R_{FL}}\right)-V_{FL}}{V_{FL}}\times100\%$$

$$=\left(\frac{R_{OUT}+R_{FL}}{R_{FL}}-1\right)\times100\%$$

因此，负载调节率可由下式表示：

$$负载调节率=\left(\frac{R_{OUT}}{R_{FL}}\right)\times100\% \tag{19-18}$$

式（19-18）是一个实用方法，当知道输出电阻和最小负载电阻时，可以计算负载调节率。

## 19.6.2 基本串联稳压器

**串联稳压器**是一种电压调节器，其中控制元件与负载串联，图 19-51a 为串联稳压器的原理图，图 19-51b 为其框图，显示了组成的基本模块。误差检测器通常是一个运算放大器或比较器，而控制元件通常是一个功率晶体管。误差检测器将输出的样本与参考电压进行比较，通过控制元件进行补偿，以保持恒定的输出电压。

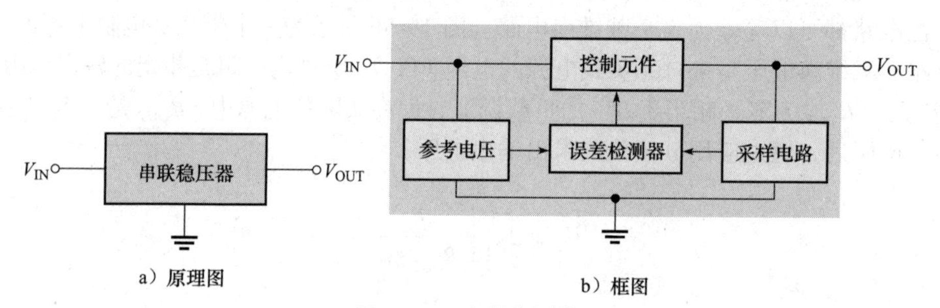


图 19-51 串联稳压器

**调节过程** 运算放大器串联稳压器如图 19-52 所示，其工作原理如图 19-53 所示。由 $R_2$ 和 $R_3$ 组成的电阻分压器能够检测到输出电压发生的变化。在图 19-53a 中，$V_{IN}$ 或 $R_L$ 减小使输出减小，分压器就得到减小的电压，并反馈到运算放大器的反相输入端。由于齐纳二极管 $D_1$ 将同相运算放大器的输入端保持在一个恒定的参考电压（$V_{REF}$），所以运算放大器的输入

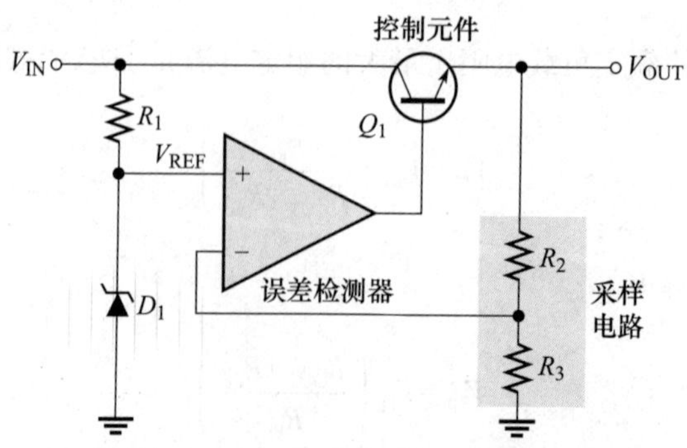


图 19-52 运算放大器串联稳压器

端会有一个小的差值电压（误差电压），这个差值电压被放大，运算放大器的输出电压（$V_B$）增大，增大的电压施加到晶体管 $Q_1$ 的基极，导致发射极电压 $V_{OUT}$ 增加，直到反相输入端的电压再次等于同相输入端的参考（稳压）电压。这个过程抵消了输出电压的减小，从而使其保持不变。功率晶体管 $Q_1$ 通常需要一个散热器，因为其要处理负载电流。

当输出增加时，会出现相反的变化，如图 19-53b 所示。

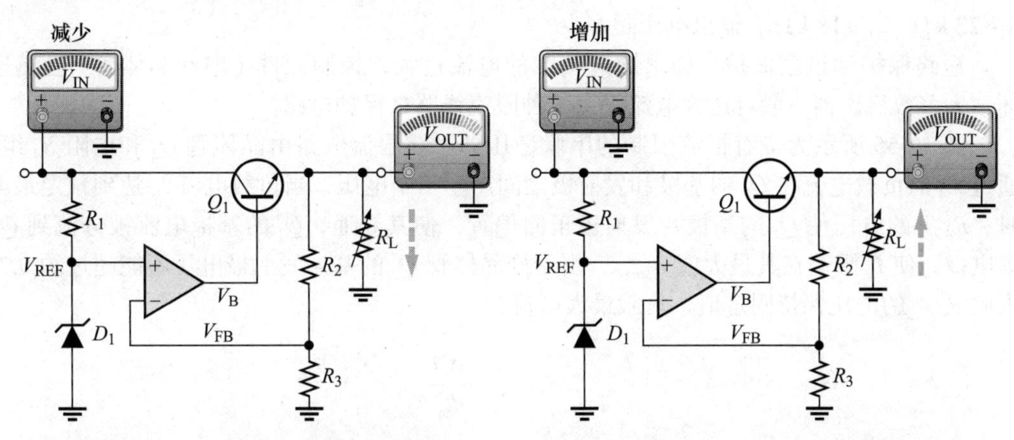


a）当$V_{IN}$或$R_L$减小时，$V_{OUT}$减小。反馈电压$V_{FB}$减小，运算放大器的输出电压$V_B$增加，从而通过增加$Q_1$的发射极电压来补偿$V_{OUT}$的减小。当$V_{IN}$（或$R_L$）稳定在新的较低的值时，电压就会回到其原始值，从而使$V_{OUT}$保持恒定，这是负反馈的结果

b）当$V_{IN}$或$R_L$增加时，$V_{OUT}$增加，反馈电压$V_{FB}$增加，加在晶体管基极上的$V_B$开始减小，从而通过降低$Q_1$的发射极电压来补偿$V_{OUT}$的增加。当$V_{IN}$（或$R_L$）稳定在新的较高的值时，电压就会回到其原始值，从而使$V_{OUT}$保持恒定，这是负反馈的结果

图 19-53　串联稳压器的工作原理

图 19-52 中的运算放大器等效为一个同相放大器，其中参考电压 $V_{REF}$ 是同相端的输入电压，$R_2/R_3$ 分压器构成负反馈电路，闭环电压增益如式（19-19）所示。

$$A_{cl}=1+\frac{R_2}{R_3} \tag{19-19}$$

因此，调节后的输出电压如式（19-20）所示。

$$V_{out}=\left(1+\frac{R_2}{R_3}\right)V_{REF} \tag{19-20}$$

从这个分析可以看出，输出电压是由稳压电压和电阻 $R_2$ 和 $R_3$ 决定的，它与输入电压相对独立，因此，可以实现调节作用（只要输入电压和负载电流在规定的范围内）。

**例 19-15**　计算图 19-54 中稳压器的输出电压。

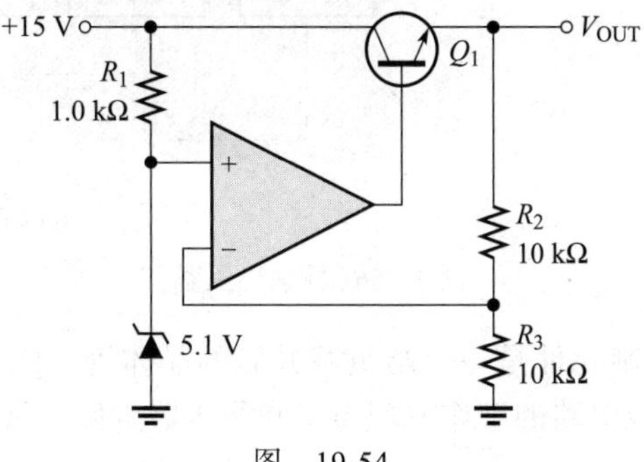


图　19-54

**解** 稳压电压 $V_{REF}$=5.1 V，因此，

$$V_{out}=\left(1+\frac{R_2}{R_3}\right)V_{REF}=\left(1+\frac{10\ k\Omega}{10\ k\Omega}\right)\times 5.1\ V=2\times 5.1V=10.2\ V$$ ◄

**同步练习** 图 19-54 电路的变化如下：将稳压电压由 5.1V 改为 3.3V，$R_1$=1.8 kΩ，$R_2$=22 kΩ，$R_3$=18 kΩ。输出电压是多少？

**短路保护和过载保护** 如果通过负载的电流过大，控制元件（串联晶体管）会迅速损坏，大多数稳压器一般对过大电流采用某种限流线路来保护电路。

图 19-55 所示为带有恒流限制的串联稳压器。该限流电路由晶体管 $Q_2$ 和电阻 $R_4$ 组成，通过 $R_4$ 的负载电流在 $Q_2$ 的基极和发射极之间产生一个电压，当负载电流 $I_L$ 达到预定最大值时，$R_4$ 上的电压使 $Q_2$ 的基极 - 发射极正向偏置，使其导通，$Q_1$ 的基极电流被分流到 $Q_2$ 的集电极，使 $I_L$ 限制在其最大值 $I_{L(max)}$，由于硅晶体管 $Q_2$ 的基 - 发射极电压不能超过约 0.7 V，因此 $R_4$ 上的电压保持固定值，负载最大电流为

$$I_{L(max)}=\frac{0.7}{R_4}$$

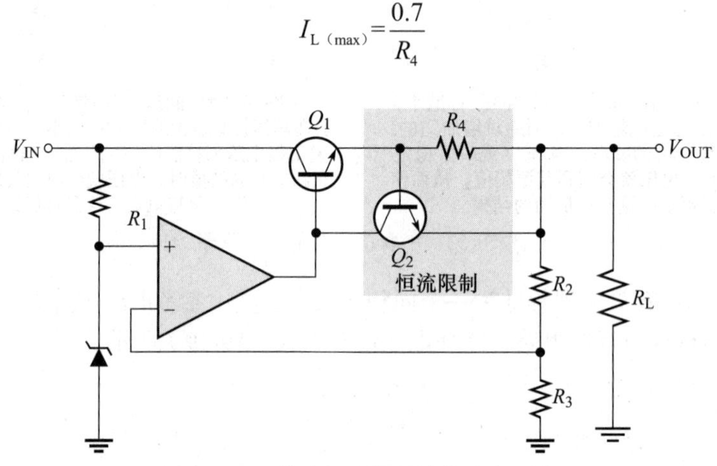


图 19-55 带有恒流限制的串联稳压器

## 19.6.3 基本并联稳压器

并联稳压器的原理图如图 19-56a 所示，框图如图 19-56b 所示。

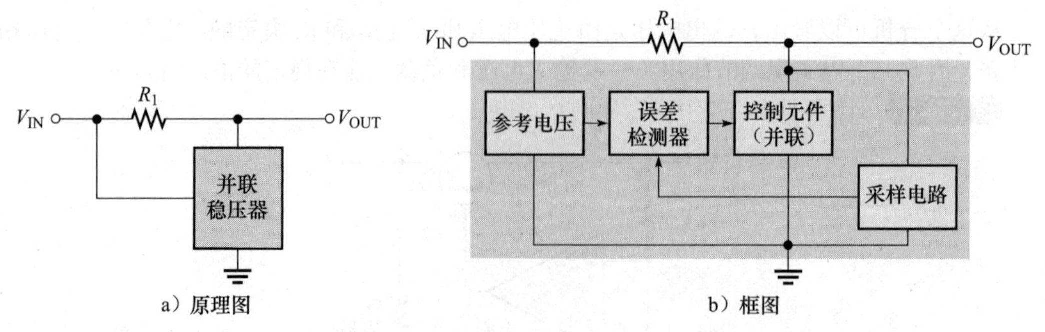


图 19-56 并联稳压器

在**并联稳压器**中，控制元件是一个与负载并联的晶体管（$Q_1$），如图 19-57 所示，串联电阻（$R_1$）与负载串联，该电路的工作原理与串联稳压器类似，只是通过控制并联晶体管 $Q_1$

的电流来实现调节。

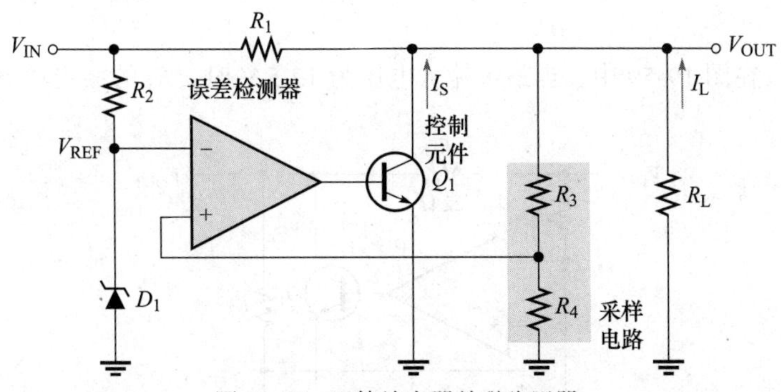


图 19-57　运算放大器并联稳压器

如图 19-58a 所示，当输出电压由于输入电压或负载电流的变化而开始减小时，开始减小的电压通过 $R_3$ 和 $R_4$ 施加到运算放大器的同相输入端。由此产生的电压差降低了运算放大器的输出（$V_B$），减少了对 $Q_1$ 的驱动，从而降低了其集电极电流（并联电流），增加了其集电极到发射极的内部电阻 $r'_{CE}$，由于 $r'_{CE}$ 与 $R_1$ 作为分压器，这个过程抵消了 $V_{OUT}$ 的减小，并使其电压保持恒定。

当输出增加时，会出现相反的变化，如图 19-58b 所示，在 $I_L$ 和 $V_{OUT}$ 不变的情况下，输入电压的变化会使并联电流（$I_S$）发生变化，如下式所示：

$$\Delta I_S = \frac{\Delta V_{IN}}{R_1}$$

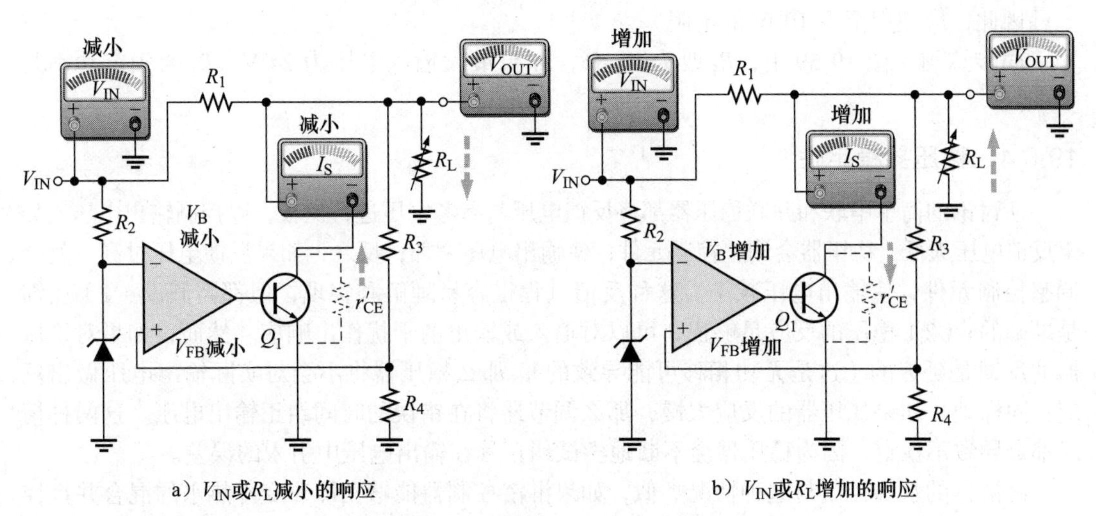


a）$V_{IN}$或$R_L$减小的响应　　b）$V_{IN}$或$R_L$增加的响应

图 19-58　并联稳压器的工作原理

在 $V_{IN}$ 和 $V_{OUT}$ 不变的情况下，负载电流的变化会导致并联电流发生相反变化。

$$\Delta I_S = -\Delta I_L$$

这个式子说明，如果 $I_L$ 增加，则 $I_S$ 减少，反之亦然。

并联稳压器的效率低于串联稳压器，但提供短路保护。如果输出短路（$V_{OUT}$=0），负载电流会被串联电阻 $R_1$ 限制在一个最大电流（此时 $I_S$=0）下。

$$I_{L(max)}=\frac{V_{IN}}{R_1}$$

**例 19-16** 在图 19-59 中，当最大输入电压为 12.5 V 时，$R_1$ 的额定功率是多少？

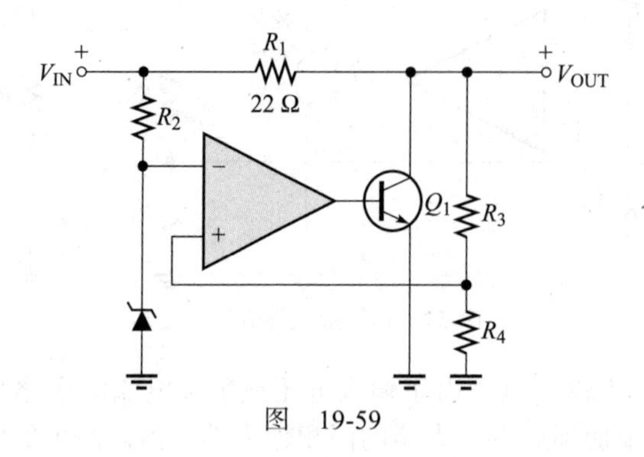


图 19-59

**解** $R_1$ 功耗最严重情况发生在输出短路即 $V_{OUT}$=0 时，当 $V_{IN}$=12.5 V 时，$R_1$ 两端的电压是

$$V_{R1}=V_{IN}-V_{OUT}=12.5\text{ V}$$

$R_1$ 的功耗为

$$P_{R1}=\frac{V_{R1}^2}{R_1}=\frac{(12.5\text{ V})^2}{22\ \Omega}=7.1\text{ W}$$

因此，应使用至少 10 W 的电阻。◀

**同步练习** 图 19-59 中，$R_1$ 改为 33 Ω，如果最大输入电压为 24 V，$R_1$ 的额定功率是多少？

### 19.6.4 稳压器稳定性

所讨论的简单串联和并联稳压器都将反馈电压与参考电压进行比较，以控制输出电压。如果反馈电压太低，稳压器会调整控制元件，使输出电压增加；反之，如果反馈电压过高，就会调整控制元件，使输出电压减小。这种反馈过程很容易理解和实现，但都需假设（1）反馈是准确的；（2）稳压的反应足够快，可以对输入或输出的干扰作出响应。然而，如果对稳压器的反馈是延迟的（这是无功相移可能导致的），那么稳压器将不会对实际输出电压做出反应；同样地，如果稳压器的反应太慢，那么调节器将在错误的时间纠正输出电压。这两种情况都会导致不稳定，因为稳压器会不断地尝试纠正其在输出电压中引入的误差。

淋浴器的水温控制与这种情况类似，如果淋浴控制器能够立即改变冷热水的混合并且控制水的人可以立即对水温做出反应，那么设置一个舒适的温度是很容易的。然而，如果控制器需要几秒来控制水温，那么人就会因为延迟而不能准确控制控制器。由于延迟，水温会在冷热之间交替变化（振荡）。

设计师经常会测试一个稳压器（和其他电路）的**稳定性**。一种方法是在稳压器预期工作的范围内扫描输入电压的频率，并确定在该范围内的某个或多个频率输出是否显示峰值响应或振幅增加；第二种方法，是对稳压器的输出进行**阶跃负载**。这种方法将输出上的负载突然从最小值变为最大值（反之亦然），并通过输出电压衰减和输出返回其标称值的快慢来确定稳压器的稳定性。判断方法是，第三个峰值的振幅应不超过初始峰值振幅的 10%，才能认为该稳压器是稳定的，图 19-60 显示了一个在稳压器输出上施加阶跃负载的例子。

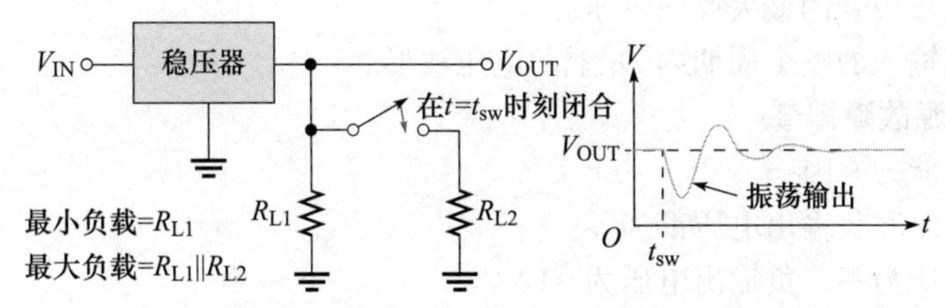


图 19-60　在稳压器输出上施加阶跃负载

**学习效果检测**

1. 定义线性调节率。
2. 定义负载调节率。
3. 并联稳压器中的控制元件与串联稳压器中的控制元件有何不同？
4. 说出并联稳压器相对于串联稳压器的一个优点和一个缺点。
5. 哪两种情况会导致稳压器的不稳定？

## 应用案例

在这个应用案例中，你需要为调频立体声接收器提供双极性直流电压的稳压电源，通道分离电路中的运算放大器和音频放大器的工作电压为 ±12 V，正负电压稳压器用于调节桥式整流器的整流和滤波电压。

该电源利用一个全波桥式整流器，正负整流电压在整流桥的适当位置输出，然后电解电容滤波，集成电路稳压器（7812 和 7912）提供正电压和负电压调节。

**步骤 1：将 PCB 与原理图联系起来**

将图 19-61 的电源绘制为电路原理图，标注缺失的序号和 IC 引脚编号，整流二极管是 1N4001，滤波电容 $C_1$ 和 $C_2$ 是 2200 μF，变压器的匝数比为 5∶1。

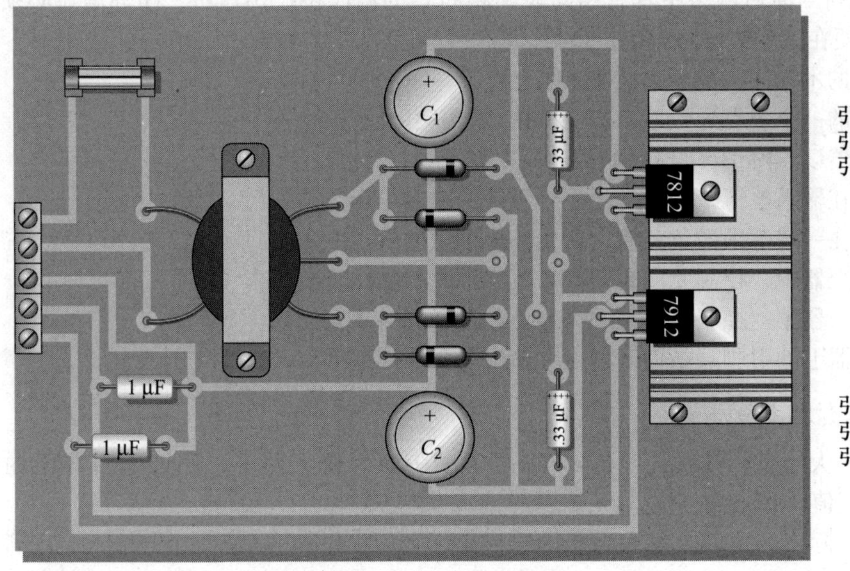


图　19-61

**步骤 2：分析电源电路**

1. 确定整流桥的 4 个“角”上相对于地的近似电压，说明每个电压是交流还是直流。
2. 计算整流二极管的最大反向电压。
3. 画出交流输入的整个周期内 $D_1$ 上的电压波形。

**步骤 3：电源故障排查**

说明下列可能的原因：

1. 正输出电压和负输出电压都为零。
2. 正输出电压为零，负输出电压为 –12 V。
3. 负输出电压为零，正输出电压为 –12 V。
4. 在正向稳压器的输出上电压波动较大。

指出在下列故障中，你在二极管整流桥的 4 个角上测量得到的电压。

1. 二极管 $D_1$ 开路。
2. 电容 $C_2$ 开路。

**检查与复习**

1. 电源熔断器的额定值应该是多少？
2. 0.33 μF 电容器的用途是什么？
3. 哪个稳压器提供负电压？

## 本章总结

- 在运算放大器的比较器中，当输入电压超过指定的参考电压时，输出会改变状态。
- 求和放大器的输出电压与输入电压的反相之和成正比。
- 均值放大器是一个闭环增益等于输入个数倒数的求和放大器。
- 在比例加法器中，可以为每个输入分配不同的权重，使输入根据权重产生不同的输出。
- 阶跃的积分是斜坡。
- 斜坡的导数是阶跃。
- 在一个超前 – 滞后网络中具有相同 $R$ 和相同 $C$ 的温氏桥振荡器中，闭环增益必须等于 3，以便在正反馈回路有单位增益。
- 在滤波器的术语中，单个 $RC$ 对被称为*极点*。
- 滤波器中的一个极点导致输出以 –20dB/ 十倍频的衰减率减小。
- 二阶滤波器以 –40dB/ 十倍频的最大速率衰减。
- 线路调节在输入电压范围内产生一个恒定的输出电压。
- 负载调节在一定范围的负载值上产生一个恒定的输出电压。
- 在串联稳压器中，控制元件是一个与负载串联的晶体管。
- 在并联稳压器中，控制元件是一个与负载并联的晶体管。
- 三端稳压器上的引脚端是输入电压、输出电压和接地。

## 对 / 错判断（答案在本章末尾）

1 当同相端输入大于反相端输入时，比较器的输出为正值。

2 求和放大器实际上产生的是输入电压的反相之和。

3 在均值放大器中，反馈电阻等于输入电阻。

4 理想的积分电路有一个与输入端串联的电容，在反馈回路上有一个电阻。

5 如果微分电路的输入是一个负斜坡，那么输出将是恒定的负电压。
6 温氏桥振荡器的输出是正弦波。
7 温氏桥振荡器使用正反馈和负反馈。
8 二阶滤波器的最大衰减速率为 –20dB/ 十倍频。
9 带通滤波器的一种类型是低通滤波器和高通滤波器的组合。
10 串联稳压器的控制元件是一个与输出串联的晶体管。

## 自我检测（答案在本章末尾）

1 比较器的作用是
(a) 放大输入电压
(b) 检测输入电压是否变化
(c) 当输入电压等于参考电压时，输出发生变化
(d) 直流输入电压变化时，保持输出稳定

2 对于过零电压比较器，反相输入端被连接到
(a) 接地
(b) 直流电压源
(c) 参考电压正极
(d) 参考电压负极

3 在一个 +5.0 V 的电平检测器电路中，
(a) 输出限制在 +5.0 V
(b) 反相输入端连接到 +5.0 V
(c) 输入信号被限制在 +5.0 V 峰值
(d) 输入信号必须在 +5.0 V 直流电平上运行

4 在某个 4 输入求和放大器中，所有的输入电阻都是 2.2 kΩ，反馈电阻是 2.2 kΩ。如果所有的输入电压都是 2.0 V，输出电压是
(a) −2.0 V　　(b) −10 V
(c) −2.2 V　　(d) −8.0 V

5 问题 4 中放大器的增益为
(a) −1.0　　(b) −2.2
(c) −4.0　　(d) 不确定

6 将求和放大电路转换为均值放大电路时
(a) 所有的输入电阻必须是不同的值
(b) $R_f/R$ 的比值必须等于输入个数的倒数
(c) $R_f/R$ 的比值必须等于输入的个数
(d) 答案 (a) 和 (b)

7 在比例加法器中
(a) 输入电阻数值都相同
(b) 反馈电阻等于输入电阻的平均值
(c) 输入电阻的值取决于每个输入的指定权重
(d) 每个输入的 $R_f/R$ 必须相同

8 理想的运算放大器积分电路中的反馈电路是由什么组成的？
(a) 电阻　　(b) 电容
(c) 电阻和电容串联　　(d) 谐振电路

9 理想的运算放大器微分电路中的反馈电路是由什么组成的？
(a) 电阻
(b) 电容
(c) 电阻和电容串联
(d) 电阻和电容并联

10 运算放大器比较器电路使用
(a) 正反馈　　(b) 负反馈
(c) 再生反馈　　(d) 没有反馈

11 单位增益和反馈回路的零相移是描述以下哪种电路的条件
(a) 有源滤波器
(b) 比较器
(c) 振荡器
(d) 积分电路或微分电路

12 一阶低通有源滤波器的输入频率从 1.5 kHz 增加到 150 kHz，如果截止频率是 1.5 kHz，那么增益就会下降
(a) 3.0 dB　　(b) 20 dB
(c) 40 dB　　(d) 60 dB

## 分节习题（奇数题答案在本书末尾）

### 19.1 节

1 计算图 19-62 中每个比较器的输出电平（最大正电平或最大负电平）。

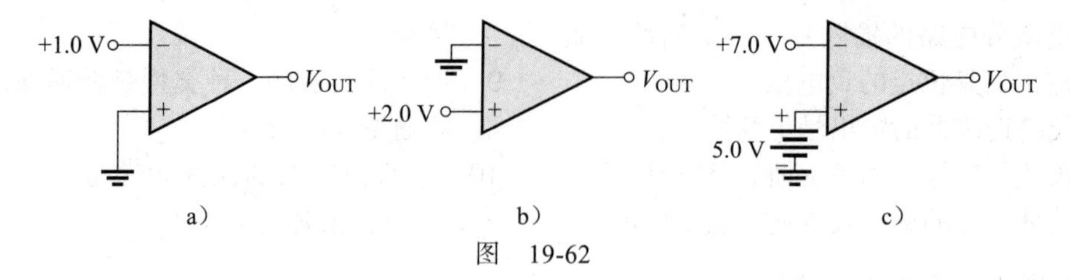


图 19-62

2 某一运算放大器的开环增益为 80 000，当直流电源电压为 ±13V 时，该器件的最大饱和输出电平为 ±12 V，如果在输入端之间施加有效值为 0.15 mV 的差分电压，输出的峰峰值是多少？

3 画出图 19-63 中每个电路相对于输入的输出电压波形，标出电平。

4 在比较器电路中，迟滞需要什么类型的反馈？

5 假设每个运算放大器的 $V_{out}$ 范围是 0 V 到 +10 V，计算图 19-64 所示的每个电路的上限和下限阈值电压。

## 19.2 节

6 计算图 19-65 中各电路的输出电压。

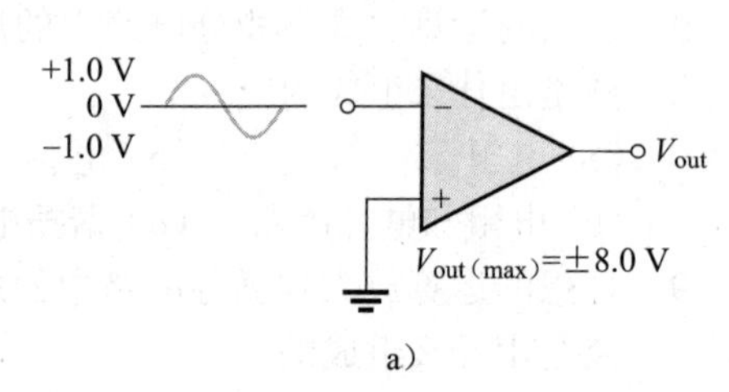


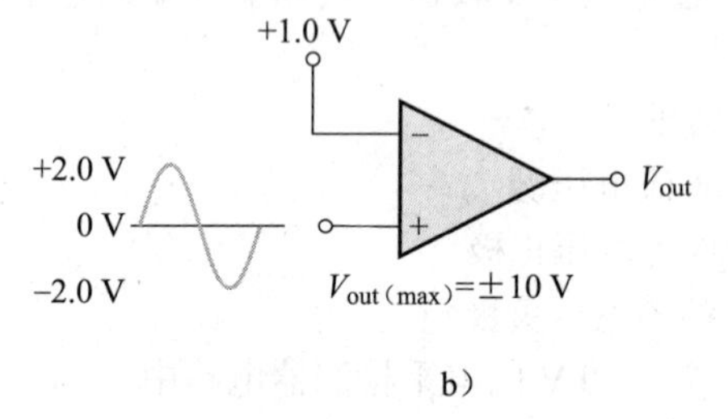


图 19-63

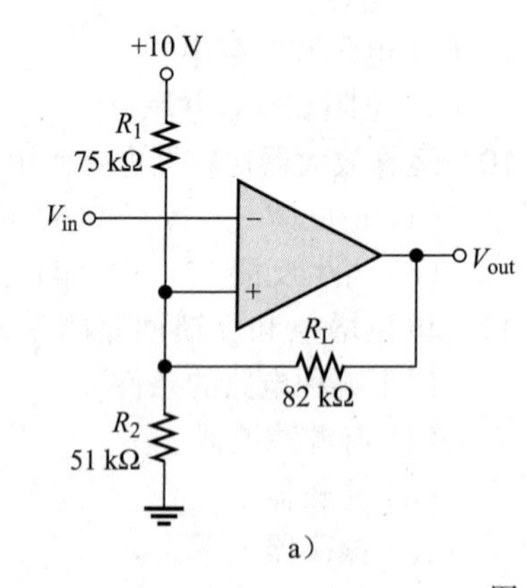


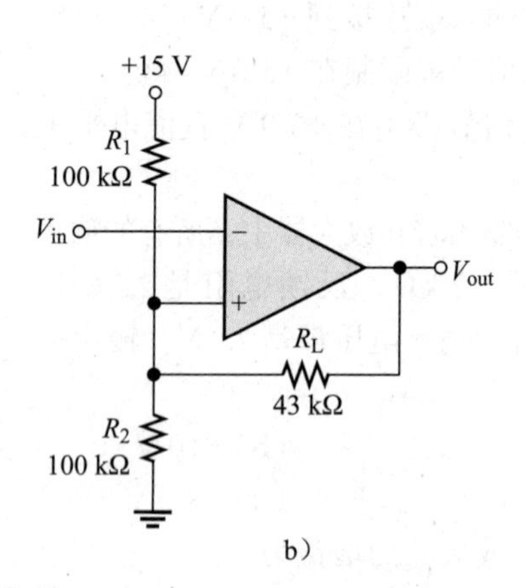


图 19-64

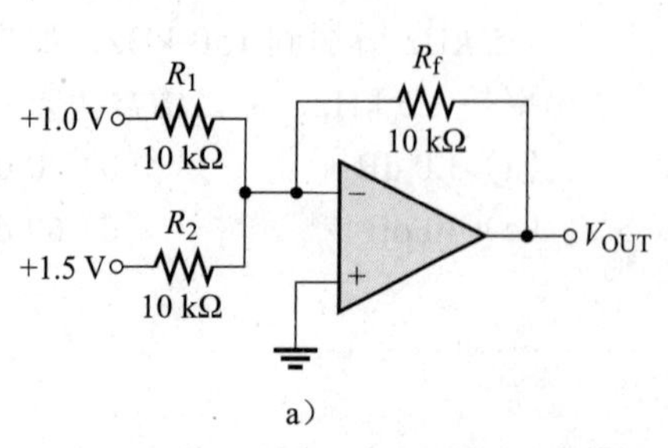


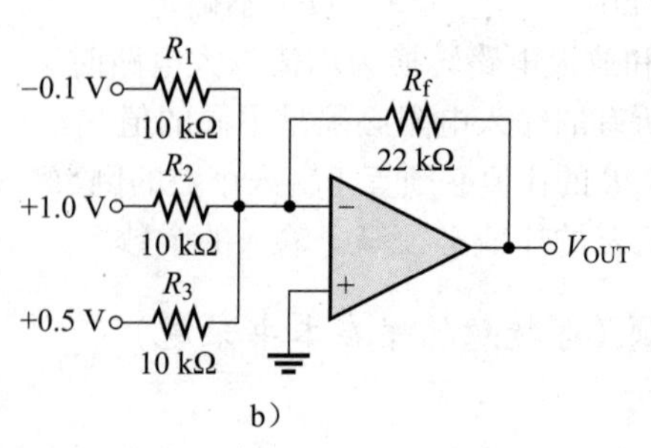


图 19-65

7 计算图19-66中以下数值。

(a) $V_{R1}$ 和 $V_{R2}$

(b) $R_2$ 电流

(c) $V_{OUT}$

8 在图19-66中，计算产生一个输入反相之和的5倍输出所需的 $R_f$ 值。

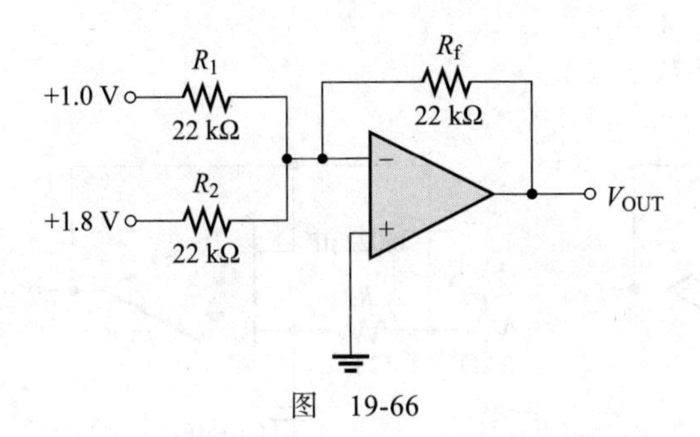


图 19-66

9 当图19-67所示的输入电压施加到比例加法器上时，求输出电压和通过 $R_f$ 的电流。

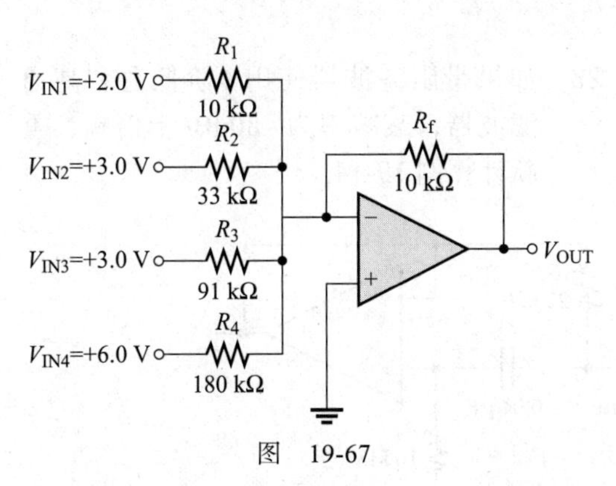


图 19-67

10 计算4输入求和放大器中所需要的输入电阻值，使最低权重的输入为1，每个连续的输入的权重是前一个的两倍，$R_f$=100 kΩ。

19.3 节

11 对于图19-68中理想积分电路的阶跃输入，计算输出电压的变化率。

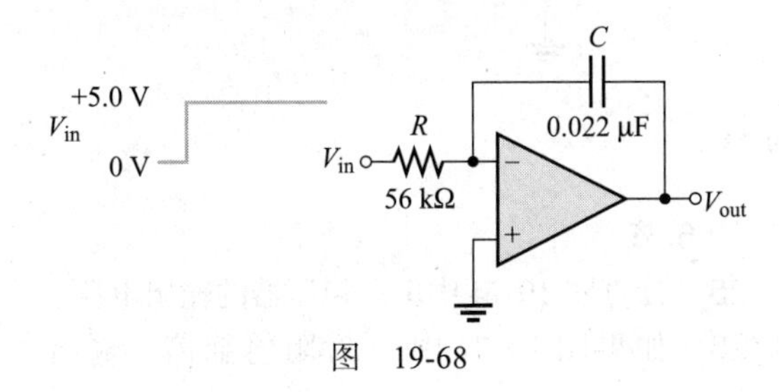


图 19-68

12 如图19-69所示，在理想微分电路的输入端施加一个三角形波形电压，确定输出应该是什么，并根据与输入的关系绘制输出波形。

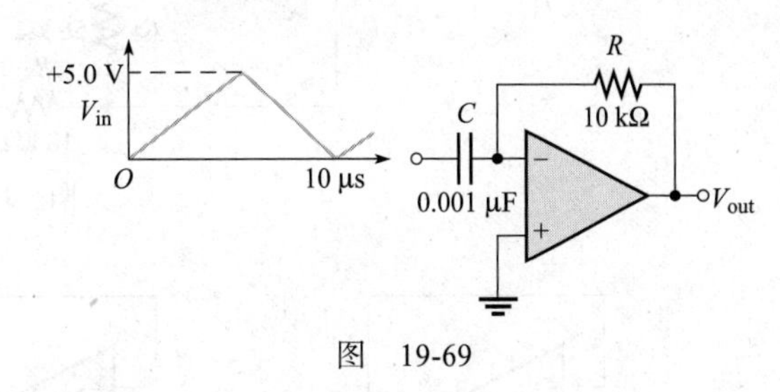


图 19-69

19.4 节

13 某一超前–滞后电路的谐振频率为3.5 kHz，如果一个频率等于 $f_r$、有效值为2.2 V的输入信号施加到输入端，那么输出电压有效值是多少？

14 用 $R_1$=$R_2$=6.2 kΩ，$C_1$=$C_2$=0.022 μF，计算超前–滞后电路的谐振频率。

15 图19-70所示电路的闭环增益为3，计算JFET漏极至源极的电阻。

16 解释图19-70中二极管 $D_1$ 的作用。

17 计算图19-70中温氏桥振荡器的振荡频率。

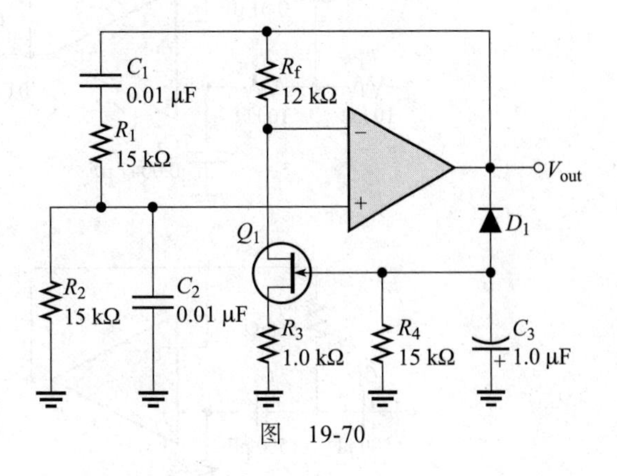


图 19-70

18 图19-71所示电路会产生什么形式的输出信号？计算输出的频率。

19 说明如何将图19-71中的振荡频率改为10 kHz。

19.5 节

20 确定图19-72中每个有源滤波器的极点数，并确定其类型。

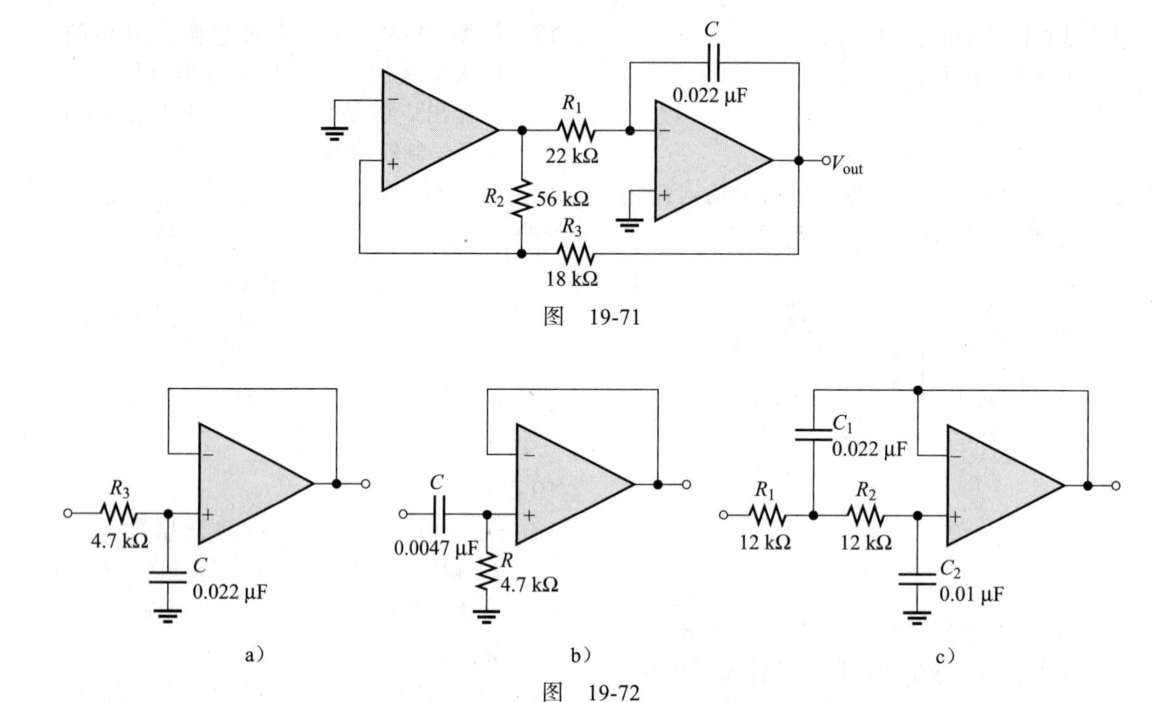


图 19-71

图 19-72

21 计算图 19-72 中各滤波器的截止频率。

22 计算图 19-73 中每个滤波器的带宽和中心频率。

23 如果带阻滤波器使用 4 阶低通和高通滤波器，衰减率为 –80dB/ 十倍频，重新计算例 19-14。

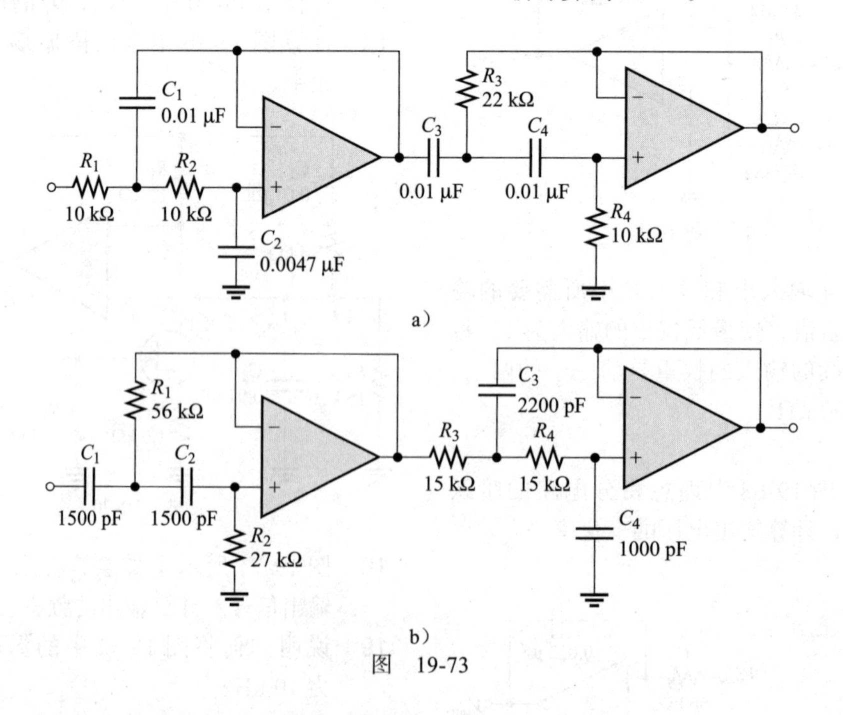


图 19-73

24 如果带阻滤波器使用 6 阶低通和高通滤波器，衰减率为 –120dB/ 十倍频，重新计算例 19-14 的同步练习。

## 19.6 节

25 计算图 19-74 中串联稳压器的输出电压。

26 如果图 19-74 中的 $R_3$ 阻值翻倍，输出电压会发生什么变化？

27 如果图 19-74 中的齐纳电压由 2.0 V 改为 2.7 V，输出电压是多少？

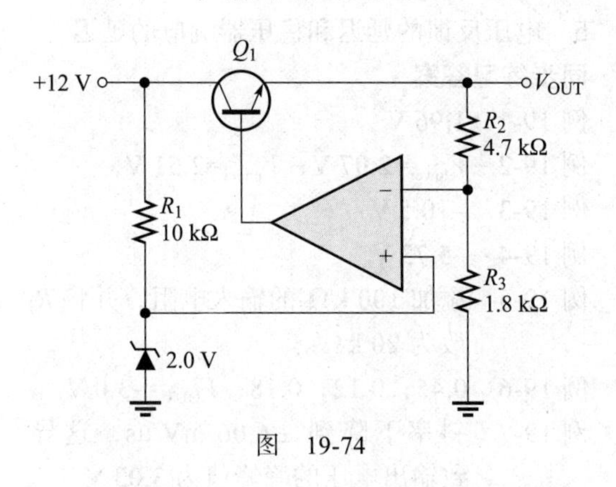


图 19-74

28 图 19-75 所示是一种带恒流限制的串联稳压器，如果要将负载电流的最大值限制在 250 mA，请计算 $R_4$ 的值和 $R_4$ 的额定功率。

29 如果 $R_4$（在习题 28 中计算）阻值减半，最大负载电流是多少？

30 在图 19-76 的并联稳压器中，当负载电流增加时，$Q_1$ 导通怎么变化？为什么？

31 假设图 19-76 中 $I_L$ 保持不变，$V_{IN}$ 增加 1.0 V，$Q_1$ 的集电极电流发生什么变化？

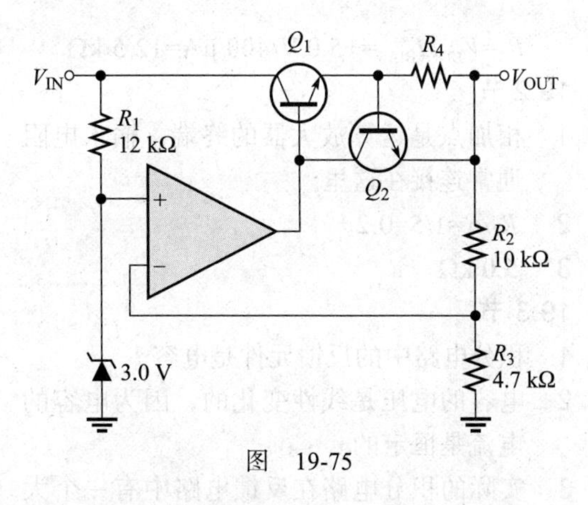


图 19-75

32 在 18 V 的恒定输入电压下，图 19-76 中的负载电阻从 1.0 kΩ 变化到 1.2 kΩ。忽略输出电压的任何变化，通过 $Q_1$ 的并联电流会有多大变化？

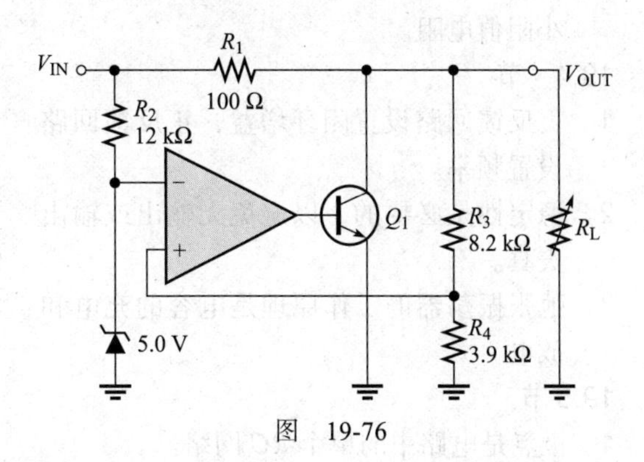


图 19-76

## Multisim 仿真故障排查和分析

33 打开 P19-33 文件，查看是否有故障。如果有故障，请分析故障。

34 打开 P19-34 文件，查看是否有故障。如果有故障，请分析故障。

35 打开 P19-35 文件，查看是否有故障。如果有故障，请分析故障。

36 打开 P19-36 文件，查看是否有故障。如果有故障，请分析故障。

## 参考答案

### 学习效果检测答案

#### 19.1 节

1 开关速度和偏置电流。

2 （10 kΩ/110 kΩ）× 15 V=1.36 V。

3 如图 19-77 所示。

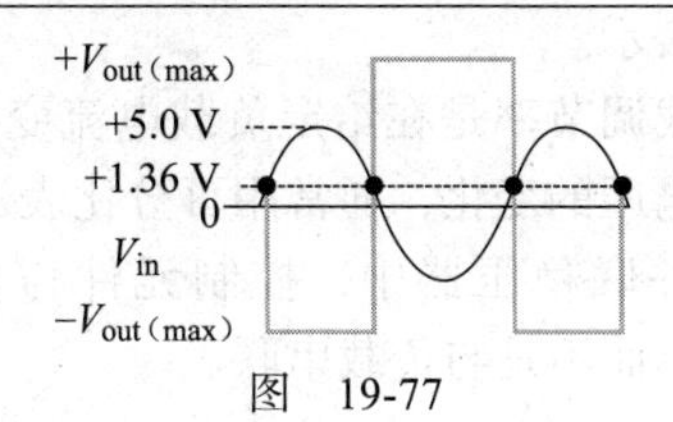


图 19-77

4 比较器中滞后的目的是设置两个阈值点，以防止在缓慢或嘈杂的输入信号下可能出现多次变化。

5. $I_{BIAS}=(V_{UTP}-V_{LTP})/R_2$

$=[+9.0\text{ V}-(+5.0\text{V})]/10\text{ k}\Omega=400\ \mu\text{A}$

$R_1=(V_{BIAS}-V_{UTP})/I_{BIAS}$

$=[+12\text{ V}-(+9.0\text{V})]/400\ \mu\text{A}=7.5\text{ k}\Omega$

$R_3=V_{LTP}/I_{BIAS}=+5.0\ V/400\ \mu A=12.5\ k\Omega$

19.2 节

1 相加点是运算放大器的终端，输入电阻通常连接在这里。

2 $R_f/R=1/5=0.2$

3 5.0 kΩ

19.3 节

1 积分电路中的反馈元件是电容。

2 电容的电压是线性变化的，因为电容的电流是恒定的。

3 实际的积分电路在反馈电路中有一个大阻值的并联电阻。

4 微分电路中的反馈元件是电阻。

5 微分电路的输出与输入的变化率成正比。

6 实际的微分电路有一个与输入端串联的小阻值电阻。

19.4 节

1 负反馈回路设置闭环增益，正反馈回路设置频率。

2 稳定性是必要的，以避免无输出或输出失真。

3 弛张振荡器的工作原理是电容的充电和放电。

19.5 节

1 极点是电路中的单个 *RC* 网络。

2 一阶低通滤波器频率响应曲线从直流到截止频率是单调变化的。

3 *R* 和 *C* 的位置互换。

4 截止频率减半。

19.6 节

1 线路调节率是在给定的线路（输入）电压变化时输出电压的变化，通常用百分比表示。

2 负载调节率是在给定负载电流变化时输出电压的变化，通常用百分比表示。

3 在并联稳压器中，控制元件与负载并联，而不是与负载串联。

4 并联稳压器具有固有的电流限制，但它的效率低于串联稳压器，因为部分负载电流通过控制元件。

5 电压反馈的延迟和稳压器响应的延迟。

同步练习答案

例 19-1 1.96 V

例 19-2 $V_{lower}$=2.07 V，$V_{upper}$=2.51 V

例 19-3 −10.5 V

例 19-4 −5.73 V

例 19-5 添加 100 kΩ 的输入电阻，并将 $R_f$ 改为 20 kΩ。

例 19-6 0.45；0.12；0.18；$V_{OUT}$=−3.0 V

例 19-7 斜率下降到 ±6.06 mV/μs，这导致输出电压的峰峰值为 3.03 V。

例 19-8 输出电压增加一倍。

例 19-9 1.59 kHz

例 19-10 输出电压的峰峰值为 6.06 V。

例 19-11 8.34 kHz

例 19-12 2.57 kHz

例 19-13 通过减少电阻或电容来增加 $f_{c2}$。

例 19-14 $Q$ =1.423 kHz/（4.5 kHz−450 Hz）= 0.351

例 19-15 7.33 V

例 19-16 17.5 W

对 / 错判断答案

| | | |
|---|---|---|
| 1 对 | 2 对 | 3 错 |
| 4 错 | 5 错 | 6 对 |
| 7 对 | 8 错 | 9 对 |
| 10 对 | | |

自我检测答案

| | | |
|---|---|---|
| 1（c） | 2（a） | 3（b） |
| 4（d） | 5（a） | 6（b） |
| 7（c） | 8（b） | 9（a） |
| 10（d） | 11（c） | 12（c） |

# 第 20 章

# 专用运算放大器电路

**学习目标**

- 分析并解释仪器放大器的工作原理
- 分析并解释隔离放大器的工作原理
- 分析并解释运算跨导放大器的工作原理
- 分析并解释有源二极管电路的工作原理
- 分析和解释三种专用的运算放大器电路

**应用案例概述**

在工业环境中经常要使用监测和控制系统，以确保设备安全运行，提醒工厂人员注意异常或危险情况。这些系统往往需要多个电源和电压，可能会出现噪声、接地或安全问题等。本章的应用案例是研究如何在一个系统中使用仪表放大器、隔离放大器和峰值检测电路来监测 230 V 交流电机的电流，以便数字控制器能够确定线路是否过流，若过流时则发出报警。学习本章后，你应该能够完成本章的应用案例。

**引言**

通用运算放大器（如 741）是一个多用途的器件，因其成本低，被广泛用于教学、实验领域。对于其他专业应用，也有专门的集成运算（IC）放大器可供选择使用。大多数器件都是从基本运算放大器衍生出来的，这些 IC 放大器包括用于在高噪声环境中调节低电平信号的仪表放大器、用于高压和医疗应用的隔离放大器、用于电压与电流放大的运算跨导放大器（OTA），以及用于限制和峰值检测应用的有源二极管电路等。

## 20.1　仪表放大器

仪表放大器是一种差分电压增益电路，可以放大其两个输入端的电压差。仪表放大器的主要用途是放大含有高共模电压噪声的小信号，其电路特点是高输入阻抗、高共模抑制比、低输出失调和低输出阻抗。仪表放大器通常应用于高共模噪声环境下的系统，如需要输入变量远程传递的数据采集系统。

### 20.1.1　基本仪表放大器

如图 20-1 所示，一个基本**仪表放大器**是由 3 个运算放大器和几个电阻组合成的集成电路，运算放大器 A1 和 A2 为同相结构，提供高输入阻抗和电压高增益，运算放大器 A3 为单位增益差分放大器。

如图 20-2 所示，从外部连接增益设置电阻 $R_G$，运算放大器 A1 在其同相（+）输入端施加差分输入信号 $V_{in1}$，并将该信号放大，此时电压增益为

$$A_v = 1 + \frac{R_1}{R_G}$$

$V_{in2}$ 也作为运算放大器 A1 的输入信号。通过运算放大器 A2、$R_2$ 与 $R_G$ 形成的电路施加在 A3 的反相（−）输入端，输入信号 $V_{in2}$ 被运算放大器 A1 放大，其电压增益为

$$A_v = -\frac{R_1}{R_G}$$

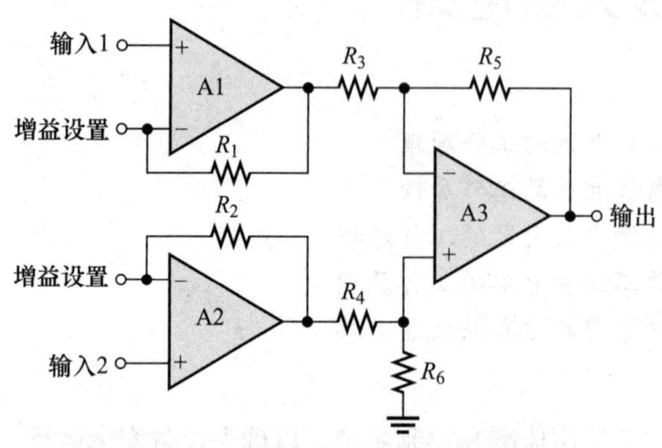


图 20-1 使用 3 个运算放大器的基本仪表放大器

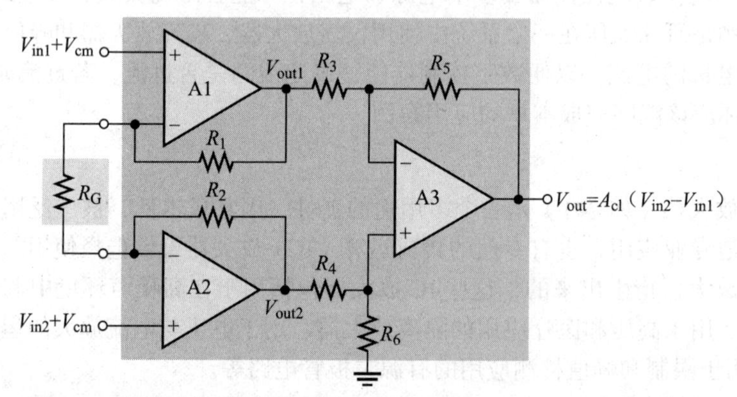


图 20-2 仪表放大器带有外部增益设定电阻 $R_G$，显示差分和共模信号

同相输入端的共模电压 $V_{cm}$ 被运算放大器 A1 的小共模增益放大（$A_{cm}$ 通常远小于 1），运算放大器 A1 的总输出电压为

$$V_{out1} = \left(1+\frac{R_1}{R_G}\right)V_{in1} - \left(\frac{R_1}{R_G}\right)V_{in2} + V_{cm}$$

运算放大器 A2 的输出电压与之类似，

$$V_{out2} = \left(1+\frac{R_2}{R_G}\right)V_{in2} - \left(\frac{R_2}{R_G}\right)V_{in1} + V_{cm}$$

运算放大器 A3 的一个输入是 $V_{out1}$，另一个是 $V_{out2}$，因此，运算放大器 A3 的差分输入电压是 $V_{out2}-V_{out1}$。

$$V_{out2} - V_{out1} = \left(1+\frac{R_2}{R_G}+\frac{R_1}{R_G}\right)V_{in2} - \left(1+\frac{R_2}{R_G}+\frac{R_1}{R_G}\right)V_{in1} + V_{cm} - V_{cm}$$

选择 $R_1$ 和 $R_2$ 可以达到最佳配置，以获得最佳共模抑制。这种情况下，选择电阻 $R_1=R_2=R$，就有

$$V_{out2}-V_{out1}=\left(1+\frac{2R}{R_G}\right)V_{in2}-\left(1+\frac{2R}{R_G}\right)V_{in1}+V_{cm}-V_{cm}$$

注意，由于共模电压（$V_{cm}$）是相等的，相互抵消，将差分增益简化后，运算放大器 A3 的差分输入的表达式如下

$$V_{out2}-V_{out1}=\left(1+\frac{2R}{R_G}\right)(V_{in2}-V_{in1})$$

因为 $R_3=R_5=R_4=R_6$，$A_v=R_5/R_3=R_6/R_4$，运算放大器 A3 具有单位增益。因此，仪表放大器的最终输出（运算放大器 A3 的输出）为

$$V_{out}=V_{out2}-V_{out1}=\left(1+\frac{2R}{R_G}\right)(V_{in2}-V_{in1})$$

闭环增益为

$$A_{cl}=\frac{V_{out}}{V_{in2}-V_{in1}}$$

将上式简化为

$$A_{cl}=1+\frac{2R}{R_G} \tag{20-1}$$

式中 $R_1=R_2=R$。式（20-1）表明，当 $R_1$ 和 $R_2$ 相等且已知时，仪表放大器的增益可以由外部电阻 $R_G$ 的值来设定。

对于所需的电压增益，外部增益设置电阻 $R_G$ 可以通过使用式（20-1）得到，即

$$R_G=\frac{2R}{A_{cl}-1} \tag{20-2}$$

也可以使用二进制编码而不是通过外部电阻将增益设置为特定值的仪表放大器。这种放大器称为可编程增益放大器（PGA 放大器）。

**例 20-1** 计算某个 IC 仪表放大器的外部增益设置电阻 $R_G$ 的值，其中 $R_1=R_2=27\ k\Omega$，闭环电压增益为 450。

**解**

$$R_G=\frac{2R}{A_{cl}-1}=\frac{54\ k\Omega}{450-1}\approx 120\ \Omega$$ ◀

**同步练习** 一个 $R_1=R_2=39\ k\Omega$ 的仪表放大器要产生 325 的增益，需要多大的外部增益设定电阻值?

采用科学计算器完成例 20-1 的计算。

### 20.1.2 应用

如前所述，仪表放大器通常用于测量叠加在比信号电压高得多的共模噪声上的小差分信

号，如图 20-3 所示。其应用包括通过远程装置（如温度或压敏传感器）检测的数值，通过一根长线路传输产生的检测小信号，由于受到噪声的影响，在线路中会产生共模电压，线路末端的仪表放大器放大来自远程传感器的小信号，并抵消大的共模电压噪声。

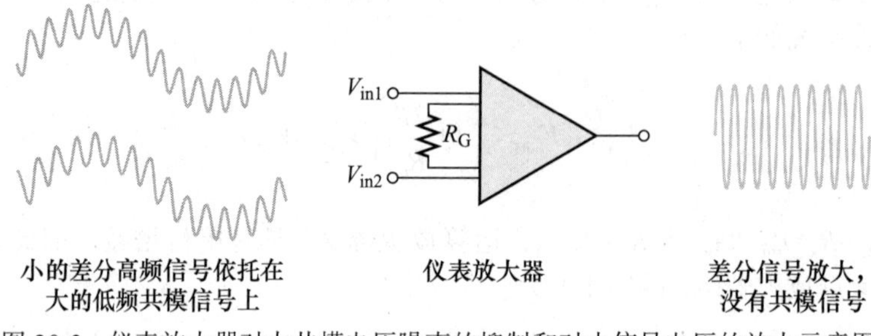


图 20-3 仪表放大器对大共模电压噪声的抑制和对小信号电压的放大示意图

### 20.1.3 专用仪表放大器

INA333 系列器件是一种仪表放大器，如图 20-4 所示，图中给出了供参考的 IC 引脚编号。该仪表放大器是基于 3 个运算放大器设计的，使用激光微调电阻，具有非常高的精度，并有较强的噪声抑制能力，INA333 的一些特点如下：

- 电压增益可以通过一个外部电阻 $R_G$ 在 2 到 1000 之间调整。
- 在没有外部电阻的情况下，增益为 1。
- 输入阻抗为 100 GΩ。
- 若 $A_v \geqslant 10$，共模抑制比（CMRR）最小为 100 dB。（回想一下，更高的 CMRR 意味着能更好地抑制共模电压。）
- 带宽为 35 kHz，增益为 10。
- 具有极低的偏置电流（最大 200 pA），可在低至 1.8 V 的电压下工作。

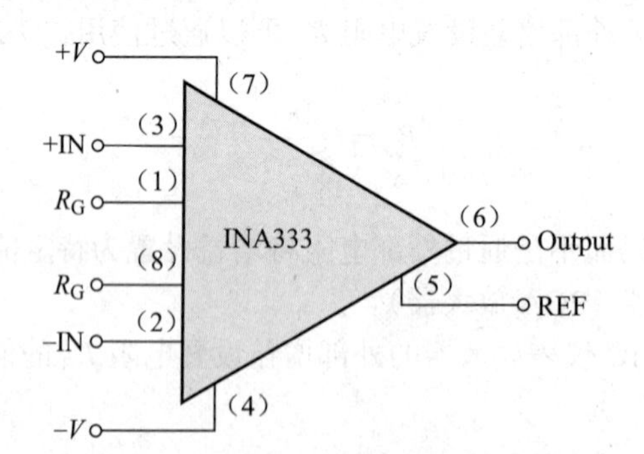


图 20-4 INA333 仪表放大器，REF 引脚正常接地

**设置电压增益** 如图 20-5 所示，对于 INA333，必须使用一个外接电阻使电压增益大于 1，电阻 $R_G$ 连在图中“$R_G$”端子（引脚 1 和 8）之间，单位增益不需要外接电阻。根据式（20-3）选择增益电阻 $R_G$ 为

$$R_G = \frac{100\ \text{k}\Omega}{A_v - 1} \tag{20-3}$$

仪表放大器中 3 个运算放大器配置的增益电阻都与式（20-2）相同，其内部电阻 $R_1$ 和 $R_2$ 都是 50 kΩ。

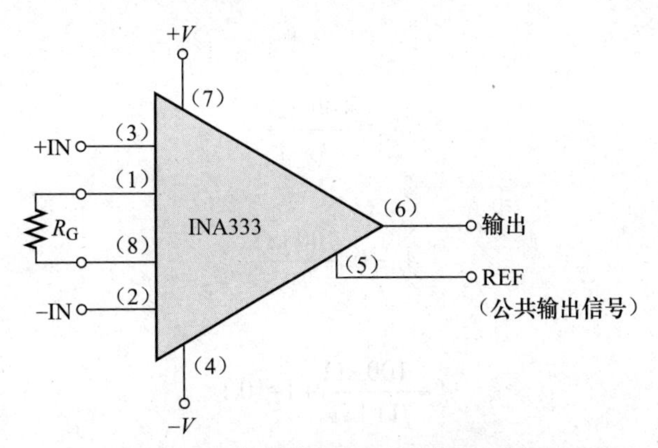


图 20-5　带有增益设置电阻的 INA333

**增益与频率关系**　图 20-6 的图表显示了图 20-5 放大器增益分别为 1、10、100 和 1000 时的增益与频率的关系，可以看出，随着增益的增大，带宽在减小。在应变或温度等测量应用场合，对于高增益相关的较低频率响应，INA333 仪表放大器的使用是没有问题的。

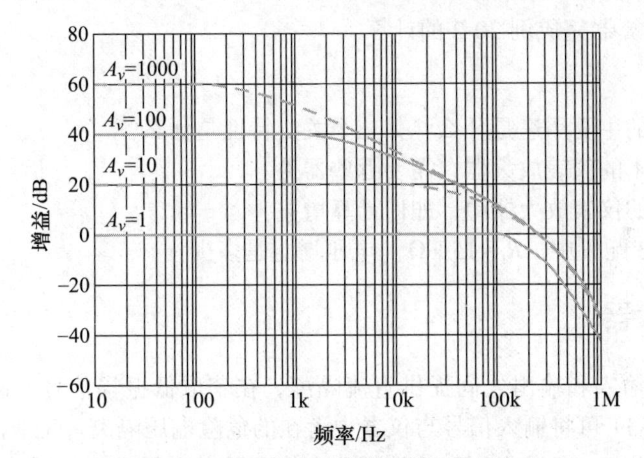


图 20-6　INA333 仪表放大器的增益与频率关系

**例 20-2**　计算电压增益，并利用图 20-6 中的图表确定图 20-7 中仪表放大器 −3dB 的近似带宽。

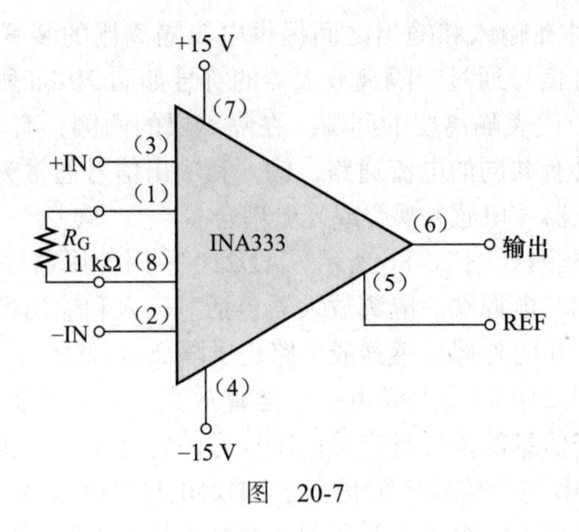


图　20-7

**解**

$$R_G=\frac{100\ \text{k}\Omega}{A_v-1}$$

$$A_v-1=\frac{100\ \text{k}\Omega}{R_G}$$

$$A_v=\frac{100\ \text{k}\Omega}{11\ \text{k}\Omega}+1=10.1$$

根据图 20-6，$A_v$=10 的频率曲线在恒定区域下面 3dB，带宽 BW 的近似值是

$$BW\approx35\ \text{kHz}$$ ◀

**同步练习** 调整图 20-7 中的电路，使其增益为 38，重新计算该例题。

▦ 采用科学计算器完成例 20-2 的计算。

**学习效果检测**

1. 仪表放大器的主要用途是什么？其三个关键特性是什么？
2. 构造一个基本的仪表放大器，需要哪些器件？
3. 在一个基本的仪表放大器中，如何计算增益？
4. 在某 INA333 配置中，$R_G$=15 kΩ。电压增益是多少？

## 20.2 隔离放大器

隔离放大器在输入和输出之间提供直流隔离，在获取低振幅信号的医疗仪器中特别有用，如心电图（ECG）可将输入信号与仪器中潜在的危险电压隔离。工业测量系统经常需要电气隔离，以防止噪声、危险电压和接地回路，从而提高测量精度。双向隔离器是另一种类型的隔离放大器，用于总线接口以及类似的应用。

### 20.2.1 基本隔离放大器

**隔离放大器** 是一种在输入和输出之间提供电流隔离栅的装置，可以阻止电流在输入和输出之间通过，但允许信号通过。隔离放大器的符号如图 20-8a 所示，放大器被分成输入端和输出端，中间有一个代表隔离栅的间隙。在隔离层的两侧，有单独电源电压和接地线，表明输入和输出端之间没有共同的电流通路，输入和输出信号通常为差分信号。隔离栅的形式可以是电容耦合、变压器（电感）耦合或光电耦合。

AD210 隔离放大器框图如图 20-8b 所示，AD210 采用变压器隔离栅，有三个相互隔离的端口：输入端、输出端和电源端。隔离放大器包括对输入和输出端的隔离电源分配，确保用户使用一个电源供电，并向外部传感器或电路提供隔离电源。

注意图 20-8b 中，AD210 的输入级由一个运算放大器、一个振荡器、一个调制器和输入电源组成。**调制**让含有信息的信号具有另一个信号的特性（如振幅、频率、相位或脉冲宽度），使被调制信号包含第一个信号中的信息。AD210 的输出级由一个低通滤波器解调器、一个运算放大器和一个输出电源组成。解调器从调制信号中提取原始输入信号，以便将来自输入级的原始信号转换回其原始形式。隔离电源通过来自电源模块的变压器耦合提供给输入

和输出部分。

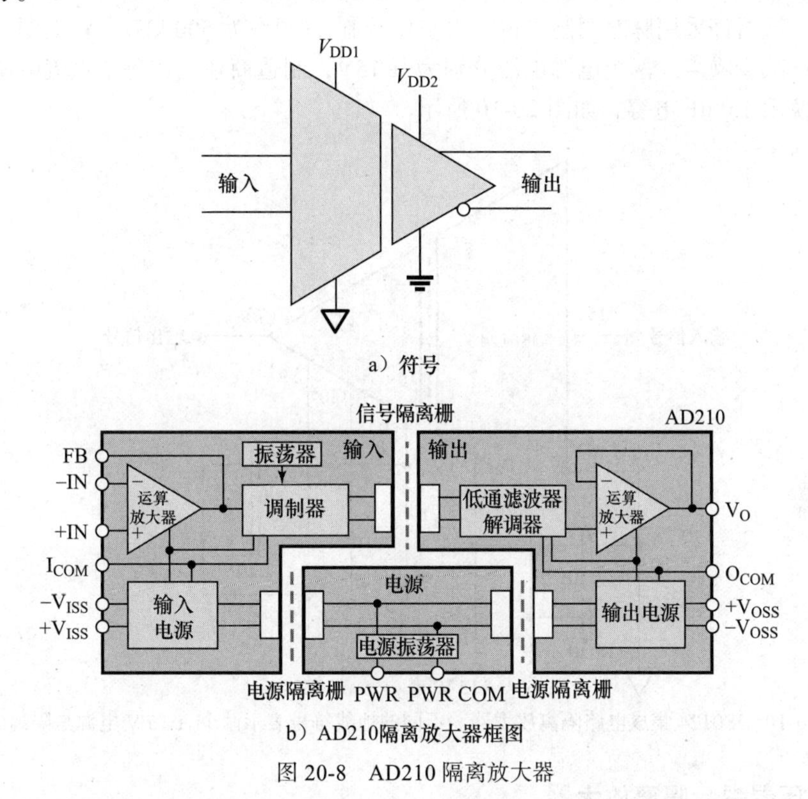


a）符号

b）AD210隔离放大器框图

图 20-8　AD210 隔离放大器

接下来讨论隔离放大器的调制类型。首先，它调制方式是振幅调制，其调制信号的振幅随输入振幅变化而变化，如图 20-9a 所示。隔离放大器的另一种调制方式是脉宽调制，在脉宽调制中，振荡器输出的占空比会根据与输入信号变化对应的脉冲宽度改变。图 20-9b 所示为一个使用脉宽调制的隔离放大器，其内部的结构复杂，但隔离放大器只是一个放大器，使用起来很简单。施加直流电源电压和输入信号时，就会产生一个放大的输出信号，隔离功能本身是一个看不见的过程。

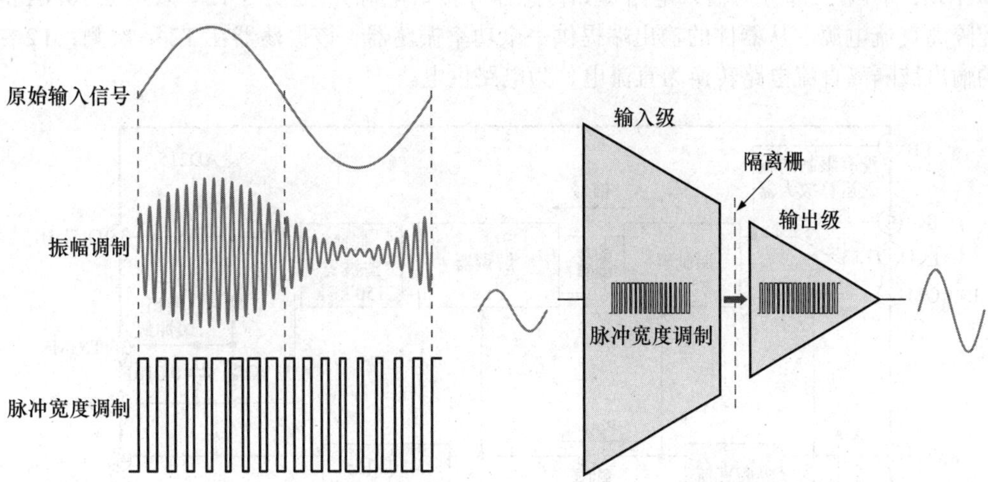

原始输入信号

振幅调制

脉冲宽度调制

输入级

隔离栅

输出级

脉冲宽度调制

a）　　　　b）

图 20-9　调制类型

IS0124 是另一种集成电路隔离放大器。其增益为固定的单位增益，两级的正负直流电压分开工作。该器件采用脉宽调制（也叫占空比调制），频率为 500 kHz，将电源电压与外部电容解耦，以减少噪声。两个电源电压分别为 ±15V，制造商建议在每个直流电源引脚到各自的地之间使用 1.0 μF 电容，如图 20-10 所示。

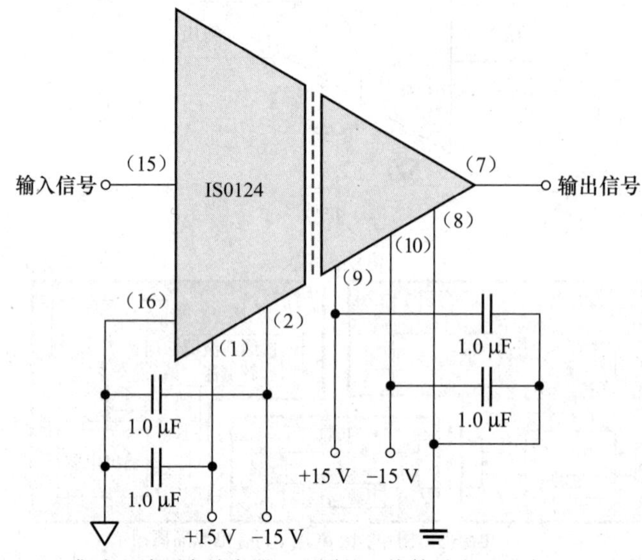


图 20-10 IS0124 集成电路隔离放大器。不同的地线符号表示两个 ±15 V 电源是隔离的

## 20.2.2 变压器耦合隔离放大器

AD215 是一种变压器耦合隔离放大器，AD215 的内部框图如图 20-11 所示，来自传感器的输入信号施加到内部运算放大器，该运算放大器根据使用者需要的增益进行配置，该信号由 AM 调制器调制，输出信号输出至隔离变压器 T1 的一次绕组。在二次侧，输出信号被解调和滤波后去除载波，信号输送到输出缓冲级，缓冲级将输入的恢复信号输出到输出端。使用者可使用 TRIM 引脚来调整输出失调电压。

AD215 的第二部分为输入电路（如传感器和接口电源），提供 ±15V 以及 ±10mA 的未调控隔离直流电源。从器件的输出端提供一个功率振荡器，该振荡器在 T2 一次侧，T2 二次侧的输出被隔离直流电路转换为直流电，为电路供电。

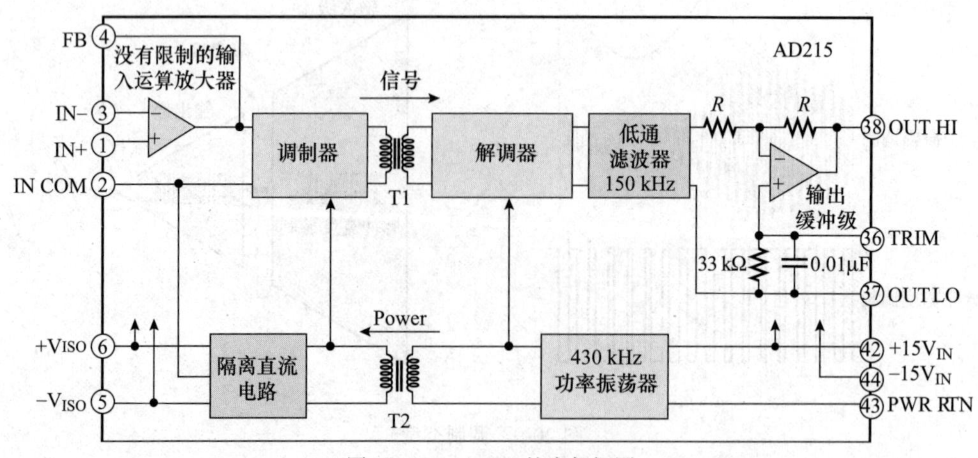


图 20-11 AD215 的内部框图

**例 20-3** 说明如何使用 AD215 以隔离输出方式连接 3 线传感器。探测器的 3 条线是 COM（公共）、V+ 和 SIG。隔离的直流电压在 V+ 线和 COM 之间提供给传感器。SIG 是频率变化的交流输出。传感器的输出通过 AD215 的内部运算放大器放大 10 倍。

**解** 参见图 20-12，该传感器由内部隔离电源供电，使用 $C_f$ 避免不稳定，$C_1$ 和 $C_2$ 是去耦电容，去除开关电源噪声。

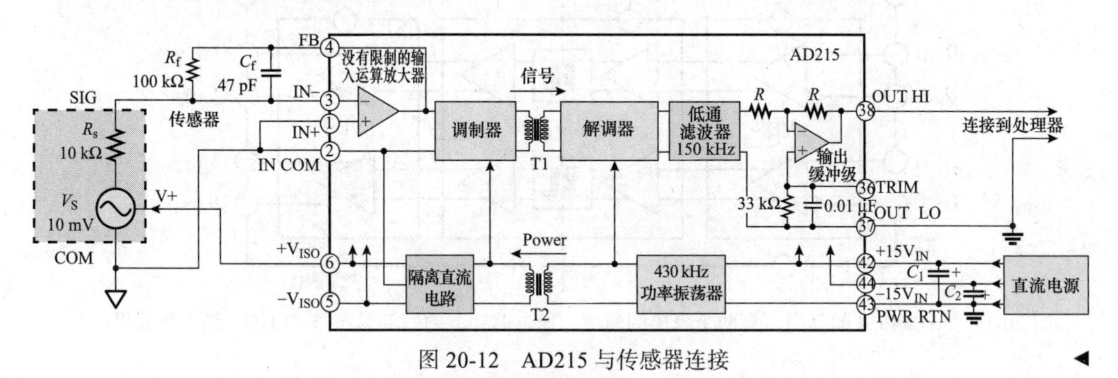


图 20-12 AD215 与传感器连接

**同步练习** 如何将图 20-12 中电路增益调整为 5？

采用科学计算器完成例 20-2 的计算。

### 20.2.3 应用

**低压差分信号** 许多行业需要对加工过程进行持续的监测和控制，在出现不需要的共模噪声时，监视设备会发送低电平信号进行处理。低压差分信号（LVDS）接口是一种标准化的高速数字接口，在从采集点到处理点的两条屏蔽双绞线上使用差分电流发送数字数据。图 20-13 说明了 LVDS 的概念，它驱动电路或发射器向接收器发送电流信号，在 100 Ω 的终端电阻 $R_T$ 上形成低电平电压。电流流动的方向决定了传送电压的极性以及信号是高电平还是低电平。因为大小相等和方向相反的电流辐射相互抵消，并且差分信号具有高共模抑制比（CMRR），所以传送的电流过程具有低辐射电磁干扰（EMI）和很强的抗噪能力。

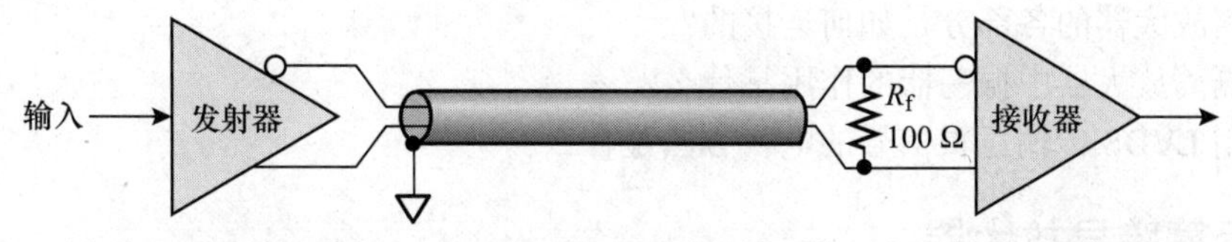


图 20-13 LVDS 的概念。LVDS 可以设置为双向系统，在发射器处提供隔离

为了提供隔离，有“现成的”高速缓冲发射器，可以将信号源与接收器隔离。模拟器件 ADN4654 是一种 LVDS 发射器，可以插入 LVDS 信号链中，在发射器和接收器模块之间提供电隔离。ADN4654 的框图如图 20-14 所示。

**医疗电子设备应用** 出于安全考虑，在监测身体功能（如心率和血压）的各种类型的医疗设备中，必须进行电气隔离。大共模信号中会有非常小的监测信号，如果没有电气隔离，直流电泄漏或设备故障会造成致命伤害。图 20-15 所示为一个心脏监测应用中的隔离放大器简化图。隔离放大器主要是为了保证病人的安全，以及消除不需要的共模信号。

对胎儿心跳的监测是对心脏监测要求最高的类型之一，因为除了 50 μV 的胎儿心跳外，还有母亲的心跳，通常会产生共模电压，其范围为 1.0 ～ 100 mV。隔离放大器的 CMR（共模抑制）将胎儿心跳的信号与母亲的心跳和其他共模信号分开。因此，来自胎儿心跳的信号基本上是放大器发送至监测设备的全部信号。

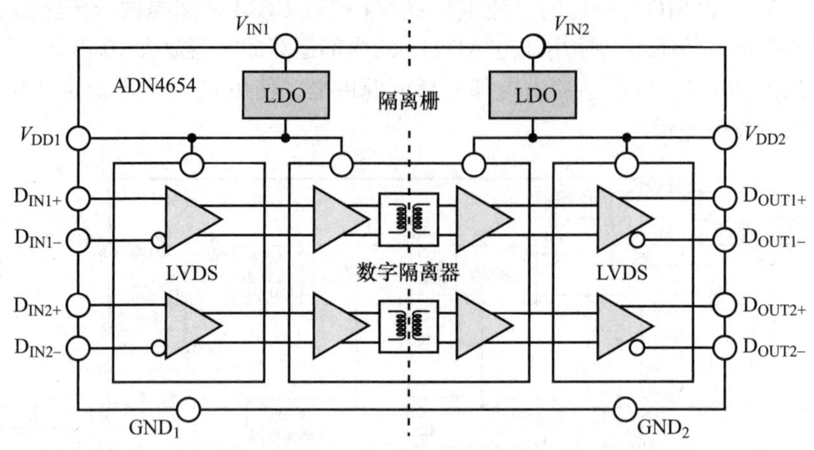


图 20-14 ADN4654 的框图。有两个隔离的通道，通过芯片上的内部低压差（LDO）稳压器获得电源

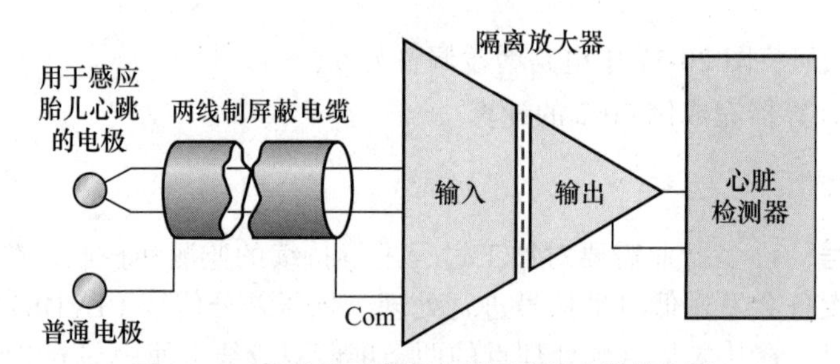


图 20-15 心脏监测应用中的隔离放大器简化图

**学习效果检测**

1. 隔离放大器有哪些典型应用？
2. 隔离放大器由哪三个部分组成？
3. 隔离放大器的各部分是如何连接的？
4. 在隔离放大器中振荡器的作用是什么？
5. 使用 LVDS 传输逻辑信号的电气方法是什么？

## 20.3 运算跨导放大器

如你所知，普通的运算放大器主要是电压放大器，其中输出电压等于增益乘以输入电压。**运算跨导放大器（OTA）**主要是一个电压－电流放大器，其中输出电流等于增益乘以输入电压。

运算跨导放大器（OTA）的符号如图 20-16 所示，输出端的双圆符号表示取决于偏置电

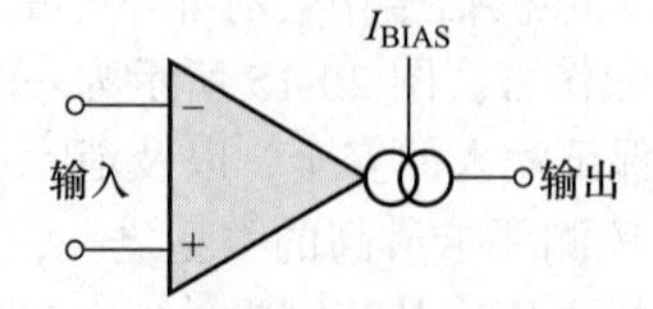


图 20-16 运算跨导放大器（OTA）的符号

流的输出电流源。与普通的运算放大器一样，运算跨导放大器有两个差分输入端、高输入阻抗和高共模抑制比。与普通运算放大器不同，运算跨导放大器有一个偏置电流输入端和高输出阻抗，没有固定的开环电压增益。

## 20.3.1　跨导

根据定义，电子设备的**跨导**是输出电流与输入电压的比值，对于运算跨导放大器来说，电压是输入变量，电流是输出变量，因此，输出电流与输入电压的比值实际上就是其增益。因此，运算跨导放大器的电压 – 电流增益是跨导 $g_m$，如式（20-4）所示。

$$g_m = \frac{I_{out}}{V_{in}} \tag{20-4}$$

在一个运算跨导放大器中，跨导取决于一个常数（$K$）乘以偏置电流（$I_{BIAS}$），如式（20-5）所示，常数的值取决于内部的电路结构。

$$g_m = KI_{BIAS} \tag{20-5}$$

输出电流由输入电压和偏置电流计算，如下式所示：

$$I_{out} = g_m V_{in} = KI_{BIAS} V_{in}$$

运算跨导放大器的一个重要特性是跨导和偏置电流的关系，图 20-17 表明了它们特有的关系，比例常数 $K$ 是跨导与偏置电流的比值，图中的 $K$ 大约是 16 μS/μA。

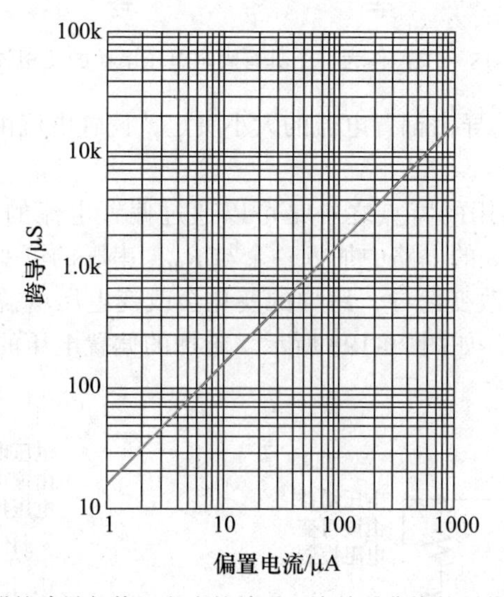


图 20-17　运算跨导放大器的跨导与偏置电流的关系。该关系曲线的形状取决于特定的器件和温度

**例 20-4**　如果运算跨导放大器的 $g_m$=1000 μS，当输入电压为 25 mV 时，输出电流是多少？

**解**

$$I_{out} = g_m V_{in} = 1000\ \mu S \times 25\ mV = 25\ \mu A$$ ◀

**同步练习**　若 $K$=16 μS/μA，计算产生 $g_m$=1000 μS 所需偏置电流的近似值。

采用科学计算器完成例 20-4 的计算。

### 20.3.2 基本运算跨导放大器

运算跨导放大器用作具有固定电压增益的反相放大器，如图 20-18 所示。电压增益是由跨导和负载电阻设定的，如下所示：

$$V_{out}=I_{out}R_L$$

两边都除以 $V_{in}$，

$$\frac{V_{out}}{V_{in}}=\left(\frac{I_{out}}{V_{in}}\right)R_L$$

由于 $V_{out}/V_{in}$ 为电压增益，$I_{out}/V_{in}=g_m$，可得

$$A_v=g_mR_L$$

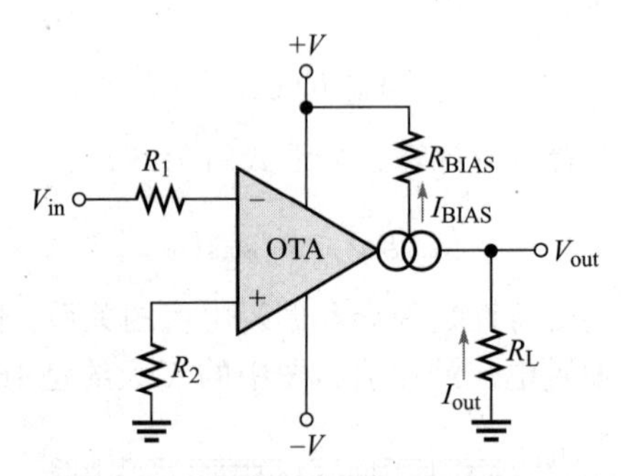


图 20-18 OTA 作为一个具有固定电压增益的反相放大器

图 20-18 中放大器的跨导由偏置电流的大小决定，偏置电流由直流电源电压和偏置电阻 $R_{BIAS}$ 决定。

运算跨导放大器最实用的特点之一是可以通过偏置电流的大小来控制电压增益，如图 20-19a 所示。在图 20-18 的电路中加入一个与 $R_{BIAS}$ 串联的可变电阻，通过改变电阻，可以控制 $I_{BIAS}$ 的变化，从而改变跨导，跨导的变化会改变电压增益。电压增益也可以通过外部施加的可变电压来控制，如图 20-19b 所示。施加的偏置电压的变化会导致偏置电流和跨导的变化。

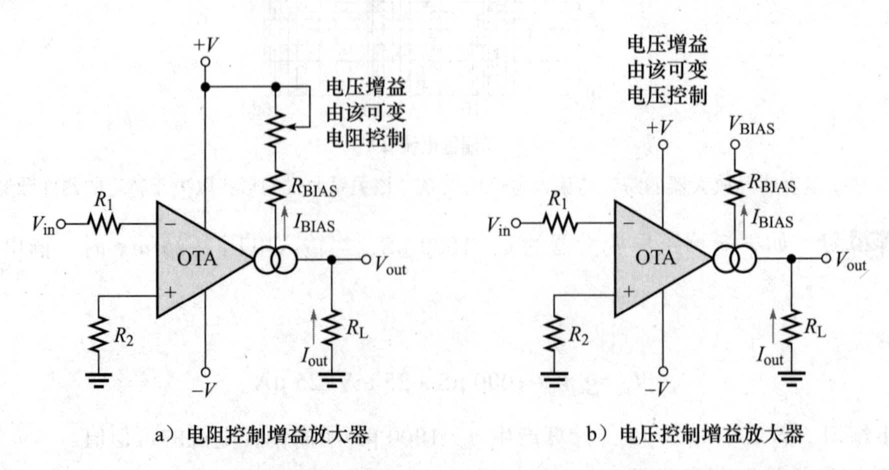


a）电阻控制增益放大器　　b）电压控制增益放大器

图 20-19 运算跨导放大器作为一个具有可变电压增益的反相放大器

### 20.3.3　专用运算跨导放大器

LM13700 是一种典型的双器件封装专用运算跨导放大器，包含两个运算跨导放大器和一个缓冲电路。图 20-20 所示为 LM13700 引脚结构图，最大直流电源电压为 ±18 V，其跨导特性由图 20-17 所示。对于 LM13700，偏置电流由下式确定：

$$I_{\text{BIAS}}=\frac{+V_{\text{BIAS}}-(-V)-1.4\ \text{V}}{R_{\text{BIAS}}}$$

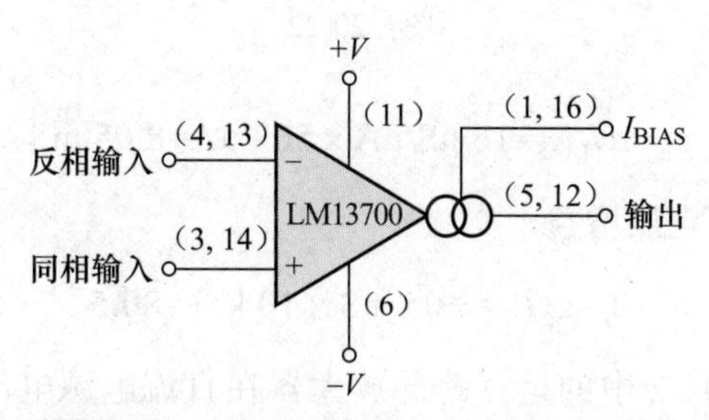


图 20-20　LM13700 引脚结构图。IC 封装里有两个运算跨导放大器，缓冲晶体管没有显示。两个 OTA 的引脚编号都在括号中给出

电压 1.4 V 来自于内部电路，由发射结和二极管将外部电阻 $R_{\text{BIAS}}$ 与负电源电压（$-V$）相连。正偏置电压 $+V_{\text{BIAS}}$ 从正电源电压 $+V$ 获得。

运算跨导放大器的跨导随偏置电流变化而变化，其输入和输出电阻也会随之变化。如图 20-21 所示，随着偏置电流的增加，输入和输出电阻都会减小。

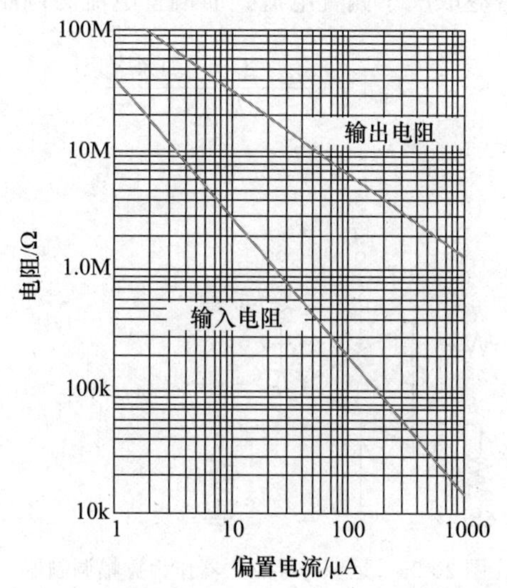


图 20-21　输入和输出电阻与偏置电流的关系

**例 20-5**　图 20-22 中的运算跨导放大器作为一个反相的固定增益放大器，其中 $+V_{\text{BIAS}}=+V$，计算电压增益的近似值。

**解**　计算偏置电流，然后用 $K\approx 16\ \mu\text{S}/\mu\text{A}$ 计算跨导值。

$$I_{\text{BIAS}}=\frac{+V_{\text{BIAS}}-(-V)-1.4\text{V}}{R_{\text{BIAS}}}=\frac{9.0\ \text{V}-(-9.0\ \text{V})-1.4\ \text{V}}{33\ \text{k}\Omega}=503\ \mu\text{A}$$

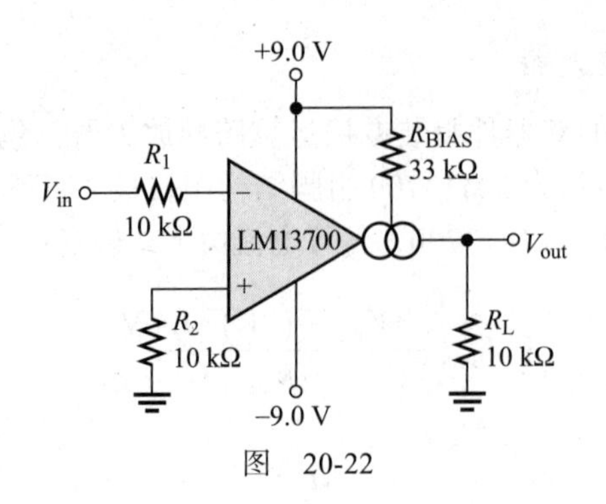


图　20-22

$$g_m=KI_{BIAS}=16\ \mu S/\mu A\times 503\ \mu A=8.05\ mS$$

利用这个 $g_m$ 值，计算电压增益。

$$A_v=g_mR_L=8.05\ mS\times 10\ k\Omega=80.5$$ ◀

**同步练习**　如果图 20-22 中的运算跨导放大器在直流电源电压为 ±12V 下工作，这是否会改变电压增益，如果是的话，改变后的值是多少？

采用科学计算器完成例 20-5 的计算。

## 20.3.4　运算跨导放大器的两种应用

**振幅调制器**　结构为振幅调制器的运算跨导放大器如图 20-23 所示，通过对偏置输入施加调制电压来改变电压增益。当输入一个恒定幅度的输入信号时，输出信号的幅度根据偏置输入的调制电压而变化。增益取决于偏置电流，而偏置电流与调制电压的关系如下：

$$I_{BIAS}=\frac{V_{MOD}-(-V)-1.4\ V}{R_{BIAS}}$$

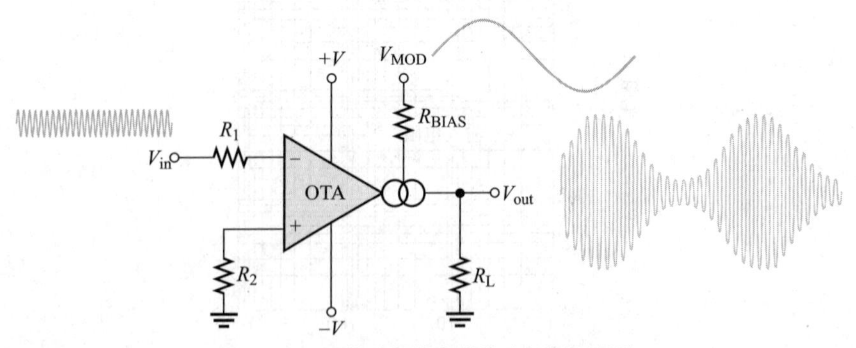


图 20-23　运算跨导放大器作为振幅调制器

图 20-23 显示了在较高频率的正弦波输入电压和较低频率的正弦波调制电压下的调制作用。

**例 20-6**　图 20-24 中的振幅调制器的输入是一个峰值为 50 mV、1.0 MHz 的正弦波。图中的调制电压作用于偏置输入，计算输出信号。

**解**　最大电压增益是在 $I_{BIAS}$ 最大时，即发生在调制电压 $V_{MOD}$ 的最大峰值时，此时 $g_m$ 最大。

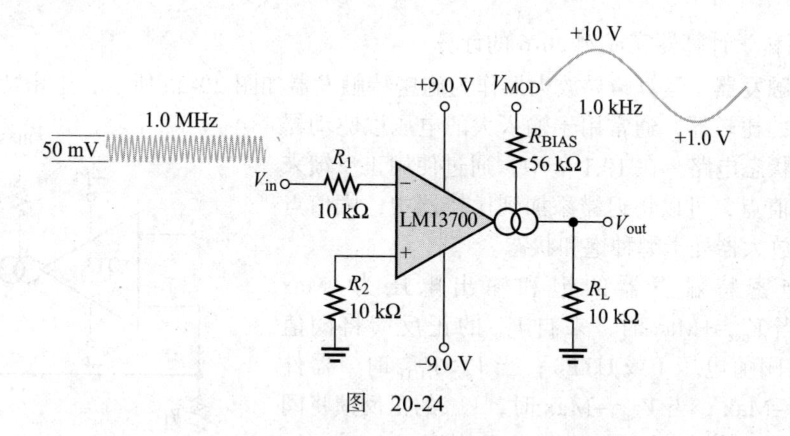

图　20-24

$$I_{BIAS(max)}=\frac{V_{MOD(max)}-(-V)-1.4\ \text{V}}{R_{BIAS}}=\frac{10\ \text{V}-(-9.0\ \text{V})-1.4\ \text{V}}{56\ \text{k}\Omega}=314\ \mu\text{A}$$

常数 $K$ 约为 16 μS/μA，就有

$$g_m=KI_{BIAS(max)}=16\ \mu\text{S}/\mu\text{A}\times 314\ \mu\text{A}=5.03\ \text{mS}$$

$$A_{v(max)}=g_mR_L=5.03\ \text{mS}\times 10\ \text{k}\Omega=50.3$$

$$V_{out(max)}=A_{v(max)}V_{in}=50.3\times 50\ \text{mV}=2.51\ \text{V}$$

最小偏置电流为

$$I_{BIAS(min)}=\frac{V_{MOD(min)}-(-V)-1.4\text{V}}{R_{BIAS}}=\frac{1.0\ \text{V}-(-9.0\ \text{V})-1.4\text{V}}{56\ \text{k}\Omega}=154\ \mu\text{A}$$

$$g_m=KI_{BIAS(min)}=16\ \mu\text{S}/\mu\text{A}\times 154\ \mu\text{A}=2.46\ \text{mS}$$

$$A_{v(min)}=g_mR_L=2.46\ \text{mS}\times 10\ \text{k}\Omega=24.6$$

$$V_{out(min)}=A_{v(min)}V_{in}=24.6\times 50\ \text{mV}=1.23\ \text{V}$$

得到的输出电压如图 20-25 所示。

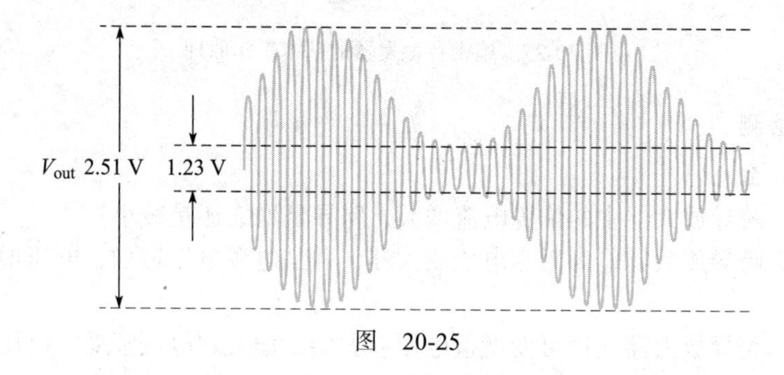

图　20-25

◀

**同步练习**　将正弦调制信号换成方波，最大和最小电平相同，偏置电阻为 39 kΩ，重新计算例题。

采用科学计算器完成例 20-6 的计算。

**施密特触发器** 运算跨导放大器作为施密特触发器如图 20-26 所示，施密特触发器是一种具有迟滞的比较器，通常用于输入大的电压以驱动器件进入饱和状态电路。在 19.1 节中，通过使用正反馈来形成两个阈值点，可以将迟滞添加到比较器中，阈值点取决于运算放大器处于哪种饱和状态。

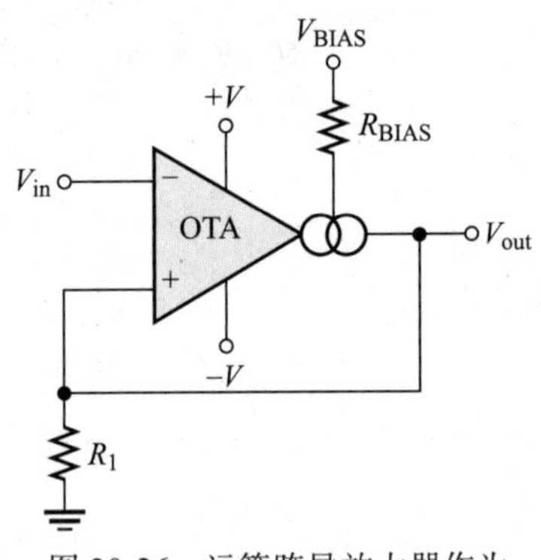

图 20-26 运算跨导放大器作为施密特触发器

假设施密特触发器的饱和输出电压为 +Max 和 –Max，当 $V_{out}$=+Max 时，来自 $V_{out}$ 的正反馈将阈值设置为上限阈值电压（或 UTP）；当 $V_{in}>V_{UTP}$ 时，器件输出切换到 –Max；当 $V_{out}$=–Max 时，$V_{out}$ 的正反馈将阈值降低到下限阈值电压（或 LTP）。只有当 $V_{in}<V_{LTP}$ 时，$V_{out}$ 才会再次切换到 +Max。$V_{UTP}$ 和 $V_{LTP}$ 之间的差值被称为迟滞电压。施密特触发器确保了当 $V_{out}$ 切换到一个状态时，$V_{in}$ 不足以恢复到初始阈值电压，施密特触发器的 $V_{out}$ 切换到另一个状态。相反，$V_{in}$ 必须过渡到原来的阈值点，并通过额外的迟滞电压，器件才能切换状态。

对于施密特触发器，阈值点通过电阻 $R_1$ 的电流来设置，大小等于 $I_{out}$。运算跨导放大器的最大输出电流等于偏置电流，因此，在饱和的输出状态下，$I_{out}=I_{BIAS}$。最大的正输出电压是 $I_{out}R_1$，这个电压是正的阈值或上限阈值电压。当输入电压超过这个值时，输出会切换到最大的负电压，也就是 $-I_{out}R_1$。由于 $I_{out}=I_{BIAS}$，阈值点由偏置电流控制，施密特触发器的基本工作原理如图 20-27 所示。

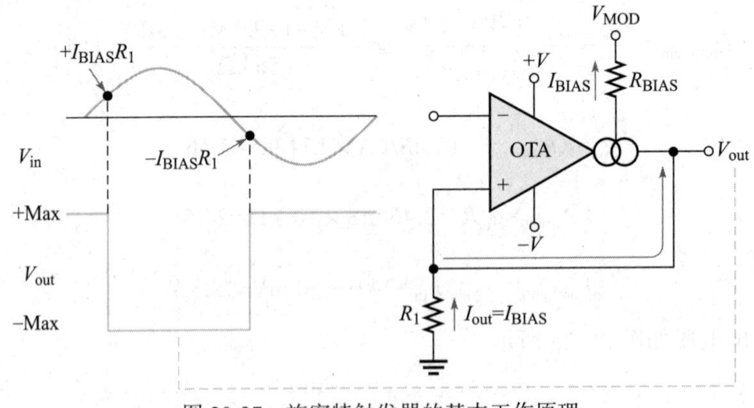

图 20-27 施密特触发器的基本工作原理

**学习效果检测**

1.OTA 是什么意思？

2. 如果运算跨导放大器中的偏置电流增大，跨导是增大还是减小？

3. 如果运算跨导放大器作为固定电压放大器，并且电源电压增加，电压增益会发生什么变化？

4. 如果运算跨导放大器连接可变增益电压放大器，偏置端电压降低，电压增益会发生什么变化？

5. 施密特触发器的迟滞电压的定义是什么？

6. 当 $V_{UTP}$=+0.4 V 和 $V_{LTP}$=–0.4 V 时，施密特触发器的迟滞电压是多少？

## 20.4　有源二极管电路

与电路有关的术语“有源”表示使用了一个增益元件，如运算放大器。本节将介绍同时使用运算放大器和二极管的电路，包括钳制电路、限幅电路和峰值检测器。

### 20.4.1　钳位电路

**二极管钳位电路**　钳位电路或**钳位器**用于将直流电平加到信号电压上，钳位电路通常称为*直流恢复电路*，用于恢复经过电容耦合放大器处理的信号的直流电平。二极管钳位电路的基本工作原理如图 20-28 所示。它为输入信号增加了一个正的直流电压。从输入电压的第一个负半周期开始，当输入最初为负值时，二极管正向偏置，电容充电，大小接近输入峰值，如图 20-28a 所示。刚过负峰值时，二极管变成反向偏置，阴极被电容的电压保持在 $V_{p(in)}-0.7V$。

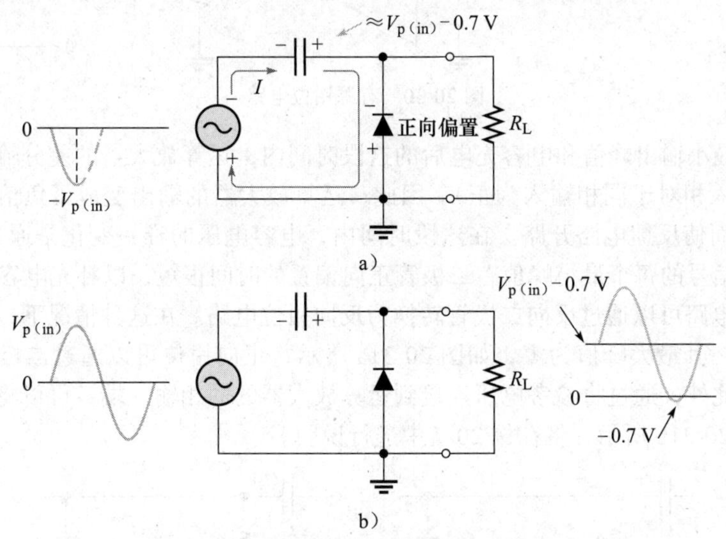


图 20-28　二极管钳位电路的基本工作原理

电容只能通过 $R_L$ 放电，放电的多少取决于时间常数 $R_LC$ 的值和输入信号的周期。为了达到良好的钳位作用，时间常数应该至少是输入周期的 10 倍。钳位的作用是，电容保留的电压大约等于输入峰值电压减去二极管的电压。如图 20-28b 所示，电容的直流电压叠加到输入电压上。如果二极管翻转过来，将负的直流电压加到输入信号上，形成反向钳位，如图 20-29 所示。

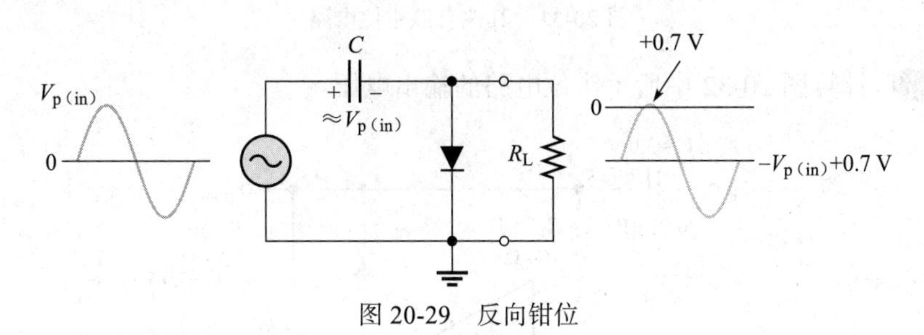


图 20-29　反向钳位

**有源钳位电路**　图 20-30 所示为一个带有运算放大器和二极管的正向有源钳位电路。该电路克服了无源钳位电路的一些缺点，使用运算放大器可以消除正向无源钳位电路输出中的 −0.7 V 峰值，并且防止二极管正向偏置时输入源的负载。

其工作原理如下：在输入电压的第一个负半周期，即 $V_{in}$ 差分输入为正时，产生一个正的输出电压。由于有反馈回路，运算放大器的正输出电压可正向激励二极管，使电容迅速充电。负反馈导致反相输入端的电压与同相输入端的电压相同（即 0 V），这就要求运算放大器的输出电压比 $V_{in}$ 高 +0.7 V，有效地抵消了二极管的正向电压，使电容完全充电到 $V_{p(in)}$，而不是 $V_{p(in)}$ –0.7 V。电容上的最大电压发生在输入的负峰值，极性如图 20-30 所示。该电容电压与输入电压相加，使输出电压的最小峰值 $V_{out}$ 为 0 V，如图 20-30 所示。

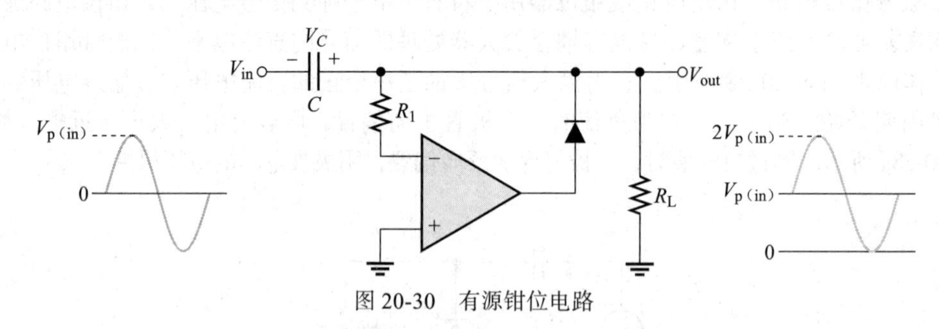


图 20-30 有源钳位电路

在 $V_{out}$ 的最小输出峰值和电容充电后的这段时间内，运算放大器的差分输入电压变成了负值（反相输入相对于同相输入为正）。因此，运算放大器的输出变成了负值，并使二极管反向偏置，从而使反馈电路开路。在这段时间内，电容电压的唯一变化是通过 $R_L$ 进行很小电流放电，在信号的每个最小峰值，二极管正向偏置的时间很短，以补充电容上的电压。

正向钳位电路可以通过反向二极管转换为反向钳位电路。在这种情况下，输出波形将出现在 0 V 以下，其最大峰值为零，如图 20-31a 所示，正向钳位可以通过二极管翻转而转换成反向钳位。此外，通过将参考电压连接到运算放大器的同相输入端，可以将钳位电平变为非零值，如图 20-31b 所示，将在例 20-7 中进行说明。

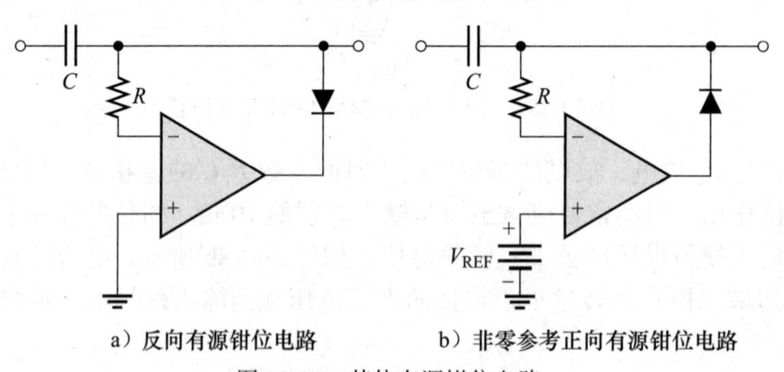


a）反向有源钳位电路　　b）非零参考正向有源钳位电路

图 20-31 其他有源钳位电路

**例 20-7** 计算图 20-32 中所示钳位电路的输出电压。

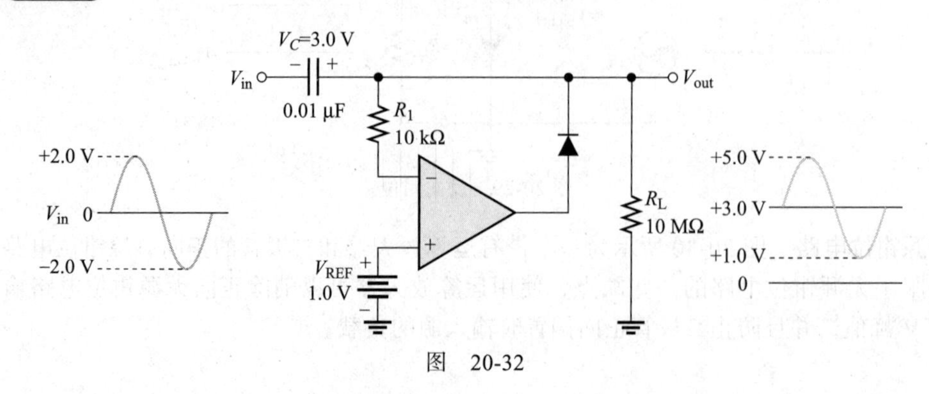


图 20-32

**解**　这是一个正向钳位电路，参考电压是 +1.0 V，其输出电压的最小峰值也是 +1.0 V。如图 20-32 所示，该电压有效地移位了 3.0 V。◀

**同步练习**　参考电压为 +2.5 V 时，图 20-32 所示电路的输出的最大峰值是多少？

采用科学计算器完成例 20-7 的计算。

**Multisim 仿真**

打开 Multisim 或 LTspice 文件 E20-07，将例题中的波形与仿真波形进行比较。试着改变 $V_{REF}$ 的大小和极性，看看会发生什么。

**钳位电路应用**　有源钳位电路用于函数发生器中，将直流电平移至任何所需的点。比钳位电路更好的说法是*直流电平控制电路*，如图 20-33 所示。电阻 $R_2$、$R_3$ 和 $R_4$ 组成一个分压器，$V_{REF}$ 来自 $R_3$（电位器）上的可调电压。随着 $R_3$ 的变化，钳位电压从负电压变化到正电压，从而产生了一个可变的钳位电压，从 $V_S$ 上增加或减少一个直流电压。

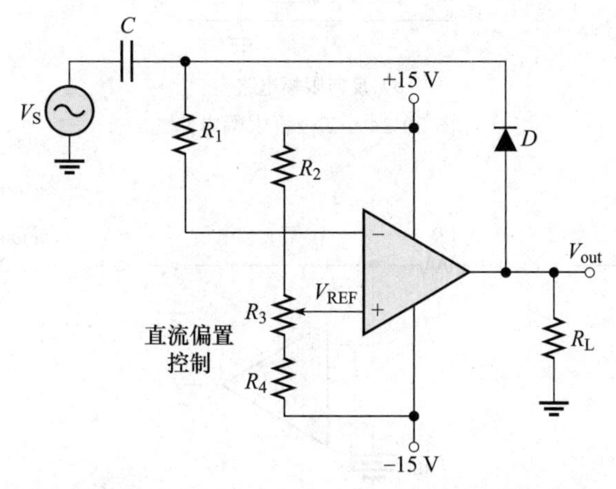


图 20-33　有源钳位电压（直流电平控制电路），用于函数发生器的直流偏置控制。钳位电压可以是负的也可以是正的，*C* 是一个无极性电容

## 20.4.2　限幅电路

**二极管限幅电路**　二极管限幅电路（也叫削波电路）用于切断或限制高于或低于指定电压值的电压。要了解限幅电路的工作原理，首先了解正向限幅电路，如图 20-34a 所示。当输入信号为正值时，二极管正向偏置，输出电压被限制在 +0.7 V，就是二极管的电压。当输入信号为负值时，二极管反向偏置，输出电压与输入电压相似。如果将二极管翻转过来，会得到一个反向限幅电路，如图 20-34b 所示。为了改变限制电压，可以用一个参考电压源与二极管串联，或者用一个齐纳二极管来代替整流二极管。

**有源限幅电路**　如图 20-35 所示，有源限幅电路由一个运算放大器和一个二极管组成。假设输出负载可忽略不计，当输入电压 $V_{in}$ 小于参考电压 $V_{REF}$ 时，运算放大器的差分输入电压为正，在运算放大器的输出端产生一个正电压，使二极管正向偏置，此时运算放大器使反相（−）输入电压等于 $V_{REF}$，$V_{out}=V_{REF}$。当输入电压 $V_{in} > V_{REF}$ 时，运算放大器的差分电压为负，在运算放大器的输出端产生了一个负电压，使二极管反向偏置，电路处于开路，输入电压通过 *R* 直接耦合到输出，因此 $V_{out}=V_{in}$。

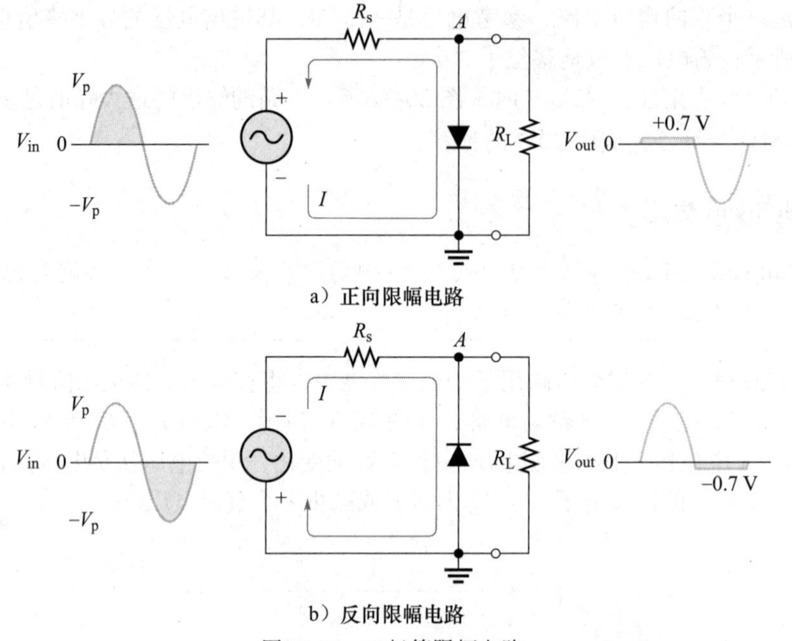


图 20-34　二极管限幅电路

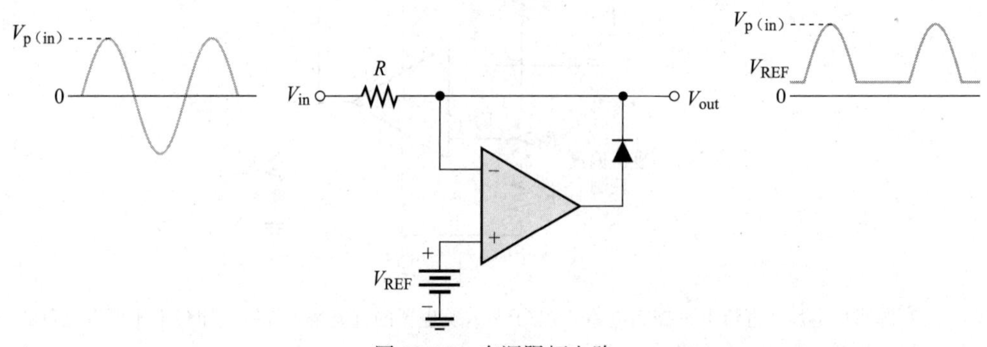


图 20-35　有源限幅电路

另一种有源限幅电路是使用两个齐纳二极管对输出电压进行正向和反向限幅，如图 20-36 所示，限幅电压由连接在反相放大器反馈回路中的齐纳二极管来设定，其值为 ±($V_Z$+0.7 V)。当输入电压小于极限电压时，其中一个齐纳二极管反向偏置，电路处于开路，因此运算放大器的输出是线性的，$V_{out}$=（$R_f/R_i$）$V_{in}$。当输出达到 ±（$V_Z$+0.7 V）时，其中一个齐纳二极管反向击穿，另一个二极管正向偏置，图 20-36 所示的齐纳管具有相等的齐纳电压，因此输出是对称的，平均值为 0 V。如果一个限幅电路使用不同齐纳电压的二极管，输出将是不对称的，有一个正或负的平均值。

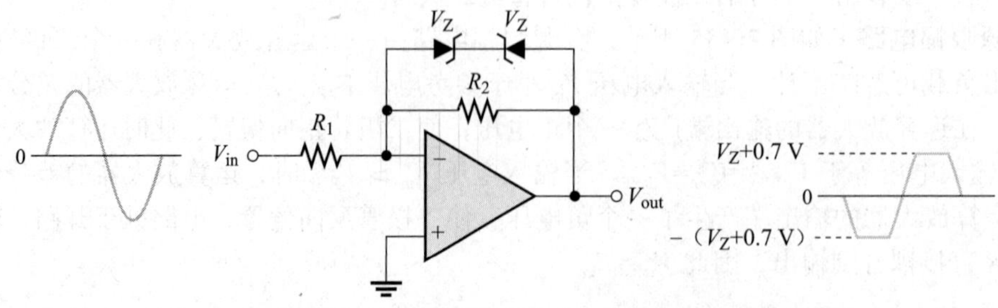


图 20-36　使用两个齐纳二极管对输出电压进行正向和反向限幅

**例 20-8**

(a) 当输入是峰值为 100 mV 的 1.0 kHz 正弦波时，试描述图 20-37 所示限幅电路的输出波形。

(b) 将峰值改为 1.0 V，重复问题 (a)。

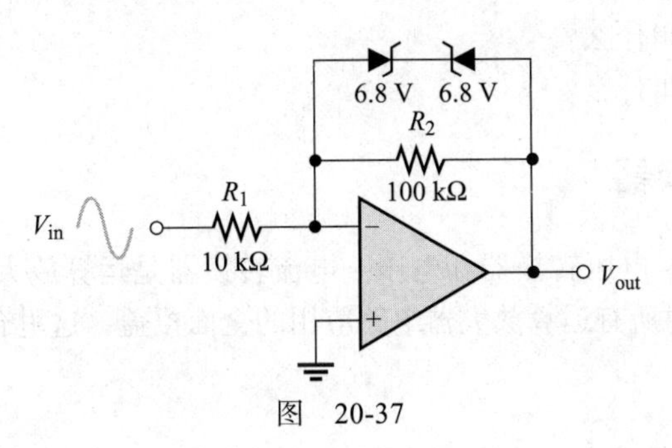


图　20-37

**解**　(a) 输出峰值为

$$V_{p\,(out)} = (R_2/R_1)\ V_{p\,(in)} = 10 \times 100\ \text{mV} = 1.0\ \text{V}$$

该值小于齐纳二极管所设定的限制电压 6.8 V，因此输出是一个正弦波，其峰值不受限制。

(b) 由于输出峰值 ( ±10V) 超过了限制电平，输出被限制在 ± (6.8 V+0.7 V)，如图 20-38 所示。

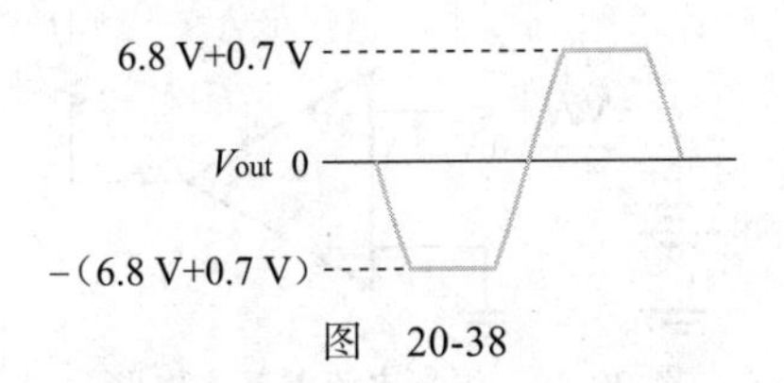


图　20-38

**同步练习**　如果图 20-37 中的 $R_2$ 减少到 68 kΩ，那么该例的问题 (a) 和 (b) 的输出会发生什么变化？

采用科学计算器完成例 20-8 的计算。

### 20.4.3　峰值检测器

有源二极管电路的另一个应用是图 20-39 所示的峰值检测电路，该电路用于检测输入电压的峰值，并将该峰值电压存储在一个电容上。该电路可用于检测和存储电压冲击的最大值，然后在输出端采用电压表或记录设备测量其值。当一个正电压通过 $R_i$ 施加到运算放大器的同相输入端时，运算放大器的高电平输出电压使二极管正向偏置并给电容充电，电容持续充电直到其电压与输入电压相等，并且两个运算放大器的输入都处于相同的电压。此时，运算放大器作为一个比较器，切换到低电平，二极管反向偏置，电容停止充电，达到了与 $V_{in}$ 的峰值相等的电压，并将保持这一电压，直到电荷泄漏。如果一个更大的输入峰值出现，电容将充电到新的峰值。

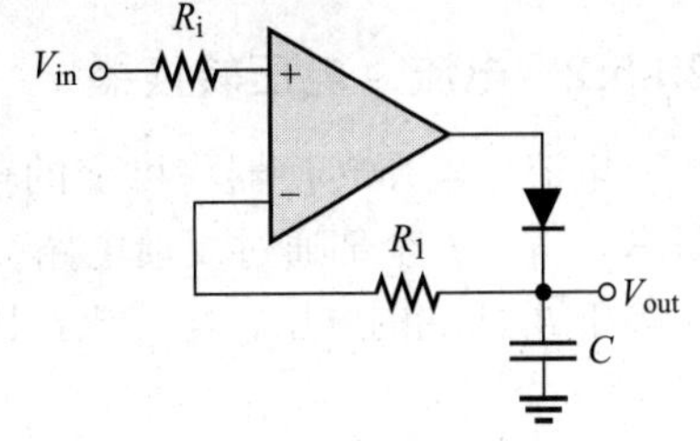


图 20-39　峰值检测器

**学习效果检测**

1. 解释什么是钳位电路。
2. 解释什么是限幅电路。
3. 解释什么是峰值检测器。
4. 钳位电路有时还叫什么?
5. 限幅电路有时还叫什么?

## 20.5 电流源和转换器

恒定电流源、电流–电压转换器和电压–电流转换器是运算放大器应用的典型运算放大器电路，当然它们不是对所有运算放大器电路应用的全面覆盖，这里介绍 3 种常见的应用。

### 20.5.1 恒定电流源

恒定电流源提供的负载电流在负载电阻变化时仍保持恒定。图 20-40 所示为其基本电路，其中一个稳定的电压源（$V_{IN}$）通过输入电阻（$R_i$）提供一个恒定的电流，由于运算放大器的反相（–）输入是虚拟接地（0 V），$I_i$ 的值由 $V_{IN}$ 和 $R_i$ 来决定，即

$$I_i=\frac{V_{IN}}{R_i}$$

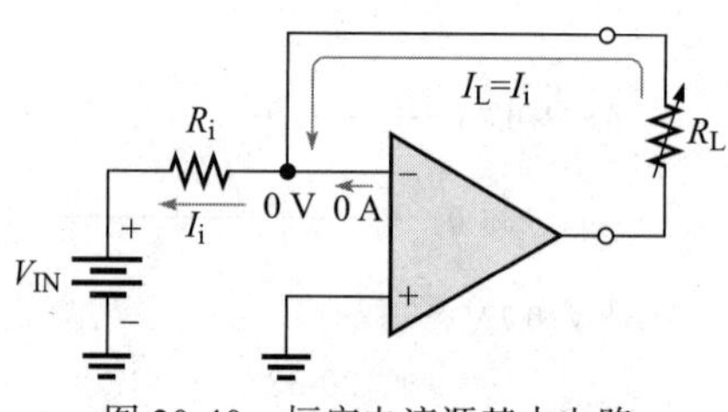


图 20-40 恒定电流源基本电路

由于运算放大器的内部输入阻抗非常高（理想情况下是无穷大），实际上电流 $I_i$ 全部通过反馈电路的电阻 $R_L$，即 $I_i=I_L$，则

$$I_L=\frac{V_{IN}}{R_i}$$

如果 $R_L$ 发生变化，只要 $V_{IN}$ 和 $R_i$ 保持不变，$I_L$ 就会保持不变。

### 20.5.2 电流–电压转换器

电流–电压转换器将可变的输入电流转换为比例输出的电压，其基本电路如图 20-41a 所示。由于 $I_i$ 全部通过反馈电路，$R_f$ 两端的电压为 $I_iR_f$，$R_f$ 左侧是虚拟接地（0 V），输出电压等于 $R_f$ 两端的电压，与 $I_i$ 成正比。

$$V_{out}=I_iR_f$$

图 20-41b 是这种电路的一个具体应用，其中光电管用来感应光量的变化，随着光量的变化，通过光导电池的电流因电池电阻的变化而变化，电阻变化会导致输出电压的成比例变化，即 $\Delta V_{out}=\Delta I_iR_f$。

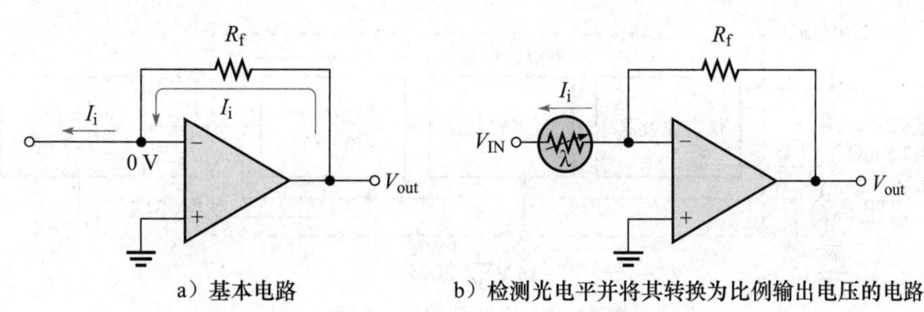


a）基本电路　　b）检测光电平并将其转换为比例输出电压的电路

图 20-41　电流 – 电压转换器

### 20.5.3　电压 – 电流转换器

图 20-42 所示为电压 – 电流转换器，该电路用于输入电压控制输出（负载）电流的应用。

忽略输入失调电压，运算放大器的反相和同相输入端具有相同的电压 $V_{in}$，因此，$R_1$ 上的电压等于 $V_{in}$，反相输入端的电流可忽略，通过 $R_1$ 的电流与通过 $R_L$ 的电流相同，因此就有

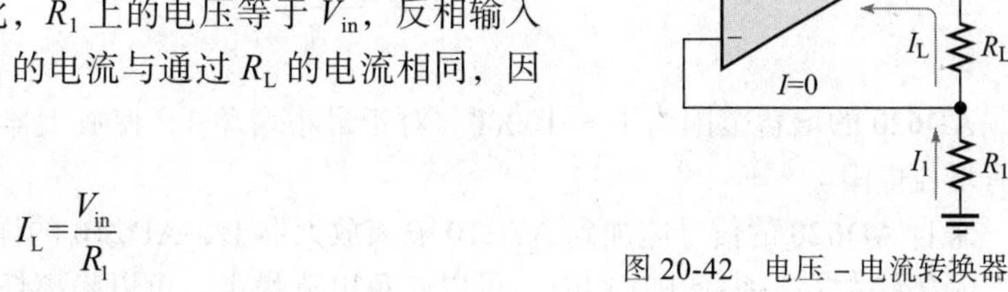


图 20-42　电压 – 电流转换器

$$I_L = \frac{V_{in}}{R_1}$$

**学习效果检测**

1. 对于图 20-40 所示的恒定电流源，输入参考电压为 6.8 V，$R_i$ 为 10 kΩ，该电路向 1.0 kΩ 的负载提供的恒定电流是多少？对 5.0 kΩ 的负载又是多少？

2. 在电流 – 电压转换器中，什么条件决定了输入电流与输出电压之间的比例常数？

## 应用案例

本章应用案例是工业环境中的监测案例，具体是：使用一个仪表放大器、一个隔离放大器和一个峰值检测器来监测一个大型交流电机的电流，每隔 1.0 s 检查一次电流，看是否有过流的故障情况。大电流表明可能有问题需要注意。

**系统基本工作原理**

在这个案例中，用一个控制器持续监控一个 2.0 hp（1 hp=735.5 W）的 230 V 交流电动机的电流，控制器保存电流记录以供维护使用。如果电流有效值超过 17 A 的额定电流，则发出报警。电流由一个电流感应电阻检测，该电阻将电流转换为一个小的交流电压，再由一个仪表放大器进行放大。为了保护控制器和其他电子器件，仪表放大器输出至一个隔离放大器和峰值检测器，存储峰值电流值。来自控制器的复位脉冲每秒重置一次峰值检测器，这样就可以得到一个新的读数。

图 20-43 所示为电流传感系统框图，系统模拟处理器部分由图中虚线框里的 3 个模块组成。整个模拟处理器在一个电路板上，它是本应用案例的重点。系统有 3 个隔离接地：输入地、输出地和模拟处理器电源地，输入和输出的地线使用相同的示意图符号，但相互之间是隔开的。

图 20-43 显示了模拟处理器的细节，输入是电流流过感应电阻 2.5 mΩ 上产生的小电压，这个电压与电机的电流成正比。

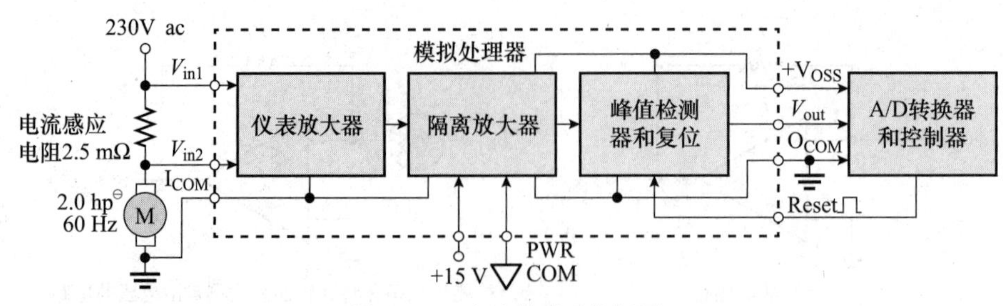


图 20-43 电流传感系统框图

模拟器件 AD620 是一个仪表放大器，其工作原理与 20.1 节中讨论的 INA333 类似，当电动机的电流有效值为 17 A 的最大额定电流时，它可将小的输入电压放大到 1.0 V 的峰值信号。AD620 的工作电源电压范围为 ±3.0 ～ ±18.0 V。与 INA333 一样，其电压增益是通过一个外部电阻配置的，在增益为 $A_v$ 的情况下所需的电阻 $R_G$ 由下式给出：

$$R_G = \frac{49.4\ \text{k}\Omega}{A_v - 1}$$

AD620 的增益范围为 1 ～ 10000。对于最小增益 1，使放大器作为电压跟随器，电路中没有增益电阻。

来自 AD620 的信号施加到 AD210 隔离放大器上，AD210 的详细内部框图如图 20-8b 所示。隔离放大器在系统中应用时，可以避免电流噪声，可以隔离任何危险电压。隔离放大器为 AD620 与输出提供隔离电源。

AD210 的隔离输出施加到峰值检测器，并被送到 A/D 转换器（图 20-44 中未显示）和控制器，转换为代表电动机电流的数字信号。控制器（未显示）以 1.0 s 为间隔存储电流，并在获取新的读数之前重置峰值检测器。

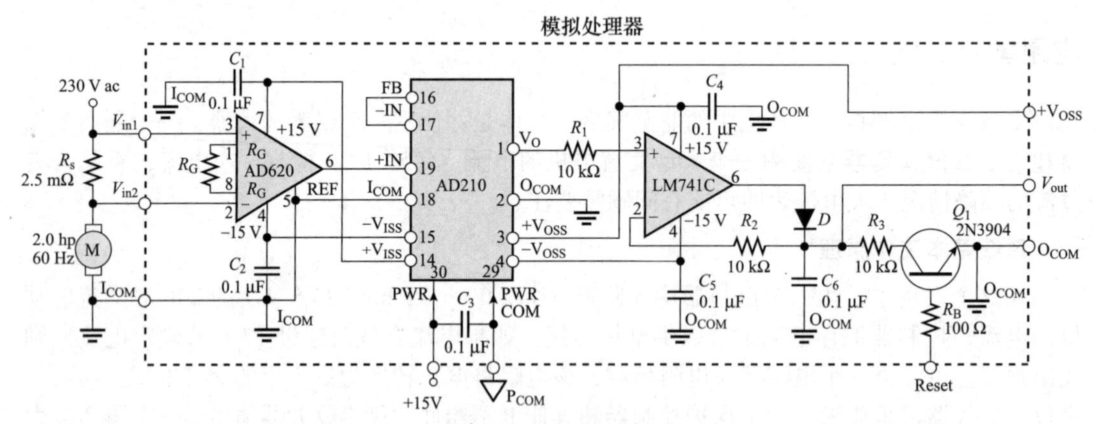


图 20-44 模拟处理器板

本案例的模拟处理器板是在单面多层板上搭建的，这是多电源电压电路的常见做法（在 2.6 节讨论过多层板）。在此应用中，PCB 由四层组成，顶层包含所有的电气元件和连接线，底层有焊接元件的焊盘，但没有元件或导线；中间的两层是导电的电源层和接地层，每层都分为电源、输入和输出平面，中间电源层的左侧是输入电压平面，中央部分是电源平面，右侧是输出电源平面；同样，内层接地层的左侧是输入公共平面，中央部分是电源公共平面，

㊀ 1 hp=745.700 W

右侧是输出公共平面。当制作多层板时，只有特定的焊盘会连接到这些内层平面，因此，只有需要连接到电源或地网的部件才会这样做。

由于图 20-45 中所示的 PCB 内层为隔离的电源和接地传导电压和电流，因此不需要为这些线路提供单独的走线。例如，AD210 上标有“POWER”和“POWER COMMON”引脚的每个焊盘都连接到 AD210 下面的相应焊盘和布线，PCB 顶层没有显示连接的布线。因为在制作 PCB 时，每个标有“POWER”的焊盘将连接到内部电源层的同一平面。同样，每个标有“POWER COM”的焊盘都将连接到内层接地的同一平面。当查看图 20-45 中的 PCB 时，你会注意到一些元件的引脚（如 $C_1$ 的顶部引脚）没有连接走线，这些元件应该连接到内层的一个平面上了。

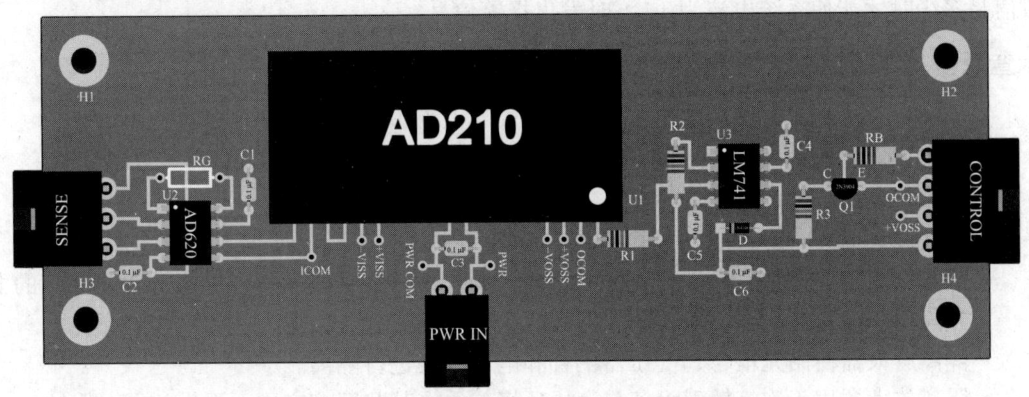


图 20-45　模拟处理器 PCB 布局（见彩插）

**步骤 1：检查放大器板**

1. 对照图 20-42 原理图，检查图 20-45 中的电路板是否安装正确。

2. 找出所有只有一条连接走线的元件，并检查未连接的引脚应连接到电源电压或内部层的公共点。

3. 在图 20-45 的副本上，画出虚线，显示内部电源和地层应如何划分，在内层创建输入、电源和输出平面，检查选择是否能保证所有标记的测试点和过孔都能连接到正确的平面。

4. 为什么 PCB 布局上的一些焊盘是方形的而不是圆形的？

**步骤 2：分析电路**

1. 计算 AD620 仪表放大器所需的电压增益，当电机电流有效值为 17 A 时，仪表放大器的输出应该为 1.0 V（峰值）。

2. 为实现步骤 1 中确定的增益，计算所需的 $R_G$ 值（选择精度 1.0% 的电阻）。

3. 当电机的电流为 12 A 时，计算峰值检测器的同相输入端的预期信号。

4. 控制器以 1.0 s 的间隔发送 1.0 V、5.0 ms 的复位脉冲信号，画出在发送复位脉冲期间和电动机电流为 12 A 时的预期输出。

**步骤 3：电源故障排查**

1. 在测试系统时，发现当电机电流小于 2.0 A 时，控制器会发出报警信号，可能的原因是什么？

2. 用户退回了一块模拟处理器板，一旦系统发出报警信号，不关闭系统电源就不能重置报警，有哪些可能的原因造成此故障？

3. 如果增益电阻 $R_G$ 开路，会发生什么情况？

4. 如果二极管 $D$ 意外装反，会发生什么情况？

**检查与复习**

1. 为什么在 AD210 上有一个从“FB”引脚到同相输入端的跳线？
2. $R_1$ 的作用是什么？
3. 当电流最大时，计算在 $R_s$ 中消耗的功率。
4. 计算 $C_1$ 的放电时间常数。
5. 为了节省生产成本，将 $R_s$ 改为允许偏差为 ±10% 的电阻，那么触发报警的最小和最大的电动机电流是多少？ 1.0 W 的检测电阻是否可以使用？
6. 如果用 INA333 取代 AD620，那么电流为多少时，系统会发出过流报警的信号？ $R_G$ 数值是多少时才能使系统电流为 17 A 时发出报警信号？

## 本章总结

- 一个仪表放大器可以由 3 个运算放大器和 7 个电阻组成，包括增益设置电阻 $R_G$。
- 仪表放大器具有高输入阻抗、高 CMRR、低输出失调和低输出阻抗。
- 许多仪表放大器的电压增益可以通过一个外部电阻来设置。
- 仪表放大器在小信号嵌入大共模噪声的应用中非常有用。
- 隔离放大器允许信号导通，但不允许电流跨越屏障导通，其提供输入和输出之间的电气隔离。通常情况下，隔离放大器有 3 个电气隔离部分：输入、输出和电源。
- 隔离放大器使用光耦合、变压器耦合和电容耦合进行隔离。
- 隔离放大器用于连接敏感设备与高压环境，并在某些医疗应用中提供防电击保护。
- 运算跨导放大器（OTA）是一个电压 – 电流放大器。
- 运算跨导放大器的输出电流是输入电压乘以跨导。
- 对于运算跨导放大器，跨导随偏置电流而变化，运算跨导放大器的增益可以通过偏置电压或可变电阻的设置来改变。
- 施密特触发器有一种迟滞特性，在这种特性下，需要两个不同的阈值电压使输出在最大饱和电压和最小饱和电压之间切换。
- 二极管钳位电路将直流电平添加到交流信号中。
- 二极管限幅电路切断了高于和低于指定水平的电压，限幅电路也被称为削波电路。

## 对 / 错判断（答案在本章末尾）

1 仪表放大器的输入和输出部分需要单独的电源。
2 仪表放大器在抵消差分信号方面有很好的应用。
3 仪器放大器的增益越高，带宽越低。
4 隔离放大器与仪表放大器相同。
5 出于安全考虑，隔离放大器通常在病人监测中进行应用。
6 运算跨导放大器的跨导是由反馈电阻控制的。
7 输出电压与输入电流的比值称为跨导。
8 有源钳位电路在反馈电路上有一个电容。
9 有源限幅电路在反馈电路上有一个二极管。
10 有源峰值检测器电路对峰值输入信号的电容充电。

## 自我检测（答案在本章末尾）

1 要制作一个基本的仪表放大器，需要
(a) 一个具有反馈回路的运算放大器
(b) 两个运算放大器和七个电阻
(c) 三个运算放大器和七个电容
(d) 三个运算放大器和七个电阻

2 通常情况下，一个仪表放大器有一个外

部电阻用于
(a) 设置输入阻抗　(b) 设置电压增益
(c) 设置电流增益　(d) 与仪器对接

3 仪表放大器主要用于
(a) 高噪声环境　(b) 振幅调制器
(c) 测试仪器　(d) 滤波器电路

4 隔离放大器主要用于
(a) 远程控制
(b) 从许多不同的信号中分离出单一信号的系统
(c) 有高电压和敏感设备的应用
(d) 涉及安全的应用
(e) 答案 (c) 和 (d)

5 一个基本的隔离放大器有
(a) 输入和输出之间的直流电导通电路
(b) 输入和输出之间的信号导通电路
(c) 答案 (a) 和 (b)
(d) 以上都不是

6 隔离放大器的输入和输出级可以用以下哪种方法分开?
(a) 铜条
(b) 变压器
(c) 微波连接
(d) 电流回路

7 允许隔离放大器在存在较大噪声电压的情况下有选择地放大小信号电压的特性是
(a) 高共模抑制比
(b) 高增益
(c) 高输入阻抗
(d) 输入和输出之间的磁耦合

8 OTA 表示
(a) 运算晶体管放大器
(b) 运算变压器放大器
(c) 运算跨导放大器
(d) 输出传感器放大器

9 在运算跨导放大器中，跨导由什么控制?
(a) 直流电源电压
(b) 输入信号电压
(c) 制造过程
(d) 偏置电流

10 运算跨导放大器电路的电压增益由什么设置?
(a) 反馈电阻
(b) 跨导
(c) 跨导和负载电阻
(d) 偏置电流和电源电压

11 运算跨导放大器本质上是一种
(a) 电压 – 电流放大器
(b) 电流 – 电压放大器
(c) 电流 – 电流放大器
(d) 电压 – 电压放大器

12 对于一个给定的输入信号，正向有源钳位电路的最小输出信号电压为
(a) 等于输入的直流值
(b) 等于输入的峰值
(c) 等于连接到运算放大器同相输入端的电压
(d) 等于连接到运算放大器反相输入端的电压

13 当钳位运算放大器的同相输入端接地时，输出电压的直流值为
(a) 0
(b) 等于输入的直流值
(c) 等于输入的平均值
(d) 等于输入的峰值

14 在一个正弦波输入电压的正向有源限幅电路中（与图 20-33 中的类似，只是二极管的方向不同），输出信号
(a) 数值限制在高于 $V_{REF}$ 的值
(b) 数值限制在低于 $V_{REF}$ 的值
(c) 总是 0.7 V
(d) 与输入信号相似

15 在反馈电路中有一个背对背齐纳二极管的有源限制电路限制了
(a) 正峰值
(b) 正峰值和负峰值
(c) 负峰值
(d) 正峰值到齐纳电压和负峰值到 −0.7 V

## 分节习题（奇数题答案在本书末尾）

### 20.1 节

1 计算图 20-46 中仪表放大器配置的运算放大器 A1 和 A2 的电压增益。

2 计算图 20-46 中仪表放大器的总电压增益。

3 图 20-46 中仪表放大器施加的电压为：$V_{in1}$=5.0 mV，$V_{in2}$=10 mV，$V_{cm}$=225 mV，计算最终输出电压。

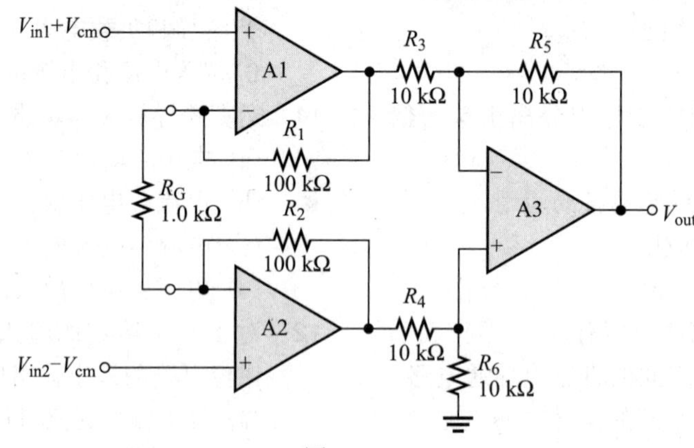


图 20-46

4 要将图 20-46 中仪表放大器的增益改为 1000，$R_G$ 值为多大？

5 图 20-47 所示 INA333 仪表放大器，计算电压增益是多少？

6 使用图 20-6 所示图表，计算图 20-47 中放大器的近似带宽。

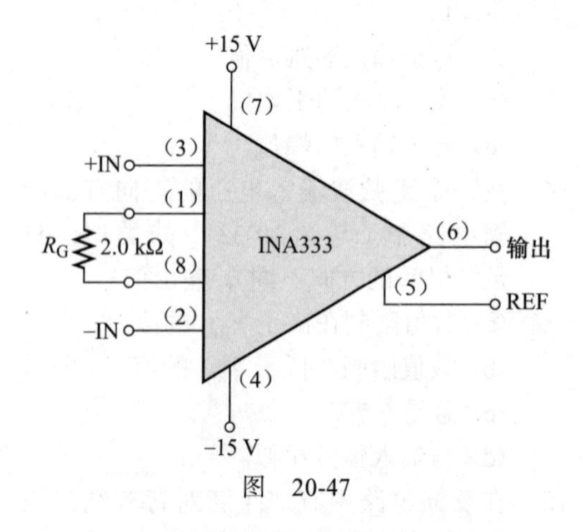


图 20-47

7 将图 20-47 中的放大器的增益改为 24，需要怎么改变电路？

8 当电压增益为 20.6 时，计算图 20-47 中的 $R_G$ 值。

### 20.2 节

9 隔离放大器用来隔离信号的 3 种方法是什么？

10 请参考图 20-8b 所示的隔离放大器框图。

(a) 解释如何设置输入运算放大器的增益。

(b) 调制器和解调器的作用是什么？

(c) 低通滤波器的作用是什么？

11 请参考图 20-8b 所示隔离放大器框图。如何连接输入运算放大器，使隔离放大器的输出约为 2.50 V（峰峰值），并与来自传感器的有效值为 100 mV 信号同相？

### 20.3 节

12 某型运算跨导放大器的输入电压为 10 mV，输出电流为 10 μA，跨导是多少？

13 某运算跨导放大器跨导为 5000 μS，负载电阻为 10 kΩ，如果输入电压为 100 mV，输出电流是多少？输出电压是多少？

14 某带负载电阻的运算跨导放大器输出电压为 3.5 V，如果跨导为 4000 μS，输入电压为 100 mV，负载电阻的值是多少？

15　假设 $K$=16 μS/μA，计算图 20-48 中运算跨导放大器的电压增益。

16　如果在图 20-48 中的偏置电阻上串联一个 10 kΩ 的变阻器，最小和最大的电压增益是多少？

17　图 20-49 中的运算跨导放大器作为一个振幅调制电路，假设 $K$=16 μS/μA，确定给定输入波形的输出电压波形。

18　确定图 20-50 中施密特触发器的触发点。

19　确定图 20-50 中施密特触发器的输出电压波形，输入为峰值为 ±10V 的 1.0kHz 正弦波。

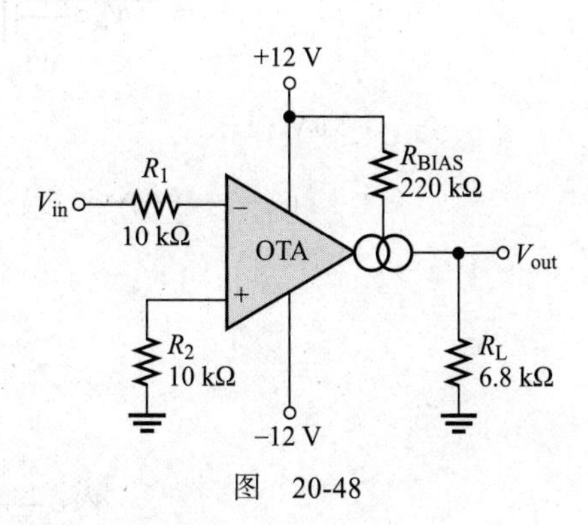


图　20-48

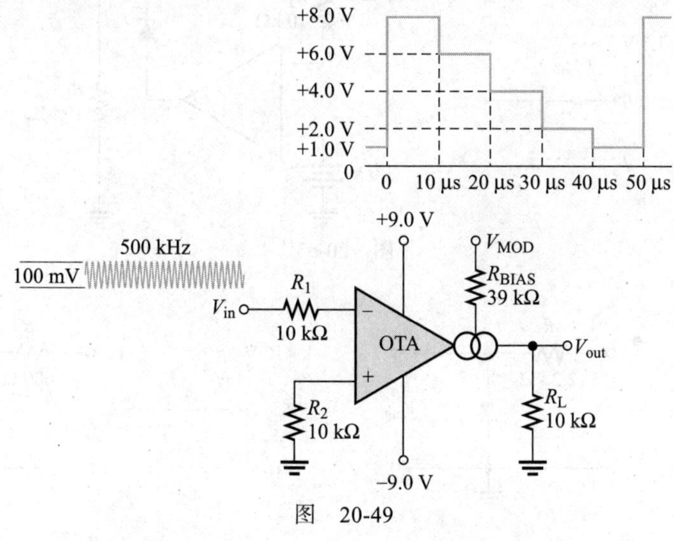


图　20-49

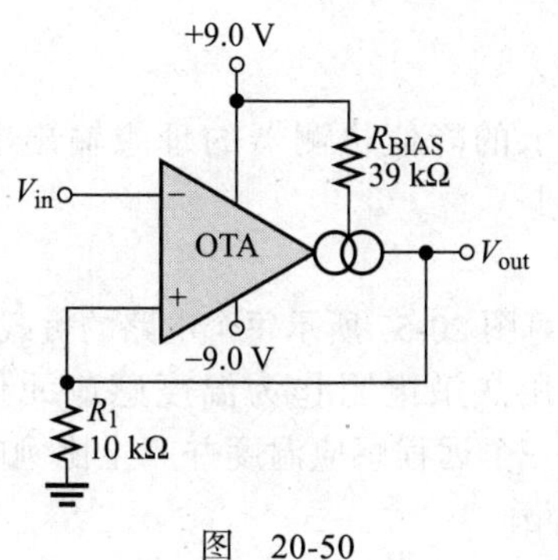


图　20-50

## 20.4 节

20　描述图 20-51 所示每个电路的输出波形，假设时间常数 $R_LC$ 远远大于输入信号的周期。

21　计算图 20-52 所示钳位电路的输出电压，输入信号图中已给出。

22　对图 20-53 所示的钳位电路，重新计算习题 21。

23　描述图 20-54 所示每个电路的输出波形。

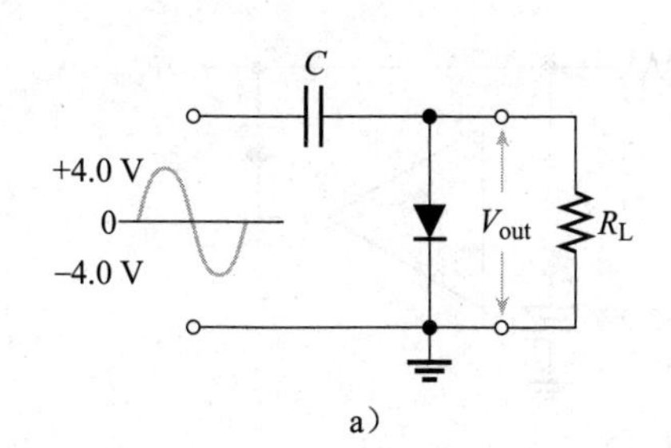


a）

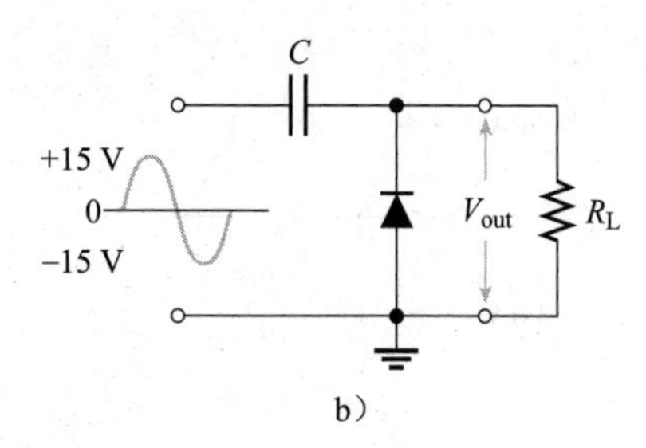


b）

图　20-51

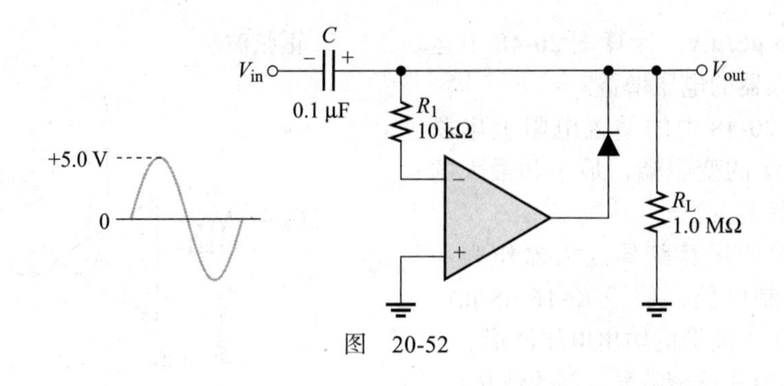


图 20-52

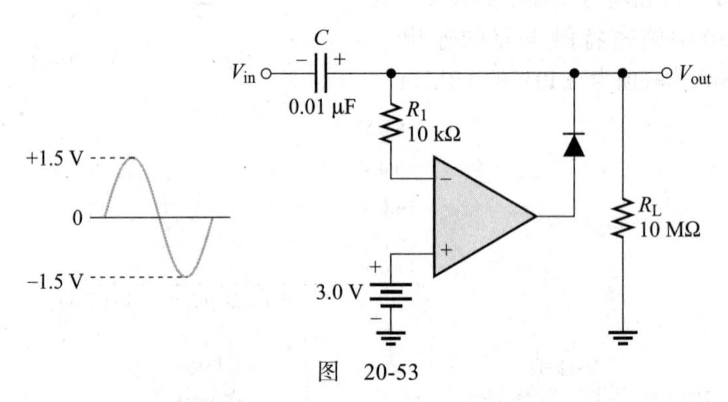


图 20-53

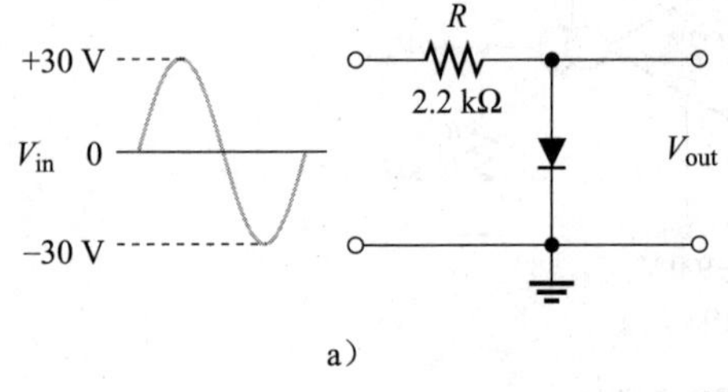


a)

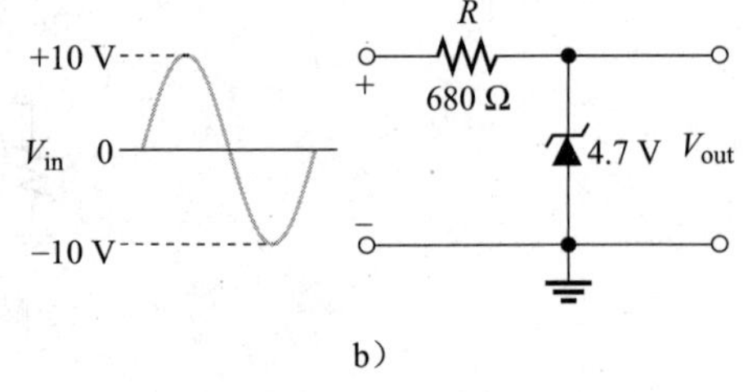


b)

图 20-54

24 确定图 20-55 所示有源限幅电路的输出波形。

25 描述图 20-56 所示齐纳二极管限幅电路的输出电压。

26 如果输入的峰值降低到 50 mV，重新计算习题 25。

27 如果输入的有效值为 2.5 V，那么图 20-39 所示的峰值检测器的理想输出电压是多少？

20.5 节

28 计算图 20-57 所示每个电路的负载电流。

29 使用热敏电阻作为温度感应元件，设计一个远程感应温度并产生比例电压的电路。

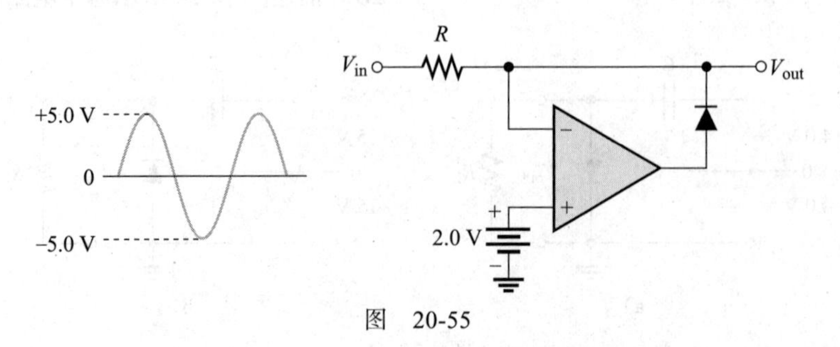


图 20-55

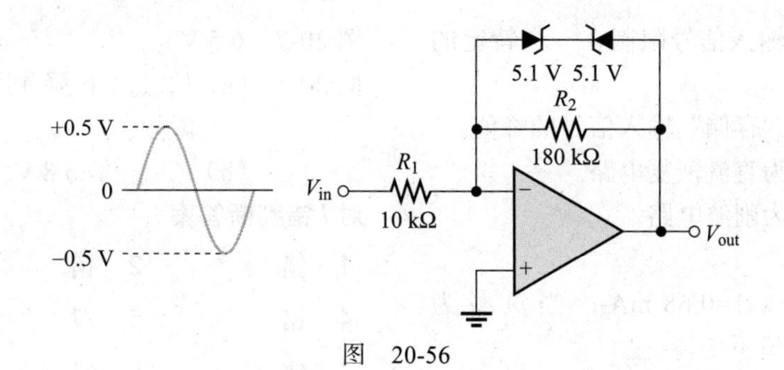


图 20-56

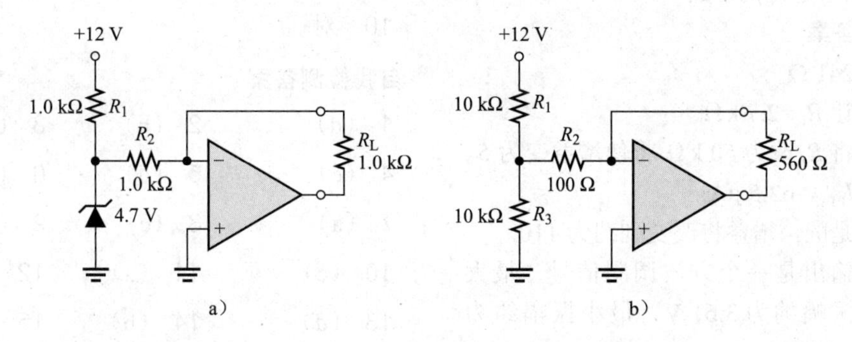


图 20-57

## Multisim 仿真故障排查和分析

30 打开 P20-32 文件，判断故障。

31 打开 P20-33 文件，判断故障。

32 打开 P20-34 文件，判断故障。

33 打开 P20-35 文件，判断故障。

34 打开 P20-36 文件，判断故障。

35 打开 P20-37 文件，判断故障。

## 参考答案

### 学习效果检测答案

#### 20.1 节

1 仪表放大器的主要作用是放大大共模电压上的小信号，其关键特性是高输入阻抗、高 CMRR、低输出阻抗和低输出失调。

2 一个基本的仪表放大器需要 3 个运算放大器和 7 个电阻，包括增益电阻（见图 20-2）。

3 增益由外部电阻 $R_G$ 设定。

4 增益约为 7.7。

#### 20.2 节

1 隔离放大器用于医疗设备、电厂仪表、工业加工和自动测试。

2 隔离放大器的 3 个模块是输入、输出和电源。

3 各模块由变压器耦合连接。

4 振荡器作为一个直流 - 交流转换器，以便直流电被交流耦合到输入和输出级。

5 数字数据信号使用电流方向来发送逻辑。

#### 20.3 节

1 OTA 是运算跨导放大器的缩写。

2 跨导随偏压电流的增大而增大。

3 假设偏置输入与电源电压相连，当电源电压增加时，电压增益会增加，因为这增加了偏置电流。

4 电压增益随着偏置电压的减小而减小。

5 施密特触发器的迟滞电压是上阈值电压和下阈值电压的差值。

6 对于 $V_{UTP}$=+0.4 V 和 $V_{LTP}$=−0.4 V，迟滞电压为 +0.4 V−（−0.4 V）=0.8 V。

#### 20.4 节

1 钳位电路能有效地恢复输入信号的直流。

2 限幅电路将输入信号限制在一个特定的电压上。
3 峰值检测器“存储”输入信号的峰值。
4 钳位电路称为直流恢复电路。
5 限幅电路称为削波电路。

20.5 节

1 $I_L$=6.8 V/10 kΩ=0.68 mA；当负载为5.0 kΩ，数值不变。
2 反馈电阻是比例常数。

同步练习答案

例 20-1 241 Ω
例 20-2 让 $R_G$=2.7 kΩ。
例 20-3 将 $R_f$ 改为 50 kΩ 将使增益变为 5。
例 20-4 $I_{BIAS}$=62.5 μA
例 20-5 是的。增益将改变到约为 110。
例 20-6 输出是一个方波调制信号，最大振幅约为 3.61 V，最小振幅约为 1.76 V。
例 20-7 6.5 V
例 20-8 (a) $V_{p(out)}$ 下降到 0.68 V，没有限幅。
(b) $V_{p(out)}$ 是 6.8 V，没有限幅。

对 / 错判断答案

| | | |
|---|---|---|
| 1 错 | 2 错 | 3 对 |
| 4 错 | 5 对 | 6 错 |
| 7 错 | 8 错 | 9 对 |
| 10 对 | | |

自我检测答案

| | | |
|---|---|---|
| 1 (d) | 2 (b) | 3 (a) |
| 4 (e) | 5 (d) | 6 (b) |
| 7 (a) | 8 (c) | 9 (d) |
| 10 (c) | 11 (a) | 12 (c) |
| 13 (d) | 14 (b) | 15 (b) |

第 21 章

# 测量、转换和控制

学习目标

- 掌握三种类型的温度检测电路的工作原理
- 掌握测量应变、压力和流速的方法
- 掌握测量运动的方法
- 掌握采样 - 保持电路的工作原理
- 掌握模数转换器的工作原理
- 掌握如何控制负载的功率

应用案例概述

本章应用案例针对温度检测电路，该电路使用齐纳温度传感器来控制风扇的速度，其作用是控制封闭箱里电子电路的温度。当温度超过设定值时，温度检测和电动机控制电路打开风扇，以调节箱里的空气流动，温度越高，风扇转动越快。当温度低于设定值时，风扇关闭。除了测量电路外，系统使用一种称为可控硅（SCR）的晶闸管来开启和关闭风扇。学习本章后，你应该能够完成本章的应用案例。

引言

本章介绍几种类型的传感器和相关电路，用于测量温度、应变、压力、流速和运动等的物理参数。自然界中出现的大多数物理参数都是模拟量的，必须通过测量，然后再转换为数字量，这些数字量由计算机或数字信号处理器来进行处理。

传感器是一种将物理参数转换为电信号的元件。利用采样 - 保持电路获取被测参数，并通过模数转换器（ADC）将其进行模数转换。

## 21.1 温度检测

温度是最常见的物理参数，它可被测量并转换为电信号，**温度传感器**通过电子电路检测到的物理特性变化来响应温度的变化。常见的温度传感器类型有热电偶、电阻温度检测器（RTD）和热敏电阻。

### 21.1.1 热电偶

**热电偶**是由两种不同的金属连接构成的，如图 21-1 所示，加热时在两种金属的交界处会产生一个小电压，称为**塞贝克电压**。塞贝克电压实际上是由导线一端到另一端的温度差造成的，大小取决于金属的类型，并与接触点的温度成正比（正温度系数），且一般远低于 100 mV。热电偶的电压与温度的特性在某种程度上是非线性的。热电偶在某些行业中广泛使用，其温度测量范围很大，可以用来测量非常高的温度。热电偶实际上检测的是热接点（检测被测量的温度）和冷接点（参考结点）之间的温度差。

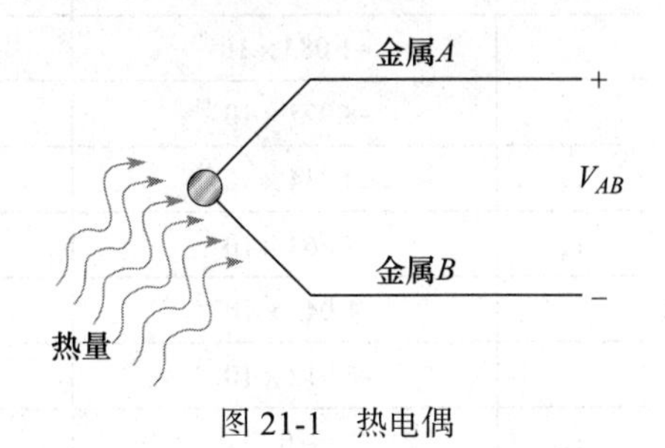

图 21-1　热电偶

常见的热电偶是铬铝（铬是镍铬合金，铝是镍铝合金）、铁－康铜（康铜是铜镍合金）、镍铬－康铜、钨铼合金和铂－10%Rh/Pt（铑－铂合金）等金属组合。这些热电偶都有不同的温度范围、系数和电压特性，并分别用字母 K、J、E、W 和 S 表示。热电偶的温度范围为 −250 ～ 2000 ℃，如图 21-2 所示，每种类型的温度测量范围不同。

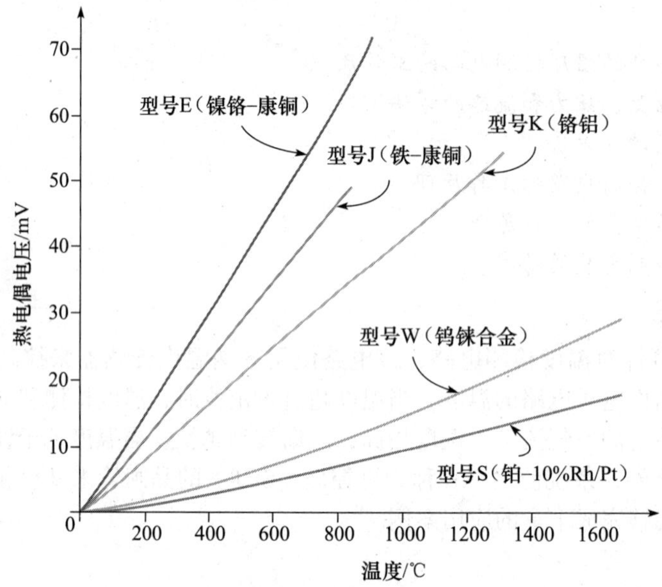


图 21-2 一些常用热电偶的输出，参考温度为 0℃

热电偶曲线是非线性的，因此将热电偶电压转换为温度过程很复杂。例如，对于 K 型热电偶，从热电偶电压 $V$ 计算温度 $T$ 的公式是

$$T=c_0+c_1V+c_2V^2+c_3V^3+c_4V^4+c_5V^5+c_6V^6+c_7V^7+c_8V^8+c_9V^9$$

式中，$T$ 的单位是摄氏度（℃），$V$ 的单位是 μV，系数 $c_0$ ～ $c_9$（四舍五入到 4 个有效数字）见表 21-1。

表21-1 K型热电偶电压-温度系数

| 系数 | −5891 μV≤$V$<0 μV | 0 μV≤$V$<20 644 μV | 20 644 μV≤$V$<54 886μV |
|---|---|---|---|
| $c_0$ | 0 | 0 | $-1.318\times10^{2}$ |
| $c_1$ | $2.517\times10^{-2}$ | $2.508\times10^{-2}$ | $4.830\times10^{-2}$ |
| $c_2$ | $-1.166\times10^{-6}$ | $7.860\times10^{-8}$ | $-1.646\times10^{-6}$ |
| $c_3$ | $-1.083\times10^{-9}$ | $-2.503\times10^{-10}$ | $5.464\times10^{-11}$ |
| $c_4$ | $-8.977\times10^{-13}$ | $8.315\times10^{-14}$ | $-9.651\times10^{-16}$ |
| $c_5$ | $-3.734\times10^{-16}$ | $-1.228\times10^{-17}$ | $8.802\times10^{-21}$ |
| $c_6$ | $-8.663\times10^{-20}$ | $9.804\times10^{-22}$ | $-3.110\times10^{-26}$ |
| $c_7$ | $-1.045\times10^{-23}$ | $-4.413\times10^{-26}$ | 0 |
| $c_8$ | $-5.912\times10^{-28}$ | $1.058\times10^{-30}$ | 0 |
| $c_9$ | 0 | $-1.503\times10^{-35}$ | 0 |

如果测量的温度单位是华氏度，则可以使用下列式子将华氏度转换为摄氏度：

$$T_{摄氏}=(T_{华氏}-32^{\circ}\mathrm{F})\times\frac{5\ ^{\circ}\mathrm{C}}{9\ ^{\circ}\mathrm{F}}$$

$$T_{华氏}=T_{摄氏}\times\frac{9\ ^{\circ}\mathrm{F}}{5\ ^{\circ}\mathrm{C}}+32^{\circ}\mathrm{F}$$

通常有一些专用温度计，如 Omega HH 系列温度计，甚至一些数字万用表，如 Fluke 179，可以直接连接到热电偶并将电压值转换为温度值。如果不能使用温度计或兼容的数字万用表，那么使用可编程的计算器或电子表格来自动计算，或使用温度转换的应用程序，这样可以节省很多时间。

当热电偶连接到信号调节电路时，热电偶导线的一端或两端与由不同金属制成的电路端子进行连接，会产生多余的热电偶电压（见图 21-3）（取决于环境温度），它与测量的热电偶电压相抵消。

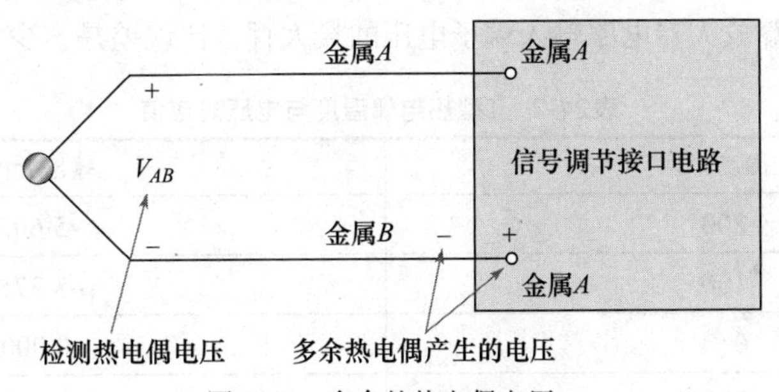


图 21-3　多余的热电偶电压

使用铜 - 康铜热电偶（称为 T 型）测量工业温度室的温度。热电偶铜线连接到电路板上的一个铜线端子，康铜线则连接到电路板上的一个铜线端子。铜线与铜线的连接是没有问题的，因为金属是相同的。康铜线 - 铜线的连接会产生多余的热电偶电压 $V_x$（见图 21-4），该电压与热电偶电压相反的，因为金属是不同的。

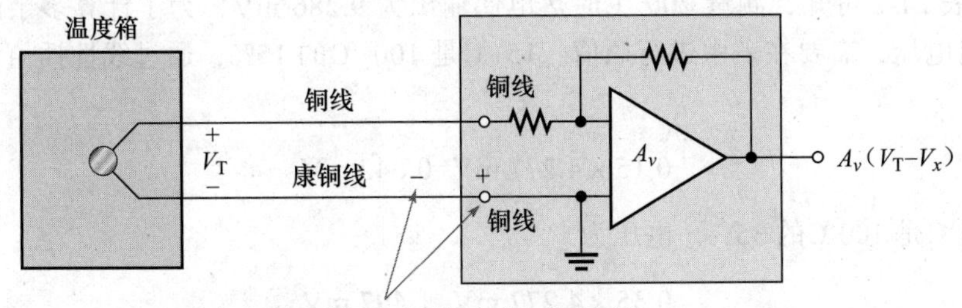


图 21-4　一种简化的测温电路，在康铜线和铜线端子的连接处有一个多余的热电偶

由于多余的热电偶连接导致的不是一个固定的温度，其影响是不可预测的，会将不精确性引入温度测量中。在一个恒定的已知温度（通常是 0℃）下增加一个参考热电偶可消除多余的热电偶影响，如图 21-5 所示，电路端子上多余的热电偶将被抵消，因为现在电路端子的两个触点都是铜对铜的。由参考热电偶产生已知恒定的电压，可以在运算放大器电路中进行补偿。

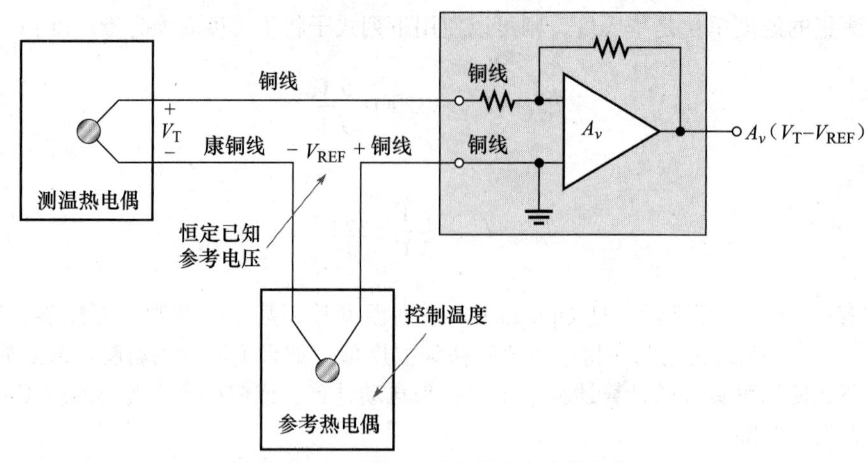


图 21-5 在测温电路中使用参考热电偶

**例 21-1** 假设图 21-4 中的热电偶在一个工业炉中测量温度是 200 ℃，电路板工作温度范围为 15 ~ 35 ℃，使用表 21-2 中的 T 型（铜－康铜）热电偶温度与电压对应值，在极端工作温度下，运算放大器电路输入端子电压的最大百分比误差是多少？

表21-2 T型热电偶温度与电压对应值

| 温度 /℃ | 输出 /mV |
|---|---|
| –200 | –5.603 |
| –100 | –3.378 |
| 0 | 0.000 |
| 100 | 4.277 |
| 200 | 9.286 |
| 300 | 14.860 |
| 400 | 20.869 |

**解** 由表 21-2 可知，测量 200 ℃时热电偶输出为 9.286 mV，为了计算多余的热电偶在 15 ℃时输出电压，需要在表中进行插值，15 ℃是 100 ℃的 15%，通过线性插值可以得到以下电压：

$$0.15\times 4.277\ \text{mV}=0.642\ \text{mV}$$

由于 35℃是 100℃的 35%，电压为

$$0.35\times 4.277\ \text{mV}=1.497\ \text{mV}$$

在 15℃时，运算放大器电路输入端子上的电压为

$$9.286\ \text{mV}-0.642\ \text{mV}=8.644\ \text{mV}$$

在 35℃时，运算放大器电路输入端子上的电压为

$$9.286\ \text{mV}-1.497\ \text{mV}=7.789\ \text{mV}$$

运算放大器电路输入端电压的最大百分比误差是

$$\left(\frac{1.497\ \text{mV}}{9.286\ \text{mV}}\right)\times 100\%=16.1\%$$

因为无法控制环境温度，通常无法确定测量偏差。另外，线性插值可能准确，也可能不准确，这取决于多余的热电偶的温度特性的线性度。◀

**同步练习** 在图 21-4 的电路中，如果被测温度上升到 300℃，在规定的工作温度范围内，运算放大器电路输入端电压的最大百分比误差是多少？

采用科学计算器完成例 21-1 的计算。

**例 21-2** 请参考图 21-5 中的热电偶电路，假设热电偶的测量温度为 200 ℃。电路板的工作温度范围为 15 ～ 35 ℃，参考热电偶保持在 0 ℃，在工作温度极端下，计算运算放大器电路输入端上的电压。

**解** 从表 21-2 可看出，热电偶电压在 0 ℃时为 0V，由于参考热电偶在 0 ℃时不产生电压，完全不受工作温度的影响，因此在环境温度范围内的测量电压不会因多余的热电偶接点而出现误差。因此，在例 21-1 和例 21-2 两个极端温度下，电路输入端子上的电压等于测量热电偶电压，即 9.286 mV。

**同步练习** 如果将参考热电偶保持在 100 ℃而不是 0 ℃，如果测量热电偶在 400 ℃，电路输入端上的电压将是多少？

采用科学计算器完成例 21-2 的计算。

**补偿** 在固定温度下维持参考热电偶的方法既复杂又昂贵（通常需要冰浴）。另一种方法是通过添加一个补偿电路（见图 21-6）来补偿多余的热电偶效应，有时被称为冷端补偿。补偿电路由一个电阻和一个集成电路温度传感器组成，其温度系数与多余的热电偶的温度系数相匹配。

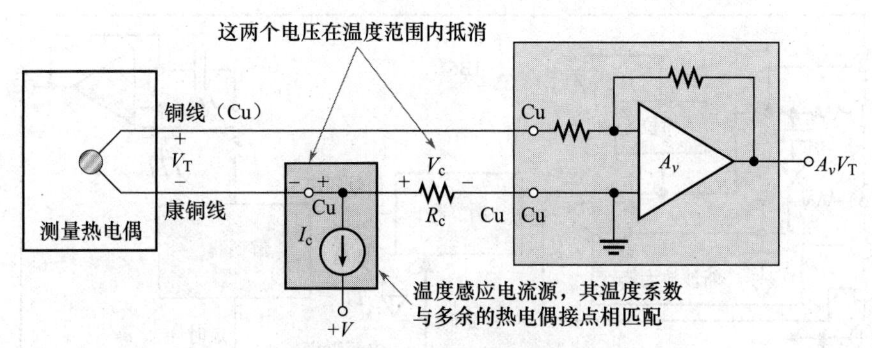


图 21-6 简化的热电偶补偿电路

温度传感器中的电流源产生一个电流，在补偿电阻 $R_c$ 上产生电压 $V_c$，调整电阻，使电阻电压与多余的热电偶在给定温度下产生的电压大小相等且极性相反。随着环境温度的变化，电流也按比例变化，因此，补偿电阻上的电压总是与多余的热电偶电压相等，由于补偿电压 $V_c$ 与多余的热电偶电压的极性相反，多余的电压被抵消。

**例 21-3** 对于图 21-6 中的热电偶电路，假设测量热电偶的电压 $V_T$ 为 15 mV，补偿电阻 $R_c$ 的值为 5.0 Ω。如果多余的铜接点恒定温度产生 3.0 mV 的接点电压，为了使信号电路产生准确的电压读数，补偿电流 $I_c$ 必须是多少？

**解** 因为多余接点产生的多余电压是 3.0 mV，补偿电压也必须是 3.0 mV。$V_c$=3.0 mV，由通过欧姆定律给出 $I_c$ 的值。

$$I_c=\frac{V_c}{R_c}=\frac{3.0\ \text{mV}}{5.0\ \Omega}=0.6\ \text{mA}=600\ \mu\text{A}$$

**同步练习** 如果多余的接点电压增加 5.0 mV，补偿电流必须增加多少？

**例 21-4** 假设图 21-6 的补偿电路经过校准，当多余的恒定接点电压为 3.0 mV 时，补偿电压 $V_c$ 正好为 3.0 mV，如果补偿电路的温度系数与无用接点的温度系数相比有 +1.0 % 的误差，如果多余接点的电压增加 12 mV，那么测量电压的误差是多少？

**解** 如果多余接点的电压增加 12 mV，那么补偿电路的电压误差 $\Delta V_c$ 将比 12 mV 大 1%，则

$$\Delta V_c=12\ \text{mV}\times(+1\%)=12\ \text{mV}\times\left(\frac{+1}{100}\right)=+0.12\ \text{mV}=+120\ \mu\text{V}$$

因此，多余的接点和补偿电压之间的误差将是 +120 μV。

**同步练习** 如果补偿电路的温度系数与多余的接点温度系数相比有 –2.0 % 的误差，如果多余的接点电压增加 8.0 mV，那么测量电压的误差是多少？

大多数热电偶的应用需要图 21-6 所示冷接点的补偿以及其他信号的调节，如隔离和线性化。这些功能可在特殊的集成电路和混合模块中实现，称为热电偶信号调节器。模拟器件 1B51 是一种热电偶信号的调节器，其功能如图 21-7 所示。它包括一个变压器隔离单元，有非常高的共模抑制比。热电偶产生的信号很小，容易受到干扰，特别是在工业环境中，一个内置的 3.0Hz 低通滤波器有助于抵消干扰信号，如电力线拾取。由于热电偶不能立即响应温度变化，所以截止频率要设置得很低，输入滤波器可以通过使用 PROT HI 输入（旁路通过）而受保护钳位的限制，将信号限制在 ±8.0 V。当使用多个热电偶时，模拟器件 1B51 自身产生输入侧隔离电源，以提供通道与通道之间的隔离。

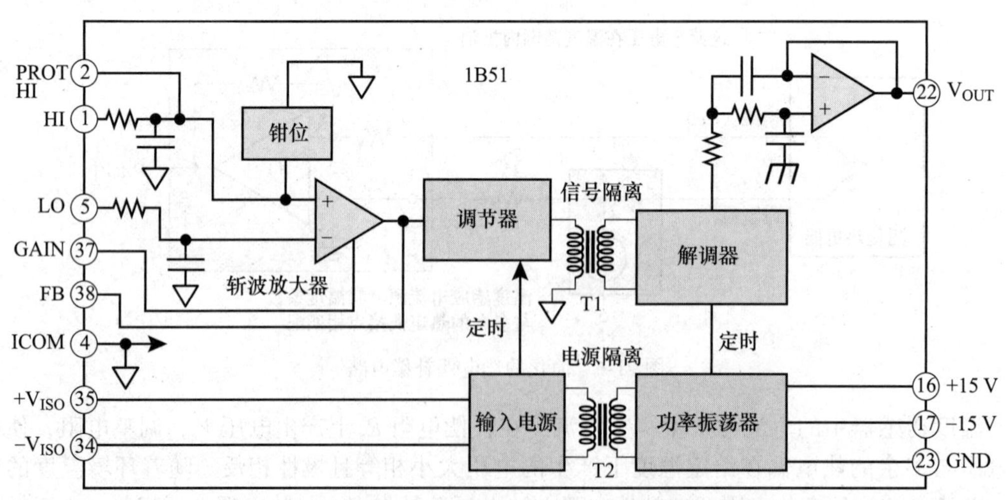


图 21-7 模拟器件 1B51 隔离式热电偶信号调节器功能框图

信号调节在工业环境中广泛使用，如具有多个隔离输入和输出的复杂控制器用于热电偶和其他传感器。这些控制器的输出包括无线发射器、USB、以太网、PCI、IEEE-488 和其他计算机接口，使得在计算机或专用数据记录器上记录数据变得简单。

### 21.1.2 电阻温度检测器

电阻温度检测器（RTD）是一种电阻元件，其电阻值随温度变化而变化（正温度系数），

RTD 比热电偶的线性程度更高。RTD 的结构使用绕线配置或金属薄膜技术，最常见的 RTD 是由铂、镍或镍合金制成的。

一般来说，在温度检测电路中采用图 21-8 所示的 RTD 方法来检测温度。图 21-8a 所示的第一种方法中，RTD 由一个电流源驱动，由于电流是恒定的，其电压变化与其电阻随温度的变化成正比（根据欧姆定律）。在图 21-8b 所示的第二种方法中，RTD 连接在一个三线桥电路中，电桥的输出电压用来检测 RTD 的电阻变化，从而检测温度。

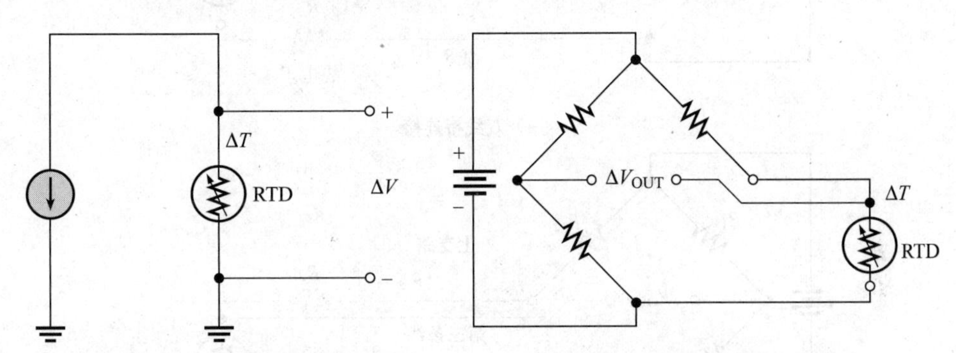


a）温度的变化$\Delta T$在RTD上产生的电压变化$\Delta V$与电流不变时RTD的变化成正比

b）温度的变化$\Delta T$产生桥式输出电压的变化$\Delta V_{OUT}$与RTD电阻的变化成正比

图 21-8　在温度检测电路中采用 RTD 方法

与热电偶的情况一样，RTD 有专门的信号调节集成电路，如模拟器件 1B41，它采用了与前面介绍的 1B51 相同的引脚结构。1B41 有一个内部变压器耦合隔离放大器，具有高共模抑制能力。它自身可产生输入侧电源，并包括专门为电阻温度检测器设计的特殊线性化电路。

**三线桥**　为了避免将三个电桥电阻置于 RTD 检测的相同温度下，RTD 通常位于远离温度变化测量点的位置，并通过长导线连接到电桥的其余部分，三个电桥电阻的电阻保持恒定。然而，连接电阻温度检测器的长导线有电阻，会影响电桥的精确运行。RTD 电路中双线桥连接和三线桥连接如图 21-9 所示。

图 21-9a 为双线桥连接的 RTD。长连接线的电阻为图 21-9 中电阻 $R_A$ 和 $R_B$ 的总和。这些电阻与 RTD 在电桥的同一支路中，当 $R_{RTD}=R_3$ 时，如果 $R_1=R_2$，则 $V_{OUT}=0V$，电桥平衡；否则，当 $R_{RTD}=R_3$ 时，导线电阻会使电桥失去平衡。此时，无论 RTD 电阻为何值，输出电压都会出现误差，因为它们与电阻温度检测器串联在电桥的同一支路上。

图 21-9b 解决了线电阻的问题，通过将第三根线连接到 RTD 的一端，线 $A$ 的电阻与 $R_3$ 位处于电桥的同一支路中，线 $B$ 的电阻与 RTD 处于电桥的同一支路中，现在导线电阻在电桥的两个支路中，如果两根导线电阻相同（同类型电线的长度相同），它们的影响就会抵消，第三根导线的电阻没有影响，基本上没有电流通过它，因为电桥的输出端是开路的，或连接在一个非常高的阻抗上，平衡条件表示为

$$R_{RTD}+R_B=R_3+R_A$$

如果 $R_A=R_B$，那么它们会相互抵消，平衡条件与导线电阻无关。

$$R_{RTD}=R_3$$

在许多使用敏感传感器和电桥的测量中，这种方法经常用于应变测量（在 21.2 节中描述）。

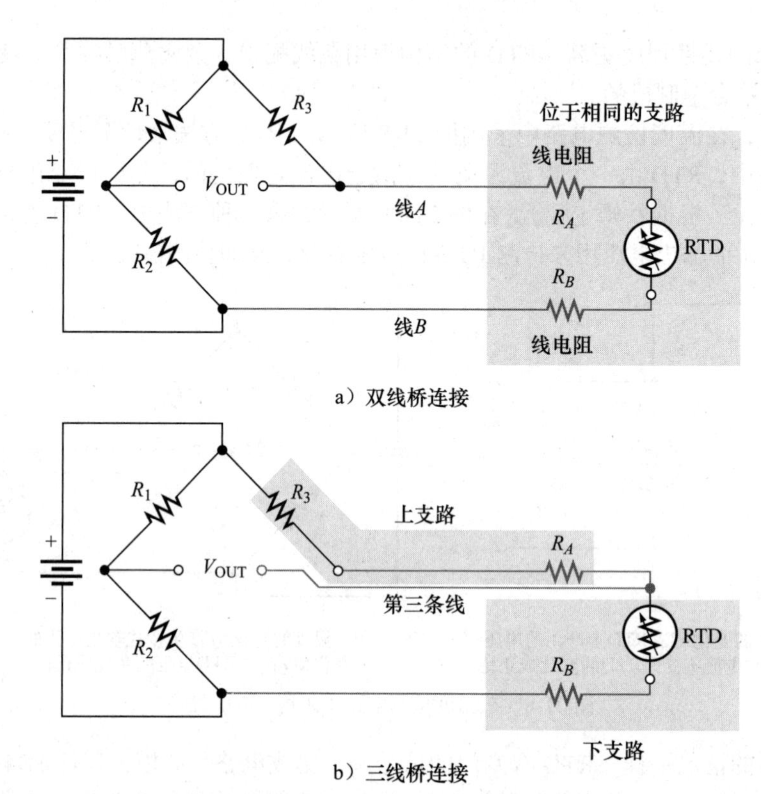


图 21-9 RTD 电路中双线桥连接和三线桥连接

**基本 RTD 温度检测电路** 简化的 RTD 温度检测电路如图 21-10 所示。图 21-10a 的电路是由恒定电流驱动 RTD 来实现的。其工作原理如下：基本运算放大器电路的输入电流和通过反馈电路的电流是相等的，因为运算放大器的输入阻抗理想上是无穷大的。因此，通过 RTD 的恒定电流由恒定的输入电压 $V_{IN}$ 和输入电阻 $R_1$ 来设定。因为反相输入是虚拟接地，RTD 位于反馈电路中，运算放大器的输出电压等于 RTD 的电压。当 RTD 的电阻值随温度变化时，电流是恒定的，RTD 两端的电压也会变化。

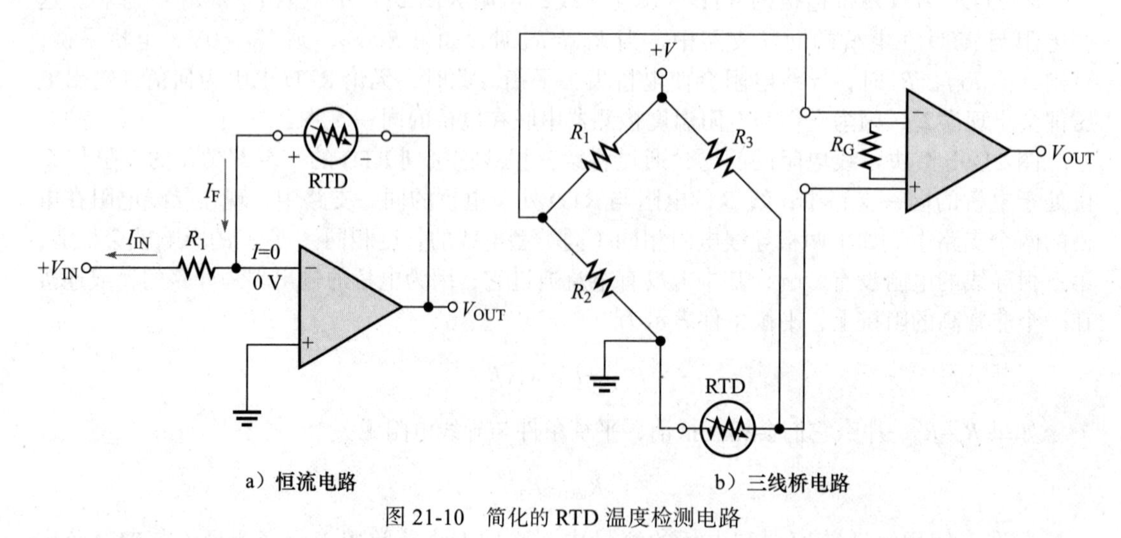


图 21-10 简化的 RTD 温度检测电路

图 21-10b 所示的电路通过运算放大器来放大三线桥电路上的电压，RTD 构成了电桥的

一个支路。当它的电阻随温度变化时，电桥的输出电压也按比例变化。在某个参考温度下，例如 0 ℃，调节电桥的平衡（$V_{OUT}$=0 V）。这意味着 $R_3$ 作为该参考温度下 RTD 的电阻。

**例 21-5**　在被测温度下，如果 RTD 电阻为 1320 Ω，计算运算放大器在图 21-11 中 RTD 电路中的输出电压。

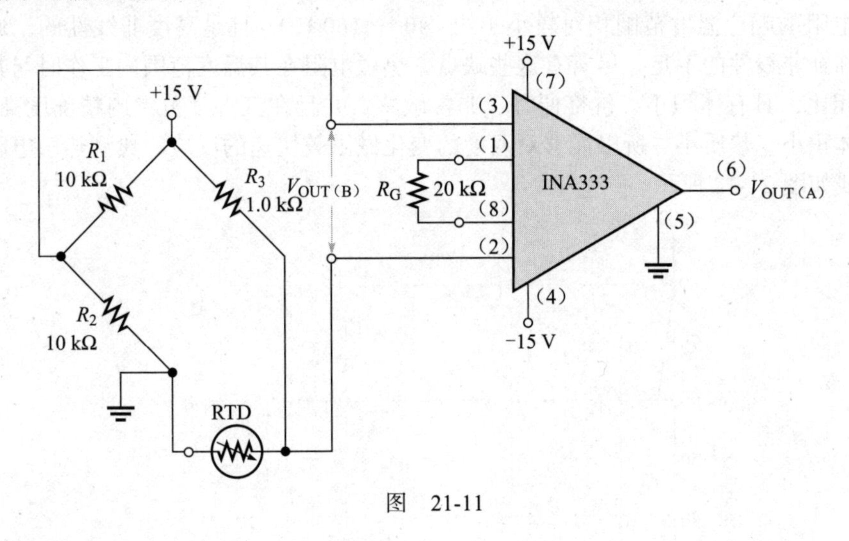


图　21-11

**解**　电桥输出电压为

$$V_{OUT(B)}=\left(\frac{R_{RTD}}{R_3+R_{RTD}}\right)\times 15\text{ V}-\left(\frac{R_2}{R_1+R_2}\right)\times 15\text{ V}$$

$$=\left(\frac{1320\ \Omega}{2320\ \Omega}\right)\times 15\text{ V}-\left(\frac{10\text{ k}\Omega}{20\text{ k}\Omega}\right)\times 15\text{ V}$$

$$=8.53\text{V}-7.50\text{V}=1.03\text{V}$$

根据式（20-3），INA333 运算放大器的电压增益为

$$R_G=\frac{100\text{ k}\Omega}{A_v-1}$$

$$A_v=\frac{100\text{ k}\Omega}{R_G}+1=5.0+1=6.0$$

放大器输出电压

$$V_{OUT(A)}=6.0\times 1.03\text{ V}=6.18\text{ V}^{\ominus}$$ ◀

**同步练习**　在 25℃时，图 21-11 中 RTD 的标称电阻必须是多少才能使电桥平衡？当电桥平衡时放大器的输出电压是多少？

采用科学计算器完成例 21-5 的计算。

### 21.1.3　热敏电阻

**热敏电阻**是一种由氧化镍或氧化钴等半导体材料制成的电阻器件。大多数热敏电阻的电

⊖ 原文有误。——译者注

阻值与温度成反比变化（负温度系数）。热敏电阻的温度特性比热电偶或 RTD 的温度特性具有更大的非线性。像 RTD 一样，热敏电阻的温度范围比热电偶的温度范围更窄。热敏电阻通常价格较低，而且比热电偶或 RTD 具有更高的灵敏度优势。由于它们都是可变电阻元件，所以热敏电阻和 RTD 可以使用类似的接口电路。

热敏电阻的响应温度范围相对较小（约 –40 ～ 160℃），且是高度非线性的，通过补偿电路可以弥补非线性的不足。尽管有这些缺点，热敏电阻在其温度范围内工作时与其他类型的传感器相比，具有体积小、价格便宜、非常敏感，并且在其温度范围内精确度高等优点。因为它们体积小、热质小，所以能够对温度的变化做出较快速的反应。典型热敏电阻对温度的响应曲线如图 21-12 所示。

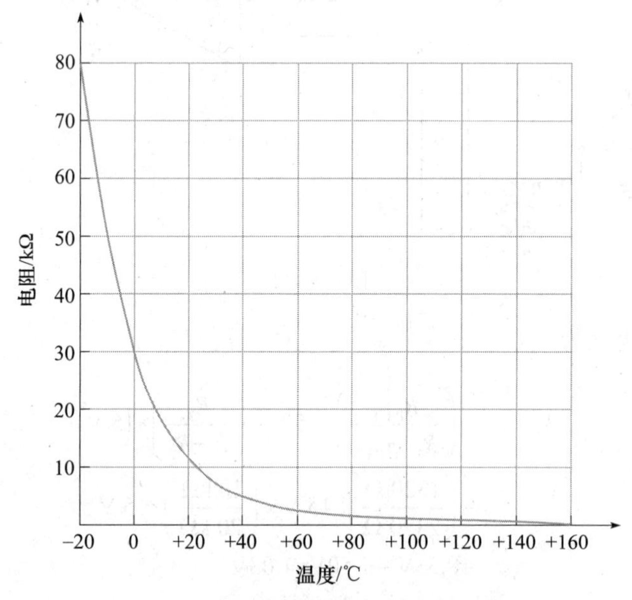


图 21-12 典型热敏电阻对温度的响应曲线

像 RTD 一样，热敏电阻可以用于恒定电流测量结构或惠斯通测量电桥。恒流测量结构使恒流通过热敏电阻，并产生测量电压。

**热敏电阻应用** 热敏电阻常用于温度状态监测，如加热和冷却系统中恒温器使用热敏电阻来监测加热或制冷状态，并检测管道温度。汽车将热敏电阻用于发动机和动力系统的管理和控制、座舱和内部温度控制（包括管道温度）以及监测冷却剂温度状态。医疗应用包括高度精确的病人体温计和婴儿监测、温水浴和呼吸探头等。

### 21.1.4 齐纳温度传感器

利用半导体中的不同温度特性开发了各种类型的固体温度传感器，包括电阻率效应和正向偏置晶体管基极 – 发射极电压的变化特性。有一种类型温度传感器使用齐纳二极管击穿电压来表示温度。齐纳二极管的击穿电压与绝对温度（单位为开尔文）成正比，也就是 273 加上摄氏度的温度。例如，27℃等于 300 K，齐纳击穿电压等于 +10 mV/K。与热敏电阻不同，齐纳温度传感器的输出是线性的，这种传感器的优点是体积小、精度高、线性好，缺点是工作温度范围有限，约为 –40 ～ 150 ℃。

德州仪器公司的 LMx35 系列是齐纳温度传感器，其符号如图 21-13 所示，它有一个用于校准的调节端。除非需要高精确度，否则没有必要使用调节端输入。

调节端

图 21-13 齐纳温度传感器符号

LMx35 系列的器件都是集成电路器件，但有不同的封装形式。其电路比简单的齐纳二极管复杂得多，具有非常精确的齐纳特性，其输出（反向电压）随温度呈线性变化。

如果需要高精度，调节输入可以在某温度环境下对元件进行校准。通过某温度下正确地校准输出，可以确保在指定的温度范围内线性输出的正确。

**学习效果检测**

1. 什么是热电偶？
2. 如何用热电偶检测温度？
3. 什么是 RTD，其工作原理与热电偶有什么不同？
4. RTD 和热敏电阻在工作方式上有什么主要区别？
5. 在本节介绍的三种设备中，哪一种适合用于检测高温度（＞ 500℃）？

## 21.2 应变、压力和流速测量

各种应用都需要测量应变、压力和流速。流体的流速可以通过测量压力来间接测量。

### 21.2.1 应变计

**应变**是指由于作用在材料上的力而使产生的变形（或膨胀、压缩）。例如，当施加适当的力时，金属杆或棒会微小延长（见图 21-14a）。如果一块金属板被弯曲，上表面会出现膨胀，称为*拉伸应变*，而下表面会出现压缩，称为*压缩应变*，如图 21-14（b）所示。

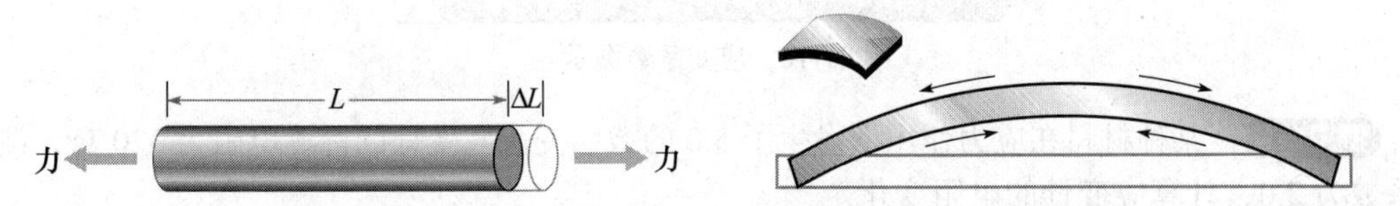

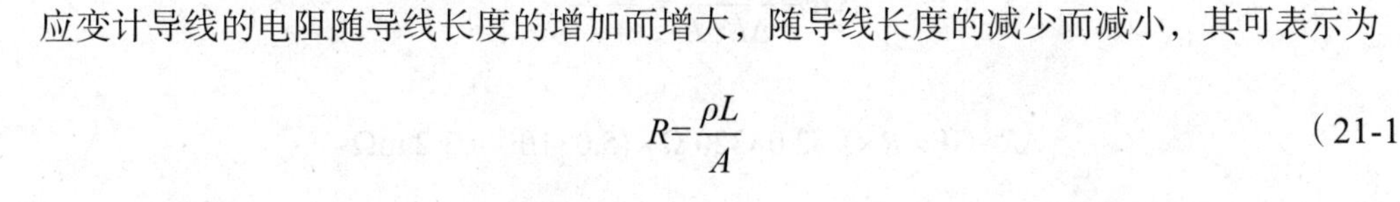

a）施加力时，长度从$L$变为$L+\Delta L$，发生应变　b）当平板被弯曲时，上表面膨胀，下表面收缩，发生应变

图 21-14 应变示例

应变计导线的电阻随导线长度的增加而增大，随导线长度的减少而减小，其可表示为

$$R=\frac{\rho L}{A} \tag{21-1}$$

这个式子表明，电线的电阻与电阻率（$\rho$）和长度（$L$）成正比，与截面积（$A$）成反比。

**应变计**是一种长而薄的电阻材料，它黏合在需要测量应变的物体表面，如被测飞机的机翼或尾翼部分。当一个力作用在物体上引起轻微伸长时，应变计也会按比例伸长，其电阻也会增加。相反，在压缩情况下，长度减小，电阻也减小。大多数应变计如图 21-15a 所示，以在较小的区域内获得足够长度而获得相应的电阻值，然后沿应变线设置。在用于称重的仪器中，应变计通常被安装在一个叫作**测力计**的模块中，两个应变计处于拉伸状态，另外两个处于压缩状态。

应变计的**应变系数**（GF）为沿应变计轴方向电阻的微小变化与长度的微小变化之比。对于金属应变计，GF 通常是 2，应变系数的图示如图 21-16 所示，用式（21-2）表示，其中 $R$ 是标称电阻，$\Delta R$ 是由于应变引起的电阻变化。长度的微小变化（$\Delta L/L$）表示应变（$\varepsilon$），通常以百万分之一表示，称为微应变（$\mu\varepsilon$）。

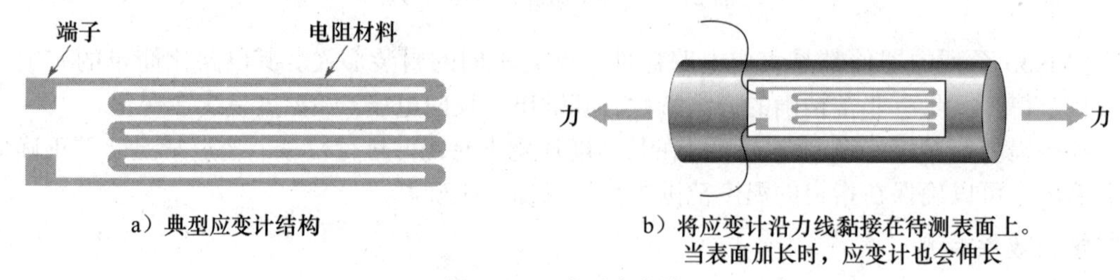


a）典型应变计结构

b）将应变计沿力线黏接在待测表面上。当表面加长时，应变计也会伸长

图 21-15 典型应变计

$$\mathrm{GF}=\frac{\Delta R / R}{\Delta L / L} \tag{21-2}$$

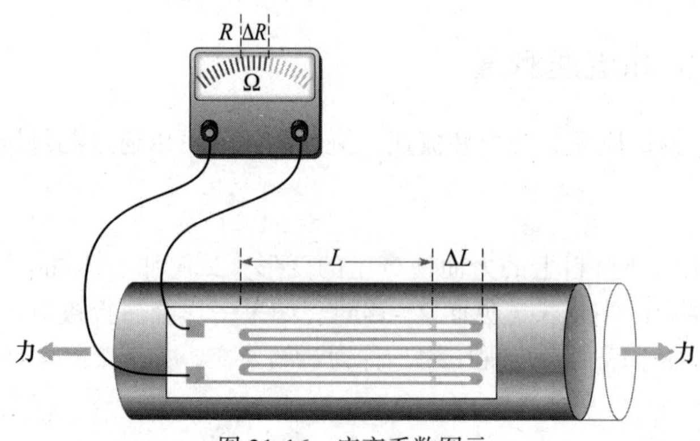


图 21-16 应变系数图示

**例 21-6** 某种材料在应力作用下发生了 5.0 的微应变。应变计的标称电阻为 320 Ω，测量系数为 2.0，计算应变计的电阻变化。

**解**

$$\mathrm{GF}=\frac{\Delta R / R}{\Delta L / L}=\frac{\Delta R / R}{\varepsilon}$$

$$\Delta R=\mathrm{GF}\times R\times\varepsilon=2.0\times 320\ \Omega\times(5.0\times 10^{-6})=3.2\ \mathrm{m}\Omega$$ ◀

**同步练习** 如果这个例子中的微应变是 8.0 $\mu\varepsilon$，那么电阻会有多大变化？

采用科学计算器完成例 21-6 的计算。

### 21.2.2 应变计基本电路

应变计的电阻在检测器件变化时而改变，测量的是应变电阻而不是温度。图 21-17 所示是应变计的基本电路。应变计通常应用于桥式电路或恒流驱动的电路中，其应用方式与 RTD 和热敏电阻相同，模拟器件 1B31 是一种应变计信号调节器，其包括仪表放大器、可调的低通滤波器，以及可调传感器。

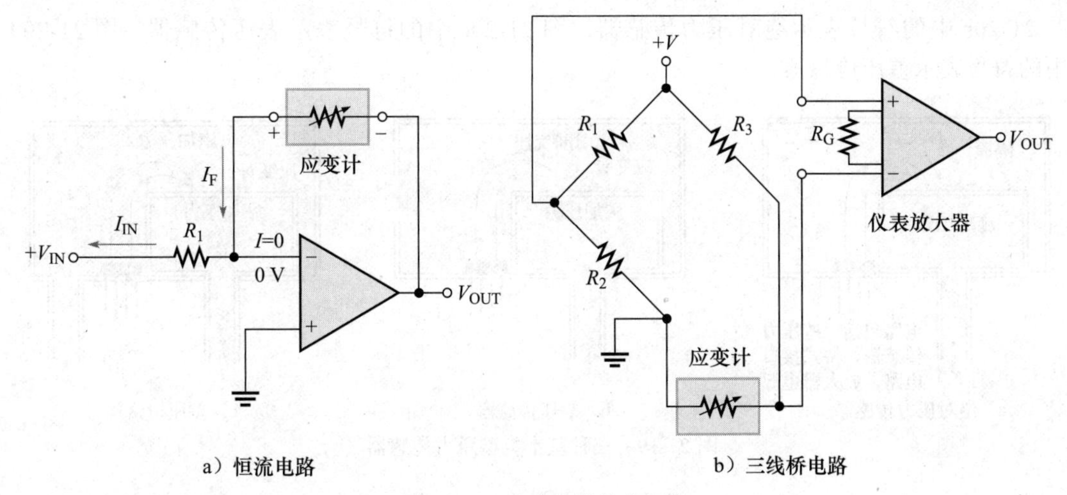


a）恒流电路　　b）三线桥电路

图 21-17　应变计的基本电路

## 21.2.3　压力传感器

压力传感器是一种电阻变化与压力变化成正比的器件，压力传感是通过将应变计黏接到柔性膜片上来完成的，如图 21-18a 所示。图 21-18b 所示为无净压力时的隔膜。当膜片的一侧存在净正压力时，如图 21-18c 所示，膜片向上发生形变，表面膨胀，使应变计拉长，电阻增加。（注意膜片的弯曲程度被拉大了）

a）压力计基本结构　　b）在膜片没有净压力的情况下，应变仪的电阻值为其标称值（侧视图）　　c）净压力迫使隔膜膨胀，应变计伸长，并且电阻增加

图 21-18　简易压力传感器，其结构是将应变计与柔性隔膜黏合在一起

压力传感器通常使用贴合在不锈钢膜片上的箔式应变计来制造，或者通过硅膜片上集成半导体应变计（电阻）来制造。其基本原理都是一样的。

相对于压力测量而言，压力传感器有三种结构。绝对压力传感器测量施加在相对真空的压力，如图 21-19a 所示；表压传感器测量相对周围气压（环境压力）的压力，如图 21-19b 所示；差压传感器测量一个施加压力相对另一个施加的压力，如图 21-19c 所示。一些传感器配置包括电路，如桥式接口电路和运算放大器电源，与传感器本身都封装在一起。

## 21.2.4　压力传感器电路

压力传感器的电阻随被测量的变化而变化，通常采用桥式结构，图 21-20a 所示为压力传感器的桥式电路。在某些情况下，完整的电路内置于传感器封装中，而在其他情况下，电路是在传感器的外部。图 21-20b ～ d 中的符号用于表示具有放大输出的完整压力传感器。

图 21-20b 中的符号表示绝对压力传感器，图 21-20c 中的符号表示表压传感器，图 21-20d 中的符号表示差压传感器。

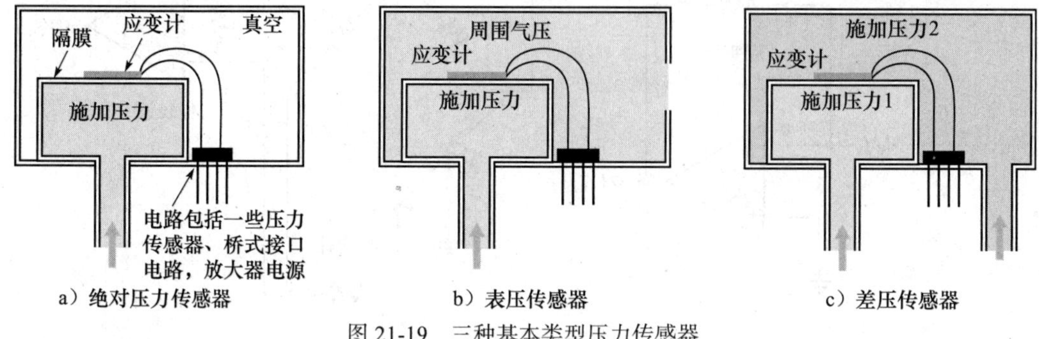


图 21-19 三种基本类型压力传感器

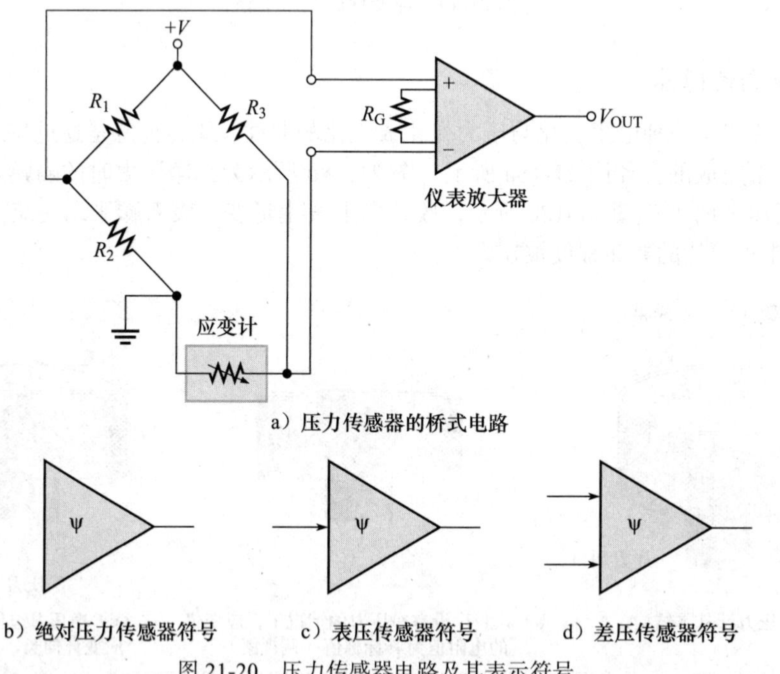


图 21-20 压力传感器电路及其表示符号

**压力传感器应用** 压力传感器用于测量物质的压力或流量。在医疗应用中，压力传感器用于测量血压；在飞机上，用于测量机舱气压、液压、飞行高度和速度；在汽车中，用于测量机油、制动管路、歧管、轮胎、转向系统压力以及空气和燃油流量等。

## 21.2.5 流速测量

一种测量流体通过管道流速的方法是压差法。将文丘里管（或其他类型的限制，如孔口）等限流装置置于水流中，如图 21-21 所示，文丘里管是由管道变窄而形成的。虽然流体速度流经狭窄通道时是增加的，但每分钟的流体体积（容积流速）在整个管道中是恒定的。

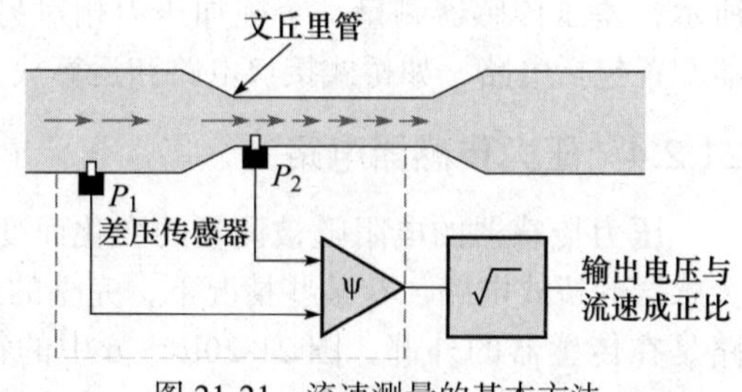


图 21-21 流速测量的基本方法

由于流体的速度在通过限制区时增加，压力也随之增加，如图 21-21 所示。如果在宽点和窄点分别测量压力，根据流速与压差的平方根成正比，那么可以计算流速。

**学习效果检测**

1. 描述一个基本的应变计。
2. 描述一种使用应变传感器的压力计。
3. 列出三种类型的压力计。

## 21.3　运动测量

本节所涉及的传感器能够对各种形式的运动进行测量。

### 21.3.1　位移传感器

位移是一个表示物体或点的位置变化的量。角位移指的是旋转角度，以度或弧度为单位。位移传感器可以是接触式的，也可以是非接触式的。

接触式传感器通常使用一个带有耦合装置的传感轴来跟踪被测物的位置。线性可变差动变压器（LVDT）是一种接触式的位移传感器，它将电感的变化与位移联系起来。传感轴连接到特殊绕线变压器内的活动磁心上，LVDT 如图 21-22a 所示。变压器的一次绕组与两个相同的二次绕组连接，并位于它们之间，一次绕组连接交流电激励（通常在 1.0 ～ 5.0 kHz 范围内）。当磁心处于中心位置时，每个二次侧中的感应电压是相等的。当磁芯偏离中心时，二次侧中一侧的电压将大于另外一侧，通过图中的解调器电路，当磁心通过中心位置时，输出的极性会发生变化，如图 21-22b 所示。该传感器具有良好的灵敏度和线性度。

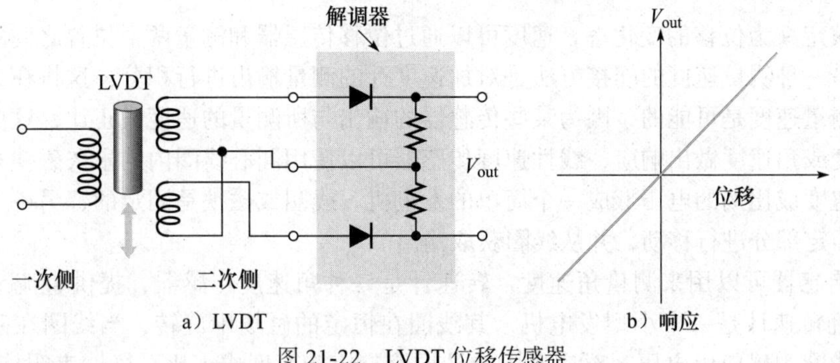


a）LVDT　　b）响应

图 21-22　LVDT 位移传感器

**技术小贴士**

微小、低功率运动传感器的大规模生产开发，为新应用提供了可能性。传感器可以在低至 1.0 mW 的功率下工作。这些微型传感器可用于医学领域，植入的传感器可以帮助整形外科医生监测修复医疗的进展。

非接触式位移传感器包括光学传感器和电容式传感器。光学系统速度快，但噪声（包括背景光源）会在光学传感器中产生假信号。可以在系统中通过滞后滤波消除噪声。

光学传感器是很好的近距离探测器。如图 21-23 所示。光学传感器使用两个光纤束，一个用于发射光，另一个用于接收来自反射面的光，光在光纤束中传输，没有任何明显的衰减。当它离开发射光纤束时，它在目标上形成一个光斑，其强度与距离的平方成反比。接收光纤束对准该光斑，并将反射光收集，接收束检测到的光强取决于物理尺寸、纤维的排列以及到光斑和反射面的距离，该设备可以对接近 1.0 μin（1in=0.0254m）的距离做出反应，其主要缺点是动态范围有限。

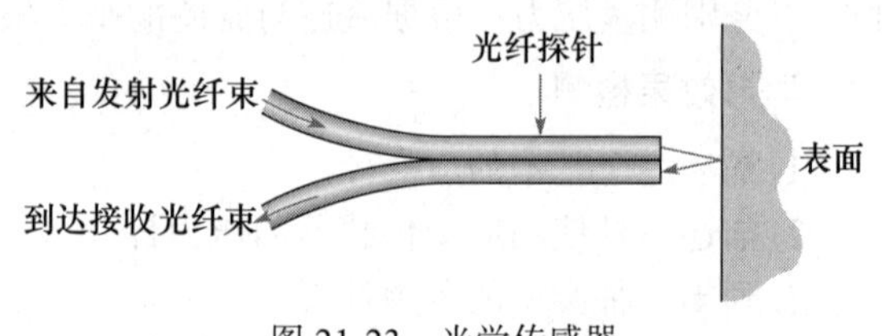

图 21-23 光学传感器

电容式传感器可以制成灵敏的位移传感器。相对于电容的一个极板，通过移动第二个极板来改变电容的值，该极板可以是任何金属表面，如电容式麦克风的膜片或被测量的表面。电容可用于控制谐振电路的频率，并将电容变化转化为可用的电气量输出。

**技术小贴士**

与电容式传感器相关的一种接近探测器是涡流接近传感器。电容式传感器将目标作为一个电容板，感知电容的变化作为距离变化的函数，而涡流式传感器在目标体内产生磁场，与探头的磁场相对。磁场必须穿透目标表面，才能产生涡流，这些电流从交流信号源吸取能量，使信号源变化并影响其振幅。

由于传感器目标的介电常数取决于材料的类型，这些传感器通常由制造商在工厂根据预期传感器的目标进行校准。由于它们的线性范围很小，还必须在现场安装和调整，以使间隙（静态）电压保持在传感器的线性范围内。这确保了传感器操作的最大动态范围。

### 21.3.2 速度传感器

速度被定义为位移的变化率，速度可以通过位移传感器和测量两个位置之间的时间来间接测量。另一种测量速度的间接方法是对加速度计的测量输出进行积分，这将在下面进行讨论。直接测量速度是可能的，因为某些传感器的输出与所测量的速度成正比，这些传感器可以对线速度或角速度做出响应，线性速度传感器可以使用同心线圈内的永久磁铁来构建，通过产生与速度成比例的电压形成一个简单的发电机。线圈或磁铁是固定的，另一个线圈或磁铁相对于固定部分进行移动，并从线圈获取输出。

一些传感器可以用来测量角速度，转速计是一种角速度传感器，提供直流或交流电压输出。直流转速计是一个小型发电机，其线圈在恒定的磁场中旋转，当线圈在磁场中旋转时，会在线圈中感应出电压，感应电压的平均值与旋转速度成正比，极性表明旋转的方向，这是直流转速计的一个优点。交流转速计可以设计成发电机，提供与旋转速度成正比的输出频率。

另一种测量角速度的方法是在感光元件上旋转快门。快门阻断了来自光源的光线到达光导电池，因此光导电池的输出与旋转速度成比例变化。

### 21.3.3 加速度传感器

在图 21-24 中，加速度是通过使用支撑的质量块来测量的，弹簧安装在外壳中，阻尼是由阻尼器提供的，阻尼器是一种减少振动的机械装置。物体和质量块之间的相对运动与加速度成正比。电阻式位移传感器或线性可变差动变压器（LVDT），它们是一种二次侧传感器，将相对运动转换为电气输出。理想情况下，当物体因惯性加速时，质量块不会移动。实际上，由于弹簧对它施加外力，它会有微小移动。加速度计有一个固有频率，其周期小于所测加速度变化所需的时间，用于测量振动的加速度计应在低于固有频率下使用。

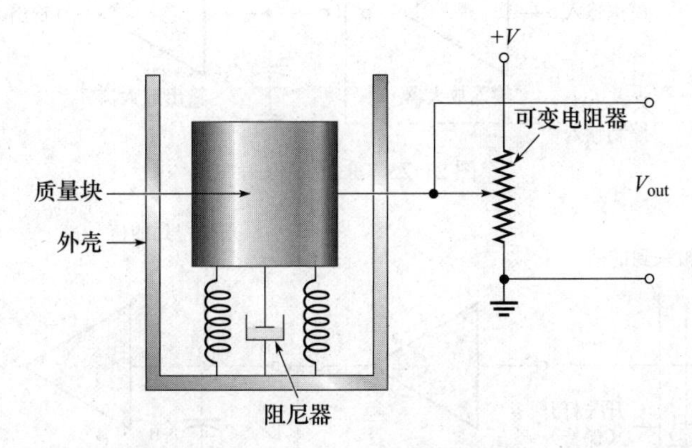


图 21-24　一个基本的质量块 – 弹簧加速度计。运动被可变电阻器转换为一个电压。电阻和外壳随着地面移动，而质量块则不会移动

采用 LVDT 基本原理的加速度计可以用来测量振动。质量块由磁铁制成，周围有一个线圈，线圈中感应的电压是加速度的函数。

另一种类型的加速度计使用压电晶体。晶体产生一个输出电压以响应由加速度引起的力。压电晶体尺寸小，具有非常高的固有频率，因此可用于测量高频振动。压电晶体的缺点是输出电压非常低，而且晶体的阻抗很高，因此容易受到噪声的影响。

**学习效果检测**

1. LVDT 是什么意思？
2. LVDT 测量的是什么？
3. 用什么来测量角速度？

## 21.4　采样 – 保持电路

在前面的章节中，你了解到如何使用传感器电路来测量某些物理量。由传感器产生的模拟电压转换为数字量的形式，以便由计算机或数字信号处理器（DSP）来处理。将模拟信号转换为数字信号需要一个采样 - 保持电路，本节将介绍该电路，下一节将讨论模数转换器（ADC）。

**采样 – 保持**　电路在某个时间点对模拟输入电压进行采样，并在采样后的很长一段时间内保留采样的电压。采样 - 保持过程使采样的模拟电压保持恒定的时间长度，以允许模数转换器（ADC）将电压转换为数字形式。

如图 21-25 所示，采样 – 保持电路由一个模拟开关、一个电容以及输入和输出放大器组成。模拟开关通过输入放大器对模拟输入电压进行采样，电容（$C_H$）将采样的电压保持一段时间，输出放大器的输入阻抗防止电容过快放电，当下一次采样时，电容将根据模拟开关采集的新电压进行充电或放电。

如图 21-26 所示，使用一个相对较窄的控制电压脉冲关闭模拟开关，允许电容充电到模拟输入电压的值。然后开关打开，电容保持电压足够长的时间，以便对电压进行采样。

图 21-27 中描述一个更详细的采样 - 保持电路。模拟开关使用一个 JFET，在控制输入为负电压时，JFET 开关关闭。

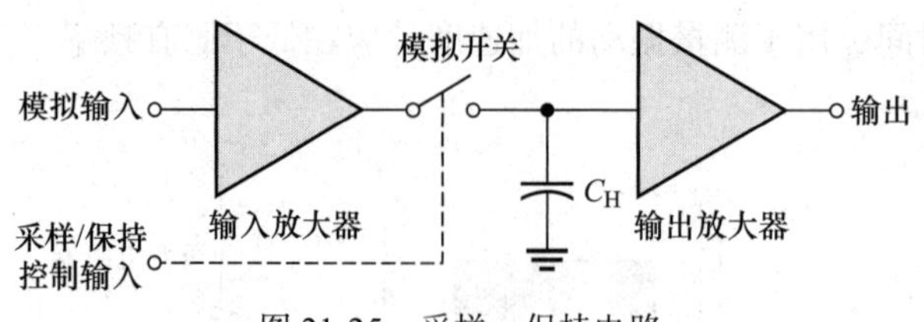


图 21-25 采样 – 保持电路

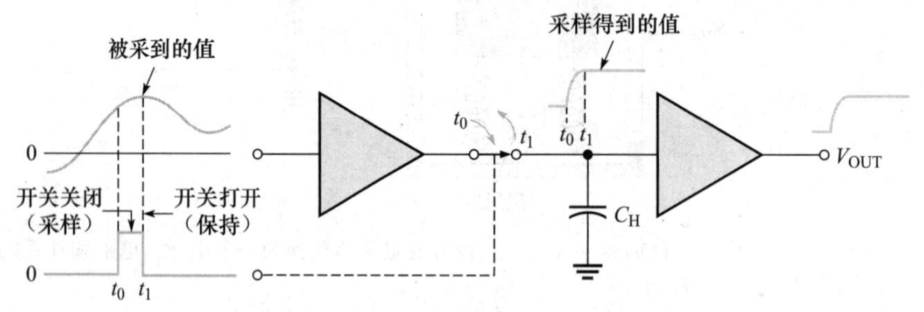


图 21-26 采样 – 保持电路的基本动作

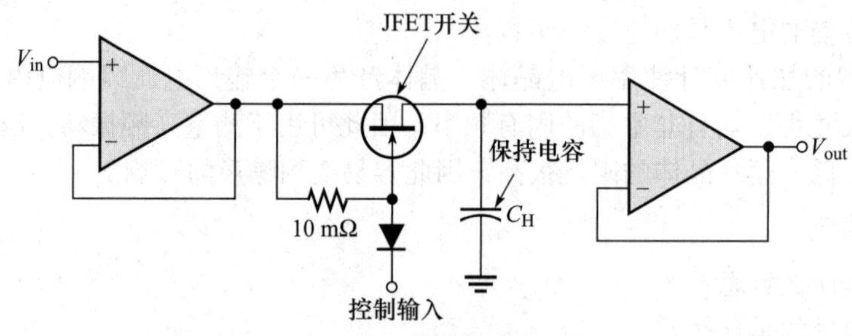


图 21-27 采样 – 保持电路

采样 – 保持过程，也叫作采样 / 跟踪和保持过程，因为在采样间隔期间，电路实际上是跟踪输入电压的。如图 21-28 所示，在控制电压为高电平时，输出跟随输入，而当控制电压为低电平时，保持最后的采样电压到下一个采样间隔。请注意，与输入的变化速度相比，FET 导通电阻和保持电容的时间常数必须很小，以准确地表示采样电压。

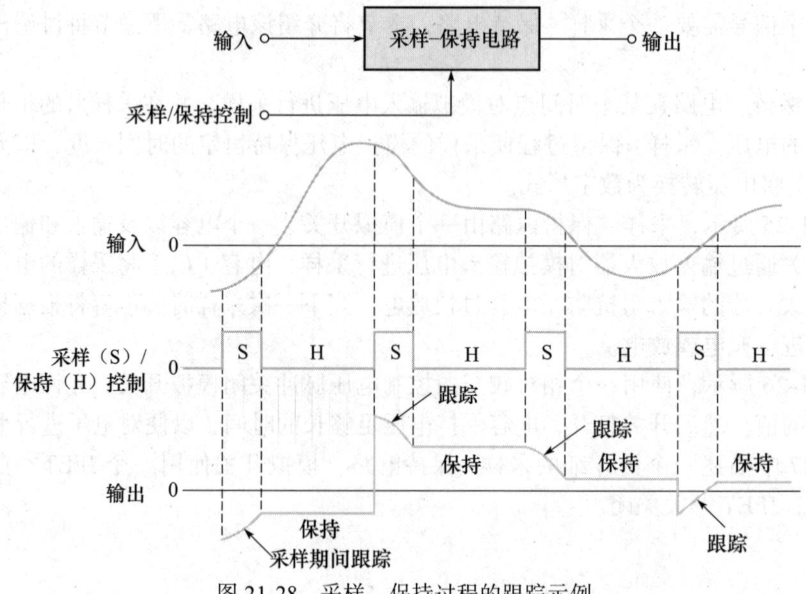


图 21-28 采样 – 保持过程的跟踪示例

例 21-7　根据输入和控制电压波形，确定图 21-29 中采样 - 保持电路的输出电压波形。

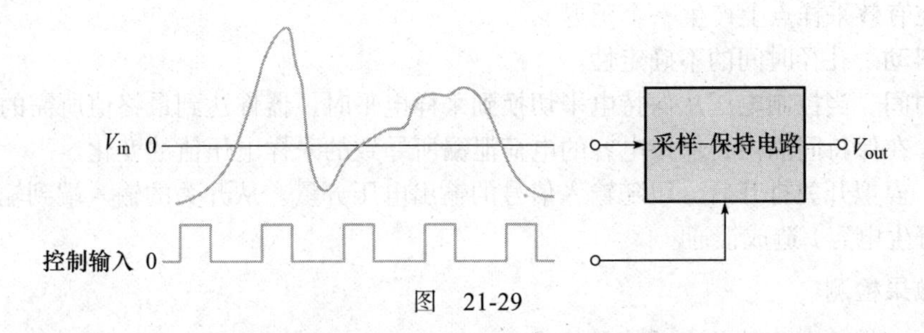


图　21-29

**解**　在控制电压为高电平时，模拟开关关闭，电路跟踪输入。当控制电压为低电平时，模拟开关打开，最后的采样电压值保持在一个恒定的水平，直到下一次控制电压变高，波形如图 21-30 所示。

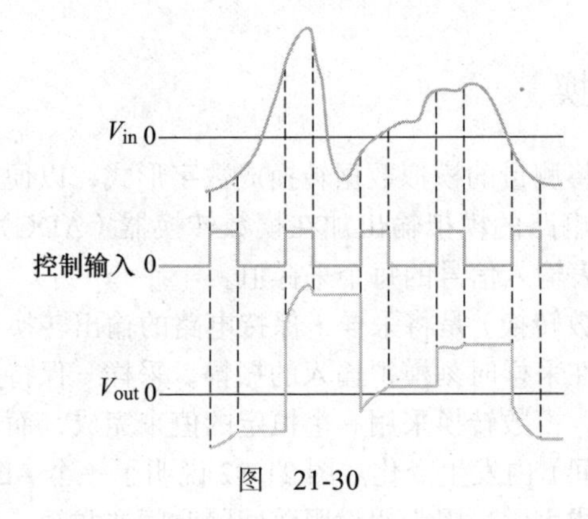


图　21-30

**同步练习**　如果控制电压频率变为一半，控制输入脉冲宽度不变，画出图 21-29 的输出电压波形。

采用科学计算器完成例 21-7 的计算。

## 性能参数

采样 – 保持电路有几个性能参数，包括孔径时间、孔径抖动、采集时间、下垂和馈通。图 21-31 为对一个输入电压波形采样的例子，对这些参数进行说明。

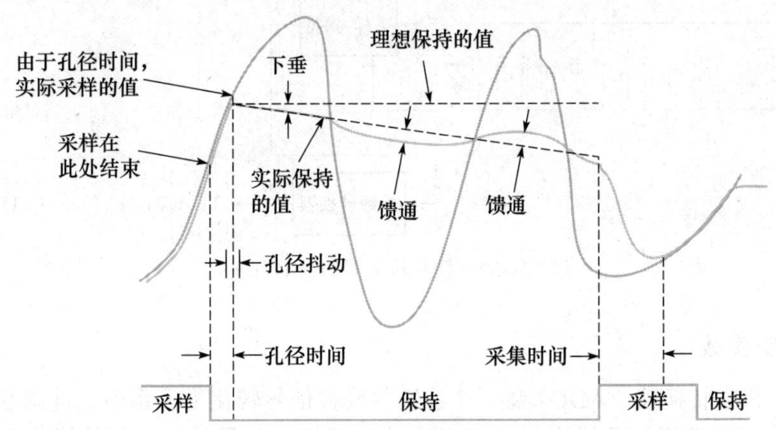


图 21-31　对一个输入电压波形采样。为了清晰起见，把效果放大了。深蓝色曲线是输入电压波形，浅蓝色曲线是输出电压（见彩插）

**孔径时间** 在控制电压从其采样电平切换到保持电平后，模拟开关完全打开的时间，孔径时间会在有效采样点上产生一个延迟。

**孔径抖动** 孔径时间的不确定性。

**采集时间** 当控制电压从保持电平切换到采样电平时，器件达到最终值所需的时间。

**下垂** 在保持间隔内，保持电容的电荷泄漏所导致的采样电压值的变化。

**馈通** 模拟开关打开后，跟随输入信号的输出电压分量。从开关的输入端到输出端的固有电容（寄生电容）造成馈通。

**学习效果检测**

1. 采样 - 保持电路的基本功能是什么？
2. 关于采样和保持电路的输出，下垂是什么意思？
3. 定义孔径时间。
4. 什么是采集时间？

## 21.5 模拟 - 数字转换

在许多应用中，需要将测量的模拟数据转换成数字形式，以便在计算机或其他数字设备中进行处理。采样 - 保持电路的模拟输出加在模数转换器（ADC）的输入端，ADC 的输出是一系列二进制编码，代表输入信号的每个采样值。

模拟 - 数字转换（模数转换）是将采样 - 保持电路的输出转换为一系列二进制编码的过程，这些二进制编码表示在采样时刻模拟输入的振幅。采样 - 保持过程在采样脉冲之间保持模拟输入信号的幅值不变。模数转换采用一个恒定的值来完成，而不是让模拟信号在转换间隔（即采样脉冲之间的时间）内发生变化。图 21-32 说明了一个 ADC（模数转换器）的基本原理，图中采样间隔用虚线表示。因为假设跟踪间隔时间非常短，可以忽略不计，所以跟踪间隔没有在采样 - 保持（S/H）输出上给予表示。

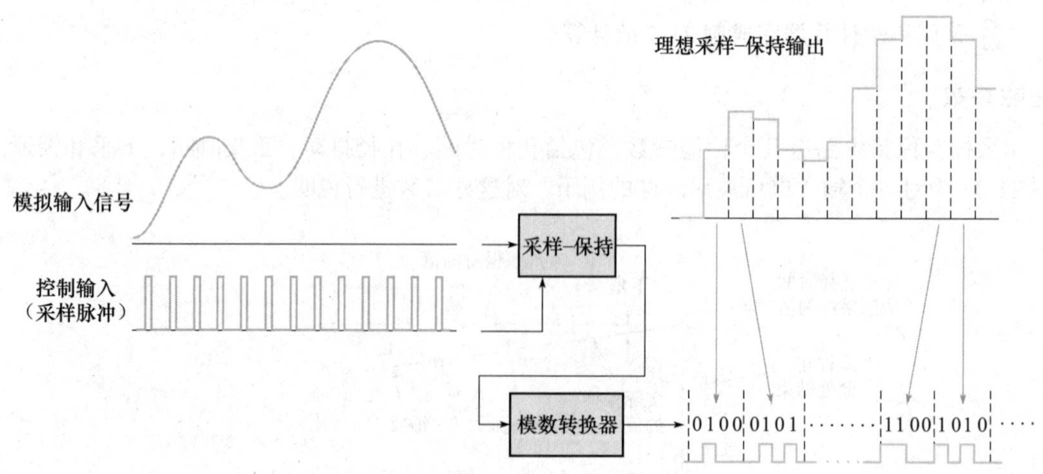


图 21-32 模数转换器的基本原理

### 21.5.1 转换参数

**分辨率** 模数转换器（ADC）将一个连续的模拟信号转化为一系列二进制数。每个二进制数代表转换时的模拟信号的值。ADC 的**分辨率**用模拟信号的二进制数据位数来表示。一个 4 位 ADC 可以代表模拟信号的 16 个不同的值，因为 $2^4=16$。一个 8 位 ADC 可以代表模拟信号的 256 个不同的值，因为 $2^8$=256。一个 12 位 ADC 可以代表模拟信号的 4096 个不同的值，因为 $2^{12}$=4096。有了更多的位数，转换更准确，分辨率更高，因为这样模拟信号的更多值可以用唯一的数字值来表示。

**转换时间**　除了分辨率之外，ADC 的另一个重要参数是**转换时间**。将模拟电压转换为数字量不是瞬间完成的，而是需要一定时间。转换时间的范围可以从快速转换器的微秒级别到较慢转换器的毫秒级别。转换时间如图 21-33 所示，要转换发生在 $t_0$ 时刻的模拟电压（$v_0$），其转换直到 $t_1$ 时刻才完成。

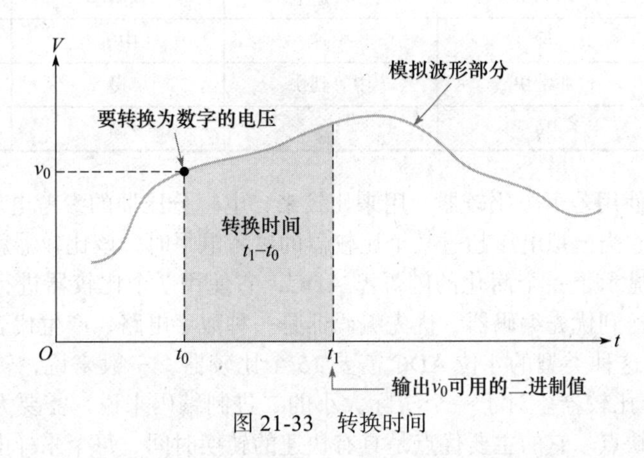


图 21-33　转换时间

**量化误差**　量化误差是正在被数字化的模拟信号与每个采样瞬间最接近的可用数字化值之间的差值，数字化的数值是模拟输入的近似值。因为较高分辨率的模数转换器的数字值更接近于模拟值，所以使用较高分辨率的模数转换器可以减小量化误差。

## 21.5.2　采样

在模数转换中，模拟波形在某一点被采样，然后采样值被转换成二进制数字。由于转换需要一定的时间间隔来完成，因此在给定的时间段内，模拟波形的采样数量是有限的。例如，如果某个 ADC 可以在 1.0 ms 内进行一次转换，那么它可以在 1 s 内进行 1000 次转换，也就是说，它可以在 1 s 的时间内将 1000 个不同的模拟值转换为数字值的形式。

为了表示模拟波形，采样频率必须大于模拟信号最大频率的两倍。采样率理论的最小频率被称为奈奎斯特频率，在第 8 章中已经简要讨论过。在奈奎斯特频率下，模拟信号每周期被采样和转换两次。在实践中，每个周期必须对信号进行两次以上的采样，每个周期内模拟信号采样次数越多，模拟信号的表示就越准确。图 21-34 所示给出了两种不同的采样频率，浅

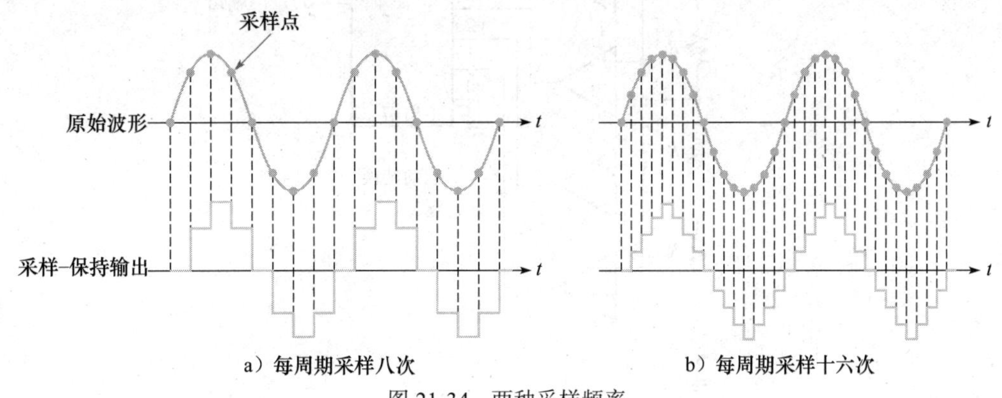


a）每周期采样八次　　b）每周期采样十六次

图 21-34　两种采样频率

色的波形是两个不同采样频率的采样－保持输出，越高的采样频率会产生越准确的采样结果。

### 21.5.3 模数转换方法

模数转换有多种方法，例如同步型或闪烁型、逐次逼近、双斜率和过采样（通常为 Σ-Δ 采样）方法。表 21-3 给出了这些转换方法的性能比较。

表21-3 几种模数转换方法的性能比较

| 方法 | 闪烁型 | 逐次逼近 | 双斜率 | 过采样 |
|---|---|---|---|---|
| 分辨率 | 低 | 中等 | 中等 | 中等到高 |
| 速度 | 非常快 | 中等到快 | 慢 | 慢 |
| 价格 | 高 | 低 | 高 | 低 |

**闪烁型方法**是使用若干个比较器，用来比较来自电阻分压器的参考电压和来自采样－保持电路的模拟输入。当模拟电压超过某个比较器的参考电平时，该比较器就会产生一个高电平输出。图 21-35 显示了一个简化的闪烁型 ADC，它使用 7 个比较器进行 3 位二进制的转换，比较器的输出送到优先编码器，优先编码器是一种数字电路，产生代表输入最高电平的二进制输出编码。这种类型的 4 位 ADC 需要 15 个比较器。一般来说，转换为 $n$ 位二进制编码时需要 $2^n-1$ 个比较器。对于一个实际大小的二进制编码来说，需要大量的比较器，这是全并行法的一个缺点。它的主要优点是具有快速的转换时间，每个采样电平的起始转换脉冲启动编码器工作，编码器产生代表采样模拟电平值的 3 位数值编码。

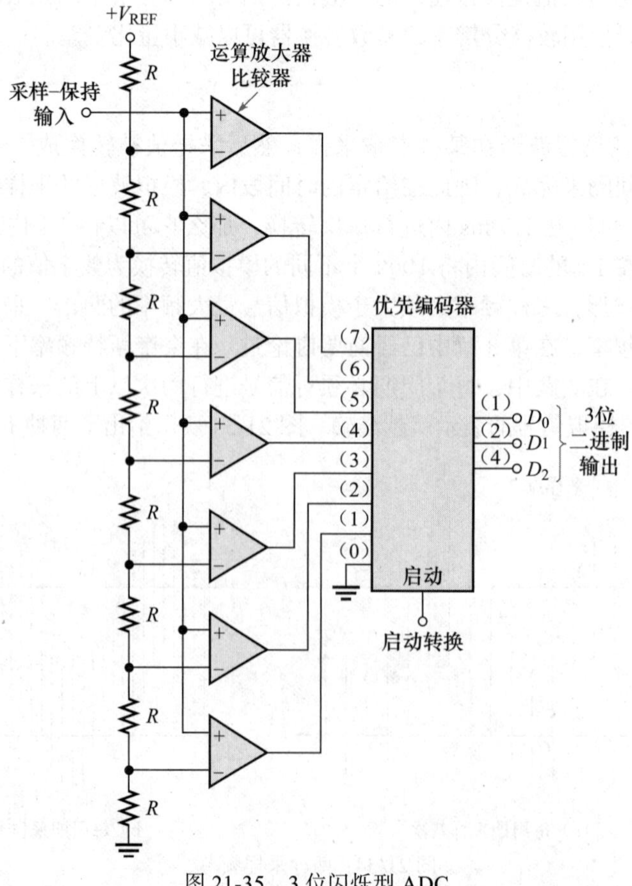


图 21-35 3 位闪烁型 ADC

学习效果检测

1. 转换时间是什么？
2. 根据采样定理，想要恢复 100 kHz 正弦波的理论上的最小采样率是多少？
3. 采样 – 保持电路如何避免 A/D 转换中的量化误差？

## 21.6　功率控制电路

电子电路的一个应用是控制负载的功率。在本节中，将了解可控硅（SCR）和双向晶闸管这两种器件。这些器件都属于晶闸管器件，晶闸管广泛应用于电动机、加热器、相位控制和许多其他应用中。晶闸管可以看作一个快速的电子开关，它可以导通或断开负载的电流。通常使用集成电路来控制可控硅和双向晶闸管开关的导通或关闭时间。

### 21.6.1　可控硅

**晶闸管**是一种半导体开关，其由四层或更多层的 PN 材料交替组成。晶闸管有多种类型，具体类型主要取决于层数和各层的连接方式。当连接到有四层晶闸管的第一层、第二层和第四层时，就会形成一种被称为可控硅整流器（SCR，简称为可控硅）的门控二极管。它是晶闸管系列中最重要的器件之一，其作用与二极管类似，只在需要时导通。可控硅的基本结构和电路符号如图 21-36 所示，对于可控硅来说，三个连接点为阳极（A）、阴极（K）和门极（G）。

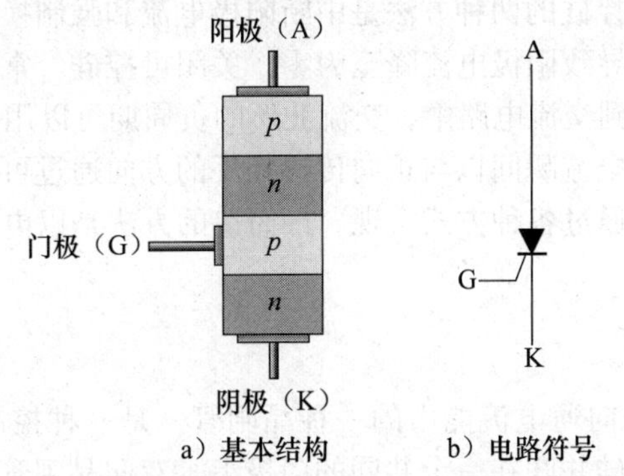


图 21-36　可控硅（SCR）的基本结构和电路符号

可控硅的特性曲线如图 21-37a 所示，当门极电流为零时，特征曲线有四个区域，反向特性（在左下象限）与普通二极管相同，其区域称为反向阻塞区或反向雪崩区。反向阻塞区域相当于一个断开的开关。为使可控硅进入雪崩区，必须施加几百伏或更多的反向电压，在反向雪崩区，可控硅通常不工作。

正向特性（在右上象限）分为两个区域。一个是正向阻塞区，在该区可控硅基本上是关闭的，阳极和阴极之间的电阻非常高，近似于开关断开状态。第二个区域是正向导通区，阳极电流通过二极管。为了使可控硅进入这一区域，$V_F$ 必须超过正向击穿电压 $V_{BR(F)}$。在正向导通区工作时，可控硅近似于阳极和阴极之间的开关闭合状态。除了正向阻塞区之外，它与普通二极管的特性很相似。

**可控硅导通**　有两种方法可以使可控硅进入正向导通区，在这两种情况下，阳极到阴极正向偏置，也就是说，阳极相对于阴极为正。第一种导通方法，需要施加大于正向击穿电压［$V_{BR(F)}$］的正向电压。通常不使用这种方法。第二种导通方法是在门极上施加一个正的（对于图 21-36 所示的类型）电流脉冲（**触发**）。如图 21-37b 所示，该脉冲降低了正向导通电压，可控硅导通。门极电流越大，$V_{BR(F)}$ 的值越低。

一旦可控硅导通，门极就失去了控制，实际上只要阳极电流保持不变，可控硅就会继续等效为一个闭合开关。当阳极电流下降到小于保持电流（$I_H$）时，可控硅就会失去导通能力如图 21-37 所示。

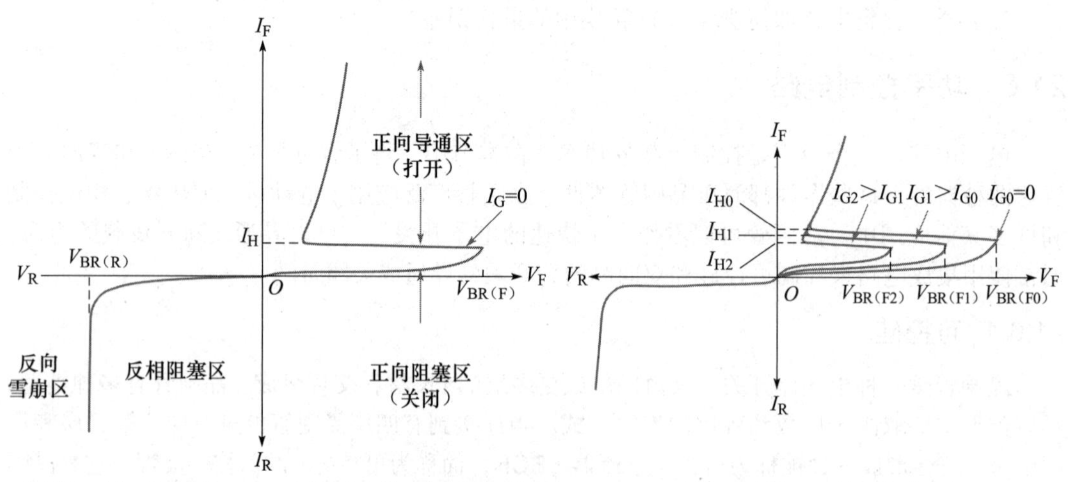


a）当$I_G$=0时，$V_F$大于$V_{BR(F)}$，可控硅才能工作在正向导通区　　b）$I_G$控制$V_{BR(F)}$的导通值

图 21-37　SCR 特性曲线

**可控硅关闭**　关闭可控硅的两种方法是中断阳极电流和强制换向。通过断开阳极电路中的通路，中断阳极电流，导致阳极电流降至为零，关闭可控硅。常见的“自动”中断阳极电流的方法是将可控硅连接到交流电路中，交流波形的负周期可以用于关闭可控硅。

强制换向方法要求使电流瞬间以与正向传导相反的方向通过可控硅，从而使正向电流降低到保持值以下，这可以通过各种方式实现。最简单的方法是以电子方式反向切换可控硅两端的充电电容。

## 21.6.2　双向晶闸管

双向晶闸管是具有双向通电流能力的一种晶闸管，是一种控制交流电的器件。它的性能相当于两个反向的可控硅并联在一个共同的门极上。双向晶闸管的特性曲线如图 21-38 所示，双向晶闸管就像两个背靠背的可控硅，它的反向特性与其正向特性呈镜像关系。

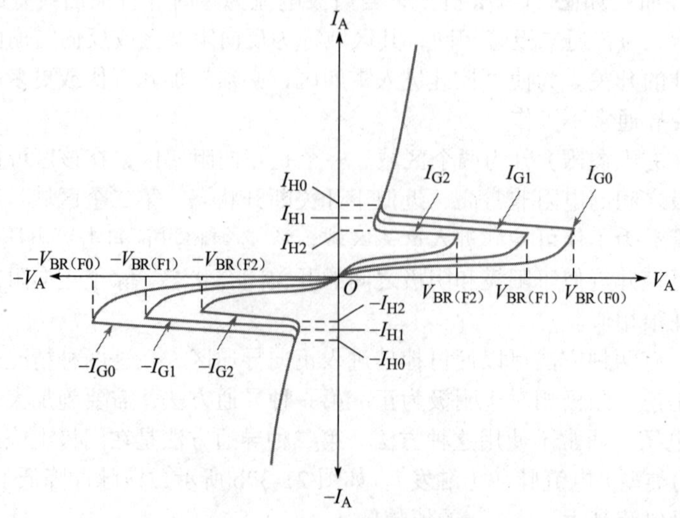


图 21-38　双向晶闸管的特性曲线

与晶闸管一样，门极触发是打开双向晶闸管的通用方法，其将电流施加到双向晶闸管门极上，就启动了锁存机制：门极在触发脉冲上升沿到来后，晶闸管导通，保持“开启”状态，像锁打开一样；当导通电流减小到零，晶闸管失去导通能力，保持“关闭”状态，像上锁一样；当门极在触发脉冲上升沿再次到来后，晶闸管再次导通。一旦启动导通，双向晶闸管也就导通，因此，它可以作为一个交流控制器来使用。通过触发双向晶闸管开关，使交流电源向负载提供交流周期的部分能量，这样晶闸管根据触发点的触发向负载提供或多或少的功率，其基本原理用图 21-39 的电路来说明。

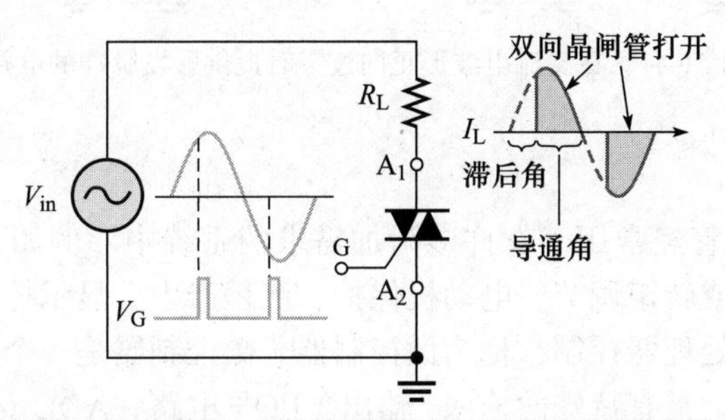


图 21-39 双向晶闸管的基本原理。门极触发时间决定了传递给负载的交流周期部分能量

### 21.6.3 零电压开关

当可控硅或双向晶闸管在交流周期中导通时，会出现一个问题，即由于开关瞬态而产生的无线电射频干扰（RFI）。如果可控硅或双向晶闸管在接近交流周期峰值时突然导通，就会有电流突然涌向负载，当电压或电流发生突变时，就会产生许多高频分量。这些高频成分可以辐射到敏感的电子电路中，造成严重的干扰，甚至是灾难性的故障。当可控硅或双向晶闸管两端电压为零时，通过打开可控硅或双向晶闸管，可以防止电流的突然增加，因为电流将随着交流电压从零开始呈正弦形增加。**零电压开关**还可以防止对负载的热冲击，热冲击可能会缩短负载的寿命。

零电压开关会使噪声问题大大减少。例如，负载可能是一个电阻性的加热元件，通常在交流电的几个周期内打开电源，然后关闭几个周期以保持一定的温度。零电压开关使用一个传感电路来确定何时接通电源。图 21-40 说明了零电压开关的原理，注意输出是一个半波整流器的输出。

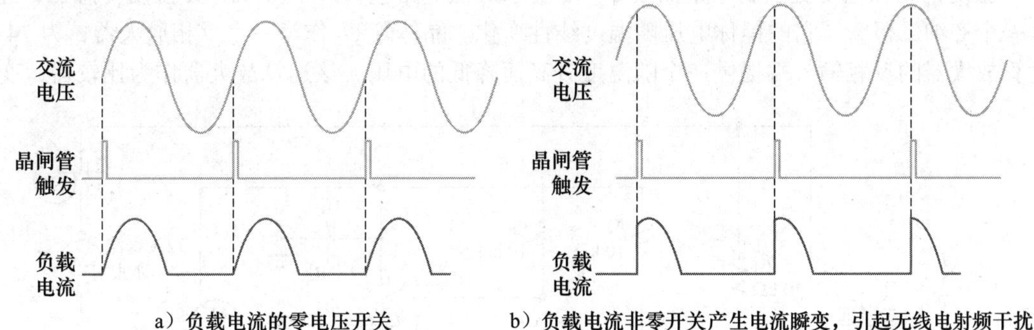


a）负载电流的零电压开关　　b）负载电流非零开关产生电流瞬变，引起无线电射频干扰

图 21-40 零电压开关与非零开关的负载功率比较

图 21-41 所示为在交流电波形正向过零时提供触发脉冲的电路，电阻 $R_1$ 和二极管 $D_1$、$D_2$ 保护比较器的输入不受过度电压波动的影响，比较器的输出电压是一个方波，$C_1$ 和 $R_2$ 组成一个微分电路，将方波输出转换成触发脉冲，二极管 $D_3$ 将输出限制在只有正向触发。

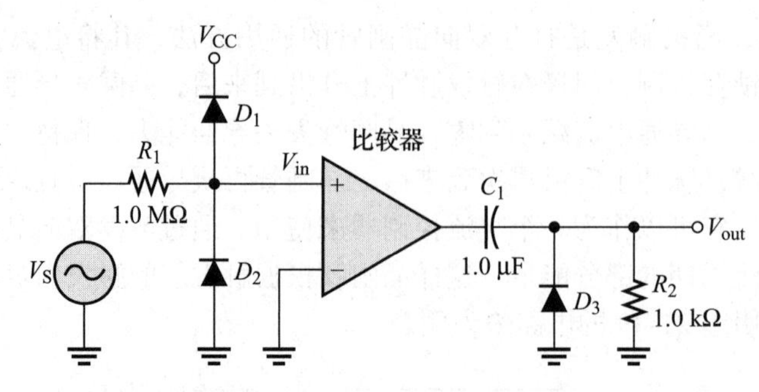


图 21-41 在交流电波形正向过零时提供触发脉冲的电路

## 21.6.4 微控制器

可控硅和双向晶闸管经常用于有许多附加需求的系统中。例如，像洗衣机这样的基本系统，具有定时、速度或转矩调节、电动机保护、流程产生、显示控件等需求。像这样的系统可以由一类特殊的微处理器控制，称为微控制器。**微控制器**是一个集成电路，它结合了微处理器的所有基本特性，具有特殊的输入 / 输出（I/O）电路、ADC（模数转换器）、计数器、定时器、振荡器、存储器和其他特性。微控制器可以针对特定的系统进行配置，并为 SCR 和双向晶闸管的触发方法提供廉价的替代方案。

**学习效果检测**

1. 在向负载输送功率方面，晶闸管和双向晶闸管有什么不同？
2. 解释零电压开关的基本用途。

# 应用案例

在这个应用案例中，使用温度检测和电动机控制电路来控制电动机速度，以冷控封闭箱里的电子电路。当箱里的温度达到阈值时，该电路启动风扇电动机，并根据箱里的温度按比例调整电动机转速，当温度开始上升时，风扇电动机的转速也会增大，这时应提供更多的空气流来进行冷却，随着温度的降低，风扇电动机的转速也会相应降低。

**电路的基本工作原理**

温度检测和电动机控制电路如图 21-42 所示。该电路包含一个 LM335Z 温度传感器，这是一个齐纳二极管，它的标称电压随温度线性变化。晶体管 $Q_1$ 作为一个反相放大器，为 741 运算放大器的反相输入端提供一个随温度升高而降低的电压，该运算放大器作为比较器，变

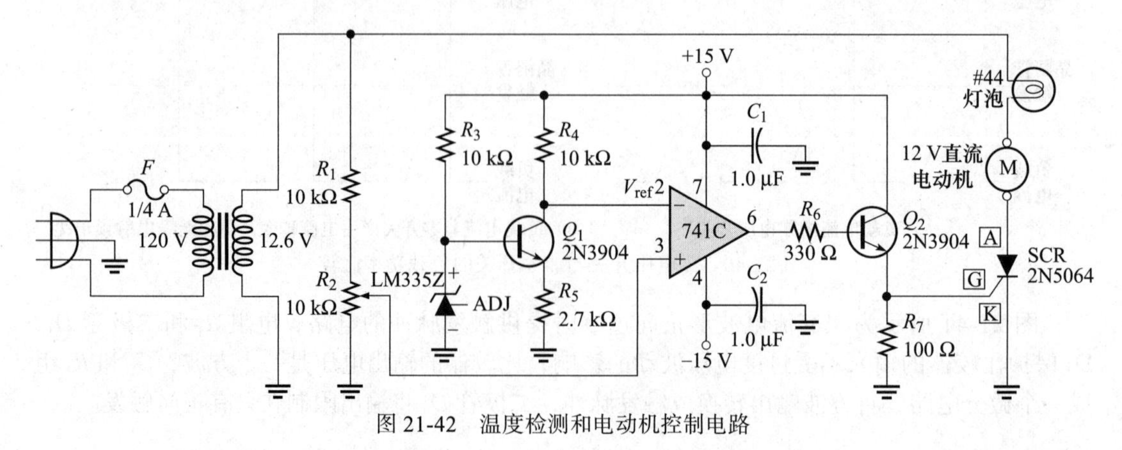


图 21-42 温度检测和电动机控制电路

压器二次侧的部分分压通过电位器 $R_2$ 为比较器的同相端提供电压输入信号，比较器的输出连接到晶体管 $Q_2$，它作为一个缓冲放大器来驱动可控硅的输入触发。

调整电位器 $R_2$，在室温下，比较器输出为低电平，电动机关闭。随着温度的升高，LM335Z 电压升高，$Q_2$ 集电极电压（比较器阈值电压）降低，当来自电位器的交流电压超过比较器的阈值电压时，比较器切换到高电平状态，导致可控硅触发导通，从而启动电动机。当交流电压下降时，可控硅电流低于其保持值，可控硅关闭。在交流电压的下一个周期，再次大于阈值，可控硅再被触发。随着可控硅的开启和关闭，有效地将脉冲直流提供给电动机。

随着温度的升高，比较器的阈值电压（$Q_2$ 集电极）减小，导致可控硅在交流周期中提前触发，由此脉冲直流占空比增加了，所以电动机速度增大。随着温度的降低，比较器的阈值电压增加，导致可控硅在交流周期的后半周期触发，这使脉冲直流占空比降低，所以电动机速度降低。通过与电动机串联的灯来显示风扇电动机速度，当电动机运行速度较快时，灯会更亮。

**步骤 1：检查放大器板**

1. 通过对照图 21-42 的原理图，确保图 21-43 所示的电路板组装正确。背面的连接显示为较深的痕迹（就像 PCB 在灯光下显示的阴影），电动机和灯在电路板的外部。

2. 在板的副本上标注上元件和输入 / 输出的名称。

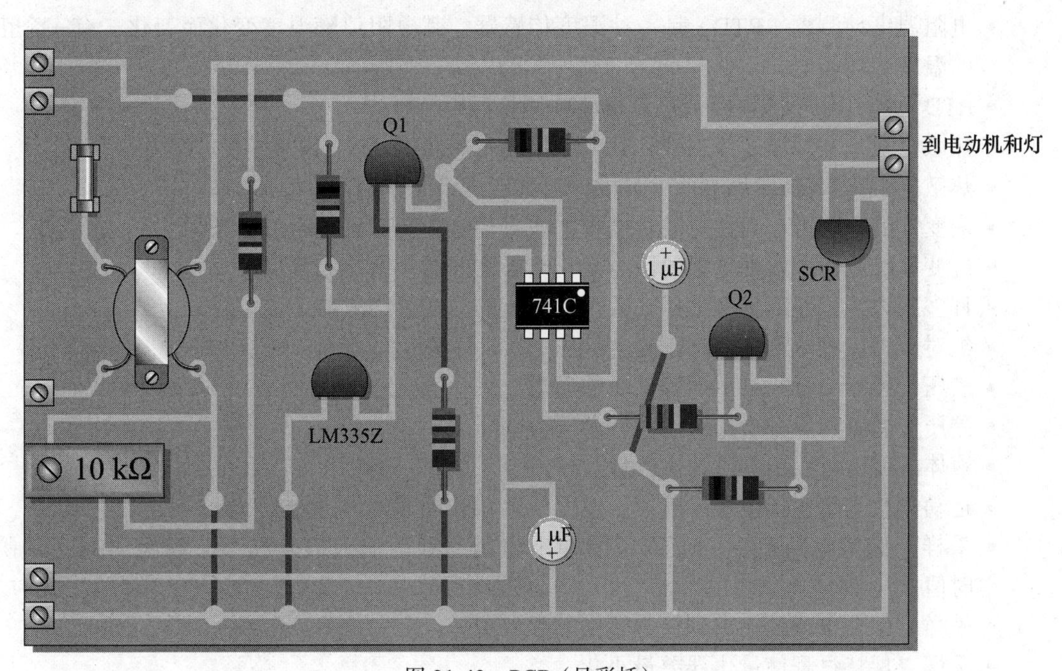


图 21-43　PCB（见彩插）

**步骤 2：分析电路**

1. 如果 LM335Z 的电压在 20 ℃时为 2.93 V，计算比较器反相输入的电压。

2. LM335Z 的击穿电压与绝对温度（单位为 K）成正比，系数为 +10 mV/K。在 +50 ℃时测定 LM335Z 的电压，当温度单位为℃时，再加上 273，得到绝对温度。

3. 假设变压器的输出有效值为 12.6 V，在室温（20 ℃）下，比较器的同相输入端的峰值电压调整为多少时，电动机停止运行？

**步骤 3：测试电路板**

1. 制定分步程序来检查电路板是否正常运行。

2. 为所有要进行的测量变量指定交流和直流电压值。

**步骤 4：电源故障排查**

对于下面每种症状，确定可能的故障或多故障。

1. $Q_1$ 的集电极保持在 +15 V。
2. 在运算放大器输出端没有脉动的直流电压输出给电动机。
3. 无论温度如何，风扇电动机都以恒定的转速工作。
4. 指示灯亮，但风扇电动机不工作。

### 检查与复习

1. 解释为什么温度升高时电动机转动更快。
2. 是什么阻止电动机在室温或低于室温时运行？
3. 晶闸管什么时候导通？什么时候关闭？

## 本章总结

- 热电偶是一种由两种不同金属结合而成的温度传感器。
- 当热电偶接点被加热时，接点上会产生一个与温度成正比的电压。
- 热电偶可用于测量非常高的温度。
- 电阻温度检测器（RTD）是一种温度传感器，其电阻值随温度变化而变化，有一个正的温度系数。
- RTD 通常用于桥式电路或恒流电路中测量温度。
- 热敏电阻是一种温度传感器，其电阻值通常与温度成反比。
- 热敏电阻比 RTD 或热电偶更灵敏，但其温度检测范围非常有限。
- 应变计的原理为：当材料的长度增加而直径减少时，其电阻就会增加。
- 应变计的应变系数是电阻的微小变化与长度的微小变化的比值。
- 许多压力传感器都是由黏接在柔性隔膜上的应变计构成的。
- 绝对压力传感器测量相对于真空的压力。
- 表压传感器测量相对于周围气压的压力。
- 差压传感器测量一个相对于另一个压力的压力。
- 液体的流速可以用差压计来测量。
- 运动测量电路包括位移传感器、速度传感器和加速度传感器。
- 采样 – 保持电路产生一个恒定的输出电压，等于输入信号在某一特定时间点的瞬时值。
- 采样 – 保持电路的输出到模数转换器（ADC）。
- 采样 – 保持过程使量化误差最小化。
- 模数转换器（ADC）与采样 - 保持电路一起将模拟信号转换为一系列的数字编码。
- 输入信号的周期必须大于两个采样周期，以表示模拟信号。理论上的最小采样频率是对每个周期进行两次采样，称为奈奎斯特频率。
- 采样频率越高，对模拟信号的数字表达越准确。
- ADC 分为闪烁型（同步型）和逐次逼近型。
- 晶闸管是一种电子开关。
- 可控硅（SCR）和双向晶闸管是两种用于功率控制的电路。
- 零电压开关在交流电压过零处产生脉冲，以触发晶闸管。

## 对 / 错判断（答案在本章末尾）

1　热电偶可以测量比热敏电阻更高的温度。
2　热电偶在医学应用中常用来测量体温。
3　RTD 相对于热敏电阻的一个优点是：RTD 是线性的。
4　当应变计被拉伸时，它的电阻会以非常小的量减少。
5　热电偶信号调节器必须有高带宽才能发挥作用。
6　温度传感器的信号调节通常包含一个隔离放大器。
7　三线桥可以补偿温度传感器的导线电阻。
8　绝对压力是相对于大气层测量的。
9　在采样 – 保持电路中，模拟值被存储在电容上。
10　SCR 只用于直流电路中。

## 自我检测（答案在本章末尾）

1　对于热电偶
(a) 当温度发生变化时，电阻发生变化
(b) 在温度发生变化时，电压发生变化
(c) 热电偶是由两种不同的金属组成的
(d) (b) 和 (c)

2　在热电偶电路中，在每根热电偶导线连接到铜质电路板终端的地方，
(a) 产生一个不需要的热电偶
(b) 需要补偿
(c) 必须使用参考热电偶
(d) (a)、(b) 和 (c)
(e) (a) 和 (c)

3　设计的热电偶信号调节器可以提供
(a) 增益
(b) 补偿
(c) 隔离
(d) 共模抑制
(e) 以上都是

4　RTD 的特性是
(a) 当温度发生变化时，电阻发生变化
(b) 有一个负的温度系数
(c) 具有比热电偶更大的温度范围
(d) 以上都是

5　三线桥的目的是消除
(a) RTD 的非线性
(b) RTD 电路中导线电阻的影响
(c) 来自 RTD 电阻的噪声
(d) 以上都不是

6　热敏电阻的特性是
(a) 比热电阻敏感度低
(b) 可以测量比热电偶更大的温度范围
(c) 可用于恒定电流配置或惠斯通电桥
(d) 以上都是

7　RTD 和热敏电阻都被用于
(a) 测量电阻的电路
(b) 测量温度的电路
(c) 桥式电路
(d) 恒定电流驱动电路
(e) (b)、(c) 和 (d)
(f) (b) 和 (c)

8　当应变计的长度增加时，
(a) 其产生电压增加
(b) 其电阻增加
(c) 其电阻减小
(d) 产生开路

9　应变系数越高，表明应变计
(a) 对长度变化敏感度低
(b) 对长度变化越敏感
(c) 总电阻越大
(d) 由更大的导体制成

10　构成多种不同类型的压力传感器的器件是
(a) 热敏电阻
(b) RTD
(c) 应变计
(d) 以上都不是

11　基于什么对表压进行测量
(a) 周围气压
(b) 真空
(c) 参考压力

12 液体的流速可以是用什么来测量
(a) 字符串
(b) 温度传感器
(c) 绝对压力传感器
(d) 差压传感器

13 一个基本的采样 - 保持电路包括
(a) 模拟开关和放大器
(b) 模拟开关、电容和放大器
(c) 多路模拟开关和电容
(d) 模拟开关，电容，以及输入和输出放大器

14 在一个采样 / 跟踪 - 保持电路中，
(a) 采样间隔结束时的电压保持不变
(b) 采样间隔开始时的电压保持不变
(c) 采样间隔期间的平均电压保持不变
(d) 在取样间隔期间，输出与输入一致
(e) (a) 和 (b)

15 在一个模拟开关中，孔径时间是指开关到什么时刻的时间
(a) 在控制器从保持状态切换到采样状态后，完全打开
(b) 在控制器从采样状态切换到保持状态后，完全关闭
(c) 在控制器从采样状态切换到保持状态后，完全打开
(d) 在控制器从保持状态切换到采样状态后，完全关闭

16 一个 8 位模数转换器（ADC）可以表示
(a) 一个模拟输入的 144 个离散值
(b) 一个模拟输入的 4096 个离散值
(c) 一组连续的模拟输入值
(d) 一个模拟输入的 256 个离散值

17 模拟信号的采样频率必须大于
(a) 最高频率的两倍
(b) 最低频率的两倍
(c) 最高频率
(d) 最低频率

18 零电压开关通常用于
(a) 计算热电偶电压
(b) SCR 和双向晶闸管电路
(c) 平衡电桥电路
(d) 产生射频干扰

19 对于负载功率来说，非零开关的主要缺点是
(a) 效率低
(b) 可能对晶闸管造成损害
(c) 产生射频噪声

20 SCR 可以由哪种方式触发
(a) 击穿电压触发
(b) 对门极施加负脉冲
(c) 阳极到阴极反向偏置
(d) 以上都是

## 分节习题（奇数题答案在本书末尾）

### 21.1 节

1 三个相同的热电偶分别工作在不同的温度下，热电偶 $A$ 工作的温度为 450 ℃，热电偶 $B$ 工作的温度为 420 ℃，热电偶 $C$ 工作的温度为 1200 ℃。哪个热电偶产生的电压最大？

2 两个热电偶，一个是 K 型，另一个是 T 型，通常这些字母代表什么？

3 如果热电偶测量的温度为 400 ℃，而电路本身的温度为 25 ℃，计算图 21-44 中运算放大器的输出电压，参考表 21-1。

4 如果电路得到适当的补偿，习题 3 的输出电压应该是多少？

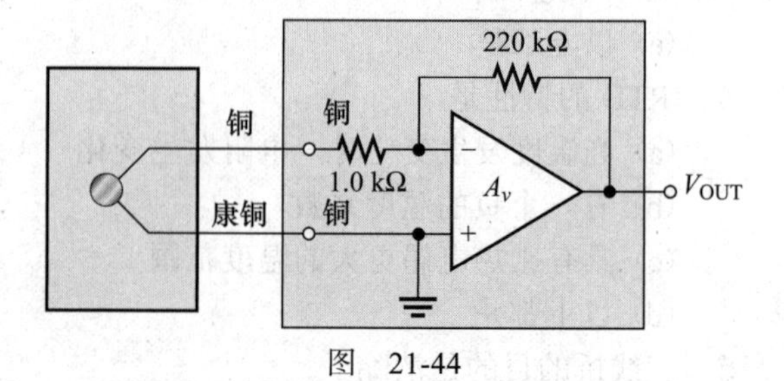


图 21-44

5 如果连接 RTD 导线的电阻都是 10 Ω，若图 21-45 中桥式电路平衡，RTD 的电阻是多少？

6 如果连接 RTD 导线的电阻都是 10 Ω，若图 21-46 中桥式电路平衡，RTD 的电阻是多少？

7　解释一下习题 5 和习题 6 结果的不同之处。

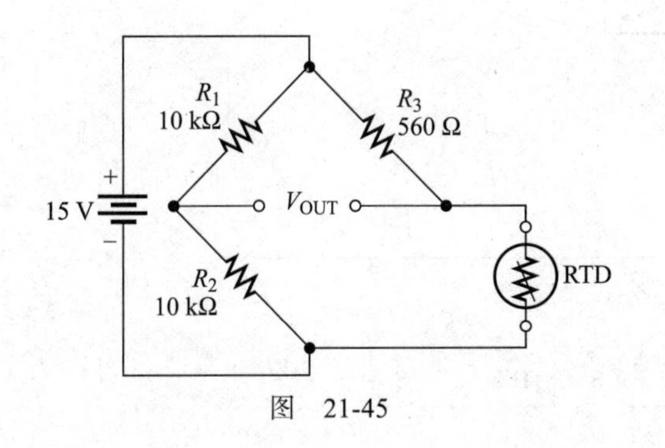


图　21-45

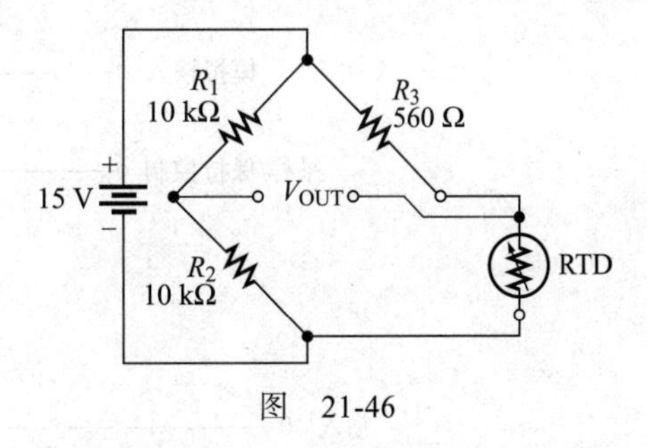


图　21-46

8　如果在被测温度下热电阻的电阻值为 697 Ω，计算图 21-47 中仪表放大器的输出电压。

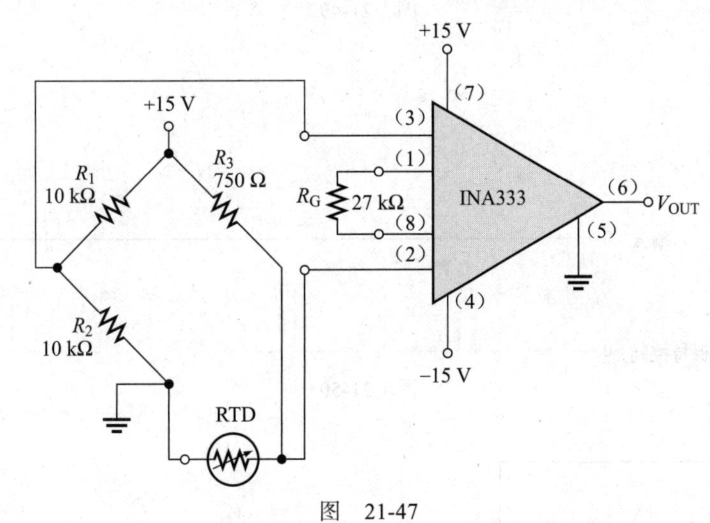


图　21-47

## 21.2 节

9　某种材料被测量后，其应变为 $3\times10^{-6}$，应变计的标称电阻为 600 Ω，应变即系数为 2.5，计算应变片的电阻变化。

10　解释如何使用应变计来测量压力。

11　识别并比较图 21-48 中的 3 种符号。

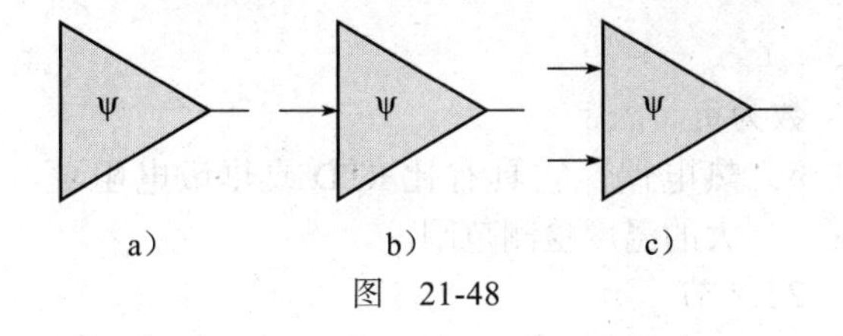


图　21-48

## 21.4 节

12　根据图 21-49 所示的模拟输入和控制电压波形，确定采样 - 保持电路的输出电压波形，采样控制信号是高电平，其已经包含跟踪间隔。

13　对图 21-50 中的波形重复习题 12。

## 21.6 节

14　说出两种 SCR 可工作在正向导通区的方法。

15　根据输入波形的关系，画出图 21-51 电路的电压 $V_R$ 波形。

16　对于图 21-52 中的电路，假设输入是有效值为 120 V 的正弦波，比较器电压和电源电压为 ±10 V，描述比较器输出端的波形和电路输出端与输入端的波形。

17　如果你想在输入波形的负斜率上设置正触发器，你会对图 21-52 中的电路做什么改变？

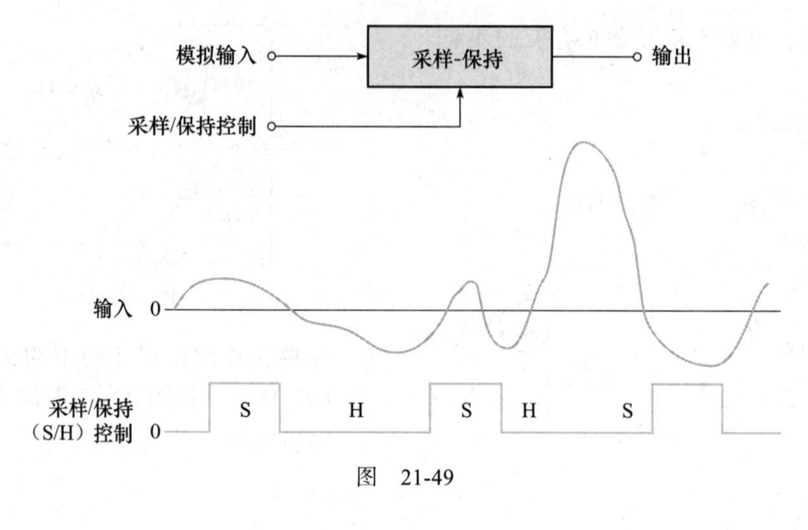


图 21-49

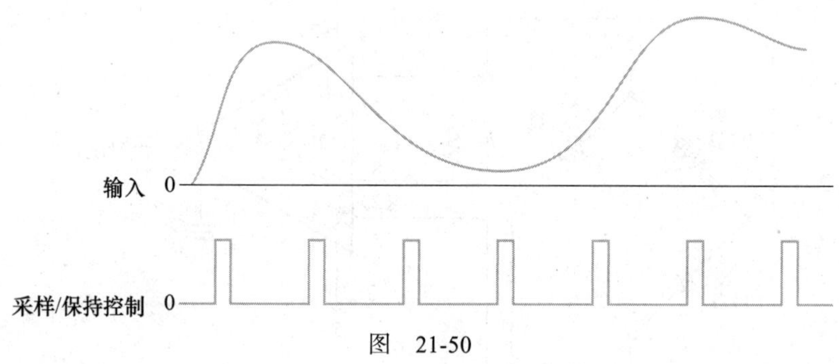


图 21-50

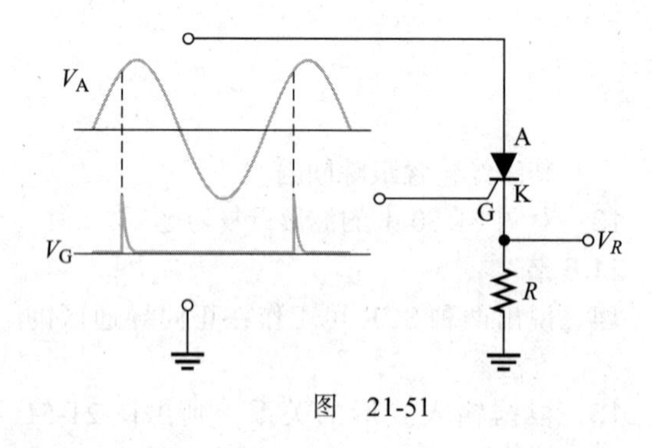


图 21-51

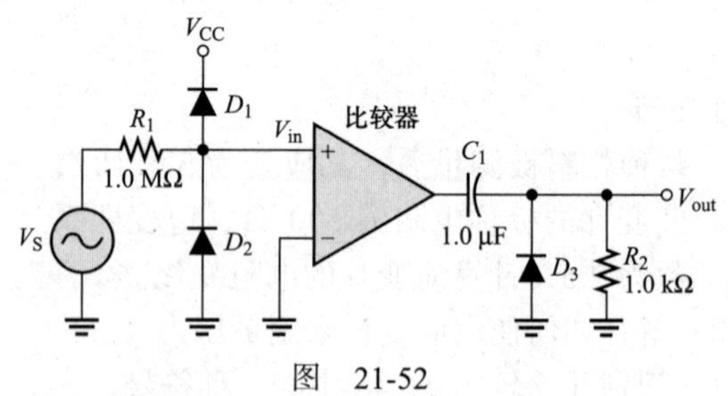


图 21-52

## 参考答案

### 学习效果检测答案

#### 21.1 节

1 热电偶是由两种不同的金属结合形成的温度传感器。

2 在两种不同金属的结合处产生一个与温度成正比的电压。

3 RTD 是一种电阻温度检测器，其电阻与温度成正比，而热电偶产生电压。

4 RTD 温度系数为正，热敏电阻温度系数为负。

5 热电偶，它具有比 RTD 或热敏电阻更大的温度检测范围。

#### 21.2 节

1 应变计是一种电阻元件，它的尺寸可以通过施加一个力来改变，从而产生电阻的变化。

2 压力计可以用一个黏结在柔性膜片上的应变计来制作。电阻的变化可以与膜片的弯曲有关。

3　绝对压力压力计，表压压力计，差压压力计。

21.3 节

1　LVDT- 线性可变差动变压器

2　位移

3　转速计

21.4 节

1　采样 - 保持电路保留了在某一点上采集的模拟信号的值。

2　下垂是由于电容泄漏而降低的保持电压。

3　孔径时间是指模拟开关在采样脉冲结束时完全打开所需的时间。

4　采集时间是指设备在采样脉冲开始时达到最终值所需的时间。

21.5 节

1　采样的模拟值转换为数字值的时间就是转换时间。

2　每秒采样 200 000 次。

3　该电路在转换过程中保持采样值不变。

21.6 节

1　SCR 是单向的，因此只在交流周期的一半期间允许电流通过负载。双向晶闸管是双向的，在整个周期内允许有电流。

2　零电压开关消除了对负载电流的快速转换，从而减少了 RFI 产生和对负载元件的热冲击。

## 同步练习答案

例 21-1　10.1%

例 21-2　24.25 mV

例 21-3　1.0 mA

例 21-4　–160 μV

例 21-5　1.0 kΩ；0 V

例 21-6　5.12 mΩ

例 21-7　见图 21-53

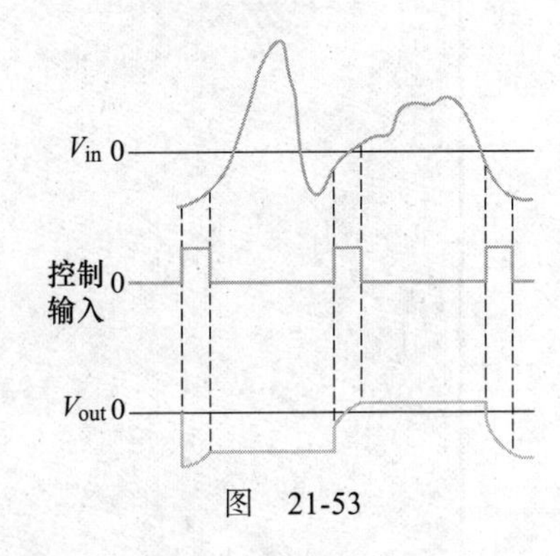


图　21-53

## 对 / 错判断答案

| | | |
|---|---|---|
| 1　对 | 2　错 | 3　对 |
| 4　错 | 5　错 | 6　对 |
| 7　对 | 8　错 | 9　对 |
| 10　错 | | |

## 自我检测答案

| | | |
|---|---|---|
| 1（d） | 2（d） | 3（e） |
| 4（a） | 5（b） | 6（c） |
| 7（e） | 8（b） | 9（b） |
| 10（c） | 11（a） | 12（d） |
| 13（d） | 14（e） | 15（c） |
| 16（d） | 17（a） | 18（b） |
| 19（c） | 20（a） | |

# 附　录

附录 A　标准电阻值表
附录 B　电容的颜色标识和代码标识
附录 C　诺顿定理和弥尔曼定理
附录 D　奇数序号习题答案

# 附录 A

# 标准电阻值表

表A-1　标准电阻值表

（单位：Ω）

| 阻值允许偏差 | ±0.1%<br>±0.25%<br>±0.5% | ±1% | ±2%<br>±5% | ±10% | ±0.1%<br>±0.25%<br>±0.5% | ±1% | ±2%<br>±5% | ±10% | ±0.1%<br>±0.25%<br>±0.5% | ±1% | ±2%<br>±5% | ±10% | ±0.1%<br>±0.25%<br>±0.5% | ±1% | ±2%<br>±5% | ±10% | ±0.1%<br>±0.25%<br>±0.5% | ±1% | ±2%<br>±5% | ±10% | ±0.1%<br>±0.25%<br>±0.5% | ±1% | ±2%<br>±5% |
|---|---|---|---|---|---|---|---|---|---|---|---|---|---|---|---|---|---|---|---|---|---|---|---|
| 标准电阻值 | 10.0 | 10.0 | 10 | 10 | 14.7 | 14.7 | — | — | 21.5 | 21.5 | — | — | 31.6 | 31.6 | — | — | 46.4 | 46.4 | — | — | 68.1 | 68.1 | 68 |
| | 10.1 | — | — | — | 14.9 | — | — | — | 21.8 | — | — | — | 32.0 | — | — | — | 47.0 | — | 47 | 47 | 69.0 | — | — |
| | 10.2 | 10.2 | — | — | 15.0 | 15.0 | 15 | 15 | 22.1 | 22.1 | 22 | 22 | 32.4 | 32.4 | — | — | 47.5 | 47.5 | — | — | 69.8 | 69.8 | — |
| | 10.4 | — | — | — | 15.2 | — | — | — | 22.3 | — | — | — | 32.8 | — | — | — | 48.1 | — | — | — | 70.6 | — | — |
| | 10.5 | 10.5 | — | — | 15.4 | 15.4 | — | — | 22.6 | 22.6 | — | — | 33.2 | 33.2 | 33 | 33 | 48.7 | 48.7 | — | — | 71.5 | 71.5 | — |
| | 10.6 | — | — | — | 15.6 | — | — | — | 22.9 | — | — | — | 33.6 | — | — | — | 49.3 | — | — | — | 72.3 | — | — |
| | 10.7 | 10.7 | — | — | 15.8 | 15.8 | — | — | 23.2 | 23.2 | — | — | 34.0 | 34.0 | — | — | 49.9 | 49.9 | — | — | 73.2 | 73.2 | — |
| | 10.9 | — | — | — | 16.0 | — | 16 | — | 23.4 | — | — | — | 34.4 | — | — | — | 50.5 | — | — | — | 74.1 | — | — |
| | 11.0 | 11.0 | 11 | — | 16.2 | 16.2 | — | — | 23.7 | 23.7 | — | — | 34.8 | 34.8 | — | — | 51.1 | 51.1 | 51 | — | 75.0 | 75.0 | 75 |
| | 11.1 | — | — | — | 16.4 | — | — | — | 24.0 | — | 24 | — | 35.2 | — | — | — | 51.7 | — | — | — | 75.9 | — | — |
| | 11.3 | 11.3 | — | — | 16.5 | 16.5 | — | — | 24.3 | 24.3 | — | — | 35.7 | 35.7 | — | — | 52.3 | 52.3 | — | — | 76.8 | 76.8 | — |
| | 11.4 | — | — | — | 16.7 | — | — | — | 24.6 | — | — | — | 36.1 | — | 36 | — | 53.0 | — | — | — | 77.7 | — | — |
| | 11.5 | 11.5 | — | — | 16.9 | 16.9 | — | — | 24.9 | 24.9 | — | — | 36.5 | 36.5 | — | — | 53.6 | 53.6 | — | — | 78.7 | 78.7 | — |
| | 11.7 | — | — | — | 17.2 | — | — | — | 25.2 | — | — | — | 37.0 | — | — | — | 54.2 | — | — | — | 79.6 | — | — |
| | 11.8 | 11.8 | — | — | 17.4 | 17.4 | — | — | 25.5 | 25.5 | — | — | 37.4 | 37.4 | — | — | 54.9 | 54.9 | — | — | 80.6 | 80.6 | — |
| | 12.0 | — | 12 | 12 | 17.6 | — | — | — | 25.8 | — | — | — | 37.9 | — | — | — | 56.2 | — | — | — | 81.6 | — | — |
| | 12.1 | 12.1 | — | — | 17.8 | 17.8 | — | — | 26.1 | 26.1 | — | — | 38.3 | 38.3 | — | — | 56.6 | 56.6 | 56 | 56 | 82.5 | 82.5 | 82 |

（续）

| 阻值允许偏差 | ±0.1% ±0.25% ±0.5% | ±1% | ±2% ±5% | ±10% | ±0.1% ±0.25% ±0.5% | ±1% | ±2% ±5% | ±10% | ±0.1% ±0.25% ±0.5% | ±1% | ±2% ±5% | ±10% | ±0.1% ±0.25% ±0.5% | ±1% | ±2% ±5% | ±10% | ±0.1% ±0.25% ±0.5% | ±1% | ±2% ±5% | ±10% | ±0.1% ±0.25% ±0.5% | ±1% | ±2% ±5% |
|---|---|---|---|---|---|---|---|---|---|---|---|---|---|---|---|---|---|---|---|---|---|---|---|
| 标准电阻值 | 12.3 | — | — | — | 18.0 | — | 18 | 18 | 26.4 | — | — | — | 38.8 | — | — | — | 56.9 | — | — | — | 83.5 | — | — |
| | 12.4 | 12.4 | — | — | 18.2 | 18.2 | — | — | 26.7 | 26.7 | — | — | 39.2 | 39.2 | 39 | 39 | 57.6 | 57.6 | — | — | 84.5 | 84.5 | — |
| | 12.6 | — | — | — | 18.4 | — | — | — | 27.1 | — | 27 | 27 | 39.7 | — | — | — | 58.3 | — | — | — | 85.6 | — | — |
| | 12.7 | 12.7 | — | — | 18.7 | 18.7 | — | — | 27.4 | 27.4 | — | — | 40.2 | 40.2 | — | — | 59.0 | 59.0 | — | — | 86.6 | 86.6 | — |
| | 12.9 | — | — | — | 18.9 | — | — | — | 27.7 | — | — | — | 40.7 | — | — | — | 59.7 | — | — | — | 87.6 | — | — |
| | 13.0 | 13.0 | 13 | — | 19.1 | 19.1 | — | — | 28.0 | 28.0 | — | — | 41.2 | 41.2 | — | — | 60.4 | 60.4 | — | — | 88.7 | 88.7 | — |
| | 13.2 | — | — | — | 19.3 | — | — | — | 28.4 | — | — | — | 41.7 | — | — | — | 61.2 | — | — | — | 89.8 | — | — |
| | 13.3 | 13.3 | — | — | 19.6 | 19.6 | — | — | 28.7 | 28.7 | — | — | 42.2 | 42.2 | — | — | 61.9 | 61.9 | 62 | — | 90.9 | 90.9 | 91 |
| | 13.5 | — | — | — | 19.8 | — | — | — | 29.1 | — | — | — | 42.7 | — | — | — | 62.6 | — | — | — | 92.0 | — | — |
| | 13.7 | 13.7 | — | — | 20.0 | 20.0 | 20 | — | 29.4 | 29.4 | — | — | 43.2 | 43.2 | 43 | — | 63.4 | 63.4 | — | — | 93.1 | 93.1 | — |
| | 13.8 | — | — | — | 20.3 | — | — | — | 29.8 | — | — | — | 43.7 | — | — | — | 64.2 | — | — | — | 94.2 | — | — |
| | 14.0 | 14.0 | — | — | 20.5 | 20.5 | — | — | 30.1 | 30.1 | 30 | — | 44.2 | 44.2 | — | — | 64.9 | 64.9 | — | — | 95.3 | 95.3 | — |
| | 14.2 | — | — | — | 20.8 | — | — | — | 30.5 | — | — | — | 44.8 | — | — | — | 65.7 | — | — | — | 96.5 | — | — |
| | 14.3 | 14.3 | — | — | 21.0 | 21.0 | — | — | 30.9 | 30.9 | — | — | 45.3 | 45.3 | — | — | 66.5 | 66.5 | — | — | 97.6 | 97.6 | — |
| | 14.5 | — | — | — | 21.3 | — | — | — | 31.2 | — | — | — | 45.9 | — | — | — | 67.3 | — | — | — | 98.8 | — | — |

注：表中的阻值可以乘上相应的倍数，例如 0.1、1、10、100、1000、$10^6$。

附录 B

# 电容的颜色标识和代码标识

## B.1 电容的颜色标识

一些电容具有颜色编码。电容使用的颜色编码与电阻使用的颜色编码基本相同。允许偏差部分的标识可能有所不同。电容的颜色编码的构成见表 B-1，示例如图 B-1 所示。

表B-1 电容的颜色编码的构成（电容单位为pF）

| 颜色 | 数值 | 倍数 | 允许偏差 |
|---|---|---|---|
| 黑色 | 0 | 1 | 20% |
| 棕色 | 1 | 10 | 1% |
| 红色 | 2 | 100 | 2% |
| 橙色 | 3 | 1000 | 3% |
| 黄色 | 4 | 1 0000 | |
| 绿色 | 5 | 10 0000 | 5%（EIA） |
| 蓝色 | 6 | 100 0000 | |
| 紫色 | 7 | | |
| 灰色 | 8 | | |
| 白色 | 9 | | |
| 金色 | | 0.1 | 5%（JAN） |
| 银色 | | 0.01 | 10% |
| 无颜色 | | | 20% |

注：EIA 代表电子工业协会，JAN 代表陆军 – 海军联合部队，是军事标准。

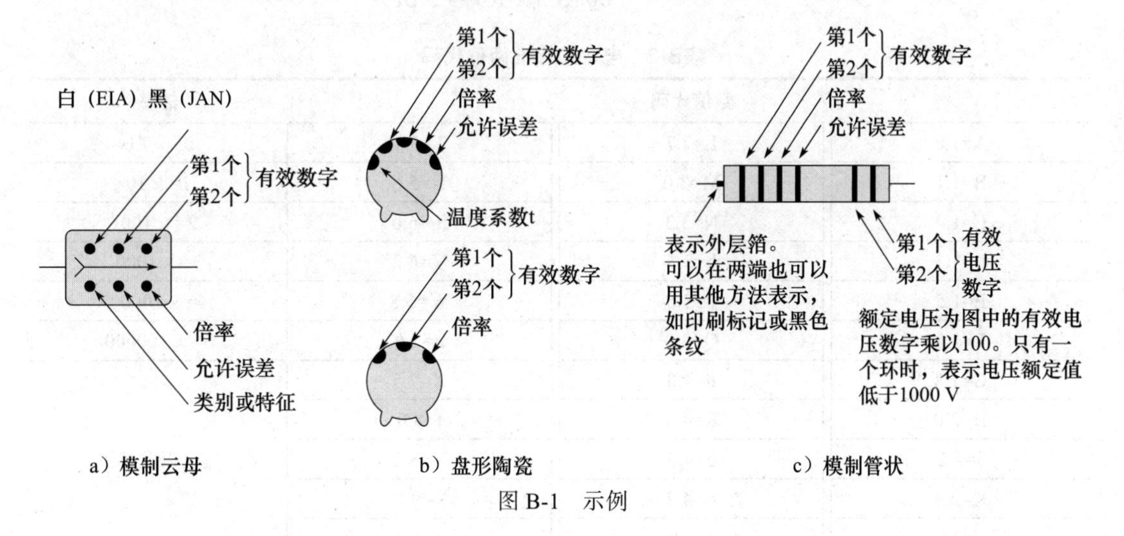


图 B-1 示例

## B.2　电容的代码标识

### B.2.1　标识方法

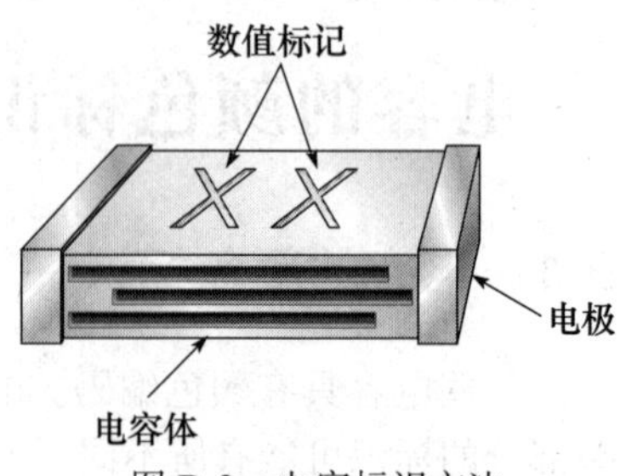

图 B-2　电容标识方法

- 如图 B-2 所示，电容具有某些识别特征。
- 壳体纯色（灰白色、米色、灰色、棕褐色或棕色）。
- 端部电极完全封闭。
- 各种尺度型号：

1. 1206 型：长 0.125 in，宽 0.063 in（3.2 mm × 1.6 mm），厚度和颜色可变。

2. 0805 型：长 0.080 in，宽 0.050 in（2.0 mm × 1.25 mm），厚度和颜色可变。

3. 不同尺度单种颜色（通常为半透明的棕褐色或棕色）。长度范围：0.059 in（1.5 mm）到 0.220 in（5.6 mm），宽度范围：0.032 in（0.8 mm）到 0.197 in（5.0 mm）。

- 三种不同标识方法：

1. 标准两位代码（一位字母和一位数字组成）。
2. 其他两位代码（字母和数字或两位数字组成）。
3. 标准一位代码（不同颜色的字母）。

### B.2.2　标准两位代码

参见表 B-2。

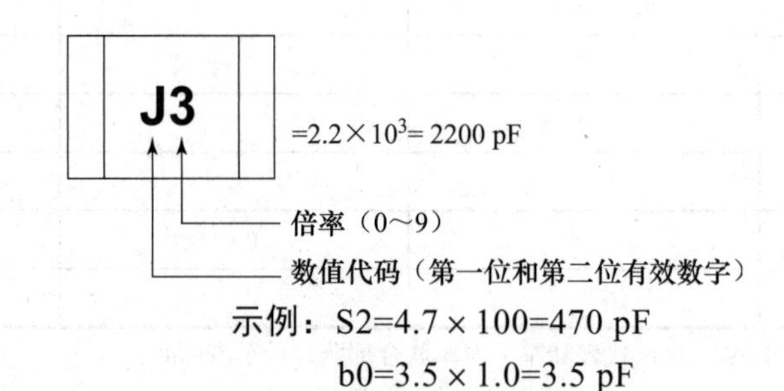


示例：S2=4.7 × 100=470 pF

b0=3.5 × 1.0=3.5 pF

表B-2　电容的标准两位代码

| 数值代码 | | | 倍率 |
|---|---|---|---|
| A=1.0 | L=2.7 | T=5.1 | 0= × 1.0 |
| B=1.1 | M=3.0 | U=5.6 | 1= × 10 |
| C=1.2 | N=3.3 | m=6.0 | 2= × 100 |
| D=1.3 | b=3.5 | V=6.2 | 3= × 1000 |
| E=1.5 | P=3.6 | W=6.8 | 4= × 10000 |
| F=1.6 | Q=3.9 | n=7.0 | 5= × 100000 |
| G=1.8 | d=4.0 | X=7.5 | 其余以此类推 |
| H=2.0 | R=4.3 | t=8.0 | |
| J=2.2 | e=4.5 | Y=8.2 | |
| K=2.4 | S=4.7 | y=9.0 | |
| a=2.5 | f=5.0 | Z=9.1 | |

注：字母区分大小写。

## B.3　其他两位代码

参见表 B-3。

- 100 pF 以下——数值直接读取。
- 100 pF 及以上——字母 / 数字代码。

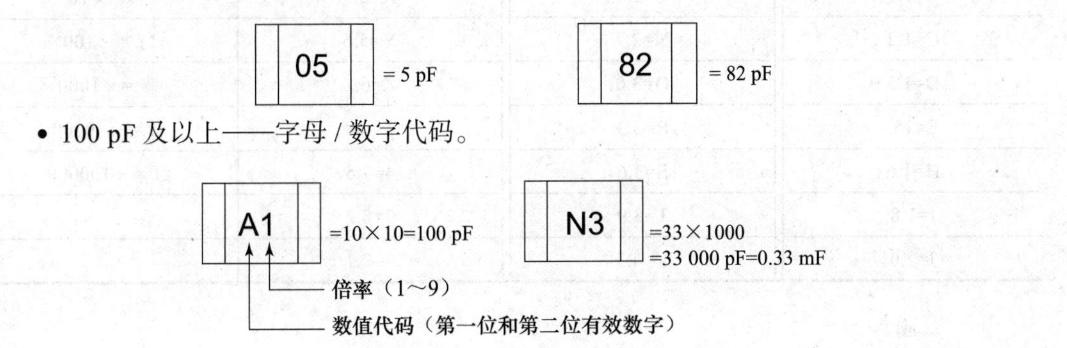


表B-3　电容的其他两位代码

| 数值代码 | | | 倍率 |
|---|---|---|---|
| A=10 | J=22 | S=47 | 1= × 10 |
| B=11 | K=24 | T=51 | 2= × 100 |
| C=12 | L=27 | U=56 | 3= × 1000 |
| D=13 | M=30 | V=62 | 4= × 10000 |
| E=15 | N=33 | W=68 | 5= × 100000 |
| F=16 | P=36 | X=75 | 其余以此类推 |
| G=18 | Q=39 | Y=82 | |
| H=20 | R=43 | Z=91 | |

注：只用大写字母。

## B.4　标准一位代码

参见表 B-4。

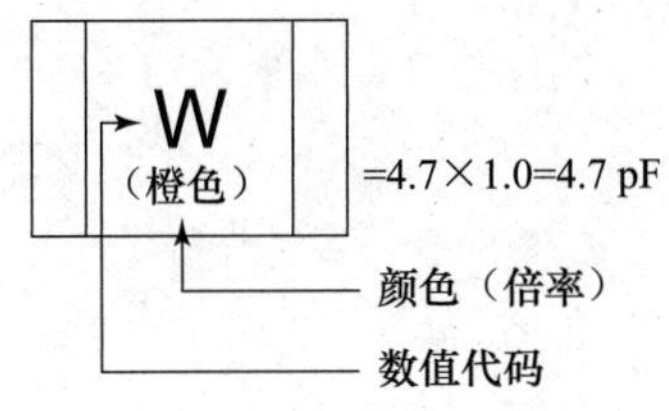


示例：R（绿）=3.3 × 100=330 pF

7（蓝）=8.2 × 1000=8200 pF

表B-4　电容的标准一位代码

| 数值代码 | | | 倍率（颜色） |
|---|---|---|---|
| A=1.0 | K=2.2 | W=4.7 | 橙 = × 1.0 |
| B=1.1 | L=2.4 | X=5.1 | 黑 = × 10 |
| C=1.2 | N=2.7 | Y=5.6 | 绿 = × 100 |
| D=1.3 | O=3.0 | Z=6.2 | 蓝 = × 1000 |
| E=15. | R=3.3 | 3=6.8 | 紫 = × 10000 |
| H=1.6 | S=3.6 | 4=7.5 | 红 = × 100000 |
| I=1.8 | T=3.9 | 7=8.2 | |
| J=2.0 | V=4.3 | 9=9.1 | |

# 附录 C

# 诺顿定理和弥尔曼定理

## C.1 诺顿定理

类似于戴维南定理，诺顿定理也提供了化简复杂线性电路的方法。它们的主要区别在于，诺顿定理使用一个电流源和一个电阻的并联来等效复杂电路。诺顿等效电路如图 C-1 所示。不管被等效电路有多复杂，一般说来，它总可以用这种简单电路来等效。等效电流源的电流用 $I_N$ 表示，等效电阻用 $R_N$ 表示。要应用诺顿定理，你必须知道如何求出 $I_N$ 和 $R_N$。对给定的电路，一旦求出了这两个参量，只要把它们并联起来就可以得到完整的诺顿等效电路。

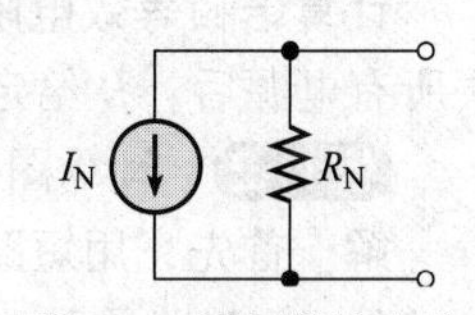


图 C-1 诺顿等效电路

**计算诺顿等效电流**（$I_N$）如上所述，诺顿等效电流（$I_N$）是完整诺顿等效电路的一部分，$R_N$ 则是另一部分。$I_N$ 被定义为电路中两点之间的短路电流。连接在这两点之间的任何电路，都可以“看到”与 $R_N$ 并联的电流源 $I_N$。

举例说明。设某电路的两点之间连接有一个电阻，如图 C-2a 所示。我们希望找到从 $R_L$ 看到的诺顿等效电路。利用图 C-2b 计算 $A$ 点和 $B$ 点短路时的电流。例 C-1 说明了如何计算 $I_N$。

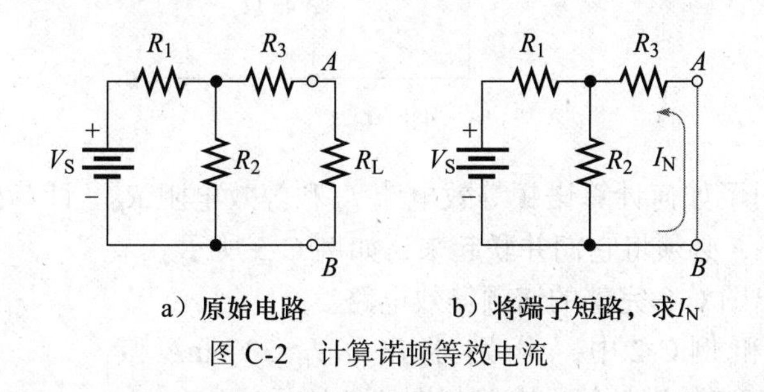


图 C-2 计算诺顿等效电流

**例 C-1** 计算图 C-3a 中阴影部分的诺顿等效电流 $I_N$。

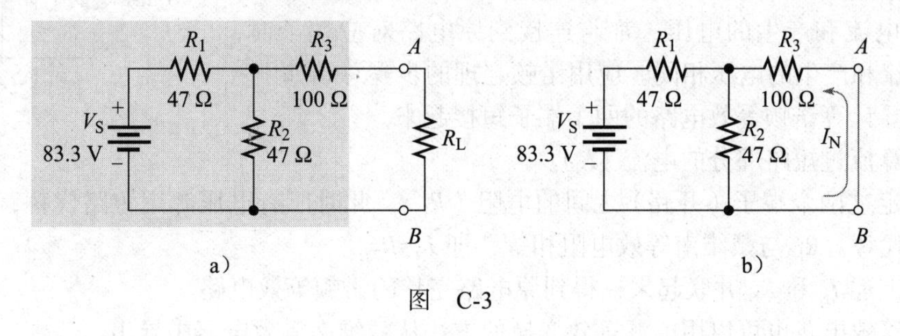


图 C-3

**解** 将 $A$ 点和 $B$ 点短路，如图 C-3b 所示。$I_N$ 就是通过短路部分的电流。

从电源看进去的总电阻为

$$R_T = R_1 + \frac{R_2 R_3}{R_2 + R_3} = 47\ \Omega + \frac{47\ \Omega \times 100\ \Omega}{147\ \Omega} = 79\ \Omega$$

流过电源的总电流为

$$I_T=\frac{V_S}{R_T}=\frac{83.3\text{ V}}{79\ \Omega}=1.06\text{ A}$$

利用分流公式，计算 $I_N$。

$$I_N=\left(\frac{R_2}{R_2+R_3}\right)I_T=\frac{47\ \Omega}{147\ \Omega}\times 1.06\text{ A}=337\text{ mA}$$

**计算诺顿等效电阻（$R_N$）** 诺顿等效电阻 $R_N$ 的定义与戴维南等效电阻 $R_{TH}$ 相同，它是除去所有电源后，从给定的两个端子之间看进去的总电阻。例题 C-2 说明了如何计算 $R_N$。 ◀

**例 C-2** 计算图 C-3a 阴影部分的诺顿等效电阻 $R_N$。

**解** 首先，用短路代替 $V_S$，如图 C-4 所示。

从 $A$、$B$ 端子看进去，$R_1$ 与 $R_2$ 并联，之后再与 $R_3$ 串联。因此等效电阻是

$$R_N=R_3+\frac{R_1}{2}=100\ \Omega+\frac{47\ \Omega}{2}=124\ \Omega$$

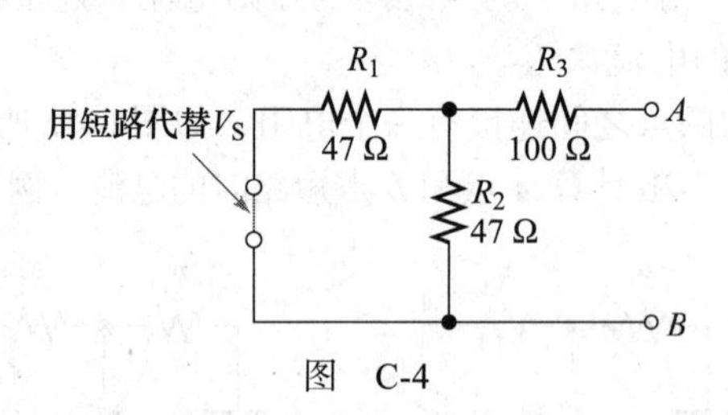


图 C-4

这两个例子说明了如何计算诺顿等效电流 $I_N$ 和等效电阻 $R_N$。计算出这两个参量后，为了获得诺顿等效电路，必须将它们并联起来，如例 C-3 所示。

**例 C-3** 画出图 C-3 完整的诺顿等效电路。

**解** 在例 C-1 和例 C-2 中，分别求出了 $I_N$=337 mA 和 $R_N$=124 Ω。因此，完整的诺顿等效电路如图 C-5 所示。

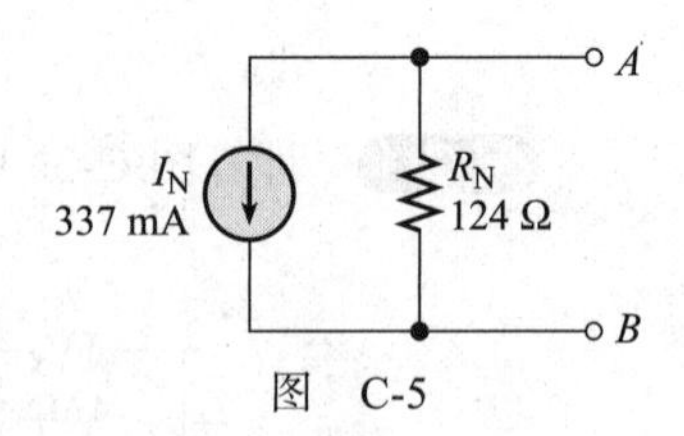


图 C-5

**诺顿定理小结** 连接在诺顿等效电路端子之间的任何负载，其流过的电流和产生的电压，都与连接到原电路对应端子时，流过的电流和产生的电压相同。应用诺顿定理的步骤总结如下：

1. 把要计算诺顿等效电路的两个端子短接起来。
2. 计算流过短路部分的电流（$I_N$）。
3. 测定这两个端子（开路）之间的电阻（$R_N$）。此时所有电压源用短路代替，所有电流源用开路代替。$R_N$ 与戴维南等效电阻相等，即 $I_N=R_{TH}$。
4. 将上述 $I_N$ 和 $R_N$ 并联起来，得到原电路完整的诺顿等效电路。

诺顿等效电路也可以用电源等效变换的方法从戴维南等效电路中导出。 ◀

## C.2 戴维南电路与诺顿电路的等效变换

对于某些电路，当需要诺顿等效电路时，戴维南等效电路却更容易计算。相反，对于另外一些电路，当需要戴维南等效电路时，诺顿等效电路却更容易计算。在这些情况下，最好

的方法是先计算更容易计算的等效电路，然后使用这两种等效电路之间的等效变换，来求出所要计算的等效电路。

**将戴维南等效电路转换为诺顿等效电路** 考虑图 C-6 的戴维南等效电路。若要查找中的诺顿电流 $I_N$，只需按照诺顿定理计算端子 $A$ 和 $B$ 的短路电流。当 $A$ 和 $B$ 短路时，诺顿等效电流刚好由欧姆定律给出：

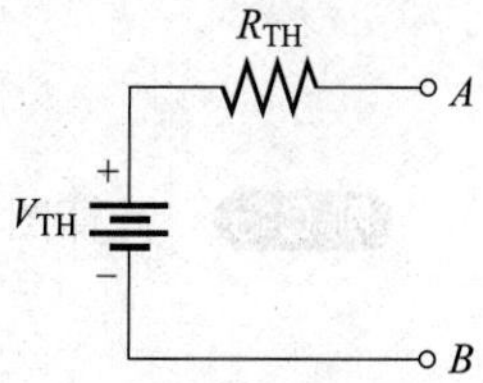

$$I_N = I_{SC} = \frac{V_{TH}}{R_{TH}}$$

图 C-6

就像前面讨论诺顿等效电路时所说那样，戴维南等效电阻和诺顿等效电阻是一样的，即

$$R_N = R_{TH}$$

因此，从戴维南等效电路计算诺顿等效电路的步骤如下：

1. 若要计算诺顿等效电流，可以用戴维南等效电压 $V_{TH}$ 除以戴维南等效电阻 $R_{TH}$。
2. 诺顿等效电阻 $R_N$ 等于戴维南等效电阻 $R_{TH}$。

**将诺顿等效电路转换为戴维南等效电路** 考虑图 C-7 的诺顿等效电路。要计算戴维南等效电压 $V_{TH}$，按照戴维南定理，计算端子 $A$ 和 $B$ 之间的开路电压。在 $A$ 和 $B$ 之间无负载的情况下，戴维南等效电压仅由欧姆定律给出。

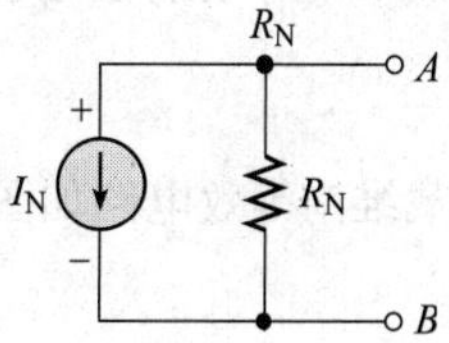

$$V_{AB} = V_{TH} = I_N \times R_N$$

图 C-7

戴维南等效电阻与诺顿等效电阻是相同的，即

$$R_{TH} = R_N$$

因此，从诺顿等效电路计算戴维南等效电路的步骤如下：

1. 要计算戴维南等效电压 $V_{TH}$，用诺顿等效电流 $I_N$ 乘以诺顿等效电阻 $R_N$。
2. 戴维南等效电阻 $R_{TH}$ 等于诺顿等效电阻 $R_N$。

**例 C-4** 求图 C-8 所示戴维南等效电路的诺顿等效电路。

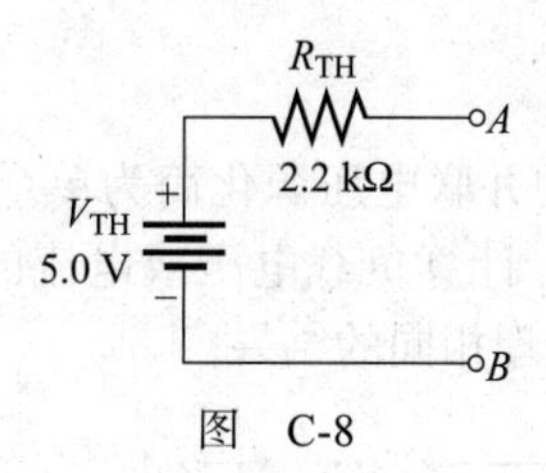


图 C-8

**解** 戴维南电压 $V_{TH}$ 是 5.0 V，等效电阻 $R_{TH}$ 是 2.2 kΩ。因此，诺顿等效电流是

$$I_N = \frac{V_{TH}}{R_{TH}} = \frac{5.0\ \text{V}}{2.2\ \text{k}\Omega} = 2.27\ \text{mA}$$

诺顿等效电阻等于戴维南等效电阻，所以

$$R_N = 2.2\ \text{k}\Omega$$

诺顿等效电路如图 C-9 所示。

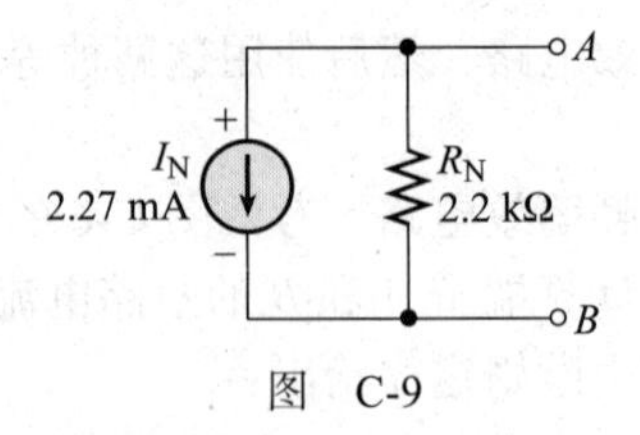

图 C-9

◀

例 C-5 计算图 C-10 所示诺顿等效电路的戴维南等效电路。

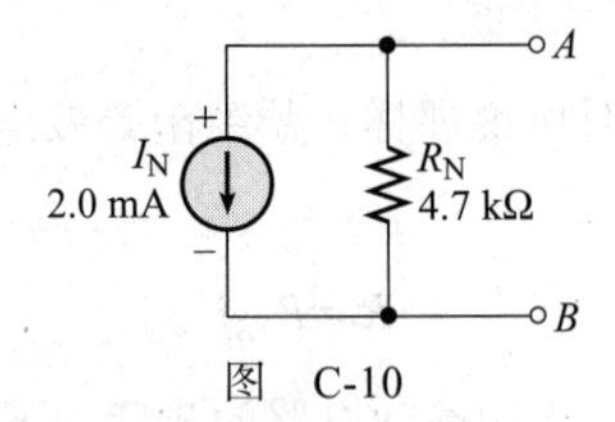

图 C-10

解 诺顿等效电流 $I_N$ 是 2.0 mA，诺顿等效电阻 $R_N$ 是 4.7 kΩ。因此，戴维南等效电压是

$$V_{TH}=I_N\times R_N=2.0\ \text{mA}\times 4.7\ \text{k}\Omega=9.4\ \text{V}$$

戴维南等效电阻等于诺顿等效电阻，所以

$$R_{TH}=4.7\ \text{k}\Omega$$

戴维南等效电路如图 C-11 所示。

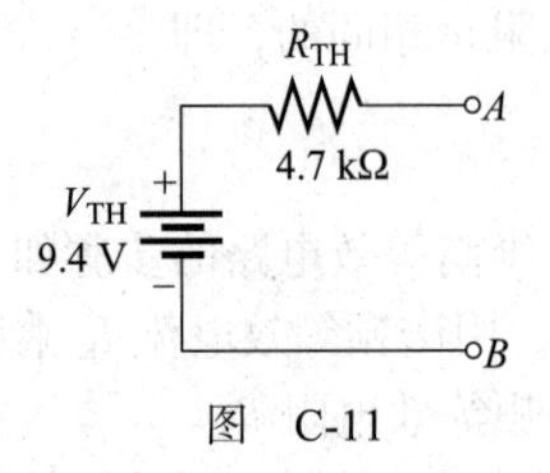

图 C-11

◀

## C.3 弥尔曼定理

弥尔曼定理允许将任意数量的并联电压源化简为单个等效电压源，如图 C-12 所示。当多个实际电压源并联时，它简化了计算负载电压或电流的过程。对于并联电压源的特殊情况，弥尔曼定理给出了与戴维南定理相同的结果。

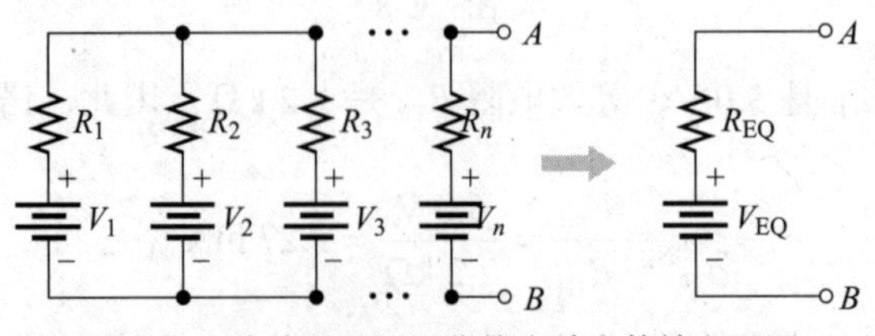

图 C-12 将并联电压源化简为单个等效电压源

**计算弥尔曼等效电压（$V_{EQ}$）和等效电阻（$R_{EQ}$）** 弥尔曼定理告诉我们如何计算等效电压 $V_{EQ}$。为此，把并联中的每一个电压源都转换成等效的电流源，如图 C-13 所示。

图 C-13b 中，所有并联电流源的总电流是

$$I_T=I_1+I_2+I_3+\cdots+I_n$$

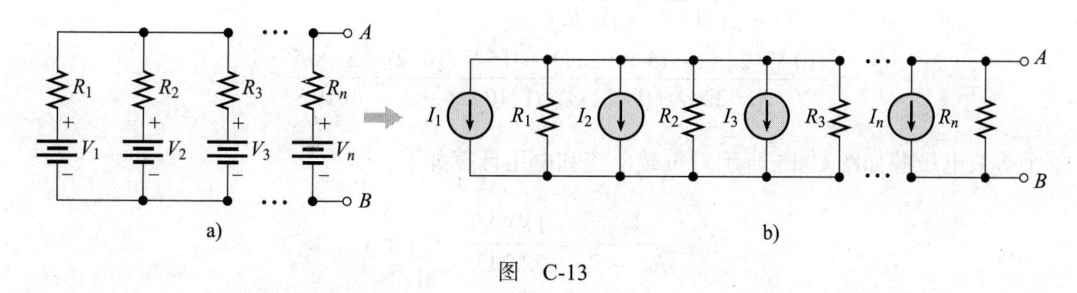


图　C-13

$A$、$B$ 两点之间的总电导是

$$G_T=G_1+G_2+G_3+\cdots+G_n$$

式中，$G_T=1/R_T$，$G_1=1/R_1$，…，$G_n=\frac{1}{R_n}$。记住：计算等效电阻时，每个电流源都用开路代替了。因此，根据弥尔曼定理，等效电阻 $R_{EQ}$ 就是总电阻 $R_T$。（注意：$R_{EQ}$ 就是 $R_1$ 到 $R_n$ 的总并联电阻）

$$R_{EQ}=\frac{1}{G_T}=\frac{1}{(1/R_1)+(1/R_2)+(1/R_3)+\cdots+(1/R_n)} \tag{C-1}$$

根据弥尔曼定理，等效电压源就是 $I_TR_{EQ}$，其中 $I_T$ 计算如下：

$$I_T=I_1+I_2+I_3+\cdots+I_n=\frac{V_1}{R_1}+\frac{V_2}{R_2}+\frac{V_3}{R_3}+\cdots+\frac{V_n}{R_n}$$

至此，得到如下的等效电压计算公式：

$$V_{EQ}=\frac{(V_1/R_1)+(V_2/R_2)+(V_3/R_3)+\cdots+(V_n/R_n)}{(1/R_1)+(1/R_1)+(1/R_3)+\cdots+(1/R_n)} \tag{C-2}$$

式（C-1）和式（C-2）就是两个弥尔曼公式。其中等效电压源的极性，与原电路中总电流通过负载时产生电压的极性相同。

**例 C-6**　使用弥尔曼定理计算图 C-14 中 $R_L$ 上的电压与电流。

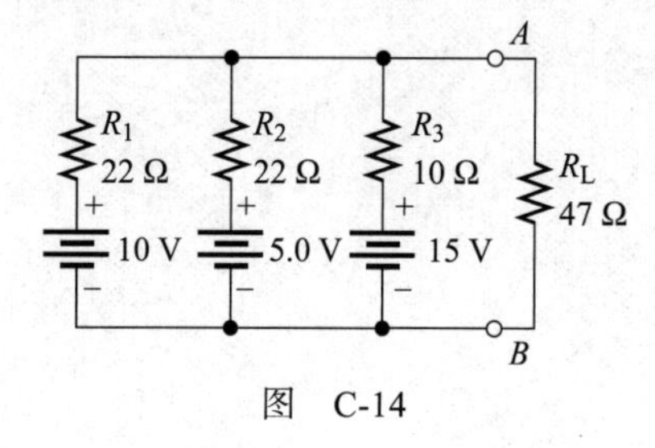


图　C-14

**解**　由弥尔曼定理可得

$$R_{EQ}=\frac{1}{(1/R_1)+(1/R_2)+(1/R_3)}$$

$$=\frac{1}{(1/22\ \Omega)+(1/22\ \Omega)+(1/10\ \Omega)}=\frac{1}{0.19}\ \Omega=5.24\ \Omega$$

$$V_{EQ}=\frac{(V_1/R_1)+(V_2/R_2)+(V_3/R_3)}{(1/R_1)+(1/R_2)+(1/R_3)}$$

$$=\frac{(10\ \text{V}/22\ \Omega)+(5\ \text{V}/22\ \Omega)+(15\ \text{V}/10\ \Omega)}{(1/22\ \Omega)+(1/22\ \Omega)+(1/10\ \Omega)}=\frac{2.18\ \text{A}}{0.19\ \text{S}}=11.5\ \text{V}$$

单个等效电压源如图 C-15 所示。负载电流和电压计算如下：

$$I_L=\frac{V_{EQ}}{R_{EQ}+R_L}=\frac{11.5\ \text{V}}{52.2\ \Omega}=219\ \text{mA}$$

$$V_L=I_L/R_L=219\ \text{mA}\times 47\ \Omega=10.3\ \text{V}$$

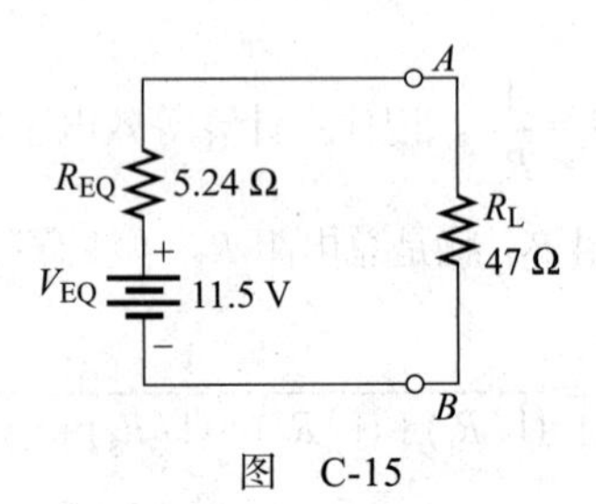


图 C-15

# 附录 D

# 奇数序号习题答案

## 第 1 章

1 (a) $3.0\times10^3$ (b) $7.5\times10^4$
(c) $2.0\times10^6$

3 (a) $8.4\times10^3$ (b) $9.9\times10^4$
(c) $2.0\times10^5$

5 (a) 0.0000025 (b) 500
(c) 0.39

7 (a) $4.32\times10^7$ (b) $5.00085\times10^3$
(c) $6.06\times10^{-8}$

9 (a) $2.0\times10^9$ (b) $3.6\times10^{14}$
(c) $1.54\times10^{-14}$

11 (a) $89\times10^3$ (b) $450\times10^3$
(c) $12.04\times10^{12}$

13 (a) $345\times10^{-6}$ (b) $25\times10^{-3}$
(c) $1.29\times10^{-9}$

15 (a) $7.1\times10^{-3}$ (b) $101\times10^6$
(c) $1.50\times10^6$

17 (a) $22.7\times10^{-3}$ (b) $200\times10^6$
(c) $848\times10^{-3}$

19 (a) 345 μA (b) 25 mA
(c) 1.29 nA

21 (a) 3.0 μF (b) 3.3 MΩ
(c) 350 nA

23 (a) 5000 μA (b) 3.2 mW
(c) 5.0 MV (d) 10 000 kW

25 (a) 50.68 mA (b) 2.32 MΩ
(c) 0.0233 μF

27 (a) 3 (b) 2 (c) 5 (d) 2
(e) 3 (f) 2

## 第 2 章

1 $80\times10^{12}$C

3 $4.64\times10^{-18}$C

5 (a) 10 V (b) 2.5 V (c) 4.0 V

7 20 V

9 12.5 V

11 (a) 75 A (b) 20 A (c) 2.5 A

13 2.0 s

15 A：6800 Ω，±10%
B：33 Ω，±10%
C：47 000 Ω，±5%

17 (a) 红色、紫色、棕色、金色
(b) B：330 Ω D：2.2 kΩ
A：39 kΩ L：56 kΩ F：100 kΩ

19 (a) 10Ω，±5%
(b) 5.1 MΩ，±10%
(c) 68Ω，±5%

21 (a) 28.7 kΩ，±1%
(b) 60.4Ω，±1%
(c) 9.31 kΩ，±1%

23 (a) 22 Ω (b) 4.7 kΩ (c) 82 kΩ
(d) 3.3 kΩ (e) 56 Ω (f) 10 MΩ

25 有电流通过灯 2

27 电流表与电阻串联。表的负端连接到电源的负端，表的正端连接到 $R_1$ 的一端。电压表与电源并联（与电源平行，负端接负端，正端接正端）

29 位置 1：$V_1=0$，$V_2=V_S$
位置 2：$V_1=V_S$，$V_2=0$

31 250 V

33 (a) 200 Ω (b) 150 MΩ (c) 4500 Ω

35 RoHS 指令解决了在消费品和工业产品中使用有害物质所产生的问题

37 33.3 V

39 AWG #27

41 图 2-73b 所示电路

43 一个电流表与电池串联。每个电阻串联一个电流表（共 7 个）

45 见图 D-1

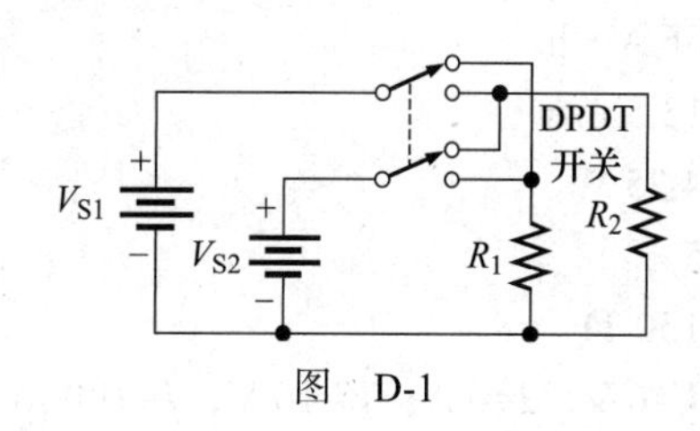


图 D-1

## 第 3 章

1 （a）3.0 A （b）0.2 A （c）1.5 A

3 15 mA

5 （a）3.33 mA （b）550 μA （c）588 μA
（d）500 mA （e）6.60 mA

7 （a）2.50 mA （b）2.27 μA
（c）8.33 mA

9 $I$=0.642 A，0.5 A 熔断器会熔断

11 （a）10 mV （b）1.65 V
（c）14.1 kV （d）3.52 V
（e）250 mV （f）750 kV
（g）8.5 kV （h）3.53 mV

13 （a）81 V （b）500 V
（c）117.5 V

15 （a）2.0 kΩ （b）3.5 kΩ
（c）2.0 kΩ （d）100 kΩ
（e）1.0 MΩ

17 （a）4.0 Ω （b）3.0 kΩ
（c）200 kΩ

19 2.6 W

21 417 mW

23 （a）1.0 MW （b）3.0 MW
（c）150 MW （d）8.7 MW

25 （a）2 000 000 μW （b）500 μW
（c）250 μW （d）6.67 μW

27 因为 W=J/s；V=J/C；A=C/s，W=V • A=J/C × C/s=J/s，所以 1W=1J/s

29 16.5 mW

31 1.18 kW

33 5.81 W

35 25 Ω

37 0.00186 kW • h

39 156 mW

41 1.0 W

43 （a）顶部正极 （b）底部正极
（c）右侧正极

45 36 A • h

47 13.5 mA

49 4.25 W

51 5

53 150 Ω

55 $V$=0 V，$I$=0 A；$V$=10 V，$I$=100 mA；$V$=20 V，$I$=200 mA；$V$=30 V，$I$=300 mA；$V$=40 V，$I$=400 mA；$V$=50 V，$I$=500 mA；$V$=60 V，$I$=600 mA；$V$=70 V，$I$=700 mA；$V$=80 V，$I$=800 mA；$V$=90 V，$I$=900 mA；$V$=100 V，$I$=1.0 A
图略

57 $R_1$=0.5 Ω；$R_2$=1.0 Ω；$R_3$=2.0 Ω

59 10 V；30 V

61 216 kW • h

63 12 W

65 （a）20 V；（b）2.5 A。建议使用 2.0 A 熔断器

67 没有故障

69 灯 4 发生短路

## 第 4 章

1 见图 D-2

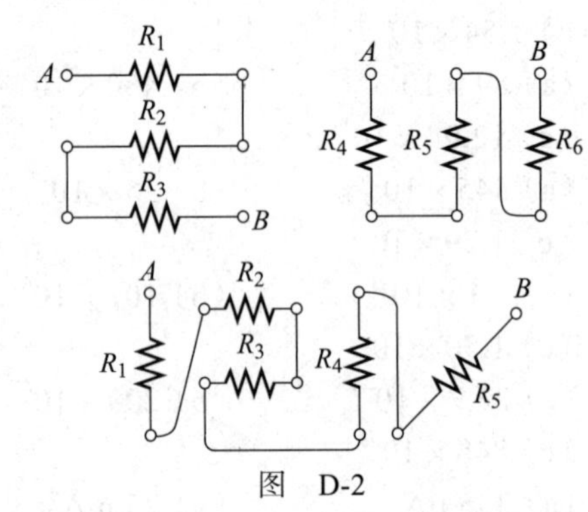

图 D-2

3 170 kΩ

5 138 Ω

7 （a）7.9 kΩ （b）33 Ω
（c）13.24 MΩ 串联电路与电源断开，欧姆表连接在电路端子上

9 1126 Ω

11 （a）170 kΩ （b）50 Ω
（c）12.4 kΩ （d）1.97 kΩ

13 0.1 A

15 （a）625 μA
（b）4.26 μA 电流表是串联的

17 （a）34.0 mA （b）16 V
（c）0.545 W

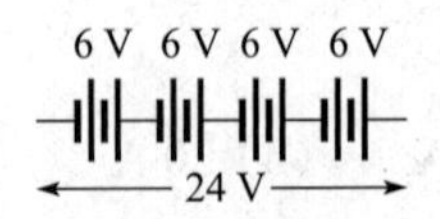

图 D-3

19 见图 D-3

21 26 V

23 （a）$V_2$=6.8 V

（b）$V_R$=8.0 V，$V_{2R}$=16 V，$V_{3R}$=24 V，$V_{4R}$=32 V

电压表连接（并联）在每个电压未知的电阻上

25 （a）3.84 V （b）6.77 V

27 3.80 V；9.38 V

29 $V_{5.6\,k\Omega}$=10 V；$V_{1\,k\Omega}$=1.79 V；$V_{560\,\Omega}$=1.00 V；$V_{10\,k\Omega}$=17.9 V

31 55.0 mW

33 分别测量对地的电压 $V_A$ 和 $V_B$；那么 $V_{R2}=V_A-V_B$

35 4.27 V

37 （a）$R_4$ 开路 （b）$R_4$ 和 $R_5$ 短路

39 780 Ω

41 $V_A$=10 V；$V_B$=7.72 V；$V_C$=6.69 V；$V_D$=1.82 V；$V_E$=0.580V；$V_F$=0 V

43 500 Ω

45 （a）19.1 mA （b）45.8 V

(c) $R_{0.125W}$=343 Ω，$R_{0.25W}$=686 Ω，$R_{0.5W}$=1371 Ω

47 见图 D-4

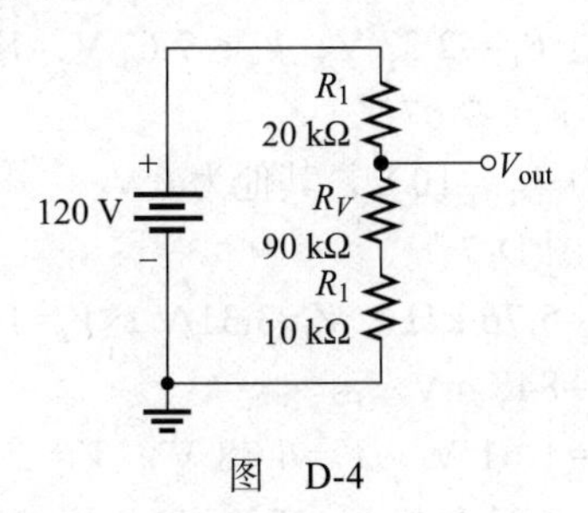


图 D-4

49 $R_1+R_7+R_8+R_{10}$=4.23 kΩ；

$R_2+R_4+R_6+R_{11}$=23.6 kΩ；

$R_3+R_5+R_9+R_{12}$=19.9 kΩ

51 *A*：5.46 mA *B*：6.06 mA

*C*：7.95 mA *D*：12.0 mA

53 *A*：$V_1$=6.02 V，$V_2$=3.35 V，$V_3$=2.74 V，$V_4$=1.87 V，$V_5$= 4.00 V

*B*：$V_1$=6.72 V，$V_2$=3.73 V，$V_3$=3.06 V，$V_5$=4.50 V

*C*：$V_1$=8.10 V，$V_2$=4.50 V，$V_5$=5.40 V

*D*：$V_1$=10.8 V，$V_5$=7.20 V

55 是的，$R_3$ 和 $R_5$ 短路了

57 （a）$R_{11}$ 因功率过大而烧断

（b）更换 $R_{11}$（10 kΩ）

（c）338 V

59 $R_6$ 短路

61 灯 4 发生断路

63 82 Ω 电阻发生短路

## 第 5 章

1 参见图 D-5

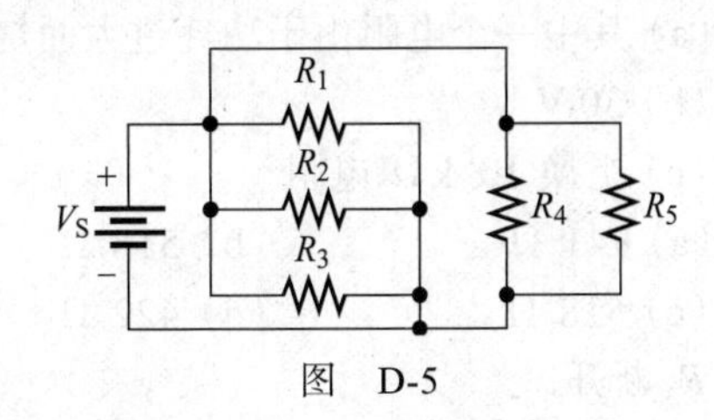


图 D-5

3 3.43 kΩ

5 （a）25.6 Ω （b）359 Ω

（c）819 Ω （d）996 Ω

7 2.0 kΩ

9 12 V；5.0 mA

11 （a）909 μA （b）76.1 mA

13 （a）$I_1$=179 μA；$I_2$=455 μA

（b）$I_1$=444 μA；$I_2$=80 μA

15 1350 mA

17 $I_2=I_3$=7.5 mA，将电流表与每个分支中的每个电阻串联

19 6.4 A；6.4 A

21 $I_1$=2.19 A；$I_2$=811 mA

23 200 mW

25 0.625 A；3.75 A

27 1.0 kΩ 电阻开路

29 $R_2$ 断开

31 $R_2$=25 Ω；$R_3$=100 Ω；$R_4$=12.5 Ω

33 $I_R$=4.8 mA；$I_{2R}$=2.4 mA；$I_{3R}$=1.6 mA；$I_{4R}$=1.2 mA

35 （a）$R_1$=100 Ω，$R_2$=200 Ω，$I_2$=50 mA

（b）$I_1$=125 mA，$I_2$=75 mA，$R_1$=80 Ω，$R_2$=133 Ω，$V_S$=10 V

（c）$I_1$=25.3 mA，$I_2$=14.7 mA，$I_3$=10.0 mA，$R_1$=395 Ω

37 53.7 Ω

39 是的；总电流 =14.7 A

41 $R_1||R_2||R_5||R_9||R_{10}||R_{12}$=100 kΩ||220 kΩ||560 kΩ||390 kΩ||1.2 MΩ||100 kΩ=33.6 kΩ

$R_4||R_6||R_7||R_8$=270 kΩ||1.0 MΩ||820 kΩ||680 kΩ=135 kΩ

$R_3||R_{11}$=330 kΩ||1.8 MΩ=279 kΩ

43 $R_2$=750 Ω；$R_4$=423 Ω

45 4.7 kΩ 电阻开路

47 （a）其中一个电阻由于功耗过大而烧断

（b）30 V

（c）更换 1.8 kΩ 电阻

49 （a）941 Ω （b）518 Ω

（c）518 Ω （d）422 Ω

51 $R_3$ 断开

53 （a）从引脚 1 到引脚 4 的 $R$ 与计算值一致

（b）从引脚 2 到引脚 3 的 $R$ 与计算值一致

## 第 6 章

1 $R_2$、$R_3$、$R_4$ 并联，这个并联组合同时与 $R_1$、$R_5$ 串联

3 见图 D-6

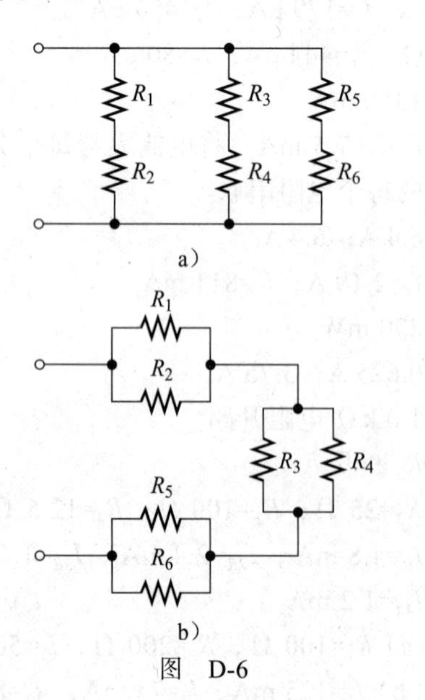


图 D-6

5 2.0 kΩ

7 （a）128 Ω （b）791 Ω

9 （a）$I_1=I_4$=11.7 mA，$I_2=I_3$=5.85 mA；

$V_1$=655 mV，

$V_2=V_3$=585 mV，$V_4$= 257 mV

（b）$I_1$=3.8 mA，$I_2$=618 μA，$I_3$=1.27 mA，$I_4$=1.91 mA；

$V_1$=2.58 V，$V_2=V_3=V_4$=420 mV

11 1.11 mA

13 7.5 V，空载；7.29 V，负载

15 56 kΩ 负载

17 22 kΩ

19 208 mV

21 33.3%

23 360 Ω

25 7.33 kΩ

27 $R_{TH}$=18.0 kΩ；$V_{TH}$=2.70 V

29 1.06 V；225 μA

31 75 Ω

33 21.0 mA

35 不，仪表读数应为 4.39 V。680 Ω 电阻开路

37 7.62 V 和 5.24 V 读数不正确，说明 3.3 kΩ 电阻开路

39 （a）$V_1$=−10 V，其他为 0 V。

（b）$V_1$=−2.33 V，$V_4$=−7.67 V，$V_2$=−7.67 V，$V_3$= 0 V

（c）$V_1$=−2.33 V，$V_4$=−7.67 V，$V_2$=0 V，$V_3$=−7.67 V

（d）$V_1$=−10 V，其他为 0 V

41 见图 D-7

43 $R_T$=5.76 kΩ；$V_A$=3.31 V；$V_B$=1.70 V；$V_C$=848 mV

45 $V_1$=1.61 V；$V_2$=6.78 V；$V_3$=1.73 V；$V_4$=3.33 V；$V_5$=378 mV；$V_6$=2.57 V；$V_7$=378 mV；$V_8$=1.73 V；$V_9$=1.61 V

47 5.11 kΩ

49 $R_1$=180 Ω；$R_2$=60 Ω。输出在 $R_2$ 上

51 847 μA

53 11.8 V

55 见图 D-8

57 位置 1：$V_1$=8.80 V，$V_2$=5.87 V，$V_3$= 2.93 V

位置 2：$V_1$=8.02 V，$V_2$=5.82 V，$V_3$=2.91 V

位置 3：$V_1$=8.98 V，$V_2$=5.96 V，$V_3$=2.93 V

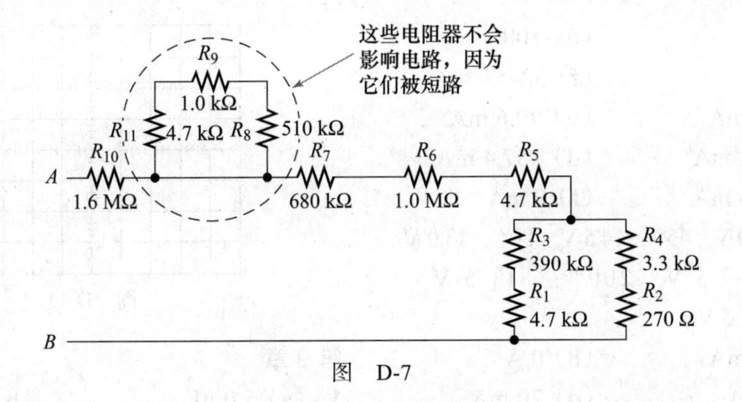


图　D-7

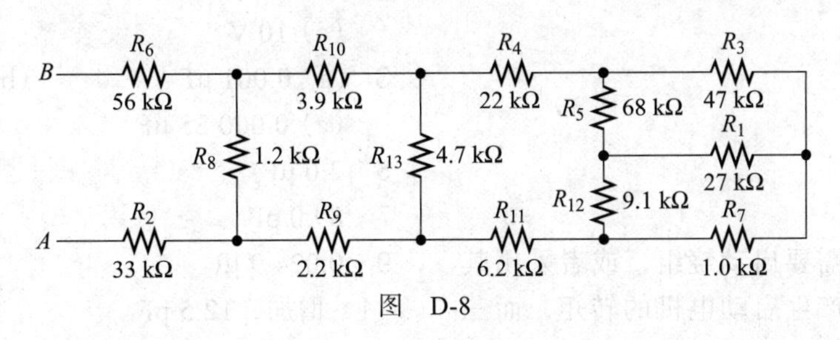


图　D-8

59　多个 12 kΩ 电阻之一开路

61　2.2 kΩ 电阻开路

63　$V_A$=0 V；$V_B$=11.1 V

65　$R_2$ 短路

67　没有故障

69　$R_4$ 短路

71　$R_5$ 短路

第 7 章

1　减少

3　37.5 μWb

5　1000 G

7　597

9　在 1500

11　(a) 电磁力 (b) 弹力

13　电磁力

15　改变电流

17　材料 A

19　1.0 mA

21　3.01 m/s

23　56.3 W

25　(a) 168 W (b) 14 W

27　80.6%

29　输出直流电压的峰值为 10 V，纹波为 120 Hz

31　设计有缺陷。12 V 电压不足以支撑两个串联的 12 V 继电器；24 V 电压过高，无法控制 12 V 的灯。为灯外接单独的 12 V 电源，并将继电器的 12 V 电源改为 24 V

第 8 章

1　(a) 1.0 Hz　(b) 5.0 Hz
　(c) 20 Hz　(d) 1.0 kHz
　(e) 2.0 kHz　(f) 100 kHz

3　2.0 μs

5　10 ms

7　(a) 7.07 mA　(b) 4.5 mA
　(c) 14.1 mA

9　(a) 17.7 V　(b) 25 V
　(c) 0 V　(d) −17.7 V

11　15° 正弦波 $A$ 超前

13　见图 D-9

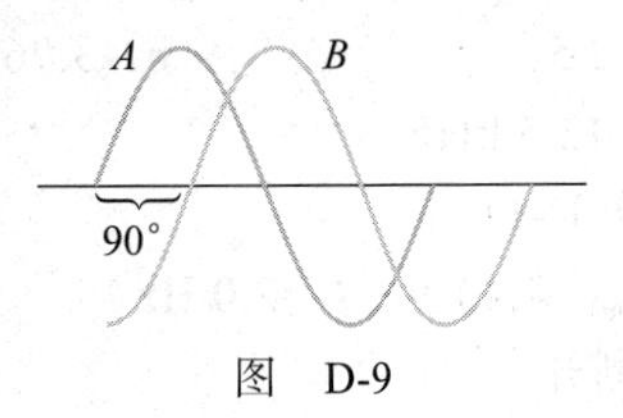


图　D-9

15　(a) 22.5°　(b) 60°

(c) 90°　　(d) 108°
(e) 216°　　(f) 324°

17 (a) 57.4 mA　　(b) 99.6 mA
(c) –17.4 mA　　(d) –57.4 mA
(e) –99.6 mA　　(f) 0 mA

19 30°：13.0 V　45°：14.5 V　90°：13.0 V
180°：–7.5 V　200°：–11.5 V
300°：–7.5 V

21 (a) 7.07 mA　　(b) 0 A
(c) 10 mA　　(d) 20 mA
(e) 10 mA

23 7.39 V

25 4.24 V

27 250 Hz

29 200 rad/s

31 单相电机需要启动绕组，或者采用其他装置来产生启动电机的转矩，而三相电机是自启动的

33 $t_r \approx 3.0$ms；$t_f \approx 3.0$ ms；$t_W \approx 12.0$ ms；幅值≈ 5.0 V

35 (a) –0.375 V　　(b) 3.00 V

37 (a) 50 kHz　　(b) 10 Hz

39 25 kHz

41 0.424 V；2.0 Hz

43 1.4 V；120 ms；30%

45 $I_{max}$=2.38 mA；$V_{avg}$=13.6 V；见图 D-10。

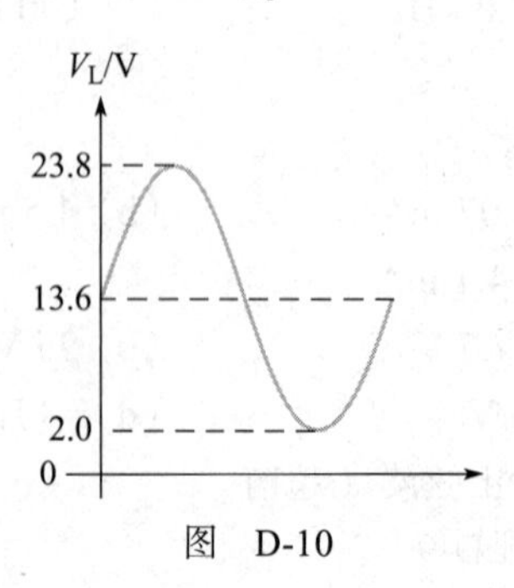


图　D-10

47 (a) 2.5　　(b) 3.96 V
(c) 12.5 kHz

49 见图 D-11

51 $V_{p(in)}$=4.44 V；$f_{in}$=2.0 Hz

53 $R_3$ 断开

55 5.0 V；1.0

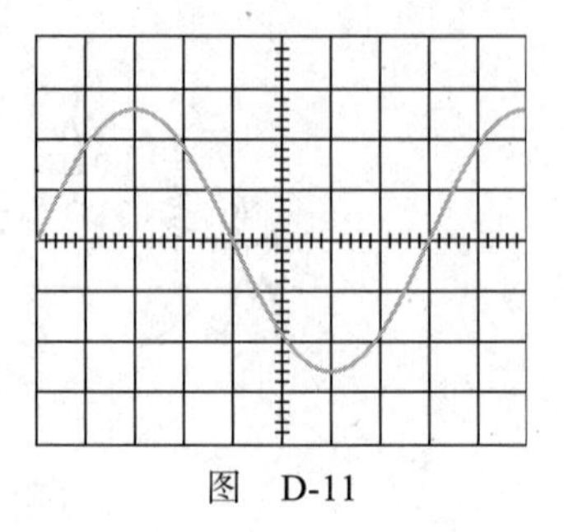

图　D-11

## 第 9 章

1 (a) 5.0 μF　　(b) 0.1 μC
(c) 10 V

3 (a) 0.001 μF　　(b) 0.003 5 μF
(c) 0.000 25 μF

5 2.0 μF

7 89.0 pF

9 0.024 9 μF

11 增加，12.5 pF

13 陶瓷

15 (a) 0.022 μF　　(b) 0.047 μF
(c) 0.001 μF　　(d) 22 pF

17 (a) 封装　　(b) 电介质（陶瓷盘）
(c) 板（金属盘）　　(d) 引线

19 (a) 0.688 μF　　(b) 69.7 pF
(c) 2.64 μF

21 $V_1$=2.13 V；$V_2$=10.0 V；$V_3$=4.55 V；$V_4$=1.00 V

23 5.5 μF，27.5 μC

25 (a) 100 μs　　(b) 560 μs
(c) 22.1 μs　　(d) 15 ms

27 (a) 9.48 V　　(b) 13.0 V
(c) 14.3 V　　(d) 14.7 V
(e) 14.9 V

29 (a) 2.72 V　　(b) 5.90 V
(c) 11.7 V

31 (a) 339 kΩ　　(b) 13.5 kΩ
(c) 677 Ω　　(d) 33.9 Ω

33 $X_{C1}$=1.42 kΩ；$X_{C2}$=970 Ω；$X_{CT}$=2.39 kΩ
$V_1$=5.94 V；$V_2$=4.06 V

35 200 Ω

37 $P_{true}$=0 W；$P_r$=3.39 mvar

39 0 Ω

41　3.18 ms

43　3.24 μs

45　（a）在 10 ms 内充电至 3.32 V，然后在 215 ms 内放电至 0 V

（b）在 10 ms 内充电至 3.32 V，然后在 5 ms 内放电至 2.96 V，然后充电至 20 V

47　0.00555 μF=5.55 nF

49　$V_1$=7.24 V；$V_2$=2.76 V；$V_3$=0.787 V；$V_4$=1.97 V；$V_5$=1.18 V；$V_6$=0.787 V

51　$C_2$ 短路。

53　没有故障。

## 第 10 章

1　8.0 kHz；8.0 kHz

3　（a）288 Ω　（b）1209 Ω

5　（a）726 kΩ　（b）155 kΩ　（c）91.5 kΩ　（d）63.0 kΩ

7　（a）34.7 mA　（b）4.13 mA

9　$I_{tot}$=12.3 mA；$V_{C1}$=1.31 V；$V_{C2}$=0.595 V；$V_R$=0.616 V；$\theta$=72.0°（$V_S$ 滞后 $I_{tot}$）

11　808 Ω；−36.1°

13　（a）90°　（b）86.4°　（c）57.9°　（d）9.04°

15　326 Ω；64.3°

17　245 Ω；80.5°

19　$I_{C1}$=118 mA；$I_{C2}$=55.3 mA；$I_{R1}$=36.4 mA　$I_{R2}$=44.4 mA；$I_{tot}$=191 mA；$\theta$=65.0°（$V_S$ 滞后 $I_{tot}$）

21　（a）3.86 kΩ　（b）21.3 μA　（c）14.8 μA　（d）25.9 μA　（e）34.8°（$V_S$ 滞后 $I_{tot}$）

23　$V_{C1}$=8.74 V；$V_{C2}$=3.26 V；$V_{C3}$=3.26 V；$V_{R1}$=2.11 V；$V_{R2}$=1.15 V；$\theta$=85.5°

25　$I_{tot}$=82.4 mA；$I_{C2}$=14.5 mA；$I_{C3}$=67.7 mA；$I_{R1}=I_{R2}$=6.40 mA

27　4.03 V·A

29　0.915

31　利用公式 $V_{out}=\left(\dfrac{X_C}{Z_{tot}}\right)\times 1.0\text{ V}$，见图 D-12

| 频率/kHz | $X_C$/kΩ | $Z_{tot}$/kΩ | $V_{out}$/V |
|---|---|---|---|
| 0 | | | 1.000 |
| 1 | 4.08 | 5.64 | 0.723 |
| 2 | 2.04 | 4.40 | 0.464 |
| 3 | 1.36 | 4.13 | 0.329 |
| 4 | 1.02 | 4.03 | 0.253 |
| 5 | 0.816 | 3.98 | 0.205 |
| 6 | 0.680 | 3.96 | 0.172 |
| 7 | 0.583 | 3.94 | 0.148 |
| 8 | 0.510 | 3.93 | 0.130 |
| 9 | 0.453 | 3.93 | 0.115 |
| 10 | 0.408 | 3.92 | 0.104 |

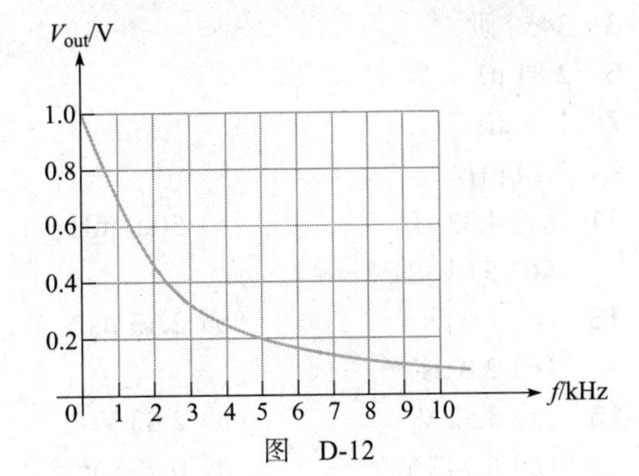

图　D-12

33　图 D-13

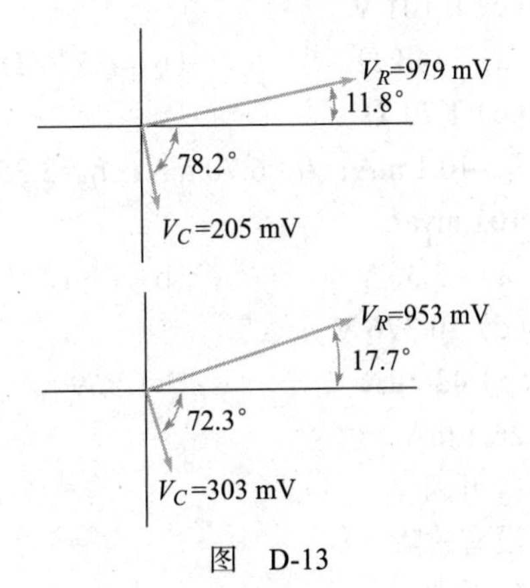

图　D-13

35　图 10-73：1.05 kHz。

图 10-74：1.59 kHz。

37　无漏电：$V_{out}$=3.21 V；$\theta$=18.7°

泄漏：$V_{out}$=2.83 V，$\theta$=33.3°

39　（a）0 V　（b）0.321 V　（c）0.500 V　（d）0 V

41　（a）$I_{L(A)}$=4.80 A；$I_{L(B)}$=3.33 A

（b）$P_{r(A)}$=606 var；$P_{r(B)}$=250 var

（c）$P_{true(A)}$=979 W；$P_{true(B)}$=760 W

(d) $P_{a(A)}$=1.151 kV・A；$P_{a(B)}$=800 V・A

43 11.4 kΩ

45 $P_r$=1.32 kvar；$P_a$=2.0 kV・A

47 0.103 μF

49 电容 $C$ 泄漏

51 没有故障

53 $R_2$ 断路

55 $C_1$ 短路时的相移 =13.7°

第 11 章

1 (a) 1000 mH (b) 0.25 mH
(c) 0.01 mH (d) 0.5 mH

3 3450 匝

5 2.81 μJ

7 155 μH

9 7.14 μH

11 (a) 4.33 H (b) 50.0 mH
(c) 57.1 μH

13 (a) 1.0 μs (b) 2.13 μs
(c) 2.0 μs

15 (a) 5.52 V (b) 2.03 V
(c) 0.747 V (d) 0.275 V
(e) 0.101 V

17 (a) 136 kΩ (b) 1.57 kΩ
(c) 1.79 Ω

19 $I_{tot}$=10.1 mA；$I_{L2}$=6.70 mA；$I_{L3}$=3.35 mA

21 101 mvar

23 (a) −3.35 V (b) −1.12 V
(c) −0.376 V

25 (a) 426 μA (b) 569 μA

27 26.1 mA

29 $L_3$ 开路

31 没有故障

33 $L_3$ 短路

第 12 章

1 15 kHz

3 (a) 1.12 kΩ (b) 1.80 kΩ

5 (a) 135 Ω (b) 174 Ω
(c) 279 Ω (d) 640 Ω

7 335 mV

9 (a) 8.94 mA (b) 2.77 mA

11 38.7°

13 见图 D-14

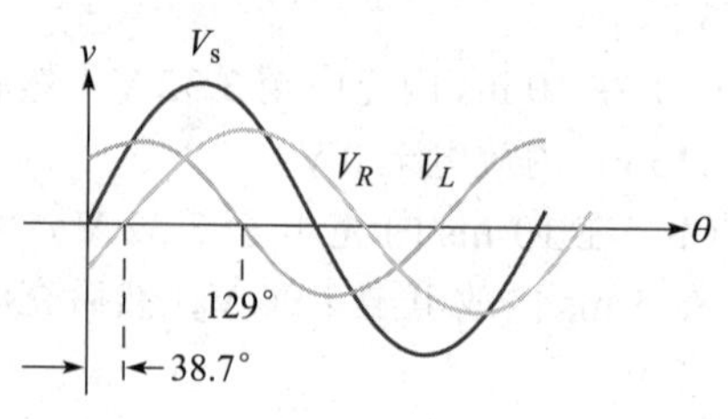


图 D-14

15 (a) 0.0923° (b) 9.15°
(c) 58.2° (d) 86.4°

17 1.84 kΩ

19 5.37 MHz

21 (a) 274 Ω (b) 89.3 mA (c) 159 mA
(d) 182 mA (e) 60.7°（$I_{tot}$ 滞后 $V_{S2}$）

23 $V_{R1}$=7.92 V；$V_{R2}$=$V_L$=20.9 V

25 $I_{tot}$=36.0 mA；$I_L$=33.2 mA；$I_{R2}$=13.9 mA

27 12.9 mW；10.4 mvar

29 PF=0.639；$P_{true}$=575 mW；$P_r$=692 mvar；
$P_a$=900 mVA

31 见图 D-15

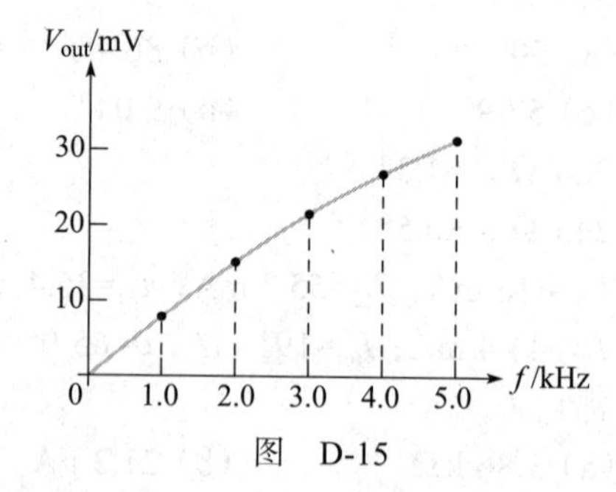


图 D-15

33 $V_{R1}$=$V_{L1}$=18 V；$V_{R2}$=$V_{R3}$=$V_{L2}$=0 V

35 5.57 V

37 336 mA

39 (a) 405 mA (b) 228 mA
(c) 333 mA (d) 335 mA

41 0.133

43 见图 D-16。4.7 kΩ 电阻开路

45 $L_2$ 开路

47 $R_2$ 开路

49 $L_1$ 短路

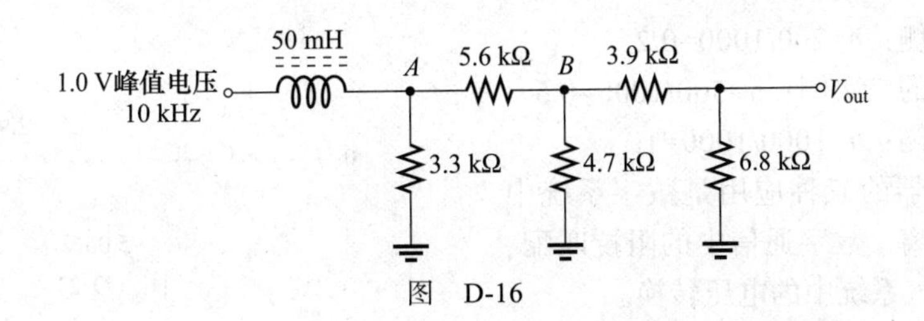


图 D-16

## 第13章

1 520 Ω，88.9°（$V_S$ 滞后 $I$）；520 Ω 容抗

3 阻抗增加

5 见图 D-17

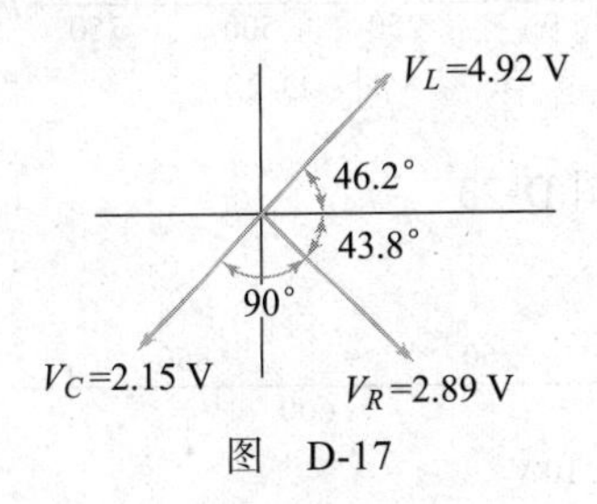


图 D-17

7 $f_r$ 小于指定的频率

9 $X_L$=14.6 Ω；$X_C$=14.6 Ω；$Z$=220 Ω；$I$=54.5 mA

11 $f_r$=454 kHz；$f_1$=416 kHz；$f_2$=492 kHz

13 （a）14.5 kHz；带通滤波器
（b）24.0 kHz；带通滤波器

15 （a）$f_r$=339 kHz，BW=239 kHz
（b）$f_r$=10.4 kHz，BW=2.61 kHz

17 容性，$X_C$<$X_L$

19 1.47 kΩ

21 5.96 kΩ；97.9 kHz

23 62.5 Hz

25 1.38 W

27 200 Hz

29 见图 D-18

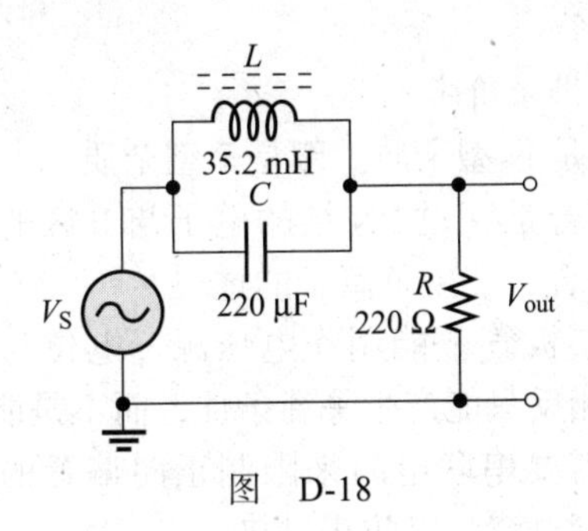


图 D-18

31 $I_{R1}$=$I_C$=2.11 mA；$I_{L1}$=1.33 mA；$I_{L2}$=667 μA；$I_{R2}$=667 μA；$V_{R1}$=6.96 V；$V_C$=2.11 V；$V_{L1}$=$V_{L2}$=$V_{R2}$=6.67V

33 $I_{R1}$=$I_{L1}$=41.5 mA；$I_C$=$I_{L2}$=133 mA；$I_{tot}$=104 mA

35 $L$=994 μH；$C$=0.0637 μF

37 忽略 $R_W$。8.0 MHz：$C$=39.6 pF。9.0 MHz：$C$=31.3 pF。10 MHz：$C$=25.3 pF。11 MHz：$C$=20.9 pF

39 没有故障

41 $L$ 短路

43 $L$ 短路

## 第14章

1 1.5 μH

3 3

5 （a）同相　（b）反相
（c）反相

7 500 匝

9 （a）相同极性，100 V（有效值）
（b）相反极性，100 V（有效值）

11 240 V

13 （a）6.0 V　（b）0 V
（c）40 V

15 （a）10 V　（b）240 V

17 33.3 mA

19 27.2 Ω

21 6.0 mA

23 0.5

25 5.0 kΩ

27 94.5 W

29 0.98

31 25 kV·A

33 二次侧 1：2.0　二次侧 2：0.5　二次侧 3：0.25

35 顶部二次侧：$n$=100/1000=0.1

下面二次侧：$n$=200/1000=0.2

第二线圈的二次侧：$n$=500/1000=0.5

底部二次侧：$n$=1000/1000=1

37　脉冲变压器的三种应用是数字系统中的电气隔离、数字通信中的阻抗匹配、大功率电气系统中的电压转换。

39　消耗了过多的一次电流，可能会烧毁电源和/或变压器，除非一次侧受到熔断器的保护，该熔断器会因过电流而断开

41　（a）$V_{L1}$=35 V，$I_{L1}$=2.92 A，$V_{L2}$=15 V，$I_{L2}$=1.5 A

（b）28.9 Ω

43　（a）20 V　　（b）10 V

45　0.0141（70.7∶1）

47　0.1 A

49　二次侧开路

51　一次侧开路

## 第 15 章

1　103 μs

3　27 kΩ

5　12.6 V

7　见图 D-19

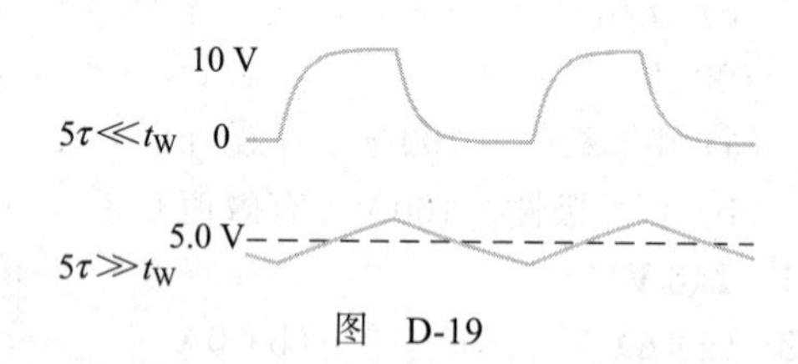


图　D-19

9　见图 D-20

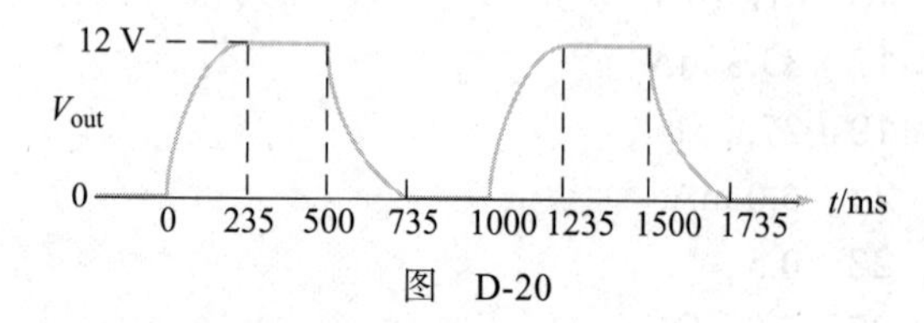


图　D-20

11　15 V 直流电压，由于电容的充电/放电，电源纹波非常小。

13　交换 $R$ 和 $C$ 的位置。输出电压如图 D-21 所示。5τ=5.0 ms。

15　与输入的形状大致相同，但平均值为 0 V

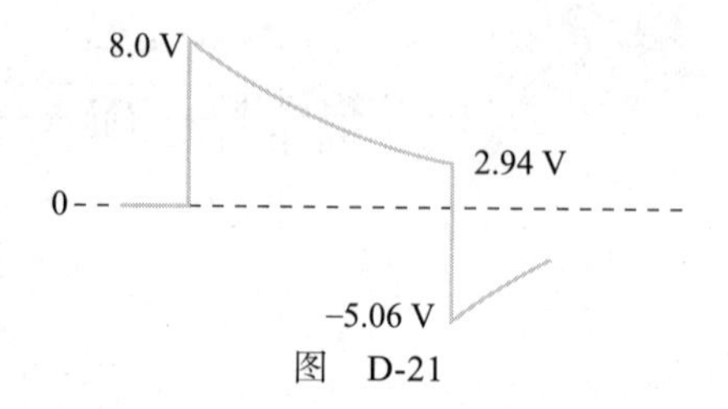


图　D-21

17　见图 D-22

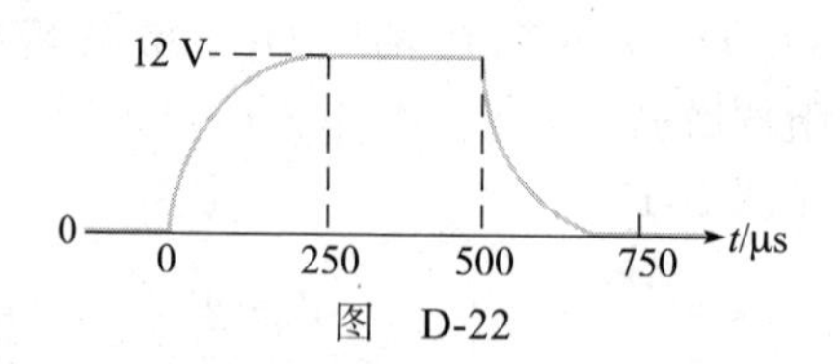


图　D-22

19　见图 D-23

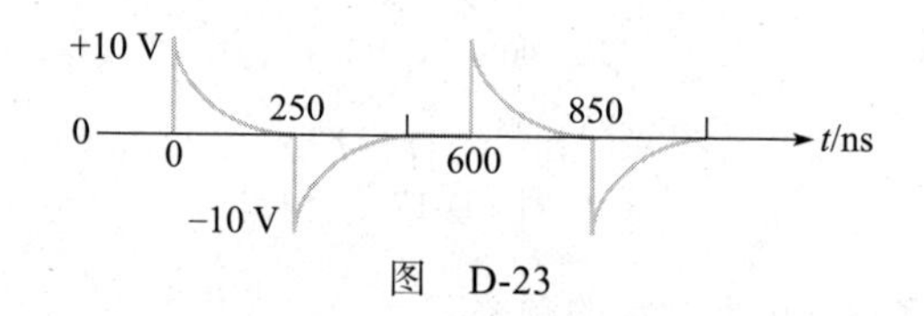


图　D-23

21　6.0 V 直流电平

23　（b）无故障；（c）$C$ 开路或 $R$ 短路。

25　（a）23.5 ms；（b）见图 D-24。

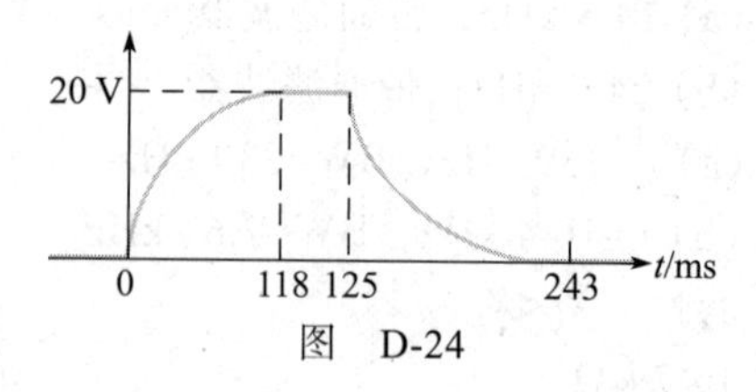


图　D-24

27　1.44 s

29　电容开路

31　没有故障

## 第 16 章

1　硅、锗

3　4 个

5　导带、价带

7　锑是 N 型杂质。硼是 P 型杂质

9　复合是穿过 PN 结的电子与 P 区的空穴复合，产生负离子的过程

11　二极管不能用作电压源。电位与电流相反只能产生平衡条件，而不是能量。

13　需要串联电阻来限制正向偏置的二极管电流，以防止过热。

15 结温升高。

17 （a）$V_R$=3.0 V （b）$V_F$=0.7 V
（c）$V_F$=0.7 V （d）$V_F$=0.7 V

19 $V_A$=25 V；$V_B$=24.3 V；$V_C$=8.7 V；$V_D$=8.0 V

21 $V_{L(peak)}$=49.3V，$I_{L(peak)}$=493 mA，见图 D-25

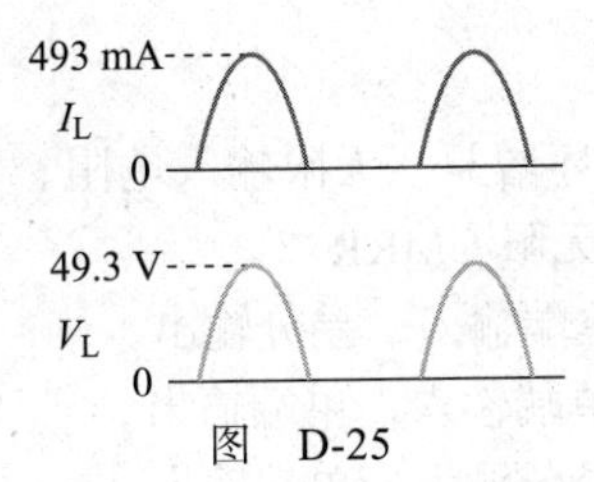


图 D-25

23 84.2 V

25 （a）中心抽头式全波整流器
（b）28.3 V
（c）14.1 V
（d）见图 D-26
（e）13.4 mA
（f）26.9 V

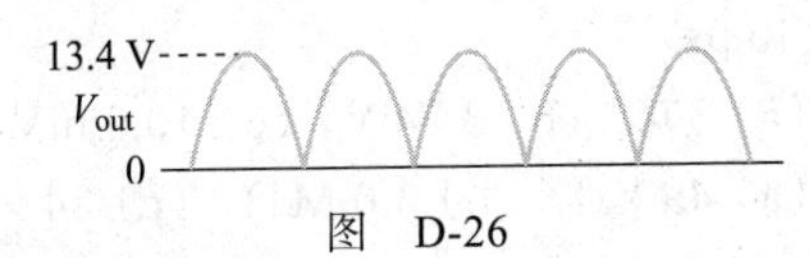


图 D-26

27 见图 D-27

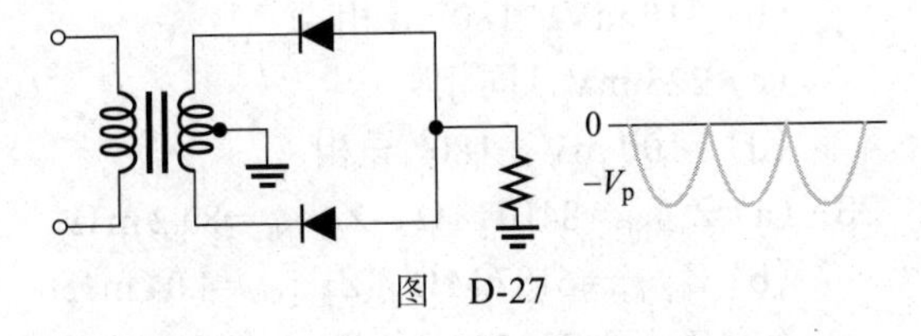


图 D-27

29 当电感断电时，反激二极管正向偏置

31 峰值

33 4.13%

35 见图 D-28

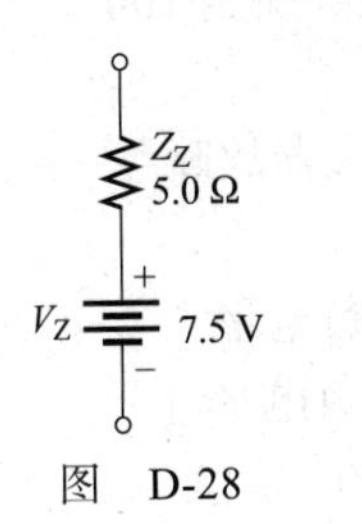


图 D-28

37 减少 9.0 pF

39 增加

41 光电耦合器的目的是在子电路之间光耦合信号，而光隔离器的目的是在光电耦合电路之间提供电隔离

43 （a）高电流可能烧坏次级并熔断熔断器
（b）输出将是半波整流输出
（c）输出将是半波整流输出
（d）电路无输出

45 （a）读数正确
（b）齐纳二极管开路
（c）熔断器熔断或开关打开
（d）$C_1$ 开路
（e）变压器绕组开路或电桥开路

47 二极管开路

49 没有故障

51 $D_1$ 泄漏

53 $D_2$ 断路

55 没有故障

第 17 章

1 4.87 mA

3 125

5 $I_B$=26.0μA；$I_E$=1.3 mA；$I_C$=1.27 mA

7 1.3 V

9 $I_B$=13.6 μA；$I_C$=682 μA；$V_C$=9.32 V

11 $V_{CE}$=3.57 V；$Q$ 点：$I_C$=4.49 mA，$V_{CE}$=3.57 V

13 33.3

15 199

17 （a）3.66 V （b）2.96 V
（c）2.96 mA （d）≈ 2.96 mA
（e）8.23 V （f）5.27 V

19 $A_{v\,(max)}$=123；$A_{v\,(min)}$=2.93

21 0.988

23 $A_v$ 略有下降（约 1.19%）

25 10 V；625 mA

27 0.5 mA；3.33 μA；1.03 V

29 （a）变窄 （b）减小

31 见图 D-29

33 增强模式

35 （a）$V_{DS}$=6.3 V；$V_{GS}$=−1.0 V
（b）$V_{DS}$=7.29 V；$V_{GS}$=−0.3 V
（c）$V_{DS}$=−1.65 V；$V_{GS}$=2.35 V

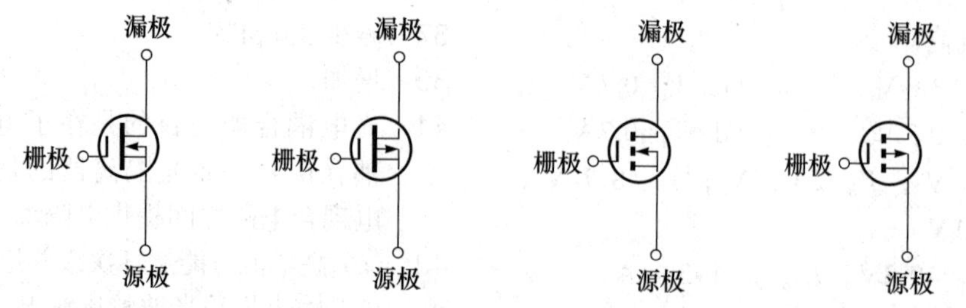


图 D-29

37 （a）开 （b）关

39 （a）0.934 （b）0.301

41 0.0133

43 （a）528 kHz，考毕兹振荡电路
（b）759 kHz，哈特莱振荡电路

45 （a）如果旁路电容 $C_2$ 打开，第一级的电压增益和总增益会降低。直流电压和电流不受影响
（b）如果耦合电容 $C_3$ 开路，信号将不会到达第二级，因此 $V_{out}$=0 V。第一级的电压增益会因负载减少而增加。直流电压和电流不受影响
（c）如果旁路电容 $C_4$ 开路，则第二级的电压增益和总增益会降低。直流电压和电流不受影响
（d）如果 $C_2$ 短路，第一级的增益没有明显变化（交流已经短路），但第一级的直流电压会随着 $R_4$ 的短路而改变
（e）如果 $Q_1$ 的 BC 结开路，信号将不会通过第一级。$Q_1$ 的基极、发射极和集电极的直流电压会发生变化。第二级的直流电压和电流不受影响
（f）如果 $Q_2$ 的 BE 结开路，信号将不会通过第二级。$Q_2$ 的基极、发射极和集电极的直流电压会发生变化。第一级的直流电压和电流不受影响

47 集电极结开路

49 漏极和源极短路

51 没有故障

53 $C_1$ 开路

## 第 18 章

1 实用运放：高开环增益、高输入电阻、低输出电阻、高 CMRR。理想运放：无限开环增益、无限输入电阻、零输出电阻、无限 CMRR

3 （a）单端输入，差分输出
（b）单端输入，单端输出
（c）差分输入，单端输出
（d）差分输入，差分输出

5 56.5 dB

7 （a）单端模式 （b）差模
（c）共模

9 8.1 μA

11 108 dB

13 0.3

15 40 μs

17 （a）374 （b）3.74 V （c）10.0 mV

19 （a）49 kΩ （b）3.0 MΩ （c）84 kΩ
（d）165 kΩ

21 （a）10 mV，同相
（b）–10 mV，180° 异相
（c）223 mV，同相
（d）–100 mV，180° 异相

23 （a）$Z_{in(NI)}$=8410 MΩ，$Z_{out(NI)}$=89.2 mΩ
（b）$Z_{in(NI)}$=6187 MΩ，$Z_{out(NI)}$=4.04 mΩ
（c）$Z_{in(NI)}$=5305 MΩ，$Z_{out(NI)}$=18.9 mΩ

25 （a）$Z_{in(I)}$=10 kΩ，$Z_{out(I)}$=5.12 mΩ
（b）$Z_{in(I)}$=100 kΩ，$Z_{out(I)}$=67.2 mΩ
（c）$Z_{in(I)}$=470 kΩ，$Z_{out(I)}$=6.24 mΩ

27 $A_{cl}$ 增加到固定 100

29 $R_1$ 开路

31 运算放大器故障

## 第 19 章

1 （a）最大负电平 （b）最大正电平
（c）最大负电平

3 见图 D-30

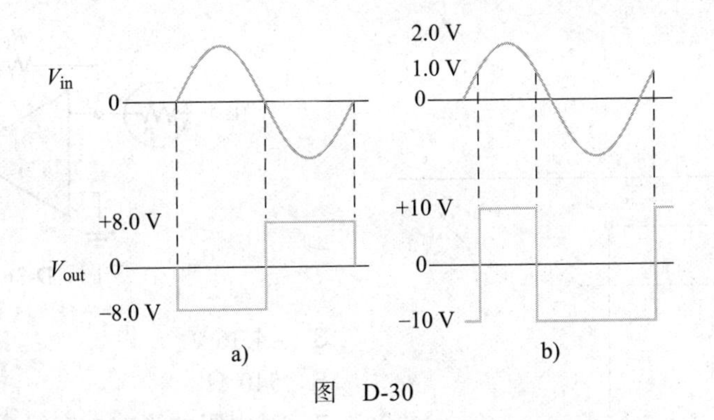


图　D-30

5 （a）$V_{ltp}$=2.95 V，$V_{utp}$=5.66 V
（b）$V_{ltp}$=3.47 V，$V_{utp}$=8.84 V

7 （a）$V_{R1}$=1.0 V，$V_{R2}$=1.8 V
（b）127 μA
（c）–2.8 V

9 –3.57 V；357μA

11 –4.06 mV/μs

13 733 mV

15 5.0 kΩ

17 1.06 kHz

19 将 $R_1$ 更改为 3.54 kΩ

21 （a）1.54 kHz　（b）7.20 kHz
（c）894 Hz

23 –34.0 dB

25 7.22 V

27 9.75 V

29 500 mA

31 10 mA

33 $R_2$ 断路

35 没有故障

**第 20 章**

1 $A_{v(1)}=A_{v(2)}=101$

3 1.005 V

5 51

7 将 $R_G$ 更改为 4.3 kΩ。

9 三种隔离方法是电容耦合、光耦合和变压器耦合

11 在 FB 和 IN– 引脚之间连接一个 24 kΩ 电阻，在 IN– 引脚和地之间连接一个 3.0 kΩ 电阻，输入电压为从传感器到 IN+ 引脚的电压 $V_{in}$

13 500 μA，5.0 V

15 $A_v \approx 11.5$

17 见图 D-31

19 见图 D-32

21 见图 D-33

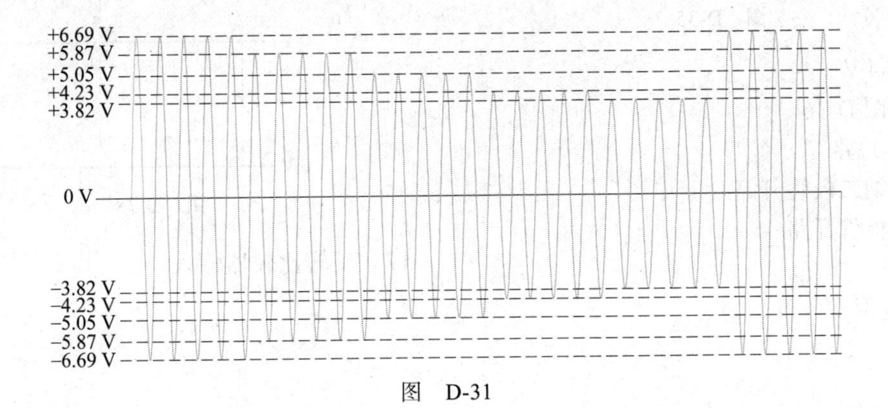


图　D-31

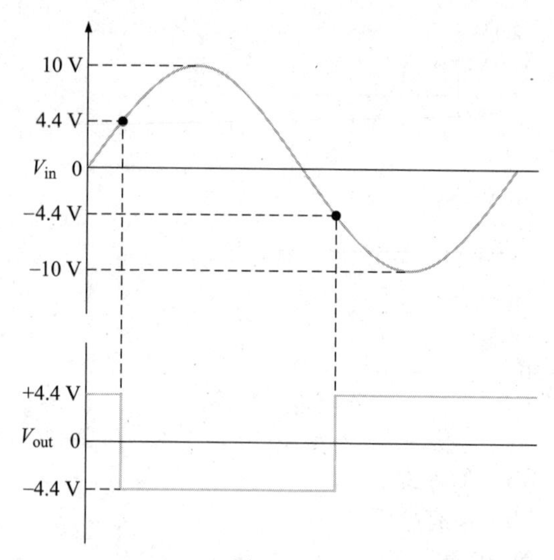


图 D-32

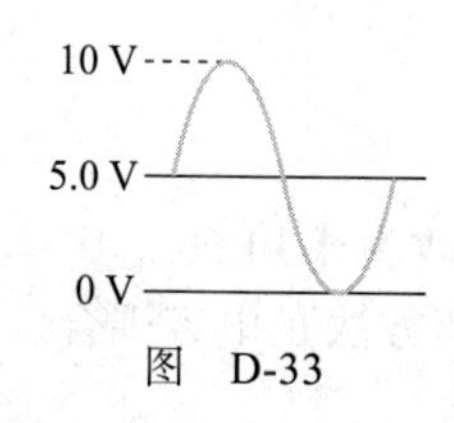


图 D-33

23 (a) 见图 D-34a。(b) 见图 D-34b

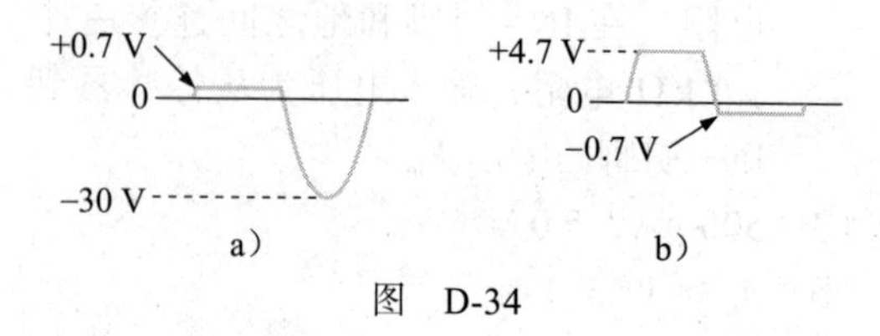


图 D-34

25 见图 D-35

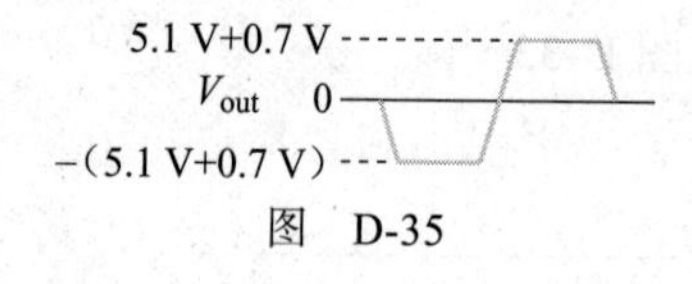


图 D-35

27 3.54 V

29 见图 D-36

31 $D_2$ 短路

33 齐纳二极管开路

35 二极管开路

第 21 章

1 热电偶 $C$

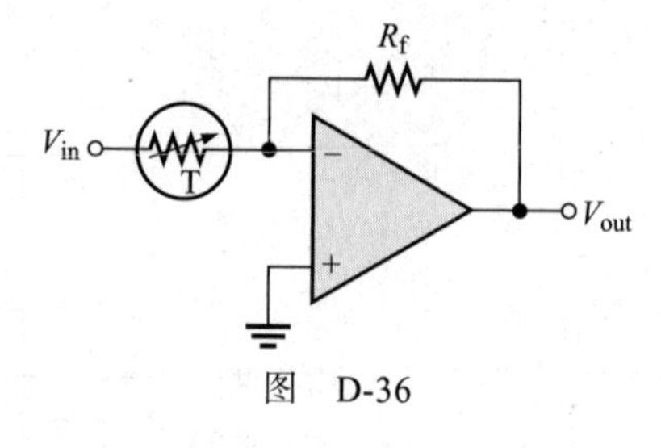


图 D-36

3 −4.36 V

5 540 Ω

7 线电阻的影响在三线桥中被抵消

9 $\Delta R$=4.5 mΩ

11 (a) 绝对压力传感器

(b) 表压传感器

(c) 差压传感器

13 见图 D-37

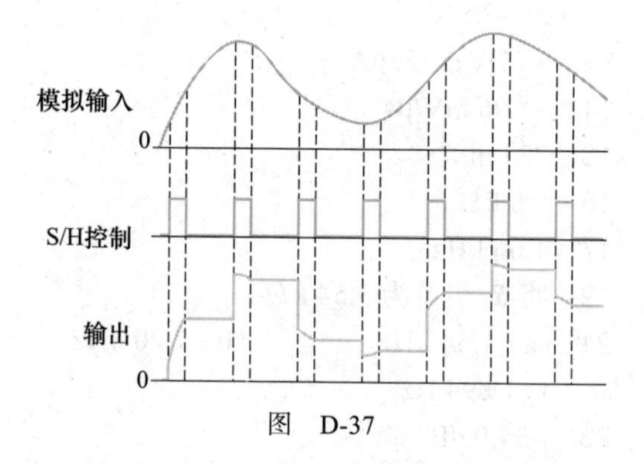


图 D-37

15 见图 D-38

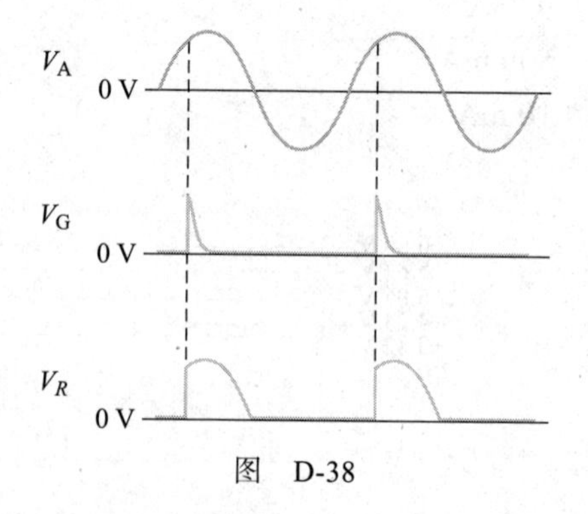


图 D-38

17 反转比较器输入